面向新工科的电工电子信息基础课程系列教材

教育部高等学校电工电子基础课程教学指导分委员会推荐教材

新一代信息技术（集成电路）新兴领域“十四五”高等教育教材

三维集成技术

（第2版）

王喆垚　编著

清華大學出版社
北京

内 容 简 介

本书介绍三维集成和封装的制造技术，主要内容包括三维集成技术概述、深孔刻蚀技术、介质层与扩散阻挡层沉积技术、TSV 铜电镀技术、键合技术、化学机械抛光技术、工艺集成与集成策略、插入层技术、芯粒集成技术、TSV 的电学与热力学特性、三维集成的可制造性与可靠性、三维集成的应用。本书内容反映本领域国际主流的技术方向和未来的技术发展，聚焦国内较为薄弱和需求迫切的制造技术领域，作者在相关领域深入研究近 20 年，相关内容对于从业人员有实质性帮助。

本书可作为三维集成技术相关课程的本科生、研究生教材，也可供集成电路、微电子、电子科学与技术等相关领域的研究人员、工程技术人员参考。

图书在版编目（CIP）数据

三维集成技术/王喆垚编著. -- 2 版. -- 北京：清华大学出版社，2025.4. --（面向新工科的电工电子信息基础课程系列教材）. -- ISBN 978-7-302-68768-9

Ⅰ. TN402

中国国家版本馆 CIP 数据核字第 2025P25P80 号

责任编辑：文　怡
封面设计：王昭红
责任校对：李建庄
责任印制：杨　艳

出版发行：清华大学出版社
网　　址：https://www.tup.com.cn，https://www.wqxuetang.com
地　　址：北京清华大学学研大厦 A 座　　**邮　　编**：100084
社 总 机：010-83470000　　**邮　　购**：010-62786544
投稿与读者服务：010-62776969，c-service@tup.tsinghua.edu.cn
质量反馈：010-62772015，zhiliang@tup.tsinghua.edu.cn
课件下载：https://www.tup.com.cn，010-83470236
印 装 者：三河市铭诚印务有限公司
经　　销：全国新华书店
开　　本：185mm×260mm　　**印　　张**：56.5　　**字　　数**：1373 千字
版　　次：2014 年 11 月第 1 版　2025 年 5 月第 2 版　　**印　　次**：2025 年 5 月第 1 次印刷
印　　数：1～1500
定　　价：229.00 元

产品编号：085789-01

第2版前言

本书第1版于2014年出版，适逢三维集成技术蓬勃发展，围绕三维集成的设备、材料、制造和设计软件等产业链处于迭代和完善中，采用三维集成制造的MEMS、图像传感器、FPGA等产品刚刚出现不久，HBM尚未量产，更多的三维集成产品还处于研发验证阶段。光阴荏苒，本书的第2版完稿时距第1版已经过去了十年的时间。在这十年里，三维集成技术发生了很大的变化。

第一，三维集成技术已发展为集成电路领域最活跃的赋能技术之一，受到了产业界和学术界的高度重视。期间三维集成新技术不断涌现，产业链持续发展，制造技术越发完善。第二，新兴应用领域的快速发展对三维集成的高性能和多功能芯片系统提出了迫切的需求，三维集成产品如雨后春笋，遍布从消费电子到高性能计算等各个领域。第三，2.5D集成、扇出型封装集成和芯粒技术等广义三维集成技术发展迅速，与狭义三维集成共同构成了完整的三维集成技术体系。第四，国内集成电路产业对三维集成的重视程度日益提高，产业界和学术界深入地融入三维集成设备、材料、制造和产品的开发中。

针对这些发展趋势，作者希望为三维集成制造领域提供一本具有一定深度和广度的教材和参考书。本书专注于三维集成制造技术，特别是制造原理与方法、集成方案和可靠性技术。与第1版相比，第2版进行了大幅的修订和调整，但仍力争保持深度与广度相结合、基础理论和前沿发展相结合的特点。①深度与广度相结合：第2版按照三维集成的制造技术划分章节，多数内容都兼顾原理、方法和应用；根据三维集成的发展趋势，第2版增加或强化了单片三维集成、插入层、扇出型封装集成、芯粒技术等内容，以便体现完整的三维集成技术体系。②基础理论和前沿发展相结合：考虑制造技术的核心地位以及读者背景的多样性，第2版强化了深刻蚀和键合等非传统集成电路工艺的基础理论，以便不同领域的读者对三维集成技术有深入理解；同时，第2版充分介绍了三维集成技术的前沿和产业发展动向，并删减了淘汰技术和部分非主流技术。

本书第1版有幸被产业界和学术界的同仁认可，并被部分高校选为教材，部分读者相继提出了一些意见和建议，在此深表谢意。本书的第2版能够出版，首先要感谢国家自然科学基金委重点项目(61734004)和北京市科技计划项目(QYJS-2021-0900-B)的支持，同时，还要特别感谢清华大学出版社文怡编辑对本书的支持和所付出的努力。

限于作者的专业水平、知识背景和研究方向，书中错误和遗漏之处，恳请各位读者、专家和同仁不吝指正。

回顾过去30年三维集成技术的发展，我们确实可以说：There is really plenty of room on the TOP!

王喆垚

2025年3月于清华大学

电子邮箱：z.wang@tsinghua.edu.cn

缩略语

首字母	缩写词	原　　文	参考中文翻译
数字	3D SiP	Three-Dimensional System-in-Package	三维封装系统
	4VP	4-VinylPyridine	4-乙烯吡啶
	4-NBD	4-NitroBezene Diazonium	4-重氮苯盐
A	ABF	Ajinomoto Build-up Film	味之素积层膜
	acac	Acetylacetonate	乙酰丙酮化物
	ACF	Anisotropic Conductive Film	异方性导电胶膜
	ADA	Aromatic diamine	芳香二胺
	ADC	Analog to digital converter	模拟数字转换器
	AES	Auger Electron Spectrometry	俄歇电子能谱
	AiP	Antenna in Package	封装内天线
	ALD	Atomic Layer Deposition	原子层沉积
	ALE	Atomic Layer Etching	原子层刻蚀
	ARC	Anti-Reflection Coating	抗反射涂层
	ARDE	Aspect Ratio Dependent Etching	深宽比依赖性刻蚀
	APCVD	Atmospheric pressure chemical vapor deposition	常压化学气相沉积
	APE	AlkylPhenol Ethoxylates	烷基酚聚氧乙烯醚
	APTES	3-aminopropyl-triethoxysilane	3-氨丙基三乙氧基硅烷
	ASET	Association of Super-Advanced Electronic Technologies	超先进电子技术联盟
	ATA	5-amino-1h-tetrazol	5-氨基四氮唑
B	BBUL	Bumpless Build-Up Layer	无凸点积层
	BCB	Benzocyclobutene	苯并环丁烯
	BDEAS	Bis(diethylamino)silane	二(二甲氨基)甲基硅烷
	BGA	Ball grid array	球栅阵列
	BiCMOS	Bipolar-CMOS	双极 CMOS
	BPSG	Borophosphosilicate glass	硼磷硅玻璃
	BSG	Borosilicate glass	硼硅玻璃
	BEOL	Back end of line	后道工艺
	BOX	Buried oxide	埋氧层
	BPR	Buried Power Rail	埋入式电源线(轨)
	BSI	Backside Illuminated	背面照射
	BT	bismaleimide triazine	双马来酰亚胺三嗪树脂
	BTA	1,2,3-Benzotriazole	1,2,3-苯并三氮唑
	BTBMW	Bis(tert-butylimido) bis(dimethylamino) tungsten (VI)	双(叔丁基胺)双(二甲基胺)钨(VI)
	$[{}^{n}Bu_3P]_2$-Cu(acac)	Bis[tri-n-butylphosphine]-Cu(acetylacetonate)	双(三苯基膦)乙酰丙酮化铜

续表

首字母	缩写词	原　　文	参考中文翻译
C	C2	Chip connection	芯片连接
	C2C	Chip to chip	芯片到芯片
	C2W	Chip to wafer	芯片到晶圆
	C4	Controlled collapse chip connection	可控塌陷芯片连接
	CBRAM	Conductive bridge random access memory	导电桥存储器
	CCD	Core Chiplet Die	内核小芯片
	CCX	CPU complex	CPU 组合
	CDE	Cyclic Deposition Etching	循环沉积刻蚀
	CESL	Contact etching stop layer	接触刻蚀停止层
	CET	Capacitance equivalent thickness	电容等效厚度
	cG	Chemical grafting	化学接枝
	CIS	CMOS imaging sensor	CMOS 图像传感器
	CMOS	Complementary metal-oxide-semiconductor	互补金属氧化物半导体
	CMP	Chemical-mechanical planarization/polishing	化学机械抛光
	CMUT	Capacitive micromachined ultrasonic transducers	电容微加工超声换能器
	CNT	Carbon Nanotube	碳纳米管
	COD	Cyclooctadiene	环辛二烯
	CoWoS	Chip-on-Wafer-on-Substrate	芯片-晶圆-基板
	CD2WB	Collective Die-to-Wafer Bonding	集体芯片-晶圆键合
	CPU	central processing unit	中央处理器
	CPS	Coplanar strip	共面微带线
	CPW	Coplanar waveguide	共面波导
	CSP	Chip scale packaging	芯片级封装
	CTE	Coefficient of thermal expansion	热膨胀系数
	CUF	Capillary underfill	毛细下填充
	Cu(O-t-Bu)	Copper(I) tert-butoxide tetramer	叔丁醇亚铜
	$Cu(acac)_2$	Cu-bis(acetylacetonate)	二(乙酰丙酮)-铜
	Cu(acac)(hfac)	Cu-(acetylacetonato)-(1,1,1,5,5,5,-hexafluoroacatylacetonate)	乙酰丙酮-六氟乙酰丙酮-铜
	$[Cu(^{s}Bu\text{-}Me\text{-}amd)]_2$	Cu(I)-(N,N-Di-sec-butylacetamidinato)	(N,N-二仲丁基乙脒基)-铜(I)
	$Cu(hfac)_2$	Cu-bis(1,1,1,5,5,5-hexafluoroacetyl acetonate)	二(六氟乙酰丙酮)-铜
	$Cu(tmhd)_2$	Cu-bis(2,2,6,6-tetramethylheptane-3,5-dionate)	双(2,2,6,6-四甲基-3,5-庚二酮)-铜
	CVD	Chemical vapor deposition	化学气相沉积
	CVS	Cyclic Voltammetric Stripping	循环伏安剥离
	CXL	Compute Express Link	计算高速连接

续表

首字母	缩写词	原　　文	参考中文翻译
D	D2D	Die to die	芯片到芯片
	D2W	Die to wafer	芯片到晶圆
	DAC	digital to analog converter	数字模拟转换器
	DAF	Die-Attach film	管芯粘贴膜
	DARPA	Defense Advanced Research Projects Agency	国防部高级研究计划局
	DBG	Dicing Before Grinding	减薄前切割
	DBI	Direct bonding interconnect	直接键合互连
	DC	Direct current	直流
	DDR	Double data rate	双数据速率
	DFT	Design for testability	可测性设计
	DIMM	Dual in-line memory module	双列直插存储器模块
	DiRAM	Dis-integrated random access memory	非集成随机存储器
	DLI	Direct liquid injection	直接液体注入
	DMA	Direct memory access	直接存储器存取
	DMAB	Dimethylaminoborane	二甲胺基硼烷
	dmap	Dimethylamino-2-propoxide	二甲氨基-2-丙醇盐
	DMAc	N,N-Dimethylacetamide	N,N-二甲基乙酰胺
	DMB	Dimethylbutene	二甲基丁烯
	DMCOD	Dimethylcyclooctadiene	二甲基环戊二烯
	DRAM	Dynamic random access memory	动态随机存储器
	DRIE	Deep reactive ion etching	深反应离子刻蚀
	DSA	Dynamic surface annealing	动态表面退火
	DTC	Deep trench capacitor	深槽电容
	DTI	Deep trench isolation	深槽隔离
	DVFS	Dynamic voltage and frequency scaling	动态电压频率调节
	DVS	Divinyltetramethyldisiloxane	二乙烯基-四甲基二硅氧烷
E	EADF	Electron angular distribution function	电子角度分布函数
	EBSD	Electron back scatter diffraction	电子背散衍射
	ECD	Electrochemical deposition	电化学沉积
	ECR	Electron cyclontron resonance	电子回旋谐振
	ECPR	Ethylcyclopentadienyl (pyrrolyl)Ru(II)	乙基环戊二烯吡咯-钌(II)
	EDL	Electric double layer	电双层
	EDS	Embedded Die Substrate	嵌入式管芯基板
	EDTA	Ethylene Diamine Tetraacetic Acid	乙二胺四乙酸
	EDX/EDS	Energy Dispersive X-ray spectroscopy	能量色散 X 射线谱仪
	EEDF	Electron energy distribution function	电子能量分布函数
	EELS	Electron energy loss spectroscopy	电子能量损失谱

续表

首字母	缩写词	原　　文	参考中文翻译
E	EEPF	Electron energy probability function	电子能量概率函数
	eG	Electro grafting	电接枝
	ELTRAN	Epitaxial Layer TRANsfer	外延层转移
	EMC	Epoxy Molding Compound	环氧树脂模塑料
	EMIB	Embedded multidie interconnect bridge	嵌入式多管芯互连桥
	EOR	End-of-range	末端
	EOT	Equivalent oxide thickness	等效氧化层厚度
	ERR	Energy Release Rate	能量释放率
	eWLB	Embedded wafer level ball grid array	嵌入式晶圆级球栅阵列
F	FAST	Fast Atomic Sequential Technology	快速原子顺序技术
	FBAR	Film bulk acoustic resonator	薄膜体声波谐振器
	FC	Flip chip	倒装芯片
	FCBGA	Flip chip ball grid array	倒装芯片球栅阵列
	FCPOP	Flip chip package on package	倒装芯片封装上封装
	FDM	Finite Difference Method	有限差分法
	FDSOI	Fully-depleted silicon on insulator	全耗尽绝缘体硅
	FEOL	Front end of line	前道工艺
	FEM	Finite element method/modeling	有限元法/模型
	FGA	Forming gas annealing	形成气体退火
	FIB	Focused ion beam	聚焦离子束
	FOPLP	Fan out Panel Level Packaging	扇出型平板级封装
	FOWLP	Fan out wafer level packaging	扇出型晶圆级封装
	FPGA	Field programmable gate array	现场可编程门阵列
	FPI	Fluorinated polyimide	含氟聚酰亚胺
	FRAM	Ferroelectric RAM	铁电随机访问存储器
	FSG	Fluorosilicate glass	氟硅玻璃
G	GAA	Gate-all-around	栅全环绕
	GC	Grain-Continuum	晶粒连续
	GDDR	Graphics Double Data Rate	图形双倍数率
	GeOI	Germanium on insulator	绝缘体上锗
	GPU	Graphics processing unit	图形处理单元
H	HBM	High bandwidth memory	高带宽存储器
	HBT	Heterojunction bipolar transistors	异质结双极型晶体管
	HDI	High density Interconnect	高密度互连
	HDMS	Hexamethyldisilazane	六甲基二硅氮烷
	HDPCVD	High density plasma chemical vapor deposition	高密度等离子体化学气相沉积

续表

首字母	缩写词	原　　文	参考中文翻译
H	HEMT	High electron mobility transistors	高电子迁移率晶体管
	hfac	Hexafluoroacetylacetonate	六氟乙酰丙酮
	HGC	Hybrid Grain-Continuum	混合晶粒连续
	HKD	High-κ dielectric	高介电常数介质
	HKMG	High-κ metal gate	高介电常数金属栅
	HMC	Hybrid Memory Cube	混合存储器立方体
	HRS	High resistivity silicon	高电阻率硅
	HSQ	Hydrogen Silsesquioxane	氢倍半硅氧烷
I	IADF	Ion angular distribution function	离子角度分布函数
	IC	Integrated circuit	集成电路
	ICP	Inductive coupled plasma	电感耦合等离子体
	ICP-MS	inductively coupled plasma assisted magnetron sputtering	电感耦合等离子体辅助磁控溅射
	IDM	Independent manufacturer	(集成电路)独立制造商
	IEDF	Ion energy distribution function	离子能量分布函数
	IGBT	Insulated Gate Bipolar Transistor	绝缘栅双极型晶体管
	ILD	Inter-Layer Dielectric	层间介质层
	ILV	Inter-Layer via	贯穿介质层通孔
	IMC	Inter-metal compound	金属间化合物
	IMD	Inter-Metal Dielectric	金属间介质层
	IMP	Ionized Metal Plasma	离子化金属等离子体
	InFO	Integrated Fan-Out	集成扇出
	I/O	In/Out	输入/输出
	IPC	Instructions per Cycle	每循环指令数
	IPD	Integrated passive device	集成无源器件
	iPVD	Ionized physical vapor deposition	离子化物理气相沉积
	IRDS	International Roadmap for Devices and Systems	国际器件与系统发展路线
	ISA	Intersubstrate alignment	衬底间对准
	ISP	Image Signal Processing	图像信号处理
	i-THOP	Integrated Thin-film High-density Organic Package	集成薄膜高密度有机封装
	ITRS	International technology roadmap for semiconductor	国际半导体发展技术路线
J	JEDEC	Joint Electron Device Engineering Council	电子器件工程联合委员会
	JGB	Janus Green B	健那绿
K	KGD	Known good die	确好芯片,已知良好芯片
	KOZ	Keep-out zone	排除区域

续表

首字母	缩写词	原　　文	参考中文翻译
L	LCD	Liquid Crystal Display	液晶显示器
	LED	Light Emitting Diode	发光二极管
	LK	Low k	低介电常数
	LPCVD	Low pressure chemical vapor deposition	低压化学气相沉积
	LPDDR	Low Power Double Data Rate	低功耗双数据率
	LTHC	Light-To-Heat Conversion	光热转换
	LTCC	Low Temperature Co-fired Ceramic	低温共烧陶瓷
	LTO	Low temperature oxidation	低温氧化
	LVDS	Low-Voltage Differential Signaling	低压差分信号
M	M3D	Monolithic 3D Integration	单片三维集成
	MBIST	Memory built-in self-test	存储器内建自测
	Mbps	Million bits per second	每秒百万位
	MCM	Multi-chip module	多芯片模块
	MEOL	Middle end of line	中道工艺
	MEMS	Microelectromechanical systems	微电子机械系统
	MIM	Metal-insulator-metal	金属-绝缘体-金属
	MIMO	Multiple-input-multiple-output	多输入多输出
	MIS	Metal-Insulator-Semiconductor	金属-绝缘体-半导体
	MIS	Molded Interconnect Substrate	铸模互连基板
	MLBS	Multilayers with buried structures	埋入式多层结构
	MMIC	Monolithic Microwave Integrated Circuits	单片微波集成电路
	MOCVD	Metal-organic Chemical Vapor Deposition	金属有机物化学气相沉积
	MOS	Metal-oxide-semiconductor	金属-氧化物-半导体
	MPS	Sodium 3-mercapto-1-propanesulfonate	3-巯基-1-丙烷磺酸钠
	MPS-C2	Metal Post Solder Chip Connection	金属柱焊球芯片连接
	MRAM	Magnetic random access memory	磁随机存取存储器
	MRR	Mechanical removal rate	机械去除速率
	MSQ	Methyl silesquioxane	甲基倍半硅氧烷
	MTES	Methyl Tri Ethoxy Silane	甲基三乙氧基硅烷
	MTF	Median Time to Failure	中位失效时间
	MTTF	Mean time to failure	平均失效时间
	MUF	Molded underfill	模压下填充
N	NAND	Not AND flash	非与型闪存
	NBTI	Negative-bias temperature instability	负偏压温度不稳定性
	NCF	Non-conductive film	非导电膜
	NCFET	Negative-capacitance field-effect transistor	负电容场效应晶体管
	NCP	Non-conductive paste	非导电胶

续表

首字母	缩写词	原　文	参考中文翻译
N	NFC	Near field Communication	近场通讯
	NLD	Magnetic neutral loop discharge	磁中性环路放电
	NMOS	Negative metal-oxide semiconductor	N 型金属氧化物半导体
	NMP	N-Methyl-2-Pyrrolidone	N-甲基-2-吡咯烷酮
	NOR	Not Or Flash	非或型闪存
	NUMA	Non-uniform memory access	非一致性内存访问
	NWFM	N-type work function metal	N 型功函数金属
O	ODA	Oxydianiline	二氨基联苯醚
	ODT	Octadecanthiol	十八硫醇
	OSAT	Outsourced Semiconductor Assembly and Testing	外包半导体封装测试
	OSG	Organosilicate glass	有机硅玻璃
P	P4VP	Poly-4-vinylpyridine	聚(4-乙烯吡啶)
	PAE	Poly arylether	聚芳醚
	PAG	Poly Alkylene Glycol	聚亚烷基二醇
	PAI	Polyamide-imide	聚酰胺-酰亚胺
	PBO	Polybenzoxazole	聚苯并噁唑
	PBTI	Positive-bias temperature instability	正偏置温度不稳定性
	PC	Pulse current	脉冲电流
	PCIe	Peripheral component interconnect express	周边器件高速互连
	PCM	Phase change memory	相变存储器
	PDK	Process design kit	工艺设计工具包
	PDMAT	Pentakis(dimethylamino)tantalum(V)	五(二甲氨基)钽(V)
	PDMS	Polydimethylsiloxane	聚二甲基硅氧烷
	PDN	Power delivery network	电源分布网络
	PECVD	Plasma-enhanced chemical vapor deposition	离子增强化学气相沉积
	PEG	Polyethlyene Glycol	聚乙二醇
	PEO	Poly ethylene oxide	聚氧化乙烯
	PI	Polyimide	聚酰亚胺
	PIC	Particle-In-Cell	胞中粒子法
	PMD	Pre-Metal Dielectric	金属前介质层
	PMDA	Pyromellitic dianhydride	苯均四酸二酐
	PMe_3	Trimethylphosphine	三甲基膦
	PMOS	Positive metal-oxide semiconductor	P 型金属氧化物半导体
	PNA	Post nitridation annealing	渗氮(氮化反应)后退火
	PNP	Polyphenylene	聚苯醚
	PoP	Package on Package	封装上封装
	PPC	Poly Propylene Carbonate	聚碳酸亚丙酯

缩略语

续表

首字母	缩写词	原　　文	参考中文翻译
P	PPG	Poly propylene glycol	聚丙二醇
	PPO	Poly propylene oxide	聚环氧丙烷
	PR	Pulse Reverse	脉冲反向
	PSG	Phosphosilicate glass	磷硅玻璃
	PTFE	Poly tetra fluoroethylene	聚四氟乙烯
	PTH	Plated Through Hole	电镀通孔
	PVD	Physical vapor deposition	物理气相沉积
	PVP	Poly vinylpyrrolidone	聚乙烯吡咯烷酮
	PWB	Printed Wiring Board	印刷线路板
	PWFM	P-type work function metal	P 型功函数金属
R	RAM	Random access memory	随机存取存储器
	RC	Resistance capacitance	电阻-电容
	RCAT	Recessed Channel Array Transistor	凹沟道阵列晶体管
	RCP	Redistributed chip packaging	再分布芯片封装
	RDL	Redistribution layer	再布线层
	RF	Radio frequency	射频
	RFIC	Radio frequency integrated circuit	射频集成电路
	RIE	Reactive ion etching	反应离子刻蚀
	RLC	Resistance inductance capacitance	电阻-电感-电容
	RMG	Replacement Metal Gate	替换金属栅
	RMS	Root Mean Square	均方根
	RRAM	Resistive random access memory	电阻随机存取存储器
	RSD	Raised source drain	凸台源漏
S	SAB	Surface active bonding	表面活化键合
	SACVD	Sub-atmosphere chemical vapor deposition	次常压化学气相沉积
	SAES	Sodium Alcohol Ether Sulphate	脂肪醇聚氧乙烯醚硫酸钠
	sccm	standard cubic centimeter per minute	标准毫升每分钟
	SCVR	Switch capacitor voltage regulator	开关电容电压调制器
	SDBS	Sodium Dodecyl Benzene Sulfonate	十二烷基苯磺酸钠
	SDDACC	Sulfonated Diallyl Dimethyl Ammonium Chloride Copolymer	硫化二烯丙基二甲基氯化铵共聚物
	SEM	Scanning electron microscope	扫描电子显微镜
	SerDes	Serializer/Deserializer	串行器/解串行器
	SGOI	Silicon germanium on insulator	绝缘体上硅锗
	SIMS	Secondary ion mass spectrometry	二次离子质谱
	SiC	System in a cubic	立方体内系统
	SiON	Silicon Oxynitride	氮氧化硅

续表

首字母	缩写词	原　　文	参考中文翻译
S	SiP	System in a package	封装内系统
	SLC	Surface Laminar Circuitry	表面层合电路
	SLID	Solid Liquid Inter Diffusion	固液互扩散
	SMD	Surface Mounted Devices	表面贴装器件
	SoC	System on a chip	芯片上系统
	SOG	Spin on glass	旋涂玻璃
	SOI	Silicon on insulator	绝缘体上硅
	SoIC	System on Integrated Chips	集成芯片上系统
	SOP	System on package	封装上系统
	SPE/SPER	Solid Phase Epitaxy/Solid Phase Epitaxy Regrowth	固相外延再生长
	SPS	Bis-(sodium sulfopropyl)-disulfide	聚二硫二丙烷磺酸钠
	SSQ	Silsesquioxane	倍半硅氧烷
	SST-MRAM	Spin torque transfer MRAM	自旋转移矩磁存储器
	STD	Standard deviation	标准差
	STEM	Scanning transmission electron microscopy	扫描透射电子显微镜
	STI	Shallow trench isolation	浅槽隔离
T	TAIMAT	Tertiary-amylimido-tris(dimethylamido) tantalum	叔戊酯亚氨基三(二甲氨基)钽
	TAZ	1,2,4-triazole	1,2,4-三氮唑
	TBS	Temporary Bonding system	临时键合系统
	TBTDET	Tert-butylimido-tris(diethylamino) tantalum	三(二乙基氨基)叔丁酰胺钽
	TCB	Thermocompression Bonding	热压键合
	TCDA	Tetracarboxylic dianhydride	环戊四酸二酐
	TCV	Through core via	芯层通孔
	TDV	Through dielectric via	介质层通孔
	TDDB	Time Dependent Dielectric Breakdown	时间相关介质击穿
	TDEAT	Tetrakis-diethylamino titanium	四(二乙氨基)钛
	TDMAT	Tetrakis-dimethylamido titanium	四(二甲氨基)钛
	TEM	Transmission Electron microscope	透射电子显微镜
	TEMAT	Tetrakis-ethylmethylamido titanium	四(乙基甲基氨基)钛
	TEOS	Tetra Ethyl Ortho Silicate	正硅酸乙酯
	TGV	Through glass via	玻璃通孔
	thd	2,2,6,6-tetramethyl-3,5-heptane dionate	2,2,6,6-四甲基-3,5-庚二酸
	TIM	Thermal interface material	热界面材料
	TIV	Through interposer via	插入层通孔
	TLP	Transient Liquid Phase	瞬时液相
	TMA	Trimethyl aluminium	三甲基胺

缩略语

续表

首字母	缩写词	原　　文	参考中文翻译
T	TMAH	Tetramethylammonium hydroxide	四甲基氢氧化铵
	Tmhd	Tetramethyl-heptanedione	四甲基庚二酮
	TMVS	Trimethylvinylsilane	三甲基乙烯硅烷
	TMV	Through mold via	模塑层通孔
	TOF	Time of flight	飞行时间
	TSMC	Taiwan Semiconductor Manufacturing Company	台湾积体电路制造有限公司
	TPV	Through package via	封装通孔
	TSV	Through silicon via	硅通孔
	TTSV	Thermal Through-silicon-via	传热硅通孔
	TTV	Total thickness variation	总厚度变化
	TTF	Time to failure	失效时间
U	UBM	Under bump metallization	凸点下方金属
	ULK	Ultra low κ	超低介电常数
	UPG	Ultra Precision Grinding	超精密研磨
	USG	Undoped silicate glass	非掺杂硅玻璃
	UHCVD	Ultra high vacuum chemical vapor deposition	超高真空化学气相沉积
	UMC	United Microelectronics Corporation	联华电子公司
V	VCO	Voltage controlled oscillator	压控振荡器
	VCSEL	Vertical Cavity Surface Emitting Laser	垂直腔表面发射激光
W	W2W	Wafer to wafer	晶圆到晶圆
	WLAN	Wireless Local Area Network	无线局域网
	WLCSP	Wafer Level Chip Scale Packaging	晶圆片级芯片规模封装
	WLP	Wafer Level Packaging	晶圆级封装
	WSS	Wafer Support System	晶圆支撑系统
X	XPS	X-ray photoelectron spectroscopy	X射线光电子能谱
Y	YAG	Yttrium aluminum garnet	钇铝石榴石

会议缩写

3DIC	International 3D System Integration Conference
DATE	Design, Automation & Test in Europe Conference & Exhibition
ECTC	Electronic Components and Technology Conference
EMPC	European Microelectronics and Packaging Conference
EMTC	International Electronics Manufacturing Technology Conference
EPTC	Electronic Packaging Technology Conference
ESSDERC	European Solid-State Device Research Conference

续表

ESTC	Electronic System-Integration Technology Conference
EuroSimE	International Conference on Thermal, Mechanical and Multi-Physics Simulation and Experiments in Microelectronics and Microsystems
IEDM	International Electronic Device Meeting
IITC	International Interconnect Technology Conference
IRPS	International Reliability Physics Symposium
ISSCC	International Solid-State Circuits Conference
IMAPS	International Microelectronics and Packaging Society
IMPACT	International Microsystems, Packaging, Assembly and Circuits Technology Conference
IWLPC	International Wafer Level Packaging Conference
MEMS	Microelectromechanical Conference
S3S	SOI-3D-Subthreshold Microelectronics Technology Unified Conference

目录

目录

目录

目录

目录

目录

目录

目录

第 1 章

三维集成技术概述

常规的集成电路由一层在半导体基底表层制造的晶体管和上方的多层金属互连线组成。提高集成电路性能的重点主要集中在减小单个晶体管尺寸、提高晶体管密度方面，即通过减小特征尺寸(critical dimension)实现更小的晶体管和更高的集成度，从而获得更低的功耗、更低的成本、更高的性能和更多的功能。从 1965 年 G. Moore 提出摩尔定律以来(Moore's Law)[1]，集成电路的集成度基本遵照摩尔定律所预言的以大约每 18 个月翻一番的速度发展。1971 年 Intel 推出的第一个商用处理器 4004 利用 10μm 工艺制造，晶体管总数为 2300 个；2022 年苹果公司的 A16 处理器采用 4nm 工艺制造，单颗处理器的晶体管总数接近 160 亿个，而采用 FinFET 和环栅结构晶体管的特征尺寸已经减小到 3nm，晶体管密度达到 1.2 亿个/mm^2。

特征尺寸的不断减小和集成度的不断提高，依赖以光刻技术为代表的集成电路制造技术、设备和材料的不断进步。然而，近年来这种通过特征尺寸不断减小的发展模式遇到了严峻的挑战。尽管特征尺寸将继续向着 2nm 和 1nm 节点发展，但是 10nm 以后特征尺寸的减小速度及经济性已经明显放缓。根据 ASML 公司的预测(Anthony Yen，2021)，摩尔定律将在 2030—2035 年进入平台期，即特征尺寸不再继续减小，集成度不再继续提高。原因主要包括四方面：一是特征尺寸进入 1nm 以下时已经接近原子的尺寸，由此引起的量子效应等瓶颈问题尚未解决，基于场效应原理的晶体管的物理基础可能不再有效；二是依靠光刻技术不断进步的技术难度越来越大、成本越来越高，最终导致通过减小特征尺寸提高性能的经济性不复存在，失去了摩尔定律发展的源动力；三是由于功耗的限制，以处理器为代表的芯片的时钟频率也会趋于稳定，性能难以持续提高，实际上，目前处理器已经出现了时钟频率基本饱和的状况；四是为了追求极致的性能、成本和可靠性，不同类型电路的制造工艺越来越差异化和专业化，这导致不同类型甚至不同功能的集成越来越困难。

在后摩尔时代，如何保持集成电路的持续发展已经成为相关领域最重要的研究课题之一。近年来，将多层芯片在第三维度(高度方向)上通过堆叠进行集成的发展路线，即三维集成(three-dimensional integration)，展现出优异的技术和经济优势。三维集成通过在高度方向上进行多层芯片的集成而提高集成度，不再依赖特征尺寸的减小，从而避免了延续特征尺寸减小所带来的瓶颈问题，为集成电路的持续发展开辟了新方向。经过 30 多年的发展，三维集成相关方法、策略、设计理论和可靠性问题逐步清晰，用于三维集成制造的设备、材料和设计软件逐步开发和完善，相关的应用领域也在不断拓宽，三维集成已经成为集成电路领域最重要的发展方向之一。

1.1 三维集成的基本概念

广义的三维集成是指将多层芯片在厚度方向堆叠起来集成在一个封装体内部，并通过适当的形式实现多层芯片之间以及多层芯片与封装体之间的电学连接。其本质是多层芯片在第三维度上的堆叠集成。

1.1.1 三维集成的结构

多层芯片堆叠的结构方式和电学连接方式有多种。广义的三维集成可以分为堆叠封装(chip stacking)、封装体堆叠(Package-on-Package,PoP)、2.5维插入层集成(2.5D interposer integration)、三维电路集成(3D IC integration)以及三维硅集成(3D Si integration)等类型,如图1-1所示。

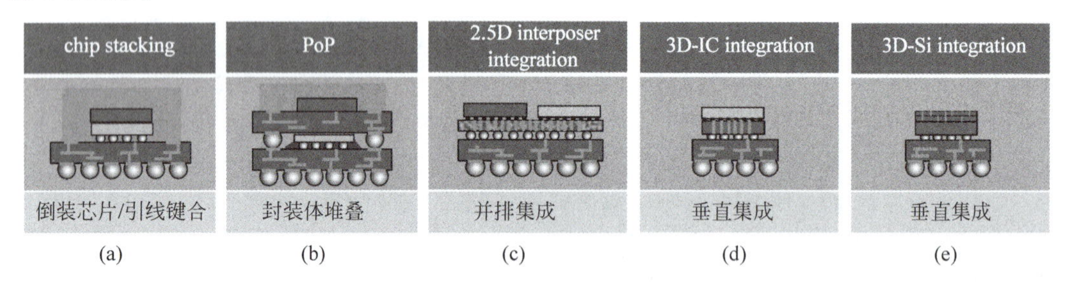

图 1-1 三维堆叠的形式

1.1.1.1 三维堆叠封装

芯片堆叠和PoP属于三维系统封装(3D System-in-Package,SiP)的范畴,是指将芯片堆叠后,利用封装技术中的引线键合或者倒装芯片的凸点键合技术,实现芯片与封装基板或者芯片间的电学互连。三维堆叠封装是一种多芯片堆叠技术,在狭义的基于垂直互连的三维集成技术出现以前,已经得到了广泛的研究和应用,特别是在动态存储器和非挥发存储器领域。堆叠封装既可以堆叠未封装的芯片(称为芯片堆叠封装),也可以堆叠已经封装或已经与基板连接但尚未装入封装外壳的芯片(称为封装体堆叠)。三维封装是在芯片制造以后进行最终的芯片堆叠,主要在封装厂完成,技术难度和成本较低,满足小尺寸空间内集成多功能和高密度的需求。

图1-2为典型的三维堆叠封装结构。芯片堆叠利用引线键合将每层芯片与封装基板相连,在存储器领域应用广泛。这种结构的多层芯片只是空间上的堆叠,芯片与基板之间的互连依靠封装技术实现,通常芯片之间没有互连和功能上的逻辑联系,只能提高集成度而难以提高速度,并且金属引线长、密度低。将两层芯片面对面堆叠并通过金属凸点键合实现互连,可以获得较高的芯片间互连密度,类似于封装中的倒装芯片技术,在制冷红外探测器领域得到了广泛应用。

(a) 存储器芯片堆叠封装

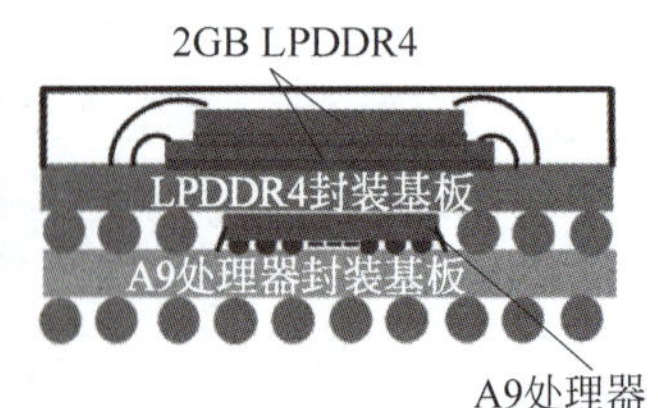

(b) Apple A9处理器PoP

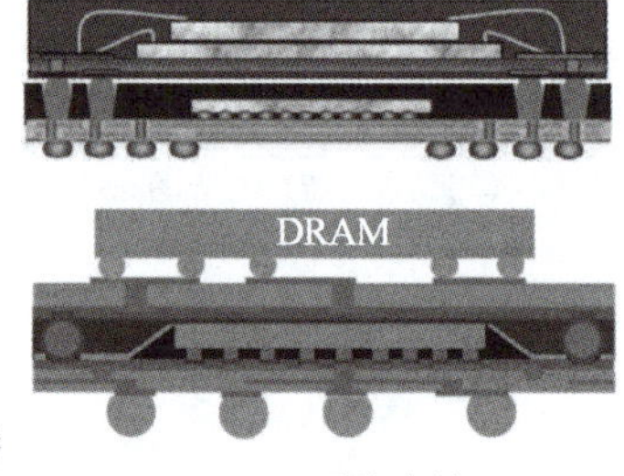

(c) PoP互连方法

图 1-2 典型的三维堆叠封装结构

三维堆叠封装通过多芯片封装减小封装体积、降低成本、减少接口数量，近年来发展非常活跃。苹果公司从A9处理器开始，采用PoP结构堆叠处理器与动态存储器。通过倒装芯片和引线键合将处理器和存储器与各自的封装基板进行电学连接，然后将这两个封装基板堆叠，两层基板间的金属焊球实现封装基板间的电学连接。Amkor和Shinko开发的PoP利用在封装的模塑层中制造的通孔(Thru-mold-via，TMV)进行垂直互连，通过采用双层平面布线，进一步扩展顶层芯片的I/O密度和灵活性。

芯片堆叠还可以产生多种扇出型(fan-out)封装方法，以满足小芯片对多端口数量的需求，如超薄芯片堆叠技术[2]。该技术利用微凸点和倒装芯片，以面对面凸点键合的方式将超薄芯片(厚度为15～20μm)嵌入基板的高分子层中，并通过高分子层中的垂直铜柱和水平布线将多芯片互连。这种方法可用于晶圆级封装，而且由于垂直互连不在芯片上，而是位于芯片周围的高分子层，简化制造、降低成本。

1.1.1.2 三维硅集成

三维硅集成是指将一层超薄的单晶硅层制造在下层集成电路介质层的上方，再利用上层的单晶硅制造第二层集成电路的垂直集成方法。如图1-3所示，这种集成方法有三个典型特征：一是上层单晶硅层与下层集成电路的介质层之间没有金属凸点；二是上下层器件之间的电学互连通过集成电路工艺制造的垂直互连而不是金属键合实现，即利用CMOS的金属互连工艺制造连接上下层的垂直互连，称为层间互连(Inter-layer-via，ILV)；三是采用串行方式制造多层芯片，即上层集成电路是在下层制造以后，在下层电路介质层上方制造的，因此这种集成方法也称为顺序集成三维集成(sequential 3D integration)。

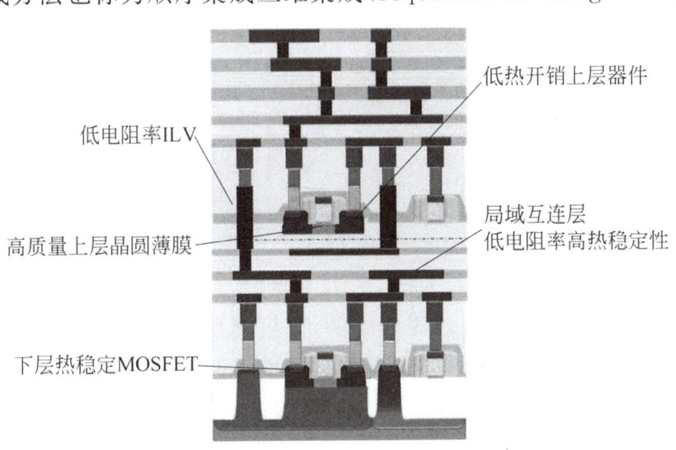

图1-3 三维硅集成

上层单晶硅层的厚度仅为数十纳米或百纳米，具有透光性，因此上层器件与下层器件的对准由光刻机实现，对准偏差小于5nm，具有极高的对准精度。此外，通过刻蚀去除ILV所在区域的单晶硅，ILV完全位于介质层内。因此，ILV与CMOS互连中的垂直过孔具有类似的结构，可以采用CMOS互连工艺制造。加之ILV穿透的厚度极小，ILV的直径极小，具有极高的互连密度，可以实现晶体管级的互连。这使得传统CMOS晶体管中平面布置的PMOS和NMOS在三维硅集成中可以分层制造，再利用ILV连接为一个CMOS器件，实现对材料、晶向和载流子迁移率的独立优化。例如，利用Si制造NMOS，利用SiGe或Ge制造PMOS，实现同一个CMOS器件内电子和空穴迁移率的最大化。

由于下层集成电路能够耐受的温度有限，多层顺序制造的技术难点是如何在温度限制的情况下将单晶硅制造在下层芯片表面，并完成上层单晶硅器件的高温工艺，如注入激活。实现单晶硅集成的方法包括再晶化技术和键合技术。再晶化是首先低温沉积非晶硅或多晶硅，然后通过激光局部退火或金属诱导晶化退火，将非晶硅或多晶硅转变为单晶硅，最后制造晶体管。由于再晶化的缺陷密度较高的问题一直没有得到彻底解决，随着特征尺寸的不断减小，缺陷严重影响芯片成品率，因此近年来该方法已经被基本放弃。

键合技术利用低温键合将超薄单晶硅转移至下层芯片表面，然后制造晶体管。Leti 采用键合和固相外延开发出 CoolCube 三维硅集成方法，可以在 600℃以下实现单晶硅集成和注入激活，实现了温度限制条件下的三维硅集成。2018 年，麻省理工学院(MIT)和斯坦福大学采用低温工艺集成了多层碳纳米管晶体管和阻变存储器，展示了多层集成的非硅发展路线。三维硅集成被 IRDS(International Roadmap for Devices and Systems)作为“终极三维集成”技术，将成为 2030 年以后的重要集成技术，甚至对集成电路领域起到革命性的影响。

1.1.1.3　三维电路集成

三维电路集成是指在不同的晶圆上分别制造集成电路，然后利用键合将多层晶圆(或芯片)集成为一体，如图 1-4 所示[3]。相邻两层芯片通过介质层键合集成，二者之间的电学连接通过接触表面的金属键合凸点实现，而同一芯片的上下表面的电学连接通过穿透芯片的三维互连——硅通孔(Through-silicon-via，TSV)实现。由于不同的晶圆是分别制造后再集成的，因此这种集成方法也称为并行三维集成。

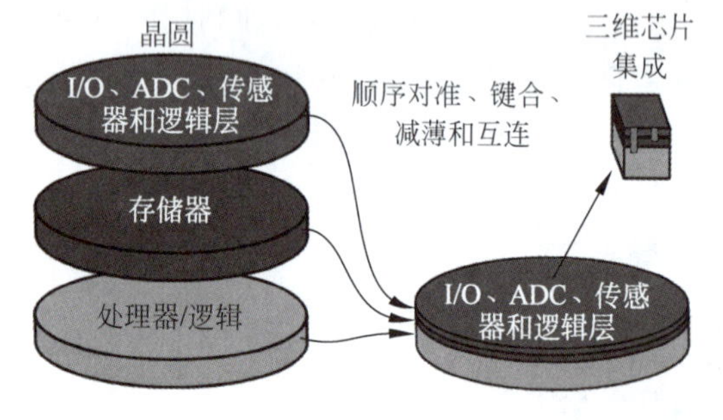

图 1-4　三维电路集成

图 1-5 为典型三维电路集成结构，其核心是 TSV 和金属凸点键合。TSV 一般是在芯片上刻蚀的通孔，通孔内壁沉积绝缘介质层和扩散阻挡层，通孔内填充实心铜柱形成导体。典型 TSV 的直径为 3～30μm，而受限于 TSV 制造深度和成本，TSV 所在芯片需要减薄，厚度通常为 20～100μm。芯片间的键合包括金属键合和介质层键合，前者通过金属凸点实现相邻两层芯片的金属互连，后者把金属凸

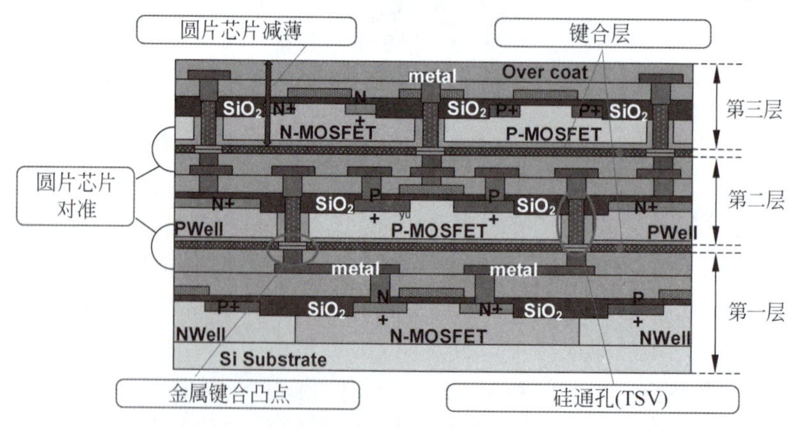

图 1-5　典型三维电路集成结构

点以外的区域用介质层（如 SiO_2 或高分子）进行键合，以提高芯片的键合强度、绝缘性能和散热能力。由于每层芯片都是在键合前制造好的，考虑到两层芯片之间的对应关系，键合需要两层芯片的对准。

三维电路集成与三维硅集成具有类似的结构，例如都具有垂直堆叠结构，都利用垂直互连实现多层电学连接。但二者也有显著的区别。三维电路集成采用并行工艺制造，被集成的多个芯片分别制造后再通过键合的方式集成，相互之间不存在工艺上的制约和干扰，甚至制造工艺和衬底材料都可以不同，具有极大的灵活性；三维硅集成采用顺序制造方式，即首先制造下层器件，然后键合上层裸晶圆，再在上层晶圆上制造器件，因此上层器件的工艺和材料受到下层器件耐温能力的制约。三维电路集成中，两个晶圆键合前已经制造了器件，键合时上下层器件必须满足位置对应关系，但受限于晶圆厚度和键合对准精度，TSV 和键合凸点的直径大、密度低，只能连接电路模块而无法实现晶体管级的互连；三维硅集成在上层晶圆键合后才制造器件，可以利用光刻机通过超薄的上层硅直接对准下层器件，具有极高的对准精度，因此采用集成电路工艺制造的 ILV 直径小、密度高，可以实现晶体管级的连接。三维电路集成中，相邻的两层器件既可以采用 TSV 连接，也可以采用金属键合凸点连接；而三维硅集成中，相邻的两层器件只能通过 ILV 直连。

三维电路集成与三维封装集成的主要区别是多层芯片之间的连接方式。三维电路集成通过 TSV 和金属凸点实现多层芯片之间的电学连接，而三维封装集成多通过引线键合或倒装芯片实现电学连接。前者多在集成电路制造阶段实现，也可以在封装阶段实现；而后者只能在封装阶段实现。由于 TSV 比引线键合具有更短的长度和更高的密度，因此三维电路集成具有更高的数据传输带宽、更高的速度和更低的功耗。表 1-1 对比了三维封装集成、三维硅集成和三维电路集成的主要特征。

表 1-1　不同的三维集成方式的特点

	三维封装集成	三维硅集成	三维电路集成
制造技术	芯片键合＋引线键合	晶圆转移＋竖孔技术	晶圆键合＋TSV
三维连接方式	引线、凸点或焊球	电路 ILV	TSV
互连位置	连接封装	连接器件或电路	连接电路
典型互连长度	2～3mm	100～1000nm	20～100μm
典型互连密度/mm^{-1}	4～11	10^4	10^2
典型互连间距	100～500μm	10nm	10μm
典型互连直径	约 100μm	约 10nm	3～30μm
典型芯片厚度	＞50μm	20～100nm	20～100μm

1.1.1.4　2.5D 插入层集成

2.5D 插入层集成是利用带有 TSV 的衬底作为插入层（Interposer，也称转接板），将多个芯片平铺在插入层上的集成方式，如图 1-6 所示。2.5D 插入层集成是一种介于平面结构和三维结构之间的过渡结构，插入层带有 TSV 和平面再布线层（Re-distributed Layer，RDL），芯片仍采用平铺的方式集成在插入层上，多芯片之间以及多芯片与封装基板之间通过插入层连接，芯片与插入层之间通常采用金属微凸点连接。插入层所集成的芯片既可以是单层芯片，也可以是多层三维集成芯片。

利用带有 TSV 的插入层具有以下优点。

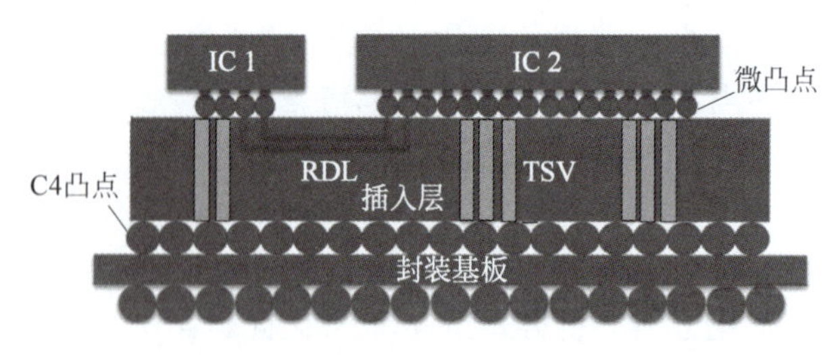

图 1-6　典型 2.5D 集成结构示意图

(1) 通过插入层上制造的高密度 RDL 提供芯片间的高密度互连,可以大幅提高芯片间数据传输速率和带宽,这对数据吞吐量大的应用如 DRAM 和 CPU 具有重要意义。

(2) 插入层的 TSV 以及 RDL 的密度要求较低,无须先进工艺,制造难度和成本远低于芯片的三维集成。

(3) 可以使用较大的插入层,将高密度的 I/O 接口通过 TSV 扩展到更大的面积上实现扇出型封装,解决小面积芯片上的 I/O 数量受到芯片面积制约的问题。

(4) 通过插入层实现多功能芯片甚至分立器件的异质集成,提高集成度、减小总体积、提高性能、降低成本。

(5) 插入层结构总体较为简单,其电磁兼容、热力学和可靠性问题也相对简单。

插入层兼具平面结构和三维集成的一些优点,也在一定程度上避免了二者的缺点,尽管从结构上看 2.5D 插入层集成是一种介于平面结构和三维结构之间的过渡结构,但这种过渡结构将作为一种优势技术长期发展下去。

1.1.2　三维集成的优点

三维集成具有二维平面结构无可比拟的优点,如 TSV 互连的长度短、密度和带宽高,芯片集成度高、可实现异质集成[4-5],如图 1-7 所示。TSV 的长度由芯片厚度决定,被集成芯片的厚度通常只有 20～100μm,因此 TSV 的长度比二维电路的全局互连长度降低 1～2 个数量级。互连长度降低,相应的延迟和功耗都显著降低,速度大幅提高。一般 TSV 的直径

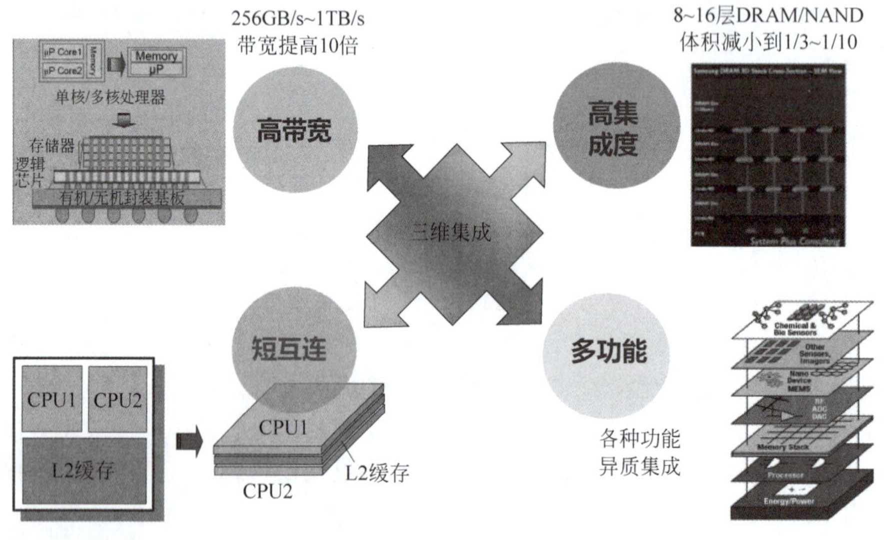

图 1-7　三维集成的优点

只有 5～20μm，可以实现较高的 TSV 互连密度，大幅提高模块电路间的数据通道数量和传输带宽，获得更高的数据传输能力。三维集成电路由多层二维电路堆叠而成，单位面积和单位体积内都具有更高的晶体管密度。这一方面减小了芯片面积，提高了芯片的集成度；但另一方面功率密度的显著提高带来散热和可靠性方面的挑战。不同层的芯片可以采用不同的材料和工艺制造，避免了芯片间的相互制约，可以实现多芯片的异质和异构集成，为多功能片上系统（SoC）提供了可能。这四个本质特征中，前两项是由 TSV 带来的，后两项是由多层堆叠集成带来的。

这些优点使三维集成可以提高集成电路的性能、降低功耗、减小重量和体积。如三维集成能够使系统性能提高 150%以上[6]，芯片的集成度与普通封装形式相比可以提高 5～10 倍，体积和重量降低为原来的 1/10～1/50；而与多芯片模块封装 MCM 相比，体积和重量降低为原来的 1/5～1/6[7]。这些优势使三维集成成为进一步发展和实现多功能集成的新方法，为系统集成提供了崭新的思路。

1.1.2.1 低互连延时和功耗

随着集成电路复杂度和晶体管数量的不断增加，芯片的面积和全局互连的长度也随之增加，全局互连延时越来越长。理论上，互连的延时可以大体表示为

$$\tau = 2\rho\varepsilon\left(\frac{4L^2}{p^2} + \frac{L^2}{t^2}\right) \tag{1.1}$$

式中：ρ、ε 分别为互连金属的电阻率和介质层的介电常数；L、p 和 t 分别为互连的长度、节距和厚度。

由式(1.1)可见，互连延时与互连长度、节距和厚度都是平方的正比或反比关系，互连长度增加、节距减小和厚度降低会大幅增加互连延时。例如，CMOS 在 1μm 工艺节点时，1mm 全局互连线的延时为 1ps，而晶体管的延时为 20ps；到 32nm 节点时，即使采用铜互连和超低介电常数(κ)介质，1mm 全局互连线的延时也增加到 1129ps，而相应晶体管的延时却只有 1ps。因此，互连长度的增加和特征尺寸的减小导致延时增大，影响了芯片速度。随着芯片复杂度和晶体管数量的不断增加，加剧了互连延时和功耗的问题[8-9]。

尽管采用中继器、增加互连层数、使用超低 κ 介质材料等方法可以改善延时，但全局互连问题已经成为决定集成电路性能的主要因素[10]。由于互连延时与长度的平方成正比，常用解决互连延时的方法是在长互连中加入缓冲器（中继器），将长互连分为两段；但是，缓冲器的数量随着特征尺寸的减小呈指数关系上升，缓冲器需要大量的功耗，无法从根本上解决互连延时的问题。

三维集成可以大幅缩短互连长度，实现更短的互连延时、更快的速度、更低的寄生效应、更低的功耗[4]。如图 1-8 所示，以处理器为例，如果将处理器的高速缓存分割成为独立的一层芯片再与逻辑部分三维集成，可以使全局互连的极限长度由芯片的边长（通常为几毫米甚至几厘米）缩短到 TSV 的高度（十几至几十微米），从而大幅缩短全局互连延时。理论分析表明，三维集成中长互连线的长度大幅缩短，数量显著降低，而短互连线的数目有所增加[5]，即通过三维集成，一批长互

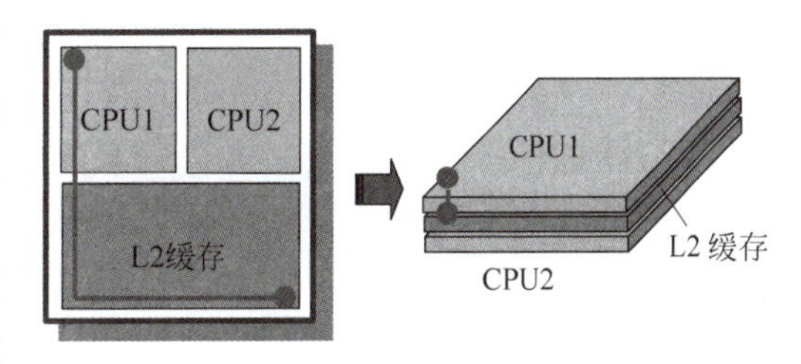

图 1-8 三维集成有效降低全局互连线的长度

连线变成短互连线。

在速度方面，对于 n 层的三维集成，理论上工作频率可以提高到 $n^{3/2}$，而功耗可以降低到平面电路的 $n^{1/2}$[11]。采用 2 层堆叠时，互连总长度将缩短约 28%；采用 5 层堆叠时，互连总将缩短 51%。以处理器为例，即使处理器的运行速度接近 20GHz，在面积为 $1cm^2$ 的芯片上采用光通信进行数据传输也需要数个时钟周期，受延时的限制，一个时钟周期内的通信范围只能覆盖芯片的一小部分；当采用三维集成时，互连间距足够小，一个时钟周期内能够访问的晶体管的数量大幅增加，从而使系统性能大幅提升。

互连的动态功耗也是限制集成电路发展的关键因素之一。动态功耗可以近似地表示为

$$P = \alpha C V^2 f \tag{1.2}$$

式中：α 为有效系数(activity factor)；V 为驱动电压；f 为工作频率；C 为开关电容，如栅电容和互连电容。

由于金属互连的动态功耗与阻抗和负载电容成正比，因此互连的功耗随着特征尺寸的减小而迅速增加。同时，互连的总长度以更快的速度增加，进一步加剧了互连功耗的问题。Intel 的研究表明，130nm 节点主流微处理器的动态功耗中，有 51% 是互连线引起的，而互连功耗的 90% 是被只占总数 10% 的全局互连消耗的[12]。因此，减小互连功耗已经成为降低芯片整体功耗的重要手段。目前为了减小全局互连延时而引入的重定时和中继器等功能电路模块，也会占用相当大的芯片面积和功耗。

三维集成将成为降低功耗的有力工具。以处理器为例，Tezzaron 公司采用 FaStack 三维集成 DRAM，可以将大型数据中心的性能提高 25%，能耗降低 40% 以上[13]。IBM 的研究表明，通过三维集成降低动态功耗，在给定功耗的情况下，处理器的性能正比于集成层数的平方根[14]。Intel 的研究表明，三维集成可以通过缩短约 25% 的互连长度，使性能提高 15%，通过减少约 50% 中继器和约 50% 时钟线，使总功耗降低 15%。佐治亚理工学院的研究表明，三维集成可以将处理器的工作频率和性能分别提高 47.9% 和 47%，而同时功耗下降 20%[15]。IBM 甚至提出三维集成将像 CMOS 取代双极型器件一样，大幅降低集成电路功耗，为集成电路功耗瓶颈提供有效的解决方案，如图 1-9 所示[16]。

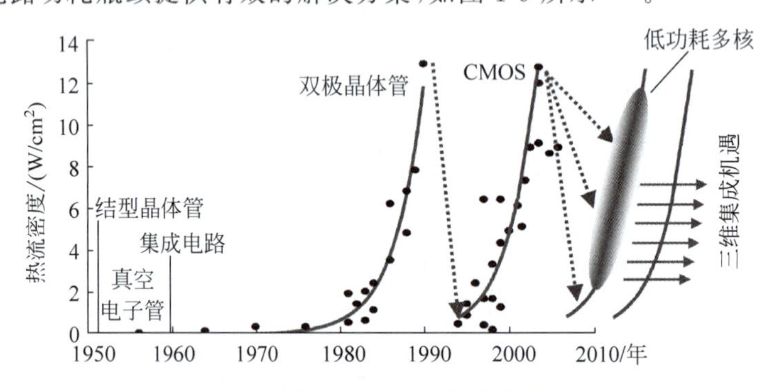

图 1-9 三维集成为低功提供发展机遇

1.1.2.2 高带宽和新架构体系

由于功耗、成本和技术的限制，处理器的时钟频率在 2004 年基本进入平台期，处理器的发展方向开始由单纯追求主频速度转向多核。为了提高性能，多核处理器的每个内核都需要大量的数据进行并行运算，而由于封装引脚和整体功耗的限制，处理器与外部存储器

DRAM之间的带宽有限，处理器内核不得不停下来等待片外的数据，使数据传输带宽成为多核处理器的瓶颈之一[17]。增加片上高速缓存(cache)如L1、L2和L3可以提升数据传输能力，然而由于高速缓存低密度的特性，尽管其面积已经占处理器总面积的50%，其总容量仍十分有限，并且极大地增加了处理器的成本。即便如此，仍不能满足处理器对数据传输速率的要求，导致多核处理器成为数据饥饿型处理器——逻辑单元不断等待数据交换。

利用高密度的TSV，三维集成能够将芯片间的数据传输带宽大幅提高2个数量级以上，这对于高性能处理器的发展极为重要。将处理器内核与SRAM分别采用最优的工艺制造后再三维集成，多个处理器核可以共享大容量的高速缓存，不仅可以提高高速缓存的容量和数据传输速度，还可以大幅降低成本。AMD公司推出的三维集成SRAM与处理器内核的量产产品，充分证明了这一方案的优势。

利用插入层可以实现处理器与多层三维集成DRAM如HBM(high bandwidth memory)的2.5D集成，不仅可以将DRAM的容量提高1个数量级，还可以利用插入层的高密度RDL和高密度金属凸点，将DRAM与处理器间的数据传输带宽提高1~2个数量级。近年来，大量的CPU和GPU产品采用这种集成方案，极大地促进了高性能计算的发展。

此外，高密度的TSV长度远小于平面的二维互连，能够大幅提高内核与存储单元之间的数据传输能力，通过集成阻变存储器等器件，将处理器与存储器三维集成为所谓的“存算一体”式结构，具有极高的性能优势，是目前处理器领域的研究热点。

1.1.2.3 复杂集成系统

在摩尔定律发展逐渐放缓的情况下，超越摩尔定律(more than Moore)的概念应运而生。在既有特征尺寸的情况下，通过新材料、新结构和新功能的引入，集成多功能模块构建SoC，以此提高芯片综合信息处理能力、增加功能、提高性能并降低成。SoC包含的功能复杂多样，如逻辑、存储器、射频(RF)通信、微机电系统(MEMS)传感与执行、光电以及数字和模拟电路或其中一部分，在提高系统性能、增加功能的同时，多种不同模块的引入大大增加了系统的复杂性。

早期SoC的概念是基于单芯片提出的，即所有的功能制造在一个芯片上，如图1-10所示。然而，不同的功能模块需要采用不同的制造工艺，如逻辑CMOS、混合CMOS、GaN、GaAs，以及MEMS工艺等。这些工艺方法、器件结构和制造成本差别很大，甚至所使用的衬底材料和尺寸都不相同，单片集成几乎无法实现。例如，多数MEMS器件包括悬空可动的脆弱结构，难以与CMOS真正兼容；另外，RF-CMOS工艺的制造成本比普通CMOS至

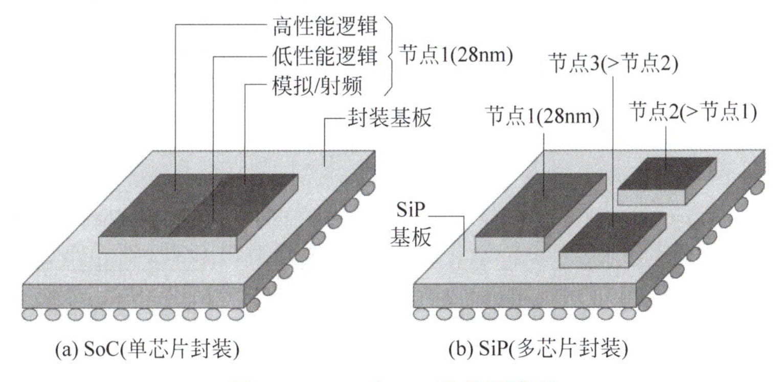

图1-10 SoC与SiP结构示意图

少高出15%[18],而模拟电路和无源器件必须保证一定的尺寸以满足性能的要求,导致其工艺与先进逻辑工艺差别很大。此外,很多高频和高功率芯片甚至连衬底材料都是特殊材料,如GaAs、SiC和GaN等,这些特殊材料与硅的集成在技术和成本上仍有难以逾越的障碍。

为了解决SoC在制造上的困难,SiP的概念在21世纪初开始迅速发展。SiP是在一个封装内集成多个功能芯片,芯片之间通过衬底的引线键合进行连接。因为分芯片制造,SiP的确大幅降低了系统集成的制造难度,在获得多功能和部分高性能的同时,降低了制造成本,缩短了产品进入市场的时间。然而,采用二维平面结构的SiP具有数据传输带宽低、集成密度低、系统体积大等缺点。

三维集成使多功能复杂SoC成为可能。采用三维集成,每个功能模块占据一层芯片,通过键合和高密度TSV,能够将不同工艺制造的多芯片集成在一个系统中,实现混合集成(hybrid integration)或异质集成(heterogeneous integration)。复杂三维集成SoC可能包含逻辑、存储器、数模混合信号芯片、RF系统、光学以及MEMS传感器等多个模块,实现真正意义的SoC[19]。通过键合能够实现不同基底和制造工艺的芯片集成,为微型化和多功能集成提供了广阔的应用前景。

混合集成和异质集成不仅可以将多个芯片集成,而且可以进一步将已有的单芯片分割为多个芯片分别制造后再集成,形成了今天小芯片(chiplet)的概念。这种深度分割的方法可以最大限度地利用性价比最高的工艺制程,例如将逻辑电路中使用5nm工艺和22nm工艺的模块分芯片制造,或者将电路的模拟部分和数字部分分芯片制造,从而降低制造成本、优化芯片设计、提高系统性能。通过组合小芯片功能使集成电路形成软件系统中调用子程序的模式,当需要更改某一个小芯片时,只需在局部范围进行改动,而不会影响到其他部分,从而缩短开发时间、降低制造成本,并降低可靠性风险。

1.2 三维集成制造技术

三维集成是在二维平面集成电路的基础上通过TSV和键合实现的。图1-11为基于TSV实现的集成结构,包括封装基板、2.5D插入层以及插入层上集成的单层芯片和三维集

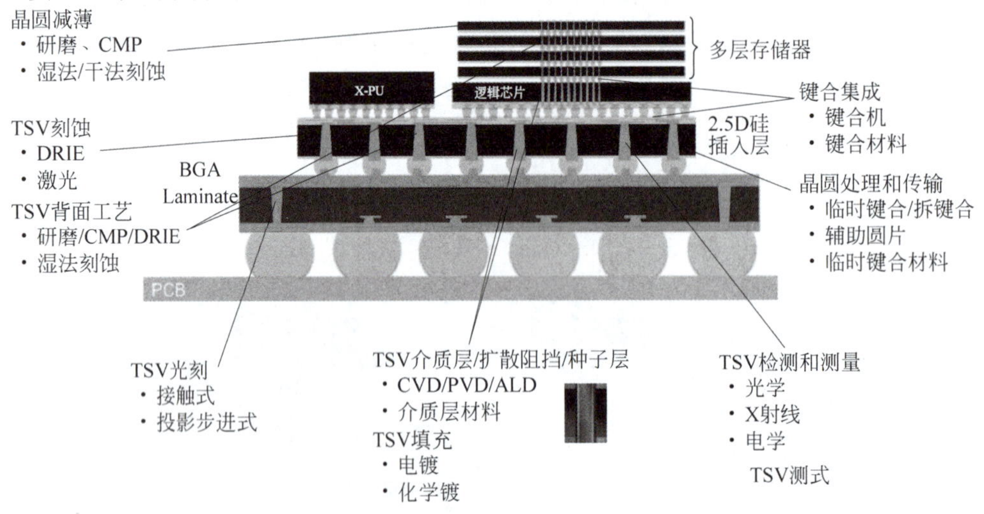

图1-11 典型三维集成制造技术

成的多层芯片。实现上述集成结构需要引入复杂的制造工艺，包括TSV制造、芯片键合、晶圆减薄等。TSV用于同一芯片上下表面的电学互连，金属键合用于相邻芯片间的电学互连，介质层键合用于增加机械强度和散热。

1.2.1 三维集成制造方法

1.2.1.1 三维集成工艺与设备

如图1-12所示，典型三维集成包括TSV制造、晶圆减薄和键合三个工艺模块。这些工艺模块的主要过程如下。

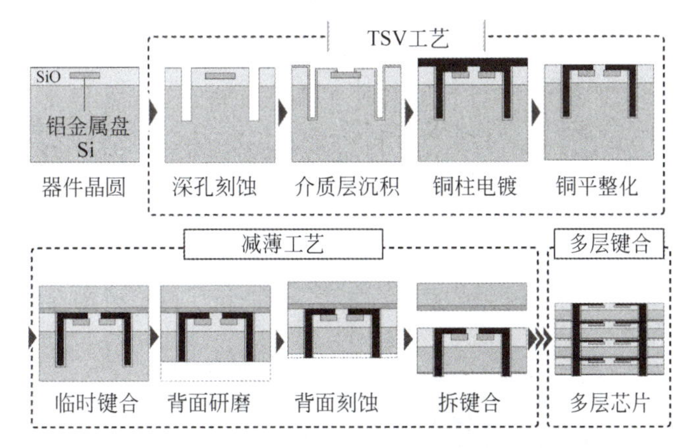

图1-12 典型三维集成工艺流程

(1) 深孔刻蚀：利用深刻蚀技术在衬底刻蚀高深宽比的深孔。

(2) 侧壁绝缘：利用化学气相沉积(CVD)和物理气相沉积(PVD)在深孔侧壁沉积介质层、扩散阻挡层和铜种子层。

(3) 深孔电镀：利用铜电镀在深孔内填充金属。

(4) 去除过电镀：通过化学机械抛光(CMP)去除表面的过电镀铜进行平整化。

(5) 重布线层(RDL)和微凸点制造：在芯片表面通过溅射或电镀制造连接电路或TSV的平面RDL和金属键合凸点。

(6) 临时键合：利用临时键合材料将晶圆正面与辅助圆片临时键合，为晶圆背面减薄提供支撑。

(7) 晶圆背面减薄：利用机械研磨和CMP等对晶圆背面进行减薄处理和表面平整化，使TSV从背面露出形成贯通结构。

(8) 背面工艺：减薄后通过刻蚀、介质层沉积和CMP工艺，将TSV背面进行绝缘、隔离和平整化，并在背面制造连接TSV的RDL和键合金属凸点。

(9) 永久键合：晶圆对准后进行金属凸点键合和介质层永久键合，临时键合还需要拆键合去除辅助圆片。

上述工艺模块由多个单步工艺组合而成，包括光刻、介质层及金属薄膜沉积与刻蚀、深孔刻蚀、深孔电镀、铜CMP、晶圆减薄、金属与介质层键合，以及临时键合等。以CMOS工艺作为参照，上述工艺可以分为全新工艺、半新工艺和既有工艺三类。全新工艺包括深孔刻蚀、金属和介质层键合、临时键合和晶圆减薄等，这些工艺和设备是CMOS制造中没有或显著不同的,需要引入全新的制造技术。半新工艺包括深孔薄膜沉积、深孔电镀、铜 CMP 等,这些工艺尽管与 CMOS 工艺原理相同,但是需要解决的主要矛盾有较大区别,需要采用针对性的设备、材料以及工艺。既有工艺包括光刻、溅射、刻蚀和凸点电镀等,这些工艺与既有 CMOS 或封装工艺基本相同,仅需进行少量的调整和优化。因为应用差异和结构的差异,三维集成所采用的工艺模块可能有较大的不同;即使采用相同的工艺模块,其组合顺序也可能不同,导致三维集成的主要工艺过程有很大的差异。

三维集成需要一些全新的制造设备、材料和工艺,或者对现有设备和工艺进行适当改进。典型三维集成制造设备包括光刻、刻蚀、薄膜沉积、铜电镀、CMP、减薄和抛光、临时键合与永久键合,以及测量和测试设备等,如图 1-13 所示。近年来,三维集成专用设备和材料发展极为迅速,面向三维集成的批量生产型设备和材料相继投入市场,突破了制造瓶颈、提高了生产效率并降低了制造成本,极大地促进了三维集成的发展。

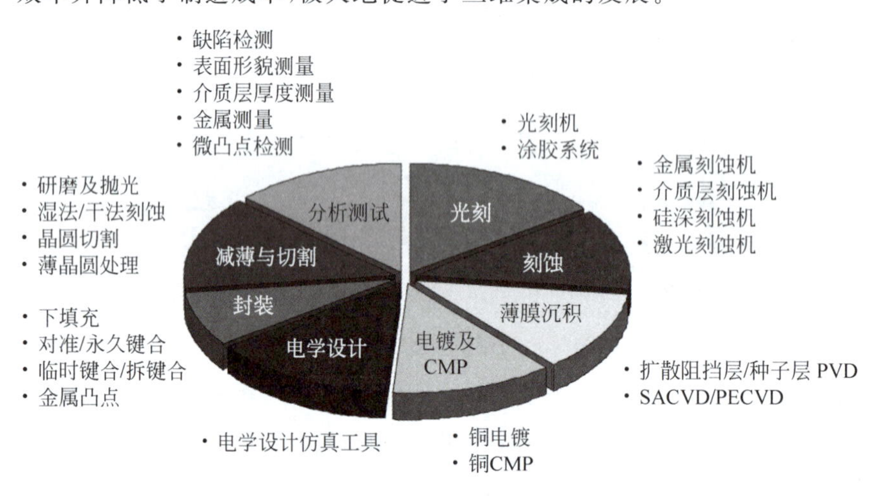

图 1-13　三维集成典型工艺和设备

1.2.1.2　TSV 制造

TSV 制造是三维集成的核心技术。由于三维集成的差异性,TSV 的结构和制造方法也有很大的差异。典型 TSV 的制造工艺包括深孔刻蚀、介质层沉积、扩散阻挡层和种子层沉积、铜电镀填充等。针对不同的需求,这些工艺过程可以采用不同的制造方法实现,如表 1-2 所示。

表 1-2　TSV 制造方法

结　　构	制造方法	
	干　　法	湿　　法
深孔刻蚀	DRIE,激光刻蚀	
介质层沉积	PECVD,SACVD	高分子喷涂
粘附层及扩散阻挡层	iPVD,MOCVD,ALD	化学镀,化学接枝
种子层	iPVD,MOCVD	电接枝
铜柱	CVD	电镀

硅衬底上刻蚀深孔的方法可分为湿法刻蚀和干法刻蚀。早期硅深孔刻蚀主要依靠湿法刻蚀,包括化学腐蚀和电化学腐蚀,如氢氧化钾(KOH)或四甲基氢氧化铵(TMAH)。

KOH 不是 CMOS 兼容的刻蚀剂，刻蚀形成与衬底表面夹角 54.74°的梯形结构，导致 TSV 占用面积很大，难以形成高密度；梯形结构导致金属互连较为困难，而损耗性的硅衬底夹在电极之间引起严重的寄生效应。电化学刻蚀能够刻蚀深宽比超过 50：1 的通孔，对提高 TSV 的密度有利，但是刻蚀侧壁极度不光滑，直径变化很大，难以沉积介质层和电镀种子层，并且需要长时间将衬底浸泡在 HF 溶液中，与常规 CMOS 工艺不兼容。

目前深孔刻蚀主要使用干法刻蚀，包括激光刻蚀和深反应离子刻蚀(DRIE)。激光刻蚀很早就应用于深孔刻蚀并一直延续至今。激光刻蚀利用光子能量破坏衬底材料的分子结构，使其脱离基底形成深孔结构，属于加热熔化的烧蚀过程。激光刻蚀的深孔尺寸较大(通常大于 10μm)，不利于实现高密度的 TSV。激光刻蚀的深孔内壁粗糙，需要额外的湿法工艺光洁表面。20 世纪 90 年代中期，由 Bosch 提出的时分复用 DRIE 技术出现以后，迅速发展为深孔刻蚀的主流技术。Bosch 刻蚀技术交替利用 SF_6 和 C_4F_8 进行刻蚀和钝化，通过抑制侧向刻蚀实现各向异性的垂直深孔刻蚀，并具有很高的选择比。由于工艺的特性，Bosch 工艺控制 TSV 侧壁角度和侧壁光滑度是关键环节。

深孔侧壁的介质层用于 TSV 导体柱与硅衬底之间的绝缘，通常为 SiO_2。不同的 TSV 制造顺序能够选择的介质层沉积方法也不同。在首先制造 TSV 的工艺过程中，在制造 TSV 时还没有制造器件，可以采用高温的热氧法在深孔侧壁生长均匀致密的 SiO_2 层，共形能力极佳、绝缘效果好、可靠性高。在器件层以后制造 TSV 时，金属互连层已经完成，要求后续工艺的温度不能高于 450℃，SiO_2 介质层一般采用低温 CVD，主要包括次常压化学气相沉积(SACVD)和等离子体增强化学气相沉积(PECVD)。与高温热氧生长相比，CVD 方法的共形能力较低。TSV 直径的减小和深宽比的提高，对介质层共形能力的要求不断提高，小直径、高深宽比的 TSV 需要采用原子层沉积(ALD)制造 SiO_2 或 Al_2O_3 介质层。

有机高分子材料也在介质层领域得到了应用。通过气相沉积、旋涂或喷射等方法，将高分子薄膜沉积在深孔内壁上形成介质层。这种方法工艺温度低、生产成本低。尽管高分子材料热膨胀系数较大，但是弹性模量较低、延展性高，有助于减小铜柱热膨胀对衬底产生的应力并避免自身裂纹，可以提高可靠性。

由于铜在 SiO_2 和硅中的扩散速度很快，因此必须在介质层内壁沉积扩散阻挡层，例如 TiN、TaN 或 Ru 等材料，用于阻挡铜向衬底的扩散。为了增强扩散阻挡层与介质层以及扩散阻挡层与种子层之间的粘附强度，需要根据扩散阻挡层选择合适的粘附层。此外，通常扩散阻挡层与铜的晶粒结构不同，为了获得良好的铜晶粒尺寸以提高电导率，通常需要在扩散阻挡层表面沉积铜种子层。

扩散阻挡层、粘附层和种子层通常利用 PVD 溅射的方法沉积，效率高、成本低、过程温度低、附着性好，但是均匀性和共形能力较差。高深宽比结构一般采用金属氧化物化学气相沉积(MOCVD)或 ALD。MOCVD 具有适中的过程温度和良好的均匀性，而 ALD 具有极佳的共形能力，但是沉积速度慢、效率低、前驱体成本高、选择范围小。随着 TSV 直径的不断减小和深宽比的不断增大，ALD 优异的均匀性和共形能力使其成为高深宽比 TSV 中的主要沉积方法。化学镀(electroless)是一种湿法沉积扩散阻挡层和种子层的技术，其优点是制造成本低，共形能力好。

TSV 的金属导体柱一般采用电化学沉积(ECD)，即电镀技术沉积的铜，小直径的 TSV 可以采用 CVD 沉积的钨。由于 CMOS 工艺中全面使用铜作为互连金属，其材料、设备和制造体系非常成熟,TSV 利用改进的铜电镀制造高深宽比的实心铜柱,生产效率高、成本低、电导率高。与 CMOS 工艺中窄金属互连需要重点解决晶格分布和电阻率等难点不同,TSV 中需要重点解决高深宽比结构电镀的低应力、高速度、无空洞等问题。电镀是多参数控制的电化学过程,电镀液组分、添加剂种类和浓度,以及电镀波形对填充结果的影响很大。通过优化上述材料和工艺,可以防止电镀过程的封口现象,实现高深宽比结构的无空洞填充。此外,TSV 电镀还要控制均匀性,以减小表面过电镀,降低后续铜化学机械抛光的负担。

1.2.1.3 晶圆减薄与键合

由于深刻蚀和 PVD 等工艺能力的限制,TSV 的深宽比一般不超过 20∶1。为了降低 TSV 的制造难度和成本、提高密度、减小热应力并降低多层芯片集成后的总高度,需要采用尽量小的 TSV 直径和深宽比,因此需要减薄晶圆以降低 TSV 的高度。晶圆减薄技术包括机械研磨、干法刻蚀和湿法刻蚀等,其中机械研磨具有成本低、平整度好、减薄速率快等优点,并能够进行全局减薄,在三维集成中广泛应用。

典型晶圆减薄过程包括粗研磨和细研磨。粗研磨使用磨粒尺寸较大的砂轮快速地减薄晶圆,减薄速率可高达 100μm/min。由于粗研磨使用的砂轮粒径大,会产生表面划痕、晶格损伤和残余应力等物理损伤,容易导致晶圆碎裂或翘曲,造成光刻对准困难和成品率及可靠性问题。细研磨采用细粒径的砂轮或磨粒尺寸较小的浆料和较光滑的磨盘对晶圆表面进行抛光处理,减薄速率通常为 1～10μm/min。细研磨可以消除粗研磨引起的物理损伤并改善表面粗糙度,降低晶圆翘曲,提高强度。消除研磨减薄导致的表面损伤层也可以采用干法刻蚀或者湿法刻蚀。

多层芯片或晶圆通过键合集成为一体,常用的键合方法包括介质层键合和金属键合。介质层键合主要包括 SiO_2 键合和高分子聚合物键合。SiO_2 键合通过 CMP 处理的 SiO_2 表面直接接触,利用分子间作用力实现初始键合,再通过高温加强键合强度实现永久键合。初始键合是分子间相互吸引的短程范德华力产生的,因此 SiO_2 表面的粗糙度是影响键合的关键因素,粗糙度越低,分子间的接触越充分,键合强度越高。一般要求晶圆翘曲低于 2μm 并且粗糙度 Ra 在 1nm 以下。高质量的键合需要在键合前采用湿法和等离子体对 SiO_2 表面处理,形成特殊的化学键。SiO_2 初始键合在室温下无须压力即可完成,具有应力低、稳定性好、对准精度高的特点,近年来与铜共同键合得到了广泛应用,成为三维集成中最主要的介质层键合技术。

聚合物键合以苯并环丁烯(BCB)或聚酰亚胺(PI)等聚合物作为中间层进行键合。BCB 和 PI 具有较低的介电常数、良好的化学稳定性和热稳定性,并且能通过光刻或干法刻蚀进行图形化,广泛应用于三维集成键合领域。聚合物键合首先在晶圆表面旋涂增黏剂和高分子材料层,并根据需要进行图形化,随后在真空环境中施加 250～350℃的温度和压力使键合面紧密接触,通过高分子材料的分子链重组和交联实现键合,键合强度较高。聚合物材料在加压加热下具有一定的变形能力,对键合表面平整度和粗糙度要求低,但这也会导致已经对准的晶圆产生滑移,不利于保持对准精度。

金属键合主要包括热压键合和瞬时液相键合两类。热压键合通过表面光洁的金属直接接触,在高温下通过固态晶格的相互扩散和融合实现键合,常用的热压键合金属包括 Cu-Cu、Au-Au 和 Al-Al。金属热压键合温度通常在 300～400℃,键合界面质量高、电阻率低、可靠性高。因为没有液态过程出现,金属间滑移小、对准精度高、凸点直径小、密度高,广泛应用于高密度金属键合。固态金属变形能力和晶格扩散能力弱，为了实现紧密接触必须保证表面清洁度和粗糙度，键合前需要 CMP 进行表面处理，并需要较大的压力和温度，对制造过程要求较高。等离子体活化有助于降低金属键合所需的温度和压强。

瞬时液相键合利用低熔点金属作为高熔点金属的中间层，加热使低熔点金属熔化后高熔点金属快速扩散，并通过金属间的反应形成金属间化合物而实现键合。常用的瞬时液相键合包括 CuSn-Cu 键合和 CuSnAg-Cu 键合等。含锡的瞬时液相键合的温度一般在 260℃左右，液态的出现使金属凸点具有一定的变形能力，对凸点的平整度和粗糙度要求较低，但是液态金属容易导致晶圆滑移和凸点横向扩展，影响对准精度并限制了凸点密度。此外，金属间化合物在电导率和可靠性方面与金属热压键合相比较差。

1.2.2 三维集成工艺顺序

三维集成的核心工艺可以分为 TSV 制造、键合和减薄等几个模块。这些模块使用的基本工艺方法多、工艺流程长，加上需求和结构的差异性，导致三维集成制造方法和顺序表现出显著的多样性。根据电镀时深孔的形态差异，TSV 的制造可以分为基于盲孔（blind via）的制造方式和基于通孔（through via）的制造方式两大类；根据 TSV 与 CMOS 工艺的相对顺序，可以将其分为 CMOS 工艺前、CMOS 工艺中和 CMOS 工艺后的制造方式。

1.2.2.1 按深孔形态分类

基于盲孔的制造方式是指对盲孔进行填充的方法，主要工艺过程为 DRIE 刻蚀盲孔，然后在盲孔内壁沉积介质层、扩散阻挡层、粘附层和铜种子层，再进行铜电镀填充，最后通过背面减薄将未刻蚀的衬底去掉实现贯穿的 TSV。图 1-12 为 ASET（Association of Super-Advanced Electronics Technologies）开发的典型的基于盲孔的三维集成流程[20]。在背面减薄之前，首先将衬底与辅助圆片临时键合，保证减薄后衬底的机械强度，避免在制造过程中碎裂。由于辅助圆片的支撑，可以将衬底减薄到几十微米。薄晶圆的优点是在保持深宽比相同的情况下，深孔的直径较小，有利于获得较高密度的 TSV。由于电镀铜等工艺能力的限制，盲孔电镀时深孔的开口处电镀速度快而底部电镀速度慢，容易造成封口效应，导致 TSV 内出现空洞，影响 TSV 的电学特性和可靠性。通过在电镀液中添加化学添加剂，TSV 空洞问题可以得到很好的解决。目前盲孔电镀的深宽比可达 10：1～20：1，并且电镀速度快，使基于盲孔的制造方式成为批量生产的主要方案。

基于通孔的制造方式首先深刻蚀通孔，再沉积介质层和扩散阻挡层，在背面沉积种子层后进行背面电镀。利用封口效应将通孔背面开口密封，最后以开口处铜为起点，自底向上电镀填充通孔，如图 1-14 所示[21-22]。或者将器件圆片与带有种子层的辅助圆片临时键合，通过背面减薄将盲孔变为通孔，利用辅助圆片提供的电镀种子层，沿着通孔的轴向进行单方向电镀，最后进行上下表面处理和键合。基于通孔的 TSV 制造方法中，电镀从通孔的一端开始向另一端单向电镀，由于侧壁未沉积电镀种子层，避免了封口效应导致的 TSV 内空洞，可以获得很大的深宽比。

1.2.2.2 按工艺顺序分类

目前广泛采用的是按照 TSV 制造顺序相对于 CMOS 的前端工艺（FEOL）和后端工艺（BEOL）进行分类。CMOS 工艺中，前端工艺是指晶体管的制造过程，也称前道工艺；后端

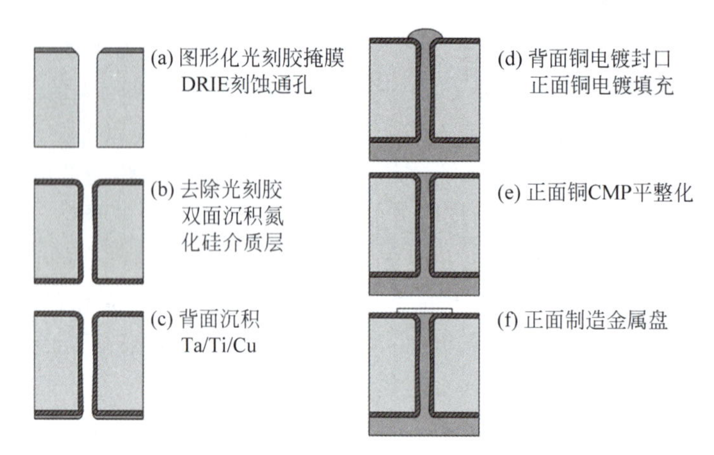

图 1-14 基于通孔的 TSV 制造流程

工艺是指制造多层金属互连的过程,也称后道工艺。根据 TSV 工艺模块相对 CMOS 工艺的顺序不同,三维集成工艺可以分为 FEOL、MEOL 和 BEOL 三种不同的制造方法,这些方法面临不同的限制与约束条件,所采用的制造方法区别很大,同时 TSV 与集成电路的互连位置不同,适用的场合和制造条件也不同。

如图 1-15 所示,FEOL 顺序也称为 Via First,是在 CMOS 的所有工艺之前首先制造 TSV,经过平整化后,将带有 TSV 的晶圆作为普通晶圆去制造 CMOS。显然,后续集成电路工艺的高温过程,要求 TSV 的导电材料必须能够耐受约 1000℃的高温,因此一般采用多晶硅或钨作为 TSV 的导电材料。MEOL 顺序也称为 Via Middle,是指首先完成 CMOS 的 FEOL 工艺晶体管,然后制造 TSV,最后制造 CMOS 的 BEOL 工艺金属互连,即 TSV 工艺位于 CMOS 的 FEOL 和 BEOL 之间。BEOL 顺序也称为 Via Last,是指在 CMOS 的 BEOL 工艺以后制造 TSV 的方法。这种方法受 CMOS 金属互连的限制,TSV 制造过程的最高温度不能超过 450℃。如果 CMOS 工艺中采用了低 κ 介质,因其机械强度和耐温能力的限制,TSV 和键合过程只能采用 250℃以下的低温。根据在键合前制造 TSV 还是在键合后制造 TSV,BEOL 方案又可以进一步分为正面制造 TSV 和背面制造 TSV 两种方式。

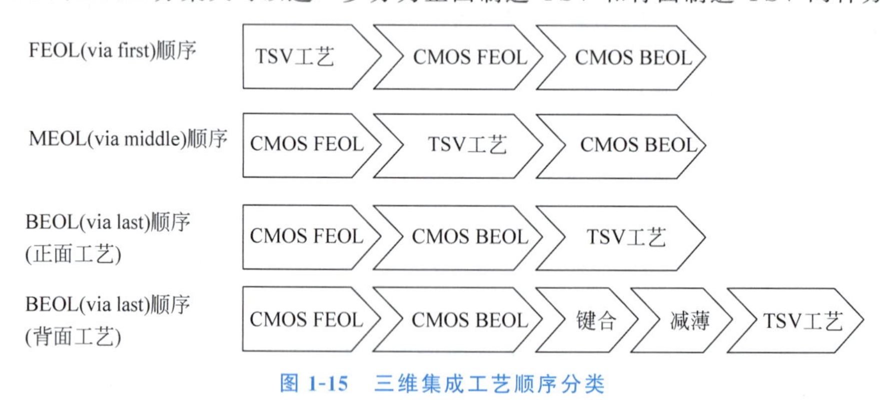

图 1-15 三维集成工艺顺序分类

1.3 三维集成的历史和现状

三维集成属于系统集成的范畴,其目的是利用多芯片构建高性能或多功能系统。早期的系统集成依赖印制电路板(PCB)板级集成实现,在 20 世纪 90 年代中后期出现了 SiP 的概念,如图 1-16 所示[23]。20 世纪 90 年代末,在单芯片上实现多功能集成的 SoC 技术成为集成电路领域的重要发展方向。这两种集成技术都在产业界得到了广泛应用,成为集成电路领域两个重要的集成方法。

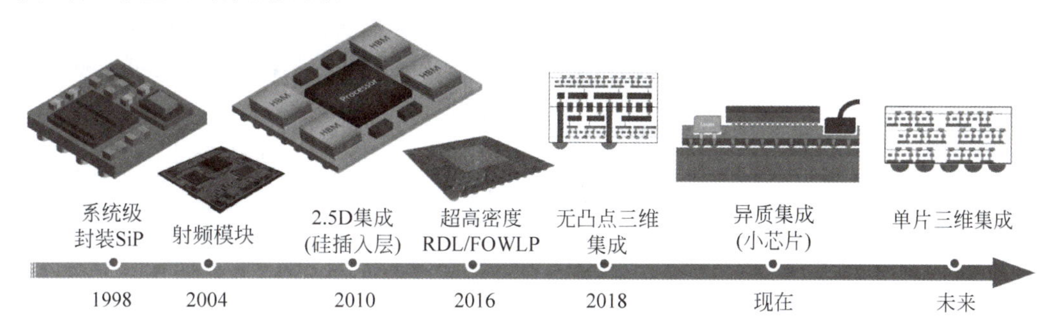

图 1-16　集成技术的发展

然而,SiP 体积大和性能低的缺点,以及 SoC 成本高和适用范围窄的缺点,限制了这两种集成技术发展为通用技术。随着技术的发展,20 世纪 80 年代开始出现的三维集成技术逐渐成为集成技术领域的热点,其分支技术 2.5D 插入层集成和多芯片三维集成分别在 2011 年和 2015 年左右进入量产。三维集成基本克服了 SiP 和 SoC 的缺点,保留了二者的优点,为系统集成提供了低成本、高性能、小体积和多功能的解决方案,成为目前系统集成的主流技术方案。

1.3.1　顺序三维集成

顺序三维集成是一种针对三维硅集成的制造技术,采用串行制造多层芯片的方法,即制造好下层器件后,集成上层晶圆并制造上层器件,因此也称为串行三维集成。串行制造的最大难点是上层单晶硅集成和器件制造的工艺温度受到下层器件的制约。顺序三维集成技术探索经历了大约 40 年的时间,近 10 年取得了重要的进展,目前主要技术方案集中到介质层键合转移晶圆和低温器件制造工艺。

1.3.1.1　1978—2010:再晶化技术

1978 年,斯坦福大学发明了利用激光再晶化将低温沉积在介质层上的非晶/多晶硅转变为单晶硅的方法[24],首次实现了绝缘体上硅(Silicon-on-Insulator,SOI)结构。随后,贝尔实验室、富士通、东芝、惠普、德州仪器、夏普、通用电气、西门子等都开始从事相关方面的研究,并相继开发出激光、电子束、远红外、金属诱导横向晶化,以及非相干光束等多种非晶硅再晶化技术[25-27]。这种利用局域区熔法晶化实现单晶硅的思路,促成了顺序制造多层有源器件方法的出现[28-29],即在已有晶体管的介质层上沉积非晶硅/多晶硅,并利用短脉冲激光退火等手段,将非晶硅再晶化为单晶硅制造晶体管。

1981—1990 年,日本通产省支持 24 家企业成立未来电子器件研究与发展协会(Research and Development Association for Future Electron Devices),开展超晶格器件、三维集成技术和生物电子技术的研究[30]。NEC 于 1981 年实现了激光退火制造 SOI 的技术,并实现了 512B 的 2 层 SRAM,东芝公司实现了较大面积的幅值调制电子束退火再晶化技术,并实现了图像传感器、A/D 转换器和逻辑电路的 3 层集成。1987—1989 年,德国政府支持西门子、AEG、Philips 和 Fraunhofer IFT 联合开展 Three-dimensional Integrated Circuits-3D 的研究项目,主要从事激光退火再晶化技术的研究,并于20世纪80年代末实现了基于再晶化的三维硅集成的SRAM。

1985年,诺贝尔物理学奖获得者、美国著名物理学家Richard P. Feynman在日本学习院大学所做的题为The computing machines in the future的演讲中提出"Another direction of improvement of computing power is to make physical machines three-dimensional instead of all on a surface of a chip(2D). That can be done in stages instead of all at once-you can have several layers and then add many more layers as time goes on"[31]。该演讲对逐层(in stages,分阶段)顺序三维集成的发展起到了推动作用。

这种顺序三维集成在实现上遇到了很多技术问题,其中最大的难点是在下层器件温度限制的条件下实现高质量的晶化。尽管多种方法都可以实现再晶化,但是由于下层器件的温度限制,这些方法在晶化质量、缺陷控制、杂质再分布、表面污染、晶化面积和生产效率等方面无法满足集成电路制造的需求。例如,利用激光晶化或金属诱导晶化等都难以控制晶粒的大小和一致性,导致骑跨在晶粒边缘的器件一致性很差,并且由于应力的原因难以实现多层集成。因此,虽然基于再晶化的部分研究工作仍在继续[6,32,33],但迄今为止没有能够投入批量生产。

尽管再晶化实现高质量单晶硅较为困难,但是可用于多晶硅薄膜晶体管(Thin-Film-Transistor,TFT)器件。多晶硅可采用低于400℃的温度沉积和退火,用于存储器等领域,因此这方面的研究一直持续到近几年。2010年,Tier Logic和东芝报道了将TFT集成在逻辑上方实现的FPGA[34],2017年,MND实验室实现了高性能多晶硅TFT的三维集成[35],如图1-17所示。

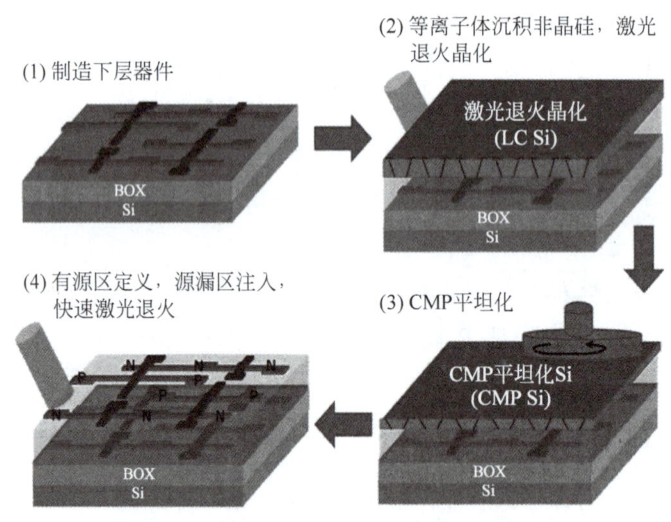

图1-17 多晶硅再晶化实现顺序三维集成

除了再晶化,选择性外延生长(Selective Epitaxial Growth,SEG)也用于TFT的三维集成。SEG最早由TI的Joyce和Baldrey于1962年提出,20世纪90年代初应用于CMOS衬底上生长单晶硅层。这种方法在CMOS器件的介质层或钝化层上刻蚀窗口,达到底部的单晶硅层,通过单晶硅层外延生长单晶硅。窗口内生长的单晶硅超过介质层表面后会横向生长,覆盖介质层而形成单晶硅薄膜,称为选择性外延[36-39],如图1-18所示。由于不同位置选择性外延的速率不同,外延表面平整度较差,需要采用CMP平整化处理。

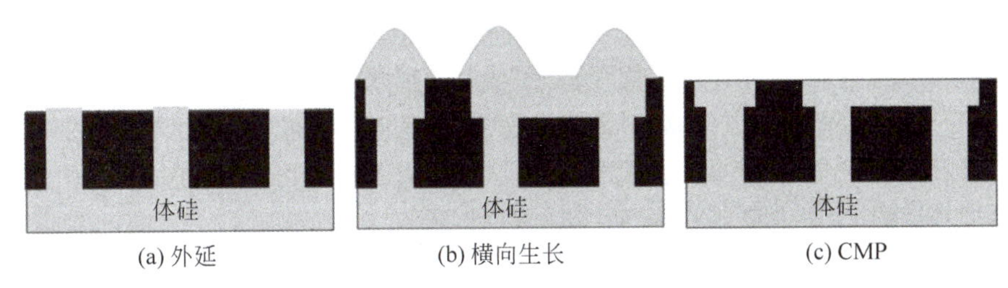

图 1-18 选择性外延

采用选择性外延，三星于 2004 年实现了外延单晶硅顺序三维集成制造的 TFT。上层 TFT 需要氧化、外延单晶硅层和激活。为了防止高温过程导致下层晶体管的短通道效应和注入激活区失活，三星采用低温等离子体栅氧化、低温薄膜沉积和脉冲快速热退火，工艺温度均低于 650℃。这种方法适合于下层没有金属互连的情况，金属互连在上层晶体管完成后制造。

1.3.1.2 2008—2020：晶圆转移技术

1994 年，法国 CEA-Leti 和 Soitec 发明了用于制造 SOI 的 Smart Cut^{TM} 技术[40]，可实现低温超薄晶圆转移，为顺序集成提供了单晶硅集成的解决方案。利用这一思想，既可以直接采用 Smart Cut^{TM} 技术将超薄体硅晶圆键合转移至 CMOS 晶圆表面，也可以利用 Smart Cut^{TM} 制造的 SOI 晶圆，将 SOI 晶圆的超薄器件层转移至 CMOS 晶圆表面。

从 2008 年开始，CEA-Leti 陆续报道了键合 SOI 晶圆转移超薄单晶硅的顺序三维集成方法，如图 1-19 所示[41-43]。首先在下层晶圆制造好晶体管，表面沉积 SiO_2 介质层并 CMP，通过低温 SiO_2 键合将 SOI 晶圆与下层晶圆键合，去除 SOI 的衬底层和埋氧层，将 SOI 的单晶硅器件层转移至下层晶圆表面。在单晶硅表面制造上层器件，通过 500℃ 左右的固相外延实现源漏区的掺杂和激活，最后利用 CMOS 互连技术制造 ILV，实现两层单晶

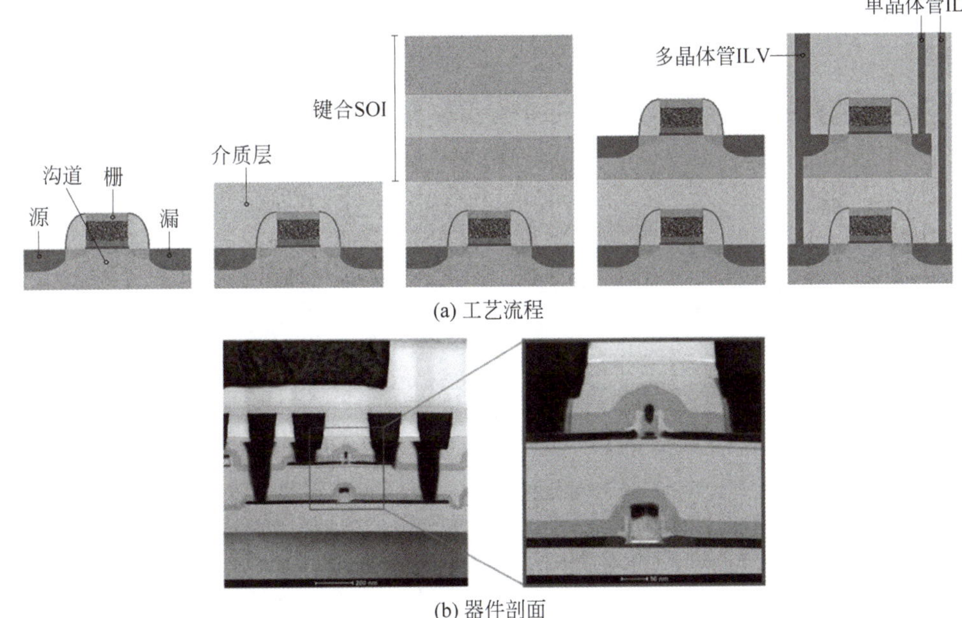

图 1-19 键合转移超薄单晶硅顺序三维集成

硅器件之间的电学连接。这种通过低温键合的方法提供单晶硅,再利用固相外延进行低温掺杂和激活,降低了上层器件的工艺温度。

串行三维集成的最大优点来源于超薄的晶圆厚度。由于转移晶圆的厚度只有几十纳米,允许光刻直接对准下层器件,因此 ILV 可以采用 CMOS 工艺制造,直径可以减小到 10nm,对准误差仅为几纳米,可实现器件级的三维集成。这为异质集成不同的沟道材料(如 SiGe、Ge、Ⅲ-Ⅴ)、不同沟道方向、不同器件结构提供了有效的技术手段,可以大幅提升器件性能。由于避免了晶圆对准键合和深硅刻蚀,垂直互连 ILV 的工艺大幅简化,并避免了成品率和可靠性等方面的问题。器件级的三维互连可以将 PMOS 和 NMOS 分层制造后连接为 CMOS,使芯片面积缩小 50%,提高集成度,如图 1-20 所示[44]。

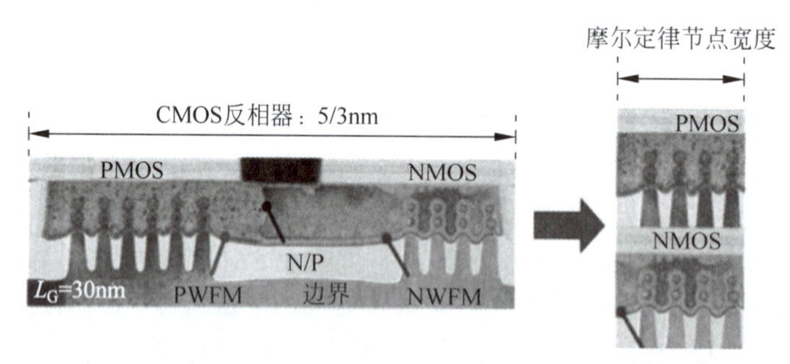

图 1-20　顺序集成提高集成度

近年来,顺序三维集成取得了巨大的进展。利用 14nm 工艺的全耗尽 SOI(FDSOI),CEA-Leti 实现了 2 层结构的 FPGA,上层为逻辑电路,下层为存储器单元。与相同工艺的平面结构相比,顺序集成将芯片面积减小了 55%,功耗降低了 50%,速度提高了 30%。2018 年,IMEC 在 IEEE IEDM 上报道了 300mm 晶圆的顺序三维集成,下层为体硅晶圆的 FinFET 器件,Fin 中心距为 45nm,栅极中心距为 110nm,采用高 κ 替换金属栅[45]。

CEA-Leti 和 IMEC 的研究成果表明,将晶圆键合转移与固相外延相等低温技术相结合的顺序三维集成路线是基本可行的。顺序三维集成作为唯一可以实现器件级垂直集成的技术,以及所具有的按层数等比例缩小芯片面积的能力[46],近年来受到了半导体领域的高度重视,Leti、IMEC、IBM、Monolithic 3D 等都开展了顺序三维集成的研究。2018 年,DARPA 支持的第二期电子复兴计划中,启动了 3D SoC 项目(3D Monolithic System-on-Chip),重点开展单芯片三维集成制造技术和电子设计自动化(EDA)工具的研究。尽管仍有很多问题需要解决,但随着研究的深入和技术的发展,晶体管级的三维集成可能对整个集成电路技术和产业产生重要的影响,IRDS 甚至将顺序三维集成作为终极三维集成方案。

1.3.2　并行三维集成

1.3.2.1　1958—1985:早期通孔与集成的概念

尽管并行三维集成的快速发展只有 30 多年的时间,但是早在 1958 年贝尔实验室的 W. Shockley 就提出了垂直互连的概念[47],如图 1-21(a)所示[48]。1960 年左右,贝尔实验室建立了基于 KOH 的硅刻蚀技术,使硅衬底上制造微通孔成为可能。借用这一方法,1964 年,IBM 的 M. Smith 和 E. Stern 在美国专利 Methods of making thru-connections in semiconductor wafers 中提出了垂直和倾斜通孔互连的结构和实现方法,如图 1-21(b)所示[49]。贝尔实验室和IBM提出的垂直互连与目前三维集成的概念还相去甚远，即使后来衬底通孔甚至在个别产品上也出现过，但是都没有涉及三维集成的功能。

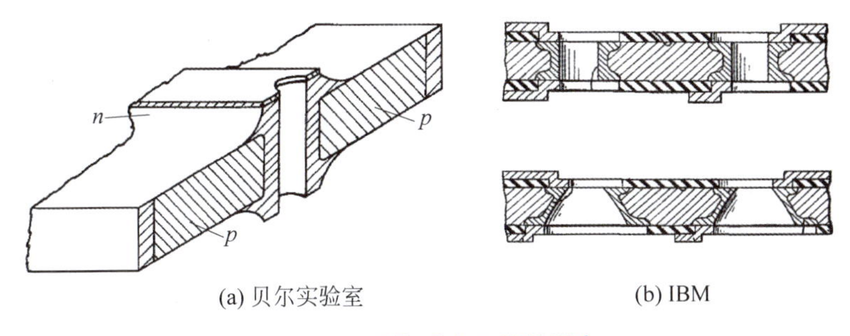

(a) 贝尔实验室　　(b) IBM

图 1-21　早期垂直互连的概念

1969年，IBM的K. Stuby和W. Falls在美国专利Hourglass-shaped conductive connection through semiconductor structures中最早提出了利用键合实现三维集成的方案，如图1-22(a)所示[50]。该方案利用双面湿法刻蚀制造通孔，沉积金属薄膜作为导体，利用金属键合进行多层集成。尽管IBM所提出的通孔制造方法与目前的不同，但是制造穿透衬底的互连和键合集成的核心思想，与目前的并行三维集成是相同的。然而，因为KOH刻蚀无法获得高深宽比的通孔，使该方案除了有可能在少数器件封装方面得到应用以外，没有成为通用性技术。

最早基于金属凸点键合实现的三维集成，可能是NEC于1984年在IEEE IEDM会议上报道的环振电路，如图1-22(b)所示[51]。NEC采用分别制造的两层芯片和面对面金属键合，实现了体硅衬底制造的上层PMOS和下层NMOS器件共同组成的环振电路。整个电路包括31级反相器，每个反相器包括一个尺寸为10μm×10μm×3μm(长×宽×高)的金凸点，通过聚酰亚胺和金的混合键合实现集成和电连接。

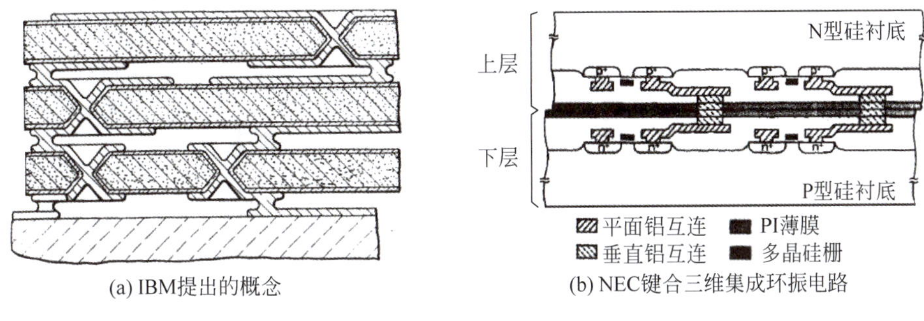

(a) IBM提出的概念　　(b) NEC键合三维集成环振电路

图 1-22　早期三维集成

这种键合三维集成结构在目前看来并不复杂，但是并未引起广泛的重视。第一，当时基于再晶化的顺序三维集成方法正处于快速发展期，很多瓶颈问题看似都有希望解决；第二，当时缺乏深刻蚀和高精度对准键合的设备，无法制造高深宽比TSV且只能集成两层芯片，这与顺序集成可以制造多层器件相比，没有足够的吸引力；第三，当时依靠特征尺寸减小的集成电路发展路线非常有效，多层集成尚未展现出重要性和必要性。因此，即使1985年Hughes报道了圆片级的键合集成方法[52]，Irvine Sensors为DARPA提供64层堆叠、芯片侧面金属互连的产品[53]，但并行集成仍处于早期概念阶段。

1.3.2.2 1985—1995：垂直互连与键合集成

1986 年，日本政府支持 3-D IC Research Committee 开展 High Density Electronic System Integration Technology 的项目，明确将并行三维集成方案作为技术发展路线。1984 年和 1986 年，富士通[29,54]和三菱电子[55]提出了垂直 TSV 和键合集成的并行三维集成的方案，如图 1-23 所示。这种方案使用垂直的金属互连和金属凸点键合实现多层集成和互连，与目前的并行三维集成方案完全相同。1989 年，日本东北大学 Koyanagi 等在 Future Electron Devices 会议上，提出了多层键合结构和工艺流程，如图 1-24 所示。

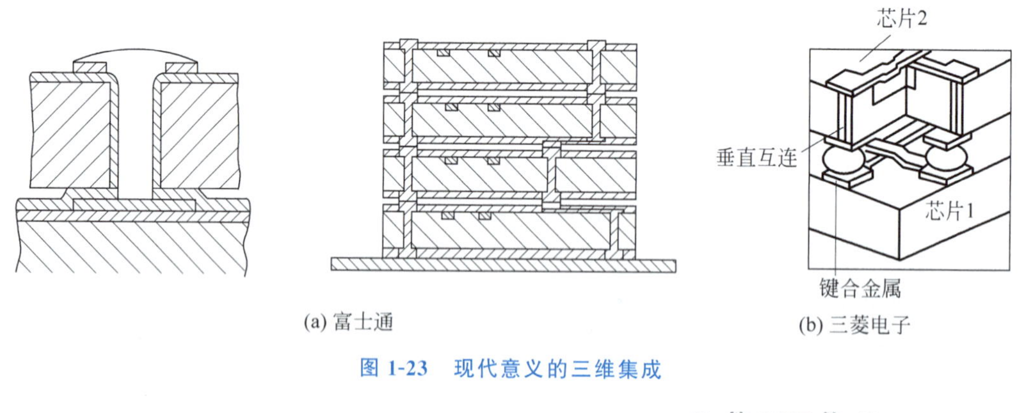

图 1-23 现代意义的三维集成

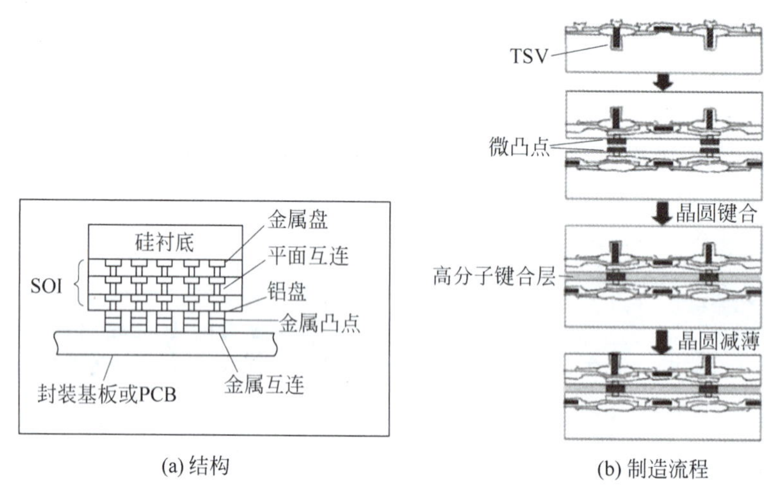

图 1-24 日本东北大学的三维集成

由于缺乏有效的制造方法和设备，这些方案在提出后相当长的时间里发展较为缓慢。然而，在 20 世纪 90 年代初，MEMS 领域利用 KOH 刻蚀和激光刻蚀发展出多种传感器的集成封装方法。尽管利用 KOH 刻蚀的锥形硅通孔的面积大、密度低，但是 MEMS 和传感器只需少量的垂直互连，在一定程度上规避这一缺点，因此日本东北大学、美国麻省理工学院、瑞士洛桑联邦理工学院(EPFL)和丹麦科技大学等先后实现了基于键合和 KOH 或激光刻蚀的集成方案，如图 1-25 所示[56-62]。这些应用主要面向 MEMS 器件的真空封装以及与电路的集成，如日本东北大学与丰田公司合作开发并投入量产的电容式压力传感器，在与硅键合的玻璃上通过机械加工制造倒锥形通孔并填充金属作为导体，实现传感器的真空密封和信号引出。

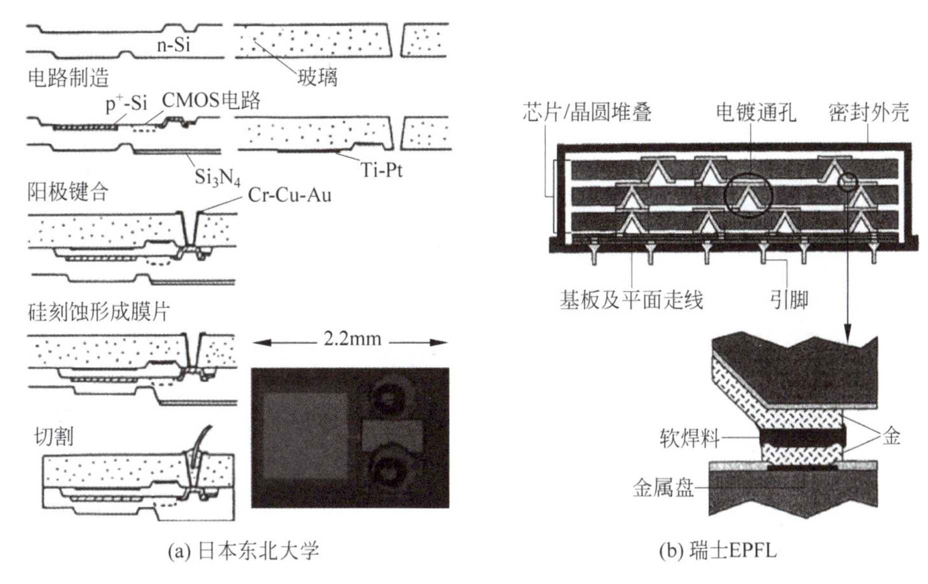

(a) 日本东北大学　　(b) 瑞士EPFL

图 1-25　键合和 KOH 刻蚀通孔集成

1.3.2.3　1995—2000：多晶硅/钨垂直互连与键合集成

1994 年，Bosch 公司的 F. Laermer 和 A. Urban 发明了被称为 Bosch 工艺的深反应离子刻蚀方法[63]，1995 年，原 STS 与 Bosch 合作率先推出了 Bosch 工艺 DRIE 刻蚀设备[64]，解决了垂直深孔刻蚀的问题，促进了 TSV 的高速发展。1995—2000 年，日本东北大学和 ASET、德国 Fraunhofer IZM，美国伦斯勒理工学院（RPI）、IBM、MIT 和康奈尔大学，以及比利时 IMEC、荷兰代尔夫特理工大学和法国 Leti 等先后实现了垂直的 TSV。由于此时高深宽比的铜电镀尚未成为主流技术，深孔内的导体柱主要采用 CVD 填充的钨或重掺杂的多晶硅。1997 年，美国 Allvia 公司的 S. Savastiouk 在其商业计划书中和 2000 年发表在 Solid State Tech 的论文中，开始使用 TSV 这一名词[65]，随后逐渐被学术界和工业界所接受并广泛使用。

1995 年，日本东北大学报道了完整的 FEOL 三维集成技术，如图 1-26 所示[66]。TSV 采用 DRIE 刻蚀直径 5μm 和高度 40μm 的深孔（本书以后表示为 5μm×40μm），填充重掺杂多晶硅作为导体，采用 In-Au 金属凸点键合厚 30μm 的减薄晶圆，其技术路线和 6 英寸晶圆的 1μm 对准误差已经具有现在技术方案的雏形。虽然多晶硅或钨的电阻率偏高，高深宽比 TSV 的电阻约为 7Ω，但是可以实现深宽比高达 20∶1 的 TSV。利用高分子材料键合和金

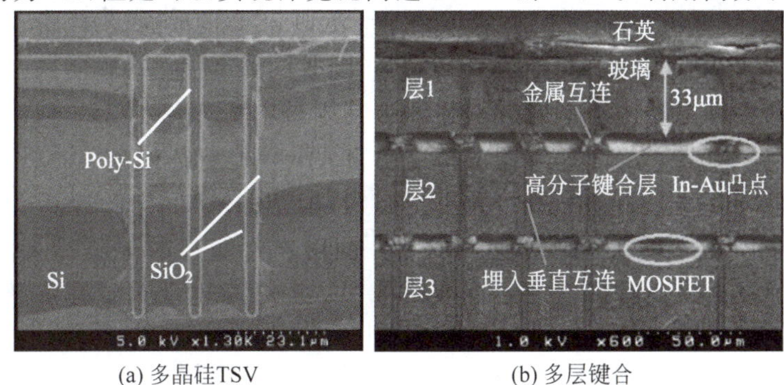

(a) 多晶硅TSV　　(b) 多层键合

图 1-26　日本东北大学 Via First 集成

属凸点键合,日本东北大学于1999年、2000年和2002年实现了3层键合的图像传感器、存储器以及处理器[67-71]。

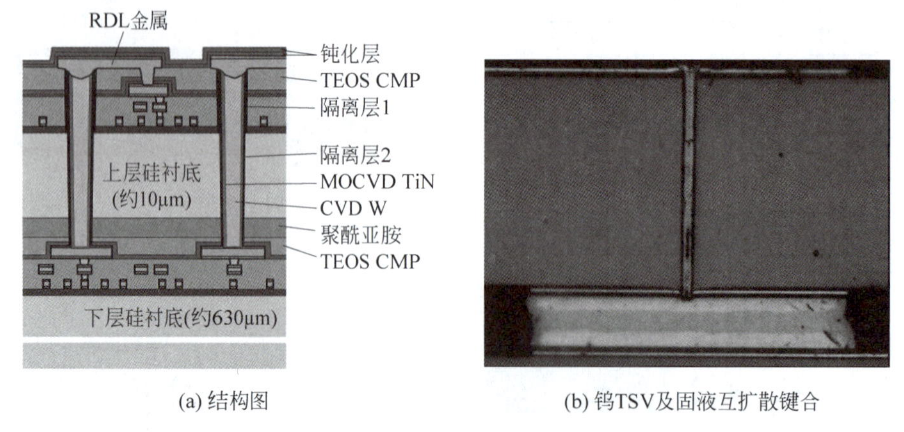

(a) 结构图　　(b) 钨TSV及固液互扩散键合

图 1-27　德国 Fraunhofer 的三维集成

1993—1996年,德国政府支持西门子公司和Fraunhofer开展Cubic Integration-VIC项目,开发基于键合和TSV的三维集成工艺[72]。Fraunhofer早期的三维集成方案以钨TSV和固液互扩散金属键合为核心,被称为ICV-SLID[73-77]。如图1-27所示,减薄晶圆厚度约为10μm,TSV直径为1～3μm,TSV的扩散阻挡层为MOCVD沉积的TiN,导电金属为CVD钨沉积的[74]。利用这种技术,Fraunhofer IZM实现了三维CMOS电路、三维微处理器,以及具有感知和数据处理与传输功能的无线传感器网络节点。20世纪90年代中期,Fraunhofer IZM率先开始三维集成热力学和存储器与逻辑集成的研究工作[78-79]。

1.3.2.4　2000—2010:铜电镀与键合技术

2000—2010年是三维集成制造技术发展最快的阶段,不仅建立了以深刻蚀、铜电镀TSV和金属与介质层混合键合为主的技术路线,而且在制造设备和材料方面取得了巨大进展,为三维集成的发展提供了有力支撑。由于铜在CMOS中广泛使用并且电镀具有填充高深宽比结构的能力,铜电镀填充TSV在短暂的多晶硅和钨填充技术之后迅速发展为TSV填充的主流技术。围绕着无空洞电镀填充高深宽比TSV这一目标,材料和设备供应商在铜电镀液、添加剂和电镀设备方面取得重要进展,建立了利用多元添加剂实现自底向上铜电镀的技术方案,彻底确立了铜电镀填充TSV的统治性地位。2005年,利用多元添加剂已经能够实现深宽比20∶1的TSV的高速、无空洞电镀。与此同时,基于铜直接键合和瞬时液相键合的金属键合技术、基于SiO_2键合和高分子键合的介质键合技术,以及基于高分子材料的临时键合技术快速发展,推动三维集成制造相关的技术、材料和设备体系等基本建立起来。

伴随着制造技术路线的确立和产业链的发展,各国政府都先后启动了支持计划,促进了制造技术的发展和完善,各种三维集成方案不断地涌现。20世纪90年代末只有少数几家三维集成技术的研究机构,2000年以后世界范围内的学术、产业和研究机构纷纷参与三维集成技术研究。日本政府于1999—2004年启动Ultra-High-Density Electronic System Integration项目,支持由夏普、NEC、东芝、AIST和东北大学等18家机构组成的ASET开展并行三维集成的研究,在相关领域取得了一系列重要成果[80]。

2000年,ASET在其年度报告中报道了铜电镀填充高深宽比TSV的方法[71],并提出了MEOL三维集成方案[81],与IBM和MIT共同推动了铜电镀TSV这一技术方案的发展[82]。通过优化电镀液的成分配比、加入适当的添加剂,并进行溶解氧处理,ASET实现了10μm×70μm盲孔TSV的高速铜电镀,大幅提高了电镀效率[83]。这种TSV制造方法和MEOL集成方案,奠定了三维集成的主要技术路线。利用这些技术,ASET于2001年报道了4层芯片三维集成的NAND闪存,如图1-28所示[84]。

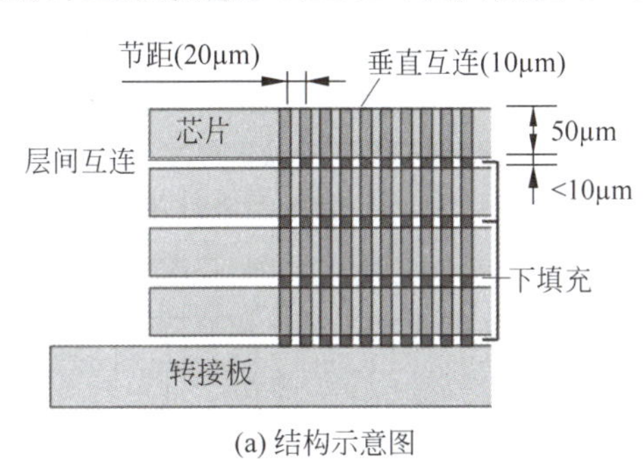

(a) 结构示意图

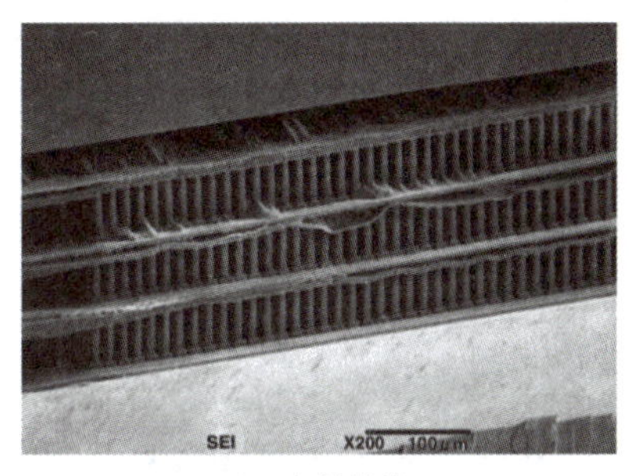

(b) 多层芯片

图1-28 三维集成NAND闪存

2004—2006年以及2008—2012年,日本政府连续支持了Stacked Memory Chip Technology项目和Functionally Innovative 3D Integrated Circuit Technology(Dream Chip)项目,极大地推动了三维集成技术的发展。到2010年,日本的产业界和学术界在设计环境、插入层技术、测试技术、三维集成制造等基础技术方面取得了重要进展,并实现了在FPGA、RF MEMS和存储器等领域的应用。

从2000年起,美国DARPA对三维集成进行了高强度的资助,包括IBM、Intel、AMD等半导体公司,伦斯勒理工学院、MIT、斯坦福大学、佐治亚理工学院、康奈尔大学、宾夕法尼亚大学、北卡莱罗纳大学、Albany NanoTech、Irvine Sensors等大学和研究机构,以及新兴的从事三维集成的公司如Ziptronix、Tezzaron、ThuSi、Allvia等,先后开展制造和集成方法、热传导及可靠性、应用拓展等领域的研究。此外,MicroMagic、Cadence、Synopsis、UCLA、MIT和NCSU还开展了三维集成电路设计、仿真和布图方面的研究,发展为目前EDA工具中的三维集成模块。2017年6月,DARPA宣布启动电子复兴计划(Electronics Resurgence Initiative,ERI),其中以小芯片集成、新材料异质集成和顺序三维集成为代表的三维集成技术,是该项目重点发展的三个技术方向之一。

IBM是三维集成技术的领导者之一[14,85-87],在三维集成探索和SOI三维集成方面奠定了主流技术方案。2002年,IBM成功制造了两层晶圆堆叠的三维集成结构,2005年公布了完整的SOI三维集成方案并完成量产开发,2008年公布了SiGe高频电路与CMOS的三维集成。此外,IBM在三维设计工具和方法以及制造工艺和基础理论方面也都取得了令人瞩目的成果。IBM的三维集成采用基于SOI的晶圆键合转移方案,首先在SOI的器件层上制造电路及互连,然后将SOI正面与辅助圆片键合,从SOI背面减薄将硅衬底层全部去除;采用SiO_2键合将SOI的埋氧层与另一个晶圆的SiO_2介质层键合,再去除辅助圆片将SOI的器件层单晶硅转移至下层晶圆表面;最后利用CMOS的互连制造方法制造TSV。由于只转移了SOI的器件层及互连层,总厚度只有微米量级,TSV只需穿透几微米的介质层,可以采用大马士革工艺实现。这一方法不仅避免了键合对准的难题,而且可以实现极小直径、极高密度的 TSV。利用改进的大马士革工艺，IBM 实现了 0.14μm×1.6μm 的 TSV，TSV 节距仅为 0.4μm。

麻省理工学院的微系统实验室和林肯实验室也开发了 SOI 的铜键合三维集成方法。微系统实验室借助辅助圆片将 SOI 的衬底层全部去除，然后制造 TSV 和键合凸点，在晶圆级键合后去除辅助圆片实现三维集成。林肯实验室开发了与 IBM 类似的 SOI 三维集成方案，即采用 SiO_2 键合转移 SOI 单晶硅器件层后再制造垂直互连。林肯实验室以辐射传感器阵列与信号处理电路的三维集成为目标，实现了 1024×1024 的 CMOS 图像传感器与处理电路的三维集成，填充比达到 99.9%[88-89]。2008 年 9 月，微系统实验室联合罗彻斯特大学实现了全球首款真正意义的三维集成处理器，该处理器在设计阶段就对 TSV 和电路进行了优化，在信号同步、电源供应和信号长距离传输方面都取得了突破，工作频率达到 1.4GHz。

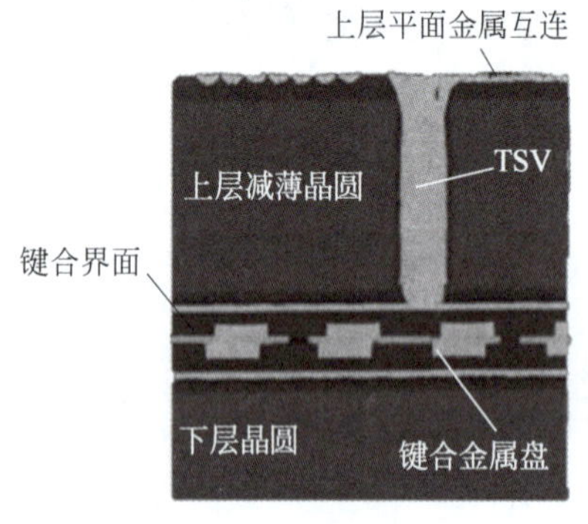

图 1-29　Intel 300mm 晶圆 TSV 及键合界面

Intel 于 2004 年成功地实现了环形振荡器逻辑电路和 SRAM 三维集成，2006 年报道了 300mm 晶圆的 65nm 工艺的应变硅三维集成处理器[90]。如图 1-29 所示，Intel 采用 Cu-SiO_2 混合键合，减薄后再制造 TSV 的 MEOL 方案，这是 Cu-SiO_2 混合键合首次在 300mm 晶圆上应用。

Tezzaron 开发了 Super-Via 和 Super-Contact 的三维集成技术[10]，实现了三维存储器、三维 CMOS 传感器、三维现场可编程门阵列(FPGA)、三维混合信号专用集成电路(ASIC)集成，以及逻辑与存储器三维集成。Tezzaron 将 8051 标准架构处理器的逻辑部分和存储器分层放置后通过 TSV 集成，逻辑部分与存储器的信号传输仅用 3ns，在相同功耗的下工作频率达到近 150MHz，远高于类似的商业处理器 33MHz 的工作频率。伦斯勒理工大学在铜键合和 BCB 高分子键合方面取得了重要的研究成果，并提出了一种具有代表性的三维集成方案[91-92]。由 3 层芯片构成的三维集成电路，最下面的 2 层芯片通过面对面的方式键合，其他层的芯片为面对背键合，通过 TSV 实现连接。键合使用 BCB 高分子和铜混合键合，不需要辅助承载圆片。

欧洲的主要研究机构包括 Fraunhofer、CEA-Leti、IMEC、ST、Suss、EVG、Infineon，以及代尔夫特理工大学和飞利浦公司等，特别是 EVG 和 Suss 是全世界晶圆键合机的主要供应商。1999—2003 年，德国尤里卡 EUREKA 项目支持 Infineon 和 Fraunhofer IZM 开展 VSI(Vertical System Integration)项目，主要从事 TSV 技术和芯片晶圆级键合系统的研究。2007—2009 年，欧盟框架 6 启动了欧盟支持的第一个三维集成项目 e-CUBES：3D-Integrated Wireless Sensor Systems，Technology Platform for 3D Heterogeneous Integration[93]。项目由 Infineon、Philips、Thales、SensoNor、IMEC、Leti 和 Fraunhofer 等合作，开发了钨 TSV 和瞬时液相键合的 ICV-SLID 三维集成技术，并在 Infineon 的轮胎压力监测系统中得到了应用。2010—2014 年，欧盟框架 7 支持 Infineon、Siemens、EPFL、IMEC、Tyndall、Fraunhofer 等开展 e-BRAINS 项目(Best Reliable Ambient Intelligent Nanosensor Systems)，面向物联网和智能传感器应用，开展三维集成和多物理场仿真的研究，实现感知、通信、纳米器件和数据处理的三维集成。

比利时IMEC是世界范围内最重要的三维集成研究机构之一，早期提出的MEOL三维集成方案是目前主流的三维方案。该方案利用深刻蚀和铜电镀制造直径5μm的TSV，经过CMP处理和多层布线后将晶圆与辅助圆片键合，从背面减薄晶圆至25μm，将TSV硅片背部露出。各层之间使用铜热压键合的方法实现集成和电互连。2005年，IMEC成立了先进封装与互连研究中心，利用独特的运行机制，与全世界主要厂商开展了深入的合作，包括Intel、Fujitsu、Sony、Micorn、TSMC、GlobalFanundries、Quacomm、Xilinx、Nvidia、Amkor等半导体厂商，Synopsys和Acdnxe等设计工具商，Hitachi Chemical、ThinMaterials、Henkel、BASF等材料供应商，以及Applied Material、Lam、TEL、Suss、Disco和SET等设备供应商。IMEC在三维集成领域取得了令人瞩目的成果，是目前三维集成领域最重要的研究机构。

我国在三维集成制造方面的研究开始于2005年，清华大学微电子所在“973”项目的资助下开始三维集成制造技术的研究，开发了基于通孔的TSV制造方法[22]，并于2009年实现了铜和BCB混合键合的三维集成方案[94]。这种技术首先在晶圆上刻蚀深孔，通过背面减薄使深孔成为通孔，之后利用临时键合把晶圆键合到带有种子层的辅助圆片上；去除通孔中的键合层，利用自底向上的铜电镀填充形成TSV，最后去除辅助圆片。虽然通孔电镀需要较长的时间，但这种方法能够在不使用复杂添加剂的情况下实现高深宽比TSV的无缝电镀，典型的TSV直径为5～10μm、高为50～75μm、中心距为20～50μm，凸点高为4～5μm。UCLA、NXP、IBM东京研究中心和早稻田大学等也开发了类似的技术方案[95]。

2008年是三维集成产品的元年。2008年1月，东芝公司推出了采用TSV的CMOS图像传感器，利用TSV将背照式图像传感器的信号从键合面引出至外露面，这是目前公认的首个采用TSV的量产产品。这种早期的TSV采用激光刻蚀的锥形孔，深宽比约为2∶1，采用空心铜导体，如图1-30所示。2007年4月，IBM宣布采用TSV的功率放大器芯片于2008年量产[96]。三星也紧随IBM宣布将推出首款由4个2Gb的DDR2三维集成的DRAM产品[97]。

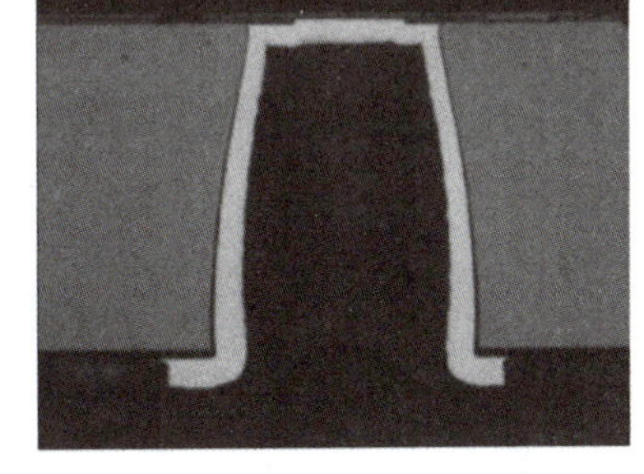

图1-30　东芝公司图像传感器使用的TSV

在量产工艺开发方面，2008年TSMC报道三维集成的关键工艺开发进展[98]，包括深宽比为15∶1的TSV制造技术、铜热压键合技术、晶圆减薄和背面工艺等。此外，UMC、Globalfoundries(GF)、三星等代工厂也先后完成量产工艺的开发，TSV模块导入CMOS的可制造性和可靠性也得到验证，并先后在不同的工艺节点引入了TSV工艺。

1.3.2.5　2010—2020：技术完善与应用高速发展

2010年以后，深孔刻蚀、介质层沉积、扩散阻挡层、高速铜电镀和CMP等专用设备的发展，使TSV制造技术不断完善。以Applied Materials、Lam Research、SPTS和TEL等为代表的高性能刻蚀机、CMP和介质层沉积设备相继推向市场，硅深刻蚀的速率不断提高、制造成本不断下降，极大地促进了三维集成的发展。低温铜键合、混合键合、临时键合等方法和材料，以及以Suss和EVG的产品为代表的高精度对准晶圆键合设备先后进入量产，使键合技术日渐成熟、生产效率不断提高。

由于设备和材料的发展,各种三维集成方案不断涌现,集成与封装技术充分融合,快速推进了集成方法的发展。IBM、Intel、Qimonda、Samsung、TI、Amkor、STATS ChipPAC、Tessera、Tezzaron、Xanoptix、Ziptronix 以及 ZyCube 都在这一时期建立自己的三维集成技术。相关研究机构、CMOS 代工厂、独立的半导体公司和封装企业相继建立了 30 余条 300mm 晶圆的三维集成生产及试验线。Leti、IMEC 和日本东北大学等于 2009—2013 年投入运行了 300mm 晶圆的三维集成工艺线,用于三维集成产品研发阶段的工艺开发,解决产品研发阶段的制造问题。

在三维集成制造方面,TSMC 和 UMC 等代工厂在多个工艺节点推出了 TSV 代工制造,如图 1-31 所示。TSMC 从 2010 年和 2012 年开始提供 90nm 和 65nm 工艺的 PT60 工艺模块服务(节距 60μm 的 TSV)和 MEOL 方案的 IT17(节距 17μm 的 TSV),并推出了带有 TSV 的插入层工艺。随后,TSMC 将 TSV 工艺导入 28nm 和 14nm 工艺[99],并伴随着 7nm 和 5nm 技术节点开发相应工艺,其中 7nm 工艺 N7-on-N7 的三维集成于 2022 年量产。UMC 在 2012 年推出了 28nm 逻辑工艺和 65nm 插入层的 MEOL TSV 工艺[100],并在 20nm 以后节点将 TSV 作为可选标准工艺模块。2015 年 7 月,UMC 率先利用 300mm 生产线为 AMD 集成 HBM 的 Radeon R9 Fury X GPU 提供代工制造。GF 于 2013 年在新加坡工厂投产 TSV 插入层代工,在德累斯顿工厂提供 28nm 节点 TSV 工艺,在纽约工厂完成 20nm 节点 TSV 工艺开发,2015 年在纽约工厂完成 14nm FinFET 节点 TSV 的研发[101]。

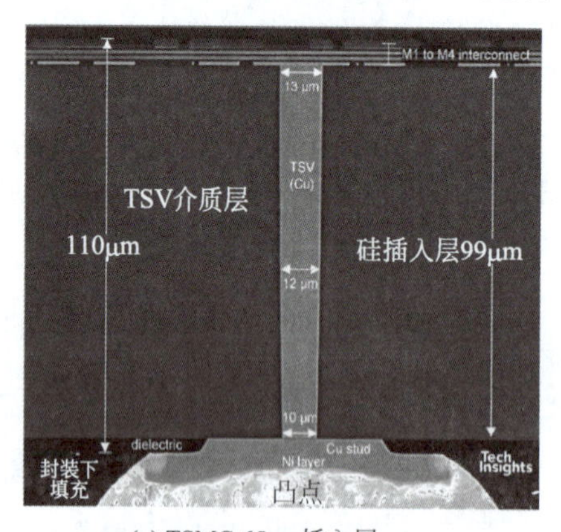

(a) TSMC 65nm插入层

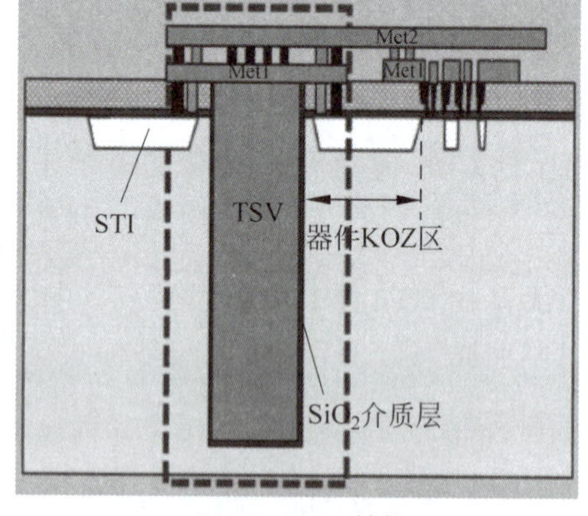

(b) UMC TSV结构

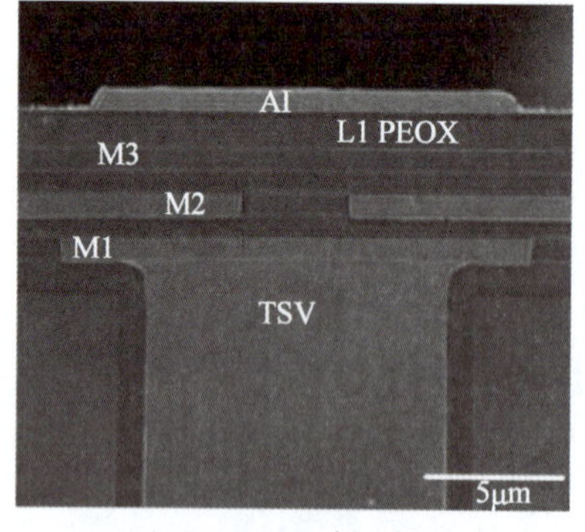

(c) UMC 65nm插入层

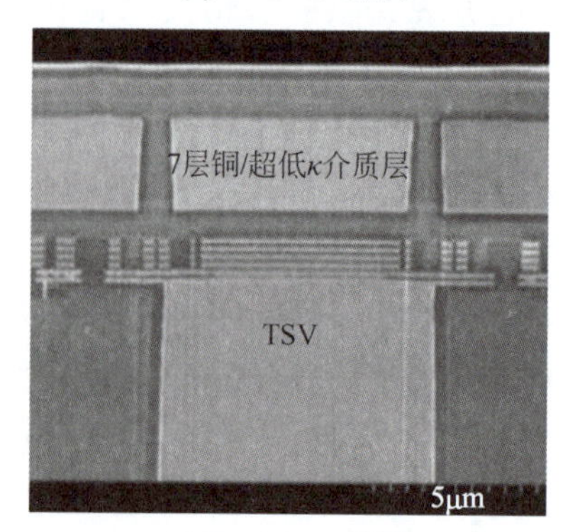

(d) UMC 28nm逻辑

图 1-31 MEOL TSV

从2016年起，基于插入层2.5D集成的小芯片技术高速发展，包括TSMC、Intel、AMD、GF、Samsung和SK Hynix，以及ASE、Amkor和STATS ChipPAC等封装企业都先后开发了面向小芯片集成的技术或产品。这些产品和技术的共同趋势是以2.5D插入层为基础集成单芯片和3D集成芯片，采用金属键合实现高密度片间互连，以此提高数据传输能力和计算能力。

从2011年起，TSMC推出了CoWoS和SoIC等3DFabric系列集成方案，如图1-32所示，用于Xilinx的FPGA和AMD等的CPU和GPU等产品。AMD于2020年发布了其X3D集成处理器架构，这是一种2.5D和3D混合集成方案，把SRAM与处理器三维集成后，再与HBM通过2.5D集成。AMD利用这一架构实现了64MB的SRAM与7nm工艺制造的带有32MB L3的处理器三维集成，实现了合计96MB的L3，其带宽提高到2TB/s，已经超过了片上L1的水平。

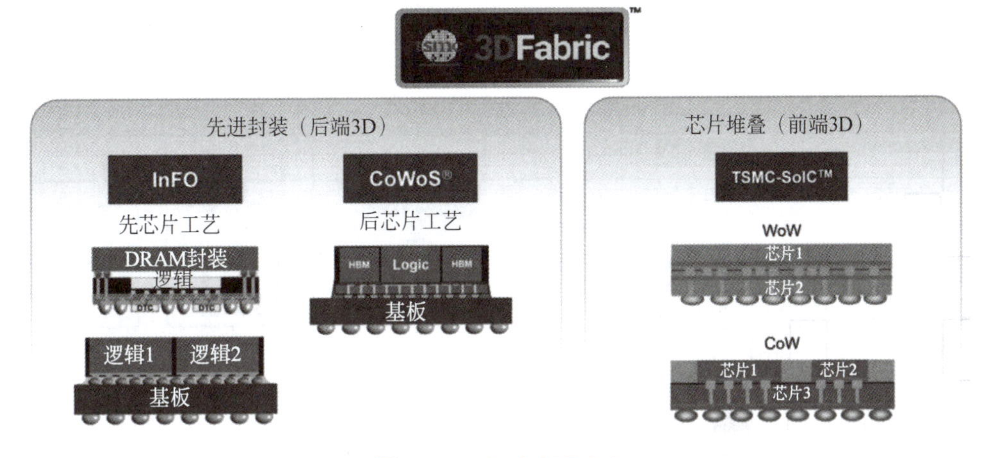

图1-32 TSMC 3DFabric

2016年，Intel发布了EMIB(Embedded Multi-Die Interconnect Bridge)[102]集成方案以及基于此方案的Kaby-G、Stratix 10和Agilex FPGA等产品；2019年消费电子展上Intel发布了Foveros[103]。Foveros采用面对面芯片键合以及带有TSV的插入层集成逻辑芯片和逻辑、存储、FPGA甚至模拟和射频芯片，具有极高的芯片间数据传输能力，如图1-33所示。采用Foveros的Lakefield处理器在12mm×12mm的封装内集成了DRAM、10nm工艺的处理器芯片以及22nm工艺的I/O芯片。

从2012年起，Samsung和Hynix先后推出了多款DRAM三维集成的HBM和HBM2产品。2019年，Samsung发布了12层堆叠的24GB HBM2E，总厚度为720μm。2021年，SK Hynix发布了堆叠12层的HBM3每层厚度30μm、容量2GB，总容量共计24GB。Samsung于2018年发布了基于插入层的混合集成技术I-Cube(Interposer-Cube)，2020年在Hotchips会议发布了将SRAM与7nm工艺制造的处理器三维集成的X-Cube(eXtended-Cube)技术，2021年发布了处理器与HBM进行2.5D集成的I-Cube4，如图1-34所示。

近年来，三维集成在我国发展很快，多家大学、研究院所和企业在开展制造技术、材料和应用等方面的研究，在技术研发和产品方面都取得了显著进展。2019年，长江存储推出了NAND闪存与逻辑电路三维集成的产品。2019年，西安华芯报道了DRAM与控制器的三维

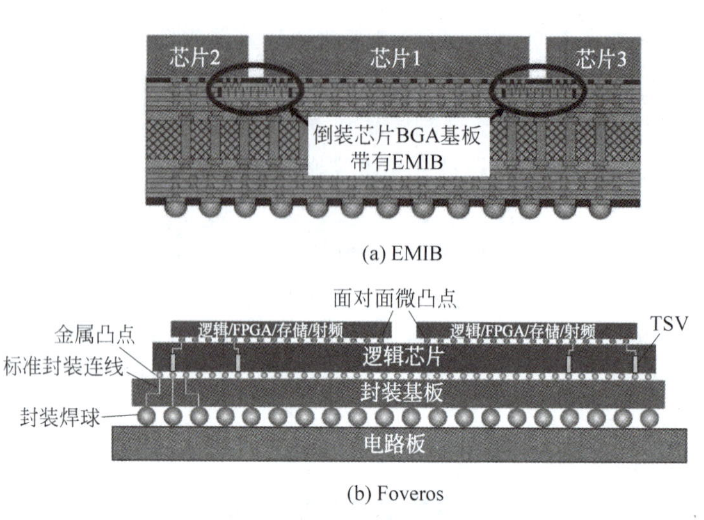

(a) EMIB

(b) Foveros

图 1-33 Intel 集成方案

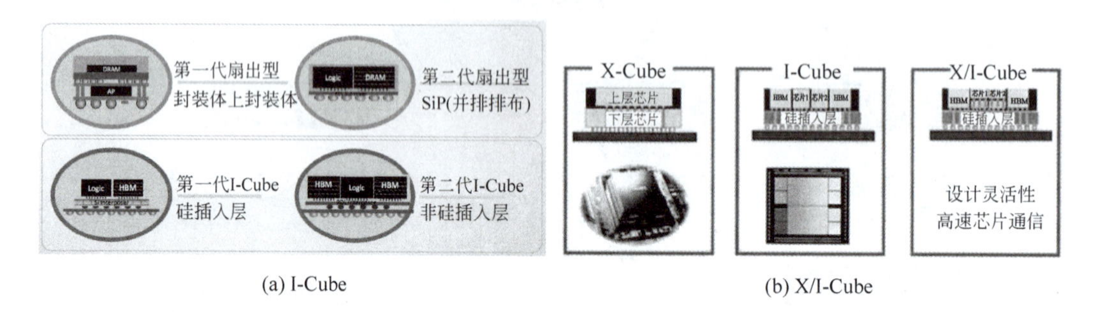

(a) I-Cube (b) X/I-Cube

图 1-34 Samsung 集成方案

集成。2020 年，华进报道了多层芯片的三维集成和 2.5D 集成工艺，TSV 深宽比为 9∶1[104]。2021 年，西安华芯利用混合键合实现了 55nm 工艺的处理器与 28nm 工艺的 48Gb DRAM 的三维集成，获得了 1596GB/s(49152×266(Mb/s)/pin)的数据传输带宽[105]。

1.3.3 三维集成产品

三维集成的快速发展是技术推动与需求拉动共同作用的结果。如图 1-35 所示，三维集成产品和应用已经涵盖了集成电路的几乎所有方向，包括图像传感器、MEMS 与传感器、LED、SRAM、DRAM、NAND、FPGA、功率器件、射频与无线、CPU/GPU，以及模拟和数字等产品，其中 MEMS 与传感器、FPGA、DRAM、图像传感器和 CPU/GPU 占据主要的市场份额。

1.3.3.1 主要产品

在产品方面，CMOS 图像传感器、DRAM 和 HBM、MEMS 和传感器等三维集成或封装产品先后上市，包括 Toshiba、Samsung、Sony 和 Omnivision 的 CMOS 图像传感器，Samsung、SK Hynix 和 micro 的 DRAM(HBM)和闪存，IBM 的集成 SRAM 的处理器以及 SiGe 和 CMOS 集成的高频器件，Xilinx 和 Intel 的 FPGA，Intel 和 AMD 的 CPU，AMD 和 NVidia 的 GPU 等，如图 1-36 所示。

2011 年，Xilinx 采用 TSMC 的 CoWoS 2.5D 集成方案，推出了基于 TSV 硅插入层的

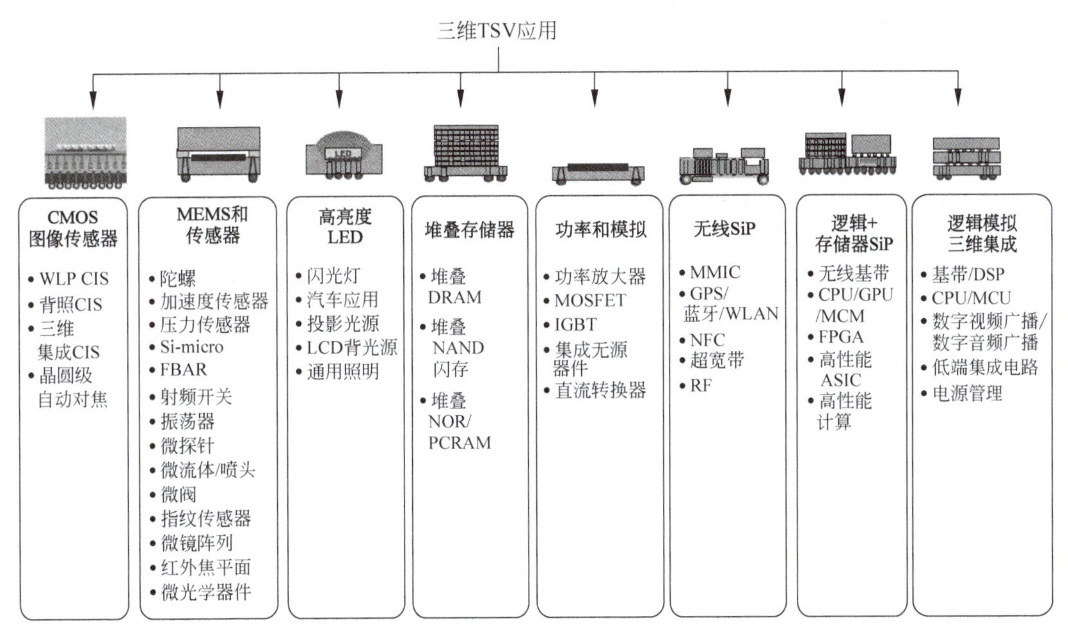

图 1-35　三维集成应用领域

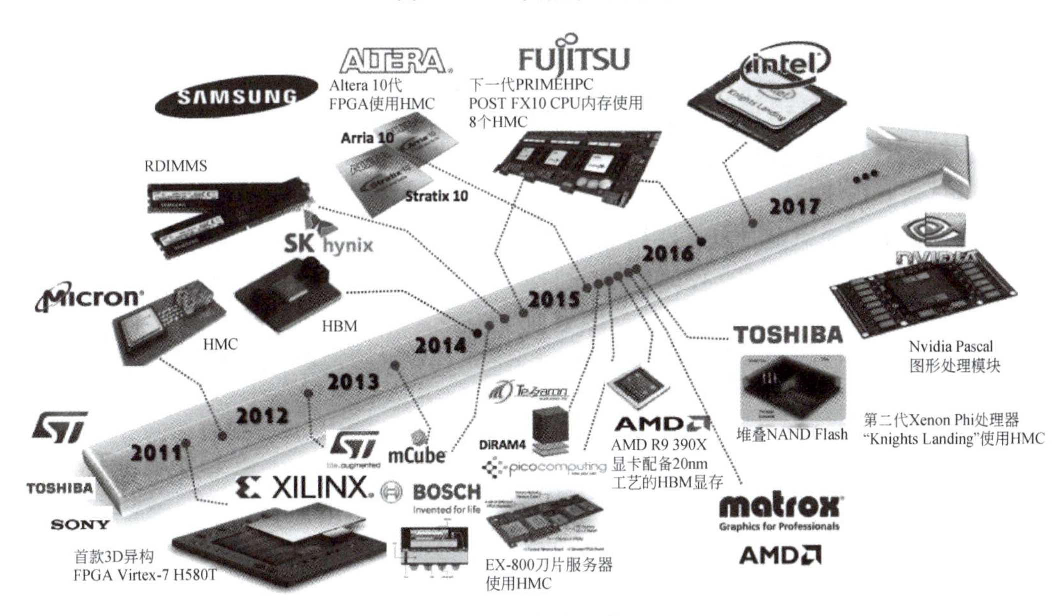

图 1-36　三维集成主要产品(Yole)

Virtex 7 系列 FPGA 产品，对 TSV 和三维集成市场产生了重要影响。FPGA 芯片为采用28nm 工艺制造的 4 个芯片，并排排列在 65nm 工艺制造的带有 TSV 的插入层上。与常规封装相比，插入层的高密度 RDL 使插入层每瓦带宽提高了 100 倍，延时减少 80%，并且在当时 28nm 工艺成品率不高的情况下，通过分割芯片提高了系统成品率。

在图像传感器领域，TSV 引入的初期主要用于将背照式图像传感器的信号从键合面引出到外露面；随后发展到利用 TSV 实现图像芯片与信号处理芯片的三维集成，特别是 2017 年 Sony 将 90nm 工艺的像素阵列、30nm 工艺的 DRAM 和 40nm 工艺的图像处理器集成，推出

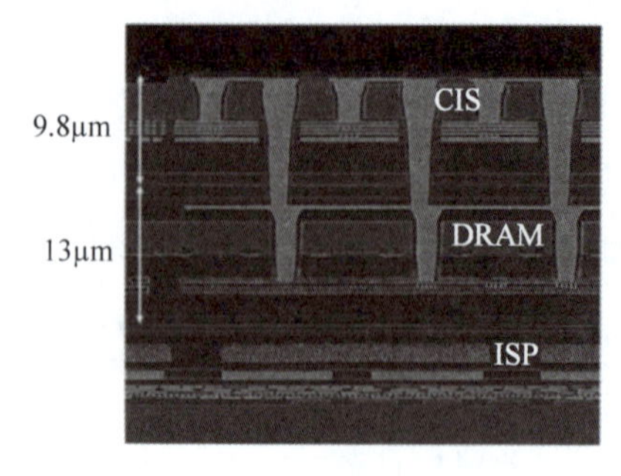

图 1-37 Sony 三维集成图像传感器 IMX400(Techinsights)

了高帧频图像传感器 IMX400,如图 1-37 所示。在降低制造成本、减小工艺干扰的同时,通过集成的 1Gb 容量的 DRAM 对海量数据进行缓存,缓解了高速数据获取与低速输出接口的矛盾,将 FHD 的帧频提高到 960 帧/s。

在 DRAM 方面,2012 年 Samsung 公布了三维集成的 2Gb DDR2 和 8Gb DDR3 的 DRAM,并率先于 2014 年开始量产三维集成的 DRAM。从 2015 年开始,Samsung 和 SK Hynix 基于三维集成 DRAM 的 HBM 产品相继量产,2019 年 Samsung 实现了 12 层芯片、6 万个 TSV、厚度仅为 720μm、总容量为 24GB 的 DRAM。从 2016 年开始,Nvidia、AMD 和 Fujitsu 等采用 TSMC 的 CoWoS 技术,实现了多核处理器芯片与 HBM2 的集成,极大地推动了三维集成产品的发展。2017 年,Intel 采用 EMIB 技术集成了 14nm FinFET 逻辑单元和 HBM2,推出了高性能的 Stratix 10MX。2019 年,Intel 利用 Foveros 技术推出 10nm 逻辑与 22nm FinFET 低功耗工艺的三维集成移动处理器 Lakefield,尺寸为 12mm×12mm×1mm,待机功耗仅为 2mW。

在 MEMS 和传感器方面,从 2012 年开始,Avago、ST、Bosch 和 mCube 等将 TSV 和圆片级真空封装用于 RF MEMS 和惯性传感器的生产,大幅降低了真空封装器件的制造成本和芯片尺寸,推动 MEMS 器件的普及应用。此外,三维集成在模拟与射频、高压和功率、光电子、SoC 等领域的应用也得到快速发展。

尽管不同的应用从三维集成获得的收益不同,但是体积小、数据传输带宽高和多功能是大多数应用都能够获得的益处。在传感器及 MEMS 领域,传感器往往需要特殊的工艺制造,一般不能与 CMOS 工艺兼容。采用三维集成技术,传感器和信号处理电路分别采用不同的工艺独立制造和优化,然后通过 TSV 和键合实现三维集成。这不仅可以获得更优的传感器和更好的电路性能,而且可以通过圆片级真空封装大幅度降低 MEMS 器件和传感器的封装成本。在存储器领域,DRAM 和非挥发存储器的容量都越来越大,而三维集成满足对存储器容量的需求。在处理器领域,将逻辑单元与 SRAM 的三维集成,或者逻辑单元与 DRAM 的 2.5D 集成,都极大地提高了处理器的数据传输能力和计算能力,因此三维集成已经成为人工智能和深度学习等领域的关键技术。

1.3.3.2 产品发展

应用的快速发展推动了三维集成产值的快速增长。根据 Yole 的预测,2023 年三维集成产品的产值将达到 55 亿美元,年复合增长率为 27%,如图 1-38 所示。然而,不同应用领域的增长率和市场占比将有较大的变化。前期,消费电子应用占三维集成市场 65%的份额,是最大的应用方向;目前,高性能计算应用是增长最快、规模最大的市场,其市场份额从 2018 年的 20%增加到 2023 年的 40%。尽管面向消费电子的三维集成产品的市场也将有 18%的年复合增长率,但市场占比将有所下降,而汽车、医疗和工业应用将大体保持目前的市场份额。

根据 Yole Development 的统计,全球三维集成产品的等效 300mm 晶圆产量从 2016 年约 130 万晶圆发展到 2022 年的近 450 万晶圆,年平均增长率接近 25%。面向不同领域的应用增长速度有些差异，DRAM、SoC、插入层和硅光电子等增长率可达36%，而图像传感器的增长率为20%，其他如MEMS和传感器等增长率为25%。

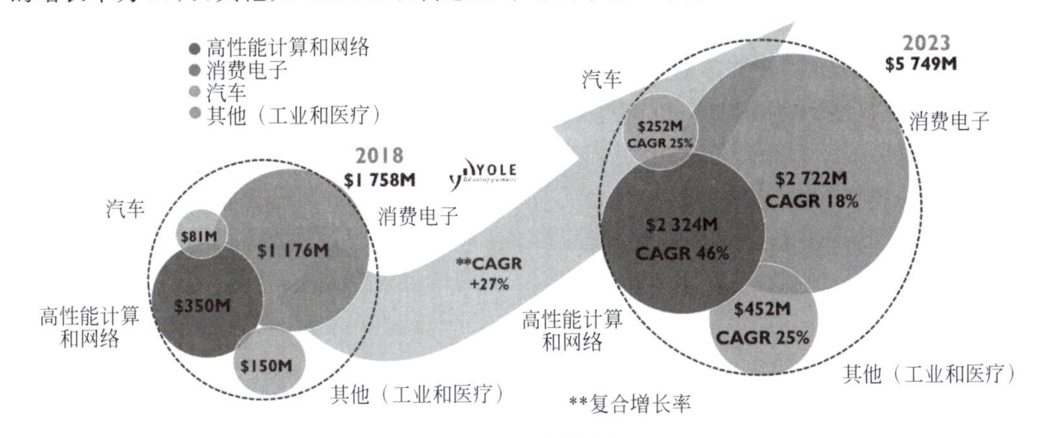

图1-38 三维集成的市场(Yole)

面向不同应用的三维集成方案也有较大的区别，DRAM的三维集成以多层堆叠和TSV为主，面向MEMS传感器的应用则以圆片级真空封装为主，而GPU则与HBM通过插入层集成，如图1-39所示。概括起来看，三维集成的应用经历了5个从简单到复杂的发展阶段：三维晶圆级封装(3D-WLP)、三维堆叠集成(3D TSV Stack)、三维系统级封装(3D-SiP)、三维逻辑圆片级集成(3D-Logic-SiP)，以及三维芯片系统(3D-SoC)。第一阶段3D WLP采用晶圆级键合实现真空封装，减小封装尺寸并降低成本，部分应用引入TSV互连，主要面向射频MEMS、MEMS惯性传感器、图传感器等应用。第二阶段3D TSV Stack实现同种芯片的三维集成，主要产品是DRAM和NAND闪存。第三阶段3D-SiP是三维集成的关键节点，这一阶段中TSV技术主要用于前段制程，集成不同功能的简单芯片，主要面向

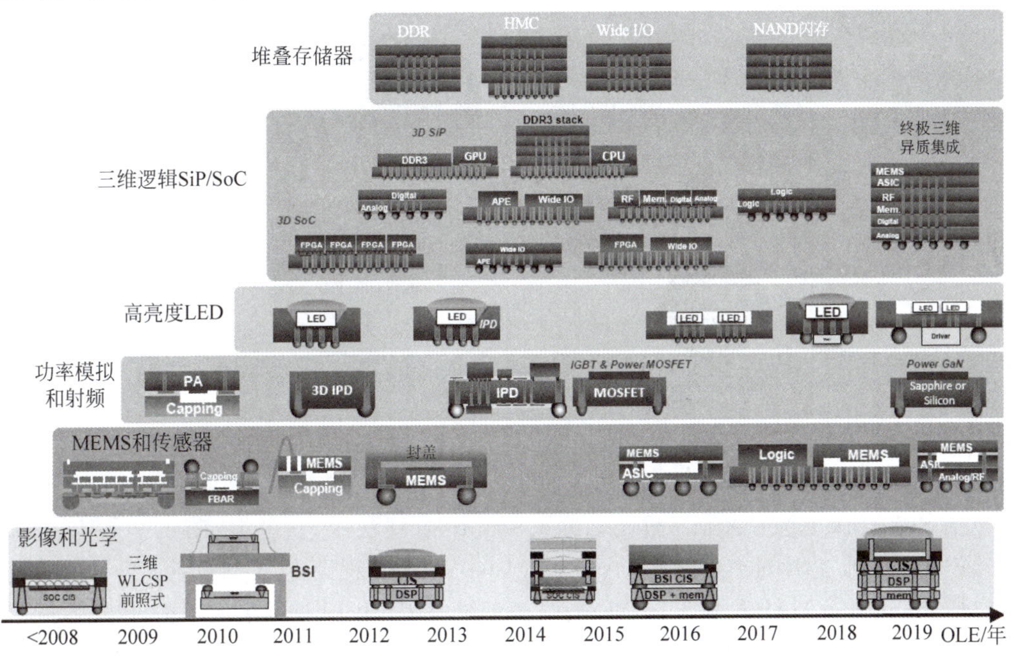

图1-39 三维集成发展线路图(Yole)

逻辑与 DRAM 的三维集成、有源和无源射频器件三维集成、三维图像传感器，以及 MEMS 和电路三维集成等。第四阶段 3D-Logic-SiP 将复杂的存储芯片与逻辑芯片通过 TSV 三维集成，TSV 和金属互连的密度更高。第五阶段 3D-SoC 是最终的三维集成芯片系统，将集成逻辑、存储、数字、模拟、射频和 MEMS 传感器等多功能的芯片，最终实现多功能的三维集成芯片系统，这一阶段仍处在发展过程中。

尽管这些发展阶段是逐步递进的，但是每一阶段的三维集成技术并不会完全取代上一阶段的技术，而是各种技术共存，以满足不同成本及应用的需求；同时，特定器件的应用并非完全按照上述的阶段发展，而是根据自身应用的特点沿着不同的技术路径向前发展。

1.3.4 三维集成产业链

三维集成的制造流程复杂，引入了大量新材料、新工艺和新设备，需要多种设备和材料的支撑，因此三维集成是一个庞大的产业链，典型设备和材料如图 1-40 所示。三维集成技术的高速发展得益于以这些设备和材料制造商为代表的产业链的支持。2006 年 9 月，由多家设备和材料供应商共同成立了三维集成设备和材料产业联盟 EMC-3D，通过以产业联盟的形式合作解决三维集成的材料、设备、制造、应用和成本方面的问题，推进三维集成的发展。EMC-3D 初期的目标是开发面向直径 5～30μm、高度 50μm 的 300mm 晶圆的三维集成工艺设备和材料，并将每晶圆三维集成的制造成本降低到 200 美元以下。从 2007 年起，包括键合和深刻蚀等在内的多种 300mm 晶圆的三维集成设备开始用户测试，促进了三维集成技术的发展。

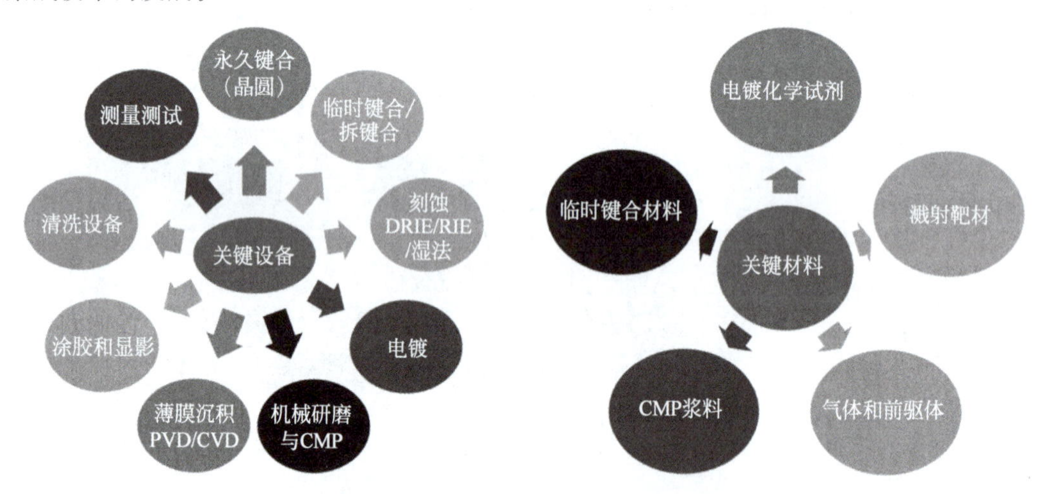

图 1-40　三维集成的设备与材料(Yole)

EMC-3D 几乎涵盖了三维集成所有的制造技术，包括 DRIE 和激光钻孔、绝缘层/阻挡层/种子层沉积、平面再布线层与凸点、铜电镀、键合与临时键合、晶圆减薄、激光切片等，成员包括 SPTs(深刻蚀)、XSiL(激光刻蚀)、Semitool(湿法工艺、电镀、RDL 电镀和晶圆减薄)、EVG(晶圆/芯片对准和键合)、Applied Materials(全制程设备)。与设备商合作的研发单位包括 Fraunhofer IZM(集成工艺、可靠性、微系统应用)、Leti(三维集成工艺、传感器应用)、Samsung(三维集成工艺)、KAIST(电磁、应用)、Texas A&M University(工艺)。材料公司成员包括 Rohm Haas(电镀液)、Enthone(电镀液)、Brewer Science(永久键合与临时键合材料)、AZ Electronic Materials(键合与临时键合)等。

在 DRIE 设备方面,除了传统的 MEMS 深刻蚀设备制造商 Alcatel Micro Machining(2008 年被 Tegal 收购,2011 年被 SPTS 收购)和 STS(2009 年被 Sumitomo 收购,与 Trikon 和 Aviza 合并为 SPTS,2014 年被 Orbotech 收购,2019 年被 KLA 收购),多家半导体设备制造商快速切入深刻蚀设备领域,极大地推动了深刻蚀技术的发展。2007 年 9 月,Lam Research 推出第一台 300mm 晶圆深刻蚀设备 2300 Syndion,刻蚀孔径为 2~100μm,深度为 20~400μm。Syndion 利用高密度变压器耦合等离子体(TCP)平面等离子源,具有优异的刻蚀均匀性和形貌对称性。2008 年,Aviza 推出了 300mm 晶圆硅深刻蚀系统 Versalis fxP,该系统整合 6 个模块(1 个硅深蚀刻、1 个介质层 CVD、2 个介质层刻蚀和 2 个扩散阻挡层及种子层 PVD),提供 TSV 制造的"一站式"工艺集成。2011 年,Applied Materials 发布了基于 Bosch 技术的 Centura Silvia 系列深刻蚀设备,将 TSV 刻蚀成本降低到 10 美元以下。Applied Materials 是唯一一家提供完整三维集成设备的供应商,包括深刻蚀、CVD、PVD、铜电镀、表面预处理和 CMP。

三维集成的另一个关键工艺是键合。20 世纪 90 年代末开始,Suss 微系统和 EVG 便致力于 300mm 晶圆键合设备的开发。2002 年,EVG 基于 SmartView 对准技术的 300mm 全自动键合机投入市场[106],2008 年,EVG 推出第一台 300mm 多腔体晶圆自动键合机。此外,Suss、Mitsubishi 和 TEL 都已批量生产 300mm 晶圆多腔自动键合机以及临时键合设备。目前主流晶圆键合机的 3σ 对准偏差小于 100nm,最小可达 50nm。EVG 与 Brewer Science 合作,利用 EVG 850 临时键合平台和 Brewer 的高分子材料,共同开发了超薄晶圆的解决方案,可以实现晶圆减薄、低温键合,以及拆键合。近年来,高精度的芯片级键合设备也得到了快速发展。SET 于 2007 年年底推出适用于 300mm 晶圆的高对准精度(0.5μm)、高键合力(4000N)的芯片-圆片键合设备 FC300,随后 Finetech 和 ASM Pacific 也推出了对准误差 200~300nm 的芯片级键合设备。表 1-3 列举了目前部分主要设备制造商。所有的晶圆级设备均已达到 300mm 的水平,部分芯片级键合设备的最大尺寸甚至也达到了 300mm。

表 1-3 三维集成主要设备制造商

设备/工艺/材料	主要生产商	主流性能水平
光刻机	Canon、Nikon、Suss、EVG、Orbotech、Ultratech、Ushio、SMEE、Veeco、Screen	步进式光刻机:65nm 接触式光刻机:0.5μm
深刻蚀机	SPTS、Applied Materials、Lam Research、Ulvac、TEL、Samco、Orbotech	刻蚀速率>20μm/min,侧壁起伏<50nm,深宽比>20:1
PVD	SPTS、Applied Materials、Canon、Ulvac、TEL、Orbotech、Veeco、ASM Nexx、Tango、Evatec	10:1 深宽比共形能力 30%~50%
CVD	SPTS、Applied Materials、Lam Research、Ulvac、TEL、Orbotech、Veeco、Canon、Unity	TEOS+O_3 SACVD 沉积 10:1 深宽比共形能力 50%
铜电镀	Semitool、Applied Materials、TEL、ASM Nexx、Lam Research、Atotech、Classone、Meco、Hitachi	直径为 5μm、深度为 50μm 的盲孔电镀时间小于 60min

续表

设备/工艺/材料			主要生产商	主流性能水平
键合	永久键合	晶圆键合	EVG, Suss, TEL, AML, Mitsubishi, Nikon, Bondtech, Ayumi, AST, SMEE	最小厚度为0.1mm,最大键合厚度为12mm,面对面对准误差＜100nm,面对背对准误差0.3μm
		芯片键合	SET, Finetech, ASM Pacific, EVG	最大芯片为300mm,对准误差为200～500nm
	临时键合		EVG, Suss, TEL, ERS, Tok, TAZMO	拆键合效率＞60晶圆/h
减薄			Disco, Okamoto, Koyo Machinery, Speedfam, Strasbaugh, Accretech, Daitron	最小减薄厚度为20μm,厚度均匀性±2μm
CMP			Applied Materials, Ebara, Cabot, Lapmaster, DuPont de Nemours, Fujimi, Revasum, Lam Research, Tokyo Seimitsu	SiO_2 粗糙度小于0.2nm

Applied Materials生产除光刻机以外几乎所有的集成电路制造设备,近年来面向三维集成推出了系列制造设备,包括介质层和金属沉积、介质层和金属刻蚀、硅深刻蚀、电镀、化学机械抛光等,如图1-41所示。Producer InVia 2为原位沉积方式的CVD,能够在高深宽比的TSV内沉积均匀的介质层。Endura Ventura 2为扩散阻挡层和种子层的PVD设备,适用最大深宽比高达20∶1。Producer Avila是专为TSV背面工艺介质层沉积开发的低温PECVD设备,可在200℃下沉积高质量介质层。Insepra SiCN是Cu-SiCN混合键合应用中SiCN的CVD沉积设备,可获得更高的键合强度和更好的阻挡铜扩散的能力。Catalyst是专为Cu-SiO_2混合键合开发的CMP设备,通过动态温度控制能够精确控制铜的凹陷程度,满足混合键合的要求。此外,2020年Applied Materials与BESI合作开发面向芯片-晶圆键合的全系列设备。

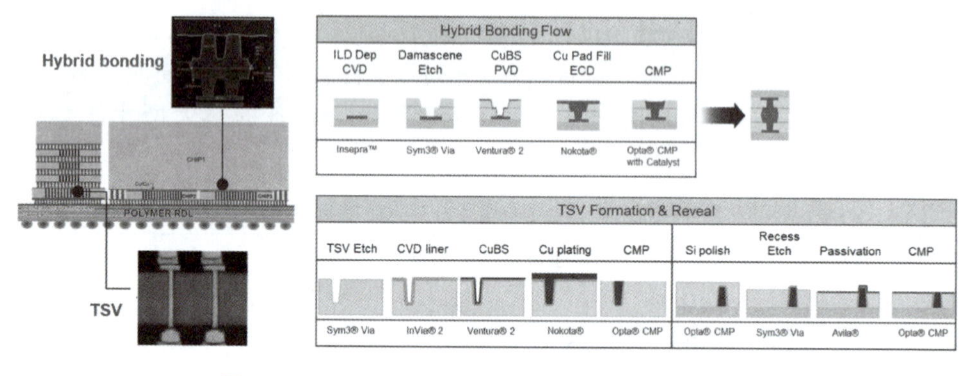

图1-41 Applied Materials面向三维集成的设备系列

在材料方面,针对高深孔比盲孔电镀的特殊工艺,Hitachi Chemicals、Rohm Haas和Enthone都推出了针对高深宽比铜电镀的电镀液。为了实现高深宽比的无缝电镀,镀液中包含了复杂的加速剂、抑制剂和平整剂等特殊化学成分,有效地促进了深宽比10∶1的盲孔电镀。针对高分子键合、临时键合和拆键合,Brewer Science、Dow Chemical、HD Microsystems、Honeywell以及AZ等都推出了不同的材料解决方案。电镀设备制造商Semitool与电镀液制造商合作,推出了适用于TSV的电镀设备,Alchimer推出了扩散阻挡层和种子层的化学镀材料和设备。

近年来，国内在三维集成相关设备和材料供应链方面发展非常迅速，如中微半导体和北方华创面向 TSV 的深刻蚀设备、北方华创的扩散阻挡层 PVD 设备、沈阳拓荆的介质层 CVD 设备，华海清科的综合材料 CMP 设备，以及上海新阳的 TSV 电镀液和安吉微电子的 CMP 浆料等。

1.4 三维集成的发展和挑战

推动三维集成技术发展的源动力，来自移动电子设备对芯片体积的要求、高密度存储器对容量的要求、高性能计算对数据传输速率和计算能力的要求，以及物联网对多功能、低成本、低功耗和高性能的要求。三维集成从制造技术发端，目前已经成为集成电路满足未来不断增长的多种需求的最重要、最可行性技术之一。因此，这种不依赖器件结构和制造工艺的集成技术，必将在未来长期发展下去。

1.4.1 三维集成的发展

经过 30 多年的高速发展，目前三维集成制造技术已经能够满足一般应用的要求，但是在设计方法、器件可靠性、散热、生产效率和成本等方面，仍在不断发展。针对这些问题，三维集成技术将围绕模型模拟、设计方法学和设计规则、可靠性评估和改进、散热优化和提高，以及三维集成制造能力、良率和成本控制等方面，通过模型模拟等基础理论完善设计方法学和设计规则，通过新结构和材料的引入改善散热问题，通过工艺和结构的优化提高热力学可靠性，通过工艺过程和供应链的不断完善提高三维集成的制造能力。

1.4.1.1 产业与需求发展趋势

信息领域的需求以高性能计算和移动应用为两个典型的代表。前者要求极高的计算和数据传输能力，并考虑体积和功耗，其典型代表包括机器人、人工智能、机器学习、虚拟现实和自动驾驶等；后者要求多功能、小体积、低功耗以及适当的数据传输和处理能力，其典型代表包括智能手机和物联网的边缘计算。幸运的是，这两类不同应用领域的需求，都可以通过三维集成技术得以满足。通过三维集成技术，高性能计算领域可以将高密度 DRAM、SRAM 和处理器进行集成，在获得小体积和高集成度的同时，极大地扩展不同模块间的数据传输率能力，满足高性能计算对集成度、输出带宽和计算能力的需求。通过三维集成技术，移动电子领域可以将多功能的感知、处理、存储和通信进行集成，以此实现多功能、低功耗、小体积和低成本的移动系统，支撑智能手机和物联网边缘技术的发展。2019 年，三星公司在 IMAPS Device Packagin 会议上发表文章“Electronics Packaging Technologies for the 4th Industrial Revolution”，以数据传输带宽作为主要指标，提出采用不同的三维集成满足未来对这两个发展方向的需求。

多功能集成将有助于实现复杂系统和多样化系统。射频和模拟、功率器件、MEMS 与传感器和光电子将更加广泛的采用多芯片、多功能集成技术，满足高速通信、物联网、光信息和自动驾驶领域的发展需求。这些功能的发展，将进一步加快多功能器件的集成，未来包括多个 MEMS 和传感器、无线通信、DRAM、处理器等在内的多功能异质集成系统将快速发展，将成为满足物联网感知和边缘计算的需求的核心技术，同时还将促进包括消费电子、医疗、汽车等大量市场产品的发展，以及工业、能源和军事领域等小批量多品种应用市场的发展。

1.4.1.2 技术发展趋势

三维集成的发展一直围绕着制造技术为主线，制造技术是三维集成应用的基础和先决条件，制造技术的进一步完善是解决三维集成制造成本、可靠性和性能等问题的基本途径。从技术角度看，高密度集成主要依靠 TSV 和多层键合的 3D 集成实现，而异质异构集成主要依靠插入层 2.5D 集成实现，未来的发展仍将保持 2.5D 集成和 3D 集成共同发展。在这一大背景下，技术发展将体现下面几个趋势。

(1) 芯片间的数据传输带宽将不断提高。为了满足高性能计算对数据传输带宽的要求，特别是 DRAM 与处理器或逻辑芯片之间，集成芯片将采用更高密度的互连方式，如高密度金属键合或超薄晶圆垂直互连。前者通过窄节距金属凸点($<5\mu m$)，但是更主要的是无凸点铜键合如 DBI 技术，实现更高密度的金属连接，提高芯片间的数据传输带宽；后者在键合转移的超薄晶圆上通过 CMOS 的互连工艺制造高密度的层间互连 ILV。由于采用光刻机进行对准可以使位置偏差降低到纳米量级，超薄晶圆上的 ILV 直径可以减小到几十纳米，同时实现极高密度的芯片间互连和 TSV。近几年超薄单晶硅键合技术的发展，使顺序三维集成的可行性越来越高，顺序键合将迎来高速发展时期。

为了实现高带宽数据传输，承载多芯片的插入层也将从带有 TSV 的结构，向着带有高密度平面互连和有源器件的结构发展，并进一步减小芯片间距以缩短传输距离。如图 1-42 所示，根据三星公司的预测，插入层的功能甚至将与逻辑功能融合，发展出以逻辑插入层为中枢，通过紧密排布的芯片和高密度金属互连连接的多芯片 SiP 集成。

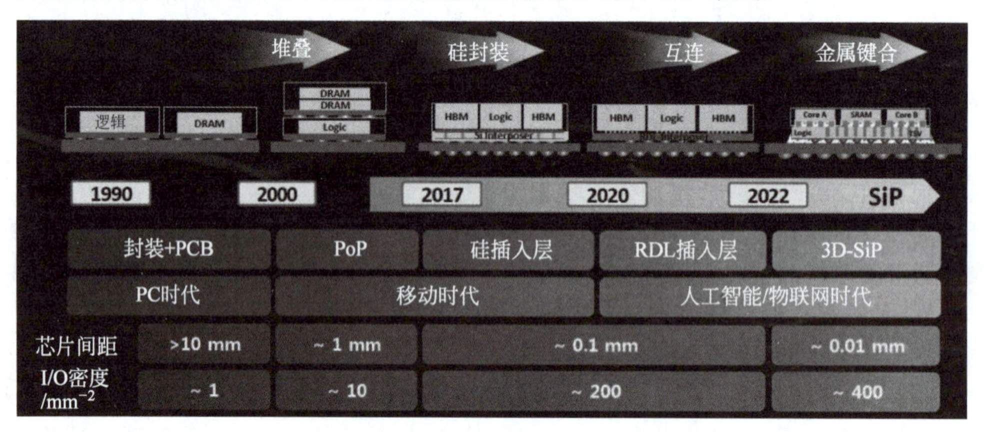

图 1-42 三维集成的趋势

(2) 小芯片集成将得到快速发展。芯片间距的减小和金属互连密度的增加，保证了芯片间高速数据传输能力，使芯片可以按照功能和工艺深度分割为多个小芯片，再利用高密度互连集成为一体。将复杂系统分割为多个小芯片再集成的方式，可以使不同芯片采用性价比最高的工艺以降低制造成本，通过减小芯片面积提高芯片成品率，利用分割多功能降低芯片复杂度以加快开发速度并降低失败的风险。近几年小芯片在处理器领域快速发展，包括主流 IDM 和代工厂均推出了相关的产品和制造服务，证明了这一技术路线的优越性。

细分切割芯片的好处是可以将不同模块采用不同的工艺制造，例如将处理器的 I/O 电路与逻辑单元分割为不同的芯片采用不同的工艺制造。在 28nm 工艺节点以后，芯片的制造成本不再随着工艺节点的减小而显著降低，甚至 7nm 工艺的制造成本反而是 45nm 工艺的4倍，而且很多模拟和数模混合电路采用更先进的工艺反而导致性能下降。因此，在采用7nm工艺制造逻辑单元以获得更高性能和更低功耗的同时，无论从成本还是性能方面考虑，I/O电路和电源电路等采用更低成本的工艺制造都是更优的方案。这种电路规模小、面积小，需要小直径、高密度的TSV对电路进行分割和集成。

(3) 无TSV集成方案将广泛应用。带有TSV的芯片或插入层是三维集成的典型特征，如TSMC的CoWoS以及Intel的Foveros等。尽管对于多层集成TSV是实现层间互连必不可少的组成部分，但是对于两层芯片的集成或者带有TSV的插入层可以有多种不采用TSV的替代方案，如表1-4所示。为了降低制造成本，近年来基于有机插入层的集成技术发展很快，对于有机插入层，可以采用过孔接力或有机介质层埋入式垂直互连的方法，如Shinko的i-THOP和Intel的EMIB等；对于两层芯片的集成可以采用面对面的金属键合，包括直接键合互连(DBI)和其他多种键合方式。通常，无TSV的方案中垂直、互连的密度较低，并且只适用于2层芯片的集成或取代TSV的插入层，但是无TSV将极大地降低制造成本并提高灵活性。随着应用的进一步细分，解决方案也将发展并细化，因此无TSV的集成方案将被广泛采用。

表1-4 工业界典型三维集成方法(Yole)

类型	公司	技术名称	TSV	无TSV	基板	无基板	嵌入基板	堆叠技术
代工厂	tsmc	CoWoS	★		★			2.5D
		InFO on substrate		★	★			
	tsmc	3D SoC	★*			★		
	tsmc UMC	TSV interposer	★		★			
IDM	SAMSUNG SK hynix Micron	3D stacked memory	★					3D
	SAMSUNG	RDL interposer		★	★			2.5D
	intel	Foveros	★		★			
		EMIB		★	★		★	
OSAT		FOCoS		★	★			
	Amkor	SWIFT		★	★			
	SPIL	SLIT		★	★			
基板制造商	SHINKO	i-THOP		★	★		★	
	Unimicron	FC-EIC		★	★		★	
IP	XPERI	Hybrid Bonding	★	★	★	★		2.5D & 3D

(4) 支撑高密度TSV和键合的制造设备、材料和工艺将进一步发展。目前常规TSV的直径为5μm左右，节距为十几微米或更大，因此TSV的密度通常低于$10000/mm^2$。如果进一步将TSV的节距降低到1～2μm，就可以将电路分割为更小规模的模块，例如在IP级甚至IP内部。此外，减小TSV的直径可以减小其占用的芯片面积、降低制造成本和热应力，因此小直径、高密度的TSV是未来重要的技术发展方向之一。减小TSV直径的方式是实现高速、高深宽比、侧壁光滑的深孔刻蚀技术，例如直径为1～2μm、深宽比为20∶1的深孔刻蚀。另外，减小TSV直径的有效手段是减小芯片层的厚度，例如将芯片厚度从50μm减小到5μm，就可以在保持相同深宽比的情况下，将TSV的直径从5μm减小到0.5μm。

随着TSV深宽比的增加和直径的减小，在深孔侧壁沉积连续的介质层和扩散阻挡层的技术难度越来越大。尽管采用ALD可以获得高深宽比盲孔内优异的沉积均匀性，但目前ALD的生产效率仍无法与iPVD相比，因此提高iPVD的共形沉积能力和提高ALD的生产效率，都是可能的解决深宽比为10∶1以上盲孔侧壁沉积介质层和扩散阻挡层的方法。

TSV深宽比的提高给铜电镀填充带来一定的困难，尽管随着复杂添加剂的引入，无空洞电镀深宽比为10∶1甚至更高的盲孔技术已经成熟,但是如何利用电镀或CVD技术填充直径为1～2μm、深宽比为20∶1的TSV,仍是关键的技术问题。此外,目前的研究表明,有机添加剂的残留对铜电镀后的力学、热学、可靠性和电学性能的影响很大,进一步研究清楚机理问题和改进方法,对提高TSV可靠性具有重要意义。

(5) 芯片级键合和芯片-晶圆级键合技术将快速发展。一般对准偏差要小于金属键合盘直径的三分之一才能保证两层对准不会因为平移偏差而错位,例如0.5μm直径的金属键合要求晶圆的对准偏差要小于100～150nm。目前晶圆级Cu-SiO_2混合键合的对准偏差已经小于50nm,但晶圆级键合对晶圆成品率和芯片尺寸一致性有极高的要求,应用范围受限严重。芯片级键合和芯片-晶圆级键合具有更高的灵活性和更宽的适用范围,是2.5D集成和小芯片集成的主要技术途径。然而,芯片级键合仍面临一些技术挑战。由于Cu-SiO_2混合键合对键合面的平整度、光洁度和表面处理有极高的要求,而切割后的芯片由于污染和颗粒物等问题容易出现键合失败,因此等离子体芯片切割和优化的表面处理方法对芯片级混合键合非常关键。对于高分子键合和瞬时液相键合,材料高温软化或液化引起的芯片滑移导致这类键合的对准偏差很大,这类键合如何实现更高的键合后对准精度仍是一个技术挑战[19]。由于低介电常数材料的耐热和耐压能力非常有限,低温、低压甚至室温键合将成为键合的主要发展方向。此外,由于芯片大小的失配会越来越普遍,亟须发展高效率的芯片级键合技术。

1.4.2 三维集成面临的挑战

三维集成对集成电路领域产生了巨大的影响。在制造方面,三维集成引入了新材料、新设备、新工艺,对现有的集成电路制造技术产生了重要影响。制造技术的研发重点集中在CMOS工艺兼容的TSV制造和三维集成工艺方面,在设备和材料领域主要针对深刻蚀、高精度对准键合、铜电镀等开发更高效并满足需求的设备和新材料。这些制造技术的引入,对产品的成本也带来很大的影响。在性能和可靠性方面,三维集成改变了传统集成电路的结构,对电学性能、热力学、可靠性、成品率、测试方法等都有显著影响。这些影响与三维集成的结构和新工艺有关,甚至是多种因素相互耦合。目前研究重点包括三维集成结构、材料和制造技术、热力学、电学特性、成品率及可靠性等方面,并发展新的设计方法、设计规则和软件,开发新的测试方法等。同时,针对不同的产品应用,重点解决应用中的技术、成品率和成本等问题。除了制造技术,三维集成还需要重点解决散热问题和热量管理、电源供应和分配、测试方法和成品率、高频电磁兼容和干扰,以及设计方法、设计规则和设计工具。

1.4.2.1 散热与热管理

热问题是影响三维集成广泛应用的主要障碍之一,即使对于二维集成电路,功耗和散热的问题也已经成为最主要的制约因素。三维集成由于实现了更高密度的器件集成度,单位体积内功耗密度大幅增加,而散热仍需要通过芯片的上下表面,因此散热能力没有提高,甚至由于芯片面积的减小,散热能力还有所下降。同时,多层芯片内部产生的热量必须经过相邻的芯片层和键合层才能传导到散热器或热沉,而三维集成中低热导率键合材料的使用,使多层芯片之间的热传导能力大幅度下降。因此在发热和散热双重因素的影响下,三维集成电路的热问题变得异常严峻,温度的问题已经成为目前三维集成最重要的技术问题。有观点甚至认为三维集成的热问题的重要性超过设计、测试、软件等方面,设计方法、测试方法和设计软件的缺乏会很快得到解决，但是散热和热管理的问题需要大量的研究工作，其中包括布图理论、散热方法、功耗抑制等方面的共同努力。

对于低功耗的应用，比如移动电子设备，三维集成引起的热量问题并不突出，同时还可以获得更高的性能和更低的功耗，因此对于这些应用可以获得三维集成所带来的众多优点；对于高性能和大功率的应用，三维集成带来的热问题会比较突出，因此这类应用中热量的问题必须重点考虑。尽管三维集成在散热方面存在难点，但是三维集成的技术优势使得整个集成系统的总功耗与二维平面集成电路相比有较大幅度的下降，这在一定程度上缓解了对散热能力的要求。

尽管三维集成对芯片面积缩小程度的影响取决于具体的应用，但是对于功耗密度较高的三维集成逻辑器件来说，散热将是限制三维集成性能的一个主要因素。由于功耗密度增加，散热不但会影响芯片的工作温度，使芯片无法正常工作，芯片温度过高还会导致较大的热应力，引起芯片的可靠性问题。虽然目前的研究显示，简单的SRAM/逻辑芯片的三维集成，在最大功耗密度的增加程度上与分立的逻辑芯片相比较为有限，并且热量分布较为均匀，但是对于多逻辑器件的三维集成，热量的产生和散热将是严峻的挑战。

1.4.2.2 可靠性

残余应力、热应力和电学可靠性问题是目前三维集成发展最为薄弱的环节。实现三维集成的主要制造技术问题已经基本解决，但是与三维集成可靠性有关的技术发展较为缓慢，例如残余应力、热应力、三维集成的长期力学和电学可靠性及失效机理、封装可靠性等。当键合的芯片厚度降低到几十微米时，凸点、键合以及减薄引起的残余应力等都会使芯片产生弯曲和变形；另外，由于TSV的铜材料与硅有很大的热膨胀系数差异，因此当温度变化时铜的膨胀在硅衬底产生显著的热应力，导致衬底应力增加、碎裂和铜TSV凸出、键合剥离等可靠性问题。此外，TSV铜扩散、漏电、寿命等可靠性问题尚未完全解决。这些可靠性问题有些是和目前三维集成的结构、材料和工艺的固有特性有关，只能在充分理解机理的情况下避免，而有些可以通过技术进步得以抑制或消除。

除了三维集成本身的可靠性问题，另一个重要环节是三维集成的引入对被集成的二维电路可靠性的影响问题。由于三维集成引入的显著的高温、热应力和残余应力，都会对二维电路的性能和可靠性造成一定的影响，因此评估这些影响的程度、降低这些影响都是三维集成需要面临和解决的问题。

1.4.2.3 成品率及成本

成品率及成本问题是限制三维集成广泛应用的一个重要原因。影响三维集成成品率的因素包括两个方面：一是如何在三维集成的制造过程中保证成品率；二是如何避免将失效的芯片与正常的芯片集成而造成正常芯片的浪费。尽管三维集成制造的很多工艺难题已经逐步得到解决，并且理论分析和一些研究成果表明，三维集成的成品率与分立芯片的成品率相同甚至还会更高，但是引入三维集成仍将显著影响成品率。

生产期间的成品率与测试和制造都有很大关系。三维集成的制造环节比较复杂，工艺流程长，因此对成本和成品率都产生了较大的影响。成本不仅取决于制造过程的成本，还与成品率有直接关系。三维集成的成品率受两方面的影响：一是TSV制造、减薄、键合等三维集成工艺过程本身的成品率的影响；二是三维集成工艺过程对被集成芯片的成品率的影响。由于 Via Middle 和 Via Last 等集成方案是在被集成芯片已经完成或大部分完成以后开始的,因此三维集成过程出现的次品会直接导致芯片的浪费,放大了三维集成的制造成本。三维集成采用的芯片级键合和圆片级键合所能够达到的成品率是不同的,除了键合固有的成品率,芯片级键合可以采用键合前测试淘汰失效芯片,从而获得较高的成品率。目前,二维电路经过多年的发展已经有多种方法通过设计和冗余等补偿制造技术引起的成品率问题,例如存储器中所广泛使用的错误检查和纠正(ECC)技术,而目前三维集成中如何采用类似的方法补偿制造成品率仍没有明确的解决方案。

单纯从芯片制造的角度来看,由于引入了 TSV 制造、减薄、键合等多个工艺过程,需要使用深刻蚀、电镀、键合等设备,因此三维集成必然会增加芯片的制造成本。但是,TSV 的引入可能会降低后续的集成和封装成本。例如,目前智能手机将射频基带芯片、闪存和 ARM 处理器集成到塑料基板的成本为 12~17 美元,而三维集成这些芯片可以将后续集成成本降低到 5 美元以下。考虑到 TSV 在功能和性能方面的收益,目前认为三维集成与引线键合相比提高 30%的成本是可以接受的。这相当于 300mm 晶圆的目标成本低于 150 美元[107]。

以用于量产的工具模型为基础,EMC-3D 估算三维集成将使每片晶圆增加约 120 美元的成本,复杂三维集成的工艺过程的制造成本甚至接近每晶圆 200 美元。这与通常低端工艺每晶圆 1000 美元左右的价格相比还是比较明显的,但与先进工艺每晶圆 4000 美元甚至超过 1 万美元的价格相比影响程度就很低了。即便如此,三维集成必须在成本和性能方面做出改进,使性价比趋于合理。这需要两方面的努力:一是提高制造工艺的生产效率和成品率,降低直接制造成本和次品率导致的成本;二是扩大产品的产量,摊薄设备等固定资产的投资。

1.4.2.4 模型、模拟、设计方法和规则

因为三维集成复杂的结构和热力学及电学特性,导致针对三维集成的模型、模拟尚不能全面准确地反映三维集成的特征,建立三维集成模型和模拟方法仍是目前重要的发展方向之一。同时,三维集成的特性受到制造工艺、材料和集成方法的影响,不同方法所实现的三维集成的热学、力学甚至电学特性相差很大,而且由于芯片之间大量的互连,芯片架构和布局必须经历根本性的变化。这些都影响了模型和模拟工作的发展,影响了设计规则的产生。三维集成的特殊结构,使得三维集成和 TSV 的电学特性受到力学和热学性能的影响,而这些影响又是和工艺方法直接相关的。因此,目前仍缺乏具有通用和统一标准的三维集成设计方法、设计规则和设计软件。为了充分发挥三维集成技术的优点,必须深入研究优化策略、版图设计方法和进行相关软件的开发。

三维集成的设计工具中很多内容可以直接从二维设计工具引入或扩展,如三维布图、走线、密度估计、分割等。这些功能的很多算法是二维的直接扩展。近年来,Cadence 的 Integrity™ 3D-IC 和 Synopsys 的 3DIC Compiler 等设计工具的出现,初步解决了三维集成设计的问题。但是,由于三维集成在很大程度上改变了集成电路的结构,增加了多层的有源器件,因此在很多细节的地方建立更加合理的结构分割方法、优化的布图理论、完善的版图流程,也还需要更多的努力。

此外,不同的公司针对不同的应用采用不同的三维集成制造工艺,而且三维集成可以集成的芯片种类繁多,使得芯片间的数据交换协议等也没有统一的标准,这也成为影响三维集

成发展的瓶颈之一。因此，Wide-I/O、HMC、HBM 等标准的出现为三维集成的芯片间数据交换标准和协议树立了典范。

集成方案中使用的每种芯片类型的设计人员必须利用相同的主芯片排列芯片之间的连接点的布局。同时，设计人员需要考虑可能产生的热问题。如果设计中未包括某些热管理机制，堆叠芯片可能会过热。热点和温度梯度强烈影响可靠性。传统的二维热管理技术不足以解决 3D 问题，需要更复杂的解决方案。

1.4.2.5 测试和测量

三维集成结构的特殊性使得三维集成制造过程中特别是制造完成后很多结构和器件不可见，这给目前以平面电路为主的测试技术领域带来了较大的困难，使得三维集成的测试方法发展较为缓慢。能够应用于量产的测试技术需要同时满足自动化的要求与适应三维结构的要求。芯片多层堆叠后，互连密度高、难以接触内部芯片等因素的限制，多层芯片的测试往往只能通过系统最终功能进行验证，而当系统功能异常时，对故障和问题的定位变得较为困难。

实现在线、无损的 TSV 刻蚀的几何参数测试、TSV 电镀质量和电学性能测试、多层键合对准精度监测、键合强度测量，以及键合后确好芯片检测等方面，还缺少高效、准确的测试方法和工具。

参考文献

第 2 章

深孔刻蚀技术

硅通孔（TSV）是三维集成最重要的组成部分，其深度、直径以及深度与直径的比值（深宽比）对三维集成的性能、成本和可靠性等有关键性的影响。从制造成本和热应力方面考虑，希望 TSV 直径越小越好，以减少其占用的芯片面积并降低其热膨胀应力；但是由于制造能力的限制，TSV 直径过小导致刻蚀速率降低，介质层、扩散阻挡层和种子层沉积困难，反而可能造成成本更高或可靠性下降。因此，TSV 的尺寸通常是多种因素折中和优化的结果。尽管不同应用中 TSV 的尺寸差别相当大，但是综合考虑制造成本和应用需求，一般 TSV 的直径为 5～50μm，深宽比为 3∶1～10∶1。这是能够满足多数应用需求的情况下，总体技术难度和成本较优的范围。随着制造技术的发展，目前深宽比为 20∶1 的 TSV 也已在少量产品上出现。

典型 TSV 的制造过程如图 2-1 所示，主要包括硅深孔刻蚀、侧壁沉积介质层、粘附层、扩散阻挡层和铜种子层，以及铜电镀填充。能够在硅衬底上刻蚀深孔的方法较少，主要有湿法刻蚀[1-11]、激光刻蚀[12-14]和反应离子深刻蚀（DRIE）等几种[15-20]。湿法刻蚀包括利用碱性溶液的各向异性刻蚀[1-6]和利用氢氟酸溶液的电化学刻蚀[7-11]。在 DRIE 技术出现以前，深孔刻蚀主要利用碱性溶液如氢氧化钾（KOH）湿法刻蚀，这种方法在传感器的真空封装领域得到了广泛应用。然而，KOH 刻蚀不是 CMOS 兼容工艺，并且刻蚀速率慢。KOH 刻蚀形成与衬底表面夹角为 54.74°的梯形结构，导致 TSV 占用面积很大，难以形成高深宽比和高密度阵列。在梯形结构中填充实心金属导体较为困难，而空心结构导致损耗性的硅衬底夹在导体之间而产生显著的寄生效应，影响高频性能[21-23]。

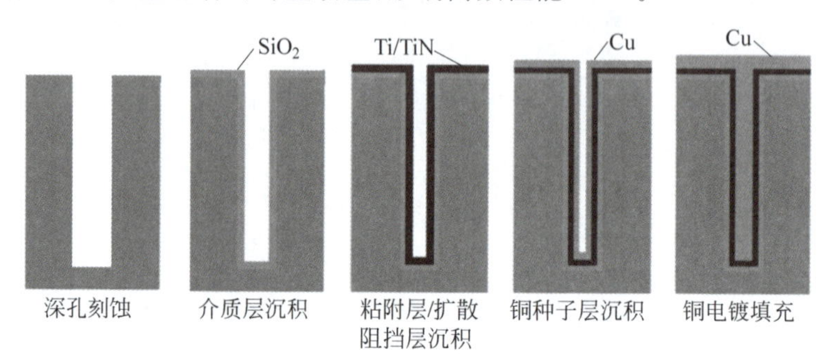

图 2-1 典型 TSV 的制造过程

电化学刻蚀能够实现深宽比为 50∶1 甚至 100∶1 的通孔，对减小 TSV 的直径和面积有利，但存在通孔形状不规则、侧壁极度粗糙、直径变化很大等严重缺点，难以沉积介质层和种子层。在电化学刻蚀的基础上发展出光辅助电化学刻蚀技术，利用空间电荷效应，使用 HF 溶液并借助背部光照以及外部电流实现对衬底的定向刻蚀。这种方法可实现高深宽比，并且结构侧壁比较光滑，但深孔的开口尺寸与衬底的掺杂浓度相关。由于衬底需要长时间浸泡在 HF 溶液中，严重影响 CMOS 器件的介质层，限制其应用范围。

激光刻蚀是 TSV 刻蚀领域应用较早和较为广泛的技术。激光刻蚀利用光子和材料的相互作用，破坏衬底材料的分子结构，使材料脱离衬底形成深孔，属于加热熔化或气化的烧蚀过程。激光刻蚀设备成本低、可以刻蚀宽深比为 20∶1 的深孔，刻蚀过程不需要掩膜，并能够一次刻蚀不同材料而不需要更换设备，对于 TSV 数量少、密度低的应用具有成本低、速度快等优点，特别是在 DRIE 难以应用的玻璃刻蚀方面，激光刻蚀是最主要的刻蚀方法。激光刻蚀的主要缺点是孔径较大（$>10\mu m$），侧壁较为粗糙；另外，激光刻蚀属于串行制造，刻蚀大量 TSV 时效率较低。

1994 年，Bosch 发明了反应离子深刻蚀技术[24]，是目前应用最广泛的 TSV 刻蚀方法。这种深刻蚀方法通过交替进行 SF_6 刻蚀和 C_4F_8 钝化两个步骤，控制结构的侧向刻蚀实现高深宽比刻蚀。Bosch 技术能刻蚀垂直深孔结构，刻蚀速率高、掩膜选择比高、兼容 CMOS 工艺，深宽比可达 20∶1 甚至 100∶1[25]。Bosch 技术能够在一定范围内控制 TSV 的侧壁角度实现倒锥形深孔，有利于沉积绝缘层、阻挡层和种子层，并简化铜电镀填充。由于三维集成和 MEMS 传感器的高速发展，2017 年采用 DRIE 的等效 8 英寸晶圆达到了 2700 万片，年增长率高达 30%以上。

2.1 等离子体概述

Bosch 技术利用等离子体实现的反应离子刻蚀实现各向异性刻蚀。等离子体是物质存在的一种状态。当气体温度升高时，气体分子（或原子）的热运动加剧，分子之间发生强烈碰撞而产生大量的能量转移。如果温度足够高，碰撞过程中原子或分子获得的能量足够多，原子中的电子脱离原子核的束缚，形成大量的自由电子和与之极性相反的带电离子，这种由自由电子和离子组成的宏观上呈电中性气体称为等离子体。多数情况下，气体离子化的程度较低，只有少部分气体分子被离子化，还有部分气体分子的化学键被打破，形成带有悬挂键的中性原子或原子团，称为自由基。此时，等离子体中包括分子、原子、自由电子、带电离子和自由基。

等离子体分为高温等离子体和低温等离子体。高温等离子体中，离子的温度和电子的温度相同，整体上表现为高温状态；低温等离子体中，离子的温度远低于电子的温度，整体温度较低。高温等离子体只有在温度足够高时才会出现，是宇宙中物质存在的主要形式。高温等离子体难以实现和控制，在半导体制造中无法使用。低温等离子体是在常温或较低温度下产生的等离子体，容易实现和控制，广泛应用于等离子体电视、材料处理、半导体制造等领域。

2.1.1 低温等离子体的产生

通常情况下，室温下的气体通常由分子（如 O_2 和 SF_6）或原子（如 He 和 Ar）组成，以下简称分子。由于宇宙射线、自然界微量辐射、光子激发、随机高能碰撞等偶发因素，气体内部也会出现极少量的电离现象，产生带电离子和电子。如果没有外加能量，这些偶发因素导致的气体内部的偶发自由电子数量极少、能量很低，并处于自然湮灭和随机产生的平衡状态。

此外,在强电场($>10^4$ V/m)的作用下,原子中处于高激发态的电子也可能因为受到电场力的作用而脱离原子核成为自由电子。

2.1.1.1 等离子体的产生

如果对气体施加外加电场,偶发因素产生的自由电子在外电场的作用下被加速获得更高的能量(动能),当高能电子与分子发生碰撞时,可能出现复杂的情况。因为电子的能量差异较大,碰撞的效果也不相同,一般可将碰撞分为弹性碰撞和非弹性碰撞[26]。如果电子的能量不够高(小于 1.5eV),碰撞不足以引起原子内部势能的变化,这种碰撞称为弹性碰撞。如果电子的能量足够高(超过 1.5eV),会产生附着和激发等现象,称为非弹性碰撞。弹性碰撞和非弹性碰撞的特性不同。两个分子发生弹性碰撞时,分子最多可以损失全部能量,而发生非弹性碰撞时分子最多损失 50%的能量。电子与分子发生弹性碰撞时,由于分子质量比电子质量大得多,电子转移给分子的能量难以改变分子的运动状态,电子几乎不损失能量,而只是电子改变了运动方向,但是发生非弹性碰撞时电子可能把能量全部传递给分子而损失 100%的能量。

由于电子的能量差异,非弹性碰撞也表现为不同的结果。如果电子的能量不足够高,电子可能附着在被碰撞的气体分子上,二者结合为一体,使气体分子成为带负电的离子。如果电子的能量较高(超过 1.5eV,低于 3eV),碰撞中气体分子获得的能量超过原子激发所需要的能量,原子的束缚电子将从低能级跃迁到高能级,原子处于激发态。处于激发态的原子是不稳定的,一般仅维持 10^{-9}~10^{-8}s,高能级电子以释放光子的形式回到低能级。

如果电子的能量足够高(超过 3eV),碰撞中分子获得的能量超过原子间结合的化学键的能量时,原子间的化学键被打破,分子裂解为两个电中性的分子团、分子或原子,这个过程称为解离。解离所产生的中性原子或分子团称为自由基、游离基或中性基团。如果电子的能量进一步提高,碰撞中气体分子获得的能量超过离子化所需的能量(电离能),原子的外层电子被激发获得足够高的能量而脱离原子核的束缚,使分子形成离子和自由电子,这个过程称为离子化。

离子化产生的电子与碰撞丢失能量的电子再次被电场加速,与更多的气体分子碰撞,产生更多的离子和电子。当电子的密度超过一定的阈值而出现电子雪崩时,气体产生可见的辉光放电而形成等离子体,如图 2-2 所示[26]。由于离子质量远大于电子质量,电子被电场加速后的速度远远大于离子的速度,电子的平均能量比离子的平均能量高很多,因此产生等离子体是依靠电场对电子加速使其获得能量并通过碰撞转移给气体分子,而不是依靠对离子的加速。

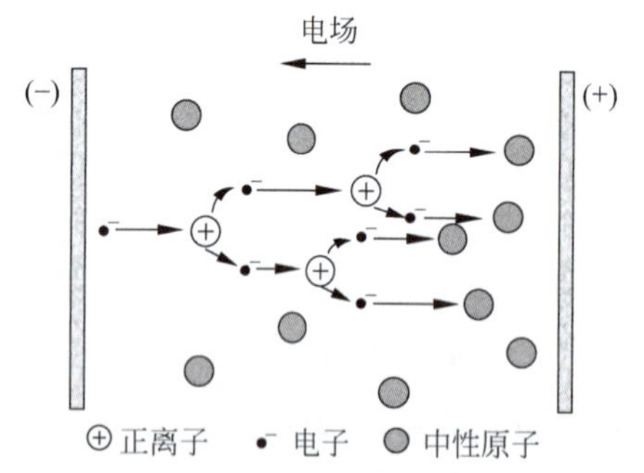

图 2-2 外电场作用下电子碰撞产生等离子体

由于电子的能量有高有低,碰撞会同时产生附着、电离和解离等多种情况,辉光放电等离子产生的过程包括了上述各种情况,因此等离子中包含自由电子、离子、自由基以及分子或原子。尽管形成等离子后气体中包含大量的电子和离子,但是辉光放电产生的等离子体是弱等离子体,大概只有百分之一甚至百万分之一的气体分子被离子化。如果离子化的比例低于上述范围,等离子体的状态就很难维持,气体不具有等离子体的特性。由于气体的温度与分子的平均速度成正比，电子被电场加速的速度远远大于离子的速度，因此电子的温度和速度极高（如2eV能量的电子对应的温度为23000K，速度为6×10^7m/s），比离子的温度高10～100倍。尽管如此，由于电子数量少、质量小，等离子体的整体温度仍为低温或室温，这种外加电场碰撞产生的等离子体属于低温等离子体。

由于解离分子形成自由基所需要的能量低于电离原子所需要的能量，产生自由基比原子离子化更容易，因此辉光放电等离子体中自由基的浓度远高于离子的浓度。通常，电子和离子的浓度为10^9～$10^{12}/cm^3$，自由基的浓度为10^{15}～$10^{16}/cm^3$，离子电流的密度为1～10mA/cm^2。离子和电子因为碰撞而中和，离子的寿命很短，但中性的自由基如果没有反生化学反应，即使碰到腔体侧壁也会被反弹回等离子体内部，因此自由基的寿命更长。

等离子体的组成与普通气体不同，其性质与气体有很大的差别。

第一，普通气体由分子或原子构成，而等离子体包含大量的带电粒子，具有很强的电导性。在较低频率时，等离子体表现为导体特性，在高频时表现为介质特性。另外，普通气体分子之间相互作用的范德华力是短程作用力，只有当分子足够接近时，分子间相互作用力才较为明显；而等离子体中带电粒子之间通过长程的库仑力相互作用，其作用距离远超过分子间作用力的距离。离子热运动的速度约为10^3m/s，经过电场加速后，离子运动速度可达5×10^4m/s，而电子的速度高达10^7m/s。

第二，尽管等离子体中自由电子的数量和离子的数量相等，等离子体在宏观上表现为电中性，但离子和电子可以自由移动，这些带电粒子可以受到外部电场和磁场的作用，通过带电粒子与电磁场的相互作用形成高效的能量耦合，将外电场的能量转化为带电粒子的能量或改变带电粒子的运动方式。带电粒子运动时，引起周围正、负电荷的局部集中和变化，产生变化的电场，而变化的电场又产生磁场，因此等离子体与电磁场存在极强的耦合作用。

第三，原本通过化学键结合的分子团被解离形成自由基以后，各自带有未饱和（悬挂）的化学键。这些化学键具有很强的结合趋势，使自由基具有极强的化学反应活性，很容易与其他物质发生化学反应，这是等离子体能够通过化学反应进行薄膜沉积或刻蚀的主要原因。

形成等离子体需要合适的气体压强，一般在10^{-1}～10^5Pa。过高的气体压强对应分子密度高、平均自由程短，电子在飞行过程中频繁与气体分子碰撞，加速距离太短而不能积累足够高的能量激发电离。过低的腔体压强使电子与气体分子碰撞的概率大幅降低，难以出现电子雪崩并形成稳定的等离子体。一般容器表面损失速率要大于复合速率而成为离子消失的主要因素，因此等离子体的产生以及浓度取决于反应腔的气体压强（决定粒子的密度）、气体种类（决定电离能的大小）、电场强度（决定电子的速率）以及等离子体区域的面积与体积比。

2.1.1.2 能量的耦合方式

低温等离子体是利用气体中的自由电子与电磁场的强耦合作用产生的。外电源提供的能量通过电磁场对自由电子的加速作用以及电子与气体分子的碰撞传递给气体，从而将外部能量耦合给气体。电磁场和气体之间常用的能量耦合方法有直接耦合、电容耦合、电感耦合和电子回旋谐振等几种，所施加的外部交流电源包括低频（小于100kHz）、射频（如13.56MHz）和微波（如2.45GHz）。直接耦合和电容耦合利用外电场对气体中的自由电子进行加速实现能量耦合，电感耦合和电子回旋谐振通过涡旋磁场实现能量耦合。每种能量耦合方式具有不同的能量传递效率。

直接耦合等离子体是指外电场不经过其他储能器件而直接连接到电极上产生等离子体的方式。最简单的直接耦合结构采用两个相对放置的平板电极，分别连接电源的正、负极，在平板电极之间的腔体内通入气体，构成平板电极系统。外电源为直流时，极板的极性是固定的，连接电源正极的极板为阳极，连接负极的极板为阴极。偶发电子在直流电场的作用下被加速，高能电子从阴极向阳极运动并与气体分子碰撞，电极之间的气体被击穿放电形成等离子体，称为直流等离子体，如图 2-3(a)所示。产生直流等离子体的电压需要满足一定的条件，与气体种类和腔体压强有关。电压过低时，电子加速的能量不足以产生电离和解离；而电压过高时，容易使自由电子速率太快而降低与分子碰撞的概率。

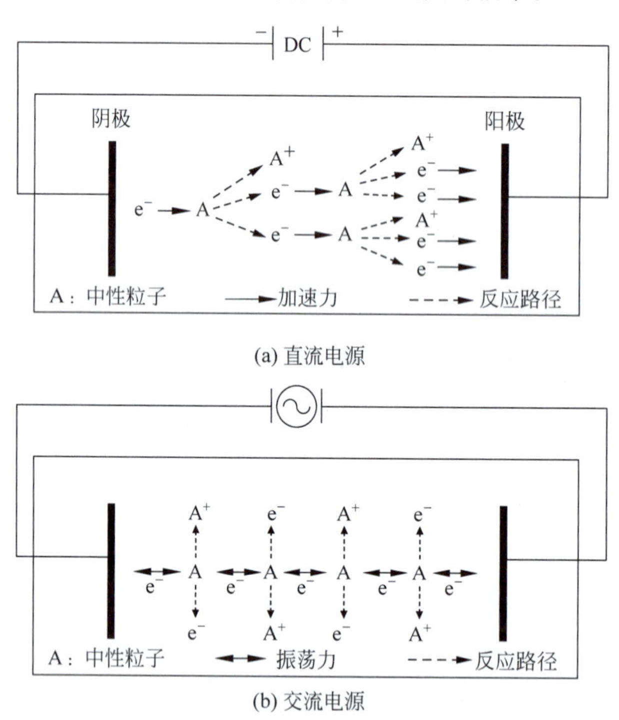

(a) 直流电源

(b) 交流电源

图 2-3　直接耦合等离子体

等离子体中的离子和电子在电场作用下分别向阴极和阳极运动，到达对应的电极后被捕获。如果阳极和阴极为导体材料，那么被阳极和阴极分别捕获的电子在外电路形成电流。如果阳极和阴极表面为绝缘体材料，则阳极和阴极上分别积累反向电荷，最终积累电荷所产生的电场抵消了外电源产生的电场，使等离子体无法维持。气体中已经被电离的离子和电子在运动过程中也会复合为中性分子；同时，电子也会被腔体侧壁所捕获，而电子与分子碰撞后还会出现附着在分子上形成负离子的情况。这些因素导致等离子体中电子密度下降。如果没有稳定的电子来源，就没有足够多的电子去激发更多的气体分子，等离子体无法稳定地维持。维持直流等离子体的电子来源于三方面：一是被电子碰撞的分子电离后所释放出的电子；二是等离子体中的正离子向阴极加速运动，到达阴极附近时获得较高的能量，与气体分子碰撞激发出二次电子；三是采用能够持续产生电子的材料，如热阴极。

如果外电源为交流电源，那么等离子体的激发模式与直流有所不同。如图 2-3(b)所示，当在两个电极间施加交流电源时，在极板间产生交变电场，离子和电子受到交变电场力的作用产生交变的加速度，在两个极板间往复运动。由于离子的质量很大，电场力产生的加速度很小，当交变电场的频率超过100kHz时，离子的速度和位移的变化跟不上电场的变化，只能在原位置做小幅度的振动。电子由于质量很小，电场力产生的加速度很大，电子在交变电场中产生的往复运动的速度和位移也大得多。例如，采用13.56MHz的激励电源，在10mTorr（1Torr＝1.33×10^2Pa）压强时电子在电场作用下移动10cm需要约10ns，而氩离子移动10cm需要约2μs。

电子在交变电场中被往复加速运动，当电场频率较高时多数电子在半个周期内不能运动到极板，因此多数电子在极板间处于振荡状态。振荡的电子与气体分子反复碰撞，在满足一定条件时激发气体电离产生等离子体。射频电场不像直流电场那样依赖二次电子激发或者需要阴极提供电子，而是通过射频电场使电子在极板之间做短距离往复运动，防止电子被极板捕获，增加了电子与气体分子的碰撞效率。因此，射频电场比直流电场具有更高的离子化效率，可以在更低的腔体压强下获得更高的等离子体密度。

由于电子质量小、加速度大，在半个周期内，距离阳极较大范围内的电子都会到达阳极，而只有很小范围内的离子能够到达阴极；在另外半个周期阳极和阴极交换后，同样也是较大范围内的电子被吸附到阳极，很小范围内的离子被吸附到阴极。电子被电极吸附后，距离电极表面一定的范围内（约为电子半个周期内的运动距离），几乎没有电子但存在大量的离子。

2.1.2 电容耦合等离子体

电容耦合等离子体（Charge Coupled Plasma，CCP）是指在外电源与产生等离子体的一个电极之间串联一个电容的等离子体产生方式，如图2-4所示。典型CCP结构中，上极板接地，下极板与射频电源之间加入一个电容。由于电容对直流信号的隔离作用，外电源只能为交流电源。增加电容后，到达下极板的电子由于电容的隔离作用而无法传递到电源，因此电子在下极板表面聚集，形成一个直流电势叠加到外电源产生的交流电势上，改变了等离子体的特性。这与直接耦合等离子体的特性有很大的不同。

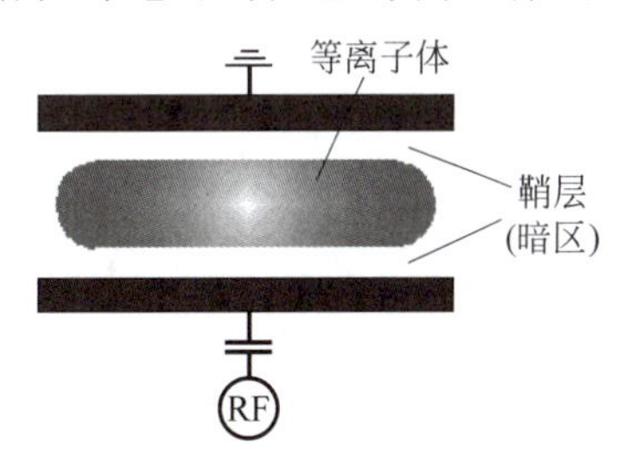

图2-4 典型CCP等离子体发生结构示意图

2.1.2.1 自偏压与离子鞘层

电容对于直流信号有隔离作用，但是外部交流电源可以通过耦合施加到下极板，在两个极板间产生交变电场，对电子加速使其获得能量而高速飞行，与气体分子产生碰撞形成电子雪崩而产生等离子体。在下极板的正半个周期，交变电势（V_{rf}）为正电势，吸引电子向下极板运动但排斥正离子，在距离下极板一定范围内的电子被吸收到下极板。由于电容对电荷的隔离作用，被吸收到下极板的电子不会丢失，而是聚集在下极板表面。在下极板的负半个周期，交变电势变为负电势，排斥电子但吸引离子向下极板运动。由于离子质量远大于电子质量，加之离子截面积大而运动过程碰撞概率高，因此半个周期内离子运动的位移远小于电子的位移，离子的运动距离极为有限。因此，只有距离下极板很小范围内的离子能够到达下极板，其数量远小于正半周期内到达下极板的电子的数量，导致一个射频周期内下极板所积累的电子不能完全被离子中和而是积累了净负电荷，使下极板形成一个相对更低的电势，称为自偏压(V_{sb})。尽管电源为交流,但是通过电容隔离直流的作用产生了一个直流偏置负电压施加在下极板上。

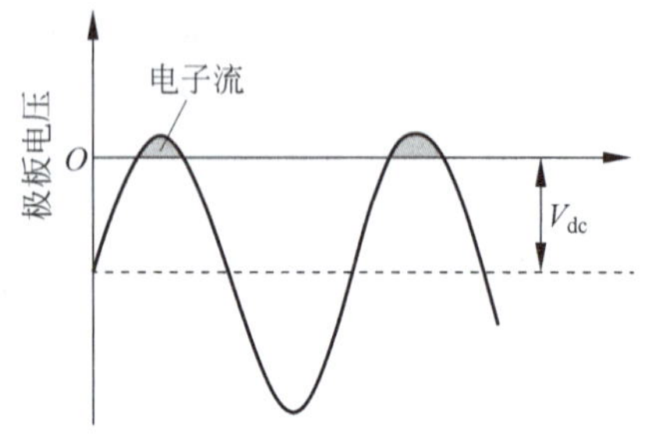

图 2-5 直流自偏压与射频电压的叠加

在初始的几个射频周期内,下极板吸收的电子数量远超过离子数量,因此自偏压的幅值不断增大;但幅值增大后,对电子的排斥作用和对离子的吸引作用都逐渐增强,因此自偏压幅值增大的速度逐渐减小。经过若干射频周期后,自偏压、电子流和离子流达到动态平衡,自偏压达到稳定状态。此时,负电势自偏压与射频电势叠加,等效于将零电势向上抬高,如图 2-5 所示。由于自偏压减小了正半周期内下极板正电势的大小和持续时间,增加了负半周期内下极板负电势的大小和持续时间,使下极板在每个射频周期内只有少量时间处于正电势而吸引电子形成电子流,大部分时间处于负电势而吸引离子形成离子流。理论上每个射频周期内到达下极板的电子数量和离子数量相等,使下极板的自偏压达到动态平衡。

自偏压达到稳定状态后,下极板的正电势时间变短而负电势时间变长,使得正半周期对电子的吸附减弱而负半周期对电子的排斥增强,因此在靠近下极板的一个区域内,一个射频周期内大部分时间电子的浓度很低而离子的浓度很高。因此,这个区域几乎没有电子的碰撞效应,不再产生等离子体和辉光,表现为暗区,称为离子鞘层或离子鞘区,如图 2-6 所示。鞘层以上的区域含有大量的电子,能够产生等离子体,表现为辉光亮区,称为等离子体区。等离子体区包含大量的离子和自由电子而成为导体,其内部电势几乎是均匀的,该等电势称为等离子体电势(V_p)。等离子体电势是较大范围内的电子被吸引到极板后剩余的离子导致的,因此是与 V_{rf} 同频率的正电势。下极板电势与等离子体电势之差施加在等离子体与下极板表面的被刻蚀衬底之间,称为直流偏置(V_{dc})。直流偏置与等离子体电势和自偏压在幅值上满足 $V_{dc}=V_p+V_{sb}$,其中等离子体电势比自偏压高 10~20V,而直流偏置可达数百至上千伏,因此很多时候认为 $V_{dc}=V_{sb}$。

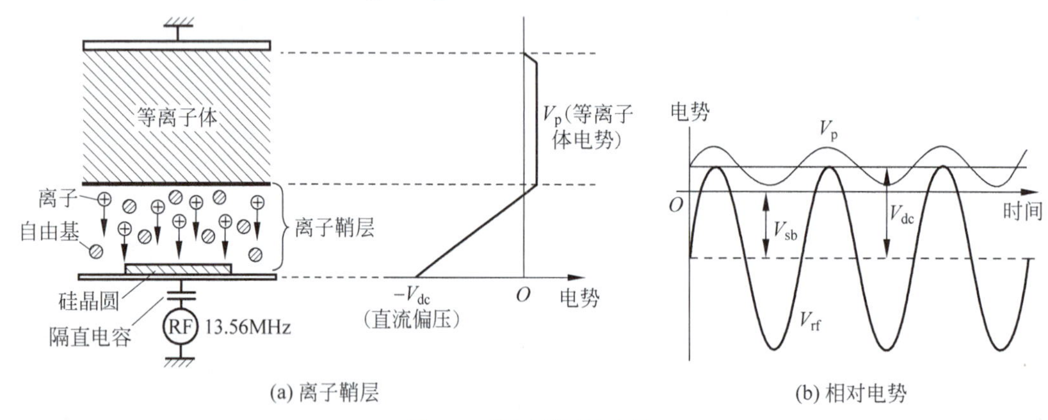

图 2-6 离子鞘层及电势

离子鞘层的厚度通常小于 1cm,其厚度可以表示为

$$d_{is}=\frac{2}{3}\left(\frac{\varepsilon_0}{i_{io}}\right)^{1/2}\left(\frac{2e}{m_i}\right)^{1/4}V_{dc}^{3/4} \tag{2.1}$$

式中：d_{is} 为离子鞘层厚度；ε_0 为真空介电常数；i_{io} 为离子流密度；e 为电子电量；m_i 为离子质量；V_{dc} 为外加交流电压的幅值。对于压强为 10mTorr 的氩气，其平均自由程为 5mm，当 $V_{dc}=100\text{V}$ 且离子流密度为 15mA/cm^2 时，离子鞘层的厚度为 0.28mm。

离子鞘层内等离子体的性质与体区等离子体的性质有很大的区别。鞘层内部不产生等离子体并且几乎没有电子，表现为绝缘体特性，因此上下极板间的电势差基本都施加在鞘层上，即鞘层承担了外电源电势(等离子体电势和自偏压)。离子鞘层不仅在电容隔离的下极板表面形成，在腔体内壁表面等所有绝缘体表面都会形成。在等离子体区，等电势区的特点使带电粒子的运动不受外部电场的影响，运动方向是任意的，其中的电子将外电源的能量通过电场加速和碰撞的形式转移给气体分子，形成反应活性物自由基。自由基为中性粒子，不受腔体内电场的影响，在等离子体区和鞘层区依靠扩散和布朗运动均匀分布。离子通过鞘层时，在电势差的作用下获得很高的动能，沿着电力线方向到达极板表面。这个离子动能甚至高达分子结合能的数千倍，对等离子体应用有重要影响。

等离子体具有导电性并形成了等电势，因此对电磁场产生了屏蔽作用，导致外部射频电场无法与等离子体区内的电子相互作用。实际上，低温等离子体中的电离较弱，加之腔体压强较低，等离子体的导电性相对导体是很弱的。例如，对于周期为 10ns 的射频电压和 10mTorr 的腔体压强，通过电导率公式 $\sigma=ne^2\tau/m$ 可以估算出等离子体的电导率约为 300S，而一般金属的电导率在 10^6S 以上。根据电流的趋肤深度公式 $\delta=1/\sqrt{\mu\sigma\omega}$ 可知，13.56MHz 射频电源在等离子体中的趋肤深度约为 5mm，即电磁场可以进入等离子体内部 5mm 的范围内，实现射频能量的耦合，如图 2-7 所示。

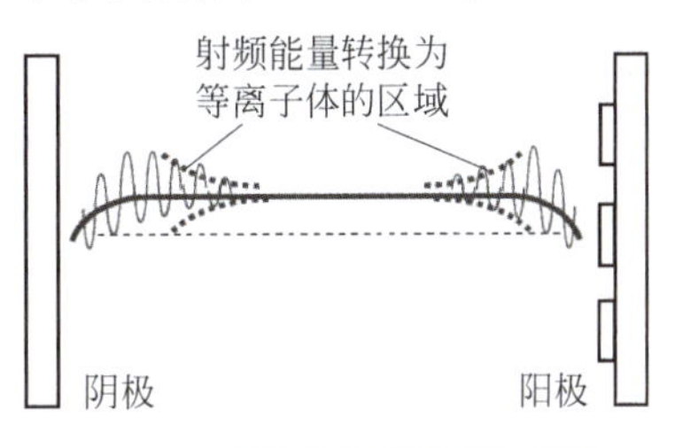

图 2-7　射频能量耦合示意图

2.1.2.2　等离子体的电势特性

由于等离子体区表现为导体特性而鞘层表现为绝缘体特性，因此等离子体与下极板之间的电势差基本都集中在极板表面的鞘层内，如图 2-6 所示。相对于地电势，极板的电压 $V_t(t)$ 包括自偏压 V_{sb} 和频率为 ω 的激励交流电压 $V_{rf}\sin\omega t$，即 $V_t(t)=V_{dc}+V_{rf}\sin\omega t$，因此鞘层电压降 V_{sheath} 可以表示为

$$V_{sheath}=V_p+V_{dc} \tag{2.2}$$

鞘层电压降是影响离子入射到刻蚀材料表面产生物理刻蚀的最重要的参数。在等离子体区内，等电势的特性使离子以任意方向运动，到达等离子体区与离子鞘层的界面时，被自偏压吸引向激励电极运动，在离子鞘层内被加速，到达极板时获得鞘层电压对应的能量。根据激励电压直流分量等参数的不同，鞘层电压可达上千伏。

图 2-8 为等离子体的简单等效电路模型[27]。根据等离子体和离子鞘层的电学特性，极板表面的离子鞘层可以等效为电容、电阻和二极管的并联，等离子体区等效为纯电阻。由于离子鞘层的绝缘特性和等离子体区的导电特性，极板和腔体表面鞘层的等效模型中电阻趋于无穷大，等离子体区电阻近似为零，即 $R_t\to\infty$，$R_w\to\infty$，$R_p\to 0$。假设鞘层为纯容性，则等离子体电势可以表示为直流分量 $\bar{V}_p$ 和交流分量幅值 ΔV_p 之和 $V_p(t)=\bar{V}_p+\Delta V_p\sin\omega t$。根据图 2-8 所示，等离子体电势的交流分量的幅值 ΔV_p 为激励电压被电容分压而得，因此有

$$\Delta V_{p}=\frac{C_{t}}{C_{t}+C_{w}}V_{rf} \tag{2.3}$$

式中：C_t 和 C_w 分别为激励极板和接地极板(及腔体)的离子鞘层的时间平均电容，这些电容主要由接触等离子体的面积决定，同时也受激励电压的影响。

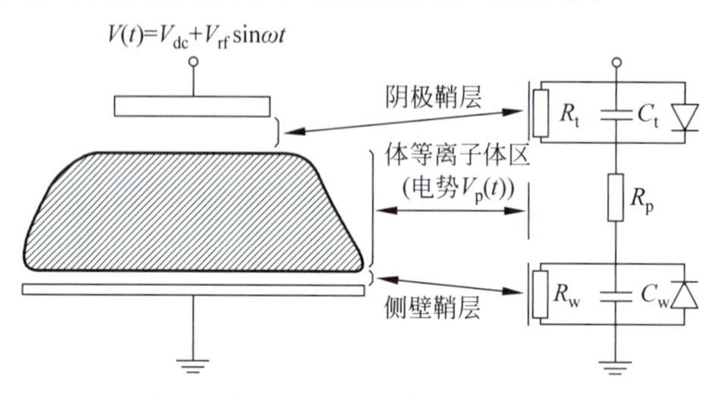

图 2-8　等离子体的简单等效电路模型

由于电子迁移率远大于离子迁移率，因此等离子体区的瞬时电势必定不低于与之接触的上下极板和腔体表面的电势；否则，电子会在极短的时间内向极板和腔体表面这些高电势区运动，维持等离子体区的电势不低于极板和腔体。根据这一结论，结合腔体和接地极板的电势为零以及激励极板的电势为 $V_{dc}+V_{rf}$，可以得到等离子体电势的最大值 $V_{p\text{-}max}$ 和最小值 $V_{p\text{-}min}$ 应满足

$$\begin{aligned} V_{p\text{-}max} &= \bar{V}_p+\Delta V_p \geqslant V_{dc}+V_{rf} \\ V_{p\text{-}min} &= \bar{V}_p-\Delta V_p \geqslant 0 \end{aligned} \tag{2.4}$$

当激励极板连接电容时，流经该极板的净电流为零，并且等离子体电势不低于极板电势，因此在一个射频周期内，等离子体电势在一个短暂时间内必定等于激励极板电势，以使电子能够到达激励极板；同样，流经接地极板的净电流也为零，因此一个射频周期内，等离子体电势在一个短暂时间里也必定等于地电势。于是式(2.4)变为等式形式，将两个等式相加得到

$$\bar{V}_p=\frac{1}{2}(V_{dc}+V_{rf}) \tag{2.5}$$

结合式(2.3)和式(2.5)可以得到

$$V_{dc}=\frac{C_t-C_w}{C_t+C_w}V_{rf} \tag{2.6}$$

对于更一般的情况，流经激励电极的净电流不为零，即直接耦合的情况，可以将式(2.4)表示为

$$\begin{aligned} \bar{V}_p &\geqslant V_{dc}+V_{rf}-\Delta V_p \\ \bar{V}_p &\geqslant \Delta V_p \end{aligned} \tag{2.7}$$

于是式(2.7)中的两个不等式只有一个变为等式，而具体哪个不等式变为等式，取决于 $V_{dc}+V_{rf}$ 的大小。如果 $V_{dc}+V_{rf}>2\Delta V_p$，则式(2.7)中的第一个式子变为等式，决定 $\bar{V}_p$ 的大小；而如果 $V_{dc}+V_{rf}<2\Delta V_p$，则第二个式子变为等式，决定 $\bar{V}_p$ 的大小。结合式(2.3)，可以得到

$$\bar{V}_{\mathrm{p}}=\begin{cases}V_{\mathrm{dc}}+\dfrac{C_{\mathrm{w}}}{C_{\mathrm{t}}+C_{\mathrm{w}}}V_{\mathrm{rf}}, & V_{\mathrm{dc}}>\dfrac{C_{\mathrm{t}}-C_{\mathrm{w}}}{C_{\mathrm{t}}+C_{\mathrm{w}}}V_{\mathrm{rf}}\\ \dfrac{C_{\mathrm{t}}}{C_{\mathrm{t}}+C_{\mathrm{w}}}V_{\mathrm{rf}}, & V_{\mathrm{dc}}<\dfrac{C_{\mathrm{t}}-C_{\mathrm{w}}}{C_{\mathrm{t}}+C_{\mathrm{w}}}V_{\mathrm{rf}}\end{cases} \tag{2.8}$$

式(2.5)和式(2.6)是针对电容耦合的情况，式(2.8)是针对直接耦合的情况。将上述公式应用于直接耦合和电容耦合，可以得到激励电势与等离子体电势的关系，如图2-9所示[27]，其中激励极板和接地极板(及腔体)的相对大小包括三种情况。由于极板面积不同，其各自的等效电容不同，等效电容大体上正比于极板面积。因为直接耦合不能隔离直流信号，对于不同的极板结构，零电势均没有变化；而电容耦合隔离直流信号以后产生了自偏压，因此对于非对称极板，零电势发生了变化。

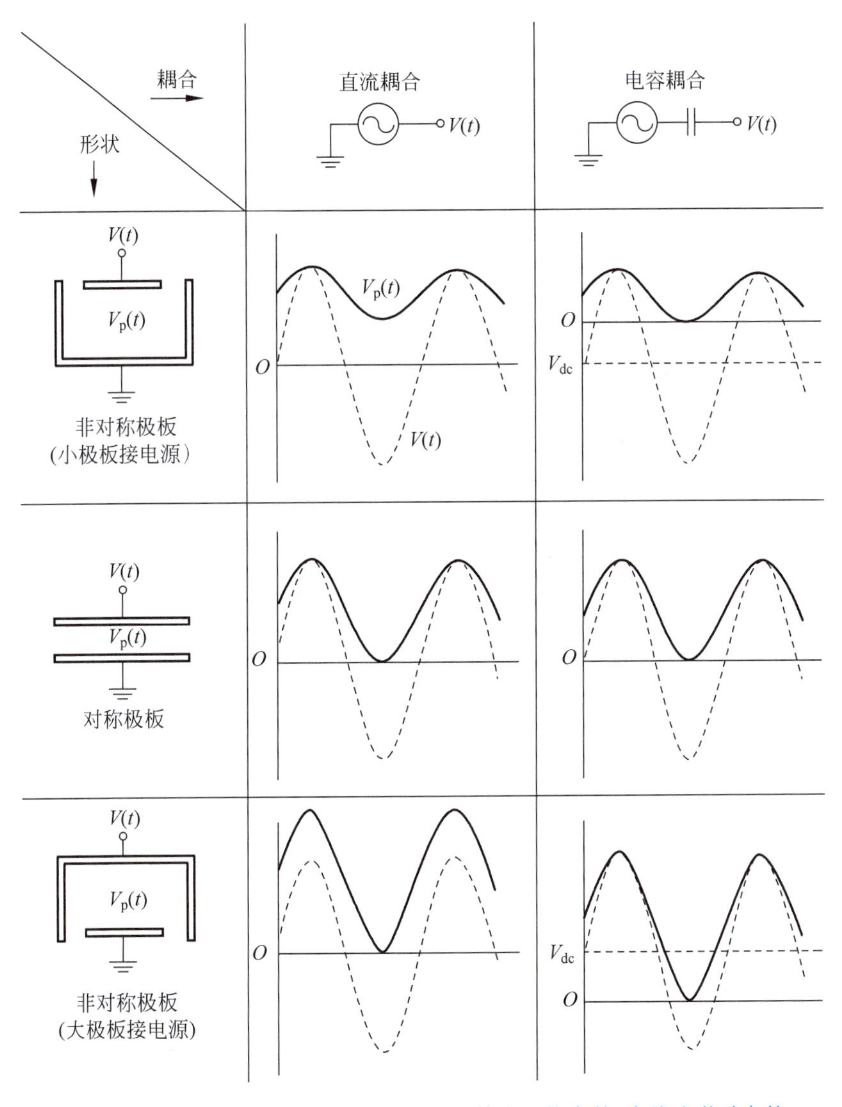

图2-9 等离子体电势与激励电势(实线为等离子体电势，虚线为激励电势)

采用激励极板小、接地极板大的结构可以提高激励极板的鞘层电压降、减小接地极板的鞘层电压降。理想情况下假设[28]：①离子的电流密度是均匀的，并且在两个电极处相等，②离子来自等离子体区并穿过鞘层而不发生非弹性碰撞，③鞘层视为电容，电容大小与电极面积成正比、与鞘层厚度成反比。根据上述假设②，通过鞘层的空间电荷限制的离子电流密度为

$$J_i = \frac{kV^{3/2}}{d^2 M_i^{1/2}} \tag{2.9}$$

式中：J_i 和 M_i 分别为离子电流密度和离子质量；k 为常数；V 为鞘层两端电压降，d 为鞘层厚度。根据假设①和式(2.9)，两个电极表面的鞘层厚度与各自电压降之间存在以下关系：

$$d_1/d_2 = (V_1/V_2)^{3/4} \tag{2.10}$$

根据电容分压与电容的比值成反比，并且电容大小正比于面积、反比于厚度，可以得到

$$V_1/V_2 = C_2/C_1 = S_2 d_1/S_1 d_2 \tag{2.11}$$

式中：C 和 S 分别表示鞘层电容的大小和面积。结合式(2.9)～式(2.11)，可以得到

$$V_1/V_2 = (S_2/S_1)^4 \tag{2.12}$$

如图 2-10 所示，当接地电极面积是激励电极面积的 3 倍时，激励电极和等离子体区之间的电压差 V_1（直流偏置电压）与接地电极和等离子体区之间的电压差 V_2（等离子体电势）的比值为 $3^4=81$，即相对于等离子体电势，接地电极表面鞘层电压降仅为激励电极表面鞘层电压降的 1.23%，因此等离子体电势相比直流偏置电压很小，自偏压与直流偏置电压差异很小。

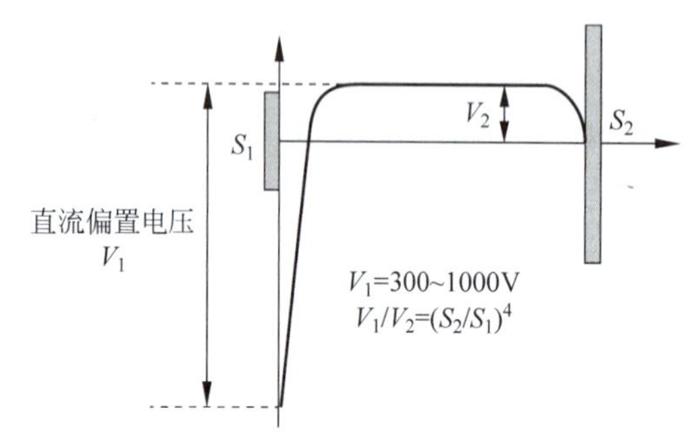

图 2-10　电极面积对直流偏置电压的影响

2.1.2.3　影响等离子体的参数

刻蚀时，等离子体密度决定自由基的密度和离子的密度，从而决定化学反应和物理刻蚀的速度，是影响刻蚀最重要的参数。此外，离子的能量和方向性也是影响刻蚀的关键参数，其中方向性可以用离子能量分布函数描述。决定等离子体密度和能量分布的参数有腔体压强、气体流量、等离子体产生(激励)电源功率和频率、离子加速(偏置)电源功率和频率等。

理论分析表明，等离子体密度与腔体压强之间大体遵循线性关系，即提高腔体压强可以提高等离子体密度。图 2-11 为采用粒子网格法/蒙特卡洛模拟得到的单频非对称 CCP 的腔体压强对性能的影响[29]，激励电极直径为 5.48cm，接地电极直径为 8.48cm，电极间距为 2cm。如图 2-11(a)所示，等离子体的密度大体随着腔体压强正比增加，鞘层的厚度随着压强的 0.46 次方增加。激励电源为 27MHz 和 800V 时，腔体压强对离子鞘层厚度、等离子体电势和自偏压的影响很小，腔体压强增大 4 倍，等离子体电势稍有下降，而自偏压基本不变，如图 2-11(b)所示。随着压强增加，离子的碰撞次数增多，因此离子的最大能量下降，离子能量分布函数 IEDF 范围展宽，如图 2-11(c)所示。低能拖尾区与离子的弹性碰撞有关，而多峰的出现与非弹性碰撞和电荷交换有关[30]。图 2-11(d)为电子能量分布函数 EEDF 随着压强的变化，随着压强减小，等离子体区内的高能电子数量增加。

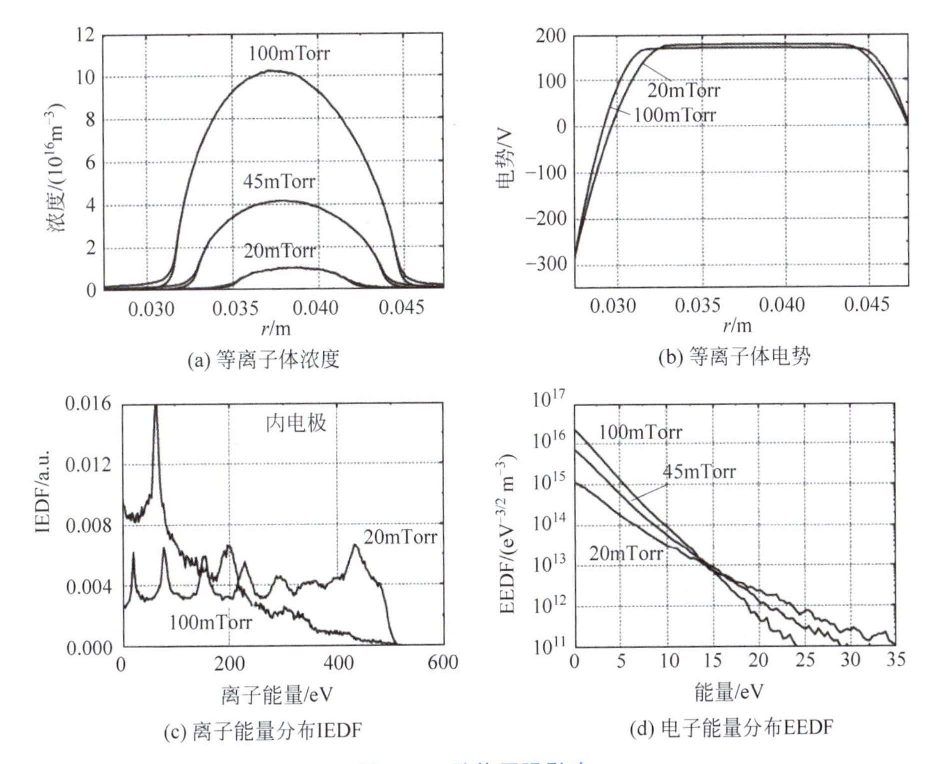

(a) 等离子体浓度　　(b) 等离子体电势

(c) 离子能量分布IEDF　　(d) 电子能量分布EEDF

图 2-11　腔体压强影响

腔体压强是影响离子在鞘层内的方向性和最终能量的关键参数。当腔体内压强较低时，离子的平均自由程大于鞘层的厚度，离子在鞘层内加速飞向极板的过程中与气体分子碰撞的概率很低。如图 2-12 所示，1.33Pa 的腔体压强对应鞘层厚度为 0.28mm，分子平均自由程为 5mm，二者的比值为 0.056，即离子在飞行经过鞘层时平均发生 0.056 次碰撞。由于离子在鞘层内飞行的过程中与气体分子的碰撞次数很少，到达下极板表面时能量高、方向性强。腔体压强增加到 5Pa 时，对应的离子鞘层厚度为 5mm，分子平均自由程为 1.33mm，二者的比值为 3.8，即离子飞行经过鞘层时会发生 3.8 次碰撞。由于离子的碰撞次数多，碰撞过程消耗了能量并改变了运动方向，在到达下极板时离子的能量低、方向性差。一般情况下，离子鞘层的时间平均厚度与腔体压强 $p^{0.5}$ 成正比[30]。

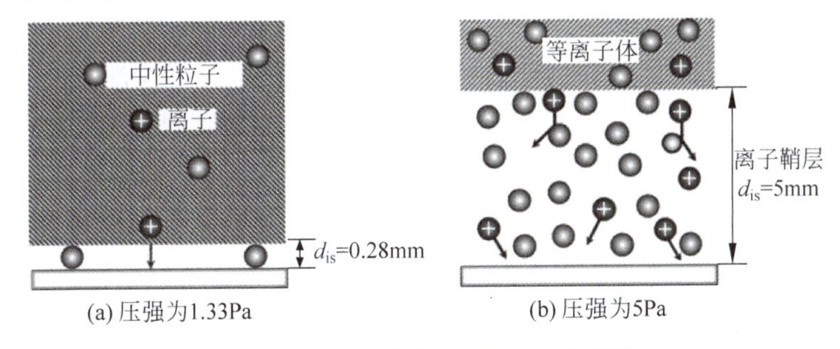

(a) 压强为1.33Pa　　(b) 压强为5Pa

图 2-12　腔体压强对鞘层厚度的影响

图 2-13 为射频电压分量 V_{rf} 对等离子体性能的影响[28]。等离子体密度随着射频电压线性增大，提高电压可以显著提高等离子体密度；鞘层厚度随电压增加而缓慢增加，大体与 $V_{rf}^{0.1}$ 成正比，如图 2-13(a)所示。等离子体区的电势和自偏压的绝对值都随着电源电压的

提高而显著增大,如图 2-13(b)所示,因此提高电压是提高自偏压的有效手段。由于电源电压主要施加在离子鞘层上,电压升高导致离子加速能量增大,高能粒子数量显著增加而低能离子的数量显著减少,如图 2-13(c)所示。高能离子轰击会降低掩膜的选择比,并导致较为严重的表面损伤。由于等离子体电势随着电源电压升高,电子能量也随电源电压的增大而增大,如图 2-13(d)所示。电子能量分布曲线的斜率代表电子温度,可见电压的增大使电子温度小幅下降。

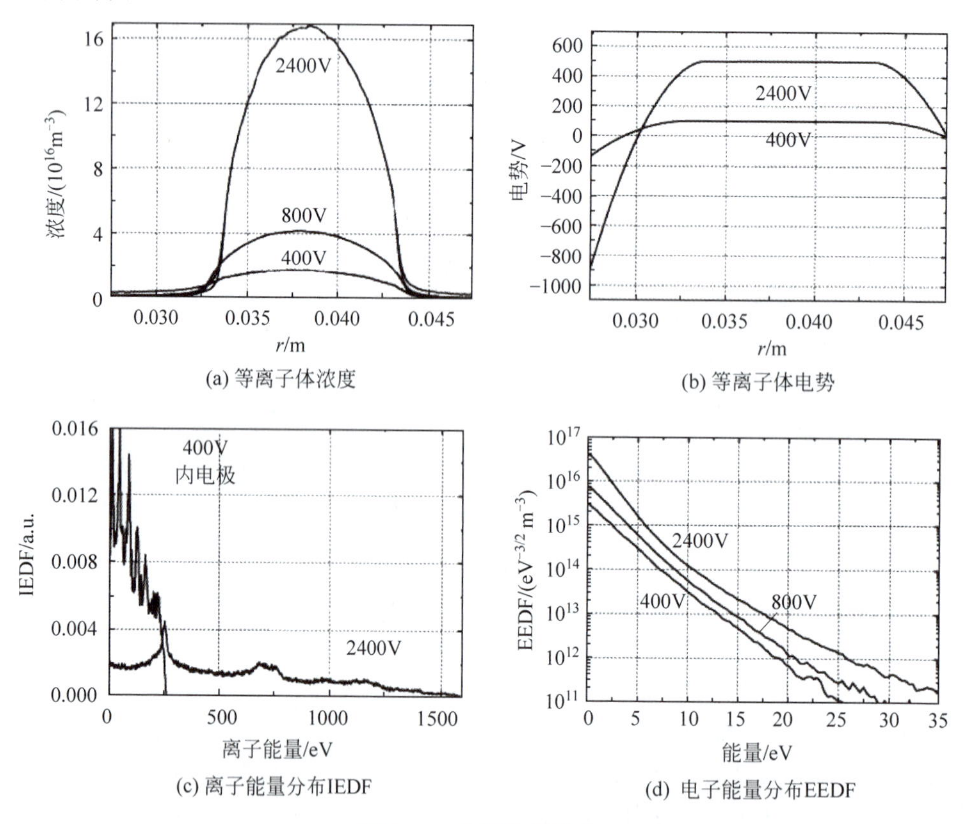

图 2-13 电源电压影响

图 2-14 为射频电源频率 ω 对等离子体性能的影响[28]。理论上,等离子体密度与 ω^2 成正比,提高频率可以显著提高等离子体密度,但鞘层厚度与 $\omega^{0.78}$ 成反比,频率升高导致鞘层减小,如图 2-14(a)所示。等离子体电势随着电源频率的升高而小幅下降,而自偏压与频率基本无关,如图 2-14(b)所示。由于随着频率的升高离子鞘层的厚度大幅降低,离子在鞘层中的碰撞次数减少,因此到达极板表面的高能离子数量大幅度增加,低能离子数量随之减小,当频率升高到 159MHz 时,离子能量集中在 400eV 左右,如图 2-14(c)所示。电子能量也随着频率的升高而升高,但能量分布基本保持变,如图 2-14(d)所示。

2.1.2.4 电容耦合等离子体结构

电容耦合等离子体的腔体和极板结构简单易于实现,是研究和应用最早的等离子体设备。最简单的电容耦合等离子体结构采用单一频率的电源激励和控制,称为单频电容耦合等离子体。射频电场方向垂直于极板表面,为纵向电场,易于对离子加速,可以采用较大的极板提高大范围的等离子体均匀性,而电子到达下极板表面的温度较低。电容耦合等离子

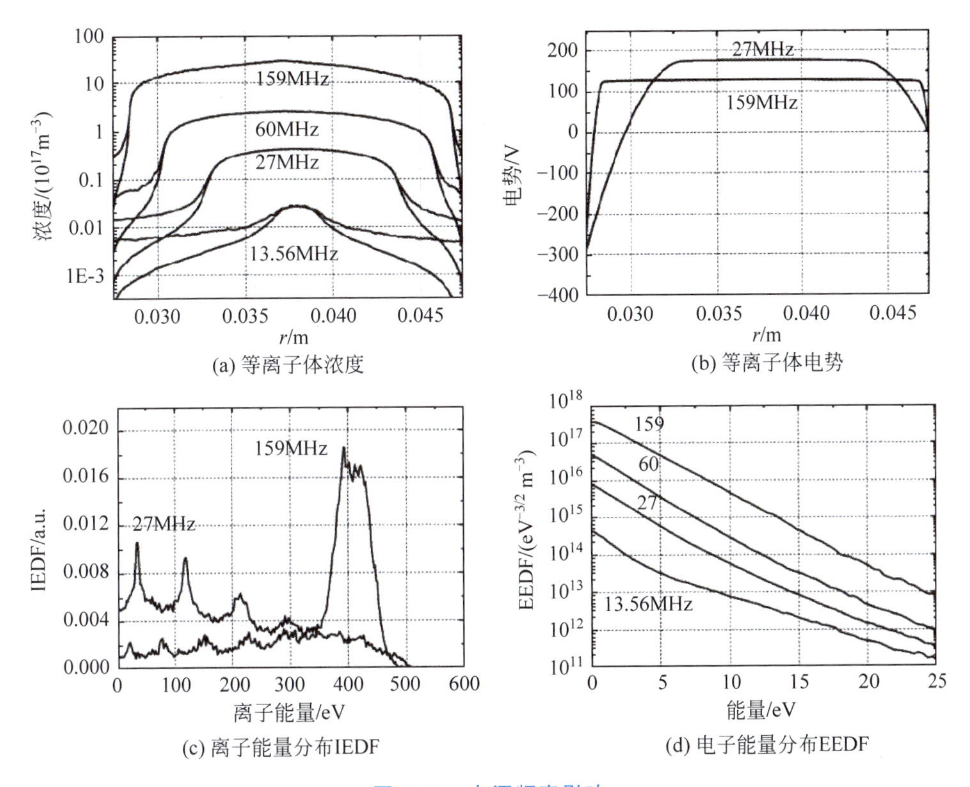

(a) 等离子体浓度　(b) 等离子体电势　(c) 离子能量分布IEDF　(d) 电子能量分布EEDF

图 2-14　电源频率影响

体能够耦合的能量约为1kW，腔体压强通常约为100mTorr，等离子体密度为$10^{15}\sim10^{16}/m^3$，电子平均自由程短、碰撞频繁、能量低，因此耦合效率较低，难以产生高密度等离子体，刻蚀速率较慢。

通常刻蚀要求尽量高的离子流密度以提高刻蚀速率，同时要求离子的能量为100～500eV。离子能量过低对化学反应的促进作用较弱，刻蚀速率较低，而离子能量过高导致严重的表面和掩膜损伤。单频电容耦合等离子体中等离子体的浓度和能量由两个极板间的电场强度决定，因此等离子体的产生和加速都依靠同一个极板实现，等离子体浓度和离子的能量不能分别控制。图2-15为单频电源的离子能量和离子流密度关系[31]，二者为单调关系，即指定离子能量时离子流密度也随之确定，反之亦然。等离子体稳定建立以后，鞘层的厚度基本不取决于电源功率。另外，在低频情况下，离子流密度较低但离子的能量很高，高频情况下离子流密度提高，但离子的能量大幅下降。由于耦合机理的限制，在射频功率较大时，所增加的功率主要消耗在对离子加速上，等离子体的密度增加很少。

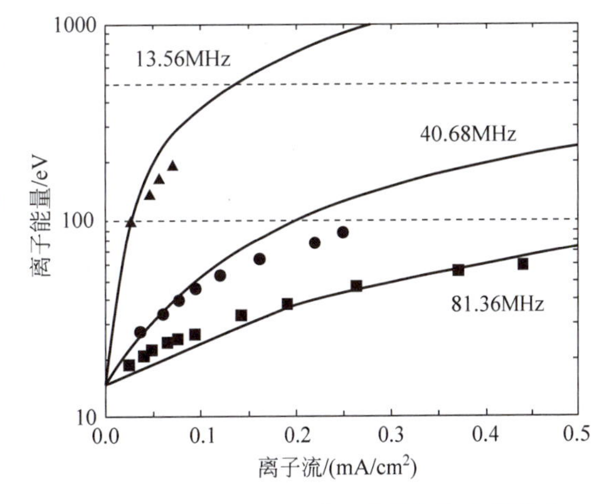

图 2-15　离子流密度和离子能量与频率的关系

为了实现等离子体浓度和能量分布

分别控制,1992年,日本东北大学提出了采用两个不同频率的射频电源构成双频电容耦合等离子体[32],如图2-16所示。双频结构的基础是等离子体特性与激励电源频率的依赖关系。通常双频电容耦合等离子体采用两个频率相距较远的射频源分别用于等离子体产生和离子能量的控制,例如上电极接高频射频电源(如13.56～162MHz,或更高)用于激励产生等离子体并控制离子流密度,下电极接低频射频电源(如2～13.56MHz)用于控制鞘层厚度、等离子体电势和离子的能量。由于不同频率产生的电子温度和等离子体特性不同,双频不仅可以实现等离子体的密度和离子能量的分别控制,还可以通过调整功率比获得更好的等离子体特性。部分电容耦合等离子体设备将双电源都接入下电极,并采用额外的硬件结构限制等离子体的范围[33]。这种结构的优点是可以减小等离子体与腔体内壁的作用,简化内壁的清洗。

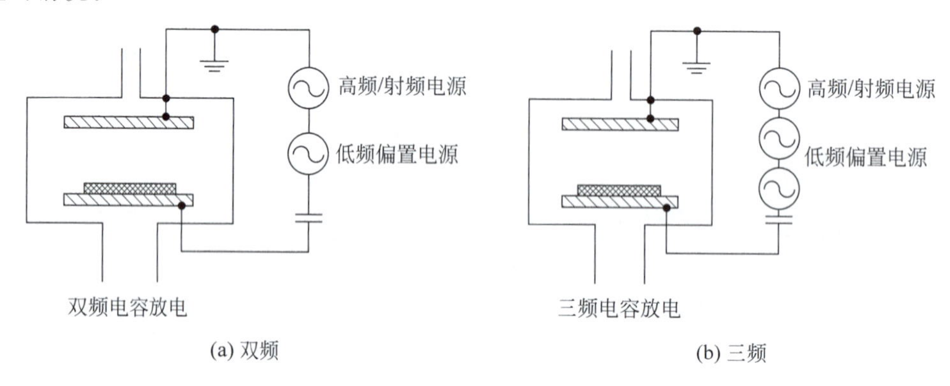

图2-16 双频和三频电容耦合等离子体

由于双频的优点,目前多数电容耦合等离子体设备都采用双频电源。为了获得更为均匀的等离子体,很多量产设备甚至采用三频结构,例如频率分别为2MHz、27MHz和60MHz,其中上极板接地,下极板接三频输入,或者上电极接高频,下电极接另外两个频率。三频结构进一步扩展了双频结构的优点,但是激励电源更为复杂,功率匹配控制的难度较大,并且高频等离子体的固有现象如表面驻波现象、趋肤现象、边缘等离子体增强以及E模式和H模式过渡等问题,使高频电容耦合等离子体非常复杂。

2.1.3 电感耦合等离子体

电感耦合等离子体(Inductive Coupled Plasma,ICP)是采用腔体外部设置的电感线圈(通常3～5圈,也称天线)将射频电源的能量耦合到气体中以产生等离子体的方式,如图2-17所示[34]。20世纪90年代初,IBM和Lam Research开发出平面线圈的ICP并将其应用于硅刻蚀设备,目前ICP已经成为半导体制造领域最主要的等离子体产生方式,其应用范围已经从刻蚀拓展到离子注入和沉积等工艺过程。

2.1.3.1 电感耦合等离子体原理

电感耦合等离子体的原理基于法拉第电磁感应定律,通过电感线圈产生的磁场将线圈提供的能量耦合到气体。如图2-17所示,将平面线圈置于腔体圆柱外表面,当线圈通过射频电流时,在线圈上下都会产生变化的磁场,变化的磁场在腔体内部产生感应交变电场,称为感应涡旋电场。通过感应涡旋电场,线圈的能量耦合到气体内的电子,使其在平行于腔体上下表面的平面内往复旋转加速，撞击气体分子使其电离，最终形成雪崩效应而获得等离子体。

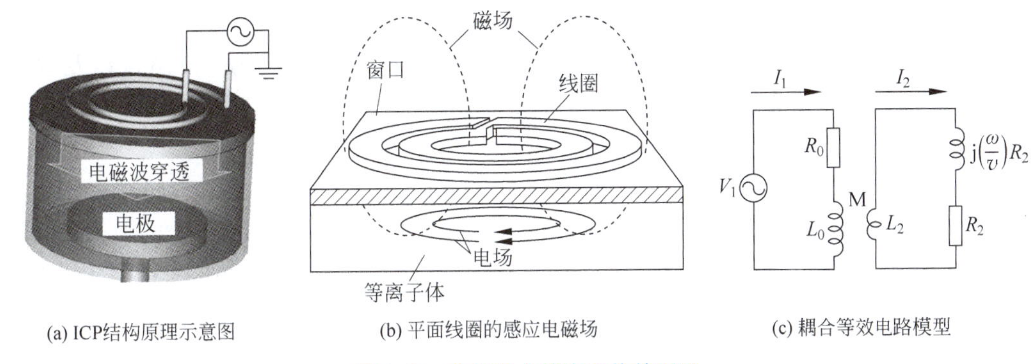

(a) ICP结构原理示意图　(b) 平面线圈的感应电磁场　(c) 耦合等效电路模型

图 2-17　电感耦合等离子体的原理

等离子体能量吸收的主要机理是焦耳热，也称欧姆加热，即电子在电场的作用下被加速而从外部电源获得能量，电子飞行过程中与其他粒子碰撞实现能量转移。当 ICP 的腔体压强很低时，电子与其他粒子的碰撞概率较低，能量转移主要依靠随机加热，这是一种粒子与波之间相互作用产生动量转移的方式。在射频电压的作用下，鞘层的厚度随着电源极性的变换而变化，因此鞘层边缘可以视为一个不断传递的波。当电子的热速度远超过鞘层的变化速度时，在很短的时间内鞘层局部电场可以视为恒定值，电子在该时间段内获得能量并传递给其他粒子。这种电子与波之间的能量交换是实现随机加热的主要形式。

等离子体产生后，腔体内有较多的电子，这些电子在感应电场的作用下在靠近线圈的表层形成一个电流，该电流的方向与线圈中的电流方向相反，屏蔽了等离子体与外电场。因此，射频电源的能量主要耦合在等离子体的表层，这种现象称为趋肤效应。对应的表层厚度称为趋肤深度，通常为几厘米。表层是产生等离子体的主要区域，产生的等离子体向腔体内部漂移扩散，表层浓度随着扩散而衰减。

螺旋线圈向气体的能量耦合是依靠加速电子实现的，电子吸收的功率代表了 ICP 的耦合效率。根据电磁场理论，电子吸收的耦合功率可以表示为

$$P=\frac{1}{2}E^2\sigma_{\mathrm{dc}}\frac{\nu_{\mathrm{m}}}{\omega^2+\nu_{\mathrm{m}}^2} \tag{2.13}$$

式中：σ_{dc} 为直流等离子体的电导率；ω 为激励电流的频率；ν_{m} 为电子碰撞的频率；E 为感应电场的强度，可以表示为电流密度 J、等离子体的电导率 σ_{p}，以及真空介电常数 ε_0 的函数，即

$$E=\frac{J}{\sigma_{\mathrm{p}}+\mathrm{j}\omega\varepsilon_0} \tag{2.14}$$

根据式(2.13)和式(2.14)，吸收的功率 P 正比于电场强度的平方，而电场强度反比于频率 ω，因此低频电源比高频电源能够产生更大的电场强度和更高的等离子体密度。在给定频率的情况下，增大激励电源的功率增加了线圈的射频电压，可以得到更高的等离子体电势和鞘层电压。

通常，ICP 比 CCP 具有更高的能量耦合效率，等离子体密度也更高。由于 ICP 加速电子的电场为位于平面的涡旋电场，电子被加速过程中不会大量到达极板表面，而是在腔体平

面内往复旋转振荡,大幅提高了电子的寿命以及与气体分子碰撞的概率。CCP 的能量耦合效率低,需要较高的气体浓度才能保持等离子体的稳定。ICP 可以在 0.1～1Pa 的低腔体压强下产生高密度的等离子体,等离子体密度可达 $10^{16}\sim10^{18}/m^3$,比 CCP 高 10～100 倍。但是,当 ICP 电源功率较低时,电感耦合的效率大幅下降,感应线圈的阻抗以及等离子体的阻抗较大,无法在感应模式下维持稳定的等离子体,因此,ICP 无法获得低密度等离子体。

与 CCP 相比,ICP 产生的等离子体对衬底的轰击作用很弱。目前刻蚀设备多采用 ICP 电感耦合产生等离子体,通过载物台作为电容极板对离子加速,实现等离子密度和离子能量的独立控制,获得更好的刻蚀效果。ICP 的电源频率一般为几十 kHz 到几十 MHz,常用 13.56MHz。刻蚀腔体接地,内部涂覆绝缘陶瓷材料,工作在反应离子刻蚀(RIE)模式时,刻蚀腔体接地增大地电极的面积。尽管理论上等离子体依靠电感耦合产生,但是射频偏置的平板电极对电子温度和能量分布函数以及等离子体密度都产生影响。

2.1.3.2 常用的电感线圈

通常,磁场深入气体腔室内部会造成等离子体的不均匀,因此多数 ICP 会通过合理设计线圈的结构,使腔室内部没有磁场而仅有电场,保证大面积范围的等离子体均匀性。随着刻蚀硅片尺寸的增大,电感线圈的尺寸也随之增大,当电感线圈尺寸与激励电源的波长可比时,会产生驻波效应而导致等离子体的均匀性显著下降[35]。

1. 平面电感线圈

平面电感线圈最早由 Lam Research 开发,其 TCP 系列刻蚀机采用这种线圈结构。平面线圈包括一个类似电炉丝的平面螺旋结构的线圈,线圈下方是一个厚绝缘介质板,如图 2-18 所示。为了实现对离子的控制,固定硅片的下极板通常施加一个低频的射频电压。由于等离子体的趋肤效应,产生等离子体的主要区域靠近腔体上表面,为了获得较高的等离子体密度,下极板不能离腔体上表面太远。

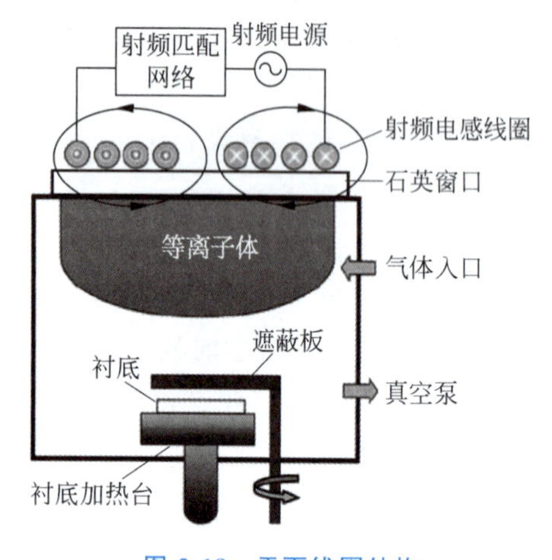

图 2-18 平面线圈结构

尽管产生等离子体是依靠线圈感应的电磁场进行能量耦合的,但线圈结构对感应电磁场分布特性的影响并不显著。从图 2-19 模拟的感应磁场分布与线圈结构的关系可以看出[36],平面线圈的圈数和线圈的放置方式对感应电磁场的分布影响较小。无论哪种线圈结构,感应磁场的最强区域都集中在介质板的下方,随着距离的增加,磁场强度快速下降。

ICP 的电子浓度较高时,激励电流的频率对等离子体的影响很小。图 2-20 为电子密度随着不同频率的电流的变化关系[37]。在电流低于 2A 时,等离子体的激励模式为电容为主的 E 模式,此时不同频率对电子密度有很大影响,频率越高电子浓度越高。当电流超过 2A 时,等离子体的激励模式进入电感 H 模式,此时不同频率对电子的密度影响很小,电子密度只与电流大小有关,而几乎不随着频率的变化而变化。

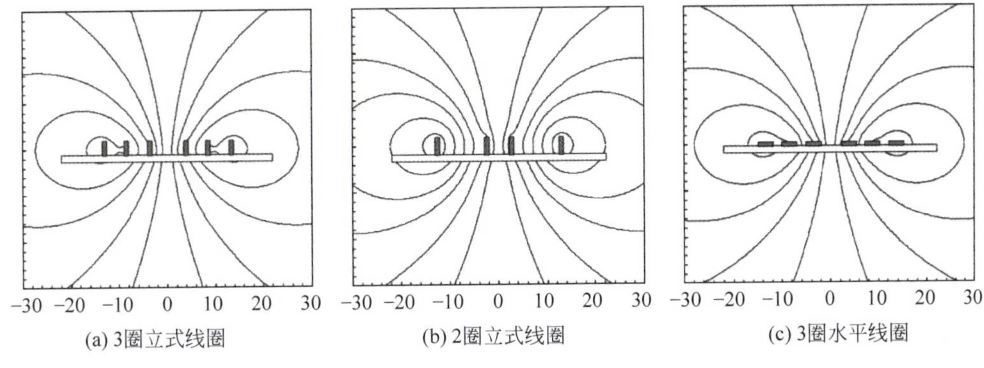

图 2-19　平面线圈的磁场分布

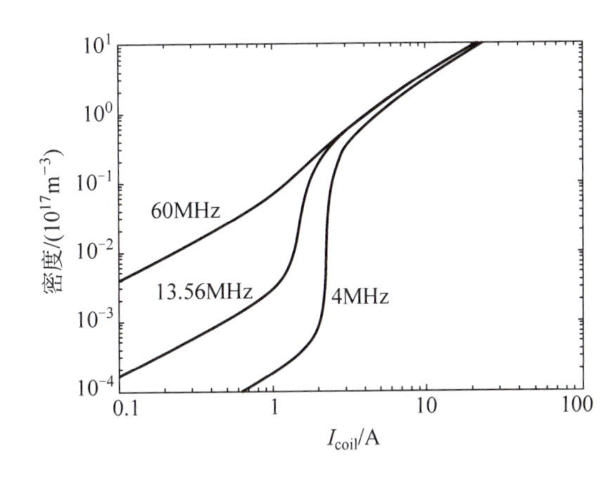

图 2-20　电子密度与不同频率下线圈电流的关系

ICP 可以采用双频激励，如图 2-21 所示[38]。双频线圈的中心线圈（图中粗线）接入 2MHz 射频电源，边缘线圈（图中细线）接入 13.56MHz 射频电源，与其对照的单频线圈为完整线圈，电源频率为 13.56MHz。在相同总功率的情况下，双频线圈比单频线圈具有更高的等离子体密度，这是由于 2MHz 低频线圈具有更大的等离子体耦合功率。同时，低频激励产生的高密度等离子体具有更低的阻抗，因此施加到中心线圈的低频电压远低于施加到边缘线圈的高频电压，在同样功率的情况下，双频线圈产生的等离子体电势远低于单频线圈产生的等离子体电势。在相同功率的情况下，双频线圈更低的等离子体电势降低了对离子的加速效果，更适合于对离子轰击敏感的应用。由于 2MHz 的内侧线圈增大了线圈中心区域的等离子体密度，使双频线圈的等离子体密度均匀性显著提高。但是研究表明，等离子体均匀性与低频功率为非单调关系，过高的低频功率会使等离子密度均匀性下降。

2. 圆柱线圈

圆柱线圈 ICP 最早由 Plasma-Therm 开发，采用外绕在腔体侧壁的圆柱形螺旋线圈耦合等离子体，如图 2-22 所示。与平面线圈不同的是，圆柱线圈产生的感应电场在腔体内沿着高度均匀分布，可以在腔体高度方向上产生比平面螺旋电感更为均匀的等离子体分布。

根据趋肤效应，圆柱线圈耦合的能量集中在腔体侧壁内几厘米的厚度范围，即产生等离

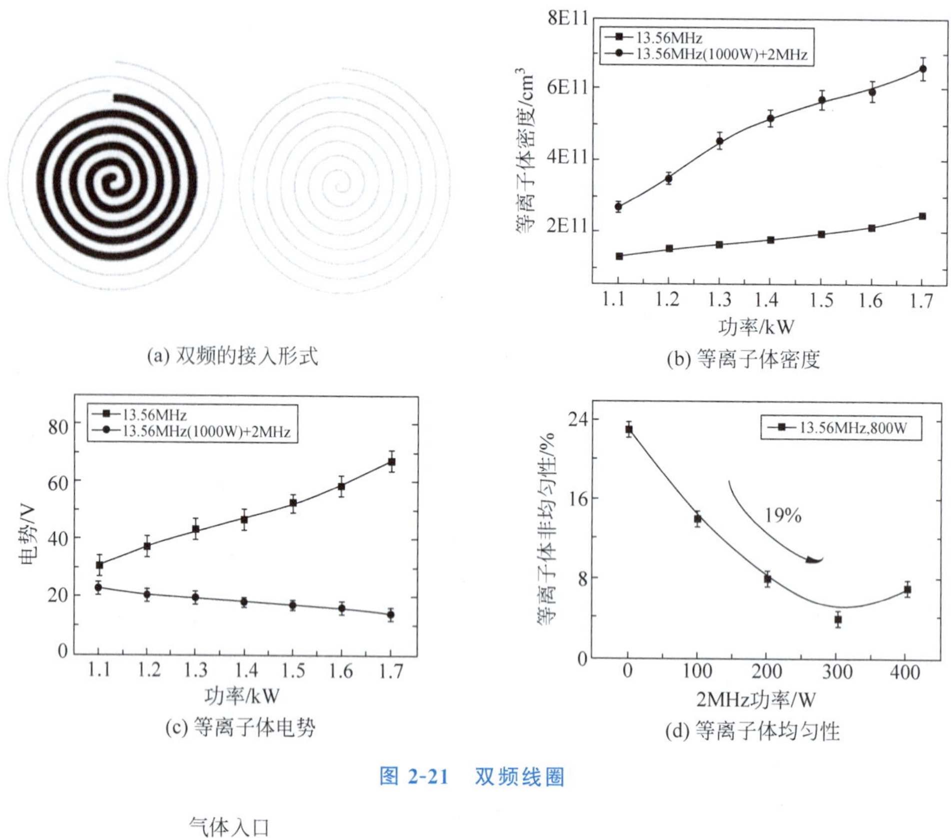

(a) 双频的接入形式　(b) 等离子体密度

(c) 等离子体电势　(d) 等离子体均匀性

图 2-21　双频线圈

气体入口

O_2　SF_6

Valve

射频线圈

电感线圈

等离子体

衬底

卡盘

射频源

真空泵连接 氦气冷却入口

(a) 结构示意图

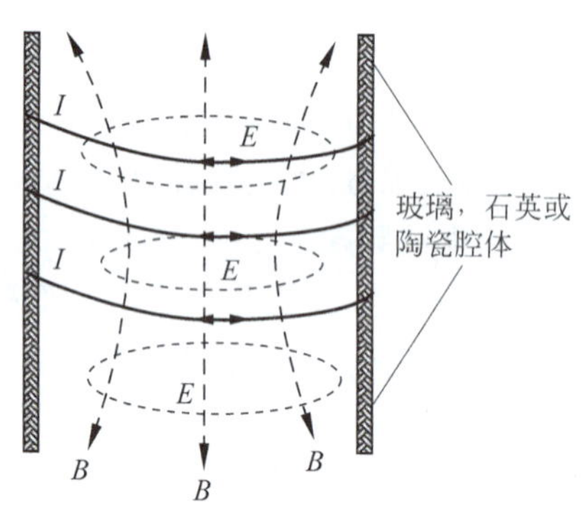

(b) 感应电磁场

图 2-22　圆柱线圈

子体的区域是圆柱腔体内的一个环形柱体。由于环形等离子体的屏蔽效应,圆柱中心区域的电磁场很弱,几乎没有能量耦合该区域,无法产生等离子体。等离子体区内初始为静止状态的电子,在电场的作用下沿着电场方位角加速,然后被腔体侧壁的德拜层镜面反射,与侧壁发生小角度碰撞。小角度碰撞不会使电子进入腔体中心区,直到其能量降低到离子化能量以下后,电子才通过热运动进入中心区,但此时电子的能量很低,已经无法再激发等离子体。因此,腔体中心区域几乎不产生等离子体,等离子体在腔体内的分布很不均匀。

然而,实际情况与这种基于趋肤效应的简单分析有很大的差异。根据图 2-23 模拟的圆柱腔体内等离子体和感应磁场分布[39],感应磁场在趋肤厚度(距离腔体侧壁约为3cm)以外迅速衰减,电子温度在趋肤厚度内达到峰值,这与趋肤效应相一致;而等离子体密度却在靠近腔体中心的位置达到最大,这与根据趋肤效应的简单定性分析的结果相矛盾。这种反常现象的机理尚未充分理解,但根据电子飞行轨迹的模拟结果,这种现象可能是由于圆柱腔体结构和非线性洛伦兹力共同作用的结果。在考虑洛伦兹力时,电子速度的切向分量受到腔体轴向方向的磁场所产生的洛伦兹力 $\boldsymbol{F}_{\mathrm{L}}=e\boldsymbol{v}_{\theta}\times\boldsymbol{B}_{z}$ 的作用,该洛伦兹力的方向为腔体的径向方向,其作用是使电子以更大的角度碰撞腔体侧壁。因此,即使电子的能量高于离子化能量,电子也能够以更高的能量进入中心区而激发等离子体。

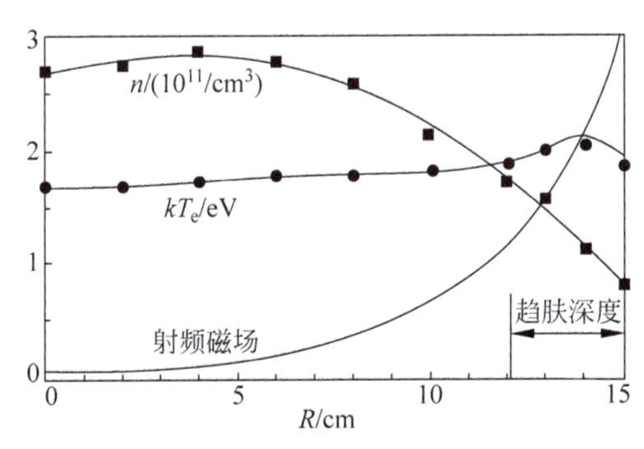

图 2-23 圆柱线圈的等离子体密度和感应磁场分布

3. 穹顶线圈

穹顶线圈ICP最早由Applied Materials开发,其DPS系列刻蚀机采用这种线圈结构。穹顶线圈是将腔体结构的上表面制造成穹顶形状,并依托穹顶缠绕线圈,或在圆柱形腔体的表面和侧壁分别布置平面线圈和圆柱线圈,如图2-24所示。这种穹顶线圈的本质是平面线圈和圆柱线圈的组合,对比其感应磁场的分布与平面线圈感应磁场的分布可以发现,穹顶线圈在腔体内产生的感应磁场分布比单独的平面线圈或圆柱线圈更加均匀,有助于在更大的范围内产生均匀的等离子体[36]。

2.1.3.3 磁化电感耦合等离子体

由于电感线圈位于刻蚀腔体的外侧,感应电磁场约有一半的能量在腔体外侧,导致能量浪费。尽管外部磁场会被等离子体的表面电流所产生的磁场抵消一部分,但表面电流距离较远且是分散的,抵消的程度非常有限。为了提高能量利用率和耦合效率,近年来出现了磁化电感耦合的方法,其原理如图2-25所示[36,40]。与通常的线圈结构不同,磁化电感耦合采用高磁导率的铁磁性材料覆盖在线圈外侧。铁磁材料并未改变磁场强度 H 的分布特性,但是磁通量受到了铁磁体的约束,基本被限制在低损耗的铁磁体内部。因为铁磁材料的高磁导率 μ,铁磁体内的磁感应强度 $B=\mu H$ 相比空气中大幅度增强。因此,这种覆盖铁磁材料的线圈可以在开放的空间(刻蚀腔体)内产生更大的磁感应强度,从而提高能量的利用效率,获得更高的等离子体密度。与相同线圈结构但未采用磁化技术相比,磁化电感线圈可以使耦合到气体的能量提高50%,并将等离子体密度均匀性提高10%以上[40]。磁化电感线圈非常适合那些原本有较高等离子体均匀性但耦合效率较低的情况(如折线形线圈)。

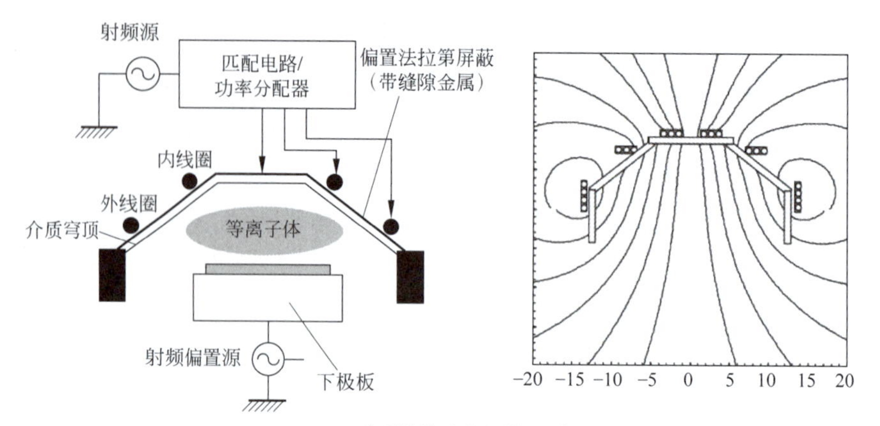

(a) 穹顶结构及感应磁场分布

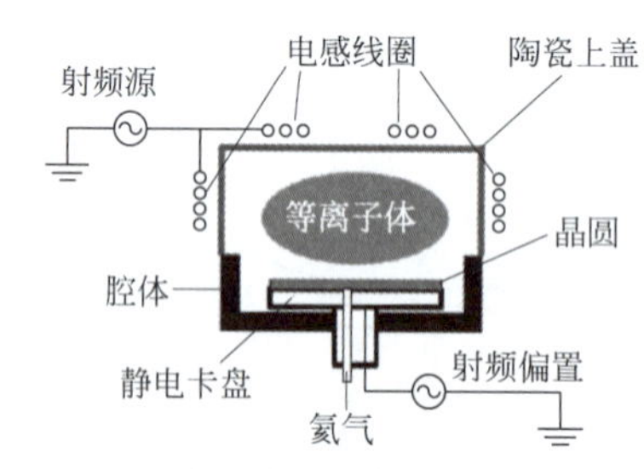

(b) 平面线圈与圆柱线圈组合

图 2-24 穹顶线圈

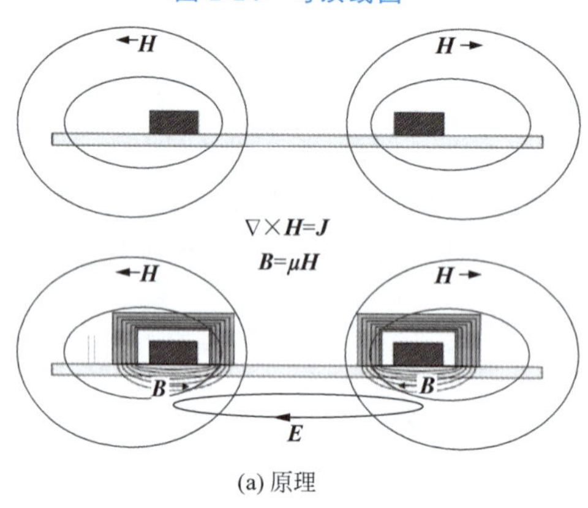

(a) 原理

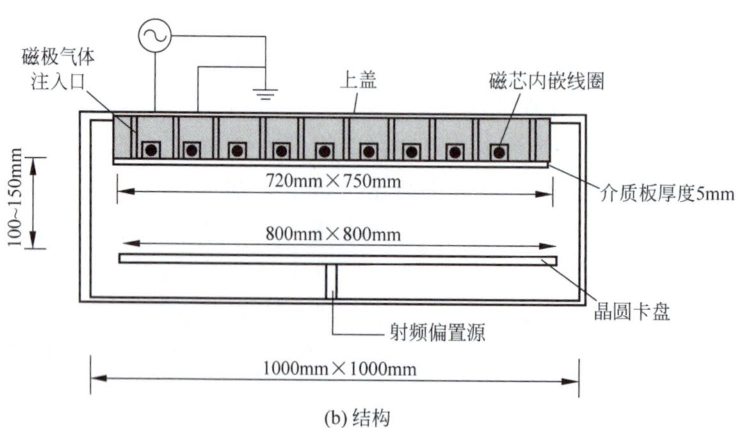

(b) 结构

图 2-25 磁化电感线圈

2.2 反应离子刻蚀

等离子体中包含高能的离子和化学活性极强的自由基，可以分别实现对材料的物理刻蚀和化学刻蚀。这种利用气体形成的等离子对材料进行的刻蚀称为等离子体干法刻蚀。

2.2.1 刻蚀原理

离子在鞘层电场的加速下获得很高的动能，通过轰击作用对衬底材料产生物理刻蚀。这种物理刻蚀速率慢、不具有对材料的选择性，却具有很强方向性。自由基具有极强的化学活性，容易与被刻蚀的材料产生化学反应，生成挥发性气态物质而实现化学刻蚀。化学刻蚀速率快、对材料的选择比高，但自由基是电中性的，无法被电场调控方向，因此到达被刻蚀材料表面是无方向性的，导致化学刻蚀不具有方向性。

2.2.1.1 物理刻蚀

离子被鞘层电场加速后，以一定的能量入射到衬底表面并把能量转移给衬底原子，使衬底原子摆脱材料结合键(如共价键或金属键)的束缚而离开衬底，如图 2-26 所示。离子刻蚀过程没有化学反应发生，刻蚀属于物理刻蚀，完全依靠离子动能转移的能量破坏材料的结合键。由于鞘层电场垂直于极板和衬底表面，被鞘层加速后离子具有良好的方向性，因此离子刻蚀具有良好的方向性，可以实现各向异性刻蚀。物理刻蚀的速度比较慢，一般每分钟只有几十纳米。离子轰击的物理作用是没有选择性的，会同时刻蚀掩膜和衬底，刻蚀选择比通常只有 1 左右，对于光刻胶掩膜甚至更低。另外，物理刻蚀容易在凸起结构边缘形成尖槽等形状，还会造成晶格损伤，单纯的物理刻蚀后一般需要通过退火或湿法刻蚀消除表面损伤层。

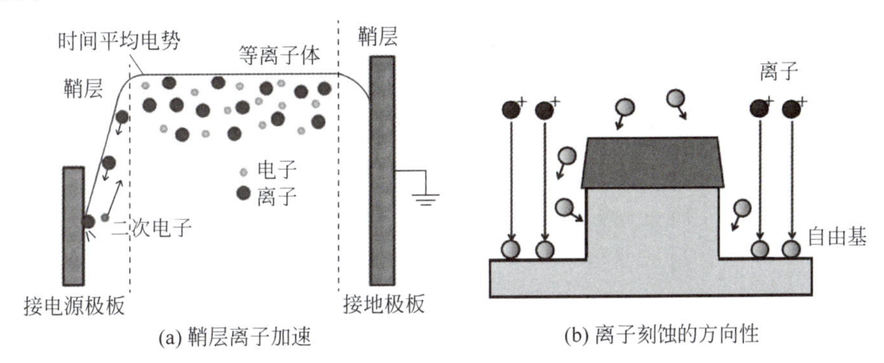

(a) 鞘层离子加速　　(b) 离子刻蚀的方向性

图 2-26 离子物理刻蚀

物理刻蚀的主体是高能离子而不是电子。这是因为电子无法被鞘层加速，而且轰击过程转移的能量也决定了电子难以产生有效的物理刻蚀。当质量为 M_1、能量为 E_1 的运动粒子与质量为 M_2 的粒子碰撞时，粒子间转移的能量为

$$\Delta E = 4E_1 \frac{M_1 M_2}{(M_1 + M_2)^2} \tag{2.15}$$

当入射粒子的质量与被碰撞粒子的质量相等或相近时，碰撞才能转移最大的能量。因此，离子的轰击是物理刻蚀的主体。

离子的特性对刻蚀结果有很大的影响,包括离子的能量分布和飞行路线的概率,前者可以用离子能量分布函数描述,后者可以用离子角度分布函数(IADF)描述[41]。离子能量分布函数决定了离子在表面刻蚀所起的作用,决定了离子的效果是去除钝化物质、克服化学反应能量还是增强溅射效果。加速电场越大、腔体压强越低,离子所具有的动能就越高,刻蚀速率就越快。离子角度分布函数极大地影响侧壁的形状,离子角度分布函数越大,到达刻蚀结构侧壁的离子越多,刻蚀方向性越差。反应腔的压强越小,离子在飞行过程中碰撞的概率就越低,离子的能量就越高、方向性越好,刻蚀的速度越快,刻蚀的方向性也越好。

2.2.1.2 化学刻蚀

等离子体中的自由基具有未配对的外层电子,其化学活性极强,很容易与被刻蚀材料发生化学反应。若反应产物具有挥发性,则很容易进入腔体后被排出。这种通过自由基与材料之间的化学反应实现的刻蚀称为等离子体化学刻蚀。自由基与被刻蚀材料的化学反应是分步进行的,其动力学过程如图 2-27 所示[26],包括自由基产生、自由基输运和吸附到样品表面、与样品发生化学反应、反应产物输运等过程。

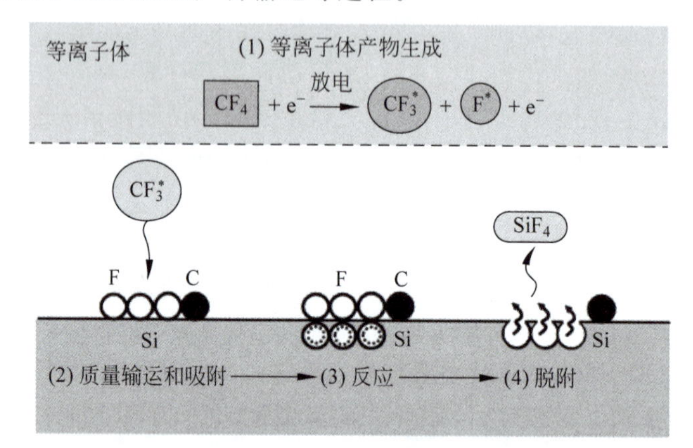

图 2-27 等离子体刻蚀动力学过程

例如,采用 CF_4 刻蚀硅时,CF_4 等离子体中含有氟自由基 F^*,F^* 经过扩散运动吸附到硅表面后,与表面的硅原子反应,生成挥发性的产物 SF_4。由于 Si-F 的键能为 5.63eV(Si-Cl 键能为 4.3eV),远高于 Si-Si 的键能 3.4eV,因此 F^* 与表面的硅原子的反应将 Si-Si 键切断生成挥发性的 SiF_4 产物。反应原理:

$$
\begin{aligned}
&CF_4 + e = CF_3 + F^* + 2e \\
&Si + 4F^* = SF_4
\end{aligned}
\tag{2.16}
$$

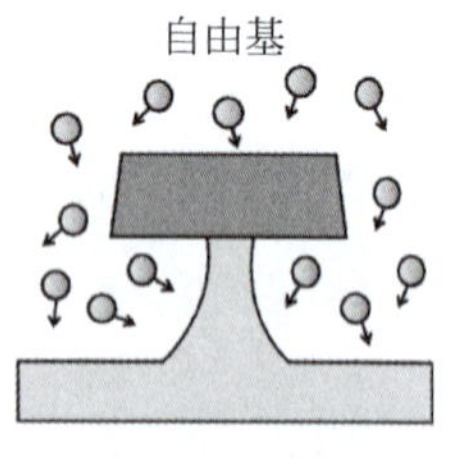

图 2-28 自由基化学刻蚀的方向性

化学刻蚀的速度比较快,自由基浓度越高,化学刻蚀的速度越快。掩膜材料的性质与被刻蚀材料往往具有较大的差异,与自由基的化学反应能力不同,因此化学刻蚀可以实现很高的刻蚀选择比。自由基为电中性粒子,无法通过电场控制它的运动速度和方向,其运动依靠扩散和布朗运动,运动的方向性是随机分布的。自由基以各种方向到达所有表面,因化学反应是没有方向性的,刻蚀也是各向同性的,即深度和宽度方向以大体相同的速率进行刻蚀,如图 2-28 所示。

2.2.1.3 反应离子刻蚀

单独的物理刻蚀和单独的化学刻蚀都无法实现高速的方向性刻蚀。反应离子刻蚀(Reactive Ion Etching,RIE)是指离子的物理刻蚀和自由基的化学刻蚀同时发生的共刻蚀过程。如图 2-29 所示,单纯的自由基刻蚀为化学刻蚀,刻蚀速率快、选择比高,但是刻蚀为各向同性;而单纯的离子刻蚀为物理刻蚀,具有很强的方向,但是刻蚀速率慢、选择比低。反应离子刻蚀是同时利用离子和自由基的刻蚀过程,其刻蚀结果不是二者结果的简单叠加,而是具有相互促进的效果。反应离子刻蚀不仅具有较高的刻蚀速率和选择比,而且具有良好的方向性,是目前应用最为广泛的刻蚀技术。

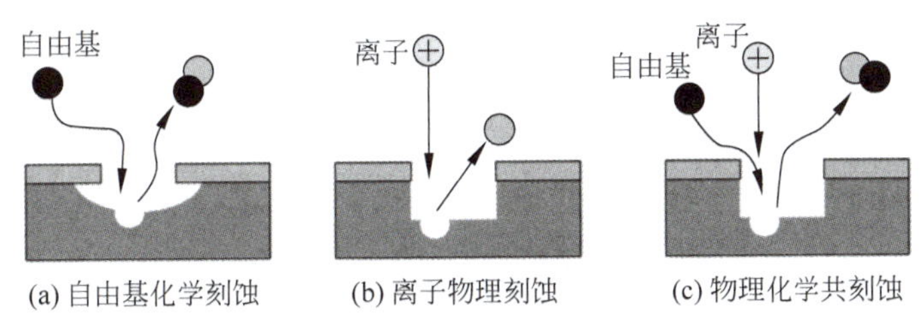

图 2-29 反应离子刻蚀

由于等离子体产生时离子化所需的能量高于解离所需的能量,等离子体中离子的数量远少于自由基。因此,在物理化学相结合的反应离子刻蚀中,自由基的化学刻蚀占主导地位,保证了刻蚀的高速率。尽管物理刻蚀的效率很低,但是离子轰击对化学反应有很强的促进作用,增强和触发主要的甚至所有的刻蚀表面的化学反应过程,大幅提高了刻蚀速率;同时,离子具有良好的方向性,使反应离子刻蚀具有较好的方向性。

离子的物理轰击极大地促进了化学刻蚀的速率。如图 2-30 所示[42],对于单纯采用 XeF_2 气体的化学刻蚀和单纯采用 Ar 离子的物理刻蚀,硅的刻蚀速率分别仅为 0.5nm/min 和 0.2nm/min 左右,但是离子和自由基共刻蚀的刻蚀速率高达 5nm/min 以上。这说明,尽管离子轰击产生的物理刻蚀速率很慢,但是在 RIE 中离子轰击对化学反应的促进极为显著,并且总体刻蚀速率随着离子能量的提高而大幅提高。

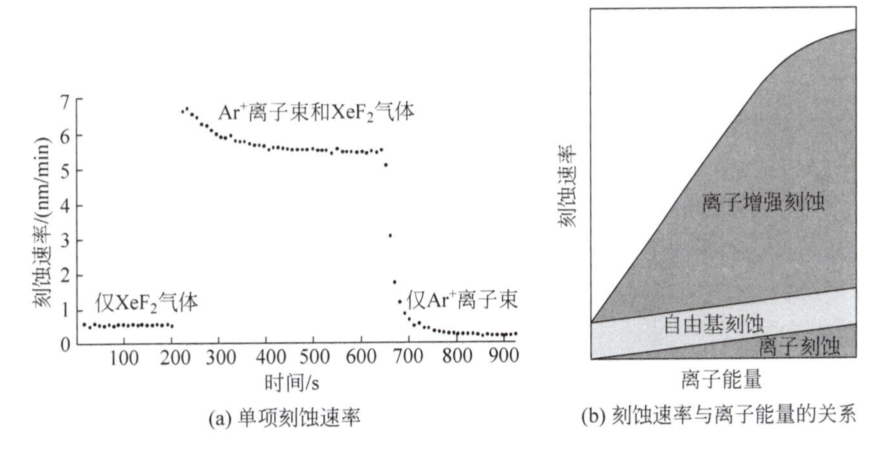

图 2-30 RIE 共刻蚀的刻蚀速率

目前认为离子轰击大幅度提高化学刻蚀率的机理如下:①离子轰击导致材料表面晶格和化学键被破坏,降低了表面原子与体材料之间的结合能,使自由基与被刻蚀材料原子间的化学反应以及断开被刻蚀原子与衬底间的化学键更加容易,加速了化学反应速度。②离子轰击提高了材料表面被刻蚀原子的温度,局部高温增强了被刻蚀原子的活性,提高了被刻蚀原子与自由基的化学反应速度。③离子的物理轰击加速了表面反应产物的清除和脱离,提高了自由基与被刻蚀原子的接触面积和速率,提高了反应速度。

实际上,离子物理轰击和自由基化学反应同时存在时,被刻蚀材料与等离子体产生反应的反应层并非只有表面一层原子,而是具有一定深度。图 2-31 为模拟的氯等离子体刻蚀硅时,反应层厚度与离子能量的关系[43]。离子轰击使自由基深入表层的一定深度,形成具有一定厚度的反应层,离子能量越大,反应层厚度越大。对于 $3.5\times10^{15}/cm^2$ 的离子密度,当离子能量为 10eV 时,反应层深度约为 0.7nm;当离子能量达到 100eV 时,反应层深度增大到 3nm。刻蚀进行时,反应层逐渐向下推进,刻蚀停止时,反应层构成了表面损伤层。这种反应层厚度随着离子能量降低而减小的关系,是近年来快速发展的原子层刻蚀(ALE)逐层刻蚀原子的基础。

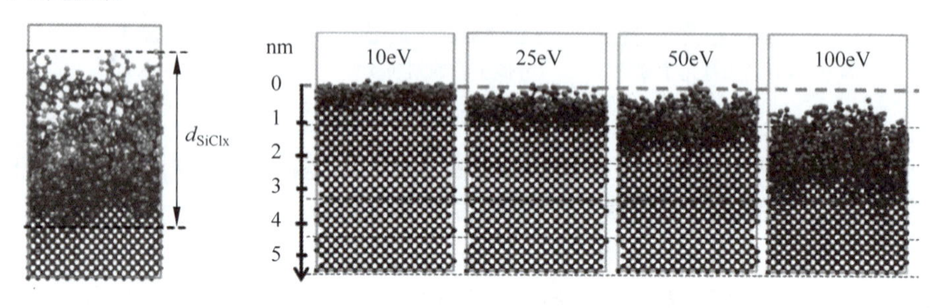

(a) 反应层厚度示意图　　(b) 离子能量对反应层厚度的影响

图 2-31　反应层厚度与离子能量的关系

离子轰击增强自由基化学刻蚀速率也是反应离子刻蚀方向性的来源。在反应离子刻蚀中,占主导地位的自由基的化学刻蚀是各向同性的。这是因为电中性的自由基无法通过电场控制其方向和运动速率,其运动属于布朗运动,方向是随机的,因此到达刻蚀结构各表面的概率基本相同,导致各表面的刻蚀速率也大体相同,如图 2-32 所示。等离子体中的带电离子可以被电场控制,由于离子鞘层内的电场方向与极板和被刻蚀表面垂直,离子在鞘层内被电场加速,以垂直方向轰击被刻蚀表面。当离子以垂直表面的方向轰击时,离子对自由基化学反应的促进作用只发生在轰击表面上,而刻蚀结构的侧壁由于离子的方向性无法被离子轰击,其化学反应的速率很低。因此,离子的方向性导致被刻蚀结构的表面和侧壁被离子轰击程度的差异很大,拉大了不同方向的刻蚀速率的差异,从而实现方向性刻蚀。

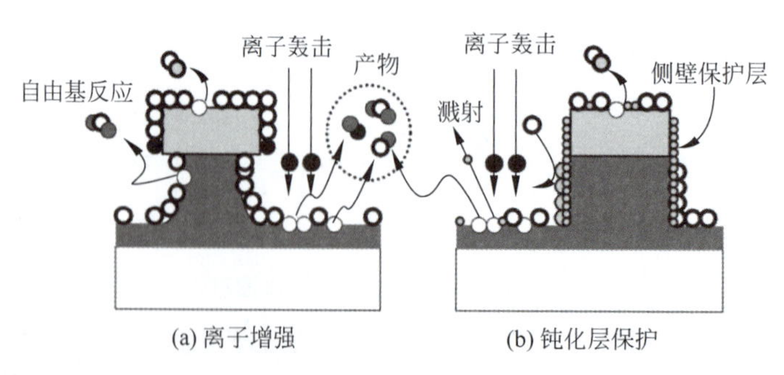

(a) 离子增强　　(b) 钝化层保护

图 2-32　刻蚀方向性的实现方法

离子的方向性取决于离子鞘层的参数和腔体气压。离子到达刻蚀表面的方向性和能量取决于离子鞘层的电压，进一步与刻蚀系统的直流偏置电压、直流自偏压、离子鞘层厚度、离子质量和电源频率等有关，其中直流偏置电压是控制离子方向性最重要的参数。较低的腔体压强具有更大的气体平均自由程，尽管可能导致等离子体密度降低而影响刻蚀速率，但可以有效地减少离子在鞘层的碰撞和散射，显著提高离子的方向性和能量。因此，提高偏置电压、减小腔体压强可以提高离子的方向性和能量，但是降低刻蚀选择比。

不同的应用需要不同的刻蚀模式，刻蚀设备可以分别实现等离子体模式或反应离子模式刻蚀。如图 2-33 所示，采用等离子体模式时，装载被刻蚀样品的载物台连接地电极。在高频交变电场中，等离子体中只有到达离子鞘层边界的离子才能被加速，以较高的能量轰击刻蚀样品；而地电极因为无法形成自偏压，不能吸引离子，基本没有离子轰击。因此，这种电极连接方式只有自由基的化学刻蚀，即等离子体模式。由于腔体内壁表面也存在离子鞘层，腔体表面也受到离子轰击的作用而逐渐被刻蚀，因此腔体内壁必须采用或涂覆兼容性材料。采用反应离子模式时，装载被刻蚀材料的电极通过电容连接射频电源，样品除了接触等离子体中的自由基以外，进入鞘层内的离子被电场加速，以一定能量轰击样品表面，因此这种模式同时存在自由基的化学刻蚀和离子轰击的物理刻蚀，即 RIE 模式。

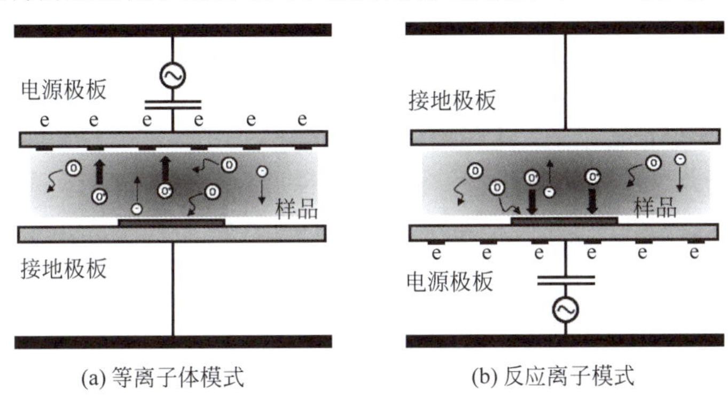

图 2-33 刻蚀模式

采用等离子体模式刻蚀时，设备的两个对置电极面积基本相同，腔体压强比较高（可达 100Pa）。反应离子模式刻蚀时，接地的上电极比射频下电极更大，甚至腔体侧壁也作为地电极，而腔体压强较低（一般为几帕到几十帕）。这是因为在反应离子模式下，离子鞘层的压降与地电极和射频电极的面积比有关，增大地电极与射频电极的面积比[44]。因此，反应离子模式往往地电极面积大、射频电极面积小，以显著提高离子的能量和方向性，增强离子对被刻蚀材料的轰击，减少对地电极的轰击。

2.2.1.4 各向异性刻蚀

尽管离子的方向性可以实现一定程度的各向异性刻蚀，但是由于化学反应占主导地位，对于化学反应速率本身就很高的情况，仅依靠离子轰击实现的方向性仍不能满足需求，同时还会降低刻蚀选择比。各向同性刻蚀的本质是自由基与结构侧壁的化学反应而导致的横向刻蚀，因此，实现各向异性刻蚀的有效手段是采用不与自由基发生化学反应的薄膜（称为钝化层）隔离刻蚀结构侧壁与自由基。这种采用惰性钝化层沉积在刻蚀结构的侧壁，防止或抑制侧壁刻蚀而实现各向异性刻蚀的技术称为侧壁钝化技术。

常用的钝化层材料有高分子聚合物薄膜和无机材料薄膜两类。如图 2-34 所示，对于硅刻蚀,钝化层主要包括含碳的 nCF_2 高分子聚合物和 SiO_2 两类,前者通过刻蚀气体中的等离子体成分实现,后者通过在刻蚀气体中添加氧气而使氧等离子体与侧壁硅反应而形成。无论哪种材料,钝化层都会在所有表面上形成。与离子轰击方向垂直的表面上,离子的物理轰击去除了钝化层,使反应离子刻蚀可以持续进行;而与离子轰击方向平行的侧壁上,钝化层未被去除,防止了侧壁被刻蚀。因此,钝化层拉大了不同表面的刻蚀速率的差异,从而实现可控的各向异性刻蚀。

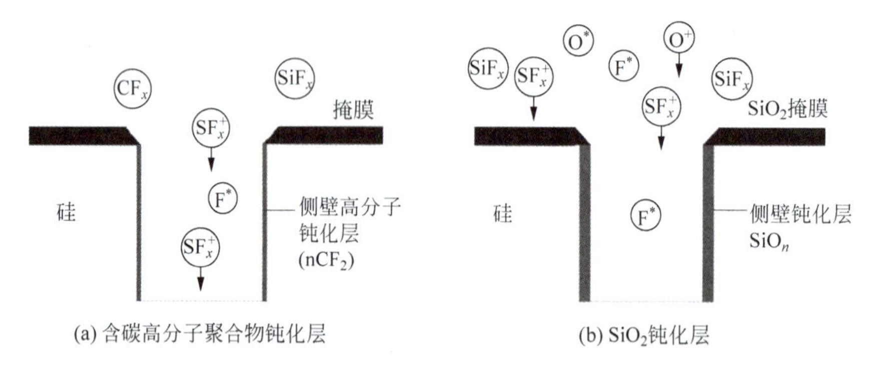

(a) 含碳高分子聚合物钝化层

(b) SiO_2钝化层

图 2-34　钝化层技术

含碳的高分子聚合物在卤素等离子体中的刻蚀速率极低,具有良好的钝化效果。聚合物中的碳原子主要来源于含碳的卤素气体,如 CHF_3;另外,光刻胶掩膜被离子轰击后进入刻蚀腔体,也提供了少量碳原子。这种钝化方法在反应离子刻蚀中非常普遍,通过适当的方式,氟、氯和溴的等离子体都会产生侧壁钝化层。常用氟基气体 CHF_3、CF_4 和 C_2F_6 等都可以通过钝化层形成方向性刻蚀,与氯基原理不同的是,氟基气体形成的 CF 和 CF_2 等易于吸附在侧壁上形成钝化层。对于刻蚀气体中不含碳原子的情况,如 SF_6,光刻胶掩膜中的碳原子就构成了来源的主体,这种情况下碳原子数量很少,刻蚀的方向性不够显著。

采用含碳的氟基气体刻蚀时,为了控制钝化层的形成速率,可以向气体中添加部分氧气。氧原子和刻蚀气体中的碳原子在表面容易形成挥发性的 CO_2,消耗了表面形成钝化层所需的碳原子,与形成吸附性钝化成分 CF 和 CF_2 是竞争关系,因此可以控制钝化层的形成速率。添加氧气形成的 CF_4/O_2 混合气体的等离子体还对硅和 SiO_2 具有选择性,当氧气含量较高时,CF_4/O_2 等离子体对硅有较高的刻蚀速率,而氧气含量较低时,混合气体等离子体对 SiO_2 具有较高的刻蚀速率。

二氧化硅是另一种有效的钝化材料。向刻蚀气体中添加少量氧气,可以形成氧等离子体,在侧壁反应形成刻蚀速率很低的 SiO_2。图 2-35 为采用 $HCl/O_2/BCl$ 混合气体刻蚀时,侧壁钝化层的形成原理[45]。离子轰击使刻蚀结构底面的挥发性反应产物 $SiCl_xH_y$ 基团从底面解吸附,但这些基团的吸附系数很高,部分 $SiCl_xH_y$ 很容易重新吸附到刻蚀结构的侧壁上。由于等离子体中气体分子的平均自由程(如 HCl 在 15mTorr 时约为 3mm)远大于刻蚀结构,因此 SiC_xH_y 脱离底面后的碰撞概率很低,重新吸附到侧壁的状态与解吸附时的状态是相同的。因为离子轰击的方向性,吸附在侧壁的 $SiCl_xH_y$ 能够驻留很长时间,所以等离子体中的氧自由基很容易与侧壁的 $SiCl_xH_y$ 反应使之被氧化,产生挥发性的 Cl_2、HCl、Cl_2O 等产物以及固态 SiO_2 沉积在侧壁表面。因此,侧壁钝化层的主要成分是符合化学定量比的 SiO_2,夹杂着少量的氯等成分。与之类似,在 CMOS 工艺中刻蚀栅极复合材料时常用的 $Cl_2/HBr/O_2$ 等离子体,是依靠形成 SiO_xF_y 钝化层实现各向异性刻蚀的[46]。

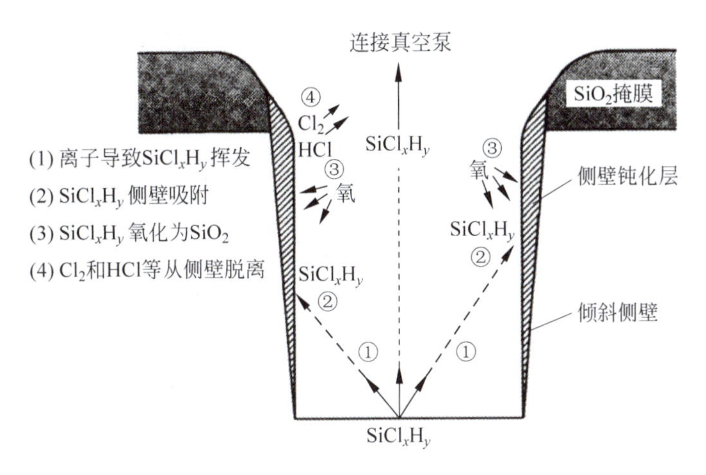

图 2-35 氯基等离子体刻蚀

尽管侧壁钝化可以实现方向性刻蚀，但是这种方法也存一些缺点：①钝化层的形成与众多的工艺参数和添加气体的比例等有关，不仅过程复杂，还需要精确控制，如果钝化层形成过度，会导致小结构和深结构无法刻蚀。②钝化层中非挥发性物质的量与刻蚀结构所占的面积比有关，刻蚀结构所占比例低，刻蚀容易控制；相反，如果刻蚀结构所占比例高，则刻蚀难以控制。③钝化层容易以颗粒状沉积在刻蚀结构底面形成微掩膜效应，在刻蚀选择比较高的方向性刻蚀中，导致“长草”或者“黑硅”现象。④刻蚀速率降低，通常只有 0.5～1μm/min，这对于大深度结构的刻蚀效率过低。

2.2.2 常用材料的刻蚀

2.2.2.1 常用刻蚀气体

刻蚀硅、二氧化硅、氮化硅和铝等材料常用的是卤素化合物气体的等离子体，如氟化碳、氟化硫、氯化碳、三氯化硼等，高分子聚合物刻蚀常用氧等离子体，如表 2-1 所列。卤族元素具有很强的氧化性，容易与多种元素反应而实现刻蚀，特别是氟元素具有极强的氧化性，含氟自由基具有极强的化学活性，近年来成为多种材料刻蚀的主要气体。

表 2-1 常用刻蚀气体

刻蚀材料	刻蚀气体	反应产物
Si	CF_4，Cl_2，SF_6	SF_4，$SiCl_4$，$SiCl_2$
SiO_2	CHF_3/C_2F_6，CHF_3/CO_2	SF_4，CO，O_2，FCN
SiN_x	CF_4，CHF_3，SF_6	SF_4，CO，N_2
Al	BCl_3/Cl_2，CCl_4	Al_2Cl_6，$AlCl_3$
Ti，TiN	Cl_2，CF_4	$TiCl_4$，TiF_4
Ⅲ-Ⅴ化合物	Cl_2/Ar，BCl_3	Ga_2Cl_6，$AsCl_3$
Cr	Cl_2/O_2	CrO_2Cl_2
高分子聚合物	O_2，O_2/CF_4	CO，CO_2

图 2-36 为卤素等离子体刻蚀硅时的方向性特点。采用含氟气体如 SF_6 的等离子体刻蚀硅时，反应产物为 SiF_4，其沸点为－86℃，具有良好的挥发性，因此刻蚀速率快、选择比高，但是 SiF_4 易于挥发的特点使离子轰击的影响较弱，刻蚀偏向各向同性。采用氯和溴等

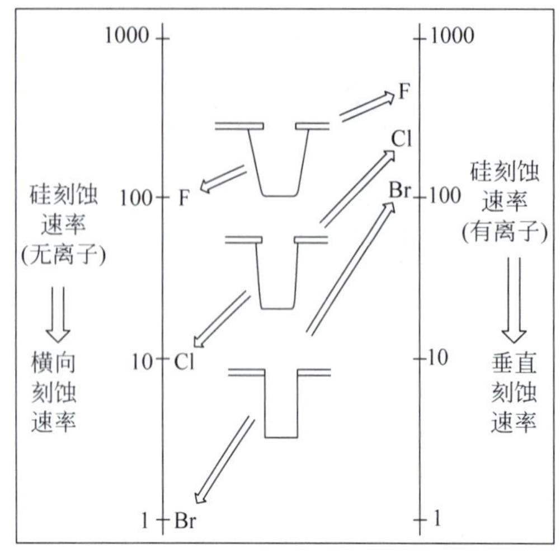

图 2-36 卤素气体刻蚀硅的方向性

离子体刻蚀硅，主要反应产物分别为 $SiCl_4$ 和 $SiBr_4$，沸点分别为+57.6℃和+153℃，挥发性较低，反应速率受离子轰击的影响非常显著，因此可以通过离子轰击获得良好的方向性。然而，通常氯和溴等离子体的刻蚀速率慢、与掩膜的选择比低，难以刻蚀较大的深度。不同卤素气体在刻蚀速率和方向性上差异的机理，目前尚未充分理解，一般认为主要与卤素原子的大小有关。因为从硅表面向化学吸附的卤素转移的电子数量越多，刻蚀的化学反应越快，而电子转移与反应原子的大小和结合键的强度有关。尽管溴基等离子体具有良好的各向异性，但是由于刻蚀速率慢、产物对环境的危害很大，目前使用越来越少。

硅的刻蚀速率与硅的掺杂浓度有关。一般情况下，n 型硅的刻蚀速率大于本征硅的刻蚀速率，而本征硅的刻蚀速率又大于 p 型硅的刻蚀速率；同时，n 型硅的横向刻蚀比 p 型硅更加明显[45]。重掺杂 V 族杂质的硅(如 $10^{20}/cm^3$)在氯等离子体中表现为各向同性刻蚀，容易出现掩膜下横向刻蚀。

2.2.2.2 刻蚀添加气体

为了达到更好的刻蚀效果，往往在刻蚀气体中添加少量的氮气、氩气、氦气等惰性气体，以及氧气和氢气等氧化还原气体，不同的气体组合可以提供多种功能。添加气体单独或与刻蚀气体相互作用，对刻蚀的影响较为复杂，并且多数情况下刻蚀结果与添加气体的比例也并非线性，甚至并非单调关系。

在刻蚀气体中添加氧化剂如氧气，可以增加刻蚀成分的浓度、抑制聚合物薄膜的产生。例如，在 CF_4 中增加少量 O_2 可以和 CF_x 自由基发生氧化反应，消耗碳原子形成 CO 或 CO_2，抑制 CF 薄膜的生长，并防止 CF_x 与 F 再次结合为 CF_4，从而增加反应气态氟的相对密度。添加氧气后，刻蚀速率受氧气浓度的影响，通常氧气浓度约为 10%时，硅的刻蚀速率最高，进一步增大氧气含量会导致硅表面被氧化生成 SiO_2，反而降低了刻蚀速率。为了提高聚合物保护层的形成速度，可以向刻蚀气体中添加少量的氢气。氢等离子体容易与氟反应形成 HF，使等离子体中碳的相对密度提高，促进 CF 高分子聚合物的产生。添加氢气的负面影响是降低了硅的刻蚀速率和对 SiO_2 的选择比。

在常用的 SF_6 刻蚀气体中添加氧气对刻蚀效果也有不同的影响。SF_6 产生的等离子体中包含 SF_x 自由基，由于氧与部分 SF_x 自由基反应会产生新的 F 自由基，使活性自由基的浓度提高，即 $SF_x+O \rightarrow SOF_{x-1}+F$，因此添加适量的氧气可以提高 SF_6 的刻蚀速率。然而，当氧的比例过高时，对 SF_6 产生了稀释作用，降低了 F 自由基的密度，刻蚀速率反而下降。

2.3 Bosch 深刻蚀技术

尽管采用侧壁保护的方式，RIE 可以实现各向异性刻蚀，但受限于掩膜选择比、刻蚀速率和垂直度等限制，难以实现各向异性的深刻蚀。能够实现各向异性深刻蚀的方法称为深反应离子刻蚀(DRIE),其主要思想仍是对刻蚀结构的侧壁进行保护,减小或抑制横向刻蚀。DRIE可以分为刻蚀与保护交替进行的时分复用技术[24,47-48],以及刻蚀和保护同时进行的稳态刻蚀技术,而稳态刻蚀又可以分为低温刻蚀[49]和常温刻蚀[50]两种。

时分复用技术是将刻蚀和保护分为两个步骤交替进行,即周期性通入刻蚀和保护气体,切换等离子体刻蚀和保护过程,通过多个周期性的各向同性刻蚀组成各向异性刻蚀。稳态刻蚀是将刻蚀和保护同时进行,即同时通入刻蚀和保护气体,在刻蚀和保护之间形成一个精细的平衡过程。低温刻蚀依靠低温降低侧壁保护层被刻蚀的速率,实现各向异性刻蚀和高刻蚀选择比。常温刻蚀通过附加的电磁场获得高密度等离子体的分布和属性,完成常温下各向异性刻蚀。尽管这些刻蚀技术实现深刻蚀的方法不同,但是都采用高密度等离子体提高刻蚀速率,采用较高的离子方向性和较低的离子能量,保证刻蚀的方向性和刻蚀选择比。

2.3.1 Bosch深刻蚀原理

时分复用深刻蚀技术的核心思想是轮流通入刻蚀气体SF_6和保护气体C_4F_8[51-55],在刻蚀周期产生各向同性刻蚀,保护周期在被刻蚀结构的侧壁形成钝化保护膜,通过快速周期性地交替各向同性刻蚀和侧壁保护,将多次各向同性刻蚀叠加后形成各向异性刻蚀。这种称为Bosch工艺的刻蚀方法由Bosch公司于1994年提出[24],随后STS和Alcatel授权该专利推出了DRIE深刻蚀设备。实际上,早在1988年,日立公司就报道了利用周期性侧壁钝化实现深刻蚀的思想[56]。Bosch工艺主要是针对MEMS领域的深刻蚀发展起来的,目前不仅是MEMS领域最主要的深刻蚀方法,也是TSV刻蚀最主要的方法。

时分复用法是刻蚀和保护交替进行的过程。如图2-37所示,首先向刻蚀腔体通入SF_6气体产生等离子体,利用氟自由基和离子对硅进行RIE刻蚀,产生挥发性产物SF_4。这一刻蚀过程并非各向异性的,而是会产生一定程度的横向刻蚀。刻蚀一段时间(如5~8s)后停止SF_6气体,改为通入八氟环丁烷(C_4F_8)保护气体(如3~5s)。环状的C_4F_8在高密度等离子体的作用下,打开生成CF_2和链状基团,产生厚度约为50nm的类似聚四氟乙烯的保护层,沉积在所有表面形成钝化层。钝化层化学惰性好,可以防止硅被SF_6刻蚀。下一个刻蚀循环停止C_4F_8气体,再次通入SF_6气体,刻蚀结构底部的钝化层被离子轰击去除,而侧壁的钝化层由于离子的方向性而去除缓慢。底部的钝化层消失后,氟自由基继续对底部的硅各向同性刻蚀,而侧壁由于钝化层的作用不再被刻蚀,形成了2层各向同性刻蚀结构的叠加。通过多次交替刻蚀和保护过程,实现由多个微小各向同性刻蚀叠加而成的各向异性深刻蚀。

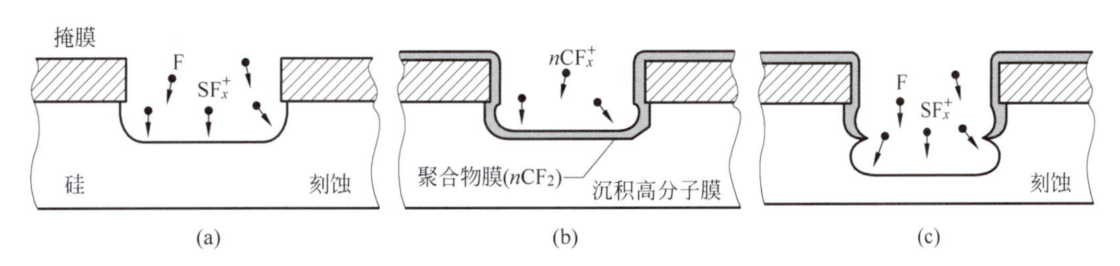

图2-37 时分多用法各向异性刻蚀原理

各向同性刻蚀的化学反应过程包括氟自由基的产生和氟自由基与硅反应两个过程。SF_6 产生等离子体的过程为 $SF_6 \rightarrow SF_4 + 2F^*$ 或 $SF_6 \rightarrow SF_2 + 2F^*$，所形成的 SF_4 是高稳定性的气态分子，不会与 F 发生化学反应。氟自由基具有很高的化学活性，与硅反应生成挥发性的 SiF_4。总的反应原理如下[57]：

$$\begin{aligned} &SF_6 + e^- \rightarrow SF_4^+ + 2F + 2e^- \\ &Si + 4F \rightarrow SiF_4 \end{aligned} \tag{2.17}$$

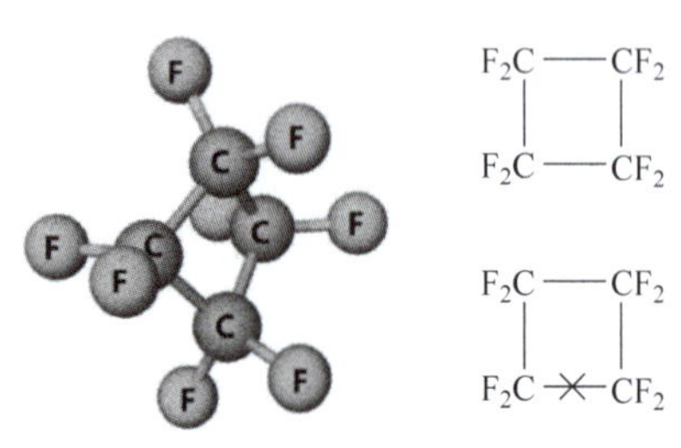

图 2-38　C_4F_8 分子结构和分子式

钝化过程包括 C_4F_8 环状结构被打开以及这些分子间相互反应生成高分子膜。如图 2-38 所示，在等离子体的作用下，环状结构的 C_4F_8 的碳原子间的化学键被打开形成了短链分子，其原理为 $C_4F_8 \rightarrow -(CF_2CF_2CF_2CF_2)-$。这一过程为可逆过程，因此难以生成高密度的$-(CF_2)_4-$。短链分子两端的化学键都具有很高的化学活性，相互之间容易反应形成聚合物，其原理为 $n-(CF_2)_4- \rightarrow -(CF_2)_{4n}-$。总的反应原理如下[56]：

$$\begin{aligned} &C_4F_8 + e^- \rightarrow C_3F_6 + CF_2 + e^- \\ &nCF_2 \rightarrow (CF_2)_n \end{aligned} \tag{2.18}$$

时分复用法刻蚀需要 ICP 产生 SF_6 和 C_4F_8 的高密度等离子体，并需要平板电极对离子进行加速轰击去除钝化层。图 2-39 为时分复用法刻蚀设备示意图，射频电感线圈环绕在石英或铝质的圆形刻蚀腔体外面，由 13.56MHz 的射频源产生高密度等离子体。硅片安装在由液氮冷却的温控电极上，通过平板电极施加偏置电压，加速离子向硅片表面运动。温控电极保持相对较低和稳定的温度，提高刻蚀均匀性、降低光刻胶掩膜的刻蚀速率、提高选择比。

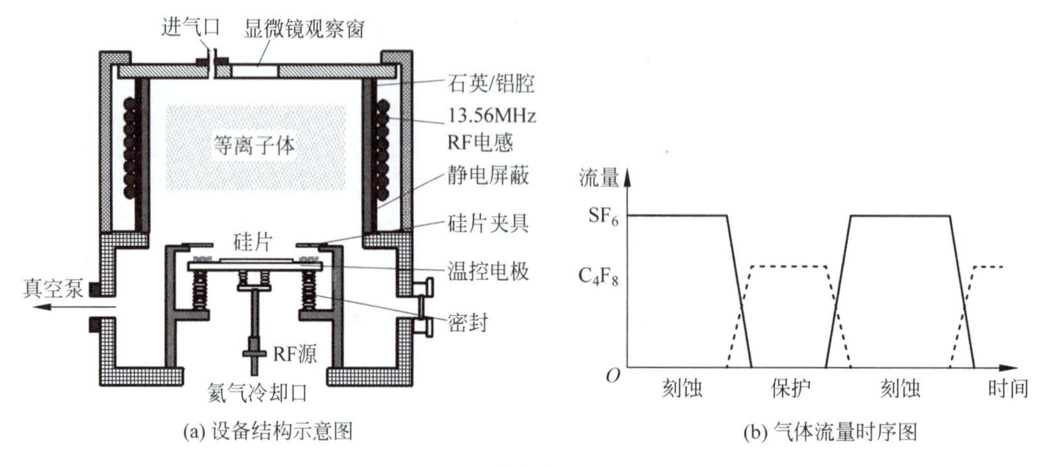

图 2-39　时分多用法刻蚀

时分复用法刻蚀设备需要高效的快速进气切换装置，以便能够在短时间内切换刻蚀和保护气体。刻蚀周期和保护周期的长度可以根据需要进行调整，完全不通入保护气体而只通入刻蚀气体所产生的是各向同性刻蚀。由于气体的驻留特性，刻蚀气体和保护气体的切换后，前一种气体不能立即排空，短暂的时间内二者同时存在。刻蚀和保护气体的重叠可以提高刻蚀的均匀性和稳定性。

如果快速切换刻蚀和保护气体，那么驻留时间所占用的比例增大，刻蚀速率降低。如果气体排空过慢而切换速度过快，任意时刻都是两种气体同时存在。当刻蚀气体 SF_6 和保护气体 C_4F_8 同时存在时，由于直链-$(CF_2)_4$-基的化学活性很高，SF_6 产生的氟自由基与直链-$(CF_2)_4$-反应，导致直链-$(CF_2)_4$-的聚合反应无法进行，无法沉积钝化层。此外，氟自由基被直链-$(CF_2)_4$-反应消耗，无法对硅进行刻蚀。因此，这两种气体需要轮流通入刻蚀腔体，并采用快速切换装置，以避免 C_4F_8 和 SF_6 气体混合。

为了避免工艺过程的交叉影响，目前量产的 Bosch 刻蚀设备通常将两个过程分解为三个过程：钝化保护、底部离子轰击和刻蚀[58]。将原本同时进行的底部轰击和各向同性刻蚀分解为两个独立的步骤，可以避免离子和等离子体的耦合作用，有利于刻蚀的优化和形状控制。

刻蚀气体中通常还添加少量的氧气。氧气容易与 SF_x 和 CF_x 反应，防止这些基团与等离子体中的氟自由基反应，保证氟自由基的浓度和分布，维持稳定的刻蚀速率和刻蚀均匀性。氧气与 SiF_x 的反应生成少量化学性质稳定的 SiF_xO_y，增强侧壁的保护，因此氧气过量时容易导致刻蚀速率下降和倒锥形结构。

Bosch 刻蚀结构侧壁上的钝化层为类似聚四氟乙烯的聚合物，如果残留在侧壁上，将会影响 TSV 介质层的粘附性和可靠性，因此深刻蚀后必须将钝化层去除。常用去除钝化层的方法有高密度氧等离子体干法刻蚀，或 PRS 3000 等去胶剂及 3M™ Novec™ 7200（主要成分乙氧基 9-氟代丁烷，Ethoxy-nonafluorobutane，$C_4F_9OC_2H_5$）的湿法腐蚀。高密度氟自由基有利于去除聚合物，降低等离子体中的离子密度，可以降低离子造成的损伤和基底温度，氧自由基的密度达到 $10^{17}/cm^3$ 以上时，清理后钝化层的氟残留极低[59]。

2.3.2 工艺参数的影响

描述深刻蚀效果的参数有刻蚀速率、刻蚀选择比、各向异性以及刻蚀均匀性等。由于 Bosch 刻蚀过程包括了刻蚀和保护两个周期，刻蚀周期的时间和保护周期的时间是影响刻蚀结果的重要参数，而在每个周期内各自的工艺参数都会对刻蚀产生影响，因此 Bosch 刻蚀过程的参数调整和优化较为复杂。

2.3.2.1 保护周期工艺参数

保护周期气体流量和保护周期时间是影响刻蚀的重要参数，提高保护气体流量或增加保护周期时间都会导致刻蚀速率下降甚至无法刻蚀。如图 2-40 所示[60]，对于时间为 2s 的

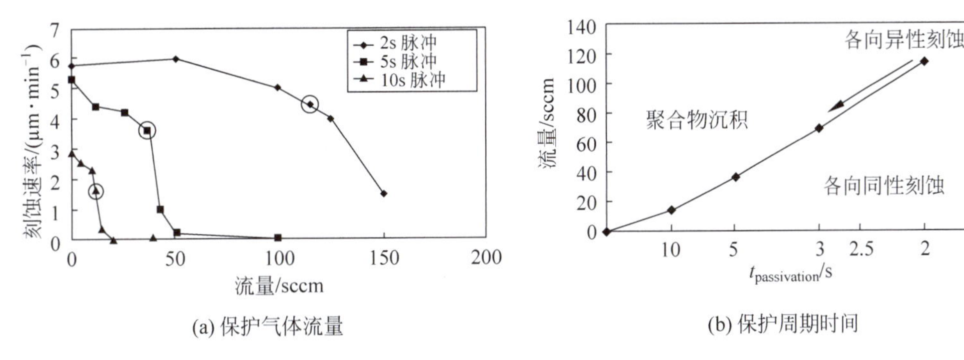

图 2-40 保护气体流量和保护时间对刻蚀的影响（sccm 为体积流量单位，ml/min）

保护周期，当 C_4F_8 保护气体流量从 50sccm 增加到 150sccm 时，刻蚀速率从 6μm/min 迅速下降到 1μm/min；对于 5s 的保护周期，C_4F_8 气体流量增加到 50sccm 时刻蚀几乎停止；而对于 10s 的保护周期，C_4F_8 气体流量增加到 20sccm 时刻蚀完全停止。

对于给定的保护周期时间，较大的 C_4F_8 气体流量会导致聚合物膜保护层的沉积，使刻蚀无法进行；较小的 C_4F_8 气体流量会导致各向同性刻蚀，无法保证刻蚀的方向性。因此，形成各向异性刻蚀的保护气体流量的窗口很窄，各向异性刻蚀对应的 C_4F_8 气体流量仅是从聚合物沉积到各向同性刻蚀之间的短暂过渡。

2.3.2.2 刻蚀周期工艺参数

给定保护周期参数后，刻蚀速率由刻蚀周期的化学反应决定。刻蚀周期的主要工艺参数包括气体流量、反应腔压强、电感功率、电容功率、偏置电压等，其中气体流量、反应腔压强和电感及电容功率是最主要的影响因素。增大 SF_6 气体流量和电感功率能够提高等离子体密度，从而提高刻蚀速率，但是会导致更强的各向同性，需要调整很多参数进行补偿，因此流量和电感功率不是优先调整参数。腔体压强较低时，刻蚀速率随腔体压强的增加而增大，但是腔体压强增大到一定程度后开始下降，这主要是由于离子的能量和自由基的密度随着压强的增加而降低。反应产物的驻留时间影响反应物的输运以及和硅的接触时间，驻留时间越长，刻蚀速率越慢，而驻留时间正比于腔体压强，反比于气体流量。提高阴极的温度可以提高刻蚀速率；但是横向刻蚀严重、选择比下降。在刻蚀气体中增加少量的 Ar 气可以提高离子密度，增强轰击效果，提高刻蚀速率和方向性；但是会降低选择比。掩膜主要是被离子轰击刻蚀的，减小电容功率可以减小掩膜刻蚀速率，提高选择比；但是同时对底部保护层的刻蚀变慢，导致刻蚀速率下降。

刻蚀方向性受离子方向性的影响最大，离子方向性越好、能量越大，刻蚀的方向性越好；反之越差。因此，影响离子方向性和能量的参数都会影响刻蚀的方向性，其中腔体压强和电容功率是最主要的影响参数。反应腔压强增大，气体的浓度提高，平均自由程缩短，并且离子鞘层的厚度增大，导致离子与气体分子碰撞的概率提高，离子的方向性变差、能量下降。电容功率增大，离子在鞘层内被加速获得的能量增加，碰撞时方向性改变量减小，因此离子的方向性和能量提高，但刻蚀选择比下降。

刻蚀均匀性是另一个重要的参数。刻蚀均匀性受等离子体密度均匀性的影响，而等离子体密度的均匀性取决于腔体内气体浓度分布和电场分布的均匀性。在气体均匀性方面，增大腔体压强会使刻蚀均匀性恶化，减小刻蚀气体流量、提高保护气体流量、降低衬底温度都有助于提高刻蚀均匀性，但是会降低刻蚀速率。在刻蚀气体中加入少量氧气有助于提高刻蚀均匀性[61]，但是会降低刻蚀选择比。在电场均匀性方面，一般在接近射频电极线圈附近电场更强，等离子体密度最高，而远离线圈的位置密度降低，因此必须提高等离子体密度的均匀性。刻蚀均匀性与负载面积也有很大关系，被刻蚀区域的大小、密度和分布方式等都会影响自由基的消耗，从而影响刻蚀均匀性。一般情况下，硅片边缘的等离子体密度高但刻蚀负载小，导致硅片边缘比中间的刻蚀速率高 5%～15%，当负载面积超过 30%时，刻蚀更加不均匀。

Bosch 深刻蚀不仅工艺参数众多，而且参数之间相互交叉影响，导致工艺参数窗口较窄，优化较为复杂。每个刻蚀参数受多个工艺参数的影响，例如刻蚀速率受功率、偏置电压、气体流量等参数的影响；而每个工艺参数又影响多个刻蚀参数，例如提高气体流量在提高刻蚀速率的同时，也会影响刻蚀的方向性甚至选择比。更为复杂的是，各工艺参数变化对刻蚀的影响并不都是单调的，可能出现极值、饱和或拐点，如图 2-41 所示[62]。这些影响交叉

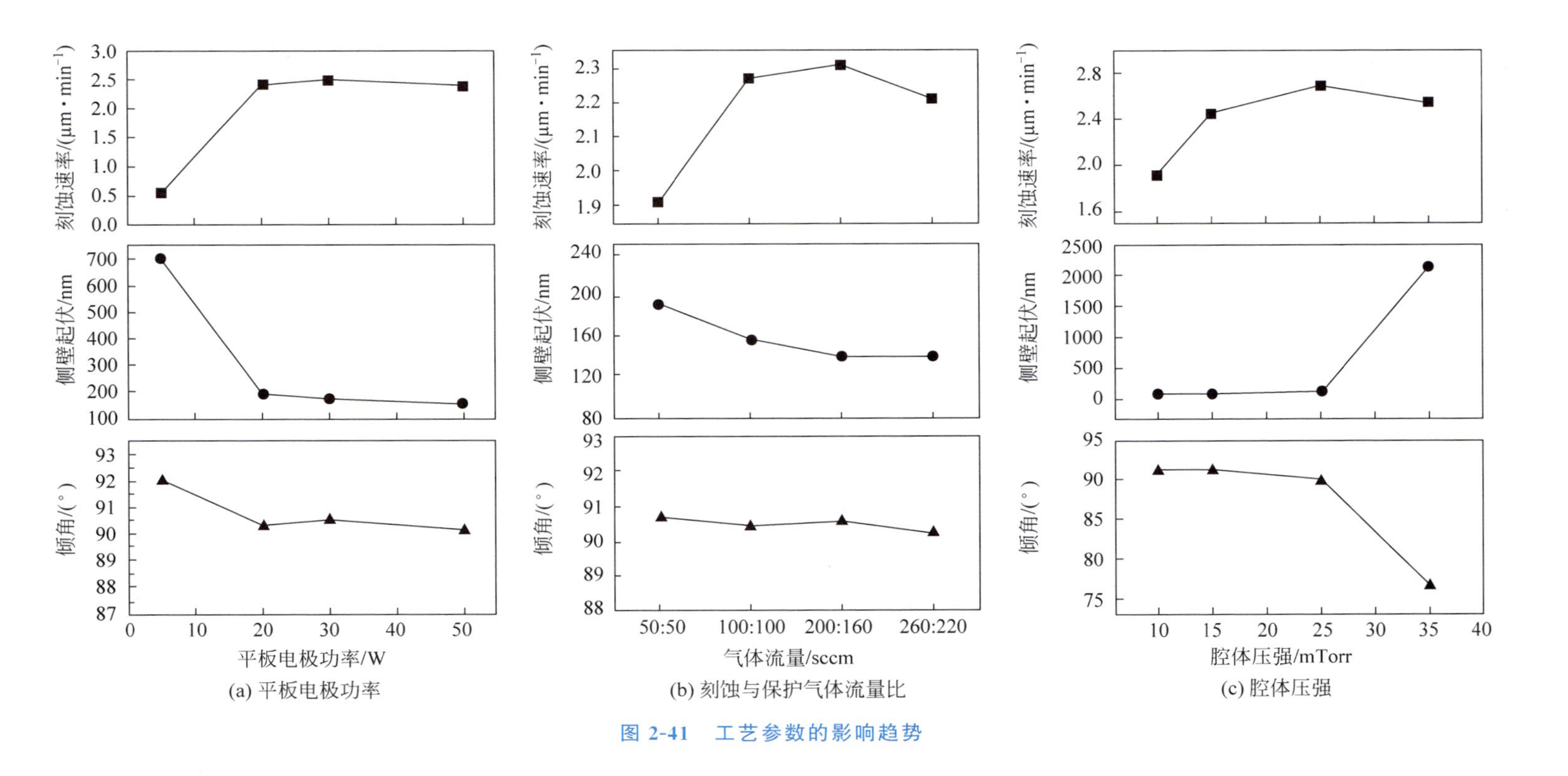

图 2-41 工艺参数的影响趋势

耦合在一起,使得影响刻蚀的因素非常复杂,为了获得某一刻蚀结果而调整一个工艺参数时,往往还需要共同调整其他工艺参数,良好的刻蚀结果是众多参数之间精细平衡的结果。表 2-2 总结了工艺参数对刻蚀性能的影响趋势。

表 2-2 工艺参数对刻蚀参数的影响趋势

变量增大	刻蚀速率	侧壁粗糙度	侧壁鼓形	底部长草	光刻胶选择比	聚合物破裂
刻蚀气体流量	↑	↑	↑	↓	↑	↑
保护气体流量	↓	↓	↔	↑	↑	↓
刻蚀保护时间比	↑	↑	↑	↓	↔	↔
腔体压强	↑	↑	↑	↓	↑	↑
刻蚀线圈功率	↑	↑	↑	↓	↑	↑
保护线圈功率	↓	↓	↓	↑	↔	↓
平板电极功率	↔	↔	↔	↓	↓	↔

2.3.2.3 典型刻蚀参数

时分复用法刻蚀结构基本不受晶向的影响,可以刻蚀任意形状的垂直结构,与掩膜的刻蚀选择比高,并且设备自动化程度高、环境清洁、操作安全、CMOS 兼容性好。刻蚀深度可达 500μm 以上,深宽比超过 50∶1 甚至达到 100∶1。典型刻蚀速率为 3～20μm/min,最快可达 50～100μm/min。刻蚀硅柱的最小特征尺寸小于 40nm,深宽比超过 50∶1,刻蚀深槽的最小宽度可达 11nm,深宽比达到 8∶1[63]。由于刻蚀设备和刻蚀结构的差异,Bosch 刻蚀的工艺参数分布很大。表 2-3 为典型刻蚀工艺参数,其中高速刻蚀在获得刻蚀效率的同时,牺牲了侧壁粗糙度,而低速刻蚀可以获得较好的侧壁粗糙度。

表 2-3 刻蚀参数选择

	周期	周期长度/s	腔体压强/mTorr	ICP 功率/W	偏置电压/V	气体流速/sccm	刻蚀速率/($\mu m \cdot min^{-1}$)	光刻胶选择比
高速刻蚀	刻蚀	8	40	2200	40	SF_6 450	约 8	75∶1
	保护	3	15	1500	20	C_4F_8 200		约 100∶1
低速刻蚀	刻蚀	13	5	800	25	SF_6 160	约 2	50∶1
	保护	7	1	600	20	C_4F_8 85		

刻蚀过程通过液氮制冷,衬底的温度保持在 10～40℃,因此有多种掩膜材料可以选择,如光刻胶、SiO_2 和铝。通常,硅与光刻胶刻蚀选择比可达 50∶1～100∶1,与 SiO_2 刻蚀的选择比为 100∶1～200∶1[54-55],而 Plasma Therm 报道的对光刻胶和 SiO_2 的选择比分别高达 430∶1 和 800∶1。铝基本不刻蚀,但铝在离子的轰击下容易产生颗粒物沉积在刻蚀表面,因此应用较少。为了解决长时间刻蚀的掩膜问题,近年来干膜光刻胶发展很快。干膜光刻胶与旋涂固化光刻胶相比效率更高、厚度更大[64]。如 Dupont 的 MX5000 系列干膜负性光刻胶具有良好的化学和热稳定性,可以耐受普通酸碱溶液和 200℃的温度,厚度范围为 10～50μm,厚度偏差为 2%,可曝光 7μm 直径圆孔,刻蚀选择比为 100∶1,采用喷涂 0.75% K_2CO_3 或 0.65% Na_2CO_3 的方式显影,刻蚀后采用 250W 氧等离子体去除。

2.3.3 刻蚀结构控制

深刻蚀通常要求较高的刻蚀速率和刻蚀选择比,更重要的是获得需要的刻蚀结构形状。

刻蚀结构形状包括掩膜图形的复制能力、刻蚀结构侧壁的垂直性、深度均匀性，以及侧壁形状和侧壁粗糙度等。这些指标受到多种工艺参数的影响，优化工艺参数实现理想的刻蚀结构控制是深刻蚀的主要难点。

2.3.3.1 侧壁起伏

侧壁起伏（scallop）是指深刻蚀结构的侧壁不光滑，产生类似贝壳表面的起伏结构，它是由 Bosch 刻蚀的多次各向同性刻蚀结构的交界形成的，如图 2-42 所示。侧壁起伏的周期一般为 100～250nm，起伏的幅值一般为 50～500nm，幅值过大对 TSV 有显著的影响[65]。起伏的周期取决于每次各向同性刻蚀的深度，每周期刻蚀的深度越小，起伏的周期越短。起伏的幅值取决于每周期刻蚀的各向同性程度，每周期刻蚀的方向性越好则侧壁起伏越小，而每周期刻蚀深度越小则起伏的幅值也越小。

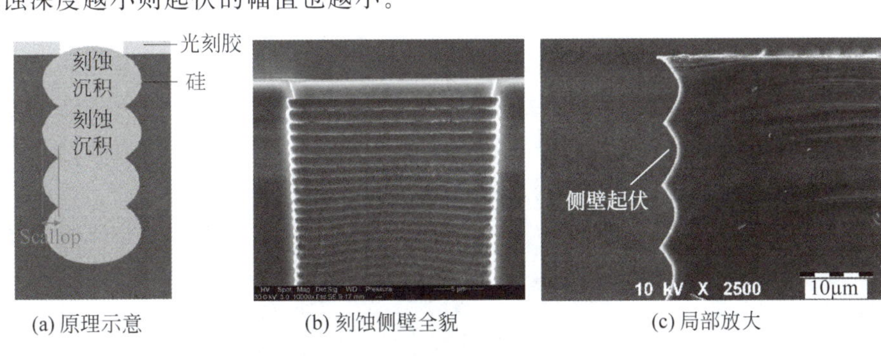

(a) 原理示意　(b) 刻蚀侧壁全貌　(c) 局部放大

图 2-42 侧壁起伏

根据侧壁起伏的形成机理，缩短刻蚀周期或增加保护周期可以减小侧壁起伏的程度。如图 2-43 所示，将刻蚀周期与保护周期的时间比从 120%减小到 60%，侧壁起伏从 140nm 减小到 20nm。显然，无论缩短刻蚀周期还是增加保护周期，都会降低刻蚀速率。此外，还可以通过提高离子的方向性改善每次刻蚀的方向性来减小侧壁起伏，即提高平板电容的功率或降低腔体压强。电容功率和腔体压强的比值越大，侧壁起伏越小[54]。这是因为增加平板电容的功率可以提高各向异性的能力，有助于减小侧壁起伏；而减小反应腔压强提高鞘层厚度，有助于提高离子轰击的垂直度，从而减小表面起伏。但这两种方法都会降低刻蚀选择比。此外，也有报道在刻蚀中加入 Ar，采用 SF_6 + Ar 等离子体减小侧壁起伏[66-67]。

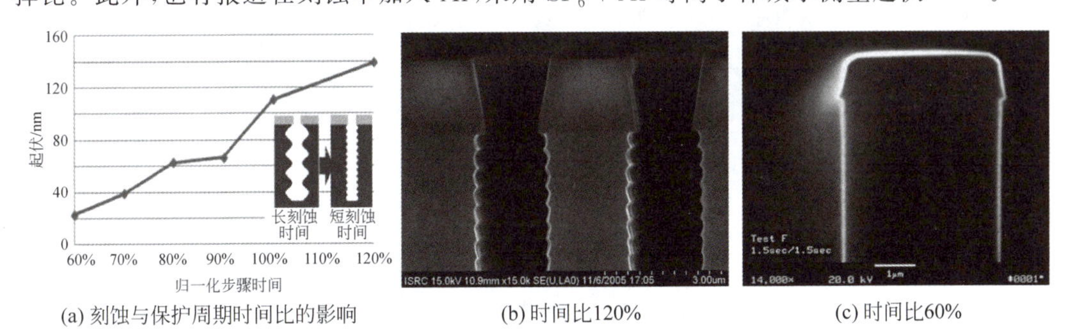

(a) 刻蚀与保护周期时间比的影响　(b) 时间比120%　(c) 时间比60%

图 2-43 减小刻蚀保护周期时间比

目前，量产深刻蚀设备主要采用快速气体切换技术将刻蚀时间降低到 1s 以下来减小侧壁起伏。如采用 0.1s 侧壁钝化、0.1s 底部轰击、0.6s 刻蚀的三步 Bosch 工艺，可以将侧壁起伏降低至 50nm 以下，并保持 10μm/min 的刻蚀速率[58]。频繁切换刻蚀和保护周期必然导致刻蚀速率下降。例如，利用快速切换甚至可以将侧壁起伏降低至 5nm，但刻蚀速率下降到只有 2μm/min。为了尽量保持快速切换时的刻蚀速率，需要提高电源功率并改善等离子体耦合效率以提高等离子体密度，保证刻蚀周期的刻蚀速率。例如，将电源功率从 1000W 提高到 3000W，刻蚀速率提高 50%。在保护周期内，更高的等离子体密度能够实现更好的聚合物形成效果，可以缩短保护周期。通过增加等离子体密度，能够采用更短的刻蚀周期和保护周期降低侧壁起伏，并保持刻蚀速率基本不变。

刻蚀气体和保护气体的不断交替，容易导致刻蚀侧壁的表面粗糙化，如图 2-44 所示[68]。侧壁粗糙化包括每个刻蚀波峰节点下方和上方的粗糙表面。节点下方的粗糙表面产生的原因是每个刻蚀周期开始时，腔体内的保护气体仍未被彻底排空，刻蚀时仍有一定程度的保护，导致每个刻蚀周期开始时的粗糙表面。节点上方的粗糙表面产生的原因是刻蚀周期过长，该周期各向同性刻蚀从保护层的交界处向上方延展，导致节点上方的保护层下面的硅被刻蚀。此外，沉积钝化层时，因为表面的粗糙度和杂质等因素，会在钝化层内部形成空洞等缺陷，特别是在两次钝化交界的位置，即节点的位置。空洞所在位置抵抗刻蚀和等离子体轰击的能力较弱，容易引起钝化层失效，形成局部的微刻蚀。

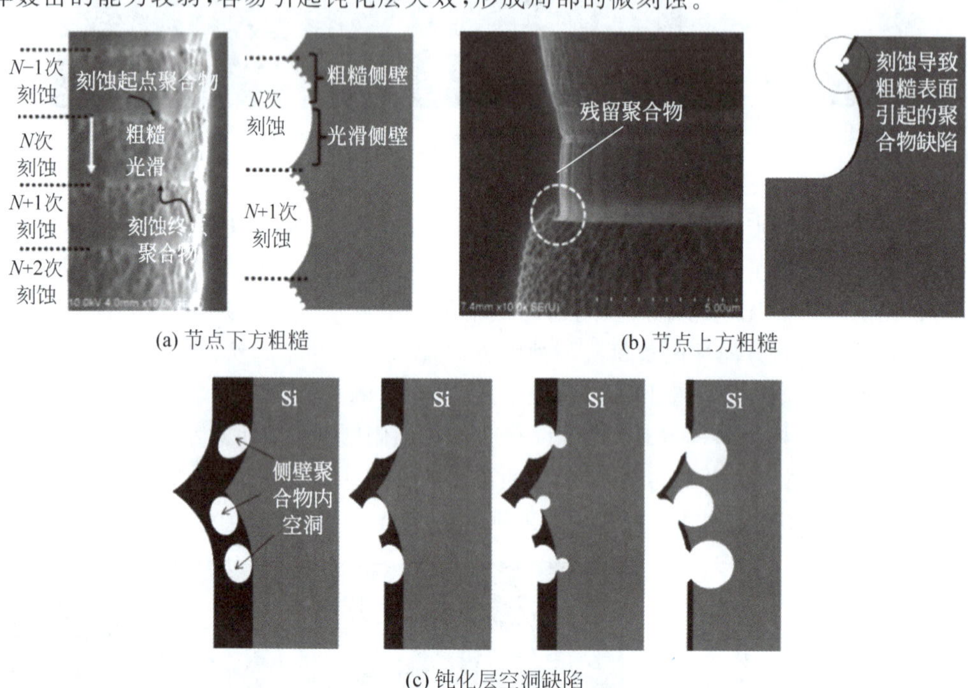

(a) 节点下方粗糙

(b) 节点上方粗糙

(c) 钝化层空洞缺陷

图 2-44　表面粗糙形成机理

2.3.3.2　横向钻蚀

横向钻蚀(notching 或 footing)是指刻蚀到硅底部的介质层如 SiO_2 时，刻蚀结构局部展宽的现象，如图 2-45 所示[69]。引起横向刻蚀的根本原因是电荷的局部聚集现象，即介质层吸附的离子无法被电子有效中和或释放，离子在局部区域聚集所形成的电场排斥入射的离子，使入射的离子发生横向散射和偏移，去除了侧壁的保护层而发生底部的横向刻蚀。在刻蚀未到达介质层的界面时，硅的导电性使离子可以均匀分布而不会出现局部的聚集，通常不会出现横向刻蚀。

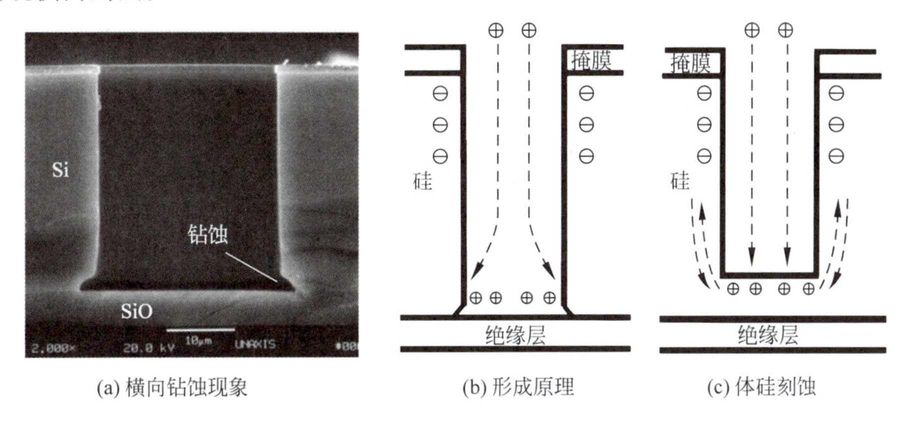

(a) 横向钻蚀现象　(b) 形成原理　(c) 体硅刻蚀

图 2-45　横向钻蚀

横向钻蚀一般发生在介质层上方，在三维集成中采用 BEOL 方案从背面刻蚀硅衬底形成通孔或利用 SOI 衬底都可能会出现这种情况。由于刻蚀速率对刻蚀结构深宽比的依赖性，当同时刻蚀不同深宽比结构时，高深宽比的结构需要更长的刻蚀时间，而低深宽比结构因为刻蚀速率较快更早达到介质层，会经受更长的横向刻蚀时间，横向钻蚀更为严重。在 MEMS 结构刻蚀中，刻蚀尺寸各不相同，过刻蚀时间甚至可达到最短刻蚀时间的 60%甚至更高，这种现象尤其明显，而三维集成中大多采用相同尺寸的 TSV，尺寸导致的横向钻蚀的问题并不严重。

减小横向钻蚀的方法有工艺优化和设备改进两类，目的是减少介质层的电荷聚集或周期性释放聚集的电荷。工艺优化包括增加保护周期时间、降低等离子体密度或增大腔体压强等。增加保护周期可以增加保护层厚度，从一定程度上抵抗散射离子的轰击。在刻蚀即将达到介质层界面时降低等离子体密度，可以减少离子的数量，抑制离子在底部的聚集，以降低刻蚀速率换取较小的横向钻蚀。增大反应腔压强，离子的能量降低、轰击的方向性减弱，横向钻蚀现象有所缓解，但是较大的腔体压强会导致侧壁鼓形等副作用。

目前，多数深刻蚀设备都带有抑制横向钻蚀的功能，例如采用间歇或脉冲偏置电压、采用脉冲等离子体源或低频(380kHz)电源等方法。典型的方法是采用间歇式高偏置电压的方法，高偏置电压增强离子的入射能量，降低横向偏移的相对程度；间歇式偏置可以在零偏期间使等离子体中的电子被介质层中的离子吸附到介质层，从而实现电荷的中和，如图 2-46 所示。随着零偏电压占空比的增加，横向钻蚀显著降低。另外，利用脉冲等离子体源在等离子体辉光放电消失时产生的阴离子，可以周期性地中和介质层积累的电荷。

2.3.3.3　侧壁倾角

理想各向异性刻蚀结构的中心线和侧壁均应该与衬底表面垂直，但是实际刻蚀过程中经常出现刻蚀结构中心线与衬底垂直，但侧壁不与衬底垂直的现象，称为侧壁倾角(slope)，如图 2-47 所示[70]。侧壁倾角可以分为内倾和外倾两类，前者刻蚀结构的宽度随着深度的增加而逐渐减小，后者刻蚀结构的宽度随着深度的增加而逐渐增大。侧壁倾角一般为几度到十几度。无论内倾还是外倾，侧壁倾角都影响侧壁的垂直度，导致刻蚀结构上下尺寸不一致，尺寸更大的结构容易出现外倾，而尺寸更小的结构容易出现内倾。

理论上刻蚀速率随着结构深度增加会导致侧壁外倾，刻蚀速率随深度减小会导致侧壁

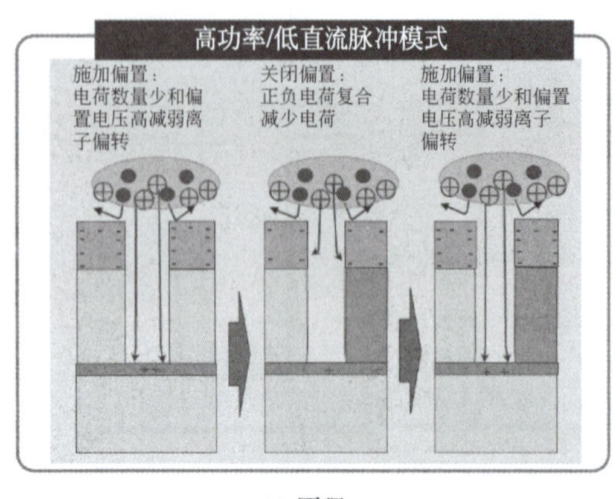

(a) 原理

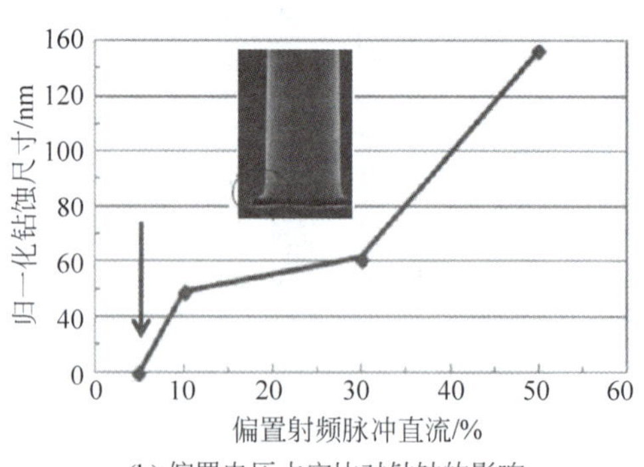

(b) 偏置电压占空比对钻蚀的影响

图 2-46　间歇式偏置电压减小横向钻蚀

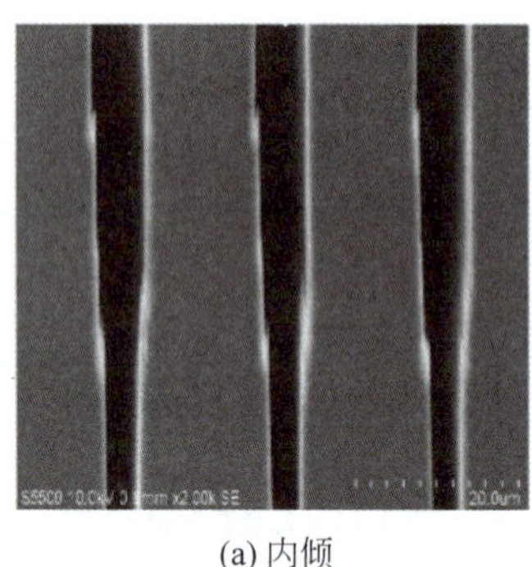

(a) 内倾

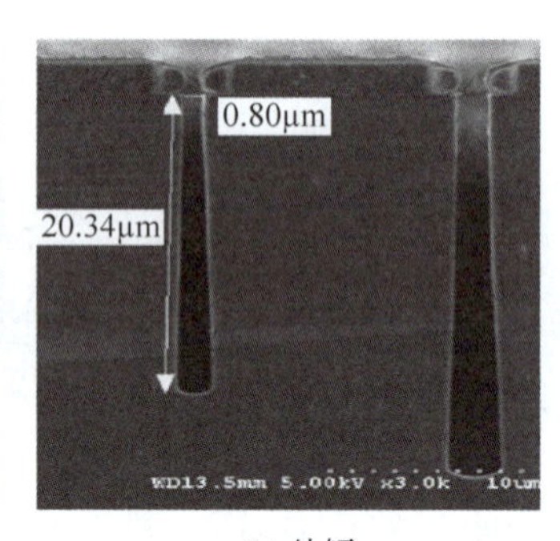

(b) 外倾

图 2-47　侧壁倾角

内倾。因此，影响侧壁倾角的因素很多，例如刻蚀周期与保护周期的时间比。增加刻蚀时间或减小保护时间使结构下部展宽而形成外倾，减小刻蚀时间或增加保护时间使结构下部收缩而形成内倾[71]。刻蚀气体与保护气体的短暂重叠使倾角控制变得困难，在刻蚀和保护周期之间频繁切换使气体混合越来越严重，刻蚀与保护之间没有明显的区别。一般采用增加单独一步排空过程使混合气体彻底排空后再进入下一个刻蚀和保护循环[72]。

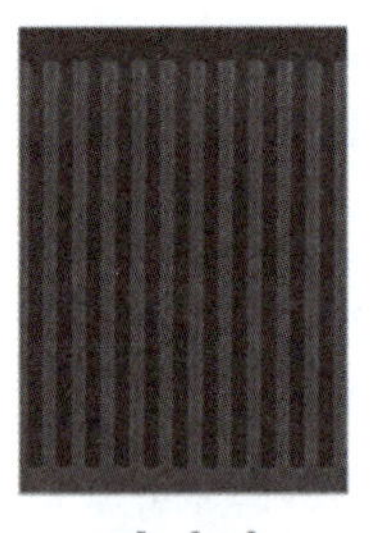

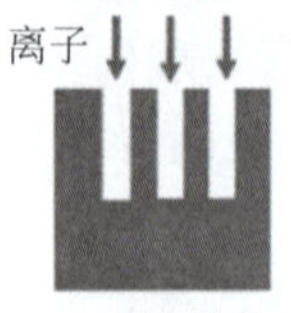

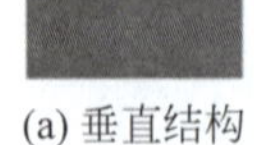

(a) 垂直结构

(b) 倾斜结构

图 2-48　侧壁倾斜

减小腔体压强或增加偏置电压可以提高离子方向性，可以改善侧壁倾角问题，因此随着刻蚀深度的增加而逐渐增大偏置电压具有良好的效果。例如，刻蚀深度达到 20μm 时采用 −70V 的偏置电压，而当刻蚀深度达到 30μm 和 40μm 时分别采用 −80V 和 −90V 的偏置电压[72]。通过优化的刻蚀工艺参数，目前深刻蚀设备可以将侧壁倾角控制在 90°±0.2°的范围，并且可以在一定程度上主动控制倾角的方向和大小。

2.3.3.4　侧壁倾斜

侧壁倾斜(tilting)是指刻蚀结构的侧壁与中心线平行，但与衬底不垂直的现象，如图 2-48 所示。侧壁倾斜造成刻蚀结构整体与衬底表面不垂直。侧壁倾斜一般为几度到十几度，可能影响结构的性能，因此对侧壁倾角需要严格控制，例如对于高精度的微机械谐振陀螺，要求刻蚀结构的倾斜角小于0.05°。

引起侧壁倾斜的根本原因是离子轰击角度与被刻蚀表面不垂直。离子入射方向决定了物理轰击的方向性和去除保护层的方向性，进而决定了刻蚀结构的方向，因此离子入射方向与被刻蚀表面不垂直将导致侧壁倾斜。鞘层内的电场方向与鞘层边界垂直，如果鞘层的厚度不均匀或者鞘层边界与刻蚀样品表面不平行，会导致鞘层内电场与刻蚀表面不垂直，因此离子从等离子体区域扩散到鞘层边界被加速时，其入射方向与刻蚀表面不垂直，从而导致刻蚀结构的倾斜。

引起离子鞘层倾斜的原因有离子鞘层不均匀、鞘层边界变形以及内部局部离子不均匀等，如图2-49所示。理想情况下，鞘层上表面应与刻蚀表面平行，以保证电场与刻蚀表面垂直。如果下电极过小，被刻蚀区域超出了电极的范围，容易造成等离子体边缘的能量耦合不均匀，导致鞘层变形。在刻蚀区域边缘，容易出现鞘层内离子浓度不均匀，引起鞘层厚度变化。由于刻蚀边缘无法避免，因此边缘的刻蚀结构很容易出现倾斜的问题。当离子鞘层的厚度过小时，鞘层在刻蚀表面随结构的起伏而变化，容易引起刻蚀倾斜。

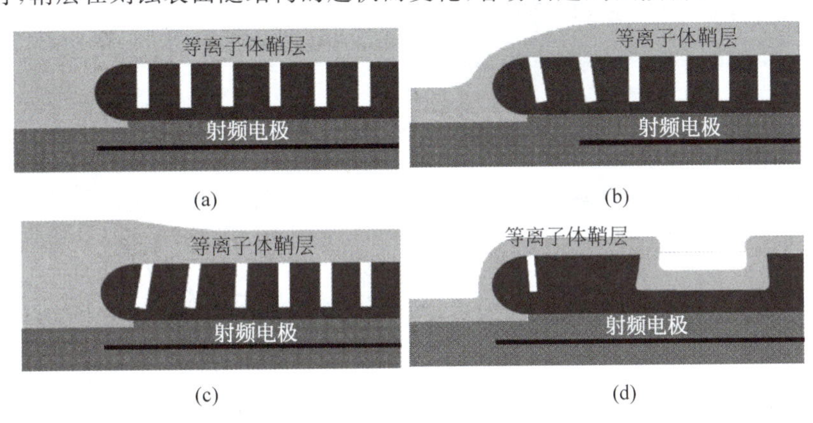

图2-49 离子鞘层的非均匀性对倾斜角度的影响

离子鞘层厚度和局部离子不均匀可以通过优化工艺参数进行改善，例如减小腔体压强或增大射频功率都可以增加鞘层的厚度，从而降低鞘层过薄或局部离子不均匀造成的影响。对于边缘过渡区的鞘层非均匀问题，一般只能通过增大电极尺寸或优化刻蚀设备进行改善。图2-50为模拟计算的下电极尺寸变化对鞘层厚度均匀性的影响。可以看出，增大下电极的尺寸能够显著改善鞘层的均匀性。

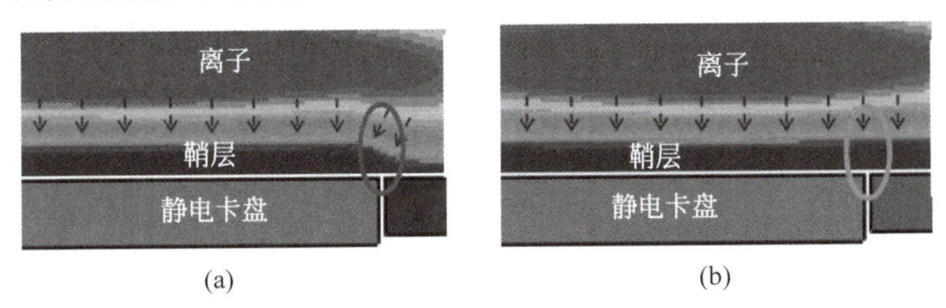

图2-50 下电极尺寸变化对鞘层均匀性的影响

2.3.3.5 侧壁鼓形

侧壁鼓形(bowing)是指刻蚀结构在中部位置出现横向展宽而形成的上下窄、中部宽的鼓形现象,如图 2-51 所示[73]。侧壁鼓形主要是离子轰击的方向与刻蚀结构的侧壁不平行造成的,即离子的方向偏离导致侧壁保护层被去除,引起横向刻蚀,形成鼓形刻蚀[74-75]。离子与鞘层内分子的碰撞以及与刻蚀掩膜的碰撞都会导致离子的方向偏离。离子在鞘层内被加速飞行时,与分子和自由基等发生碰撞,导致出现横向速度分量,最终以一定的角度轰击刻蚀结构的侧壁。如果所采用的硬掩膜的侧壁并非理想地垂直刻蚀表面时,离子轰击到硬掩膜的倾斜侧壁后,会被掩膜侧壁反射而轰击刻蚀结构的侧壁。此外,绝缘性的掩膜材料吸附和聚集的离子数量较多时,会形成较强的局部电场,也会对离子产生偏转作用。

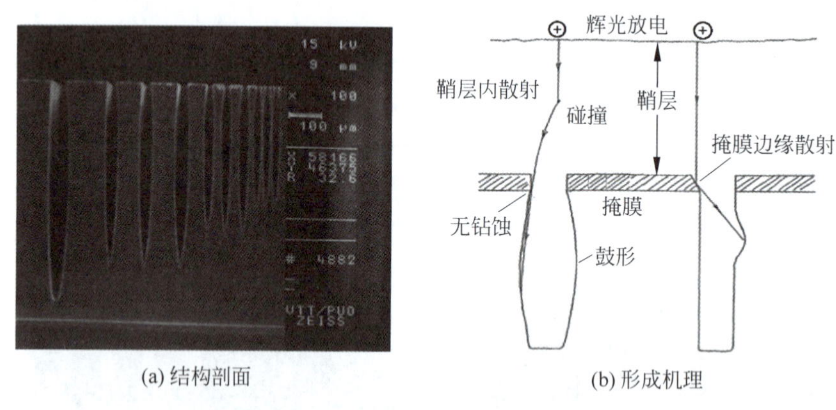

(a) 结构剖面　　(b) 形成机理

图 2-51　侧壁鼓形

为了减小刻蚀鼓形的问题,可以减小偏置电压降低离子轰击的能量,并减小腔体压强以减小离子在鞘层内碰撞的概率。为了避免掩膜倾角造成的刻蚀鼓形,应尽量保证掩膜侧壁的垂直性,即在刻蚀硬掩膜时尽量实现各向异性刻蚀。

2.3.3.6　掩膜下钻蚀

掩膜下横向钻蚀(undercutting)是指刻蚀结构在掩膜下方水平展宽而导致刻蚀宽度超出掩膜开口的现象,如图 2-52 所示。横向钻蚀一般在 1μm 以下,个别情况可达 2μm。造成掩膜下横向钻蚀的原因:一是掩膜的侧壁聚集电荷产生的电场,导致入射离子被反射后轰击掩膜下方的侧壁保护层[67]。横向钻蚀与掩膜材料和结构都有关,金属掩膜造成的横向钻蚀最为严重,SiO_2 次之,光刻胶最轻。二是刻蚀腔体压强过大等导致离子的方向性变差,倾斜的离子容易直接轰击或被侧壁反射到掩膜下方的钝化层而导致横向钻蚀。横向钻蚀程度与刻蚀时间有关[76],刻蚀 2min 并未出现钻蚀,而刻蚀 20min 和 40min 后,钻蚀分别达到 0.15μm 和 0.9μm。

提高离子的方向性既可降低聚集电荷散射的影响,又可减少直接轰击的影响。抑制横向钻蚀还可以通过优化掩膜的厚度和形貌,或在掩膜设计时预先考虑横向钻蚀对刻蚀尺寸的影响。当刻蚀表面存在介质层时,可以在介质层侧壁沉积高分子阻挡层将介质层刻蚀窗口减小,刻蚀后去除阻挡层,使钻蚀后的宽度与介质层开口一致[67]。此外,抑制横向刻蚀可以采用分阶段刻蚀的方法,首先采用非循环模式刻蚀开口,并减小偏置电压降低离子散射;刻蚀一定深度后再采用 Bosch 模式刻蚀,并且初期提高 30%的保护周期时间。

一般横向钻蚀在掩膜下很小的深度范围内逐渐增大,这与离子对保护层的影响有关。如图 2-53 所示[76],利用 C_4F_8/Ar 无偏置电压进行单步沉积钝化层表明,带有凸出掩膜的刻蚀结构中,侧壁和孔底钝化层厚度是表面钝化层厚度的 17%;而增加 10W 偏置电压后,

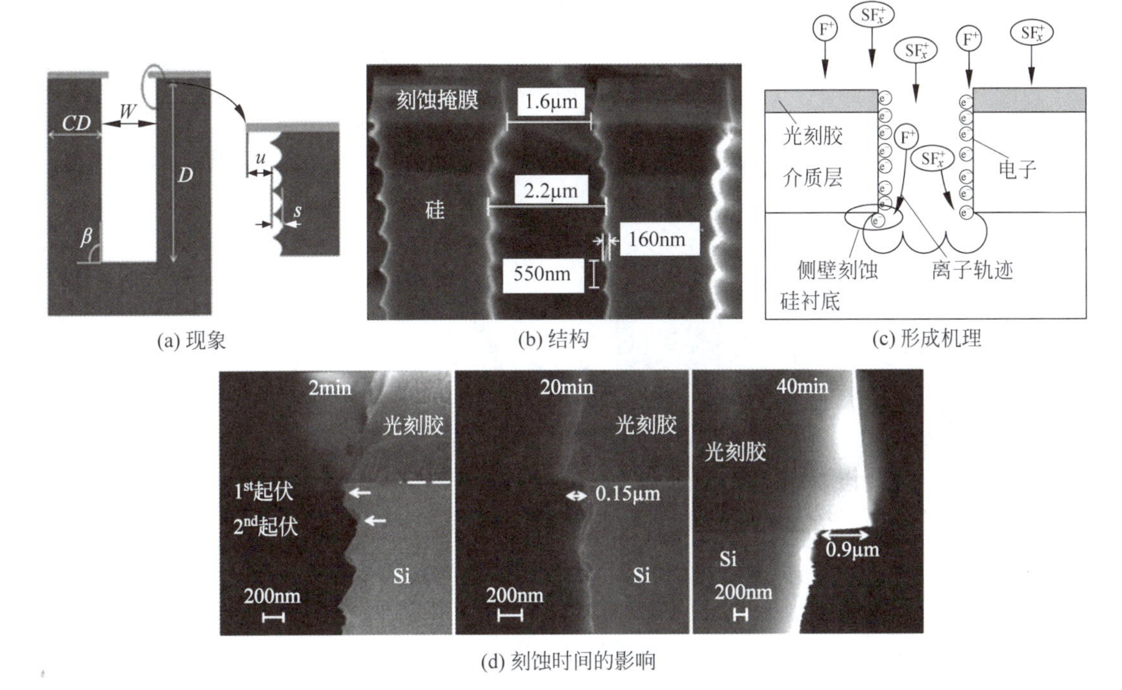

(a) 现象　(b) 结构　(c) 形成机理

(d) 刻蚀时间的影响

图 2-52　掩膜下横向钻蚀

紧邻掩膜凸出下方的钝化层厚度仅为表层的 8%，结构侧壁形成树枝状稀疏钝化层，而底部钝化层厚度是表面厚度的 50%。由于前几个周期刻蚀的深度浅，非垂直入射的离子能够打击到侧壁，减薄了这些位置的钝化层，而被轰击脱落的钝化层沉积到结构底部使底部的钝化层厚度增加，导致刻蚀过程中氟离子通过钝化层缺陷位置刻蚀了硅，形成掩膜下横向钻蚀，并且削弱了侧壁起伏的程度。由于凸出掩膜的屏蔽，距离掩膜下方一定距离的位置容易被离子打击，因此横向刻蚀是逐渐增大的。

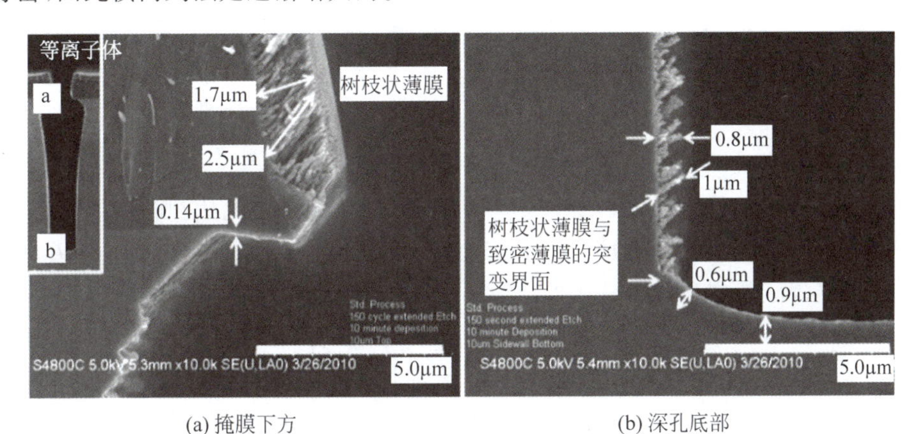

(a) 掩膜下方　(b) 深孔底部

图 2-53　离子轰击下钝化层沉积特性

2.3.3.7　RIE 滞后

RIE 滞后(RIE-lag)是指刻蚀速率依赖刻蚀结构的尺寸和深宽比的现象，即特征尺寸越小、深宽比越大，刻蚀速率越低，也称深宽比依赖性刻蚀(Aspect-ratio Dependent Etching，ARDE)。当刻蚀结构的特征尺寸小于 100μm 并且深宽比大于 2 时，RIE-lag 现象开始出现，并且随着特征尺寸的减小和深宽比的增加而越来越显著。刻蚀宽度为 40μm 和 20μm 的结构，其刻蚀速率分别是宽度 100μm 结构的 90%和 80%；当结构宽度降低为 2.5μm 时，刻蚀速率减小 50%以上，如图 2-54 所示[77]。

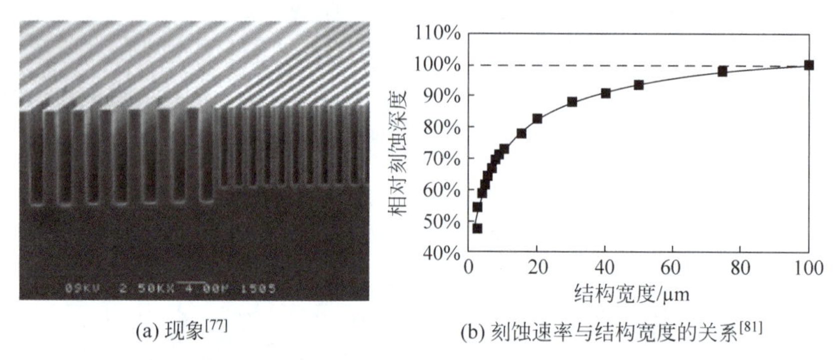

(a) 现象[77]　　(b) 刻蚀速率与结构宽度的关系[81]

图 2-54　RIE-lag

如图 2-55 所示[78]，RIE-lag 对刻蚀的影响表现为两方面：一是刻蚀结构的深宽比越大，刻蚀速率越慢，当深宽比超过某一极限时，刻蚀速率下降为零。二是对于同一个刻蚀结构，刻蚀速率随着刻蚀深度的进行(深宽比逐渐增大)而逐渐降低。当深宽比超过某一临界值时，刻蚀速率下降为零，刻蚀深度不再随刻蚀时间而增加[78]，称为深宽比极限。实际上，这两方面本质上都是深宽比达到临界值后刻蚀停止。

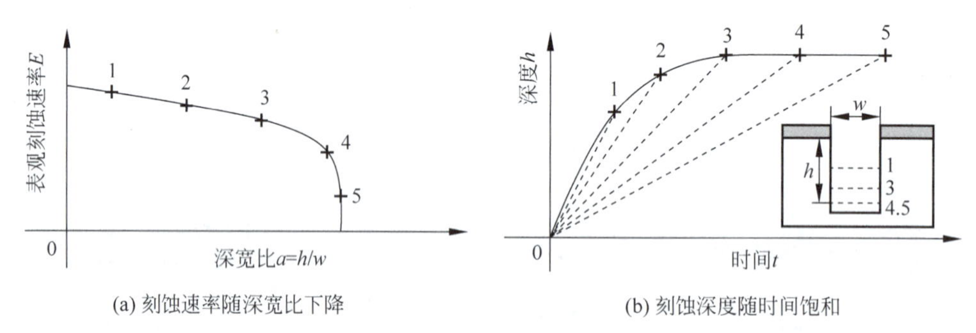

(a) 刻蚀速率随深宽比下降　　(b) 刻蚀深度随时间饱和

图 2-55　RIE-lag 对刻蚀的影响

引起 RIE-lag 现象的主要原因是反应物的输运限制，即深宽比达到临界值后，反应物无法输运到刻蚀结构的底面。导致反应物输运限制的原因包括离子屏蔽效应和差动充电效应，以及自由基屏蔽效应和自由基耗尽[79]，其中前两者与离子有关，后两者与自由基有关。

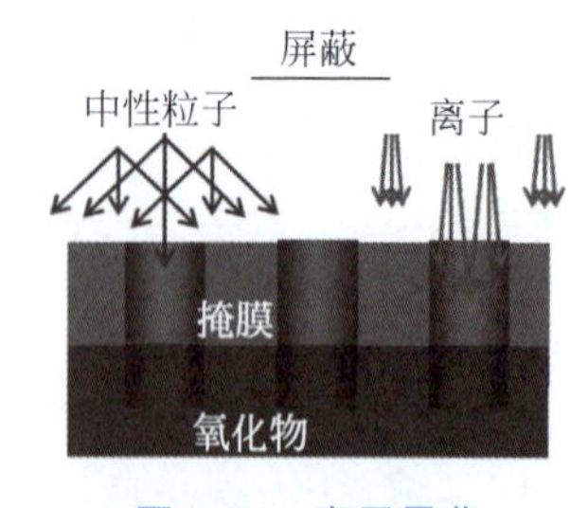

图 2-56　离子屏蔽

离子屏蔽是由离子的方向性分布造成的。离子在鞘层内发生碰撞，大量的离子方向性存在分布区间，如图 2-56 所示。由于深宽比的增加和离子方向性分布的特点，与结构轴线夹角过大的离子会与掩膜侧壁和刻蚀结构侧壁发生碰撞而损失，因此能够到达结构底部的离子数量随着高深宽比的增加而减少，这种现象称为离子屏蔽效应。多数情况下，尽管离子存在方向性分布，但是仍有大量离子以垂直方向入射到高深宽比结构的底面，保证刻蚀持续进行。当深宽比达到临界值时，只有少量的离子能够到达结构底面，刻蚀难以继续进行。

在射频偏置电压的作用下，电子周期性地穿过离子鞘层到达硅片表面。电子质量很小，穿越鞘层过程中的碰撞导致电子的方向性分布很大，这使电子能够均匀地到达硅片表面，在平坦或开放区域到达硅片表面的电子和离子数量是相等的，如图2-57所示。在高深宽比结构内部，电子的方向性分布使大量电子被结构所阻挡而无法到达结构底部，这种现象称为电子屏蔽。由于电子的方向性分布大，电子屏蔽效应远大于离子屏蔽效应，因此，高深宽比结构底部的电子数量大幅度减少，而离子方向性好的特点使到达结构底部的离子数量远超过电子数量。如果结构的表面和底部为绝缘材料，最终靠近表面的结构侧壁聚集了大量的电子，而结构底部聚集了大量的离子，这种现象称为差动充电。随着深宽比的增加，差动充电形成的局部电场增强，导致入射的离子被偏转后与侧壁碰撞造成损失，一方面保持侧壁离子和电子的动态平衡，另一方面减少到达结构底部的离子数量，降低了刻蚀速率。

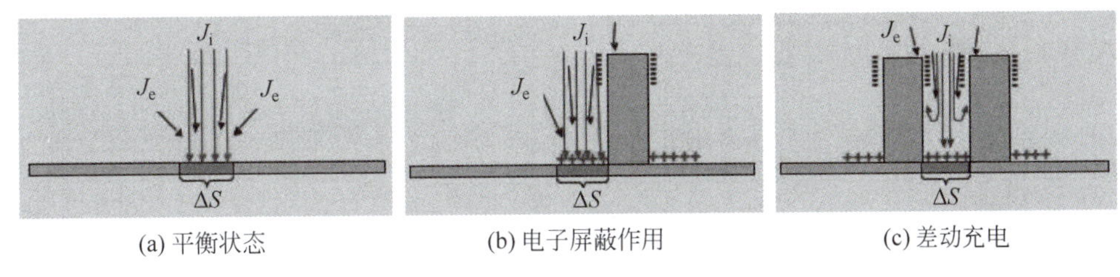

(a) 平衡状态 (b) 电子屏蔽作用 (c) 差动充电

图2-57 电子屏蔽

自由基屏蔽与其运动无特定方向相关。自由基是中性粒子，在等离子体中做布朗运动，没有固定的运动方向。在结构开口处，自由基因为运动方向与结构深度方向不一致而与结构表面发生碰撞，碰撞后因为复合等原因而无法进入结构内部。结构开口越小、深宽比越大，表面损失的自由基越多，进入结构底部的自由基数量就越少，导致刻蚀速率下降。这种结构阻碍了自由基输运的现象称为自由基屏蔽。

在腔体压强较低的情况下，自由基输运可以用努森输运方程描述[80]。如果自由基的直径远小于平均自由程，那么自由基与结构侧壁的碰撞概率远大于自由基之间的碰撞概率。侧壁碰撞和结构底部的反弹造成自由基的损失，因此随着深度的增加，能够到达结构底部参与反应的自由基的数量下降。这种扩散进入深结构内部的过程中与侧壁碰撞造成的损失称为自由基耗尽。在高深宽比结构底部，自由基耗尽加上离子数量减少，以及反应产物向外的输运也更加困难，都使刻蚀速率下降。

刻蚀速率对深宽比的依赖关系受反应腔压强和温度的影响，反应腔压强增加或衬底温度降低，刻蚀速率对深宽比的依赖关系下降。刻蚀速率与深宽比的关系如下：

$$R_{ER}=\kappa R_0 \tag{2.19}$$

式中：R_{ER}为刻蚀到结构底部时的刻蚀速率；R_0为表面的刻蚀速率；κ为Clausing系数，只依赖于结构特征，通过求解Clausing积分，可以得到

$$\kappa=\frac{1}{1+\zeta_0 t/d} \tag{2.20}$$

式中：t、d分别为刻蚀结构的高度和直径；ζ_0为只与尺寸有关的参数，对于孔状结构为0.75，对于槽状结构为0.375。可见，随着t的增加，κ越来越小，因此底部刻蚀速率也越来越小。

根据上述 RIE-lag 的起因,减小 RIE-lag 可以采用三种方法:一是采用脉冲等离子体,通过周期性放电减少离子和电子的屏蔽效应;二是增大刻蚀气体流量、增大腔体压强,增加反应物浓度和输运;三是随着刻蚀深度的进行逐渐增大偏置功率、减小压强,提高离子方向性和能量。

时分复用刻蚀中,刻蚀周期属于反应离子刻蚀,符合上述规律。然而,时分复用还包括普通反应离子刻蚀所没有的钝化层沉积和钝化层刻蚀。钝化层沉积、钝化层刻蚀和硅刻蚀三个步骤对深宽比依赖关系各不相同,其中钝化层沉积和硅刻蚀都与深宽比有强烈的依赖关系。如图 2-58 所示[81],钝化层沉积速率随着深宽比的增大近似线性下降,硅刻蚀速率随着深宽比的增大接近指数下降,而钝化层的刻蚀速率虽然也随着深宽比的增大而下降,依赖程度却较低。这是由于钝化层沉积和硅刻蚀都依赖于反应物的扩散,这一过程受深宽比影响很大;而钝化层的刻蚀主要依靠离子的轰击,离子的方向性较强,受深宽比的影响小。

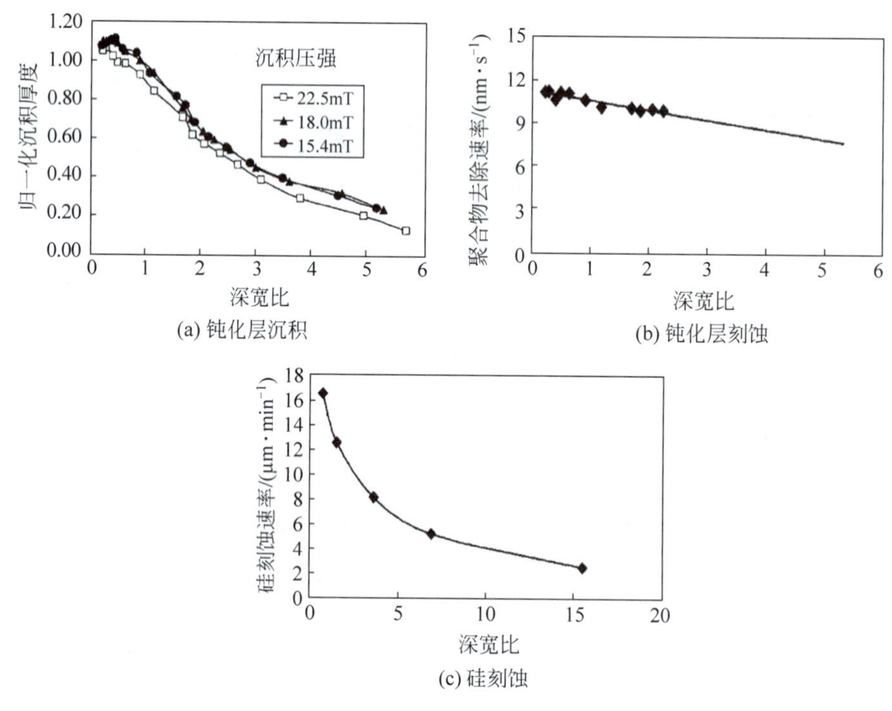

(a) 钝化层沉积

(b) 钝化层刻蚀

(c) 硅刻蚀

图 2-58 刻蚀过程对深宽比的依赖关系

图 2-59 为 Unaxis 利用上述特点开发的消除 RIE-lag 的方法[81],刻蚀的动态过程如下。

(1) 假设两个宽度不同的结构具有相同的深度(图 2-59(a))。

(2) 由于钝化层沉积速率随深宽比下降,沉积钝化层后宽结构内的钝化层更厚而窄结构的钝化层更薄(图 2-59(b))。

(3) 利用离子轰击结构底部去除钝化层时,由于离子方向性好而轰击速率受深宽比影响的程度较小,因此窄结构底部的钝化层先于宽结构被除去(图 2-59(c))。

(4) 开始硅刻蚀,窄结构底部的硅开始被刻蚀,而宽结构底部的硅无法刻蚀,但刻蚀气体中的离子也会轰击宽结构底部的钝化层,最终宽结构底部的钝化层被缓慢去除而开始刻蚀时,窄结构已经刻蚀一定的深度(图 2-59(d))。

(5) 两个结构同时进入硅刻蚀阶段。由于 RIE-lag 现象，窄结构的刻蚀速率远低于宽结构的刻蚀速率，很快宽结构的深度就追赶上窄结构的深度。

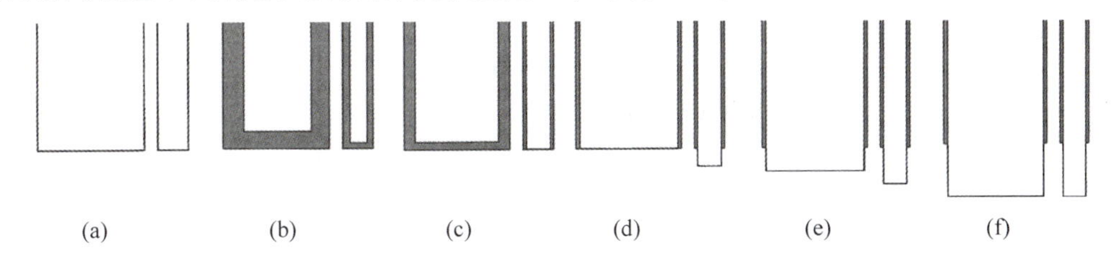

图 2-59 刻蚀的动态过程

因此，通过控制刻蚀和保护周期的开始与停止时间，可以获得两种结构不同的深度关系。如果刻蚀停止在图 2-59(e)，此时窄结构的深度超过宽结构的深度，这种与 RIE-lag 相反、深宽比越大刻蚀深度越大的现象称为反向 RIE-lag 现象。如果刻蚀停止在图 2-59(f)，此时不同深宽比结构的刻蚀深度相同，以此为下一个周期的起点再次从图 2-59(a)开始并多次循环，可不受深宽比影响的刻蚀。如果刻蚀到图 2-59(f)后继续刻蚀，由于宽结构内的刻蚀速率更快，此后宽结构的深度超过窄结构的深度，进入常规 RIE-lag 阶段。通过优化刻蚀和停止的周期，可以将宽 2.5μm 和 100μm 的两种结构的深度差异控制在 2%左右。

反向 RIE-lag 现象在常规反应离子刻蚀中也可能出现。如图 2-60 所示，自由基的方向性分散很大，高深宽比结构对自由基的屏蔽比低深宽比结构更为明显，能够进入高深宽比结构底部的自由基更少，导致高深宽比结构底部的钝化层比低深宽比结构底部的钝化层更薄。离子的方向性强、受深宽比的影响小，离子轰击速率在高深宽比结构底部与低深宽比结构底部的差别不大，因此尽管自由基的分布也受离子屏蔽的影响，但是由于保护层占主导地位，高深宽比结构内部的刻蚀速率更快，引起反向 RIE-lag 现象。解决反向 RIE-lag 的方法主要是降低保护层的沉积速率，例如增加气体的氟/碳比例或增加氧气等。

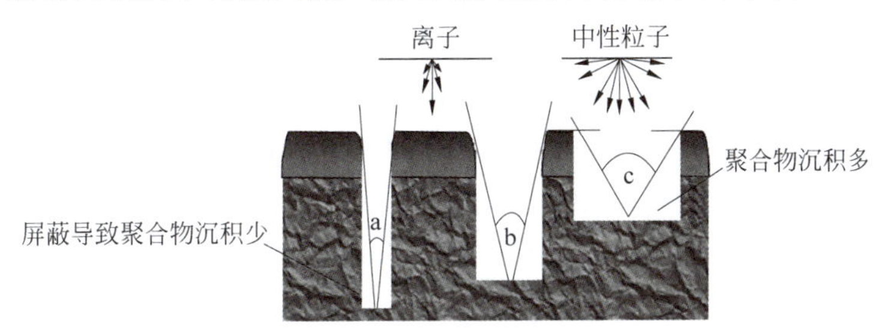

图 2-60 反向 RIE-lag 现象

时分复用刻蚀中，保护周期的长短对 RIE-lag 也有较明显的影响。如图 2-61 所示，在保护周期较短时，RIE-lag 现象较为明显，宽结构的刻蚀速率比窄结构快 12%。随着保护周期的增加，抑制了宽结构的刻蚀速率，使 RIE-lag 现象基本消失。进一步增大保护周期，甚至出现反向 RIE-lag 现象，宽结构的刻蚀速率比窄结构慢 12%。

由于 RIE-lag，刻蚀结构的深宽比达到一定程度后，即使增加刻蚀时间也无法进一步刻蚀。这种深宽比过高而导致的刻蚀停止由两方面引起：一是深宽比过高导致依靠扩散进行的反应物和反应产物的输运速度急剧下降，使刻蚀几乎停止；二是深宽比过高后，刻蚀结构底部的保护层无法去除而导致刻蚀停止。第一种因素与质量输运的过程相关，需要根据影

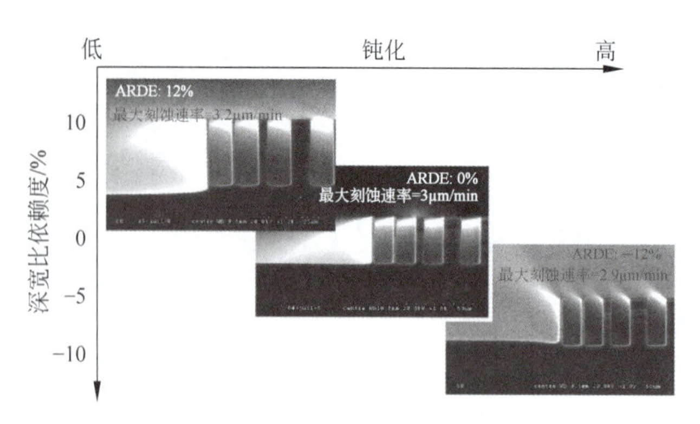

图 2-61　延长保护周期时间减小 RIE-lag

响质量输运的因素从刻蚀设备和刻蚀参数两方面进行改进。第二种因素与离子轰击的方向性有关。如图 2-62 所示，如果入射离子的方向性分散度很大，随着刻蚀结构深度的增加，能够到达刻蚀结构底部的离子不断减少，导致刻蚀结构底部的保护层无法被离子轰击去除，最终形成刻蚀底部收缩汇聚而无法刻蚀的结构。

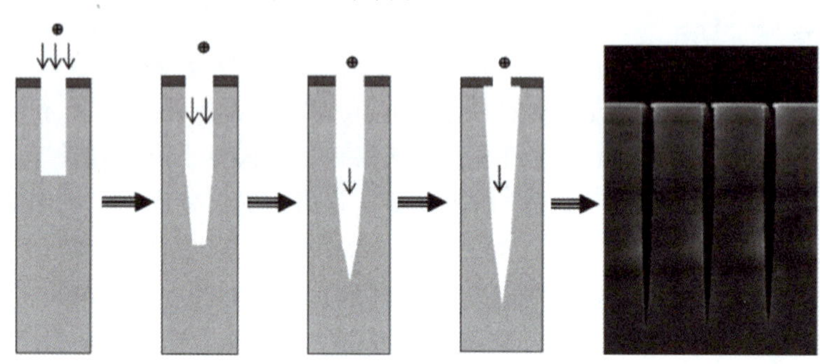

图 2-62　深宽比极限

尽管在目前的技术水平下，刻蚀最终会由于深宽比过高而停止，但仍可以在一定范围内适度改善这一问题。常用的方法有三种：一是随着刻蚀深度的增加逐渐延长刻蚀周期，但这种方法会展宽刻蚀结构；二是减小腔体压强、增加偏置电压，以此提高离子的能量和方向性，增强离子对底部的轰击效果，负面影响是刻蚀速率和刻蚀选择比降低；三是在 SF_6 中增加少量的 O_2，形成 SiO_2 沉积在刻蚀结构的侧壁，提高侧壁对离子的耐受能力，进而通过提高偏置电压增强对刻蚀结构底部的轰击效果。

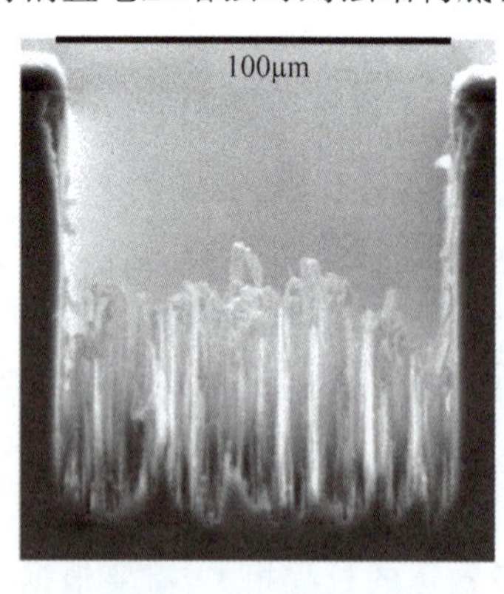

图 2-63　长草现象

2.3.3.8　底部长草

底部长草(micrograss)是指在刻蚀结构底部出现草状细长的硅针的现象，如图 2-63 所示。这是由于刻蚀结构的底面残留了无法刻蚀的微颗粒，在底部刻蚀过程中充当了微掩膜，当刻蚀具有较好的各向异性时，微掩膜导致底部出现刻蚀残留。由于底部大量细长硅结构的存在，对光的反射效率大幅度降低，从表面看上去长草的刻蚀位置显示为黑色，因此也称为黑硅(black silicon)。

长草现象最主要的起因是无法刻蚀的微颗粒的产生、驻留和沉积。在沉积物来源方面，微颗粒可能来自掩膜材料、钝化层材料、腔体内表面附着物和腔体材料自身被溅射后的沉积物等，例如铝掩膜被溅射后沉积的微颗粒，相对 SiO_2 和光刻胶掩膜更容易导致长草现象。在驻留时间方面，过高的腔体压强导致反应物和产物在腔体内驻留时间增加，增大偏置电极功率和减小刻蚀周期与沉积周期的时间比都容易造成长草现象。在微颗粒沉积方面，由于微颗粒在腔体内运动方向具有随机性，难以到达深宽比大、开口尺寸小的结构底部，而更容易到达深宽比小、开口尺寸大的结构底部。增加刻蚀时间、降低腔体压强和提高衬底温度增加化学反应速率，都有助于减少长草现象。

2.3.3.9 小面化

小面化(faceting)是指在刻蚀结构开口附近形成与刻蚀结构成一定角度的若干小平面的现象，如图 2-64 所示[82]。小面化的成因与离子的方向性分布以及掩膜边缘的非理想性有关。无论是光刻胶掩膜还是 SiO_2 掩膜，掩膜的开口在光刻或刻蚀形成后，开口的边缘是带有一定弧度的曲面或倾斜表面而非理想的正交面。开口边缘的曲面或倾斜导致掩膜厚度不一致，在开口处掩膜较薄，远离开口处较厚，因此在垂直表面入射的离子的轰击下，刻蚀结构的开口边缘处形成外张倾斜的表面，导致刻蚀非垂直。

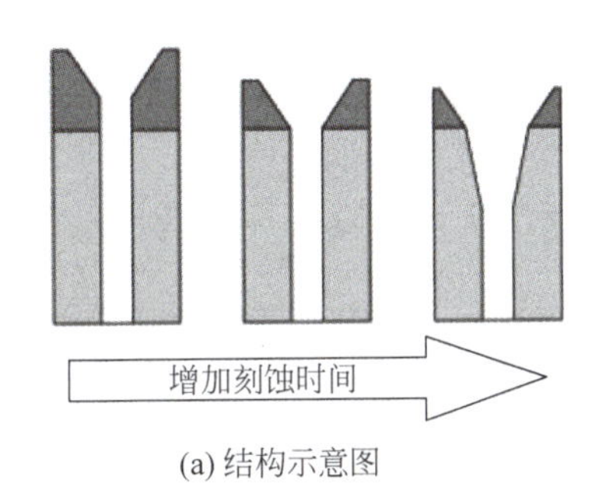

(a) 结构示意图　　(b) 小面与侧壁微槽

图 2-64　小面化

与掩膜的非理想性相比，入射离子的方向性分布是导致小面化更主要的原因。由于离子分布的方向性，有一定数量的离子以一定的角度入射到刻蚀表面，无论开口边缘是否理想，都存在少量离子垂直入射到开口边缘。由于凸出尖角是离子轰击去除速率最快的地方，垂直掩膜边缘的离子导致掩膜边缘去除速率更快，使掩膜边缘发展为若干外张倾斜的小面。随着刻蚀的进行，掩膜被轰击去除后导致刻蚀结构直接受到离子的轰击，在刻蚀结构的开口处形成小面。

小面对入射离子的散射作用会导致形状控制问题，如掩膜下结构粗糙和鼓形刻蚀结构。如果形成的小面数量很大，就会在刻蚀结构开口处发展成类似倒刺状的结构，造成刻蚀结构开口以下一定深度的表面非常粗糙，如图 2-65 所示。另外，小面对离子的散射使大量离子轰击到刻蚀结构的侧壁，是导致鼓形刻蚀结构的主要原因。

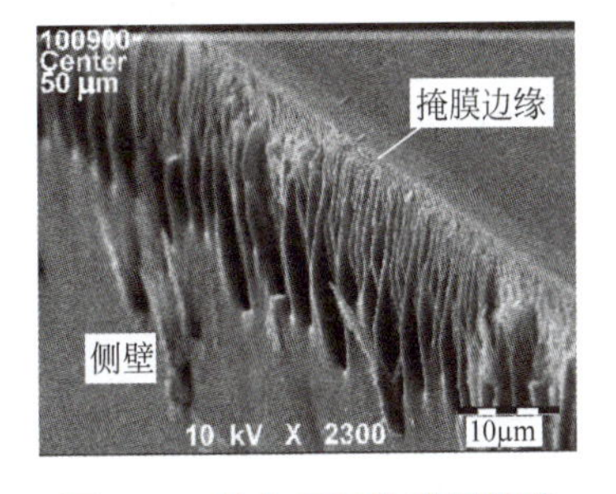

图 2-65　结构开口处表面粗糙

2.3.3.10 底部凹槽

底部凹槽是指刻蚀结构的底面边缘出现深槽的现象，如图 2-66 所示。由于离子方向性分布的特点，与底面垂直方向夹角较小的离子的数量较多。这些离子与侧壁的夹角很小,当侧壁出现一定的倾角时,进入结构内部的离子轻擦到侧壁后被小角度反射,造成了对刻蚀结构底部边缘的轰击而出现锋利的微槽。除侧壁反射以外,掩膜边缘聚集带电粒子所形成的电场和掩膜的小面化也对离子具有偏转作用,也是导致底部微槽形成的原因。有些情况下,底部出现的不是锋利的局部微槽,而是平缓的中间高、四周低的现象。

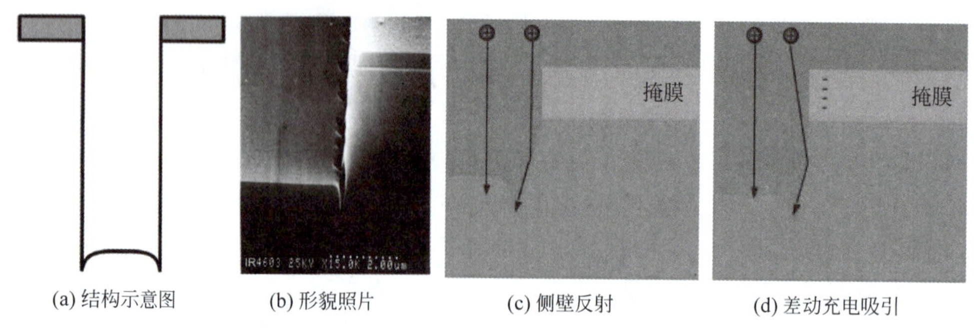

图 2-66　底部凹槽

2.3.3.11　负载效应

负载效应(loading effect)是指刻蚀速率与被刻蚀的局部面积相关的现象,即刻蚀速率随着局部刻蚀面积增大而下降的现象。如图 2-67 所示[83],当刻蚀区形状相同但排布密度不同时,排布密度越大,刻蚀速率越低。负载效应本质上是由刻蚀反应物的消耗速率差异导致的,刻蚀面积越大,反应物消耗越多。

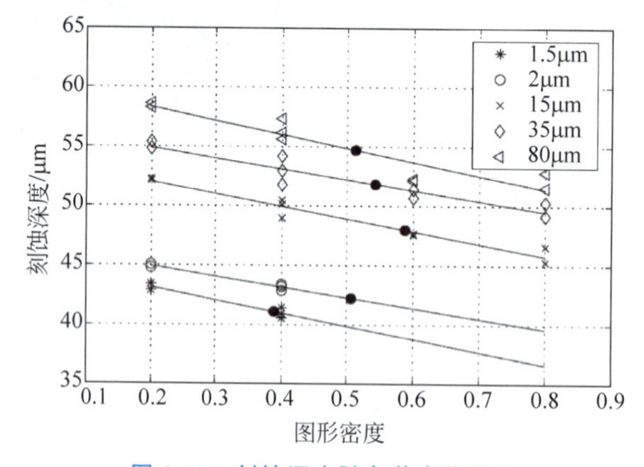

图 2-67　刻蚀深度随负载变化关系

几乎所有的反应离子刻蚀都会出现负载效应。但是,负载效应仅在一定的图形间距的情况下出现,当刻蚀图形间距超过一定距离时,负载效应消失。当刻蚀速率与图形密度无关时,图形的距离定义为临界距离。实验发现,当图形间距超过 4.5mm 时,刻蚀速率与图形间距无关;当图形间距小于 4.5mm 时,负载效应开始出现,每增加 10%的负载密度导致刻蚀速率降低 2%。改善方法负载效应有两种方法:一是降低刻蚀腔体压强;二是增加工艺图形进行平衡。

2.4　稳态刻蚀

在刻蚀气体中添加可产生 CF 或 CF_2 单体的保护气体,可以使保护气体的等离子体产生无法刻蚀的有机高分子或与硅产生无法刻蚀的无机 SiO_2,这些产物沉积在刻蚀表面,形成钝化层。刻蚀结构底面的钝化层一边形成一边被离子轰击去除，使得底部能够接触刻蚀气体，形成对深度方向的刻蚀；而侧壁的钝化层因为离子轰击的方向性基本不被去除，从而形成侧壁保护与底部刻蚀同时进行的各向异性刻蚀。这种刻蚀和保护同时进行的方式称为稳态刻蚀。稳态刻蚀可以分为低温稳态刻蚀和常温稳态刻蚀，前者在极低的温度下进行，后者在室温下进行。

2.4.1 低温稳态刻蚀

在低温下进行各向异性刻蚀，主要利用低温对化学刻蚀和物理刻蚀具有不同的影响这一特性。低温稳态刻蚀最早由日立公司于1988年报道[56]，这是最早的硅深刻蚀技术。

2.4.1.1 低温深刻蚀原理和设备

反应离子刻蚀是自由基与被刻蚀材料发生化学反应和离子物理轰击增强两方面共同作用的结果。自由基的化学反应强烈依赖温度，温度越低，化学反应越慢，刻蚀速率越低；而离子轰击基本不受温度的影响，温度降低物理刻蚀速率下降不明显。低温刻蚀时，因为离子的方向性，被刻蚀结构的侧壁几乎没有离子轰击而只发生自由基的化学反应，其反应速率和横向刻蚀速率因为低温而大幅下降。在刻蚀结构的底面，离子轰击所产生的离子增强反应控制化学反应过程[84]，因此离子轰击下自由基与底面化学反应的速率下降程度较小，其刻蚀速率基本保持不变。这拉大了侧壁和底部刻蚀速率的差异，是低温深刻蚀的基本原理。

尽管理论上自由基与硅和 SiO_2 的反应速率随温度的下降而下降，但是在离子轰击的作用下，这二者的反应速率有不同方向的变化。如图2-68所示[56]，当温度降低到−100℃以下时，硅的刻蚀速率相对室温升高了约1倍，而 SiO_2 和光刻胶的刻蚀速率下降到约1/10，即硅对 SiO_2 和光刻胶的刻蚀选择比提高了10～20倍。这种差异可能是离子轰击对硅和 SiO_2 化学反应速率的影响不同而造成的，但是使低温下能够获得更高的选择比。低温下，横向刻蚀速率也得到了很好抑制，横向刻蚀速率与纵向刻蚀速率的比值从室温下的约0.5大幅减小到−100℃时的接近零，即刻蚀方向性得到了很大的提高。

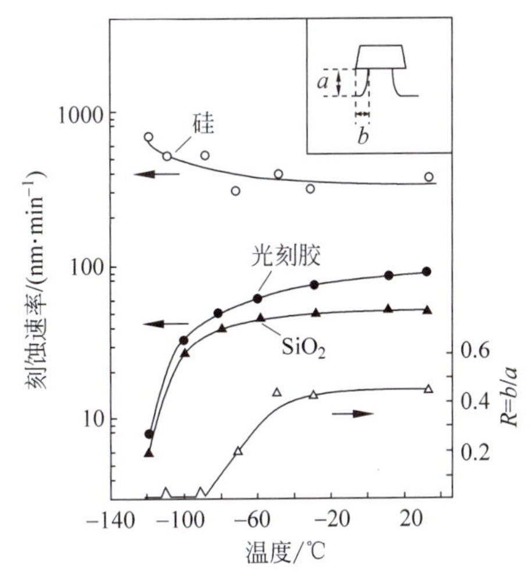

图2-68 硅和掩膜材料刻蚀速率随温度的变化

尽管低温下选择比提高、横向刻蚀速率下降，仅依靠低温下侧壁的化学反应速率下降仍无法实现满意的各向异性刻蚀，还依赖于在侧壁形成钝化层以阻止侧壁的横向刻蚀。除了 SF_6 以外，低温刻蚀气体还需要加入适量的 O_2。SF_6 产生的氟等离子体与硅反应生成可挥发性的 SF_4，实现对硅的各向同性刻蚀。氧等离子体与硅反应生成 SiO_2，进一步与氟等离子体反应生成非挥发性的 SiO_xF_y，沉积在刻蚀结构表面形成厚度为10～20nm的钝化层[85]。这种钝化层比 C_4F_8 形成的聚四氟乙烯更加稳定，无法被等离子体的化学反应去除。SF_6 的等离子体中包含 SF_5^+ 离子，在鞘层内被电场

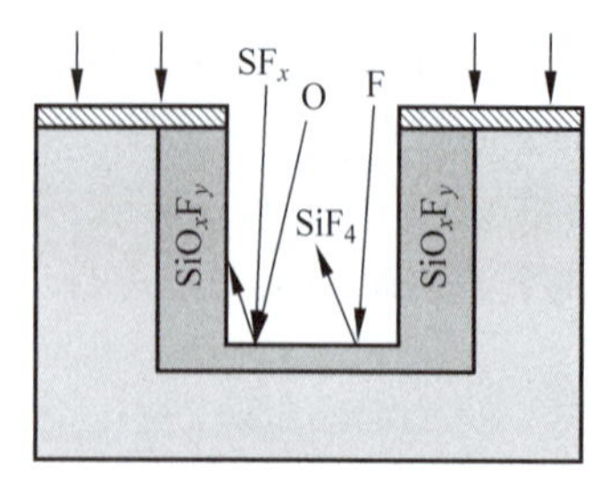

图 2-69 低温法刻蚀原理

加速后入射到硅片表面。由于离子的方向性,沉积在刻蚀结构侧壁的 SiO_xF_y 保护层不能被去除,因此侧壁无法发生化学反应;而位于刻蚀结构底面的 SiO_xF_y 保护层被 SF_5^+ 离子轰击而去除,使自由基的化学反应能够在离子增强的效果下在不断暴露的新鲜硅表面上进行,从而实现了方向性的刻蚀,如图 2-69 所示。

等离子体产生的反应原理为

$$SF_6 + e^- \rightarrow S_xF_y^+ + S_xF_y^* + F^* + e^-$$
$$O_2 + e^- \rightarrow O^+ + O^* + e^- \tag{2.21}$$

式中:氟等离子体和氧等离子体分别对硅刻蚀和形成钝化层。钝化层形成的化学原理:

$$O^* + Si \rightarrow Si\text{-}nO \rightarrow SiO_n$$
$$SiO_n + F^* \rightarrow SiO_n - F$$
$$SiO_n - F \rightarrow SiF_x + SiO_xF_y \tag{2.22}$$

与时分复用刻蚀中聚四氟乙烯的钝化层相比,低温刻蚀形成的钝化层稳定得多。但是由于底面的钝化层是沉积与轰击动态平衡的过程,不会出现厚度积累,因此即使能量很低的 SF_5^+ 离子轰击就可以将其去除。低温的作用是降低晶圆整体温度,但是离子轰击使刻蚀结构底部的温度高于结构侧壁和晶圆表面的温度,而氟等离子体对掩膜材料的刻蚀是对温度敏感的化学过程,因此结构底部的刻蚀速率高于侧壁和表面,提高了各向异性和对掩膜的选择比。此外,低温刻蚀的反应产物也是挥发性的 SF_4,刻蚀侧壁低温使 SF_4 的挥发性降低,有助于抑制侧壁刻蚀速率。

低温刻蚀不再分别通入刻蚀和保护气体,而是二者同时通入,保护和刻蚀是同时进行的,因此钝化层产生、底部钝化层去除和硅刻蚀是一个精细的平衡过程,任何改变这个平衡的因素都会导致刻蚀形状的改变。如果钝化层生成因素占主导地位,刻蚀剖面会形成倒锥形,并有可能导致刻蚀停止;如果刻蚀占主导地位,横向刻蚀将加重。由于钝化层是 O_2 形成的,刻蚀结构对 O_2 流量非常敏感,通过调整气体 SF_6 和 O_2 的比例,能够在一定程度上改变刻蚀形状,获得有助于 TSV 工艺的倒锥形盲孔[86]。

低温刻蚀设备的基本结构与时分复用法的设备类似,如图 2-70 所示。低温刻蚀不需要

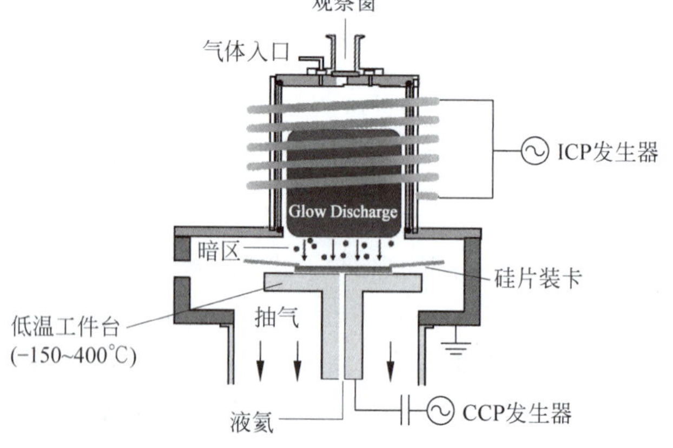

图 2-70 低温刻蚀设备结构示意图

轮流通入气体，因此不需要快速切换进气装置，但是低温刻蚀需要采用液氮作为冷却剂的低温冷却系统，使被刻蚀硅片的温度降低到－100℃以下。低温冷却系统并非冷却整个刻蚀腔体，而是将液氮多点直接喷射到硅片背面仅对硅片进行冷却，以达到较好的温度控制效果。这要求系统有极高的密封性，同时要求高效的装夹机构提高热传导能力和精确的温度控制。低温刻蚀的温度通常为－100～－140℃。高于－100℃时，掩膜材料和钝化层刻蚀过快；低于－140℃时，由于 SF_6（沸点－63.8℃）的沉积（冻结），并且反应产物 SiF_4（熔点－124℃）的挥发性下降。实际反应过程中，固定衬底的夹具与硅衬底之间的温度差异通常高于10℃。

由于刻蚀对氧气流量非常敏感，甚至腔体被侵蚀所产生的微量氧都会影响刻蚀，因此需要能够对小流量氧气精确控制的设备，并且采用没有氧的材料制造刻蚀腔体，如铝或陶瓷。由于刻蚀过程中的腐蚀作用，反应腔内壁材料会沉积在衬底表面形成类似陶瓷的物质，并且只在刻蚀结构的开口处聚集，通常深度不超过 3μm，因此对深刻蚀结构开口处的形状和粗糙度都有影响[87]。

2.4.1.2 刻蚀特点

低温稳态刻蚀是刻蚀与保护的精细平衡。影响低温刻蚀特性的主要工艺参数包括 SF_6 流量、氧气流量、电感功率、平板电容功率以及温度等。刻蚀气体 SF_6 的流量越大，刻蚀速率越快，刻蚀结构的截面呈现倒锥形，直到变为纯 SF_6 刻蚀时的各向同性刻蚀。电感线圈功率影响等离子体的密度，因此线圈功率越大，刻蚀速率越快。从图 2-71 可以看出，随着流量和线圈功率的增加，刻蚀速率增加；SF_6 对速率的影响还取决于线圈功率，在小流量的情况下刻蚀速率会达到饱和值。平板电容的作用与时分多用法中平板电容的作用相同，因此电容功率影响趋势也相同，增加平板电极功率可以使离子获得更大的能量，提高刻蚀速率，但是可能降低选择比。

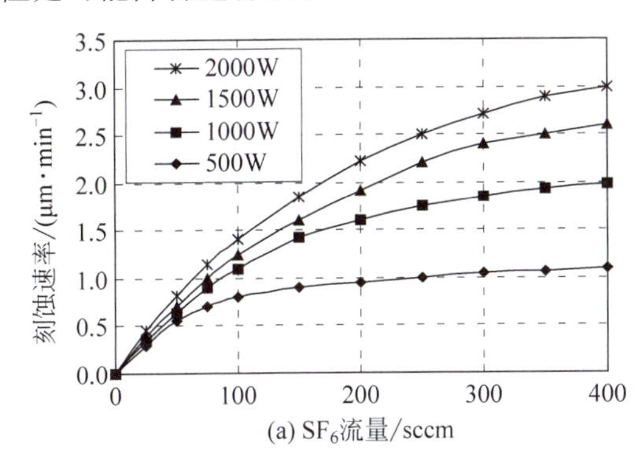

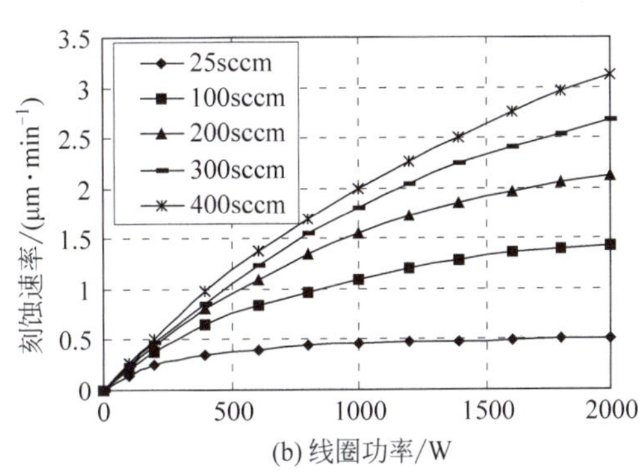

图 2-71 流量和线圈功率对刻蚀速率的影响

图 2-72 为低温刻蚀直径为 1μm、3μm 和 5μm 的结构时，刻蚀速率随着刻蚀时间的变化以及刻蚀结构开口处表面起伏与氧气流量的关系[88]。随着刻蚀时间的增加，刻蚀深度和深宽比增加，刻蚀速率开始明显下降。氧气流量是控制刻蚀形状的重要参数。增加氧气流量可以提高对侧壁的保护效果，同时减小离子轰击对侧壁的影响，降低了横向刻蚀速率和刻蚀结构开口处的表面起伏，但是同时也降低了刻蚀速率。

图 2-73 为不同参数对刻蚀形状的影响。腔体压强有很大影响，减小腔体压强可以提高反应离子的平均自由程，提高刻蚀结构的垂直度；增加反应腔压强可以获得更好的选择比，

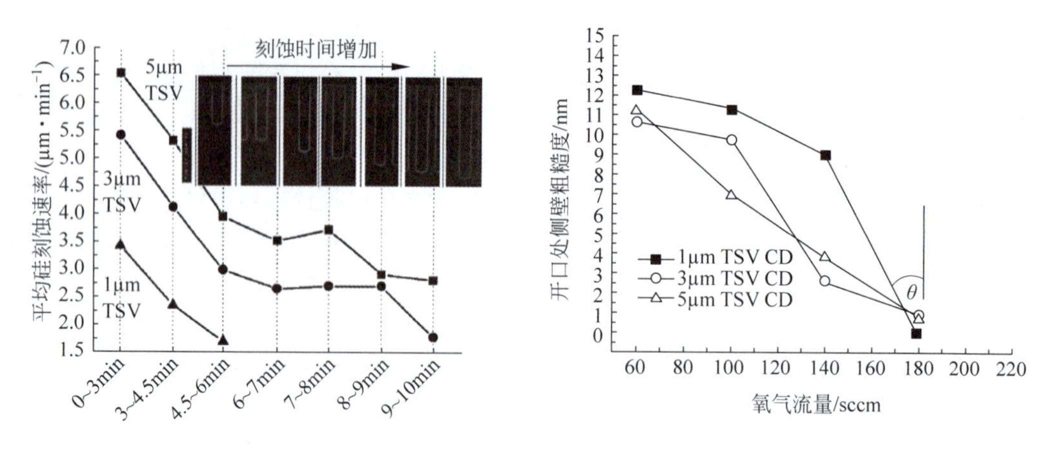

图 2-72 刻蚀深度(深宽比)对刻蚀速率的影响及氧气流量对开口表面起伏的影响

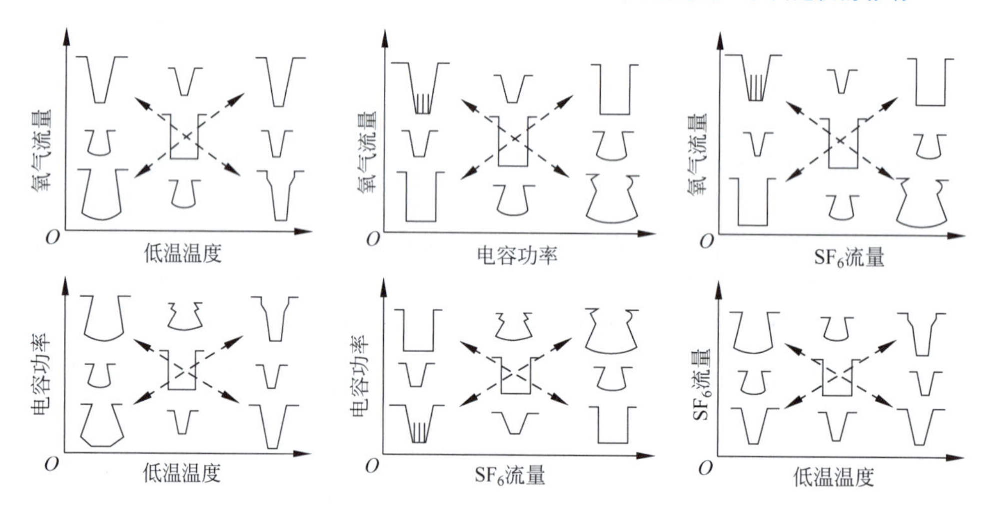

图 2-73 刻蚀参数对低温刻蚀结构形状的影响

通常刻蚀的反应腔压强为 1～10mTorr。低温刻蚀也会出现 RIE-lag 现象和横向刻蚀，通过提高刻蚀温度到－100℃，可以减小横向刻蚀。

低温刻蚀可以实现 30∶1～50∶1[89] 的深宽比，超过 50∶1 的深宽比对于低温刻蚀较为困难[90]。由于钝化层形成过程消耗了氟等离子体，影响了低温刻蚀的速率，低温刻蚀速率一般为 0.5～7μm/min，总体上低于 Bosch 刻蚀的速率。

低温刻蚀采用的偏置电压一般在 10～20V，低于 Bosch 刻蚀的 50V 左右的水平，因此低温刻蚀对光刻胶的选择比更高，可达 100∶1 以上。采用光刻胶掩膜时，高分子材料与硅之间的热膨胀系数差异较大，以及低温导致的硅片变形，容易造成低温下光刻胶薄膜出现开裂或剥离，特别是对于正胶或厚胶。为了避免或减少正胶开裂，需要使用较高的后烘温度提高胶联程度[77]，并且胶层的厚度也较为有限，在一定程度上限制了刻蚀深度。SU-8 胶联程度高，作为掩膜使用时甚至厚度达到 60μm 仍不发生剥离和开裂。

低温刻蚀的掩膜一般选用 SiO_2，选择比高达 750∶1 甚至 2000∶1[91-92]。与光刻胶掩膜相比，SiO_2 掩膜的刻蚀和去除增加了工艺成本。铝掩膜具有更高的选择比，但是铝掩膜很容易出现颗粒沉积在刻蚀表面而产生黑硅现象[84]。通过提高衬底的温度，可以在氧气流量不变的情况下减少黑硅现象和程度。由于铝的电导率非常高,不适合作为固定衬底的卡圈,否则在高等离子体密度的环境中铝卡圈容易发生极化,导致铝发生自溅射现象而产生黑硅。采用绝缘陶瓷作为卡圈,可以避免黑硅现象[93]。

Bosch 工艺是目前硅深刻蚀的主要技术,但是刻蚀产生较大的侧壁起伏,对介质层和扩散阻挡层沉积造成困难,容易引起 TSV 热力学可靠性问题和铜扩散问题;减小侧壁起伏后又导致刻蚀速率下降;刻蚀工艺参数多、调整优化较为复杂。低温刻蚀结构内壁光滑,这对减小 TSV 直径以及提高侧壁介质层和扩散阻挡层的可靠性非常有利。但是,低温刻蚀需要复杂的低温控制系统,设备复杂、昂贵、可靠性低、使用和维护成本高,对衬底升温和降温的过程也比较缓慢,效率较低,因此低温刻蚀未能广泛普及。近年来,3D NAND 产品对小直径、超高深宽比刻蚀的需求,使低温刻蚀得到了快速发展,Plasma-Therm、Oxford、Lam Research 等的低温刻蚀设备都已接近量产水平[94]。

2.4.2 常温稳态刻蚀

由于稳态刻蚀的优点和低温稳态刻蚀的缺点,近年来对常温稳态刻蚀有迫切需求。根据刻蚀原理,刻蚀腔体压强、射频功率、偏置电压以及 SF_6/O_2 混合气体的比例是决定刻蚀速率、选择比、刻蚀结构性质和各向异性的主要因素,通过优化调整这些参数,可以实现非低温情况下 SF_6/O_2 的深刻蚀[95]。

目前,利用 SF_6/O_2 混合气体的稳态刻蚀技术进展显著,包括 Ulvac 公司的 NLD600/800 和东京电子的 Telius SPTM UD 等基于混合气体的刻蚀设备,能够很好地解决小尺寸 TSV 刻蚀的问题,不但侧壁光滑,刻蚀选择比也基本满足需求。Ulvac 公司开发了磁中性环路放电(NLD)技术,这是 ICP 的一种,通过增加磁场控制,NLD 能够更加高效地耦合射频电场中的能量,获得更高密度的等离子体。NLD 刻蚀硅时,既可以工作在类似 Bosch 工艺的时分复用方式下,也可以工作在稳态刻蚀的模式下。此外,NLD 是一种较好的 SiO_2 深刻蚀方法[96]。

2.4.2.1 磁中性环路放电

磁中性环路放电是指沿着一个闭环的磁中性线(如外部施加的静磁场消失的环路),施加射频电场产生等离子体的物理过程,这一方法最早于 20 世纪 60 年代报道[97]。如图 2-74 所示[98],两个磁化线圈通以相同方向的电流所产生的磁场,在两个线圈中间的位置处为 0,即形成了磁中性环路。如果磁中性环路位于低压刻蚀腔体内,当腔体内通入一定气体并通过外部环路天线在腔体内产生射频电场时,在围绕磁中性环路的圆环状区域内产生了等离子体。等离子体中的电子在静磁场中受到洛伦兹力的作用,静磁场的电子回旋频率与射频电场的频率相同,在射频电场和磁场的共同作用下,电子穿过谐振磁场区时,能够高效地从射频电场获得动能。NLD 可以在极低的腔体压强下产生超过 $10^{11}/cm^3$ 浓度的等离子体,但是其电子温度却相对更低[99]。

NLD 刻蚀设备包括环绕在刻蚀腔体圆周上的磁线圈、电感耦合线圈和连接上下平板电极的射频线圈[100-101]。为了实现等离子体位置的控制,NLD 使用 3 个轴向对准的磁化线圈。当上下两个磁化线圈通以相同方向的电流时,二者中间位置就形成了一个磁中性环路。当中间线圈通以相反方向的电流时,磁中性环路的直径减小,使其进入刻蚀腔体内部。通过

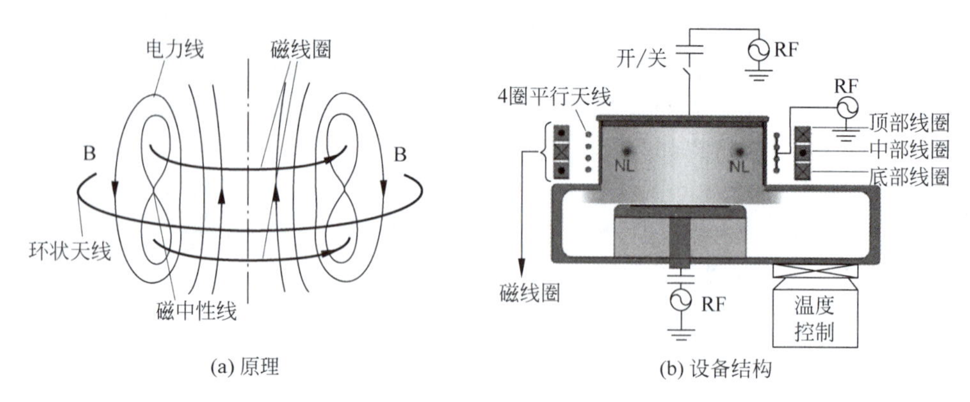

(a) 原理　　(b) 设备结构

图 2-74　NLD 等离子体刻蚀

调整中间线圈的电流大小,可以改变磁中性环路的直径和位置,获得优化的等离子体。当射频电场沿着磁方位角的方向时,磁中性环路产生了一个圆环形的等离子体区。由于磁场在中性环路上为零并且随着远离中性环路而增大,离开中性环路后的磁场强度等于电子回旋谐振的磁场强度。当磁化线圈中没有电流时,NLD 设备就是一台 ICP 设备。

NLD 有两个突出的优点:一是由于与外部电场的高效耦合和尖端磁场对电子的限制作用,NLD 具有很高的等离子体离子化率,能够在很低的气压(如 0.1Pa)下产生高密度、低电子温度的等离子体;二是 NLD 具有对磁场良好的空间和时间的可控性,可以在工艺过程中对等离子体进行优化。

2.4.2.2　时分复用模式

磁中性环路放电刻蚀可以采用刻蚀与保护交替进行的时分复用刻蚀模式,其刻蚀与 Bosch 工艺一样都采用 SF_6 等离子体,与 Bosch 工艺不同之处是侧壁保护的方式。磁中性环路刻蚀设备在被刻蚀硅片对面的位置放置靶材,利用 Ar 等离子体溅射靶材沉积到硅片表面进行保护。溅射的靶材根据刻蚀图形的尺寸和掩膜材料的不同进行选择,以实现高选择比和对刻蚀结构的控制。靶材通常为有机树脂或金属,如聚四氟乙烯,不同的靶材具有不同的刻蚀选择比。采用溅射靶材进行侧壁保护时,靶材形成的薄膜沉积在刻蚀结构的侧壁,而刻蚀结构底部的沉积薄膜被离子轰击去除,因此刻蚀为各向异性。

图 2-75 为利用 SiO_2 为掩膜、聚四氟乙烯为靶材,在 0.4Pa 腔体压强下刻蚀宽度为 0.2μm 的结构,刻蚀和保护周期均为 4s。无靶材溅射保护时,SF_6 刻蚀是典型的各向同性,横向刻蚀非常显著。刻蚀和保护时间的长短对刻蚀结构的形状有很大影响,刻蚀时间长、保护时间长时容易形成横向刻蚀,刻蚀时间短、保护时间短时能够获得较好的各向异性。NLD 横向刻蚀速率随刻蚀气体 SF_6 与刻蚀气体总流量(SF_6+Ar)的比值增大而提高,但是纵向刻蚀速率和选择比随着气体比例先增大后减小。

图 2-76 为 0.5μm×10μm 深孔的刻蚀结果,掩膜为 1μm 的 SiO_2。刻蚀时间为 2s,腔体压强为 4.5Pa、电感线圈功率为 2kW、偏置电压功率 150W,SF_6 流量为 500sccm,同时混合 50sccm 的 Ar;溅射时间为 2s,腔体压强为 1.5Pa、电感线圈功率为 2.5kW、溅射峰峰值电压为 500V、Ar 流量为 50sccm。刻蚀速率为 0.8μm/min。与 Bosch 或者低温刻蚀相比,尽管 NLD 方法刻的蚀速率较低,但是可以刻蚀亚微米尺度的深孔。

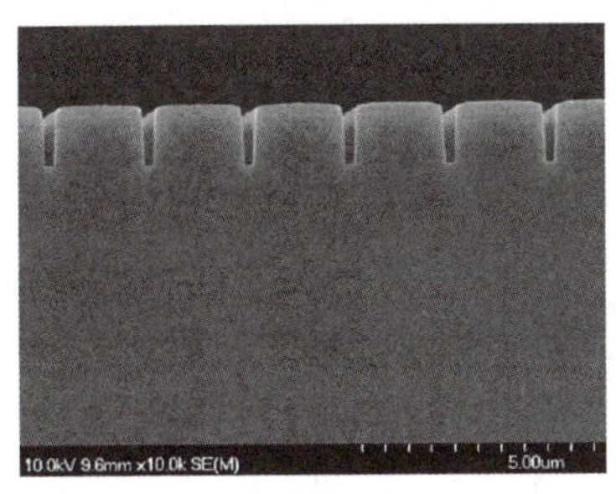

(a) 各向异性刻蚀

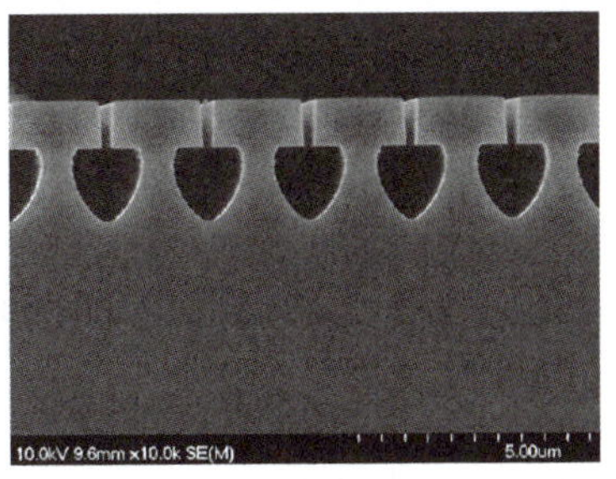

(b) 各向同性刻蚀

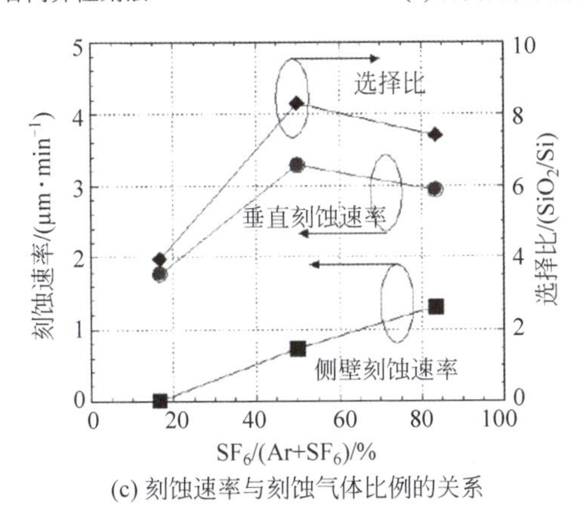

(c) 刻蚀速率与刻蚀气体比例的关系

图 2-75 NLD 刻蚀

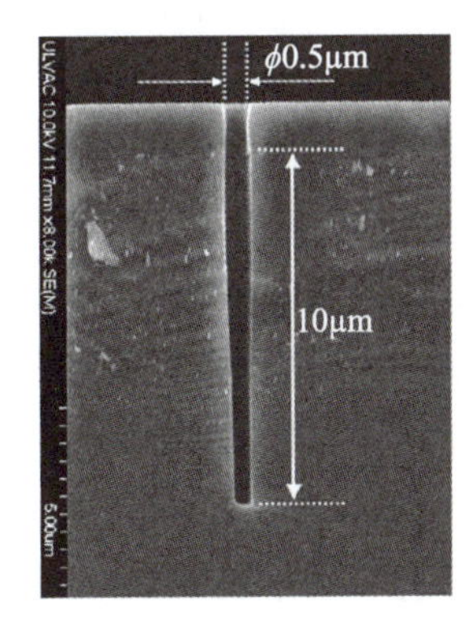

图 2-76 NLD 刻蚀 0.5μm×10μm 盲孔

2.4.2.3 稳态刻蚀

图 2-77 为刻蚀和保护同时进行的稳态刻蚀 NLD 原理[102]。设备采用三圈磁性线圈环绕在刻蚀腔体周围，在腔体顶部设置射频线圈。这种平面结构的 NLD 能够产生更高密度的等离子体，不仅超过 ICP，与普通 NLD 相比，在 10Pa 腔体压强时的等离子体密度可以提高 3 倍，电子密度超过 $10^{12}/cm^3$，并且随着腔体压强的增加等离子体密度的提高程度进一步增加。由于能够获得更高的等离子体密度，这种 NLD 设备在使用 SF_6/O_2 混合气体刻蚀时具有更高的速率，并能很好地控制刻蚀结构的垂直度。

由于氟等离子体的密度随着腔体压强增加，提高腔体压强有助于提高硅的刻蚀速率。如图 2-78 所示，当腔体压强从 5Pa 增加到 15Pa 时，硅的刻蚀速率从 5μm/min 增加到

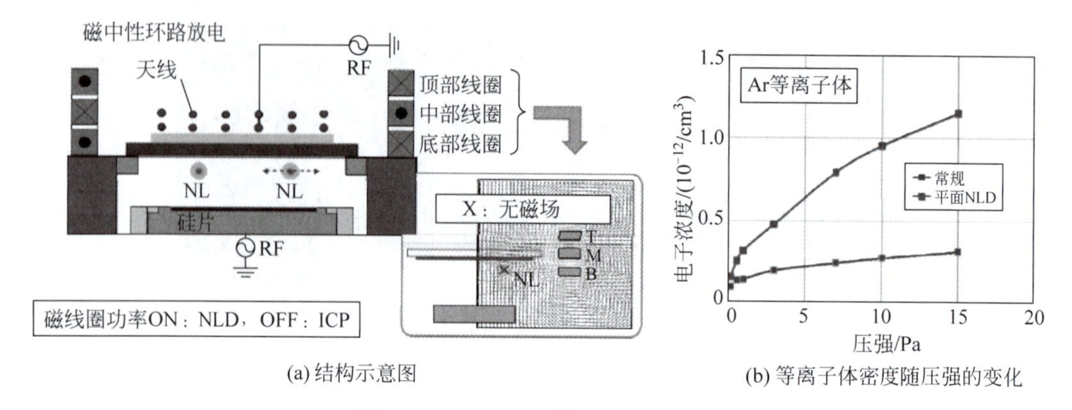

(a) 结构示意图　　(b) 等离子体密度随压强的变化

图 2-77　平面 NLD 等离子体刻蚀机

22.5μm/min，但光刻胶的刻蚀速率却增加很少，并且在 10Pa 以后基本稳定。当腔体压强达到 15Pa 时，硅的刻蚀速率与光刻胶的刻蚀速率之比为 45∶1。由于使用较高含量的氧气，导致光刻胶刻蚀速率较高，因此 NLD 刻蚀中光刻胶的选择比远低于 Bosch 工艺和低温稳态刻蚀。尽管增大腔体压强有助于降低离子能量而在一定程度上降低光刻胶的物理刻蚀速率，但是为了保证离子的方向性和刻蚀的方向性，腔体压强仍不能过大。

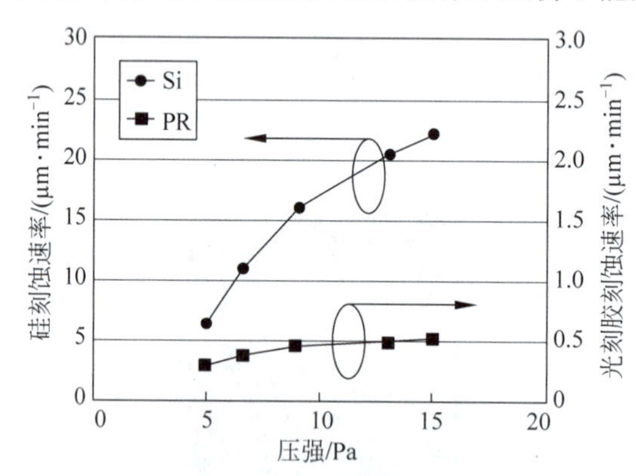

图 2-78　NLD 刻蚀硅和光刻胶刻蚀速率与腔体压强的关系

典型的 SF_6/O_2 混合气体刻蚀工艺参数[50]：腔体压强为 25mTorr、总气体流量为 80sccm、SF_6/O_2 混合比例为 1∶1，射频功率为 800W，偏压为－120V，硅衬底温度为 5℃。NLD 等离子体均匀性好于 ICP，因此平面 NLD 刻蚀的均匀性更好。刻蚀 30μm×300μm 的深孔时，300mm 晶圆的深度非均匀性小于 3%。虽然通过精细调整上述工艺参数可以实现高深宽比的刻蚀，但最终的刻蚀结果往往是对多个限制条件的折中，NLD 刻蚀在刻蚀深度和选择比方面与 Bosch 工艺相比还有一定的差距。

2.5　TSV 深孔刻蚀

减小 TSV 的直径可以减小 TSV 占用的芯片面积、降低制造成本、减小 TSV 热膨胀应力并提高可靠性，因此小直径 TSV 是三维集成重点发展方向之一。不同应用领域的三维集成要求的 TSV 尺寸不同，目前 TSV 的典型直径为 5～50μm，这个范围内的 TSV 占总数的 2/3 左右，如表 2-4 所示。从刻蚀成本和芯片成本方面综合考虑，TSV 的深度一般为 20～

200μm，深宽比一般为 5∶1～10∶1。

表 2-4 典型应用的 TSV 尺寸

典型 TSV 的尺寸	主要应用	键合方式	优　点
直径<3μm，节距<5μm	微处理器、高端逻辑芯片	晶圆级	降低互连延迟，增加通信带宽
直径为 4～8μm，高为 25～50μm，节距为 10～30μm	存储器	晶圆级	提高存储器密度和容量，减小体积和封装成本
直径为 10～20μm，高为 50～150μm，节距为 50～200μm	SoC，MEMS 与 IC 集成	晶圆级或芯片-晶圆级	异质工艺集成，提高性能和速度、降低成本和功耗，提高阵列规模和分辨率

近年来，随着制造技术的发展，TSV 的直径不断减小。2020 年，TSMC 在年度技术论坛上报道，TSV 的中心距从 7nm 工艺节点的 9μm 减小到 5nm 工艺节点的 6μm，并将在 3nm 工艺节点时减小到 4.5μm。根据 ITRS 的预测，未来 TSV 的直径将减小到 2～3μm，部分应用甚至可达 1μm，深宽比达到 20∶1。不同直径的 TSV 可能采用不同的制造方法，而且影响 TSV 的结构和性质。

2.5.1 TSV 的刻蚀方法与设备

由于 TSV 的直径小、深度大，TSV 刻蚀对刻蚀速率、形状控制、刻蚀成本等提出了很高的要求。基于 Bosch 方法的深刻蚀技术具有速度快、刻蚀选择比高、垂直度好等优点，适合刻蚀深度大和深宽比高的结构，是目前 TSV 深孔刻蚀的主要技术。

2.5.1.1 Bosch 工艺

TSV 的刻蚀速率是量产主要考虑的因素，高刻蚀速率可以提高生产率、降低成本。近年来 Bosch 工艺深刻蚀设备发展很快，通过引入高密度等离子体技术，目前量产刻蚀设备可实现 20μm/min 以上的刻蚀速率。刻蚀的均匀性是另一个主要的衡量指标。当刻蚀的深度均匀性较差时，背面减薄和 CMP 的工艺难度加大，对制造成本有较大的影响。良好的均匀性依赖设备的水平和工艺优化能力，准确的深度控制依赖设备的终点检测能力。

Bosch 刻蚀的主要缺点是刻蚀结构的侧壁起伏大。侧壁起伏结构需要采用特殊的介质层沉积方法进行隔离，否则起伏结构会复制到介质层和扩散阻挡层上，产生尖端电场集中和应力集中，导致介质层击穿和扩增阻挡层非连续等可靠性问题[103]。对于常规的 Bosch 刻蚀设备，减小刻蚀侧壁起伏的主要方法是缩短刻蚀周期，提高刻蚀和保护交替的频率，但是要付出刻蚀速率降低的代价。目前，先进的深刻蚀设备普遍采用大功率射频源、气体调制技术和高速气体切换技术，通过更大的射频功率实现更高的等离子体浓度，刻蚀和保护层沉积速率都显著加快，弥补高速气体切换对刻蚀速率的影响。

Bosch 刻蚀的另一个缺点是掩膜层下横向刻蚀明显，甚至可达 500nm～1μm[104]。当刻蚀表面没有 SiO_2 介质层时，仅采用光刻胶作为掩膜，横向刻蚀增大了 TSV 的直径，需要在设计阶段加以考虑。多数情况下 TSV 刻蚀时表面已经存在 SiO_2 介质层，甚至厚达 10μm，此时介质层侧壁吸附聚集的电子形成电场，对氟离子和氟化物离子有明显的偏置作用，导致刻蚀介质层下方的保护层被轰击而出现横向刻蚀。解决介质层下钻蚀的方法除工艺优化外,还可以利用 $C_4F_8/Ar/O_2$ 等离子体在介质层侧壁沉积一层高分子补偿层,将介质层开口直径缩小,此时横向钻蚀以缩小的直径为基础,深刻蚀后去除补偿层,钻蚀导致的直径扩展可以与原介质层开口匹配,从而消除介质层下的横向展宽[67]。

基于 Bosch 方法的深刻蚀设备出现于 1995 年,由 STS(Surface Technology Systems)和 AMMS(Alcatel Micro Machining Systems)授权 Bosch 专利推出。2009 年,STS 被 SPP(Sumitomo Precision Products)收购,后与 Trikon 和 Aviza 合并为 SPTS(SPP Process Technology Systems),2014 年被 Orbotech 收购,2018 年 KLA-Tencor 收购 Orbotech。AMMS 于 2006 年并入 Alcatel 真空技术,2008 年被 Tegal 收购,2011 年出售给 SPTS。DRIE 设备初期主要应用于 MEMS 制造,后很快被引入 TSV 刻蚀,2000 年以后多家半导体设备制造商进入深刻蚀设备领域,极大地促进了深刻蚀设备的发展。目前,深刻蚀设备的主要制造商包括 Applied Materials、Lam Research、Plasma-Therm、SPTS、Hitachi High Tech、Panasonic、Tokyo Electron Ltd、Ulvac、SAMCO、Oxford Instruments 以及 Maxis 和北方华创微电子等。

2007 年,Lam Research 推出世界上第一台 300 mm 晶圆的硅深刻蚀设备 Syndion,采用高密度平面等离子源和先进偏压控制技术,具有优异的刻蚀均匀性和工艺重复性。Syndion 不仅能够深刻蚀硅,还可以刻蚀介质层和金属,这对于 BEOL 应用中需要顺序刻蚀 SiO_2 介质层和硅衬底极为重要。同年,Aviza 推出了 300mm 晶圆硅深刻蚀系统 Omega i2L,2008 年推出了整合 6 个工艺模块(硅深蚀刻、PVD 和 CVD 等)的集成工艺系统 Versalis fxP,提供 TSV 制造的一站式工艺集成。2011 年,Applied Materials 发布了基于时分复用技术的 Centura Silvia 系列深刻蚀设备,采用超高密度等离子源将刻蚀速率提高 40%,同时保持精确的轮廓控制和平滑的垂直侧壁,首次将 TSV 刻蚀成本降低到 10 美元以下。

目前量产的深刻蚀设备具有很高的工艺能力,射频电源功率超过 3000W,气体切换时间为 0.1s,最快刻蚀速率可达 100μm/min,刻蚀深宽比超过 50∶1,最大刻蚀深度为 500μm,相同直径 TSV 的片内深度非均匀性仅为 1%~2%,刻蚀结构垂直度为 90°±0.1°,与光刻胶的选择比可达 250∶1,与 SiO_2 的选择比为 700∶1,最小侧壁起伏为 5nm[105],在刻蚀速率保持在 6~10μm/min 时仍能将侧壁起伏控制在 20nm[65]。通过调整工艺参数可以控制刻蚀侧壁的倾角在±10°范围内调整,实现对 TSV 倾角的控制。

量产的 TSV 深刻蚀设备都具有原位实时深度测量功能(终点检测),以保证达到目标深度时及时停止。常用的终点检测方法包括原子发射光谱、白光反射、白光干涉、短波红外成像等几种。原子发射光谱利用刻蚀到不同材料时等离子体的原子吸收光谱的变化进行检测,白光反射法检测入射光从刻蚀材料表面反射光的变化,这两种方法都只适用于刻蚀到达异种材料的情况。如 SPTS 的 Claritas™ 终点检测技术属于原子发射光谱类,可检测异种材料的面积比达到 0.05%的水平,适用于 BEOL 工艺中 TSV 深孔刻蚀到介质层的情况。

白光干涉通过硅片表面的反射光与刻蚀结构底部的反射光形成的干涉图样进行检测,刻蚀的深度信息体现在两个表面反射光的相位差引起的干涉图样的相长或相消。白光干涉法测量只依赖刻蚀结构的尺寸和深度而与不依赖材料,可用于各种 TSV 刻蚀情况。如 Plasma-Therm 的 EndpointWorks™ 终点检测模块可以测量干涉、光谱和光发射等多种信息,通过多项数据融合计算获得准确的刻蚀深度。SCI 开发的测量模块包括直径测量、膜厚测量和深度测量功能，在 1σ 置信度下，直径测量误差小于 0.2%，深度和膜厚测量误差小于 0.05%。

2.5.1.2 稳态刻蚀

低温和室温稳态深刻蚀不会产生侧壁起伏，对降低后续 TSV 工艺难度有利，并且避免了由此引起的可靠性问题。低温刻蚀后，刻蚀结构内的残余物会随着温度升高到室温而挥发，不需要专门的工艺进行处理。低温刻蚀更容易控制 TSV 的角度和形状，通过倒锥形的刻蚀结构降低后续薄膜沉积和铜电镀的技术难度。采用磁增强的电容耦合等离子体低温刻蚀设备，可以在低腔体压强下获得高密度等离子体，从而提高平均自由程、减小鞘层厚度，降低离子碰撞概率，提高刻蚀的方向性。利用这种技术，在保留侧壁光滑、无残余物、无掩膜下横向刻蚀的优点的情况下，低温刻蚀可以实现直径为 1～5μm、深宽比高于 20：1 的深孔刻蚀，刻蚀速率可达 20μm/min，并且片间的刻蚀非一致性小于 1%[88]。

基于 NLD 的常温稳态刻蚀近年来发展较快。NLD 常温稳态刻蚀的等离子体密度高、刻蚀速率快，特别是使用干膜光刻胶时，几乎不用考虑刻蚀选择比的问题。常温稳态刻蚀可以像低温稳态刻蚀一样实现小直径刻蚀，直径甚至小于 100nm。相比于低温刻蚀，常温下物质的化学活性比低温更高、NLD 的等离子体浓度也更高，因此具有比低温刻蚀更高的刻蚀速率。尽管 NLD 设备的等离子体产生系统复杂度有所增加，却避免了使用更复杂的低温系统。

采用平面 NLD，可以像低温刻蚀一样较为容易地刻蚀倒锥形深孔，降低 TSV 后续的介质层、扩散阻挡层沉积和铜电镀的难度。由于采用稳态连续刻蚀，NLD 刻蚀结构的侧壁光滑，如图 2-79 所示[106]，这对降低后续工艺难度和提高可靠性非常重要[107]。此外，NLD 刻蚀的掩膜下横向钻蚀较小，对于保证 TSV 开口处介质层连续很重要。

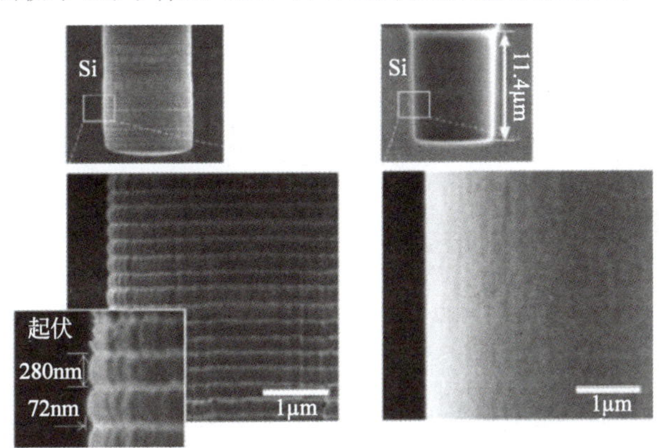

图 2-79 Bosch 刻蚀和 NLD 刻蚀的侧壁粗糙度

对于 BEOL 的集成方式，通常需要在金属互连和介质层制造完毕后刻蚀深孔，这时需要首先刻蚀穿透厚度为 5～10μm 的 SiO_2 介质层，然后刻蚀硅。这要求介质层和硅刻蚀采用光刻胶掩膜一次完成，刻蚀设备需要具有刻蚀 SiO_2 及硅的能力，并且对光刻胶掩膜具有良好的刻蚀选择比。在这种应用中，NLD 由于在刻蚀 SiO_2 方面具有刻蚀速率快、结构垂直性好的优点而具有优势。

2.5.2 倒锥形 TSV 刻蚀

良好的垂直度是深刻蚀的重要指标之一，但是 TSV 的后续工艺利用 PVD 沉积扩散阻挡层和种子层,而 PVD 共形沉积能力较差,容易导致高深宽比 TSV 内沉积不均匀的问题,如图 2-80 所示。另外,在高深宽比的 TSV 内电镀铜填充时也容易形成空洞,引起严重的可靠性问题。为了缓解上述问题,可以采用一定角度的倒锥形 TSV,降低 PVD 和电镀的难度。当倒锥形的深孔与平面的夹角小于 87°时,可以降低后续 PVD 沉积连续均匀的扩散阻挡层和种子层的难度,并有助于无空洞铜柱电镀[108]。当倒锥形的角度为 83°~85°时,可以大幅度降低对扩散阻挡层、种子层和无空洞电镀的技术难度[109]。

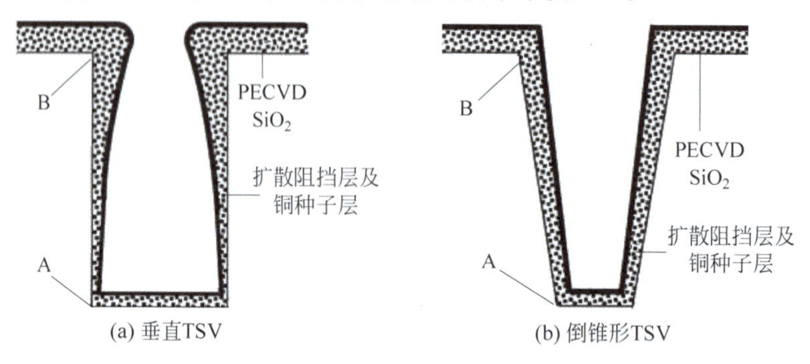

图 2-80　TSV 形状对沉积的影响

2.5.2.1　稳态刻蚀

倒锥形深孔的刻蚀主要依靠调整工艺参数实现。在稳态刻蚀中,多种工艺参数都会影响刻蚀结构的形状,其中氧含量(氧等离子体密度)是影响刻蚀形状最主要的因素。当氧气含量适当时,氧气与刻蚀气体 SF_6 等离子体中的氟自由基共同竞争刻蚀表面的硅,当氟自由基吸附在硅表面时,与硅反应形成挥发性的 SF_4 被排出腔体而形成对硅的刻蚀;而当氧吸附到刻蚀侧壁的硅表面时,会与硅反应生成 SiO_n,进一步与氟自由基反应生成无法刻蚀的 $Si_xF_yO_z$,限制了氟对硅的刻蚀。因此,随着氧气流量的增加,侧壁形成的钝化层的厚度随之增加,横向刻蚀变慢,刻蚀开口逐渐缩小而形成倒锥形。

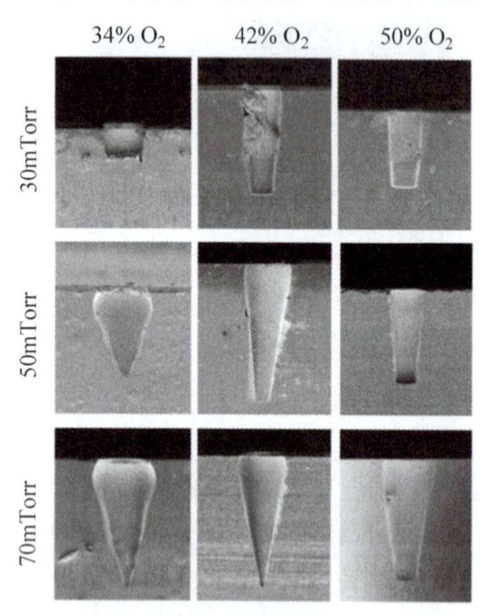

图 2-81　氧气含量和腔体压强对刻蚀形状的影响

图 2-81 为氧气含量和腔体压强对刻蚀结构形状的影响[110]。调整氧气含量可以控制刻蚀结构的锥形角度,通过与腔体压强组合优化,得到合适的倒锥形 TSV。需要注意的是,增大氧气含量降低了刻蚀速率,并且在较高氧气含量下,要选择合适的偏置电压以保证离子对刻蚀结构底面的轰击效果,防止自限制现象。

低温稳态刻蚀时,增加氧流量可以增大侧壁倾斜角度。当氧气含量从总气体的 10%增加到 14%时,刻蚀结构的倾角从 89.5°变为 88°,如图 2-82 所示[86]。增加氧气含量的负面效应是大幅降低了刻蚀速率 20%左右。此外,衬底温度对刻蚀形状也有较大的影响,随着衬底温度从 −130℃ 升高到 −100℃,刻蚀形状的倾角从 94°变为 90°,即从锥形变为柱形。进一步将衬底温度提高到 −90℃,可以将侧壁倾角减小为88°,将刻蚀结构变为倒锥形。调整氧气含量操作简单,但是对于大面积的腔体,等离子体的均匀性不易控制,导致刻蚀均匀性差异较大。

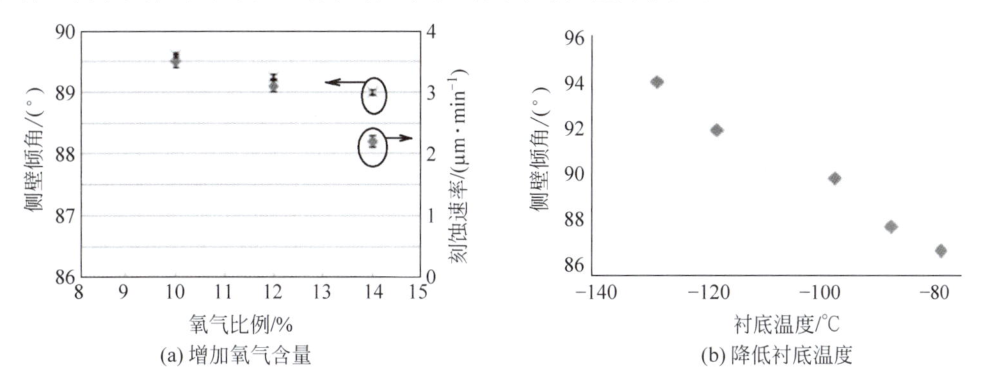

图 2-82 低温刻蚀倒锥形深孔

与常规方法通过调整氧气流量来调整氟/氧等离子体的浓度不同,Ulvac 开发了双频 NLD 实现室温稳态刻蚀的精确形状控制[111-112]。如图 2-83 所示,NLD 采用 13.56MHz 和 2MHz 双频电源,通入 SF_6/O_2 产生等离子体。这两种气体产生的等离子体浓度对功率源的频率有不同的依赖关系,在相同气体流量比例的情况下,13.56MHz 的高频电源激发的氟等离子体密度更高,而 2MHz 低频电源激发的氧等离子体密度更高,因此通过调整两个频率源的功率可以分别调整各自等离子体的密度。与调整气体流量相比,调整电源功率可以获得更加均匀的等离子体分布和刻蚀速率。此外,Ulvac 增加了腔体顶部中间的进气方式,进一步提高了晶圆表面的等离子体浓度均匀化的程度。

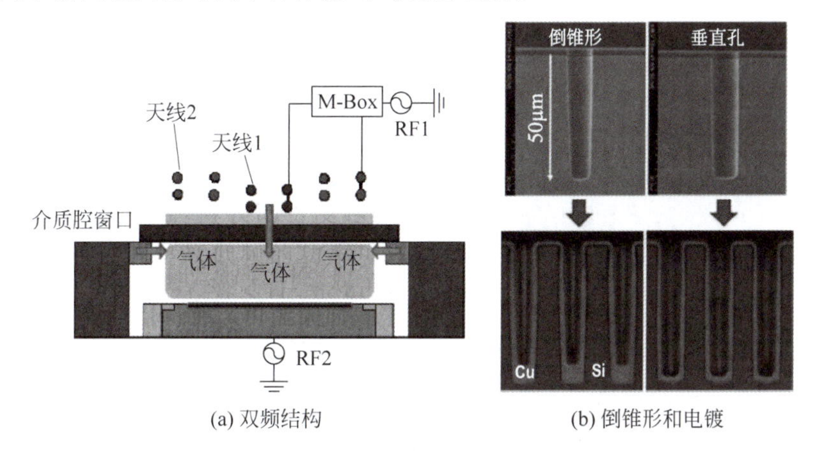

图 2-83 常温刻蚀倒锥形深孔

2.5.2.2 Bosch 工艺

Bosch 工艺中,影响刻蚀形状的参数更多,控制结构形状更为困难[113]。与低温刻蚀类似,Bosch 工艺中对刻蚀结构影响最大的也是保护气体的流量以及保护周期的时间,因此最常用的调整侧壁倾角的方式是增加气体流量或延长保护周期时间。然而,由于离子轰击影响侧壁保护,这种方式可以调整的范围有限,倾斜角度和刻蚀深度的工艺窗口很窄,需要精细调整,而且掩膜下横向钻蚀使形状难以控制。尽管刻蚀倒锥形的侧壁总体是直线形,但是容易引起横向膨胀,使刻蚀结构的剖面形状非直线;当倒锥形的侧壁垂直度小于87°时,高速刻蚀容易造成侧壁长草现象。

此外,可以采用分步刻蚀的 Bosch 方法实现倒锥形结构,如图 2-84 所示[109,114]。这种方法利用三个刻蚀步骤实现倒锥形结构:①按照普通 Bosch 工艺刻蚀垂直深孔,刻蚀深度为目标深度的 50%~60%。②利用 RIE 刻蚀剩余的 50%深度,刻蚀气体为 SF_6+O_2+Ar,O_2 的作用是提供 RIE 刻蚀过程中对结构侧壁的保护,通过调整气体流量比例可以获得具有一定倾角的刻蚀侧壁。Ar 的主要作用是通过离子轰击去除过量 O_2 在结构底部形成的保护膜。③去除刻蚀掩膜,利用无掩膜各向同性刻蚀将刻蚀结构开口处扩展。由于表面凸起和尖角等各向同性刻蚀的速率更快,各向同性刻蚀不但通过扩展开口形成倒锥形 TSV 结构,而且可以将 TSV 侧壁光洁化。类似地,也有报道通过 Bosch 刻蚀和各向同性刻蚀的两次刻蚀实现倒锥形的方法[115],但是在去除掩膜后没有进行各向同性刻蚀,容易出现 TSV 中部扩展的现象。需要注意的是,如果各向同性刻蚀时硅片表面存在介质层,TSV 的开口难以通过刻蚀彻底扩展,因此这种分步式方法不适合 BEOL 的应用。

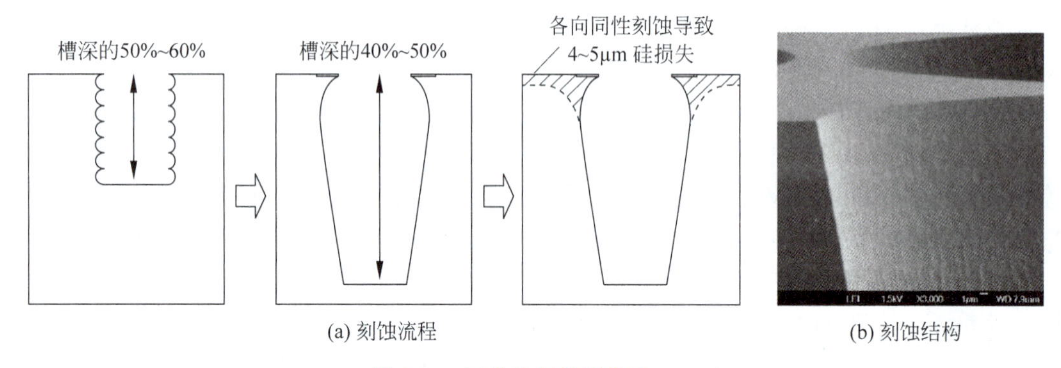

(a) 刻蚀流程　　(b) 刻蚀结构

图 2-84　三步法刻蚀倒锥形 TSV

TSV 的形状对 TSV 的电学性质有较为明显的影响,特别是对于高频特性[116]。由于倒锥形的 TSV 一端开口比另一端大,TSV 的金属侧壁与衬底构成了以硅衬底为介质的电容,因此这种倒锥形的 TSV 在高频特性方面不如柱状 TSV。

2.6　激光刻蚀

激光刻蚀也称为激光烧蚀(laser ablation)或激光打孔(laser drilling),是利用高能量密度和高方向性的激光束照射被加工材料,将激光的能量转移给材料使其熔化或气化的刻蚀方法。利用激光的高能量密度进行材料加工从 20 世纪 70 年代就已经广泛普及。1991 年,南佛罗里达大学和桑迪亚(Sandia)国家实验室报道了激光刻蚀硅深孔的方法[117-119]。近年来,利用纳秒和飞秒激光器在硅、玻璃以及非硅材料上刻蚀深孔的方法在三维集成领域得到了广泛应用[120-133]。

激光刻蚀单孔速度快、无须掩膜、可顺序刻蚀不同材料而无须更换设备或气体,极大地简化了深刻蚀过程,与 DRIE 相比制造成本和设备成本很低。激光刻蚀属于顺序加工方法,对于大量的 TSV 顺序刻蚀效率较低。激光刻蚀在深孔形貌和尺寸一致性控制能力方面较差,并且只适用于通孔刻蚀。此外,有些材料对激光的吸收率很低或者反射率很高,激光刻蚀的效率会大幅度降低,甚至难以刻蚀。

2.6.1 刻蚀原理

2.6.1.1 激光产生原理

激光是指激光器中的工作物质受激辐射而产生的人造光。激光器由工作物质、泵浦系统和光学谐振腔三个基本元件组成,如图 2-85 所示。工作物质也称增益物质,是受激发射光子的材料,可以是气体、固体、液体或半导体,只有具有亚稳态能级的物质才能作为工作物质。工作物质的原子吸收外部能量后,电子从低能级跃迁到高能级,再从高能级回落到低能级时,以光子的形式释放能量,这一过程称为受激辐射。当一个光子到达被激发的原子时,二者相互作用会激发原子发射一个光子,使光子数加倍。光子在工作物质内反复运动时,会在短时间内激发大量的光子形成激光,这种在有足够数量的受激原子存在的情况下放大光的能力称为光学增益。由于光子的波长是由原子的两个能级之间能量差决定的,光子具有很高的光子简并度,激发光子的光学状态具有高度一致性,包括频率、相位、传播方向和偏振状态,因此激光具有理想的单色性和相干性。

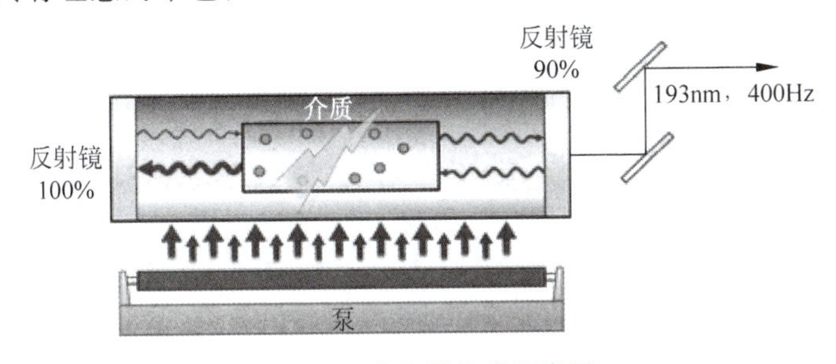

图 2-85 激光器组成示意图

泵浦系统为激发工作物质的电子跃迁提供能量,即提供外部能量使电子从原子的低能级升高到高能级。为了使工作物质中出现粒子数反转,必须用一定的方法提供能量来激发原子,使处于高能级的原子数量足够产生大量的光子。常用的泵浦包括光能、热能、电能、化学能和核能等方式,采用气体放电使具有动能的电子去激发原子的方法称为电激励,采用脉冲光源照射工作介质的方法称为光激励。

光学谐振腔由工作物质两端的两个反射镜组成,其功能是使受激辐射连续进行。当工作物质在泵浦能量的作用下产生电子能级跃迁而释放光子时,运动方向平行于谐振腔的光子在两反射镜之间来回反射,不断地穿过工作物质,激发受激辐射而产生大量的光子。谐振腔的一个反射镜具有 100%的完全反射率,另一个反射镜具有 30%～99%的部分反射率,当光子到达部分反射镜后,少量光子透过反射镜形成发射激光。尽管泵浦和受激辐射没有单一方向性,但由于只有符合谐振腔谐振条件(波长和方向)的光才会被放大,而不符合条件的受激辐射光子会很快被吸收,因此激光表现为极强的方向性。单色性、相干性和方向性使激光可以在衍射极限的约束下,聚焦在非常小的区域,以受控的方式被材料吸收。

根据激光脉冲的长度,可以将激光分为连续激光、脉冲激光和超短脉冲激光。连续激光是指泵浦源持续提供激发所需的能量,工作物质长时间地产生稳定不间断的激光输出。连续激光的波长由工作物质的特性和线宽决定,如 CO_2 分子产生 9.2～10.6μm 波长的激光,掺钕钇铝石榴石(Nd：YAG)或钒酸盐产生 1047～1064nm 波长的激光;而线宽取决于工作物质的增益带宽和光学谐振腔,光学谐振腔可能带有缩小线宽的器件如滤波器或标准具。

连续激光器输出的瞬时功率一般比较低。

脉冲激光是以脉冲形式间断发射的激光，即每间隔一定时间产生一次光脉冲，通常将脉冲宽度为0.5～500ns称为脉冲激光。常见的脉冲激光器包括Nd：YAG、红宝石、蓝宝石、钕玻璃等固体激光器，以及氮分子和准分子激光器等气体激光器。准分子激光器是一类重要的脉冲激光器。稀有气体氩、氪和氙与卤素氟、氯和溴形成的二聚体称为准分子，如ArF和XeCl等。准分子激光器的工作物质是依靠泵浦瞬态脉冲放电激发产生的高压等离子体，被激发后只能维持几纳秒的时间，发出脉冲激光。准分子激光器每种二元混合物都有特征发射波长，产生紫外或深紫外波段的激光，通常以混合物的名称来命名，如XeF(波长为351nm)、XeCl(波长为308nm)、KrF(波长为248nm)、ArF(波长为193nm)和F_2(波长为157nm)。

对于非脉冲激发的工作物质，由于光在短脉冲时间内在谐振腔中往返的次数很少，即使采用双反射镜谐振腔，也难以激励出高能脉冲。常用的产生高能脉冲的方法为Q开关法，基本原理是在激发的初始阶段阻止激光增益和放大过程，将泵浦的能量储存在工作物质的原子中，当储存的能量达到极限时启动激发过程。其工作过程如图2-86所示[134]。为了把多原子储存在高能级，必须通过在谐振腔中的调制器来防止受激发射，以阻止光来回传播，限制原子向低能级的流动。由于只有自发辐射等少量原子能衰减到低能级，泵浦系统提供的原子多于自发辐射损失能量的原子，经过一段时间后，积累的高能级原子数量巨大。此时打开调制器后发受激发射，使储存的能量产生极高的激光增益，通过有限的几次反射产生巨大的脉冲。实际的Q开关是声光晶体或电光晶体调制器，声光调制器通过外加电场在晶体中产生高频声波，使激光的光子发生衍射而阻止激光放大；电光调制器使用外加的高电压改变晶体折射率和入射光的偏振，抑制激光放大。Q开关产生的脉冲宽度等于光在长度为L的谐振腔内的往复时间$2L/c$，称为腔周期。

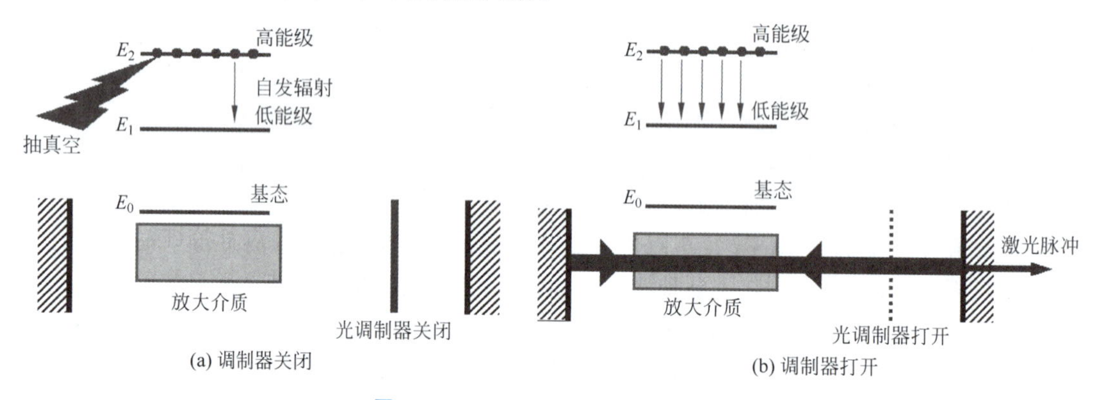

图2-86 Q开关产生脉冲激光原理

此外，有些激光器如Nd或Yb二极管泵浦的固态激光器，既可以产生连续激光也可以产生脉冲激光。如果采用倍频调Q的YAG激光器产生的绿光纳秒脉冲作为泵浦，掺钛蓝宝石激光器也可以产生纳秒脉冲。常用的调Q纳秒激光器可以产生高达几十瓦或几百瓦的平均功率，在纳秒级别上的峰值功率高达几十千瓦到兆瓦，重复频率为10～200kHz。高峰值功率使介质在强相干光作用下产生非线性光学过程。

超短脉冲激光也称为超快激光，是指脉冲宽度小于1ns(通常为5fs～100ps)的激光。

实现超短脉冲激光的方法主要是锁模技术。由于激光工作物质自发辐射的非均匀性,通常激光包含多个不同的频率成分,若将激光振荡限制在 TEM_{00} 模式,每一个频率成分称为一个纵模,相邻纵模的频率间隔为 $c/2L$。虽然不同纵模的振荡各自步调一致,各纵模却彼此独立,各自的相位关系是随机的,不能产生持续的相干作用。因此,由于大量频率不同而位相关系随机改变的电磁场的拍频作用,输出激光实际上是一系列脉冲的叠加,输出光强没有突出的地方,而是在平均值附近叠加微小扰动。

激光锁模是指将谐振腔内不同的纵模之间产生同步振荡,使各振模之间具有固定的相对相位关系并且保持频率间隔相等。通常相邻两个纵模的时间间隔为 $2L/c$,即光在谐振腔内往返一次的时间。当不同的振荡模式具有固定的相位关系时,多纵模之间会产生相互干涉。干涉的主瓣极值点出现在多模相位完全相同的位置如 0 和 $2L/c$,对于 N 个振荡模式,在两个极值点之间还存在 $2N$ 个强度极低的旁瓣,如图 2-87 所示。激光器实现锁模运转后,由于旁瓣强度极低,相当于谐振腔内只有一个脉冲在来回传播,该脉冲每到达激光器的输出镜时,就有一部分光通过输出到腔外形成等间隔的激光脉冲序列,如图 2-88 所示。

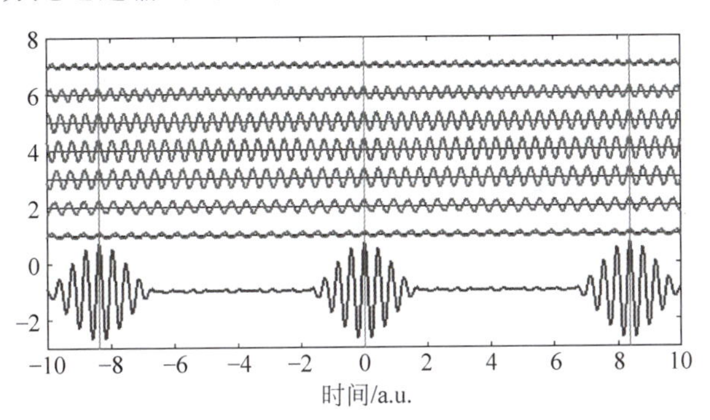

图 2-87 锁定相位的多频率脉冲的相干作用

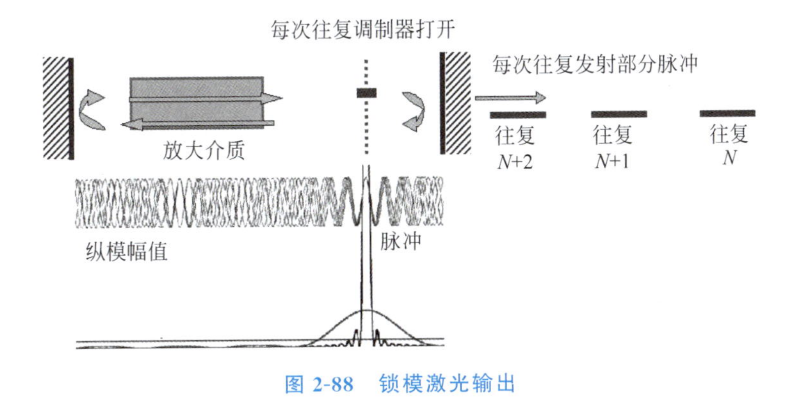

图 2-88 锁模激光输出

干涉理论证明,锁模后主瓣的能量为平均能量的 $2N+1$ 倍。谐振腔长度越大,谱线宽度越宽,谐振腔内的纵模数量 N 就越多,脉冲的峰值能量就越大。每个脉冲的时间宽度由同步振荡的多个纵模的数量决定,脉冲半功率点的间隔(脉冲宽度)为腔周期的 $1/(2N+1)$,即

$$\tau=\frac{2L/c}{2N+1} \tag{2.23}$$

可见,激光的振荡模式越多,锁模后脉冲宽度越窄,而最终的极限脉宽还受限于增益介质的增益带宽,增益带宽越大,输出激光脉冲宽度越窄。气体激光器的谱线宽度较窄,输出

的脉冲宽度通常在纳秒量级，固体激光器的谱线宽度较大，如钕玻璃的谱线宽度为25～35nm，掺钛蓝宝石的谱线宽度可达300nm，其锁模脉冲宽度可降低到皮秒甚至飞秒量级。

实现锁模的方法可分为主动锁模和被动锁模。主动锁模利用谐振腔内受外部信号控制的调制器，在一定的调制频率下周期性地改变谐振腔的损耗(振幅调制)或光程(相位调制)。振幅调制利用声光或电光调制器，损耗周期设置为 $2L/c$，即损耗系数 α 每隔 $2L/c$ 时间重复一次。因此，脉冲在 t 时刻经过调制器时的损耗系数如果为 $\alpha(t)$，则当脉冲往返一次再次经过调制器时 $\alpha(t+2L/c)=\alpha(t)$，即仍会经历相同的损耗。如果 $\alpha(t)\neq 0$，则脉冲在谐振腔以 $2L/c$ 的周期被多次反射经过调制器，每次都会被衰减 $\alpha(t)$。经过多次衰减后该脉冲逐渐变为零，即非零损耗系数时经过调制器的脉冲将逐渐消失。对于调制器损耗系数为零的时刻到达的脉冲，每次被谐振腔反射后经过调制器时，损耗均为零。因此，众多纵模将逐渐被调制器调制为间隔为 $2L/c$ 且具有相同相位的窄脉冲。

相位调制是采用电光材料如铌酸锂晶体作为调制器，通过外部信号控制调制器的折射率按照周期 $2L/c$ 变化，改变经过调制器的脉冲相位。以简单圆周运动为例，相位变化等同于圆弧角度的变化，因此相位对时间的导数就是角速度，而角速度等同于频率，即相位变化对时间的导数就是频率的变化，调制相位等同于频移。在调制器的相位调制系数不为零的时刻经过调制器的脉冲，会被调制器改变相位，等同于将脉冲频率向大或小方向移动。脉冲每经过一次调制器就产生一次频移，多次经过调制器后，脉冲的频率被搬移到工作介质的增益带宽以外而消失。只有那些在相位调制系数为零的时刻经过调制器的脉冲，其频率不发生移动，才会最终在谐振腔内保留下来并不断放大，最终形成周期为 $2L/c$ 的脉冲序列。

被动锁模是把可饱和吸收体作为调制器来调节谐振腔的损耗。可饱和吸收体是一种非线性吸收介质，对激光频率有吸收跃迁的特性，其吸收系数随着光强的增加而下降，如图2-89(a)所示[122]。入射到可饱和吸收体的脉冲被吸收体的分子吸收，随着光强度的增加，吸收体的上能级分子数也增加。当激光强度大于吸收体的饱和强度时，吸收体达到饱和，强度最大的脉冲经受最小的损耗而自由通过。因此，初始光脉冲经过可饱和吸收体后，脉冲中弱信号的透过率低，而强信号的透过率高。脉冲每经过一次吸收体，其强弱的相对值就被拉大一次。当多次经过吸收体后，脉冲的弱强度区的幅值越来越小，而峰值被工作物质放大后不断增强，脉冲的极大和极小值的差距越来越大，同时脉冲宽度越来越窄，如图2-89(b)所示。常用的可饱和吸收体包括PbS量子点、液态有机染料或掺杂的晶体和半导体，其中最重要的是半导体可饱和吸收器，响应时间大约只有100fs，这是决定无源锁模脉冲时间的重要参数。

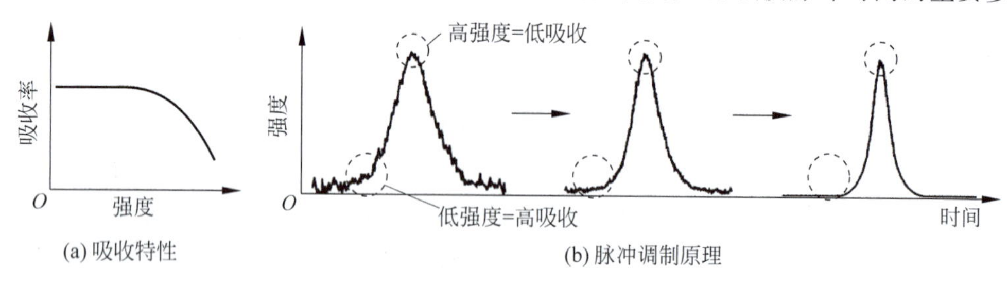

图2-89 可饱和吸收体

超短脉冲激光器主要采用掺钛蓝宝石作为工作物质，由纳秒绿光激光器作为泵浦，可实现4～6fs的脉冲，峰值功率高达几百千瓦，典型重复频率为50～100MHz，对于小能量脉冲甚至可达100GHz。

2.6.1.2 深孔刻蚀原理

激光刻蚀深孔是一种由光子提供能量的诱导反应过程，从原理上可以分为诱导分子振动和诱导电子激发两类。诱导分子振动是利用光子与材料原子的相互作用，将激光能量转化为原子的热运动，通过热量的产生和传导引起材料由固相转变为液相和气相实现刻蚀，因此这是热反应过程。电子激发反应通过光子与物质的原子外层电子的相互作用，利用光子能量破坏材料原子的化学键使其脱离材料，这是一种非热平衡反应过程。这两种反应过程的实现与激光脉冲的宽度以及光子与材料原子的作用有关。

在激光照射下，入射到材料中的光子与材料的原子发生非弹性碰撞，材料原子中的电子吸收光子的能量而被激发，这一过程发生在光子到达原子后10^{-15}s的量级。被激发的电子随后与声子耦合，将能量传递至晶格原子，热量传递到晶格以及晶格达到热平衡的时间通常约10^{-12}s的水平，即电子声子转换时间。热量在材料内的传导和材料熔化的时间以及尺度随着材料的不同而不同，大体在$10^{-12}\sim10^{-9}$s的水平，随后材料表面形成热量烧蚀，时间为$10^{-9}\sim10^{-6}$s。

对于长脉冲激光器如微秒和纳秒激光器，其刻蚀机理为诱导分子振动的热反应方式。纳秒激光器每个激光脉冲的能量持续时间为$10^{-12}\sim10^{-9}$s，高于材料的电子和声子的转换时间，因此在每个激光脉冲期内，激发电子都有足够的时间通过电子声子转换将能量传递给原子核，使原子核的温度升高，达到和电子温度平衡的状态。因此，材料被瞬间加热，当温度达到熔点以上时，材料熔化甚至气化，并在冲击波的作用下，将熔化的材料从深孔内喷射出去，如图2-90所示。

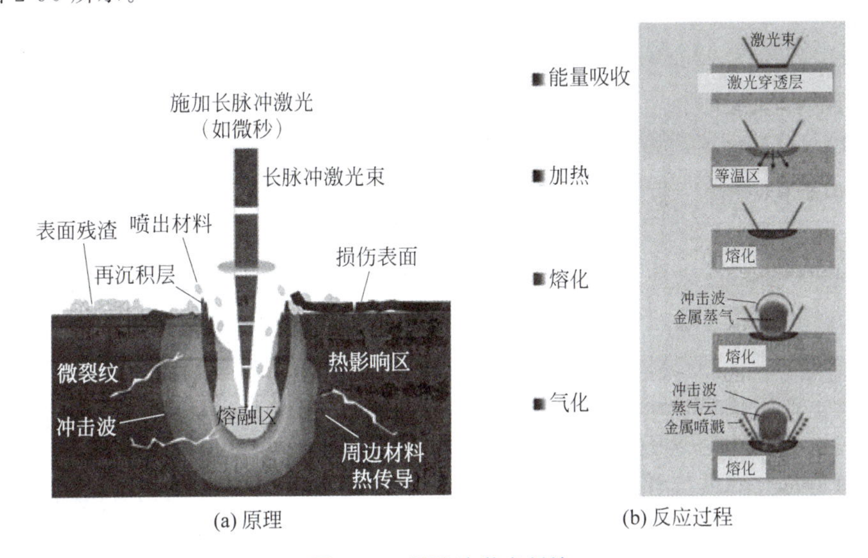

(a) 原理　　(b) 反应过程

图2-90　长脉冲激光刻蚀

长脉冲激光的刻蚀深孔的过程可以分为能量吸收、材料加热、材料熔化和气化喷出。对于可吸收的波长，入射光子被材料吸收，其能量使电子跃迁到高能级状态，并将吸收的能量通过电子声子转换为原子的热振动，使材料迅速升温。如果激光脉冲时间足够，材料发生热传导使激光照射的微区熔化；在脉冲冲击波的作用下，将熔化或者气化的材料排出，形成深孔刻蚀。

长脉冲激光器如 CO_2 激光器的脉冲能量高，能够刻蚀的深度很大，但是材料熔化过程和冲击波导致深孔侧壁粗糙。熔化的材料会形成残渣留在深孔和侧壁和表面，出现明显的残渣堆积，影响后续的工艺和可靠性。激光瞬间所产生的高温使衬底承受很大的热应力，对深孔周围的器件产生负面影响，甚至局部热应力导致衬底裂纹。适当升高衬底温度以减小温度梯度，有助于减小热应力的影响。

与长脉冲激光器的刻蚀依靠诱导分子振动不同，飞秒激光器等超短脉冲刻蚀主要依靠诱导电子激发。对于飞秒激光脉冲，即使脉冲长度达到 100fs，其脉冲时间也比电子声子转换时间还短，受激电子来不及发生电子声子转换将能量传递给原子，激光脉冲就结束了。此时电子的温度很高而原子的温度还很低，因此在每个激光脉冲期内材料的原子都无法达到热平衡。由于超短脉冲激光具有非常高的瞬时功率，受激电子能够获得足够的能量逃离原子核的束缚，在激光脉冲周期内被电离而产生热电子等离子体，破坏了材料晶格的结合键而形成刻蚀。其刻蚀过程可以分为能量吸收、晶格破坏和等离子体喷发，如图 2-91 所示。这种刻蚀过程中电子与原子核的温度不同，属于非热平衡的反应，热传导效应通常可以忽略。

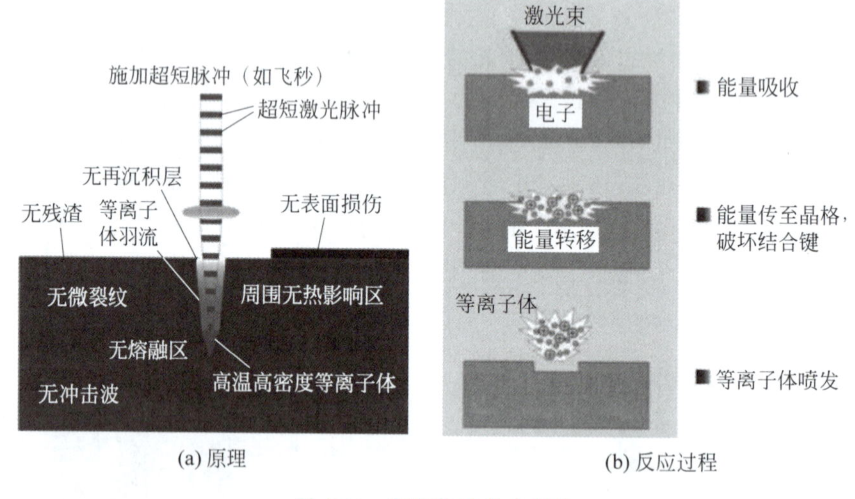

(a) 原理　　(b) 反应过程

图 2-91　超短脉冲激光刻蚀

由于超短脉冲的飞秒激光器的脉冲时间远小于电子声子耦合时间，刻蚀过程产生的热量很少，热影响区很小，降低了对刻蚀区域周围器件和材料的影响、避免了衬底裂纹等相关问题。超短脉冲使材料等离子体气化，刻蚀基本没有残渣产生，表面损伤小，对器件的性能影响程度低。利用非线性多光子吸收特性，可实现精度为次波长等级的刻蚀能力，孔径较为均匀、侧壁比较光滑。这些优点使飞秒激光器在深孔刻蚀中受到重视。

尽管超短脉冲的热量产生很少，但脉冲结束后激光聚焦区域周围仍会由剩余的热量而产生热场。如果脉冲重复频率较低，在下一个激光脉冲到达时，热量已经通过热传导而散失，热场温度大幅降低甚至回到环境温度，此时激光刻蚀属于低温过程，激光刻的热影响区范围和温度都很低。如果脉冲重复频率较高，可能会出现下一个脉冲到达时，前一个脉冲产生的热量还没有完全消散，导致热量的累积和激光聚焦区域温度随着刻蚀时间而逐渐升高。由于飞秒激光器的平均功率较低，刻蚀不同直径的深孔所需要的时间区别很大，随着刻蚀深度的增加，刻蚀所需要的时间迅速增加。深度达到一定程度后达到饱和，即使增加照射时间也没有明显的效果，因此飞秒激光器不适合制造深孔[132]。

2.6.1.3 刻蚀设备

激光刻蚀设备主要由激光器、光学系统和移动定位平台组成,如图 2-92 所示。激光器是能量来源,光学系统用于对激光脉冲进行调制、控制和聚焦,使其形成足够的光强和光斑大小。光强和聚焦光斑大小是决定刻蚀速率和最小刻蚀直径的关键参数。移动定位平台用于控制被加工衬底的位置,即激光在衬底表面的聚焦位置。

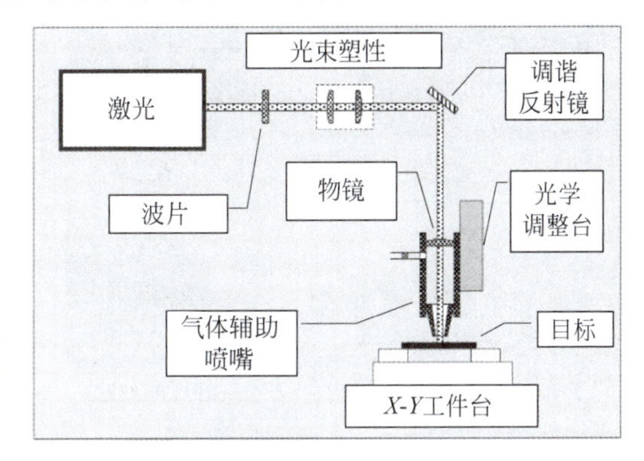

图 2-92 激光刻蚀设备组成

刻蚀采用的激光器有连续激光器、纳秒激光器、皮秒激光器和飞秒激光器,不同脉冲的激光器在刻蚀性能上有很大的差异,如表 2-5 所示[123]。连续激光器主要是波长 10.6μm 的 CO_2 激光器,其功率很高,甚至可达上万瓦。纳秒激光器如波长 1.06μm 的 Nd∶YAG 固体激光器和 355～193nm 紫外波段的准分子激光器。皮秒激光器如波长 532nm 的 Nd∶YAG 固体激光器,平均输出功率几十至数百瓦,最高可达上千瓦。飞秒激光器多为波长 775nm 的掺钛蓝宝石激光器。纳秒激光器的设备复杂度和刻蚀特性介于 CO_2 激光器和飞秒激光器之间,是一种折中的方式。一般而言,CO_2 激光器适合制造直径 50μm 以上的 TSV,波长为 320～500nm 的紫外激光器适合制造直径为 30～50μm 的 TSV,波长 320μm 以下的准分子激光器和飞秒激光器适合制造直径 30μm 以下的 TSV。

表 2-5 不同类型的激光器的性能比较

激 光 类 型	纳秒激光器	皮秒激光器	飞秒激光器
种类	Nd∶YAG	Nd∶YAG	Ti-蓝宝石
波长/nm	1060	532	775
脉冲	190ns	16ns	<500ps
平均功率	50W	400mW	85mW
脉冲频率/kHz	3	30	1
直径/μm	50	20	10
深度/μm	500	500	200
侧壁	粗糙	较粗糙	光滑
热影响区	大	比较大	小
刻蚀方式	冲击刻蚀	环形刻蚀	环形刻蚀

激光刻蚀时光斑运动可以采用两种不同的方式(图 2-93):第一种为冲击刻蚀(percussion),即光斑大小直接对应 TSV 的直径。这种方式既可以采用相干光源将光束直接聚焦到被加工材料表面,也可以采用投影成像将相平面对应到被加工材料表面。前者的优点是聚焦紧凑,焦点尺寸直接决定孔径,并且入射能量高,刻蚀速率快;但是脉冲间稳定性差。投影成像采用非相干光源,由掩膜板投影决定刻蚀形状,一致性好,可以同时刻蚀多个孔;但受限于激光能量密度,投影面积和刻蚀面积一般较为有限。第二种为环形刻蚀(trepanning),即通过衬底或光斑的环形运动,由光斑的运动轨迹决定刻蚀孔径的大小。这种方式光斑直径小、能量密度高;但是控制系统复杂,并且对高深宽比刻蚀还需要垂直进

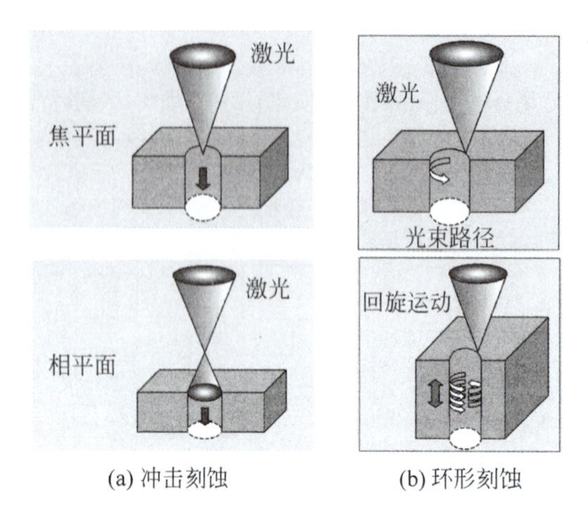

图 2-93 激光刻蚀 TSV 的方式

给。通常,长脉冲激光能量密度高,可以采用冲击刻蚀;而短脉冲激光能量密度低,可以采用环形刻蚀。

虽然激光刻蚀单孔速度很快,但激光刻蚀是典型的串行制造方式,对于大量深孔刻蚀的效率较低。为了提高效率,需要采用多束激光同时刻蚀。例如,采用微透镜阵列进行分光,可并行制造多个 TSV,提高激光加工的效率[120]。如果微透镜的密度小于深孔阵列的密度,需要结合扫描的方法。由于激光的能量有限,分光过多后达不到刻蚀对能量密度的要求。目前激光刻蚀速率可达每秒 1000～2000 个 TSV[135]。

近年来,激光加工的能力和效率不断提高,最小刻蚀孔径已达 10μm,但是由于激光聚焦光斑大小的限制,刻蚀小于 5μm 的直径难度较大。不同类型的激光制造深宽比的能力不同,但都可以制造 10∶1～20∶1 的深孔[126],个别情况可达 50∶1,满足 TSV 的要求。激光刻蚀 TSV 的直径误差可达±2μm,深度均匀性可以通过调整脉冲数控制在±5μm 的水平,无法满足盲孔刻蚀的要求。激光刻蚀结构为锥形孔,垂直角度最高可达 88°。深孔间距由定位平台的移动精度控制,在综合考虑制造效率和成本的情况下,一般可达±(2～5)μm。目前适用于深孔刻蚀的激光设备生产商有 XSiL、Coherent、Orbotech、Oxford Lasers、Garnet、Haas、Gatan 和 Disco 等。XSiL 的 X300V 型激光刻蚀机,对硅的刻蚀速率达 30μm/脉冲,300mm 晶圆上刻蚀的深度误差可以控制在 4%。

2.6.2 刻蚀特点

2.6.2.1 光强分布

激光的光斑直径和能量密度决定刻蚀的孔径。如图 2-94 所示,理想脉冲激光的能量密度可以用高斯函数描述:

$$I(r)=\frac{2P}{\pi w_0^2}\exp\left(-\frac{2r^2}{w_0^2}\right) \tag{2.24}$$

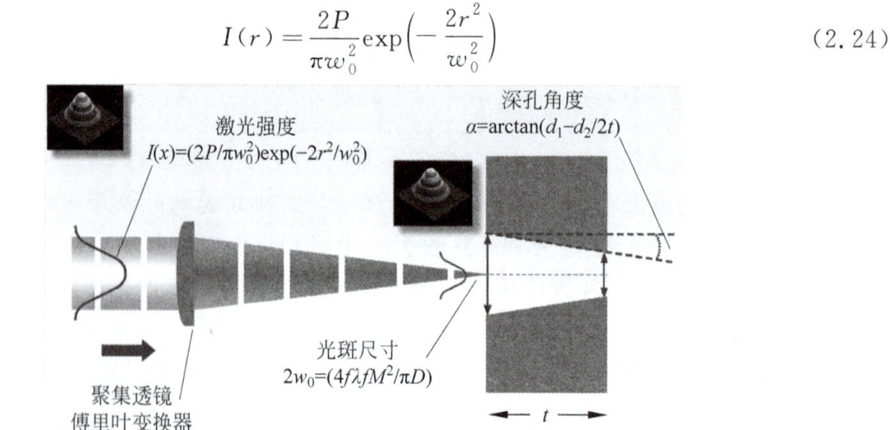

图 2-94 脉冲激光光学特征

式中：r 为距离中心的半径；P 为功率；w_0 为激光束腰半径。

激光刻蚀能够实现的最小直径由最小光斑决定，而影响光斑尺寸的主要参数有激光模式参数(由激光性质决定)和衍射极限及透镜的球差(后两者由光学系统决定)。对于给定的激光器，在准直光束的情况下，受衍射极限限制的光斑直径为

$$2w_0=\frac{4\lambda fM^2}{\pi D} \tag{2.25}$$

式中：λ 为波长；f 为透镜焦距；D 为光束在进入透镜处的直径($1/e^2$ 处)；M^2 为激光模式参数，表示特定条件下激光在传播过程中的发散速度，对于理想的 TEM_{00} 激光束，$M^2=1$。

由于透镜中心区和边缘对光波的会聚能力不同，远轴光通过透镜时被折射得比近轴光更加严重，导致光线经过透镜后在相平面变成一个漫射圆斑，其直径为

$$2w_1=\frac{kD^3}{f^2} \tag{2.26}$$

式中：k 为折射率函数。即透镜焦距和入射光直径对衍射极限和球差分别决定的光斑大小的影响刚好相反。

2.6.2.2 TSV 剖面

激光刻蚀的深孔一般为倒锥形结构，激光入口直径大、出口直径小。这种自然形成的倾斜角度，有利于后续沉积扩散阻挡层和种子层。图 2-95 为飞秒激光器刻蚀的动态过程[131]。激光最大脉冲能量为 2mJ，脉冲宽度为 130fs，频率为 1kHz，波长为 790nm，硅片厚度为 380μm，从左至右照射时间依次为 1000ms、2000ms、4000ms、8000ms、16000ms。刻蚀深度随着照射时间的增加而增加，当照射时间达到 4000ms 以后，刻蚀贯穿衬底厚度而成为通孔，进一步延长照射时间到 8000ms，通孔上下均匀性有所改善。采用 F100 光学系统时，TSV 的理论直径为 50μm，采用 F50 光学系统时 TSV 的理论直径为 30μm。

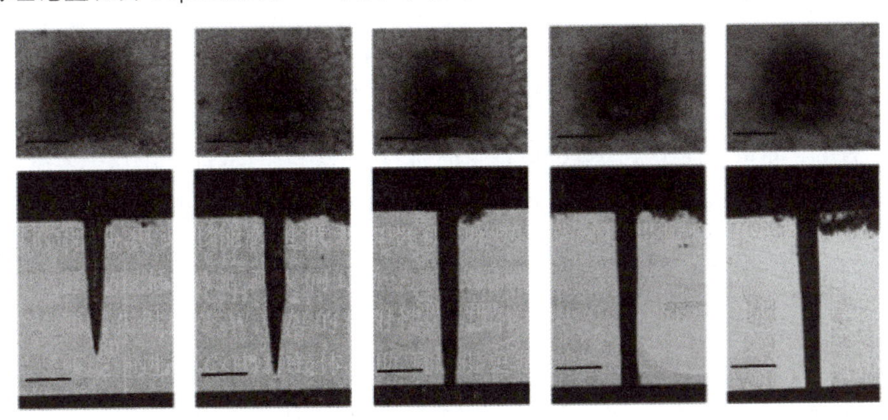

图 2-95　飞秒激光器刻蚀通孔的过程

激光刻蚀容易引起形状的不规则和表面粗糙，并产生残留物和粉尘，特别对于长脉冲激光器。图 2-96 为激光刻蚀深孔的表面和剖面形貌[132-133]。激光刻蚀的表面较为粗糙，有很多从主干上生长的横向扩展的毛刺；孔径由上至下表现为明显的锥形，有些情况下甚至直径和截面形状沿着高度方向变化很大，并非规则的圆形。

为了清除深孔侧壁的毛刺和表面残留物，需要在激光刻蚀以后进行化学处理和清理。

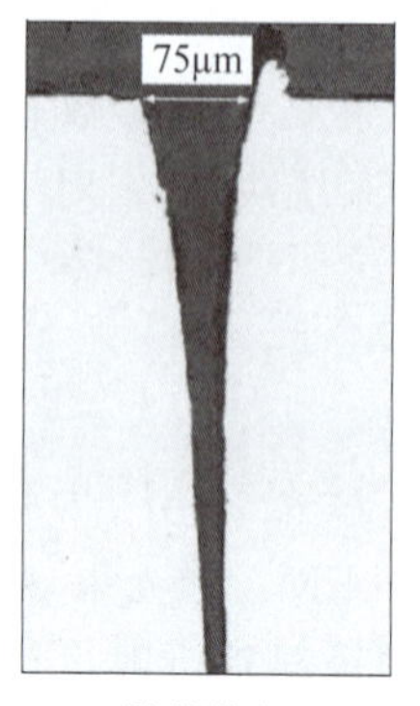

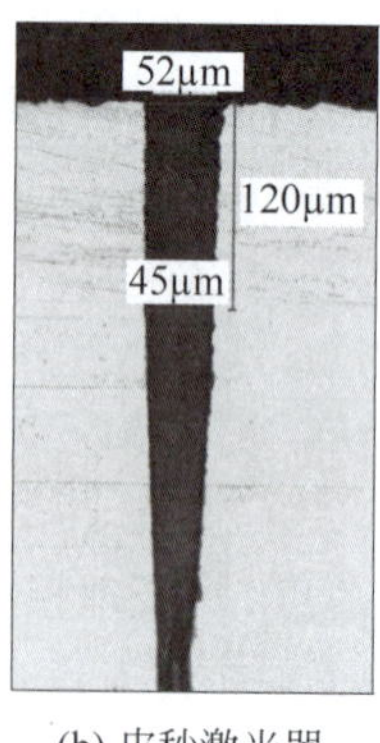

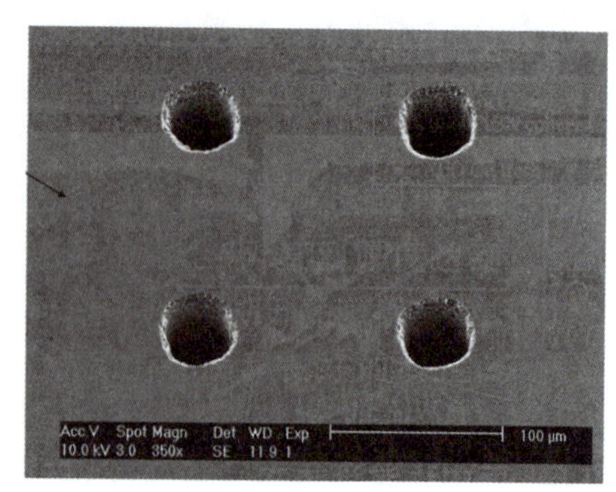

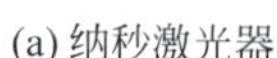
(a) 纳秒激光器　(b) 皮秒激光器　(c) 开口表面

图 2-96　激光器刻蚀的深孔形貌[132]

常用的方法是采用 HF-HNO_3 进行各向同性刻蚀[130]。如图 2-97 所示，经过 HF-HNO_3 刻蚀后，侧壁表面光洁度大幅提高。近年来有研究表明，在衬底表面涂覆一层高分子材料，如厚度为 50～150μm 的 PDMS，可以有效减少表面残渣。

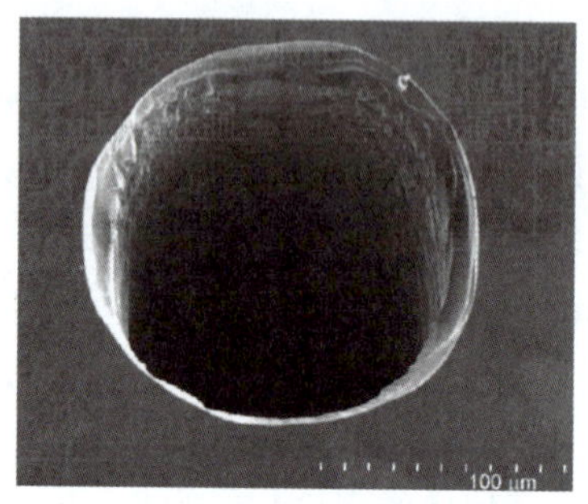

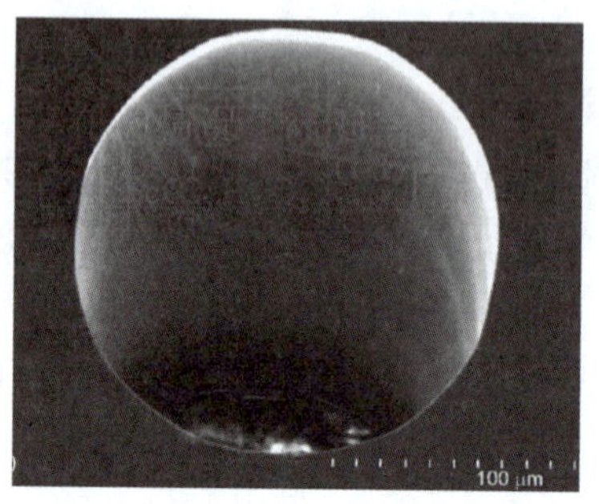

(a) 无湿法化学处理　(b) HF-HNO_3处理

图 2-97　激光刻蚀的硅衬底 TSV

2.6.2.3　应力影响区

长脉冲激光和短脉冲激光的刻蚀原理不同，长脉冲激光的热效应极为显著，而超短脉冲激光的热效应较低、对衬底的热影响较弱，但与 DRIE 刻蚀相比，总体上激光刻蚀的热影响区更为显著。图 2-98 为拉曼散射测量的激光刻蚀直径 15μm 的单个 TSV 周边的表面应力分布情况。在 TSV 边缘为较大的压应力，随着距离增大，应力逐渐减小；当距离超过 3μm 以后，应力趋于零。

激光刻蚀时要防止高能量密度的激光对晶体管产生影响。采用功率为 500mJ/cm^2 的飞秒激光器，使用脉冲数为 1、50、250、500 和 1000 照射晶体管后，晶体管的 V_g-I_{ds} 曲线几乎没有变化，表明少量的飞秒激光脉冲对晶体管的性能基本没有影响[120]。

2.6.2.4　刻蚀效率

激光刻蚀的突出优点是无须掩膜，可以省略涂胶、曝光、显影和去胶等光刻过程，降低了制造成本。激光能够对多种材料刻蚀，即一次刻蚀穿透金属(如 Al、Cu、Ni、Ti 等)、介质层(SiO_2、SiN 等)和衬底硅，不需要针对不同材料更换刻蚀气体，大幅提高刻蚀效率、降低制造成本，并降低对 TSV 的限制条件。激光每秒刻蚀的 TSV 的数量随着 TSV 直径和深度的增加而减小，如图 2-99 所示。对于尺寸为 30μm×50μm 的 TSV，每秒可以刻蚀超过 2200 个。对于直径 300mm 的圆片，如果包含 650 个管芯，每个管芯包括 100 个尺寸为 20μm×60μm 的 TSV，采用激光加工每小时可以加工 4～5 个圆片。

由于激光串行加工的特点，激光刻蚀效率和产量较低，因此一般适用于 TSV 密度较低、数量较少的情况，例如非阵列式结构等。东芝公司早期的图像传感器产品采用激光刻蚀的方法制造 TSV。当每个晶圆的 TSV 数量少于 10 万个时，激光加工的速度大约是 DRIE 刻蚀速率的 3 倍，即每台激光加工设备的生产率等同于 3～4 台 DRIE 设备，使激光加工的总体成本仅为 DRIE 刻蚀的 1/15。当 TSV 数量巨大时，DRIE 刻蚀具有更低的总体成本。表 2-6 为激光刻蚀与 DRIE 刻蚀的特点比较。目前 DRIE 刻蚀设备在硅刻蚀方面已经具有良好的刻蚀性能，但是在 GaN、石英和玻璃等材料的刻蚀方面尚有很大的差距，因此在石英、玻璃、GaN 等材料上制造 TSV 时，激光刻蚀是首选方案。

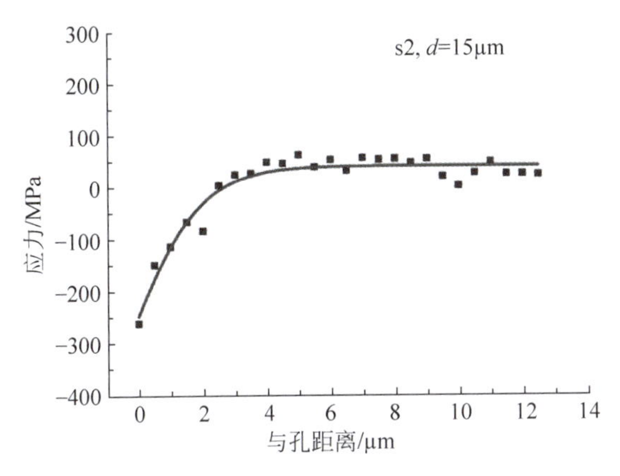

图 2-98　激光刻蚀 TSV 热应力影响区

图 2-99　激光每秒刻蚀数量与 TSV 尺寸的关系

表 2-6　激光刻蚀与 DRIE 刻蚀的比较

刻蚀方法	激光刻蚀	DRIE	
类型	激光种类和脉冲宽度	Bosch 工艺	非 Bosch 工艺
优点	无须掩膜和真空，一次刻蚀多种材料层，灵活性高，低成本（激光：DRIE＝1∶15）	工艺成熟，并行制造，刻蚀速率快，可以刻蚀小直径、高密度 TSV	侧壁无起伏，刻蚀速率快，并行制造，可以刻蚀小直径、高密度 TSV
缺点	串行制造，侧壁粗糙，需要额外工艺，容易导致衬底污染和晶格缺陷	工艺过程复杂，侧壁表面起伏，横向刻蚀，TSV 侧壁形状难以控制	工艺过程复杂，速度较慢
适用情况	直径在 10μm 以上，深度为 10～300μm，晶圆上 TSV 总数小于 20 万个	最小直径可达 2μm 左右，深度为 10～300μm，刻蚀速率约为 10μm/min，晶圆上 TSV 总数超过 20 万个	最小直径可达 1μm，深度为 10～200μm，刻蚀速率为 3～6μm/min

参考文献

第 3 章

介质层与扩散阻挡层沉积技术

集成电路的金属互连是连接海量晶体管以构成电路的不可或缺的组成部分，其材料、性能、工艺复杂度和制造成本对集成电路的性能和成本有极为重要的影响，互连已经成为决定集成电路性能的关键因素。目前的 CMOS 工艺中，金属电导率、抗电迁移能力、制造成本等因素决定了以铜和低介电常数(低 κ)介质层为主体的互连体系。由于铜在介质层和硅中的扩散性以及铜难以用等离子体刻蚀的特性，决定了扩散阻挡层、大马士革电镀及化学机械抛光工艺的使用。经过近 30 年的发展，铜和扩散阻挡层的材料体系以及制造方法等工艺体系已经非常成熟。

三维集成中，受限于制造能力和成本，TSV 通常具有较大的直径和高度，因此适合使用电镀工艺填充金属，其低成本和高效率对 TSV 的制造极为重要。TSV 的材料体系和制造方法基本借用了集成电路已经建立起的成熟体系，以铜作为 TSV 的导体并以电镀作为铜的制造方法，进而需要扩散阻挡层和电镀种子层。然而，TSV 与集成电路互连在尺寸和结构方面的差异，使 TSV 的制造与 CMOS 中铜互连有很大的区别，特别是在解决深宽比问题方面需要新技术。

3.1 TSV 的介质层和扩散阻挡层

在量产的三维集成系统中，TSV 的介质层和扩散阻挡层基本借用了 CMOS 工艺中的互连材料体系，差异在于 TSV 的介质层以 SiO_2 为主而不是低 κ 材料。此外，TSV 高深宽比和较大直径的特点，使其介质层和扩散阻挡层在制造方法方面也有较大的区别。

3.1.1 CMOS 的互连材料

CMOS 的互连体系由介质层和金属组成。根据所处的位置和功能不同，CMOS 工艺中的介质层可以分为金属前介质(PMD)、层间介质(ILD)、金属间介质(IMD)、抗反射层(ARC)和钝化层(PD)等几种，如图 3-1 所示[1]。PMD 用于第一层平面金属互连(M1)与基底之间，以及连接晶体管的垂直钨柱之间的绝缘层，通常为磷硅玻璃(PSG)或硼磷硅玻璃(BPSG)，这些材料具有高温回流局域平整化的能力。IMD 为同一层内金属连线之间的绝缘层，ILD 为不同层的金属连线之间的绝缘层，多数情况下 IMD 和 ILD 相同。低层互连的 ILD 通常为低 κ 材料，如 SiOF 和 SiOCH 等，通过降低介电常数减小导线的寄生电容，降低 RC 延迟和串扰。ARC 作为光刻所需的抗反射层，通常为 SiON 薄膜。PD 是芯片的保护层，一般为 SiO_2 和氮化硅；这些材料采用不超过 400℃ 的等离子体增强化学气相沉积(PECVD)或高密度等离子体化学气相沉积(HDPCVD)的方式沉积，具有细缝隙填充能力好、产量高、一致性好、成本低等优点。

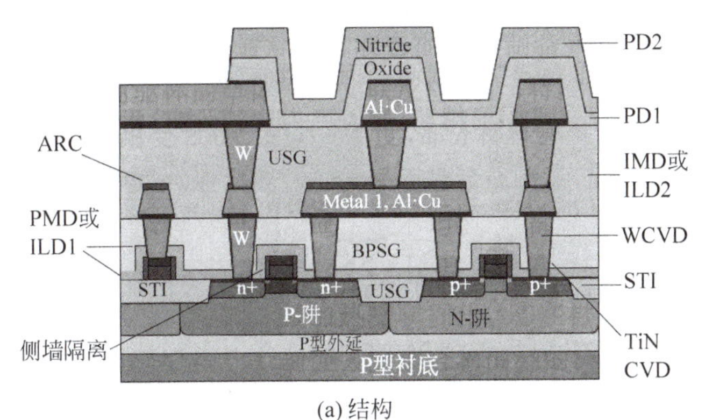

(a) 结构

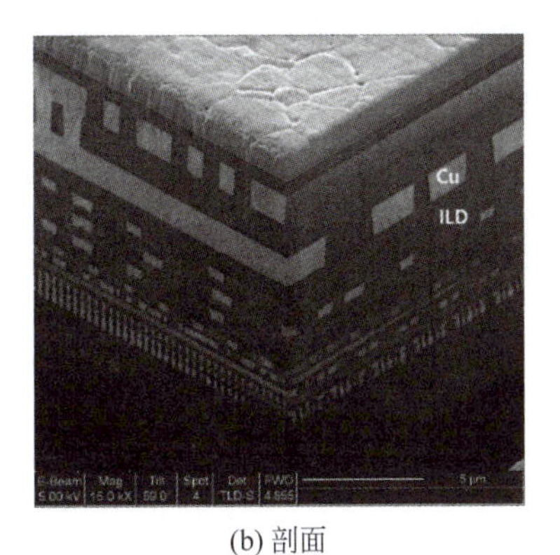

(b) 剖面

图 3-1 平面集成电路的互连

铜的电阻率比铝低 30%～40%，具有更大的电流承受能力和更强的抗电迁移能力，因此，90nm 及以后工艺节点的所有逻辑器件都使用大马士革工艺制造的铜互连。典型铜互连结构包括扩散阻挡层、粘附层(也称衬垫层)、铜种子层，以及电镀铜互连线，如图 3-2 所示[2]。铜原子在硅和 SiO_2 中的扩散速度很快，一旦扩散进入硅或 SiO_2 中，就会成为深能级受主杂质导致器件失效或介质层失效。因此，必须在铜与介质层之间沉积扩散阻挡层，防止铜向介质层扩散并改善铜与介质层的粘附性。为了提高扩散阻挡层的粘附性，通常需要粘附层。1997 年，IBM 在 IEEE IEDM 上提出铜作为互连材料时，仅公布了铜电镀的工作，但当时 IBM 已经确立了 Ta/TaN 的扩散阻挡层体系，直到 7 年后才公开。

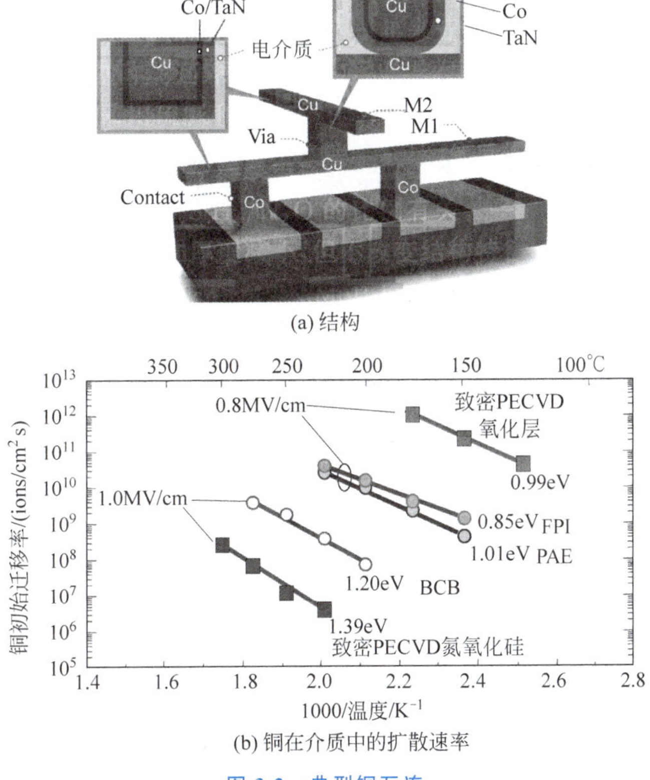

(a) 结构

(b) 铜在介质中的扩散速率

图 3-2 典型铜互连

通常铜互连的底部和侧壁的扩散阻挡层材料为金属，顶部的扩散阻挡层称为封盖层，多为介质层阻挡层，如 SiN、SiC、SiCN 和 SiON。扩散阻挡层需要满足以下条件：①具有高温下阻挡铜扩散的能力，这要求扩散阻挡层必须具有一定的厚度。多晶结构具有较多的空洞和明显的晶粒边界，对扩散阻挡不利；而非晶结构没有明显的边界，更容易获得好的扩散阻挡能力。②有良好的可制造性，能够制造连续、均匀性好、共形能力高的薄膜。③具有抗电迁移的能力、良好的高温稳定性、与 CMP 工艺兼容，以及抗侵蚀抗氧化等性能。④具有较低的薄膜应力，以保证扩散阻挡层的连续性和可靠性。当扩散阻挡层与介质层的粘附强度不足时，需要首先在介质层上沉积粘附层，然后再沉积扩散阻挡层。

能够作为铜扩散阻挡的材料种类很多，大体可分为以下几类[3]。①难熔金属，如 Cr、Ti、Ta、W、Mo、Co、Pd 和 Nb 等。②难熔金属合金，如 TiW、NiNb 和 NiMo 等。③多晶或者非晶的难熔金属硅化物，如 $TiSi_2$、$CoSi_2$、MoSi、WSi、$TaSi_2$ 和 CrSi 等。④非晶的难熔金属的氮化物、氧化物、碳化物及硼化物，如 TiN、TaN、HfN、W_2N、TiC、TaC 和 MoO 等。⑤多晶或者非晶的硅氮或硅碳化合物，如 SiC、Si_3N_4 和 SiCN 等。⑥金属与 SiN 的非晶三元化合物，如 TiSiN、MoSiN 和 TaSiN 等。

基于 Ti 或 Ta 的二元化合物具有致密的结构、优良的物理化学和电学性质而应用最为广泛，其中 TiN 和 TaN 是最主要的扩散阻挡层材料。TiN 具有较好的抗扩散能力，并且粘附性和润湿性好、成本低、电导率高，是铝互连以及钨塞的主要粘附层和扩散阻挡层材料。由于 TiN 对铜的润湿性很差，铜互连多采用 Ti/TiN/Ti 组合结构，Ti 用于提高铜的润湿能力，TiN 防止铜扩散后与粘附层 Ti 产生反应。由于 TaN 的扩散阻挡能力高于 TiN，22nm 以后节点普遍采用 TaN/Ta 扩散阻挡层。TaN 具有优异的抗铜扩散能力、稳定性高、台阶覆盖能力强，对介质层有良好的附着能力，而 Ta 对铜种子层具有很好的润湿能力。

特征尺寸的减小使互连线宽不断减小，7nm 工艺的最窄互连线宽只有 14nm，扩散阻挡层的厚度只有 1.3nm，超薄的扩散阻挡层需要采用 ALD 沉积以降低厚度、提高台阶覆盖能力。然而，Ta 难以采用 ALD 沉积，因此从 7nm 工艺节点开始，扩散阻挡层采用 Co 或 Ru 替代 Ta 而形成 TaN/Co 或 TaN/Ru 体系。Ru 比 Co 具有更好的与铜的润湿能力，并且 2nm 的 Ru 可以取代铜种子层直接电镀，但由于界面散射和晶格散射，Ru 的电阻比 Co 的电阻高 10%左右。Co 具有更好的抗电迁移的能力，从 14nm 工艺节点开始，封盖层也采用 Co、Ta/TaN 或 CoWP[4]，解决介质封盖层与铜的粘附性和抗扩散能力比较差的问题。此外，从 7/10nm 工艺节点开始，Co 和 TiN 扩散阻挡层取代 W 和 TiN 作为金属接触材料。

难熔金属的碳化物和氧化物具有较好的热学和机械稳定性也受到一定关注。因为非晶结构更有利于提高阻挡性能，通过掺入 C 可以使得多晶态的金属转变为非晶态的金属碳化物，如 TiC、TaC 和 WC 等。部分金属氧化物如 MnO 也具有优异的扩散阻挡能力。在铜互连中掺入 Mn，退火后 Mn 会扩散到铜和介质表面，与介质层中的氧形成 MnO，具有优异的扩散阻挡能力。Mn 从铜内扩散析出以后，铜的电阻率有所下降，这种技术被称为自形成扩散阻挡层，可以实现超薄的扩散阻挡层，降低铜互连的电阻。

由于扩散阻挡层电阻率高、晶格不匹配，电镀前需要在扩散阻挡层表面沉积铜种子层，提供铜电镀所需的阴极电势、电流密度和种子晶向。种子层的晶粒特性影响电镀生长的晶粒，进而对铜互连的电导率、残余应力、电迁移特性等都有重要影响。铜种子层的基本要求包括：①具有良好的电导率和优选的晶向，以提供铜电镀的电流并控制电镀铜的晶向取向，提高电导率、降低应力、提高可靠性。②保证连续性，种子层必须足够薄，以避免在高深孔结构上沉积时的表面凸起和外悬，防止产生空洞；但是种子层又不能太薄，以保证连续性和较低的电阻。③较低的应力水平，当种子层为拉应力时，容易造成种子层的不连续，对可靠性有较大影响。种子层材料主要是 PVD 沉积的铜，也有采用 CVD 或 ALD 沉积的 Co 或 Ru。

3.1.2 TSV 的材料体系和制造技术

TSV 主要以 SiO_2 为介质层，以 Ta/TaN 或 Ti/TiN 作为粘附层和扩散阻挡层，采用溅射铜作为种子层，最后通过电镀方式填充导体铜柱。图 3-3 为典型的 TSV 金属化过程。在深刻蚀以后，需要顺序沉积 SiO_2 介质层、Ti/TiN 粘附层和扩散阻挡层、铜种子层，然后进行铜电镀将深孔填充为实心铜导体柱。

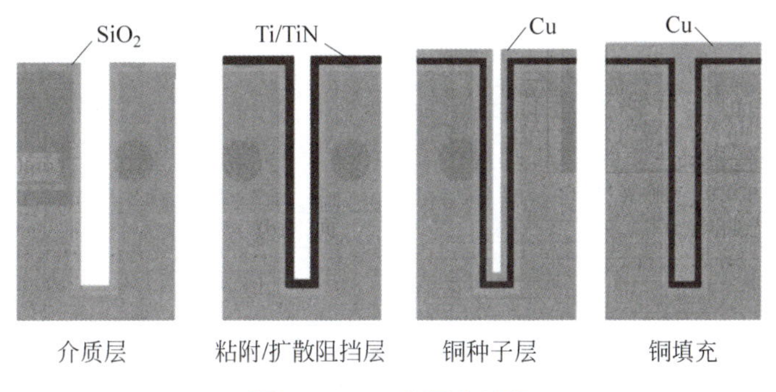

图 3-3 TSV 金属化过程

TSV 在尺寸和结构方面与 CMOS 的铜互连有显著的区别。CMOS 铜互连的各种问题均源于互连的截面尺寸小，由此需要解决超薄扩散阻挡层的问题、铜的晶粒散射导致的电阻率高的问题，以及需要采用低 κ 介质层降低寄生电容等。TSV 直径一般为 3～50μm，高度为 20～200μm，其特点是尺寸大，但深宽比高达 5∶1～10∶1 甚至 20∶1，超过平面互连近 1 个数量级。较大的直径允许沉积较厚的介质层和扩散阻挡层，一般介质层的厚度在 200nm～1μm，扩散阻挡层的厚度可达 50～200nm，因此无须考虑极限状态下扩散阻挡能力及铜电阻率和电迁移的问题。然而，高达 10∶1 的深宽比使 TSV 内介质层、扩散阻挡层和种子层的共形沉积较为困难。因此，介质层、扩散阻挡层和种子层的共形沉积是高深宽比 TSV 制造时最重要的考虑因素。

3.1.2.1 TSV 介质层

TSV 的介质层位于导体铜柱和硅基底之间，用于将 TSV 与基底绝缘。TSV 的尺寸较大、介质层的功能单一，因此 TSV 的介质层材料的选择较为单一，通常以 SiO_2 为主。尽管功能和材料都比较简单，但是介质层对 TSV 的性能和可靠性极为重要。TSV 介质层最大的难点是高深宽比结构内 SiO_2 的共形沉积。SiO_2 介质层的典型厚度一般为 200～500nm，部分情况可达 1μm，要求沉积的共形能力超过 50%，沉积速率大于 100nm/min，残余应力低于 200MPa，漏电流小于 1nA/cm^2，击穿场强超过 5MV/cm[5]。

介质层厚度的最低要求是在有限共形能力下满足绝缘性的要求，较厚的介质层还有助于减小 TSV 电容以及 TSV 的 RC 延迟和功耗。TSV 的 RC 延迟与 TSV 电阻关系不大，但与寄生电容基本呈线性关系[6]。同时，TSV 的动态功耗（$C_{TSV}V_{DD}^2f$）也与 TSV 的寄生电容成正比。在给定 TSV 直径的情况下,TSV 的电容与介质层的介电常数成正比,与介质层的厚度成反比[7-8]。因此,增大介质层厚度可以减小 TSV 电容,进而减小 RC 延迟和动态功耗。然而,介质层的厚度也不能过厚。过厚的介质层一方面增大了热应力,另一方面增大了介质层沉积和背面 CMP 工艺的制造成本,并且进一步增大了小直径 TSV 的深宽比,使扩散阻挡层沉积更加困难。

介质层完整性对 TSV 的可靠性有显著影响。由于 Bosch 工艺刻蚀的侧壁存在波纹状起伏,对沉积的 SiO_2 厚度均匀性产生影响[9],特别对于直径小、深宽比高的情况,甚至会造成介质层不连续。由于波纹的高点较为尖锐,SiO_2 介质层和扩散阻挡层在该点产生应力集中,在工作过程中应力不断变化,有可能引起介质层与扩散阻挡层局部裂纹和失效,导致短路、铜扩散和电迁移等可靠性问题[10-12]。

介质层的应力状态影响 TSV 和晶体管的可靠性。由于铜的热膨胀系数(25×10^{-6}/K)与硅和 SiO_2 的热膨胀系数(2.5×10^{-6}/K 和 0.5×10^{-6}/K)的差距较大,TSV 铜柱在受热时体积膨胀远超过基底的膨胀,导致硅基底、介质层与铜柱都会受到对方的挤压和限制。这种热应力使基底处于较高的应力状态下,特别是接近基底表面的区域更加显著,多数情况下铜柱与表面相交处的介质层是全局最大应力,可能造成硅和介质层碎裂[13-14]。即使应力没有严重到使结构碎裂,也会导致晶体管的迁移率变化和参数偏移。

TSV 的 SiO_2 介质层可以使用多种方式沉积,但需要具有工艺兼容性和低应力。热氧化的 SiO_2 在高温下生长,具有最佳的绝缘能力和优异的共形能力,但是热氧化的高温使其只适合于 FEOL 方案或者无源插入层。在 MEOL 和 BEOL 方案中,为了兼容 CMOS 器件和互连,整个 TSV 制造和键合过程的最高温度必须低于 450℃。中低温的 CVD 是 MEOL 和 BEOL 方案中制造 SiO_2 介质层的主要方法,如次常压化学气相沉积(SACVD)、等离子体增强化学气相沉积(PECVD)和原子层沉积(ALD)等。对于 5∶1 以下的中低深宽比,SiO_2 介质层可以采用 PECVD 沉积,在沉积效率、共形能力和介电性质等方面能够满足 TSV 的要求。对于超过 5∶1 的高深宽比,一般采用共形能力更强的 SACVD 或 ALD 技术。ALD 尽管共形能力极佳,但是沉积的 SiO_2 的介电性质一般、生产效率很低。

除 SiO_2 以外,TSV 的介质层材料还包括 SiN、Al_3O_2、高分子材料和空气介质层等。氮化硅作为绝缘材料,自身同时具有一定的抗铜扩散能力,在要求不高的情况下可以同时作为介质层和扩散阻挡层使用。Al_3O_2 具有很好的绝缘性,并且可以采用 ALD 沉积,实现极佳的共形能力,但是生成效率低、成本高。高分子材料具有较好的绝缘能力和共形沉积能力,并且可以作为铜和硅基底之间的应力缓冲层[15]。

3.1.2.2 TSV 扩散阻挡层和种子层

TSV 的尺寸较大,允许使用较厚的扩散阻挡层,对扩散阻挡层的电阻率也有所放宽。TSV 扩散阻挡层沉积的主要考虑因素是高深宽比的共形能力以及与介质层的粘附性能。另外,扩散阻挡层和粘附层必须要考虑残余应力。薄膜残余应力过大会导致扩散阻挡层因为内建的应力产生裂纹或颗粒状不连续。薄膜应力包括本征应力和热应力。本征应力来源于部分原子处于非平衡晶格位置,形成了晶格失配造成应力。压应力的产生原因是一部分原子聚集在空隙的晶格位置,并从这些原子向低能量晶格位置扩展;而拉应力是部分晶格位置缺少原子引起的。热应力是由于多数金属的热膨胀系数都比硅和介质层的热膨胀系数更大,沉积的薄膜冷却到室温以后,薄膜收缩更加显著,造成沉积薄膜自然就产生拉应力存在。

CMOS中广泛应用的粘附层和扩散阻挡层如TaN/Ta、Ti/TiN和Ti/TiW等，其制造方法、性能和可靠性体系方面已经相当成熟，因此也是TSV粘附层和扩散阻挡层的首选。Ti阻挡层近年来受到广泛的重视，原因是Ti具有更小的薄膜应力和更低的制造成本。TSV的粘附层和扩散阻挡层可以采用PVD、CVD或ALD等方法沉积，如PVD沉积的Ta、TaN、TiN和W_xN，采用碘或氯基气体CVD或金属有机物化学气相沉积(MOCVD)沉积的TiN，以及采用溴化物CVD沉积的Ta和TaN等。目前工业界广泛采用离子化物理气相沉积(iPVD)技术沉积粘附层和扩散阻挡层，具有效率高、成本低和共形能力较高等优点。由于PVD固有的溅射束流的直线性，以及金属原子在基底表面二次迁移能力低的特性，导致PVD的共形能力较差。

TSV较大的直径对种子层的厚度要求有所降低，种子层的厚度一般为100～200nm，主要的难点同样是沉积方法的共形能力。不连续的种子层会导致TSV底部无法电镀而出现空洞[16]。尽管有报道直接在TiN表面电镀铜填充TSV[17]，但是量产工艺仍需要铜种子层以获得稳定的电镀效果和晶粒分布。

目前的量产设备通常将扩散阻挡层和铜种子层沉积的功能集成在一台设备中，如Applied Endura可以实现TaN扩散阻挡层和Cu种子层的iPVD沉积，SPTS的Versalis针对高深宽比TSV应用，不仅具有iPVD沉积Ti/TiN扩散阻挡层和Cu种子层的功能，还提供MOCVD沉积TiN的功能。

3.2 薄膜沉积技术

常用的薄膜沉积方法可以分为物理气相沉积(PVD)和化学气相沉积(CVD)，前者包括蒸发和溅射，后者包括PECVD、MOCVD和ALD等。PVD是利用外界能量把被沉积的靶材从固态变为气态，并再变成固态沉积在基底的过程。PVD沉积速率快、基底温度低、薄膜稳定性好，但是共形能力差，如图3-4所示[18]。CVD是利用化学反应将固态反应产物沉积在衬底的过程，反应温度较高，并且依靠气体扩散实现质量输运，有利于深孔内部的反应物输运。此外，反应物分子吸附到基底表面后有一定的再分布能力，沉积薄膜的共形能力较好，有利于在高深宽比的盲孔内沉积介质层。

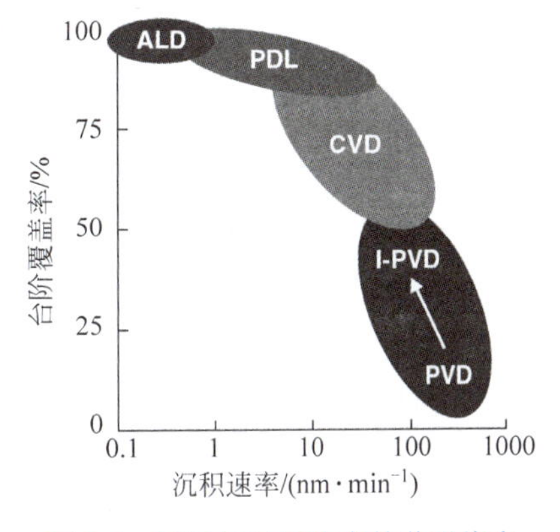

图3-4 不同的沉积技术的共形能力

3.2.1 物理气相沉积

PVD可以沉积多种金属和非金属材料。纯金属溅射时，PVD只有物质相变而没有化学反应。金属化合物溅射时，经常采用反应溅射，即通过靶材提供的金属原子与反应物气体或等离子体通过化学反应形成化合物。常用反应溅射沉积的金属化合物包括：氧化物如Al_2O_3、In_2O_3、SnO_2，氮化物如TaN、TiN、AlN、SiN，碳化物如TiC、WC，硫化物如CdS、CuS、ZnS等。

3.2.1.1 物理气相沉积基本原理

根据激发靶材的能量来源不同，PVD 可以分为蒸镀和溅射两类。蒸镀是在 10^{-6}～10^{-7}Torr 的真空腔内将被沉积材料加热蒸发，逃离材料表面的原子在真空中运动并沉积在基底表面，如图 3-5 所示。蒸镀可以沉积包括难熔金属在内的多种材料，如铝、硅、钛、金、铂、铬、玻璃和 SiO_2 等。蒸镀常用的加热方法有电阻加热和电子束加热。电阻加热利用钨坩埚盛放被镀材料，将其通以强电流使材料熔化和蒸发。其方法简单，但是加热丝和坩埚容易引起污染，无法控制合金材料的组分比例。电子束加热利用聚焦高能电子束轰击加热靶材，引起局部加热和熔化。其可以避免污染，但是设备复杂，需要冷却系统并防止电子轰击靶材料时引起的 X 射线，同时材料表面晶格也可能因为沉积被破坏。电子束加热的高温点很小，能够熔化的靶材很少，对于大尺寸基底均匀性较差。由于金属相变和化合物分解等原因，有些靶材只能使用特定的加热方法。

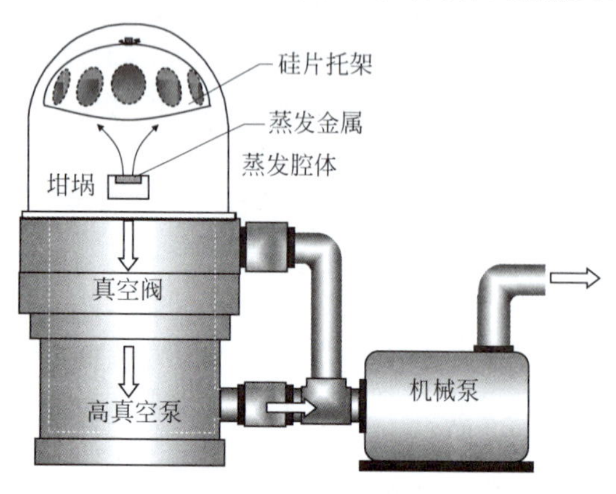

图 3-5 蒸镀设备示意图

蒸镀速率可达 50～500nm/min。蒸镀薄膜表现为较高的拉应力，金属熔点越高，应力越大，蒸镀钨和镍时，应力甚至超过 500MPa，可能使薄膜卷曲和剥离。加热基底可以降低应力。蒸镀具有较强的方向性，大部分挥发的原子是沿着一定的方向沉积到基底上，因此深槽等结构的内部会因为结构侧壁的阻挡而无法沉积，覆盖均匀性较差。通过旋转基底可以提高蒸镀的台阶覆盖性。尽管如此，这种方法对深宽比的限制很大，很难在深宽比超过 3∶1 的 TSV 中应用。

溅射依靠等离子体提供的能量实现原子从靶材的激发，如图 3-6 所示。靶材在真空腔中作为产生等离子体的一个电极，另一个电极上放置基底。在真空腔内通入氩气等惰性气体产生离子，离子被电场加速后以很高的能量撞击靶材表面，将原子撞击脱离靶材后沉积在基底表面。靶材原子脱离靶材表面是依靠离子的动能在靶材表面打开原子键实现的，因此溅射需要的温度较低。离子轰击的结果与离子的能量和质量有很大关系。离子能量过低时，入射离子被靶材反射或被吸收，不能打开靶材原子键；能量过高时，入射离子进入靶材的深度很大，引起靶材深层结构的破坏，但是能够撞击出的原子很少。

脱离靶材的原子数与入射的氩离子数的比值称为产出率。产出率与氩离子的能量和入射角度有关，如图 3-7 所示[19-20]。当离子能量为 100～1000eV 时，产出率与能量大体为线性关系，为 0.5～2。对于多数材料，产出率与离子入射角度为余弦关系，即任意入射角度的产出率为 90°垂直入射产出率与该角度的余弦值的乘积，图中圆形为任意角度产出率的包络线。当极板间电压较低时，包络线为圆形，当极板电压较高时，小角度的产出率超过了余弦关系。也有一些材料如铝的产出率与角度不遵循上述关系，无论多晶铝还是单晶铝，产出率随角度的变化都非常迅速[21]。

溅射可以分为直流溅射、射频溅射、磁控溅射和离子化溅射。如图 3-8 所示，直流溅射

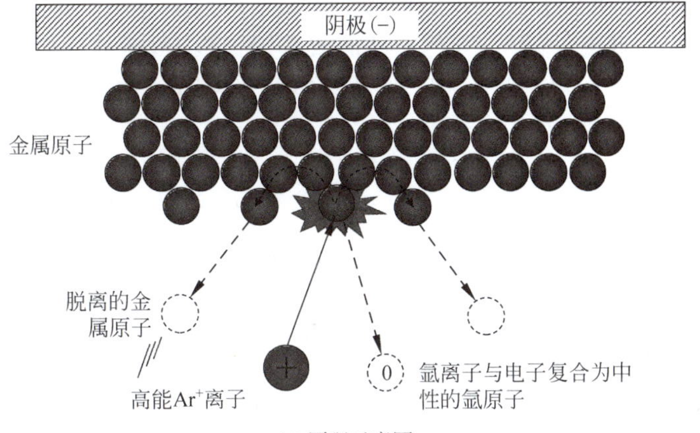

(a) 原理示意图

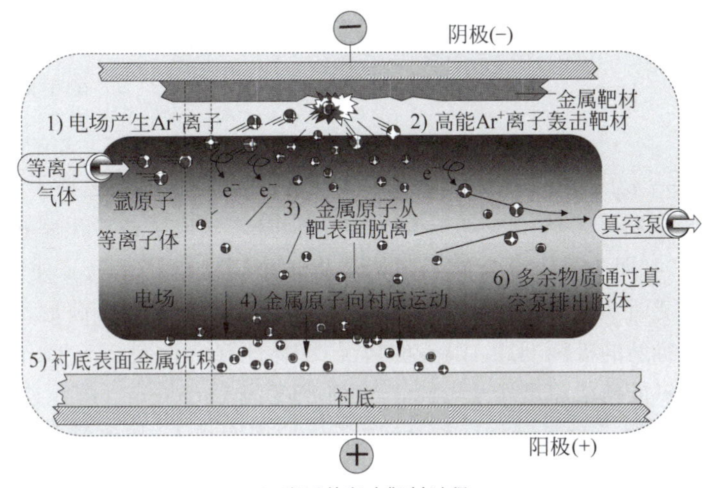

(b) 离子体轰击靶材过程

图 3-6 溅射过程

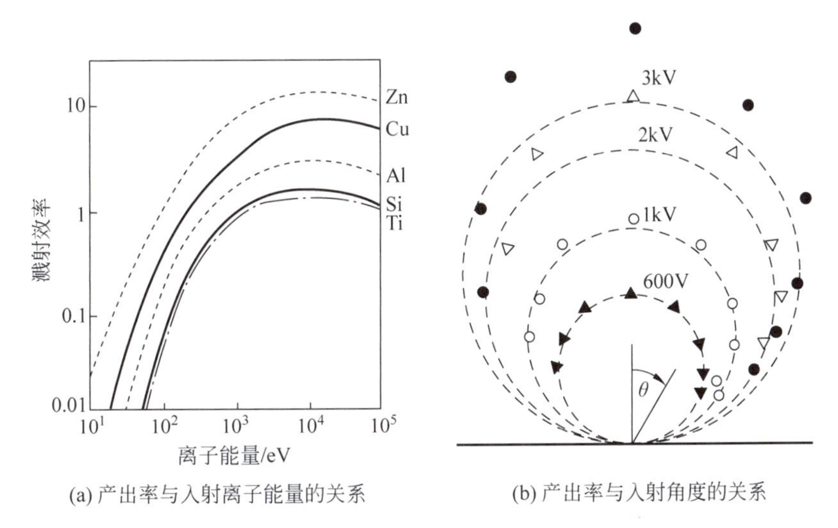

(a) 产出率与入射离子能量的关系

(b) 产出率与入射角度的关系

图 3-7 靶材原子的产出率与入射离子能量和入射角度的关系

将直流电压施加在上下电极上产生并加速离子。通常采用氩等离子体,溅射靶材作为阴极基板,施加 2～5kV 的直流负偏压,溅射的基底放在阳极板上,施加正偏压。外电场产生氩等离子体后,氩离子在鞘层电势的加速下轰击靶材阴极,打击出的靶材原子经过等离子体区后,沉积在基底表面形成薄膜。

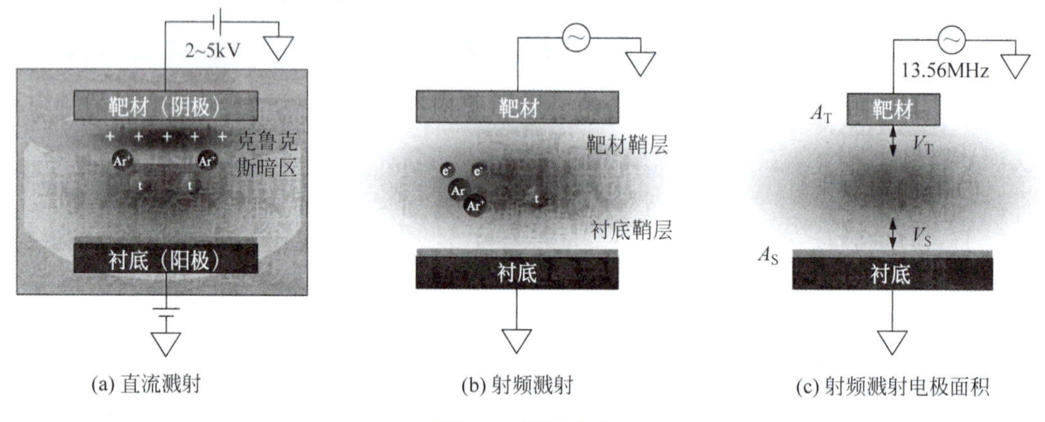

(a) 直流溅射　　(b) 射频溅射　　(c) 射频溅射电极面积

图 3-8　溅射方式

等离子体放电后形成导体,使两极板间的电压施加在鞘层上加速离子。直流等离子体依靠加速离子轰击靶材产生的二次电子得以维持,但是二次电子的产出率很低,对于大部分材料只有 1%～10%,即 10～100 个离子才能产生 1 个二次电子。为了使二次电子能够再经过足够的碰撞以产生足够的离子,极板间距 d 和腔体压强 P 需要满足 $d \cdot P > 0.5\text{cm} \cdot \text{Torr}$ 的条件,对于典型的极板间距 10cm 的情况,腔体压强要达到 50mTorr 以上,此时离子化率约为 0.01%,阴极鞘层厚度为 1～2cm,电流密度为 1mA/cm^2,沉积速率在 10nm/min 以下[22]。压强越高,原子脱离靶材后与 Ar 原子碰撞概率越大,导致溅射速率越低,而反向溅射越严重。

直流溅射的优点是设备简单,调整参数少;缺点是电压高,并且介质材料靶材聚集氩离子导致充电,无法溅射介质材料。此外,由于腔体压强大,加速的离子和工作气体之间产生频繁的碰撞,导致电荷交换和动量转移,因此离子损失很大的能量,外加能量转换为溅射的比例较低,并且撞击靶材表面的离子和轰击出来的原子具有很宽的能谱。

直流溅射时,被轰击脱离靶材的原子不仅沉积到基底上,还会沉积到腔体侧壁甚至被腔体侧壁反弹后再次沉积到靶材表面。当溅射纯金属时,再次沉积到靶材表面的原子也为纯金属,不会对靶材产生影响;但对于反应溅射,再次沉积到金属靶材表面的材料可能是化合物而不再是纯金属。当化合物为介质材料时,沉积到靶材表面的介质材料与金属靶材和等离子体构成了平板电容,隔离了氩离子形成的直流电源,导致没有离子轰击而出现中毒现象。如果介质层击穿强度不足以抵抗直流电场,介质层被击穿而释放大量的电荷产生电弧放电,极大地影响等离子体的稳定性和均匀性。

采用脉冲电源或射频电源(如 13.56MHz)的溅射称为脉冲溅射或射频溅射。其特点是施加在靶材电极上的电压从直流变为带有负脉冲的交流,如图 3-9 所示[22-23]。首先对金属靶材施加－400V 的典型电压,加速离子轰击金属靶材并与等离子体中的反应气体结合实现基底表面的化合物溅射,而再次被沉积到金属靶材的化合物形成介质层,这个介质层收集低能离子,使其在接触等离子体的上表面充电。充电过程提高了介质层的电势,因此能够到达介质层的离子数量减少,降低了介质层被轰击的程度。随着充电时间延长,介质层的表面甚至可以达到与所施加的外电压幅值完全相等但极性相反的电势,即+400V,完全排斥离子。随后,靶材的极性迅速翻转为+100V,与等离子体相接触的介质层的上表面会从+400V吸收电子而被充电到−100V。当靶材极性再次翻转到−400V时,介质层表面的电势变为−100V−400V=−500V,能够吸引更强的氩离子流而轰击介质层。采用中等频率100~250kHz和占空比50%~90%的脉冲溅射,可以显著降低电弧的形成,获得低缺陷密度的介质层沉积。

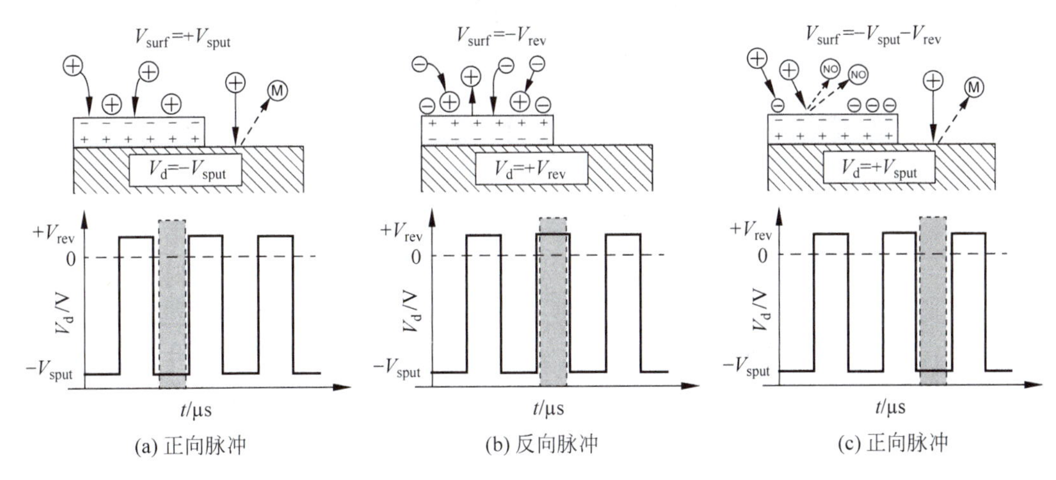

图 3-9 脉冲和射频溅射

交变电压在正半周期内加速离子轰击靶材实现溅射,但在随后的负半周期内将基底变为阴极,使正半周期沉积在基底上的薄膜被轰击而脱离基底。解决这一问题的方法是采用非对称溅射,即正半周期和负半周期并不完全相同,包括电压、周期长度和极板结构。通常负半周期的时间占比为10%~50%,电压只有正半周期的10%~20%。此外,靶材和基底分别作为阴极时,二者鞘层电压之比大体正比于二者面积反比的平方,即图3-8(c)中$V_T/V_S \propto (A_S/A_T)^2$,因此通过增大基底极板面积、减小靶材面积,使正半周期中离子轰击强度远大于负半周期,从而使靶材的轰击强度远高于基底的轰击强度。

由于负半周期内电子被靶材阳极吸收,中和了正半个周期内靶材上聚集的离子,因此可以溅射介质材料。射频电压使电子在等离子体区往复运动,增加了与氩原子的碰撞概率,能够耦合更多的能量,获得更高的等离子体密度。通常射频电压的幅值小于1kV,远低于直流溅射。射频溅射的缺点是射频源结构复杂、成本高、匹配难度大。

磁控溅射是利用磁电效应产生的磁约束将电子限制在特定的区域内,以产生更高密度等离子体的技术,可以在较低的腔体压强下获得更高的沉积速率。如图3-10所示,利用外部永磁体和直流电源在阴极靶材表面产生正交的电场和磁场,电场垂直于阴极表面,磁场平行于阴极表面。阴极表面附近的电子,在磁场内受到霍尔效应的作用,在阴极表面的运动轨迹为螺旋线形状,使电子被限制在磁场内,增加了电子与气体的碰撞概率,提高了等离子体密度。带电粒子在磁场中运动轨迹的半径r与磁感应强度B和鞘层电压V_d的关系大体可以表示为

$$r \approx \frac{1}{B}\sqrt{\frac{2m}{e}V_d} \tag{3.1}$$

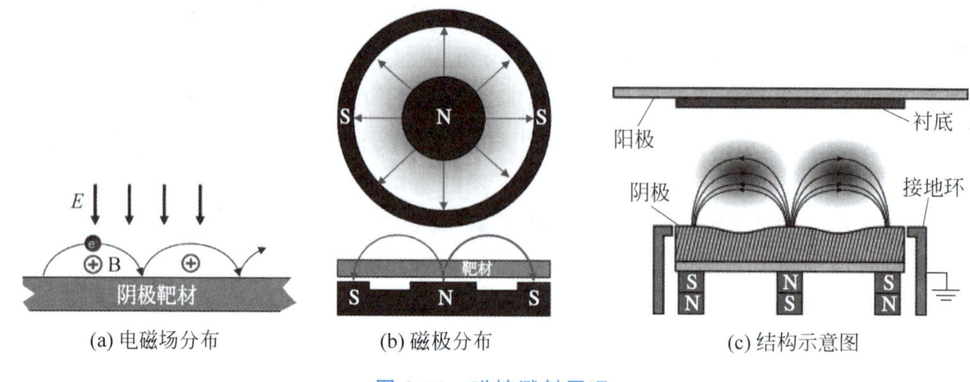

(a) 电磁场分布　(b) 磁极分布　(c) 结构示意图

图 3-10　磁控溅射原理

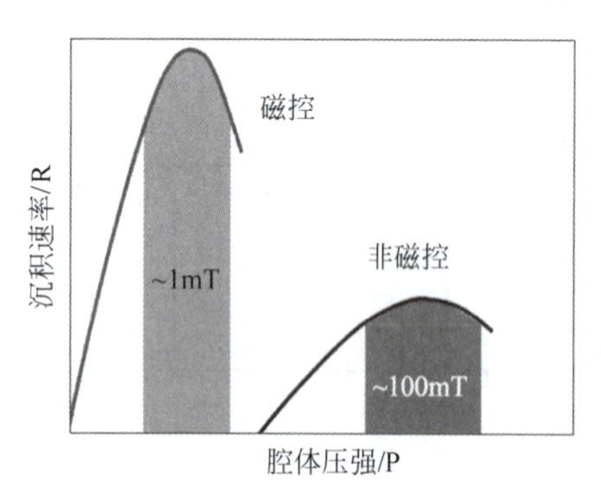

图 3-11　磁控溅射与非磁控的沉积速率

对于常规的100V左右的鞘层电压和100Gs左右的磁感应强度，电子的轨迹半径约为0.3cm，而氩离子的轨迹半径约为81cm，因此电子在磁场内的运动轨迹长度大幅提高。通过磁控方式，可以将离子化率提高2个数量级，可产生等离子体的腔体压强降低2个数量级，从而在低腔体压强下获得高沉积速率，如图3-11所示。常规平板直流磁控溅射的腔体压强为0.1～1Pa，施加的阴极电压300～700V，产生的磁场强度为20～60mT。在上述压强下，离子的碰撞比例很低，沉积速率只受电源功率的限制。气体的离子化率约为0.1%，极板附近的电子密度为10^{15}～10^{17}/m^3，电流密度为4～60mA/cm^2，沉积速率为20～200nm/min[22]。磁体一般放置在阴极的后面，为了获得更好的均匀性和靶材利用率，可以通过驱动磁体旋转的方式改变磁场。

当磁控溅射的电源为脉冲电源或射频电源时，分别称为脉冲磁控溅射或射频磁控溅射，结合了射频溅射与磁控溅射的优点。采用电感耦合等离子体磁控溅射和微波放大磁控溅射源，可以通过二次放电获得更高密度的等离子体，电子密度可达10^{17}～10^{18}/m^3。当束流中离子数量多于中性原子数量时，称为离子化物理溅射iPVD[24]。几乎所有的iPVD都可以获得10^{18}/m^3以上的电子密度，因此等离子体密度更高，但是电子加热现象显著。近年来出现了高功率脉冲磁控溅射的方法，采用0.5～10kW/cm^2的峰值功率和500～2000V的电压，但占空比只有0.5%～5%，可以产生电流密度为3～5A/cm^2，脉冲长度为30～100μs，重复频率为50～5000Hz，电子密度高达10^{18}～10^{19}/m^3，对应的电子平均自由程接近1cm。

溅射采用的腔体压强一般为0.1～100mTorr，可以在低于150℃的温度下沉积金属以及介质材料，能够在300mm晶圆甚至更大的表面获得较好的均匀性。通过多靶和多腔设备，还能够实现良好的清洁和防止氧化。溅射使用的靶材直径一般比晶圆直径大50%，均匀性和共形能力远好于蒸镀。溅射沉积的材料与基底材料的结合力较弱，通常需要在溅射前进行表面处理增强结合力，如利用红外灯加热去除介质层表面吸附的水汽，这对于亲水性的有机介质材料更为必要；并采用较弱的氩等离子体轰击进行预溅射，去除金属表面的氧化物和杂质；利用较低偏压在ICP中进行预清洗刻蚀，提高对表面介质层的粘附性。

3.2.1.2 共形溅射

尽管溅射相比于蒸镀具有更好的均匀性和共形能力，但是由于溅射原子方向性发射的特点，结构开口处的到达角度大而底部的到达角度小，使发射角度较大的原子在开口形成悬突，溅射薄膜在结构侧壁处较薄，在底部边缘不连续，如图 3-12 所示。由于溅射的原子是电中性的，难以通过电磁的方法调整飞行轨迹和方向，因此常规溅射一般只适用于深宽比小于 2∶1 的情况。

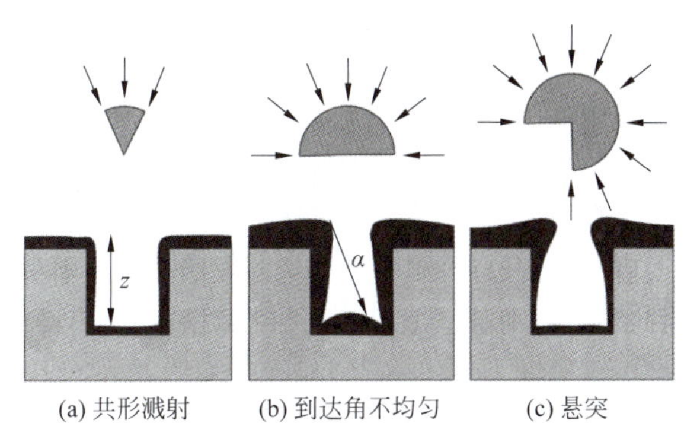

(a) 共形溅射　(b) 到达角不均匀　(c) 悬突

图 3-12　溅射共形能力

提高溅射共形能力有两类方法：

第一类方法是利用特定结构去除角度较大的原子，如长程溅射和准直溅射，如图 3-13 所示。长程溅射增加阴极到基底的投射距离，例如，对于 200mm 溅射系统将阴极和基底的距离从 5～7cm 增加到 25～30cm，使间距与阴极直径相当。当腔体压力足够低(如 0.1mTorr)时，原子的平均自由程很长，在到达基底前的碰撞和散射可以忽略，原子基本以离开靶材表面的角度持续飞行到基底。因为靶材直径与靶材到基底间距基本相当，偏离靶材垂直方向 45°以外的原子不会到达基底，改善了到达原子入射角度的一致性，减小了开口处的到达角，降低了悬突现象。长程溅射适合深宽比小于 3∶1 的结构，缺点是溅射速率下降约 30%，并且腔体内壁的沉积速率加快，需要经常清洗。长程溅射本质上具有方向性，溅射到基底中心的原子来自整个靶材，对称性和均匀性较好，而基底边缘深槽内部朝靶材方向的沉积速率大于背向靶材方向的沉积速率，对于中等深宽比结构，这种差异能够达到 100%以上[25]。如果投射距离进一步加大，需要更高的分子平均自由程和真空度，超过了溅射设备能够允许的成本条件。

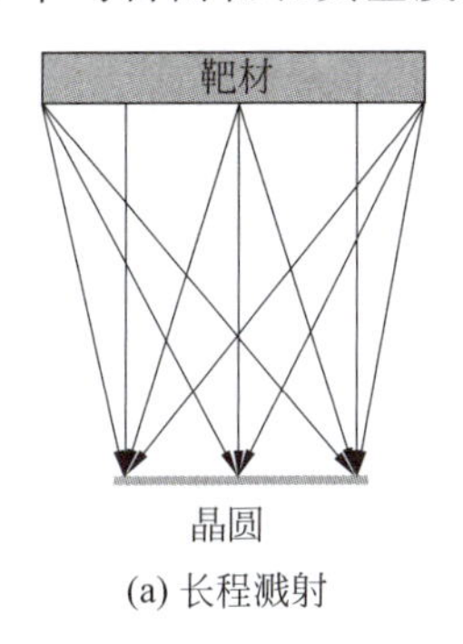

(a) 长程溅射

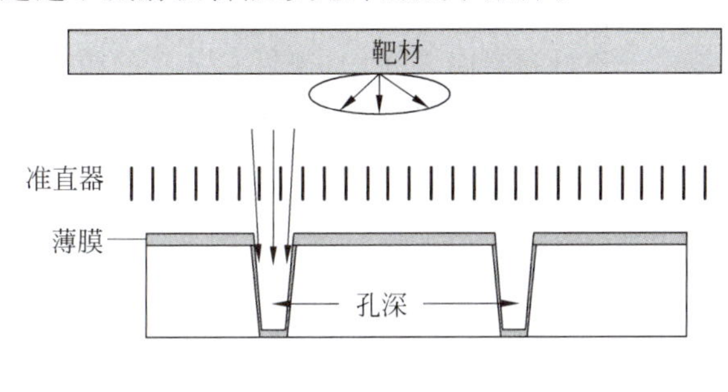

(b) 准直溅射

图 3-13　直接过滤式示意图

准直溅射是通过在基底上方增加具有一定深宽比的准直器实现的。准直器相当于减小了溅射腔体的侧壁宽度，使发射角度较大的原子被准直器的侧壁阻挡，只有符合准直器深宽比的原子能够通过准直器沉积到基底，从而提高溅射的方向性。采用准直器不需要提高投射距离，对溅射腔体压强没有限制，实现简单。通常准直器的孔径为 1cm 左右，高度为 2～5cm，即深宽比为 2∶1～5∶1。由于准直器距离等离子体放电区很近，电子和原子的碰撞温度很高，早期通常采用冷却的方式降温，增加了设备的复杂程度。目前多采用不锈钢或钛制造的蜂巢状准直器,不需要冷却;但是大功率、长时间溅射时仍会使准直器温度升高,甚至超过500℃。准直器可以过滤大角度发射的原子,对于距离阴极2cm并且高度2cm的准直器,当其深宽比为1∶1、2∶1、3∶1和4∶1时,只有发射角度小于14°、7°、5.5°和3.5°的原子可以通过准直器[26]。因此,准直器浪费了大量的原子,能够沉积到晶圆表面的原子只占逸出原子的20%~30%,溅射效率很低,如图3-14所示[27]。准直器上会沉积大量的靶材材料,使其直径减小甚至沉积材料脱落,因此需要经常更换准直器。

尽管上述方法可以在一定程度上控制原子飞行的轨迹,能够实现深宽比为3∶1甚至5∶1的溅射,但是都以牺牲溅射速率和提高成本来换取共形能力的。此外,提高基底温度可以改善原子表面迁移率和共形能力。当基底温度升高到沉积金属熔点的50%以上时,到达基底表面的金属原子会发生显著的微观表面层流动和再晶化[28],即回流。回流可以使深槽底部较厚的材料层流动到底部边缘,提高共形能力。然而,直接在高温基底上沉积金属容易导致金属团簇为球状结构而不是薄膜,因此高温沉积需要采用两步法。首先在100℃左右的温度利用准直溅射沉积一层连续的金属薄膜作为种子层,以提高与基底的粘附性并诱导后续薄膜的晶粒结构;然后将基底(Al和Cu)温度升高到500℃,利用非准直溅射后续的薄膜。如果溅射速率较低,沉积的金属原子有足够的时间在高温下产生表面扩散而重新分布。高温沉积的缺点是会使金属与底层材料热膨胀系数失配引起的应力和翘曲更加恶化。

第二类方法是采用iPVD技术[24],将从靶材逸出的原子进行离子化,然后通过加速电场控制离子的运动轨迹,使离子按照需要的角度沉积到基底表面。如果加速电场提供的电势能远大于离子自身的热能,那么离子在加速电场的作用下能够以近乎垂直的角度沉积到基底表面。如果离子化的比例很高,沉积到基底以金属离子为主,不但方向性可以控制,而且对靶材的利用率很高,沉积速率较快。产生离子化的方法很多,例如将原子通过电子束或等离子体。实际上,非iPVD的溅射方法,包括电子回旋谐振ECR和磁控溅射,都会产生少量的离子沉积。

图3-15为电感耦合提供射频电场实现等离子体的iPVD原理图。线圈环绕在腔体侧壁外部,高度位于靶材和基底之间,与靶材和基底的距离一般为几厘米。线圈通常为1~3圈,功率为1~3kW,射频频率为1.9MHz或13.56MHz,通过匹配使线圈末端的相位比起始端落后180°。惰性气体在腔体内产生的等离子体包括两部分:一是由平板电极产生的直

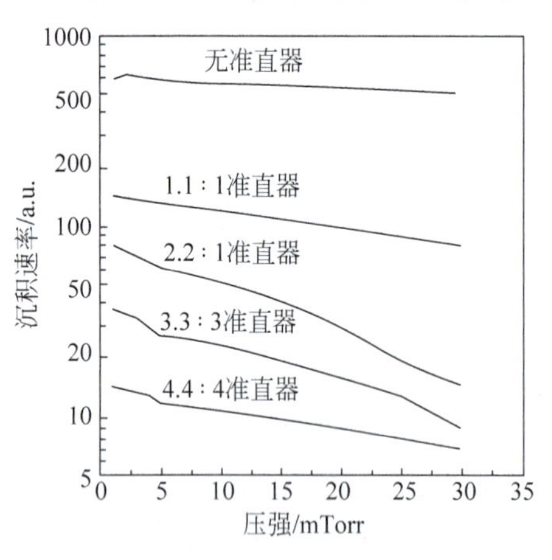

图3-14 准直器溅射速率

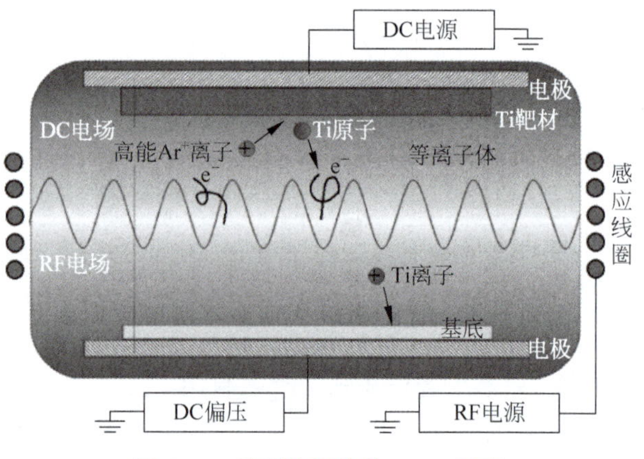

图3-15 实现离子体的iPVD原理

流等离子体,由磁控控制在阴极靶材附近,轰击靶材释放金属原子;二是由电感耦合产生的射频等离子体,位于阴极和基底之间。从阴极释放的金属原子经过射频等离子体区时,原子在电子的轰击下离子化。因为氩离子化的能量15.7eV远大于金属原子离子化所需的5～7eV,进入射频等离子体区的原子被离子化的比例非常高。如果离子进入了基底表面的鞘区,就会被鞘层电势加速,以近乎垂直的角度沉积到基底表面;如果离子向阴极鞘区漂移,就会被磁控管电势加速,高速撞击阴极靶材并轰击出更多的原子。

到达基底表面的逸出原子中,离子化的比例受等离子体密度的影响,而等离子体密度依赖射频功率和腔体压强。溅射的射频功率是重要优化参数,功率合理增大,可以提高溅射薄膜的粘附性和共形能力。此外,离子化程度也与原子在射频等离子体区内停留的时间(被电子碰撞的概率)有关。当腔体压强较低时,逸出原子快速通过射频等离子体区域,离子化程度较低;当腔体压强较高时,逸出原子与气体分子的碰撞次数增加,通过射频等离子体区域的时间变长,离子化的概率提高。iPVD的腔体压强通常为15～30mTorr,远高于一般溅射的腔体压强。沉积到基底表面的离子化的比例相当高,在高腔体压强、高射频功率和较低溅射速率的情况下可达90%。

得益于上述技术,iPVD沉积具有良好的均匀性,目前在300mm晶圆上厚度非均匀性小于5%。此外,iPVD具有较好的共形沉积能力,图3-16为不同方法沉积Ti薄膜的共形能力[21]。由于共形能力的提高,iPVD在TSV内部沉积共形金属薄膜的能力大大增强[29],可以在深宽比为5∶1～10∶1的TSV内部沉积,共形能力可达30%～15%,被广泛应用于量产TSV中粘附层、扩散阻挡层、电镀种子层的制造。

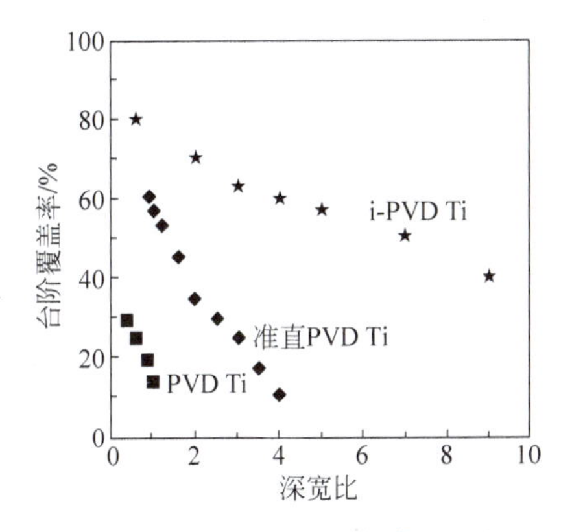

图3-16　离子化PVD在高深宽比结构表面的台阶覆盖率

iPVD沉积的扩散阻挡层具有良好的扩散阻挡能力,铜种子层具有很低的电导率,满足TSV对扩散阻挡层和导电能力的要求。表3-1为Oerlikon的HIS系列iPVD制造的扩散阻挡层的典型性质。iPVD在生产率、耗材成本、灵活性等方面具有很好的优势,是目前中低深宽比TSV的主要沉积方法。对深宽比高于10∶1的深孔,iPVD同样会在开口处产生明显的悬突,在孔内产生底部厚、侧壁薄的情况,甚至导致薄膜不连续。提高共形能力必须提高离子化率,仅通过增加沉积厚度难以解决,并且表面沉积层过厚会产生较大的应力,需要更长时间的CMP去除表面沉积层,导致更高的成本。在沉积以后,可以通过离子的纯轰击作用,将金属从沟槽底部通过溅射转移至侧壁并消除突悬,提高共形能力。

表3-1　iPVD制造的扩散阻挡层典型性质

材料和深宽比	沉积速率/($nm \cdot s^{-1}$)		非均匀性/%		最大台阶覆盖率/%	电阻率/($\mu\Omega \cdot cm$)	薄膜应力/MPa
	200mm	300mm	200mm	300mm			
Ti的深宽比10∶1	3	2.5	4	6	>2	<70	<500压应力
α-Ta的深宽比10∶1	3	2.5	4	6	>2	<26	<700压应力
Cu的深宽比10∶1	11	11	6	8	>1	<2.7	<200拉应力

3.2.1.3 薄膜应力

溅射薄膜一般存在残余应力,包括外部应力、热应力和本征应力。外部应力是薄膜与环境因素作用的结果,如吸附水气导致的应力;热应力是薄膜和基底的热膨胀系数不同,以及溅射温度与室温的温差造成的膨胀程度不同而导致的;本征应力是沉积过程中晶体缺陷的累积效应造成的。硬质高熔点材料(如钼),在低温下沉积时固有应力往往超过热应力;低硬度、低熔点材料(如铝),原子的体扩散使本征应力得到松弛,热应力往往占主导地位[30]。

本征应力由沉积的晶粒或晶格形状、结构、密度、缺陷等决定。粒子的能量是导致金属溅射产生本征压应力的重要因素,腔体压强、偏置电压以及基底晶向和温度等都会影响粒子的能量[31]。对于任何一种金属,溅射都存在本征应力为零的转变腔体压强,如图 3-17 所示[31]。当腔体压强低于转变值时,被溅射原子的碰撞少,以更高的动量和垂直角度到达基底表面,薄膜致密,溅射表现为压应力。当腔体压强高于过渡值时,金属表现为拉应力,并且拉应力出现极大值。这是由于再溅射氧基污染物(容易产生压应力)和微孔湮灭同时发生,拉应力增加,但是当压强更大导致被溅射原子到达表面时其动量因碰撞而大部分损失时,沉积到表面的原子间相互作用减弱,使应力趋于零。对于重金属(如 W),由于溅射过程中使重金属原子散射并获取能量需要更多的氩离子,其过渡腔体压强高于轻金属(如 Ti)。采用平板射频电极沉积 Mo 厚度为 280～350nm 时,偏置电压对本征应力的影响与腔体压强的影响有类似的关系[32]。由于偏置电压影响粒子轰击原子的动量和角度,影响原子的动量和角度,因此其影响结果与腔体压强类似。

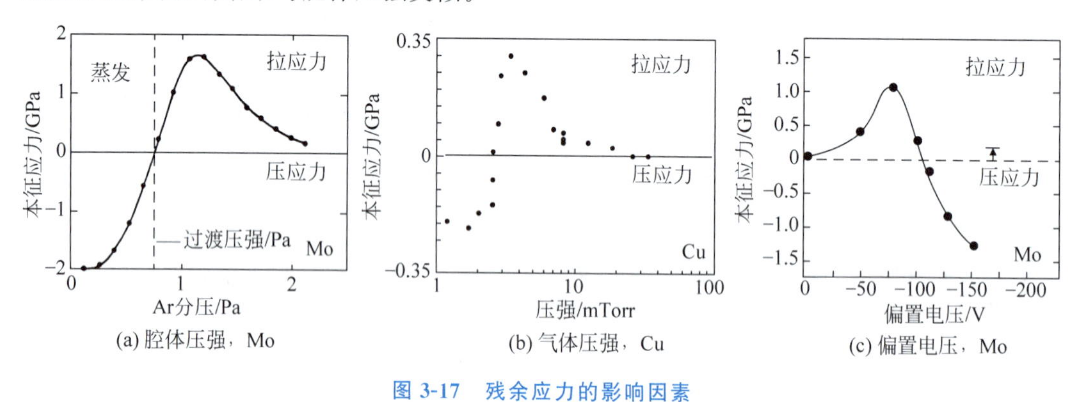

图 3-17 残余应力的影响因素

3.2.2 化学气相沉积

化学气相沉积是应用最为广泛的介质薄膜沉积技术。CVD 通过将两种或两种以上的反应气体导入反应腔内,由一定的温度或等离子体提供能量,使反应气体之间发生化学反应,形成固态薄膜沉积到基底表面。CVD 适用于大多数非金属、多数金属和金属合金薄膜,如多晶硅、二氧化硅、氮化硅、铜、钨、钛等,可以得到比较好的共形能力和均匀性。

3.2.2.1 化学气相沉积的反应过程

图 3-18 以 SiH_2Cl_2 和 H_2 反应沉积非晶硅为例,说明典型 CVD 的反应过程。CVD 的过程如下:①反应物输运:反应气体以及载气进入反应腔内部,部分反应气体在高温下分解,如 SiH_2Cl_2 分解为 $SiCl_2$ 和 H_2。②反应物扩散:基底表面的气流为静止层,反应物气体

无法通过对流到达基底表面，只能依靠浓度梯度形成的扩散，使气体分子通过静止层达到基底表面。③反应物吸附：反应物分子通过物理或者化学吸附，吸附在基底表面。④表面迁移：在温度的促进下，吸附在基底表面的反应物分子会发生迁移形成再分布。⑤化学反应：通过等离子体或者高温提供的能量，反应物分子之间在基底表面发生化学反应，形成固态反应产物沉积在基底表面，如 H_2 与 $SiCl_2$ 反应生成固态 Si 和气态 HCl。⑥固态沉积和反应副产物扩散：固态产物与基底原子形成化学键沉积在基底表面，反应副产物中的气体通过扩散离开基底表面，挥发到反应腔体中，通过排气系统排出腔体。

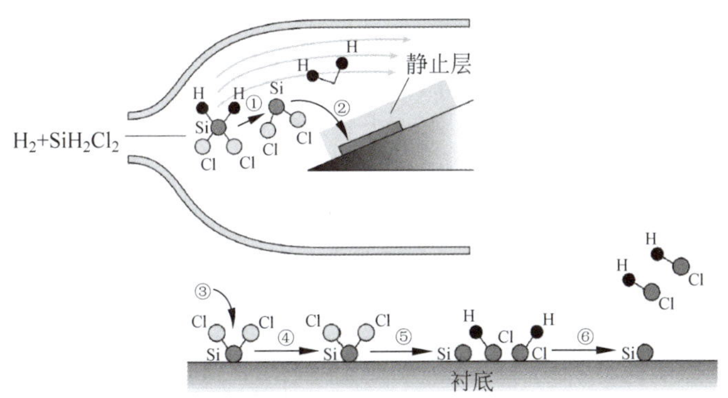

图 3-18　CVD 反应过程原理

决定 CVD 反应速率的因素主要是②反应物扩散过程和⑤化学反应过程。反应物气体分子通过浓度梯度扩散到基底表面，该过程由气体分子的扩散速率决定。影响扩散速率的因素包括浓度梯度(气体浓度)、分子的扩散系数以及表面静止层的厚度。增大反应气体流量，提高浓度差；提高温度，增大扩散系数；降低反应腔压强，减小静止层厚度，提高扩散速率。化学反应过程的影响因素包括气体分子种类以及基底的温度等。在给定气体分子种类的情况下，提高温度可以显著提高化学反应速率。

当基底温度较高、反应物的化学反应足够快时，所有输运到基底表面的反应物分子都即时进行了化学反应，此时 CVD 的速率主要由反应物的扩散输运能力决定。增大气体流速和腔体压强可以提高 CVD 沉积速率；但是过高的腔体压强使静止层变厚，并且使气体分子会出现成核现象，导致沉积速率反而下降。当基底温度较低时，扩散输运到基底表面的反应物超过了化学反应的消耗量，CVD 速率主要由化学反应决定。通常情况下，CVD 的过程是由反应物扩散输运决定的。

按照反应室压强和外部能量等可以将 CVD 分为 LPCVD、APCVD、SACVD、UHCVD、PECVD、HDPCVD 及 MOCVD 等。CVD 沉积的薄膜的性质差异很大，与所采用的 CVD 种类和反应气体种类有关，同时也受到反应腔形状、气体流量、气体路径、气体的比率、反应腔压强、基底温度等因素的影响。表 3-2 为常用 CVD 技术的特性比较。

表 3-2　常用 CVD 方法的性能

沉积方法	压　　强	高温(600℃以上)		中低温(400℃)	
		共形能力	介电性质	共形能力	介电性质
热氧化	低压	极佳	极佳	—	—
LPCVD	低于 10Torr	较好	较好	较差	一般

续表

沉积方法	压强	高温(600℃以上)		中低温(400℃)	
		共形能力	介电性质	共形能力	介电性质
SACVD	低于常压	好	较好	好	一般
APCVD	常压	好	较好	好	较差
HPCVD	高压	好	较好	好	较差
PECVD	低压	—	—	较差	较差

3.2.2.2 影响共形能力的因素

尽管都属于CVD的范畴,但是不同的腔体压强、不同的反应温度和不同的原理使各种CVD在共形能力方面有较大差异。图3-19为共形能力随沉积速率有效常数K_{eff}的变化关系[33]。影响共形能力的因素有反应方法、气体种类、反应温度和表面结构等。在反应方法确定的情况下,气体的表面迁移率和反应物的到达角都会影响共形能力。影响表面迁移率的因素有前驱体类型、基底温度和基底材料等。不同的反应前驱体和基底材料具有不同的粘附系数和表面能,而基底温度影响气体分子的扩散和再分布特性。反应物的到达角受结构的影响,使不同位置的反应物浓度产生差异,造成沉积的非均匀性。一般而言,反应气体的表面粘附系数越低、腔体温度越高、腔体压强越小,其共形能力越好。

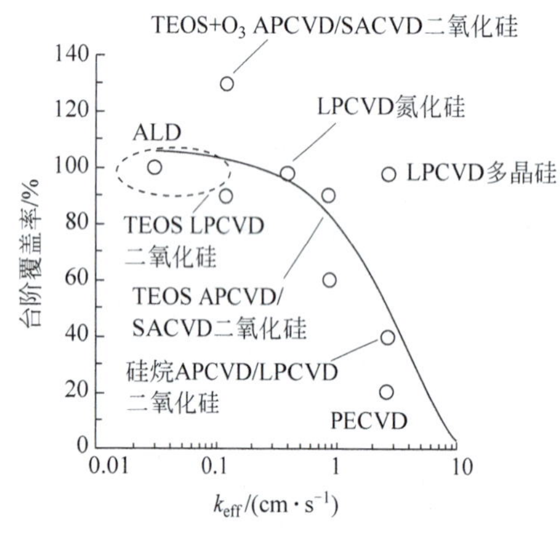

图3-19 CVD方法的共形能力

反应气体前驱体的表面迁移率取决于表面吸附能力,一般用粘附系数描述,如表3-3所列。粘附系数越大,气体分子在固体表面的迁移率和再分布能力越低。分子在基底表面吸附包括物理吸附和化学吸附两类。物理吸附是依靠原子间弱引力如氢键或范德华力形成的弱吸附,其结合能低于0.5eV,容易发生表面迁移,离子轰击和400℃的温度都会导致显著的表面迁移和再分布。化学吸附是由吸附原子与基底原子之间形成化学键而产生的强吸附,其结合能超过2eV,吸附分子的表面迁移率低,通过约20eV的离子轰击能使部分化学吸附发生表面迁移。

表3-3 SiH_x粘附系数

气体	粘附系数	气体	粘附系数
SiH_4	$3\times10^{-4}\sim3\times10^{-5}$	SiH	0.94
SiH_3	0.04~0.08	TEOS	10^{-3}
SiH_2	0.15	WF_6	10^{-4}

在TSV内沉积薄膜的厚度均匀性还受到反应物浓度的影响。对于非平整表面,不同的位置具有不同的反应物输运到达角,到达角越大,反应物的来源越多,浓度越高,沉积速率就越快,如图3-20所示。这种结构导致的非均匀性是影响TSV内薄膜厚度均匀性的重要因素之一。对于高深宽比的TSV,深孔内部的到达角度很小,反应物向深孔内部和底部的输

运只能依靠从开口位置的长距离扩散，这使深孔内部的反应物浓度与表面相比大幅度降低，从而导致反应速率的差异，引起 TSV 非共形沉积。

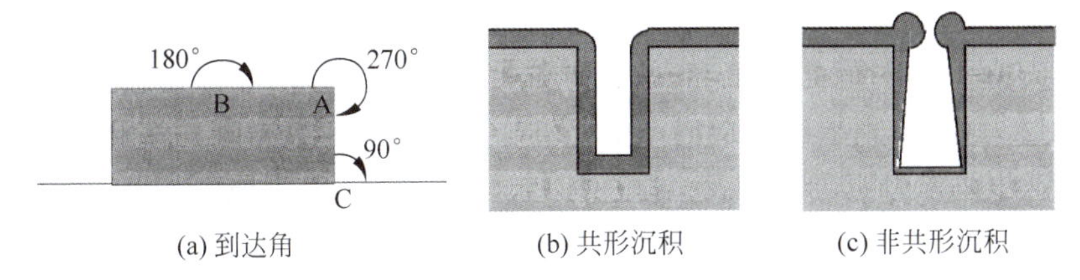

(a) 到达角　(b) 共形沉积　(c) 非共形沉积

图 3-20　结构对均匀性的影响

此外，CVD 中的化学反应过程属于气相反应还是表面反应，对沉积的均匀性也有重要的影响。气相反应是反应物分子尚未到达基底前就发生了部分反应，将固态反应产物沉积到基底上。由于固态物质分子表面迁移率低，这种反应的共形能力差。表面反应是反应物到达基底后再发生的反应，由于气体反应物分子较固态反应产物分子有更高的迁移率，表面反应的共形能力更好。

3.2.2.3　等离子体增强化学气相沉积

等离子体增强化学气相沉积(PECVD)利用低压气体放电形成的等离子体应用于化学气相沉积。如图 3-21 所示，PECVD 采用几百帕以下的低压气体放电形成低温非平衡等离子体，电离过程主要是快速电子与气体分子碰撞引起，电子的平均热运动能量和温度都远高于质量更大的分子、原子、离子和自由基。多数 PECVD 是典型的冷壁 CVD，反应腔体不加热，依靠钨卤灯等对基底快速加热；反应完成后在真空腔中主要靠辐射散热降温，在腔体通入惰性气体可以提高降温速度。

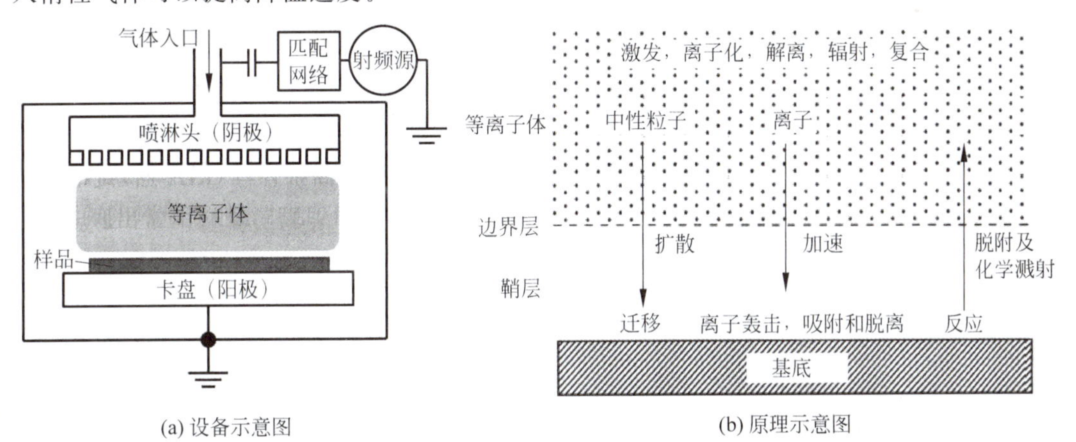

(a) 设备示意图　(b) 原理示意图

图 3-21　PECVD 原理

PECVD 与常规 CVD 相比有以下优点：①借助等离子体中高化学活性基团，可以将反应温度降低到 400℃以下。如 PECVD 沉积 SiN 的反应温度一般为 300～400℃，沉积 SiO_2 的温度为 150～350℃，近年来出现了低于 150℃的沉积工艺。②PECVD 通常在较低的腔体压强下进行，可以提高沉积速率、均匀性和台阶覆盖能力。③PECVD 可获得性能独特的薄膜，沉积的多层结构的生长界面清晰。④适用范围广，可沉积多种金属、非晶态无机材料和有机聚合物薄膜。

PECVD 借助低温等离子体产生高化学活性的分子团,能够在较低的温度下完成原本高温才能激发的化学反应。反应物气体形成的等离子体中有大量的自由基,自由基带有悬挂键,具有极强的化学活性,在低温下也极易发生化学反应。如 SiH_4 的等离子体中包含 SiH_3、SiH_2、SiH 等自由基、离子和各种激发态。离子对基底表面的轰击产生局部加热效应,进一步促进了化学反应。PECVD 产生的成分可能是非平衡的独特成分,其形成已不再受平衡动力学的限制。PECVD 与高温 CVD 的化学反应热力学原理不同,在等离子体中,气体分子的解离是非选择性的,因此 PECVD 沉积的薄膜多数是非晶态的。

常规原位 PECVD 中,等离子体在衬底的上方产生,这种结构有两个明显的缺点,一是等离子体的成分难以控制,二是等离子体中的离子轰击衬底,这二者对薄膜性质有很大的影响。将等离子体产生区域远离衬底的方法称为远程等离子体增强 CVD(RPECVD)。远近的标准取决于激发物质的流速,距离与流速成反比通常为几十厘米。远离衬底产生的等离子体,只有长寿命自由基才能被输运到衬底表面,而其他成分会湮灭和消失。因此,RPCVD 可以控制薄膜生长所需的特定自由基,同时避免离子注入引起的衬底损伤。从工艺角度来看,RPECVD 将等离子体的产生与薄膜沉积分离,可以独立地优化每个过程。例如,提高电源功率可以增大耦合到等离子体的功率以产生更高的自由基密度,但是不会增加入射离子的总量而损坏衬底。RPECVD 的缺点是在等离子体产生区域内处于激发态的自由基在输运过程中发生中和、湮灭和消失,因此沉积速率比标准 PECVD 低 1 个数量级。

PECVD 的工艺参数对沉积薄膜的性质如介电常数、组分比例、密度和残余应力等有很大的影响。由于工艺参数的种类多、不同参数之间会产生交叉影响,同时部分参数的影响并非单调,因此 PECVD 的工艺优化较为复杂。尽管如此,多数工艺参数对薄膜性质的影响具有一定的趋势。

PECVD 沉积的薄膜存在明显的残余应力,并且受到多个参数的影响,如图 3-22 所示[34]。所有导致离子轰击增强的因素都会使薄膜生长更加致密,导致压应力增强的趋势,如腔体压强、反应气体流量、电源功率和电极间距等,这些参数主要是通过影响离子对薄膜的轰击程度而影响残余应力的。提高腔体压强或反应气体流量,离子轰击的作用减弱,沉积的原子密度降低,薄膜的拉应力增强;提高电源功率增强离子轰击程度,使沉积薄膜致密化,压应力增强。需要注意的是工艺参数对残余应力的影响并非简单线性的。

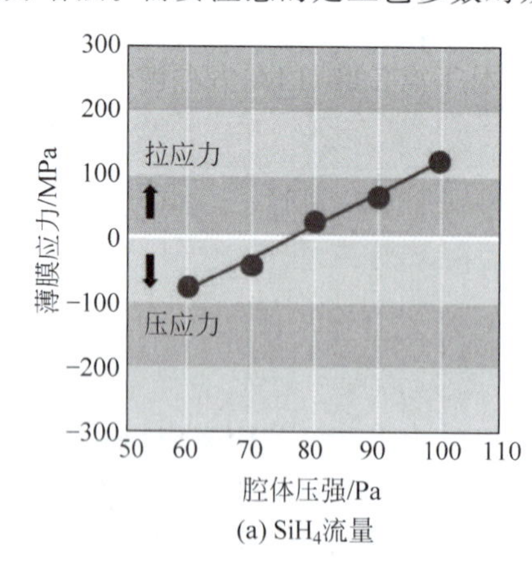

(a) SiH_4流量

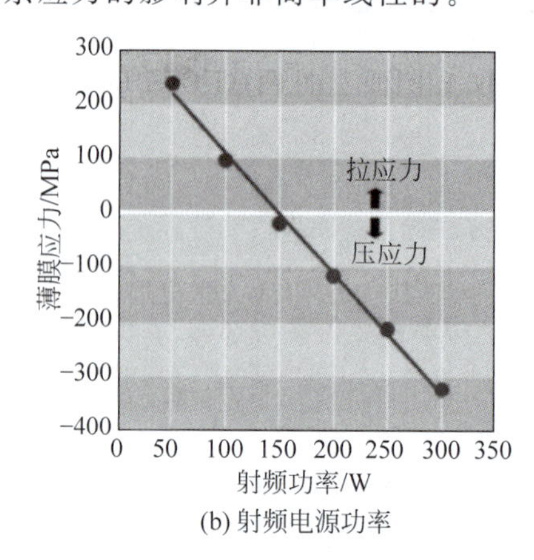

(b) 射频电源功率

图 3-22　残余应力的影响因素

PECVD 沉积过程中离子的轰击不仅影响薄膜的残余应力，还可能对衬底造成损伤，为避免这一问题，目前很多设备采用电源接入不同极板的方式对离子进行控制。如图 3-23 所示，射频电源可以接入上基板或承载衬底的下极板，前者称为阳极 PECVD，后者称为阴极 PECVD。阳极 PECVD 中，射频电源连接上极板将能量耦合到等离子体，由于承载衬底的下极板接地，与等离子体电势的电势差很小，因此对离子的吸引很弱，降低了离子轰击的影响。阴极 PECVD 中，射频电源连接下极板，下极板与等离子体之间的电势差等于等离子体电势与自偏压之和，因此对离子加速效果更加显著，离子以很高的能量轰击衬底。阳极 PECVD 可以减少离子轰击，但沉积速率比阴极 PECVD 低约 1 个数量级。阴极 PECVD 沉积速率快，共形能力好，但离子轰击作用较为显著。

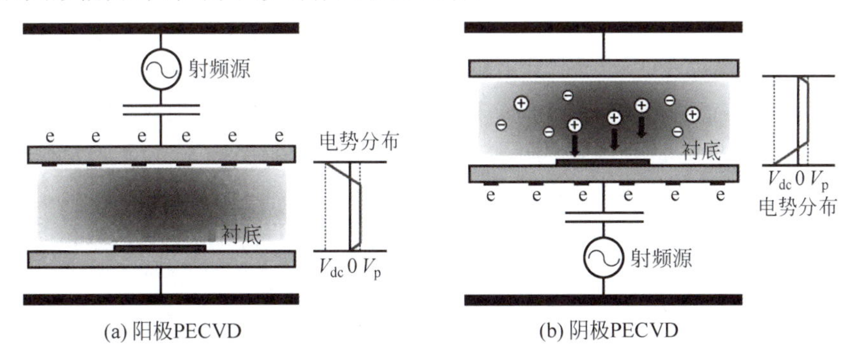

图 3-23 PECVD 结构形式

目前广泛使用的 PECVD 设备都采用双频电源，其中高频为 13.56MHz 至数百兆赫，低频为 100～350kHz。在高频频率下，等离子体中的离子无法响应电场的快速变化，在 100Hz 左右的低频下，离子可以跟上电场的变化并对沉积薄膜产生轰击作用。离子的轰击可以调整薄膜的应力和密度，一般情况下轰击越强，薄膜的密度越高、压应力越大。因此，通过调整高低频的功率可以对薄膜应力进行调整。图 3-24 为 SiH_4 沉积 SiO_2 和 SiN 的薄膜应力受双频比例影响的关系[35]。随着高频比例的提高，低频产生的离子轰击减弱，薄膜应力从压应力向拉应力发展。

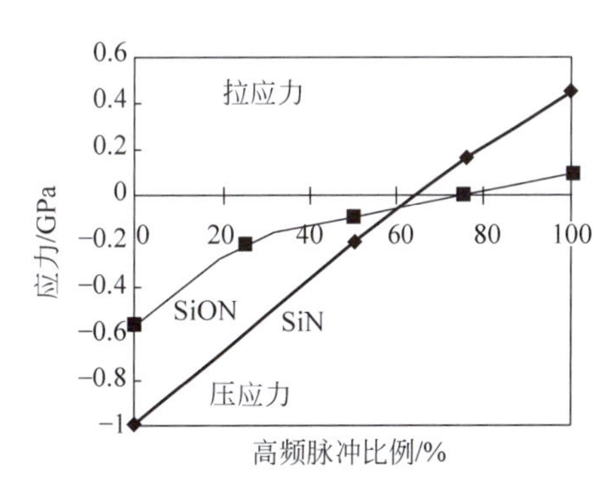

图 3-24 双频时间比对薄膜应力的影响

PECVD 的沉积位置是非选择性的，腔体和电极表面同样会沉积，因此必须周期性地利用等离子体如 CF_4 进行清理，以保持工艺稳定并避免沾污。因为沉积温度低，反应过程中产生的副产物气体和其他气体容易吸附在反应界面，薄膜中残留成分如氢和氮比较多，影响薄膜的性质。此外，离子轰击容易造成基底材料和薄膜的损伤和缺陷，作为介质层使用时容易形成缺陷电荷。

3.2.3 金属有机物化学气相沉积

金属有机物化学气相沉积（MOCVD）是一种 CVD 技术，最早由 Rockwell 公司的 Manasevit 等于 1968 年提出，20 世纪 80 年代初进入实用化。MOCVD 能在较低的温度下外延沉积高纯度的薄膜，减少了材料的热缺陷和本征杂质含量，能够以原子级的精度控制薄膜的厚度，通过质量流量精确控制化合物的组分和掺杂量。MOCVD 是Ⅲ-Ⅴ族化合物材料制备的主要方法，广泛应用于半导体、光学器件、气敏元件、超导薄膜、铁电/铁磁薄膜、高介电材料等多种薄膜的制备。

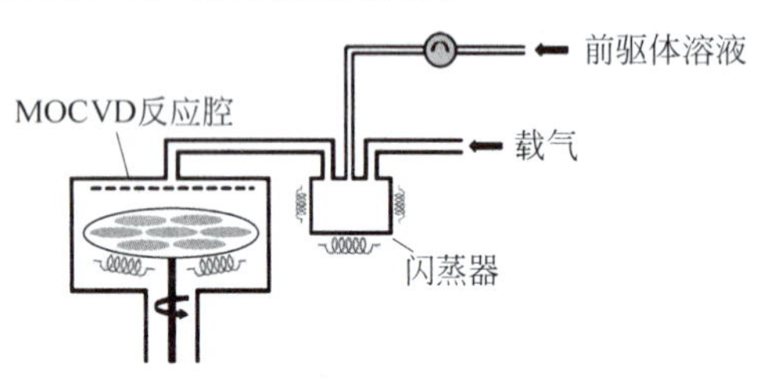

图 3-25　典型的 MOCVD 系统组成

图 3-25 为典型的 MOCVD 系统组成示意图[36]，系统主要包括反应腔、前驱体输运、载气输运、蒸发器和相关的控制系统等。MOCVD 利用金属有机化合物作为反应物前驱体，前驱体从液态气化形成气态，然后被氢气、氦气、氩气或氮气等载气带入反应腔，通过热分解后在基底表面与反应气体发生化学反应，形成高质量的外延层。MOCVD 是一种冷壁 CVD，反应腔体不加热，反应气体和基底都是加热的高温状态，基底温度通常为 400～1300℃。腔体压强低于或接近大气压，一般为 10mTorr～100Torr，基底可进行 1500r/min 的高速旋转，以提高沉积的均匀性和质量。

MOCVD 的生长原理如图 3-26 所示，生长过程可分为反应物(反应气体和前驱体)输运和混合、反应物扩散、反应物表面吸附、化学反应、反应产物表面迁移和扩散、反应产物成核和生长、副产物脱附等几个过程。通常利用氮气等载气将气化的反应物前驱体输运进入反应腔，前驱体通过扩散经过边界层到达基底表面。含有金属的前驱体分子吸附在基底表面，在基底高温的作用下前驱体分子裂解，随后在基底表面与还原剂反应，生成金属或金属化合物。所生成的固态原子在基底上发生表面迁移，并经过成核与生长过程，最终形成固态薄膜。在给定前驱体和反应气体的情况下，决定 MOCVD 反应性质的因素包括基底温度、气体流量和反应腔压强，同时反应物混合过程的气相反应、反应物在边界层的扩散或热解，以及基底表面反应产物的排出等也有重要影响。

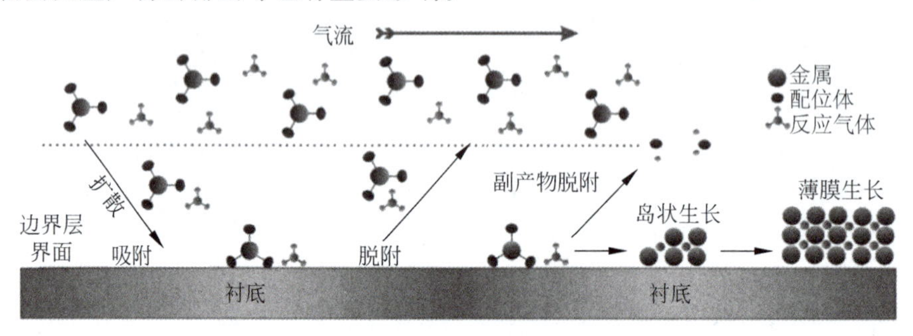

图 3-26　MOCVD 的生长原理

MOCVD 的反应前驱体在室温下具有较高的纯度，一般为单体，但三甲基胺为二聚体。通常为金属的烷基、乙基、芳基、羟基衍生物、乙酰、丙酮基以及羟基化合物，如图 3-27 所示。最常用的是通过脂肪烃或卤代烷与金属反应制备的烷基前驱体，为非极性分子，室温下为液态，一般甲基金属氧化物在 200℃时分解，乙基金属氧化物在 110℃分解。脂环烃类化合物结构中，碳链组成环状结构，如图中环戊烷结构。芳基化合物前驱体为具有六配位体的苯环结构，通常利用芳香烃反应制得。乙酰丙酮化合物戊二酮在空气中稳定，易于溶于有机溶剂，这点比烷基和其他烃氧化物类具有优势。乙酰丙酮化合物通过金属与乙酰丙酮反应制备，是常用的催化剂，并在 CVD 沉积金属方面有应用，如超导材料钇钡铜氧的沉积。前驱体对 MOCVD 的生长具有决定性作用，反应参数随前驱体而改变。

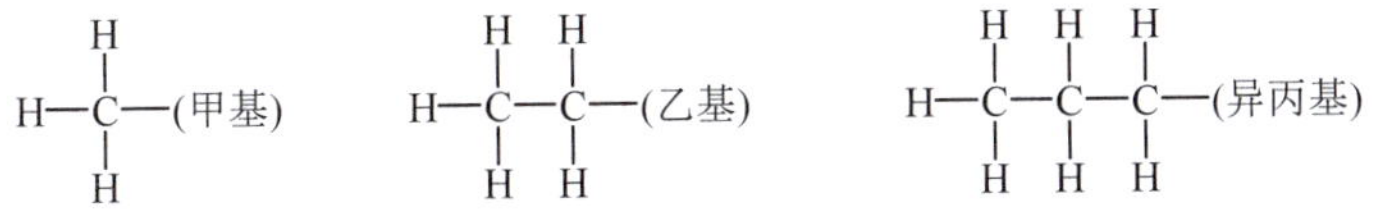

(a) 烷基化合物

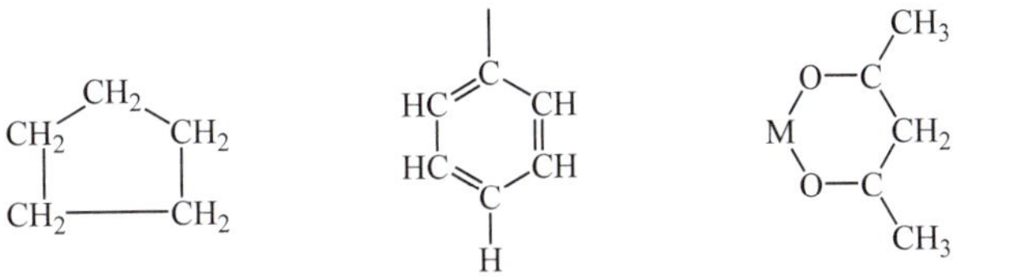

(b) 脂环化合物　(c) 芳基化合物　(d) 乙酰丙酮化合物

图 3-27　前驱体分子结构

表 3-4 和表 3-5 列出常用烷基前驱体和乙酰丙酮酸前驱体。多数前驱体在室温下是稳定的，但具有挥发性，且在一定温度下易于热分解。多数前驱体化合物具有强烈的反应活性，特别是低级烷基，通常能与氧产生强烈的反应。很多金属氧化物前驱体具有强烈的毒性，并且遇水会产生爆炸。

表 3-4　常用烷基前驱体

化　合　物	分　子　式	类　　型	熔点/℃	沸点/℃	蒸气压/mmHg
三甲基铝	$(CH_3)_3Al$	烷基	15	126	8.4@0℃
三乙基铝	$(C_2H_5)_3Al$	烷基	−58	194	
三丁基铝	$(C_4H_9)_3Al$	烷基	4	130	
二异丁基氢化铝	$(C_4H_9)_2AlH$	烷基	−70	118	
三甲基砷	$(CH_3)_3As$	烷基			238@20℃
二乙基砷	$(C_2H_5)_2AsH_2$	烷基			0.8@8℃
二乙基铍	$(C_2H_5)_2B$	烷基	12	194	
二苯基铍	$(C_6H_5)_2Be$	烷基			
二甲基镉	$(CH_3)_2Cd$	烷基	4	105	28@20℃
庚二酮酸铯	$(TMHD)_4Ce$	烷基	250(dec.)		0.05@130
三甲基镓	$(CH_3)_3Ga$	烷基	−15	5	64@0℃
三乙基镓	$(C_2H_5)_3Ga$	烷基	−82	143	18@48℃
二甲基汞	$(CH_3)_3Hg$	烷基	96		
环戊二烯基汞	$(C_5H_5)_2Hg$	环状			
三甲基铟	$(CH_3)_3In$	烷基	88	134	1.7@20℃
二甲基铟	$(C_2H_5)_3In$	烷基	−32	184	3@53℃
二乙基镁	$(C_2H_5)_2Mg$	烷基			
环戊二烯基镁	$(C_5H_5)_2Mg$	环状	176		
叔丁基膦	$(C_4H_9)PH_2$	烷基			285@23℃
二乙基膦	$(C_2H_5)_3P$	烷基			10.8@20℃
四甲基铅	$(CH_3)_4Pb$	烷基			
四乙基铅	$(C_2H_5)_4Pb$	烷基			
二乙基硫	$(C_2H_5)_2S$	烷基			

续表

化合物	分子式	类型	熔点/℃	沸点/℃	蒸气压/mmHg
三甲基锑	$(CH_3)_3Sb$	烷基			
三甲基锡	$(CH_3)_3Sn$	烷基			
环戊二烯基锡	$(C_5H_5)_2Sn$	环状			
二乙基碲	$(C_2H_5)_2Te$	烷基			7@20℃
四甲基胺钛	$[N(CH_3)_2]_4$	烷基			
二甲基锌	$(CH_3)_2Zn$	烷基	−42	46	124@0℃
二乙基锌	$(C_2H_5)_2Z$	烷基	−28	118	6.4@20℃

表 3-5　常用乙酰丙酮酸前驱体

金属	分子式	形态	熔点/℃	金属	分子式	形态	熔点/℃
钡	$Ba(C_5H_7O_2)_2$	晶体	>320	钕	$Nd(C_5H_7O_2)_3$	粉色粉末	150
铍	$Be(C_5H_7O_2)_2$	白色晶体	108	镍	$Ni(C_5H_7O_2)_2$	粉末	238
钙	$Ca(C_5H_7O_2)_2$	白色晶体	175dec.	钯	$Pd(C_5H_7O_2)_2$	橙色针状	210
铈	$Ce(C_5H_7O_2)_3$	黄色晶体	131	铂	$Pt(C_5H_7O_2)_2$	黄色针状	
铬	$Cr(C_5H_7O_2)_3$	紫色晶体	214	镨	$Pr(C_5H_7O_2)_3$	粉末	
钴	$Co(C_5H_7O_2)_3$	绿色粉末	240	铑	$Rh(C_5H_7O_3)_3$	黄色晶体	
铜	$Cu(C_5H_7O_2)_2$	蓝色晶体	230(s)	钐	$Sm(C_5H_7O_2)_3$	粉末	146
镝	$Dy(C_5H_7O_2)_3$	粉末		钪	$Sc(C_5H_7O_2)_3$	粉末	187
铒	$Er(C_5H_7O_2)_3$	粉末		银	$AgC_5H_7O_2$	晶体	
钆	$Gd(C_5H_7O_2)_3$	粉末	143	锶	$Sr(C_5H_7O_2)_2$	晶体	220
铟	$In(C_5H_7O_2)_3$	奶油色粉末	186	铽	$Tb(C_5H_7O_2)_3$	粉末	
铱	$Ir(C_5H_7O_2)_3$	橙色晶体		钍	$Th(C_5H_7O_2)_4$	晶体	171(s)
铁	$Fe(C_5H_7O_2)_3$	橙色粉末	179	铥	$Tm(C_5H_7O_2)_3$	粉末	
镧	$La(C_5H_7O_2)_3$	粉末		钒	$V(C_5H_7O_2)_3$	粉末	
铅	$Pb(C_5H_7O_2)_2$	晶体		镱	$Yb(C_5H_7O_2)_3$	粉末	
锂	$LiC_5H_7O_2$	晶体	ca 250	钇	$Y(C_5H_7O_2)_3$	粉末	
镥	$Lu(C_5H_7O_2)_3$	粉末		锌	$Zn(C_5H_7O_2)_2$	针状	138(s)
镁	$Mg(C_5H_7O_2)_2$	粉末	dec.	锆	$Zr(C_5H_7O_2)_4$	白色晶体	172
锰	$Mn(C_5H_7O_2)_2$	浅黄色晶体	180				

MOCVD 的优点是反应温度较低、生长温度范围较宽，反应前驱体以气态进入反应室容易实现流量的精确控制，并能通过稀释载气控制生长速率，适用几乎所有化合物和合金半导体，广泛应用介质层、金属和化合物的沉积。MOCVD 的沉积速率较高，但是对薄膜厚度控制精度下降，一般用于 50nm 以上的厚度沉积。MOCVD 的共形能力较好，一般认为当深宽比达到 10∶1 时，MOCVD 的共形能力下降到 20%[37]；但也有研究表明，在 10μm×200μm 的盲孔内沉积 TiN 的共形能力接近 30%。

目前 Structured Materials、Taiyo Nippon-Sanso、Valence Process、Samco 等厂商提供科研用 MOCVD 系统，Veeco Turbodisc(收购 Emcore 的 MOCVD)和 Aixtron 占据量产设备 90%以上的市场份额。MOCVD 设备的关键是保证材料生长的均匀性和重复性，不同厂家的 MOCVD 设备的主要的区别是反应室结构。MOCVD 的缺点是设备昂贵，所使用的有机金属物反应源(如 PH_3、AsH_3、H_2S)以及一些金属氧化物源等多数具有毒性，一些功能金属氧化物制备蒸气压高、热稳定性好的前驱体比较困难，价格昂贵；可以沉积的材料种类受到反应前驱体种类的限制，在制造铜种子层方面仍未有较好的方法。

3.2.4 原子层沉积

原子层沉积（ALD）是一种外延生长技术，1974年由芬兰物理学家T. Suntola（Picosun的创始人）发明，20世纪90年代后期逐渐完善。与MOCVD类似，ALD也是向加热的基底表面通入气态反应物前驱体；与MOCVD连续混合地通入所有反应物前驱体不同，ALD顺序间隔地通入不同反应物前驱体，通过吸附与反应两个分离的过程实现自限制的薄膜沉积。在CVD和MOCVD等连续反应模式中，薄膜沉积速率与反应物的类型、输运速率以及反应动力学有关，反应物输运速率快的位置沉积速率快，导致沉积速率与衬底的材料特性以及结构有关。ALD采用反应物分别输运的方式，通过饱和吸附的方式使所有位置只吸附单层反应物，反应物的浓度与输运速率、衬底材料和结构无关，以此实现绝对均匀的沉积速率。

ALD可以沉积多种金属、氧化物、氮化物、碳化物等，广泛应用于高κ栅介质、扩散阻挡层、磁头以及DRAM的电容介质层沉积等领域。2007年Intel发布的45nm处理器中采用ALD制造HfO_2高κ栅介质，22nm技术节点以后CMOS工艺广泛采用ALD沉积高κ金属栅[38-40]。2010年左右引入的自对准双次和四次曝光技术，利用ALD在光刻胶表面沉积高深宽比的SiO_2等材料，进一步促进了ALD的低成本化和量产应用。目前，CMOS工艺中高κ金属栅和多次曝光已经是量产标准工艺。2019年，ALD设备市场超过12亿美元，最大的应用是自对准曝光[41]，主要设备供应商包括Applied Materials、ASM、Beneq、CambridgeNanoTech、Oxford、东京电子、Picosun、MKS等。

尽管ALD独特的生长方式对前驱体要求很高，近年来前驱体材料的快速发展使ALD能够沉积的材料种类越来越多，已经完全能够满足TSV的需求。ALD既可以沉积介质层（如Al_2O_3和SiO_2），也可以沉积扩散阻挡层（如TiN和TaN），还可以沉积电镀种子层（如Cu、NiB和Ru）。ALD的优点是可以在纳米范围内精确控制薄膜的厚度，并且在高深宽比结构内具有极佳的共形能力。总体上，ALD沉积化合物特别是氧化物和氮化物（如SiO_2、Al_2O_3、HfO_2、TiO_2、ZnO，以及TiN、TaN、WN、SiN等）取得了巨大成功，但是在纯金属沉积（如铜）方面进展仍不够满意。

3.2.4.1 ALD原理

ALD是一种自限制的化学沉积过程，通过顺序交替将反应物引入反应腔体，选择适当的沉积条件形成饱和反应完成一个生长周期，每个周期沉积单层原子膜。通过多次循环相同的周期实现薄膜沉积，并对沉积厚度精确控制。单周期内，ALD的基本过程如图3-28所示。将第一种反应物前驱体通入反应室并化学吸附在基底上，直至完全覆盖基底表面形成一层致密的单层膜，达到吸附饱和而不能再吸附前驱体；导入惰性气体或利用真空将多余的反应物前驱体排出清空，只剩下基底表面的单层膜；将第二种反应物前驱体导入反应室，使之与吸附在基底上的第一种反应物的单层膜发生反应，生成目标化合物的单层饱和薄膜；将剩余的第二种反应物和反应副产物排空完成一次生长周期。

ALD最大的优点是反应自限制的特性，每个周期生长的薄膜都是相同的，总厚度只与循环次数有关，这与其他CVD化学沉积过程中反应速率受到压力、温度、气体流速等多种因素控制不同。由于每个周期只生长单层膜，ALD具有极佳均匀性和复杂结构表面共形生长的能力。由于前驱体的沉积过程是表面交换反应而不是热解，ALD的生长温度也比较低。

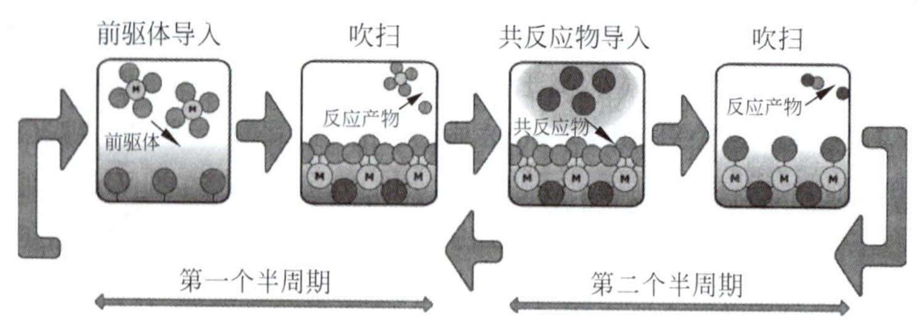

图 3-28 ALD的基本过程

图3-29是采用三甲基铝(TMA，$(CH_3)_3Al$)前驱体沉积 Al_2O_3 的生长过程。如图3-29(a)所示，将反应腔通入TMA，TMA扩散到达Si基底表面，Si表面的自然氧化层通常会吸附水气而形成悬挂的羟基Si-O-H。如图3-29(b)所示，TMA与Si-O-H反应，生成二甲基铝单层膜(CH_3-Al-CH_3)并释放副产物甲烷，反应方程为 $Al(CH_3)_3 + Si\text{-}O\text{-}H \rightarrow Si\text{-}O\text{-}Al\text{-}(CH_3)_2 + CH_4$。如图3-29(c)所示，随着反应的进行，TMA与基底表面的所有羟基发生反应，而由于TMA自身之间不发生反应，因此基底表面最终形成一层饱和的二甲基铝单层分子膜，反应饱和后通入惰性气体将剩余的TMA和反应副产物排出。如图3-29(d)所示，向反应腔内脉冲式通入水蒸气。如图3-29(e)所示，水蒸气与基底表面单层膜的悬挂甲基反应，形成铝氧桥键Al-O以及新的羟基基团，并形成副产物甲烷，其中铝氧桥键Al-O构成了产物 Al_2O_3，而新生成的羟基悬挂键与下一周期的TMA反应，反应过程为 $2HO_2 + Si\text{-}O\text{-}Al\text{-}(CH_3)_2 \rightarrow Si\text{-}O\text{-}Al(OH)_2 + 2CH_4$。如图3-29(f)所示，再次利用惰性气体将多余的水蒸气和甲烷排出，由于水蒸气不与羟基反应，基底表面形成了一层理想的单层膜和悬挂

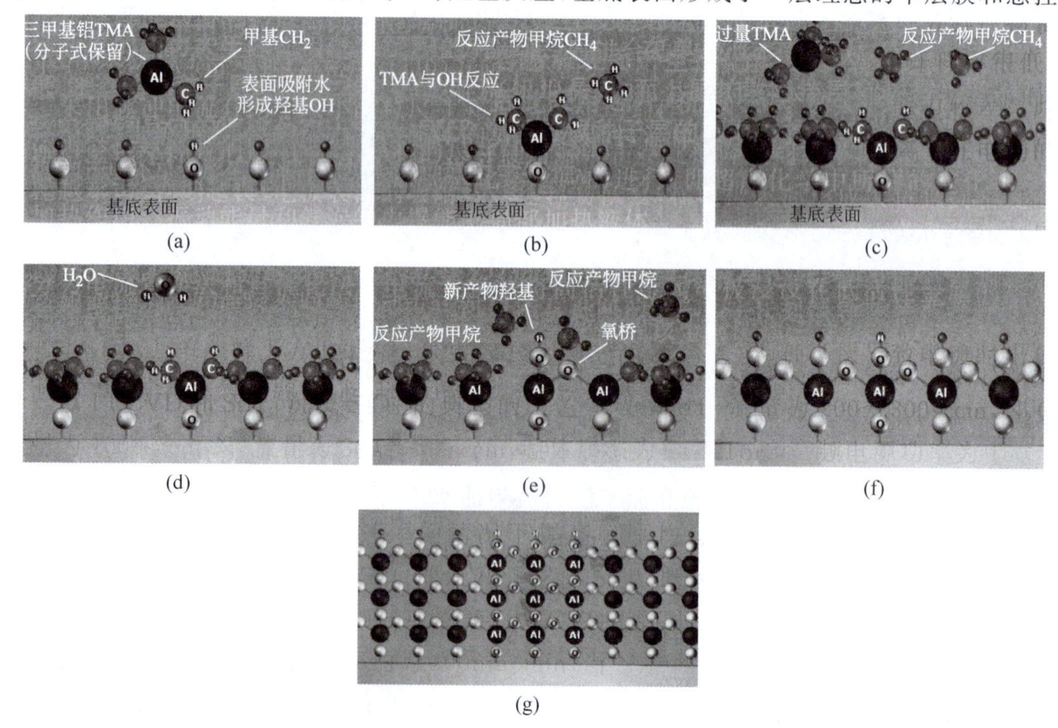

图 3-29 ALD在硅基底上生长 Al_2O_3 的过程

反应键。如图 3-29(g)所示，每个生长周期形成单层 Al_2O_3，重复上述过程实现多个周期生长。每个周期生长的 Al_2O_3 的厚度约为 0.1nm，耗时约为 3s。

ALD 是典型的化学吸附和表面化学反应顺序进行的过程。ALD 是在交互反应过程中的自限制生长，理想情况下，ALD 生长速率为每周期生长单原子层，原子层沉积的唯一表面反应特征降低了化学气相沉积通常对温度、压力和组分的严格要求；但是，ALD 的实际生长行为较为复杂，仍然需要优化参数以准确控制薄膜的厚度并实现优异的共形能力。影响 ALD 的参数有反应温度、反应物流量、分压以及反应室压强。

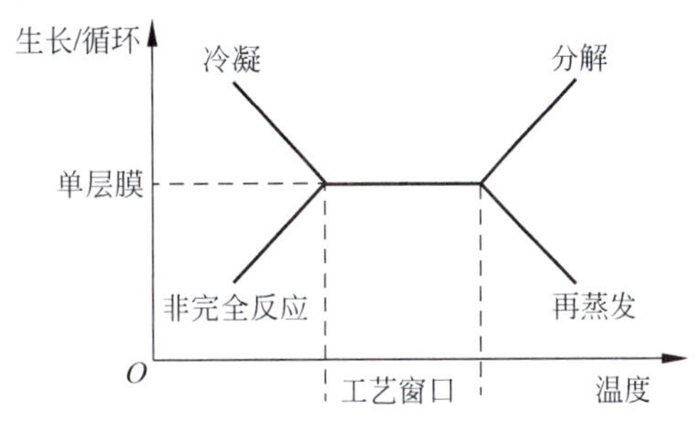

图 3-30 ALD 工艺窗口和饱和曲线

反应温度是控制表面饱和的重要参数之一，不仅提供反应所需的激活能，还帮助清除单原子层形成过程中的多余反应物和副产物。图 3-30 为单原子层形成的温度窗口饱和曲线。在低温度区，由于温度有限，反应活性较低，甚至不能满足反应所需的激活能，因此反应速率较低。此外，低温区容易出现前驱体凝聚现象，即前驱体不是完全化学吸附而是部分物理吸附，基底表面会吸附不止一个单层膜，导致局部反应速率提高，无法保证单层生长。在高温反应区，已经吸附的前驱体可能出现脱附，导致反应速率下降。如果前驱体存在寄生的 CVD 成分或反应物出现高温分解，会导致反应速率和生长率显著提高。在正常反应温度区间，ALD 具有恒定的生长速率和自限制的特点，即每周期生长速率不随前驱体脉冲时间而改变的饱和性，薄膜厚度随 ALD 周期数线性增加。

ALD 的反应物前驱体种类很多，沉积的特性与前驱体的性质有极大的关系[42]。前驱体应满足以下要求：①具有一定的挥发性、饱和蒸气压和可重复的气化率；②在反应温度下具有良好的热稳定性，不发生自身反应或分解；③反应活性高、反应完全，副产物可挥发且不具有反应活性；④基于生长速率和成核的原因应具有最佳的配合基尺寸。多数前驱体价格昂贵，但 ALD 具有很高的反应物的使用效率，可在一定程度上补偿反应物的高价格。表 3-6 列出常用材料沉积所使用的 ALD 前驱体。

表 3-6 ALD 常用前驱体

薄膜	前驱体	温度/℃	应用
Al_2O_3	$Al(CH)_3$，H_2O or O_3		高 κ 介质
AlN			
Cu	CuCl，$Cu(thd)_2$ or Cu $(acac)_2$ 用 H_2 还原，$Cu(hfac)_2xH_2O$ with CH_3OH	360～410，175～300，250，203～300	互连
HfO_2	$HfCl_4$ or TEMAH，H_2O		高 κ 介质
Mo	MoF_6，$MoCl_5$ or $Mo(CO)_6$ 用 H_2 还原	200～500，500～1100，200～600	
Ni	2 步工艺，NiO 与 O_3 反应后 H_2 还原		
SiO_2	$SiCl_4$，H_2O		介质层
Ta	$TaCl_5$		扩散阻挡层
TaN	TBTDET，NH_3	260	扩散阻挡层，等离子体增强沉积

续表

薄　膜	前　驱　体	温度/℃	应　用
TaO_2			
Ti	$TiCl_4$,H_2		粘附层,等离子体增强沉积
TiN	$TiCl_4$ or TiI_4,NH_3	350～400	扩散阻挡层
TiO_2			高κ介质
TiSiN			
W	WF_6,B_2H_6 or Si_2H_6	300～350	互连钨塞
WN			扩散阻挡层
WN_xC_y	WF_6,NH_3,TEB(triethylboron)	300～350	
ZrO_2	$ZrCl_4$,H_2O		高κ介质

ALD是自限制性的表面饱和反应,对温度和反应物流量的变化不太敏感,沉积的薄膜具有纯度高、致密、厚度准确等优点。延长前驱体的驻留时间可以提高前驱体吸附的均匀性,使ALD有极高的共形能力,即使对于深宽比高达100∶1的结构也可以获得良好的沉积均匀性。延长每循环的时间并采用较高的腔体压强可以获得极低的薄膜缺陷,使ALD沉积的扩散阻挡层有较高的可靠性,并且金属电阻率比PVD制造的电阻率低20%左右。多数ALD都可以在400℃以下完成,具有良好的CMOS兼容性。

ALD的缺点是沉积速率慢、生产效率低。由于每个循环需要耗费数秒到数十秒的时间,但只能生长一层原子,厚度仅为0.05～0.1nm,因此ALD的沉积速率非常慢,只适用于沉积厚度为20～50nm的薄膜,一般只用于纳米级厚度的扩散阻挡层或种子层。因为ALD沉积厚度小,占用孔壁比例低,加上极佳的共形能力,ALD适用于小直径、高深宽比的TSV。例如5μm×110μm的TSV制造中,采用ALD沉积100nm的Al_2O_3介质层、32nm的TaN扩散阻挡层和33nm的Ru电镀种子层[43]获得了良好的效果。随着TSV直径减小到3μm甚至更低,ALD将成为主要的沉积方法。通过循环通入TMA和3-叔丁基硅烷醇基,可以高速沉积非晶SiO_2和Al_2O_3纳米层合薄膜介质层,速率可达每循环12nm[44]。

3.2.4.2 PEALD

ALD可以分为热式ALD和等离子体增强ALD(PEALD)两种。如图3-31所示,热式ALD反应过程通常需要O_2、NH_3或水蒸气等反应气体,在加热的基底(一般为150～350℃)表面依靠高温产生反应。PEALD是在反应周期中,使用O_2、N_2或H_2等气体或其组合气体的等离子体,通过自由基的高活性与表面吸附的前驱体进行反应。PEALD中,自由基的高反应活性使反应速率有所提高,反应温度得以降低,个别反应甚至可在室温下进行。PEALD沉积具有更好的薄膜质量,如更高的密度和更高的击穿电压。PEALD已经在DRAM、MIM和eDRAM电介质薄膜等多个领域应用得到应用,是目前主流的ALD方法。

PEALD在反应过程中引入反应气体的等离子体,如O_2、N_2或H_2或混合物的等离子体,取代热式ALD中使用的H_2O或NH_3的配位体的交换反应。PEALD使用的气体所产生的等离子体,需要具有自限制表面反应的能力,如常用O_2或O_3沉积氧,N_2或NH_3沉积氮,H_2沉积金属,而很少将另外的反应物如SiH_4或CH_4等改变为等离子体进行反应,原

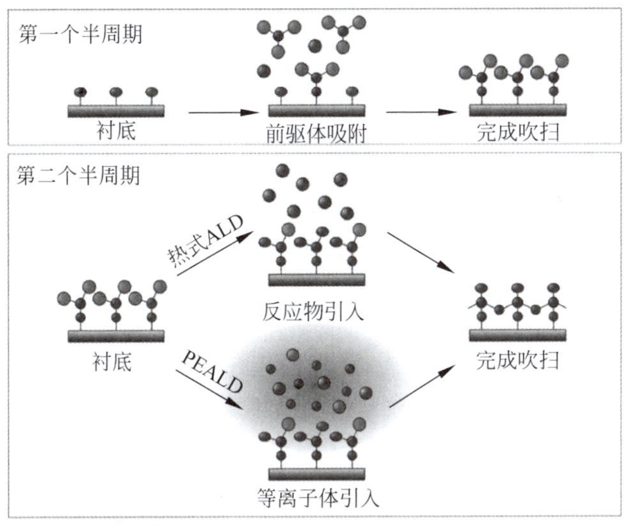

(a) 沉积原理[47]

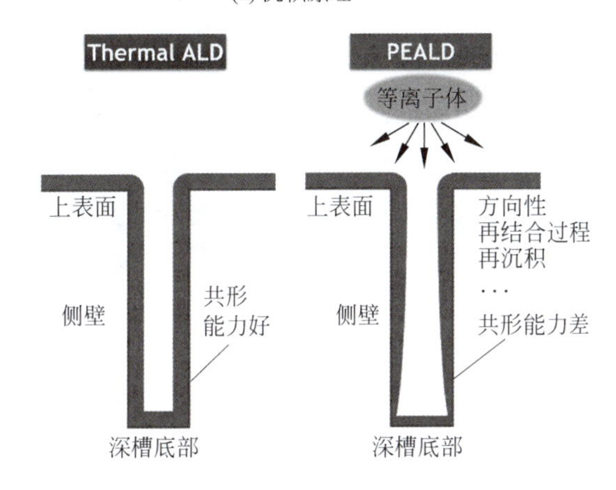

(b) 共形能力

图 3-31　热 ALD 和 PEALD

因是这些在 CVD 中常用的等离子体会产生持续而非自限制的原子生长。如果使用 NH_3 或 H_2O 产生的等离子体，那么可能同时发生 PEALD 和热 ALD 反应。

图 3-32 为几种 PEALD 设备的结构，其中较为典型的是直接 PEALD 和远程 PEALD[45]。直接 PEALD 采用上下两个平板电容产生等离子体，能量源为 13.56MHz 的电容耦合射频源。这种结构中基底放置在极板表面，直接参与等离子体的产生，具有结构简单、性能稳定等优点，在工业界大量使用。远程 PEALD 的等离子体产生不在基底附近，而是在其他位置产生后导入基底表面，因此基底不参与等离子体的生成。产生等离子体的能量源包括微波、电子回旋谐振、电感耦合 ICP 射频源等。由于等离子体的产生与基底无关，因此可以采用更多的参数控制等离子体，控制更加灵活。

PEALD 能够产生种类更多、不依赖于基底温度的反应，适应更广泛的材料和工艺条件，并且薄膜质量好、化学组分控制精确、生长速率快。如图 3-33 所示[46]，PEALD 沉积 Al_2O_3 的速率比热式 ALD 的速率高很多，特别是在低温时生长速率由反应速率而不是输运决定的阶段。当温度超过 300℃以后，生长速率由输运决定，二者的生长速率基本相同。

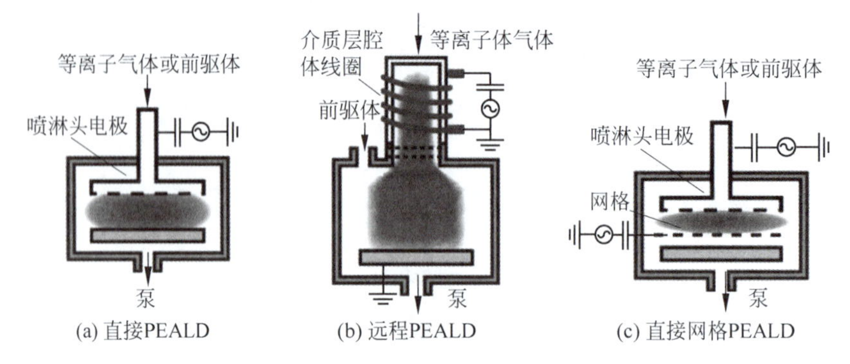

(a) 直接PEALD　(b) 远程PEALD　(c) 直接网格PEALD

图 3-32　PEALD 设备结构

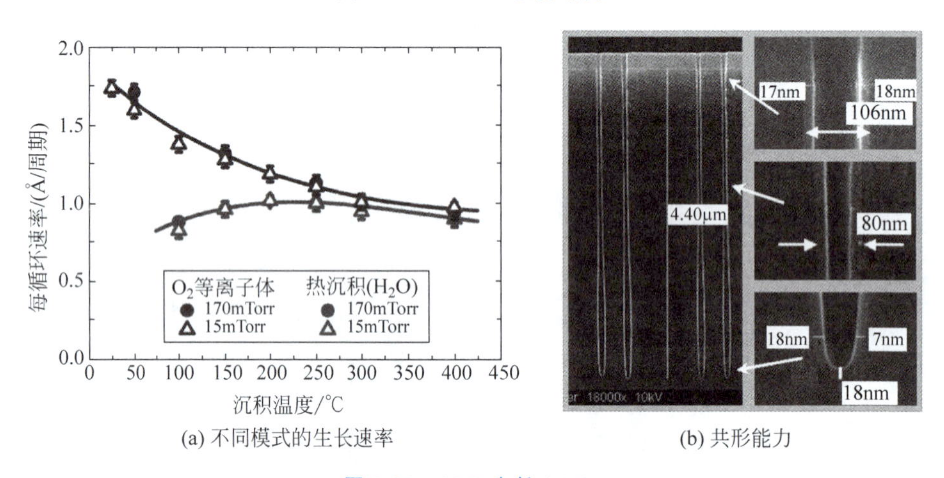

(a) 不同模式的生长速率　(b) 共形能力

图 3-33　ALD 生长 Al_2O_3

在深宽比为 60∶1 的 TSV 内利用热式 ALD 沉积的 Al_2O_3 具有极佳的共形能力，TSV 开口处的薄膜厚度为 18nm，底部的厚度也基本保持 18nm。

PEALD 的主要缺点是由于相对较低的基底温度，共形能力低于热式 ALD，并且容易引起氧化、氮化、复杂界面态等表面损伤[47]。因此，在对这些比较敏感的应用，如高功率栅介质中，PEALD 尚未被应用。

3.2.5　快速原子层顺序沉积

快速原子层顺序沉积(FAST)是一种综合了 MOCVD 和 ALD 优点的沉积技术，可以用于介质层、扩散阻挡层和铜种子层的快速共形沉积[45,48]。这种技术最早由法国 Altatech 开发，2017 年被 Kobus 收购，2018 年 Kobus 被 Plasma-Therm 收购后成为一个产品系列。FAST 设备基于 MOCVD 的反应腔，带有双通道气体喷淋头，以及脉冲控制的反应气和前驱体的控制阀，采用反应气体与前驱体发生化学反应生成固态沉积物。

图 3-34 为 FAST 与 MOCVD 和 ALD 导入气体时序的对比。MOCVD 的前驱体浓度和反应气体浓度在反应过程中均为恒定，且二者同时导入反应腔。ALD 的前驱体和反应气体都以脉冲的形式导入反应腔，并且在二者之间需要通入清扫气体将反应产物和剩余的反应物清除干净。FAST 以脉冲的形式将前驱体与反应气体分别顺序导入，但是二者之间不需要清扫气体。FAST 可以延长脉冲气体持续时间和脉冲重叠时间而实现类 MOCVD 模

式，也可以减少脉冲气体持续时间和延长脉冲间隔而实现类 ALD 模式。

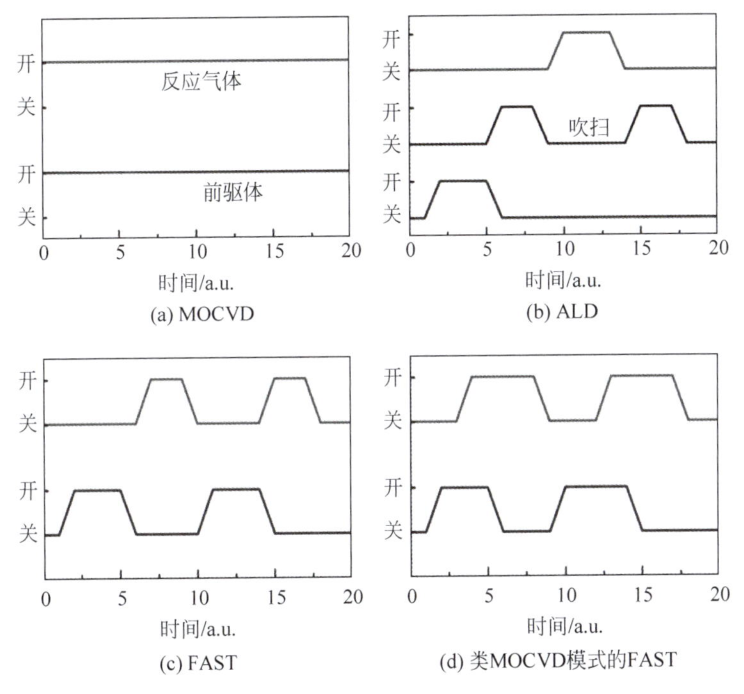

图 3-34　气体导入时序

目前已经开发的与 TSV 工艺有关的薄膜沉积方法包括：O_2 等离子体与 TMA 前驱体三甲基铝反应沉积 Al_2O_3，O_2 等离子体与 TEOS 沉积 SiO_2，O_2 等离子体与 NH_3 沉积 SiN，NH_3 与 TDEAT 沉积 TiN，以及 NH_3 与三(二乙基氨基)叔丁酰胺钽(TBTDET)沉积 TaN 等[45]。

FAST 的工作原理介于 MOCVD 与 ALD 之间，在沉积速率、厚度控制精度，以及共形能力方面具有优异的性能。图 3-35 为 FAST、PEALD 和 PECVD 沉积 SiO_2 介质层的共形能力的比较。PEALD 具有优异的共形能力，深宽比即使高达 17∶1，其共形能力也能达到 85%以上，但是沉积速率只有 5nm/min。PECVD 的沉积速率高达 500nm/min，但是深宽比即使只有 8∶1，其共形能力也低于 30%，而深宽比为 17∶1 结构的共形能力更是只有

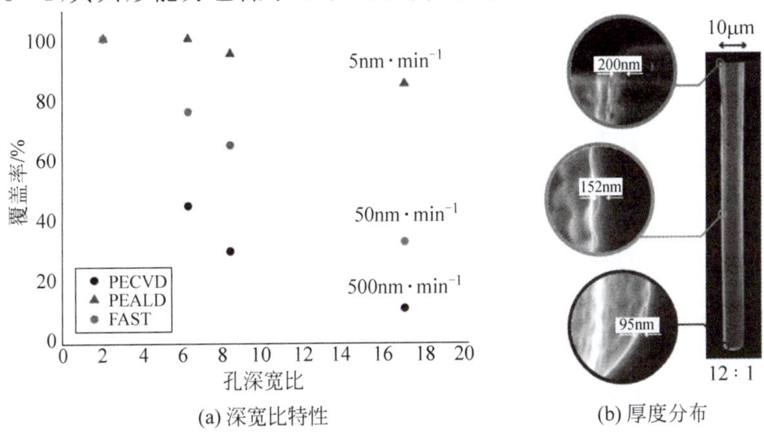

图 3-35　FAST 沉积 SiO_2

10%。FAST 的沉积速率为 50nm/min,深宽比为 8∶1 时共形能力超过 65%,深宽比为 17∶1 时共形能力也能保持 30%以上。对于 10μm×120μm 的 TSV,FAST 沉积的 SiO_2 介质层在顶部厚度为 200nm 时,底部仍有 95nm。

图 3-36 为 FAST 与 MOCVD 和 ALD 在沉积 TiN 时的特性比较[45]。沉积速率方面,气体导入后 MOCVD 经过 12s 的滞后,沉积速率快速上升,直到厚度达到 50nm 后进入 30nm/min 的线性稳定状态。ALD 的沉积速率从第一个周期开始就保持良好的线性,但是沉积速率只有 3.6nm/min。FAST 具有极小的反应滞后和良好的线性,沉积速率达到 16nm/min。FAST 的最低反应温度为 200℃,接近 ALD 的 180℃,低于 MOCVD 的 250℃。FAST 沉积的 TiN 的电阻率也接近 ALD,远低于 MOCVD。在共形能力方面,ALD 沉积的厚度均匀性随深宽比的变化很小,深宽比即使达到 35∶1,ALD 沉积 20nm 的 TiN 的共形能力也接近 100%。MOCVD 的共形能力随深宽比快速下降,到 10∶1 时迅速下降到 30%,以后下降速率较慢,在 35∶1 时仍有 20%左右。FAST 的共形能力与深宽比大体呈线性关系,当深宽比达到 35∶1 时共形能力仍可达 60%。

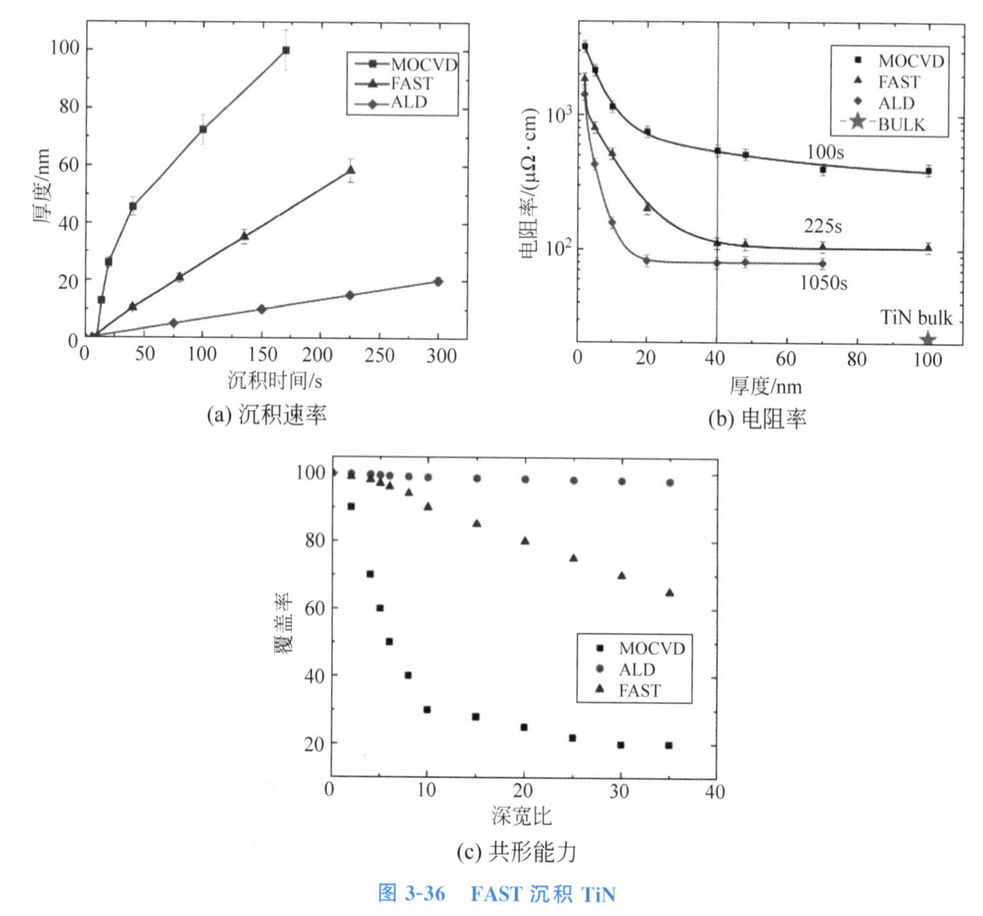

图 3-36 FAST 沉积 TiN

采用 Versum 的 Cupraselect 铜前驱体,FAST 可以和氢气反应沉积铜种子层。沉积温度为 200℃时,铜种子层的沉积速率高达 30nm/min,电阻率约为 5μΩ·cm。当反应温度降低时,铜种子层的电阻率迅速升高,如图 3-37 所示。对于 10μm×100μm 的 TSV,FAST 沉积铜种子层的共形能力可达 95%。

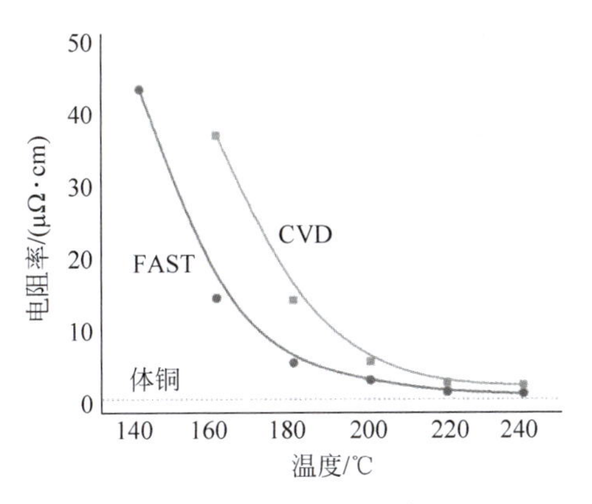

图 3-37 FAST 沉积铜种子层

3.3 二氧化硅介质层

TSV 深孔侧壁的绝缘介质层通常为 SiO_2，但不同的 TSV 制造顺序所使用的沉积方法不同。在 FEOL 方案中，制造 TSV 时还没有金属互连线层和器件层，可以采用热氧化法在侧壁生长均匀致密的 SiO_2 层，共形能力佳、绝缘效果好、可靠性高。MEOL 和 BEOL 方案要求 TSV 工艺的温度不能高于 450℃，介质层一般采用 PECVD 或 SACVD 沉积。与高温热氧化相比，CVD 方法沉积的 SiO_2 薄膜的致密性较差，击穿场强低，且共形能力有限。不同方法采用的反应气体种类不同，薄膜性质与沉积方法和工艺参数有直接关系，但总体上温度越高，质量越好。表 3-7 列出不同方法制备的 SiO_2 的性能。

表 3-7 不同方法制备的 SiO_2 的性能

方　法	PECVD	SiH_4+O_2	TEOS	$SiCl_2H_2+O_2$	热生长
温度/℃	200	450	700	900	1100
沉积成分	$SiO_{1.9}$(H)	SiO_2(H)	SiO_2	SiO_2(Cl)	SiO_2
共形能力	一般	不好	好	好	极好
热稳定性	损失 H	致密化	稳定	损失 Cl	极好
密度/(g·cm^{-3})	2.3	2.1	2.2	2.2	2.2
折射率	1.47	1.44	1.46	1.46	1.46
应力/MPa	−300～300	300	−100	−300	−300
介电强度/(MV·cm^{-1})	3～6	8	10	10	10
刻蚀速率/(nm·min^{-1}) H_2O∶HF=100∶1	40	6	3	3	约 3

由于热氧化温度高、反应气体单一(氧气)，生长的 SiO_2 介质层在厚度均匀性、致密度、表面粗糙度以及击穿场强等方面都优于 CVD 法。热氧化具有很好的共形能力，1000℃热氧化的共形能力可达 85%。热氧化的主要缺点是需要高温过程并存在较大的残余应力。通常热氧化需要在 950℃甚至更高的温度，只能用于 FEOL 方案。由于反应温度高、薄膜致密，热氧化 SiO_2 与基底热膨胀系数失配引起的残余应力较大，通常可达 400MPa 以上。除热氧以外，较高温度的沉积方法还包括利用 APCVD 或 LPCVD 通过硅烷(SiH_4)和氧气在 500℃左右反应，或者用 LPCVD 在 650～750℃热解 TEOS，都具有很好的共形能力。

低温 CVD 法沉积 TSV 介质层的主要方法包括 SACVD 和 PECVD。SACVD 最常用的反应气体为正硅酸乙酯(分子式 $Si(OC_2H_5)_4$,TEOS)和 O_3,所沉积的 SiO_2 薄膜厚度均匀、共形能力好、表面粗糙度低、残余应力小,适用于高深宽比 TSV。SACVD 的缺点是反应温度较高且 SiO_2 吸水性很强;另外,击穿场强 3.6MV/cm 仅为热氧化 SiO_2 薄膜的 15%左右,尽管能够满足 TSV 的需求,但是比 PECVD TEOS 薄膜低约 30%,而漏电流高约 50%。PECVD 常用的反应气体为 TEOS 或硅烷。PECVD 的沉积温度低,但共形能力较差,量产中一般用于在 SACVD 的介质层的表面沉积防水钝化层。

3.3.1 等离子体增强化学气相沉积

等离子体增强化学气相沉积 SiO_2 的常用气体为 SiH_4+N_2O 或 TEOS$+O_2$,其所沉积的 SiO_2 薄膜为无定形结构。通入 PH_3 和 B_2H_6 可实现磷或硼的掺杂,获得硼硅玻璃(BSG)或磷硅玻璃(PSG)。PECVD 的优点是沉积温度低,但是共形能力一般,适用于深宽比小于 5∶1 的 TSV。

3.3.1.1 SiH_4+N_2O

如图 3-38 所示,硅烷分子具有完美的对称结构,既不发生物理吸附也不发生化学吸附,具有极低的表面粘附系数和极高的表面迁移率。SiH_4 在高温和等离子体的作用下,Si-H 键被打断生成 SiH_3、SiH_2、SiH、H 和 H_2 等中性自由基和分子参与反应。由于这些分子具有未饱和的悬挂键,具有很强的化学活性,因此 PECVD 所需的反应温度较低。但是 SiH_4 的这些分解产物很容易和表面产生强化学吸附,表面迁移率很低,因此采用 SiH_4 沉积 SiO_2 的共形能力较差。此外,SiH_4 在等离子体中还会生成 SiH^{3+}、SiH^{2+}、SiH^+、H^+ 和 $Si_2H_2{}^+$ 离子,离子在电场的作用下轰击基底,对沉积薄膜的应力有很大影响。

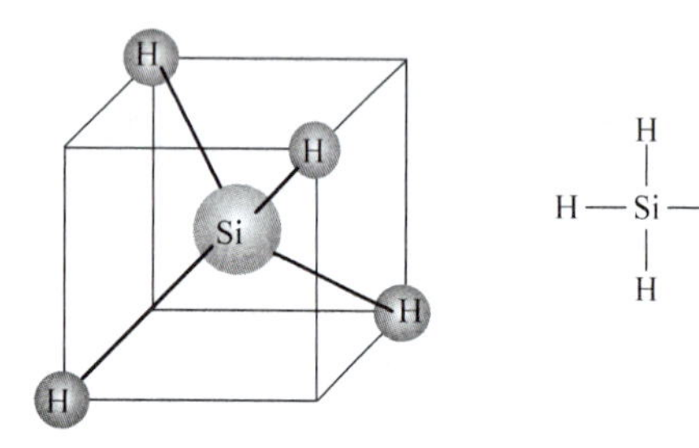

图 3-38 硅烷分子式和结构

采用 SiH_4+N_2O 的 PECVD 沉积 SiO_2 时,利用 SiH_4 提供 SiO_2 所需的 Si 原子,利用 N_2O 作为氧化剂,通过氧化反应获得 SiO_2。以氧气作为氧化剂与 SiH_4 的反应过于剧烈不易控制,并且易产生粉尘状产物。SiH_4+N_2O 的反应化学式如下:

$$SiH_4 + 2N_2O \rightarrow SiO_2 + 2H_2 + 2N_2 \tag{3.2}$$

以 PECVD 和 SiH_4 沉积 SiO_2 的典型的工艺参数:SiH_4 流量为 200~300sccm,N_2O 流量为 1000sccm,N_2 流量为 300~500sccm,腔体压强为 1~2Torr,高频电源功率为 150~250W,低频电源功率为 0W,电极温度为 350℃。为了获得良好的均匀性,一般采用 50~80W 的射频功率,在牺牲沉积速率的情况下提高膜厚均匀性。通常沉积温度为 150~350℃,但近年来出现了低于 150℃ 的沉积工艺。SiH_4 既可以采用纯气体,也可以混入 2%~10%的惰性气体如氮气、氩气或氦气。PECVD 的沉积速率与两种反应气体的比例有关,当 N_2O 为 20%时,沉积速率约为 400nm/min,当 N_2O 增加到 80%时,沉积速率下降到约 170nm/min。

SiO_2 薄膜的性质取决于 PECVD 的参数,多数工艺参数的影响具有一定的趋势,其中气体流量和电源功率的影响最大，如表 3-8 所示。随着电源功率的增大，SiO_2 的沉积速率快速提高，到 250W 后逐渐进入平台期，如图 3-39 所示。薄膜厚度的均匀性在电源功率 40W 时最小，然后随着功率的增大而逐渐增加。薄膜的残余应力主要受射频功率和流量的影响，射频功率增大，离子轰击作用加强，薄膜压应力增强，流量增大，离子轰击作用减弱，薄膜压应力减小。

表 3-8　PECVD 参数对性能的影响

SiO_x	沉积速率	折射率	均匀性	折射率均匀性	薄膜应力	BHF 刻蚀速率
↑ SiH_4 流量	↑↑	↑	↓↓		↑↑(拉应力增加)	↑↑
↑ $N_2O:SiH_4$ 比例	↓?	↓	↓?	↓?		
↑ 功率(13MHz)	↑	↓	↑↑		↓↓(压应力增加)	↓↓
↑ 腔体压强	↓?		↑?	↑?		
↑ 沉积温度	↑	↑				↓↓↓

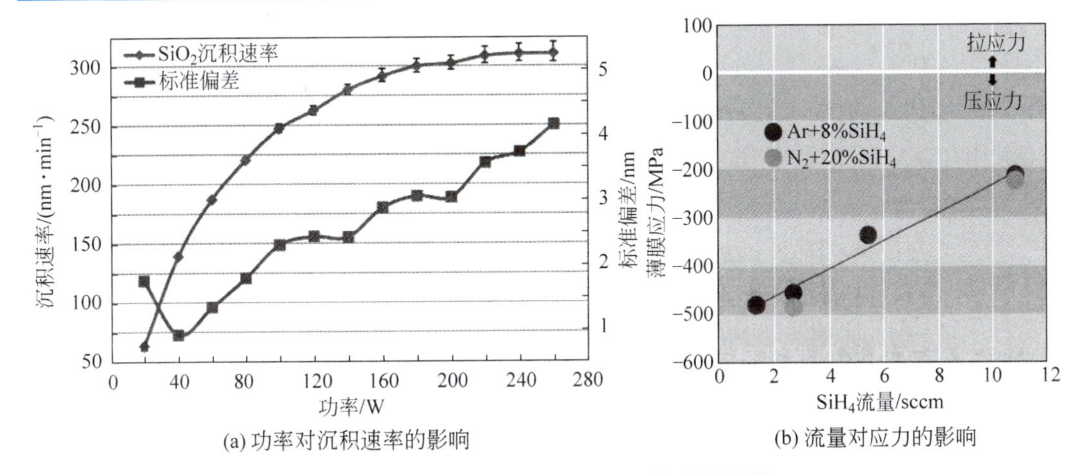

(a) 功率对沉积速率的影响　　(b) 流量对应力的影响

图 3-39　PECVD SiH_4 沉积 SiO_2 的典型特性

以 SiH_4 作为反应气体时，SiO_2 薄膜中含有反应副产物氢或水，对薄膜的性质产生较大的影响。氢的含量与反应温度和 SiH_4/N_2O 的比例有关。一般需要退火致密化改善薄膜质量，致密化处理使薄膜密度增加厚度减小，但不改变结构特征。

3.3.1.2　TEOS＋O_2

PECVD 沉积 SiO_2 的另一种常用气体为 TEOS＋O_2[49-52]。与 SiH_4 相比，TEOS 是一种低成本、较为安全的有机大分子，但是对呼吸道和眼睛有刺激作用。如图 3-40 所示，TEOS 具有非完全对称的分子结构，但是只产生氢键和物理吸附，因此其粘附系数低、迁移率高，容易在吸附表面移动[52]。在反应以前，通过气体控制系统将 TEOS 将从液态转化为气态并导入反应腔中。采用 TEOS 和氧或惰性气体沉积 SiO_2 时，通常需要较高的沉积温度，例如采用 TEOS 的 LPCVD 需要 600～700℃ 的高温，但是利用等离子体可以将温度降低到 400℃ 左右。

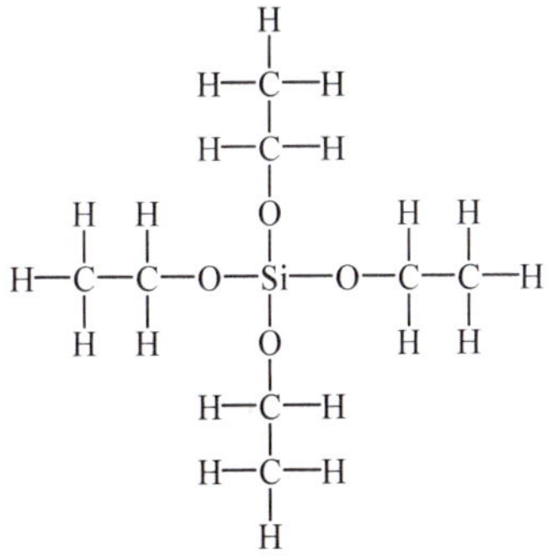

图 3-40　TEOS 分子结构

TEOS PECVD 一般采用双频功率源，可以对残余应力进行调控。典型的反应腔压强为200～600Torr，反应温度为300～350℃，TEOS流量为35～50sccm，O_2流量为300～900sccm，50kHz低频功率为40W，13.56MHz高频功率为50W，典型沉积速率为100～500nm/min。如图3-41所示[53]，SiO_2沉积速率随着TEOS流量的增加而增大，但是与低频和高频功率比的关系不大，而薄膜的残余应力随低频与高频功率比的提高而下降，随TEOS流量增加而增大。

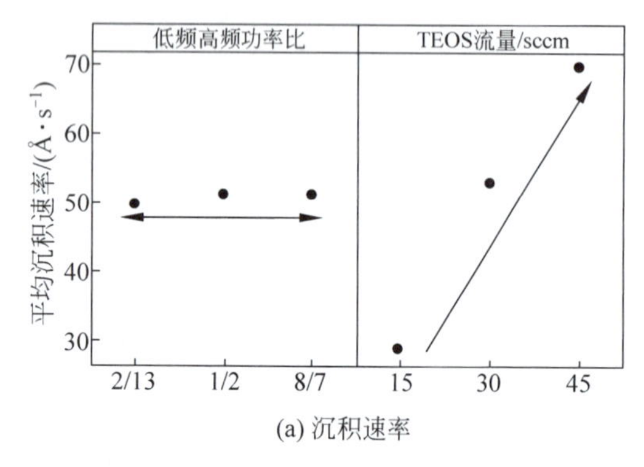

(a) 沉积速率

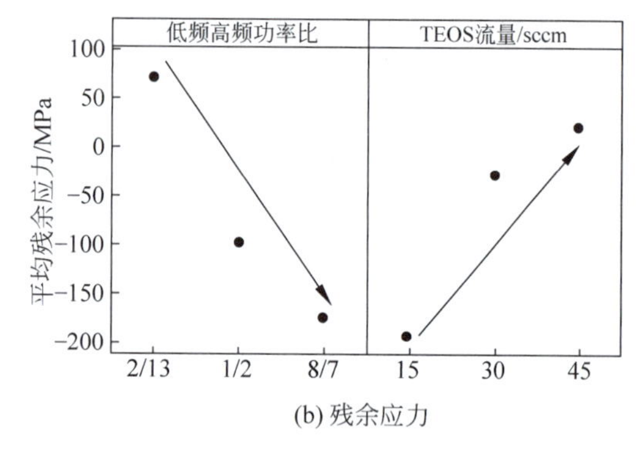

(b) 残余应力

图3-41 TEOS流量和功率比的影响

采用TEOS+O_2的PECVD反应温度较低，甚至可低至150℃。在200℃且没有O_2的条件下仍可沉积，尽管沉积速率非常缓慢。较低的沉积温度会导致TEOS分解不够充分，SiO_2薄膜内包含较高含量的杂质残留。当温度高于100℃时，TESO以化学吸附的形式残留在SiO_2薄膜内；当温度低于100℃时，TEOS以物理吸附的形式残留在SiO_2薄膜内，引起乙氧基和OH^-含量增加，影响薄膜的完整性和质量。

为了降低沉积温度并保持较好的薄膜质量，可以采用阴极PECVD结构，电容下极板接电源，上极板和腔体接地，如图3-42所示。阴极的电势增强了鞘层中离子对衬底的轰击，提供了化学反应所需的能量，可以在150℃以下沉积SiO_2。由于增强的离子轰击促进了反应物在表面吸附后的再分布，阴极PECVD和TEOS沉积可以获得较好的共形能力。在10μm×120μm的深孔中，距离开口和底部均为10μm处的共形能力有所改善，底部的厚度可达开口处的10%。

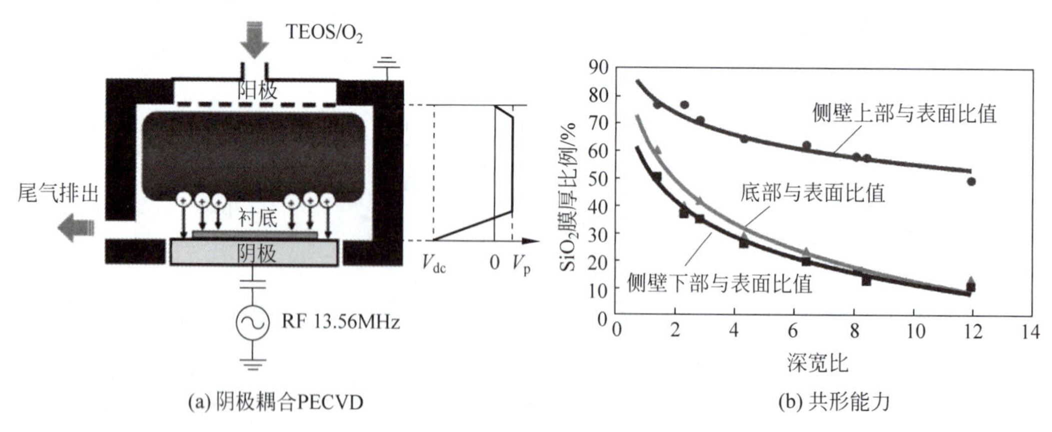

(a) 阴极耦合PECVD

(b) 共形能力

图3-42 PECVD TEOS+O_2沉积SiO_2

与SiH_4+N_2O相比，TEOS+O_2所需的PECVD沉积温度更低，共形能力却有所提高。在相同深宽比下，采用 TEOS+O_2 的共形能力远好于采用 SiH_4+N_2O 的共形能力，如图 3-43 所示[49]。这与 TEOS 的表面粘附系数较 SiH_4 的中间产物更低有关。

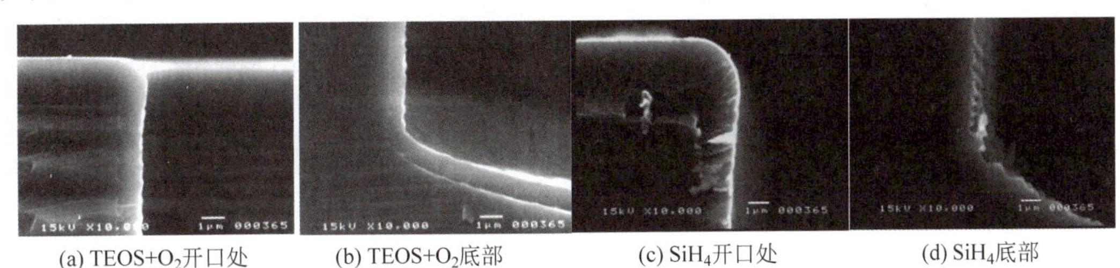

(a) TEOS+O_2开口处　(b) TEOS+O_2底部　(c) SiH_4开口处　(d) SiH_4底部

图 3-43　PECVD 共形能力

3.3.2　次常压化学气相沉积

次常压化学气相沉积(SACVD)是 CVD 的一种，反应腔压强一般为 200～600Torr，更加接近大气压。如图 3-44 所示[54]，SACVD 的腔体结构与 PECVD 类似，但腔体和气路结构须满足高压强的需求，通常 SACVD 与 PECVD 共用设备。通过控制系统提高反应腔压强和反应温度，SACVD 反应过程不产生等离子体。SACVD 也属于冷壁 CVD，衬底通过汞灯单独加热，射频发生器用来产生较高的热量进入反应腔，以加速原子之间的撞击或催化化学反应。

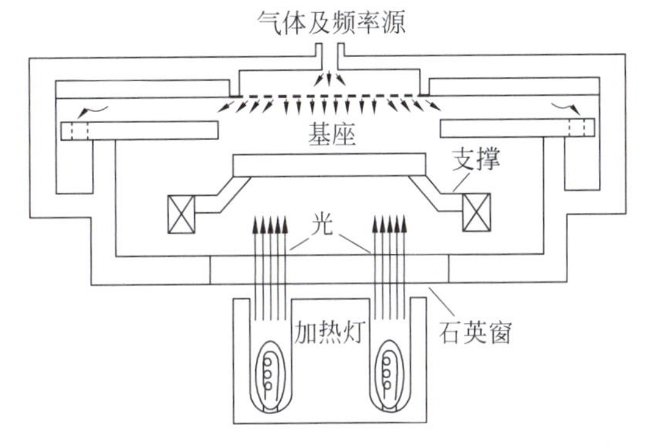

图 3-44　SACVD 腔体结构

3.3.2.1　反应原理

为了降低沉积温度，次常压化学气相沉积 SiO_2 一般采用 TEOS 与具有更高反应活性的臭氧(O_3)的混合气体。臭氧为三原子分子，室温下为亚稳态(22℃时半衰期 86h)，会缓慢分解为氧气和单分子氧中间产物，具有强氧化性。由于亚稳态的特性，臭氧通常在使用前临时制备。当浓度超过 12%以后，臭氧在室温条件下会发生爆炸，因此最大使用浓度不超过 10%。当温度超过 200℃时，臭氧分解速率非常快，反应活性很高，因此采用臭氧可以将 SACVD 的反应温度降低至 400～420℃。

TEOS+O_3 沉积 SiO_2 的基本原理是热分解形成的单原子氧，与 TEOS 在衬底表面和气相环境中发生氧化反应，将产物 SiO_2 沉积在衬底表面。实际反应过程非常复杂，伴随着很多中间产物和反应，如 SiO 和 SiOH 等，因此有多种不同的机理解释。Kawahara 等提出[55]，气相 TEOS 中的有机成分被 O_3 分解的 O 原子氧化，产生中间产物乙醛，使 TEOS 变为硅醇(Si-OH)吸附在衬底表面。中间产物 Si-OH 和衬底表面的-OH 反应生成含有 Si-O-Si 的硅氧烷沉积在表面，硅氧烷进一步分解后形成 SiO_2，中间产物乙醛被进一步氧化成甲醛和 CO_2 从腔体排出。由于 Si-OH 反应生成 Si-O-Si 的过程可以在 400℃下进行，因此加入 O_3 降低了反应温度。总反应原理为[56]

$$Si(OC_2H_5)_4 + 8O_3 \rightarrow SiO_2 + 10H_2O + 8CO_2 \tag{3.3}$$

图 3-45 为沉积温度和 TEOS 流量对沉积速率的影响[56]。在 400℃以下，SiO_2 的沉积

速率随反应温度的升高而增加，但在400℃以上沉积速率反而下降，并出现颗粒等杂质。气体流量的影响也较为复杂，在390℃时，沉积速率与TEOS的流量为单调关系，但是当流量达到50sccm以后沉积速率基本饱和；在450℃时，TEOS的流量超过50sccm以后，沉积速率反而随流量的增大而减小。O_3含量对反应所需的温度有很大影响，增加少量的O_3可以将反应温度降低到300℃以下甚至更低，但SiO_2的沉积速率随着O_3含量的变化关系不是单调的。当O_3含量低于1%(摩尔比)时，沉积速率随O_3含量的增加基本线性增加，此时O_3的活性对反应速率有直接影响。当O_3含量超过1%以后，沉积速率变化较小。尽管SiO_2的沉积速率基本饱和，使用较高比例的O_3有助于提高SiO_2的薄膜质量。SACVD和TEOS+O_3沉积SiO_2一般采用阶段式的反应气体流量。初始阶段采用较低的TEOS流量和较高的O_3流量，保证初始沉积过程的共形能力；然后提高TEOS的流量并降低O_3的流量，以便实现较高的沉积速率。

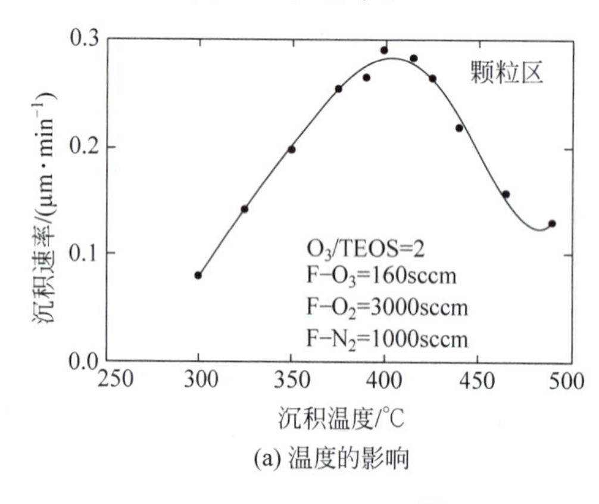

(a) 温度的影响

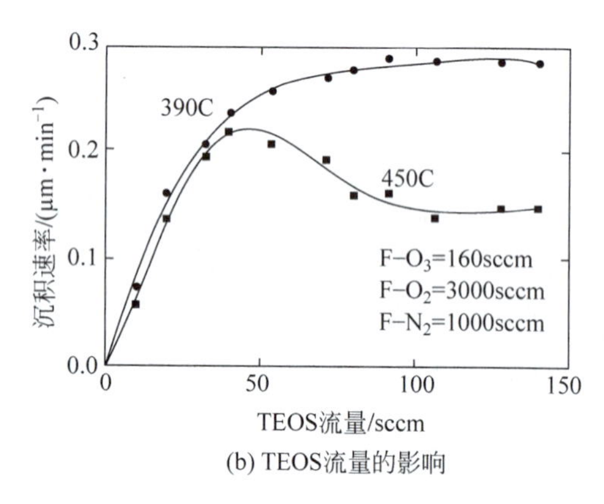

(b) TEOS流量的影响

图3-45　TEOS/O_3的沉积速率

采用SACVD和TEOS+O_3沉积SiO_2的沉积速率与衬底材料有关。在硅上沉积SiO_2的速率较高，在热氧化SiO_2表面的沉积速率较低，并且使用较高比例的O_3时，SACVD薄膜较为疏松。在平面互连中，为了降低互连电容，所采用的低介电常数介质层可能掺杂有氟。在金属表面沉积SiO_2时，表面少量的氟原子会严重降低TEOS+O_3的沉积速率，但是可以改善平坦化程度。在氮化硅表面，TEOS+O_3沉积SiO_2的沉积速率有所提高，因此可以通过在表面引入氮或利用氨等离子体处理提高沉积速率。

TSV内壁表面的材料对SACVD沉积SiO_2薄膜的成核过程有很大的影响，特别是DRIE的刻蚀残留物会影响沉积的共形能力。因此，DRIE刻蚀后须去除残留的侧壁钝化层。去除过程首先采用O_2/H_2O的等离子体去除氟化碳薄膜，然后采用湿法清洗去除有机和无机残留物。湿法清洗依次采用H_2O_2/H_2SO_4、$NH_4OH:H_2O_2$(SC1)和HCl：H_2O_2(SC2)。

TEOS+O_3沉积的SiO_2薄膜质量随着O_3浓度、反应温度和反应气压的升高而提高，因此目前多采用200～760 Torr的反应压强。TEOS+O_3沉积SiO_2薄膜的性质与TEOS较大的分子尺寸有关。由于沉积过程经历从大分子到致密的SiO_2小分子的重构过程，导致乙硅氧烷或乙氧基团去除后，在相应位置形成了空位和空洞。当被吸附的分子被后续沉积的薄膜层所覆盖而位于表面以下时，重构过程变得较为困难。因此，较高的沉积速率会导致较差的薄膜质量。如果分子间没有形成桥接键，就会导致薄膜疏松；如果形成了桥接键，由于键被施加了应力，薄膜容易吸附水分子。相反，利用SiH_4+N_2O沉积SiO_2薄膜时只需要去除较小的氢分子，留下的空洞很小，薄膜较为致密。高温时，TEOS 沉积 SiO_2 薄膜沉积过程中，键可以被拉长并重新排布，更容易获得致密的薄膜。

由于 TEOS+O_3 生成的 SiO_2 薄膜不够致密且包含羟基，因此具有较强的吸水性，对薄膜的应力和稳定性造成很大的影响。如图 3-46 所示，采用 TEOS+O_3 沉积的 SiO_2 薄膜具有中等强度的拉应力，在自然环境下放置几小时后，会因为吸水而转变为压应力，加热释放水分子后，SiO_2 薄膜又表现为拉应力。当加热温度超过 400℃后，由于热膨胀系数失配和水分子丢失，冷却后的 SiO_2 薄膜的拉应力会超过沉积后的拉应力，并在数天以后随着拉应力的逐渐释放和水分子的再次吸收而形成压应力。这种水分子吸附和扩散导致的应力不断改变，可能造成介质层失效和下层栅氧吸水。因此，TEOS+O_3 沉积的 SiO_2 薄膜需要在真空中保持一定时间，消除吸附的水分子，或采用 PECVD 和 TEOS+O_2 沉积一层 SiO_2 钝化层进行包裹，但是这种方法会影响共形能力。

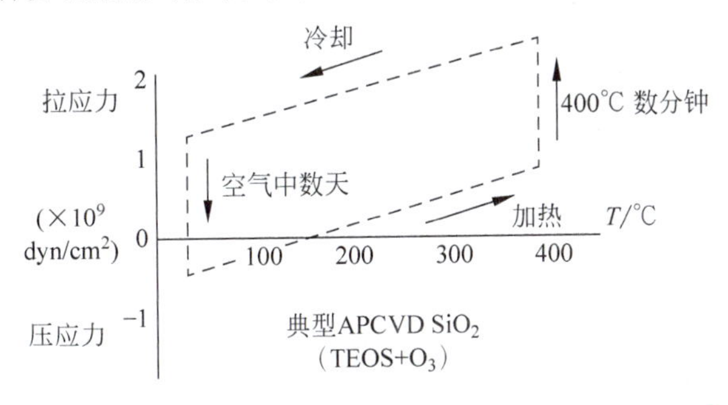

图 3-46 温度变化对 SACVD 沉积应力的影响（$1dyn=10^{-5}N$）

3.3.2.2 共形能力

采用 SACVD 和 TEOS+O_3 沉积 SiO_2 的优点是反应可以在 400℃左右进行，并具有很好的共形能力，广泛用于集成电路的浅槽隔离。当 TSV 沉积的 SiO_2 介质层厚度为 0.2～1μm 时，对于深宽比为 6∶1 的情况，SACVD 的共形能力可达 80%，对深宽比为 10∶1 的情况，共形能力可达 50%～70%，即使深宽比增大到 26∶1，SACVD 的共形能力仍有 25%以上。图 3-47 为 SACVD 在 5μm×50μm 的盲孔 TSV 内沉积 SiO_2 的共形能力[57]。在深孔底部，SiO_2 的厚度可达表面厚度的 50%，有些情况下甚至可以达到类似流动的效果。随着 TSV 中心距的减小，底部共形能力有所下降。

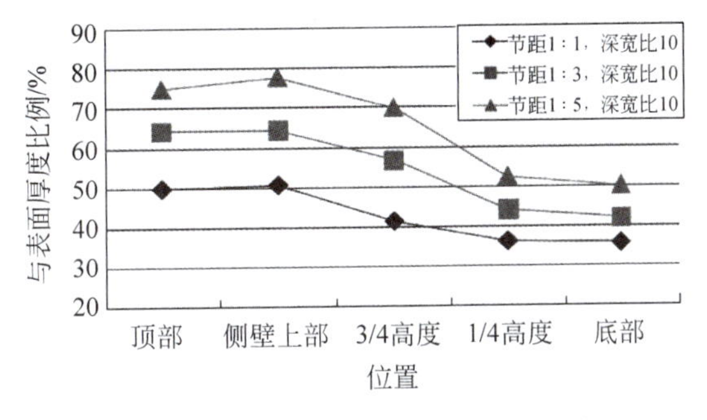

图 3-47 SACVD 沉积薄膜的共形能力

高深宽比 TSV 底部的反应物和产物的输运较为困难。在 TSV 侧壁介质层沉积中，即使 TSV 的开口面积只占整个衬底表面积的 5%，但是 TSV 侧壁的表面积可达开口面积的几十倍。因此，TSV 内部沉积介质层是质量输运限制的化学反应过程，高深宽比 TSV 沉积时需要适当加大气体流量。此外，TSV 的中心距越小，沉积的面积越大，也需要提高气体流量。

SACVD 和 TEOS+O_3 沉积的 SiO_2 薄膜表面光滑平整，能够隔离衬底的形貌变化，这对 Bosch 工艺刻蚀的深孔侧壁具有明显的贝壳状起伏尤为重要。图 3-48 为 SACVD 和 TEOS+O_3 在深宽比为 16∶1 的深孔内沉积的 SiO_2 介质层[58]，其共形能力达到了 43%。虽然 Bosch 工艺刻蚀的深孔侧壁存在明显的贝壳状起伏，但是 SACVD 沉积的 SiO_2 表面光滑平整，侧壁起伏没有传递到 SiO_2 表面。这种优异的特性可以防止侧壁起伏导致的扩散阻挡层和种子层的不连续，以及尖端应力和电场集中，避免铜扩散、电镀空洞和扩散阻挡层失效等问题，对提高 TSV 的可靠性具有重要意义。

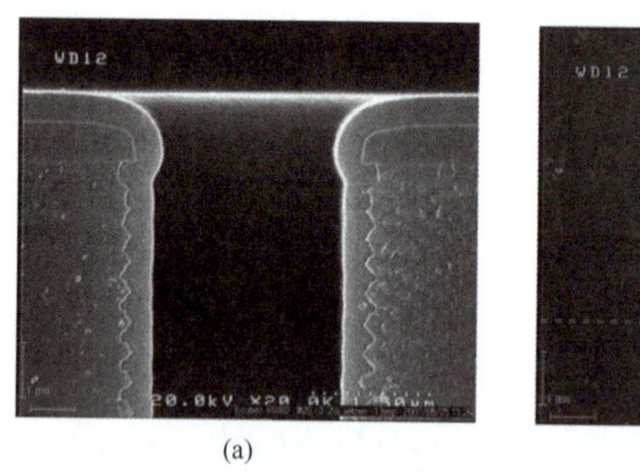

(a)

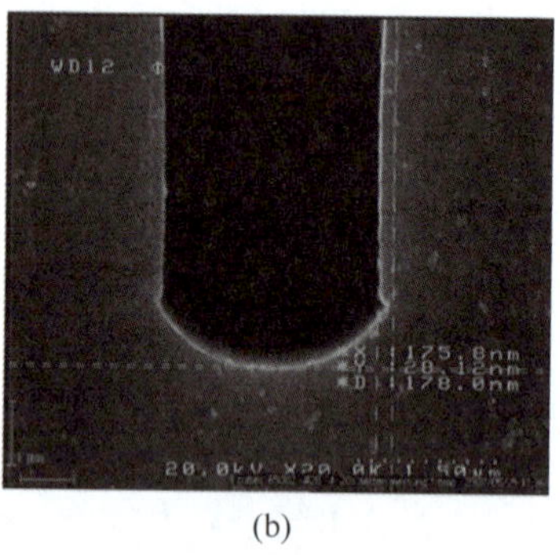

(b)

图 3-48　SACVD 在 TSV 内部沉积的介质层

采用 SACVD 和 TEOS+O_3 沉积的厚度为 150nm 的 SiO_2 薄膜，其击穿电压约为 50V，对应的击穿场强约为热氧化薄膜的 1/7。为了获得较好的绝缘特性并保证最薄处仍符合要求，一般 SACVD 沉积的 SiO_2 介质层厚度在 500nm 以上，击穿电压可达 200V 以上[59]。当厚度达到 200nm 以上时，常规尺寸的 TSV 的漏电流为 10^{-12}～10^{-15}A。

3.3.3　原子层沉积

对于 5μm×100μm 深宽比超过 15∶1 或更小直径的 TSV，一般采用 ALD 沉积 SiO_2 或 Al_2O_3 介质层。ALD 沉积适用于超高深宽比结构，但是 ALD 沉积介质层的速率慢、厚度较小，TSV 的电容较大，对工作频率产生限制。ALD 沉积 SiO_2 的研究开始于 20 世纪 90 年代中期[60-62]，主要采用 $SiCl_4$ 和 H_2O 作为反应前驱体实现还原反应，未采用 SiH_4 的原因是 SiH_4 在带有羟基的 SiO_2 表面的吸附效果很弱。在 $SiCl_4$+H_2O 的方案中，H_2O 的吸附速率远高于 $SiCl_4$ 的吸附速率，因此反应速率主要由 $SiCl_4$ 的吸附速率决定。

图 3-49 为使用 $SiCl_4$+H_2O 为反应物沉积 SiO_2 的原理[63]。在 $SiCl_4$ 半周期，硅或 SiO_2 表面的 OH-通过 H 键的物理吸附而非化学吸附与 $SiCl_4$ 相结合(图 3-49(a))；随后发生置换反应，即 Si-Cl 和 O-H 同时裂解，通过四元环过渡态形成 Si-O 和 H-Cl 键，$SiCl_4$ 中的硅原子形成五重配位键，于是 $SiCl_4$ 片段通过表面的氧原子形成化学键吸附在 SiO_2 表面，并产生 HCl 副产物(图 3-49(b))；在 H_2O 周期吸附过程与上述过程类似，H_2O 中的 H 原子与 $SiCl_4$ 中的 Cl 原子之间通过 H 键将 H_2O 吸附在 $SiCl_4$ 表面(图 3-49(c))；随后的置换反应中，Si-Cl 键和 O-H 键同时裂解，使 H_2O 中的氧原子与表面的硅原子四元环过渡态形成 Si-O，并产生副产物 HCl(图 3-49(d))。

$SiCl_4$ 和 H_2O 的 ALD 反应需要 300℃以上的衬底温度，并且前驱体吸附周期较长、反应速率慢，反应副产物 HCl 具有腐蚀性。利用亲核分子作为催化剂，可以降低反应温度和

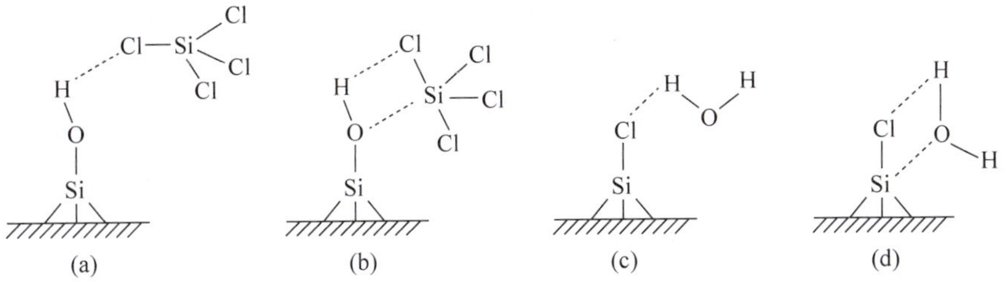

图 3-49　$SiCl_4$ 和 H_2O 的 ALD 反应原理

$SiCl_4$ 与 H_2O 的吸附时间，如利用胺催化烷基氯硅烷和 H_2O 的 ALD 反应。通过三乙胺处理，甚至可以实现室温下的反应，这是因为胺的氢原子与表面羟基的氢键作用，增强了羟基中氧的亲核性（提供电子的能力），促进了 $SiCl_4$ 与 Si 形成五配位体而产生化学吸附。这种五配位体结构是介稳态的中间物，而不是瞬时的过渡态，如五配位体的 Si 与高电负性原子如 F、Cl、O 形成化学键时，具有良好的稳定性。此外，通过碱性物质催化 $SiCl_4$ 和 H_2O 的反应可以降低反应温度和吸附时间，例如在 $SiCl_4$ 和 H_2O 的导入周期中都伴随吡啶（C_5H_5N），更小原子和更强碱性的 NH_3 的催化效果甚至比吡啶强 10 倍，但是 NH_3 催化会产生非挥发性的 NH_4Cl。

由于氨基配位体比氯基配位体具有更高的反应活性，带有氨基配位体的前驱体如氨基硅烷与 H_2O_2、O_3 或 O_2 的等离子体组合，可以在更低的温度下获得更高的沉积速率[64-66]。同时，氨基配位体沉积 SiO_2 的过程避免了颗粒化，比氯基前驱体更具优势。氨基硅烷中，$Si(NR_2)_xH_{4-x}$ 类前驱体通常称为杂配物前驱体（其中 R 表示烃基或烷基的通式），带有氨基和氢配位体连接在中心的硅原子上。杂配物前驱体中非极性的 Si-H 很强，而 H 键几乎不能表现为氢基离去基团。当这些前驱体吸附在带有 OH-的 SiO_2 表面时，失去质子化胺要强于失去质子化氢，因此氨基硅烷可作为-SiH、$-SiH_2$ 或 $-SiH_3$ 的来源。带有-SiHx 的表面对 H_2O 等反应物相对稳定，二者的化学反应需要 450℃的高温将 H_2O 转变为 H_2O_2 后才能氧化实现。采用氧化性更强的 O_3 或 O_2 等离子体可以将反应温度降低到 300℃以下，例如多次曝光中沉积 SiO_2 的温度低于 75℃。

图 3-50 为氨基硅烷前驱体与 O_2 和 O_3 等离子体的 ALD 反应原理[63]。采用 O_2 和 O_3 等离子体的结果是在 Si-H 之间插入一个氧原子，并在反应完成后再生成表面羟基。双二乙

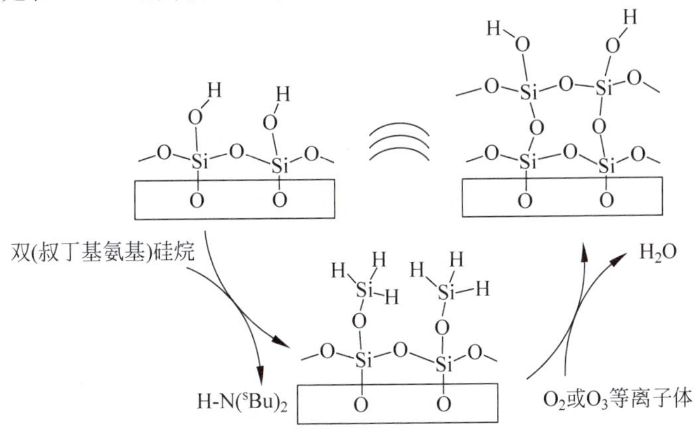

图 3-50　氨基硅烷和氧等离子体 ALD 反应原理

基氨基硅烷(分子式 $H_2Si[N(C_2H_5)_2]_2$,BDEAS)与 O_2 和 O_3 等离子体反应沉积 SiO_2 得到了广泛的关注,这种方法具有更低的温度(50～250℃)、良好的介电特性和较高的每循环生长速率等[67]。

PEALD 在 TSV 的 SiO_2 介质层沉积中得到了应用。2012 年,IMEC 报道了利用 200℃ 的 ALD 在 2μm×50μm 的盲孔内沉积 SiO_2 介质层[68],当厚度为 100nm 左右时,SiO_2 薄膜的共形能力超过 90%。2015 年,IMEC 报道了 ALD 在 3μm×50μm 的盲孔内沉积 SiO_2 介质层,所有位置的薄膜厚度均为 113～119nm[69]。2015 年,GF 报道了采用量产 ALD 设备在低温下沉积 SiO_2 介质层,在 3μm×50μm 的盲孔内,SiO_2 薄膜的共形能力超过 95%,并表现出良好的介电特性,如表 3-9 和表 3-10 所示[70]。经过扩散阻挡层沉积和 CMP 等工艺验证,ALD 沉积的 SiO_2 具有良好的稳定性。

表 3-9　ALD 沉积 SiO_2 的共形能力

TSV 尺寸/μm	6×55	5×55	3×50
TSV 顶端/nm	96	97	95
TSV 侧壁/nm	96	92	91
TSV 底部周边/nm	97	93	93
TSV 底部/nm	95	93	95

表 3-10　介电特性

	CVD 介质层(240nm)	CVD 介质层(140nm)	ALD 介质层(100nm)
单 TSV 电容(归一化)/fF	1.13	1.57	1
TSV 漏电流/A	$<10^{-12}$	$<10^{-12}$	$<10^{-12}$
介质层击穿电压(归一化)/V	1.75	0.91	1.16

3.4　其他材料介质层

除 SiO_2 外,TSV 还可以采用其他介质层材料,如高分子、SiN、SiON 以及低介电常数介质层等。

3.4.1　高分子聚合物介质层

通过气相沉积、旋涂或喷射的方法,将有机高分子聚合物材料涂覆在 TSV 侧壁上作为介质层,是 TSV 发展中的新尝试。这些方法工艺简单、温度低,并且聚合物介质层的介电常数小、弹性模量低[71-72]。与 SiO_2 的相对介电常数 3.9 相比,聚合物的介电系数通常只有 2～3,采用聚合物介质层可以减小 TSV 电容,改善 TSV 的性能和功耗。多数聚合物在一定的温度范围内都可以防止铜扩散,可以提高介质层和种子层的完整性。尽管多数聚合物的热膨胀系数较大,但是弹性模量较低,在热膨胀过程中受到铜柱的挤压和硅基底的限制时,更容易产生较大的变形,从而作为应力缓冲层缓解热膨胀应力的问题。可用于介质层的聚合物材料有 SU-8、苯并环丁烯(BCB)、聚酰亚胺(Polyimide)、聚对二甲苯(Parylene)、聚脲(Polyurea)等[71-81]。TSV 既可以采用聚合物介质层的常规结构,也可以采用聚合物填充铜环内部的应力缓冲结构。

3.4.1.1 聚合物介质层的制备方法

聚合物介质层通常采用液态前驱体制备，将其涂覆在深孔侧壁，经过加热挥发有机溶剂，并使前驱体的单体发生交联反应聚合，将液态前驱体转变为固态。通过交联固化的聚合物一般可耐受200℃左右的温度，部分材料甚至可达300℃。液态前驱体常用的涂覆方法包括悬涂和喷涂，通常侧壁沉积采用悬涂或喷涂，而孔内填充采用悬涂。悬涂和喷涂都有一定的技术难度，容易产生侧壁涂覆不均匀、底部淤积，以及气泡等问题。

以液态前驱体实现聚合物介质层的方法，包括①利用悬涂或喷涂等方式在TSV盲孔侧壁沉积前驱体薄膜，然后加热交联固化；②在衬底刻蚀环形深槽，并在环形深槽内完全填充聚合物前驱体，固化后刻蚀去除聚合物围绕的硅柱；③将圆形深孔全部填充聚合物前驱体，加热固化后利用激光在聚合物中心刻蚀通孔；④在深孔内通过气相反应生成聚合物薄膜沉积在深孔侧壁。

EVG开发了在深孔侧壁涂覆液态前驱体的喷涂技术NanoSpray™，并推出了集成有前驱体涂覆、光刻、电镀等9个工艺模块在内的EVG150 XT系统。图3-51为利用NanoSpray™制造空心TSV的工艺过程。NanoSpray™可以在盲孔侧壁喷涂厚1～10μm的聚合物前驱体作为TSV的介质层和应力缓冲层，不仅可以减小TSV的热应力，还可以降低电学噪声和损耗。在EVG的方案中，TSV导体电镀只在侧壁聚合物介质层表面沉积铜金属层，而不是电镀填充的实心结构，最后采用NanoFill技术将铜层环绕的空心填充聚合物材料，以便后续表面互连的制造。

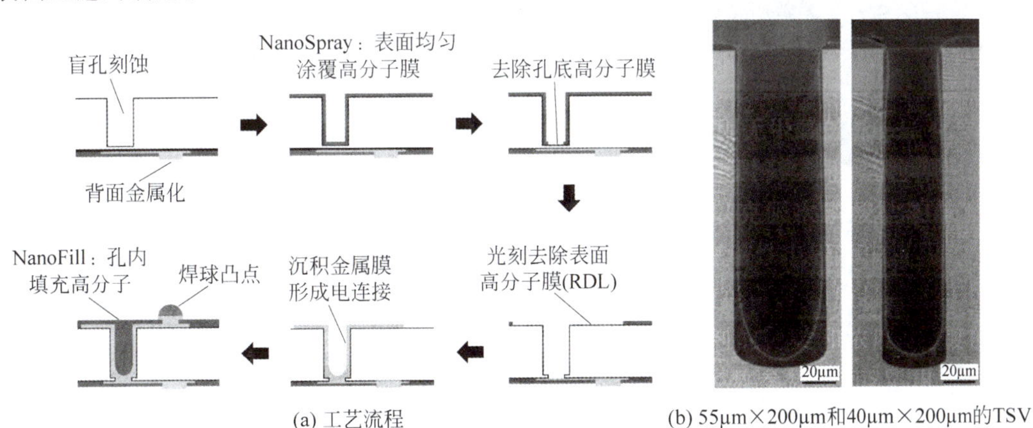

(a) 工艺流程 (b) 55μm×200μm和40μm×200μm的TSV

图3-51 NanoSpray喷涂高分子介质层

清华大学开发了环形深槽制造高分子介质层的方法，如图3-52所示[80]。这种方法要求高分子材料完全充满整个环形深槽而没有空洞，并且刻蚀中间的硅柱时要对高分子材料有良好的选择性。旋涂后残留在表面的高分子层需要利用CMP或刻蚀去除，高分子层厚

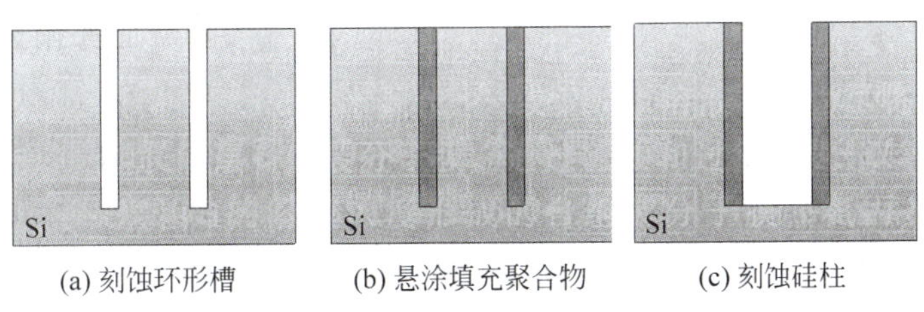

(a) 刻蚀环形槽 (b) 悬涂填充聚合物 (c) 刻蚀硅柱

图3-52 填充环形槽制造聚合物介质层

度越小对后续 CMP 越有利。这种方法需要 2～3 次前驱体的填充和固化过程，以补偿有机溶剂挥发使聚合物体积减小而造成的表面凹陷。此外，填充前驱体必须避免气泡被密封在深孔内部形成空洞。

为了解决涂覆液态前驱体面临的技术问题，Ulvac 开发了采用气相前驱体原位合成沉积聚合物介质层的方法，将两种气相前驱体导入反应腔，在一定温度的条件下原位合成聚脲[81]。反应温度低于 100℃，对临时键合没有影响。聚脲的应力很低，内表面光滑，并且能够隔离深孔侧壁的起伏。在 20μm×150μm 的 TSV 底部，聚脲的沉积厚度达到表面厚度的 50%以上。由于气体的流动性和均匀性远好于粘度较大的液态前驱体，气态原位合成可以大幅提高薄膜均匀性，并避免液态涂覆相关的气泡和淤积等问题。

3.4.1.2 苯并环丁烯介质层

苯并环丁烯(BCB)具有介电常数低(2.6)、化学稳定性和热稳定性优异(玻璃化转变温度 T_g>350℃)、吸湿率低、固化释放气体少、收缩不明显等优点，在层间介质、平板显示器和封装等领域有广泛应用。以 BCB 作为介质层，可以获得低应力和小电容的 TSV。

清华大学开发了两次旋涂真空固化的环形槽填充方法，在宽度为 5μm、深度为 57μm 的环形槽内部，完全填充 BCB Cyclotene 3022-46，如图 3-53 所示[80]。填充环形槽容易产生内部气泡空洞和表面凹陷。环形深槽内部空洞的形成与两个因素有关：第一，BCB 旋涂过程中向深孔内部流动时密封了一部分空气，虽然后续的高速旋转能够在一定程度上促使 BCB 向下流动，并且通过 AP3000 提高表面润湿性，但是由于 BCB 的粘度大，高速旋涂仍不能完全排出空气。第二，BCB 固化过程中仍会产生少量气体，气体的聚集形成气泡。采用真空填充有助于避免空洞问题。在晶圆上涂覆分散好润湿剂和 BCB 后，将晶圆放入真空环境中，使润湿剂和 BCB 流入环形深孔，并通过真空的负压将 BCB 封闭在深孔内的空气排出。由于空气排出和固化收缩，表面会形成较为明显的凹陷，需要通过再次旋涂少量 BCB 将表面凹陷全部填满。第一次填充后进行适当的预固化，第二次填充后整体高温固化。

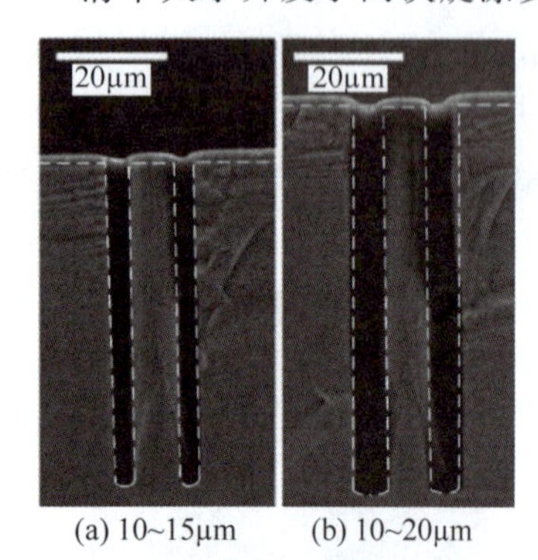

(a) 10~15μm (b) 10~20μm

图 3-53 真空辅助旋涂填充 BCB Cyclotene 3022-46

BCB 的填充效果与前驱体中溶质的含量有关。随着 BCB 溶质含量的增加，可填充的深槽宽度和深宽比下降，这是由于前驱体中 BCB 含量增加，液态前驱体的粘度增大，流动性下降。随着 BCB 含量的增加，固化后的表面凹陷减小，例如采用 BCB Cyclotene 3022-57 形成的表面凹陷比采用 BCB Cyclotene 3022-46 形成的表面凹陷小，这与溶剂挥发量减少有关。填充后晶圆表面的 BCB 厚度与填充深度和 BCB 含量有关，通常在 2～6μm，需要采用 CMP 去除。BCB 固化后具有良好的物理和化学稳定性，CMP 中的化学腐蚀速率较低；BCB 的硬度较小，因此 CMP 过程以机械研磨为主。BCB 表面 CMP 的抛光液成分包括 1.0%(质量百分比)的硝酸、1.5%(质量百分比)的表面活性剂 Triton X-100、4.0%(质量百分比)的 SiO_2 颗粒，其余组分为去离子水。

图 3-54 为刻蚀去除 BCB 围绕的硅柱后形成的 BCB 介质层。CMP 后表面的 BCB 余留层已经被全部去除。由于化学腐蚀在 BCB 的 CMP 中作用有限，而 BCB 弹性模量小，在 CMP 的压力作用下，BCB 压缩到深槽内，CMP 完成后，被压缩的 BCB 回复，造成 BCB 高于

基底表面约 50nm。因此，BCB 的 CMP 不宜加载过大的压力。刻蚀要求硅对于 BCB 有较高的选择比，以避免 BCB 介质层被刻蚀。由于 BCB 中含有硅的成分，在硅的刻蚀环境中 BCB 也会被刻蚀，需要精细调整深刻蚀的工艺参数。硅的刻蚀速率为 1500nm/min，而光刻胶、PECVD SiO_2 以及热氧生长 SiO_2 的去除速率为 2～3nm/min，刻蚀选择比超过 500∶1。BCB 环绕的硅柱去除后，BCB 保持完整，高度和厚度基本保持不变，形成了侧壁为 BCB 介质层的盲孔，然后沉积扩散阻挡层和种子层，通过盲孔电镀填充 TSV。

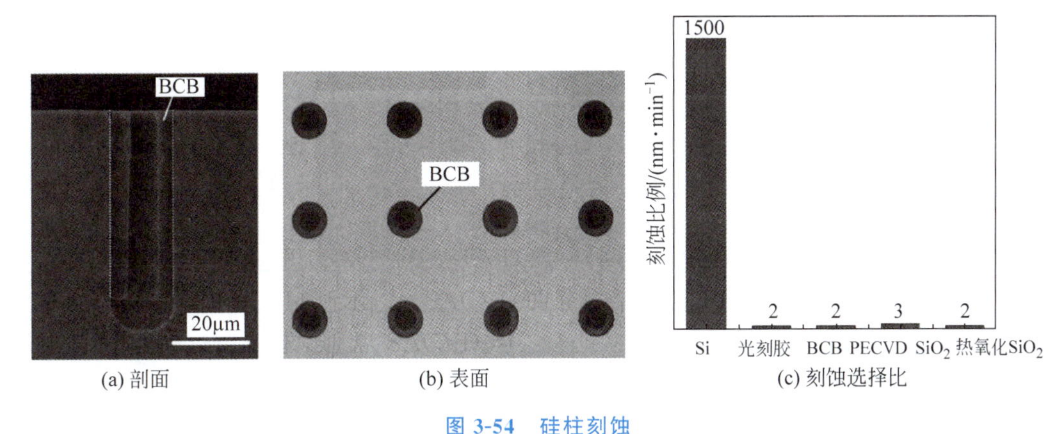

(a) 剖面　(b) 表面　(c) 刻蚀选择比

图 3-54　硅柱刻蚀

3.4.2　氮化硅和氮氧化硅

氮化硅(Si_3N_4)是一种致密的薄膜材料，在集成电路中常用作隔离水汽和钠离子的钝化保护层。通过低应力控制，氮化硅薄膜的应力可以控制在较小的范围。满足化学定量比 Si∶N=3∶4 的 Si_3N_4 的沉积方法包括：①APCVD，700～900℃，硅烷 SiH_4 与氨气 NH_3；②LPCVD，700～800℃，二氯硅烷 $SiCl_2H_2$ 与 NH_3；③PECVD，在氩气等离子体，450℃，SiH_4 和 NH_3。上述反应式分别为

$$\begin{aligned} &3SiH_4 + 4NH_3 \rightarrow Si_3N_4 + 12H_2 \\ &3SiH_2Cl_2 + 4NH_3 \rightarrow Si_3N_4 + 6HCl + 12H_2 \\ &SiH_4 + NH_3 \rightarrow SiNH + 3H_2 \end{aligned} \tag{3.4}$$

这些沉积方法都会产生 H_2 结合到 Si_3N_4 薄膜中。在 400℃ 以下，SiH_4 与 NH_3 在 PECVD 中反应生成非定量比的氮化硅 Si_xN_y，反应过程也伴随 H_2 产生，薄膜中 H_2 的含量甚至高达 20%以上。LPCVD 沉积的 Si_3N_4 共形能力较好，而 PECVD 的共形能力一般。APCVD 和 LPCVD 法沉积的 Si_3N_4 薄膜具有很大的拉应力，而硅含量高于化学定量比的富硅氮化硅的应力可以降低到 100MPa。PECVD 沉积的 Si_3N_4 可以控制沉积薄膜的应力水平。利用 13.56MHz 的 PECVD 法沉积 Si_3N_4 薄膜应力约为 400MPa，而使用 50Hz 频率的 PECVD 法沉积 Si_3N_4 薄膜应力只有 200MPa。通过选择不同的频率，可以得到近似无应力的 Si_3N_4 薄膜。

在 65～180nm 工艺节点，CMOS 工艺采用栅氧中掺氮形成氮氧化硅(SiON)作为栅介质，通过提高栅电容抑制 NMOS 器件的短沟道效应。SiON 相对 SiO_2 有较高的介电常数，提高了栅电容，降低栅介质的隧穿电流，并显著减少 PMOS 中从多晶硅穿透进入栅极介质的硼的数量，减小阈值电压的漂移。此外，SiON 常作为金属表面的抗反射层，消除光刻曝

光过程中金属反射等引起的驻波效应。SiON 作为栅介质时,CMOS 工艺中常用的沉积方法是在热氧化后,通过高温氮化退火在 Si-SiO_2 界面引入氮原子。这种方法获得的 SiNO 薄膜致密、杂质少、质量高。作为抗反射层和钝化层等应用时,由于温度的限制,SiON 一般采用 PECVD 和 SiH_4 + N_2O 沉积。SiON 具有良好的绝缘能力,表 3-11 和图 3-55 为采用 PECVD 和 SiH_4 沉积的 SiON 的密度和绝缘性能[82]。随着沉积温度的降低,SiON 的密度逐渐减小。

表 3-11　PECVD 制备的 SiON 密度

材　　料	温度/℃	厚度/nm	密度/($g\cdot cm^{-3}$)	相对密度②
SiON(1)	350	124.7	2.37	0.69
SiON(2)	200	111.5	1.92	0.56
SiON(3)	150	127.0	2.04	0.59
SiON(4)①	150	113.2	2.17	0.63
SiON(5)	100	140.6	2.06	0.60
SiO_2	150	91.5	2.14	0.62

注:① 反应腔压力比 SiON(3)提高 22%;

② 氮化硅标准密度参考值 3.44g/cm^3,二氧化硅 2.21g/cm^3。

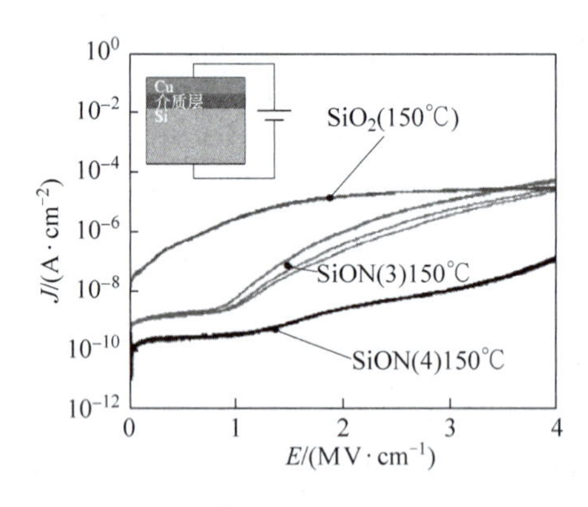

图 3-55　漏电流与 SiON 密度的关系

SiN 和 SiON 在一定温度下都具有抗铜扩散的能力,虽然这二者达不到 TaN 等材料的性能,但是在要求不高的情况下可以作为介质层和扩散阻挡层。图 3-56 为厚度 140nm 的 SiON 在 400℃退火 10h 后铜的扩散情况[82]。SiON 沉积温度越高,薄膜越致密,SiON 层中铜的浓度越低,对铜扩散阻挡能力越高。然而,无论沉积温度高低,在 SiON 与硅的界面处铜的浓度基本相同,达到了约 3×10^{17} 的水平。可以看出,在界面处 SiON 具有吸杂的功能,这与晶圆背面沉积 SiON 或 SiN 作为吸杂层是一致的。离开界面 20nm 以后,硅中的铜的浓度迅速下降到 10^{16} 以下。随着 SiON 中氮含量增加,铜的扩散系数显著降低。相对密度 0.6 的 SiON 中铜的扩散系数基本都低于相对密度 0.8 的 SiO_2 中的扩散系数,说明氮成分具有阻挡铜扩散的能力,而当相对密度低于 0.5 时,需要厚度 1μm 以上的 SiON 才能阻挡铜扩散。

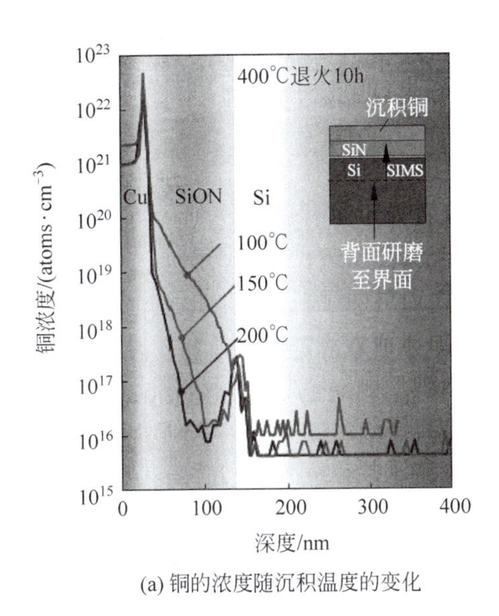

(a) 铜的浓度随沉积温度的变化

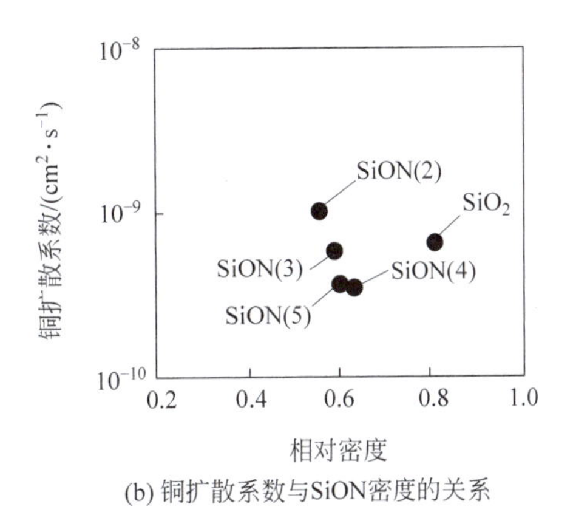

(b) 铜扩散系数与SiON密度的关系

图 3-56 SiON 的扩散阻挡能力

3.4.3 低介电常数介质层

集成电路的互连介质层大体分为两类：上部全局互连的介质层和钝化层，以及下部局域互连的低 κ 和超低 κ 介质层。早期集成电路采用 SiO_2 作为层间介质，这是由于 SiO_2 击穿场强较高、工艺简单、介电常数相对较低。随着互连尺寸减小，低 κ 介质层可以在不降低布线密度的情况下减小互连电容，从而减小 RC 延迟，提高互连的工作频率并降低功耗。在 180nm 节点，下层介质材料采用 $\kappa=3.7$ 的 SiOF(FSG)，90nm 使用小于 2.7 的低 κ 介质材料，65nm 采用 $\kappa<2.4$ 的氟化硅玻璃，32nm 时开始应用接近 2.0 的超低 κ 介质材料。根据工艺不同，通常上层介质和钝化层包括 10～20 层的 SiO_2、SiN、SiON 层，单层厚度为 0.4～0.7μm，总厚度为 4～8μm；下层低 κ 介质层一般也包括 10～16 层，总厚度为 2～5μm。

CMOS 工艺中的低 κ 介质材料主要可以分为 SSQ 基、SiO_2 基(SiOF)、含 C 氧化硅(SiOCH)、纳米多孔 SiO_2(气凝胶和干凝胶)、氟化非晶碳膜(α2C：F)、聚酰亚胺等。降低介质材料介电常数有两种主要方法：一是降低材料本身的极性，包括降低材料中的电子极化、离子极化以及偶极子极化。例如 FSG 将具有强阴电性的氟元素掺入 SiO_2 中，降低 SiO_2 的电子与离子极化；另外，苯并环丁烯(BCB)和含氟聚芳醚(PAE)分别用 Si-C 及 C-C 键所链接成的低极性网格降低介质层的介电常数。二是将介电材料变为疏松或者多孔结构，例如含氢硅酸盐(HSQ)、甲基硅酸盐(MSQ)或者以 CVD 方法掺杂含有甲基 CH_3 的官能基来形成松散的 SiOC：H 薄膜。多孔介质材料是将可去除的多孔前驱体包含在介质材料中，然后通过紫外线辅助或热处理去除多孔前驱体，使相应位置留下孔隙。κ 值取决于孔隙大小和分布，理想情况下 κ 能降低到 2 以下。表 3-12 为常用低 κ 介质材料的部分特性。

采用灯丝辅助 CVD 和甲基三乙氧基硅烷(MTES)，Grenoble Alpes 大学、Leti 和 TEL 实现了 SiOCH 低 κ 材料作为 TSV 的介质层[83]。沉积过程的基底温度为 50～200℃，沉积厚度为 100～500nm。介质层的介电性能在 400℃退火后大幅提升，共形能力在 10μm×80μm 的盲孔内可达 70%，在 10μm×140μm 的盲孔内可达 50%，与 SACVD 相当。

表 3-12 常用低 κ 介质材料的部分特性

低介电常数材料	介电常数	产品名称	沉积方法	制造商
苯并环丁烯(BCB)	2.6	Cyclotene 3000	旋涂	Dow
树脂(Epoxy)	3.2	Epoxy 8023	旋涂	Rahm Haas
硅胶(Silicone)	3.2	WL7154	旋涂	Dow
含氟二氧化硅	3.2～3.6	FSG	CVD	AMT、Lam、TEL
含氢硅氧烷	2.7～3.0	HSQ、MSQ、HOSP	旋涂	Dow Corning、Honeywell
芳香烃碳氢化合物	2.65	SiLK	旋涂	Dow
聚对二甲苯	2.1～2.9	Parylene-N、F、AF4	CVD	AMT、RI、RPI、SCS
含氟聚合物	2.0～2.6	PFCB、CYTOP、Teflon	旋涂/CVD	Dow、Asahi、Dupont
多孔聚合物	1.2～2.2	XLK、Nanofoam、Aero/Xero-gel	旋涂	Dow、IBM、LLNL

多孔介质材料的机械强度通常较低，例如与普通 SiO_2 相比，多孔 SiO_2 的弹性模量减小到 5%～10%，硬度小于普通 SiO_2 的 15%，而热膨胀系数却是普通 SiO_2 的 25 倍。对于多孔性低 κ 介质材料，由于结构疏松强度较低，容易被 TSV 铜柱热膨胀挤碎。加之 TSV 的直径相比 CMOS 的局域互连很大，低介电常数的优势不明显，因此低 κ 材料在 TSV 中的应用仍处于研究阶段。

3.4.4 三氧化二铝

三氧化二铝(Al_2O_3)是一种优良的介电材料，其禁带宽度约为 9eV，比 SiO_2 高 2.8eV，具有更高的击穿场强；相对介电常数约为 9，是 SiO_2 的 2 倍以上，对降低栅介质厚度有利。Al_2O_3 有多种不同的晶体结构，其性能与结构紧密相关。采用不同的温度和时间进行热处理，可以获得不同的晶体结构，随着温度的升高，Al_2O_3 的状态依次为水铝矿(Gibbsite)→薄水铝石(Boehmite，γ-AlOOH)→γ 氧化铝(γ-Al_2O_3)→δ 氧化铝(δ-Al_2O_3)→θ 氧化铝(θ-Al_2O_3)→α 氧化铝(α-Al_2O_3)，另外，也包括 η、κ、χ 和 β 态氧化铝。

受温度的限制，Al_2O_3 一般使用 ALD 沉积，以 TMA 作为前驱体提供 Al 源，通过自冷却蒸发器蒸发，反应气体一般以 O_2 或 H_2O 作为氧化剂，通过 Ar 吹扫对 TMA 和 H_2O 分离[43,84]。典型沉积工艺采用 400sccm 的 Ar 气作为载气，腔体压强为 80Pa，每循环时间为 6s，沉积厚度约为 0.1nm。经过 300℃ 和形成气体环境中退火 1h，厚 15nm 的 Al_2O_3 在 2MV/cm 下漏电流为 0.1nA/cm^2，击穿场强为 7MV/cm，如图 3-57 所示[43]。对 TSV 的漏电流测试表明，Al_2O_3 在绝缘和抗 Cu 扩散方面多有良好的性能。由于 ALD 沉积速率和制造成本的问题，Al_2O_3 一般只用于小直径、高深宽比 TSV 的介质层。

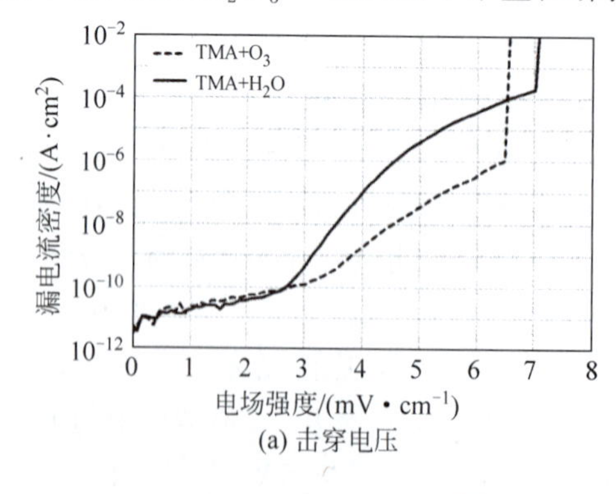

(a) 击穿电压

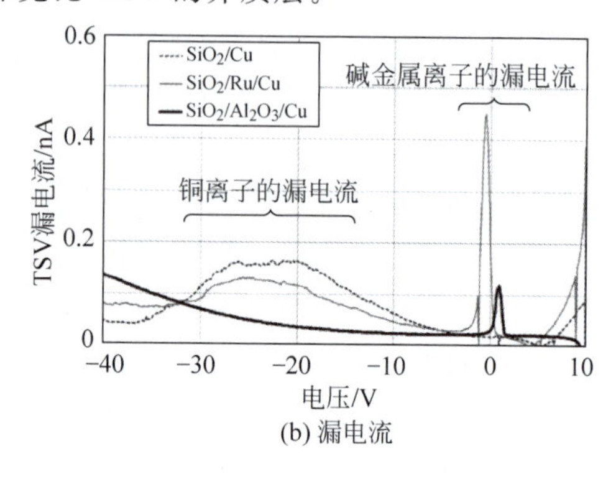

(b) 漏电流

图 3-57 Al_2O_3 介质层特性

3.5 扩散阻挡层

粘附层/扩散阻挡层/种子层可以采用 MOCVD、CVD 和 ALD 等化学反应方法以及溅射等物理沉积方法沉积，还可以采用化学镀等电化学方法沉积。薄膜的共形能力是沉积的主要难点，这些方法的共形能力差别很大[85]，适用于不同深宽比的 TSV。CVD 沉积具有适中的过程温度和良好的均匀性，但成本相对较高，并且 CVD 沉积的铜种子层与扩散阻挡层的粘附性较差[85]，目前尚未在量产中广泛应用。化学镀的共形能力好，但是对于扩散阻挡层应用，其整体质量还在处于评估阶段。ALD 具有优异的共形能力，对薄膜成分和厚度控制准确，但是 ALD 沉积速率慢、生产效率低，并且沉积种子层时如何将 ALD 沉积的铜氧化物转化为铜仍是困难的问题[86]。

TSV 中应用较多的粘附层和扩散阻挡层包括 Ta/TaN、Ti/TiN 和 Ti/TiW 等，目前广泛采用 PVD 方法沉积。对于深宽比小于 10∶1 的情况，多用 iPVD，当深宽比超过 10∶1 时，一般采用 ALD 或 MOCVD 的 TaN 或 TiN。iPVD 的优势是过程温度低、附着性良好、制造成本低，但是共形能力只适合 10∶1 以下的深宽比。图 3-58 为普通溅射、iPVD、MOCVD 和 ALD 的共形能力的适用范围[17]。

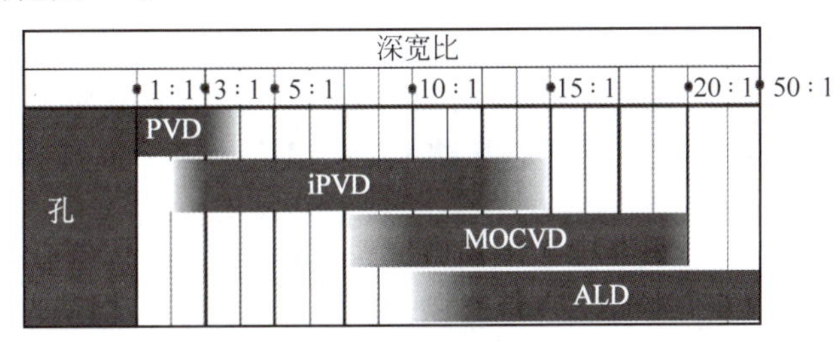

图 3-58 不同制造方法的共形能力

3.5.1 Ti-TiN

TiN 与多数材料都具有良好的粘附性，Ti 与铜互连具有良好的粘附能力，并为铜种子层提供成核和防止原子扩散，是较为理想的粘附层和扩散阻挡层材料，广泛应用于深亚微米器件互连以及硅和铝的扩散阻挡。TiN 具有良好的扩散阻挡能力，厚度为 5nm 的 TiN 可以在 500℃下 10h 而不发生明显的铜扩散，但与 TaN 相比，TiN 在 500℃以上扩散阻挡能力明显下降。

TiN 常用 iPVD 通过 Ti 靶材与 N_2+Ar 的等离子体沉积，可以精确控制组分比例，薄膜性能优良，电阻率仅为 30～40$\mu\Omega\cdot cm$，但共形沉积能力较差[87]。iPVD 沉积 TiN 属于反应离子溅射，即 N 等离子与靶材 Ti 反应形成 TiN，TiN 被 Ar 离子从靶材表面打击下来沉积在衬底表面。其反应原理如下：

$$2Ti + N_2 \rightarrow 2TiN \tag{3.5}$$

3.5.1.1 化学气相沉积

在高深宽比结构内沉积 TiN 需要采用共形能力和均匀性更好的 CVD、MOCVD 或 ALD[88-89]。CVD 制备 TiN 可分为合成反应和热分解两种。合成法一般采用四氯化钛

($TiCl_4$)或金属氧化物前驱体与 NH_3 或氮气等氧化反应物。$TiCl_4$ 成本低,在室温下易挥发,易于通过鼓泡器或直接液体注入源以蒸气形式输送。该反应温度较低,反应方程为

$$\begin{aligned} 6TiCl_4 + 8NH_3 &\rightarrow 6TiN + 24HCl + N_2 \\ 2TiCl_4 + 2NH_3 + H_2 &\rightarrow 2TiN + 8HCl \end{aligned} \tag{3.6}$$

室温下,$TiCl_4$ 和 NH_3 容易反应形成黄色的加合物 $TiCl_4:NH_3$,暴露在空气中很容易氧化,产生白色 TiO_2 颗粒和 HCl。在 200~300℃,二者基本不产生反应,因此 CVD 沉积时反应腔保持在 250℃左右,防止腔体内壁沉积。在 350~400℃,$TiCl_4$ 和 NH_3 反应生成 TiN,沉积的 TiN 具有较好的共形能力和扩散阻挡能力,电阻率一般为 200~500$\mu\Omega\cdot cm$。反应产物 HCl 会与 NH_3 结合生成非挥发性的 NH_4Cl 固体颗粒,并且未反应的 $TiCl_4$ 造成较高浓度的氯残留,氯不仅增大了 TiN 的电阻率,而且会腐蚀与 TiN 接触的金属如 Al 或 Cu,影响长期可靠性。为了获得较高的沉积速率并减小 TiN 薄膜中氯的含量,通常采用 600℃的基底温度。温度越高 TiN 的电阻率越低,氯含量越低,但是由此引起高温与 CMOS 工艺不兼容的问题。

为了降低反应温度,目前最常用的 TiN 沉积方法是采用金属氧化物前驱体的 MOCVD 和 ALD,这些前驱体可以将沉积温度降低到 200~400℃,并且避免引入氯。此外,MOCVD 在深宽比为 8:1 盲孔内的共形能力可达 50%,在 10μm×100μm 的盲孔内共形能力可达 30%,而 ALD 的共形能力超过 90%。

如图 3-59 所示,常用的金属氧化物前驱体包括四(二甲基胺基)钛(IV)(分子式 $Ti[N(CH_3)_2]_4$,TDMAT)[90]、四(二乙基胺基)钛(IV)(分子式 $Ti[N(CH_2CH_3)_2]_4$,TDEAT)[91]、四(乙基甲基胺基)钛(IV)(分子式 $Ti[NCH_2(CH_3)_2]_4$,TEMAT)[92]。这些材料比 $TiCl_4$ 昂贵很多,毒性较弱,在储存过程中比较稳定;但与潮湿空气缓慢反应,或与水迅速反应,生成 TiO_2 和二甲胺或二乙胺,具有中等毒性。TDMAT 比 TDEAT 更易挥发,但总体上蒸气压都比较低,需要 80~120℃的温度才能形成蒸气送入反应腔,但该温度下这些前驱体分解仍较为缓慢,必须采用直接液体喷射和气化。一般 TDMAT 沉积的 TiN 电阻率较高,但共形能力更好,而 TDEAT 沉积的 TiN 的电阻率低、含氧量低,但是共形能力较差。

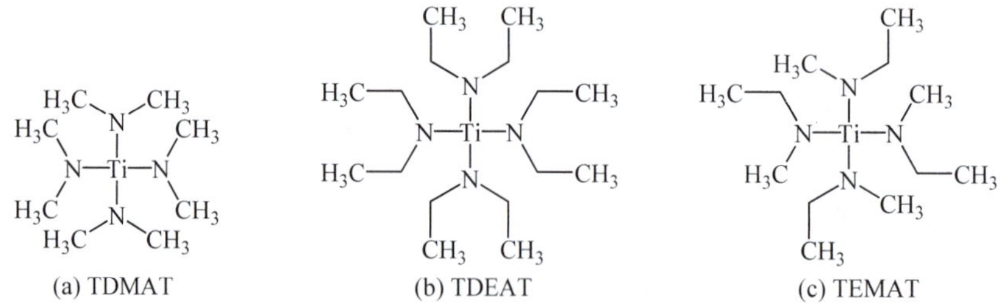

(a) TDMAT　　(b) TDEAT　　(c) TEMAT

图 3-59　金属有机物前驱体分子结构

TDMAT 和 TDEAT 均可通过热分解单独使用来沉积 TiN。热解 TDMAT 和 TDEAT 需要 300~450℃的温度和 1~5Torr 腔体压强,所沉积的 TiN 为多孔状无定型结构,但是 C、O 和 H 等杂质含量高达 25%左右,电阻率高达 3000$\mu\Omega\cdot cm$。此外,在 C 原子上有松散的化学键连接的 Ti 原子,容易与进入 TiN 薄膜的氧原子形成强键构成的 TiO,造成薄膜的电阻率增大,并且在空气状态下不稳定。为了降低电阻率,热解后需要采用 N_2+

H_2 等离子体进行致密化和除杂处理。H 等离子体与杂质中的 C 和 O 反应形成挥发性物质，N 等离子体置换薄膜中残留的 N_2 并反应形成 TiN，但每次等离子体能够处理的深度仅为 10nm 左右。等离子体处理后 TiN 转变为非晶结构，薄膜厚度会减少 30%左右，电阻率降低到 600～2000μΩ·cm。

为了降低杂质含量，TiN 一般采用 TDMAT 或 TDEAT 与 NH_3 发生的氨化反应沉积。反应气体 NH_3 加热后解离，反应腔中存在 NH_3、NH_2、NH、N 和 N_2 等，TDMAT 与 NH_3 反应分为两个反应进行[93-94]：

$$\begin{aligned} &2NH + Ti(N(CH_3)_2)_4 \rightarrow N_2Ti(N(CH_3)_2)_2 + 2HN(CH_3)_2 \\ &6N_2Ti(N(CH_3)_2)_2 + 8NH_3 \rightarrow 6N_2TiNH_2 + 12HN(CH_3)_2 + N_2 \end{aligned} \tag{3.7}$$

上述两个过程都是转氨交换反应，吸附在表面的 NH_x 被 $Ti(N(CH_3)_2)_y$ 取代，并且该替换过程是双向的。在第二个反应中，Ti 的氧化价数从 4 转变为 3，形成 TiN 的氧化价数。

通常 TDMAT 或 TDEAT 与 NH_3 反应沉积的 TiN 薄膜中 C 和 O 的杂质含量只有 5%左右，电阻率可达约 500μΩ·cm，比热解沉积的 TiN 的薄膜更低，但共形能力较差。随着 NH_3 流量的增大，TiN 中杂质含量下降，电阻率降低，但是共形能力随之下降。表 3-13 列出 TiN 沉积方法。

表 3-13 TiN 沉积方法

	PVD	CVD	MOCVD	MOCVD
前驱体	Ti，Ar/N_2	$TiCl_4/NH_3$	TDEAT/NH_3 TDMAT/NH_3	TDEAT TDMAT
沉积温度/℃	20～400	500～800	200～450	300～450
电阻率/(μΩ·cm)	60～200	100～400	150～500	600～2000
杂质	<1% C，O	1%～5% C，H	<2%～5% C，O	25% C，25% O
相对密度/%	80	70～85	60～80	60～80
应力/(dyn·cm^{-2})	1.00×10^{10}	$(0.5\sim3)\times10^{10}$	3.00×10^{10}	3.00×10^{10}
共形能力	很差	优异	差	优异
颗粒	良好	良好	良好	良好
材料成本	低	低	高	高
扩散阻挡能力	良好	良好	良好	良好

TEMAT 也可以采用热分解的方法在 Ar 或 H_2 环境中沉积 TiN，反应温度范围为 250～375℃，腔体压力为 1Torr，典型的沉积速率为 7～105nm/min，如图 3-60 所示[95]。TiN 薄膜具有较好的质量，共形能力极佳。由于 TEMAT 具有 TDMAT 和 TDEAT 的优点，又克服了各自的缺点，近年来发展很快。

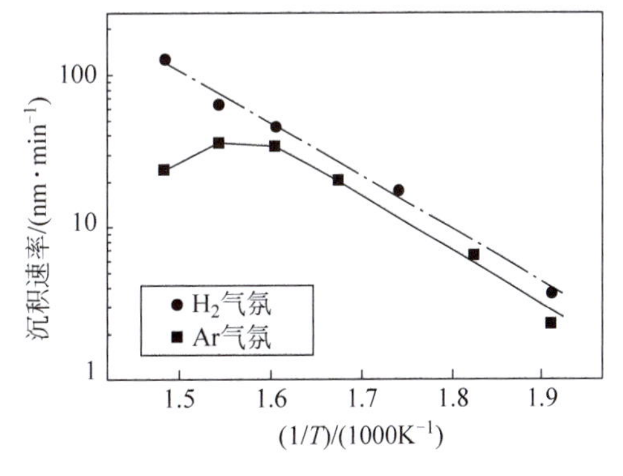

图 3-60 热分解 TEMAT 沉积 TiN 速率

3.5.1.2 原子层沉积

采用 ALD 和 TDMAT 或 TDEAT 前驱体及 NH_3 反应气体，可以实现具有优异共形能力的 TiN 沉积。采用 ALD 沉积时，热式 ALD 和 PEALD 均可实现前驱体与 NH_3 的反应，二者的沉积速率基本都在 0.05～0.1nm/周期，

PEALD 稍快,但是热式 ALD 方法沉积 TiN 薄膜的杂质含量高,电阻率高于 1000μΩ·cm,而 PEALD 方法沉积的 TiN 的电阻率可以低至 100μΩ·cm 左右[96-97]。热式 ALD 的反应原理与 MOCVD 相同,反应过程中腔体内有反应产物 $HN(CH_3)_2$ 和 N_2 的裂化产物 $N(CH_3)_3$ 和 N,表明反应过程为热式反应。PEALD 的反应原理可能同时发生两种类型的反应[94]:一是等离子体中仍然存在的 NH_3 分子将引发热转氨交换反应,形成反应产物 $HN(CH_3)_2$ 和 N_2;二是 NH_3 分子解离产生的等离子体中的氢和氮自由基,去除了钛原子上的前驱体配位体,并生成了 HCN、CN 和 H_2 等产物成分。

采用 ALD 和 TDMAT 沉积,在 175～190℃ 和 200～210℃两个温度窗口出现沉积速率饱和,沉积速率约为 0.05nm/周期,用 TDEAT 的速率饱和温度为 275～300℃,沉积速率为 0.1nm/min。图 3-61 为 TDMAT 和 TDEAT 沉积 TiN 的沉积速率与反应温度的关系[97]。ALD 沉积的 TiN 薄膜含碳量低于其他 CVD 和 MOCVD 方法,电阻率低于 1000μΩ·cm,用 TDEAT 沉积的 TiN 的电阻率低于 TDMAT 沉积的电阻率。

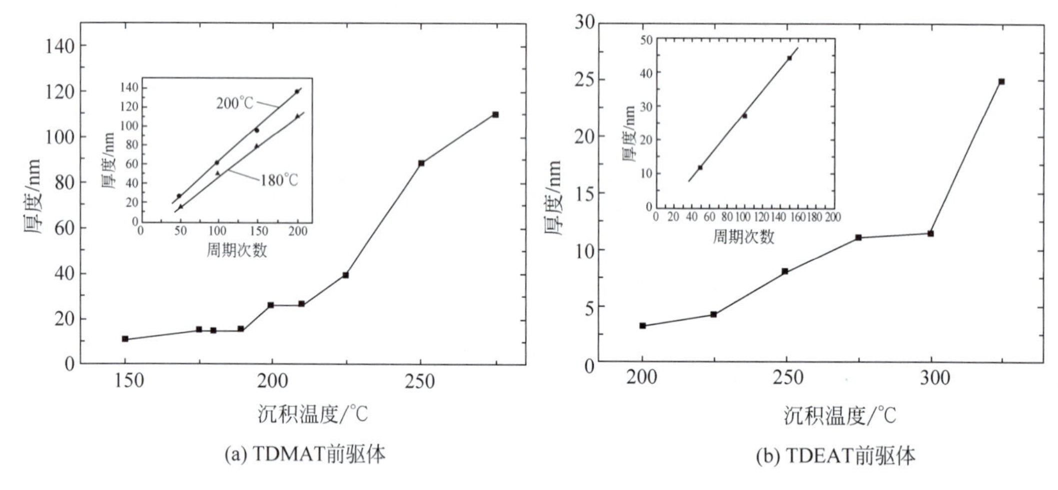

图 3-61　PEALD 沉积速率

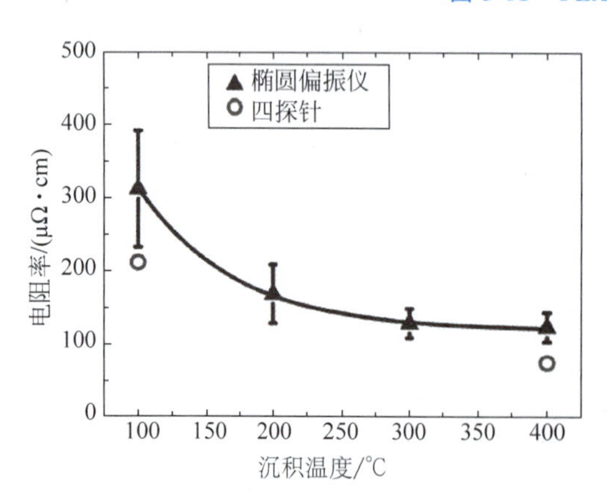

图 3-62　PEALD 沉积的 TiN 电阻率随温度变化关系

PEALD 方法沉积的 TiN 的电阻率随着沉积温度不同而变化,如图 3-62 所示[98]。电阻率变化的主要原因是薄膜中 Cl 离子的含量。当沉积温度为 100℃时,Cl 离子含量达到 2.1%,电阻率为 209μΩ·cm。当沉积温度为 400℃时,Cl 离子的含量为 0.1%,电阻率为 72μΩ·cm。

利用 ALD 方法沉积的 TiN 扩散阻挡层可以均匀覆盖 2μm×30μm 的高深宽比盲孔,厚度均匀性达到 80%[99]。TDDB 实验表明,尽管厚度为 5nm 和 10nm 的 TiN 对铜的扩散阻挡效果稍差于相同厚度的 Ta 材料,但是经过 40min 420℃的退火处理,TiN 对铜的扩散阻挡效果有显著提升,甚至接近 Ta 的扩散阻挡能力,具有良好的扩散阻挡效果。相比之下,Ta 经过相同的热处理后,对铜的扩散阻挡效果没有显著变化。

除上述前驱体外，PEALD 还可以利用 $TiCl_4$ 和 N_2H_4 反应沉积 TiN[100-101]。通过 H 对反应腔体和表面清洗去除 O、Cl 和 C 等杂质，并利用高纯度前驱体，可以将 TiN 电阻率降低到 $160\mu\Omega \cdot cm$。反应过程的原理简化为

$$
\begin{aligned}
&\mathrm{TiNH(ads)} + \mathrm{TiCl_4(g)} \rightarrow \mathrm{TiNTiCl_3(ads)} + \mathrm{HCl(g)} \\
&\mathrm{TiCl(ads)} + 2\mathrm{H(g)} + \mathrm{N(g)} \rightarrow \mathrm{TiNH(ads)} + \mathrm{HCl(g)}
\end{aligned}
\tag{3.8}
$$

3.5.2 Ta-TaN

Ta 和 TaN 都对铜具有良好的扩散阻挡能力，可以单独或联合使用作为铜的扩散阻挡层。Ta 的优点是较高的熔点，扩散需要很高的激活能。TaN 的电阻率比 Ta 高，但是 TaN 具有非晶或纳米晶结构，其热稳定性更好、扩散阻挡能力更强。TaN 与包括 SiO_2 在内的多数介质层材料有很好的粘附性，可以作为粘附层和扩散阻挡层，但 TaN 与 Cu 的结合力较弱，而 Ta 与铜具有很好的粘附性，因此在平面互连中普遍使用组合扩散阻挡层 TaN/Ta，其中 TaN 作为粘附层和扩散阻挡层与介质层结合，而 Ta 作为粘附层承载 Cu 种子层。

PVD 是沉积 Ta 和 TaN 最常用的方法，其中 Ta 采用金属靶材和 Ar 离子，而 TaN 采用金属靶材和 N 等离子体反应沉积。当厚度为几纳米时，PVD 的 Ta 薄膜表现为非晶态，是理想的铜扩散阻挡层材料。在 TSV 中，由于深宽比的限制和刻蚀侧壁起伏，PVD 很难沉积厚度如此小的连续 Ta 薄膜。为了获得连续的薄膜，必须增加沉积厚度。随着厚度的增加，Ta 薄膜表现为多晶结构甚至柱状结构，给铜扩散提供了通路，降低扩散阻挡能力。

对于深宽比为 10∶1 以上的 TSV 结构，ALD 是沉积 TaN 最理想的方法。目前，ALD 沉积 TaN 常用的前驱体多为金属氧化物或金属卤化物，包括五(二甲氨基)钽(V)(分子式 $Ta[N(CH_3)_2]_5$，PDMAT)、三(二乙基氨基)叔丁酰胺钽(V)(分子式 $Ta[N(C_2H_5)_2]_3NC(CH_3)_3$，TBTDET)、五(二乙基氨基)叔戊基亚氨基-三(二甲基氨基)钽(分子式 $Ta[NC(CH_3)_2C_2H_5][N(CH_3)_2]_3$，TAIMAT)、$TaCl_5$ 和 TaF_5 等。由于卤化物可能将卤素原子残留在薄膜内部，引起长期可靠性问题，因此一般采用金属氧化物前驱体，如 TBTDET[102]，如图 3-63 所示。

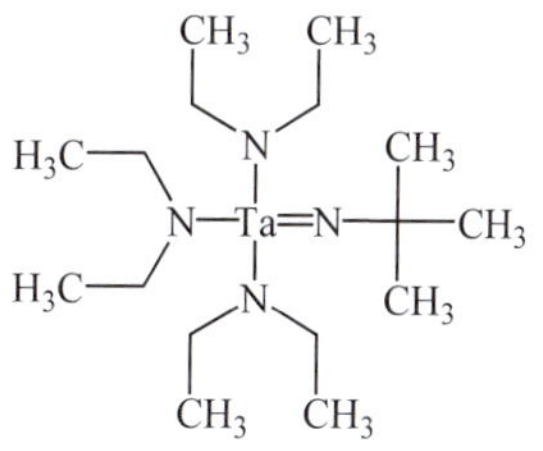

图 3-63 TBTDET 分子结构

ALD 利用还原性气体如 NH_3、H_2 或形成气体 N_2/H_2，通过还原反应将金属氧化物前驱体中 Ta 的价态从+5 价还原到+3 价，形成 TaN_x 薄膜。热式 ALD 和 PEALD 在沉积 TaN 时有一定的区别，主要体现在共形能力和电阻率方面。PEALD 等离子体中的自由基在扩散进入深孔内部以前会出现复合现象，并且沉积温度低于热式 ALD，因此 PEALD 的共形能力不如热式 ALD。热式 ALD 通常采用金属前驱体与 NH_3 反应，但是由于 NH_3 的还原能力不足以将 Ta 从+5 价还原到+3 价，因此所生成的薄膜不是 TaN，而是电阻率很高的 Ta_3N_5。PEALD 采用金属氧化物前驱体和 H_2 等离子体，具有更强的还原能力，可以生成低电阻率的立方晶体 TaN。图 3-64 为采用 PEALD 和 $Ta(NMe_2)_5$ 前驱体及 H_2 沉积的 30nm TaN 薄膜的电阻率随 H 等离子体处理时间的关系[103]，经过 25～30s 的处理后，TaN 的电阻率可以下降到 $380\mu\Omega \cdot cm$，主要是因为 H 等离子体与 N 反应形成挥发性产物，降低了 TaN 中 N 的含量。

ALD 沉积的 TaN 的扩散阻挡能力与 PVD 沉积的基本相同,但电阻率更高[43]。这是因为 PVD 沉积的 TaN 实际上是 N 掺杂的 Ta,其组成为非化学定量比的 $TaN_{0.5}$,电阻率小于 200μΩ·cm,而 ALD 沉积的组分是符合化学定量比的 TaN[104]。图 3-65 为 PEALD 和 PVD 沉积的 Ta 和 TaN 薄膜的扩散阻挡失效温度[47]。PEALD 沉积的 Ta 薄膜失效温度比 PVD 沉积的 Ta 高 100~150℃,随着厚度的增加二者的差距稍有减小;PEALD 沉积的 TaN 和 PVD 沉积的扩散阻挡能力基本相同,仅在厚度低于 5nm 时 PEALD 沉积表现出一定的优势。由于 TSV 高深宽比结构内连续沉积的要求,TaN/Ta 的厚度一般要达到 50~100nm,因此 PVD 和 PEALD 沉积的性能基本相同。

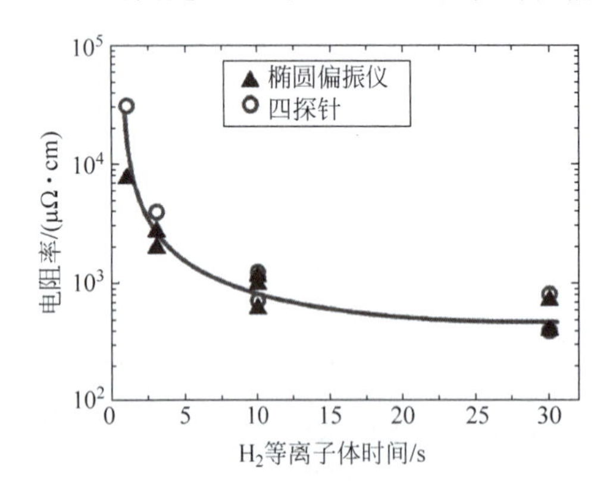

图 3-64 PEALD 沉积的 TaN 电阻率随 H_2 等离子体处理时间的关系

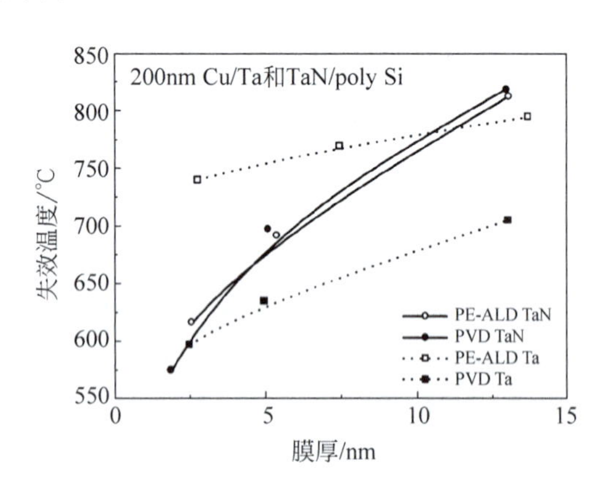

图 3-65 PEALD 和 PVD 沉积的 Ta 和 TaN 薄膜的失效温度

除上述方法以外,Ta 和 TaN 还可以采用 Ta 的卤素化合物利用 PECVD 的方法沉积,反应原理如下:

$$
\begin{aligned}
&TaX_5 + NH_3 \rightarrow Ta_3N_5 + HX + NH_4X \\
&TaX_5 + H_2 \rightarrow Ta + HX \\
&TaBr_5 + N_2 + N_2 \rightarrow TaN + HX
\end{aligned}
\tag{3.9}
$$

3.5.3 WC/WN/WCN

WC、WN 和 WCN 都是很好的扩散阻挡层材料。WN 中 W 与 N 的比例决定了 WN 的表面粗糙度和扩散阻挡能力[105],在 600℃以下 WN 具有良好的扩散阻挡能力,当温度高于 600℃时开始出现微晶,扩散阻挡能力下降[106]。这几种材料都可以采用 ALD 沉积,具有优异的共形能力,因此是小直径 TSV 扩散阻挡层的发展方向之一。ALD 沉积厚 25nm 的 WCN 薄膜电阻率为 340μΩ·cm,在 29∶1 的超高深宽比 TSV 中有良好的共形能力[17]。

WC 和 WCN 都可以采用 ALD[107],WN 可以采用 CVD 还原 WF_6 或采用 ALD,前驱体为 WF_6 和 NH_3[108],具有良好的共形能力;但是,反应副产物 HF 会腐蚀 SiO_2,同时所沉积的 WN 表面会残留有氟化物,对铜种子层的粘附性下降,特别是对于 CVD 沉积的铜种子层。ALD 采用双(叔丁基亚氨基)双(二甲基氨基)钨(VI) 前驱体(分子式$((CH_3)_3CN)_2W(N(CH_3)_2)_2$,简称为 BTBMW,简写为($^tBuN$)2(Me2N)2W)和 NH_3 反应物在 250~300℃下反应[109-110],如图 3-66 所示,可以避免产生氟化物。

ALD 方法沉积 WN 的速率为 300℃时 0.05nm/周期，350℃时 0.1nm/周期，电阻率为 1.5～4mΩ·cm。通过 700℃退火 30min 将其转变为多晶态，电阻率下降到 0.5～1mΩ·cm[110]。采用热式 ALD 在 375℃下在 3μm×50μm 的盲孔内沉积 WN 的共形能力超过 90%，并与 SiO_2 介质层有良好的粘附强度[69]。

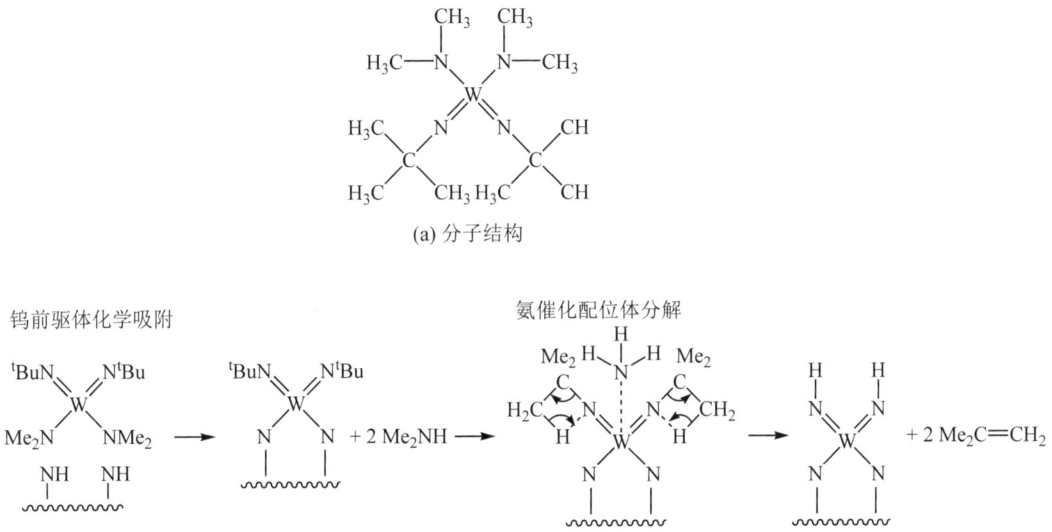

(a) 分子结构

(b) ALD反应过程

图 3-66 (^tBuN)2(Me2N)2W 沉积 WN

3.5.4 Ti-TiW

Ti 是一种广泛使用的粘附层材料。Ti 与 O 有极强的亲和力，与含氧的介质层表面的 O 之间能够形成电子转移，形成 Ti-O 键，将 Ti 固定在介质层表面，因此 Ti 在含氧材料表面有很好的粘附强度。例如，为了去除 PVD 腔体内吸附的水气，通常都是溅射 Ti 进行反应。由于 Ti 本身的扩散阻挡能力较弱，在 Ti/TiW 体系中主要作为粘附层使用，也作为铜再布线或铜焊盘等不会由于铜扩散而失效的场合。

TiW 一般从含有 10%Ti 和 90%W 的合成靶材中直接溅射而成，沉积后的 TiW 中仅有 5%～7%(质量分数)的 Ti，因此其材料性质和溅射行为主要由 W 决定。金和铜原子在 TiW 中扩散系数很低，因此 TiW 可以作为扩散阻挡层，也可以作为粘附层。共溅射 Ti 形成 Ti/TiW 可以获得比 TiW 更好的粘附性，可以作为粘附/扩散阻挡层。沉积过程可以在氮气或氧气环境下进行，这两种气体有助于获得更加致密的金属薄膜。Ti 和 TiW 的热膨胀系数不同，前者比后者大约 1 倍，但二者都是较好的导体，对于厚 300nm 的 Ti 和 TiW 层，电阻率分别为 55μΩ·cm 和 65μΩ·cm。

Ti 和 TiW 与基底的粘附性受薄膜的应力影响，通常 Ti 是拉应力，而 TiW 是压应力。当沉积温度低于熔点温度的 25%时，金属离子的迁移性很低，沉积的金属薄膜晶粒呈柱状，薄膜表现为拉应力，温度越低，拉应力越显著。例如，150℃的沉积温度，达到 Ti 熔点的 25%，而对于 W 只有熔点的 12%，因此 TiW 比 Ti 有更明显的压应力。

PVD 方法沉积 TiW 的典型腔体压强为 2～20mTorr，气压较低时，TiW 晶粒表现为致密的纤维状形态，薄膜表现为压应力；气压较高时，TiW 晶粒表现为柱状结构，并有空洞产生,薄膜表现为拉应力,如图 3-67 所示[111]。随着沉积温度的升高,TiW 薄膜的应力从压应力逐渐向拉应力转变,而随着 RF 偏压的增加,薄膜应力从拉应力向压应力转变。因此,较高的腔体压强和较高的温度影响 TiW 扩散阻挡层的效果。

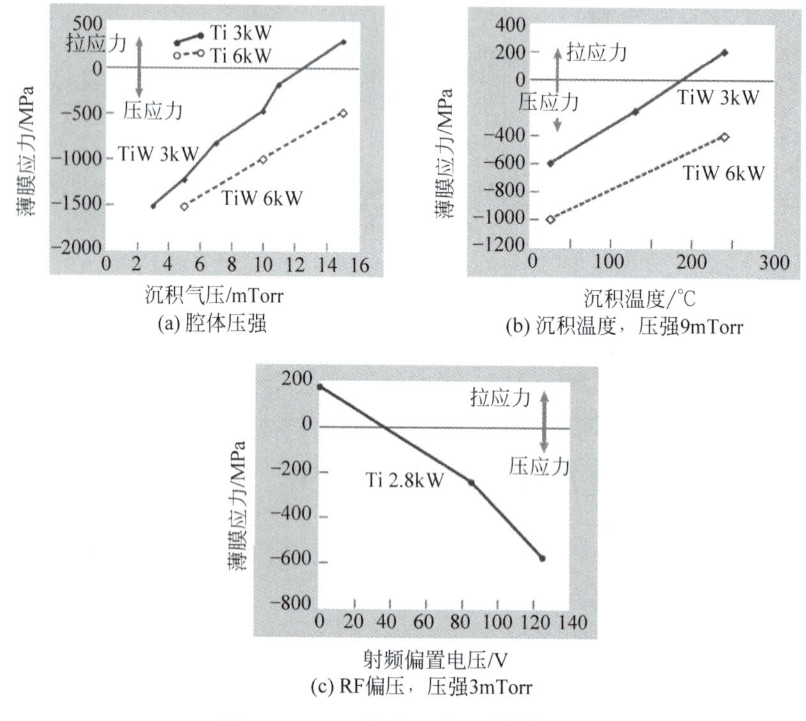

图 3-67 PVD 沉积 Ti/TiW 薄膜应力

随着溅射腔体压强的增加,溅射的薄膜内 Ar 原子的含量增加,导致扩散阻挡性能下降,需要在扩散阻挡性能和薄膜应力之间做出折中。由于提高溅射功率增大压应力,为了使用更高的溅射功率,可以通过升高基底温度的方法提高拉应力,补偿 TiW 薄膜的本征压应力。在典型的溅射功率和腔体压强下,Ti 位于拉应力区域,通过增加溅射功率(提高溅射速率)、降低腔体压力,可以提高本征压应力趋势,从而中和拉应力,获得较小的应力水平。

3.5.5 MnN

氮化锰(MnN)是一种有效的铜扩散阻挡材料。MnN 可以采用 CVD 的方法制造,反应前驱体为双(N,N′-二异丙基戊基嘧啶)锰(Ⅱ)(Bis(N,N′-di-i-propylpentylamidinato) manganese(Ⅱ),$C_{22}H_{46}MnN_4$),分子结构如图 3-68 所示。反应气体为 NH_3,沉积温度为 130℃,腔体压强为 5Torr,所形成的 MnN 薄膜与介质层和铜种子层之间都有较好的粘附性[112]。

多晶 MnN 薄膜具有一定的导电性,电阻率约为 200mΩ·cm,在 200℃下退火 1h 形成更大的晶粒,电阻率降低到 2mΩ·cm。DLI-CVD 具有很好的共形能力,在 26∶1 的结构内沉积厚度为 95~100nm。提高基底温度可以提高 MnN 的共形能力,但氨气的流速必须降低,防止快速表面反应导致共形能力下降。

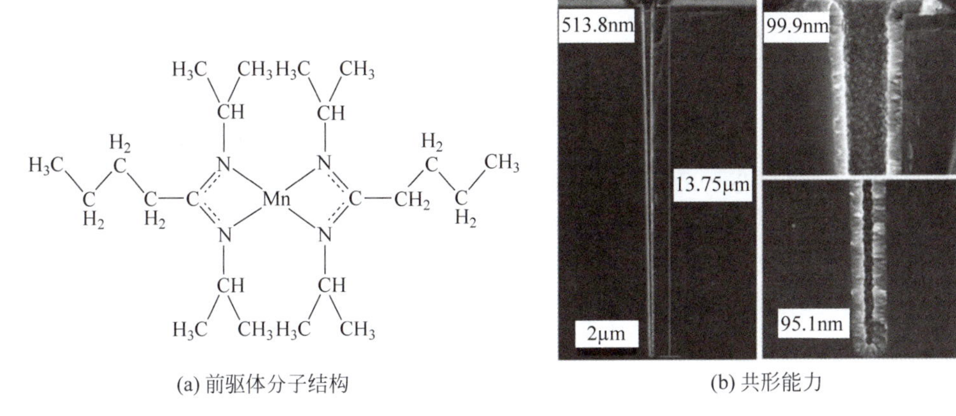

(a) 前驱体分子结构　　(b) 共形能力

图 3-68　ALD 方法沉积 WN

3.6　铜种子层

电镀铜时，电镀液中的铜离子在阴极与电子结合发生还原反应，生成铜原子沉积在阴极表面，外部电源与阳极铜板、电镀液、阴极共同组成电流回路。因此，需要沉积铜的位置必须导电。多数扩散阻挡层的电阻率较高且厚度很小，依靠扩散阻挡层作为阴极传输电流的能力无法满足铜电镀的需求，需要在扩散阻挡层表面沉积一层铜薄膜，称为种子层。种子层必须具有一定的厚度以保证传输电镀电流，理想情况下方块电阻小于 0.8Ω/□[112]。由于 TSV 使用较厚的种子层，这一要求很容易达到。为了使 TSV 能够均匀电镀，种子层必须全部覆盖高深宽比的 TSV 盲孔的内壁，不连续的种子层会导致电镀空洞。

最常用的种子层材料为铜，具有良好的电导率和电镀兼容性。根据 TSV 深宽比的差异，铜种子层可以采用 PVD、MOCVD、ALD 或化学镀等方法沉积。如图 3-69 所示[85]，CVD 比 PVD 具有更好的共形能力。这是因为 CVD 反应物为气相状态，气体分子更容易进入高深宽比结构内部；同时 CVD 基底温度较高，反应沉积物在表面的再分布能力更好。对于 20∶1 的高深宽比，PVD 和常规 CVD 难以满足要求，扩散阻挡层和种子层只能依靠 MOCVD、ALD 或湿法沉积。

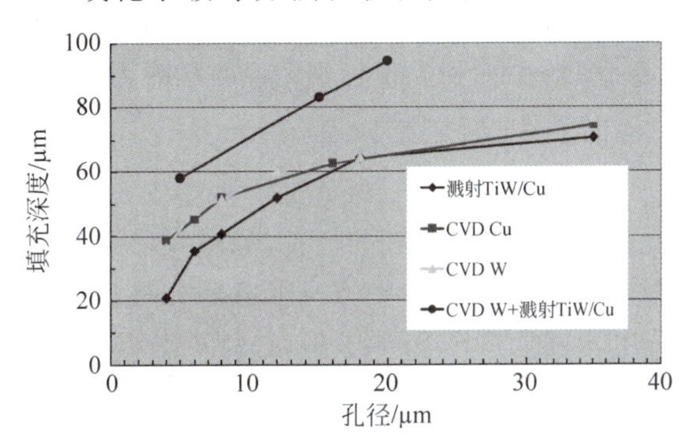

图 3-69　PVD 与 CVD 沉积铜的共形能力

3.6.1　物理气相沉积

常规物理气相沉积的铜种子层性能好、成本低，因此工业界主要采用 PVD 方法沉积铜互连的种子层。普通 PVD 只适合 3∶1 以下的深宽比，在高深宽比 TSV 中，种子层必须连续并且厚度达到一定水平，一般采用 iPVD 溅射。iPVD 具有较好的共形能力，能够用于 10∶1 的深宽比，是目前 TSV 种子层沉积的主要方法。

3.6.1.1 沉积特性

常规磁控溅射一般适用于 5∶1 以下的深宽比，通过减小腔体压强改善入射方向一致性、将基底倾斜 3°提高深孔侧壁沉积速率等方法，也有报道可以沉积深宽比为 10∶1 的深孔[113]。图 3-70 为倾斜运动基底和降低溅射腔体压强对共形能力的影响。采用倾斜基底时，溅射 30min Mo 以后，10μm×100μm 深孔的开口直径为溅射前的 72%，而不倾斜基底则只有 57%。将腔体压强减小到 0.13Pa 并溅射 20min Cu 以后，开口直径的比例为 63%，而 0.67Pa 时该比例只有 53%。采用直流 2kW 功率和 0.16Pa 压强溅射 16min Mo，开口比例为 80%，孔底 Mo 厚度为 23nm，采用 0.4Pa 压强在 Mo 表面溅射 10min Cu 种子层，开口比例为 64%，孔底 Mo 和 Cu 的总厚度为 47nm，种子层电阻率为 2.61μΩ·cm。

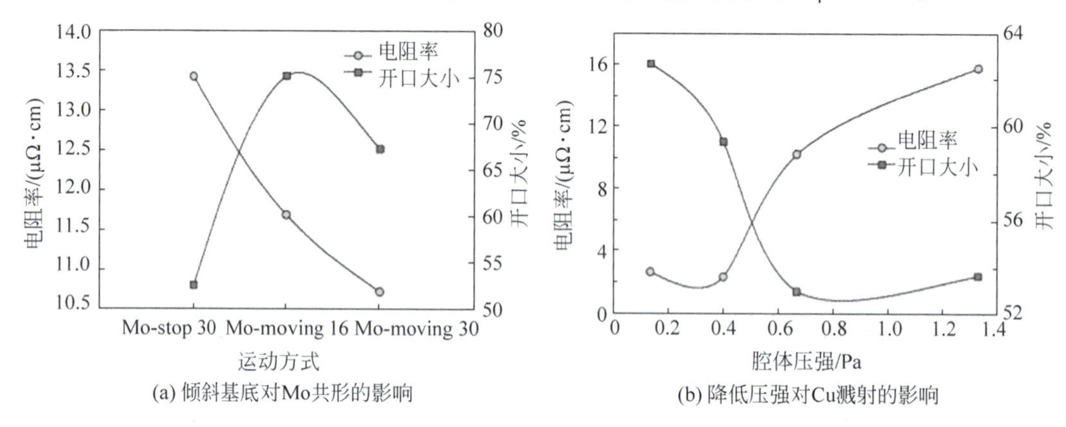

(a) 倾斜基底对Mo共形的影响

(b) 降低压强对Cu溅射的影响

图 3-70 提高共形溅射的方法

扩散阻挡层 TaN/Ta 的性质对种子层的性质有显著的影响。在 TaN 表面 PVD 沉积的铜种子层的应力大于在 Ta 表面沉积的种子层应力。在单层 Ta 或 TaN 扩散阻挡层上，PVD 制造的铜种子层的晶粒方向更倾向于(111)晶向，而上层扩散阻挡层容易产生孪晶铜，导致电镀铜晶向的随机分布。此外，PVD 沉积的铜种子层的晶向与扩散阻挡层表面粗糙度有很大关系[114]，影响电镀铜的晶粒和热力学特性。

3.6.1.2 种子层增强

当 TSV 直径较小、深宽比较大时，PVD 沉积的种子层会出现不连续的情况，特别是在深孔侧壁接近深孔底部的位置，如图 3-71 所示。此外，由于 Bosch 刻蚀导致的起伏尖峰过大时，铜种子层在尖峰下方也很容易出现不连续的问题。不连续的种子层导致电镀时出现空洞和未完全填充等问题，引起 TSV 电阻率增大甚至直接导致断路[85]。

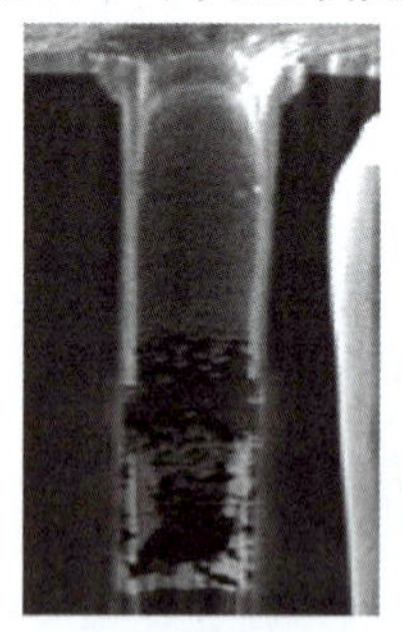
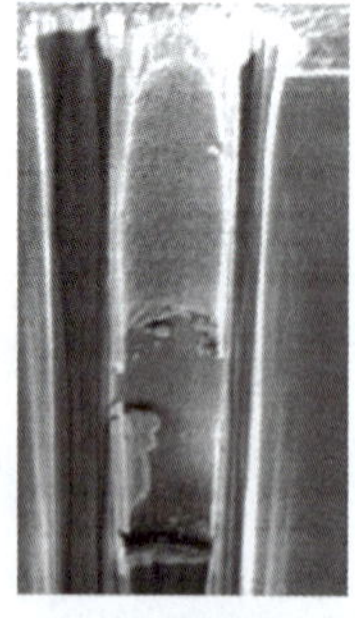
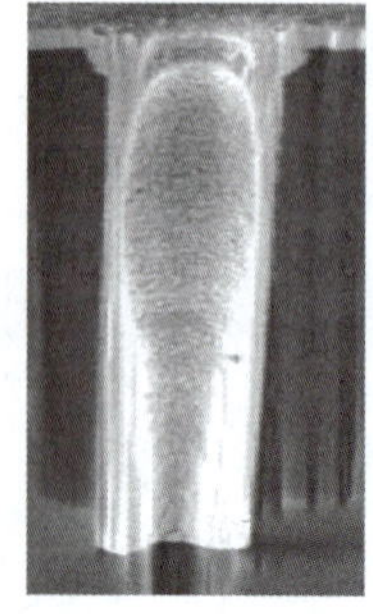

(a) 种子层非连续状态

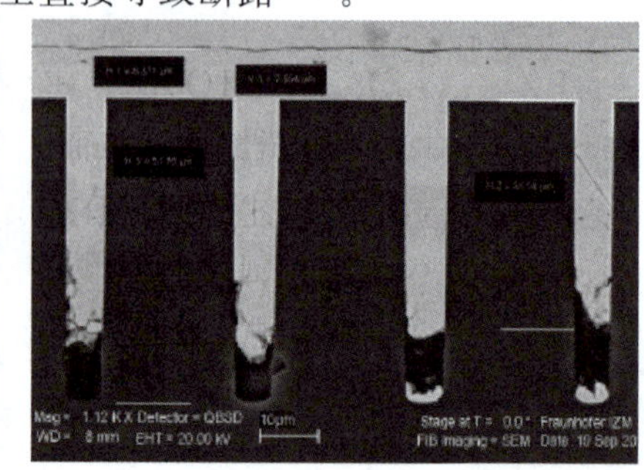

(b) 引起TSV底部空洞

图 3-71 种子层非连续

解决种子层非连续和缺陷的问题除了使用 ALD 或 MOCVD,还可以在电镀前采用种子层增强(修复)修补种子层的缺陷。种子层增强是指利用电化学方法将 PVD 沉积的非连续的种子层的缺陷补齐、过薄的种子层增厚,以及断续的种子层连续化,获得连续均匀的种子层[115-116]。

种子层增强通常采用湿法,包括电镀和化学镀。电镀可以采用硫酸铜、乙二胺和 TMAH 构成的电镀液,其中硫酸铜提供铜源,乙二胺作为络合剂,TMAH 作为 pH 调节剂,将 pH 值调节到 9 以上[117-118]。或者采用 0.88mol/L 硫酸铜,0.54mol/L 硫酸,200ppm 的 PEG,60ppm 氯离子,1ppm 的 SPS,以及 100mg/L 的增强剂 UCE-10[116]。种子层增强电镀采用直流电镀,保证连续沉积,时间为 2~5min。化学镀也被用于种子层增强[119],其优点是适用于大面积不连续的情况,缺点是需要增加 Pd 催化剂附着过程,工艺较为复杂。种子层增强电镀后,深宽比 8∶1 的 TSV 侧壁上种子层最厚和最薄的比值可以改善到 1.6∶1~2.5∶1[118]。

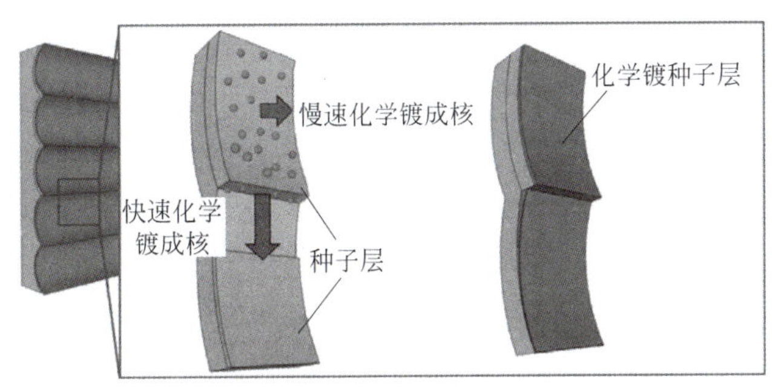

图 3-72 尖峰下方非连续种子层增强

3.6.2 金属有机物化学气相沉积与原子层沉积

采用 MOCVD 和 ALD 方法沉积铜时,核心的问题是反应物前驱体的选择。总体上,目前仍缺乏满意的反应物前驱体。多数铜化合物前驱体都难以将金属阳离子还原为金属态,此外,前驱体的气化温度较高、蒸气压较低、吸附特性受衬底影响显著,增加了反应过程的难度并导致系统复杂,还影响沉积速率。

3.6.2.1 反应物前驱体

MOCVD 可以通过热分解铜的化合物沉积铜,也可以通过铜化合物与还原气体发生还原反应沉积铜,而 ALD 反应温度低,只能通过铜化合物的还原反应沉积铜,如图 3-73 所示。氢气是常用的还原气体,但是还原反应活性较弱,沉积速率普遍较低,特别是在反应温度较低时。氢等离子体具有更高的反应活性,可以提高低温下的沉积速率,但是会降低 ALD 的共形能力。近年来有研究尝试多种还原反应物,如甲醇、乙醇、异丙醇、甲酸、NH_3、联氨、对苯二酚(也称氢醌,Hydroquinone)。哈佛大学采用 MOCVD,利用 H_2O 和 NH_3 作为反应物与前驱体双(N,N-二仲丁基乙脒基)二铜(I)([Cu(^{s}Bu-Me-amd)]$_2$,$C_{20}H_{42}Cu_2N_4$)沉积铜[120],芬兰 Alto 大学采用对苯二酚和 $Cu(acac)_2$ 前驱体在 160~240℃的低温下 ALD 沉积铜,沉积速率为 0.18nm/min[121],但是杂质含量仍较高,并且反应物种类多,过程较为复杂。

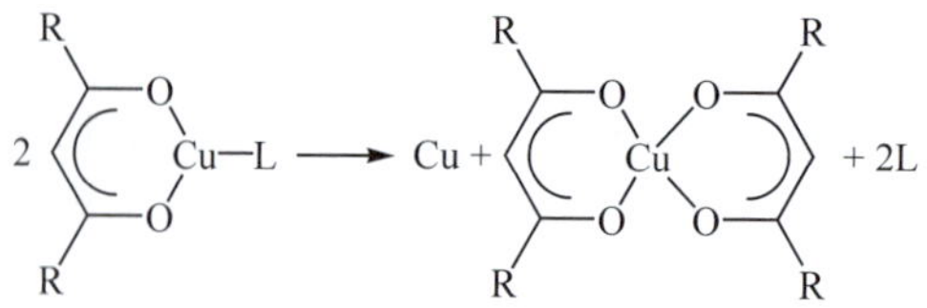

(a) 热分解

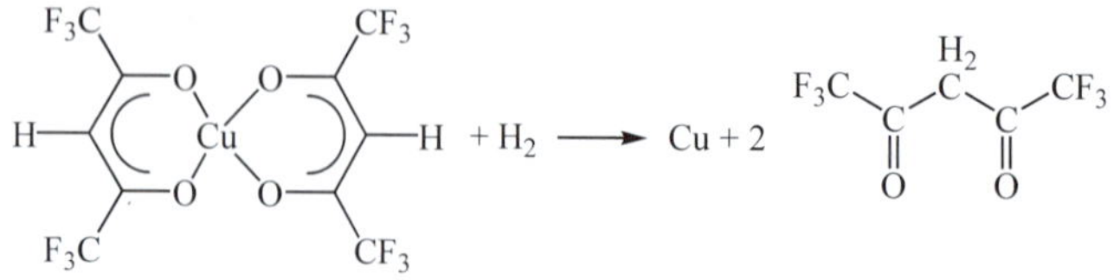

(b) 还原反应

图 3-73　Cu 前驱体反应原理

早期采用铜的卤化物 CuCl 作为反应物前驱体与氢气反应，但是 CuCl 的挥发性较低，需要 400℃高温产生挥发气体进行输运，而且反应过程需要锌作为还原剂，引起较为严重的污染。在沉积过程中，铜有聚集的趋势，容易汇聚为分立的孤岛结构，导致 MOCVD 沉积的铜膜厚度不均匀。对于 ALD，上述特性导致每个周期沉积的不再是均匀的单层膜。近年来 ALD 和 MOCVD 多采用铜的金属有机物作为前驱体。根据金属有机物中铜的价态不同，可以分为 1 价和 2 价铜金属有机物，分别表示为 Cu(Ⅰ) 和 Cu(Ⅱ)。Cu(Ⅰ)金属化合物前驱体稳定性较低，多采用热分解反应；Cu(Ⅱ)金属化合物前驱体稳定性高，多采用氢气或等离子体的还原反应。

通常 Cu(Ⅰ)有机物稳定性相对较低，利用热分解通过歧化反应生成 Cu 和 Cu(Ⅱ)化合物。典型的前驱体如(hfac) Cu(L)结构，其中，hfac 是 β-二酮(diketonate)配位体，如六氟乙酰丙酮(hfac)、戊烷二氨基甲酸酯(pentane dikiteminate)或吡咯烷，2，4-戊烷二氨基甲酸酯(pyrrolidine，2，4-pentane diketiminate)；L 为 Lewis 碱如三甲基膦(PMe_3)、环辛二烯(COD)、二甲基-1-丁烯(DMB)[122]、二甲基环辛二烯(DMCOD)[123]或三甲基乙烯基硅烷(TMVS)。典型的前驱体为 TMVS-Cu(hfac)(商品名 Cupraselect)[124-125]，以及 COD-Cu(hfac)和 DMB-Cu(hfac)，如图 3-74 所示。此外，还有多种 Cu(Ⅰ)有机前驱体[42,126]。

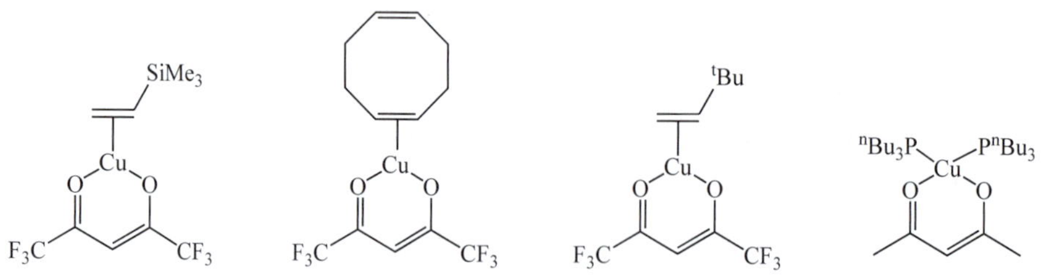

(a) TMVS-Cu(hfac)　(b) COD-Cu(hfac)　(c) DMB-Cu(hfac)　(d) $[^nBU_3P]_2$-Cu(acac)

图 3-74　Cu(Ⅰ)前驱体

TMVS-Cu(hfac)络合物吸附在衬底表面后，释放配位共价体 TMVS 将 Cu(hfac)吸附在表面，随后 Cu(hfac)发生歧化反应，氧化作用和还原作用发生在同一分子内部同一氧化态的 Cu 元素上，使 Cu(Ⅰ)离子一部分被氧化成 Cu(Ⅱ)，另一部分被还原成 Cu。反应方程式为

$$\begin{aligned} &2\text{TMVS-Cu(hfac)} \rightarrow 2\text{Cu(hfac)} + 2\text{TMVS} \\ &2\text{Cu(hfac)} \rightarrow \text{Cu} + \text{Cu(hfac)}_2 \end{aligned} \tag{3.10}$$

上述反应是非饱和的，因此适用于 MOCVD 但不适用于 ALD，并且由于 TMVS-Cu(hfac)的不稳定性，在气化过程中该反应就已经开始，需要将 TMVS-Cu(hfac)与 TMVS 同时通入，通过过量的 TMVS 进行缓解。多反应物导致进气系统较为复杂，一般采用直接液体注入(DLI)的方式实现反应物输运。由于磷化氢是比烯烃和炔烃更稳定的 Lewis 碱，使用$[^{n}Bu_3P]_2$-Cu(acac)可以防止气化过程的分解，有助于实现稳定的生长过程。

哈佛大学开发了 Cu(Ⅰ)脒基-二聚物(amidinate-dimers)前驱体 $[Cu(^{s}Bu\text{-}Me\text{-}amd)]_2$，如图 3-75 所示[112,120]。脒基金属化合物(含有 $HN=CNH_2$)含有 Cu-N 键，比 Cu-O 和 Cu-C 键具有更高的反应活性，因此沉积的铜薄膜中 O 和 N 的杂质少，比金属氧化物更具优势。$[Cu(^{s}Bu\text{-}Me\text{-}amd)]_2$ 的熔点仅为 77℃，挥发性很强，85℃的蒸气压达到 0.1Torr[120]。

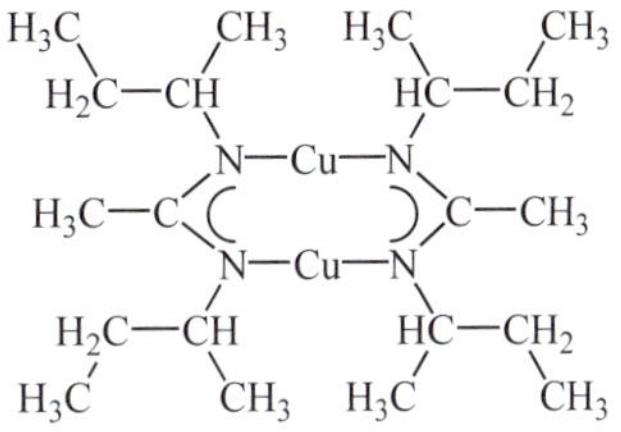

图 3-75 $[Cu(^{s}Bu\text{-}Me\text{-}amd)]_2$ 前驱体

Cu(Ⅱ)的金属氧化物比一价铜要稳定得多，一般无法直接热分解，需要通过还原反应才能形成金属态的铜，这种特性有利于 ALD 应用。将前驱体和还原气体分步通入反应腔，可以形成 ALD 的反应过程。因此 ALD 常用的前驱体多为 Cu(Ⅱ)金属氧化物，如表 3-14 所示。

表 3-14 ALD 沉积铜前驱体

金属前驱体/还原剂	沉积温度/℃	每循环沉积速率/(Å/循环)
$Cu(thd)_2/H_2$	190～260	0.3
	350	2.1
$Cu(acac)_2/H_2$	250	—
$[Cu\text{-}(^{s}BuNCMeN^{s}Bu)]_2/H_2$	150～250	0.04
$[(^{n}Bu_3P)_2Cu(acac)]$/湿氧	100～125	0.1
$Cu(hfac)_2$/异丙醇	260	
$Cu(amd)/H_2$ 等离子体	50～100	0.7
$[Cu(^{i}PrNHC)(hmds)]/Ar/H_2$ 等离子体	200	0.2
$[Cu(^{t}BuNHC)(hmds)]/Ar/H_2$ 等离子体	100	0.23
$Cu(^{s}Bu\text{-}amd)_2+NH_3/H_2$	160	0.15
$Cu(dmap)_2/ZnEt_2$	100～120	0.2
$CuCl/H_2$	360,400	0.8
$Cu(OCHMeCH_2NMe_2)_2$+甲酸/联氨	100～170	0.5
$Cu(OCHMeCH_2NMe_2)_2/H_2$ 等离子体	100～180	0.65

注：Me＝甲基；Et＝二乙基；Bu＝butyl，丁基；C＝carbo，碳；N＝imide，亚胺；P＝phosphrane，磷烷；Pr＝isopropyl，异丙醇。

目前研究较多的 Cu(Ⅱ)前驱体为双二酮(bisdiketonate)，例如 $Cu(acac)_2$ 及其衍生物，如图 3-76 所示。$Cu(acac)_2$ 通常蒸气压较低，需要加热到 138℃进行气化。四甲基-庚二酮(tmhd)的化合物 $Cu(tmhd)_2$ 的蒸气压稍高，但也需要较高的气化温度。这两种前驱体都有较强的惰性，需要等离子体方式进行反应以降低反应温度，但高的气化温度仍要求较高的基底温度。

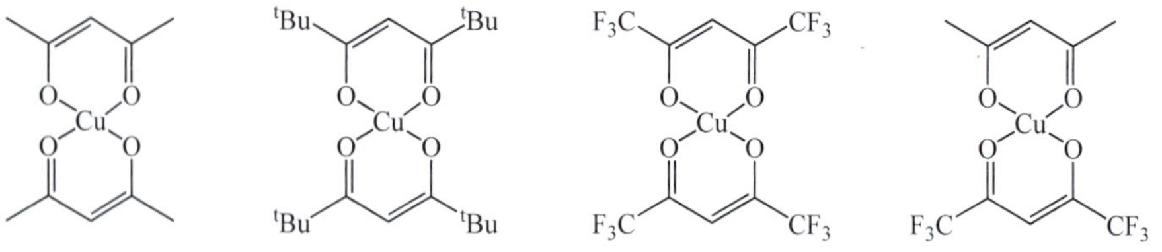

(a) $Cu(acac)_2$　　(b) $Cu(tmhd)_2$　　(c) $Cu(hfac)_2$　　(d) Cu(acac)(hfac)

图 3-76　Cu(Ⅱ)前驱体

对于氟化衍生物 $Cu(hfac)_2$ 以及 Cu(acac)(hfac)，由于氟原子吸引电子降低了范德华力，因此比非氟化物具有更高的蒸气压。然而，作为一水化物，$Cu(hfac)_2$ 具有非常高的稳定性，在蒸发过程丢失水分子会影响前驱体输运的稳定性和可靠性。除此之外，Cu(Ⅱ)的金属氧化物前驱体还有很多种[42,126]。

前驱体中含有卤素或者氧容易造成薄膜污染，CMOS 应用中需尽量避免。$Cu(acac)_2$ 及衍生物前驱体由于较强的 Cu-O 键而使之与 H 的反应活性较低，因此需要较高的反应沉积温度，沉积表面粗糙、C 和 O 杂质含量高，导致铜薄膜的电阻率有所提高。$Cu(hfac)_2$ 容易引入氟污染，使薄膜对基底的粘附性降低，并产生具有腐蚀性的 HF。

3.6.2.2　反应特性

由于前驱体种类不同，MOCVD 沉积铜的工艺条件不同，沉积特性和铜的性质也不同，但总体上沉积速率较低，种子层表面比较粗糙。常用的前驱体 TMVS-Cu(hfac)的典型沉积条件：腔体压强为 1Torr，温度为 110～250℃，铜薄膜的电阻率一般为 2.5～3.5μΩ·cm，最小可达 1.7μΩ·cm，最大可达 7μΩ·cm。图 3-77 为 250℃沉积速率和电阻率[127]。Cu(Ⅱ)(hfac)的沉积温度为 310～390℃，Cu(Ⅰ)(hfac)(DMB)的沉积温度可以降低到 150～240℃，而 Cu(Ⅰ)(hfac)(DMCOD)的沉积温度也比较低，一般为 170～230℃，而双(N,N-二仲丁基乙脒基)二铜(Ⅰ)的沉积温度为 160℃。

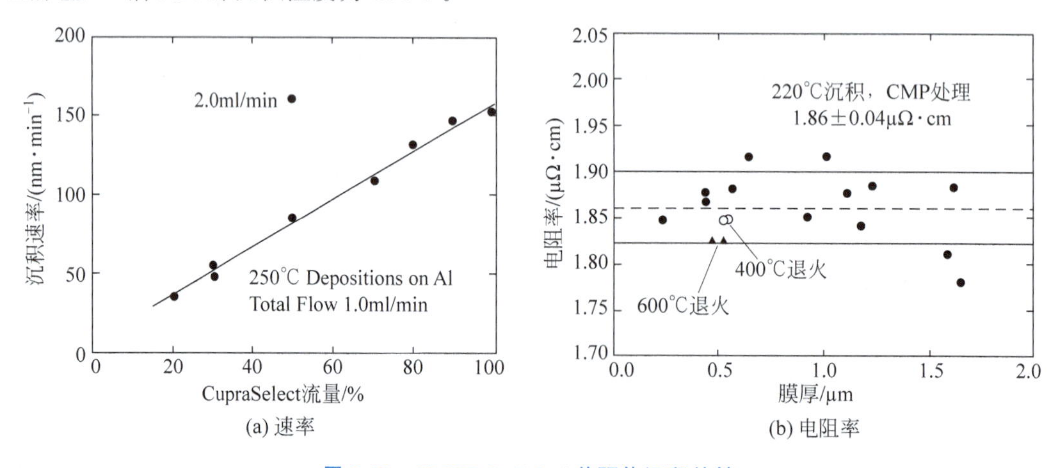

图 3-77　TMVS-Cu(hfac)前驱体沉积特性

ALD 沉积中，采用氢气作为还原剂的缺点是氢原子在表面复合速率很快，很难进入高深宽比结构的底部，因此需要采用其他还原性气体如甲醇。采用 Cu(Ⅱ)(hfac)前驱体和甲醇，ALD 沉积 Cu 的温度为 300℃，薄膜表面光滑，共形能力良好，但是由于含有较高含量的杂质 C(5%)和 O(4%),电阻率较大,膜厚为 200nm 时仍高达 5.33μΩ·cm[128]。采用乙醇作为反应气体,铜薄膜表面光滑明亮,C 和 O 的杂质含量下降为 3%,在 Ta、TaN 和 TiN 表面沉积的 77nm 的 Cu 的电阻率分别为 2.1μΩ·cm、1.91μΩ·cm 和 2.4μΩ·cm,TiN 表面沉积厚度为 20nm 和 120nm 的 Cu 薄膜电阻率为 4.25μΩ·cm 和 1.78μΩ·cm。

利用$[Cu(^{s}Bu\text{-}Me\text{-}amd)]_2$ 前驱体,ALD 的反应温度为 150~190℃,在 SiO_2 和 SiN 表面的生长速率为 0.15~0.2nm/循环,在 Ru、Cu 和 Co 表面的生长速率为 0.01~0.05 nm/循环。ALD 沉积特性受很多因素影响,包括介质层的表面性质、前驱体的驻留程度、沉积温度等。图 3-78 为$[Cu(^{s}Bu\text{-}Me\text{-}amd)]_2$ 前驱体沉积特性[120]。每循环的沉积速率与前驱体驻留程度(Torr·s)有关,超过 0.15 Torr·s 后达到饱和,约为 0.9Å/循环;但与 H_2 的驻留程度基本无关。ALD 在 Al_2O_3 和 SiO_2 表面沉积 Cu 的厚度与循环次数为非线性关系,开始沉积较快,约为 2Å/周期,当铜膜进入连续状态后降低为约 0.5Å/周期;在 Ru 表面的沉积速率为恒定值,约为 0.11Å/周期。玻璃表面铜厚度达到 40nm 时才开始导电,电阻从 $10^8\Omega$ 迅速下降到 5Ω,表明在氧化物表面成核较差。与 PVD 相比,ALD 沉积的电阻率稍高,80nm 厚度的电阻率约为 2.9μΩ·cm,杂质 C 的含量小于 1%。利用这种前驱体,可以在 35∶1 的盲孔内沉积铜种子层。

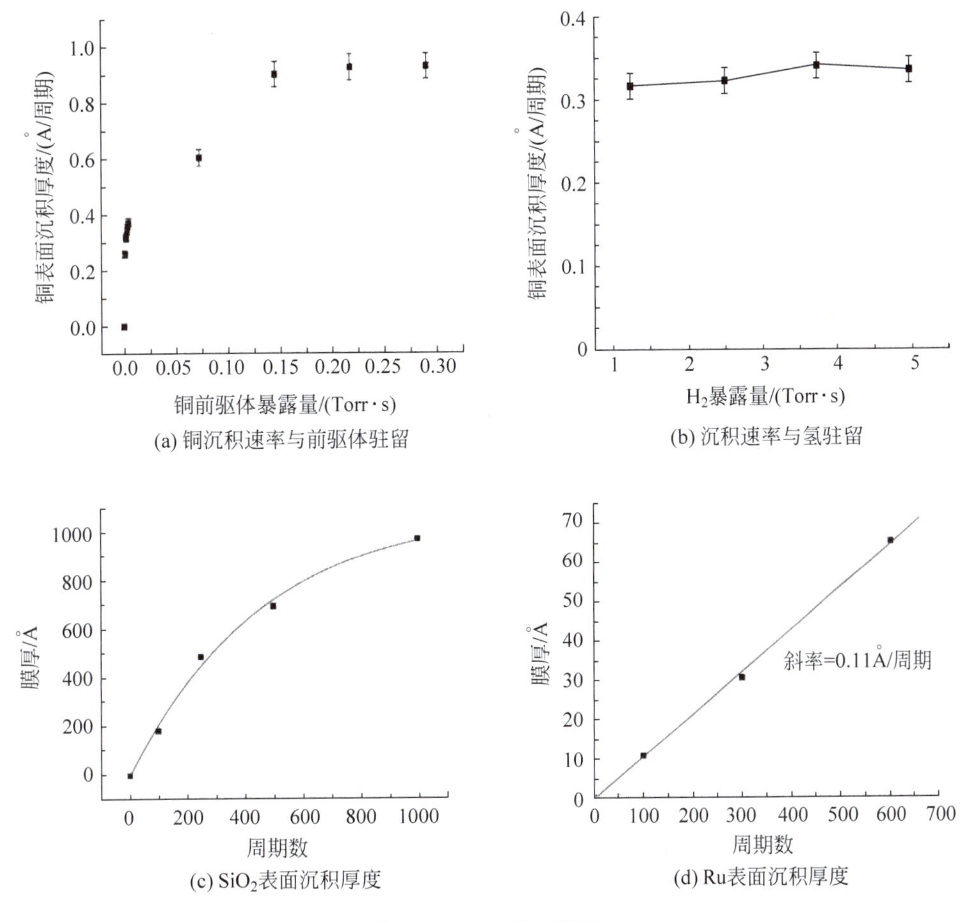

图 3-78 ALD 沉积特性

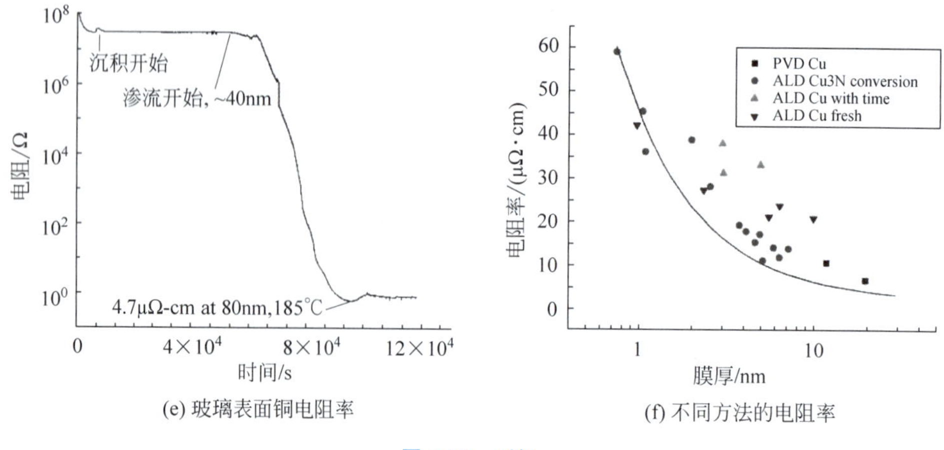

(e) 玻璃表面铜电阻率　　(f) 不同方法的电阻率

图 3-78 （续）

ALD 沉积铜的 X 射线衍射峰值如图 3-79 所示[120]。Cu(Ⅱ)(hfac)形成了较强的(111)、(200)、(220)、(311)等衍射峰，以及较弱的(222)衍射峰，而[Cu(^{s}Bu-Me-amd)]$_2$ 前驱体在不同温度下沉积的铜薄膜的主体晶向为(111)和(200)。前者是铜薄膜的主体结构，具有较强的抗电迁移能力，适合作为铜种子层。

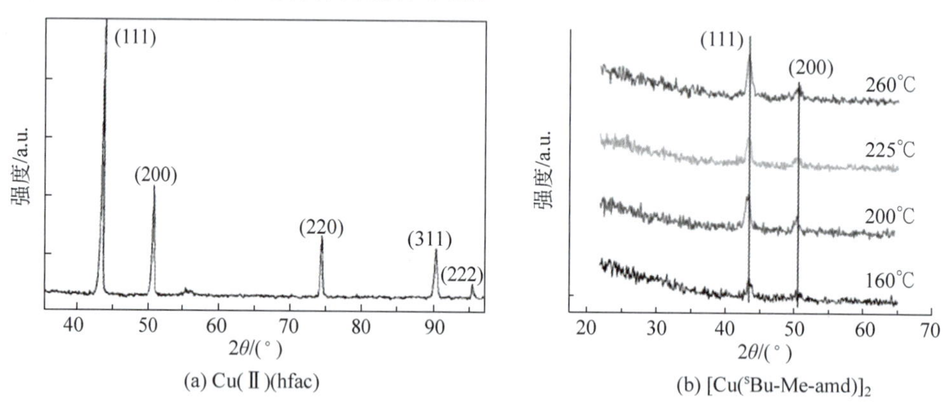

(a) Cu(Ⅱ)(hfac)　　(b) [Cu(^{s}Bu-Me-amd)]$_2$

图 3-79　ALD 铜薄膜 X 射线衍射峰

哈佛大学开发了分步的 Cu 种子层沉积方法，如图 3-80 所示[129]。首先采用金属脒化合物[Cu(^{s}Bu-Me-amd)]$_2$ 前驱体，与 H_2O 和 NH_3 反应生成铜的氧化物 Cu_2O、氮化物 Cu_3N 或氮氧化物 CuON 薄膜，再通过远程氢等离子体将 Cu_2O、Cu_3N 或 CuON 还原为 Cu。反应温度在 160℃和 220℃时，CuON 的沉积速率约为 1nm/min 和 4nm/min，氢等离子体还原温度从室温到 50℃，还原时间为 30～180s。这种方法可以在深宽比 35：1 的深孔内获得良好的均匀性，沉积 Cu 厚度为 9nm 时，还原后的电阻率为 15μΩ·cm。

3.6.2.3　TSV 应用

MOCVD 沉积铜种子层具有良好的共形能力，适用于深宽比为 8：1～15：1 甚至 20：1。如图 3-81 所示，Fraunhofer ENAS 利用 MOCVD 在 2μm×16μm 的 TSV 内获得了近 98%的共形沉积，RTI 在 4μm×26μm 的 TSV 内获得了近 100%的共形沉积。

哈佛大学采用直接液体注入方式利用[Cu(^{s}Bu-Me-amd)]$_2$ 前驱体提供 Cu，利用 bis(N,N-di-iso-propylpentylamidinato)Mn(Ⅱ)提供 Mn，在 0.5μm×13μm 的深孔内沉积

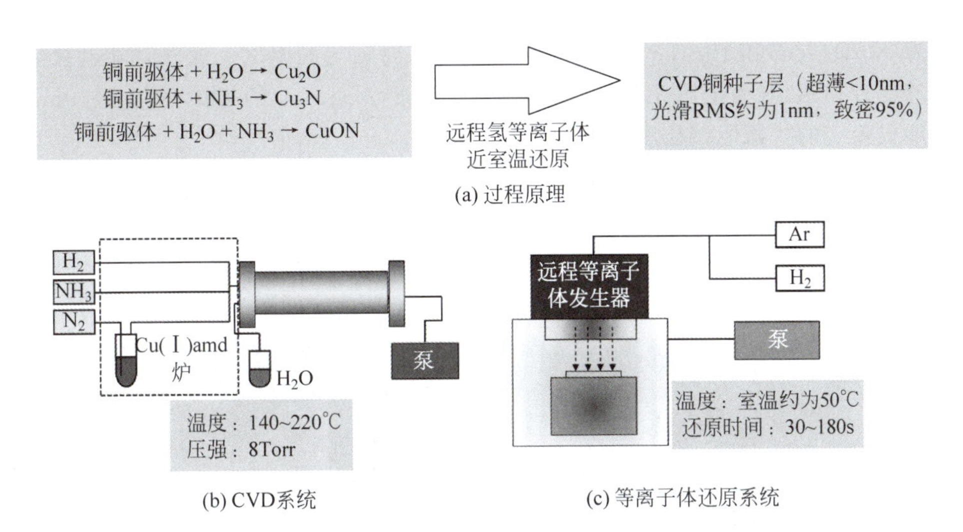

(a) 过程原理

(b) CVD系统

(c) 等离子体还原系统

图 3-80　CVD 沉积铜的原理

厚度 58nm 的均匀 Cu-Mn 种子层，如图 3-82 所示[112]。经过 350℃退火后，Mn 扩散到介质层表面形成扩散阻挡层，剩余的 Cu 形成种子层，电阻率为 2.69μΩ·cm。

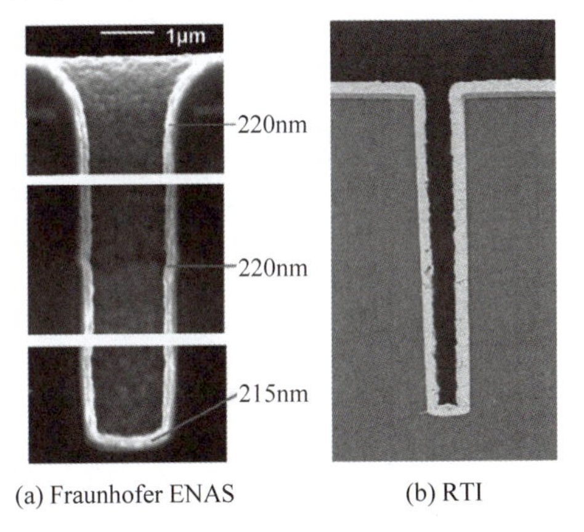

(a) Fraunhofer ENAS　(b) RTI

图 3-81　MOCVD 沉积 Cu 种子层

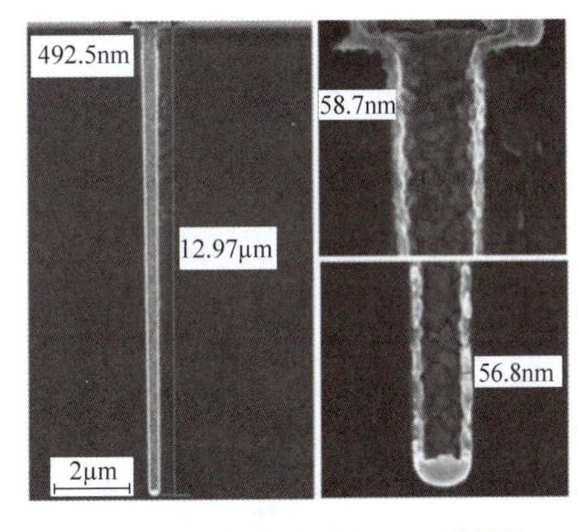

图 3-82　MOCVD 沉积 CuMn 种子层

3.6.2.4　其他材料

除了铜以外，低电阻率的材料如 MOCVD 沉积的 5nm 的 Co[130]以及 CVD[131]和 ALD 沉积的 Ru[43,102]等都可以作为种子层使用。ALD 沉积 Ru 通常以 ECPR 作为前驱体，O_2 作为反应物，并增加单独的 H_2 清除过程。ALD 沉积时，典型沉积温度为 250℃，大约前 15 个循环周期内 Ru 是一个成核的过程，无法生长为连续薄膜；加之 Ru 的沉积速率较低，每 ALD 循环生长厚度不足单层分子，导致 Ru 的沉积速率很低。经过约 20 个循环后 Ru 进入连续状态，从第 70 个循环开始沉积厚度与周期数呈线性关系，每循环沉积厚度约为 0.06nm，如图 3-83 所示[102]。

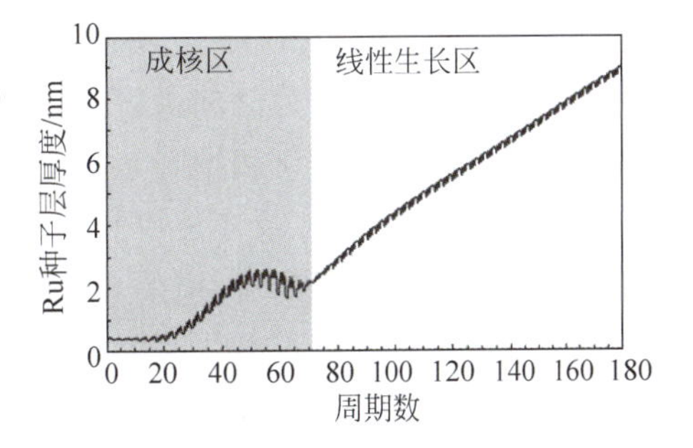

图 3-83　Ru 种子层厚度与周期数的关系

Ru 薄膜的电阻率比 Cu 大 5～10 倍，电阻率随厚度的增加而降低，厚 20nm 和 30nm 的电阻率分别为 30μΩ・cm 和 19μΩ・cm,作为种子层时需要一定的厚度。此外,Cu 电镀液对 Ru 有一定的腐蚀作用,导致电阻率增大。即便如此,厚度 5～10nm 的 TaN 和厚度 10nm 的 Ru 仍足以形成稳定的扩散阻挡层和电镀种子层。

图 3-84 为 ALD 方法沉积的 Al_2O_3 介质层、TaN 扩散阻挡层和 Ru 种子层[43]。TSV 的深宽比为 20∶1,采用 ALD 沉积具有优异的厚度均匀性。TaN 和 Ru 组合的问题是二者之间的粘附性较低,为此,需要将 ALD 方法沉积 Ru 的温度降低到 200℃,导致较低的沉积速率和较高的颗粒度。

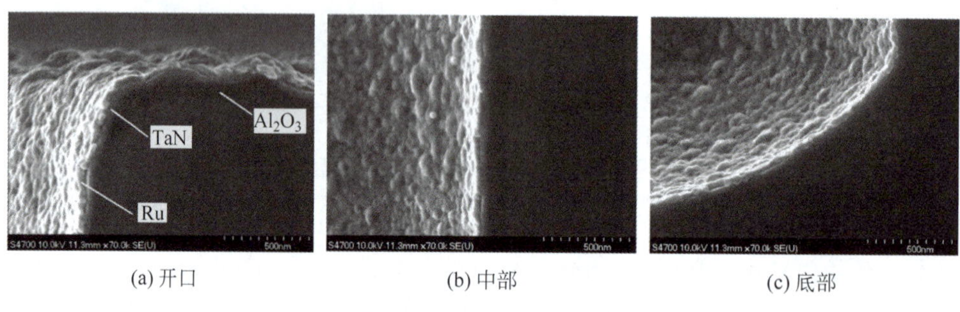

(a) 开口　(b) 中部　(c) 底部

图 3-84　Ru 种子层 TSV

3.7　湿法沉积技术

化学镀(electroless plating)和电接枝(electrografting)等湿法化学反应也被应用于 TSV 种子层和扩散阻挡层的制造。湿法化学反应具有较好的共形能力,能够在高深宽比结构内获得厚度均匀的扩散阻挡层和铜种子层,并且设备和生产成本低、工艺温度低、易于实现,近年来获得了一定的应用。

3.7.1　化学镀

3.7.1.1　化学镀基本原理

化学镀是一种没有外部电势或电流参与而仅依靠自身电化学反应的金属沉积方式,可以分为电流置换法和自催化法。电流置换法将高活性金属电极浸没在低活性金属的溶液中,高活性金属通过电流置换的电化学反应,被氧化生成该金属的离子同时释放电子。这些电子转移给溶液中的低活性金属离子,使其发生还原反应沉积在活性金属表面。例如,用铝置换铜的化学反应式可以表示为

$$4Al + 10OH^- + 6H_2O + 3Cu^{2+} \rightarrow 3H_2 + 4Al(OH)_4^- + 3Cu \tag{3.11}$$

置换反应多数在金属之间进行,但也有在半导体表面进行金属沉积的,如在硅表面直接沉积银和在锗表面直接沉积铜。多数电流置换反应伴随有氢气产生,氢气附着在反应表面,影响置换反应的均匀性、反应速率和沉积质量。此外,多数活性金属会因为表面自然氧化而在溶液中难以开始置换反应,需要高 pH 值(>10)溶液使表面氧化层溶解,或者在溶液中添加特殊的络合剂去除表面氧化层。

自催化反应将基底放在含有待沉积金属的还原性溶液中,通过特定材料的催化反应,使溶液中的金属离子发生还原反应将金属沉积在基底上。自催化反应只发生在具有催化活性

的表面，能够产生自催化反应的溶液必须包含被沉积的金属离子、络合剂和还原剂。金属离子一般由金属的硫酸盐、氯酸盐、硝酸盐或者氰酸盐提供，络合剂用于提高溶液的稳定性，需要根据溶液和金属特性以及环境等因素确定。还原剂取决于被沉积金属的特性，常用还原剂包括用于沉积 Ni、Co、Pd、Pt、Au 的次磷酸钠($Na_2H_2PO_2$)、氢硼酸钠($NaBH_4$)和二甲氨基甲硼烷(DMAB,$(CH_3)_2NH\cdot BH_3$)，用于沉积 Co(Ⅱ)、Ag(Ⅰ)、Ni(Ⅱ)、Pd(Ⅱ)的联氨(N_2H_4)，用于沉积 Cu(Ⅱ)和 Ag(Ⅰ)离子的甲醛(H_2CO)，以及用于沉积 Cu(Ⅱ)、Ag(Ⅰ)、Au(Ⅰ)的抗坏血酸($C_6H_8O_6$)等。

某些情况下，自催化反应前需要触发过程。对于非导体基底如玻璃、陶瓷和高分子等以及部分导体基底，需要首先通过表面吸附金属实现触发过程。常用的激活溶液包括 $SnCl_2$ 和 $PdCl_2$，通过基底浸没的方式使 Sn(Ⅱ)或 Pd(Ⅱ)离子吸附在基底表面，这些吸附的离子触发后续的自催化反应。此外，将基底浸没在 $CuSO_4$ 溶液中吸附 Cu(Ⅱ)离子，再利用氢硼酸钠将铜离子还原为铜，也可以触发催化反应。这种吸附离子再还原的方法也适用于 Ni、Co、Pd、Pt、Ag 等金属。

触发金属沉积以后，作为自催化反应的起始点，触发还原剂与离子的自催化沉积过程。自催化沉积时，还原剂与金属离子之间发生电子转移，还原剂如甲醛、次磷酸、DMAB 等被氧化后失去电子，金属离子得到电子被还原成原子沉积在基底上。持续的自催化反应过程发生在金属基底表面或触发过程形成的金属颗粒表面。影响自催化反应速率的因素有离子浓度、还原剂浓度、pH 值和温度。

化学镀可以采用酸性、中性或碱性电镀液，酸碱度在 pH 值超过 9 的碱性区对提高化学镀层质量有利，反应温度通常在 70℃以上。化学镀铜以甲醛作为还原剂，在 $pH>11$ 的强碱镀液中具有沉积速率快、铜的力学性能好等优点；但甲醛的挥发性高并具有致癌性，而碱性镀液的主要缺点是损害介质层和光刻胶，因此近年来开始采用无甲醛的低 pH 化学镀液。这些镀液中通常以次磷酸盐作为还原剂，其优点是价格便宜、使用安全，但是它作为还原剂的缺点是催化活性较低。采用硫脲和衍生物作为还原剂，可以克服次磷酸盐的缺点[132]。另外，可以首先使用酸性电镀液在自组装分子膜上成核，然后在碱性电镀液中沉积扩散阻挡层，也可以获得良好的效果。

3.7.1.2 合金扩散阻挡层和种子层

Ni、NiB、CoW、CoWB、NiReP、WNiP、NiMoP 和 CoWBP 等镍基合金、钨基合金和钴基合金都可以通过化学电镀的方法沉积为扩散阻挡层[133-135]。化学镀 NiB 或 CoB 等扩散阻挡层的典型镀液配比为 0.17mol/L 硫酸镍(或硫酸钴)、0.049mol/L 的 DMAB 还原剂、0.63mol/L 柠檬酸络合剂，以及抑制剂 SPS。化学镀 CoWB 时，使用 0.005mol/L 的钨酸钠提供钨离子。

化学镀以前，通常在介质层表面固定一层自组装分子膜作为粘附和催化层，然后在上方通过化学反应沉积金属。催化反应通常采用大小均匀和容易吸附的纳米颗粒作为化学镀的催化材料，如 Au 纳米颗粒[136]、Pd 纳米颗粒[137]或 $PdCl_2$ 溶液等。为了将催化剂纳米颗粒固定在表面，首先需要生长一层自组装分子膜。通过硫酸和过氧化氢(双氧水)60℃清洗和润湿后，在表面吸附一层由 1%溶液浓度形成的自组装分子膜 3-氨丙基三乙氧基硅烷(APTES)，然后在 110℃烘干 1h。最后浸泡在分散有直径 4nm 的 Pd 纳米颗粒的聚乙烯吡咯烷酮(PVP)分散剂溶液中，使表面覆盖纳米颗粒。如果使用双组分纳米颗粒 Sn/Pd，则需要两步覆盖催化剂：首先覆盖 Sn/Pd 颗粒；然后稀硫酸清洗去除 Sn 成分形成单一的 Pd 成分。

化学镀是一种原位溶液化学反应过程，这种特点使其具有很好的共形能力。图 3-85(a)～图 3-85(d)为采用 Pd 纳米颗粒作为催化剂，在 2μm×24μm 的深孔内化学镀 CoWB 扩散阻挡层[137]。CoWB 与下方的介质层有良好的附着性，在深孔开口、中部和底部的 CoWB 扩层厚度基本相同，都为 200nm，具有良好的共形能力。即使对于 0.25μm×0.6μm 的小直径盲孔，底部的沉积厚度仍可以达到表面厚度的 75%[138]。图 3-85(e)为 TEL 使用化学镀在 5μm×50μm 的 TSV 内沉积 CoWB 扩散阻挡层和铜种子层[139]。

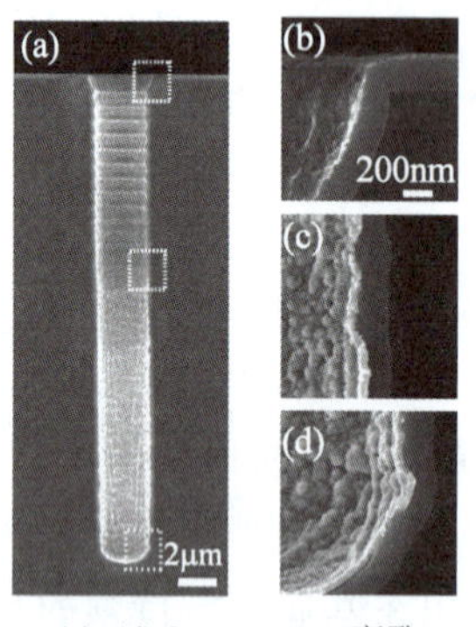

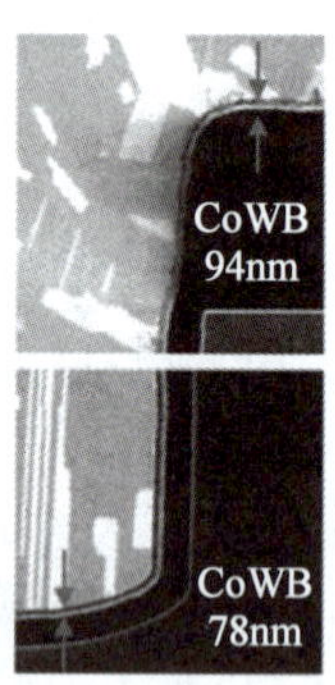

(a)~(d) 2μm×24μm盲孔　　(e) 5μm×50μm盲孔

图 3-85　化学镀沉积的 CoWB 扩散阻挡层

化学镀沉积的 NiB 电阻率通常为 25μΩ·cm，远低于 TiN 的 100～250μΩ·cm，并且电阻率非均匀性小于 5%。NiB 具有良好的抗铜扩散能力，在 400℃ 下 2h 的抗扩散能力与 TiN 相同，比 TaN/Ta 高约 20%。此外，NiB 的残余应力只有 TiN 的 1/4 和 TaN 的 1/8，在 400℃时对 WN 和 Cu 具有良好的粘附性，因此 NiB 不仅可以作为扩散阻挡层，还可以作为电镀种子层。图 3-86(a)、图 3-86(b)为 3μm×50μm 的盲孔化学镀沉积 NiB 种子层[69]，扩散阻挡层为热 ALD 沉积的 WN。图 3-86(c)、图 3-86(d)为 10.8μm×116μm 的盲孔内化学镀沉积的 Ni 扩散阻挡层和种子层[140]。化学镀镍先进行表面处理(如 Meltex 公司的 UN408)，然后进行 Pd 催化剂吸附和触发(如 PA-7331 和 PA-7340)，最后化学镀 Ni(如 UN-869)。这种方法可以在 1μm ×21μm 的盲孔内均匀化学镀 Ni，盲孔表面、中部和底部的厚度分别为 147nm、142nm 和 132nm。镀镍液中往往含有一定的 P，用来抑制 Ni 的磁矩，控制晶粒生长速率，以及晶格和晶向等。

3.7.1.3　铜种子层沉积

化学镀铜的镀液与电镀铜的镀液基本相同，一般包括硫酸铜、还原剂(如甲醛或水合乙醛酸)、碱性溶液、络合剂(如乙二胺四乙酸(EDTA))、碱性调节剂(如四甲基氢氧化氨(TMAH))，以及加速剂 SPS 和抑制剂 PEG 等。铜的化学镀液有商业产品，如 Atotech 的 CupraTech GI。

在强碱环境中，通过 Pd 催化，Cu(Ⅱ)从还原剂获得电子沉积为 Cu，反应过程可以表示为

$$\begin{aligned} &2Cu^{2+} + HCHO^{-} + 3OH^{-} \xrightarrow{Pd} 2Cu^{+} + HCOO^{-} + 2H_2O \\ &2Cu^{+} \rightarrow Cu + Cu^{2+} \end{aligned} \tag{3.12}$$

Cu(Ⅱ)还原为 Cu 是通过 Cu(Ⅰ)实现过渡的，过量的 Cu(Ⅰ)会使反应难以控制。为

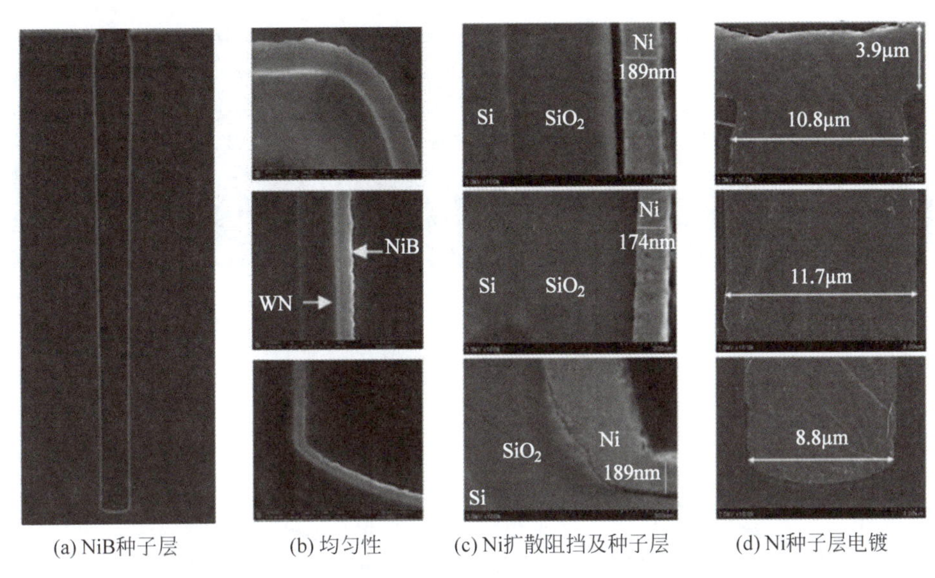

(a) NiB种子层　(b) 均匀性　(c) Ni扩散阻挡及种子层　(d) Ni种子层电镀

图 3-86　化学镀 Ni 合金

了抑制 Cu(Ⅰ)的过量，需要增加络合剂使化学镀液成为螯合溶剂。由于化学镀的反应过程消耗镀液中的有效成分，因此镀液需要经常更换或添加，以维持有效成分的浓度基本稳定。

当 TSV 的直径较小时，化学镀不仅可以沉积种子层，甚至可以直接填充铜柱形成 TSV。图 3-87 为利用化学镀制造 TSV 的主要流程包括：深孔刻蚀和介质层沉积；硅烷耦合处理；化学镀扩散阻挡层；化学镀铜填充 TSV。以镍基合金为例，当介质层表面没有硅烷的耦合作用时，无法通过化学镀沉积金属。

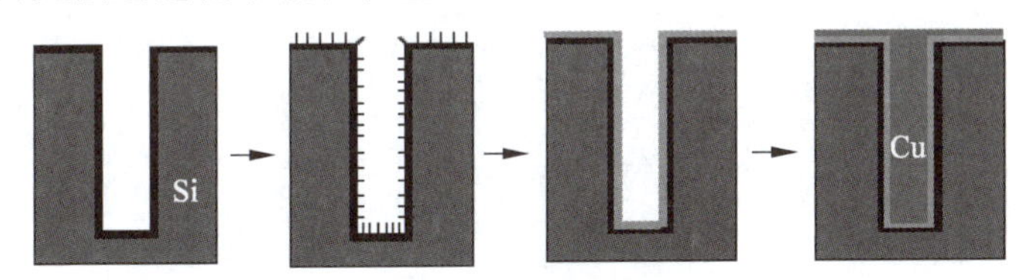

图 3-87　化学镀沉积的扩散阻挡层制造 TSV 流程

图 3-88 为在开口为 2μm×8μm、深度为 37μm 的盲孔内化学镀形成的铜层[141]。化学镀液包括 6.4g/L 的硫酸铜、18g/L 的还原剂乙醛酸、70g/L 的络合剂 EDTA、500mg/L 的表面活性剂 PEG、0.1mg/L 的加速剂 SPS 和 5mg/L 的 Cl^-，镀液 pH=12.5，化学镀时间为 90min。化学镀形成了良好的共形电镀，开口和底部的厚度分别为 700nm 和 650nm。在未使用添加剂时，化学镀速率较快，但是速率在盲孔侧壁不均匀，开口处过快。添加 Cl^- 可以促进抑制剂在开口和表面的固定，并提高加速剂 SPS 的效果。添加 SPS 或 SPS+Cl^- 后，化学镀速率降低。只添加 Cl^- 时，沉积速率明显降低，厚度达到 10nm 后甚至不再增长。在给定 0.1mg/L 的 SPS 时，Cl^- 浓度为 5mg/L 时沉积速率较高，而当浓度超过 15mg/L 时出现了过度抑制，导致化学镀达到饱和。因此，如果化学镀种子层需要适当降低 Cl^- 的浓度；电镀填充盲孔则需要适当提高 Cl^- 的浓度。

图 3-89 为化学镀在 2μm×30μm 的盲孔内沉积 Cu 种子层的过程[131]。化学镀液包括 0.036mol/L 的硫酸铜、0.24mol/L 络合剂 EDTA、40 ppm 的稳定剂双吡啶(2-2′ dipyridyl)、0.19mol/L 的还原剂乙醛酸，以及 500ppm 的活性剂 PEG。沉积温度为 60℃，15min 沉积厚度

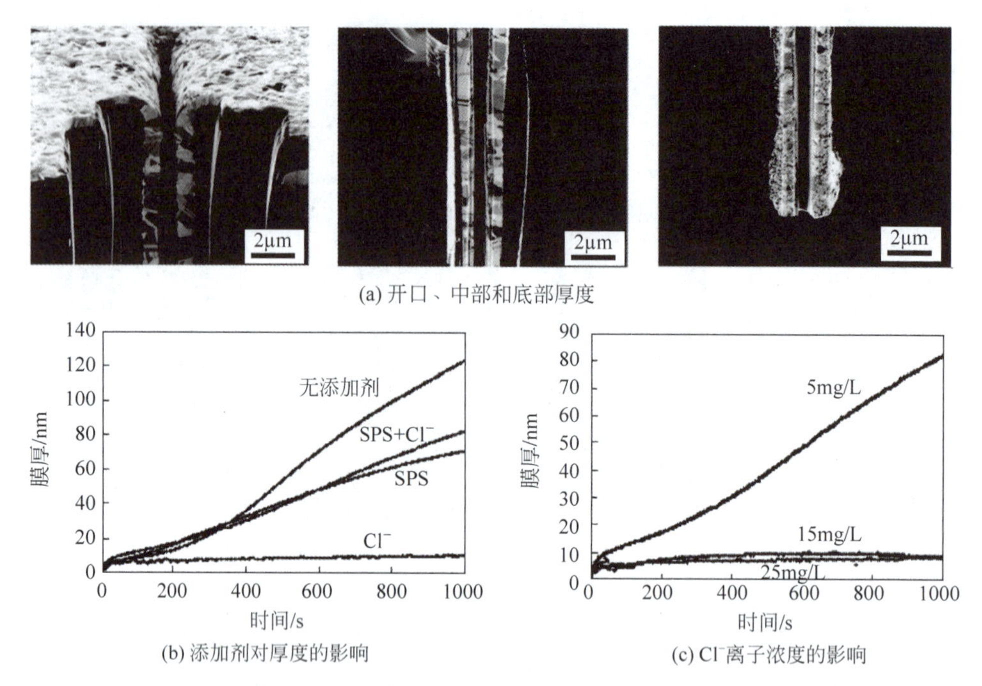

(a) 开口、中部和底部厚度

(b) 添加剂对厚度的影响　　(c) Cl^-离子浓度的影响

图 3-88　化学镀沉积铜

80nm。扩散阻挡层为 ALD 沉积的 12nm TaN 和 ALD 沉积的 10nm 的 Ru。采用表面润湿后，化学镀 280s 后铜膜进入连续状态，而无润湿的情况下 470s 铜膜进入连续态。电化学沉积过程是一个逐渐成核的过程，沉积 400s 后种子层的 Cu 颗粒密度显著高于 340s 的情况。

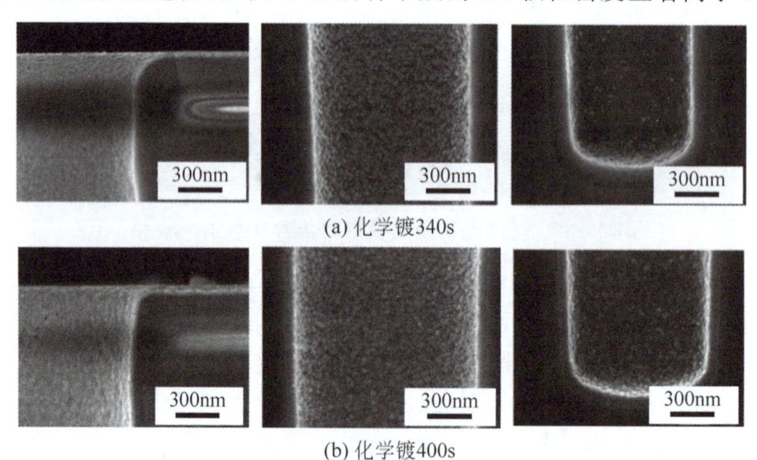

(a) 化学镀340s

(b) 化学镀400s

图 3-89　化学镀沉积铜种子层过程

在 TiN 表面直接化学镀厚 50nm 的铜种子层，电阻率为 5.8μΩ·cm[138]。采用 Pd 催化剂时，铜薄膜中掺杂了很多大尺度的 Pd 颗粒，导致铜的电阻率达到 6～8μΩ·cm。采用纳米尺度的 Pd 颗粒作为催化剂，可以降低铜薄膜的电阻率。如采用直径为 10nm 的 Pd 颗粒催化剂，在 TaN 扩散阻挡层上化学镀厚度仅为 30nm 的铜薄膜，其电阻率降低到 1.77μΩ·cm[142]。Ru 表面化学镀 Cu 主体为(111)晶向，厚度为 80nm 的种子层的电阻率为 2.53μΩ·cm。

3.7.2 电接枝与化学接枝

Aveni(原 Alchimer)从 2008 年开始报道了电接枝(Electrical Graft,eG)和化学接枝(Chemical Graft,cG)技术,使用特定的液态化学前驱体,以电化学方式用 1～10μA/cm^2 的小电流密度,通过化学反应在盲孔内沉积铜种子层、介质层和扩散阻挡层[143-147],并将其命名为 eG ViaCoat。

3.7.2.1 电接枝原理

电接枝是利用电化学反应将有机分子层固定在固体表面的方法,是一种固体与反应物之间通过电子转移的反应[148]。前驱体中溶解的电活性有机单体,在电流的作用下与固态金属或半导体表面发生电致聚合反应,通过固体表面和有机单体的碳之间形成的共价键,将有机物以自对准的方式固定在固体表面形成薄膜[149-150]。与电沉积等需要外部电源提供持续的电势以形成氧化还原反应不同,电接枝仅需要电触发,即只在接枝时需要带电电极,而后续单体不断聚合增厚的过程不需要外电势。电接枝是阴极反应过程,可以应用于多种金属和半导体表面而不需要考虑氧化层,在生物相容性改性、防腐、润滑、焊接和模板化学中应用广泛。

图 3-90 为自由基聚合反应的电接枝原理[143]。电接枝过程包括电接枝和后续纯化学扩增过程。电接枝是在高分子和固体表面形成化学键的关键步骤,特定的有机前驱体(B)形成最早的引物接枝在固体表面,并进一步触发聚合物单体(A)的聚合反应,形成厚度的扩增。因此,经过接枝和聚合反应后在第一层引物上形成大分子链(-A-A-A)$_n$-B。

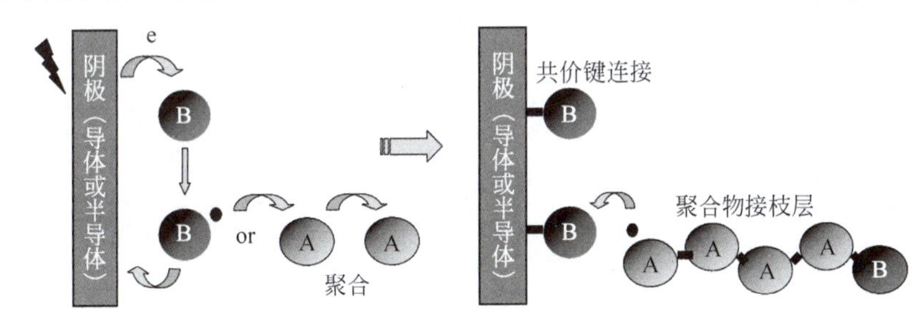

图 3-90 电接枝原理

电接枝所需要的设备是双电极溶液槽,可以通过电镀设备简单改制实现,与现有扩散阻挡层材料及标准 CMP 兼容,在高深宽比盲孔内沉积铜种子层的成本仅为 PVD 的 25%～40%。此外,电接枝的共形沉积能力好,在深孔内充分润湿后填充反应溶液,能够在小直径、高深宽比的盲孔内共形沉积。电接枝需要沉积的基底通过铜板或铜箔与电源负极连接,另一相对的铂电极连接电源正极,电接枝过程中施加反向脉冲电流。沉积过程中,凡是能够导通电流的表面都会发生沉积,而不导通电流的表面不发生沉积。Aveni 开发多种化学溶液用于 eG^{3D} Isolation、cG^{3D} Barrier、eG^{3D} Seed 和 eG^{3D} Filling 等电接枝和化学接枝方法,分别实现介质层、扩散阻挡层、铜种子层的沉积,以及铜电镀填充。

3.7.2.2 介质层沉积

电接枝可以沉积高分子介质层,如聚-4-乙烯基吡啶(P4VP)[151]。P4VP 具有良好的介电性能,介电常数为 3.0,击穿场强为 28MV/cm,0.25MV/cm 场强下漏电流为 15nA/cm^2,相比之下，SiO_2 的介电常数为 3.9，击穿场强为 10MV/cm，漏电流为 10～20nA/cm^2。P4VP 的热膨胀系数为 30×10^{-6}/K，厚度为 200nm 的残余应力为 10MPa，90%湿度下 168h 吸湿小于 1%。P4VP 具有良好的热稳定性，在 350℃下 1h 的质量损失低于 1%。

eG^{3D} Isolation 是含有有机成分的水溶酸性溶液，是 Aventi 开发的 P4VP 的电接枝溶液，包括 4-苯胺重氮盐(4-NBD)和 4-乙烯基吡啶(4VP)的单体。在水溶性介质中，重氮盐发生还原反应进行电接枝沉积的原理很复杂，有研究表明可能是基于电化学触发的纯化学聚合过程。在阴极电流周期，硅电极的费米电势足够低，电子转移到硅表面的化学溶液中，使界面处的 NBD 发生还原，通过分裂四氧化二氮形成芳基自由基。部分芳基自由基通过电子转移形成共价键连接在硅表面，形成聚苯薄膜。部分芳基自由基和 4VP 单体通过 C=C 连接发生反应，引起 4VP 单体的聚合反应形成 P4VP 聚合物连接在聚苯薄膜表面。由于不同极性基底的费米势的差异，p 型基底在反向脉冲电流的作用下，生长 P4VP 的速率更快。

利用 eG^{3D} Isolation 化学溶液，在脉冲反向电流的作用下，20min 可以沉积厚 130～160nm 的 P4VP，如图 3-91 所示[151]。电接枝沉积 P4VP 具有良好的共形能力，能够在盲孔开口处悬突的 SiO_2 薄膜下方沉积。这是因为硅基底在盲孔内壁与化学溶液接触并导通电流，使内壁都会沉积，而其他位置由于不导通电流而不能沉积，这是其他方法不具备的优势。

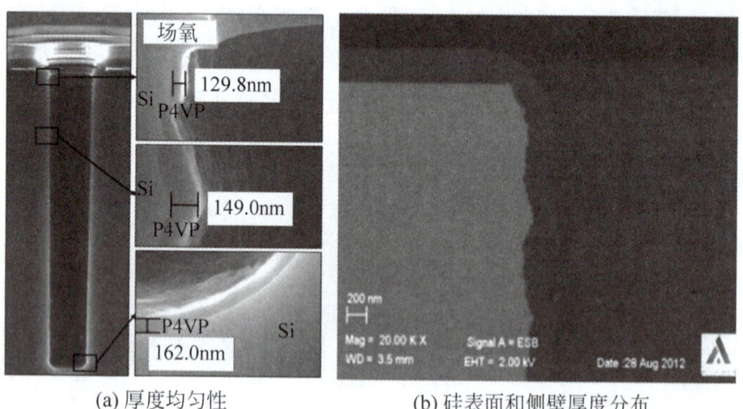

(a) 厚度均匀性　　(b) 硅表面和侧壁厚度分布

图 3-91　电接枝沉积 P4VP 介质层

3.7.2.3　扩散阻挡层沉积

电接枝可用于在硅表面沉积介质层和在扩散阻挡层表面沉积铜种子层，却无法在介质层表面沉积扩散阻挡层，这是由于介质层不导电，无法提供电接枝所需要的电流通道。为此，Aveni 开发了在介质层表面沉积扩散阻挡层的化学接枝。化学接枝的原理与电接枝基本相同，但采用还原剂替代电荷进行触发，因此不用外加电势，可用于非导体表面[152]。图 3-92 为化学接枝沉积扩散阻挡层的原理。将 Pd 络合物固定在分子链一端，分子链另一端固定化学反应基团，通过化学反应基团与固体表面的反应形成化学键将 Pd 络合物固定在固体表面。Pd 络合物作为还原剂，触发后续化学镀的过程完成沉积。

Aveni 开发的化学接枝扩散阻挡层为在 P4VP 介质层表面沉积的 NiB。由于 NiB 的电阻率与常用的扩散阻挡层相比很低，厚度为 100～250nm 的 NiB 的电阻率可达 25μΩ·cm，因此，合适的 NiB 厚度可以同时用于扩散阻挡层和种子层，而无须在 NiB 表面沉积铜种子

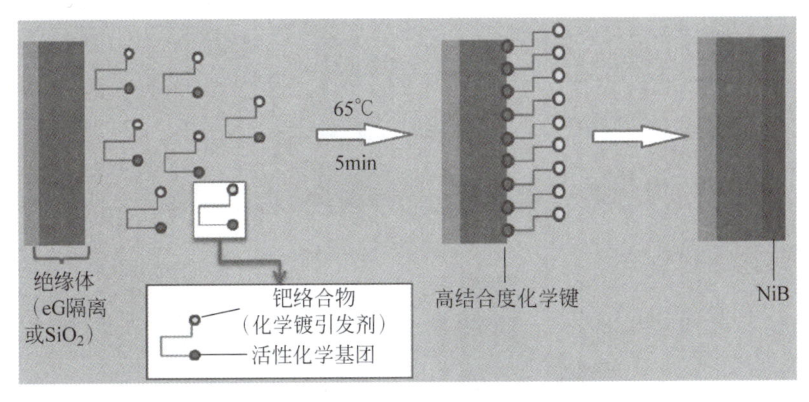

图 3-92　化学接枝沉积扩散阻挡层

层，如图 3-93 所示。化学接枝沉积的 NiB 具有良好的均匀性，图中Ⅰ为 eG 沉积的介质层，Ⅱ为 cG 沉积的 NiB 扩散阻挡层，Ⅲ为 eG 沉积的铜种子层。

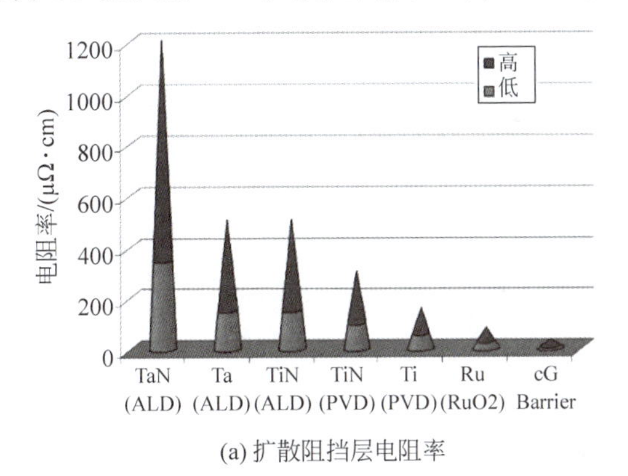

(a) 扩散阻挡层电阻率

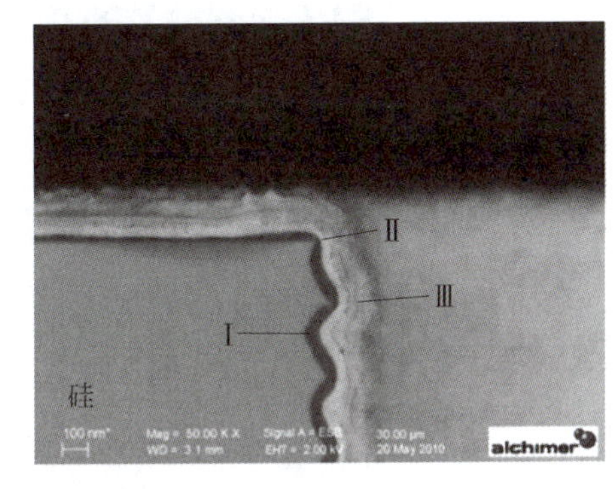

(b) 剖面

图 3-93　电接枝沉积 NiB 扩散阻挡层

3.7.2.4　种子层沉积

电接枝可以在各种方法沉积的 Ta、TaN、Ti、TiN、WN、NiB、Ru 等扩散阻挡表面沉积铜种子层。图 3-94 为电接枝沉积铜种子层的反应过程，Aveni 将其命名为 Rhea 技术，其基本原理与导电基底的电接枝相同。带有铜原子的有机前驱体通过电子传导，在导体表面成核并生长形成铜薄膜。通过外部电势使半导体硅基底处于偏置状态，偏置基底的表面电子充当前驱物分子的键籽晶，在第一层籽晶前驱物和基底表面之间形成共价键，通过引物将铜离子在硅表面成核固定。

Rhea 沉积厚 100～500nm 的铜种子层的电阻率为 1.8～2μΩ·cm，当厚度小于 100nm 时，电阻率超过 10μΩ·cm。铜种子层的性质与 PVD 类似，Ta 扩散阻挡层表面 PVD 的铜种子层为强烈的(111)取向，但是在 CVD 的 TiN 表面为较弱的(111)取向。厚度为 50～500nm 的铜种子层具有极佳的共形能力，在 5μm×25μm 的盲孔内共形能力超过 90%，在直径 5μm×50μm 的盲孔内共形能力可达 70%，在 5μm×100μm 的盲孔内共形能力接近 60%，在 0.25μm×7μm 的盲孔内共形能力超过 40%[153]。图 3-95 为电接枝沉积的铜种子层，扩散阻挡层为 CVD 方法沉积的 TiN，盲孔表面、侧壁和底部的厚度分别为 109nm、129nm 和 98nm。

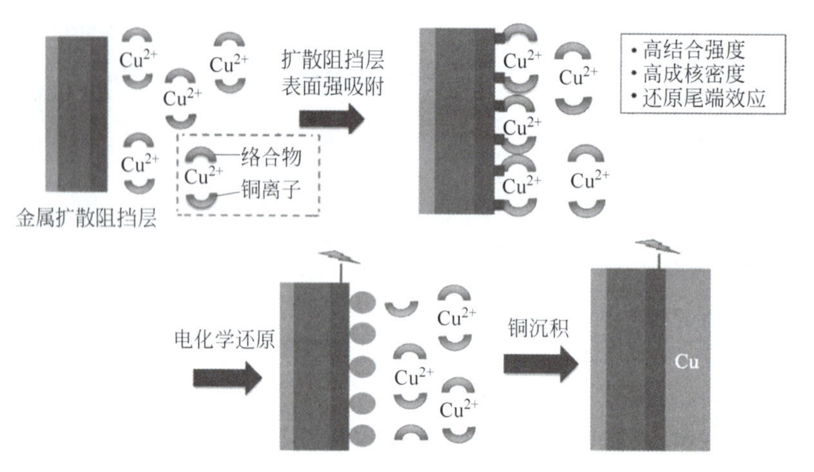

图 3-94 电接枝沉积铜种子层的过程

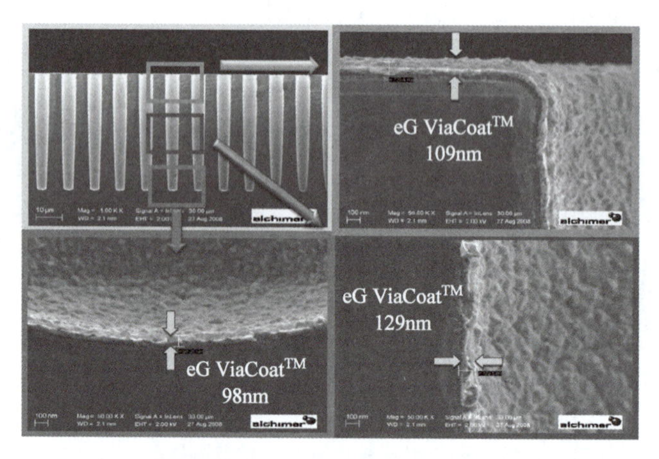

图 3-95 电接枝在 10μm×100μm 盲孔内沉积的铜种子层

电接枝的优点是对于起伏结构表面仍有很好的沉积能力，即使对于显著的 Bosch 刻蚀引起的侧壁起伏，电接枝也可以充分覆盖侧壁的表面起伏，甚至在悬涂结构下方都可以沉积均匀的铜种子层，如图 3-96 所示[154]。这使得异形结构 TSV 的铜种子层完全连续，与 PVD 相比具有明显的优势。

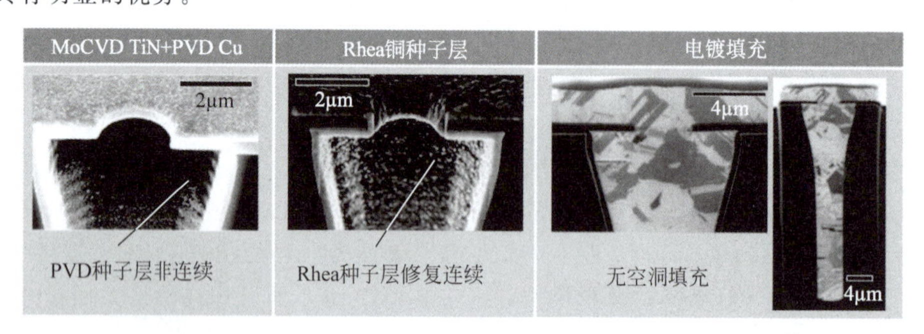

图 3-96 电接枝在凹陷内壁沉积铜种子层

Aveni 将包含电接枝制造介质层、化学接枝制造扩散阻挡层和及电接枝制造种子层的一整套工艺流程称为 AquiVia，如图 3-97 所示。AquiVia 属于湿法技术，制造 TSV 的介质层、扩散阻挡层和种子层在成本上具有突出的优势。AquiVia 使用与铜电镀相同的设备，采购和使用成本仅为 PVD 和 CVD 设备的 50%甚至更低，因此采用 AquiVia 可以大幅降低成本，有助于实现在 300mm 晶圆上 TSV 的制造成本低于 100 美元的业界目标。此外，目前量产电镀设备中已经集成了 Aveni 的种子层修复模块，如 Applied Raider ECD4 中提供的 eGSeed 湿法种子层修复功能。

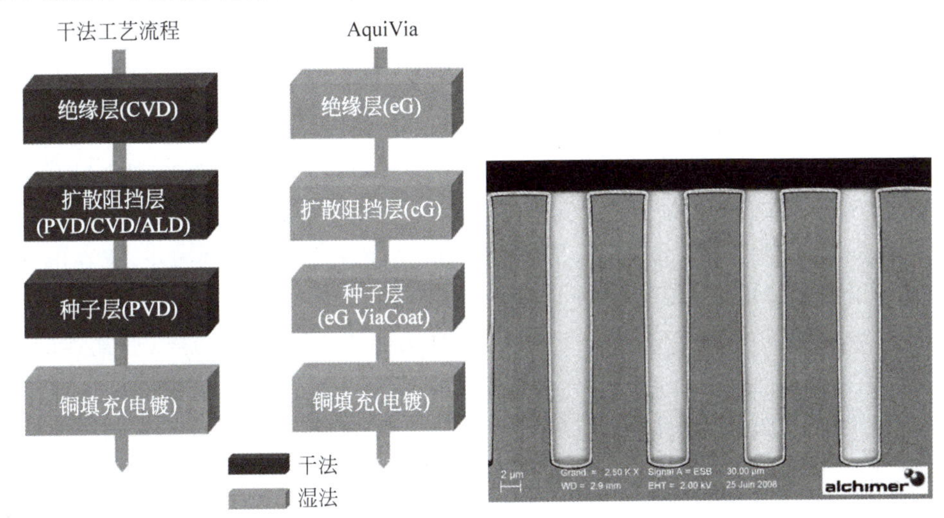

图 3-97 AquiVia 工艺流程及制造的 TSV

参考文献

第 4 章 TSV铜电镀技术

集成电路的互连包括十多层的金属导线和介质层，其中金属导线主要包括连接晶体管的垂直钨柱以及平面的铜或铝互连线[1]。这些互连线可以分为局域互连和全局互连，最高需要承载约 $10^5 A/cm^2$ 的电流密度。早期集成电路的互连线采用金属铝，具有制造方法简单、材料成本低、稳定性好和电阻率较低等优点，但是随着特征尺寸的减小，铝在电导率、电流承载能力和抗迁移等方面无法满足互连金属的需求。1998 年左右，IBM 率先开发出铜互连的制造技术并将其应用于 180nm 工艺节点，推动铜成为 90nm 节点以后互连的主要材料，并持续发展和应用到目前的 3nm 节点。

与常用金属相比，晶体铜的电阻率(1.67$\mu\Omega \cdot$ cm)仅次于银而远小于铝和其他金属[2]，作为互连金属具有阻抗小、工作频率高和功耗低等优点。铜的材料成本和制造成本虽高于铝，但远低于其他低电阻率金属如银和金。此外，铜的抗电迁移能力比铝高约两个数量级，结合低 κ 介质层材料，铜互连具有更高的电流承载能力、更强的抗电迁移能力和更好的尺寸缩小能力，并可适应更大的深宽比，因此作为互连金属具有显著的优势。

然而，由于铜的等离子体刻蚀产物的熔点高无法挥发等原因，铜难以用等离子体进行刻蚀[3]。为了解决这一问题，IBM 于 1984 年发明了铜大马士革及双大马士革电化学沉积(也称电镀)技术，结合化学机械抛光(CMP)实现铜的图形化[4]。1997 年的 IEEE IEDM 会议上，IBM 和 Motorola 分别报道了铜互连技术，随后 IBM 在 180nm 工艺节点采用铜取代铝作为互连金属。随着铜互连材料和工艺体系的完善，90nm 节点及以后几乎所有逻辑器件都使用电镀铜作为钨塞以外的互连金属。由于铜扩散会引起器件和互连失效，必须将其包围在扩散阻挡层内，因此，铜互连体系引入很多创新的材料和工艺，给 CMOS 工艺带来了巨大的变化，推动摩尔定律持续发展。从 1998 年 IBM 引入铜互连到 2017 年，20 年的时间里铜互连技术发展了 12 代，支撑集成电路工艺发展了 10 代[5]。

随着特征尺寸的进一步减小，铜互连也遇到了巨大的挑战。第一，铜互连的最小宽度已经小于电子的平均自由程，电子在运动过程中受到强烈的金属界面散射和晶粒散射，导致电阻率增大。当铜互连的宽度减小到 5nm 时，电阻率从 2$\mu\Omega \cdot$ cm 增大了 4～5 倍。第二，由于特征尺寸减小，互连中电子流动时与原子和离子的碰撞显著增强，导致铜原子的电迁移性能恶化。第三，防止铜扩散的扩散阻挡层占据互连截面积的比例随着特征尺寸减小而增大，导致有效导电面积减小、电阻增大。

从 2017 年的 7nm 工艺节点开始，互连金属体系出现了分化。2017 年的 IEEE IEDM 会议上，Intel 率先公布将在 10nm 工艺节点采用 Co 作为互连 M1 的金属(Intel 的 10nm 工艺节点与其他 7nm 节点具有相同的等效集成度)[6]。M1 金属的中心距为 36nm，Co 可以获得 5～10 倍于铜的抗电迁移能力和 50％的电阻率。在 TSMC、IBM 和三星的技术方案中，尽管对3nm工艺节点所采用的金属互连体系仍有不同看法，包括Co、Ru、Ni等无须扩散阻挡层的金属都有可能取代铜作为互连金属，但到5nm工艺节点，互连金属还是铜。2019年的IEDM上，TSMC报道其5nm工艺仍采用铜和超低介电常数介质层，但用金属反应离子刻蚀取代铜大马士革工艺，并利用ALD/PVD沉积的金属氧化物MnO自形成扩散阻挡层[7]。IBM的研究表明，铜仍可以在3nm工艺节点以后继续应用[5]，即使未来采用其他材料，上层金属仍将使用铜互连。

由于铜在CMOS中的统治地位以及TSV高深宽比的特点，TSV中的导体主要采用电镀铜体系。早在2000年以前，ASET、IBM和MIT等就已经开始铜电镀TSV的研究[8-10]。2000年，MIT和ASET分别在IEDM会议上和年度报告中报道了铜电镀高深宽比TSV，2002年，ASET报道了10μm×70μm的深孔电镀，并系统研究了电镀液组分和添加剂对高深宽比电镀的影响[9]。日本冈山大学[11]、筑波研究中心及美国哥伦比亚大学[12-13]等相继对高深宽比铜电镀进行了系统的研究，特别是对添加剂种类、功能和机理的研究，推动了铜电镀TSV的快速发展。实际上，TSV铜电镀借鉴了当时CMOS互连和印制电路板(PCB)通孔铜电镀方法，与这些铜电镀的主要差异在于，深宽比从大约1∶1提高到了10∶1。

4.1 铜互连技术

4.1.1 铜互连制造方法

铜常用的沉积方法包括PVD、CVD和电化学沉积(也称电镀)。PVD适用于沉积厚度小于3μm的铜薄膜，具有制造成本低、晶粒取向好且尺寸均匀、表面光滑、杂质含量低和电阻率低等优点，但是沉积的共形能力较差。CVD采用前驱体的化学反应，一般只适用于厚度数百纳米。当厚度超过3μm时，一般采用电镀沉积。电镀的制造成本低，沉积速率快，并且适合于制造高深宽比结构。铜很容易向硅和SiO_2介质层扩散，因此需要在介质层内壁沉积扩散阻挡层；为了提高扩散阻挡层与介质层的结合强度，还需要粘附层；为了提供电镀所需的电流和电镀生长晶向，还需要铜种子层。

平面互连中制造铜互连的主要方法是大马士革和双大马士革工艺(也称为嵌入或镶嵌式工艺)。大马士革电镀的核心是利用铜电镀在介质层刻蚀的凹槽内形成互连，再利用CMP去除介质层表面的过电镀层，获得分布在介质层凹槽内的铜互连线，形成铜的图形化。大马士革电镀工艺过程如下[14]：在衬底或下层互连表面沉积介质层，在介质层上刻蚀过孔(图4-1(a))；在过孔的侧壁、底部以及表面沉积连续的扩散阻挡层、粘附层及铜种子层，利用电镀将过孔内填满金属铜(图4-1(b))；使用化学机械抛光CMP将表面多余的铜层去除，形成独立的镶嵌式垂直铜互连(图4-1(c))；再次沉积介质层，在介质层上刻蚀条形沟槽，电镀并CMP制造水平互连，与垂直过孔共同构成互连系统(图4-1(d)～图4-1(f))。

大马士革工艺通过两次铜电镀和CMP实现垂直和水平互连，而双大马士革工艺只用一次电镀和CMP形成垂直和平面互连。双大马士革工艺过程如下：分别沉积两层SiN和SiO_2作为刻蚀停止层和介质层(图4-2(a))；光刻小孔后RIE刻蚀上层SiO_2介质层和SiN停止层(图4-2(b))；光刻长槽后RIE同时刻蚀两层SiO_2介质层，在下层SiO_2内形成垂直孔，在上层SiO_2形成平面沟槽，刻蚀去除氮化硅停止层(图4-2(c))；溅射扩散阻挡层、粘附层和铜种子层，然后电镀填充铜(图4-2(d))；利用CMP去除表面的铜层和扩散阻挡层，形

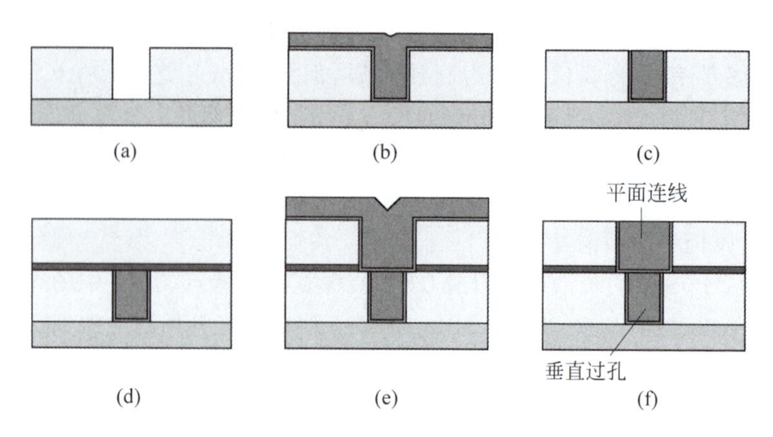

图 4-1　大马士革工艺

成连接不同层金属互连的垂直互连和平面内互连(图 4-2(e))；最后沉积氮化硅封盖层,重复上述过程制造上层互连(图 4-2(f))。

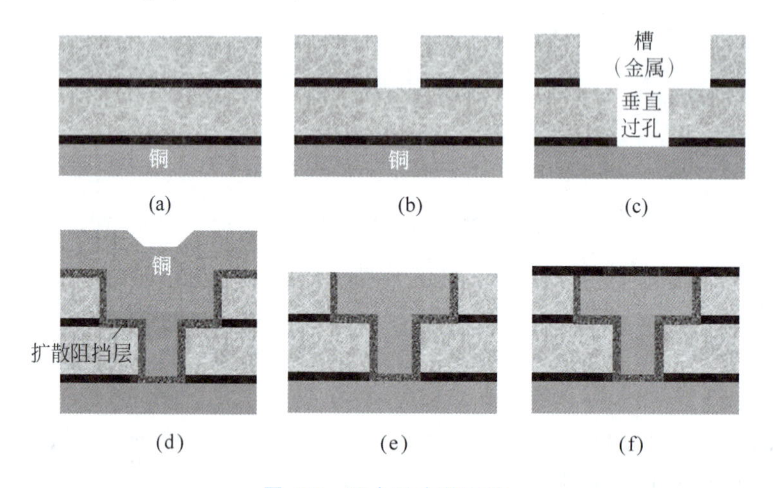

图 4-2　双大马士革工艺

介质层沟槽结构的深宽比对电镀结果有显著影响,如图 4-3 所示。结构表面开口处的边界层较薄、扩散较容易,铜离子密度高；而结构内部的质量输运主要依靠扩散,铜离子质量输运慢。结构尺寸越小、深宽比越高,输运越慢。电镀开始后,结构内的铜离子消耗很快,阳极和阴极之间的电势降主要被这部分铜离子密度低的溶液承担,进一步减小了铜离子在电场作用下的电迁移输运。这种铜离子分布的特点,使开口处的电镀快、底部电镀慢,在高深宽比结构内形成亚共形电镀。亚共形容易导致开口处封死,形成内部的空洞或缝隙,将电镀液密封在铜内部。通过调整电镀液、添加剂和电镀参数,可以实现共形电镀和超共形电镀。共形电镀在各个方向的电镀速率基本相同,但对于深宽比超过 1∶1 的结构,共形电镀也会形成空洞或缝隙。超共形电镀的特点是结构底部的电镀速率大于开口处的电镀速率,形成自底向上的沉积过程。

铜的电阻率、热膨胀系数、残余应力和抗迁移能力等性能取决于铜的晶粒大小、形状以及分布,而铜的晶粒大小和形状与所采用的沉积方法、工艺参数和衬底特性有关,决定铜的电学和热力学性能。不同方法沉积的铜晶粒平均尺寸有很大的差异。如图 4-4 所示,PVD

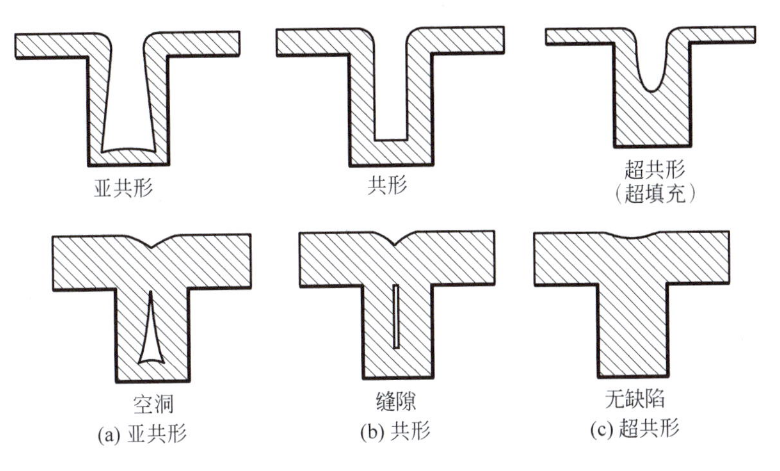

图 4-3 铜电镀形貌

沉积的铜薄膜有较强的(111)取向，电阻率低，但在高深宽比结构内的共形沉积能力差。CVD沉积的铜具有较小的晶粒尺寸、较弱的(111)取向和较粗糙的表面，设备和材料成本高，但共形沉积能力好。电镀铜晶粒表现为较强的(111)取向，晶粒尺寸大、表面粗糙；但是抗电迁移能力强，且具有较好的共形能力和填充能力。

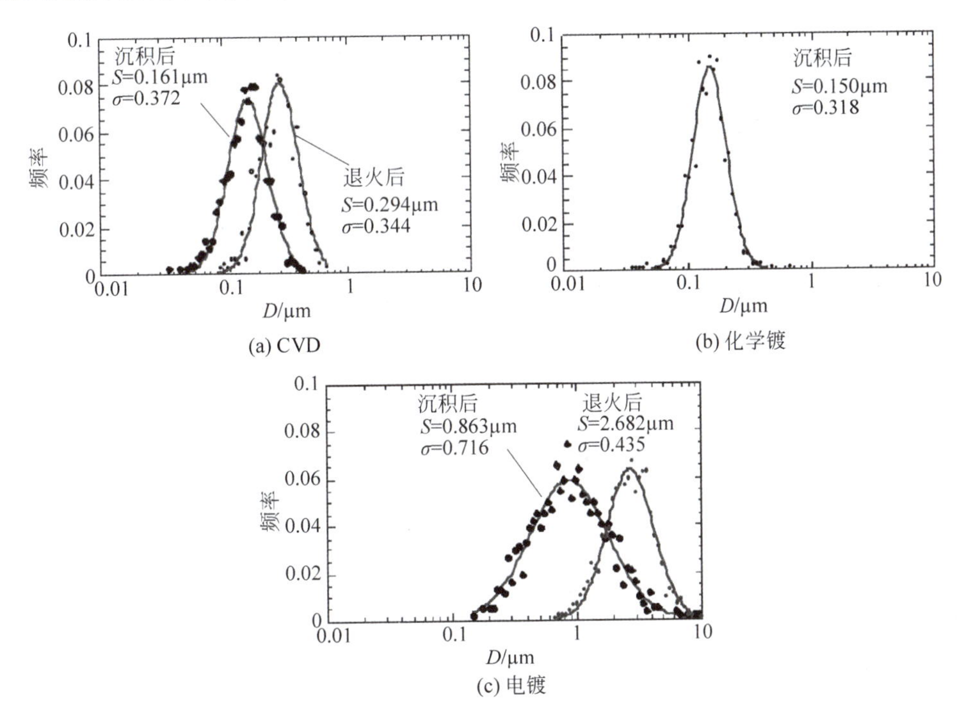

图 4-4 铜晶粒大小与制造方法的关系

铜的电阻率与制造方法有关，但总体上远低于除银以外的其他金属，如晶体铜的电阻率为1.67$\mu\Omega \cdot$cm，电镀铜的电阻率为1.8～2.2$\mu\Omega \cdot$cm，而沉积的铝和钨的电阻率分别为3～3.3$\mu\Omega \cdot$cm和8～11$\mu\Omega \cdot$cm。铜的热膨胀系数约为18×10^{-6}/K，虽然高于钨的4.3×10^{-6}/K，但低于铝的24×10^{-6}/K，有利于降低对低κ介质层的影响。

4.1.2 TSV 铜互连

TSV 导电依靠深孔内部填充的导电材料实现。在三维集成的发展史上，TSV 的导电材料经历了掺杂多晶硅、钨和电镀铜等几个阶段。掺杂多晶硅在前道工艺以前完成，无须扩散阻挡层且热力学性质与硅相同，但是掺杂多晶硅工艺温度高且电阻率高，只适用于少量特殊应用。钨被广泛应用于晶体管与 M1 铜互连之间的垂直钨塞，采用 CVD 很容易填充直径 2μm×40μm 的盲孔，工艺兼容性好、热膨胀系数与硅接近、耐高温，但是钨的电阻率高、应力大、硬度高、加工难度大。综合考虑 TSV 特点、设备和导电性质等因素，利用电镀制造铜柱作为 TSV 导体是目前 TSV 的主流技术方案。

如何在高深孔比的盲孔内实现无空洞铜电镀是 TSV 的主要技术难点。如图 4-5 所示[15]，针对目前主流应用中直径为 3～10μm 的 TSV，填充方法以电镀铜为主；随着 TSV 朝着更小直径和更高深宽比的方向发展，TSV 的填充方法也会改变。当 TSV 的直径减小到 1μm 时，由于高深宽比的 TSV 内部的电镀液质量输运和物质交换变得更加困难，TSV 的填充方法将从目前的电镀发展为利用 CVD 沉积铜或钨。

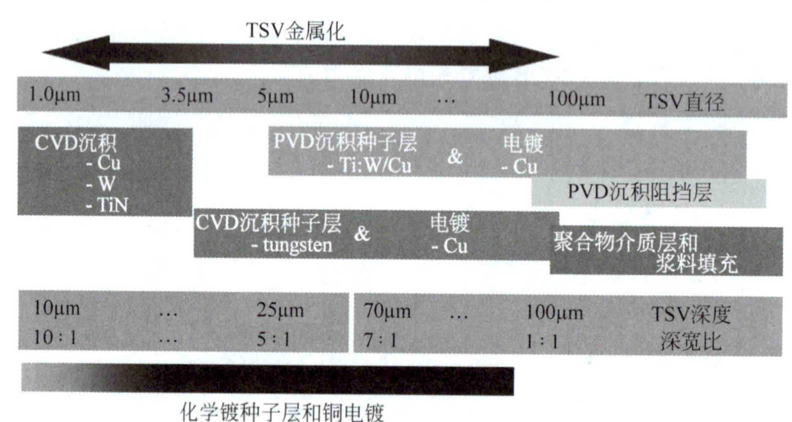

图 4-5 TSV 导电填充方法

铜电镀是决定 TSV 性能、可靠性、生产效率和成本的重要因素。电镀液的组成成分、添加剂种类和浓度，以及电镀工艺参数决定了电镀铜的微观晶粒结构，进而决定了 TSV 的电阻率、残余应力、热膨胀系数，以及与这些特性相关的应力区、电学性能和热力学可靠性等。铜的热膨胀系数远大于硅，高温过程中铜对周围硅衬底和介质层产生显著的热应力，不仅影响周围晶体管的性能，还影响介质层和扩散阻挡层的完整性，甚至导致衬底裂纹。

铜电镀要求必须在高深宽比盲孔内的完全填充，以免将电镀液密封在铜柱内。密封在铜柱内的电镀液会严重影响 TSV 的电学性能、化学稳定性和热力学可靠性。在高温工艺或温度过程中，溶液的热膨胀系数与铜的热膨胀系数不同，产生显著的热应力；电镀液的导电性与铜相比差距巨大，空洞降低了铜柱的导电能力和高频特性；铜电镀液具有腐蚀性，持续地与铜柱发生化学反应，导致 TSV 甚至与之相连的平面互连断路；此外，铜柱内的空洞在电流负载的作用下会产生电迁移等导致的空洞移位，甚至转移至与 TSV 相连的平面互连，而平面互连尺寸小，抵抗腐蚀和电迁移的能力很低，极易引起可靠性问题。

通常，制造 TSV 所需的深孔刻蚀、介质层扩散阻挡层和种子层沉积，以及 CMP 平整化等工艺过程只需要10～20min，而铜电镀需要几十分钟甚至几小时。要实现高深宽比盲孔内无空洞电镀，需要借助复杂的化学添加剂和优化的电镀工艺参数，加之电镀速率较低，对制造成本和生产效率影响很大。有估算表明，铜电镀的成本大约占TSV制造成本的40%。

由于完全电镀填充需要很长的时间，即使通过添加抑制剂等限制铜在衬底表面的沉积速率，在TSV完全填充后仍会在晶圆表面产生表面电镀层，称为过电镀层。通常过电镀层的厚度可达TSV直径的50%～75%，比平面互连的过电镀层高1个数量级以上。过电镀层越厚，浪费的铜越多，并且后续CMP去除的时间越长，成本越高。TSV铜电镀需要尽可能抑制过电镀层的厚度。

4.2 铜电镀的原理和设备

铜电镀是一种在溶液中由外电势驱动的氧化还原电化学反应过程[16]。铜电镀是质量输运、电学和化学共同作用的结果，其性质不仅取决于阳极和阴极表面的电化学氧化还原反应过程，还取决于离子向阳极和阴极表面输运的特性。电镀过程中氧化还原反应速率较快，因此铜沉积的速率主要取决于铜离子从溶液中向阴极表面的输运速率，即电镀属于质量输运控制的反应过程。

4.2.1 铜电镀原理

4.2.1.1 基本原理

电镀装置主要包括阳极、阴极、电镀液及电源。对于铜电镀，阳极为铜板，提供铜原子的来源，阴极固定电镀基底，电镀时阳极和阴极分别连接电源的正、负极。在外电源电势的作用下，阳极铜板发生氧化反应，铜板上的铜原子失去电子被氧化为铜离子进入电镀液，为铜电镀提供持续的铜来源。阴极发生还原反应，电镀液中的铜离子得到电子被还原为铜原子沉积在基底表面，如图4-6所示。

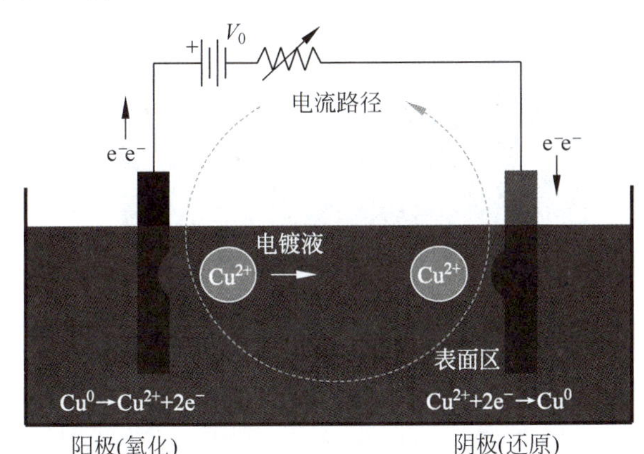

图4-6 铜电镀原理与装置

铜电镀的电化学反应可以表示为

$$
\begin{aligned}
&\text{阳极：}\mathrm{Cu(固)} \xrightarrow{\text{氧化}} \mathrm{Cu^{2+}} + 2\mathrm{e^-} \\
&\text{阴极：}\mathrm{Cu^{2+}} + 2\mathrm{e^-} \xrightarrow{\text{还原}} \mathrm{Cu(固)}
\end{aligned}
\tag{4.1}
$$

铜电镀时,阴极发生还原反应消耗电子形成电化学电流,阴极表面电流密度为[17]

$$j = nF\frac{\rho v}{Z_{\mathrm{Cu}}} \tag{4.2}$$

式中:ρ 为铜的密度($\mathrm{g/cm^3}$);v 为铜层厚度增加速率,即电镀速率(cm/s);Z_{Cu} 为铜的摩尔质量(63.5g/mol);n 为铜离子电荷数,即 2;F 为法拉第常数。

如果已知阴极表面电流密度,则沉积速率为

$$v = \frac{jZ_{\mathrm{Cu}}}{nF\rho} \tag{4.3}$$

可见,沉积速率正比于直流电流的大小。当电流密度为 $20\mathrm{mA/cm^2}$、铜密度为 $8.96\mathrm{g/cm^3}$ 时,理论上沉积速率约为 $0.44\mu\mathrm{m/min}$。这里的电流密度是有效电流密度,要根据需电镀沉积的实际表面积计算。由式(4.3)可以看出,电流密度的分布差异会引起电镀沉积速率的不同。

从微观角度看,如图 4-7 所示,电镀过程包括四个步骤:①铜离子在阳极表面形成;②铜离子被输运到阴极表面;③铜离子在阴极表面发生吸附,吸附过程是一个复杂的过程,其描述模型先后经历了从 Helmholtz 模型到 Gouy-Chapman 模型再到 Gouy-Chapman-Stern 模型的过程,Stern 模型从 1924 年建立以来未有大的改变;④铜离子在阴极表面发生电化学反应成核,逐渐形成新的阴极表面。这一过程可以利用 Scharifker-Hills 成核模型描述。为了获得稳定均匀的电镀速率,电镀时需要提供溶液搅拌、温度控制、溶液过滤和自动补充等功能,以保证反应温度和物质交换。

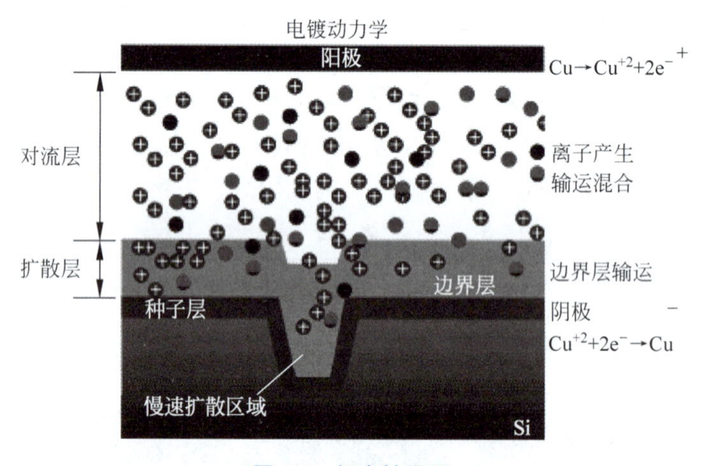

图 4-7 铜电镀原理

铜离子在阴极表面的吸附受添加剂成分和浓度的影响[18],这是目前优化电镀工艺,特别是无空洞电镀工艺的主要方式。通过调整吸附机制,可以控制阴极表面铜离子的浓度分布,改变填充形貌[11,19]。阴极表面进行电化学反应将铜离子还原成铜,最终在表面结晶,形成新的阴极。

4.2.1.2 边界层和扩散

由于流体的黏度和固体表面原子对液体分子的引力,稳定流动的电镀液与电极表面之间存在着一层特殊流动性质的液体薄层,称为边界层或扩散层。紧邻电极的液体分子受固体的引力作用处于静止状态,上层液体分子由于流体的黏度,流速从零逐渐增大到体溶液的流速。边界层没有严格的分界线，流体力学中定义流速低于体流速99%的区域为边界层。边界层的厚度与电极形貌、流体流速和黏度等因素有关，可以简单表示为

$$\delta = 5\sqrt{\frac{\nu L}{v_b}} \tag{4.4}$$

式中：ν 为流体的运动粘度，$\nu=\mu/\rho$（μ 为流体的动力粘度，ρ 为密度）；L 为流动长度；v_b 为体区的流速。

边界层厚度随着流体运动粘度的增加而增大，随着流速的增大而减小。通过搅拌等方式产生强对流可以压缩边界层厚度。通常在无搅拌的水溶液中，边界层的厚度约为500μm，在轻微搅拌的水溶液中，边界层厚度约为100μm，而在强搅拌的水溶液中，边界层的厚度可减小到25μm以下。

流体中铜离子的质量输运机制包括对流、扩散和迁移。对流是依靠流体的流动（对流）而实现的，即流体的宏观流动将溶液中的组分快速输运。扩散是浓度梯度和随机运动引起的离子从高浓度区向低浓度区转移的过程。迁移是带电离子在电场作用下，由静电力并结合粒子间的碰撞机制，将带电粒子从高电势区输运到能量稳定的低电势区。边界层内、外的质量输运机制不同，溶液中离子浓度不同。边界层以外，质量输运主要依靠对流实现；边界层以内，流体基本静止，质量输运主要依靠扩散和迁移[17]。

上述不同质量输运的作用距离有很大的不同。迁移仅在阴极表面几纳米范围内的离子电双层内起作用；扩散主要在表面附近大约100μm以内起作用；而对流在扩散层之外起作用，如图4-8所示。由于只要存在浓度梯度就会发生扩散，因此对流区也存在扩散。但是由于扩散的质量输运速率远低于对流，通常在对流强烈的区域忽略扩散的影响，但在分析高浓度混合物系统时需要耦合求解对流和扩散。电镀开始后消耗电极表面的离子，使边界层内出现离子浓度差，驱动离子向电极表面扩散。由于扩散的速率较慢，电镀开始瞬间将边界层内的离子消耗以后，边界层以外的离子尚未扩散到该区域，边界层内的离子浓度低，接近电中性，因此施加在阳极和阴极之间的电势基本都落在这个区域内[20]，使该区域发生离子迁移。

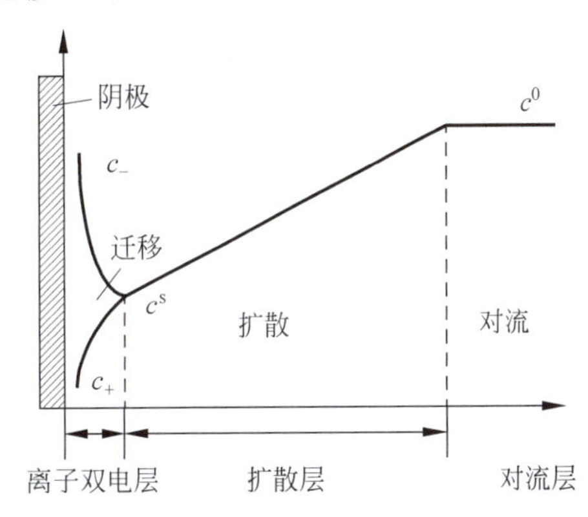

图4-8 离子输运机制及浓度分布

边界层内的质量输运主要由扩散产生。电镀液中的铜离子和添加剂等被对流输运到边界表面时，需要通过扩散垂直穿过边界层厚度 δ 才能达到电极表面。根据菲克（Fick）第一和第二定律，由扩散引起的物质摩尔通量与浓度梯度成正比，并且空间上某一点浓度对时间的变化率与浓度的空间二阶导数成正比，即

$$\frac{\partial c_i}{\partial t} = D_i \nabla^2 c_i \tag{4.5}$$

式中：c_i 为成分的浓度（mol/m^3）；D_i 为扩散系数（m^2/s）。式（4.5）可以理解为初始时全部物质集中在一个无穷小的点处，扩散以后均方根位移球面的面积与时间的关系。扩散系数并非为常数，而是与物质种数、温度和压力等因素有关。对于固体中的扩散、稀溶液和水

或其他典型液体溶剂中的扩散,以及气相中的微量物质扩散等,扩散系数可以视为常数。气相分子的典型扩散系数为 $10^{-6} \sim 10^{-5} m^2/s$,而液体中的扩散系数低得多,如水溶液中典型扩散系数为 $10^{-10} \sim 10^{-9} m^2/s$。由于扩散所需时间与扩散距离的平方成正比,加之液体中扩散系数较低,扩散所需时间很长,因此必须尽可能地降低边界层的厚度,以缩短扩散时间。

通常,对流的质量输运速率远大于扩散的质量输运速率,因此能够到达电极表面的铜离子的数量由边界层的扩散速率决定。当电极处于旋转状态,液体以垂直电极表面向电极均匀流动,并且流动为层流时,可以用 Levich 公式描述扩散质量输运和电化学电流:

$$\begin{cases} M = 0.62 D^{2/3} \nu^{-1/6} \\ I = 0.62 nFA\omega^{1/2} Mc \end{cases} \tag{4.6}$$

式中: M 为扩散的质量通量; D 为溶质的扩散系数(cm^2/s); ν 为流体的运动粘度(cm^2/s); I 为电化学反应的电流; n 为电化学反应过程转移的电子数; F 为法拉第常数($9.6485 \times 10^4 C/mol$); A 为电极表面积(cm^2); ω 为电极转动速度(rad/s); c 为溶质的浓度(mol/cm^3)。式(4.6)为扩散和电化学反应的耦合结果。

边界层特性和扩散过程都是非常复杂的。对于高浓度的溶液或气体混合物(其中有多种质量分数较高的化学物质),不同物质分子之间发生相互作用,扩散系数与化学成分有关而不再是常数。此时,扩散系数变成一个张量,而扩散方程也需要将一种物质的质量通量与溶液中所有物质的浓度梯度相关联,描述这一情形的方程称为 Maxwell-Stefan 扩散方程。在实际应用 Maxwell-Stefan 方程时,由于物质浓度和扩散系数均处于变化状态并且互相耦合,一般不使用浓度作为因变量,而使用摩尔分数或质量分数的梯度表示每种物质的扩散质量通量,并结合使用多组分扩散系数。这些量是对称的,因此 n 组分系统需要 $n(n-1)/2$ 个独立系数描述不同组分的扩散速率。对于 4 组分或更复杂的混合物,这些物理量通常是未知的,可以对 Maxwell-Stefan 方程简化,引入等效菲克定律扩散系数。

4.2.1.3 金属电位与电双层

电镀的化学反应过程取决于电极和电解液的界面特性以及二者的电位。将金属电极浸没在盐、稀酸或水等溶液中,金属离子与强极性水分子的相互作用,减弱了表面金属离子与内部金属的结合力,使其以正离子的形态进入溶液。靠近电极的溶液因获得了多余的离子带有正电。而剩余的电子保留在金属电极上,使金属电极带有负电。在水溶液中,由于离子与偶极相互作用,正离子总是以水合状态存在的,即阳离子被水分子形成的水合外壳包围,称为水合离子。

浸没在电解液中的金属电极,在固态金属电极与液态电解液之间产生了一个边界层。由于金属电极内为电子,而溶液中带有过剩的离子,电子与离子形成了电极与电解液之间电荷传输的势垒,使金属电极与溶液具有不同的电位。当金属溶解和固体表面的置换达到平衡时,溶解相和固态电极之间的电位差称为金属电位。金属电位可用 Stern 方程表示为

$$E_M = E_0 + \frac{RT}{nF} \ln \frac{C_O}{C_R} \tag{4.7}$$

式中: E_0 为金属的标准电位; R、T 分别为摩尔气体常数和热力学温度; F 为法拉第常数; n 为反应转移的电子数; C_O、C_R 分别为溶液中氧化形式和还原形式的组分的浓度。

对于固相反应物,如金属电极和溶液,在 298K 时式(4.7)可以简化为

$$E_M = E_0 + \frac{59.2\text{mV}}{n}\log\frac{C_O}{C_R} \tag{4.8}$$

单个金属电极的电位无法确定，为了比较不同金属的电位，一般采用双电极测量金属的标准电位。标准电位是指金属电极与氢电极在标准溶液中的相对电位，标准溶液是指25℃、1atm和1mol/L浓度的溶液。将金属电极与铂电极分别放置在两个由质子通路（如质子交换膜）连接的标准溶液槽中，使二者之间能够导通质子但防止溶液混合。在铂电极的溶液中通入氢气，氢气与铂电极发生催化反应分解为氢原子吸附在铂电极表面形成氢电极。此时两个电极之间的电位差就是金属的标准电位。标准电位越高，金属越稳定，越不容易在酸溶液中溶解，称为惰性金属；标准电位越低，金属越活跃，越容易在酸性溶液甚至水溶液中溶解，称为活性金属。利用式（4.7）和标准电位，即可计算金属和特定溶液的金属电位。金属电位随温度和溶液浓度升高而增大，二者增强了水合金属离子的热激活扩散。

在边界层内侧紧邻电极表面，液体与电极的电位差异使液体界面出现了一层与体溶液特性不同而类似于电容的薄层，称为电双层（EDL）。根据亥姆霍兹理论，两种不同的物质在接触的界面会形成电双层，如具有不同功函数的两种金属、n型和p型硅，以及金属电极与电解质溶液等。这是由于两个不同物质具有不同的电位并都有过剩的电荷，接触后电位差引起电荷分离，一个物质在接触表面的一侧积累过量正电荷，另一物质在接触表面的另一侧积累等量负电荷，二者相互吸引而排布成类似电容的电双层。

当金属电极放置在离子溶液中时，电极内的过剩电子受到溶液中离子的吸引而紧密地排布在电极表面。溶液中的离子既受到有序电场力的作用又处于无序的热运动中，即金属内电子的静电引力使溶液中正离子向金属表面靠近，同时离子的热运动又使其向远离表面的方向扩散。在二者共同作用下，离子无法像电子一样紧密排布，但也不是完全无序地分散在溶液中，其特性可以采用Gouy-Chapman-Stern（GCS）模型描述。GCS模型既考虑了电场力（静电力）的作用，又考虑了热运动（扩散）的作用。

如图4-9(a)所示[21]，根据GCS模型，液体中紧邻电极表面的薄层由特定吸附到电极表面的极性溶剂分子（如H_2O，有研究表明，电极表面吸附水分子的面积可达70%以上）或电解液中的特定离子构成的单层分子膜组成。这层分子膜处于紧密排布状态，其电荷中心面称为内部亥姆霍兹面（IHP），IHP到电极表面的距离通常小于1nm。尽管溶液中的阴离子和金属电极由于极性相同而互相排斥，但吸附力大于静电力，所以仍有少量阴离子稳定地吸附在IHP。因此，IHP由特异性吸附的离子和分子构成，被吸附的物质不仅受到静电作用，还受到化学相互作用。

在IHP外部，是附着在IHP上由最近的溶剂化离子（水合离子）组成的较为松散的离子层，其电荷中心面称为外部亥姆霍兹面（OHP），OHP到电极表面的距离通常小于100nm。由于与金属表面的相互作用，OHP主要由与电极相反电荷的水合离子通过非特异性吸附组成，水合离子与电极仅涉及长程静电相互作用。由电极表面到OHP的薄层称为Stern层或紧密层（compact layer）。在OHP外部，由阴离子和阳离子的松散交替层组成的薄层称为扩散层（diffuse layer）。扩散层内物质受热运动和静电力作用，所包含的离子使紧密层和扩散层保持电荷中性。扩散层之外为体溶液，其电势不再影响电极表面的性质。

电双层由金属电极内聚集的电子和吸附在电极表面的离子构成，包括紧密层和扩散层。尽管正负电荷间距很小，但是势垒的存在使得二者分别存在，因此可以将电双层视为一个电

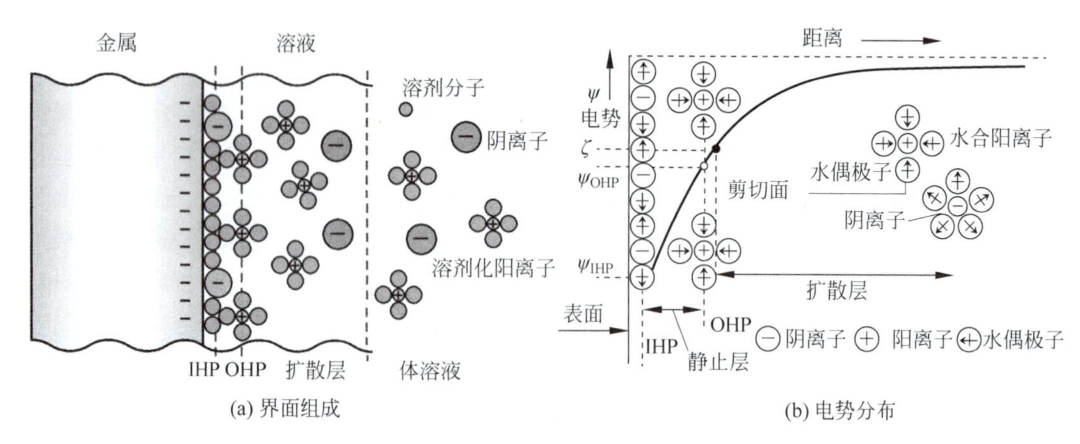

(a) 界面组成　(b) 电势分布

图 4-9　金属电极与溶液的界面

容。电双层的电容很小,只有 10～100μF/cm^2。当施加外电势时,电双层电容结构和性质会发生改变,这与常规固态电容不同。由于溶液一侧的剩余电荷包括紧密层和扩散层电荷之和,因此可以将电双层的电容视为紧密层电容与扩散层电容的串联。电极和溶液的界面电位也是紧密层电位和扩散层电位之和,其中紧密层电位是离子电荷能够接近电极表面最小距离处的电位。

如图 4-9(b)所示[22],由于在紧密层内没有剩余电荷,电场强度是恒定的,因此在紧密层内(距离为 0～d),电位随电极的距离增大而线性减小。在扩散层内(距离＞d),由于剩余电荷的存在,电位与距离之间为指数关系,当电极电荷为正时,电位呈指数下降,当电极电荷为负时,电位呈指数上升。根据 GCS 模型,扩散层剩余电荷 σ 和电极溶液的界面电位 ψ_a 可以分别表示为

$$\sigma=\sqrt{2\varepsilon_0\varepsilon_r cRT}\left[\exp\left(\frac{zF\psi_1}{2RT}\right)-\exp\left(-\frac{zF\psi_1}{2RT}\right)\right] \tag{4.9}$$

$$\psi_a=\psi_1+\frac{1}{C_H}\sigma \tag{4.10}$$

式中: c 为溶液浓度; ψ_1 为紧密层电位,即 $x=d$ 位置的平均电位; C_H 为紧密层电容。ψ_a 和 ψ_1 都是相对于体溶液内部的电位,由于体溶液内没有剩余电荷,即相对于 0 电荷的电位。式中 $zF\psi_1$ 表示静电引力的作用,RT 表示自身热运动的作用。

当电极表面剩余电荷很少且溶液浓度很低时,电双层中静电力的作用远小于热运动的作用,即 $|zF\psi_1|\ll RT$,将式(4.9)级数展开取前两项并考虑 c 很小,根据式(4.10)可以得到 $\psi_a=\psi_1$。这表明扩散层的扩散程度很高,整个电双层可以视为由扩散层组成。此时扩散层厚度与$\sqrt{c}$成反比,与 $\sqrt{T}$ 成正比,即减小 c 和增加 T 可以降低扩散层厚度和扩散层电容。这是因为在剩余电荷少、离子浓度低时,热运动控制电双层的特性,凡是可以提高热运动程度的因素都可以提高扩散性。当电极表面剩余电荷较多、溶液浓度高时,静电作用增强,同样对式(4.9)和式(4.10)化简后可知:当电双层的电位增加时,扩散层的厚度减小;当溶液浓度提高时,扩散层厚度减小,电双层更接近紧密结构。

GCS 模型考虑了静电力和扩散,未考虑吸附作用的影响,但实际上吸附的作用非常显著。当电极表面的剩余电荷为负时,电极表面吸附的第一层分子均为极化排列的水分子构成的偶极子层,第二层才是水合正离子组成的剩余电荷层。此时电双层的厚度等于极化水

分子直径加上水合离子半径，电双层的电容等于极化水分子电容与紧密层电容的串联，而水的介电常数远大于离子溶液的介电常数，因此电双层的电容基本等于极化水分子构成的电容。

铜电镀时，电镀液中的 Cu^{2+} 等阳离子的水化能力强，离子难以逸出水化外壳而直接吸附在电极表面，只能与水化外壳一起吸附在电极表面紧密排布的极化水分子层的外侧，因此OHP的厚度是阳离子能够接近电极最近的位置。溶液中的阴离子水化能力较弱，容易溢出水化外壳而直接吸附在电极表面形成紧密层，IHP是阴离子在溶液中最稳定的位置。扩散层是由分子热运动产生的，其厚度和电位分布只与溶液的温度和浓度有关，与离子自身的性质无关。

电极表面与液体之间的势垒阻止二者之间电荷（Cu^{2+} 离子）的转移，有两种方法可以克服势垒转移电荷：第一种方法是在电极上施加合适的外电势，使电极上发生氧化还原反应，即溶液中的 Cu^{2+} 离子从电极接收到电子被还原为Cu，或者电极的Cu原子丢失电子而变成 Cu^{2+} 离子进入溶液中。这类方法形成直接电流并遵循法拉第定律，称为法拉第过程，即一个电极上的化学反应量与电流（法拉第电流）成正比，这要求持续的质量输运将反应物质从溶液内部输运到电极表面。第二种方法是利用外电源对金属电极提供电子，电子到达电极表面附近时，并不能穿越势垒形成直接电流，却增加了电双层电容中一个电极存储的电荷，使溶液中另一个电极也增加一个等量反向电荷，从而形成等效电荷交换和电流。这一过程称为非法拉第过程。此外，外电源提供的电子也可以离开电极表面转移到溶液中，成为法拉第电流的一部分。

4.2.1.4 吸附与成核过程

电镀时，溶液中的离子为了从溶液的扩散层到达电极表面（或从电极进入溶液），必须穿透亥姆霍兹层（瞬态反应）。随后，离子剥离其水合外壳（水化层）并吸附到电极表面的晶格中。通过边界层并剥离水合外壳的需要激活能，该激活能必须通过外部电压源增加电压（瞬态过电压）来提供。离子吸附到电极表面是通过静电吸附、特性吸附或超载吸附实现的。

静电吸附是由电荷的库仑力引起的吸附，在电双层中离子发生静电吸附。特性吸附是非库仑力引起的吸附。离子进入紧密层时，总会脱去部分水合外壳并挤掉原来吸附在电极表面的极化水分子，通过色散力、化学键等短程作用吸附在电极表面。静电吸附与特性吸附共同作用，使电极上吸附的离子的电荷总数超过了电极自身过剩电荷的总数，称为超载吸附。铜电镀时，吸附不仅作用在铜离子上，还作用在其他组分上。例如，电镀液中的添加剂就是通过吸附作用附着在电极表面而改变了电极和电镀液界面的性质，从而调控电镀的特性。多数添加剂为有机分子，这些有机分子的吸附取代了电极表面极化水分子。

图4-10为模拟的 Cu^{2+} 离子在阴极表面的吸附过程[23]。在 Cu^{2+} 离子附着到阴极表面之前，必须首先剥离水合外壳。在 Cu^{2+} 离子到达阴极并剥离水化层后，以吸附原子的形式松散随机地结合在电极表面（图4-10(a)）。吸附离子在热激活能的作用下发生迁移和扩散，在能量有利的位置永久地结合到电极结构中，并具有更多的相邻原子（图4-10(b)）。离子进入到沉积薄膜内部，并与电极内离子化后剩余的电子结合形成原子，构成沉积薄膜的组成部分（图4-10(c)）。在热激活迁移时，某个位置的相邻原子越多，离子到达该位置后的键能越高越稳定。长时间的迁移允许离子多次迁移，最终达到能量最佳的位置，通常是多个原子之间的空位，该位置具有更高的键能和稳定性。因此，迁移时间越长，空位被补充得越好，沉积表面越光滑。能够增强迁移作用的因素，例如更高的温度和更慢的沉积速率，都有助于降

低表面粗糙度。此外,电极表面的局部电场对迁移位置也有重要影响,表面局部曲率半径越小(越粗糙)的位置,其局部电场越强,离子越容易被迁移到该位置,进一步使表面光洁平整。

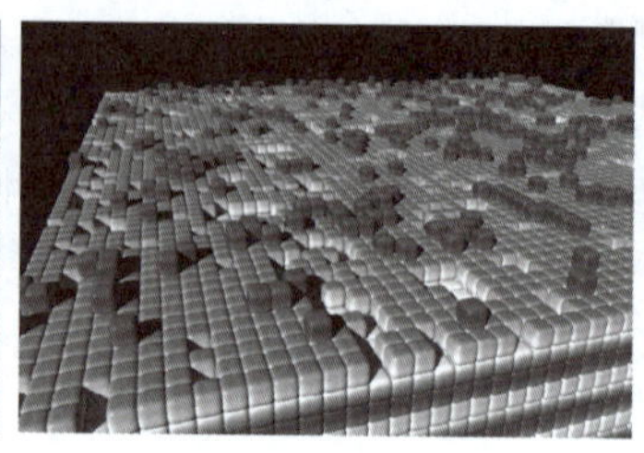

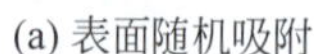

(a) 表面随机吸附　(b) 热激活迁移　(c) 晶格内嵌

图 4-10　离子吸附过程

实际上,铜电镀的成核和生长过程极其复杂,简化过程可以使用 Scharifker-Hills 模型描述[24]。成核过程与几乎所有的化学和电学参数有关,如溶液 pH 值、铜离子浓度、沉积电位、温度和背景电解质等[25]。随着 pH 值和溶液铜离子浓度的增加,成核尺寸增大而分布密度降低,增加沉积电位降低了成核的尺寸并提高了分布密度。此外,温度、背景电解质和 pH 等的影响也非常显著。例如,pH=1 且没有背景电解质的情况下,铜成核是瞬时的;在 pH=2 和 pH=3 时该机制不确定。背景电解液存在的情况下,pH=1 和 pH=2 的机理是混合的,而 pH=3 的机理是渐进成核。

4.2.2　铜电镀液与设备

铜电镀的影响因素包括电镀液的成分与浓度、电镀前处理、搅拌方法、电流控制参数等,其中电镀液的成分和浓度,以及电流密度是最主要的影响因素。

4.2.2.1　电镀液基本组成

通常的铜电镀液采用硫酸盐溶液体系,成分包括硫酸铜、硫酸、氯化铜以及添加剂和水等。硫酸铜、硫酸和氯离子是基础电镀液;添加剂主要是有机成分,包括加速剂和平整剂等。有机添加剂是影响铜电镀的关键因素,各种有机添加剂相互协同作用但又彼此竞争,影响电沉积铜的性质,例如沉积的形貌、晶粒大小和速度,进而影响电镀铜的应力、电阻率、均匀性、硬度和强度等。

表 4-1 列出基础电镀液和有机添加剂的功能及典型浓度。不同产品的组分不同,即使组分相同,其比例也可能存在较大的差异,甚至连基础硫酸铜和硫酸的浓度也存在很大差别[26]。通常,硫酸铜的浓度为 30～100g/L,硫酸的浓度为 80～200g/L,以盐酸计的氯离子浓度为 30～100g/L。高深宽比 TSV 的电镀过程通常是超共形电镀,这强烈依赖于添加剂的作用,添加剂的研究也一直是 TSV 电镀的重点内容。

表 4-1　电镀液成分的基础浓度

成分	功　能	效果	浓　度
硫酸铜	反应物,提供反应所需要的铜离子	中等加速	0.5～1.0mol/L
硫酸	电解液,使电镀液总体导电,并作为电荷载体	中等抑制	pH=0:0.5～2mol/L pH=1～3.5:0.003～0.1mol/L

续表

成分	功　　能	效果	浓　　度
氯离子	与其他化学成分共同作用，抑制某些区域的电镀反应速率	中等抑制	40～100μ·mol/L
抑制剂	润湿，平整	抑制剂	50～500μ·mol/L
加速剂	光亮、微抑制、晶粒细化	加速剂	5～100μ·mol/L
平整剂	平整、表面活性、微抑制、晶粒细化	强抑制	0～20μ·mol/L

目前用于 TSV 电镀的电镀液多是商业化产品，如 DowDupont 的 Interlink 9200、Enthone 的 Microfab DVF、Atotech 的 Spherolyte Cu 200、日立化工的 ESA-21、JCU 的 VMS2558、Uyemura 的 Thru-Cup 系列，以及上海新阳的 SYS3300 等产品。这些电镀液的具体成分都未公开，特别是添加剂的种类和浓度，不同的电镀液产品的基础成分有所区别，但主要区别是添加剂的种类和浓度。

4.2.2.2 电镀设备

电镀设备主要包括盛放电镀液的镀槽、阴极板、阳极板、电源、搅拌器、循环泵、温度控制器、过滤器、喷淋器、清洗干燥系统等部分。量产设备还带有预处理槽、镀液组分和容量测量系统，以及镀液和添加剂自动补充系统，如图 4-11 所示。电源与阳极板和阴极板相连，可以设定电源的电流、波形、功率等参数，阳极板固定铜靶，晶圆背面固定在阴极表面，阴极通过导电环连接晶圆表面的种子层。预处理槽采用振动和超声等方式，利用表面活性剂、酸、去离子水等对高深宽比结构内部清洗和润湿，排空气泡，使电镀液能够进入结构内部。为了提高电镀的均匀性，电镀过程中阴极处于旋转状态。由于 TSV 的深宽比较大，在转速为 30～100r/min 时，旋转电极对电镀速率没有明显的影响，但可以抑制 PEG 在薄边界层内的作用，提高超共形电镀的能力[27]。

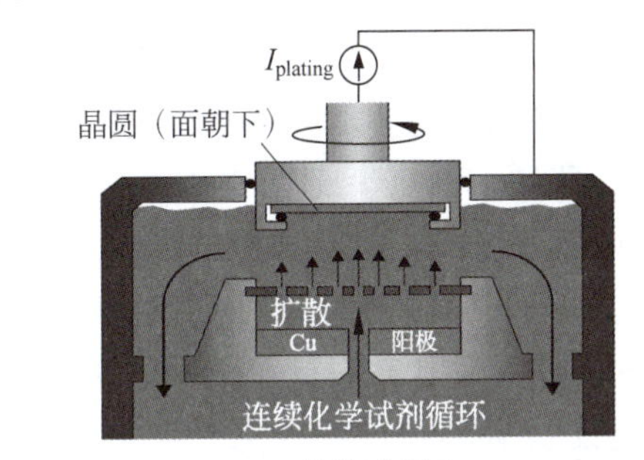

(a) 结构示意图

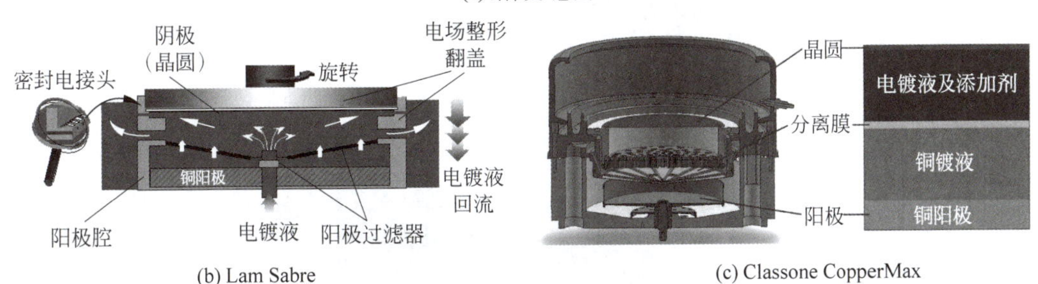

(b) Lam Sabre　　(c) Classone CopperMax

图 4-11　铜电镀设备

电镀速率受阴极表面边界层的影响非常显著。在不使用机械搅拌时,晶圆表面的电镀液形成的边界层厚度通常会超过100μm,铜离子必须扩散通过该边界层才能到达晶圆表面参与电化学反应,铜离子的扩散速率决定了电镀速率。对于高深宽比的TSV结构,边界层还包括了TSV的深度,因此对于10μm×100μm的TSV,总扩散距离超过200μm,导致电镀可能需要几小时。为了减小边界层的厚度和缩短铜离子扩散时间,一般需要采用机械搅拌对电镀液进行持续搅拌,主要的搅拌方法有垂直喷流式和搓衣板刮动式[28],如图4-12所示。垂直喷流式通过机械泵产生的压力直接向阴极晶圆表面喷射电镀液,产生的湍流和流体惯性降低边界层的厚度并加速电镀液的混合过程。搓衣板刮动式通过刮动杆在晶圆表面的往复运动,产生沿着表面的切向力减小边界层的厚度。通过机械搅拌,表面边界层的厚度从100μm减小到10~20μm,从而大幅减小扩散时间,提高电镀速率。

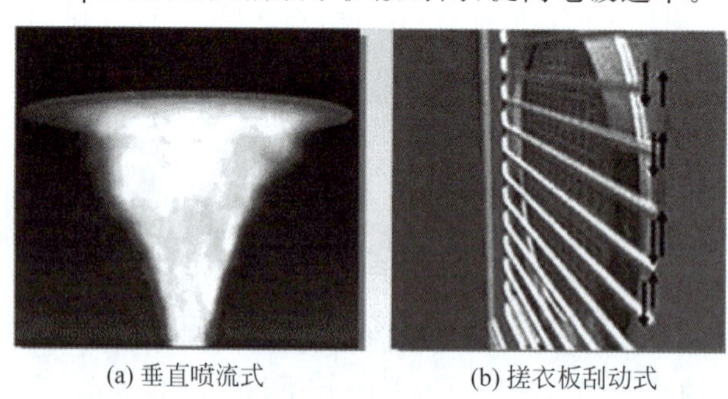

图4-12　电镀液搅拌方式

机械搅拌是长程搅拌,其作用距离为几十微米到几厘米,仍不能完全解决边界层的问题。由于电镀是分子层面的反应过程,采用超声搅拌能够通过振动提高反应物的动能,改善电镀效果。超声产生的作用包括:①压力驱动。通过合适的波形产生压力,能够实现涡旋、分散、混合等效果。②空化作用。声波在流体中传播时,波峰对流体分子的压缩产生正压力,波谷产生负压力,当负压力超过流体的剪切极限时,流体会产生空洞和气泡。气泡的快速破裂(皮秒量级)会释放能量,能够促进化学反应的进行,即超声化学中所谓的空化作用。③加热作用。振动能量和气泡的内爆能够局部加热液体。

根据频率和波的振动模态不同,超声可以产生横波、纵波、瑞利(Rayleigh)波和兰姆(Lamb)波等振动方式,不同的振动方式对流体有不同的影响,如图4-13所示。改变频率能

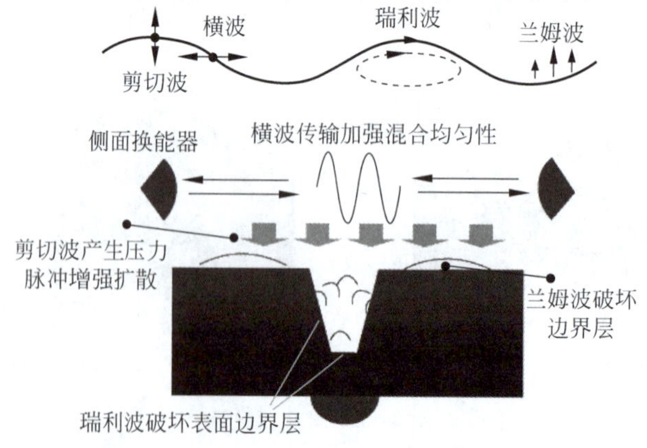

图4-13　超声振动模式及其对电镀的影响

够产生纵波模式的振动，产生显著的短程混合作用，增加超声振幅，纵波可以实现高效的清洗。调整频率能够产生横波，增强离子向固体表面的扩散、减少对流时间。宽带和中等能量的超声振动能够产生兰姆波，有助于减弱边界层，增强质量输运。瑞利波能在固体表面产生混合和压力波，促进固体表面和电镀液中气泡的脱离，提高质量输运效率。利用超声搅拌，可以将边界层的厚度进一步减小到 10μm 甚至 1μm。需要注意超声的作用是短程作用，超声能量的传播随着距离的增加迅速衰减，因此必须配合长程作用的机械搅拌共同使用。

量产电镀设备的主要生产商有 Applied Materials、Lam、TEL-Nexx、ACM、ASM、Classone、EEJA 等，适用于不同的晶圆和产能需求，如图 4-14 所示。不同电镀设备的基本组成结构类似，但在电极结构、循环系统、搅拌方式等方面有较大的区别。

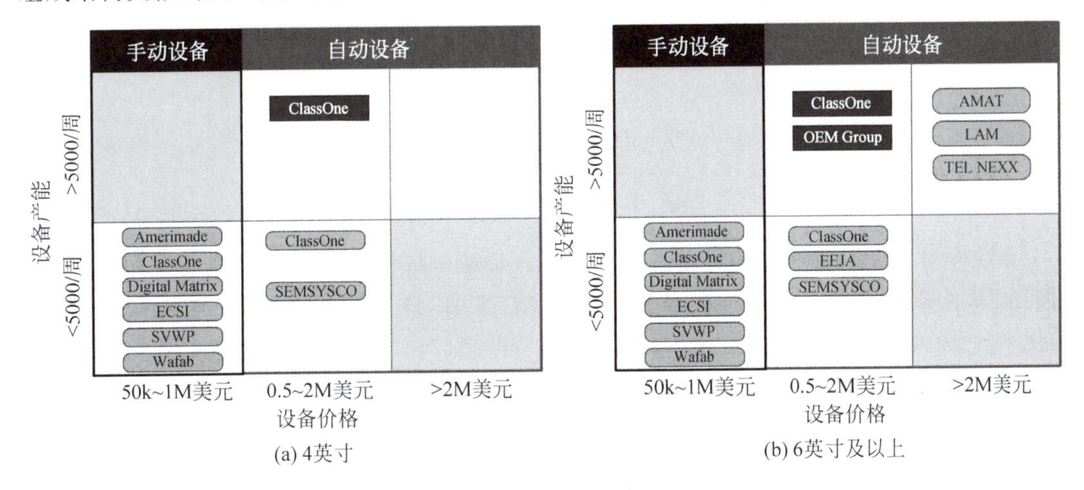

图 4-14　电镀设备

4.2.2.3　添加剂

TSV 电镀需要多种有机添加剂，如加速剂、抑制剂、平整剂、润湿剂等，如图 4-15 所示。尽管添加剂在电镀液中的含量非常低，却对电镀速率和质量有决定性影响，特别对于高深宽比 TSV。加速剂促进铜电镀的沉积速率，抑制剂和平整剂减小铜电镀的沉积速率，因此加速剂浓度高的位置铜沉积快，而抑制剂和平整剂浓度高的位置铜沉积慢。润湿剂用于减小表面张力，提高润湿能力，促进电镀液进入 TSV 内部。添加剂随着电镀过程不断消耗，因此电镀过程需要对添加剂进行补充。

添加剂的作用机理非常复杂，目前尚未完全清楚，但一般认为添加剂对电镀的影响从三方面发生作用：①添加剂参与电化学的过程，即不同类型的添加剂对电化学过程的影响不同；②添加剂的浓度分布，即不同类型的添加剂的扩散能力不同而导致的浓度差异；③在固体表面优先吸附的特性，即不同类型的添加剂在不同属性表面的吸附特性差异。

在参与电化学过程方面，添加剂选择性附着在铜表面(包括种子层或电镀铜)，通过铜和电镀液的界面产生作用，影响铜电化学反应的动力学过程而影响铜电镀。电镀中，铜沉积过程首先将 Cu^{2+} 离子还原为中间产物 Cu^{+} 离子，再将 Cu^{+} 离子还原为 Cu，因此中间产物 Cu^{+} 离子影响了过电势和电镀动力学。添加剂在电镀过程中吸附在铜表面，参与电荷转移的反应，通过影响表面的 Cu^{+} 离子来影响电镀[29]。加速剂促进 Cu^{+} 离子的形成，促进了 Cu 电镀的沉积速率，而抑制剂和平整剂阻碍 Cu^{+} 离子的形成，抑制 Cu 的电镀速率。

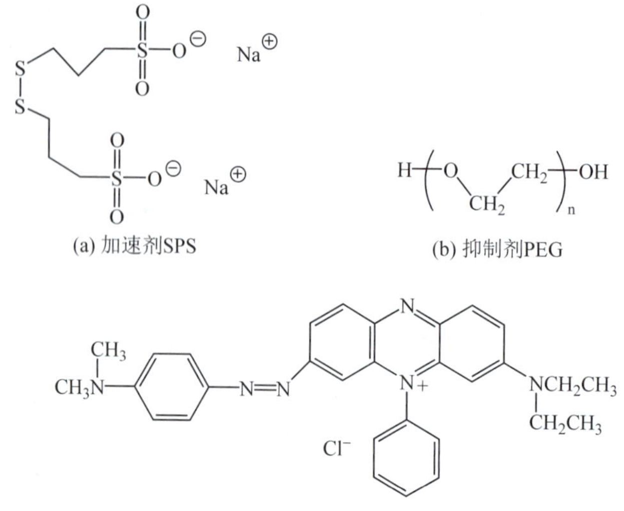

(a) 加速剂SPS

(b) 抑制剂PEG

(c) 平整剂JGB

图 4-15 常用添加剂结构式

在浓度分布和表面吸附方面的机理仍未完全清楚，目前较为广泛认同的是 Moffat 等提出的曲率增强分布模型[30-31]。根据 Moffat 模型，添加剂在结构表面的分布与添加剂自身的化学性质(如分子结构和分子量)以及基底结构的形貌(如曲率大小)有直接关系。晶圆表面和 TSV 盲孔内部，加速剂及抑制剂的浓度和分解平衡环境受结构的影响而各不相同，从而导致不同的添加剂分布。加速剂通常为小分子有机物，扩散速率快，抑制剂通常为分子量较大的有机物，扩散速率慢，因此 TSV 内部的加速剂浓度高、抑制剂浓度低，而晶圆表面的加速剂浓度低、抑制剂浓度高。

TSV 底部的加速剂浓度高，因此电镀快，有助于形成自底向上的超共形电镀。TSV 填充完成后，晶圆表面的加速剂由于对流以及与电镀液中的氧反应而消耗，而抑制剂被吸附到 TSV 顶部附近继续发挥作用，使该位置的电镀较慢。平整剂通常为分子量较小的有机物，用于抑制晶圆表面的凸起结构的电镀速率，如 TSV 上方，平衡不同尺寸结构的电镀速率，减小晶圆表面的起伏。

加速剂通常是含巯基/硫醇基(硫或其有机官能团)的可溶于水的有机酸盐，如聚二硫二丙烷磺酸钠(SPS)、3-巯基丙烷磺酸(MPS)或磺酸二甲基二烯丙基氯化铵共聚物(SDDACC)[32]。如图 4-16 所示[33]，硅片浸入电镀槽中，添加剂立刻吸附在铜种子层表面。加速剂 SPS 的相对分子质量只有 354.4，扩散系数很高($D_{PEG}=400\mu m^2/s$)，比其他添加剂扩散速率更快，但是吸附速率很慢，因此 SPS 更容易扩散进入 TSV 内部。由于 TSV 底部周边的曲率变化大，这些位置处 SPS 的相对浓度更高。电镀开始后，TSV 内部的加速剂浓度较低，其影响程度很弱，TSV 内部首先进行的是共形沉积，即各个方向的沉积速率基本相同。随着共形沉积的进行，TSV 内部体积和内表面积缩小，加速剂的浓度提高，降低了底部电镀反应的化学电位和阴极极化阻

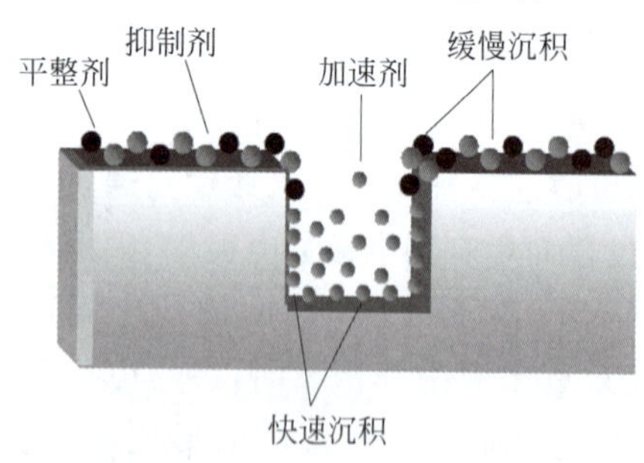

图 4-16 电镀铜添加剂作用示意图

力，使底部铜电镀沉积速率加快，电镀从共形沉积转变成自底向上的超共形沉积。加速剂可以缩短电镀时间、降低电镀成本，例如 SPS 能够将电镀速率提高 5～10 倍[34]。

然而，仅含有加速剂却难以实现高深宽比的 TSV 电镀。这是因为 TSV 直径小、深度大，电镀时间和铜离子向 TSV 底部扩散所需要的时间长，在仅采用加速剂的情况下，快速消耗了 TSV 内部的铜离子，使电镀开始后 TSV 内的铜离子浓度大幅降低。在不能充分提供铜离子的情况下，底部电镀越快，电镀时间越长，衬底表面吸附的加速剂则越多，加快了盲孔开口处的电镀速率而形成空洞。

为了在 TSV 内实现超共形电镀，除了需要加速剂提高 TSV 底部的电镀速率，还需要使用抑制剂以降低晶圆表面的电镀速率[11,35]。常用的抑制剂是相对分子量较高的聚醚化合物(Polyether)，包括聚氧化乙烯(PE)、聚氧化丙烯(PPO)、聚乙二醇(PEG)、聚丙二醇(PPG)和聚亚烷基二醇(PAG)等。抑制剂在电镀液中的含量通常高于加速剂和平坦剂[36]。抑制剂一般是长链聚合物，相对分子质量通常为 2000～8000，其有效性与相对分子质量有关[37]。抑制剂分布在整个晶圆表面，特别是 TSV 开口处曲率变化较大的位置；但是由于抑制剂相对分子质量大，扩散系数小、扩散速率很慢，因此 TSV 内部抑制剂浓度很低。以 PEG 为例，其扩散系数 $D_{PEG}=50\mu m^2/s$，仅为小分子的加速剂 SPS 的 10%左右，但是吸附性远高于 SPS[38]，因此抑制剂容易吸附在晶圆表面和 TSV 开口处，通过扩散在铜表面形成极化的单层膜，成为抑制电流的缓冲层，阻碍 Cu^{2+} 离子向阴极表面的扩散和电化学反应，使铜在晶圆表面和 TSV 开口处的电镀速率降低到原来的 1/20～1/10[39]。

氯离子是一种较为温和的抑制剂，是铜电镀液中几乎必不可少的添加成分，多数电镀液产品中都含有氯离子，但是含量一般只有几十 ppm。氯离子一般与抑制剂同时添加，其作用机理甚至功能目前仍有不同观点。氯离子在铜表面形成较强的化学键，可以同时吸附在阳极和阴极表面，吸附在阳极表面的氯离子增强了铜溶解的动力学过程；吸附在阴极表面的氯离子影响铜表面抑制剂的吸附，使抑制剂在界面处的浓度不依赖于其质量传输速率和向表面扩散的速率。有研究认为，氯离子吸附在晶体和晶界边界，影响铜的表面形貌；也有研究表明，氯离子作为电子转移的桥梁，加速二价铜离子 Cu^{2+} 向一价铜离子 Cu^{+} 的还原过程，稳定铜电镀过程中的中间产物 Cu^{+}。也有研究认为，氯离子与 PEG 和 Cu^{+} 之间的相互作用，增强了 PEG 在晶圆表面的吸附，抑制了电镀沉积[40]。还有研究表明，氯离子通过自身与 MPS 之间的相互作用，提高了 MPS 的加速剂功效，从而提供了额外的化学还原步骤，加速了铜的电镀过程[41]。尽管目前机理尚未清楚，但是氯离子可以显著改变电镀的外观形貌促进超共形电镀。因此，一般将氯离子视为电镀液的组成部分而不视为添加剂。氯离子的作用效果与浓度并非呈线性关系，如果浓度低于 30×10^{-6}，氯离子会使抑制剂的作用减弱；若氯浓度超过 100×10^{-6}，则会与加速剂在吸附上过度竞争，作用效果大幅降低[42-43]。

平整剂也称为平坦剂或平衡剂，通常是含氮(如氨或环状结构)的高分子聚合物，如健那绿(JGB)、二嗪黑(Diazine Black)、阿辛蓝(Alcian Blue，吡啶的变体)以及苯骈三氮唑(BTA)等[44-47]。平整剂通过抑制局部反应位点的质量输运，增强高生长速率区域的极化阻力，降低铜在凸起或者边缘的沉积速率，获得更均匀的表面形貌。平整剂的吸附系数高、粘度大，其分布依赖质量运输，并且在不同电场强度下的聚集能力不同，电流密度越高的地方平整剂的浓度越高。因此，平整剂易于吸附在铜表面，并且在与加速剂和抑制剂的吸附竞争中取代这二者，能够在较密集的电镀图形上方抑制铜的过度沉积，减小小尺寸图形的过度电镀，降低镀层表面起伏实现平坦化效果[48]。

在 TSV 表面等平坦位置，由于质量输运更有效，质量输运和静电吸引的共同作用使平整剂的浓度较高，并由于其粘性特性而在吸附竞争中具有优势，在表面取代加速剂和抑制剂[49]。平整剂的扩散系数很低，在 TSV 结构内部与加速剂和抑制剂的吸附竞争中没有优势，因此 TSV 内部平整剂的浓度很低，对加速剂和抑制剂基本没有影响。TSV 内部和开口的电镀仍是在加速剂和抑制剂的作用下的超共形电镀。当 TSV 填充变为平面后，TSV 内部的加速剂被推到表面，虽然因为扩散和氧化等因素加速剂的浓度大幅度下降，但残留的加速剂仍有继续促进铜沉积的趋势。此时，平坦剂在平面处更强的吸附能力使其替代加速剂吸附在铜柱表面，增大了 TSV 表面位置的极化阻力，抑制与质量输运成比例的铜沉积，防止铜过电镀。平整剂的含量并非越高越好，过高浓度的平整剂容易导致空洞。

常用的平整剂为 BTA 和 JGB。BTA 与铜的中间态 Cu^{+} 离子形成络合物 Cu^{+}-BTA，分布在电镀表面，降低了表面自由吸附的原子数量，形成精细表面结构。BTA 分布在电镀表面上而不是整个电镀层的厚度上，并且 BTA 不随电镀过程而消耗，因此电镀一定厚度后，初始状态的平整度和粗糙度仍可以保持[50]。电镀液中没有 BTA 时，电镀结晶过程是从表面缺陷、台阶或边缘等开始成核[51]，并表现为三维晶粒生长。由于铜吸附原子向已经成核和扭折位表面扩散，抑制了三维晶粒生长，因此晶粒表现为粗粒度，电镀表面容易形成很多较大尺寸的岛状结构的缺陷，电镀表面粗糙暗淡。电镀液中含有适量的 BTA 时，表面扩散和三维生长都受到抑制，成核的粒度更加精细、数量更多、更加均匀，电镀表面分布着很多小岛状结构，电镀表面光滑明亮。当电镀液中只有 BTA 时，其抑制作用比较明显。与无 BTA 相比，电镀表面形貌和亮度大幅提高，并且不受所使用电流模式的影响。在电镀液中加入少量氯离子后，BTA 的抑制作用被减弱。采用 BTA 作为平整剂，会在铜内部残留有机成分，引起室温下的自退火[44]。

根据使用的添加剂种类，TSV 电镀液可以分为一元添加剂体系、二元添加剂体系和三元添加剂体系。一元添加剂一般只采用抑制剂和氯离子，二元添加剂电镀液采用加速剂和抑制剂，三元添加剂采用加速剂、抑制剂和平整剂。目前，TSV 电镀液主要为三元添加剂体系，如 Enthone 公司的 Microfab DVF 系列和 DowDupont 的 Interlink 9200 系列都采用三元添加剂[52]。Interlink 9200 的基础电镀液为硫酸铜和硫酸，铜离子的浓度为 60g/L，硫酸的浓度为 50g/L，并包括 80×10^{-6} 的氯离子。2013 年，Adeka 发布了单组分添加剂的铜电镀液，适用于直径为 5～20μm、深宽比为 10：1 的 TSV。添加剂对表面过电镀实现了很好的抑制效果，不同直径 TSV 的同时电镀后，过电镀层的厚度不随直径的增大而增大，如图 4-17 所示[53]。

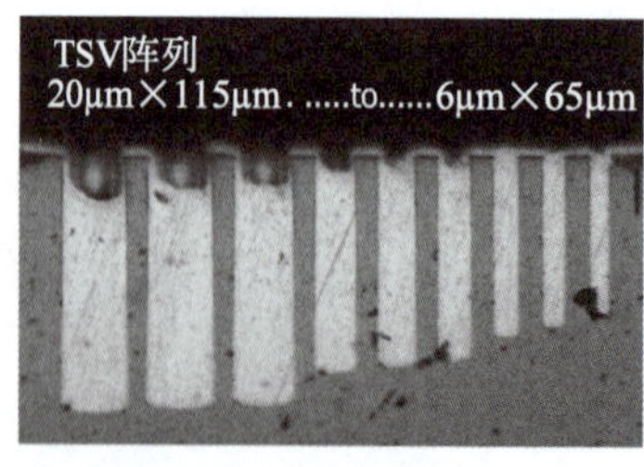

(a) DowDupont电镀液[52]

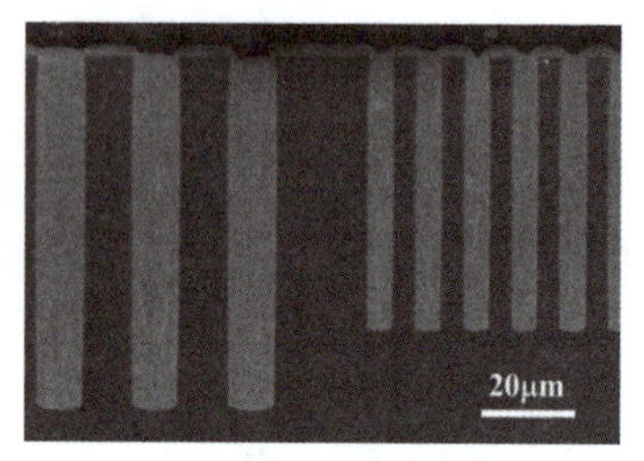

(b)Adeka电镀液[53]

图 4-17 不同添加剂类型的电镀结果

4.2.2.4 电镀的主要影响因素

电镀主要受电流密度、电镀液浓度和质量输运的影响。在反应离子数量足够的情况下，电流密度越大，电化学反应速率越高，铜的沉积速率也越快。图4-18为电流密度对电镀速率的影响[54]。随着电流密度的提高，电镀速率增大，但是当电流密度达到一定值时，电镀速率不再随之增加而是达到饱和状态。这主要是因为铜离子在边界层内被电化学反应所消耗，边界层内的扩散质量输运速率慢，无法满足电化学反应对铜离子的需求，限制了电镀速率的进一步提高。

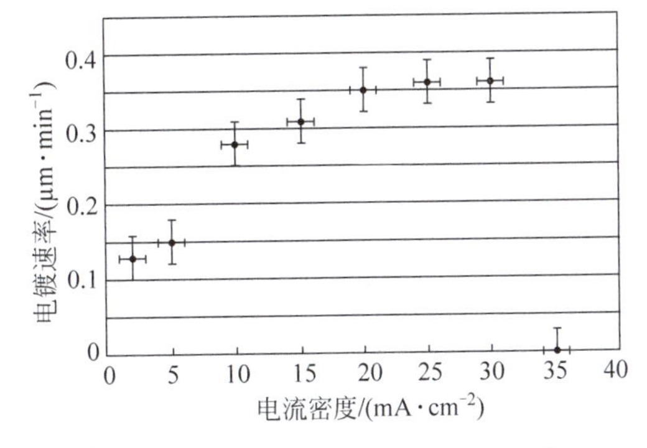

图4-18 电流密度对电镀速率的影响

尽管提高电流密度可以提高电镀速率，但是过高的电流密度（$100mA/cm^2$）会使电镀铜内部出现大量的铜纳米晶粒结构和空洞，并导致杂质聚集，为快速原子扩散和杂质掺入提供了大量晶界，显著降低电镀铜的性能[55]。一般来说，晶界是有机残留物的潜在位置。在晶界上残留的有机杂质消除了空位下沉机制，如位错和晶界，因此加速了空位的过饱和（包括本征空位和Kirkendall效应诱导的空位）而形成空洞。

电镀液中组分的浓度对电镀速率有明显影响。如图4-19所示，电镀速率随着铜离子的浓度和硫酸的浓度的增大而提高，二者对电镀速率的影响是单调的，但是会在达到一定浓度后接近饱和。氯离子浓度对电镀速率的影响是非单调的，存在着最优的浓度区间。

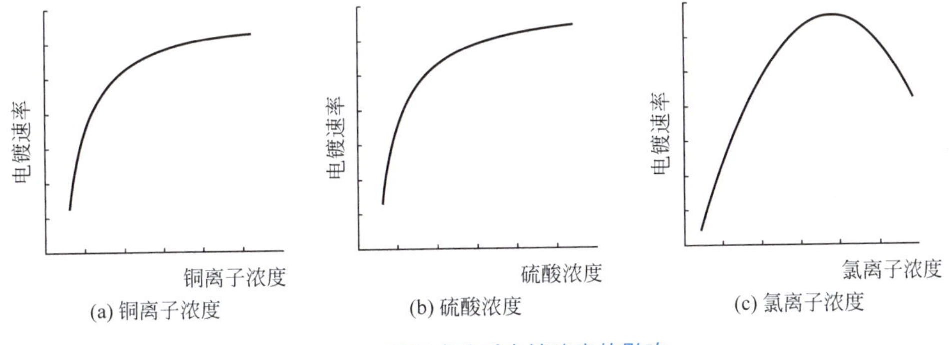

图4-19 无机成分对电镀速率的影响

4.2.3 晶粒的产生与分布

电镀铜的电学、力学和热学性质是由铜的晶粒性质所决定的，包括晶粒的大小、形状、方向、分布和稳定性等。晶粒内部的电学和力学特性基本和单晶铜相同或非常接近，因此晶粒越大，电镀薄膜的电阻率越低、力学性能和稳定性越好。相反，晶粒尺寸越小，则晶界越多，电子在晶界的散射等问题越严重，整体电阻率越高。此外，晶界间易产生晶界滑移和变形等现象，影响铜的力学性质和热膨胀特性。

电镀铜的晶粒的尺寸、分布和方向不仅受到种子层特性的影响，还与电镀过程的工艺参数、电镀液的特性以及电镀形状和约束条件有关，因此晶粒的尺寸和方向是不均匀的。此外,铜晶粒处于不稳定状态,会发生晶粒自发长大与合并的现象,因此电镀铜的性质随时间而变化。晶粒变化会产生应力迁移和晶粒结构的变化而导致塑性变形。TSV 中铜柱尺寸大,塑性变形更加明显。为了降低晶粒的不稳定状态和塑性变形,需要对 TSV 进行主动加热退火,使铜晶粒快速长大而达到稳定状态。

4.2.3.1 晶粒的生长与特性

铜电镀过程是以种子层晶粒的方向为模板的生长过程,与种子层接触的电镀铜晶粒的方向和尺寸与种子层非常接近。溅射的铜种子层中,晶粒以(111)取向为主,电镀铜晶粒主要也是(111)方向,这是因为(111)面是面心立方晶体的最致密的结晶面。紧邻种子层的晶粒的平均尺寸很小,一般为 50～200nm[56-58]。但是,由于种子层晶粒的差异性、所处位置的差异性、TSV 的形状变化,以及电镀的非均匀性等因素的影响,电镀铜晶粒的大小和方向差异很大,如图 4-20 所示。此外,外部结构对电镀铜的约束程度也影响晶粒的状态,例如,在 TSV 的拐角等位置处晶粒被外部结构约束而出现明显的差异。晶圆表面电镀的铜薄膜受到衬底的约束和影响较小,位于不同位置的铜晶粒的尺寸比较接近,晶粒又小又密。

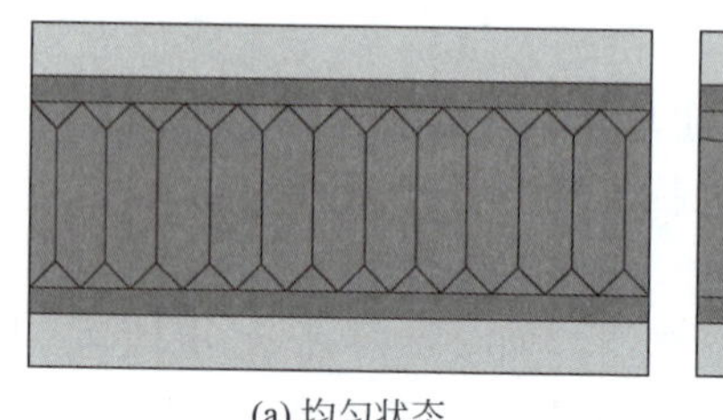
(a) 均匀状态

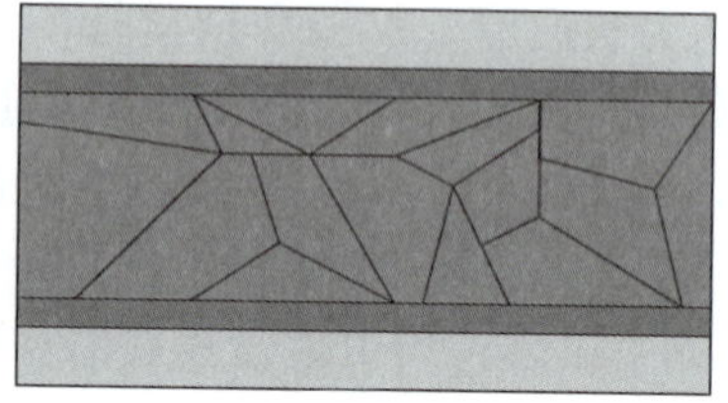
(b) 非均匀状态

图 4-20 电镀铜晶粒的状态

电镀层较薄时,铜晶粒的方向以(111)方向为主,同时还有较弱的(200)和(220)方向[59]。对于面心立方晶体,(111)面的表面能和界面能最小[60],因此该方向是所有方向中最稳定的[61],抵抗电迁移的能力最高。无论电镀参数如何,(111)方向都是电镀生长最快的方向,因此电镀晶粒以(111)方向为主[62]。当厚度增大或电流密度增大时,电镀晶粒与应变能有关的应力增大[63]。当应变能占据主导地位超过表面能和界面能时,为了保持应变能最小化,具有最低应变能密度的(200)方向开始在(111)晶粒的边界成核并生长,以实现整个系统的能量最小化[64]。

图 4-21 为脉冲电镀的典型晶粒状态和晶向分布,脉冲宽度为 0.1s,间歇时间为 0.5s,电流密度为 $80mA/cm^2$,铜薄膜厚度为 3μm[59]。铜晶粒为柱状颗粒,沿薄膜厚度方向晶界较少,而沿薄膜平面方向存在大量晶界,因此电镀铜膜的微观织构是各向异性的。晶粒中尺寸小于 500nm 的约占 50%,但最大可达 3μm,与电镀层厚度相同。与常规多晶材料相比,铜晶粒的横向晶界非常清晰,表明电镀铜晶粒之间的晶界密度很低,很容易被 Klemm Ⅲ腐蚀剂腐蚀(100mL H_2O+11mL $Na_2S_2O_3$ 饱和溶液+40g $K_2S_2O_5$)。X 射线衍射结果表明,晶粒的主要取向为(111)方向,同时还有较弱的(200)和(220)方向。

虽然晶粒的特点决定了电镀铜的性能,但是铜的电阻率、残余应力、热膨胀系数、硬度和弹性模量等电学和热力学性能与晶粒尺寸之间的关系非常复杂,难以定量表达。这是因为铜的晶粒大小、分布和晶向并不均匀,加上影响这些特性的因素众多,因此尚无法建立准确的模型关系。

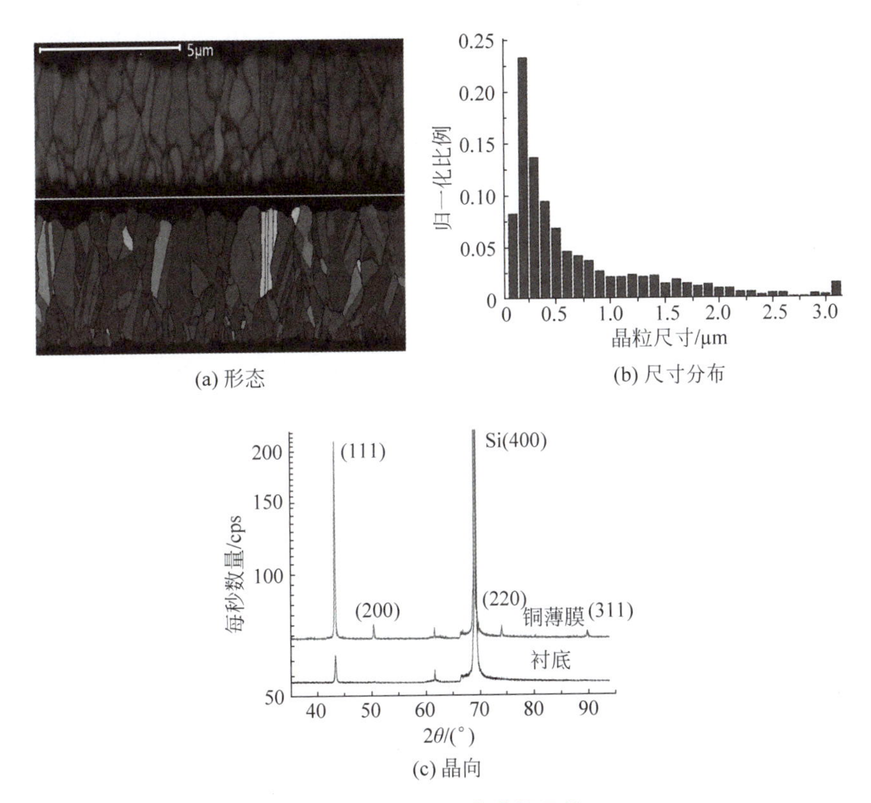

(a) 形态

(b) 尺寸分布

(c) 晶向

图 4-21 电镀铜薄膜的晶粒

当晶粒尺寸一致且均匀时，电阻率与晶粒尺寸间的关系可以用 Mayadas-Shatzkes 公式表示为[65]

$$\frac{\rho_g}{\rho_0}=1+1.4\frac{\lambda}{d}\frac{C_R}{1-C_R} \tag{4.11}$$

式中：ρ_g 为电镀铜的电阻率；ρ_0 为没有晶粒边界的单晶铜的电阻率，$\rho_0=1.69\mu\Omega\cdot cm$；$\lambda$ 为铜的本征电子自由程(单晶铜为 39nm)；d 为晶粒尺寸；C_R 为晶粒边界反射系数(对于铜，C_R 为 0.2～0.4[60])。根据式(4.11)，可以通过测量电阻率的变化表示晶粒的变化。

硬度与晶粒大小的关系可以用 Hall-Petch 模型表示为[66]

$$H=H_0+k/\sqrt{d} \tag{4.12}$$

式中：H 为硬度；H_0 和 k 为常数。

电镀铜的硬度受到晶粒尺寸、晶向和晶界等因素的影响，硬度和晶粒尺寸之间并非严格遵守这一关系，但仍符合硬度随着晶粒尺寸增大而减小的趋势。

4.2.3.2 电流密度对晶粒的影响

电流密度的大小和脉冲形式对晶粒有显著的影响[67]。电流密度较低时，晶粒易于沿着垂直种子层的方向生长而形成柱状结构，高度甚至贯穿整个铜镀层的厚度；晶粒方向以(111)方向为主，(200)等方向较少；晶粒的平均尺寸较大，但均匀性较差。电流密度较高时，晶粒更容易出现倾斜或凹坑等难以控制的形状；晶粒方向虽然仍以(111)方向为主，但(200)和(220)等方向的比例显著提高；晶粒的平均尺寸较小，但均匀性提高。降低电流密度有助于增加晶粒尺寸并且使方向更加集中，从而提高电学和力学性能；但电流密度低时，电镀速率慢,影响生产效率。如图 4-22 所示[68],当电流密度极低时,电镀铜的晶粒尺寸很大,但是均匀性较差并且表面粗糙。当电流密度为 5～25mA/cm^2 时,晶粒尺寸迅速减小并基本稳定在约 91nm。电流密度过大时,由于铜离子输运速率的限制,电镀过程出现中断,导致大量的铜颗粒和空洞。

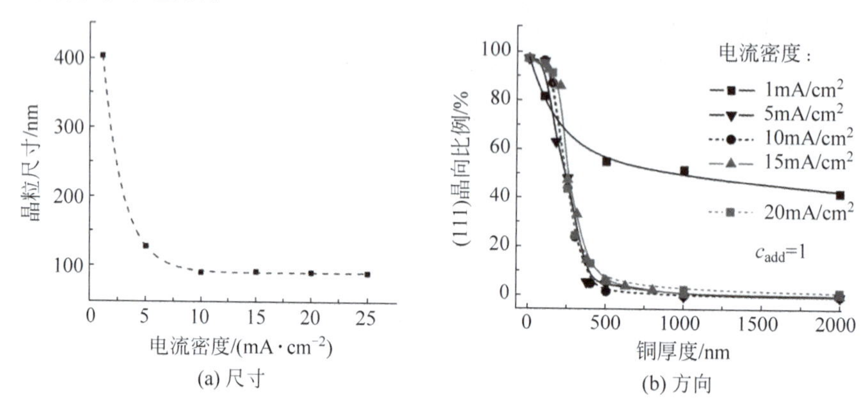

(a) 尺寸　　(b) 方向

图 4-22　电流密度对晶粒的影响

电流密度对晶粒方向的影响与电流密度的大小有关。当电流密度只有 1mA/cm^2 时,(111)方向的铜的比例随着厚度的增加而缓慢下降,电镀厚度达到 2000nm 时,(111)方向的比例仍在 40%以上,但 1mA/cm^2 的电流密度获得的铜表面较为粗糙。对于常规 5～25mA/cm^2 的电流密度,电镀厚度小于 100～200nm 时,铜晶粒的方向都以(111)方向为主,但是随着厚度的增加,(111)方向晶粒的比例迅速下降,厚度超过 500nm 时,(111)方向晶粒的比例已经低于 10%,并且这一趋势与电流密度基本无关。对于 5mA/cm^2 的电流密度,电镀厚度超过 500nm 时晶粒方向以(110)方向为主,并有少量的(411)方向和其他随机分布的方向。对于 10～25mA/cm^2 的电流密度,(110)方向基本消失,(411)方向和(311)方向占主要地位。

采用脉冲电流有助于减小晶粒尺寸并提高尺寸均匀性。图 4-23 为 75mA/cm^2 的脉冲电流占空比对晶粒的影响[69]。晶粒的尺寸随着脉冲占空比的降低而减小,这是因为脉冲占空比越小,空置期越长,电极表面的吸附状态越容易恢复,在电极表面形成大量且高密度的成核点,使铜晶粒能够快速覆盖电极表面[70]。由于成核点数量多且密度高,晶粒间互相约束而产生均匀致密的小晶粒。

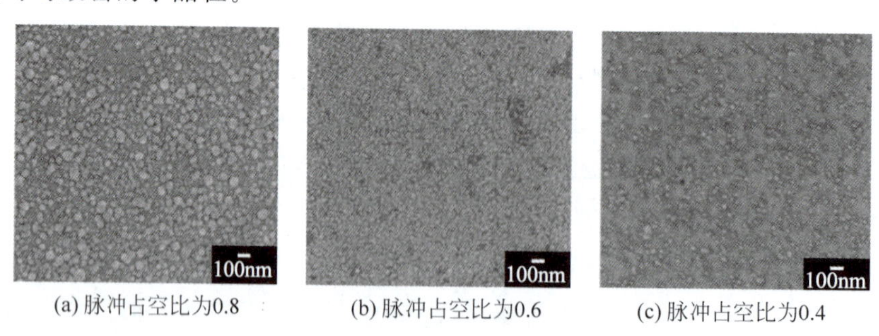

(a) 脉冲占空比为0.8　　(b) 脉冲占空比为0.6　　(c) 脉冲占空比为0.4

图 4-23　脉冲电流占空比对晶粒的影响

4.2.3.3　电镀厚度对晶粒的影响

电镀厚度对晶粒的影响体现在随着厚度的增加,晶粒的尺寸增大、均匀性提高,但晶粒的方向逐渐偏离(111)方向而出现多种不同的方向。在溅射的(111)方向的铜种子层上电镀,当厚度在250～500nm时,电镀晶粒的方向以(111)方向为主,称为基底结构复制(basis-oriented texture reproduction)阶段。继续电镀,铜晶粒逐渐丢失了(111)方向结构的信息,称为场控制结构类型(field-oriented texture type),如图4-24所示[68]。

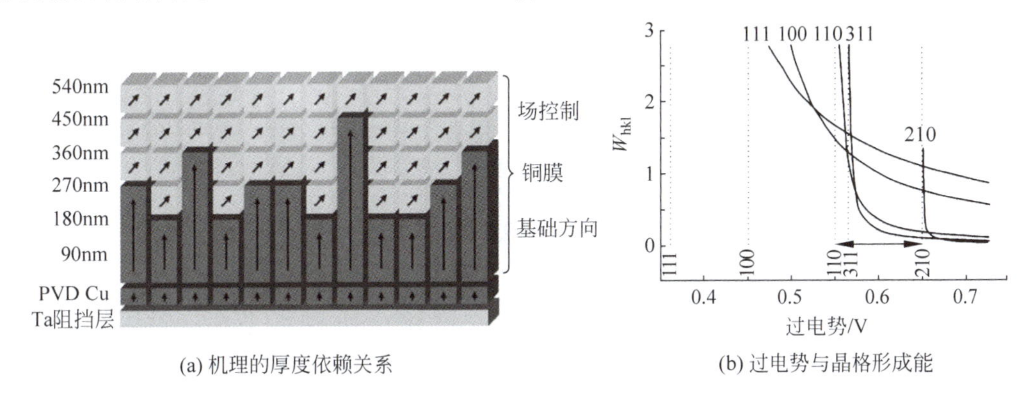

(a) 机理的厚度依赖关系　　(b) 过电势与晶格形成能

图4-24　晶粒生长机理

导致铜晶粒生长方式改变的原因有种子层材料和结构、电流密度和温度,以及电镀液成分和添加剂。目前认为抑制剂的作用较为主要。当电镀层较薄时,抑制剂由于电势的特性影响较小,铜晶粒的生长以基底结构复制为主,因此出现大量的(111)方向晶粒;当电镀层较厚时,抑制剂的作用增强,铜晶粒的生长以场控制结构为主。根据Pangarov的理论[71],电镀面心立方材料时,不同晶格的形成能与过电势有关,给定不同的过电势,会在场控制结构过程中产生不同的晶向。

图4-25为15mA/cm^{2}的电流密度下,EBSD测量的晶粒方向随电镀厚度的变化情况[68]。当电镀厚度为100nm时,电镀铜晶粒基本都是(111)方向,复制了溅射的铜种子层的晶向。当电镀厚度增加到500nm时,(111)方向晶粒的比例迅速降低到10%以下,同时出现了(511)方向孪晶和(311)、(411)以及(110)等方向。由于EBSD一般只能测量表面深度约60nm以内的晶粒方向,因此当电镀厚度增加到500nm时,表面出现了大量不同方向的晶粒,掩盖了下方(111)方向晶粒。

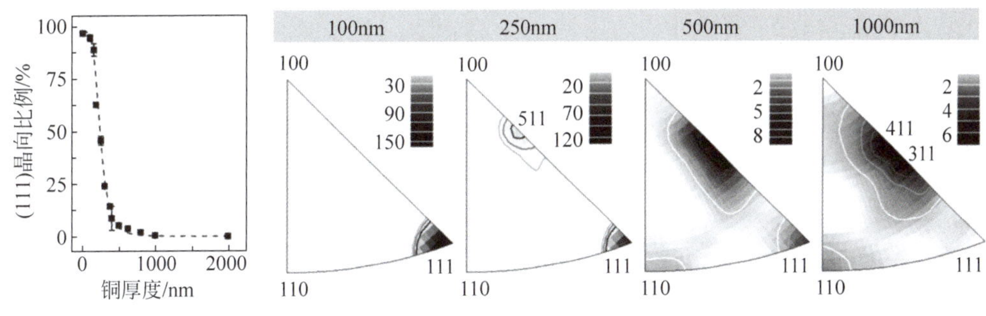

图4-25　厚度对晶粒方向的影响

随着电镀层厚度的增加,晶粒的尺寸也逐渐变大。在电镀薄膜中,有一部分晶粒的高度可以达到薄膜的厚度,贯穿整个薄膜,在高度方向上这些晶粒没有晶界,在性能上更接近于单晶铜。如图4-26所示[72],厚度为200nm、500nm和1000nm的铜薄膜,晶粒的平均尺寸分别为180nm、410nm和670nm。晶粒的平均尺寸随着薄膜的厚度而增大,但增大的速度逐渐下降。晶粒尺寸的方差随厚度增加逐渐减小,即厚度越大晶粒尺寸越均匀,但出现位错、孪晶和横移等缺陷和变形的概率提高。然而,也有报道在 $15mA/cm^2$ 的电流密度下,厚度为 50nm、100nm、300nm 和 500nm 的电镀铜层中,晶粒的尺寸平均值几乎均为 92nm[68]。

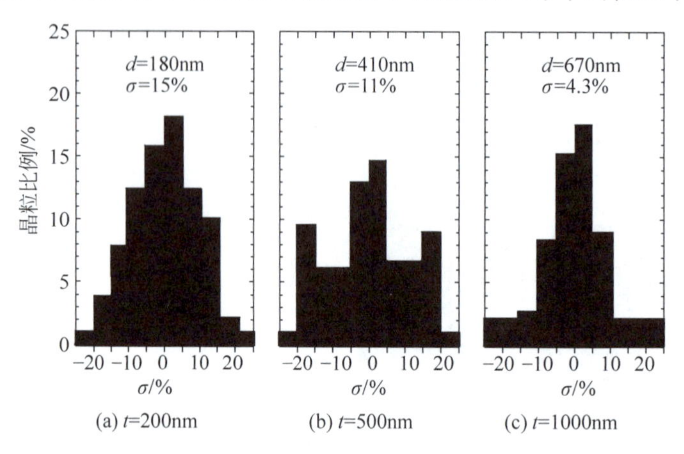

图 4-26 厚度对晶粒尺寸的影响

4.2.3.4 添加剂和杂质对晶粒的影响

电镀液中的添加剂浓度对铜晶粒的尺寸有显著的影响。如图 4-27 所示[68],当添加剂相对浓度分别为 0、0.5、1、2、5 和 10 时,$15mA/cm^2$ 的电流密度电镀厚度 300nm 的铜薄膜,其晶粒的尺寸随着添加剂浓度的提高而迅速下降,当添加剂相对浓度超过 2 以后,晶粒平均尺寸基本稳定在 76nm。无论添加剂浓度如何,在电镀厚度为 100～200nm 时,铜晶粒的方向基本都是(111)方向,但是随着厚度的增加,在未使用添加剂时,(111)方向晶粒的比例随着电镀厚度缓慢下降,而对于其他浓度的添加剂,(111)方向晶粒的比例随厚度增加而迅速下降,当电镀厚度超过 500nm 时,(111)方向晶粒的比例已经下降到 10%以下。

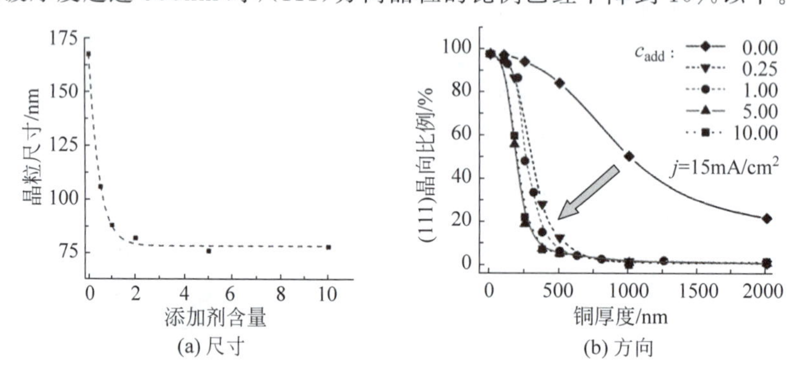

图 4-27 添加剂浓度对晶粒的影响

图 4-28 为不同浓度加速剂 SPS 和抑制剂 PEG 浓度对电镀铜表面形貌的影响,电流密度为 $5mA/cm^2$[69]。总体上铜晶粒随着 SPS 和 PEG 浓度的提高而减小,当二者的浓度分别达到 6ppm(10^{-6})和 420ppm 时,铜的晶粒尺寸只有 10nm 左右,表面光滑。当 SPS 浓度达到 12ppm 时,表面出现了由氢气导致的少量空洞,影响铜的性质和可靠性。

图 4-29 为杂质浓度对电镀铜晶粒的影响[73],其中高、中、低三种杂质浓度分别为 2694ppm、55ppm 和 11ppm。杂质浓度越高,晶粒尺寸越小;杂质浓度越低,晶粒尺寸越大。

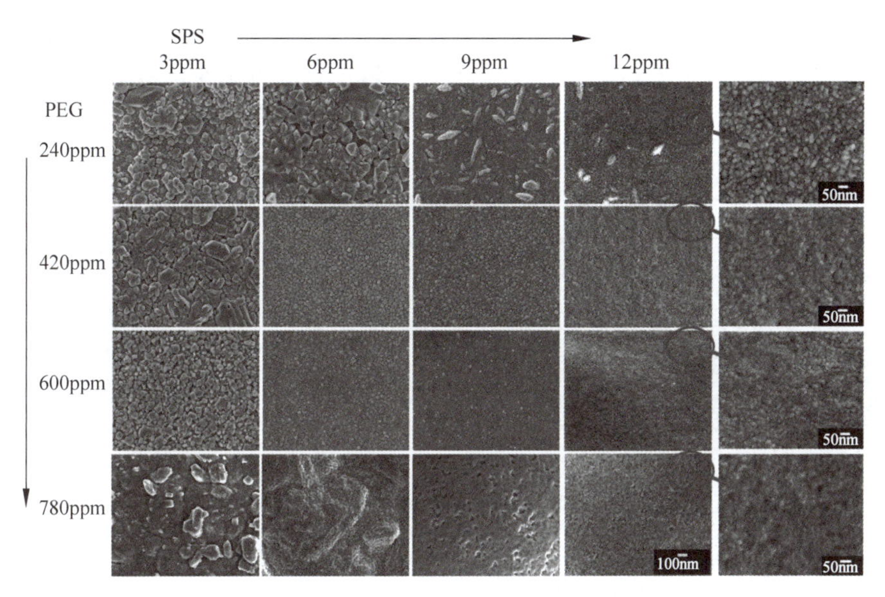

图 4-28　添加剂浓度对形貌的影响

在力学和电学性能方面，具有高杂质浓度的铜膜具有较低的延展性和较高的电阻率，但具有较高的抗拉强度；而低杂质浓度具有较低的抗拉强度和较低的电阻率，但延展性更高。根据 Hall-Petch 关系，减小晶粒尺寸可以增加抗拉强度，称为晶界强化。

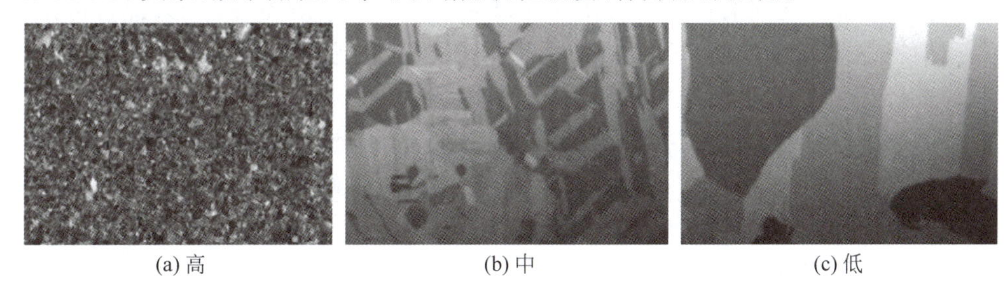

(a) 高　(b) 中　(c) 低

图 4-29　杂质浓度对晶粒的影响

4.2.4　自退火现象

4.2.4.1　自退火

电镀过程中晶粒内部存储了应变能和残余应力，存在着应变能和残余应力释放的趋势。因此，即使没有经历高温过程，电镀铜在室温下也会出现晶粒自发长大和合并的现象，称为自退火或再晶化[74-81]。电镀的晶粒经过很短的潜伏期后开始长大。对于电镀薄膜，晶粒首先沿着垂直薄膜的方向生长合并，达到薄膜的厚度后开始横向生长；而垂直(111)方向的晶粒在晶粒转为横向生长后开始长大，生长结束后二者几乎同时停止。

自退火是小晶粒合并长大为大晶粒的过程，其机理目前尚未完全清楚，可能的原因包括应变能最小化、缺陷驱动晶粒变形、应力驱动晶粒变形等，这些因素与铜电镀的生长机理相关[81]。一般认为，变形的晶粒和缺陷存储了应变能，是推动自退火的主要原因。晶粒在电镀等生长过程中由于非均匀性和变形等原因，在晶粒内部存储了一定的应变能。这些应变能随着时间的推移而逐渐释放，释放过程表现为晶粒的长大和合并，如图 4-30 所示[82]。此外，由于杂质的存在，容易出现点状的空位和间质、线状的位错和面状的层错等晶格缺陷[83]，进而导致自退火现象。电镀时，添加剂和分解产物会吸附在电镀铜的表面并结合在电镀铜的内部。尽管添加剂和残余杂质与铜的质量比远小于1%，但是对铜的自退火和性能有显著的影响。在杂质和缺陷浓度较高的区域如种子层界面，变形晶粒的应变能推动晶粒产生挤压、变形和合并等过程，高浓度杂质和缺陷区的晶粒开始长大。

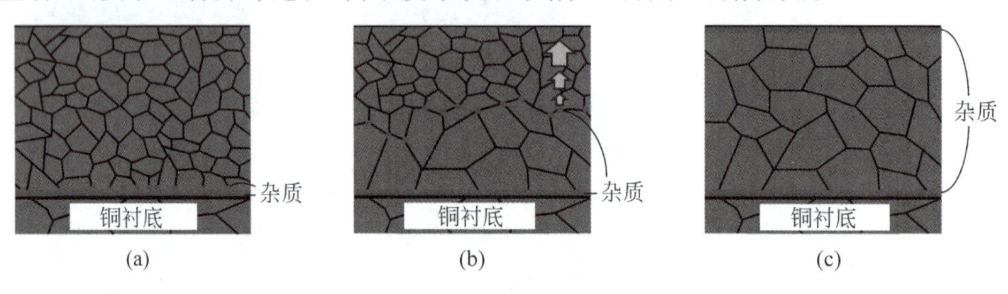

图 4-30　自退火晶粒和杂质变化过程

电镀铜内部的缺陷和杂质可能是推动自退火的原因。缺陷是晶体生长过程中形成的原子排列非规则的位置，在晶体和多晶体生长过程中无法完全避免。电镀铜内部存在大量的缺陷，使原子系统处于非平衡状态，由此通过晶界、内部应变和表面能获得能量，影响晶粒的生长[84]。由于系统处于非平衡状态，会自发地向平衡状态移动，以使系统能量最低化。因此，高缺陷密度导致的能量是扩散的驱动力，并影响晶粒生长行为。

杂质位于铜晶粒之间的自由区内，晶粒长大的过程推动杂质和缺陷沿着晶粒边界移动，残余杂质偏析进入铜晶粒边界，同时也会在晶粒长大过程中扩散出铜的表面[64]。随着自退火过程的进行，大晶粒区域的杂质和缺陷浓度降低，小晶粒区的杂质和缺陷浓度提高，进一步促进小晶粒区的自退火过程。当自退火进入基本稳定状态后，铜内部的杂质和缺陷密度降低，但表面的杂质和缺陷密度提高。由于自退火与杂质和缺陷有关，因此导致杂质和缺陷的因素如电镀液和添加剂残留都会加重自退火[85-90]。然而，也有观点认为杂质的再分布是自退火的结果，而不是诱发自退火的主因[15]。

通过对杂质标志物碳原子的追踪表明，自退火过程中铜的晶粒变化和电阻率变化可以分为两个阶段，如图4-31所示[68,78]。第一阶段是晶粒长大的孵化期，期间有机杂质分解并向铜表面扩散，由于缺陷体积减小和铜密度增加，铜的残余应力快速释放。对比杂质分解和应力释放可以发现，初始残余应力越大，杂质的扩散速率越快，对于厚度为2μm的铜薄膜这一阶段大概持续数小时。应力释放完毕后进入第二阶段，铜晶粒加速长大。由于缺陷密度降低并且铜薄膜致密化，出现了另一次应力释放的过程。晶粒长大使电阻率快速下降，当铜

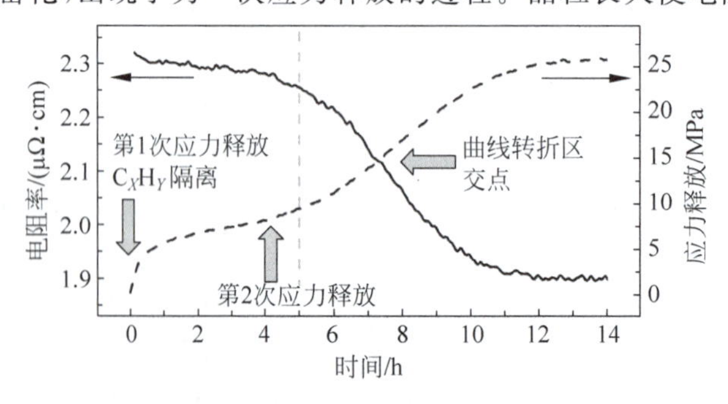

图 4-31　杂质分解和应力释放对电阻率的影响

电阻率达到稳定状态后，表明自退火过程基本结束。自退火结束后，铜薄膜的残余应力很低，并且电阻率下降到约 1.9μΩ·cm，基本接近单晶铜的水平。

图 4-32 为 EBSD 测量的自退火前后晶粒方向的变化情况[68]。自退火前，EBSD 测量的厚 2μm 的电镀铜中，晶粒的方向主要为(411)方向、(311)方向和(110)方向；自退火以后，铜晶粒的方向主要是(111)方向和少量的(331)方向，这表明自退火以后铜晶粒转变为表面能更小、更加稳定的方向。由于 EBSD 测量的是浅表面的晶粒方向，大量(111)方向晶粒的出现表明表面原来的(411)方向和(311)方向晶粒大量转变为(111)方向。

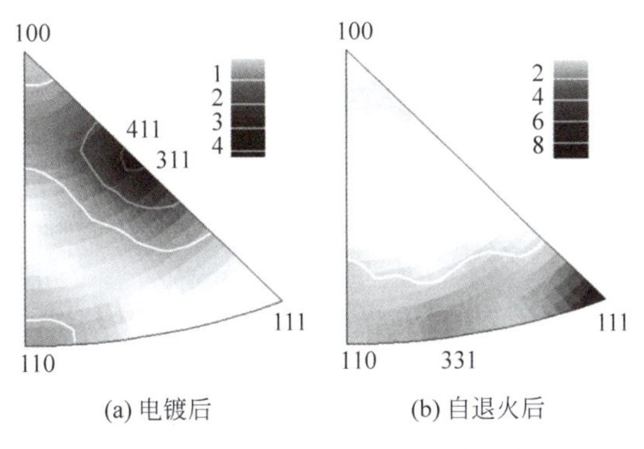

图 4-32 自退火对晶粒方向的影响

引起自退火的另一个原因是电镀后晶粒残余应力导致的晶粒变形和迁移。图 4-33 为仿真的电镀过程晶粒形态，截面尺寸为 0.4μm×0.4μm[91]。将晶粒温度降低 100℃，晶粒从无应力状态变化为压应力状态。在压应力作用下，利用应变能驱动模型(晶界内外的应变能差异)仿真得到晶粒边界变形速度，再利用晶粒连续模型得到 30h 后晶粒的形状。晶粒在应力作用下发生明显的迁移和变形，应力梯度的大小对空位的浓度和运动速度有直接影响[92]。由于电镀后铜被衬底限制产生残余应力，温度变化也会对铜施加应力，因此铜在自然状态下和温度变化过程中，应力引起缓慢的形状变化，并引起塑性变形。

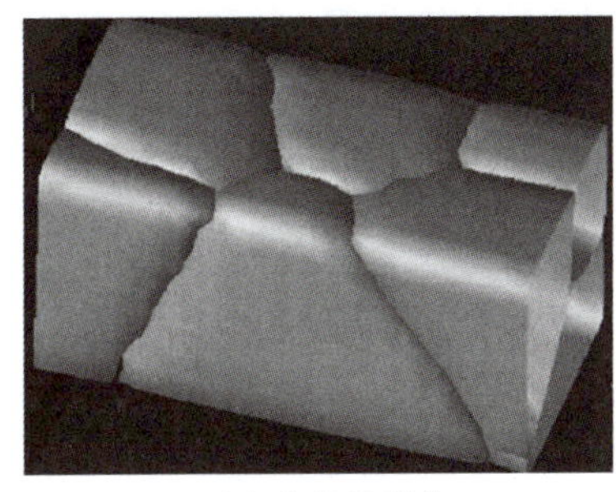

(a) 电沉积晶粒形状

(b) 晶粒连续和应变能驱动仿真30h后晶粒形变

图 4-33 仿真的晶粒形状

自退火改变了电镀铜晶粒的形状、尺寸及分布，进而影响铜的电阻率、残余应力、密度、硬度、弹性模量以及热导率[78,93]。自退火导致晶粒长大，晶粒数量和晶界减少，使铜电阻率的下降。图 4-34 为电镀铜自退火对电阻率和残余应力的影响。铜电镀沉积以后，电阻率和残余应力立即发生改变，表明自退火与沉积同步出现。铜电阻率在 40h 后下降约 20%，并逐渐进入稳定状态。铜的残余应力随时间的增加而减小，最后基本达到稳定状态。电镀厚度越大，达到稳定状态所需要的时间越短，但是稳定后的应力越大。

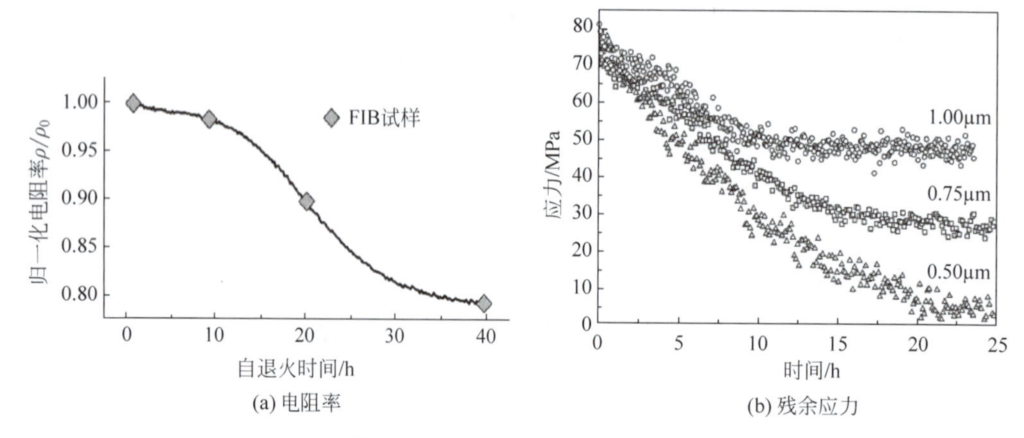

图 4-34 自退火对铜性能的影响

4.2.4.2 影响自退火的因素

由于自退火主要是由应变能和残余应力引起的，因此应变能高、残余应力大的晶粒更容易发生显著的自退火现象。然而，电镀铜晶粒的应变能和残余应力受多种因素的影响，因此自退火起因较为复杂。一般自退火具有以下规律：①由于小尺寸晶粒的应变能密度更高、晶界更多、稳定性较差，小尺寸晶粒相比于大尺寸晶粒更容易发生自退火现象；②由于(111)方向晶粒更加稳定，该方向晶粒发生自退火的趋势更小；③有机杂质和残留物浓度越高，杂质迁移合并导致的晶粒变化越大，自退火越显著。

自退火现象与电镀薄膜的厚度有密切的关系。当电镀薄膜的厚度小于500nm时，电镀铜晶粒的方向以密排(111)方向为主，自退火不够显著甚至不会发生自退火现象。原因之一是这些密排(111)方向的晶粒表面能最低，并且具有低角度晶界，因此能量和迁移率都很低。当薄膜厚度超过500nm以后，由于场控制结构类型的作用，电镀铜晶粒逐渐出现多种非(111)的方向，这些方向的表面能或应变能较高，容易发生自退火现象。如图4-35所示[68]，厚度为375～2000nm的铜薄膜的半退火时间(定义为电阻率变化幅度为稳定状态变化幅度的50%所需要的自退火时间)随着厚度的增加而迅速减小，厚度为375nm的半退火时间高达近4000h，而厚度为1000nm的半退火时间仅为数小时。

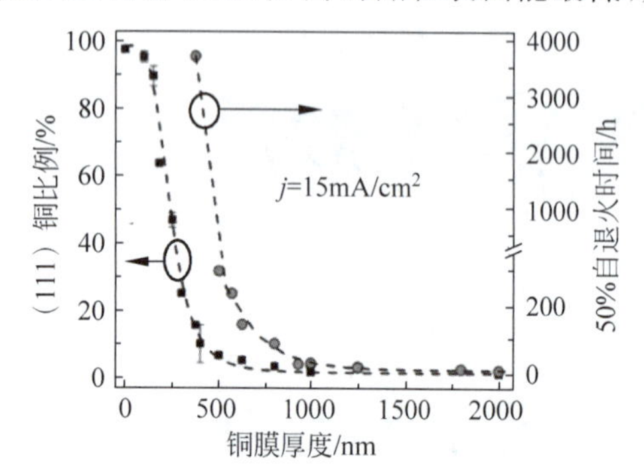

图 4-35 自退火时间随厚度的变化

由于电流密度对晶粒的大小和方向影响非常显著，因此电流密度也是影响自退火的关键因素[27]。电流密度低，晶粒尺寸大、(111)取向显著，因此发生自退火的趋势更低；相反，电流密度越高，发生自退火的趋势更高。如图4-36所示[85]，厚度为1μm的电镀铜薄膜，采用70mA/cm^{2}电流密度电镀时，铜的晶粒尺寸为0.05μm，自退火100h后电阻率大幅下降了10%，发生了明显的自退火现象；而10mA/cm^{2}电流密度的晶粒尺寸为0.1μm，电阻率变化很小，基本没有发生自退火现象。相同的电流密度，电镀铜的厚度越大，自退火越明显。当铜薄膜厚度达到1μm时，自退火和晶粒长大现象非常显著[75]，当厚度仅为0.1μm时，即使采用70mA/cm^{2}电流密度，自退火现象也不显著[85]。

图4-37为电流密度对半退火时间的影响[68]。厚度为1000nm的薄膜，电流密度小于10mA/cm^{2}时，半退火时间随着电流密度的增加而迅速减小，表明电流密度越低，(111)方向晶粒的比例越高，因此半退火时间越长。当电流密度大于10mA/cm^{2}时，半退火时间很短，虽然仍随着电流密度的增加而逐渐减小，但是变化程度不显著。

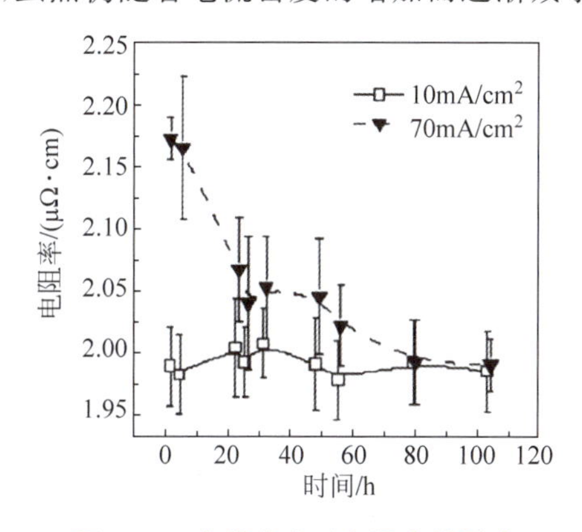

图4-36 电流密度对自退火的影响

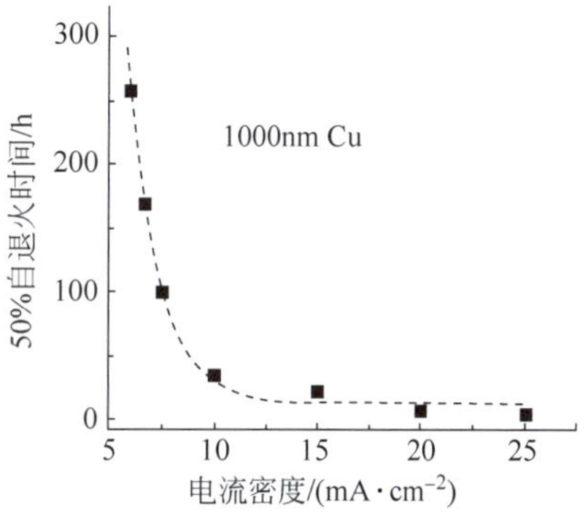

图4-37 半退火时间随电流密度的变化关系

图4-38为晶粒尺寸随电流密度和时间的动态变化过程[94]。直流电镀时，铜晶粒尺寸基本相同，不随电流密度的增大而变化。自退火2h后，无论电流密度多大，晶粒尺寸基本不发生显著的变化。如果电流密度小于5mA/cm^2，即使经过10天和60天的长期自退火，晶粒尺寸略有增加但变化不大；当电流密度超过5mA/cm^{2}时，铜的晶粒尺寸与电流密度高度相关。在电流密度为5～20mA/cm^{2}时，自退火受电流密度和时间的双重影响，晶粒尺寸随电流密度增大而急剧增大，并且随着自退火时间增加而增大。当电流密度超过20mA/cm^{2}时，晶粒尺寸只受自退火时间的影响而基本不受电流密度的影响，并且当自退火时间超过10天时，晶粒尺寸也不再受时间的影响，显示出与电流密度和时间都无关的饱和状态。

图4-39为半退火时间随添加剂相对浓度的变化[68]。不使用添加剂时，半退火时间达到230h，即使添加了非常少量的添加剂，也会使半退火时间迅速减小到数小时。随着添加剂浓度的继续提高，半退火时间缓慢增加。这表明添加剂和氯、硫及碳等有机物残留对晶粒生长和自退火影响非常显著。

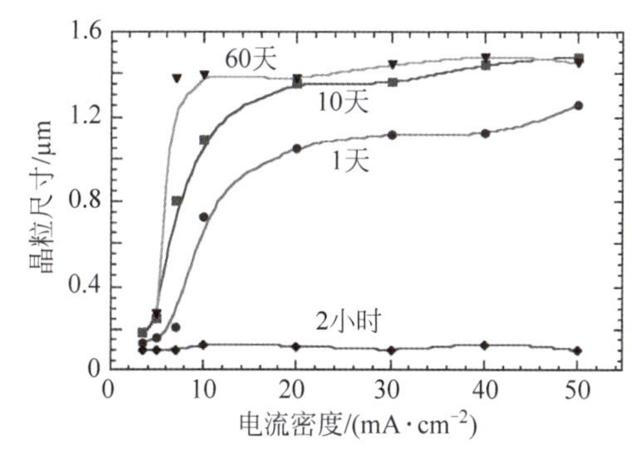

图4-38 晶粒尺寸随电流密度和时间的变化

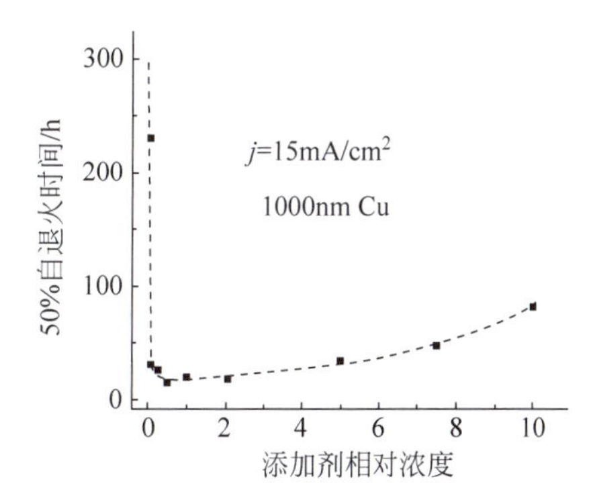

图4-39 半退火时间随添加剂浓度的变化

4.3 TSV 电镀

尽管铜电镀工艺已经在集成电路中广泛采用，但是 TSV 高深宽比的特点改变了电势分布、离子输运以及浓度分布等特性，并且在过电镀和无空洞等方面也有更高的要求，因此需要针对高深宽比优化 TSV 的电镀。添加剂的成分和浓度以及电流密度和波形等直接影响上述特性，是需要重点优化的参数。

4.3.1 盲孔电镀的特点

根据三维集成工艺的要求，TSV 电镀需要满足四方面的要求：第一，电镀必须形成超共形电镀，避免在 TSV 内部形成空洞或缝隙，防止电镀液残留造成的断路和腐蚀等可靠性问题，如图 4-40 所示[95]；第二，必须抑制晶圆表面铜沉积的厚度，即过电镀的厚度，以缩短后续 CMP 平整化的时间，降低成本；第三，尽可能提高电镀速率，以提高生产率，降低成本；第四，充分优化铜的微观晶粒结构，减少有机添加剂的残留，减少残余应力、提高可靠性、改善电学性能。

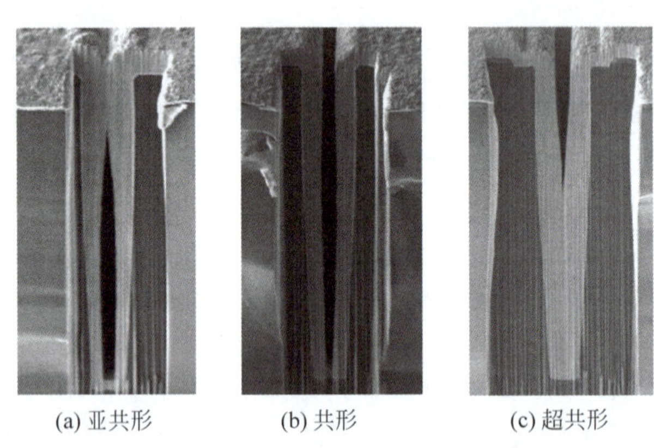

(a) 亚共形　　(b) 共形　　(c) 超共形

图 4-40　不同形态的电镀

TSV 小直径和高深宽比是造成电镀填充困难的主要原因。首先，高深宽比盲孔底部完全依靠扩散获得铜离子，底部扩散距离远超过表面，使 TSV 内部铜离子的输运极为缓慢，造成开口位置处的铜离子浓度远高于孔底部。图 4-41 的仿真表明，盲孔开口处存在一定的对流，当深宽比增大后，盲孔底部的质量输运完全依赖扩散[96]。由于扩散时间与扩散深度的平方成正比 $t=h^2/D_{Cu}$（$D_{Cu}=500\mu m^2/s$），深孔所需的扩散时间急剧增大。另外，电镀过程中整个种子层与阴极接通，TSV 开口处的电流密度分布较底部更集中，因此开口位置的电化学反应速率更快。这种铜离子浓度和电流分布的特点，导致 TSV 底部电化学反应速率慢而表面的反应速率快，电镀很容易形成封口效应，在深孔内部形成空洞[95]。因此，需要利用复杂的添加剂并优化电流参数，提高盲孔内部的电镀速率并抑制表面的电镀速率。

其次，结构的非一致性导致电镀的非均匀性，形成显著的过电镀。当同一晶圆上存在不同直径的 TSV 时，由于受对流影响的深度不同，需要扩散进行质量输运的深度也不同。如铜离子扩散到 20μm 和 100μm 深度的扩散时间分别为 0.8s 和 20s。加上电流密度分布的非均匀性，大尺寸晶圆表面的电镀均匀较差，边缘由于较高的电镀速率容易形成较厚的过电

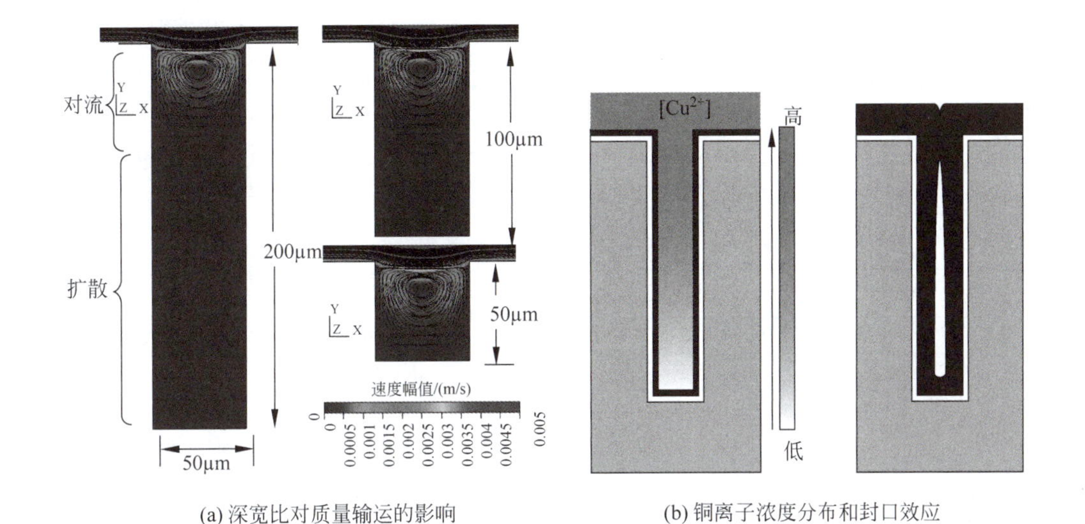

(a) 深宽比对质量输运的影响　　(b) 铜离子浓度分布和封口效应

图 4-41　盲孔的质量输运

镀层，或在铜柱上方形成蘑菇头状的凸起[97]，后续需要长时间的 CMP 过程，增加了制造成本。

最后，TSV 的热膨胀系数和残余应力对可靠性有重要的影响，这些特性取决于 TSV 深宽比、铜的生长速率和晶粒大小及取向等。然而，电镀中复杂的添加剂体系以及众多的工艺参数对这些特性的影响不仅非常复杂，而且会出现相互影响和制约，导致优化困难。例如，高深宽比 TSV 中，由于铜离子输运困难，通常采用较低的电流密度以防止空洞；但为了提高电镀效率，又需要提高电流密度。另外，多种有机添加剂既相互协同又相互竞争，而这些有机添加剂在铜柱内的残留，会在后续热退火处理时导致空洞。

TSV 电镀的影响因素极为复杂，可以分为 TSV 结构、种子层特性、电镀液特性，以及电镀过程的工艺参数四类，如图 4-42 所示。为实现良好的电镀，一方面需要合理的 TSV 尺寸、深宽比、密度和位置排布；另一方面需要具有良好共形能力的薄膜沉积工艺，实现深孔侧壁种子层的均匀覆盖。在上述条件给定的情况下，TSV 电镀的效果和质量取决于电镀液的化学性质和电镀的工艺参数，如电镀液的成分和浓度、添加剂的种类和浓度、电镀前预处理、电镀液搅拌方法，以及电流控制参数等[95,98]。尽管绝大多数参数对 TSV 电镀都有影响，但电镀液的组分和电镀波形对电镀结果的影响最为显著[27]。

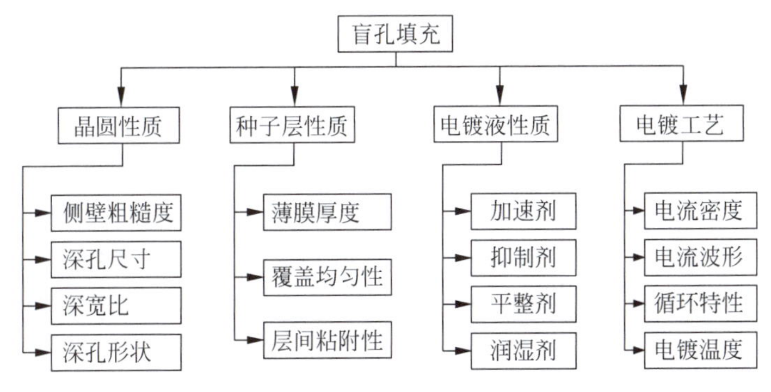

图 4-42　TSV 铜电镀的影响因素

常规的大马士革电镀和 Cu 凸点电镀中，都会添加加速剂、抑制剂和平整剂。加速剂促进铜晶粒细化，使沉积铜光滑明亮。抑制剂和平整剂都是极化剂，有助于控制片内和片间均匀性。平整剂通常吸附在上表面，降低电镀速率，以提供平滑的镀层并抑制过电镀。TSV 与平面互连和凸点电镀在结构上有显著的差异，因此添加剂的浓度和作用效果也有不同，如表 4-2 所示[99]。

表 4-2　不同电镀的特点

特　　性	双大马士革	TSV	Cu 凸点
典型尺寸	20nm×170nm	10μm×100μm	50μm×50μm
自底向上填充时间	10nm 节点小于 1s	30～60min	20～30min
加速剂浓度	高	中或低	中或低
抑制剂	强极化，快速润湿	润湿和极化剂	润湿和极化剂
平整剂	场区极化	深孔侧壁极化	孔内部极化

双大马士革工艺电镀的尺寸非常小，根据互连层级不同，一般在 10～1000nm 的范围，其最短的电镀时间只需数秒甚至 1s。这需要在沟槽底部或孔底部有高浓度的加速剂，抑制剂吸附在侧壁上防止侧壁沉积，实现自下而上的填充，如图 4-43 所示[99]。TSV 尺寸大并且深宽比更高，填充 10μm×100μm 的深孔所需时间一般需要 30～60min。TSV 电镀时，加速剂位于深孔底部，而抑制剂和平整剂都吸附在深孔侧壁和晶圆表面，以防止空洞并抑制过电镀。采用光刻胶作为模具电镀铜凸点时，铜凸点的深宽比低于 TSV，并且只有孔底有种子层，因此电镀过程为单纯的自底向上电镀。抑制剂吸附在模具侧壁，润湿光刻胶，加速剂和平整剂在电镀过程中进入孔内位于电镀表面。

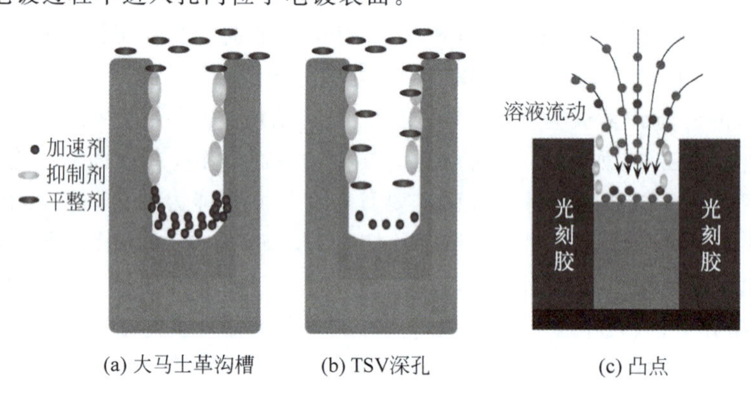

图 4-43　不同结构添加剂的分布要求

由于水的表面张力(72.75mN/m)较大，高深宽比 TSV 底部容易产生非浸润或气泡，电镀液不能到达 TSV 底部而造成空洞[100]。为了使电镀液更好地进入盲孔内部，TSV 电镀前需要进行表面润湿预处理和排空气泡。电镀设备一般采用独立的预处理槽，晶圆经过预处理后迅速送入电镀槽中进行电镀。常用的预处理利用表面活性剂或低表面张力的溶液，如 Enthone 的 PW1000、Dupont 的 Interlink 9200 以及乙醇(表面张力 22.39mN/m)[101]，通过超声或兆声波辅助处理几分钟。预处理可以将盲孔内部的气泡打碎排出，去除种子层表面的氧化物和污染物，降低种子层表面的表面张力，提高润湿程度，使电镀液进入盲孔内部。预处理也可以在一定的真空条件利用压强差将深孔内部的气泡排出，将润湿剂输入。

4.3.2 电流密度与电流波形

电流密度与电镀波形决定电化学反应过程中电流的特性，是决定电化学反应速率的关键参数，对高深宽比 TSV 的无缺陷电镀有重要的影响。通常，电流密度越大，电镀沉积速率越快；但是影响共形沉积能力，容易形成空洞等缺陷。

4.3.2.1 电流密度

电流密度对 TSV 的填充能力也有影响。图 4-44(a)为直流电镀在深宽比为 5∶1 的 TSV 内电镀的厚度分布[102]。随着电流密度的增加，镀层厚度的均匀性和共形能力下降，而且 CMP 以后的缺陷密度也随之增加[103]。因此，低电流密度有助于提高共形能力并降低缺陷密度，却影响电镀速率。电流密度对填充能力的影响并非单调的。如图 4-44(b)所示，电流密度过低时，电镀液中的有机添加剂不能很好地发挥各自的效应，对 TSV 的填充能力较差。当电流密度过高时，电镀过快导致电镀过程由质量输运控制，填充能力较差，容易在 TSV 中形成空洞[100]。为了缩短电镀时间，可以采用变电流密度的方法，在初始阶段采用低电流密度，随着电镀的进行 TSV 的深宽比有所下降后，增大电流密度，提高电镀速率[49]。

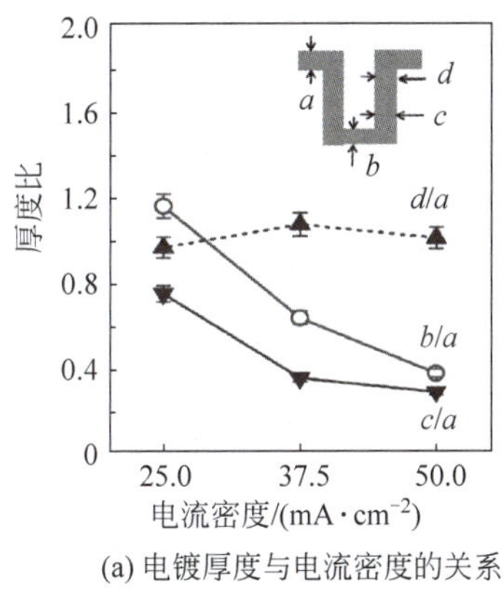

(a) 电镀厚度与电流密度的关系

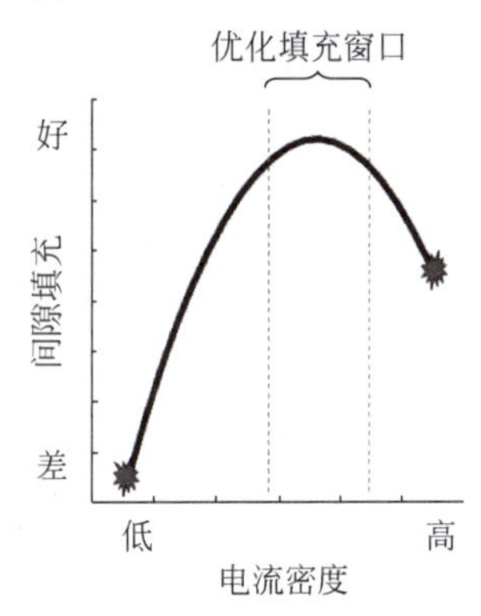

(b) 填充能力与电流密度的关系

图 4-44 电流密度的影响

由于晶圆上铜种子层的厚度相同，而电镀电流是依靠晶圆边缘的触点引入的，相对于晶圆中心位置，边缘种子层的电流传输路径更短、电阻更低、电流密度更大，二者甚至可达 10∶1，出现电流密度分布的边缘效应，如图 4-45 所示。由于电镀速率与电流密度大体正相关，晶圆边缘的电镀速率远高于中心，这种现象对高浓度硫酸液更加明显。随着沉积厚度的增加，电流密度的差异和边缘效应大幅度下降。电镀 120s 后，边缘效应的影响已经很小。增加种子层厚度可以缓解边缘效应，而完全消除边缘效应依赖电镀设备通过复杂的阳极结构补偿边缘效应。此外，降低镀液的电导率也可以在一定程度上缓解边缘效应[43]。

4.3.2.2 电流波形

电镀采用的电流波形有多种，主要包括直流电流(DC)和脉冲电流(PC)两类。直流电镀使用直流电源提供连续的直流电流，电化学反应持续进行。在相同的条件下，直流电镀具有最高的电镀速率，但是由于 TSV 内的铜离子不断被沉积而消耗，但扩散输运的铜离子有限，因而不可避免地造成 TSV 内部铜离子浓度下降甚至耗尽，因此直流波形容易引起封口

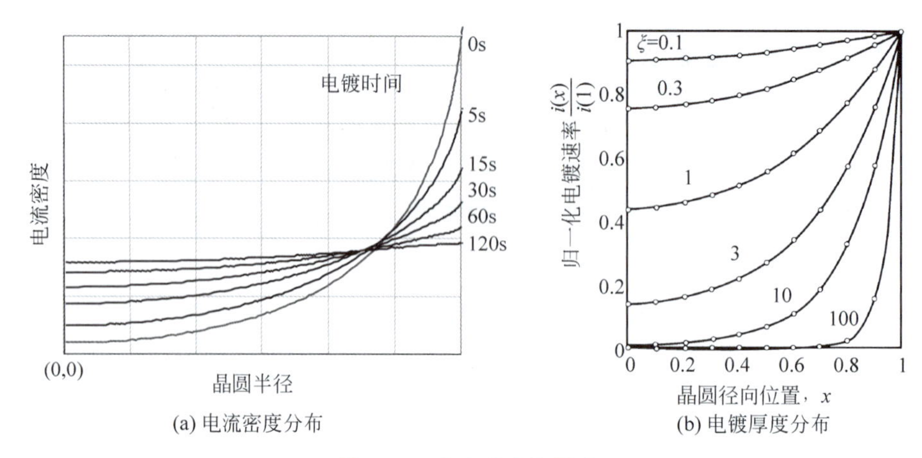

(a) 电流密度分布　　(b) 电镀厚度分布

图 4-45　电流分布的影响

效应，只适用于低深宽比的情况。集成电路制造中，平面铜互连的深宽比很小，电镀几乎全部采用直流电镀。

脉冲电镀是利用脉冲电流进行的电镀，包括正向脉冲电镀和反向脉冲电镀两类，如图 4-46 所示。正向脉冲电镀只使用单一极性的正向脉冲电流，每个周期包括脉冲电流期和空闲期(无电流)。正向脉冲内电化学反应正常进行，空置期内没有电化学反应发生，但是铜离子经由边界层扩散的质量输运在持续进行，为铜离子的扩散输运提供了时间，使 TSV 内部的铜离子浓度得到及时补充，有助于 TSV 内部的沉积。空闲期不仅对阴极附近的铜离子输运和浓度恢复有好处，还会产生一些对沉积层有利的重结晶和吸脱附等现象。

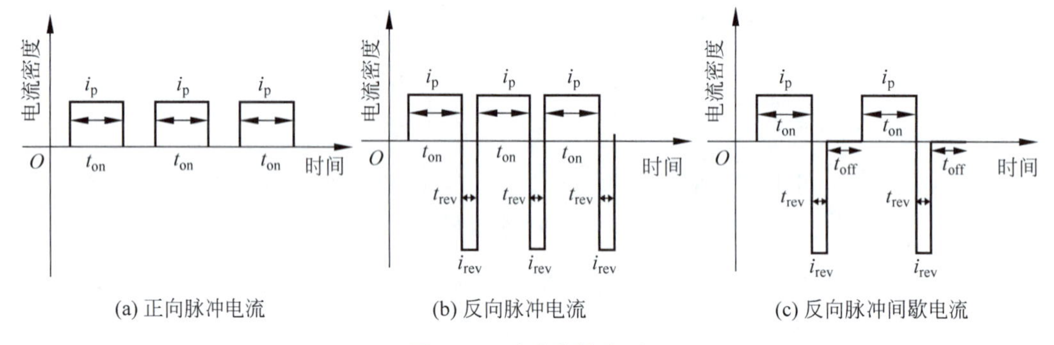

(a) 正向脉冲电流　　(b) 反向脉冲电流　　(c) 反向脉冲间歇电流

图 4-46　脉冲电镀波形

脉冲电镀包括反向脉冲电流和反向脉冲间歇电流两类。前者利用正、负极性的脉冲电流进行电镀，即一个电流周期内包括正向电流和反向电流两个阶段[98,104]。正向脉冲电流时，阳极铜靶发生氧化反应生成铜离子溶入电镀液，而阴极通过还原反应将铜离子转换为铜原子沉积在阴极表面，并在内部应力释放的驱动下经历再晶化和生长的过程，应力释放孪晶比高应力的面心立方铜在能量上更加稳定[106]，而边缘悬涂位置因为电流密度集中而沉积更快，如图 4-47 所示[105,11]。反向脉冲电流时，铜靶和基底的极性被交换，基底表面沉积的铜发生氧化反应生成铜离子溶入电镀液，而铜靶发生还原反应使铜离子沉积。反向电流时，已经电镀的铜作为阳极被氧化消耗，但是不同位置的消耗速率不同。在开口等曲率变化剧烈、正向脉冲电镀更快的位置，电流密度更加密集，表面积相对更大，反向脉冲期内其反应和消耗的速率更快[107]，在一定程度上平衡了不同位置的电镀速率。在盲孔内部，反向脉冲的影响很小，从而减小了不同位置的电镀速率的差异[49]，有助于实现超共形。

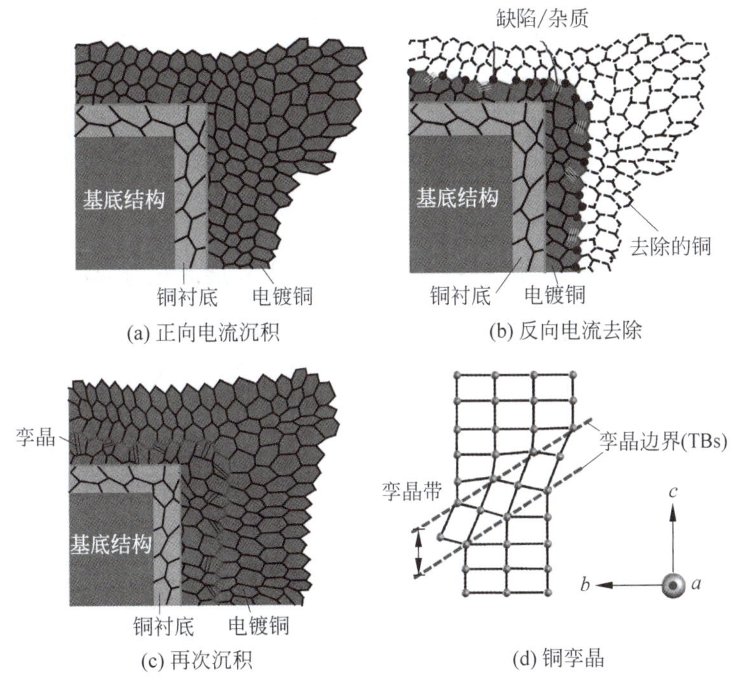

(a) 正向电流沉积 (b) 反向电流去除 (c) 再次沉积 (d) 铜孪晶

图 4-47 反向脉冲电流原理

在第二次正向电流电镀时，再次沉积的铜可能会产生高密度的晶体缺陷，如层错和位错，并在沉积前和沉积后的铜核之间积累更多杂质[108]。这些晶体缺陷和杂质可能为再结晶提供驱动力，并促进孪晶的形成，这是再结晶过程中应力释放的结果[109]。较低的脉冲频率可以降低内应力、减少缺陷和杂质，从而降低孪晶的比例。

脉冲反向间歇电镀的每个周期内包括正向电流、反向电流和空闲期[110-111]。这种方式兼具空闲期改善扩散输运的优点和反向电流去除过度电镀的优点，对超共形电镀更为有利。与直流电镀只有电流一个可变参数相比，脉冲反向电镀和脉冲反向间歇电镀则有正向电流、反向电流、脉宽、空闲期四个可变参数，虽然优化过程更加复杂，但对电镀过程有更强的控制能力。如图 4-48 所示[27]，在保持平均电流密度不变的情况下，脉冲电流和反向脉冲电流可

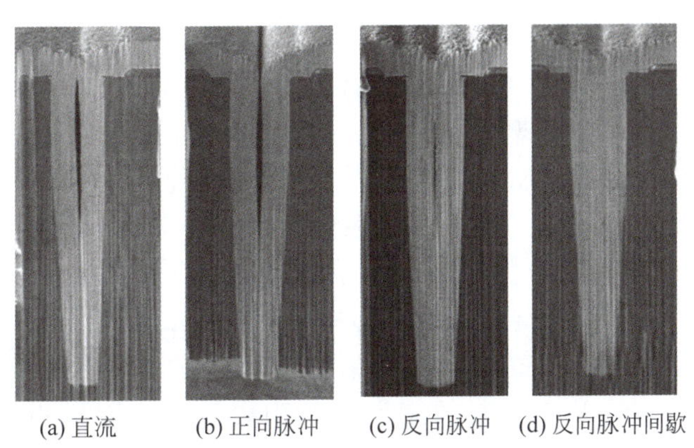
(a) 直流 (b) 正向脉冲 (c) 反向脉冲 (d) 反向脉冲间歇

图 4-48 电镀波形对 TSV 的影响

以改善电镀的共形填充能力。反向脉冲电流对共形能力的影响与反向脉冲的时间和电流大小有关,反向电流大、时间长,电镀速率慢,但对超共形有利。

如果反向脉冲时间过短,反向电镀的效果不明显;而如果反向脉冲时间过长,则可能发生大量的铜溶解。铜溶解导致已经电镀的表面被腐蚀,电镀表面粗糙暗淡,并降低电镀速率。通常,正向脉冲的电流密度较小(如 1～10mA/cm^2),但脉冲时间较长(如 100～200ms),而反向脉冲的电流密度较大但时间较短,一般电流密度是正向脉冲 2 倍以上,但时间只有正向的 5%～10%,例如电流密度为 12～20mA/cm^2,而持续时间仅为 10～20ms[26,95]。空闲期通常与正向周期相同。当电源频率超过 500Hz 时,电双层的充电效应阻止电势升高到开路电压以上,铜不会溶解,此时只有添加剂的扩散,因此表面光滑明亮[50]。

脉冲反向电镀还有助于减少氢脆和镀层孔隙,提高镀层的纯度和致密度,降低电阻率。采用反向脉冲电镀前,通常需要在电镀的起始阶段进行短暂的直流电镀(如 50～100s),用于加强溅射的铜种子层,以免反向电镀时消耗了种子层形成空洞。另外,有研究表明,反向脉冲可以使表面的加速剂失活或者去除,从而控制加速剂的分布,降低表面和开口处的电镀速率[112]。利用这一原理,可以仅使用加速剂 SPS 和抑制剂 PEG 和 Cl^-,而不使用平整剂获得超共形电镀[11]。甚至有报道只使用反向脉冲电流而不使用任何添加剂,也能获得较好的电镀效果[111],这需要优化脉冲的参数。

4.3.3 超共形电镀

TSV 超共形电镀是多种添加剂共同作用的结果,这些添加剂之间彼此竞争又相互影响。尽管这些添加剂同时存在,却因为各自的吸附特性不同而发挥作用的位置不同。TSV 内部主要受加速剂控制,开口处主要受抑制剂和氯离子控制,TSV 填充满以后,表面过电镀主要受平整剂控制[36]。为实现超共形电镀,除了选择添加剂外,还需要确定几种添加剂同时存在时各自浓度的最优值,使其互相平衡,才能得到无缺陷、低电阻率、结构致密和表面光洁的铜镀层。目前,基于一元体系(抑制剂 PEG 和 Cl^-)、二元体系(加速剂 SPS 和抑制剂 PEG)[11]以及三元体系(加速剂 SPS、抑制剂 PEG 和平整剂 JGB)[46-47]添加剂的电镀液都可以实现超共形的 TSV 电镀。

4.3.3.1 超共形的电镀过程

采用加速剂和抑制剂二元体系的 TSV 电镀的过程如图 4-49 所示[113-114]。由于加速剂扩散系数高、抑制剂扩散系数低,加速剂更容易扩散进入 TSV 内部,而抑制剂多位于表面并且在 TSV 开口边缘处由于吸附聚集浓度很高,因此开口处的沉积速率被抑制剂所抑制。在 TSV 内部,圆周角落的曲率大,加速剂所具有的结构依赖特性使其聚集在底部圆周附近,提高了沿着圆周的电镀速率,出现了底部边缘电镀快、中心电镀慢的现象(图 4-49(a))。由于底部边缘沉积更快,随着电镀的进行,TSV 的内表面积和体积减小,加速剂的浓度不断提高,加速效果更加显著,形成了倒锥形的自底向上的电镀(图 4-49(b))。这个过程不断持续,进一步促进加速剂的浓度升高,使电镀沿着收缩方向进行,实现超共形电镀,直到 TSV 填充完毕(图 4-49(c)～图 4-49(f))。电镀铜柱达到表面以后,尽管由于对流和氧化等因素使铜柱表面的加速剂浓度下降,但铜柱表面仍会残留部分加速剂,导致铜柱的电镀速率超过表面其他位置的电镀速率,形成惯性电镀,在铜柱上方出现凸点(图 4-49(g))。凸点形成后，抑制剂在吸附中占据主导，凸点表面的抑制剂形成薄膜，阻止电镀的持续进行（图 4-49(h)）。

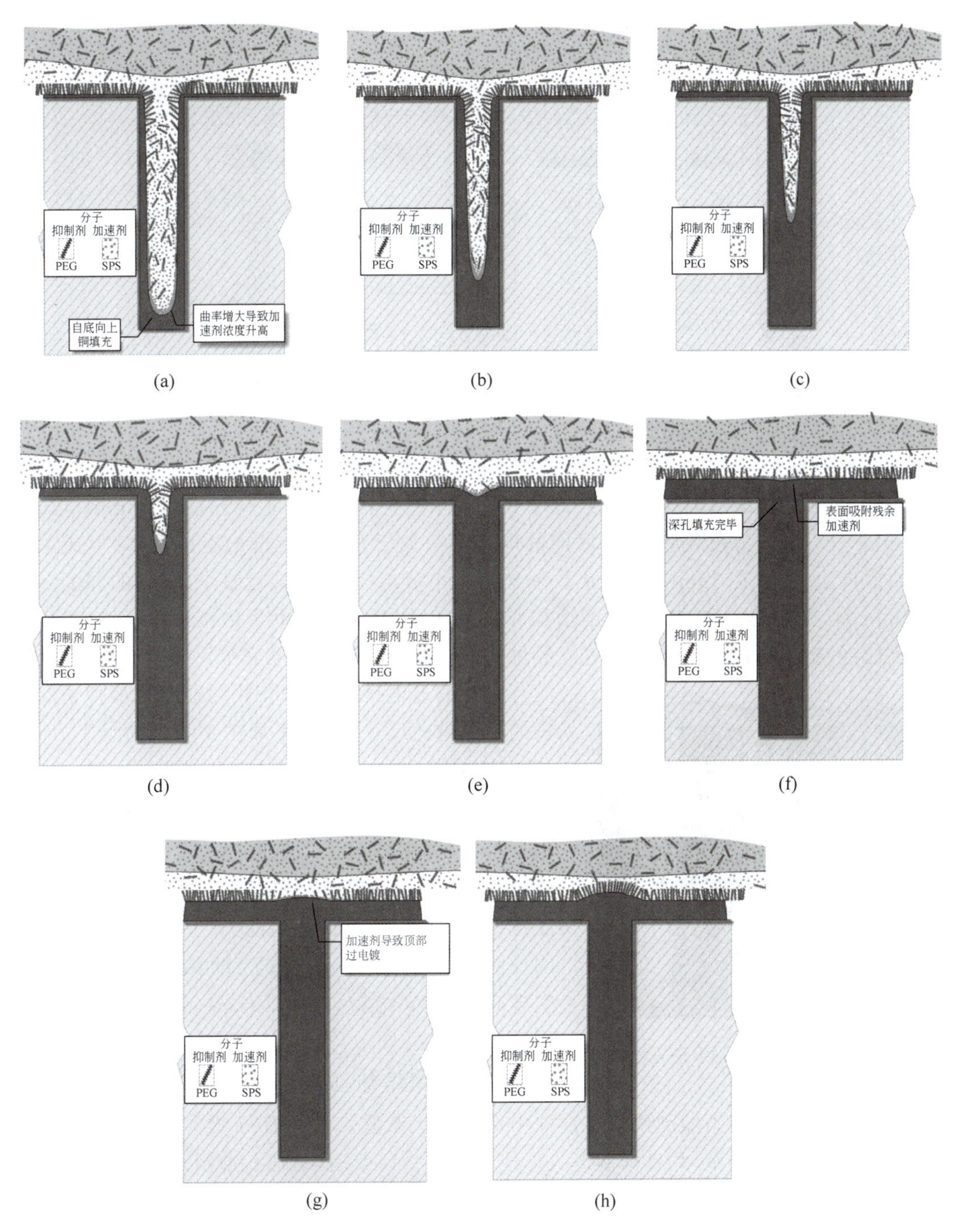

图 4-49 加速剂和抑制剂作用下的深孔电镀过程

尽管抑制剂可以在一定程度上抑制铜柱上方凸点的大小，却无法避免凸点的出现而获得平整的表面。加入平整剂以后，由于平整剂比加速剂和抑制剂的吸附竞争能力更强，当 TSV 填充接近表面时，平整剂易于在强电流区（铜柱凸起结构）表面吸附的特性，使其部分或彻底取代加速剂和抑制剂而吸附到铜柱表面，抑制了铜柱的继续电镀，从而获得平整的电镀表面，如图 4-50 所示。为了降低添加剂对电镀速率的影响，理论上可以采用分阶段加入添加剂的方式，即在 TSV 填充满以前，只加入加速剂和抑制剂，避免平整剂引起的电镀速率降低；当深孔电镀快接近表面时，再加入平整剂。

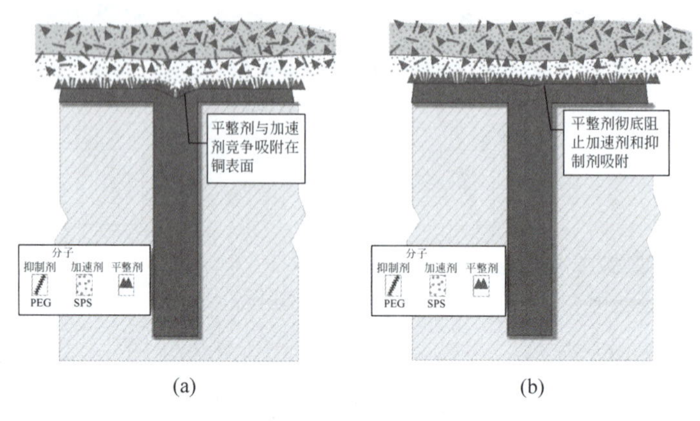

图 4-50　平整剂对表面过电镀的抑制作用

图 4-51 为三元添加剂体系电镀 TSV 的过程，从左至右电镀时间分别为 32min、47min 和 62min[46]。电镀为超共形模式，底部的电镀速率大于开口和侧壁的电镀速率，形成了良好的自底向上电镀，在 32min 时形成了深 V 形的电镀结构，深度接近整个 TSV 的深度。电镀 47min 时，开口处的侧壁电镀厚度增加非常少，但是 V 形的超共形电镀得以保持，并且 V 形深度已经减小到 TSV 的 1/3 左右。经过 62min 电镀，TSV 已经完全无缝填充，并且表面没有额外的过电镀产生。TSV 侧壁和底部种子层生长的铜晶粒的尺寸较小，通常在亚微米的水平，而中部的铜晶粒逐渐变大，可以达到几微米的水平。

图 4-51　三元添加剂电镀 TSV 的过程

除了浸入式接触添加剂以外，有报道使用软光刻技术，将抑制剂八癸二硫醇(ODT)微接触印刷到硅片表面[115]。微接触印刷可以获得均匀、良好的表面覆盖，有效提高表面抑制能力。结合 100ms 较短的反向脉冲时间和 1mg/L 的 SDDACC 加速剂，可以实现高速 TSV 电镀，对于 10μm×70μm 的盲孔，电镀时间 37min。

尽管使用添加剂可实现深亚微米尺寸的铜电镀，但往往会有微量的添加剂残留在铜柱中形成有机杂质。这些有机杂质会增加其他杂质的浓度、提高铜的电阻率，并且抑制退火形成大晶粒。研究表明，加入抑制剂 PEG 和 Cl^- 容易导致电镀铜出现微洞，而加入 SPS 有利于减少微洞[116]。

4.3.3.2　添加剂浓度的影响

添加剂的种类和浓度对电镀效果有重要影响。图 4-52 为加速剂浓度对电镀速率和电镀形状的影响[117]。在加速剂的低浓度区，TSV 底部电镀速率随着加速剂浓度的提高而增大，当加速剂浓度进一步提高后，底部电镀速率反而开始下降，并且底部电镀形貌出现显著变化。当加速剂浓度从 2mL/L 提高到 6mL/L 时，TSV 底部电镀速率从 0.2μm/min 增加到 0.7μm/min；当浓度进一步增加到 10mL/L 时，电镀速率反而降低到接近 0.2μm/min。过量的加速剂促进了底部周边的电镀速率，但是在 TSV 内部铜离子扩散输运总量有限的情况下，底部中心位置的电镀速率必然下降。因此，加速剂浓度对 TSV 底部电镀速率的影响存在最优值。加速剂浓度变化时，盲孔表面的电镀速率基本保持不变。这表明，即使加速剂浓度变化，表面电镀仍由平整剂和抑制剂控制，而底部电镀与抑制剂和平整剂基本无关，因此可以通过调整加速剂的浓度独立控制底部电镀速率。

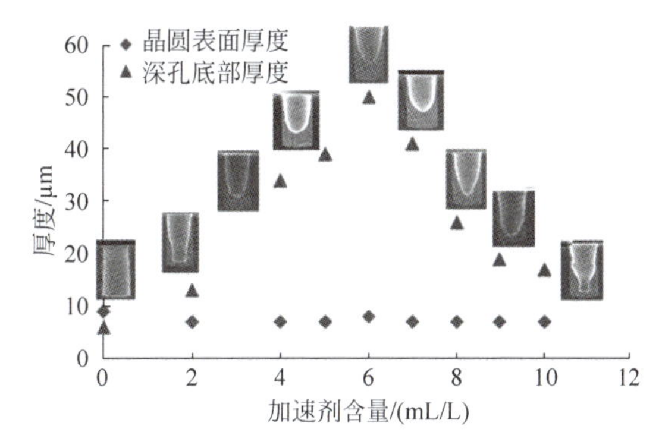

图 4-52　加速剂浓度对电镀速率的影响

平整剂的作用与浓度和形貌有关。图 4-53 为平整剂对不同直径 TSV 填充效果的影响，电镀液为 Atotech 的 Spherolyte Cu200。对于小直径的 TSV，较高的平整剂浓度有利于减小表面过电镀层的厚度，可以缩短后续 CMP 时间并降低成本。但是，平整剂易于在铜表面吸附的特点，导致在大直径 TSV 的铜柱尚未电镀到表面时，平整剂就通过溶液输运到铜柱表面取代了加速剂，使电镀过慢甚至抑制了铜电镀，造成铜柱相对晶圆表面的凹陷。因此，平整剂的浓度需要根据 TSV 的情况和工艺参数进行优化。

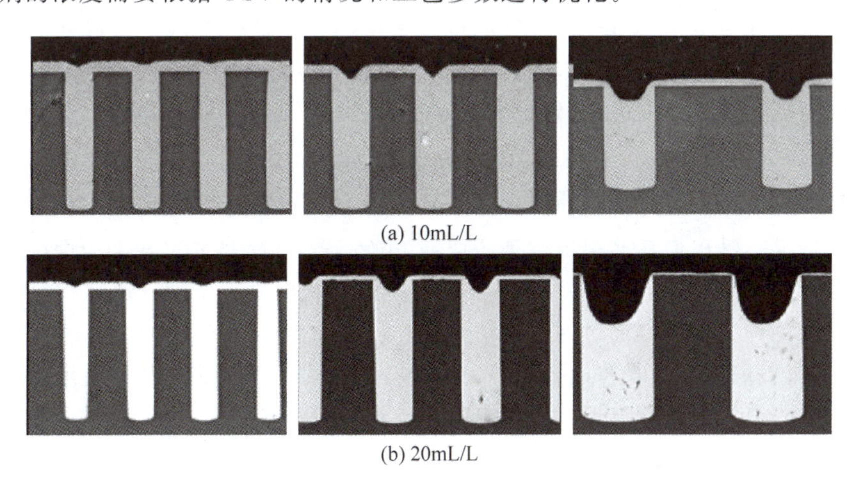

图 4-53　平整剂浓度对电镀形貌的影响

电镀过程中添加剂不断被消耗，同时有机添加剂与无机成分之间也会发生反应，分解或改变其初始成分，不但使副产物影响电镀过程，还会使添加剂的浓度和溶液离子浓度逐渐降低。添加剂的消耗速率与多种因素有关，如电镀时间、设备结构、电流密度、电镀液流速、电镀晶圆数量等。不同添加剂成分的消耗速率各不相同，例如加速剂的消耗速率明显快于抑制剂和整平剂。为了保证均匀稳定的电镀速率和一致的电镀质量，电镀过程中需要分别对各种添加剂进行控制，使各成分的浓度都处在最佳范围内。

控制添加剂浓度需要对电镀液进行实时监控。目前的主要方法是闭环循环伏安法

(CVS),通过对旋转铂盘电极施加正、负扫描电位来监测电镀液的有机添加剂含量。当铂电极电位从正向负扫描时,铂电极上沉积一层铜;当电位从负向正扫描时,沉积的铜被消耗,可以得到与沉积的铜成比例的扫描电位峰值。由于添加剂影响铜在铂电极上的沉积速率,通过沉积峰的变化可以测定添加剂的含量。CVS 硬件成本低,可在线实时监测,已经在铜电镀中广泛使用;但 CVS 测量的是添加剂的综合效果,无法反映不同添加剂各自的准确含量。高效液相色谱技术可以克服 CVS 的缺点,但是监测过程复杂、成本高。

控制添加剂浓度的方法是在电镀液中自动补充各种组分,依靠预测性软件计算以及周期性地溶液成分分析来控制每一组分的补充量。量产设备中,通过连续补充新镀液并排出旧镀液的方式对电镀溶液进行控制,而添加剂则需要基于预测计算和定期分析的方式进行自动添加。这种方法可以对电镀液精确控制,将电镀液长时间保持在新鲜状态,并抑制电镀副产物的积累,保证电镀的稳定。

4.3.4 TSV 通孔电镀

电镀盲孔 TSV 时,TSV 侧壁和底部都有种子层,电镀发生在所有表面,电镀填充速率快、生产效率高。由于晶圆可以保持原有厚度,电镀及后续工艺中晶圆的机械强度满足批量生产的要求,是目前主流的量产制造方法。由于晶圆表面和 TSV 侧壁都会发生电镀,盲孔 TSV 电镀的主要难点是需要复杂的电镀添加剂和反向脉冲波形,抑制晶圆表面和 TSV 开口处的电镀。即使采用商用的 TSV 电镀液,高深宽比盲孔电镀仍需精细地调整和优化工艺参数,使 TSV 电镀成为三维集成中最复杂和成本最高的工艺之一。

为了解决高深宽比 TSV 电镀的问题,可以采用通孔电镀的方法。与盲孔电镀不同,通过电镀仅在 TSV 底部存在种子层,因此电镀时晶圆表面和 TSV 侧壁没有化学反应发生,电镀是理想的自底向上的单向方式,理论上可以填充任意深宽比。通孔电镀时 TSV 的侧壁无须种子层,简化了高深宽比 TSV 的制造过程。

4.3.4.1 通孔电镀的基本原理

通孔电镀是一种以通孔底部提供种子层使电镀沿着 TSV 轴向进行的单向电镀方式,如图 4-54 所示[118]。首先通过深刻蚀和背面减薄在晶圆上制造通孔,然后沉积介质层和扩散阻挡层。通孔的种子层可以通过两种方法提供:第一种方法是在开口内较浅的深度上沉积种子层,通过电镀的横向生长将通孔的开口封死,然后以开口位置的电镀层作为种子层,由深孔另一端导入电镀液进行电镀填充。与盲孔电镀尽量避免开口处横向沉积的封口效应相反,通孔电镀的第一步要充分利用横向沉积引起的封口效应将开口封死,将通孔转变为一侧被铜膜密封的盲孔。与盲孔电镀相比,通孔电镀时晶圆表面和 TSV 侧壁没有种子层,这是保证单向电镀的根本原因。这种方法的优点是工艺简单;但是横向电镀速率慢,电镀封口层厚薄不均,导致 TSV 电镀过程均匀性较差。电镀封口的铜凸点需要 CMP 平整化去除。

第二种方法是利用辅助圆片提供种子层。首先将带有通孔的晶圆与带有铜种子层的辅助圆片键合,去除通孔底部的键合层后,利用辅助圆片表面的铜层提供 TSV 通孔电镀的种子层。与第一种方法相比,使用辅助圆片提供电镀种子层省去了封口电镀步骤,大幅度缩短了电镀时间并提高了种子层的一致性。此外,辅助圆片为硅圆片减薄提供机械支撑,可以将硅圆片减薄到很小的厚度,缩短电镀时间,同时也为缩小 TSV 尺寸创造了条件。

(a) 电镀封口种子层

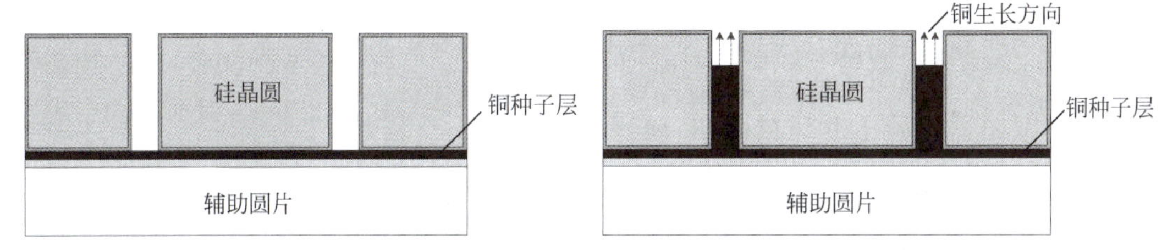

(b) 辅助圆片种子层

图 4-54 TSV 通孔电镀原理

通孔电镀无须复杂的添加剂就可以实现自底向上的单向电镀，与盲孔电镀相比，其优点包括：①TSV 侧壁和晶圆表面没有种子层，电镀只在 TSV 的底部发生，是严格的单向沉积过程，理论上可用于任意深宽比，降低了 TSV 电镀对电镀液、电镀设备和电镀工艺参数的要求，工艺难度低，材料成本低；②侧壁无须沉积铜种子层，在一定程度上简化了制造过程，特别是在 MOCVD 和 ALD 沉积铜尚有困难的情况下，有助于简化高深宽比 TSV 的工艺；③通孔结构可以采用双面沉积介质层和扩散阻挡层的方法，将可沉积的深宽比提高近 1 倍；④采用的添加剂更少，电镀铜的晶粒较盲孔电镀更大，对于控制 TSV 铜柱的成分、可靠性和应力等有一定好处。通孔电镀的主要缺点是单向电镀速率慢，电镀沉积所需要的时间长。虽然 TSV 侧壁无须铜种子层，但侧壁仍需沉积扩散阻挡层和粘附层。

通孔电镀主要是为了解决高深宽比 TSV 无空洞电镀的问题而产生的。近年来，随着电镀液添加剂的不断改进，电镀 20：1 甚至更高深宽比的盲孔 TSV 的技术问题基本解决，在考虑电镀时间和工艺过程长短的情况下，盲孔电镀成为量产的主要方式。利用通孔电镀可以降低介质层沉积、扩散阻挡层沉积和电镀的技术难度，适用于研究机构的初期原型验证。因此，这种基于通孔电镀的 TSV 填充方法目前仍被大学和研究机构广泛采用[119-125]。

4.3.4.2 TSV 通孔电镀

TSV 的通孔电镀工艺过程：①在晶圆正面 DRIE 刻蚀深孔，减薄后使深孔在背面开口，形成通孔；②在 TSV 侧壁沉积 SiO_2 介质层和 TiN 扩散阻挡层；③在晶圆背面溅射厚度 300nm 的铜层作为电镀的种子层；④在溅射种子层的背面进行直流电镀，将通孔的背面开口封死；⑤翻转晶圆电镀，利用铜柱单向生长使深孔填满铜。

图 4-55 为边长/直径为 30μm/50μm 的方孔/圆孔电镀封闭开口的过程[123]。经过 2h 的直流电镀，开口的封闭程度超过 50%；经过 4h 电镀，所有的开口已经完全封闭。开口尺寸相同时，圆孔和方孔的封闭时间差异不大。由于电镀封闭开口需要的时间较长，为了加快封闭速率，可以尽量采用较高的电流密度和电镀液浓度。

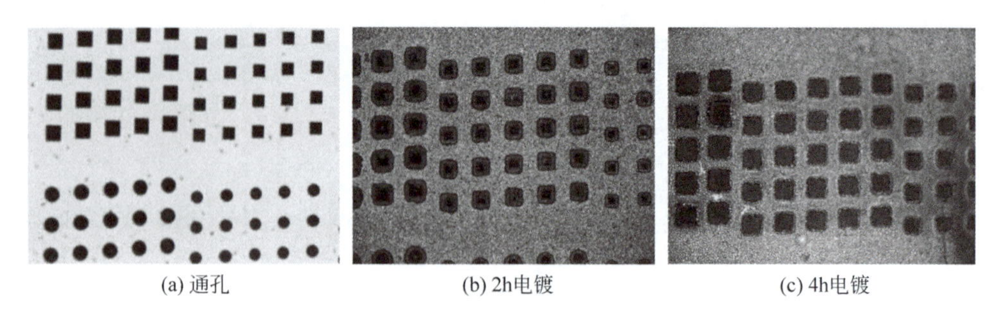

(a) 通孔　　(b) 2h电镀　　(c) 4h电镀

图 4-55　通孔电镀封闭过程

图 4-56 为通孔电镀的 20μm×200μm 的 TSV 剖面。单向电镀填充以后，TSV 内部没有任何空隙等缺陷。TSV 铜柱在孔内只沿着 TSV 的轴向自底向上生长，保证了无空洞电镀。单向电镀过程以提高电镀速率为优化目标，因此不需要复杂的电镀波形和添加剂，只需要最基础的电镀液和直流电镀，就可以无空洞填充。填充高度为 200μm 的 TSV 需要大约 4h，即每小时平均电镀 50μm[126-127]。只要横向电镀封口过程可靠，反转后电镀 TSV 的一致性很高，即使封口因为 TSV 直径不同而有所差异，也可以通过适当延长电镀过程，获得较高的电镀成品率。

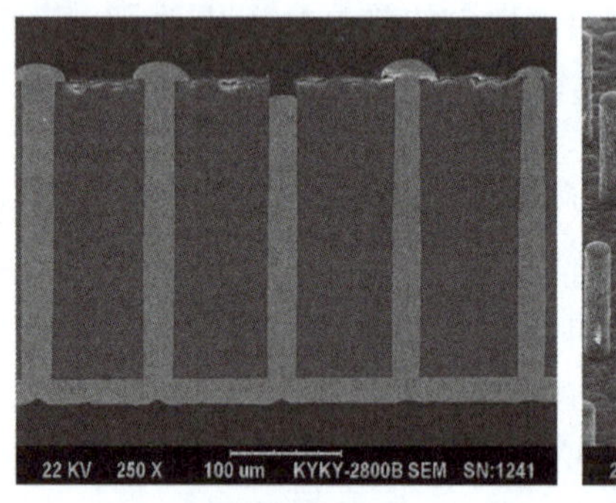

(a) 完全填充的通孔

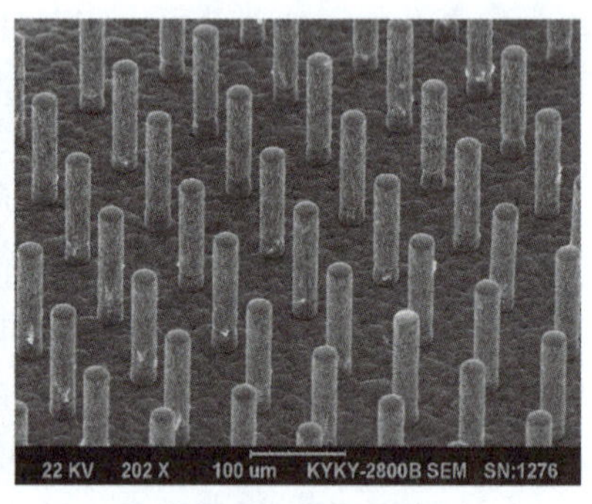

(b) 去除硅衬底的TSV阵列

图 4-56　通孔铜电镀结果

通孔电镀时因为侧壁没有铜种子层，需要对扩散阻挡层表面进行润湿处理，以提高电镀液在 TSV 内的接触特性。对于氮化硅扩散阻挡层，可以通过氨气等离子体处理提高表面润湿能力，将表面接触角从 40°减小到 10°。对于 TiN 阻挡层，在氧等离子体中部分氧化后再利用紫外线照射，可以将接触角从 84°减小到接近 0°[128]，但这种方法不适用于小直径高深宽比的 TSV。采用 30%的双氧水、25%的氢氧化铵和去离子水按照 1∶1∶5 构成的 SC1 溶液在 75℃下处理 30min，可以将 SiO_2 和 SiN 的表面润湿角从 47°减小到 3°[122]。

4.3.5　TSV 电镀的理论模型

建立电镀过程的理论模型有助于理解电镀的动力学演化过程，对优化工艺具有参考意义[129]。电镀过程中，阳极表面依靠氧化反应不断产生铜离子，并依靠各种物质输运机制将铜离子从电镀液中输运到阴极表面，阴极表面的电化学还原反应不断消耗铜离子，形成动态的电镀沉积。阳极和阴极表面的电化学反应将电流与电镀沉积速率联系到一起。利用电化学基本方程和电场及离子场分布和输运特性，通过离子流场与电势场的耦合，可以获得动态铜离子浓度及电流密度的分布，进而得到阴极表面的电镀沉积速率，建立盲孔和通孔电镀模型。由于阴极厚度和形貌而随电镀时间变动，因此需要将电镀过程视为动边界问题。分析过程需要根据实际情况做出必要的假设和简化，如忽略阴极表面的对流，忽略阳极反应而认为铜离子浓度在距离阴极较远的区域为恒定值，忽略添加剂的作用。

4.3.5.1 稳态过程

电镀主要是质量输运和阴极表面的电化学反应过程，对于距离阴极表面较远的区域（如扩散层之外），可认为离子浓度是恒定的，始终是溶液的体浓度，如图 4-57 所示[127]。忽略阴极表面扩散层内的对流作用，只考虑扩散和电迁移两个物质输运机制。对于盲孔电镀，阴极包括 TSV 的侧壁、底部以及晶圆表面；对于通孔电镀，只在 TSV 底部存在种子层而侧壁和晶圆表面没有种子层。主要考虑溶液的电势场和离子的浓度场这两个无源场，它们通过阴极表面的电化学反应及离子的电迁移输运实现耦合。

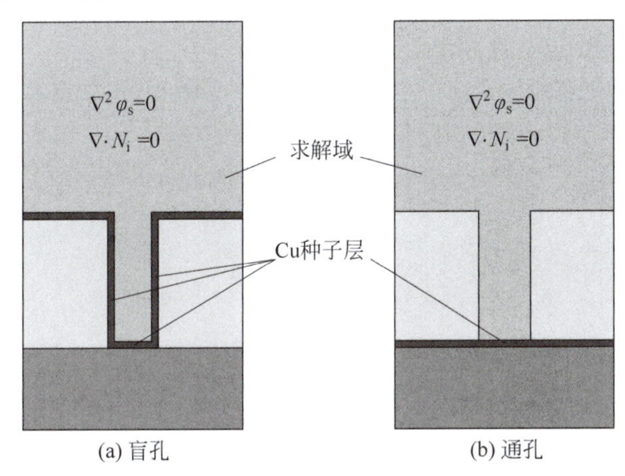

图 4-57 电镀模型

对于图 4-57 的简化模型，忽略计算区域内对流的影响，认为所有的物质输运都是扩散和电迁移机制引起。对应 Cu^{2+} 离子的物质流密度为

$$N_i = -D_i\nabla c_i - z_i F\frac{D_i}{RT}c_i\nabla\varphi_s \tag{4.13}$$

式中：右侧第一项为扩散流；第二项为迁移流；c_i 和 φ_s 分别为离子浓度和溶液电势；R 为气体常数(8.31J/(mol·K))，D_i 为铜离子扩散常数；D_i/RT 为铜离子迁移常数，这里假设 Nerst-Einstein 关系成立。

阴极表面电化学反应遵循 Butler-Volmer 关系：

$$j = j_0\left(e^{\alpha_a\frac{\eta F}{RT}} - e^{-\alpha_c\frac{\eta F}{RT}}\right) \tag{4.14}$$

式中：j 为阴极表面电流密度；α_a、α_c 分别为阳极和阴极电化学传递系数；η 为阴极表面过电位，是阴极表面的溶液电势与平衡时的溶液电势的差值；j_0 为平衡状态时（过电位 $\eta=0$）阴极电流和阳极电流的绝对值，即交换电流密度。

电镀时阴极表面的电极电势是固定的，而阴极表面的溶液电势存在分布差异，引起电流的分布差异。在阴极表面，过电位 $\eta<0$，电流主要是阴极电流，阳极电流可以忽略，即

$$j = -j_0 \exp\left(-\alpha_c \frac{\eta F}{RT}\right) \tag{4.15}$$

通过公式变形，进一步可以得到

$$|\eta| = \frac{RT}{\alpha_c F}(\ln|j| - \ln|j_0|) \tag{4.16}$$

式(4.16)为Tafel极化关系式。以此为基准，测定阴极电位与$\ln|j_0|$的关系，根据斜率可以测定对应α_c常数[18]。

阴极表面不同位置过电位的不同引起电流密度的分布差异，而电流密度的不同对应着扩散流的差异。稳态情况下这两个流等效，即表面扩散流与表面电势通过阴极电流存在如下关系：

$$-zFD_{Cu}\nabla c_{Cu} \cdot \boldsymbol{n} = j = -j_0 \exp\left(-\alpha_c \frac{\eta F}{RT}\right) \tag{4.17}$$

这里阴极电流只计入扩散电流。由于电流的连续性，在扩散区的扩散电流与阴极表面离子电双层内部的扩散电流、迁移电流之和是相等的。

阴极表面还原反应消耗铜离子，引起铜离子的浓度梯度，并伴有离子流动引起的宏观电流。如果表面浓度由于反应消耗而降低，将影响后续的反应速率，因而表面浓度也应包含在电流项之中。为了表征这种影响，引入浓度过电位的概念，即$\eta = \eta_s + \eta_c$，分别计入表面过电位η_s和浓度过电位η_c，其中

$$\eta_c = -\frac{RT}{zF}\ln\frac{c_s}{c_\infty} \tag{4.18}$$

式中：c_s、c_∞分别为阴极表面及远端溶液中铜离子的浓度。

将式(4.18)代入式(4.15)，可以得到

$$j = -j_0 \exp\left(-\alpha_c\left(\frac{\eta_s F}{RT} - \frac{1}{z}\ln\frac{c_s}{c_\infty}\right)\right) = -j_0\left(\frac{c_s}{c_\infty}\right)^{\frac{\alpha_c}{z}} \exp\left(-\alpha_c \frac{\eta_s F}{RT}\right) \tag{4.19}$$

在实际过程中，一般认为电流与表面浓度之间存在系数次方关系，往往假设该系数为常数，很多情况下取值为1。

根据前面的分析，做如下简单假设：阴极电流仅是铜离子扩散及迁移引起；工作于恒流模式时，整个仿真区域内总的电流大小是恒定的；忽略离子电双层的厚度，认为阴极表面位置处金属电极与溶液的电位差就是过电位；表面反应电流与铜离子表面浓度有关，且等于阴极电流。于是可以得到场方程为

$$\begin{cases} \nabla^2 \varphi_s = 0 \\ \nabla^2 c_i = 0 \end{cases} \tag{4.20}$$

在阴极表面，溶液电势场和离子浓度场耦合，存在关系

$$j_c = -zFN_i \cdot \boldsymbol{n} = j_0 \frac{c_s}{c_\infty} \exp\left(\alpha_c \cdot \varphi_s \cdot \frac{F}{RT}\right) \tag{4.21}$$

式中：离子流密度N_i如式(4.13)所示。这里假设阴极表面处金属电极电位为零，而阴极表面处溶液电位为φ_s，对应阴极过电位就是$-\varphi_s$。

考虑边界条件，距离阴极较远的溶液的离子浓度分布均匀，溶液组成固定，且符合电中

性条件，则有

$$-\kappa \nabla \varphi_s = j_{avg} \tag{4.22}$$

式中：j_{avg} 为整个仿真宽度或面积内的平均电流密度，在恒定电流模式时是固定值；c_b 为溶液中铜离子的体浓度。

根据电流守恒，存在如下关系：

$$\Gamma_A \cdot j_{avg} = \int_{\Gamma_c} j_c \mathrm{d}S \tag{4.23}$$

即阳极总电流与阴极总电流相等。这里使用了三维模型，二维模型与此类似，只是将边界上的面密度转换成线密度。在对称边界及绝缘边界上，没有电流或铜离子的产生和消失，对应有

$$\begin{cases} \nabla \varphi_s \cdot \boldsymbol{n} = 0 \\ \nabla c_i \cdot \boldsymbol{n} = 0 \end{cases} \tag{4.24}$$

以上构建了模型的基本方程，包括场方程、场耦合关系式以及边界条件，然后进行多物理场耦合求解。首先求解稳态过程，即对应求解区域固定，给定边界条件及初值，求出离子浓度分布以及电流密度分布，进而得到电镀沉积的速率分布。然后变动边界，模拟整个电镀填充过程中孔的填充形貌随时间的演变情况。根据前面给出的问题描述，使用电极动力流子场用于求解离子浓度分布，使用直流导电媒介子场用于求解溶液电势分布。两个子场在阴极表面通过 Butler-Volmer 电化学关系耦合。根据前述场方程和边界条件，设置两个子场的方程系数和边界条件。根据耦合关系定义场变量，实现两个子场的联合求解。稳态情况下不考虑求解区域随时间的变化，仅根据区域特点给定初值，依据耦合条件，计算出动态平衡时的场分布。

离子浓度的梯度形成扩散，并在阴极经由电化学反应转化成电流。图 4-58 为盲孔和通孔电镀的铜离子浓度等值分布曲线和电流向量分布。图中相邻两条线对应的浓度差固定。对于盲孔电镀，盲孔底部、侧壁以及表面都是阴极，电镀的有效面积大于仿真区域平面面积。离子浓度在盲孔内的变化梯度比孔外稍大。盲孔内存在两个浓度梯度，一个是从盲孔开口到盲孔底部的浓度梯度，另一个是从盲孔中心到盲孔边缘的浓度梯度。这两个梯度源于盲孔底部和侧壁同时参与阴极电化学反应消耗铜离子。阴极电流向量在盲孔外表面和侧壁有消耗，电流在垂直侧壁方向上的分量从盲孔开口到底部逐渐减小，且在开口位置电流密度提高。由于电流密度直接决定电镀速率，因此盲孔开口位置的电镀速率高于盲孔侧壁和底部，容易形成开口位置处电镀较快而将盲孔开口封死的现象。

对于通孔电镀，阴极反应只有通孔底部面积，孔内铜离子浓度梯度远大于孔外浓度梯度。由于孔外表面不消耗铜离子，铜离子在孔的开口位置存在着向孔的汇聚趋势。在孔内部只存在从开口到底部的浓度梯度，不存在明显的从中心到边缘的浓度梯度。通孔内的电流在孔内是连续的，只在底部存在电流消耗。根据阴极电流与电镀生长速率的关系，通孔电镀的这种电流分布形式决定了只在孔底存在电镀生长，而在孔侧壁以及孔外表面，电镀生长速率为零，即孔的单向填充。

4.3.5.2 动态过程

电镀过程中阴极会由于铜的沉积而产生形状的变化，因此求解区域由于阴极的变动而

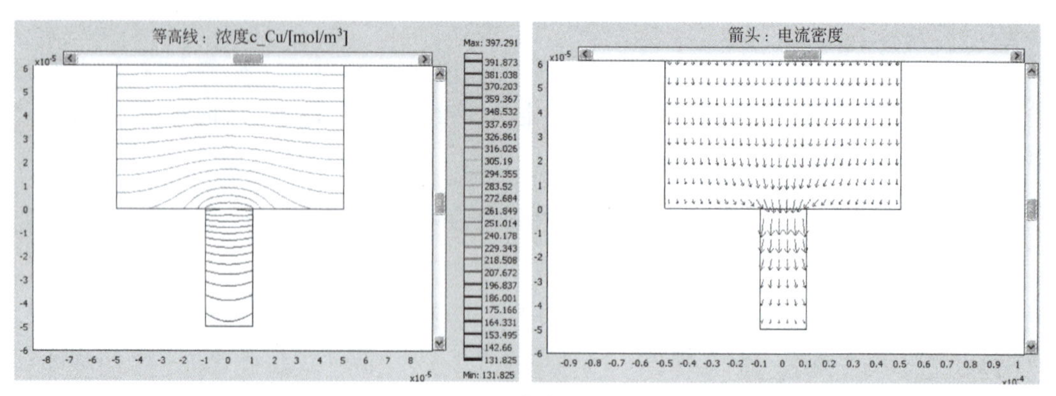

(a) 盲孔

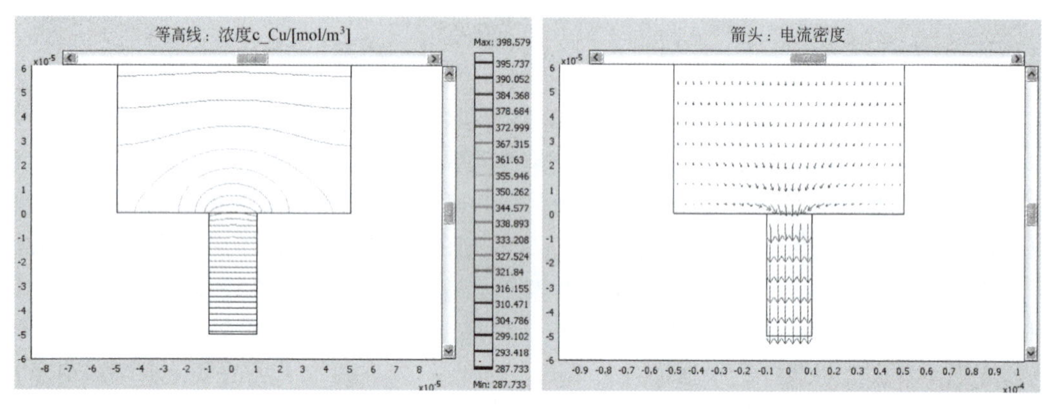

(b) 通孔

图 4-58　稳态离子浓度等值分布和电流向量分布

发生变化，即电镀本质上是一个动边界问题。为实现边界变动，使用 COMSOL 内嵌的变形网格方法，不需对网格进行重新划分。随着求解的进行，调整网格的尺寸，实现边界的变动。变形网格方法使用两个坐标系，即参考坐标系(X,Y)和变形坐标系(x,y)，两个坐标系存在如下关系：

$$x=x(X,Y,t),\quad y=y(X,Y,t) \tag{4.25}$$

即网格节点坐标是初始坐标值和时间的函数，随着时间的推进，网格节点坐标值发生变化。相对参考坐标系来说，等于网格发生了变形，如图 4-59 所示。

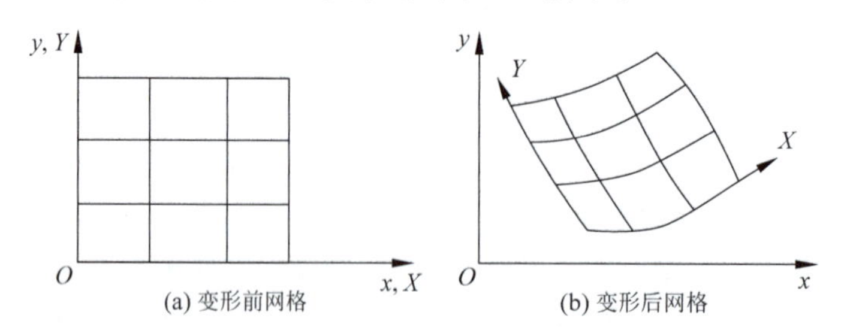

(a) 变形前网格　(b) 变形后网格

图 4-59　网格变形原理示意

通过设置网格变形的控制参数与电沉积速率相关，尺寸为 20μm×50μm 的盲孔和通孔的电镀动态过程如图 4-60 所示。电镀开始后，铜同时在孔的底部、侧壁和表面生长，但在孔内侧壁和底部的生长速率明显低于开口位置和表面的生长速率。在经过 2400s 电镀后，盲孔开口基本被铜封闭，在孔内形成空洞。通孔电镀的仅在孔底部发生。通孔电镀只有从孔底部向上的单向填充趋势，侧壁和表面没有电镀沉积。随着电镀时间的延长，铜柱顶端逐渐接近孔开口位置，电场分布发生一定的改变。这是因为随着电镀的进行，未被填充的孔的等效深宽比发生变化，随着有效深宽比的减小，电流的汇聚效果减弱。

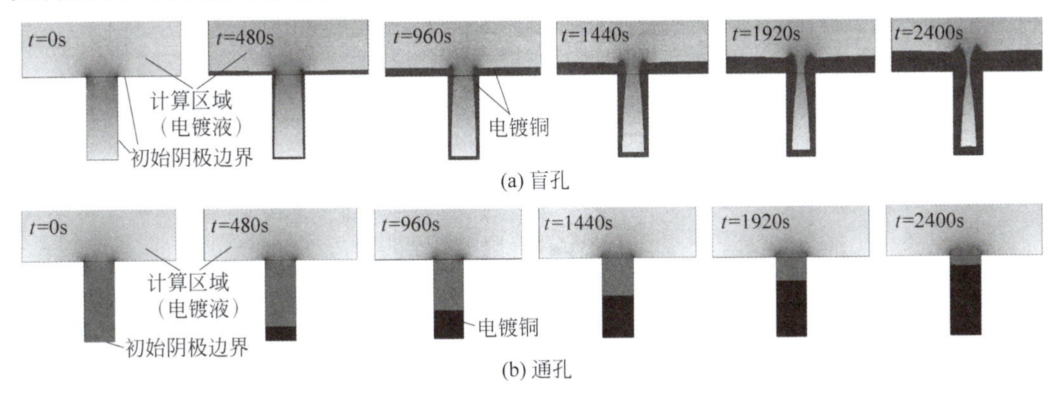

图 4-60 电镀的动态过程

图 4-61 为盲孔侧壁和通孔底部的电镀厚度随时间变化情况。电镀过程中，距离孔底部越近，电镀速率越慢，电镀层越薄。这种电镀速率的差异，使开口处首先被铜层封闭，在孔内形成空洞。对于通孔，图中横轴的“0”坐标代表底部中心位置，自底向上 TSV 电镀时，通孔内所有位置的电镀速率基本一致。

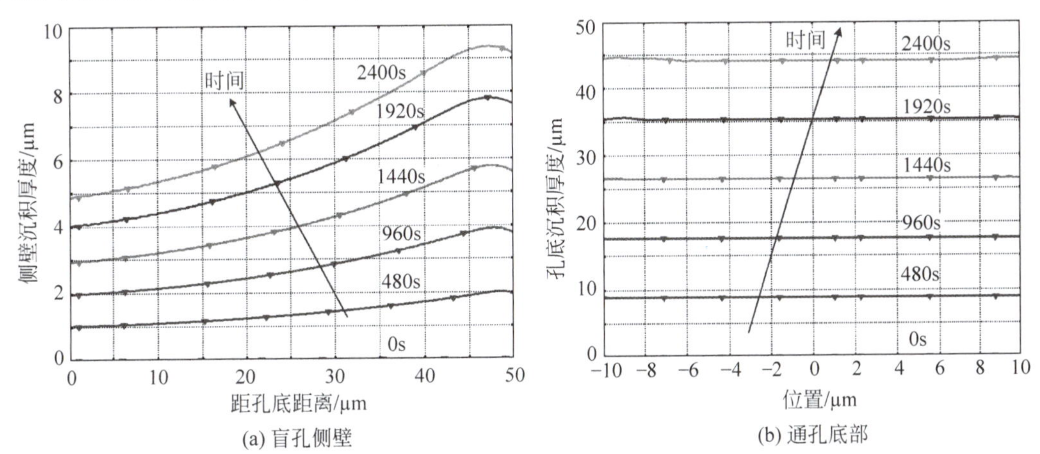

图 4-61 电镀铜层厚度动态变化

4.4 TSV 应力

TSV 铜电镀后存在残余应力和热应力。由于铜电镀的晶粒存在大小和方向不一致、结构形状变化、杂质分布等因素，即使没有温度变化，TSV 铜柱内部也会存在残余应力。此外，电镀后的制造过程或者使用过程的高温使铜柱产生热膨胀，但由于电镀铜与硅热膨胀系数的差异，铜的热膨胀被硅衬底所限制，铜柱内部会产生热应力。无论是残余应力还是热应力,TSV 铜柱的应力都会转移到硅衬底,使硅衬底和介质层产生相应的应力。较小的应力会导致晶圆翘曲而影响后续的光刻和键合工艺,同时也会影响衬底上晶体管的特性。过大的应力会导致铜柱与介质层的剥离甚至介质层和硅衬底碎裂,造成严重的可靠性问题。

4.4.1 残余应力

电镀后 TSV 铜柱内存在着显著的残余应力。例如,直径为 20μm 的铜柱,电镀后室温下对硅衬底产生的最大压应力可达 200MPa 左右[70]。为了保证结构完整性,要求 TSV 周边的硅衬底必须位于安全应力区,参考标准为 200MPa 的 von Mises 应力[130]。

4.4.1.1 铜柱残余应力的起因

残余应力从本质上是部分原子处于非平衡的晶格位置而导致的,会造成晶粒变化、电镀空洞迁移和裂纹扩展等,并产生作用于衬底的拉应力或压应力。铜柱内残余应力可以分为本征残余应力和非本征残余应力。本征残余应力是电镀过程中铜晶粒快速生长使晶粒之间相互挤压而引起的,此外晶格和晶粒的缺陷以及残留的杂质等都会引起晶粒奇异而导致本征残余应力。非本征残余应力主要是铜柱与硅衬底之间的热膨胀系数差异导致的,即电镀温度与使用时温度不同,热膨胀差异导致两个温度状态下的应力。

引起本征和非本征残余应力的因素很多,主要包括[131-132]:①铜种子层自身的晶格与下层的扩散阻挡层不匹配,铜种子层中也存在内建应力,导致种子层的晶格处于非正常状态,因此后续电镀的铜也无法实现无内建应力的生长;②铜的晶粒自发长大而产生体积变化的趋势,在体积受限的情况下引起明显的残余应力;③盲孔结构的变化会使电镀铜产生结构的变化,在结构发生变化的区域由于应变的存在,不可避免地产生内建残余应力;④电镀过程中电流分布的不均匀性、铜离子输运的非均匀性,以及温度的非均匀性等都会导致不同位置的铜的生长速率不同,发生晶格扭曲,产生内建残余应力;⑤电镀铜柱是由众多晶粒组成的类似多晶体的材料,这些晶粒的大小、形状和局部晶向差异很大,同时还分布着一定浓度的杂质和缺陷,引起周围的铜晶粒分布产生应变和结构的变形,引起残余应力。

影响残余应力的因素很多,包括铜柱的直径、密度、布置方式,以及电镀液组分、浓度和电镀参数等。通常,电流密度大时电镀铜晶粒较小,因此采用较大的电流密度不仅应力较大,而且自退火过程晶粒显著长大。自退火释放了部分残余应力,导致自退火后残余应力大幅下降。然而也有研究发现[64],采用较低的电流密度和较低的添加剂浓度,电镀铜的晶粒基本类似,但是初始应力极性刚好相反,电流密度低时为压应力,而添加剂浓度低时为拉应力。这表明添加剂和残留也是影响应力的主要因素。

图 4-62 为电流大小和加速剂浓度对残余应力的影响[64]。扩散阻挡层为厚 30nm 的 TaN,种子层为厚 150nm 的溅射铜薄膜。随着电流的增大,电镀后初始状态的应力从压应力逐渐过渡到拉应力,并且应力的绝对值逐渐增大。自退火后,应力的极性基本不发生改变,但除了极小电流密度外,应力的绝对值都有较大幅度的减小,这是小电流的自退火现象不显著而导致的。随着加速剂浓度的增加,残余应力有所减小。

刚电镀好的铜柱的晶粒尺寸与铜薄膜类似,总体上晶粒尺寸较小。然而,TSV 的结构特征使铜柱的晶粒分布表现出中部的晶粒尺寸明显大于边缘晶粒尺寸的特点,特别是靠近铜柱顶部的晶粒尺寸明显更小,如图 4-63 所示[70]。由于边缘晶粒的大小和晶向受种子层的影响较大,而溅射的种子层晶粒很小,因此靠近种子层的晶粒尺寸较小。随着铜电镀向中

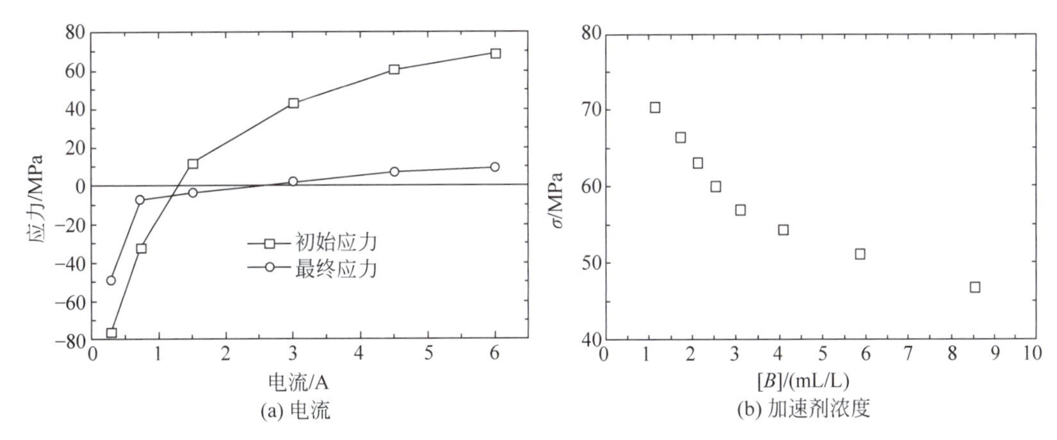

图 4-62 自退火后应力影响因素

心生长,晶粒尺寸逐渐增大。此外,由于电镀添加剂的有机成分对铜晶粒有很大的影响,铜柱外部和顶部晶粒较小与这些位置电镀时添加剂浓度较高有关[93,133]。实际上,铜电镀时侧壁和底部都覆盖有种子层,因此将 TSV 沿着轴向剖开而视为展开的铜薄膜时,其晶粒分布特性与电镀铜薄膜是一致的。

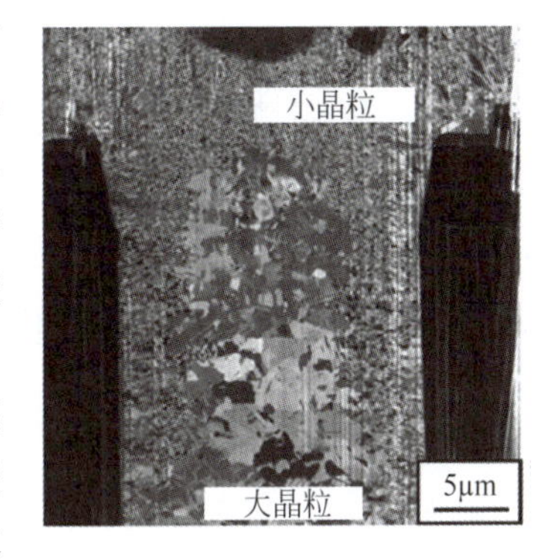

图 4-63 TSV 电镀铜晶粒的分布

TSV 铜柱在热膨胀后也会产生残余应力,这与铜柱在高温过程中发生的塑性变形有关。由于热膨胀系数的差异,在高温膨胀过程中铜柱受到硅衬底的限制,使晶粒之间相互挤压,部分晶粒长大或合并,高温过程后晶粒无法回到初始状态,产生一定程度的塑性变形。因此,电镀铜柱并非理想的弹性金属,而是表现出塑性和弹塑性混合的性质,铜柱在经历高温时不是理想的弹性热膨胀过程,而会出现一定的塑性变形,在温度复原以后变形无法全部回复,塑性变形的出现必然导致残余应力。铜柱的塑性一般采用等效应变来表示,而正应变和切应变表示热膨胀引起的不同方向的变形。

4.4.1.2 残余应力的分布

铜柱的残余应力导致周围硅衬底上出现应力,其大小和分布由铜柱的残余应力和硅材料决定。图 4-64 为有限元仿真和拉曼散射测量的 5μm×25μm 的单个 TSV 在 350℃退火后典型的应力分布[134]。仿真中假设铜为弹塑性体。在距离 TSV 约 2μm 以内,硅衬底表现为压应力,越接近铜柱压应力越大。当距离大于 2μm 以后,硅衬底的应力为拉应力,并且拉应力在达到峰值后逐渐减小并趋于零。最大压应力约为 90MPa,最大拉应力约为 30MPa。导致应力极性变化的原因是铜柱与硅之间热膨胀系数的差异引起高温下铜柱膨胀时内部的应力超过了铜的屈服极限,使铜柱沿着径向发生了永久性的塑性变形;冷却时,塑性变形无法回复,导致硅衬底受到双轴应力的作用。拉曼散射测量的是双轴应力之和,而双轴应力与方向角和晶向有关,导致应力沿着铜柱径向出现极性的变化。拉曼法测量的应力分布基本成四象限对称,这与硅晶体的各向异性特性有关。拉曼散射测量结果与有限元仿真结果吻合,表明在有限元仿真中将铜视为弹塑性体符合实际情况,同时表明铜的塑性变形是引起高温下硅衬底应力的主要原因。

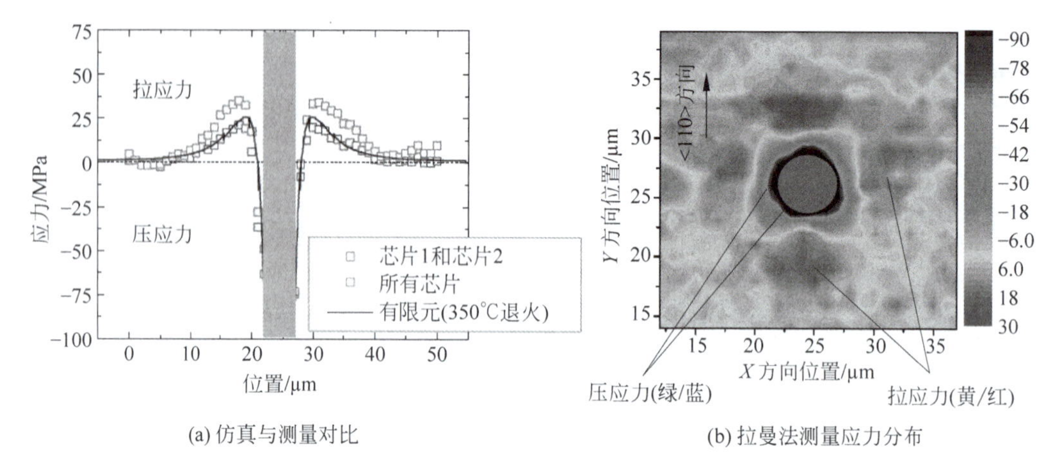

(a) 仿真与测量对比　　(b) 拉曼法测量应力分布

图 4-64　单个铜 TSV 周围的应力

当 TSV 的密度较高时,由于多个 TSV 产生的应力在中间区域相互叠加,因此多个 TSV 之间的硅衬底的应力大于硅衬底边缘的应力。单个 TSV 在硅衬底产生的残余应力随着与铜柱距离的增加从压应力变化为拉应力,但是多个 TSV 的拉应力叠加后使中间区域的拉应力增强,如图 4-65 所示。当 TSV 的间距减小到一定程度时,拉应力区域会消失,压应力区域发生叠加。当 TSV 的间距小于直径的 1/2 时,TSV 之间的区域完全为压应力。

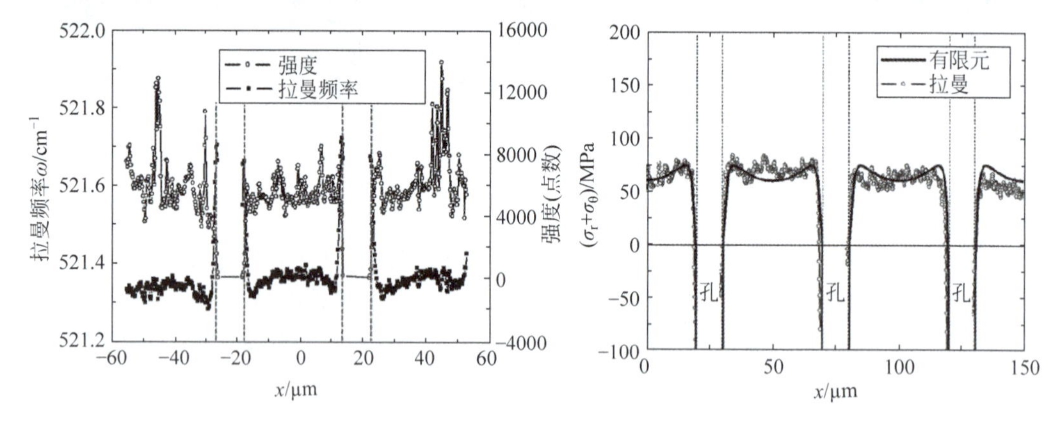

图 4-65　拉曼散射测量结果和应力分布

4.4.2　铜柱热膨胀应力

热膨胀应力是在制造或使用过程中,铜与硅热膨胀系数的差异导致在温度变化时铜柱的热膨胀受到硅衬底的限制而产生的。由于铜的热膨胀系数($\approx 17\times10^{-6}$/K)远大于硅的热膨胀系数(2.5×10^{-6}/K),温度升高时铜柱膨胀的程度超过硅的膨胀程度,但是由于铜柱外壁被硅限制,铜柱的膨胀程度小于该温度下自由膨胀的程度,而硅的膨胀程度大于自由膨胀的程度,即与自由膨胀相比,铜柱径向受到硅衬底的挤压,而硅衬底的径向方向被铜柱撑大。因此,铜柱受到挤压表现为压应力,而硅衬底被撑大表现为径向压应力和周向拉应力。

铜柱热膨胀在周边硅衬底内产生的热应力非常显著,径向正应力甚至可达 400～600MPa,而实验与有限元分析发现,当热膨胀引起的正应力达到 400MPa 时,硅衬底可能发生碎裂。即使 TSV 的应力不足以导致硅衬底碎裂，也会引起 TSV 周围硅衬底迁移率的变化，改变晶体管的性能，导致器件和电路的特性发生偏移。为了保证 TSV 的可靠性和周围器件的性能，必须限定 TSV 的热应力，并将 TSV 周边不能布置器件的高应力区（排除区）作为电路的设计规则。

4.4.2.1 热应力的分布

由于硅的厚度远小于其平面尺寸，垂直于硅衬底方向的应力在距离铜柱侧壁约 1μm 以外的范围基本可以忽略，因此硅衬底的热应力可以简化为平面应力。在圆柱坐标下，铜柱周围硅衬底的热应力 σ_{Si} 可以分解为径向应力分量 σ_r 和周向应力分量 σ_θ，当温度增量为负数时，径向应力为拉应力，而切向应力为压应力，如图 4-66 所示。利用拉梅(Lame)公式可知，硅衬底上某一点处的径向应力 σ_r 和周向应力 σ_θ 与 TSV 的直径 ϕ 和该点到 TSV 的距离 d 之间满足以下关系：

$$\sigma_r \approx -\sigma_\theta \approx \sigma_{Si}\left(\frac{\phi}{d}\right)^2 \tag{4.26}$$

从式(4.26)可以看出，简化为平面应力时硅衬底的应力具有对称性和等值性两个特点。对称性是指应力以铜柱为中心完全对称分布，即距离铜柱相等的圆环上所有点的应力大小完全相同。等值性是指任何位置的径向应力分量 σ_r 与切向应力分量 σ_θ 幅值相等但符号相反，且大小与 TSV 的直径的平方成正比，与该位置到 TSV 的距离的平方成反比。通过坐标变换，圆柱坐标内的径向应力分量和周向应力分量可以转变为直角坐标的 x 轴应力分量和 y 轴的应力分量，直角坐标内的应力分布仍为对称的。

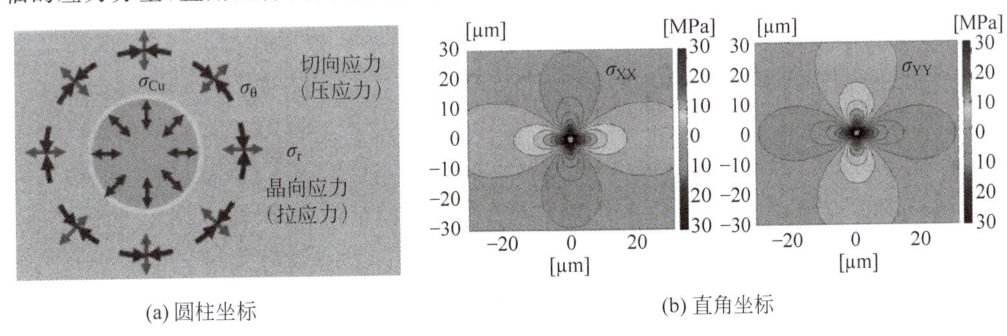

(a) 圆柱坐标 (b) 直角坐标

图 4-66 TSV 周边应力分布

铜柱在加热膨胀和冷却收缩过程表现为不同的特点，如图 4-67 所示[135]。铜的热膨胀系数比硅衬底的大很多，加热膨胀过程中，铜柱沿着径向和轴向的膨胀程度都非常显著，产生沿着径向的膨胀和沿着轴向向表面外凸出的趋势，导致与之接触的 SiO_2 介质层和邻近的硅衬底受到轴向拉应力的作用和径向压应力的作用；在降温过程中，铜的收缩程度更大，使与之接触的 SiO_2 介质层和硅衬底受到轴向压应力的作用和径向拉应力的作用。

热膨胀应力可以通过拉曼散射进行测量，但是只适用于晶体材料如硅的测量，对 TSV 铜柱、SiO_2 介质层等薄层的应力测量仍旧较为困难。此外，通过测量整个晶圆的曲率半径，可以利用 Stoney 公式计算晶圆的应力。对于多层键合以后的三维集成，测量只能针对表面的芯片层，而无法测量其他被覆盖的那些芯片层。因此，理论和数值计算在热膨胀分析中非

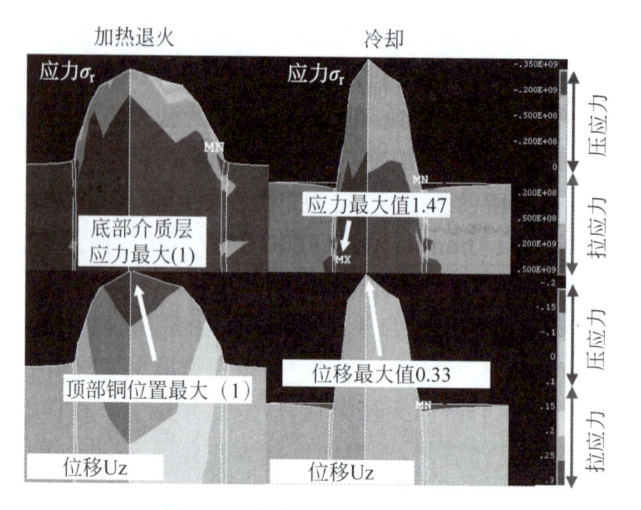

图 4-67　铜柱加热和冷却过程

常重要。尽管TSV铜柱的结构非常简单，但是即使只考虑单层芯片的情况，铜柱热膨胀的三维模型（有限厚度）的理论计算也是非常困难的。因此，利用有限元法对铜柱热膨胀进行模拟，是获得应力分布的有效途径。

4.4.2.2　热应力的理论模型

利用理论模型可以近似得到铜柱热膨胀的应力分布情况。在各向同性并且线弹性的假设条件下，铜柱热膨胀的理论模型可以按照如图4-68所示的叠加法进行处理[136]。由于铜柱热膨胀本质上是三维问题，为了求解将其分解为A和B两个问题的叠加。问题A中，TSV受到温度增量ΔT和表面均布应力σ_z的共同作用，目的是使TSV的内部应力均匀化，这样问题A中的径向膨胀转化为平面轴对称问题，可以采用弹性力学中平面问题的Lame公式求解。实际上，由于TSV两端没有外部应力的作用，因此需要在问题A的模型上叠加问题B，使TSV表面受到反向的均布应力$p(=\sigma_z)$的作用，此时问题B变为无热膨胀而仅有均布应力作用的变形问题，可采用半理论模型进行近似求解。

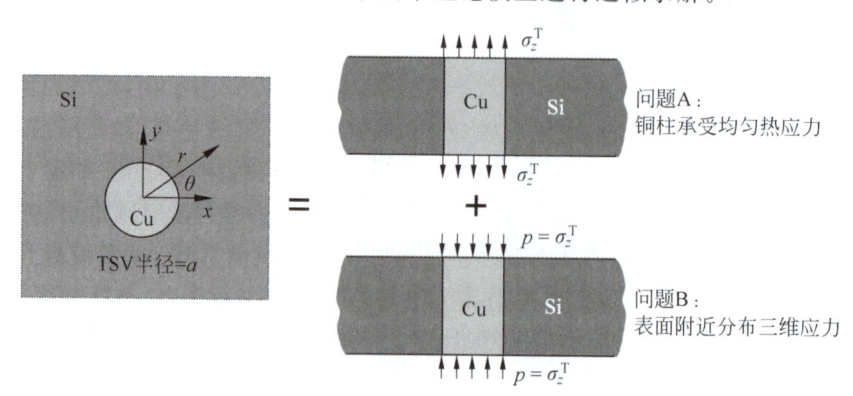

图 4-68　TSV铜柱热膨胀的理论模型

问题A属于平面轴对称问题，应力不仅与轴向长度无关，也与平面内角度无关。此时Lame公式的精确解为

$$\sigma_r^A=\sigma_\theta^A=-\frac{E_f\varepsilon_T}{1-2\nu_f+E_fk_m/(E_mk_f)},\quad \sigma_z^A=-E_f\varepsilon_T\frac{1+E_fk_m/(E_mk_f)}{1-2\nu_f+E_fk_m/(E_mk_f)} \tag{4.27}$$

式中：σ_r、σ_θ 和 σ_z 分别为 TSV 径向、周向和轴向应力；ε_T 为热膨胀系数失配引起的应变，$\varepsilon_T=(\alpha_f-\alpha_m)\cdot\Delta T$。$\alpha$、$E$ 和 ν 分别为材料的热膨胀系数、弹性模量和泊松比；$k_m=1+\nu_m$，$k_f=1+\nu_f$，下标 f 和 m 分别表示 TSV 和硅。

在硅衬底内距离 TSV 中心大于 TSV 半径以外的区域($r>\alpha$)，应力分布为双轴的非均匀应力，即

$$\sigma_r^A=-\sigma_\theta^A=-\frac{E_f\varepsilon_T}{1-2\nu_f+E_fk_m/(E_mk_f)}\left(\frac{\alpha}{r}\right)^2 \tag{4.28}$$

式中：α 为 TSV 铜柱的半径；r 为与 TSV 中心的距离。可见，热膨胀应力与 TSV 直径的平方成正比，与到 TSV 距离的平方成反比。

图 4-69 为直角坐标系下二维模型得到的单根铜柱热膨胀的应力分布[137]。计算采用完全弹性假设，铜柱直径为 20μm，长度和衬底厚度都为无穷大，温度变化＝－175℃。在 TSV 周围的正应力 σ_x 与 σ_y 完全对称，分别为拉应力和压应力，并且 σ_x 与 σ_y 大小相等，越靠近铜柱的位置应力值越大。切应力 σ_{xy} 与正应力存在 90°的相差，并且关于坐标轴反对称。

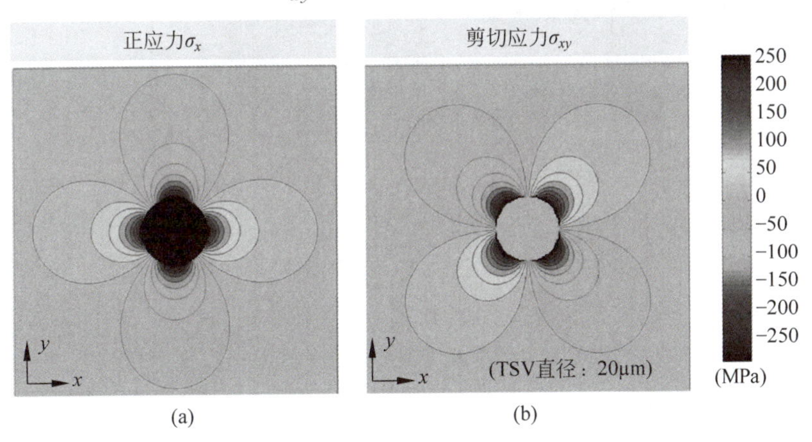

图 4-69　二维模型计算的单个 TSV 热膨胀的应力分布

图 4-70 为二维模型得到的 2 个和 4 个铜柱热膨胀的应力分布[137]。对于 2 个 TSV 的情况，当其都位于 y 轴上时，二者之间 y 方向的正应力 σ_y 为单个铜柱的叠加状态，应力加强，而其他方向与单个 TSV 的情况差异不大，应力分布情况关于 x 轴对称；切应力 σ_{xy} 在 2 个 TSV 之间相互抑制，出现了小面积的低应力区，但是远处的切应力都得到了加强，切应力关于 x 轴反对称。当 2 个 TSV 位于对角线方向(二者的连线与 x 轴成 45°)时，2 个 TSV 之间区域的正应力互相抑制，而切应力加强。这表明，TSV 之间区域的应力与方向性有关。对于 4 个 TSV 的情况，在 4 个 TSV 的中间区域，由于应力的相互叠加而存在着一个低应力区，但在 TSV 的周边，低应力区的位置反而较远。无论是 TSV 中间还是外部，低应力区的分布与 TSV 的相对位置有关。当 TSV 平行于坐标轴排布时，低应力区的面积较小，而当 TSV 按照旋转 45°的方向排布时，低应力区的面积大幅增加。

由于问题 A 假设表面作用有均布应力而实际表面没有应力，因此问题 A 需要叠加问题

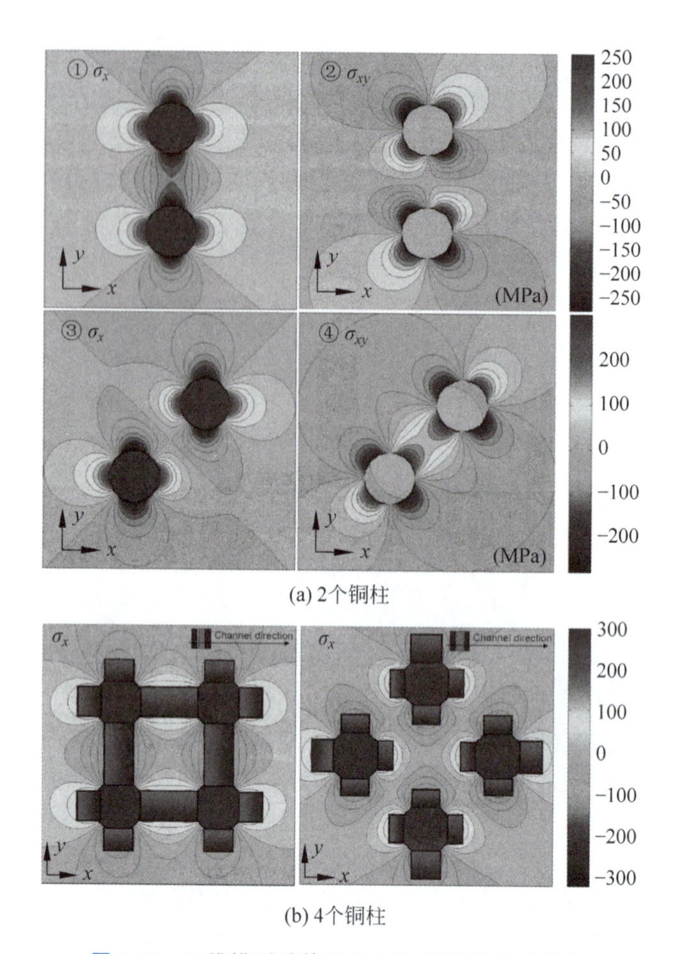

(a) 2个铜柱

(b) 4个铜柱

图 4-70　二维模型计算的多 TSV 热膨胀应力分布

B 使表面的边界条件满足实际情况。问题 B 中,应力只作用在 TSV 的上下表面,对于高深宽比的 TSV,式(4.27)和式(4.28)可以较为准确地表示远离 TSV 的位置的上下表面处的应力分布。但是,在接近 TSV 的位置处,问题 B 引入的补偿应力使该位置上下表面的结果与实际应力相差很大。因此,对于上下表面处和小深宽比的 TSV,这些公式的计算结果是不准确的。

考虑一个半无限的衬底上,与 TSV 面积相同的面积内作用有均布力,忽略 TSV 铜柱和硅衬底的弹性模量和泊松比的差异,可以得到

$$p=\sigma_z^{\mathrm{A}}=-\frac{E\varepsilon_{\mathrm{T}}}{1-\nu} \tag{4.29}$$

因此,问题 B 的解可以通过经典 Boussinesq 问题的三维求解的积分形式获得:

$$\begin{cases}\sigma_r^{\mathrm{B}}(r,z)=\dfrac{-E\varepsilon_{\mathrm{T}}}{2\pi(1-\nu)}\displaystyle\int_0^a\int_0^{2\pi}\left[\left(\frac{1-2\nu}{R^2+Rz}-\frac{3z(R^2-z^2)}{R^5}\right)\cos^2\beta+\left(\frac{z}{R^3}-\frac{1}{R^2+Rz}\right)(1-2\nu)\sin^2\beta\right]\rho\mathrm{d}\rho\mathrm{d}\theta\\ \sigma_\theta^{\mathrm{B}}(r,z)=\dfrac{-E\varepsilon_{\mathrm{T}}}{2\pi(1-\nu)}\displaystyle\int_0^a\int_0^{2\pi}\left[\left(\frac{1-2\nu}{R^2+Rz}-\frac{3z(R^2-z^2)}{R^5}\right)\sin^2\beta+\left(\frac{z}{R^3}-\frac{1}{R^2+Rz}\right)(1-2\nu)\cos^2\beta\right]\rho\mathrm{d}\rho\mathrm{d}\theta\end{cases} \tag{4.30}$$

式中:$R^2=z^2+\rho^2+r^2-2\rho r\cos\theta$;$\beta=\arctan[\rho\sin\theta/(r-\rho\cos\theta)]$。应力场为轴对称,并且随着半径 r 和距离表面的高度 z 而变化。最后,整个问题的解为问题 A 的解与问题 B 的解

的叠加。

图 4-71 为利用上述三维模型计算的降温时径向正应力 σ_r 和铜柱界面切应力 σ_{rz} 的分布[138]。铜柱表面径向正应力 σ_r 为压应力，衬底表面的径向正应力为拉应力，而正应力 σ_z 在铜柱表面和衬底表面（$z=0$）为 0，符合实际情况。与二维模型不同的是，表面以下区域的切应力 σ_{rz} 不为 0。实际上，表面附近铜柱和硅的界面处（$z=0,r=\alpha$）的 σ_{rz} 为应力集中区。另外圆周向正应力和径向正应力在接近表面的分布也与二维模型的结果相差很大。根据热膨胀系数不同和升温降温情况不同，应力可能为拉应力或压应力。铜的热膨胀系数 α_f 大于硅的热膨胀系数 α_m，加热升温 $\Delta T>0$ 时，$p<0$；冷却降温 $\Delta T<0$ 时，$p>0$。降温时，径向正应力为沿着铜柱和硅界面的拉应力，驱使界面处发生剥离。硅表面的径向正应力也是拉应力，硅表面有出现周向 C 断裂（Circumferential Crack，C-crack）的趋势。升温时，硅的径向正应力为拉应力，硅有径向 R 断裂（Radial Crack，R-crack）的趋势。

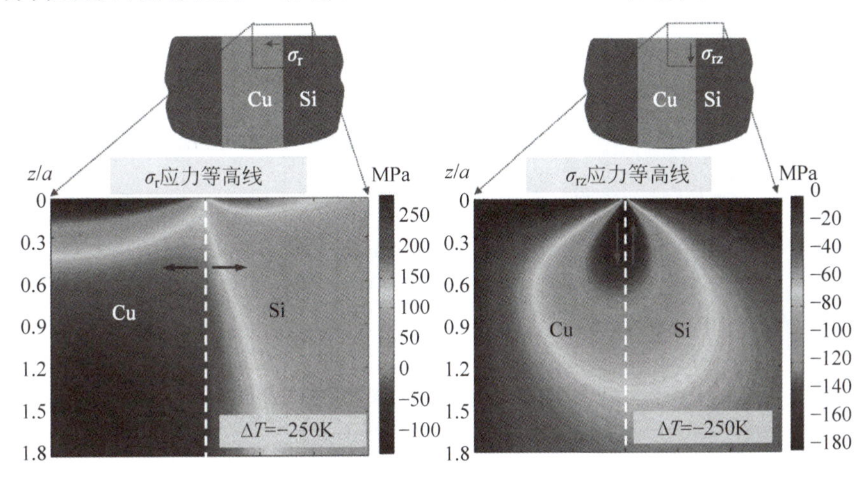

图 4-71 理论计算的应力在高度方向的分布

图 4-72 为二维理论模型和三维有限元仿真得到的 $\Delta T=-250$℃，径向和周向应力在铜柱、介质层和硅衬底内的分布情况[139]。可以看出，因为二维理论模型的结构、边界条件和不能处理介质层，所得到的结果与三维有限元的结果差异较大，不能描述介质层内的情况和轴向应力的情况。有限元的分析也表明，TSV 的表面连接焊盘和介质层对应力的影响是非常显著的。

尽管二维模型比较简单，但是二维模型假设铜柱无穷长、硅衬底无穷厚，才能满足模型的假设要求，这与带有介质层和上下表面连接金属盘的实际情况不相符。实验和有限元计算表明，热膨胀应力的最大值出现在 TSV 界面以及 TSV 周围接近衬底上下表面的位置，而这种明显的三维特点在二维模型中是无法描述的。因此，目前理论模型还存在显著的局限性。实际应用中，多种材料、复杂结构和多层芯片共同构成三维集成，理论分析还不能处理如此复杂的情况。

即便如此，由于理论分析可以容易地分析各种因素的影响，并且有助于从底层理解热力学行为，仍具有较大的吸引力。例如，通过 Lame 问题求解和线性叠加方法建立的理论与数值方法相结合的半分析型的模型，可以分析单个、高深宽比、没有连接金属盘和介质层的接近理想条件的 TSV[140]。注意，这个模型不适用于低深宽比结构和带有介质层结构，即使

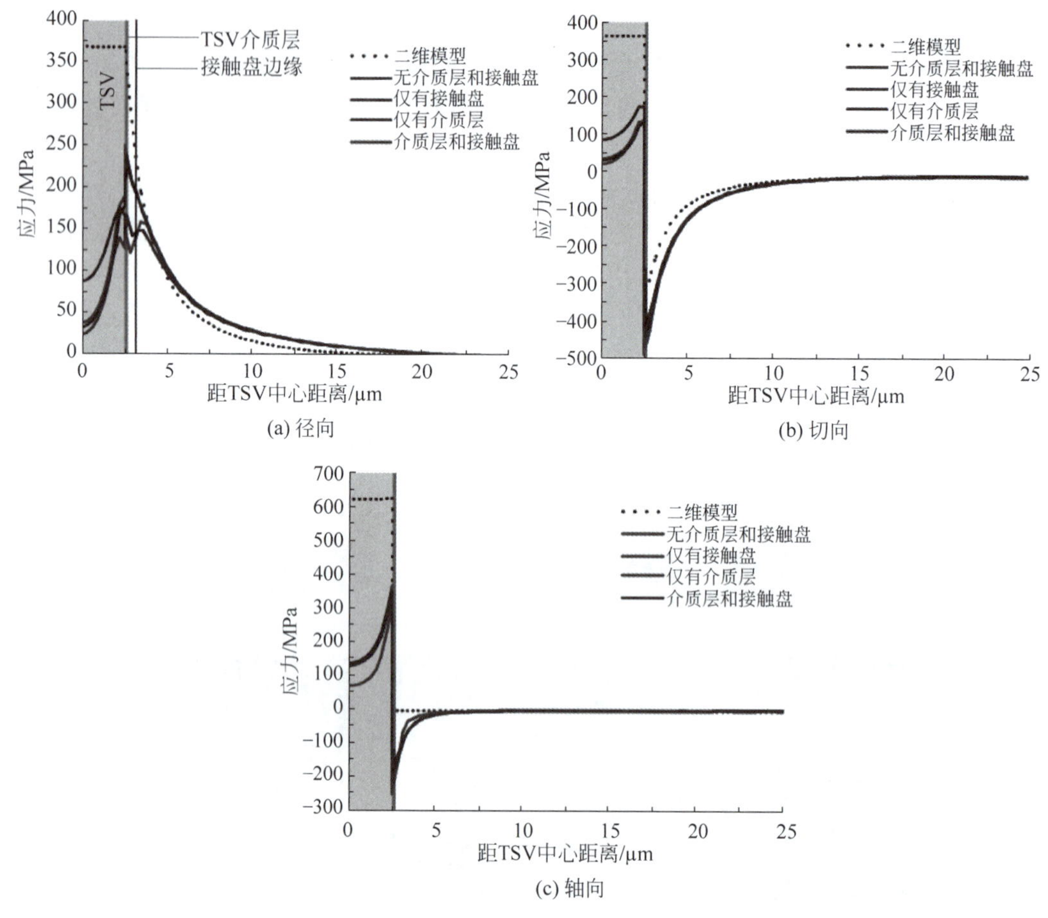

图 4-72　二维理论模型和三维有限元仿真的热膨胀应力

介质层是理想的，增加一个圆环形结构后整体边界条件都发生了变化，模型变得十分复杂。此外，也有学者利用断裂力学理论研究 TSV 的内聚型和界面型裂纹的形成和生长过程[137,141]。

4.4.2.3　有限元计算

由于三维模型的缺陷，利用有限元计算 TSV 热应力是目前最有效和最主要的手段。有限元可以计算不同的温度和时间条件下热膨胀和热应力的演化过程[142]，结合断裂力学的能量释放率(外部功与系统应变能之差的变化率，表征释放出来的能量同所施加的能量的比值)，可以计算负载因素对裂纹失效的影响[143]。由于材料的种类多、特性复杂、性质与工艺过程有关，利用有限元计算复杂三维集成系统仍是较为困难的。另外，铜柱和介质层材料等在制造完成后存在着残余应力，这也是有限元难以解决的问题，通常只能根据测试结果假设残余应力为初始值甚至为零。

有限元分析热力学问题和可靠性的流程如图 4-73 所示。第一步是建立有限元分析模型。有限元模型的建立依赖结构的形状和网格划分、材料的本构关系、载荷的作用方式，以及初始条件和边界条件。尽管网格划分方法、载荷作用方式、初始及边界条件是根据问题确定的，但是不同的设置和简化方法对计算时间和结果准确度的影响不同，导致计算结果错误甚至计算过程无法收敛。这对分析能力和计算经验有一定的要求。材料的本构关系通常需要考虑材料的各向异性、弹性和塑性性质，以及材料的温度特性。对于硅等单晶体材料，上述参数已经完全清楚。对于铜和高分子材料，其本构关系、弹性模量、泊松比等与温度相关，很多参数只能依赖简化理论和预先试验进行确定。由于三维集成系统的结构和材料过于复杂，多数情况下不得不在模型建立过程中进行合理的简化。

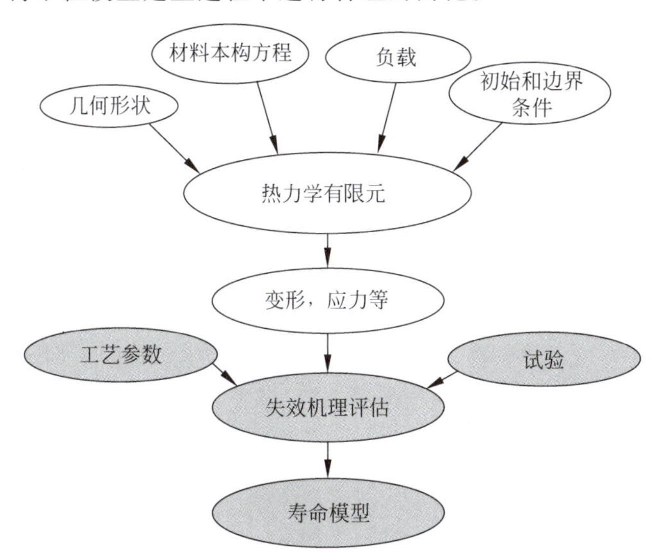

图 4-73　有限元的应用流程

建立合理的有限元模型以后，可以借助商用有限元软件的求解器或者自编的求解程序计算应力、应变、变形和温度场，获得这些参数的具体数值和分布情况。利用应力、变形和温度的结果，可以进一步得到结构的热力学特性和失效机理，包括应力极限、温度分布、温度梯度等影响结构的关键因素。在此基础上，根据材料和结构的特性可以进一步建立系统的寿命模型。

热力学计算需要考虑材料参数特别是弹性模量和热膨胀系数随温度的变化关系。硅具有近乎理想的弹性，室温下[100]晶向和[110]晶向的弹性模量分别为 131GPa 和 169GPa，弹性模量的温度系数基本都为-63.6×10^{-6}/K。二氧化硅的性质与工艺过程紧密相关，弹性模量通常为 60～70GPa；弹性模量的温度系数为 $163\sim190\times10^{-6}$/K，这一特点与绝大多数材料不同。电镀铜的性质与工艺紧密相关，室温弹性模量为 105～140GPa。铜的弹性模量与温度有关，典型弹性模量为 120.5GPa(38℃)、117.9GPa(95℃)、115.2GPa(149℃)、112.6GPa(204℃)、110.0GPa(260℃)、95GPa(350℃)、70GPa(420℃)[144-148]。此外，残余应力的初始状态和演化过程在有限元分析中难以准确获得和描述，而多晶和非晶薄膜材料的性质与工艺甚至测试方法都有很大的关系。

电镀铜在高温下具有塑性性质，如表 4-3 所示。当最高温度相对于熔点(1357K)的比例达到 40%时，铜会进入塑性变形区，表现出显著的蠕变特性，即铜的变形与时间有关。蠕变应变率可以表示为[146,148]

$$\varepsilon_{\text{creep}} = A\sigma^{n}t^{m}\exp\frac{-Q}{RT} \tag{4.31}$$

式中：σ 为作用的应力；T 为所在的温度；t 为应力作用时间；n、m 分别为应力和时间硬化指数；Q 为激活能(kJ/mol)；R 是通用气体常数(8.314J/(mol·K))；A 是常数。根据文献[149]，铜蠕变时相关参数为 $Q=197000$，$n=2.5$，$m=-0.9$。

表 4-3 铜的塑性关系

应变/ε	应力/MPa(25℃)	应力/MPa(125℃)
0.001	120	110
0.004	186	179
0.01	217	214
0.02	234	231
0.04	248	245

在很多理论分析中,为了简化通常将硅作为各向同性材料进行处理。但实际上,由于硅为正交各向异性的晶体材料,将硅作为各向同性材料处理会造成较大的误差。图 4-74 为将

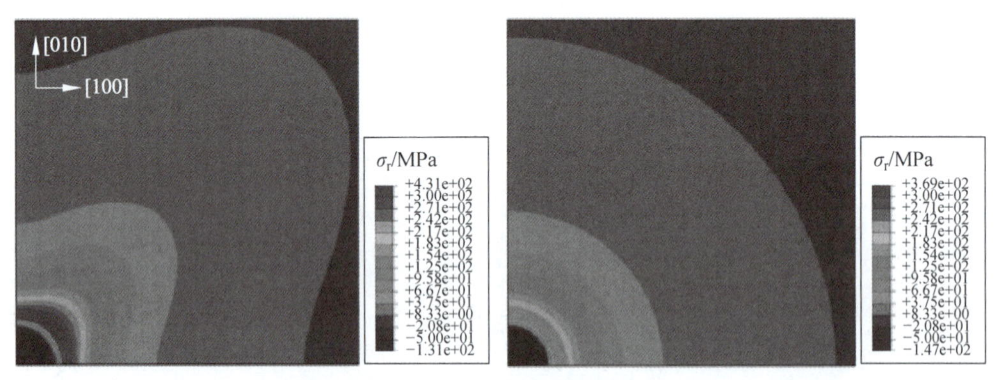

(a) 径向正应力σ_r

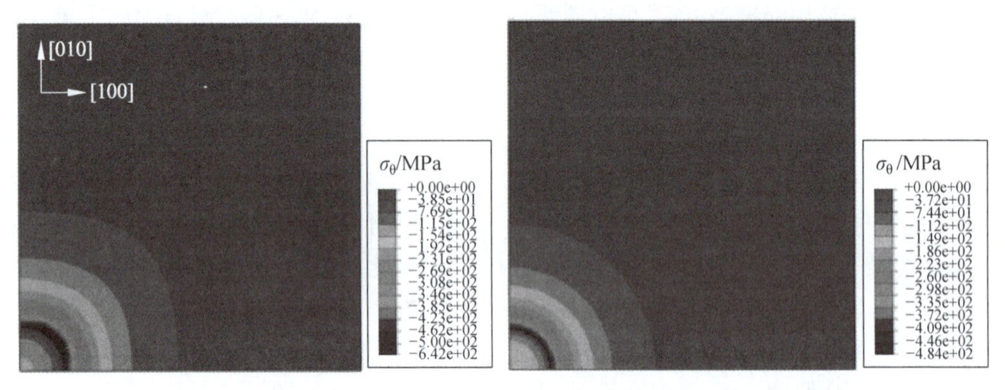

(b) 圆周正应力σ_θ

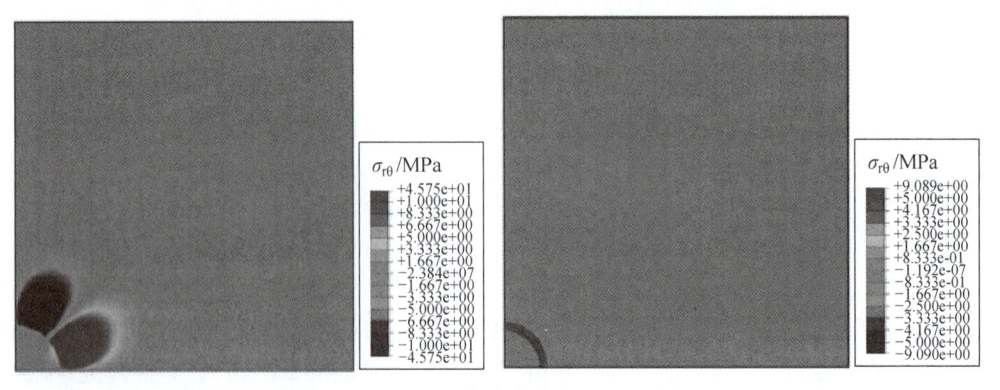

(c) 切应力$\sigma_{r\theta}$

图 4-74 各向异性(左)和各向同性(右)应力分布

硅看成各向同性和各向异性材料时，有限元计算的 $\Delta T=-250$℃时的应力分布对比[150]。各向同性计算的应力分布为关于圆心对称的圆形分布，而各向异性的应力分布为四象限对称。另外，各向同性的面内切应力在各处均为零，而各向异性的面内切应力在TSV和硅的界面处不为零，靠近表面的应力分布与方向有很大的关系。

图4-75为有限元计算的 $\Delta T=-250$℃时各向同性和各向异性对应的应力分布[139]。由图可见，将硅视为各向同性时径向应力产生了较大的误差，而轴向应力差别不大。有限元模拟表明，随着TSV节距和高度增加，能量释放率降低，由裂纹尖端产生裂纹扩展的可能性也降低[143]。随着 SiO_2 介质层厚度的增加，能量释放率也降低。在TSV深孔开口表面的连接焊盘与 SiO_2 介质层的界面上，裂纹由外径向内扩展的可能性大于向外扩展的可能性，这表明界面剥离容易从连接焊盘外部开始向TSV中心扩展。当裂纹前端扩展接近铜种子层时，在外部热循环负载的作用下，裂纹扩展的速率加快。由于铜的临界应变能释放率为 $10J/m^2$，而 SiO_2 的临界应变能释放率为 $8.5J/m^2$，因此有限元计算时要以 SiO_2 的临界应变能释放率作为判断标准。

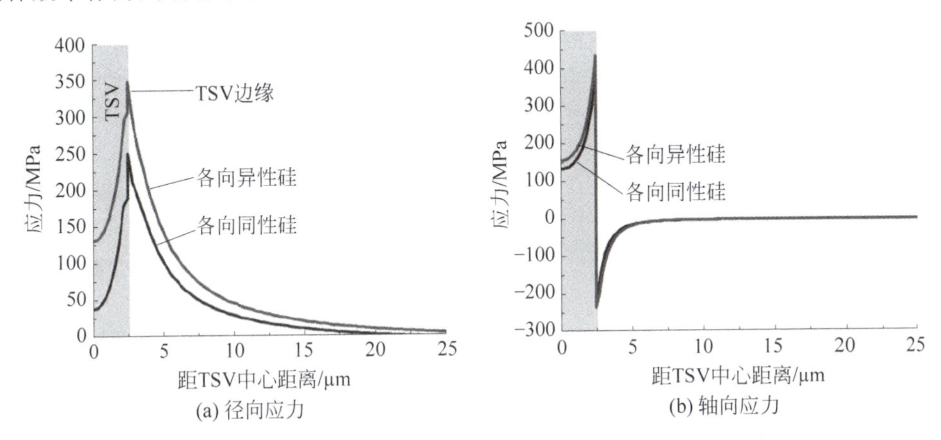

图4-75 各向同性与各向异性的差异

图4-76为有限元计算的TSV铜柱在升温膨胀、降温收缩过程的von Mises应力分布以及铜柱的塑性变形情况。在升温过程中，铜的热膨胀系数较大，因此比硅产生更大的膨胀量，使与之接触的硅界面受到拉应力的作用；在降温过程中，铜的收缩量更大，使与之接触的硅界面受到压应力的作用。最大的塑性变形区出现在铜柱开口处的环状区域内。

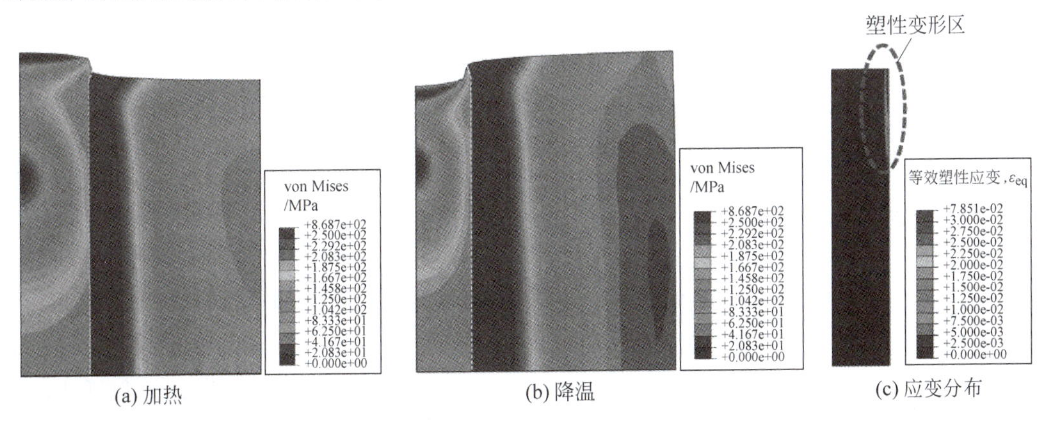

图4-76 铜膨胀的应力及应变分布

图 4-77 为有限元计算的铜柱热膨胀应力随着温度、位置等的变化关系。图 4-77(a)为硅表面的径向应力与 TSV 的距离和退火降温程度的关系,距离越远,应力越小,退火温度越高,应力越大。图 4-77(b)为 TSV 开口位置硅和 SiO_2 介质层界面的径向应力随温度的变化情况,铜柱表面处硅的应力随着温度的升高逐渐由拉应力转变为压应力。图 4-77(c)为铜柱随着高度变化的应力分布情况,不同的应力分量随着高度的分布不同。图 4-77(d)为距离表面一个 TSV 直径深度处(从图 4-77(c)可以看出该深度以后应力达到稳态值)的铜柱和 SiO_2 界面的径向应力和周向应力。

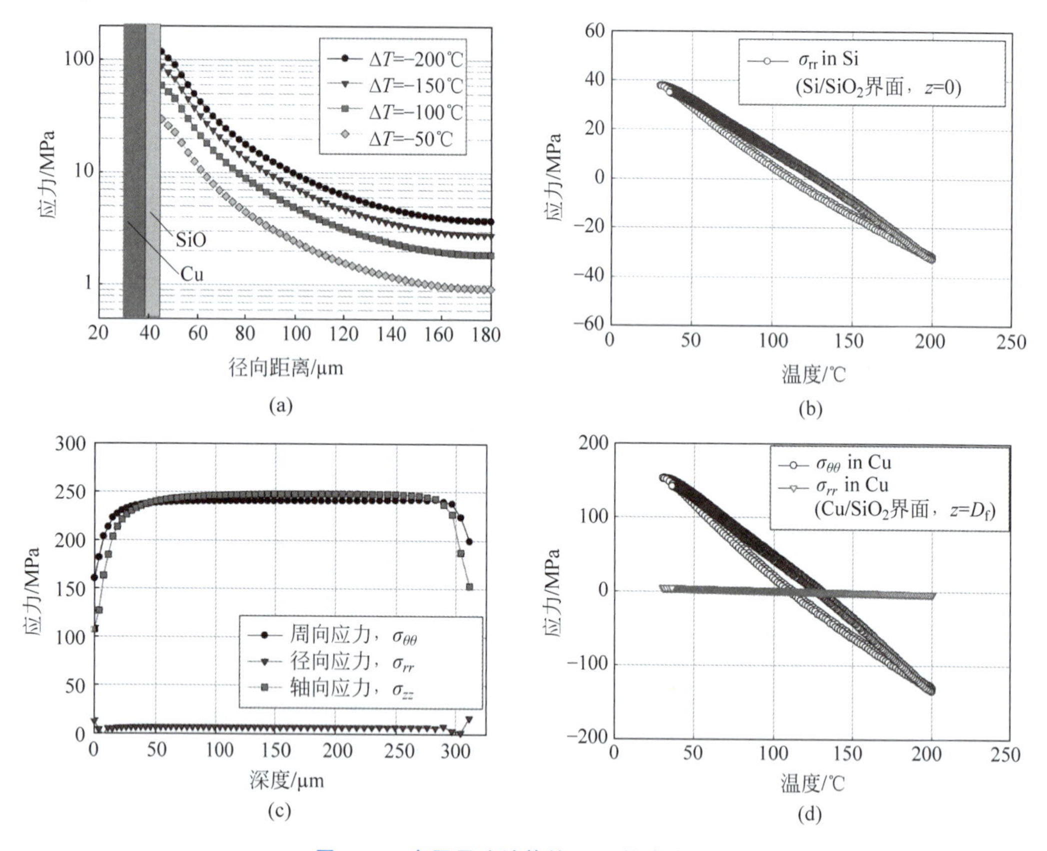

图 4-77　有限元法计算的 TSV 热膨胀应力

TSV 的介质层和扩散阻挡层以及衬底表面的介质层及再布线层对铜柱膨胀特性有较大的影响,特别是小尺寸的 TSV,其介质层厚度可能达到直径的 10%以上,而介质层的热膨胀系数和弹性模量与铜相比差异很大,因此有限元计算中忽略介质层会对结果产生较大的影响。此外,TSV 热膨胀所产生的最大应力和最大变形发生在表面上铜、SiO_2 介质层和硅衬底的界面周围,该位置最容易出现铜柱与介质层的剥离、变形以及裂纹等问题,因此在有限元计算中必须考虑介质层。

扩散阻挡层的厚度一般为 50～200nm,只有 SiO_2 介质层厚度的 10%～20%,即使扩散阻挡层的弹性模量很大,忽略扩散阻挡层对分析铜柱和硅衬底应力的影响非常有限。然而,扩散阻挡层很薄,内部应力较大,很容易导致扩散阻挡层裂纹。图 4-78 为有限元仿真的 $\Delta T=-250$℃时考虑扩散阻挡层的周向应力和 von Mises 应力的分布[139]。可以看出,Ta 扩散阻挡层内的切向应力和 von Mises 应力很大,与不考虑扩散阻挡层相比,扩散阻挡层与

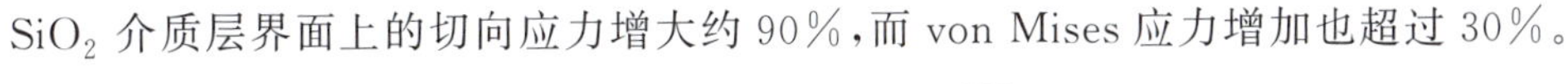

SiO_2 介质层界面上的切向应力增大约 90%，而 von Mises 应力增加也超过 30%。

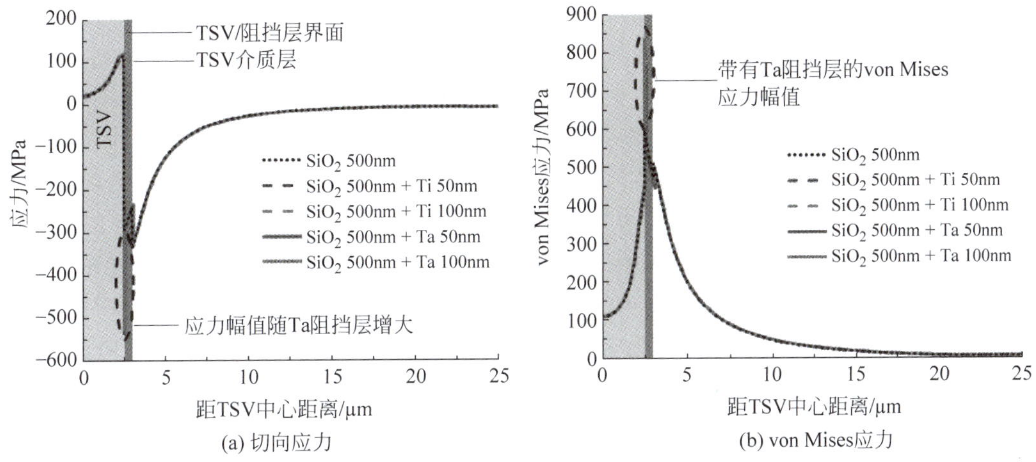

图 4-78　有限元仿真 Ta 扩散阻挡层内应力

4.4.2.4　晶粒连续性模型

有限元计算以结构的宏观参数为基础，但是无法引入铜晶粒等微观特性。实际上，不同的晶粒尺寸、方向和杂质特性决定了铜柱在微观尺度上的应力场分布，进一步决定了宏观上铜柱的电学和热力学性质。铜柱的晶粒在应力的作用下会随着时间产生变形，改变应力场分布和晶粒的尺寸及形状，使宏观特性随之改变。当铜柱的尺寸远大于晶粒尺寸时，将晶粒的变化特性近似为均匀特性产生的误差较小，但是当铜柱的尺寸仅为晶粒尺寸的几倍时，将晶粒视为均匀一致的假设条件会带来较大的误差。

考虑晶粒差异的一种方法是采用晶粒连续(GC)方法。GC 方法将每个晶粒视为一个独立体，可以指定不同的力学性质，相邻的晶粒在界面处根据力和位移匹配条件产生相互作用，从而引入晶粒的差异特性。GC 方法可以更加准确全面地考虑晶粒差异造成的影响，但这种方法的计算量是巨大的。2003 年，Bloomfield 等用 GC 方法计算多晶材料的性质，明确引入晶粒的差异化性质，如大小、方向、力学性质等[151]。如果采用有限元法，需要通过网格划分引入每个晶粒的边界变化和性质变化，尽管这种方法可以得到晶粒的应力大小和应力作用下晶粒边界的运动情况，但是显然其计算量随着晶粒数量的增加而急剧增大。将 GC 方法向更大尺度扩展需要采用混合晶粒连续(HGC)方法，其基本思想是在重点区域考虑晶粒连续，而在其他区域则采用晶粒均匀性假设(采用大晶粒代替多个假设性质均匀的小晶粒)，从而在保持一定准确性的前提下降低计算量。

HGC 方法的思路是结合 GC 方法和均匀性计算。对于大量晶粒构成的结构，首先得到这些晶粒空间平均的连续性结果，作为采用平均结果能够描述的那些位置或情况下 GC 方法计算的一部分，而对于需要考虑晶粒差异的位置或情况，再采用 GC 方法进行计算，从而化简一部分 GC 方法计算量。计算过程中，可以按照两个独立的晶粒之间相互耦合的方法对这两个区域的计算结果相互传递。采用 HGC 方法的第一步是必须确定 GC 方法计算的部分到底多大。对于 TSV 计算，改变 GC 区域的大小(高度)不再引起顶部 BCB 键合层的应力产生明显的变化时，就可以确定所需要的 GC 区域的大小[152-155]。

HGC 计算中，均匀性的部分采用有限元建模，GC 部分采用 PLENTE 仿真工具中的沉积模型构建,然后将GC模型与有限元模型相结合。这部分有限元模型由边界固定网格划分的铜晶粒构成。边界固定是指不同材料的界面位于网格划分的表面上,使四面体单元全部位于一个晶粒的内部。实际上,有限元模型中连续材料都具有边界固定的网格划分特性,然后将模型和网格划分导入Comsol进行有限元计算。在相邻的晶粒、晶粒和周围材料,以及材料的不同层之间都做理想粘附性假设。由于考虑GC后结构的非对称性,计算要针对整个TSV而不是常规的1/4对称结构进行计算。Comsol允许为每个晶粒或材料域设置一个弹性张量。铜柱周围的衬底材料可以设置为各向同性的均匀材料。对于铜柱的单个晶粒,通过选择空间方向表示相对铜柱侧壁的(111)方向结构,并且围绕(111)方向随机转动一个角度。弹性张量基准是(100)方向的单晶铜,$C_{11}=168.4\text{GPa}$,$C_{12}=121.4\text{GPa}$,$C_{44}=75.4\text{GPa}$,对于每个晶粒,弹性张量根据张量基准做空间旋转,代表晶粒的不同方向。

图4-79为GC与有限元相结合的模型以及计算的von Mises应力分布。图中GC部分位于铜柱的最下端,直径为3.5μm、高度为6μm,包括12个晶粒。GC部分与连续模型部分构成HGC,代表整个高度为23.6μm、中心距为10μm的铜柱。GC部分穿越厚1μm的SiO_2层和厚2μm的BCB层,向下到达金属化层。在初始温度525K时假设应力为0,对比温度下降100K(到达425K)时的应力。

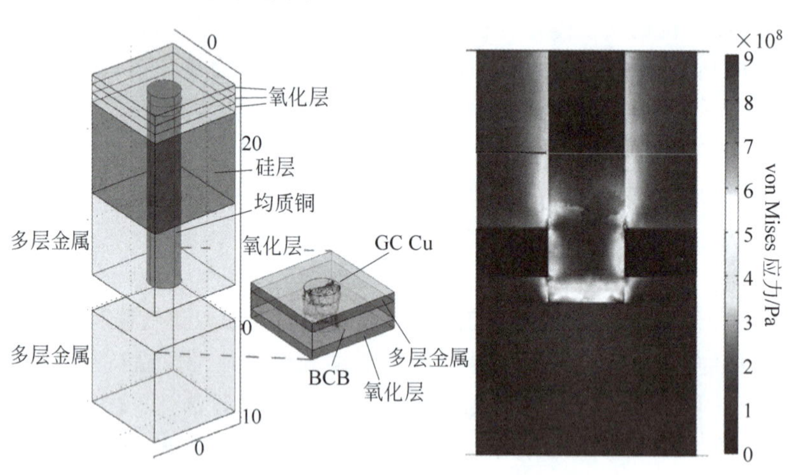

图4-79 GC与有限元结合模型及von Mises应力

应力作用下晶粒边界会产生持续的变形,利用HGC模型还可以获得这种变形情况。当晶粒边界的应力不连续时,晶粒中的应变能也不连续,如图4-80所示。通过将材料从晶粒边界的高能量密度区向低能量密度区移动,可以减小整个系统的应变能。材料移动经过晶粒边界使边界产生变形,应力成为应变驱动的晶粒迁移的推动力。应变驱动的晶粒迁移速率是边界两侧能量密度的差异与晶界迁移率的乘积。根据应变能密度和铜晶粒边界迁移率$1.3\times10^{-16}\text{m}^4/(\text{J}\cdot\text{s})$(425K的数值)可以得到晶粒边界的移动速率分布。图4-80中还给出了利用曲率驱动晶粒边界迁移速率,可以看出某些晶粒边界移动速率很快。

4.4.3 铜柱热膨胀对器件的影响

集成电路中,晶体管主要分布在硅衬底浅表面1~2μm的深度。由于载流子迁移率是应变的函数,TSV热膨胀在衬底表面产生的应力和会引起沟道迁移率的变化,导致器件的电学性能发生变化,如图4-81所示。应力改变迁移率的特性是由于应力的作用使得晶格结

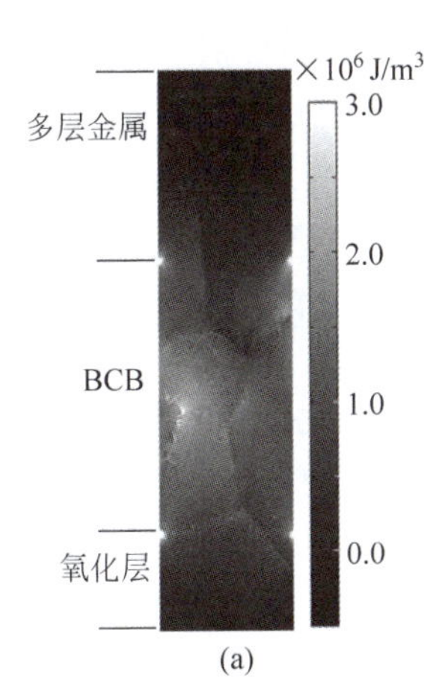

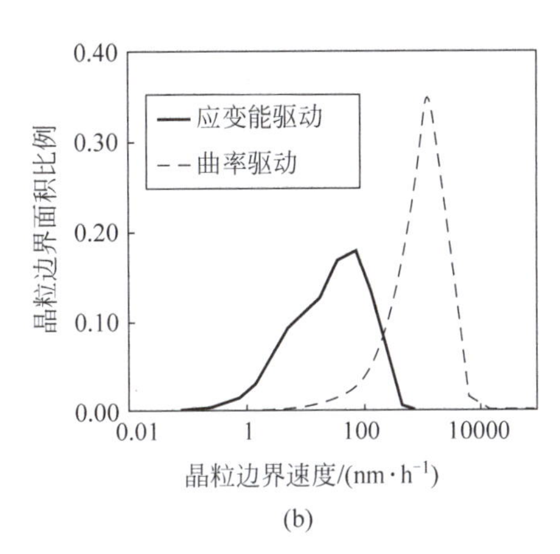

图 4-80 晶粒应变能和边界变形

构发生了扭曲，三维空间上的载流子导带和价带间的带隙大小随之发生变化，造成载流子迁移率的变化，进一步引起沟道电阻率的变化和晶体管性能的改变。为了避免应力的影响，需要将晶体管布置在 TSV 一定距离以外的区域。

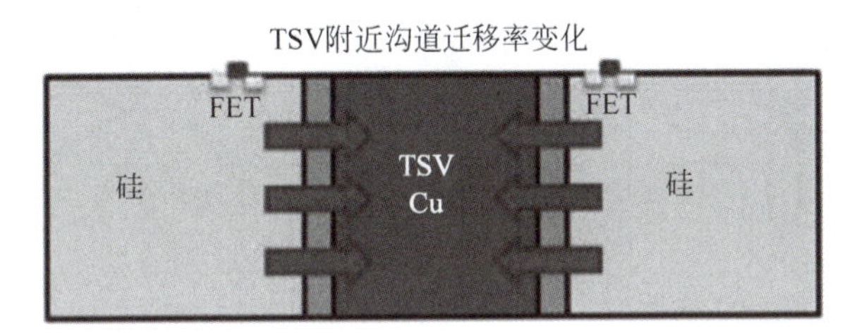

图 4-81 热膨胀对器件影响

4.4.3.1 应变与迁移率

早在 20 世纪 50 年代就已经发现应力(应变)改变载流子输运特性的现象，但是直到 90 年代才解释了应力改变迁移率现象的基本机理。应变硅中，电子迁移率的提高与有效质量和散射概率的降低均有关系，而空穴迁移率提高主要是应力引起的有效质量下降导致的。随后半导体领域开始采用应变硅提高迁移率，例如通过锗掺杂将 MOS 管沟道处的硅原子间距加大，从而提高载流子迁移率和器件的工作速度。从 90nm 工艺节点开始，Intel 和 AMD 均在处理器中应用了应变硅技术。

在三维集成中，铜柱热膨胀引起的周围衬底上产生应力和应变，对衬底上器件的影响与此类似。在应力作用下，载流子迁移率发生改变，导致 MOS 器件的漏极电流等发生变化，影响到器件的性能。载流子迁移率与应力的关系可以表示为

$$\mu_i = \mu_i^0 (I - \pi_{ij}\sigma_j) \tag{4.32}$$

式中：μ_i 为应力作用下的载流子迁移率；μ_i^0 为初始迁移率；I 为张量标号；π_{ij} 为压阻系数张量 π 的分量；σ_j 为应力张量 σ 的分量。下标为爱因斯坦下标，重复的部分表示求和。

载流子迁移率的相对变化与应力的关系可以表示为

$$\frac{\Delta\mu_i}{\mu_i^0} = -\frac{\Delta\rho_i}{\rho_i} = -\pi_{ij}\sigma_j \tag{4.33}$$

式中：$\Delta\mu_i$ 为迁移率的变化量，$\Delta\mu_i=\mu_i-\mu_i^0$；$\Delta\rho_i$ 为电阻率分量 ρ_i 的变化量。

可以看出，由于应力的存在，载流子迁移率的相对变化正比于压阻系数与应力的乘积。

应力改变载流子迁移率，使 MOSFET 的漏极电流发生变化。电流与迁移率变化率的关系可以表示为[156]

$$I_D+\Delta I_D=I_D\left(1+\frac{\Delta I_D}{I_D}\right)=I_D\left(1+\frac{\Delta\mu}{\mu}\right) \tag{4.34}$$

因此，衬底的应力会对器件产生影响[157-158]。例如，当施加 500MPa 压应力时，PMOS 晶体管的漏极电流有 10%的变化[159]。

硅为正交各向异性材料，不同方向的压阻系数不同，如图 4-82 所示，因此，即使应力相同，不同方向的迁移率所受的影响也不相同。铜柱周围的应力是随着空间位置而变化的，不同位置和不同方向的应力不同，因此与应变硅技术要充分利用应变改变迁移率这一特性不同，三维集成中需要尽量避免应变的影响。

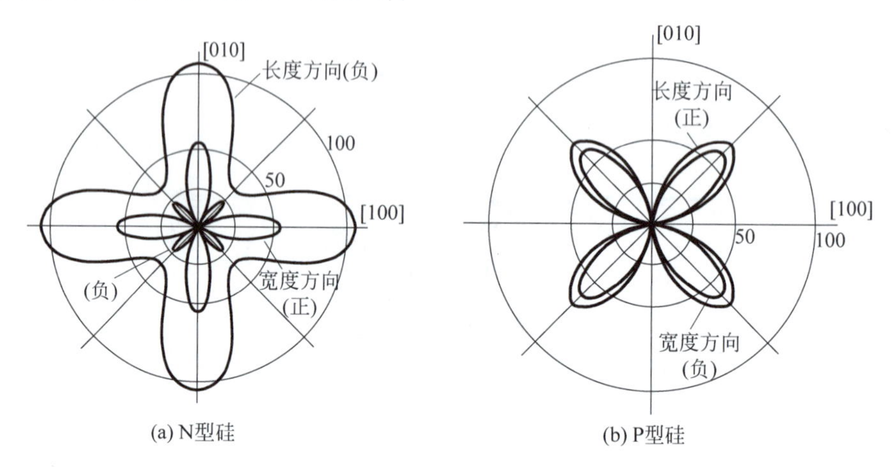

图 4-82　(100)面压阻系数

4.4.3.2　极性和方向对 KOZ 的影响

在给定 TSV 热应力的情况下，MOS 器件迁移率的变化与器件相对于 TSV 的方向、器件的极性，以及与 TSV 的距离有关，如图 4-83 所示。在其他因素不变的情况下，应力随着与 TSV 距离的平方下降，因此可以根据 MOS 器件的种类和方向确定一个相对 TSV 的安全距离。在该距离以外的区域，应力对器件性能的影响可以忽略，在该距离以内的区域，应力会影响器件的性能，即这一距离内不能布置 MOS 器件，称为排除区(Keep-out-zone,

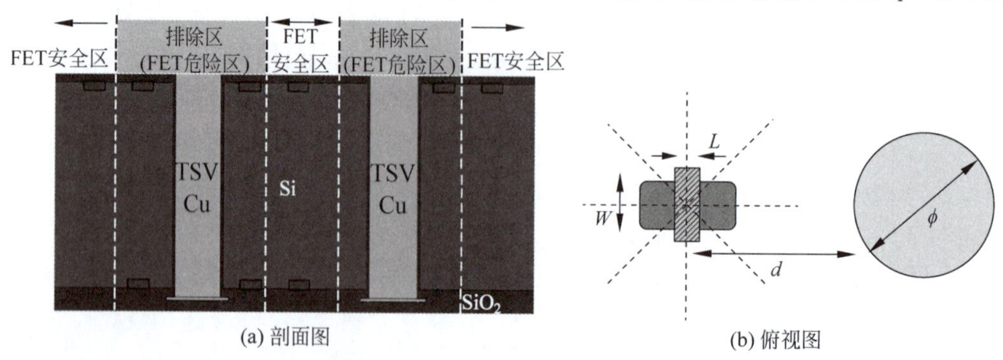

图 4-83　KOZ 定义

KOZ)。由于热应力对 KOZ 以外的器件性能产生的影响可以忽略,因此 KOZ 越小,TSV 影响的区域越小,芯片的面积利用率越高。

KOZ 的定义与器件种类有关。对于数字电路,KOZ 的标准为迁移率改变量小于 5%[150];对于模拟电路,根据饱和电流定义的 KOZ 是饱和电流变化量小于 0.5%[160]。满足上述标准的 KOZ 的大小取决于 TSV 的直径、高度、间距和铜柱性质,以及晶体管与 TSV 的距离、沟道方向和硅的掺杂性质等多种因素,如图 4-84 所示。对于单个 TSV,由于热应力分布与压阻系数都不是围绕 TSV 中心的圆形,因此 KOZ 也不是圆形。实际应用中为简单起见,一般将 KOZ 视为圆形,其半径与 TSV 外径的间距通常为几到十几微米。例如,当 TSV 与器件电流方向垂直,器件与直径 5μm 的 TSV 的 KOZ 为 4μm,在 KOZ 以内,PMOS 和 NMOS 器件的饱和电流的变化为 2%~4%[161-162],甚至达到 30%[160]。

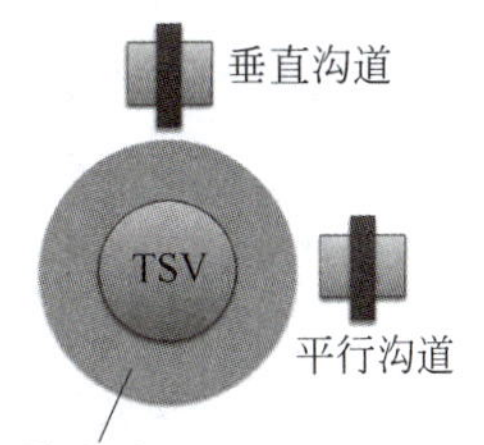

图 4-84　KOZ 受极性和方向的影响

TSV 直径、结构和制造工艺等影响 TSV 热膨胀特性。硅衬底的径向应力与铜柱直径的平方成正比,与距离的平方成反比,因此热应力随着铜柱直径的增加而迅速增加,随着与铜柱距离的增加而迅速减小。沟道的方向、极性以及沟道与 TSV 的距离决定 TSV 热应力影响的程度,即使 TSV 和距离相同,不同沟道方向和极性的影响也不相同。分析应力对迁移率的影响时,首先确定 TSV 引起的热应力或衬底残余应力,然后计算迁移率的变化。图 4-85 为理论计算的 MOS 器件与 TSV 距离对迁移率和电流的影响。

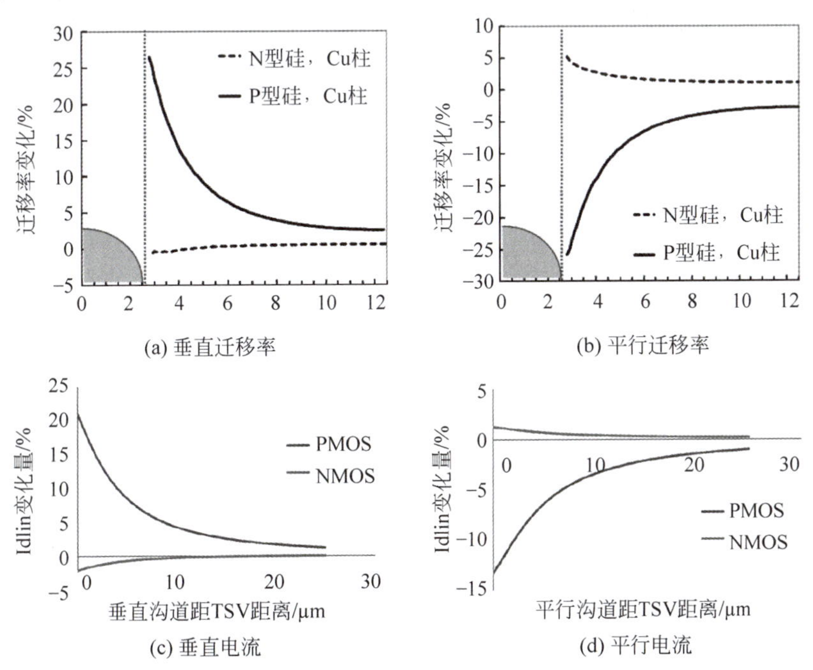

图 4-85　TSV 距离的影响

图 4-86 为理论计算的 MOSFET 的迁移率随着沟道极性和方向的分布情况[150]。TSV 在(100)衬底上,尺寸为 10μm×200μm,应力由降温 250℃引起,MOSFET 的电流方向为[100]方向,应力场由有限元计算得到。计算中将 MOSFET 视为位于衬底表面没有考虑介

质层的厚度,因此只考虑了平面应力而忽略了 z 方向应力。实际上,由于 MOSFET 表面有多层介质层,总厚度可能接近 10μm,此时 z 方向的应力通常不为零,忽略由于介质层厚度引起的 z 方向的应力会产生一定的误差。

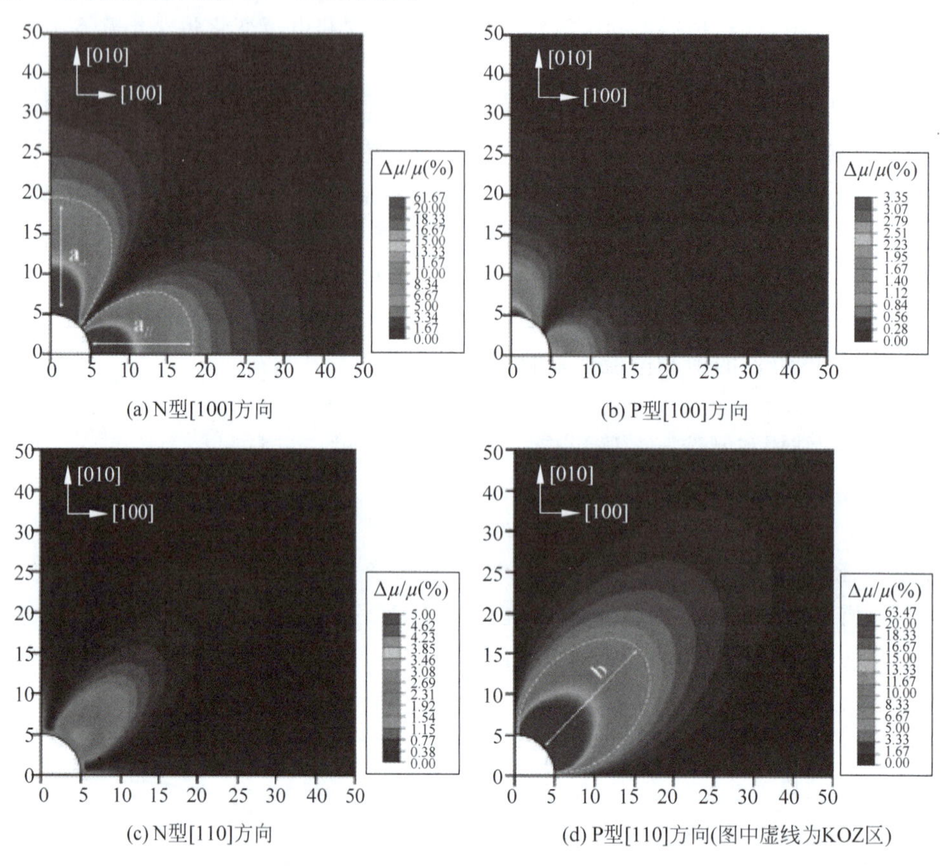

图 4-86　MOSFET 迁移率随极性和方向的变化

对于沿着[100]方向的 NMOS,迁移率的最大变化率可达 61%,并且沿着[100]和[010]方向都会出现最大值,为四瓣对称分布;而沿着[100]方向的 NMOS 的最大迁移率变化小于 5%,最大值也沿着[100]和[010]方向都会出现,为四瓣对称分布。如果定义 5%的变化率为 KOZ,则沿着[100]方向的 NMOS 的低应力区为距离 TSV 中心近 20μm 以外的区域。当器件沟道的方向沿着[110]方向时,迁移率的变化与沿着[100]方向正相反。沿着[110]方向时,NMOS 的最大迁移率变化低于 5%,方向为沿着 45°的四瓣对称分布;PMOS 的最大迁移率变化率达到 63.47%,方向为沿着 45°的四瓣对称分布,如果定义 KOZ 为 5%,则 KOZ 为距离 TSV 中心超过 20μm 的区域。

研究表明,经过 400℃退火后,距离直径为 10μm 的 TSV 周围 1μm 处的应力约为 200MPa[163]。如图 4-87 所示,在 200MPa 应力的作用下,当应力垂直于器件沟道电流方向时,这一应力水平使 PMOS 空穴迁移率减小 14.4%,NMOS 电子迁移率提高 6.3%;当应力平行于沟道方向时,该应力使 PMOS 空穴迁移率增加 13.3%,NFET 电子迁移率减小 3.52%;当应力与器件沟道电流成 45°时,应力对迁移率基本没有影响[164-165]。

当多个 TSV 共同作用时,所产生的热膨胀应力为每个 TSV 产生的应力和角度进行叠

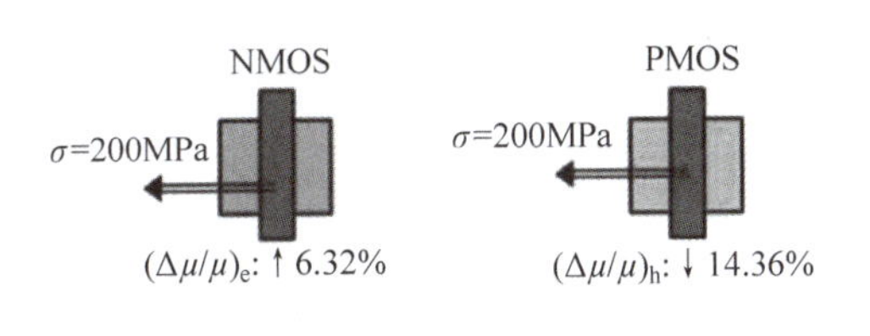

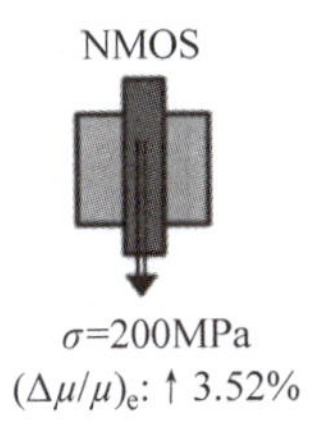

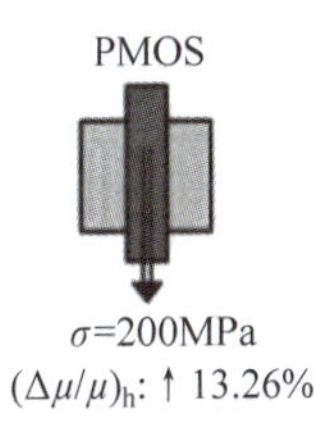

图 4-87　MOS 器件极性和方向对迁移率的影响

加[130]。当沟道长度的延长线经过 TSV 中心时，NMOS 的迁移率最大；而当延长线垂直于 TSV 半径时，PMOS 的迁移率最大[166]。如图 4-88 所示，对于中心距为直径 3 倍的 4 个 TSV，[100]方向的 NMOS 在相邻区域的应力产生明显的重叠，而[110]方向的 PMOS 的应力几乎没有重叠。当中心距大于 5 倍直径时，N 型和 P 型 FET 的叠加区域所引起的应力增大都不明显，每个 TSV 的 KOZ 与单根 TSV 的 KOZ 相同。因此，当中心距小于 5 倍直径时，需要考虑应力叠加对 KOZ 的影响。

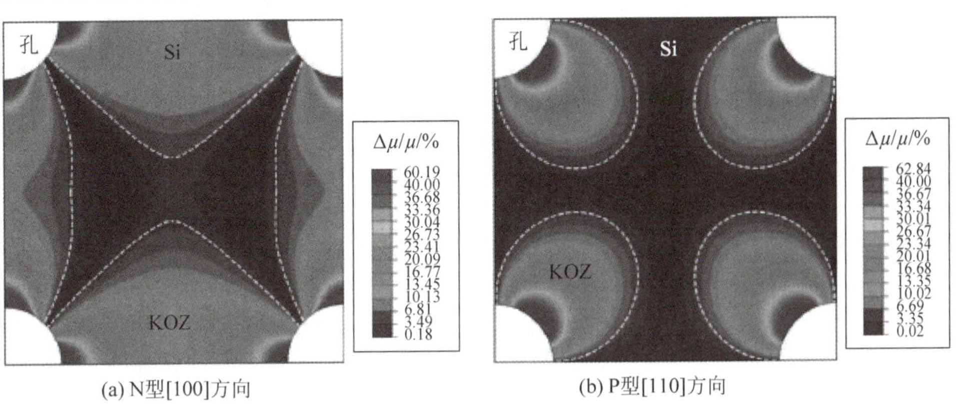

(a) N型[100]方向　　(b) P型[110]方向

图 4-88　多 TSV 应力叠加(中心距为 3 倍直径，虚线为 KOZ)

图 4-89 为沿着[100]方向的器件的 KOZ 随 TSV 直径和衬底厚度的变化关系[150]，硅衬底为(100)。随着 TSV 直径的增加，KOZ 几乎线性增大，对于直径 5μm 的 TSV，NMOS 的 KOZ 为 7μm，而 50μm 直径 TSV 的 KOZ 增大到 60μm。当 TSV 高度小于 50μm(深宽比小于 5∶1)时，KOZ 较小，但是随着高度的增加而增加。主要原因是在较薄的衬底中，热

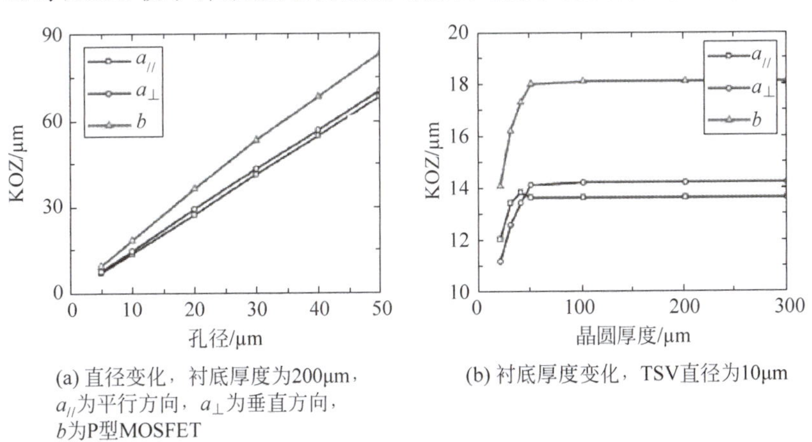

(a) 直径变化，衬底厚度为200μm，$a_{//}$为平行方向，$a_{\perp}$为垂直方向，b为P型MOSFET　　(b) 衬底厚度变化，TSV直径为10μm

图 4-89　KOZ 随 TSV 直径和衬底厚度的变化关系

膨胀应力在自由表面得到了释放，因此 KOZ 较小。对于 N 型和 P 型 MOSFET，当 TSV 高度超过 50μm 以后，KOZ 都趋向饱和。当衬底足够厚时，衬底表面的应力与不随衬底的厚度而变化，因此 KOZ 也不再随着衬底厚度而变化。

三星、Intel、IMEC、Globalfoundries、TI 等先后评估了 TSV 热膨胀应力对 130nm、65nm、45nm、28nm、14nm 和 7nm 工艺的平面 MOSFET 和 FinFET 器件的影响，结果与理论预期基本一致，如表 4-4 所示。在 KOZ 以外，TSV 热膨胀应力对器件性能的影响基本可以忽略。

表 4-4　不同工艺节点的 KOZ 大小

机　　构	工艺/nm	TSV 直径/μm	KOZ/μm	$(\Delta I_{on}/I_{on})$/%	
				NFET	PFET
IMEC[158]	130	5.2	1.1	0.0	0.0
IMEC[167]	65	5	1.7	0.6	4.0
新加坡 IME[161]	65	8	1.2	4.0	4.0
三星[168]	45	6	2	2.0	2.0
TI[162]	28	10	4	1.6	2.3
Globalfoundries[169]	14	5	3	—	—
IMEC[170]	10	3	1.1～3.2	5	5
三星[171]	7	—	—	—	—

表 4-5 列出 TSV 应力对不同方向和器件结构的 45nm 工艺 CMOS 器件的性能的影响[168]。可以看出，对于直径 6μm 的 TSV，KOZ 小于 2μm，并且长沟道器件比短沟道器件更容易受到应力的影响，NMOS 器件比 PMOS 器件更容易受到应力的影响。即便如此，对于栅极薄的短沟道器件，应力对 NMOS 和 PMOS 器件基本没有影响，并且对于所有情况，应力对关断电流都没有影响。另外，TSV 应力使 NMOS 的饱和漏极电流 I_{dsat} 减小，而使 PMOS 的饱和漏极电流增加。

表 4-5　TSV 应力对 45nm 工艺 MOS 器件的影响

TSV 位置	栅氧	沟道	影响/影响距离					
			NMOS			PMOS		
			Vth	Idsat	Idoff	Vth	Idsat	Idoff
水平	薄	短	×	×	×	×	×	×
		长	×	−/2μm	×	×	+/2μm	×
	厚	短	×	−/2μm	×	×	×	×
		长	+/2μm	−/2μm	×	×	+/2μm	×
倾斜	薄	短	×	×	×	×	×	×
		长	×	−/1μm	×	×	+/1μm	×
	厚	短	×	−/2μm	×	×	×	×
		长	+/1μm	−/1μm	×	×	×	×
垂直	薄	短	×	×	×	×	×	×
		长	×	×	×	×	+/2μm	×
	厚	短	×	−/2μm	×	×	×	×
		长	+/2μm	−/2μm	×	×	×	×

2012年,IMEC报道了TSV热应力对平面FET和FinFET的影响的差异[172]。平面FET和FinFET均采用40nm工艺制造,5μm×50μm的TSV采用MEOL方案制造。如图4-90所示,TSV热应力对二者的影响有很大的不同,平面结构的PFET受影响程度远超过NFET,并且符号方向不同;而P-FinFET和N-FinFET的驱动电流受应力影响的程度基本相同,但符号相反。FinFET的KOZ还与器件的宽度和长度有关,例如在3μm×50μm的TSV周围,对于给定FinFET栅宽为20nm,栅长为900nm和200nm的P-FinFET的KOZ分别为3.2μm和2μm,N-FinFET的KOZ分别为2.8μm和1.2μm[170]。

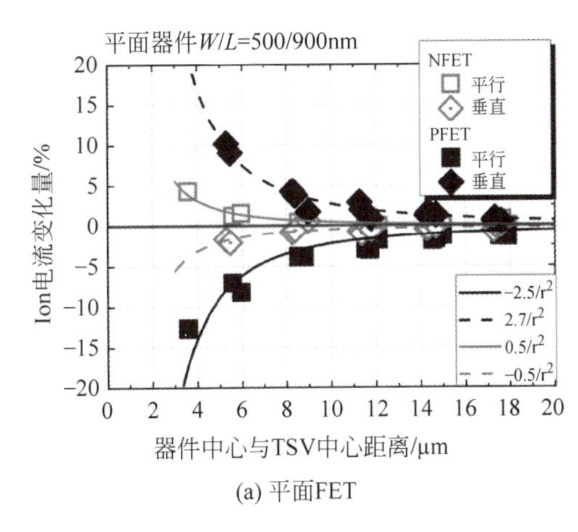

(a) 平面FET

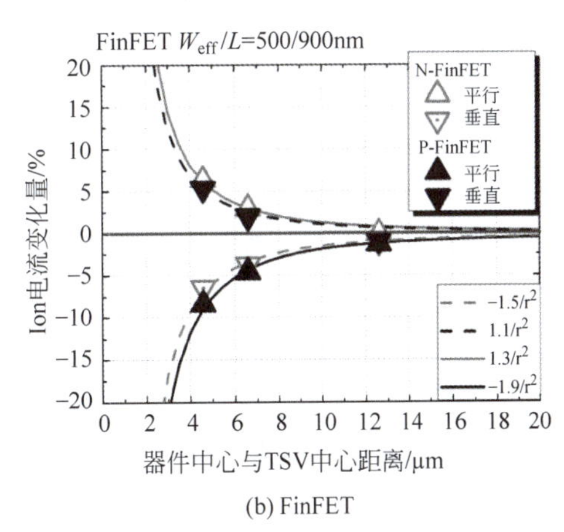

(b) FinFET

图4-90 平面FET与FinFET的差异

应力大小除了与铜柱产生的热应力有关以外,还与TSV周围的残余应力有关。为了减小器件受到残余应力的影响,必须优化铜电镀、硅片减薄和键合工艺,将衬底的残余应力减小到较低的水平[173]。KOZ的出现,导致TSV周围一定距离的区域内无法布置MOS器件,浪费了芯片面积,为此,IBM提出在KOZ内制造深槽电容的方案以减小芯片面积的浪费。

4.4.4 影响热应力的因素

铜柱热膨胀的本质是加热导致的晶粒大小的变化。加热时,电镀铜出现异常晶粒的生长,表现为少量大尺寸晶粒消耗掉周围的小尺寸晶粒而使体积显著增加。电镀过程的各种参数对电镀铜的晶粒分布都有影响,因此这些因素都会影响热膨胀,概括起来包括TSV的几何形状、电镀液的化学性质、电镀过程工艺参数和热退火参数等,例如铜柱的直径和深宽比、铜电镀工艺参数、介质层厚度、TSV间距等[139,174]。

4.4.4.1 TSV结构及参数

图4-91为TSV参数对硅衬底热应力的影响[174],其中对应力影响最大的是TSV直径、中心距与直径比、SiO_2层的厚度。热应力与温度增量成正比,与铜柱直径的平方成正比,与距离的平方成反比,与SiO_2介质层厚度的平方成反比。正应力随着TSV的中心距与直径之比的增加而减小,当中心距与直径的比值小于5时,热应力可能导致硅衬底碎裂[175],因此TSV的中心距一般不低于直径的5倍。采用低弹性模量的介质层,可以降低铜柱热膨胀应力,介质层弹性模量降低80%,热膨胀应力可以减小50%。此外,扩散阻挡层

厚度和硅衬底的厚度也有轻微的影响。随着制造能力的提高,TSV 的直径不断减小,不但减小了 TSV 占用的芯片面积,而且小直径 TSV 的应力影响区和膨胀凸出程度都大幅度降低。

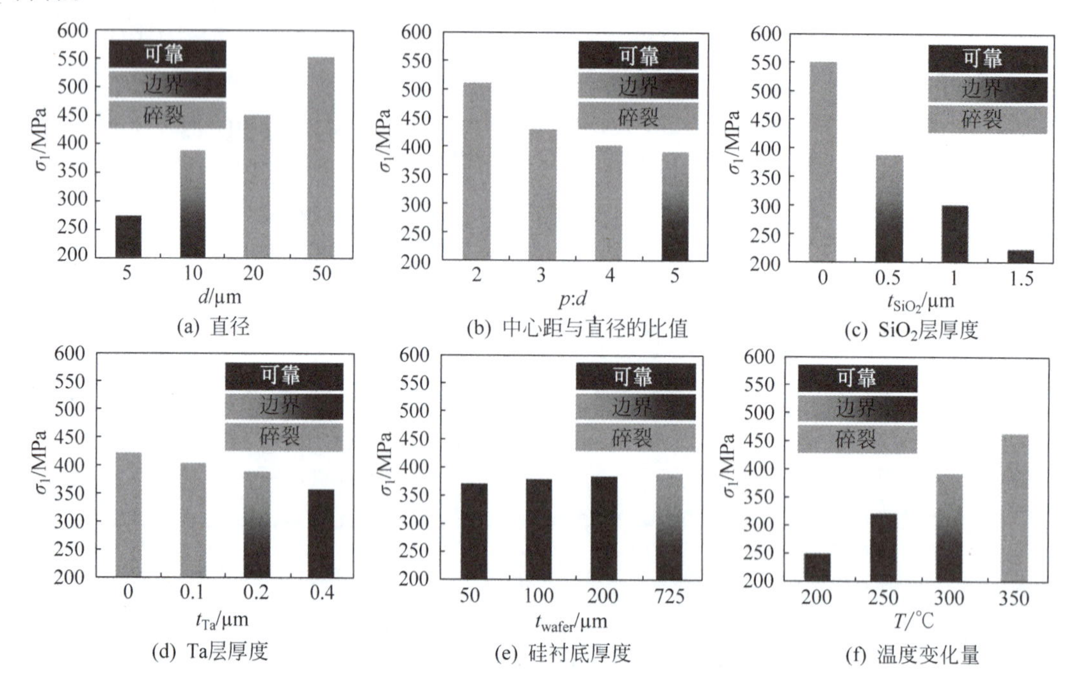

图 4-91 TSV 参数对热应力的影响

热膨胀程度与 TSV 铜柱的直径和高度直接相关,深宽比越低,热膨胀越显著。当 TSV 深宽比增加到 5∶1 以上时,热膨胀应力受深宽比的影响程度大幅减小[176]。图 4-92 为 TSV 的直径和高度对热膨胀程度的影响[177],其中数字表示热膨胀凸出(μm)。在区域 A 中,无论深宽比高低,经过 1000 次 −55~125℃的热循环后,所有的 TSV 都出现明显的热膨胀凸出和侧壁与介质层分层现象;而在区域 B,无论深宽比高低,同样的热循环后 TSV 的热膨胀较小,并且没有出现与侧壁介质层分层的现象。

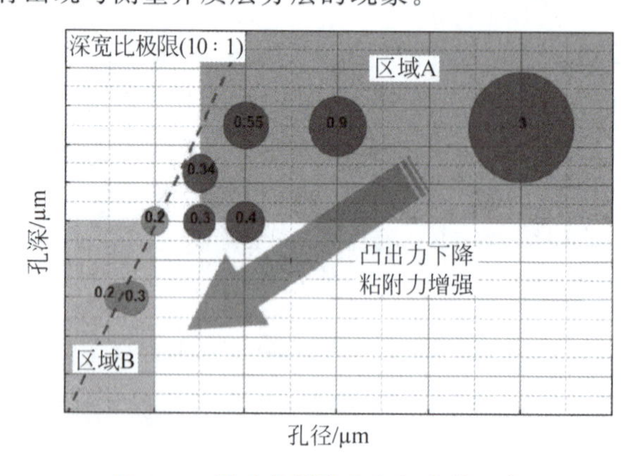

图 4-92 影响热膨胀凸出程度的因素

当多层芯片键合后,TSV 产生的热应力与单独一层芯片上 TSV 产生的热应力不同,主要是因为多层键合使芯片层整体刚度增加,产生的限制条件使芯片自身的弯曲变形减小。

有限元仿真表明[178]：键合后的芯片弯曲程度和TSV应力都小于独立的一层芯片上的情况；随着键合层数的增加，每层的变形和应力逐渐减小。多层键合芯片之间的凸点反而是应力最大值出现的位置，随着芯片层数的增加，凸点的塑性变形程度增加。

为了减小热膨胀应力的影响，IBM提出环形金属TSV结构[179]，目前已被广泛采用[176,180]。环形金属的中空部分为热膨胀提供了变形空间，释放了一部分向衬底挤压的应力，有助于减小热应力。有限元计算表明，热膨胀时环形TSV在硅衬底上产生的单轴应力约为120MPa拉应力，圆柱形TSV的单轴应力约为240MPa拉应力。环形钨TSV在热循环前的阻值分布非常集中，热循环后阻值基本没有变化；环形铜TSV在热循环前的阻值分布较环形钨TSV更宽，经过热循环后阻值分布出现一定程度的展宽，平均阻值有所下降；圆柱形铜TSV的阻值在热循环前较为分散，热循环后阻值分布展宽显著，平均阻值大幅度下降。此外，采用聚合物和空气间隙等作为介质层，利用聚合物较低的弹性模量或空气间隙的空间，也可以缓解热膨胀应力[181]。

4.4.4.2 TSV电镀工艺

TSV铜柱的残余应力、自退火和热膨胀特性等特性，与电镀后铜晶粒的大小和分布情况，以及杂质类型和浓度直接相关，而这些因素受到TSV结构和铜电镀工艺的影响，因此，抑制残余应力和热膨胀程度需要从铜电镀工艺入手。然而，由于铜电镀过程涉及种子层结构、电镀液成分、添加剂种类和浓度、电镀过程参数等多种因素的影响，同时残余应力和热膨胀系数与晶粒大小和分布的关系尚不十分清楚，因此通过控制铜电镀工艺过程减小残余应力需要对给定的限制条件进行优化。

在扩散阻挡层和种子层方面，目前工业界普遍使用TaN/Ta组合扩散阻挡层，其中Ta作为Cu的粘附层承载Cu种子层，TaN作为与介质层的粘附层。在单层Ta或TaN扩散阻挡层上，PVD制造的铜种子层的晶粒方向更倾向于(111)方向，而上层扩散阻挡层容易产生孪晶铜，导致电镀铜晶向的随机分布。相比于MOCVD或ALD，溅射更容易获得(111)取向的种子层，晶粒尺寸更大，电阻率更低。

电镀添加剂对铜晶粒的影响非常显著。铜电镀液中的有机添加剂在电镀过程中抑制了铜晶粒的尺寸长大，使大部分铜晶粒的尺寸低于一个阈值。残留在铜柱内的有机成分和添加剂等杂质聚集在晶粒边界，会抑制加热过程中铜晶粒的长大。随着温度的提高，长大的铜晶粒将杂质排除到晶粒边界，当杂质浓度达到一定程度后，会抑制铜晶粒的进一步生长，成为影响铜热膨胀过程中晶粒变化的重要因素。

加速剂SPS具有使铜晶粒细化的作用。平整剂BTA与铜的中间态Cu(Ⅰ)形成络合物Cu(Ⅰ)-BTA，分布在电镀表面，降低了表面自由吸附原子的数量，有助于形成精细表面结构。电镀液中没有BTA时，电镀结晶过程是从表面缺陷、台阶或边缘等位置开始成核，表现为三维晶粒生长。由于铜吸附原子向已经成核和扭折位表面扩散，抑制了三维晶粒生长，因此晶粒表现为粗粒度，电镀表面容易形成很多大的岛状结构的缺陷。当电镀液中含有适量的BTA时，表面扩散受到很大程度的抑制，成核的粒度更加精细、数量更多、更加均匀，因此电镀表面分布着很多小岛状结构。采用BTA作为平整剂的电镀过程，会在铜内部包含有机成分，引起铜电镀后室温下的自退火。

4.5 TSV热退火

TSV电镀后铜柱内部就伴随有残余应力,而且电镀后在室温状态下,铜柱内部的晶粒会发生自发长大的自退火现象,使铜柱产生体积膨胀和残余应力再分布。经过退火以后,铜柱晶粒进一步长大,产生更为明显的体积膨胀和塑性变形,改变了残余应力和热膨胀特性。无论采用哪种电镀工艺和结构,电镀后都需要进行主动高温退火[182]。热退火一方面使铜柱产生预塑性膨胀,再利用CMP去除膨出部分,防止使用时铜柱热膨胀挤压介质层;另一方面热退火减小铜柱自身的残余应力和硅衬底的残余应力。因此,电镀后的铜柱必须经过至少一次热退火和CMP,有些情况甚至采用两次热退火和两次CMP。

4.5.1 退火对TSV的影响

微观上,退火使铜柱的晶粒长大、合并和变形,并使杂质和缺陷再分布,因此退火后晶粒密度降低,电镀空洞和缺陷密度也降低,晶粒达到稳定状态。晶粒长大和合并使晶粒特性发生改变,在宏观上表现为铜柱塑性变形、热膨胀系数降低、弹性模量减小、电阻率下降,同时还改变铜柱的应力状态。

4.5.1.1 晶粒长大

加热退火时,电镀铜晶粒会出现合并和长大的现象。晶粒的尺寸与退火温度有直接关系。当温度低于200℃时,晶粒尺寸随退火温度的变化不明显,原本较大晶粒的尺寸变化程度很小,主要是小尺寸晶粒的长大[183]。当退火温度为200~900℃时,退火后晶粒的尺寸与退火温度大体呈线性关系。当退火温度为900~1000℃时,退火后晶粒大小基本不变;当退火温度超过1050℃时(铜的熔点为1084℃),晶粒尺寸以指数形式迅速增大,接近单晶的性质。EBSD测量的铜柱内晶粒尺寸和分布表明[184],退火前后晶粒都没有明显的方向性,但是由于退火后晶粒尺寸变化和应力集中等,出现了空洞和裂纹。如图4-93所示[184],电镀后铜柱晶粒的平均尺寸为0.68μm,200℃以上的退火使晶粒显著长大,450℃退火后晶粒尺寸达到1.11μm。在这一温度范围内,晶粒平均尺寸与退火温度基本成正比。研究表明,经过400℃退火再晶化以后,晶粒厚度方向的尺寸与薄膜厚度大体同一量级甚至大体相当[185]。

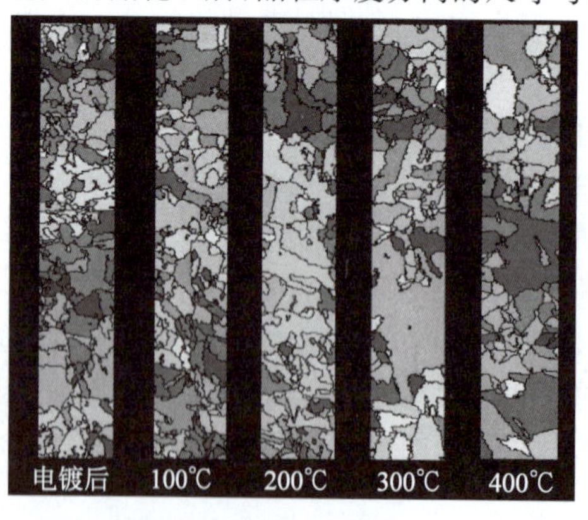

(a) EBSD晶粒分布

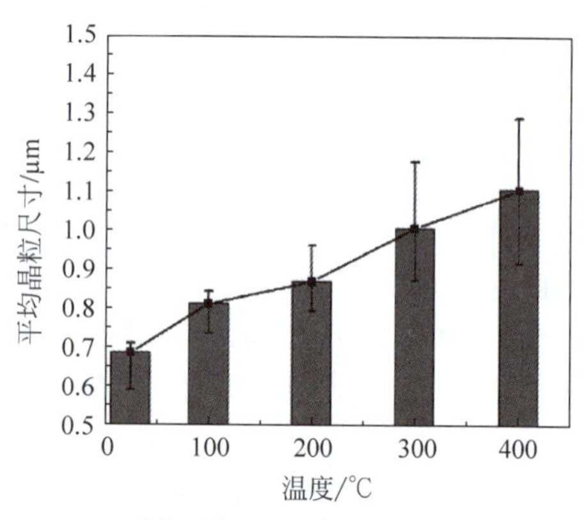

(b) 晶粒平均尺寸随退火的变化关系

图4-93 退火对晶粒尺寸的影响

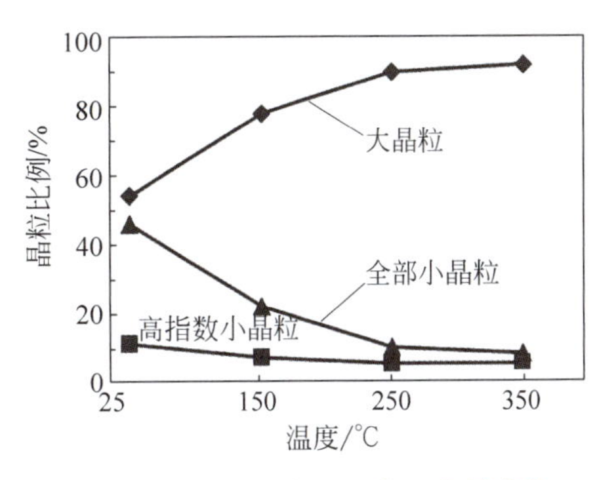

图 4-94 晶粒尺寸随退火温度的变化

退火时,大尺寸晶粒的长大程度更加显著,小尺寸晶粒长大为大尺寸晶粒,使大尺寸晶粒的比例大幅提高,但是高指数面的小尺寸晶粒长大的程度相对不够显著。图 4-94 所示,退火温度升高使大尺寸晶粒的比例大幅提高,而小尺寸晶粒的比例大幅下降[186]。电镀后位于 TSV 中心处的晶粒尺寸通常大于 TSV 边缘特别是结构过渡剧烈位置的晶粒尺寸,因此 TSV 中心的晶粒长大程度明显高于 TSV 边缘的铜晶粒的长大程度。由于边缘区晶粒长大不显著,仍存在空洞等缺陷。

电镀铜晶粒的方向和数量受退火温度的影响,但晶粒尺寸不同所受的影响趋势不同[64,186]。如图 4-95 所示[186],对于大晶粒(主轴直径 0.2μm),(111)方向晶粒所占的比例随着退火温度的升高而增加,其他方向随着温度的升高而减少;(111)的增加以均匀的方式影响其他晶向,即(111)增加时其他方向都随之减少。对于小晶粒,(111)和(100)等低指数面的晶粒比例随温度的升高而减少,但高指数面随温度的升高而增加。由于小晶粒的总体数量在减少,因此高指数面比例增加并不代表这些晶粒数量的增加。

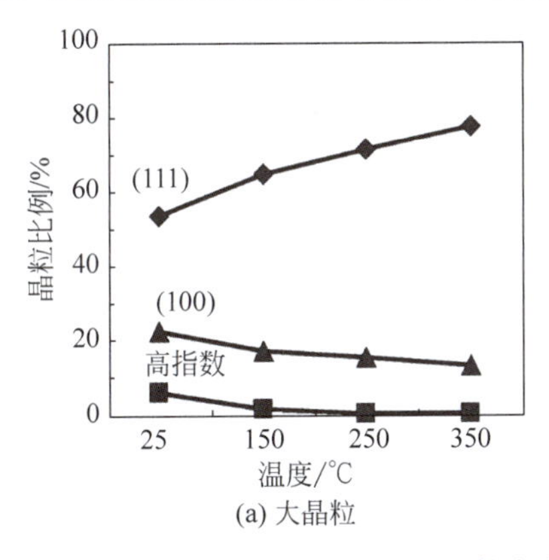

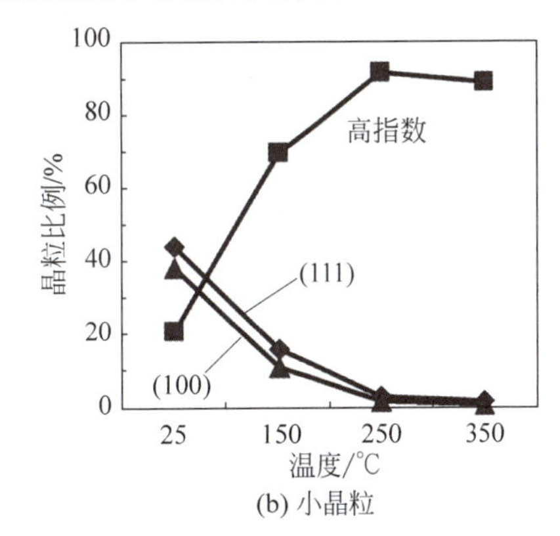

图 4-95 晶粒方向随退火温度的变化

图 4-96 所示[64],当退火温度低于 100℃时,(111)方向的晶粒数量增加,而(200)方向晶粒略有减少,这是由于热膨胀温度低,晶粒间的热应力始终低于优先(200)生长的阈值双轴应力。退火温度达到 400℃时,(111)方向晶粒没有明显增加,但(200)方向晶粒的数量显著增加,这是因为(200)方向的应变能最低,取代了其他随机取向的晶粒而使系统能量最低化,但(111)方向因为其最为稳定的特性而不会被取代。

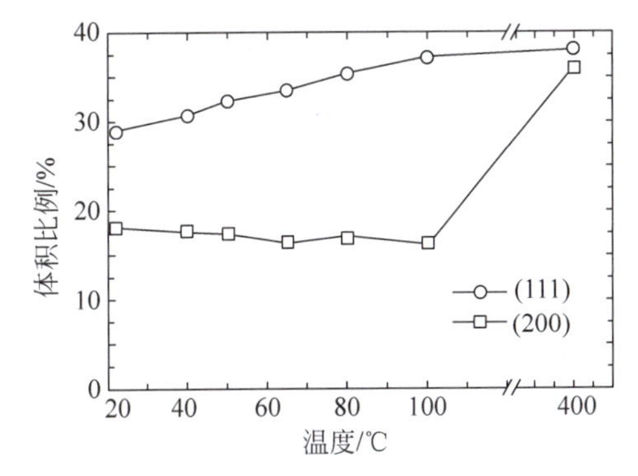

图 4-96 退火温度对晶粒方向的影响

晶粒长大与否取决于晶粒的边界特性。TSV 电镀铜包含很多共格孪晶界,即孪生面,孪晶面两侧相邻两个晶粒的原子以此面为对称面,构成镜像对称关系。在孪晶面上的原子同时位于两个晶体点阵的结点上，为两晶体所共有，自然地完全匹配，使此孪晶面成为无畸变的完全共格界面。共格孪晶界的能量低、结构稳定，因此较为稳定的晶界限制了退火时的晶粒长大和后续的再晶化过程。

由于晶粒长大主要发生在高于200℃的退火温度，有效的退火温度应高于200℃。退火对晶粒尺寸的影响表现为最高温度决定的特点。第一次退火后晶粒的尺寸长大、密度降低，杂质和缺陷的浓度也降低；如果后续的退火温度不超过第一次退火温度，后续退火后晶粒的尺寸变化不明显，即使有轻微变化也主要是自退火产生的影响。如果后续退火温度高于此前的退火温度，后续退火仍会使晶粒进一步长大。

4.5.1.2 杂质和缺陷再分布

在铜柱顶端，空位和铜晶格缺陷有复合和湮灭的趋势，从而保持铜柱的能量和应力最小化。这个过程在室温条件下较为缓慢，随着温度的升高而加快。应力随着在某一温度点的保持时间而逐渐释放，释放的过程影响缺陷和杂质的分布。影响应力释放过程的因素包括硅衬底、SiO_2 介质层、扩散阻挡层、铜柱之间的分层、滑移和剥离等；另外，应力和浓度梯度引起的铜原子迁移也会释放应力。

电镀后，有机成分如C、O、S和Cl等残留在铜柱内部而形成杂质。电镀时在电流密度小的区域，这些元素的浓度更高，其中C和O等杂质可以通过退火降低其浓度，但是S和Cl的浓度无法通过退火降低[187]。在电镀后立即采用220℃退火，可以显著降低有机杂质C和O的浓度，此时C脱附的激活能约为9.8kJ/mol。因此，采用高电流密度和电镀后足够温度的热退火，有利于降低有机杂质浓度。

退火过程中，晶粒尺寸的变化与电镀铜中残留的S和Cl杂质有关[68]。如图4-97所示[73]，低杂质浓度的铜在退火后的晶粒尺寸比高杂质浓度的铜的晶粒要大得多。此外，退火前杂质分布在晶粒内部和晶粒边界，退火后杂质含量较高的颗粒会在晶界产生S和Cl。杂质向晶界的偏析导致晶界处的空洞，这些空洞通过诱导晶间断裂降低了电镀铜的强度，增加了电阻率。退火后，杂质浓度很低的电镀铜，几乎没有空洞，因此，控制杂质浓度获得大尺寸晶粒的纯铜是提高小尺寸电镀结构性能和可靠性的最优方法。

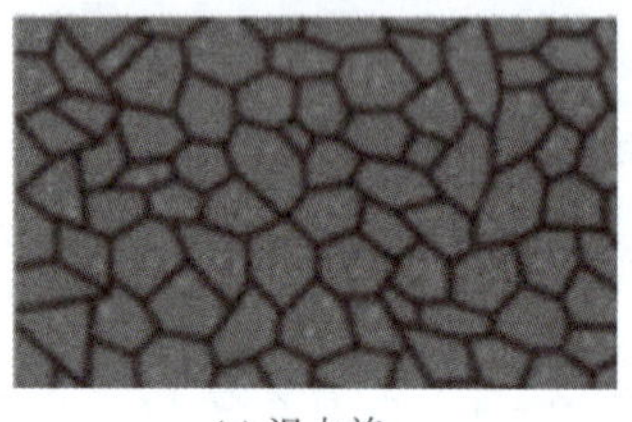
(a) 退火前

(b) 低杂质浓度退火后

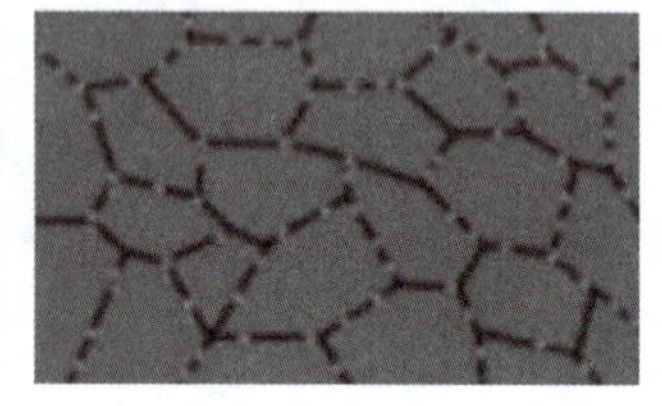
(c) 高杂质浓度退火后

图4-97 退火对杂质分布的影响

4.5.1.3 铜柱塑性变形

由于铜晶粒的合并和长大是不可逆的过程，因此铜柱退火过程中的热膨胀并非理想的弹性过程，而是表现为弹塑性混合的性质。在低温退火时，铜柱基本表现为弹性特点，并且此后经历不超过该退火温度的情况下，铜柱膨胀接近于弹性。高温退火时，铜柱中心的大晶粒基本表现为弹性性质，但边缘的小晶粒如侧壁和开口位置的表现为塑性；加上硅与铜热膨胀系数的差异导致的晶粒膨胀受限，促进了杂乱分布的小尺寸挤压、合并与长大，晶粒融合形成更大尺寸的晶粒，而晶粒合并长大的过程无法回复，使铜柱表现出塑性的性质。

微观上，铜柱热膨胀是晶粒膨胀的结果，其中弹性膨胀部分会完全回复，而晶粒合并和长大的部分无法完全回复，在宏观上对应了铜柱塑性变形的部分。图4-98为TSV铜柱在经受高温过程时产生热膨胀的情况[188]。温度升高时，铜柱热膨胀而导致内部的压应力不断增加，但是由于硅衬底的热膨胀系数较小，体积变化量明显小于铜柱，对铜柱的自由膨胀产生强烈的限制作用，因此铜柱只能通过自由表面向外膨胀。当温度下降时，只有部分弹性变形能够回复，而塑性变形无法回复，产生永久性的塑性膨胀，表现为沿着高度方向凸出于表面，称为铜柱挤出。退火温度越高、退火时间越长，铜柱挤出的程度越大。

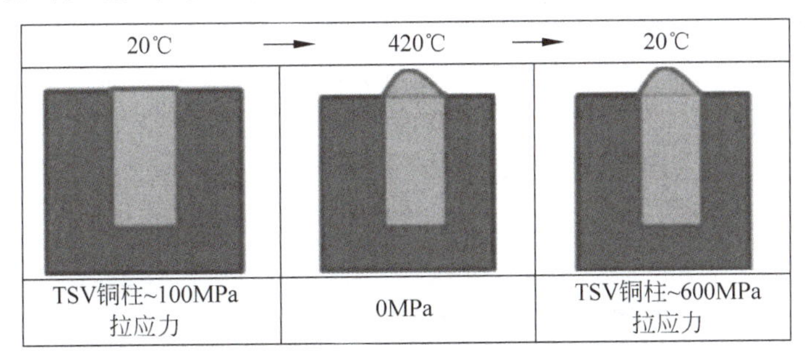

图4-98 TSV铜柱的热膨胀过程

4.5.2 TSV热退火

4.5.2.1 消除塑性变形膨胀

铜柱挤出导致铜柱在径向和轴向两个方向的膨胀和热应力，可能导致严重的制造过程和可靠性问题[74-76]。由于铜柱挤出是热膨胀导致的塑性变形，消除铜柱挤出的有效方法是在铜电镀以后进行热退火，然后利用CMP去除热退火产生的塑性永久凸出[188-189]。铜柱具有在相同温度下塑性变形不再增大的特点，这种方法实质上是利用高温热退火预先形成铜柱塑性变形，因此退火温度应该超过后续工艺过程所经历的最高温度。

图4-99为利用CMP和热退火消除铜柱挤出的流程[184]。电镀后采用CMP去除表面过电镀，使铜柱与衬底表面一致，然后在400℃下退火30min，铜柱因为热膨胀产生明显的弹性变形和塑性变形。降温后弹性变形回复，而塑性变形无法回复，使铜柱凸出表面。再次利用CMP将铜柱塑性变形产生的挤出部分去除，使铜柱与衬底表面平整一致。再次在400℃下退火30min，铜柱主要表现为弹性变形，塑性变形非常小，基本可以忽略。

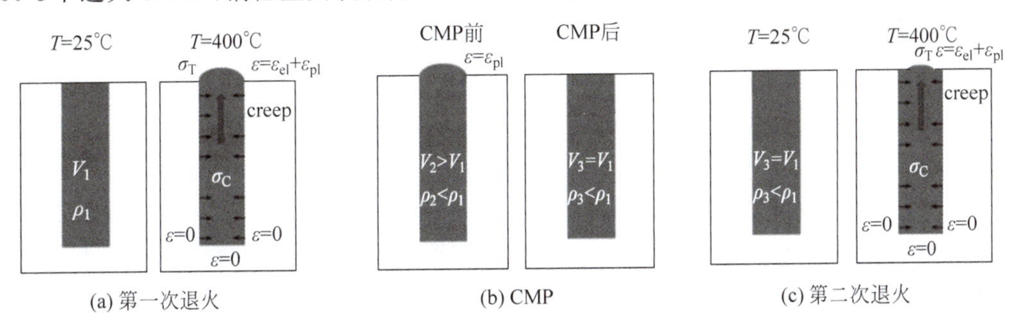

图4-99 热退火消除铜柱膨胀

铜柱退火产生的塑性变形具有随退火次数递减的特性，即在相同温度下多次退火，每次退火新产生的永久塑性变形不断减小[190]。因此，退火次数越多，后续铜柱的塑性膨胀就消除得越彻底。但是，如果第二次退火的温度高于第一次退火温度，铜柱仍会产生进一步的塑性变形，塑性变形的程度就是两次热退火温差所对应的塑性变形的程度。这一增量具有随退火温度增加而减小的趋势。图 4-100 为 10μm×70μm 的铜柱在不同温度下退火的形貌曲线[191]。在氢气和氮气的形成气体中 350℃退火 10min，TSV 铜柱塑性变形超过表面 56nm，而再次进行 400℃退火 10min，铜柱新增的塑性变形只有 6nm。尽管铜柱在 400℃退火时仍产生少量的塑性变形，但是由于 350℃退火后晶粒密度降低，铜柱的热膨胀系数下降，第二次退火后铜柱体积变化和塑性挤出程度都大幅降低。温度增量导致的塑性膨胀的增量越来越小，理论上存在一个退火温度，其后续退火的塑性膨胀降低为零，但这一温度过高而没有实际应用价值。此外，随着退火时间的增加，铜柱的热膨胀也有一定程度的减小，这主要是因为长时间退火引起的蠕变得到抑制。

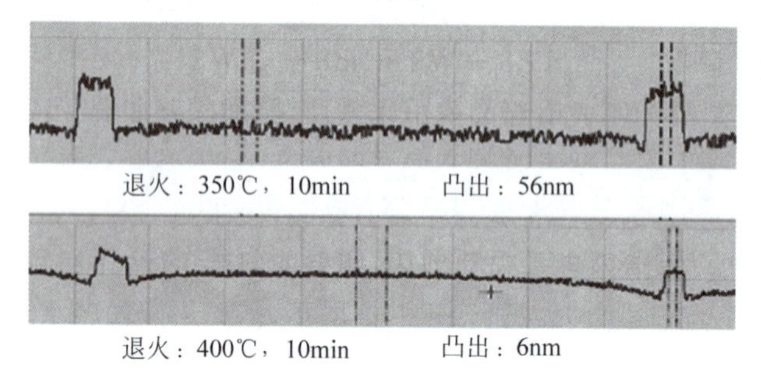

图 4-100　退火次数对铜柱热膨胀的影响

在铜柱内部没有空洞的情况下，退火后铜柱晶粒长大、小尺寸晶粒减少、晶界数量降低，因此热膨胀系数、弹性模量、密度和硬度都低于退火前的情况。这与晶粒尺寸长大有关，晶粒尺寸越大，上述参数就越小。电镀铜 TSV 的硬度符合 Hall-Petch 关系，刚电镀完的铜柱硬度为 2.3～2.8GPa，室温自发退火后降低为 2.2GPa，高温热退火后进一步降低为 1.9GPa[192]。

4.5.2.2　影响退火的因素

铜的塑性膨胀与 TSV 尺寸和结构、原始晶粒大小、分布、杂质种类和浓度等有直接关系，不同工艺制造的 TSV 的塑性膨胀特性不同，需要根据特点单独确定退火温度和时间。由于铜柱的塑性变形的影响，铜柱膨胀凸出的高度与温度并非线性关系。图 4-101 为退火后 5μm×50μm 的铜柱塑性膨胀挤出高度与退火温度的关系[184]。铜柱的平均挤出高度随退火温度升高而增加，但二者并非线性关系。在 200℃以下进行退火，铜柱挤出高度小于 20nm，几乎可以忽略，当温度达到 300℃时，挤出高度迅速增加到 120nm，当温度达到 400℃时，挤出高度达到 670nm，而当温度达到 450℃时，挤出高度可达 800nm 以上[177]。

铜柱高度上的应力梯度也是造成铜柱膨出的因素。当温度升高时，铜柱产生热膨胀，但是底部受到衬底的限制而产生压应力，而顶部向外膨胀的趋势而产生拉应力，使铜柱两端存在着较大的应力梯度。根据 Nabarro-Herring 的蠕变模型，应力梯度使底部受到压应力作用的铜原子向顶部受到拉应力作用的区域扩散，从而引起铜柱向上膨胀，成为造成铜柱膨出的因素之一。

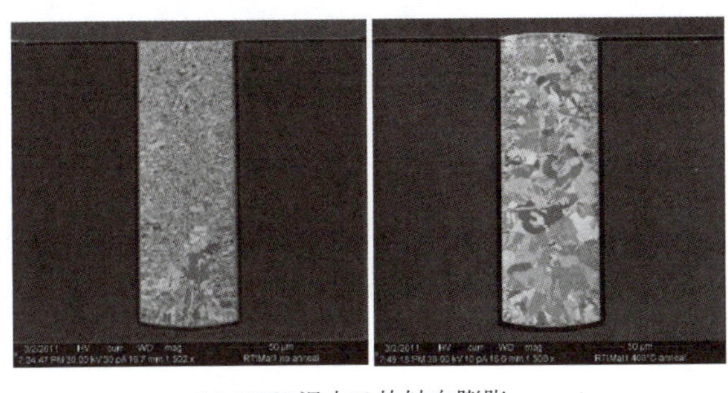
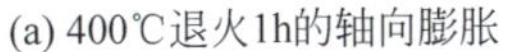
(a) 400℃退火1h的轴向膨胀

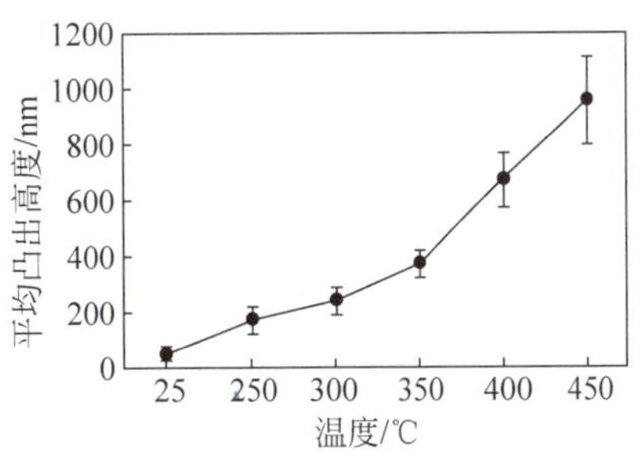

(b) 铜柱热膨胀随温度的变化关系

图 4-101 退火对热膨胀的影响

应力梯度引起的扩散表现为一定的蠕变特性，即蠕变程度与时间相关。尽管热退火可以消除高温塑性变形引起的再膨胀，但是无法消除应力梯度引起的铜原子扩散和由此产生的再膨胀。因此，退火后进行 CMP 可以消除塑性变形，但无法消除应力梯度引起的再膨胀，再次升温时铜柱仍会产生一定程度的塑性变形，特别是当退火时间较长时。但是，因为原子扩散的贡献较小，再次低温退火所产生的塑性变形程度远小于第一次高温退火。

TSV 本身的参数和退火参数对膨出程度都有影响。铜柱的塑性变形随着铜柱直径和间距的减小而降低[131]。图 4-102 为弹塑性模型有限元模拟的影响退火的因素[193]。室温 20℃下所有材料的应力均假设为零，退火温度为 400℃并保温 30min。铜柱直径变化时，高度均为 50μm，节距均为 2 倍直径；铜柱高度变化时，直径均为 5μm，节距均为 2 倍直径。图中 400℃和 20℃分别表示加热和回到室温后的铜柱膨胀程度，前者包括铜柱的弹性变形和

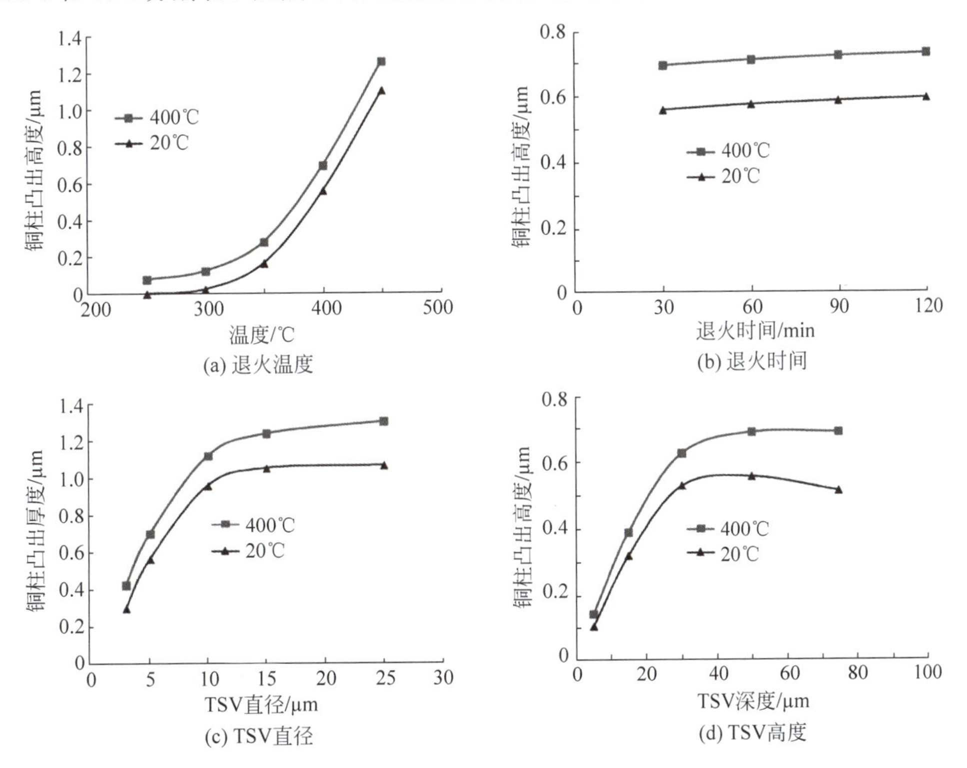

图 4-102 退火热膨胀的影响因素

塑性变形,后者为铜柱的塑性变形,二者之差是铜柱的弹性变形程度。铜柱的弹性变形与退火时间基本无关,随着铜柱直径和高度增大而增大。塑性挤出随着温度的升高而增大,也随着退火时间延长而轻微增大,这是由于铜晶粒随着保温时间的增加而逐渐长大,铜表现出一定的蠕变特性。塑性变形在直径超过 15μm 以后逐渐饱和,在高度超过 40μm 后稍有下降。

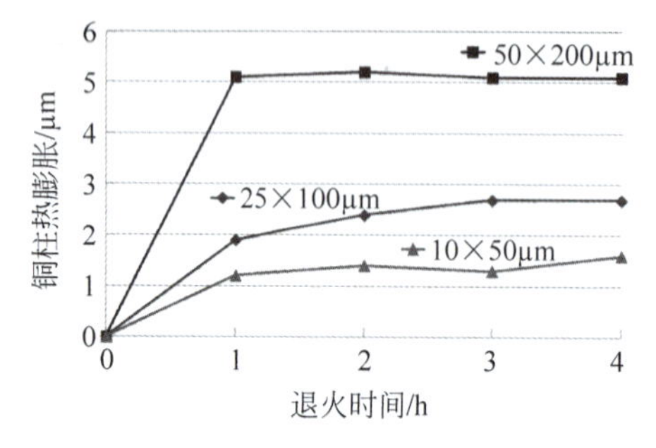

图 4-103 退火时间对热膨胀的影响

图 4-103 为实际测量的铜柱塑性膨出随 TSV 尺寸和退火时间的变化关系[180],退火温度为 400℃。铜的塑性膨胀趋势与图 4-102 的理论值基本一致,退火 1h 后铜柱热膨胀基本稳定,增加退火时间热膨胀基本不变。铜柱的热膨胀程度与直径和高度都有关系,随着直径和高度增大而增加。对比铜柱直径和高度的影响可以看出,实际上影响热膨胀程度的不是 TSV 的深宽比而是铜柱的体积,体积越大,热膨胀凸出越趋向稳定。

TSV 介质层的性能如厚度、弹性模量和残余应力也对退火后 TSV 的性能有一定影响。图 4-104 为 O_3-TEOS 沉积的 SiO_2 介质层厚度对退火后的热膨胀和残余应力的影响[194]。无退火和 420℃退火 20min 后,99.9%置信度下铜柱塑性膨出程度均随着介质层厚度的增加而减小,并且当介质层厚度达到 630nm 时,两种情况的膨出程度基本相同。对于硅衬底应力,没有退火时应力随着介质层的增大而减小,这与介质层限制铜柱热膨胀有关。经过退火后,应力随着介质层厚度的增加而增大,这与对膨出的影响刚好相反。

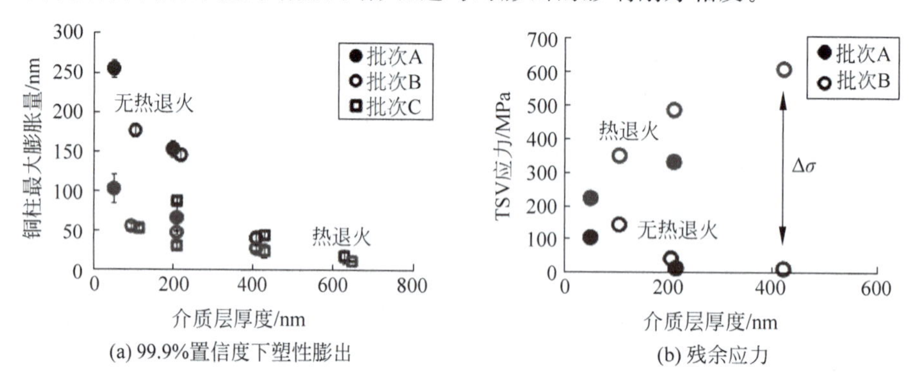

(a) 99.9%置信度下塑性膨出　(b) 残余应力

图 4-104 介质层厚度对热膨胀的影响

4.5.2.3 退火对应力的影响

无论是电镀还是溅射的铜薄膜,都存在着明显的残余应力。退火改变了晶粒的大小和分布,也改变了残余应力的状态。例如,在硅表面刚沉积的铜薄膜表现为 100MPa 左右的残余拉应力,升温到 420℃时,铜薄膜的残余应力几乎下降为零,主要原因是铜的塑性变形和蠕变过程消除了残余应力;当温度回到室温时,晶粒的变化导致残余应力增大为 600MPa 的拉应力[188]。

图 4-105 为硅表面厚 5μm 的铜薄膜的双轴应力随退火温度和次数的变化关系[195]。铜电镀后存在本征残余拉应力,但是只有 25MPa 左右。首次退火时,拉应力随着温度升高迅

速转变成压应力，并且压应力随着温度升高基本呈线性关系增加。这是由于铜的热膨胀系数远高于硅的热膨胀系数，硅衬底限制了铜的弹性热膨胀，使铜内部产生压应力。当温度超过 85℃时，压应力出现了明显的非线性，表明微观晶粒发生了改变，并且在 120℃左右达到约 220MPa 的最大值。随温度的继续升高，压应力逐渐减小，表明这一阶段出现塑性变形，减小了弹性变形的程度。这一阶段与金属材料的屈服性质类似，应力随着应变的增加而减小。当温度达到 325℃时，压应力减小到大约 90MPa。

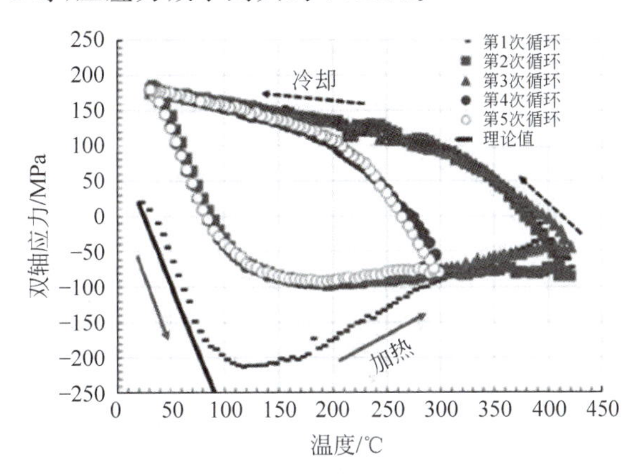

图 4-105　双轴应力随着退火次数的变化

降温时，从 325℃ 到 120℃ 的区间，压应力以极为缓慢的速率从 90MPa 增加到约 100MPa，这是由于铜晶粒产生的塑性变形无法回复，应变减小而应力并不减小。从 120℃到室温的区间，压应力以近似线性的关系减小并最终达到约 180MPa 的拉应力。其原因是压应力挤压晶粒导致的塑性变形无法回复，晶粒在室温下需要更大的弹性变形适应衬底的变形，因此回到初始温度时铜内部产生了更大的残余拉应力。升温和降温的应力曲线之间出现了明显的滞后现象，这种滞后是铜的塑性变形导致的。升温和降温的温度循环内，铜的变形既包括弹性变形也包括塑性变形，滞后代表塑性变形的产生，也代表升温降温周期内能量在铜内部的耗散。

如果第 2 次退火的最高温度与第 1 次退火的最高温度相同(等温退火)，其升温曲线与第 1 次退火的升温曲线不重合而与第 1 次退火的降温曲线重合，并且最大压应力与第 1 次升温的最大压应力相同，降温曲线与第 1 次退火的降温曲线重合。这表明在经过第 1 次退火后，后续等温退火过程不再出现微观结构和晶粒的塑性变形，铜基本进入稳定状态，即已有的塑性变形作为初始状态，后续温度变化导致的增量为弹性性质。在升温过程中，当温度超过 120℃时，压应力基本保持不变，并且远小于第 1 次退火在该温度点的应力。这表明，在该应力水平下铜出现了屈服现象，产生了塑性变形，因此在进一步的退火中不出现应力积累。第 1 次退火与后续退火产生了不同的残余应力，表明第 1 次退火改变了铜晶粒的形态，并且这种改变是不可逆的，即铜的部分晶粒发生了塑性变形。后续继续进行多次等温退火时，每次的升温和降温曲线都与第 2 次的升温降温曲线重合，说明相同温度下的后续退火没有产生新的塑性变形。

如果第 2 次退火的最高温度超过了第 1 次退火的最高温度，则在第 1 次退火的最高温度以下，第 2 次升温曲线与等温退火的升温曲线重合；但是当温度超过第 1 次退火最高温度以后，应力曲线仍会出现小幅度的上升，例如压应力从第 2 次最高温度点 325℃ 的约 90MPa 减小到 420℃时的 70～80MPa。降温时，第 2 次退火的应力曲线与第 1 次退火的降温曲线不重合，但回到初始温度时的应力点重合。当后续的退火温度与第 2 次相同时，后续每次的升温和降温过程仍与第 2 次的过程重合。

TSV 退火特性与铜薄膜总体上类似，但是由于 TSV 受衬底的约束条件与平面薄膜不同，二者在曲线形状上有较大的差异。图 4-106 为 TSV 多次退火时硅衬底的曲率变化[196]。由于铜柱只占硅衬底的部分厚度且衬底没有外部约束，铜柱热膨胀使衬底出现了沿着厚度方向的应力梯度，导致衬底曲率发生变化。由于硅具有理想的弹性，其曲率变化可以表征所有铜柱热膨胀的平均影响。在第 1 次升温到 200℃ 的过程中，衬底曲率变化随温度的升高而增大，但由于铜柱产生了塑性变形，二者并非呈线性关系。降温时曲率变化与温度呈线性关系，但与升温曲线不重合，表明降温时 TSV 的变形基本为弹性变形。当温度降低到 100℃ 时，曲率变化基本为零，表明此时铜柱内的应力与加热前基本相同。温度低于 100℃ 时，曲率变为正数，铜柱内的应力变为拉应力。第 2 次和第 3 次等温退火时，升温和降温的曲率变化都与温度呈线性关系，升温和降温都沿着第 1 次降温曲线，不再出现明显的滞后。这表明经过第 1 次退火发生塑性变形，以后等温退火不再出现明显的塑性变形，尽管每次退火后都会出现轻微的残余变形。

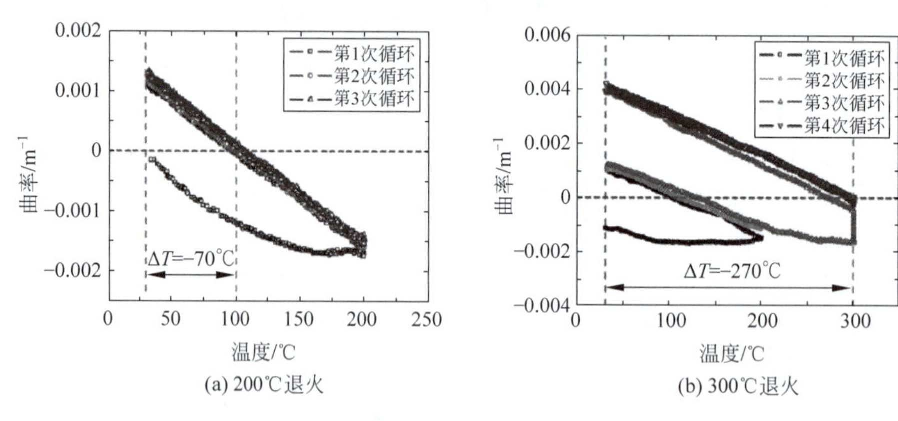

(a) 200℃退火　　(b) 300℃退火

图 4-106　热退火对衬底曲率半径的影响

进行连续 2 次 200℃ 退火后再进行连续 2 次 300℃ 退火时，前两次 200℃ 退火的结果与前述相同，即第 1 次升温为非线性，而降温为线性，第 2 次升温和降温都与第 1 次退火的降温过程基本重合，表现为线性。随后的第 1 次 300℃ 升温过程中，当温度低于 200℃ 时，曲率继续沿着第 2 次 200℃ 退火的线性曲线，但是当温度超过 200℃ 后，曲率与温度之间的关系又表现出非线性。这表明退火温度提高后，铜柱仍将发生新的塑性变形。从 300℃ 的降温过程中，曲率和温度之间同样表现为线性，但是与 200℃ 退火的降温曲线不再重合，而且终点也不重合，而是出现了明显的残余变形。第 2 次 300℃ 退火的升温过程和降温过程，仍遵循上一次 300℃ 退火时的降温曲线，并且升温降温没有明显的滞后。

图 4-107 为热退火和保温时铜柱应力的演变过程[197-198]。位置 1 表示铜柱在室温下的初始应力为幅值较小的拉应力。温度升高后铜柱不断膨胀，由于硅衬底热膨胀小，限制铜柱的自由膨胀，铜柱内的应力逐步转变为压应力，并且幅值随温度线性增加，直到应力达到位

置 2。由于 TSV 高度很大，TSV 顶部和底部受到硅的限制程度不同，因此 TSV 顶部和底部的最大应力不同。达到这一温度后，铜的晶粒发生弹塑性变形而出现了屈服现象，因此随着温度的进一步升高到位置 3 的过程中，压应力不但不再增加，反而有一定程度的减小。当温度达到最高点 3 进行保温时，塑性变形使铜的压应力急剧减小。

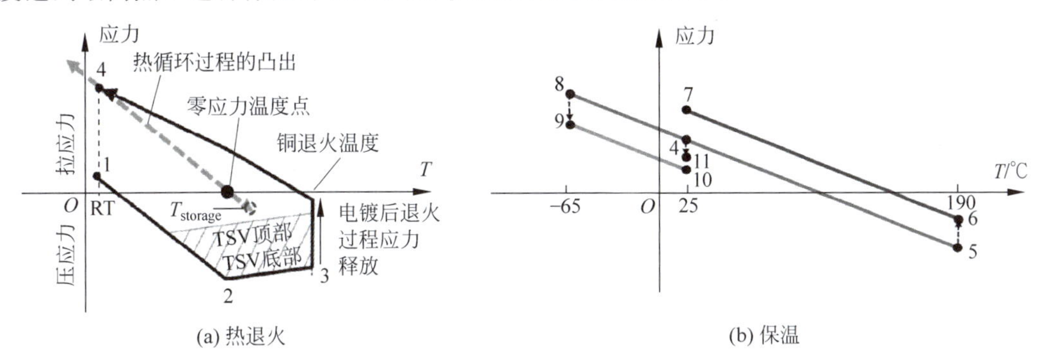

(a) 热退火　　(b) 保温

图 4-107　TSV 应力随温度和时间变化关系

降温过程中，由于铜柱的收缩程度大于硅衬底，并且部分铜晶粒产生塑性变形而无法回复，铜柱内出现随温度下降而线性增加的拉应力[188]。达到室温时，铜柱内的拉应力远大于退火前铜柱内的拉应力。铜柱从拉应力转变为压应力的临界温度称为等效零应力温度。与平面铜薄膜相比，铜柱的侧面和底面都受到硅衬底的限制，因此铜柱的等效零应力温度低于铜薄膜，一般在 150～200℃。退火温度高于等效零应力温度，回到室温后拉应力稍高于退火前的状态[197]。高温保温过程中，位置 5 和位置 8 分别表示最高和最低温度对应的弹性变形引起的应力，从位置 5 到位置 6、位置 8 到位置 9 和位置 4 到位置 11 的应力阶跃表示最高温、最低温和室温时由于塑性变形引起的应力变化。从位置 6 到位置 7 和位置 9 到位置 10 分别表示在温度恢复到室温过程中，弹性变形引起的应力变化。

图 4-108 为带有表面铜薄膜和 TSV 的硅晶圆在退火过程中曲率的变化，以比较 TSV 与表面铜薄膜退火特性的差异。退火包括 4 次温度循环，第 1 次和第 2 次的退火温度均为 200℃，第 3 和第 4 次退火温度分别为 350℃和 400℃。对于铜薄膜，第 2 次退火与第 1 次退火的降温曲线重合，而第 3 次和第 4 次退火的降温曲线重合但升温曲线不重合。这些升降温之间的滞后表明高温退火时的晶粒长大和扩散蠕变，薄膜存在明显的塑性变形。对于铜

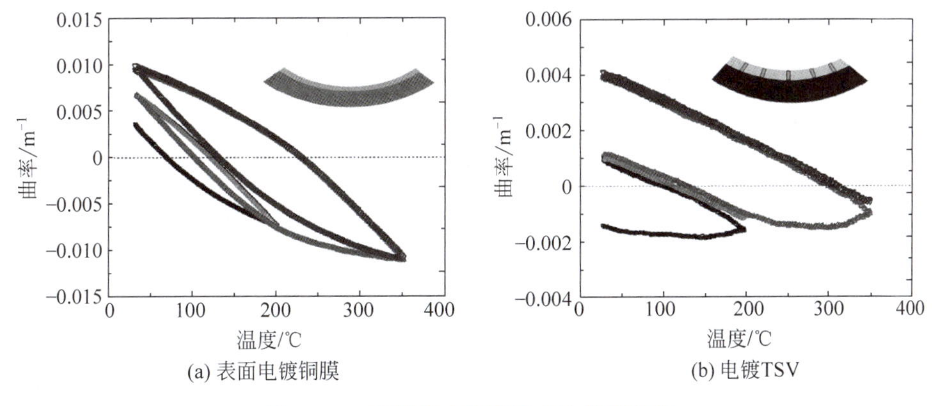

(a) 表面电镀铜膜　　(b) 电镀TSV

图 4-108　双轴应力随着退火次数的变化

柱,第3次降温与第4次升降温曲线重合,没有滞后出现,铜柱在高温退火时发生了晶粒长大,但第4次退火没有塑性变形产生,而薄膜第4次退火仍有塑性变形产生。二者退火特性差异的主要原因是应力状态的差别。铜薄膜几何参数和材料性质基本均匀,在高温退火过程中铜薄膜内产生相等的双轴应力,有限元计算的 von Mises 应力很高,退火过程的塑性屈服降低了残余应力和衬底变形。铜 TSV 产生的是非均匀的三轴应力,而 von Mises 应力相对较小。由于深孔的限制,TSV 所产生的塑性屈服只在相对较小的空间内局部产生,因此对整个晶圆的变形影响也较小。

经过退火后,尽管铜柱周边的硅衬底仍存在残余应力,但残余应力的大小与退火前相比有显著的下降。图4-109为微区拉曼测量的 TSV 退火后周围硅衬底的应力分布。与图4-65类似,退火前后靠近铜柱的硅衬底存在着较大的压应力,压应力外侧为较大的拉应力区,但退火使铜柱周围的应力大幅度下降。在200℃退火后,硅衬底应力分布与室温情况差别不大,表明200℃退火时铜柱基本为弹性变形,退火后铜柱恢复初始状态,硅衬底应力分布没有大的改变。在300℃退火后,铜柱出现了塑性变形,应力状态发生变化,导致硅衬底的应力峰值减小。400℃退火后,铜柱产生明显的膨胀而凸出表面,显著释放了铜柱内的应力,使硅衬底的应力大幅度下降到30MPa左右可以忽略的程度。因此,随着退火温度的提高,压应力的峰值和拉应力的峰值都越来越小。

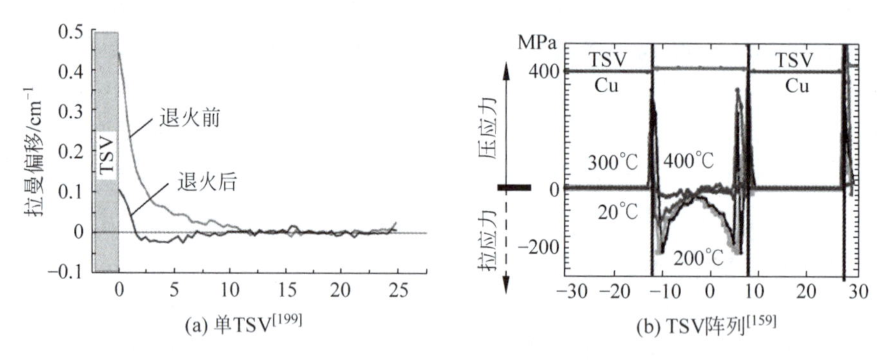

图4-109 TSV周围的应力分布随退火的变化

由于硅具有良好的弹性,退火后体积几乎没有变化,因此铜柱膨出后在深孔内部必然形成了与膨出体积相当的空位。当温度降低到室温后,铜柱内部表现为较大的拉应力,这种拉应力过大时有可能造成 TSV 内部的空洞[188]。考虑到深孔内部形成空位后多余的原子需要经过较长的位移距离才能达到铜柱顶端,因此空位大多形成于铜柱顶端附近,空位密度随着深度的增加而减小。因此,铜的应力 σ 和原子的浓度 c 都随着铜柱深度的增加而增加,这种非均匀性产生了铜原子的输运。输运方程为

$$J_{\text{mass}} = -D\nabla c - \frac{cD}{k_B T}\Omega \nabla\sigma \tag{4.35}$$

式中:k_B 为玻耳兹曼常数;T 为温度;Ω 为铜原子体积;D 为铜原子的扩散系数,$D=D_0\exp(-E_a/k_B T)$,其中 E_a 为原子激活能。

式(4.35)没有考虑因为温度梯度(可忽略)和电势(未加电势时可忽略)对质量输运的影响;在温度较低时,应力相对于温度是更主要的影响因素。

4.6 其他导体材料

除了铜以外，重掺杂的多晶硅和钨也在 TSV 中作为导体材料，适用于在对电阻率要求不高或一些特殊需求的场合，并在一些 MEMS 和传感器产品中得到了应用。近年来，有研究尝试导电聚合物、导电浆料、碳纳米管等作为 TSV 导体，但都尚未建立起完整的制造体系。

4.6.1 钨

钨作为集成电路的标准互连材料之一，广泛应用于晶体管器件与第一层平面互连之间的钨塞，连接晶体管与 M1 金属，因此钨是 CMOS 工艺的兼容材料。

4.6.1.1 沉积方法

钨可以采用 CVD 或 PVD 的方式沉积[200-205]。CVD 多采用 WF_6 与还原性气体 SiH_4 或 H_2 在 400～600℃下反应，具有很好的共形能力，可以获得 20∶1 以上的深宽比。WF_6 的熔点为 2.5℃，沸点为 17.3℃，室温下极易挥发，并易与水反应生成氧化钨 WO_x 和氢氟酸 HF。采用 H_2 还原 WF_6 可以在任何金属表面沉积钨，但是反应速率很慢，并且无法在热氧表面沉积。SiH_4 的还原反应不如 H_2 强烈，所沉积钨的质量和电阻率由 SiH_4 与 WF_6 比率决定。采用 SiH_4 反应的共形能力不如 H_2 好，因此通常不用于钨塞的填充，但是可以避免 H_2 反应产生的副产物氟的腐蚀性问题。其反应原理如下：

$$\begin{aligned} &WF_6 + SiH_4 \rightarrow W + SiF_4 + 2HF + H_2 \\ &WF_6 + 3H_2 \rightarrow W + 6HF \end{aligned} \tag{4.36}$$

WF_6 与 SiH_4 的反应可以采用类似 ALD 分步导入反应物的 CVD 方式实现，如图 4-110 所示[200]。沉积过程依次通入反应前驱体 WF_6 和反应气体 SiH_4，每种气体吸附后都进行腔体排空。在 300℃下，WF_6 被 SiH_4 还原沉积钨，可以在深宽比为 25∶1 的孔内获得约 35% 的共形能力。典型钨工艺参数：吸附时间为 1s，还原时间为 15s，WF_6 导入后的排空时间为 5～10s，SiH_4 导入后的排空时间为 5s，腔体压强为 10～60Torr，反应温度为 300～350℃。

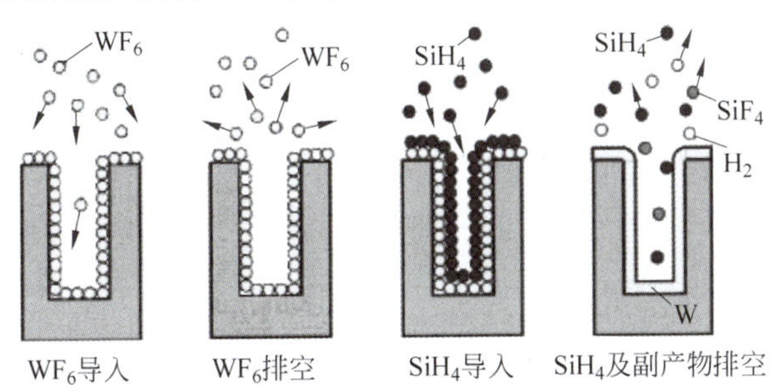

图 4-110 分步导入反应物的 CVD 方法沉积钨过程

分步 CVD 过程中气体排空时间和沉积温度对共形能力有显著的影响。如图 4-111 所示[200]，随着排空时间增加，反应物气体有更多的时间扩散到达深孔内部，可以提高共形能力。随着沉积温度的升高，CVD 方法沉积钨的共形能力显著下降，这与高温下反应气体的吸附系数高有关，不利于反应气体进入深孔内部。

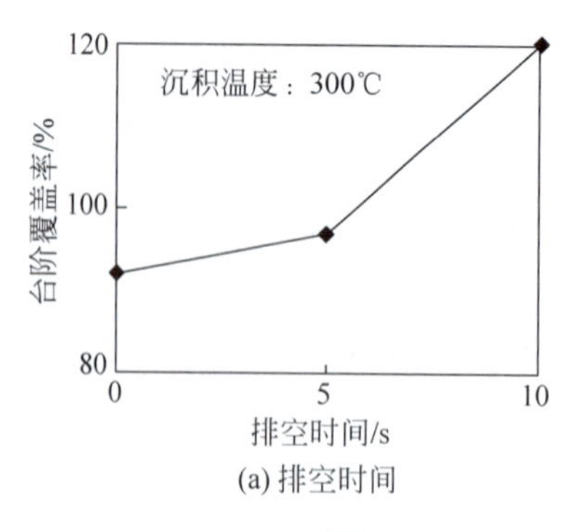

(a) 排空时间

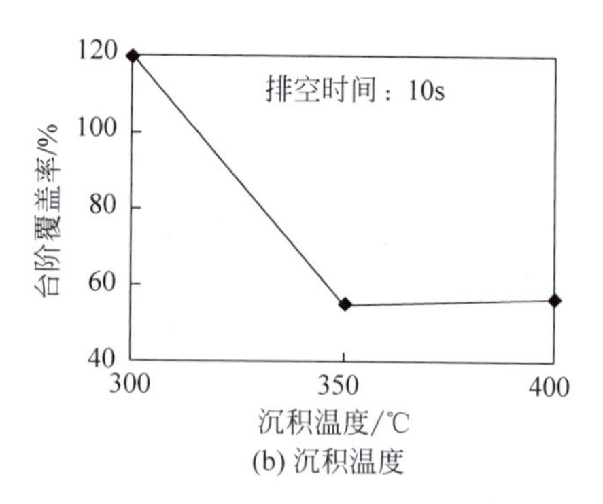

(b) 沉积温度

图 4-111　CVD 沉积钨的共形影响因素

在几托的压强和 400℃的条件下，硅或多晶硅直接暴露于 WF_6 会反应形成较小厚度的钨层，而 SiO_2 与 WF_6 基本上是惰性的，因此 TSV 内壁沉积的多晶硅可以选择性生长钨薄层。其反应原理如下：

$$2WF_6 + 3Si \rightarrow 2W + 3SiF_4 \tag{4.37}$$

这一反应正是 WF_6 腐蚀硅的原理，但是采用多晶硅作为基底提供反应所需的硅可以消耗氟原子，实现钨的沉积。硅和 WF_6 之间的反应在钨的表面进行，通过硅扩散经过钨层到达钨的表面来维持反应过程。理论上，反应过程中只要有硅接触，反应就一直进行下去；实际上，反应生成的钨阻挡了 WF_6 与硅的接触，因此反应是自限制的。自限制的极限厚度由硅表面粗糙度和沉积系统的压强决定，不同条件下所报道的自限厚度存在很大的差异，范围跨度为 10mm 到 1.5mm。

采用 WF_6 的主要问题是反应副产物氟具有极强的化学腐蚀性，会腐蚀 TiN 阻挡层以及含硅的材料，残余的氟可能进入器件或介质层导致漏电流增大和阈值电压变化[206]。采用 $W(CO)_6$ 前驱体在 200℃ 以上热分解沉积钨可以避免氟的腐蚀性问题[207]，但是 $W(CO)_6$ 的升华过程与表面积相关，难以精确和重复控制。此外，$W(CO)_6$ 为剧毒性，反应产物 CO 也是危险气体。

4.6.1.2　钨 TSV

钨作为 TSV 金属有一些突出的优点：①CVD 沉积钨较铜更为简单，并且可以在微米直径的 TSV 内实现深宽比为 20：1 的共形沉积。②钨是一种非扩散金属，可以省略 TSV 侧壁扩散阻挡层和种子层，但是钨在 CVD 沉积的 SiO_2 表面的粘附性很差，仍需要粘附层。对于 10：1 以下深宽比可以采用 LPCVD 沉积的多晶硅，10：1 以上的深宽比可以采用 MOCVD 或 ALD 的 Ti 或 TiN。③钨的热膨胀系数为 4.5×10^{-6}/K，与硅接近，可以缓解热膨胀系数差异造成的热应力问题并减小 TSV 的节距。小直径钨 TSV 的节距与直径的比值可以减小到 2：1，如 0.6μm 直径可采用 1.2μm 节距、1μm 直径可采用 2～3μm 节距，而铜 TSV 的节距与直径的比值通常要达到 3：1 甚至 5：1。④CVD 沉积钨的温度通常为 300～400℃，沉积后的钨耐受 1000℃ 的高温，因此钨可以作为 FEOL 和 MEOL 方案的 TSV 金属使用。⑤钨抗电迁移和应力迁移的能力很强，自身不易失效，但是在钨与铝/铜的接触位置由于铝/铜的电迁移而导致的沉积或输运，容易引起接触位置的互连失效。

与铜相比，钨的主要缺点：①钨薄膜的应力较大，当薄膜较厚时，容易造成明显的衬底翘曲和脱落。研究表明，厚度 800nm 的钨存在 1.4GPa 的拉应力，当厚度超过 1μm 时会导致钨层剥离和显著的衬底翘曲[208],需要采用多次沉积和回刻的方式[209]。因此,即使理论上钨不需要扩散阻挡层,但仍需要粘附层。②钨在大直径、高深宽比的孔内填充容易造成空洞,后续工艺须避免将化学溶液渗入空洞。由于钨抗电迁移的能力很强,即使空洞存在,也不会像铜一样产生空洞位移。③钨的电阻率较高,相同尺寸下钨 TSV 的电阻远高于铜 TSV 的电阻,不适合作为电源/地线、承载大电流的导线,以及其他需要低电阻的应用。④钨的等离子体刻蚀较为困难,表面沉积的钨也需要采用 CMP 去除。由于钨的硬度很大,采用精抛光会导致钨颗粒划伤甚至嵌入表面,造成硅片碎裂。通常采用软工艺的方法,即通过干法刻蚀暴露反面的钨 TSV,然后沉积 SiO_2 介质层后再进行 CMP。

综合上述因素,钨适合于直径为 0.5~3μm、深宽比为 10∶1~20∶1 的 TSV,过大的直径和高度都会导致空洞或显著的残余应力。当直径超过 3μm、高度超过 20μm 时,一般采用空心结构以减小应力并降低沉积的工艺负担。图 4-112 为 BEOL 方案制造钨 TSV 的流程[200]。首先刻蚀介质层和硅基底形成深孔,随后沉积 SiO_2 介质层,这些方法与铜 TSV 中相同。然后沉积多晶硅或 TiN 粘附层,再利用 CVD 在深孔内沉积钨,填充后利用 CMP 将表面的钨去除。当 TSV 直径较大或密度较高时,钨 TSV 较大的残余应力容易造成晶圆翘曲,对 300mm 晶圆的后续光刻等工艺造成影响。

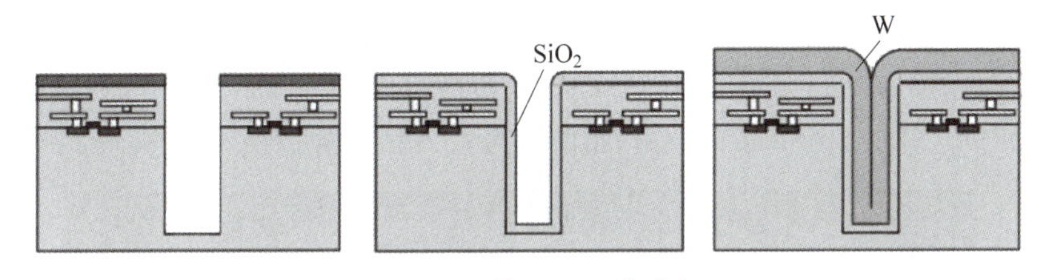

图 4-112 钨 TSV 工艺流程

为了实现高深宽比钨填充,日本东北大学采用多晶硅反应沉积钨的混合 TSV 结构,如图 4-113 所示[201]。首先通过 LPCVD 在深孔内部的介质层表面沉积厚度为数十至数百纳米的多晶硅,然后在多晶硅表面沉积钨。由于 WF_6 可以在多晶硅表面溶解,多晶硅充当钨沉积过程化学反应的催化剂,不仅提高了填充的共形能力,而且多晶硅作为粘附层提高了钨的结合强度。

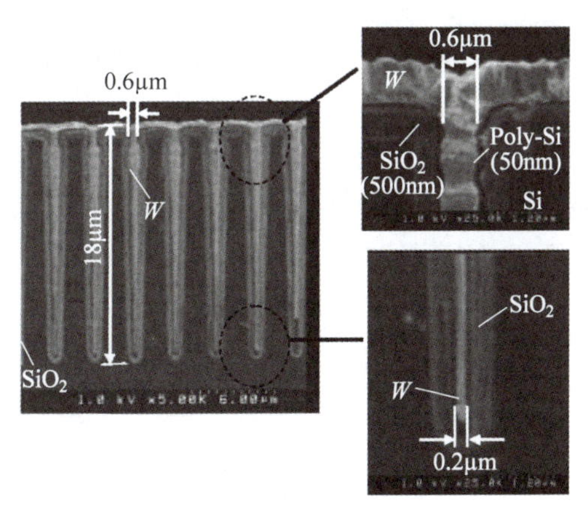

图 4-113 多晶硅-钨混合 TSV

图 4-114 为 Fraunhufer 采用 MOCVD 和 PVD 沉积的钨 TSV[202,210]。MOCVD 沉积

钨的厚度为 900nm,在长度为 3μm、宽度为 10μm、深度为 50μm 的盲孔具有较好的共形能力。介质层采用 SACVD TEOS 沉积 300nm 的 SiO_2,粘附层为 CVD 沉积的 20nm TiN。采用 PVD 方法可以在 1μm×50μm(深宽比为 50∶1)和 0.7μm×18μm(深宽比为 26∶1)的深孔内沉积钨,具有良好的共形能力[211],不需要倒锥形的深孔。

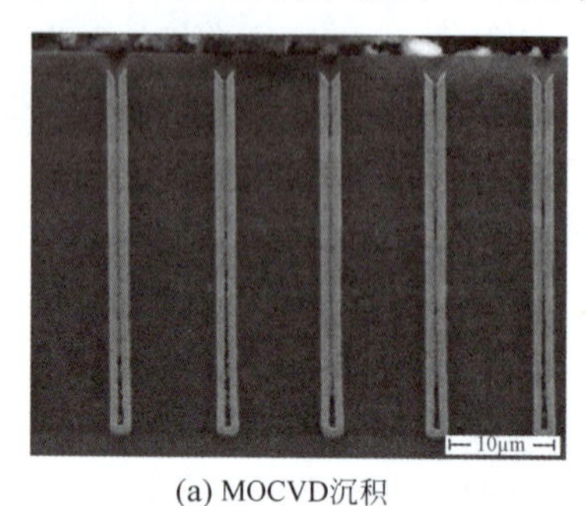

(a) MOCVD沉积

(b) 环形孔PVD沉积

图 4-114 钨 TSV

图 4-115 为 Leti 采用 MOCVD 制造的钨 TSV[212]。钨 TSV 为环形槽结构,宽度为 4μm、深度为 80μm,利用 TEOS SACVD 沉积 750nm 的 SiO_2 作为介质层,采用 MOCVD 和 TDMAT 前驱体沉积 20nm TiN 作为粘附层,利用 CVD 在 440℃沉积钨填充环形槽。钨沉积后应力极为显著,厚 800nm 的钨产生 1.4GPa 的拉应力,当厚度超过 1μm 时,晶圆翘曲严重。Leti 开发了回刻法降低钨沉积后的应力,将厚度为 1.7μm 的钨的应力减小到约 800MPa。

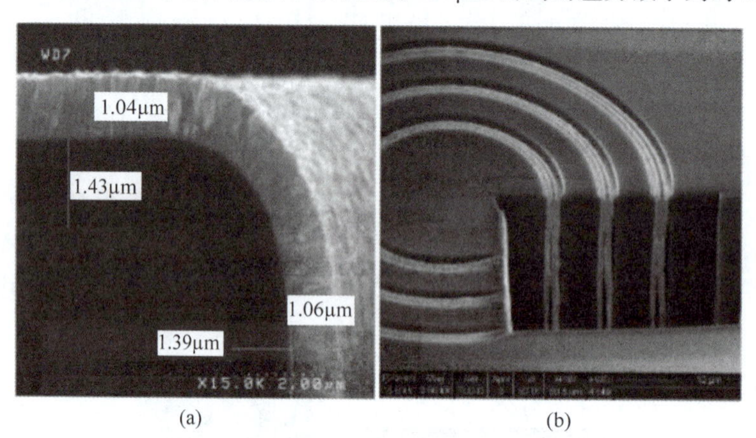

(a)　(b)

图 4-115 Leti 钨 TSV

沉积的钨柱在硅基底上产生较大的压应力,需要高温退火或者等离子体致密化处理,最高退火温度为 450℃。由于 TSV 直径和截面积小,加之钨的电阻率较高,因此钨 TSV 的电阻通常比较大。尺寸为 100μm×250μm 的钨 TSV 的电阻可达 350mΩ,比相同尺寸的铜 TSV 高出近 1 个数量级,因此钨 TSV 适合对电阻要求不高的情况,而不适合大电流应用。为了降低钨 TSV 的电阻率,可以利用钨 TSV 容易制造高深宽比的特点,将多个直径小的钨 TSV 并联使用。

4.6.2 多晶硅

重掺杂的多晶硅具也可以作为 TSV 的导电材料[213-216]。与铜相比,多晶硅的优点包括：①热膨胀系数与硅基本相同，不会产生热膨胀系数差异而导致的应力问题；②避免了铜扩散的问题，不需要沉积扩散阻挡层、粘附层和种子层，工艺大幅简化，可靠性大幅提高；③多晶硅容易沉积容易刻蚀，与铜 TSV 工艺相比非常简单；④高温 LPCVD 具有较好的填充能力，容易实现高深宽比，在衬底厚度一定的情况下可以减小 TSV 尺寸；⑤多晶硅可以实现 p 型或 n 型掺杂，有利于 MEMS 或传感器应用中使用相同类型器件的情况。

多晶硅通常采用 LPCVD 方法沉积，可实现高深宽比填充和原位掺杂，因此需要较高的工艺温度。这决定了多晶硅 TSV 的工艺顺序必须是 FEOL 方案，在 CMOS 工艺以前首先刻蚀深孔、沉积介质层和填充多晶硅，经过平整化以后作为普通硅片开始 CMOS 或其他制造工艺过程。FEOL 方案允许使用热氧化沉积的 SiO_2 介质层，具有极佳的共形能力和绝缘性能。

多晶硅的主要缺点是电阻率较高，例如重掺杂的多晶硅电阻率为 1～20mΩ·cm，比铜的电阻率高 3 个数量级左右。因此单个 TSV 的电阻难以小于 1Ω，高度为 50μm 以上的 TSV 的电阻一般为 5～15Ω，电容小于 1pF，不适用于电源线、大电流以及高频应用。很多传感器可以使用电阻不超过 100Ω、电容不超过 1pF 的多晶硅 TSV，因为这些传感器自身的内阻一般大于多晶硅 TSV 的阻值 2 个数量级，使用多晶硅或者更低电阻的铜，对整体性能没有显著影响。图 4-116 为多晶硅 TSV 的电学特性，图 4-116(a)为高度 400μm 的圆柱形多晶硅 TSV 的理论电阻和电容随直径的变化关系[216]，图 4-116(b)为多晶硅 TSV 的电容 *C-V* 和电阻 *I-V* 特性曲线，n 型衬底的 n 型多晶硅 TSV 的电容为 0.6pF。

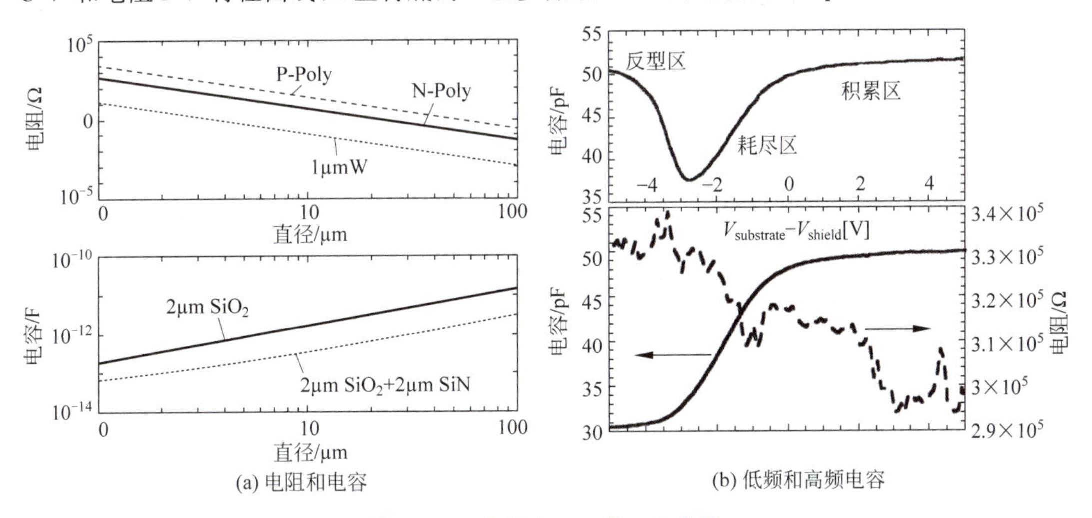

(a) 电阻和电容　　(b) 低频和高频电容

图 4-116　多晶硅 TSV 的 C-V 曲线

由于多晶硅较高的电阻率，一般多晶硅 TSV 的截面积多为圆环形结构或者槽形结构。环形和槽形结构的截面积较大，可以缓解多晶硅电阻率高的问题，如图 4-117 所示[217]。DRIE 刻蚀环形或者槽形结构的深槽可以实现很大的深宽比，采用 LPCVD 填充多晶硅时也更容易实现无空洞填充。

4.6.3　Bi-Sn-Ag

采用液态金属灌注也可以实现 TSV 填充。图 4-118 为利用液态 Bi-Sn-Ag 合金填充盲孔的方法示意图[218-219]。Bi-Sn-Ag 的熔点温度相对较低，根据组分比不同在 250～280℃，采用加热的 Bi-Sn-Ag 液态合金，在约 0.1Pa 的真空环境下填充到 TSV 深孔表面，然后通过

图 4-117　圆环形多晶硅 TSV 深槽

加压的方法使液态合金进入 TSV 内部,并去除表面的金属残留。

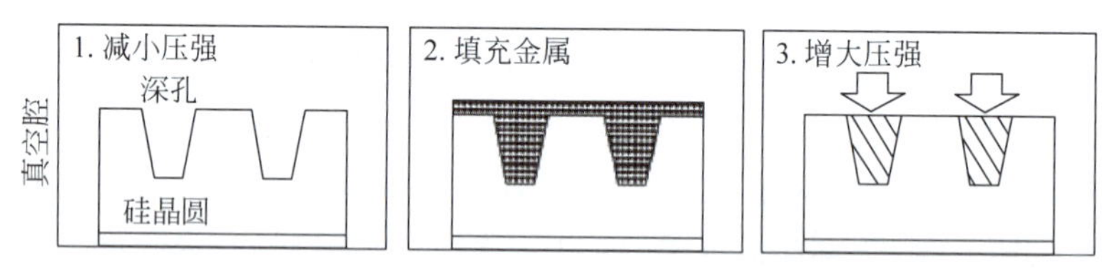

图 4-118　液态 Bi-Sn-Ag 合金填充 TSV

这种材料没有扩散问题,不需要扩散阻挡层和电镀种子层。Bi-Sn-Ag 在凝固过程中体积发生膨胀,真空和压力驱动的填充方法对高深宽比的结构较为有效,可以避免盲孔内部空洞和剥离脱落。Bi-Sn-Ag 不会形成低温多共晶相,室温下 Bi-Sn-Ag 的弹性模型模量为 234MPa,热膨胀系数为 11×10^{-6}/K。根据对熔点等参数的优化,最优组分比为 Bi-1.5Sn-3Ag[219]。

图 4-119 为 Bi-Sn-Ag 液态合金在 TSV 中的填充效果。最小的盲孔直径为 0.2μm,深度为 8μm,深宽比为 40∶1。最大盲孔直径为 20μm,深度为 200μm,深宽比为 10∶1。利用压力驱动的 Bi-Sn-Ag 液态合金填充方法,上述盲孔都可以获得良好的无缝填充效果,这与金属的润湿性和压力驱动有关。

No	No1	No2	No3	No4	No5
孔深	0.2μm/8μm	0.8/18	2/40	15/270	20/200
深宽比	40	22.5	20	18	10
相对尺寸	1	×0.6	×0.32	×0.03	×0.04
TSV截面	0.2μm	0.8μm	2μm	15μm	20μm 金属填充物 Si

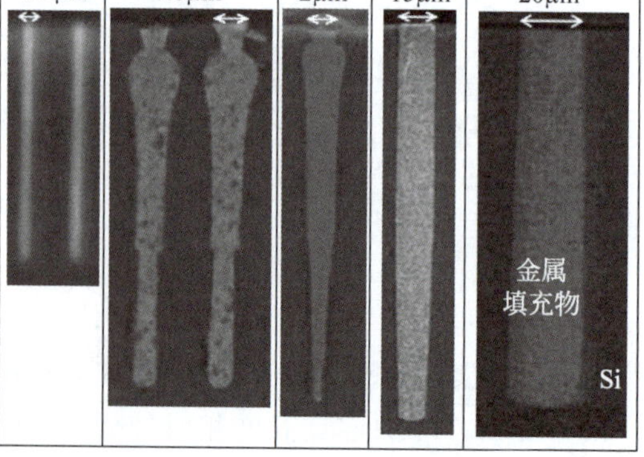

图 4-119　Bi-Sn-Ag 合金填充不同深宽比的盲孔

有限元模拟对比 250℃下铜 TSV 和 Bi-Sn-Ag TSV 的应力分布和轴向热膨胀表明[219],这两种 TSV 有类似的应力和变形分布趋势,在接近 TSV 开口处的热膨胀、热应力和对硅衬底产生的应力最大,但 Bi-Sn-Ag TSV 在衬底产生的最大热应力为 28MPa,而铜 TSV 的热应力高达 1150MPa。

参考文献

第5章 键合技术

典型三维集成依赖键合技术实现多层芯片的集成。三维集成中的键合技术包括金属键合和介质层键合，前者将芯片相邻表面的金属(凸点)键合实现二者的电学连接，后者通过介质层键合实现高度方向上的一体化集成增强键合强度，提高热传导能力，如图5-1所示。多数情况下，两层芯片之间同时采用金属键合和介质层键合，但有些情况下只利用介质层键合实现两层芯片的集成，通过键合后制造的TSV连接两层芯片的金属互连，此时可以不使用金属键合。此外，金属键合具有较高的键合强度，当金属键合的总面积较大时，可以只依靠金属键合同时实现电学连接和多芯片集成。

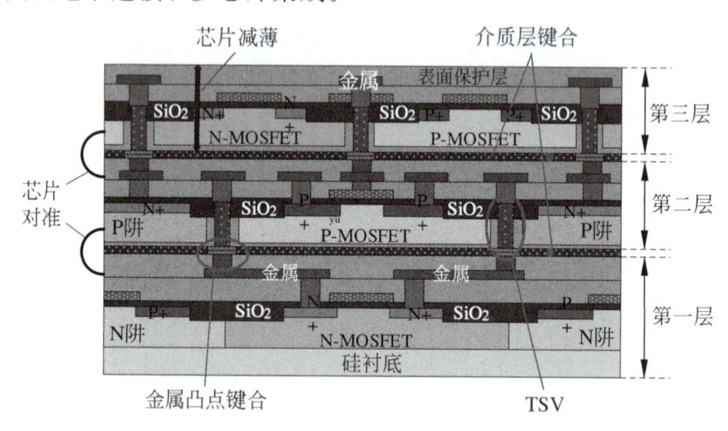

图5-1 三维集成多层键合示意图

键合技术对三维集成产生了重要的影响。基于并行制造的三维集成利用键合技术将分别制造的不同芯片集成，避免了不同工艺和材料间的相互制约，使不同制造技术和材料的多芯片可以集成在一起。不同功能、工艺和材料的芯片通过键合集成，最终的系统更加多样化和多功能，满足系统小型化和集成化的需求。多层键合系统更加复杂，键合的成品率、对准精度、键合强度、界面状态等对三维集成的成本和可靠性有很大的影响。由于键合导致的限制性条件，也对TSV实现、集成方案和可制造性都带来了更多的约束，使三维集成的工艺方案需要综合考虑和优化。

5.1 键合技术概述

键合是指在温度、压力、电压等外部条件的作用下，使两个紧密接触的基底通过接触界面两侧的材料之间形成分子间作用力或化学键，将两个基底接合为一体的技术[1]。键合技术广泛应用于MEMS领域，通过硅-硅直接键合或硅-玻璃阳极键合实现空腔式的结构，随后广泛应用于 SOI 晶圆制造，近年来成为三维集成中的重要制造技术。三维集成的需求极大地推动了键合方法和键合设备的发展，使其从早期以阳极键合和融合键合为主，发展到包括聚合物键合、金属键合、混合键合等多种键合技术，同时也推动对准方法和对准精度的不断提高。三维集成的键合过程是在各层芯片的电路或器件完成以后进行的，考虑芯片的耐温因素，通常需要将键合温度控制在 450℃以下。

5.1.1 键合基本原理

5.1.1.1 原子间作用力

尽管键合技术多种多样，但所有键合的基础都是化学键形成原子之间的相互作用力，或分子间的作用力。如表 5-1 所示[2]，共价键、金属键和离子键等化学键为原子间相互作用，分子间作用力包括范德华力和氢键，通常原子间相互作用力比分子间作用力大 1～2 个数量级以上。范德华力包括取向力、诱导力、色散力，对大多数分子色散力是主要的，水等偶极矩很大的分子取向力是主要的，而诱导力通常很小。氢键是由氢原子和强电负性原子(如 N、O、F 等小半径的非金属原子)形成离子键而引起电子云极度偏移后，使分子间产生类似配位的较强静电作用。一般氢键键合能低于 40kJ/mol，介于化学键和范德华力之间。

表 5-1 化学键的结合能

化学键类型		键能/(kJ·mol^{-1})
离子键		590～1050
共价键		563～710
金属键		113～347
范德华(分子间)键	含氟氢键	<42
	无氟氢键	10～26
	其他偶极-偶极键	4～21
	偶极诱导偶极键	<2
	色散键	0.08～42

原子键的强弱与其种类和作用距离有关。多数情况下，共价键和离子键最强，金属键次之，范德华作用力最弱，这将直接影响键合强度。介质层键合的主要作用力是共价键和范德华力，而金属键合的主要作用力是金属键。无论哪种化学键，原子间均同时存在多种机理引起的引力和斥力，其大小与作用距离紧密相关。距离较远时，引力超过斥力，但二者都很小；距离减小时，引力迅速增大，使合力表现为引力，并在形成化学键时合力达到最大；距离进一步减小后，斥力快速增大，使合力表现为斥力，如图 5-2 所示。

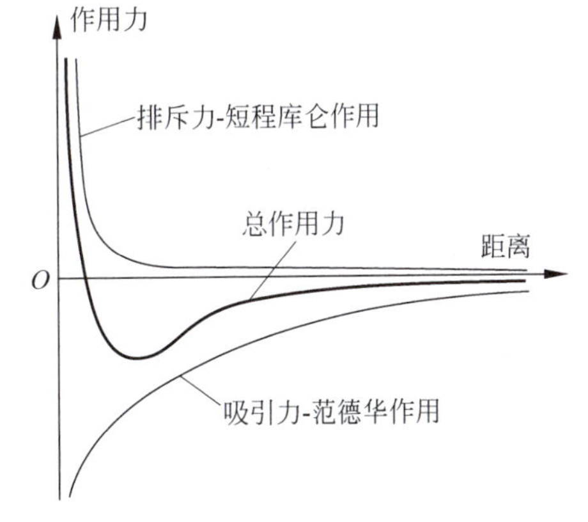

图 5-2 原子间化学价键的作用力随间距的变化

键合依靠键合机提供的温度、压力、真空度和电压等条件，实现上述可能的原子间相互作用。一般情况下，在两个键合材料间距由大到小变化的过程中，吸引力是从分子间作用力开始的，最终是原子间化学键的相互作用，达到较高的键合强度。即使在宏观上平整的表面,在微观上也表现为粗糙的起伏,因此当两个刚性表面直接接触时,从微观角度看,只有个别的凸点是接触的,大部分的表面都存在着极其微小的间隙。如果间隙超过了化学键和分子间的作用距离,那么这两个表面是无法实现键合的。共价键和范德华力只有在原子间距小于 0.5nm 时才能形成,使原子间作用进入强引力区。这要求键合材料的表面必须极为平整光洁,或者其中一个表面能够产生弹性或塑性变形,或者在两个表面之间的间隙填入液体或弹性模量较低的有机聚合物等容易变形的材料。

5.1.1.2 键合方法

键合可以分为无中间层键合和中间层键合。无中间层键合是指将需要键合的晶圆不经过其他过渡层材料而直接键合的方式,包括直接键合(如融合键合和等离子体活化低温键合)、阳极键合、硅-硅键合等。中间层键合是指利用聚合物、金属、玻璃等作为中间连接层实现两个晶圆的键合,包括有机聚合物键合、金属热压键合、共晶键合、瞬时液相键合和玻璃键合等。直接键合的键合强度高,但是键合条件要求较为苛刻;中间层键合由于采用了易于变形的过渡层,对键合的要求有不同程度的放宽,但是键合强度相对直接键合有不同程度的降低[3]。

如图 5-3 所示,三维集成中常用的键合方式有介质层键合、聚合物键合和金属键合,前二者提供相邻芯片间的结合强度和热传导能力,后者实现相邻芯片间的电学连接。介质层键合以 SiO_2 键合为主[4-6],基本不需要键合压力,键合温度为 200~300℃,键合界面不发生相对滑移,能保证键合前的对准精度;其主要缺点是对界面平整度和粗糙度要求极高,需要 CMP 平整化使表面粗糙度小于 0.5nm 才能实现键合。聚合物键合使用有机聚合物作为键合中间层,键合温度一般为 200~350℃,并需要施加一定的压力。聚合物在高温和压力的作用下具有一定的形貌适应能力,对键合界面的平整度和粗糙度要求不高。但是由于键合时聚合物的软化,两层圆片在键合过程中易发生滑移,影响键合后的对准精度。多数聚合物的玻璃化转变温度低于 400℃,对后续工艺过程的温度产生一定的限制。上述键合方法中,键合强度随着聚合物、SiCN、TEOS SiO_2 和 SiN 的顺序递减,只有聚合物键合可以实现键合能超过 $2.5J/m^2$ 和剪切强度超过 50MPa 的键合[7]。

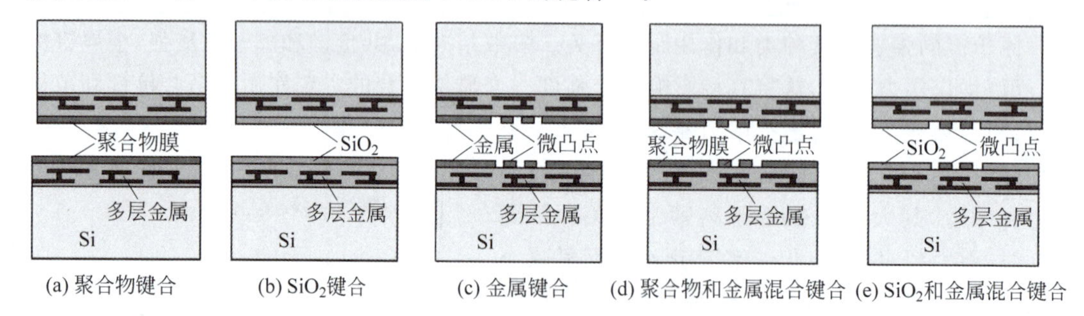

图 5-3 常用键合方法示意图

电信号连接依靠金属键合实现,主要包括金属热压键合和瞬时液相键合,可键合的材料种类很多,如 Cu-Cu、Al-Al、Cu-Sn-Cu、CuSnAg-Cu 等。热压键合是将两个基底表面制造的金属(凸点)直接接触,在一定的温度和压力作用下依靠金属键结合为一体。铜热压键合的界面电阻率低,缺陷少,强度高,对准精度高,可靠性好;但需要较高的键合压力和温度,并且需要使用 CMP 处理键合凸点降低表面粗糙度。瞬时液相键合依靠低熔点材料(如 Sn)熔化后与两侧的高熔点材料(如 Cu)形成金属间化合物实现键合,需要的键合温度和压力比较低；但键合过程中液态金属的挤出和滑移影响凸点的最小间距和键合对准精度。

通常，仅依靠金属凸点键合难以满足强度的要求，还需要采用聚合物键合或 SiO_2 键合增加键合强度，称为混合键合。混合键合同时实现介质层和金属的键合，需要协同考虑二者对键合温度、压力和表面处理等方面的要求。当金属凸点键合的面积达到整个芯片面积的20%以上且金属键合点分布较为均匀性时，从键合强度的角度考虑，可以只采用金属键合而无须介质层键合。

结合特殊的聚合物键合和辅助承载圆片可以实现临时键合，将器件晶圆与辅助圆片临时键合，在辅助圆片的支撑下完成器件晶圆的后续工艺过程，然后拆键合将器件晶圆与辅助圆片分离。临时键合材料都是特殊的有机聚合物，这些聚合物既需要较高的键合强度和稳定性以耐受后续的工艺过程又需要在键合以后可以通过加热、光照、剥离，或者化学腐蚀等方法进行裂解去除。临时键合为三维集成提供了灵活性，但增加了工艺复杂度。

键合方案的选择需要考虑键合对象、键合强度、温度和压力容限、对准精度、成本及良率、应力及可靠性等，其中键合强度是衡量键合质量最重要的参数之一，它必须满足后续的机械减薄和应用过程对强度的要求。如表 5-2 所示[8]，不同的键合材料、键合方法和键合对象有各自的特点，可以满足不同应用的需求。

5.1.1.3 键合强度测量方法

键合强度是指键合后的芯片或晶圆之间的结合强度，一般可以用键合界面抗剪切强度或抗拉伸强度(Pa)评价，或者用表面能进行评价(J/m^2)。键合强度的测量方法较多，如劈尖法、推移法、拉伸法和四点弯曲法等，分别测量剪切强度或拉伸强度。由于这些方法测量不同的键合特性，不同测量方法的结果一般难以直接比较。

最简单的键合强度测量方法是直接用外力破坏键合界面，如推移法和拉伸法，然后用破坏时外力和键合界面的面积来描述键合强度，如图 5-4 所示。推移法是固定一个键合芯片，从另一个键合芯片侧面施加逐渐增大的推力，直至将两个键合芯片推开，所需的最大推力折算为界面单位面积上抵抗剪切力的大小。拉伸法包括垂直拉伸和平行拉伸，通过制作标准大小的键合样品，在两个键合芯片的外面粘接固定拉伸头，分别施加向外的拉力将键合界面拉开，所需要的最大拉伸力对应的强度即代表键合强度的大小。推移法较为常用，而拉伸法由于固定拉伸头与芯片需要更高强度，实施不够方便。

除采用力直接描述键合强度外，也可以采用能量描述键合强度。图 5-5 为四点弯曲法测量断裂强度的原理[9]。测量前首先在上层芯片切割一个缝隙，将上层芯片分割为两部分，然后通过湿法化学腐蚀去除切割过程的损伤和毛刺等，并保证上层硅片被彻底分割，直到键合界面。测试时利用下面的两个平行刀刃作为支撑，通过上面的两个刀刃施加相同的压力，直到出现键合界面剥离。根据弹性梁理论，支撑刀刃之间的作用力恒定，与所在位置无关。以结构和测试参数表示的临界粘附能为

$$G_c=\frac{3(1-\nu_2^2)p_c^2l^2}{2E_2b^2h^3}\left[\frac{1}{\eta_2^3}-\frac{\lambda}{\eta_1^3+\lambda\eta_2^3+3\lambda\eta_1\eta_2/(\eta_1+\lambda\eta_2)}\right] \tag{5.1}$$

式中：λ 为有效弹性模量，$\lambda=E_2(1-\nu_1^2)/[E_1(1-\nu_2^2)]$；$E$、$\nu$ 分别为弹性模量和泊松比；h 为芯片厚度；下标 1 和 2 分别代表上层芯片和下层芯片；p_c 为所施加的最大负载，$\eta_i=h_i/h$，$h=h_1+h_2$。

表 5-2　常用键合参数

材料		键合温度/℃	压力/kN	表面粗糙度	真空/Torr	密封性	对准偏差	耐受温度/℃	应用	备注
融合键合（直接键合）	Si、SiO_2、SiN、LTO、TEOS	<1100 或 200～300	无	<1nm	10^{-6}	是	100nm	>1000	三维集成、SOI、GeOI，光学材料，MEMS	对准精度高、初始键合快，表面极度平整，零颗粒污染
	GaAs、InP、GaP	<400	无	<1nm	10^{-6}	是	100nm	>1000		
	蓝宝石、石英、玻璃	<400	无	<1nm	10^{-6}	是	100nm	>1000		
金属共晶和瞬时液相键合	Au-Si(81.4%Au，T_e=363℃)	≥363	1～10	<0.1μm	减压	是	0.5μm	受共晶金属温度限制，高于键合温度	MEMS及传感器密封、三维集成	由于金属熔化，不适合硅片弯曲的情况
	Au-Sn(20%Au，T_e=280℃)	≥280	1～10	<0.1μm	减压	是	0.5μm			
	Au-Ge(88%Au，T_e=361℃)	≥361	1～10	<0.1μm	减压	是	0.5μm			
	Au-In(1%Au，T_e=156℃)	≥156	1～10	<0.1μm	减压	是	0.5μm			
	Cu-Sn(1%Cu，T_e=231℃)	≥231	1～10	<0.1μm	减压	是	0.5μm			
金属热压键合	Au-Au	300～400	5～40	<10nm	减压	是	100nm	受金属熔点温度限制	三维集成，高可靠性密封	一般需要CMP平整金属凸点或薄膜
	Cu-Cu	300～450	5～40	<10nm	减压	是	100nm			
	Al-Al	375～425	>40	<10nm	减压	是	100nm			
聚合物键合	BCB	200～300	1～5	1μm	常压或真空	否	1～2μm	受聚合物材料温度限制	三维集成、MEMS、微流体	键合时间短、表面要求低、气密性差
	PI	200～350	1～5	1μm		否	1～2μm			
	SU-8	<200	1～5	1μm		否	1～2μm			
	PMMA	<200	1～5	1μm		否	1～2μm			

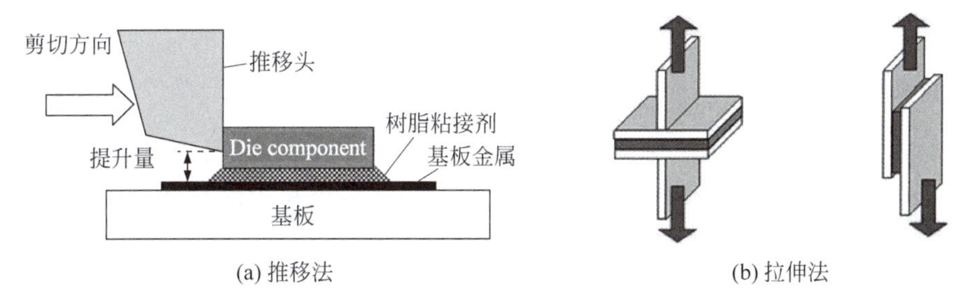

图 5-4 直接力测量原理

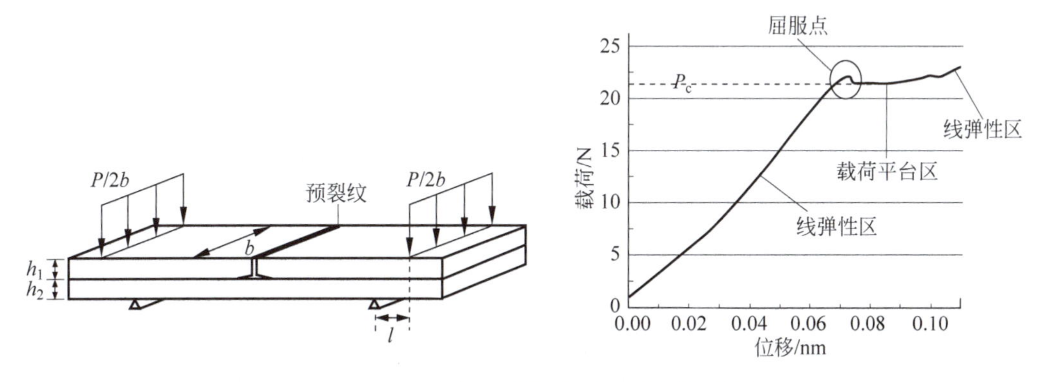

图 5-5 四点弯曲法测量原理和典型测量结果

劈尖法也称为裂纹传播法,测量原理如图 5-6 所示。测量时将键合好的芯片固定,然后用劈尖或刀片从键合界面插入,缓慢推进劈尖将键合界面劈裂。通过测量开裂的界面尺寸,可以获得键合界面的平均表面能。一般情况下,可以将键合被部分分开时的表面能的平均值作为键合强度,表达式为[10]

$$\gamma=\frac{3t_{\mathrm{b}}^{2}E_{1}E_{2}t_{\mathrm{w1}}^{3}t_{\mathrm{w2}}^{3}}{16L^{4}(E_{1}t_{\mathrm{w1}}^{3}+E_{2}t_{\mathrm{w2}}^{3})} \tag{5.2}$$

式中:t_{b} 为刀片的厚度;t_{w1}、t_{w2} 为两个键合芯片的厚度;E_1、E_2 为两个键合芯片的弹性模量;L 为劈尖插入时引起的开裂长度。

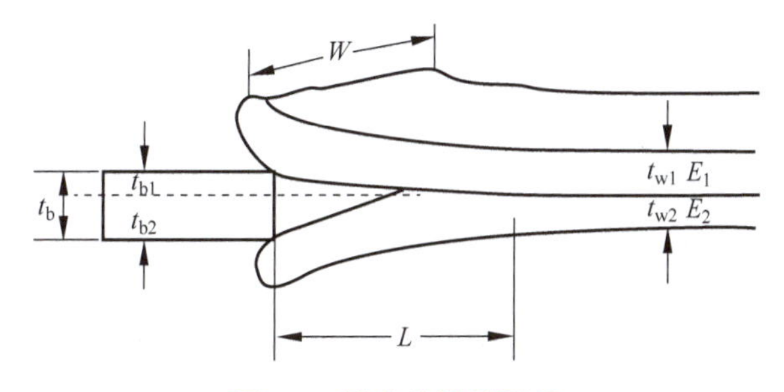

图 5-6 劈尖法测量原理

劈尖法测量时,劈尖插入的不同深度导致的开裂长度与键合界面的均匀性有较大关系,因此这种测量方法不适合测量局部键合的情况,如金属凸点键合等。

采用直接力测量时,当键合强度达到了 10MPa 时,就可以满足所有工艺过程包括 CMP 和磨削减薄的要求;当键合强度达到 20MPa 左右时,就可以满足长期使用要求。采用劈尖法测量时,当结合能超过 $1.2\mathrm{J/m^2}$ 时即可满足 CMP 和机械减薄工艺的需求,超过 $2\mathrm{J/m^2}$ 可以认为达到了理想的键合强度。

5.1.2 键合机

键合机是实现晶圆或芯片键合的设备。根据键合对象的不同,键合机可以分为晶圆键合机和芯片键合机两类。晶圆键合机又分为永久键合机和临时键合机,永久键合机可以实现金属、SiO_2 和有机材料的永久键合,临时键合机可以实现聚合物的临时键合和拆键合。

5.1.2.1 晶圆键合机

晶圆键合机是实现完整晶圆键合的设备,主要功能包括加热、加压和提供键合所需的真空或气体环境,同时还具有对准、清洗、活化、涂胶、退火、拆键合等辅助功能。图 5-7 为晶圆级键合机键合头的结构示意图。由卡具把已经对准的晶圆固定在具有一定真空度或保护气体的键合腔内,为了提高键合机施加的压力的均匀性,在两晶圆的上面放置缓冲垫,通常是石墨圆片。键合时通过上下加热板分别对上下晶圆加热、加压并保持一定时间,使键合圆片间充分接触键合。对于硅玻璃之间的阳极键合,还需要对二者施加一定的电势差。

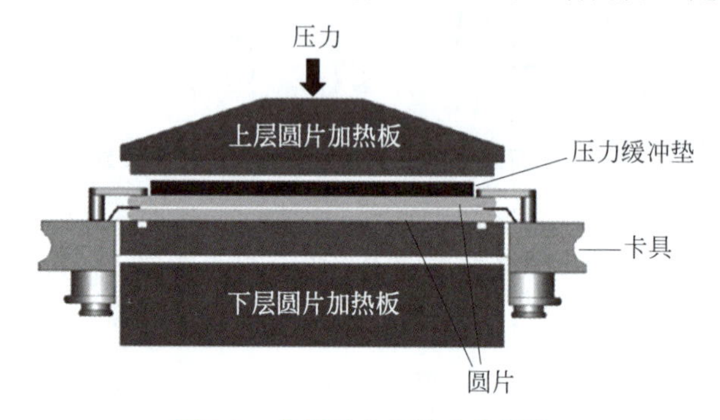

图 5-7 晶圆键合机键合头结构

三维集成极大地促进了晶圆键合机的发展,晶圆加热均匀性、压力均匀性和设备稳定性大幅提高,已基本满足批量生产的需求。近年来晶圆键合机的主要发展趋势有以下几方面。

(1) 超高的晶圆级对准精度。晶圆级键合需要整个晶圆范围内的对准,这种大尺度范围内的精细对准对键合机的对准系统有极高的要求。即使键合前对准系统达到高精度对准,在对准系统完成对准撤出以后,必须在保持已有对准精度的前提下,使两层晶圆接触并施加键合温度和压力,因此机械控制系统在晶圆移动和施加压力时必须具有保持对准精度的能力。目前用于量产的主流晶圆级键合机可实现 300mm 晶圆的键合,3σ 对准精度小于 100nm 甚至 50nm。为了防止热膨胀系数差异和加热均匀性的影响,通常晶圆对准是在室温下完成后,再转移至键合腔加热键合。即便如此,键合盘的温度控制也必须极为准确,否则上下两层晶圆热膨胀程度的差异会导致显著的残余应力。

(2) 多腔自动一体机。键合的工艺步骤包括清洗、表面活化、晶圆对准以及键合等,对于聚合物键合还包括前驱体涂覆和固化,临时键合还需要拆键合和后清洗等。这些工艺步骤之间保持晶圆的洁净度和提高自动化程度对键合质量和生产效率都极为重要。因此,量产应用的晶圆键合机都采用多腔多模块结构,在同一个机台上顺序完成多个工艺过程,而临时键合机还包括拆键合和后清洗等模块,甚至还有将 CMP 与键合机集成的设备方案,提高键合质量和效率。

(3) 低温低压键合。低温低压键合对提高生产效率、提高对准精度并降低对芯片的影响非常重要，是近年来键合领域发展的重点方向。通常低温低压键合需要依赖于键合机理和方法的突破，而通过高真空度实现低温低压键合的方法推动了具有预处理功能的多腔、真空、全自动键合机的发展。如 EVG 的 ComBond 多腔高真空全自动键合机，真空度可达 5×10^{-6}Pa，并具有等离子体去除表面氧化层和表面活化等预处理功能，经过预处理去除表面氧化物后，晶圆在高真空的环境下转移至键合腔进行键合，防止键合表面在键合前的再次氧化。这种等离子体活化技术已经成功应用于多种单晶和金属材料的键合。

晶圆键合机主要生产商有 EVG、Suss、TEL、TOK、3M、Bondtech、三菱重工等，其中 EVG、Suss 和 TEL 占据主要市场，提供 300mm 晶圆的全自动模块化多腔多功能永久键合和临时键合设备。EVG 产品包括 Gemin 和 500 系列永久键合机以及 800 系列临时键合和拆键合机，Gemini FB XT 键合机最多带有 6 个工艺模块，包括清洗、低温等离子体活化、对准校准、融合键合、热压键合和拆键合，每小时可键合 20 对晶圆，而新近面向融合键合和混合键合的 Bondscale 全自动键合机产能可达每小时 40 对晶圆，3σ 置信度面对面对准偏差小于 50nm。Suss 的产品包括 XBS 系列永久键合机和 XBC 系列临时键合机，3σ 对准偏差小于 50nm。TEL 的 Synapse™ Si 系列 300mm 晶圆键合机面对面 3σ 对准偏差小于 50nm，Synapse™ V 系列永久键合机和 Z plus 系列临时键合机可键合多层晶圆，对准精度优于键合胶厚度变化量的 5%。

5.1.2.2 芯片键合机

芯片键合机主要用于芯片之间以及芯片与晶圆之间的对准和键合可分为倒装芯片键合机和高精度键合机。倒装芯片键合机以倒装芯片为主要目标，追求极高的键合生产效率，对准精度要求不高；高精度键合机主要用于高精度芯片对准键合，以对准精度为目标，兼顾生产效率。如图 5-8 所示，倒装芯片键合机主要采用摆臂式结构，生产效率高，但是只能实现中低等级的对准精度。采用类似晶圆键合机的下压式结构，能够实现较高的芯片对准精度，但是生产效率较低。

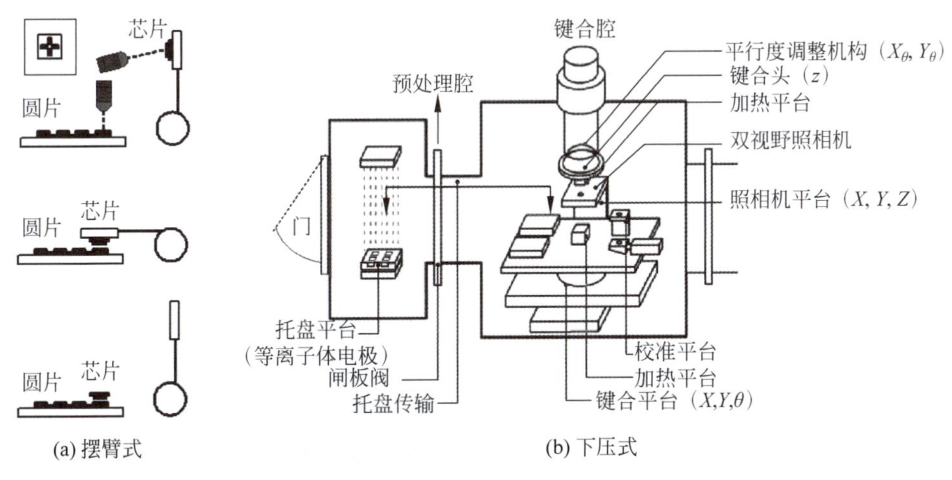

图 5-8 倒装芯片对准方法[11]

倒装芯片用来实现芯片与芯片或芯片与封装基板之间的面对面对准和键合，是一种广泛应用的封装技术。多数倒装芯片键合机采用摆臂式键合和对准方案,只能实现金属凸点的键合。首先将下层芯片固定在工作台上,用机械臂吸取上层芯片,光学系统同时对两个芯片的对准标记成像,通过移动工作台使两个芯片对准;随后旋转机械臂将上层芯片紧密接触到下层芯片上,通过加热金属凸点和机械臂施加键合压力实现金属键合,键合后复位机械臂。倒装芯片设备生产商很多,如 ASMPT、Athlete、BES、Canon、FineTech、Infotech、Newport、Palomar、Panasonic FA、SEC、Shibaura、TDK、Toray 等。多数倒装芯片键合机能够提供 1~20N 的键合压力和不超过 400℃的温度,同时可以提供氮气和甲酸等保护气体。这种设备的对准模块与键合模块是集成在一起的,完成对准后随即进行键合。

倒装芯片设备的对准精度通常为 1~20μm,对准精度与所需要的对准时间成反比关系,若要实现高精度的对准,则需要耗费大量的对准时间。表 5-3 列出常用倒装芯片对准系统的精度和效率情况[12]。传统倒装芯片仅需要±10μm 左右的对准精度,多数设备能够在 0.5~1.5s 完成对准,即每小时可以处理 2400 片以上的芯片。如果要求对准精度达到±2μm,多数设备所需要的对准时间长达 10~15s,即每小时只能处理 360~400 片芯片。若采用这种设备实现芯片与晶圆的三维集成,需要串行地进行对准和键合的过程,对准精度差、生产效率低,多次升温过程会对下层芯片产生热冲击和热堆积,影响器件和电路的性能。一般情况下,难以利用倒装芯片设备实现 2 层以上的键合。

表 5-3　倒装芯片设备效率和对准精度

	东丽 FC3000	BESI 8800FC	佳能 BESTEM-D02Sp	佳能 BESTEM-D02
对准产量	1.7s/片 2100 片/h	0.72s/片 5000 片/h	1.0s/片 3600 片/h	0.29s/片 12400 片/h
对准精度/μm	±2	±10	±10	±25
键合方法	倒装芯片	倒装芯片	芯片热压键合	芯片聚合物层键合

与摆臂式倒装芯片设备不同,高精度对准通常采用对准和键合分离的方式,键合头采用类似于晶圆键合机的垂直移动结构[13]。图 5-9 为 SET 的 FC150/300 芯片-晶圆键合机示意图。键合机的垂直轴压杆只能沿 z 方向运动,确保 z 方向的压力不会产生平面内侧向偏移,保证键合后精度,具有大压力和能够控制平行度的特点。FC150/300 可实现最大 100mm 芯片与 150mm/300mm 晶圆的键合,键合压力范围为 0.6~1000/4000N。键合臂在对准和固定芯片位置的同时,能够与基底独立加热并加压,完成对准和键合功能。

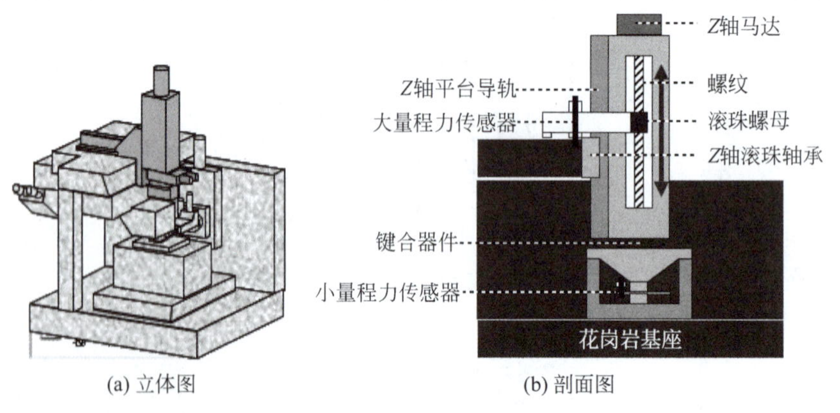

(a) 立体图　　(b) 剖面图

图 5-9　FC150/300 结构

FC150/300 配备了半封闭结构的气体保护和处理装置，能够在特定气体的保护下完成热压键合，如采用氮气带入甲酸气体去除 Cu 和 In 等易氧化金属的表面氧化层。这种芯片键合机具有更高的对准精度，如 SET 用于量产的 NEO HB 芯片晶圆键合机的键合后对准精度小于 0.5μm[14]，FC150/300 的键合后对准精度小于 0.7μm/0.3μm，Finetech Fineplacer 和 ASMPT Nano 的芯片放置精度达 0.3μm[15-16]。

近几年芯粒技术和高密度互连促使芯片级键合开始采用混合键合技术，这要求清洗、活化、对准和键合一体。2020 年，EVG 发布了用于芯片-晶圆混合键合的 EVG320 D2W 键合机，具有混合键合所需的超声清洗、等离子体活化、芯片对准校验和关键指标测量等功能[17-18]。2021 年，ASMPT 开发了 LithoBolt 芯片-晶圆混合键合机，结合 EVG 320 D2W 表面处理系统，对准误差小于 200nm，生产效率达到 2000 芯片/h[19]。2020 年，BESI 推出 Datacon 8800 Chameo Ultra Plus 芯片-晶圆键合机，结合 Applied Materials 的 CMP 和等离子体活化设备，对准误差小于 200nm，通过双键合头使生产效率达到 2000 片/h，适用于 300mm 晶圆[20]。

5.1.3 键合对准

三维集成中，两层芯片的键合需要保证相互的位置关系，这种位置对应关系是由键合对准实现的。高精度的对准允许使用更小直径的 TSV 和更小的键合金属凸点，从而节约芯片面积。除了玻璃辅助圆片，被键合材料都是不透明的，无法从键合面外侧可见，给对准带来很大的困难，需要特殊的对准系统。常用的对准方法是可见光或红外等光学对准方法。芯片级键合也主要依靠光学对准设备实现，但是芯片对准和圆片对准的方法不同[21]。此外，芯片对准还可以使用自组装和模板对准等方法。

晶圆级键合设备多采用对准与键合分离的方案，以避免键合高温和硅片翘曲等因素对对准系统产生影响，保证设备的稳定性。由于键合过程比对准过程需要更长的时间，将键合与对准分离可以提高对准系统的利用率。另外，键合与对准分离能够将最终键合后的对准误差剥离为键合前对准误差和键合过程中滑移误差，有利于分析键合误差的起因并进行改进。对准完成后，通过初步预键合或机械夹具保持对准位置，然后将对准的晶圆转移到键合机中进行键合。对准后的晶圆在移动过程中使用专门的夹具固定，以免造成晶圆之间的相对滑移，影响对准精度。

影响键合对准精度的原因很多，包括键合方法、对准方法、键合材料，以及表面起伏和翘曲等。键合方法对键合后对准精度的影响很大[22]。一般而言，直接键合和金属热压键合由于键合过程中的滑移很小，键合后对准精度较高；而聚合物键合和液相金属键合时，键合层出现一定程度的软化或熔化，容易引起键合过程中的滑移。热膨胀引起的晶圆翘曲也是影响对准精度的重要因素。对于需要采用辅助圆片的临时键合和硅片减薄等情况，由于不同材料的热膨胀系数的差异和临时键合聚合物层的影响，临时键合后硅片产生翘曲变形。例如，200mm 的玻璃辅助圆片的翘曲可能导致高达 5μm 的对准误差。因此，使用玻璃辅助圆片时控制辅助圆片引起的翘曲是提高对准精度的主要考虑因素。

5.1.3.1 红外对准

红外对准利用硅对红外波段透明的特点进行可视化红外成像，是最早发展起来的对准技术之一。禁带宽度超过 1.1eV 的材料对常规红外波段是透明的，硅的禁带宽度为 1.1～

1.3eV,对于短波红外波段,其透过率约为50%。利用这一性质,采用短波红外光作为光源照射硅基底,就如同可见光透射玻璃一样,可以透过硅基底直接看到由红外非透明材料如金属构成的对准标记。由于衍射的作用,波长越长,对准精度越低,因此综合透过率和衍射的限制,红外对准采用的波长通常为1.2μm左右的近红外。

图5-10为红外对准系统的原理示意图。由于红外光肉眼不可见,观察金属构成的对准标记需要使用红外显微镜进行放大显示。红外光的入射方式包括透射式和反射式两种。透射式红外光源与红外显微镜位于硅片的两侧,红外光从晶圆透射,非透明的对准标记形成暗影;反射式的红外光源与显微镜位于硅片的同侧,红外光透过晶圆后被另一侧的对准标记反射形成亮影。反射式系统结构紧凑,可以将可见光与红外对准结合,目前多数红外对准系统采用这种方式。

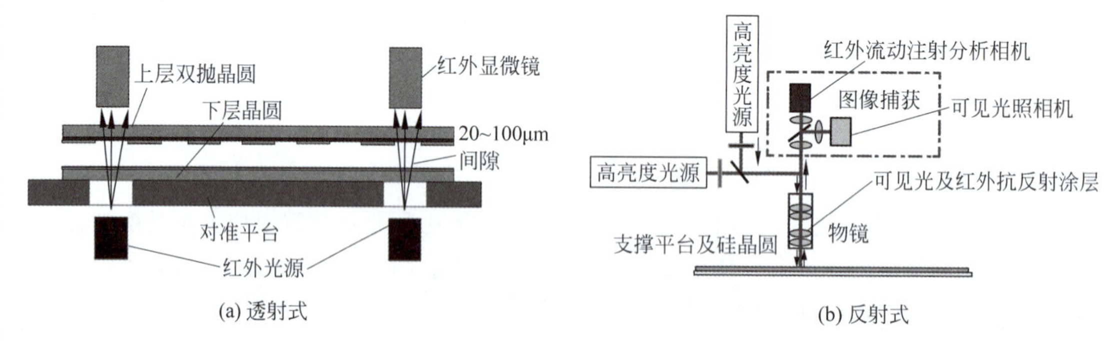

图 5-10　红外对准系统的原理

红外对准系统的对准精度取决于红外波长、光学镜头放大倍数、对准标记设计,以及机械系统移动和控制精度等。对准时,为了移动晶圆调整二者的相对位置,通常两层硅圆片之间需要保留几微米至几十微米的间距。当两层硅晶圆的对准标记位于相对的表面时,两个对准标记之间的间距仅为两层晶圆的间隙,此时对准精度较高。当对准标记位于组成间隙的相反的表面时,两个对准标记的间距为晶圆间隙与一层晶圆的厚度之和,此时间距很大,对准精度大幅下降。

红外对准的优点是设备简单、对准过程直接、易于操作,并且可以同时看到所有层的情况。此外,红外对准可以在键合机中实现原位对准,即对准后直接键合。红外对准的主要缺点波长较长、对准精度不高,常用于对准精度要求不高的场合或精对准前的粗对准,高精度对准功能仍是通过可见光实现的。另外,受器件材料和多层金属互连的影响,例如SiO_2和SiN都是良好的红外吸收材料,红外吸收率随厚度几乎正比增加,当厚度达到1μm时,红外吸收率超过70%。互连等金属对红外非透明,会对红外产生反射,影响成像。在设计对准标记时必须考虑这些因素,对于晶圆级键合,可以预留专用区域形成对准窗口;而对于芯片级键合,对准窗口尺寸大,占用大量的芯片面积,在芯片级对准中很少采用。

粗糙的晶圆表面增大了红外光经过该表面时的散射,使成像变得模糊,对分辨对准标记的细节影响很大,影响对准精度,因此需要使用双面抛光的高等级晶圆。红外光对硅的透过率与硅的厚度和掺杂浓度有很大关系。硅对红外光的透过率与厚度之间呈指数反比关系,透过率随厚度的增加迅速衰减。电阻率小于0.01Ω·cm的硅片对红外光的吸收率很高,透过厚度很小,因此重掺杂区的灰度色调较暗,与不透明的金属对准标记分辨困难。

红外对准在晶圆级键合机中应用较为广泛。AML的AWB和FAB12系列键合机采用原位红外对准装置，对准精度为1μm；EVG的Combond红外对准系统对准精度为0.5μm，Bondtech的WS-3000键合机采用红外对准结合压电位置控制器，对准精度为0.2μm。EVG和Suss的全自动键合机都将红外对准作为可选配模块，对准精度为0.35μm。此外，红外对准在光刻机中有广泛应用，Canon、Nikon、Ushio等先后推出集成红外对准功能的i-Line光刻机，如Nikon的Low-NA SF155系列光刻机分辨率为450nm，红外对准精度为500nm；Canon的FPA-5520iV光刻机分辨率为800nm，红外对准精度小于500nm；Ushio的UX4-3Di FFPL200/300系列全场投影式光刻机也具有红外对准功能，对准精度1μm。

5.1.3.2 背面对准

背面对准是Suss发明的用于双面光刻的对准技术，是Suss双面光刻的主要对准方法，也是最早的键合光学对准方法。如图5-11所示，背面对准的基本原理是将一层晶圆的对准标记朝着光学显微镜，锁定二者的相对位置后，在二者之间插入另一个晶圆，通过调整显微镜相对于第二个晶圆的位置，间接调整两个晶圆的相对位置而实现对准。这种方法的特点是两个晶圆的对准标记所在的表面朝向相同，两个晶圆面对背放置，但是对准标记都面向显微镜。

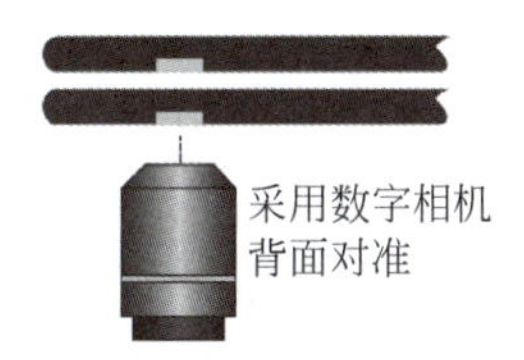

图5-11 背面单向对准原理示意图

背面单向对准过程如下：首先将第1个晶圆装入，用显微镜和照相机将晶圆上的对准标记照相存储并显示到显示屏上，锁定第1个晶圆和显微镜的相对位置(图5-12(a))；将第2个晶圆插入第1个晶圆与显微镜之间，用显微镜将晶圆表面的对准标记也显示到屏幕上(图5-12(b))；由于第1个晶圆和显微镜的相对位置是固定的，通过调整第2个晶圆相对于显微镜的位置，等效于调整这两个晶圆的相对位置，因此通过平移和旋转第2个晶圆，即可实现二者的对准(图5-12(c))。这种背面对准方法的对准精度可达0.5～1μm。

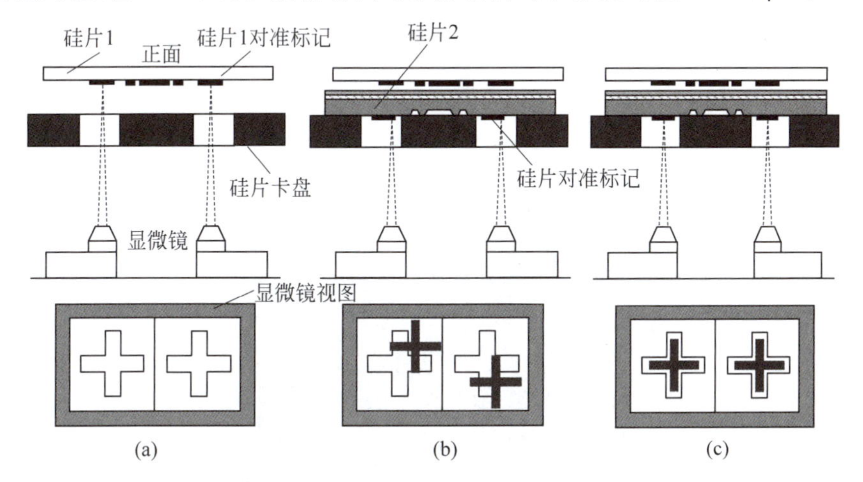

图5-12 Suss背面单向对准过程

5.1.3.3 SmartView™

SmartView™是EVG发明的利用两个显微镜和照相系统实现的晶圆级对准技术[23-24]。其对准过程如下：首先固定上层晶圆，带有对准标记的表面朝下，通过下方的显微镜拍摄对准标记的图像，同时记录上层晶圆的物理位置(图5-13(a))；将第1层晶圆移走，装入第2层晶圆，带有对准标记的表面朝上，由上方的显微镜拍摄对准标记的图像，并记录晶圆的物理位置(图 5-13(b));计算两层晶圆相对物理位置的差异,移动第 1 层晶圆到对准计算所得的物理位置,实现二者的对准(图 5-13(c))[2]。SmartView™ 的特点是两个晶圆面对面放置,其对准标记分别位于不同的表面,通过两侧位置锁定的显微镜双向对准。尽管设备和对准过程更加复杂,但是对准标记面对面,减小了晶圆之间的距离和 z 轴方向的位移,有利于实现高精度对准。

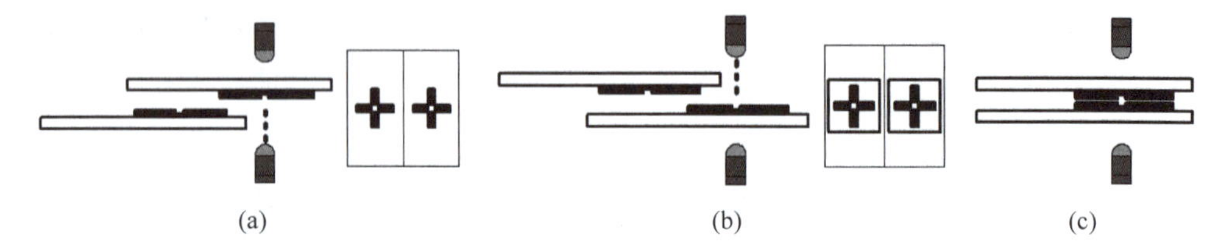

(a)　　(b)　　(c)

图 5-13　SmartView 对准过程

SmartView™ 已广泛应用于 300mm 量产全自动晶圆键合机上。2010 年,Intel 与 EVG 合作,首次实现了 300mm 晶圆对准偏差小于 500nm 的金属介质层混合键合[25],2015 年,EVG 带有 SmartView™ NT3 的 GEMINI 系列最高对准精度已达 50nm,3σ 对准精度为 350nm,2017 年,3σ 对准精度进一步提高到 195nm[26],而目前 3σ 对准精度已小于 50nm,75%的情况下 3σ 对准精度小于 22nm[27]。SmartView™ 对准过程较为复杂、效率偏低,目前仅用于晶圆级对准。SmartView™ 对准设备与键合设备是分离的,先通过对准设备完成对准后,在固定卡具的支撑下,再把晶圆转移到键合设备中进行键合。

5.1.3.4　片间对准

片间对准是由 Suss 公司发明的一种高精度对准方法,基本原理是将光学系统伸入两个晶圆之间,同时观测上下晶圆的相对表面而实现对准。如图 5-14 所示,上下两层晶圆的对

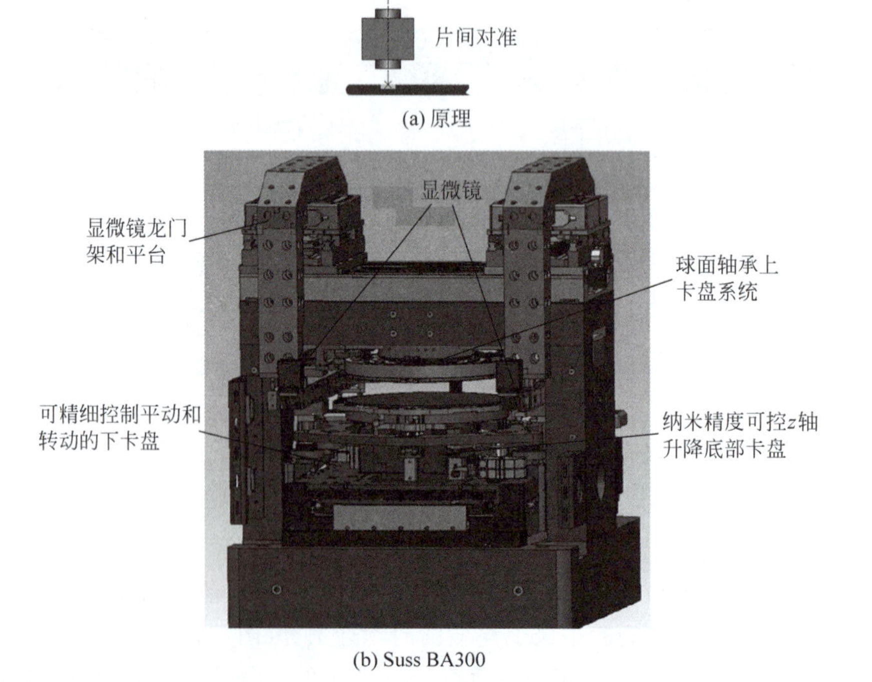

(a) 原理

(b) Suss BA300

图 5-14　片间对准方法

准标记面对面放置，将两个晶圆分开一个较大的距离，将光学系统伸入两层晶圆之间；光学系统通过分光镜同时观测上层晶圆的对准标记和下层晶圆的对准标记，调整相对位置使两个晶圆对准。将光学系统撤出，保持两个晶圆对准位置，落下上层晶圆使二者接触，最后通过专用夹具固定。这种对准方法的特点是对准标记面对面，光学系统能够同时观测上下两个对准标记，因此逻辑过程简单、观测非常直观、对准精度高。

片间对准已经用于BA300等量产晶圆键合机，其精度取决于上下晶圆靠近及接触过程中的位置保持精度，3σ对准精度优于100nm。除了晶圆级键合机，片间对准技术还可用于芯片-晶圆级键合的对准，通过对每个芯片实现类似晶圆的对准方式并多次重复，完成多个芯片与晶圆的对准[28]。SET的FC150/300芯片键合机采用上述对准方法可实现0.3μm的键合后3σ对准精度。

5.1.4 键合方式

键合具有显著的工艺多样性，表现在键合层级、键合方法和相对位置等方面都有不同的选择。例如，在键合层级方面，可以在芯片级进行键合，也可以在晶圆级进行键合。键合的多样性为三维集成提供了多种可行的工艺方案，使之能够适应不同的应用需求。

5.1.4.1 键合层级

三维集成中，根据键合层级的不同可以将键合分为芯片与芯片键合(Chip-to-Chip，C2C，也称芯片级键合)、芯片与晶圆键合(Chip-to-Wafer，C2W，也称芯片晶圆级键合)，以及晶圆与晶圆键合(Wafer-to-Wafer，W2W，也称晶圆级键合)，如图5-15所示。键合层级的不同导致键合工艺和设备不同，具有不同的优缺点和不同的应用范围。

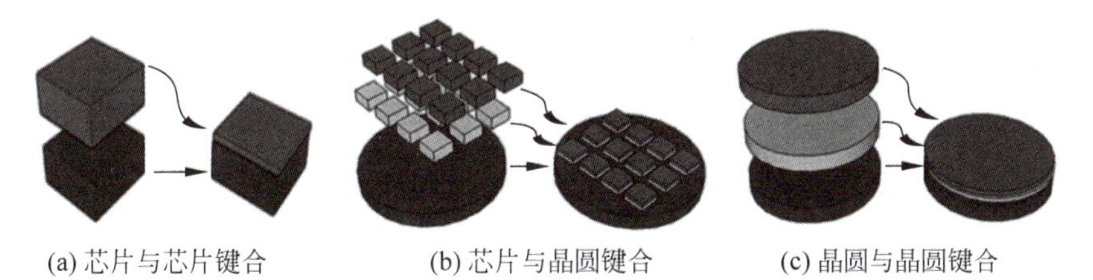
(a) 芯片与芯片键合　(b) 芯片与晶圆键合　(c) 晶圆与晶圆键合

图5-15 键合对象

晶圆级键合是经过一次对准和键合完成整个晶圆上的键合。其优点是生产效率高，每个晶圆只进行一次加热键合，将温度的影响降到最低程度。晶圆级对准精度高，可实现高密度片间互连。晶圆级键合也有很多限制因素。由于晶圆尺寸大，晶圆级键合对整个晶圆范围内的表面起伏和粗糙度、两个圆片的热膨胀差异，以及对准精度有较高的要求，大尺寸晶圆键合的技术难度大、设备昂贵。晶圆级键合适用于两层晶圆的材料和热膨胀系数匹配的情况，否则热膨胀系数差异和键合高温导致两层晶圆之间显著的热膨胀差异，影响键合后对准偏差并导致较大的残余应力。晶圆级键合适合上下两层晶圆大小相同、芯片大小形状相同至少非常接近的情况。例如，多数逻辑电路或存储器普遍采用300mm晶圆制造，但是MEMS、传感器、射频等器件以及GaAs等非硅衬底的晶圆通常只有200mm甚至更小，晶圆级键合会导致大尺寸晶圆的浪费，如果上下两层芯片的形状和尺寸差异较大也会导致晶圆面积的浪费，而这一要求往往不易满足。晶圆级键合适合两层芯片成品率都非常高的情况。由于晶圆级键合无法剔除失效的芯片，如果晶圆成品率较低，将会导致键合后成品率大幅下降。因此,晶圆级键合适合图像传感器的三维集成。

芯片级键合首先将晶圆切割为管芯(Die,后续称为芯片)并在键合前进行测试筛选,然后进行芯片与芯片的键合。芯片级键合的优点是通过测试可以淘汰失效的芯片,并且适用于芯片尺寸和材料不一致的情况,提高芯片利用率和总体成品率、降低成本。芯片级键合的缺点是大量芯片串行对准键合,生产效率和对准精度较低。采用高精度芯片键合机可以获得 1μm 甚至 0.2μm 的键合精度,但是效率进一步下降。芯片级键合可以解决芯片的成品率和面积失配等问题,适合于芯片的成品率较低、芯片面积差别较大或衬底材料不同等情况。

芯片晶圆级键合是将一个晶圆切割为芯片,经过测试筛选后将多个芯片与另一个晶圆键合。这种方式适合于芯片所对应的晶圆成品率较低的情况,或者芯片面积远小于晶圆上对应芯片面积的情况。通过芯片晶圆级键合,可以避免低成品率芯片和芯片面积差导致的浪费。芯片晶圆级键合的生成效率和对准精度介于晶圆级键合和芯片级键合之间,也需要逐一对准和加热键合,因此效率低于晶圆级键合,但稍高于芯片级键合。其主要是因为下层晶圆不需要每次更换,减少了装载时间。芯片晶圆级键合的热过程多,最先键合的芯片要经受后续所有芯片键合的高温过程。

采用何种键合方式是由键合的特点和三维集成的需求决定的。三维集成的键合需要上下层芯片位置的精确对准,对准精度越高,金属凸点所占用的芯片面积越小、TSV 直径越小、成本越低。金属凸点的密度越高,所需的对准精度越高,一般来说,芯片级键合的对准误差应小于 2μm,晶圆级的对准误差一般为 50~100nm。在满足技术要求的情况下,决定键合方式的直接因素是成本。不同键合方式的比较如表 5-4 所示。

表 5-4　不同键合方式的比较

方　　法	芯片级键合	芯片晶圆键合	晶圆级键合
KGD	可以	可以	不可以
灵活性	高	高	低
对准效率	低,芯片对准	低,芯片对准	高,全局对准
对准精度	每小时超过 1000 片时 10μm;小于 100 片时 2μm	介于芯片级键合与圆片级键合之间	高,1~2μm
热堆积	单次	多层	单次
残余应力	小	较大	大
良率	高,等于键合乘 TSV 良率	高,等于键合乘 TSV 良率	低,低于良率最低一层
芯片尺寸	尺寸芯片可以不同	芯片尺寸可以不同	芯片尺寸相同
制造	封装线	封装线	封装线或 IC 制造线

芯片级键合与晶圆级键合最大的差异在于成本、键合效率和对准精度。影响成本的因素包括键合的成品率和键合过程的成本。芯片级键合不会浪费正品芯片,从芯片成本方面是最优的选择,但是芯片键合本身过低的生产效率增加了键合成本。晶圆级键合生产效率高,键合成本低,但是由于失效芯片浪费了其他层的正品芯片,导致芯片成本提高。芯片晶圆级键合方法成品率高,并且生产效率高于芯片键合,但是适用范围有限。

图 5-16 是根据芯片尺寸和成本的键合方式选择原则。当芯片尺寸较小时,采用芯片级键合的效率过低,并且成本随着对准精度的提高而迅速提高,这种情况下首选晶圆级键合。当芯片尺寸较大时,不同键合类型的键合成本都有所下降,此时需要根据对准精度的要求选

择合适的键合方式。芯片级键合中，需要考虑静电和放电的影响。芯片与芯片和芯片与晶圆键合过程中芯片的抓取、放置和操作等过程，都无法避免产生芯片之间以及芯片与设备之间的静电电势差，由此可能导致静电放电和击穿等损害。相比之下，目前的晶圆级键合设备都具有防静电的措施，不会引起静电损害。

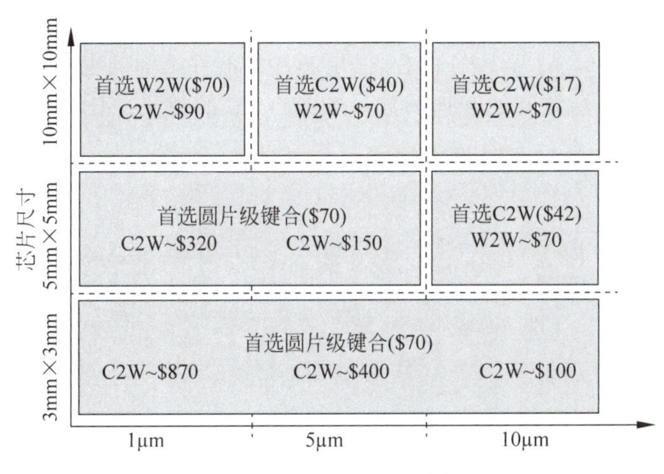

图 5-16 三维集成方式的选择原则

5.1.4.2 键合方向

键合方向有正面对背面（Face to Back，F2B）和芯片正面对正面（Face to Face，F2F）的选择。如图 5-17 所示，F2B 是指上层芯片的背面与下层芯片的正面键合，即两层芯片朝向相同；F2F 是指上层芯片翻转后与下层芯片正面对正面键合，即两层芯片的朝向相反。结构的不同导致芯片制造方法、芯片间互连密度、TSV 密度和信号传输路径的不同。

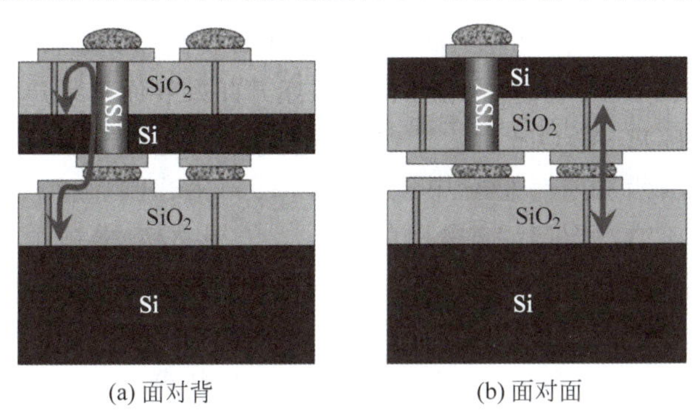

图 5-17 键合方向

F2B 的优点是芯片间的逻辑关系直观，设计过程不需要镜像。两层芯片的器件层之间有一层硅衬底，减小热密度的同时，增加散热能力。由于 TSV 深宽比和直径的限制，上层芯片的衬底需要减薄到一定厚度，一般为 25～100μm。当芯片厚度小于 100μm 时，制造过程通常需要辅助圆片，以提供上层芯片减薄过程中的机械支撑[29-30]。辅助圆片增加了临时键合和拆键合过程，工艺复杂度和成本都有所上升。辅助圆片容易引起上层晶圆的弯曲变形。IBM 的研究表明，玻璃辅助圆片能导致上层晶圆产生 50×10^{-6} 的变形[31]。

不断重复 F2B 键合即可实现多层芯片集成，特别适合多层相同芯片如 DRAM 和闪存，以及 MEMS 和传感器等，因为很多 MEMS 和传感器需要将器件正面朝外，以此接收外界的能量和信号或对外输出。这种键合方向的 TSV 的高度取决于衬底的厚度和 TSV 制造能力。当芯片较厚时,TSV 的直径和密度都会受到限制。通常,上层芯片的厚度为 25～100μm,TSV 的直径为 5～10μm,中心距为 20～50μm。此时 TSV 的直径相比键合对准误差很大,因此 TSV 的密度由 TSV 的直径决定,如图 5-18 所示[30]。如果采用 SOI 或者超薄的衬底,那么可以将上层的衬底彻底去除或者仅保留 10μm 以下的厚度,此时能够实现更小直径和更高密度的 TSV。对于 F2B 键合,上层芯片的器件之间的电学连接需要通过上层芯片的 TSV 实现,因此两层之间的互连的数量就是 TSV 的数量。IBM 的 G5 系统中的多芯片模块是较早采用 F2B 键合的产品。

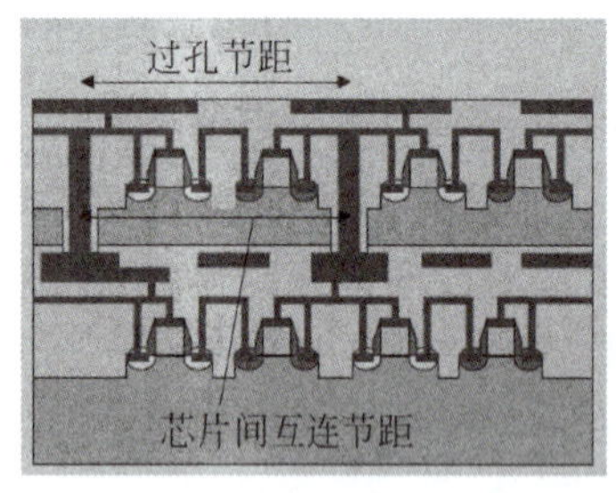

(a) 面对背

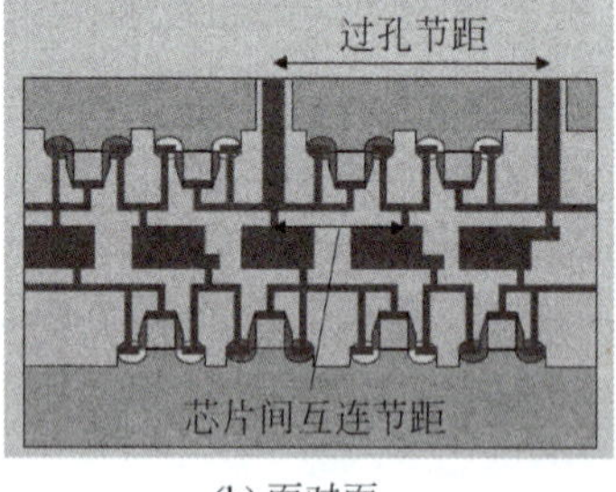

(b) 面对面

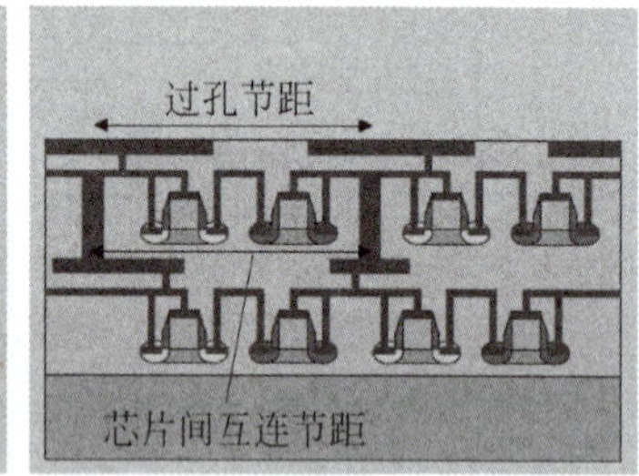

(c) SOI面对背

图 5-18　键合方向的互连方法

F2F 键合使两层器件直接相邻,与倒装芯片结构类似最早是 IBM 在实现 20μm 以下节距多芯片模块时,为了解决 F2B 方案的工艺复杂性而提出的一种面向 SOI 的键合方法。F2F 键合的优点是上层芯片可以在减薄前首先与下层芯片键合,不需要辅助圆片,避免了临时键合和拆键合,工艺简单。两层芯片之间的互连除了可以由 TSV 直接键合,还可以通过键合凸点实现,因此互连数量超过 TSV 数量,可以实现两层芯片之间高密度的互连。如果集成芯片层数超过 2 层,后续的芯片之间无法再实现 F2F 键合,又回到 F2B 的方式[32]。当仅集成两层芯片时,F2F 不需要使用 TSV 即可实现芯片间互连。

F2F 键合的互连密度不受 TSV 深宽比和直径的影响,仅取决于两层芯片键合的对准精度[29],而目前晶圆键合设备的对准误差可达 50nm,因此 F2F 键合可以实现高密度的金属凸点键合。F2F 键合适合只有两层芯片的集成,或者多层芯片的最后一层,无论哪种情况,都不需要在最顶层制造 TSV,而只需要将两层金属凸点连接。F2F 键合的主要缺点是电路的对称性有一定要求,需要在设计阶段考虑到,例如需要电路镜像等。由于两层芯片表面的器件在键合后距离很小,三维集成后的热密度更高,对散热等产生不良影响。

这些键合方向既适用于普通体硅晶圆,也适用于绝缘体硅(SOI)。芯片朝向的不同所导致的差异包括键合是否需要临时键合、芯片层的间距,以及能否集成 2 层以上等[33]。F2B 集成具有最大的多层扩展能力,但是键合需要辅助圆片和临时键合,工艺过程复杂、成本高,同时芯片层的间距增大,TSV 的直径大、密度低。如果仅需要 2 层芯片的三维集成,F2F 是最优的选择,不但可以简化工艺过程、降低成本,还可以减小 TSV 的直径、提高 TSV 的密度。实际上,即使是多层芯片的三维集成,也可以使最先的两层或最后的两层采用 F2F 的方式,而其他层采用 F2B 的方式。有些应用中要求器件必须背面朝外或者正面朝外的限制性条件,此时必须按照功能的要求选择芯片的朝向。

5.2 介质层键合

介质层键合是指利用集成电路互连中使用的介质层材料实现的键合。常用的介质层材料包括 SiO_2、SiNO 和 SiCN，目前三维集成中应用最广、发展最成熟的是 SiO_2 键合，近几年 SiCN 键合也得到了快速发展。利用介质层材料进行键合具有材料体系简单、设备和工艺兼容性好、键合质量好、强度高等优点。例如，SiO_2 键合的键合能可达体硅的强度(2.5J/m^2)，即使键合界面存在 2%的气泡，键合强度仍可达 2.2J/m^2，而 SiCN 的键合强度甚至更高。此外，介质层键合具有对准精度高、热膨胀系数匹配等优点，采用先进的对准和键合设备，晶圆级键合后的 3σ 对准精度小于 50nm，是所有键合方法中精度最高的。

5.2.1 二氧化硅键合

二氧化硅键合是将两个平整的 SiO_2 表面直接接触，利用 SiO_2 表面羟基或水分子的氢键之间的引力形成的键合。早期 SiO_2 键合主要用于制造 SOI 晶圆，2000 年，MIT[34] 和 IBM[35] 报道了采用 SiO_2 键合实现三维集成的方法，Ziptronix 和 Leti/Freescale/ST[36] 等开发利用 SiO_2 键合的三维集成方法。2013 年，Sony 采用 Zibond 技术实现了图像传感器与逻辑电路的三维集成[37]，成为首个采用 SiO_2 键合的三维集成产品。

SiO_2 键合不仅适用于硅晶圆，还适用于表面沉积了 SiO_2 的其他材料[38]。SiO_2 键合后两个晶圆之间为介质层，二者没有电学连接，需要在键合后制造介质层通孔的 TDV 连接两层晶圆，或采用铜和 SiO_2 混合键合的方法实现金属连接。尽管介质层键合利用了集成电路互连的介质层材料，但是键合所使用的 SiO_2 或 SiCN 层是专门沉积的键合层。

5.2.1.1 键合原理

SiO_2 键合包括室温下的初始键合(预键合)和加热退火强化(最终键合)两个步骤，其原理最早由杜克大学提出[39-40]。室温预键合利用分子间作用力实现两个 SiO_2 界面的弱结合，保证一定的键合强度和对准精度。键合前 SiO_2 表面有很多悬挂的 Si-键，亲水处理后通过 Si-O 键吸附密布的羟基(OH-)，通常充分吸附的 SiO_2 表面可以形成密度为 4～6 个/nm^2 的 SiOH-。吸附的羟基与 H_2O 分子发生进一步的吸附反应，形成吸附的 H_2O 分子和另一个 OH-；而 H_2O 分子更容易吸附 H_2O 分子，因此当 H_2O 足够多时，SiO_2 表面吸附数层 H_2O 分子，如图 5-19 所示。这一过程的原理如下：

$$\begin{aligned}&\text{-OH}_{(\text{I})} + H_2O \rightarrow OH_{(\text{II})} + H_2O_{(\text{I})}\ (6\text{kcal/mol})\\&H_2O_{(\text{I})} + H_2O \rightarrow H_2O_{(\text{I})} + H_2O_{(\text{II})}\ (10.5\text{kcal/mol})\end{aligned} \tag{5.3}$$

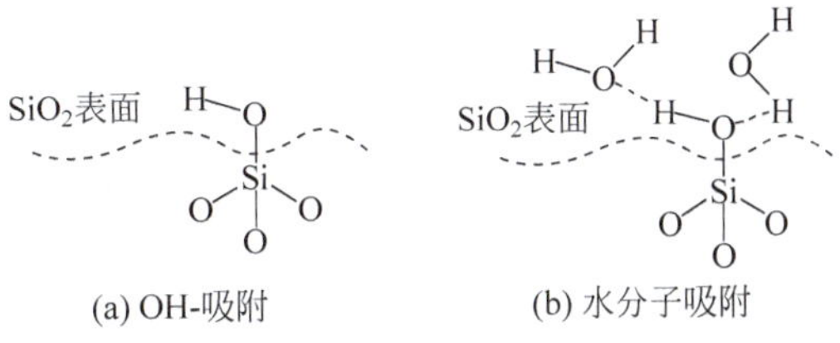

图 5-19 SiO_2 表面吸附

键合前 SiO_2 表面需要进行清洗或去离子水润湿，以增强表面 OH-的吸附。表面处理后，首先在室温下将两个晶圆对准并接触，表面吸附的 H_2O 分子层具有偶极子特性，使两个晶圆相互排斥并互相“漂浮”。利用键合机的机械压针在晶圆中心施加轻微的压触力，克服 H_2O 分子偶极子之间的排斥力。当 SiO_2 表面接触时，界面两侧的 H_2O 分子或 OH-的氢键产生桥接作用，形成分子间引力(范德华力)，实现两个界面的初始键合。这种氢键之间的相互作用发生在 H_2O 分子和极性 OH-的两三层分子之间，属于范德华力，相互作用很弱，预键合后键强度只有 0.1J/m^2 左右，是离子键的 1/20。初始键合后的键合强度虽然很低，只需要轻推就可以破坏初始键合，但足以进行后续的热退火，并能够避免退火时两层晶圆的对准滑移。因此，最终键合后对准精度恶化很少，例如，在 300℃下退火 4h 后对准偏差增大不超过 400nm，远小于非室温键合的情况[41]。

初始键合之后，需要通过加热退火实现高强度的最终键合。加热退火过程发生 OH-缩合反应生成 H_2O 分子，伴随着 H_2O 分子的扩散，最终两个表面的 OH-全部被消耗，在界面上生成 Si-O-Si(SiO_2)键。如图 5-20 所示[42]，根据退火温度的不同，退火过程可以分为 4 个阶段，每个阶段有不同界面的状态、界面反应和界面产物，键合强度也有巨大的差异。总的趋势是随着温度的升高，H_2O 分子缩合、吸收并与 Si 原子反应生成 Si-O-Si 键。

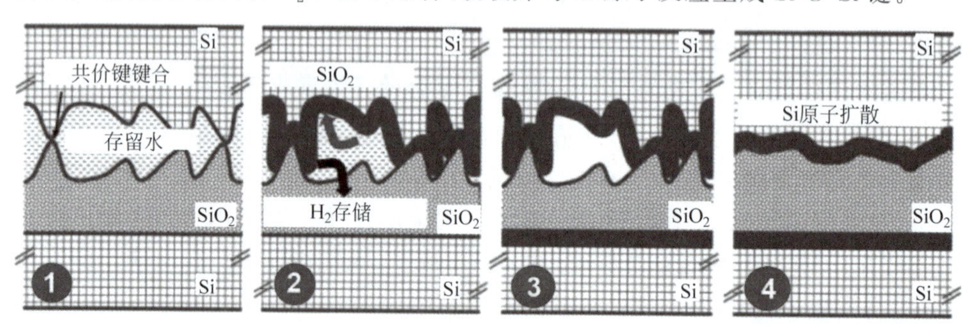

(a) 界面状态

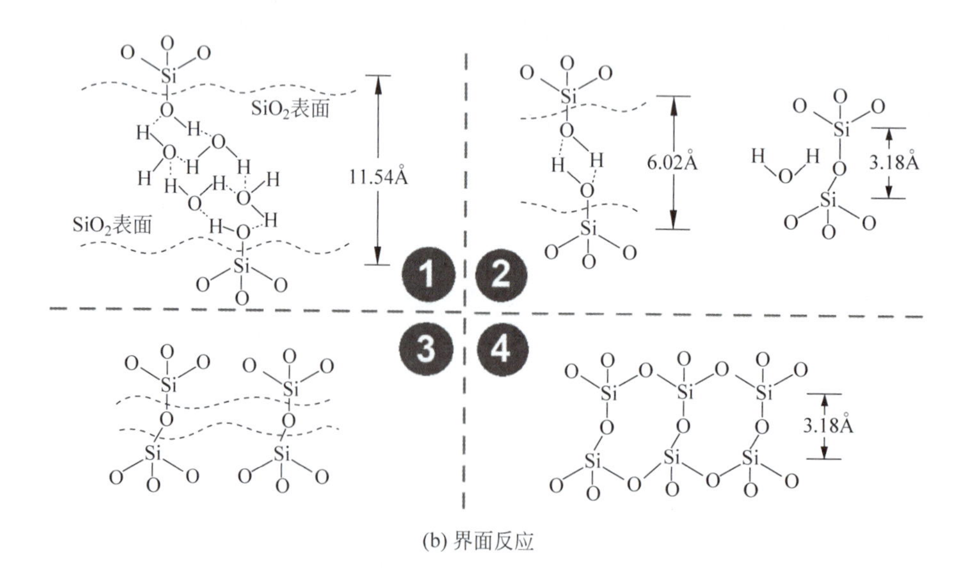

(b) 界面反应

图 5-20　退火过程 SiO_2 界面变化

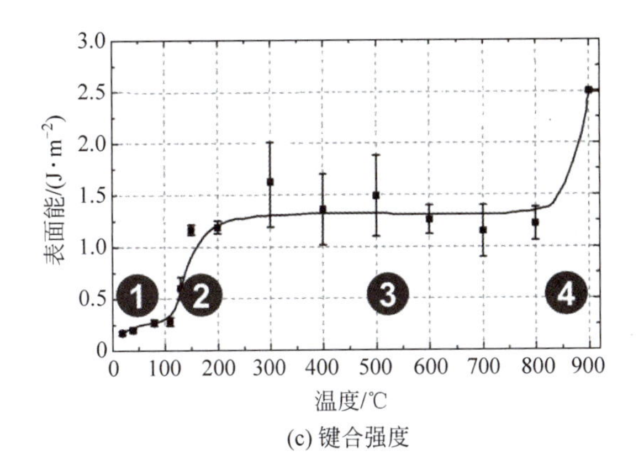

(c) 键合强度

图 5-20 （续）

第 1 阶段，当退火温度低于 120℃时，键合表面仍以范德华力为主要作用力，两个界面间为 3～4 层 H_2O 分子，间距约为 11.54Å。退火对键合界面和键合强度的影响不大，键合强度随温度的升高有轻微的增加，这主要是由于 H_2O 分子的重新排布降低了表面能、提高了相互引力而引起的。

第 2 阶段，退火温度达到 120～250℃时，OH-表面迁移率增加而形成更多的氢键[43]；SiO_2 表面的 OH-之间通过缩合反应生成 H_2O 和 Si-O 键，使弱 H-O 键的数量减少，强 Si-O 键的数量增加。生成的 H_2O 向 SiO_2 层内扩散，界面间距可能减少至 6.02Å，甚至少量位点完全没有 H_2O 分子，界面间距达到 Si-O-Si 的键长 3.18Å，因此键合强度随退火温度的增加而迅速提高。上述过程表示为

$$\text{Si-OH} + \text{OH-Si} \rightarrow \text{Si-O-Si} + H_2O \tag{5.4}$$

上述缩合反应在 425℃以下是可逆的，Si-O 键还会与 H_2O 反应而生成含有氢键的 OH-，但是由于生成的 H_2O 分子向 SiO_2 层内扩散，或扩散通过较薄的 SiO_2 层到达硅表面，总体上反应朝着正向进行[44]。因此，需要足够厚的 SiO_2 才能保证容纳 H_2O 分子的能力。

第 3 阶段，当温度升高到 250～850℃时，绝大多数能够接触的 OH-都形成共价键并缩合出 H_2O 分子，而大部分 H_2O 分子在高温下扩散离开键合界面，使接触的界面都形成了 Si-O-Si 共价键。但此时由于表面粗糙度的关系，并非所有的界面都能够形成 Si-O-Si 共价键，只是那些微观上凸起并接触的位置形成了 Si-O-Si 共价键，而未接触表面之间尚未形成 Si-O-Si 键。由于 Si-O-Si 键的长度为 3.18Å，因此微观上界面间隙大于该长度的位置仍为氢键或 H_2O 分子。这一阶段的键合强度由微观上实际接触的面积大小决定，因此键合强度在很大的温度范围内基本处于饱和状态，界面能约为 1.5J/m^2。

第 4 阶段，当温度升高到 850℃以上时，全部 OH-都缩合成 H_2O，而所有的 H_2O 都完全与 Si 反应形成 Si-O-Si 键。在此温度下，非晶态的 SiO_2 进入融熔状态而具有一定的变形能力，在外部压力或已经形成的 Si-O-Si 键的作用下，微观上原来未接触的凹陷区域也由于 SiO_2 表面的变形而接触，使键合界面的缝隙基本全部消失，界面两侧的 SiO_2 完全贴合。此时键合质量好、强度高，可达到体硅的断裂强度 2.5J/m^2。由于 900℃时 SiO_2 进入融熔状态，采用该温度退火的 SiO_2 键合也称为融合键合(fusion bonding)。

虽然不同温度下界面反应和界面状态不同，退火温度决定了键合强度，但是由于 Si-O-Si 键具有较强的键能，即使部分表面形成 Si-O-Si 键，也具有较强的引力作用，因此尽管低温退火对键合强度和界面气泡有一定影响，但 200℃的低温退火后仍可使表面能达到 1.2～1.5J/m^2[43-45]。键合压力对退火的影响很小，退火过程可以不施加键合压力，或施加较小的压力，如 1.5MPa。

在 300℃以下低温度退火时，H_2O 和 Si 发生生成 SiO_2 的比例基本可以忽略，界面产生的 H_2O 必须由 SiO_2 吸收或者扩散通过 SiO_2 层键合界面。当输运不足够时，键合界面会出现空洞和气泡，其密度和尺寸与表面形貌和吸附 H_2O 的数量有关[46]。随着退火温度升高，H_2O 分子迁移率提高，容易从界面扩散出去。当退火温度达到 900℃时，扩散到硅表面的 H_2O 和 Si 发生氧化反应生成 SiO_2 和 H_2，即发生类似湿氧化的过程 $Si+H_2O \rightarrow SiO_2+H_2$，如图 5-21 所示[47]。高温退火产生的 H_2 体积小、扩散系数高，并且非晶 SiO_2 原子只占其名义空间体积的 43%左右，因此 H_2 很容易扩散进入 SiO_2 中，避免了气泡或空洞的产生[40]。如果 SiO_2 的厚度仅为几纳米，生成的 H_2 无法全部容纳在 SiO_2 层内，仍会在界面处产生气泡。

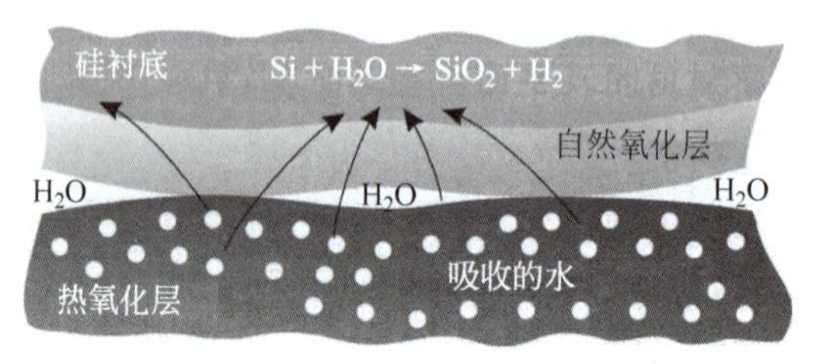

图 5-21　高温退火的化学反应

除退火温度外，影响退火效果的因素还包括退火时间。如图 5-22 所示[42]，在 300℃退火，键合的表面能随退火时间的增加而迅速提高，退火 2h 后表面能达到最大值。进一步延长退火时间，表面能没有明显变化，键合强度基本不再随时间变化。实际上，在 200℃以上的温度退火时，都表现出退火 2h 后键合强度基本饱和的现象[48-49]。

两个高质量的 SiO_2 表面经过键合和高温退火后，在 SiO_2 表面之间形成了 Si-O-Si 连接，实现 SiO_2 表面的键合。图 5-23 为 SiO_2 键合界面的高分辨率透射电镜照片[50]。两侧的单晶硅衬底中，硅原子表现为规则的周期性排布，键合界面的 SiO_2 为非晶态，原子排布没有规律。

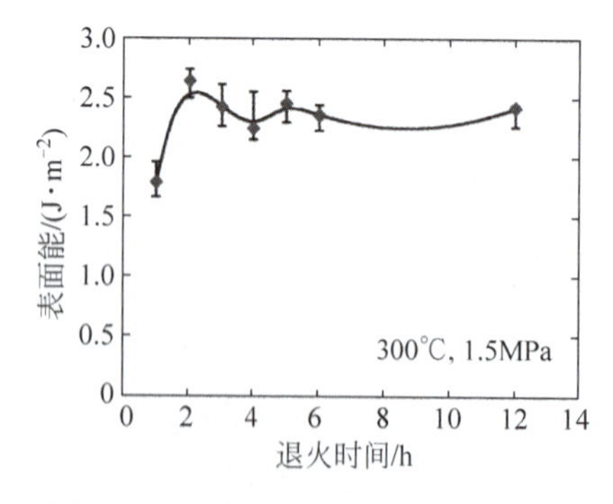

图 5-22　退火时间对键合强度的影响

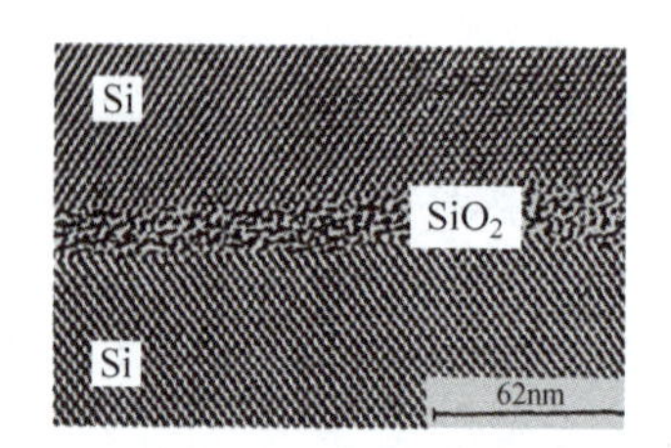

图 5-23　SiO_2 键合界面

5.2.1.2 键合界面波

键合开始时，在键合机压针的作用下，键合从晶圆中心开始逐渐向边缘延伸，这一过程可以描述为键合波的传播过程，如图 5-24 所示[51]。键合波传播的动力来自键合界面分子作用力产生的结合能，而界面之间缝隙内的空气阻尼形成了键合波的阻力，即在键合波传波时，其波前存在一个气体形成的压力场。研究发现，键合波的传播速度是稳定的，即键合波从开始传播一直到整个晶圆边缘键合完成，其传播速度是不变的[51]。一般初始键合时键合能约为 0.1J/m^2，对于厚度为 525μm 的 300mm 晶圆，波前的传播速度约为 2cm/s。由于气体压强的存在和气体流动，键合界面表现为喇叭形缝隙，缝隙开口的大小随着与波前距离的增大而增大，二者大体遵循 1.65 次指数幂的关系。

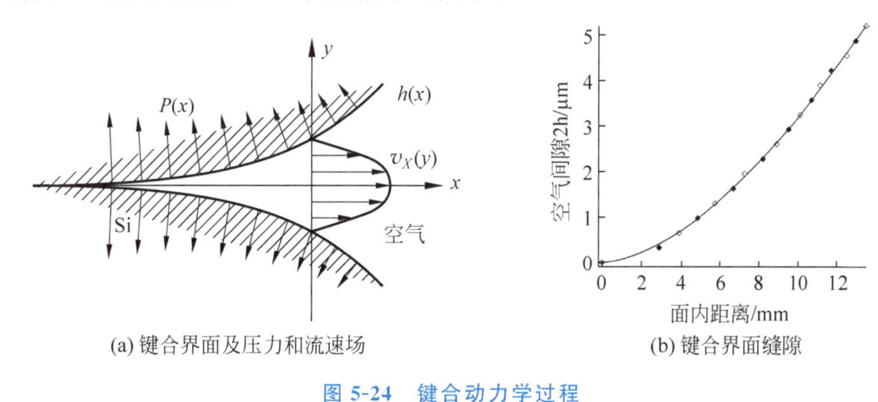

(a) 键合界面及压力和流速场　　(b) 键合界面缝隙

图 5-24　键合动力学过程

在喇叭形缝隙内，压力场的分布是稳定的。当环境压强为 1 个大气压时，压力的分布随着距离的增大而迅速减小，二者大体遵循 −7/3 指数幂关系，如图 5-25 所示[52]。随着键合波从晶圆中心向边缘传播，波前以恒定的速度推动缝隙的空气，使该稳定的压力场向边缘推移。当波前接近晶圆边缘时，气体流动的边界条件发生变化，从缝隙内排出的气体在缝隙外部发生体积膨胀。这一膨胀过程可以描述为等焓焦耳-汤姆逊膨胀。由于缝隙内外的压力场有几个大气压的差异，气体膨胀会导致气体温度降低几度。

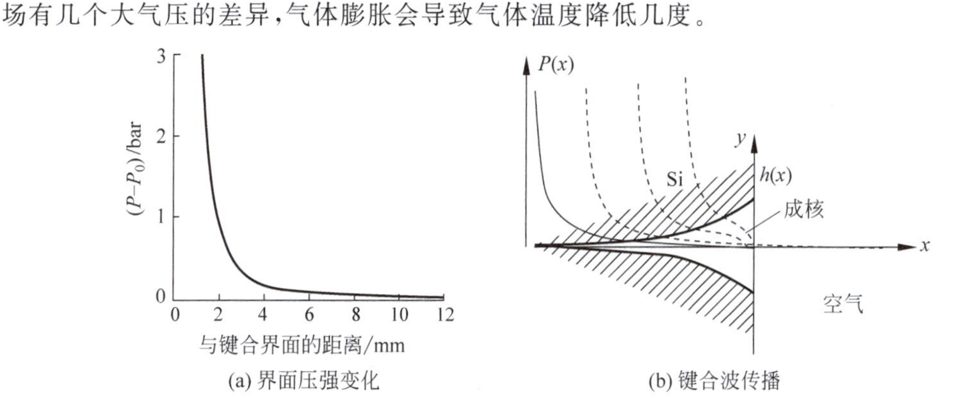

(a) 界面压强变化　　(b) 键合波传播

图 5-25　界面压强

键合前表面亲水处理使 SiO_2 表面吸附大量 H_2O 分子，缝隙内的气体可能处于水气饱和状态。因此，气体膨胀降温会导致水汽过于饱和，使晶圆边缘因水滴成核而吸附在晶圆表面。由于表面亲水性强，液滴冷凝成核的阻力很小，即使是很小的温度下降也会形成液滴，而晶圆表面的微观缺陷和划痕都会导致异质成核而形成水滴吸附和聚集，在键合后形成界面空洞。因此,即使晶圆表面没有颗粒物等杂质,晶圆的边缘也会由于水滴吸附而导致键合空洞。

随着晶圆厚度增加,晶圆刚度增大、变形能力下降,喇叭形开口尺寸减小,导致键合缝隙的气体压强增大,气体离开晶圆边缘时的膨胀程度增大,因此温度下降程度更大,键合界面的空洞或气泡密度也更高。降低键合环境的压强可以减小缝隙内气体压强和键合波的传递阻力,抑制晶圆边缘的键合空洞。如图5-26所示,键合环境压强从 10^5 Pa降低到 10^4 Pa,晶圆边缘键合空洞数量大幅减少[52]。图中横轴为不同的批次,纵轴为同一批次内不同晶圆的空洞数量分布。此外,预键合前晶圆间距越小,键合波的传递越慢,键合时间越长[53]。

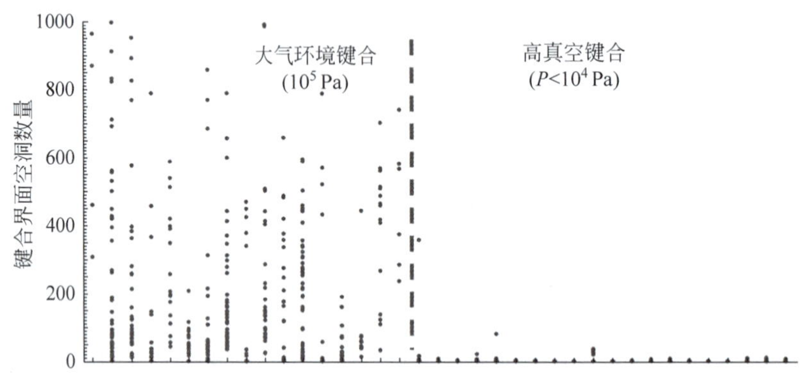

图5-26 键合环境压强对边缘空洞的影响

5.2.1.3 键合过程和影响因素

SiO_2 键合包括键合前表面预处理和键合两个过程。

由于 SiO_2 键合依靠分子间作用力形成预键合,因此对键合表面要求极高,包括晶圆平整度、表面粗糙和洁净度等污染、粗糙或不平整的表面很容易出现键合气泡和空洞。另外,若键合过程的副产物 H_2O 无法有效扩散,也容易引起键合界面出现气泡,如图5-27所示[54-55]。为了提高 SiO_2 键合的质量、消除键合空洞,键合前需要对 SiO_2 层进行预处理,包括退火、致密化、CMP平整和化学清洗活化及等离子活化,提高键合表面的平整度、洁净度和化学活性。

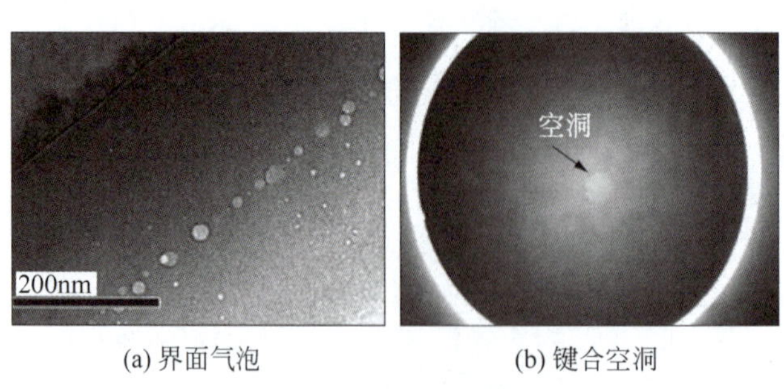

(a) 界面气泡　　(b) 键合空洞

图5-27 键合缺陷

当 SiO_2 表面粗糙度RMS超过1nm或者晶圆翘曲超过25μm时,界面间隙过大导致分子间无法形成范德华力,难以实现初始键合。良好的键合质量和对准精度要求表面粗糙度低于0.5nm,300mm晶圆的翘曲变形小于25μm。为了实现光洁的表面,需要对 SiO_2 表面进行 CMP 平整化。经过 CMP 处理的 SiO_2 表面粗糙度甚至可达 0.1nm 的水平，能够获得极佳的键合质量。为了降低 CMP 的负担，在沉积 SiO_2 层时可以选择性控制 SiO_2 介质层的应力，尽量减小晶圆本身的翘曲程度[56]。CMP 以前的退火致密化有助于 CMP 获得更低的表面粗糙度。此外，为了防止 CMP 浆料中的研磨颗粒嵌入 SiO_2 层，可以在沉积 SiO_2 之前先沉积一层 SiN 作为保护层。

化学试剂表面清洗主要作用是清洗去除表面的颗粒、有机物和金属等污染物，同时提高表面的亲水活性，增强表面吸附的水分子和羟基的能力，甚至改变 SiO_2 表层的结构和化学键，促进共价键的形成。界面残留的颗粒物会导致颗粒物直径 10～20 倍大小的空洞。化学试剂清洗通常使用 RCA 标准清洗，包括 SC-1(H_2O ∶ H_2O_2 ∶ NH_4OH＝5 ∶ 1 ∶ 1 或类似比例)和 SC-2(H_2O ∶ H_2O_2 ∶ HCl＝6 ∶ 1 ∶ 1 或类似比例)，这两种清洗剂处理后表面都会形成薄氧化层。然后用丙酮和异丙醇分别清洗，提高表面的亲水性和羟基数量。为了消除可能嵌入键合表面的颗粒物，一般还需要进行一次兆声去离子水清洗，个别情况下可以添加 2%比例的 NH_4OH。SC-1 清洗对表面羟基密度和吸附能力的影响较小，但是其去污能力有利于提高键合一致性[57]。

不同方法沉积的 SiO_2 具有不同的键合特性。热氧化沉积的 SiO_2 结构致密、密度高、杂质少，键合强度最高；420℃的低温 LPCVD 和 350℃ PECVD TEOS 沉积的 SiO_2 的键合强度基本相同，比 200～300℃ PECVD 和硅烷沉积的 SiO_2 的键合强度高约 30%[48]。300℃以下低温沉积的 SiO_2 薄膜内部容易残留反应气体和反应副产物如 H_2，高温下这些气体迁移到界面聚集而导致气泡，另外键合表面吸附的水分子也会导致气泡。因此，低温沉积的 SiO_2 需要在 CMP 以前进行退火致密化处理。致密化处理的温度至少要达到最终键合和后续工艺的最高温度，通常为 300℃和 10^{-3}mbar 气压下退火 1～2h。如果后续工艺过程温度超过退火温度，即使键合时界面未产生气泡，后续高温过程中界面仍会产生气泡[58]。

键合界面水或氢气聚集而导致的气泡是影响键合质量的决定性因素。为了避免气泡的形成，Ziptronix 开发了湿法表面氟化处理技术[59,44]。将 SiO_2 在 SC-1 中清洗 10～20min，再用去离子水清洗并干燥。随后在 0.025%的 HF 中浸泡 30s 并干燥，在 250℃下烘干 2～10h，以形成更加多孔的氟化 SiO_2 层[44]。再次使用 SC-1 清洗后，在 100mTorr 的腔体中利用氧等离子体处理 30s，随后在 29%的 NH_4OH 中浸泡，将 Si-OH 键转换为 Si-NH_2 键[60]后进行键合。图 5-28 为氟化处理的键合强度及表面原子浓度分布。

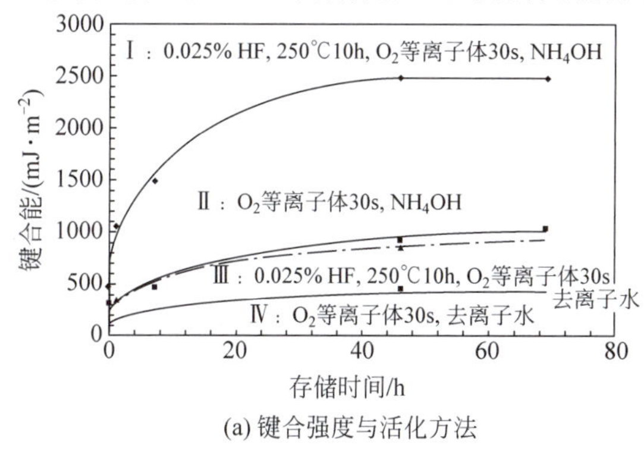

(a) 键合强度与活化方法

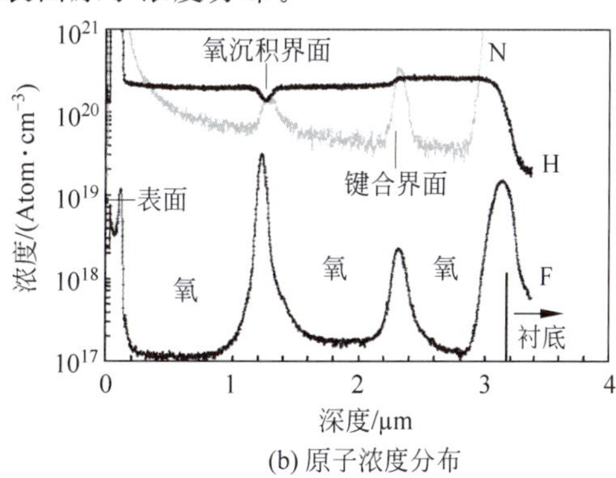

(b) 原子浓度分布

图 5-28 氟化表面活化

浸入 HF 可以在 SiO_2 的表面产生 Si-F 和 Si-OH,同时还会引入 F 离子。Si-F 主要位于化学活性的位点,如原子台阶和表面缺陷。因此,HF 处理使 F 离子进入缺陷区表面层以下一定的深度,促进打破 Si-O-Si 键的环状结构,改变了 SiO_2 的网络结构,使其向着更大环状结构和更松散结构的方向转变,进而促进其他成分如 H_2O 的扩散速度并提高 H_2O 的吸附能力。反应式为

$$\text{Si-O} + \text{F} \rightarrow \text{Si-F} + \text{O} + 1.1\text{eV} \tag{5.5}$$

反应生成的 SiOF 的密度较低且具有很强的吸水能力,可以促进界面缩合反应 Si-OH+OH-Si→Si-O-Si+OHO 的产物 H_2O 的吸收,使缩合反应朝着正向进行,促进 Si-O-Si 键的产生,提高键合强度。再次经过 SC-1 处理后,Si-F 键与 H_2O 反应生成 Si-OH,然后经过 NH_4OH 处理后,Si-OH 会反应生成 $Si\text{-}NH_2$。上述反应方程式为

$$\begin{aligned} &\text{Si-F} + \text{HOH} \rightarrow \text{Si-OH} + \text{HF} \\ &\text{Si-OH} + \text{NH}_4\text{OH} \rightarrow \text{Si-NH}_2 + 2\text{HOH} \end{aligned} \tag{5.6}$$

键合时,除了 Si-OH 接触后产生的缩合反应外,带有 $Si\text{-}NH_2$ 的表面还会发生 $\text{-}NH_2$ 键之间的反应,形成 Si-N-N-Si 和 H_2。反应方程式为

$$\text{Si-NH}_2 + \text{Si-NH}_2 \rightarrow \text{Si-N-N-Si} + \text{H}_2 \tag{5.7}$$

反应所生成的 H_2 会快速进入 SiO_2 被吸收,同时表面残留的松散的 SiOF 进一步加速了对 H_2 的吸收,促使键合反应的发生。实际测量发现,键合界面处出现了 $2\times10^{18}/cm^3$ 的 F 原子浓度和 $3.5\times10^{20}/cm^3$ 的 N 原子浓度,支撑了上述原理和过程。因此,通过 HF 和 NH_4OH 引入 F 和 $\text{-}NH_2$ 基团,促进了具有水和氢吸收能力强的 SiOF 的产生,通过 $\text{-}NH_2$ 基团的键合增强了键合强度。

5.2.1.4 等离子体活化

尽管 900℃退火可以使键合界面全部变为 Si-O-Si 键而大幅提高键合强度,但是在三维集成中,由于已经完成的器件和互连的限制,退火温度一般为 200~300℃。为了在较低的退火温度下键合,近年来发展出利用等离子体对 SiO_2 表面进行活化处理的 200℃低温键合方法[44-47]。等离子体活化的直接表现是提高了初始键合强度、降低了退火温度并抑制界面气泡和空洞。等离子体处理可以使粗糙度小于为 0.5nm 的表面获得极佳的键合效果,对于粗糙度为 1nm 的表面可以获得良好的键合效果,甚至使粗糙度为 1.5nm 的表面也能够键合[61]。经过合适的等离子体处理,低温退火可以达到很高的键合强度,例如氧和氮等离子体处理可以在 200℃的退火条件下使 SiO_2 的键合强度达到 $2.5J/m^2$[47]。

常用的等离子体处理包括氧、氮、氟或氩的等离子体。不同的等离子体处理的效果和机理不同,目前仍未完全清楚,但总体上等离子体活化可以产生以下几个效果:①清除键合表面的污染物,使表面产生悬挂键以及非稳定和具有化学活性的状态[62];②离子轰击使表面粗糙化,有利于局部变形和原子的接触,特别对于晶体材料较为显著[63];③形成表面的无定型态,有助于界面反应副产物水或氢在低温下的扩散,促进共价键产生[50];④提供界面反应所需的成分或结构、催化界面反应过程,提高表面能、增强表面亲水能力。

目前的研究表明,氧、氮和氟等离子体活化对 SiO_2 键合有显著的效果[64]。氧等离子体处理 SiO_2 表面可以打开 Si-O 键,产生不稳定的临时表面态,增强后续 HF 和 NH_4OH 表面活化时 Si-O 键转变为 Si-F 键和 $Si\text{-}NH_2$。氮或氩等离子体处理可以减少或消除表面亲

水处理后多余的水分子，特别是通过物理吸附的多余水分子，从而减少界面气泡和空洞。氩等离子体活化对离子键材料如玻璃、蓝宝石和 SiO_2 直接键合的效果不明显，可能是因为离子轰击导致离子材料产生不同程度的同时极化，抑制了固态表面接触时表面能的降低。氟等离子体处理能使 SiO_2 表面变形和分解而生成无定型态 SiO_2，提高后续键合副产物水的扩散能力，并通过大环状分子 SiOF 共同增强气体的扩散和吸附能力，从而减少气泡。

图 5-29 为氧和氮等离子体处理后 SiO_2 的键合强度与退火温度的关系[47]。经过等离子体处理后，键合强度随退火温度的变化趋势与未进行等离子体处理完全一致，但是经过等离子体处理的键合强度在未经过退火时即可达到 1.5J/m^2 的水平，达到了表面共价键连接的程度。但微观表面的起伏而导致接触面积有限，因此尚未达到最高强度。在 200℃退火后，等离子体处理的键合强度就可达到饱和的 2.5J/m^2 水平，与未经等离子体处理时 900℃退火具有相同的效果。这表明此时键合界面已经没有水存在，所有微观上的界面间隙已全部闭合，表面间只有 Si-O-Si 的共价键连接。

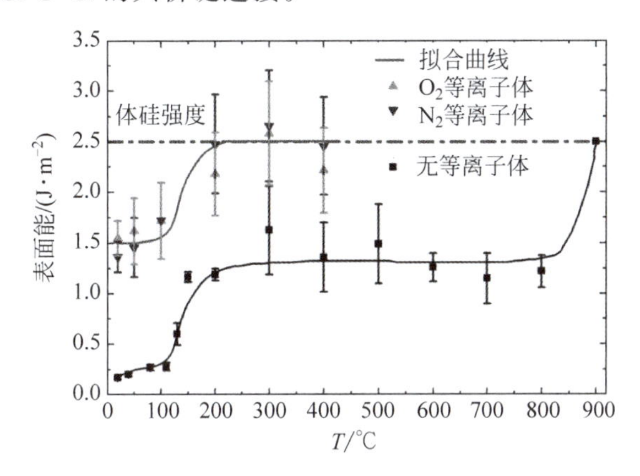

图 5-29　等离子体处理对键合强度的影响

氧等离子体处理的效果与键合材料有关。尽管氧等离子体处理 SiO_2 表面可以打开 Si-O 键，但实际上对于 SiO_2-SiO_2 键合没有明显效果。但是，如果键合表面为 Si-SiO_2，氧等离子体处理硅表面可以显著改善键合质量。这是因为氧等离子体处理可以在硅表面产生一层高度张紧的厚度仅为 1～2nm 的超薄氧化层，在接触羟基浓度较高的溶液后产生非常活跃的亲水表面以及高密度 Si-OH。目前的研究认为，氧等离子体处理对键合强度基本没有贡献，主要功能是抑制界面产生气泡和空洞[44]。经过氧等离子体处理后，界面空洞的尺寸从 1mm 量级降低到 2μm 左右，界面缺陷密度从 138/cm^2 大幅降低到 2/cm^2[38]。

利用等离子体活化和完全高真空环境防止氧化，EVG 开发了 ComBond 键合技术，采用氧、氩、氮等离子体对表面处理和活化，处理后的晶圆输运、对准和键合等全过程均在真空环境下完成。ComBond 处理去除氧化层的速率可达 15nm/min，离子轰击导致的表面粗糙度增大程度小于 0.1nm，0.2μm 直径的颗粒物少于 5 个，金属离子少于 10^{10}/cm^2，与 SOI 制造的情况相同[65]。这种键合方法适用于单晶材料、金属材料以及非晶材料的键合，如表 5-5 所示。对于晶体材料的直接键合，离子轰击晶体表面并注入晶体表面，会形成厚度为 1nm 左右的非晶区。非晶区对于形成共价键并容纳反应副产物有重要贡献，成为不进行表面悬挂键修饰时键合的决定性因素。

表 5-5 等离子体活化键合材料

材　　料	可键合材料
Si(100)	Si(100),Si(111),Al_2O_3,GaN,Ge,$LiNbO_3$,$LiTaO_3$,Mo,SiN,SiO_2
SiO_2	Si、SiO_2
SiC(4H)	Si、SiC(4H)、多晶 SiC
GaAs	InP、Si、SiC
金属	Au-Au、Cu-Cu、Al-Al、Ni-Ni

目前,SiO_2 直接键合几乎都采用等离子体活化提高键合质量和键合强度。等离子体表面活化的规律包括:①不同等离子体处理的效果不同,氮等离子体处理 SiO_2 的效果优于氧等离子体[57],但也有报道表明差距不大[47];②等离子体活化双面和单面 SiO_2 的键合效果差异不大[57];③预键合温度从室温到 150℃之间对预键合的强度影响不大,预键合的键合强度约为 1.5J/cm^2[57];④亲水处理后,经过 300℃烘干后的键合强度明显低于 250℃烘干的键合强度。

5.2.2 碳氮化硅键合

介质层直接键合中应用最广泛的是 SiO_2 键合,此外也发展出多种介质层材料的键合,如 SiCN-SiCN[66-73]、SiON-SiON[66]、SiN-SiN[74]、SiC-SiN[75]、SiO_2-SiN[76-77]等。SiCN 和 SiON 是 CMOS 互连介质层的常用材料,SiN 是 MEMS 器件的常用材料。目前的研究表明,含氮介质层的键合机理可能仍主要依赖键合界面形成的 Si-O-Si 共价键。

5.2.2.1 碳氮化硅直接键合

SiCN 对铜扩散具有阻挡作用,当与铜混合键合时可以防止对准偏差导致的铜向介质层内的扩散。SiCN 通常采用 PECVD 在 370℃下沉积,反应物为 $NH_3+SiH_x(CH)_y$。SiCN 键合过程包括沉积后退火、CMP 处理、去离子水处理、氮等离子体活化、兆声清洗、初始键合和退火增强等步骤。经过 CMP 处理后,SiCN 的表面粗糙度降低到 0.12nm 以下。等离子体活化后,在室温下将两个 SiCN 表面进行初始键合,然后在 200~250℃的氮气环境中退火 2h。

图 5-30 为电子能量损失谱(EELS)测量的 250℃退火键合后 SiCN-SiCN 键合界面的元素分布[78-79]。键合区的厚度约为 10nm,由中心区和两侧两个对称的边缘区组成。中心区为两个表面实际接触的界面,该区域内 O 元素的浓度很高,C 元素的浓度降低到 SiCN 浓度的 10%以下,而 N 元素的浓度接近 0,Si-O 键的浓度远高于 Si-C 键的浓度。中心区两侧的边缘区内,C 和 N 元素从体区的高浓度快速下降,O 元素从体区的低浓度快速上升,Si-C 键的浓度高于 Si-O 键的浓度。中间区键合后界面出现了 N 元素耗尽,但却出现了高浓度的 Si-C 共价键和 Si-O 共价键,表明界面处形成了一个厚度约为 6nm 的 SiO_2 层。因此,可以认为 SiCN 之间的键合是通过 SiO_2 键合实现的。

键合界面的 O 可能来源于表面等离子体和亲水处理。如图 5-31 所示[69],采用 XPS 对氮等离子体处理后的 SiCN 表面成分分析表明,SiCN 表面的 Si-C 键几乎全部消失,但 Si-N 键仍位于表面,而 Si-O 键密度有大幅提高。这表明氮等离子体打破了 Si-C 键而形成了 Si-和 C-悬挂键,一部分悬挂键形成了较高密度的 Si-O 键以及 C-O 键[69-70]。Si-C 键被等离子

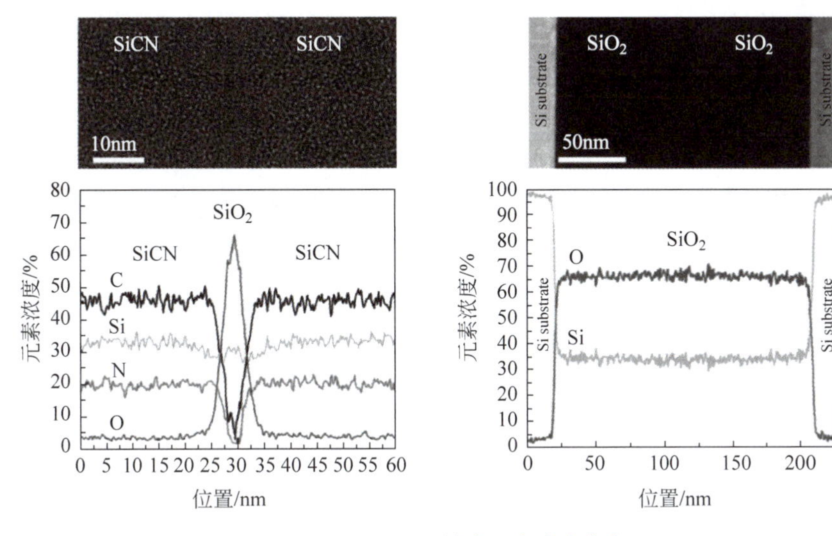

图 5-30 SiCN-SiCN 键合元素浓度分布

体处理后形成的 Si-和 C-悬挂键可能是 SiCN 键合强度高于 SiO_2 键合强度的原因。不同元素比例的对比表明,含 C 较多的 SiCN 比含 N 较多的 SiCN 更容易键合。经过 110℃、250℃和 350℃退火后,键合界面上过量 O 的浓度分别为未退火时的 2.1、2.3 和 2.6 倍,说明键合后退火温度越高,界面 O 浓度越高。

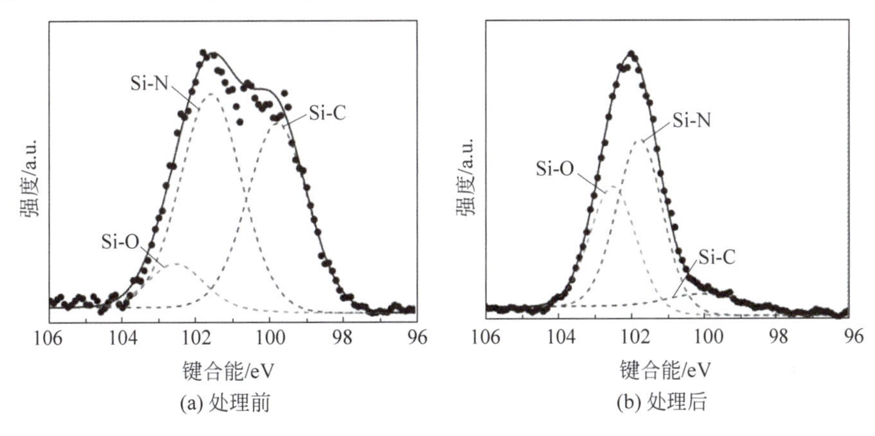

(a) 处理前 (b) 处理后

图 5-31 氮等离子体处理 SiCN 表面元素浓度

Samsung 的研究表明,键合界面的 O 主要源自 SiCN 表面的自然氧化层。采用 PECVD 和甲基硅烷(CH_6Si)在 350℃条件下沉积的 SiCN,CMP 后表面粗糙度达到 0.15nm,表面形成了 2.4nm 的自然氧化层,如图 5-32 所示[71]。XPS 分析表明,Si∶C∶N∶O 的元素比为 32.52∶29.96∶22.54∶14.98,其中 C/N 比为 1.33。这表明在键合前 SiCN 表面已经形成了自然氧化层。

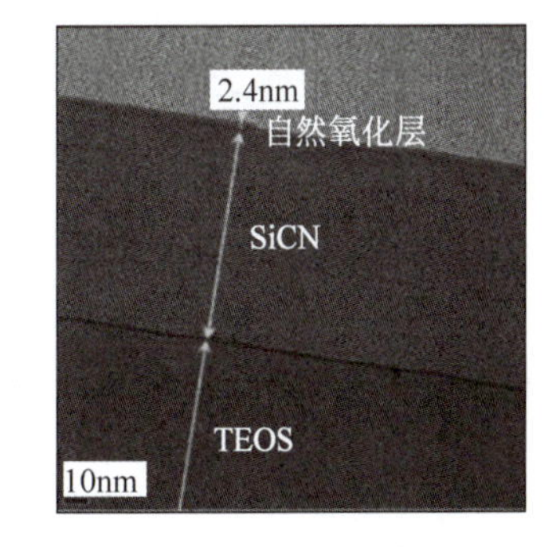

图 5-32 SiCN 表面自然氧化层

SiCN-SiCN 的键合强度高于 SiO_2-SiO_2 的键合强度,与 SiCN 较高的悬挂键密度有关。图 5-33 为电子自旋谐振测量的 SiCN 和 SiO_2 表面的悬挂键密度[68,79]。

沉积后的 SiO_2 的悬挂键密度为 $2.3\times10^{13}/cm^2$，经过氮等离子体处理后增加到 $2.7\times10^{13}/cm^2$；而沉积后的 SiCN 的悬挂键密度为 $4.4\times10^{14}/cm^2$，经过氮等离子体处理后增加到 $6.8\times10^{14}/cm^2$。氮等离子体处理前后 SiCN 的悬挂键密度几乎都是 SiO_2 的 20 倍。经过 250℃ 键合后退火，氮等离子体处理的 SiCN 内的悬挂键密度大幅减少 60%。200℃ 退火和 250℃ 退火后，SiO_2 表面已没有悬挂键，而 SiCN 表面的悬挂键仍有近 50%和 20%。随着退火温度的提高，表面悬挂键密度降低，而键合强度提高，表明悬挂键在高温下形成了共价键，从而提高了键合强度。

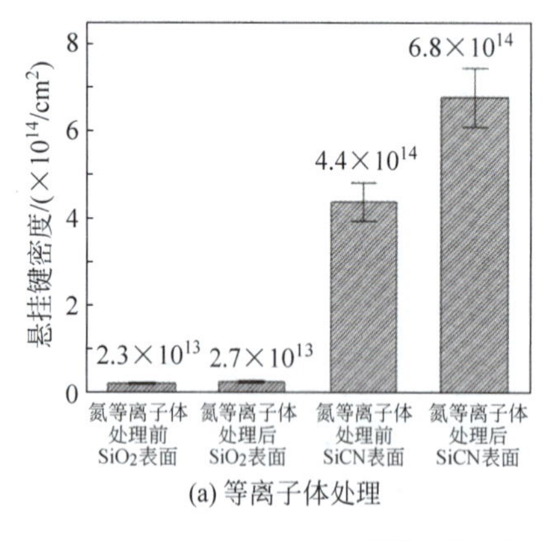

(a) 等离子体处理

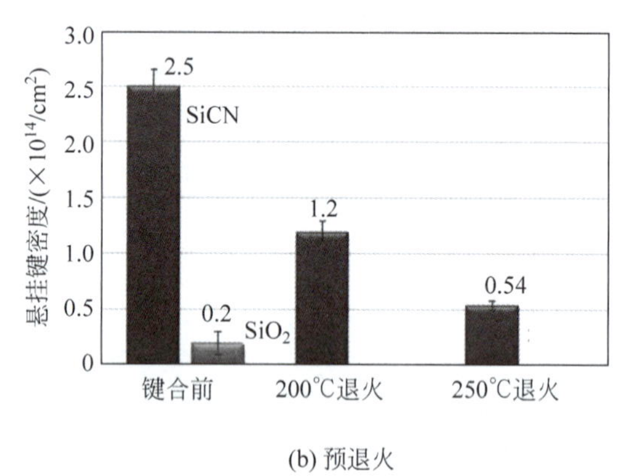

(b) 预退火

图 5-33　SiO_2 和 SiCN 表面悬挂键密度

SiCN 更高的键合强度还与其更强的吸附能力有关。PECVD 沉积的 SiCN 中 H 含量高达 20%左右，是 TEOS 沉积的 SiO_2 中 H 含量的 5 倍以上，并且残留有大量的 H_2O，但 SiCN-SiCN 的键合界面基本不会产生由氢气或 H_2O 分子形成的气泡和空洞。这表明 SiCN 对气体和 H_2O 分子有很强的吸附作用。利用这一特点，在 SiO_2 键合层下方沉积 SiCN 介质层，利用高温下 SiCN 对 H_2O 的反应吸附，可以避免 SiO_2 键合界面形成空洞和气泡，如图 5-34 所示[72]。SiCN 无论位于 SiO_2 的上方或下方，都可以在一定程度上吸附键合界面产生的 H_2O，抑制键合界面的气泡聚集，防止键合空洞[69,72]。

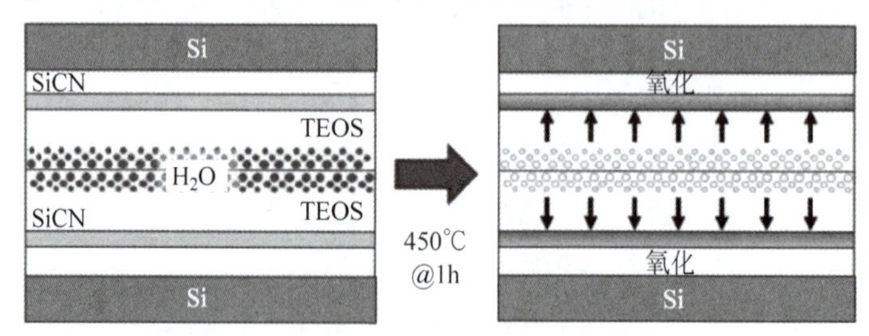

图 5-34　SiCN 衬底层吸附水气原理

SiCN 能够抑制 H_2O 分子聚集而避免形成空洞，其对 H_2O 分子的吸附机理可能与内部大量的 Si-悬挂键有关[79]。键合界面 H_2O 分子的来源包括键合前表面处理时的吸附、薄膜沉积时反应副产物的内部残留以及键合时 Si-OH 的缩合反应产物。对于 SiO_2 键合，350℃键合后退火时这些 H_2O 分子从薄膜内部逸出并聚集在界面，采用正电子湮灭光谱测量甚至可以发现薄膜内部留下的空位。同时，表面吸附和缩合反应产生的 H_2O 分子也在界面聚集，形成了界面的空洞，如图 5-35 所示。在 SiCN 中，H_2O 分子与 Si-和 C-悬挂键反应，生成 C-H、C-OH、Si-OH 或 Si-H 键，因此被束缚在 SiCN 内部而无法汇集到键合界面。此外，界面处由于新形成的 Si-OH 与对面的 Si-OH 反应形成 Si-O-Si 时缩合生成的 H_2O 分子也会与悬挂键反应。这些过程不断重复，在消耗悬挂键的同时，将 H_2O 分子固定在 SiCN 内部，避免界面处 H_2O 分子聚集而产生空洞。

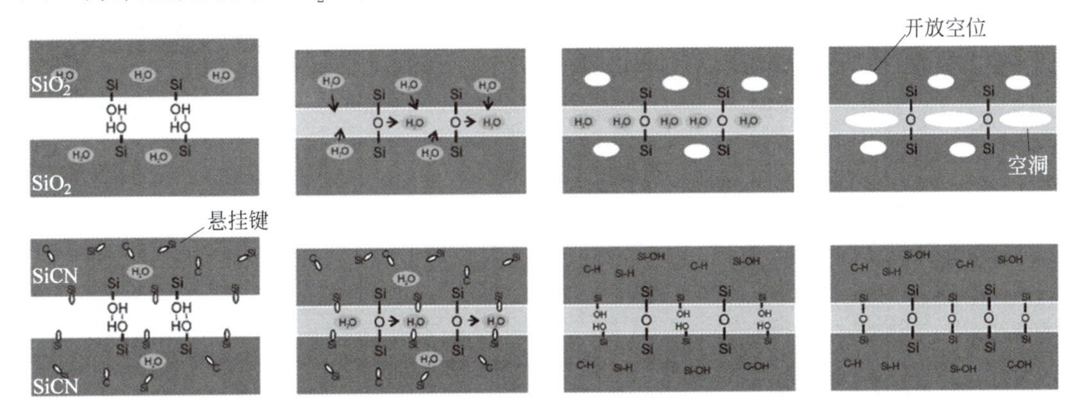

图 5-35　SiO_2 和 SiCN 界面空洞形成机理

低温沉积的 SiO_2 和 SiCN 中残留一定的反应气体和反应副产物，高温下气体容易从吸附点脱离并汇聚。虽然 SiCN 对 H_2O 分子的吸附能力很强，但过多的 H_2O 分子聚集仍会导致键合空洞。因此，无论 SiO_2 还是 SiCN，沉积后都需要对进行预退火处理，消除所残留气体和多余的 H_2O。预退火温度应达到或超过后续所经历的最高温度，否则后续温度超过预退火温度时，键合界面仍可能出现空洞。例如，在 350℃退火 2h 后完成键合，当后续经历 525℃的高温过程时，键合界面仍出现大量空洞；而在 525℃退火 1h 则没有空洞产生[58]。因此，在 SiO_2 或 SiCN 键合前，必须在后续需要经历的最高温度下进行预退火。

5.2.2.2　键合表面处理

SiCN 表面存在自然氧化层，因此表面包含大量的 Si-O 键和 Si-N 键，等离子体处理在 SiCN 表面产生悬挂键，进而影响键合效果。一般 SiCN 表面的≡Si-O-Si≡桥接键和-Si_3-N 桥接键非常稳定，难以在键合过程中产生界面间的相互作用，可视为惰性位点。其他类型的化学键如≡Si-O-、≡Si-N_2-和≡Si=N-等包含悬挂键，容易在界面发生相互作用，通过水合而羟基化生成≡Si-OH、≡Si-NH_2 和≡Si=NH，因此可视为键合的活性位点。这些羟基化的活性位点正是表面相互作用的位置，容易产生缩合反应：

$$
\begin{aligned}
&\equiv \text{Si-OH} + \text{HO-Si} \equiv \rightarrow \equiv \text{Si-O-Si} \equiv + \text{H}_2\text{O} \\
&\equiv \text{Si-NH}_2 + \text{HO-Si} \equiv \rightarrow \equiv \text{Si-O-Si} \equiv + \text{NH}_3 \\
&\equiv \text{Si-NH}_2 + \text{HN}=\text{Si} \equiv \rightarrow \equiv \text{Si-N}=\text{Si} \equiv + \text{NH}_3 \\
&\equiv \text{Si}=\text{NH} + \text{HO-Si} \equiv \rightarrow \equiv \text{Si}=\text{N-O-Si} \equiv + \text{H}_2 \\
&\equiv \text{Si}=\text{NH} + \text{HN}=\text{Si} \equiv \rightarrow \equiv \text{Si-N}=\text{N-Si} \equiv + \text{H}_2
\end{aligned}
\tag{5.8}
$$

如图 5-36 所示[71]，分子动力学仿真表明，O_2 等离子体处理后 SiCN 表面产生了很多 Si-O-悬挂位点，但是表面氧化层积累的强烈的氧化作用使悬挂键之间形成 Si-O-Si 桥接键而闭合，反而降低了表面活性位点的数量。因此 O_2 等离子体处理并未使活性的悬挂键显著增多，对界面间的相互作用没有明显的帮助。采用 N_2 等离子体处理后，惰性的桥接键数量没有明显的变化,但是活性的悬挂键的总数增加了,有利于界面间的相互作用。然而,采用大剂量或高能量的 N_2 等离子体处理会导致表面过度氮化,反而使 Si_3-N 桥接结合的惰性位点增加,影响活化效果。

介质层的表面亲水性和表面粗糙度影响键合效果。一般键合表面的接触角低于10°和表面粗糙度小于0.5nm可以获得较好的键合效果。如图5-37所示[66],CMP处理后,SiO_2、SiON和SiCN的表面粗糙度均下降到0.3nm以下,其中 SiO_2 和SiCN甚至接近0.1nm。经过等离子体处理后,总体上表面粗糙度增大,但Ar等离子体处理的SiCN表面粗糙度有所降低。

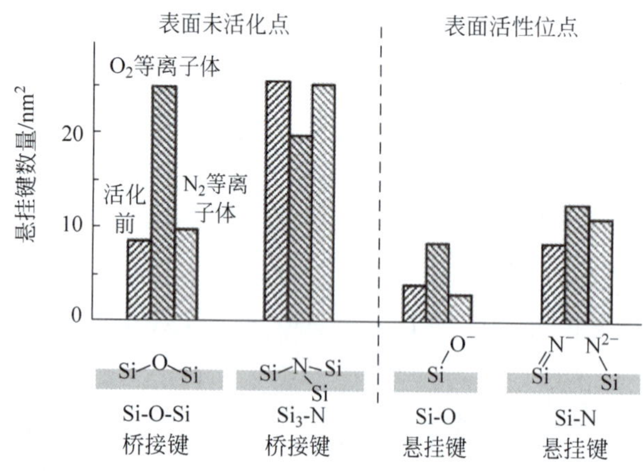

图5-36 等离子体处理对表面悬挂键的影响

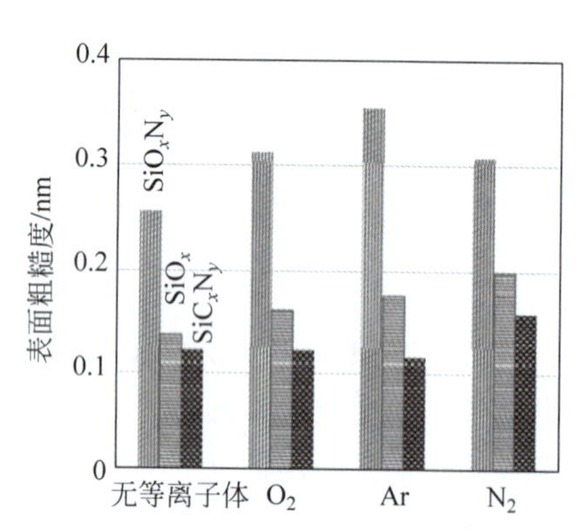

图5-37 等离子体处理对表面粗糙度的影响

PECVD沉积的不同介质层的接触角基本相近,但经过CMP处理后,SiO_2 和SiON的接触角明显下降,亲水能力提高,而SiCN的接触角增加,亲水能力下降,如表5-6所示[66]。这与CMP处理的 SiO_2 和SiON表面会产生更多的氢键和OH-有关,而SiCN经过CMP以后使表面C-H键密度提高,导致亲水性下降。等离子体处理一般会使表面粗糙度轻微增大,但总体上影响较小[66]。等离子体处理的功率对粗糙度的影响不一致,SiON的表面粗糙度随着功率从100W增大到300W有所降低,而 SiO_2 和SiCN的粗糙度值有所增大。氧和氮等离子体处理对介质材料表面亲水性有显著的改善,而且这两种等离子体的改善效果基本相同,但对SiCN的亲水性改善程度更高,这与氧和氮等离子体易于将C-H键转换为H键结尾的C-H-有关。氩等离子体处理对 SiO_2 表面亲水性的改善有较好的效果,但对SiON和SiCN表面基本没有影响。

表5-6 CMP和等离子体处理对接触角的影响

工艺方法		接触角/(°)		
		SiO_x	SiO_xN_y	SiC_xN_y
PECVD沉积		14.5	11.6	16.3
CMP		8.3	5.6	26.6
等离子体活化	O_2	5.8	5.2	5.3
	Ar	8.9	10.3	16.1
	N_2	6.8	5.6	8.6

与 SiO_2 和 SiN 相比，SiCN 在等离子体活化处理后亲水性更好、维持时间更长。如图 5-38 所示[80]，采用 Ar 和 N_2、O_2、H_2 分别组成三种等离子体对 SiCN、SiO_2 和 SiN 进行表面活化处理后，Ar/O_2 等离子体活化的效果最好，可以获得近似 0°的表面接触角。接触角随存放时间增加而逐渐增大，但 Ar/O_2 处理的 SiCN 的近 0°接触角可以维持 12h，而 SiO_2 和 SiN 的近 0°接触角只能分别维持 2h 和 4h。

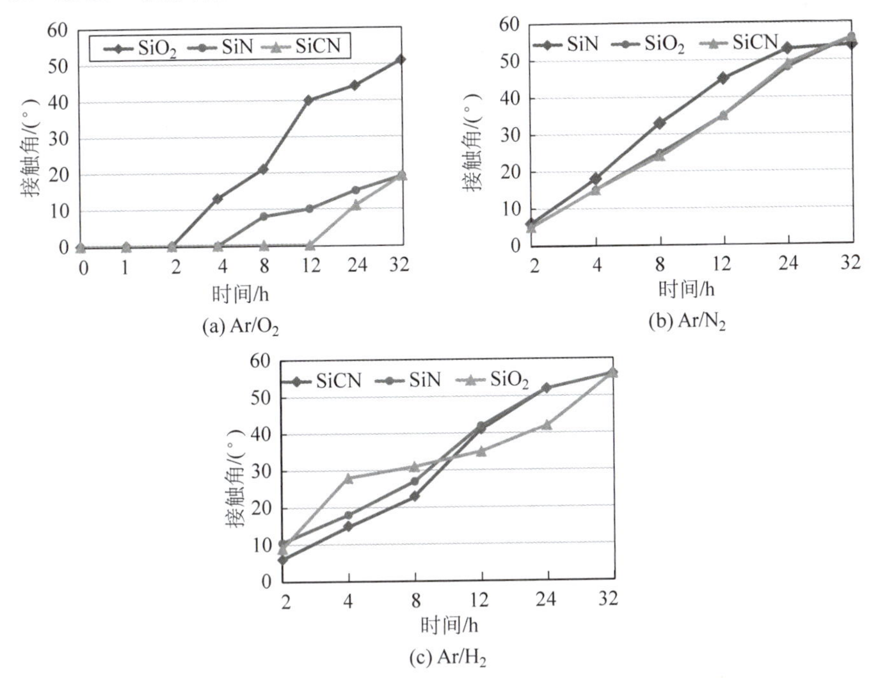

(a) Ar/O_2　(b) Ar/N_2　(c) Ar/H_2

图 5-38　接触角维持时间

不同等离子体处理后，不同介质材料的键合强度具有类似的变化趋势。SiO_2、SiON 和 SiCN 三种材料的键合强度按照氧、氩、氮等离子体递减；同一种等离子体处理时，SiCN 的键合强度最高，SiO_2 和 SiON 依次递减，如图 5-39(a)所示[66]。键合强度的趋势与表面粗糙度的趋势高度一致，但与接触角的趋势不一致，因此粗糙度对键合强度影响更显著。研究表明，不同材料和不同等离子体处理对初始键合强度的影响不大，但氧等离子体处理 SiO_2

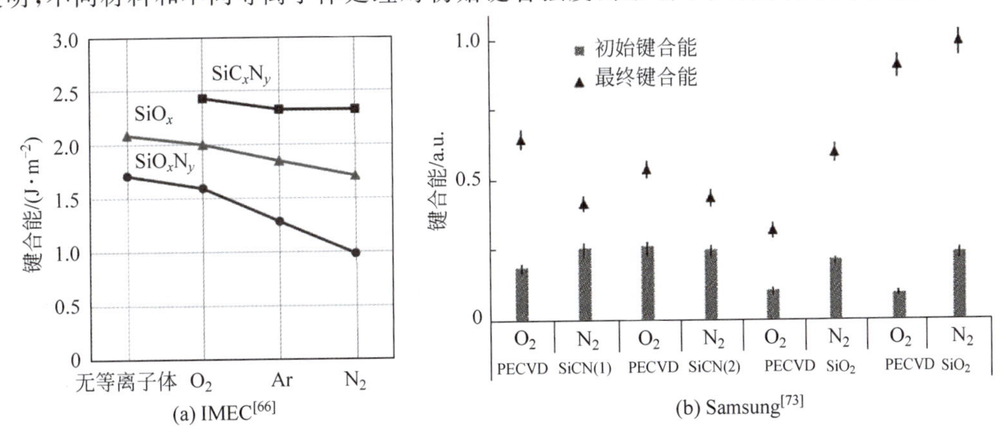

(a) IMEC[66]　(b) Samsung[73]

图 5-39　等离子体处理对键合强度的影响

的初始键合强度较低；对于 SiCN，氧等离子体处理可以获得比氮等离子体处理更高的最终键合强度，但是对于 SiO_2 的处理效果反而更差，如图 5-39(b)所示[73]。

5.2.2.3 氮化硅键合

LPCVD 和 PECVD 沉积的 SiN 都可以键合。由于 PECVD 的沉积温度低，需要预先退火致密化处理以减少内部的残留物。SiN 键合的流程包括：①表面 CMP 处理：通常需要 CMP 使表面光洁，但是如果 SiN 较为光滑也可以不进行 CMP 处理。②湿氧化或氧等离子处理：尽管也有键合过程未对 SiN 表面进行处理[81]，但多数 SiN-SiN 键合都采用湿法或者氧等离子体对 SiN 表面进行处理。③室温预键合：无须施加压力和温度。④高温退火：退火可以在氮气保护环境中采用 200～400℃的低温[77]或 1000～1150℃的高温[74]。

目前的研究表明，SiN 界面的氧所形成的 Si-O 键可能仍是 SiN-SiN 直接键合的主要原因。对于 LPCVD 和 PECVD 沉积的 SiN 薄膜，内部都含有一定量的氧成分，使得 SiN-SiN 预键合的表面能虽然仅为 0.03J/cm^2，但高温退火后的表面能在 2.2J/cm^2 以上[74]。采用缓冲 HF 处理 SiN 表面后，SiN 表面的氧原子浓度降低到原来的 28%左右，导致同样的键合条件却无法实现 SiN-SiN 的键合，如图 5-40 所示[74]。这一结果间接证明 SiN 中的 Si-O 键可能是 SiN-SiN 键合的主要原因。

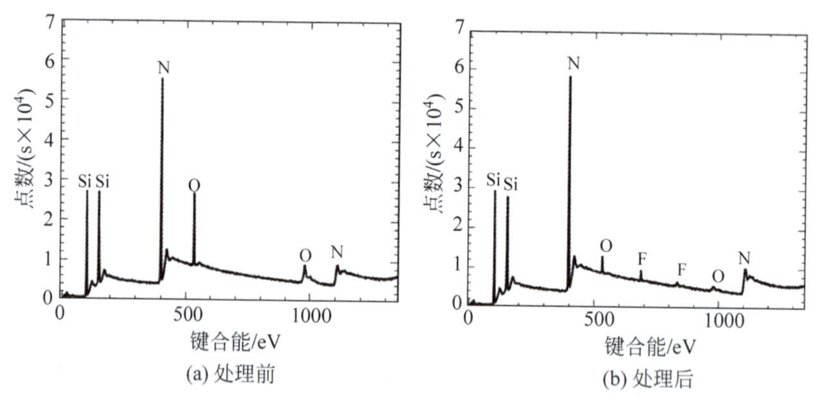

(a) 处理前　　(b) 处理后

图 5-40　缓冲 HF 处理对组分的影响

5.3 聚合物永久键合

聚合物键合采用有机聚合物作为两层晶圆的键合中间层，是三维集成中重要的键合方式之一。聚合物键合需要一定的温度使基底表面固化的聚合物发生一定程度的软化，在压力的作用下聚合物层与键合表面充分接触，键合后温度降低，聚合物再次硬化，与两个表面实现键合。聚合物键合也基于分子间的作用力，即聚合物中间层与两侧表面材料之间的分子间作用力。聚合物键合分为永久键合和临时键合，永久键合采用聚合物实现多芯片集成，临时键合用以于键合工艺过程的支撑基底，工艺完成后需要将临时键合拆解。

用于永久键合的聚合物材料应满足以下要求：玻璃化转变温度以及力学性能合适，涂覆简单，能够形成一定厚度(几微米)的薄膜，光刻或刻蚀图形化简单；键合后温度稳定性高，化学稳定性好；与基底之间的粘附能高，聚合物内部的内聚能大，以获得较高的键合强度和机械强度；键合过程不释放或很少释放气体，以避免形成键合空洞；相对滑移小，应力释放和蠕变水平低，水气吸收率低。

5.3.1 聚合物键合基本性质

5.3.1.1 键合材料

用于键合的有机聚合物材料可以分为热塑性和热固性两类。热塑性材料包括聚乙烯(PE)、聚氯乙烯(PVC)和聚丙烯(PP)等。这些材料在常温下为大分子量的固体，通常由线性聚合物链组成，没有或者很少支链或侧基团，不能形成三维立体支撑。这类材料固化后分子间不发生侧向的化学交联，仅借助范德华力或氢键互相吸引。固化以后再次加热时，聚合物链很容易滑移并互相交错，因此热塑性材料在高温下可以软化并具有一定的流动性和变形能力。在一定温度范围内，热塑性材料能够反复加热软化和冷却硬化，分子结构基本不发生变化。当温度过高或加热时间过长时，则会发生降解或分解。

热固性材料包括大部分缩合树脂，如酚醛、环氧、氨基、不饱和聚酯以及硅醚树脂等。这些材料在固化前一般为具有支链或侧链、分子量不高的单体或低聚物，可溶于特定的溶剂中形成黏稠的液体。通过加热或紫外光等进行首次交联时，单体或低聚物发生化学反应而交联固化，形成三维立体网络的聚合物链。完全交联固化后，这些分子链的三维网络非常稳定，因此该反应是不可逆的。一旦完全交联固化，再次加热也难以产生相对滑移和位置变化，无法通过再次加热使其软化或变形，温度过高则分解或炭化。

热塑性材料软化后具有良好的变形和表面形貌适应能力，降低了对键合界面平整度和键合压力的要求，完全交联后可以耐受200～300℃的温度。对于临时键合，加热软化有利于通过机械分离的方法实现拆键合。然而，键合时聚合物软化可能导致两个晶圆发生相对滑移，影响键合后的对准精度。热固性材料具有更好的温度和化学稳定性以及更高的键合强度，完全交联后可以耐受300～450℃的温度。键合过程中和键合后气体释放率更低，有利于提高键合质量。永久键合多采用热固性材料，但对涂覆后的液态薄膜加热进行首次交联时，须控制加热温度和时间，使溶剂挥发但只进行部分程度的交联。部分交联的热固性聚合物再次加热时，仍有一定的软化变形能力，保证良好的表面接触。

常用的聚合物永久键合材料有苯并环丁烯(BCB)、聚酰亚胺类(PI)、环氧树脂类(Epoxy)和丙烯酸类(Acrylic)等几种，其中BCB、PI和聚苯并恶唑(PBO，树脂材料)分别占有22%、47%和17%的市场，环氧树脂、WPR、AL-X和硅胶分别占有8%、4%、1%和1%的市场。图5-41为聚合物材料特性。目前聚合物键合材料的主要生产商包括3M、Brewer Sciences、Dow Electronic Materials、Dow Corning、Dupont、HD Microsystems、JSR、Shin-Etsu、TMAT、TOK等。

光敏聚合物因为具有可以直接通过曝光图形化而无须刻蚀的特性，近年来发展很快，如光敏BCB、PI和硅胶SINR[73-74]等。如厚度5～10μm的CYCLOTENE 6505光敏型BCB可通过曝光实现直径5μm的圆孔，厚度3μm时可实现2μm的结构，但结构呈倒锥形。为了进一步简化工艺，多种材料都有固态干膜产品甚至干膜光敏产品。干膜材料使用简单、工艺波动小、图形化或刻蚀容易、性能稳定；但干膜产品一般厚度较大，通常最小厚度只能达到10～15μm，如XP系列干膜BCB的厚度为10～100μm。

5.3.1.2 键合过程

聚合物键合过程包括前驱体涂覆、预固化、加热加压键合和冷却四个过程。聚合物永久

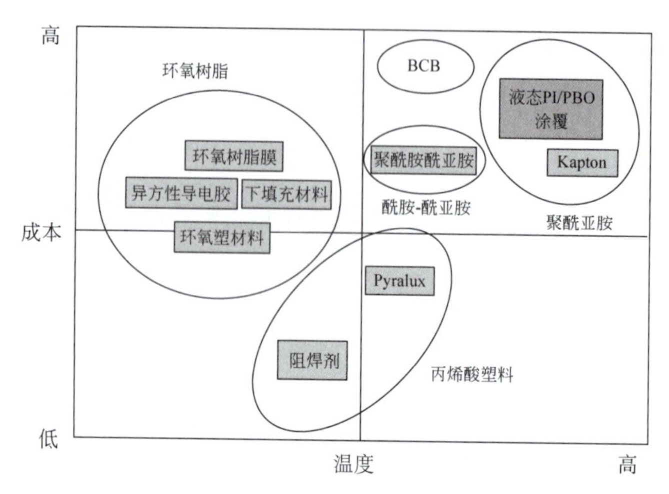

图 5-41 常用聚合物键合材料特性

键合通常采用液态的前驱体涂覆在晶圆表面,涂覆方法与光刻胶的涂覆方法相同,包括旋涂和喷涂。对于表面平整的晶圆,旋涂前驱体的厚度非均匀性小于5%,喷涂的厚度非均匀性一般小于7.5%,满足键合的要求。涂覆前驱体后,需要进行较低温度的固化,使前驱体的溶剂挥发并部分交联定形。为了能够实现金属凸点与聚合物的混合键合,涂覆后的聚合物层需要进行图形化,去除金属凸点表面和周围的聚合物层。图形化可以采用干法刻蚀,也可以使用光敏聚合物材料,直接通过曝光进行图形化。一般情况下,聚合物键合只需要在一层圆片表面涂覆聚合物层即可,但是根据实际情况,也可以在两个圆片的键合面上都涂覆聚合物层。干膜材料使用压合的方法,效率更高,工艺稳定性更好。

为了使聚合物与两侧的晶圆表面形成良好的粘附性,聚合物在晶圆表面的润湿状态极为重要,以保证聚合物薄膜的均匀性和稳定的界面接触状态。聚合物的润湿状态与聚合物的性质、基底材料的性质,以及表面形貌状态有关[75],例如BCB在Cu、Si和SiO_2表面体现出不同的润湿特性。即使相同的材料,某些特定的表面粗糙度和表面结构会导致非浸润状态。为了提高润湿能力,必要时需要在涂覆前驱体以前首先涂覆粘附增强层,也称为增粘剂。增粘剂作为聚合物与晶圆表面之间的过渡层,通常是厚度仅为数层单分子膜的功能层,分别与聚合物和晶圆表面产生良好的接触和结合。此外,润湿特性还受到表面有机物、颗粒和吸附水分子等因素的影响,需要采用有效的清洗和干燥方法。

涂覆后的液态前驱体需要加热或紫外光照射提供能量进行预固化。预固化一方面使溶剂挥发形成固态薄膜,另一方面通过交联或部分交联使聚合物定形。溶剂挥发和聚合交联反应都会导致聚合物层的收缩,收缩程度与聚合物的性质、溶质含量和加热温度有关,很多情况下预固化后的厚度仅为涂覆厚度的40%~50%甚至更低。由于聚合物的收缩产生了残余应力,预固化的晶圆会产生明显的翘曲,甚至影响键合对准和接触。紫外光固化避免了加热过程,不仅速率快,而且减小了晶圆的翘曲程度。

键合过程包括对准、加热加压键合和冷却过程。键合温度通常为200~350℃,采用较低的加热速率,保证聚合物层均匀缓慢受热。待聚合物软化后,加压进行键合,然后在保持压力的情况下降温冷却。由于聚合物的热膨胀系数很大,为了减小冷却后的残余应力,降温过程比较缓慢,一般采用自然冷却的方式。因此,整个键合过程需要30~60min。由于加热和冷却速率的限制，热固性材料键合的生产效率较低，全自动晶圆键合机每个键合模块的生产效率仅能达到每小时1～2晶圆。紫外光固化采用一定能量的紫外光照射使聚合物产生交联和固化，然后在室温或低温环境下键合。由于避免了加热和冷却这两个耗时的过程，键合可以在5min之内完成，每个键合模块的生产效率可以提高到每小时10～18晶圆。

无论是热塑性还是热固性聚合物，键合时都会出现一定程度的软化、变形和流动，加之晶圆表面高度差异、圆片厚度不均匀等原因，聚合物软化会引起上下晶圆的相对滑移。在不采取特殊措施的情况下，通常聚合物键合后的对准误差为5～10μm。此外，导致键合后对准误差的原因还包括键合前的对准偏差、上下圆片热膨胀差异、上下键合盘的温度差异等。

聚合物键合的优点是：键合温度低、键合压力小，工艺条件较为宽松、对键合圆片器件的影响小、限制条件少，基本为CMOS兼容；聚合物层可以补偿表面的结构起伏和粗糙度，降低了对晶圆和结构的要求，在表面起伏不大的情况下，不需要平整化处理。聚合物键合的主要缺点是：聚合物层的热导率较低，影响三维集成后层间热传导能力和散热能力；此外，聚合物的热稳定性限制了后续工艺的温度范围。

5.3.2 苯并环丁烯键合

苯并环丁烯是一种热固性聚合物材料，最早由Dow Chemical发明并量产，典型产品包括Cyclotene® 3000系列和4000系列[85]。Cyclotene® 3000系列是非光敏型，需要采用干刻蚀实现图形化，产品包括3022-35、3022-46、3022-57等型号，其中最后两位数字代表BCB中双苯基环丁烯的百分比，双苯基环丁烯的成分比越高，BCB密度越高、粘度越大，如表5-7所示。Cyclotene® 4000系列是负性光敏型BCB，包括4022-35、4024-40和4026-46等型号，可以通过I线或G线光刻直接图形化，曝光剂量为25(mJ/cm^2)/μm，曝光后通过DS2000或DS3000显影剂显影。Cyclotene® 4000系列在室温下的保质期只有7天，冷冻状态下可以保存数年，在相同树脂含量的情况下，4000系列的粘度远高于3000系列。Cyclotene® 3000与4000系列的键合过程和特性相近，后续仅介绍Cyclotene® 3000系列。

表5-7 Cyclotene® 系列的性质

性质	Cyclotene® 3000			Cyclotene® 4000		
	3022-35	3022-46	3022-57	4022-35	4024-40	4026-46
树脂含量/%	35	46	57	35	40	46
密度(25℃)/(g/mL)	0.93	0.95	0.97	—	—	—
粘度(25℃)/cSt	14	52	259	192	350	1100
B阶段比例/%	35	35	35	47	47	47
涂覆厚度/μm	1.0～2.4	2.4～5.8	5.7～15.6	2.5～5.0	3.5～7.5	7～14

5.3.2.1 BCB基本性质

BCB是一种含有硅成分的聚合物，单体结构如图5-42所示，主要成分是有机树脂双苯基环丁烯、二乙烯基硅氧烷以及三甲基苯溶剂，引入硅氧烷可以提高树脂的疏水性、温度稳定性和介电性能等。BCB的烃基可通过热解α-氯-邻二甲苯(α-chloro-o-xylene)制成，用溴处理烃基可获得4-溴-BCB，用钯催化4-溴-BCB与二乙烯基四甲基硅氧烷(DVS)进行偶联，生成单体DVS-bis-BCB。BCB具有芳香族化合物的热力学稳定性和应变环的动力学反应性，

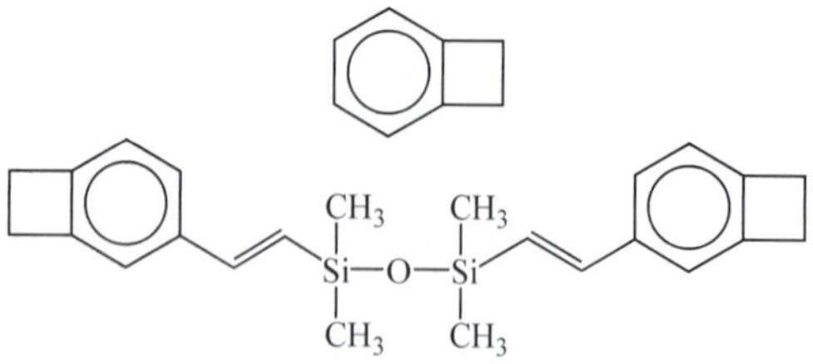

图 5-42　BCB 及 DVS-bis-BCB 单体结构

作为介电绝缘和钝化保护材料应用广泛，近年来发展为聚合物键合的主要材料之一[86-88]。

BCB 的前驱体为液态，以旋涂或者喷涂的方式形成厚度为 1～30μm 的薄膜，旋涂厚度与转速和 BCB 的粘度(含量)有关，旋涂薄膜厚度一致性优于 95%。可以通过稀释的方法降低密度和粘度，如按比例向 BCB 加入主要成分为三甲基苯的 T1100 溶剂。完全固化的 BCB 具有很高的热稳定性和化学稳定性，玻璃化转变温度 T_g 高于 350℃，在 350℃下 1h 质量损失仅为 1.7%，对大多数酸碱和包括 T1100 在内的有机溶剂都很稳定。完全固化的 BCB 只能采用 O+F 等离子体、piranha(H_2O_2 ∶ H_2SO_4=3 ∶ 7)或发烟硝酸去除，部分固化时可以采用 Dow 的 Stripper A 在 90～100℃下腐蚀，速率为 2～6μm/min。BCB 固化过程中没有副产物产生，固化气体释放率很低，收缩率低于 5%。因为 BCB 具有较强的疏水特性，水汽吸收率小于 0.2%(质量比，85% RH)[89]，但是水汽在 BCB 中透过率比其在聚酰亚胺高 1 个数量级[90]。

室温下，BCB 的热导率仅为 0.29W/(m・K)，热膨胀系数仅为 42×10^{-6}/℃，低于一般的有机聚合物。BCB 具有优异的介电性质，在 1～20GHz 范围介电常数只有 2.65，损耗角正切为 0.0008，并且对温度和频率依赖性低；击穿场强约为 5.3MV/cm，在 1MV/cm 的场强下漏电流约为 6.8×10^{-10} A/cm^2，电阻率为 1×10^{19} Ω・cm。BCB 的弹性模量约为 2.9GPa，泊松比为 0.34，拉伸强度为(87±9)MPa，最大延展性为 8%～10%。BCB 透光性好，在整个光谱波段透光率超过 90%。BCB 固化后应力较低，室温下在硅表面 BCB 的应力为 26～30MPa。

BCB 前驱体为部分交联的液态形式，加热固化后单体在三维方向形成共价键连接，形成高度交联的各向同性固体。BCB 的最终性质取决于固化程度，即交联的单体比例，单体交联比例越大，固化程度越高。固化程度低时，前驱体的聚合程度低，部分单体或短链通过分子间作用力连接而未交联为三维网络，玻璃化转变温度低于 180℃。固化程度高时，前驱体中单体和短链的聚合程度高，单体间通过共价键高度交联形成热固性状态，玻璃化转变温度可达 350℃，难以被溶剂溶解。

理想状态下，聚合物前驱体中所有的单体都未发生交联，前驱体处于理想的液态，称为 A 阶段。在一定温度下，单体开始交联形成一定长度的聚合链。室温下，BCB 液态前驱体处于部分交联状态，并且固化比例从室温到凝胶点基本是恒定的。这种状态下的 BCB 仍处于液态，具有可流动性。当固化程度达到某一阈值以后(BCB 约为 42%)，单体处于交联状态形成规模很小的网络，此时虽然只有部分单体连接到交联网络中，但不可逆地转变为固相的弹性体或橡胶态，进入不可流动状态，称为凝胶态，对应的固化比例称为凝胶点。进入凝胶态的 BCB 称为 B 阶段，此时 BCB 基本不具有流动性，但表现为热塑性。前驱体从液态变为凝胶态这一过程是不可逆的，固化的反应速率与液体相比差别不大。BCB 完全固化称为 C 阶段，达到 C 阶段的 BCB 其玻璃化转变温度与热分解的温度相同[91]。

BCB 前驱体加热时，四元环打开并形成可聚合中间体邻二甲基喹啉(o-quinodimethane)。这种中间体具有 2 个二烯(diene)和亲双烯(dienophile)，反应活性很强，很容易与亲双烯单体发生 Diels-Alder 加成反应；在没有亲双烯时，它与自身反应生成二聚体 1,2,5,6-二苯并环辛二烯(1,2,5,6-dibenzocyclooctadiene);或进行类似于1,3-二烯的聚合生成聚邻二甲苯(poly(o-xylene)),如图5-43所示。Diels-Alder反应在DVS-bis-BCB的B阶段和后续固化过程中占主导地位。

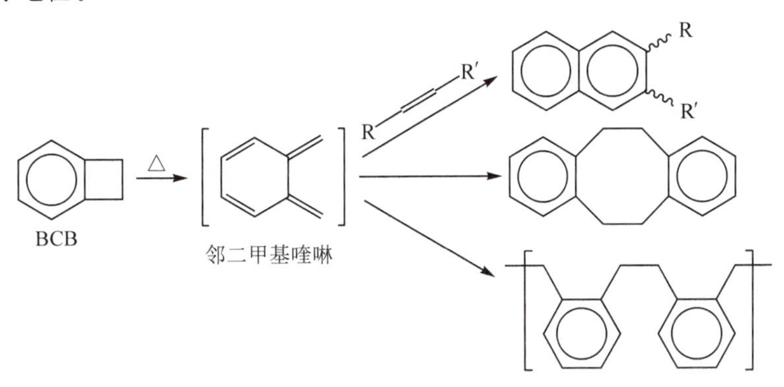

图 5-43 BCB 聚合反应原理

商品BCB的前驱体已经进行了部分交联(非光敏为35%),主要目的是增强其粘度稳定性,在使用过程中通过加热完成其余的交联固化反应。BCB前驱体聚合固化过程随着加热温度和时间而变化,如图5-44所示。加热开始时,液态BCB前驱体内发生DVS-bis-BCB聚合反应,这一过程中单体处于液体中,扩散速率很快,因此是化学反应控制的过程,聚合速率很快。随着加热时间的延长,聚合反应和溶剂挥发持续进行,固化程度不断提高,当固化程度超过42%时,BCB进入不可逆的胶体状态,BCB失去流动性并具有一定的弹性,但胶体态对聚合反应速率没有明显的影响,反应仍由化学反应过程控制,整个胶体状态期间聚合反应的速率基本一致[91]。

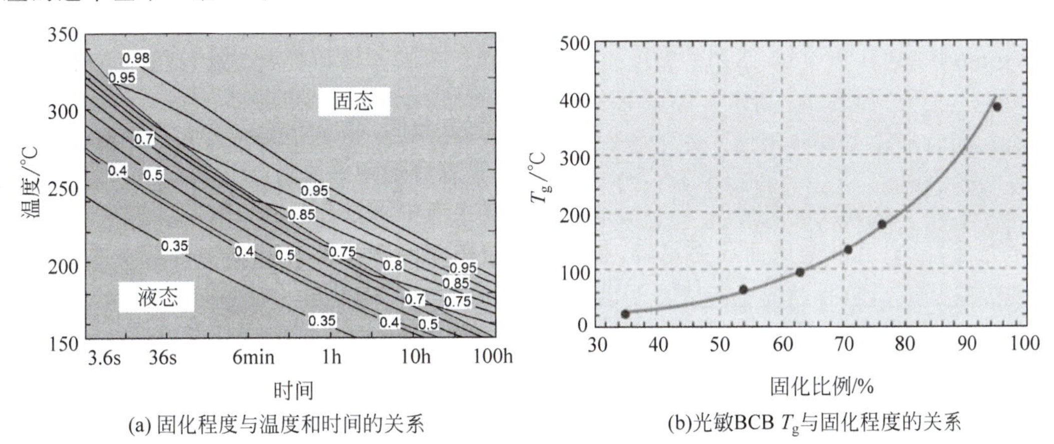

(a) 固化程度与温度和时间的关系

(b)光敏BCB T_g与固化程度的关系

图 5-44 BCB 固化特性

加热时间继续延长,固化程度进一步提高,当固化程度超过85%时,BCB进入固体状态,称为玻璃态。固体状态中BCB单体的扩散速率下降,聚合反应从化学反应控制转变为扩散控制,聚合反应速率下降。与很多聚合物材料在固态时聚合反应速率与胶体态相比下降2~3个数量级不同,BCB由于单体分子很小,在固态中的扩散速率仍然较高,因此进入固体状态后BCB的聚合反应速率仍保持在较高水平,固化程度不断提高。当固化程度达到95%时,聚合反应速率显著下降,一般认为此时BCB已完全固化。与BCB从液态转变为固

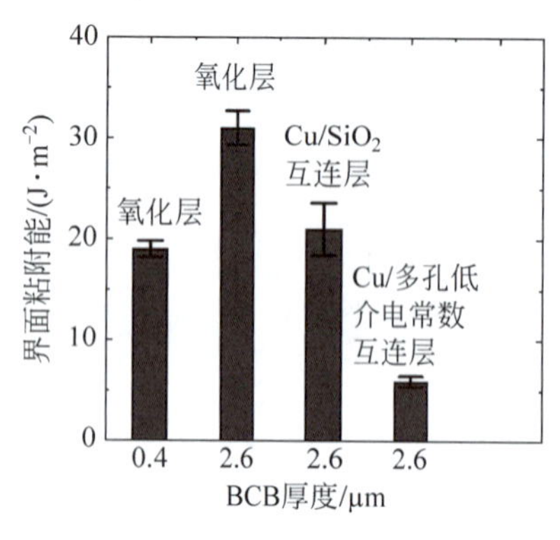

图 5-45　BCB 的界面粘附能

相胶体态的过程不可逆不同,没有完全固化的 BCB 从固态到胶体态之间是可逆的,加热可以使 BCB 从固态回到胶体态,其玻璃化转变温度和硬度随着固化比例的提高而升高。完全固化以后,BCB 的玻璃化转变温度(超过 350℃)与热分解的温度相同,此时 BCB 不再具有玻璃化转变温度。

BCB 除了良好的化学和热稳定性,还具有很高的界面粘附能,如图 5-45 所示[92]。厚度为 2.6μm 的 BCB 与 SiO_2 表面的界面粘附能最高,超过 $30J/m^2$,当 BCB 厚度为 0.4μm 时,界面粘附能减小约 30%。BCB 与不同材料表面的粘附能差异较大,与 SiO_2 表面和铜互连及介质层表面的粘附能都很高,完全满足三维集成的应用要求;BCB 与铜/低 κ 多孔材料构成的表面的界面能最低,这主要是多孔材料的表面特性引起的 BCB 粘附能下降。

5.3.2.2　BCB 键合过程

BCB 键合的工艺过程包括清洗、增粘处理、旋涂 BCB、前烘、预固化、加热键合等。清洗的主要目的是去除表面的颗粒和水汽,防止晶圆表面涂覆 BCB 时形成空洞。清洗后在晶圆表面首先旋涂增粘剂 AP3000,提高 BCB 与基底的粘附性。增粘剂 AP3000 对多种材质,如 SiO_2、Si_xN_y、SiON、Al、Cu 和 Ti 等表面都有很好的增粘效果,通过 AP3000 都可以获得与 BCB 良好的附着能力[86]。通常,AP3000 的旋涂速度为 3000r/min,时间为 20s。

BCB 涂覆可以采用旋涂和喷涂,其中旋涂是主要方法,具有工艺简单、参数控制准确、薄膜厚度均匀、表面光滑等特点。BCB 旋涂后的厚度与 BCB 的型号和旋涂的转速相关。Cyclotene® 3000 和 4000 系列的粘度差异很大,即使树脂含量和旋涂转速相同,所获得的厚度差别也很大,如表 5-8 所示。随着 BCB 厚度的增加,在相同固化条件和键合条件下,BCB 键合后的对准偏差有所增加。除了旋涂,对于特殊情况还可以采用喷涂和蒸气沉积的方法。旋涂以后,在 80~150℃ 热板上对 BCB 进行前烘处理 1min,去除有机溶剂,使 BCB 预固化而进入凝胶态,避免在后继操作过程影响厚度均匀性。

表 5-8　Cyclotene® 系列旋涂厚度与转速

转速/(r/min)	旋涂厚度/μm						
	3022-35	3022-46	3022-57	3022-63	4022-35	4024-40	4026-46
1000	2.26	5.46	13.8	26.2			
2000	1.59	3.76	9.04	16.5	4.3	5.9	11.6
3000	1.30	3.05	7.21	12.9	3.4	4.8	9.4
4000	1.13	2.63	6.20	10.9	2.9	4.1	8.1
5000	1.01	2.35	5.55	9.64	2.6	3.7	7.3

然后在 150~190℃ 加热预固化(也称软固化),挥发溶剂的同时进入凝胶态。固化温度越高、时间越长,固化程度越高。随着固化程度的提高,BCB 的表面形貌越来越光滑,如图 5-46 所示[93]。预固化程度对 BCB 键合质量有决定性的影响。固化程度低,BCB 处于凝胶态易于变形,后续键合容易,对键合表面平整度要求较低;但是,凝胶态容易形成键合界

面的空洞，而且键合过程的滑移导致对准偏差较大。固化程度越高，BCB键合时变形越小，滑移引起的对准偏差越小，键合界面空洞也越少；但是，软化程度低，键合需要更高的温度、更大的压强以及更长的时间。当固化温度从170℃、0.5h增加到190℃、0.5h后，BCB的固化比例从35%提高到43%，厚2.6μm BCB层的键合滑移从10～20μm减小到1μm，BCB层的厚度均匀性优于0.5%[99]。因此，一般BCB的固化需要150℃以上，但是超过190℃、0.5h后，键合较为困难。加热过程需要真空环境或氮气保护防止BCB高温氧化。

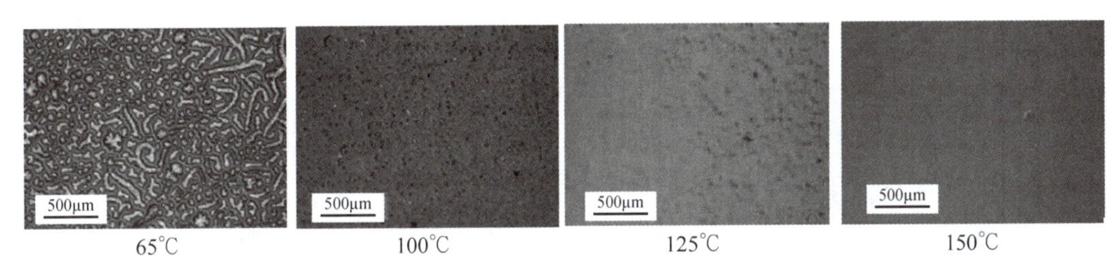

图5-46 BCB表面形貌与固化温度(时间1h)的关系

BCB键合的温度一般为250℃，升温速度为2～3℃/min，键合时间为1h，键合腔压强为$(1\sim5)\times10^{-2}$Pa，键合压力为$(3\sim4)\times10^{5}$Pa。键合加热过程促进聚合反应快速进行，固化程度和玻璃态转变温度不断提高，同时高温也使凝胶态的BCB硬度下降而产生一定的变形，充分接触键合表面，并与之形成分子间作用力。如果晶圆级键合机没有机械结构防止滑移而只是通过上下压盘维持相对位置，键合时晶圆厚度偏差产生的横向压力分量容易导致晶圆滑移。为了减小滑移，需要晶圆厚度均匀且表面平整，并优化BCB固化程度以及键合升温速度。当BCB的预固化温度低于150℃时，键合时溶剂继续挥发，容易出现大量气泡导致键合失败。当BCB交联程度过高且玻璃态转变温度高于键合温度时，BCB无法变形而容易出现空洞，即使提高键合压力和键合温度，改善效果也不明显。

四点弯曲方法测量的Si-BCB-Si的临界粘附能为31J/m^2[87]，Si-BCB-玻璃的临界粘附能为7～9J/m^2[95]。通常情况下，当粘附能达到30J/m^2时即可满足工艺和使用的要求。剪切力测试BCB键合的剪切强度分布如图5-47所示，平均剪切强度为20.8MPa。在三维集成制造过程中，剪切强度达到10MPa即可满足减薄工艺的需要；而根据国军标(GJB 548B)和美军标(MIL-STD-883E/2019.5)，剪切强度的最低要求为5.6MPa。经过10次−55～125℃的高低温循环后，BCB键合的剪切强度平均值为21.7MPa，与温度处理前相比变化不大，表明BCB键合具有优良的温度稳定性。

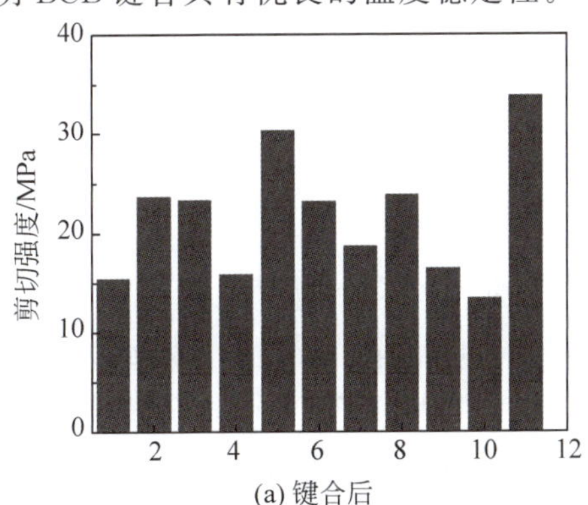

(a) 键合后

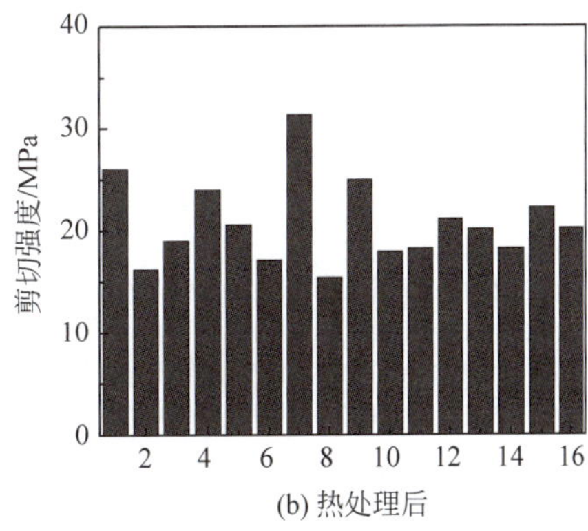

(b) 热处理后

图5-47 BCB键合样品剪切强度

5.3.2.3 BCB 图形化方法

BCB 涂覆时整个晶圆表面没有选择性，需要在预固化以后首先对 BCB 层图形化，露出金属键合凸点。光敏型 BCB 的图形化采用光刻完成，非光敏型 BCB 的图形化主要采用 RIE 刻蚀。常用的 BCB 刻蚀气体主要为包含 F 和 O 的等离子体，如 SF_6/O_2，CF_4/O_2，NF_3/O_2 和 F_2/O_2 等组合。BCB 的主体为有机成分，刻蚀主要依靠 O 等离子与 BCB 中的 C 和 H 成分反应生成挥发性的 CO、CO_2 以及 H_2O[87]。刻蚀气体中少量的 F 等离子体与 BCB 中的 Si 反应，生成挥发性的 SiF_4，去除 Si 成分。

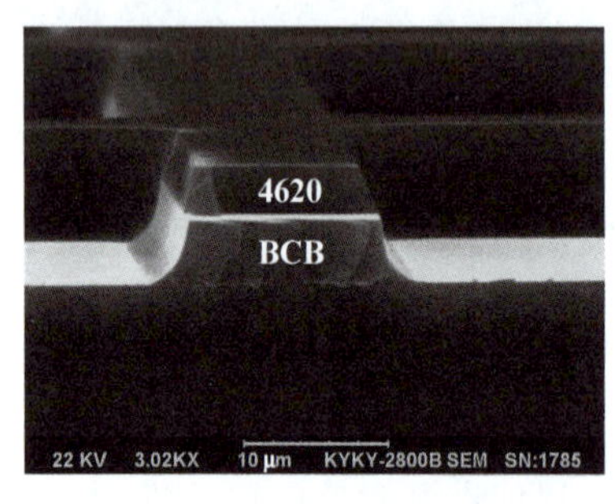

图 5-48 RIE 刻蚀 BCB 截面

BCB 的 RIE 刻蚀可以采用光刻胶作为掩膜。光刻胶在 O 等离子体中的刻蚀速率很快，与 BCB 的刻蚀选择比基本为 1∶1，因此光刻胶厚度要大于 BCB 厚度。图 5-48 为功率为 200W、刻蚀腔压强为 27Pa、O_2 流量为 68sccm、SF_6 流量为 12sccm 的条件下 BCB 的刻蚀情况，掩膜为 AZ4620 厚胶。当 BCB 的固化温度低于 150℃时，BCB 会在丙酮溶液中部分溶解，造成光刻胶显影操作的困难。

RIE 刻蚀 BCB 的主要工艺参数包括腔体压强、功率、气体流量和气体成分，其中腔体压强、功率和气体成分是影响刻蚀效果的重要参数。腔体压强的影响如图 5-49 所示，刻蚀功率为 150W，反应气体 SF_6 的含量为 20%。刻蚀速率与腔体压强成非线性关系，腔体压强为 67.5～202mTorr，刻蚀速率增长并不显著，但当腔体压强上升到 270mTorr，刻蚀速率上升到 0.49μm/min，增加了 75%。各向异性随着腔体压强增大从 0.84 大幅度下降到 0.26，这与离子碰撞概率增大导致方向性分散有关。

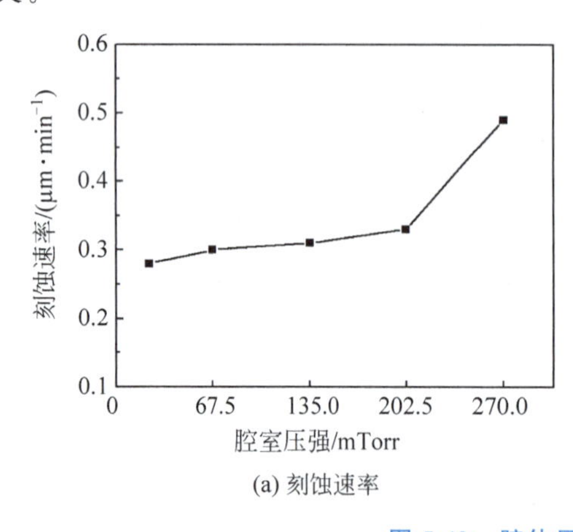

(a) 刻蚀速率

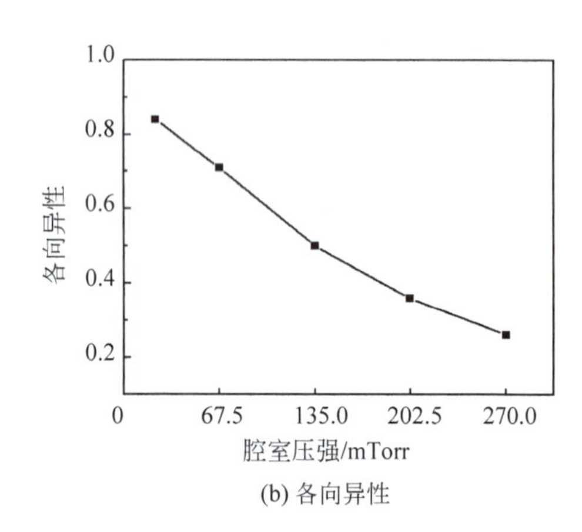

(b) 各向异性

图 5-49 腔体压强对刻蚀的影响

腔体压强对刻蚀效果影响很大，如图 5-50 所示[96]，刻蚀功率为 150W，SF_6 含量为 20%。当腔体压强降低到 22.5mTorr 时，在刻蚀结构的底部、侧壁以及硬掩膜的表面都有长草现象发生。刻蚀残余现象普遍存在于聚合物的刻蚀中，可能原因包括微掩膜效应或聚合物重结合效应。在高功率、低压强条件下，被分解的有机聚合物容易重新结合形成长链的非挥发性有机聚合物沉积在刻蚀表面，称为聚合物重结合效应。为了避免这一效应，应尽量降低刻蚀功率并提高腔体压强。此外，当 SF_6 气体比例较低时，BCB 中的 Si 成分无法刻蚀干净，多余的 Si 与 O 反应在 BCB 表面形成 SiO_2 微掩膜，导致长草现象。

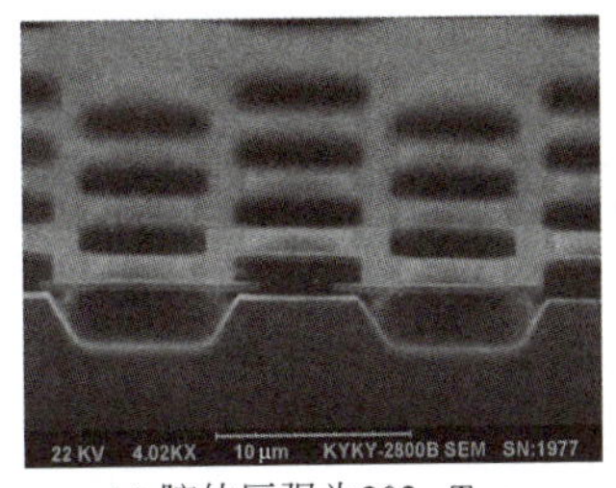

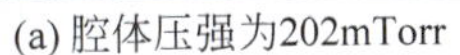
(a) 腔体压强为202mTorr

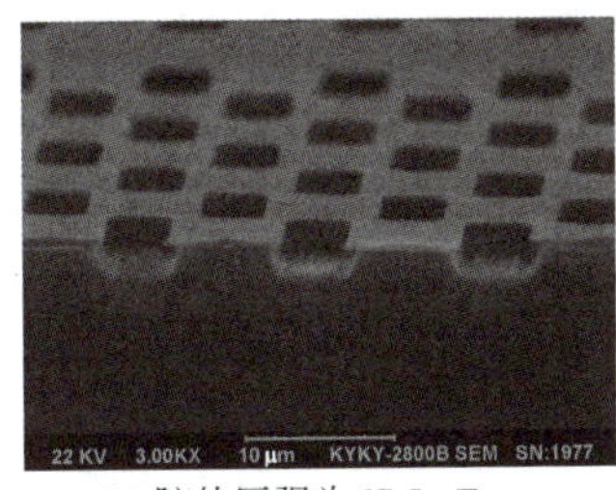

(b) 腔体压强为67.5mTorr

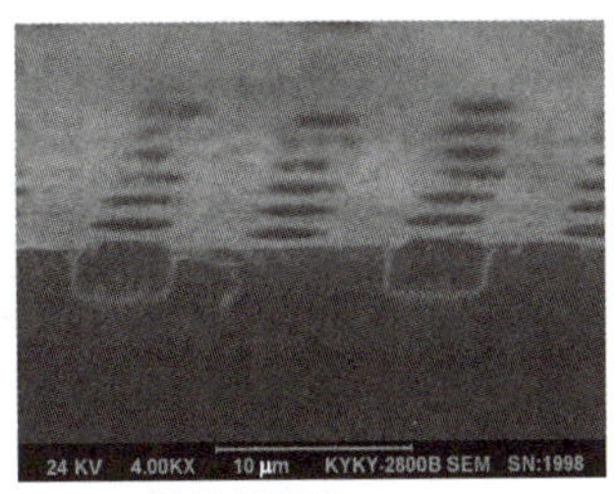

(c) 腔体压强为22.5mTorr

图 5-50 腔体压强对刻蚀形貌的影响

图 5-51 为刻蚀功率的影响，其中 SF_6 的百分比为 20%，腔体压强从 22.5mTorr 逐渐增加到 202mTorr，功率由 50W 上升到 200W。BCB 刻蚀速率随着功率的增加提高了 5 倍。相比之下，在相同功率下刻蚀速率随腔体压强的变化不显著。采用 22.5mTorr 腔体压强和 20%的 SF_6 时，功率从 50W 上升到 150W，各向异性从 0.68 增加到 0.84。这与偏置电压随功率增大而导致离子方向性增强有关。较高的刻蚀功率（150W 和 100W）会引起刻蚀残余现象，而当刻蚀功率低至 50W 时，可以避免刻蚀残余。

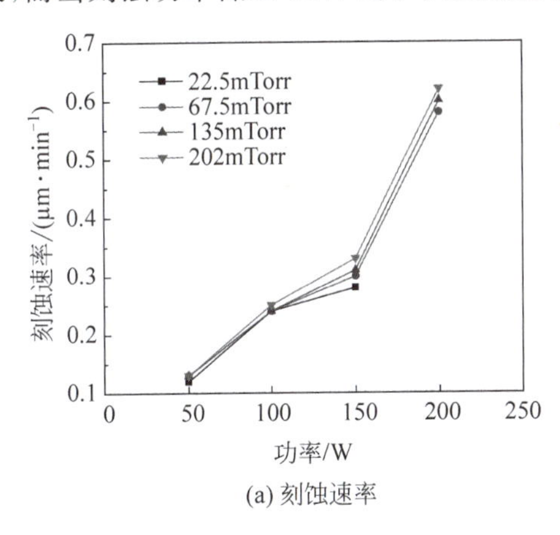

(a) 刻蚀速率

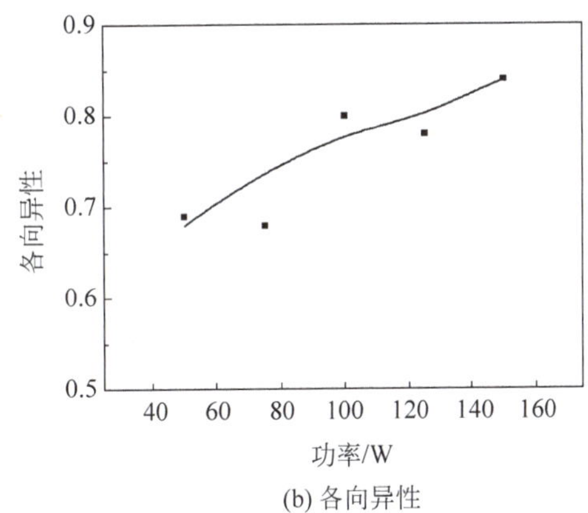

(b) 各向异性

图 5-51 刻蚀功率的影响

图 5-52 为气体含量的影响，其中 SF_6 的含量由 0 增加到 80%，功率和腔体压强分别保持为 150 W 和 202mTorr。BCB 在纯 O 中的刻蚀速率只有 0.14μm/min，但当 SF_6 增加为 5%时，刻蚀速率增大到 0.60μm/min。这是由于纯 O 刻蚀时，BCB 中的 Si 成分无法充分去除，容易被氧化形成 SiO_2，阻挡了刻蚀的进行；少量 SF_6 与 Si 反应生成挥发性的 SiF_4，避免了 SiO_2 的形成，刻蚀速率提高。随着 SF_6 含量的进一步增加，刻蚀速率下降。这是由于 BCB 中主体为 C-H 化合物，SF_6 进一步增加使 O 比例减少，刻蚀速率明显下降。气体成分明显地影响刻蚀的各向异性。当 SF_6 的成分为 5%时，刻蚀基本为各向同性；当 SF_6 成分为 40%时，各向异性显著增强。

采用 RIE 刻蚀 BCB 时，刻蚀速率与方向性相互制约。ICP 具有更高的等离子体浓度，有助于各向异性刻蚀速率的提高。图 5-53 为采用 SF_6/O_2 气体 ICP 刻蚀时气体含量的影响。随着 SF_6 的含量从 10%增加到 100%，刻蚀速率由 1.45μm/min 下降到 0.72μm/min，

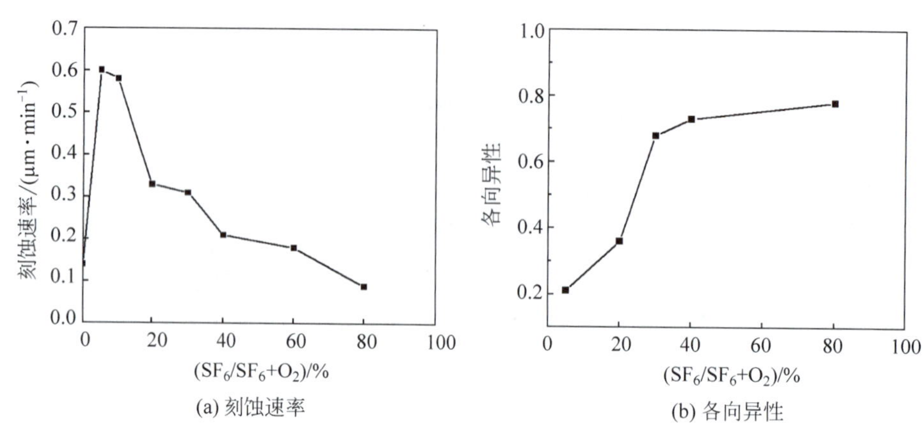

图 5-52　气体成分对刻蚀的影响

变化趋势与 RIE 刻蚀相同。但即使采用纯 SF_6 气体，BCB 的刻蚀速率仍高达 0.72μm/min。虽然此时化学刻蚀作用减弱，但由于高浓度等离子体具有很强的物理轰击作用，刻蚀速率仍较高。此外，随着结构深宽比的增加，刻蚀速率表现为下降的趋势。随着 SF_6 的含量由 10%上升到 40%，各向异性由 0.74 显著增加到 0.93；但随着 SF_6 含量的进一步增大，各向异性趋于饱和。ICP 刻蚀 BCB 也会出现刻蚀残余现象，但随着 SF_6 含量的增加，刻蚀残余现象得到改善，当 SF_6 含量大于 70%时，刻蚀底部没有长草现象。

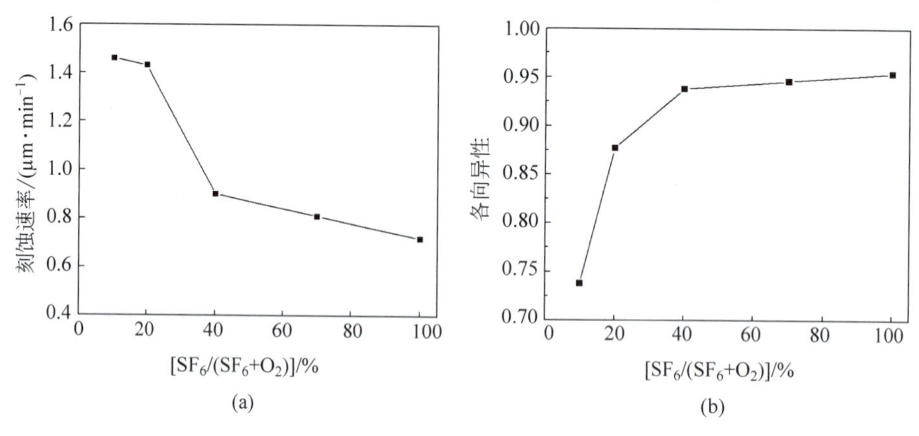

图 5-53　气体含量和深宽比对刻蚀速率的影响

5.3.3　聚酰亚胺键合

聚酰亚胺是一种具有邻苯二酰亚胺结构(-CO-N-OC-)的芳杂环热塑性树脂型聚合物，最早由杜邦公司发明，因其具有 500℃的耐热能力和良好的力学特性及化学稳定性，在众多领域得到了广泛应用。在集成电路和光电子器件领域，聚酰亚胺凭借低应力、高耐热性、高耐压能力以及低介电常数和低损耗的特性，广泛应用于应力缓冲层、钝化层和绝缘层，以及柔性电路基板和 MEMS 结构等[97-98]。在三维集成领域，IBM 于 1999 年首先报道了利用热塑性的聚酰亚胺键合的方法[99]。

PI 既有热塑性也有热固性，取决于合成方法。PI 的合成多采用两步法：首先在极性溶剂 N-甲基吡咯烷酮(NMP)和二甲基乙酰胺(DMAc)中，由芳香四酸二酐(TCDA)和芳香二胺(ADA)反应制成聚酰胺酸溶液；然后经高温热处理使聚酰亚胺环化脱水生成聚酰亚胺。常用的聚酰亚胺包含苯均四酸二酐(PMDA)和氧化二苯胺(ODA)。PMDA包括4个C=O键、1个苯环和2个氮原子，ODA包括2个由1个醚氧连接的2个苯环。图5-54为典型PI的单体分子结构。PI中的氮原子比碳酰基(Carbonly)具有更高的电子密度，聚合时作为施主释放电子，碳酰基作为受主接受电子，形成单体聚合。PI中的芳香族结构是其能够耐受高温的主要原因。不同的芳香族结构使聚酰亚胺的性质不同，易于改性。聚酰亚胺前驱体在150℃以上聚酰胺氨酸开始发生亚胺化而交联，完全亚胺化需要300℃以上。

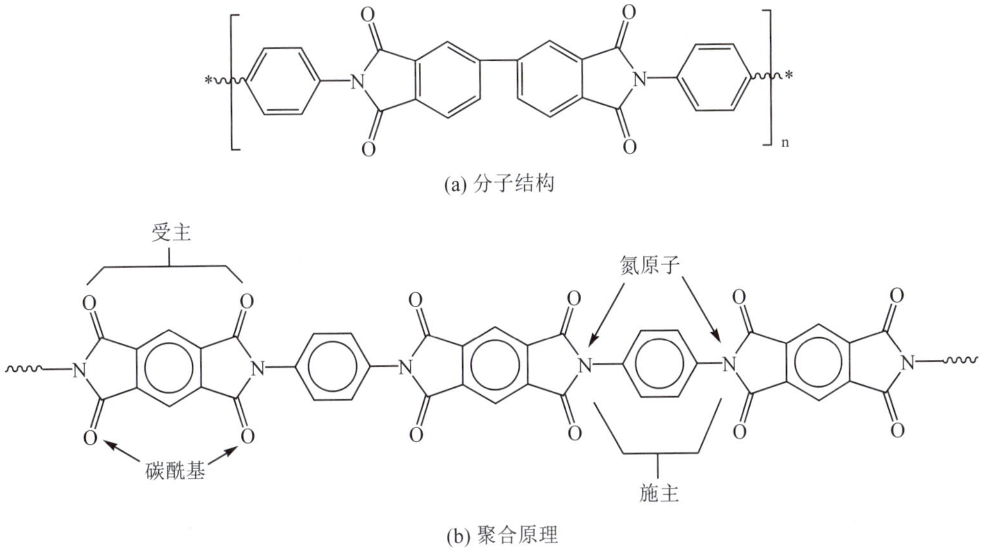

(a) 分子结构

受主
氮原子
碳酰基
施主

(b) 聚合原理

图5-54 典型聚酰亚胺

PI的性质取决于单体中芳香结构的种类和亚胺化的程度，后者由加热温度和时间决定。热塑性PI的优点包括：①耐热性能优异。起始分解温度为450～500℃，可在－240～240℃的大气环境中长期使用。②力学性能优良。拉伸强度为100～300MPa，伸长率为10%～50%，最大可达100%。③化学稳定性高。能抵抗大部分常温酸性溶剂、有机溶剂和水汽[100]。聚酰亚胺含有容易与水结合的位点，吸水率较高(3%)[101]，但是水汽在聚酰亚胺中的透过率较低[89]。④绝缘性和介电性能优异。介电常数为3.2～3.4，电阻率高于$10^{16}\Omega\cdot$cm，介电强度为250～350V/μm，1MHz时损耗角正切小于6×10^{-3}。⑤高纯度。无机离子Na^+、Fe^{2+}和K^+等含量低于2ppm。⑥良好的平面成形能力及低应力，工艺简单，可控性好，成本低。

PI对材料的粘附性与二者的化学性质、表面粗糙度、清洁度、聚酰亚胺的涂覆条件，以及亚胺化程度有关，长期高温和高湿严重影响PI的粘附性。PI在铝和铬表面的粘附性能很好，在银、金、硅和SiO_2表面的粘附性能较差，如表5-9所示。PI在铜表面的粘附性很差，前驱体溶液易形成分立的液滴，并且铜表面的PI亚胺化后性能下降。为了提高PI的粘附性，在涂覆之前一般需要涂覆一层粘附剂。常用的粘附剂有硅烷粘附剂和螯合铝化合物两种类型。杜邦的PI-1111内含粘附剂，而PI-2611则需要单独的粘附剂如VM651，这是一种有机硅烷型粘附剂，对于Pyralin型PI在硅和SiO_2表面的粘附增强效果很好。

表 5-9　聚酰亚胺在不同金属表面的粘附性

基底表面	相对粘附强度	基底表面	相对粘附强度
Al	1	Mo	0.4～0.5
Cr	0.8	Ag	0.2
Ni	0.7～0.8	Au	0.1

聚酰亚胺分为光敏型和非光敏型。非光敏(标准)聚酰亚胺的图形化一般采用干法刻蚀,虽然增加了工艺过程,但在结构尺寸和侧壁控制等方面更好。光敏型聚酰亚胺是在标准聚酰亚胺中添加光敏成分构成的,可以直接光刻图形化。根据化学成分的差异,光敏型聚酰亚胺可以分为两类:第一类是光敏基团通过聚酰亚胺前驱体的酯键与羧基连接,这种材料最早由西门子化工发明,并授权给朝日化工、杜邦电子材料和 OCG 等公司使用;第二类是基于酸-氨离子连接光敏基团和聚酰亚胺前驱体,由东丽化工发明并生产。

半导体领域 PI 的主要制造商包括杜邦电子(Kapton 和 Pyralin 系列)、日立化工(PIQ 系列)、HD Microsystems 以及东丽化工等。表 5-10 和表 5-11 列出 HD Microsystems 生产的标准型和光敏型 PI 的产品性能,其中光敏型的代表为负性的 HD-7010。东丽化工的 PI 包括非光敏系列 Semiconfine 和光敏系列 Photoneece。Photoneece 系列为 150～170℃低温固化的正性光敏 PI,最大涂覆厚度超过 20μm,可以利用普通光刻胶显影液 2.38%的 TMAH 显影,固化后收缩率低于 10%,耐热超过 300℃,并且硅表面固化后应力仅为 13MPa,比一般聚酰亚胺低 50%。

5.3.3.1　HD7010 聚酰亚胺基本性质

HD7010 是 HD Microsystems 生产的基于 1,1,1,3,3,3-六甲基二硅氮烷(HDMS)的负性光敏聚酰亚胺前驱体,与 AP401D 或 AP401R 等显影液配合使用可以直接光刻图形化,其性质如表 5-12 所列。固化(亚胺化)后的 HD7010 作为一种永久键合,具有良好的稳定性和键合强度。由于铜原子与聚酰亚胺之间较强的相互作用,在玻璃化转变温度以下时,铜在完全亚胺化的聚酰亚胺中的扩散速率很低[102]。

图 5-55 为 HD7010 在显影、350℃固化和 400℃固化以后的结构[103]。显影后的 HD7010 具有较好的垂直度,比较真实地反映了线条的形状和深度。高温固化以后,结构出现不同程度的变形,特别是结构底部出现较大的圆角,导致一定程度的失真,并且失真程度随固化温度的升高而更加明显。实际上,其他光敏材料也会出现加热固化导致结构变形的情况,例如光敏的 BCB。因此,当永久键合对线条的垂直度有较高要求时,需要采用非光敏材料固化后刻蚀的方法。

由于 PI 在亚胺化过程中会释放一定的气体,因此当亚胺化温度过低、亚胺化不充分时,键合过程仍有较多的气体释放,气体释放是一个缓慢的过程,容易在键合界面形成空洞或气泡,严重影响键合质量。此外,气体释放使固化的图形出现一定程度的变形。当亚胺化温度过高、亚胺化非常充分时,键合过程 PI 的软化程度过低、缺乏流动性,容易引起空洞。

HD7010 的键合温度要高于玻璃化转变温度通常超过 250℃,采用 300℃键合能够获得良好的键合质量。当键合温度升高到 350℃时,高温导致 PI 释放出一部分气体,键合质量下降,当温度升高到 375℃时,键合会出现大量的空洞。当固化温度为 350℃时,高温键合过程中没有气体释放,采用 300℃或 375℃键合温度都能够获得很好的键合质量。因此,从保证键合质量的角度考虑,HD7010 要采用尽量高的固化温度和尽量高的键合温度。

表 5-10　HD Microsystems 标准聚酰亚胺

产品代码	粘度 /st	固形物含量/%	厚度 /μm	固化温度/℃	玻璃化温度/℃	1%失重温度/℃	热膨胀系数 /(×10^{-6}/℃)	介电常数 z	拉伸强度 /MPa	延展度 /%	弹性模量 /GPa
高玻璃化转变温度											
PI-2545	19	13	1～3	375	400	560	30	3.5	260	120	2.3
PI-5878G	68	16	3～8	375	400	560	30	3.5	260	120	2.3
低应力											
PI-2610	27	11	1～3	350	360	620	3	2.9	350	35	8.5
PI-2611	122	14	4～8	350	360	620	3	2.9	350	35	8.5
高平面度和高固形物比例											
PI-2562	1	25	1～2	325	300	550	60	3.4	110	11	1.8
快速固化											
PI-2525	60	25	5～12	295	325	560	50	3.3	130	55	2.5
PI-2555	14	19	2～3.5	295	325	560	50	3.3	130	55	2.5
PI-2556	4	15	0.7～1.5	295	325	560	50	3.3	130	55	2.5
自粘附											
PI-2574	60	25	5～12	295	325	560	50	3.3	130	55	2.5
键合胶											
HD-3007	12	25	3～5	250	180	350	50	—	130	10	3.3

表 5-11　HD Microsystems 光敏聚酰亚胺

产品代码	粘度 /st	固形物含量/%	厚度 /μm	固化温度/℃	玻璃化温度/℃	1%失重温度/℃	热膨胀系数 /(×10^{-6}/℃)	介电常数 z	拉伸强度 /MPa	延展度 /%	弹性模量 /GPa	光敏速度/mj
负性光敏												
HD-4100	31	33	4～12	375	330	430	35	3.4	200	45	3.3	300
HD-4104	17	31	3～8	375	330	430	35	3.4	200	45	3.3	300
HD-4110	75	36	8～20	375	330	430	35	3.4	200	45	3.3	300
水解过性光敏												
HD-8820	18	36	4～10	300	280	390	60	2.9	140	100	2.1	340
HD-8930	20	35	3～10	200	240	—	80	3.1	170	80	1.8	300
键合胶												
HD-7010	30	37	6～14	350	260	370	70	—	175	75	2.6	300

表 5-12　HD7010 的性质

性　　质	HD7002	HD7010
粘度/(Pa・s)	2	4
固形物含量/%	25～40	25～40
固化温度/℃	250～350	250～400
键合温度/℃	250～350	250～350
键合压力/(N・cm^{-2})	＞14～22	＞14～22
键合时间/min	5～10	5～10
玻璃化转变温度/℃	172	260
5%失重温度/℃	413	395
热膨胀系数/ppm	80	70
介电常数(无量纲)	3.3	3.3
拉伸强度/MPa	152	173
弹性模量/GPa	2.6	2.6
伸长量/%	100	70
热导率/(W/(m・K))	0.2	0.2

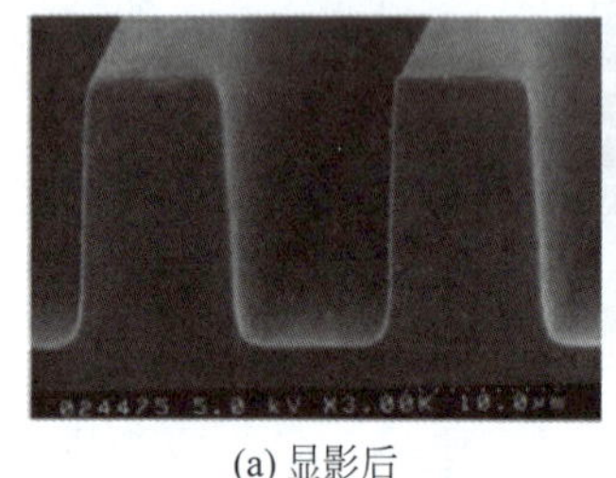
(a) 显影后

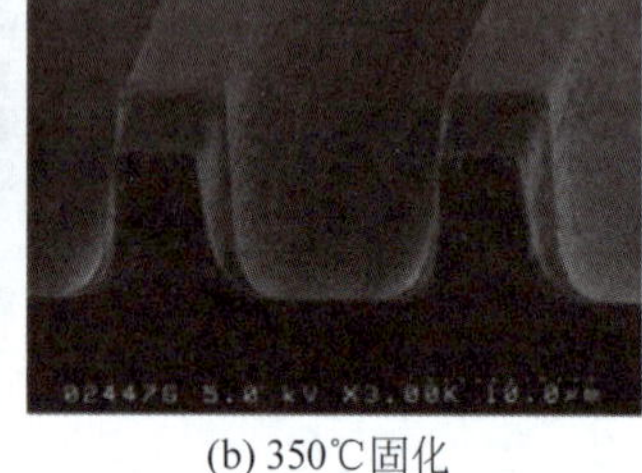
(b) 350℃固化

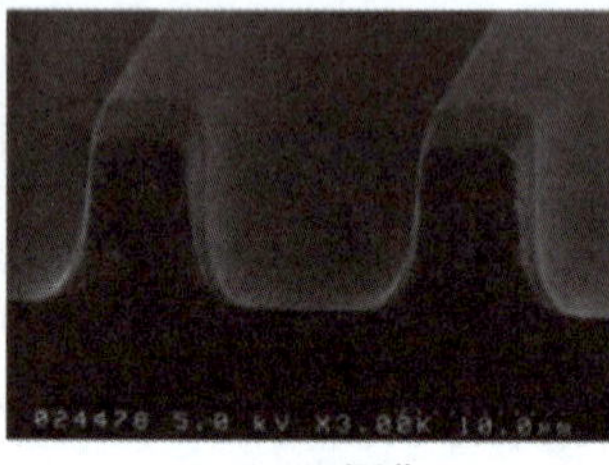
(c) 400℃固化

图 5-55　HD7010 形貌

键合压力是决定键合质量的重要因素之一。为了获得无空洞的键合界面，键合压力应适当提高，有助于克服表面起伏和硅片弯曲。PI 键合层不能太薄，当键合层厚度小于 1.5μm 时，PI 不能补偿表面起伏等引起的非平整度，容易产生空洞。通常较薄的聚合物层键合速率较慢，而较厚的聚合物层的键合速率较快。图形化 HD7010 的键合参数参考值：键合温度为 250℃，键合时间为 10min，键合压力为 220kPa；无图形的 HD7010 的键合参数参考值：键合温度为 350℃，键合时间为 10min，键合压力为 640kPa。

5.3.3.2　聚酰亚胺干法刻蚀

亚胺化后的 PI 化学性质稳定，能抵抗多数化学试剂，因此其图形化需借助 RIE 或 ICP 干法刻蚀。对于不含硅基团的 PI，可以直接使用氧气 RIE 刻蚀。光刻胶的选择比很低，可以采用硬掩膜，如 PVD 沉积的铝或 PECVD 沉积的氮化硅。铝作为硬掩膜容易产生微掩膜效应，导致刻蚀区底面形成残余；PECVD 氮化硅则没有这个问题，而且后续去除氮化硅层所使用的 CHF_3 不影响聚酰亚胺层的表面粗糙度。

氧等离子体 RIE 刻蚀非光敏型 PI 的基准工艺参数：射频功率为 150W，氧气流量为 20sccm，腔体压强为 6Pa。此时 PI 的垂直刻蚀速率约为 200nm/min，纵向和横向刻蚀的速率比大于 5∶1，侧壁陡直度和光滑性较好。采用更高密度等离子体能够获得更高的刻蚀速率。为了获得良好的各向异性，可以适当降低反应腔气体压强。低压强使粒子在加速电场中发生碰撞的概率降低，离子入射角度的一致性和垂直度好。

射频功率和氧气流量对刻蚀速率有显著的影响，如图5-56所示。随着功率的增大，等离子体浓度和加速电场随之增大，物理轰击与化学反应都得到增强，刻蚀速率随之上升。随着 O_2 流量的增加，刻蚀速率相应减小。这是因为流量增加使反应腔压强增大，削弱了物理轰击的效果，导致刻蚀速率下降，并引起显著的各向同性刻蚀。

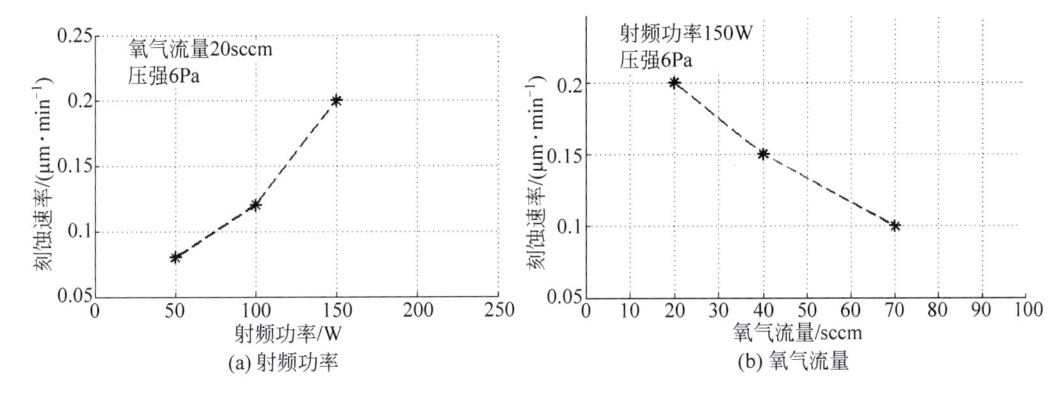

图5-56 RIE刻蚀速率的影响因素

5.4 临时键合

在TSV深宽比受到相关工艺限制的情况下，为了减小TSV直径必须减薄晶圆。减薄分为无辅助圆片和有辅助圆片两种，前者首先将被减薄晶圆与另一晶圆永久键合，然后减薄晶圆背面。这种情况不需要辅助圆片，晶圆面对面键合。为了实现面对背键合，需要使用辅助圆片支撑的临时键合。临时键合包括键合和拆解键合两个过程。如图5-57所示，首先利用特殊的聚合物作为中间层，将器件晶圆正面与辅助圆片键合，以辅助圆片作为机械支撑减

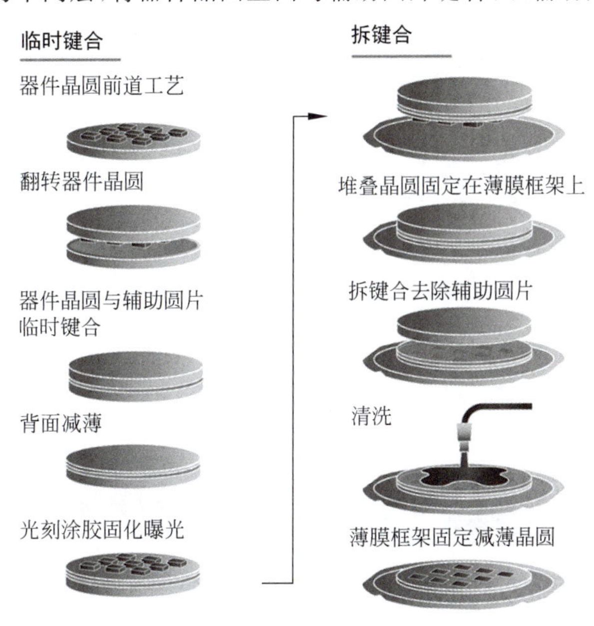

图5-57 临时键合与拆键合流程(来源：EVG)

薄晶圆背面,保证减薄晶圆的可操作性和完整性;然后将器件晶圆背面永久键合后去除临时键合,使减薄晶圆与辅助圆片分离,这一过程称为拆键合(de-bonding)。

临时键合的聚合物必须具有适当键合强度以及温度和化学稳定性,同时又能够采用特定的方法拆解键合。拆键合是通过调整聚合物材料的成分,使其在特定条件下键合强度大幅下降甚至消失而实现的。常用的拆键合方法包括加热分离、机械分离、化学刻蚀、激光释放等,适用方法由聚合物的性质决定。

5.4.1 临时键合流程

5.4.1.1 键合

临时键合要求较高的热学和化学稳定性,良好的键合强度,保证三维集成工艺中磨削减薄和高低温变化过程的键合有效性。通常切割、背面减薄、光刻等工艺的温度为20～120℃,溅射和聚合物热固化的温度为120～180℃,RIE和DRIE刻蚀、凸点制造及回流等温度为180～260℃,化学气相沉积、部分溅射、金属化的温度为260～320℃。理想情况下,临时键合应在400℃仍具有良好的键合强度,但目前多数临时键合材料只适用于300℃,少量临时键合材料可短时用于300～350℃。

此外,临时键合材料还需要易于涂覆、平整度好、易于键合和拆键合,并具有较低的键合应力以适应50μm以下的超薄晶圆。键合强度与易于拆键合是一对相互制约的矛盾体。在晶圆减薄后,临时键合材料必须能够通过光照、加热或者化学刻蚀等方法较为容易地改变材料性质,以便拆开临时键合并清洗临时键合材料,去除辅助圆片。临时键合聚合物材料和设备必须在工艺和温度上完全兼容后序工艺,例如键合和拆键合温度最好低于200℃[104]。

临时键合的基本工艺过程较为简单,不同临时键合材料的键合过程基本相同,主要包括临时键合层涂覆、预固化和键合,如图5-58所示。首先利用旋涂或喷涂在辅助圆片上涂覆薄层临时键合层,有些情况下器件圆片也需要涂覆临时键合材料;然后在较低温度下对临时键合材料进行前烘和预固化,去除材料中的大部分溶剂并使其初步固化;将辅助圆片与器件圆片对准,加热加压完成临时键合。临时键合材料多为液体形态,采用旋涂或喷涂的方法涂覆在器件圆片或辅助圆片表面,厚度通常为10～50μm,厚度非均匀性小于10%。为了减少界面气泡,键合需要一定的真空条件,如5×10^{-2}mbar。键合盘温度根据材料而不同,但温度非均匀性一般要求在1%以内。临时键合的界面能一般可达$2J/m^2$,满足后续减薄等对强度要求很高的工艺过程。由于辅助圆片只提供机械支撑,临时键合一般只需要简单的粗对准,不需要精确对准。

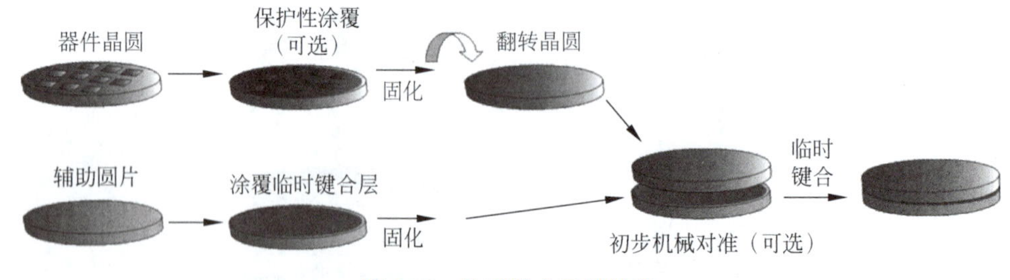

图5-58　临时键合工艺过程

临时键合过程强烈依赖于键合温度。在高于玻璃化转变温度的情况下,已经固化的热塑性聚合物材料表现为一定的流动性和粘性,较小的键合压力和较短的键合时间就可以实现较好的键合效果。相反,如果温度低于玻璃化转变温度,尽管固化的聚合物薄膜也会出现一定程度的软化,但是键合需要较大的键合压力和较长的键合时间。

临时键合的辅助圆片包括玻璃和硅圆片。常用的玻璃圆片(如 Pyrex 和 Borofloat 等)具有良好的可视性,可以直接观察检测键合界面质量。然而,玻璃基本都不导电,在静电装卡和固定的设备上无法使用。玻璃的导热性较差,影响热分布的均匀性和键合工艺质量。另外,由于玻璃片较厚,键合后的热膨胀性质基本由玻璃决定。如果玻璃和硅较大的热膨胀系数差异较大,键合后翘曲可达几十甚至上百微米,可能影响后续工艺。例如,200mm 的 Pyrex7740 玻璃在 400℃ 键合时,由于与硅的热膨胀系数差异导致的相对伸长量达到 15μm,对准误差可达 5μm[54]。对于 GaAs 和 InP 等基底,其膨胀系数与玻璃的差异更大。因此,除了图像传感器和激光拆键合等必须使用玻璃的情况外,一般多采用硅作为辅助圆片。

利用临时键合可以实现芯片面对背的三维集成。如图 5-59 所示[104],首先在辅助圆片涂覆键合层,将器件圆片与辅助圆片临时键合,从器件圆片的背面进行减薄、TSV 等工艺过程,然后将器件圆片与另一层器件圆片永久键合,最后分离去除辅助圆片(拆键合)。

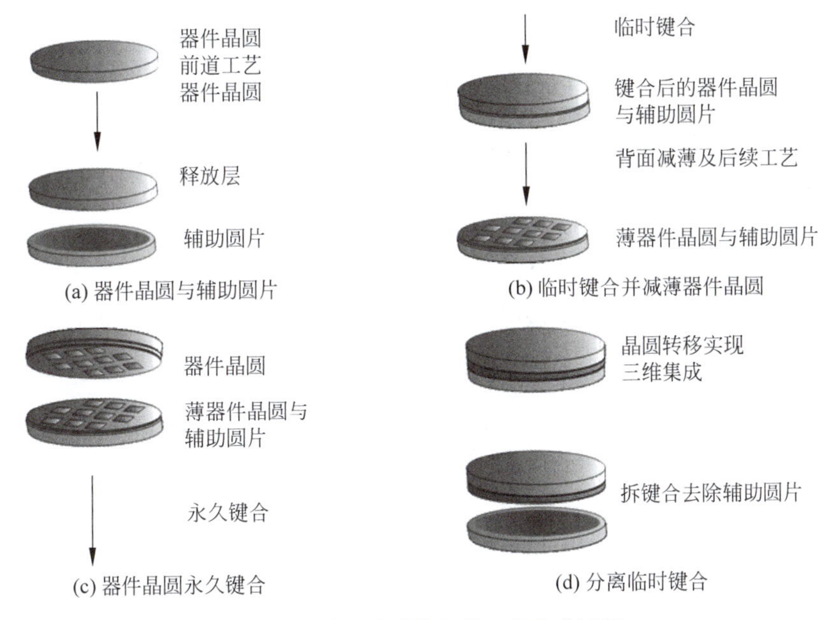

图 5-59　基于临时键合的三维集成过程

5.4.1.2　拆键合流程

拆键合是将器件晶圆与辅助圆片分离的过程。拆键合的方法依赖于所选用的临时键合材料,常用的拆键合方法包括机械剥离与推移、溶剂溶解和激光照射。在这些拆键合方法中,溶剂溶解和加热推移实现最为简单,但目前激光照射发展非常迅速。

如图 5-60 所示,拆键合主要包括三个步骤:①拆键合,即通过真空或者静电吸盘固定辅助圆片和器件晶圆,利用加热推移、化学溶解或紫外光照射等方式使临时键合层分开,分离器件晶圆与辅助圆片;②清洗,即采用溶剂去除表面残留的临时键合层并进行清洗;③固定,即将键合的圆片与载体结合,例如与另外器件圆片永久键合或与切割蓝膜固定。拆键合时一般采用溶剂将临时键合胶的外圈边缘溶解，降低后续移除辅助圆片的难度。

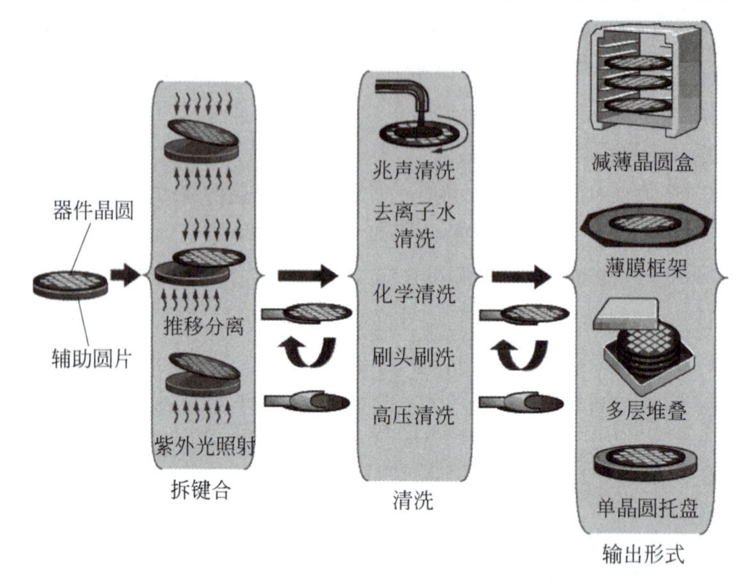

图 5-60　拆键合及清洗过程示意图

5.4.2　拆键合方法

拆键合是破坏键合强度的过程。由于临时键合的强度高、键合层的厚度小，加之较好的化学和温度稳定性，拆键合需要采用特殊的方法破坏键合层的聚合物形态。常用的拆键合方法包括机械剥离、加热推移、化学溶剂溶解以及激光裂解，其特点如表 5-13 所示[105-106]。拆键合过程需要考虑工艺温度、机械应力、生产效率以及残留物清洗等多种因素。随着 HBM2 因为成品率和产能的原因而开始大量采用激光裂解取代早期的机械剥离和加热推移，激光裂解的拆键合方法占据了拆键合的主导地位。

表 5-13　拆键合方法

释放方法	机械剥离	加热推移	溶剂溶解	激光裂解
辅助圆片	硅或玻璃	硅或玻璃	打孔圆片	透明玻璃
临时键合材料	硅胶	树脂/橡胶	丙烯酸基/橡胶	丙烯酸基/橡胶
材料特性	加热软化	加热软化	可溶解材料	激光裂解材料
键合层厚度/μm	20～200	10～40	20～200	20～200
设备	加热剥离	加热推移	溶剂浸泡或喷淋	激光系统
键合温度/℃	180～200	180～200	180～200	室温
温度耐受/℃	约 200	约 200	<250	<400
拆键合温度	室温	150～200℃	室温～100℃	室温
拆键合速率/min	约 5	约 5	30～60	<1
应力	较低	热应力	很低	较低
成本	低	低	低	高
效率	单片，较快	单片处理，快速	多片处理，慢速	单片处理，较快

拆键合的方法由所使用的临时键合材料决定，无法任意选择。溶剂溶解一般要求辅助圆片打孔，以加快溶剂的接触面积，提高溶解速度，激光裂解一般要求辅助圆片为透明的玻

璃材料。通过加热机械方法拆键合的临时键合材料为热塑性材料，加热使临时键合材料软化，利用边缘揭开、剥离或横向推移的方法，将器件圆片与辅助圆片分离。

为了减小拆键合的难度和应力的影响，Brewer Sciences 开发了一种区域键合(ZoneBond^{TM})的方法。这种方法在涂覆好专用的键合材料层(如 Zonebond 5150)后，首先对晶圆中心区域的键合材料进行化学处理，降低中心区域材料的结合强度，使键合仅发生在晶圆的环形边缘，而中间较大的面积区内没有键合，但是晶圆仍被键合材料所支撑。在拆键合时，由于仅有边缘一圈为键合区域，很容易利用溶剂将其去除，然后再简单剥离即可实现拆键合。这种方法的好处是避免了化学拆键合时超薄的缝隙中溶剂进入缓慢的问题，加快了拆键合的过程，充分利用了化学溶解过程应力低的优点。

5.4.2.1 化学溶剂溶解

化学溶剂溶解是利用特定的化学试剂，在一定的温度下对临时键合材料进行化学腐蚀，或者使化学试剂进入键合界面而破坏键合的拆键合方法。图 5-61 为溶剂溶解拆键合的流程。减薄后的晶圆转移至切割胶带表面，然后通过浸没或喷淋的方式施加溶剂，在一定温度下溶解临时键合层。由于临时键合材料既需要良好的化学稳定性以抵抗工艺过程中的常用化学试剂，又需要能够被拆键合试剂快速溶解，因此拆键合化学试剂需要特殊匹配。溶剂溶解方法工艺简单、成本低廉、溶解过程应力低、成品率高，并且可以同时溶解多个圆片。溶剂溶解方法效率较低，在早期有一定的应用，目前量产设备很少采用这种方法。

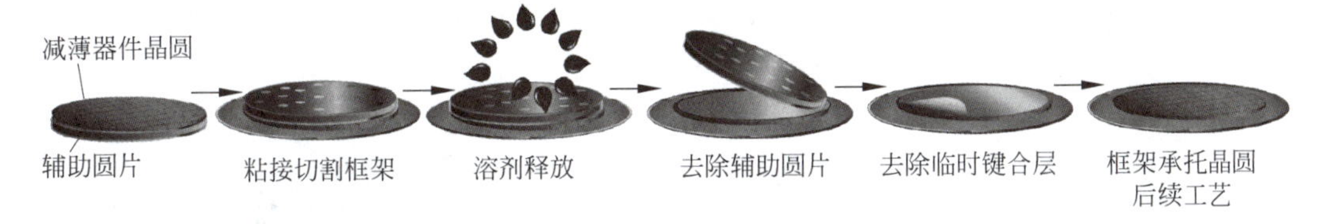

图 5-61 溶剂溶解拆键合流程

溶解拆键合时，溶剂只能通过器件晶圆与辅助圆片之间的缝隙由周边逐渐向中心扩散。由于缝隙高度只是键合层的厚度，通常只有 10～50μm，因此新鲜溶剂和反应产物的输运都极为缓慢。如图 5-62 所示[107]，对于 100mm 辅助圆片，溶剂溶解通常需要数小时以上。在最初的 3h，溶解速率约为 10μm/h，但是随着时间的进行，溶剂渗入键合缝隙的速率越来越慢。大尺寸的辅助圆片所需溶解时间更长，一般不只采用溶剂溶解的方法，还需要补充其他手段[108]。

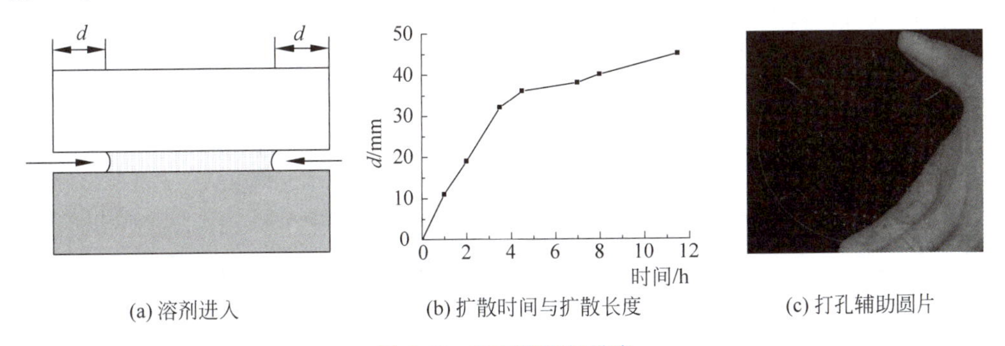

(a) 溶剂进入　(b) 扩散时间与扩散长度　(c) 打孔辅助圆片

图 5-62 溶剂溶解拆键合

为了减小溶剂的渗入深度以缩短拆键合时间，利用溶剂溶解拆键合时一般使用打孔辅助圆片。溶剂通过通孔渗入键合界面，降低溶解深度，加速拆键合过程。采用打孔辅助圆片溶解速度可提高10倍以上，100mm圆片的拆键合可以在1h内完成，不需要任何外力即可以将器件晶圆与辅助圆片自然分开[107]。辅助圆片上通孔的密度对溶解时间影响显著，这是因为提高密度直接降低了溶剂的渗入深度，使溶解时间与圆片直径没有直接关系，而只取决于通孔的间距。激光打孔的表面会引起烧熔的残渣，严重影响键合质量，因此激光打孔后表面必须经过光洁处理。

5.4.2.2 机械分离

临时键合的界面结合能达到0.4J/m^2时可以满足后续机械研磨等过程对键合强度的要求[109]，而当键合能低于1.2J/m^2时，可以采用机械分离的方法实现拆键合[110]。机械分离包括常温机械分离和加热机械分离，如图5-63所示。常温机械分离将刀片插入临时键合层，辅助真空吸盘拉开键合表面。该方法适用于聚合物层较厚的情况，即使键合表面带有圆形凸点，仍可将临时键合层从凸点周围拉脱。加热机械分离将临时键合层加热到玻璃化转变温度附近使其软化，然后利用横向推移或者剥离的方法分离辅助圆片。热塑性聚合物加热可以使其软化，大幅降低键合强度，施加与键合面平行的机械推移或者从边缘剥离，都可以分离器件圆片和辅助圆片。

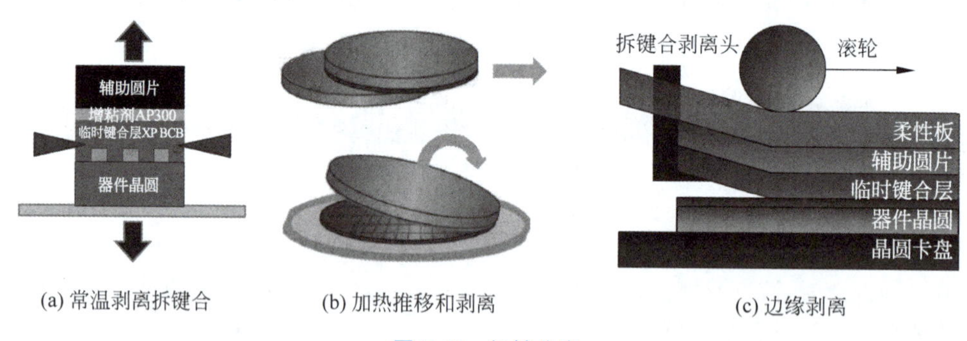

图5-63 机械分离

剥离拆键合过程包括加热、分离、清洗等步骤，如图5-64所示。横向推移的方法适用于硅片表面起伏不明显的情况，边缘剥离适用于硅片较厚或者表面带有凸点等起伏结构的情况。机械分离的应力和温度都比较低，拆键合过程所需的时间小于5min。理论上，加热后键合材料的键合能为2J/m^2的情况下，采用剥离的方式拆解150mm晶圆所需要的剥离力仅为13N。机械分离拆键合需要加热，不适用于低温焊料键合，另外，机械力可能损伤超薄晶圆。拆键合后，聚合物材料留在辅助晶圆上，需要溶剂去除。

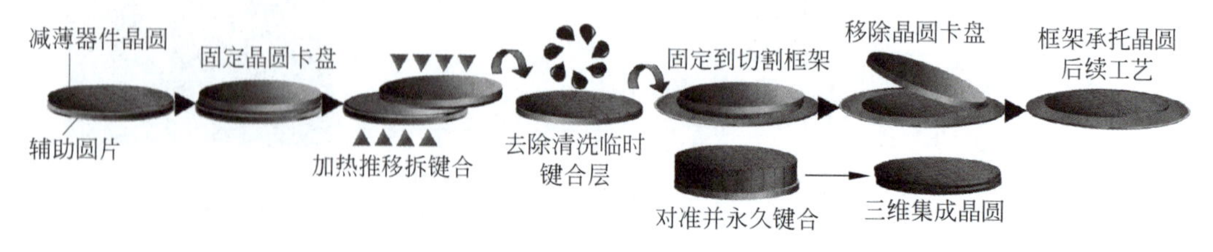

图5-64 机械剥离拆键合流程

多数临时键合机都带有加热推移拆键合模块，该模块由加热、推移和柔性保护子模块组成，也有独立的自动或半自动的加热推移拆键合机。加热和推移子模块分别负责提供拆键合所需要的温度和推力，柔性保护子模块用来保护器件晶圆背面的结构和器件。拆键合时，器件与辅助圆片的键合体的两面分别通过柔性真空夹具系统固定，通过加热系统使温度达到拆键合温度，再利用夹具的横向滑移将辅助圆片分离。拆键合过程中必须保证整个圆片都处于支撑状态，以免造成翘曲。

拆键合时加热温度越高，键合层软化越明显、粘附强度越低，推移和分离越容易。加热温度过高，键合层容易粘连在器件晶圆上，后续的溶解和清洗过程较为困难。图 5-65 为 200mm 晶圆拆键合时，机械推移速度和加热软化温度之间的工艺窗口[111]。加热温度越高，键合层的软化程度越高，所需的推移力越小，推移速度越快。

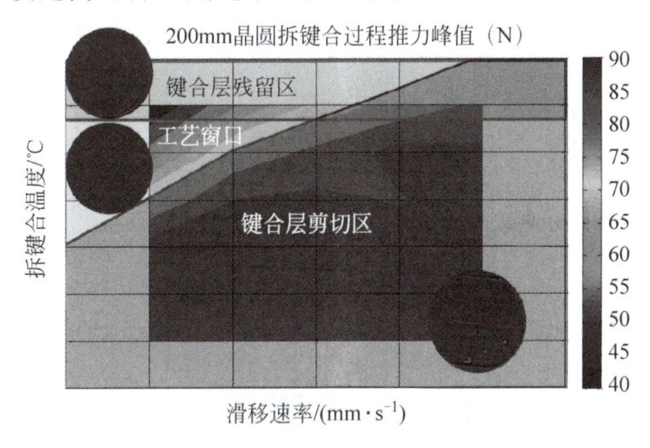

图 5-65　加热推移拆键合工艺窗口

5.4.2.3　激光裂解

激光裂解拆键合是利用激光照射临时键合层，使临时键合材料发生光化学反应，通过分子链的断裂失去键合强度，如图 5-66 所示[103]。拆键合时，激光从玻璃辅助圆片一侧照射键合层或键合分解层，以折线形运动轨迹扫描整个辅助圆片。临时键合材料被激光裂解后，

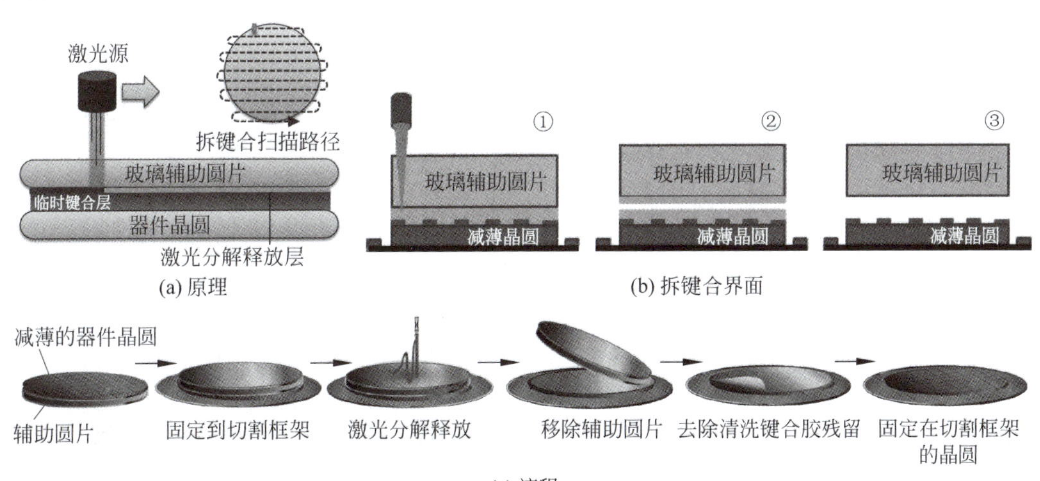

图 5-66　激光拆键合

器件晶圆与辅助圆片分离,随后清洗表面残留物。激光裂解的过程几乎不会产生应力变化,适用于超薄硅片的情况。

激光光源包括红外和紫外激光两类,常用的是紫外激光。紫外激光通过光化学反应使聚合物的化学键断裂,可采用波长为248nm和308nm的准分子激光器或波长为355nm的固体激光器,固体激光器的单脉冲能量较低但重复频率更高。波长为248nm和308nm的紫外激光在不同的玻璃和键合材料中的吸收率不同,对拆解深度有影响。如图5-67所示,248nm的激光在大多数玻璃中的透过率只有10%～30%,激光的大部分能量被玻璃辅助圆片吸收,透过玻璃的能量在聚合物中的透射深度只有100～200nm,因此拆键合的界面层总是出现在距离玻璃200nm以内的聚合物层内,而不会出现在下层晶圆表面。波长308nm的激光在大多数玻璃中的透过率可达90%～95%,在聚合物键合层内的吸收率与所采用的材料有关。多数情况下键合材料的吸收率较低,大部分激光能量在键合层的下表面被吸收,拆键合的界面发生在键合层靠近晶圆表面的位置。当键合材料的吸收率较高时,激光透射深度较小,拆键合发生在靠近玻璃辅助圆片的位置。激光拆键合所需的能量密度一般为200～250mJ/cm^2,300mm晶圆拆键合的效率在每小时60片以上。

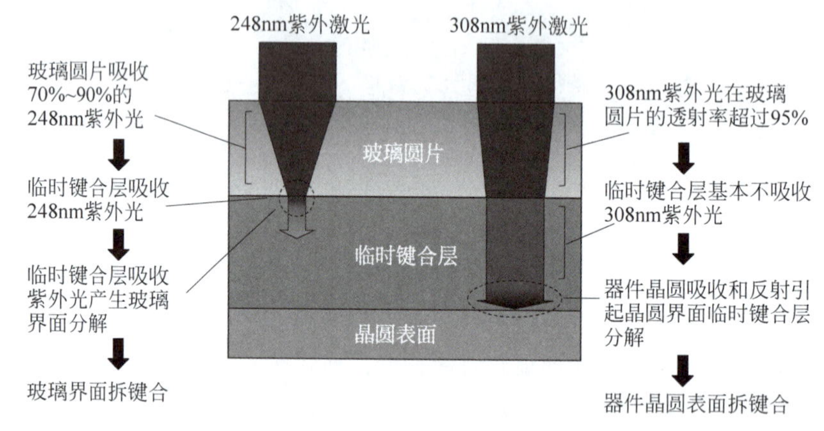

图5-67 不同波长的拆解差异

多数情况下,激光裂解拆键合并非直接裂解临时键合层,而是裂解单独的激光释放层,特别是当临时键合层对紫外光吸收率很低时。释放层是单独涂覆的聚合物层,厚度通常为数百纳米,用于吸收紫外光并在紫外光的作用下裂解。释放层能够防止激光照射到硅表面,避免紫外光对硅表面的材料和器件产生影响[112-113]。释放层可以涂覆在器件晶圆上或辅助圆片上,释放层表面涂覆临时键合层。释放层涂覆在器件晶圆表面时,拆键合的界面位于器件晶圆表面,拆键合后器件表面残留少,但器件晶圆表面不够平整时不易涂覆。释放层涂覆在辅助圆片表面可以解决涂覆的问题,但拆键合后键合胶层留在器件晶圆表面,还需要采用溶剂去除。

由于聚酰亚胺类材料可以被紫外光分解,因此这类临时键合材料可以使用激光拆键合,使临时键合材料的耐受温度达到300～400℃。与多数其他临时键合材料只能耐受约200℃的温度相比,聚酰亚胺类键合材料避免了临时键合材料对后续工艺温度的限制。Shin-Etsu开发了一种硅橡胶热固性临时键合材料,采用特殊的成分取代Si-O键,激光裂解后采用特殊的溶剂很容易去除残留物[114]。

为了使激光透过辅助圆片,激光拆键合必须使用玻璃辅助圆片。2022年,IBM和TEL

合作实现了红外激光透射硅辅助圆片拆键合的方法[115]，可以使用硅替代玻璃作为辅助圆片。这一方法不但避免了将玻璃引入集成电路制造设备而造成设备污染，并且解决了玻璃难以静电装卡和热膨胀系数失配的问题。

5.4.3 临时键合材料

临时键合材料需要满足以下的要求：①良好的键合强度，保证后续工艺过程中不受温度和剪切力的影响；②良好的化学和高温稳定性，能够耐受等离子体、化学溶剂、酸碱等工艺材料；③良好的涂覆性能，整体厚度变化量 TTV 要小于 2μm；④固化、交联和键合温度低；⑤易于拆键合并易于从表面去除。由于临时键合后需要工艺处理，对临时键合胶的热稳定性有较高的要求。根据耐受温度不同，临时键合胶可以分为中温(175～225℃)、高温(225～350℃)和超高温(350～400℃以上)三挡，多数情况下，耐受温度达到 300℃即可满足后续三维集成工艺的要求。

临时键合材料都为有机聚合物，包括低温石蜡、碳氢聚合物、丙烯酸类、树脂、硅胶和高温塑料等。低温石蜡可溶于异丙醇，具有较好的流动性，薄膜通过 3000r/min 的高速旋涂实现，一般在 85℃较低的温度下键合，键合强度为 6～8MPa，耐受温度为 100～160℃，通过加热机械推移拆解。碳氢类聚合物包括溶液类和干膜类，溶液类通过同极性溶剂溶解固态颗粒，旋涂涂覆，固化后可耐受 150～250℃的温度，对酸碱和极性溶液有良好的化学稳定性，但是键合强度较低，可以通过加热推移或非极性溶剂如石油醚或石脑油溶解。工程聚合物类如塑料和合成橡胶类聚合物材料，通过旋涂进行涂覆，在 150～200℃键合，具有良好的化学和热稳定性，能够耐受 300℃的高温，通过极性溶剂或特殊溶剂溶解拆除。

表 5-14 为典型的临时键合材料的特性。材料的温度稳定性和拆键合温度如图 5-68 所示[116]。Brewer Science、JSR Micro 和 Dupont 的主要产品是热塑性材料，DuPont 的临时键合材料限制键合层厚度，但能够耐受 350℃的高温[117]。Thin Materials 和 Dow 的主要产品为热固性材料，3M 和 TOK 的产品含光敏型材料，Shin-Etsu 新近开发了一种热塑性和热固性的混合物，在激光拆键合之后可以通过溶剂清洗。

表 5-14 典型临时键合材料的特性

拆键合方法	制造商	产品系列	主要成分	材料性质	键合温度	键合层厚度/μm	厚度均匀性	耐受温度/℃	拆键合温度
机械分离	Thin Materials	T-MAT	硅橡胶	热固性	室温	20～200	好	400	室温
	Dow Corning	TBS	硅橡胶	热固性	室温		好	300	室温
	Brewer Science	Zonebond	树脂	热塑性		<120	好	250	
	Dow Chemical	XP-BCB	BCB	热塑性	200℃		好	300	室温
加热分离	3M	WSS-laser free	丙烯酸	光敏聚合	室温	<125	好	230	250℃
	Brewer Science	Waferbond	树脂	热塑性		<100	好	220	180℃
化学溶解	Brewer Science	Waferbond	树脂	热塑性		<100	中	220	低温
	TOK	Zero Newton	硅橡胶	热塑性		<130	中	250	低温
激光释放	Dupont/HD		聚酰亚胺	热固性		2～20		400	室温
	3M	WSS	丙烯酸	热塑性	室温	<125	好	250	室温
	Shin-Etsu		硅橡胶	热固性	室温			300	室温

临时键合和拆键合有专门的设备，如 Suss 的 XBS300 和 XBC300 Gen2 以及 EVG 的 850TB 等。XBS300 Gen2 支持多种临时键合材料，如 Thin Materials、3M 以及 Brewer

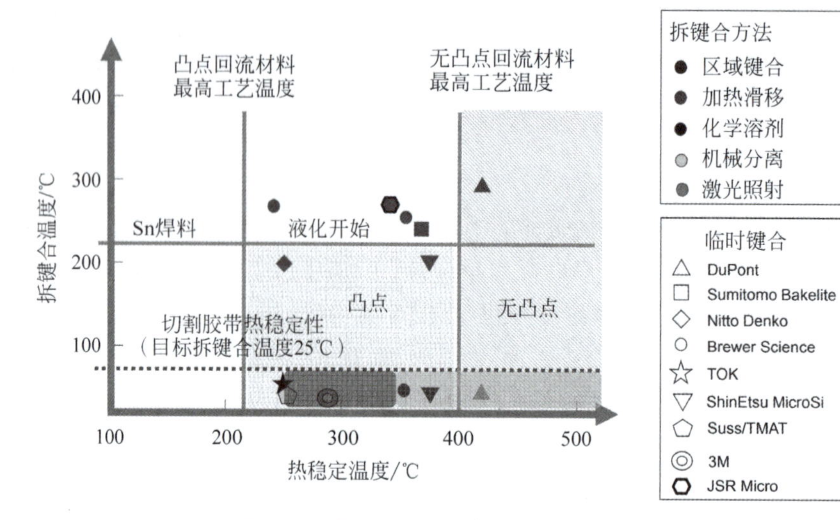

图 5-68 常用临时键合材料的拆键合温度

Science 的产品,适用于高键合压力的 ZoneBond^{TM} 工艺,可以完成临时键合、拆键合、清洗和测试等功能,并可作为普通键合机用于铜热压、聚合物、SiO_2 键合和混合键合。独立的拆键合设备以激光拆键合为主,如 Shin-Etsu 的 Seld-Laser 系列。按照拆键合方式分类,Suss 提供边缘机械拆键合,EVG、TEL 和 Suss 提供热分离拆键合,EVG 和 Suss 提供区域键合,TAZMO、Yushin 和 Suss 提供激光拆键合,TOK 提供化学溶解拆键合。

5.4.3.1 WaferBond®

WaferBond®系列临时键合材料是 Brewer Science 的产品[117-118],适用于化学溶解、加热推移和区域键合等拆键合方式。WaferBond®是一种热塑性聚合物树脂,键合后在高温下会重新软化。典型产品 HT-10.10 临时键合胶可以使用硅和玻璃作为辅助圆片,固化后热膨胀系数约为 100ppm/K。固化后 250℃、60min 的热差重损失为 6%,最高耐受温度 220～250℃。HT-10.10 具有生产效率高、化学性能稳定、键合缺陷低、涂覆均匀性好、可以在超薄基底使用、防止减薄硅片边缘碎裂等优点。表 5-15 为 HT-10.10 能够耐受的化学试剂和温度。HT-10.10 可以使用加热推移或专用溶剂 WaferBond® Remover 浸泡的方式拆键合[117]。利用 HT-10.10 临时键合材料,已经成功实现厚度 50～70μm 的器件层圆片[119-121]。

表 5-15 HT-10.10 的化学稳定性

化学试剂	溶液温度/℃	耐受时间/min	化学试剂	溶液温度/℃	耐受时间/min
丙酮	25	25	环己酮	25	5
N-甲基吡咯烷酮/NMP	85	60	乳酸乙酯	25	5
6N(6mol/L)HCl	60	30	丙二醇甲醚醋酸酯	25	5
15%双氧水	60	40	丙二醇甲醚	25	5
10% KI 水溶液	25	20	30% HCl	25	90
乙醇	25	5	70%硝酸	25	60
甲醇	25	5	0.26N TMAH	60	30
异丙醇 IPA	25	5	30% KOH	25	60

HT-10.10 的临时键合流程如下。首先将 HT-10.10 旋涂在晶圆或者辅助圆片表面。根据旋涂速度和时间不同，键合层厚度有所差异。旋涂后在 120～180℃前烘 3～5min，使薄膜固化并去除溶剂。最后进行真空环境下加热键合，键合腔压强 5mbar，键合压力为 3～15psi，键合温度为 180～210℃，保持 3～5min。临时键合剪切强度平均值约为 10MPa[107]。前烘温度对键合参数和键合质量有直接的影响。低温固化的优点是更容易键合，但键合强度和界面质量较低。这是因为低温固化时未完全挥发的溶剂在键合过程中释放，导致键合界面气泡，并且键合后键合层的厚度与键合前有较大差别。键合温度和压力需要随着前烘温度的提高而提高，以保证键合的有效性。

图 5-69 为 HT-10.10 旋涂厚度的特性。旋涂后晶圆中心位置的厚度最大，周边最薄，300mm 圆片厚度均匀性优于 90%，200mm 圆片厚度均匀性优于 95%。当键合圆片的表面起伏低于 20μm 时，只对器件圆片表面旋涂临时键合层即可；当器件圆片表面起伏超过 20μm 时，需要在器件圆片和辅助圆片表面都旋涂临时键合层；如果器件圆片表面带有凸点或焊料球等起伏超过 40μm 的结构，需要采用喷涂获得均匀的临时键合层。

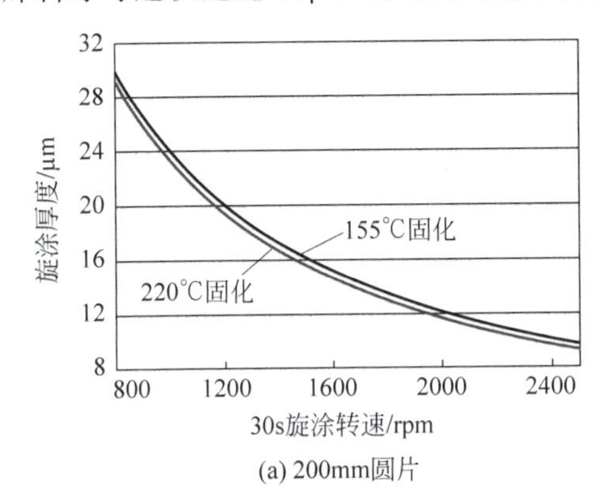

(a) 200mm圆片

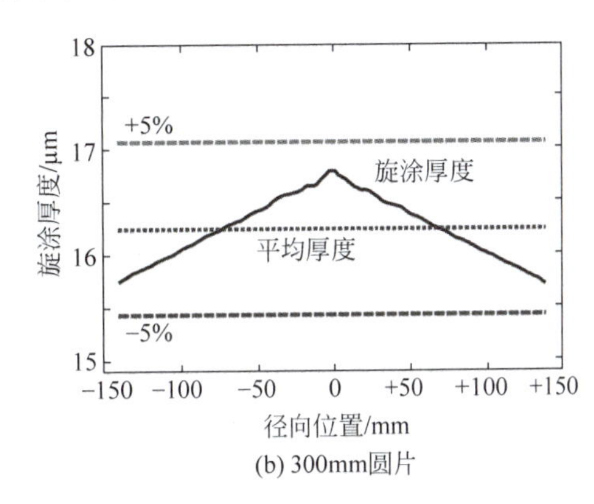

(b) 300mm圆片

图 5-69 HT-10.10 的旋涂厚度特性

HT-10.10 和 HT-10.11 可以采用化学溶解或加热分离的方法拆键合。化学溶解是在 90～130℃的温度下使用专用溶剂 WaferBond® Remover 浸泡。加热拆键合在 180～200℃的温度下，通过机械推移实现。图 5-70 的热流变分析表明，在 180～220℃时，HT-10.10 的粘度降低到 10^5 cP 的水平，与常温下相比大幅度降低近 4 个数量级，已经处于可流动状态。因此，HT-10.10 的拆键合的加热温度为 180～220℃，具体温度取决于前烘和键合过程的温度，前烘和键合温度越高，拆键合所需要的温度就越高。拆键合完成后，硅片表面剩余的 HT-10.10 需要使用 WaferBond® Remover 等溶剂去除。

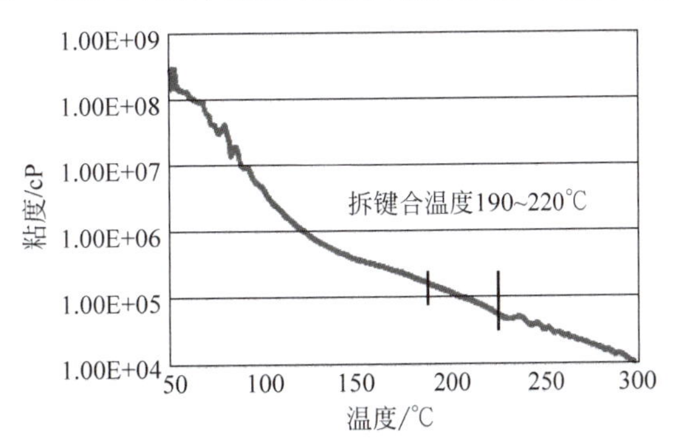

图 5-70 HT-10.10 粘度随加热温度的变化关系

5.4.3.2 HD 3007

HD Microsystems 开发了基于聚酰亚胺体系的临时键合材料，典型产品为 HD3007。HD3007 是聚酰胺酸溶解在丁内酯(Butyrolactone)和丙二醇单甲醚乙酸酯(2-Acetoxy-1-methoxypropane)中形成的溶液，粘度为900～1100cP，含有24%～26%的非挥发固形物，其主要物理性质如表5-16所示[122]。

表5-16 HD3007的物理性质

性　　质	参　　数	性　　质	参　　数
液态粘度	8～10St	玻璃化转变温度	188℃
固体物含量	25%～30%	350℃质量损失	0.2%
固化温度	250～350℃	热膨胀系数	60ppm/℃
键合温度	300～350℃	相对介电常数	3.4
键合压强	140～220kPa	拉伸强度	140MPa
键合时间	2～10min	弹性模量	3.6GPa
固化厚度	2～20μm	热导率	0.2W/(m·K)

HD3007液态前驱体采用旋涂涂覆。典型旋涂的分散转速和时间分别为1000r/min和10s，然后1400～1500r/min旋涂1min。单次旋涂的厚度为4～5μm，200mm圆片的厚度均匀性优于90%。调整固形物浓度和旋涂转速可以获得不同的薄膜厚度，通常保证平整情况下的最大厚度约为10μm。如果需要更大的厚度，可以在临时键合的两个表面上分别涂覆。HD还提供单次旋涂厚度30μm的HD3007HS，即使圆片表面的结构起伏达到20μm，仍可实现无缺陷临时键合[123]。除单次旋涂厚度外，HD3007HS的性能与HD3007基本相同。

HD3007预固化为90℃和120℃各90s，使有机溶剂逐渐挥发，然后在氮气环境中加热到250～350℃固化60min。固化后的玻璃化转变温度为180℃，在350℃下保温10min的质量损失约为0.2%[122-123]，如图5-71所示[117]。在150℃左右，薄膜吸附的水分基本全部排除，一直到450℃没有明显的质量损失，超过450℃后开始逐渐分解，热解温度约为540℃。HD3007的化学稳定性较好，250℃固化后在2.38%浓度的TMAH和甲酸中经过30min没有发生变化。

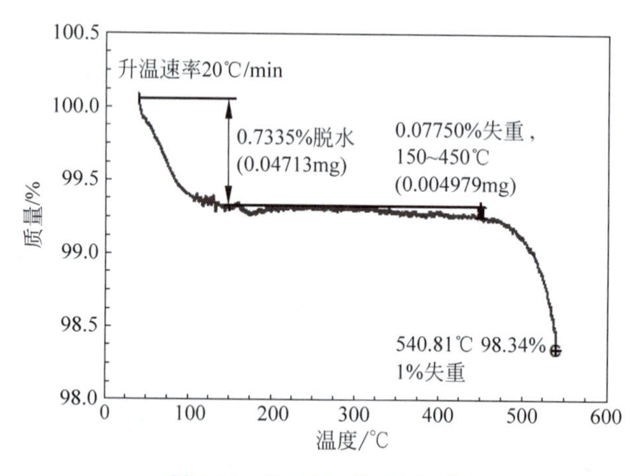

图5-71 HD3007热差重曲线

HD3007的键合温度依赖于亚胺化温度，亚胺化温度越高，所需键合温度越高[103]。当键合温度为350℃时，很小的键合压力(70kPa)和很短的键合时间就可以获得良好的键合效果；当键合温度为200℃时，即使较大的键合压力和较长的键合时间，仍有大量的空洞。通常键合温度为300～350℃，键合压强为220kPa，腔体压强为1mbar，键合时间为1～

10min[123]。表5-17为不同厚度的HD3007的键合参数。如果键合与涂覆的间隔时间较长，HD3007会吸附水分，需要在键合前预先加热到125℃保温10min，去除吸附的水分。HD3007具有很高的键合强度，室温下剪切力测试时，键合的硅片和玻璃在推力作用下局部碎裂，但键合层未分离。在150℃下，HD3007的剪切强度仍高达40MPa左右[123]。

表5-17 HD3007的键合参数

参数	键合层厚度	
	4～5μm	8～10μm
上键合盘预热温度/℃	350	300
下键合盘预热温度/℃	180	180
下键合盘键合温度/℃	350	350
键合时间/min	10	1
键合压力/kPa	145	220

聚酰亚胺类临时键合材料紫外光吸收率非常高，一般通过激光照射拆键合。300℃固化且厚度超过200nm的HD3007薄膜对248nm波长的紫外光几乎完全吸收，波长为308nm的紫外光的透过率也仅为2.5%。因此，可以根据辅助玻璃圆片的透光性质，使用248nm或者308nm的准分子激光实现HD3007的拆键合。拆键合时激光束需要扫描整个键合圆片，200mm圆片的扫描时间不超过30s。激光拆键合后，采用EKC865溶剂完全溶解去除残余的HD3007。EKC具有较高的去除速率，对金属和固化聚合物较为安全，在60℃时4～5μm厚的HD3007可以在30s内全部去除。利用这一特性，HD3007也可以利用EKC溶解去除。图5-72为带有直径为370μm、中心距为500μm通孔的玻璃辅助圆片的溶解拆键合时间。温度越高，EKC865溶剂溶解HD3007所需时间越短，70℃时可以在10min内完成拆键合。

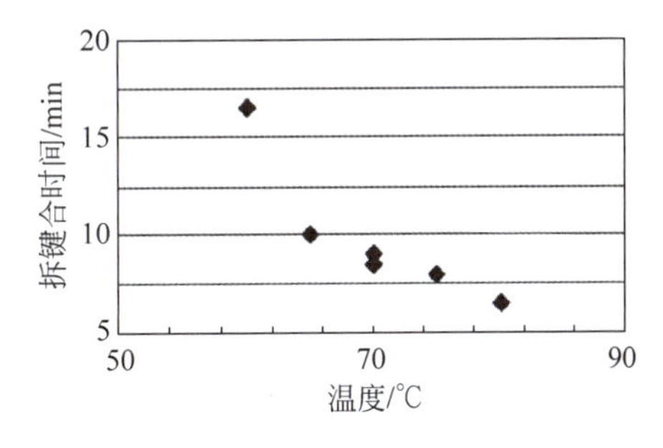

图5-72 HD3007拆键合时间与温度的关系

5.4.3.3 3M WSS

3M的WSS(Wafer Support System)临时键合材料采用紫外激光照射拆键合。WSS由两种组分构成，包括旋涂在器件晶圆表面的键合胶和旋涂在辅助晶圆表面的光热转换释放层(LTHC)，如图5-73所示。键合胶的主要成分为丙烯酸，通过紫外激光照射交联，用于临时键合。释放层的主要成分是热塑性树脂，用于吸收紫外激光后裂解。由于采用激光拆键合，WSS只适用于玻璃辅助圆片。WSS具有较好的润湿性，当键合胶层厚度合适时，键合压力挤压的键合胶环绕硅晶圆周围，保护减薄后的锐利边缘。

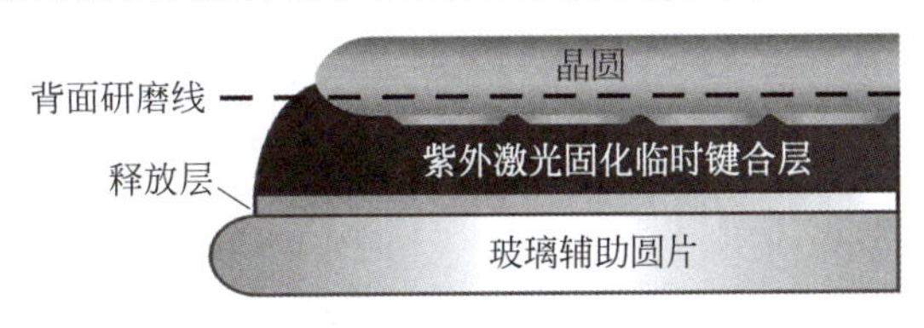

图5-73 WSS临时键合结构

图 5-74 为 WSS 的临时键合和拆键合流程[124]。释放层涂覆在玻璃辅助晶圆表面，键合胶旋涂在器件圆片表面，通过紫外光照射固化，厚度范围为 20～200μm，非均匀性小于 2μm。经过室温键合后，完成背面减薄等工艺，器件晶圆背面与切割胶带粘贴。利用紫外激光照射玻璃辅助圆片，释放层吸收紫外光后分解，使玻璃辅助晶圆与器件晶圆分离。利用 3M 3305 等胶带(基底为聚酯纤维，粘结剂为橡胶)粘贴在键合胶表面，通过撕拉胶带将键合胶剥离。硅和玻璃与键合胶之间的结合能为(1.3±0.2)J/m^2，而释放层与键合胶之间的键合能为(5±1)J/m^2，但是经过激光处理后降低为 0[124]。

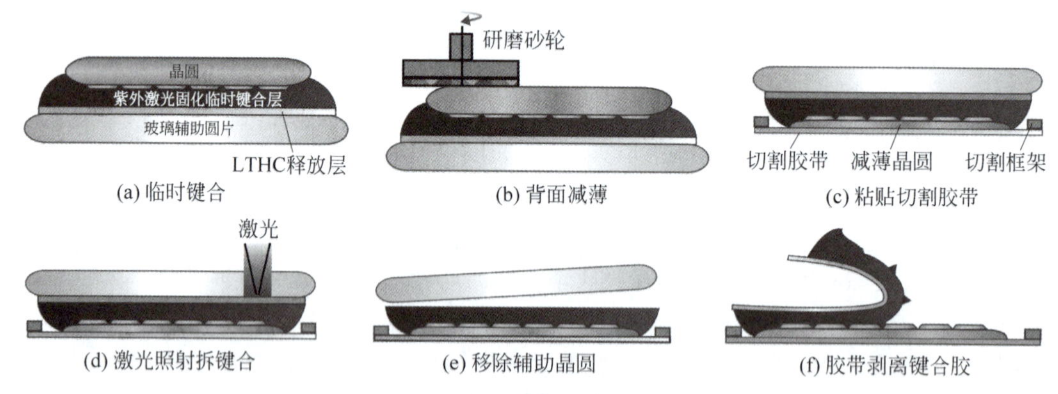

图 5-74　WSS 临时键合和拆键合流程

WSS 包括 LC-3200、LC-4200 和 LC-5200 等型号。LC-3200 主要成分为丙烯酸，粘度为 3500cP，最高在 150℃下可耐受 60min，在 180℃下可耐受几分钟。LC-4200 和 LC-5200 还包括其他功能性成分，粘度分别为 2150cP 和 2000cP。LC-4200 在 180℃下耐受 90min，在 200℃下可耐受几分钟；LC-5200 在 250℃下可耐受 60min，但是键合能从室温和 150℃时的 1.3J/m^2 迅速下降到 0.1J/m^2，到 275℃时已经下降到 0，如图 5-75 所示[124]。因此，WSS 也可以通过加热剥离的方式拆键合。

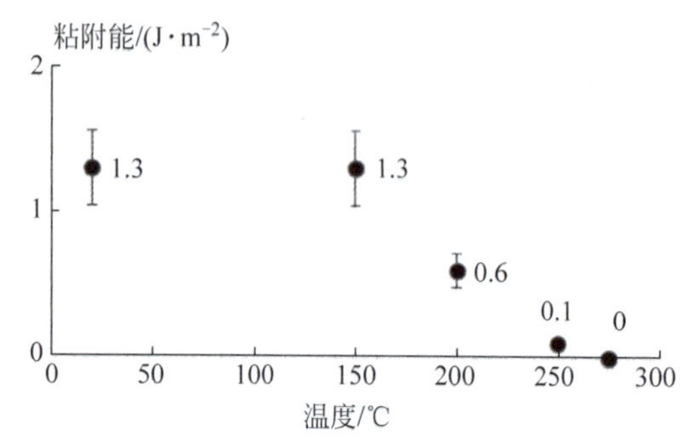

图 5-75　WSS 的键合能随温度变化关系

WSS 的优点是气体释放量极低，表面剥离时应力极小，与高温、高真空和低介电常数介质材料相兼容。此外，WSS 可以在室温下键合和拆键合，剥离后键合层在晶圆表面残留程度极低，多数情况下不需要清洗，而对于 WaferBond 和聚酰亚胺等，后续清洗既重要又麻烦。由于拆键合过程应力低、变形小，WSS 可以将晶圆减薄到 20μm 以下。

5.4.3.4　Corning TBS

Dow Corning 的 TBS(Temporary Bonding Solution)临时键合材料为双层组合，包括释放层 WL-3001 和键合胶层 WL-4030/4050。WL-40XX 为热固性硅橡胶，与 WL-3001 都具有良好的热稳定性和化学稳定性，在 300℃下热失重小于 0.5%，不溶于多数酸碱溶液，在异丙醇和丙酮中 20min 溶解小于万分之五。

TBS 的临时键合流程如图 5-76 所示[125]。器件晶圆表面旋涂释放层 WL-3001，在 130～150℃下固化，固化后厚度为 130～280nm，均匀性优于 99%。然后在释放层表面旋涂键合胶层 WL-40XX，厚度为 20～100μm。TBS 具有极佳的厚度均匀性，厚度为 68μm 时均匀性优于 99%，厚度为 100μm 时均匀性约为 98%。WL-40XX 也可以旋涂在辅助圆片表面。键合胶层无须固化，直接将器件与辅助圆片在室温下键合，键合不施加温度和压力。键合后加热到 150℃使键合胶层固化，然后进行后续减薄等工艺过程。

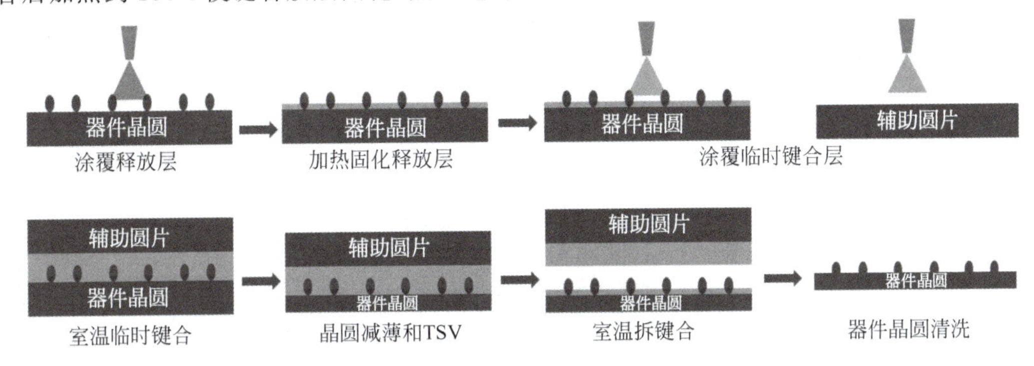

图 5-76　TBS 临时键合流程

TBS 拆键合采用机械剥离的方式，室温下利用拆键合设备如 Suss 的 DB300T 或 DB12T 实现，减薄的器件晶圆粘贴切割胶带后通过真空吸盘固定，辅助圆片利用剥离分开，最后清洗表面残余键合胶。拆键合和清洗总时间小于 5min。拆键合分解界面位于键合胶层和释放层的界面，如图 5-77 所示。这种拆键合方式同样适用于减薄后厚度为 50μm 以及带有高度 50～70μm 的 C4 凸点的晶圆。即使表面带有 50μm 的凸点，涂覆后的厚度差也仅为 2～3μm。

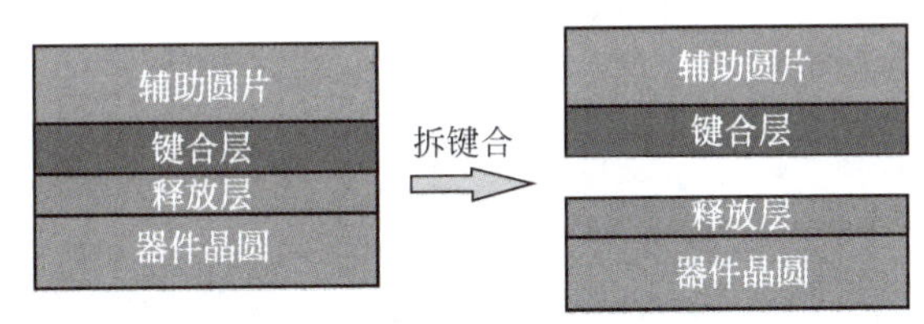

图 5-77　TBS 拆键合示意图

5.4.3.5　Dow XP-BCB

XP-BCB 是 Dow Electronic Materials 生产的基于 BCB 改性的临时键合胶，具有化学和温度稳定性好、交联温度低、无空洞、平整度高等优点，键合后可以耐受 325℃约 1h。XP-BCB 采用旋涂涂覆，单次旋涂最大厚度为 50μm，两次旋涂厚度可达 100μm，厚度 TTV 约为 1%。XP-BCB 适用于多种表面，键合强度可调；室温拆键合，并适用于带有 C4 凸点或铜柱的表面。

图 5-78 为 XP-BCB 的临时键合流程[126]。在辅助晶圆表面旋涂粘附增强层 AP-3000，在 90℃下固化 90s，在器件晶圆表面旋涂 XP-BCB，在 120℃下预固化 120s，然后在 140℃下固化 10min。键合在 80～150℃下加热使 XP-BCB 软化，然后在 0～300N 的压力下键合，键合后需要在 200℃下加热 100min 或 210℃下加热 60min 固化。

XP-BCB 采用侧面楔入分离的方法拆键合，如图 5-79 所示。将减薄的器件晶圆与 PET 切割胶带粘接，从晶圆侧面对准 XP-BCB 层插入楔形刀片，然后从切割胶带和辅助圆片向两侧垂直施加拉力，即可将辅助晶圆与器件晶圆分开，XP-BCB 层被辅助晶圆带走，在器件晶

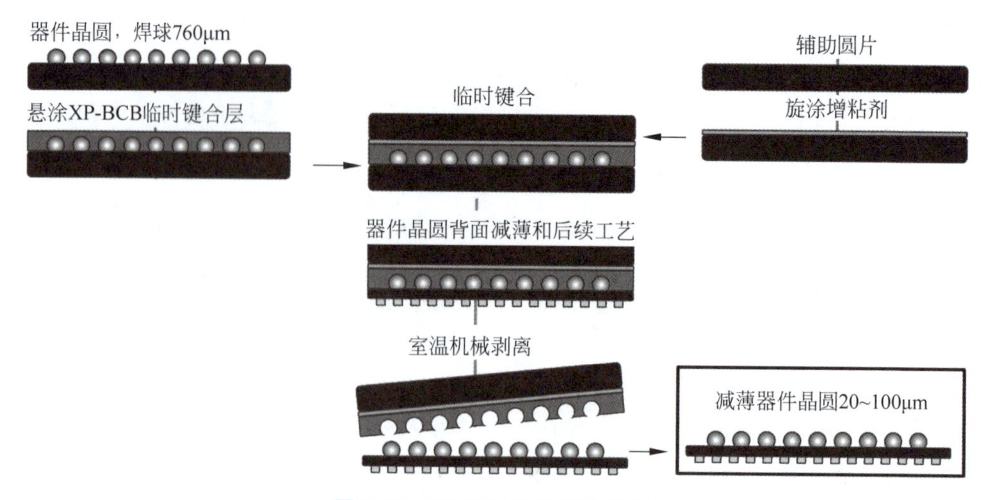

图 5-78　XP-BCB 临时键合流程

圆表面几乎没有残留物。这种方法不仅适用于表面平整的 300mm 晶圆，还可以应用于减薄厚度 50μm 的晶圆。即使表面带有尺寸较大的 C4 凸点，仍可以很好地分离附件晶圆，并且凸点表面不残留 XP-BCB。

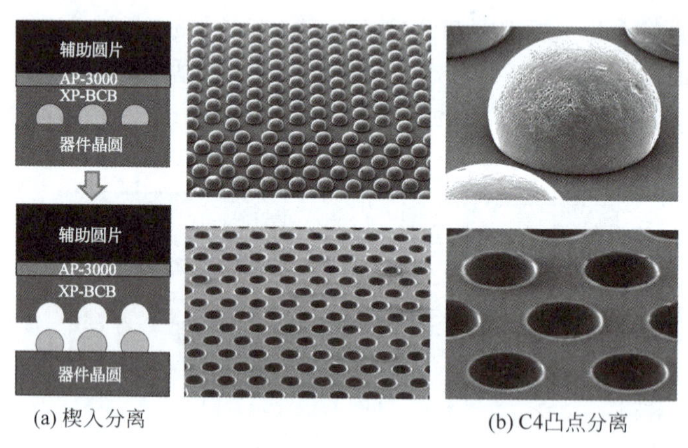

图 5-79　XP-BCB 拆键合方法

5.4.3.6　T-MAT

T-MAT 是 Thin Materials AG 的临时键合产品，为热固性硅橡胶。这种临时键合材料也包括释放层和键合层，键合层为热固性的硅橡胶，完全固化后可以耐受 400℃ 的高温。T-MAT 临时键合和拆键合工艺流程如下：首先在器件圆片涂覆前驱体，然后在 PECVD 设备中利用等离子体的作用将其转换为 100～150nm 厚的释放层；然后将硅橡胶键合层涂覆在辅助圆片上，厚度为 20～200μm，利用 180℃ 固化硅橡胶；最后将器件圆片与辅助圆片键合，键合温度约为 180℃。

拆键合可以使用划片胶带，将胶带层固定在真空吸盘上，另一个真空吸盘固定辅助圆片，首先分离辅助圆片的一侧，再分离整个圆片。T-MAT 增加了一个释放层，将键合胶的粘附能力与热力学特性分开。释放层对圆片面内的键合强度很高，抗剪切力能力很强，能够承受减薄等工艺产生的面内的滑移和搓动，因此难以通过推移拆键合。但是在垂直圆片表面的方向上键合强度却很低，容易通过施加垂直表面的拉力以剥离的方式实现拆键合。

5.4.3.7 干膜键合胶

近年来，干膜类临时键合材料发展非常迅速，如AI Technology的WPA-TS/TL、Dynatex的WaferGrip、Sekisui的紫外自剥离胶带、Nitto Denko的热剥离薄膜Revalpha，以及Haeun的热剥离薄膜Rexpan等。这些干膜类临时键合材料多为树脂或聚酰亚胺类聚合物，可以耐受300℃以上的高温。干膜键合胶的厚度为10～100μm，通过压膜的方式粘贴在晶圆表面，具有成本低、生产过程简单、适用于自动化设备、厚度均匀性好等优点。目前部分临时键合机支持干膜类材料的临时键合，如EVG公司的820。

干膜材料通常在室温下即具有粘附性，可以在室温下利用图5-80的过程完成干膜与辅助圆片或器件圆片的层合，然后加热至150～250℃进行临时键合。干膜类材料的缺点是适应表面起伏圆片的能力较低，无法补偿精细和高深宽比的表面起伏，用于表面起伏较大的圆片时容易产生空洞。另外，与液态临时键合材料相比，室温键合的干膜类材料的键合强度较低。

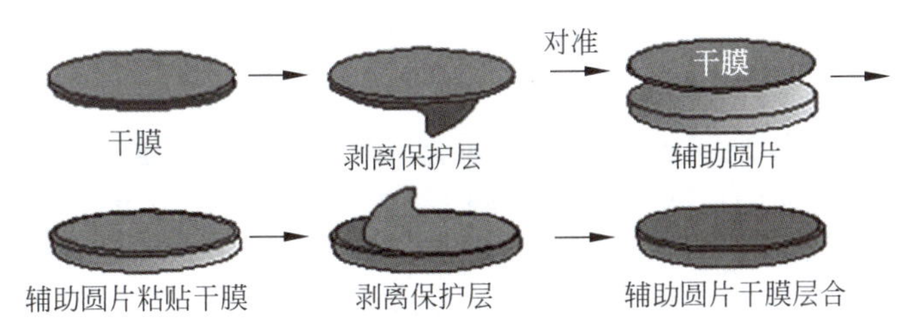

图5-80　干膜临时键合工艺过程

干膜材料一般通过加热或紫外光照实现裂解或软化，拆键合过程简单。图5-81为Sekisui紫外光照射分解干膜键合胶原理[127]。该干膜胶采用405nm紫外光照射预固化增强强度，采用254nm紫外光照射产生氮气实现释放。WPA-TL也采用紫外光拆解，而AI Technology的WPA-TS和WPA-TL均可用加热推移和化学溶解拆键合。

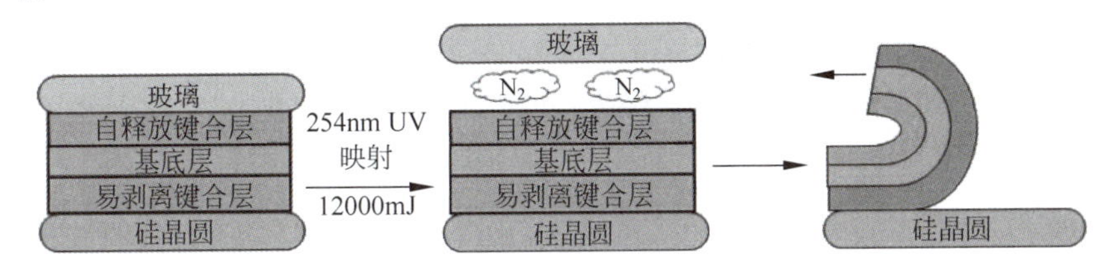

图5-81　紫外光照射分解干膜键合胶

5.5 金属键合

金属键合将两层芯片对应位置的金属结构结合为一体，实现相邻芯片层之间导体的连接，如图5-82所示[128]。尽管金属键合也具有多层芯片结构固定的功能，但是金属键合的总面积一般很小，通常还要结合介质层键合以保证芯片之间的键合强度。

金属键合分为固相键合和液相键合，前者包括热压键合和室温键合，后者包括共晶键合和瞬时液相键合。热压键合是在高温和高压的条件下，使固态接触的金属通过界面的晶粒互扩散而形成为一体。室温键合是在室温或低温下通过相邻金属在界面形成化学键。这两

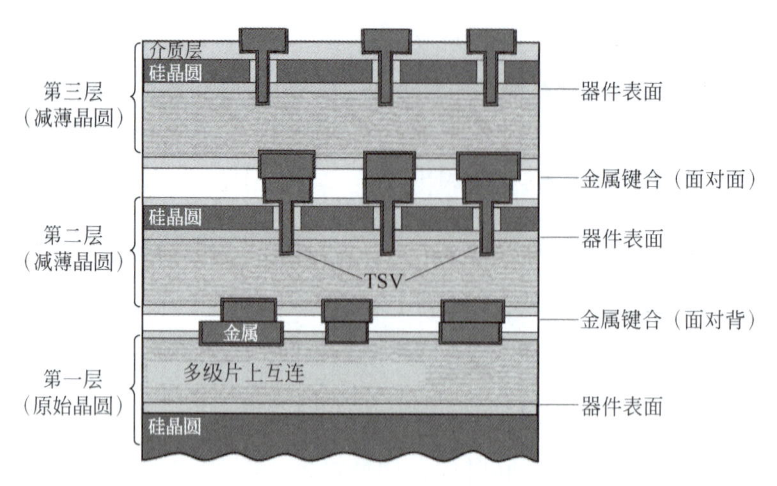

图 5-82　三维集成的金属键合

种键合方法一般用于同种金属(如铜、镍、铝、金)之间的键合,具有界面电阻率低、键合无滑移、凸点尺寸小、密度高等优点。共晶键合和瞬时液相键合过程都有液相出现,通过固液金属间的扩散或化学反应形成键合,适用于异质金属之间的键合。液相键合的优点是键合温度低、压强小,对金属表面的形状、高度一致性、杂质和氧化物等要求较低,同时键合速度快、生产效率高,但是液相的出现导致键合滑移和液体挤出,降低了键合后的对准精度,能够适用的最小凸点直径通常在 5μm 以上,并且界面电阻较大。

5.5.1　铜热压键合

铜热压键合(TCB)也称扩散键合,是指将两个铜结构在高温高压下紧密接触,通过晶粒相互扩散结合为一体的键合方法[129-132]。TCB 在合金和陶瓷等领域应用多年,并发展出不同的机理模型[133-134]。20 世纪初,MIT 和东京大学最早将 TCB 引入金属互连领域[135-136],2005 年,Intel 将其用于三维集成[137]。

TCB 的优点是键合界面质量高、缺陷少、可靠性高、电阻率低[138],键合界面对电阻基本没有影响。键合没有液相过程,键合前后凸点尺寸不变且相对滑移很小,能够保证键合后的对准精度,有利于小尺寸、高密度金属键合。TCB 的缺点是键合温度高、压强大,对凸点的表面粗糙度、高度一致性、杂质等要求高。

5.5.1.1　键合机理

TCB 的主要步骤包括铜凸点制备、CMP、表面处理、对准、键合和退火等。较薄的铜凸点一般采用 PVD 沉积,较厚的铜凸点采用电镀沉积。CMP 处理提高凸点的高度一致性并降低表面粗糙度,使凸点能充分接触。表面处理去除凸点表面的氧化层和污染物,并对表面进行活化,提高键合强度。两个晶圆对准后使铜凸点接触,在真空或保护气体环境下施加压力和温度并保持一定时间,实现铜热压键合。

TCB 的机理一般认为是高温下铜原子的扩散以及铜晶粒的再生长[129],但是晶界扩散动力学以及缺陷和杂质的影响机理尚未完全清楚。如图 5-83 所示,键合可以描述为以下过程:①局部紧密接触:由于铜具有一定的变形能力,当施加一定的键合压力时,两个表面光洁平整的铜凸点在微观尺度上发生局部紧密接触并互相挤压变形,接触区域逐渐扩大。

②晶粒扩散和再生长：温度上升到300～400℃，铜原子得到足够的能量进行快速扩散，铜晶粒发生再生长和变形。在接触的界面处，铜原子的扩散和铜晶粒的再生长形成了横跨界面的锯齿形晶粒。③缝隙消失：经过足够时间的晶粒扩散和生长，铜界面形成大的铜晶粒，界面消失。由于温度升高，晶粒边界偏析杂质和缺陷，并可能形成贯穿键合层厚度的孪晶[130]。

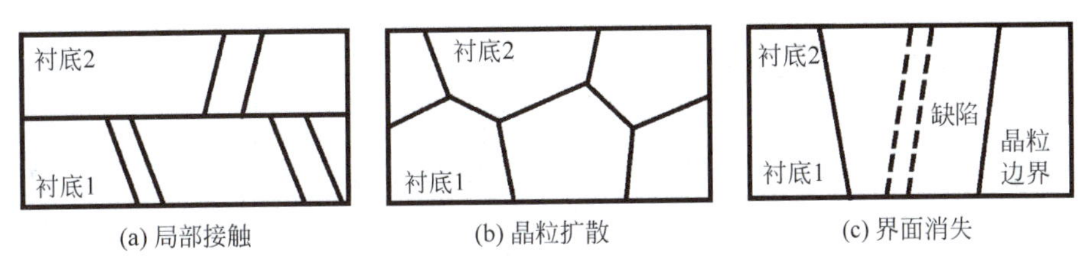

图 5-83　铜热压键合原理

微观上，界面处铜晶粒的扩散表现为界面两侧晶粒边界的相互进入。如图5-84所示[139]，温度较低时，晶粒未发生变形和互扩散，界面两侧相邻铜晶粒之间的边界大体垂直于界面，二者的交点称为T形交点。温度升高后，铜晶粒有长大膨胀的趋势，而两个晶粒相交的T形交点处的强度最低，因此对面的铜晶粒膨胀时跨过接触界面挤压T形交点，沿着T形交点的垂直方向生长。这一过程使晶粒的平整边界变形为锥形，并沿着对面两个相邻晶粒的边界深入两个晶粒之间，导致接触界面两侧的铜晶粒开始相互扩散。

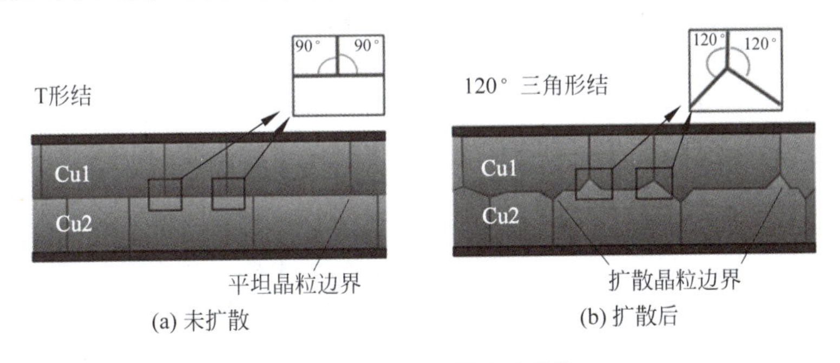

图 5-84　晶粒边界锥形扩散

晶粒锥形交点的形成和扩散由键合温度决定，如图5-85所示[139]。①温度低于100℃时，界面两侧的铜晶粒基本没有变化，但是原子扩散和迁移在接触界面上出现了一些尺寸约为20nm的空洞。②温度为200℃时，界面的空洞由于汇聚效应长大，尺寸变为60nm左右。同时，原本平坦的晶粒边界变为锥形，深入另一侧两个相邻晶粒之间，平整的晶粒边界变形为锥形并沿着相邻晶粒边界扩散。这表明晶粒边界是扩散阻力最小的通道，是晶粒边界扩散的主要路径。在高温和内应力的作用下，铜晶粒内的原子向着阻力最低的晶粒边界处挤压，形成锥形晶粒边界。在200℃时，锥形边界凸出的高度为20～30nm。③温度为300℃时，界面的空洞进一步长大，同时锥形边界的数量和深度都在增加，在界面两侧形成锯齿状晶粒边界，锥形深入深度为90～100nm。④温度为400℃时，锥形扩散非常显著，深入深度为110～120nm，界面空洞在晶粒扩散的挤压下消失，部分晶粒生长和合并，形成体多晶铜的状态。

引起铜原子扩散和迁移以及晶粒生长变形的因素很多，如体扩散、晶粒边界扩散和表面

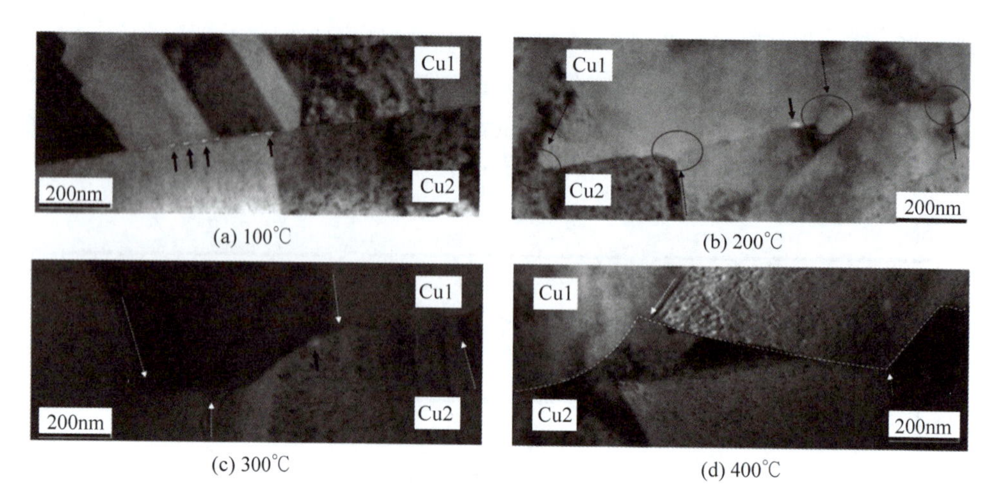

图 5-85 锥形晶粒边界的形成过程

扩散、压力和温度导致的内应力梯度[140]，以及缺陷和杂质驱动晶粒变形等。在低于 300℃ 的温度下，表面扩散是原子迁移的主要原因[141]，铜薄膜内的缺陷产生内部应变和应力也是原子扩散驱动力之一。与所有的面心立方金属一样，铜在低于熔点温度下的自扩散系数强烈依赖于晶粒尺寸和位错密度。图 5-86 为不同温度下扩散的控制机制[142]，图中 l 表示晶格扩散，d 表示位错扩散，g_{b} 表示晶粒边界扩散，T/T_{m} 表示键合温度与熔点的比值。铜热压键合的温度一般为 300～400℃，与熔点(1084℃)的比值为 0.27～0.36，此时位错缺陷是主要的扩散机制，位错作为扩散的快速通道增强了低温下铜的扩散。采用 0℃ 低温和 200mA/cm^2 的高电流密度电镀获得高缺陷密度铜，可以提高晶粒的扩散能力，将键合条件降低到 240℃ 和 1h，但是键合压强高达 80MPa[143]。

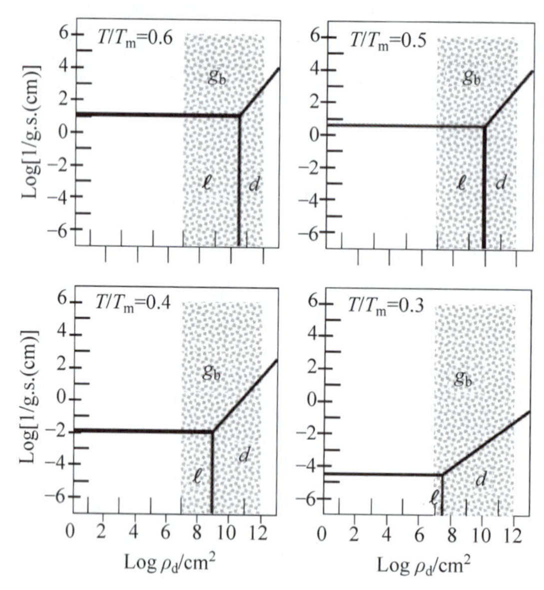

图 5-86 不同温度下铜键合的控制机理

在 300℃ 以下，晶粒边界的锥形扩散实现了基本键合，虽然能实现电学导通，但铜晶粒没有获得足够的能量充分生长，界面处的晶粒边界密度高、电阻率大、键合强度低，形成弱键合。高温或长时间键合后界面晶粒充分长大和融合，晶界密度降低，形成强键合。消除键合界面的高密度晶界可以将键合剪切强度提高77%[144]。在350℃键合2h后，键合强度可达$3.2J/m^2$，约为铜表面能的2倍，并具有极低的电阻率。高温键合后界面上晶粒充分扩散并长大，部分铜晶粒融合长大贯穿整个键合层厚度，但在晶格尺寸上仍有少量非连续的现象，如图5-87所示。

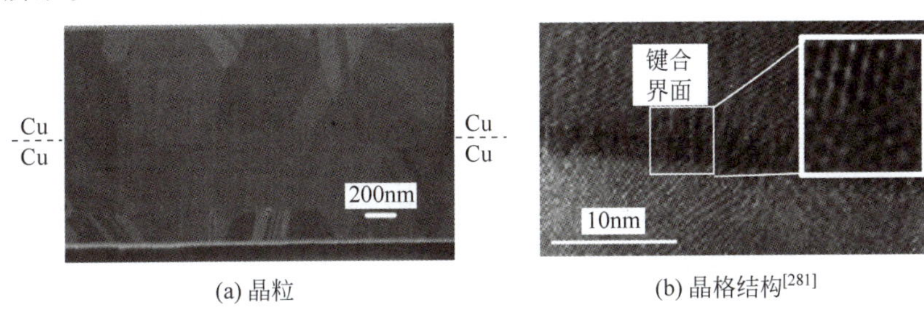

(a) 晶粒　　(b) 晶格结构[281]

图5-87　铜热压键合界面

键合过程中晶粒发生生长、扩散和变形等现象，因此晶粒的方向分布产生变化。如图5-88所示[129]，键合前，铜薄膜的晶粒分布以(111)方向为主，并伴有少量的(200)、(220)和(311)等方向，为典型的溅射铜晶粒方向分布。键合后，(111)方向的铜晶粒大幅减少，(220)方向的晶粒大幅增加，同时(200)和(311)也有一定程度的减少。由于(220)方向应变能最小，键合后铜晶粒晶格变形生长，该方向晶粒增加使应变能释放。

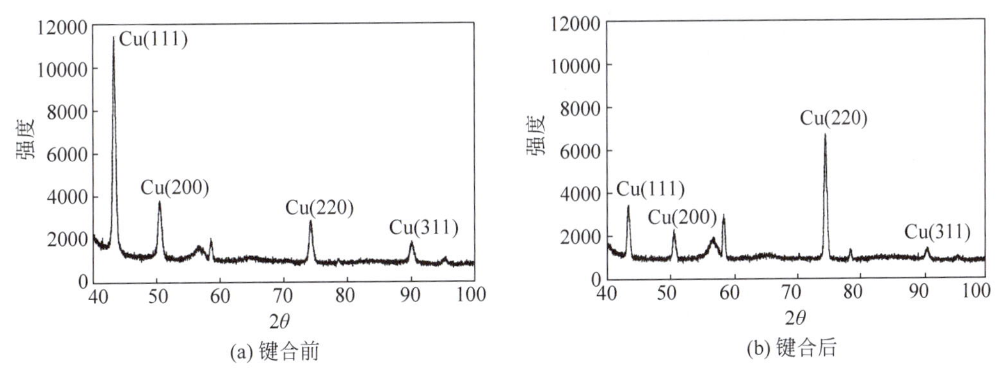

(a) 键合前　　(b) 键合后

图5-88　晶粒方向的变化

5.5.1.2　键合参数的影响

TCB依靠铜晶粒的互扩散实现，影响互扩散的因素都会影响键合质量，包括键合参数(如温度、压强、时间等)以及铜自身的参数(如晶粒方向和大小、凸点表面粗糙度、氧化物和缺陷杂质等)。TCB的常用的工艺参数：键合压强为200kPa～2MPa、温度为350～400℃、时间为30～60min、真空(1～10mTorr)或氮气保护环境。图5-89为铜键合过程和工艺参数时序。首先对键合腔体抽真空直到设定压强；随后对晶圆加载预压力并加热，温度的上升速率设定为6℃/min；当温度上升到350℃时，施加压力并保持。键合完成后，停止加热并撤除压力，当温度下降到100℃后停止抽真空。如果键合时间小于60min，为了提高键合质量，键合后一般需要退火，退火温度一般为300～400℃，时间为1～2h。

键合温度对键合质量有决定性影响。一般铜键合温度为350～400℃，在300℃以下会有较高的失败概率。图5-90为不同键合温度下的键合界面和界面粘附能[145]。在300℃键

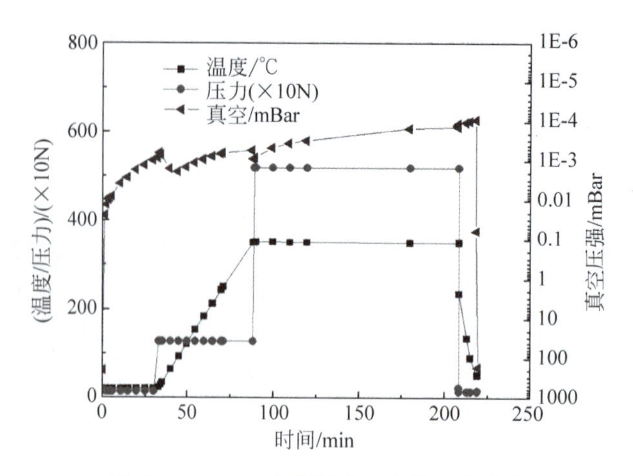

图 5-89 Cu-Cu 热压键合过程及工艺参数

合,铜界面处仍存在明显的缝隙。随着键合温度的升高,界面处的铜原子相互扩散,400℃键合后铜界面的缝隙完全消失。界面粘附能随着键合温度的升高而提高,400℃键合的界面粘附能是 300℃键合的近 2 倍,并且 400℃键合时粘附能的方差也更小。这表明,300℃键合时界面没有完全融合,分散较为严重,而 400℃键合后界面全部融合,分散度降低。经过合适的表面处理和键合工艺参数,铜热压键合可以在 300℃的条件下实现[132]。

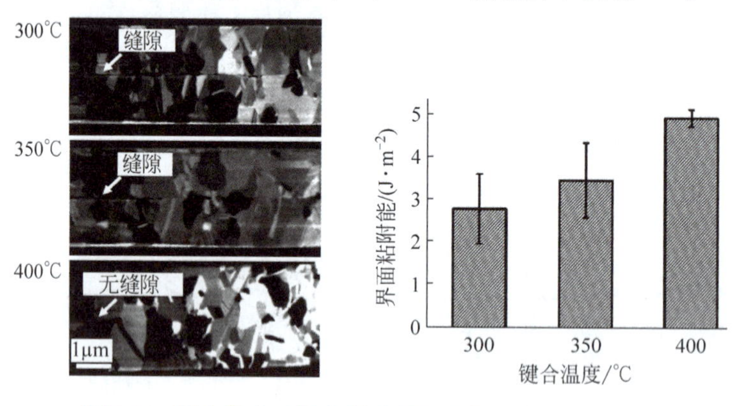

图 5-90 键合温度对铜-铜键合界面晶粒和粘附能的影响

键合后退火对低温和短时间键合极为重要,超过键合温度的退火可以明显改善键合质量。图 5-91 为 300℃键合 30min 后,在 200℃、250℃和 300℃氮气环境中退火 60min 的键合质量[145]。键合后铜界面存在明显的缝隙,而 200℃退火 60min 对键合界面没有明显影响,甚至使缝隙稍有增大。这与扩散界面晶粒扩散有限并且热膨胀导致的变形有关。在 250℃和 300℃退火 60min 后,键合界面的缝隙明显缩小。在 200℃退火后界面粘附能基本没有变化,但是在 250℃和 300℃退火后分别提高 220%和 330%。尽管退火温度不能促进再晶化反应,但却能加强铜扩散,大幅改善界面特性。

铜晶粒扩散是温度和时间共同作用的结果,因此键合时间和退火时间也有重要影响。退火本质上是延长键合时间,因此铜键合既可以采用长时间键合,也可以采用短时间键合后再退火。短时间键合若能实现初始键合,界面的结合强度满足后续退火的需求。短时间键合和长时间退火不仅可以尽快腾空键合机提高设备利用效率,还可以避免低介电常数介质

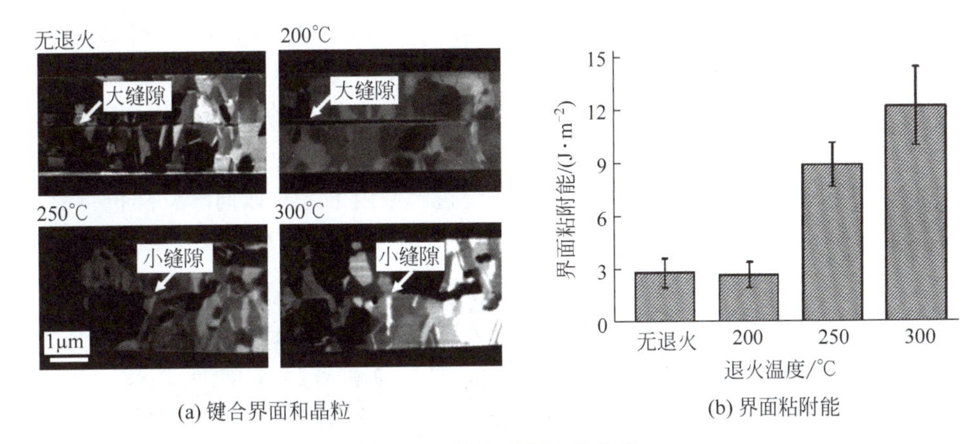

(a) 键合界面和晶粒

(b) 界面粘附能

图 5-91 键合后退火的影响

等低强度结构被键合压力破坏的问题。例如,在400℃下键合30min并在氮气环境下400℃热退火30min,可以获得满意的键合质量;而在350℃下键合30min并在氮气环境下350℃退火60min,也可以获得很好的键合质量。

图5-92为键合温度、时间以及退火时间组合的键合效果[146]。横轴表示退火方式,纵轴表示键合和退火温度(二者相同)。第一条曲线的上方是键合后铜晶粒充分扩散的理想键合情况。当仅采用30min键合没有退火时,即使键合温度为450℃也难以获得良好的键合质量;当键合和退火温度超过370℃时,30min的键合和30min退火可以获得良好的键合质量;当采用30min键合和60min退火时,获得良好的键合质量的温度可以降低到350℃以下。采用300℃键合和退火,只要退火温度超过30min,即使300℃的低温键合也能获得仅有1%的失效的情况。

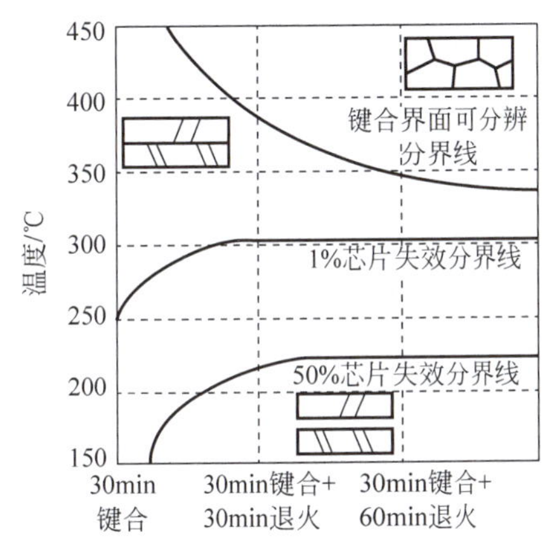

图 5-92 键合和退火温度及时间对键合质量的影响

键合施加的压强是另一个影响键合质量的因素。键合压强影响实际接触面积,增大键合压强有助于改善界面的接触状态。在相同的键合温度和时间下,更大的键合压强可以获得更好的键合质量。当铜凸点未采用CMP处理时,铜凸点间的高度差和表面粗糙度较大,需要更高的键合温度和压强,如400℃和100~150MPa。经过CMP处理,凸点的表面粗糙度降低到0.3~1nm,压强可以降低到2MPa甚至更低,温度可以降低到300~350℃。此外,凸点的不平整性和较大的压强会导致较大的滑移,影响键合后的对准精度,并有可能损坏器件结构。压强对非真空环境下以及(111)方向晶粒少于40%的情况更为重要,但对键合的影响程度小于温度的影响程度。对于表面粗糙的情况,如果温度不足,仅通过增加键合压强也很难获得良好的键合质量。

5.5.1.3 晶粒的影响

铜凸点的晶粒方向、大小和缺陷是影响铜扩散的关键因素。晶粒尺寸越小,晶界密度越高,越容易在低温下扩散和融合,因此小尺寸晶粒对键合强度有利[147-148],但键合界面电阻更大[149]。图 5-93 为电镀沉积的标准铜、纳米孪晶铜和细晶粒铜的电子背散射图像[150]。标准铜晶粒的取向较为随机，纳米孪晶铜除了边缘外几乎均为(111)取向，这表明柱状晶粒对应(111)方向。细晶粒铜的尺寸非常小，具有不同的取向，但在中心区域倾向(100)。与(100)方向偏离 15°的范围内的晶粒所占比例约为 29%，而理论上完全随机的情况下这一比例仅为 10%。此外，纳米孪晶铜和细晶粒铜的周边区域内的晶粒取向非常随机。由于晶粒细小，细晶粒铜键合所需的退火温度最低，纳米孪晶铜次之，而标准晶粒所需的温度最高。

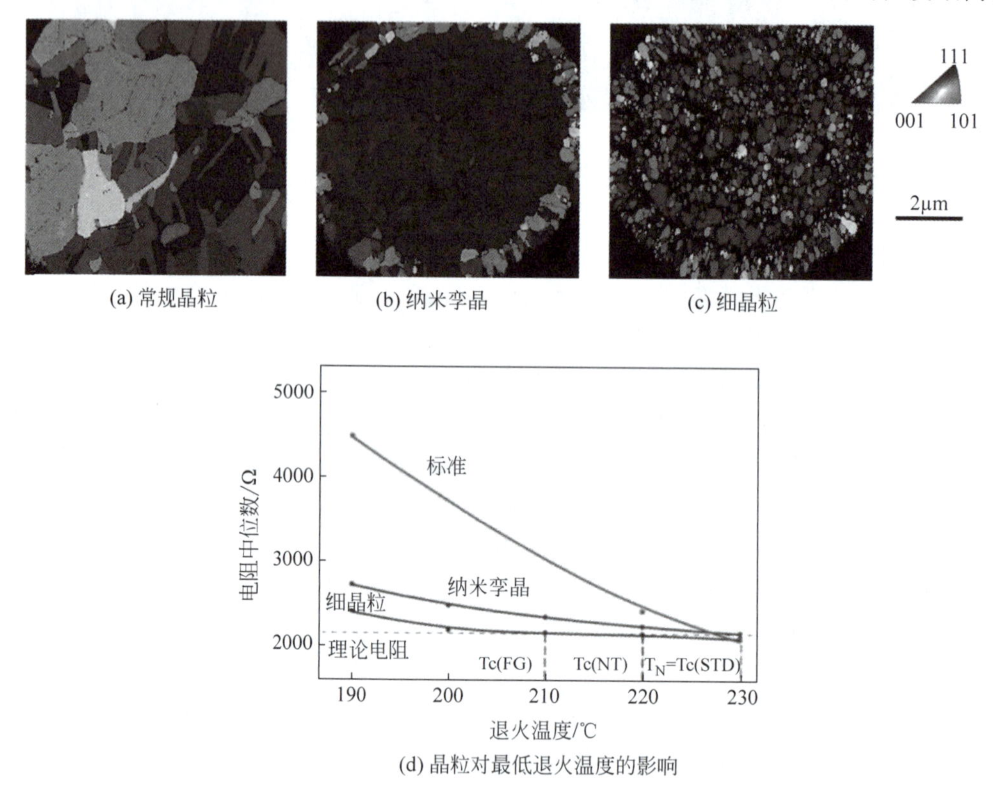

图 5-93　电子背散射图像

图 5-94 为晶粒尺寸对键合强度的影响[148]。厚度 400nm 的溅射铜薄膜的晶粒平均直径为 0.69μm，厚度 5μm 的电镀薄膜的平均直径为 2.08μm。室温键合后，键合强度仅为 $0.3J/m^2$，须采用退火增强键合强度。在 100℃以下的温度退火 30min，小晶粒的键合强度比大晶粒高 30%～50%。当温度上升到 200℃时，大晶粒的键合强度超过小晶粒键合强度。当温度达到 400℃时，大晶粒的键合强度是小晶粒的 4 倍以上。在 400℃退火后，小晶粒铜薄膜在键合界面上的空洞密度为 $4.2/\mu m^2$，平均直径为 46nm，大晶粒铜薄膜的空洞密度为 $0.97/\mu m^2$，平均直径为 103nm。这些空洞沿着晶粒边界的方向，晶界提供了空洞扩散长大路径。小晶粒因为尺寸小，晶界密度高，因此在 TiN-Cu 界面处具有较高的空隙密度，导致高温退火后小晶粒键合强度较低。

晶粒方向对扩散有重要影响。尽管所有晶向的扩散率都随温度的升高而增大，但(111)方向的扩散率比其他方向高 3～4 个数量级，如表 5-18 所示[151]，因此晶粒取向集中在(111)方向可降低键合条件，如温度降低到 150～250℃，时间缩短到 10～60min[152]。此外，对铜凸点表面进行纳米结构化也有利于表面的变形接触和晶粒扩散和降低键合条件，如形

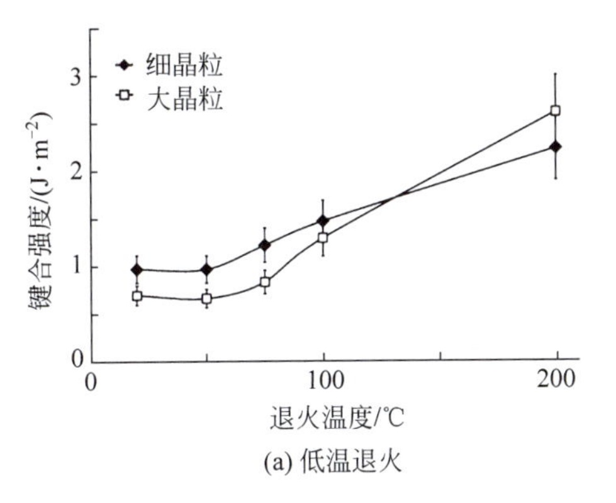

(a) 低温退火

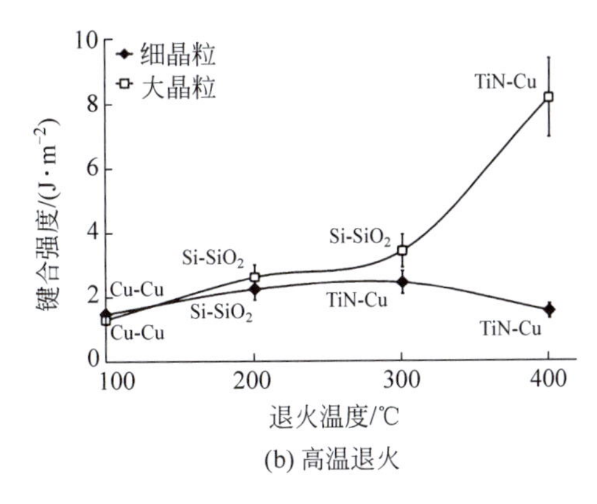

(b) 高温退火

图 5-94 晶粒尺寸对键合强度的影响

成纳米棒和纳米颗粒等[153-154]。但这种方法较为复杂，效果尚待深入评估，还未被工业界所接受。

表 5-18 铜扩散速率与晶向和温度的关系

温度/℃	不同晶向的表面扩散率/($m^2 \cdot s^{-1}$)		
	(111)	(100)	(110)
150	6.85×10^{-10}	2.15×10^{-14}	6.61×10^{-16}
200	9.42×10^{-10}	1.19×10^{-13}	5.98×10^{-15}
250	1.22×10^{-9}	4.74×10^{-13}	3.56×10^{-14}
300	1.51×10^{-9}	1.48×10^{-12}	1.55×10^{-13}

键合铜凸点的形貌、位置、密度、数量和排布方式对键合结果有较大的影响。当铜凸点的面积占芯片面积为1%～35%时，增加铜凸点的密度和数量有助于获得更好的键合质量[155]。当键合区域的相对面积超过10%时，键合后芯片切割不会造成显著的键合失效。因此，如果实际需要的键合铜凸点的面积较小时，需要额外制造一些仅为工艺目的而没有功能目的的辅助凸点，以提高键合强度。

5.5.1.4 凸点表面处理

自然环境中，多数金属都会与表面吸附的氧气和水反应而形成氧化层，称为自然氧化。当金属中的自由电子穿过氧化物层到达金属表面后，与表面吸附的氧形成阴离子，这些阴离子与金属中的阳离子形成 Mott 电势。Mott 电势降低了氧阴离子和金属阳离子穿透已形成的氧化层所需要克服的势垒，促进二者迁移穿过已有的氧化层而发生氧化反应。自然氧化层形成的初期，氧化速率非常快，随着氧化层厚度的增加，Mott 电势下降，氧化速率下降，逐渐达到稳定状态。

铜在自然环境中非常容易氧化，而氧化层极大地影响键合质量。铜自然氧化的主要产物是二氧化铜(CuO_2)、氧化铜(CuO)和氧化亚铜(Cu_2O)。在室温大气环境下，铜在几分钟内就会形成厚度约为3nm的氧化层，其中外层为厚度约为1.3nm的CuO，内层为厚度约为2nm的Cu_2O[156]。随着时间的增加，10min后铜氧化层的厚度可达6～15nm[157]，此后致密的Cu_2O层阻止氧原子的扩散，自然氧化速率下降，但铜的自然氧化不是自限制停止的。

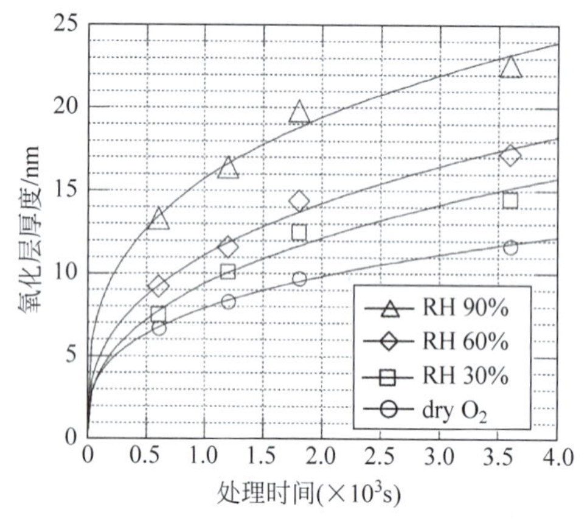

图 5-95　铜在 150℃的氧化层厚度

氧化速率受到环境因素的影响，温度越高、湿度越大，氧化速率越快。在 150℃以下，铜的氧化速率较慢，1h 氧化的厚度为 12～22nm。在 150℃以上，铜氧化速率迅速增大。在 200℃和 300℃的高温下，即使在大气环境中，1min 后铜氧化层的厚度可分别达到 150nm 和 300nm，其氧化物从外至内依次为 10～50nm 的 CuO_2、100～200nm 的 CuO 和几十纳米的含氧层[158]。图 5-95 为铜在 8×10^4Pa 的氧气环境中加热到 150℃后氧化层厚度与时间和湿度的关系[159]。

铜的自然氧化速率与铜的性质如晶粒大小、方向和致密度有关。电子束蒸发的铜膜比溅射铜膜更光洁致密，氧化速度更低。在相同条件和时间下，电子束蒸发铜膜的氧化层厚度为 1.3nm 时，电镀铜膜的氧化层厚度可达 1.8nm。此外，自然氧化层的厚度还与铜膜的厚度有关，越薄的铜膜自然氧化速率越快。

当温度在 200℃以上时，铜氧化物的稳定性大幅度下降[160]。因此，热压键合在较高温度和压力的作用下，较薄的氧化层破裂，使铜原子实现互扩散。常规铜热压键合需要 350～400℃的高温，这一方面是加速铜晶粒互扩散的需求，另一方面是降低铜氧化层稳定性的需求。由于键合时界面微观变形程度较小，过厚的氧化层无法完全破裂而影响键合质量。在氧化层无法全部破裂的情况下，即使可以键合，键合界面残留的氧化物也会影响铜的电导率。因此，尽管有报道实现氧化铜的热压键合[161]，目前广泛采用的热压键合的铜表面都需要防氧化处理，如沉积钝化层保护，或键合前去除氧化层。

钝化层是在铜表面沉积抗氧化金属薄层或自组装分子膜防止铜氧化，如 3～10nm 的 Ti、Co、Pd、NiB 和 CoB 金属，或烷烃硫醇和 C10～C18 等不同碳链长度的单层自组装分子膜[162-164]。Ni 或 Co 等金属掺杂 B 原子会形成间质结构，使 NiB 和 CoB 不易氧化。Ti 和 Pd 的钝化原理与铜的扩散特性有关。由于表面的激活能较低，键合加热过程中铜有扩散经过钝化层的趋势，而表面的 Ti(TiO_x)有反向扩散的趋势，因此键合界面结构为 Ti(TiO_x)/Cu-Cu/Ti(TiO_x)[162]。自组装分子膜结构致密，不仅可以防止氧化，还能在尾端结合亲水基团促进键合的初始反应。钝化层材料在键合高温和压力作用下被破坏，融入并残留在键合界面，这些材料使电导率和长期可靠性变得更为复杂，目前尚未被工业界所采用。

采用 N_2 等离子体处理铜表面形成 CuN 也可作为钝化层[165]。CuN 化合物具有防止铜氧化的作用，N_2 等离子体处理后放置 2 周，在表面 2nm 深度处没有氧的成分。CuN 钝化层的优点是在 300℃键合时 CuN 分解，键合后界面没有氮成分，避免了钝化层残留的影响。CuN 的形成和高温分解机理如图 5-96 所示[166]。氮等离子体处理在铜表面生成 Cu_3N-Cu，空气中 Cu_3N-Cu 不与氧反应，并且隔离铜离子向表面扩散，防止铜表面被氧化。在 200～300℃键合时，Cu_3N-Cu 分解为铜和氮气，氮气离开键合界面而没有氮残留。

目前量产中解决铜氧化层问题的主要方法是在键合前进行表面处理去除氧化层。常用的去除方法包括化学反应和离子轰击[167]。化学反应是通过溶液或气体与氧化铜层发生化学反应将其去除，包括湿法化学腐蚀、干法气体腐蚀、形成气体反应等几种，具有操作简单、

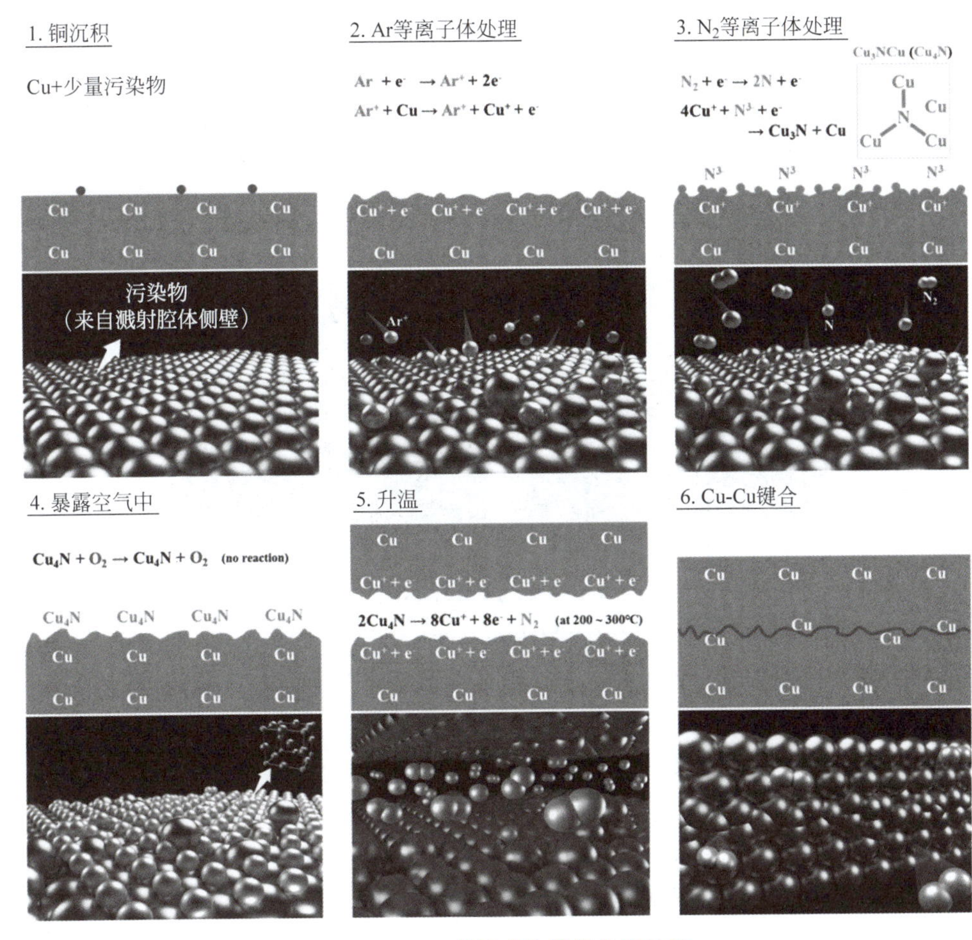

图 5-96　CuN 的形成和高温分解机理

成本低、效果显著等优点。离子轰击是利用高能离子通过物理轰击去除表面氧化层，去除效果好、工艺稳定。离子轰击需要在真空环境下进行，去除氧化层后保持真空环境进行键合。

湿法化学腐蚀通过弱酸与表面铜氧化物反应去除氧化层，同时产生悬挂的羟基提高表面结合性能。常用的试剂包括甲酸[168]、乙酸[169]、柠檬酸[138]、稀硫酸[170]、稀盐酸和氢氟酸[171]。利用 5%的稀盐酸处理 3～5min，可以将键合能提高 80%以上[172]，采用 1%的柠檬酸处理 2min，也可以大幅提高键合强度[138]。图 5-97 为乙酸清洗对键合的影响[145]。界面能随着乙酸去除氧化层处理时间而升高，未处理的表面存在氧化层，界面能很低。经过 35℃的乙酸浸泡 0、1、5、10 和 15min 后，界面能分别为 0.29、1.28、1.64、1.17 和 0.43J/m^2。但过度处理后，弱酸腐蚀导致铜表面粗糙度增大，键合界面能反而下降。

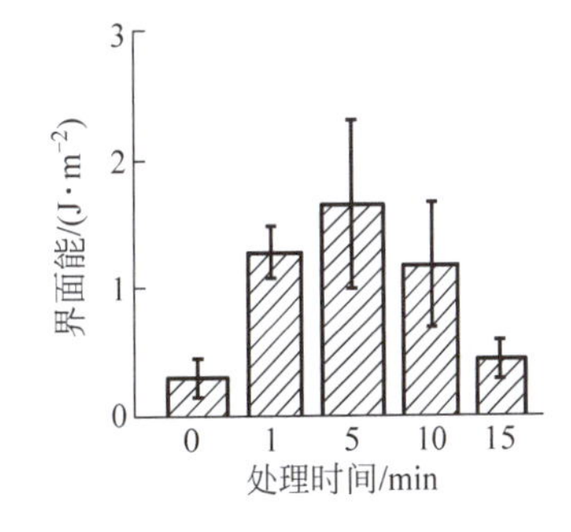

图 5-97　乙酸清洗对键合的影响

干法气体腐蚀采用甲酸等酸性气体[173]或形成气体(forming gas，氩气＋氢气或氮气＋氢气)等对铜凸点进行处理[174]。酸性气体和形成气体都是利用气体的还原性与氧化铜反应，将氧化铜还原为铜。在 160℃以上，甲酸分解为 HCOO-和 H^+，HCOO-具有很强的还原能力，与氧化铜反应将其还原为 Cu 和 H_2O。如图 5-98 所示，在 200℃和氮气环境下，用甲酸气体处理几分钟可以有效去除铜氧化层。在 200℃下 Pt 原位催化甲酸反应几分钟，使其分解为 CO_2 和 H 自由基，利用 H 自由基超强的还原能力还原氧化铜，可以将键合温度降低到 200℃，键合时间仅为 5min[173,175]。同样，形成气体处理也利用 H_2 与铜氧化物发生还原反应。经过 175℃和 30min 形成气体处理，可以将键合条件降低到 175℃和 30min 及 200℃退火 1h[174,176]。干法清洗完全避免使用液态化学溶液，工艺可控性高，有利于自动化操作。

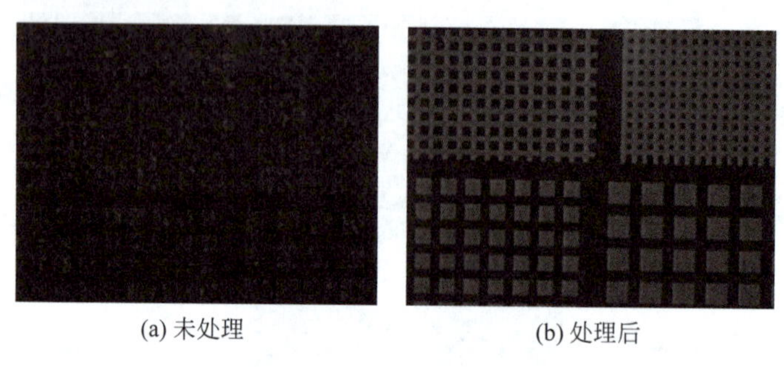

(a) 未处理　　(b) 处理后

图 5-98　甲酸气体处理的铜表面

高能离子轰击是近年来发展的氧化层去除技术。采用 Ar 或 N_2 的离子轰击不仅可以去除氧化层，还可以起到增强铜表面亲水性的效果。然而，由于高温下铜极易氧化，即使采用 0.1Pa 的低腔体压强，腔体内部和表面残留的水和氧气，仍会在高温键合时发生铜氧化，导致在 300℃键合后界面电阻增大，键合质量下降[177]。因此，等离子体处理必须在高真空的下进行，并且后续的晶圆转运和键合也需要维持在高真空下。等离子体处理在铜热压键合中也可能产生负面效果，如导致铜表面的粗糙化和分层，影响表面光洁度和键合质量[176]，并在长期保存过程出现键合强度下降[165]。

5.5.2　低温及室温铜键合

金属键合的主要发展趋势是低温甚至室温键合，即在 150℃以下甚至室温和较小的压力甚至无压力下实现金属键合。低温键合的主要优点包括：①消除不同晶圆间由于热膨胀系数差异导致的热应力，键合的适用范围更广，特别是异质材料键合；②避免升温和降温过程，大幅提高生产效率并降低成本；③某些特殊器件和材料的耐温能力有限，无法采用高温键合。例如低介电常数介质层材料一般耐温低于 220℃，DRAM 的最高温度不超过 250℃，否则会导致存储单元的性能恶化[66]。

在常用金属中，Cu-Cu 键合和 Au-Au 键合已经实现了室温键合，Al-Al 键合的温度也降低到 100℃[178]。与铜热压键合依靠高温高压下铜晶粒的互扩散不同，室温键合时铜晶粒的扩散几乎可以忽略。目前认为室温和低温金属键合是在界面原子充分接近后，通过表面原子间化学键或金属键的重建形成的[179]。此外，也有研究认为 150℃的键合机理是晶粒的直接扩散和生长[180]。室温键合后，仍需 200～300℃的退火以加强键合强度，这一阶段以晶粒的扩散和生长为主。室温键合与 TCB 键合的机理不同，键合时氧化层的影响也不同。热压键合时，如果氧化层过厚而不能被键合压力和界面变形所破坏，氧化层严重影响界面质量和电导率，甚至影响铜晶粒扩散导致键合失败。对于室温键合，当氧化层厚度很薄且表面光洁时，不仅不会影响界面质量，而且甚至是建立原子间共价键的基础。

根据目前的研究，可以将室温键合分为铜原子直接键合和铜氧化层键合两种，二者的键合机理都是依靠形成化学键，但键合界面不同。无论哪种情况，铜表面粗糙度、表面氧化层、杂质、污染物和吸附的水分子等都对键合有重要的影响。低温铜键合必须经过CMP和预清洗处理。预清洗的方法包括湿法、气体、离子或者等离子体。预清洗除了去除表面氧化层、杂质和水分子外，多数还能同时起到表面活化的效果，即在表面形成悬挂键或易于相互结合的吸附层，促进室温键合。

5.5.2.1 铜原子直接键合

当两个平整表面充分接触使原子距离达到金属键的水平时，原子间自动形成金属键，使两个金属表面重建为一体。低温和室温下的铜原子直接键合利用了这一性质。当完全去除氧化层的铜表面接触时，如果界面间隙达到铜金属键的作用距离，界面两侧的铜原子之间直接形成金属键而实现键合。这与热压键合依靠铜晶粒的长大和扩散形成一体不同。

为了实现界面两侧铜原子间距达到金属键的水平，需要完全去除铜氧化层，并且要求铜表面必须极度平整光滑，才能保证两个键合表面充分接触，这是利用金属键重建实现键合的第一要素。Cu-Cu的金属键长度约为0.26nm，而一般溅射和电镀铜的表面粗糙度为几纳米甚至更大，室温键合前铜表面必须经过CMP处理，使表面粗糙度达到0.2～1nm的水平。由于铜表面的微观结构在键合压力下会产生一定的弹性和塑性变形，当表面粗糙度达到上述水平时，即使采用较低的键合压力，也可以使表面充分接触。

为了完全去除铜表面的氧化层，需要在真空环境中采用氩离子或氮离子轰击，去除表面的氧化层、杂质、污染物和水分子，使键合表面为洁净的铜原子，然后在真空中通过铜原子之间的金属键重构实现键合。离子轰击在铜表面形成悬挂键，有助于表面原子间金属键的重建，起到活化铜表面的作用[136,181]，称为表面活化键合(SAB)，如图5-99所示。

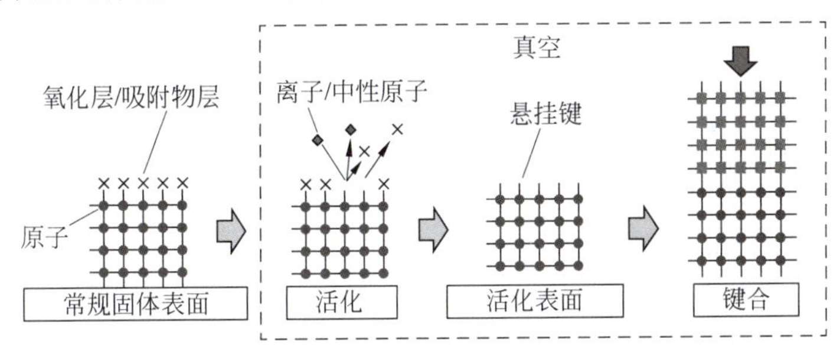

图5-99 离子轰击表面活化键合原理

图5-100为SAB键合后的界面[182]。铜表面采用100eV的氩离子束轰击1min，室温下在16kPa压强和1.33×10^{-6}Pa的高真空中键合，并在200℃下退火60h。键合后铜界面的部分区域已经融合，界面两侧的铜原子的晶格连续过渡，铜原子间形成了稳定一致的金属键，这种金属键间的强结合具有很高的结合能和键合强度。部分区域的界面仍较为明显，这些区域通过分子间引力(范德华力)相互吸引，这种依靠分子间作用力的弱结合区的结合能和键合强度都较低。随着时间的推移，界面缝隙在周围金属键结合区的压紧力的作用下而减小，产生更多的金属键结合，键合强度随着存放时间的延长而提高。

离子轰击去除氧化层的速率与离子的能量直接相关，所需的最低离子阈值能量为25eV[183]，这是一个很低的能量。通常氧化层厚度为6～10nm，表面去除10nm后可以完全

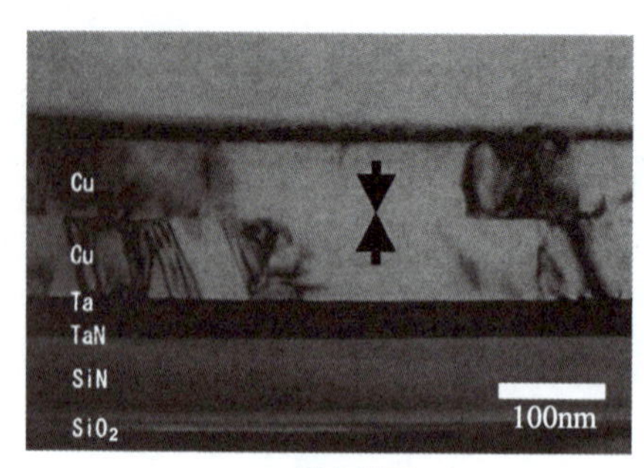

(a) 键合界面

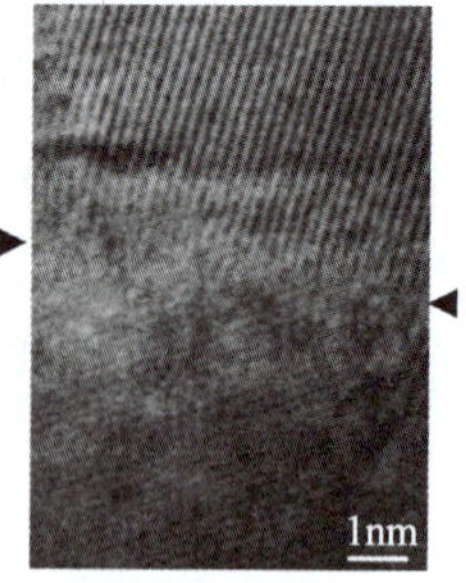

(b) 界面原子晶格

图 5-100 离子活化高真空键合界面

去除氧化层,如图 5-101 所示[184]。对于 50～1500eV 能量的氩离子,氧化层的去除速率为 0.6～10nm/min,一般需要 1～20min 的预处理。离子轰击会影响铜的表面粗糙度,离子的能量和剂量等必须精确控制,否则会导致铜表面粗糙度增大。为了防止上述问题,通常采用较大的束流密度和较低的离子能量,如采用 45mA 的束流和 100eV 的离子能量轰击 60s 后,表面氧化层可以完全去除,表面粗糙度约为 1.8nm[182]。

离子轰击和键合时,腔体内残留的氧会导致轰击过程铜表面的氧化[183]。粗略的理论分析表明,如果键合腔的压强高于 3.5×10^{-3}Pa,60s 后铜表面形成了约 10 层 CuO 分子层[184],总厚度约为 2nm。当铜表面的氧化层厚度达到几个分子层厚度时,氧化层处于连续状态并覆盖整个铜表面[185],对键合产生影响。离子轰击去除表面氧化层后,即使在压强仅为 1.33×10^{-4}Pa 的氧气环境中暴露 60min,或注入约 20 个单个氧原子层,也会使结合能从 3J/m^2 下降到 0.1J/m^2[181]。

键合腔体压强对离子处理后的表面氧化程度有重要影响。腔体压强越高,腔体内的氧气和水汽越多,表面氧化越严重。图 5-102 为氩离子处理后的铜键合面积与键合腔体压强的关系[184]。铜表面粗糙度为 1nm,即使增大键合压力,当腔体压强高于 3.5×10^{-3}Pa 时,键合面积比例也很小。当腔体压强低于 10^{-3}Pa 时,施加 6.1MPa 的键合压力只能键合 60%的面积,而施加 10.7MPa 和 15.3MPa 的压强时,键合面积比例大幅提高甚至接近 100%。为了防止铜表面再次氧化,表面处理、转运、对准和键合都需要在真空下进行,因此铜原子键合常使用多腔真空键合设备[182]。

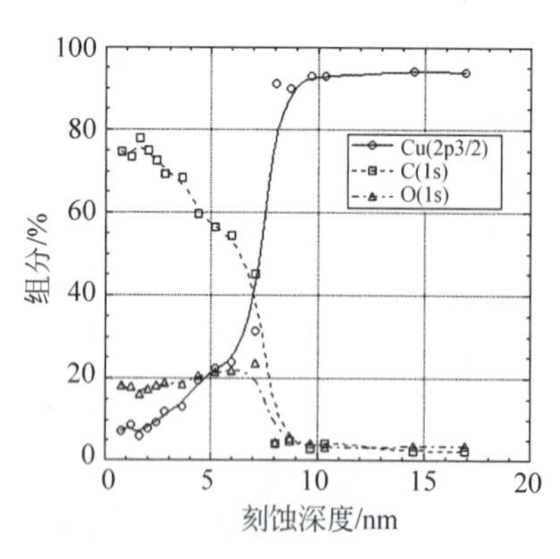

图 5-101 离子轰击去除氧化层

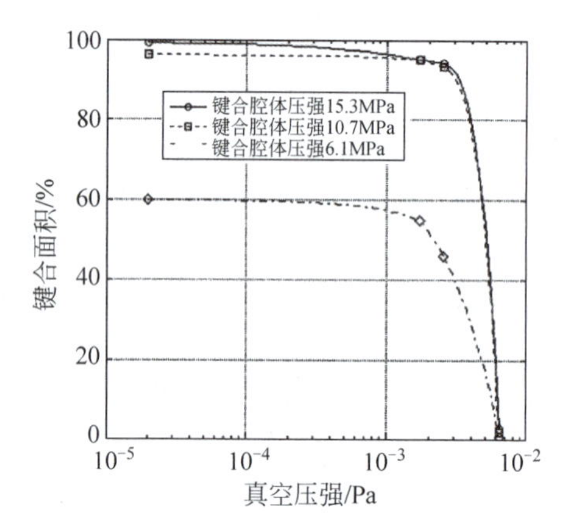

图 5-102 铜键合面积与键合腔体压强的关系

铜室温键合后，虽然二者结合为一体并具有一定的强度，但是键合界面仍十分清晰。为了提高键合强度，室温键合后一般还需在200～300℃退火1～2h。如图5-103所示，经过200℃退火1h后，界面的晶粒产生了一定程度的互扩散和长大，键合界面逐渐融合。退火温度越高、时间越长，界面的晶粒互扩散效果越好，键合强度越高。在100℃退火，铜的界面没有明显的变化，但是形成了一些尺度约为20nm的空洞；在200℃退火，会同时出现空洞长大和铜的界面重建现象，这与铜的扩散有关[186]。

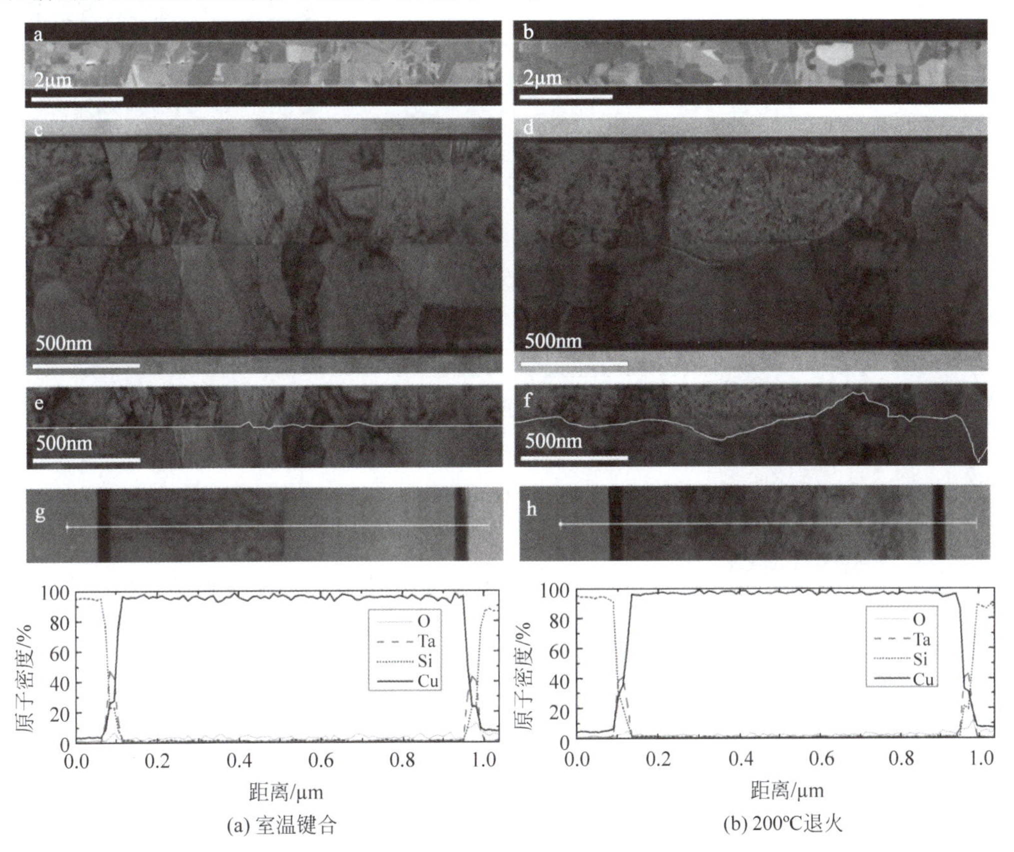

图5-103　室温Cu-Cu键合及退火

5.5.2.2　铜氧化层键合

热压键合中，200℃以上的温度会大幅降低表面氧化层的稳定性。对于表面粗糙度为1～2nm的铜表面，当键合压强达到10MPa时，微观上表面的塑性变形会破坏厚度2nm左右的表面氧化层。因此，高温和大压强都可以破坏氧化层，使铜原子直接接触产生铜扩散。当键合温度较低、压强较小时，即使自然氧化层很薄，在键合中也大体保持完整，难以产生铜原子的直接接触，因此键合以氧化铜作为界面。氧化铜难以像铜原子一样直接重建金属键，需要对表面进行较为复杂的处理。

目前主要通过引入羟基和H_2O分子，利用其极性作用增强氧化铜的吸附作用。东京大学开发了O_2+H_2O和N_2+H_2O的表面处理低温键合方法。在CMP表面平整和Ar离子清洁后，在压强为8×10^4Pa的腔体中通入O_2和密度为6.3～18.9g/m^3的H_2O进行处理[159,187]。如图5-104所示，O_2+H_2O处理后XPS谱中Cu $2p^{3/2}$峰说明表面出现了

$Cu(OH)_2$(935.0eV)，而纯 O_2 处理主要是 Cu_2O(932.7eV)，厚度约为 10nm。在 150℃和 16kPa 压强下进行低温键合，键合后界面的 Cu_2O 转变为 CuO。

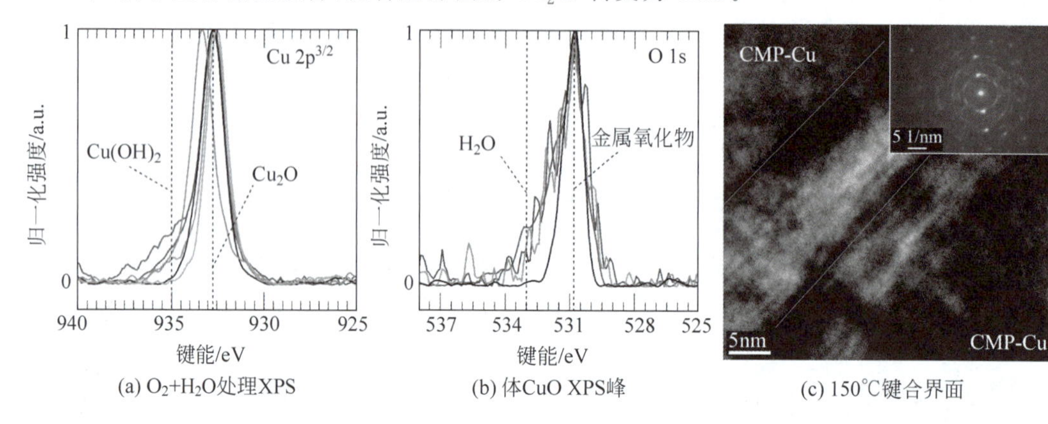

(a) O_2+H_2O处理XPS (b) 体CuO XPS峰 (c) 150℃键合界面

图 5-104　O_2+H_2O 处理

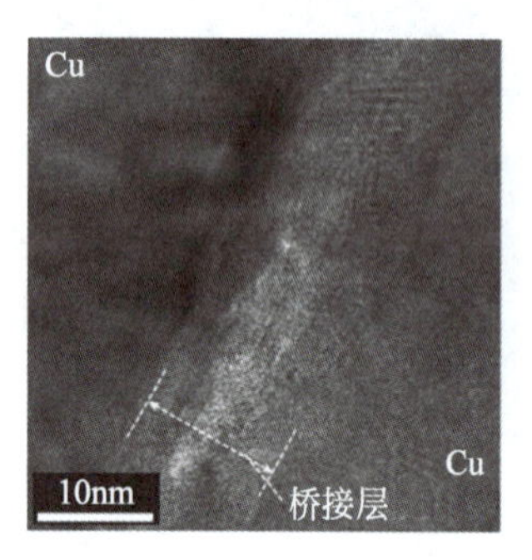

图 5-105　N_2+H_2O 处理后键合界面

N_2+H_2O 处理利用含 8g/m³ H_2O 的 N_2 气进行表面氧化处理，使铜表面产生 $Cu(OH)_2$，其极强的水合能力使表面结合大量的水分子而形成 $Cu(OH)_2 \cdot [H_2O]_2$，进而实现室温键合[187]。如图 5-105 所示，经过 N_2+H_2O 处理，150℃键合后界面的氧化层厚度为 10～15nm，键合铜的电阻率为 3.5～4μΩ·cm。

Leti 开发了利用 CMP 将铜表面粗糙度降低到 0.5～0.2nm 和接触角仅为 5°～7°的超亲水表面，在大气环境下无须加热和加压实现室温键合[188]。超光洁表面使键合表面充分接触，形成原子间的化学键，大气环境下亲水表面吸附的水分子提高室温下的接触键合强度。图 5-106 的高分辨率透射电镜表明，键合界面存在厚度为 4nm 的连续界面层。X 射线反射测量的界面层电子密度与 CuO 电子密度相同，表明界面层为 CuO[189]。经过 100℃、200℃、300℃和 400℃退火 30min 后界面发生不同的变化[189]。在 200℃以上，氧化铜被破坏，界面出现了晶粒扩散，但是界面形成了纳米尺度的空

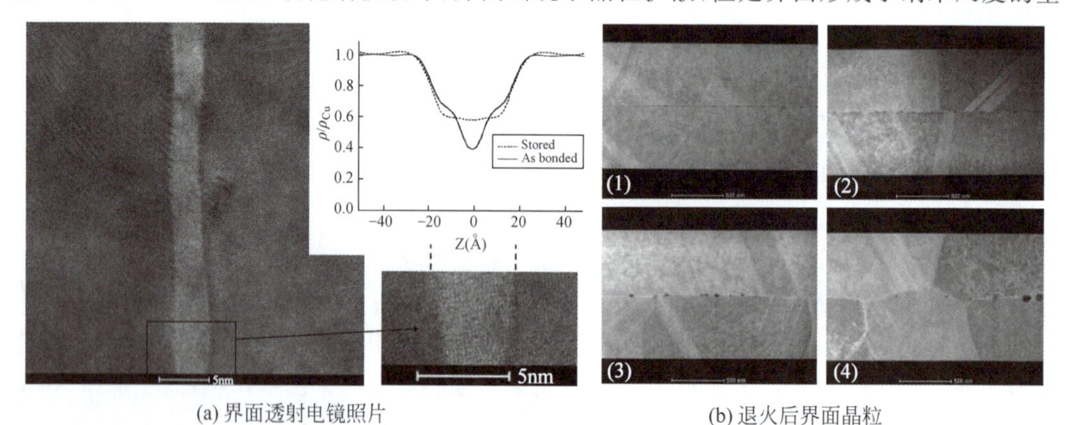

(a) 界面透射电镜照片 (b) 退火后界面晶粒

图 5-106　室温键合界面

洞，这可能与位错缺陷和水分子聚集有关。经过200℃和400℃退火30min，界面电阻率分别变为52μΩ·cm和8.5μΩ·cm。室温存放也能够使键合界面不断增强，键合强度不断增大。与O_2处理后在键合前就形成氧化层不同，刚键合的界面仅表现为富氧区但并未形成氧化层，界面连续的CuO是在键合以后室温存放和退火过程中形成的。

CMP处理后表面吸附的水分子对键合有显著的促进作用。同样在室温下键合并在100℃下退火，采用40%相对湿度的大气环境、10^{-3}Pa真空，以及10^{-3}Pa真空中300℃加热30min三种不同的预处理方法，键合强度随时间变化的特性不同，如图5-107(a)所示[188]。大气环境的初始键合强度远高于真空处理，随着退火时间延长，无加热真空处理的键合强度逐渐接近大气环境的键合强度，但加热真空处理的键合强度几乎没有变化。这一特性与铜表面吸附的水分子有关。大气环境下，铜表面吸附了较多的水分子，形成内侧与铜原子紧密吸附的单层水分子层和外侧通过物理吸附的多层水分子层。初始键合时水分子通过羟基缩合促进了界面结合，具有较高的键合强度。对于无加热的真空处理，通过物理吸附弱结合的水分子大部分被真空去除，但是与铜原子直接结合的水分子和少量物理吸附的水分子仍然存在，仍可以通过缩合促进界面结合。真空环境下加热会去除所有的水分子，包括与金属原子直接结合的水分子也被彻底清除，因此键合强度与空气环境相比大幅下降，且随着退火时间增加没有显著改变。

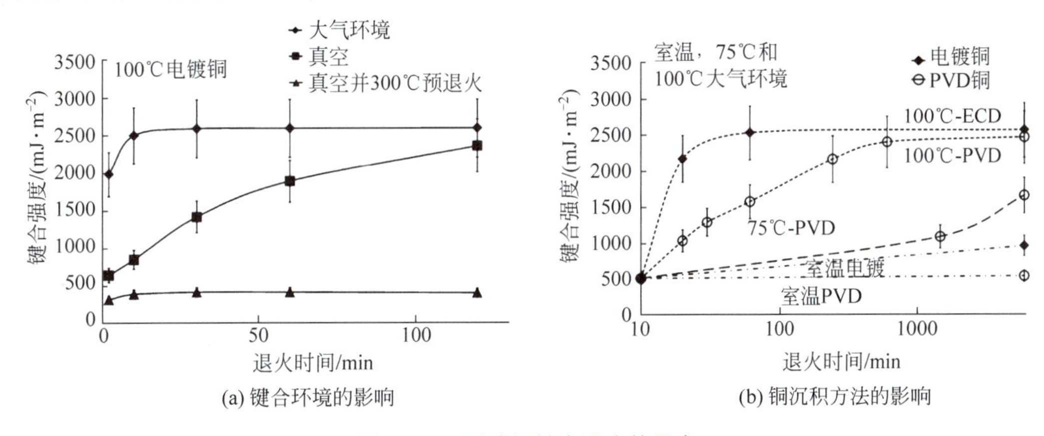

(a) 键合环境的影响　　(b) 铜沉积方法的影响

图5-107　影响铜键合强度的因素

键合强度与铜的制造方法相关。如图5-107(b)所示，电镀铜在室温键合后的键合强度为0.8J/m^2，在室温下存储60天后键合强度上升到2.8J/m^2；PVD沉积的铜的初始键合强度为0.5J/m^2，存储120天后键合强度轻微上升到0.7J/m^2[188]。电镀铜具有较高的初始键合强度可能与电镀过程中引入了电镀液中的有机分子有关。这些有机分子推高了氧化层的Mott电位，使电镀铜表面更容易氧化并吸附水分子，促进了初始键合强度的提高。

5.5.3　铝热压键合

铝热压键合的原理和过程与铜热压键合类似，但铝的表面粗糙度较差，并且自然氧化速度快、氧化层更加稳定，因此铝热压键合需要更高的温度和压力，如表5-19所示。铝键合的主要优点是界面电阻低。经过300℃热压键合，尺寸为20μm×20μm和80μm×80μm且厚度均为1μm的铝凸点的界面电阻为32mΩ和1.8mΩ，等效电阻率小于$1.3\times10^{-7}\Omega\cdot cm^2$，67GHz时的插入损耗低于0.1dB[190]。

表 5-19　铝键合的主要参数

键合方式	时间/文献	铝厚度/μm	铜含量/%	键合压强/MPa	键合温度/℃	键合强度/MPa	说　明
高温键合	2007 年[191]	2	1	30	450		
	2008 年[192]	2	0		450		键合强度 8～10J/m^2
	2009 年[193]	2	0～4	50～100	500	＞20	
	2011 年[194]	1	NA	4.5	450	339	
	2014 年[195]	1	0	34～114	400～450	20～50	
	2015 年[196]	1	0	68～114	300～450	18～61	
	2016 年[197]	1	0	26～43	400～550	25～60	
中温键合	2019 年[198]	1～3	0.5		300		离子轰击预处理
低温键合	2016 年[199]	0.3～0.7	0.5	1.9～114	100～150	23～37	
	2018 年[200]	0.3	0.5	1.9	150		250～350℃退火 1h

5.5.3.1　高温键合

早期铝热压键合并未专门处理表面氧化层，而是对带有氧化层的铝进行键合。自然状态下，新鲜的铝表面会迅速(＜1s)生成一层厚度为 3～4nm 的 Al_2O_3 的氧化层。由于 Al_2O_3 氧化层致密稳定，铝的自然氧化是自限制的，但是高温、高湿或者高氧浓度仍会使氧化层厚度增加。铝的氧化层非常稳定致密，阻挡晶粒的互扩散，因此铝的热压键合过程需要高温和高压破坏氧化层，为界面之间铝的扩散提供通路。

通常，铝热压键合需要 400～550℃的高温和 30～120MPa 的压强。高压强使铝晶粒变形，破坏了表面氧化层，界面两侧的铝直接接触，在高温的作用下发生铝原子扩散，使晶粒变形、融合、长大而实现键合。如图 5-108(a)所示[198]，当键合温度和压强较低时，铝的界面只有轻微变形，少量表面发生接触，但表面氧化层阻止原子扩散；当压强较大时，大面积的界面接触，并且晶粒变形导致表面氧化层破裂，界面两侧的铝原子可以直接接触。高温使铝原子扩散，导致晶粒变形和生长，完成扩散键合。键合以后界面两侧的晶粒结合为一体，界面消失，如图 5-108(b)所示[198]。键合温度和键合压强可以在一定程度上相互转换，例如键合温度从 400℃提高到 550℃可以将键合压强从 43MPa 减小到 26MPa[197]。键合完成后，表面氧化层并未消失，而是以非连续的形式存在于键合界面附近，如图 5-108(c)所示[198]。

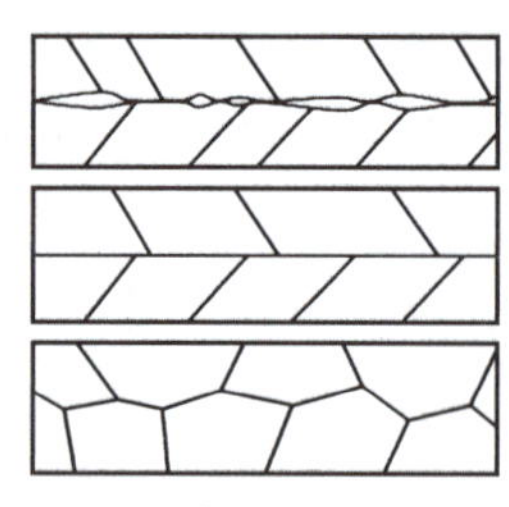

(a) 键合界面晶粒　(b) 键合界面

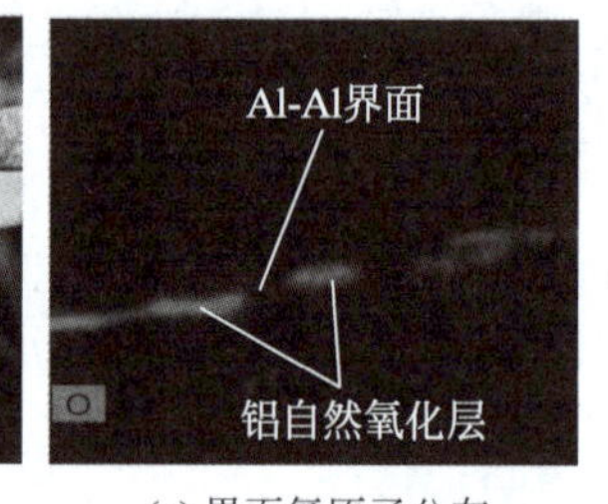

(c) 界面氧原子分布

图 5-108　铝热压键合原理及界面

铝热压键合受金属性质和键合工艺参数的影响，如铝的组分、表面粗糙度、氧化层，以及键合温度和压强，其中工艺参数本质上还是受晶粒性质的影响。常规溅射的铝晶粒尺寸与薄膜的厚度和溅射条件有关，厚度为 1μm 的溅射铝薄膜中，晶粒的横向尺寸为 300～

700nm,纵向尺寸能贯穿整个膜厚。理论上,小晶粒因为有更高密度的短程扩散路径,热压键合时晶粒的互扩散效果更好。常规溅射铝的表面粗糙度高达 5～10nm,比键合的要求差 1 个数量级。溅射铝的表面粗糙度随底层粘附层的厚度增大而减小,随溅射温度的升高而增大,随铝层厚度的增大而增大。在溅射温度为 100℃、Ti 层厚度为 65nm 和铝厚度为 1μm 时,溅射铝的表面粗糙度可以降低到 1～2nm[198]。铝中含有少量的铜时,键合的成功率稍有下降,但键合质量反而更高。此外,SiO_2 表面的铝比单晶硅表面的铝更容易键合[196]。

尽管铝热压键合需要高温高压,但并非温度和压强越高越好。过大的键合压强会导致铝结构在压力方向被压缩而尺寸减小,在另外两个方向会出现金属被挤出的现象[198]。当表面粗糙度较低且氧化物去除干净时,键合温度超过 300℃以后对键合的影响不大,如 300℃和 400℃的键合质量几乎没有差异[198]。当键合温度达到 500℃时,铝与扩散阻挡层反应生成合金,反而使电阻率增大。

5.5.3.2 低温键合

为了降低键合温度和压强,需要表面处理去除铝的自然氧化层。为了防止新鲜铝的快速氧化,表面处理和后续键合都需要在真空环境下完成。近年来,利用超光滑表面和等离子体去除氧化层,真空环境下铝的热压键合温度已经降低到 100～150℃。低温低压键合要求铝的表面粗糙度小于 1nm,这在不使用 CMP 的情况下很难实现,需要充分优化溅射铝的基底、材料和溅射工艺。通过等离子体表面处理去除氧化层,在 114MPa 压强下,键合温度可以降低到 150℃甚至 100℃,键合时间 1h。由于键合温度较低不利于晶粒的扩散和长大,键合后还需要在 250～350℃的环境下退火 1h,以提高键合质量和键合强度。

如图 5-109 所示[199-200],低温键合界面衔接良好,没有非晶态的缝隙。从 EDX 成分分布可以看出,没有发生氧原子聚集的情况,说明界面处的氧化铝在预处理阶段完全去除。等离子体表面处理后,键合温度即使只有 150℃,键合效果比没有预处理时 550℃键合也有质的飞跃,表明去除氧化物对键合的关键作用。尽管键合强度的分散度很大,但是 100℃的键合强度的平均值达到了约 25MPa,150℃的键合强度的平均值达到了 35MPa。进一步在 250℃下退火 1h,未键合面积从无退火时的 1.25%减小到 0.25%。

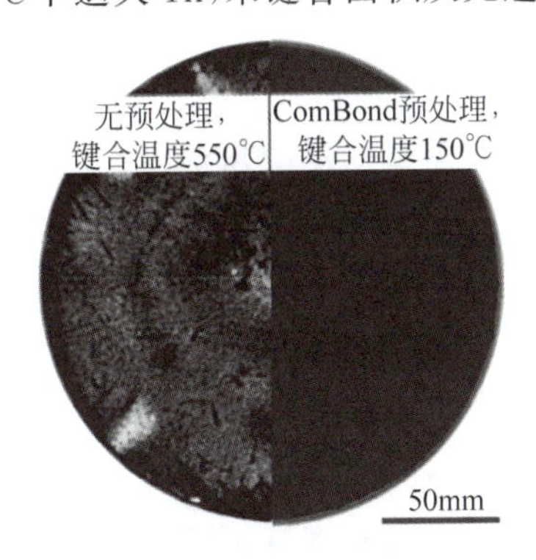

(a) 表面处理对照结果

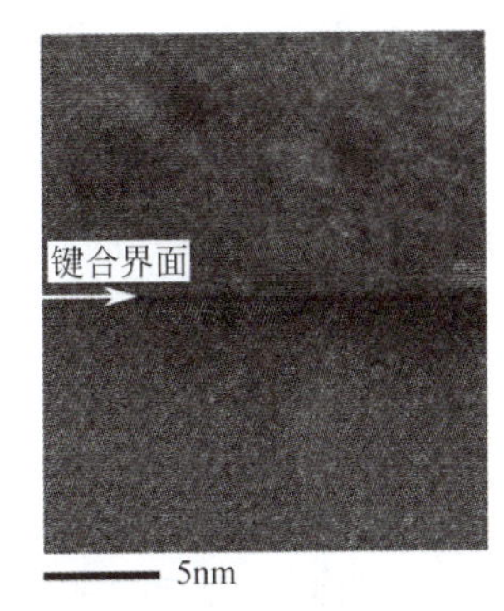

(b) 键合界面

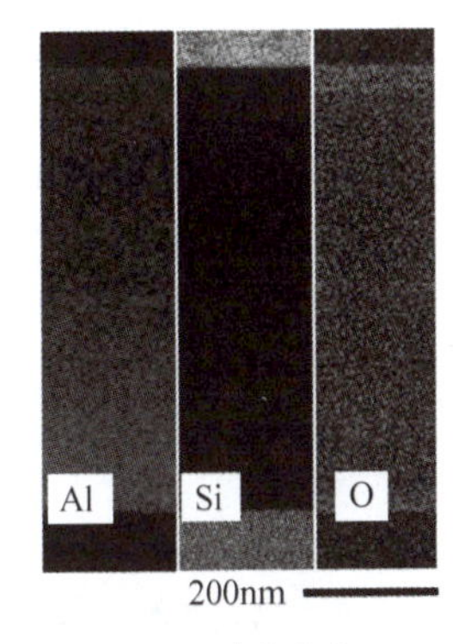

(c) EDX成分分布

图 5-109　低温铝键合

5.5.4 共晶键合

5.5.4.1 共晶键合原理

共晶是指两种(或多种)成分按照特定比例形成固溶体混合物的现象。形成共晶时,两种成分在固体状态下相互溶解,如同液体状态下相互溶解一样。在图5-110所示的典型二元相图中,两种成分A和B的液态与固液分界线分别为ME和NE,二者相交于E点。假设A和B两种组分的比例位于M和E之间,在高温下形成液态并将温度下降到T_1,组分A开始以固态的形式析出。如果温度持续下降,组分A会持续析出,液态组成中A和B的组成比例不断变化,B的相对比例越来越高,A的相对比例越来越低,温度和组分沿着ME曲线以固定关系向E点移动。当温度下降到T_E时,液态的A和B两种组分同时以固态的形式析出,并且液体中尚未析出的A和B两种组分的比例保持不变。此时在相图中组分比例不再左右移位,直到温度下降到T_E以下,液态A和B完全变成固态A和B。图中的E点称为共晶点,对应的液体中A和B的比例称为共晶比,对应的温度T_E称为共晶温度。在共晶比例和共晶温度下,液态组分不经历固液混合态,直接在固态和液态之间相变。固态情况下,如果两种组分满足共晶比,加热到共晶温度时也会直接从固相变为液相,且共晶体的熔点比任意其他比例组成的固溶体的熔点温度都低。

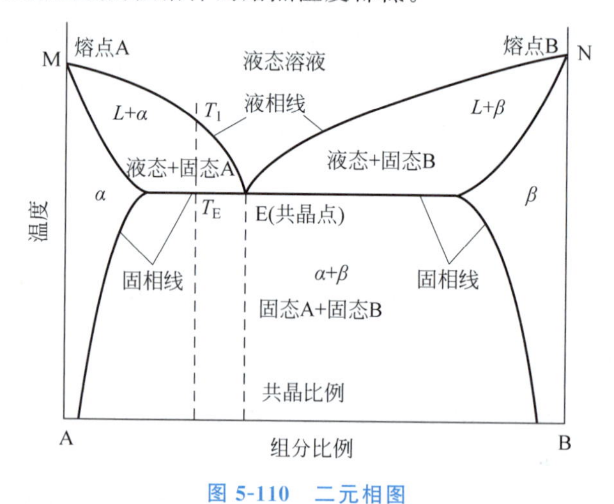

图5-110 二元相图

如果两种组分的液态比例满足共晶比,当温度下降到共晶温度以后,两种组分会同时析出,所形成的固体中两种组分的比例与液体中的比例一致。如果液体中两种组分的比例不满足共晶比,首先析出的组分形成单一组分晶粒,而到达共晶点以后析出的两种组分在晶粒中以各自的晶格特点排布,但是二者相互交错,可以理解为固体互溶,从而实现键合。与铜热压键合基于原子间相互扩散和晶粒长大的机理不同,共晶键合是利用不同金属间液相互扩散而实现的。

在键合环境中通入形成气体(如96% N_2+4% H_2)[8]。键合后金属间共晶化合物的分子体积小于键合前各金属体积之和,因此键合后形成的键合层的厚度有所降低。体积减小可能导致键合层出现空洞或缝隙,因此键合过程需要一定的低压强,保证键合界面的充分接触。键合时首先施加合适的压强,然后升温到共晶键合的温度,通常比共晶温度高20℃左右,保温30～60min完成键合。键合开始时,即使在共晶温度点以下,两种组分也会以固态形式进行互扩散,此时的扩散速率较低,但是两种组分都会形成从0～100%的浓度梯度,这中间必然包括了共晶点的组分比例。当键合温度达到共晶温度以上时,在符合共晶比例的位置首先开始液化,固态组分的原子快速向液态位置扩散,使液化的体积不断扩大。理论上,如果键合温度能够恰好保持在共晶温度,所有液化部分的组分比例都满足共晶比例。当温度下降后,液化部分完全固化,形成共晶比例的组分混合物。

共晶键合的特点包括:①共晶现象使材料出现液化的温度比两种材料的熔点都低,可以在较低的温度下实现键合;②键合界面形成的共晶体的熔点仍为共晶温度,再次加热到共晶温度后键合界面会液化,即键合后的最高耐受温度与共晶温度相同;③共晶过程有液态出现,键合所需的压强通常较小,一般为200～500kPa,但键合引起的滑移相对较大,键合后的对准偏差可达2μm;④液态过程使键合界面有很强的高度和粗糙度适应能力,对键合界面的要求较低。由于共晶键合的液化温度与键合温度相同,因此无法实现三层及三层以上的键合,这是因为键合第三层时加热到共晶温度,会导致第一层和第二层之间已经键合的金属出现液化,引起键合偏移甚至破坏。

5.5.4.2 常用共晶键合

表5-20为常用的共晶键合材料组分比例和共晶温度,其中最常用的是Ag-Sn、Au-Si、Au-Sn、Al-Si和Al-Ge。图5-111为Au-Sn共晶键合的界面[201]。Si或者Ge与金属如Al和Au之间实现的共晶键合具有良好的气密性,常用于晶圆级真空封装,例如采用1～5μm厚、10～15μm宽的金属共晶键合,就可以实现多层圆片的气密性封装[8]。Au-Si键合一般采用100～200nm厚的金薄膜,金与硅基底之间无扩散阻挡层材料。在共晶温度点363℃以上,金硅共晶的形成过程以硅向金中的扩散为主。为了提高硅的扩散速率,实际键合温度一般设置为410～450℃。

表5-20 常用的共晶键合材料组分比例和共晶温度

共晶金属	共晶比(重量比)	共晶温度/℃
Al-Ge	49∶51	419
Al-Si	88.7∶11.3	577
Au-Ge	28∶72	361
Au-Si	18.6∶81.4	363
Au-In	0.6∶99.4	156
Au-Sn	80∶20	280
Cu-Sn	5∶95	231
Ag-Sn	5∶95	221

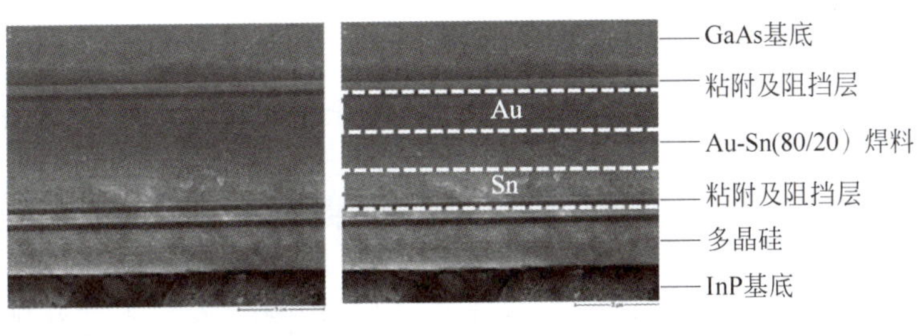

图5-111 金锡共晶键合界面

5.5.5 瞬时液相键合

瞬时液相键合(TLP)也称为固液互扩散键合(SLID),由 Fairchild 的 Bernstain 于 1966 年提出[202]。TLP 是指利用低熔点金属作为两层高熔点金属之间的连接层,加热使低熔点金属熔化后,固相高熔点金属与液相低熔点金属之间互扩散并形成金属间化合物的过程。相比于热压键合,TLP 中低温金属熔化使键合更容易实现,但是键合产生的金属间化合物的电阻率高、性能大,容易出现疲劳、裂纹、空洞和电迁移等可靠性问题。此外,液态金属的出现导致键合滑移而影响对准精度,液态金属的横向流动扩展限制了凸点的最小间距。

5.5.5.1 键合微凸点

金属键合针对芯片表面的金属结构。对于液相金属键合,这些金属结构多数凸出芯片介质层表面,但在金属和介质层混合键合中,金属结构与介质层高度相同,或者略低或略高于介质层表面。固相键合的金属结构通常只有一种成分,如铜或铝,而液相键合的金属凸点通常包括两种或三种成分,如 CuSnAg。微凸点的形貌、成分和高度一致性对键合有决定性影响,特别对于固相键合。

1969 年,IBM 为芯片倒装焊引入了球焊技术,1970 年发展为著名的 C4 凸点技术,在封装领域应用极为广泛[203]。如图 5-112 所示[204],C4 采用焊料形成直径和高度在 75～200μm 的球状凸点,用于连接芯片与封装基板。早期焊料多为 SnPb 材料,Pb 对可靠性有极大的帮助。随着环保要求的提高,Pb 逐步被 Ag 取代,发展出 SnAg 焊料。C4 焊球尺寸较大,主要是为了补偿芯片与封装基板之间缝隙的高度差异。由于焊料的液态扩展,当中心距减小到 125μm 时,焊料凸点的制造和键合难度增大。为了满足高密度凸点的需求,逐渐发展出铜柱与焊料组合凸点。2001 年,IBM 申请了铜柱与焊料构成的凸点结构的专利,被称为金属柱焊料芯片互连(MPS-C2)。2005 年,铜柱凸点开始在射频功放和射频前端芯片中使用,2006 年,Intel 在 65nm 工艺的 Yonah 和 Pressler 处理器中采用了铜柱凸点。

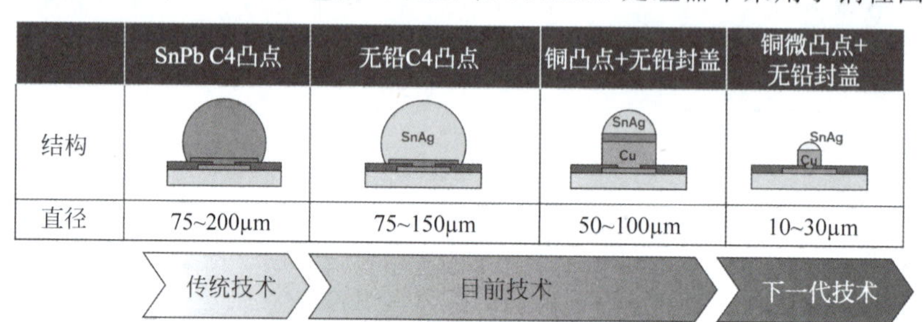

图 5-112 金属凸点的发展趋势

如图 5-113 所示,铜柱凸点是在 UBM 上方制造一定高度的铜柱,然后制造焊料金属层,回流后形成铜柱与半球形焊料组成的结构。与完全由焊料组成的球形焊料凸点相比,铜柱占据了凸点的主体高度,焊球高度通常小于铜柱高度,用于与两侧的铜柱或焊盘反应实现键合,并通过焊料的熔化补偿高度差。由于焊球高度小、焊料少,因此可以实现直径为 50～100μm 的凸点直径,获得更小的节距和更高的密度。此外,铜的电阻率更低而热导率更高,增加铜有利于提高导电能力和导热能力,改善可靠性。三维集成键合的发展要求更小的凸点节距和更高的密度，铜凸点都采用圆柱结构，直径可以降低到 10～30μm，称为微凸点。在三维集成中，微凸点主要用于多层芯片间的键合，常规铜凸点主要用于插入层与封装基板之间的键合，而传统 C4 凸点用于芯片或插入层与封装基板间。

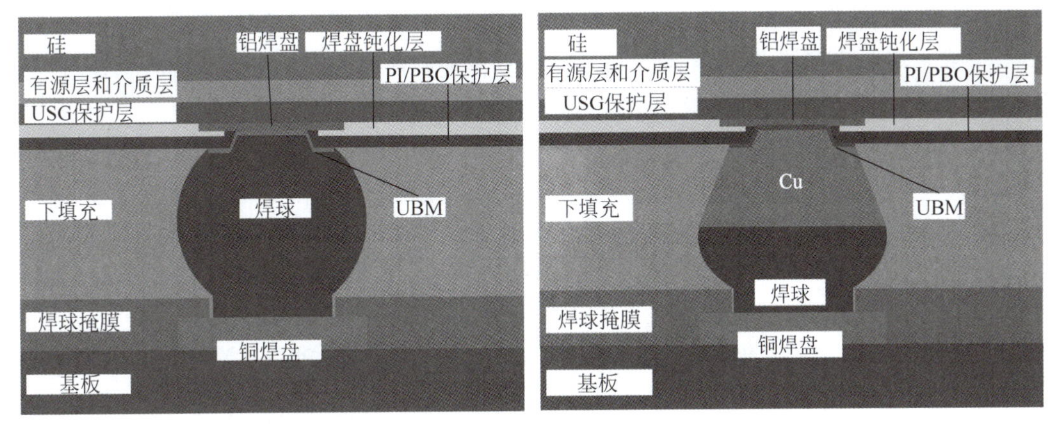

(a) 球形焊料凸点　　(b) 铜柱凸点

图 5-113　金属凸点的结构

金属凸点可以直接制造在 TSV 的顶端，优点是互连路线短、键合电阻低，避免了 RDL 层和专用键合微凸点；同时，TSV 在多层芯片内都位于相同的区域，对电路的影响小，因此应尽量采用 TSV 凸点直接键合的方式[205]。多数情况下，由于电学连接关系的限制，或考虑键合力可能导致的 TSV 金属柱退缩或与侧壁之间滑移的问题，无法直接在 TSV 顶端制造凸点，必须在芯片表面其他位置制造金属键合凸点。这种方式增加了制造成本，但是为设计布图提供了更大的灵活性。

无论固相键合还是液相键合，铜都是凸点最常用的材料，因此本节主要介绍铜微凸点的制造方法。当连接铜凸点的平面 RDL 为铜互连时，铜凸点可以直接制造在铜互连上，如果连接铜凸点的 RDL 为铝，需要首先制造 UBM 金属薄层后再制造铜凸点，利用 UBM 增强铜铝之间的界面性能并防止铜扩散。铜微凸点一般采用 PVD 或电镀的方法制造。考虑成本的因素，高度低于 2μm 的铜多采用溅射，高度超过 2μm 时多采用电镀。对于铜等难刻蚀金属，图形化一般采用光刻胶作为模具或采用大马士革工艺以介质层作为模具。

图 5-114 为采用光刻胶作为模具的图形化方法，又可以分为剥离(lift-off)和电镀两类。剥离一般面向 PVD 溅射的薄凸点，利用正胶的特性将其图形化形成倒梯形的结构。当沉

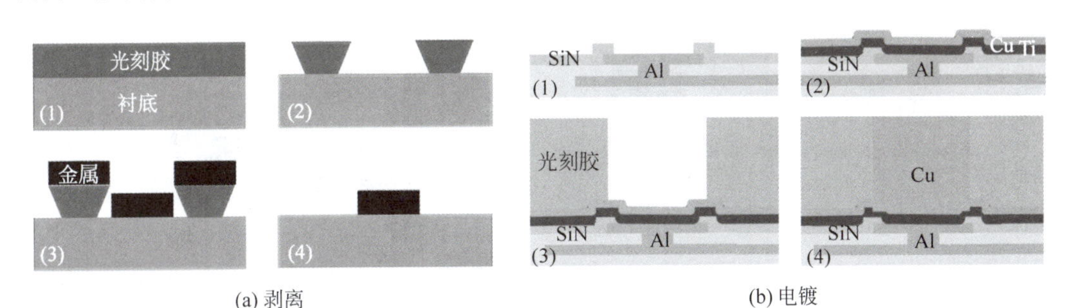

(a) 剥离　　(b) 电镀

图 5-114　铜凸点光刻胶图形化

积铜的厚度低于光刻胶厚度的20%～30%时，溅射的铜在光刻胶结构的侧壁断开出现缝隙。液态光刻胶去除剂从断开的铜缝隙进入，将铜下方的光刻胶去除，同时去除光刻胶表面的铜，仅留下沉积在非光刻胶区的铜实现铜的图形化。采用电镀时，在扩散阻挡层和种子层上方涂覆光刻胶并图形化，以光刻胶为模板电镀铜，最后去除光刻胶和种子层。由于种子层很薄，一般采用湿法刻蚀，但湿法刻蚀会导致凸点根部的横向刻蚀。光刻胶掩膜电镀可以获得几微米至数十微米的凸点高度，如Shin-Etsu专门针对凸点电镀的正性厚胶产品SIPR-7123，单次旋涂最大厚度可达100μm，不仅在铜种子层表面具有很好的粘附性，并且电镀后容易去除。

大马士革图形化铜凸点的方法与CMOS互连工艺类似。如图5-115所示，首先采用RIE在SiO_2介质层表面刻蚀凹陷结构，然后溅射粘附层、扩散阻挡层和种子层，电镀铜填充凸点结构，最后利用CMP去除表面的过电镀和扩散阻挡层及种子层。对于Cu-SiO_2混合键合，CMP后已满足键合的需求；对于单纯的铜凸点键合，可以通过CMP或RIE将SiO_2层减薄，使铜结构凸出表面。这种方法既适用于溅射沉积的铜，也适用于电镀沉积。

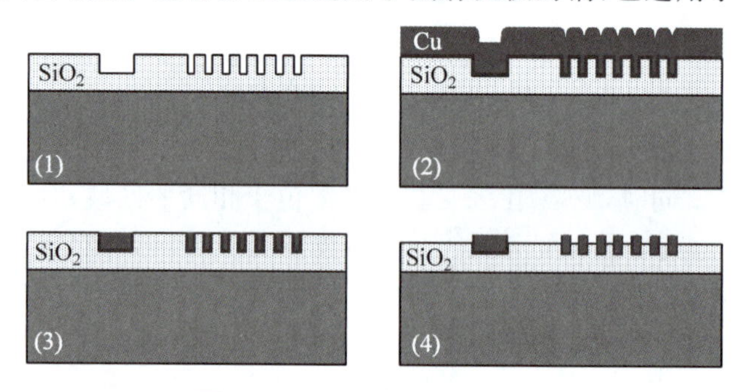

图5-115　铜凸点CMP图形化

液态金属键合中常用CuSn凸点，一般采用光刻胶为掩膜的电镀方式制造，如图5-116所示。这种方法与电镀铜凸点相同，差别在于铜凸点电镀到一定高度后，继续电镀锡层，最后去除光刻胶后进行回流。通常铜层与锡层电镀的参数不同，如铜电镀的温度通常为24～28℃，电流密度为10～50mA/cm^2，在铜上电镀锡时，电镀温度通常为60℃，电流密度为10mA/cm^2。一般焊料金属的电镀速度较快，可达每分钟几微米，如SnPb电镀速率为3～5μm/min，SnAg的速率为1～3μm/min。与铜电镀相比，Sn电镀层的表面较粗糙。高温回流可以改善锡层表面的粗糙度，并可以实现不同的锡层形状，如圆形锡焊料或塌陷锡焊料层。

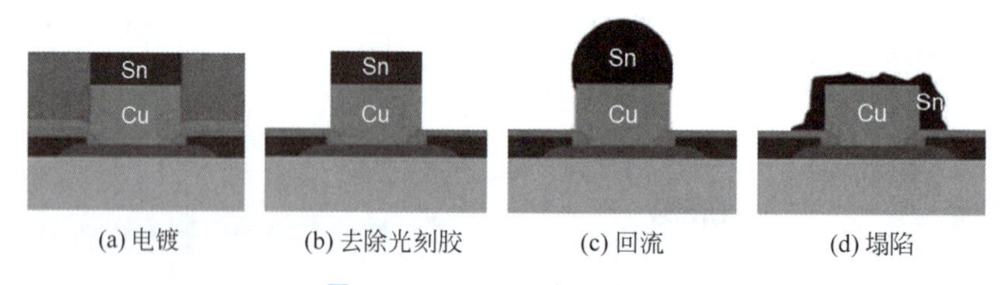

图5-116　CuSn凸点制造方法

金属键合对凸点的高度一致性即共平面性要求较高，特别对于固相键合。由于充分的凸点接触是键合的必要条件，而键合过程中凸点的变形非常有限，因此高度差异过大将导致部分凸点无法接触。即使高度差异不大可以键合，也会引起由于衬底弯曲所导致的应力，对衬底和键合可靠性产生负面影响，如图5-117所示。为了解决凸点高度一致性的问题，可以采用锥形凸点的方法[206]。由于锥形凸点尖端在键合压力下有一定的变形能力，能够产生自适应的效果，使凸点尖端变形完成接触。

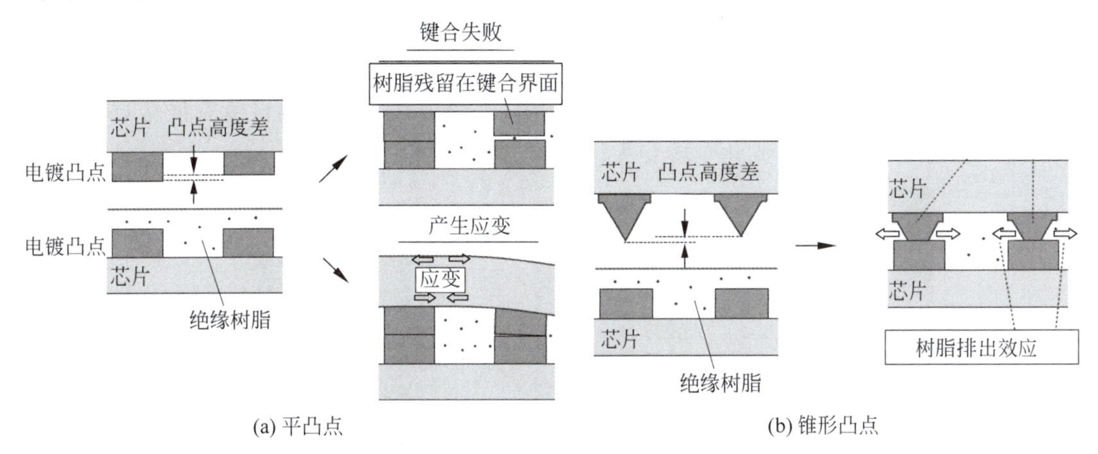

图5-117 自适应锥形凸点与传统凸点的比较

通常铜键合要求凸点高度的峰谷值必须控制在5%以内，此外为了获得良好的接触，铜凸点的上表面必须光滑平整，即必须控制凸点上表面的形貌，保证金属凸点充分接触。因此固相键合的凸点都需要CMP平整化。对于Cu-SiO_2混合键合，由于大量的面积是SiO_2，基本不具有变形能力，对高度一致性的要求更高。对于液相键合的CuSn凸点，键合过程中Sn层熔化为液态，在一定程度上补偿了高度差异，对凸点的高度一致性要求有所降低[207]。即使如此，也需要仔细控制铜锡的电镀参数，将高度差异控制在0.5μm以内。一般电镀速率越低、深宽比越小、边界层越薄，电镀的高度均匀性越好。采用硫酸铜作为电镀液制造铜凸点时，当沉积速率高于某一值时，共平面性开始变差，因此必须控制沉积速率。

5.5.5.2 瞬时液相键合

TLP利用低熔点金属作为难熔金属凸点之间的界面层，通过低熔点金属与难熔金属之间的化学反应形成更高熔点的金属间化合物(IMC)，利用金属间化合物实现的键合。低熔点一般是指相对铝硅的稳定温度而言，即400℃左右。常用的低熔点金属包括铋(熔点271℃)、锡(熔点232℃)和铟(熔点157℃)等，其中铟和锡是常用材料。常用的难熔金属包括镍、金和铜等，其中铜常作为多层金属互连。由此组成的常用TLP键合体系包括Cu-Sn-Cu、Ag-Sn-Ag、Ag-In-Ag、Au-Sn-Au、Ni-Sn-Ni、Au-In-In等。通常低温金键合需要超声辅助和较大的键合压力，可能对器件产生影响[207]，而Sn-Bi和Sn-In键合由于脆性容易引起可靠性的问题[208]。

为了确保可靠的键合，通常键合温度会比低熔点金属的熔点稍高10～30℃，如Cu-Sn-Cu键合温度一般为260℃。金属之间形成的金属间化合物熔点比低熔点金属更高，如Cu-Sn-Cu键合后形成的金属间化合物Cu_3Sn的熔点为676℃，而Ag-In间形成的金属间化合物$AgIn_2$或Ag_2In熔点为765～780℃。这种金属间化合物熔点远高于低熔点金属熔点的特性，使键合后金属间化合物再熔化的温度一般远高于键合温度，因此TLP可以实现多层键合。

金属间化合物形成过程可以分为液相扩散和固相扩散两个阶段，如图 5-118 所示[209]。第一阶段，低熔点金属熔化成液相后与固相难熔金属接触，固相金属与液相金属相互扩散，但以固相向液相扩散为主，这一过程很快。难熔金属的一些籽晶点与液相之间形成具有最高形成能的 IMC，难熔金属通过在低熔点液相金属中扩散而不断地补充，使反应不断进行。反应形成的 IMC 具有更高的熔点，在键合温度下为固态，其区域不断扩大而逐渐连续，难熔金属向液相金属的扩散被 IMC 截断。第二阶段，两种金属扩散经过第一阶段形成的连续固相 IMC 而继续发生反应，这一扩散过程速率很慢，需要较长时间才能将所有低熔点金属全部消耗。随着持续的加热，固化金属变为稳定的 IMC。

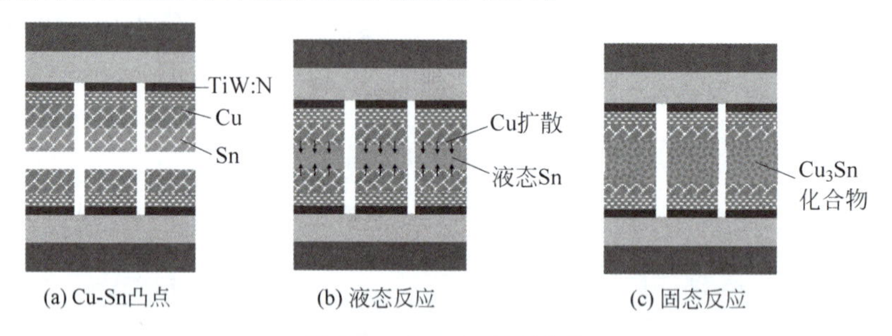

图 5-118　IMC 形成过程

通常低熔点金属的量比较少，而高熔点金属的量比较多，这样形成 IMC 后可以将低熔点金属全部消耗，在键合界面不再存在低熔点金属，以免键合后的耐温能力和机械强度受残余的低熔点金属影响。如果高熔点金属全部消耗，将导致 IMC 与基底之间的结合强度降低。将低熔点金属沉积在高熔点金属表面后，即使温度尚未使低熔点金属熔化，两种金属仍会发生固相状态下的互扩散并反应形成 IMC，从而消耗低熔点金属。如果 IMC 形成过多，会导致低熔点金属熔化后难以扩散而使键合失败。为了防止这一问题，需要适当增加低熔点金属的厚度、减少低熔点金属沉积后的等待时间，并提高键合过程中的升温速度。

5.5.5.3　Cu-Sn-Cu 键合

目前三维集成广泛采用 Cu-Sn-Cu 金属键合[210-212]。图 5-119 为 Cu-Sn-Cu 键合的凸点结构及 Cu-Sn 二元金属相图[213-214]。Cu-Sn 金属间可以形成多种不同成分比例的化合物，常见的包括 η 相的 Cu_6Sn_5 以及 ε 相的 Cu_3Sn。锡的熔点为 232℃，铜的熔点为 1083℃，Cu-Sn 键合温度约为 260℃，二者可以形成中间的 η 相 Cu_6Sn_5，其熔点为 415℃，Cu_6Sn_5 继续与 Cu 反应形成稳定的 ε 相 Cu_3Sn，熔点温度为 676℃。反应中间相 Cu_6Sn_5 是一种不稳定的化合物，随着时间的推移会与 Cu 反应逐渐转变为 Cu_3Sn，而转变过程伴随着体积变化和缺陷的产生。最终的 IMC Cu_3Sn 表现为晶体状态，其晶粒方向与铜表面垂直。当 Cu 过量时，在 350～500℃ 时 Cu_3Sn 仍会与 Cu 反应生成 δ 相 $Cu_{41}Sn_{11}$，随着温度的进一步升高，化合物将转变为 γ 相，$(Cu,Sn)_{0.75}(Cu,Sn)_{0.25}$。因此，Cu-Sn 化合物的形成和转变是一个非常复杂的过程，不仅与组分比例和温度有关，而且往往几种化合物并存。

键合时 Cu-Sn 化合物形成过程如图 5-120 所示。①加热到锡熔点以上，液态锡 $Sn_{(L)}$ 与固态铜 $Cu_{(S)}$ 互扩散，固液反应开始，与 $Sn_{(L)}$ 接触的 $Cu_{(S)}$ 处于富 Sn 状态，固液边界通过 $6Cu+5Sn \rightarrow Cu_6Sn_5$ 反应形成固态中间相 Cu_6Sn_5。Cu_6Sn_5 是一种不稳定相，靠近 $Cu_{(S)}$ 边界的 Cu_6Sn_5 会与扩散的 $Cu_{(S)}$ 在富 Cu 的情况下通过 $Cu_6Sn_5+9Cu \rightarrow 5Cu_3Sn$ 反应生成少

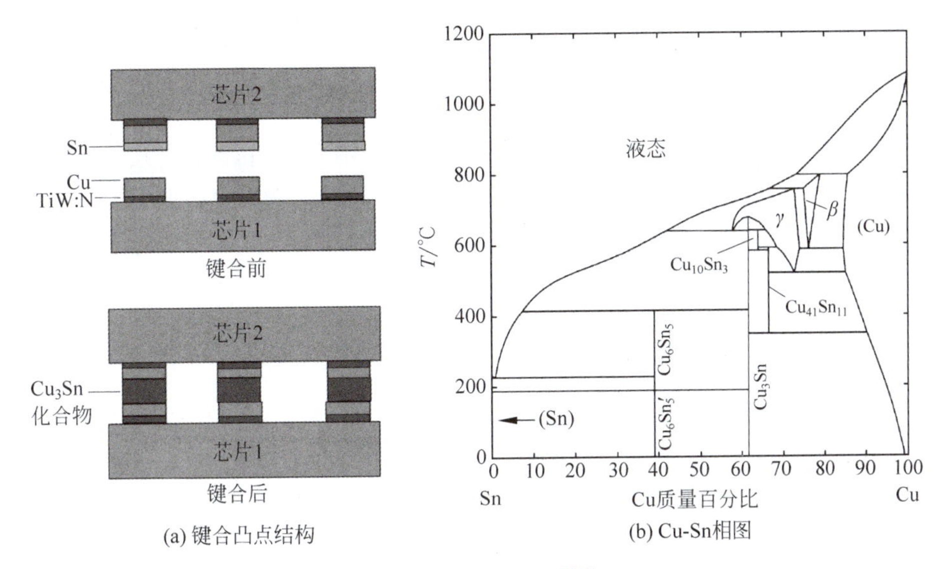

(a) 键合凸点结构　　(b) Cu-Sn相图

图 5-119　Cu-Sn-Cu 键合

量稳定的 Cu_3Sn。②Cu_6Sn_5 的生成速度远超 Cu_3Sn，很快 $Cu_{(S)}$ 和 $Sn_{(L)}$ 之间形成了连续的 Cu_6Sn_5 层，Cu_6Sn_5 层与 $Cu_{(S)}$ 之间形成薄层 Cu_3Sn。当 Cu_6Sn_5 和 Cu_3Sn 连续后，$Cu_{(S)}$ 和 $Sn_{(L)}$ 需要扩散经过固态的 Cu_3Sn 和 Cu_6Sn_5 才能反应，因此进入固态反应阶段，扩散和反应速率大幅下降。在固态反应中，由于小晶粒浓度更高，Cu 存在浓度梯度，Cu 原子从小晶粒的 Cu_6Sn_5 向大晶粒的 Cu_6Sn_5 扩散，导致小晶粒减小并消失，大晶粒长大，发生 Oswald 熟化。③扩散和反应持续进行，形成更多的 Cu_3Sn 和 Cu_6Sn_5，导致 $Sn_{(L)}$ 不再连续。一般认为 Cu 扩散的通量约是 Sn 的几倍到十倍，固态反应阶段以 Cu 扩散为主，Cu 扩散产生的 Cu_3Sn 的厚度是 Sn 扩散产生的 Cu_3Sn 的几倍[215]，并且 Cu 在 Cu_6Sn_5 中的扩散速率远高于在 Cu_3Sn 中的扩散速率。④如果 Cu 足够，所有的 $Sn_{(L)}$ 都被消耗，原来 Sn 层的位置生成 Cu_6Sn_5，靠近铜表面为 Cu_3Sn，形成 Cu-Cu_3Sn-Cu_6Sn_5-Cu_3Sn-Cu 结构。即使反应过程中各个相之间的界面是锯齿状的，由于锯齿波峰和波谷的扩散距离不同，最终都会形成平直的界面边界。⑤反应时间足够长，$Cu_{(S)}$ 不断扩散经过 Cu_3Sn 与 Cu_6Sn_5 反应形成 Cu_3Sn，最终所有的 Cu_6Sn_5 都被消耗而形成 Cu_3Sn。

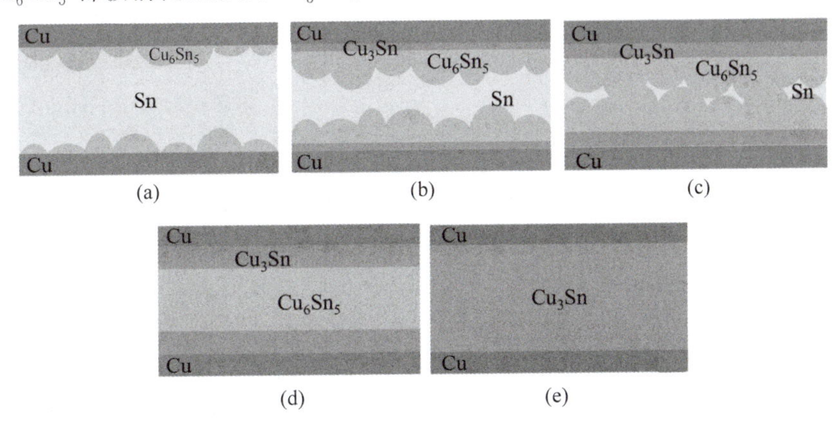

图 5-120　Cu-Sn 金属间化合物形成过程

图 5-121 Cu-Sn-Cu 键合界面

图 5-121 为 Cu-Sn-Cu 键合的三层硅晶圆的剖面[209]。下层 Cu-Sn-Cu 键合层经历两次热过程，反应已经完成，只有最终状态的 Cu_3Sn 与铜键合层接触；上层 Cu-Sn-Cu 键合层经历一次热过程，金属间化合物反应过程没有完全结束，仍有中间态成分 Cu_6Sn_5 存在。

由于金属间化合物的生成速率依赖于 Cu 和 Sn 扩散经过已生成的固态 IMC 的速率，通过加热可以缩短 IMC 的形成过程，但是完全形成最终态 Cu_3Sn 所需的时间较长，个别情况下即使在 150℃下仍需要十几天甚至二十天。实际形成 IMC 的过程伴随着多种组分的产生和相互之间的扩散，例如铜原子扩散经过 Cu_3Sn 后，不仅与 Cu_6Sn_5 反应生成更多的 Cu_3Sn，还会扩散到 Cu_6Sn_5 的表面与锡反应生成 Cu_6Sn_5；同时，Cu_6Sn_5 还会分解为 Cu_3Sn 和 Sn，因此 TLP 反应过程非常复杂[216]。

Cu-Sn IMC 的电学和热学特性与铜相比较差。室温下晶体铜的电阻率为和热导率分别为 1.67μΩ·cm 和 400W/(m·K)，锡分别为 11.4μΩ·cm 和 67W/(m·K)，Cu_6Sn_5 分别为 17.5μΩ·cm 和 34.1W/(m·K)，Cu_3Sn 分别为 8.9μΩ·cm 和 70.4W/(m·K)。由于 Cu_6Sn_5 具有更大的电阻率和更明显的脆性，其含量过高会影响键合界面的电导率和可靠性，因此键合后应避免中间相 Cu_6Sn_5 的存在。此外，键合后残留的锡在低温下会出现粉末化，必须使用过量的铜避免锡残留。

5.5.5.4 其他金属键合

Cu-SnAg 是另一种常用的 TLP 键合材料。在 SnAg 焊球的基础上，IBM 提出铜柱和 SnAg 合金的凸点结构，称为 C2 凸点[217]。图 5-122 所示为金属 Al 表面的 Cu-SnAg 凸点结构，首先利用反溅射清洗 Al 盘表面，溅射 100nm 的 Ti 作为 UBM 层，溅射 100nm 的 Cu 作为种子层；以光刻胶为模具依次电镀 Cu 和 SnAg 合金，去除光刻胶；去除溅射的 Ti 和 Cu 种子层；最后加热回流[218]。通常 SnAg 合金中 Ag 的质量比为 2.3%～3.9%。此外，在 Cu-Sn 凸点表面电镀 Ag 作为保护层，电镀后回流也可以形成 Cu-SnAg 凸点，同时防止 Sn 的过度氧化。

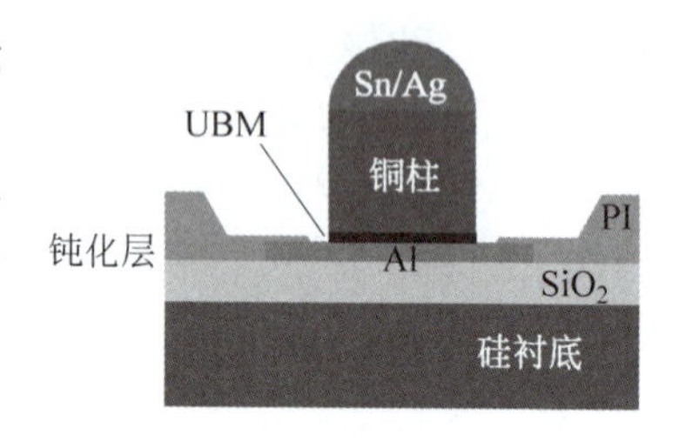

图 5-122 Cu-SnAg 凸点结构

Cu-SnAg-Cu 键合可以采用 TLP 键合，如图 5-123 所示。TLP 的优点是键合温度只有 220～260℃，键合时 Sn 熔化出现金属的扩散和反应，凸点具有一定的高度自适应能力，但凸点密度较低。Cu-SnAg-Cu 键合时形成的产物以 Cu-Sn 的 IMC 为主，但也会出现少量的 Sn-Ag IMC。Sn-Ag IMC 的熔点仅为 221℃，即 IMC 的熔点并不高于 Sn 的熔点。Cu-SnAg-Cu 键合也可以采用热压键合的方式，温度只有 150℃[219]，键合依靠固态反应过程形成 IMC，凸点的自适应能力低，要求凸点表面平整，但可以获得高密度的凸点键合。

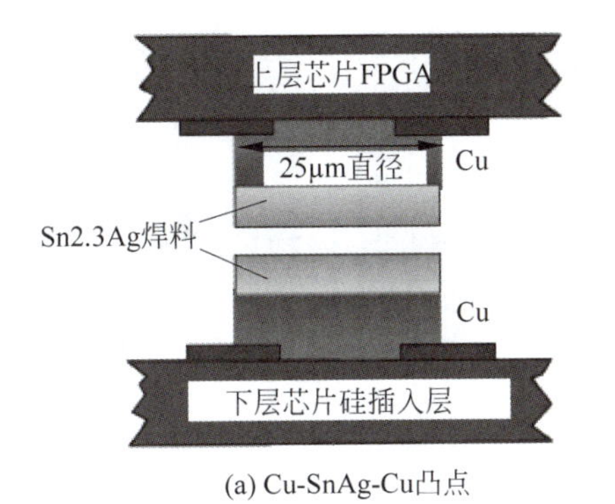

(a) Cu-SnAg-Cu凸点

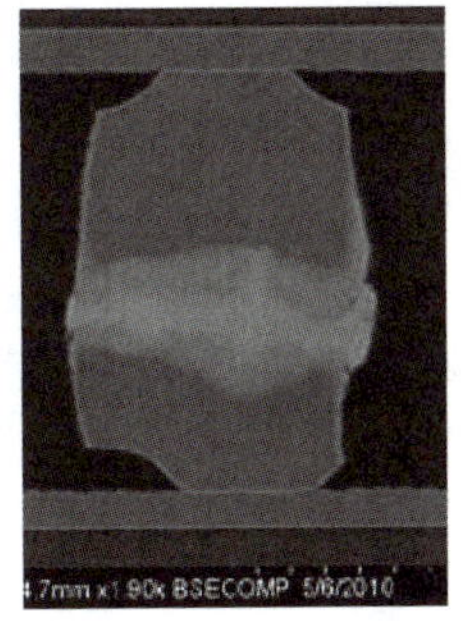

(b) Cu-SnAg-Cu凸点剖面

图 5-123 Cu-SnAg-Cu 键合

图 5-124 为 Cu-SnAg 凸点在键合 7s 后，在 150℃ 下退火过程中 IMC 厚度随退火时间的变化[220]。总体上，IMC 的厚度基本与退火时间的平方根成正比，表明 IMC 的反应过程受到扩散机制的控制。第 1 阶段，Cu 和 Sn 反应生成 Cu_6Sn_5 而使其厚度增加的同时，Cu_6Sn_5 与 Cu 反应形成 Cu_3Sn 而被消耗，但总体上 Cu_6Sn_5 的厚度缓慢增加。这一阶段 Cu_3Sn 的形成速度很快，总的 IMC 厚度也快速增长。Sn 全部消耗完毕后进入第 2 阶段，此时 Cu_6Sn_5 与 Cu 反应形成 Cu_3Sn 一直被消耗，但因为没有新的 Cu_6Sn_5 生成，Cu_6Sn_5 的厚度不断减小，而 Cu_3Sn 的厚度持续增加，且速度与第 1 阶段相同，总的 IMC 厚度缓慢增加。

Au-In 也是常用的 TLP 键合材料。由于 In 的熔点仅有 157℃，Au-In 键合温度只需 180～200℃，比 Au-Sn 低约 100℃[221]。图 5-125 为 Au-In 二元相图，Au-In IMC 的熔点很高，其中 AuIn、$AuIn_2$ 和 γ 相的熔点分别为 509.6℃、540.7℃ 和 487℃。In 比 Sn 具有更高的耐受疲劳应力的能力，长期可靠性更高[221]。

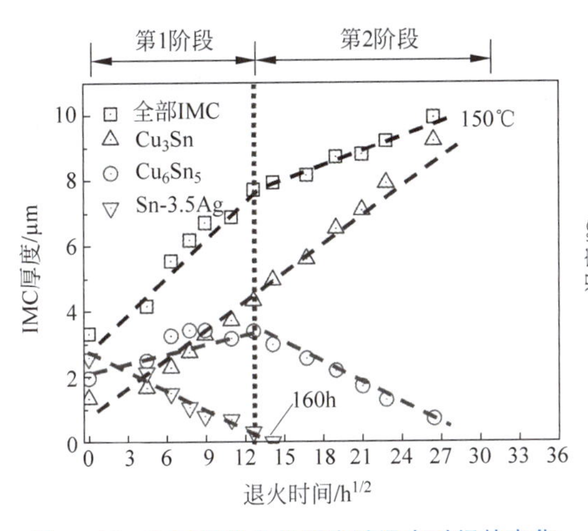

图 5-124 金属间化合物厚度随退火时间的变化

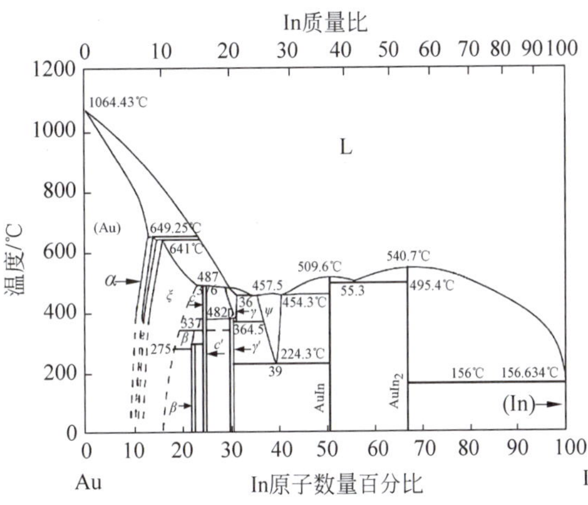

图 5-125 Au-In 二元相图

图 5-126 为 Au-In 键合凸点结构[222]。在 Cu 的上方增加一层 Ni 作为 Au-Cu 之间的界面材料防止扩散[221-222]。Cu-Ni-Au-In 的厚度分别为 15μm、1.5μm、1.0μm 和 2.2μm，均采用电镀制造。在电镀 In 以前，Cu-Ni-Au 的表面粗糙度较低、表面光滑，而电镀 In 以后表面粗糙。其中一个凸点上需要电镀 In，另一个凸点与之接触的为 Au。键合压力为 20～40kPa，键合温度为 150～200℃。

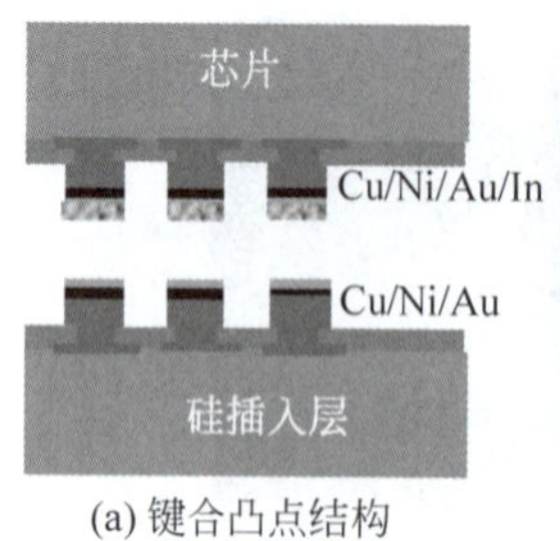

(a) 键合凸点结构

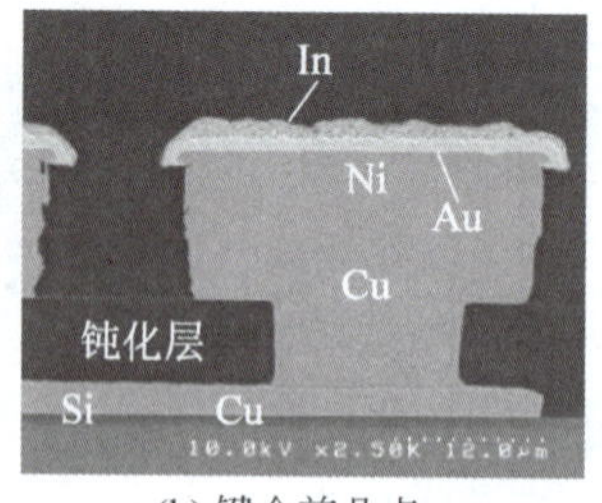

(b) 键合前凸点

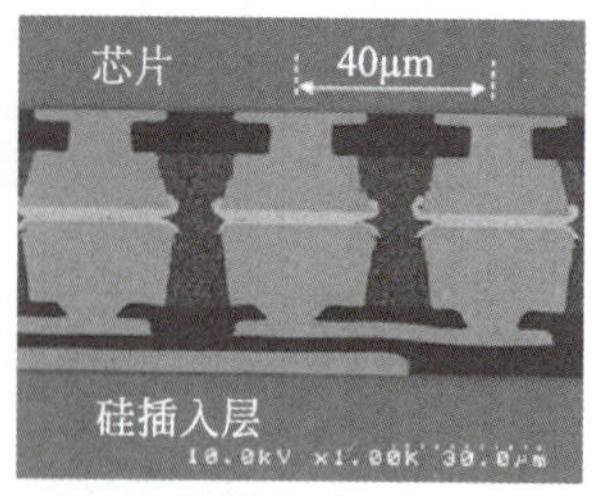

(c) 键合后凸点

图 5-126 Cu-Ni-Au-In 键合凸点

Au-Sn 焊料是封装领域常用的材料，具有机械强度高、蠕变小、电导率和热导率高等优点。图 5-127 为 Au-Sn 相图和键合后的界面成分。根据成分比例和温度不同，键合形成的 IMC 包括 $AuSn_4$ 和 AuSn 等。常用的 Au-Sn 组分质量比为 80%的 Au 和 20%的 Sn，键合时一端是 Au-Sn，另一端是 Au，构成 Au-Sn-Au 或者 Au-AuSn-Au 的结构。回流后 Au、Sn 分别占 80%和 20%，在金属与 Au 之间的界面为 $AuSn_4$[223]。

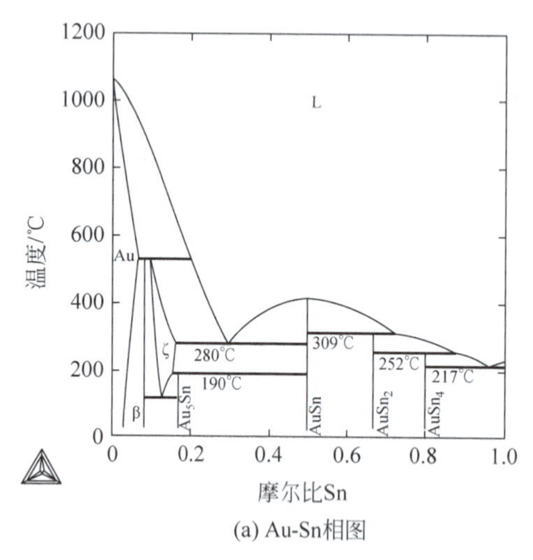

(a) Au-Sn相图

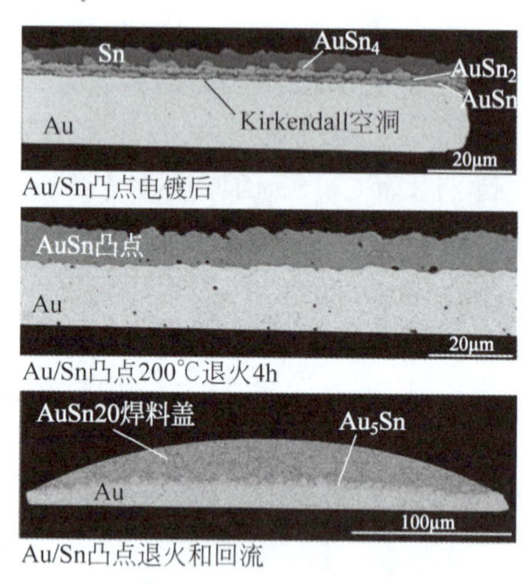

(b) 界面成分

图 5-127 Au-Sn 键合

图 5-128 为 Au-Sn 凸点制造流程和键合界面[224]。凸点采用电镀 Au 和 Sn 制造，也可以电镀 Au-Sn 按比例的合金。键合过程在大气环境中完成，不需要其他保护气体。键合后形成 IMC 不容易再次熔化，键合强度达到每凸点 5g。当键合采用另一个硬凸点与 Au-Sn 凸点配对时，键合的高温使硬凸点快速进入 Sn 层，使一定数量的 Au-Sn 相互混合，随后 Sn 扩散经过 Au，停止在扩散阻挡层，连接主要依靠 Au 实现。

为了控制键合的相变情况获得更好的键合质量，可以在键合前在 200℃ 的条件下老化处理 4h。图 5-129 表明[223]，没有老化处理时，键合中 Au-Sn 的相变过程较为复杂，在 217℃时为富 Sn 形成的共晶，在 252℃时为包晶，在 280℃时由于 Sn 和富 Au 两个液态相之间相互反应产生放热反应。老化处理后，Au 凸点上方没有纯 Sn 存在，而是包括 Au、AuSn 和 Au_5Sn，在回流过程不产生其他的相变过程。当 Au 表面的 Sn 较厚时，由于富 Sn 形成温度远低于富 Au 形成温度(280℃)，键合时会出现 Au 不均匀溶解的情况[225]。

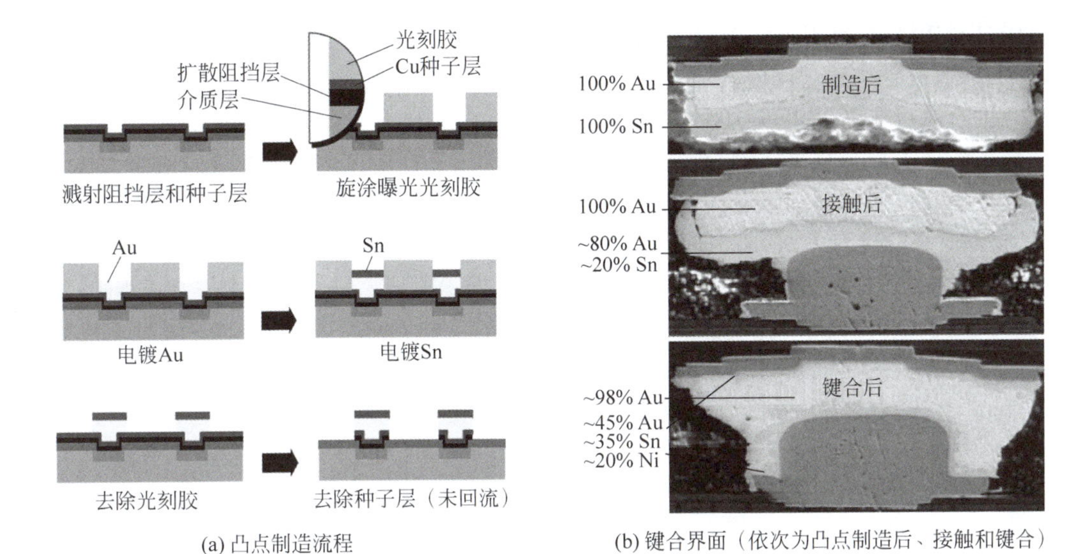

(a) 凸点制造流程　　(b) 键合界面（依次为凸点制造后、接触和键合）

图 5-128　Au-Sn 凸点键合

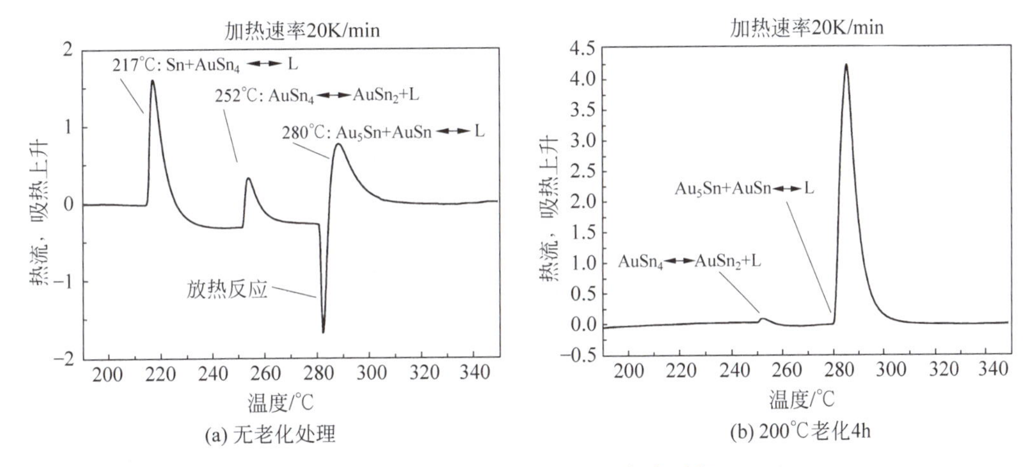

(a) 无老化处理　　(b) 200℃老化4h

图 5-129　差热分析的 Au-Sn 相变过程

5.6　晶圆级混合键合

混合键合是指在同一个键合面上实现金属与金属以及介质材料与介质材料的键合。三维集成中，两层晶圆键合既需要金属键合形成电学连接，也需要介质材料键合增强键合强度和热传导能力。混合键合同时实现两种不同材料的键合，因此金属结构和介质材料在键合表面上具有相同的高度，构成共面的键合结构。因此，混合键合中的金属结构属于共面的键合盘，不再是凸出介质层表面的凸点，但在意义明确的情况下也常将键合盘称为凸点。

三维集成中，混合键合的金属多为 Cu 或 Cu-Sn，键合方式包括 Cu 的热压或室温键合，以及 Cu-Sn 的瞬时液相键合。介质材料多为集成电路的介质层材料，如 SiO_2、SiON 或 SiCN，或有机聚合物键合材料，如 BCB 和 PI。目前狭义上的混合键合专指 Cu 与集成电路介质层材料的键合，如 Cu-SiO_2 混合键合或 Cu-SiCN 混合键合。这类混合键合必须同时实现，即在一次键合过程中同时完成 Cu 与 Cu 键合以及 SiO_2 与 SiO_2 键合。Cu-BCB 等聚合物混合键合既可以同时实现，也可以顺序实现，即首先完成金属凸点的键合，然后在金属凸点的缝隙内注入聚合物再次键合。这种方式从工艺特点上与下填充相同。

混合键合可以在晶圆级实现，也可以在芯片级或芯片-晶圆级实现。目前晶圆级的 Cu-SiO_2 混合键合的键合方法和键合设备已经较为成熟，在图像传感器和闪存等领域广泛应用。相比之下，芯片级和芯片-晶圆级 Cu-SiO_2 混合键合目前尚未完全成熟。主要原因是切割后芯片的颗粒物污染程度较高，影响混合键合的强度和成品率。此外，芯片级对准精度也和晶圆级对准精度有较大的差距。近几年芯片级和芯片-晶圆级混合键合的设备和工艺发展迅速，芯片切割、清洗、表面处理和对准键合进步很大，预期芯片级混合键合将很快进入量产阶段。

5.6.1 金属-聚合物混合键合

金属-聚合物混合键合是指有同时实现金属与金属以及聚合物与聚合物的键合方式，金属键合实现相邻层的电信号连接，聚合物键合作为键合增强区，提高键合强度。典型的金属键合包括铜热压键合或 Cu-Sn 瞬时液相键合，聚合物包括 BCB、PI 或 PBO 等，如图 5-130 所示[226]。

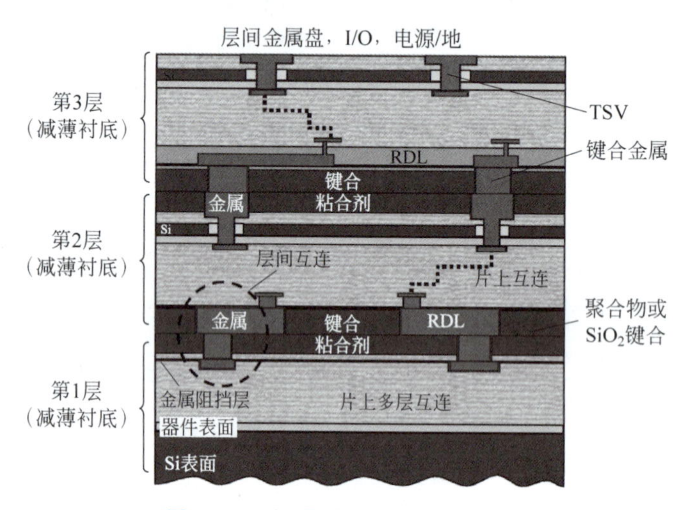

图 5-130 铜-聚合物混合键合结构

5.6.1.1 铜-聚合物热压键合

铜热压的键合温度为 300～400℃，聚合物的键合温度通常为 250～350℃，因此混合键合可以在 300℃左右实现。常用的聚合物包括 BCB、PI 和 PBO，典型键合温度分别为 250～300℃、300～350℃以及 300～350℃。铜-聚合物混合键合的优点是键合表面处理简单、实现容易，并且键合强度高、界面电阻低；主要缺点是键合滑移导致对准精度较低。对于 10μm 间距的键合凸点，铜热压混合键合具有很高的成品率[227]，目前已实现 7 层晶圆的键合[228]。

铜-聚合物热压混合键合需要 CMP 平整化使铜与聚合物具有相同的高度，以免出现只有铜键合或者只有聚合物键合的情况[226]。典型的键合流程如图 5-131 所示[229]：①溅射沉积粘附层、扩散阻挡层和种子层，涂覆光刻胶并图形化；②以光刻胶为模具进行铜电镀，形成键合所需的铜结构；③刻蚀去除光刻胶、粘附层和扩散阻挡层，使铜结构形成凸点；④表面涂覆聚合物层，加热固化，保证聚合物完全覆盖铜凸点；⑤对表面聚合物进行CMP，去除铜凸点表面的聚合物，并进一步平整化使铜凸点与聚合物共面；⑥将2个上述结构面对面热压键合。此外，也可以材料类似大马士革的方法制造键合结构，即首先在键合表面涂覆聚合物层，采用光敏或者刻蚀的方法对聚合物层图形化；然后溅射粘附层、扩散阻挡层和种子层，以聚合物为模板电镀制造铜凸点，使铜凸点适当超出聚合物表面；最后利用CMP将聚合物表面的铜去除，使铜凸点与聚合物共面。

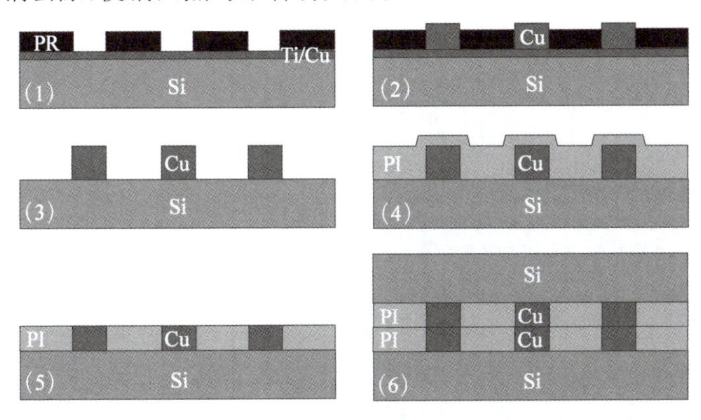

图5-131 铜-聚合物热压键合流程

图5-132为Cu-BCB热压混合键合[226,230]。尽管BCB的热膨胀系数远大于Cu，但是由于BCB在高温下弹性模量较低，在键合压力的作用下可以确保Cu与BCB都得以接触和键合。如果Cu凸点是以图形化的BCB作为模板电镀实现的，二者之间就没有缝隙。由于对准误差，通常两个铜凸点采用一大一小的结构，确保铜凸点完全键合[231]。

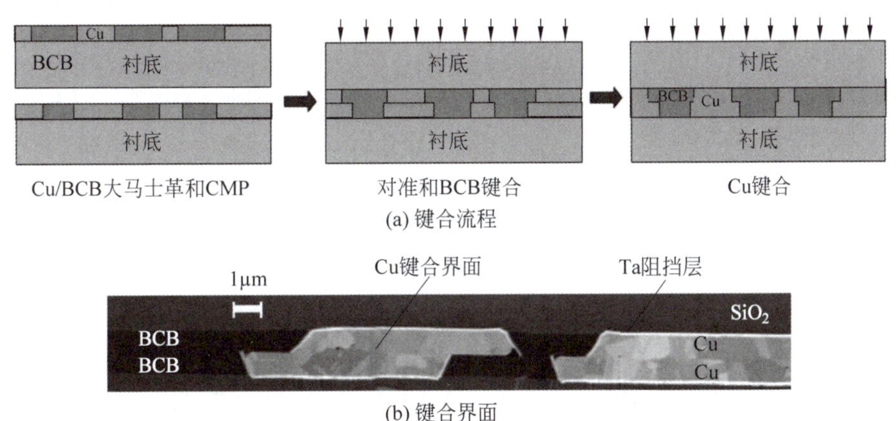

图5-132 铜-BCB热压混合键合

影响热压混合键合质量的因素包括两方面。首先，BCB键合与铜热压键合的温度区间不同，BCB键合的温度一般约为250℃，低于铜热压键合的最优温度区间350～400℃。如果键合温度超过300℃，BCB固化程度超过95%，BCB表现为热固性，键合很难实现。即使键合温度低于300℃，长时间键合或退火会仍会导致BCB的热固性。其次，高温下BCB的弹性模量很低，且表现为一定弹性，因此键合压力主要施加在铜柱上。这种情况下如果键合压强较小、键合温度过高，或者 BCB 和铜凸点的高度不匹配，容易导致 BCB 之间出现缝隙[230]。高温下 BCB 有一定程度的软化后，因此键合压强主要由金属键合所需要的压强决定。

Cu-BCB 的混合键合可采用分段键合的方式解决二者键合温度差异的问题。首先在 250℃以下键合 BCB，然后在 350℃键合铜。通过 CMP 的控制，使 BCB 高度超过铜凸点，这样在接触时仅有 BCB 接触而铜凸点尚未接触。然后加热到 BCB 的键合温度(一般为 250℃，取决于 BCB 的固化程度)并保持键合压力，使 BCB 首先完成键合。然后将键合温度升高到 350℃，适当提高键合压力的情况下使铜凸点接触并实现键合，确保二者都能够键合。

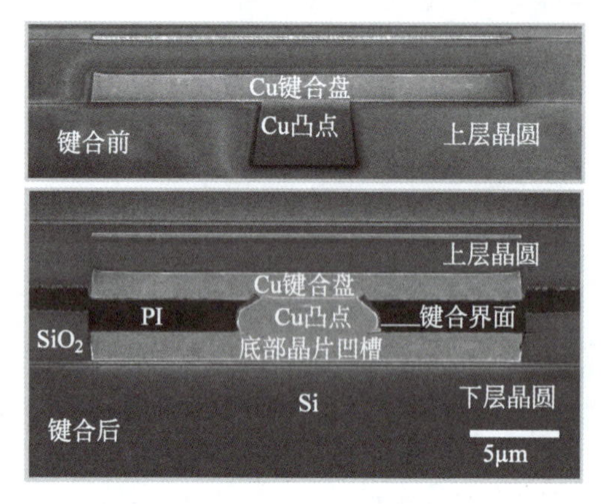

图 5-133 Cu-PI 混合键合界面

由于 Cu 热压的键合温度与 PI 的键合温度基本匹配，Cu-PI 混合键合可以一次键合实现[232]。图 5-133 Cu-PI 混合键合界面。采用 CMP 处理可以将铜和 PI 的表面粗糙度分别减小到约 0.7nm 和 0.4nm。当 PI 在铜凸点制造完毕之后涂覆时，CMP 主要去除 PI；当在图形化的 PI 内电镀铜时，CMP 主要去除铜。键合前采用 5%的柠檬酸处理可以将铜键合界面的氧化层厚度减少约 60%。典型键合参数为形成气体环境，键合压强为 0.5～0.8MPa，键合温度为 250～300℃，键合时间为 1h。

与铜相比，PI 的弹性模量低、热膨胀系数大，为了使铜凸点和 PI 共同键合，通常铜凸点要凸出 PI 表面，键合时 PI 通过更大的热膨胀实现接触和键合。对于尺寸为 10μm、高度为 6μm、节距为 20μm 的铜凸点，当凸出 PI 表面 80nm 时键合效果最好[229]。由于 PI 与 SiO_2 之间较高的键合强度，可以将 PI 与 SiO_2 键合。铜键合凸点在热压键合时滑移较小，当铜的面积比例较大时，能够抑制 PI 的滑移，使 300mm 晶圆键合后的对准误差小于 1μm。

除 BCB 和 PI 外，PBO 也用于与铜的热压键合。PBO 是一种正性光敏材料，可以利用光刻直接图形化。PBO 的固化条件如温度和时间对 PBO 的硬度影响很大，直接决定了 PBO 平整化的速率。如图 5-134 所示[233]，直径为 16μm、节距为 25μm 的铜凸点阵列与 280℃固化 1h 的 PBO 在相同的 CMP 条件下，PBO 表面与铜凸点表面的高度差约为 50nm，满足键合的要求。理论分析表明，多种键合温度和键合压强的组合都可以达到 100%的接触，一般采用 350℃和 300kPa 的键合条件可以实现良好的键合，键合强度可达(21.2±5.8) MPa。利用 Cu-PBO 混合键合，Hitachi 开发了 MEOL 方案的 300mm 晶圆三维集成，键合后对准偏差仅为 0.57μm[234]。

5.6.1.2 铜-锡-聚合物混合键合

Cu-Sn 凸点的 TLP 键合需要的温度约为 260℃，与 BCB 的键合温度的较为匹配，可以采用 Cu-Sn 和 BCB 混合键合。与 Cu-PI 键合是通过提高聚合物的耐受温度实现温度匹配相反，这种方式通过降低金属键合的温度实现温度匹配。图 5-135 为 Cu-Sn 与 BCB 混合键

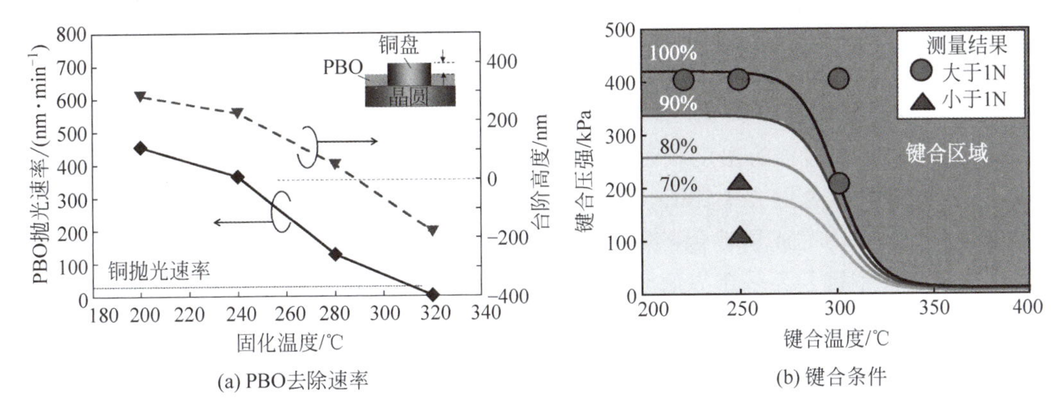

(a) PBO去除速率　(b) 键合条件

图 5-134　Cu-PBO 混合键合

合的工艺流程与界面[235]。Cu-Sn TLP 和 BCB 混合键合一般选择 260℃的键合温度，同时满足 Cu-Sn 和 BCB 键合的要求。由于在 260℃时 Sn 层熔化，因此键合所需要施加的压强由 BCB 键合所需的压强决定。

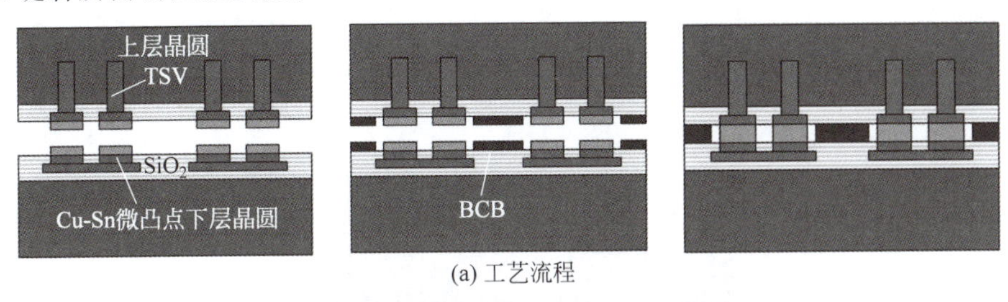

(a) 工艺流程

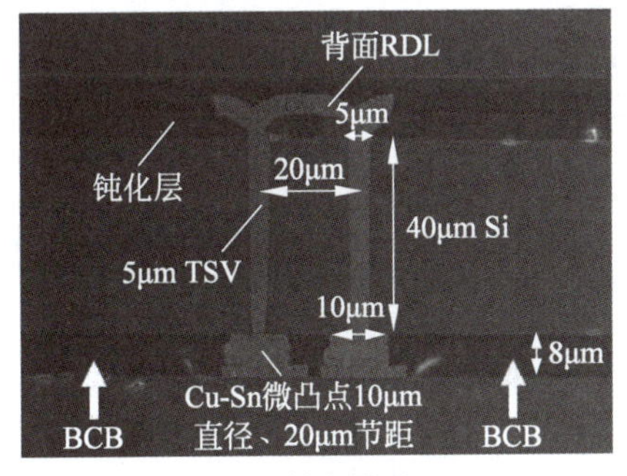

(b) 键合界面

图 5-135　Cu-Sn 与 BCB 混合键合

Cu-Sn 键合有液态 Sn 出现，键合压力会挤压液态 Sn 横向扩展，此时环绕金属凸点的 BCB 需要有预留的空间。Sn 的液化过程使 Cu-Sn 凸点具有一定的高度适应能力，因此在电镀 Cu 和 Sn 控制较为准确的情况下无须 CMP。由于键合后 Cu-Sn 凸点的高度下降，需要 Cu-Sn 凸点的表面高于 BCB 表面，防止 Cu-Sn 键合失败。

Cu-Sn 和 BCB 混合键合具有良好的温度稳定性。在 45℃和 100%相对湿度下，经过 3 天环境可靠性测试，BCB 界面稳定，通过 BCB 包围的铜锡凸点没有发生变化[236]。依照 JEDS22-A104B 标准的温度试验表明，混合键合可以耐受−40～125℃的 1000 次热冲击，冲击次数进一步增加时，部分 BCB 键合界面与基底发生剥离。

5.6.2 铜-介质层混合键合

铜-介质层混合键合是指 Cu 与 SiO_2、SiCN 或 SiON 等集成电路介质层材料的同时键合。铜键合和 SiO_2 键合的温度较为匹配，且键合过程没有材料的软化，因此滑移少、对准精度高。Cu-SiO_2 混合键合中，SiO_2 的初始键合为低温键合，在室温下通过亲水性表面接触并依靠分子间引力完成预键合，然后通过 300～400℃退火时 SiHO-缩合形成 Si-O-Si 键实现永久键合。铜键合为基于界面晶粒互扩散的热压键合，或者基于界面原子间金属键重建的室温和低温键合，键合质量好、可靠性高。

Cu-SiO_2 混合键合的研究开始于 20 世纪 90 年代。2000 年，Suga 提出了无凸点键合(Bumpless bonding)的概念，即目前的混合键合，如图 5-136 所示[237]。2006 年 Intel 采用 Cu-SiO_2 混合键合实现了 4MB SRAM 与 CPU 的三维集成[137]，这是最早报道的 Cu-SiO_2 混合键合的应用。2016 年，Sony 量产的图像传感器 IMX260 是首个采用 Cu-SiO_2 混合键合的量产产品[238]。目前最成功的 Cu-SiO_2 混合键合方法是 Research Triangle Institute (RTI)的 Q. Y. Tong 和 G. Fountain 等发明的直接键合互连(DBI)技术[239-241]。利用 DBI，2011 年 Ziptronix 实现了 2μm 节距铜键合，2015 年 Tezzaron 和 Novati 实现了 8 层芯片的键合。

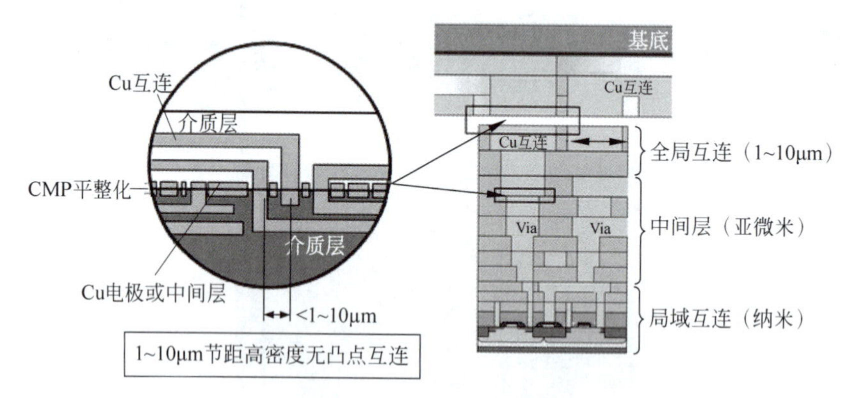

图 5-136 Cu-SiO_2 无凸点键合

近年来，混合键合技术发展迅速，键合机理、表面 CMP 平整化，以及湿法和等离子体活化方法逐渐完善，键合金属结构的最小节距已达 0.3μm，键合材料从早期的 Cu-SiO_2 混合键合发展出更高键合强度的 Cu-SiCN 混合键合；通过优化表面处理，键合温度降低到 250℃以下，通过控制电镀参数实现的[111]晶向的纳米铜晶粒可以实现 200℃的低温键合。

5.6.2.1 DBI Cu-SiO_2 混合键合

由于 Cu 和 SiO_2 的弹性模量高、变形困难，混合键合前必须采用 CMP 平整化，使粗糙度达到表面充分接触的程度。尽管多数情况下互连的介质层和金属为 SiO_2 和 Cu，但键合所需的 SiO_2 层和 Cu 层是采用双大马士革工艺在互连表面单独制造的专用键合层，如图 5-137 所示。首先在芯片顶层金属 Mx 表面沉积两层交替的 SiO_2 介质层和 SiN 刻蚀停止层，两次光刻分别刻蚀过孔和凹槽，溅射扩散阻挡层和铜种子层，电镀填充凹槽和过孔形成 Cu 结构，退火后 CMP 去除表面的过电镀形成键合结构。

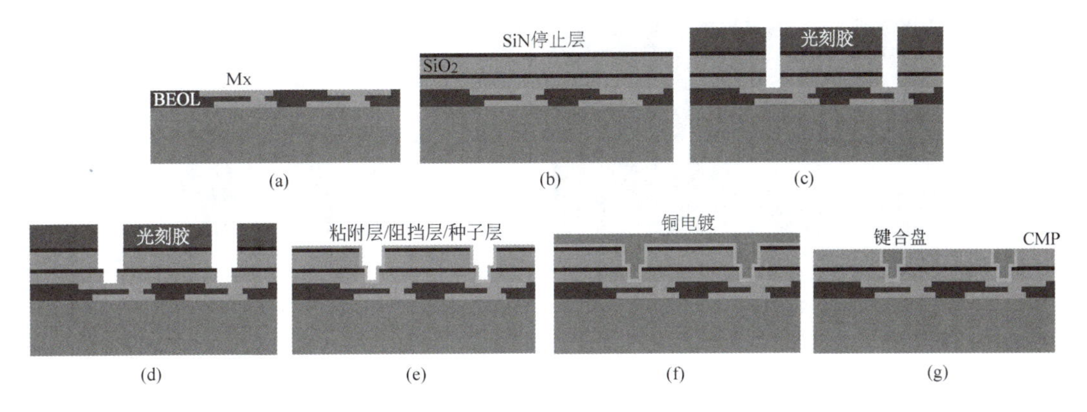

图 5-137　混合键合界面结构制造流程

由于 Cu 和 SiO_2 之间热膨胀系数的差异(18ppm/K 与 0.5ppm/K),即使 CMP 平整化后二者高度一致,在高温键合时由于热膨胀的差异使二者高度不同,导致 SiO_2 无法键合。DBI 混合键合通过制造 Cu 结构与 SiO_2 表面的高度差解决了热膨胀差异的问题,其原理如图 5-138 所示[242]。首先利用 CMP 使金属表面形成相对于介质层表面的凹陷,然后在室温下进行介质层预键合,最后利用高温退火加强介质层键合,退火时金属热膨胀更显著而实现接触和键合。室温下金属结构表面低于介质层表面,预键合时只有介质层表面接触和键合,金属结构之间形成空隙,确保金属不会影响介质层键合。升温增强介质层键合强度时,金属的热膨胀程度超过介质层而使金属结构膨胀并接触,在介质层键合结构的限制下,金属结构紧密接触而实现键合。DBI 的核心是利用金属和介质层的高度差补偿二者热膨胀的差异而实现顺序键合,并利用介质层键合提供金属键合所需的键合压力。

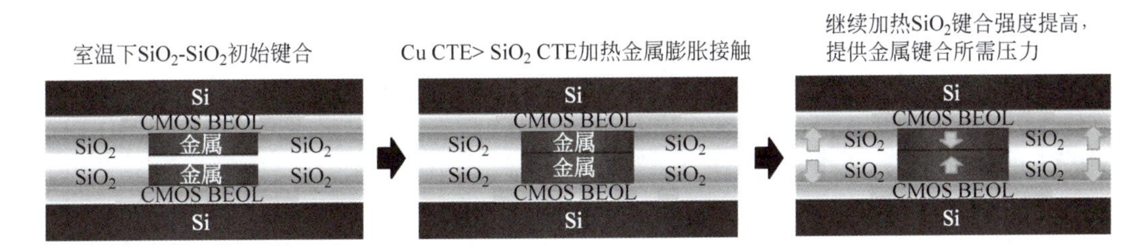

图 5-138　DBI 键合原理

Cu 表面相对 SiO_2 表面预定深度的凹陷是通过 CMP 实现的,需要优化 CMP 的浆料和 CMP 工艺参数。然后用去离子水润湿和等离子体活化处理键合表面,使其带有 Si-OH 或 Si-NH_2 基团[44,59]。在室温下完成 SiO_2 的接触预键合,此时 Cu 结构由于凹陷并未发生接触。最后在 200~250℃下退火 1h,加强 SiO_2 键合[242],而 Cu 结构因为热膨胀更显著而实现接触和键合,如图 5-139 所示。退火过程一般不需要施加外部键合压力,仅依靠 SiO_2 键合提供 Cu 键合所需的压力。

若非采用 DBI 的顺序键合方式,常规键合时 Cu 产生热膨胀,需要键合压力限制两层芯片沿着厚度方向的相对位移(保证紧密接触)才能实现 Cu 键合。当两层芯片可以相对自由移动时,宽度为 3μm、凹陷为 20nm 的 Cu 结构在 400℃下的热膨胀将导致芯片分离而无法实现 Cu 键合;通过外力限定芯片自由移动而保持紧密接触,两层芯片可以实现 Cu 键

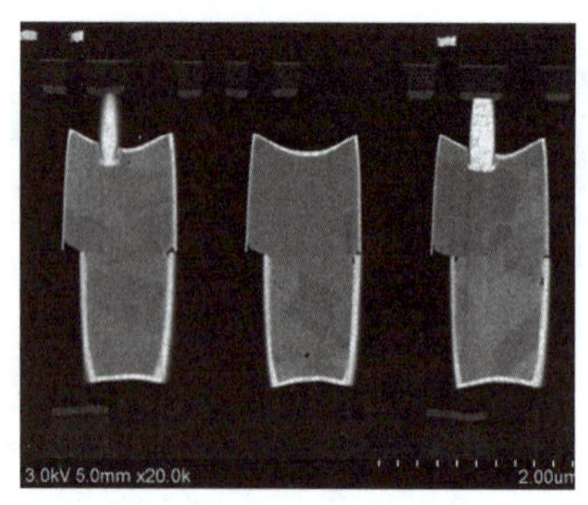

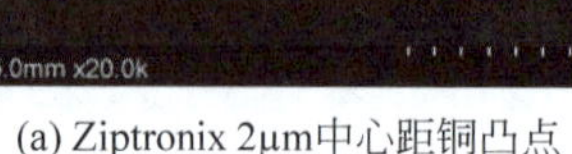

(a) Ziptronix 2μm中心距铜凸点

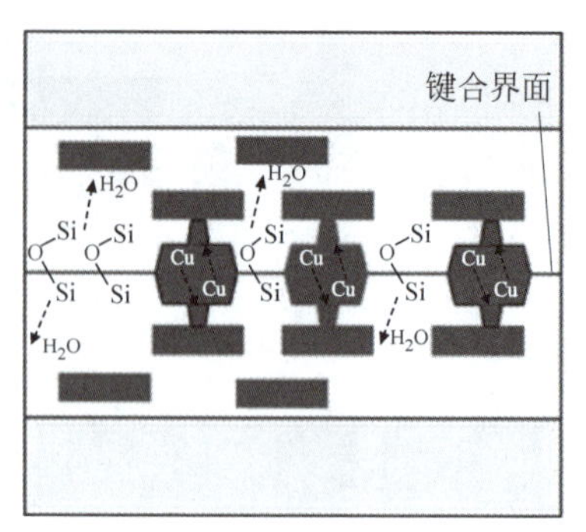

(b) 键合界面

图 5-139　DBI 键合

合[243]。DBI 利用 SiO_2 键合提供 Cu 键合所需要的键合压力，而无须单独施加外部压力，极大地简化了键合过程。

DBI 采用去离子水和等离子体进行键合表面活化，使 SiO_2 表面带有羟基 OH-，预键合时通过分子间作用力形成 Si-OH-OH-Si 键连接，通过加热缩合反应形成 Si-O-Si 键。副产物 H_2O 会残留在键合界面，在后续的低温退火过程中无法消除[60]，H_2O 分子的聚集影响键合强度和长期可靠性[244]。为此，Ziptronix 提出了表面氟化处理形成氟氧化物吸收界面水分子的方法[59]，防止界面水分子聚集。

DBI 的优点是常温下的 SiO_2 键合保证了高精度对准，在加热 Cu 键合时基本不会发生滑移，因此对准精度高、金属节距小、键合质量好、可靠性高。此外，由于对准偏差无法避免，Cu 相对 SiO_2 表面凹陷能够保证室温键合时 SiO_2 表面充分接触，否则凸出的 Cu 可能会在 SiO_2 界面产生空洞。DBI 键合的另一个优点是低温和低压，这解决了 ULK 介质层无法耐受高压强以及 DRAM 无法耐受 250℃ 高温的问题。与其他键合方法相比，DBI 在键合温度、键合压强、对准精度和成本等方面都具有显著的优势，如表 5-21 所示[245]。DBI 的难点在于通过 CMP 实现 Cu 和 SiO_2 表面之间很小的高度差，以及整个晶圆上的一致性，这对 CMP 提出了极为严苛的要求。

表 5-21　键合方法及特性

键合方法	互连密度/μm	密度决定因素	每晶圆估算成本/＄	成本决定因素
凸点键合	约 20	金属凸点	约 200	凸点制造
TSV＋键合胶	约 10	TSV	＜400	TSV 制造
TSV＋直接键合	约 10	TSV	＜400	TSV 制造
铜热压键合	约 3	键合面积	＜150	键合结构制造及键合
聚合物混合键合	约 2	键合变形	＜150	键合结构制造及键合
DBI 键合	＜1	对准精度	＜100	键合结构制造

DBI 还可以用于 In、Al、Ni 和 Au 等金属与 SiO_2 的混合键合，如图 5-140 所示[246]。2010 年，Ziptronix 实现了直径为 3μm、节距为 10μm Ni-SiO_2 的 DBI 键合，表明 CMP 后 DBI 对于硬质金属键合也有效。实际上，Ziptronix 最早采用 Ni-SiO_2 开发 DBI，是由于这二者的 CMP 比 Cu 更容易处理。Au-SiO_2 混合键合利用 CMP 对电镀的嵌入式 Au 结构和 SiO_2 表面平整化，再利用 O_2 等离子体活化处理，最后在 330℃ 和 110MPa 的条件下键合 60min，键合后单个键合界面的电阻仅为 93mΩ。

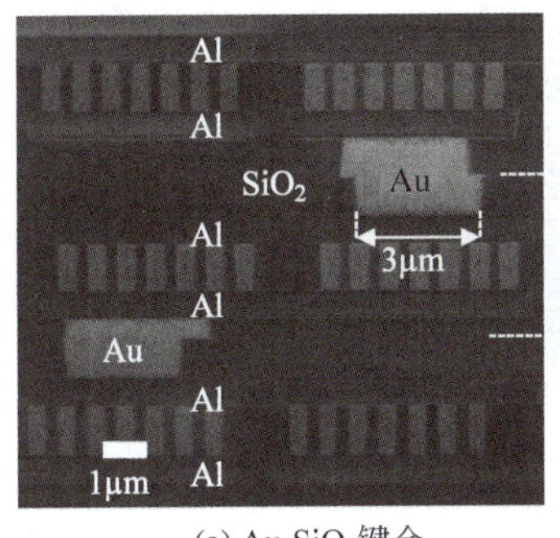

(a) Au-SiO_2键合

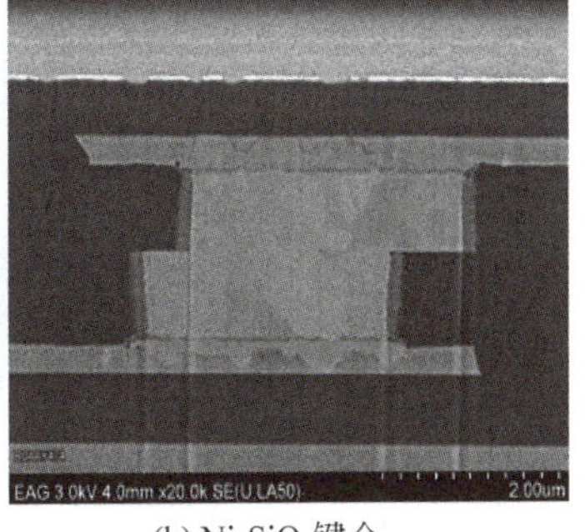

(b) Ni-SiO_2键合

图 5-140 不同金属的 DBI 键合

2003 年，RTI 创立的 Ziptronix 公司申请了 DBI 的专利，2015 年，Ziptronix 被 Tessera 收购，专利权转移给 Tessera 的子公司 Invensas，2017 年，Tessera 更名为 Xperi，2022 年，从 Xperi 分离出来的 Adeia 继承了 DBI 专利权。DBI 专利最早于 2009 年授权给 Raytheon 制造焦平面阵列，2014 年授权给 Samsung 和 Micron，随后许可给 ASE、Fraunhofer、Sandia、SRI、OmniVision、Teledyne Dalsa、Qualcomm、UMC、SMIC、SK Hynix 和长江存储等，广泛应用于 CMOS 图像传感器、NAND 闪存和射线探测器阵列等。2022 年，Graphcore 采用 TSMC 的晶圆级混合键合推出的 Bow 处理器是第一个采用晶圆级混合键合的处理器产品。

5.6.2.2 其他 Cu-SiO_2 混合键合方法

Leti[189]、Sony[238]、Intel[247]、Samsung[248]、GF[249]、ST[250] 和 TSMC[251] 等都开发了晶圆级 Cu-SiO_2 混合键合技术。2008 年，Leti 报道了采用 CMP 实现超光滑表面和亲水处理的 Cu-SiO_2 混合键合[189]，并于 2016 年与 ST 实现了 300mm 晶圆的混合键合[252-253]。如图 5-141 所示，Leti 的方法与 DBI 类似，采用了凹陷 Cu 结构顺序键合的方式。Leti 采用 CMP 将 Cu 和 SiO_2 的表面粗糙度降低到 0.2nm 以下，并通过强亲水性实现键合界面 H_2O 分子聚集导致少量界面空洞。

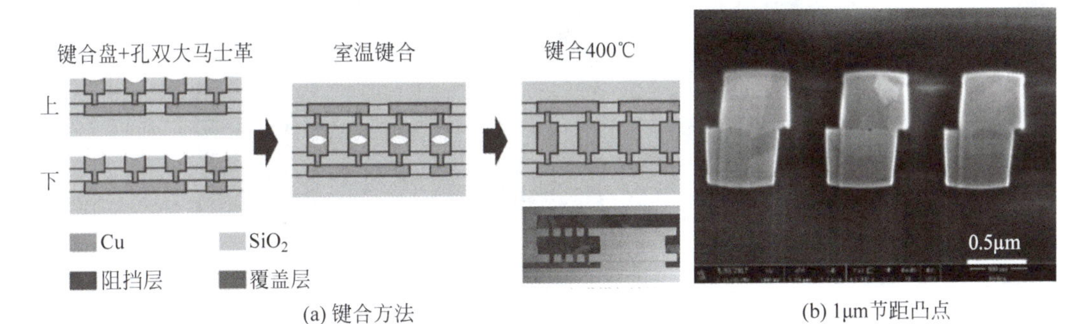

(a) 键合方法　(b) 1μm节距凸点

图 5-141 Leti 的 Cu-SiO_2 混合键合

2019 年，TSMC 报道了节距为 0.9μm 的 300℃以下的混合键合[251]，如图 5-142 所示，并实现了 12 层和 16 层芯片的键合。TSMC 采用铜合金键合取代铜键合，通过调整金属成分优化金属与介质层的 CMP 速率，以准确控制 CMP 过程中铜结构的凹陷。

图 5-143 为 Sony 的 Cu-SiO_2 混合键合方案[238]。与 DBI 键合中 Cu 低于 SiO_2 不同，Sony 采用 CMP 控制 Cu 凸点高于 SiO_2 表面的键合结构。每个键合凸点的电阻约为 0.2Ω，经过

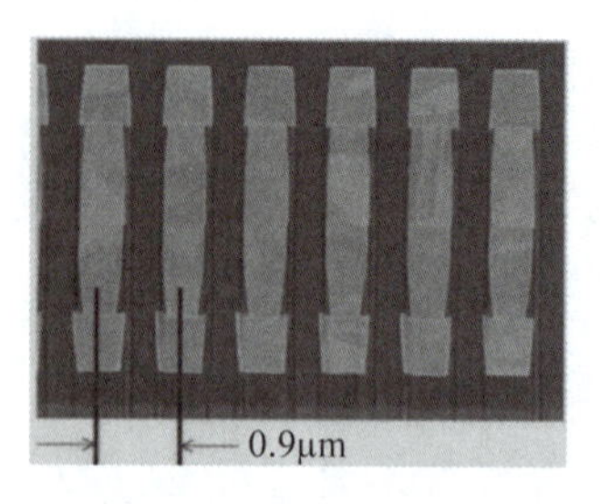

图 5-142　TSMC 的 Cu-SiO_2 混合键合界面

1000h 170℃高温存储后，电阻没有明显变化。2021 年，Sony 报道了直径为 0.5μm、节距为 1μm 的面对面 Cu-SiO_2 混合键合[254]，面对背混合键合节距为 1.4μm。

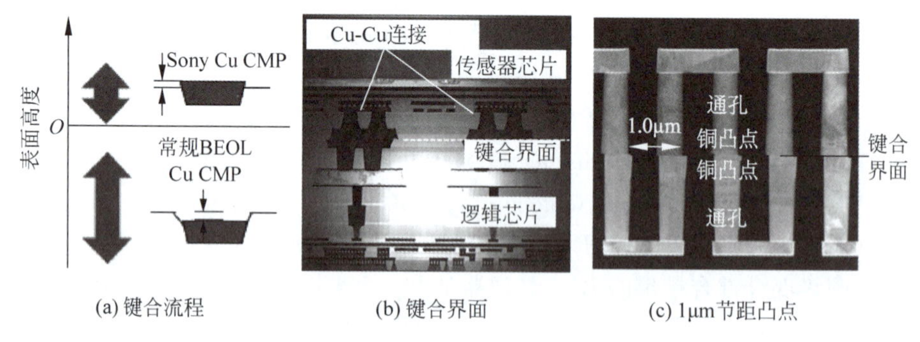

图 5-143　Sony 的 Cu-SiO_2 混合键合

GF[249]、东京大学[184]和 UCLA[255]也采用 Cu 凸出 SiO_2 键合结构。GF 在 2019 年利用 5μm×50μm 的 TSV 和 Cu-SiO_2 键合实现了 4 层芯片的键合，如图 5-144 所示。键合金属节距约为 5μm，键合方法与 Sony 的方法类似，Cu 结构表面高于 SiO_2 的结构。经过 CMP 以后，Cu 结构高于介质层表面约 6nm。通过大马士革电镀制造铜结构用于键合，同时制造竖孔连接下方的金属互连。

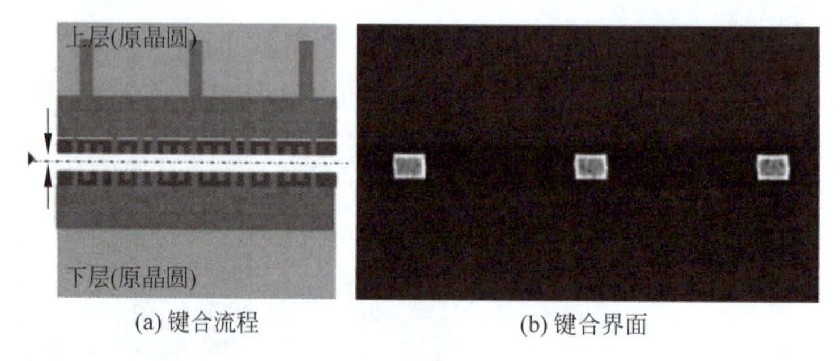

图 5-144　GF 的 Cu-SiO_2 混合键合

随着晶圆级键合对准精度的提高，混合键合的金属节距不断减小。2017 年 IMEC 和 Leti 实现了 1μm 金属节距[26]，2018 年 Leti 报道了 1.44μm 节距[252]，2020 年 TMSC 实现了 0.9μm 节距，2022 年和 2024 年 IMEC 分别报道了 0.7μm[256]和 0.4μm 节距[257]，2023 年 TEL[258]、TSMC[259]和 Applied Materials[260]分别实现了 0.5μm、0.4μm 和 0.3μm 节距，如图 5-145 所示。2016 年 Sony 采用混合键合量产的 IMX260 中，金属节距为 6.3μm；2020 年 YMTC 量产的 Xtacking2.0 NAND 中将节距减小到 1μm，2022 年 Xtacking3.0 进

一步将节距减小到 0.8μm,对准偏差仅为 22nm[261]。这些进展标志着混合键合的金属节距进入 0.5μm 时代。

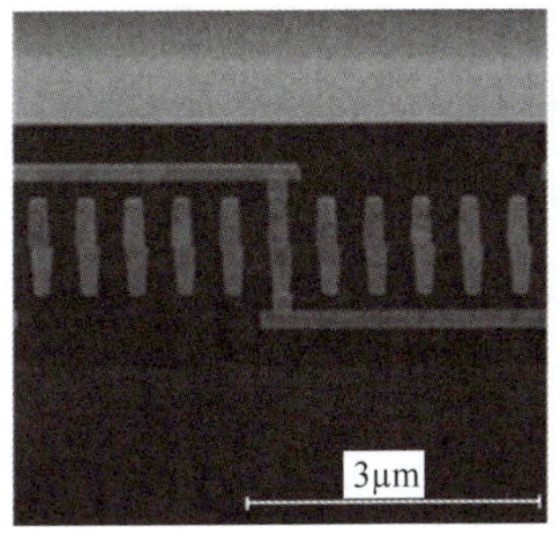

(a) TEL 0.5μm

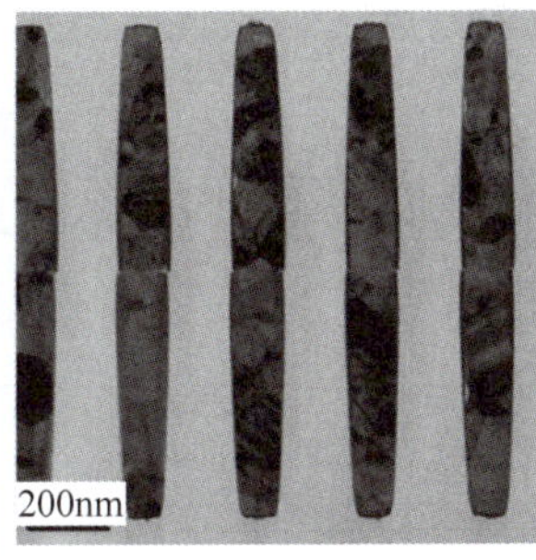

(b) Applied Materials 0.3μm

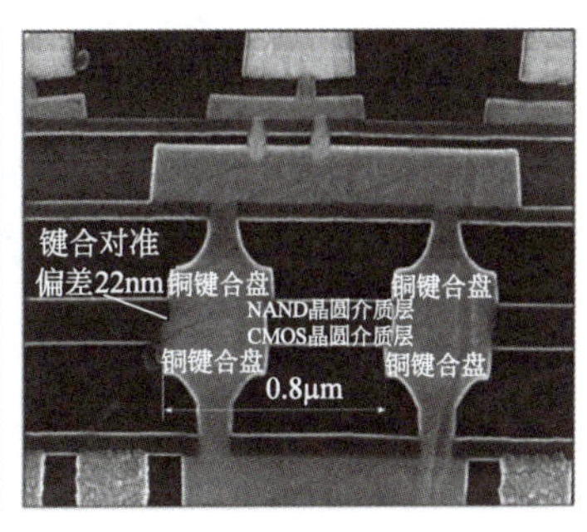

(c) YMTC 0.8μm

图 5-145　窄节距混合键合

5.6.2.3　混合键合的性能

Cu 键合和 SiO_2 键合都具有良好的键合质量,混合键合继承了二者的优点。在制造性方面,完全固态键合的特点使混合键合具有晶圆相对滑移小、对准精度高的优点,能够实现其他键合方法无法达到的键合效率和对准精度。因此 Cu 结构的尺寸和节距能够降低到 0.5μm 和 1μm 以下,可以将金属互连密度提高 2~3 个数量级,实现其他方法无法达到的金属连接密度。此外,由于金属嵌入介质层,多层键合后的总厚度可以降低 30%左右。

在性能方面,混合键合的芯片之间距离短、接口密度高,与凸点键合相比在互连密度、电学性能、传输带宽和能效比方面具有显著的优势,如表 5-22 所示。理论上,混合键合的电阻和电容仅为相同尺寸凸点键合的 8%,而电感仅为凸点键合的 1%[262],可以将键合金属的寄生参数和功耗减小 80%以上[247]。测量结果表明,Cu 键合结构的电阻、电感和电容分别仅为同尺寸微凸点的 20%、15%和 12%[251]。Cu 键合不仅电学性能优异,而且一致性好,电阻分布非常集中,如图 5-146 所示[238,251]。键合以后,12 层和 16 层芯片的数据带宽比同尺寸微凸点键合分别提高 18%和 20%,功耗分别下降 8%和 15%,散热能力分别提高 7%和 8%,3.2GHz 时的插入损耗减小 1dB 以上[251]。

表 5-22　凸点键合与混合键合的性能

工　艺	2.5D	3D-IC	SoIC
结构截面	SoC1 SoC2 μbump BEOL Interposer	SoC1 μbump SoC2	SoC1 SoIC Bond SoC2
互连	ubump+BEOL	μbump	SoIC bond
芯片距离	约 100μm	约 30μm	0
键合盘节距	36μm(1.0X)	36μm(1.0X)	9μm(0.25X)
速率	0.01X	1.0X	11.9X
带宽密度	0.01X	1.0X	191.0X
能效比(能量/位)	22.9X	1.0X	0.05X

良好的混合键合界面稳定,具有优异的可靠性。ST 的研究表明,3.6μm 的方形铜结构键合后的接触电阻率平均值为 130mΩ・μm^2,经过 1000 次、−50~150℃温度循环后,电阻

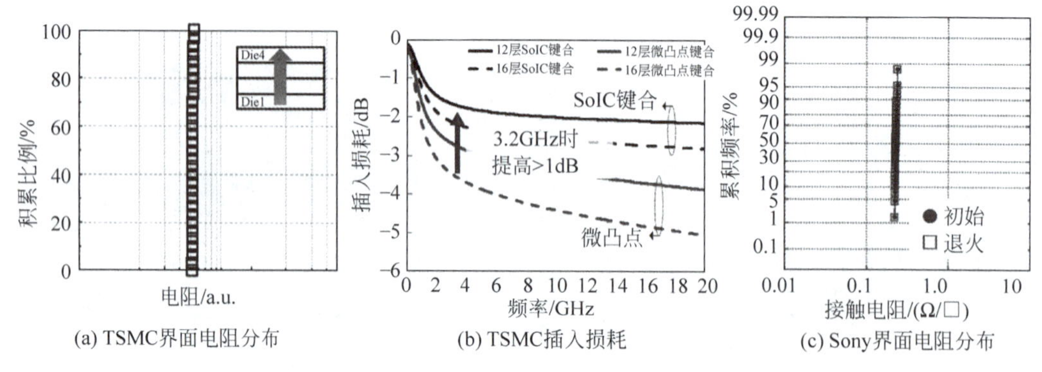

(a) TSMC界面电阻分布 (b) TSMC插入损耗 (c) Sony界面电阻分布

图 5-146 混合键合性能

变化小于0.6%,经过2000h 175℃高温存储后,电阻变化小于2%[250]。Xperi报道10μm节距铜凸点在经过2000次、−40~150℃的温度循环后,键合界面没有产生空洞和滑移等问题。面对面的混合键合中,由于两个芯片最表层的金属互连非常靠近,对于高频和模拟应用会产生较为强烈的干扰[263]。

混合键合具有一定程度的对准偏差适应力。键合结构的对准偏差导致相同大小的金属结构无法完美对齐,因此金属的实际键合面积小于金属结构的面积,电阻大于金属结构完美对齐时的理论电阻。一般键合电阻合格的标准是不超过理论值的150%。实际上,当Cu结构的接触面积达到理论接触面积的一定比例时,对准偏差对键合电阻的影响较小。Sony的研究表明,对于尺寸为0.5μm、节距为1μm的Cu结构,当对准偏差在0~0.4μm时,键合电阻变化不大,但是当对准偏差达到0.5μm时出现断路,如图5-147所示[254]。对于尺寸为0.72μm、节距为1.44μm的铜结构,即使因为对准偏差导致Cu结构的重叠面积从75%降低到20%,电阻也只增大了约6%[252]。

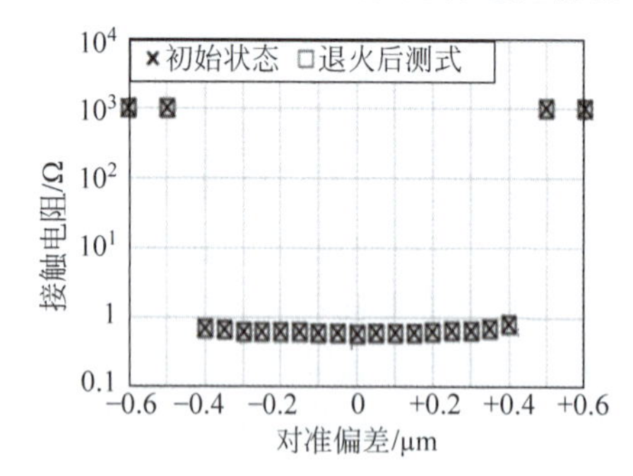

图 5-147 键合界面电阻与对准偏差的关系

介质层的性质对DBI键合有一定的影响。热氧化和PECVD TEOS沉积的SiO_2都可以实现混合键合,但热氧化SiO_2的键合能为1.3~1.4J/m^2,稍高于TEOS SiO_2的键合能1.1~1.2J/m^2[264]。这与二氧化SiO_2平整、致密、内部残留物少有关。为了降低CMP后的粗糙度并减少沉积过程中薄膜内残留的气体,TEOS沉积的SiO_2需要在350℃退火2h致密化。此外,ST的有限元模拟表明,键合产生的应力与金属结构的尺寸和节距有关,节距越小应力越显著,如图5-148所示。

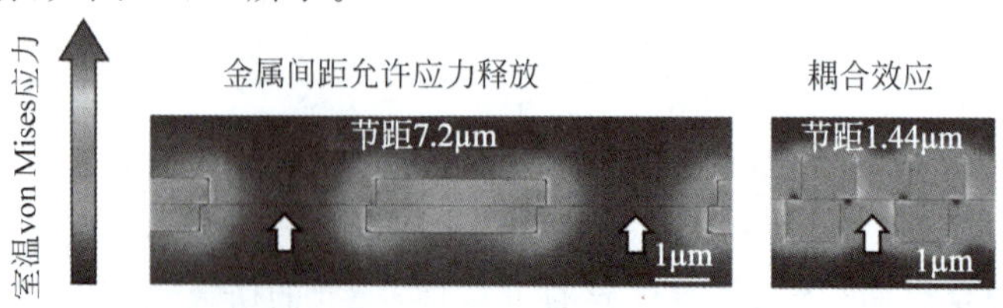

图 5-148 键合应力与节距的关系

混合键合是两种材料形成的图形的键合，除了单一键合的各自问题外，还涉及材料和温度兼容性、表面处理兼容性、图形对准精度以及铜扩散等问题，如图 5-149 所示。混合键合中，电镀 Cu 结构的尺寸影响晶粒大小。一般情况下，电镀晶粒的尺寸随着结构尺寸的减小而减小，例如尺寸为 4.4μm、2μm、0.5μm 和 0.3μm 的电镀 Cu 结构，晶粒平均尺寸分别为 1.1μm、0.68μm、0.3μm 和 0.3μm[26]。由于小晶粒对键合强度有利但对键合结构电阻率不利，因此小尺寸 Cu 在键合后的电阻率更高。

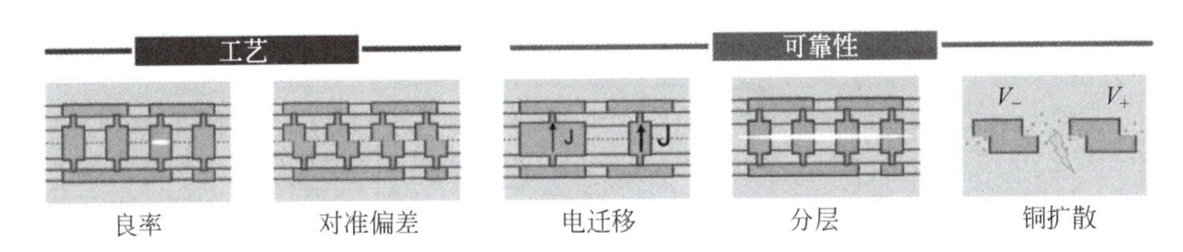

图 5-149　混合键合工艺和可靠性问题

键合金属节距减小、金属图形密度提高以及键合金属所占的面积比例增大，可能引起键合强度下降和金属间的短路，如图 5-150 所示[71]。由于对准偏差导致金属与介质层接触而产生弱键合区，减小了介质层的有效键合面积，当键合金属的面积比例超过 20%～25%时，总体键合强度下降[265]。混合键合需要利用氮等离子体等进行表面活化，离子轰击使铜原子被反溅射，铜原子脱离金属结构沉积到介质层表面，影响 SiO_2 的键合强度。当金属节距过小、面积比例过大且等离子体能量过大时，沉积在介质层表面的 Cu 甚至可能形成连续的金属线，导致键合金属之间短路。

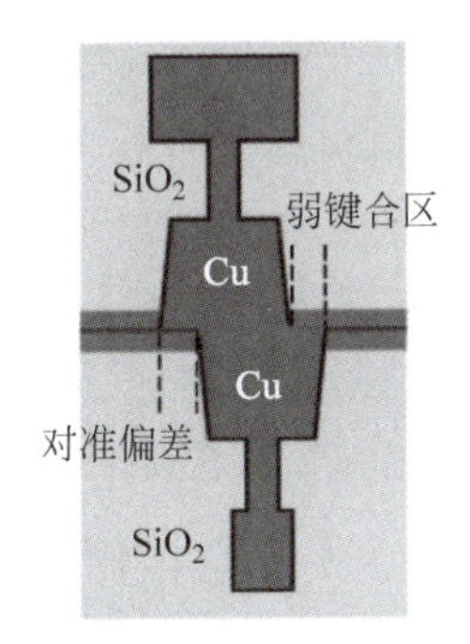

(a) 对准偏差降低键合面积

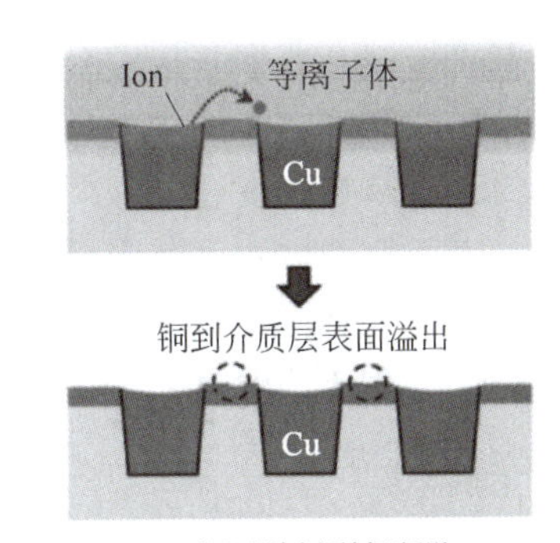

(b) 铜反溅射引起断路

图 5-150　窄解决混合键合

5.6.2.4　键合表面处理

混合键合对 CMP 表面处理有极高的要求。首先，CMP 处理后 SiO_2 和 Cu 的表面粗糙度至少要低于 0.4nm 和 1nm，这是二者能够实现直接键合时对表面粗糙度的最低要求。为了达到良好的键合效果，一般要求 SiO_2 和 Cu 的表面粗糙度达到 0.2nm 和 0.4nm 的水平。其次，需要精确控制 Cu 相对 SiO_2 的凹陷程度。这是由于对于特定的键合结构和键合温度，Cu 的热膨胀程度是确定的，凹陷程度过大导致 Cu 在热膨胀时无法接触而使键合失败，凹陷程度过小导致 Cu 热膨胀过度而使 SiO_2 键合面分离，影响整体键合强度。目前 CMP 处理可以将 Cu 凹陷的深度误差控制在 1nm 以内，分辨率达到 0.1nm。

为了获得光滑的表面并形成Cu凹陷，表面需要结合不同的浆料进行数次CMP平整化。CMP处理时，键合Cu结构所需的凹陷程度受结构的尺寸和分布密度影响。典型的Cu凹陷为3～10nm[266]，但是需要根据具体结构确定。有限元分析表明，10μm铜结构的最优凹陷深度为15nm[253]，而0.5μm铜凸点的凹陷深度约为5nm[26]。一般情况下，金属尺寸和厚度越小，其热膨胀程度越低，因此所需的凹陷程度越小，如图5-151所示[252]。由于混合键合要求整个晶圆表面的所有Cu结构都具有相同的凹陷程度，而CMP受自身均匀性和Cu负载分布的限制，需要采用一定的工艺辅助结构，保证整个晶圆CMP的一致性。

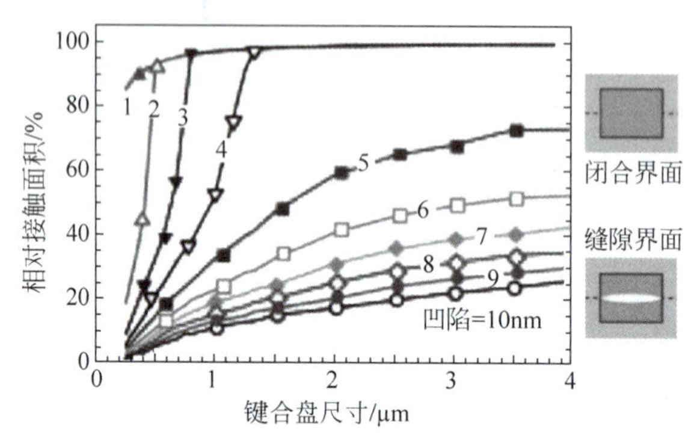

图5-151 铜凹陷程度与键合金属的尺寸的关系

铜-介质层混合键合表面需要活化处理。表面处理的目的包括两方面：①增强初始键合的连接键密度，提高强度、降低键合难度；②抑制退火过程中H_2O或H_2的产生和聚集，减少界面气泡和空洞。混合键合表面处理的难点在于寻找同时适合二者的表面活化处理方法。单独进行介质层直接键合或铜直接键合时，表面处理只需要改善各自的表面态，但混合键合时表面处理必须同时改善二者的表面形态，至少不对另一种材料产生负面影响，即不能在改善介质层键合的同时影响铜键合，或改善铜键合但影响介质层键合。

目前较为有效的表面处理方式可分为湿法处理和干法处理两类，前者包括表面羟基吸附处理，如CMP处理或水气吸附；后者包括等离子体干法处理，如Ar或N_2等离子体处理。等离子体处理对于改善疏水材料如Si-Si键合效果显著，对SiO_2-SiO_2键合也有较好的效果，但这一观点也有不同看法[47]。等离子体处理对Cu-Cu键合具有活化效果，但Ar和N_2等离子体处理时，腔体内残留的H_2O和O_2可能导致Cu表面氧化[177]。

目前一般认为，N_2等离子体处理对混合键合有显著的效果，Ar等离子体处理有负面效果，而为了防止Cu的氧化，一般不采用O_2等离子体处理[64]。N_2等离子体对SiO_2表面活化可以形成悬挂的Si-O-键，促进表面对-OH的吸附。此外，N_2等离子体使SiO_2表面产生Si-NH_2基团，在键合时氢键缩合产生H_2，使界面的连接键由原来的Si-O-Si转变为Si-N-N-Si，即Si-NH_2+NH_2-Si→Si-N-N-Si+H_2，因此可以减少或避免缩合反应产生H_2O，只产生易于向SiO_2层扩散的H_2，避免界面空洞。N_2等离子体处理SiO_2时，需要避免在Cu表面形成氧化层而影响Cu键合。目前的研究表明，氮等离子体处理对低温键合的影响较小，实际上，DBI键合中未采用更为严格的去除表面氧化层的工艺。

Leti和东京大学利用不同方式在键合表面加载羟基进行活化，实现了Cu-SiO_2的低温混合键合。Leti利用CMP平整化和活化，实现了超光滑Cu-SiO_2的室温混合键合[189]。2017年，Leti利用CMP处理将铜和SiO_2的粗糙度分别降低到0.23nm和0.18nm，通过在大气环境放置2h吸附水气进行表面活化，然后利用EVG的GEMINI FB XT晶圆键合机在无压力的条件下完成Cu-SiO_2室温混合键合，最后通过室温保存或低温退火提高键合强度，如图5-152所示[267]。Leti首次在300mm晶圆上实现了1μm节距铜凸点的键合，键合对准误差小于100nm，3σ误差小于195nm。

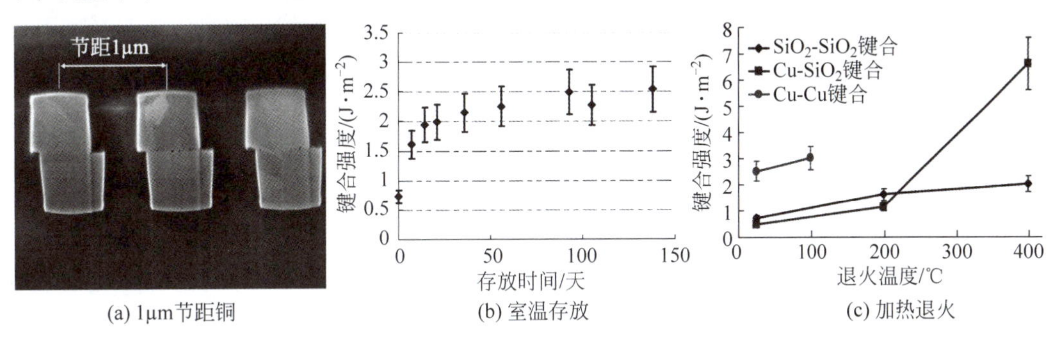

(a) 1μm节距铜　(b) 室温存放　(c) 加热退火

图5-152 CMP活化混合键合

室温键合后，键合强度随存放时间而增大。室温初始键合的强度基本等于SiO_2键合的强度，表明Cu的键合强度很弱；随着时间的推移，键合强度逐渐增加，到90天左右趋近饱和，达到2.5J/m^2的水平。键合后退火对键合强度的影响更为显著。仅有SiO_2键合时，经过200℃和400℃退火后，键合强度仅有小幅提高。这可能与表面过于亲水使吸附的水分子在界面大量聚集有关[244]。亲水表面SiO_2键合时，界面水分子的大量聚集导致键合强度下降，并且在500～600℃以下退火时无法消除界面的水分子[268]。混合键合经过200℃退火后，键合强度为1J/m^2，经过400℃退火后键合强度大幅提高到6.6J/m^2，表明高温退火显著提高了铜的键合强度。退火后铜界面存在少量纳米尺度的空洞，这些空洞在可靠性应力作用下没有明显的变化，对可靠性没有影响。

东京大学利用N_2+H_2O混合气体表面活化[159]，实现了150℃的低温Cu-SiO_2混合键合。经过Ar离子表面轰击清洁去除氧化层后，通入0.9大气压的N_2气和8g/m^3 H_2O的混合气体进行表面处理，在Cu表面形成$Cu(OH)_2\cdot[H_2O]_2$增强铜的键合强度[187]。这种表面亲水处理后与大气环境下超亲水表面的键合类似，可以提高铜的键合强度，但是同样面临SiO_2界面的过量水分子聚集的问题。为此，东京大学提出了亲水处理后在较低压强环境下去除部分吸附水分子再进行室温键合的方法[269-270]。

混合键合中，SiO_2表面的处理过程和键合原理如图5-153所示[270]。首先在5×10^{-6}Pa的真空中，使用含硅Ar离子轰击表面进行清洁和活化，离子束的能量为1kV，束流为100mA。较低能量的硅离子注入非晶SiO_2深度0.45～1.5nm的表层，使表面产生高密度的Si-Si键和硅的悬挂键，在SiO_2表面形成氧空位。这些氧空位对羟基具有很强的反应活性，极易吸附羟基。然后在10^{-2}Pa的真空中通入流量为100cm^3/min的水气和流量为20cm^3/min的氮气混合气体处理5min，然后在40%湿度环境下室温预键合；放置10min后在10^{-2}Pa的真空环境下将预键合拆开，利用真空去除表面弱吸附的水分子，但是SiO_2表面氧空位结合的羟基依旧吸附在SiO_2表面，形成Si-OH位。最后在该真空下施加2.5MPa的压力和200℃的温度键合30min，此时以表面羟基和悬挂硅键键合为主。完成初始键合后在200℃退火2～3h。

混合键合中，铜的表面处理和键合原理如图5-154所示[269]。由于铜的晶体特性，较低

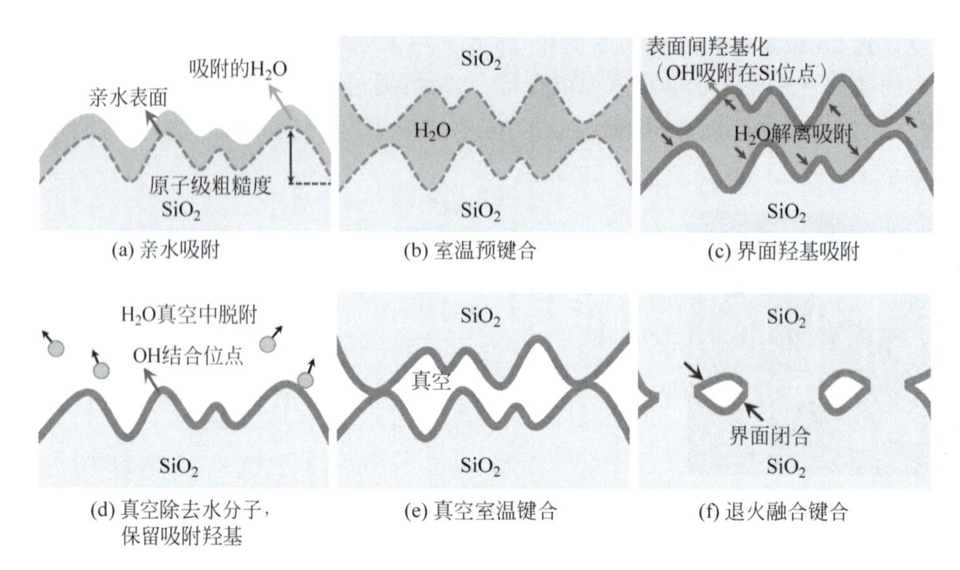

(a) 亲水吸附　(b) 室温预键合　(c) 界面羟基吸附

(d) 真空除去水分子,保留吸附羟基　(e) 真空室温键合　(f) 退火融合键合

图 5-153　SiO_2 键合原理

能量的硅原子难以注入晶体铜,因此硅离子和氩离子轰击对铜表面仅产生清洁作用。随后的 H_2O 气和 N_2 气处理以及大气环境下的键合,在铜表面产生极薄的氧化层,吸附形成 H_2O 分子薄层并保持在界面。真空中拆解预键合后,铜表面弱吸附的 H_2O 分子被去除,但强吸附的-OH 得以保留。再次键合时,铜的界面以氧化层和 Cu-OH 为主,经过退火后 Cu-OH 生成了 Cu-O-Cu 并形成少量的 H_2O 分子,Cu-O 的扩散使界面的氧化层不再连续,少量区域为氧化层,大部分为无界面层。由于 CuO 的扩散和水分子的形成,界面存在少量微小尺度的空洞。

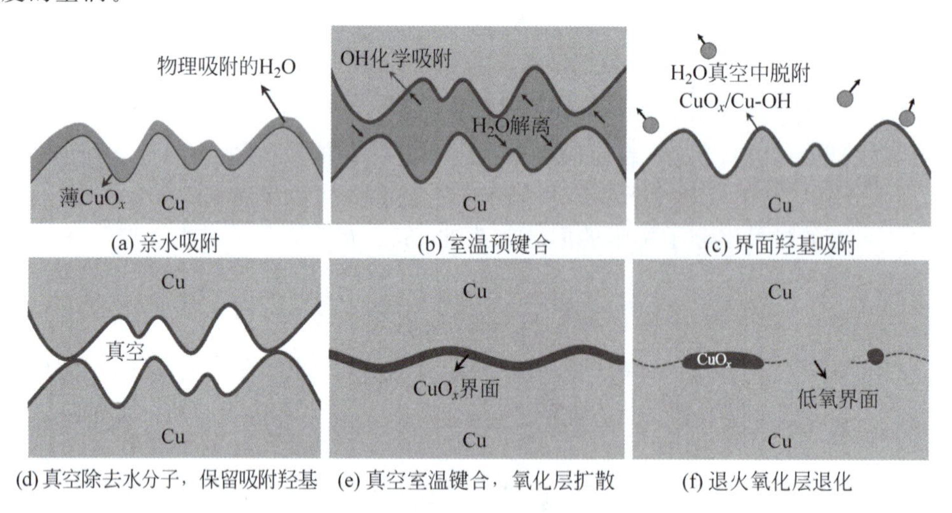

(a) 亲水吸附　(b) 室温预键合　(c) 界面羟基吸附

(d) 真空除去水分子,保留吸附羟基　(e) 真空室温键合,氧化层扩散　(f) 退火氧化层退化

图 5-154　铜键合原理

如图 5-155 所示,经过上述方法处理后,混合键合强度达到了 2.5J/m^2,表明表面吸附羟基后铜键合达到了很高的强度。虽然 SiO_2 的强度 0.5J/m^2 较低,但是也远高于真空键合后 0.1J/m^2 的强度,表明 SiO_2 界面通过-OH 和硅悬挂键产生了分子间引力。退火后铜的键合强度保持不变,而 SiO_2 界面的-OH 在高温作用下的缩合反应形成了 Si-O-Si,键合

强度大幅提高到 2.2J/m^2。铜键合后的界面包括约 25%的界面氧化层和 75%的无界面层，界面氧化层表现为富氧的 CuO_x，厚度为 6nm，无界面层的区域表现为低于铜内部含量的低氧区[270]。

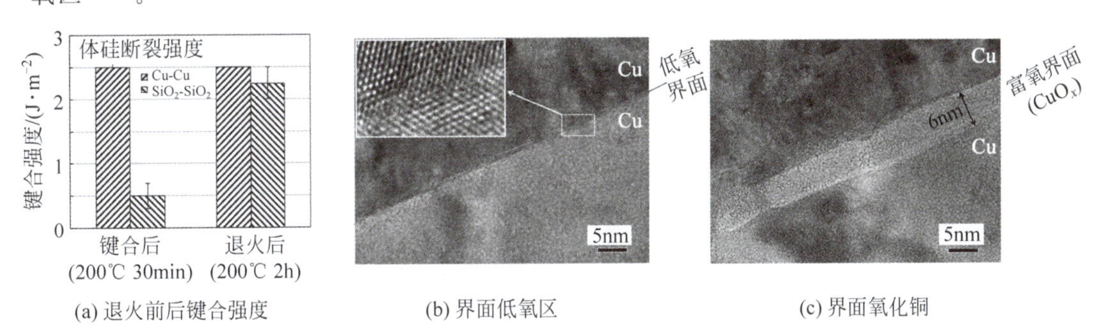

(a) 退火前后键合强度　　(b) 界面低氧区　　(c) 界面氧化铜

图 5-155　键合强度与界面

5.6.2.5　Cu-SiCN 混合键合

2016 年起，IMEC 报道了铜与碳氮化硅（SiCN）介质层的混合键合技术[265,271-272]。由于混合键合中对准偏差无法完全消除，Cu 会与 SiO_2 介质层直接接触，导致 Cu 扩散的风险，如图 5-156 所示[69,272]。IMEC 开发的 Cu-SiCN 混合键合是在 SiO_2 介质层表面沉积 SiCN，通过 Cu-Cu 键合和 SiCN-SiCN 键合实现混合键合。由于 SiCN 对 Cu 扩散有阻挡能力，即使 Cu 与 SiCN 直接接触，仍可以避免 Cu 扩散的潜在风险。SiCN 有较强的 H_2O 吸附能力，表面处理后亲水性保持时间更长，键合前经过合适的退火，键合过程几乎没有气体释放，避免了键合空洞。此外，采用 PECVD 和 TESO 方法沉积的 SiCN 可以精确调控三种元素的比例，使 SiCN 具有比 SiO_2 更高的键合强度。

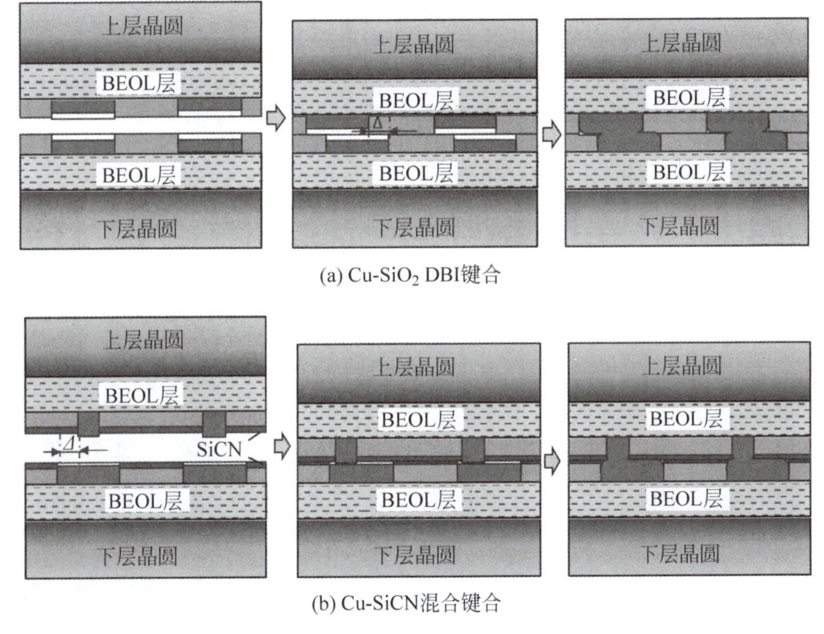

(a) Cu-SiO_2 DBI键合

(b) Cu-SiCN混合键合

图 5-156　混合键合方案对比

IMEC 键合方法有以下特点：①采用不同的 Cu 键合结构高度，其中一面的 Cu 结构凸出于 SiCN 表面，另一面凹陷于 SiCN 表面，凸起高度和凹陷深度在 0～4nm。②两个键合面上对应的 Cu 结构尺寸不同，保证键合后 SiCN 表面的接触。采用 EVG 的 SmartView NT2 对准系统和对准补偿装置，300mm 晶圆的对准偏差小于 60nm[68]。③加热过程分为两步，首先在 250℃ 退火实现 SiCN-SiCN 键合，然后在 350℃退火实现 Cu-Cu 键合。

尺寸不同的铜结构加热时的热膨胀程度不同。图 5-157 是高度为 650nm 的铜结构热膨胀程度随直径和温度的变化关系[78]。可见热膨胀随着直径增大和温度升高而线性增大，并且直径越大热膨胀增加的速度越快。这种一端凸起一端凹陷的结构形式需要采用不同的 CMP 方法，与两端凹陷的 DBI 方式相比工艺难度更大。此外，铜结构的密度受大尺寸一侧的结构限制，当铜凸点的密度超过 10%以后，介质层有效键合面积减小，易出现界面缝隙[272]。

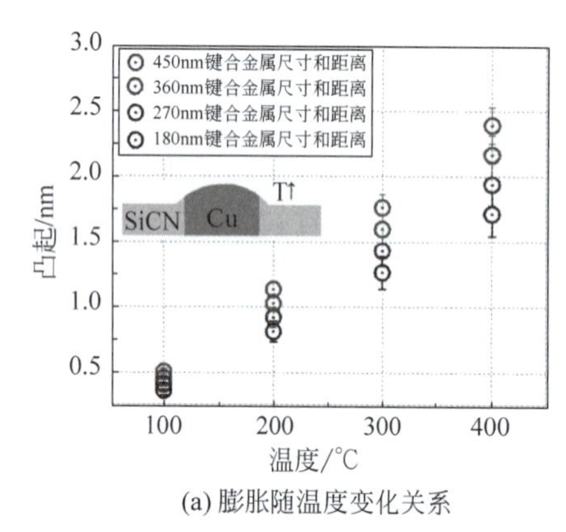

(a) 膨胀随温度变化关系

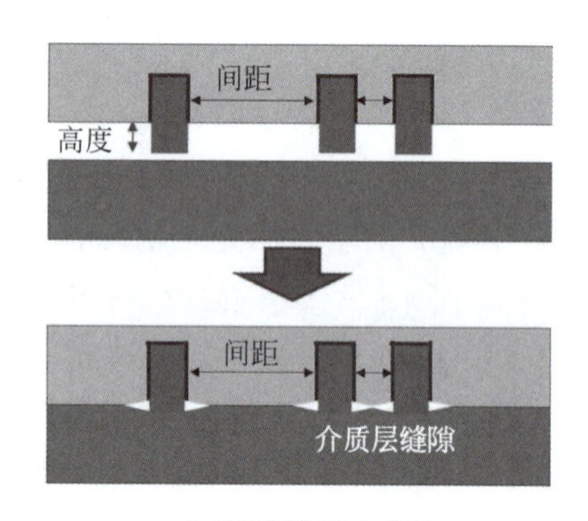

(b) 凸起导致的键合缝隙

图 5-157　铜凸起程度的影响

2017 年和 2020 年，IMEC 先后报道了 0.9μm 节距和 0.7μm 节距的 Cu-SiCN 的混合键合[78,273]，0.7μm 节距的两个铜凸点尺寸分别为 270nm 和 400nm，如图 5-158 所示。2023 年，Applied Materials 报道了 0.5μm 节距的 SiCN 键合，键合界面为 4～5nm 的 SiO_2，CMP 能够在 200nm 的 Cu 盘表面形成 0.5nm 深的凹陷[274]。

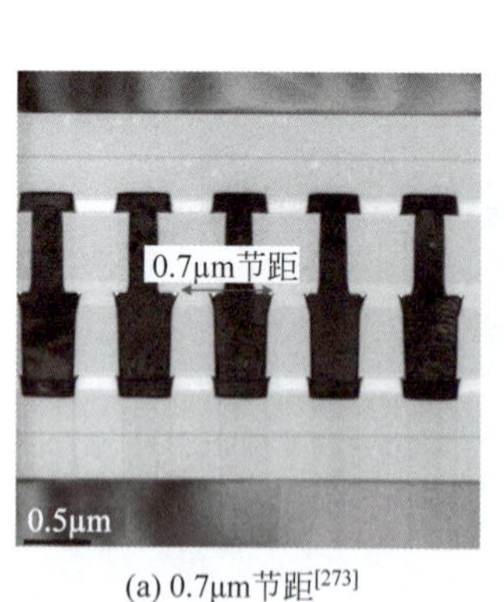

(a) 0.7μm节距[273]

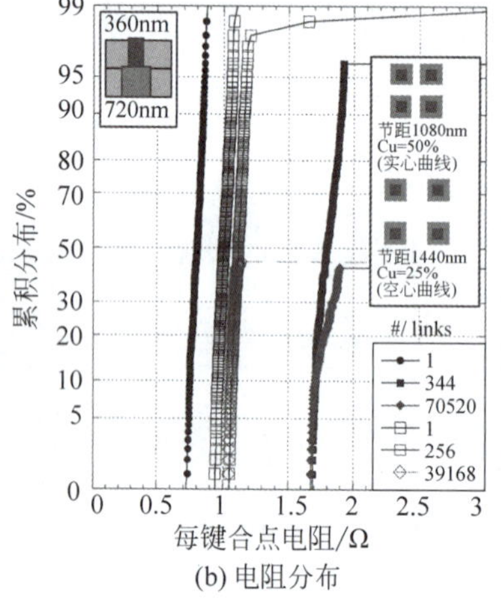

(b) 电阻分布

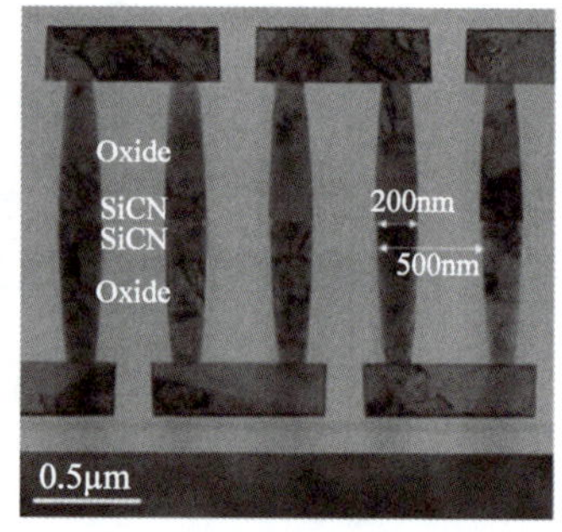

(c) 0.5μm节距[274]

图 5-158　高密度 Cu-SiCN 混合键合

图 5-159 为 Samsung 开发的 Cu-SiCN 混合键合方法，实现了 1μm 节距[71]。SiCN 采用 PECVD 和甲基硅烷(CH_6Si)在 350℃条件下沉积，CMP 处理后表面粗糙度为 0.15nm，SiCN 表面形成了厚度为 2.4nm 的自然氧化层，表面 Si∶C∶N∶O 元素比为 32.52∶29.96∶22.54∶14.98，其中 C/N 比为 1.33。Cu 表面自然氧化层 Cu_2O 的厚度为 2.3nm，O_2 等离子体处理后氧化层厚度增加到 5.0nm，而 N_2 等离子体处理后 Cu_2O 被氮化为 Cu_4N。N_2 等离子体处理比 O_2 等离子体处理更有利于 Cu-SiCN 混合键合，键合强度从 1.65J/m^2 增加到 2.0J/m^2。

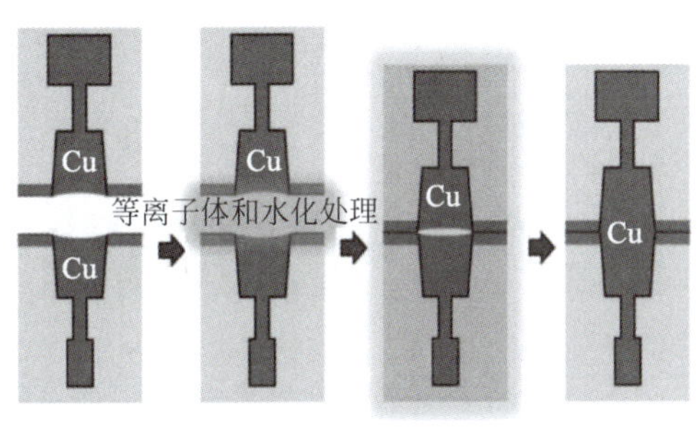

(a) 键合方法

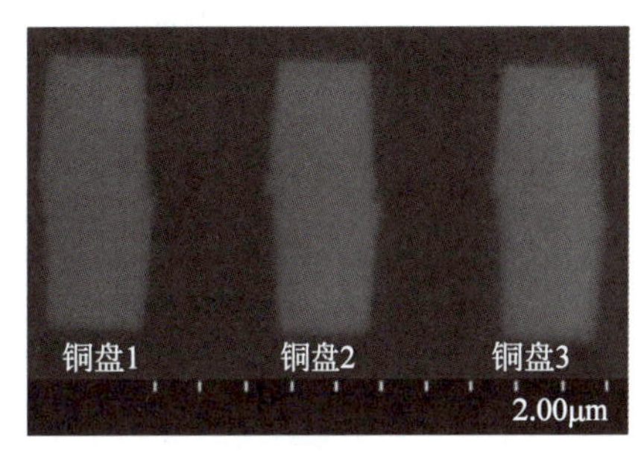

(b) 键合界面

图 5-159 Samsung Cu-SiCN 混合键合

尽管理论上由于对准误差导致的 Cu 和 SiO_2 直接接触会产生 Cu 向 SiO_2 介质层内的扩散，但 DBI 和类似方法在量产中的广泛应用表明，扩散并未导致性能和可靠性问题。ST 的研究表明，经过 16h 的 400℃键合和高温保温后，PECVD 沉积的 SiO_2 介质层内的 Cu 原子的密度低于 $10^{17}/cm^3$，介质层的击穿场强为 3.4MV/cm[275-276]。这表明常规工艺和使用下，Cu 扩散并未产生严重的影响。EELS 分析表明，在 SiO_2 表面吸附的水分子和键合高温的共同作用下，Cu 和 SiO_2 的界面上产生了厚度约为 3nm 的 Cu_2O 层，这可能是阻止 Cu 扩散的主要原因[277]。

与 SiO_2 键合相比，典型的 SiCN 采用 PECVD 和甲基硅烷在 350℃下沉积，这限制了 SiCN 键合与不耐高温的器件、ULK 介质材料和有机临时键合材料的兼容性。IMEC 开发了 175℃低温 PECVD 沉积并在 200℃下退火致密化的 SiCN 制造方法[278]。与典型高温沉积相比，低温沉积的 SiCN 中氮的比例更高而碳的比例更低。

5.7 芯片-晶圆级混合键合

晶圆级 Cu-SiO_2 混合键合具有高密度、高对准精度和高性能的优点，并且热载荷次数少、生产效率高，广泛应用于图像传感器和 NAND 等产品。然而，实际应用中通常需要集成多个差异化的芯片，其种类不同、尺寸各异、成品率差别可能很大，难以通过晶圆级键合实现集成。例如，受限于 DRAM 偏低的成品率，采用晶圆级混合键合 12～16 层 DRAM 制造 HBM 时，键合后的成品率低到无法接受的程度；而以插入层为基础通过 2.5D 集成 HBM、CPU/GPU 以及接口或电源芯片时，这些芯片位于不同的晶圆上或者以独立芯片的形式存在，也无法通过晶圆级键合实现。

为了满足多层、低成品率以及不同尺寸芯片键合的需求，芯片-晶圆级混合键合近年来发展迅速。这种方法将切割后的芯片逐个与晶圆实现 Cu-SiO_2 混合键合,称为直接芯片-晶圆级键合(Direct Die-to-Wafer Bonding)或顺序键合。直接芯片-晶圆级键合以切割后的芯片为对象,因此可以集成不同种类和尺寸的芯片,并且可以在键合前剔除失效芯片,提高集成后的成品率。与晶圆级键合相比,直接键合过程需要逐芯片操作,效率低、对准精度差,而且芯片承受的热载荷次数多。为了解决直接键合需要逐一芯片操作的缺点,近年来出现了将多个切割后的芯片重构为晶圆后再与另一个晶圆键合的方法,称为集体芯片-晶圆级键合(Collective Die-to-Wafer Bonding),如图 5-160 所示[279]。

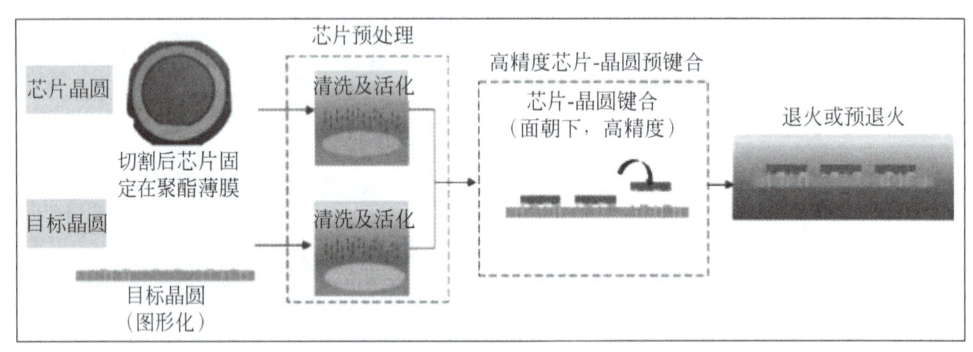

(a) 直接键合

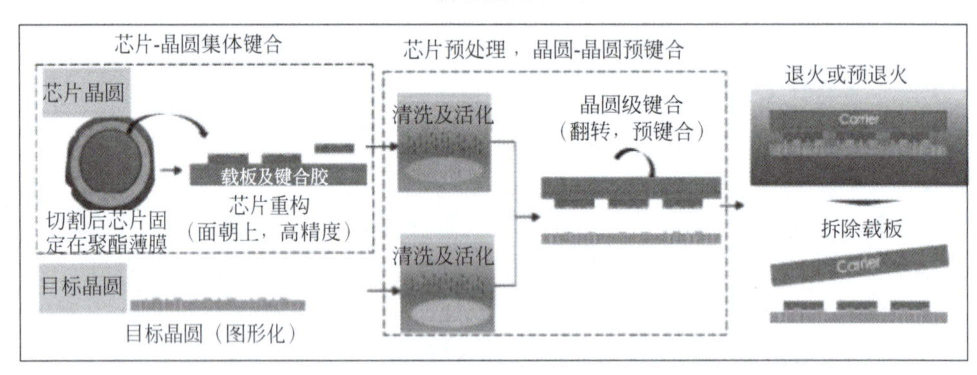

(b) 集体键合

图 5-160 芯片-晶圆级键合方法

5.7.1 直接芯片-晶圆混合键合

直接芯片-晶圆混合键合最早由 Leti 和 ST 于 2009 年报道[280],典型流程如图 5-161 所示[281]。这种方法兼具芯片级键合的优点和混合键合的优点。芯片级键合可以键合来自不同晶圆的芯片,可以键合前筛选以剔除失效芯片,因此适用于种类不同、尺寸差异大、成品率低的多芯片键合;直接键合可以实现高对准精度、高密度接口,以及更小的体积和更高的可靠性。这些优点为芯粒集成和多芯片集成提供了更为灵活的键合方式,在多芯粒集成和多层 HBM 等产品的驱动下,近几年直接芯片-晶圆混合键合发展很快。

利用 DBI 的思想,2018 年 Xperi 报道了芯片-晶圆级 Cu-SiO_2 混合键合技术 DBI Ultra[282],2019 年实现了 DBI Ultra 与 TSV 的集成[283],2020 年完成量产开发[284]。随着离子体切割以及对准偏差小于 200nm 的高精度芯片对准技术逐渐达到量产水平,Intel[247]、Samsung[281]、A * STAR[285]、SK Hynix[286]、IMEC[287]、Leti[288] 和 TSMC[251]

等都开展了芯片级混合键合的研究，TSMC 和 Samsung 先后实现了 12 层和 16 层芯片的混合键合[281,289]。2019 年，IMEC 报道了利用自对准实现的芯片-晶圆级 Cu-SiCN 混合键合[290]，2023 年，Micron 也开发了芯片级 Cu-SiCN 混合键合技术[80]。

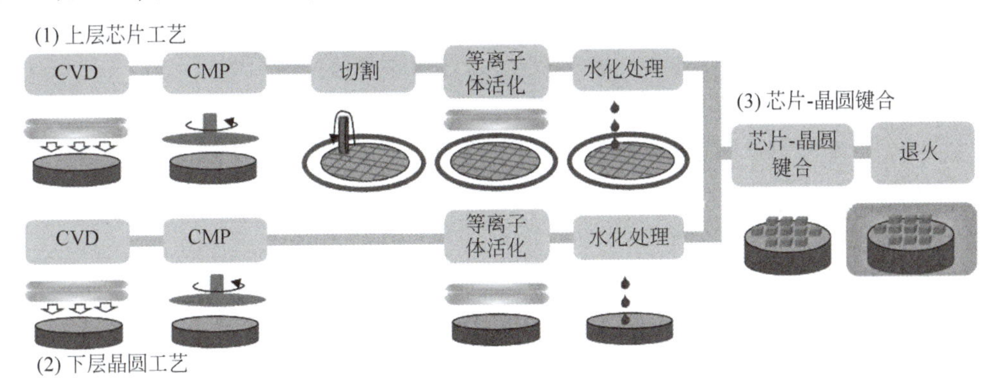

图 5-161 直接芯片-晶圆混合键合流程

5.7.1.1 直接混合键合

DBI Ultra 借助 DBI 顺序键合的思想，通过 CMP 使铜产生相对 SiO_2 的凹陷，室温下先键合 SiO_2，然后 200℃加热键合铜并加强 SiO_2 键合。由于 CMP 表面平整化并使铜凹陷是 DBI 的必要条件，DBI Ultra 需要首先对晶圆进行 CMP 处理，然后将其切割为单芯片后与晶圆键合。如图 5-162 所示，DBI Ultra 利用大马士革工艺制造铜金属图形和介质层，即在晶圆表面沉积 SiO_2 介质层并图形化为凸起和凹槽结构，然后在 SiO_2 表面沉积铜薄膜，退火后利用 CMP 去除表面的过电镀铜，形成嵌入 SiO_2 凹槽的铜键合盘，并使铜表面相对 SiO_2 表面产生一定的凹陷。将晶圆切割为独立的芯片后，在不分离的情况下将整个切割的晶圆进行表面等离子体活化。拾取单芯片与另一个晶圆进行室温下 SiO_2 预键合，最后进行 1h 200℃退火完成铜键合并增强 SiO_2 键合强度[284]。

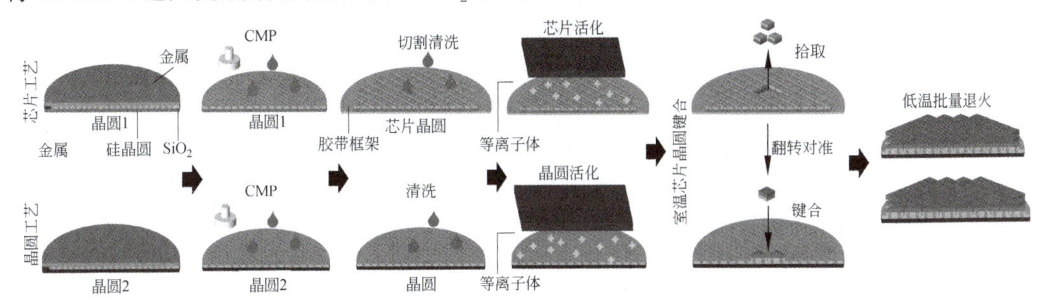

图 5-162 DBI Ultra 键合流程

DBI Ultra 的优点是只用一次 CMP 解决多芯片铜键合对表面处理的要求，多芯片全部预键合后只需一次加热完成所有芯片的永久键合。在最后加热进行铜键合时，依靠 SiO_2 键合提供铜键合所需要的压力而无须键合机压力，因此可以适应不同大小和不同厚度的芯片，并且可以通过一次加热完成多个芯片的键合，效率高、热载荷次数少。DBI Ultra 低温键合的特点适用于 HBM 等内存芯片的集成，而无须外部压力的特点适合 ULK 介质材料，可用于不同大小、不同厚度、不同制程的芯片，满足多芯粒集成的需求。2020 年，SK Hynix 利用 DBI Ultra 方法制造多层 HBM。

与晶圆级键合相比,芯片级键合在对准精度方面尚有较大的差距。目前,采用高精度对准,DBI Ultra 的键合金属的最小节距可达 1μm。DBI Ultra 的难点在于 Cu 和 SiO_2 表面高度差、清洁度和平整度的控制。Xperi 开发了 3nm 以下表面高度差的控制技术,300mm 晶圆表面的高度非均匀性小于 6nm。此外,多数混合键合需要处理超薄芯片,如 HBM 中 16 层 DRAM 的芯片厚度约为 30μm,芯片极为脆弱且易于变形。

2021 年,Intel 为 Foveros 技术开发了芯片-晶圆级混合键合技术,如图 5-163 所示[247,263]。Intel 的键合原理与 DBI Ultra 基本类似,也采用 SiO_2 及 Cu 顺序键合的方法。Intel 利用这种键合开发多种集成系统,包括 SRAM 与处理器的集成。与金属凸点键合实现 $1600/mm^2$ 的 I/O 相比,混合键合可实现 $10000/mm^2$ 的 I/O 密度和 0.05pJ/位的低功耗。

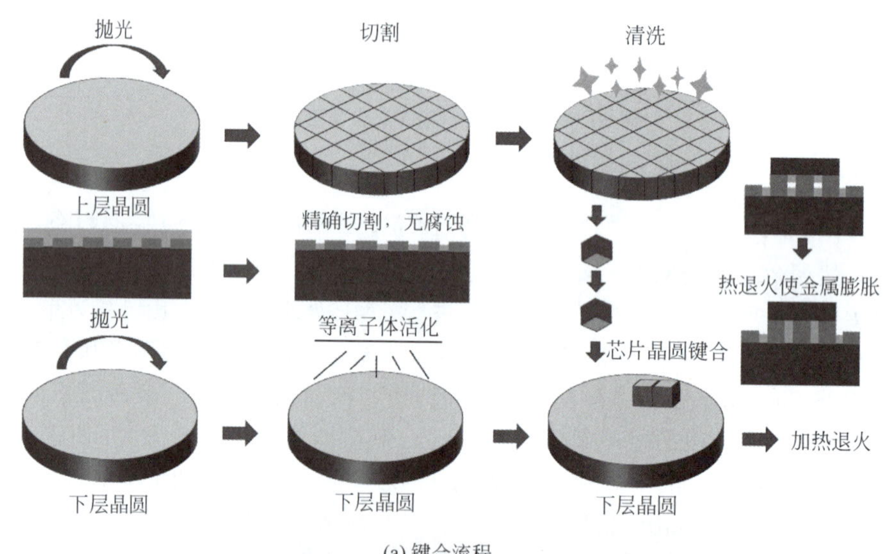

(a) 键合流程

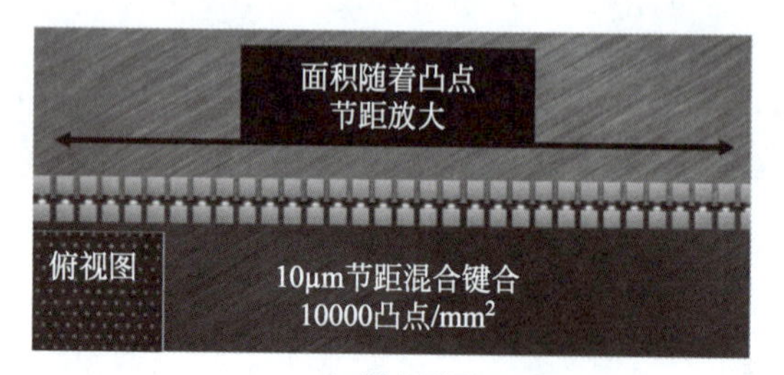

(b) 键合界面

图 5-163 Intel 芯片-晶圆级混合键合

芯片级键合中,对准偏差对键合成品率和金属界面电阻的影响与晶圆级键合类似。当对准偏差与金属尺寸的比值小于一定阈值后,对准偏差的影响较小,但超过一定阈值后,键合成品率迅速下降。TSMC 的研究表明[291],对于尺寸为 1.5μm、节距为 3μm 的金属结构,当对准偏差小于 0.5μm 时,键合成品率和键合电阻基本不受对准偏差的影响,成品率达 98%。当对准偏差为 0.5~1μm 时,键合仍可以正常完成,但是有 10%的键合电阻显著增加。当对准偏差超过 1μm 后,键合成品率只有 60%,且键合电阻普遍增大。

5.7.1.2 芯片表面处理

芯片级键合的表面处理包括CMP平整化、清洗、亲水处理和等离子体活化等过程，其中CMP后的清洗也具有亲水处理的作用，可以合二为一。混合键合通常采用氮等离子体活化，一般认为氧等离子体处理会在Cu表面产生氧化物而影响键合界面电导率。等离子体活化后进行最终清洗，然后立即进入键合过程。表面处理的过程和顺序有不同组合，例如，DBI Ultra采用先亲水处理再等离子体活化，Samsung采用先等离子体活化再亲水处理[289]，而Intel仅对晶圆表面进行等离子体活化处理。

与晶圆级混合键合相比，芯片级混合键合的主要难点在于芯片的对准精度和洁净度控制。晶圆级键合的对准图形间距大，对准时平移和转动偏差小，采用先进的键合设备可以实现50nm以下的3σ对准偏差。由于芯片尺寸小，对准时转动偏差远大于晶圆级对准偏差。目前SET的Neo HB和FC300分别可以实现500nm和300nm的键合后对准偏差，BESI和ASMPT等的芯片级对准偏差小于200nm，生产效率达到1500～2000片/h。

通常键合表面的颗粒物可能导致其直径20倍的键合空洞[68]，严重影响键合质量和的成品率。因此，芯片级与晶圆级混合键合都需要严格的表面控制，包括表面粗糙度、洁净程度和表面活性等，然而，晶圆切割过程和芯片抓取放置的过程都会产生严重的颗粒物污染。如图5-164所示，芯片前道设备模块（EFEM）产生的颗粒物很少，但是测试、存储、转移、切割和抓取过程会产生大量的颗粒，如切割过程中碎屑、切割材料和砂轮使芯片切割后表面有机和无机颗粒物可能增加10倍。Xperi的研究表明，几乎所有的键合失效都是切割过程产生的颗粒物引起的。此外，在常规键合环境下，机械抓取放置芯片的过程也会因为摩擦而产生大量的颗粒物，如芯片测试时探针的摩擦会导致金属表面损坏，FC300操作1h后直径为200mm晶圆表面上超过90nm的颗粒物增加了20个[292]。

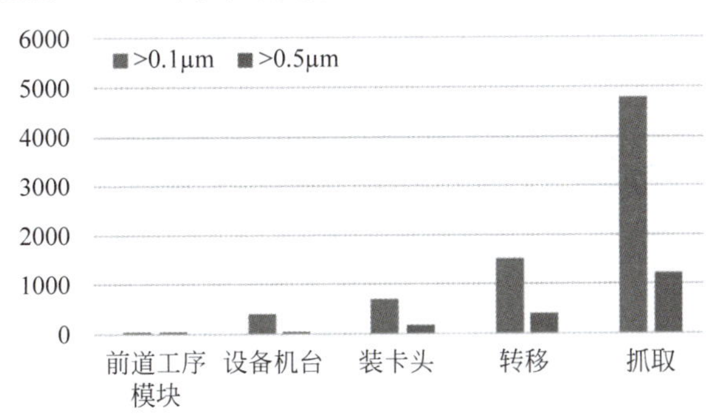

图5-164 工艺过程产生的颗粒物数量

降低颗粒物污染需要采用表面保护、清洁的晶圆切割方法和高效的表面清洗技术，并降低芯片抓取和放置过程的污染物。为了防止切割过程的残渣和颗粒物污染芯片，可以在切割前在晶圆表面和背面涂覆有机薄膜保护层[293]，如TOK的OS系列，固化后800nm的厚度即可实现切割保护，然后用1%浓度的NH_4OH完全去除[294]。采用等离子体刻蚀或者激光隐形切割取代砂轮切割以减少颗粒物污染。激光隐形切割产生的颗粒物数量远少于砂轮切割，但激光隐形切割后表面有机和无机颗粒物增加了7倍[80]。

等离子体切割采用等离子体对晶圆进行干法刻蚀，刻蚀过程产生的颗粒物极少，能够避免颗粒物和残渣沉积到芯片表面。由于芯片包括表面的介质层和硅基底，等离子体切割通常也分两步进行,首先采用 $C_4C_8/O_2/Ar$ 等离子体刻蚀芯片介质层,然后采用 SF_6/C_4F_8 等离子体的 Bosch 工艺刻蚀硅基底。芯片刻蚀后一般还需要采用 O_2/N_2 等离子体刻蚀切割胶带,确保激光释放时芯片间无连接。典型的刻蚀槽宽度为 10～15μm[295]。等离子体刻蚀切割的缺点是需要光刻形成切割掩膜,工艺复杂、成本高、速度慢,特别是介质层刻蚀速率慢。为了提高生产效率,可以采用先激光刻蚀多层介质层,然后利用等离子体刻蚀硅晶圆[80]。此外,等离子体切割过程可能会使 Cu 表面氧化。

在严格控制污染物的前提下,混合键合仍需要兆声清洗才能满足键合的要求。兆声清洗利用高频超声激荡去离子水,产生涡旋、空化和振荡效应,能够有效去除芯片表面的附着物和颗粒物。混合键合要求清洁的环境,通常环境等级需要达到 ISO3(Class1)级,即每立方米空气内 1μm 直径的颗粒物不超过 35 个,0.5μm 直径的颗粒物不超过 35 个,0.1μm 直径的颗粒物不超过 1000 个。Lithobolt 和 Chameo 8800 芯片级键合级都可以达到这个标准[279]。为了提高键合成品率,TSMC 和 Intel 逐渐向 ISO2 级和 ISO1 级过渡。

芯片级键合是顺序进行的,一个晶圆经过切割后进行表面清洗、处理和活化,完成全部芯片的键合需要数小时,这要求表面处理和活化效果的保持时间更长。此外,芯片-晶圆级键合需要使用有机临时键合材料固定晶圆,有机材料不仅释放污染物影响键合界面,而且耐受温度限制了键合温度,导致键合强度较低。

5.7.1.3 下填充材料混合键合

下填充(underfill,也称底部填充)是封装中的传统技术。下填充采用有机聚合物材料填充封装基板与芯片之间金属凸点或焊球周围的空隙,增强芯片与基板的结合强度,保护金属凸点或焊球,并提供一定的散热能力。封装领域常用的下填充方法按照填充原理可以分为两类,一类是金属焊球键合以后再填充缝隙的聚合物,主要包括毛细下填充(CUF)和模塑下填充(MUF);另一类是在金属凸点键合以前预涂的聚合物,主要包括非导电浆料(NCP)和预铺非导电薄膜(NCF)。

CUF/MUF 采用聚合物材料的液态前驱体,在焊球键合后,在一定温度下通过毛细作用将液态前驱体流入芯片与基板之间的缝隙,然后加热固化,如图 5-165 所示。因此,采用 CUF/MUF 时键合是按照金属凸点和聚合物顺序完成的。传统的 CUF/MUF 适用于较小的芯片尺寸(30mm)、较大的芯片与基板间隙(20～60μm)和较大的凸点节距(60～80μm),以保证前驱体能够充分流入芯片与基板的缝隙;过大的芯片和过小的间隙及中心距,可能会导致不完全填充而出现空洞。CUF 在芯片和基板间的流动特性是非常复杂的,需要采用计算流体力学的方式进行模拟[296]。

三维集成中,芯片的间距由金属凸点决定,往往只有几微米或者十几微米,当芯片面积较大时,如 20mm 芯片与 20μm 间隙形成的宽深比高达 1000∶1,常规的 CUF/MUF 已经难以进行填充,因此 CUF/MUF 在三维集成中适用范围较窄。CUF/MUF 最容易出现的缺陷是聚合物材料流入过程中,内部气泡没有全部排空或聚合物材料的挥发性气体聚集导致的空洞和气泡。当聚合物材料在芯片边缘堆积的速度超过向缝隙内流入的速度时,很容易导致内部气泡。

NCP/NCF 采用液态或固态的聚合物薄膜,在焊球制造好后以薄膜的形式覆盖在焊球表面,在金属焊球键合过程中,通过焊球熔化以前的挤压力,将软化的聚合物材料排开,使焊

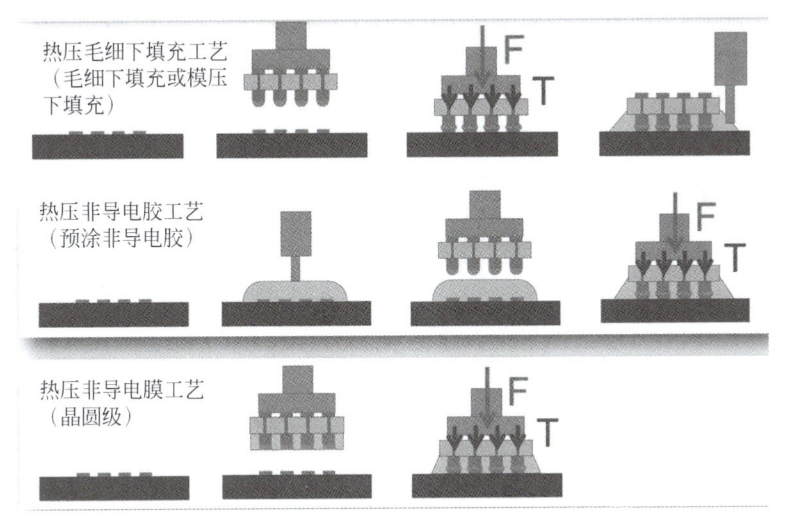

图 5-165　下填充工艺过程

球与焊盘接触实现键合。NCP 的主要过程如下：在基板表面包括焊盘上方涂覆 NCP 浆料并预固化，然后将芯片凸点/焊球与焊盘对准，对基底预加热使 NCP 层软化，施加压力使金属凸点挤压 NCP 层并将其挤开，金属凸点与焊盘接触后进一步加热，使金属键合，金属键合的高温同时作为 NCP 的固化过程。NCF 的原理与之相同，不同之处在于 NCF 直接采用大面积的干膜铺设到基板或者晶圆表面。

典型的 NCF 如 Dow Electronic Materials 的 XP-130576A，其主要成分为填充有 SiO_2 的树脂，玻璃化转变温度为 175℃，热膨胀系数为 25ppm/K，弹性模量约为 6GPa。XP-130576A 为干膜产品，厚度为 20～40μm，厚度差异小于 2%。这种材料在带有凸点的表面具有良好的覆盖均匀性，自带助焊剂加强与凸点的润湿状态。图 5-166 为 XP-130576A 的键合流程以及凸点键合界面。键合后凸点的界面没有有机物成分，表明两个凸点接触良好。

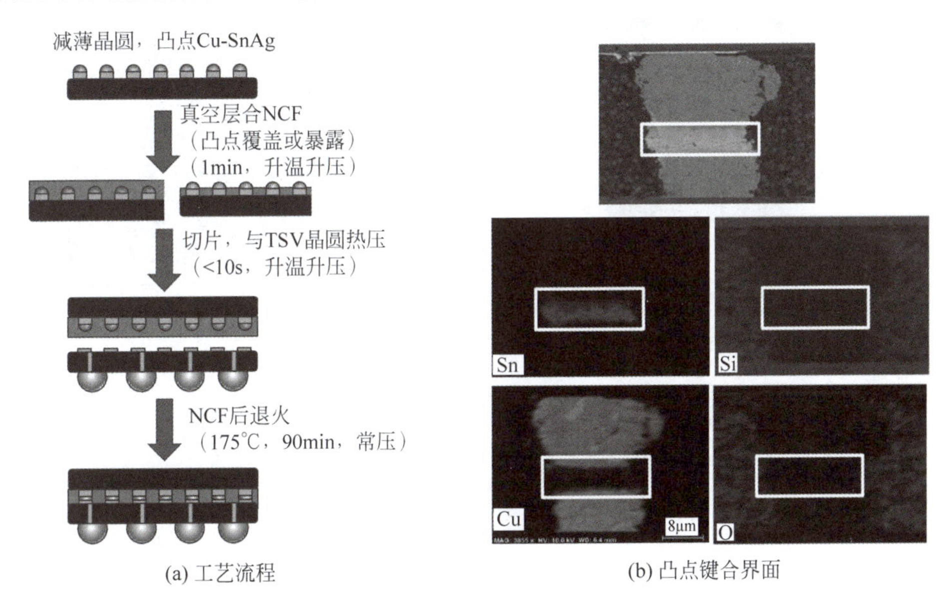

(a) 工艺流程　　(b) 凸点键合界面

图 5-166　NCF 键合

如表5-23所示,与依靠毛细吸入的CUF/MUF相比,热压式的NCF/NCP更适用于小间隙和窄节距,不仅适用于芯片与基板键合,还可以用于晶圆级键合。NCF/NCP的难点在于必须确保金属凸点和焊盘挤压的效果,使金属界面没有有机成分,保证稳定的电学连接。尽管NCF/NCP适用于小间隙和窄节距,但是当凸点密度过高时,也会产生空洞。降低NCP材料的粘度、提高流动性,有助于减少空洞,并有助于减少凸点与焊盘间的杂质。

表5-23　下填充方法对比

	芯片级		晶圆级	
材料	CUF/MUF	NCP	NCF	介质材料
典型供应商	Namics/Hitachi Chem/ShinEtsu	Henkel/Namics/Hitachi Chem/Panasonic	Hitachi Chem/Nitto Denko/Namics/Sumitomo	Dow Chem/JSR/DuPont(HD)/3M
填充方法	键合后填充	键合前涂覆或铺设		
产能	低	低	高	高
可靠性	低	低	中	高
溢出	低	低	中	高
小间隙填充能力	低	高	高	高
多层填充能力	低	高	高	高

与NCF/NCP匹配度最高的金属键合方式为Cu热压键合。热压键合没有液态过程,可以施加更大的键合压力,有助于挤压排出界面的聚合物层。热压金属耐受温度更高,为加热软化聚合物材料提供更大的温度窗口。采用具有尖端形状的Cu凸点,有助于更好地穿透并排开聚合物层[297]。NCP/NCF也可以应用于CuSn、Cu/Ni/Au和Cu/SnAg键合[298-299],但要保证挤压过程的温度低于Sn的熔点。图5-167为NCF与CuSn键合的流程和键合界面成分分布[300]。NCF的最小粘度出现在170℃,键合温度为280℃,键合压强

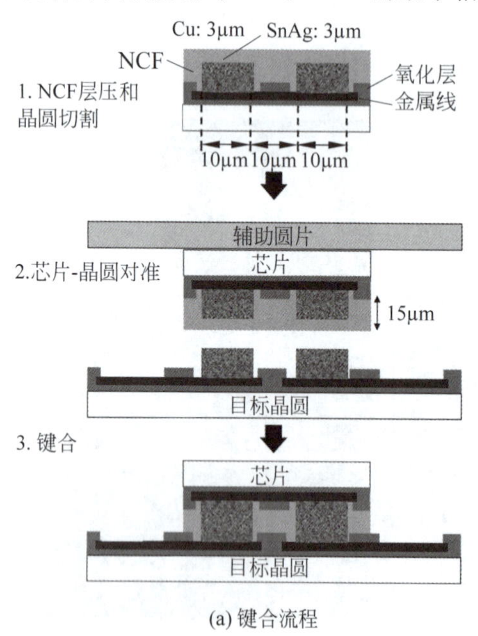

(a) 键合流程

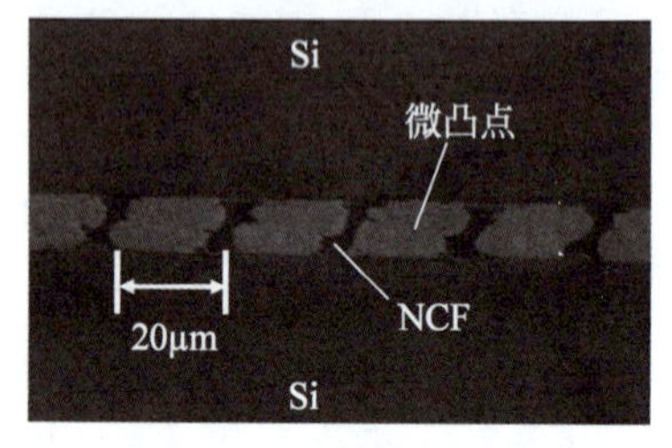

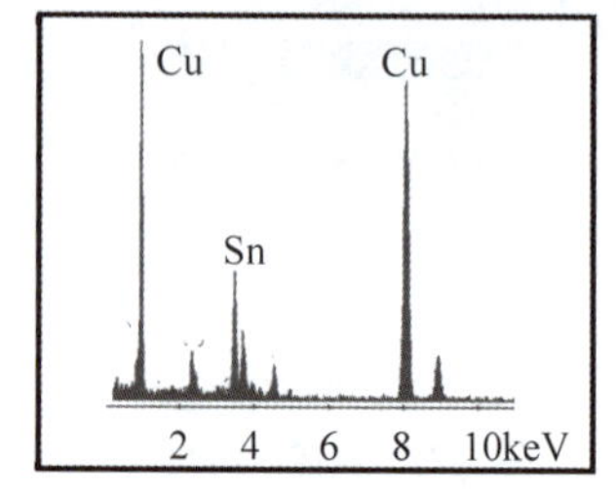

(b) 键合界面及成分

图5-167　NCF与CuSn键合

为0.5MPa,键合时间约为150s。升温过程基本采用线性曲线,约90s时达到200℃。键合界面的主要成分为Cu和Sn,有机成分可以忽略。

NCF/NCP不需要光刻和刻蚀等图形化过程,降低了聚合物键合的复杂度和制造成本。与图形化的方法相比,可靠性和成品率方面有微弱的劣势,并且在小直径和高密度凸点的适用性也有一定的差距,一般最小可适用凸点节距为30~40μm,适合于芯片与插入层之间的连接。NCP/NCF适应的芯片厚度可以低至80μm,并且适用于将薄芯片直接与有机基板相键合,这是因为全固态的NCP/NCF键合过程不像液态下填充材料一样,在固化过程中产生显著的收缩而容易导致芯片、焊球和UBM出现较大的残余应力。芯片级的NCP和TLP混合键合较为容易,而晶圆级的混合键合由于晶圆的厚度一致性等因素,以及NCF易于扩展的特性,可能出现部分区域无法键合的情况[298]。通过优化,多层芯片的键合结构可以采用NCP进行填充[301]。

NCF和MUF在多层DRAM组成的HBM中都获得了应用。在HBM2E以前,包括Samsung、SK Hynix和Micron都采用热压非导电膜(TC-NCF)的方法键合HBM中的多层DRAM芯片,即利用金属凸点在加热的条件下挤压排开NCF,实现金属凸点和NCF的同时键合。到HBM3,Samsung实现的键合后芯片间的缝隙仅为7μm。从HBM2E开始,SK Hynix开始采用批量回流模塑下填充(MR-MUF)的方法,在多层芯片一次性金属键合以后,在芯片缝隙注入MUF实现聚合物键合[302]。

MR-MUF的优点是多层一次键合,效率高,同时材料的热导率比NCF高2~5倍,有利于多层芯片的散热,但MR-MUF注入后加热固化过程芯片的翘曲严重;TC-NCF每层芯片单独键合,制造效率低,但键合时可以抑制厚度仅为35~50μm的芯片翘曲。为了抑制芯片在MR-MUF中的翘曲,SK Hynix在芯片背面使用反向预应力薄膜来补偿翘曲。由于芯片间缝隙小、凸点密度高,SK Hynix优化注入设备和流动通道,避免形成空洞,如图5-168所示。

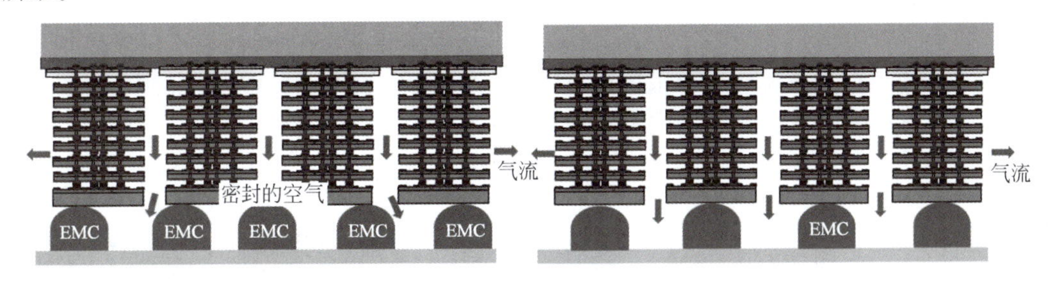

图5-168 流动通道优化

5.7.2 集体芯片-晶圆混合键合

集体芯片-晶圆键合(CD2WB)在一定程度上克服了芯片级直接键合的缺点。CD2WB是把切割后的芯片进行测试筛选或重新调整间距后,将多个芯片在一个刚性载板上通过临时键合重构为晶圆,然后与另一个晶圆进行晶圆级键合。CD2WB既具有芯片键合的优点,如可以集成差异化的芯片、可以剔除失效芯片,并通过拉开芯粒的间距以适应大芯片,解决了多个差异化芯片不匹配的问题,同时又具有晶圆级键合的高效率和热载荷次数少的优点,并能够在清洗后立即开始键合。这种方法已经在硅光子芯片封装中得到了量产应用。

5.7.2.1 键合方法

将多个不同的芯片组成晶圆的过程属于晶圆重构的过程,如图 5-169 所示。实际上,FOWLP 就是一种利用有机层的晶圆重构过程,但是有机层一般只进行 RDL 的制造而不是晶圆级键合。以有机载板的重构无法满足键合对晶圆刚度、平整度和芯片位置精度的要求。为了实现晶圆级键合,晶圆重构的多个芯片需要保证相对的位置关系和精度,并且需要精确控制高度一致性和芯片倾斜等。因此,多个芯片需要采用临时键合的方式在刚性载板上重构为晶圆。

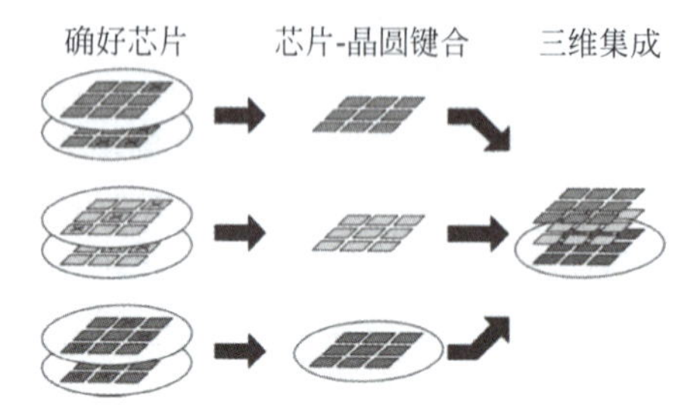

图 5-169 晶圆重构示意图

晶圆重构的关键是临时键合以及多芯片的对准。目前最常用的方法是利用倒装芯片设备或芯片级键合设备以机械的方式完成芯片的抓取和对准。这种方法是串行的工作方式,芯片需要逐一抓取定位,其效率和对准精度取决于设备水平。此外,日本东北大学开发了表面张力自组装定位法,RPI 与清华大学合作开发了物理结构定位法,可以实现高效的芯片对准与重构。表面张力自组装是在载板表面图形化实现亲水和疏水区,通过表面张力的差异将芯片定位在亲水区,芯片的定位精度由图形化的精度决定。结构定位是在载板表面涂覆的有机层上刻蚀凹槽,将芯片嵌入凹槽并通过离心力使芯片与凹槽的侧壁定位,定位精度由刻蚀凹槽决定。这两种方法并行处理多个芯片,对准定位效率很高。

利用机械对准晶圆重构实现集体芯片-晶圆键合流程如图 5-170 所示[287]。该过程主要包括:①芯片预处理,即将晶圆与载板 1 临时键合,背面减薄晶圆,将晶圆背面与载板 2 键合,去除载板 1,涂覆保护层后切割为芯片,将芯片转移至切割胶带并去除载板 2;②圆片重构,即利用芯片键合机逐一抓取单芯片,放置在涂覆临时键合层的载板 3 表面,加压加热使芯片与载板 3 键合,芯片的位置精度由键合机保证;③晶圆级键合,即去除表面保护层并进行清洗和活化,将载板 3 翻转后与目标晶圆键合;④拆键合,即去除载板 3 和临时键合层完成芯片-晶圆键合。通常临时键合采用紫外拆键合材料,键合后利用紫外光照射拆除临时键合层。晶圆重构时需要防止芯片污染,并需要严格的清洗。

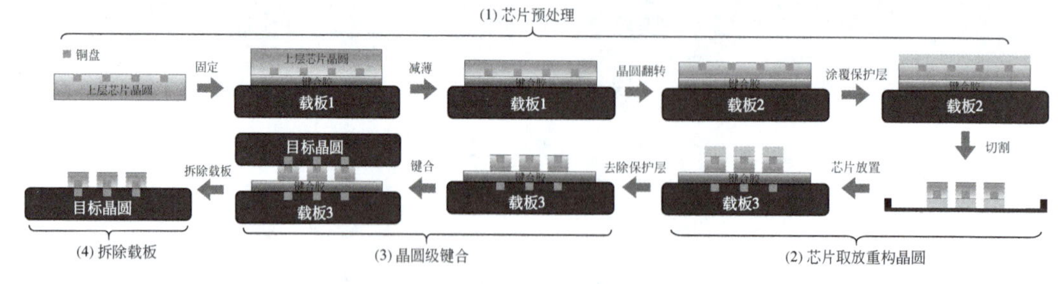

图 5-170 CD2WB 流程

芯片在晶圆重构时的位置精度由芯片键合机的精度保证,高度一致性由临时键合层进行调整。芯片的抓取和放置采用倒装芯片设备或芯片键合机完成,目前很多倒装芯片设备的芯片放置对准偏差可达 0.5～5μm 的放置对准偏差,生产效率可达每小时近 1 万片,但是对准偏差越小,生产效率越低,并且芯片数量越多,累计偏差越大,如表 5-24 所示[303]。对于面积较小的芯片，芯片的厚度差异通过临时键合的压力和临时键合胶的适度变形进行补偿，可在一定程度内解决芯片厚度差异的问题，如图 5-171 所示。

表 5-24 典型机械对准偏差

多芯片累计偏差（1σ 和 3σ）						
	S_x	S_y	S_R	$3S_x$	$3S_y$	$3S_R$
单芯片键合	2.87	3.53	0.04	8.61	10.58	0.13
双芯片键合	4.06	4.99	0.06	12.18	14.96	0.18
三芯片键合	4.97	6.11	0.07	14.92	18.32	0.22
四芯片键合	5.74	7.05	0.08	17.23	21.15	0.25

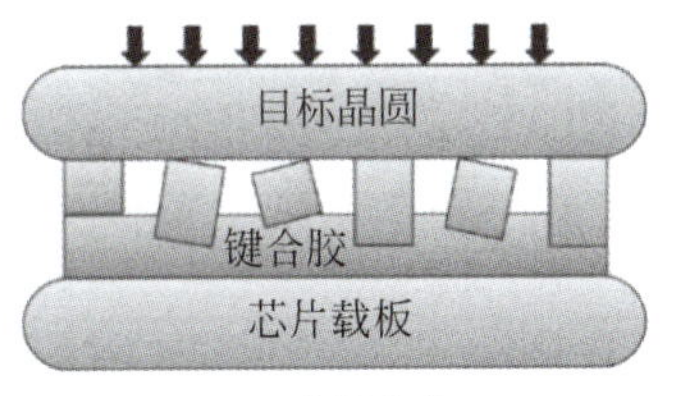

(a) 差异芯片

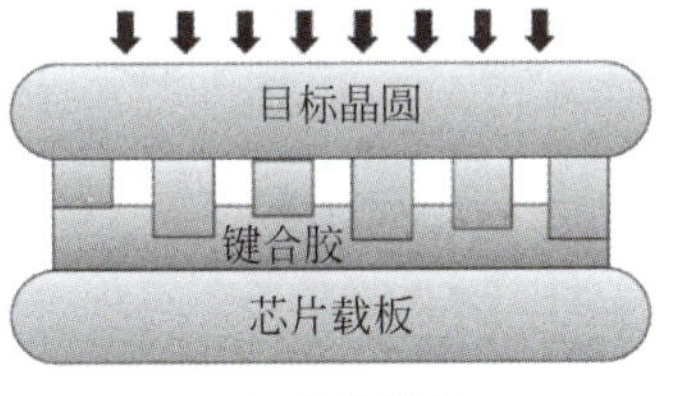

(b) 表面找平

图 5-171 高度一致性控制

SET[304]、ASMPT[279] 和 BESI[305] 都开发了先进的芯片-晶圆级键合设备，可以实现 0.5μm 以下的对准偏差。例如，SET 的 FC1/Neo HB 放置对准偏差小于 250nm，键合后偏差为 500nm，每小时可放置 500 个芯片；ASMPT 的 LithoBolt 以及 BESI 的 Datacon 8800 Chameo 高精度芯片-晶圆键合机的对准偏差均小于 200nm，每小时可放置 1500～2000 个芯片。然而，当芯片尺寸较小时，芯片重构的位置精度较低，特别是角度偏转控制难度大，为提高位置精度，需要耗费较长的时间，重构效率很低。键合完成后，芯片与载板之间的临时键合可以使用加热推移或激光分解的方法进行[287]。重构后的晶圆可以与其他晶圆键合，或者与另一个重构的晶圆键合。

5.7.2.2 自组装对准

芯片自组装对准是利用液体表面张力进行自对准的方法，其基本原理是利用液体在特定位置所产生的表面张力，将芯片定位于该位置。这种对准技术早期用于大量小尺寸芯片的集成，如发光二极管和微镜等光学器件，在对准后直接加热液体使其固化进行键合，采用的液体包括低熔点焊料[306]、环氧树脂[307] 和丙烯酸酯[308] 等。

2005 年，日本东北大学报道了面向三维集成的表面张力驱动自组装对准技术[309-310]，2007 年报道了基于自组装对准的芯片-晶圆级键合技术 Super-Smart Stack[311-313]，随后威斯康星大学[314]、东京大学[315]、MIT[316]、Leti[317-319]、北卡罗来纳州立大学[320] 和 IMEC[321] 等先后开发了类似技术。2022 年，Leti 与 Intel 合作，将自组装对准误差降低到 500nm 以下[319]。

在集体芯片-晶圆级键合中，自组装对准仅实现芯片的位置对准，之后利用临时键合层实现芯片与载板的临时键合，此时需要抑制键合高温导致的芯片偏移。自组装对准也可以用于直接芯片-晶圆级键合，即利用自组装对准将芯片定位在被键合晶圆表面，然后采用合适的方式将二者键合，此时需要考虑对准与键合的统一性。因为 SiO_2 具有亲水性并可以室温直接键合，自组装对准结合 SiO_2 键合可实现直接芯片-晶圆级键合[322]。2013 年，Leti

提出自组装对准结合 Cu-SiO_2 混合键合实现芯片-晶圆级键合[323]，2023 年开发了 Cu-SiO_2 混合键合的工艺方法[324]。

自组装对准的过程如图 5-172 所示[311-313]。首先在载板(或晶圆)表面沉积 SiO_2 亲水层，刻蚀去除芯片定位区以外的 SiO_2，使芯片区域形成亲水表面，其他区域形成疏水表面；把亲水性液体滴在亲水区，由于芯片区域表面具有较大的亲水能力，而非芯片区域的疏水表面具有排斥作用，液滴只停留在亲水的芯片区域；采用倒装芯片设备把具有亲水表面的芯片面对面地放置到载板上，初始精度约为 100μm，液体的表面张力将自动调整芯片的位置和角度，使其完全对准亲水区，实现芯片与载板的对准。

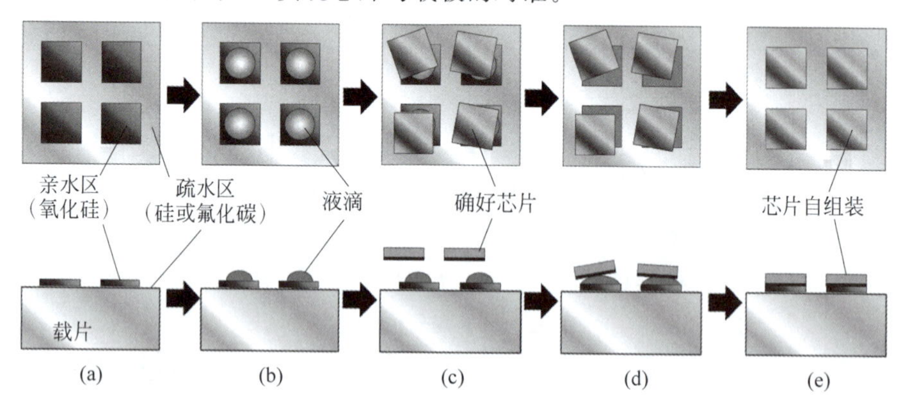

图 5-172 芯片级自组装对准

自组装对准巧妙地利用了亲水和疏水的物理特性实现芯片与晶圆的对准，适用于不同尺寸的芯片，对准误差小于 1μm[325]。这种对准方法是一种并行的处理方式，多个芯片同时放入液体中各自并行对准，对准过程能在 0.1s 内完成，因此生产效率仅取决于芯片抓取放置的过程。这种技术的缺点是要求芯片具有亲水表面，对不具有这种性质的芯片表面需要涂覆合适的亲水和疏水材料，过程复杂。如果芯片为正方形，将芯片放到亲水区表面的过程必须初步对准方向，否则芯片无法停留在正确的对准方向上。如果液滴扩散溢出了亲水区而到达了疏水表面，对准精度无法保证，因此必须控制液滴的扩散，即在亲水区和疏水区之间必须有清晰的边界。

2010 年，日本东北大学报道了采用氢氟酸 HF 作为溶液同时实现对准和无压力键合的方法。由于 HF 为极性液体，因此上下接触表面均为亲水性的 SiO_2[326]。图 5-173 为在芯片表面制造亲水层和在圆片表面制造液滴的方法示意图。将圆片上亲水的 SiO_2 区都滴入稀释的 HF 溶液，形成 HF 覆盖的区域。利用多芯片拾取装置将芯片抓取后经过粗略对准放置在 HF 区域表面，由于 HF 对 SiO_2 的亲水性作用，所产生的表面张力将芯片对准吸引在圆片表面的 SiO_2 区。经过 HF 挥发后，芯片通过 SiO_2 室温直接键合在圆片表面。

对准精度受芯片尺寸和 HF 液体接触角的影响。当芯片尺寸在 2～3mm 时，对准误差最大，其他芯片尺寸都能获得更高的对准精度。滴入的 HF 的接触角越小，对准精度越高。由于液滴的体积增大后接触角变大，因此液滴体积不能过大，否则影响对准精度。

芯片之间的键合强度受氢氟酸浓度的影响，随着氢氟酸浓度的从 0.01%增加到 1%，键合强度增大，当 HF 浓度高于 1%以后，键合强度下降[313]。SiO_2 的质量和粗糙度对键合强度有重要影响，不同方法沉积的 SiO_2 的键合结果也不相同。热氧化 SiO_2 结构致密、表面

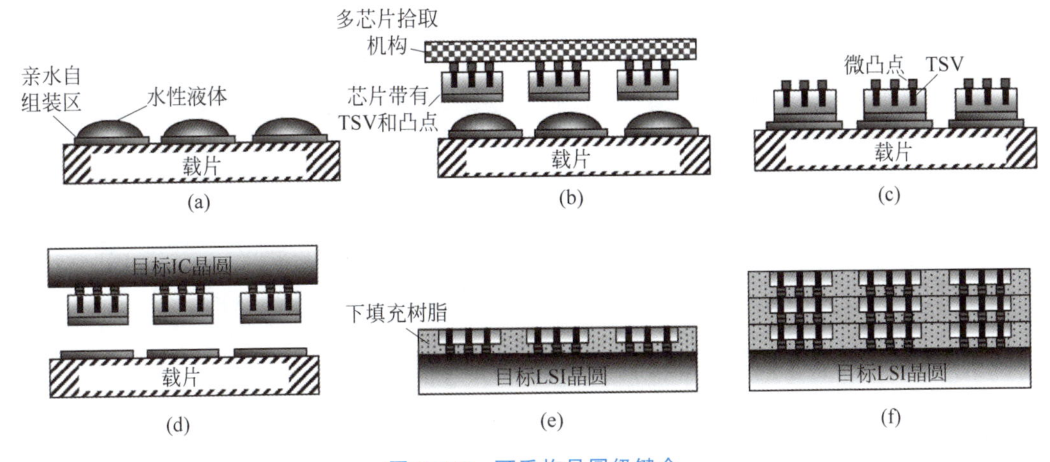

图 5-173　可重构晶圆级键合

光滑，键合强度可达 30MPa，PETEOS 表面粗糙，几乎无法键合，经过抛光后表面光滑，键合强度也接近 20MPa。溅射 SiO_2 无论表面粗糙度如何，键合强度都很低，主要是因为溅射 SiO_2 含有大量的 Ar 原子，影响了键合强度。

2019 年，Leti 提出了改进型的芯片自组装键合方法，如图 5-174 所示[327]。这种方法采用方向性干法刻蚀或剥离的方式，在芯片侧壁形成疏水层，在芯片表面形成亲水层。在粗略对准放置后，蒸发亲水表面的水薄膜实现精确对准和键合，键合后对准误差小于 400nm。当干法刻蚀芯片凸台高度为 5μm 时，键合成功率超过 98%，其中 63% 的对准偏差小于 1μm。2022 年，Leti 与 Intel 合作，通过优化芯片表面液滴和亲水特性，将 3σ 对准偏差减小到 500nm 以下[319]。3mm 芯片的最大对准误差 1.5μm，平均对准误差为 400nm，对准误差的分布范围过大，对准的重复性与稳定性还有待改进。

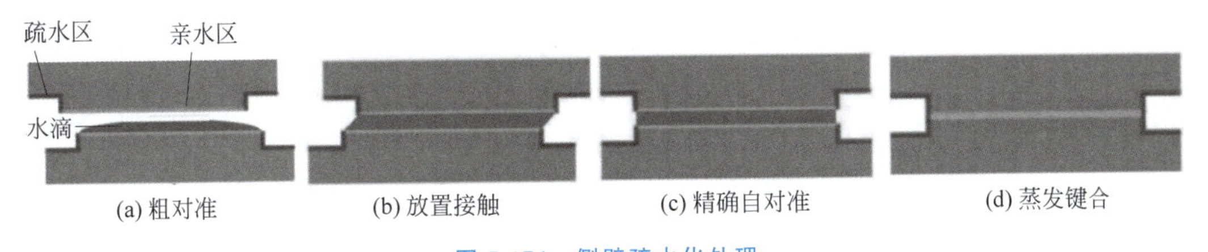

图 5-174　侧壁疏水化处理

5.7.2.3　模板对准

模板对准是由 RPI 和清华大学开发的一种芯片重构晶圆的对准技术[328-329]，具有对准效率高、重复性好、实现简单等特点。图 5-175 是模板对准的过程，主要包括：①在衬底上旋涂有机聚合物 BCB 层，采用干法刻蚀在 BCB 层刻蚀深槽结构。对芯片边缘进行干法刻蚀，制备垂直台阶。②切割芯片，翻转后面对面放置到晶圆的深槽中，深槽的开口尺寸稍微大于芯片的大小。随后旋转晶圆，离心力使芯片的垂直台阶紧密对准深槽侧壁。③采用晶圆级键合，把所有的上层芯片一次性地键合到晶圆上。对叠加好的结构旋涂第二层厚胶层，避免芯片在后续的减薄过程中受到边缘损伤。④采用机械研磨减薄上层芯片并进行 CMP。重复上述步骤可实现多层芯片的叠加。这种方法属于利用物理结构进行对准。

图 5-176 为铜键合实现的重构晶圆。芯片边缘位于 BCB 深槽外，是由于切割位置（芯

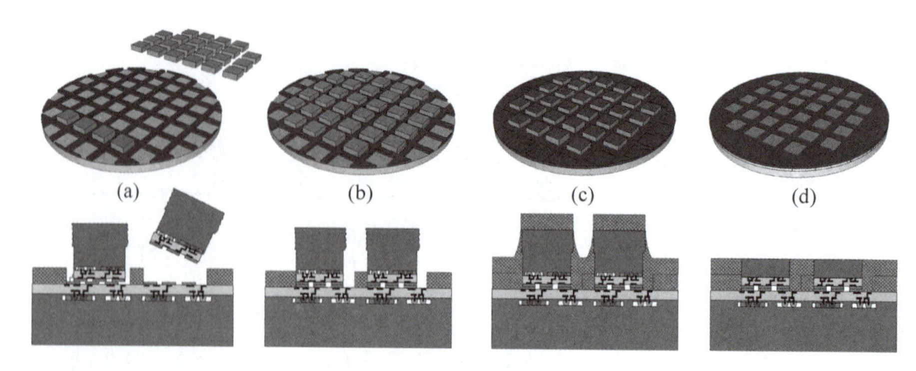

图 5-175 模板对准晶圆重构与键合

片边缘)与 DRIE 刻蚀的台阶有一定的距离,与深槽侧壁接触的是 DRIE 刻蚀的台阶。减薄并 CMP 以后芯片具有相同高度,图中放置一个未减薄的芯片作为对照。芯片的右上角落紧靠深槽的侧壁,是由于减薄的最终厚度小于深刻蚀的台阶高度,使芯片的切割边缘完全去除。通过刻蚀台阶定义的芯片尺寸要小于深槽的开口尺寸,可以较容易地把芯片放入深槽内,避免芯片卡在深槽边缘而无法实现键合凸点的接触。

(a) 重构晶圆　　(b) 不同高度和尺寸的芯片　　(c) 减薄芯片

图 5-176 模板对准键合

模板对准的总误差在 1～2μm 以内,包括深槽刻蚀误差和垂直台阶刻蚀误差。这种模板对准的优点包括:①通过深槽和垂直台阶精确定义芯片位置,不需要使用光学对准系统,不受限于对准设备;②模板对准允许将圆片表面所有芯片放置完毕后,通过一次旋转对准所有芯片,并一次完成所有芯片的同时键合,将芯片重构为晶圆;③通过深槽结构和垂直台阶实现的片上对准技术应用范围广,可应用在芯片级键合、芯片圆片级键合或圆片键合等不同的三维集成,并且适用于 MEMS 和传感器。这种方法的主要缺点是过程复杂,对芯片基底要求能够刻蚀,另外,由于刻蚀会浪费少量芯片面积。

5.7.2.4 无机材料临时键合

有机聚合物临时键合具有过程简单、易于实现等优点,是目前临时键合的主要方法。然而,有机材料成分复杂、挥发性强,无法兼容集成电路设备,限制了临时键合后的工艺种类和工艺精度。目前用于临时键合的聚合物普遍热稳定性较差,目前尚无法承受 350℃ 的温度,限制了后续工艺过程的温度。此外,多芯片临时键合进行晶圆重构时,聚合物软化使芯片产生滑移和位置偏差,难以实现窄节距、高密度金属互连和键合结构。

2023 年,日本横滨国立大学报道了 SiO_2 无机材料的临时键合[330-331],Intel 和 Micron 报道了利用无机材料临时键合的多芯片集成方案[80,332]。无机材料临时键合也包括键合和拆键合两个过程。横滨国立大学采用的临时键合材料为 150℃ 低温 PECVD TEOS 沉积的 SiO_2[330]。通过控制 SiO_2 沉积后的退火温度(PDA)以及等离子体活化的功率,实现较低强

度的 SiO_2 键合；拆键合时通过更高温度的键合后退火(PBA)使 SiO_2 层内吸附的 H_2O 分子在键合界面聚集，形成气泡和空洞破坏键合界面，再结合机械剥离实现拆键合。如图 5-177 所示，基本过程包括：①150℃低温 PECVD TEOS 沉积 SiO_2，由于 TEOS 反应产物包含 H_2O 分子，SiO_2 层内包含较多的 H_2O 分子；②沉积后退火，部分 H_2O 分子逸出；③CMP 和等离子体处理后，环境和液体中的 H_2O 分子通过氢键与 SiO_2 表面的-OH 结合而吸附在 SiO_2 表面；④N_2 等离子体表面处理后进行室温键合；⑤使高温退火拆键合时通过 SiO_2 内部的 H_2O 分子逸出，在键合界面聚集；⑥大量 H_2O 分子聚集形成空洞，键合强度大幅下降，通过机械剥离拆键合。

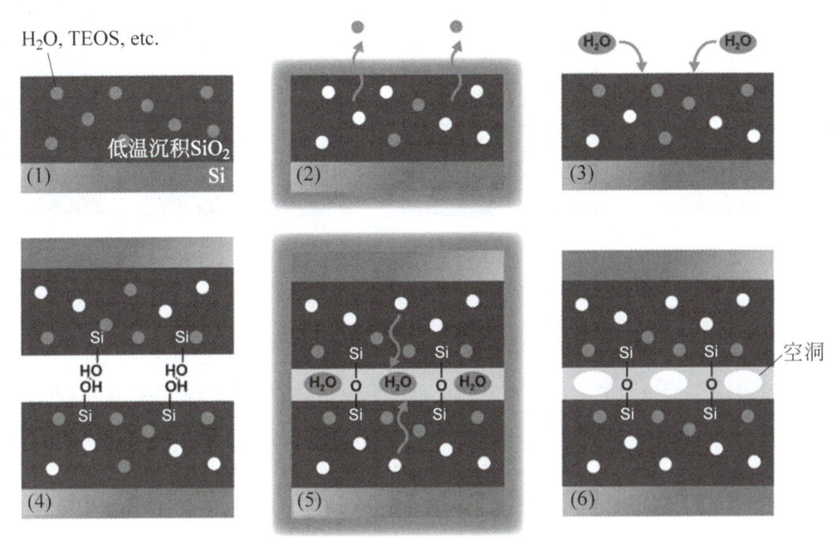

图 5-177 SiO_2 临时键合与拆键合过程

表 5-25 为退火温度和等离子体功率对键合界面的影响[330]。在键合后无退火时，1 和 3 产生了较多的界面微空洞，而 2 和 4 键合良好，基本无空洞，表明 SiO_2 沉积后未进行退火和采用较大的等离子体功率会导致键合后的界面空洞。经过 150℃的键合后退火，5 和 7 产生了大量的大尺寸空洞，6 产生了大量的微尺寸空洞，8 基本未产生新的空洞。此外，250℃退火后 4 的界面产生了大量的大尺寸空洞。这表明，采用高功率等离子体活化时，无论何种退火条件都会产生大量的界面空洞；采用低功率等离子体时，当键合后退火温度高于 SiO_2 沉积温度或沉积后退火温度时，会产生大量的空洞。

表 5-25 退火温度和等离子体功率对键合界面的影响

序号	1	2	3	4
键合界面	1mm 50mm			

续表

序号	1	2	3	4
键合条件	沉积后退火：无 等离子体功率：100W 键合后退火：无	沉积后退火：150℃ 等离子体功率：100W 键合后退火：无	沉积后退火：150℃ 等离子体功率：250W 键合后退火：无	沉积后退火：250℃ 等离子体功率：100W 键合后退火：无
界面	较多微气泡	键合良好	大量微气泡	键合良好
序号	5	6	7	8
键合界面				
键合条件	沉积后退火：无 等离子体功率：100W 键合后退火：150℃	沉积后退火：150℃ 等离子体功率：100W 键合后退火：150℃	沉积后退火：150℃ 等离子体功率：250W 键合后退火：150℃	沉积后退火：250℃ 等离子体功率：100W 键合后退火：150℃

较高温度的退火会导致大量的界面气泡，使键合强度大幅下降，因此可利用高温热处理结合机械剥离的方法实现 SiO_2 的拆键合。通常晶圆键合机带有拆键合模块，可以拆除 SiO_2 的预键合，用于对预键合后发现的对准失败的晶圆进行拆除以进行再次对准键合。因此，将热氧化 SiO_2 的室温键合强度 2.22J/m^2 作为可机械拆除的键合强度上限。如图 5-178 所示[330]，低温沉积 SiO_2 的键合强度随着键合后退火温度的升高而提高，但总体上仍低于 2.22J/m^2。该键合强度采用不同的测量方法，与前述的晶圆键合强度无法直接比较[333-334]。高温热氧化和低温 PECVD 沉积的 SiO_2(图中分别为 HT 和 LT)构成不同组合的键合强度不同，图中键合后退火温度均为 250℃，2.23J/m^2 对应沉积后 250℃退火，1.34J/m^2 对应沉积后 150℃退火。此外，低温 SiO_2 键合界面的空洞面积随着退火温度的升高而增大，当退火温度升高到 350℃时，空洞面积增加了约 55%，而热氧化 SiO_2 的界面空洞面积反而随着退火温度的升高而减少。

低温键合空洞与高温下大量 H_2O 从 SiO_2 内脱附和逸出有关。如图 5-179 热脱附谱所示，在 200℃以上，PECVD 沉积 SiO_2 表面的 H_2O 脱附速率远大于热氧化 SiO_2。在 200℃以下，由于空气中的 H_2O 的再吸附，低温 SiO_2 的脱附率与是否进行沉积后热退火关系不大。低温未退火的 SiO_2 在 250～500℃的高脱附率是由于 SiO_2 内残留的反应气体脱离引起 H_2O 脱附而造成的。

2023 年，EVG 提出以硅晶圆作为载板，利用制造 SOI 的注入剥离的方法实现键合层转移的方法[335]。工艺流程如图 5-180 所示：①以硅晶圆作为临时键合的承载圆片，在硅衬底 100～200nm 的深度注入 He/H 形成裂解层，表面沉积用于键合的 SiO_2 层，进行 CMP 和表面活化；②将需要重构的芯片以 SiO_2 融合键合的方式键合到承载圆片表面，然后晶圆表面沉积 SiO_2 层并进行 CMP，完成晶圆重构；③对重构的晶圆表面和被键合的器件晶圆表面的 SiO_2 层进行表面活化，采用 SiO_2 融合键合将重构晶圆与器件晶圆键合；④从承载圆片

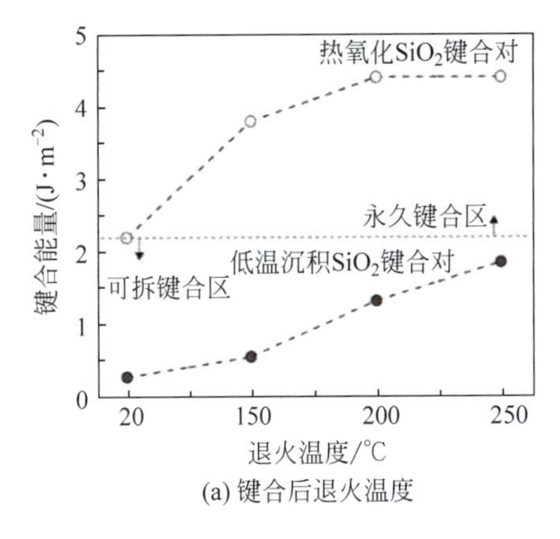

(a) 键合后退火温度

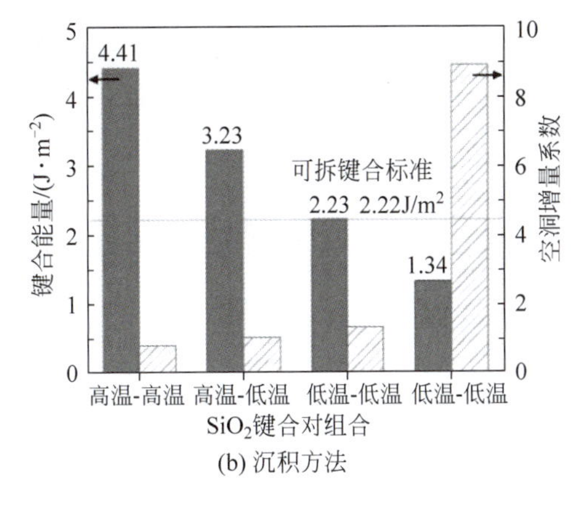

(b) 沉积方法

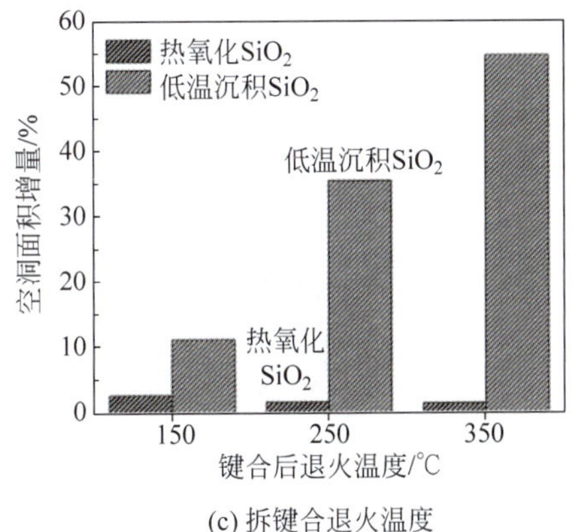

(c) 拆键合退火温度

图 5-178 临时键合的影响因素

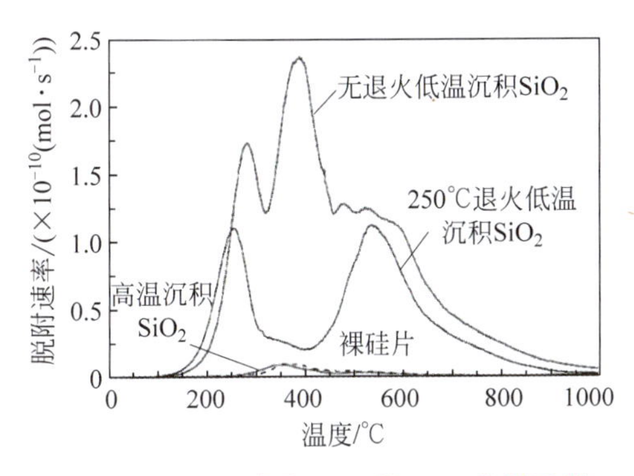

图 5-179 不同方法 SiO_2 的 H_2O 热脱附谱

衬底方向利用 2μm 的红外照射，使硅晶圆在注入形成的裂解层裂解，将 100～200nm 的硅层和键合用 SiO_2 层与芯片层一同转移至器件晶圆表面。

这种剥离单晶硅层拆键合的方式与常规的临时键合层不同，所有的键合均为高强度的永久键合，但裂解层并非初始的键合层。与 SOI 制造中使用 450～500℃加热整个晶圆实现裂解不同，上述方法使用红外激光局部加热，因此键合晶圆可以承受 400℃的温度。由于全部过程均采用 SiO_2 融合键合，芯片对准精度高、无位置滑移、颗粒污染少、与集成电路设备兼容，因此可以精确控制工艺过程，例如混合键合的结构高度差，能够实现芯片-晶圆级的混合键合。

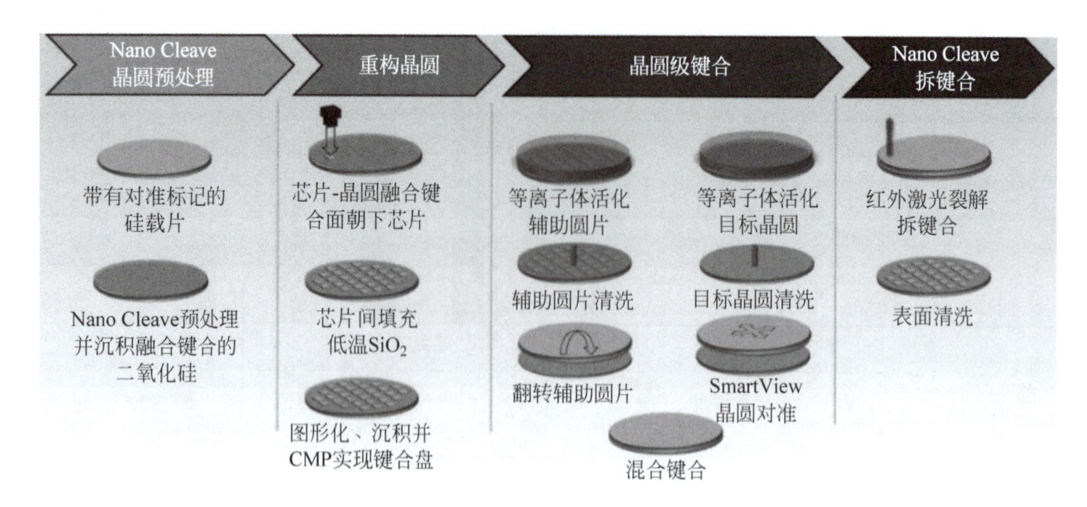

图 5-180　红外剥离裂解

参考文献

第6章

化学机械抛光技术

化学机械抛光(CMP)是一种将化学反应与机械研磨相结合的材料去除技术。被除去材料的表面与抛光液中的化学成分发生化学反应,生成一层相对容易去除的软质成分,然后在抛光液中磨料的机械作用下,通过研磨去除软质材料层,如此交替反复实现对材料的去除。机械研磨是一项古老的加工方法,在光学器件加工中已有几百年的历史。基于机械研磨发展起来的CMP最早由美国Monsanto Electronic Materials于1962年首次引入半导体领域,用于硅晶圆的表面加工。

1983年,IBM发明了集成电路的CMP工艺,1986年和1988年先后开发完成介质层和钨的CMP工艺,用于解决介质层表面起伏导致光刻精度下降的问题,随后NEC、IBM和National Semiconductor将CMP技术用于DRAM的浅槽隔离工艺,提高器件集成度。1988年,日本Cybeq公司成为第一个CMP设备供应商,随后Sematech也推出了CMP设备。1993年,Intel将CMP引入Pentium处理制造中实现3层金属互连,成为第一个采用CMP的量产的逻辑器件。CMP提高了晶圆表面的平整度,使介质层表面起伏经过CMP平整化以后满足精细光刻的要求,成为350nm节点以后介质层制造的标准工艺。在互连领域,由于铜干法刻蚀非常困难,IBM从1984年开始开发利用介质层凹槽刻蚀、铜电镀和CMP平整化的铜图形化方法,称为大马士革工艺[1]。在90nm工艺节点以后,CMP全面引入铜互连的制造工艺,目前已成为集成电路制造铜互连的标准方法。

CMP是一种全局平坦化方法,可以对整个晶圆表面进行平坦化,使整个晶圆达到表面高度一致的效果。CMP具有强大的平坦化能力,由于抛光垫仅接触晶圆表面的凸起结构,能够优先去除凸起结构而不影响凹陷结构,大幅降低原有表面的结构不平整度。通过选择不同的浆料,CMP可以去除多种常见材料,如单晶硅、SiO_2、金属、高分子材料等,且通过选择适当的化学组分和抛光垫类型,CMP对不同材料具有一定的选择性。

6.1 化学机械抛光原理

化学机械抛光在集成电路制造中用来去除难刻蚀材料或表面平整化,包括金属铜、钨和扩散阻挡层,以及无机材料如多晶硅、SiO_2、SiN和低κ介质层材料等。尽管上述材料具有显著的多样性,但是CMP去除的基本原理是相同的,都采用化学反应与机械研磨相结合的原理去除材料,差异在于化学反应试剂的类型、添加剂的种类和浓度,以及具体工艺参数。

6.1.1 CMP基本原理

6.1.1.1 CMP材料去除原理

图6-1为CMP系统基本原理和组成示意图。CMP系统的核心部分包括固定晶圆旋转

的抛光头、研磨晶圆的抛光垫、承载抛光垫的工作台,以及抛光液供给装置和终点检测等功能。工作台表面固定多孔的抛光垫,以恒定的转速旋转。晶圆由吸盘固定在抛光头下方,被处理表面朝下,随着抛光头以一定的转速在抛光垫表面旋转,在下压力作用下被抛光表面与下方旋转的抛光垫接触,产生晶圆与抛光垫之间的相对运动。抛光浆料由磨料颗粒与化学溶液组成,通过供给系统以一定的流量滴入抛光垫表面,随着转动均匀化,并在晶圆与抛光垫之间流动。在压力的作用下,浆料中的磨粒对表面进行机械研磨,同时抛光浆料中的化学成分对表面进行化学腐蚀,共同去除凸起的表面结构。

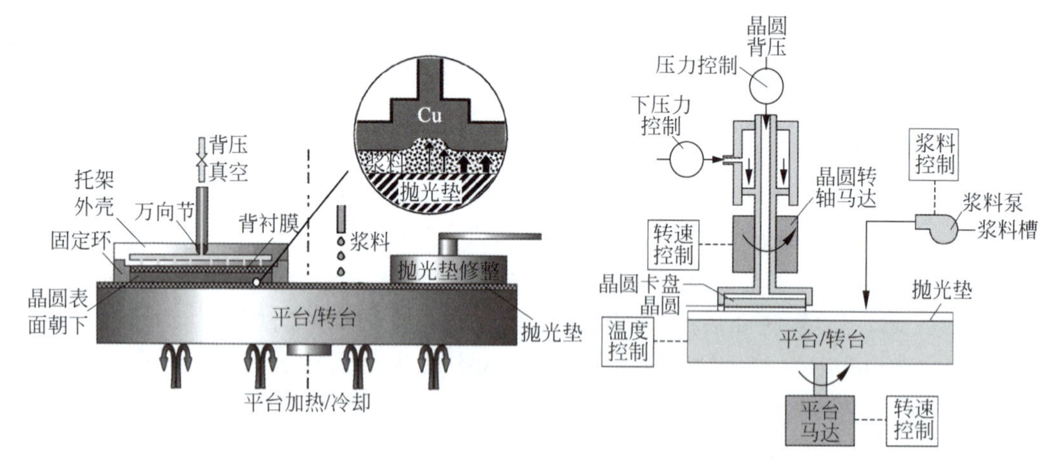

图 6-1　CMP 原理及系统示意图

抛光浆料也称抛光液,是含有特定研磨颗粒的碱性或酸性溶液。磨粒直径为亚微米或纳米,对表面凸起结构产生机械磨削作用,化学试剂与被去除材料表面产生化学反应。CMP 过程中,抛光浆料被输运到被抛光材料表面和抛光垫之间,均匀分布到抛光垫表面的细微凹槽中。浆料中的氧化剂和催化剂等化学组分与被抛光的表面材料产生水合反应等化学反应过程,改变被去除材料的化学键,生成一层容易去除的反应物。然后由抛光液中的磨料颗粒和由高分子材料制成的抛光垫通过机械摩擦作用,将化学反应薄膜去除,使被处理的材料重新裸露。在化学反应和机械磨削的共同作用下,CMP 从材料表面不断去除表层材料,实现对材料表面的去除和平整化,可以获得高精度、低粗糙度、无缺陷的表面。

CMP 是机械研磨与化学腐蚀共同作用的结果,既需要被抛光表面与抛光垫之间的相对运动产生磨粒磨削,也需要抛光浆料的化学腐蚀。机械磨削一方面去除表面材料,另一方面通过摩擦提供热量加强化学反应速率;化学反应使被去除材料的硬度或成分发生变化,一方面直接腐蚀去除部分材料,另一方面通过软化材料促进机械研磨的速率。因此,单纯的机械研磨或单纯的化学腐蚀都无法达到二者共同作用下的去除速率。CMP 通过化学和机械的综合作用,用较软的抛光材料获得较高去除速率和高质量的表面质量,避免了单纯机械磨削造成的表面损伤以及单纯化学抛光速率低和平整度差的缺点。由于下压过程中抛光垫变形小,只接触被抛光表面凸起的部分使之被快速去除,而被抛光表面的凹陷部分没有机械研磨的作用,去除速率很低,因此 CMP 最终可以达到表面高度一致的平整化效果。

评价 CMP 的参数很多。在平整化效果方面,主要包括表面粗糙度、总厚度变化量(TTV)以及损伤和缺陷密度。表面粗糙度描述微观尺度下表面的局部起伏,TTV 描述整个晶圆的厚度均匀性,损伤和缺陷密度主要描述 CMP 导致的表面划伤、颗粒嵌入和材料的晶格损伤等。在工艺效率和成本方面，主要包括材料去除速率、不同材料的选择比以及成本等。CMP 的速率和表面质量与机械磨削和化学反应过程直接相关。

6.1.1.2 机械运动与摩擦

CMP 过程中，抛光垫和被抛光的圆片都处于旋转运动状态，二者的相对转动速度决定了抛光速率。图 6-2 所示的 CMP 系统中，装卡晶圆的抛光头和承载抛光垫的工作台的角速度分别为 ω_1 和 ω_2，两个圆盘的中心距为 b，其他尺寸如图中所示。晶圆上任意一点，在初始状态位于 x 轴上，经过时间 t 后运动到点 P，其位置可以表示为

$$\begin{cases} \boldsymbol{x} = \boldsymbol{r}_1\cos\theta + \boldsymbol{b} = \boldsymbol{r}_2\cos\varphi \\ \boldsymbol{y} = \boldsymbol{r}_1\sin\theta = \boldsymbol{r}_2\sin\varphi \end{cases} \tag{6.1}$$

晶圆上点 P 相对于抛光盘的相对速度 v 可以从式(6.1)和几何关系中得到：

$$\begin{cases} \boldsymbol{v}_x = -\boldsymbol{r}_1(\omega_1 - \omega_2)\sin\omega_1 t \\ \boldsymbol{v}_y = \boldsymbol{r}_1(\omega_1 - \omega_2)\cos\omega_1 t - \omega_2\boldsymbol{b} \end{cases} \tag{6.2}$$

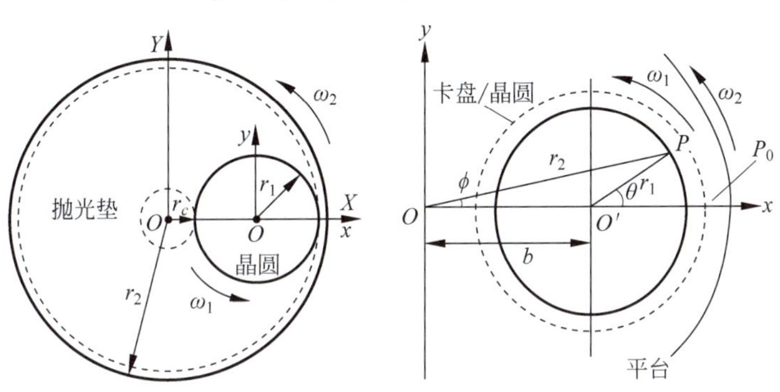

图 6-2 CMP 的位置关系及运动参数

从式(6.2)可以看出，晶圆上任意一点 P 相对于工作台的速度 $v=\sqrt{v_x^2+v_y^2}$ 由晶圆的转速、工作台的转速和二者的中心距决定。如果晶圆和抛光垫的角速度 ω_1 和 ω_2 相同并且 ω_2 和 b 为常数，晶圆上任意一点相对于工作台的速度与时间和位置无关，即如果抛光头的转速与工作台相同，理论上晶圆上任何一点相对工作台的速度都为常数，这是保证 CMP 均匀性的必要条件。

CMP 过程中，晶圆表面与抛光垫之间的接触状态和滑动摩擦遵循斯特里贝克(Stribeck)关系，即接触和摩擦状态与相对转速、下压力和抛光液粘度共同决定的赫西数(Hersey)之间的关系。如图 6-3 所示，当赫西数较低时，晶圆与抛光垫处于无间隙的直接接触状态，此时摩擦系数较大，称为边界润滑。当赫西系数较大时，晶圆与抛光垫之间的界面存在连续的抛光液薄层，因此二者没有直接接触，此时摩擦系数很小，称为流体动力润滑。当赫西数位于二者之间时，晶圆表面与抛光垫表面处于半接触状态，部分区域直接接触，部分区域存在抛光液薄膜。由于抛光垫多孔的特性，即使处于边界润

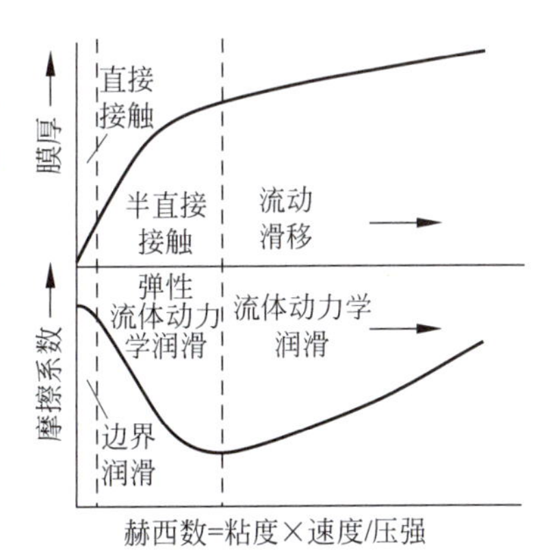

图 6-3 斯特里贝克曲线

滑状态,晶圆的部分区域也与抛光垫孔隙中的抛光液接触。

当晶圆与抛光垫处于不同的接触状态时,CMP 的效果有很大的差异。如图 6-4 所示,当晶圆与抛光垫处于边界润滑状态时,抛光垫的表面与晶圆直接接触,抛光垫表面的凸起部分会在下压力的作用下嵌入晶圆表面被浆料软化的软化层,此时虽然具有较高的材料去除速率,但是会导致被处理表面分层、去除速率不均匀和显著的划痕,甚至由于顿挫而无法保持稳定的相对运动。当晶圆与抛光垫处于流体动力润滑状态时,二者的界面之间存在一个间隙,间隙充满了抛光液,此时晶圆表面基本不与抛光垫接触,磨粒的机械磨削作用大幅减弱,材料去除速率很低。理想的 CMP 状态是抛光垫的凸起结构刚好与晶圆的下表面接触,凸起结构带动磨料只处理被软化层,此时可以获得较高的去除速率和较好的表面质量。当晶圆表面与抛光垫表面粗糙度中线的间距与抛光垫的表面粗糙度基本相同时,二者处于理想的半接触状态,例如对于 Freudenberg FX9 抛光垫,这一间距约为 $40\mu m$[2]。

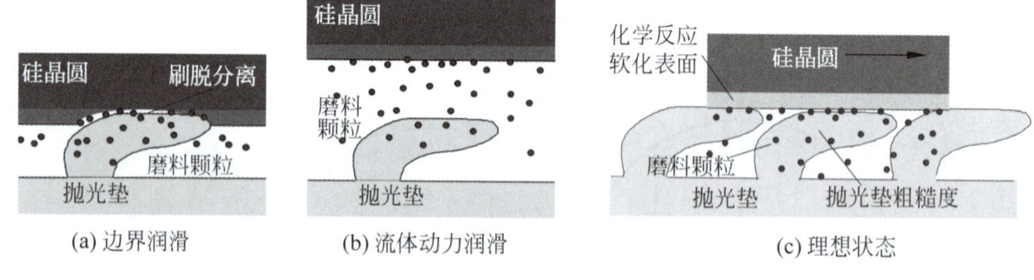

图 6-4 不同接触状态下的 CMP

6.1.1.3 理论模型

CMP 过程极为复杂,去除速率的过程和机理目前仍未彻底理解,尚未有理论模型能够准确地描述 CMP 的速率和特性。尽管如此,一些理论模型能够反映 CMP 的大体特性[3-6]。理想状态下,CMP 界面包括晶圆与抛光垫的相互作用、抛光垫与磨粒的相互作用、晶圆与浆料的化学作用,以及抛光垫与磨粒的相互作用。在给定抛光垫和抛光液的情况下,机械研磨的材料去除速率(MRR)与晶圆和抛光垫相对转速 v 以及抛光头压力 P 成正比:

$$\mathrm{MRR}=K_{\mathrm{p}}\cdot v\cdot P \tag{6.3}$$

式中:K_{p} 为 Preston 常数。

式(6.3)是 Preston 在光学玻璃抛光中得到的关系,但是 CMP 与光学玻璃抛光所采用的抛光垫粗糙度以及被抛光对象的表面粗糙度有较大的区别,因此式(6.3)仅是一定程度的近似公式。

在考虑机械磨削和化学反应时,材料的平均去除速率 $\mathrm{MRR}_{\mathrm{avg}}$ 可以表示为化学机械去除速率和动态刻蚀速率之和,其中化学机械去除速率与 CMP 的压力和晶圆与平台相对转速成正比,动态刻蚀速率为考虑 CMP 过程中温度动态变化时的化学反应速率,因此有

$$\mathrm{MRR}_{\mathrm{avg}}=\begin{pmatrix}\text{chemical mechanical}\\ \text{removal rate}\end{pmatrix}+\begin{pmatrix}\text{Dynamic}\\ \text{etch rate}\end{pmatrix}=kP^{a}v_{\mathrm{avg}}^{b}+C_{0}\exp\left(\frac{-E_{\mathrm{a}}}{RT_{\mathrm{a,p}}}\right) \tag{6.4}$$

式中:P、v_{avg} 分别为 CMP 的压力和相对转速;k、a、b 为常数;C_0 为频率因子;E_{a} 为激活能;R 为气体常数;$T_{\mathrm{a,p}}$ 为抛光垫平均温度。

图 6-5 为 CMP 平均去除速率与温度、压力及转速的关系[3]。由于化学反应速率随温

度升高,CMP去除速率也随着温度的升高而增大。在室温附近,CMP去除速率与温度基本呈线性关系。抛光压力不但决定了晶圆与抛光垫的实际接触面积,影响CMP运动过程的摩擦力,从而决定了机械去除速率;而且通过摩擦力影响二者之间摩擦产生的热量,进一步影响化学反应速率。理论分析和实际测量表明,CMP浆料的温度与压力和转速的乘积基本呈线性关系,进而CMP去除速率与压力和转速的乘积也基本成正比。因此,提高CMP的压力和抛光头与抛光垫的相对转速,可以提高CMP的去除速率。

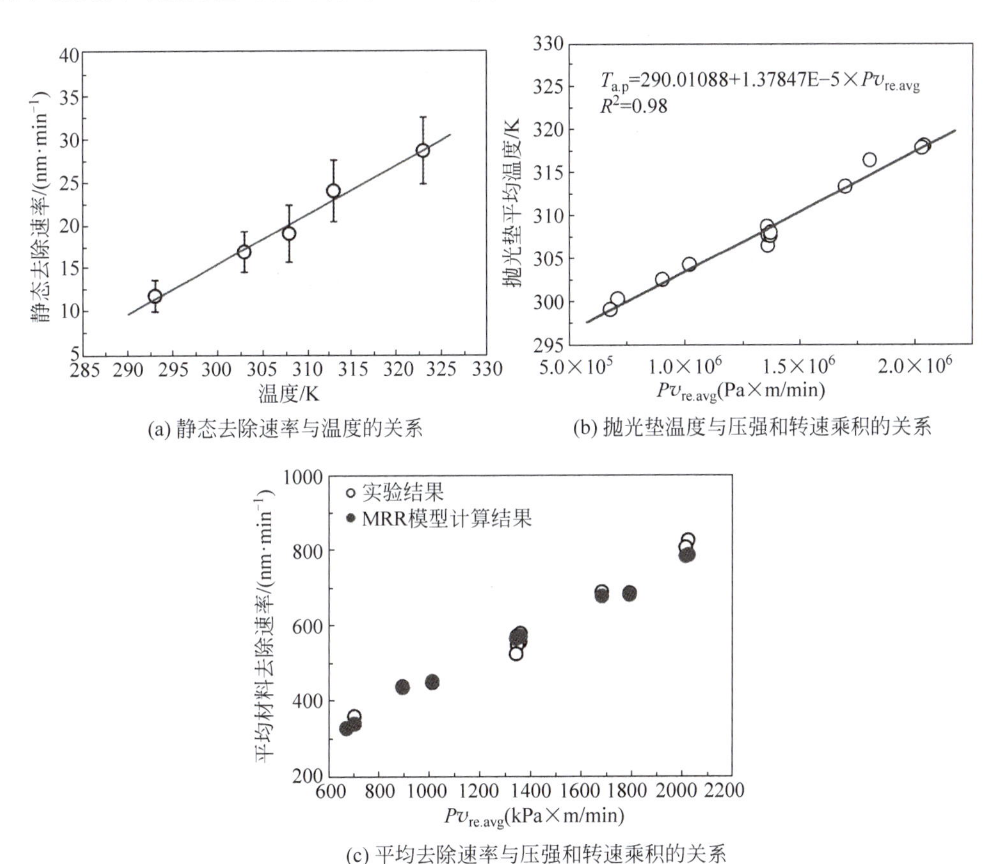

图6-5 CMP速率的影响因素

上述特性是整个晶圆的平均去除速率与工艺参数的关系,但实际上晶圆不同位置的散热能力不同,晶圆中心散热慢而浆料冷却弱,边缘散热快且浆料冷却强,导致晶圆中心温度更高,因此晶圆中心的化学反应速率更高、材料去除速率更快。在考虑机械摩擦和化学反应导致温度差异的情况下,晶圆上任意位置(x,y)处的CMP去除速率$\mathrm{MRR}_{(x,y)}$需要表示为所在位置的函数,即表示为晶圆平均去除速率$\mathrm{MRR}_{\mathrm{avg}}$与晶圆上任意点所在位置的系数$\Omega_{(x,y)}$的乘积。上述关系的半经验模型表示为[3]

$$\begin{aligned}\mathrm{MRR}_{(x,y)} &= \mathrm{MRR}_{\mathrm{avg}} \cdot \Omega_{(x,y)} \\ &= \left[kP^a v_{\mathrm{avg}}^b + C_0 \exp\left(\frac{-E_{\mathrm{a}}}{RT_{\mathrm{a,p}}}\right)\right]\left[\left(\frac{\sigma_{n(x,y)}}{\sigma_{n,\mathrm{avg}}}\right)^{\alpha}\left(\frac{v_{\mathrm{avg}(x,y)}}{v_{\mathrm{avg}}}\right)^{\beta}\left(\frac{C_{(x,y)}}{C_{\mathrm{avg}}}\right)^{\gamma}\right] \end{aligned} \tag{6.5}$$

式中:σ_n、v_{avg}和C分别为正应力、相对速度和动态化学反应速率的系数;上述参数与其平均值的比值表示空间位置差异导致的与平均值之间的空间分布特征；α、β、γ 为常数。

图 6-6 为构建上述半经验公式的相关因素和关联关系。

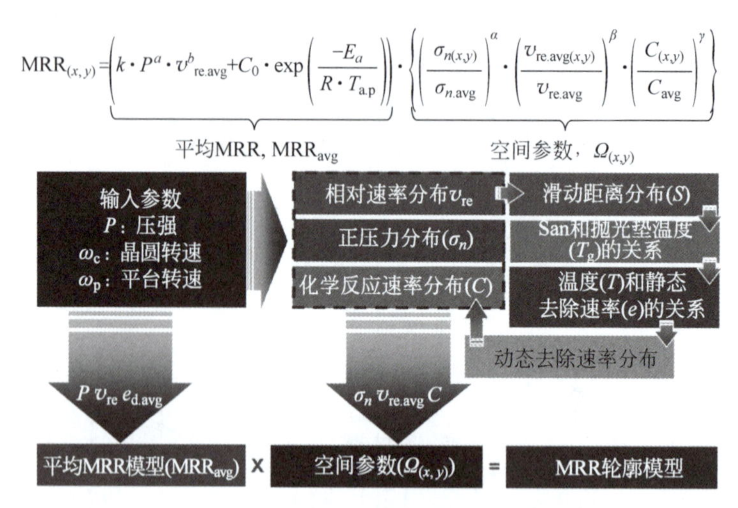

图 6-6　CMP 速率的半经验模型参数

提高 CMP 速率的方法包括增大相对转速、增加 CMP 压力、提高抛光垫粗糙度、采用大粒径磨料以及改变抛光液的化学组分等。然而，很多情况下在提高去除速率的同时会带来其他方面的影响，因此需要对各种工艺参数进行优化折中，确保去除速率、不同材料的选择比、速率一致性，以及抛光过程的稳定性和可重复性等都能满足应用的要求。

晶圆上不同位置去除速率差异主要是由相对速度和温度分布随着位置变化引起的。只有在晶圆转速与工作台转速相同时，整个晶圆上所有位置的相对转速才相同，否则同一个晶圆上不同位置的相对转速与所在的位置以及二者的速度差有关，速度差越大且距离晶圆中心越远，相对转速就越高，如图 6-7 所示[3]。此外，摩擦导致的温度分布与晶圆上的位置有关，晶圆中心位置的温度最高，因此化学反应速度最快。这一温度分布特性与晶圆转速无关，即无论何种转速，摩擦导致的温度分布都是不均匀的，但是工作台和抛光头的转速越低，晶圆中心与边缘的温度差异和化学反应速率的差异越小。此外，工作台转速超过晶圆转速时温度差较大，相反则温度差相对较小。

由于温度差异导致化学反应速率的差异无法通过调整转速进行消除，因此 CMP 去除速率随着晶圆上的位置距离晶圆中心的差异而不同，如图 6-8 所示。当晶圆转速和工作台转速相同时，增大压力可以提高 CMP 去除速率，且晶圆边缘的去除速率低于中心位置，而低去除速率区的速率随着压力的升高而增大。给定晶圆转速和压力时，去除速率随工作台转速的提高而增大，并且低去除速率区在晶圆转速与工作台转速相同时最小。因此，提高去除速率的均匀性需要使晶圆和工作台具有相同的转速，且需要减小压力。

6.1.2　CMP 影响因素

影响 CMP 的主要参数包括：①设备和 CMP 过程变量，如抛光压力、旋转速度、转速稳定性、研磨盘和浆料的温度、浆料馈送流速和输运特性等；②被抛光材料性质，如表面材料的物理性质和化学性质，以及被抛光结构的密度、图形以及不同材料之间的选择性等；③抛光垫参数，如抛光垫材料类型、表面结构、抛光垫修整器和修整间隔等；④抛光浆料变量，如

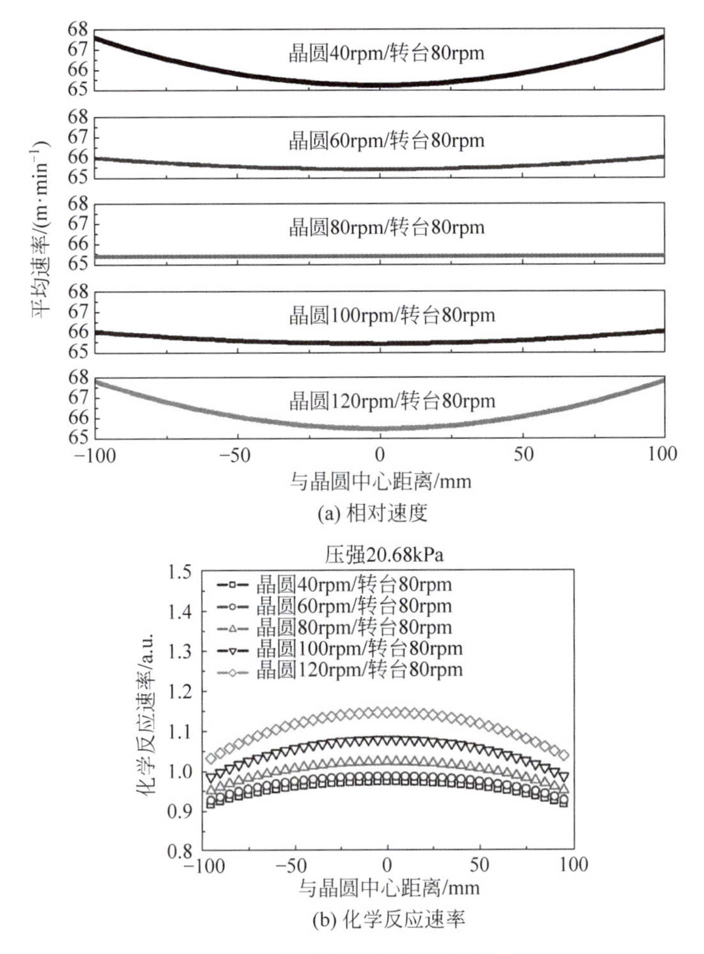

(a) 相对速度

(b) 化学反应速率

图 6-7 晶圆上位置差异的影响

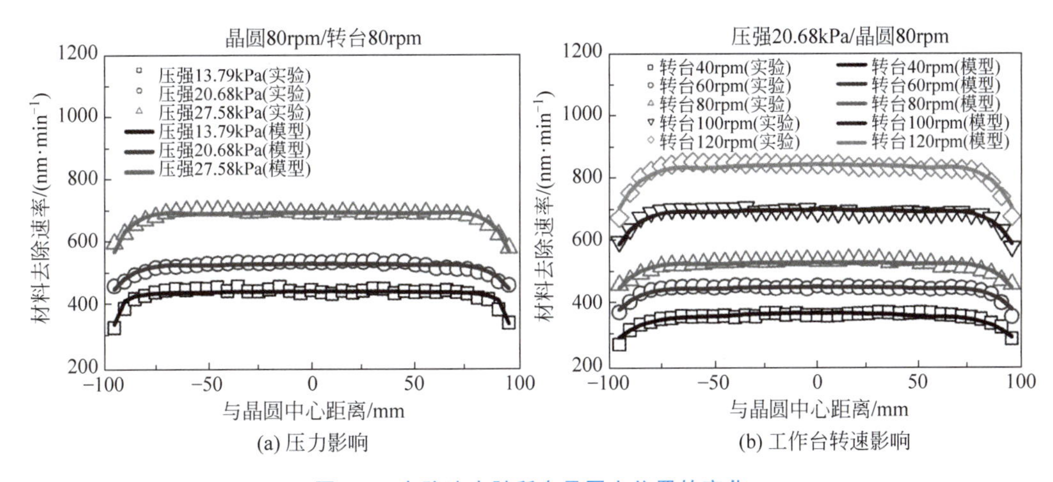

(a) 压力影响

(b) 工作台转速影响

图 6-8 去除速率随所在晶圆上位置的变化

颗粒成分、直径、含量等，溶液的 pH 值和化学性质，以及氧化剂、缓蚀剂、拟制剂、表面活性剂、腐蚀剂等各种成分的特性和浓度等。上述影响 CMP 的参数不仅数量众多，而且参数交叉耦合，相互影响，导致抛光机理和过程非常复杂[7-9]，过多的影响因素导致工艺参数优化和稳定的控制较为困难。

6.1.2.1 抛光浆料

浆料由分散于去离子水中的磨粒和多种化学成分组成。CMP 的化学过程依赖浆料中的化学成分与被抛光表面之间的化学反应,以及浆料中研磨颗粒实现的机械磨削。浆料中的化学试剂与材料表面发生反应,形成易溶解或易去除的反应产物,在压力的作用下,磨粒通过摩擦对反应产物进行微量去除。磨粒颗粒一般比被去除材料的硬度更低或者与之硬度相当。由于微小的尺寸和电性排斥的作用,磨粒一般悬浮于水中,因此浆料是一种悬浮液。常用的磨粒包括 SiO_2、Al_2O_3、CeO_2 和纳米金刚石等。按 pH 值,浆料可以分为酸性浆料和碱性浆料。目前,半导体用的抛光浆料生产商包括 Cabot、Dow、BASF、Fujifilm、Toray、AGC、Dupont、Versum、Rodel、Rohm Haas、Eka 和安集等,多数厂商有针对 TSV 的专用浆料。

常用的磨粒为 SiO_2 颗粒。由于 SiO_2 的硬度低于金刚石和 Al_2O_3,所以机械磨削的作用较弱,表面的机械损伤小、易于控制。SiO_2 磨粒可以分为气相 SiO_2 和胶体 SiO_2 两种。气相 SiO_2 是通过气相反应热解形成的固体胶状微粒,具有非规则形状,尺寸为 5~40nm,不溶于除氢氟酸和浓碱外的所有溶剂。气相 SiO_2 磨粒的去除速率高、磨削性质强;但是表面粗糙度较大,并且磨粒易于团聚,目前应用越来越少。

胶体 SiO_2 通过液相法制得,其化学反应过程控制更加准确。胶体 SiO_2 为良好的球状颗粒,磨削能力弱、去除速率低;但是表面粗糙度好,在多数酸碱试剂中都非常稳定。胶体 SiO_2 中微量金属的含量高于气相 SiO_2。在 pH 值为碱性溶液中,SiO_2 颗粒和晶圆表面带有负电势,二者排斥导致磨粒不易到达被处理表面。为了提高胶体 SiO_2 的去除速率,浆料中可以添加有机阳离子,SiO_2 磨粒比表面积大,容易吸附阳离子而带有正电势,与负电势表面产生吸附,提高被除去表面 SiO_2 颗粒的密度。

磨粒的浓度、粒径、形状、硬度以及表面特性对 CMP 的去除速率有显著的影响,但对不同的材料影响规律不同。对于高硬度金属如钨,去除速率随着磨粒粒径的增大而指数下降;而对于铜,去除速率与粒径的关系更加复杂,尚未形成统一的看法。如图 6-9 所示[5],磨料粒径和方差共同影响平均去除速率,表现较为复杂。粒径的方差较小时,去除速率随着粒径增大而稍有减小;粒径方差较大时,去除速率随着粒径增大而增大,但是当粒径超过 120nm 后基本达到饱和。在磨粒的低浓度区,去除速率随浓度的增加而增加,但达到一定浓度后去除速率饱和,甚至会有所下降。

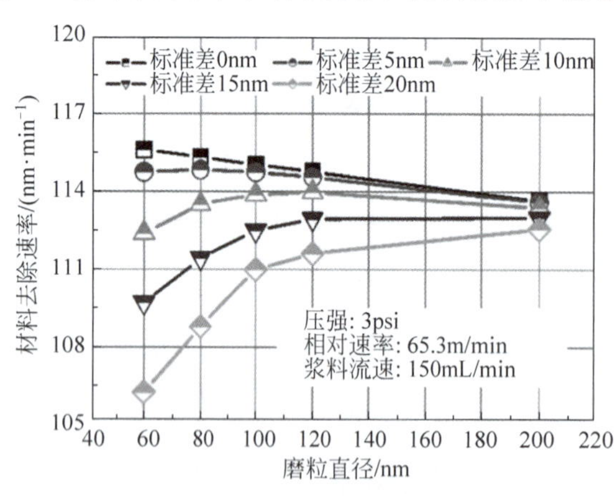

图 6-9 CMP 平均去除速率与磨料粒径的关系

除磨料以外,酸性浆料包含氧化剂、助氧化剂、抗蚀剂、均蚀剂、pH 调制剂等,碱性浆料中还包含络合剂和分散剂等。氧化剂与被抛光材料表面发生氧化反应,使反应产物易于溶解或易于被磨料去除。氧化剂的氧化反应过程具有选择性,提高 CMP 对不同材料的选择性。均蚀剂使化学反应速率更加均匀,获得光滑平整的表面。抗蚀剂在被抛光材料表面形成一层连接膜,阻止没有磨削的凹陷结构内的化学反应,提高 CMP 对结构的选择性。碱性磨料中,络合剂与被去除表面通过络合反应形成易于去除的产物,并有利于去除物溶于浆料中。不同的被去除材料要选择不同的络合剂。分散剂一般为非离子的大分子量有机成分,防止浆料中的磨料发生絮凝和沉降,并保持浆料的粘度和流动性,防止反应生成的颗粒再被抛光表面吸附,加快质量传递。浆料中金属离子的浓度一般要控制在 10^{-9} 以下。

CMP 的效果还与浆料供应系统有直接关系,要求稳定的流速与压力、良好的过滤、稳定的温度,以及浓度、水分、颗粒等指标。浆料供应系统一般具有在线检测功能,包括浆料的 pH 值、密度、H_2O_2 浓度等关键参数,以监控浆料的质量。如浆料 pH 值发生显著变化,磨料颗粒外部的电性被中和,会很快地凝聚形成大的结晶颗粒物。密度反映浆料中磨粒的含量,磨粒含量过高或过低会导致表面损伤或机械研磨不足,所以一般会根据需要设定合适的范围。通常浆料供应系统还包括过滤系统,滤除杂质和颗粒物。

6.1.2.2 抛光垫

抛光垫也称为抛光盘,是直接与被抛光表面接触并提供浆料、压力和运动的核心部件,维持抛光过程所需的机械和化学环境,主要功能包括储存和运输抛光液、吸纳抛光过程产生的副产物和残留物、施加压力并带动磨料运动。抛光垫必须具有良好的化学稳定性(耐腐蚀性)、亲水性以及机械特性。抛光垫表面和内部布满微孔,表面较为粗糙,可以驻留和分散抛光浆料并吸纳磨削下来的材料。图 6-10 所示的抛光垫表面粗糙度 $Ra=12.5\mu m$,$Rz=96\mu m$,峰间距为 200～300μm,微孔直径为 30～50μm,在无外加压力时,抛光垫与晶圆的接触区域尺寸为 10～50μm,直接接触晶圆的面积为抛光垫名义面积的 10%～15%。

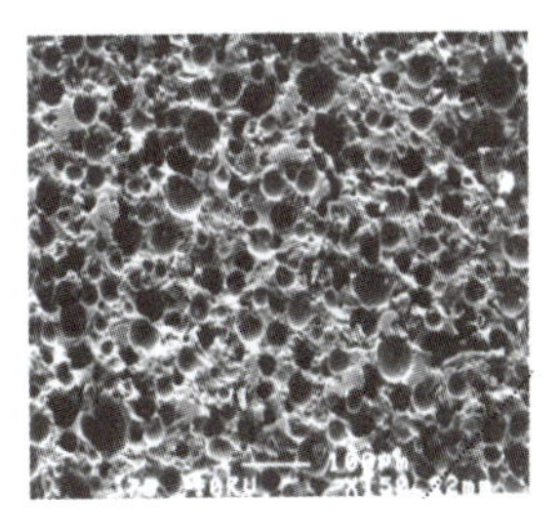

(a) 150倍照片

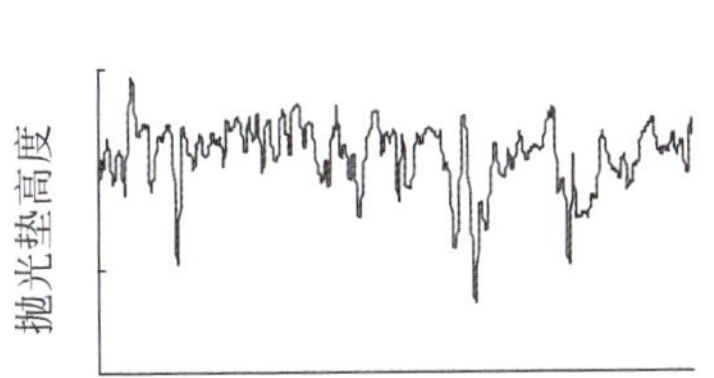

(b) 粗糙度及高度分布

图 6-10 抛光垫表面(Rohm Haas)

抛光垫可分为硬质和软质两类。硬质抛光垫具有良好的弹性,可以较好地保证抛光表面的平面度,典型材料为发泡体固化的聚氨酯,并填充一定的颗粒物。软质抛光垫为粘弹性,可以获得光滑的表面。硬质抛光垫的力学性能以及微孔形状、孔隙率、形状等都会影响浆料的流动和分布,对于平整化的效果非常关键。随着抛光的进行,抛光垫表面粗糙度随之变化,影响抛光浆料的输运以及被抛光材料的去除率,而抛光垫表面磨损的非均匀性也会影响材料去除的均匀性。因此,量产的 CMP 设备都带有抛光垫修整功能,随着 CMP 的进行对抛光垫不断修整,以保持其结构和功能的稳定性。Dow Electronic Materials、Rohm Haas 和 Fujifilm 等公司有不同性质的抛光垫产品。通过采用合适的研磨液和抛光垫,CMP 可以对介质层、铜、扩散阻挡层等材料有一定的去除速率选择比。

CMP 设备和使用耗材的成本高,影响因素复杂、控制困难。即使 CMP 设备保证了均匀性,CMP 的去除速率还与被去除材料表面的结构和状态有关。被去除结构的形状、密度和方向都会影响去除速率,造成 CMP 过程的非均匀性,称为 CMP 图形效应。如果 CMP 图形效应严重,就需要采用增加冗余图形的方法来解决。

6.1.2.3 工艺参数

在浆料和抛光垫给定的情况下,CMP 主要受工艺参数的影响,如转速、压力、温度和浆料流速等。如表 6-1 所示,不同的工艺参数对 CMP 性能的影响程度不同,同一个参数也影响不同的指标,对工艺参数的设定需要综合考虑需求指标。

表 6-1 工艺参数对 CMP 的影响

工艺参数	材料去除速率	均匀性	缺陷密度	平整度
下压力	强	弱	中	强
背压	弱	中	弱	弱
工作台转速	强	弱	中	强
抛光头转速	弱	中	弱	弱
浆料流速	非线性	非线性	中	弱
修整器压力	弱	弱	弱	中
修整器转速	—	—	弱	弱

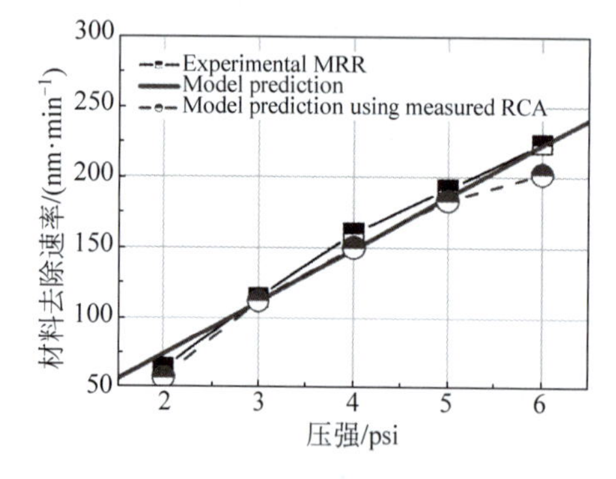

图 6-11 CMP 平均去除速率与压强的关系

CMP 所施加的下压力和相对转速是影响 CMP 的主要工艺参数,这是因为下压力决定了抛光表面与抛光垫之间的接触状态,而转速决定了单位时间内累计的摩擦总量。压力增大后,磨料与被去除材料的摩擦更为剧烈,因此增加压力不仅直接导致摩擦去除的速率增大,还会因温度的升高进一步增大化学反应的速率。图 6-11 为 CMP 压力对平均去除速率的影响[5]。可见,去除速率与压力和转速基本成正比,增大压力有助于提高 CMP 去除速率,但是过大的压力会导致表面划痕和粗糙度变差等问题。

6.1.3 CMP 的典型应用

6.1.3.1 集成电路

CMP 在铜互连制造和表面平整化方面都是必不可少的方法。对于 14nm 节点的集成电路制造工艺,在 FEOL 阶段就已经包括了钨、多晶硅、浅槽隔离 SiO_2、SiN 盖层等材料的 CMP 过程共 6~8 次,加上 4 次 MEOL 铜 CMP 和 10~12 次 BEOL 铜 CMP,整个逻辑器件工艺中 CMP 的使用次数高达 20~30 次[10]。特别是替换金属栅和自对准接触工艺模块引入了 CMP,使 14nm 工艺中 CMP 次数比 28nm 工艺增加了 4 倍。

集成电路中使用的 CMP 主要包括两类:一是控制材料层的厚度或平整度,例如浅槽隔离、FinFET 多晶硅和互连介质层的 CMP;二是对材料进行图形化,主要包括铜互连和钨塞(或钴塞)的 CMP,如图 6-12 所示[11]。由于铜的干法刻蚀非常困难,因此铜互连的图形化是通过电镀将铜沉积在介质层上刻蚀的凹槽中,然后采用 CMP 的机械磨削和化学腐蚀去除介质层表面的铜而实现嵌入介质层的图形化，即大马士革工艺。铜的 CMP 图形化方法一直延续到 3～5nm 工艺节点，尽管最近证明利用原子层刻蚀技术，通过将铜转换为可挥发的氧化物和硫化物可以实现铜的等离子体刻蚀[12-13]，但量产应用仍需要深入的验证。

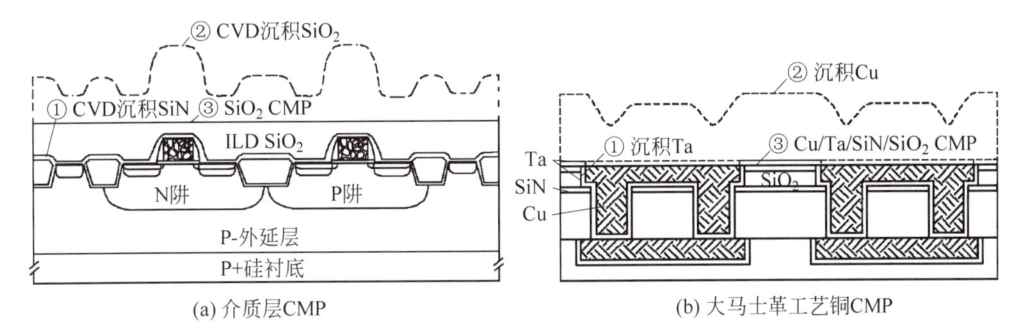

(a) 介质层CMP　　(b) 大马士革工艺铜CMP

图 6-12　CMP 的典型应用

在铜 CMP 工艺中，需要去除表面过电镀的铜层和金属扩散阻挡层。铜 CMP 一般包括三步(如图 6-13 所示)：(1)去除过电镀铜层，停止在扩散阻挡层，这一步主要考虑铜的去除速率，不同材料的选择性并非主要考虑因素；(2)去除扩散阻挡层，停止在介质层，这一步去除铜和扩散阻挡层，需要考虑对介质层的选择性；(3)过抛光同时去除铜、扩散阻挡层和介质层，确保场区所有的金属都被去除。低介电常数介质层和扩散阻挡层等新材料的引入，使 CMP 工艺非常复杂，不仅要求去除速率高、铜损失量少、终点控制精确、面内均匀性好、不同材料选择比高等，还必须解决划伤、浆料残留、颗粒嵌入等导致工艺缺陷的问题。

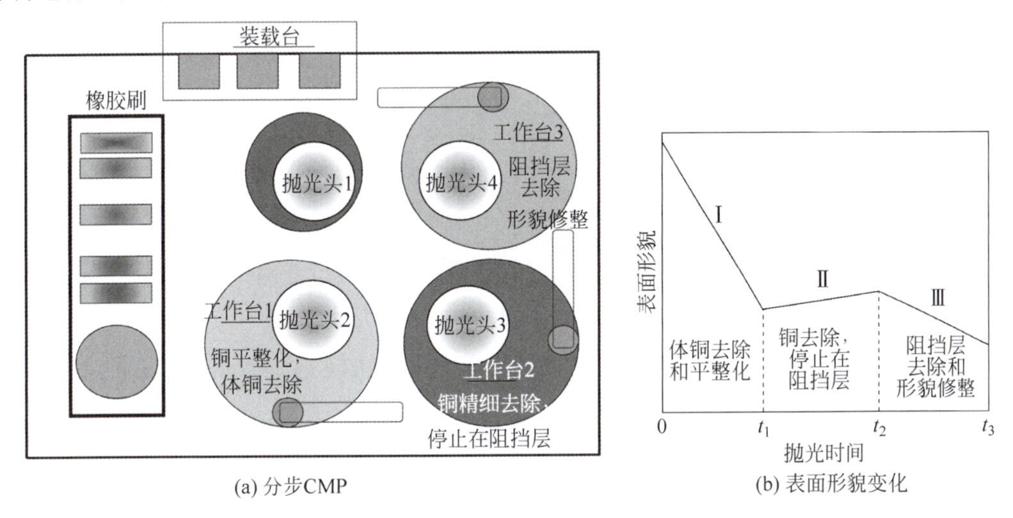

(a) 分步CMP　　(b) 表面形貌变化

图 6-13　铜互连 CMP 的顺序

铜互连工艺中，典型的 CMP 工艺参数：压强为 2～7psi，抛光垫温度为 10～70℃，抛光头和工作台转速为 20～100r/min，浆料流速为 100～200mL/min，SiO_2 的典型去除速率约为 280nm/min，铜的去除速率约为 350nm/min。CMP 平坦化铜后，片内的非均匀性通常小于 6%，粗糙度(RMS)小于 0.8nm，峰谷差小于 8nm。铜图形的凹陷小于 30nm，SiO_2 介质腐蚀小于 30nm，300mm 晶圆 CMP 以后整个晶圆范围内的高度差小于 20nm。

由于 CMP 以后晶圆表面会吸附研磨颗粒、有机物和金属离子，CMP 完成后必须立即进行表面清洗。目前，CMP 的主要设备制造商如 Ebara、Syagrus、Strasbaugh、Applied Materials、

Disco、Accretech 等提供的量产 CMP 设备都是多模块组合的干进干出型,可以完成多种材料的 CMP、多种清洗和烘干等工序,并具有终点监测和厚度测量功能。图 6-14 为 Applied Materials 的 Reflexion® LK Prime CMP 结构[14],包括 4 个抛光工作台、6 个抛光头、8 个清洗槽和 2 个烘干腔,可实现顺序高效的 CMP 工艺。组合式 CMP 设备可以减少约 50%的设备空间、节约 30%的去离子水,并可大幅提高生产效率。

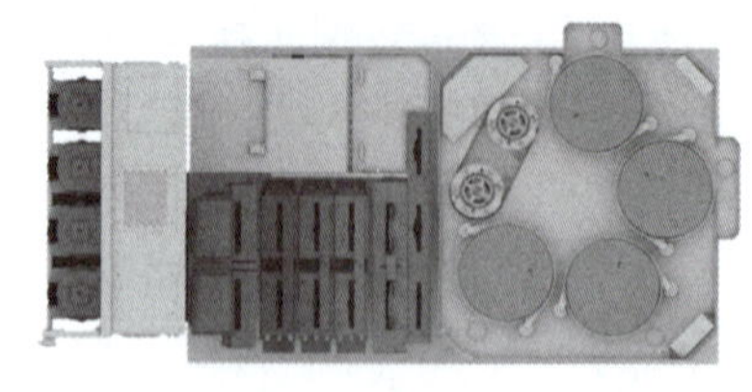

图 6-14　Relexion CMP 设备结构

6.1.3.2　三维集成

三维集成中,键合和 TSV 都需要使用 CMP 平整化,CMP 的工艺过程可能达到 5～6 次,如图 6-15 所示[15]。CMP 去除的材料不仅包括铜和扩散阻挡层,还包括硅衬底及介质层,材料体系更为复杂。在键合工艺中,CMP 用于平整化被键合的表面,特别是 Cu-Cu 键合和 Cu-SiO_2 混合键合必须利用 CMP 对表面平整化,才能保证硬质表面在键合过程中充分接触。CMP 是获得平整的键合表面、活化表面增加悬挂键、避免键合界面空洞等是必不可少的过程。混合键合中,CMP 需要同时处理 SiO_2 和 Cu,不仅需要控制表面粗糙度,还需要控制 SiO_2 和 Cu 的高度差,以满足特点键合方法的需要。

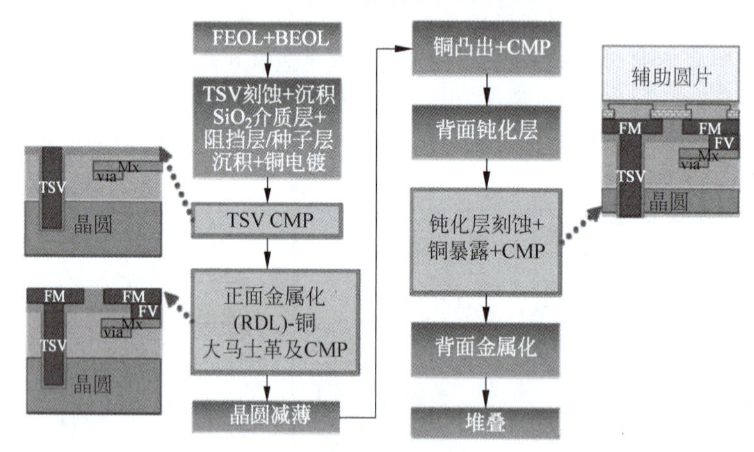

图 6-15　CMP 在三维集成工艺流程中的位置

TSV 工艺中晶圆正面和背面都需要 CMP,分别用于电镀铜柱后去除表面的过电镀层和背面减薄及铜柱暴露处理的材料包括铜、硅衬底和介质层,如图 6-16 所示。根据工艺的差异,TSV 中使用 CMP 的次数有所不同,但必需的 CMP 过程包括:①电镀填充铜柱后,从正面 CMP 去除铜的过电镀层、种子层和扩散阻挡层;另外由于铜柱热膨产生塑性变形,需要在热退火以后利用 CMP 去除铜塑性膨胀凸出表面的部分。②背面减薄后,采用 CMP 平整化晶圆背面的介质层和 TSV 底部,暴露 TSV 铜柱。

与集成电路互连制造极为精细的铜线条不同,采用 CMP 去除 TSV 和晶圆表面的过电镀铜需要处理的铜过电镀层很厚,一般可达 1μm,甚至超过 5μm。正面 CMP 仅去除过电镀的铜,需要保留表面的扩散阻挡层,要求 CMP 对铜有较高的去除速率并对扩散阻挡层有较高的选择性,保证 CMP 不会去除扩散阻挡层。退火后去除铜柱膨胀的 CMP 过程与去除过电镀有类似的要求,并且要求铜柱凹陷尽可能小。

晶圆背面 CMP 的目的是露出铜柱。在采用机械磨削减薄去除大部分背面基底后,采

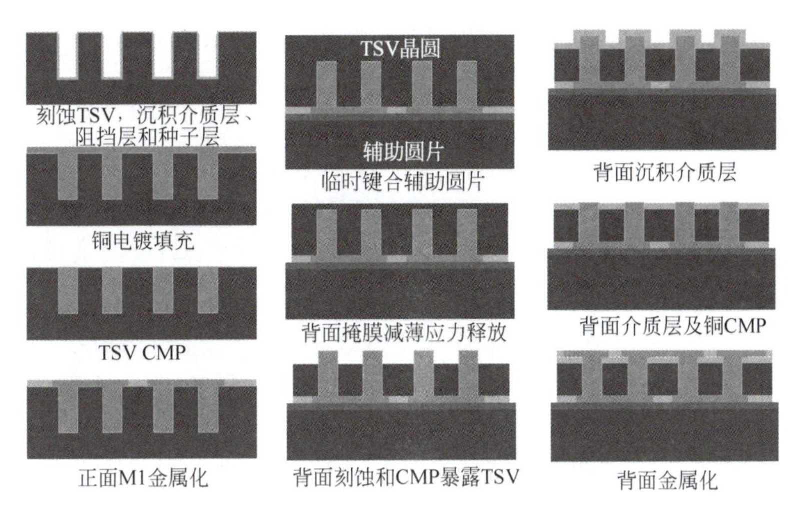

图 6-16 典型 TSV 流程中的 CMP 工艺

用 CMP 去除剩余的硅衬底使铜柱暴露出来，CMP 需要去除硅、介质层、扩散阻挡层和铜。由于要去除 3 种甚至 4 种材料，背面 CMP 一般采用多种材料无差异去除的方式以提高效率。由于铜和硅 CMP 时，硅表面没有扩散阻挡层，因此会受到铜污染，必须在 CMP 以后对硅表面进行干法刻蚀，去除 2～3μm 的硅层，然后沉积介质层和扩散阻挡层，并再次利用 CMP 去除 TSV 顶部的介质层使铜柱暴露。由于 CMP 过程复杂、成本高，近年来出现了利用刻蚀工艺暴露背面铜柱的方法，适用于 TSV 刻蚀深度一致性较高的情况。

6.2 硅和介质层化学机械抛光

在三维集成中，CMP 用于键合表面平整化以及背面晶圆减薄暴露铜柱等过程，需要对 SiO_2 和单晶硅进行平整化。

6.2.1 单晶硅化学机械抛光

由于单晶硅在有机或无机碱性溶液中会被腐蚀，单晶硅 CMP 的浆料一般使用 KOH、氨或有机胺组成的碱性浆料，pH 值为 9～11，并加入适当的磨粒。常用的浆料包括 MgO 水溶液、Al_2O_3 水溶液、TiO_2 碱性溶液、SiO_2 碱性溶液、ZrO_2 氧化性溶液、CrO_3 酸性溶液和铜离子酸性溶液等。目前使最多的是 SiO_2 碱性抛光液，颗粒直径为 1～100nm，浓度为 1.5%～50%，pH 值为 9～11 的碱性溶液中 SiO_2 的溶解度很高。为了改善硅片表面性能和抛光液的稳定性、颗粒的分散性、悬浮性，有时加入有机多羟基胺[16]。单晶硅 CMP 可以将整个晶圆的 TTV 控制在 2μm，表面粗糙度低于 0.2nm。

碱性抛光液与硅发生化学反应的原理主要是 OH^- 和 Si 反应生成可溶性的 $SiO_2(OH)_2^{2+}$[17-18]。这一反应过程包括两个步骤，首先是碱性溶液产生的 OH^- 和 Si 反应，Si 被氧化生成络合物并释放出 4 个电子，同时 H_2O 被还原生成 H_2：

$$\begin{aligned} &Si + 2OH^- \rightarrow Si(OH)_2^{2+} + 4e^- \\ &4H_2O + 4e^- \rightarrow 4OH^- + 2H_2 \end{aligned} \tag{6.6}$$

络合物 $Si(OH)_2^{2+}$ 和 OH^- 进一步反应生成可溶性络合物和 H_2O：

$$Si(OH)_2^{2+} + 4OH^- \rightarrow SiO_2(OH)_2^{2-} + 2H_2O \tag{6.7}$$

总反应式：

$$Si + 2OH^- + 2H_2O \rightarrow SiO_2(OH)_2^{2-} + 2H_2 \uparrow \tag{6.8}$$

单晶硅的 CMP 是一个化学反应增强的机械研磨和抛光过程，基本原理如图 6-17 所示。①碱性溶液中，含氢氧根的物质溶解于水会电离出氢氧根离子(OH^-)，或氧化物形成了具有碱性性质的 OH^-，OH^- 通过氧键与 SiO_2 磨料颗粒的硅结合，也会与硅表面的悬挂键结合(图 6-17(a))；②与 SiO_2 磨粒相结合的 OH^-，通过氢键桥接与硅表面悬挂的羟基的氢键结合，减弱了表层硅原子与衬底其他硅原子之间的化学键的强度(图 6-17(b))；③两个氢氧根通过缩合反应释放出一个水分子，同时氧分别与表面硅原子和 SiO_2 磨粒的硅原子各形成一个 Si-O 键，即通过 Si-O-Si 键将表面硅原子与磨粒的硅原子相结合(图 6-17(c))；④由于表面硅原子与其他硅原子键的弱化，表面的硅原子与衬底其他原子之间的 Si-Si 键在磨粒的带动下打开，释放一个硅原子(图 6-17(d))。

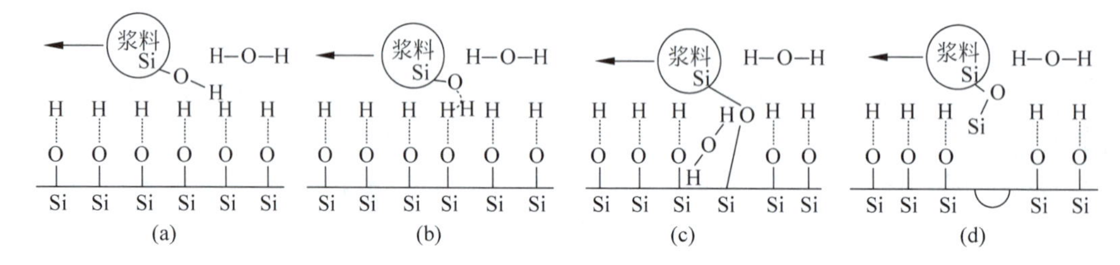

图 6-17 硅 CMP 的基本原理

为了获得稳定的碱性溶液，需要在抛光液中添加碱性成分。常见的碱性刻蚀剂包括氢氧化钠 NaOH 和氢氧化钾 KOH，其中 KOH 在 MEMS 中广泛用于单晶硅的刻蚀。由于 Na 离子和 K 离子是半导体的污染离子，容易造成器件的失效，因此 NaOH 和 KOH 一般只在粗抛光单晶硅时使用。粗抛光以后的精抛光一般采用氨水、多羟基二胺、四甲基氢氧化铵(TMAH)等与 CMOS 兼容的有机氨等碱性溶液。

硅 CMP 的磨料颗粒主要是 SiO_2，在碱性溶液中 SiO_2 也与硅产生化学反应，化学反应式：

$$\begin{gathered} Si + SiO_2 \rightarrow 2SiO \\ SiO + 2OH^- \rightarrow SiO_3^{2-} + H_2 \uparrow \end{gathered} \tag{6.9}$$

尽管 SiO_2 磨料颗粒的含量较低，但是式(6.9)的反应过程比单纯采用碱性溶液的反应过程式(6.8)更加容易，因此 SiO_2 不但能够通过机械研磨的作用去除硅，而且大幅促进了化学反应的进行。加入少量 SiO_2 颗粒可以将 CMP 速度提高 1～2 个数量级。

6.2.2 SiO_2 化学机械抛光

SiO_2 是介质层的主要材料，其 CMP 是多层互连中一项重要的工艺过程。通过介质层平整化，可以获得更平整的表面，保证后续光刻过程。在三维集成中，SiO_2 的 CMP 用于键合前的介质层平整化，以及背面铜柱暴露工艺中的介质层去除。前者以平整化为目的，处理整个晶圆表面大面积的介质层；后者以部分材料去除为目的，处理 TSV 顶端沉积的介质层。

SiO_2 CMP 的浆料一般使用 SiO_2 磨粒，pH 值为 10～11，可以采用多胺调整酸碱度。由于硅在 SiO_2 中是四价的，且 SiO_2 的化学性质比较稳定，所以不能采取氧化还原反应，只能通过碱性溶液中 OH^- 的水合作用，将不溶于水的 SiO_2 表面转化为易溶于水的络合物 $Si(OH)_4$，如图 6-18 所示。表面水合作用降低了表面 SiO_2 的硬度、机械强度和化学稳定性，同时抛光过程中 SiO_2 表面与抛光垫和磨粒之间的摩擦而产生热量，进一步降低了 SiO_2 的硬度。最后通过抛光液中的磨粒摩擦将表面水合层产物去除。总的反应式：

$$(SiO_2)_x + 2H_2O \Leftrightarrow (SiO_2)_{x-1} + Si(OH)_4 \tag{6.10}$$

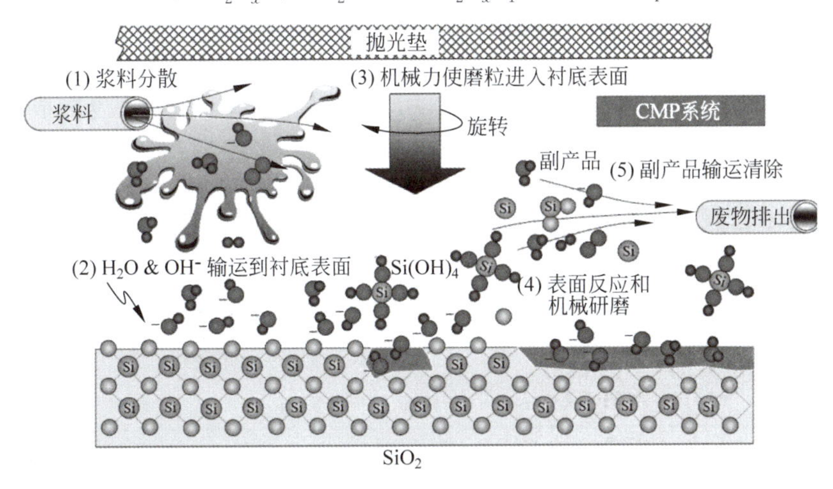

图 6-18　二氧化硅 CMP 原理

由于表面反应是通过 OH^- 进行的，因此 OH^- 浓度越高，反应越快，即提高 pH 值有助于提高材料去除速率。目前常选择不含碱金属离子的多胺(如多羟基二胺等)调节 CMP 浆料的 pH 值。多胺是大分子量有机物，很容易与 SiO_2 接触并结合，反应生成易溶于水的稳定的大分子铵盐，在 CMP 压力和磨粒的作用下脱离氧化物表面，加速 CMP 过程。CMP 平整化 SiO_2 介质层时，片内的非均匀性通常优于 5%，粗糙度(RMS)小于 0.5nm，峰谷差小于 5nm。

近年来，介质层 CMP 广泛采用铈(Ce)磨料的浆料。与 SiO_2 磨料依靠 OH^- 与 SiO_2 反应不同，铈磨料的 CMP 主要是利用铈与 SiO_2 的反应[19]：

$$\text{-Ce-OH} + \text{-SiO-} \rightarrow \text{-Si-O-Ce} + \text{OH-} \tag{6.11}$$

铈与水合 SiO_2 形成很强的化学键结合，因此 SiO_2 是以 Si-O-Ce 的形式被从表面去除的。铈磨料的表面电荷控制对 CMP 性能有重要影响，需要调节表面电荷使铈颗粒吸附到被去除 SiO_2 表面。铈颗粒的等电势点 pH 值约为 8，在酸性溶液中铈颗粒表面为正电势，碱性溶液中为负电势，而 SiO_2 表面为负电势，因此铈颗粒的表面电势在酸性环境下与被去除的 SiO_2 的表面电势相反，多数铈浆料都采用 pH 值小于 8 的酸性溶液，以易于 Si-O-Ce 的形成。

6.3　铜化学机械抛光

三维集成中，TSV 正面和背面工艺以及铜键合工艺都需要铜 CMP。TSV 电镀铜后，需要正面铜 CMP 去除表面的过电镀层，使铜柱具有相同的高度。一般 CMP 后整个晶圆的铜柱高度差小于0.2μm,满足后续的再布线层和凸点键合工艺的要求。背面铜CMP用于背面减薄晶圆的铜柱露出工艺,将带有盲孔铜柱的晶圆从背面机械研磨、抛光和刻蚀,使铜柱从背面露出,随后在减薄的表面沉积绝缘层,并进行CMP使铜柱露出。由于TSV从正面刻蚀的深度不同,因此从背面露出的铜柱高度不同,背面CMP一方面去除覆盖在铜柱表面的介质层,另一方面使铜柱高度相同。

6.3.1 铜化学机械抛光液

铜CMP抛光液由基础溶液、化学添加剂和磨料组成,可以采用酸性、碱性和中性等不同体系。酸性抛光液基于酸性的基础溶液配制,主要优点是去除速率高,缺点是腐蚀性大,对抛光设备要求高。碱性抛光液控制精确,缺点是氧化能力较弱、络合物形成与溶解速度慢,抛光速率较低,同时金属离子(铁离子、钠离子)等容易引起污染。化学添加剂主要包括促进铜氧化与溶解的氧化剂、加速铜或氧化物溶解的络合剂、抑制铜过度腐蚀的抑制剂、改善抛光性能的光亮剂、控制pH值的调节剂、增加溶液稳定性的稳定剂,以及其他添加剂等。目前广泛使用的铜CMP浆料是酸性(pH值为1~4.5),其主要成分包括氧化剂、抑制剂、络合剂、pH值调节剂、分散剂、去离子水和磨粒。表6-2为简单酸性抛光液的配方,以过氧化氢作为氧化剂、柠檬酸作为络合剂,苯并三氮唑(BTA)作为缓冲剂,磨料为SiO_2悬浮液。

表6-2 铜CMP抛光液配方

功能组分	材料	浓度
氧化剂	H_2O_2	3%(体积分数)
络合剂	柠檬酸(CA)	0.01mol/L
磨料	SiO_2 纳米颗粒	3%(质量分数)
抑制剂	苯并三氮唑(BTA)	0.1%~0.2%(质量分数)
溶剂	去离子水	—

铜CMP的机理是通过氧化腐蚀铜表面形成疏松的铜氧化物,使其被化学腐蚀和机械磨削去除,该机理与钨CMP相同,最早由IBM提出[20]。氧化剂是铜CMP抛光液中最重要的成分。常用的氧化剂种类很多,包括硝酸、磺酸、硝酸铁$Fe(NO)_3$、次氯酸钾KClO、高锰酸钾$KMnO_4$、高碘酸钾KIO_4、过硫酸铵$(NH_4)_2S_2O_8$、过氧化氢H_2O_2等[21]。硝酸铁常用于钨的CMP,能够把钨氧化为WO_3和$FeWO_4$钝化层,因此抛光液中不需要单独添加抑制剂。高锰酸钾在酸性条件下的氧化能力较弱,但在碱性条件下是稳定的强氧化剂,因此主要用于碱性抛光液。硝酸、磺酸、KClO的氧化性强,化学反应快,对材料的去除速率快,例如硝酸可以直接将铜氧化为离子态,但抛光后表面平整性不好。H_2O_2氧化能力强、没有污染离子,是铜CMP抛光液中最常用的氧化剂,其缺点是不够稳定,特别是在碱性条件下容易分解。H_2O_2对无机物如SiO_2、SiN、SiCN等几乎没有影响,但是对金属如铜和钽等氧化速率很高,可将CMP速率提高1倍[22]。H_2O_2的浓度对CMP有重要影响,浓度过高时,铜表面会生成致密的氧化层,阻止化学反应的进行,CMP速率下降;浓度较低时,形成的氧化膜较薄,去除速率快,容易造成碟形坑和浸蚀。

络合剂也称为螯合剂,是CMP抛光液中的重要成分,其作用是和铜离子产生络合反应,形成稳定的水溶性络合物,使通过化学反应腐蚀的铜离子稳定地溶解于溶液中,并且提高去除速率。如果铜被机械抛光或者化学反应去除的离子不能立即稳定地溶解在溶液中，会在铜表面形成钝化层阻止后续化学反应，并可能产生较大尺度的颗粒。络合剂使铜离子尽快溶解于溶液中，从而维持新鲜的反应表面和持续的CMP过程。常用的络合剂包括多羟基胺、氨基乙酸、有机碱等，如氨水、氨基有机酸（如甘氨酸）、柠檬酸、草酸等，这些络合剂与铜形成铜胺络合物，增加铜离子的溶解度，提高去除速率。以过氧化氢作为氧化剂，添加甘氨酸作为络合剂有助于形成极易溶于水的铜-甘氨酸络合物，从而提高铜的CMP速率。

抑制剂也称抗蚀剂、缓冲剂或钝化剂，其作用是抑制表面凹陷区的反应速率。CMP的目的是将凸起的部分去除，凹陷的部分不去除或者以较低的速率去除，以实现平整化。表面的凹陷区与抛光垫的接触较少，因此机械摩擦较弱；抑制剂可以在凹陷区域形成保护膜，降低凹陷区域的化学腐蚀速率。抑制剂多为有机成分，具有一定的极性，能够通过表面电荷吸附在金属表面形成单分子膜，阻止或降低该区域的化学反应速率。常用的抑制剂多为含氮、硫或羟基并具有表面活性的有机物，如BTA、1,2,4-三氮唑（TAZ）或5-氨基四唑（ATA）等。抑制剂一端含有亲水基团，另一端含有疏水基团，亲水基团（如氨基）容易吸附在干净的金属上形成阻挡层，通过其高碱性和高电子密度抑制铜的快速反应。

BTA是最常用的抑制剂，可以在铜表面形成一层聚合物保护层Cu-BTA，阻止腐蚀的进行。加入BTA可以保护铜表面不被侵蚀，有助于抑制抛光过程化学腐蚀形成的蝶形坑。此外，BTA在酸性溶液中还可以调整铜的去除率、提高选择性，铜表面的BTA在抛光后能够继续起到保护作用。BTA有较强的毒性、溶解度较低，容易引入杂质离子（Fe^{3+}，K^{+}），而且BTA和铜产生的络合物在pH值为4～10的溶液中非常稳定，给抛光后的清洗带来困难[23]。此外，BTA还会降低抛光液的稳定性，还需再加入稳定剂或分散剂。

悬浮剂、表面活性剂等添加剂用来增加抛光液的稳定性、改善抛光效果。悬浮剂可以对磨料颗粒起到一定的分散作用，避免纳米磨粒在溶液中团簇。表面活性剂的主要作用是降低表面接触角，提高表面亲水性，使CMP抛光液能够与表面处于浸润状态。表面活性剂还可以简化CMP后的清洗，使铜离子或颗粒等更容易去除。表面活性剂的分子结构一端具有亲水基团，另一端具有疏水基团。亲水基团一般是极性分子，如羧酸、硫酸、氨基、磺酸，以及胺基盐等，或羟基及酰胺基等；疏水基团通常为非极性烃链。CMP抛光液中常用的表面活性剂包括十二烷基苯磺酸钠（SDBS）、烷基酚聚氧乙烯醚（APE）、脂肪醇聚氧乙烯醚硫酸钠（SAES）等。

尽管铜的硬度较低，但是磨粒机械磨削的去除速率非常低，通常可以忽略。然而，铜被氧化后生成的氧化铜不仅硬度降低，而且机械磨削速率远高于铜的磨削速率。铜CMP浆料中的磨粒可以采用圆形、易溶解和低浓度的磨粒，常用的磨粒包括刚玉Al_2O_3或胶体SiO_2纳米颗粒。Al_2O_3硬度大、颗粒大，机械研磨的去除速率快；但由于粒径大，抛光后容易造成划伤且吸附性强，抛光后难以清洗。SiO_2粒径小，且在不同的pH值条件下都具有良好的悬浮性，抛光后可以获得良好的表面状态。

6.3.2 铜化学机械抛光原理

6.3.2.1 过氧化氢基抛光原理

铜CMP是铜被氧化剂不断氧化并被磨粒和络合剂去除的过程。与氧化剂接触的铜存在不同的价态,每种价态的形成速率和去除速率各不相同。在CMP中Cu^{+}态的去除(包括化学腐蚀和机械磨削)速率远高于Cu和Cu^{2+}态,如Cu^{+}的腐蚀速率比Cu本身快100倍以上。图6-19所示为基于H_2O_2氧化剂和配体L的铜CMP的反应图[24],其中灰色区域表示铜,水平箭头表示氧化,向上箭头表示溶剂溶解和配体反应刻蚀,向下箭头表示机械磨削去除,粗线表示主要反应过程,细线表示主要为刻蚀而非磨削,虚线表示极低过氧化氢浓度。

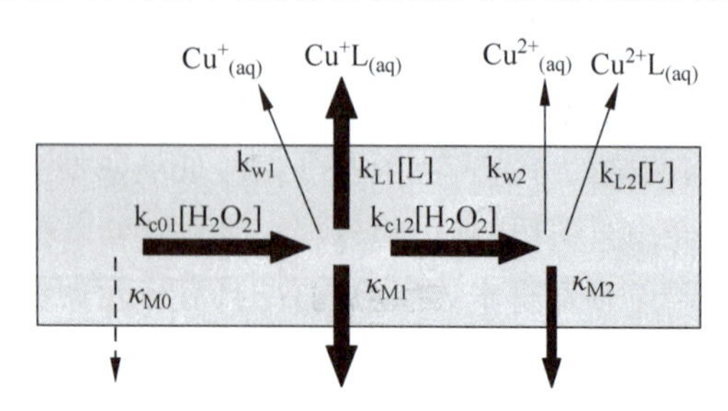

图6-19　过氧化氢的铜CMP反应图

铜表面的价态与H_2O_2的浓度有关。①当H_2O_2的浓度较低时,铜表面主体是Cu的金属态,还包括部分Cu^{+}态以及Cu^{+}组成的复合物。Cu^{+}在酸性溶液中以Cu_2O形式存在,在碱性溶液中以CuOH形式存在。②当H_2O_2的浓度较高时,铜表面主体是Cu^{2+}态,此外还包括一些Cu^{2+}的复合物。在酸性溶液中,Cu^{2+}以CuO形式存在,在碱性溶液中以$Cu(OH)_2$形式存在。③当H_2O_2的浓度处于中等时,铜表面的主体是Cu^{+}态。

不同价态铜的机械磨削速率也不同。在低转速、低压力和小磨粒的条件下,Cu^{2+}态的机械磨削速率高于Cu^{+}态,而Cu^{+}态物质又高于Cu金属。相反,当机械磨削处于高转速、高压力和大磨粒的条件下,Cu的去除速率高于Cu^{+}态,而Cu^{+}态又高于Cu^{2+}态。不同价态的铜被溶解去除的能力也不同相同。Cu^{+}在CMP中是不稳定的,虽然其溶解度很低,但是很容易被甘氨酸所腐蚀而进入溶液。Cu^{2+}是稳定,且可溶于溶液与不同的配体形成稳定的复合物,但是在没有机械磨削的情况下,Cu^{2+}从固态表面溶解或与甘氨酸反应的速率都很低,因此甘氨酸溶解去除Cu^{+}的速率远大于去除Cu^{2+}速率。

由于Cu^{+}最容易形成与去除,而Cu和Cu^{2+}的去除速率远低于Cu^{+},因此在铜的CMP过程中氧化剂(如H_2O_2)的浓度应高于一定的阈值,以使表面的Cu尽量氧化为Cu^{+},但又不能过高,以防止Cu被大量氧化为Cu^{2+},并且需要平衡络合剂和氧化剂的浓度。此外,需要注意的是,Cu的氧化速率还受到pH值和浆料中其他添加剂的影响。

铜的CMP是铜表面被氧化剂不断氧化后,氧化物被不断溶解和机械去除的过程。铜CMP的过程如下:①铜表面被氧化剂氧化形成氧化物薄膜,大部分Cu被氧化为CuO和Cu_2O,还有很少量被腐蚀为铜离子而溶解到抛光液中,如图6-20(a)所示。②在磨料颗粒的机械磨削下,凸起部位的表面氧化物被去除,抛光液中的酸性成分能够腐蚀暴露的铜,实现一定程度的去除,如图6-20(b)中阴影区域所示。由于凹陷区域与抛光垫的接触较少,磨料颗粒的作用比较弱甚至没有,凹陷区域的氧化层厚度基本保持不变,刻蚀去除的区域集中在凸起的部位。③溶解的Cu^{+}或Cu^{2+}与络合剂反应,转化为稳定的可溶性的络合物进入溶液,防止铜离子的沾污。如果氧化剂的比例合适,暴露出来的铜又被氧化形成氧化物,如图6-20(c)所示。④不断重复上述过程,最终凸起的铜被去除和平整化,如图6-20(d)所示。

铜的氧化和络合反应可以表示为

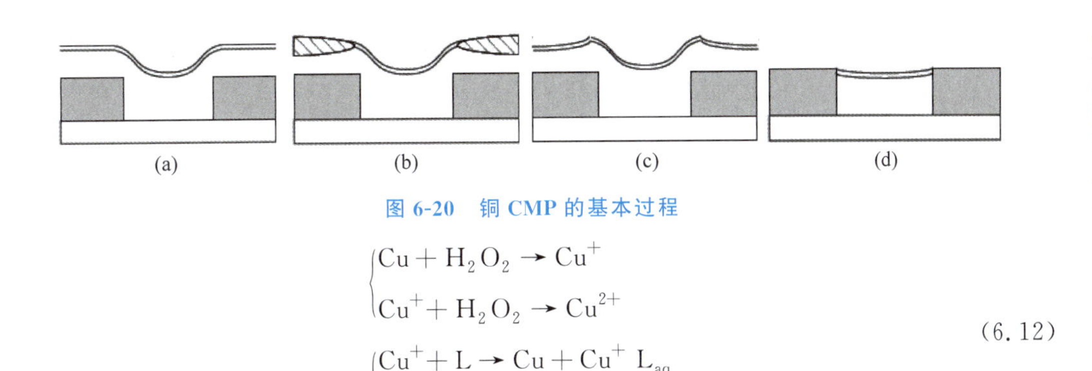

图 6-20 铜 CMP 的基本过程

$$\begin{cases} Cu + H_2O_2 \rightarrow Cu^+ \\ Cu^+ + H_2O_2 \rightarrow Cu^{2+} \end{cases}$$
$$\begin{cases} Cu^+ + L \rightarrow Cu + Cu^+ L_{aq} \\ Cu^{2+} + L \rightarrow Cu^+ + Cu^{2+} L_{aq} \end{cases} \tag{6.12}$$

由于 Cu^+ 的去除速率最快，为了提高 CMP 的去除速率需要使铜表面以 Cu^+ 态为主，而铜表面价态与 H_2O_2 的浓度有关，因此 CMP 的去除速率取决于 H_2O_2 的浓度。如图 6-21 所示[24]，尽管在酸性和碱性溶液中去除速率不同，但 CMP 去除速率随 H_2O_2 浓度的变化关系都表现为三个阶段。第一阶段为 H_2O_2 的低浓度区间，CMP 去除速率随着 H_2O_2 浓度的升高而迅速增大，最后达到峰值。这是因为 H_2O_2 浓度越高其氧化能力越强，较低浓度的 H_2O_2 氧化能力较弱，Cu 氧化只产生 Cu^+ 而 Cu^{2+} 的数量极少，因此 Cu^+ 的产生速率随 H_2O_2 浓度的升高而增大；此外，Cu^+ 的去除速率(包括化学腐蚀和机械磨削)远大于其产生速率，产生的 Cu^+ 被即时去除，表面剩余的主要成分为化学腐蚀和机械磨削速率都很低的 Cu。因此，在 H_2O_2 的低浓度区间，总体去除速率取决于 Cu^+ 的产生速率，并且随 H_2O_2 浓度的升高而增大。随着 H_2O_2 浓度的继续升高，Cu^+ 被氧化为 Cu^{2+} 的数量也逐渐增加，当 H_2O_2 浓度达到某一数值时，Cu^+ 产生的数量达到最大值，此时总体去除速率达到峰值。

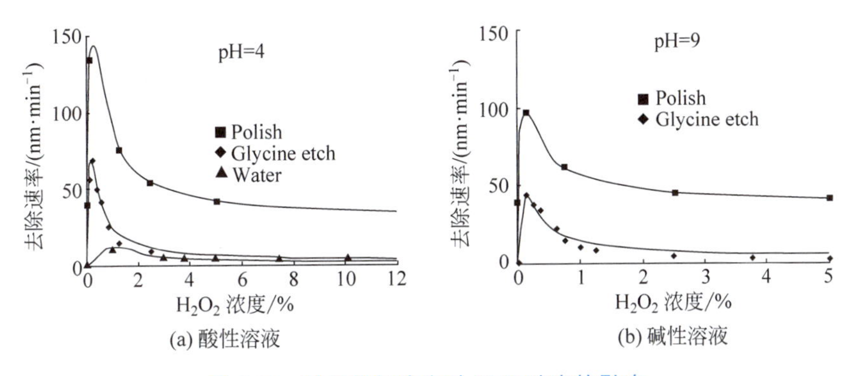

图 6-21 过氧化氢浓度对 CMP 速率的影响

当 H_2O_2 浓度使总体去除速率达到峰值以后，进入第二阶段，即 H_2O_2 中等浓度区间。在该区间，随着 H_2O_2 浓度的升高，更多数量的 Cu^+ 被氧化为 Cu^{2+} 离子，甚至可以直接从 Cu 氧化为 Cu^{2+}，导致 Cu^+ 的数量随着 H_2O_2 浓度的升高而下降。由于 Cu^{2+} 的去除速率远低于 Cu^+ 离子的去除速率，在中等浓度区间内，CMP 的去除速率随着 H_2O_2 浓度的升高而下降，并且 CMP 的去除速率由 Cu^+ 被氧化为 Cu^{2+} 的速率决定。

随着 H_2O_2 浓度的继续增大，进入第三阶段，即 H_2O_2 高浓度区间。在该区间，铜表面

大部分被氧化为 Cu^{2+}，并且随着 Cu^{2+} 被机械磨削去除，新表面又被迅速氧化为 Cu^{2+}。由于CMP去除速率主要取决于 Cu^{+}，高浓度 H_2O_2 下 Cu^{+} 的数量随着 H_2O_2 浓度的增加基本饱和甚至缓慢下降，而机械磨削的去除速率基本恒定，因此CMP的去除速率逐渐达到稳态值。在第三阶段，较高的 H_2O_2 浓度使其氧化能力较强，Cu^{+} 被氧化为 Cu^{2+} 的速率高于去除速率。

尽管化学过程一般不依赖于平衡条件下的机械环境，但是CMP是动力学控制而非热力学控制的过程。在没有稳态材料去除的情况下，对于任何给定的浆料条件，表面反应将演变成普尔贝(Pourbaix)描述的平衡形式；然而，机械磨削产生的连续材料去除使表面反应不会出现这种情况。在CMP过程中，氧化剂(将表面推向 Cu^{2+})、刻蚀剂配体(去除 Cu^{+} 留下Cu)和机械磨削(去除 Cu^{+} 并留下Cu)之间存在对 Cu^{+} 的竞争。温和的机械磨削有利于氧化和 Cu^{2+} 的形成，而苛刻的磨削有利于去除 Cu^{+} 留下Cu。因此，动力学控制在CMP工艺中起着主导作用。在这种情况下，相对反应速率决定了表面成分，所以机械磨削的强度在很大程度上决定了铜表面不同价态的数量比例。

添加剂的浓度对铜CMP有重要的影响。如图6-22所示[25]，在低pH值并且没有 H_2O_2 时，甘氨酸的功能是铜溶解的抑制剂，因此铜的溶解速度下降[26]。当加入 H_2O_2 后，随着甘氨酸浓度的提高，铜溶解速率先快速上升然后缓慢下降，其中5%的 H_2O_2 和pH值=2的溶解速度最大，而2.5%的 H_2O_2 和pH值=4的溶解速度最慢。随着BTA浓度的提高，铜的溶解速率迅速下降，这是由于BTA促使铜表面形成BTA-Cu络合物，抑制铜的溶解。

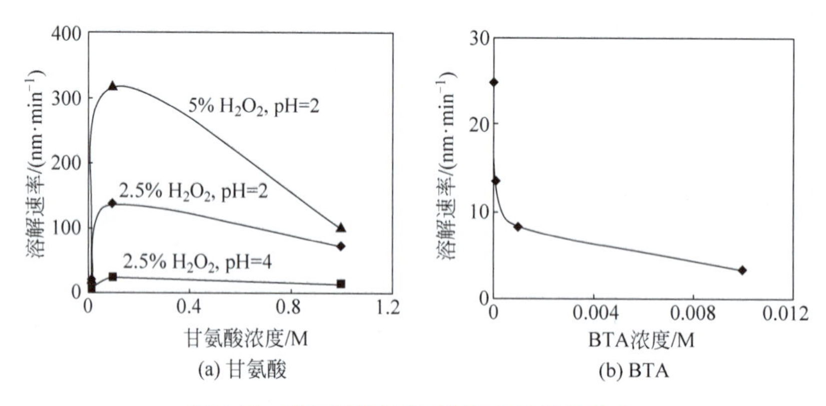

图6-22 添加剂的浓度对铜溶解速率的影响

图6-23为分子动力学仿真的 H_2O_2 氧化剂对铜CMP的动力学过程[27]，共分为三步。第一步，未施加压力和摩擦，H_2O_2 分子的化学反应生成吸附在初始Cu表面的-OH基团和O原子。当 H_2O_2 分子接近Cu表面时，H_2O_2 分子很容易吸附在Cu表面，并分解成2个表面吸附的OH-基团。在0.53ps时，3个 H_2O_2 分子被分解成6个表面吸附的OH-，溶液中的 H_2O 分子通过氢键作用被吸附到表面的OH-上。在2.06ps时，通过两个表面吸附的OH-之间的H原子跳跃，产生表面吸附的O原子，H原子从OH-转移到 H_2O 分子，然后H原子从 H_2O 分子转移到另一个OH-。在5.77ps时，表面产生4个吸附的OH-和2个吸附的O原子。

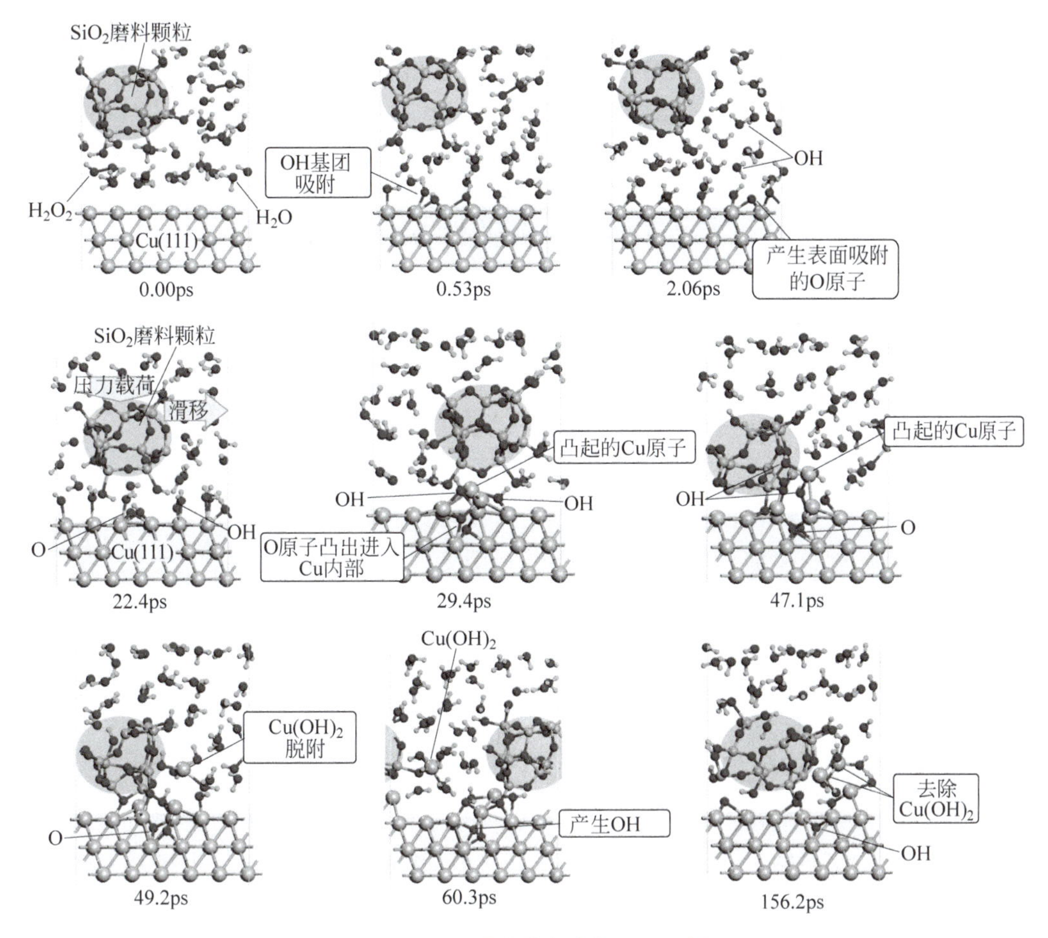

图 6-23 分子动力学仿真铜 CMP 过程

第二步，施加压力和摩擦后，在 Cu 表面与磨粒之间的摩擦界面处，表面吸附的 O 原子侵入 Cu 表面解离 Cu-Cu 键，Cu-Cu 背键的解离使 Cu 原子从表面凸起，表面受到磨粒的机械剪切。在 29.4ps 时，当 SiO_2 磨粒接近表面吸附的 O 原子和 OH-后，表面吸附的 O 原子侵入 Cu 表面，导致第一层和第二层 Cu 原子之间的部分 Cu-Cu 键被解离生成 Cu-O 键，O 原子的侵入和 Cu-Cu 背键的完全解离产生了凸起的 Cu 原子。在 47.1ps 时，SiO_2 磨粒与凸起的铜原子接触。这一步由于摩擦导致的表面 Cu 原子被氧化是 CMP 的关键。

第三步，通过 $Cu(OH)_2$ 分子的生成和解吸附，将表面吸附的 OH-基团的 Cu 原子从表面去除。在 49.2ps 时，因为凸起的 Cu 原子与表面吸附的 OH-结合，表面的 Cu 原子生成 $Cu(OH)_2$ 分子并从表面脱附。在 60.3ps 时，表面凸起的 Cu 原子被去除后，侵入铜表面内部的 O 原子被暴露出来，并与水分子发生反应，然后 O 原子通过从 H_2O 分子中获取 H 原子形成 OH-，该 H 原子随后成为表面吸附的 OH-。在 156.2ps 时，在用磨粒连续 CMP 后，两个与 OH-结合的 Cu 原子从表面去除。

6.3.2.2 碱性抛光原理

碱性抛光液的成分包括络合剂、氧化剂、分散剂、pH 值调节剂，以及和磨粒。络合剂包括氨水或氨基有机碱,氧化剂包括 $Fe(NO_3)_3$、$K_3Fe(CN)_6$、NH_4OH、$NaClO_3$、NH_4NO_3 或 $NaCrO_4$ 等,pH 值调节剂包括 NaOH、KOH、有机碱,磨粒包括刚玉或 SiO_2 溶胶。氨水络合剂挥发性强,易污染工作环境并造成抛光液的 pH 值不稳定。无机碱 NaOH 和 KOH 属强碱,碱金属离子在抛光过程中易进入衬底或介质层中造成污染,因此一般采用氨基有机碱来代替氨水和 NaOH 及 KOH 作为络合剂和酸碱调节剂。

碱性抛光液中,铜 CMP 反应过程首先是铜被氧化为 Cu_2O 和 CuO。

$$\begin{cases}4Cu + O_2 + 2H_2O \rightarrow 4Cu^+ + 4OH^- \\ 2Cu^+ + 2OH^- \rightarrow Cu_2O + H_2O\end{cases}$$
$$\begin{cases}2Cu_2O + O_2 + 4H_2O \rightarrow 4Cu^{2+} + 8OH^- \\ 2Cu_2O + O_2 \rightarrow 2CuO\end{cases} \tag{6.13}$$

磨料去除表面氧化的 Cu_2O 和 CuO 后,Cu^{2+} 和 Cu^+ 与络合剂形成铜的络合物进入溶液。

$$\begin{cases}Cu^{2+} + 2NH_2RNH_2 \rightarrow [Cu(NH_2RNH_2)_2]^{2+} \\ Cu^+ + 2NH_2RNH_2 \rightarrow [Cu(NH_2RNH_2)_2]^+\end{cases} \tag{6.14}$$

6.4 聚合物化学机械抛光

尽管聚合物键合(如 BCB 或 PI)对表面的起伏要求较低,但是聚合物与金属混合键合前仍需要进行 CMP 平整化,使键合表面能够充分接触,保证键合质量。对于高分子聚合物,由于其特殊的化学稳定性和相对较低的硬度及弹性模量,CMP 抛光液较为特殊。

聚合物材料如 BCB 或 PI 在固化后,具有良好的物理和化学稳定性,因此 CMP 抛光液中的化学腐蚀速率相当有限,而与硅和金属相比,聚合物固化后的硬度较低,在 CMP 过程中机械研磨效果较为显著,但是这会导致研磨颗粒容易在聚合物表面形成刮痕甚至嵌入表面,影响表面平整度。因此,对于 BCB 和 PI 的 CMP,需要针对其化学稳定性选择合适的溶液,并根据硬度选择合适的研磨颗粒以及工艺过程参数,才能同时获得满意的去除速率、良好的表面平整度及较低的表面粗糙度。

6.4.1 BCB 化学机械抛光

典型的 BCB CMP 抛光液为酸性,由硝酸(HNO_3)、表面活性剂、SiO_2 磨粒和去离子水构成。硝酸作为强氧化剂增强 BCB 抛光过程中的化学反应。表面活性剂如 Triton X-100 是一种催化剂,用于增加 BCB 的溶解速率,提高去除速率。SiO_2 磨粒的粒径分别为 5μm 和 50nm,分别用于粗抛光和精细抛光。BCB 的抛光液成分和抛光过程的工艺参数如表 6-3 所示[28],具体组成包括 1.0%硝酸、1.5%表面活性剂(Triton X-100)、4.0% SiO_2 颗粒,以及 93.5%去离子水,溶液的 pH 值为 4.2。抛光垫采用聚氨酯,抛光垫和晶圆转速为 30～60r/min,压强为 0.8psi,溶液流速为 150mL/min。

表 6-3 BCB 化学机械抛光工艺参数

工艺参数	规格
抛光垫种类	聚氨酯
磨料颗粒	5μm,50nm SiO_2 颗粒
研磨浆 pH 值	4.5
研磨浆配比(质量分数%)	1.0% HNO_3,1.5% Triton X-100,4.0% SiO_2,93.5% 去离子水
工作压强/psi	0.80
抛光垫转速/($r \cdot min^{-1}$)	60～100
硅片转速/($r \cdot min^{-1}$)	30～50
抛光液流速/($mL \cdot min^{-1}$)	150

由于 BCB 硬度较低且化学性质稳定,CMP 过程中机械研磨起主要作用,因此 SiO_2 磨粒的粒径对 BCB 的 CMP 去除速率有决定性影响。磨粒的粒径越大,BCB 的去除速率越快。采用 5μm 粒径的磨粒,BCB 的去除速率为 200nm/min,而 50nm 粒径的磨粒的去除速率仅有 20nm/min,即增大粒径可以显著提高去除速率。虽然使用 5μm 磨粒的 CMP 可以获得较快的 BCB 去除速率,但是抛光后 BCB 表面粗糙度较大,有大量的刮痕,且有大量颗粒嵌入表面,需要采用 50nm 磨粒的 CMP 去除表层 BCB。

图 6-24 为环形深孔表面涂覆 BCB 的 CMP 形貌特征[28]。BCB 呈深色,圆环形深槽的中间及四周浅灰色区域是硅衬底。表面的 BCB 层已经被全部去除,并且表面平整,没有明显的刮痕。填充在深槽内的 BCB 表面比四周表面稍高 50nm,具有较好的表面平整度。与

(a) 光学照片

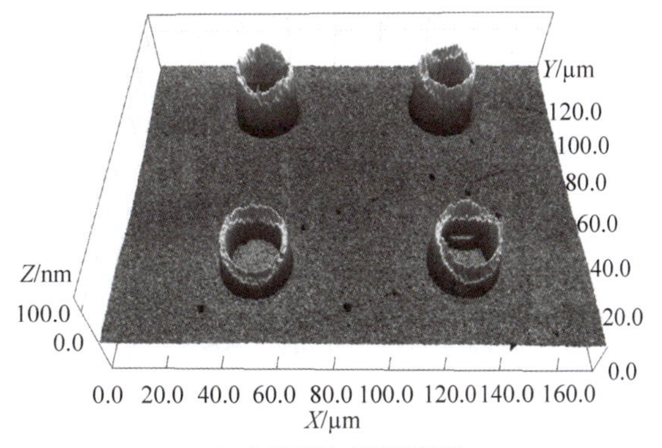

(b) 白光干涉表面形貌图

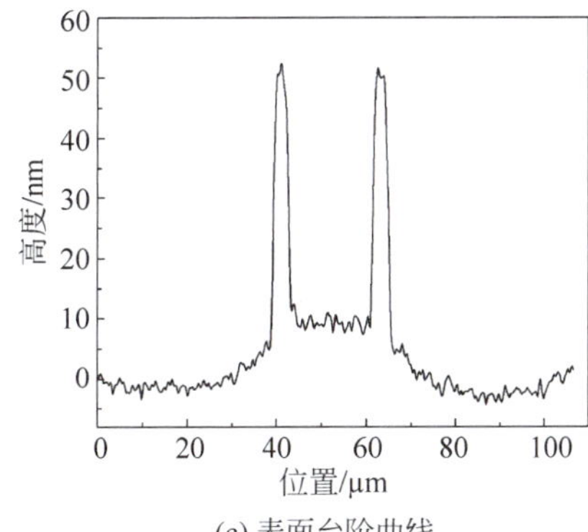

(c) 表面台阶曲线

图 6-24 BCB CMP 后表面

铜在 CMP 以后的表面通常低于衬底表面而容易形成凹陷不同,BCB 表面反而凸出衬底表面。这是由于 CMP 浆料对 BCB 的化学腐蚀作用有限,并且 BCB 弹性模量较低,在 CMP 压力的作用下,BCB 被压缩,因此即使过度 CMP,去除压力后 BCB 的压缩变形得到回复,表面仍稍高于衬底表面。这种特性有效地避免了 BCB 产生凹陷。

由于 BCB 的硬度和弹性模量较低,表面较软、容易变形,因此 BCB 的 CMP 过程中不宜加载过大的压力。较大的压力容易在表面造成刮痕,并导致研磨颗粒嵌入 BCB 表面。另外,过大的压力会使 BCB 产生较大的变形,过多地压缩到凹陷结构内部,导致在 CMP 后 BCB 回复程度过大而引起表面不平整。

6.4.2 聚酰亚胺化学机械抛光

与 BCB 性质类似,PI 的弹性模量和硬度较低、化学性质较为稳定,CMP 过程中机械研磨的贡献为主,影响机械研磨性质的参数都会对 CMP 效果产生较大的影响。不同 PI 产品的性质有一定差异,CMP 需要针对应用和产品具体优化。表 6-4 列出 250℃ 亚胺化(亚胺化程度 92%)的聚酰亚胺 CMP 的典型参数[29]。

表 6-4 聚酰亚胺 CMP 工艺参数

工艺参数	可选规格
抛光垫种类	磨砂革、合成革、聚氨酯(按粗糙度递增顺序)
磨料颗粒	50nm SiO_2 颗粒、300nm α-Al_2O_3 颗粒
研磨浆 pH 值	9~14
研磨浆浓度/%	≤30(质量比)
工作压强/psi	0.72~1.44
抛光垫转速/($r \cdot min^{-1}$)	30~120

为了降低 PI CMP 后的表面粗糙度并控制 CMP 去除速率,可以使用两步法对 PI 进行 CMP:先采用大粒径的 SiO_2 磨粒,再采用 50nm 小粒径的 SiO_2 磨粒。小粒径的 CMP 后,PI 表面的粗糙度维持在 1.5~3.0nm。过低的磨粒浓度导致抛光垫和样品间液相层中磨粒不足,影响去除速率;过高的磨粒浓度导致液相层中磨粒分布不均和团簇现象,影响 CMP 的均匀性。磨粒浓度一般在 15%左右较为合适。

由于 PI 硬度低,CMP 过程中容易发生磨粒嵌入 PI 表面的现象。如图 6-25 所示,原子力显微镜测量的表面形貌中,各尖峰对应嵌入 PI 表面的 50nm 的 SiO_2 胶体颗粒。为了减少研磨颗粒的嵌入,应使用较小的工作压强。为了不影响后续 PI 的图形化和键合,CMP 后需对表面进行多次清洗。

亚胺化程度大于 90%的 PI 具有很好的化学稳定性,因此 PI CMP 主要依靠磨粒的机械摩擦作用。采用粗糙度较小的磨砂革材质抛光垫时,无论如何调整其他参数,聚酰亚胺层的去除速率都比较低,这表明机械研磨对 CMP 的贡献是主要的。抛光垫足够粗糙时,才能发挥磨粒对相对光滑的 PI 表面产生足够的摩擦作用,因此 PI CMP 多选择较为粗糙度的聚氨酯抛光垫。抛光垫的转速对去除速率有显著的影响,转速越高,去除速率越快。为了减少颗粒残留,PI CMP 的压强较小。

亚胺化程度直接决定了 PI 的硬度和去除速率。对于亚胺化程度较低的 PI,由于前驱体为有机弱酸,易溶于碱性溶液,为了提高 CMP 中化学腐蚀的效果,应将抛光液的 pH 值维

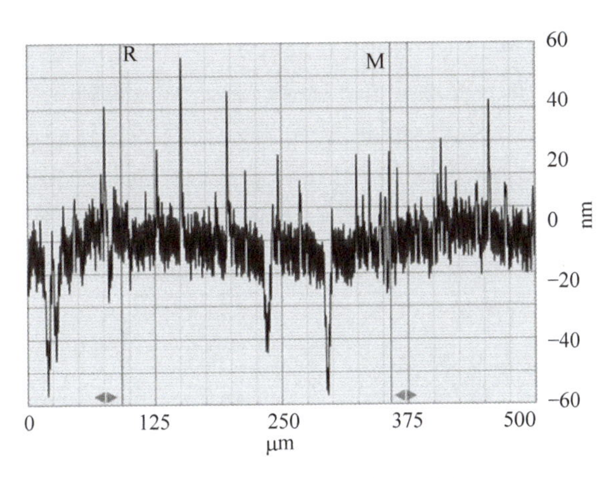

图 6-25　聚酰亚胺 CMP 后表面典型形貌

持在碱性范围内。对于亚胺化完全的聚酰亚胺，碱性溶液的影响不大，例如浓度 15%的 SiO_2 浆料的 pH 值约为 11，在碱性范围内，单纯改变抛光液的 pH 值(8～11)，聚酰亚胺的 CMP 速率没有明显的变化。因此完全亚胺化的聚酰亚胺去除速率很慢，约为 0.4μm/30min。如果将亚胺化程度下降至 81%(固化温度约 210℃)，相同参数下 PI 的去除速率增大至 0.8μm/30min。进一步降低亚胺化程度，碱性抛光液对 PI 表现出明显的化学腐蚀效果，甚至可将 PI 完全腐蚀。因此，PI 的最高固化温度保持在 200℃以上，既可以获得较高的去除速率，又不至于被化学腐蚀破坏。

6.5　晶圆减薄

晶圆减薄是指通过机械研磨和化学刻蚀等方法将晶圆从背面减薄的过程。一般将厚度超过 200μm 的晶圆称为标准晶圆，尽管厚度为 200μm 的晶圆也需要减薄；厚度为 10～100μm 的晶圆称为减薄晶圆，而厚度为 1～10μm 的晶圆称为超薄晶圆。大多数减薄晶圆的厚度为 20～100μm。多数制造设备能够处理的独立晶圆的厚度最低要求为 100μm，厚度小于 100μm 的晶圆刚性较低，难以在设备上独立处理，需要采用永久键合或临时键合等方式进行支撑。常规厚度的硅晶圆为脆性材料，对可见光不透明，随着厚度的减小，表现出一定的可弯曲性，当厚度降低到 10μm 左右时，表现出一定的透光性。晶圆减薄不仅可以去除部分晶圆，甚至可以去除全部晶圆，例如晶圆减薄可以将 200mm 晶圆上厚度为 3μm 的 Cu 互连和 SiO_2 介质层转移至柔性塑料基板表面[30]。

6.5.1　晶圆背面减薄

受限于制造能力和成本，从晶圆正面制造 TSV 时往往是盲孔的形式，只能到达晶圆内部一定深度而不是完全贯穿，因此需要采用晶圆背面减薄将硅衬底部分去除，使 TSV 从背面暴露出来贯穿晶圆。晶圆背面减薄降低了对 TSV 深宽比的要求，或在给定深宽比的情况下减小 TSV 的直径。多层芯片减薄后三维集成可以降低整体厚度，对封装尺寸和散热有利。因此，三维集成中几乎所有的芯片或晶圆都需要减薄到合适的范围。近年来常规集成电路晶圆也广泛进行减薄，Yole Development 的数据表明，2017 年减薄晶圆的数量占到等效 300mm 晶圆所有产量的近 75%。

6.5.1.1 背面减薄流程

多数情况下,背面减薄并非直接采用机械研磨将晶圆减薄到TSV的高度而使其暴露,而是减薄到距离TSV顶端一个剩余厚度,如图6-26所示。顶端的剩余厚度再通过刻蚀的方式去除,其主要原因是减薄铜容易造成晶圆背面的铜污染。一般剩余厚度为5~15μm,取决于TSV正面刻蚀时的深度均匀性和背面减薄均匀性。为了准确确定剩余厚度,目前减薄机通常带有深度测量系统,例如Disco的BGM300,通过减薄过程中实时测量TSV反射的红外光强,对剩余厚度进行测量。

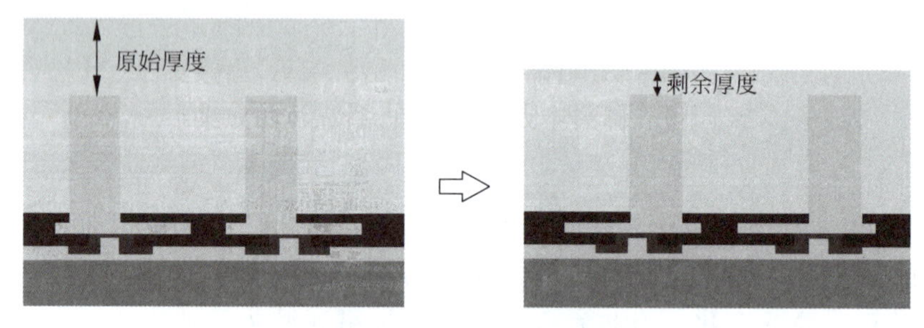

图6-26 晶圆减薄示意图

典型TSV背面减薄的流程如图6-27所示。首先将被减薄晶圆与辅助圆片临时键合或粘贴减薄胶带,然后利用粗研磨和精研磨从晶圆背面进行减薄。机械研磨后的晶圆表面有晶格损伤和残余应力层,必须利用干抛光、CMP或刻蚀加以去除,保证晶圆质量并避免碎裂。减薄后利用干法刻蚀等去除剩余厚度将TSV暴露出来,完成背面的钝化、RDL和金属凸点等工艺,再进行三维集成。

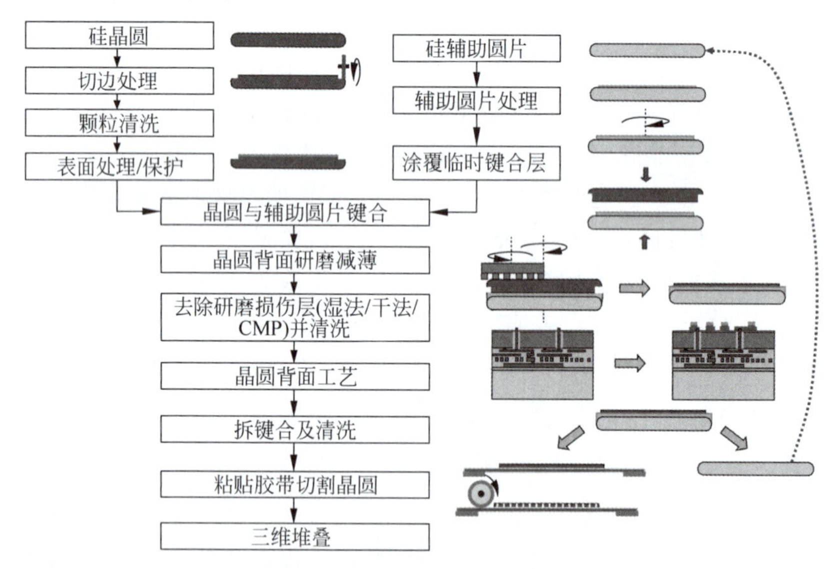

图6-27 典型TSV背面减薄的流程

当晶圆减薄至100μm以下时,其自身的刚度和抗变形能力无法满足后续工艺过程的要求,必须通过合适的方式提供足够的永久或临时的支撑和保护,完成工艺后再去除临时保护措施。晶圆减薄的支撑方法可以分为有辅助圆片和无辅助圆片两类,如图6-28所示。有辅助圆片利用临时键合的辅助圆片或永久键合的晶圆提供机械支撑和保护,效果好、良率高,但是工艺复杂、成本高。临时键合尽可能使用硅辅助圆片，可以消除热膨胀系数差异产生的键合应力，同时兼容设备常用的静电吸盘。无辅助圆片采用切割胶带粘贴和圆环片托进行支撑，操作简单、成本低，但是抗变形能力有限，不适用于过薄的晶圆。此外，还可以采用预留晶圆外圈不减薄而只减薄晶圆中心的方法保持晶圆的强度或者采用可以移动的静电吸盘作为支撑。

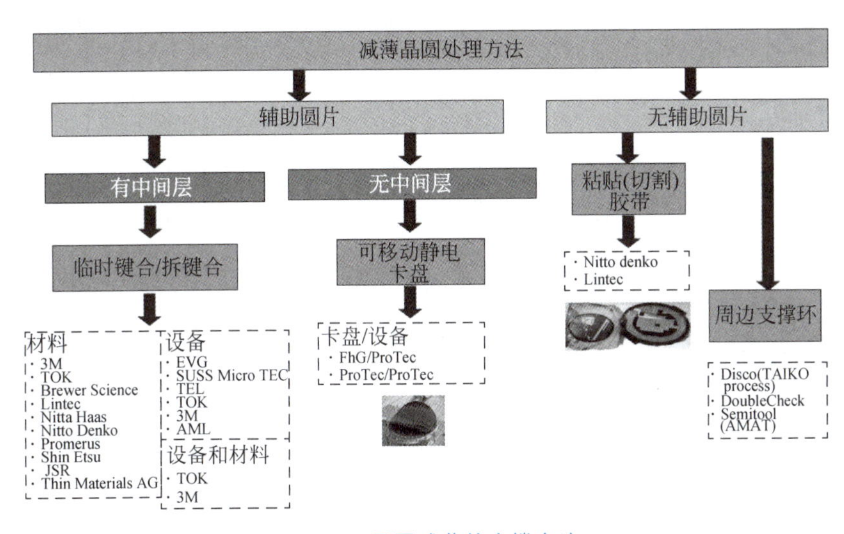

图 6-28 晶圆减薄的支撑方法

6.5.1.2 背面减薄方法

常用的硅晶圆减薄方法有机械研磨、化学机械抛光，以及湿法刻蚀和干法刻蚀。表 6-5 为上述方法的特点和适用范围。从成本和效率方面考虑，目前减薄的主要方法是通过机械研磨去除晶圆的大部分厚度，再利用减薄后处理（如干抛光、CMP 或者干法刻蚀等）去除应力残留层。

表 6-5 常用减薄方法

减薄方法		初始厚度/μm	最终厚度/μm	附　注
机械研磨	粗研磨	约 725	125～150	400 目砂轮
	精研磨	125～150	100～125	1800～2000 目砂轮
化学	机械抛光	100～125	30～60	抛光垫
	湿法刻蚀	100～125	不限	各向同性或各向异性刻蚀
	干法刻蚀	约 725	不限	SF_6 刻蚀，均匀性 10%

机械研磨包括粗研磨和精研磨（细研磨），是在浆料的保护下，利用金刚石砂轮以纯机械磨削的方式去除晶圆材料[31]。粗研磨使用的砂轮颗粒的粒径比较大，去除速率高，可以尽快将晶圆减薄到目标厚度附近，提高生产效率。粗研磨会造成严重的表面损伤（非晶）和残余应力，只适用于快速减薄到大于目标厚度 10～20μm。粗研磨后需要使用粒径较小的砂轮进行精研磨。虽然精研磨的减薄速率下降很多，但可以大幅降低表面粗糙度，去除主要的表面损伤层和残余应力，提高薄晶圆的机械强度。一般精研磨去除的厚度在 10μm 左右，过大的精研磨去除量所需的时间过长，过小的精研磨去除量无法有效减少表面损伤层。

粗研磨导致的表面损伤程度与研磨的工艺参数相关，如砂轮的颗粒尺寸和旋转速度。粗研磨后，表面内部与研磨颗粒大小相当的深度内会有明显的微裂缝，而随后的几微米深度内有晶格损伤和畸变,影响衬底的可靠性和电学性能。即使精研磨后,晶圆表面仍存在一定厚度的晶格缺陷和表面损伤层,一般还需要利用 CMP 或干法刻蚀彻底去除。对于 TSV 工艺,采用 CMP 或者刻蚀去除的剩余厚度一般为 5～10μm。化学机械抛光既可以提高减薄表面的平整度和降低表面粗糙度,也能够基本去除表面损伤层。在对表面粗糙度要求不高的情况下,可以使用湿法腐蚀或者干法刻蚀去除损伤层。刻蚀方法工艺简单效果好,可以有效去除表面损伤层,但是粗糙度和平整度不如化学机械抛光。

6.5.2 机械研磨

机械研磨完全通过砂轮磨削的方式去除晶圆,速度快、成本低、平面度好,但是晶格损伤和残余应力严重,减薄过程中形成的尖锐的边缘容易造成微裂纹和碎裂。减薄的最终厚度以及表面粗糙度、残余应力和厚度均匀性等重要指标,完全由减薄设备、时间和工艺参数决定。

6.5.2.1 基本原理

根据砂轮进给的形式,机械研磨设备可以分为蠕动进给(缓进给)和垂直切深进给两种,如图 6-29 所示[32]。蠕动进给的工件台表面固定多个晶圆,工件台围绕中心转动,磨削砂轮在自转的同时沿着轴向进给。磨削时,砂轮表面与晶圆表面接触,通过工件台的旋转轮流并多次与晶圆接触,通过砂轮的轴向进给决定去除量。晶圆接触砂轮时,由于任意时间的接触长度和面积都在变化,因此这种磨削方式无法实现良好的厚度一致性。此外,减薄过程中砂轮会周期性经历晶圆和晶圆间的空隙,每次进入晶圆时导致晶圆受力不均匀,容易产生晶圆翘曲,难以减薄到 100μm 以下。这种方法的优点是可以同时减薄多个晶圆,生产效率很高。垂直切深进给的砂轮和晶圆都围绕自己的中心进行转动,但是砂轮的转动轴和晶圆转动轴之间距离等于砂轮半径,通过砂轮的轴向进给决定减薄的厚度。这种方法砂轮与晶圆围绕各自的转动轴旋转,二者的接触长度为恒定值,可以保证晶圆厚度的一致性。垂直进给的砂轮通常为环形,仅在砂轮外径处带有一圈磨削齿。

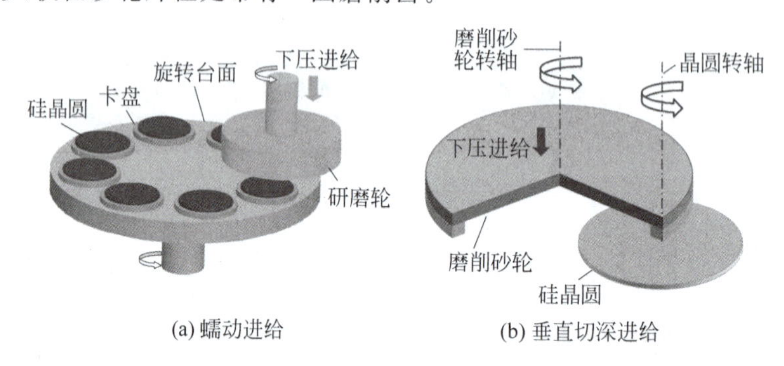

图 6-29　典型硅片研磨原理

研磨通过砂轮的金刚石颗粒产生机械力,强行挤压和摩擦以破坏晶圆表面,使其脱离表面实现磨削去除。磨削去除硅时,砂轮与硅表面相对运动,在砂轮表面磨削颗粒的作用下,在硅表面产生脆性去除和延展性去除,如图 6-30 所示[33]。脆性去除是在砂轮颗粒所施加的正压力作用下,硅表面发生脆性碎裂,碎裂的硅颗粒脱离硅表面实现去除;延展性去除是在砂轮的挤压和磨削作用下,硅表面发生延展性的挤压变形,变形的硅被挤压后脱离硅基底。这两种去除情况会同时发生,但是通过调整研磨的工艺参数,可以使其中一种成为主要去除因素。

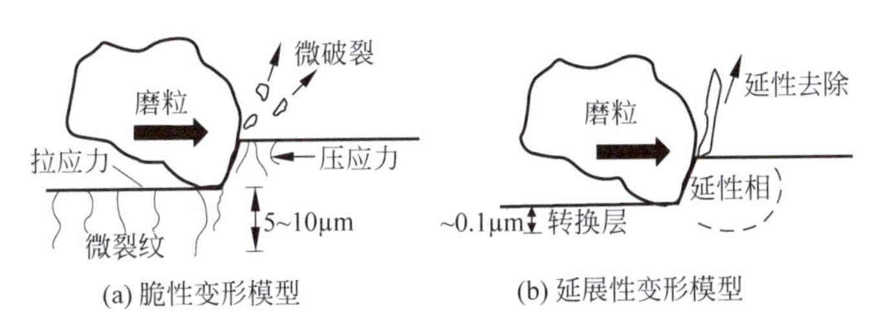

图 6-30　硅片研磨机理模型

6.5.2.2　晶格损伤与残余应力

机械研磨与 CMP 不同,研磨过程基本没有发生化学反应。机械研磨的磨削液不含研磨颗粒,主要用于润滑和降温,磨削是由砂轮完成的。由于砂轮磨粒强烈的挤压和摩擦作用,硅表面会产生严重的损伤和残余应力。如图 6-31 所示,磨粒的挤压和摩擦导致表面的单晶硅转变为多晶硅,并产生较大的裂纹;同时下方还依次出现微裂纹层、深裂纹层和弹性变形,各层都有可能出现滑移和位错等晶格缺陷。表面损伤深度与砂轮金刚石粒径基本成正比[34],损伤深度可达砂轮粒径的 50%~100%,因此减小粒径有利于控制损伤层的厚度。通常砂轮磨粒的最小粒径只有 5μm 左右,当砂轮粒径达到 1μm 时,砂轮失去自清洁能力,被去除的硅颗粒容易嵌入砂轮的粘结剂中无法脱落,导致磨削无法持续进行。

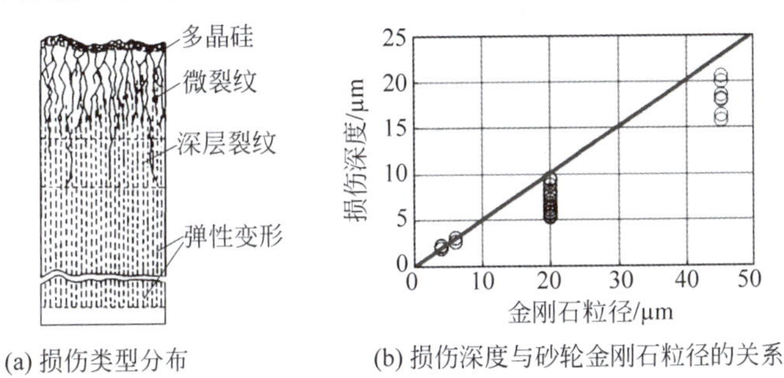

图 6-31　硅片表面损伤

通过 X 射线光电子能谱(XPS)发现,表面损伤层硅原子的间隙存在悬挂键。图 6-32 所示为减薄后厚度 10μm 的硅晶圆高分辨率透射电镜和成分分析[35],机械研磨减薄后晶圆表面布满沟槽,在沟槽中间分布有硅颗粒形成的凸起。这些沟槽一方面作为外部吸杂点,富集硅衬底中的缺陷和杂质,另一方面会导致显著的残余应力。表面粗糙度对残余应力有明显的影响,表面粗糙度越小,残余应力越小。

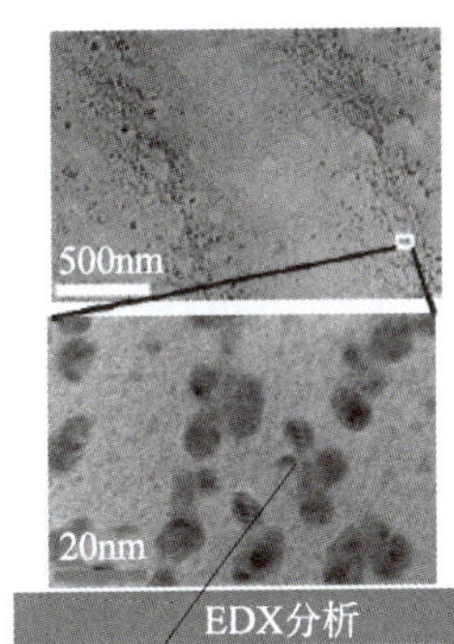

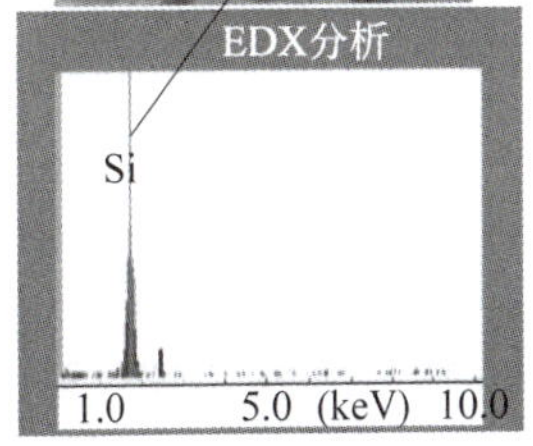

图 6-32　厚度 10μm 减薄硅片的微观结构和成分分析

残余应力的大小和极性与减薄后的晶圆厚度有关。当减薄剩余厚度超过 100μm 时,晶圆表面的残余应力为压应力,一般为 100~150MPa。当剩余厚度小于 30μm 时,残余应力为拉应力。为了消除残余应力和晶格缺陷对可靠性和器件性能产生的影响,需要进行减薄后处理以消除损伤层。高分辨率透射电镜研究表明,减薄后在距离晶圆表面 35μm 处产生了氧化层错(因为氧析出而产生的缺陷)和边缘位错,因此,对于厚 0～20μm 的超薄晶圆,残余应力的影响仍可能存在。

晶圆厚度是决定强度的主要因素,减薄后强度大幅下降,碎裂的可能性提高。如图 6-33 所示[36-37],随着厚度的减小,导致晶圆断裂的最小外力快速下降,当厚度小于 250μm 以后,破坏力减小的速度降低,这是因为弯曲导致的应力与厚度的平方成反比。此外,减薄造成的表面损伤、微裂纹和残余应力也导致强度下降,砂轮粒径越大、转速越高、垂直进给越快,损伤和裂纹程度越严重,晶圆断裂强度越低。对于相同的砂轮,砂轮进给速度越快,损伤越严重,表面粗糙度越大;对于相同的进给速度,砂轮的转速越高,表面粗糙度越小,但损伤越严重。减薄速度降低 50%,强度可以提高约 56%。晶圆强度还与应力残留层相对晶圆厚度的比例有关。即使不去除损伤层,厚度为 300μm 晶圆的机械强度也足够满足后续工艺的要求,而对于减薄厚度为 100μm 的圆片,必须去除残余应力层,强度才能满足后续工艺的要求。

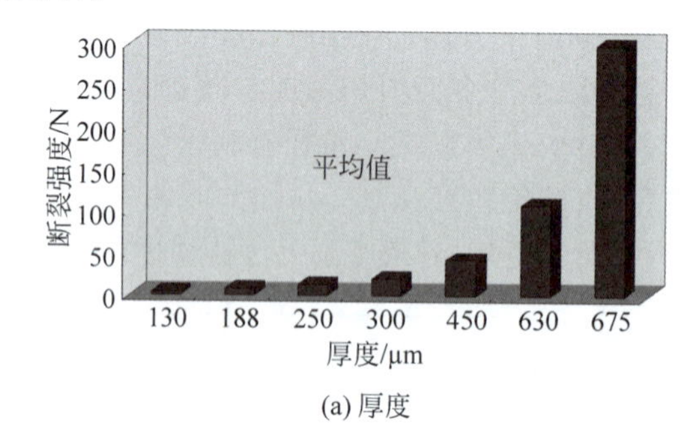

(a) 厚度

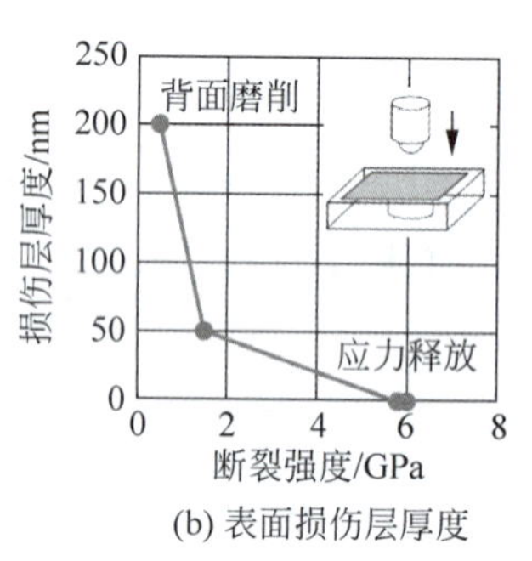

(b) 表面损伤层厚度

图 6-33 减薄强度的影响因素

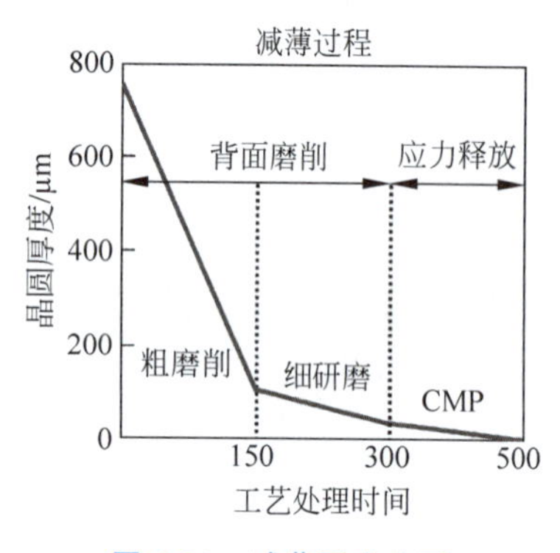

图 6-34 减薄厚度分配

为了消除表面损伤,减薄通常是分阶段进行的,依次进行粗研磨和精研磨,最后进行 CMP,如图 6-34 所示[36]。粗研磨利用 300～600 目的大粒径磨削砂轮,快速将硅片从初始厚度减薄至 100～150μm。精研磨使用 2000 目左右的精磨砂轮,进一步将硅片减薄到 50～100μm。最后用机械抛光或者 CMP 将厚度减薄到 30～50μm,彻底消除影响区。

减薄过程不仅会产生大量的颗粒,还因为化学试剂而引入金属和有机物等污染,减薄后必须进行严格的化学清洗。去除金属和有机物的清洗在集成的清洗台上进行,需要采用 H_2O_2、稀 HF 和 SC-1 清洗液辅以清洗刷或清洗晶圆表面。利用 HF/HNO_3 将硅片刻蚀 2μm 左右的厚度,可以彻底去除表面划伤和颗粒。研究表明,研磨和 CMP 并清洗后的晶圆表面较高浓度的金属离子为铅、钛、铁和锌,所有的金属元素的表面浓度均小于 $1\times10^{11}/cm^2$。

减薄过程的磨削力对键合强度要求很高。减薄过程中,晶圆需要承受垂直表面的正压力和沿着表面切向方向的剪切力,其中剪切力的影响是主要因素,这要求临时键合或永久键合必须具有足够的强度,以保证减薄过程键合界面不会失效。图 6-35 为减薄、拆键合以及从薄膜上取片等过程引起的键合界面剥离,包括凸点的键合界面剥离以及键合胶层与芯片表面的界面剥离[38]。这种剥离是由于减薄过程较大的磨削力造成的。一旦键合界面出现剥离或者潜在的剥离，裂纹将在后续的温度变化过程中不断扩展，最后导致键合界面的彻底失效。

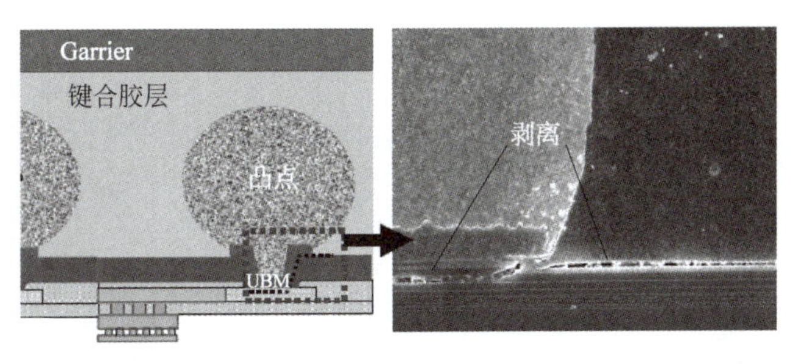

图 6-35 减薄、拆键合过程中应力引起的界面剥离

避免键合界面剥离需要从提高键合强度并控制减薄过程的磨削力。提高键合强度是解决界面剥离的根本方法，如采用更高强度的键合材料、改进键合工艺参数、对键合表面进行必要的预处理等，这些方法从材料、工艺和界面等方面提高键合强度。在减薄过程方面，目前的机械磨削设备已经在很大程度上降低了磨削力，进一步降低减薄过程的磨削力需要从减薄工艺参数入手，如降低砂轮进给速度、降低砂轮转速等。这些方法对减小磨削力有显著效果，但是会降低工艺效率，在一定程度上增加成本负担。

6.5.2.3 边缘保护

由于晶圆边缘为圆弧形状，减薄磨削的平面会使边缘出现锋利的尖角，如图 6-36 所示。尖角导致强度减弱和应力集中，非常容易引起晶圆碎裂。边缘碎裂是减薄后硅晶圆碎裂的主要原因，并且给后续的工艺和运输带来很大的困难，必须避免减薄后尖角。

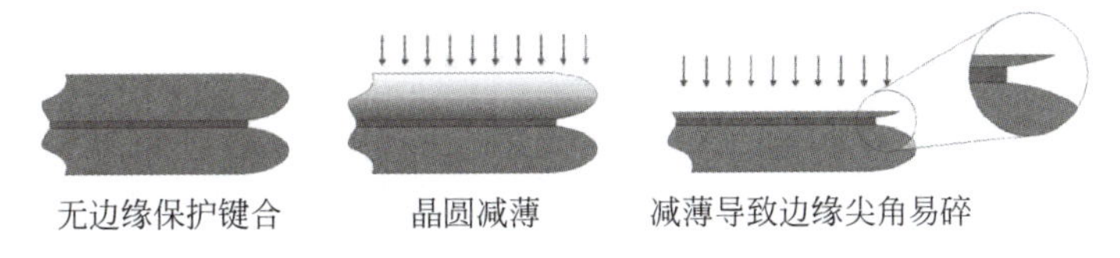

图 6-36 减薄后边缘尖角

防止尖角碎裂的方法有几种，其中一种是在键合晶圆的边缘填充临时键合胶，通过临时键合胶支撑减薄后晶圆的尖角，如图 6-37 所示。这种方法要求减薄的晶圆与支撑圆片的缝隙完全填充键合胶，适用于减薄晶圆首先与另一个器件圆片永久键合的情况，但是不能解决未永久键合前首先拆除辅助圆片的问题。此外，键合时需要一定精确对准，否则两层圆片的部分边缘区域不完全重合，使减薄的边缘失去保护。为了减少临时键合胶的用量和降低成本，一般采用喷嘴向键合界面处直接喷涂临时键合胶的方法。

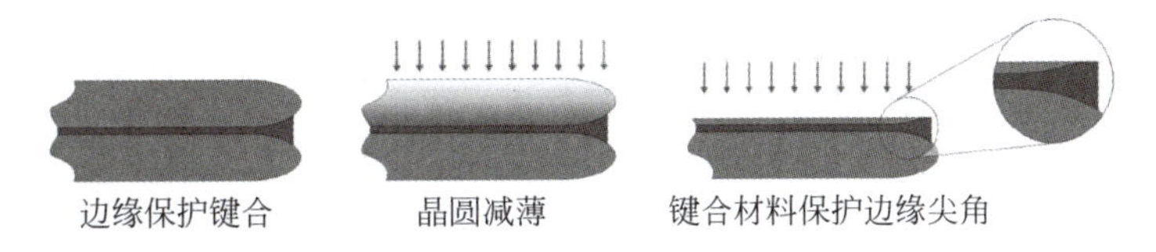

图 6-37 边缘开口填充键合胶

目前，避免尖角的主要方法是在减薄以前对晶圆进行切边处理，即采用砂轮将剩余厚度沿着晶圆外径切割一定的深度和宽度(通常小于 1mm)，使减薄面的边缘形成矩形截面，如

图 6-38 所示。由于减薄后消除了锋利的尖角,并且晶圆的直径略小于下层圆片,可以彻底避免尖角碎裂。这种方法增加了工艺步骤,但是对于各种键合顺序都有效。切边对于剩余厚度低于 100μm 的应用非常重要,其保护效果好于其他方法[39]。

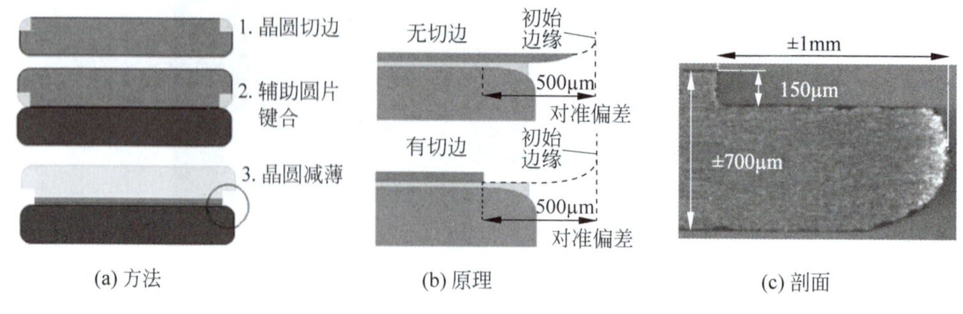

图 6-38　晶圆切边

除上述方法外,Disco 发明了一种称为 Taiko 的工艺方法。如图 6-39 所示,这种方法只减薄晶圆的中心区域,而保留边缘一定宽度(约 3mm)不减薄,形成厚硅环支撑中间的减薄区域。即使中心区域减薄至 50μm,硅环仍具有足够的机械强度,减薄后的晶圆无须其他支撑可进行正常的工艺过程。该方法不需要辅助键合或减薄胶带,晶圆翘曲小,工艺过程简单,制造成本低,降低了污染和废品率。由于没有键合胶,大大改善了晶圆的加热或降温效率,避免了键合胶对高温工艺的限制。主要缺点是后续工艺可能受到边缘凸起的限制,例如静电卡盘安装、光刻涂胶或者 CMP 研磨盘干涉等,需要开发针对性的 CMP 工艺。与这种方法类似,Semitool 开发了湿法刻蚀晶圆局部减薄工艺,减薄后在晶圆边缘保留一个较厚的外圈,可以有效提高减薄后的机械强度并保持完整性。减薄后的外圈可以在以后的切割过程中去除或磨削去除。

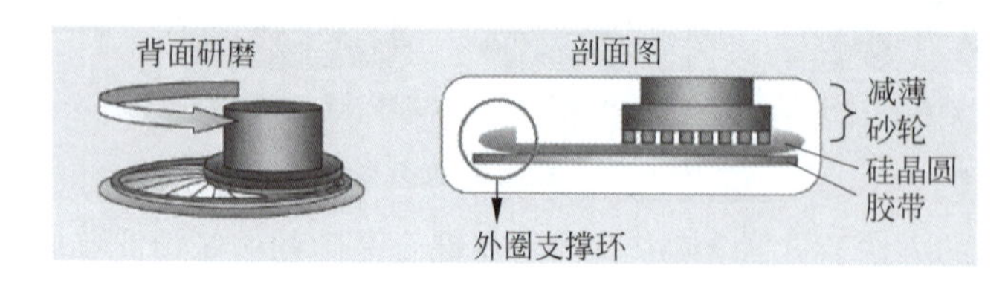

图 6-39　Taiko 原理

6.5.3　减薄后处理

即使精研磨以后,晶圆表面仍比较粗糙,并存在一定厚度的表面损伤和残余应力层。为了去除表面损伤层、减小残余应力,减薄后的晶圆表面必须进行后处理,特别是对于厚度小于 100μm 的晶圆。常用的减薄后处理方法包括超精细研磨(UPG)、干法抛光、CMP 和湿法或干法刻蚀等。

6.5.3.1　减薄后处理方法

图 6-40 所示,UPG 采用水溶液和小颗粒的研磨液对晶圆表面慢速研磨,通过单纯机械摩擦去除表面损伤层,水的作用是润滑和散热。UPG 属于单纯机械摩擦,研磨后表面的损伤层厚度大幅减小,但是仍不能完全去除,表面粗糙度也一般。CMP 通过机械摩擦和化学

腐蚀，能够获得非常低的表面粗糙度，表面损伤去除较为彻底，但是工艺成本高、对厚度均匀性有一定影响。干抛光不采用任何的研磨颗粒和抛光液，只通过抛光垫的摩擦降低表面粗糙度，工艺简单、成本低，但是效率低、应力损伤层去除不彻底。湿法刻蚀采用旋涂或者浸入化学试剂，利用化学腐蚀可以彻底去除表面损伤层，但是刻蚀后表面粗糙度较高。干法刻蚀也能够彻底去除表面损伤层，并且较容易控制，但对表面粗糙度有一定影响。

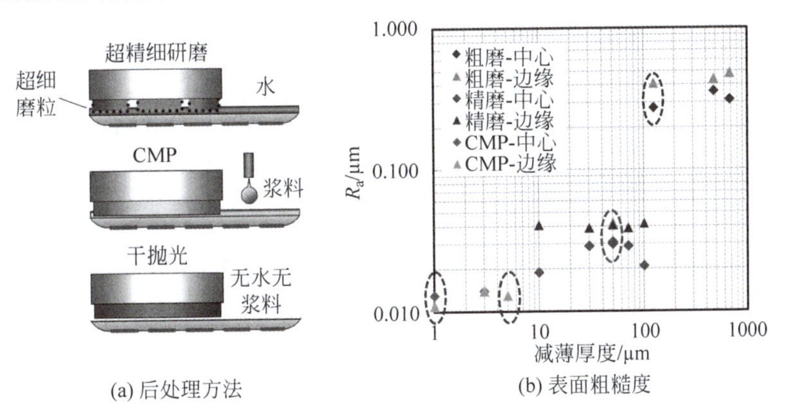

图 6-40　减薄后处理

粗研磨和精研磨后，表面粗糙度与砂轮或磨料的粒度有关[40]，采用 320 目砂轮减薄的非晶损伤层厚度可达 5～7μm，采用 2000 目砂轮减薄的粗糙度和非晶损伤层厚度分别为 10～20nm 和 200～500nm，超精细抛光后表面粗糙度和非晶层厚度分别为 4～5nm 和 50nm，而 CMP 和干抛光后表面粗糙度分别降低到 0.5～0.2nm 和 0.3nm，非晶层减小到 2nm 左右。在要求不高的情况下，精磨后的损伤层已经较小，可以直接使用，在要求较高的情况下（如厚度很薄），还需要采用 CMP、湿法或者干法刻蚀去除精磨造成的损伤层。表 6-6 为常用后处理方法的性能比较。

表 6-6　常用后处理方法的性能比较

工　艺	CMP	湿法刻蚀	干法刻蚀	干　抛　光
示意图	浆料 晶圆	$HF+HNO_3$ 废气排放 晶圆	含氟气体 晶圆 等离子体	干抛光轮 晶圆
反应材料	浆料	$HF+HNO_3+CH_3CO_2H$	含氟气体	SiO_2 磨粒
去除速率/(μm·min^{-1})	1	>10	2	1
生产效率	低	高	高	良好
芯片强度	好	好	好	好
环境影响	浆料处理	NO_x	SF_6	微弱
成本	高/中	高	低	极低

去除损伤层能够有效去除残余应力，减小硅片的翘曲，使晶圆的强度加强。如图 6-41 所示，通过等离子体刻蚀方法去除应力残留层，厚度为 300μm 以下的晶圆的强度可以提高

近 1 个数量级[41]，变形减小 2 个数量级。非晶层具有较高的点缺陷和位错密度，可以充当对金属离子等杂质的吸杂层。干抛光后表面吸杂的能力比 CMP 后表面吸杂能力高 50%，比超精细研磨高 20%[42]。

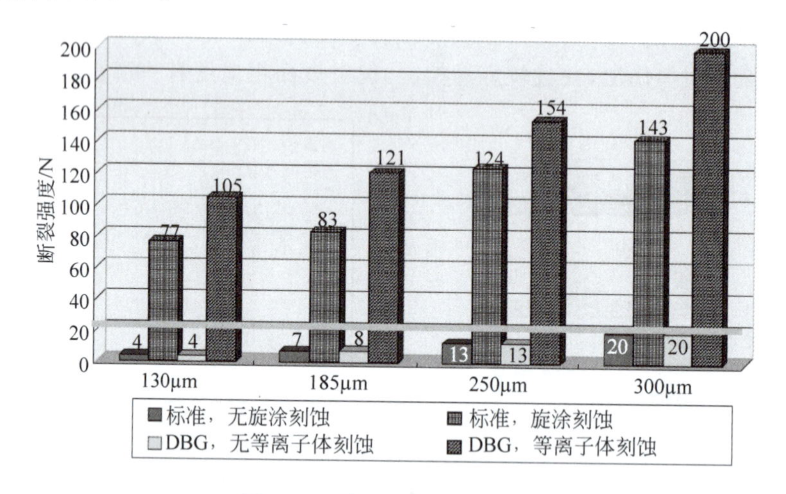

图 6-41　后处理对强度的影响

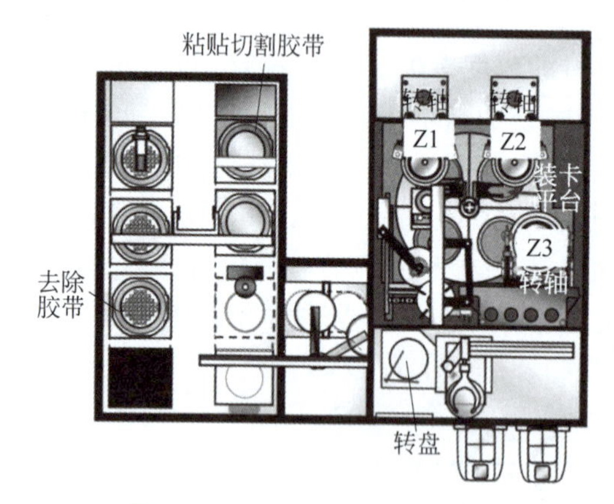

图 6-42　Disco 减薄抛光一体机

目前量产减薄设备都采用减薄和后处理一体机的形式，集成机械研磨、抛光或 CMP、清洗、贴膜、划片、去膜等功能，如 Disco 的 DGP8761 和东京精密的 PG200/300RM 等。图 6-42 为 Disco 的 DMF2800 压膜拆膜机和 DGP8761 减薄组合，Z1、Z2 和 Z3 分别为粗研磨、精研磨和抛光，在整个工艺过程中，减薄的晶圆直接转移到下一步，而不需要重复拆装、去膜、贴膜等过程。

随着刻蚀技术的发展，近年来面向减薄应用的干法刻蚀设备开始出现，如 SPTS Rapier XE[43]。该设备的硬件系统与深刻蚀设备相同，通过优化双离子源和工艺，可以在 300mm 直径圆片上获得表面粗糙度 $Ra=1\text{nm}$、TTV 小于 3%和刻蚀速率 9.2μm/min，刻蚀速率是 CMP 的 9 倍以上。在刻蚀 20μm 深度后，99.5%的区域内 TTV 小于 2μm，而 CMP 去除 22μm 后只有 87.1%的区域内 TTV 小于 2μm。这种干法刻蚀已经在 2019 年 SK Hynix 发布的 HBM2E 的 8 层 DRAM 三维集成中得到应用[44]。

6.5.3.2　晶格损伤与残余应力

不同后处理方法在残余应力与晶格质量方面的特性不同。图 6-43 为采用干法抛光和 CMP 处理的厚度为 10μm、30μm 和 50μm 的硅晶圆的 Si-1s、Si-2s 和 Si-2p 芯能级[35]。当晶圆非常薄时，即使 CMP 没有改变 Si-Si 键，硅的晶格质量也变差，并产生翘曲。Si-1s、Si-2s 和 Si-2p 芯能级朝着高键能移动，这与晶界分数的增加有关。过剩的晶界有助于氧扩散，从而形成本征氧化。

不同应力释放方法的表面粗糙度不同，对晶格质量的影响不同，去除残余应力的能力也不

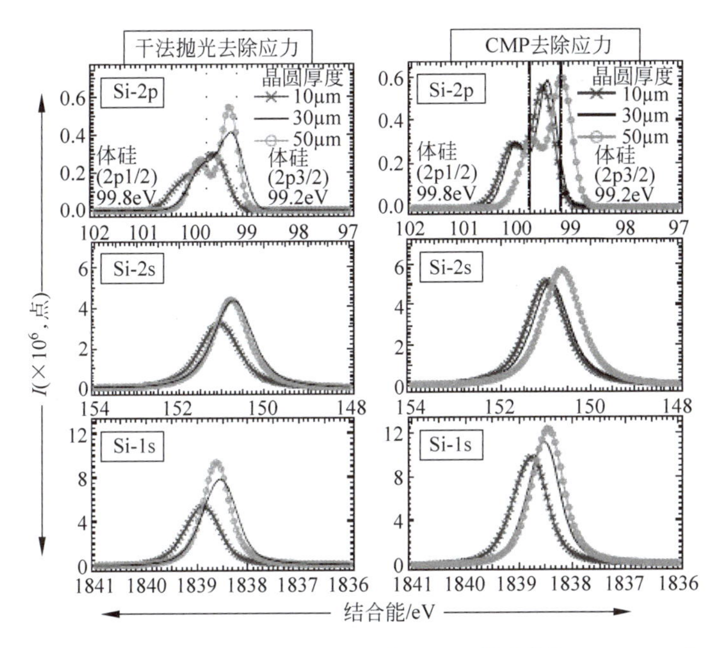

图 6-43 干法抛光和 CMP 的厚度为 10μm、30μm 和 50μm 的硅片的 Si-1s、Si-2s 和 Si-2p 芯能级

同。图 6-44 为微区拉曼散射测量的超精细研磨、干法抛光和 CMP 的应力释放情况。采用 CMP 应力释放，可以获得最佳的释放效果，释放后残余应力在−30～+10MPa，残余应力主要为周期性分布的拉应力。干法抛光的残余应力为 175MPa，是 CMP 残余应力的 5 倍；UPG 和等离子刻蚀的残余应力在 60MPa 左右，介于 CMP 和干法抛光之间。

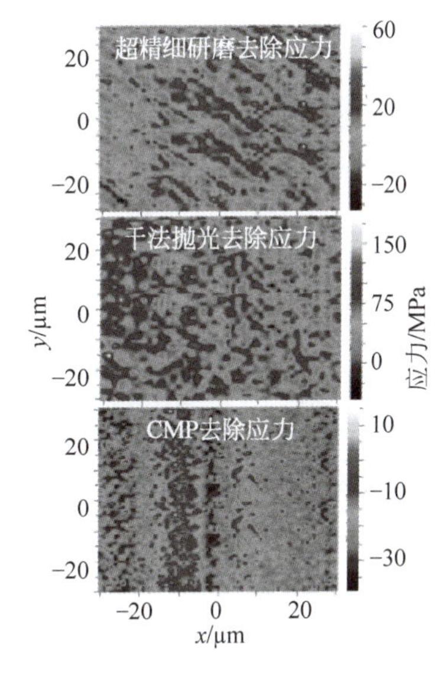

图 6-44 不同释放方法的应力分布

图 6-45 为后处理方法对表面残余应力的影响。减薄后未进行表面处理的残余应力为压应力，采用 320 目砂轮减薄后残余应力在 100MPa 左右。残余应力随深度的增加而减小，当深度达到 10μm 以上时，应力减小到 20MPa 以下。精细研磨后，损伤层的厚度一般在 1μm 左右[46]。利用干法刻蚀去除表面损伤层，刻蚀深度达到 1μm 时，残余应力基本减小到零。经过 CMP 和精细研磨后，表面应力分别为拉应力和压应力，但都低于 20MPa，且当深度达到 20μm 时，应力基本减小到零。因此，经过表面处理后，表面残余应力基本都下降到 20MPa 以下，并且随着深度增加残余应力基本接近零，特别是对于干法刻蚀的表面，应力在深度超过 1μm 的区域基本降低为零。

6.5.3.3 厚度均匀性

由于减薄时需要通过胶带（蓝膜）、水或者蜡等将晶圆粘贴固定在基盘上，这些介质的厚度均匀性对减薄后晶圆 TTV 有很大的影响。蜡膜和胶带的厚度均匀性通常在 2～3μm，对于需要减薄至 30μm 以下并且要求厚度均匀性的应用必须仔细控制。胶带的厚度均匀性取

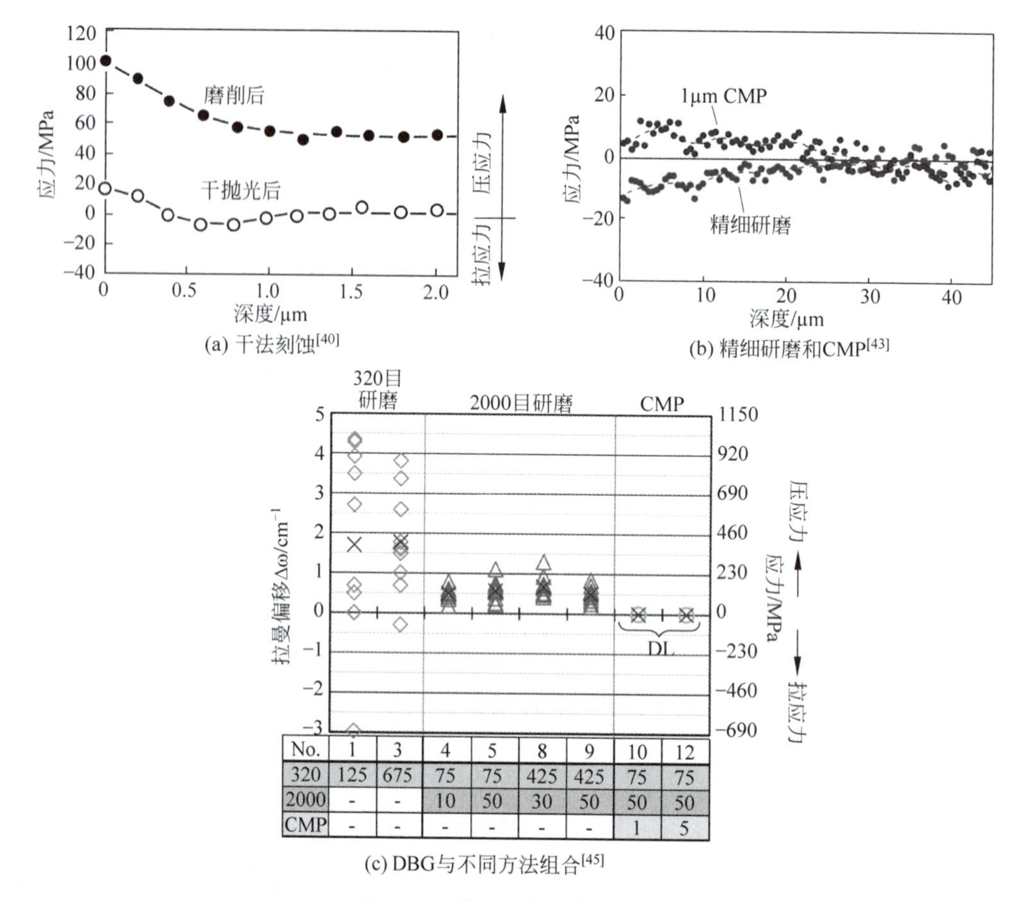

No.	1	3	4	5	8	9	10	12
320	125	675	75	75	425	425	75	75
2000	-	-	10	50	30	50	50	50
CMP	-	-	-	-	-	-	1	5

(a) 干法刻蚀[40]

(b) 精细研磨和CMP[43]

(c) DBG与不同方法组合[45]

图 6-45　后处理表面应力分布

决于产品质量，粘贴过程相对容易，而蜡的厚度均匀性除了取决于蜡的质量(质量较差的蜡可能含有粒度 5μm 或者更大的杂质)，还强烈依赖粘片过程。因此，批量生产都选择胶带作为粘结方法。

胶带既不能太厚也不能太薄。胶带过厚会引入过大的厚度均匀性误差，对减薄后 TTV 的控制不利；胶带过薄不容易补偿晶圆自身 TTV 的变化，也不能很好地控制减薄后的厚度均匀性。一般而言，对于减薄前 TTV 在 2～5μm 范围的硅片，采用厚度为 100～150μm 的胶带较为合适。图 6-46 为减薄后厚度为 50μm 的 300mm 晶圆的厚度偏差分布，通过良好的贴膜控制，整个晶圆的厚度均匀性基本小于 2μm，越靠近边缘厚度越大。

CMP 可以有效去除应力损伤层，但 CMP 的去除速率对整个晶圆并不均匀，边缘去除慢，中心去除快，导致晶圆厚度均匀性 TTV 恶化。图 6-47 为 300mm 晶圆 TTV 和表面粗糙度随 CMP 去除厚度的变化[43]。去除厚度增加时，表面粗糙度变化不明显，但 TTV 显著增加。CMP 去除 25μm 后表面粗糙度仅为 0.15nm 左右，但 TTV 增大了 2.3μm。因此，考虑 TTV 变化和成本，CMP 的去除厚度应小于 5μm。

如果 CMP 去除厚度较小，即使最终剩余厚度很薄，CMP 以后的 TTV 与最终厚度没有直接关系，增加 CMP 去除厚度并不一定增加 TTV。如表 6-7 所示[48]，最终厚度为 3μm 晶圆的 TTV 虽然稍大于厚度为 10μm 晶圆的 TTV，但却小于厚度为 5μm 晶圆的 TTV。此外，采用 SiO_2 键合第二层和第三层晶圆并分别减薄后，第三层晶圆的 TTV 稍大于第二层晶圆的 TTV，但并非累积关系。

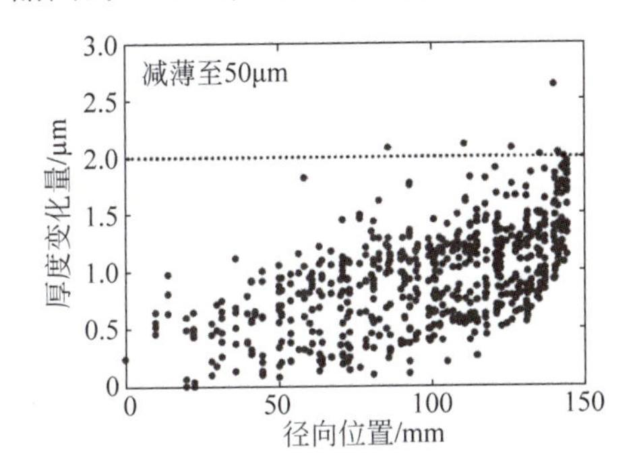

图 6-46　300mm 晶圆背面减薄后厚度偏差分布

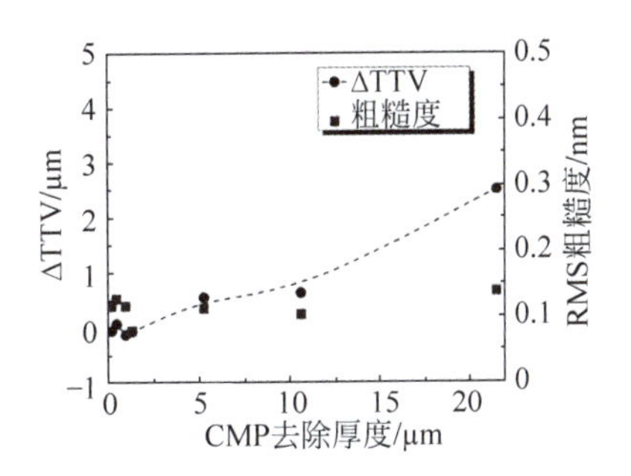

图 6-47　CMP 去除厚度对均匀性和表面粗糙度的影响

表 6-7　减薄晶圆厚度与 TTV

晶圆目标厚度/μm	研磨操作	平均值/μm	最小值/μm	最大值/μm	TTV/μm
10	第 1 次研磨	9.2	8.6	10.3	1.7
	第 2 次研磨	10.3	9.9	11.7	1.8
5	第 1 次研磨	5.8	5	7.2	2.2
	第 2 次研磨	4.6	3.6	6.0	2.4
3	第 1 次研磨	4.4	3.4	5.2	1.8
	第 2 次研磨	3.15	2.2	4.3	2.1

精研磨后采用 CMP 即使只去除 1μm 的厚度，也会有效去除表面缺陷，如果 CMP 去除厚度达到 5μm，表面粗糙度降低到原子量级，表面空位等缺陷可以全部去除[47]。如果研磨后直接采用干法刻蚀，在深度为 0.5～2μm 的范围内仍有空位缺陷。因此，在机械研磨和干法刻蚀之间加入 CMP，会有效去除研磨导致的缺陷并提高效率。

6.6　TSV 化学机械抛光

化学机械抛光是 TSV 正面和背面工艺不可或缺的工艺方法。在正面工艺中，CMP 用于去除铜过电镀层和退火后铜柱塑性挤出的平整化；在背面工艺中，CMP 用于晶圆减薄、铜柱顶端介质层去除和铜柱平整化。TSV 的 CMP 对象主体是铜，但也包括二氧化硅和扩散阻挡层等，个别情况还包括单晶硅衬底。

6.6.1　TSV CMP

TSV 的 CMP 与常规集成电路后道工艺中铜 CMP 相比有显著的不同。TSV 的直径远大于集成电路的金属线宽，TSV 的表面过电镀层的厚度也远超过集成电路铜互连的过电镀层，因此 TSV 的 CMP 对精细化程度的要求有所放宽。然而，TSV CMP 需要去除更厚的铜过电镀层，对 CMP 的去除速率要求较高。此外，TSV 的 CMP 涉及材料多，对选择比和缺陷也有较高的要求。

影响 CMP 的主要因素包括浆料的组分和比例、转速、抛光头下压力、抛光垫成分、工艺温度等。通常调整浆料的组分和比例是最有效的优化 CMP 的方式，而在给定浆料和抛光垫的情况下,需要优化的工艺参数包括抛光台转速、抛光压力以及抛光液滴率等。TSV 的 CMP 需要综合考虑去除速率、选择比、均匀性、碟形坑和铜污染等多项因素。

6.6.1.1 TSV CMP 的特点

铜电镀时,受到 TSV 孔深非均匀性、电镀速率非均匀性、电镀负载分布差异等因素的影响,即使使用了抑制剂,衬底表面仍会出现不同程度的过电镀。在未经优化的情况下,TSV 电镀后晶圆表面过电镀层的厚度可达 TSV 直径的 50%~75%,例如在 BEOL 方案中直径为 20μm 的 TSV 的过电镀层厚度可达 10μm。经过优化电镀参数和添加剂后,过电镀层的厚度一般为 1~5μm。由于电镀的非均匀性,通常过电镀层在晶圆中心较薄,在边缘较厚,厚度差异最大可达 10%~20%。此外,当添加剂浓度未能精确匹配的情况下,小直径 TSV 顶端容易过电镀而导致蘑菇头状凸点,而大直径 TSV 的顶端可能产生局部凹陷,如图 6-48 所示[48]。

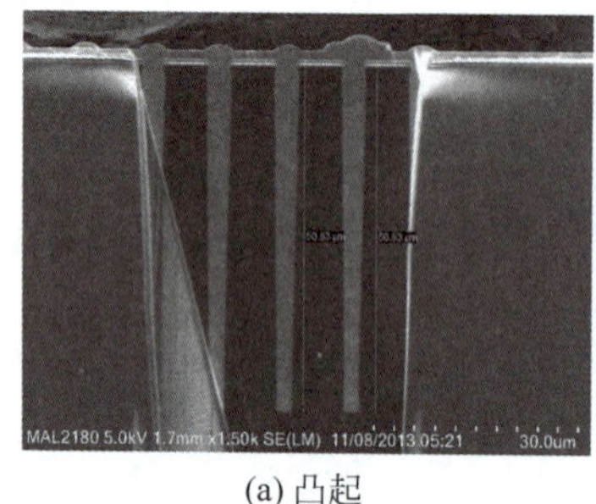

(a) 凸起

(b) 凹陷

图 6-48 铜电镀的表面形貌

正面 CMP 的目的是去除过电镀铜层并对铜柱顶端的凸起或凹陷进行平整化,使铜柱表面与衬底表面的介质层高度相同。由于铜过电镀层的厚度很大,为了提高生产效率,要求 CMP 对铜有较高的去除速率。TSV 发展的初期,铜过电镀层 CMP 的去除速率一般为 1~1.5μm/min,通过优化浆料,目前去除速率可达 3~5μm/min,最高可达 8μm/min。此外,CMP 以后铜柱表面的粗糙度应低于 2nm。

在给定浆料的情况下,CMP 的去除速率与转速和下压力基本成正比关系,因此增大转速和下压力可以获得更高的去除速率。图 6-49 为高速 CMP 浆料 ER9212 的去除速率与下压力的关系[49]。在低于 15r/min 的较低转速下,晶圆与抛光垫之间的摩擦力导致二者的相对运动可能出现不稳定的现象,在 20~100r/min 的中等转速区间,二者的相对运动较为稳定,且去除速率与转速大体成正比。此外,适当提高转速有助于提高被抛光表面的平整度。

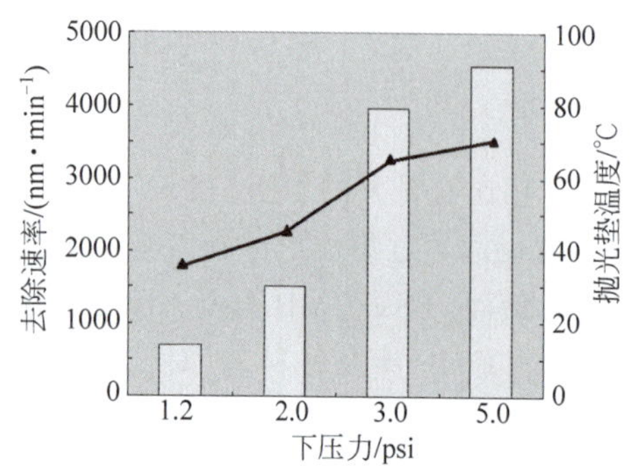

图 6-49 铜 CMP 去除速率与压力的关系

过高的去除速率也会产生一些负面影响。例如,增大下压力和提高转速在提高去除速率的同时,都会导致抛光垫温度升高。过高的抛光垫温度(超过 75℃)会引起抛光垫剥离、均匀性恶化和被抛光表面粗糙等严重的问题,因此下压力和转速都需要设定在合理的范围内,以保证抛光垫不会过热。此外,表面过电镀铜层很厚,如果 CMP 的去除速率很高,导致在 CMP

后排出的浆料中含有大量的铜。这些铜很容易嵌入抛光垫中而影响后续的CMP过程，甚至影响通过化学组分测量的终点检测功能。

TSV扩散阻挡层的厚度较大，去除衬底表面的扩散阻挡层需要更长的时间，控制扩散阻挡层和介质层的选择比更为困难。长时间的铜和扩散阻挡层的CMP使摩擦导致的温度变化更为显著，影响CMP的速率、碟形坑和均匀性等。目前先进的CMP设备带有温度监控功能，可以更好地优化扩散阻挡层CMP的参数。

表面扩散阻挡层去除后，CMP可能导致衬底表面被铜污染，必须通过严格的后清洗去除表面的铜原子。表面清洗采用化学试剂，如Versum的CP98-D清洗剂等。CP98-D适用于酸性和碱性浆料以及低介电常数介质材料，可以去除颗粒及痕量金属、防止表面水纹、去除Cu-BTA的络合物和有机残留物、延缓铜表面自然氧化、防止铜的电化学腐蚀。表面清洗后需要采用SIMS等对表面铜污染情况进行监测。

6.6.1.2 CMP碟形坑

在平面互连的CMP中，需要对铜、扩散阻挡层和介质层等几种材料进行CMP。由于结构精细、介质层硬度低和互连分布不均匀等，铜CMP会在铜和介质表面产生缺陷。如图6-50所示，铜缺陷主要包括表面划伤、铜凹陷、表面铜污染、铜和扩散阻挡层残留等。铜CMP会产生表面铜残留和BTA残留，可能引起金属离子漂移而产生器件可靠性问题，因此CMP后的清洗至关重要。由于CMP浆料对铜的化学腐蚀作用较强，容易出现铜的抛光速率超过周围介质层的情况，导致铜结构相对介质层表面更低而出现铜结构凹陷的现象，即碟形坑。在金属互连中，碟形坑降低了铜互连线的厚度，增大了内连线阻，对后续的光刻工艺和器件的电学特性、成品率有很大的影响。

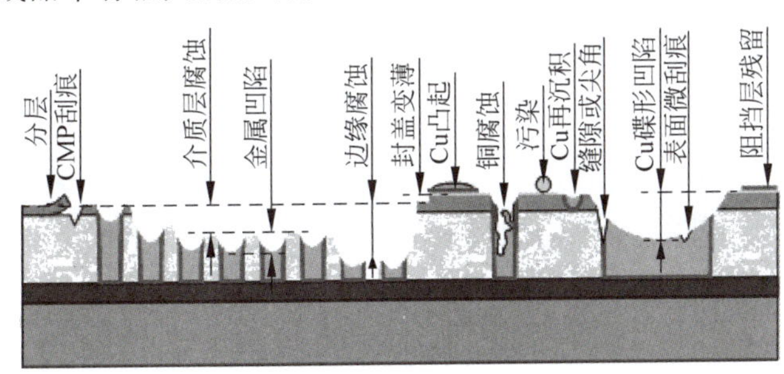

图6-50 铜CMP缺陷

TSV的深度大、电镀时间长、速度分布不均匀，即使优化电镀液的添加剂，表面仍会出现较厚的过电镀层。因此需要较长的CMP处理时间和较高的去除速率。然而，过长的CMP时间和过高的CMP去除速率都容易导致铜柱表面出现腐蚀和较深的碟形坑，如图6-51所示。此外，TSV铜柱的直径较大、扩散阻挡层较厚，为了完全去除表面的铜和扩散阻挡层，通常需要延长CMP时间，即过度CMP，进一步加剧了铜柱表面碟形坑的深度。

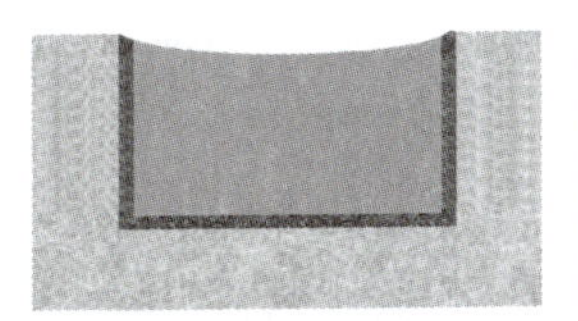

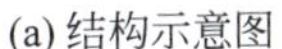

(a) 结构示意图

(b) 对平面互连的影响

图6-51 TSV铜表面碟形坑

TSV中的碟形坑使后续金属互连工艺受到影响，例如，导致金属凸点键合失败、影响铜柱上方介质层的平整度、导致CMP无法彻底去除、上方铜互连的过电镀层而引起平面互连短路。因此，铜柱表面的碟形坑深度一般须控制在300nm以内，对于先进工艺需要控制在100nm以内。然而，未经特殊处理的情况下，在去除10μm厚的过电镀层后，5～8μm直径铜柱的碟形坑深度可达到0.5μm甚至1μm以上。因此，必须优化CMP浆料和工艺过程参数降低碟形坑的深度。

影响碟形坑深度的主要因素包括：①抑制剂的浓度。抑制剂的浓度越高，碟形坑的深度越小。②在其他条件相同的情况下，氧化剂浓度越高、下压力越大、磨粒直径越大，则去除速率越高，碟形坑深度越大。③过电镀层的均匀性。过电镀层的均匀性越差，所需的CMP时间就越长，碟形坑的深度越大。④TSV介质层和扩散阻挡层厚度。介质层和扩散阻挡层厚度越大，或CMP与铜CMP的选择比越低，碟形坑的深度就越大。⑤抛光垫硬度。抛光垫越软就越容易变形，接触低硬度铜柱的面积和压力就越大，碟形坑的深度也越大。尽管影响碟形坑的因素众多，但是抑制剂浓度的影响是决定性的，通过优化抑制剂浓度，可以在更高的去除速率和更大的过电镀层非均匀性的情况下，获得更小的碟形坑深度。

抑制剂如BTA对碟形坑的影响是最主要的，抑制剂浓度越高，碟形坑深度越小。如图6-52所示，在无BTA的情况下，当TSV以外的区域的铜层被去除之后，即使铜柱表面因为凹陷不与抛光垫接触，浆料中的氧化剂还是过腐蚀了铜柱顶端，使铜柱顶端比晶圆表面偏低2μm。当浆料中添加质量比为0.15%的BTA时，BTA在铜柱表面形成钝化层，大大减弱了氧化剂的腐蚀作用，碟形坑深度显著减小到0.5μm，并且整个晶圆的碟形坑深度基本一致。为了抑制TSV扩散阻挡层和介质层CMP过程对碟形坑的影响，需要采用与铜选择比更高的浆料，甚至需要在浆料中加入抑制剂降低铜的去除速率。此外，在铜CMP以前用乙酸处理可以提高BTA抑制剂的表面吸附效果，更好地减小碟形坑的深度。

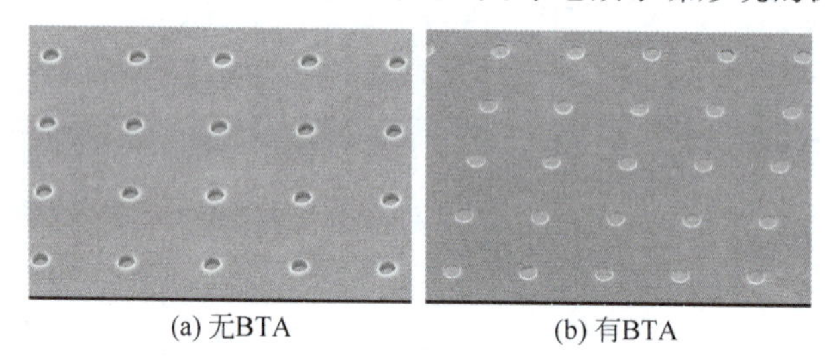

(a) 无BTA　　(b) 有BTA

图6-52　BTA对碟形坑的影响

在TSV中，图6-53为CMP压力对碟形坑深度的影响[50]。采用1psi的低压力和130s的时间，其CMP的去除厚度与2psi的高压力和180s时间基本相同，但二者的碟形坑深度却有显著的差别，后者的平均深度比后者大240nm。

碟形坑的深度与抛光垫的硬度有直接关系。当铜柱直径较大并且抛光垫较软时，抛光垫自身变形能力强，很容易接触到凹陷的铜表面，因此碟形坑显著，并且碟形坑随铜柱直径增大而增大。当铜柱直径较小且抛光垫较硬时，抛光垫变形小，无法进入凹陷结构。当铜柱出现凹陷时，铜柱周围的SiO_2介质层承受的CMP压力较大。在弹性/粘弹性抛光垫的作用下，SiO_2和铜柱承受的压力重新分配，使SiO_2和TSV的局部去除速率互相匹配，达到平衡。此后，凹陷形成速率接近SiO_2的CMP速率。

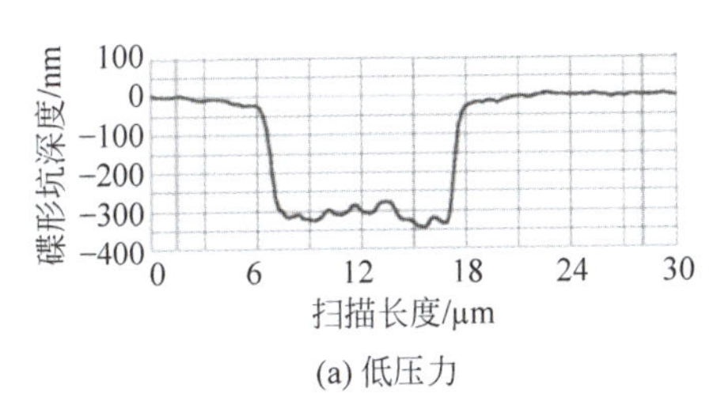

(a) 低压力

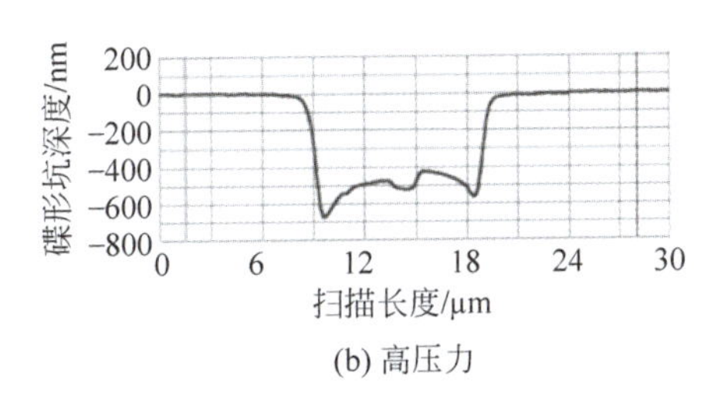

(b) 高压力

图 6-53　下压力对碟形坑的影响

图 6-54 为磨砂革抛光垫和聚氨酯抛光垫 CMP 的碟形坑对比。磨砂革为软质材料，可以随表面起伏产生一定的变形，CMP 后铜柱顶端碟形坑深度约为 500nm，铜柱周边的衬底表面比非 TSV 区域表面低约 100nm，这是初始的铜凸点高度差异较大，所需抛光时间较长导致的。聚氨酯材料硬度较大，表面粗糙度较高，机械作用偏强，CMP 后全局平坦度较高，铜柱区不仅没有出现下凹的情况，反而比周围稍高约 30nm。另外，因为 TSV 侧壁的介质层在 SiO_2 磨粒下的去除速率较低，铜柱边缘会存在介质层的尖峰。

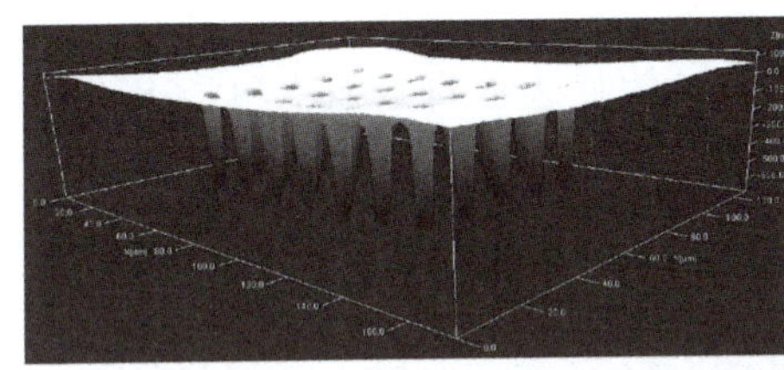
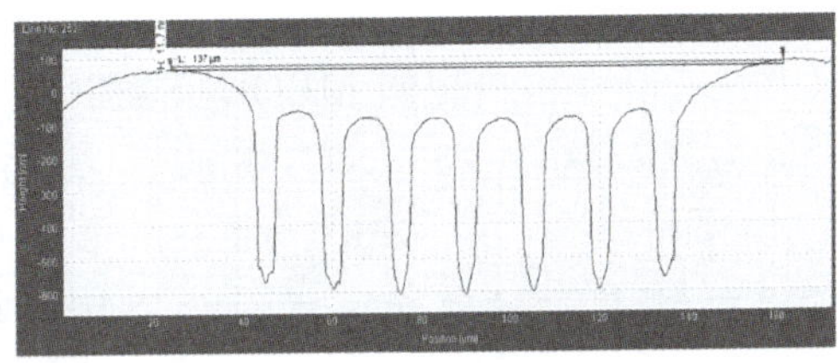
(a) 磨砂革软质抛光垫

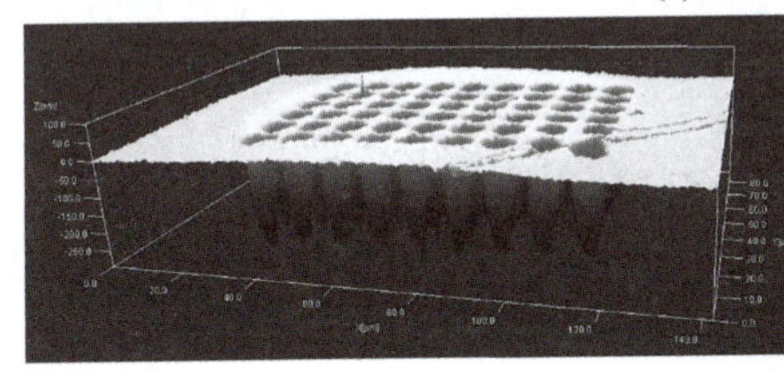
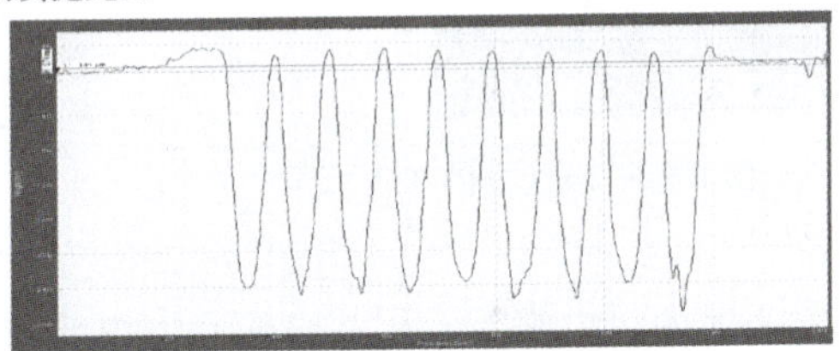
(b) 聚氨酯硬质抛光垫

图 6-54　抛光垫的硬度对碟形坑的影响

碟形坑深度还受 TSV 尺寸、过电镀层厚度和浆料酸碱性的影响。碟形坑深度随 TSV 直径增大而增大，如直径 2μm 铜柱的碟形坑深度比直径 0.5μm 铜柱蝶形坑的深度增大 70%[52]，但增大的趋势逐渐变缓，当直径达到一定程度后，碟形坑的深度基本不再增大。由于 CMP 的平整化效果是随着去除厚度增加而渐进的过程，过电镀层厚度越大，平均效果越好，碟形坑深度越小。例如，CMP 以后 1.2μm 厚的过电镀层碟形坑深度比 2μm 过电镀层的碟形坑深 1 倍以上。当过电镀层厚度超过 2μm 以后，碟形坑深度基本不再变化[15]。浆料的酸碱度影响铜柱表面硬度，例如铜在 pH 值为 7 的浆料中弹性模量为 1.1～1.5GPa，在 pH 值为 2 的浆料中弹性模量迅速降低到 0.1～0.2GPa，因此酸性浆料不仅使铜的去除速率更高，碟形坑深度也更大。

6.6.2　正面 CMP

正面 CMP 用于去除表面的过电镀层。过厚的过电镀层不仅增加了 CMP 的时间和成本，还可能由于厚度分布不均匀导致晶圆翘曲，使 CMP 无法去除凹陷区域的铜层。然而，从控制碟形坑的角度考虑,过电镀层并非越薄越好,但总体上碟形坑的控制更容易,因此应尽可能减小过电镀层的厚度。典型MOEL方案中,TSV工艺在CMOS的金属钨塞CMP以后和M1金属沉积之间进行,如图6-55所示。由于此时钨塞和PMD是暴露的,TSV的CMP须避免对钨塞和PMD层产生影响。

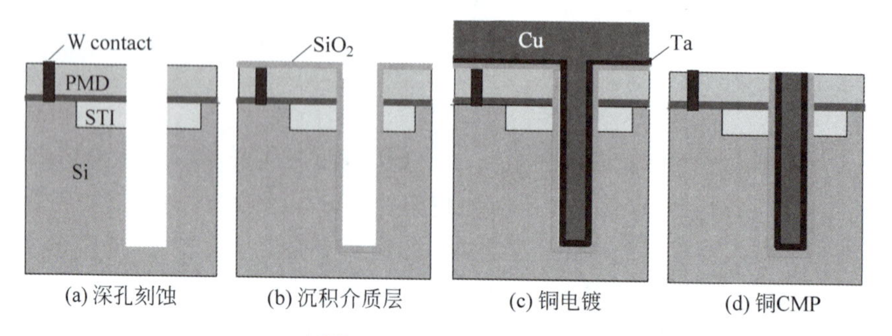

图 6-55 TSV 正面工艺

6.6.2.1 工艺流程

如图6-56所示,典型的MEOL方案制造的TSV衬底表面自上而下包括表面过电镀铜、TSV扩散阻挡层、TSV SiO_2 介质层、氮化硅CMP停止层和CMOS的PMD介质层。

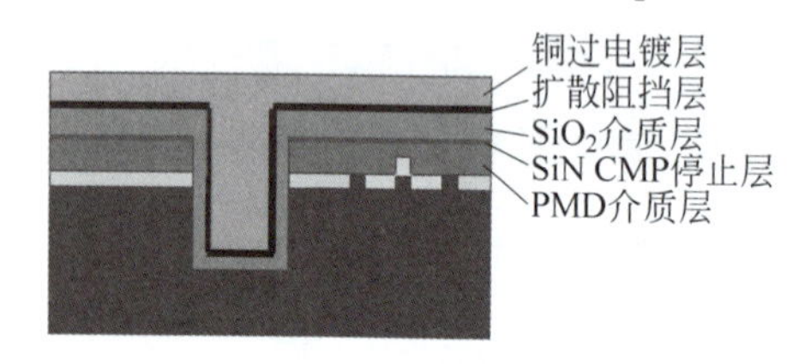

图 6-56 MEOL 的 TSV 结构

正面CMP要去除整个晶圆表面的过电镀铜层、晶圆表面的TSV扩散阻挡层、晶圆表面的TSV介质层、PMD上方的氮化硅停止层,直到PMD介质层。上述多种材料的CMP过程是分步完成的,通常每步只处理一种材料,有助于提高CMP的去除速率和选择比,获得更好的CMP效果。

典型的正面CMP工艺流程如下:①CMP高速去除表面的过电镀铜(图6-57(a))。由于过电镀铜的厚度较大,铜CMP首先采用1~1.5μm/min甚至更高的去除速率以提高效率,在剩余200~250nm时停止,采用精细CMP去除剩余的铜层,CMP浆料应对铜和扩散阻挡层有较高的选择比。②CMP去除扩散阻挡层,控制平整度和防止铜污染(图6-57(b))。③CMP去除介质层 SiO_2 和少量的铜柱(图6-57(c))。由于 SiO_2 介质层厚度均匀,可以采用较高的去除速率,一般为100nm/min,使CMP停止在氮化硅停止层。④在400~450℃的形成气体环境下(N_2 气+4% H_2 气)退火30min,使铜产生塑性热膨胀(图6-57(d))。⑤铜CMP去除塑性膨胀凸出的部分,停止在氮化硅停止层(图6-57(e))。为了防止铜污染,需要低压力下的过度抛光,但要将铜柱的碟形坑控制在100nm以内。⑥CMP去除氮化硅停止层,停止在PMD介质层(图6-57(f))。这一步需要精确控制CMP的选择性,以免在去除SiN时影响PMD介质层。如果TSV表面有多层大马士革工艺制造的铜互连,可以不去除SiN停止层而直接利用其作为后续铜互连的刻蚀停止层。

对于图6-55所示的MEOL工艺顺序,TSV通常是在钨塞和M1金属工艺之间制造。由于TSV介质层 SiO_2 和PMD介质层(如PSG或BPSG)材料相同或类似,在TSV铜柱CMP时,很难在不损伤PMD的情况下去除表面的TSV介质层。为此,需要增加PMD的厚度提供裕量,或者在PMD上方沉积CMP停止层如SiC或SiN。停止层与 SiO_2 的CMP

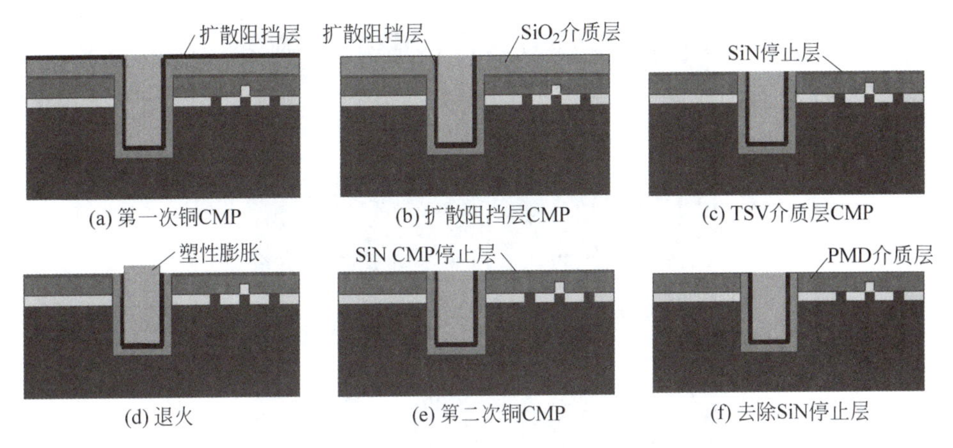

图 6-57 正面 CMP 的工艺流程

选择比较高，保证去除 TSV 的 SiO_2 介质层时不会影响 PMD。

为了实现多种材料的多步 CMP，通常多步 CMP 是在组合式 CMP 的不同工作平台上分别完成的，如图 6-58 所示。每个工作平台去除一种材料，采用不同的抛光垫、不同的浆料和工艺参数，以实现工艺的最优化并避免浆料和去除物的交叉污染。

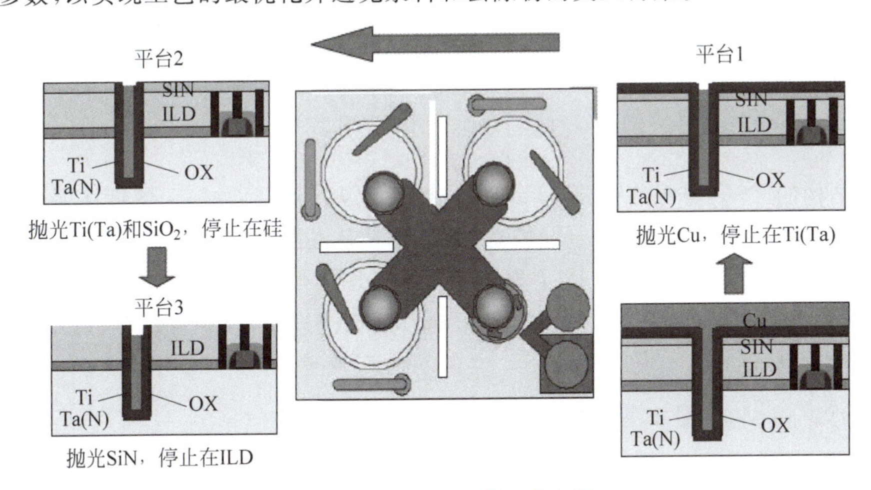

图 6-58 正面 CMP 的工艺步骤

6.6.2.2 退火后 CMP

铜柱退火是主动使晶粒合并长大并趋于稳定的过程，会产生塑性变形。通过 CMP 去除塑性变形后，铜柱在以后经历不超过退火的温度时，基本不再产生新的塑性变形。与去除表面过电镀层相比，退火后 CMP 需要去除的铜较少，通常仅为 50～200nm，因此不需要很高的去除速率，但由于 TSV 的分布不均匀，CMP 的负载也不均匀，对 CMP 的均匀性有较高的要求。为了获得较好的 CMP 效果，需要给定一定的设计规则限定 TSV 的分布。

图 6-59 为热膨胀对铜柱 CMP 后平整度的影响[51]。第一次 CMP 以后，铜柱凸起高度约为 150nm；第二次 CMP 并退火后，铜柱凸起高度约为 50nm。热退火使铜柱产生塑性变形是退火过程中晶粒合并长大受到约束挤压限制的结果，经过退火再 CMP 以后，只要后续的工艺和工作温度不高于热退火温度，铜柱几乎不再产生塑性变形。

退火产生塑性膨胀的过程可以在正面 CMP 以前完成，即电镀 TSV 后首先加热退火使

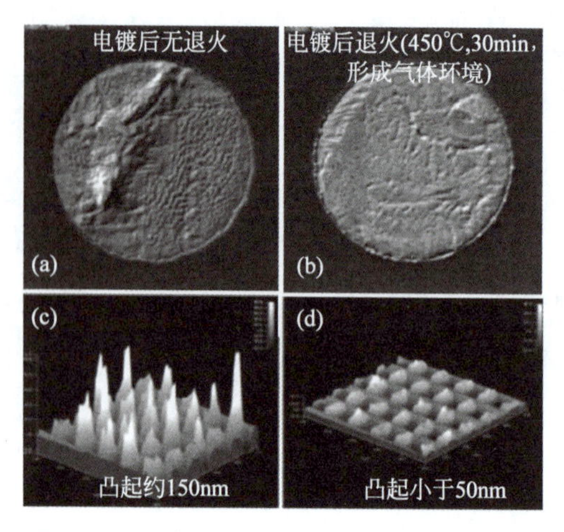

图 6-59　热膨胀对铜柱 CMP 后平整度的影响

铜柱膨胀产生塑性变形,然后再进行表面 CMP。这种方法的优点是减少了 CMP 的次数,但是要求铜电镀的过电镀层厚度不能太厚,否则不仅晶圆翘曲严重,还可能导致塑形变形不彻底。在铜柱退火前后各使用 1 次 CMP 去除塑性变形增加了制造成本,但是有助于控制 TSV 铜柱的一致性,并且塑性变形去除更加彻底。退火也可以在去除氮化硅以后完成,但先完成所有的铜 CMP 再去除氮化硅可以利用氮化硅保护 PMD 介质层。

6.6.3　背面 CMP

盲孔结构的 TSV 需要翻转晶圆后利用机械研磨从晶圆背面减薄,使铜柱顶部剩余厚度为 5～15μm 的硅层,然后利用硅刻蚀或 CMP 使铜柱从晶圆背面暴露实现贯通,最后沉积介质层并 CMP 平整化,因此背面工艺需要 1～2 次 CMP。当正面深刻蚀的均匀性较差时,铜柱在背面凸出表面的高度差异很大,严重影响后续工艺过程,须在背面刻蚀以前首先采用 CMP 对铜柱平整化。

6.6.3.1　TSV 背面工艺方案

为了保证 TSV 在背面的绝缘性能,TSV 背面需要沉积介质层使背面表面的介质层与 TSV 侧壁介质层连接为一体。为了防止铜向硅背面的扩散,还需要沉积一层 SiN 作为 CMP 停止层和扩散阻挡层。最终形成的 TSV 背面结构如图 6-60 所示。图中下表面为背面,背面场区的 SiO_2 必须与 TSV 原有的介质层 SiO_2 连为一体,场区的金属扩散阻挡层如 Ta/TaN 由后续的铜互连工艺决定。由于背面可以采用 CMP 或刻蚀暴露铜柱,因此工艺方案也有不同的选择。

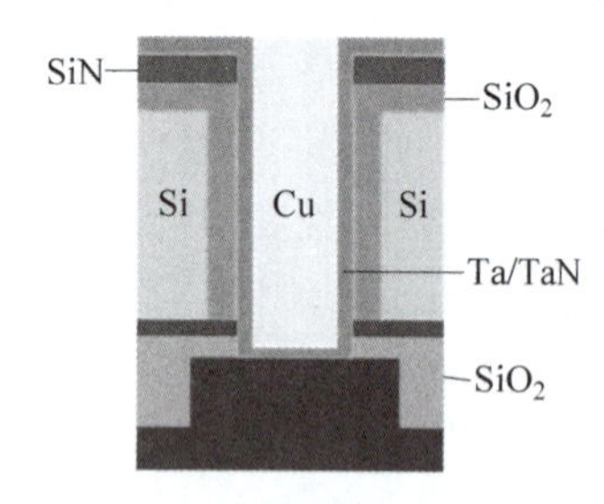

图 6-60　铜柱背面结构

去除 TSV 背面减薄剩余的硅层并将 TSV 暴露出来的常用方法有两种,如图 6-61 所示。第一种方法首先进行背面减薄和抛光,使 TSV 顶部预留厚度 5～15μm;采用干法回刻背面硅衬底,使铜柱凸出表面 3～5μm;利用低温 PECVD 沉积 SiN 和 SiO_2 介质层,SiN 作为扩散阻挡层和 CMP 停止层;对 SiO_2、SiN 和铜进行 CMP,将铜柱暴露并平整化;最后在背面沉积 SiO_2 介质层、扩展阻挡层和种子层,并电镀制造凸点或平面 RDL。这种方法的优点是只采用一次 CMP,CMP 需要去除厚的介质层和铜。

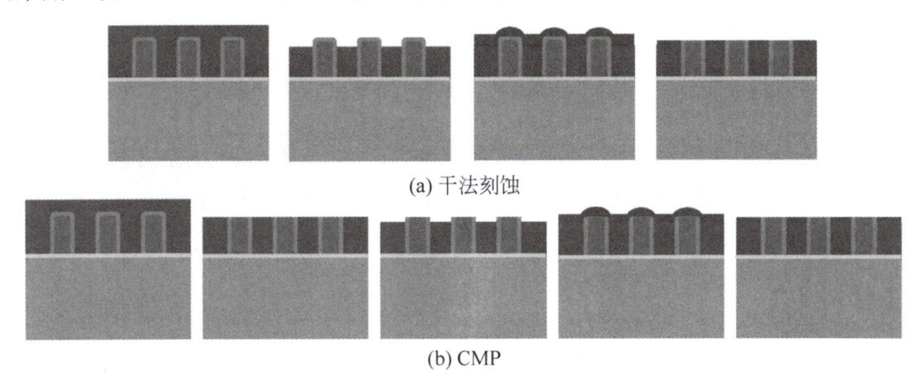

(a) 干法刻蚀

(b) CMP

图 6-61 背面暴露铜柱的方法

第二种方法首先对背面硅进行机械减薄和抛光,到达距离 TSV 铜柱顶部约 5μm 的位置;采用 CMP 去除硅和铜柱使铜柱暴露出来;然后利用干法刻蚀去除 3~5μm 的硅层;低温 PECVD 沉积氮化硅和 SiO_2;再次采用 CMP 去除 TSV 铜柱和 SiO_2 介质层;最后制造背面凸点和 RDL。

第一种方法只采用一次 CMP 同时去除铜柱、介质层及扩散阻挡层,介质层沉积和 CMP 的工艺负担较小,工艺步骤少、成本低、CMP 过程相对简单;但是要求正面刻蚀 TSV 时具有较高的深度一致性,否则 TSV 凸出表面高低差异过大,将导致 CMP 过程中铜柱的倒伏和折断,如图 6-62 所示。另外,回刻时铜柱介质层和扩散阻挡层保持完整,而采用 CMP 暴露铜柱时,背面沉积的 SiN 可以防止铜污染。此外,背面减薄、辅助晶圆厚度、键合层厚度的均匀性都影响背面回刻的一致性。当 TSV 直径不一致、密度差异较大或深度均匀性较差时,必须采用第二种方法。

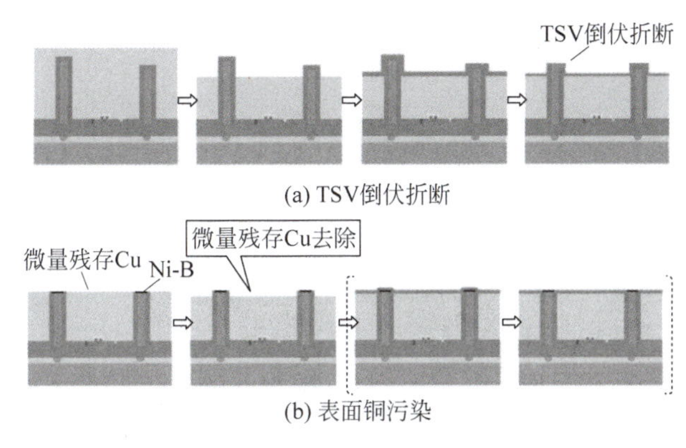

(a) TSV倒伏折断

(b) 表面铜污染

图 6-62 背面暴露铜柱的难点

在第二种方法中,由于第一次 CMP 时铜柱被硅衬底环绕,即使铜柱高度均匀性较差也不会出现折断。第一次 CMP 后铜柱的高度一致,因此回刻深度较小、沉积 SiO_2 介质层较薄,工艺得到简化,并且第二次 CMP 去除薄介质层,工艺可控性高。缺点是需要使用两次 CMP,并且第一次 CMP 要去除硅、铜、介质层和扩散阻挡层等 4 种材料,需要采用无差异去除的方式提高效率,并且硅表面没有扩散阻挡层保护,会产生铜污染,必须在 CMP 以后干法刻蚀硅表面去除 2~3μm 的硅层,然后沉积介质层和扩散阻挡层。此外,CMP 并回刻硅以后，凸出衬底表面的铜柱顶端非常平整，与侧壁之间界限锐利，导致介质层容易在铜柱与衬底表面相交的环形区域产生裂纹。

当正面 TSV 深刻蚀的均匀性较好时，可以仅采用干法刻蚀完成背面铜柱暴露工艺，如图 6-63 所示[53]。背面减薄到预设高度后，首先干法回刻去除铜柱顶部和周围的硅衬底，使铜柱凸出于衬底表面，然后低温沉积 SiN 扩散阻挡层（和介质层），并在 SiN 表面涂覆厚胶掩膜。由于铜柱凸出表面，铜柱顶端的光刻胶的厚度低于衬底表面其他区域。利用干法刻蚀光刻胶，铜柱顶部的光刻胶层较薄，将被首先去除，暴露铜柱顶部的 SiN，然后以光刻胶为掩膜，干法刻蚀去除铜柱顶部的 SiN，最后去除光刻胶实现铜柱的暴露。这种方法不仅避免使用 CMP，而且整个工艺流程中没有铜的直接暴露，即使最后刻蚀铜柱顶部的介质层时，TSV 的扩散阻挡层一直存在，可以有效地避免铜污染。

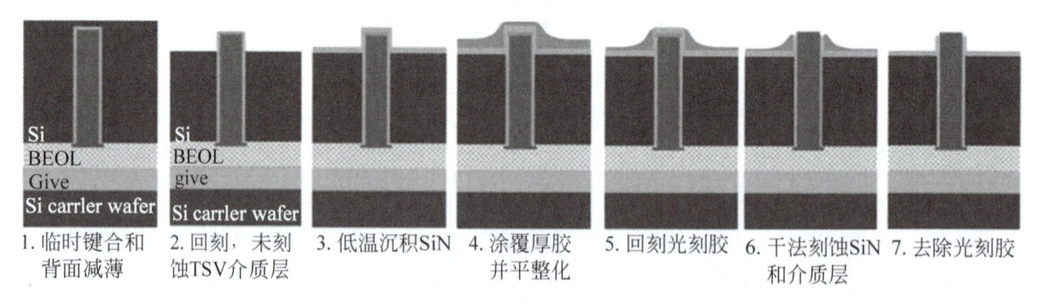

图 6-63　背面刻蚀工艺

背面介质层沉积要确保 TSV 的侧壁介质层和衬底表面的介质层连续，防止漏电。为了避免高温对高分子键合层产生影响以及高温引起的键合剥离，介质层沉积一般采用 200～250℃的低温 PECVD，可以采用硅烷沉积薄层 SiN 加 TEOS 沉积厚 SiO_2 的组合方式，或者沉积低应力 SiON。SPTS 为 TSV 背面工艺开发了 Versalis® fxP 多工序集成系统，能够在一台设备内完成背面干法刻蚀、低温介质层沉积和介质层残余气体去除工艺。

6.6.3.2　背面 CMP

利用 CMP 暴露铜柱分为两类，第一类同时去除硅、介质层、扩散阻挡层和铜，第二类去除介质层、扩散阻挡层和铜。常规的正面铜 CMP 的工艺及所采用的浆料，铜与扩散阻挡层和介质层的去除选择比都很高，用常规浆料去除介质层的速率很慢。此外，铜 CMP 的浆料并非针对去除单晶硅所设计，单晶硅的去除速率很慢。因此一般需要采用不同的 CMP 浆料，分别去除硅、介质层和扩散阻挡层以及铜柱，工艺过程复杂。例如，首先采用单晶硅 CMP 的浆料，将硅层去除后暴露出介质层，然后采用介质层的浆料去除介质层和扩散阻挡层，最后采用铜浆料去除铜。

目前也有报道采用一种浆料通过一次 CMP 同时去除三种材料的方法，这要求 CMP 对这些材料的选择比尽可能低，以便去除不同材料，同时获得尽可能小的碟形坑。由于铜 CMP 的去除速率主要由浆料中酸性比例和 H_2O_2 的浓度决定，而 TEOS 沉积的 SiO_2 的去除速率主要取决于研磨颗粒的尺寸和浓度，低介电常数介质的去除速率主要受抑制剂的种类和浓度的影响，因此理论上可以通过优化 CMP 浆料的成分和浓度，实现对介质层和铜具有无选择性（或选择性较低）、无差异地一次性去除。

调整浆料的成分配比可以在保持硅的去除速率近 1μm/min 的情况下，使 TEOS SiO_2

和铜的去除速率达到 0.5～0.7μm/min,如图 6-64 所示。例如 AGC 的 CES-330 浆料对上述材料都具有较高的去除速率,一般硅层的去除时间为 5min,TEOS 沉积 SiO_2 的去除时间为 1min,Ta 扩散阻挡层的去除时间仅为 10s。当 CMP 仅需去除介质层、扩散阻挡层和铜时,与还需要去除硅的情况相比,浆料可以适当简化。

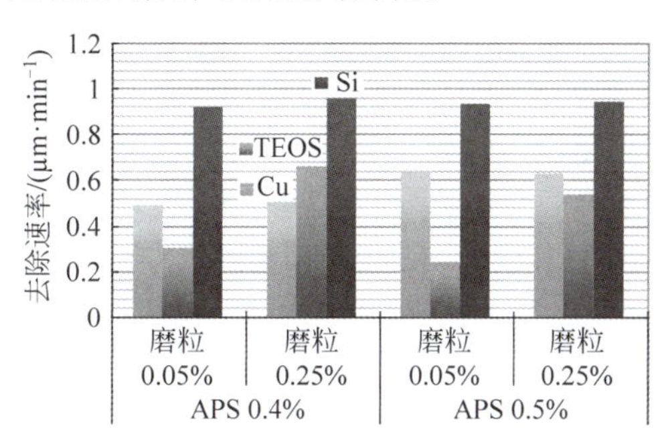

图 6-64　不同配比浆料对多种材料去除速率

6.6.3.3　回刻

回刻是通过湿法刻蚀或干法刻蚀去除一定厚度的衬底,而使 TSV 的铜柱凸出于减薄的硅衬底表面的过程,如图 6-65 所示[54]。回刻必须具有对 SiO_2 介质层较高的选择比,以免损坏介质层而引起铜氧化和污染的问题。由于回刻需将 TSV 暴露出表面以上 3～5μm 的高度,而介质层的厚度一般为 200～500nm,因此硅与介质层的刻蚀选择比需要达到 50∶1。如果正面刻蚀 TSV 时深度均匀性较差,还需要更高的选择比。背面减薄后 TSV 顶端的剩余厚度为 5～15μm,加上回刻后的 TSV 凸出高度 3～5μm,回刻总计需要刻蚀的深度为 10～20μm。在硅片背面完成钝化层和扩散阻挡层以前,TSV 铜柱一直被包裹在从正面制造的扩散阻挡层内,因此铜不会和硅直接接触,避免了污染的问题。

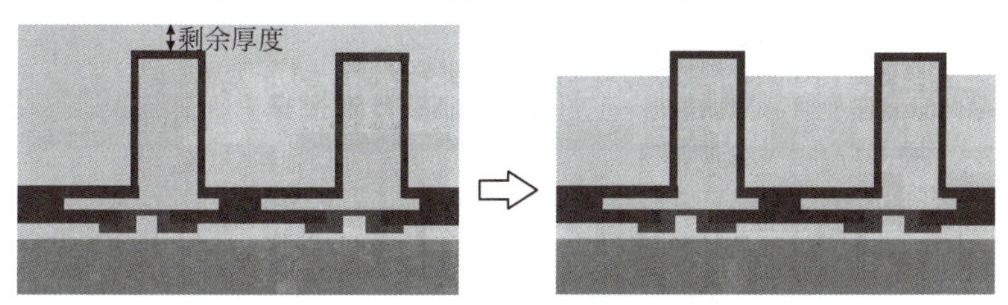

(a) 示意图

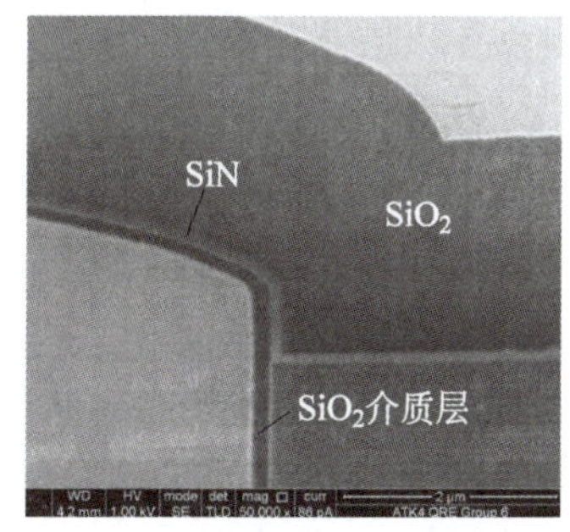

(b) CMP前铜柱顶端结构

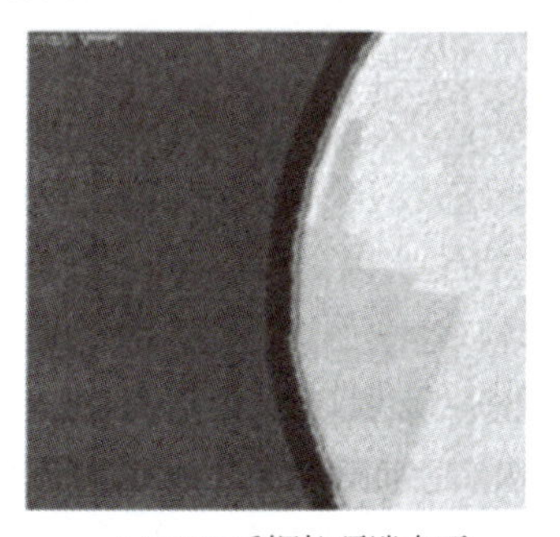

(c) CMP后铜柱顶端表面

图 6-65　背面回刻

回刻可以采用干法刻蚀或湿法刻蚀。干法刻蚀可以采用 SF_6 的各向同性刻蚀,将 TSV 顶部剩余的硅层刻蚀去除。当刻蚀到 TSV 的绝缘层时,由于 SF_6 刻蚀对 SiO_2 有很好的选择比,而且 TSV 暴露的高度一般不超过 5μm,不会造成明显的介质层损伤。考虑到 TSV 的深度差异和介质层在 TSV 底部厚度差异的影响,刻蚀过程硅和 SiO_2 的选择比应尽可能高,最好达到 100∶1。通常 TSV 占据的晶圆面积比例极小,回刻的刻蚀面积基本等同于整个晶圆面积,刻蚀需要较大的功率以实现较高的刻蚀速率。干法刻蚀后底面的粗糙度一般较大,刻蚀速率越快,表面越粗糙。

干法刻蚀的优点是可控性强,可以采用在线测量系统对刻蚀深度进行实时监测,保证刻蚀位置的精确性。例如,SPTS 开发的 ReVia® 刻蚀终点检测系统,通过测量 TSV 反射光强度实现刻蚀深度的精确检测,可在 TSV 面积只占总刻蚀面积 0.01%的情况下精确检测刻蚀深度,并且通过工艺参数调整晶圆中心区和边缘区的相对刻蚀速率,补偿晶圆厚度一致性的影响,从而保证回刻深度的一致性和准确性。在正面深孔刻蚀均匀性较高的前提下,通过 ReVia 可以降低对硅和 SiO_2 的厚度需求,降低工艺成本,如图 6-66 所示[55]。

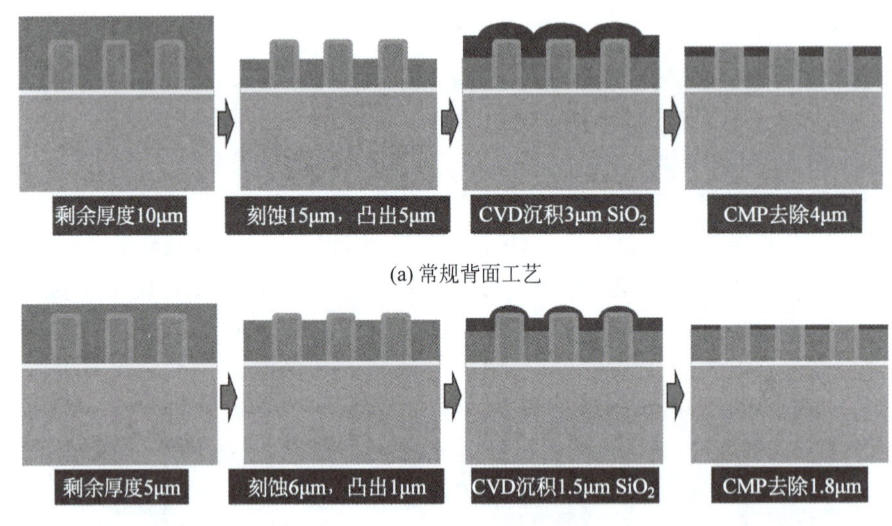

图 6-66 ReVia 示意图

干法刻蚀需要控制刻蚀过程中晶圆的温度,对于带有低介电常数介质层的晶圆以及回刻前已经完成了高分子临时键合等情况,干法刻蚀必须控制晶圆温度低于 200℃,以保证低介电常数介质层和临时键合胶的性能。这种情况下,刻蚀过程应采用等离子体模式,并降低平板电极的功率和电压,减小离子轰击。对于临时键合采用玻璃辅助圆片或永久多层键合的情况,衬底的导热率大幅下降,刻蚀过程必须控制晶圆的温度。

湿法化学腐蚀简单易行,与干法刻蚀相比,可以降低成本 50%以上,并且刻蚀的表面较为光滑。湿法刻蚀要求刻蚀剂对硅有较高的刻蚀速率,并且对 SiO_2 有较高的选择比。湿法刻蚀的缺点是难以通过实时测量控制刻蚀深度,好在前面经过 CMP 后硅表面高度一致,并且总体刻蚀厚度小、刻蚀时间短,仍可以通过控制刻蚀时间实现较准确的深度控制。

湿法刻蚀剂包括碱性的 TMAH 和酸性的 HNA 等。TMAH 对硅的刻蚀为各向异性刻蚀,但由于回刻过程为无掩膜刻蚀,各向异性影响较小。通常,TMAH 的刻蚀温度为

70～90℃，典型浓度为10%～25%（质量分数），刻蚀速率为0.8～1.0μm/min，对SiO_2的选择比约为50∶1。HNA为氢氟酸、硝酸和醋酸构成的混合酸性溶液，对硅的刻蚀为各向同性，HF∶HNO_3=1∶25组分的HNA对硅的刻蚀速率约为3μm/min，对硅和SiO_2的选择比在100∶1以上[56]。当需要回刻的硅层较厚时，可以首先采用速率较快的HNA各向同性刻蚀，在接近TSV顶部时，再改用对介质层选择比更高的TMAH刻蚀，使TSV完全暴露至要求的TSV凸出高度。

近年来出现了专用的湿法回刻试剂，如BASF的Spintech D刻蚀剂由氢氟酸、硝酸、磷酸和硫酸按1∶6∶2∶1构成，对硅的刻蚀速率达9μm/min，对SiO_2的选择比约为180∶1。SSE和SACHEM开发的碱性刻蚀剂Reveal Etch，刻蚀速率比TMAH高1倍，对SiO_2的选择比超过1500∶1[57]。

参考文献

第 7 章

工艺集成与集成策略

三维集成的制造技术具有复杂性和多样性的特点。这不仅体现在 TSV 制造、晶圆减薄、多层键合等工艺的复杂性,还体现在不同器件和应用所采用的集成结构和制造过程也有很大的不同。此外,三维集成的可靠性、良率以及成本控制等也因为制造技术的复杂性和多样性而体现出显著的复杂性和差异性,因此三维集成策略重点解决的问题和针对的目标也有所区别。

通常三维集成方案需要满足以下要求:①系统的功能和性能的要求。三维集成首先必须满足系统对功能和性能的要求,例如数据传输带宽、传输速率和高频性能等,需要金属凸点密度、TSV 电学性能和尺寸,以及芯片集成方案等满足这些要求。这些要求和限制条件是确定三维集成材料、结构和工艺的先决条件,并且有些条件之间相互制约。②可制造性和低成本。在三维集成结构和材料等满足性能要求的同时,需要考虑三维集成制造流程的可行性、简单性和制造成品率。简单的结构和制造过程一般具有更高的可靠性和更低的成本,如尽可能减少 CMP 和键合的次数,尽可能采用低温键合等;此外,还要求制造过程对 FEOL 和 BEOL 的影响程度最低。③良好的散热能力和系统可靠性。三维集成系统功率密度高,需要通过优化的结构和材料实现更好的散热能力,以获得较好的系统可靠性。

7.1 三维集成的制造方案

三维集成的制造工艺包括正面工艺、键合和背面工艺三个基本模块。正面工艺包括 TSV 深孔刻蚀、深孔侧壁介质层沉积、侧壁粘附层/扩散阻挡层/种子层沉积、TSV 电镀填充、退火、铜和介质层 CMP、正面 RDL 和键合凸点制造。键合模块包括临时键合、永久键合以及拆键合,如聚合物临时键合、聚合物永久键合、介质层键合和金属键合。背面工艺包括晶圆背面减薄及抛光、背面回刻、阻挡层及介质层沉积、介质层及铜 CMP、背面 RDL 等。TSV 的制造顺序、多层键合方法,以及相对 CMOS 工艺的顺序,都有不同的选择和变化,导致了集成方案的多样性。因此,三维集成必须根据具体的应用和制造技术的特点选择优化的集成策略。

7.1.1 TSV 制造顺序

在三维集成的发展过程中,出现了多种 TSV 制造顺序和方法,可以按照 TSV 制造工序与 CMOS 工艺的相对位置对制造方案进行分类。不同的 TSV 制造顺序不但面临的制造工艺问题不同,甚至所采用的工艺设备和键合材料都有所不同,而且影响 TSV 的结构和特性。

7.1.1.1 相对 CMOS 工艺的顺序

三维集成顺序以 TSV 工艺相对于 CMOS 工艺的前道工艺(FEOL,即晶体管工艺)和后道工艺(BEOL,即互连工艺)作为参照点进行分类。如图 7-1 所示,在 CMOS 的 FEOL 以前制造 TSV 的工艺顺序称为 FEOL 方案,也称 Via-First;在 CMOS 的 FEOL 和 BEOL 之间制造 TSV 的工艺顺序称为 MEOL,也称 Via-Middle;把在 CMOS 的 BEOL 以后制造 TSV 的工艺顺序称为 BEOL,也称 Via-Last。

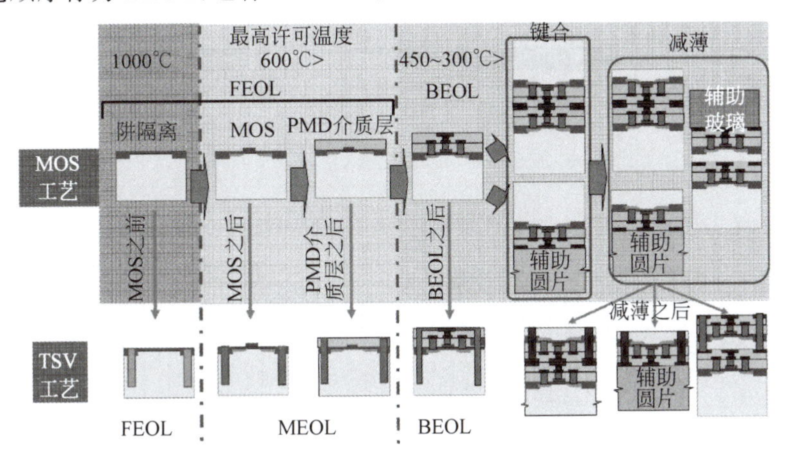

图 7-1　三维集成相对 CMOS 的工艺顺序分类方法

如图 7-2 所示,FEOL 方案在所有 CMOS 工艺以前制造 TSV,即首先在晶圆上制造 TSV 以后,再进行 CMOS 工艺,最后减薄晶圆并进行多层键合。MEOL 方案在完成 CMOS 工艺的前道工序和 M0 金属层后制造 TSV,然后制造 TSV 和 CMOS 的后道工序。该方案可以进一步分为先制造 TSV 后键合以及先键合后制造 TSV 两种。前者依次完成 CMOS 的 FEOL、TSV 和 CMOS 的 BEOL,然后晶圆减薄和多层键合;后者完成 CMOS 的 FEOL 以后首先减薄晶圆和多层键合,然后制造 TSV,最后进行 CMOS 的 BEOL。通常,MEOL 在 CMOS 的 M0 金属完成以后制造 TSV,但也可以在其他金属层之间制造 TSV,主要差异在于 TSV 穿透介质层的厚度以及 TSV 连接的 CMOS 金属互连层不同。BEOL 是在完成所有 CMOS 的 FEOL 和 BEOL 以后再制造 TSV,同样,该方案也可以进一步划分为先 TSV 后键合和先键合后 TSV 两种。

7.1.1.2　不同顺序 TSV 的特点

工艺顺序的差异不仅导致 TSV 结构、特性、连接的金属位置等方面有显著的不同,而且所使用的材料、制造方法和设备都有所不同。FEOL 方案是在所有 CMOS 工艺之前完成 TSV,TSV 需要经历 CMOS 工艺的高温过程。因此,所有的材料和结构必须具有耐受约 1000℃高温的能力,只能以多晶硅或钨作为 TSV 导体,其制造方法和电学特性与铜 TSV 相比有明显的差异。MEOL 和 BEOL 在 CMOS 前道工艺之后制造 TSV,TSV 不再经历高温过程,但是需要考虑三维集成对 CMOS 器件的影响。例如 CMOS 采用低 κ 介质层材料时,后续的键合温度和键合压力都会受到限制。

不同的制造顺序导致不同的 TSV 结构特点,如图 7-3 所示。FEOL 方案中,TSV 是在 CMOS 器件以前完成的,因此 TSV 只能通过 CMOS 的 M0 层钨塞连接 CMOS 的 M1 金属层,再通过 CMOS 的互连逐层向上层连接。由于 TSV 的直径远大于钨塞直径,为了降低钨塞的电阻,通常使用多个钨塞连接一个 TSV。MEOL 方案中,TSV 是在 M0 金属钨塞完成以后制造的,因此 TSV 直接连接 CMOS 的 M1 层金属。MEOL 中 TSV 也可以与高层金属

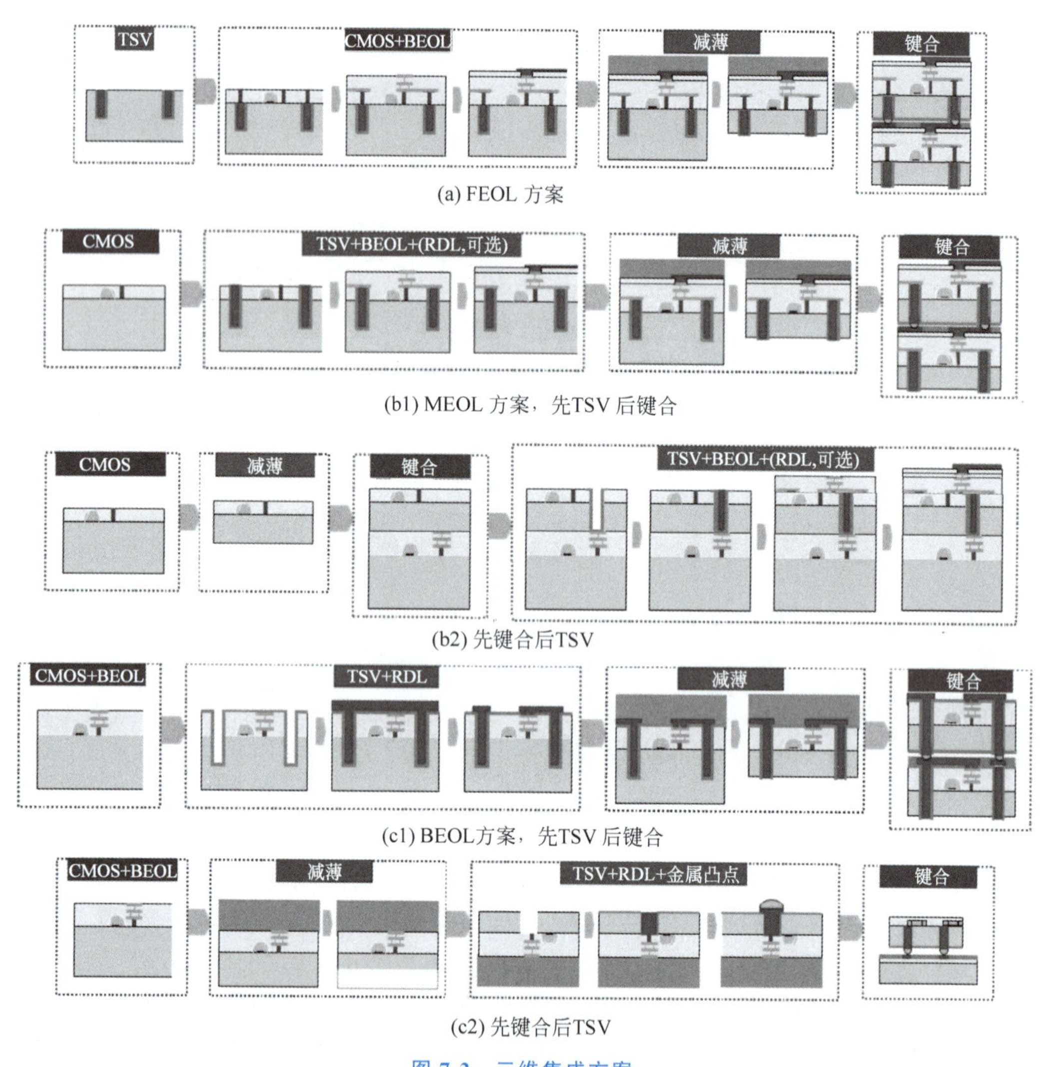

图 7-2　三维集成方案

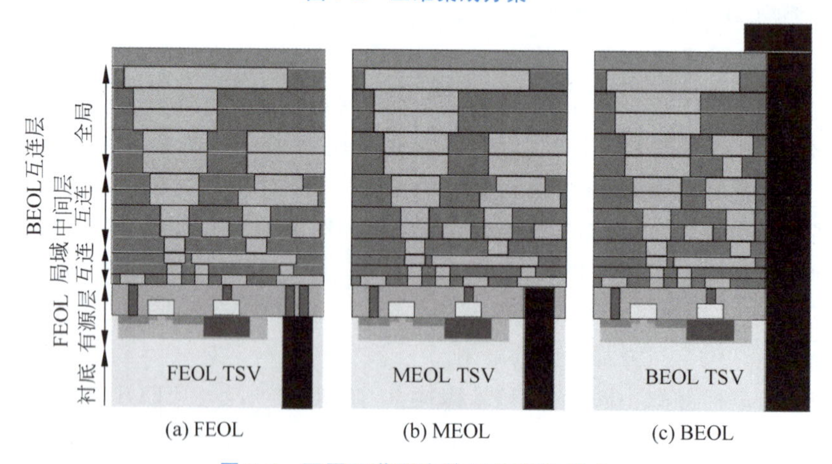

图 7-3　不同工艺顺序的 TSV 结构特点

如 M5 相连，代价是需要刻蚀多层介质层。BEOL 方案中 TSV 是在 CMOS 的后道工艺以后制造的，因此需要穿透整个介质层，TSV 只能连接 CMOS 的最顶层的金属 Mn 层，再通过 CMOS 的互连逐层向下连接。相比于 MEOL，BEOL 的 TSV 穿透多层介质层，深孔刻蚀时不仅要刻蚀硅，还要刻蚀厚度超过 10μm 的介质层，在相同制造能力的情况下 BEOL 方案实现的 TSV 直径更大。

不同工艺顺序对制造能力的要求不同，独立的半导体制造商(IDM)、CMOS 代工厂(Foundry)和外包半导体封装测试企业(OSAT)往往采用不同的方案。对于 BEOL 方案，所有的 CMOS 的工艺已经全部完成，三维集成既可以在 IDM 和代工厂完成，也可以在封装企业完成。BEOL 摆脱了对集成电路工厂的依赖，使封装厂也能够实现三维集成，但是 TSV 直径大、密度低，同时刻蚀过程更为复杂、成本更高。FEOL 和 MEOL 方式实现的 TSV 直径小、密度高、刻蚀简单，在成本上也有一定优势，但是 TSV 工艺后还需要制造 CMOS 的金属互连，所以这两种方式依赖集成电路工艺，只能在 IDM 或者代工厂完成，无法在封装企业完成，并对集成电路工艺有一定影响。因此，不同的制造商需要根据自身特点选择不同的三维集成工艺。

不同的三维集成方案有各自的优缺点、适用领域和技术特点，但目前三维集成的方法越来越向着 MEOL 和 BEOL 两类发展。这两者由于明确的技术路线和可信赖的设备和材料支撑，分别适于集成电路制造厂和封装厂，因此发展更快，逐渐成为三维集成的主流方案。

7.1.2 TSV 结构与键合

7.1.2.1 TSV 结构

TSV 的结构以实心结构为主，还有其他几种不同的结构形式，如图 7-4 所示。实心 TSV 以柱形金属作为导体，侧壁包裹介质层。实心 TSV 的导体包括铜、钨、镍、多晶硅、单晶硅等，介质层包括 SiO_2 和高分子聚合物等。不同导体材料的实心 TSV 的制造方式差异很大，其中铜 TSV 制造方法最复杂，而单晶硅导体的 TSV 只需要在衬底刻蚀环形深槽，并在深槽内填充 SiO_2 或高分子介质层即可实现。由于实心金属 TSV 制造复杂，多用于集成电路领域，而单晶硅或多晶硅实心 TSV 常用于 MEMS 领域。

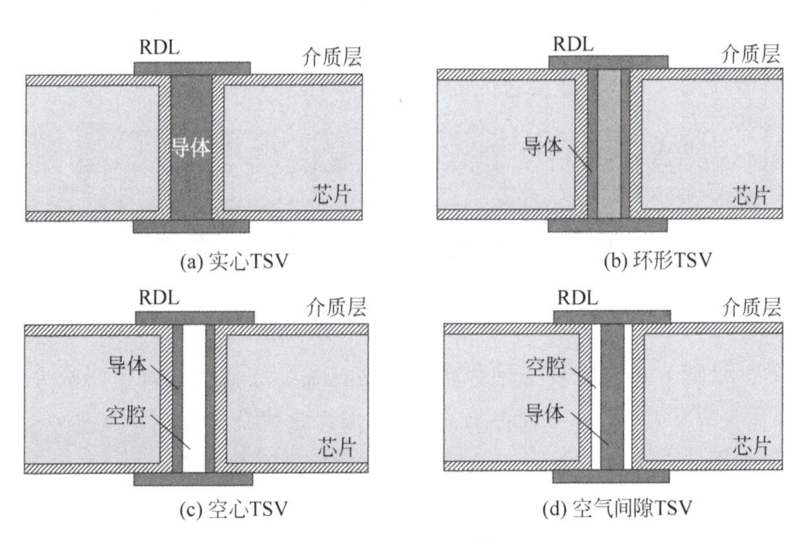

图 7-4 TSV 结构

环形 TSV 是指导体柱为环形但导体中心仍有填充的 TSV 结构。图 7-5 为 2006 年 IBM 报道的环形结构 TSV[1-2]。环形 TSV 的导体包括钨、铜、多晶硅等,介质层包括 SiO_2 和聚合物,导体所环绕的填充材料既可以是衬底材料,也可以是其他填充材料如聚合物。环形 TSV 适合于 CVD 或 PVD 方法沉积的钨[3],而采用多晶硅时只需在衬底刻蚀环形深孔并沉积介质层再填充多晶硅即可。环形 TSV 的优点是对于大直径 TSV 填充所需金属较少,热膨胀小,热应力较低,可靠性较高。此外,环形深孔填充的难度低于圆柱形实心孔,加之较薄的厚度,环形 TSV 甚至可以直接使用 CVD 或 PVD 等沉积技术填充。

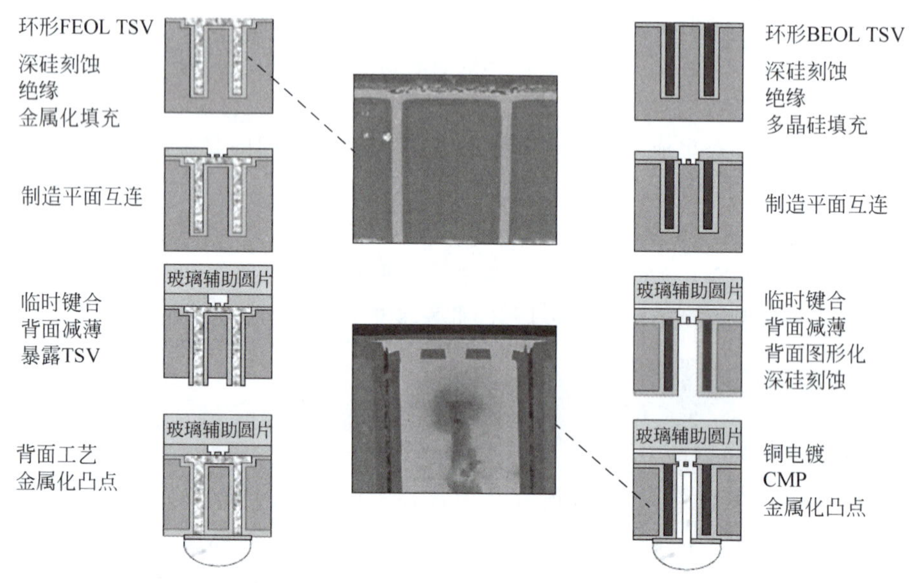

图 7-5　IBM 环形 TSV

空心 TSV 是指导体柱为环形空心柱,但空心内不填充材料的 TSV 结构。空心导体可以是 PVD 方法沉积的钨、铝、金,或电镀的铜或镍[4-7],或 LPCVD 方法沉积的多晶硅[8],介质层包括 SiO_2 和聚合物等。典型的空心 TSV 的制造流程如图 7-6 所示。空心 TSV 的主要优点是金属制造过程简单,金属空腔为热膨胀提供了变形空间,因此热应力显著下降。空心 TSV 特别适合于对 TSV 密度要求低的应用,如 MEMS 和封装。

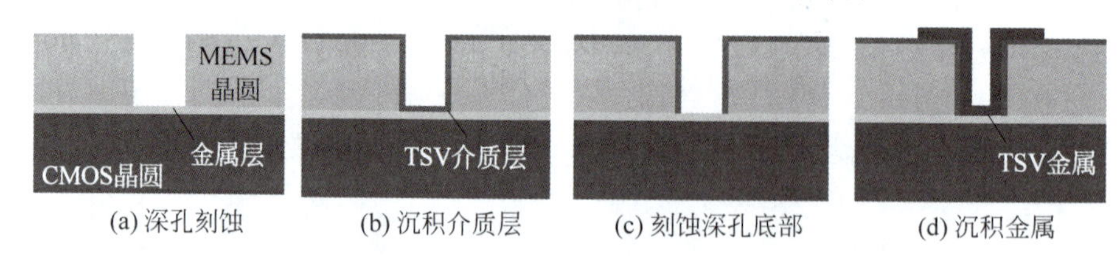

图 7-6　典型的空心 TSV 的制造流程

空气间隙 TSV 是利用导体柱周围环绕的空腔作为介质层。这种结构的 TSV 多采用重掺杂的单晶硅作为导体柱,制造过程极为简单,只需在重掺杂衬底刻蚀环形空腔将导体柱与衬底分离即可,如图 7-7 所示。受限于硅的电导率,硅 TSV 的电阻偏大,只适用于对阻值要求不高的情况如传感器。另外,导体侧壁缺少支撑,导体硅柱的深宽比一般不超过 2∶1。尽管金属柱的空气间隙 TSV 也可以实现,但制造过程比单晶硅要复杂很多。在 TSV 数量少、密度低的情况下,甚至可以直接通过引线键合的方式将金属引线压焊在深孔底部,利用悬空的金属引线充当 TSV 的导体。空心 TSV 和空气间隙 TSV 形成后，若需要进行光刻，一般只能使用干膜光刻胶。

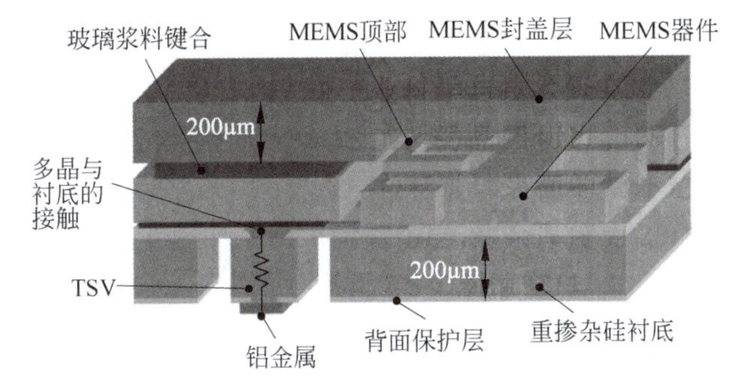

(a) 结构示意图[9]

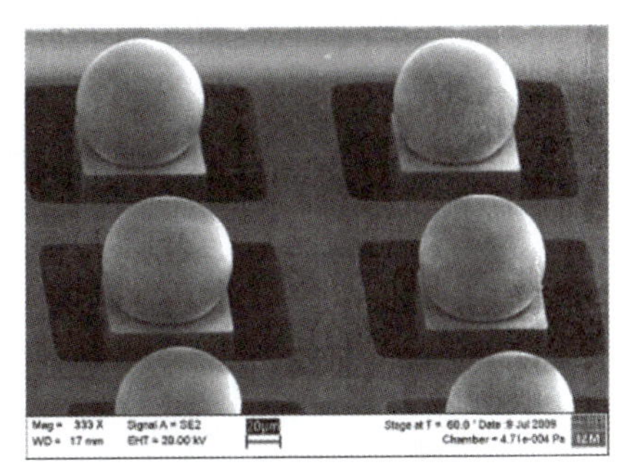

(b) 带有凸点的TSV结构[10]

图 7-7 空气间隙硅导体 TSV

7.1.2.2 键合方法

键合工艺引入了显著的多样性，根据键合方法的差异三维集成有不同的分类。如表 7-1 所示，根据两层芯片的相对方向，可以将键合分为正面对正面键合和正面对背面键合，前者是指两层键合芯片的 CMOS 器件分别位于上层芯片的下表面和下层芯片的上表面，后者是指两层芯片的 CMOS 器件分别位于上层芯片的上表面和下层芯片的上表面，如图 7-8 所示。对于减薄的芯片，正面对背面键合需要采用临时键合，将 CMOS 器件所在表面与辅助圆片临时键合，经过背面减薄等工艺后，将晶圆的背面与另一个器件晶圆永久键合，实现正面对背面键合；而正面对正面键合无须临时键合。

表 7-1 键合分类

分类标准	分　　类	说　　明
键合方向	正面对正面	相邻两层芯片的器件层相对放置
	正面对背面	相邻两层芯片的器件层顺序放置
键合对象	芯片级	芯片与芯片键合
	芯片晶圆级	芯片与晶圆键合
	晶圆级	晶圆与晶圆键合
键合方法	金属键合	包括铜-铜热压键合和瞬时液相键合
	介质层键合	SiO_2 键合和高分子键合

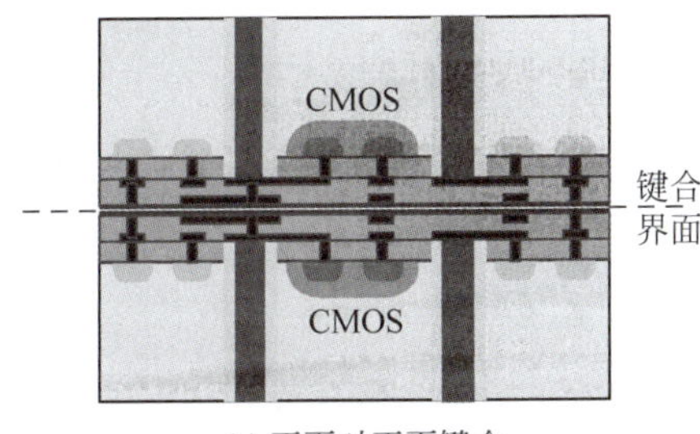

(a) 正面对正面键合

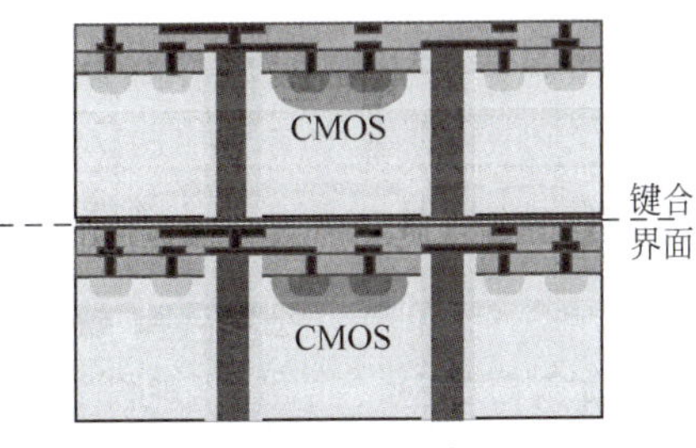

(b) 正面对背面键合

图 7-8 键合方向分类

按照键合对象可分为芯片与芯片键合、芯片与晶圆键合以及晶圆与晶圆键合。键合对象对集成结构影响不大,主要根据芯片的特点决定,但是影响键合难度、成品率和键合的工艺。芯片级键合具有最大的灵活性,可以排除失效芯片的影响,适用于芯片成品率较低和尺寸差异很大的情况,但是键合效率低。晶圆级键合具有最高的对准精度和键合效率,但是无法排除失效芯片的影响,并且要求晶圆上的芯片大小基本一致。芯片与晶圆键合介于二者之间,特别适合某一个晶圆上的芯片成品率较低或大小失配严重的情况。

永久键合基本都是混合键合,包括金属键合和介质键合两部分,前者用于相邻两层之间的电学连接,后者用于增强键合强度和改善热传导,并保护键合金属。常用的金属键合包括金属热压键合和室温键合,以及瞬时液相键合,常用的介质键合包括 SiO_2 键合和高分子键合。不同的键合方式对芯片的相对位置等影响不大,主要影响工艺难度和键合凸点的性质,有些键合方式适合于芯片级键合,有些键合方式适合于晶圆级键合。

7.2 FEOL 方案

FEOL 方案是在 CMOS 工艺开始以前制造 TSV 的工艺方案,即先在晶圆上制造 TSV 再制造晶体管。FEOL 方案采用多晶硅和钨作为 TSV 导体,这两种材料也是在三维集成早期尚无法实现高深宽比铜电镀时 TSV 的主要材料。因此,最早从事三维集成研究的机构,包括日本东北大学、IBM、Fraunhofer 和 NEC、OKI、Elpida 等都开发了 FEOL 方案,目前 Teledyne Dalsa 提供 FEOL 的代工服务[11]。随着 MEOL 和 BEOL 方案逐渐发展为主流,FEOL 只在特定场合有一定的应用,如 MEMS 和传感器等对 TSV 电阻要求不高的场合。

7.2.1 工艺流程与结构特点

FEOL 方案的主要工艺流程如图 7-9 所示。首先在空白晶圆上制造 TSV,完成深孔刻蚀、介质层沉积和导电材料填充后,进行 CMP 平整化;然后在晶圆上制造 CMOS 器件;最后进行减薄及键合。CMOS 前道和后道工艺都在 TSV 制造后完成,TSV 的导电填充材料必须要能经受约 1000℃的高温,因此最常所用的 TSV 导电填充材料是掺杂的多晶硅或金属钨。此外,TSV 完成后经过 CMP 平整化,TSV 与 CMOS 互连相对位置的确定,要求 TSV 层的光刻标记在 CMP 工艺以后仍然有效。

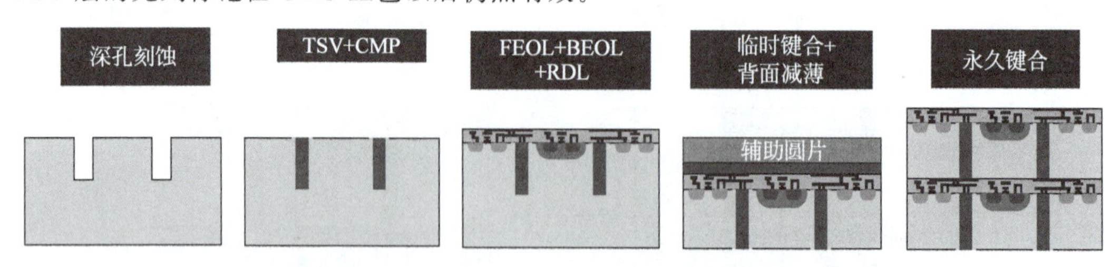

图 7-9 FEOL 方案的主要工艺流程

FEOL 方案对 TSV 工艺的温度没有限制。介质层沉积和多晶硅填充可以使用高温工艺,如热氧化的 SiO_2 介质层、LPCVD 方法沉积的多晶或 CVD 方法沉积的钨导体。这些方法都具有良好的共形能力,可实现高深宽比的 TSV,如 CVD 填充钨可以实现 20∶1 的深宽比。多晶硅 TSV 在热力学、可靠性和可制造性方面具有特有的优点,如无须扩散阻挡层和种子层,不需要特殊设备,制造简单成本低。多晶硅的热膨胀系数与硅基本相同,避免了热应力问题和相关的可靠性问题。钨是 CMOS 工艺 M0 层金属钨塞的材料,耐高温。钨的扩散能力很低,无须扩散阻挡层,但仍需粘附层;钨的电阻率高于铜,并且沉积后残余应力大。多晶硅的主要缺点是电阻率高。即使重掺杂的多晶硅,电阻率也比铜高 3 个数量级。高深宽比 TSV 的电阻约为 7Ω,不能用于大电流或高频传输。尽管其电阻值与钨塞相比较小,但是每个钨塞只负责 1 个晶体管的信号和电流传输,而多晶硅 TSV 需要负担较大的电流,因此需要较大的 TSV 直径。

FEOL 方案最后制造 CMOS 的晶体管和金属互连,CMOS 的金属互连位于 TSV 的上方,在不采用特殊处理的情况下,TSV 依靠 CMOS 的 M0 层钨塞与第一层金属 M1 连接。TSV 可以通过 M0 和 M1 连接晶体管,如图 7-10 所示[12],但无法与相邻芯片的 TSV 直接键合。如果需要两个 TSV 对应连接,需要通过 CMOS 介质层中的平面互连层,以逐层向上连接的方式将 TSV 的信号引出至表面[13]。

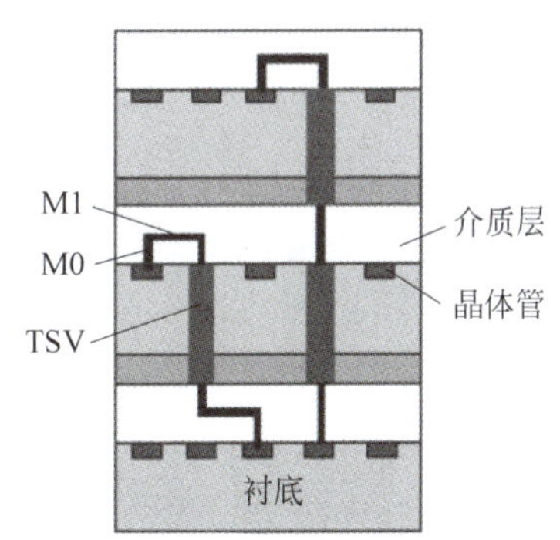

图 7-10 FEOL 方案 TSV 互连关系

采用多晶硅或钨作为 TSV,能够实现较高的深宽比和较小的直径。FEOL 制造的 TSV 直径一般为 1～5μm,允许多个 TSV 并联作为一个 TSV 使用,不但可以降低电阻,还可以通过冗余提高 TSV 的成品率和可靠性。TSV 可以由 CMOS 制造厂制造,甚至由晶圆制造商提供。晶圆制造商制造的 TSV 的位置是固定的,这种情况只能针对特定应用。

7.2.2 典型方案

日本东北大学是世界上最早、最重要的三维集成技术的研究单位之一,在三维集成技术、键合方法、三维集成可靠性等方面成果丰富。日本东北大学在 20 世纪 90 年代提出了 FEOL 三维集成方案,称为 Buried Interconnection 技术,结构如图 7-11 所示。该方案以多

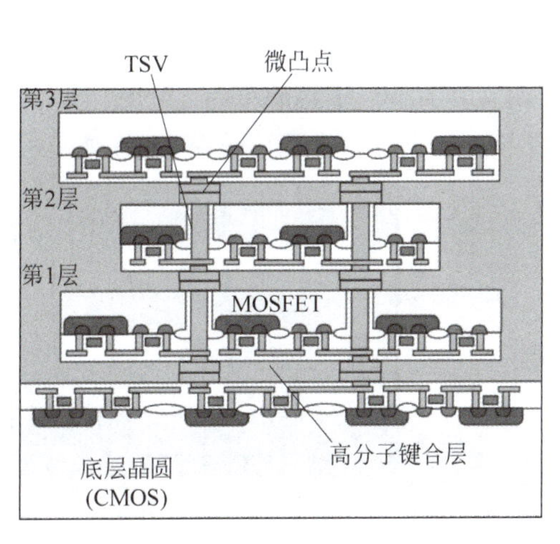

(a) 集成结构

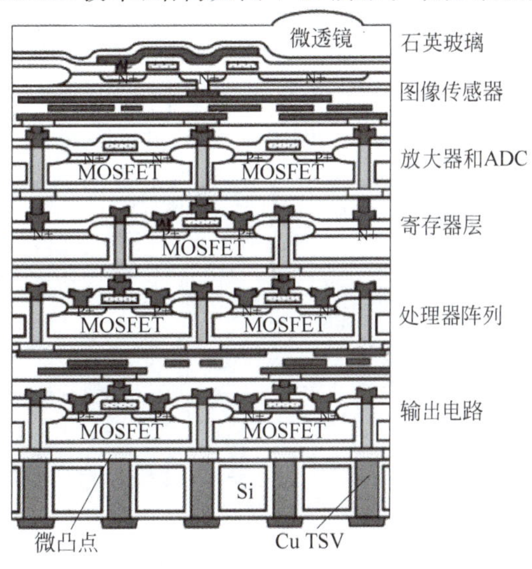

(b) 图像传感器及信号处理系统

图 7-11 日本东北大学 FEOL 三维集成方案

晶硅和钨作为 TSV 的导体，利用金属凸点键合实现相邻芯片层之间的电学连接，并利用高分子键合增强键合强度。日本东北大学利用 FEOL 方案实现了多种不同的应用，如以人工视网膜为目标的图像传感器和信号处理系统[13]。

图 7-12 为日本东北大学的 FEOL 三维集成方案流程[14]。采用多晶硅作为 TSV 的导体，通过金属和聚合物混合键合实现多层集成。介质层为热氧化的 SiO_2，用 LPCVD 在深孔内填充多晶硅。多晶硅填充后晶圆表面不平整，需要 CMP 平整化。以带有多晶硅 TSV 的晶圆为初始晶圆，完成 CMOS 器件的制造，然后在晶圆正面临时键合辅助圆片；从晶圆背面减薄和抛光，暴露出多晶硅 TSV，在背面制造金属互连和键合凸点；采用聚合物键合和 Cu-Sn 混合键合实现两层芯片的永久键合。

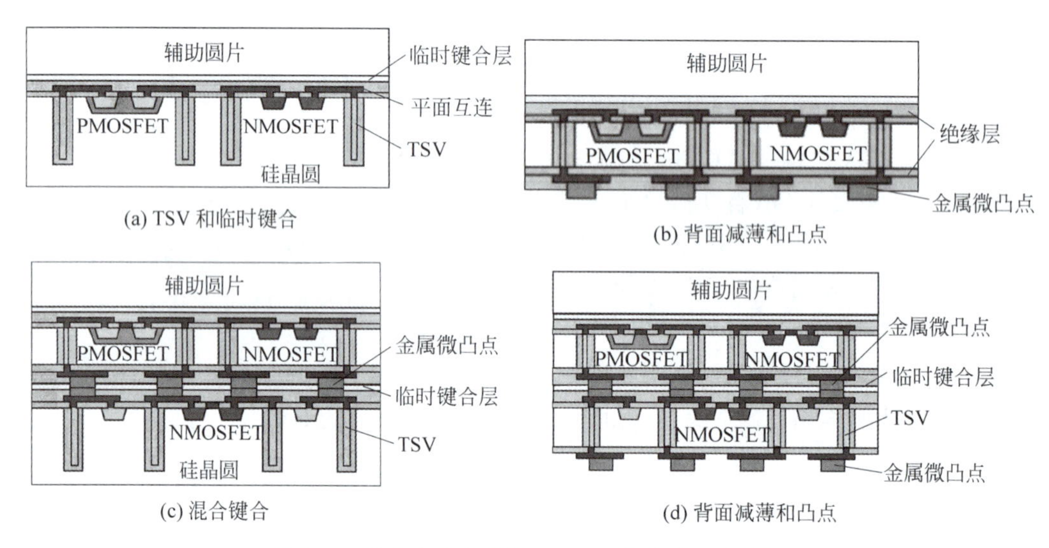

图 7-12　日本东北大学的 FEOL 三维集成方案流程

日本东北大学实现了深宽比达 20∶1 的条形 TSV，单层芯片厚度约为 30μm，条形 TSV 最小尺寸为 2.5μm，如图 7-13 所示[14]。2002 年，日本东北大学和 ZyCube 采用 FEOL 技术，利用 Au-In 凸点和聚合物混合键合，实现了共 10 层每层厚度为 30μm 的 DRAM 三维集成。利用多晶硅 TSV 的三维集成，日本东北大学实现了传感器阵列三维集成电路、三维集成存储器、人工视网膜系统，以及三维集成微处理器等多种三维集成。

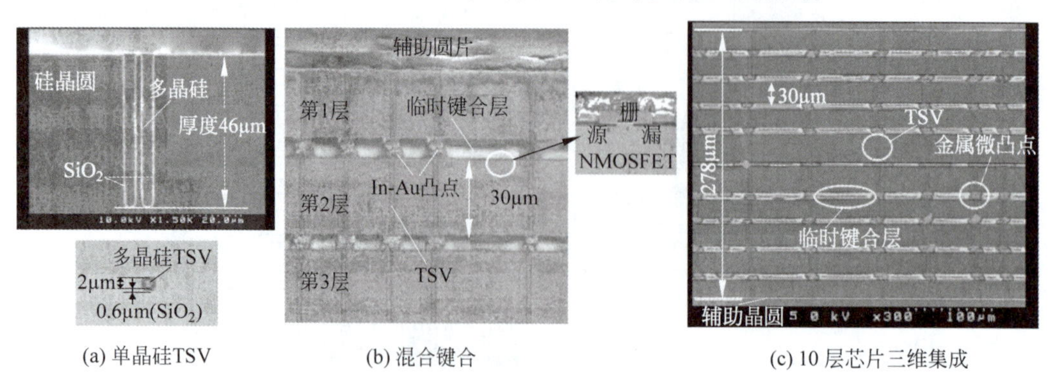

图 7-13　日本东北大学 TSV 和多层芯片集成

7.3 MEOL 方案

MEOL 方案是在 CMOS 器件的前道和后道工艺之间制造 TSV 的流程,因此 TSV 和集成工艺都由 CMOS 工厂完成。MEOL 方案主要使用铜 TSV,尽管也有方案采用钨 TSV。MEOL 由 ASET 和 IMEC 倡导,由于可以实现更小直径、更高密度的 TSV,并且为 TSV 的制造提供了较大的灵活性,近年来成为半导体制造商的主流三维集成方案,包括 TSMC、TI、GF、Tezzaron、ST 等都开发了 MEOL 的方案。从 2010 年起,IBM、TI、IMEC 和 GF 先后验证了 32～14nm 的 CMOS 工艺、SOI 工艺及 FinFET 工艺与 TSV 的集成[15-20]。Yole Development 的数据表明,2017 年三维集成产品的总产值中,约 45%采用 MEOL 方案制造,另外 55%采用 BEOL 方案制造。

7.3.1 工艺流程与结构特点

7.3.1.1 工艺流程

MEOL 方案在 CMOS 的前道工艺与后道工艺之间制造 TSV,即首先制造 CMOS 器件和 M0 钨塞,然后制造 TSV,最后制造 CMOS 的 M1 金属和以后的互连,如图 7-14 所示。由于在 TSV 以前已经完成了 CMOS 的高温工艺,因此可以使用铜作为 TSV 的导体,能够获得更好的电学特性,并且 TSV 工艺的低温过程对 CMOS 器件没有影响。

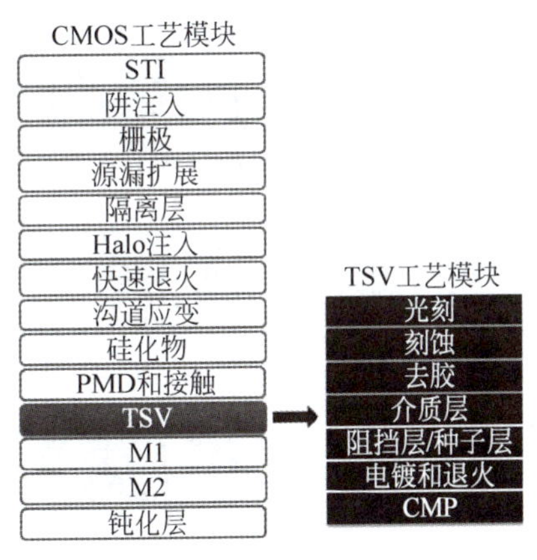

图 7-14 MEOL 方案顺序

MEOL 方案可以进一步分为先制造 TSV 后键合以及先键合后制造 TSV 两种,如图 7-15 所示。在先制造 TSV 后键合方案中,首先完成 CMOS 的前道工艺晶体管,然后刻蚀深孔,在深孔内沉积介质层、扩散阻挡层和种子层;铜电镀填充 TSV,CMP 除去过电镀的铜使表面平整化;之后完成 CMOS 工艺平面互连制程;将 CMOS 晶圆与辅助圆片临时键合,从晶圆背面减薄,回刻暴露出 TSV 铜柱并制造 RDL;最后键合完成芯片的集成和电学连接,并去除辅助圆片。

在先键合后制造 TSV 方案中,首先完成 CMOS 的前道工艺,然后与辅助圆片键合;从背面减薄晶圆后,与另一个晶圆永久键合并去除辅助圆片;刻蚀深孔,在深孔内沉积介质层,刻蚀深孔底部介质层,沉积扩散阻挡层和种子层;铜电镀填充 TSV,CMP 除去过电镀的铜;完成 CMOS 后道互连全部制程。

一般情况下,先制造 TSV 后键合采用金属键凸点连接两层芯片,而先键合后制造 TSV 通过 TSV 连接两层芯片。先制造 TSV 后键合方案广泛应用于体硅集成,而先键合后制造 TSV 主要用于 SOI 集成以及部分超薄晶圆集成。

MEOL 方案是代工厂和 IDM 广泛采用的三维集成方案,典型工艺集成顺序如表 7-2 所示。这种集成方案采用临时键合实现两层芯片正面对背面的位置关系;若不采用临时键合,则可以在完成全部 CMOS 制程后直接进行正面对正面键合。临时键合尽管增加了工艺

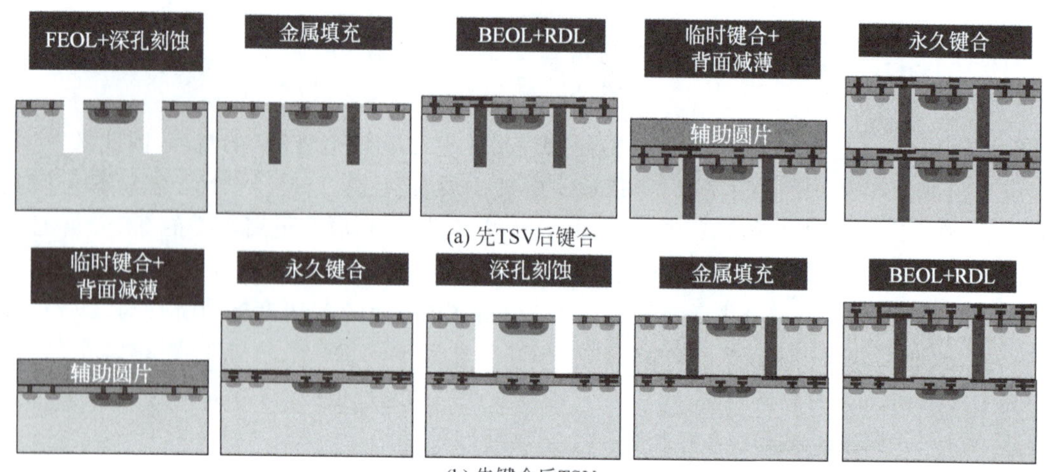

(a) 先TSV后键合

(b) 先键合后TSV

图 7-15　MEOL 方案工艺流程图

的复杂度,但是具有更加灵活的结构和工艺选择范围,对于多层芯片的集成更为有利。

表 7-2　典型 MEOL 方案工艺集成

序号	工　艺	图　示	工艺描述和主要参数
1	CMOS 工艺		完成 CMOS 工艺的 M0 金属并 CMP 平整化,在 CMOS 的 PMD 介质层表面沉积厚约 100nm 的氮化硅作为 CMP 停止层
2	TSV 深刻蚀		以光刻胶为掩膜,RIE 刻蚀氮化硅后,DRIE 刻蚀深孔,典型直径为 2～10μm,深度为 20～50μm,控制侧壁形貌和深度一致性
3	介质层沉积		TEOS+O_3 沉积厚度为 200～500nm 的 SiO_2 介质层,沉积温度约为 400℃,保证介质层连续
4	金属层沉积		iPVD 沉积厚度约为 10nm/50nm 的 Ta/TaN 等粘附层/扩散阻挡层,iPVD 沉积厚度为 100～200nm 的 Cu 种子层,保证 Ta/TaN/Cu 的连续性
5	铜电镀		铜电镀填充深孔,采用合适的添加剂、电流、波形参数,控制表面过电镀的厚度和蘑菇头凸起的高度,防止铜柱内部空洞
6	热退火		在 400～450℃ 下和氮气或形成气体环境中退火 30min,使铜柱产生预塑性变形
7	正面 CMP		正面 CMP,顺序去除表面过电镀铜、TSV 扩散阻挡层、TSV 介质层和氮化硅停止层,使表面回到 CMOS 工艺的 PMD 介质层状态

续表

序号	工　艺	图　示	工艺描述和主要参数
8	金属互连	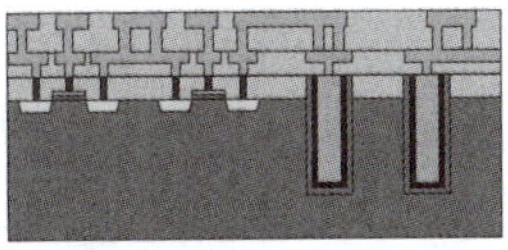	正面继续 CMOS 工艺的金属互连，包括低层的低 κ 介质层和互连以及高层的 SiO_2 介质层和互连，表层为 RDL 或键合金属层/金属凸点
9	临时键合	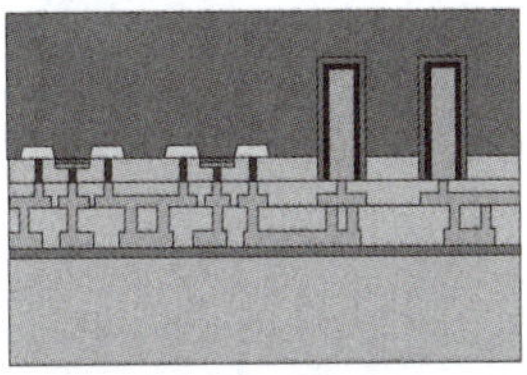	翻转晶圆，使晶圆正面与辅助圆片临时键合，根据键合具体方式选择临时键合胶种类、键合温度、辅助圆片等参数
10	背面减薄	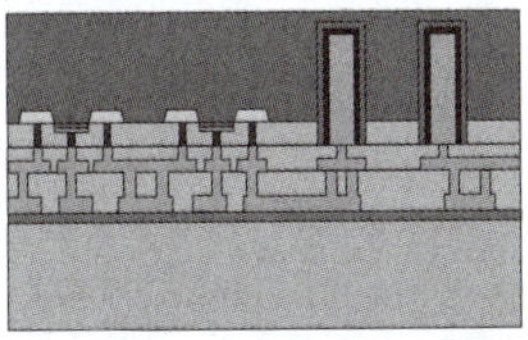	采用粗研磨、精研磨和抛光，将晶圆从背面减薄至距离 TSV 顶端 5～10μm 的位置
11	背面回刻	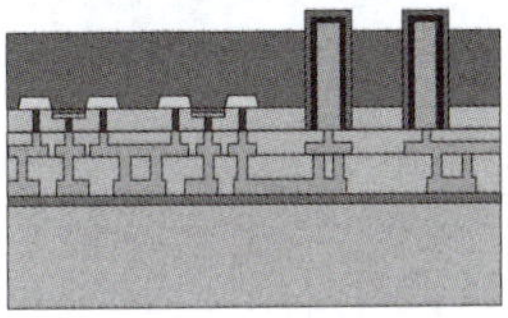	采用干法刻蚀，从背面刻蚀晶圆，刻蚀至距离最终 TSV 顶端高度下方 2～3μm 的位置
12	介质层沉积	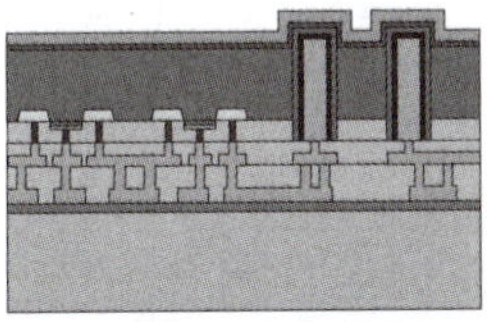	采用约 200℃ 的低温 PECVD，在晶圆背面沉积 100～200nm 的氮化硅作为扩散阻挡层和吸杂层，沉积 2～3μm 的 SiO_2 作为介质层
13	背面 CMP	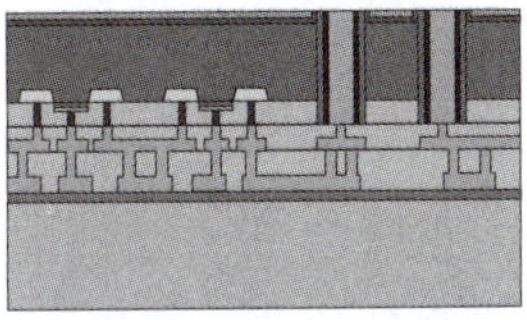	背面 CMP，依次去除 TSV 顶端的 SiO_2 介质层、氮化硅扩散阻挡层、TSV SiO_2 介质层和 TSV 扩散阻挡层，再去除表面一部分厚度的 SiO_2 介质层，使 TSV 顶端露出
14	背面 RDL	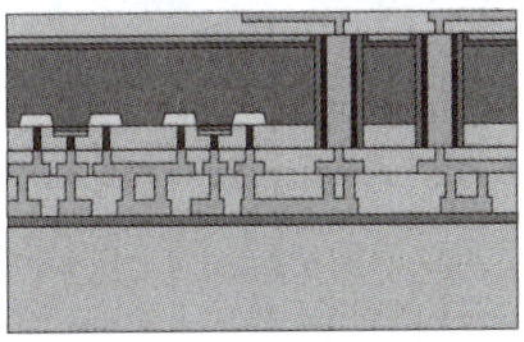	背面采用大马士革工艺制造 RDL 和键合金属层/金属凸点
15	永久键合	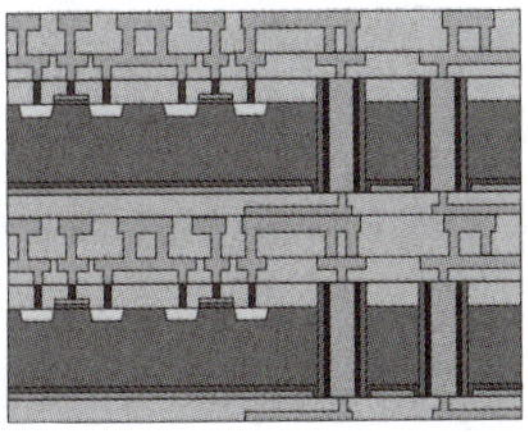	采用合适的键合方式，将器件晶圆与另一器件晶圆永久键合

7.3.1.2 结构特点

在 MEOL 方案中，TSV 上方为 CMOS 的 RDL 层，TSV 与相邻芯片的连接需要顶层金属键合层过渡，因此，即使位置相对的 TSV 也无法直接键合连接。MEOL 方案中的 TSV 可以连接低层金属（M1～M4）或高层金属（Mn）。如图 7-16 所示，将 TSV 与第一层金属 M1 或第二层金属 M2 甚至 M4 相连，TSV 只需穿越一层或少量几层介质层，深刻蚀时刻蚀介质层的厚度较小，可以在大马士革工艺制造互连的同时，实现 TSV 与互连的连接。这种方案不需要额外的连接工序，可以获得均匀的 TSV 直径和深度，容易实现较高的深宽比，而且为电学连接提供了更大的设计灵活性。这种方案的缺点是连接 TSV 的 RDL 厚度较且宽度窄，电阻较大，不利于大电流的传输，因此更适合低功率应用。

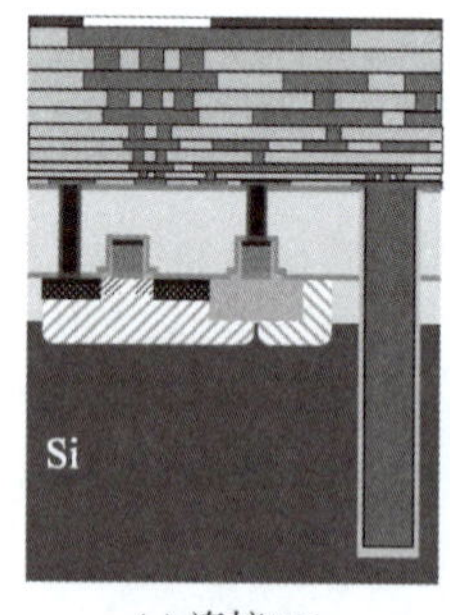

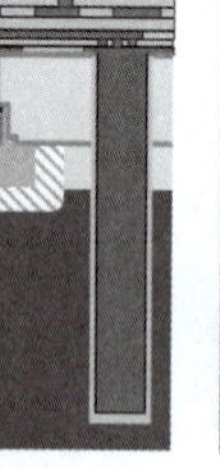

(a) 连接M1　　(b) 连接M2

图 7-16　MEOL 方案 TSV 结构

TSV 也可以与平面互连的更高层金属层连接，如 M10。连接高层金属的优点是 RDL 设计较为简单，且高层金属线宽和厚度较大，可以承载更大的电流。然而，连接高层金属需要跨越多层介质层，刻蚀过程更为复杂，并且 TSV 的连接关系受到一定的限制，复杂连接还需要通过 RDL 将 TSV 过渡到低层金属。当两层芯片采用正面对正面键合时，可以提供两层芯片间连接关系，配合连接高层金属的 TSV，适合大电流和高性能的应用如逻辑和 SRAM 的集成[21]。

MEOL 方案对 CMOS 互连布线基本没有影响，只占用芯片面积。TSV 制造在 CMOS 工艺中插入 TSV 的制造工艺，需要在 CMOS 工厂中实现。与多晶硅或钨 TSV 相比，铜的引入需要复杂的结构和工艺过程防止铜扩散，MEOL 工艺和可靠性都更加复杂。铜的热膨胀系数较钨和多晶硅更大，与硅衬底之间的热膨胀系数的差异容易引起较大的热应力，导致可靠性问题和 TSV 周围应力区无法利用。

7.3.2 先 TSV 后键合

7.3.2.1 IMEC

IMEC 较早开发了 MEOL 方案，如图 7-17 所示[22-25]。采用 DRIE 刻蚀 TSV 深孔，采用 CVD 方法沉积 SiO_2 介质层，利用 PVD 方法沉积的 Ta/TaN 在 $5\mu m\times50\mu m$ 的盲孔内壁沉积扩散阻挡层。利用铜电镀填充 TSV，经过 CMP 去除过电镀铜以后，完成 CMOS 的互连线制造。利用辅助圆片临时键合，对晶圆背面减薄、CMP 和 TSV 回刻，将铜柱从硅片背面暴露出来，并制造背面 RDL 和金属凸点。利用凸点和聚合物混合键合，完成两层电路的垂直集成。重复上述过程实现多层集成。

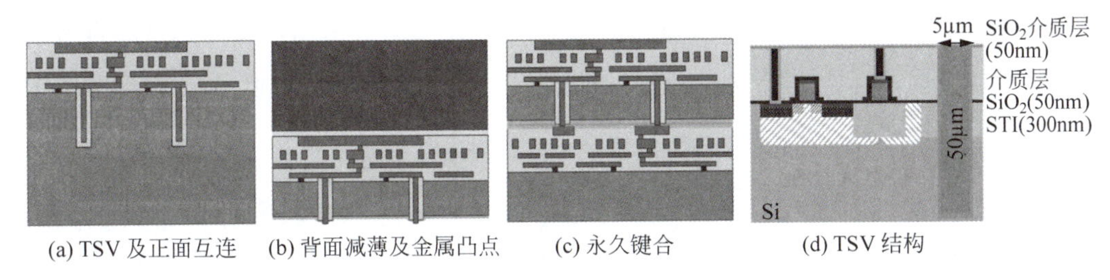

图 7-17 IMEC 的 MEOL 三维集成方法

图 7-18 为 IMEC 的 300mm 晶圆 TSV 制造流程及结构[26]。由于不需要刻蚀多层介质层，并且单层芯片可以减到很薄，IMEC 实现的 TSV 直径只有 3～5μm，最小可达 2μm，深宽比为 10∶1～15∶1。采用 ALD 方法沉积 TiN 扩散阻挡层，PVD 方法沉积铜种子层。基于这种方案，IMEC 先后对 65nm、45nm 和 22nm 的 CMOS 工艺进行了验证，其中 22nm 工艺为低介电常数介质层。

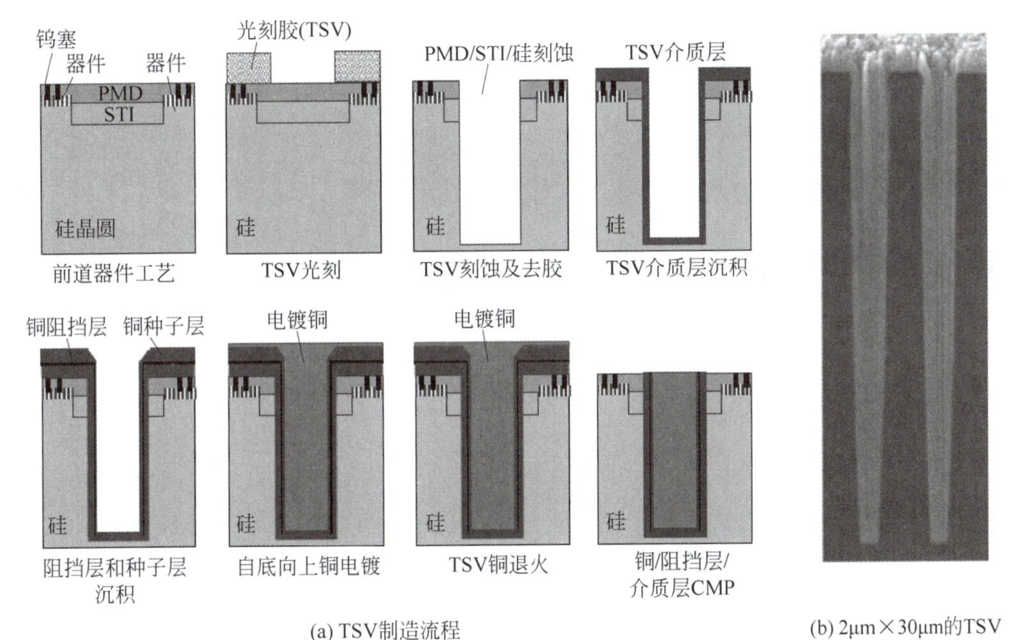

图 7-18 IMEC 的 TSV 制造流程及结构

7.3.2.2 TSMC

2008 年，TSMC 在 IEEE IITC 上报道了三维集成方案[27]，同年在 Open Innovation Platform 会议上宣布了 TSV 发展规划[28]，并于 2008 年、2009 年和 2010 年起分别提供 PT140(140μm 间距的 MEOL 的 TSV 工艺)、PT60 和 PT17 的代工生产。在 2009 年、2010 年和 2012 年的 IEEE IEDM 上，TSMC 先后报道了 28nm 工艺节点的三维集成工艺开发、优化和可靠性进展[29-31]。近几年，TSMC 基本保持了在 7nm 和 5nm 工艺量产后 6～12 个月内完成嵌入 TSV 工艺模块的开发，相应 TSV 中心距从 9μm 减小到 4.5μm[32]。

图 7-19 为 TSMC 针对多晶硅栅和高介电常数金属栅 CMOS 开发的 TSV 结构[31]。实际上，这两种器件的 TSV 结构没有明显不同，都是基于 MEOL 工艺的 TSV，铜 TSV 连接

M1 金属层,最高深宽比为 15∶1,单根电阻小于 20mΩ[27-29]。采用低温 Cu-SiO_2 键合以正面对正面的方式实现两层电路的连接,电阻率低,可靠性高[27];对于插入层应用也采用 C4 凸点键合和下填充。

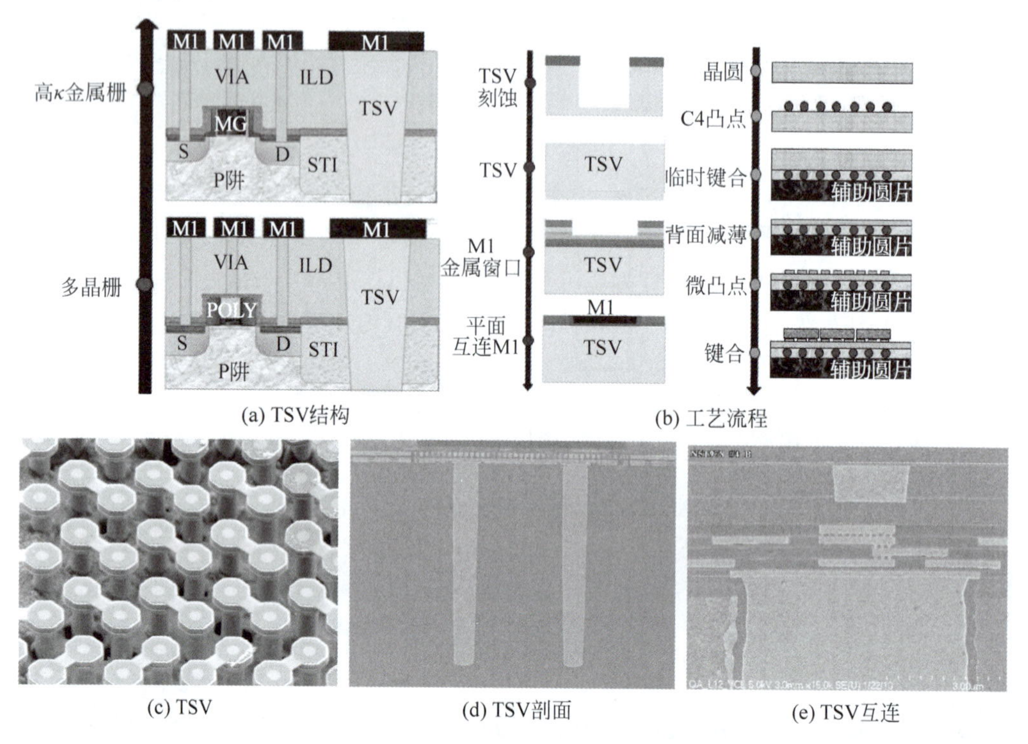

(a) TSV结构　(b) 工艺流程

(c) TSV　(d) TSV剖面　(e) TSV互连

图 7-19　TSMC MEOL 三维集成

7.3.2.3　Tezzaron

Tezzaron 成立于 2002 年,是一家专门从事三维集成的半导体公司,2004 年首次报道了包括处理器、传感器、SRAM 在内的三维集成系统。Tezzaron 与原 Chartered Semiconductor 合作,开发三维集成 DRAM 的量产工艺[33];与 Honeywell 合作开发抗辐照三维集成电路,利用 Honeywell 的 S150 工艺结合 Tezzaron 的三维集成技术,提高抗辐照电路的集成度并降低功耗。

Tezzaron 开发的 Super-Contact™ 集成技术属于先 TSV 后键合的 MEOL 方案,采用钨 TSV 连接电路的 M1 金属。主要工艺过程如图 7-20 所示:①制造 CMOS 器件后 TSV 深孔刻蚀及侧壁绝缘;②CVD 沉积金属钨 TSV;③制造 CMOS 平面互连及键合盘;④正面对正面 Cu-SiO_2 混合键合;⑤背面减薄及背面键合盘制造;⑥第三层集成。

Tezzaron 先后实现了存储器、CMOS 传感器电路、FPGA、混合信号 ASIC,以及处理器与存储器的三维集成[34],如图 7-21 所示。处理器电路具有 6 层金属,包括 5 层铝以及最顶层用于键合的铜,TSV 采用钨,高度约为 5μm,深宽比约 3∶1[29],两层晶圆的键合对准偏差小于 1μm。Tezzaron 将 8051 型标准体系架构的处理器与存储器三维集成,使处理器与存储器间通信时间缩短为 3ns,理论上该处理器最高主频可达 300MHz。由于设计的限制,实际最高工作频率 140MHz,但这已经远高于同类处理器产品 33MHz 的工作频率[34]。在 2015 年的 IEEE 3DIC 上,Tezzaron 和其子公司 Novati 发布了世界第一个 8 层有源芯片三

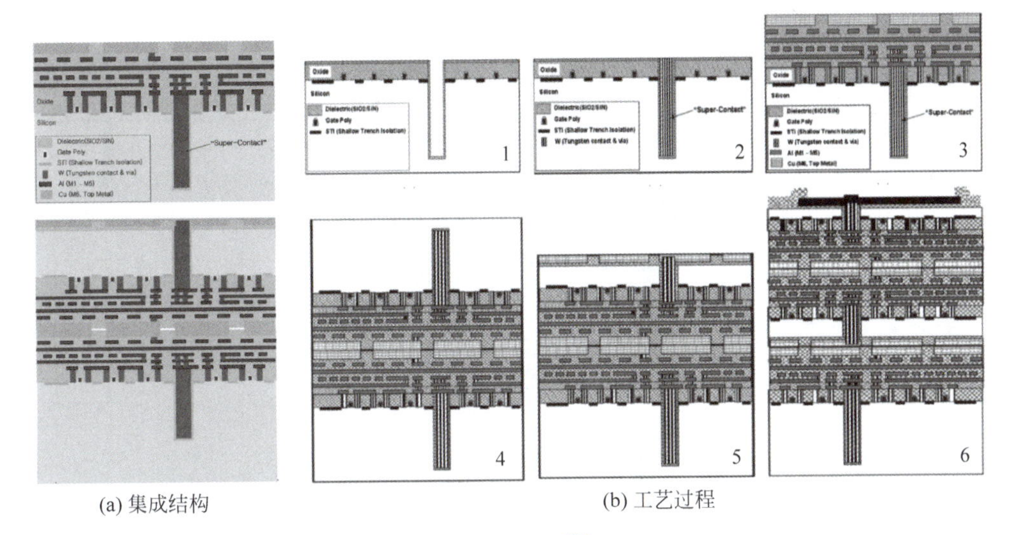

(a) 集成结构 (b) 工艺过程

图 7-20 Super-Contact^{TM} 三维集成

维集成,晶体管集成度超过了 14nm 工艺。采用 SuperContact^{TM} 技术,每层芯片总厚度为 20μm,包括 10 层平面互连,钨 TSV 尺寸为 1.2μm×6μm,最小中心距仅为 2.4μm[34]。芯片之间采用 Cu-SiO_2 DBI 混合键合,没有金属凸点,大幅降低了集成总厚度。

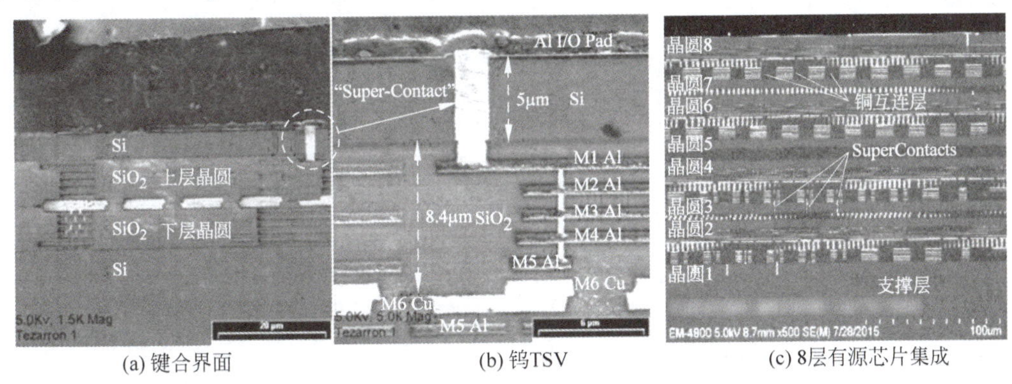

(a) 键合界面 (b) 钨TSV (c) 8层有源芯片集成

图 7-21 Tezzaron 三维集成

通常,MEOL 中 TSV 连接 CMOS 的 M1 金属,使后续多层金属复杂度有所增加。Novati 提出了在 M4 以后制造钨 TSV 的 MEOL 方案,如图 7-22 所示[36]。首先完成 CMOS 的 M4 金属,对低 κ 介质层 CMP,沉积 200nm 的 SiO_2 和 200nm 的 SiN CMP 停止层,以及 2μm 的 SiO_2 刻蚀掩膜层。刻蚀 M1~M4 的低 κ 介质层和硅衬底形成 1.2μm×10μm 的深孔,在深孔内 TEOS 方法沉积 200nm 的 SiO_2 介质层,PVD 方法沉积 40nm/100nm 的 Ti/TiN 扩散阻挡层,CVD 方法沉积 650nm 的钨 TSV。CMP 去除表面的钨,采用非选择性 CMP 去除部分厚度的 SiO_2,以 SiN 为停止层采用高选择比(70∶1)CMP 去除剩余的 SiO_2,使钨凸出表面。CMP 去除凸出的钨柱,停止在 SiN 层,CMP 去除钨和 SiN,最后制造 M5 以后的金属互连。背面减薄时,采用 ZiBond 通过介质层键合辅助圆片,避免临时键合胶厚度非均匀性导致的超薄晶圆厚度非均匀性。

7.3.2.4 GF

从 2010 年起,GF 先后验证了 20nm 平面 CMOS 工艺[17] 和 14nm FinFET 与 TSV 的

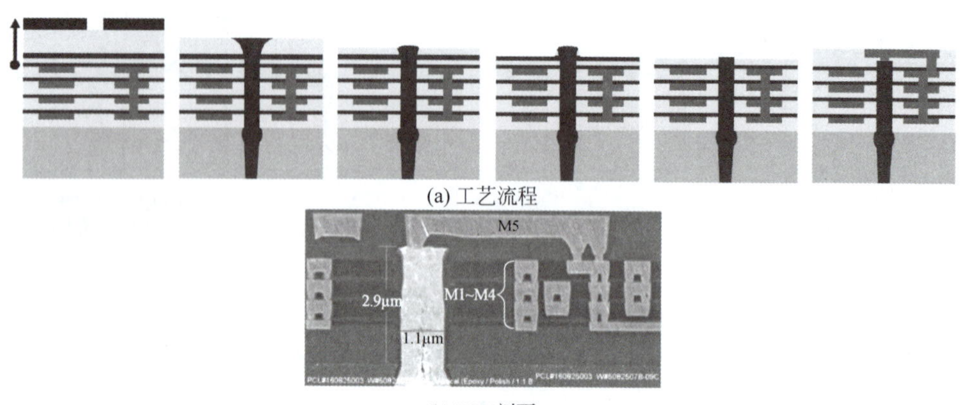

(a) 工艺流程

(b) TSV剖面

图 7-22 金属 M4 以后制造 TSV 的 MEOL 方案

集成[18],并于 2015 年投入量产,2016 年实现了直径为 5μm 的铜 TSV 与 14nm 工艺 FinFET 工艺的集成以及 12nm FinFET 的 TSV 模块。图 7-23 为 GF 开发的 MEOL 工艺方案,包括 $Cu\text{-}SiO_2$ 混合键合和 Cu/Sn 凸点键合。混合键合方案中,TSV 采用 MEOL 制

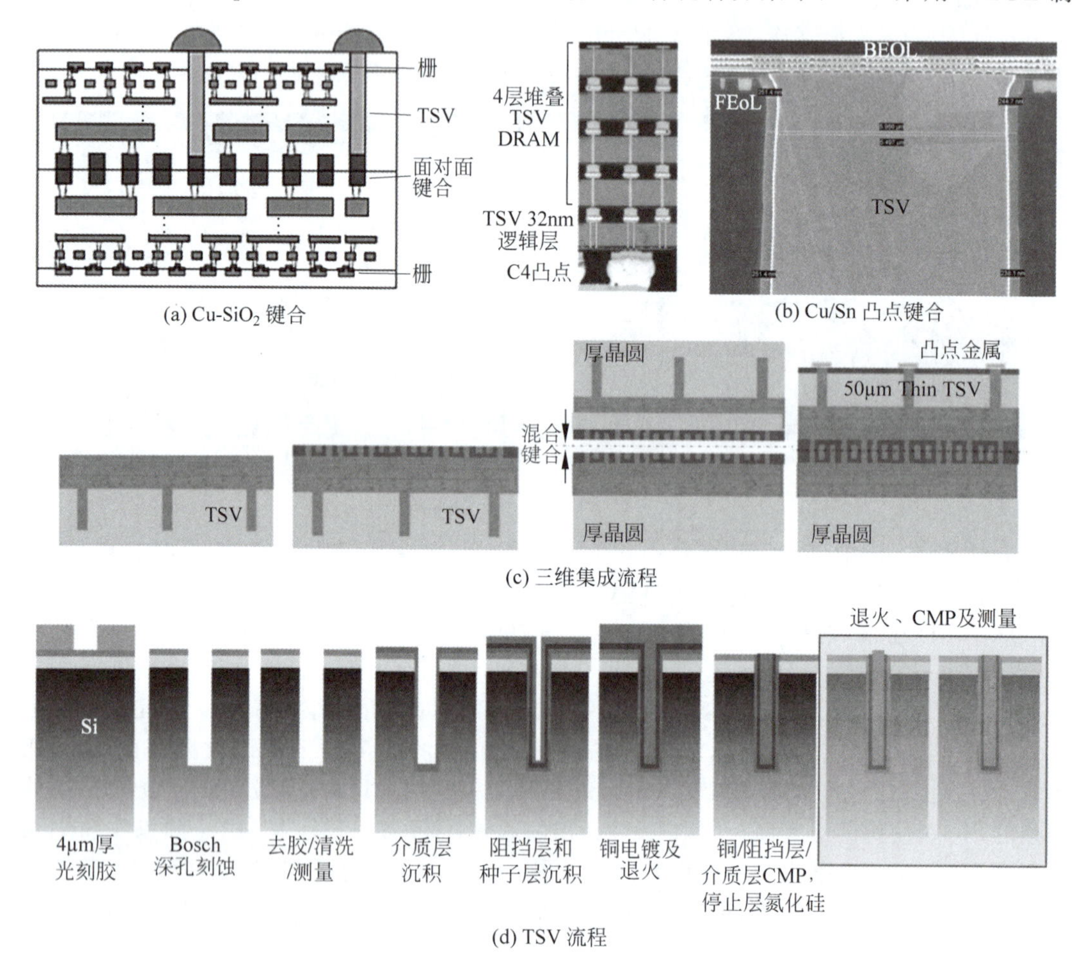

(a) $Cu\text{-}SiO_2$ 键合

(b) Cu/Sn 凸点键合

(c) 三维集成流程

(d) TSV 流程

图 7-23 GF 的 MEOL 工艺

造，然后在顶层互连上方制造键合金属结构。两层芯片采用 Cu-SiO_2 混合键合，然后减薄上层芯片暴露 TSV。

GF 的研究表明，直接将 TSV 与 M1 金属连接对铜柱 CMP 形貌的控制要求很高，当铜柱表面不平整或热膨胀导致伸缩时，铜柱会挤压 M1 金属。由于 M1 金属很薄，挤压导致 M1 金属电阻率增大甚至出现可靠性问题。为此，GF 提出采用 TSV 连接金属的方案，通过过孔金属 V0 和 V1 将 TSV 连接至 M2 金属，如图 7-24 所示[18]。

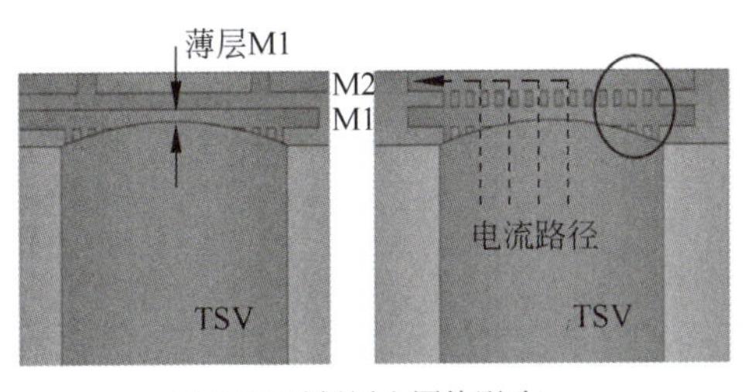

(a) TSV 对低层金属的影响

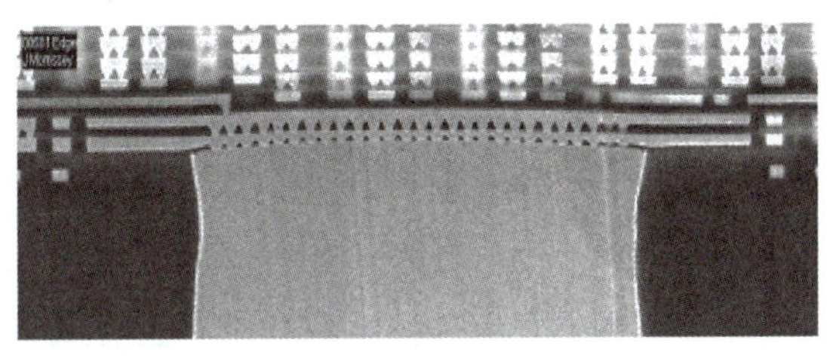
(b) 过孔金属连接TSV与M2

图 7-24 铜 TSV 的连接方法

7.3.2.5 IBM

图 7-25 为 IBM 开发的先 TSV 后键合的 MEOL 方案[19-20]。IBM 的方案以 TSV 连接 CMOS 的顶层金属 M11，因此 TSV 是在 M10 以后 M11 以前制造。TSV 位于体硅层内，穿过 M4 以下的低 κ 介质层和 M11 以下的 SiO_2 介质层后，连接 CMOS 的 M11 金属。两层芯片采用凸点键合，键合后在顶部制造 RDL 金属层。

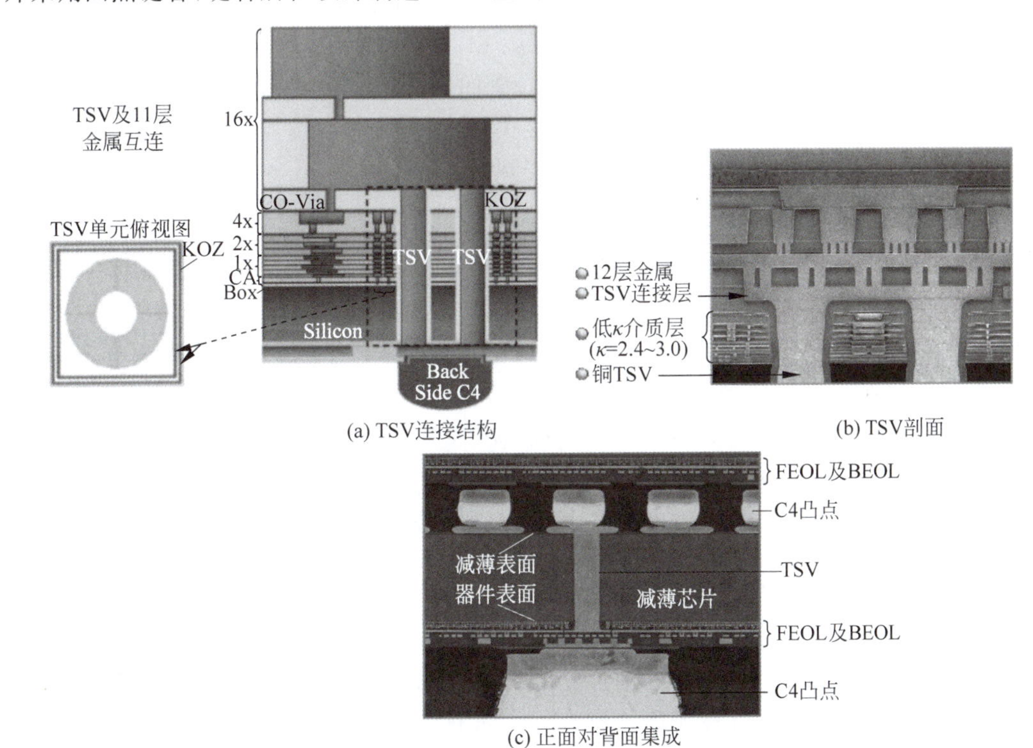

(a) TSV连接结构

(b) TSV剖面

(c) 正面对背面集成

图 7-25 IBM MEOL 三维集成

该方案适用于体硅和 SOI 衬底的多种工艺节点，表 7-3 列出该工艺的基本特征和适用范围[37]。IBM 在 45nm 和 32nm 工艺上验证了这种三维集成技术，特别是低 κ 介质材料刻蚀等工艺过程，不但开发了相关的刻蚀工艺，而且评估了刻蚀对低 κ 介质材料性能的影响，验证了 BEOL 工艺的可靠性。利用这一技术，IBM 首次实现了 32nm 高 κ/金属栅 SOI 工艺的嵌入式 DRAM[38]。

表 7-3　IBM 三维集成特点

特　　点	参　　数	特　　点	参　　数
适用衬底	SOI、体硅	TSV 结构	环形、圆形
适用工艺	90～32nm 逻辑工艺	(TSV 直径/高度)/μm	6～20/50～100
金属互连层数	5～12	最小 TSV 中心距	50μm
BEOL 介质层	介电常数 4.1～2.4	键合方向	正面对正面，正面对背面
TSV 下方互连层数	3～9		

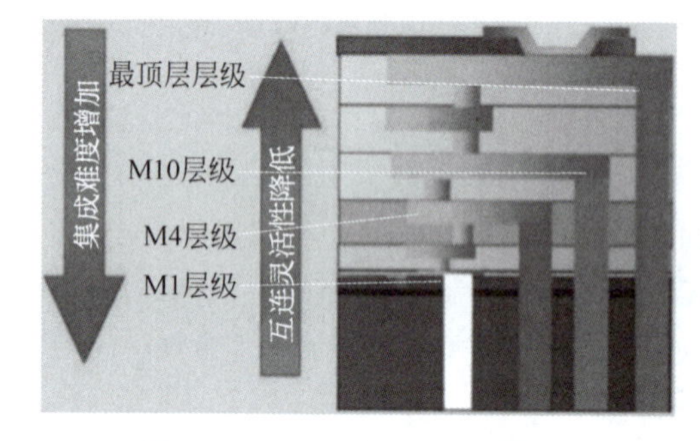

图 7-26　TSV 连接金属层的特点

与常规 MEOL 方案中 TSV 连接低层金属如 M1 或中间金属如 M4 不同，IBM 的方案中 TSV 连接顶层金属 M11。但与 BEOL 方案中 TSV 连接顶层金属不同，IBM 的 TSV 工艺是在 CMOS 的 BEOL 互连工艺中间制造的，而 BEOL 方案中 TSV 是在所有 BEOL 互连完成后制造，因此 IBM 的方案中 TSV 是从 M11 的下方连接 M11 的，而 BEOL 方案是从 M11 的上方连接 M11。因此，IBM 的 MEOL 方案是一种介于典型 MEOL 和 BEOL 之间的方案。如图 7-26 所示，TSV 连接的 CMOS 金属越低，越容易实现复杂灵活的连接关系，但制造难度越大；TSV 连接的 CMOS 金属越高，制造过程越简单，但连接关系越缺乏灵活性。

7.3.2.6　Leti 与 ST

Leti 和 ST 开发了先 TSV 后键合的 MEOL 三维集成方案，实现了模拟芯片和有源插入层内制造 TSV[39]。主要制造流程包括 65nm 的 CMOS FEOL 工艺、TSV 工艺、CMOS 的 BEOL 工艺、正面顶层 Al 互连上方的 Cu 柱工艺、背面减薄绝缘 CMP 工艺、背面 RDL 和钝化，以及背面焊球工艺。

TSV 的工艺过程[40]：①完成 CMOS 晶体管和 PMD 后，采用 CVD 沉积 40nm 的 SiN CMP 停止层，采用 6μm 光刻胶为掩膜，依次刻蚀 SiN、PMD 和硅衬底形成深孔，尺寸为 10μm×105μm(图 7-27(a))。②分别采用 SACVD 和 PECVD 沉积 350nm 和 80nm 的 SiO_2，侧壁底部和表面的厚度分别为 319nm 和 378nm(图 7-27(b))。③扩散阻挡层体系包括 TiN 和 TaN 两种。TiN 体系包括 MOCVD 和 TDEAT 前驱体沉积的 20nm TiN 扩散阻挡层、PVD 沉积的 100nm Ti 粘附层和 iPVD 沉积 1200nm Cu 种子层，TaN 体系包括 PVD 沉积的 10nm TaN 扩散阻挡层、120nm Ta 粘附层和 600nm Cu 种子层(图 7-27(c))。由于 iPVD 深宽比的限制，采用电接枝增强种子层连续性。④铜电镀填充 TSV，铜电镀后使用稀释的过硫酸刻蚀过电镀，将表面过电镀从 5μm 减小到 2μm 以内(图 7-27(d))。在 400℃进行铜退火，由于过电镀减小，退火过程的界面应力大幅降低。⑤采用三步选择性 CMP 分别去除

Cu、TaN 或 TiN 扩散阻挡层以及 SiO_2 介质层，停止在 SiN 层(图 7-27(e))。

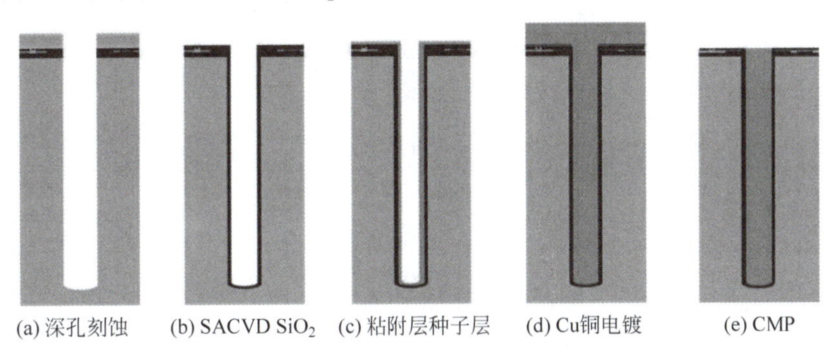

图 7-27 Leti 的 MEOL 方案

完成 CMOS 的 BEOL 后，在顶层 Al 互连表面沉积 130nm 的 TiW 扩散阻挡层和 200nm 的 Cu 种子层，光刻图形化，电镀 3μm Cu/2μm Ni/0.1μm Au 组成凸点，去除光刻胶后用稀释的过硫酸(HO_3SOOSO_3H)和 H_2O_2 混合物去除电镀种子层。对应的凸点采用类似的工艺制造 3μm Cu/2μm Ni/5μm SnAg，在 255℃的氮气环境下回流 SnAg。凸点的高度非均匀性在 5%以内。

利用厚 20μm 的临时键合胶将晶圆正面与承载圆片键合，背面机械磨削、精研磨和 CMP 将晶圆减薄至 112μm，厚度与目标差距应小于 2μm，TTV 小于 1%。采用干法刻蚀去除剩余的硅，时铜柱凸出表面 2～5μm，利用 TEOS 在 150℃沉积 2μm 的 SiO_2，通过 CMP 去除顶部的 SiO_2 暴露铜表面，CMP 过程去除的表面 SiO_2 厚度小于 300nm。背面 PVD 沉积 100nm 的 Ti 扩散阻挡层和 200nm 的 Cu 种子层，采用电镀制造 Cu 凸点。TSV 平均电阻为 169mΩ。

7.3.2.7 日立

日立公司开发了 MEOL 集成方案，实现了三层 300mm 晶圆集成[41]。其主要流程包括：①中间晶圆制造 TSV 及表面互连(图 7-28(a))；②中间晶圆表面制造 PBO 及 Cu 凸点(图 7-28(b))；③中间晶圆与顶层晶圆 Cu-PBO 混合键合(图 7-28(c))；④中间晶圆背面减薄(图 7-28(d))；⑤晶圆背面 CMP，制造表面互连(图 7-28(e))；⑥下层晶圆制造 TSV、表面互连以及 PBO 和 Cu 凸点，然后与中间晶圆 Cu-PBO 混合键合(图 7-28(f)、(g))。下层和中层晶圆厚度为 25μm，TSV 直径为 8μm，多层芯片采用 Cu-PBO 混合键合，键合后位置偏差为 0.57μm。

7.3.2.8 IHP

德国 IHP 开发了 BiCMOS 工艺的钨 TSV MEOL 方案，如图 7-29 所示[42-43]。主要制造过程包括：完成 BiCMOS 的前道工艺，刻蚀深度为 70μm、宽度为 3μm 的环形深孔，SACVD 方法沉积 SiO_2 介质层，CVD 填充 W，CMP 去除表面 W 后制造 BiCMOS 的后道工艺，TSV 正面连接 M1；利用 ZoneBond 和 Brewer Bond 305 临时键合，键合区宽度为 1.5mm；背面机械研磨和抛光，暴露 W TSV，回刻使 TSV 凸出表面 1.5μm，沉积 SiO_2 介质层，回刻 SiO_2 露出 TSV，背面制造 RDL，最后去除临时键合。

7.3.3 先键合后 TSV

先键合后 TSV 的方案是先将器件晶圆与辅助圆片临时键合，减薄器件晶圆后将其与另

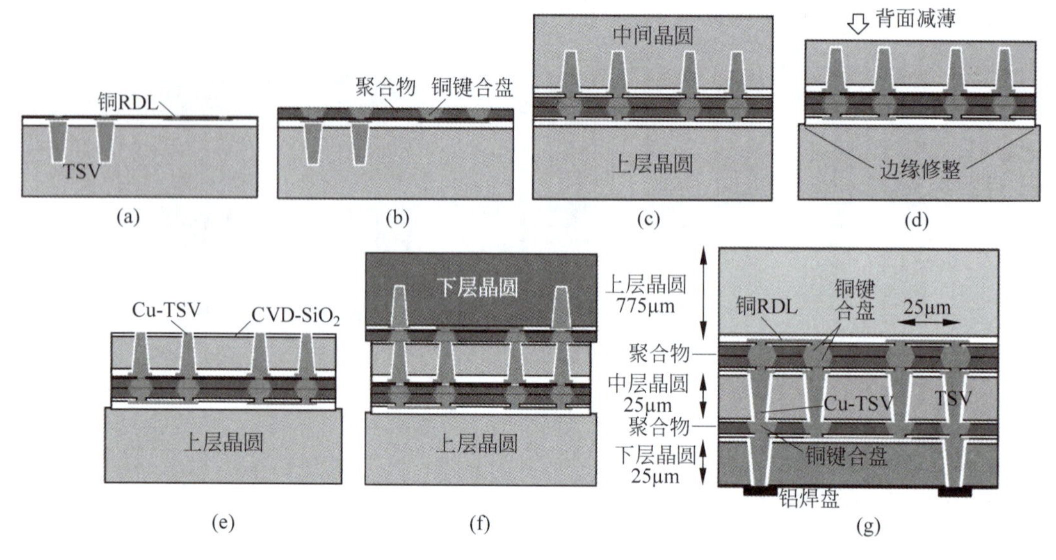

图 7-28 日立的 MEOL 集成过程

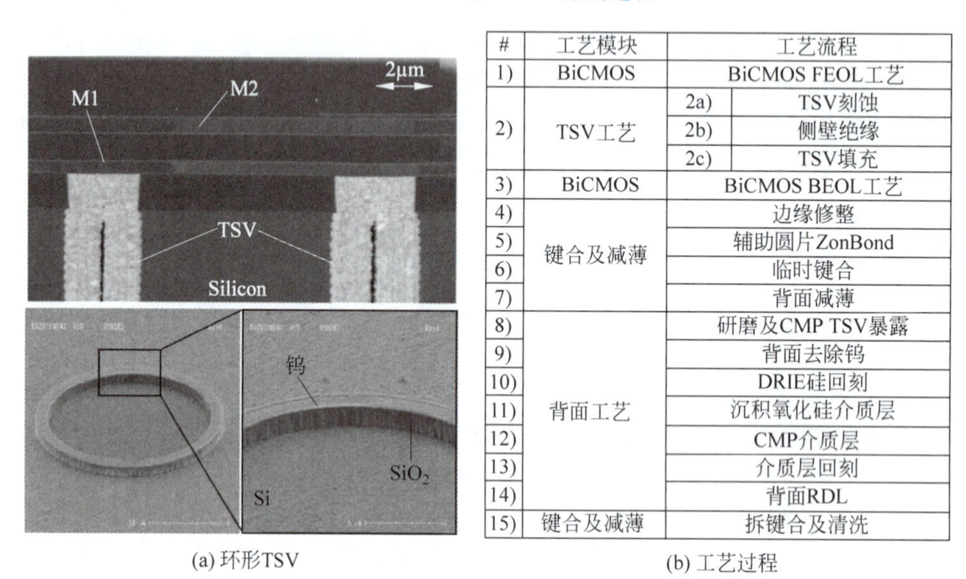

#	工艺模块	工艺流程	
1)	BiCMOS	BiCMOS FEOL工艺	
2)	TSV工艺	2a)	TSV刻蚀
		2b)	侧壁绝缘
		2c)	TSV填充
3)	BiCMOS	BiCMOS BEOL工艺	
4)	键合及减薄	边缘修整	
5)		辅助圆片ZonBond	
6)		临时键合	
7)		背面减薄	
8)	背面工艺	研磨及CMP TSV暴露	
9)		背面去除钨	
10)		DRIE硅回刻	
11)		沉积氧化硅介质层	
12)		CMP介质层	
13)		介质层回刻	
14)		背面RDL	
15)	键合及减薄	拆键合及清洗	

(a) 环形TSV　　　　(b) 工艺过程

图 7-29 IHP 的 MEOL 集成

一个晶圆永久键合，去除辅助圆片后再制造 TSV。这种方案的优点可以正面对背面键合，并且容易将器件晶圆减薄至超薄(<10μm)，利用红外对准直接甚至光学对准下层晶圆来制造 TSV。这种方案主要用于 SOI 的三维集成，富士通和 IBM 也开发了面向体硅的三维集成。

7.3.3.1 富士通

富士通的三维集成方案如图 7-30 所示[44-47]。主要工艺流程包括：①首先完成下层晶圆 M1 以前的工艺以及上层晶圆 M2 以前的工艺，然后将上层晶圆与辅助圆片临时键合，上层晶圆背面减薄至 7～10μm。将上层晶圆的背面与下层晶圆的表面以背对面的方式永久键合，键合层为厚度 5μm 的 BCB(图 7-30(a))。②以光刻胶为掩膜刻蚀通孔，包括上层硅、BCB

键合层,到达下层的M1金属(图7-30(b))。③PECVD沉积SiN介质层(图7-30(c))。④各向异性刻蚀SiN,去除深孔底部和表面的SiN(图7-30(d))。⑤PVD沉积Ti扩散阻挡层和铜种子层,并利用类似双大马士革电镀填充深孔和上层晶圆的M2平面互连(图7-30(e))。⑥利用CMP去除表面过电镀铜和扩散阻挡层(图7-30(f))。这种方案TSV连接上层晶圆的M2金属和下层晶圆的M1金属。

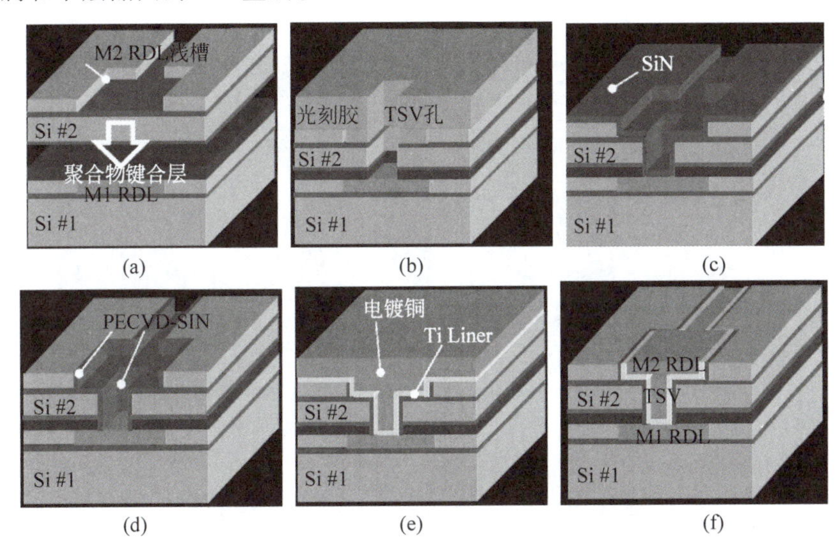

图7-30 富士通的MEOL三维集成流程

由于上层晶圆很薄,TSV的深宽比与平面互连垂直孔接近,可以利用双大马士革电镀同时沉积两个不同的高度(上层M2与下层M1之间的TSV和上层M2平面互连),在一次电镀中同时实现TSV铜柱和M2平面互连层。如图7-31所示,TSV直径为12μm,芯片厚度为10μm,深宽比约为1∶1。超薄芯片层减小了芯片厚度和TSV高度,可以缩小TSV直径、节约芯片面积、减小芯片热应力,降低对器件性能的影响并提高可靠性。

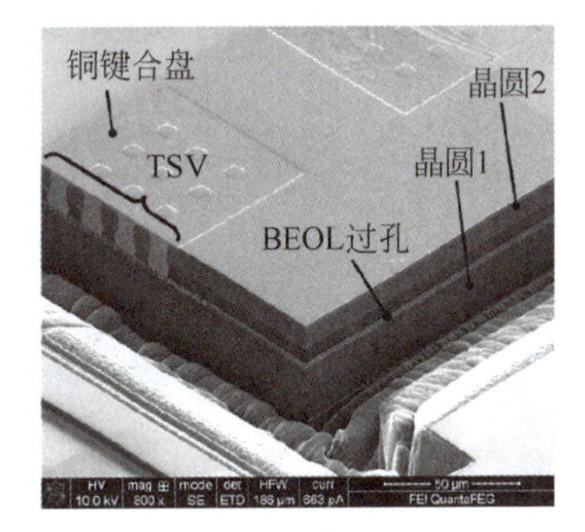

图7-31 富士通的MEOL三维集成芯片

7.3.3.2 IBM

2012年,IBM系统报道了先键合后TSV的BEOL方案[48-49]。IBM采用SiO_2键合的方式实现两层器件晶圆的永久键合,并且TSV连接上层CMOS的高层金属[48]。上层体硅晶圆完成BEOL的高层金属M9后,与辅助圆片通过SiO_2键合,从器件晶圆背面减薄至剩余厚度为10~12μm;背面沉积SiO_2后CMP平整化,与表面下层晶圆通过SiO_2键合,机械减薄和刻蚀去除辅助硅圆片;从顶层晶圆的正面刻蚀介质层和单晶硅层,制造尺寸5μm×12μm的TSV连接下层晶圆的顶层金属M13;最后在上层晶圆表面制造顶层金属M10~M12。两个TSV并联后加上连接导线的电阻为65mΩ,标准差为10mΩ,这一偏差主要是TSV刻蚀和晶圆减薄的一致性差异造成的。TSV电容约40fF,仅为带有键合凸点结构的四分之一。TSV可以传输$1A/mm^2$的电流,满足高性能应用的需求。

IBM利用这种方案实现了Power7处理器高速缓存与45nm SOI eDRAM的三维集成，如图7-32[50]。TSV位于处理器芯片内，穿透M10以下的金属，TSV上端连接处理器的M10，下端连接eDRAM的M13。TSV的直径为5μm，中心距为13μm。采用晶圆级SiO_2键合具有高效率、键合材料单一的优点，上层芯片较薄有利于实现小直径高密度TSV。

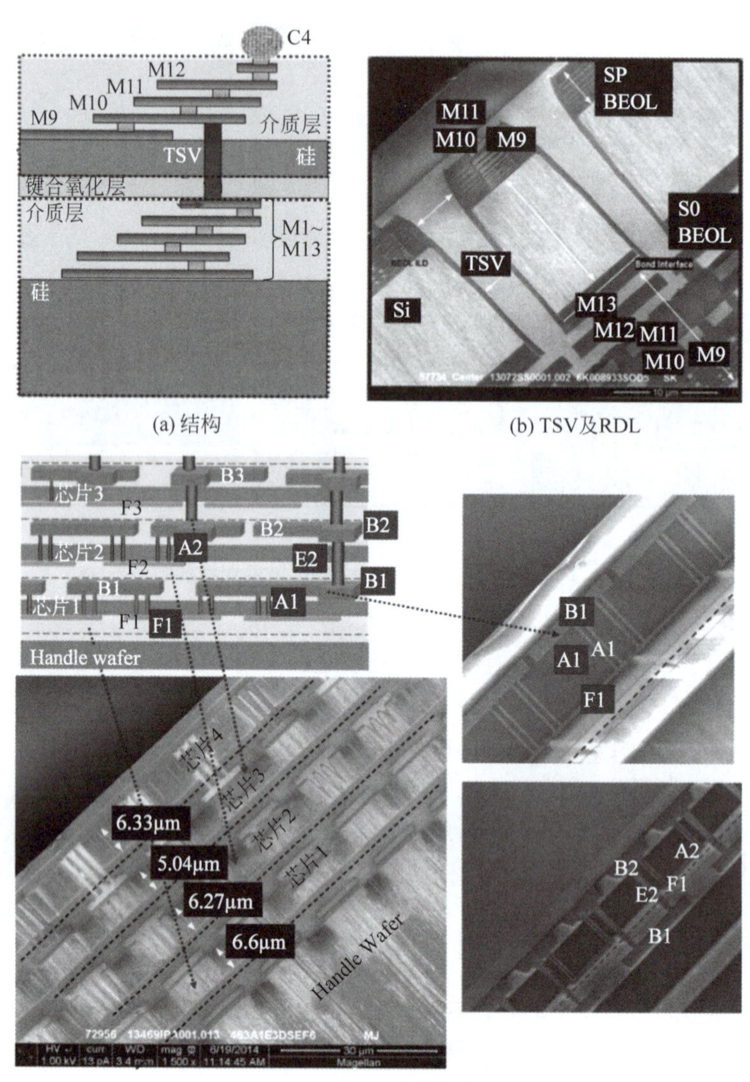

(a) 结构　　(b) TSV及RDL

(c) 多层集成

图7-32　IBM的BEOL三维集成

IBM实现了多层芯片的三维集成[51]。多层TSV包括连接同一芯片背面金属(如B3)和正面金属(如F3)的内部TSV，还包括连接相邻芯片背面(如B3和B2)的外部TSV。内部TSV直径为0.25μm，采用MEOL工艺制造；外部TSV直径为1μm，采用先键合后TSV的BEOL工艺制造。减薄后的硅层厚度为5～6.5μm，因此内部TSV的深宽比约为25∶1，这是当时最高深宽比。外部TSV需要穿透介质层和硅层，深宽比约为20∶1。

7.4 BEOL 方案

BEOL 方案是在 CMOS 工艺全部完成以后再制造 TSV 的集成方案，三维集成工艺既可以在 CMOS 工厂完成，也可以在封装厂完成，摆脱了三维集成对集成电路生产线的依赖，使封装厂开展三维集成制造成为可能，目前图像传感器多选用这一方案。2007 年，ZyCube 与 OKI 利用 BEOL 方案实现了图像传感器、信号调理电路以及数字信号处理电路的三维集成，随后 OKI 先后投产 200mm 和 300mm 图像传感器生产线，三维集成后图像传感器芯片厚度仅为 0.6mm。

7.4.1 工艺流程与结构特点

BEOL 方案中，TSV 穿透所有互连层介质，这种结构差异导致 TSV 制造、连接位置以及可靠性方面有所不同。由于在 CMOS 的后道工艺之后制造 TSV 和键合，三维集成工艺的温度须低于 400℃，对于某些低介电常数介质，最高温度甚至必须低于 200℃。

7.4.1.1 工艺流程

根据 TSV 与键合的先后顺序不同，BEOL 方案可以分为先 TSV 后键合以及先键合后 TSV 两种。如图 7-33 所示，先 TSV 后键合的方案是在 CMOS 工艺完成以后，首先在晶圆正面刻蚀多层介质层和硅衬底制造 TSV，然后键合辅助圆片，背面减薄器件晶圆后，与另一个器件晶圆永久键合，实现背面对正面的集成。先键合后 TSV 方案是在完成 CMOS 工艺后，先将晶圆与辅助圆片临时键合，背面减薄后与另一个器件晶圆永久键合，然后刻蚀深孔制造 TSV。ASET、ASE、Infineon、Zycube 和 Fraunhofer IZM 等开发了先 TSV 后键合的方案，Samsung、IBM、MIT、RTI 和 RPI 等开发了先键合后 TSV 的方案。

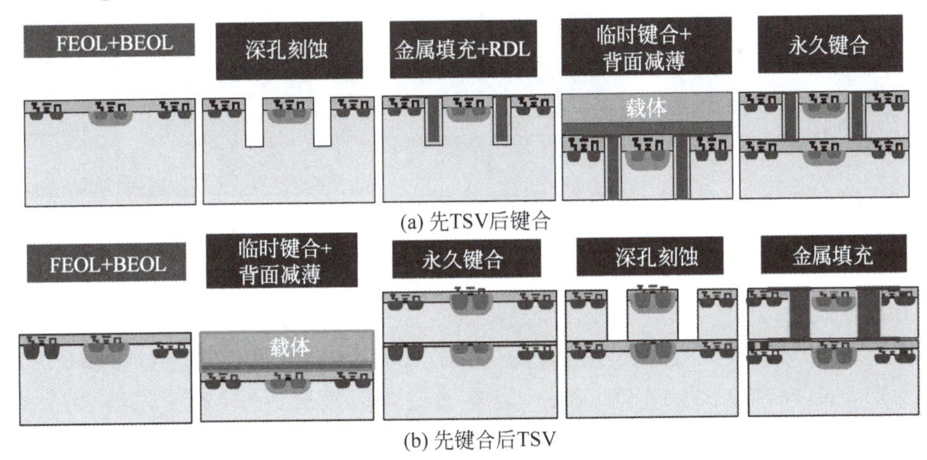

图 7-33 BEOL 方案工艺流程图

由于 BEOL 是在 CMOS 互连完成以后才制造 TSV，当采用背面对正面键合时，深孔刻蚀需要首先刻蚀 CMOS 的介质层后才能刻蚀硅衬底；当采用正面对正面键合时，深孔刻蚀首先刻蚀硅衬底，然后刻蚀 CMOS 的介质层，如图 7-34 所示。先刻蚀介质层时，较厚的 SiO_2 介质层导致硅深刻蚀时出现直径扩展，使硅深孔的直径大于介质层通孔的直径，极易

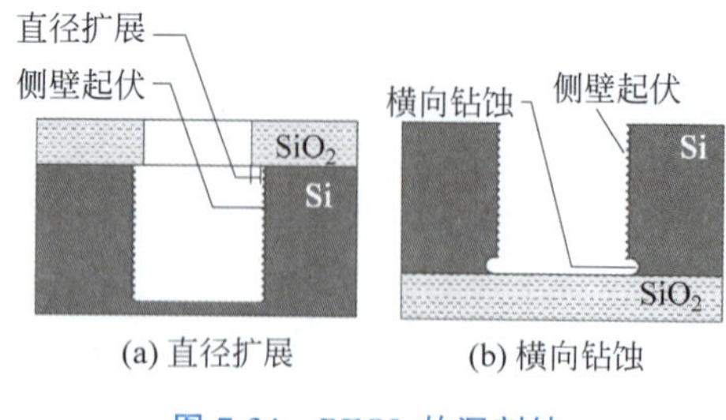

(a) 直径扩展　　(b) 横向钻蚀

图 7-34　BEOL 的深刻蚀

引起 TSV 介质层、扩散阻挡层和种子层在直径变化位置不连续的问题。后刻蚀介质层时，因为下层介质层的影响，硅深刻蚀的底部容易出现横向刻蚀现象，导致硅衬底与介质层接触位置的直径扩展，同样会导致介质层、扩散阻挡层和种子层的不连续。因此，抑制深刻蚀过程中的横向展宽是 BEOL 工艺必须解决的重点。

与 FEOL 和 MEOL 方案相比，BEOL 方案需要刻蚀的介质层很厚，介质层刻蚀速率慢、成本高。在采用超低介电常数材料或多孔介质材料时，刻蚀过程等离子体的物理轰击会对介质层产生影响。先 TSV 后键合的 BEOL 方案中，各层芯片的 TSV 可以并行制造；而先键合后 TSV 的 BEOL 方案中，各层的 TSV 只能串行制造，影响生产效率。BEOL 方案是在完成 CMOS 制程后才进行 TSV 和三维集成，而三维集成工艺无须先进光刻设备和后道设备，使封装厂可以完成三维集成，有助于三维集成的产能优化和成本降低。

7.4.1.2　结构特点

BEOL 方案中，TSV 贯穿 CMOS 的所有介质层，连接 CMOS 的最顶层金属 Mn，如图 7-35 所示。尽管理论上先键合后 TSV 的方案可以刻蚀到下层芯片的任意层金属 Mx，但是实际上需要刻蚀两层芯片的介质层，制造过程复杂、成本高，因此极少采用。

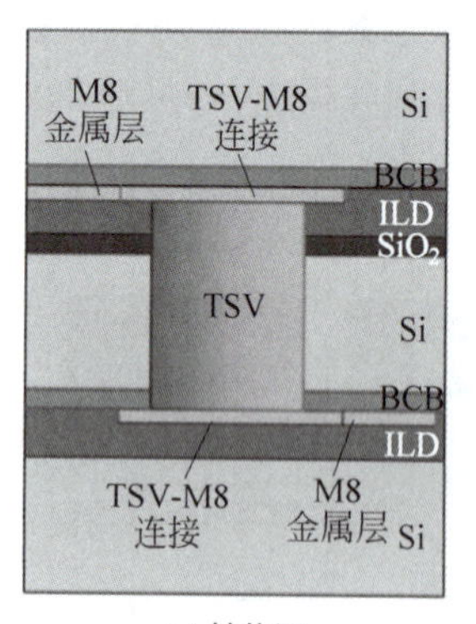

(a) 结构图

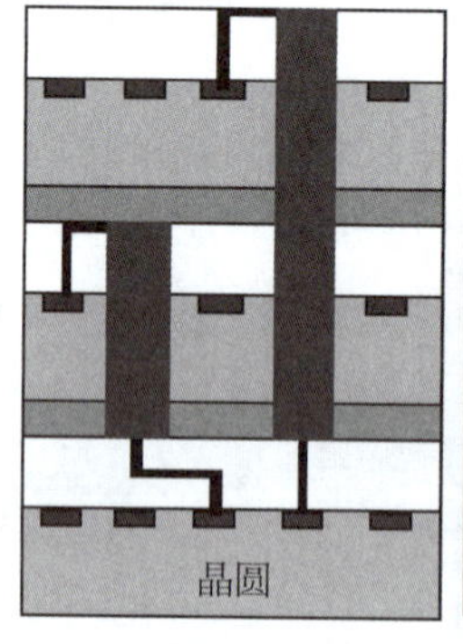

(b) 多层集成关系

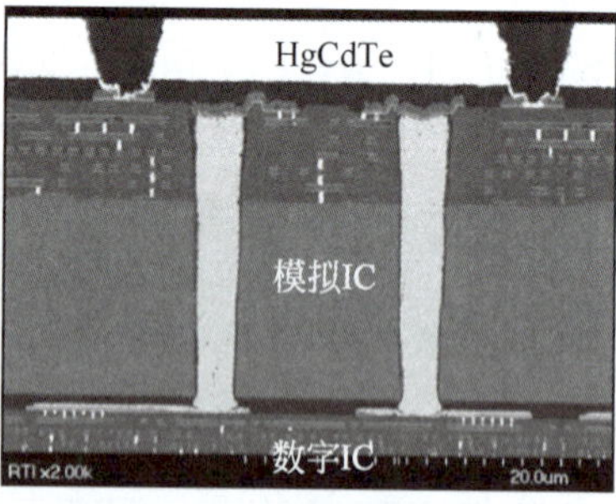

(c) 剖面图

图 7-35　BEOL 方案实现的 TSV

BEOL 方案中，TSV 贯穿整个芯片，直接到达芯片的上下表面，可以实现 TSV 对 TSV 的直接连接。TSV 直连缩短了多层芯片的连接路径，对提高数据传输速率和承载大电流有利。对于先 TSV 后键合的 BEOL，TSV 直连通过金属键合实现，对于先键合后 TSV 的 BEOL，TSV 直连通过在一个 TSV 上方的盲孔内电镀另一个 TSV 实现。铜键合实现两个 TSV 直连时，强度高于电镀的强度。

由于 TSV 贯穿 CMOS 的硅衬底和介质层，刻蚀的总厚度增大，BEOL 方案制造的 TSV 的直径通常为 20～50μm，深宽比一般不超过 5∶1，适用于对 TSV 尺寸和密度要求不高的应用。此外，较大的 TSV 直径不利于抑制铜柱的热膨胀应力，TSV 所在区域的介质层都不能布置金属互连，且需要保证 TSV 对应位置的金属层的安全距离，使 CMOS 布线设计受到一定的限制。

7.4.2 先TSV后键合

7.4.2.1 ASET

1999年到2004年,ASET最早开发了典型的先TSV后键合的BEOL集成方案[52-53],奠定了BEOL方案的基础。如图7-36所示,在完成所有的CMOS工艺以后制造TSV,然后将器件晶圆与辅助圆片临时键合,器件晶圆背面减薄暴露TSV后,与另一个器件晶圆背面对正面键合,最后去除辅助圆片。ASET采用金凸点和铜凸点键合[54-55],获得了满意的导电性能和可靠性。

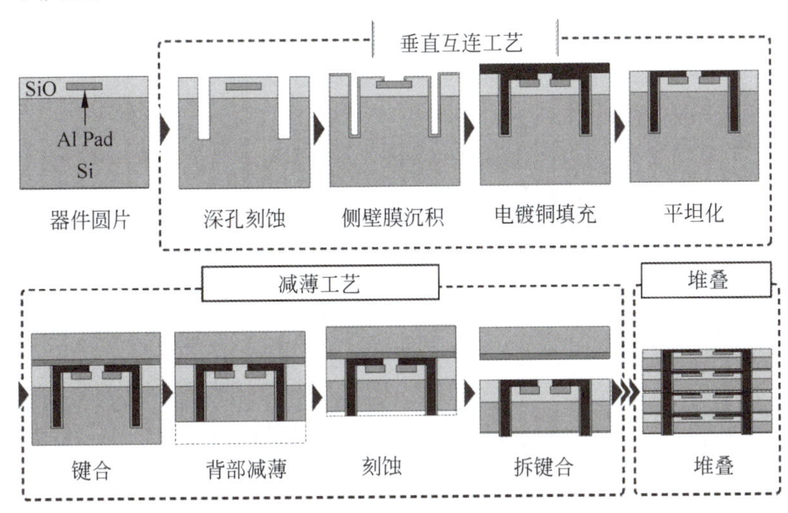

图7-36 ASET的BEOL方案流程

ASET的TSV直径为10μm,中心距为20μm,早期TSV的深宽比为7∶1,后期发展到15∶1。通过对电镀溶液的配比进行优化[56],加入适当的添加剂,并对溶液进行氧溶解处理,可以在1h内完成TSV的铜电镀,降低了制造成本、提高了工艺效率[57]。图7-37为ASET实现的高深宽比TSV以及利用TSV和金属凸点键合工艺实现的三维集成[53-58]。

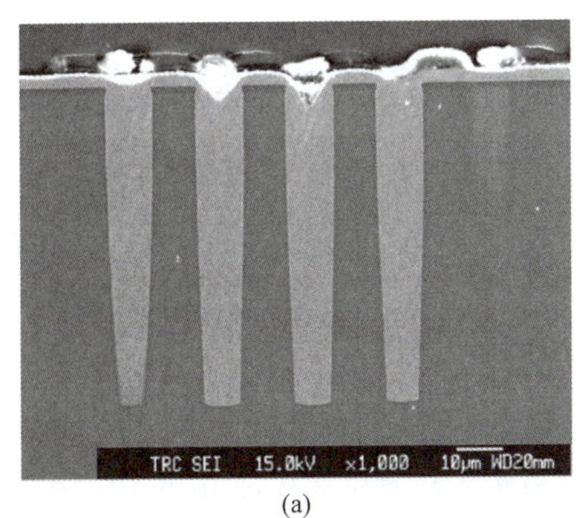

(a)

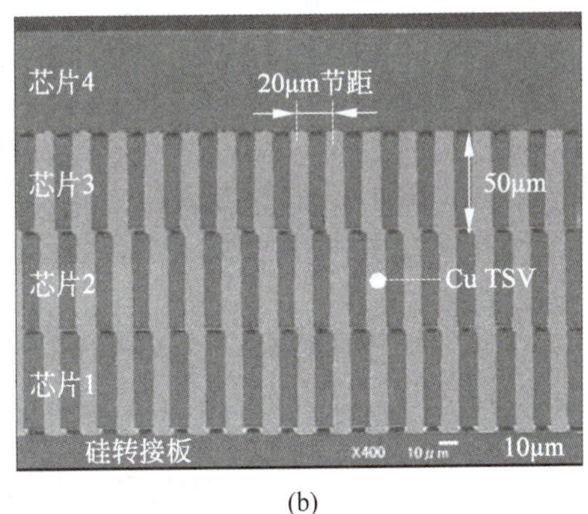

(b)

图7-37 ASET的TSV和多层芯片集成

7.4.2.2 Tezzaron

Tezzaron 开发的第一代三维集成技术 Super-Via 属于先 TSV 后键合的 BEOL 方案[59]：①在 CMOS 晶圆正面制造铜互连盘(图 7-38(a))；②表面沉积 SiO_2 介质层并 CMP(图 7-38(b))；③刻蚀 SiO_2 介质层、互连层和硅衬底形成深孔(图 7-38(c))；④深孔内部沉积 SiN 和 SiO_2 介质层(图 7-38(d))；⑤在 SiO_2 层刻蚀凹槽(图 7-38(e))；⑥再次刻蚀 SiO_2 层到铜互连盘(图 7-38(f))；⑦沉积扩散阻挡层后铜电镀，CMP 去除过电镀铜(图 7-38(g))；⑧CMP 去除 SiN(图 7-38(h))；⑨面对面铜凸点键合两层芯片(图 7-38(i))；⑩背面减薄露出 TSV(图 7-38(j))；⑪沉积 SiO_2 介质层并刻蚀(图 7-38(k))；⑫铜电镀并 CMP，形成后续键合盘并连接 TSV(图 7-38(l))。这种方案适合于多层集成，制造过程复杂，但键合之后只进行减薄和制造铜键合盘及封装焊盘等，对键合影响降低。利用 Super-Via 技术，Tezzaron 实现了直径 4μm 的 TSV。

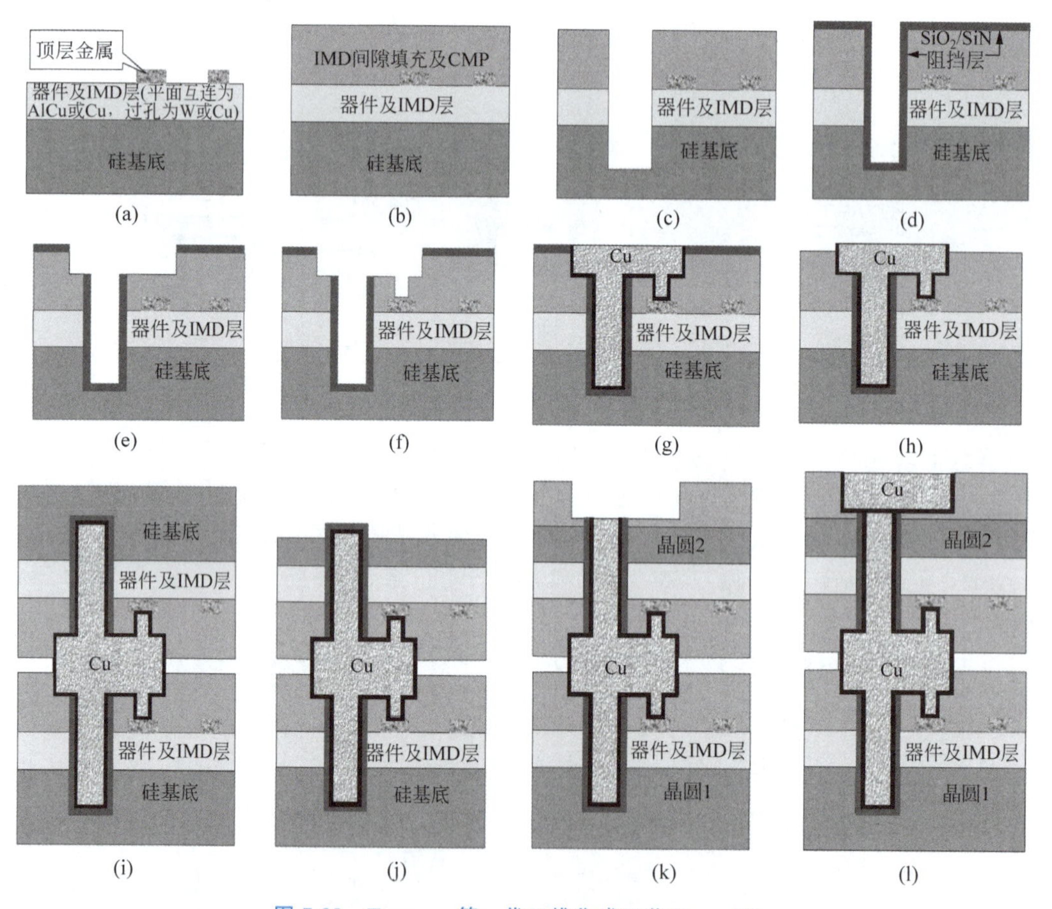

图 7-38 Tezzaron 第一代三维集成工艺 Super-Via

7.4.2.3 Fraunhofer IZM

德国 Fraunhofer IZM 研究所是早期开展三维集成技术研究的机构之一[60-63]，开发的先 TSV 后键合的 BEOL 方案如图 7-39 所示[64]。Fraunhofer IZM 利用 CVD 方法沉积的钨作为 TSV 的导体。CMOS 工艺中钨塞需要 PVD 或 CVD 方法沉积 Ti 和 TiN 作为粘附层，在 TSV 中利用 MOCVD 沉积的 Ti/TiN 粘附层，能够获得较高的深宽比。钨的电阻率比铜高，对于尺寸为 10μm×2μm×20μm（长×宽×高）的钨 TSV，电阻的平均值为 0.36Ω，对于尺寸为 2.5μm×2.5μm×16μm（长×宽×高）的 TSV，电阻平均值约为 1Ω。

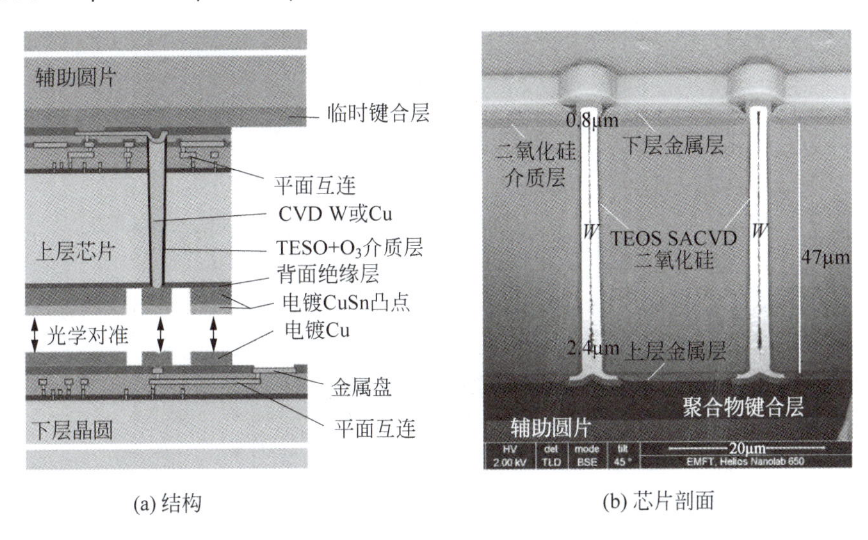

(a) 结构　　　　(b) 芯片剖面

图 7-39　Fraunhofer IZM 的先 TSV 后键合的 BEOL

Fraunhofer IZM 的主要流程包括：首先在 CMOS 晶圆上刻蚀深孔，典型尺寸 3μm×10μm×50μm（长×宽×高）；采用 SACVD 和 O_3/TEOS 沉积厚度 300nm 的 SiO_2 介质层，用 MOCVD 沉积厚度为 20nm 的 TiN 粘附层；采用 MOCVD 在盲孔内沉积钨，厚度约为 1μm，最高深宽比可达到 20：1；将晶圆与辅助圆片键合后减薄，把深孔从背面露出；采用高分子键合和 CuSn 瞬时液相键合将两个器件晶圆键合，然后去除辅助圆片实现两层晶圆集成。键合温度为 300℃，Cu-Sn 金属间化合物 Cu_3Sn 的熔点超过 600℃。

7.4.2.4　其他方案

伦斯勒理工学院（RPI）从 20 世纪 90 年代末开始三维集成技术的研究，在集成方案、金属键合、聚合物键合、TSV 模型等方面取得了大量的成果[65-67]。RPI 开发的 BEOL 方案如图 7-40 所示。在键合之前制造 TSV 和 Cu 微凸点，第一层与第二层晶圆采用正面对正面的键合方式，第三层及以后的芯片层采用正面对背面的键合方式，整个集成过程不需要辅助圆片。键合使用 Cu-BCB 混合键合，RPI 也是最早采用 BCB 键合的研究机构之一。采用较大的 Cu 面积百分比，使 Cu/BCB 构成的 RDL 和键合层具有较好的散热能力。

日本东北大学开发了名为 Super Smart Stack 的先 TSV 后键合的 BEOL 方案[14]。如图 7-41 所示，首先在完成 CMOS 工艺的晶圆上制造 TSV，将圆片切割为芯片后，采用晶圆重构的方式实现芯片与晶圆的键合。如图 7-41(a)～图 7-41(d)所示，将第一层芯片通过自组装和金属凸点一次性对准并键合到支撑圆片（或基板）上，并在金属凸点与支撑圆片的缝隙填充高分子键合胶。如图 7-41(e)～图 7-41(h)所示，将整个支撑圆片表面和芯片的缝隙涂覆树脂，将重构后以树脂为载体的多芯片作为晶圆，利用 CMP 等将芯片表面的树脂和芯片背面的衬底层去除，使 TSV 暴露出来；在 TSV 表面制造键合凸点，与第二层芯片通过金属凸点键合。重复上述过程实现多层芯片的三维集成。这种技术利用了自组装将多个芯片

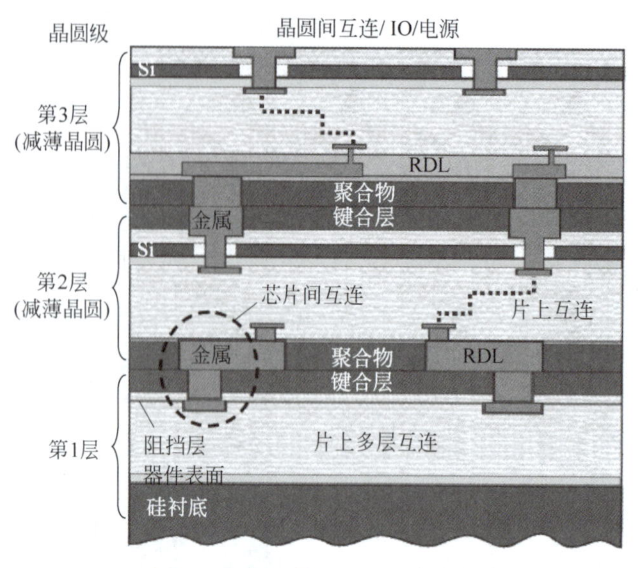

图 7-40　RPI 的 BEOL 集成方案

一次性对准键合，可以在重构前对芯片进行筛选，然后将键合后的芯片阵列和树脂重构为一个晶圆进行减薄和回刻等处理。

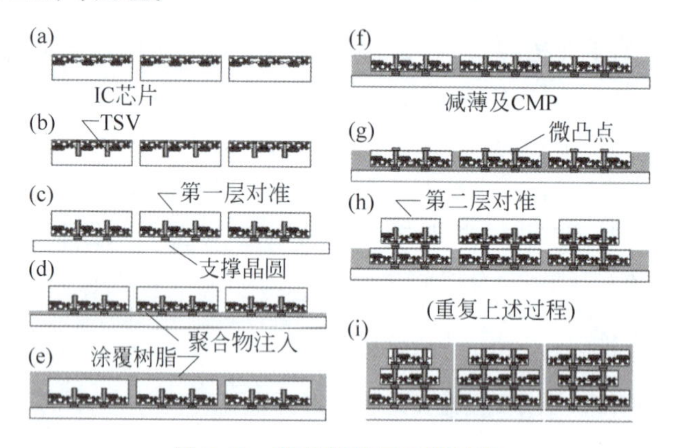

图 7-41　超智能叠层工艺过程

Epson[68]和 ITRI[69]开发了与 ASET 类似的先 TSV 后键合的 BEOL 方案，如图 7-42 所示。其基本制造过程与 ASET 相同，键合采用 Cu/Sn 或 Cu/Sn/Ag 瞬时液相键合和 BCB 混合键合。TSV 的高度为 50μm、直径为 10μm，深宽比为 5∶1。

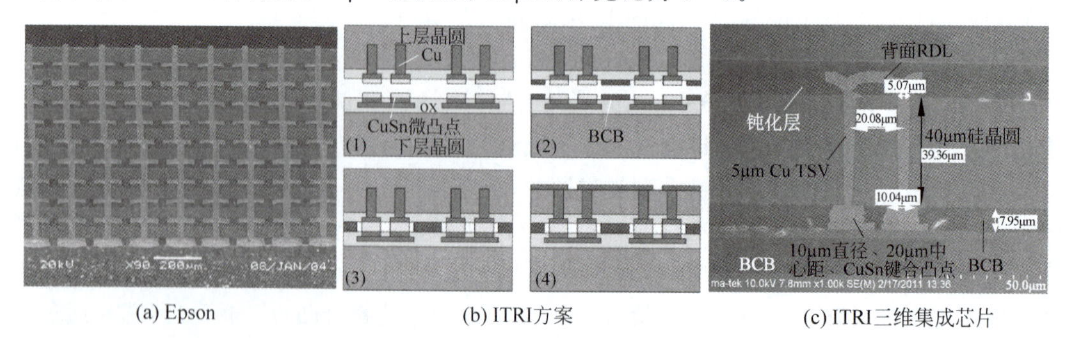

(a) Epson　　(b) ITRI方案　　(c) ITRI三维集成芯片

图 7-42　BEOL 集成方案

7.4.3 先键合后 TSV

7.4.3.1 NIST

图 7-43 为日本先进工业科学与技术研究所(NIST)开发的先键合后 TSV 的 BEOL 方案[70]。(a)将完成 CMOS 工艺的晶圆切边。(b)采用 3M WSS 将翻转的晶圆与玻璃辅助圆片临时键合,临时键合层包括玻璃表面的紫外光转换层(LTHC)和键合胶层。(c)从背面减薄晶圆并抛光去除表面损伤层,剩余厚度为 28μm,减薄后 TTV 小于 2μm。(d)采用红外对准金属层,光刻胶图形化 TSV 刻蚀窗口,以光刻胶为掩膜深刻蚀硅直到介质层,防止底介质层引起的横向钻蚀。(e)RIE 刻蚀 TSV 底部 SiO_2 介质层到金属铝互连层。(f)去除光刻胶并清洗。(g)采用 TEOS+O_3 沉积 SiO_2 介质层,沉积温度 150℃,防止临时键合层变性。(h)各向异性刻蚀底部 SiO_2 介质层到金属铝互连。(i)采用有机碱溶液去除深孔内部残留的铝的氟化物,利用 Ar 离子轰击深孔底部,确保底部介质层被彻底去除。PVD 沉积 Ti/TiN/Cu 粘附层扩散阻挡层和铜种子层。(j)铜电镀填充 TSV 铜柱。(k)热退火后 CMP 去除表面过电镀铜层和 Ti/TiN 层。(l)表面制造 RDL 层或金属凸点,粘贴切割胶带后激光拆除临时键合。这种方法需要解决 DRIE 横向钻蚀问题,回刻深孔底部 SiO_2 介质层后可能导致刻蚀残留,需要采用湿法或者离子轰击深孔底部消除残留物。

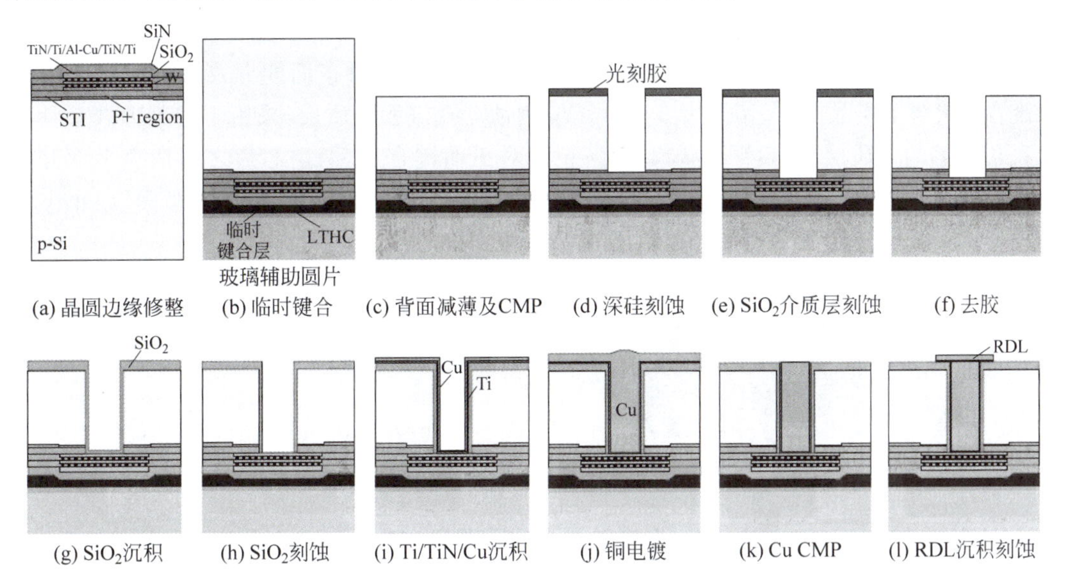

图 7-43 NIST 先键合后 TSV 的 BEOL 工艺流程

7.4.3.2 东京工业大学

东京工业大学开发的先键合后 TSV 的 BEOL 方法与 NIST 的方案基本相同[70]:①将器件晶圆正面与玻璃辅助圆片临时键合(图 7-44(a));②从背面减薄器件晶圆至 5~10μm(图 7-44(b));③采用聚合物永久键合,将器件晶圆背面与下层晶圆正面对准键合,去除临时键合和辅助圆片(图 7-44(c));④以光刻胶为掩膜,刻蚀介质层和硅形成深孔(图 7-44(d));⑤深孔内部沉积介质层,RIE 刻蚀去除深孔底部介质层(图 7-44(e));⑥沉积扩散阻挡层和种子层,电镀铜填充 TSV,CMP 后制造表面 RDL(图 7-44(f))。

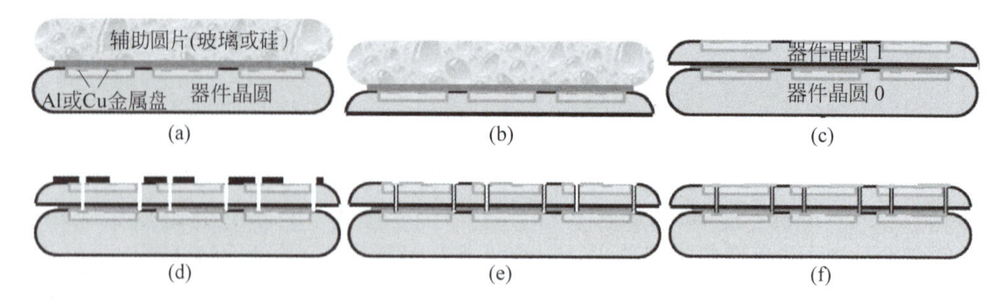

图 7-44　东京工业大学先键合后 TSV 的 BEOL 工艺流程

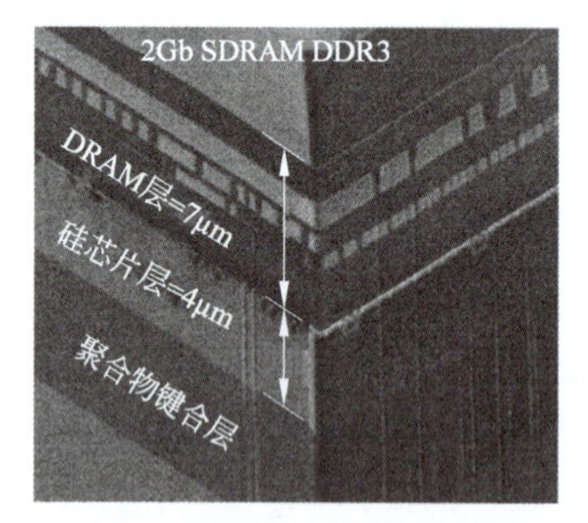

图 7-45　BEOL 工艺集成的 DRAM

图 7-45 为初始厚度 725μm 的 300mm 晶圆键合减薄的剖面，经过减薄抛光后，硅层厚度为(4±1)μm，减薄对 DRAM 的性能未产生影响。介质层和金属层厚度为 7μm，TSV 的高度约为 11μm。对于直径 5μm 的 TSV，深宽比只有 2∶1 左右。

7.4.3.3　Intel

Intel 面向 300mm 晶圆的 65nm 工艺开发了先键合后制造 TSV 的 BEOL 三维集成方案，如图 7-46 所示[72-73]。首先在各层晶圆上制造电路和铜键合结构，尺寸在 5μm×5μm～6μm×40μm；将上下两层晶圆以正面对正面的方式进行 Cu-SiO_2 混合键合；减薄上层晶圆，保留厚度 5～28μm；刻蚀深孔沉积介质层，采用干法刻蚀选择性去除盲孔底部的介质层，电镀铜形成 TSV。正面对正面键合后，两层芯片之间依靠平面互连最顶层的键合凸点直接实现电连接，TSV 连接该层芯片的 M1 金属与芯片背面，或再上层芯片。这是 Cu-SiO_2 混合键合首次在三维集成中实际应用。

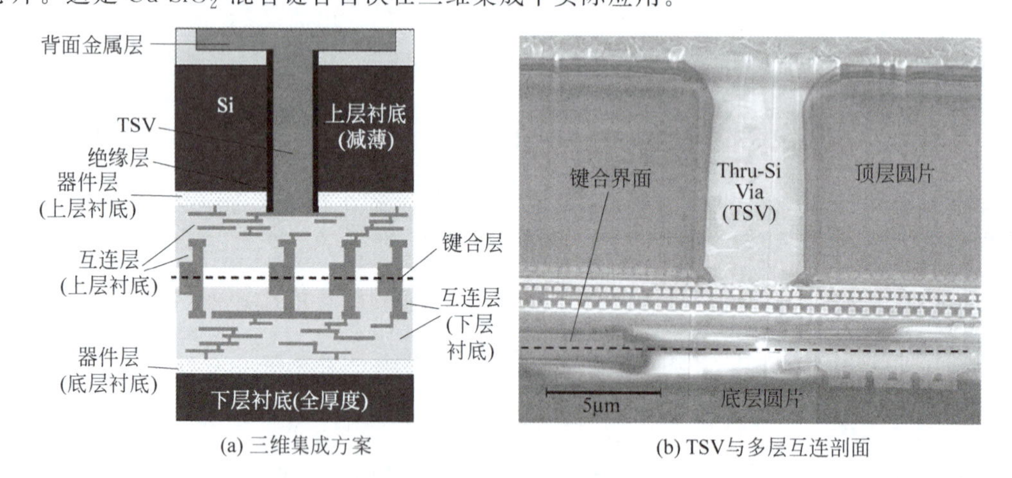

图 7-46　Intel 的三维集成结果

7.4.3.4　清华大学

通孔电镀采用侧壁没有种子层的通孔，从通孔底部提供种子层，沿着通孔轴向方向单向电镀生长。清华大学提出一种辅助圆片通孔电镀三维集成方案，如图 7-47 所示[74-77]。主要工艺过程包括：①完成 CMOS 工艺；②刻蚀介质层和硅衬底形成深孔，沉积介质层和扩散阻挡层；③在辅助圆片表面旋涂第一层临时键合胶用于最后拆除辅助圆片，在临时键合胶表面溅射铜作为电镀种子层，再在铜层表面旋涂第二层临时键合胶用于与硅晶圆键合；④将CMOS晶圆与辅助圆片临时键合；⑤背面减薄晶圆，使深孔从背部开口形成通孔，RIE刻蚀去除通孔底部键合胶；⑥利用辅助圆片上的铜种子层，自底向上单向电镀铜填充通孔；⑦退火后CMP去除TSV顶端过电镀铜；⑧电镀锡在TSV顶端形成Cu/Sn微凸点；⑨另一晶圆表面涂覆BCB并刻蚀图形化，两个晶圆进行Cu-BCB混合键合，最后去除辅助圆片。

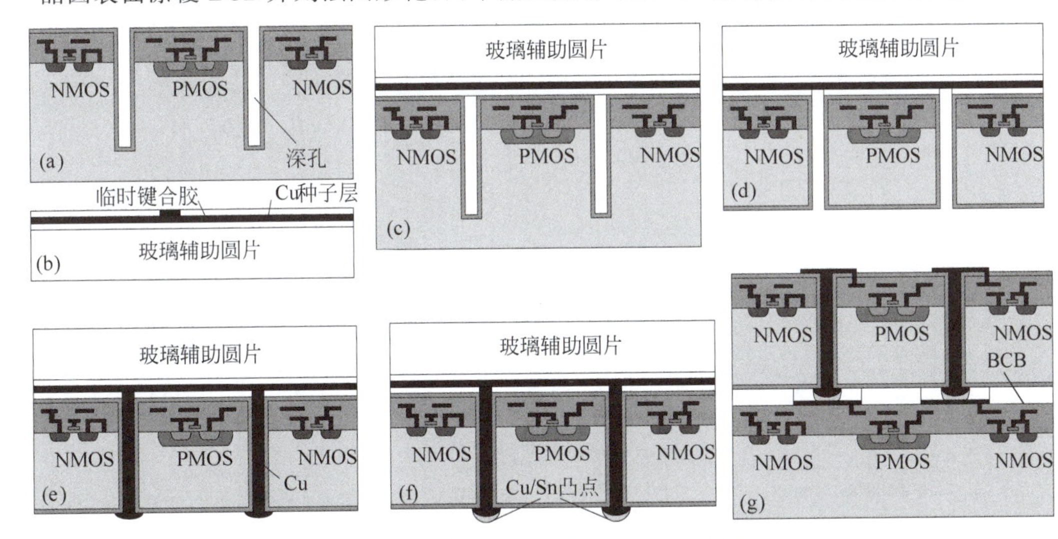

图7-47 辅助圆片通孔电镀BEOL流程

这种方案利用临时键合辅助圆片表面沉积的铜种子层进行单向铜电镀，电镀均匀可控。CMP去除铜过电镀以后，直接在TSV表面电镀CuSn微凸点而不需要使用额外的掩膜，并且微凸点与TSV自然对准。金属微凸点为椭球状，在键合过程中可以产生一定的形变，补偿微凸点之间的高度差异[77]。图7-48为通孔电镀的5μm×65μm、深宽比为13∶1的TSV。利用20mA/cm^{2}的直流电镀，3.5h完全填充，没有任何孔洞或缝隙。由于晶圆厚度和电镀速率的差异，过电镀在表面产生约5μm高的凸点，需要CMP去除。包含测试盘在内，10μm×70μm TSV的电阻为140mΩ。

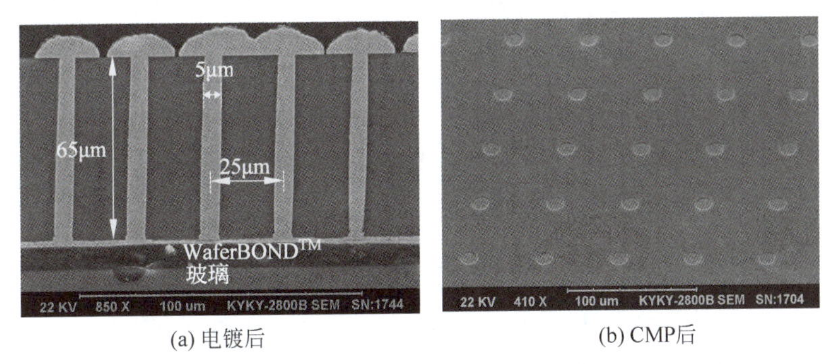

(a) 电镀后　　(b) CMP后

图7-48 通孔电镀深宽比为13∶1的TSV

辅助圆片为器件圆片提供机械支撑，可以将器件圆片减薄到所需的厚度。每层的三维集成需要两次键合：一次是与辅助圆片的临时键合，借助辅助玻璃圆片的机械支撑，将器件圆片减薄到需要的厚度；另一次是与下层器件圆片间的永久键合，永久键合后通过试剂溶解的方式去除临时键合胶,将玻璃圆片拆除。通孔电镀采用直流电镀和基础电镀液,不需要复杂的化学添加剂和电镀设备以及脉冲波形,深宽比不受限制。尽管通孔电镀的速率较慢、生产效率较低,但是通过辅助圆片提供电镀种子层实现自底向上单向电镀,可以有效地解决高深宽比 TSV 的铜电镀问题,制造简单,获得了广泛的应用,如图 7-49 所示。

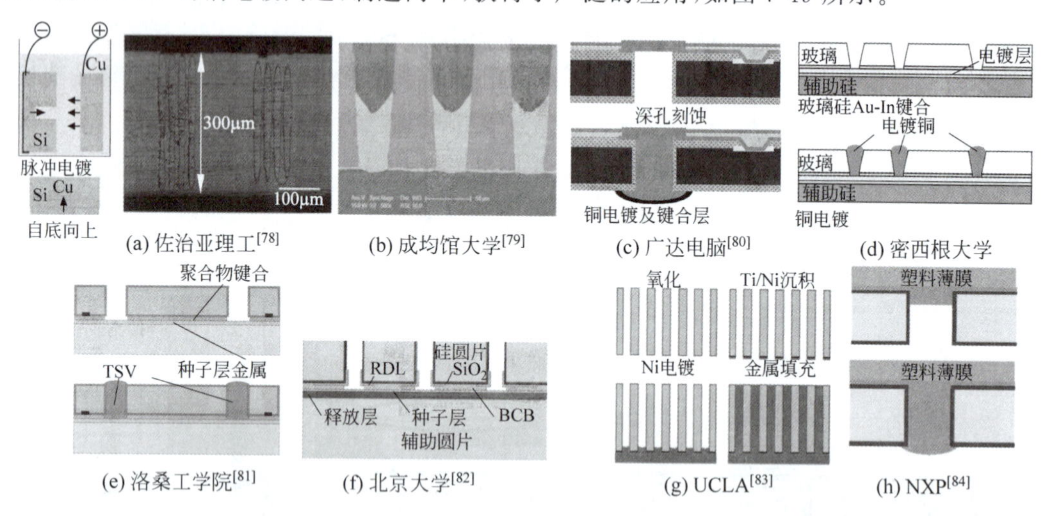

(a) 佐治亚理工[78]　(b) 成均馆大学[79]　(c) 广达电脑[80]　(d) 密西根大学
(e) 洛桑工学院[81]　(f) 北京大学[82]　(g) UCLA[83]　(h) NXP[84]

图 7-49　通孔电镀三维集成

7.4.3.5　其他方案

Allvia 是世界上第一家纯 TSV 和三维集成的代工厂,提供直径为 10～50μm、最大高度为 500μm、深宽比为 10∶1 的空心 TSV 代工,如图 7-50 所示。Allvia 工艺属于 BEOL 方案,既包括先正面 TSV 后减薄的正面 TSV 工艺,也包括先减薄后从背面制造 TSV 的背面 TSV 工艺。正面 TSV 首先刻蚀深孔,然后电镀填充,再从背面减薄暴露 TSV。背面 TSV 工艺针对减薄硅圆片开发,根据减薄后的厚度可能需要使用辅助圆片和临时键合。背面 TSV 的主要工艺过程包括从圆片背面减薄,刻蚀深孔,侧壁绝缘和扩散阻挡层,去除底部的介质层,电镀填充,以及表面平整化和凸点制造等。

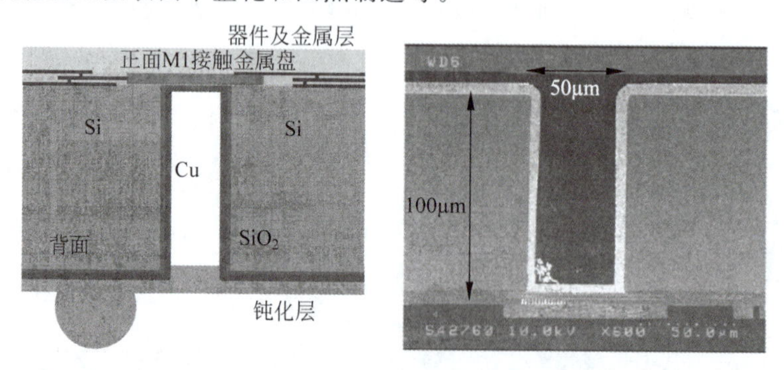

图 7-50　Allvia 公司 BEOL 工艺的 TSV 结构

Fraunhofer IZM 开发的先键合后 TSV 的 BEOL 方案如图 7-51 所示。首先采用聚酰亚胺将减薄后的晶圆与另一晶圆以背对面的方式键合,刻蚀介质层和衬底直至下层晶圆顶部的金属层形成深孔;沉积侧壁介质层;采用 C_4F_4 与 CO_2 的混合气体,方向性刻蚀深孔底部的介质层,对于深宽比高达 9∶1 的深孔,可以较好地去除底部介质层但保留侧壁介质层；最后 CVD 沉积金属钨作为导体。

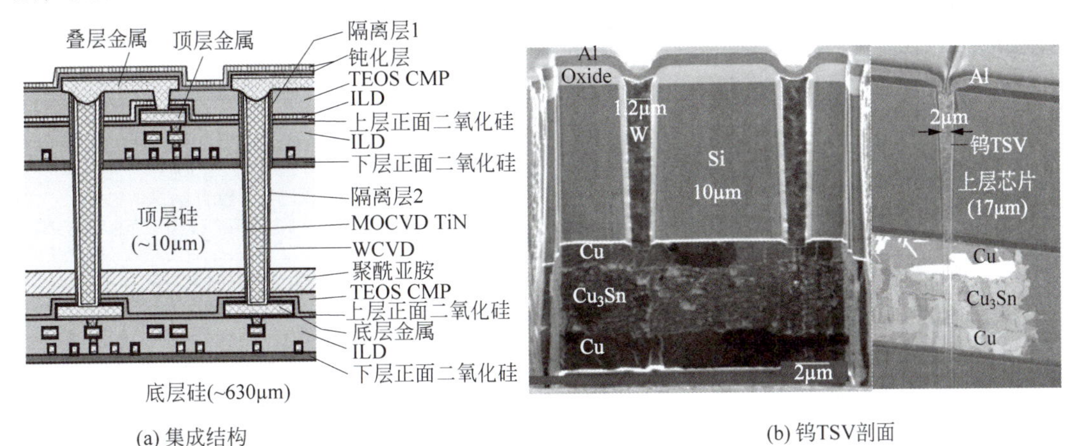

(a) 集成结构　　(b) 钨TSV剖面

图 7-51　Fraunhofer IZM 先键合后 TSV 的 BEOL 方案

图 7-52 为 RTI 开发的先键合后 TSV 的 BEOL 工艺。首先利用高分子键合实现减薄晶圆与下层晶圆背面对正面键合，然后刻蚀介质层和硅衬底形成深孔，利用盲孔电镀制造 TSV 与下层晶圆表面的金属互连实现连接。高分子键合对准误差能够控制在 2μm 以内。

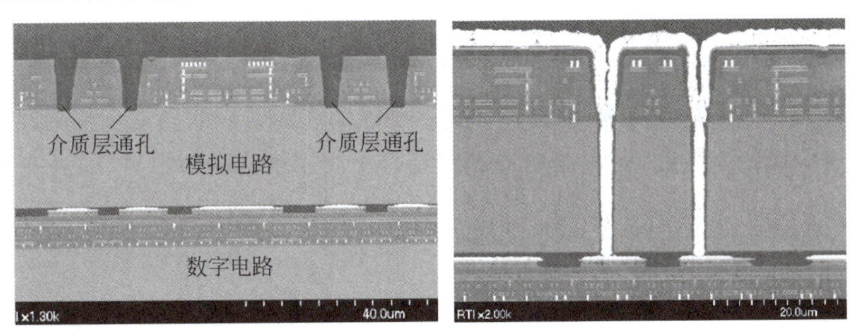

图 7-52　RTI 三维集成

7.5　超薄晶圆三维集成

超薄晶圆是指厚度为 1～5μm 甚至只有数百纳米的晶圆。超薄晶圆三维集成多采用先键合减薄再制造 TSV 的方法，依靠 TSV 连接下层晶圆的顶层金属，而不采用金属凸点键合连接。超薄晶圆三维集成有显著的优点：①超薄晶圆基本透明，可以使用常规光刻对准下层，借助光刻机极高的对准精度，实现两层晶圆间高密度金属互连。例如，波长为 248nm、数值孔径为 0.63 的光刻机的套刻误差小于 20nm，而波长为 193nm、数值孔径为 0.75 的光刻机的套刻误差小于 5nm。②晶圆厚度仅为数微米时，TSV 可以采用大马士革工艺与上层器件的金属互连同时制造，将 TSV 直径缩小到微米和亚微米，这种穿越极薄厚度器件层的小直径 TSV 也称为层间互连（ILV），具有极高的互连密度。③由于器件层超薄，可以在前期制造晶体管时将 TSV 对应区域的器件层刻蚀去除，使 TSV 仅穿越介质层，在制造 TSV 时只需刻蚀介质层，也不需要沉积单独的介质层，简化工艺并改善可靠性。表 7-4 列出超薄晶圆与体硅晶圆三维集成的工艺特征对比。

表 7-4 超薄晶圆与体硅三维集成的工艺特征对比

工艺特征	超薄晶圆集成	体硅晶圆集成
键合介质	SiO_2 或高分子聚合物	Cu-Cu/高分子聚合物
器件层间距	小	中等至大
是否需辅助圆片	取决于集成方向	取决于集成方向
对准精度	数纳米	数百纳米
TSV 中心距	可到约 0.1μm	5～50μm
TSV 密度	高(约 $10^8/cm^2$)	低至较高(约 $10^6/cm^2$)
衬底要求	SOI	体硅
芯片/晶圆级键合	晶圆级	晶圆级或芯片级
两层以上集成能力	是	是

通过键合集成超薄晶圆的方法称为晶圆转移技术,即采用键合和减薄,将键合后的上层晶圆减薄至数微米。晶圆转移时,控制转移晶圆的最终厚度和厚度均匀性极为关键。受限于减薄设备的能力,体硅晶圆减薄后的厚度均匀性通常为 2μm 左右,因此晶圆的最小厚度通常为 10μm。IMEC 采用聚酰亚胺键合实现了厚度为(5.6±2.5)μm 的晶圆转移[85]。

为了精确控制超薄晶圆键合转移的厚度,一般被转移的晶圆要具有减薄厚度自限制的能力。通常采用具有与单晶硅存在显著差异的停止层如 SOI 来自动控制减薄停在停止层。永久键合 SOI 作为上层晶圆,去除全部衬底层时以埋氧层 BOX 作为停止层,可以将厚度仅为 1～2μm 甚至百纳米的 SOI 器件层转移到下层晶圆表面。SOI 具有良好的厚度均匀性和自动停止层,可实现高密度 TSV,是超薄晶圆转移中应用最广泛的材料,如表 7-5 所示。

表 7-5 SOI 的三维集成

机构	IBM	Leti	MIT LL	MIT ML	RPI
晶圆种类	SOI	体硅	SOI	SOI	SOI
集成方案	MEOL 先键合后 TSV	MEOL 先键合后 TSV	MEOL 先键合后 TSV	BEOL 先键合后 TSV	BEOL 先键合后 TSV
TSV 直径/μm	0.14	1	1.5～3	0.5	2
TSV 高度/μm	>1.6	3～10	8	1	—
TSV 间距/μm	0.4	2	—	—	—
TSV 填充	大马士革	大马士革	CVD	大马士革	大马士革
填充材料	Cu	Cu	W	Cu	Cu
键合方法	SiO_2 键合	SiO_2 键合	SiO_2 键合	Cu-Cu 热压键合	多种方式
对准误差	亚微米	<100nm	亚微米	亚微米	亚微米
辅助圆片	玻璃	无	无	硅片	无

利用 SOI 实现厚度为 1～2μm 甚至更薄的超薄晶圆,可以采用 CMOS 的互连工艺制造铜 TSV,将直径减小到 0.2～0.4μm 甚至更小,大幅提高 TSV 密度。TSV 对应位置的器件层全部去除,TSV 完全位于介质层内,不需要在深孔内沉积介质层,简化 TSV 制造工艺、提高可靠性。利用 SOI 的晶圆转移也有一些缺点:器件的体积密度非常高,导致热问题严重;去除衬底的体硅刻蚀过程对器件层会产生影响,但是影响厚度一般不超过 200nm;全部去除硅衬底改变了器件层的应变状态,可能影响器件的性能。

7.5.1 MEOL 方案

7.5.1.1 IBM

2003 年，IBM 申请了 SOI 三维集成结构和工艺的专利[86]，如图 7-53 所示，这是最早采用 SOI 转移单晶硅的专利，随后 IBM 陆续报道了 130nm 和 65nm 器件的三维集成[87-92]。首先在 SOI 晶圆上制造晶体管及 M1 金属，CMP 处理后将 SOI 的正面与辅助圆片临时键合，采用机械研磨和干法刻蚀去除 SOI 的衬底层，埋氧层作为减薄的刻蚀停止层；将去除衬底层的 SOI 与另一个晶圆以背面对正面的方式 SiO_2 键合，去掉辅助圆片；刻蚀上层介质层到达下层的表面金属，制造层间互连，同时实现连接上层器件的 V1、连接下层器件的 V2，以及上层器件的平面互连 M2。由于转移的 SOI 器件层、埋氧层和 M1 金属的 PMD 介质层总厚度只有微米量级，可以采用大马士革工艺实现高密度 TSV 和平面互连。

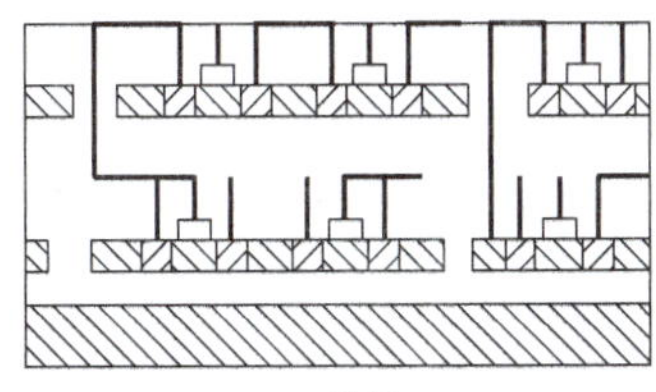

(a) 结构

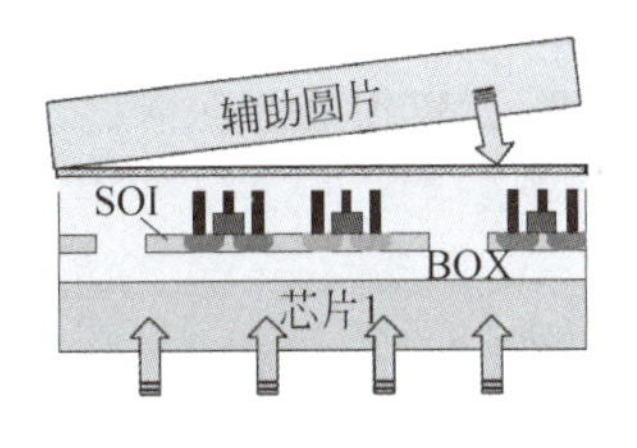

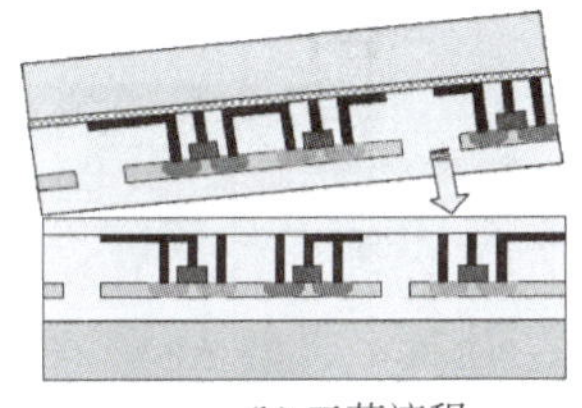

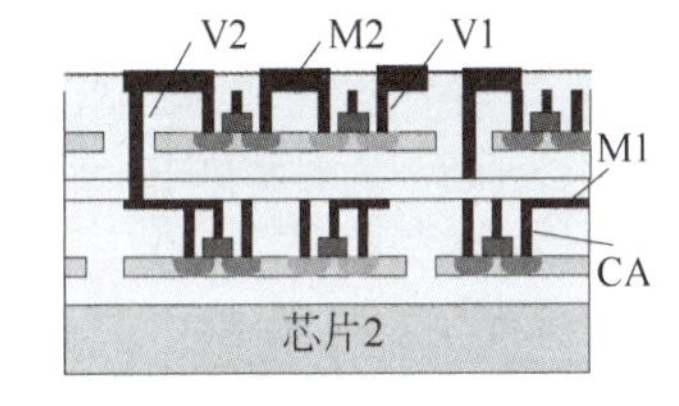

(b) 工艺流程

图 7-53 IBM SOI 三维集成

SOI 晶圆转移的 MEOL 三维集成多采用晶圆级 SiO_2 键合，芯片间通过 ILV 而不是金属键合实现互连。虽然 ILV 需要穿透 SOI 的器件层、上层 M1 下方的 PMD 介质层、SOI 的埋氧层，但是这些材料层的总厚度通常只有 2～3μm，可以利用光学对准和大马士革工艺制造小直径高密度的 ILV。IBM 使用改进的大马士革工艺实现的 ILV 直径仅有 0.14μm，高度为 1.6μm，侧壁角度约为 86°，节距为 0.4μm，密度超过 $10^8/cm^2$。图 7-54 的 TSV 直径为

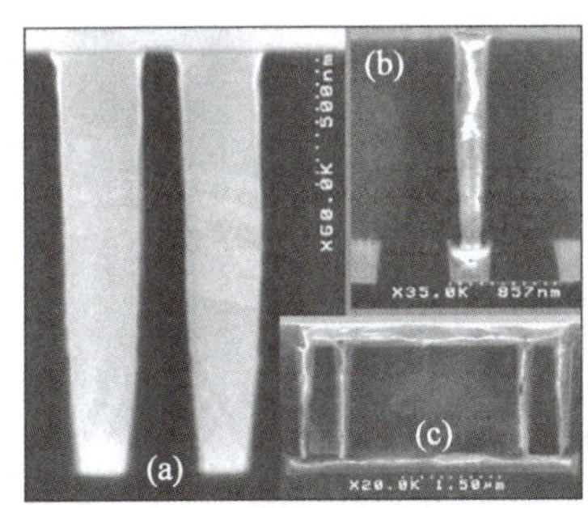

(a) TSV剖面

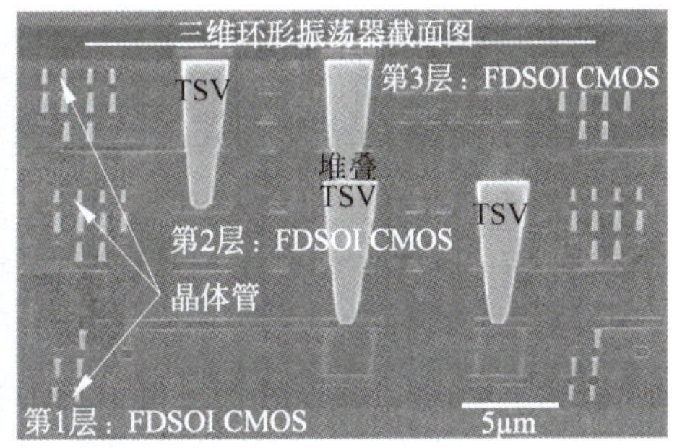

(b) 三维集成环形振荡器电路

图 7-54 IBM 的 SOI 三维集成

175nm,深宽比为 6∶1[91]。多层集成后,穿透第二层芯片的 TSV 下端连接第一层的顶层金属,上端通过第二层的平面互连连接。

IBM 的 SOI 晶圆转移三维集成具有如下特点:①利用 SOI 的埋氧层作为去除硅衬底的停止层,可以转移均匀性好的超薄晶圆;②去除 TSV 所在位置的器件层硅,TSV 穿透的都是介质层,可以采用大马士革工艺填充 TSV,减小了直径,提高了密度,简化了制造工艺,提高了可靠性;③晶圆级键合采用 SiO_2 键合,室温下预键合后高温增强,能够保持对准精度;④晶圆键合时两层晶圆对准精度影响 TSV 直径,需要较高的对准精度;⑤SOI 的衬底层和部分单晶硅器件层被去除,散热能力和温度均匀化能力下降。

7.5.1.2 MIT 林肯实验室

从 2000 年起,MIT 林肯实验室先后报道了基于 SOI 的三维集成[93-97],2005 年开始提供 0.18μm 工艺全耗尽型 SOI 三维集成代加工[98-102]。先键合后制造 TSV 的 SOI 三维集成 MEOL 方案如下[94]:①正面对正面 SiO_2 键合第二层 SOI 晶圆与底部的第一层晶圆(SOI 或体硅)(图 7-55(a));②去除第二层 SOI 的衬底层,停止到埋氧层(图 7-55(b));③刻蚀介质层形成阶梯状深孔,阶梯的浅槽停止在上层晶圆的金属层,底部停止在下层晶圆的顶层金属(图 7-55(c));④CVD 或 PVD 沉积钨形成阶梯状 TSV,表面 CMP 平坦化(图 7-55(d));⑤重复以上步骤实现第三层的集成(图 7-55(e))。由于 TSV 制造在介质层内,不需要在 TSV 内沉积介质层。

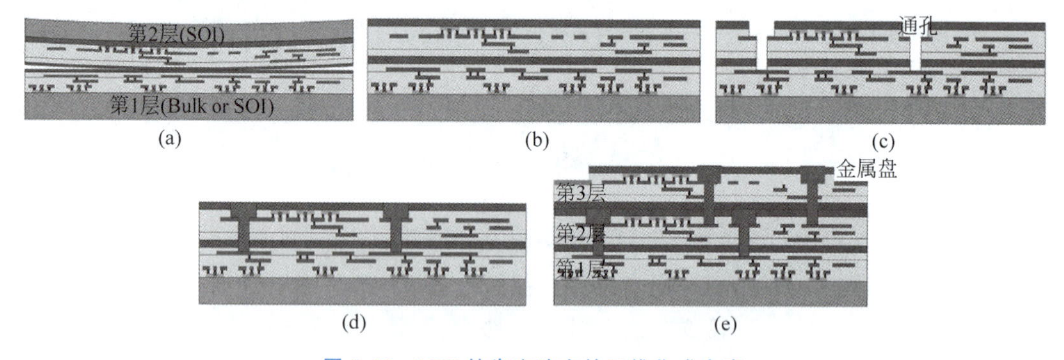

图 7-55 MIT 林肯实验室的三维集成方案

与 IBM 的方案相比,MIT 不使用临时键合,直接将第二层晶圆翻转后与第一层晶圆面对面键合,降低了工艺复杂度。MIT 采用台阶形 TSV,开口尺寸较大,增加芯片占用面积,但简化了两层芯片的连接,如图 7-56 所示。林肯实验室先后实现了 640×480 像素 CMOS 传感器、A/D 转换阵列和数字信号处理电路的 3 层集成,以及 1024×1024 像素的成像传感器阵列和读出电路的两层集成。林肯实验室还实现了三层结构的激光雷达阵列,包括 Geiger 模式雪崩光敏二极管阵列、3.3V SOI CMOS 读出电路和 1.5V SOI CMOS 数字电路,大幅缩短探测器像素与读出电路之间的连线,将探测器阵列的填充因子提高到接近 1。

7.5.1.3 Leti

Leti 开发了与 IBM 类似的 SOI 三维集成方案,如图 7-57 所示[103]。首先利用 SiO_2 键合将 SOI 与体硅晶圆面对面键合;然后去除 SOI 的衬底层,刻蚀介质层形成盲孔,采用 CMOS 的互连工艺制造 TSV;最后在 SOI 器件层的上表面制造顶层金属。早期 TSV 尺寸

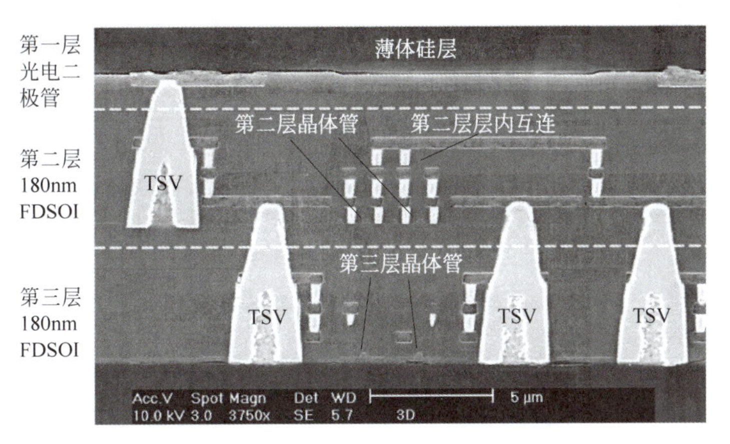

图 7-56 林肯实验室的 SOI 三维集成剖面

为 0.7μm×2μm，键合对准精度偏差为 0.4μm。直径为 1μm 的 TSV 的电阻小于 0.2Ω，直径为 2μm 的 TSV 的电阻小于 0.1Ω。

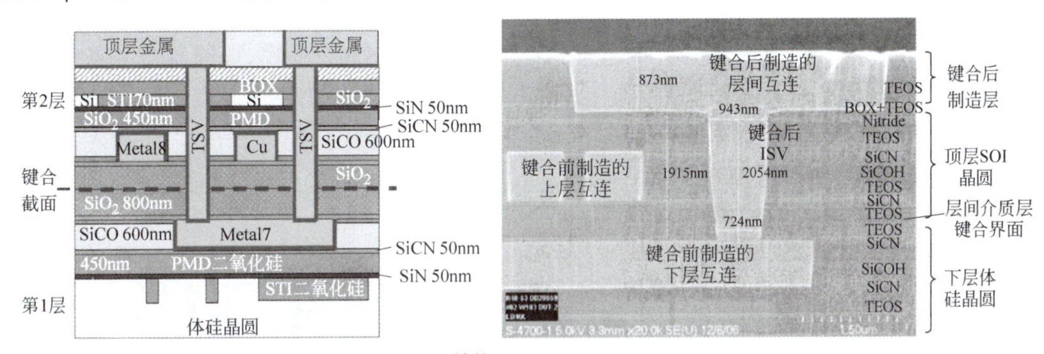

(a) 结构

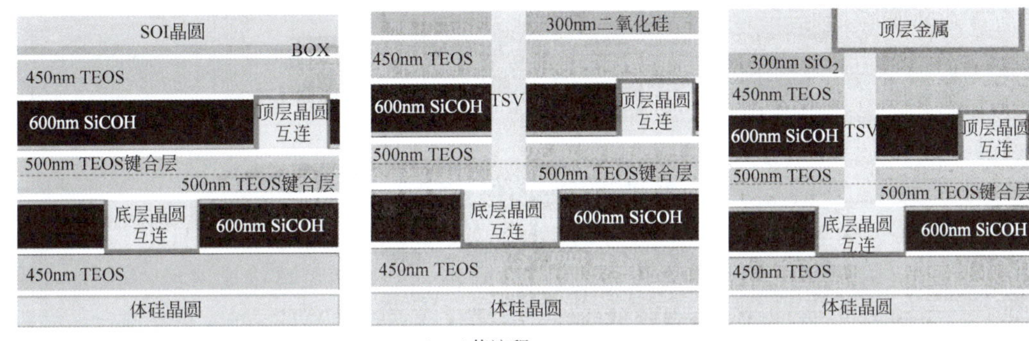

(b) 工艺流程

图 7-57 Leti 的 SOI 三维集成

2020 年，Leti 报道了键合转移体硅超薄晶圆的三维集成方法[104]。如图 7-58 所示，三层晶圆采用厚度为 600nm 的 TEOS SiO_2 键合集成，每层晶圆采用机械研磨和 CMP 减薄到 3～10μm。对于 10μm 晶圆，TSV 直径为 1μm，节距为 2μm。单独两层晶圆键合的 3σ 对准偏差 x 轴为 79nm，y 轴为 66nm，上面两层晶圆的 3σ 对准偏差 x 轴为 96nm，y 轴为 66nm。单层晶圆减薄后的厚度非均匀性与最终厚度无关，且多层键合后每层晶圆的厚度非均匀性并不积累传递，均为 2μm 左右，但顶层晶圆减薄后的非均匀性稍大于中间层晶圆。

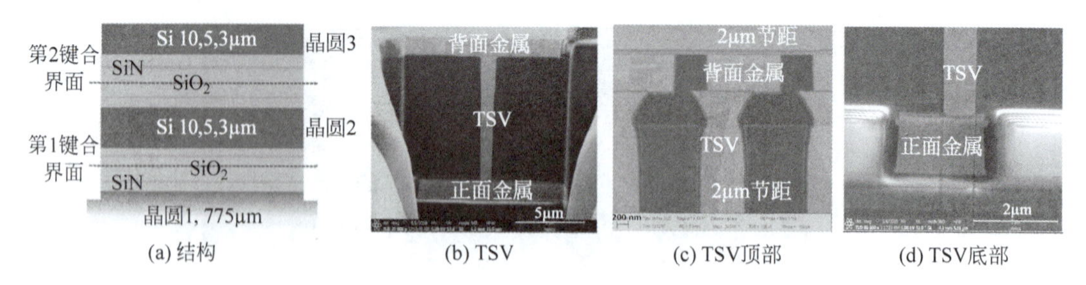

(a) 结构　(b) TSV　(c) TSV顶部　(d) TSV底部

图 7-58　Leti 体硅三维集成

7.5.2　BEOL 方案

7.5.2.1　RPI

RPI 开发了 SOI 的 BEOL 三维集成方案[66-67]，主要工艺过程如下：①完成 2 个 SOI 晶圆的 CMOS 工艺，然后在每个晶圆上制造 Cu-SiO_2 混合键合结构并 CMP 平整化(图 7-59(a))；②将上层 SOI 翻转后与下层晶圆进行正面对正面的 Cu-SiO_2 混合键合(图 7-59(b))；③去除上层 SOI 的衬底(图 7-59(c))；④刻蚀上层晶圆的器件层和介质层，电镀制造 TSV 以及晶圆表面 Cu-SiO_2 混合键合结构(图 7-59(d))；⑤正面对背面键合第三层晶圆(图 7-59(e))。第二层晶圆中的 TSV 穿透了 SOI 的器件层单晶硅，制造过程比只穿透介质层的 TSV 更加复杂。RPI 的方法不使用辅助圆片，因此第一层和第二层须采用正面对正面的键合方式。

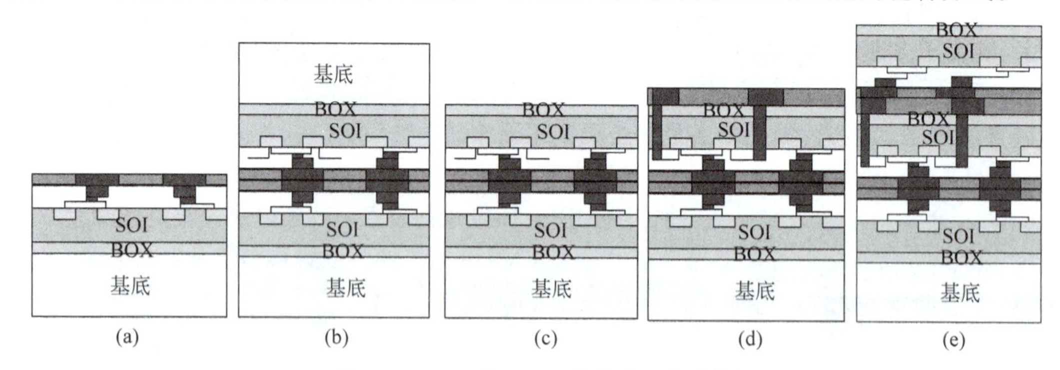

(a)　(b)　(c)　(d)　(e)

图 7-59　RPI 的 SOI 三维集成工艺步骤

与 MEOL 方案主要采用 SiO_2 键合后再制造 TSV 连接两层芯片不同，RPI 采用 Cu-SiO_2 混合键合实现两层芯片的电学连接。Cu-SiO_2 混合键合的制造难度增大，但铜凸点键合为两层芯片间的互连提供了更大的灵活性。对于仅有两层芯片的情况，混合键合连接避免了制造 TSV，大幅简化了制造过程。Cu-SiO_2 混合键合的要求较高，但由于其优异的对准精度和可靠性，目前已经成为两层芯片集成的重要方法。采用 BCB 聚合物键合时，把预固化温度提高到 190℃可以将 BCB 胶联比例由 35%提高到约 43%，使 200mm 晶圆键合的对准偏差减小到 0.5μm，但仍比 Cu-SiO_2 混合的对准偏差大 10 倍[105]。

7.5.2.2　MIT 微系统实验室

MIT 微系统实验室开发了先 TSV 后键合的 BEOL 三维集成方案[106-111]，使用临时键合，相邻层的芯片采用面对背的结构。SOI 三维集成工艺如下：①在 SOI 器件层上方沉积厚度为 300/50nm 的 Cu/Ta 键合层，用于与上一层键合(图 7-60(a))；②SOI 与辅助圆片临时键合(图 7-60(b));③利用机械研磨和湿法刻蚀去除 SOI 衬底层,然后刻蚀去除埋氧层(图 7-60(c));④刻蚀穿透 SOI 器件层和 M1 金属 PMD 的盲孔,直到第一层金属布线层,典型 TSV 直径为 0.5μm,深宽比为 2∶1(图 7-60(d));⑤在 TSV 盲孔内沉积介质层,电镀铜形成 TSV(图 7-60(e));⑥在孔外沉积厚度为 300/50nm 的 Cu/Ta 键合层,用于与下一层的金属键合(图 7-60(f));⑦上下两层 SOI 对准后通过铜热压键合(图 7-60(g));⑧最后去除辅助圆片(图 7-60(h))。

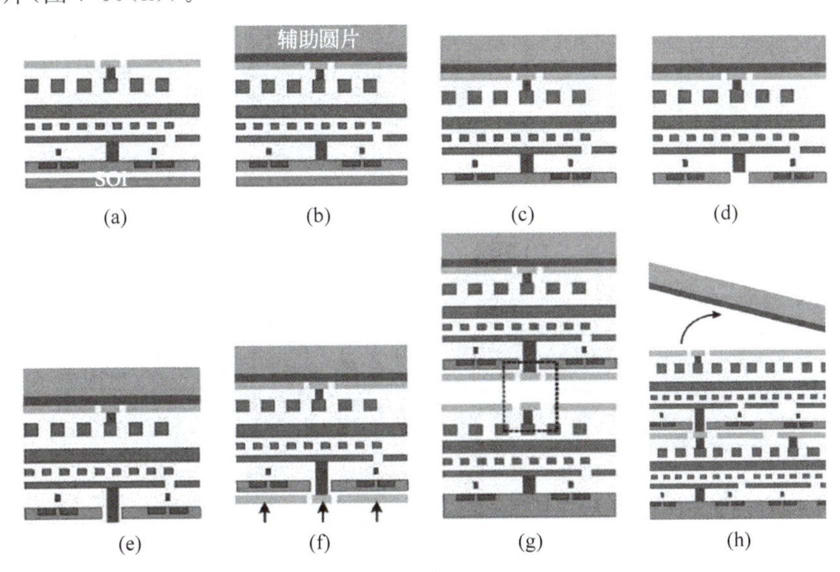

图 7-60　微系统实验室的 SOI 三维集成工艺

这种 SOI 三维集成方案具有以下特点:①采用 BEOL 方案,在键合前分别制造各层的 TSV 和键合凸点,三维集成过程只需键合即可。因此对于三层结构,三维集成的总加工时间为 TSV 制造+键合凸点制造+两次键合的时间。IBM 采用先键合后 TSV 的工艺顺序,在键合完成后还需要制造 TSV 和互连,然后才能再次键合第三层,三层结构集成总的加工时间为两次键合+两次 TSV 制造+一次键合+TSV 制造的时间。因此,这种方案对于多层芯片具有更高的集成效率。②前两层采用面对面键合,TSV 连接下层芯片的顶层金属和翻转后的上层 SOI 的最底层金属,TSV 穿透的厚度小,而 IBM 的方案采用面对背的键合,TSV 穿透的厚度更大。③采用铜键合作为多层的连接方式,需要电学连接的铜键合区域与其他区域分割开保证绝缘,没有电学连接的区域也采用铜键合。永久键合采用 Cu/Ta,临时键合采用 Cu/Zr,Zr 很容易在 HF 溶液中溶解,速率比 SiO_2 还快,可以使用稀释 HF 溶液去除辅助圆片。

7.5.2.3　IMEC

2016 年,IMEC 报道了体硅晶圆减薄至 50μm 的 BEOL 方案[112],2018 年和 2019 年分别报道了厚度为 5μm 的体硅晶圆上实现的直径 1μm 和 0.7μm 的 TSV[113-114]。先键合后 TSV 的 BEOL 方案如下(图 7-61):①完成 CMOS 工艺,介质层键合后将上层晶圆减薄至 5μm。②PECVD 沉积 150nm 的 SiO_2 和 250nm 的 SiN 作为深刻蚀硬掩膜,以光刻胶为掩膜,首先刻蚀 SiN 和 SiO_2,然后深刻蚀单晶硅形成 0.7μm 直径的深孔,直到下层晶圆的介质层。③刻蚀深孔底部的下层晶圆的介质层到金属层。④PEALD 沉积厚 50nm 的 SiO_2 介质层,PECVD 沉积厚 150nm 的非共形 SiN 或非晶碳,各向异性刻蚀去除深孔底部的 SiO_2;溅射厚 10nm 的 TiN 扩散阻挡层,溅射厚 150nm 的铜种子层。⑤电镀填充铜,CMP 去除铜和种子层及扩散阻挡层。

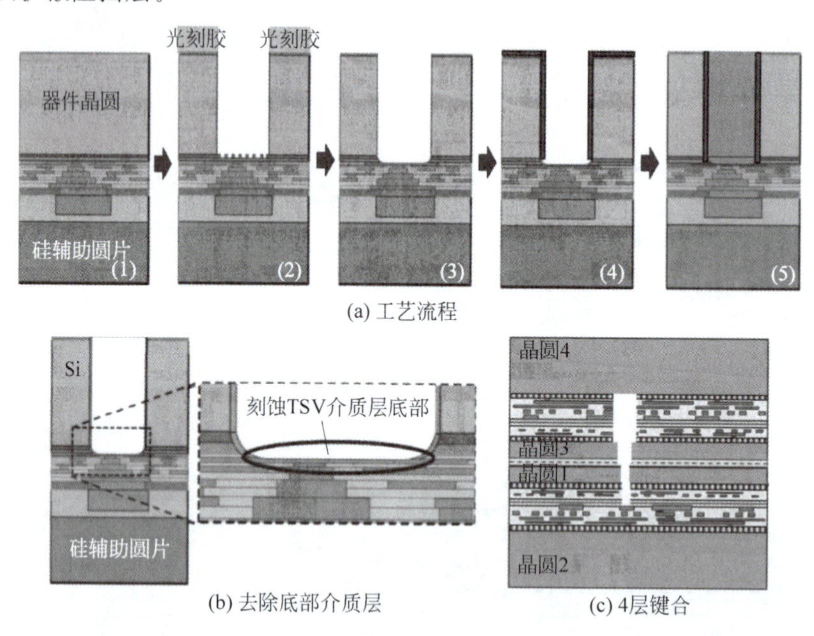

图 7-61 IMEC 先键合后 TSV 的 BEOL 方案

IMEC 采用机械研磨减薄到 50μm,然后利用具有终点检测的 DRIE 刻蚀去除 44μm,最后利用 CMP 去除 1μm。这种方案依靠深刻蚀设备保证刻蚀的均匀性和最终厚度,CMP 以后厚度非均匀性小于 1μm,相比传统机械研磨和 CMP 的 2μm 有较大程度的提高。IMEC 采用两个正面对正面键合后的晶圆组,再将其背面对背面键合,形成了四层晶圆的三维集成。贯穿上面三层的 TSV 采用刻蚀后对准键合,最后以统一填充的方式制造[115]。

对于小直径、高深宽比 TSV,主要技术难点包括:①必须控制深孔刻蚀形貌,降低侧壁粗糙度;②刻蚀底部介质层时防止开口处介质层被去除,IMEC 采用非共形的 SiN 或非晶碳作为保护,刻蚀后 SiN 不再去除,非晶碳在干法刻蚀去除光刻胶时被同时去除;③各向异性刻蚀底部介质层特别是离子轰击时,造成下层晶圆表面铜互连被溅射而沉积到侧壁,IMEC 采用 SiO_2-TiN-SiO_2 的侧壁绝缘层,将扩散阻挡层埋置在介质层内部[112];④铜电镀种子层厚度达到 300~400nm 时,易导致封口效应,而当厚度低于 200nm 时,容易引起晶圆中心位置的种子层不连续,IMEC 采用碱性电镀液电镀 30nm 的增强种子层。

2020 年,IMEC 报道了厚度只有 500nm 的体硅晶圆转移,TSV 直径仅为 100nm 左右,称为 nano-TSV[116]。nano-TSV 可用于将电源分配网络转移到晶圆背面,缓解正面布线拥挤的问题并将信号线与电源线分开,降低金属线电阻增大导致的 V_{DD} 下降,对于埋入式电源轨(BPR)意义很大。上层超薄晶圆与下层晶圆通过 SiO_2 正面对正面键合,采用 SiGe 作为刻蚀停止层将上层的厚度减薄至 500nm,TSV 连接上层的 M1 金属到晶圆的背面,如图 7-62 所示[116]。为了保持一定的散热能力并尽可能减小 TSV 尺寸,500nm 的器件层厚度是折中的选择。

图 7-63 为 nano-TSV 制造工艺流程[116]。为了精确控制转移体硅晶圆的厚度,IMEC

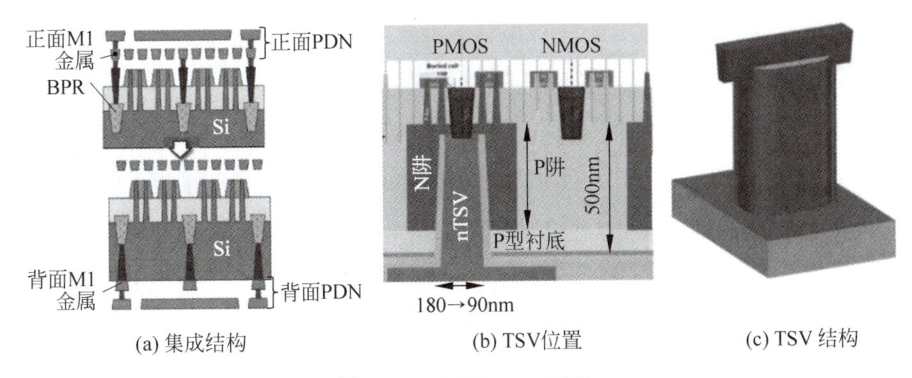

(a) 集成结构　(b) TSV位置　(c) TSV结构

图 7-62　IMEC nano-TSV

开发了 Si 和 SiGe 停止层技术。在硅晶圆表面外延厚 50nm 的 $SiGe_{0.25}$ 层，然后外延厚 500nm 的单晶硅，TTV 可以控制在 50nm 以内。外延 SiGe 层中，锗含量高对后续选择性刻蚀有利，但对外延单晶硅的晶格影响更大，25%是优化的锗含量。在单晶硅外延层内制造晶体管，然后制造 PMD 和 M0 钨塞，CMP 后沉积 SiO_2 并再次 CMP。将该晶圆翻转后作为上层晶圆，与另一个晶圆表面通过介质层键合。机械研磨将上层晶圆减薄至距离 SiGe 层上方 10μm，然后采用湿法选择性刻蚀去除最后 10μm，以 SiGe 层作为湿法刻蚀停止层。去除 SiGe 层后沉积 SiO_2 介质层，刻蚀 SiO_2 介质层和 500nm 的单晶硅制造垂直互连。垂直互连只穿透 500nm 的单晶硅，可以采用光刻机对准和曝光，TSV 与钨塞位置对应，最后制造平面互连。

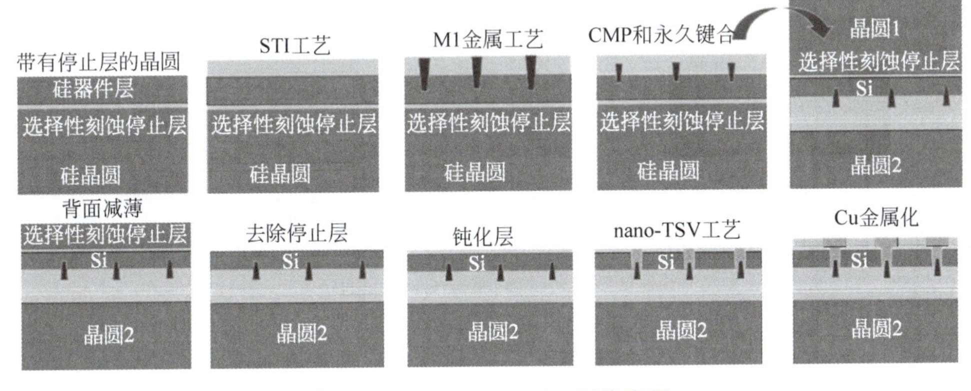

图 7-63　IMEC nano-TSV 工艺流程

TSV 与连接 M1 金属的 M0 钨塞对接，采用 DUV 光刻对准，对准偏差为 15nm。TSV 尺寸为 180nm×250nm，高度为 500nm，最小间距小于 500nm，如图 7-64 所示。TSV 介质层为 PEALD 沉积的厚度 10nm SiO_2，扩散阻挡层 Ta/TaN 以及电镀种子层均采用 PEALD 沉积。2021 年，IMEC 使用钨作为导体材料、TiN 作为扩散阻挡层，实现了宽度为 20～370nm 的钨 nano-TSV[117]。

IMEC 开发了 SiCN-SiCN 的键合方法。SiCN 对铜具有一定的扩散阻挡作用，可以防止键合对准偏差造成的铜与介质层接触产生的扩散，SiCN-SiCN 的键合强度高于 SiO_2-SiO_2 的键合强度[118]。为了防止键合后 SiCN 层的气体释放形成空洞，键合前需要以后续最高温度对 SiCN 退火，释放 SiCN 中的残留气体。

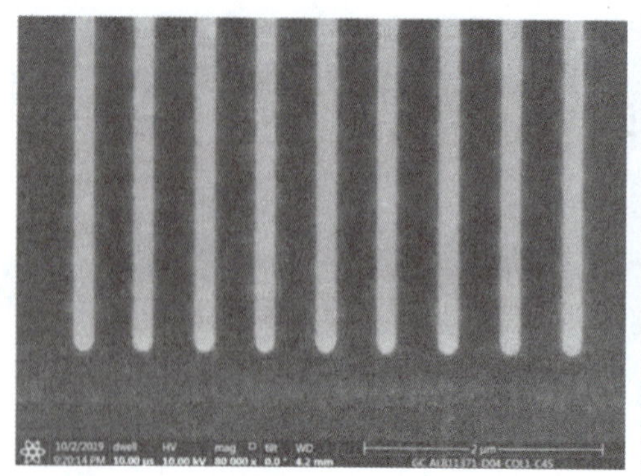

(a) 铜电镀并CMP 以后　　　　(b) TSV连接剖面

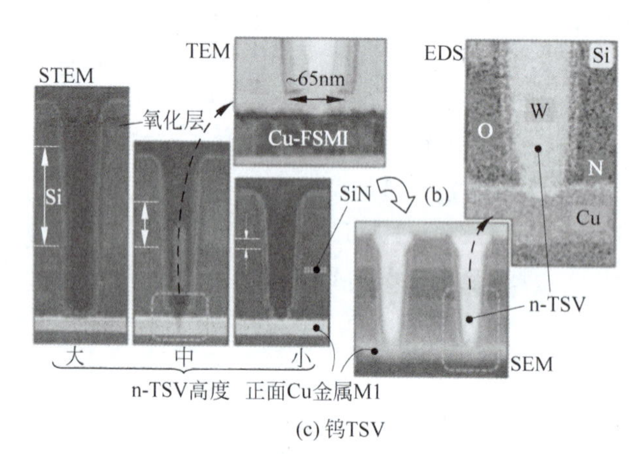

(c) 钨TSV

图 7-64　IMEC nano-TSV

7.6　单片三维集成

三维集成包括并行集成与顺序三维集成。顺序三维集成首先采用生长或键合的方法，在带有器件的下层晶圆表面制造上层空白晶圆，然后在上层晶圆上依次制造器件和连接上下层的 ILV。由于上下层芯片的器件是按照从下到上的顺序制造的，因此称为顺序三维集成。为了实现上层器件和 ILV 与下层器件的高精度对准，目前，上层单晶硅晶圆的厚度一般仅为数十纳米至数百纳米。

由于上层晶圆的厚度与 CMOS 低层 ILD 的厚度相当，因此 ILV 可以采用 CMOS 互连工艺制造。顺序三维集成具有两个突出的优点：①利用光刻机实现上层器件和 ILV 与下层器件的对准，精度水平极高，如 28nm 工艺的光刻对准偏差仅为 5nm[119]，最近单机对准偏差甚至达到了 1.5nm[120]。②超薄的器件层和极高的对准精度，使 ILV 直径可以减小到几十纳米，甚至可以实现上下层晶体管级的三维互连，密度高达每平方毫米 1 亿以上，如图 7-65 所示。由于生长或键合的上层晶圆为空白晶圆，极大地缓解了对高精度对准键合的需求。

顺序三维集成可以实现极高的对准精度和纳米级直径的 ILV，因此具有并行三维集成无法实现的功能和特点：①异质沟道器件三维集成。通过 PMOS 和 NMOS 分层制造，再利用ILV连接为CMOS，使PMOS和NMOS可以分别采用不同的材料、晶向、应变、叠栅甚至器件结构，从而最大程度上分别优化。例如，采用电子迁移率高的材料如InGaAs或(100)Si制造NMOS，采用空穴迁移率高的材料如SiGe、Ge或(110)Si制造PMOS，使CMOS的性能最优化。②堆叠提高集成度。将平面布置的CMOS器件分为NMOS与PMOS堆叠集成，面积减小约50%，集成度提高1倍，多层堆叠基本按照比例减小面积并提高集成度。③纳米级ILV在面积、功耗和传输速率等方面较传统TSV有显著的优势，如表7-6所示[121]。

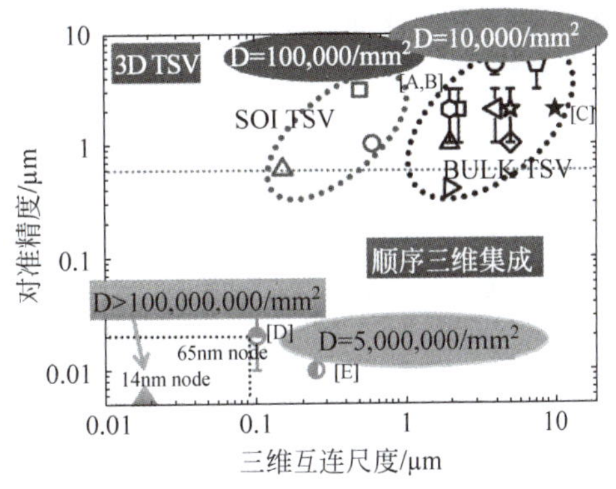

图7-65 三维集成的TSV密度

表7-6 不同直径的TSV的性能比较

	2D IC	TSV 3D IC(5μm)	TSV 3D IC(2μm)	单片3D IC
占用面积/μm	586×586	550×500(−12%)	450×450(−41%)	415×415(−50%)
硅面积/mm²	0.344	0.605(**+76%**)	0.405(**+18%**)	0.344(**0%**)
单元面积/mm²	0.260	0.257(−1%)	0.260(0%)	0.258(0%)
总线长/m	4.20	4.86(+16%)	4.30(+2%)	3.30(**−21%**)
#三维互连	—	996	1839	48790
节距/μm	—	15	6	0.1
KOZ/μm	—	5	2	0
面积开销/mm²	—	**0.241**	**0.069**	**0.001**
三维互连开销/%	—	**39.8**	**17.0**	**0.3**
布线密度/%	75.6	82.1	81.2	75.8
互连功耗/mW	**54.3**	62.5(+15%)	53.1(−2%)	43.4(**−20%**)
单元引脚功耗/mW	**30.7**	30.4(−1%)	31.3(+2%)	29.1(**−5%**)
单元内部功耗/mW	**77.9**	77.0(−1%)	80.8(+4%)	75.4(**−3%**)
漏电功耗/mW	**1.22**	1.15(−6%)	1.22(0%)	1.15(**−6%**)
总功耗/mW	**164.1**	171.0(**+4%**)	166.4(**+1%**)	149.1(**−9%**)

顺序三维集成的难点是顺序制造多层器件时，下层器件的耐热能力限制了上层晶圆和器件制造过程的最高温度。为了解决这一问题，近年来发展出多种不同的顺序三维集成方法。在有些方法中，两层晶圆的部分工艺并行制造、部分工艺顺序制造，而并非完全的狭义顺序制造。因此，目前多将顺序三维集成称为单片三维集成(M3D)。

7.6.1 单片三维集成的难点

单片三维集成的难点是上层器件制造过程的最高温度受到下层器件耐热能力的限制。

7.6.1.1 器件制造工艺概述

传统CMOS器件采用SiO_2作为栅介质，掺杂的多晶硅作为栅电极。掺杂多晶硅与SiO_2栅介质之间具有良好的界面态，并且高温性能稳定；但掺杂多晶硅是半导体，在施加电压时会形成耗尽区，等效于增加了介质层厚度，减小了反型电荷和反型电容，降低了驱动电流。随着特征尺寸的减小，SiO_2栅介质的厚度必须随之减小，但过薄的栅介质导致隧穿效应,影响器件性能。采用高 κ 材料作为栅介质层,可以在维持介质层厚度的情况下,获得与超薄 SiO_2 栅介质相同的栅电容,从而抑制隧穿效应。满足要求的高 κ 材料以金属氧化物为主,如 HfO_2、HfSiOx、HfSiON 或 ZrO_2 等。这些材料会在后续沉积多晶硅栅电极时与硅反应生成硅化物,并且 Hf 和多晶硅界面形成的 Hf-Si 键会产生费米钉扎,因此高 κ 材料无法再使用多晶硅栅电极,只能用金属电极如 TiN、TiAlN 或 TaN。采用高 κ 材料和金属栅电极结构,可以将 NMOS 栅极漏电流降低到 4%以下,PMOS 栅极漏电流降低到千分之一以下,同时提高驱动电流和器件性能。

高 κ/金属栅工艺可以分为先栅工艺和后栅工艺,如图 7-66 所示。先栅工艺最早由 Sematech 和 IBM 开发,是在高 κ 栅介质和金属栅电极的叠层制造完毕后进行源漏区注入和激活。为了防止高 κ 材料和金属栅在激活高温下发生反应,以及产生偶极子调制功函数和器件阈值电压,需要在两者之间沉积极薄的封盖层。一般 PMOS 的封盖层为 Al_2O_3,NMOS 的封盖层为 $LaSiO_x$[122]。先栅工艺制造简单,但是这种器件结构仍存在热不稳定性,可能导致阈值电压偏移和叠栅中的再生长,在 PMOS 器件缩小等效氧化层厚度(EOT)时尤其严重。因此先栅工艺在高性能器件中应用较少,但低功耗器件或 DRAM 的阈值电压和 EOT 的要求通常更为宽松,先栅工艺仍然是主要的工艺方案。

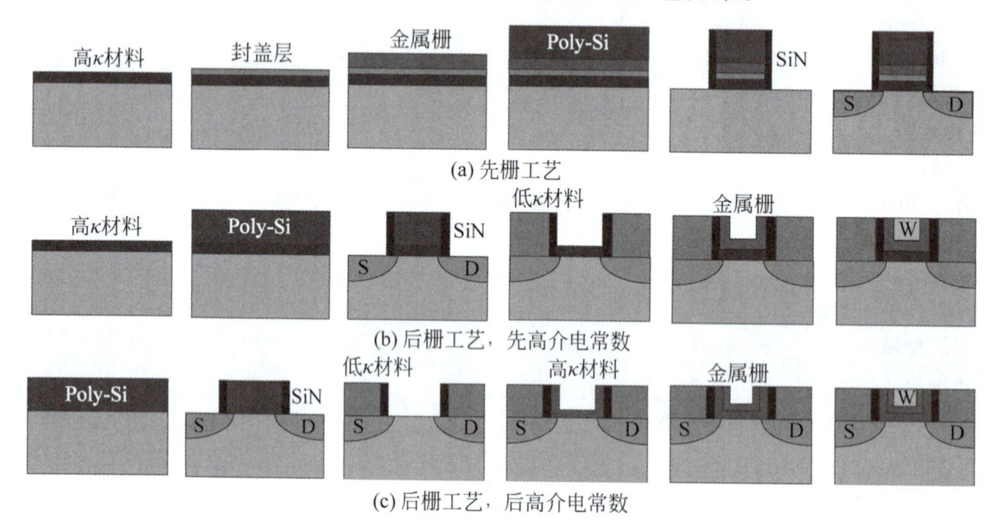

图 7-66 高介电常数/金属栅制造方法

后栅工艺又称替换金属栅(RMG),是首先注入激活源漏区后再制造高 κ 和金属栅,这种方法避免了高 κ 材料经历源漏区激活过程的高温。RMG 又可分为先制造高 κ 栅介质和后制造高 κ 栅介质两种方法。前者首先沉积高 κ 栅介质,然后采用耐高温的多晶硅制造伪栅电极,用于自对准定义源漏区的位置;源漏区注入激活后去除多晶硅,在多晶硅的位置制造金属栅。这一方法最早由 Intel 于 2007 年引入 45nm 工艺[123],虽然解决了金属栅电极的高温问题,但高 κ 栅介质仍经历了源漏区激活的高温过程。为此,Intel 在 32nm 工艺中引入了后高 κ 的方法,首先制造多晶硅伪栅进行位置替代,然后进行源漏区注入和激活;沉积低 κ 介质层后去除多晶硅伪栅,再沉积高 κ 栅介质和金属电极。这一方法解决了高 κ/金属栅叠层不耐高温的问题,并且通过使用不同的金属可以获得不同的功函数调整器件的阈值电压,实现多阈值电压单并降低栅极电阻,但是工艺过程非常复杂[124-125]。

采用高 κ/金属栅器件的典型单片三维集成的主要过程包括制造下层器件、集成上层单晶硅晶圆和制造上层器件，其单层工艺流程和三维集成器件结构如图 7-67 所示。上层器件的最低工艺温度和下层器件的耐热能力与器件的结构、材料和工艺节点有关，下层可以采用体硅、FDSOI、FinFET 和三栅等体硅和薄膜结构的器件，而上层通常采用薄膜结构的器件，如 FDSOI、FinFET 和三栅。

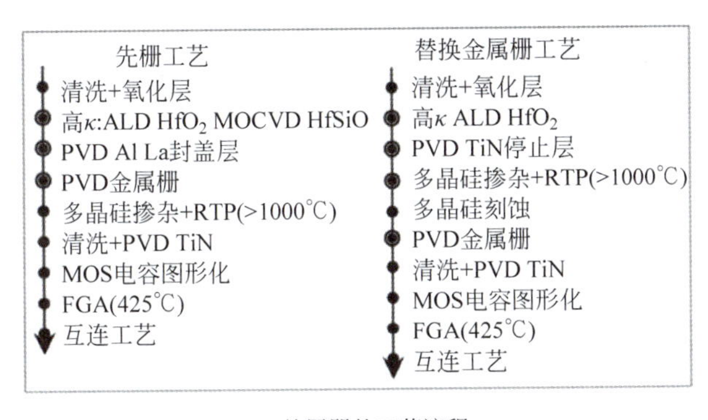

(a) 单层器件工艺流程

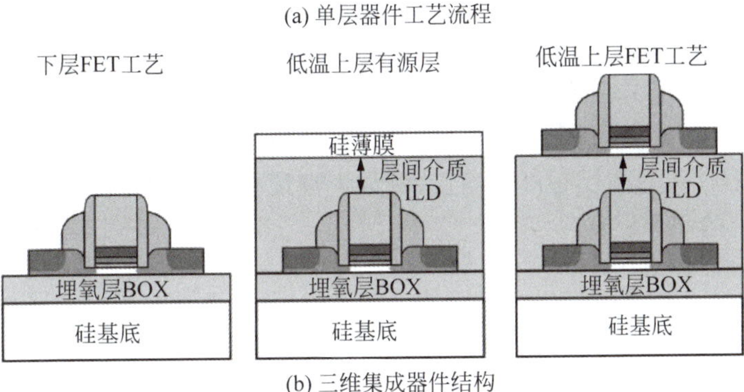

(b) 三维集成器件结构

图 7-67 单片三维集成

7.6.1.2 单片三维集成的难点

单片三维集成的难点是，集成上层单晶硅和制造上层器件时，温度受到下层器件耐热能力的限制。对于上下层器件沟道均为硅材料，如 FDSOI 凸台源漏器件，其上层单晶硅层的前道工艺中有多个高温工艺过程，最高温度可达 1000℃。下层器件如果带有 Cu 和低 κ 介质层，最高只能耐受 500℃左右的温度；即使下层器件没有制造互连层，注入硅凸台源漏结构的 FDSOI 也只能耐受 500℃的温度[126]。因此，下层器件的耐受温度一般在 500℃左右，但上层器件的制造温度却高达 1000℃以上，二者之间的温度差异是制约单片三维集成的主要技术障碍，如图 7-68 所示[127]。

解决温度限制的方法是降低上层器件制造过程的高温，并提高下层器件的耐热能力。对于前者，目前已发展出键合前注入退火、固相外延掺杂激活和超快激光表面退火等方法，用于降低栅叠层制造和注入激活过程的温度。对于后者，需要根据有无互连分别提高有互连时的耐热能力和无互连时的耐热能力。

除了温度制约，制造上层器件的 FEOL 工艺时，下层器件的互连材料如 Ti、TiN、Ta、TaN、W 和 Cu 等金属会重新进入 FEOL 设备中，对设备造成污染[128]，需要特殊的清洗和

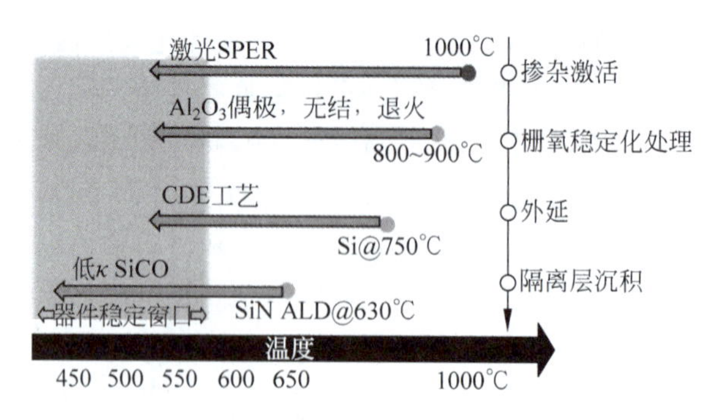

图 7-68 下层器件耐受温度与上层器件工艺温度的差异

保护措施。除了晶圆正面和背面需要仔细清洗，晶圆边缘还需进行抛光和刻蚀以去除边缘附着的污染物，然后将正面、背面和边缘沉积 SiO_2 或 SiN 钝化层进行隔离。

7.6.2 下层器件

下层晶圆器件的耐热能力与器件的结构和材料有关。如图 7-69 所示[127]，通常晶体管区的耐受温度超过互连区，而互连中低 κ 介质材料和晶体管的源漏区接触分别是互连和晶体管各自耐受温度最低的位置，因此器件能够耐受的最高温度由这二者决定。器件耐受的最高温度与温度作用的时间长短有关。随着时间延长，器件耐受温度迅速下降，而当温度持续时间极短时，器件可以耐受很高的温度，例如当温度持续时间在微秒量级时，晶体管可以耐受 1000℃以上的高温。

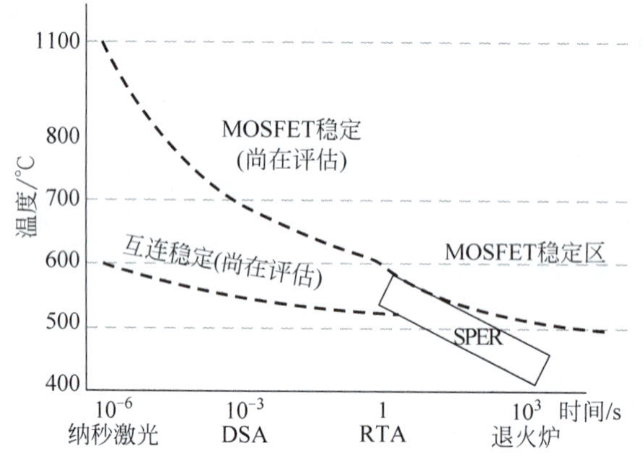

图 7-69 耐受温度与持续时间的关系

7.6.2.1 互连体系

互连体系的耐热能力由扩散阻挡层和介质层决定。由于多数扩散阻挡层能够耐受 500℃的高温，常规 Cu 和低 κ 介质层互连体系的耐热能力主要受限于低 κ 介质层，特别是多孔和有机的超低 κ 材料介质层。当温度超过 500℃时，部分阻挡层失效，铜的热膨胀挤压低 κ 介质层而使其变形、碎裂或铜进入介质层。因此，Cu 和低 κ 介质只能耐受 500℃左右的温度。

Leti 对 28nm FDSOI 工艺的 SRAM 测试表明[129]，采用厚度为 20nm 的 SiCNH(κ=5.6)刻蚀阻挡层和 100nm 的多孔 SiOCH(κ=2.7)材料作为组合介质层，并采用 SiCN 薄膜封闭保护，低层 Cu 互连 M1～M4 在经过 2h、525℃退火后，互连的漏电流和击穿电压没有明显变化，如图 7-70 所示。然而，器件经历 2h、500℃后再经过 2min、600℃，介质层击穿时间显著缩短。利用 SiOCH 作为栅极与凸台源漏之间的隔离层，也可以达到上述耐热温度。这些结果表明，该介质层体系可以长时间耐受 525℃ 的高温。然而，对于 Flip-Flop 触发器逻辑器件，525℃加热 2h 后良率下降了近 40%[130]。

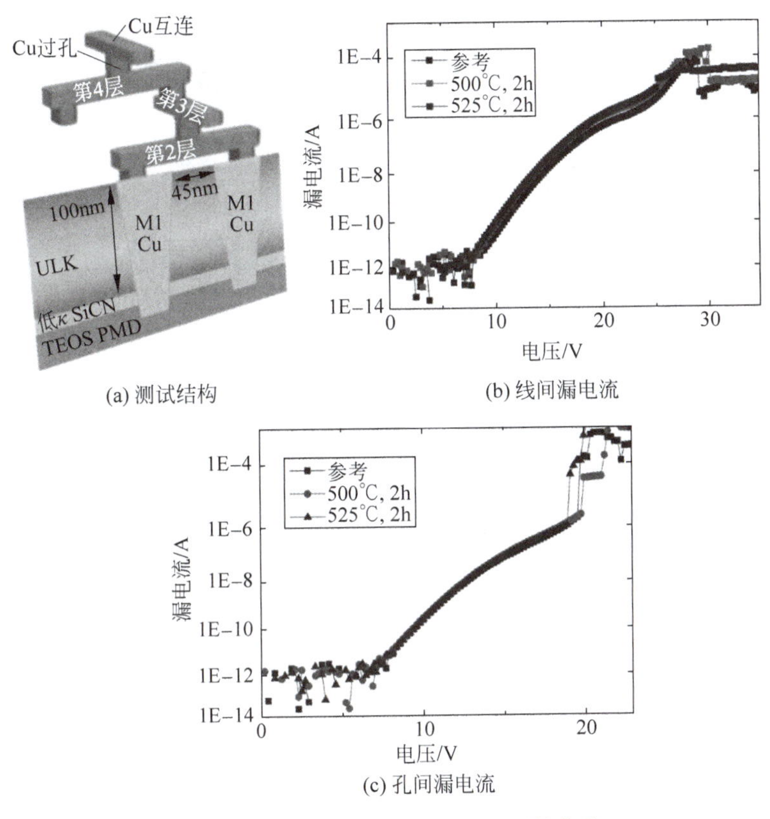

图 7-70 低 κ 介质层及 Cu 互连耐热能力

采用 W 和 SiO_2 作为互连金属和介质层制造金属互连层 M1 和 M2 时，可以耐受几小时 550℃甚至 650℃的温度[124-131]。因此，下层器件可以采用 W 制造 M1 和 M2 互连，在上层晶体管制造完毕后，利用上层的 Cu 互连作为下层的互连，如图 7-71 所示。采用 W 互连的缺点是电阻率高，而且两层器件的互连均由上层器件的互连完成，互连布线和功率都受到限制。

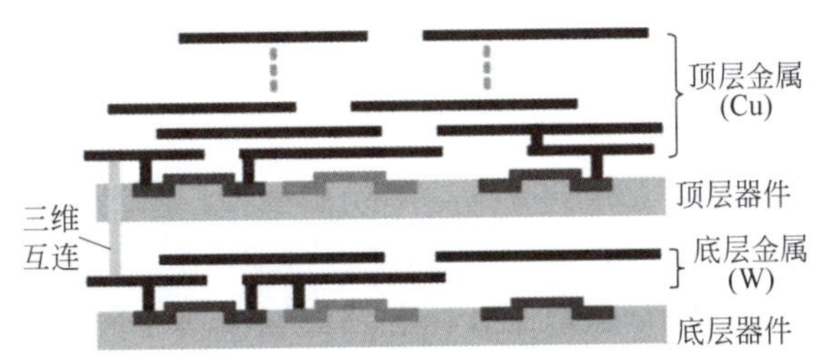

图 7-71 下层 W 互连结构

金属 Co 具有与 W 类似的耐热能力，并且电阻率只有 W 的 1/3 左右，导电性能更好。

Co在深宽比为5∶1的深孔中具有良好的沉积特性[124]，可以用于制造层间互连。如图7-72所示，对38nm的W和Co互连进行650℃快速退火20s和60s后，二者的电阻仅轻微增大，并且Co的耐热能力稍好于W[131]。

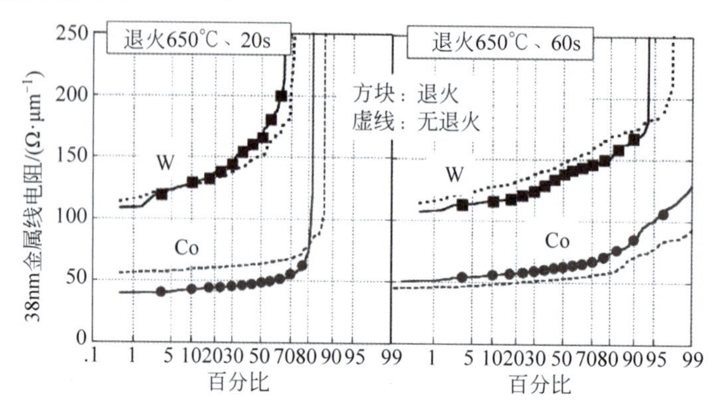

图7-72　W和Co互连650℃快速退火前后电阻分布

7.6.2.2　金属半导体接触

除了金属互连和介质层，晶体管的耐热能力也需要进行评估。晶体管耐热最薄弱的环节是源漏区与金属接触点的硅化物，因此，有无硅化物导致晶体管的耐热能力相差很大[132]。没有硅化物的晶体管，700℃的高温对性能的影响较小；而有硅化物的晶体管，700℃的高温导致结扩散，阈值电压显著下降，漏电流增大。根据Leti的研究，采用NiPt10%Si硅化物和注入硅凸台源漏结构的FDSOI器件，经过500℃和5h退火，器件性能仅有少许变化，但是550℃下90min导致NMOS和PMOS的关断电流显著增大，如图7-73所示[126]。因此，即使没有互连，采用常规NiPt10%Si接触的晶体管最高耐受温度也仅为500℃[130]。

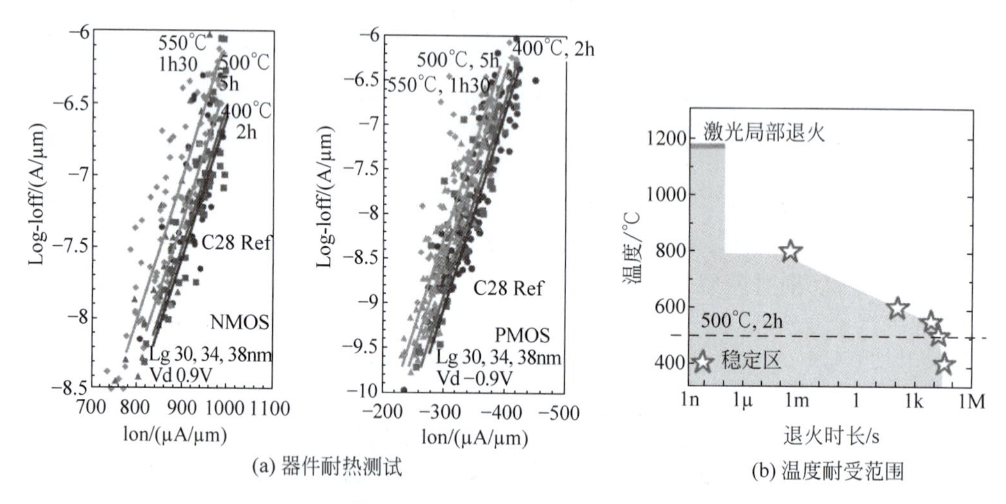

(a) 器件耐热测试　　(b) 温度耐受范围

图7-73　NiSi化合物耐热能力

为提高接触点NiSi化合物的耐热能力，Leti开发了掺杂F或W的硅化物制造方法，评估了NiSiF、NiPt15%Si、NiPtWSi和NiPtWFSi等硅化物的耐热能力。如图7-74所示，NiPtWSi和NiPtWFSi在700℃下方块电阻仍保持良好的水平[126,133]，可将下层器件的耐热能力显著提高到 600℃ 以上[134]。此外，在 NiSi 中掺入 N 元素可以降低 Ni 的扩散速率而增强热稳定性，防止 $NiSi_2$ 相的形成。例如，在 NiSi 中掺杂 3.9%的 N 不仅具有良好的电阻率、结漏电流和肖特基势垒高度，而且在 600℃ 高温退火 30min 后上述性能仍保持不变[135]。但是，较高浓度的 N 掺杂导致形成 Ni_3N，阻碍向 NiSi 的完全转换。

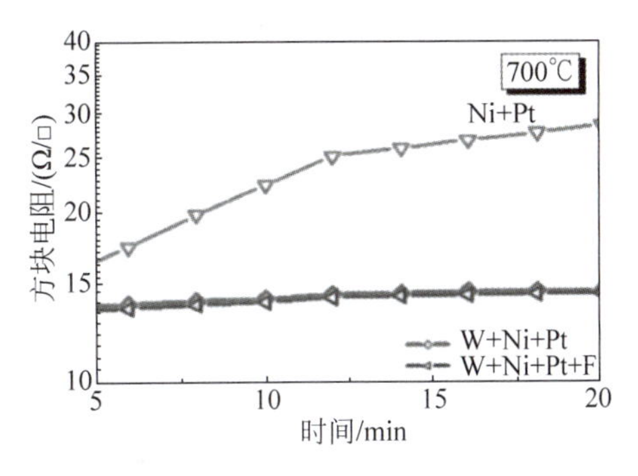

图 7-74 改进 NiSi 化合物的耐热能力

采用耐高温的非 Ni 金属硅化物也可以提高器件的耐热能力。如 Samsung 开发了 $CoSi_2$ 化合物体系，可以耐受 650℃ 温度[136]，但是超过 700℃ 时 $CoSi_2$ 出现团聚现象，导致接触电阻显著增大[132]。此外，Ti/TiN 扩散阻挡层良好的耐热能力，直接接触掺磷的 NMOS 的 Ti/TiN 可以耐受 2h、500℃，接触掺硼 SiGe PMOS 的 Ti/TiN 可以耐受 1h、600℃[131]。

7.6.3 单晶硅晶圆集成

上层单晶硅晶圆的集成经历了三个发展阶段。早期采用低温退火对沉积的多晶硅或非晶硅再晶化制造上层单晶硅，这种方法的温度影响较低，但是缺陷高、效率低、一致性差，难以满足先进集成电路制造的需求。20 世纪 90 年代初期出现了在 CMOS 衬底上生长单晶硅层的选择性外延技术。这种方法在 CMOS 器件的介质层或钝化层上刻蚀窗口，达到底部的单晶硅层，通过单晶硅层向外外延生长单晶硅。窗口内生长的单晶硅超过介质层表面后横向生长，覆盖介质层而形成单晶硅薄膜[137-140]。随着键合转移技术的发展，上层单晶硅集成可以在 400℃ 甚至更低的温度下实现，效率高、缺陷少，单晶硅性能与 SOI 相同。至此，低温条件下集成上层单晶硅晶圆这一难点已被晶圆键合转移技术所解决。

7.6.3.1 Smart Cut™ 转移

1994 年，法国 Leti 和 Soitec 开发了用于制造 SOI 的 Smart Cut™ 晶圆键合转移技术[141-143]。其主要过程如下：①在硅晶圆表面生长薄层 SiO_2，然后在硅内部注入剂量为 $2\times10^{16}\sim1\times10^{17}\ cm^{-2}$ 的 H 或 He 离子形成裂解层(图 7-75(a))。②利用 SiO_2 键合将该晶圆与另一个晶圆键合(图 7-75(b))。③在 400～500℃ 的温度下退火，一方面加强 SiO_2 的键合强度，另一方面使注入的 H 在晶圆中扩散并成核形成 H_2，在晶圆中深度相当于注入后的最高位错点的位置形成一层非常薄的氢气。氢气在晶圆内引入了强度较弱的界面，在高温的作用下晶圆裂解，将上层晶圆分割为两层单晶硅，其中薄层单晶硅键合至衬底表面形成 SOI 结构(图 7-75(c))。④剥离的单晶硅表面粗糙度一般为 10nm 左右，利用 CMP 平整化可以获得 0.1nm 的表面粗糙度。为防止 SiO_2 薄膜中气体扩散汇聚在键合界面导致空洞，需要在后续工艺所需的最高温度下退火以去除残留气体(图 7-75(d))。

Smart Cut 为低温集成超薄单晶硅提供了有效的解决方案，被广泛应用于 SOI 晶圆制造，还可以通过 SiO_2-SiO_2 键合或 Al_2O_3-Al_2O_3 键合将 $LiNbO_3$ 和 Ge 等单晶转移到多种衬底表面[144]。随着三维集成的发展，Smart Cut 被用于将超薄单晶硅转移至 CMOS 晶圆的上方。这一转移过程与制造 SOI 基本相同，主要包括注氢、低温 SiO_2 键合、200～400℃

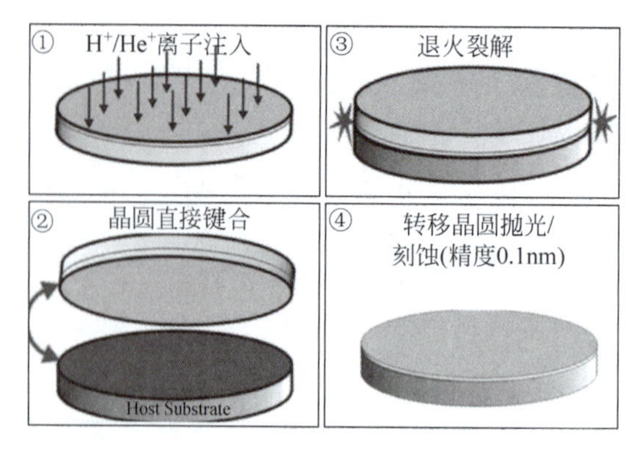

图 7-75　Smart Cut 晶圆转移原理

加热分离，最后 CMP 表面处理，如图 7-76 所示。Leti 成功地将厚度仅为 10nm 的单晶硅层转移到 300mm 的 CMOS 晶圆上方[145]。

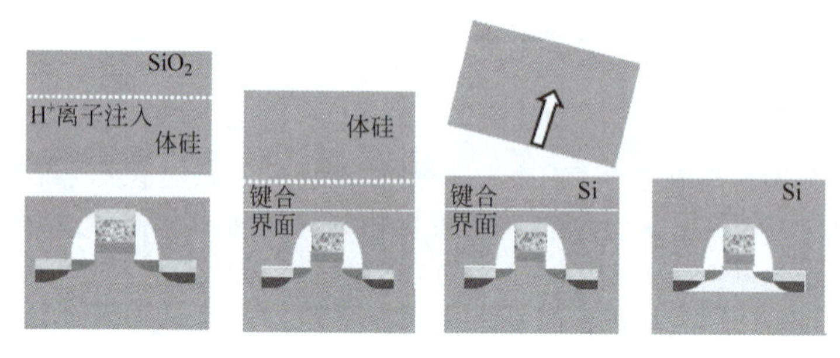

图 7-76　Smart Cut 体硅晶圆转移集成

7.6.3.2　ELTRAN 转移

20 世纪 90 年代，Canon 发明了利用多孔硅进行剥离的晶圆转移和 SOI 制造技术，称为外延层转移(ELTRAN)，其制造方法如图 7-77 所示[146-149]。首先在 HF 和乙醇溶液中采用阳极氧化的方法在单晶硅表面制造多孔硅层，通过调整电流密度控制孔径的大小，可以实现孔径几纳米、孔密度 $10^{11}/cm^2$ 的多孔硅。在 400℃ 下干氧化，将多孔硅内壁表面氧化成厚度 1～3nm 的 SiO_2，增强稳定性。在 1000～1100℃ 的氢气环境中退火，表面的多孔硅被还

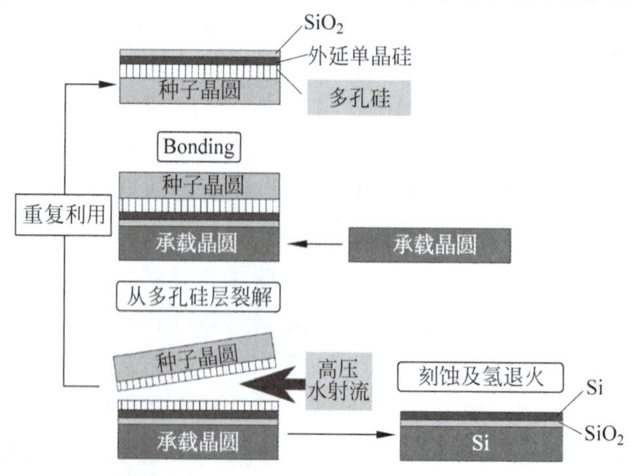

图 7-77　ELTRAN 体硅晶圆转移集成

原并扩散融合形成了连续光滑的单晶硅，表面的孔隙密度降低到 $10^4/cm^2$。退火时通过射流提供气相 Si 成分，进一步将孔密度降低到 $10/cm^2$。随后在 900～1000℃下外延，在表面生长单晶硅层。然后对外延层表层热氧化生长 SiO_2 作为与另一个晶圆键合的键合层。键合后利用 20～60MPa 的高压水射流对多孔硅层进行横向切割，将晶圆从多孔硅层裂解，实现单晶硅层的转移。

裂解后，表面的氧化多孔硅采用 $HF+H_2O_2+H_2O$ 刻蚀，多孔硅与单晶硅的刻蚀选择比为 100000∶1。刻蚀从孔壁两侧进行，最大刻蚀深度仅为 10nm 左右，因此外延单晶硅的厚度最小仅需 10nm。ELTRAN 可以实现厚度从 10nm 到 2～3μm 的超薄单晶硅转移，对于 300mm 晶圆的 SOI，厚度非均匀性仅为 1.1%。刻蚀后的表面粗糙度约为 10nm，通过 CMP 可降低到 0.1nm。当转移厚度仅为数十纳米时，由于 CMP 的 TTV 控制能力限制，会导致晶圆中心厚、边缘薄的问题。Canon 发明了 H_2 环境下退火的方法，可以将表面粗糙度降低到 0.1nm，并可以将转移晶圆厚度减小到 1nm。

7.6.3.3 刻蚀转移

采用 Smart Cut 和 ELTRAN 转移超薄单晶硅具有较低的制造成本，但是增加了制造过程的复杂度。通过在单晶硅衬底中制造一层与单晶硅具有显著刻蚀速率差异的埋入层，可以通过机械减薄和刻蚀的方法，利用埋入层与单晶硅的刻蚀选择比实现晶圆转移。目前用于刻蚀转移的埋入层主要包括 SiO_2 和 SiGe。

实现 SiO_2 埋入层典型的方法是将 SOI 晶圆的器件层单晶硅键合转移至下层晶圆表面，主要过程包括表层沉积 SiO_2 层、低温 SiO_2 键合、机械研磨和刻蚀去除 SOI 的硅衬底、刻蚀去除埋氧层 BOX，如图 7-78 所示。由于 BOX 与单晶硅在干法或湿法刻蚀中有很高的选择比，去除 SOI 衬底时可以准确停止在 BOX 层，因此转移晶圆的厚度由 SOI 的器件层决定。与 Smart Cut 体硅转移相比，SOI 键合转移的过程更容易实现，但是成本高于体硅晶圆转移。

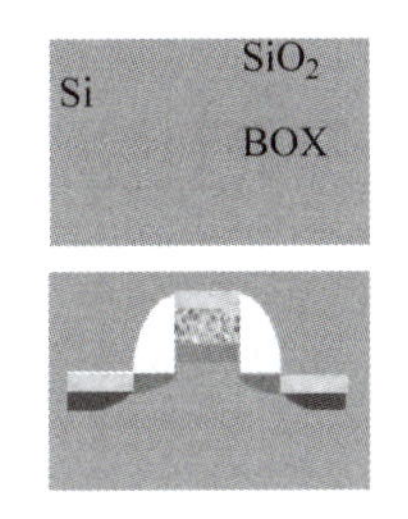

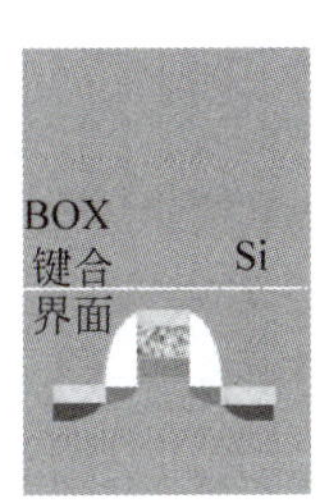

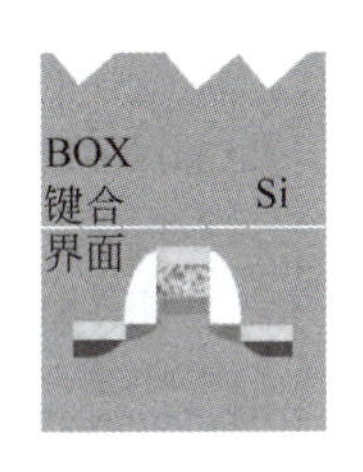

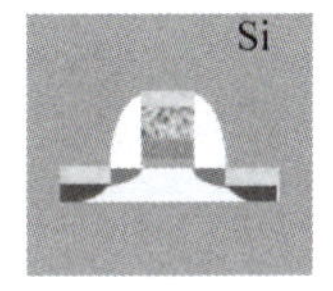

图 7-78 SOI 晶圆转移集成

SiGe 与 Si 也具有较高的刻蚀选择比，特别对于湿法刻蚀，这一现象在 20 世纪 60 年代就已被发现[150]，并在 90 年代开始应用于选择性刻蚀[151-152]。卤素气体和氢气的等离子体都对 Si 和 SiGe 表现出不同的刻蚀选择比[153]，但典型的高选择比刻蚀是溶液湿法刻蚀。例如，刻蚀 Si 采用 KOH、$K_2Cr_2O_7$、异丙醇和水的混合溶液[152]，刻蚀 SiGe 采用 HF、H_2O_2 和醋酸的混合溶液[151]。这两种溶液分别对 SiGe 和 Si 有较高的选择比，可达 1000∶1 甚至更高。IMEC 采用硅表面外延 SiGe 后再外延单晶硅，利用二者的高选择比实现单晶硅转移[154]。SiGe 外延采用 SiH_2Cl_2 和 GeH_4（5%，H_2 载气）气体，Si 外延采用 SiH_2Cl_2 或 SiH_4。

7.6.4 上层器件

典型 CMOS 的前道工序中有多个工艺需要 500℃以上的高温，如源漏选择性外延预退火和生长分别需要 800℃和 750℃，源漏脉冲退火激活需要 1000～1100℃，栅介质退火需要 800℃，隔离层沉积需要 600～650℃，替换金属栅中非晶硅伪栅沉积需要 600～700℃。由于这些温度远超过下层器件的承受范围，因此需要改进上层器件结构、材料或工艺，降低工艺温度。

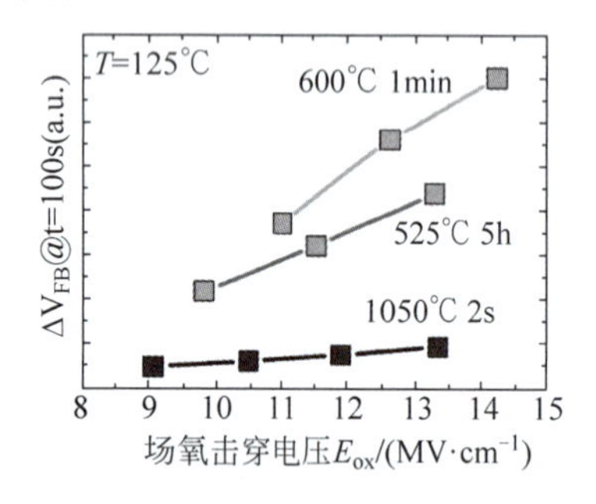

图 7-79 退火温度对器件性能的影响

在栅介质方面，高 κ 栅介质和金属电极一般采用低温 ALD 或 CVD 沉积，但硅沟道 NMOS 的高 κ 栅介质需要快速热退火(温度高于 800℃，时间小于 2s)[155]，以修复高 κ 材料中的缺陷，提高可靠性和电压偏置温度稳定性[156]。如图 7-79 所示，若退火温度低于 800℃，对平带电压迁移有较大影响，器件的可靠性也存在问题[128,157]。对于 Si 或 SiGe 沟道的 PMOS，无须高温退火也具有较好的负电压偏置温度稳定性。理论上，当上层器件全部为 PMOS 时，上层器件无须可靠性退火，但是由于很多情况需要交叉布置上下层器件，并且上层器件制造过程仍会经历高温过程，仍需评估叠栅的温度稳定性。

在源漏区退火激活方面，固相外延和超短脉冲激光退火在一定程度上解决了高温退火的问题。低温隔离层沉积和低温源漏外延技术近年来也有重要进展，使上层器件制造的最高温度已经降低到约 525℃。此外，采用无结晶体管和凹沟道阵列晶体管技术，可以在转移晶圆前完成掺杂和退火，避免对下层器件的影响。表 7-7 列出降低上层器件工艺温度的方法。

表 7-7 降低上层器件工艺温度的方法

类　型	目　的	解决方法	最高工艺温度/℃	下层最高温度/℃
转移后注入激活	源漏外延生长	循环沉积刻蚀法	500～550	500～550
	源漏退火激活	超短脉冲激光退火	1200～1400	＜500
		固相外延再生长	500～600	500～600
	栅介质	超短脉冲激光退火	1200～1400	＜500
	隔离层沉积	SiCO 隔离层	400	400
转移前注入激活	无 PN 结	无结晶体管	525	525
	替换金属栅	键合前制造源漏	450	450
	水平 PN 结	凹沟道阵列晶体管	450	450

7.6.4.1 固相外延

固相外延(SPE 或 SPER)是一种低温晶化技术，在 400～600℃的温度下单晶结构模板上沉积的介稳态的非晶原子以单晶为结构模板发生化学键的重组和原子重新排布，使那些与单晶原子接触的非晶原子向单晶转变，形成与模板单晶相同的晶体结构，称为固相外延。利用这一原理，固相外延可以在低温下将非晶硅晶化为单晶硅。如图 7-80 所示[158-159]，在凸台结构的源漏区(RSD)中，利用离子轰击将源漏区单晶硅的表面轰击为非晶硅，接着沉积非晶硅并注入，再通过固相外延使硅和注入离子按照底层非晶硅的结构重新排布晶化，实现再晶化激活。SPE 是低温过程，其效果是非晶原子在原位置附近按照下层种子晶格重新排布，而原子扩散相对较弱。

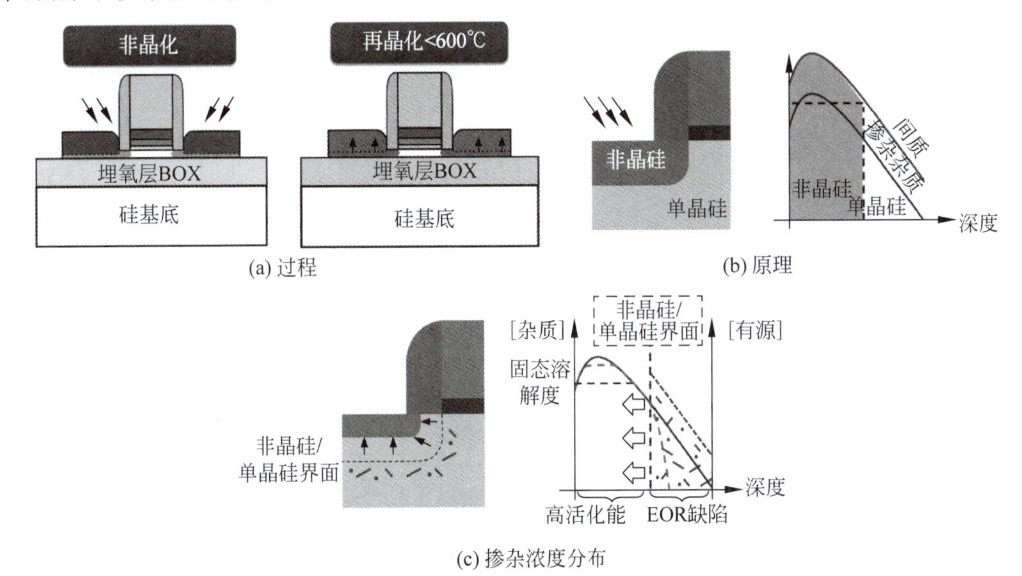

(a) 过程

(b) 原理

(c) 掺杂浓度分布

图 7-80　固相外延

固相外延常用于温度限制下的掺杂激活，实现远高于杂质固相溶解度极限的掺杂浓度。采用 SPE 在 600℃退火 2min，器件性能可以达到 1050℃脉冲退火的水平，如图 7-81(a)所示[160]。对不同掺杂类型和浓度，SPE 在电阻率方面的效果有所不同，掺 P 的效果好于掺 As 的效果，低剂量的效果好于高剂量的效果，对于低浓度 P 掺杂可以获得良好的效果，如图 7-81(b)所示。对于超薄器件层的 SOI，由于 SiO_2 的存在，SPE 后由注入引起的末端缺陷密度很低，且低温再晶化过程也不会使预先激活的硼注入区发生失活现象。

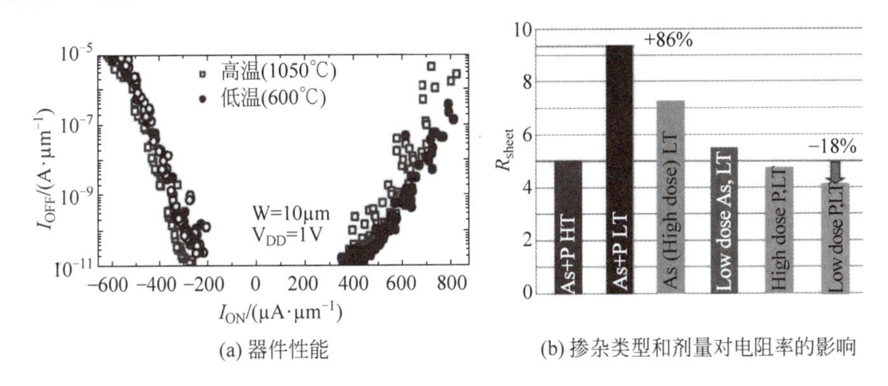

(a) 器件性能

(b) 掺杂类型和剂量对电阻率的影响

图 7-81　固相外延

SPE 的难点是必须保证单晶硅表面在注入时转变为非晶层，同时必须保证非晶层下方仍有足够的单晶种子层。SPE 的缺点是栅极与 RSD 之间的隔离层下方的单晶硅区域内掺杂浓度较低[161]。如图 7-82 所示，由于厚 8nm 的隔离层下方的单晶硅区域无法注入，采用传统的高温退火，隔离层外部源漏区的杂质因为扩散而横向推进至隔离层下方，使该区域单晶硅的电阻率很低；而 SPE 低温晶化的特点导致扩散效应很弱，因此隔离层下方的单晶硅区杂质浓度低，电阻率很高。为此，Leti 提出了两次沉积隔离层的方法[161]，称为 Extension first，而完全沉积隔离层后掺杂的方法称为 Extension last。首先只沉积 3nm 的栅极隔离层，然后注入源漏区并采用 SPE 激活；再沉积 5nm 的隔离层，进行 RSD 外延和掺杂，最后利用 SPE 激活外延层。由于第一次掺杂时隔离层厚度只有 3nm，减小了隔离层下方无法掺杂区的宽度，降低了栅极与源漏区的电阻。

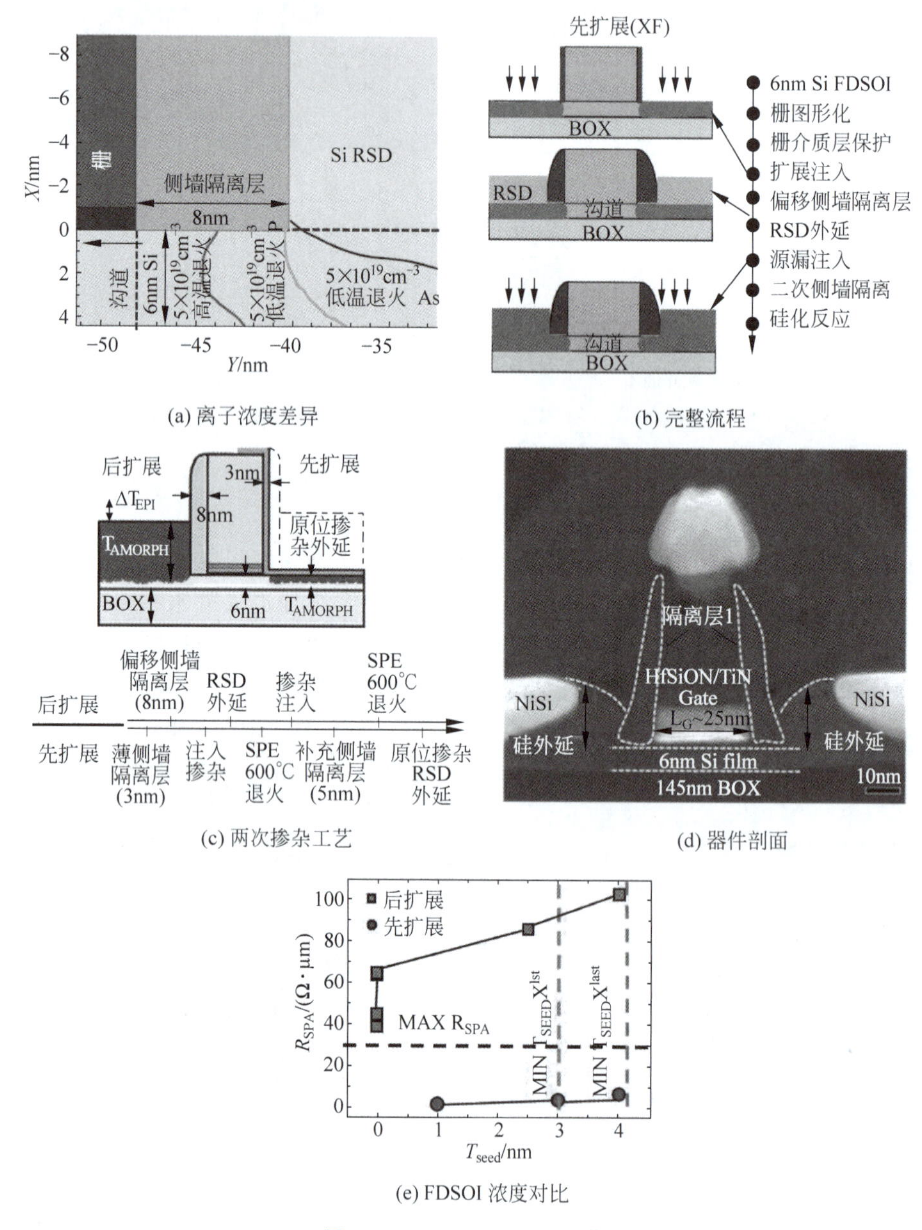

(a) 离子浓度差异

(b) 完整流程

(c) 两次掺杂工艺

(d) 器件剖面

(e) FDSOI 浓度对比

图 7-82 Extension first 工艺

7.6.4.2 超快激光退火

采用脉冲宽度小于 300ns 的纳秒和飞秒激光器，利用其超短脉冲细分能量照射，可以在深度为 20～50nm 的超浅表面实现高温。当激光能量密度足够高时，表面的多晶硅/非晶硅会进入熔融状态，冷却后转变为单晶硅，实现浅表层的再晶化和激活。由于脉冲时间极短，只有100nm左右，激光产生的热量主要集中在浅表层，向下层传导较少，原子扩散尚未来得及发生，因此短脉冲激光退火时几乎没有杂质扩散。

图7-83为有限元计算的掺P非晶硅的熔融区与激光能量密度的关系[162]。非晶硅的熔点约为1150℃，当脉冲时间为160ns、激光能量密度达到1.05J/cm^{2}时，50nm的非晶硅可以被完全熔融。有限元计算表明，当脉冲宽度小于300ns时，上层温度达到1200～1400℃，而下层器件层的温度低于600℃[163]。

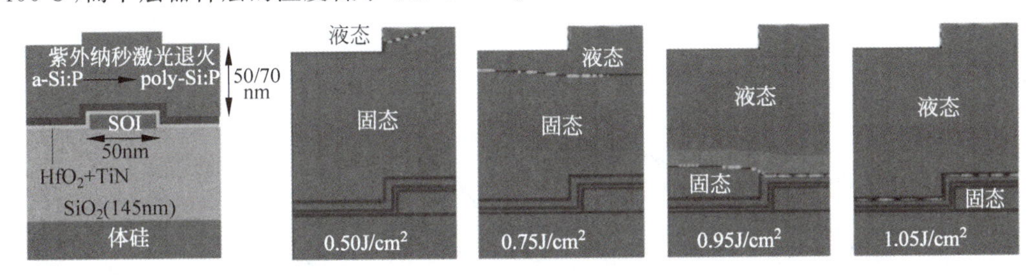

图7-83 非晶硅熔融区与激光能量密度的关系

短脉冲激光退火的最高温度与薄膜的材料特性和厚度等有关。掺杂的单晶硅热导率下降，掺杂浓度越高，最高温度越低。单晶硅维持熔融状态的时间与激光的能量密度成正比，能量密度为1J/cm^{2}时，20ns脉冲产生的熔融时间为30～50ns。对于SOI衬底，由于BOX层的隔热效果，退火时器件层温度最高。当BOX层厚度达到300nm时，能量密度1J/cm^{2}在下层产生的温度低于600℃。

对厚度为300nm的BOX和110nm的SOI，采用波长为193nm和脉冲宽度为20ns的ArF准分子激光器，对P+/N结退火的效果优于1min、1000℃的快速热退火，如图7-84所示[164]。激光光斑为3mm×3mm，能量密度达到1J/cm^{2}退火效果较好。注入后，表面单晶硅被离子轰击转变为非晶硅，当激光能量密度超过一定阈值后，激光脉冲将其全部再晶化为单晶硅；但是，当激光退火时间太短时，可能产生多晶硅，并且无法修复注入损伤。对于30keV的注入能量，注入损伤较为严重，激光退火后PN结的反向漏电流远高于快速热退火。对于3keV的注入能量，注入损伤和注入深度都较低，激光退火效果达到快速热退火的水平。

为了抑制激光退火时表层热量向下层的传导，Monolithic 3D提出了热屏蔽层隔离热传导的方法，如图7-85所示[165]。在键合层下方增加间隔的Cu和SiO_2热屏蔽层，利用Cu的高热导率使温度均匀化防止局部过热，利用SiO_2的低热导率抑制热量向下层传导。仿真结果表明，采用超短脉冲激光表层退火温度可达1200℃以上，而热屏蔽层的温度低于200℃，下层晶圆金属层的温度低于100℃。

尽管因为介质层的隔热作用，下层器件温度可以降低到500℃以下，但是上层器件如果采用SOI制造，由于SOI介稳定的特点，必须控制激光退火过程中上层器件的温度，防止器件层变性。例如，器件层厚度为22nm的SOI，当器件层温度超过800℃时，单晶硅会团聚形成三维岛状结构[166]，而同样厚度的锗甚至在600℃就开始发生团聚。对于SiGe应变材料，即使未发生团聚，高温也会导致应变松弛和性能变化。在加热时间给定的情况下，发生团聚现象的最低温度与器件层单晶硅的厚度有关。例如，2min加热时，8nm厚的单晶硅最高耐受800℃的温度，而3.5nm的单晶硅最高只能耐受700℃的温度[167]。

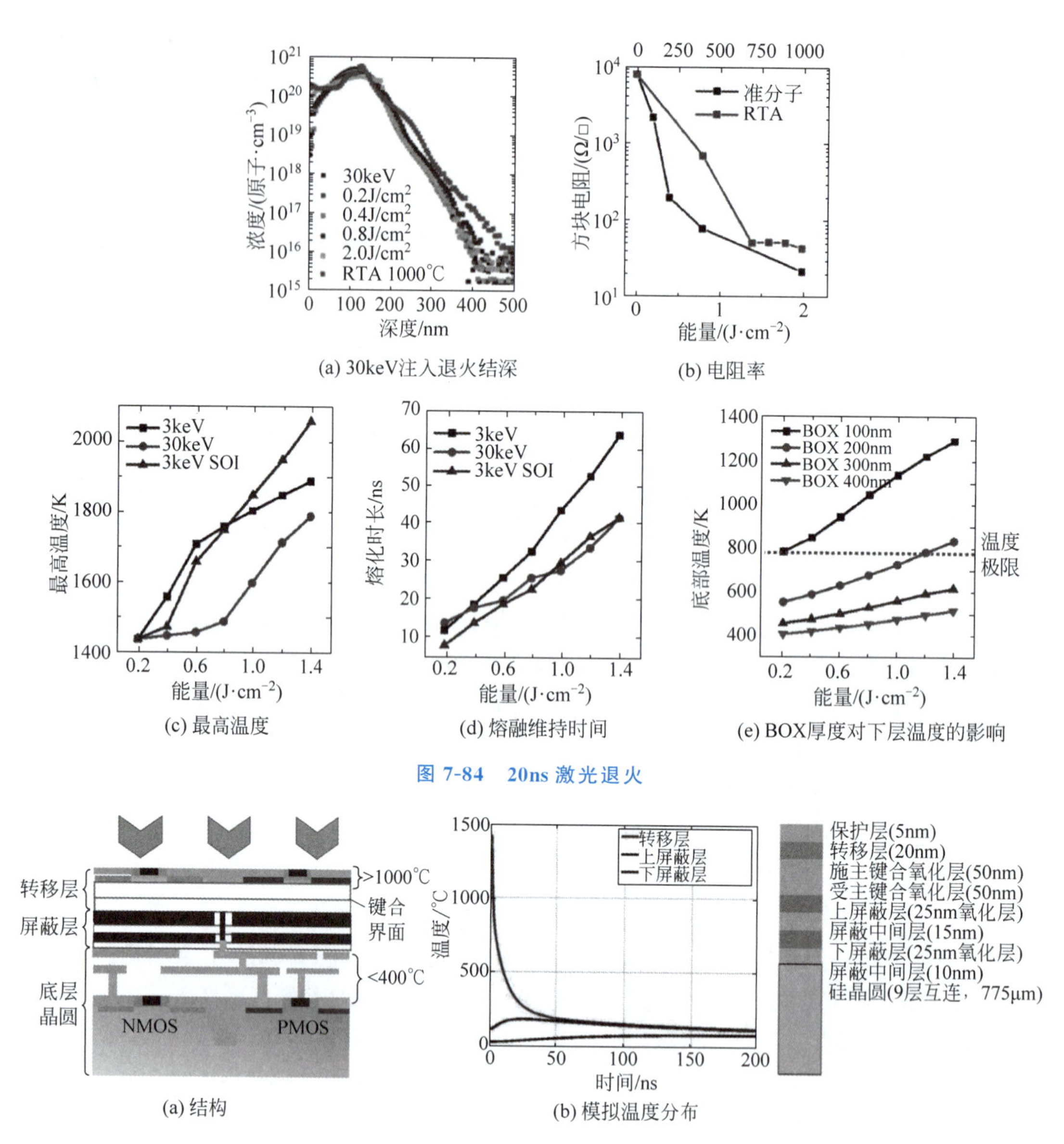

图 7-84　20ns 激光退火

图 7-85　激光退火热隔离层

7.6.4.3　栅极工艺

高 κ/金属栅工艺中，典型的 HfO_2/TiN/Poly-Si 叠栅结构需要 2 次高温工艺。为了提高可靠性，HfO_2 沉积后需要 800℃下 2s 的快速激光退火以消除缺陷并致密化；Poly-Si 采用 CVD 在 500～700℃下沉积非晶硅，温度越低，沉积速率越慢，然后在 750℃退火将其转变为多晶硅。先栅工艺需要采用短脉冲激光退火将非晶硅转变为多晶硅并实现掺杂激活，以降低阻值并提高可靠性，其优点是工艺流程简单，但是无法实现多阈值电压，并且栅极电阻较大。采用激光动态表面退火(DSA)，在 1100℃下对非晶硅退火 0.5ms 可以达到良好的效果，不仅实现多晶化提高可靠性，并且 EOT 仅增加 0.03nm[168]。但是，这一退火温度和时间对三维集成仍较为严峻，需要采用更短的退火时间。

2018 年，Leti 使用波长 308nm 和脉冲宽度 160ns 的紫外激光，实现了对 475℃沉积的厚度

50nm 掺 P 非晶硅的退火，并验证了 HfO_2/TiN 的温度稳定性。如图 7-86 所示[129,162]，在激光能量密度为 1.05J/cm^2 时，表层退火温度达到 1200℃，实现完全多晶化和激活，2h 可退火整个 300mm 晶圆。退火后表面粗糙度有所增大，通过 CMP 去除约 20nm 的多晶硅后，表面粗糙度降低为 0.32nm。

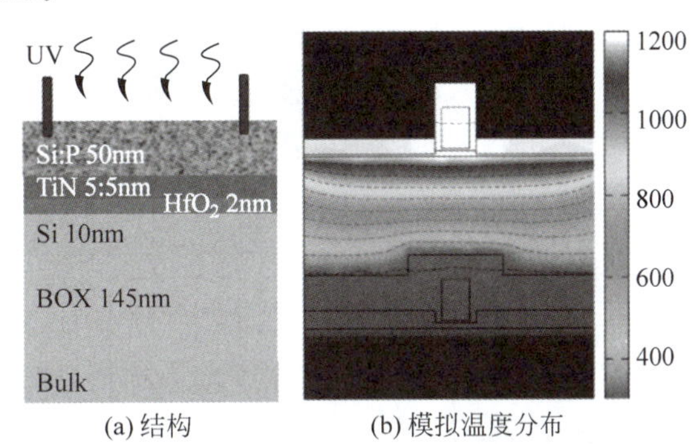

(a) 结构　　(b) 模拟温度分布

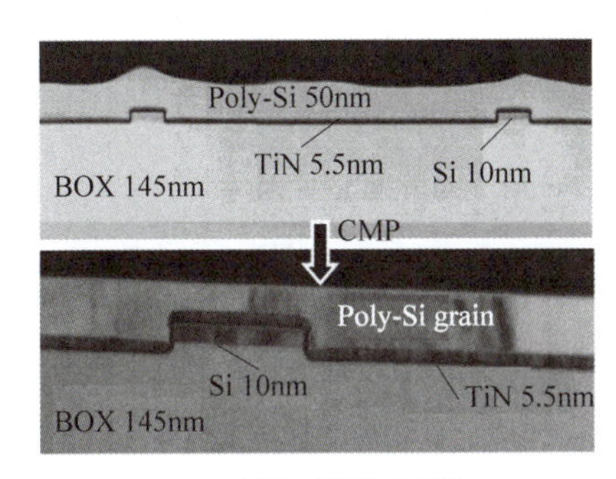

Poly-Si:P
TiN 5.5nm
HfO_2 2nm
SOI 12nm
10nm
BOX

(c) 退火后表面起伏　　(d) 退火界面

图 7-86　非晶硅激光退火

2020 年，Leti 验证了超短脉冲激光对叠栅的退火效果以及 28nm FDSOI 的器件可以耐受 500℃ 的温度[129]。如图 7-87 所示，高 κ 介质层 HfO_2 厚度为 2nm，TiN 金属层为 5.5nm，上方为 LPCVD 在 475℃下利用 Si_2H_6/PH_3 沉积并掺杂的非晶硅。采用 160ns 脉冲宽度的激光，在能量密度为 1.05J/cm^2 时可实现完全多晶化。栅极电阻与 1050℃尖峰退火相同。虽然下层铜互连和器件温度达到了 600℃，但由于超短的脉冲时间，下层器件性能、铜电阻率和介质层性能都没有变化。对于厚度分别为 20nm 和 7nm 的非晶硅，激光退火时非晶硅的温度差异不大，但是 20nm 非晶硅下方的铜互连温度稍有降低。

实现无须退火或低温退火的高 κ/金属栅是解决栅极高温工艺的理想方法，但需要对材料的优化。如 IMEC 在栅介质 SiO_2 和 HfO_2 之间插入 0.2nm 的 LaSiOx 薄层，可以在 SiO_2 界面形成偶极子，抑制 SiO_2 和 HfO_2 之间的扩散混合，显著降低氧陷阱密度 4 个数量级，提高 PBTI 可靠性，如图 7-88 所示。界面偶极子调制了有效功函数，使 NMOS 器件可以采用热稳定性更高的 P 型 TiN 金属栅，并且使高介电常数材料的缺陷水平与沟道费米级无关，提高了 PBTI 可靠性[131]。因此，采用 $LaSiO_x$ 薄层可以只在 400℃的氢气环境中退火 20s 而无须 800℃ 高温退火，仍可使 NMOS 器件具有良好的性能和 PBTI 水平，避免了 NMOS 器件叠栅工艺的高温过程。这种方法避免对叠栅进行高温退火但仍可保持 PBTI

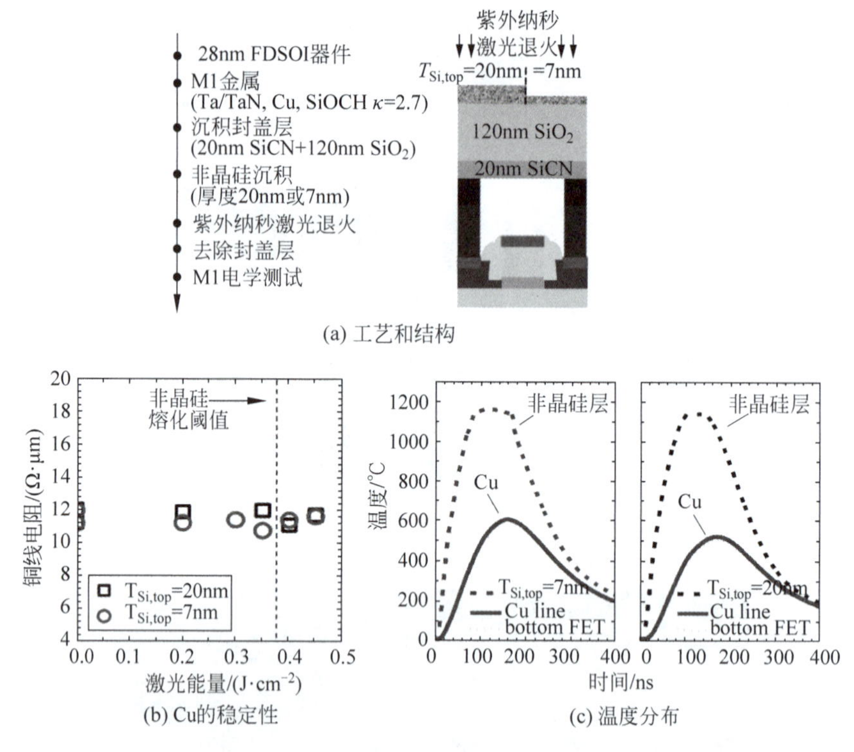

(a) 工艺和结构

(b) Cu的稳定性　　(c) 温度分布

图 7-87　非晶硅器件激光退火

的性能[125]，既可以用于上层器件栅极制造降低工艺温度，也验证了其可以在一定条件下用于下层栅极提高下层器件的耐热能力。

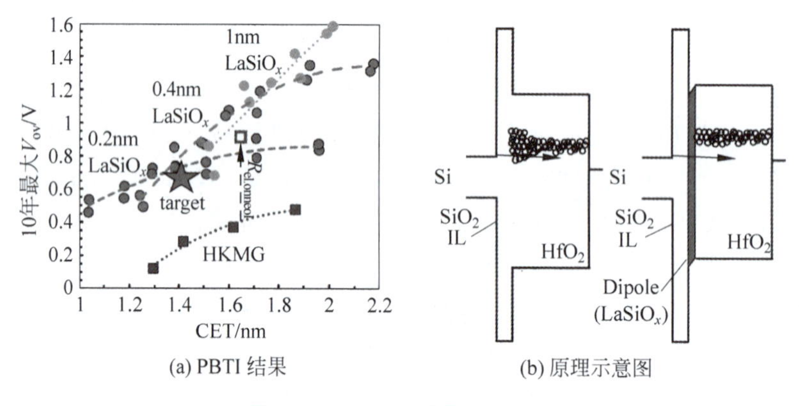

(a) PBTI 结果　　(b) 原理示意图

图 7-88　$LaSiO_x$ 对叠栅的影响

在 SiO_2 和 HfO_2 之间插入 $LaSiO_x$ 薄层构成复合叠栅后，叠栅在 520℃具有较好的温度稳定性，如图 7-89 所示[125]。叠栅在 600℃退火 60s 后，C-V 特性没有变化；长期可靠性方面，在 420℃退火 60s 后，PBTI 有所提高，在 520℃退火 60s 后，电容等效厚度 CET 有所增加，表明 SiO_2 变厚或 SiO_2 与 HfO_2 扩散交叠导致介电常数增加。随着 CET 增加，栅极漏电增大，PBTI 下降。

Monolithic 3D 提出了一种先注入激活上层源漏区，再键合转移，最后替换金属栅的流程：①制造下层晶圆器件和低层金属(图 7-90(a))；②制造上层晶圆器件，采用 SiO_2 和多

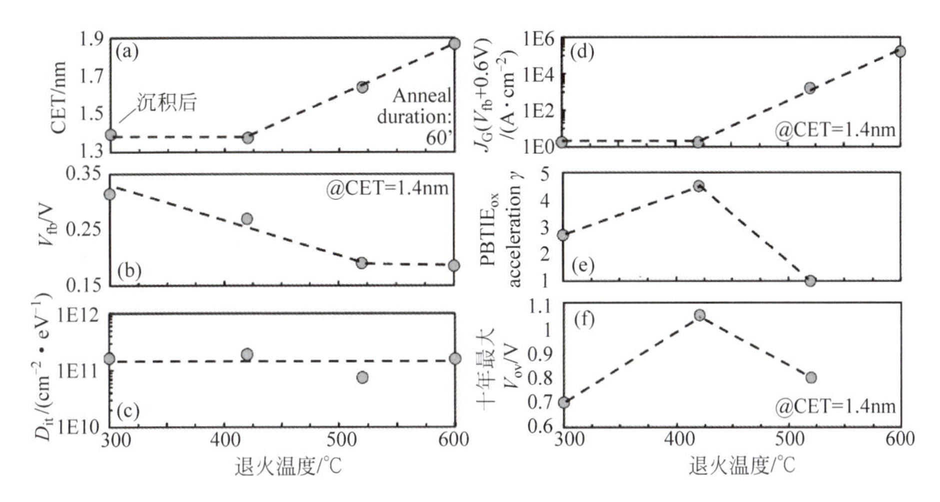

图 7-89 $LaSiO_x$ 叠栅的温度稳定性

晶硅分别作为伪栅的栅介质和电极(图 7-90(b));③上层晶圆注氢,表面沉积 SiO_2 作为键合层,CMP 平整化(图 7-90(c));④上层晶圆与辅助圆片临时键合,背面减薄形成超薄晶圆层,CMP 至 STI(图 7-90(d));⑤超薄晶圆表面沉积 SiO_2 键合层,与下层晶圆对准后 SiO_2 键合,去除辅助圆片(图 7-90(e));⑥刻蚀去除伪栅,沉积高 κ/金属栅和栅极,刻蚀并 CMP,刻蚀制造垂直互连,最后完成顶层器件的平面互连(图 7-90(f))。这种方案在高温工艺完成后通过去除原栅介质再沉积高 κ/金属栅介质的方式,使上层器件也可以采用金属栅,提高器件性能和集成度。由于键合前上层晶圆已经完成器件制造,必须与下层高精度对准。

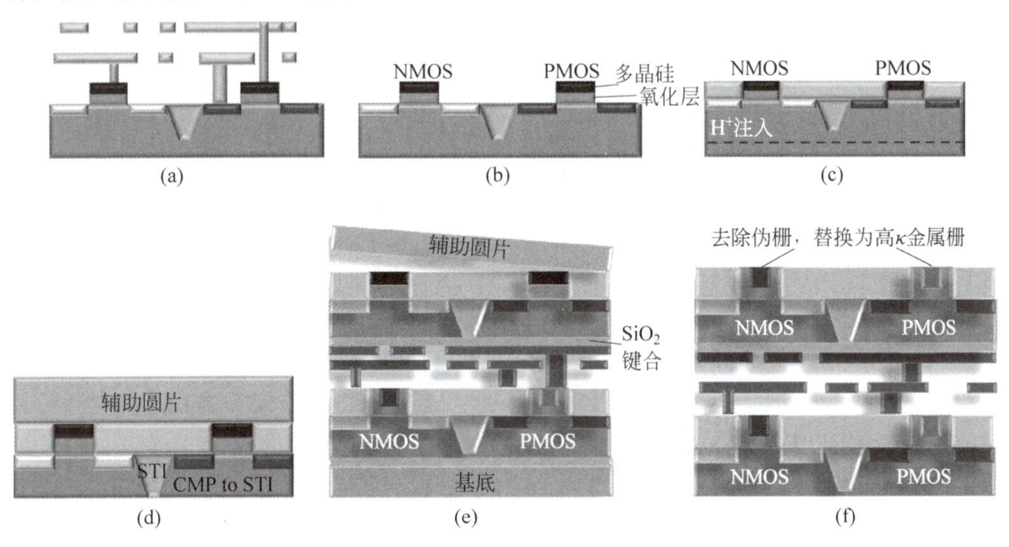

图 7-90 替换金属栅工艺流程

7.6.4.4 凸台源漏外延和掺杂激活

对于基于 SOI 的薄膜晶体管器件如 FDSOI 和三栅 FinFET 等,为了实现沟道区的全耗尽,都采用超薄单晶硅器件层,厚度一般仅为 5～10nm[169]。然而,过薄的源漏区导致金属接触的电阻很大。为了提高源漏区厚度以降低接触电阻,需要在源漏区的硅沟道上外延单晶硅增大厚度[170],称为凸台源漏(RSD),如图 7-91 所示。源漏区与金属的寄生接触电阻是影响器件性能的主要因素,目前采用源漏区选择性外延同时原位重掺杂(如 Si∶P)的方法。浓度超过 $1\times10^{21}/cm^3$ 的 Si∶P 源漏区接触具有超低的电阻,并且能够将 NMOS 晶体管的沟道区域置于拉应变状态,提高沟道电子迁移率。此外,由于凸台源漏区的高度与栅极有重叠,必须在栅极周围制造隔离层进行绝缘隔离。因此,采用 RSD 结构的上层器件,需要解决温度限制下的单晶硅外延和高浓度掺杂、杂质激活,以及隔离层制造等问题。

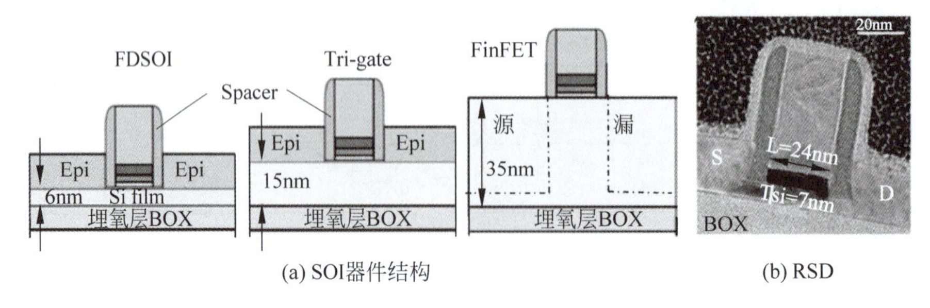

(a) SOI器件结构　　(b) RSD

图 7-91　SOI 器件

传统高温工艺中,隔离层一般为 630℃下 ALD 沉积的 SiN。为了降低隔离层的工艺温度,Leti 发展出 500℃ PECVD 沉积的 SiCBN[171]、400℃ PECVD 方法沉积的 SiCO 和 480℃ PEALD 沉积的 SiOCN[172]等。2015 年,Leti 采用 Lam Research 的 SPARC CVD 在 400℃下沉积 SiCO 隔离层[173-174]。该系统可以像 PECVD 一样获得 Si-C 键(如 SiCO 和 SiCN),又可以实现类似 ALD 的共形能力[175]。SiCO 的相对介电常数为 4.5,远低于传统 SiN 的 7,击穿电压为 7.7MV/cm,2MV/cm 电场下的漏电流为 $2\times10^{-9}A/cm^2$,经过 600℃退火后 SiCO 的性能没有退化。采用 SiN 隔离层的 NMOS 器件的 RSD 电阻率为 137Ω·cm,采用 SiCO 隔离层的 RSD 电阻率为 125Ω·cm。

在高温工艺中,凸台源漏区和凹陷源漏区采用 SiH_4 或 SiH_2Cl_2 外延生长 Si 和 SiGe,在单晶硅表面生长单晶硅,在非晶表面生长非晶硅,生长速率约为 10nm/min[128]。反应气体中加入 Cl 元素如 HCl 后,Cl 在 650℃刻蚀外延 Si,因此反应过程生长与刻蚀同时存在并相互竞争。在合适的 HCl 比例下,非晶硅的刻蚀速率远高于单晶硅,使该过程成为在晶体区选择性外延生长晶体的过程。这种方法需要 700℃以上的高温,当温度降低到 500℃以下时,外延生长速率过慢,外延质量和选择性下降,并且高浓度 P 掺杂时会出现团聚而无法激活。采用氢化硅前驱体如硅烷(SiH_4)、二硅烷(Si_2H_6)或三硅烷(Si_3H_8)在低温下生长 Si 或 SiGe 的速率很高,但是外延的选择性较低。

Leti 开发了采用减压 CVD 和循环沉积刻蚀(CDE)法的源漏区外延技术,如图 7-92 所示[176-178]。这种方法采用 $Si_2H_6+PH_3+SiCH_6$ 气体在 550℃下外延生长 Si 并进行 P 掺杂,然后采用 $HCl+GeH_4$ 在 600℃下选择性刻蚀。GeH_4 的加入将晶体和非晶体刻蚀的选择比提高了 20 倍以上,可以在刻蚀周期去除介质层如 STI 和栅极表面沉积的非晶薄膜,而保留晶体表面生长的单晶薄膜。通过生长过程的原位掺杂,可获得浓度 $1.7\times10^{20}/cm^3$ 的 P 掺杂。

2016 年,Leti 报道了采用 HF/HCl 湿法清洗和 Siconi NH_3/NF_3 远程等离子体原位处理及 500℃ H_2 环境后烘的表面处理方法,代替传统的 HF 清洗和 650℃热处理,对抑制缺陷起到了良好的效果[179]。采用上述方法实现了 500℃的非掺杂低温外延,如图 7-93 所

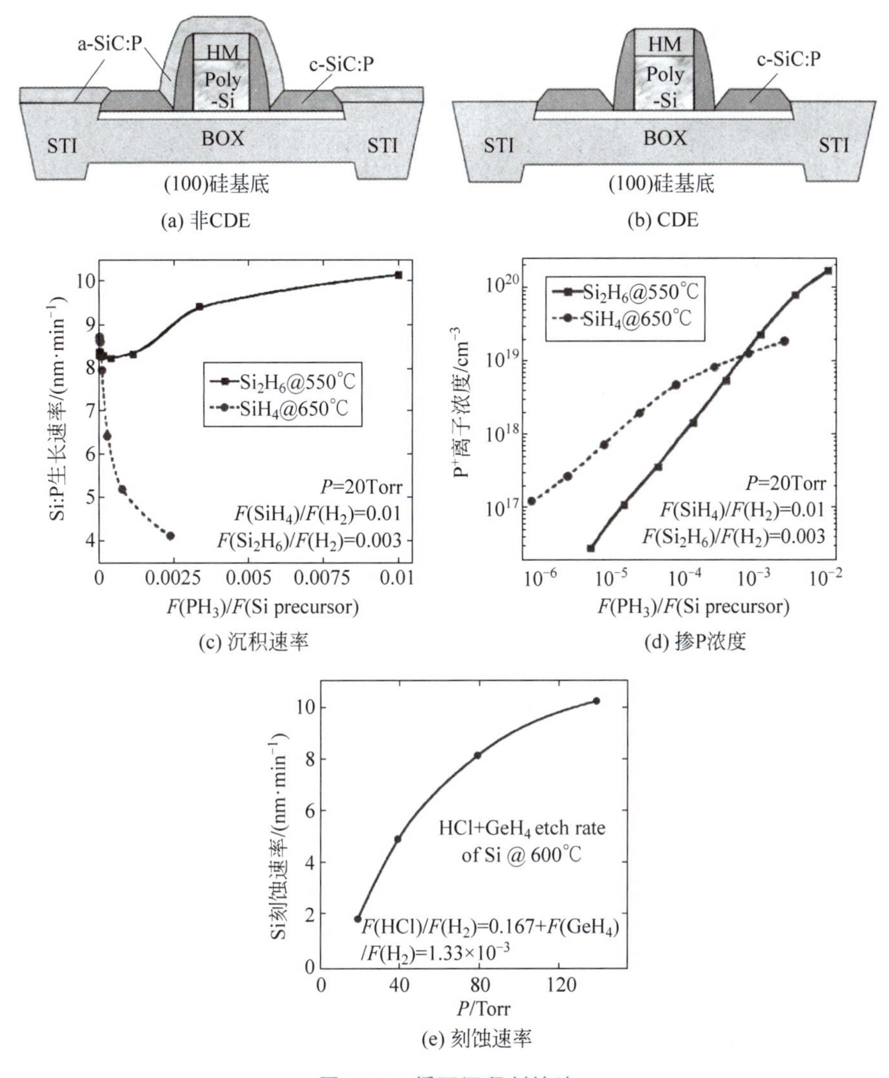

图 7-92 循环沉积刻蚀法

示[129]。在500℃预处理的效果与常规650℃相同，使500℃的低温外延具有良好的质量。采用丙硅烷沉积和 Cl_2 刻蚀的CDE可以将温度进一步降低，并且 Cl_2 对非晶硅具有更高的刻蚀选择比[128]。

IMEC开发了基于减压CVD沉积和 Cl_2 刻蚀的循环沉积刻蚀法，无须外延后的退火激活，接触电阻率为0.3mΩ·cm。利用这一方法，IMEC在400℃以下外延生长了Si和SiGe[170]。IMEC采用ASM开发的Previum预清洗技术，在低温下完成外延前的预清洗。

外延并原位掺杂生长RSD后，需要对RSD的掺杂进行激活。激活可以采用短脉冲激光和SPE两种方法。佛罗里达大学采用减压CVD和1200℃、1ms的激光退火，实现了 $4.4\times10^{21}/cm^3$ 的P掺杂和激活，退火过程没有发生扩散[180]。SPE可以在500℃实现掺杂激活，但在掺杂浓度方面相比激光退火仍比较低。SPE的主要难点是需要在外延前首先通过注入将单晶硅轰击为非晶硅，由于外延前源漏区转移的单晶硅厚度通常小于10nm，控制表层部分被离子轰击为非晶而还要保留一部分单晶是比较困难的。

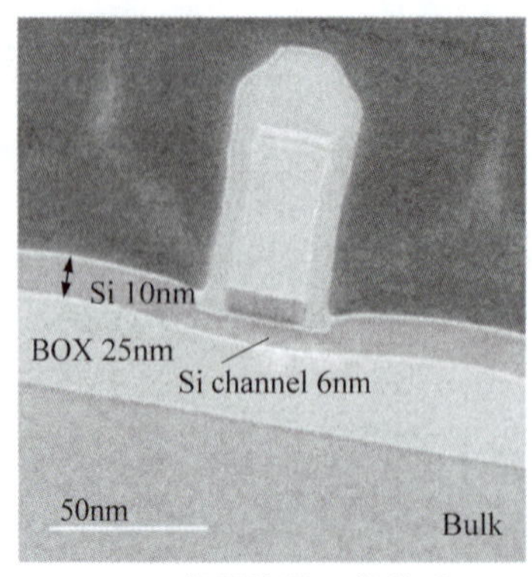

(a) 650℃预处理500℃外延

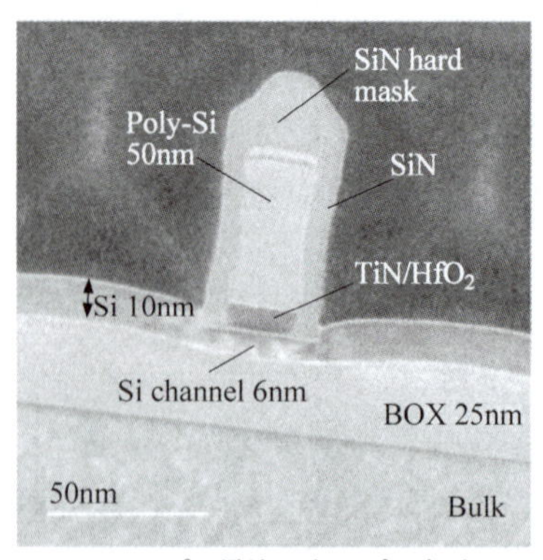

(b) 500℃预处理和500℃外延

图 7-93　源漏区 500℃ 固相外延非掺杂单晶硅

7.6.4.5　无结晶体管

无结晶体管是指源漏区和沟道区采用相同的掺杂类型和浓度而无须形成 PN 结的晶体管,依靠多数载流子进行导通,依靠栅极控制沟道区进入全耗尽状态实现关断。无结晶体管最早于 2010 年实现,采用硅纳米线作为源漏区和沟道区,采用介质层和反向掺杂的多晶硅作为栅极,如图 7-94 所示[181]。与常规 MOSFET 属于常关器件不同,无结晶体管属于常开器件,通过栅极控制沟道区进入全耗尽才能实现关断。为了实现常开状态,无结晶体管的源漏区和沟道区都需要重掺杂;为了在较低的电压下实现全耗尽控制关断,沟道区需要具有超薄的尺寸,厚度一般小于 10nm。

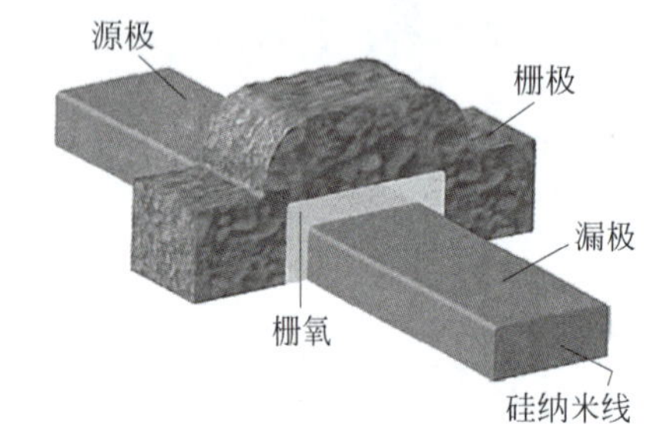

图 7-94　无结晶体管结构

无结晶体管的源漏区和沟道区在掺杂时是完全相同的,无须通过掺杂实现各区域的划分,源漏和沟道的划分通过后续制造的栅极实现。由于无结晶体管无须传统 MOSFET 器件所需要的陡峭的异型注入区界面,有利于实现特征尺寸减小,可以大幅降低制造难度。图 7-95 为平面结构和垂直结构无结晶体管的典型工艺流程[182]。

在单片三维集成方面,无结晶体管的源漏区和沟道区在掺杂时没有区别,因此掺杂后晶圆没有形成平面图形,可以在掺杂和高温退火后进行上层晶圆转移,键合转移时无须与下层器件精确对准。转移以后,通过制造上层器件的栅极定义源漏区和沟道区。这种方法利用了无结晶体管源漏区和沟道区没有区别的特性,在键合转移前完成高温退火,对三维集成极为有利。

7.6.4.6　凹沟道阵列晶体管

2009 年,Monolithic 3D 公司提出先注入退火再键合的方案,称为凹沟道阵列晶体管(RCAT)[183]。RACT 是 DRAM 常用的器件结构,具有和标准平面逻辑器件相近的性能[184]。RCAT 通过两层垂直的异质掺杂将传统平面布置的源漏和栅极之间的垂直耗尽层转变为水平的耗尽层,转移后通过凹陷的栅极将源漏分开。转移前晶圆没有水平结构,无须高精度对准,因此可以在转移晶圆以前完成注入激活高温工艺。

凹沟道阵列晶体管的主要工艺流程如下:①在上层晶圆表面外延 N^+ 和 P^- 层,退火激

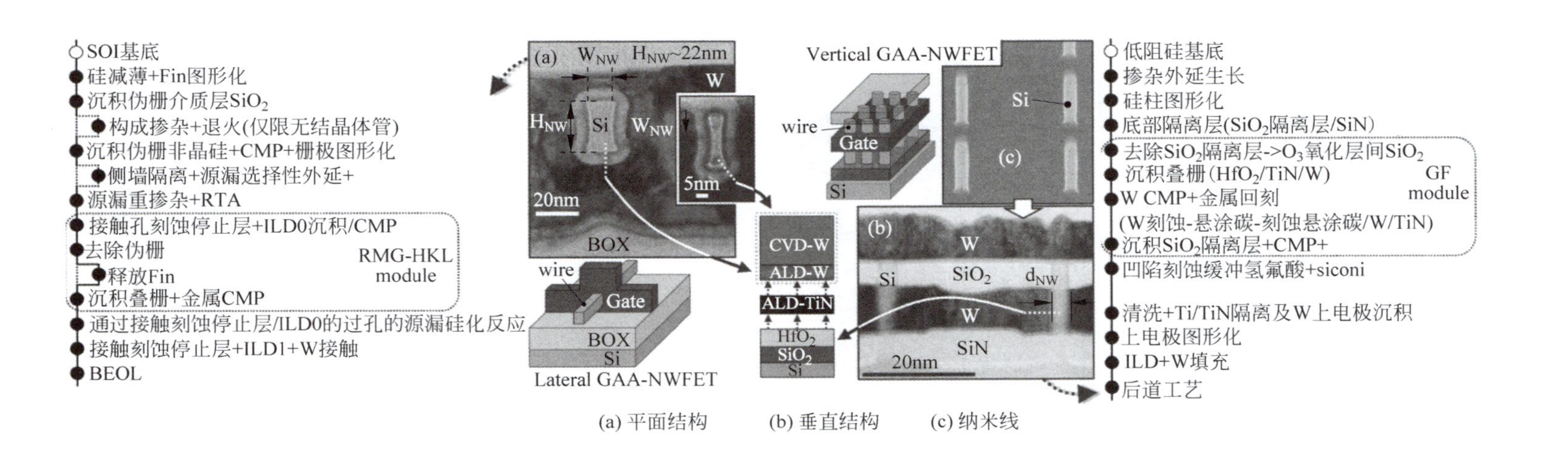

(a) 平面结构 (b) 垂直结构 (c) 纳米线

图 7-95 无结晶体管的典型工艺流程

活后,表面沉积100nm的SiO_2键合层(图7-96(a));②上层晶圆注入H^+离子形成剥离层,注入深度在N^+层内或N^+层下方(图7-96(b));③采用SiO_2键合两层晶圆,加热到400℃裂解剥离,将N^+和P^-转移到下层晶圆表面,CMP平整化(图7-96(c));④与下层晶圆的金属对准,刻蚀浅槽隔离和凹槽栅结构,沉积SiO_2形成STI隔离,采用ALD沉积高κ/金属栅,完成平面互连和垂直互连(图7-96(d)、(e))。这种方案的优点是在键合前完成注入和激活,因此激活可以在1000℃以上的理想温度下完成;键合以后的最高温度为加热裂解的400℃,沉积和刻蚀都是低温过程,避免了对下层器件的影响;利用凹陷的栅极将N^+层分割开,定义源区和漏区。由于转移时上层晶圆未定义任何平面结构,因此对准要求很低。由于沟道宽度是曲线形状,载流子迁移率较平面沟道相比有所降低。

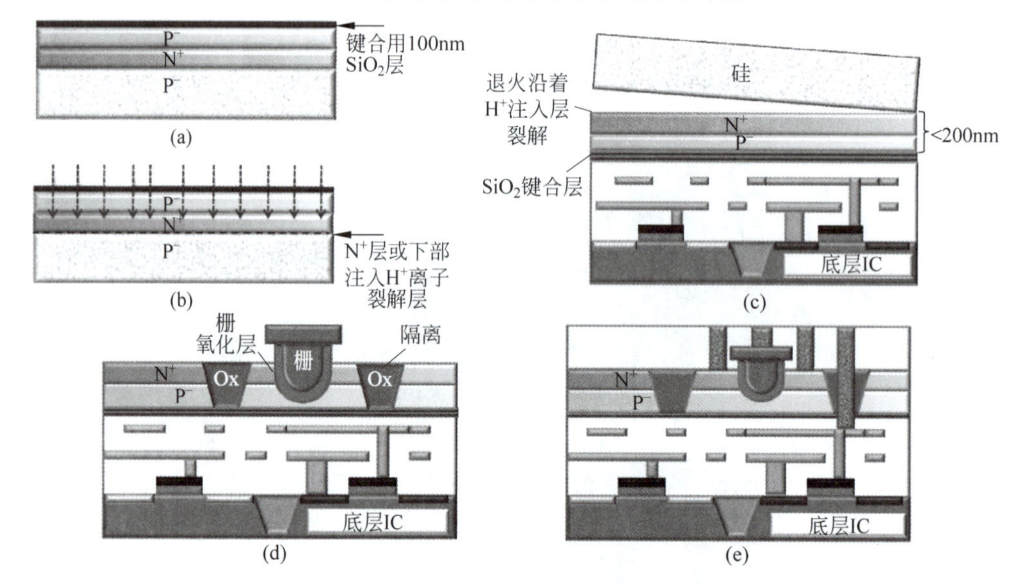

图7-96 凹沟道阵列晶体管的主要工艺流程

7.6.5 单晶硅单片三维集成

在Leti和IMEC的推动下,基于键合单晶硅转移的单片三维集成近年来发展非常迅速,通过结构、材料和工艺的进展,推动单片三维集成在解决温度限制这一核心瓶颈方面取得了巨大进步,IMEC甚至将单片三维集成作为1nm工艺节点的潜在技术路线之一。

7.6.5.1 Leti

从2008年开始,Leti陆续报道了平面FDSOI器件的单片三维集成方法[127,185-187]。FDSOI性能优异,在特征尺寸减小时仍能保持性能,2000年以后逐渐发展起来。2012前后ST和Renesas分别建立了40nm和65nm的FDSOI工艺,2017年前后Samsung和GF分别建立了28nm和22nm的FDSOI工艺,随后发展到18nm和12nm。NXP、Sony和Mobileye等采用FDSOI开发了多种产品。

Leti三维集成的FDSOI结构和工艺如图7-97所示。上、下层均为平面FDSOI器件,下层包括晶体管、钨塞和4层Cu互连M1~M4,上层包括晶体管、钨塞和高层Cu互连M5~M10,连接上下层的TSV为W塞结构,直径为90nm。Leti采用转移后制造器件的方法,下层器件采用 NiPt 合金作为源漏区接触，提高下层器件的耐热能力；上层器件利用超短脉冲激光实现栅极退火，利用固相外延制造上层器件的凸台源漏区和激活，降低上层器件的工艺温度。

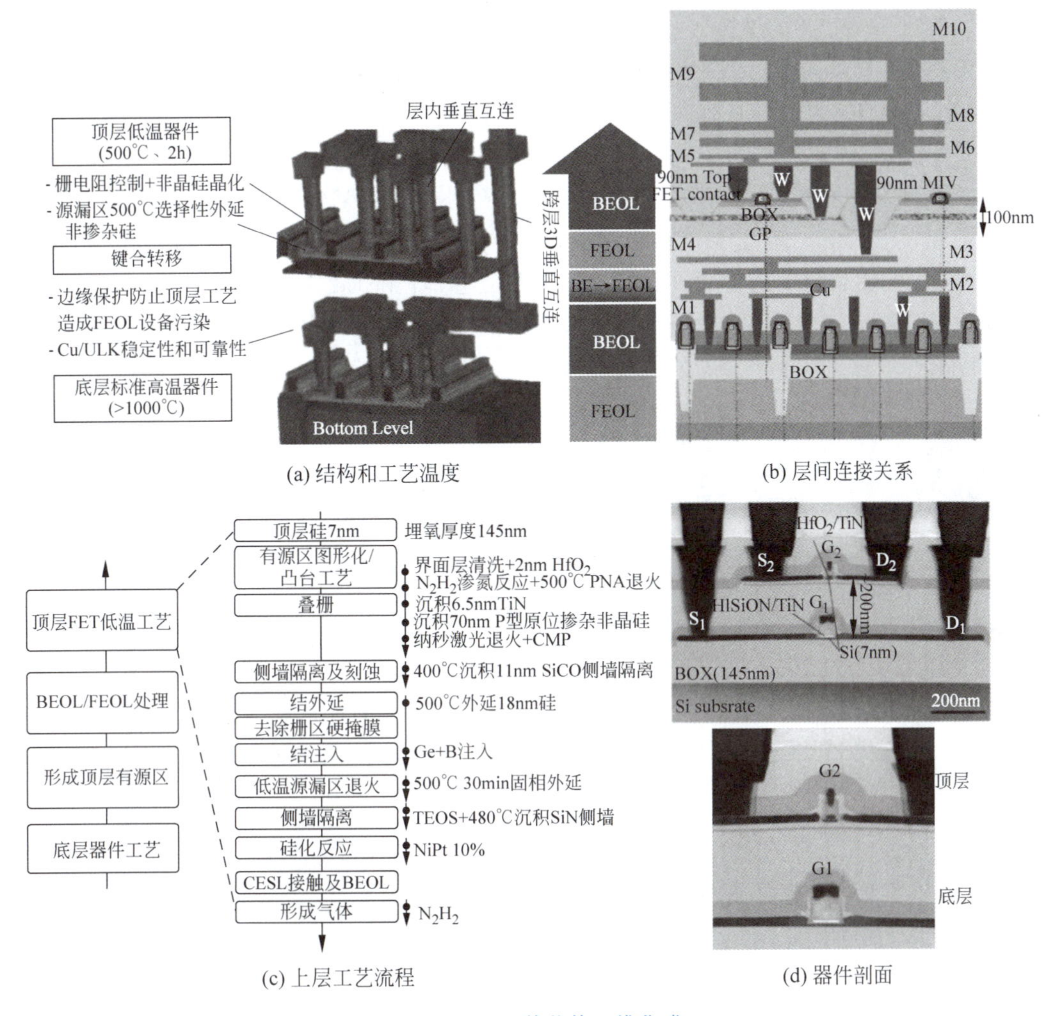

图 7-97 Leti 单芯片三维集成

单片三维集成 FDSOI 的流程主要包括：①制造下层晶圆的晶体管和 M1～M4。②下层沉积 SiO_2 介质层并 CMP 平整化。③通过键合转移超薄单晶硅，上层 SOI 和 BOX 厚度分别为 12nm 和 145nm。④完成凸台隔离后，沉积 HfO_2/TiN/非晶硅叠层栅，HfO_2 在形成气体中氮化，然后在 500℃下退火。沉积原位掺 P 的非晶硅，并利用脉冲宽度为 160ns 的纳秒激光进行 1200℃退火，使源漏区晶化。CMP 后在 400℃沉积低 κ 隔离层 SiCO，然后利用 SPE 在 500℃选择性外延源漏区，将非晶硅晶转变为单晶硅，同时完成掺杂激活，PMOS 为原位掺 B 的 SiGe，NMOS 为原位掺 P 的硅，在 500℃下退火 30min 使注入区向隔离层下方扩展。⑤利用 CMOS 互连工艺制造穿透上层单晶硅和介质层的 ILV，连接两层单晶硅器件。

利用 14nm 的 FDSOI 工艺，Leti 实现了 2 层晶体管单片集成 FPGA，上层为逻辑电路，下层为存储器单元。与相同工艺的平面结构相比，单片三维集成将芯片面积减小了 55%，功耗降低了50%，速度提高了30%。三维集成后，重新引入FEOL制造上层器件时，下层的铜互连可能导致设备和晶圆污染；此外，底层BEOL的超低κ材料在晶圆键合时必须具有良好的稳定性，厚度为100nm的多孔SiOCH($\kappa=2.7$)及SiCNH刻蚀停止层($\kappa=5.6$)可以满足要求。

7.6.5.2 IMEC

2018年，IMEC在IEEE IEDM上报道了300mm晶圆FinFET器件的单片三维集成，如图7-98所示[188-190]。与Leti采用有结器件不同，IMEC的上层采用无结器件，在键合转移前完成源漏区注入激活，转移后只有源漏区凸台外延和激活需要高温过程。IMEC下层器件为典型的300mm体硅FinFET，Fin中心距为45nm，栅极中心距为110nm，采用高κ替换金属栅，下层晶圆工艺停止在两层W局域互连Li1和Li2。钨互连采用Ti/TiN扩散阻挡层直接沉积在硅孔内部。完成Li2后，下层晶圆表面沉积SiO_2并CMP使最终厚度为70nm，再沉积厚度30nm的SiCN作为键合层。

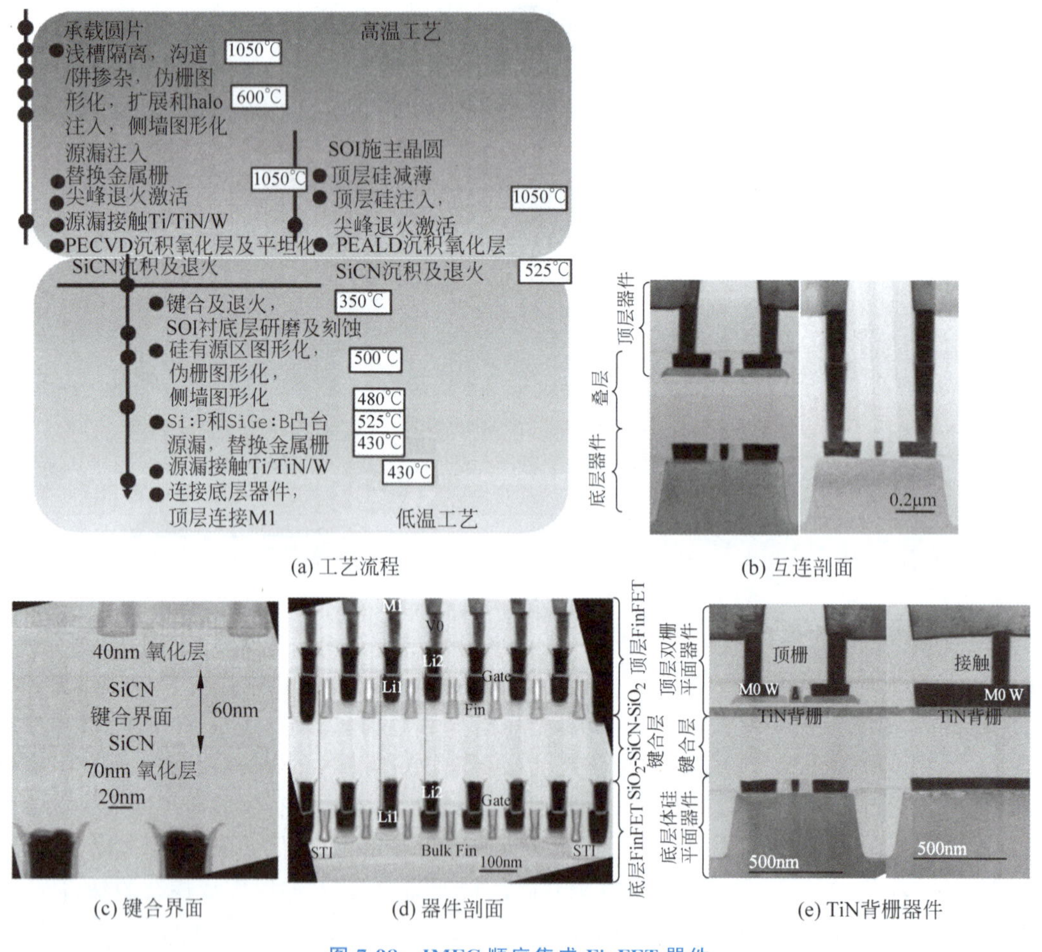

(a) 工艺流程 (b) 互连剖面

(c) 键合界面 (d) 器件剖面 (e) TiN背栅器件

图7-98 IMEC顺序集成FinFET器件

上层器件为SOI晶圆的无结晶体管，利用键合和减薄实现转移。键合前首先对SOI器件层注入和高温退火激活，然后沉积SiO_2并CMP使最终厚度为40nm，再沉积厚度30nm的SiCN键合层。两层键合后介质层的总厚度为160nm。利用光刻机实现上层结构与下层晶圆表面金属的对准，3σ 对准误差小于 10nm。上层晶圆采用两次曝光，Fin 结构高度约为 40nm、宽度约为 10nm、中心距为 45nm，沟道长度为 24～30nm。上层 FinFET 器件的伪栅沉积温度为 500℃，TiN/HfO_2 叠栅的沉积温度为 430℃，SiN 隔离层的沉积温度为 480℃，B 掺杂 SiGe60%的 PMOS 和 P 掺杂的 Si NMOS 凸台源漏区选择性外延和掺杂的温度分别为 500℃和 525℃，外延层掺杂浓度达到 $2\times10^{20}/cm^3$。

上层器件最高工艺温度为 525℃，但器件性能达到了高温 FinFET 工艺的水平，长沟道和短沟道的 I_{ds} 和 V_{gs} 都有良好的性能。TiN/HfO_2 栅中加入 0.2nm 的 $LaSiO_x$，V_{th} 从 0.62V 下降到 0.38V。2019 年，IMEC 在 SOI 表面制造 TiN 转移后实现了 TiN 背栅的无结晶体管，对于逻辑和 SRAM 的漏电控制、RF 器件的串扰隔离、通过埋入式电源分配网络改善信号传输等有显著效果[191]。

7.6.5.3 Samsung

采用选择性外延，Samsung 从 2004 年起报道顺序三维集成 TFT，如图 7-99 所示[192-194]。上层集成 TFT 的 SRAM 单元需要三次高温工艺过程，包括氧化、外延单晶硅层和激活。为了防止高温过程导致下层晶体管的短通道效应和注入激活区失活，Samsung 采用低温等离子体栅氧化、低温薄膜沉积和脉冲快速热退火，其中 1.6nm 的栅氧化层采用 400℃的等离子体氧化法，其他工艺温度均低于 650℃。这种方法适合于下层没有金属互连的情况，金属互连在上层晶体管完成后制造。尽管在理论上单晶衬底上外延单晶硅层的质量和衬底一样好，但是外延生长所需要的高温使其难以在金属化以后的衬底上完成，反复的高温工艺会造成下层三极管性能损害和性能下降[195]。

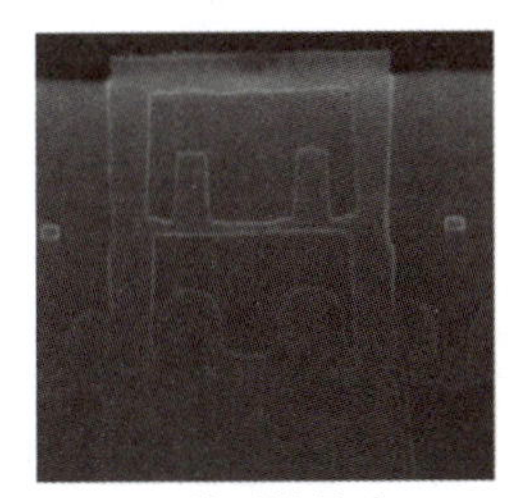
(a) 外延单晶硅

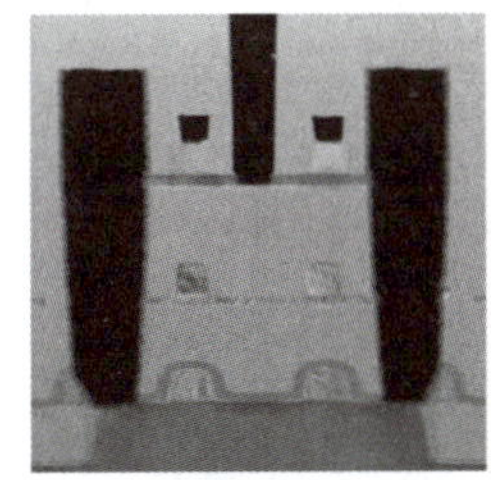
(b) 器件剖面

温度	高	中	低
Si	800℃	650℃	650℃
RTA	1000℃	1050℃	Spike
侧墙Si_3N_4	730℃	730℃	595℃
$CoSi_x$	750℃	750℃	750℃
总热量 (min，850℃)	16.5	2.54	0.11

(c) 工艺温度

图 7-99 选择性外延三维集成

7.6.6 其他材料单片三维集成

除了硅，单片集成的另一个重要方向是 Ge/SiGe 以及Ⅲ-Ⅴ族材料器件。如 InGaAs 的电子迁移率和 SiGe 的空穴迁移率几乎是常见材料中最高的，采用三维集成可以构建异质沟道的 PMOS 和 NMOS，使器件具有更高的性能。此外，GaN 和 SiC 等宽禁带半导体材料适合高压和高功率应用，这些器件与 CMOS 集成后可以充分利用其高频或高功率的优点，同时利用 CMOS 在逻辑运算和控制处理的优势。Ⅲ-Ⅴ族器件和 SiGe 器件的制造工艺温度较 Si CMOS 工艺更低，特别是 InGaAs 器件，这些器件的单片三维集成更容易实现[196]。因此，近年来Ⅲ-Ⅴ族器件与 Si CMOS 的集成技术发展很快。

7.6.6.1 Si-Ge 三维集成

2009 年，Leti 和 ST 在 IEEE VLSI 上报道了 SOI 与 GeOI 单片三维集成的反相器，如

图 7-100 所示[197]。反相器的 PMOS 和 NMOS 分别由上层的 GeOI 和下层的 SOI 制造,均为 45nm 工艺,二者采用 SiO_2 键合集成。SOI 上的 n 沟道 FDSOI 采用 HfO_2/TiN/Poly-Si 叠栅结构,在 NiSi 中注入 W 和 F 时引入 Pt,使 NiSi 在 650℃下仍具有稳定性。SOI 表面沉积 SiO_2,CMP 后剩余 100nm 作为键合层和 ILD,在 200℃下 SiO_2 键合 GeOI 和 SOI,然后去除 GeOI 的衬底层。上层 Ge PMOS 采用 600℃以下的工艺实现,完成 PMOS 后制造上下层的垂直互连。单片三维集成实现了更高的性能和更低的待机功耗,与 45nm 平面工艺相比芯片面积减小了 40%。

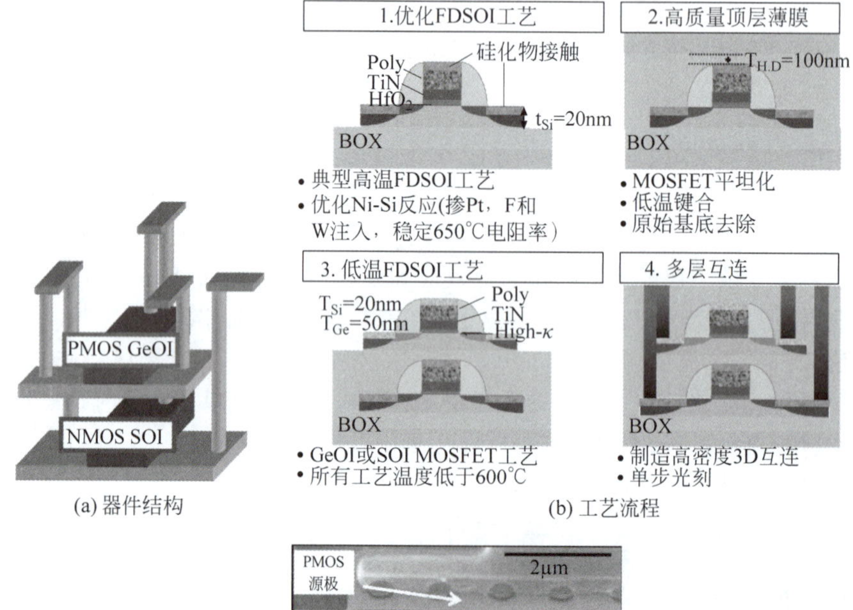

(a) 器件结构

(b) 工艺流程

(c) 器件俯视图

图 7-100 Leti 单片集成 Ge-Si 反相器

2019 年,Intel 在 IEEE IEDM 上报道了 Ge PMOS 和 Si NMOS 的单片集成,如图 7-101 所示[198]。Si FinFET NMOS 晶体管采用替换金属栅工艺,栅长为 25nm,源漏外延、高介电常数金属栅和接触金属经过优化,使其能够承受后续 Ge PMOS 工艺的温度;器件表面覆盖 PECVD SiN 和 SiO_2 并 CMP 处理。另一晶圆表面生长应力缓冲层,外延生长(100)Ge 薄膜,然后注入高浓度 H^+,在 Ge 薄膜内形成断裂分离层。将两个晶圆键合,然后高温退火,利用柱 H^+ 的应力分离 Ge 转移至 NMOS 晶圆表面,再次利用一系列热循环修复注入和分离导致的晶格缺陷,并利用 CMP 平整 Ge 表面。转移 Ge 薄膜的厚度约为 12nm,TTV 为 3nm,空穴迁移率与(100)Ge 的理论值接近。

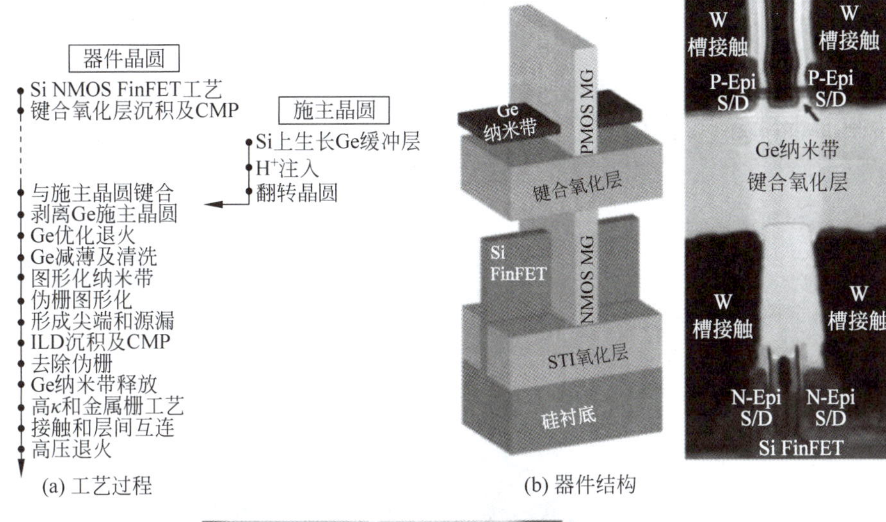

(a) 工艺过程 (b) 器件结构

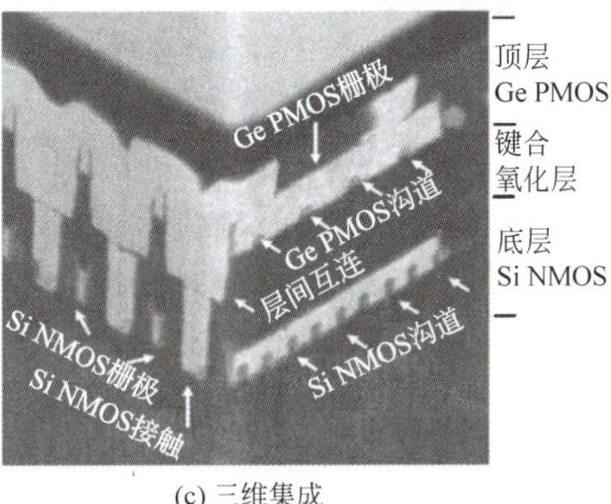

(c) 三维集成

图 7-101 Intel 顺序集成 Si 和 Ge

Ge PMOS 采用环栅 GAA 结构，首先光刻刻蚀 Ge 薄膜形成宽为 25nm 的纳米带，然后沉积刻蚀多晶硅/SiO_2 形成伪栅；进行 B 注入，并对 B 注入 Ge 区外延，形成自对准的源漏区；沉积层间介质层，利用 CMP 在伪栅表面形成刻蚀窗口，刻蚀去除伪栅，刻蚀沟道下方的氧化层释放 Ge 纳米带；清洗和钝化 Ge 纳米带后，利用 ALD 沉积高 κ 介质层；利用 ALD 沉积 TiN 作为功函数金属，然后沉积 W 栅极隔离槽填充，沉积 Ti/TiN/W 作为源漏接触；制造 NMOS 和 PMOS 间的垂直互连，最后高压氢气退火。下层 Si FinFET 结构的 NMOS 在 600℃退火前后性能没有变化，转移的 Ge 薄膜在 EOT=0.57nm 时空穴迁移率达到 225 $(cm^2/V)/s$。Ge PMOS 在 $I_{OFF}=8nA/\mu m$ 时，$I_{ON}=497\mu A/\mu m$；在 $I_{OFF}=100nA/\mu m$ 和 $V_{DS}=-0.5V$ 时，$I_{ON}=630\mu A/\mu m$。

7.6.6.2 Ⅲ-Ⅴ族三维集成

2011 年，东京大学在 IEEE VLSI 上报道了 InGaAs 与 Ge 的键合异质集成，如图 7-102 所示[199]。东京大学实现了超薄 InGaAs 与 Ge/SiGe 的键合转移集成，InGaAs 的 NMOS 器件与 Ge 的 PMOS 器件都是平面布置的二维结构。转移过程采用 InP 上外延 InGaAs，然后利用 ALD 沉积 Al_2O_3，与 Ge 晶圆表面 ALD 沉积的 Al_2O_3 键合，去除 InP 衬底将 InGaAs 转移到 Ge 晶圆表面。NMOS 器件和 PMOS 器件平面排布，均以 Al_2O_3 作为栅介质。

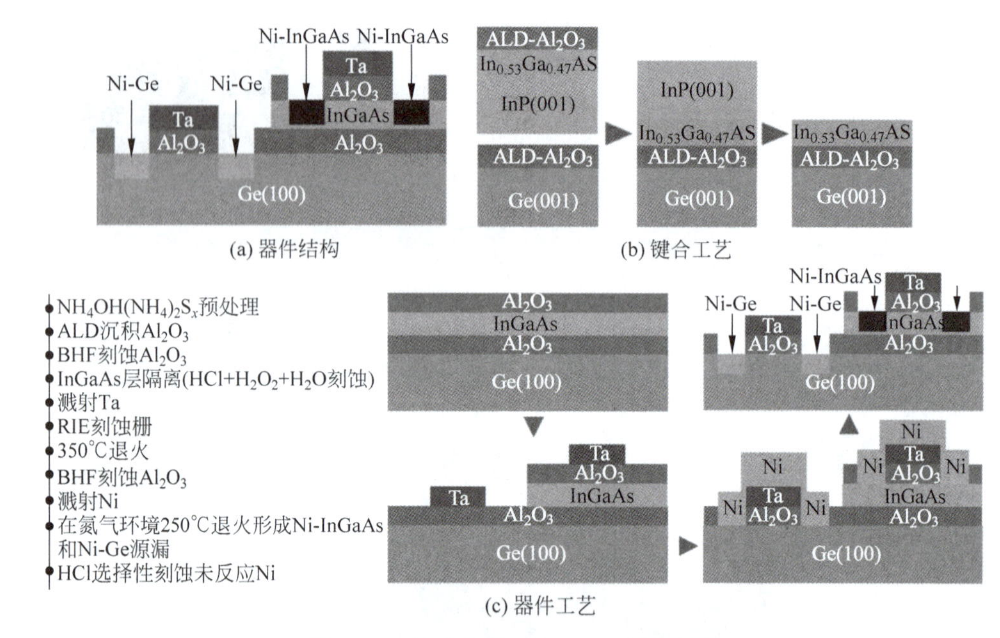

图 7-102　东京大学 InGaAs-Ge 键合集成

2013 年,日本 AIST 和住友化工在 IEEE VLSI 上报道了 InGaAs PMOS 与 Ge NMOS 单片三维集成,如图 7-103 所示[200]。采用 Ni-InGaAs 金属源漏,InGaAs 的工艺无须注入,可以在 350℃以下完成,对下层的 Ge PMOS 没有影响。Ge FET 采用 ALD 沉积的 4.5nm 的 HfO_2 栅介质,TaN 栅金属,自对准 NiGe 金属源漏。InGaAs FET 采用 ALD 沉积的 7.8nm 的 Al_2O_3 栅介质,TaN 栅金属,自对准 Ni-InGaAs 金属源漏。两层晶圆采用 SiO_2 键合,InGaAs 厚度为 50nm,键合后制造 InGaAs 器件和顶层的垂直互连与平面互连。集成后器件 $V_{dd}=0.2V$,NFET 和 PFET 的迁移率分别是硅的 2.6 倍和 3 倍。

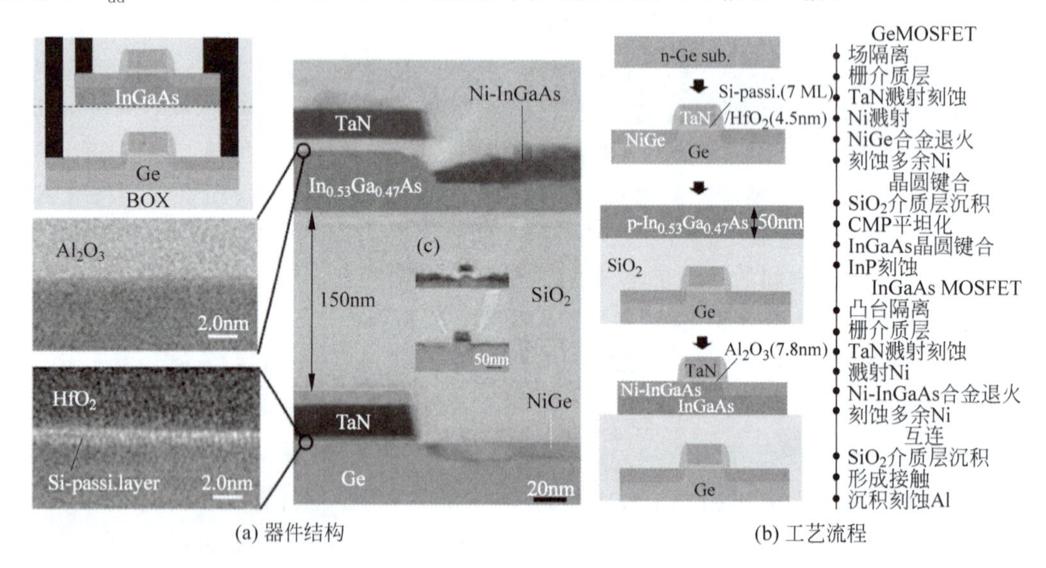

图 7-103　AIST 顺序集成

2014 年,ASIT 报道了 InGaAs nFinFET 和 SiGe pFinFET 的顺序三维集成,如图 7-104 所示[201]。下层采用 SGOI 制造宽度为 30nm 的条形沟道,SiGe 中 Ge 的含量为 70%;沉积硅

钝化层、250℃下ALD沉积HfO_2栅介质和TaN金属栅形成下层栅器件；采用Ni-SiGe合金形成自对准金属源漏区；PECVD沉积SiO_2中间层，CMP平整化后沉积TaN作为上层InGaAs nFinFET的背栅；在TaN上沉积键合层SiO_2，采用SiO_2键合InP衬底上生长的30nm的InGaAs，然后刻蚀去除InP衬底；以下层器件为基准对准，刻蚀InGaAs作为沟道，200℃下ALD沉积Al_2O_3栅介质和TaN金属栅，并沉积30nm的Ni；250℃氮气环境下RTA快速热退火1min，使Ni与InGaAs形成合金作为源漏区；刻蚀去除未反应的Ni。上述工艺无须退火激活，可以在低温下完成。

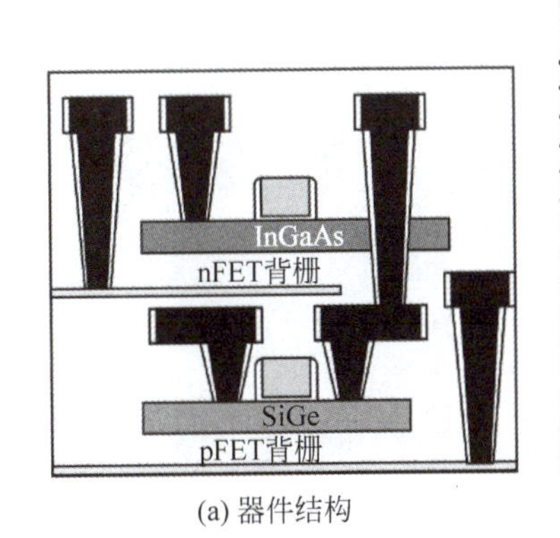

(a) 器件结构 (b) 全部流程 (c) InGaAs流程 (d) 器件剖面

图 7-104 ASIT InGaAs 和 SiGe 集成

2013年，IBM报道了超薄InGaAs与SiGe的键合转移集成，如图7-105所示[202]。InGaAs的NMOS器件与Ge/SiGe的PMOS器件均为平面结构。IBM在SOI上外延

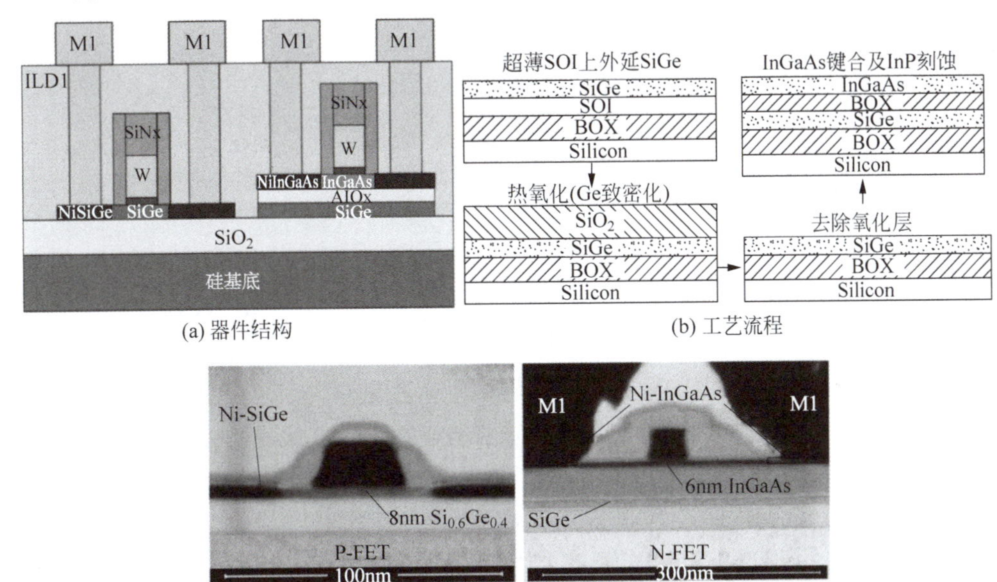

(a) 器件结构 (b) 工艺流程

(c) 器件剖面

图 7-105 IBM InGaAs 键合集成

SiGe,热氧化 SiGe 形成 SiO_2,Ge 向 SOI 扩散将 Si 转换为 SiGe,并增强 Ge 的浓度(约为 25%)形成 SiGe 沟道。利用 SiO_2 键合技术将 SOI 与外延 InGaAs 的 InP 晶圆键合,最后去除 InP 衬底。

2015 年,IBM 在 IEEE IEDM 上首次报道了采用替换金属栅的 InGaAs nFinFET 与 SiGe pFinFET 的三维集成,如图 7-106 所示[196]。完成 SiGe 沟道后,采用选择性外延凸台源漏等先栅工艺制造 Ge FinFET,Fin 结构宽度小于 10nm,栅长小于 20nm。完成 PFET 后,采用 SiO_2 键合转移厚度为 20nm 的 InGaAs,然后利用替换金属栅制造 NFET,栅长小于 50nm。采用低温外延源漏凸台实现浓度 $5.5\times10^{19}/cm^3$ 的 Sn 掺杂,保证 PFET 硅化物稳定,与硅在 600℃ 掺杂激活相比具有更高的掺杂浓度。InGaAs nFinFET 和 SiGe pFinFET 组成的反相器 $V_{dd}=0.25V$,栅长为 120nm 的 nFinFET 的截止频率为 16.4GHz[203]。

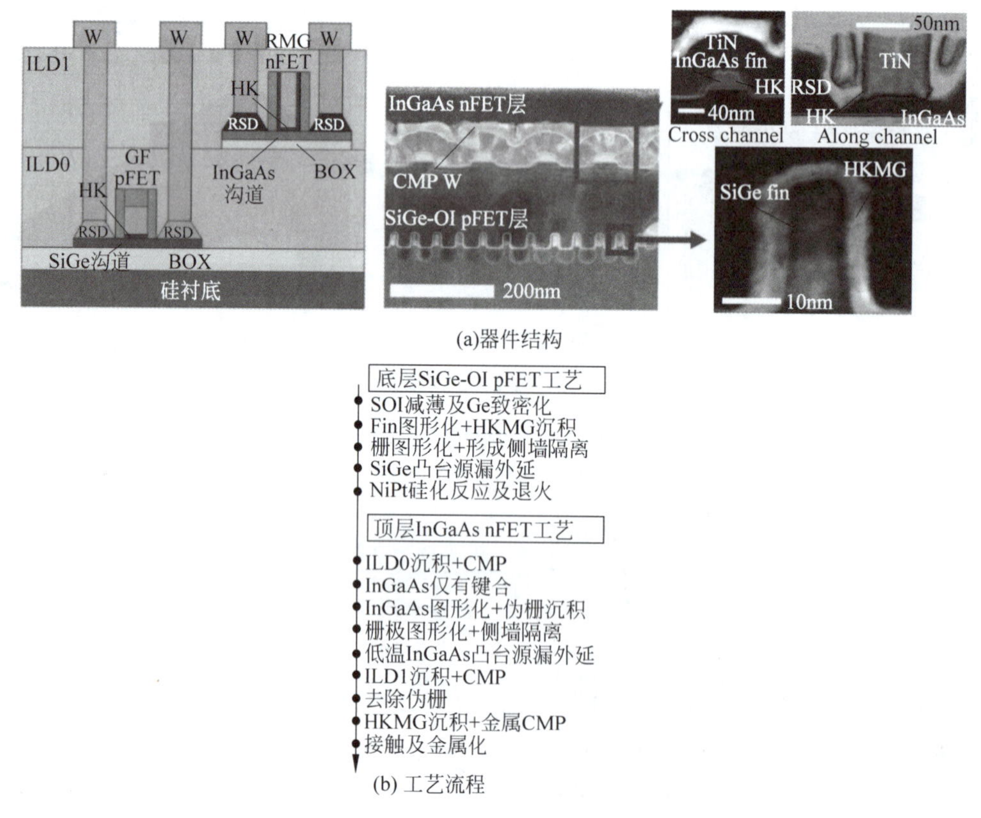

图 7-106 IBM InGaAs FinFET 集成

2019 年,Intel 在 IEEE IEDM 上报道了转移单晶硅与 GaN 的单片集成,如图 7-107 所示[204-206]。GaN 因此宽带隙所具有的高压、高功率和高速的特点,但由于 GaN 的 PMOS 掺杂浓度低($<1\times10^{18}/cm^3$)、迁移率低($<30(cm^2/V)/s$),仍需采用 Si PMOS 实现信号处理、逻辑、控制等数字电路,以及电流镜和驱动等模拟电路。Intel 采用 MOCVD 在 300mm 的(111)晶向高阻($>2000\Omega\cdot cm$)硅晶圆上生长 GaN,制造 GaN NMOS 晶体管;表面沉积 SiO_2 后通过 SiO_2 键合与 CMOS 晶圆集成;将 CMOS 的硅晶圆减薄至 50nm,在转移的硅层上制造 Si PMOS,采用高 κ/金属栅工艺并重新生长 P^+ 的源漏区;最后制造 ILV 连接下层的 GaN 器件。ILV 的节距约 100nm,密度每平方毫米超过 10 万[207]。

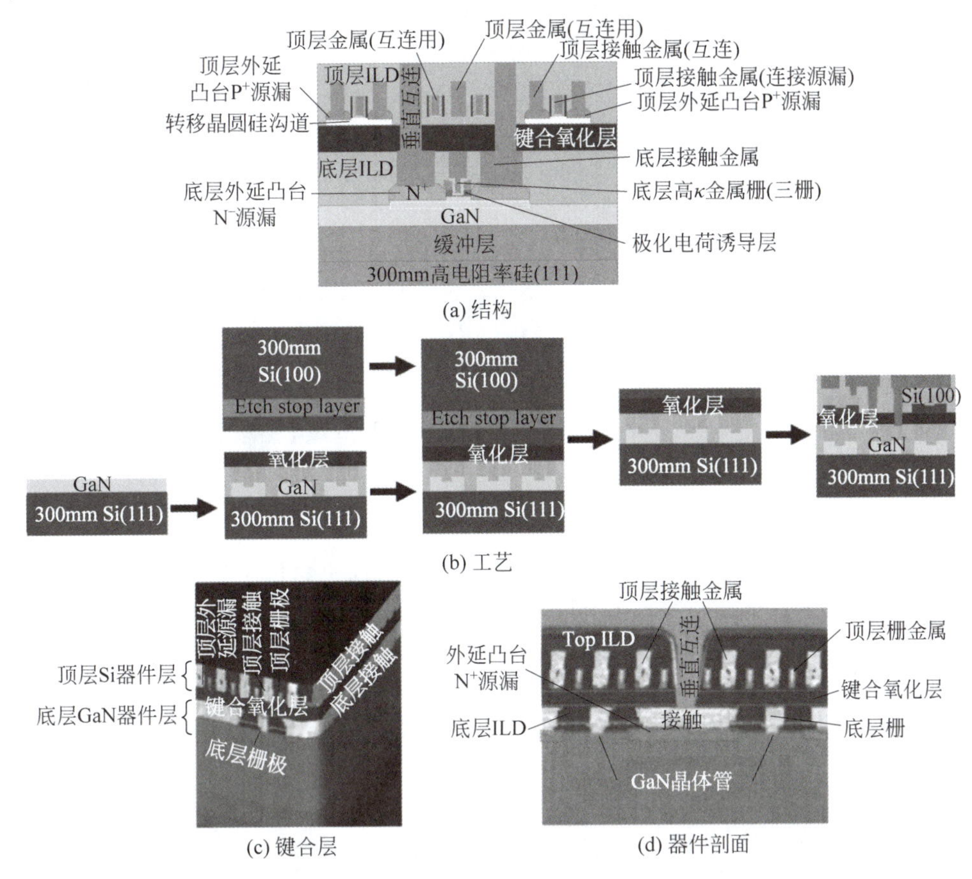

(a) 结构

(b) 工艺

(c) 键合层

(d) 器件剖面

图 7-107 Intel 顺序集成 Si 和 GaN

7.6.6.3 低维材料三维集成

低维材料一般采用中低温 CVD 或者转移方法制造,并且不需要硅器件的源漏区掺杂和激活,三维集成的技术难度大幅降低。近年来出现了基于低维材料如碳纳米管(CNT)、氧化铟镓锌(IGZO)和硫化钼(MoS_2)TFT 的三维集成[208-209]。

2017 年,Stanford 大学和 MIT 报道了多层传感器、RRAM 和逻辑处理器的三维集成系统,如图 7-108 所示[208]。该系统包括第一层(顶层)CNT 构成的传感器或逻辑电路、第二层 RRAM、第三层 CNT 逻辑电路、第四层(底层)硅接口和逻辑电路。集成过程如图 7-109 所示:①在 CMOS 晶圆表面 PECVD 沉积 SiO_2 作为 ILD 介质层,利用常规光刻、刻蚀、溅射和 CMP 制造 Pt 垂直过孔形成 ILV,连接下层 CMOS 金属互连;②在 ST 切的石英衬底上生长 CNT,99.5%的 CNT 按照石英晶向在衬底表面水平生长,溅射 150nm 的 Au 或 Cu 使 CNT 嵌入金属层,利用胶带剥离将带有 CNT 的金属层转移至 CMOS 表面,采用稀释碘化钾溶液去除 Au 保留 CNT,然后制造源漏接触和 CNT FET;③再次沉积 SiO_2 ILD 介质层,制造 ILV 连接下层的 CNT FET 的金属互连;④在 ILD 表面制造 Pt 下电极,利用 ALD 在 200℃沉积 5nm 的 HfO_x 介质层,制造 TiN-Ti-Pt 上电极形成 RRAM;⑤沉积 ILD 制造 ILV 连接 RRAM;⑥表面制造 CNT FET 或 CNT 传感器。

该过程具有如下特点:①通过剥离转移的方式将 CNT 集成到 CMOS 表面,避免了生

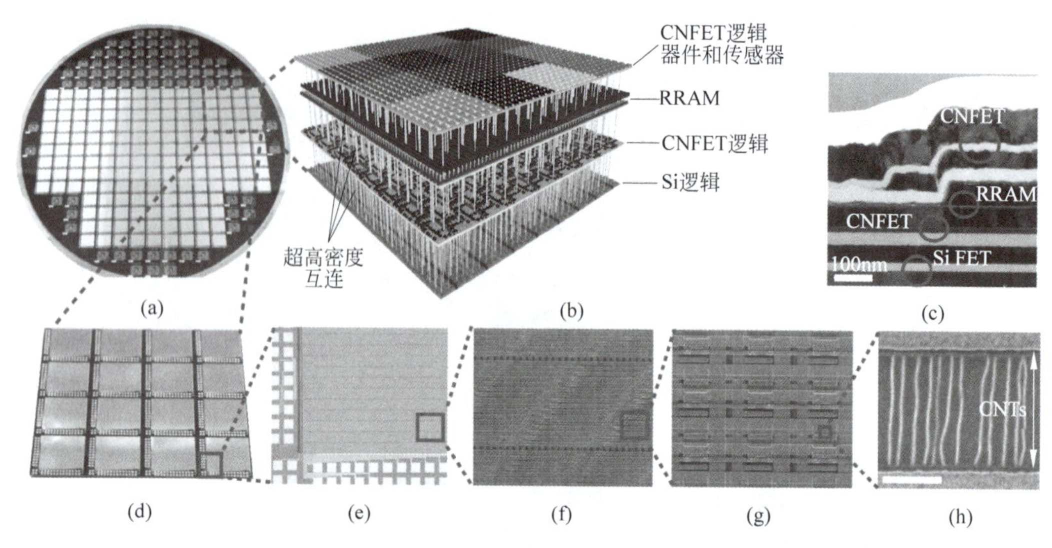

(a) (b) (c)

(d) (e) (f) (g) (h)

图 7-108 多层三维集成系统

长 CNT 的高温对 CMOS 的影响。②利用 ST 切石英表面生长的 CNT 具有高度对准晶向的特点，并采用大电流烧断金属性 CNT，实现对 CNT 的可控性定位；CNT 转移后再制造源漏接触，避免了转移过程的高精度对准。③利用 HfO_x RRAM 可以低温制造的特点取代常规 SRAM 或 DRAM，避免了高温工艺过程。

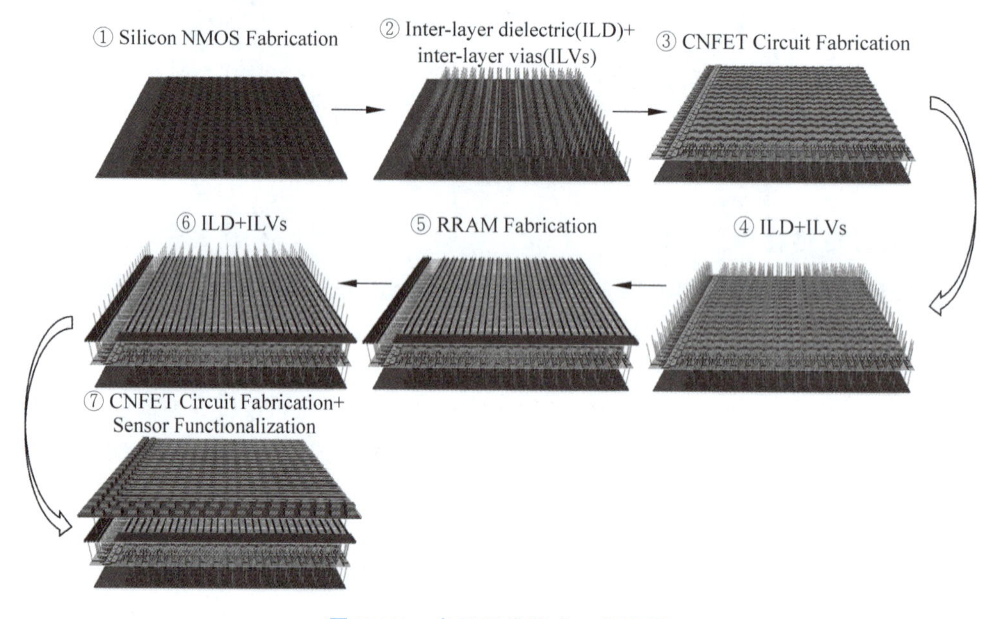

图 7-109 多层三维集成工艺流程

参考文献

第8章 插入层技术

插入层(interposer)也称为转接板或中间层,是指位于芯片与封装基板之间用于承载多芯片并提供电学互连和引脚再分布的过渡功能层,如图 8-1 所示。插入层采用比封装更先进的制造方法,在硅、玻璃或有机基底上制造比封装基板更高密度的互连和凸点,用于连接芯片和封装基板,是细粒度的芯片与粗粒度的封装基板之间过渡的桥梁。转接板这一名词侧重于封装领域的材料和 I/O 接口密度的过渡和适配,而插入层强调集成的位置关系,并且在功能上能够提供高带宽数据传输以及有源电路的功能。本书使用插入层这一名词。

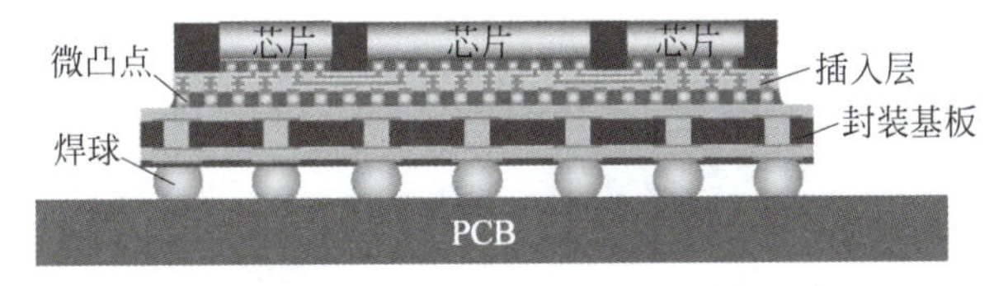

图 8-1　插入层多芯片集成

插入层主要采用硅、玻璃或有机材料制造,可以利用 TSV 或 TGV 等实现穿透插入层的三维互连,极大地提高了插入层电学连接的灵活性。这种带有 TSV 或 TGV 的插入层集成结构介于 2D 平面集成与 3D 堆叠集成之间,因此称为 2.5D 集成,其结构如图 8-2 所示。2.5D 集成具有多个差异化芯片的集成能力,具有广泛的适用性,并且制造成本低、数据传输带宽高、集成成品率高。因此,2.5D 集成作为一种独立的技术方案,不是从 2D 集成到 3D 集成的过渡,而是作为一种优势技术将长期存在。

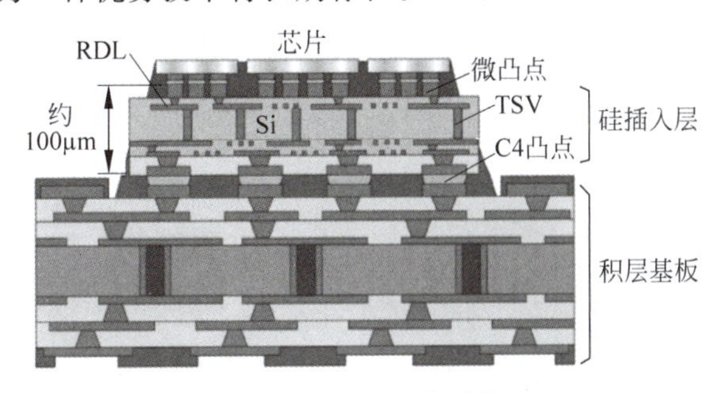

图 8-2　2.5D 集成结构

自 2011 年 Xilinx 率先采用硅插入层制造 Virtex-7 FPGA 以来[1],基于插入层的 2.5D 集成迅速发展为多芯片集成和芯粒集成的主流技术,广泛应用于 GPU、CPU、FPGA 和射频等产品。目前 ASE、Amkor 和 JCET 等封装代工厂,以及 Intel、Samsung、TSMC 和 GF 等集成电路制造商,先后推出了基于硅插入层的 2.5D 集成、基于玻璃插入层的扇出型平板级封装(FOPLP),以及基于有机插入层的扇出型晶圆级封装(FOWLP)技术。

8.1 插入层结构与功能

利用插入层实现的多芯片集成具有更灵活的结构形式和更短的电源与信号传输路径，而且利用平面互连、金属凸点和TSV取代引线连接可以实现芯片间高密度互连。插入层上的高密度互连为多芯片之间提供高速数据传输，极大地促进了多芯片高带宽集成的发展。

8.1.1 插入层结构

图8-3为典型的带有TSV的插入层结构和2.5D集成结构[2-3]。带有TSV的插入层包括基底(如硅或玻璃)、TSV、基底正面和背面的再布线层RDL，以及基底正面的金属微凸点和背面的金属焊球。插入层正面的微凸点尺寸小、密度高，用于芯片与插入层键合；背面的焊球直径大、密度低，用于插入层与封装基板键合。芯片之间通过插入层的微凸点和RDL实现连接，或通过TSV连接至插入层背面的RDL，进而连接至封装基板。插入层实现了芯片与基板之间的连接和过渡，将芯片的高密度微凸点过渡至封装的低密度焊球。

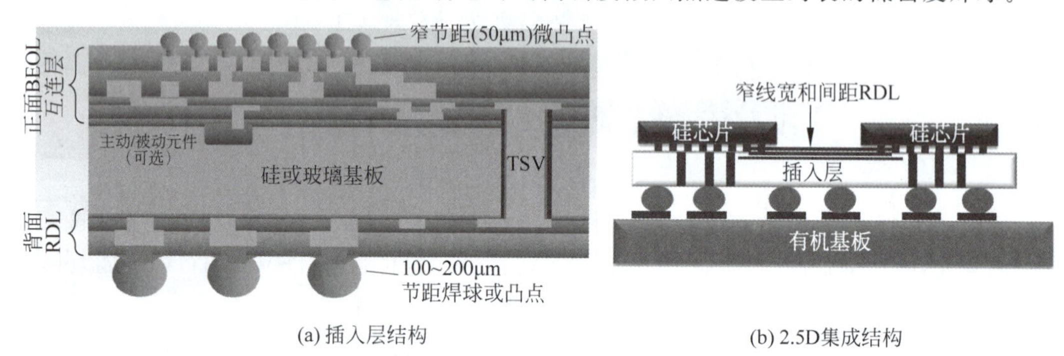

(a) 插入层结构　　(b) 2.5D集成结构

图8-3 插入层示意图

2.5D集成的芯片既可以是单层的2D芯片，也可以是多层的3D芯片，如图8-4所示。与常规3D集成相比，TSV插入层2.5D集成在结构上和功能上有所区别[4-5]。2.5D集成的多个芯片之间通过插入层的RDL和微凸点实现互连，而3D集成的多层芯片通过自身的TSV和金属键合实现直接互连，具有比2.5D集成更高的接口密度和数据传输带宽。

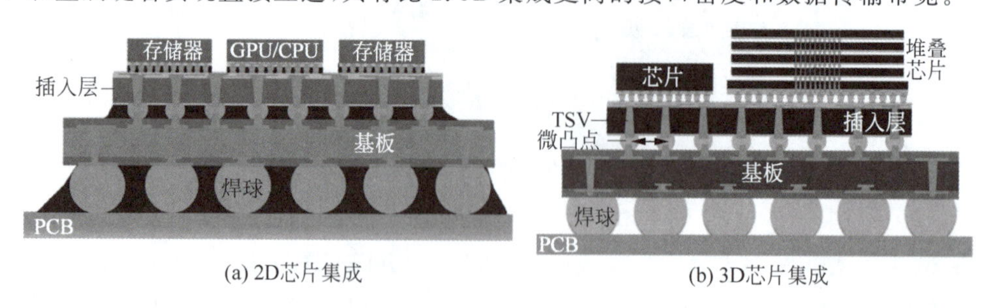

(a) 2D芯片集成　　(b) 3D芯片集成

图8-4 插入层集成方法

插入层可分为无源插入层和有源插入层。无源插入层上没有有源电路，仅包括TSV、RDL、微凸点或电感电容等无源器件，用于芯片与基板之间或者芯片之间的互连。有源插入层除了无源插入层的器件外，还包括由有源器件组成的功能电路。有源插入层本质上可以视为一层芯片,因此有源插入层打破了2.5D集成与3D集成的界限。无源插入层和有源插入层作为不同的技术方案具有不同的使用范围,二者并行发展,如图8-5所示。

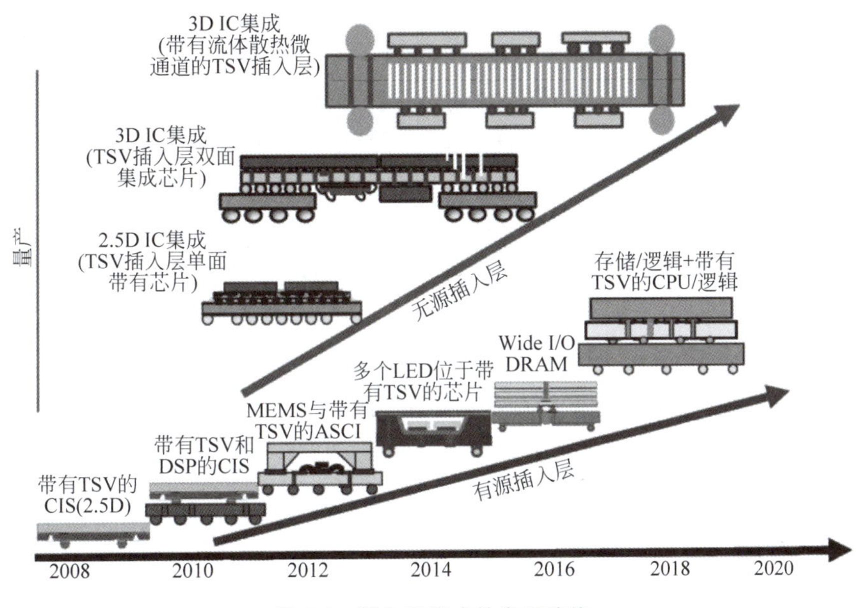

图8-5 插入层集成的发展路线

8.1.2 插入层功能

作为芯片与封装基板之间的过渡连接层,插入层具有承载、连接和集成等多种功能。

第一,实现高密度I/O接口和扇出型封装。随着芯片I/O接口密度越来越高,常规倒装芯片的陶瓷或有机基板难以满足需求。插入层利用更先进的工艺制造高密度微凸点和RDL,满足芯片高密度接口的要求。采用铜锡瞬时液相键合可以将芯片与插入层之间微凸点的节距减小到50μm甚至20μm,而BGA基板的C4凸点节距一般在100~200μm;采用硅工艺或平板工艺在硅和玻璃插入层上可以实现0.4~1μm的线宽和间距,与常规有机基板约10μm的线宽和间距相比提高1个数量级。因此,插入层可以将RDL和凸点密度提高1~2个数量级,大幅提高芯片间数据传输带宽。

第二,实现多芯片集成。以插入层为载体可以集成不同材料、不同工艺、不同面积的多个差异化芯片,实现复杂的多芯片集成[6]。插入层集成对芯片的限制条件少,可以通过更灵活的芯片级键合实现多芯片集成。插入层可以集成制造电容、电感和天线等无源器件,甚至提供电源、接口和控制电路。此外,TSV为插入层集成提供了更大的布线灵活性和更高的电源及数据传输能力。与常规SiP封装集成相比,插入层多芯片集成的面积小、芯片多、互连密度高。

第三,改善热力学性能和散热。硅芯片和有机基板的热膨胀系数差异较大,直接连接芯片和有机基板容易导致芯片和基板的热变形翘曲,而32nm以后工艺广泛使用机械强度很低的低介电常数(LK)和超低介电常数(ULK)介质层,芯片翘曲可能引起介质层碎裂。插入层与硅芯片的热膨胀系数相同或相近,具有较大的弹性模量和刚度,作为缓冲层减小和抑制了芯片翘曲变形,可以显著提高封装后芯片的成品率和可靠性。

第四,插入层制造和集成技术瓶颈少。3D 集成在 CMOS 工艺中引入复杂的 TSV 和键合工艺,成本高、成品率低、适用范围窄、兼容性和可靠性验证复杂。插入层结构简单,TSV 的负面影响和工艺干扰程度低,因此成本低、成品率高,工艺开发和验证时间短。此外,插入层集成的芯片密度和功率密度较低,抑制电磁干扰和热应力变形等方面的难度降低,平面布置的芯片结构和硅基插入层较高的热导率有助于改善高功率芯片的散热。

如表 8-1 所示[5],与 2D 芯片 SiP 封装相比,2.5D 集成在互连长度、电源分配、数据带宽、功耗和尺寸等方面具有显著的优势。与 3D 集成相比,2.5D 集成在适用范围、制造成本、结构灵活性和成品率等方面具有优势,并且对被集成芯片的限制条件少,与现有制造和封装技术过渡和衔接较好,更容易得到应用。此外,2.5D 集成的器件密度较低,对于高性能和大功率应用的散热更容易解决。

表 8-1　2D、2.5D 和 3D 集成的性能

	片间互连功耗/(mW/Gbps)	片外 I/O 数/mm^{-2}	封装引线数/mm^{-1}	最大线长/mm	带宽/($Tbps/mm^2$,5GHz)
2D 集成	8～20	16～45	5～50	500	0.08～0.225
2.5D 集成	0.08～2	400～10000	100～1000	5～100	2～50
3D 集成	0.008～0.2	400～1000000	500～10000	2～20	2～5000

集成方案的选择是性能、成本和可靠性等多方面折中考虑的结果。如图 8-6 所示,对于面积小于 $100mm^2$ 且 I/O 少于 100 的基带芯片移动处理器,以及芯片面积小于 $300mm^2$ 且 I/O 少于 1000 的低端处理器,现有封装技术可以较好地满足需求,并且芯片面积不大,成品率较高,使用插入层的收益有限,但制造成本会显著增加。对于芯片面积超过 $500mm^2$ 且 I/O 超过 1000 的高端 CPU、GPU 和 FPGA 等,使用插入层可以显著提高 I/O 密度并通过分割芯片提高成品率。这些应用中,插入层的材料和制造成本相对于收益已成为次要因素。此外,在微弱信号和高频领域,插入层的短互连能够抑制信号干扰、减小寄生参数或降低高频损耗,也是应用的重点方向之一。

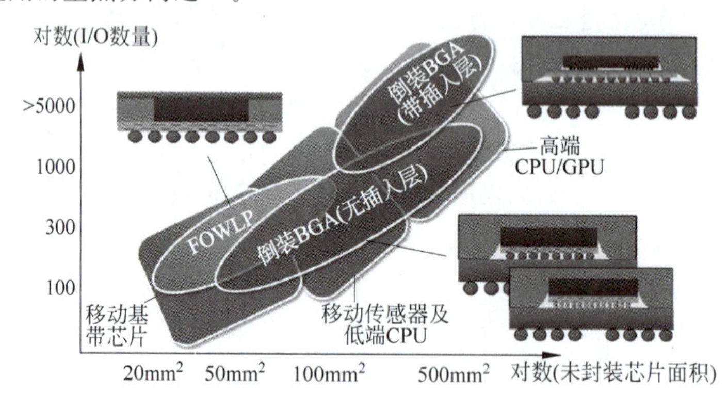

图 8-6　插入层适用的领域和芯片特性

8.1.3　插入层材料

插入层的常用材料包括硅、玻璃和有机材料。这些材料在物理和电学特性、制造方法和插入层性能方面有显著的差异,因此应用领域有所不同,如表 8-2 所示。通常硅和玻璃插入层的材料和制造成本较高,但是翘曲变形小、互连密度高,适合高性能应用。有机插入层制

造成本低，但是翘曲变形大、互连密度低，适合常规应用。有源插入层需要制造晶体管和电路，只能使用硅材料。

表 8-2 插入层常用材料的典型性能

插入层材料	硅	玻　璃	有 机 材 料
TSV 制造方法	DRIE	激光	中等
材料成本	高	低	低
制造成本	高	中	低
凸点间距/μm	10～100	20～200	50～250
RDL 线宽/μm	0.5～20	2～3	3～15
介电常数 ε_r	11～12	4.7(3.7～10)	2.1～3.4
电阻率/(Ω·cm)	约 10^4	10^{12}～10^{16}	$>10^6$
插入损耗	高	低，2dB	低
热导率/(W/mK)	中，148	低，1	低
热膨胀系数/ppm	2.5	3～12	4
弹性模量/GPa	120～170	40～120	5～15
线电阻/(Ω·mm^{-1})	约 20	10～20	0.1～0.2

插入层的材料、制造方法和设备不同，表面粗糙度和翘曲程度差异很大，因此插入层 RDL 的最小线宽不同。如图 8-7 所示，有机基板采用封装的半加成方法制造，最小线宽一般在 10μm 左右。有机插入层采用改进的制造方法，特别是无芯基板以玻璃或硅为载板，降低了翘曲对光刻的影响，采用大马士革工艺制造 RDL，最小线宽和间距一般为 4～6μm，甚至可达 2～3μm。玻璃插入层采用平板工艺和设备制造，典型线宽和间距为 4μm，最小可达 2～3μm。硅插入层采用集成电路后道工艺制造，典型线宽和间距为 0.5～2μm，并向着更高水平发展。

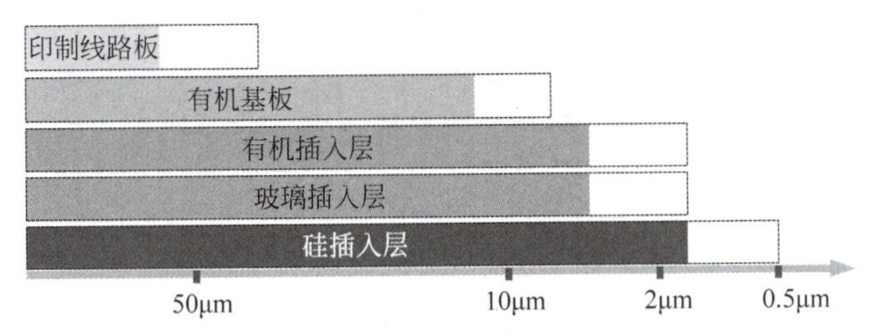

图 8-7 插入层 RDL 的最小线宽

硅基插入层集成具有可靠性高、散热能力强、互连密度高等优点，主要应用于高性能芯片集成，但硅插入层工艺复杂、成本高，因此近年来插入层技术向着低成本的方向发展。2010 年以后，FOWLP 推动了低成本有机插入层的发展，特别是无芯插入层利用硬质载板提高了有机插入层的互连密度，使无 TSV(TSV-less)插入层广泛应用于 FOWLP 多芯片集成。为了兼顾低成本和高性能，融合了硅和有机材料的嵌入硅桥连接芯片发展迅速，如 Intel 的 EMIB 和 TSMC 的 CoWoS-L 等已成功应用于多芯片集成。利用平板工艺可制造面积大的特点，近几年基于低成本平板玻璃的 FOPLP 发展迅速，已应用于光电、射频和混合系统集成，并逐渐向高性能芯片集成发展。

8.2 硅基插入层

1972 年,IBM 提出了硅基插入层的概念[7]。IBM 利用硅载板上的 SnPb 焊球和平面互连连接多个有源器件,以此实现混合工艺电路。早期硅插入层尚不具备垂直互连,仍需要引线键合连接陶瓷基板。采用类似的方式,Honeywell 于 1984 年报道了硅插入层的多芯片封装方案[8],1985 年 Hitachi 利用硅插入层实现了多存储器芯片封装[9]。尽管硅插入层可以集成多个芯片,但是由于成本和复杂度的问题,早期硅插入层的发展较为缓慢。

20 世纪 90 年代中期,随着消费电子和移动通信的发展,利用硅插入层实现的多芯片模块(MCM)在高性能逻辑、低成本混合信号和多功能射频芯片等方向开始得到了广泛的应用[10]。随着 TSV 技术的发展,2000 年前后 IBM、Arkansas 大学、Leti、Toshiba 和 ASET 等先后开发了 TSV 硅插入层,探索多芯片集成应用[11-16]。2005 年,IBM 发表了系统的 TSV 硅插入层设计和制造技术[17],标志着 TSV 硅插入层技术的基本成熟。目前硅插入层 2.5D 集成广泛应用于 CPU、GPU 和 FPGA 等产品,2019 年硅插入层的产值为 1.6 亿美元,到 2025 年将达到 14.9 亿美元,期间年复合增长率可达 44%。

8.2.1 硅插入层结构与制造技术

硅插入层采用低端集成电路工艺在硅晶圆上制造 TSV、平面 RDL 和金属凸点,以插入层作为多芯片集成的载板和信号连接中枢,如图 8-8 所示[18-19]。插入层既可以是无源插入层,也可以是有源插入层,被集成的芯片既可以是单层芯片,也可以是三维集成的多层芯片,如 HBM。

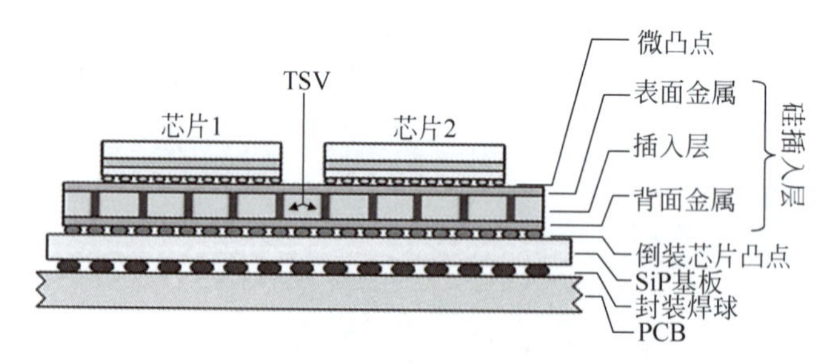

图 8-8 硅基插入的典型应用

硅插入的优点包括:①共享三维集成的设备和工艺,采用低端 CMOS 工艺实现更高密度的 RDL 和凸点,获得更高的集成度和更高的数据传输带宽;②硅插入层可以制造有源器件,将电源和接口电路制造在插入层上,降低先进工艺芯片的制造成本;③硅具有较高的热传导系数,作为插入层应用有助于提高集成系统的散热能力;④插入层与电路芯片的材料相同,可以缓解有机基板和硅芯片的热膨胀系数差异产生的热应力。

硅基插入层的主要缺点包括:①与玻璃和有机插入层相比,硅插入层的制造工艺复杂,成本较高;②常规硅基底是损耗性材料,因此高频器件的基底损耗和耦合较高,电磁特性较差;③TSV 硅插入层的热力学和可靠性问题较为复杂,例如 C4 凸点和微凸点的键合失效、热膨胀导致的芯片应力和翘曲,以及 TSV 膨胀引起的应力和失效等。

硅插入层制造可以采用 200mm 和 300mm 晶圆,但以 300mm 晶圆为主,很多代工厂提供 TSV 硅插入层的代工服务，如 CMOS 代工厂 Allvia、TSMC、UMC、IBM、GF、Skorpios (Novati)，封装厂 ASE、JCET、SPIL、PTI 等，以及 MEMS 代工厂 DNP、IMT、Silex 等。TSMC、Allvia、IPDiA 和 JCET 还提供插入层集成无源器件。

8.2.1.1 插入层结构

典型无源硅插入层结构如图 8-9 所示[20-21]。插入层为硅基板，正面带有 2～6 层金属 RDL 和金属微凸点，背面带有 0～3 层 RDL 和 C4 凸点(焊盘)，插入层内部带有 TSV。插入层正面的微凸点直径小、密度高，用于与芯片的键合连接；背面的 C4 凸点直径大、密度低，用于与封装基板连接。插入层的 RDL 具有较窄的线宽和间距，可以实现较高的互连密度，用于芯片之间的连接，或通过 TSV 及焊球连接封装基板。

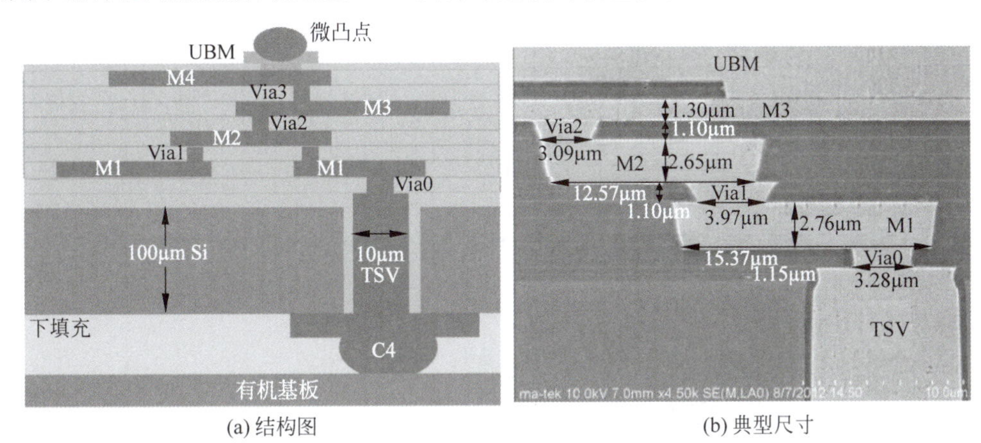

(a) 结构图　　(b) 典型尺寸

图 8-9　TSV 硅基插入层

根据需求不同，量产的硅插入层正面一般采用 4～6 层 RDL，如图 8-10 所示。GF 的插入层有 4 层金属 RDL[22]，为了防止 TSV 失效，将 2 个 TSV 并联连接 C4 凸点。TSMC 插入层为 5～6 层金属 RDL，并带有嵌入式深槽电容。Samsung 的插入层为 4 层金属 RDL，最小金属线宽为 0.5μm[23]。

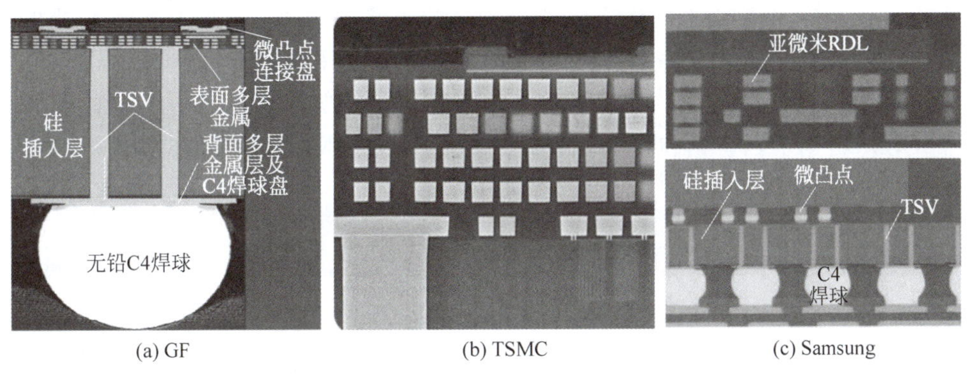

(a) GF　　(b) TSMC　　(c) Samsung

图 8-10　量产硅插入层

典型硅插入层的设计规则如图 8-11 所示。插入层的面积可达 2～4 个曝光场(每个曝光场约为 30mm×30mm，取决于光刻机)，典型厚度 100μm，微凸点直径为 20～45μm，节距为 30～65μm，C4 凸点直径为 70～100μm，节距为 125～200μm，TSV 尺寸为 10μm×100μm，典型 RDL 的介质层厚度、金属线宽、间距和厚度均为 0.5～1μm。RDL 的密度取决于工艺能力和应用需求，而微凸点和 C4 凸点的中心距取决于金属键合方式和工艺能力。金属键合多采用 CuSnAg 及 CuSn 瞬时液相键合，并向着更高密度的混合键合发展。

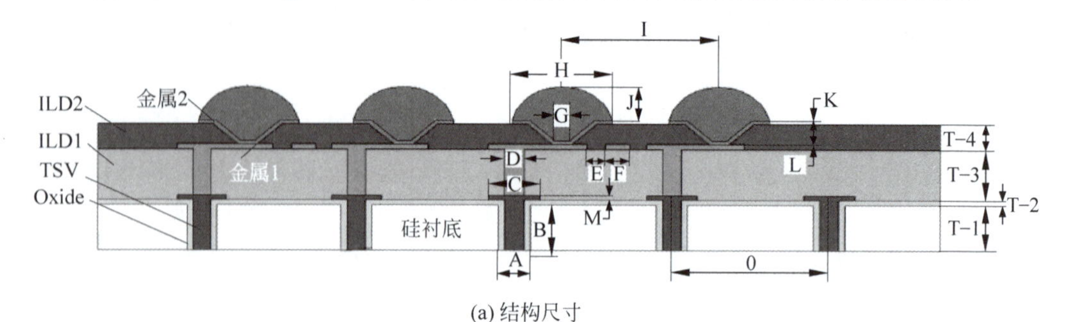

(a) 结构尺寸

条目	TSV			RDL					凸点					介质层		
	直径(A)	深度(B)	金属盘(C)	线宽(F)	线距(E)	厚度(K)	厚度(L)	厚度(M)	材料	UBM尺寸	高度(J)	直径(H)	节距(I)	材料	厚度(T-3)	厚度(T-4)
插入层	≥10	≥30	≥14	≥5	≥5	≥2	≥0.8	≥1	Sn-Ag, Cu, Ni, Sn	≥25	≤70	≥20	≥35	PI/ SiO_2/ SiN	≥2	≥2
插入层 WLP	≥50 ≥10 (Opt)	≥200	≥70	≥10	≥10	≥5	≥5	≥3	Sn-Ag,Cu, SnENEPIG	≥70	≥120	≥80	≥120	PI/ SiO_2/ SiN	≥4	≥4

(b) 设计规则

图 8-11　TSV 硅插入层设计

8.2.1.2　插入层制造方法

无源插入层制造主要包括 TSV、RDL 以及金属凸点。尽管制造方法不尽相同，但是插入层较为简单的结构使制造方法具有归一化的趋势。硅插入层可以采用低端的集成电路工艺制造，如 65～180nm 工艺，成本低且互连密度高，典型介质层厚度和铜互连厚度为 1μm，线宽和间距为 0.5～2μm。硅基插入层也可以采用积层介质层和电镀的方法制造，典型介质层厚度为 6～7μm，铜互连厚度为 3～4μm，线宽为 1～2μm。

采用盲孔电锁和临时键合是目前硅插入层的主流制造方法，工艺流程如图 8-12 所示[24]。主要工艺过程包括：(a)刻蚀硅基底的深孔；(b)沉积绝缘层、扩散阻挡层和电镀种子层；(c)盲孔铜电镀并退火；(d)铜 CMP 去除表面过电镀的铜层；(e)正面制造介质层、RDL 和 UBM 及微凸点；(f)临时键合辅助圆片；(g)背面减薄以及回刻和 CMP；(h)制造背面

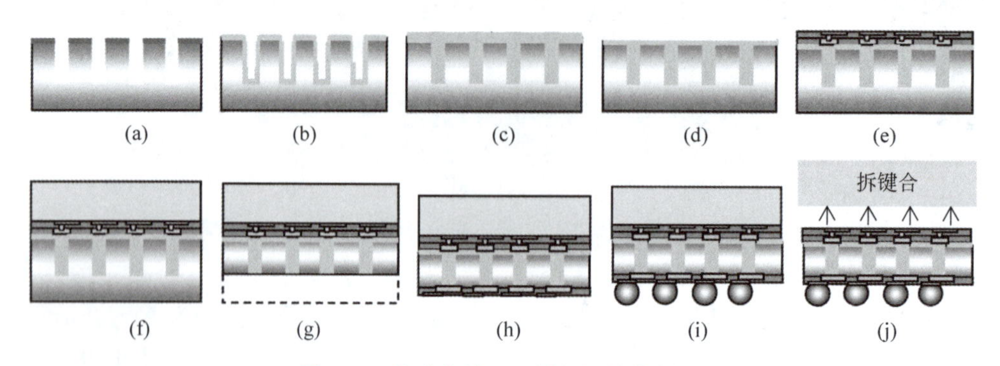

图 8-12　盲孔电镀 TSV 插入层制造流程

RDL和凸点UBM；(i)背面制造C4凸点；(j)最后去除辅助圆片。该过程与三维集成基本相同，但是插入层的TSV直径较大、密度较低，通常直径在10～50μm。

图8-13为通孔电镀制造硅插入层的方法[25]。该方法无须辅助圆片，简化了工艺，但是插入层的厚度不能太小，以免引起碎裂或者翘曲。主要过程包括：(a)将硅片厚度减薄到200μm左右；(b)利用DRIE刻蚀通孔；(c)利用热氧化制造介质层；(d)沉积粘附层和扩散阻挡层，采用通孔电镀的方法制造TSV铜柱，退火后CMP去除过电镀层；(e)表面制造介质层、RDL和凸点；(f)背面制造焊球。硅插入层上在制造TSV以前没有其他器件，可以采用热氧化获得更好的介质层质量。

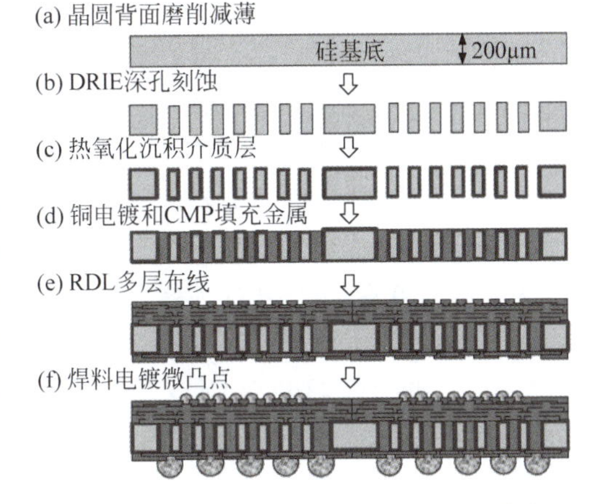

图8-13 通孔电镀TSV实现插入层的制造流程

由于晶圆尺寸的限制以及复杂的TSV和减薄工艺，采用集成电路工艺制造TSV、RDL和金属凸点的成本较高，大面积的插入层需要多次拼接曝光场，进一步增加了制造成本。TSV和减薄等工艺影响TSV插入层的成品率，间接增加了插入层的成本。典型单片硅插入层的制造成本约为30美元[26]，但曝光场面积的限制使大面积插入层需要多次曝光拼接，成本可能达到100美元。在总成本中，深孔刻蚀和电镀填充分别约占25%和44%，介质层沉积约占3%，圆片减薄和临时键合的成本分别占24%和4%[27]。减小硅插入层的厚度有利于降低制造成本。

8.2.1.3 无源器件集成

无源器件集成是在硅插入层上制造集成无源器件(IPD)，如电阻、电容、电感、天线以及由这些器件组成的简单电路[28]，如图8-14所示[29-30]。为保证电路的性能，片上无源器件的面积都比较大，并且基本不随制造工艺节点的进步而减小，因此先进工艺制造无源器件的成本很高。插入层集成无源器件的优点包括：①低成本。无源器件对工艺节点的要求低，插入层采用低端工艺制造，将原本采用先进工艺在片上制造的无源器件转移到插入层上，可以大幅减小先进工艺的制造面积。②独立优化、提高性能。插入层不受电路的限制，可以单独选择，利用低损耗基底提高无源器件特别是电感的性能。③无源器件外置降低了对芯片电路的干扰。需要注意的是，插入层的无源器件与芯片相连时，金属凸点和RDL的寄生参数会对无源器件产生影响。

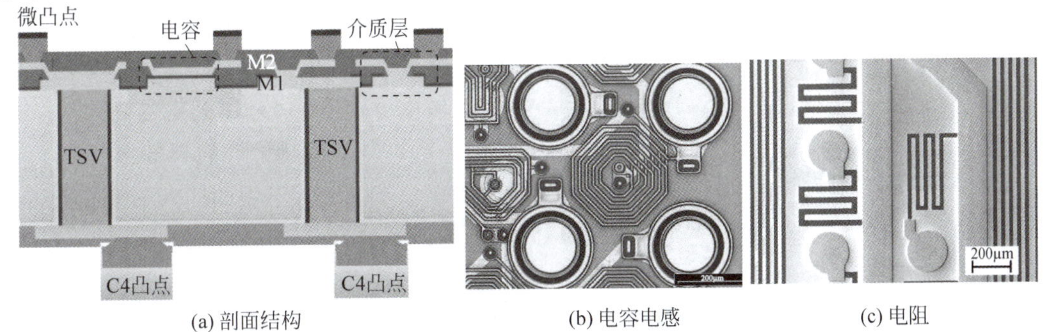

(a) 剖面结构 (b) 电容电感 (c) 电阻

图8-14 插入层集成无源器件

利用插入层的 RDL 工艺和 TSV 工艺,插入层集成的无源器件包括金属-介质-金属(MIM)电容、深槽电容(DTC)、电感和电阻,可以实现平面结构或立体结构。插入层上的电阻为薄膜电阻,通过溅射和湿法刻蚀集成电路的常规材料 NiCr 合金制造,最小线宽一般为 10μm,电阻率约为 100Ω/□,阻值通常为 10～1000kΩ,误差约为 15%。MIM 电容和平面螺旋电感利用 RDL 工艺制造在插入层表面,以 RDL 金属作为电容极板或电感线圈,电容密度约为 80pF/mm^2,误差小于 10%,电感大小为 1～150nH,误差小于 15%[31]。受限于硅和材料的性能,IPD 的精度和性能较低,如电感的 Q 值仅为 5～10。高性能的 IPD 需要采用低损耗基底,如高阻硅或玻璃。

为了增大电容,可以在插入层工艺中引入集成电路前道工艺的高介电常数介质(HKD)材料,但制造成本有所提高。2014 年,TSMC 在 CoWoS 中引入了 HKD 介质层,在金属层 M1 和 M2 之间插入 HKD 介质层形成平面 MIM 电容,如图 8-15 所示[32]。通过串联的方式,最大电容密度达到 17.2 fF/μm^2,电容面积可达 200μm^2,总电容达到 3.5μF。

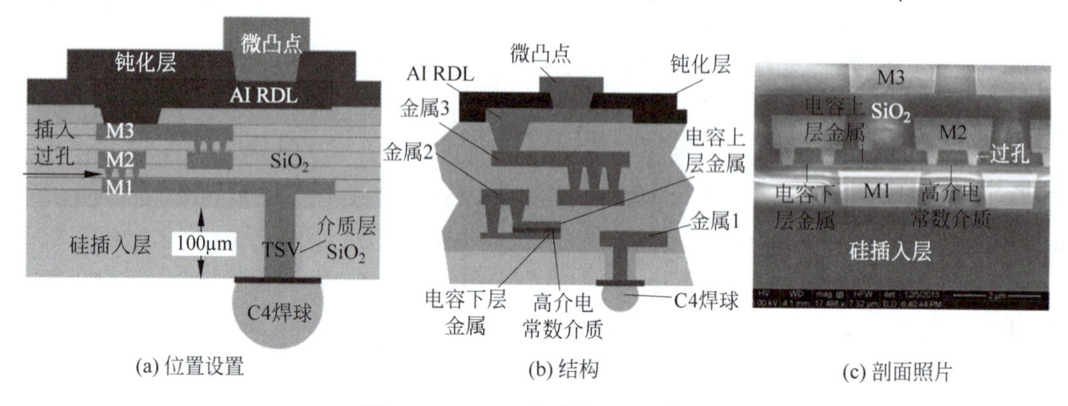

图 8-15　CoWoS 集成的 MIM 电容

平面结构制造简单、成本低,但是电容的容值有限。利用 TSV 工艺可以制造嵌入插入层内的深槽电容,利用深槽侧壁的面积增加电容面积,从而提高电容值。当占用相同面积时,深槽电容的有效面积是 MIM 电容的 5～10 倍。典型深槽电容的密度为 5～250nF/mm^2,电容大小为 10pF～5μF,误差小于 15%。深槽电容一般利用 TSV 的金属和介质层,但也可以使用单独的多晶硅作为电极。

2019 年,TSMC 发布了插入层深槽电容,如图 8-16 所示[33]。深槽电容的介质层和电极分别为 HKD 材料和多晶硅,每个深槽的面积为 40μm×40μm,电容密度为 340～500nF/mm^2,总电容可达 68μF,电容密度和总电容均比 MIM 电容提高了约 20 倍。深槽电容采用多晶硅作为电极,刻蚀方法与 TSV 相同[34],但是二者的深度差异较大、电极材料不同,一般分别制造。深槽电容和 TSV 可以采用不同的工艺顺序,但通常先制造深槽电容后再制造 TSV。

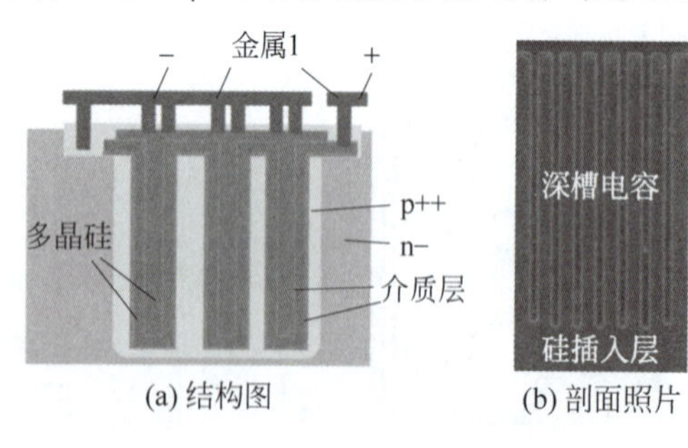

图 8-16　CoWoS 集成的深槽电容

图 8-17 为 IPDiA 开发的插入层集成无源器件[35]。深槽电容采用 MIMIM 结构,在 50∶1 的深孔内沉积多晶硅和三明治结构介质层 SiO_2/SiN/SiO_2,电容密度为 250nF/mm^2,击

穿电压为11V，工作电压下漏电流低于1nA。采用ALD沉积HKD介质层时，深槽电容的密度可达550nF/mm^2。TSV尺寸为75μm×200μm，直流电阻为124mΩ。10GHz时集成电感为35nH，1.25μm厚介质层的MIM电容约为2pF，20GHz的插入损耗小于0.5dB。

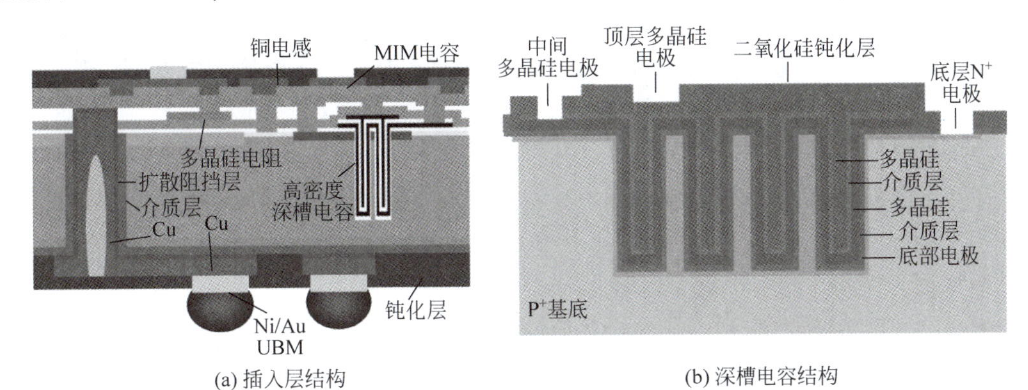

(a) 插入层结构　　(b) 深槽电容结构

图 8-17　IPDiA 插入层无源器件集成

无源器件在插入层上的位置可以自由选择，保证与电路的最小距离，使解耦电容的距离与片上集成电容相似。由于插入层面积大，精细设计的电容可以更好地保证信号和功率的完整性。有些应用对电容的一致性要求很高，如高精度ADC和DAC要求电容的非一致性小于万分之一。对于平面MIM电容，这可以通过高水平的工艺控制实现，但深槽电容受深刻蚀一致性的影响很大，难以做到极高的一致性。另外，如果SiO_2介质层中陷阱电荷的密度过大，在大电流工况下容易造成电容性质的渐变衰减。

8.2.1.4　有源插入层

近年来，带有有源晶体管器件的有源硅插入层发展很快[36-43]。有源插入层包括晶体管TSV以及无源器件，可实现多种电路功能，如图8-18所示[37]。除了提供无源插入层的基本承载、连接和散热等功能外，有源插入层可以提供系统所需的部分电路。有源插入层的电路以模拟电路和混合电路为主，如电源、均衡器、缓冲器、时钟分配网络、I/O接口、静电保护、DC-DC转换器和调制器等电路，同时可以集成无源器件，如电阻、电容、电感、滤波器和天线等。这种带有模拟或混合电路的有源插入层代表着插入层发展的新趋势。

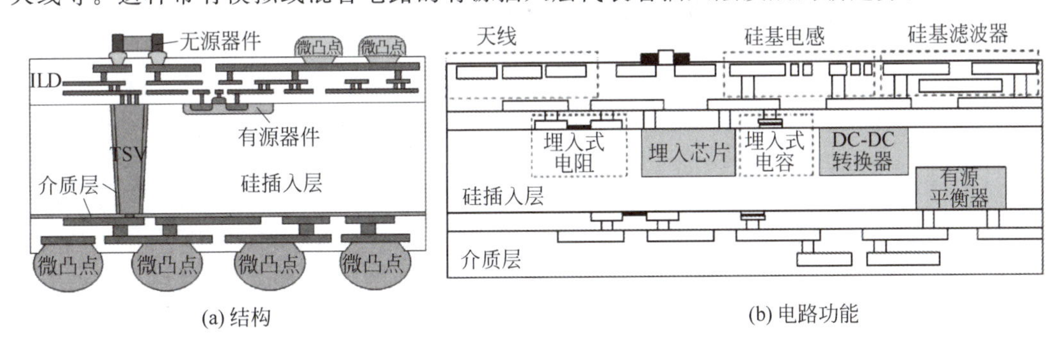

(a) 结构　　(b) 电路功能

图 8-18　有源插入层

有源插入层的电路可以提供以下的功能：①随着信号传输速率和带宽的不断增加，芯片间的连线密度和长度也不断增加，为了保持信号的完整性和能效比，需要大容量电容等无源器件和有源电路。通过缓冲器和均衡器等有源电路可以改善高速数据传输时由干扰引起的眼图畸变、时序抖动、误码率等,显著提高信号和电源的完整性。②有源插入层通过3D时钟网络减小多层芯片时钟分配的误差、功耗和电路面积,甚至通过无线耦合的形式在芯片间传输能量。③将部分或全部模拟/混合电路转移至插入层上,既可以降低先进工艺的芯片面积和制造成本,又可以将模拟与数字信号分开,避免干扰。④无源插入层无法实现不同协议的兼容,而有源插入层可以在不同协议间转换,实现不同协议的集成。

典型的有源插入层为Leti开发的InTACT有源插入层[38-43],如图8-19所示。InTACT是第一个功能全面的有源插入层,包括用于片上电源管理的开关电容电源调节器(SCVR)、静电保护、电源管理、可扩展缓存层级的柔性互连、高密度芯片间互连、存储器I/O控制器和物理接口等。

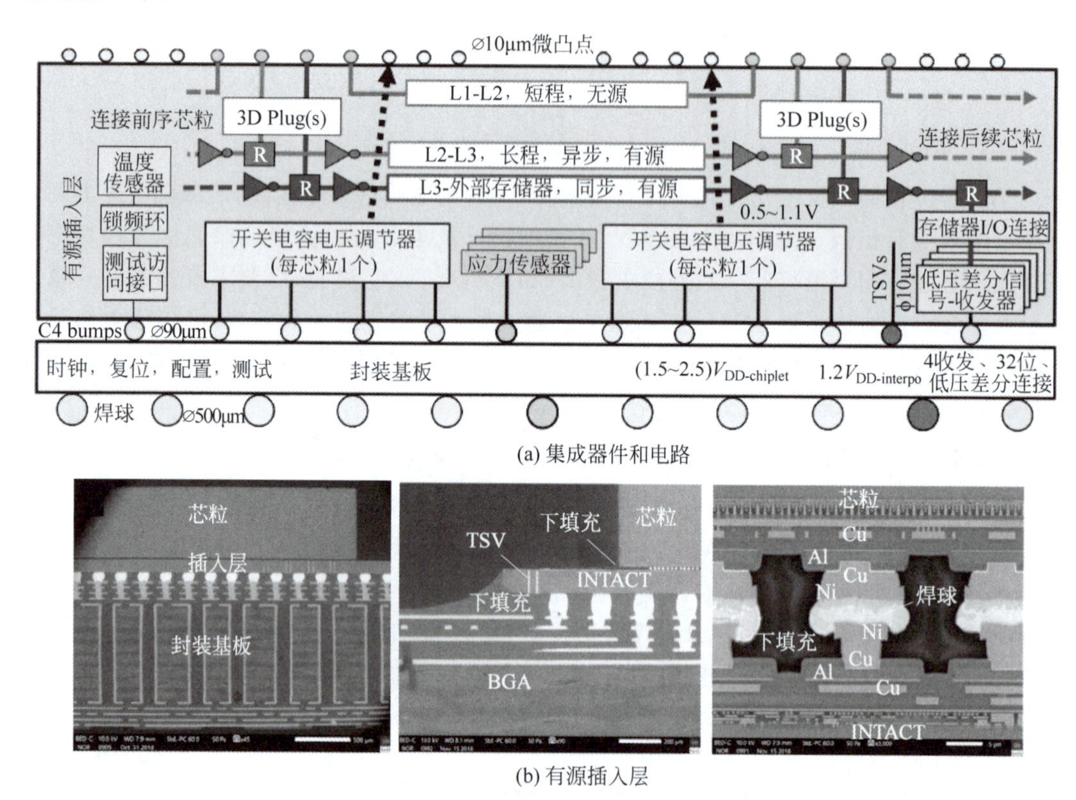

(a) 集成器件和电路

(b) 有源插入层

图8-19 InTACT有源插入层

有源插入层的制造工艺取决于有源电路的需求,可以采用成熟工艺或先进工艺。多数有源插入层采用90～28nm的模拟或数模混合工艺制造,TSV可以采用MEOL或BEOL方法制造。由于有源插入层上的器件和电路规模小、结构简单,可以通过缩减标准工艺过程并减少金属互连层数降低制造成本。IMEC开发的简化工艺有源插入层Active-Lite,包含二极管、NPN、BJT、HKD介质MIM电容和静电保护电路等,如图8-20所示[41]。通过将FEOL的8次光刻精简为4次,Active-Lite的制造成本仅比无源插入层高21%。将静电保护电路从被集成芯片迁移至Active-Lite插入层,可以节约37%～45%的制造成本。

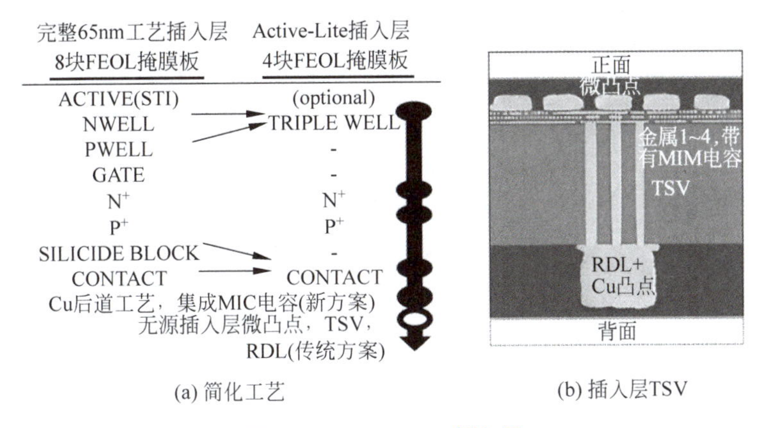

(a) 简化工艺 (b) 插入层TSV

图 8-20 Active-Lite 插入层

8.2.2 硅基插入层的性质

8.2.2.1 热力学特性

插入层位于芯片和基板之间，因此插入层直接影响封装后的热学特性。图 8-21 为计算的 TSV 插入层与环境之间的热阻变化[44]。TSV 为锥形，顶端直径为 100μm，底端直径为 50μm，高度为 300μm。增加了插入层以后，封装与环境之间的热阻反而比没有插入层时的热阻更低。这表明尽管插入层本身增加了热阻，但是由于其面积大于芯片面积，插入层反而增大了系统热容量，提高了散热能力。随着 TSV 间距的减小和密度的增加，更多的铜 TSV 减小了插入层的热阻。同样，随着插入层面积的增大，其传热能力得到加强，热阻随之减小。

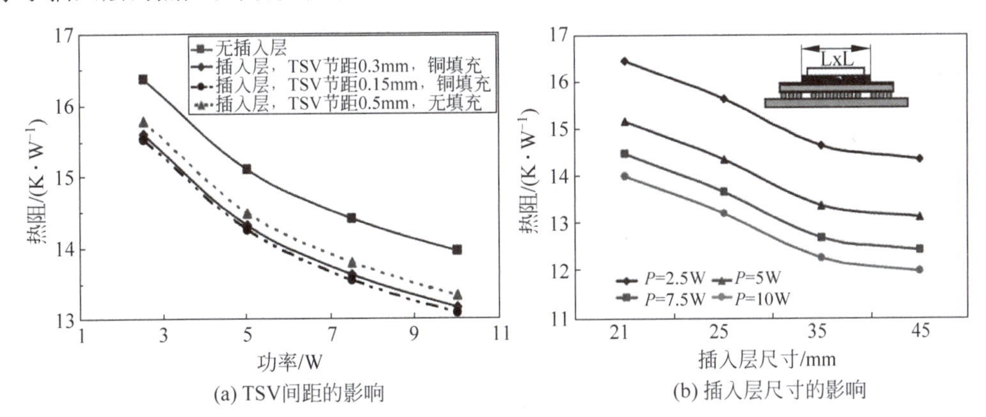

(a) TSV间距的影响 (b) 插入层尺寸的影响

图 8-21 插入层的热阻特性

因为硅插入层的热力学性能与芯片相同，硅插入层可以减小由于热膨胀系数的差异和残余应力引起的芯片翘曲和芯片应力。图 8-22 为模拟的硅插入层尺寸和厚度对芯片力学性能的影响[45]。当插入层厚度为 730μm、300μm、150μm、100μm 和 50μm 时(图中曲线依次从上到下)，芯片的翘曲与设有插入层时相比分别减小 39%、20%、13%、9%和 7%。这是由于插入层增加了硅芯片的等效厚度，抵抗翘曲的能力提高，插入层厚度越大，翘曲越小，但插入层尺寸越大，翘曲越大。

无插入层时，芯片的主应力为 45MPa，而 50μm 的插入层将主应力减小到 30MPa，降低

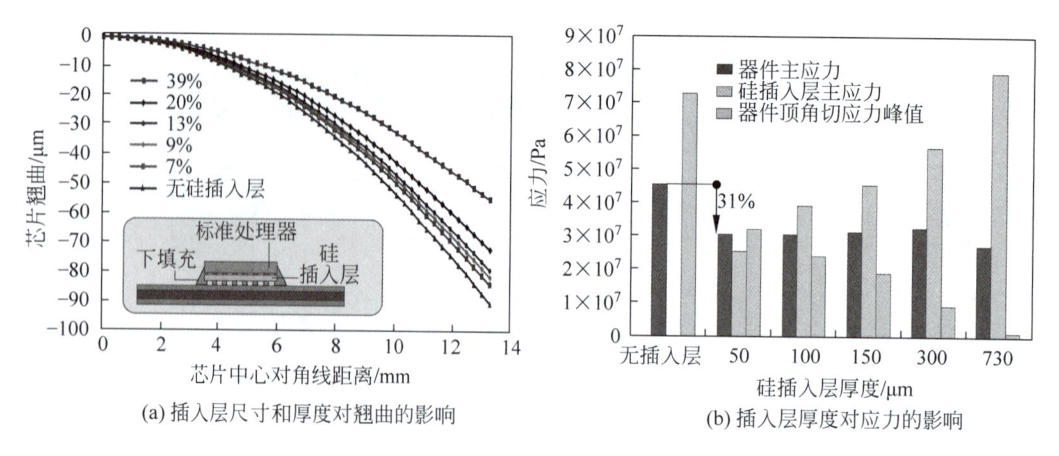

图 8-22　插入层的力学特性

31%。尽管随着插入层厚度的增加,芯片顶角的剪应力大幅度下降,但是芯片的主应力却未显著降低,而且插入层的主应力随着插入层厚度的增加而增大。当芯片厚度为 50μm 时,插入层主应力为 25MPa,远低于硅片的断裂标准 200MPa,但是 730μm 厚的插入层主应力增加到 80MPa。尽管与其他材料的插入层相比情况有很大的改善,但是基板和下填充层材料与硅不同,残余应力和热膨胀应力仍然存在。

利用非线性应力应变仿真对插入层的热膨胀应力分析表明,插入层可以使芯片低 κ 介质层热应力从 125MPa 减小到 42MPa,减小 60%以上,凸点的蠕变应力减小 28%以上。插入层和芯片的厚度对热应力影响较大。插入层厚度从 100μm 增加到 300μm 时,介质层热应力减从 60MPa 减小到 42MPa,减小 43%,凸点的蠕变应力从 2.1MPa 减小到 1.9MPa。芯片层厚度从 750μm 减小到 300μm 时,介质层热应力从 42MPa 减小到 17MPa,凸点的蠕变应力从 1.9MPa 减小到 1.2MPa。

8.2.2.2　电学特性

硅基插入层的优点是可以实现高密度的芯片间互连,满足芯片间数据传输带宽的要求。但是常规电阻率的硅基底为损耗性材料,通常适用的工作频率不超过 10GHz,当 TSV 或 RDL 密度较高时,芯片间互连的工作频率仅为 4~6GHz。高阻态硅基底具有更低的损耗和更好的高频特性,甚至可以达到玻璃基底的水平。图 8-23 为数值计算的玻璃、本征硅和损耗性硅基底内 TSV 的传输曲线和阻抗曲线。损耗性硅基底的高频传输特性较差,在 10GHz 以下 S_{21} 随着频率升高而显著减小,在 50~100GHz,插入损耗是玻璃基底的 20 倍以上。高阻硅基底的 TSV 在 40GHz 以下的传输特性与玻璃基底相差不大,但在更高频率上,玻璃插入层的 TSV 比本征硅的 TSV 具有更好的传输特性。

硅插入层的主要电学问题之一是电源分配网络引起的损耗和串扰。逻辑和存储电路之间的硅插入层 TSV、表面 RDL 和较长的电源分配网络都会产生串扰和谐振效应,引起信号传输的失真和损耗,在高频情况下尤为显著。对于硅基插入层的电源分配网络,需要针对电源和地连线优化 RDL,减小电源线的串扰。利用介质层嵌入解耦电容也可以降低谐振和开关噪声,改善电源分配网络的性能[46]。

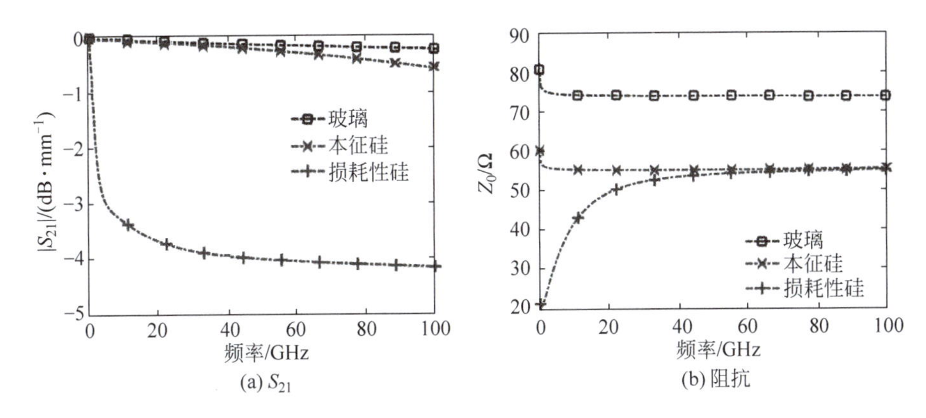

图 8-23　基底材料对高频特性的影响

8.3　玻璃插入层

玻璃插入层具有优异的高频特性和较低的制造成本，适合高频应用，如集成射频芯片、无源器件如电感电容和天线等，但是其较低的热传导能力不适合高功率应用。玻璃插入层快速发展的主要原因是较低的成本。玻璃材料和制造成本都比 CMOS 级的单晶硅更低，而大尺寸显示器平板玻璃（如硼硅玻璃）不仅材料成本更低，而且平板制造工艺更加高效，进一步降低了制造成本。根据 Yole 的测算，对于 8mm×8mm 插入层的单芯片封装，200mm 硅插入层的成本约为 0.4 美元，300mm 插入层的成本约为 0.3 美元，而 600mm 平板玻璃插入层的成本约为 0.1 美元。

玻璃插入层具有优异的性能。①物理化学性质好：多数玻璃的强度与硅接近[47]，具有良好的热稳定性、化学稳定性和绝缘性，适应多数制造工艺；玻璃与硅的热膨胀系数接近，并且可在一定范围内调整，如硼硅玻璃的热膨胀系数 3.3ppm/K 很接近硅的 2.5ppm/K。②高频损耗低、传输特性好：常规硅基底为高损耗基底，而玻璃的损耗很低，在玻璃上制造的 TGV、RDL 和无源器件的高频特性（如传输特性和插入损耗）优于硅基底，与硅基插入层上最高 11.5Gb/s 的数据传输速率相比，玻璃插入层的数据传输率可达 28Gb/s[48]。③具有透光性，操作简单，满足光电器件的集成要求。

玻璃插入层是近年发展的新技术。2003 年，Fraunhofer 研究所提出了采用薄板玻璃制造平面光波导[49]，2006 年开始，Loughborough 大学、佐治亚理工和 ST 等先后开发了激光刻蚀玻璃通孔制造玻璃插入层的方法[50-52]。2010 年以后，随着显示领域大尺寸平板玻璃技术的发展，利用大尺寸的平板玻璃实现了高效、低成本的扇出型平板级封装（FOPLP），使玻璃插入层进入快速发展阶段[53-59]。

目前 PTI、ASE、Nepes、Unimicron、Fraunhofer、Samsung 和奕成等先后建立了 550mm×650mm 的 FOPLP 的量产线，Intel 的 FOPLP 也将进入量产，Allvia、Samtec、Silex、Xpeedic、Triton（现 Samtec）、Tecnisco、蓝特等提供 TGV 的代工制造。根据 Yole 的预测，玻璃插入层的产值将从 2020 年的 0.3 亿美元增长到 2026 年的 2.4 亿美元，占所有 FOWLP 的产值比例也将从 2%增长到 7%。

8.3.1 玻璃插入层结构与制造技术

8.3.1.1 插入层结构

玻璃插入层的结构与硅插入层基本相同，也包括平面 RDL、金属凸点(键合盘)和 TSV，如图 8-24 所示。在使用方法上，玻璃插入层与硅插入层也基本相同。由于玻璃的热导率很低，玻璃插入层一般不用于高功率芯片以及多层发热显著的情况。在高频领域，玻璃插入层因优异的高频特性而比硅插入层具有明显的优势。

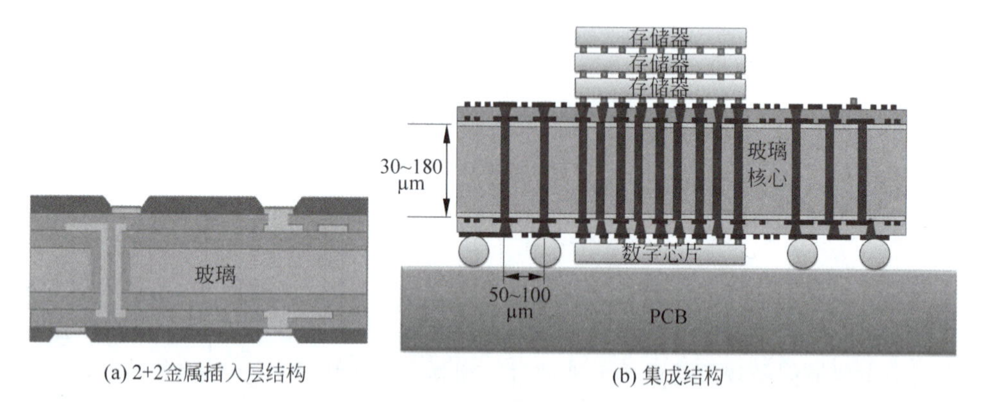

图 8-24 玻璃插入层

玻璃插入层上的三维互连称为 TGV，其结构与硅插入层的 TSV 基本相同，制造过程也包括通孔刻蚀和金属化的过程。与硅 TSV 的不同在于，RIE 刻蚀玻璃的速率很低，玻璃通孔通常采用激光刻蚀的方法制造。受限于激光的性质，激光刻蚀通孔的直径较大，目前 TGV 的最小直径只能达到 10μm，通常都在 20～50μm 甚至上百微米。此外，激光刻蚀的特性导致 TGV 多为锥形结构。由于玻璃是绝缘体，一般情况下通孔内壁不再需要介质层，直接沉积粘附层后电镀金属。玻璃表面只能集成无源器件而不能集成有源器件，因此玻璃插入层都是无源插入层。

激光加工的玻璃通孔直径较大，TGV 既可以采用实心导体，也可以采用空心环形导体。小直径 TGV 一般填充实心导体，大直径 TSV 一般填充空心环形导体。图 8-25 为实心 TGV[60]，图 8-26 为空心 TGV[61-64]。在高频应用中，高频信号的趋肤效应使信号只在传输线表面很小的厚度内传输，因此，高频应用的 TGV 可以采用环形空心金属取代实心金属作为导体。空心 TGV 采用溅射粘附层和电镀薄层铜实现，TGV 金属化以后内部填充聚合物材料。空心 TGV 不但可以显著降低电镀成本，而且聚合物较低的弹性模量可以缓解铜热膨胀产生变形和基底应力。与实心 TGV 相比，空心 TGV 具有更高的可靠性。

玻璃插入层的主要缺点是热导率较低、散热能力差，限制了其在高功率密度情况下的应用。为了提高散热能力，可以在玻璃插入层中制造铜 TGV 用于热传导[65]。此外，由于玻璃非晶体的特性，超薄玻璃层在制造中容易引起翘曲和微裂纹，微裂纹主要产生于深孔刻蚀、减薄和切割等过程。有些种类的玻璃的热膨胀系数很大，会导致较为明显的热应力和芯片的翘曲变形。多数玻璃不导电，在很多需要使用静电卡盘的设备中受到限制。

8.3.1.2 插入层制造方法

TGV 玻璃插入层的主要制造过程包括刻蚀通孔、通孔金属化、表面金属化及绝缘等步

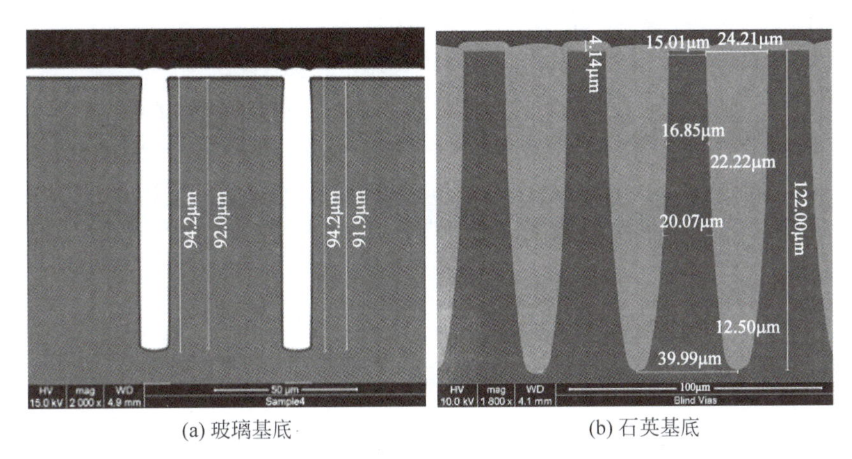

(a) 玻璃基底　　(b) 石英基底

图 8-25　实心 TGV

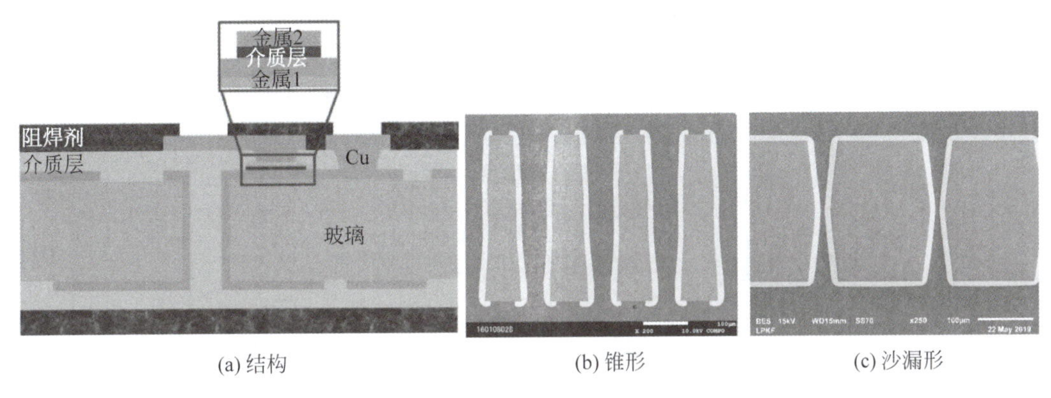

(a) 结构　　(b) 锥形　　(c) 沙漏形

图 8-26　空心 TGV

骤[66-76]，主要难点在于 TGV 制造、界面粘附性以及成品率等问题[61-77]。图 8-27 为典型的玻璃插入层制造流程，主要包括激光钻孔、涂覆 ABF 绝缘膜、铜金属化以及凸点/焊球制造等。圆形玻璃的插入层可以采用硅工艺或封装设备制造，平板玻璃尺寸一般超过 500mm，需要采用平板玻璃设备。玻璃表面较为平整光滑，粗糙度 R_a 一般小于 10nm。采用硅工艺设备制造时，最小线宽为 2～3μm。低成本的 RDL 层一般采用积层介质层和铜电镀的方法，最小线宽受图形化方法的限制，一般为 4～5μm。

TGV 的制造方法可以分为通孔制造和盲孔制造两类。图 8-28 为通孔工艺制造实心和空心 TGV 的主要工艺流程[62]。制造实心 TGV 时一般采用单向电镀的方式，需要临时键合；制造空心 TGV 时不需要临时键合，工艺过程更简单。

盲孔制造需要采用临时键合提供减薄支撑，多用于制造实心 TGV，但也可以制造空心 TGV，如图 8-29 所示。空心 TGV 的环形金属一般采用溅射后电镀的方法使厚度达到几微米，保证低频时较低的电阻和高频时趋肤深度的要求。当深孔具有锥形形状时，空心 TGV 也可以采用溅射制造[78]。首先玻璃正面刻蚀角度 80°、深度 100μm、直径 75μm、中心距 170μm 的锥孔，然后溅射 7μm 的金薄膜形成空心锥形导体柱，金热压键合后湿法刻蚀减薄露出 TGV，最后 CMP 并制造 RDL。单根 TGV 在 10GHz 的插入损耗仅为 0.014dB，直流电阻为 28mΩ。

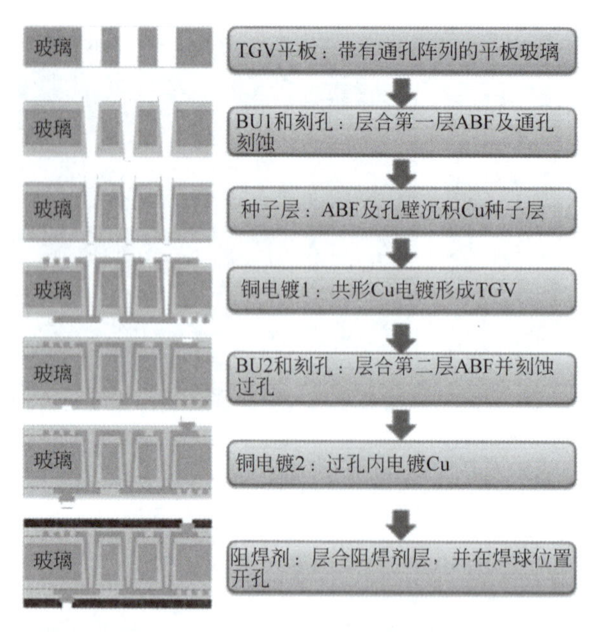

图 8-27　典型的玻璃插入层制造流程

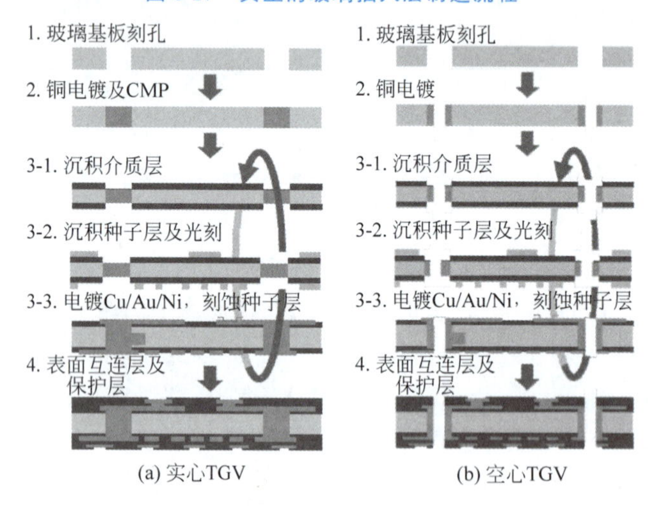

图 8-28　通孔电镀制造流程

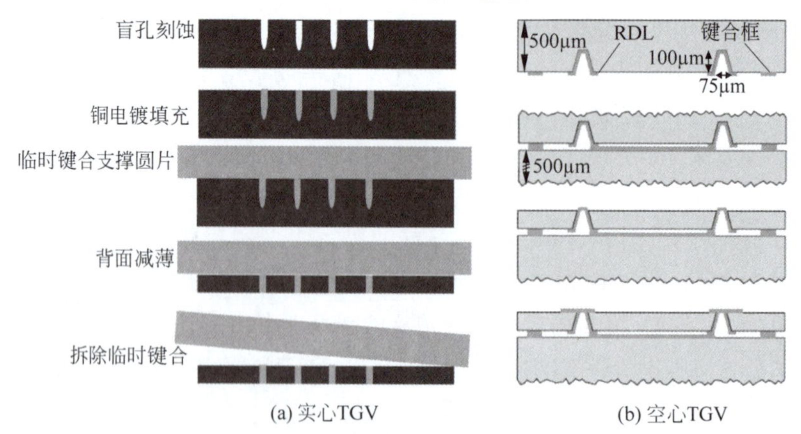

图 8-29　盲孔电镀制造流程

环形空心 TGV 内一般会填充聚合物,并以聚合物作为第一介质层。将空心填满有助于后续的工艺过程,并保护环形导体特别是铜。图 8-30 为采用聚合物作为 RDL 介质层的工艺流程,在溅射环形空心导体后在空心内部填充聚合物,聚合物同时作为 RDL 的介质层[61]。

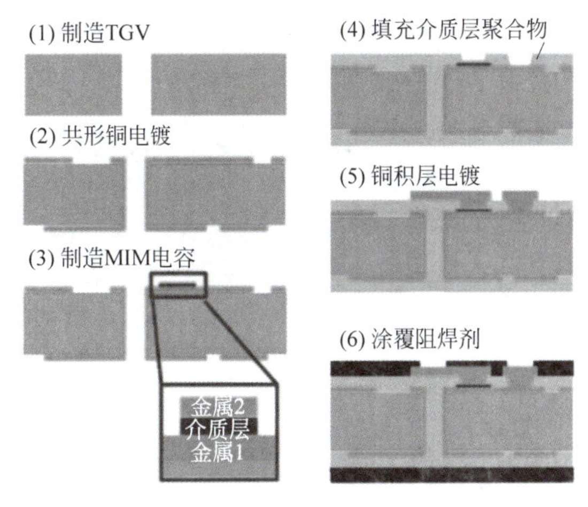

图 8-30　空心 TGV 填充有机材料

玻璃插入层的 RDL 金属一般为铜,采用电镀沉积。通常最靠近玻璃的底层金属的厚度、线宽和间距均为 15μm,大厚度的 RDL 用于导热、电源线及地线[63]。对于空心 TGV,制造这一层 RDL 时可以采用干膜光刻胶以降低成本,并避免光刻胶进入深孔内部。上层金属的厚度、线宽和间距可以缩小到 3～5μm,5μm 以上可以采用干膜光刻胶,5μm 以下需要采用液态光刻胶。

8.3.1.3　TGV 的制造方法

在玻璃基底上制造深孔的常用方法包括干法及湿法刻蚀、电弧放电以及激光加工。等离子体干法刻蚀玻璃的速率只有 0.6～0.7μm/min[66-68],对于厚度超过 100μm 的玻璃,刻蚀所需的时间长、效率低、成本高,长时间刻蚀导致玻璃升温明显。激光刻蚀玻璃无须掩膜,设备和制造成本低,是玻璃深孔刻蚀最有效的方法[52,69-70]。激光刻蚀玻璃深孔的速度很快,200μm 深孔的刻蚀速率可达 1000～2000 个/秒。深孔典型直径为 20～50μm,节距为 100～200μm。激光刻蚀能够自然形成一定倾角,有利于后续填充金属。激光刻蚀的主要缺点是光斑尺寸、波长、残渣和热影响区等限制最小直径和密度。有些玻璃对 400nm 至几微米的波长吸收效率很低。

常用于玻璃刻蚀的激光器包括 CO_2 激光器、紫外激光器和准分子激光器等。CO_2 激光器的波长为 10.6μm,玻璃基底的原子被激光激发后产生高频振荡并迅速升温,当能量超过原子键能时,原子脱离基底被烧蚀挥发。CO_2 激光器光束质量好,设备和使用维护成本低,广泛应用于有机材料和玻璃的刻蚀。CO_2 激光器刻蚀的最高速度可达 20mm/s[73],最大刻蚀深度为 500μm,刻穿时间约为 0.25s。刻蚀深宽比为 3∶1～10∶1,入口直径为 30～50μm,最小可达 20μm,出口直径比入口直径小约 10μm。

CO_2 激光器刻蚀的主要缺点是波长较长,汇聚光斑尺寸较大,刻蚀孔径大。激光刻蚀引起的高温和玻璃本身较低的热导率(约 1W/mK)使基底产生热应力集中,容易在表面和深孔侧壁造成微裂纹。此外,侧壁的形状和粗糙度难以精确控制,侧壁粗糙度 R_a 约为 1μm,如图 8-31 所示。对玻璃基底整体或局部加热可以减小温度梯度,缓解微裂纹的问题[79]。烧蚀产生的熔融产物和残渣附着在深孔开口处和表面[52],刻蚀以后须采用缓冲氢氟酸或者 CF_4 和 O_2(1∶4)等离子体去除。去除残渣的过程也使深孔侧壁光滑,有助于后续沉积金属薄膜。

紫外激光器是将气体或固体材料激发至高能态,通过电子的跃迁产生紫外线,一般峰值

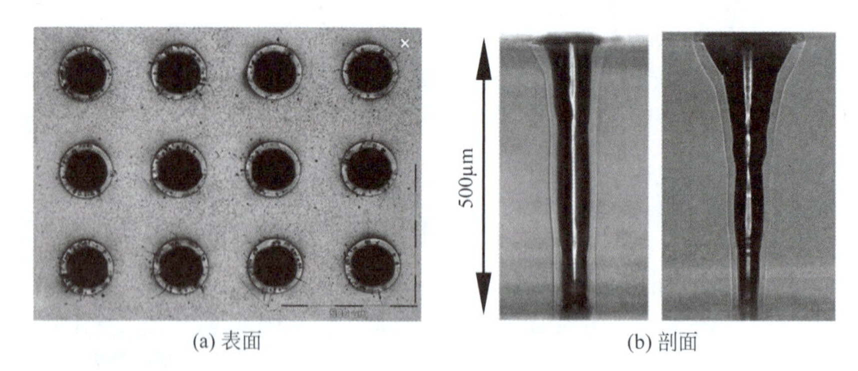

(a) 表面　　(b) 剖面

图 8-31　Fraunhofer IZM 二氧化碳激光器刻蚀玻璃

功率为千瓦量级。紫外激光器产生的波长为 200～400nm,最常用的是 308nm 和 355nm。脉冲长度为纳秒、皮秒和飞秒的紫外激光器都已用于玻璃深孔刻蚀。与 CO_2 激光器相比,紫外激光器波长更短,可以制造更小的孔径。紫外激光器的热作用弱化,高能紫外光子主要通过直接破坏材料的化学键使其气化,因此加工温度低,热影响区小、周边损害轻、通孔侧壁表面光洁、基本没有残渣。紫外激光的脉冲能量低,穿透深度小。

惰性气体和卤素气体结合的混合气体形成的分子,在电子束激发下向基态跃迁时所发射的激光称为准分子激光,主要包括 XeF(351nm,3.53eV)、XeCl(308nm,4.02eV)、KrF(248nm,5.00eV)、ArF(193nm,6.42eV),以及 F_2(157nm,7.90eV)。准分子激光属于紫外气态冷激光,无热效应、方向性强、峰值功率可达兆瓦量级。高分子聚合物中常见化学键的结合能仅为若干电子伏特,如较大的 C-C 键为 6.2eV,准分子激光的能量很容易打破聚合物的化学键。玻璃的主要成分 Si-O 键的结合能高达 100eV,远超准分子激光的光子能量,因此准分子激光加工纯度极高的 SiO_2 材料(如石英)非常困难。由于多数玻璃中加入了一定的 Al_2O 和 Na_2O,打破了 Si-O 的长程有序网络,大幅降低了 Si-O 的结合能[80],因此准分子激光可以刻蚀大多数玻璃。波长 351nm、248nm 和 193nm 的准分子激光器已被用于玻璃刻蚀,刻蚀机理是烧蚀与化学键破坏相结合。

波长 193nm 的高能量(>500mJ/脉冲)准分子激光器输出功率大,适合制造 TGV。由于玻璃对短波长特别是 193nm 具有强烈的吸收,95%的激光能量都用来打破化学键,只有很少的能量转换为热量,因此刻蚀的热应力小、热影响低、深孔侧壁光滑。准分子激光器的波长短,能够制造小孔径,可用于 10～20μm 孔径的刻蚀,最小已达 5μm,深宽比达 70∶1[71]。准分子激光器的脉冲重复速率较低,通常为 25～300Hz,但刻蚀玻璃需要的累计能量密度为 7～12J/cm^2,因此需要多个脉冲才能达到累计能量密度,因此刻蚀速率慢(30μm/s),比纳秒激光器低一个数量级[72]。此外,准分子激光器需要周期性更换气体和腔体,使用成本高,不利于批量生产[75]。与 CO_2 激光器直写的方式不同,准分子激光因为空间相关性较低波束质量差,且光束品质因数较大而难以汇聚为小尺寸的光斑,因此一般采用投影的方式。利用掩膜和光学缩小系统,可以将准分子激光透过掩膜实现投影刻蚀,这种并行加工方式可以提高加工效率,但与直写相比灵活性较差。

图 8-32 为 193nm 准分子激光器刻蚀硼硅玻璃[74]。激光能量为 600mJ/脉冲,掩膜板投影系统实现的投影激光能量密度为 10J/cm^2,投影面积和掩膜板面积均为 1mm^2,掩膜板孔径为 25μm,节距为 50μm。每脉冲的刻蚀深度与玻璃种类有关,硼硅玻璃的每脉冲刻蚀深

度大于无碱玻璃的刻蚀深度,平均每脉冲刻蚀深度在 0.15～0.28μm[74]。对于硼硅玻璃和无碱玻璃,刻蚀 100μm 需要 700 个脉冲,刻蚀一致性好,均为倒锥形剖面结构、侧壁光滑、没有微裂纹和残渣。同一材料的每脉冲刻蚀深度在最开始的 20～30 个脉冲有所变化,随后略有下降但基本稳定。激光加工导致的倒锥形与聚焦深度的变化有关,采用 $10J/cm^2$ 以上的累计能量密度,可以减小倾角的大小。

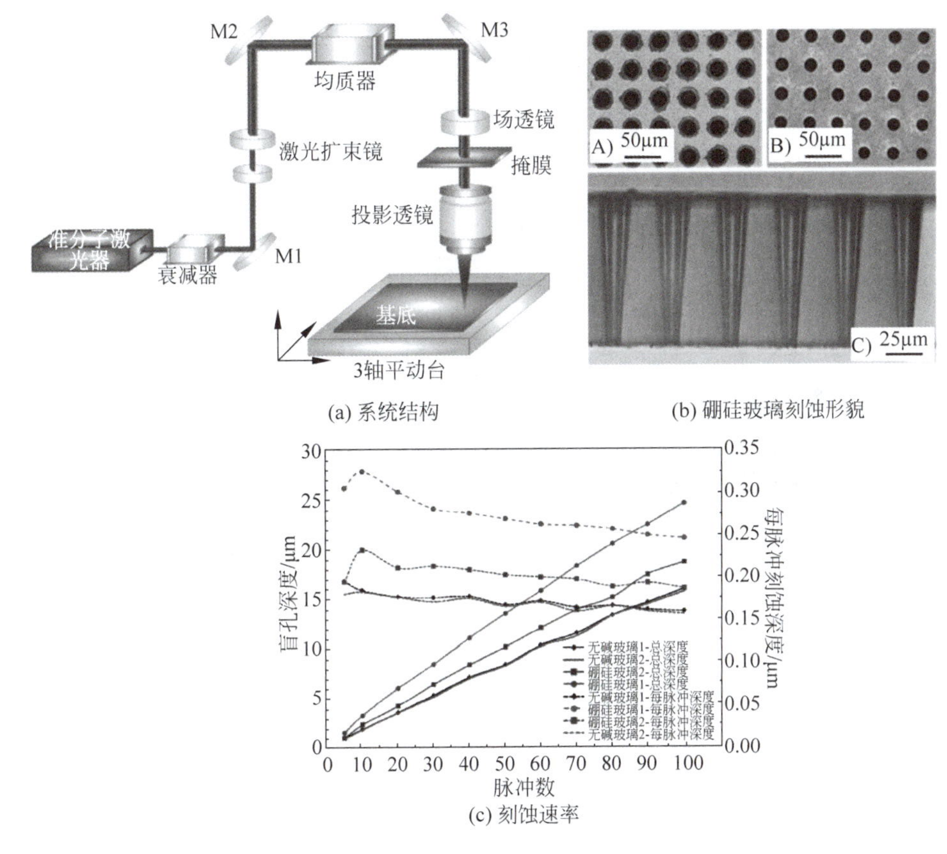

(a) 系统结构 (b) 硼硅玻璃刻蚀形貌

(c) 刻蚀速率

图 8-32 193nm 准分子激光器刻蚀硼硅玻璃

激光刻蚀时一般需要在玻璃表面覆盖一层厚度至少 10μm 的有机材料缓冲层,以避免激光加工导致的玻璃残渣沉积,并抑制微裂纹以及粘附性下降等问题,还可以改善深孔垂直度[27,81]。最简单的缓冲层可以采用干膜光刻胶,专用的缓冲层包括 Zeon 公司的 Zeonif ZS-100、Rogers 公司的 RXP-4 以及 PDMS 等,都经过激光加工及热循环验证[52-53,82]。

深孔刻蚀并光整以后,可以采用电镀的方法在孔内填充铜导体柱。高温下硅酸盐玻璃内部扩散的铜原子很少,以 Cu^+ 和 Cu^{2+} 为主,并且在表面深度 1μm 处达到最大值,距离表面 10μm 处铜离子浓度很低[76]。由于常温下铜在玻璃内的扩散速率较低,加之玻璃没有有源器件,因此玻璃插入层的铜 TGV 不需要扩散阻挡层。

TGV 的铜导体采用电镀沉积。由于玻璃的表面能低,铜与玻璃的结合强度差,并且玻璃与铜的热膨胀系数差异大,容易导致铜剥落,因此必须沉积 Ti 或 Cr 粘附层。在填充盲孔 TGV 时,首先溅射 100～200nm 的 Ti 粘附层,然后溅射约 1μm 的种子层。通孔电镀时,键合的辅助圆片提供种子层而实现单向电镀,可以省略粘附层和种子层,但是需要考虑铜柱的形状以限制铜柱沿着轴向脱出。

为了增强 Ti 粘附层与玻璃的结合强度，可以首先在玻璃表面涂覆粘附增强层，如有机薄膜或表面金属氧化等[83-84]。Atotech 开发了由金属氧化物构成的非导体粘附增强层 VitroCoat[85-86]。VitroCoat 采用溶胶凝胶法涂覆在玻璃表面或 TGV 内部，加热烧结去除溶剂后与玻璃形成高强度的化学键连接，并且与化学镀或电镀沉积在 VitroCoat 表面的铜层有很高的结合强度。图 8-33 为采用 VitroCoat 粘附增强层和铜化学镀沉积种子层的流程：(a)采用带有通孔的玻璃基底或无孔玻璃；(b)悬涂 VitroCoat 并加热烧结；(c)化学镀铜种子层；(d)光刻胶图形化形成电镀模板；(e)电镀铜；(f)去除光刻胶。VitroCoat 能够在 30μm×300μm 的 TGV 内均匀沉积，最小厚度约 10nm，容易去除。

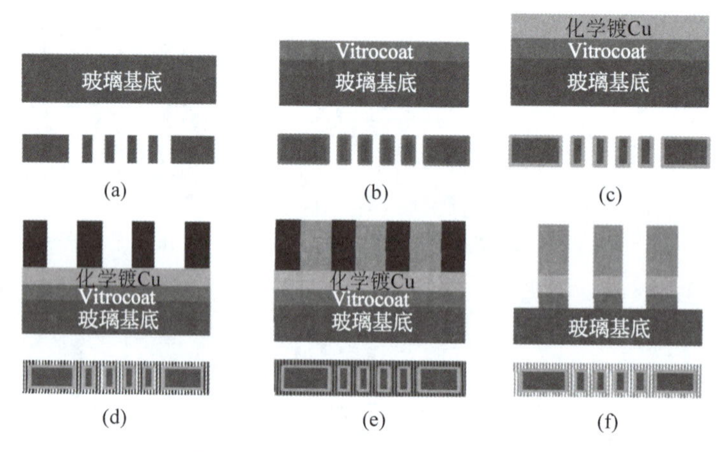

图 8-33 VitroCoat 增强 TGV 流程

8.3.1.4 玻璃插入层材料

目前多家玻璃生产商提供适用于插入层的产品，如 AGC、Schott、Tecnisco、PlanOptik、Bullen、Hoya、Corning 等，其中 AGC、Schott 和 Corning 等还提供已经刻蚀深孔的圆形或平板玻璃插入层。用于插入层的玻璃种类很多，生产工艺包括熔融、下拉法和微浮法等，特性有较大差异，如表 8-3 所示。例如，Borofloat 33 硼硅玻璃比碱石灰玻璃的比重轻，并且其热膨胀系数也更接近硅；需要依靠离子交换技术实现一些光学功能时，含碱金属浓度高的玻璃如 D263 和 B270 等更为合适。

表 8-3 几种常用玻璃的性能

公司	系列	材料	工艺	最小厚度/μm	碱金属含量/%	热膨胀系数/($ppm \cdot K^{-1}$)	损耗角正切	相对介电常数
Schott	Lithosil	熔融石英	微浮法	700	0	0.5	0.0014	3.8
	Borofloat33	硼硅	微浮法	700	4	3.3	0.0037	4.6
	B270	硼硅	下拉法	800	13	7.2		7.0
	D 263 T	Crone	上拉法	30	17	9.4	0.0061	6.7
	AF 32eco	铝硼硅	下拉法	100	0	3.2	0.0038	5.1
AGC	EN-A1	硼硅		100	0	3.3	0.002	5.8
	AQ	熔融石英		50	0	0.6	0.0002	3.8

续表

公司	系列	材料	工艺	最小厚度/μm	碱金属含量/%	热膨胀系数/($ppm \cdot K^{-1}$)	损耗角正切	相对介电常数
Corning	Pyrex	硼硅	微浮法	700	4	3.3	0.0050	4.1
	0211	硼硅	下拉法	50	13	7.4	0.0046	6.7
	Eagle	硼硅	下拉法	400	0	3.2	0.003	5.3
	Gorilla	硼硅	下拉法	500		9.1	0.01	7.3
	Jade	硼硅	下拉法		0	3.8	0.002	6.0

目前所有种类的玻璃几乎都有直径为100～300mm的圆片产品和平板产品，厚度为300μm、500μm或700μm，典型TTV、表面平整度和粗糙度分别为5μm、5μm和2nm，而精细抛光的熔融石英玻璃可达3μm、0.3μm和0.2nm。玻璃插入层多采用平板玻璃以降低制造成本。平板玻璃在平板显示领域应用广泛，即使多年前的第五代显示面板也达到了680mm×880mm，面积大、工艺成熟、成本低、生产效率高。超薄玻璃有利于降低插入层的制造成本，如AF32、AF45、D263和EN-A1的厚度只有30～50μm。

光敏玻璃是一种可以利用紫外光照射改性、具有光可成型特性的特殊玻璃。经过300～350nm波长紫外光的照射和高温(600℃)处理后，光敏玻璃被照射区域的玻璃由非晶结构转变为晶体结构，在HF刻蚀剂中的刻蚀速率大幅提高，与未被紫外光照射的区域相比具有极高的刻蚀选择比。利用光敏玻璃结合HF刻蚀可以制造TGV，具有生产效率高、激光功率低、侧壁光滑、低应力、无缺陷等优点。光敏玻璃适合制造直径约为50μm的TGV，最小直径可达10μm。激光刻蚀的深孔基本都是锥形，而光敏玻璃可以实现几乎垂直的深孔。表8-4为几种常用制造方法的特点。

表8-4　不同制造方法实现的TGV的特性

深孔制造方法	激光钻孔			光敏玻璃	硼硅玻璃钨导体
	二氧化碳激光	紫外激光器	准分子激光		
入口直径/μm	30～50	20～30	20～30	50	80～100
出口直径/μm	20～40	10～20	10～20	—	80～100
节距/μm	175	100	50	—	250
深孔倾角/(°)	15			<1	1
厚度/μm	100～500			100～200	500
备注	可带有高分子层			温度600℃	—

常用的光敏玻璃包括Schott的PSGC、Corning的Fotoform、Hoya的PEG-3、3D Glass Solutions的APEX等。经过310nm紫外光照射，APEX玻璃内的光激发成分产生化学还原，再进行500℃和575℃两步加热，使其迁移形成纳米团簇并转化为陶瓷态。在3%～10%浓度的HF中，陶瓷态的刻蚀速率是玻璃态的60倍，可实现选择性刻蚀。APEX玻璃可实现深宽比为10∶1(10μm×100μm)、甚至50∶1的TGV，双面刻蚀速率可达25μm/min，开口直径一致性好，但是孔内的直径有一定程度的不规则。曝光时间对深度和直径有一定影响，如图8-34所示[87]。激光功率确定时，深度在一定范围内随照射时间而增大。成型深度会达到饱和，仅通过延长曝光时间不能一直增大深度。深孔直径与曝光时间基本无关，但随着曝光时间的延长，深孔直径有少量增加。

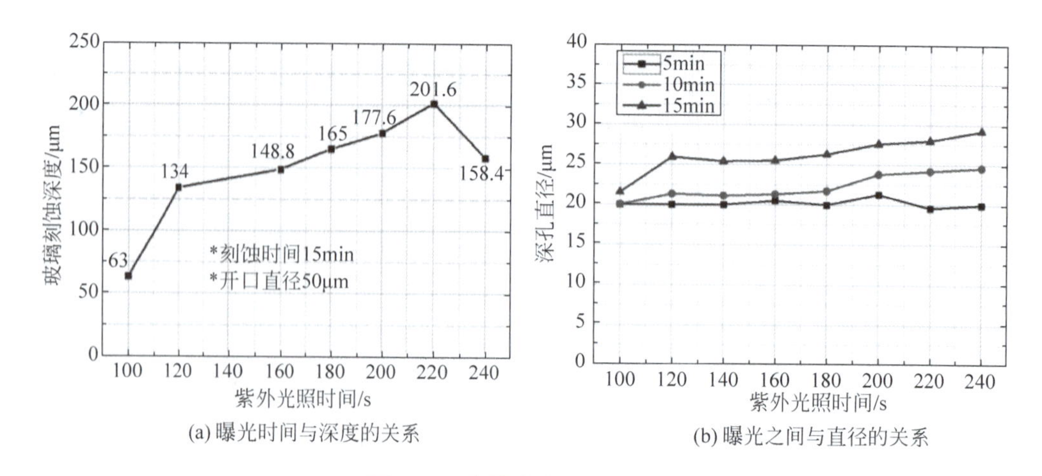

(a) 曝光时间与深度的关系　　(b) 曝光之间与直径的关系

图 8-34　光敏玻璃的加工特性

图 8-35 为 LPKF 的 Vitrion 技术在光敏玻璃上制造的 TGV[64]。与常规光敏玻璃变性需要递增聚集深度对 TGV 整个高度曝光不同，Vitrion 是一种基于非线性光学开发的空间和时间光束成形技术，可以扩展聚焦区的长度，一次照射曝光厚度超过 300μm，将深孔制造速度大幅提高到每秒 5000 个。Vitrion 适用玻璃最大厚度为 0.9mm，最大面积为 510mm×510mm，TGV 最小直径为 10μm，典型深宽比为 10：1，最大深宽比为 50：1，位置精度为 ±5μm，倾角在 0.1°～30°内可调，所需的 HF 浓度约为 2.5%。

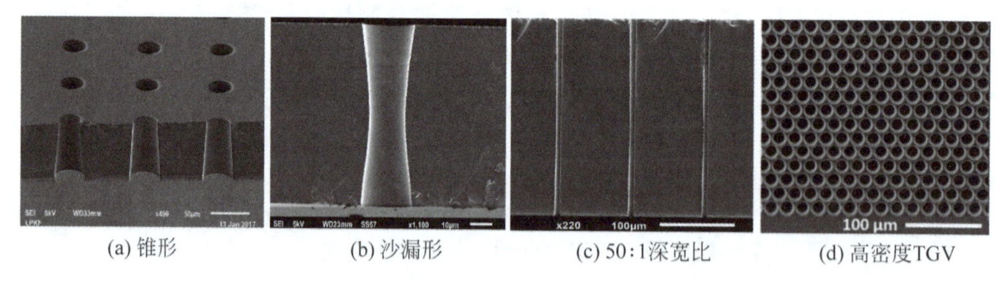

(a) 锥形　　(b) 沙漏形　　(c) 50:1深宽比　　(d) 高密度TGV

图 8-35　光敏玻璃 TGV

8.3.1.5　无源器件集成

玻璃插入层集成的无源器件主要包括电感、电容和天线。电感利用 RDL 形成，或由 TGV 和 RDL 形成。电容通常为表面 RDL 金属和介质层形成的 MIM 结构。为了增大电容值，可以使用高介电常数介质，如氮化硅和 HKD 介质。天线通常为 RDL 金属构成的贴片天线，天线的馈电方式可以采用 RDL 直接连接，或利用空腔耦合。为了降低表面介质层损耗并降低制造成本，通常玻璃插入层表面的介质层采用有机高分子材料。

图 8-36 为 Corning 开发的由 TGV 和 RDL 构成的三维螺旋电感和 MIM 电容[88]。TGV 为空心结构，尺寸为 80μm×400μm，电镀铜的厚度为 15μm，Ti 粘附层为 50nm。三维螺旋电感在 1GHz 时为 3nH，Q 值为 83，4GHz 时最大 Q 值达到 200，这是目前报道的 Q 值最高的片上电感之一。MIM 电容采用 0.2μm 厚的 SiN 介质层，铜极板厚度为 15μm，2GHz 时电容为 10pF，Q 值高达 560。

图 8-37 为 ASE 开发的表面 RDL 形成的螺旋电感[89-90]。螺旋电感的垂直部分可以采

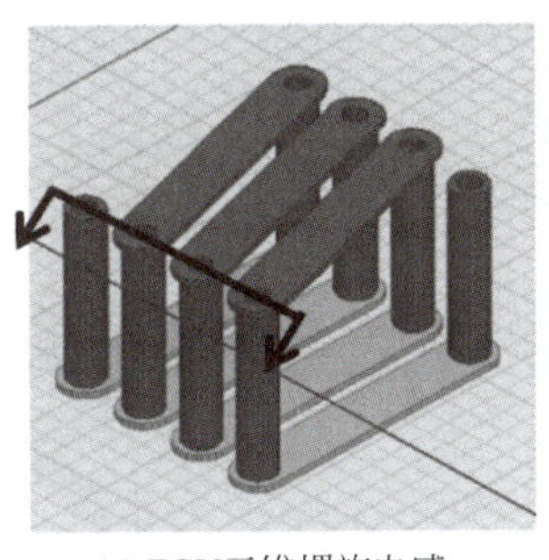
(a) TGV三维螺旋电感

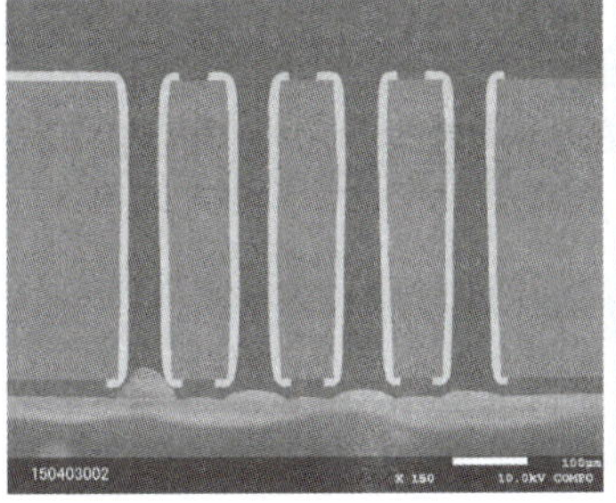

(b) TGV剖面

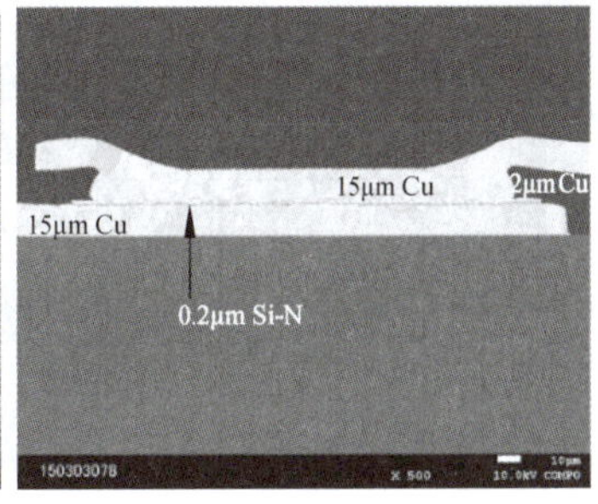

(c) 电容剖面

图 8-36 玻璃插入层内部电感

用多层金属逐层连接，或者制造单独的贯穿铜柱。逐层连接时在特定位置制造相邻金属层之间的过孔，将多层金属垂直连接，一般采用厚金属提高性能。多层厚金属层连的高度可达 55μm，2～5GHz 范围内螺旋电感为 3nH，Q 值为 100。独立铜柱采用厚光刻胶电镀形成，去除光刻胶后利用有机材料包围铜柱并在表面制造平面互连。在相同电感值和面积的情况下，三维螺旋电感具有更高的 Q 值，采用独立铜柱和厚光刻胶可以将铜柱的高度增大到 100μm 以上。采用这两种螺旋电感和 MIM 电容组成滤波网络作为 2.4/5GHz 的天线双工器，性能达到了低温共烧陶瓷的水平。

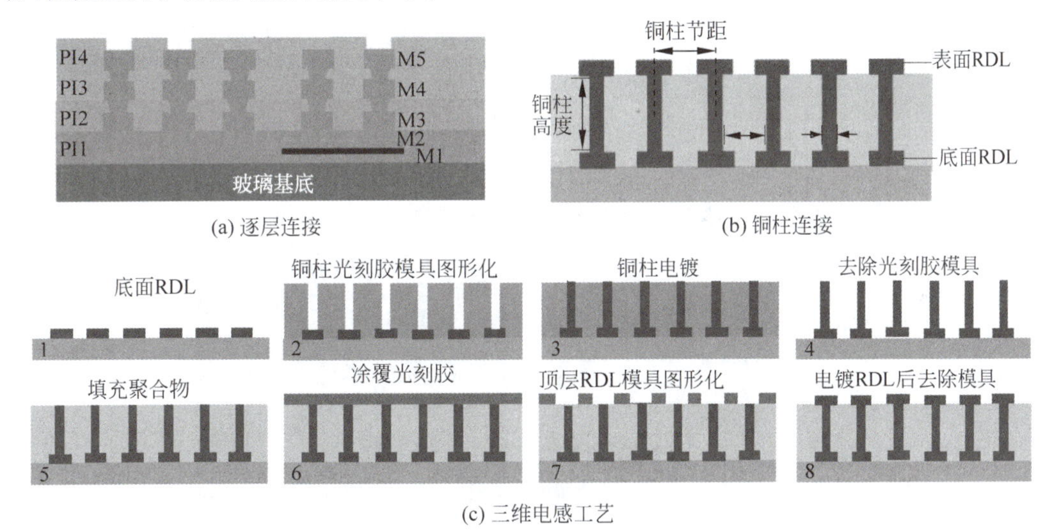

(c) 三维电感工艺

图 8-37 玻璃插入层表面电感

借助玻璃的高频性能和 TGV 构建的三维螺旋电感具有优异的性能。表 8-5 为低温共烧陶瓷(LTCC)基底的平面方形电感、玻璃 TGV 三维螺旋电感以及玻璃和高阻硅(HRS)基底的平面六边形螺旋电感的性能对比。在低频电感值基本相同的情况下，玻璃基底 TGV 的三维螺旋电感具有最高的 Q 值，同时自谐振频率 SRF 也高于 LTCC 基底。

图 8-38 为佛罗里达大学报道的玻璃插入层上制造的互补开口环形谐振器，以及由环形谐振器级联而成的带通滤波器[91]。谐振器采用电镀铜在玻璃插入层表面制造制造，插入层带有 TSV，5.8GHz 谐振器尺寸为 0.149λ_g×0.149λ_g，滤波器尺寸为 0.317λ_g×0.144λ_g，插入损耗为 1.8dB。

表 8-5　不同基底和结构电感的特性(Corning)

电感类型	电感值（100MHz，nH）	峰值 Q 值（所在频率 GHz）	900MHz 时 Q 值	自谐振频率/GHz
LTCC	2.0	80@3.95	55	8.68
TGV(SG3)	2.0	108@3.95	61	>10
2D Glass	1.9	70@5.94	27	>10
HRS	1.9	64@4.48	25	>10

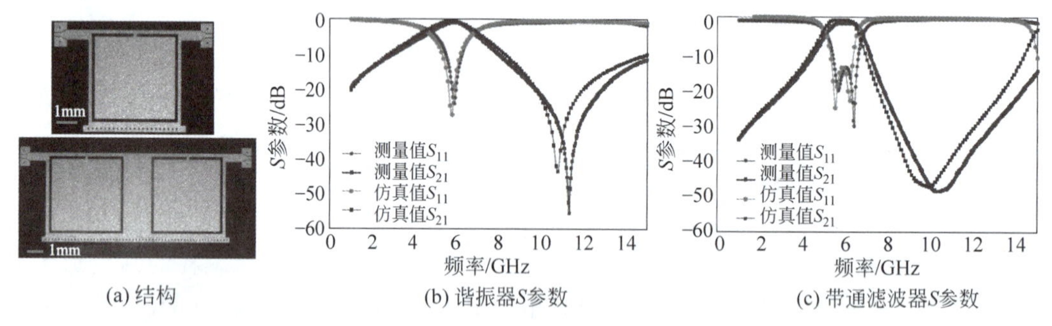

(a) 结构　　(b) 谐振器S参数　　(c) 带通滤波器S参数

图 8-38　谐振器与滤波器

图 8-39 为 RTI 实现的 SiGe 波束成形芯片与贴片天线集成的 W 波段有源电控扫描阵列[92]。高速 SiGe 波束成形芯片采用 GF 的 130nm SiGe 工艺制造，再由 RTI 采用 BEOL 工艺在预留位置制造 TSV，刻蚀 15μm 厚的 SiO_2 和氮化硅介质层，然后与 Northrop Grumman 制造的玻璃插入层和贴片天线键合集成。玻璃表面的介质层为低损耗 BCB，制造有无源器件，贴片天线通过玻璃基底与对面的空腔耦合信号。

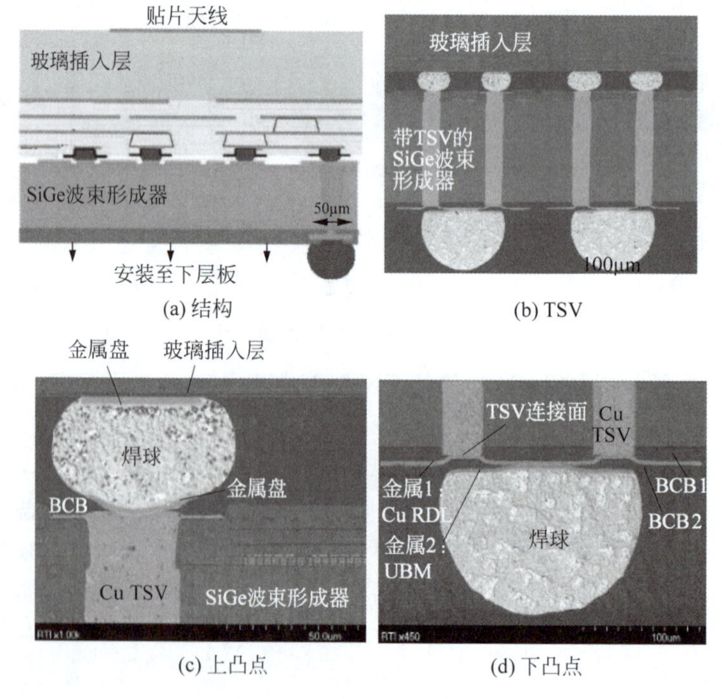

(a) 结构　　(b) TSV

(c) 上凸点　　(d) 下凸点

图 8-39　玻璃插入层天线

8.3.1.6 埋入式集成

玻璃插入层内制造腔体可以实现单层或两层芯片的埋入式集成,如图 8-40 所示[93]。在玻璃插入层内刻蚀腔体,将第一层芯片表面向上嵌入腔体内部,并在玻璃和芯片表面制造RDL,然后在 RDL 表面以倒装芯片的方式堆叠集成第二层芯片。与多层三维集成相比,玻璃插入层埋入式集成的制造成本更低,但因为芯片或无源器件之间的连接距离短、密度高,传输速率和带宽都高于金属凸点键合,甚至可以接近混合键合的水平。如果埋入芯片具有有源电路的功能,这种方式也称为玻璃有源插入层。

图 8-40 玻璃插入层埋入式集成

2018 年,佐治亚理工和 Murata 报道了平板玻璃的芯片埋入集成,如图 8-41 所示[94]。制造过程如下:①利用激光刻蚀穿透腔体形成玻璃框架,与薄板玻璃粘接构造带有腔体的玻璃基板;②利用 DAF 贴片胶带将芯片表面朝上粘贴在玻璃腔体内;③对玻璃基板进行模塑,填充芯片与基板之间的缝隙并在芯片表面形成介质层;④在介质层上激光刻蚀互连过孔;⑤电镀制造 RDL;⑥最后以倒装芯片的方式键合上层芯片。

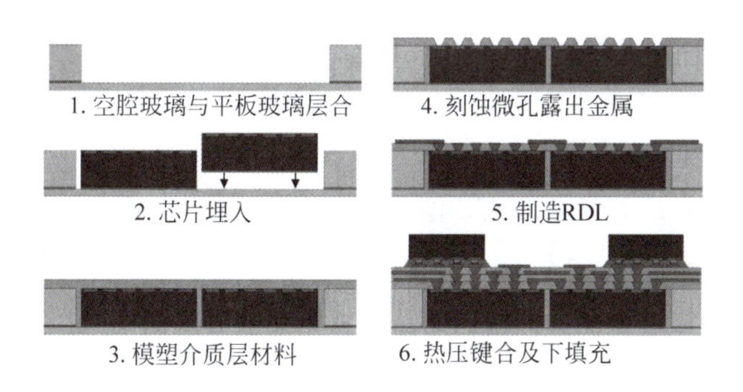

图 8-41 玻璃插入层埋置式集成

2020 年,LPKF 报道了在光敏玻璃内通过光照和刻蚀制造腔体的埋入式集成方法,如图 8-42 所示[95]。光敏玻璃可实现大面积曝光,制造腔体的生产效率远高于激光刻蚀。LPKF 实现了可弹性变形的板簧结构用于芯片定位,面内定位误差小于 4μm。玻璃 TGV 可用于垂直信号和电源的连接,为多层集成提供灵活性。这一方法不仅可用于射频器件的埋置式集成,还可以发展为晶圆级封装。

利用玻璃较低的损耗特性,可以将金属嵌入玻璃插入层形成嵌入式无源器件。图 8-43 为在玻璃插入层内嵌入平面螺旋电感的结构和制造流程[87]。嵌入式电感采用类似大马士革工艺在光敏玻璃内制造,通过曝光时间控制电感的嵌入深度。2.1GHz 时玻璃的相对介电常数为 5.53,损耗角正切为 0.0036,嵌入式电感的自感为 2nH,Q 值为 33。

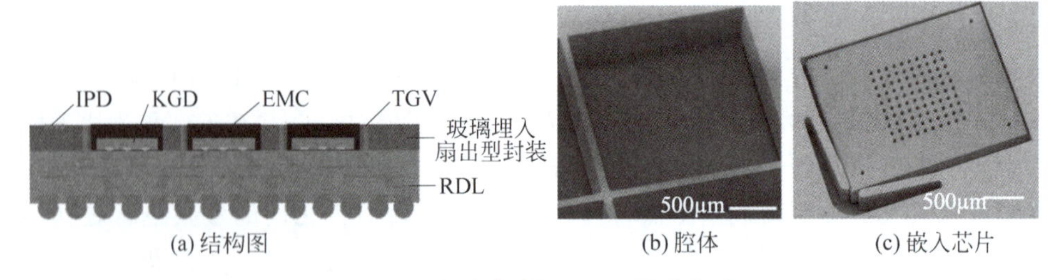

图 8-42 光敏玻璃插入层埋置式集成

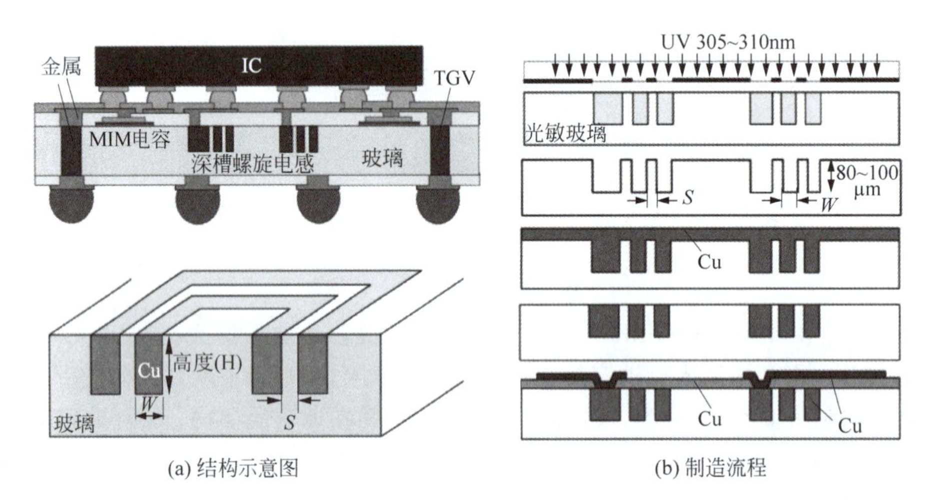

图 8-43 玻璃插入层嵌入式电感

8.3.2 玻璃插入层的性质

8.3.2.1 热力学特性

玻璃插入层具有良好的机械强度。图 8-44 为 Corning 采用环对环(ring-on-ring)测试的玻璃插入层的强度,其中图 8-44(a)为直径 300mm、厚度 500μm 的玻璃圆片与硅的强度对比,二者在概率中位数位置对应的强度基本相同,但是玻璃更加陡直的分布区间表明强度一致性更好,而硅较大的分布区间表明低强度和高强度的概率更高。图 8-44(b)为带孔玻

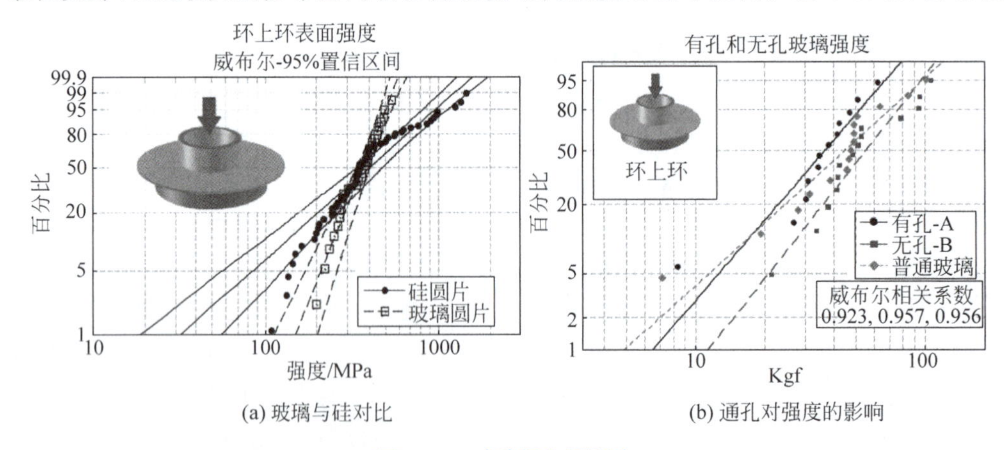

图 8-44 玻璃插入层强度

璃与无孔玻璃的强度对比。打孔后玻璃的强度稍有下降，但下降幅度较小。玻璃是脆性材料，在打孔、减薄和切割过程中出现微裂纹和缺陷，这些微裂纹会随着时间的推移和高温应力而扩展，成为影响玻璃插入层强度和可靠性的主要因素。一般认为采用193nm准分子激光刻蚀所产生的微裂纹最少。

热膨胀时，采用空心铜导体的TGV热应力远小于实心铜柱的热应力。图8-45为有限元计算的影响空心TGV热应力的因素[96]。铜厚度为10μm、插入层厚度为100μm、相邻TGV的边缘间距为160μm。各因素的影响程度不同，铜厚度的影响最大，其次是TGV直径和间距，插入层厚度影响很小。由于相邻TGV的应力相互影响，最大应力出现在TGV侧壁、玻璃表面以及相邻TGV中心连线。应力随TGV直径的增大而减小，TGV内径为30μm时，最大热应力随铜厚度增加而增大。铜厚度为10μm、内径为30μm时，最大应力随TGV间距增大而减小。为了减小铜热膨胀应力，可以首先在玻璃通孔内填充PDMS，再在实心PDMS内激光刻孔沉积铜薄膜[97]。AGC和Samtec开发了铜浆填充TGV的方法，通过调整铜浆成分使热膨胀系数与玻璃一致，解决了二者热膨胀系数失配的问题。

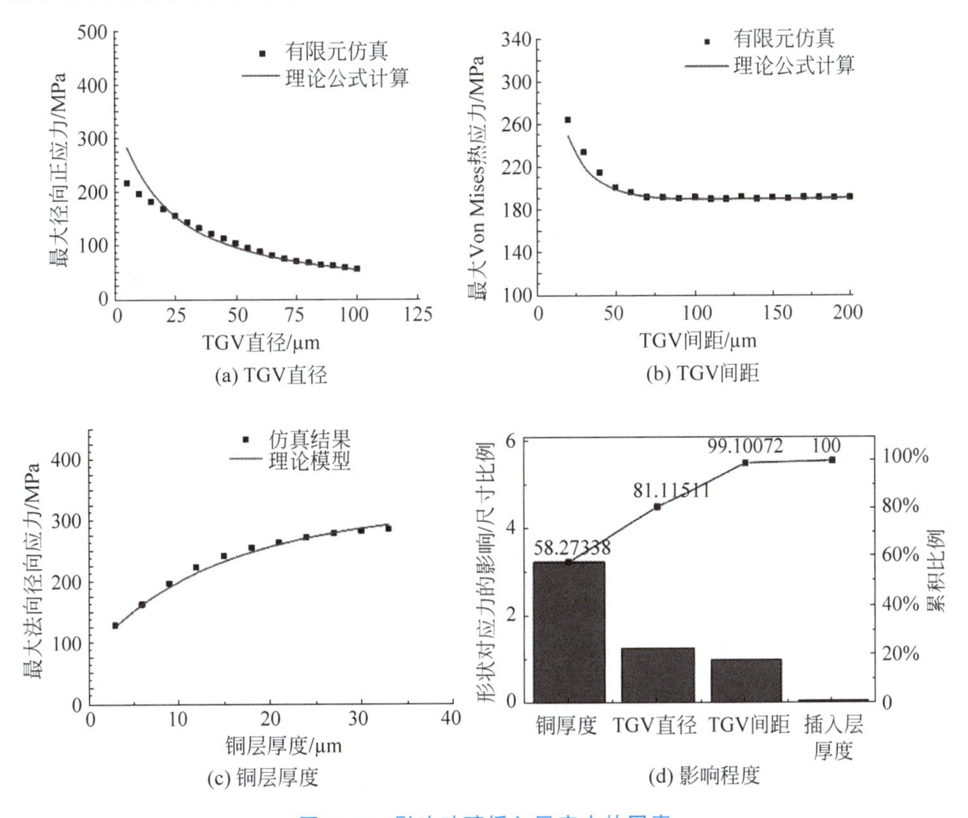

图8-45 影响玻璃插入层应力的因素

图8-46为−55℃到+125℃循环10次后，玻璃TGV的应力和应变最大值[82]。玻璃为AGC的EN-A1和CF-XX，热膨胀系数分别为3.8ppm/K和9.8ppm/K，厚度均为180μm。上下表面覆盖20μm Zeon的ZIF和Rogers的RXP-4有机缓冲层，热膨胀系数分别为31ppm/K和67ppm/K，弹性模量分别为6.9GPa和1.83GPa。TGV直径为80μm，空心铜厚度为10μm，考虑铜柱塑性变形。玻璃热膨胀系数越大，与铜热膨胀系数的差异就越小，应力相对较低，铜柱的应变也较小。应力和应变都随着TGV直径的增大而减小，随着玻璃

厚度的减小铜的塑性变形增大。

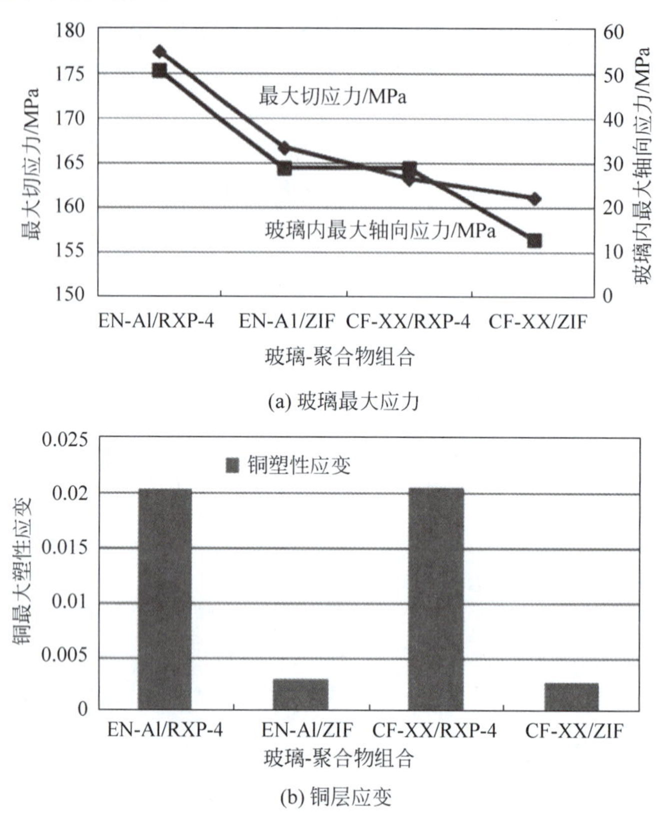

(a) 玻璃最大应力

(b) 铜层应变

图 8-46　玻璃插入层最大应力和应变

铜柱升温过程会产生塑性变形，多次温度循环塑性变形逐渐叠加，出现铜疲劳失效。利用 Coffin-Manson 方程和仿真得到的每次温度循环塑性变形增量，估算出 TGV 由于铜疲劳失效的寿命超过 4000 次。实测 1000 次温度循环后有 9%的器件失效，均由铜电镀缺陷导致。玻璃的热导率远小于硅的热导率，玻璃插入层的散热较为困难。利用铜 TGV 作为热孔可以增强芯片厚度方向的热传导，匹配平面金属互连的优化，增强散热能力[65]。

8.3.2.2　电学特性

与损耗性的硅相比，玻璃插入层的高频损耗低、传输特性好。图 8-47 为玻璃插入层的传输线和 TGV 的传输特性。玻璃基底上的微带线(MS)、共面波导(CPW)以及带有两个 TGV 的共面波导的插入损耗都远小于硅基底，20GHz 时硅基底上 CPW+TSV 的插入损耗比玻璃基底上高 6～10 倍[88]。在 50μm 厚的玻璃基底上，10GHz 时 50Ω 阻抗的共面波导(长度、宽度、厚度和间距分别为 1mm、35μm、4μm 和 10μm)的插入损耗为 0.18dB/mm，仅为硅基底的 1/3[98]。高度为 300μm 的 TGV(入口为 60μm、出口为 40μm)加上长度为 5mm 的 CPW，40GHz 时插入损耗也只有 0.32dB[99]。玻璃基底上 TSV 的近端串扰(NEXT)和远端串扰(FEXT)也小于硅基底，20GHz 时，玻璃基底的 TSV 的串扰比硅基底低大约 7dB[100]。

图 8-48 为模拟的硼硅玻璃 TGV 的高频传输特性随尺寸和形状的变化[54]。对于高度

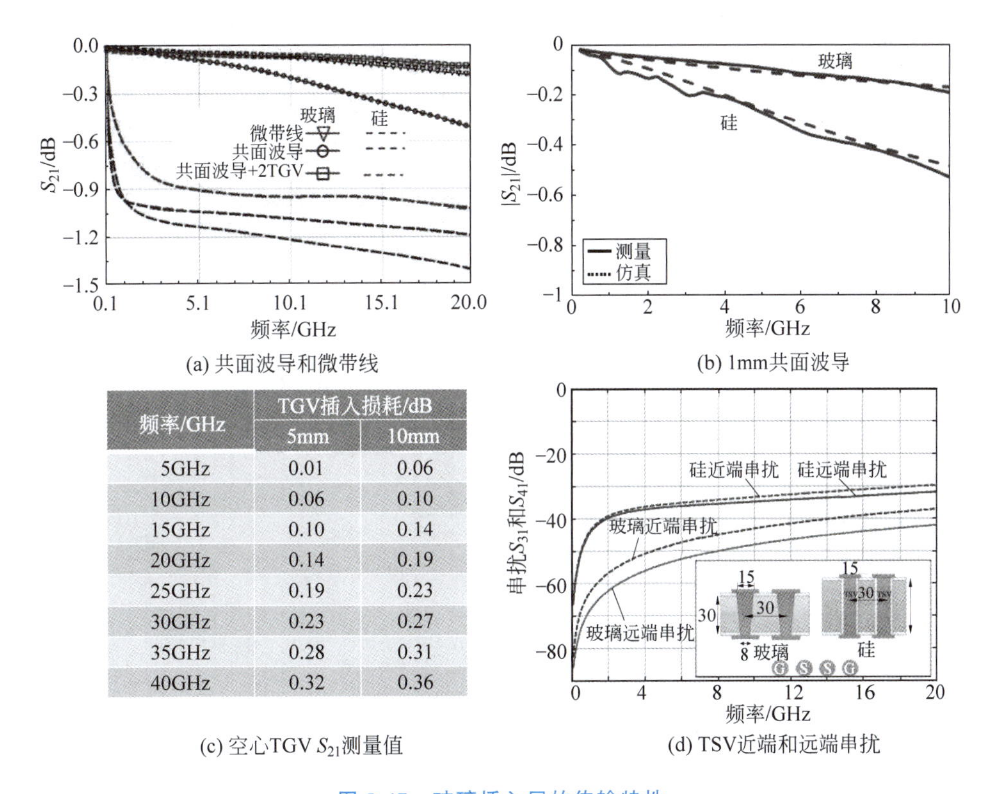

频率/GHz	TGV插入损耗/dB	
	5mm	10mm
5GHz	0.01	0.06
10GHz	0.06	0.10
15GHz	0.10	0.14
20GHz	0.14	0.19
25GHz	0.19	0.23
30GHz	0.23	0.27
35GHz	0.28	0.31
40GHz	0.32	0.36

(a) 共面波导和微带线　(b) 1mm共面波导

(c) 空心TGV S_{21}测量值　(d) TSV近端和远端串扰

图 8-47　玻璃插入层的传输特性

为 500μm、90°垂直的 TGV，10GHz 以下传输率随频率的变化很小，并且与 TGV 的直径基本无关。在 50GHz，直径为 50μm 和 100μm 的 TGV 的传输率仍可达到 0.1GHz 时的 90%以上，但是直径 200μm 的 TGV 只有 60%。在 20GHz 以下，倾角大小基本不影响传输特性，但是随着倾角的增加，传输能力稍有下降。超过 20GHz 以后，增大倾角增加了基底的影响，损耗上升，因此传输率随倾角的增大而减小。

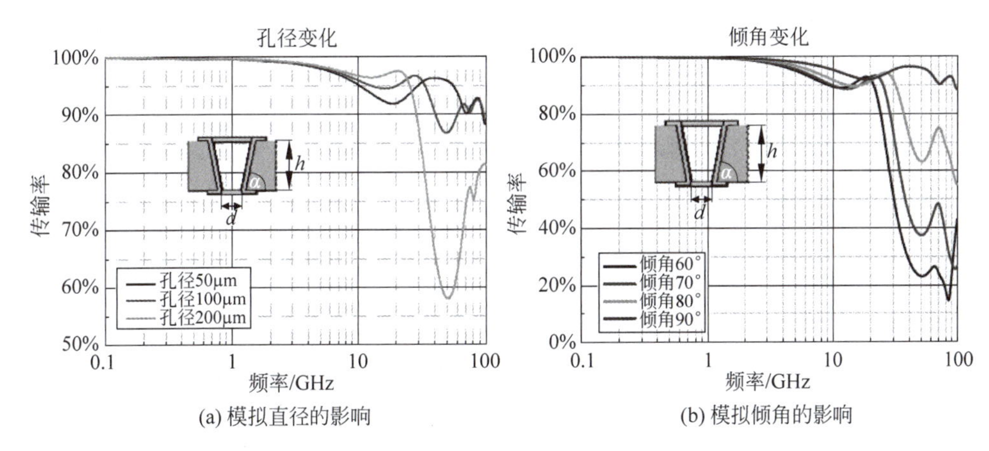

(a) 模拟直径的影响　(b) 模拟倾角的影响

图 8-48　TGV 的高频传输特性

玻璃基底高阻抗低损耗的特性，使电源分配网络（PDN）中的 TGV 在某些频点上会产生谐振，导致 TGV 阻抗增大或谐振点损耗，影响信号完整性，如图 8-49 所示[101-102]。在谐振点，TGV 回路电流受到干扰可能出现中断，回路电流被转移到 PDN 网络导致 PDN 与信号通道间的串扰。与PCB、有机或者硅插入层相比,玻璃的阻抗更大、损耗更低,PDN谐振峰更尖锐。抑制PDN谐振可以采用接地TGV屏蔽,将信号TGV两侧各布置一个接地TGV,为串扰到PDN的电流提供回路。接地TGV受谐振和串扰影响很小,能够保证回路电流的正常状态。在15GHz频率下,间距200μm的两个接地TGV可以将PDN谐振造成的插入损耗减小3dB。

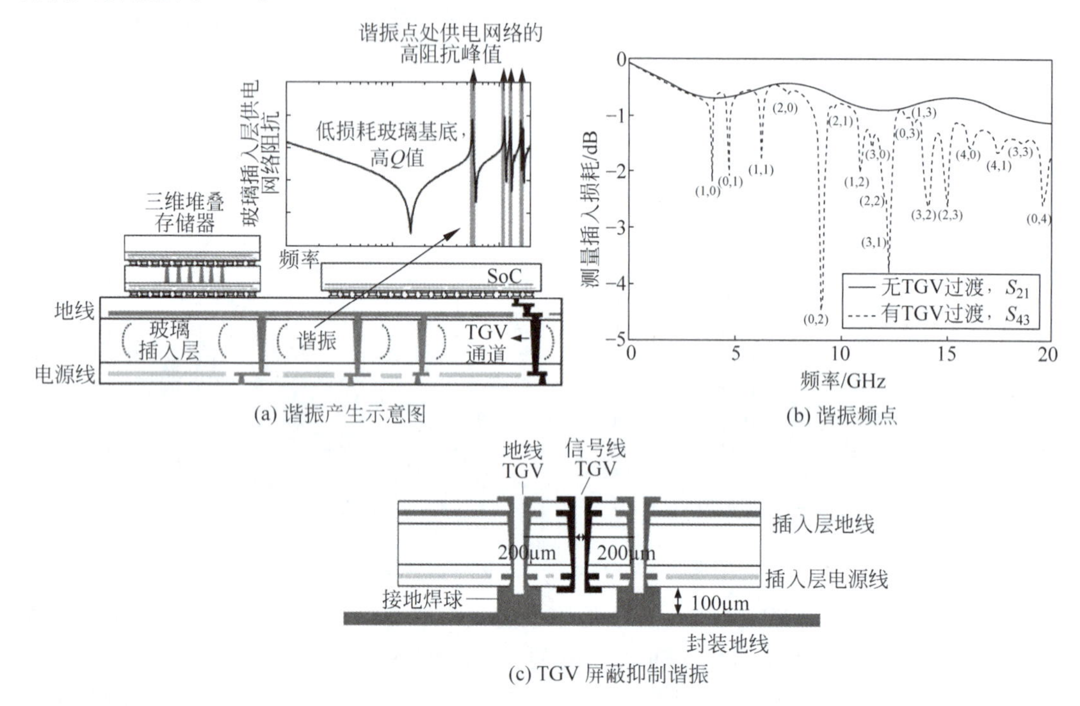

图 8-49 玻璃插入层的PDN谐振

玻璃插入层可用于100GHz以上的高频范围[103-104]。在100μm厚的EN-A1玻璃和15μm厚的ABF GL102介质层上的CPW,40GHz、110GHz和170GHz时的插入损耗分别为0.085dB/mm、0.21dB/mm和0.275dB/mm,微带线在110GHz时插入损耗为0.23dB/mm,介质层在75~110GHz的相对介电常数为4.6,在100GHz时的损耗角正切为0.008。在110~170GHz范围内,集成TGV的微带线的插入损耗为0.5~0.8dB/mm。

8.4 有机插入层

有机插入层源自封装中的有机基板。20世纪60年代,IBM发明了倒装芯片技术,开发了陶瓷基板、C4焊球、铜凸点和下填充等制造方法,通过FCBGA实现了高密度管脚封装[105-106]。早期的FCBGA封装中,芯片以倒装的方式通过凸点阵列与陶瓷基板连接,基板背面带有焊球阵列,如图8-50所示。IBM开发的倒装芯片采用$Pb_{97}Sn_3$焊球,回流温度为310℃,多层陶瓷基板具有良好的机械强度、抗变形以及耐热和散热能力。从20世纪80

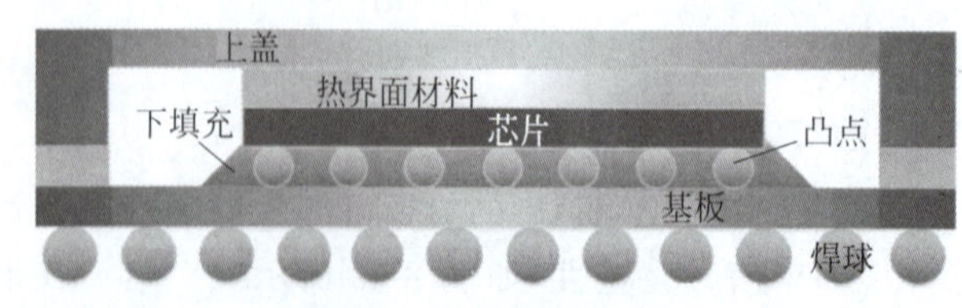

图 8-50 FCBGA 封装结构

年代开始，IBM 的服务器 CPU 产品全面采用陶瓷基板倒装芯片封装，但这种方法在制造成本、连线密度和封装高度等方面也存在一些缺点。

20 世纪 80 年代，IBM 发明了积层有机基板制造技术，称为表面层合电路（SLC）[107-108]。SLC 将原本用于阻焊剂的光敏材料 Probimer 作为介质层涂覆在覆铜板硬芯层表面，通过光刻图形化实现过孔，利用铜电镀制造金属连线。由于降低了介质层和铜层的厚度并采用电镀工艺，积层有机基板的 RLC 层实现了精细的连线，电学性能和制造成本都显著优于陶瓷基板。1988 年，IBM 将 SLC 作为芯片直接连接电路板的唯一技术，从 1992 年起用于令牌环适配卡和视频卡的量产[109]。

为了解决 $Pb_{97}Sn_3$ 焊球回流温度过高影响有机基板的问题，IBM 开发了低温共晶焊料，通过提高锡的比例降低回流温度，为有机基板的倒装芯片封装奠定了基础。1997 年，Intel 和 Ibiden 开发了热塑性树脂作为介质层的积层有机基板，首次实现了积层有机基板的倒装芯片技术，并用于 Pentium 2 处理器的单芯片封装[110]。

有机基板采用高弹性模量的有机材料作为硬芯层，通过积层和电镀在芯层两侧制造有机介质层和铜互连，工艺简单、制造成本低，并具有较低的介电常数、介电损耗和寄生参数。芯层由树脂与颗粒物填料组成，颗粒物增强芯层的强度并减小热膨胀系数。为了降低芯层的热膨胀系数，颗粒物填充比例较高，导致表面粗糙，加之有机基板的变形和翘曲较大，影响光刻精度。此外，积层介质层表面的铜线采用半加成法制造，湿法刻蚀去除种子层时会横向刻蚀铜线，因此精细的铜线难以稳定地站立在介质层表面。这些因素限制铜线最小线宽和间距一般约为 10μm，尽管有报道最小可达 5～6μm。

为了降低基板的厚度并实现柔性封装，1995 年 Matsushita 和 Toshiba 分别开发了无芯基板结构 ALIVH 和 B^2it[111-112]。早期的无芯基板仍采用层压的方法制造，虽有应用但并不广泛。2001 年，NEC 开发了用于 FCBGA 的多层无芯基板技术，如图 8-51 所示[113-114]。NEC 在铜载板表面以光刻胶为模具电镀铜线和铜柱，去除光刻胶后涂覆聚酰亚胺介质层覆盖铜线，抛光聚酰亚胺暴露出铜柱，重复上述过程实现多层金属的 RDL 层。2006 年，Fujitsu 报道了 7 层金属的无芯基板[115]，尺寸为 20mm×20mm 的基板的翘曲小于 30μm。2010 年，ASE 报道了在硬质载板上制造无芯基板的方法并实现了 5 层金属的无芯基板[112]，其过程与 NEC 基本类似，也采用两次电镀制造铜线和铜柱，但采用半固化片压合作为介质层。2010 年，Sony 首次在 PS3 产品中使用了无芯基板封装。

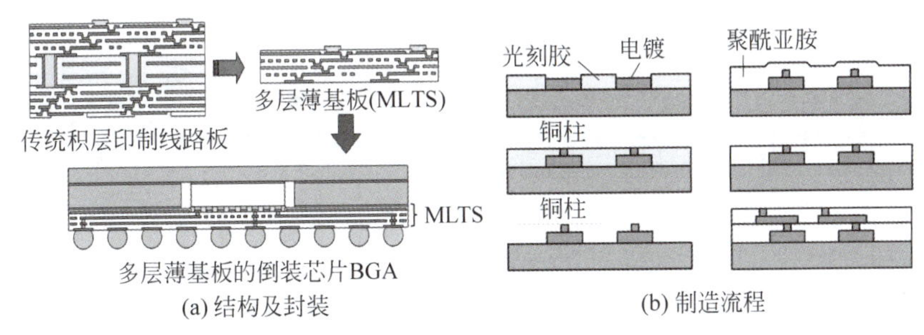

图 8-51 NEC 无芯基板

2007 年以后，FOWLP 的广泛应用促进了有机插入层的发展。在 FOWLP 中，芯片临时放置在硬质玻璃载板上进行模塑和制造 RDL 层，切割后与基板封装，如图 8-52 所示。有机 RDL 层作为芯片与封装基板之间的连接桥梁,实质上提供了插入层的功能,具有比有机基板更为精细的连线。为了实现精细的线宽,作为有机插入层的 RDL 层在玻璃等硬质载板上制造,硬质载板抑制翘曲,提高光刻精度。铜线采用集成电路互连制造方法,在介质层内制造嵌入式铜线,可以显著缩小线宽和间距。目前 FOWLP 中有机插入层的典型最小线宽和间距为 4μm,甚至可达 2μm 和 1μm[116]。

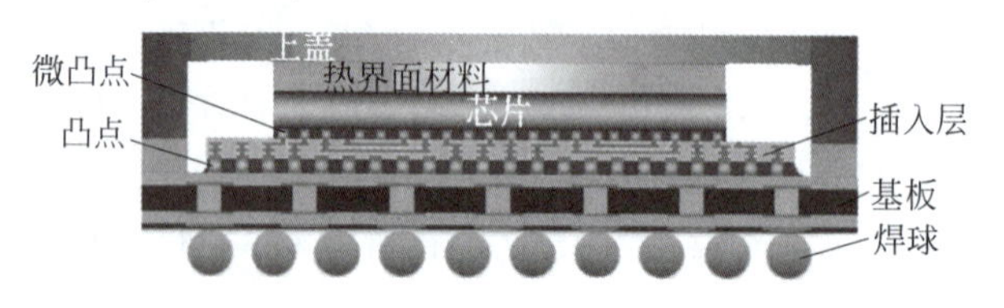

图 8-52 有机插入层的集成结构

FOWLP 以其低成本、高效率和高性能的优势,吸引了产业界的广泛注意。Amkor、ASE、Ibiden、JCET、Kyocera、NTK、Shinko 等封装厂商,以及 Intel、UMC 和 TSMC 等集成电路制造商,先后开发了多种 FOWLP 技术,广泛应用于移动和消费电子领域的射频、混合信号和逻辑芯片的封装和集成。近年来,随着多芯片集成和芯粒集成的发展,FOWLP 可以实现多芯片集成的特点得以充分发挥,使其发展为多芯片集成的重要方法之一,并开始应用于高性能芯片的集成。

8.4.1 有机基板的结构与制造

有机基板按照制造方法可以分为层压基板和积层基板,如图 8-53 所示。层压基板通过多层覆铜板压合而成,主要用于制造 PWB 印制电路板。覆铜板的基材主要为 FR4 类环氧树脂复合材料,由玻璃纤维、环氧树脂和颗粒填充物组成。通过干膜光刻和刻蚀铜层,每层覆铜板在基材表面单独制造连线,多层之间由电镀盲孔和电镀通孔(PTH,也称芯通孔 TCV)互连,最后将多层覆铜板压合。

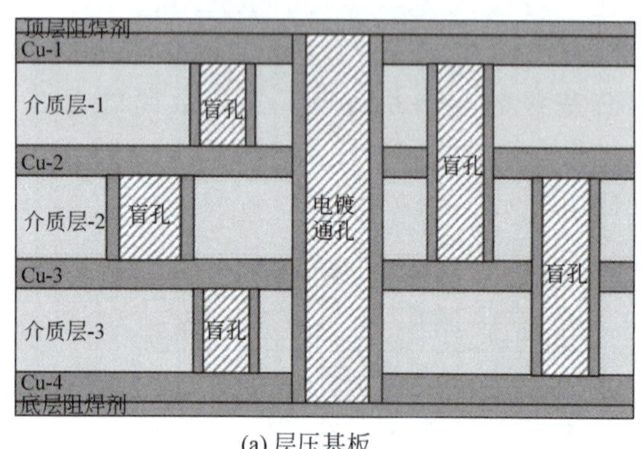

(a) 层压基板

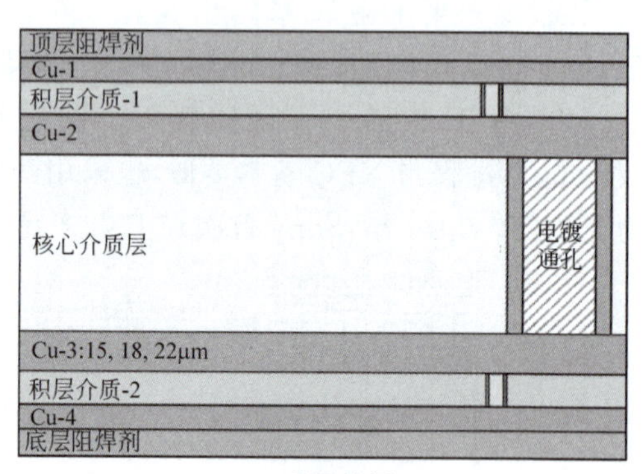

(b) 积层基板

图 8-53 有机基板

积层有机基板在单层硬芯层两侧通过层积有机薄膜形成介质层,通过电镀制造铜互连线,具有精细的图形控制能力,通常用于封装基板。PTH 采用类似方法制造,并利用机械研磨进行平整化。介质层通常为干膜有机薄膜,对称地层积在芯层两侧以平衡应力。介质层过孔采用光刻或激光刻蚀的方法实现,金属连线一般采用半加成方法制造,在过孔和介质层表面通过化学镀种子层,利用图形化的光刻胶作为模具电镀铜,最后去除光刻胶和种子层形成分立的铜互连。

8.4.1.1 积层基板的结构和材料

积层有机基板由三部分组成，中间是作为结构体的高刚性硬芯层，两侧为多层介质层和金属互连组成的 RDL 层，如图 8-54 所示[117]。硬芯层为热膨胀系数较低(1～10ppm/K)的有机材料，具有较高的强度和刚性以及较大的厚度，作为结构体承载 RDL 层和芯片，可以抑制基板变形、减小线宽和孔径、降低应力、提高可靠性。RDL 层由顺序层积的非强化树脂层和电镀金属层组成，分别作为介质层和金属互连。硬芯层典型厚度为 100～200μm，带有直径为 50～200μm 的空心或实心 PTH。每个积层介质层的厚度约为 10μm，金属互连的最小线宽和间距一般为 8～10μm。

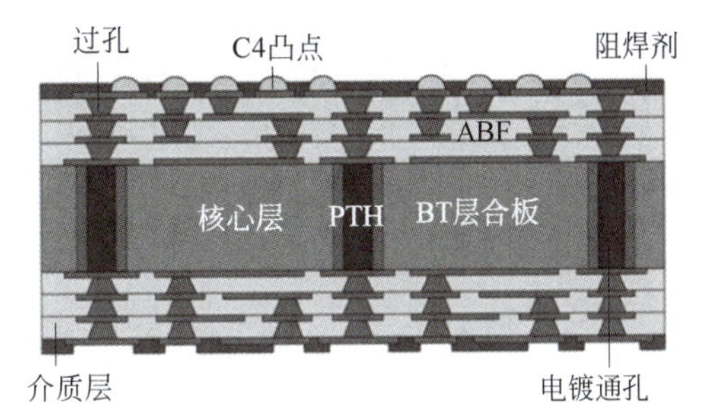

图 8-54 积层基板结构

芯层的典型材料是双马来酰亚胺三嗪(BT)树脂、ABF 树脂和铸模互连基板(MIS)等[118]。BT 树脂的玻璃化转变温度高于 250℃，厚度方向热导率高、热膨胀系数低，具有耐热和防潮的优点，并且介电常数和介电损耗低，是 BGA 基板的标准材料。BT 基板具有玻璃纤维纱线层，比 ABF 基板更硬，结构稳定，但是布线和钻孔困难，主要用于存储、MEMS、射频和 LED 等。与 BT 树脂相比，ABF 基板可实现精细金属连线和高密度凸点，但是容易受到热膨胀变形的影响，主要用于 CPU、GPU、FPGA、ASIC 等。MIS 基板包含一层或多层预包封结构，每一层之间通过电镀铜连接，具有更精细的布线能力和更小的外形。

积层介质层的材料主要是干膜有机聚合物，如 ABF 环氧树脂、氟基聚合物(PTFE)、聚酰亚胺(PI)、聚酰胺液晶聚合物(LCP)等[119]，如图 8-55 所示。ABF 是一种高刚性的热固性薄膜，热膨胀系数为 20ppm/K，相对介电常数为 3.3，介电损耗小于 0.01，玻璃化转变温度约为 185℃，易于加工精细线路，从 1999 年开始批量应用，在积层材料中占据主导地位。PI 的高频特性一般，且吸水率较高。PTFE 和 LCP 具有较低的介电常数和损耗系数，适合

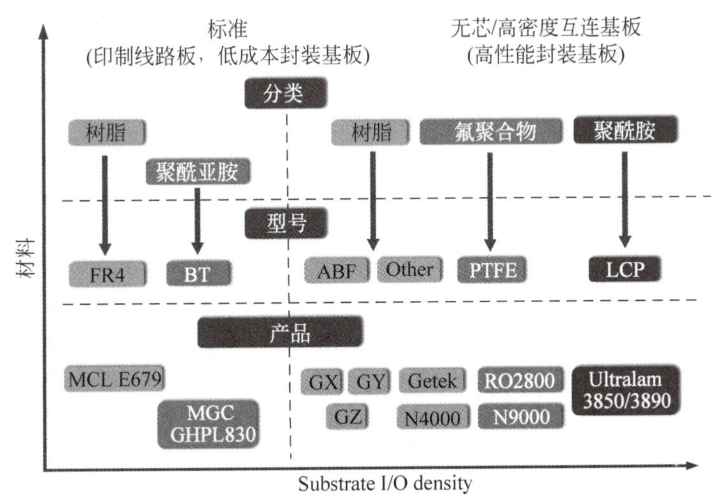

图 8-55 基板常用材料

高频信号。干膜以加热加压的方式压合到芯层表面作为介质层,厚度一般为 10～50μm。介质层越薄,过孔的深宽比越小,传输特性、热力学可靠性和阻抗匹配能力越好。为了降低介质层厚度,液态涂覆材料如 BCB 也有广泛的应用。

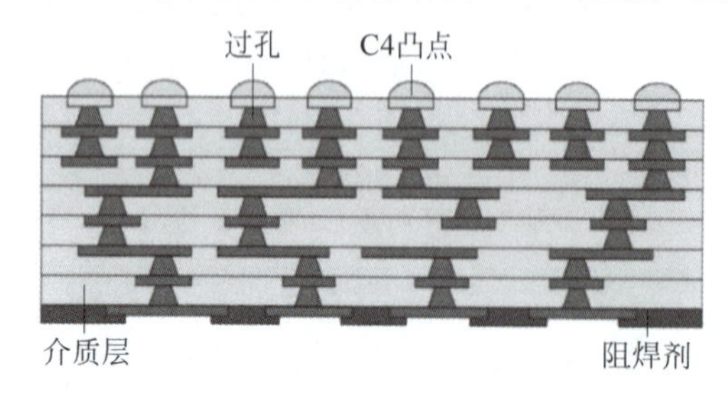

图 8-56　无芯基板结构

无芯基板不使用芯层,只利用积层介质层和金属构成的 RDL 层作为基板,如图 8-56 所示。无芯基板的厚度仅为有芯基板厚度的 1/2 左右,封装高度和制造成本都大幅降低,适合对厚度要求高的应用。由于没有芯层,无芯基板通过每层过孔接力连接的方式实现垂直互连,与芯层 PTH 相比垂直互连长度大幅降低,因此无芯基板在信号传输速度、信号完整性和阻抗等方面具有优势。

由于缺少高刚性的芯层,无芯基板的强度较低而易于翘曲变形。无芯基板的积层介质层的弹性模量远低于积层中铜互连的弹性模量,因此无芯基板的扭曲和翘曲变形非常显著。受限于尺寸和翘曲变形,无芯基板一般应用于倒装芯片或 WLP 封装,并且通常只集成 1 个芯片。抑制翘曲变形是无芯基板的关键,需要精细设计铜互连的形状和位置,使无芯基板尽量具有对称结构。

8.4.1.2　积层基板制造方法

积层基板主要包括带有 PTH 的芯层和两侧的 RDL 层。PTH 采用激光刻蚀和铜电镀的方法制造,RDL 层中介质层采用积层方法制造,过孔和金属线采用基于激光刻蚀和铜电镀的半加成法制造。芯层内的 PTH 一般采用 CO_2、Nd-YAG 或准分子激光器刻蚀,具有速度快、成本低等优点[27]。激光打孔是在有机芯层上实现小直径通孔唯一有效的方法。受限于激光器的聚焦光斑直径和有机材料在激光打孔过程中产生热变形和流动,目前 CO_2 激光可实现的最小孔径为 50μm,Nd-YAG 激光器实现的最小孔径为 20μm,准分子激光器可实现的最小孔径为 5μm[120]。PTH 刻蚀后,采用 Pd 催化的化学镀沉积厚度为 200～500nm 的铜层作为电镀种子层,然后利用电镀填充 PTH 形成导体。

芯层两侧 RDL 层的介质层采用有机薄膜层压的方式与芯层压合而成,平面互连和过孔通常采用半加成工艺制造。芯层表面层积有机介质层薄膜在真空环境下进行。积层介质层常用材料包括 ABF 和 ZS100 等,最小厚度为 5～10μm,其中 ZS100 具有光滑的表面,粗糙度低于 100nm,在玻璃基底上可实现 3μm 线宽[121]。为了增强铜线与介质层的粘附性,需要利用化学试剂对覆铜板表面粗糙化处理,但粗糙度增大会影响光刻。根据介质膜的不同,积层过程通常需要加热到 100℃左右,施加 3～5MPa 的压强进行热压,使积层介质层平整化;然后在 150～180℃下对介质层热固化,时间一般为 30min。

图 8-57 为半加成法制造积层基板的流程图。图 8-57(a):首先在芯层上刻蚀通孔,电镀形成 PTH;通常通孔直径较大,电镀只覆盖侧壁形成空心结构,空心内部填充树脂,在两侧表面电镀铜覆盖 PTH 形成覆铜板。图 8-57(b):真空中在芯层两侧层压介质层树脂薄膜,加热使其半固化;激光刻蚀介质层薄膜或采用光敏介质层曝光形成过孔;利用高锰酸钾等对介质层表面和过孔表面粗糙化处理增强铜的粘附性。图 8-57(c):采用化学镀在介质

层表面和过孔内沉积铜种子层，压合厚度为 5μm 的干膜光刻胶或涂覆光刻胶，曝光形成电镀模具，电镀铜形成 RDL 金属连线并填充过孔，电镀铜的厚度低于模具层的厚度。图 8-57(d)：去除光刻胶，加热使介质层完全固化，湿法刻蚀去除种子层形成铜线。图 8-57(e)：重复上述过程制造多层介质层和互连。图 8-57(f)：在最上层介质层表面涂覆光敏树脂阻焊剂，加热使其半固化，光刻蚀阻焊剂层露出焊球或焊盘，最后加热阻焊剂层完全固化。

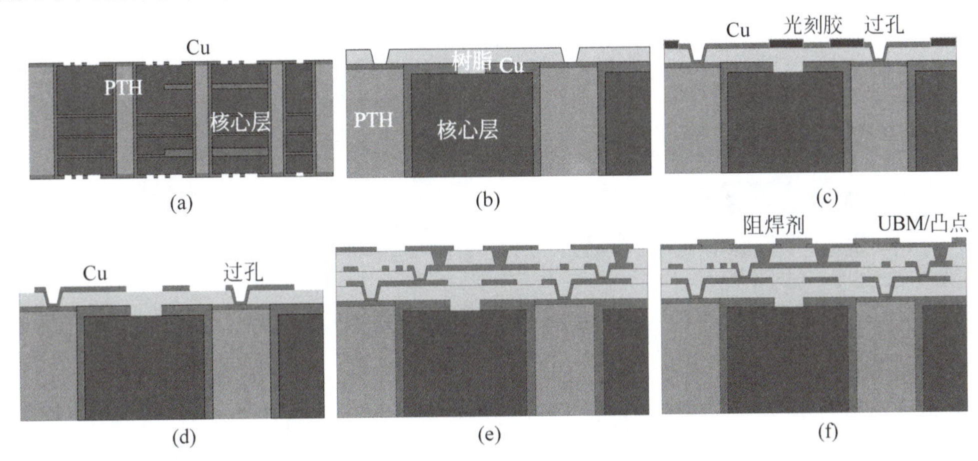

图 8-57　半加成法制造积层基板流程

采用积层法和半加成法制造有机基板，目前最小线宽和间距的典型值为 8～10μm。限制线宽和间距的主要因素来自于基板的机械性能和半加成法的工艺特点。有机基板采用硬芯层两侧积层介质层制造，较低的弹性模量和较大的热膨胀系数导致基板容易产生翘曲和热变形，影响光刻的对准精度，甚至超出系统的聚焦深度。因此，大尺寸有机基板上难以图形化精细的线宽。

在半加成法中，电镀后采用湿法刻蚀去除厚度约为 200nm 的铜种子层。由于湿法刻蚀为各向同性且电镀铜线没有保护，导致铜线被刻蚀而产生线宽损失。如图 8-58 所示，若种子层厚度为 t，湿法刻蚀后线宽减少 $2t$，间距增加 $2t$。为了补偿线宽损失，需要修改版图进行预补偿。例如对于 2μm 的线宽和间距，需将版图线宽设置为 2.4μm，间距设置为 1.6μm，在湿法刻蚀 0.2μm 的种子层后，线宽减小 0.4μm，间距增加 0.4μm，二者均变为 2μm。然而，预补偿减小了光刻的最小尺寸，有可能超出封装工艺的光刻能力。此外，去除光刻胶模具后铜线站立在介质层表面，对于精细铜线其高宽比可达 3∶1～5∶1，加之湿法刻蚀导致的根部横向钻蚀，结构稳定性较差，容易倒伏或剥离。因此，半加成法难以实现 3μm 以下的线宽和间距[122]。

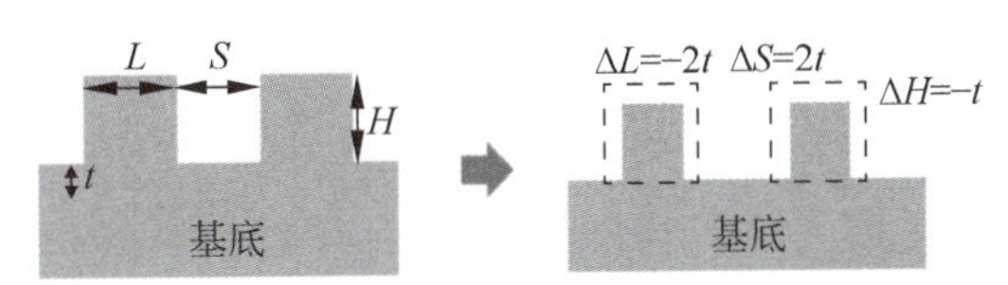

图 8-58　半加成法的线宽损失

8.4.2　有机插入层的结构与制造

有机插入层作为芯片与封装基板之间的过渡层，具有比有机基板更加精细的铜互连线。

有机插入层包括两类：一是在有芯基板表面实现精细的RDL层作为插入层，二是以独立的精细无芯基板作为插入层，如图8-59所示[123-124]。有芯基板表面的精细RDL层通过特殊的方法直接制造在基板上，称为高密度互连(HDI)层、薄膜层或扩展层，采用这种方式的集成方案称为2.1D集成，其中HDI层充当插入层，但本质上属于高密度基板。无芯基板单独制造，作为独立的插入层通过C4焊球与封装基板连接，采用这种方式的集成方案称为2.3D集成。

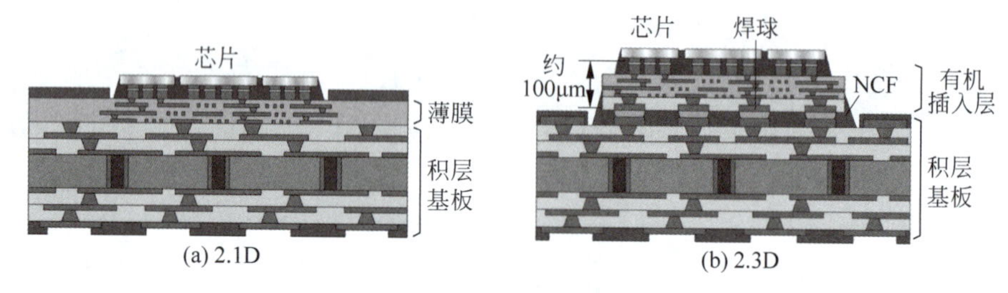

图8-59 有机插入层集成方案

与使用TSV插入层的2.5D集成相比，2.1D和2.3D集成不使用TSV，而是利用RDL层内的垂直过孔实现上下连接，厚度薄、电学特性好、制造成本低。与2.1D相比，2.3D可以灵活选择被集成的芯片、有机插入层和有机基板，避免了芯片、插入层或基板失效造成的系统失效，但是制造成本高，传输特性受C4焊球影响。无论哪种集成方案，有机插入层本质上都是具有精细互连的有机基板。因此，实现有机插入层的过程就是实现高密度有机基板的过程。

常规有机基板无法实现精细线宽的主要原因在于基板翘曲和半加成法的特性。为了减小线宽，有机插入层(高密度有机基板)需要采用集成电路的互连制造方法，将铜互连线嵌入有机介质层内部制造嵌入式互连。1996年，NEC提出了利用BCB介质层实现集成电路铜互连的大马士革工艺[125]，在BCB介质层内实现了线宽1μm的嵌入式互连。2003年，Amkor与Unimicron和Atotech合作开发了利用激光刻蚀有机介质层、电镀铜和CMP制造嵌入式铜互连的高密度基板制造方法[126]。2015年，Unimicron利用准分子激光刻蚀过孔和凹槽制造嵌入式铜互连，将最小线宽和间距减小到5μm[127]。

激光刻蚀介质层凹槽的效率较低，凹槽侧壁不够平滑，金属连线的形貌和均匀性较差，能够实现的最小线宽有限。为了减小线宽并提高效率，逐渐发展出采用激光刻蚀过孔、光刻图形化铜线的方法。2013年，Fujikura在LCP有机介质膜内实现了线宽为2μm、深宽比为3∶1的嵌入式铜互连[128]。2016年，Unimicron利用激光刻孔和光刻图形化铜线，将过孔直径减小到10μm，线宽和间距减小到2μm[129]。2018年，TSMC利用光敏介质层实现了线宽2μm和间距1μm的铜线[116,130]。通过增大光刻机的数值孔径，2017年，Ultratech采用0.2的数值孔径实现了7.5μm的聚焦深度和1μm的线宽[131]，2021年，IMEC采用0.48的数值孔径将最小线宽和间距减小到0.5μm[132]。

目前有机插入层的典型制造方法以硅或玻璃作为载板，采用集成电路的双大马士革工艺制造铜互连和介质层。介质层过孔采用激光刻蚀，介质层凹槽采用图形化的光刻胶作为掩膜干法刻蚀，再利用铜电镀填充介质层的过孔和凹槽，通过CMP去除过电镀层并平整化表面形成嵌入式铜互连。硬质载板抑制翘曲变形，提高光刻精度。嵌入式铜互连由介质层保护，避免了半加成法的横向刻蚀、金属线倒伏和精细线条之间种子层难以去除的问题。

采用上述方法，有机插入层的线长可达5.5mm，典型线高、线宽和间距均为4μm，最小可达2μm。尽管采用双大马士革工艺可以实现更小的线宽，但是有机插入层的热力学稳定性、表面粗糙度和平整度等问题，导致互连的最小线宽均匀性差，多层之间的对准误差也较大，进一步减小线宽的难度较大。此外，有机插入层的翘曲影响芯片集成时位置精度。

8.4.2.1 有芯插入层

有芯插入层与封装基板为一体化结构，在常规有机基板表面制造带有精细互连的薄膜层，既可以将薄膜层视为插入层，也可以将整体视为高密度有机基板。2013年，Shinko率先开发了高密度互连有机基板技术i-THOP[133-134]，随后ASE、Hitachi、JCET、Samsung和Kyocera等也推出了类似的HDI基板技术[135-136]。

如图8-60所示，i-THOP在常规有机基板的RDL层表面增加薄膜层实现高密度互连。在积层工艺完成基板的最上层电镀铜过孔后，在铜表面层压介质层，然后采用CMP平整顶层介质层。CMP使介质层表面粗糙度降低到20nm，平整度和粗糙度显著改善，有利于在介质层上实现精细的光刻图形化。薄膜层共包括3层金属和有机介质层，金属和介质层的厚度分别为2μm和5μm，最小凸点直径为25μm，节距为40μm，最小线宽和间距均为2μm，介质层过孔直径为10μm。

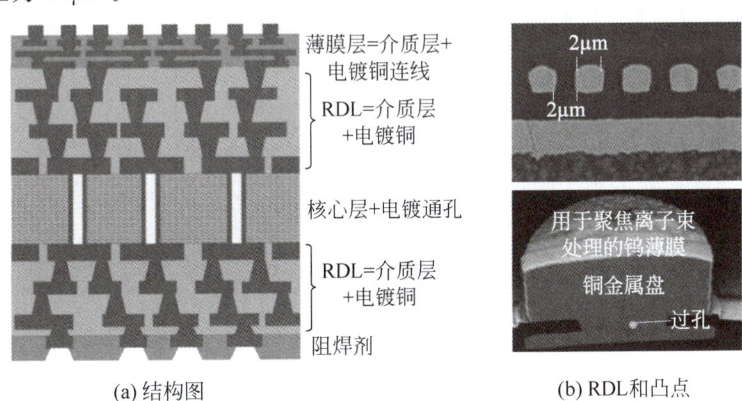

(a) 结构图　　(b) RDL和凸点

图8-60 Shinko i-THOP高密度基板

图8-61为i-THOP有机插入层制造方法[133]。i-THOP采用一次CMP平整顶层介质层，后续仍采用半加成法在RDL表面制造高密度互连薄膜层。图8-61(a)：在有机基板的RDL层表面层压有机介质层薄膜。图8-61(b)：利用CMP去除有机介质薄膜暴露出铜互连层，改善平整度和表面粗糙度。图8-61(c)：涂覆光敏有机介质层，激光刻蚀形成过孔，并在表面溅射种子层。图8-61(d)：涂覆光刻胶并图形化形成电镀模具层，电镀铜形成过孔和平面铜互连。图8-61(e)：去除光刻胶和种子层，重复上述过程制造多层互连。图8-61(f)：最后制造微凸点或UBM。

8.4.2.2 无芯插入层

无芯插入层以硅或者玻璃基底作为临时载板，利用集成电路的双大马士革工艺制造

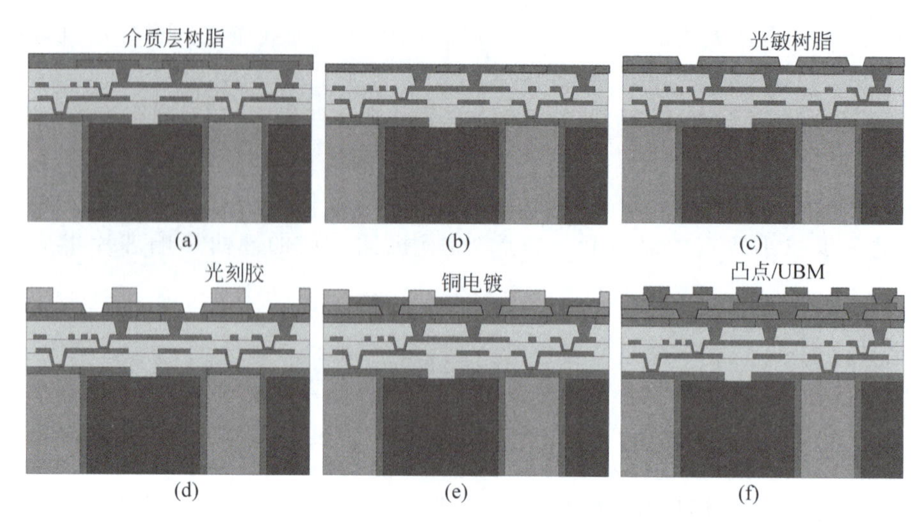

图 8-61 Shinko i-THOP 工艺流程

RDL层,可以实现精细的嵌入式铜互连。无芯插入层的典型工艺过程如图 8-62 所示[130]。图 8-62(a):首先在硅基底上涂覆释放层,固化后再涂覆液态光敏介质层,利用光刻或激光刻蚀形成过孔。图 8-62(b):再次涂覆液态光敏介质层,光刻形成平面互连凹槽。图 8-62(c):在介质层表面溅射 30nm 的 TiW 粘附层和 200nm 的 Cu 种子层。图 8-62(d):电镀铜填充过孔和沟槽。图 8-62(e):利用 CMP 去除表面过电镀层和 Ti 粘附层,通过介质层分隔形成嵌入式铜互连。图 8-62(f):重复上述过程制造多层互连。双大马士革工艺通过 CMP 提高介质层的平整度和表面粗糙度,有利于实现精细的互连。插入层铜线的典型最小厚度、线宽和间距分别为 2μm、2μm 和 1μm,过孔最小直径为 3~4μm。

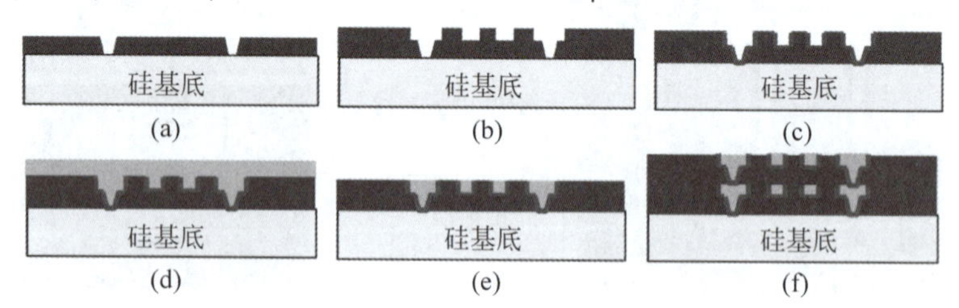

图 8-62 无芯插入层双大马士革工艺流程

无芯插入层完成后需将插入层与载板分离,因此制造无芯插入层以前需要首先在载板上涂覆释放层。释放层为干膜或湿膜有机薄膜,可以采用加热、剥离或紫外光照射的方式释放,目前多采用紫外光照射。介质层一般为光敏有机材料,直接利用光刻图形化以降低制造成本。为了实现精细图形,介质层可以采用非光敏材料,利用光刻胶为掩膜的干法刻蚀进行图形化[137],直径较大的过孔也可以采用激光刻蚀。无芯插入层一般使用湿法涂覆和加热固化的介质层,通过降低厚度实现精细的图形化。为了降低制造成本,介质层也可以采用干膜光敏材料,但最小线宽一般大于 5μm。常用的介质层材料包括 ABF、BCB、PI 和 PBO 等[130-132],其中 PBO 机械强度最高。这些材料的热膨胀系数约为 50ppm/K,与硅的热膨胀系数 2.5ppm/K 差距很大,容易引起芯片翘曲和界面剥离[129]。

为了简化双大马士革工艺的多次光刻过程,Amkor 报道了单次曝光实现不同深度介质层的图形化方法,称为单大马士革工艺,如图 8-63 所示[138]。与双大马士革工艺中需要两次沉积介质层分别光刻过孔和平面凹槽不同，Amkor开发的单次曝光方法只使用一次曝光就同时实现不同深度的过孔和平面凹槽。与两次曝光相比，单次曝光可以减少40%的光刻次数，大幅降低成本。此外，Amkor开发了单次CMP加上湿法刻蚀去除过电镀层和扩散阻挡层的方法，以取代常规的3次CMP，进一步提高了效率、降低了成本。利用这一方法，Amkor实现了线宽和间距为2μm和1μm的铜线。

(a) 单次曝光不同深度

(b) 沉积介质层并电镀

(c) CMP去除过电镀层

图8-63　单大马士革工艺

8.4.2.3　有机插入层的性质

有机芯层的弹性模量远低于硅和玻璃，因此有机插入层因为结构非对称性和热膨胀系数差异导致的翘曲更显著，在相同外力的作用下，有机插入层的变形也更大。与硅和玻璃具有明显的脆性不同，有机材料具有一定的延展性和变形能力，因此有机插入层在抗裂纹和抗冲击方面优于硅和玻璃插入层。

由于插入层自身结构的非对称性和芯片布置的非对称性等因素，有机插入层在制造和集成芯片以后都可能出现较大的翘曲。翘曲一方面影响连线的精细程度和芯片的集成度，另一方面可能引起长期可靠性问题，甚至导致键合凸点失效和芯片碎裂。由于有机基板的翘曲问题，键合盘和平面互连的最小尺寸都大于硅基插入层。为了减小翘曲，有机插入层需要尽可能地采用上下对称结构，包括金属连线、金属焊盘、钝化层和芯片布置。另外，金属凸点或焊球一般制造在与有机插入层连接的芯片或封装基板上。

同样尺寸和结构的情况下，硅基插入层的翘曲只有有机插入层的30%左右[139]。对于面积均为68mm×68mm、厚度为100μm的硅插入层和厚度为120μm的核心层加上4层31μm厚的RDL组成的有机插入层，在同样集成一个25mm×35mm的逻辑芯片和6个HBM的情况下，在室温下硅插入层的翘曲约为20μm，在回流温度下翘曲达到70μm，而有机插入层在室温下的翘曲约为60μm，在回流温度下翘曲下降到40μm。这与高温下有机材料的弹性模量下降程度较大有关。对于25mm×15mm的i-THOP有机基板，室温下基板的翘曲为30μm，但是温度升高到260℃时翘曲几乎减小到0[138]。

有机插入层可以减小金属凸点和焊球的应力，提高强度可靠性和温度循环的应力可靠性。图8-64为硅插入层和有机插入层上不同位置的凸点及焊球的von Mises应力[139]。评

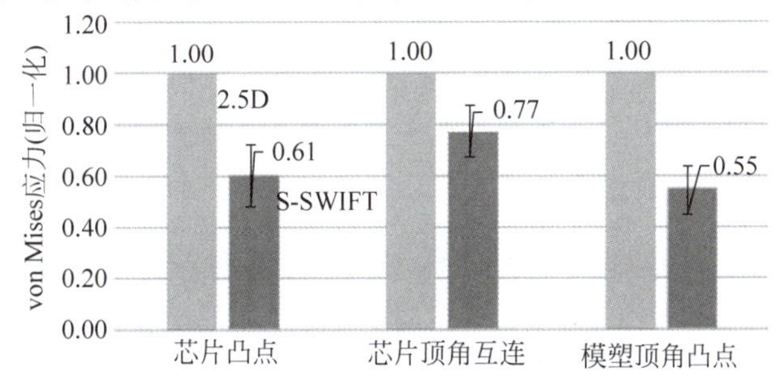

图8-64　有机插入层与硅基插入层的应力

价的位置包括被集成芯片顶角位置处芯片与插入层之间的凸点、插入层顶角位置处插入层与基板间的焊球以及被集成芯片顶角处 BEOL 层,硅基插入层的 von Mises 应力均大于有机插入层的应力。在所有评价位置,有机插入层的应力都只有硅插入层的 55%~77%,这是由于有机插入层的弹性模量较低、变形更大,释放了作用在金属凸点和焊球上的应力。

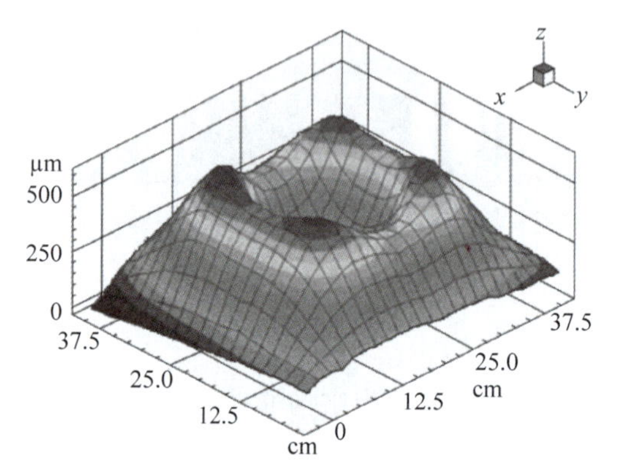

图 8-65 有机基板的翘曲形貌

有机基板的弹性模量较低,当其与芯片通过凸点键合并下填充以后,芯片和下填充层会使基板产生显著的变形。有限元计算表明,当有机基板未受到约束时,与芯片键合的有机基板的变形可达 100~300μm,而且基板的形貌不是简单的弯曲或翘曲,而是类似火山口的形状,如图 8-65 所示[106]。

有机插入层的热导率很低,散热能力较差,与硅插入层相比差距显著,甚至与玻璃插入层相比也有一定差距。为了提高散热能力,有机插入层往往需要采用额外的热孔,即在插入层上制造专门用于传热的金属柱,通过合理布置热孔的位置和数量,提高热传导和散热能力[140]。

在电学特性方面,有机材料自身具有良好的绝缘性,简化了部分绝缘工艺,特别是采用低密度 I/O 焊球时。有机插入层具有较低的介电常数和介电损耗,金属线的寄生参数和介质损耗小,相同情况下金属线的传输特性优于硅插入层甚至玻璃插入层。模拟表明,有机插入层上面向 HBM 的典型微带线(长度为 4.5mm、厚度为 4μm、线宽为 2μm、间距为 5μm)在所有频率下的插入损耗均明显低于硅插入层,频率越高差距越大,如图 8-66(a)所示[116]。长度对插入损耗的影响很大,随着线长的增加,微带线的插入损耗快速增大,如图 8-66(b)所示[139]。因此,微带线适合短互连应用,如实际应用中芯片间距通常小于 0.1mm,有些 I/O 驱动芯片与相邻芯片的间距也小于 0.5mm。在 20GHz 以上的高频范围,有机插入层的传输线仍具有较好的传输特性,如图 8-66(c)所示[141]。尽管有机插入层具有较好的传输特性,但是电源分配网络同样面临开关噪声、串扰和谐振等问题。

8.4.3 扇出型晶圆级封装

扇出型晶圆级封装(FOWLP)将多个管芯模塑重构为晶圆进行封装操作。由有机介质层和金属线构成的 RDL 层的一个表面通过微凸点连接芯片,另一个表面通过焊球连接封装基板,因此可将 RDL 视为无芯有机插入层。FOWLP 不仅具有晶圆级封装的高效率、有机基板的低成本、扇出型封装的多管脚,以及高密度互连的大带宽,还可以集成多芯片,是多芯片集成的重要方法之一。

8.4.3.1 FOWLP 的结构

传统 FC BGA 封装将晶圆切割为单个管芯后,利用倒装芯片的方式将管芯与封装基板连接。当基板的尺寸与管芯相等时,基板上的 BGA 焊球只能布置在对应管芯的范围以内,基板上连接 BGA 焊球的连线由边缘向内部汇聚,称为扇入型(Fan-In)封装,如图 8-67 所示。当基板的尺寸大于管芯时,基板上的 BGA 焊球可以布置在管芯的范围以外,基板上连

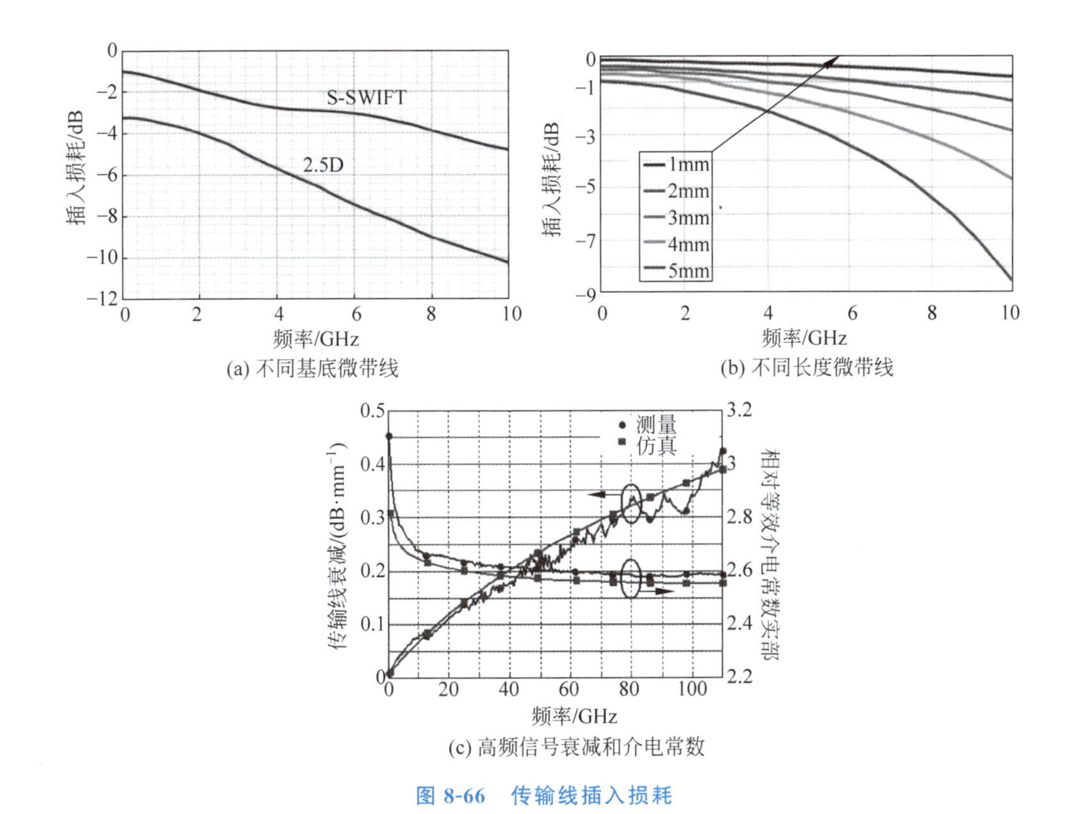

(a) 不同基底微带线
(b) 不同长度微带线
(c) 高频信号衰减和介电常数

图 8-66 传输线插入损耗

接 BGA 焊球的连线由内部向边缘发散，称为扇出型（Fan-Out）封装。与扇入型封装相比，扇出型封装利用更大的基板提供更多的焊球，具有更多的管脚数量，但是必须将晶圆切割为管芯后对每个管芯单独操作，封装效率低、成本高。

(a) 扇入型封装
(b) 扇出型封装

图 8-67 扇入和扇出型封装结构

20 世纪 90 年代中后期出现了晶圆级芯片规模封装（WLCSP）技术，在管芯切割前以晶圆为单位，以倒装芯片的方式将晶圆上所有管芯与大面积的基板进行连接，模塑后再切割为单个的芯片。这种封装方式对整个晶圆进行操作，可以大幅度提高封装效率、降低封装成本。由于在管芯切割以前进行封装，封装基板的尺寸无法大于管芯尺寸，因此属于扇入型封装。

随着 I/O 数量的增加，只在管芯范围内布置焊球的 WLCSP 无法满足需求。2001 年，Intel 开发了无凸点积层（BBUL）扇出型封装结构，如图 8-68 所示[142]。BBUL 将切割的管芯埋入有机基板的芯层内部，然后利用积层的方法在基板表面制造 RDL 连线层。BBUL 属于扇出型封装，在结构上具备了 FOWLP 的特点，但是将管芯嵌入基板芯层的方法与后来的 FOWLP 有所不同。与 FCBGA 封装相比，BBUL 厚度小、连线短，电学和力学特性好，可实现更高的数据传输速率并抑制芯片内部应力。

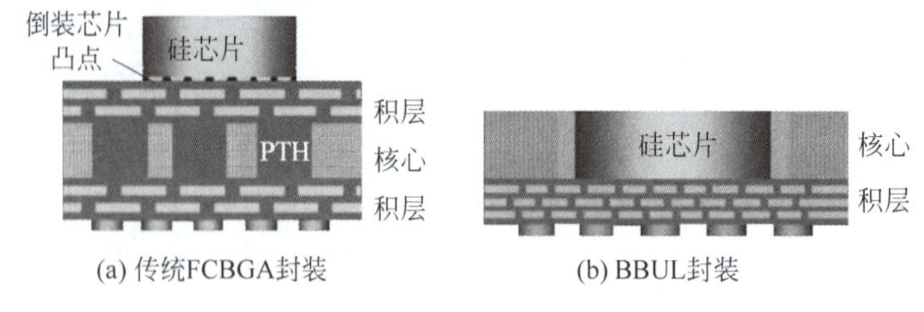

(a) 传统FCBGA封装　　(b) BBUL封装

图 8-68　无凸点积层封装结构

2005 年开始,3D-Plus[143]、Infineon[144-145] 和 Freescale[146-147] 先后报道了 FOWLP 技术。Infineon 和 Freescale 的方案分别称为嵌入式晶圆级球珊阵列(eWLB)和再分布芯片封装(RCP)。FOWLP 把切割后的多个管芯拉开间距后布置在一个载板上,通过模塑将多个管芯重构为一个晶圆,然后在重构的晶圆制造 RDL 层和焊球,最后去除载板与基板封装,如图 8-69 所示。管芯距离增大使管芯下方的基板面积大于管芯面积,基板上 BGA 焊球的范围不受管芯大小的限制,可实现扇出型封装,而对重构的晶圆进行封装操作保持了晶圆级封装的高效率和低成本。

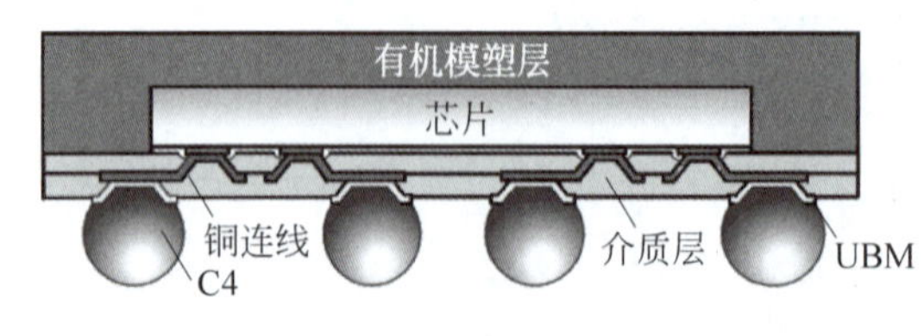

图 8-69　FOWLP 结构

2007 年起,eWLB 先后授权给 ASE、STATS ChipPAC(2015 年被 JCET 收购)和 Nanium(2017 年被 Amkor 收购),RCP 也许可给 Nepes 建立 300mm 的生产线。由于有机基板优异的高频特性以及短互连极小的寄生参数,FOWLP 广泛应用于移动电子和无线射频芯片的封装,如基带处理器、射频收发器、电源管理、毫米波、NFC、MCU 和存储器、RF MEMS 等,包括 Infineon 的 RXN77xx、Qualcomm 的 WCD9335、Cypress 的 CY8C68237FM 等大量产品都采用了 FOWLP 封装。

随着 2016 年 Apple 采用 TSMC 的 InFO 技术推出 A10 处理器,FOWLP 开始应用于高性能和多芯片集成领域。FOWLP 中的 RDL 位于芯片与封装基板之间,可将其视为有机插入层,因此 FOWLP 也可以视为有机插入层集成。RDL 具有多层平面互连和垂直过孔,因此 FOWLP 具有 2.5D 插入层几乎相同的功能,可以部分取代硅基 TSV 插入层。

8.4.3.2　FOWLP 制造方法

FOWLP 的制造方法可分为 Chip First(也称 Mold First)和 Chip Last(也称 RDL First)两类,如图 8-70 所示[148]。Chip First 首先利用模塑将芯片重构为晶圆,然后在模塑层上制造 RDL,主要流程包括:①在载板上涂覆可加热释放或激光释放的临时键合层;②将芯片固定在临时键合层上;③对所有芯片进行模塑;④去除载板后重构为一个大面积的圆片;⑤以重构的圆片为单位,利用积层和电镀等在芯片表面制造介质层和互连组成的 RDL 层以及焊球,最后切割。Chip Last 首先在载板上制造 RDL 层,然后在 RDL 层上布置芯片并模塑,主要流程包括:①首先在载板上涂覆释放层;②通过积层和电镀等制造 RDL 层;③以倒装芯片的方式固定芯片;④模塑重构为圆片;⑤去除载片后再制造焊球,最后切割。

根据芯片表面(带有金属凸点的表面)的方向不同,Chip First 方法又分为面朝下和面朝上两种。面朝下是指将芯片表面朝下固定在载板的释放层上,模塑后拆解载板,此时芯片的表面直接外露,然后在芯片表面制造 RDL 和 BGA 焊球[149-150]。面朝上是指芯片的表面

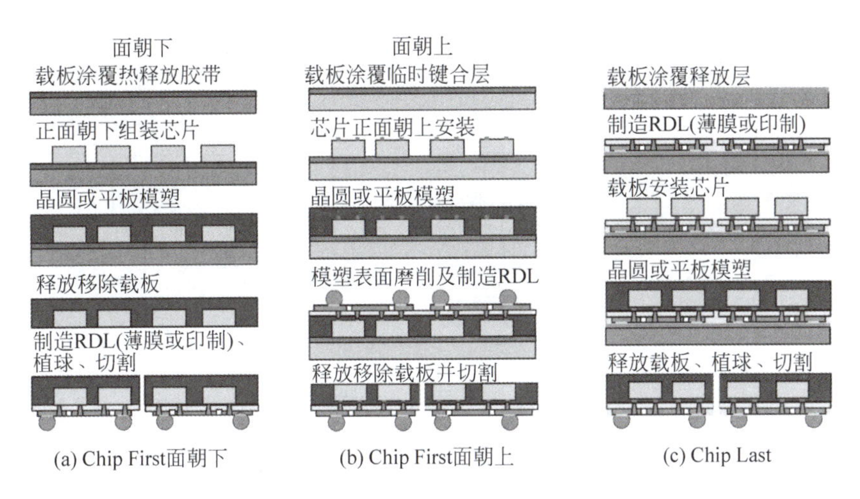

(a) Chip First面朝下　(b) Chip First面朝上　(c) Chip Last

图 8-70　FOWLP 流程

朝上固定在载板的释放层上，模塑后芯片表面被模塑层所覆盖，需要利用机械研磨减薄模塑层，将芯片表面的金属凸点或焊盘暴露出来，最后制造 RDL 和焊球。

这两类方法有各自的优缺点和适用范围。Chip First 面朝下的方案中，芯片的凸点与插入层焊球之间的互连长度短，而 Chip First 面朝上和 Chip Last 方法中凸点需要一直延伸到 RDL，并且在芯片下方有一层有机层，使互连间产生寄生电容，影响高频性能。Chip First 面朝上的方法中，芯片表面和背面完全暴露，具有更好的散热能力。Chip First 的主要缺点是模塑时很容易出现重构圆片翘曲和芯片移位，使后续光刻制造 RDL 时出现位置偏差，对多芯片集成的适用性较差，更适合 I/O 数量小于 500 且最小线宽和间距为 5～8μm 以上的应用。Chip First 面朝下避免了制造金属凸点和背面减薄，成本更低；但是溅射粘附层和铜种子层时，模塑层释放的气体可能产生杂质或腐蚀金属，影响电导率和长期可靠性，需要在模塑层允许的温度下进行除气处理。

Chip Last 方法中，RDL 直接制造在刚性和平整的载板表面，可实现精细布线，线宽和间距最小可达 2μm。此外，芯片通过大量凸点与 RDL 键合，可以在一定程度上抑制模塑过程的芯片移位，即使发生 RDL 移位和芯片移位，二者也是同步发生的，相对位置偏差较小。Chip Last 方法的主要缺点需要制造金属凸点与倒装芯片连接，增加了成本。

FOWLP 以常规硅晶圆或玻璃作为辅助载板，无论是室温还是 260℃，FOWLP 的翘曲只有 FCPOP、FCBGA 和 EDS 等形式的 25%～40%甚至更低[151-153]。FOWLP 还可以使用平板玻璃作为载板，将载板面积提高到 600mm×600mm 甚至更大，大幅提高封装效率[148]。FOWLP 的难点是由于热膨胀系数失配带来的翘曲问题，另外芯片在贴片和塑封过程中以及塑封后翘曲都会导致位置偏移[154]。

8.5 插入层翘曲

插入层集成包括薄芯片、插入层、有机基板、下填充材料和金属凸点及焊球，这些结构在尺寸和厚度、材料热膨胀系数和弹性模量等方面有很大的差异，在制造和温度变化时产生明显的热失配，导致各部分出现较大的残余应力和翘曲。如图 8-71 所示，集成后硅插入层和基板都产生了显著的翘曲变形。过大的翘曲变形不仅给制造带来困难,而且对可靠性产生影响,可能导致金属凸点剥落、芯片碎裂、低介电常数介质层碎裂等严重的问题[155]。因此,抑制插入层的翘曲变形对制造过程的成品率和应用过程的可靠性都有极为重要。

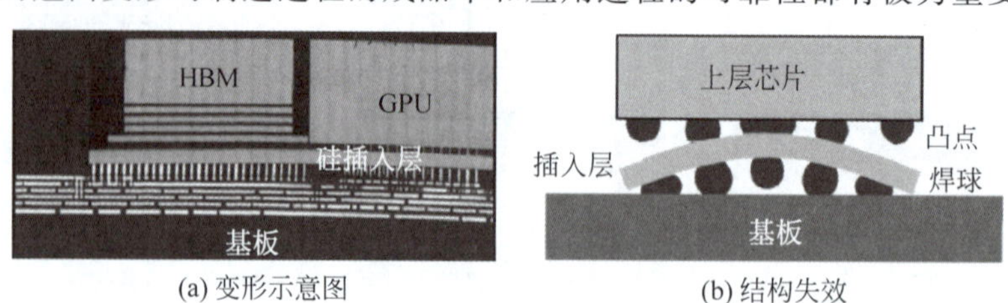

(a) 变形示意图　　(b) 结构失效

图 8-71　硅插入层翘曲

热变形包括离面翘曲变形和面内伸展变形。通常插入层和芯片的厚度与面积相比很小,可以将其视为薄板结构,因此热膨胀引起的应力以面内应力为主,面外应力可以忽略。离面翘曲是由于插入层或芯片上下表面的面内应力不相同而导致的,即上下表面的拉伸或压缩程度不一致而产生的非对称变形。因此,尽管翘曲表现为插入层或芯片产生垂直主平面的变形,其产生原因仍是面内应力。

8.5.1　翘曲的产生和抑制

插入层集成所包含的器件和材料种类多、材料的理化特性差异大,加之插入层制造和集成的过程复杂,产生插入层翘曲的原因相互影响,导致插入层的翘曲是一个非常复杂和难以稳定控制的问题。

8.5.1.1　翘曲的产生原因

产生插入层翘曲的主要因素包括材料的多样性、结构的非对称性和制造过程形态的变化。材料的多样性是指插入层集成系统包括了多芯片、插入层、封装基板、金属凸点和焊球、底部填充和模塑材料,如图 8-72 所示。这些材料的理化性质有很大的差异,在相同外力和温度的作用下产生不同程度的变形和膨胀。尽管玻璃和有机芯层材料的热膨胀系数已经非常接近硅,但是仍存在差异,而底部填充材料和模塑材料为高分子聚合物,热固化过程的形态变化产生强烈的应力,并且其热膨胀系数与插入层和芯片差异很大,这两种材料对热变形

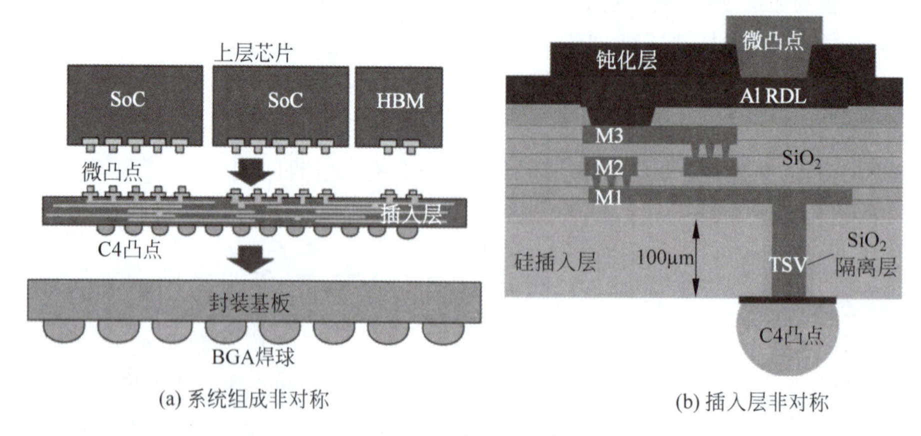

(a) 系统组成非对称　　(b) 插入层非对称

图 8-72　非对称结构

的影响非常显著。此外,集成后的系统结构和材料是非对称的,即使插入层自身是非对称的,也会由于不同程度的面内变形产生面外翘曲。

插入层材料对翘曲的影响程度非常显著,插入层材料与硅芯片的热膨胀系数差异越大,翘曲程度越显著。对于长宽高为18.4mm×18.4mm×150μm的插入层和10mm×10mm×200μm的芯片,当分别采用热膨胀系数为20ppm的有机插入层、2.6ppm的硅插入层和3.8ppm的玻璃插入层时,其翘曲分别为97.4μm、6.1μm和17.5μm。因此,硅作为插入层有助于减小翘曲。除了插入层材料,插入层上介质层的材料和厚度、沉积方法以及热处理温度都会影响插入层自身的翘曲[156]。

插入层的翘曲程度受芯片尺寸和厚度以及插入层厚度的影响。通常随着芯片尺寸的大或厚度的减小,插入层的翘曲程度增大。插入层厚度对翘曲的影响较为复杂,翘曲先随着插入层厚度增大而增大,当插入层与芯片的厚度比为0.6~0.8时,翘曲程度达到最大,如图8-73所示[157]。进一步增加插入层的厚度,翘曲程度减小。翘曲最大值对应的插入层与芯片的厚度比随着插入层材料、下填充材料和金属凸点等因素变化,但是翘曲都会在一定厚度比的情况下达到最大值。

图8-74为玻璃插入层和芯片的翘曲随温度的变化关系[157]。凸点键合和下填充在高温下完成,高温下插入层和芯片处于自由伸展状态。当温度降低到室温时,玻璃插入层的热膨胀系数和收缩程度都大于硅芯片,但是插入层的上表面受硅芯片的限制,收缩程度小于下表面,即玻璃上表面相对下表面被拉长,出现上凸翘曲。随着温度的升高,翘曲程度逐渐减小,当温度达到下填充材料的玻璃化转变温度150℃时,下填充材料开始流动,翘曲几乎降低为0。温度进一步升高,下填充材料对插入层和硅芯片的束缚基本消失,二者按照各自的特性膨胀变形,但由于二者并非理想对称,会出现反向翘曲,但程度很小。

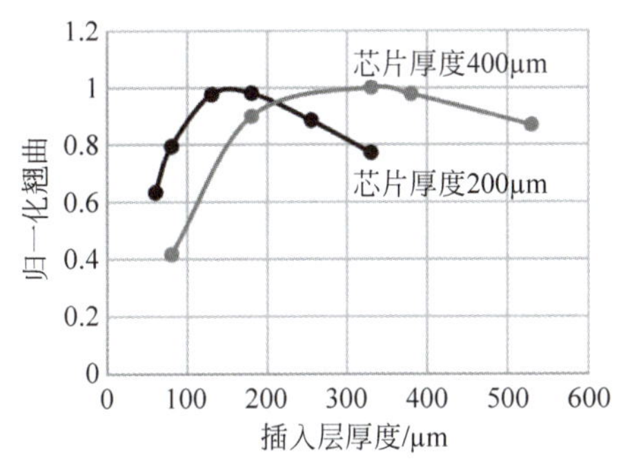

图8-73 插入层厚度对翘曲的影响

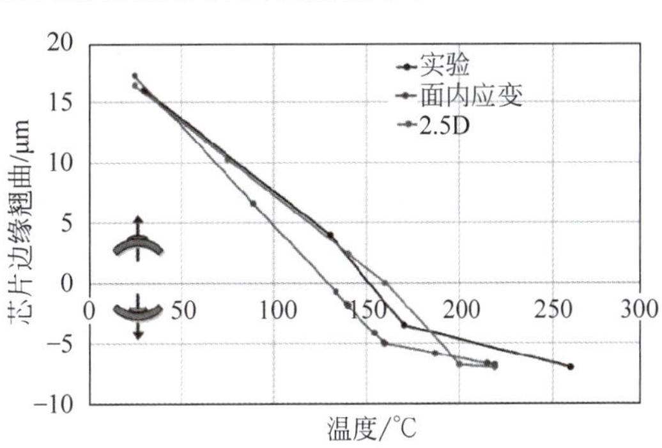

图8-74 温度对翘曲的影响

由于有机材料、硅和玻璃的热膨胀系数差异,将芯片、插入层和有机基板集成后会产生不同的翘曲。如图8-75所示[158],芯片与插入层集成后的翘曲为34μm,而插入层与基板集成的翘曲为340μm。由于翘曲远超过芯片凸点的高度,因此若首先将插入层与有机基板集成,可能导致芯片与插入层无法键合的情况,必须先将芯片与插入层集成后,再与有机基板集成。

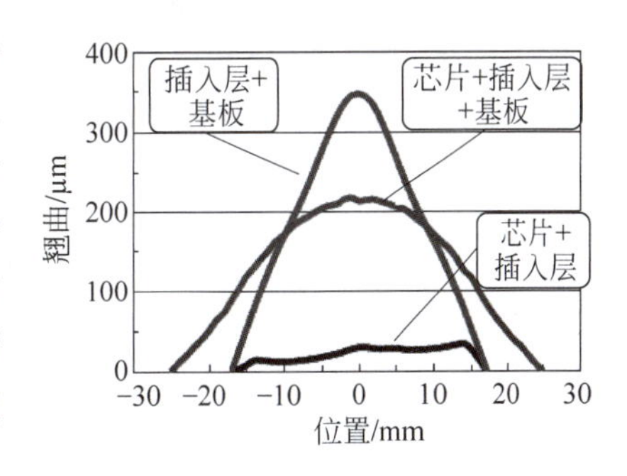

图8-75 翘曲对集成顺序的影响

8.5.1.2 降低翘曲的方法

降低翘曲简单有效的方法是采用对称的结构布置,使集成后的结构从上到下是对称的。即使各层之间的热膨胀程度不同,如果整体结构从上到下是对称的并且每层也是对称的,即整体结构和每层结构都存在上下对称面,则整体结构和每层的热膨胀均为平面内的对称伸展,仍可以减小甚至避免翘曲。例如,只在插入层上表面集成芯片时,热膨胀时热应力无法平衡。如果采用整体结构是上下对称的芯片-插入层-芯片结构,可以有效减小翘曲。AMD采用TSMC 3D Fabric集成工艺制造的Ryzen 5950x移动处理器,在插入层两端各增加了2个用来平衡应力的结构芯片。

芯片自身结构的非对称性也影响翘曲,但是芯片的非对称性相对整体结构非对称性的影响较小。插入层自身的结构和工艺对翘曲有显著的影响,特别是TSV残余应力、两侧RDL对称性、键合结构对称性等。IMEC从更为细观的PMD厚度、M1金属厚度和IMD介质层应力方面对300mm插入层翘曲进行优化,获得了良好的效果,如表8-6所示[155]。

表8-6 改进插入层工艺抑制翘曲

方法	PMD厚度	M1厚度	IMD应力
常规方案	 10×100μmTSV带有标准PMD 600nm氧化层 80nm SiC 300nm SiO Si TSV PMD 基板	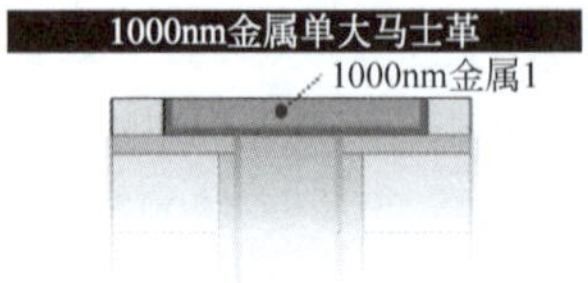 1000nm金属单大马士革 1000nm金属1	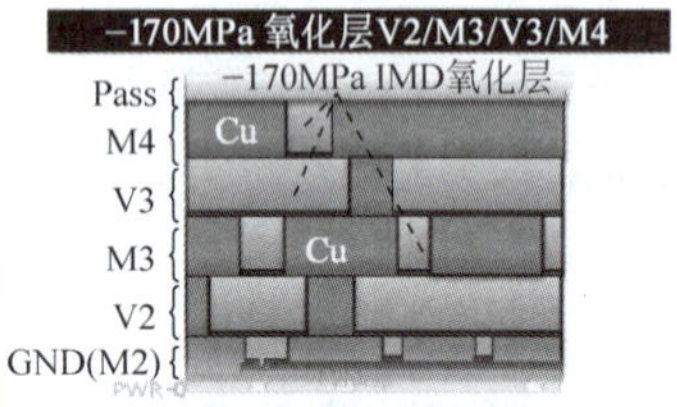 −170MPa氧化层V2/M3/V3/M4 Pass −170MPa IMD氧化层 M4 V3 M3 V2 GND(M2) Cu Cu
改进方案	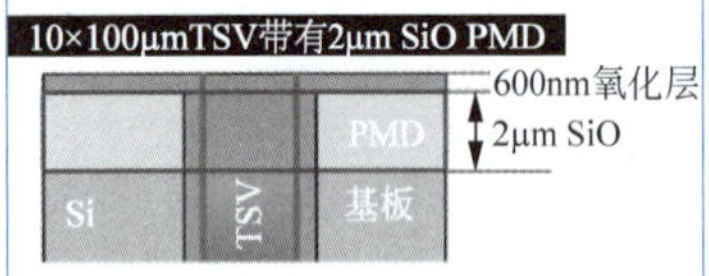 10×100μmTSV带有2μm SiO PMD 600nm氧化层 2μm SiO Si TSV PMD 基板	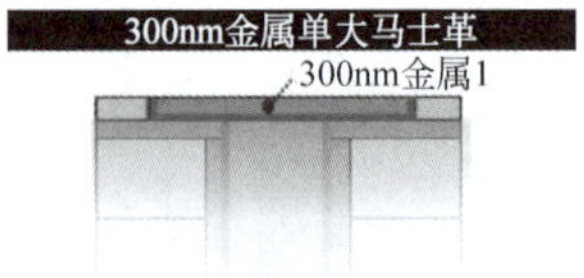 300nm金属单大马士革 300nm金属1	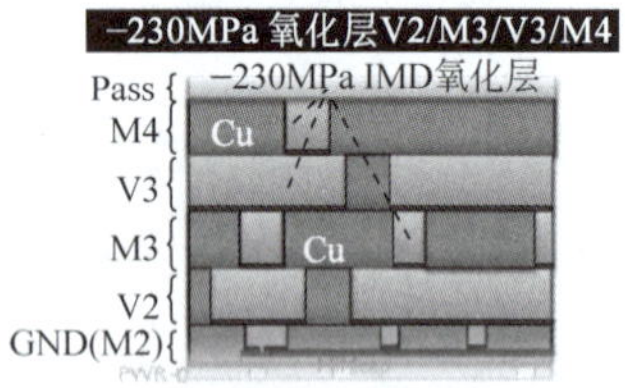 −230MPa氧化层V2/M3/V3/M4 Pass −230MPa IMD氧化层 M4 V3 M3 V2 GND(M2) Cu Cu
改进效果	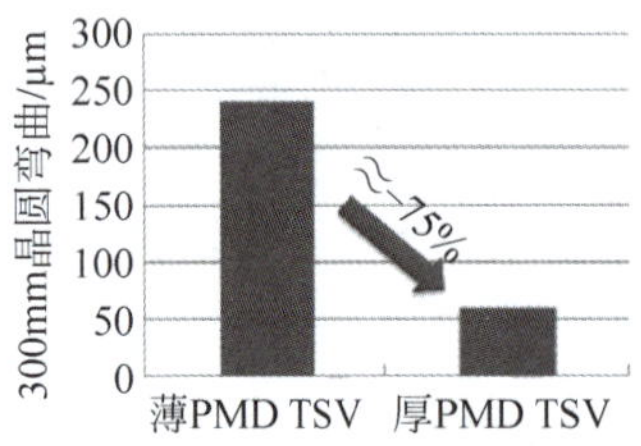 300mm晶圆弯曲/μm 0 50 100 150 200 250 300 薄PMD TSV 厚PMD TSV ≈−75%	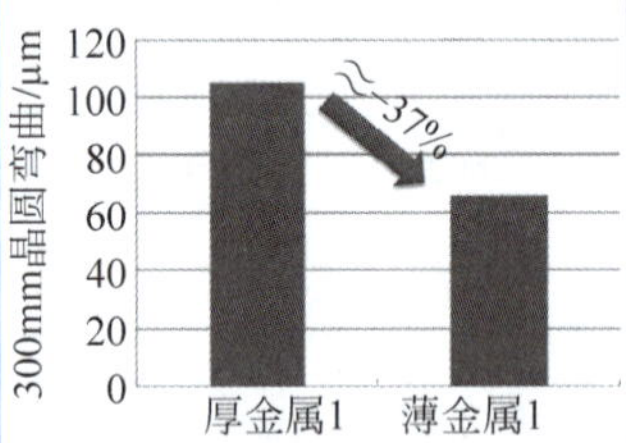 300mm晶圆弯曲/μm 0 20 40 60 80 100 120 厚金属1 薄金属1 ≈−37%	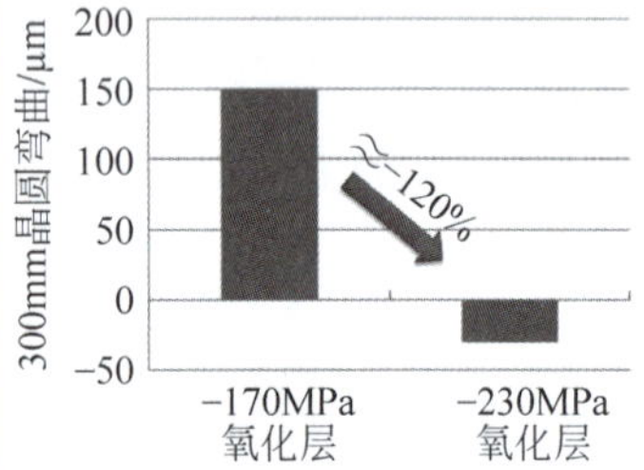 300mm晶圆弯曲/μm −50 0 50 100 150 200 −170MPa氧化层 −230MPa氧化层 ≈−120%
翘曲随工艺过程的变化	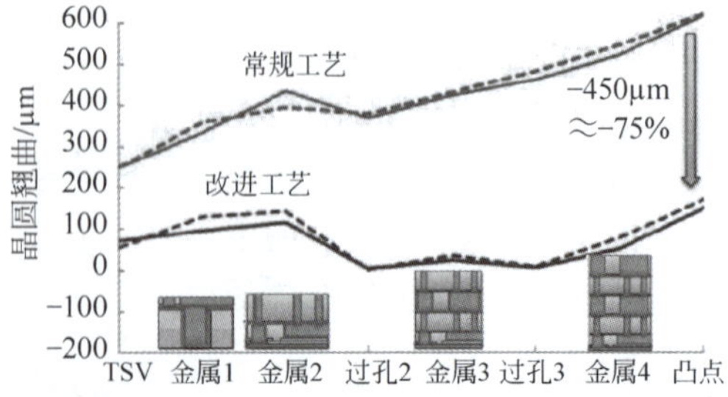 晶圆翘曲/μm −200 −100 0 100 200 300 400 500 600 常规工艺 改进工艺 −450μm ≈−75% TSV 金属1 金属2 过孔2 金属3 过孔3 金属4 凸点		

对于面积较大的插入层，翘曲程度显著增大，影响上下表面凸点的键合，特别是与芯片连接的微凸点密度高、直径小、高度小，必须抑制插入层翘曲才能保证键合质量。IBM开发了专用的真空辅助吸盘用于校正插入层的翘曲[159]。通过真空吸盘校正插入层的翘曲使其达到平整，然后与芯片键合。

8.5.2 翘曲分析方法

插入层系统结构复杂，理论分析难以实现，只能采用有限元计算的方法进行分析。由于插入层内结构的尺度跨度大、材料种类多特性复杂，而且与工艺方法高度相关，即使采用有限元计算，也需要对系统的结构和材料做适当的简化，导致分析结果与实际情况存在较大的差异，难以精确分析翘曲的特性，只能粗粒度地研究变化趋势。

8.5.2.1 有限元计算

研究插入层的翘曲的常用手段包括有限元分析和测量。有限元分析可以通过数值计算得到应力和应变，能够定量分析整体、局部或细节的热力学特性，在翘曲研究中广泛应用[160-162]。有限元分析通过构建模型，给定材料的力学和热膨胀特性，计算温度变化情况下插入层和芯片的应力、应变及变形。有限元方法简单易用，可以分析复杂系统，能够深入研究局部力学特性以及温度变化过程的热力学动态特性，并有助于分析变形和失效的机理，是翘曲研究的主要手段。但是，有限元的结构模型和材料特性往往与实际情况有差异，导致分析结果与实际情况的差异。因此，有限元分析的结果一般需要利用测量进行验证，以确定模型和材料特性与实际情况的接近程度。

有限元分析的对象包括插入层、芯片、封装基板、下填充层和金属键合凸点，以及模塑层、硬化层和封装外壳等。由于材料种类多特性复杂，加上结构尺寸跨度大，可能导致有限元模型复杂，计算负担过重，甚至可能出现计算不收敛或计算错误。因此，有限元模型应根据情况进行一定程度的简化。

有限元模型可以分为2D模型和3D模型，以及介于二者之间的2.5D模型。2D模型只考虑结构截面的情况，即只包括截面水平方向和垂直方向的结构变化，不考虑纵深的变化，认为纵深方向与截面相同并且无限延展，如图8-76所示[157]。这种简化可以大幅降低计算量，但是与实际情况差异很大。如果插入层和芯片结构是对称的，在2D模型中只需要考虑对称轴一侧的结构，可以减少50%的计算量。3D模型则将水平、垂直和纵深方向的结构变化都反映在模型中，因此模型在坐标的三个方向上都是有限的。尽管利用对称性可以简化计算量，但是3D模型的计算量非常大。2.5D模型除了包括截面的水平和垂直方向外，还

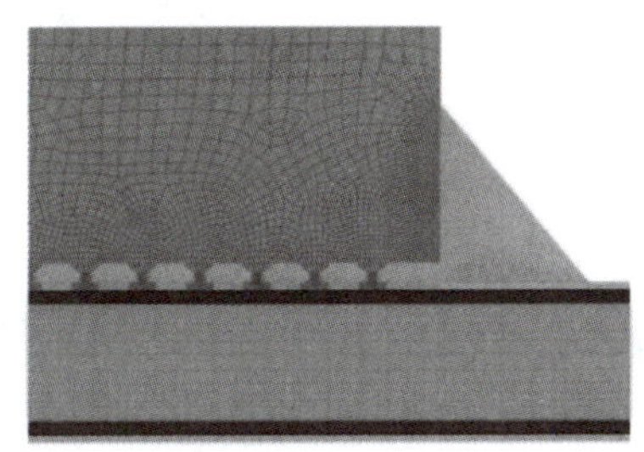
(a) 2D模型

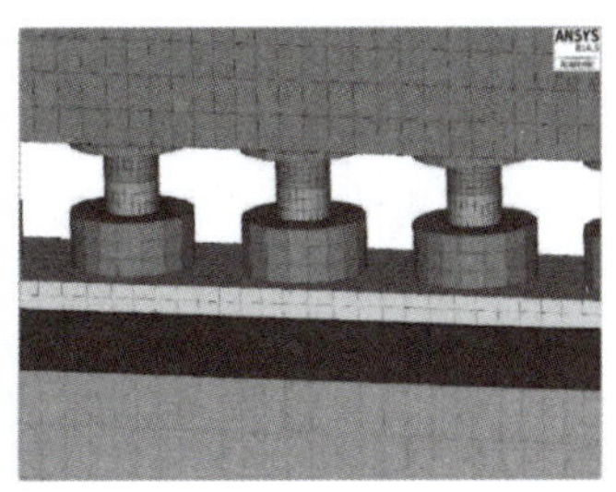
(b) 2.5D模型

图8-76 有限元模型

考虑纵深方向的结构。尽管与实际情况仍有差别,但是 2.5D 模型已经能够反映纵深方向上的结构变化,只是认为纵深方向是模型厚度的无限重复。

在模型的基础上,有限元计算需要给定材料的物理和力学特性,包括弹性模量、泊松比和热膨胀系数等,对于高分子材料还包括玻璃态转变温度等。有限元分析的复杂性表现在材料的特性基本都是温度的函数,并且在一定温度下表现为非弹性的性质,需要非常多的参数描述,这些参数往往需要通过实际测量获得。此外,多数材料是各向异性且非均匀的,完全考虑这些性质导致计算过程极度复杂甚至不可实现,因此往往简化为各向同性处理。表 8-7 为常用封装材料的典型参数[163]。

表 8-7 封装常用材料参数

	温度/℃	弹性模量/GPa	热膨胀系数/(ppm/℃)	玻璃化转变温度/℃	泊松比
封盖	—	110	17.4	—	0.343
热界面材料	—	0.00053	71	−120	0.4
逻辑和插入层	—	130	3.3	—	0.28
EMC	−55	16	8	150	0.3
	140	16	8		
	160	1.3	25		
	300	1.3	25		
下填充(微凸点)	−55	6.7	31	120	0.35
	110	6.7	31		
	130	0.1	120		
	300	0.1	120		
下填充(C4 凸点)	−55	11	26	120	0.36
	110	11	26		
	130	0.2	90		
	300	0.2	90		
基板	24	33.4	13.2	—	0.39
	150	28.7			
	175	24.7			
	200	18.6			
盖板	−55	0.03	28	42	0.35
粘合剂	32	0.03	28		
	52	0.03	101		
	300	0.03	101		

与温度相关时,需要考虑材料参数随温度的变化关系,包括弹性模量、热膨胀系数和泊松比都会随着温度而变化。这种变化不仅是非线性的,还与制造方法有关,如电镀铜和焊球材料表现为粘弹性。材料的粘弹性可以用 Anand 本构模型描述,考虑温度、应变率、应变率历史以及应变增强等因素的影响,非弹性应变速率 ε 可以表示为

$$\varepsilon = A\exp[-Q/(RT)][\sinh(\xi\sigma/s)]^{1/m} \tag{8.1}$$

式中:A 为常数;Q 为激活能;R 为气体常数;T 为绝对温度;m 为应变率敏感指数;ξ 为应力因子;s 为内部状态变量。部分常用材料的这些常数可以在文献中查到,如表 8-8 为 $Sn_{96.5}Ag_{3.5}$ 的 Anand 模型常数,但很多材料的上述参数需通过不同温度和应变率下的绝热应力应变拉伸试验测试得到。Ansys 等常用计算软件提供了 Anand 模型,计算时只需要提

供模型的常数即可。

表 8-8 $Sn_{96.5}Ag_{3.5}$ 的 Anand 模型常数

定　义	符　号	单　位	数　值
指数函数的常数	A	s^{-1}	2.23×10^{-4}
激活能	Q/R	K	8900
应力系数	ξ		6
应力的应变率敏感度	m		0.182
变形阻力饱和值系数	$\hat{s}$	MPa	73.81
饱和值的应变率敏感度	n		0.018
强化系数的应变率敏感度	a		1.82
强化系数	h_0	MPa	3321.15
s 的初值	s_0	MPa	39.09

有限元分析与实际情况的差异，主要是由有限元模型和材料参数与实际情况的差异导致的。由于制造工艺的问题，实际结构的大小及形状并非理想的，如凸点形状和大小的差异、高分子材料的均匀性，以及键合位置偏差等，这些随机性的工艺波动难以用有限元模型体现。不同材料界面之间的结合强度的真实情况也难以获得，一般视为理想情况，但实际上由于缺陷或应力，焊球与介质层、介质层与芯片以及键合界面等结合情况并非理想，甚至与理想情况差异很大。此外，材料常数都随着温度而变化，而且材料参数往往是从宏观体材料测得的，但薄膜材料的特性与宏观情况并不一致，因此准确获得材料的温度特性是比较困难的。有机材料和铜等表现出一定的粘弹性特性，即温度引起的变形不能完全回复，而体现粘弹性的材料参数难以准确测量。最后，插入层需要与芯片和基板等经过键合、下填充和模塑集成后达到最终状态，有限元计算涉及的材料多、结构复杂。

8.5.2.2 翘曲测量

翘曲测量对于评估芯片应力和可靠性非常重要，也是验证有限元计算的手段。翘曲是离面的变形，通常采用光学三维形貌测量方法进行测量，如白光干涉法[164]、阴影云纹干涉法[165-167]、泰曼-格林干涉法、数字图像相关[168-170]等。翘曲出现在整个芯片甚至晶圆上，这些方法多数利用干涉原理测量光程差实现对大范围内翘曲的测量。当两束相干光之间的光程差发生变化时，干涉条纹产生移动，通过干涉条纹的移动量可测量几何长度的变化。

白光干涉基于迈克尔逊干涉仪，差异在于参考镜后方安装有压电陶瓷驱动器，且以被测表面代替另一个反射镜，如图 8-77 所示。白光由多个频率的单色光构成，相干性较低，其中单色光干涉条纹的对比度在任意光程差内是恒定的。低相干白光的所有谱线都会产生一组干涉条纹，除了在零相差位置外，这些干涉条纹存在相互偏移，叠加的结果使整体条纹对比度随光程差的增加而迅速衰减，形成一个干涉波包，两侧衰减很快。通常产生干涉的范围只有数微米，通过压电驱动器带动参考镜在垂直方向产生

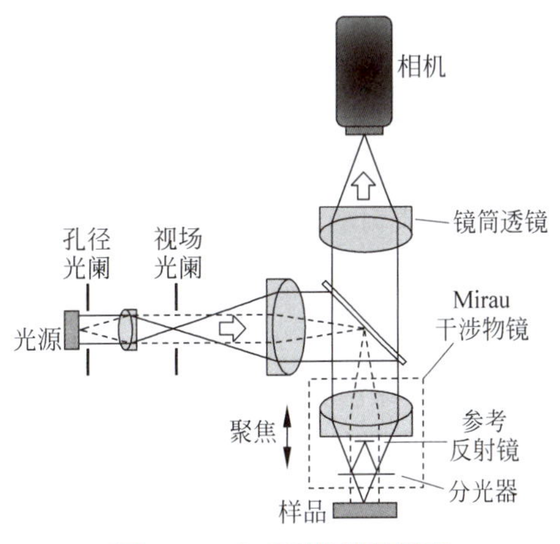

图 8-77 白光干涉测量原理

几十纳米步长的移动,被测样本表面的不同高度平面就会逐渐进入干涉区。如果在充足的扫描范围内进给,被测样本表面的整个高度范围都可以通过最佳干涉位置,从而测量高度分布。

云纹干涉法利用两组条纹相重叠后产生的新图样,具有全场测量、分辨率高、可动态测量等优点,广泛用于芯片面内变形和离面变形的测量。铜环采用两个等间隔平行线栅作为条纹组来产生云纹,其中一个光栅作为参考光栅保持不变,另一个光栅作为变形光栅随试样变形,二者重叠后产生的云纹带有变形信息。图 8-78 为点光源阴影云纹法原理[165]。在被测量的芯片上方放置一个光栅作为参考光栅,点光源 S 照射参考光栅,参考光栅与其阴影在芯片表面产生莫尔条纹。通常器件表面喷涂一层白色,以获得均匀的漫反射。表面高度差异 W 和条纹级数 N 的关系为

$$W=\frac{g}{\tan\alpha+\tan\beta}N=\frac{gL}{D}N \tag{8.2}$$

式中：D 为光源与相机的间距；W 和 N 对每个位置各不相同。尽管入射角 α 和可视角 β 对每个视场内的每个位置都是变化的,但是对每个位置这两个角度的正切值是恒定的,因此整个视场内的系数是一致的,即与 gL/D 有关。

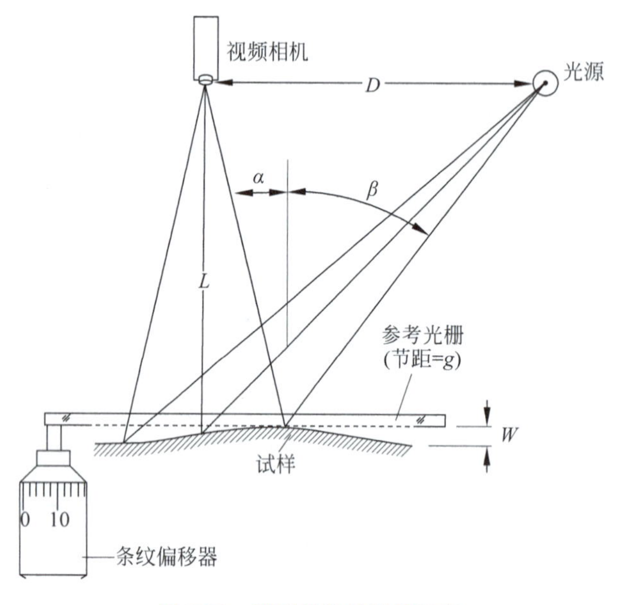

图 8-78　阴影云纹法测量原理

干涉测量要求有相干光源和光栅,成本高、实施复杂且测量易受外界振动的影响。数字图像相关技术是一种非干涉测量技术,它利用物体表面随机分布的斑点或伪随机分布的人工散斑场作为变形信息载体,通过对比物体变形前后的图像强度并利用相关算法进行图像处理来获得表面变形信息,是一种适用全场位移、应变、变形和运动测量的方法。由于直接处理数字图像,随着技术的不断发展,数字图像的分辨率和清晰度不断提高,目前数字图像相关的分辨率可达 1/64000 视场。

参考文献

第 9 章

芯粒集成技术

集成电路发展到 10nm 技术节点以后，在技术、经济性和市场等方面都遇到了很大的挑战。尽管特征尺寸仍在继续缩小，但发展速度逐渐滞后于摩尔定律的预期。在技术方面，特征尺寸的减小需要不断引入新结构、新材料、新设备和新工艺，技术难度越来越大，发展速度越来越慢。在经济性方面，先进工艺的设备投入以及芯片设计和制造的成本越来越高。目前 5nm 工艺的生产线投入高达 150 亿美元，芯片设计成本 5 亿美元。只有个别企业才有能力投入先进制程，只有少数产品才值得使用先进制程。此外，人工智能等新兴市场对芯片需求种类多、变化快，而传统多功能芯片产品极度复杂，设计和测试周期长、制造成本高、成品率低。这种势大力沉的技术发展模式无法满足快速多变的市场需求。

近年来，芯粒技术的发展为集成电路领域开辟了新的发展方向。芯粒技术是通过简单的模块级集成电路硬件的复用与重构，快速开发多功能复杂芯片系统。芯粒概念的出现可以追溯到 1965 年，Intel 创始人 G. Moore 在 *Electronics Magazine* 上发表的文章中，不仅预言了摩尔定律，同时也提出了芯粒集成的概念"It may prove to be more economical to build large systems out of smaller functions, which are separately packaged and interconnected"[1]。尽管芯粒集成的概念出现很早，但在后来 SoC 的高速发展期，这一概念并未引起重视。1996 年，加州大学伯克利分校的 A. Abnous 和 J. Rabaey 提出一种用于重构逻辑、互连、存储和处理器的模块式架构[2]，并在 2000 年实现了原型验证[3]。

2005 年以后，2.5D 和 3D 集成技术的出现为芯粒的发展做好了技术准备。2012 年，Xilinx 推出首款采用芯粒技术的产品 Virtex 7 2000T FPGA[4]，通过硅插入层集成 4 个 28nm 工艺的 FPGA 芯片，解决了大面积芯片成品率低的问题，成为芯粒的标志性进展。随后多种采用芯粒技术的产品推向市场，如 2014 年 Samsung 的 CPU 与 DRAM 三维集成的 Exynos、2015 年 AMD 集成 GPU 和 HBM 的 Radeon R9 Fury X、2015 年 Marvell 基于 MoChi(Modular Chip)的 CPU AP806 等。2016 年，DARPA 启动 Common Heterogeneous Integration and IP Reuse Strategies(CHIPS)项目，推动了芯粒基础理论和技术的发展，特别是集成方案、硬件 IP 复用方法和设计工具。

从 2017 年开始，多种采用芯粒技术的高集成度和高性能的 GPU、CPU、FPGA 和射频等产品快速发展，促进芯粒技术成为集成电路的主流技术之一。AMD、ASE、TSMC、Intel 等先后推出了多种集成技术、系统架构和协议标准，如 TSMC 的 3D Fabric 制造技术、AMD 的 X3D 处理器架构、HBM 集成 GPU/CPU 产品、Intel 的 EMIB 和 Foveros 集成技术以及 AIB 协议标准、Marvell 的多芯片集成架构 MoChi、IBM 的高性能处理器架构 zCPU 以及 zGlue 等。在产品领域，多芯片集成的 CPU、GPU 和 FPGA 产品相继推向市场，如 2017 年 AMD 的高性能 CPU EYPC、2017 年 Intel 的 FPGA Stratix 10、2018 年 IBM 的服务器 CPU

Power8、2020 年 Intel 的移动 CPU Lakefield x86、Nvidia 的 GPU A100 和 Leti 的 96 核 CPU,以及 2022 年 Intel 的 48 核高性能 CPU Sapphire Rapids 等。

根据 Yole 的预测,全球芯粒集成和封装的产值将从 2021 年的 73.7 亿美元增长到 2027 年的 239 亿美元,采用芯粒技术的处理器类产品的产值将从 2022 年的 620 亿美元增长到 2027 年的 1800 亿美元,其中采用插入层 2.5D 集成和 3D 集成的产品占比在 75%以上。需要注意的是,有些多芯片集成并不符合芯粒是功能和结构单一的小芯片这一特点,但目前并不严格区分多芯片集成和芯粒集成。

9.1 芯粒的概念与结构

9.1.1 芯粒的基本概念

芯粒(chiplet,也称小芯片)是指特定或单一功能的集成电路芯片。与 SoC 芯片相比,其集成规模和芯片尺寸更小。将多个芯粒通过系统集成的方式组成功能更全、性能更高、经济性更好的复杂芯片系统,这一过程称为芯粒集成,如图 9-1 所示。芯粒技术的实现过程与搭积木类似,首先构建结构简单、功能单一、性能稳定的基础电路芯片,然后按照需求将多个芯片组合集成为多功能芯片系统。芯粒技术的思路与软件开发中的子程序类似,多个功能单一、高效、稳定的子程序由主程序调用和协调,共同组成一个大系统完成复杂功能。

图 9-1 芯粒概念与结构

芯粒技术具有以下几个特征:①通常芯粒具有较为单一或简单的功能或单一的制造方法,以最经济的制造技术(非最先进的制造技术)实现面积小、良率高、成本低的单芯片。②芯粒具有硬件 IP 的属性,通过多个芯粒共同组成一个多功能、高性能的芯片系统,实现模块级的芯片设计和制造,以及硬件 IP 的复用与重构。③多个芯粒间通过 I/O 接口实现高速数据传输,这是保证芯粒技术的根本,只有芯片间的数据传输速率得以保障,才能对系统功能进行专项和单一的分割。

芯粒的思想与 SoC 刚好相反,SoC 希望尽可能在同一个芯片上集成更多的晶体管实现多功能和高性能,而芯粒尽可能将多功能系统分割为多个单一功能的芯片分开制造,然后再通过系统集成的方式构建为多功能和高性能的芯片系统。

9.1.2 芯粒技术的优势

与 SoC 相比,芯粒具有以下显著的优点:①大幅降低复杂多功能芯片的设计和制造成本;②实现按需集成、搭积木式和快速灵活的芯片设计,达到快速响应市场需求的目的;③实现高性能、低功耗和小尺寸的芯片系统,满足应用对性能的需求。

在降低成本方面,芯粒技术通过优选芯片制造工艺、提高成品率以及节省设计成本等几方面降低芯片的开发和生产成本。在制造方面,芯粒针对不同的功能利用多层次的制造技术,选择性价比最高的工艺制程,避免制程浪费,特别是将模拟电路、电源和 I/O 等模块从非必要的先进工艺中分离出来可以显著降低成本。在开发方面,芯粒技术通过重复使用已有芯片降低开发成本。随着制造工艺节点不断发展,芯片设计成本也不断攀升,从 65nm 节点时的2400万美元猛增到5nm节点的近5亿美元，而单个晶圆售价高达15000美元。芯粒将多个功能模块分割，多个芯粒经过前期标准化设计后，后续重新设计和调整的成本低，从而大幅降低设计成本。

芯片的成品率随芯片面积减小和分割数量增加而提高，将大芯片分割为芯粒制造可以显著提高芯片的成品率，进而降低成本。根据Bose-Einstein成品率模型，在缺陷集中系数为2和成品率为90%的情况下，芯片成品率与面积大体遵循负指数关系，如图9-2所示。当采用ITRS常用的缺陷密度系数 $D=0.22/cm^2$ 时，该成品率理论曲线与AMD公布的实际数据吻合度很高，而 $D=1.0/cm^2$ 对应曲线也符合FPGA的情况。2012年，Xilinx将28nm工艺的777mm² 的大芯片分割为4个小芯片，理论成品率从26%提高到59%。此外，小芯片可以提高晶圆切割时边缘利用率，如Xilinx的晶圆利用率提高了10%。AMD将32核服务器处理器EPYC分割为4片8核的小芯片，尽管4个小芯片的I/O负担增大了10%，但由于芯片成品率提高并可以筛选后集成，制造成本降低了41%[5]。

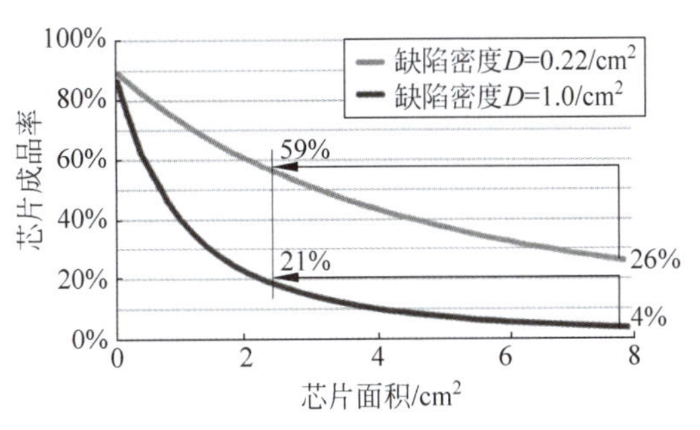

图9-2 芯片成品率与面积的关系

芯粒搭积木式的集成方法可以实现按需集成的快速灵活芯片设计。芯粒具有更加专一的功能，如逻辑计算、人工智能算法、图形处理器、高速I/O接口、存储器等。根据不同系统需求，以灵活的方式集成不同种类和不同数量的芯片，重构为复杂功能系统，如高性能计算侧重计算芯片和存储器容量，游戏侧重图形处理能力，移动应用侧重均衡和低功耗等，如图9-3所示。在满足应用对多功能需求的同时，芯粒集成大幅降低芯片的开发和制造周期，降低系统复杂性和可靠性验证时间，满足市场对产品开发速度的需求。由于采用既有芯片复用重构，很多市场容量较小的应用也可以在芯片的基础上采用部分先进工艺而提高性能。这一类似搭积木的发展模式，将集成电路发展的重点从依赖晶体管级不断缩小跃升为依赖系统的不断集成，使集成电路向着“积成电路”发展。

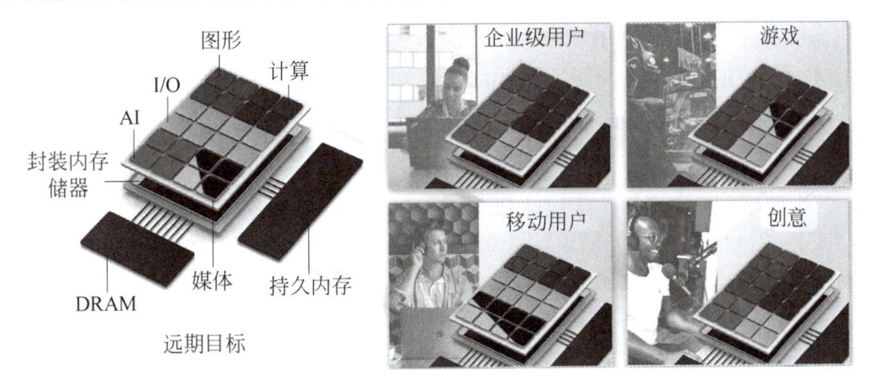

图9-3 按需灵活组合

芯粒可以实现高性能、小尺寸的芯片系统。多芯片的集成采用2.5D和3D的集成方式，可以获得很多平面电路无法实现的体积和性能优势。如图9-4所示，通过2.5D的方式将存储器与逻辑单元三维集成，通过插入层的高密度互连接口，可以实现二者之间的高带宽数据传输。例如将HBM与处理器集成可以将数据传输带宽提高到2TB/s，远超传统DRAM的数据传输能力，大幅提高系统的整体性能。部分芯片还可以通过高密度三维互连实现三维集成，进一步提高数据传输能力，并推动近存计算甚至融合计算的实现。

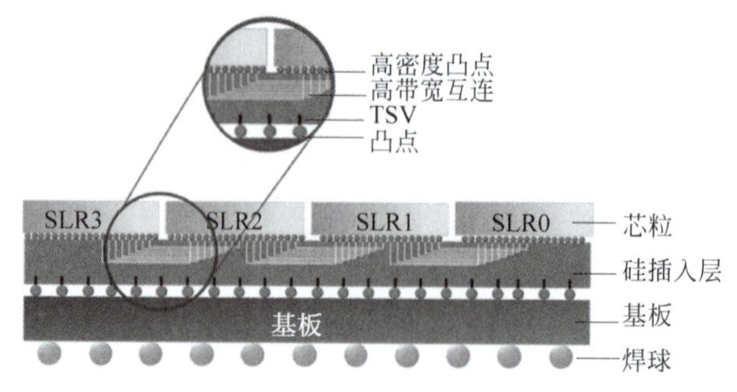

图 9-4　芯片间高密度互连

芯粒集成本质上是一种多芯片集成技术，但与传统的PCB板级或封装基板级的多芯片集成(SiP)相比，芯粒有两个显著的优势：①芯粒的功能更加单一和细化，单芯片的设计更加简单化，制造工艺按需选择，成本低、成品率高。②芯粒采用2.5D或者3D的方式集成，与PCB和封装基板相比，通过高精度的对准键合、高密度的微凸点和精细的平面互连，实现远高于PCB和封装基板级集成的芯片间数据传输速率和带宽。

芯粒技术也有一些缺点，主要体现在以下几方面。①系统总面积增大：由于部分芯粒采用低成本工艺制造，芯片面积有所增大。此外，芯粒间的互连占用约10%的系统总面积，TSV也需要额外2%～5%的芯片面积。上述原因导致2.5D集成时多个芯粒的总面积超过先进工艺制造的SoC的面积。②额外的制造成本：芯粒集成采用的2.5D和3D集成引入了额外的制造成本，某些情况下额外的制造成本可能抵消甚至超过芯片分割所带来的成本收益。③多芯片系统更复杂更庞大，需要新的设计、模拟和可靠性评估技术。

9.1.3　芯粒技术的实现

9.1.3.1　芯粒技术的实现方法

芯粒技术的实现过程包括芯片或功能的分割与多芯片的集成，如图9-5所示。基本流程包括：①单芯粒实现：从系统端出发，根据模块功能和制造技术将复杂功能分解，通过功能划分与芯片设计、选择优化的制造工艺，实现单一或特定功能的多种基础芯粒，如存储器、处理器、信号处理、数据管理、电源和匹配网络、无线通信以及I/O接口等模块芯片。②多芯粒集成：通过多芯片集成技术，将多个基础芯粒集成构建为由芯粒组成的芯片网络，实现芯片间的数据传输和通信，构建复杂多功能的芯片系统。

从更高层面上看，芯粒不是封装的概念，而是集成电路发展的一种新理念，这种新理念表现在从过去以硅芯片为中心的思维方式转变为以系统为中心的思维方式。这要求集成电路的设计、制造和封装都要以系统性能为目标，融合考虑芯片功能、设计、制造和集成，如图9-6所示[6]。因此，芯粒的设计要求从源头开始综合考虑芯片功能分割方案、芯片集成方法及可制造性、系统级仿真验证、测试方案与方法、电源分配网络及静电防护、系统级热传导

1. 芯粒相同功能模块分割与集成：成本和良率驱动

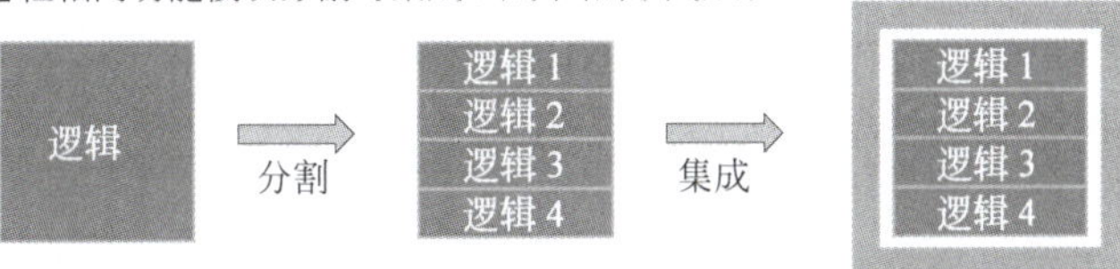

2. 芯粒不同工艺模块分割与集成：成本和工艺优化驱动

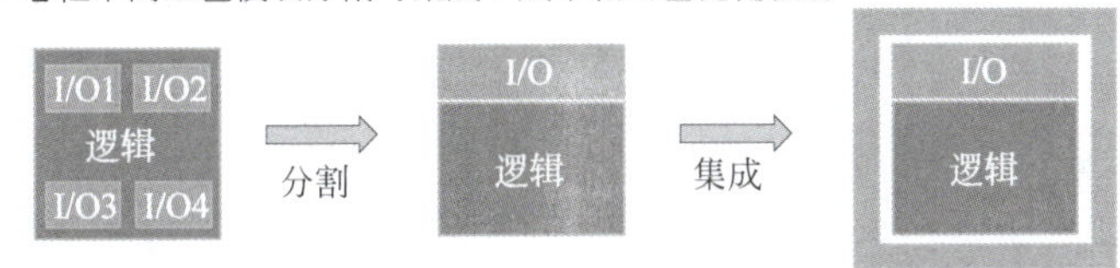

3. 多芯片集成：芯片面积和性能驱动

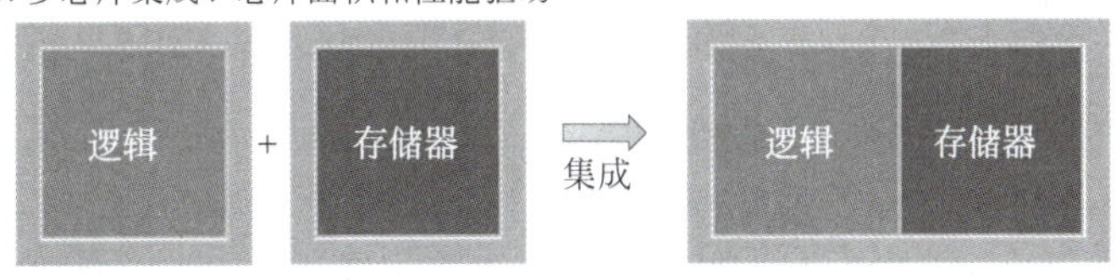

图 9-5 芯粒实现方法

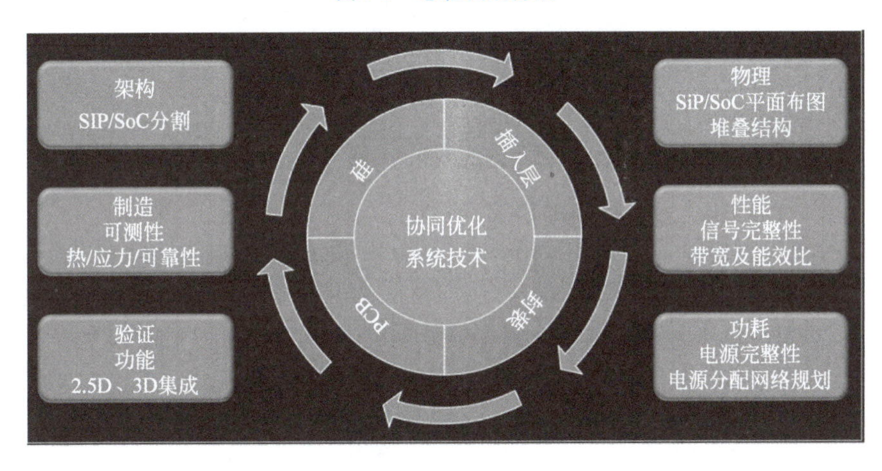

(a) 系统级融合设计理念

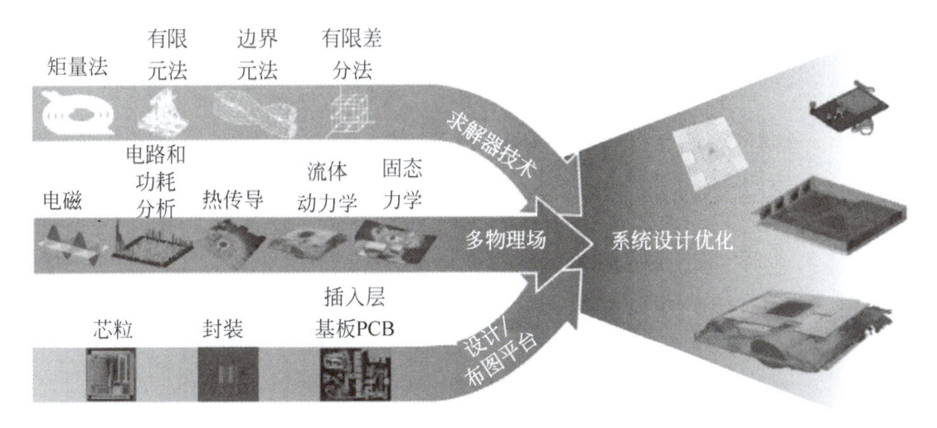

(b) 多物理场耦合分析

图 9-6 芯粒设计

与散热、电磁兼容与信号完整性、机械翘曲与力学可靠性等。此外,必须在设计阶段和制造阶段就要充分将整个系统作为一个整体,考虑电磁、力、热、流体等多方面的特性和设计要求,运用多种不同手段对系统进行分析和优化。这些特点要求整个行业都要以一种新的方式思考集成电路的设计、制造和集成。

9.1.3.2 芯粒间互连协议

芯粒间互连协议是指同一个封装体内部的芯粒之间进行数据传输和通信的协议,规定了通信所采用的标准,如串行并行模式、总线宽度、传输距离、传输速率和带宽、传输功耗、电压摆幅、时钟管理等。芯粒间的互连协议在本质上与 PCB 上的芯片间通信协议是类似的,区别在于芯粒间互连协议针对的芯粒都位于同一个封装基板上,互连密度更高、传输距离更短,驱动器的功耗和面积也更小。

芯粒间互连包括物理层、协议层等不同结构层。物理层通常由物理接口和控制器组成,共同决定了数据传输的速率和功耗。物理层包括芯粒内部的 TSV、芯粒间或芯粒与插入层之间的金属键合点,以及平面金属互连。物理层接口定义长程片上驱动器/接收器的面积和 I/O、能够驱动的导线长度、支持标准化 DFT,以及关键参数如电压摆幅、序列化、时钟管理、总线宽度等[7]。互连协议所允许的最高数据传输速率由物理层决定,但其所定义的数据传输速率还需要考虑应用需求和功耗,满足高能效、低延迟、高带宽和高可靠的要求,是多种因素之间的平衡。例如插入层集成的 2 个芯粒,二者经由各自的金属凸点和表面的 RDL 连接时,传输速率 100Gb/s 的最长传输距离为 2mm;而如果经由各自的金属凸点和 TSV 以及背面的 RDL 连接时,传输速率 100Gb/s 的最长传输距离仅为 900μm[8]。

不同传输距离内构建通信网络的协议和性能各不相同,如图 9-7 所示。在芯粒发展以前,面向 PCB 板级的局域通信、芯片内的数据传输等各有一些相关的协议标准。芯粒的通信距离介于 PCB 板级和芯片内部这两者之间,芯粒间互连协议普遍具有通信距离短、传输带宽高的特点,部分特点与板级和芯片级有较高的相似度,因此可以借用相关的协议。

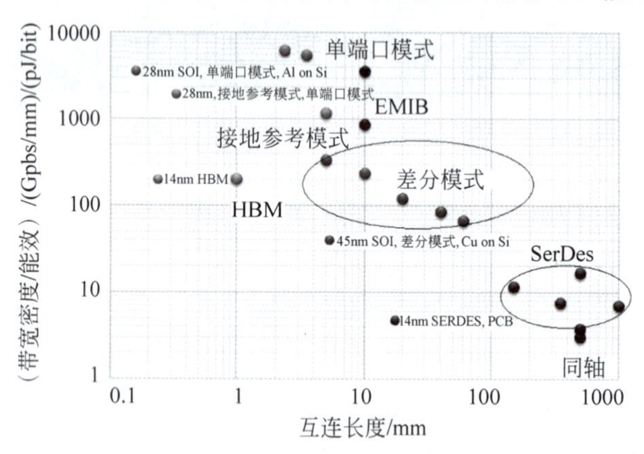

图 9-7 典型互连性能

按照通信模式,互连协议大体可以分为串行通信和并行通信两种。串行通信具有高数据率、高延迟、大功耗和低密度的特点。并行通信具有低数据率、低延迟、低功耗和高密度接口的特点,数据传输带宽更高,如图 9-8 所示。无论串行还是并行通信,芯片间互连协议都需要保证通信的可靠性,因此需要具有错误检测和纠正功能,如前向纠错或循环冗余校验。

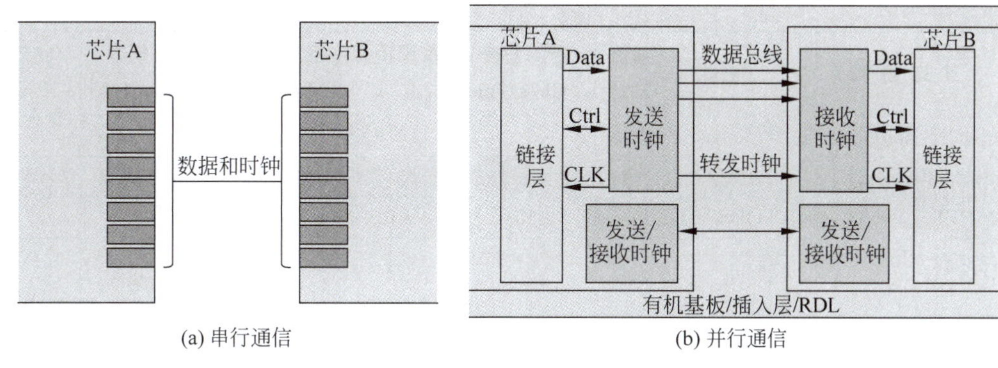

图 9-8 芯片间通信方式

与芯片内部、板级甚至互联网通信协议类似，芯片间互连协议从逻辑上可以分为物理层、连接层和传输层等。尽管芯片间互连协议种类较多，但多数协议物理层采用标准串行或并行通信架构，如 SerDes、PCIe、Sata 等。SerDes 架构包括并行到串行转换或串行到并行转换、阻抗匹配电路、时钟数据恢复和时钟前向等功能，支持非归零或脉冲幅值调制信号模式，带宽可达 112Gb/s。SerDes 的基本功能是为简单平面架构集成减少 I/O 接口数量。并行通信架构利用了多个低速、简单的收发器并行工作，实现高带宽的数据传输。每个收发器包括接收器和驱动器，通过采用前向时钟进一步简化结构。并行架构支持 DDR 的传输模式，其基本功能是为 2.5D 高密度集成降低功耗，并提供高数据带宽。

芯粒间的互连协议依赖物理层基础，由于结构和应用各异，协议也各不相同，不同的企业根据自己所采用的集成方案、金属键合密度、平面互连密度和长度、数据传输速率和功耗等，制定了各自的协议标准，如表 9-1 所示。如 Intel 的 AIB 协议是基于 EMIB 提出的，这是第一个封装内的逻辑与逻辑芯片间的高带宽互连物理层标准[9]，Stratix 10 FPGA 是首个采用 AIB 的产品。尽管互连协议依赖于集成技术和物理层结构，多数情况下二者紧密相关，选定了协议也基本限定了集成方法，但有时二者之间并没有一一对应关系。例如 Lipincon 既可以依托 InFO 方案实现，也可以依托 CoWoS 方案实现；而 CoWoS 方案既可以支持 Lipincon 协议，也支持 Infinity Fabric 协议和 GLink 协议。

表 9-1 芯片间互连协议

互连协议	来源	通信方式	带宽密度 /(Gb/s)/mm	通道带宽 /(Gb·s^{-1})	互连长度/mm	延迟 /ns	能效 /(pJ/b)	物理实现
Advanced Interface Bus (AIB) 2.0	Intel	并行	504	6.4	<10	<5	0.85	EMIB
Multi-Die IO(MDIO)	Intel	并行	1600	>5.4			0.5	
High Bandwidth Memory (HBM3)	JEDEC	并行		4.8			0.37	CoWoS, EMIB
XSR/USR	Rambus	串行		112	50			
Lipincon	TSMC	并行	536	2.8		<14	0.06	InFO, CoWoS
Bunch of Wires(BOW)	OCP	并行	1280	16	5～50	<5	0.7	

续表

互连协议	来源	通信方式	带宽密度/(Gb/s)/mm	通道带宽/(Gb·s^{-1})	互连长度/mm	延迟/ns	能效/(pJ/b)	物理实现
Bandwidth Engine	Mosys	串行		10.3		<2.4		
Infinity Fabric	AMD	并行		10.6		<9	2	CoWoS
OpenHBI-3	ODSA	并行	1150	4～6.4	3	<4	0.5	
GLink2.0	GUC	并行	1300	16			0.3	InFO,CoWoS
UltraLink D2D PHY	Cadence	串行	500	20～40		2.6	1.5	
AMBA	ARM			2.4			0.02	3D

随着物理层制造水平和性能的提高,如最高工作频率和互连接口密度等,芯片间互连协议也在不断发展,多种协议都出现了2.0或3.0版本。为了统一和标准化芯粒间协议,AMD、Arm、ASE、Google Cloud、Intel、Meta、Microsoft、Qualcomm、Samsung和TSMC等成立了Universal Chiplet Interconnect Express™联盟,以Intel的AIB协议为基础,推出了开放式的统一UCIe™协议,如图9-9所示[10]。近年来,UCIe以其综合性能和开放性得到了广泛的支持,发展迅速。

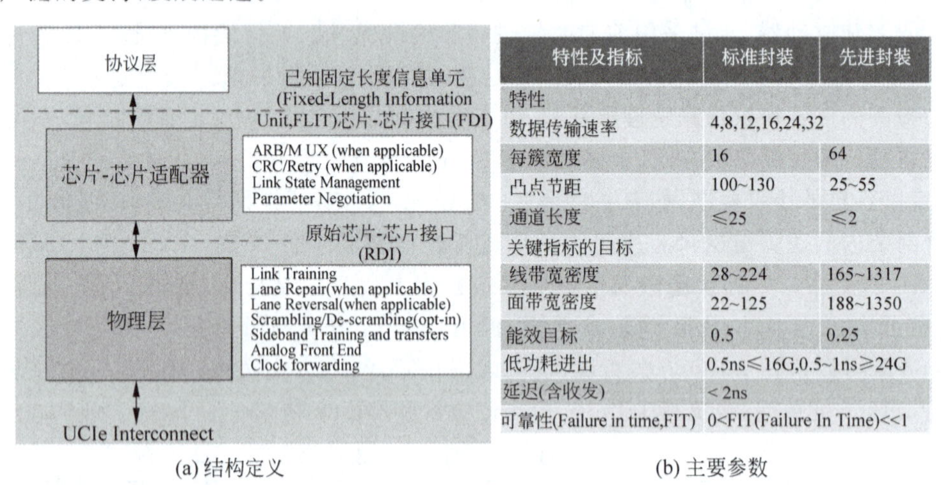

特性及指标	标准封装	先进封装
特性		
数据传输速率	4,8,12,16,24,32	
每簇宽度	16	64
凸点节距	100~130	25~55
通道长度	≤25	≤2
关键指标的目标		
线带宽密度	28~224	165~1317
面带宽密度	22~125	188~1350
能效目标	0.5	0.25
低功耗进出	0.5ns≤16G,0.5~1ns≥24G	
延迟(含收发)	< 2ns	
可靠性(Failure in time,FIT)	0<FIT(Failure In Time)<<1	

(a) 结构定义　　　　(b) 主要参数

图9-9　UCIe协议

9.2　芯粒集成技术

多芯片集成是芯粒技术的基础,一个功能完备的系统往往由多个不同功能的芯片组成。按照层级,多个功能集成的方法可分为片上集成、封装集成和PCB集成。这些方法相互竞争并相互补充,形成了较为完善的系统集成方法。芯粒技术以多个单一功能小芯片集成构建复杂功能系统为基本特征,在单一功能芯片的基础上,主要依赖封装级集成实现。

9.2.1　芯粒的集成方法

按照芯片的结构形式,多芯片集成方法可以分为堆叠和平面两类。堆叠包括封装堆叠和 3D 集成，平面包括插入层 2.5D 集成和扇出型晶圆级封装（FOWLP），如表 9-2 所示。不同集成方式有各自的优缺点和适用范围，具体集成方式取决于被集成芯粒的特点、功能和应用，以及互连方式和密度。

表 9-2 芯粒典型集成方式

芯片位置	集成方式	结构	优点	缺点	应用
堆叠	封装堆叠		实现简单，成本低，芯片选择替换灵活性高	封装高度大，引线长，接口密度低	基带芯片
	3D 集成		互连短，带宽高，封装面积和厚度小	芯片限制大，散热困难，成品率低，成本高	高性能处理器，移动
平面	插入层 2.5D 集成		互连较短，带宽高，封装高度较小，散热能力强	插入层成本高，封装面积大	CPU/GPU、FPGA，网络和存储
	扇出型晶圆级封装	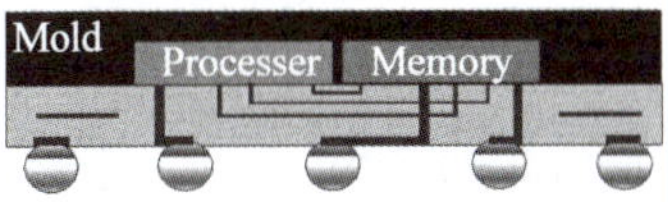	成本低，效率高，高频性能好	线宽密度低，翘曲大	高频，移动

3D 集成具有最高的集成度和互连密度，体积小、性能优异，但是制造技术复杂、成品率低、成本高、散热困难，并且受芯片的尺寸、成品率和工艺兼容性的制约，适用范围窄。插入层 2.5D 集成和 FOWLP 受芯片尺寸和特性的约束少，制造简单、成本低、适用范围广，是多芯片集成的主要方式。尽管二者在材料和制造方法上有较大的区别，但本质上都可以视为插入层集成。2.5D 集成互连密度高、翘曲变形小、散热能力强，但是相对 FOWLP 制造复杂、成本高，适用于 CPU、GPU 和 FPGA 等高带宽应用。FOWLP 集成制造成本低、电学特性好，但在翘曲控制和散热方面不如 2.5D 集成。

插入层与芯片集成利用倒装芯片的方式，通过金属键合和底部填充实现。插入层与基板的连接采用 C4 凸点和底部填充实现。多芯粒集成可以采用芯片级或晶圆级的方式与插入层集成，如图 9-10 所示。通常 DRAM、SRAM、闪存和图像传感器等可以采用 3D 集成，其中尺寸一致、成品率高的芯片可以采用晶圆级键合，生产效率高；尺寸和成品率差异较大时，需要采用芯片-晶圆级键合或者芯片级键合，生产效率较低。芯片级集成的对象为切割后的插入层和芯片，可以先将插入层与芯片集成，然后与封装基板连接；也可以先将插入层与封装基板连接，然后与芯片集成。

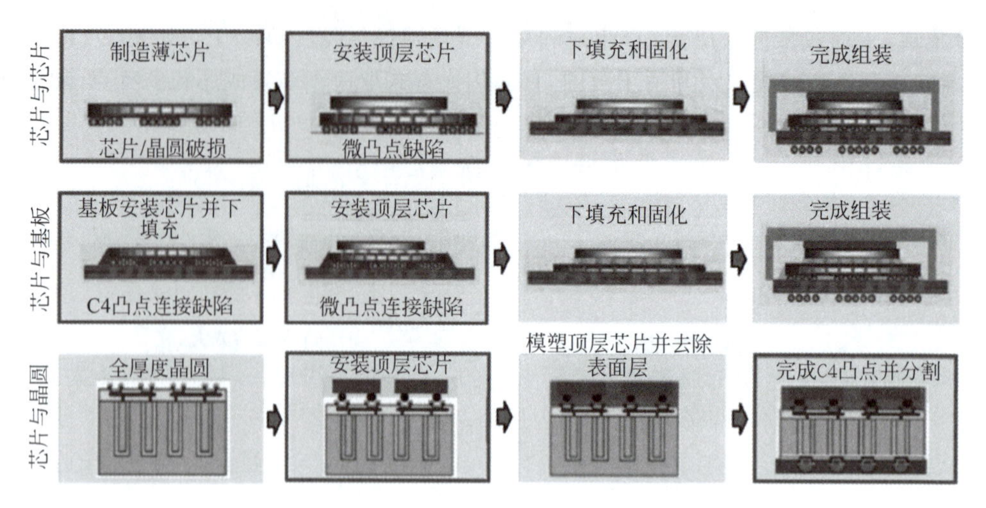

图 9-10　芯粒集成方式与工艺过程

9.2.2　扇出型晶圆级封装集成

FOWLP 作为一种以有机插入层为基础的低成本集成方案，自 2010 年 eWLP 和 RCP 量产开始，先后经历了 4 个发展阶段，如图 9-11 所示。早期 FOWLP 以移动和射频应用为主，2016 年 Apple 采用 TSMC 的 InFO 技术量产 A10 处理器，带动 FOWLP 进入以高性能和多芯片集成为主的高速发展期。产业界推出了多种 FOWLP 技术，如 TSMC 的 InFO、ASE 的 FOCoS、Amkor 的 SLIM、Shinko 的 MCeP、Deca 的 M-Series、JCET 的 uFOS、SEMCO 的 ePLP 和 SPIL 的 TPI-FO 等。

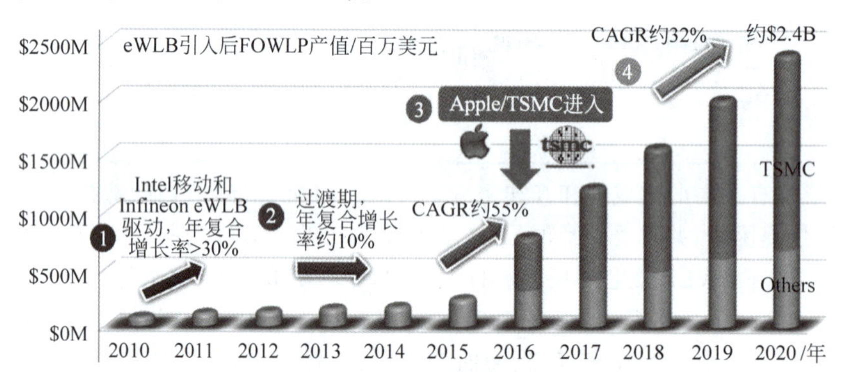

图 9-11　FOWLP 的发展阶段

9.2.2.1　Infineon eWLB

典型的 eWLB 属于 Chip First 面朝下方案，工艺流程和集成方案如所示图 9-12[11]。eWLB 可用于多芯片封装实现 2D、2.5D 和 3D 结构，I/O 数量扩展到 500～1000，具有高效率和高性能的优点[12]。2D 结构包括单芯片和多芯片无基板、倒装芯片基板，以及埋入无源器件的 SiP 等。2.5D 结构采用 RDL 作为插入层与封装基板凸点键合，是目前主要的结构形式。3D 结构主要采用模塑层通孔（TMV）实现三维互连，包括 PoP、插入层和 SiP 等方式；也可以采用面对面键合的方式。

图 9-13 为 Infineon 利用 eWLB 实现的 77GHz 射频模块[13]，包括 SiGe 芯片组成的 4

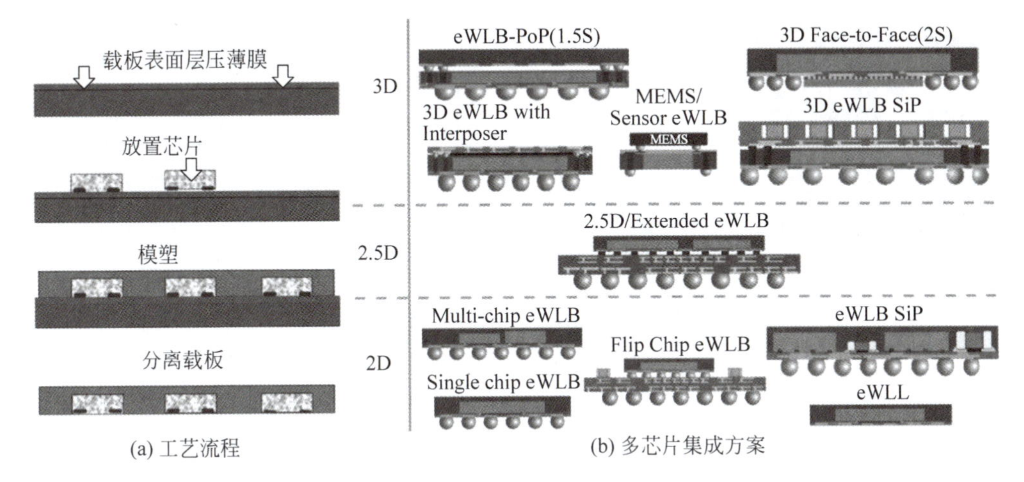

图 9-12 eWLB

通道收发模块和 4 个集成天线。eWLB 模块尺寸为 8mm×8mm，焊球节距为 0.5mm，4 个半波双极天线由 RDL 金属构成，与 SiGe 芯片通过 100Ω 阻抗的差分共面微带线连接，自由空间损耗为 72dB，接收天线增益为 20dBi。Denso DNMWR009 的 77GHz 雷达模块也采用了 eWLB 封装，包括 2 个接收器、1 个发射器和 1 个 MMIC 功率放大器。

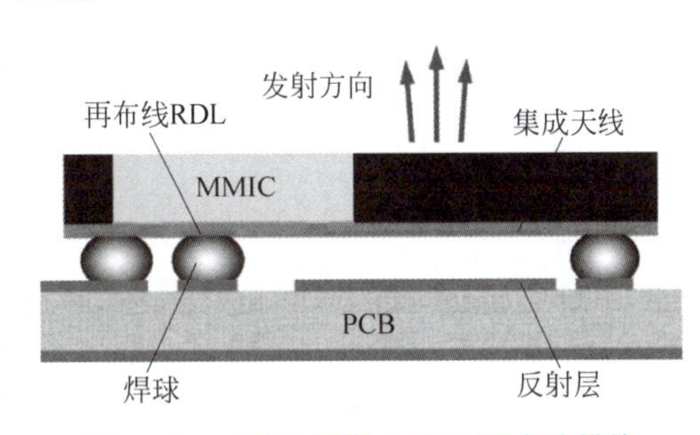

图 9-13 eWLB 封装 77GHz 毫米波模块

9.2.2.2 Freescale RCP

2006 年，Freescale(2015 年被 NXP 收购)提出了再分布芯片封装 RCP，结构和工艺流程如图 9-14 所示。标准 RCP 是典型的 Chip First 方案，主要制造过程包括芯片粘贴、模塑重构、去除载板和制造 RDL 层。RDL 中每层介质层厚度为 20μm，铜互连厚度为 10μm。2010 年，Nepes 授权 RCP 技术并建立了 300mm 的生产线，应用于 NXP 的 SCM-iMX6 和 MR2001 等产品。

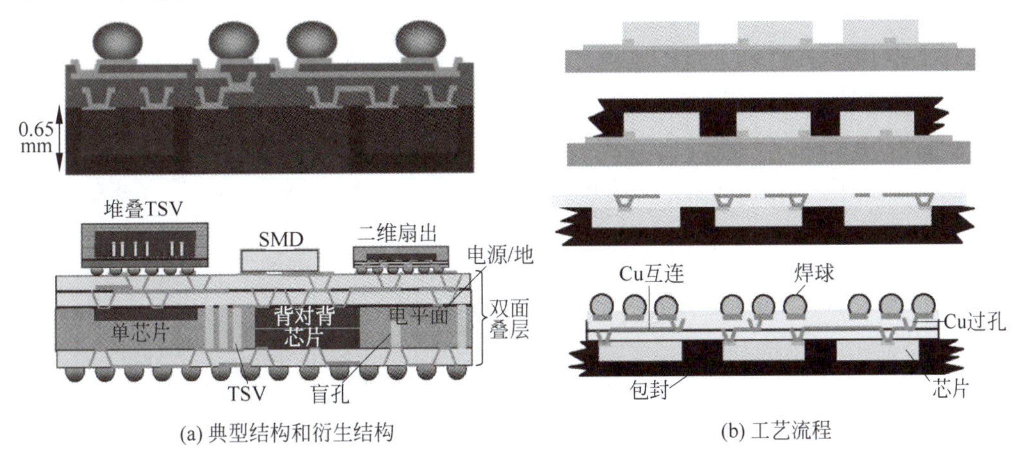

图 9-14 RCP 结构和工艺过程

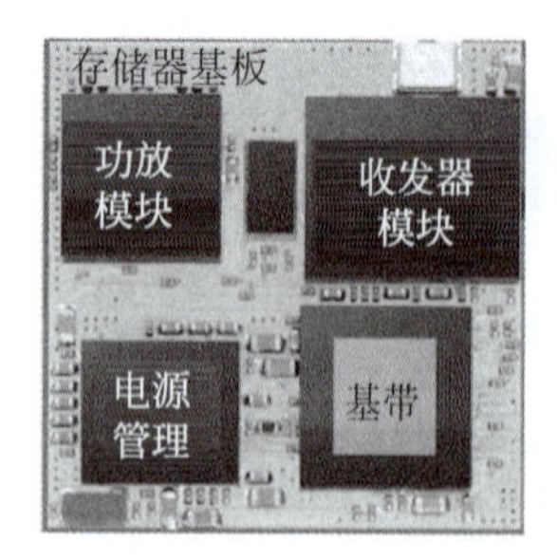

图 9-15　RCP 封装的 i.275 模块

图 9-15 为 Motorola 采用 RCP 封装的 i.275 GPS/GPRS 模块，包括存储器、基带、功放、电源管理、收发器和射频前端，以及大量无源器件，模块尺寸小于 25mm×25mm。此外，Freescale 采用 RCP 将 802.11n 收发器、Kinetis MCU 和 59 个分立器件封装在 10mm×10mm×1mm 的体积内。

9.2.2.3　TSMC InFO

TSMC 的多芯片封装集成技术统称为 3D Fabric，包括三维集成的 SoIC(System-on-Integrated Chip)和封装集成的 InFO(Integrated Fan-Out)与 CoWoS(Chip-on-Wafer-on-Substrate)，如图 9-16 所示。SoIC 属于前端工艺范畴，可根据集成对象分为芯片-晶圆集成和晶圆-晶圆集成，或根据键合方法分为凸点键合及混合键合。SoIC 可以实现芯片间高密度接口，主要面向高带宽、高能效应用，如 DRAM 或 SRAM 与存储器的三维集成，允许深度分割芯粒功能。InFO 和 CoWoS 主要面向多芯片的异质异构集成，具有广泛的适应性。InFO 是扇出型封装集成技术，采用 Chip First 方案，包括 InFO-R(RDL)和 InFO-L(Local Silicon Interconnect)等。CoWoS 以插入层为基础，又可分为硅插入层 CoWoS-S(Silicon)、RDL 有机插入层 CoWoS-R(RDL)和硅桥插入层 CoWoS-L(LSI)三类。

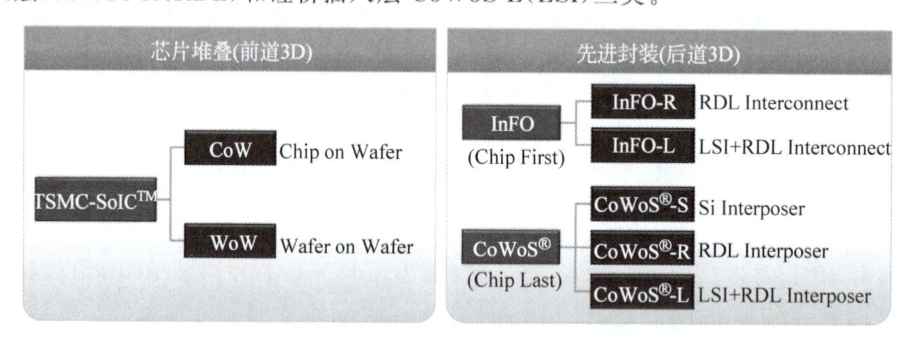

(a) 3D Fabric 体系

(b) 性能特征

图 9-16　TSMC 集成方案

InFO-R 是 InFO 系列方法的基础，结构如图 9-17 所示。InFO-R 与 eWLB 类似，采用多层有机介质和 RDL 组成的基板和模塑层将芯片重构为晶圆并制造 RDL 和金属焊球，扩展芯片引脚的面积实现扇出型封装。有机 RDL 和模塑层制造成本低，典型线宽/间距为 2μm/2μm[14]。InFO-R 于 2016 年开始量产，为 Apple 的 A10 处理器等超过 20 种产品提供封装，在 iPhone7 中有 7 颗芯片采用 InFO-R 封装，带动了 FOWLP 技术的发展和应用。

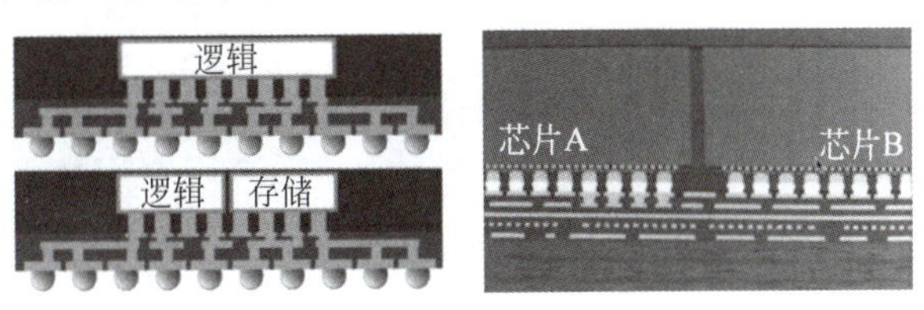

图 9-17　InFO-R 结构

基于 InFO-R，TSMC 开发了 InFO-oS、InFO-LSI、InFO-UHD、InFO-PoP 和 InFO-AiP 等集成方案，如图 9-18 所示。InFO-oS(InFO on Substrate)以 InFO-R 为基础，采用封装基板增加芯片数量、提高强度和抗变形能力，属于 2.3D 集成，通常用于多个高级逻辑芯片的扇出型封装。InFO-oS 于 2018 年量产[15]，2021 年实现最大面积为 2.5 倍曝光场(51mm×42mm)，封装基板面积为 110mm×110mm，可集成 2 个逻辑和 8 个 I/O 共 10 个芯片，RDL 包括 5 层金属，其中 4 层线宽/间距为 2/2μm，1 层为 5/5μm，微凸点节距为 36μm，C4 凸点节距为 130μm。InFO-LSI(Local Silicon Interconnect)除了具有 RDL 连接外，还在模塑层中嵌入硅桥接芯片作为互连的桥梁，通过硅桥芯片实现高密度互连。硅桥芯片线宽和间距均为 0.4μm，微凸点节距为 25μm，C4 节距为 90μm。

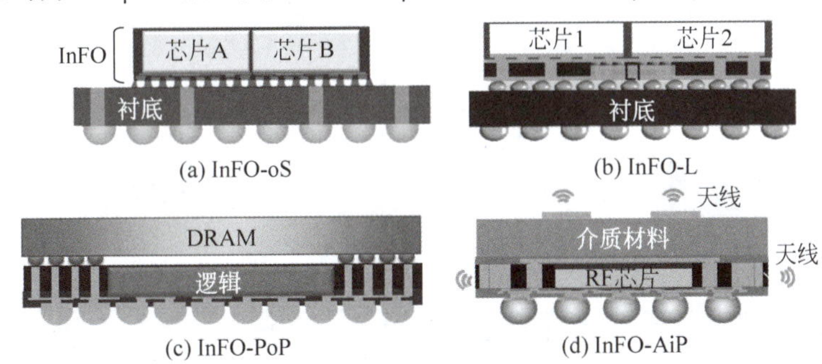

图 9-18　InFO 集成方法

2018 年，TSMC 在模塑层上开发了高密度互连方案 InFO-UHD(Ultra high density)[16-17]。通过解决翘曲提高光刻精度、改进刻蚀和金属化工艺实现高密度 RDL，并解决了精细 RDL 的强度、电磁和热力学可靠性问题，实现了线宽和间距均为 0.8μm 的高密度互连[16]。InFO-PoP(Package on Package)是以埋置逻辑芯片的模塑层为基板，进一步通过焊球键合与垂直堆叠的上层封装芯片进行集成，其中模塑层带有铜柱作为模塑通孔 TMV 连接扇出封装的焊球与上层芯片。苹果的 A10～A12 处理器采用 InFO-PoP 集成处理器与 DRAM。InFO-AiP(Antenna in Package)是在扇出封装的模塑层上方继续集成介质层，并在介质层上方制造平面天线，用于无线射频芯片的集成[18]。

2020 年，TSMC 报道了面向大量芯片集成的 InFO-SoW(System-on-Wafer)方法[19]。InFO-SoW 采用超大面积(晶圆级)的模塑层，可平面集成大量的芯片以及三维集成电源和散热系统，如图 9-19 所示。InFO-SoW 的模塑层自身充当 PCB，可实现更高密度的互连和更紧密的芯片排布。与 PCB 板级的 MCM 相比，InFO-SoW 的线宽/间距可以从 10μm/

10μm减小到5μm/5μm,电源分配网络的阻抗减小到3%,而获得更大的数据带宽和更短的互连长度,同时降低系统功耗15%并减小系统体积。

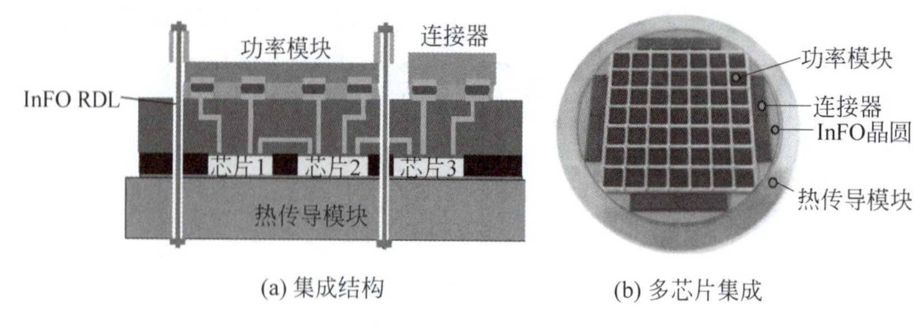

(a) 集成结构　(b) 多芯片集成

图 9-19　InFO-SoW

9.2.2.4　ASE FOCoS

2009年,ASE通过授权Infineon的eWLB开发了Chip First面朝下的FOWLP方案,2016年推出基板上扇出芯片(Fan-Out Chip on Substrate,FOCoS)系列技术,包括FOCoS-CF(Chip First)、FOCoS-CL(Chip Last)和FOCoS-Bridge三类,如图9-20所示。RDL插入层尺寸为67mm×67mm,含3~5层金属,线宽和间距均为2μm。FOCoS-CF采用面朝下的方式,芯片通过铜柱直接连接RDL,二者之间无须微凸点。FOCoS-CL带有基板,RDL与基板之间通过铜微凸点连接,可集成1个GPU和2个HBM。FOCoS-Bridge包含1个ASIC和1个HBM,硅桥芯片嵌入在RDL内,线宽和间距均为0.6μm,RDL的线宽和间距均为10μm。

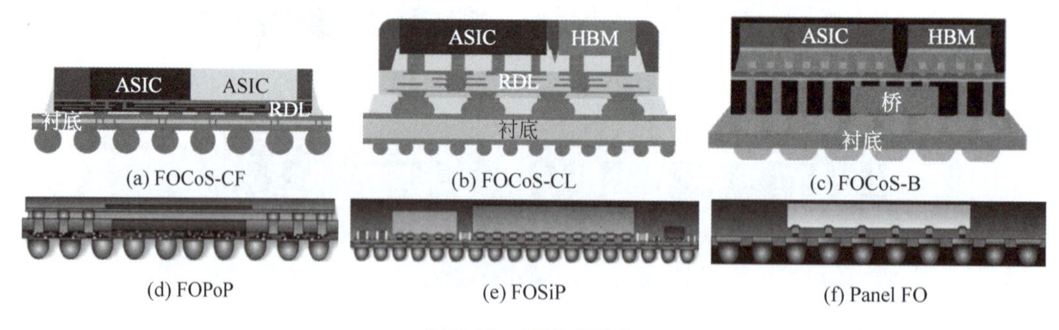

(a) FOCoS-CF　(b) FOCoS-CL　(c) FOCoS-B

(d) FOPoP　(e) FOSiP　(f) Panel FO

图 9-20　FOCoS结构

2016年、2017年和2019年,ASE推出了FOPoP、FOSiP和Panel FO等方案。FOPoP面向封装DRAM与处理器的堆叠封装,封装尺寸为15mm×15mm,RDL含3层金属,线宽和间距均为5μm。FOSiP面向射频、功率和MCU封装,尺寸为15mm×15mm,RDL含5层金属,线宽和间距均为5μm。Panel FO为平板封装,尺寸为67mm×67mm,5层金属线宽和间距均为2μm,其中高密度封装采用Chip Last方案和300mm×300mm平板,低密度封装采用Chip First方案和600mm×600mm平板。

9.2.2.5　Deca M-Series

FOWLP的模塑层翘曲是芯片移位和影响互连密度的关键原因[20]。为此,Deca开发了适应性图形化技术的Chip First面朝上方案,称为M-Series[21-23]。与常规采用光刻图形化金属线不同,M-Series采用激光直写图形化。如图9-21所示,首先将管芯表面朝上放置在载板上，模塑后减薄模塑层露出铜凸点，然后利用光学系统测量每个管芯铜凸点的实际位置，将位置数据输入控制系统，根据铜凸点位置现场计算和设计连线及凸点，并控制激光直写完成刻孔和图形化。芯片放置过程无须精确对准和高精度（5～10μm）的倒装芯片设备，而是采用多吸头高速表面贴装机并行放置。光学成像系统可以在30s内精确测量芯片和铜凸点位置。

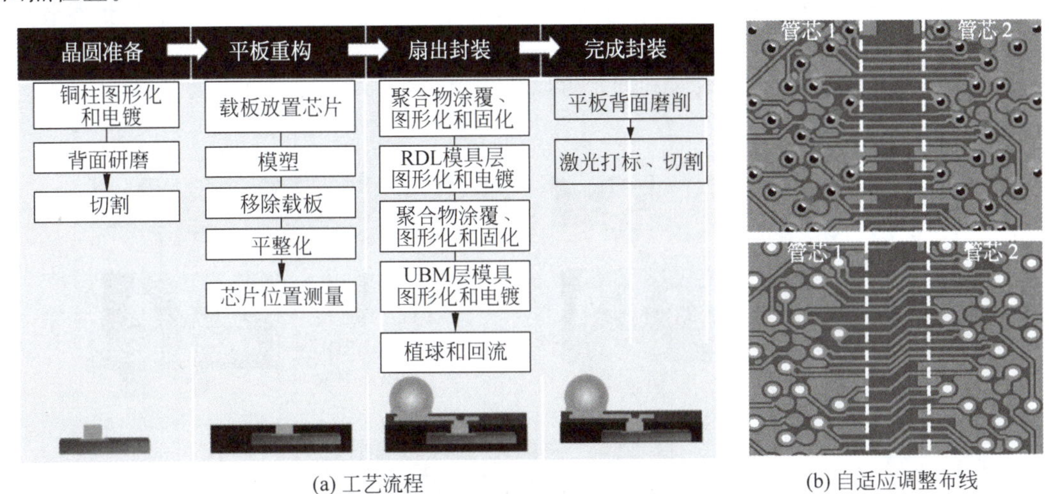

(a) 工艺流程　　(b) 自适应调整布线

图 9-21　Deca M-Series

与采用固定掩膜版的光刻方法相比，自适应图形化解决了芯片移位导致的RDL偏差，图9-21(b)中黑色圆点表示常规光刻中由于位置移动导致下方铜凸点未对准，白色表示自适应图形化中对准的铜凸点。两芯片间的连线从直线自动调整为折线，以补偿芯片移位。

9.2.2.6　Shinko MEcP

Shinko的模塑内核嵌入式封装（Molded Core embedded Package，MCeP）是利用有机基板的扇出型封装，可集成芯片和有源及无源器件，结构如图9-22所示。标准结构的MCeP包括上下两层有机基板和中间的埋置层，上下基板和连接二者的焊球用于上下表面的扇出型引线，埋置层嵌入多芯片。除了标准结构外，MCeP还有多种衍生结构，如基板集成天线的AiP/AoP、两个MCeP堆叠的PoP、以及通过引线框架和厚铜膜向PCB散热的热增强结构等。

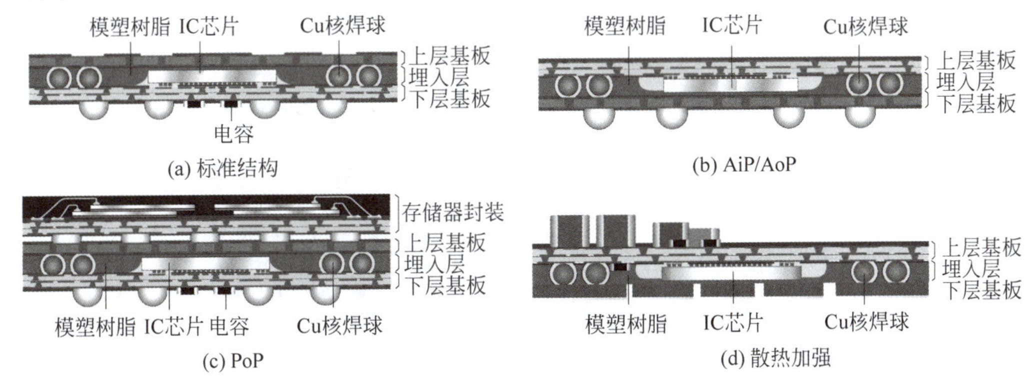

(a) 标准结构　　(b) AiP/AoP　　(c) PoP　　(d) 散热加强

图 9-22　Shinko MCeP

9.2.2.7 Amkor SWIFT 和 SLIM

2013 年，Amkor 开发了硅晶圆集成扇出技术(Silicon Wafer Integrated Fan-out Technology,SWIFT)及无硅集成模块(Silicon-Less Integrated Module,SLIM),SWIFT 于 2017 年投入量产。如图 9-23 所示[24],这两种方法都是 Chip Last 方案,在载板上制造 RDL 以实现高密度的连线和凸点。二者的主要区别在于,SWIFT 中 RDL 工艺采用封装级设备,线宽和间距为 2～10μm,凸点中心距为 30μm,满足高密度互连的需求；SLIM 中 RDL 采用集成电路互连工艺设备制造,线宽和间距可以减小到 0.5μm,实现超高密度互连。

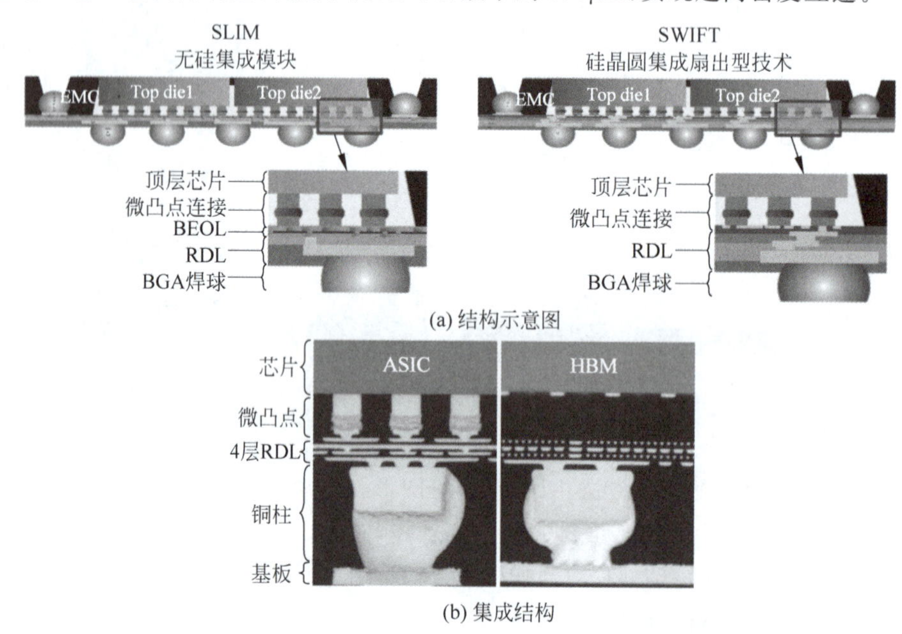

图 9-23 Amkor SLIM 和 SWIFT

SWIFT 的制造过程主要包括：首先在辅助圆片上涂覆释放层高分子薄膜,然后制造多层 RDL 和金属凸点,RDL 的介质层为层压或者悬涂的有机薄膜,利用光敏或者光刻胶掩膜刻蚀的方式图形化,RDL 金属采用电镀制造；将被集成芯片通过金属凸点以倒装芯片的形式键合在辅助圆片表面,经过模塑并 CMP 后,在表面制造 RDL 和 TMV；制造 C4 凸点等,最后通过分离的方法去除辅助圆片。图 9-24 为 SWIFT 集成过程。

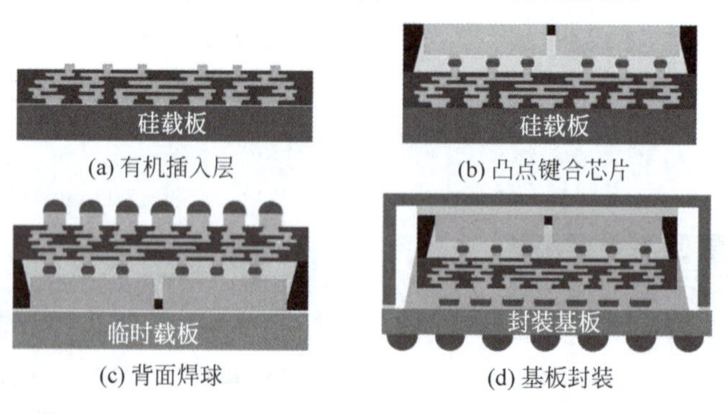

图 9-24 SWIFT 集成过程

SLIM 兼具硅插入层和有机插入层的优点。由于采用了辅助圆片和集成电路工艺设备，SLIM 可以实现常规硅插入层相同水平的 RDL 线宽和密度，远超有机插入层和 FOWLP 的水平；同时 SLIM 又采用了类似 FOWLP 的有机介质层和模塑方法，厚度薄、高频性能好。SLIM 的主要缺点是采用集成电路工艺设备导致成本较高。

9.2.2.8 Samsung FOPLP

Samsung 开发了基于有机基板的 FORDL[25] 和基于平板的 FOPLP（Panel Level Package）[26-27]，2018 年将 FOPLP 用于 Galaxy 手表中 APU 的封装。FORDL 采用 Chip Last 方案，FOPLP 采用 Chip Fist 方案，平板尺寸为 415mm×510mm，正反面分别带有 3 层、2 层金属线，最小线宽和间距为 2μm。如图 9-25 所示，FOPLP 采用嵌入式结构，主要流程包括：首先在玻璃基板上制造贯穿基板的腔体；在载板上固定玻璃基板，并将芯片表面朝下放置在通孔内；对玻璃表面和腔体与芯片缝隙灌封并平整化；去除载板后制造 PBO 有机介质层和金属层；最后在 RDL 表面制造焊球。有机介质层的厚度为 0.6mm，热膨胀系数为 8ppm/K；玻璃厚度为 1.1mm，热膨胀系数也为 8ppm/K。

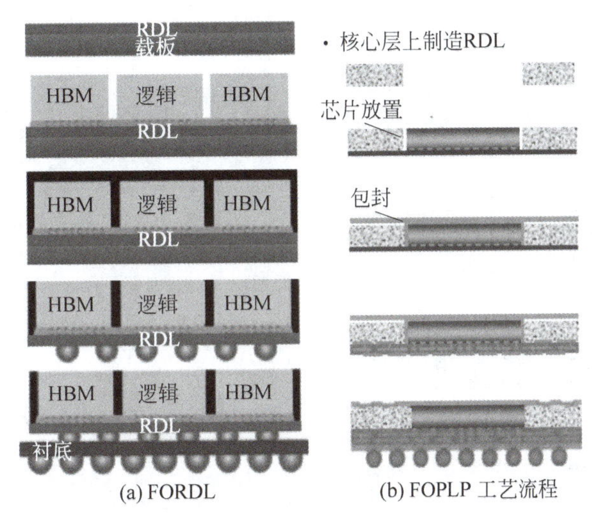

图 9-25 Samsung FOWLP 流程

尽管玻璃基板的翘曲程度仅为有机基板的 25%左右，但是大面积玻璃基板的翘曲仍较为显著。为实现 2μm 的最小尺寸，光刻的聚焦深度须小于 10～5μm，因此大面积玻璃基板的难点在于玻璃的翘曲导致光刻难以聚焦。此外，在翘曲的情况下，金属凸点较小的节距可能出现凸点间的接触和短路。因此，大面积的玻璃基板通常需要高刚性的载板以限制其翘曲变形。

9.2.2.9 TMV 堆叠集成

模塑层通孔（Through Molding Via，TMV）是穿透模塑层的垂直互连，用于堆叠芯片之间和芯片与基板之间。2002 年，Fujitsu 提出了利用 TMV 实现多层芯片的堆叠集成方法，如图 9-26 所示。Fujitsu 在底层芯片表面布置多个芯片，模塑为平面后制造 RDL 和穿透模塑层的 TMV，用于平面和垂直互连。TMV 作为多层芯片之间的垂直互连，为 FOWLP 提供了更大的自由度，可以承载高功率或加强散热，并为实现三维堆叠 FOWLP 和封装堆叠封装（PoP）提供了可能。TMV 与 TSV 的差异在于 TMV 位于模塑层内，直径大、密度低、

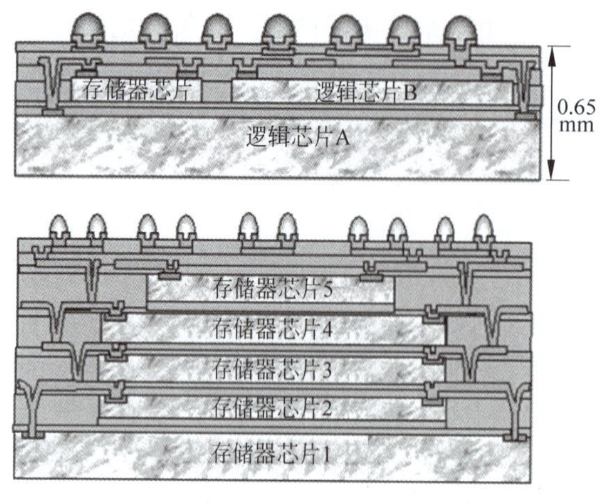

图 9-26 Fujistu TMV 封装

制造简单,TSV 位于芯片或插入层内,直径小、密度高、制造复杂。

典型的 TMV 采用铜柱连接两层 RDL,工艺过程如图 9-27 所示。①在载板上敷设释放层,在释放层表面制造第一层 RDL,包括有机介质和铜互连,预留键合凸点。②在第一层 RDL 层上方利用光刻胶为模具电镀铜柱,去除光刻胶形成 TMV,TMV 连接第一层 RDL 的铜互连。③以倒装芯片的方式键合第一层芯片。④模塑第一层芯片,对模塑层平整化,露出 TMV。⑤在模塑层表面制造第二层 RDL,RDL 底面与 TMV 连接,表面预留键合凸点或引线键合盘。⑥以倒装芯片的方式键合第二层芯片,与第二层 RDL 的键合凸点连接。⑦最后模塑第二层芯片,去除释放层和载板后,在第一层 RDL 底面制造金属焊球并切割。

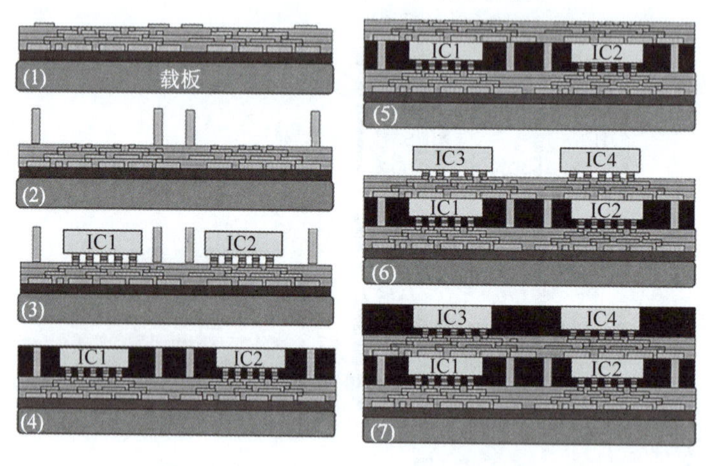

图 9-27 典型 TMV 三维集成工艺过程

图 9-28 为 TSMC 采用 TMV 的 InFO 工艺流程。在芯片粘贴前制造第一层 RDL,但是连接芯片的第二层 RDL 在芯片粘贴以后制造,因此可以认为是 Chip First 方案。第二层表面可以集成表面贴装的无源器件,提高集成度和系统性能。

图 9-29 为 Samsung 采用 FOWLP 和 TMV 实现的 DRAM 芯片堆叠集成 GDDR6W。每层 DRAM 芯片以各自 FOWLP 形成的 RDL 为基底和互连层,两层 RDL 通过 TMV 垂直互连。堆叠集成使 GDDR6W 的容量提高 1 倍,但集成后的总高度为 0.7mm,较之前的 1.1mm 降低 36%。GDDR6W 的 I/O 增加到 512 个,每个 I/O 的传输速率为 24Gb/s,系统总带宽达到 1.4TB/s。相比之下,4 个 HBM2E 共包括 4096 个 I/O,每个 I/O 的传输速率为 3.2Gb/s,系统总带宽为 1.6TB/s。与 HBM2E 相比,GDDR6W 将 I/O 数量减少到约 1/8,因此无须使用微凸点连接。

除了堆叠集成,TMV 还可以形成无源器件电感。IMEC 利用 TMV 实现了磁芯电感,如图 9-30 所示[28]。在硅衬底涂覆临时键合材料,溅射 Ti 粘附层和种子层,以光刻胶为模

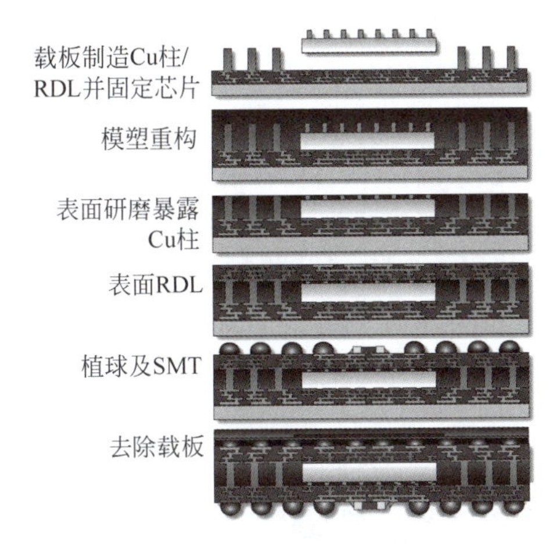

图 9-28 TSMC 的 TMV 工艺流程

图 9-29 Samsung TMV 集成 DRAM 结构示意图

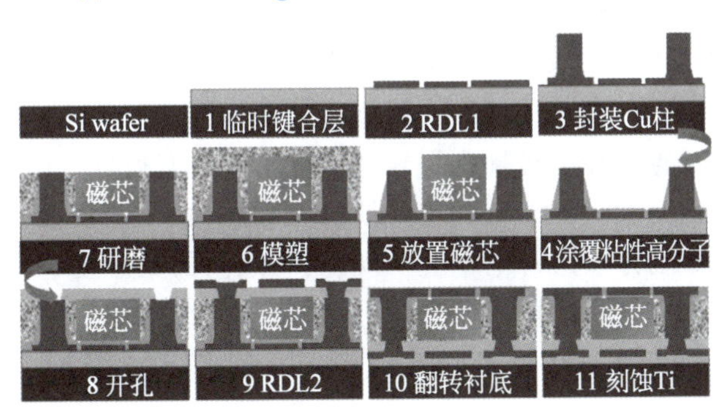

(a) 工艺流程

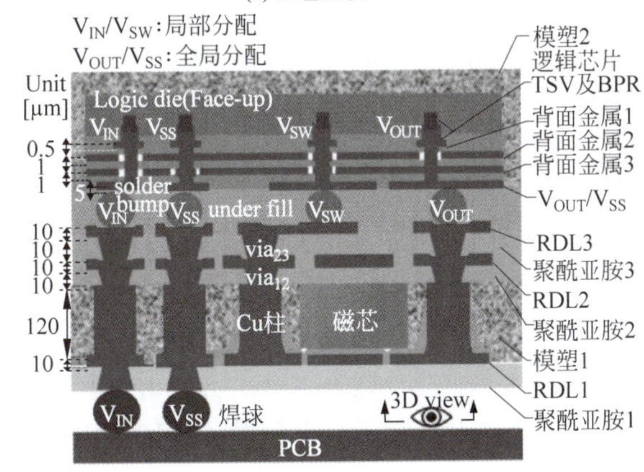

(b) 集成方案

图 9-30 模塑层 TSV 电感

具电镀 10μm 厚的第一层 RDL 金属，以厚胶为模具电镀 110μm 高的铜柱；涂覆黏膜，将磁芯粘接在指定位置，模塑后机械研磨平整化；表面涂覆 10μm 厚的聚合物缓冲层，制造过孔和第二层 RDL 金属，与第一层 RDL 金属和 TMV 共同组成围绕磁芯的螺旋电感；翻转后刻蚀去除粘附层和电镀种子层。采用钇-铝石榴石铁氧体作为磁芯，2GHz 时电感 Q 值可达 40。

TMV 的直径大、热导率高，可以作为高功率芯片 FOWLP 的热传导通路，用于 500W～50kW 的高功率系统，如电机逆变器等。利用大尺寸的 TMV 和厚铜膜，Fraunhofer IZM 实现了 IGBT 功率芯片封装，如图 9-31 所示。封装系统共包括 18 个 200A 电流的 IGBT 芯片，总功率达到 50kW，并集成了控制、驱动和接口芯片，通过结构和材料满足高电压绝缘、散热和电磁兼容等要求。

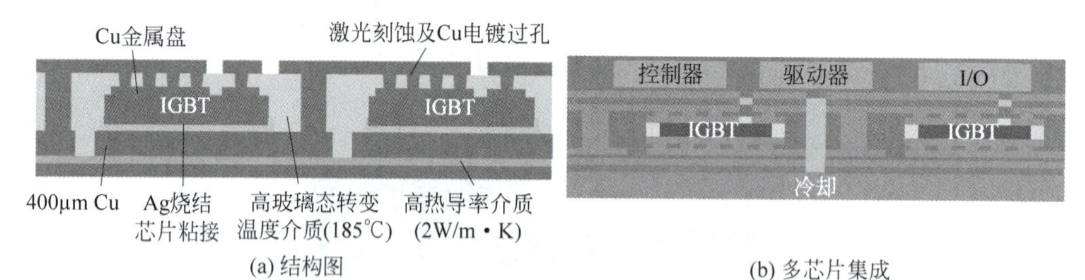

图 9-31　高功率芯片封装

9.2.3　插入层集成

利用硅和玻璃的插入层集成和三维集成是实现芯粒集成的主要技术途径。硅插入层可以集成多个芯粒，提供高密度的平面互连和微凸点以及无源及有源器件的集成，实现芯片间高密度互连和高带宽数据传输。硅插入层较高的抗变形能力和与芯片相同的热膨胀系数对抑制多芯片集成的翘曲有利。插入层的主要缺点是面积大、工艺复杂，制造成本较高，特别是硅插入层。三维集成通过多芯片的堆叠实现，具有最高的集成度和最大的芯片间数据传输带宽，但三维集成的限制条件多、工艺复杂、成本高，只适合特定类型芯片的集成。

9.2.3.1　TSMC CoWoS

TSMC 的 CoWoS 是以插入层为基础的 2.5D 集成方案。如图 9-32 所示[29]，CoWoS-S (简称 CoWoS) 采用带有 TSV 的硅插入层，通过高密度金属微凸点连接多个并排排布的芯片，通过 C4 焊球连接封装基板。微凸点键合后进行下填充，利用模塑保护所有键合的芯片。CoWoS 中，芯片间距仅为 30μm 左右，插入层厚度 100μm，带有节距小于 50μm 的高密度金属微凸点以及 3～5 层最小线宽 0.25～0.4μm 的高密度平面金属互连[30]，主要用于逻辑芯片与 HBM 之间的高带宽集成，此外，插入层内还带有无源器件如电容和电感。

CoWoS 的主要工艺流程如图 9-33 所示。①制造带有 TSV 和表面微凸点的硅插入层，以芯片-晶圆级键合的方式利用微凸点将被集成芯片与插入层对准键合。②对被集成芯片进行下填充和模塑，模塑层表面平整化。③在芯片上方临时键合载片，翻转键合体。④从背面减薄硅插入层，暴露出 TSV，插入层背面沉积介质层、RDL 和 C4 焊球。⑤去除载片后将插入层和芯片粘贴切割胶带，切割模塑层形成多芯片模块。⑥将插入层通过 C4 焊球键合在封装基板上，去除切割胶带，最后涂覆热界面层并封装外壳。

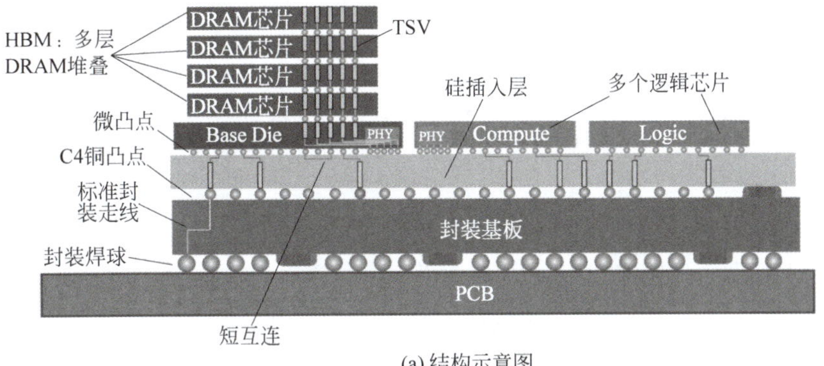

(a) 结构示意图

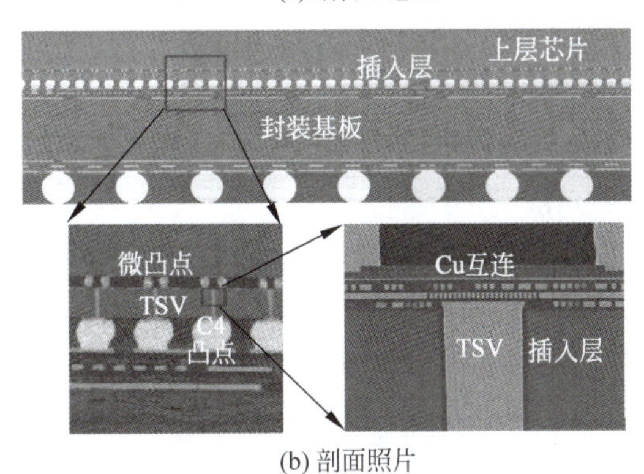

(b) 剖面照片

图 9-32　CoWoS 结构

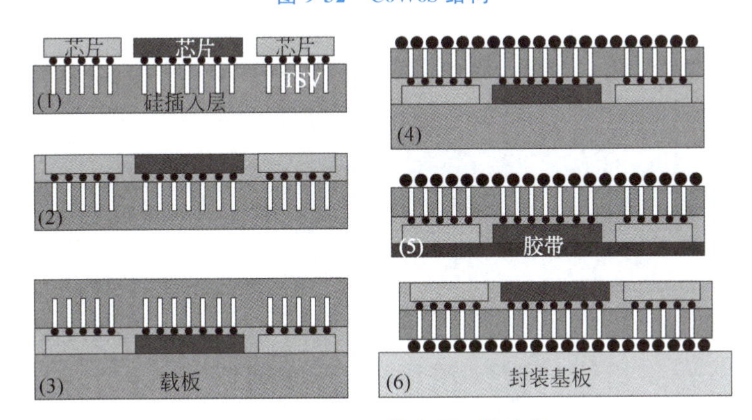

图 9-33　CoWoS 的主要工艺流程

TSMC 于 2012 年 28nm 工艺节点时推出第一代 CoWoS，用于 Xilinx 的 FPGA 产品，2016 年实现 GPU 与 HBM 的集成。如表 9-3 所示，迄今 CoWoS 已经发展了多代，插入层面积和芯片间数据传输带宽不断提高。第一代 CoWoS 插入层采用 65nm 工艺制造，面积约为 $1000mm^2$，介质层为热氧化 SiO_2，以 Ti 和 Cu 作为扩散阻挡层和种子层，RDL 含 4 层金属，采用大马士革工艺制造，线宽为 0.25μm，利用低介电常数介质 SiCOH 减小导线电容。到 2023 年，插入层面积已达 $3400mm^2$[31]，能够集成 2～3 个 $600mm^2$ 的处理器和 12 个 HBM，芯片间数据传输带宽可达 5.5TB/s。

表 9-3　CoWoS-S 的发展

发布时间	尺寸(×表示曝光场)	集成芯片	数据传输带宽
2012	1.25×(～1000mm²)	Logic+Logic	
2016	1.5×(～1200mm²)	1Logic+4HBM2	720GB/s
2017	1.75×(～1500mm²)	1Logic+4HBM2	900GB/s
2020	2×(～1700mm²)	2Logic+6HBM2E/3	2.7TB/s
2021	3×(～2500mm²)	3Logic+8HBM2E/3	3.2TB/s
2023	4×(～3400mm²)	2Logic+12HBM2E/3	5.5TB/s
2025	6×(～5150mm²)	4Logic+16HBM3/3E	9.8TB/s

2016 年,nVidia 推出首款采用 CoWoS 的 GPU P100,2017 年,Google 用于 AlphaGo 的 TPU 2.0 也采用 CoWoS,随后大量 GPU、CPU 和 FPGA 产品采用 CoWoS 技术,如 nVidia 的 GPU Volta、Pascal 和 Tesla,NEC 的超级处理器 Sx-Aurora,Fujitsu 的超级处理器 A64FX,AMD 的 GPU Vega,Habana Labs 的神经元处理器 Gaudi,Xilinx 的 FPGA Virtex UltraScale,以及 Intel 的神经网络处理器 Spring Crest 等。目前 Nvidia 和 AMD 是 CoWoS 的最大用户,占据了 70%～80%的产能。

CoWoS-R 是采用有机 RDL 作为插入层的方法,如图 9-34 所示。CoWoS-R 在结构上与 InFO-R 类似,但 CoWoS-R 采用 Chip Last 方案,而 InFO-R 采用 Chip First 方案。在 CoWoS-R 中,RDL 最多由 6 层铜层组成,线宽/间距为 2μm/2μm。RDL 使用 GSGSG 共面波导作为传输线,层间带有接地屏蔽,具有良好的信号和电源完整性。RDL、C4 焊球和下填充层具有一定的变形缓冲能力,减轻了芯片和衬底之间热膨胀系数失配引起的变形和应力问题。2022 年 TSMC 发布了 CoWoS-R+[32],在有机插入层背面埋入 IPD 去耦合电容,通过 C4 焊球和厚铜互连连接芯片,降低信号线噪声,提高数据传输速率和信号完整性,使 HBM 单凸点数据传输率从 HBM2 的 2.4Gb/s 提高到 HBM3 的 6.4Gb/s,并满足芯片宽度从 7.8mm 增加到 11mm 以及系统功率从 700W 增加到 1000W 的需求。

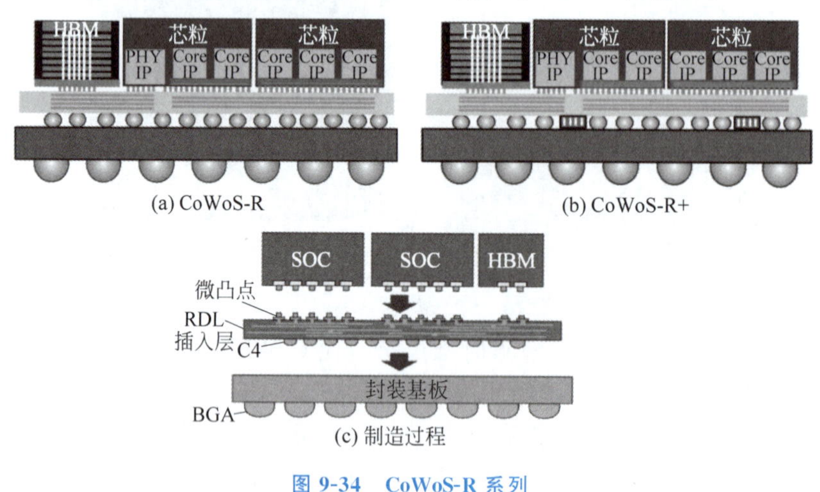

图 9-34　CoWoS-R 系列

9.2.3.2　Samsung I-Cube

Samsung 先后发布了面向多芯片集成的 I-Cube2(Interposer-Cube,2018 年)、I-Cube4 (2020 年)和 H-Cube(Hybrid-Cube,2021 年)集成方案,如图 9-35 所示。I-Cube 是 2.5D 集

成方案，采用100μm厚的硅插入层集成逻辑芯片（如CPU和GPU）与HBM芯片。I-Cube2集成2个HBM和1个逻辑芯片，I-Cube4集成4个HBM和1个逻辑芯片，I-Cube8可集成8个HBM，面积达到3倍曝光场，插入层面积更大，主要应用于高性能计算领域。Samsung开发了无模塑封装方式，避免模塑对散热性能的影响。为了降低整体成本，I-Cube2可以只采用RDL层实现集成，称为R-Cube（RDL-Cube）[33]，属于2.1D集成。

图9-35　三星芯粒集成方案

H-Cube是面向多芯片的2.5D插入层集成方案，主要解决大面积、多芯片集成时的翘曲问题。如图9-36所示，H-Cube采用两层基板的方式将基板凸点节距逐级放大，解决6个或更多HBM集成时大尺寸基板翘曲的问题。两层基板分别为窄节距基板和高密度互连（HDI）基板。窄节距基板连接插入层与HDI，其凸点节距只有传统焊球节距的35%，可以提高互连密度。HDI基板连接窄节距基板和PCB，具有高密度的平面互连。HDI的面积较大，作为完整的基板承载多个小面积的窄节距基板，以减小翘曲。

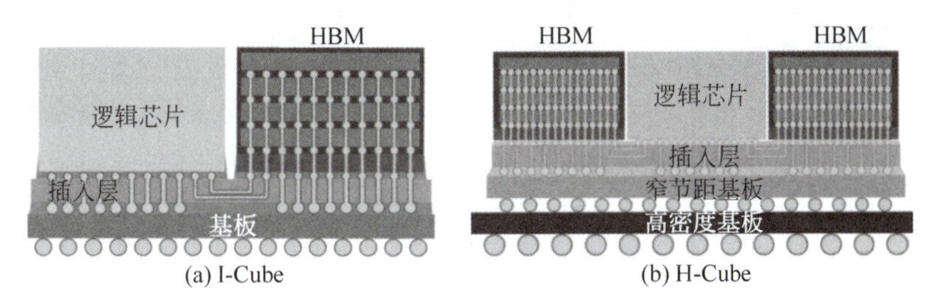

图9-36　I-Cube与H-Cube结构对比

9.2.4　芯片桥接集成

FOWLP利用有机RDL插入层集成多芯片并提供芯片间互连，具有显著的成本优势，但材料、工艺和翘曲等限制了大面积RDL的最小线宽和凸点密度，难以满足芯片间高密度互连的要求。为了利用FOWLP的优点并提高互连和凸点的密度，近年来发展出硅芯片桥接技术。芯片桥接是在有机基板表面嵌入一个带有高密度互连的硅桥芯片，跨接两个被集成芯片，利用硅桥芯片的高密度微凸点和平面互连，作为两个芯片间的高密度数据传输通道，如图9-37所示。硅桥芯片可以嵌入有机基板，也可以嵌入FOWLP中的RDL作为独立的有机插入层，因此也可以将芯片桥接集成视为FOWLP技术。

图9-37　芯片桥接结构示意图

硅桥芯片采用集成电路工艺制造，可实现高密度金属凸点和高密度平面互连，提供两个芯片间的高密度互连。硅桥芯片连接两个相邻的芯片仅需跨越两个芯片之间的缝隙而不需要覆盖被集成芯片的总面积。因此，与完整的硅插入层相比,硅桥芯片的面积大幅度减小,具有更低的制造成本,但仍可以实现相近的芯片间互连密度。与基板表面 RDL 提供互连的 FOWLP 相比,芯片桥接的成本稍高,但提供的互连密度更高。因此,芯片桥接融合了 FOWLP 和硅插入层的优点。

9.2.4.1 Intel EMIB

2008 年,Intel 申请了嵌入式多芯片互连桥接(Embedded Multi-Die Interconnect Bridge,EMIB)的多芯片集成专利,2011 年起陆续报道了相关技术[34-39],并应用于 Kaby-G、Stratix 10 和 Agilex FPGA 等多种产品。目前 EMIB 已经发展到第三代,线宽和间距均为 2μm,微凸点节距为 36μm[38]。

如图 9-38 所示,EMIB 是将带有高密度平面互连和金属微凸点的硅桥芯片埋置在有机基板表面以下,再将被集成芯片通过倒装芯片的形式与嵌入的硅桥芯片金属键合,利用硅桥芯片上的高密度互连连接不同的芯片。硅桥芯片上共 4 层金属,本身不带有 TSV,大幅降低了制造成本。因此,EMIB 不使用传统意义上的插入层和 TSV,以较低的成本实现芯片间的高密度互连。严格意义上,EMIB 是基板结构而不是三维集成结构。

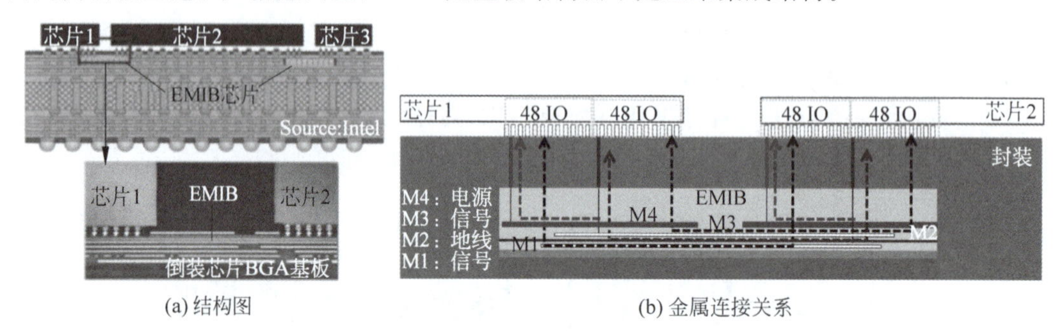

(a) 结构图　　(b) 金属连接关系

图 9-38　EMIB 结构

图 9-39 所示为 EMIB 的制造流程[35,39]。在预定位置制造放置硅桥芯片的凹槽,凹槽底部带有铜膜;将硅桥芯片减薄至约 75μm,表面朝上置于凹槽内;缝隙内注入填充材料,上方采用常规 FOWLP 的积层方法制造 RDL,刻蚀介质层露出下部的金属,通过电镀将金属盘引出到表面,形成键合的金属凸点;最后将被集成芯片倒装键合在 RDL 表面。有机基板的凹槽、铜膜、缝隙填充和积层工艺有助于减小芯片的移位,相较于传统 FOWLP,芯片移位减小了约 60%[37-38]。

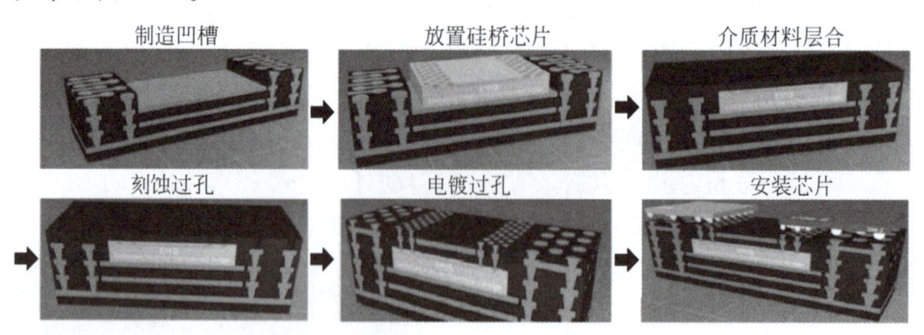

图 9-39　EMIB 制造流程

EMIB 中,被集成芯片通过金属凸点同时与硅桥芯片和基板连接,芯片的金属凸点包括两种不同尺寸和密度。如图 9-40 所示,EMIB1 中,与基板连接的凸点直径大,节距为

130μm，与硅桥芯片连接的凸点直径小，中心节距为55μm。由于键合面高度相同，不同直径的金属凸点必须具有相同的高度。EMIB1的I/O接口密度为250～1000个/mm，数据传输率与长度有关。线长为10mm的速率为3Gb/s，5mm的速率可达6～8Gb/s，每位传输功耗为0.3pJ。即使采用14mm线长，通过总数为4096个密度为300个/mm的微凸点，总数据传输带宽也高达1TB/s。

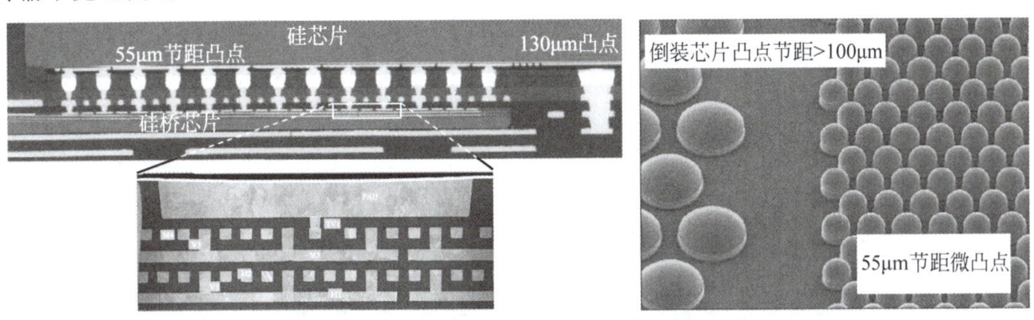

图9-40 EMIB芯片剖面与金属凸点

将EMIB方案中的单层芯片替换为多层集成芯片，可实现EMIB与Foveros的融合，称为Co-EMIB，如图9-41所示。逻辑芯片的上表面通过高密度凸点与上层芯片连接，并利用逻辑芯片内的TSV连接至下表面，再通过嵌入在有机基板内的硅桥芯片连接两个逻辑芯片的接口。Co-EMIB通过Foveros实现更复杂和更多芯片的集成，通过EMIB实现低成本的高密度平面互连。Intel采用Co-EMIB实现的服务器GPU可以集成2个大面积的GPU处理器芯片、8个HBM芯片和2个其他功能芯片。

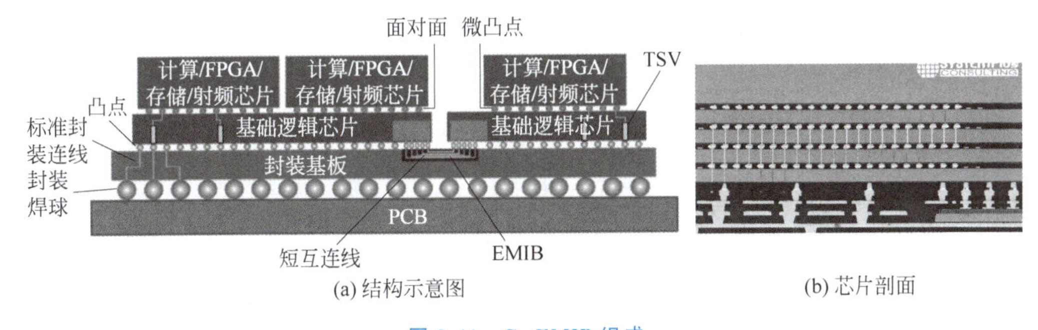

图9-41 Co-EMIB组成

9.2.4.2 IBM DBHi

2008年，IBM申请了硅桥芯片的多芯片集成专利[40]，称为直接键合异构集成(Direct Bonded Heterogeneous Integration，DBHi)，并于2021年报道了技术方案[41-42]。如图9-42所示，DBHi以硅桥芯片接2个相邻芯片，硅桥芯片与被集成芯片之间采用高密度C2凸点键合连接；然后通过C4焊球与有机基板连接，基板内刻蚀深槽容纳硅桥芯片；通过注入非导电胶(NCP)进入硅桥芯片与基板之间的缝隙将二者固定。

DBHi与EMIB的功能基本相同，但是最终结构和制造过程有一定的区别。EMIB是首先将硅桥芯片嵌入基板内，模塑后通过CMP将基板和硅桥芯片表面的凸点暴露出来，最后键合被集成芯片；DBHi首先将硅桥与被集成芯片键合，然后将被集成芯片与基板间的C4焊球键合，并填充NCF固定。

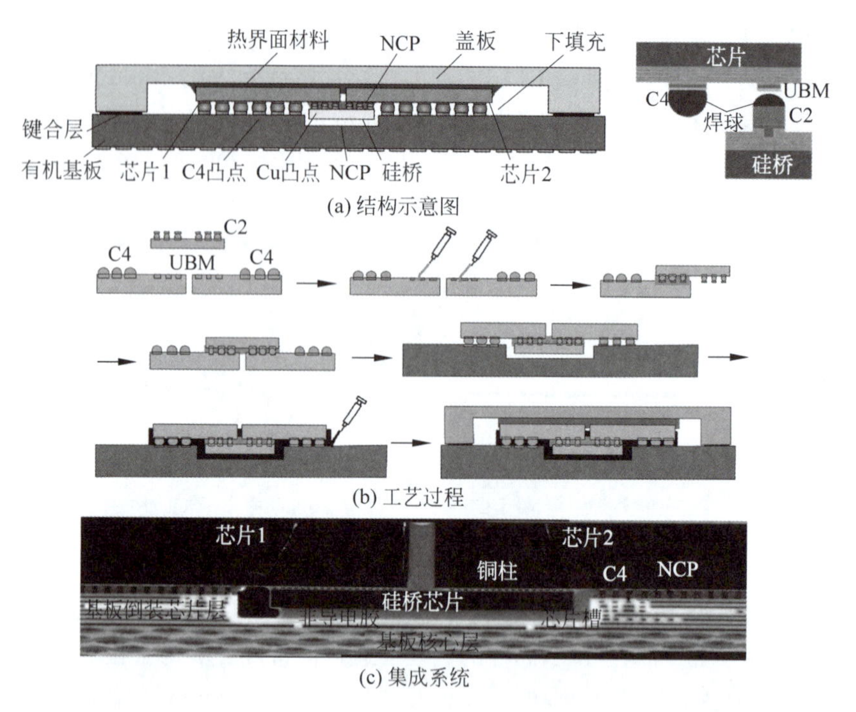

(a) 结构示意图

(b) 工艺过程

(c) 集成系统

图 9-42　IBM DBHi

9.2.4.3　TMSC CoWoS-L

TSMC 在 InFO 和 CoWoS 的基础上发展出 InFO-L(Local Silicon Interconnect)和 CoWoS-L。如图 9-43 所示,CoWoS-L 采用 Chip Last 方案,结构与 EMIB 类似,将硅桥芯片埋入模塑层构成的插入层中,为被集成芯片提供高密度互连,并利用穿透插入层的通孔(TIV)实现垂直互连,从而取代大面积的硅基板,降低制造成本。与 EMIB 不同之处在于,CoWoS-L 的桥接芯片本身也带有 TSV,可以直接将桥接芯片连接至基板而无须经过模塑层的平面互连。此外,埋入的芯片还可以带有无源和有源器件。面积为 1.5 倍曝光场可集成 1 个处理器芯片和 4 个 HBM2E 芯片的 CoWoS-L 于 2020 年量产,面积为 3 倍曝光场可集成 3 个处理器和 8 个 HBM2E 芯片的 CoWoS-L 于 2021 年量产。

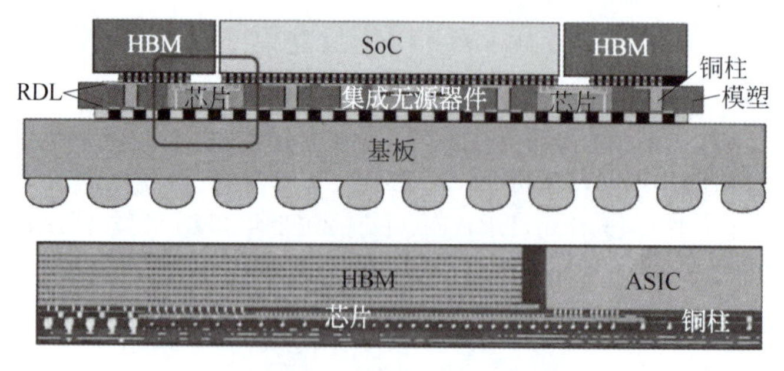

图 9-43　CoWoS-L 集成结构与剖面照片

InFO-L 与 CoWoS-L 都采用有机插入层内埋置的硅桥芯片作为高密度互连,二者的结构基本相同。InFO-LSI 为了降低的成本,一般采用无 TSV 的硅桥芯片嵌入有机基板内部;CoWoS-L 中的桥接芯片带有 TSV,其位置位于有机基板上方而不是嵌入基板内部[43]。

9.2.4.4 其他芯片桥接方案

由于桥接集成具有高性能和低成本的优点，多个企业和研究机构都开发了类似的方案，如Amkor的S-Connect[44]、ASE的堆叠硅桥FOCoS(Stacked Si bridge FOCoS,sFOCoS)[45]、SPIL的扇出型嵌入桥接(Fan-Out Embedded Bridge,FOEB)[46]以及A＊Star的埋入式精细互连(Embedded Fine Pitch Interconnect,EFI)[47]等，如图9-44所示。这些方案将硅桥芯片嵌入模塑层或有机插入层内，采用扇出型封装的形式在模塑层表面制造RDL和键合凸点，通过表面凸点与被集成芯片键合。

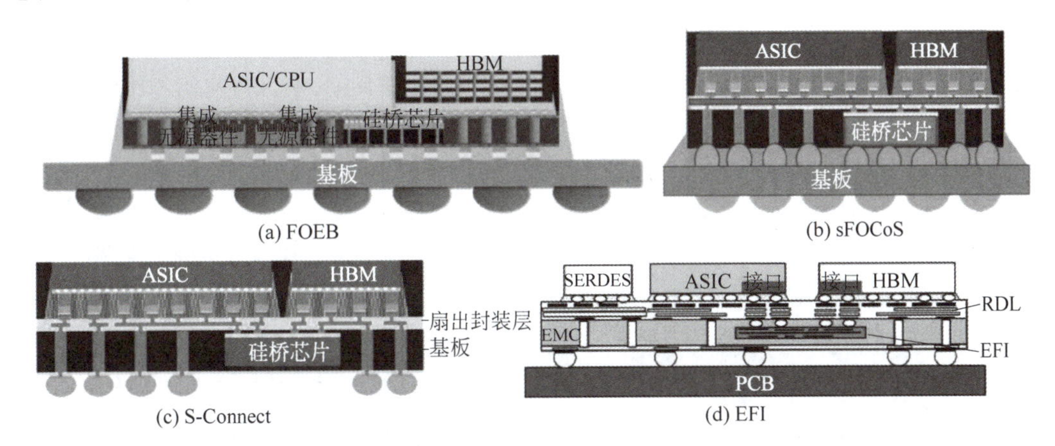

图9-44 硅桥集成结构

图9-45为SPIL的FOEB方案的工艺流程[46]。①在玻璃载板表面制造紫外裂解层和RDL，然后电镀大尺度的铜柱，并将硅桥芯片面朝上固定。②对硅桥芯片和铜柱整体模塑。③表面平整化后，制造表面RDL和金属凸点。④利用凸点键合集成芯片，将多芯片模塑。⑤利用紫外激光照射使裂解层分解去除玻璃载片，在背面制造C4焊球，其中铜柱连接RDL和C4焊球。⑥最后利用倒装芯片将其与封装基板连接。

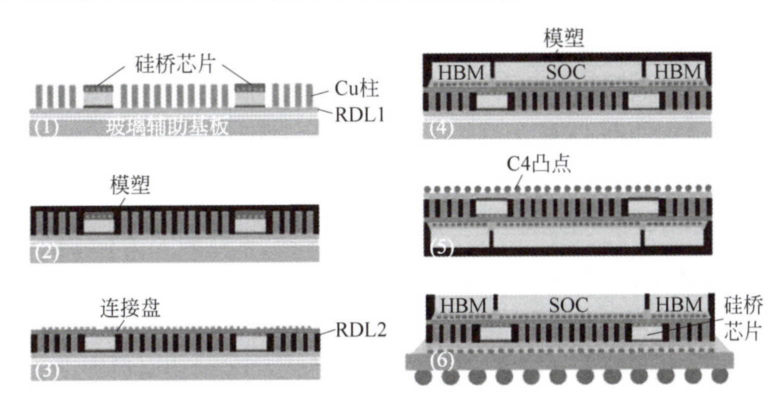

图9-45 FOEB工艺流程示意图

与EMIB将硅桥芯片嵌入有机基板的凹槽不同，SPIL将硅桥芯片布置在玻璃载板表面，模塑后在载板支撑下利用后道互连工艺实现RDL互连。FOEB采用先进的工艺和载板抑制翘曲，有机插入层的线宽和间距降低到2μm[46]。

9.2.5　三维集成

多芯片三维集成具有最高的集成度和I/O密度,具有最高的性能表现。三维集成主要采用凸点键合或混合键合,可以在晶圆级实现,也可以在芯片级实现。晶圆级键合具有高效率、高对准精度的优点,但是对芯片种类、面积和成品率有较大的约束。芯片级键合避免了晶圆级键合的缺点,但是键合效率低,并且芯片级混合键合的成品率尚需要进一步提高。

9.2.5.1　TSMC SoIC

2019年,TSMC报道了Cu-SiO_2混合键合的多芯片三维集成方法SoIC,如图9-46所示[48]。键合可以在芯片级或晶圆级实现[49],目前TSMC实现了12层芯片的混合键合,总厚度600μm。将SoIC集成的芯粒作为单一芯片,可以进一步采用CoWoS与其他芯片集成。

2021年,TSMC采用SoIC制造的AMD Ryzen 7 5800X3D处理器是首个采用芯片级混合键合的产品;2022年,Graphcore采用SoIC制造的Bow人工智能处理器是首个采用晶圆级混合键合的处理器产品。Ryzen 7 5800X3D处理器共需要5次键合,即处理器与载板的芯片-晶圆级键合将处理器重构为晶圆,缓存芯片和两个结构层芯片与载板的3次芯片-晶圆级键合,将缓存芯片和结构层芯片重构为晶圆,最后将两个重构的晶圆进行晶圆级键合。

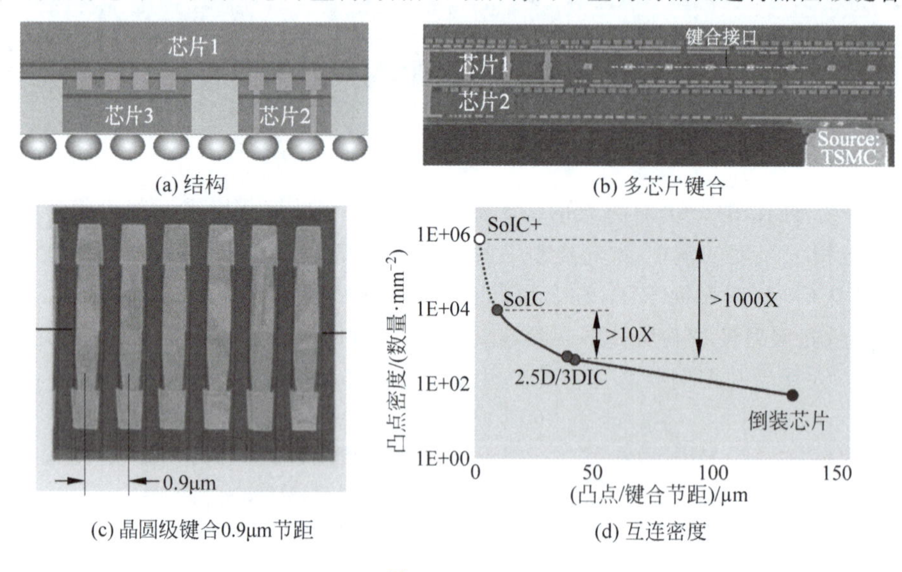

图9-46　SoIC

2021年,TSMC完成了SoIC与7nm和5nm工艺兼容性的开发,可集成7nm和5nm芯片的SoIC分别于2022年和2023年量产,未来2~3年将集成约10个芯粒。SoIC目前已经发展了4代,SoIC4的键合金属节距3μm,如表9-4所示。表中带宽密度为键合金属密度乘以性能,能效性能为带宽密度乘以能效。

表9-4　SoIC的发展

	SoIC1	SoIC2	SoIC3	SoIC4	SoIC5
金属节距	9μm	6μm	4.5μm	3μm	2μm
带宽密度	1×	2×	3.4×	6.05×	11.54×
能效	1×	1×	1.17×	1.33×	1.44×
能效性能	1×	2×	4×	8×	16×

9.2.5.2 Intel Foveros

2019年,Intel公布了面向高性能处理器的三维集成方案Foveros以及基于Foveros的移动处理器Lakefield。Foveros是一种多芯片三维集成技术,典型结构包括2层芯片,如图9-47所示[50-51]。下层逻辑芯片带有TSV,上下两层芯片通过面对面高密度凸点键合或混合键合连接。上层芯片可以为若干个,并不限定功能,可以是包括存储、逻辑、射频和FPGA在内的各类型芯片。下层逻辑芯片带有I/O接口和电源等低功耗电路,采用非先进工艺制造,可以视为有源插入层。这种结构的优点是可以将处理器分割功能模块,每个芯片采用各自的最优性价比工艺制造,再将逻辑、存储、GPU、电源、人工智能芯片等集成。

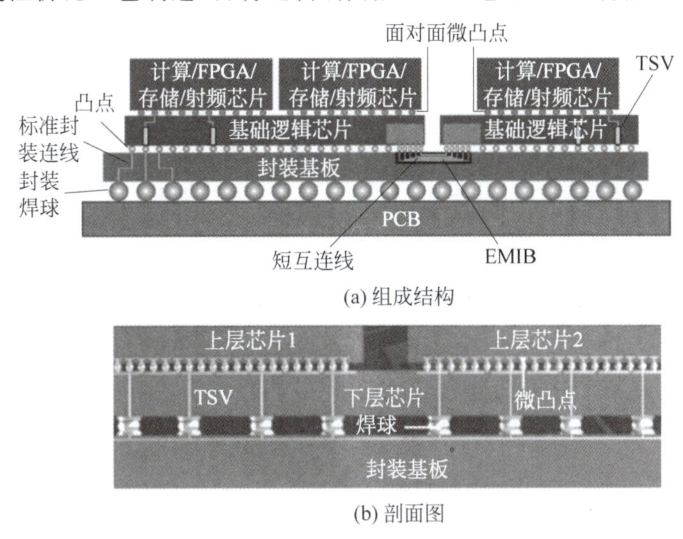

(a) 组成结构

(b) 剖面图

图9-47 Foveros组成

Foveros将TSV工艺模块嵌入22nm逻辑工艺,TSV采用典型的MEOL方案制造,介质层为SiO_2,扩散阻挡层为Ta。TSV直径为7～13μm,最小节距为15～16μm,芯片厚度为75μm。第一代产品采用9μm直径TSV,TSV电阻约为28mΩ,低频电容约为135fF。两层芯片采用高密度CuSnAg凸点面对面键合,CuSnAg凸点直径为25μm,节距为50μm,可实现0.15pJ/b的每位传输功耗,如图9-48所示。随后推出了采用混合键合的Foveros Direct,初期键合金属的节距为9μm,并在第二代Foveros中进一步减小到3μm。

2019年,Intel发布了全向直接互连(Omni-Directional Interconnect,ODI)结构,如图9-49(a)所示[52]。ODI集成了Foveros、EMIB和大直径的TMV,既通过EMIB实现芯片间的高密度互连,又使用TMV和EMIB芯片中的TSV为芯片提供电源直连,解决电源线和TSV较小对传输功率的限制问题,同时直连避免了RF、I/O、电源等需要经过插入层而产生的影响。如图9-49(b)和(c)所示,ODI包括不同的衍生方案,例如将EMIB芯片置于封装基板表面且位于上层两个芯片之间,上层芯片与基板之间通过TMV铜柱直连,利用大尺寸的TMV实现高功率供电,EMIB中的TSV可以实现电源和数据的直连;或者将ODI芯片嵌入封装基板,芯片与基板之间通过凸点直连。

如图9-50所示,存储器与处理器三维集成可以获得较高的数据传输带宽,但TSV占用芯片面积并且堆叠结构影响散热;插入层集成解决了散热和TSV占用芯片面积的问题,但降低了数据传输带宽并影响电源分配。ODI采用大尺寸铜柱提供电源,并使芯片局部重叠

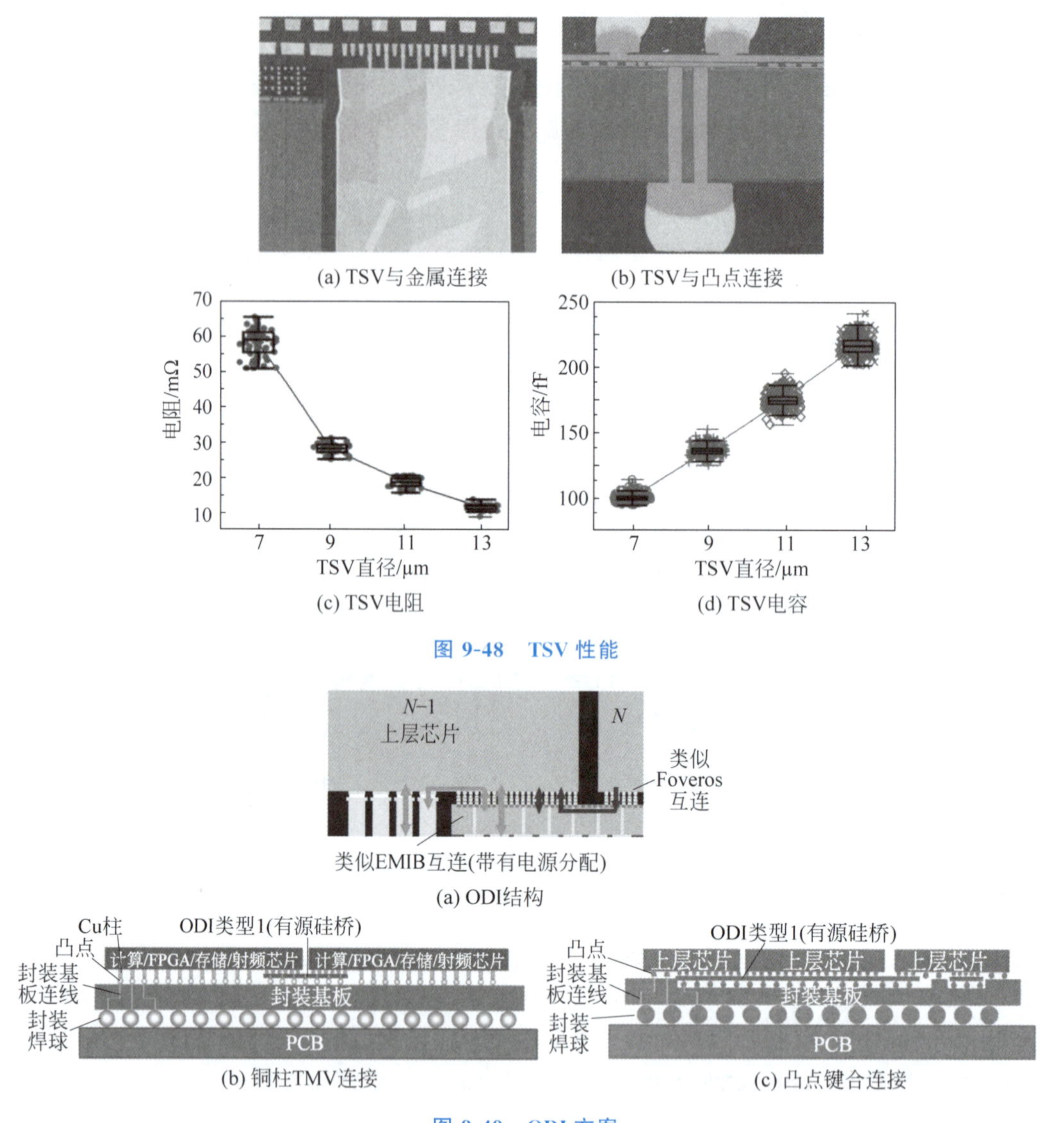

(a) TSV与金属连接　(b) TSV与凸点连接

(c) TSV电阻　(d) TSV电容

图 9-48　TSV 性能

(a) ODI结构

(b) 铜柱TMV连接　(c) 凸点键合连接

图 9-49　ODI 方案

三维集成保持芯片间的高带宽,既实现了高带宽和低功耗,又基本保持了散热面积。

如图 9-51 所示,采用大面积插入层实现的多芯片集成具有较高的性能,但制造困难成本高;将插入层分割可以解决上述问题,但互连长度大功耗高。采用 ODI 结构具有与大面积插入层相同的数据传输带宽,但是降低插入层面积和成本。

2022 年,Intel 报道了采用芯片级混合键合实现的多芯粒集成方法,称为准单片芯片(Quasi-Monolithic Chip,QMC),如图 9-52 所示[53]。这种结构具有以下特点:①多层芯片间采用混合键合;②超薄芯片埋入厚 SiO_2 层内;③SiO_2 层制造介质层通孔(TDV);④超薄晶圆减薄时采用无机材料临时键合。

图 9-53 为 QMC 制造流程[53],主要过程包括:①采用无机材料键合将薄芯片临时键合在硅辅助圆片上;②辅助圆片表面沉积厚 SiO_2 层(>20μm);③CMP 平整化 SiO_2 层和芯片,露出芯片的金属接口层;④在 SiO_2 层内制造 TDV;⑤在 SiO_2 层和芯片表面制造平面

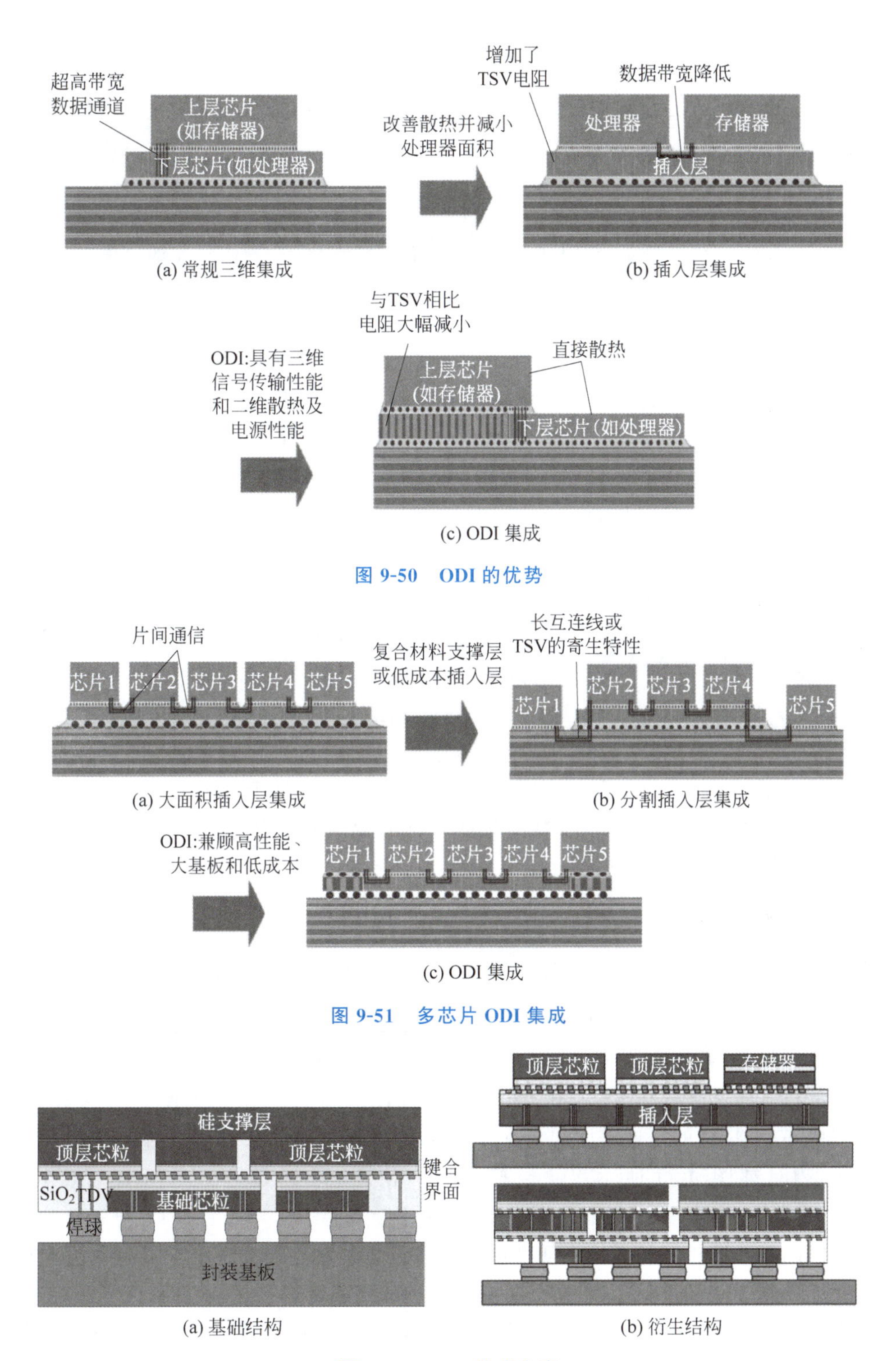

(a) 常规三维集成　(b) 插入层集成

(c) ODI 集成

图 9-50　ODI 的优势

(a) 大面积插入层集成　(b) 分割插入层集成

(c) ODI 集成

图 9-51　多芯片 ODI 集成

(a) 基础结构　(b) 衍生结构

图 9-52　QMC 集成方案

RDL 和键合金属结构，CMP 平整化键合界面；⑥混合键合上层芯片，上方沉积 SiO_2 层并 CMP 平整化；⑦采用 SiO_2 键合将上层芯片与支撑硅片永久键合，拆除临时键合去除辅助圆片；⑧在下层芯片表面制造 RDL 和焊球，用于基板封装。Intel 未公布无机材料临时键合和拆键合的方法。

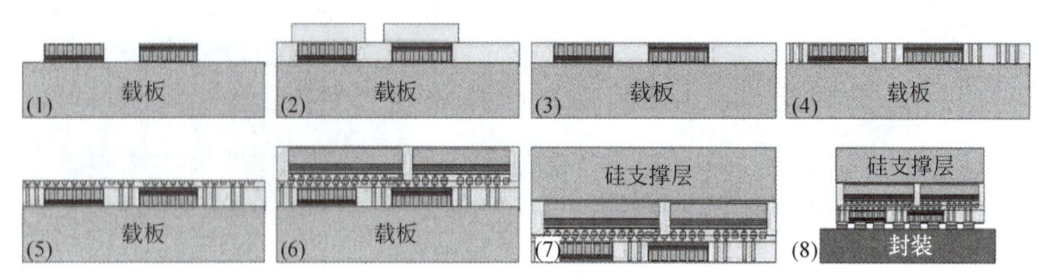

图 9-53 QMC 制造流程

QMC 的结构和工艺包括以下优点：①临时键合和永久键合均采用无机材料，可以提高 CMP 和互连的工艺水平，材料与集成电路设备兼容，可以利用集成电路工艺实现更高密度的互连和金属；②SiO_2 层内的 TDV 可以部分甚至完全取代芯片内的 TSV，与芯片内的 TSV 相比能够简化工艺、降低成本；③可以实现多层、多结构的高密度的芯片集成，提供灵活的电源匹配和信号连接路径。

9.2.5.3 Samsung X-Cube

2020 年，Samsung 发布了三维集成方案 X-Cube(Extended-Cube)。如图 9-54 所示，X-Cube 是芯片键合的集成方案，被集成芯片可以是多层，可以凸点键合或混合键合。Samsung 在 7nm 逻辑工艺中引入 TSV，利用 X-Cube 在带有 TSV 的逻辑芯片上集成 SRAM 芯片，可以将 SRAM 与处理器三维集成。采用金属凸点键合的 X-Cube 将于 2024 年进入量产，采用混合键合的 X-Cube 金属节距为 4μm，将于 2026 年量产。

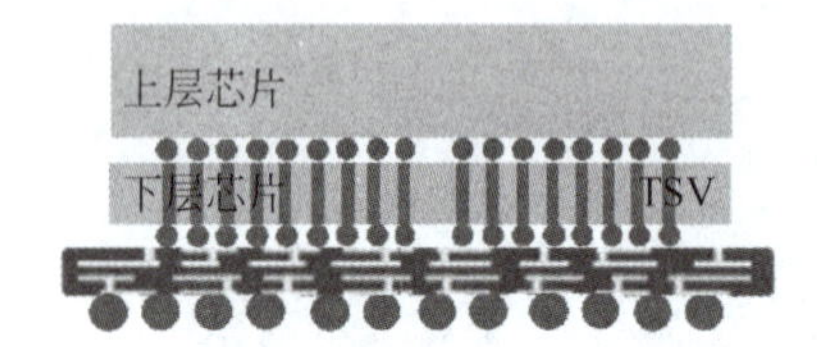

图 9-54 X-Cube 集成结构

9.3 芯粒间高密度互连

芯粒集成系统是多个芯片组成的片上芯片网络，因此芯片之间的数据传输速率是决定系统性能的关键。实际上，芯粒技术发展的前提就是芯片间的高速数据传输速率，只有数据传输速率得到保障，系统的性能才能体现。因此，芯片间的输出传输速率随着应用的需求和制造能力的提升而不断提高。TSMC 在 2020 年的 IEEE ECTC 会议上提出，未来相当长的一段时间内，三维集成的互连密度和带宽密度将以每 2 年翻一番的速度发展，被称为传输速率的摩尔定律，如图 9-55 所示[54-55]。按照这一预测，到 2035 年左右互连密度将超过 $10^9/mm^3$ 的水平，传输每位数据所消耗的能量也不断下降。

芯片间高速数据传输的需求推动物理层向着更高密度互连和更高集成度的方向发展。高密度互连的物理基础是高密度的 TSV 和高密度的金属键合结构，前者对应同一芯片上下表面的数据传输能力，后者对应相邻芯片间的 I/O 密度。与凸点键合相比，Cu-SiO_2 混合键合能够将 I/O 密度提高 2 个数量级以上，是高密度芯粒集成未来的发展方向。

在量产的 HBM2 中，DRAM 芯片内的 TSV 直径为 4～5μm，深宽比为 8：1～10：1；插入层中 TSV 的直径为 10μm，典型 Cu-Sn 微凸点直径为 25～40μm，节距为 40～55μm。TSMC 在其 7nm、5nm 和 3nm 工艺节点引入的 TSV 的节距将从 9μm 减小到 4.5μm。

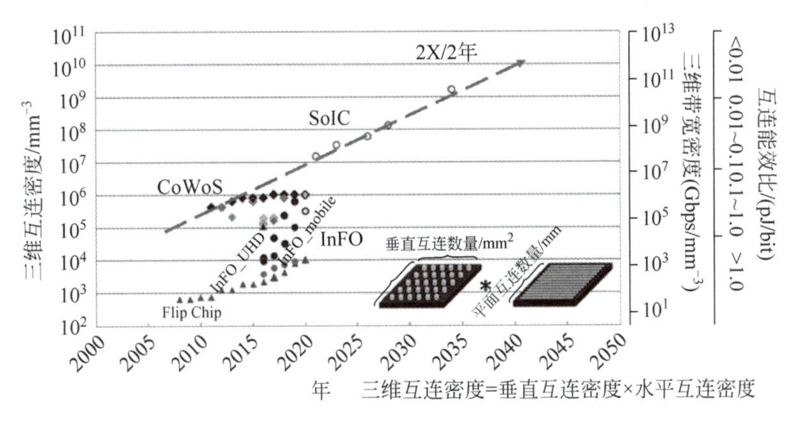

图 9-55 三维互连密度发展趋势

IMEC 预测 TSV 的直径将从目前的 5μm 进一步减小到 2～3μm，微凸点的节距也将减小到 10～20μm，而混合键合的金属节距将达到 1～2μm，如图 9-56 所示[56]。高密度互连受制造能力、效率和成本的限制，往往是性能和成本之间折中的选择。

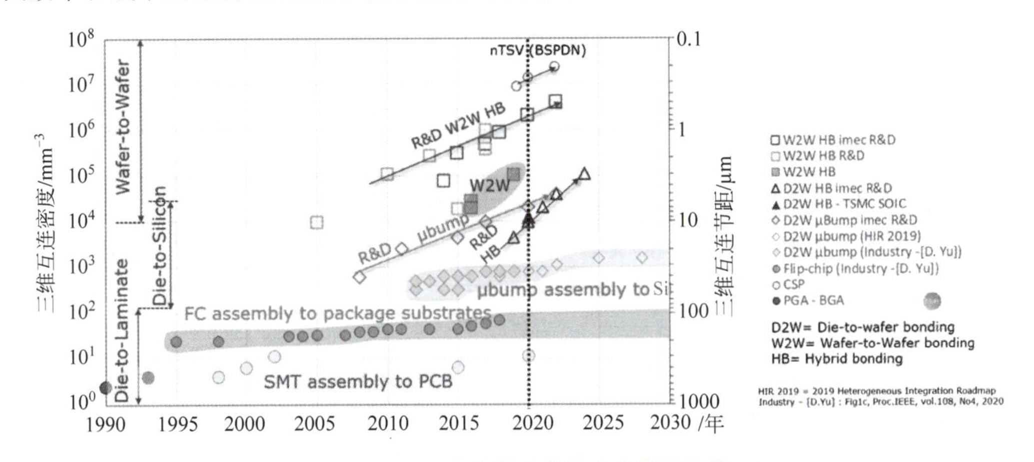

图 9-56 TSV 和金属凸点的密度发展趋势

9.3.1 高密度 TSV

在 TSV 深宽比受到制造能力限制的情况下，TSV 的最小直径和最大密度取决于晶圆厚度。根据晶圆厚度的不同，集成的晶圆可以分为常规晶圆和超薄晶圆。由于常规晶圆与超薄晶圆制造 TSV 的方法不同，前者通常采用体硅刻蚀 TSV 的工艺，后者可以采用大马士革工艺，因此二者在实现 TSV 的密度方面有显著的差异。

受体硅晶圆减薄后强度和厚度均匀性的限制，减薄晶圆的最小厚度一般为 10～20μm，在 TSV 深宽比为 10∶1 的情况下，最小直径为 1～2μm。IMEC 的研究表明，在目前的技术条件下，3～5μm 直径的 TSV 的总体制造成本最优。采用常规技术将 TSV 直径减小到 1μm 以下尚未大规模应用。受 Bosch 工艺刻蚀原理的限制，刻蚀直径小于 1μm、深宽比超过 10∶1 的深孔尚有一定困难，特别是侧壁起伏和横向展宽导致刻蚀尺寸和形状难以精确控制。近年来低温刻蚀技术的发展有望解决这一问题。在介质层和扩散阻挡层及种子层沉积方面，常规的 CVD 和 iPVD 仍可使用，但是效果下降。由于 TSV 直径减小，这些薄膜的厚度很薄,可以采用 ALD 沉积,制造成本和效率尚可接受。在 TSV 金属填充方面,1μm×5μm 的深孔仍可以采用铜电镀填充,但是铜电镀的速率有所降低。

2018 年,IMEC 报道了尺寸为 1μm×5μm、节距为 2μm 的 TSV[57],2019 年又将 TSV 的节距减小到 1.4μm[58]。IMEC 采用 Bosch 工艺刻蚀深孔,介质层为 PEALD 沉积的厚度为 100nm 的 SiO_2,ALD 沉积的 10nm 厚 TiN 和 PVD 沉积的 Ta 作为扩散阻挡层,PVD 沉积 Cu 作为种子层。当种子层厚度减小到 250nm 以下时,PVD 沉积的 Cu 种子层出现不连续的现象,需要采用碱性溶液铜电镀修复种子层。

进一步将 TSV 直径减小到 500nm 以下,需要借助晶圆转移技术获得超薄硅晶圆,如 SOI 或 SiGe 剥离转移。采用这些技术,可以将转移晶圆厚度减小到 1~2μm 甚至更低,进而采用互连工艺的大马士革方法制造 TSV,即 ILV。超薄晶圆和大马士革工艺通过降低深宽比将 TSV 的直径减小至 500nm 甚至 100~200nm,密度提高 2 个数量级以上。例如 IBM、Leti 和 IMEC 等都利用超薄晶圆转移将 TSV 的直径减小到 200nm 以下。尽管超薄晶圆转移可以实现极小直径的 TSV,但是晶圆转移的成本以及超薄晶圆的功率密度和散热能力限制了其应用范围。

9.3.2 高密度金属凸点

芯片间的互连密度取决于芯片间金属连接的直径和密度,而金属连接的密度取决于制造方法。对于超薄晶圆转移,层间互连 ILV 采用介质层晶圆键合后的大马士革工艺制造,相邻芯片的金属连接不是由键合而是由 ILV 实现,ILV 贯穿一层芯片的介质层,其互连密度不受键合的影响而取决于 ILV 的密度。理论上超薄晶圆转移的层间 ILV 的直径可以减小到 100nm 以下,密度可以达到极高的水平。

对于体硅晶圆集成,相邻芯片间的互连密度通常取决于金属键合的方法,如图 9-57 所示。常用的金属键合包括有凸点键合(如 Cu-Sn 瞬时液相键合)和无凸点键合(如 Cu-SiO_2 混合键合)。Cu-Sn 瞬时液相键合通过锡的熔化降低键合温度并产生金属键化合物,但液态锡层在键合压力下横向展宽,并且易导致晶圆滑移,因此键合对准精度和凸点最小直径都受到一定的限制。目前在 Intel 的 EMIB 中,Cu-Sn 金属凸点的直径为 25μm,节距为 55μm,下一代产品将减小到 36μm;在 Foveros 中,Cu-Sn 凸点的节距为 50μm,未来将减小至 25μm

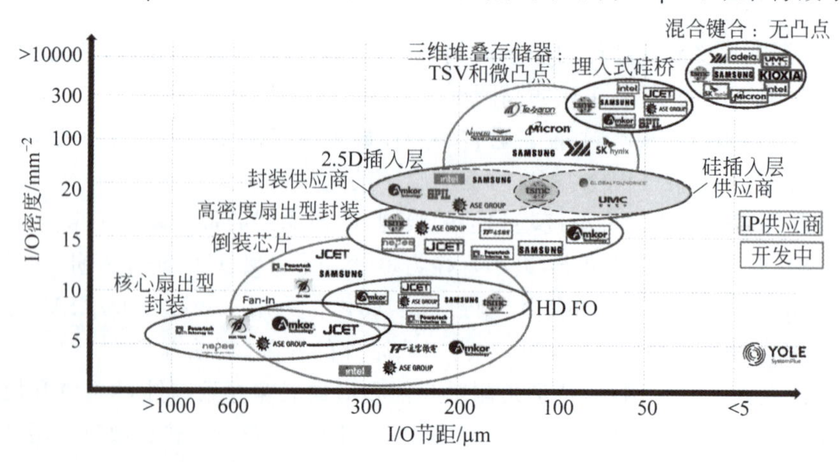

图 9-57 工业界量产凸点节距及密度

和 10μm。在 TSMC 的 CoWoS 中,Cu-Sn 凸点的直径为 20μm,节距为 55μm,未来将减小到 30μm。

通过控制铜锡的含量、凸点的表面平整度和对准精度,Cu-Sn 键合的节距较容易减小到 20μm。如图 9-58 所示,2020 年 Leti 采用 12μm 直径实现了 20μm 节距的 Cu-Sn 键合[59],IMEC 采用 CuNiSn 凸点实现了 20μm 节距的键合[60-61]。对于 20μm 节距的凸点,通过精细优化电镀工艺,整个晶圆的凸点高度差一般为 0.5～0.9μm[60]。此外,C4 凸点一般需要回流改善锡的表面形貌和高度一致性,但是微凸点的锡层较薄,回流较难控制反应程度,铜锡之间的反应容易导致锡被全部消耗。因此,微凸点一般不进行回流[62],而是通过控制电流密度和电镀液等降低表面起伏。然而,进一步将节距减小到 10μm 存在一定的技术难度[62],需引入 CMP 平整化表面、金刚石刀刮平等技术控制凸点高度一致性。

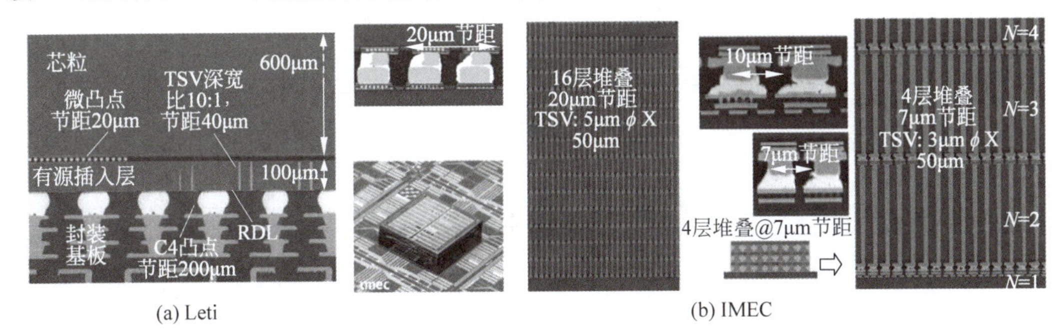

图 9-58 多层芯片铜锡凸点键合

金属镍和钴与锡反应可以分别生成金属间化合物 Ni_3Sn_4 和 $CoSn_2$,相比于 Cu_3Sn 可以消耗更多的锡,进而减少锡的剩余量,防止键合压力下锡的横向溢出。采用这一方法,IMEC 先后实现了 10μm 节距的 CuNiCo 凸点与聚合物的混合键合[63],以及 5～7μm 节距的 CuNiCo 凸点的混合键合[64],如图 9-59 所示。为了防止键合过程中压力作用下凸点高度不一致所导致的芯片倾斜,引入了硬质凸点作为芯片间的垫块承担倾斜的键合压力[65]。

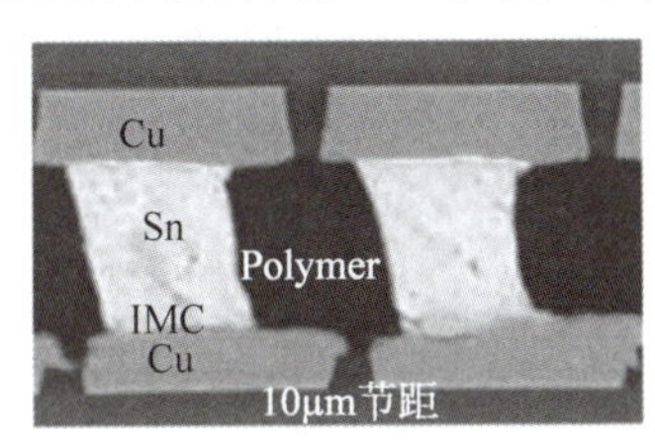

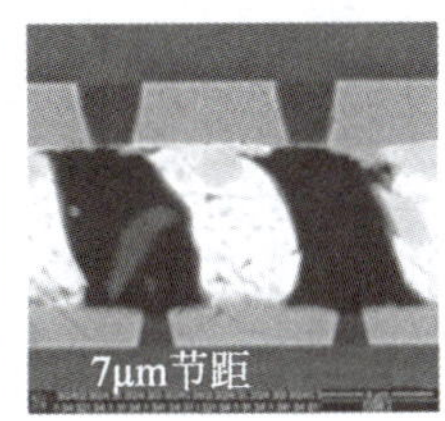

图 9-59 IMEC 高密度铜锡凸点键合

IMEC 还利用 Co/Sn 形成的 IMC 具有针形锋利形状和高硬度的特点,在低于锡的熔点温度下通过压力使 Co/Sn IMC 刺入锡层进行键合,防止锡熔化导致横向扩展,称为 IMC 插入式键合,如图 9-60 所示[66]。UBM 为 Cu、Co 或 Ni 等金属,凸点直径为 7.5μm,间距为 20μm,形成 IMC 的锡层厚度为 1μm,键合锡层的厚度为 5μm。在氮气或形成气体中采用约 270℃的温度对 UBM 和锡热处理 1min,通过锡与 UBM 金属的反应形成尖点状 IMC 的粗糙表面。键合温度为 150～200℃,键合时间为 3～5s,键合压强为 33MPa 时成品率约为 70%,压强为 47MPa 时成品率为 90%,键合剪切强度为 19MPa。

随着金属凸点直径的减小,凸点高度也降低到仅有几微米的程度,加上凸点密度提高,

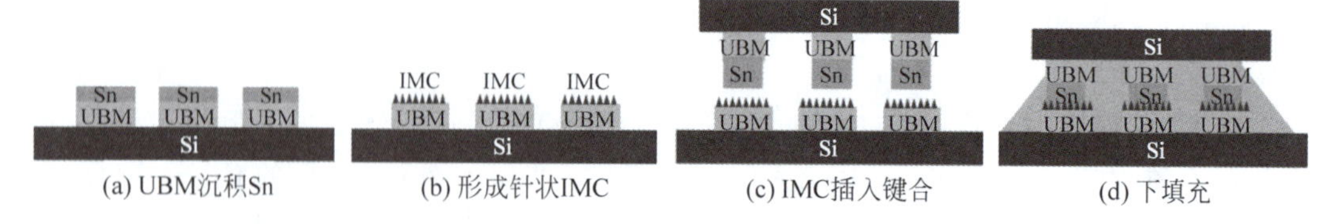

(a) UBM沉积Sn　(b) 形成针状IMC　(c) IMC插入键合　(d) 下填充

图 9-60　IMC 插入式键合

金属键合后采用液态有机物的填充难度越来越大,因此,高密度金属凸点可以采用有机物与金属凸点混合键合。混合键合可以采用金属凸点与有机层同平面的共键合方式,或者采用金属凸点热压穿透有机层的穿透式键合,或者通过可图形化的下填充进行共同键合,如图 9-61 所示。微凸点和 NCP/NCF 对高度一致性要求高,凸点高度小,节距可以减小到 20μm。当凸点节距进一步减小到 10μm 以下时,需采用 CMP 平整化并共键合有机层和铜凸点,避免凸点键合界面残留有机物。

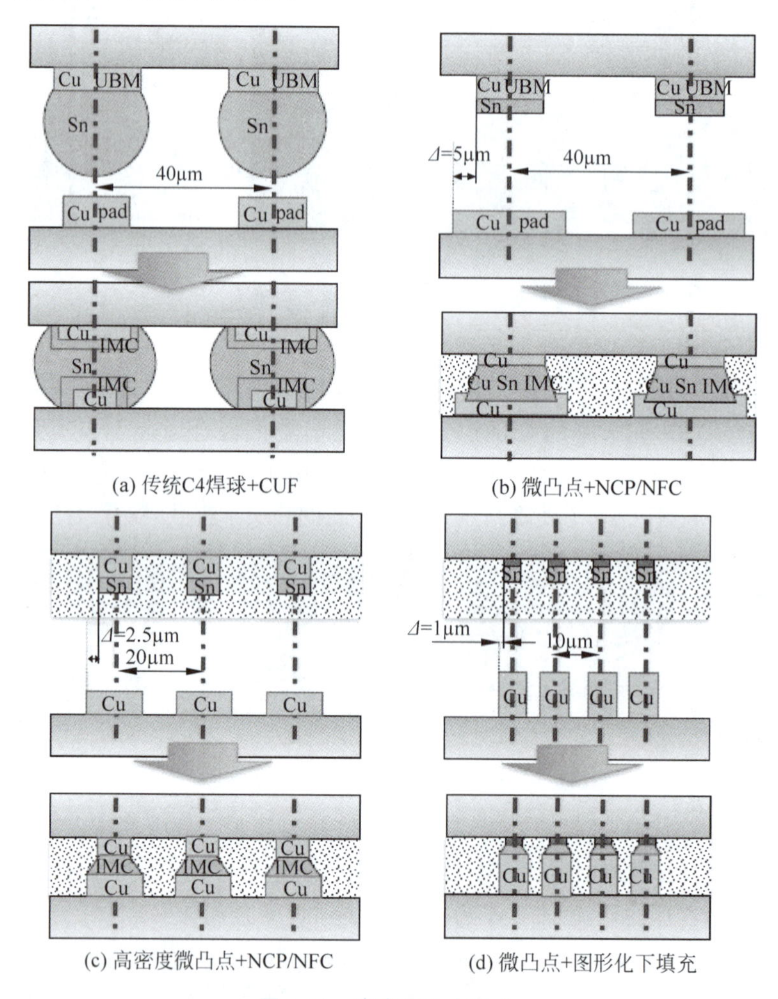

(a) 传统C4焊球+CUF　(b) 微凸点+NCP/NFC

(c) 高密度微凸点+NCP/NFC　(d) 微凸点+图形化下填充

图 9-61　高密度凸点键合

当多层芯片键合并需要高密度金属互连时,为了降低键合后总厚度并实现窄节距金属互连,需要采用铜与 SiO_2 或 SiCN 的混合键合。Cu-SiO_2 混合键合没有液态金属出现,避免了金属流动而导致的金属横向扩展和晶圆滑移,而室温下的初始键合最大程度上避免了热膨胀的影响，因此可实现远超 Cu-Sn 键合的互连密度。晶圆级混合键合的金属节距取决于键合机的对准误差，一般键合金属的尺寸应超过对准误差的 3～5 倍以保证量产的成品率[67-68]。目前晶圆级键合对准误差已减小到 50nm，理论上金属盘最小尺寸可达 150～250nm，节距可以减小到 300～500nm。

2017 年 IMEC 和 Leti 分别实现了 1μm 铜节距的 Cu-SiO_2 混合键合[69]，2020 年 TMSC 实现了 0.9μm 节距[49]，2021 年 Sony 实现了 1μm 节距[70]，2023 年 TEL[71] 和 Applied Materials[72] 分别实现了 0.5μm 和 0.3μm 节距。在 Cu-SiCN 键合方面，2020 年 IMEC 实现了 1μm 铜节距[73]，2022 年将节距减小到 0.7μm[74]，2024 年进一步减小到 0.4μm[75]，2023 年 Samsung 实现了 1μm 铜节距[76]。这些进展标志着混合键合的金属节距将进入 0.5～1μm 时代。

金属节距不断减小、键合金属所占的面积比例不断提高，可能引起键合强度下降和金属短路，如图 9-62 所示[76]。当键合金属的面积比例大于 20%～25%时，由于对准偏差导致金属与介质层接触而产生弱键合区，减小了介质层的有效键合面积，将使总体键合强度下降。混合键合需要利用氮等离子体等进行表面活化，离子轰击将产生铜原子的反溅射，使铜原子脱离金属结构沉积到介质层表面。当金属节距过小、面积比例过大时，沉积在介质层表面的铜可能形成连续的金属线，导致键合金属之间短路。

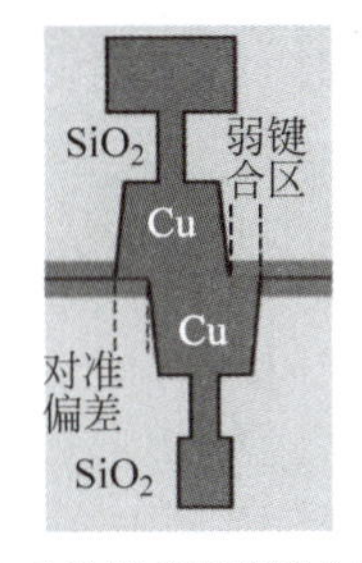

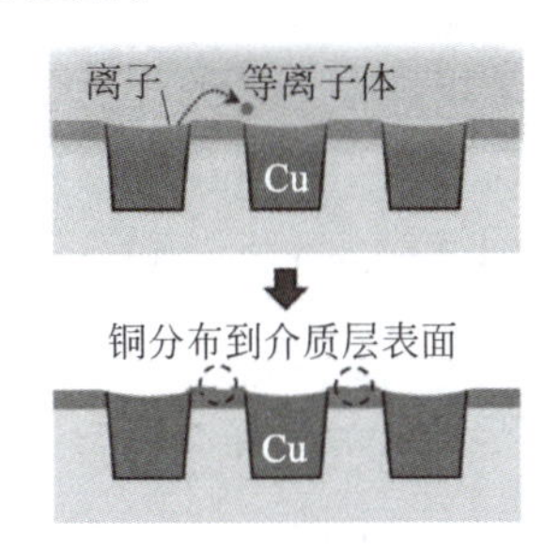

(a) 对准偏差降低键合面积　　(b) 铜反溅射引起断路

图 9-62　窄解决混合键合

参考文献

第 10 章

TSV的电学与热力学特性

在三维集成中，TSV 是一个电学互连结构，因此 TSV 的电学特性是 TSV 最重要的特性。对于长度为 $100\mu m$ 的 TSV，即使工作频率为 20GHz，其长度仍小于波长的 5%，因此低频情况下可以用集总参数模型描述 TSV 的性质，包括电阻、电容、电感。当频率进一步提高，集总参数的前提条件不再满足时，需要使用分布参数描述 TSV 的性能，主要为传输特性参数。尽管 TSV 的结构比较简单，但要精确描述 TSV 的集总参数也是比较困难的。这一方面是由于电感、互感等模型本身的复杂性，另一方面 TSV 与衬底构成了金属-介质-半导体(MIS)结构的电容，而 MIS 电容的特性不但与结构有关，还与半导体特性有关。通过全波模拟等数值计算方法，可以针对某种结构的 TSV 获得准确的传输特性，甚至可以考虑 MIS 结构的影响。由于 TSV 涉及多个几何尺寸、结构特性和材料特性，要充分优化 TSV 的性能，仅靠数值模拟难以获得高效的优化结果。此外，电路的设计依赖 TSV 的电学模型，建立简单、准确的电学模型对于三维集成的电路设计也是至关重要的。因此，闭合形式的电学模型对于优化 TSV 的结构和工艺、指导 TSV 电路的设计等方面具有重要意义。

10.1 TSV 的电学特性

10.1.1 TSV 电磁场与电信号

无论是视为集总器件还是分布器件，理解 TSV 的电磁场分布对描述 TSV 的电学特性有重要的作用。图 10-1 为数值计算的信号线 TSV 和地线 TSV 的电场分布[1]。TSV 直径为 $30\mu m$，中心距为 $60\mu m$，介质层 SiO_2 厚度为 $1\mu m$。对于 1GHz 频率，损耗性硅衬底(电导率为 10S/m)内 TSV 的电场主要以慢波形式集中在 SiO_2 介质层内。这是由于衬底电导率 10S/m 远大于传输频率 1GHz 时对应的电导率 $\omega\varepsilon=0.66$S/m，硅衬底对于 TSV 传输的 EM 模式的电磁波可以视为导体，抑制了电磁波向衬底内的传播。由于电场集中在 SiO_2 介质层内，TSV 介质层形成一个大电容。当频率提高到 50GHz 时，$\omega\varepsilon=2.78$S/m 已经与 10S/m

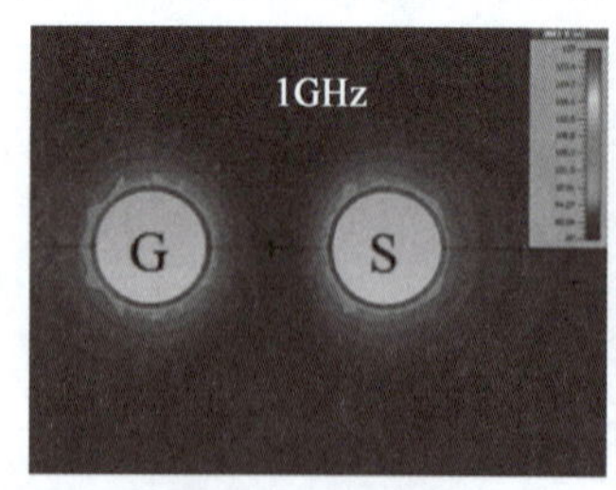

(a) 损耗硅衬底1GHz

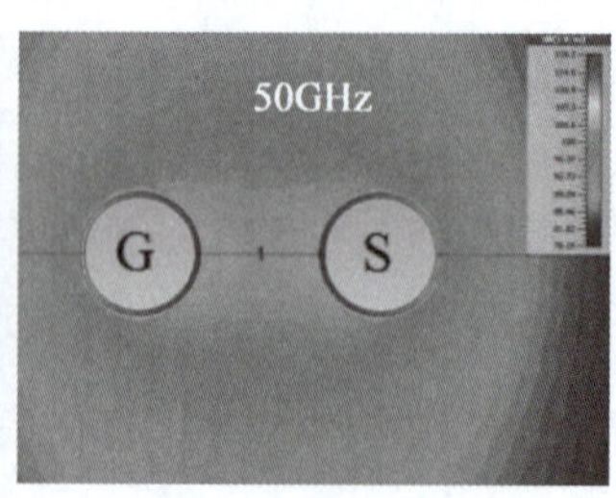

(b) 损耗硅衬底50GHz

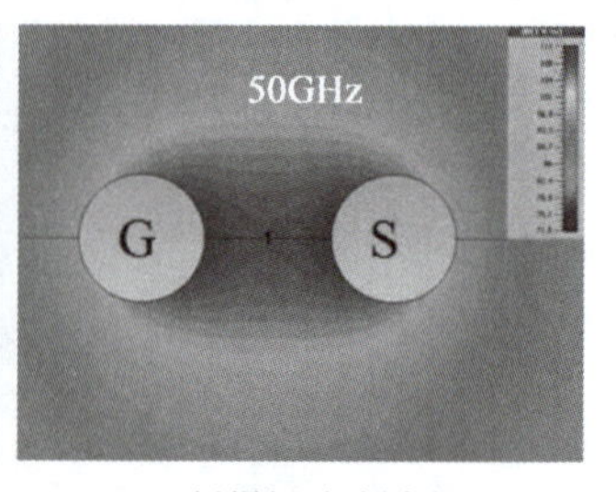

(c) 低损耗玻璃衬底

图 10-1 TSV 的电磁场分布

可比,此时硅衬底对于 EM 波可以视为高损耗介质层,电场会向衬底传播,表现为介质准 TEM 波。对于本征硅和玻璃衬底,在任何频率下 $\omega\varepsilon$ 都远大于衬底电导率(如本征硅电导率为 4.27×10^{-4} S/m),因此从电磁场看来,本征硅和玻璃衬底充当了低损耗介质层。

当一个导体上施加短上升沿的脉冲激励信号时,导体上任何的不连续都会导致输入端出现反射信号,使特征阻抗曲线产生突变,因此时域传输(TDT)和时域反射(TDR)特性可以分别代表导体输出端的瞬时传输特性和输入端的瞬时反射特性。图 10-2 为计算的常规硅衬底内的 TSV 在阶跃电压作用下的瞬态 TDT 和 TDR 的特性[2]。TSV 直径为 10μm,高度为 30μm,介质层 SiO_2 厚度为 0.1μm,激励信号的上升沿为 35ps,TSV 两端各连接 50Ω 的阻抗和延时为 0.5ns 的传输线。在阶跃信号作用下,TSV 输出端的 TDT 上升沿与输入端一致,TSV 基本不影响信号的上升时间。在 1ns(即两倍的传输线延时)附近,TSV 输出端阻抗出现了阶跃式下降,然后在 1ns 后基本恢复到 50Ω。这一阻抗变化特性是由 TSV 的电容特性引起的。

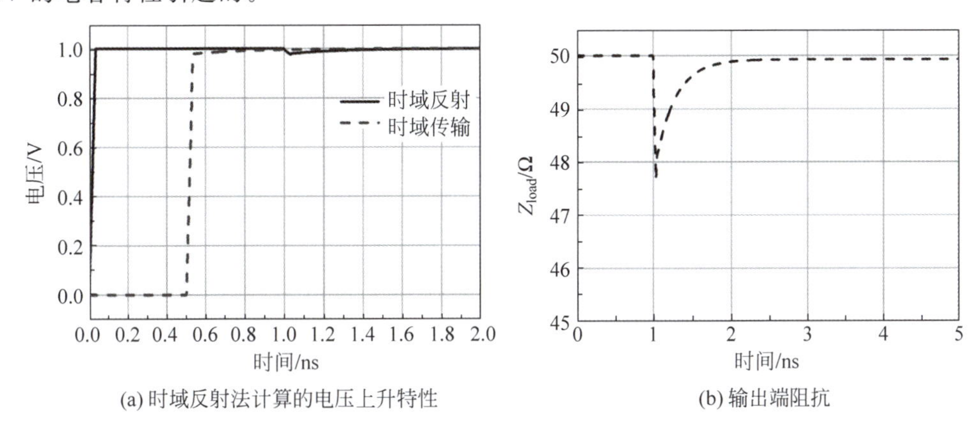

(a) 时域反射法计算的电压上升特性　　(b) 输出端阻抗

图 10-2　TSV 的瞬态电学特性

10.1.2　TSV 基本电学模型

目前单个 TSV 参数模型[3-4]和多个 TSV 的耦合模型[5-6]都能够在一定程度上准确表征 TSV 的特性,并在一定程度上与数值计算和测试结果相吻合。然而,尽管 TSV 的结构非常简单,TSV 的电学模型仍然需要进一步完善。第一,TSV 的高频特性以及 TSV 与金属凸点和 RDL 结合后,结构较为复杂,给建立理论模型带来困难。第二,高频范围的硅衬底损耗、涡流和趋肤效应的影响可能都需要考虑,否则理论模型难以反映实际状况。第三,多个临近的 TSV 之间会产生电感耦合和电容耦合,耦合特性使得建立全面的模型变得更加复杂。第四,TSV 的电学与热力学特性耦合强烈,工作时 TSV 温度升高时,相关材料特性和几何尺寸都会发生一定的变化,引起电学性能的改变,特别是电容与温度关联紧密,这在精确的模型分析中需要考虑。

对于长度为 100μm 的 TSV,即使工作频率为 20GHz,其长度仍小于波长的 5%,因此低频时可以将 TSV 等效为集总参数模型,利用闭式集总参数的等效电路模型来描述 TSV 的参数,包括电阻、电感和电容等。当工作频率处于高频区时,将 TSV 简单地视为集总器件无法准确描述 TSV 的特性,需要采用传输线或分布参数模型。在 10GHz 以上的高频领域,尽管平面互连及多芯片之间的互连长度远大于 TSV 的高度,但 TSV 的损耗通常比这些更长的互连还大。这主要是因为硅衬底的半导体特性和 TSV 较薄的介质层厚度引起的较大的电容，导致 TSV 在传输高频信号时产生很大的损耗[7]。另外，硅衬底较高的电导率使 TSV 在高频时的传输特征阻抗随频率的变化而变化。

闭式等效电路模型具有解析式计算的特点。为了得到严格的解析式，目前这类模型将 TSV 视为高深宽比的圆柱结构，解析计算具有很好的准确度。然而，当深宽比减小到 1∶1 左右或者在高频范围，将 TSV 视为圆柱形结构导致直流电阻和高频电感较大的计算误差。在集成电路设计仿真中，用于描述 TSV 的紧凑模型必须具有足够的精度，同时也必须足够简化以压缩计算时间。为此，基于电阻-电感-电容-电导(RLCG)的紧凑模型考虑了结构和频率的特点，通过引入分布参数的方法拓宽了适用的结构和频率范围，能够较好地反映 TSV 的阻抗和耦合特性[8-9]。此外，有些紧凑模型利用磁准静态理论和傅里叶-贝塞尔展开式，考虑趋肤效应、临近效应、衬底损耗和半导体效应等因素，将模型的适用频率拓展到更高的范围[10]。与精确的物理模型相比，上述模型未考虑 Si-SiO_2 界面和 SiO_2 介质层各种电荷的影响，而实际上除非使用热氧化生长 SiO_2，否则等离子体沉积的 SiO_2 都会在界面及介质层内产生大量的陷阱和固定电荷。

在实际应用中，由于 TSV 必需与平面互连 RDL 以及金属凸点相连，因此独立的 TSV 模型只能作为整个信号通路的基础，还需要考虑金属凸点、金属间介质层、底部填充层以及平面互连的特性，即需要将 TSV 与上述传输结构耦合考虑[11]。这种情况下，整个信号传输通道的特性变得极为复杂，导致理论模型的复杂程度和数值计算的负担都会大幅提高。

本节介绍 TSV 的闭式等效电路模型，即把 TSV 表示成由某些路元件组成的简单电路模型。当 TSV 用等效电路代替之后，未被代替的部分电压和电流均不发生变化，即电压和电流不变的部分只是 TSV 等效部分以外的部分，即所谓的“对外等效”。尽管等效电路只能近似地反映 TSV 的外部电学特性，并且仅适用于低频和非耦合分析，但是这种简化方法易于使用，对理解 TSV 的特性和建立设计规则有重要意义。

10.1.2.1 电阻

低频时，利用等效参数建立的 TSV 集总参数闭式模型对于较高深宽比的 TSV 具有很高的准确度。如图 10-3 所示的 TSV 结构[12]，将其视为圆柱形结构而忽略 TSV 上下表面的互连。此时，影响 TSV 性能的主要参数包括金属铜柱的直径、电导率、介质层的厚度和介电常数等。由于硅衬底影响电容，因此影响因素还包括衬底的半导体特性。

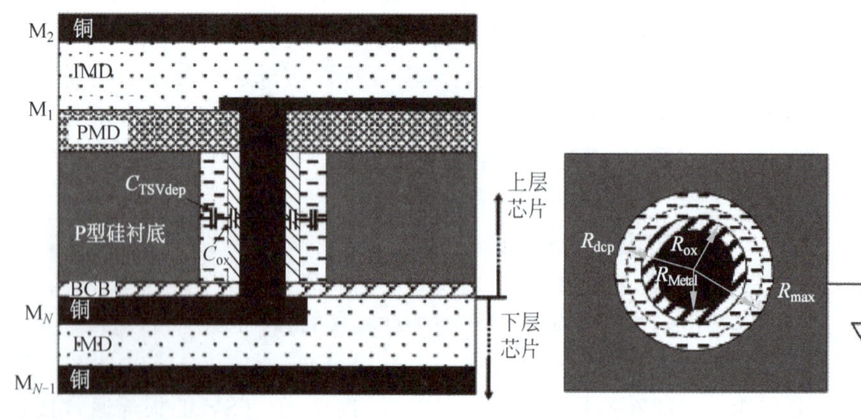

图 10-3　TSV 结构

一般情况下，TSV 的直流电阻为几十毫欧的量级，例如 5μm×25μm 的 TSV 的电阻约为 20mΩ[12]。直流情况下，TSV 的电阻 R_{TSV} 可以直接通过计算圆柱导体电阻获得，此时 R_{TSV} 只与导体柱的尺寸和电阻率有关，即

$$R_{\text{TSV-DC}}=\frac{\rho l_{\mathrm{TSV}}}{\pi r_{\mathrm{TSV}}^{2}} \tag{10.1}$$

式中：ρ 为 TSV 导体材料（铜）的电阻率；l_{TSV}、r_{TSV} 分别为导体的长度和半径。

直流情况下，式(10.1)可以准确地描述 TSV 的电阻特性，特别对于高深宽比 TSV。

随着频率的增加，电流在 TSV 中的趋肤效应越来越显著，即电磁场只在分布在靠近导体表面的一个很小的厚度内。考虑趋肤效应的影响，TSV 在 1GHz 时的电阻可以表示为

$$R_{\text{TSV-1GHz}}=\begin{cases}\dfrac{\alpha\rho l_{\mathrm{TSV}}}{\pi\left[r_{\mathrm{TSV}}^{2}-(r_{\mathrm{TSV}}-\delta)^{2}\right]}, & \delta<r_{\mathrm{TSV}}\\[2ex] \dfrac{\alpha\rho l_{\mathrm{TSV}}}{\pi r_{\mathrm{TSV}}^{2}}, & \delta\geqslant r_{\mathrm{TSV}}\end{cases} \tag{10.2}$$

式中：α 为修正系数；δ 为趋肤深度，表示导体内部传输的电流降低到表面的 1/e 时的深度，表示为

$$\delta=\frac{1}{\sqrt{\pi f\mu_{0}\sigma}} \tag{10.3}$$

式中：$\sigma=1/\rho$ 为导体的电导率；f 为传输信号的频率；μ_0 为自由空间的磁导率；$\mu_0=4\pi\times 10^{-7}\,\mathrm{H/m}$。

趋肤效应使 TSV 传输高频信号时的有效面积减小。式(10.2)考虑了趋肤效应的影响，其成立的假设条件包括：回路无限长，并且所有的曲率半径和厚度至少是趋肤深度的 3～4 倍。后一个假设条件对于低深宽比的 TSV 结构引入了修正系数 α，代表衬底的电流损耗。通过与模拟结果匹配，可以得到修正系数的表达式为[13]

$$\alpha=\begin{cases}0.0472d_{\mathrm{TSV}}^{2}\ln a+2.4712d_{\mathrm{TSV}}^{-0.269}, & \delta<r_{\mathrm{TSV}}\\[1ex] 0.0091d_{\mathrm{TSV}}^{1.0806}\ln a+1.0518d_{\mathrm{TSV}}^{0.092}, & \delta\geqslant r_{\mathrm{TSV}}\end{cases} \tag{10.4}$$

式中：d_{TSV} 为 TSV 的直径；$a=l_{\mathrm{TSV}}/d_{\mathrm{TSV}}$ 为 TSV 的深宽比。

除了直流和 1GHz 以外的其他频率 f 的电阻 $R_{\text{TSV-f}}$，可以用式(10.1)和式(10.2)以及下面的关系式获得：

$$R_{\text{TSV-f}}=(R_{\text{TSV-1GHz}}-R_{\text{TSV-DC}})\sqrt{\frac{f}{f_{\text{1GHz}}}}+R_{\text{TSV-DC}} \tag{10.5}$$

数值计算表明[13]：利用式(10.1)计算的 TSV 的直流电阻与计算值的差异小于 2%；利用式(10.2)和式(10.5)计算的 10GHz 以下频率的 TSV 电阻，与计算值相比差异小于 5%。随着频率的增加，上述闭式模型的结果与数值计算值相比差异有所增大，但是幅度较小，因此上述理论模型的适用频率范围可以适当扩大。另外数值计算表明，低频时两个相邻 TSV 之间的电阻相互影响很小，即临近效应（相邻导线流过电流时，由于磁电场的作用使导线中的电流偏向一边的特性）可以忽略。

10.1.2.2 电感

TSV 电感包括自感 $L_{\text{TSV-11}}$ 和互感 $L_{\text{TSV-21}}$，前者代表单个 TSV 自身的电感，后者代表

两个 TSV 之间的电磁场耦合所产生的电感。低频时,圆柱 TSV 的自感只取决于导体柱的直径和长度,自感和互感可以分别表示为

$$\begin{cases} L_{\text{TSV-11}} = \dfrac{\alpha\mu_0}{2\pi}\left[l_{\text{TSV}}\ln\dfrac{l_{\text{TSV}}+\sqrt{r_{\text{TSV}}^2+l_{\text{TSV}}^2}}{r_{\text{TSV}}}+r_{\text{TSV}}-\sqrt{r_{\text{TSV}}^2+l_{\text{TSV}}^2}+\dfrac{l_{\text{TSV}}}{4}\right] \\ L_{\text{TSV-21}} = \dfrac{\beta\mu_0}{2\pi}\left[l_{\text{TSV}}\ln\dfrac{l_{\text{TSV}}+\sqrt{d^2+l_{\text{TSV}}^2}}{d}+d-\sqrt{d^2+l_{\text{TSV}}^2}\right] \end{cases} \tag{10.6}$$

式中:d 为两个 TSV 之间的中心距。

高频时,自感和互感分别表示为

$$\begin{cases} L_{\text{TSV-11}} = \dfrac{\alpha\mu_0 l_{\text{TSV}}}{2\pi}\left|\ln\dfrac{2l_{\text{TSV}}}{r_{\text{TSV}}}-1\right| \\ L_{\text{TSV-21}} = \dfrac{\beta\mu_0}{2\pi}\left[l_{\text{TSV}}\ln\dfrac{l_{\text{TSV}}+\sqrt{d^2+l_{\text{TSV}}^2}}{d}+d-\sqrt{d^2+l_{\text{TSV}}^2}\right] \end{cases} \tag{10.7}$$

式(10.6)适用于低频情况,式(10.7)适用于高频情况,当频率从低频向高频过渡时,在过渡区内上述公式不再适用。由于电感值从低频到高频是平滑过渡的,因此在过渡区内电感介于低频电感(上限)和高频渐进(下限)电感值之间。

上述公式引入了系数 α 和 β,以修正实际情况与理想状态要求电感长度远大于直径和中心距的条件,修正后不再假设 TSV 长度远大于直径和中心距。α 和 β 可以表示为深宽比 a 的关系:

$$\alpha = \begin{cases} 1-\exp(-4.3a), & f\ \text{为低频} \\ 0.94+0.52\exp(-10\,|\,a-1\,|), & f\ \text{为高频} \end{cases} \tag{10.8}$$

$$\beta = \begin{cases} 1, & f\ \text{为低频} \\ 0.1535\ln a+0.592, & f\ \text{为高频} \end{cases} \tag{10.9}$$

系数 α 用于修正自感,当 TSV 的深宽比增大时,在直流附近接近 1,在高频接近 0.94;β 用于修正互感,在接低频时为 1,在高频区当深宽比 a 从 0.5 增加到 9 时,β 从 0.49 增加到 0.93。

上述公式可以简化为经验公式

$$L_{\text{TSV}} = \frac{\mu_0}{4\pi}\left[2l_{\text{TSV}}\ln\frac{2l_{\text{TSV}}+\sqrt{r_{\text{TSV}}^2+4l_{\text{TSV}}^2}}{r_{\text{TSV}}}+r_{\text{TSV}}-\sqrt{r_{\text{TSV}}^2+4l_{\text{TSV}}^2}\right] \tag{10.10}$$

对于 10μm×100μm 的 TSV,其自感约为 65pH,其感应压降 ωL_{TSV} 在频率超过 600MHz 时,超过 TSV 的电阻 R_{TSV},因此,当频率超过该频率时需要考虑电感的影响,而低于该频率时可以忽略。

10.1.2.3 电容

TSV 实质上构成了一个 MIS 电容,TSV 铜柱和半导体衬底是它的两个极板。MIS 电容与一般电容的区别在于:普通电容的电容值是器件的固有特性,是恒定的;而 MIS 电容不是恒定的,它是偏置电压的函数,可以引入微分电容 $C(V)$ 进行描述,这个函数关系称为 MIS 电容器的 C-V 特性。将 P 型硅衬底作为地电极,在 TSV 上施加偏置电压,当偏置电压

从负电压逐渐向正电压升高时，MIS电容分别进入积累区、耗尽区和反型区，其电容随电压的变化关系和能级关系如图10-4所示[14]，这是一个典型的MIS电容特性。

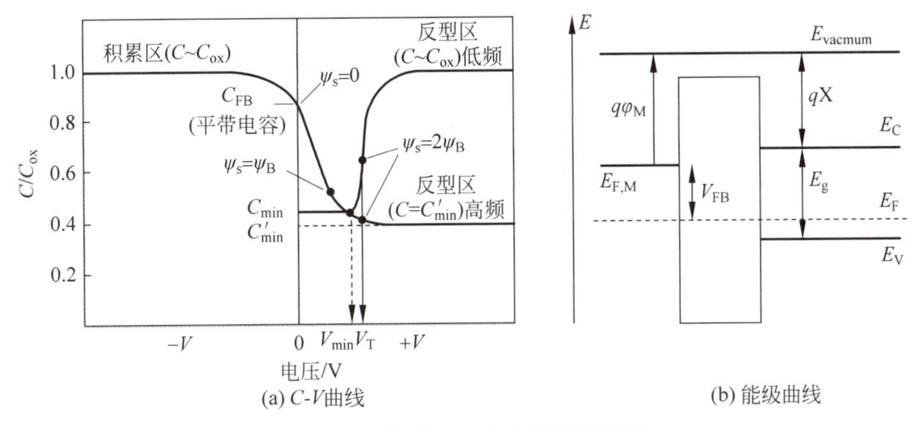

图10-4 典型MIS电容特性和能带

当硅衬底接地，TSV铜柱施加电压时，硅与SiO_2介质层的界面处形成电荷层。如图10-5(a)所示，以P型衬底为例，如果TSV上施加的电势低于衬底电势，即对TSV施加负偏置电压，则电子从硅衬底与介质层的界面被排斥向衬底运动，并吸引空穴聚积到与介质层相邻的硅衬底的表面，同时电场作用会抑制铜离子通过扩散阻挡层向衬底扩散，使硅衬底的TSV侧壁表面形成带正电荷的空穴积累层，TSV通过介质层形成积累型电容。

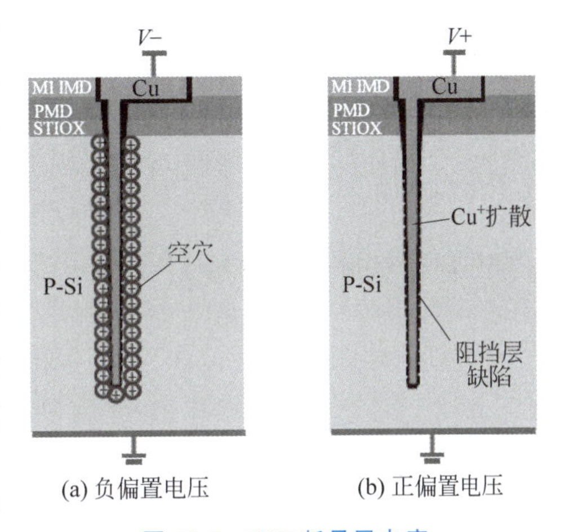

图10-5 TSV耗尽层电容

如图10-5(b)所示，如果TSV的电势高于衬底电势，即对TSV施加正偏置电压，则多数载流子空穴被从P型衬底的TSV表面排斥走，电子被从衬底的反型层中注入绝缘层界面，铜离子在电场的作用下会加速向衬底扩散。当正偏压较小时，由于空穴被排斥形成的带负电荷的耗尽层，而负电荷来源于电离的受主，这时虽然也有电子被吸引到表面，但数量很少。此时TSV通过介质层和耗尽层形成耗尽型电容。当正偏压增大到一定的阈值电压，吸引到衬底TSV界面的电子浓度迅速增大，在表面形成电子导电层。因为该区域内载流子(电子)和衬底内导电类型(空穴)相反，因而称为反型层，此时TSV通过介质层形成反型层电容。反型层与衬底之间被耗尽层隔开，如同PN结一样，称为场感应结。

当TSV上施加的电压小于平带电压，即$V_{TSV}<V_{FB}$时，TSV处于积累区，TSV结构本质上就是一个由氧化层电介质层构成的圆环形电容，积累区电容的表达式为

$$C_{TSV\text{-}ACC}=C_{ox}=\frac{2\pi\varepsilon_{ox}l_{TSV}}{\ln(r_{ox}/r_{TSV})} \tag{10.11}$$

式中：C_{ox}为TSV介质层(氧化层)电容。

随着TSV电压的升高，TSV进入到耗尽区。耗尽区是指衬底的载流子被耗尽的情况，此时TSV上施加的电压介于平带电压和阈值电压之间，即$V_{FB}<V_{TSV}<T_T$，TSV电容是

氧化层电容和耗尽层电容的串联,耗尽区电容为

$$C_{\text{TSV-DEP}}=\frac{C_{ox}C_{dep}}{C_{ox}+C_{dep}} \tag{10.12}$$

耗尽层电容可以表示为

$$C_{dep}=\frac{2\pi\varepsilon_{Si}l_{TSV}}{\ln(r_{dep}/r_{ox})} \tag{10.13}$$

式中: r_{dep} 为耗尽层的半径,对于给定的电压 V_{TSV}, r_{dep} 可以从下式获得,即

$$V_{TSV}=\phi_{ms}-\frac{2\pi qQ_{ot}}{2\pi\varepsilon_{ox}}\ln\frac{r_{ox}}{r_{TSV}}+2\ln\frac{N_a}{n_i}+\frac{qN_a\pi(r_{max}^2-r_{ox}^2)}{2\pi\varepsilon_{ox}}\ln\frac{r_{ox}}{r_{TSV}} \tag{10.14}$$

在频率超过1GHz时,耗尽层中的电子-空穴产生和复合的速度跟不上外加电场的变化,反型层中电子的电荷来不及变化,因此对电容的贡献趋于零。高频下,耗尽区的宽度不会超过最大耗尽区半径 r_{max},因此,总电容是氧化层电容和最小耗尽电容的串联,此时最小的 TSV 电容的表达式为

$$C_{\text{TSV-MIN}}=\frac{C_{ox}C_{\text{dep-min}}}{C_{ox}+C_{\text{dep-min}}} \tag{10.15}$$

式中

$$C_{\text{dep-min}}=\frac{2\pi\varepsilon_{Si}l_{TSV}}{\ln(r_{max}/r_{ox})} \tag{10.16}$$

电容与P型硅衬底的耗尽层厚度 t_{dep} 有关,而耗尽层厚度与P型硅的功函数 ϕ_{f_p} 有关:

$$\begin{cases} t_{dep}=\sqrt{\dfrac{4\varepsilon_{Si}\phi_{f_p}}{qN_a}} \\ \phi_{f_p}=V_{th}\ln\dfrac{N_a}{n_i} \end{cases} \tag{10.17}$$

式中: n_i 为硅衬底本征载流子浓度($1.5\times10^{16}\text{m}^{-3}$); N_a 为掺杂浓度; ε_{Si} 为硅介电常数, $\varepsilon_{Si}=11.7\times(8.85\times10^{-12})\text{F/m}$。温度为300K时热电势 $k_BT/q=25.9\text{mV}$,其中 q 为电子电量($1.6\times10^{-19}\text{C}$), k_B 为玻耳兹曼常数, $k_B=1.38\times10^{-23}\text{J/K}$。

TSV的积累电容和耗尽电容正比于TSV的高度,反比于介质层的介电常数。最大耗尽区半径 r_{max} 与衬底掺杂浓度成反比,即衬底掺杂浓度越高,耗尽区电容和阈值电压越大,而衬底掺杂浓度越低,则耗尽区电容和阈值电压也越小。因此,采用低掺杂浓度的P型硅衬底,更有助于获得更小的TSV电容。随着TSV直径的减小和深宽比的提高,减小TSV电容的主要依靠减小介质层的介电常数或提高介质层的厚度,甚至需要厚度 $1\mu\text{m}$ 的 SiO_2 介质层。

实际上,式(10.11)过度估计了TSV电容。引入修正系数将式(10.11)表示为

$$C=\alpha\beta\frac{2\pi\varepsilon_{ox}r_{TSV}l_{TSV}}{t_{ox}+\varepsilon_{ox}t_{dep}/\varepsilon_{Si}} \tag{10.18}$$

修正系数 α 用于修正TSV与硅片表面的地电极的间距对电容产生的影响,随着间距增加,电容减小; β 修正的是有一小部分电容是TSV距离地电极最远的那部分引起的,显然随着深宽比的增加,这部分电容减小。

$$\alpha = (-0.0351a + 1.5701)S_{\text{gnd}}^{0.0111a - 0.1997}$$
$$\beta = 5.8934 d_{\text{TSV}}^{-0.553} a^{-(0.0031 d_{\text{TSV}} + 0.43)} \tag{10.19}$$

这些闭式模型的计算结果与全波仿真的结果相比，电阻和电感的误差小于6%，电容误差小于8%[13]。一般情况下，TSV的电容在100fF的量级[12]，远小于一般半导体参数测试仪或LCR测试仪的测量范围，因此测量电容需要将多个电容进行并联测量。

根据介质层厚度和衬底的掺杂浓度，理论上很容易计算出C-V曲线，但实际测量结果总是与理想曲线有很大差异。这是因为实际MIS电容的绝缘层中往往存在各种电荷，绝缘体和半导体的界面附近存在界面态。金属-SiO_2-硅系统中主要的电荷形式包括可动离子电荷(如Na^+、K^+)、硅-SiO_2界面固定正电荷、辐射电离的陷阱和界面态。

10.1.3 TSV的传输特性

TSV作为导线，影响其传输性能的因素非常多，几乎包括所有材料、结构、尺寸和工艺参数，甚至相同的工艺交换了顺序都会导致材料和性能的变化，从而改变TSV的性质。因为制造工艺导致的细节变化与制造个案相关，这里仅从模拟和理论方面简单阐述TSV结构形状和尺寸以及衬底材料的影响。根据双端口网络S参数的定义，S_{21}为输出端与输入端电压的比值，即$S_{21}=V_{\text{out}}/V_{\text{in}}$。无源器件TSV的$S_{21}$小于1，其分贝数(dB)形式$10\lg(V_{\text{out}}/V_{\text{in}})$为负值。

10.1.3.1 衬底材料

图10-6为三维电磁场仿真计算的TSV传输特性与衬底和频率的关系[1]。TSV单位高度的S_{21}随着频率的增加而增大，但是低损耗的本征硅和玻璃衬底的S_{21}增加非常缓慢，即使频率达到100GHz时S_{21}也仅为−0.5dB/mm左右；而损耗性硅衬底上TSV的S_{21}随着频率增大，到20GHz增大到近−4dB/mm，随后以小斜率近似线性的关系下降。在20GHz以下S_{21}快速增大的原因是在低频段TSV传输的慢波模式是一种衰减系数很高的损耗波模式。不同衬底的阻抗不同，与衬底的介电常数有关；而损耗性硅衬底上TSV的阻抗随着频率升高而快速增大，表明TSV传输电磁波模式的变化。

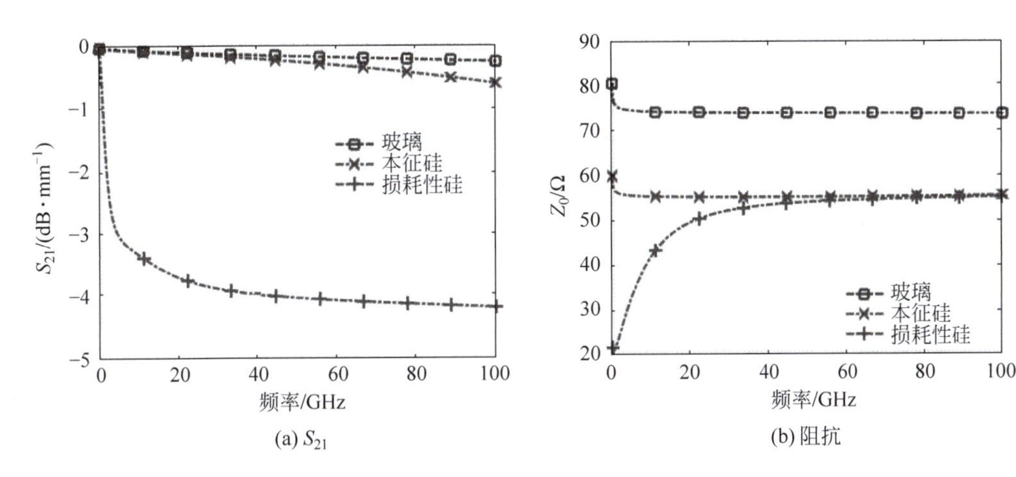

图10-6 衬底材料对高频特性的影响

10.1.3.2 结构与形状

TSV 的主要参数包括高度、直径、氧化层厚度、衬底电导率等，参数的变化将对 TSV 的电学特性产生显著的影响。图 10-7 为 Ansoft HFSS 模拟得到的 TSV 的传输特性随着高度的变化关系[2]。TSV 直径为 5μm，高度由 5μm 变化到 300μm，介质层厚度为 0.1μm。对于给定的高度，S_{11} 随着频率升高而增大，但是在 1GHz 以后变化很小；而 S_{21} 随着频率的升高而下降，特别是高深宽比情况下下降极为显著。同时，随着高度的增加，在给定频率下 S_{11} 逐渐增大，而 S_{21} 快速减小。上述特性表明随着高度的增加(即深宽比的增加)，TSV 的 S_{11} 和 S_{21} 都变差，即 TSV 的传输特性变差。

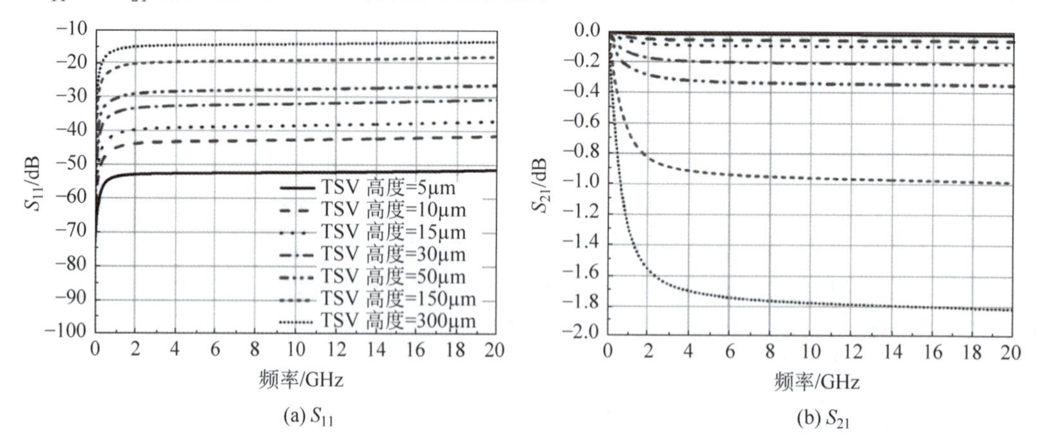

(a) S_{11}　　(b) S_{21}

图 10-7　TSV 高度对传输特性的影响

当 TSV 的高度从 300μm 减小到 50μm 时，S_{11} 和 S_{21} 可以分别改善 38dB 和 1.79dB。因此，将衬底从 300μm 减薄到 50μm 不仅可以大幅降低制造难度和成本，还可以大幅改善 TSV 的电学特性特别是高频时的传输特性。需要注意的是，不同 TSV 衬底和介质层厚度导致不同的传输曲线，因此模拟的曲线具体数值与 TSV 的参数相关，但是不同参数情况下的趋势是一致的。

图 10-8 为模拟的 TSV 半径对传输特性影响的关系曲线[2]。TSV 高度为 30μm，节距为 20μm。随着 TSV 的半径从 0.2μm 增加到 5μm，S_{11} 和 S_{21} 都出现了部分交叉现象。这是由于大直径的 TSV 具有较大的电容和较小的电阻，而小直径 TSV 的电容小但是电阻大，因此对于给定高度，存在一个最优的 TSV 半径(即深宽比)以获得优化的传输特性。例如考虑 S_{21}，6GHz 以下的最优直径为 0.2μm，而 6GHz 以上的最优直径为 0.5μm。与 5μm 直径相比，0.5μm 直径可以将 20GHz 的 S_{21} 降低 45%。

图 10-9 为模拟的 TSV 等比例变化对传输特性影响的关系曲线[2]。TSV 的深宽比设定为 3，节距为 4 倍半径，等比例变化时 TSV 的半径、高度和节距同时变化，但保证深宽比保持不变，即半径增大到 2 倍时节距和高度随之增大到 2 倍。随着半径和高度等比例增大，TSV 的传输特性显著下降，因此同时降低 TSV 的高度和半径可以获得更好的传输特性。另外，减小半径和厚度可以降低 TSV 占用的芯片面积和制造成本，但是可能引起散热和可靠性的问题。

图 10-10 为模拟的不同形状的 TSV 对传输特性影响的关系曲线[2]。TSV 的形状和几何参数如图 10-10(a)所示，TSV 的截面积均为 78μm^2，高度均为 30μm。可见矩形 TSV 的

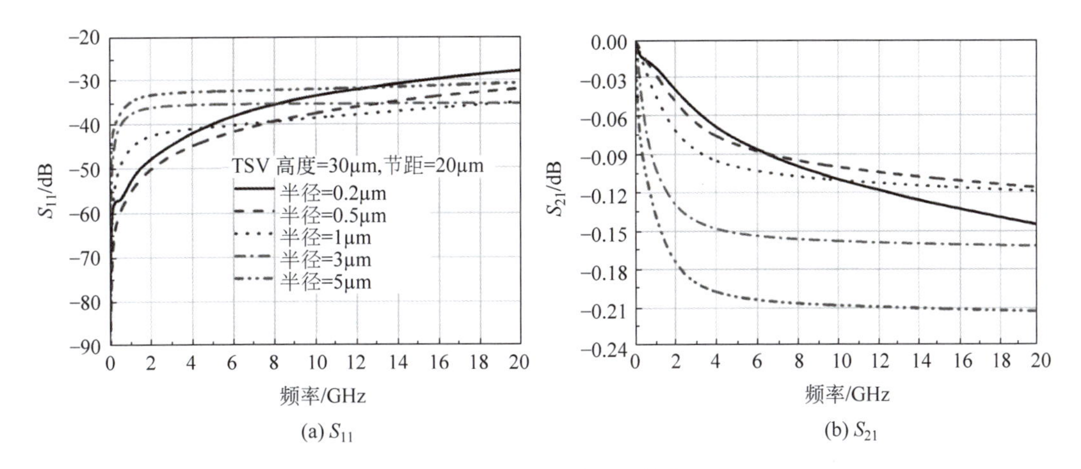

(a) S_{11}　　(b) S_{21}

图 10-8　TSV 半径对传输特性的影响

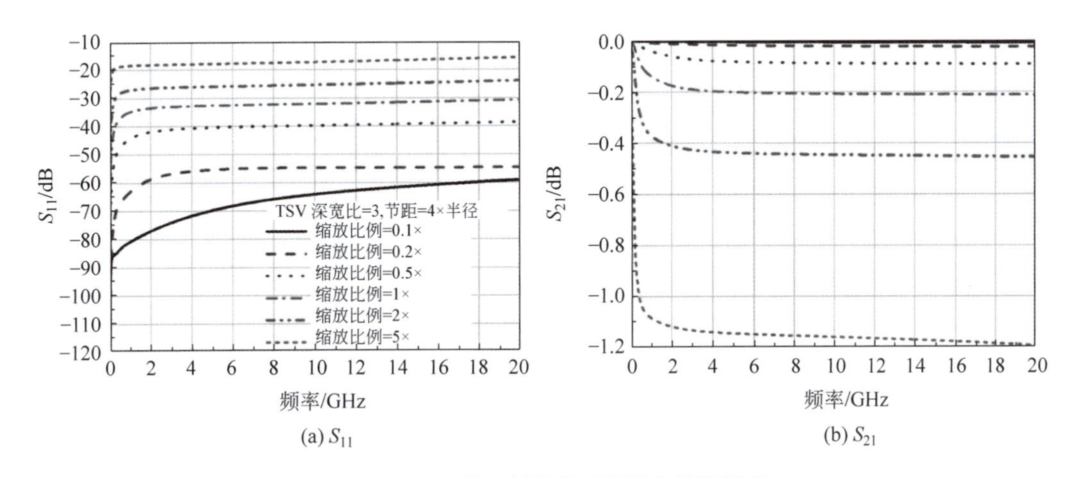

(a) S_{11}　　(b) S_{21}

图 10-9　TSV 等比例变化对传输特性的影响

传输特性最差,而倾角为 85°的圆锥形 TSV 的传输特性最好。参数提取结果表明,锥形 TSV 的外表面积最小,电容也最小,这是导致锥形 TSV 传输特性较好的因素之一。同理,矩形 TSV 越接近正方形,传输特性越好,但即使是正方形,其外表面积仍稍大于圆形。另外,从制造的角度考虑,圆形 TSV 的可制造性最好。

图 10-11 为模拟的锥形 TSV 倾角变化对传输特性影响的关系曲线[2]。TSV 的高度为 30μm,上表面直径保持 10μm 不变,下表面直径随着倾角而变化。随着倾角的增大,TSV 的传输特性变好,这与倾角增大后 TSV 表面积减小电容降低有关。由于锥形 TSV 在侧壁介质层和扩散阻挡层沉积以及铜电镀填充时更加容易,因此锥形 TSV 在制造和传输特性方面都具有优势。另外需要注意的是,TSV 的特性与倾角关系很大,因此保持 TSV 刻蚀时的片内和片间一致性对于 TSV 的性能一致性至关重要。

对于环形金属的 TSV,模拟结果表明在环形金属的厚度达到 0.5μm 以后,TSV 的传输特性与金属的厚度几乎无关,这主要是因为 TSV 的电容与金属厚度无关。在高频下或大电流情况下,如果金属过薄,趋肤效应和电迁移等特性可能导致 TSV 传输特性的差异。

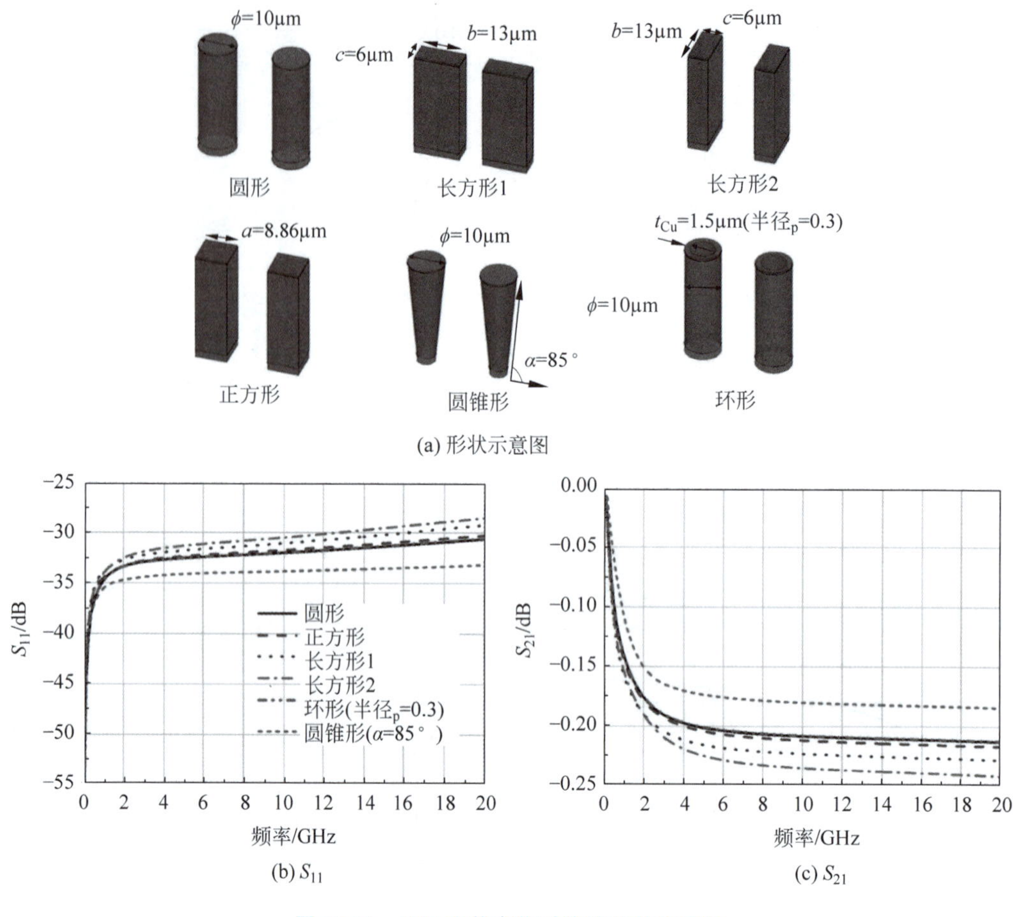

(a) 形状示意图

(b) S_{11}

(c) S_{21}

图 10-10 TSV 形状变化对传输特性的影响

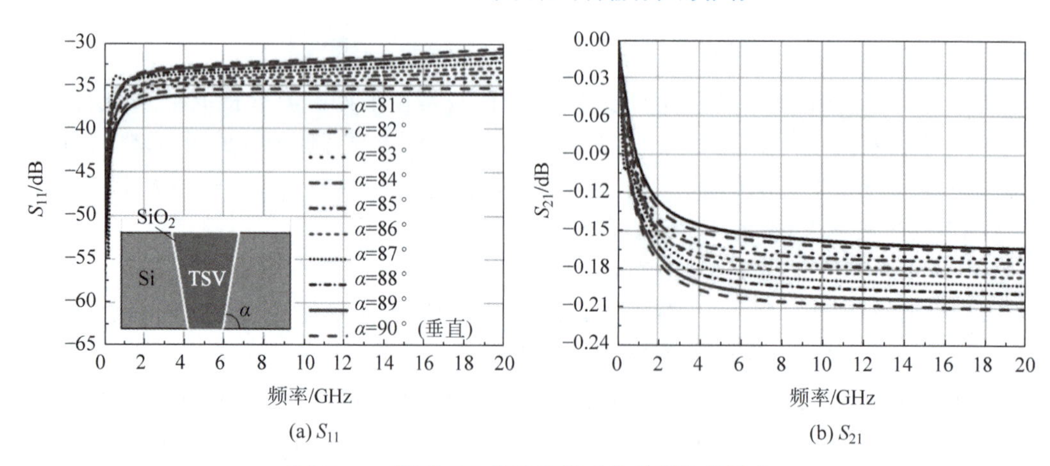

(a) S_{11}

(b) S_{21}

图 10-11 锥形 TSV 倾角变化对传输特性的影响

10.1.3.3 地电极形状

以 TSV 为地电极时,信号 TSV 与地电极 TSV 的布置方式对 TSV 的阻抗也有显著的影响。图 10-12 为常用的地电极与信号 TSV 的布置方式,其在损耗性硅衬底和本征硅衬底的阻抗特性如图 10-13 所示[1]。可以看出，随着地电极 TSV 数量的增加，TSV 的阻抗减小。对于同一个结构形式，随着频率的增加，损耗性硅衬底上的 TSV 的阻抗在 30GHz 以内增大，超过 30GHz 以后阻抗基本稳定；而本征硅衬底上的 TSV 的阻抗在 1GHz 以内稍有下降，在 1GHz 以后基本稳定。

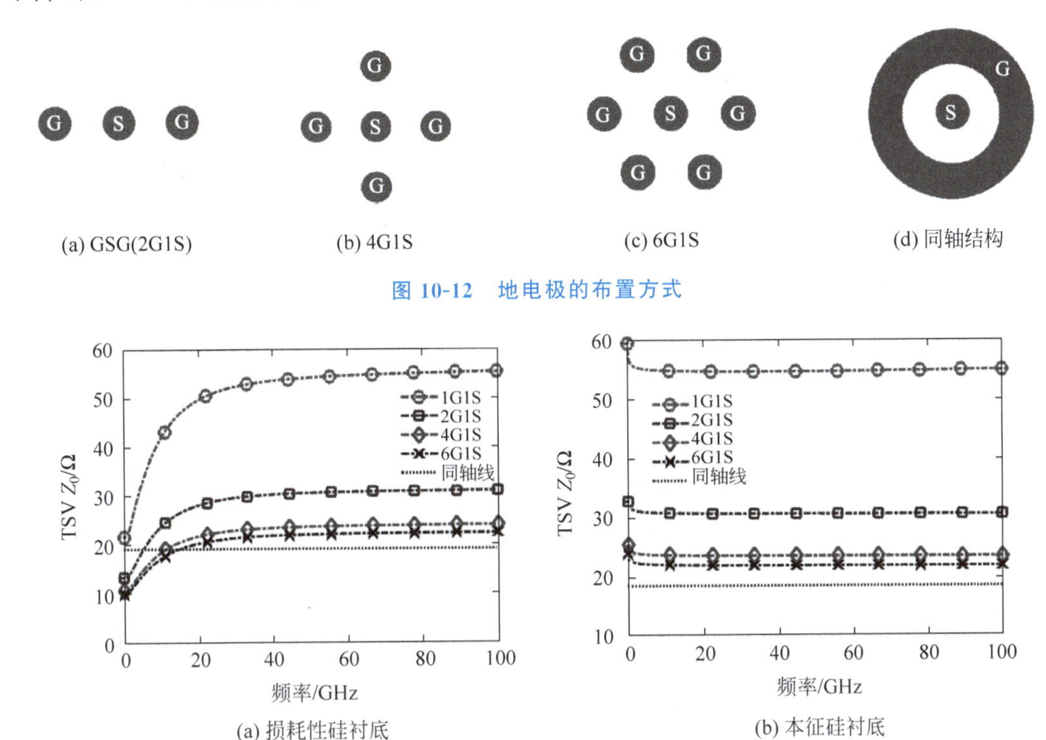

图 10-12 地电极的布置方式

图 10-13 锥形 TSV 倾角变化对传输特性的影响

对于损耗性衬底，在低频时由于 SiO_2 介质层的强电容作用，阻抗值通常较低，低于一般阻抗匹配要求的 50Ω，由于 TSV 传输的慢波模式，增加地电极对阻抗的变化影响有限。低频时，由于 TSV 长度远小于电磁波的波长，反射引起的损耗可以忽略，因此低频情况下无须专门的阻抗匹配；当频率升高传输模式转变为介质 TEM 波时，优化地电极的布局可以调整阻抗，实现阻抗匹配。

10.1.3.4 工作电压

TSV 的导体柱、绝缘介质层和硅衬底共同构成了一个典型的 MIS 电容。在不同的偏置电压下表现为积累区、耗尽区和反型区的特性，而电容值也随着电压而变化。由于 TSV 电容对由其构成的电路性能有很大的影响，为了获得良好的电路特性，在通常的工作电压范围内(如 0～5V)，TSV 的寄生电容值必须具有一定的稳定性，以免 TSV 的电学特性随电压产生较大的变化。然而，由于工艺条件的影响，TSV 介质层中的电荷特性对 TSV 的电容有很大的影响，利用这一特点可以对 TSV 的电容进行调控。

图 10-14 为 TSV 的电容随着偏置电压和工作频率变化的关系。在积累区($V_{TSV}<V_{FB}$)，TSV 电容仅表现为介质层电容，$C_{TSV}=C_{ox}$；对于高频信号，当 $V_{TSV}>V_{Th}$ 后 TSV 进入耗尽区，因为 TSV 电容是介质层电容和耗尽层电容的串联，当耗尽层宽度最大时，耗尽

电容最小，所以 TSV 电容也达到不随电压变化的最小值。随着电压的进一步升高，电容进入反型区。反型区的理论电容和 TSV 的介质电容相等，但是实际上会因为界面电荷等原因而低于介质电容。当 TSV 处于耗尽区($V_{FB}<V_{TSV}<V_{Th}$)时，其电容值随着偏置电压的变化而变化。

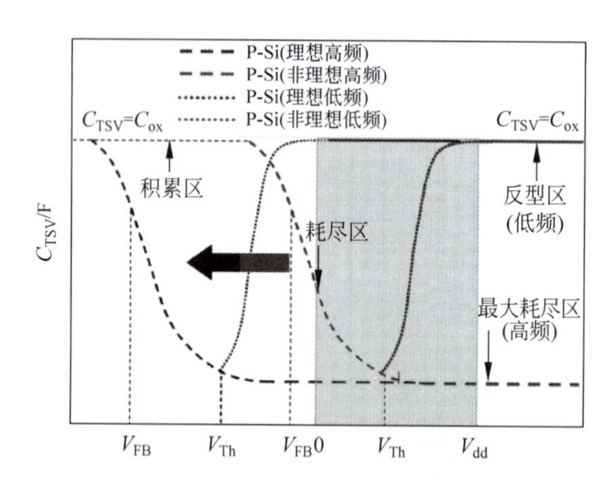

图 10-14　偏置电压变化引起的 TSV 电容性质的改变

为了获得稳定的 TSV 电容，需要将 TSV 的电压设置在电容最小且对电压变化不敏感的区间内。由于 TSV 的工作电压是根据所采用的工艺决定的，通常难以大范围调整，因此使 TSV 工作在电容最小且稳定的区域内难以通过调整 TSV 的工作电压实现，而只能依靠调整电容的 C-V 曲线，即 V_{Th}，使由工艺等条件基本确定的 V_{TSV} 落入 C-V 曲线上合适的位置。将 TSV 工作区设定在最大耗尽区是最理想的工作区间，即 $V_{TSV}>V_{Th}$，此时可以获得最小的 TSV 电容。

工作在积累区时，TSV 的电容等于介质电容，即

$$C_{TSV\text{-}ACC}=C_{ox}=\frac{2\pi\varepsilon_{ox}l_{TSV}}{\ln(r_{ox}/r_{TSV})} \tag{10.20}$$

平带电容 C_{FB} 可以表示为介质电容 C_{ox} 的关系[15]，即

$$\frac{C_{FB}}{C_{ox}}=\frac{1}{1+136\sqrt{T/300}/(t_{ox}\sqrt{N})} \tag{10.21}$$

式中：T 为热力学温度；N 为衬底的掺杂浓度。

因此，根据平带电容与介质电容的关系，可以确定平带电压 V_{FB} 的位置，此时的平带电压是由氧化层的固定电荷以及硅与铜的功函数之差共同决定的。如果介质层中没有固定电荷时，平带电压仅是硅与铜的功函数之差 ϕ_{ms}，即约为−0.268V。利用这一关系，可以确定氧化层的固定电荷 Q_f 与平带电压 V_{FB} 的关系为

$$V_{FB}=\phi_{ms}-\frac{Q_f}{C_{ox}} \tag{10.22}$$

阈值电压的表达式为

$$V_{Th}=\phi_{ms}-\frac{qQ_i}{\varepsilon_{ox}}\ln\frac{r_{ox}}{r_{TSV}}+2\ln\frac{N_a}{n_i}+\frac{qN_a\pi(r_{dep}^2-r_{ox}^2)}{2\pi\varepsilon_{ox}}\ln\frac{r_{ox}}{r_{dep}} \tag{10.23}$$

根据式(10.23)可以看出，阈值电压与氧化层电荷 Q_i 有关，而氧化层电荷 Q_i 的表达式 $Q_i=Q_f+Q_m+Q_t$ 表明，通过调整 SiO_2 介质层固定电荷 Q_f、SiO_2 介质层的可动电荷 Q_m 以及 Si-SiO_2 界面陷阱电荷 Q_t 可以调整阈值电压，使 C-V 曲线平移，从而改变工作区电容所处的位置。对于P型衬底上的TSV，增加氧化层的固定负电荷数量，可以使TSV的 C-V 曲线向右移动，有利于将工作点设置在TSV的积累区[16]；增加氧化层的固定正电荷数量，可以使 C-V 曲线向左移动，使TSV的工作点设置在最大耗尽区或反型区，有利于较小的电容[14]，如图10-14所示。介质层与衬底的界面陷阱电荷会使 C-V 曲线向右移动，抵消固定正电荷的贡献。在通常的工作电压区间0～5V，需要大量的氧化层正电荷以及合适数量的负界面态，才能保证P型衬底的TSV处于最大耗尽区。对于N型衬底，大量的氧化层固定电荷能够在正向工作电压范围内(0～5V)提供恒定的氧化层电容，有助于减小TSV电容的变化。

与热氧化相比，CVD沉积的 SiO_2 介质层含有大量的氧化层固定电荷，因此从电容调整的角度来看，CVD是最好的 SiO_2 沉积方法。由于氧化层固定电荷的数量与氧化环境、温度、硅烷浓度、降温速度、退火循环次数等有关，因此通过增加氧原子的浓度可以实现更好的反应来减少氧化层薄膜中碳的含量[15-17]，由此降低氧化层中固定电荷的数量。相反，减少CVD中氧的含量，可以提高氧化层中固定电荷的数量。在SACVD中，采用较低的氧原子浓度增加 SiO_2 薄膜中碳的含量，也可以增加氧化层固定电荷的数量[14,18]，获得更大的氧化层电荷密度和最小的界面态密度，实现工作范围内稳定的电容。

图10-15(a)为SACVD利用TEOS和 O_3 沉积的 SiO_2 介质层TSV的 C-V 测试结果，以及利用SDevice模拟的给定氧化层固定电荷密度的湿法热氧和SACVD沉积的介质层对应的 C-V 特性。通过增加介质层中碳的含量，提高了氧化层的固定电荷数量，使0～5V工作区电压对应反型区。尽管此时的电容大于最大耗尽区的电容，但是工作区电容基本不随电压变化。假设金属功函数为4.7eV，从理想和测量的阈值电压计算的氧化层固定电荷密度为 $7.8\times10^{11}/cm^2$，而界面态密度为 $2.1\times10^{10}/(cm^2\cdot eV)$。

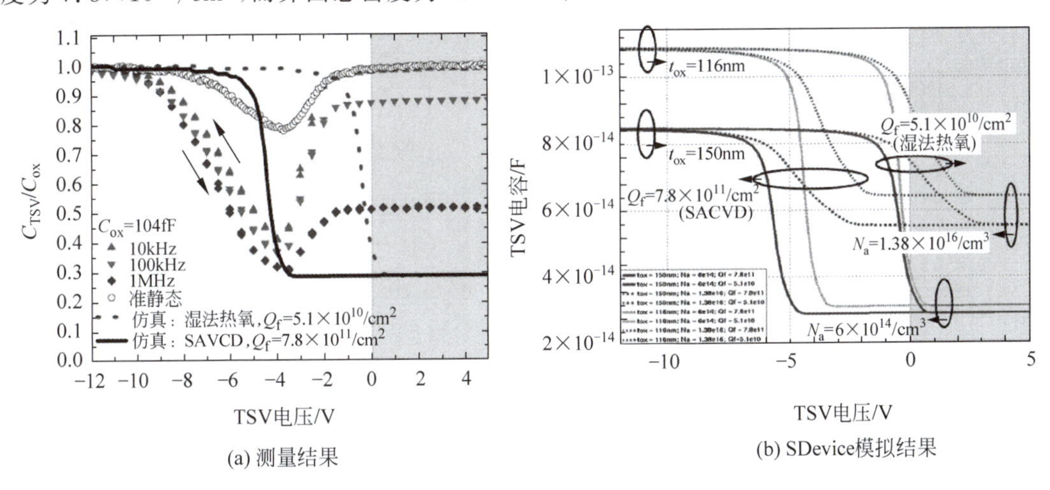

(a) 测量结果　　(b) SDevice模拟结果

图10-15 TSV电容随工艺条件的变化

图10-15(b)为模拟的TSV电容随工艺条件的变化曲线[14]。TSV为 $5.2\mu m\times22\mu m$，衬底掺杂浓度为 $6\times10^{14}/cm^3$ 和 $1.38\times10^{16}/cm^3$，氧化层厚度为116nm和150nm。湿氧化

的介质层固定电荷密度为$5.1\times10^{10}/cm^2$,SACVD介质层的固定电荷密度为$7.8\times10^{11}/cm^2$。高掺杂浓度的衬底和湿氧在工作区的电容变化明显,而低掺杂浓度和湿氧的电容变化较小。在影响电容大小的参数中,尽管增大介质层厚度有助于减小电容,但是介质层厚度受沉积工艺和TSV直径的限制,不能随意增大;电容大小与衬底厚度成正比,减小衬底厚度可以降低电容;另外,低掺杂浓度的衬底可以实现更小的电容。对于所有情况,采用更高密度的氧化层固定电容(如SACVD方法)可以在工作区获得最小的耗尽区电容。实际使用时,需要优化一个介质层沉积工艺参数,使氧化层固定电荷密度足够高,即使工艺参数产生一定的波动时,仍能够保证获得最小耗尽区电容。

尽管TSV工作在最大耗尽区或反型区可以获得相对较小的电容,但是此时的TSV电容受电压变化的影响很大,电容是不稳定的,尽管电容最小,但是电容对电路的工作点的稳定性要求很高。进入反型区以后,反型区电容基本是稳定的,随电压变化很小,但是反型区电容会随着衬底的掺杂浓度、信号工作频率和衬底的温度而波动。例如,当芯片的温度不均匀时,不同温度点的TSV的反型区电容不同。因此,不同晶圆之间、不同的批次之间,以及不同芯片之间,甚至同一芯片的不同温度位置,反型区电容也不是稳定电容[17]。相比而言,TSV工作在积累区时其电容仅取决于介质层电容,而介质层电容由结构和介质层的材料特性决定,受半导体和温度的影响很小,因此可以获得更加稳定的性质。

10.1.3.5 温度

TSV的性能随着温度的变化而改变。图10-16为33μm×100μm、节距为160μm的TSV的噪声耦合系数随温度的变化关系[19],其中TSV的绝缘层厚度为0.52μm,信号TSV与地TSV的节距为250μm。图10-16(a)为TSV的噪声耦合系数在25~100℃的温度范围内和10MHz~20GHz的频率范围内的变化情况,在低频和高频范围内TSV随着温度变化表现出不同的特性。在几百兆赫以下,TSV的噪声耦合系数随着温度的升高有小幅增加,在此频率范围以上,噪声耦合系数随着温度的升高而下降。

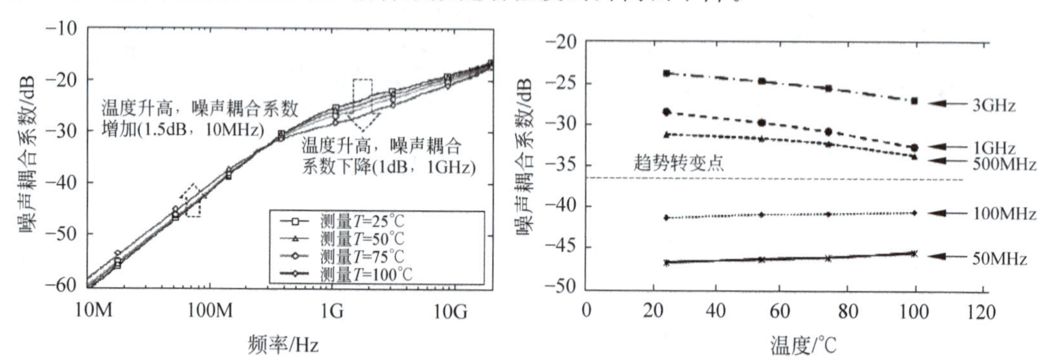

图10-16 TSV噪声耦合系数随着温度和频率变化的关系

图10-17为TSV的S_{21}参数随着温度和频率的变化关系[19]。在约1GHz以下,随着温度的升高S_{21}有小幅下降,在此频率以上,S_{21}随着温度的升高而升高。这意味着,在低频范围,损耗随着温度的升高而升高;在高频范围,损耗随着温度的升高而下降。

图10-18为TSV的典型电容和漏电流的分布,以及室温下典型的C-V曲线[20]。电容为TSV铜柱金属和衬底背面金属之间的电容,包括介质层的电容C_{ox}和耗尽层电容C_{dep}。

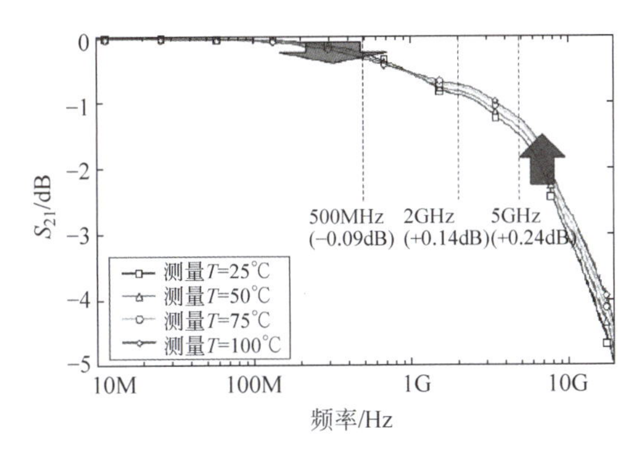

图 10-17 TSV 的 S_{21} 参数随着温度和频率变化的关系

电容测量采用固定频率扫描电压获得电容曲线，然后再变换扫描频率，频率范围为准10kHz至1MHz。在室温条件下，TSV的电容特性与MIS电容特性基本相同，具有典型的积累区、耗尽区和反型区。对比图10-4和图10-18可以发现，TSV电容与典型MIS电容的主要不同在于，高频下TSV电容在最小耗尽电容处出现了一个拐点，然后随着电压的升高电容增大。理论上，TSV电容应与MIS电容一致而不应该出现明显的拐点[21]，目前估计拐点是介质层缺陷导致的陷阱电荷或界面电荷引起的，这些电荷会使衬底少数载流子对高频产生响应。

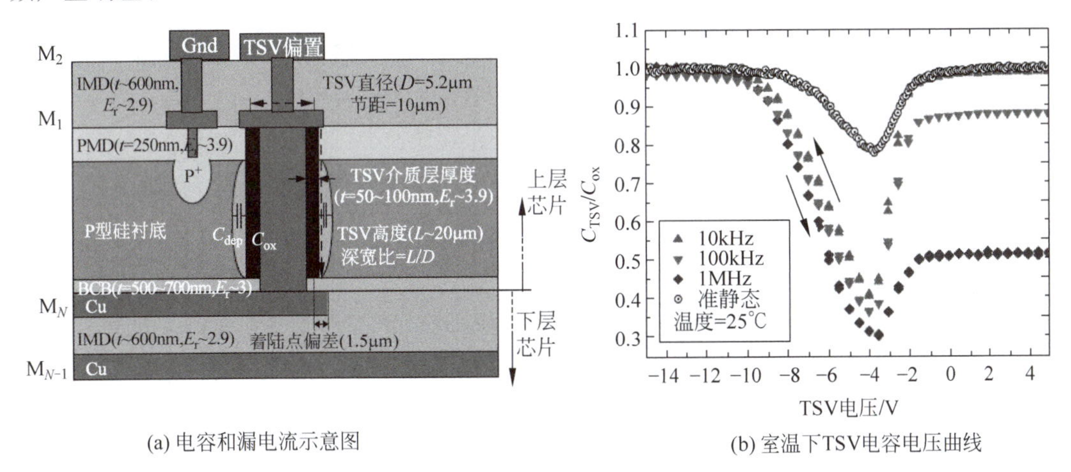

(a) 电容和漏电流示意图　　(b) 室温下TSV电容电压曲线

图 10-18 TSV 电容特性

图10-19为TSV电容归一化的C-V曲线随温度变化的关系[20]。随着温度的升高，TSV电容增大，并且最小耗尽区的电容拐点减小。在100℃时，C-V特性曲线与室温时差别较小，但是到150℃时明显增大，并且滞后也更加明显。由于高温增加了硅衬底的本征载流子的浓度，使少数载流子的浓度增加，而少数载流子对高频信号的响应引起了耗尽区电容的增加。TSV电容随温度增加而增加的现象，需要在TSV电容模型中充分考虑。

图10-20为TSV的I-V曲线和TSV电阻随温度变化的关系[20]。随着温度的升高，TSV的漏电流逐渐增大，在150℃时，漏电流比室温下增加约1个数量级，但是介质层在高温下仍十分稳定，绝缘特性满足使用需求。TSV电阻也随着温度的升高而增大，从室温下22mΩ增大到150℃下的32mΩ，由此可以得到铜电阻率的变化为3900×10^{-6}/K。

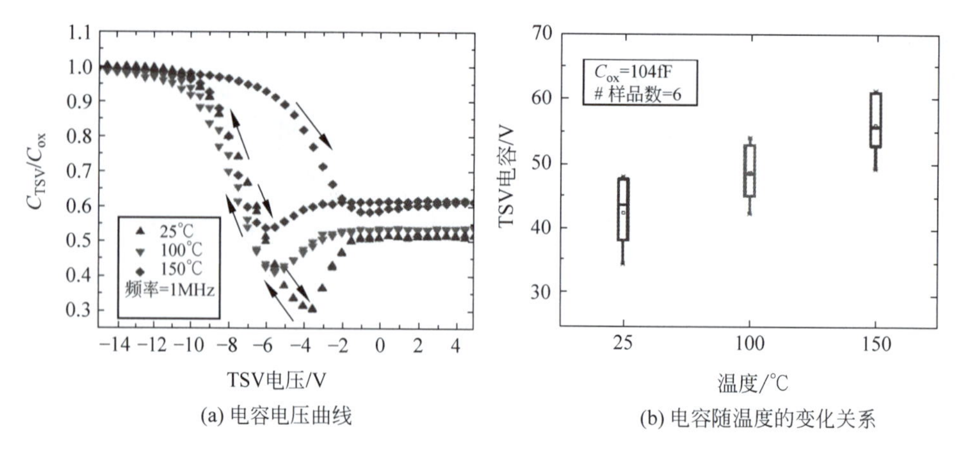

(a) 电容电压曲线

(b) 电容随温度的变化关系

图 10-19　TSV 电容的温度特性

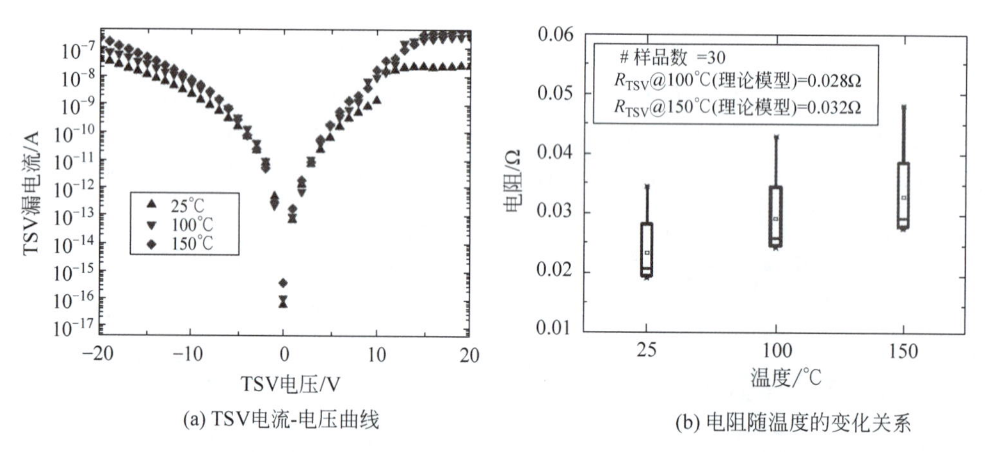

(a) TSV电流-电压曲线

(b) 电阻随温度的变化关系

图 10-20　TSV 的电流-电压曲线及电阻随温度变化的关系

10.2　三维集成的热学特性

目前二维集成电路失效中,约有 55%是热问题引起的,因此热问题是集成电路的核心问题之一。集成电路的发热主要来自逻辑器件密度较高的区域,同时互连的发热也占相当大的比例,特别是互连的电阻和电容效应的影响很大。芯片过热会带来多方面的问题:第一,器件的阈值电压、电子空穴迁移率等参数和温度相关,多数情况下温度升高都会导致器件性能下降;第二,芯片的可靠性与工作温度成反比,温度为 100℃时,器件的平均寿命是室温下的 1/5;第三,温度梯度过大导致电路中不同位置的器件性能不均衡,给电路设计带来问题,这些差异在对同步性要求严格的时钟网络系统中尤为突显;第四,温度上升引起热应力的问题,使芯片和封装失效。

与二维集成电路相比,三维集成的热问题变得更加突出:第一,三维集成的集成度大幅提高,在单位体积内集成了更多的器件,尽管每层芯片的功耗因为三维集成的贡献而相对二维电路能够减小 20%~25%,但是单位体积内产生的热量仍会大幅提高。有限元模拟和测试表明,在布局相同的情况下,三维集成工作时的最高温度比二维电路的最高温度高出 3 倍左右[12]。第二，三维集成常用 SiO_2 聚合物键合，键合层的热导率都非常低，严重阻碍了热量从芯片层向散热器或热沉的传导。例如厚度为 10μm 的 BCB 键合层的热阻 0.3～0.75K/W，甚至有测试表明芯片之间的等效热导率只有 1.6W/(m·K)[22]。第三，随着三维集成的芯片厚度减小，难以在芯片间加入其他的高效冷却方法，如流体散热等，因此无法通过其他途径提高热传导的能力。三维集成单位体积内发热更高、热传导能力更低、无法利用高效散热方式的特点，导致三维集成的热问题更为严重。

三维集成也有对温度有利的方面。通过三维集成可以大幅缩短互连长度，减小互连的电阻和电容效应，在一定程度上减小了互连功耗及其产生的热量。另外，芯片间可以设置一定数量的热传导 TSV，利用 TSV 铜柱的高热导率提高热量向散热器和低温区域的传导能力，在一定程度上可以改善三维集成的热点分布。2000 年左右就有研究表明，增加热传导用的 TSV 对于改善三维集成的温度问题有很大的帮助[23-24]。

三维集成的热学问题包括每层芯片的热力学特性、TSV 的热学特性和三维集成的热学特性。三维集成的热学问题的研究目标是在散热面积限制和垂直多层芯片间高热阻的条件下，研究三维集成焦耳热产生的来源、芯片内部热传导特性以及多层芯片间的热传导特性；根据热传导特性设计高效冷却方案，确定温度限制下的三维集成和 TSV 的设计规则(FEM)。三维集成热问题的研究是通过有限元法，对稳态温度进行模拟，并利用类比法得到热阻抗、热容量等热学参数对应的电学参数，建立热学和电学理论模型，描述热学特性。在测量方面，需要采用合适的方法测量热应力和热应力引起的变形。

10.2.1 三维集成的温度特性及其影响

10.2.1.1 三维集成的温度特性

影响三维集成的热量产生、温度分布和热量向散热器或热沉传导的因素很多，包括 TSV 的结构和材料、TSV 的分布、器件分布和功耗分配、器件或电路的工作频率、芯片之间的热阻抗等[25]。由于三维集成中每层芯片的热量都需要通过相邻的芯片层向上下的散热器或热沉传递，而芯片之间的主要热阻来自键合层，在不改变键合层材料性质的情况下，应尽可能使所有的芯片层面积相同，这样对于中间层的热传导最为有利。此外，增大与散热器接触的芯片层的面积有利于尽快将热量传导到散热器。显然，如果不同芯片层之间的发热量差距明显，应该将最大发热量的芯片放置在最下层或最上层，以加快高发热量芯片的热量向散热器的传递[26]。

影响三维集成热点温度的因素包括发热功率、芯片的热导率(热阻)，以及芯片的厚度。在给定发热功率的情况下，对三维集成热点温度影响最大的是芯片的厚度。芯片的温度升高量可以表示为

$$\Delta T(t)=PR[1-\exp(t/\tau)] \tag{10.24}$$

式中：P 为发热功率；R 为芯片的热阻(K/W)；t 为发热功率持续时间；τ 为芯片的热时间常数，$\tau=RC$，C 为芯片的热容量(W·s/K)。

由于热容量正比于芯片的厚度，因此热点的温度与芯片厚度的指数成反比。图 10-21 为芯片的温度随时间和芯片厚度的变化关系。对于给定的发热时间，芯片温度随着时间呈指数形式上升，并最终达到稳态；芯片的温度随着芯片厚度的增加而指数减小，当芯片厚度

增加到 200μm 以后，温度的增量变化基本稳定。模拟分析表明，如果芯片厚度低于 50μm，热问题会非常突出[27]，而如果增大最上层芯片的厚度，可以使峰值温度显著下降。

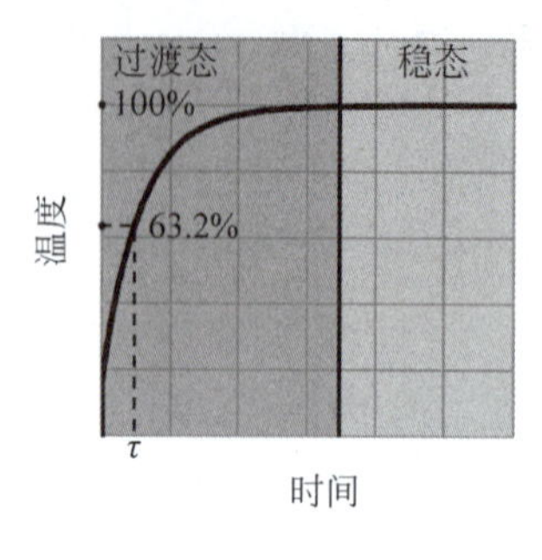

(a) 芯片的温度随时间变化关系

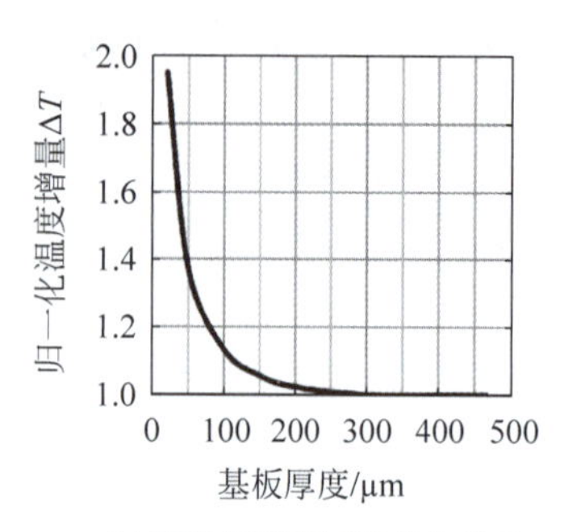

(b) 芯片温度随厚度变化关系

图 10-21　芯片的温度随时间和芯片厚度的变化关系

10.2.1.2　温度对器件性能的影响

芯片过热会带来很多负面的影响，包括温度本身对器件性能的影响和热膨胀产生的应力对器件性能的影响，如图 10-22 所示[19]。第一，温度升高导致阈值电压和漏电流特性而变差。NMOS 和 PMOS 器件的阈值电压会以约 1.0mV/K 的速度下降[28]，温度升高还会使漏电功耗上升，温度为 100℃时漏电功耗比室温上升 10 倍[29]，这对于模拟电路更为严重。第二，电子和空穴的迁移率与温度的－3/2 次方成正比[30]，温度上升使迁移率下降。尽管阈值电压下降有使电流上升的趋势，但是总体上，这种趋势无法抵销迁移率下降带来的影响。因此，随着温度上升，器件的速度下降。第三，器件的可靠性与工作温度成反比，温度升高严重影响器件的可靠性。当器件的工作温度为 100℃时，平均寿命下降到室温的 20%[31]。第四，温度梯度过大影响器件性能、增加设计难度。因此，温度梯度过大导致电路中不同位置的器件性能不均衡，给电路设计带来问题。这些差异在对同步性要求严格的时钟网络系统中尤为突显。第五，硅衬底的温度变化时，正电荷处于振动状态，影响自由电子的运动，改变了电阻率和与电极化有关的部分特性，影响 TSV 的寄生特性和噪声特性。第六，硅和铜的热膨胀系数分别为 2.5×10^{-6}/K 和 17.5×10^{-6}/K，热膨胀系数的差异会引起硅衬底 TSV 周围的热应力，这些应力除了影响器件性能外，还会引起严重的可靠性问题。

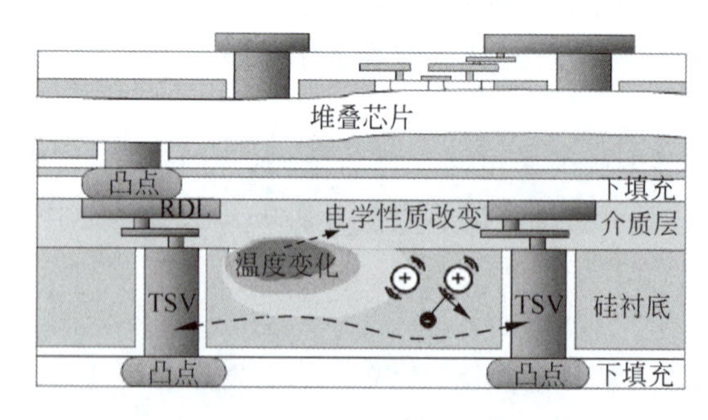

图 10-22　三维集成的温度影响

MOSFET 器件的性能与温度有很大关系。一般情况下，MOSFET 的饱和电流可以表示为

$$I_{\mathrm{DSat}}=\frac{W\mu C_{\mathrm{ox}}}{2L}(V_{\mathrm{GS}}-V_{\mathrm{T}})^2=\frac{W\mu C_{\mathrm{ox}}}{2L}(V_{\mathrm{G}}-I_{\mathrm{DSat}}\cdot R_{\mathrm{SParasitic}}-V_{\mathrm{T}})^2 \tag{10.25}$$

式中：$R_{\mathrm{SParasitic}}$ 为 MOSFET 的源极接触区的寄生电阻，通常为几欧姆；I_{DSat} 为源极饱和电流，通常为几毫安，因此其影响通常可以忽略。

载流子迁移率表示为

$$\mu=\frac{\sqrt{8\pi}qh^4C_{11}}{3E_{\mathrm{ds}}(m^*)^{5/2}(kT)^{3/2}}\propto(m^*)^{-5/2}(kT)^{-3/2} \tag{10.26}$$

尽管阈值电压随温度升高而降低，但是由于迁移率随温度的变化更为剧烈，迁移率减小导致的效应仍是影响饱和电流的决定性因素，因此随着温度的升高，I_{DSat} 仍会下降。对于二极管，电流表示为

$$I_{\mathrm{Diode}}=I_0[\exp(qV_{\mathrm{A}}/kT)-1]=I_0[\exp[q(V_{\mathrm{Pad}}-I_{\mathrm{Diode}}\cdot R_{\mathrm{Parasitic}})/kT]-1] \tag{10.27}$$

当 I_{Diode} 远大于 MOSFET 的 I_{DS} 时，I_{Diode} 和 $R_{\mathrm{Parasitic}}$ 的乘积较大，此时对 I_{Diode} 的影响为指数关系，超过本征载流子密度随温度升高而增加的程度。

温度对系统的功耗有显著的影响。在不同电压之间电容充电放电引起的开关功耗，随着电路的工作频率和电压的提高而增加，而静态功耗（特别是亚阈值漏电流）对温度非常敏感，将随着温度的升高而增大，并且随着工艺代的提高而迅速增加，因此对于先进工艺代，将成为系统总功耗的主要来源之一，如图 10-23(a)和图 10-23(b)所示[32]。亚阈值漏电流随着工艺代而增加，主要原因是工作电压随着工艺代的降低要求亚阈值电压随之降低，以保持器件期望的性能，如图 10-23(c)所示。另外，温度升高降低了晶体管的阈值电压，进一步增加了漏电流。尽管阈值电压随着温度的升高有所下降，也只能部分补偿载流子迁移率降低引起的性能损失，晶体管的开态电流仍会随着温度的升高而降低。芯片功耗的升高进一步提高芯片的温度，而温度升高又进一步提高亚阈值漏电流，因此功耗与温度之间的耦合关系显著，功耗与温度之间相互促进。

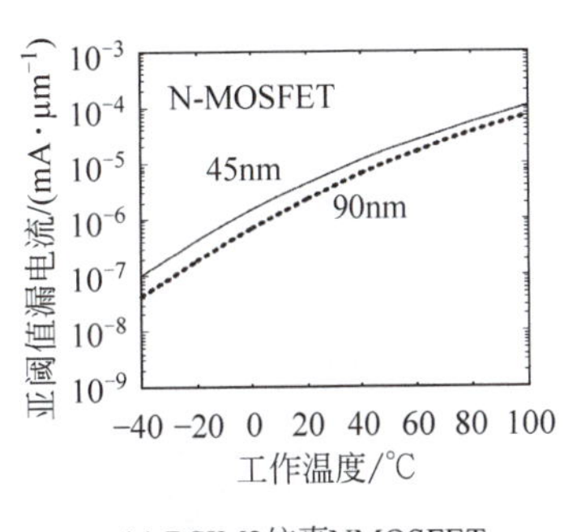

(a) BSIM3仿真NMOSFET 亚阈值漏电流随温度的变化

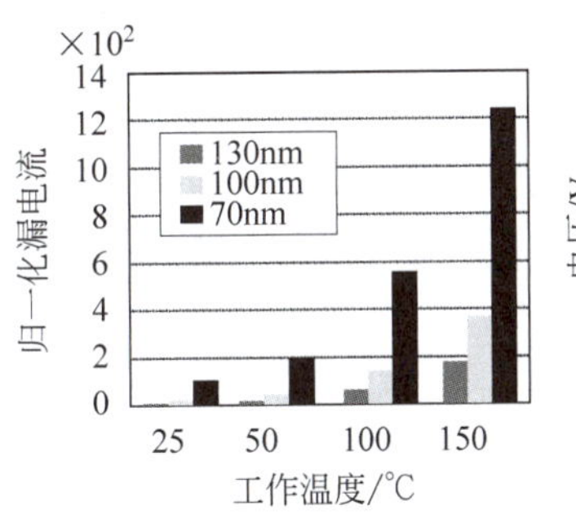

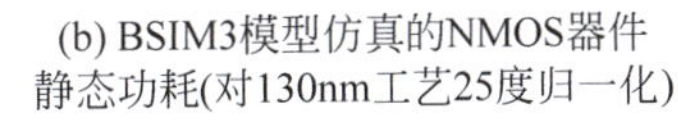

(b) BSIM3模型仿真的NMOS器件静态功耗(对130nm工艺25度归一化)

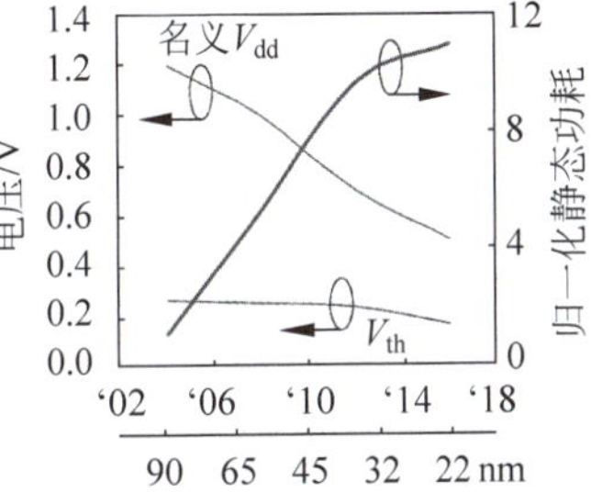

(c) 名义工作电压、阈值电压和静态功耗

图 10-23 温度对 MOSFET 性能的影响

10.2.2 热传导模型

10.2.2.1 傅里叶热传导定律

集成电路热传导的问题属于傅里叶热传导问题，即热反应时间远大于声子-电子的热弛

豫时间(皮秒量级),材料晶格能够在这段时间内达到热平衡。这类傅里叶热传导问题可以采用基于扩散理论的傅里叶定律进行描述。根据傅里叶定律,单位时间内通过给定截面的热量正比于垂直该截面方向的温度变化率和截面面积,而热量传递的方向与温度升高的方向相反。对于一维稳态情况,傅里叶定律可以表示为

$$Q = -\kappa A \frac{\mathrm{d}T}{\mathrm{d}x} \tag{10.28}$$

式中:Q 为导热量(W);κ 为热导率(W/(m·K));A 为截面面积;T 为温度;$\mathrm{d}T/\mathrm{d}x$ 为热量传导方向上的温度梯度。

在最一般的热传导中,温度随时间和三个空间坐标而变化,且伴有热量产生或者消耗。这时的热传导称为三维非稳态热传导,可用热扩散方程描述:

$$\kappa_x \frac{\partial^2 T}{\partial x^2} + \kappa_y \frac{\partial^2 T}{\partial y^2} + \kappa_z \frac{\partial^2 T}{\partial z^2} + \dot{q}_c = \rho c_p \frac{\partial T}{\partial t} \tag{10.29}$$

式中:κ_x、κ_y 和 κ_z 为不同方向的热导率;ρ 为物质的密度;c_p 为定压比热容;t 为时间;q_c 为净热量(产生和消耗的和);$\dot{q}_c$ 为单位体积内热量产生的速率。

各方向的热导率与密度和比热容的比值 $a=\kappa/(\rho c_p)$ 称为热扩散系数,表示非稳态热传导过程中物体内部温度趋于均匀的能力,即系数越大,温度趋于均匀的速度就越快。热扩散方程表明,在介质中任意一点处,由传导进入单位体积的净导热速率加上单位体积的热量产生速率,等于单位体积内所存储的能量变化速率。

10.2.2.2 一维热传导模型

一维热传导模型采用式(10.28)所示的傅里叶热传导定律,分析三维集成的温度特性时,忽略芯片所在平面内的差异,只考虑沿着多层厚度方向的热传导情况。一维热传导模型的基本假设是,在三维集成的每一层芯片上电路功耗和平面内的温度分布是均匀的,且热量仅沿着芯片厚度向其他芯片层传递。采用一维热传导模型可以大大简化分析过程,使获得理论解析表达式成为可能。

图10-24为三维集成简化的一维热传导模型[33],其中每层芯片包括由硅衬底和金属和 SiO_2 构成的介质层,以及两层芯片之间的键合层,热量源假设为均匀分布在每层硅衬底表面。由于介质层和键合层的热导率很低,介质层和键合层的热阻权重变大,成为热阻的主要来源[34]。而互连线在提高热导率方面有很大的贡献[23]。在给定功耗密度、电路层数的情

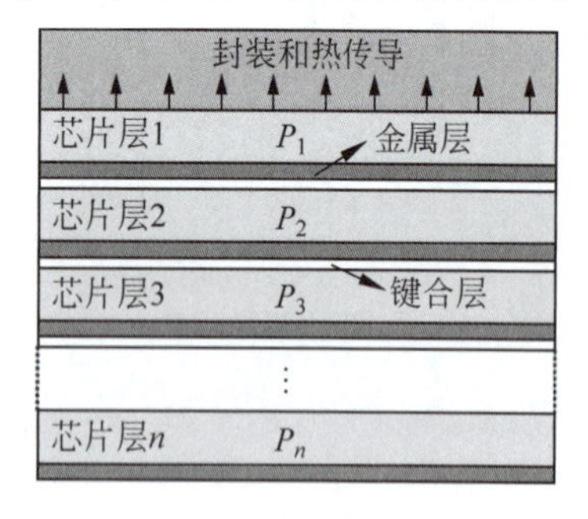

(a) 三维集成剖面图

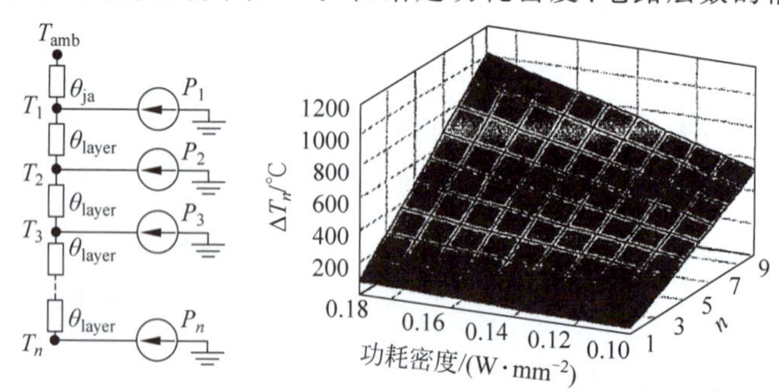

(b) 简化一维热传导模型

(c) 内部温度相对最下层表面的温度变化

图10-24 三维集成的等效温度模型和温度分布

况下，一维线性模型能够简单地预测三维集成的温度。图 10-24(c)为随着功率密度的不同和层数的变化，达到稳态后三维集成内温度相对最下层表面的变化情况[34]。可以看出，电路的温度随着功耗密度、电路层数的增多而迅速上升。

假设热传导只沿着芯片的厚度方向最终传导到热沉或散热器，第一层的芯片温度可以表示为

$$T_1 = T_A + \theta_J \sum_{k=1}^{n} P_k \tag{10.30}$$

式中：P、T 分别表示每层的输入功率转换为热量的部分(热功率)和芯片的温度；θ_J 代表该层到环境的热阻；T_A 表示环境温度。

类似地，其他芯片层的温度增量可以表示为

$$\Delta T_m = \sum_{i=1}^{m} \left(\theta_i \sum_{k=1}^{n} P_k\right) \tag{10.31}$$

根据一维模型，当热量只沿着芯片厚度传导时，三维集成的最高温度出现在最下层(第 n 层)芯片。如果每层芯片的热功率相同并且芯片层之间的热阻相同，那么最下层芯片的温度与芯片层数的平方(n^2)成正比[34]。因此，随着三维集成芯片层数的增加，芯片的温度迅速升高。

尽管封装是限制三维集成电路散热的瓶颈之一[23,28]，但是仅通过改善封装的散热能力已经无法满足三维集成散热的要求，必须提高多层芯片自身的散热能力，使片间温度更加均匀化。根据一维线性模型，芯片内 SiO_2 介质层以及 SiO_2 和聚合物键合层的热阻是芯片热阻的主要来源，约占 80%。这是这些材料极低的热导率导致的。随着功耗密度不断增长，层间的温度差增大。根据一维模型的估计，如果功耗密度为 $50W/cm^2$，那么层间的温度差约为 10℃。如果四层芯片叠加，那么仅内部热阻造成的温度上升已经为 60℃，严重影响芯片间的温度均匀性。良好的封装可以降低芯片的平均温度，但是对温度均匀性影响不大。在限定温度下目前最好的封装方案也只是勉强满足高性能二维处理器的散热要求[31]，对于三维集成的高性能处理器，散热问题势必更加严峻。

预测三维集成的温度分布，现在仍然缺乏通用的模型。一维线性模型可以从总体上给出三维集成电路的温度分布趋势，以及限制三维集成电路散热的重要因素，为定性分析三维集成电路热问题提供帮助。一维线性模型将芯片散热问题简化，将散热问题类比成电流流动，用热阻网络和热源相结合预测三维集成电路散热路径上的温度场。利用傅里叶分析方法，可以将热传导模拟为电流流动。热流可以视为电流，温度可以视为电压，与电压差驱动产生电流类似，温度差(温度梯度)是产生热传导流动的充分必要条件。

然而，一维线性模型也存在明显的不足[35]：第一，在实际芯片中，芯片功耗不可能是均匀分布的，势必存在一些功耗密度较大的区域，而一维模型无法区分平面内的空间位置，因此无法预测芯片上过热点。第二，一维模型中假设每层芯片的功率分布是均匀的，实际上热量的产生主要在 MOSFET 的沟道区，这只占芯片表面很小的一部分面积。第三，不同的晶体管的发热功率差别很大，即使都是热源，其分布也是不均匀的，难以通过简单的模型对热源进行准确描述。第四，金属的热导 TSV 远高于互连介质层和键合介质层，互连金属和键合金属成为热传导的主要路径，如图 10-25 所示的三层 SOI 键合后的热传导路线[36]。然而，由于 TSV 和金属层并非布满整个芯片平面，只考虑一维模型无法体现这一特点。

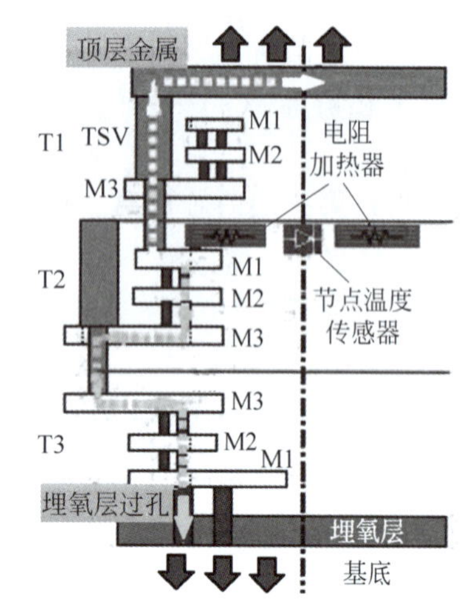

图 10-25 三层 SOI 芯片集成后的热传导路径

10.2.2.3 三维热传导模型

为了考虑芯片平面内的变化情况,需要采用三维热传导模型。三维热传导模型并非采用统一的方程描述空间分布,而是将三维模型按照一定标准划分为多个单元,在每个单元内部仍按照一维模型的方式进行处理,即假设每个单元内部是均匀的。在三维集成中,划分方法可以将每层芯片和键合层虚拟划分为大量的分类单元,每个单元的热传导是其材料的热导率、截面大小和长度反比的乘积,这与电导的概念类似。每个单元有热容量,可以类比于电容。因此,一个瞬间产生的热量会伴随产生一个温度逐渐变化的过程。为了获得准确的热传导模型,每个单元必须足够小,这样其内部温度均匀分布的假设充分成立,因此需要细粒度的单元划分。

图 10-26 为一种热单元的划分方法,将芯片衬底、SiO_2 介质层和键合聚合物层划分为多个小单元体,每个单元体的三个方向用不同的热阻表示热流量和温度梯度之间的关系。每个单元的热学特性用电学特性进行模拟,用电压差代表温度差,用电阻代表热阻,用电容代表单元体内的热容,于是可以将热网络表示为 RC 网络和电路。当建立严格模型时,需要考虑热导率随温度的变化关系,即考虑电阻率随温度的变化关系。

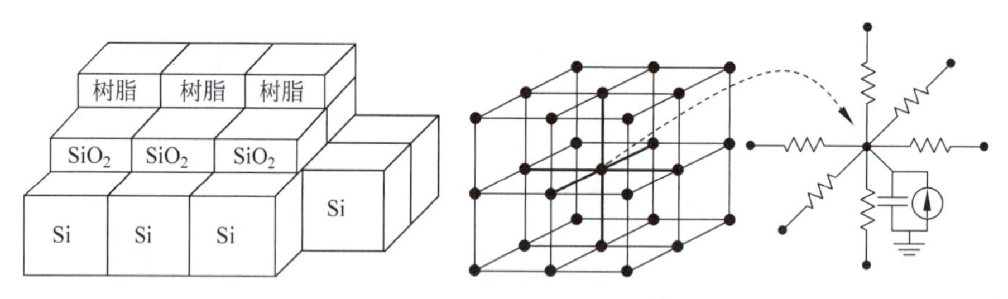

图 10-26 热单元划分及等效模型

显然,单元体划分越细,模型描述越准确,但是计算量会大幅度提高。图 10-27 为在精度和复杂度之间折中的一种分割三维集成电路单元的方法[37-39]。将整个芯片划分为单元体结构,单元体的大小等于 TSV 的中心距。每个单元体包括一个位于中心的 TSV 或者没有 TSV,都可以用电阻网络进行等效。一个电压源作为绝热的参考基础,电流源作为每层的热源。每个单元体之间通过横向的热阻和纵向的热阻连接,热阻的大小可以通过有限元软件获得。

三维热传导模型充分考虑了平面结构变化所产生的影响,如各层结构不完整的问题和多种热传导的影响因素,克服了多数一维模型的缺点。在每个单元体结构的热特性能够充分准确的情况下,整个系统所描述的热过程较为准确,但所需要的计算量是相当大的。

10.2.3 有限元方法

尽管可以建立三维集成系统的热学模型和方程,但是由于非规则的结构形式、非均匀的材料分布和复杂的边界条件,即使采用三维模型,要获得三维集成系统温度分布特性的解析

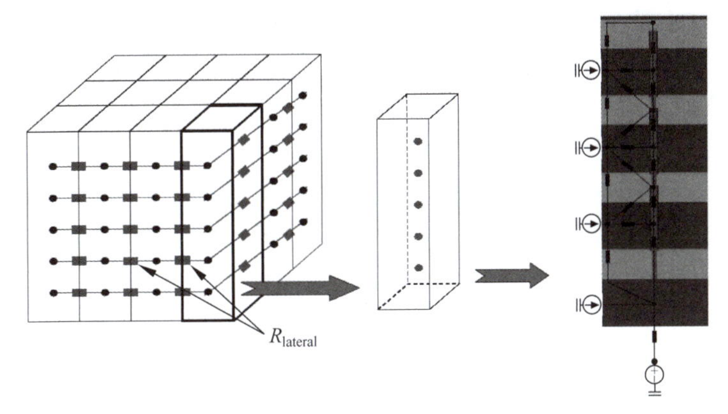

图 10-27　热单元划分及等效模型

表达式，对于多数情况都是非常复杂甚至不可能的。因此，要精确了解三维集成系统的温度分布，需要使用有限元方法。

10.2.3.1　有限元方法

有限元方法的本质是对复杂系统划分简化的单元体，这与三维模型所采用的单元分割的思想类似。然而，有限元法可以充分利用计算机强大的计算能力，将单元体大小、形状、数量进行几乎任意划分，并且对每个单元采用三维热传导方程，从而获得准确的计算结果。

对于每个单元的三维热传导过程，其控制方程和边界条件可以分别表示为下列偏微分方程：

$$\rho c_p \frac{\partial}{\partial t} T(x,y,z,t) = \nabla \cdot [k(x,y,z,t) \nabla T(x,y,z,t)] + g(x,y,z,t) \tag{10.32}$$

$$\kappa(x,y,z,t) \frac{\partial}{\partial n_i} T(x,y,z,t) = h[T(x,y,z,t) - T_{\text{A}}] \tag{10.33}$$

式中：ρ 为材料的密度；c_p 为材料的比定压热容(J/(kg・K))；T 为温度(K)；κ 为材料的热导率(W/(m・K))；g 为内部热功率(W/m^3)；h 为对流热传导系数(W/(m^2・K))；T_{A} 是远处的环境温度(K)。

尽管对于多数材料，热导率 κ 都是温度的函数，例如硅的热导率 $\kappa(T)=295-0.491T$，但是由于芯片工作温度范围相对较小，为了简单一般可以将 κ 视为常数。另外，为了简化求解过程，材料的热导率一般视为各向同性并且均匀的。

进一步将式(10.32)和式(10.33)简化，用温度 T 表示为位置和时间的函数，有

$$\frac{\partial T}{\partial t} = \frac{\kappa}{\rho c_p}\left(\frac{\partial^2 T}{\partial x^2} + \frac{\partial^2 T}{\partial y^2} + \frac{\partial^2 T}{\partial z^2}\right) + \frac{p}{\rho c_p} \tag{10.34}$$

$$\frac{\partial T}{\partial n_i} = \frac{h}{k}[T - T_{\text{A}}] \tag{10.35}$$

式(10.34)中的 p 表示电热耦合的功率，既包括器件的发热功率，也包括温度升高后引起的发热功率的进一步增加，即温度和功耗的耦合关系。但是，温度和功耗的耦合关系在常规的有限元分析软件中无法体现，需要在模型建立过程中单独考虑。

通过网格划分，将实际的三维集成系统进行离散化，可以对每个单元体使用式(10.34)

和式(10.35),完成有限元的计算过程。然而,建立三维集成电路的有限元热学模型也比较复杂,主要是三维热学模型中不仅需要考虑芯片的发热,还要考虑热量的传导和散失,因此热界面材料、底部填充材料、键合凸点等都需要考虑。这一方面使热学模型非常复杂、计算时间长;另一方面这些材料的特性随着温度变化,需要考虑材料的非线性热学和力学特性。同时,也需要考虑随机工作负荷引起热点脉冲式的温度特性。另外,热学特性和力学特性往往是耦合的,分析热学特性时还要考虑结构变形和强度等随之产生的变化。因此,三维集成和封装系统的全芯片有限元分析仍是较为困难的,通常还需要根据实际情况进行简化。

有限元计算依赖材料参数,而材料性质随形态和温度变化,准确分析必须要考虑这一点。表 10-1 列出常用材料的薄膜形态在室温下的热学参数。薄膜材料与体材料的热学特性有所差异,同时薄膜材料的热学参数与制造工艺有很大关系,不同方法制造的薄膜材料的参数不同。对于多数薄膜材料,热学特性都是各向异性的,材料的热学参数沿着不同的方向不同,如硅、SiO_2 和电镀的 TSV 铜柱等,但多数分析中各向异性被忽略,特别是金属。另外,材料的热学参数多数是温度的函数,随着温度的变化热膨胀系数和热导率等也有一定的变化。

表 10-1 常用材料的热学参数

	空气	硅	SiO_2	Si_3N_4	Cu	W	Al	Ti	Ta	聚酰亚胺	BCB
热膨胀系数/($ppm \cdot K^{-1}$)		2.6	0.5	2.8	16.1	4.5	25	8～10	6.5	30～60	42～52
热导率/($W/(m \cdot K)$)	0.028	163	1.38	1.9	400	174	236	17	575	0.15	0.29
密度/($kg \cdot m^{-3}$)	0.524	2330	2203	3000	8700	19250	2700	4510	16680	1300	约 950
比热容/($J/(kg \cdot K)$)	1055	703	1000	700	385	130	899	522	140	1100	

10.2.3.2 温度分布模拟

图 10-28 为有限元模拟的三维集成处理器的温度分布[40],包括最上层的 DRAM,中间层的 SRAM,以及最下层的处理器内核。总功率为 507W,芯片尺寸和每层的功率分布如图所示。DRAM 和 SARM 的功耗很低,对热量的产生影响不大,但是所引入的键合层和介质层对热传导会产生较大的影响。芯片级的模拟还需要考虑互连、介质层、TSV 的热传导特性。由于层间介质和金属互连的厚度较小,可以将其等效为各向同性的材料层。但是,实际上每层的热传导特性也是各向异性的,根据每层铜互连所占的比例,精确模拟时可以将其视为与空间位置有关的各向异性热传导矩阵。这种芯片级的仿真,计算时间很大程度上消耗在材料的各向异性上。

图 10-28(b)为考虑键合层和热沉后得到的逻辑层温度分布,每层芯片的互连视为一层、介质层视为一层、器件和衬底视为一层。每层芯片厚度为 400μm,介质层热导率为 3.5W/(m·K)。芯片的最高温度出现在处理器内核层,为 97.4℃。可见即使对于较为简化的模型,三层芯片的三维集成也包括 11 层材料。为了能够充分考虑各向异性的特点,较薄的介质层、金属层在厚度方向的网格划分必须足够多,才能获得足够精确的模拟结果;但是,较薄层划分较多层的网格会给较厚的衬底层网格划分带来更大的负担和更大的计算量。

实际上，由于键合层、介质层、互连层都不是整个芯片面积上的完整结构，考虑这些因素时会给计算量带来更大的负担。

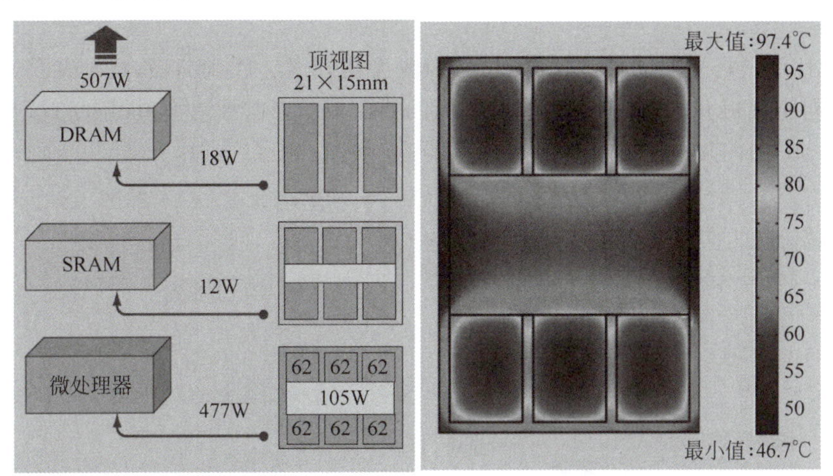

(a) 结构和功率分布　　(b) 逻辑层温度分布

图 10-28　三维集成处理器温度分布模拟

10.2.3.3　二氧化硅层的影响

晶体管的沟道区在工作时会产生热量，如果热量不能快速传导，会导致晶体管自身的温度升高，即自加热现象。对于体硅晶圆的三维集成，由于硅较大的热导率(148W/(m・K))，产生的热量可通过硅衬底的传导而耗散。对于SOI晶圆的三维集成，特别是将器件区域刻蚀为硅岛包围在SiO_2层的情况，热耗散只能通过SiO_2完成，而SiO_2的热导率很低(1.4W/(m・K))，使温度升高更为严重。

图10-29为有限元模拟的悬空SiO_2薄膜中包围的器件所导致的温度分布情况。由于悬空结构的温度散失慢，可以模拟器件引起的温度升高量。悬空SiO_2薄膜包括下层为400nm和上层为150nm，长为100μm，宽为24μm，中间包围厚度为100nm的单晶硅器件层。器件功率设置为0.1mW，硅衬底的底面恒温20℃。从悬空结构的固定端到自由端温

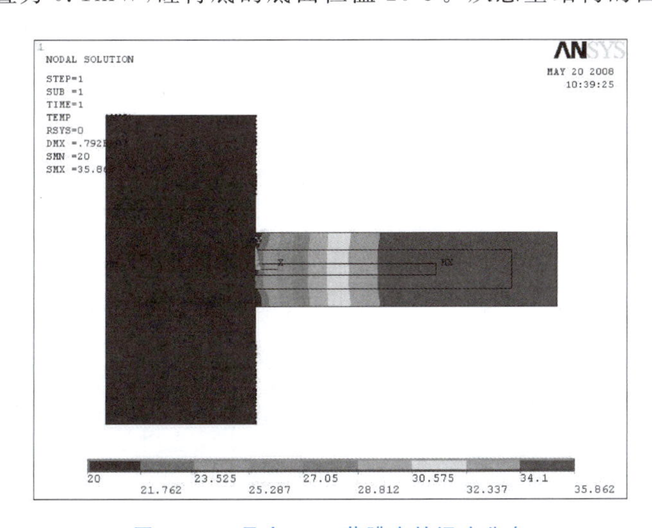

图 10-29　悬空SiO_2薄膜中的温度分布

度逐渐升高，说明产生的热量在固定端主要经过衬底传导耗散。在自由端，由于 SiO_2 较低的热导率，热量主要经过 SiO_2 向空气传导耗散，因此温度明显高于固定端。最高温度变化达到 15.8℃。

不同衬底的热导率不同，但是都会使 FET 成为热点，特别是对于 SOI 衬底。对于厚 3μm 的硅层，沟道长为 10μm、宽为 0.5μm，功率为 13mW 的 NFET，数值模拟得到的稳态自加热温度升高为 13.9℃，而如果硅层下方有厚 1μm 的 PI 和厚 6μm 的 SiO_2 介质层，自加热稳态温度升温可达 24.6℃。增加 3 层金属互连线后，自加热温度下降为 23.7℃，如图 10-30(a)所示[41]。可见，在有硅衬底的情况下，介质层中的金属互连对热点温度的影响比较有限。

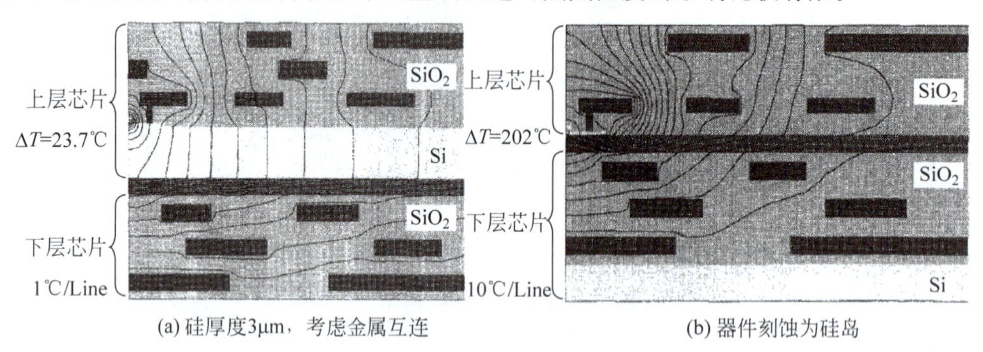

图 10-30 准三维仿真得到的 MOSFET 自加热温度

影响自加热温度最大的因素是硅层厚度，当硅层厚度减小到 1μm 时，带有键合层和介质层的自加热温度上升到 48.9℃，而如果将 FET 以外区域的硅层刻蚀去除，只留下 FET 作为硅岛，自加热温度大幅提高到 202℃，如图 10-30(b)所示，这几乎是体硅衬底自加热温度的 14 倍。另外，在硅岛结构的情况下，FET 所产生的热量主要是通过金属互连向外传导的，而通过介质层和键合层传导的热量很少。

10.3 三维集成的散热

散热与热量产生是决定三维集成系统温度特性同等重要的因素。对于三维集成芯片，散热包括内部多层芯片间的热传导以及热量经过封装外壳向散热器散失的过程。本书主要讨论芯片间的热传导问题。

10.3.1 热量的产生与散热

热量主要是由有源器件产生的，因此热传导的起点为器件的结所在的位置，终点到最外层芯片的表面或热沉。如图 10-31 所示，热量产生后，需要经过硅衬底、介质层及金属互连、键合层等热传导路径，向相邻的芯片层传导。如果在多层芯片间埋置有微流体散热通道，一部分热量直接被微流体吸收后随着流动向外传导。三维集成的

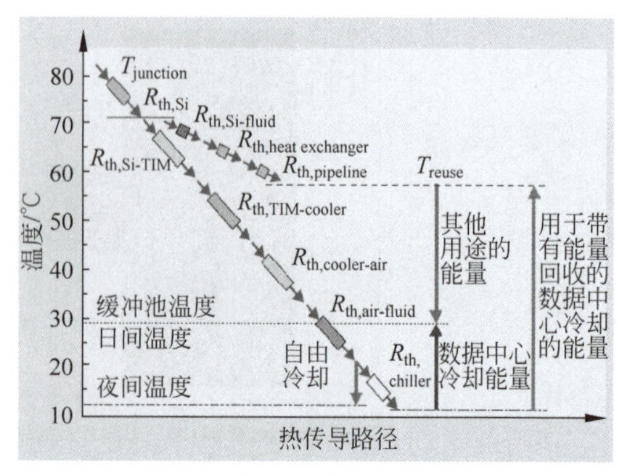

图 10-31 三维集成的热传导路径

散热目标是维持最高温度在合理的水平，使片上温度均匀化以控制局部过热，减小不同层间的温度梯度等。

10.3.1.1 影响热量产生的因素

由于不同芯片之间以及同一芯片不同位置之间的功耗和热量产生差异很大，因此芯片的热管理问题中最重要的不仅是控制芯片的最高温度，还要使温度分布均匀，避免同一芯片上和不同芯片之间出现较大的温度梯度。无论是同一平面上的温度不均，还是层间的温差过大，都将导致不同位置的晶体管和电路的工作性能随着温度变化，引起时序误差和性能差异，并减小系统设计的冗余度。过大的温度梯度还可能造成非均匀热膨胀，产生明显的热应力，产生可靠性方面的问题。

三维集成电路的结构设计和功耗分布对其热学特性和温度分布有决定性的影响。这是因为不同层的芯片有着不同功能的电路，每层电路的功耗和工作时间不同，所以多层芯片集成后芯片的位置关系对整个三维集成系统的温度影响很大。通常，逻辑电路相比于存储器电路功耗密度更大，例如 CPU 的功耗密度可达 $200\mathrm{W/cm^2}$，而存储器可能只有 $10\mathrm{W/cm^2}$。利用简单的一维线性模型就可以得到定性的指导性原则，即产生热量最大的芯片应最靠近热沉或散热器。例如，对于只包含处理器和存储器的两层芯片的三维集成，由于逻辑电路的功耗更大，应将处理器芯片布置在更靠近热沉的位置，即高温区到散热器的热阻最小。相反，如果处理器芯片上产生的大热流需要流过存储器层才能传导到热沉，则会导致热阻更大，芯片温度更高。对于多层芯片三维集成，也可以根据每层芯片的功耗特点，利用一维线性模型确定芯片的位置。

两层高温芯片之间的热量梯度小，二者之间的热传导效应不明显，因此，在三维集成中应该避免两层高温芯片相邻。例如，逻辑电路和逻辑电路的叠加通常会产生比较高的温度区域[23]，在整体的布局中应该避免。另外，对于同一个芯片的不同区域，功耗密度的分布也不是均匀的，因此如何在同一个芯片内部安排不同的电路模块，对该层芯片的温度分布和三维集成的热传导也有重要影响。尽管上述芯片位置的定性优化是比较初步的，但是其结果对于三维集成的温度分布和降低热点温度的影响非常显著。研究表明，对于某些处理器，将二维电路改为三维集成后，通过优化设计可以使温度增量幅度很小[42-43]。

尽管优化电路布置可以降低三维集成的热点温度，实现温度分布的均匀化，但是对于很多情况，即使将温度作为优化目标进行三维布图的优化，芯片的工作温度仍是很高的，甚至可能达到 150℃ 以上[44]。因此，仅通过电路模块的位置优化是无法满足三维集成的热管理要求的，还需要通过高效的散热解决三维集成的温度问题。

10.3.1.2 主要散热方法

为了尽快将三维集成芯片内的热量传导到散热器，需要尽可能地提高多芯片内的热传导能力。在介质层和金属互连以及硅衬底确定的情况下，提高热传导能力的方法主要包括采用热传导 TSV、提高键合层的热导率，以及采用芯片内的微流体散热。

热传导 TSV 是一种只用于传导热量的 TSV，由于 TSV 的铜柱具有极高的热导率和芯片间最短的传输路径，用 TSV 作为热传导的增强路径，可以高效地将热量从芯片的热点向温度较低的外层芯片或散热器传递。键合层常用 SiO_2 或 BCB 和 PI 等聚合物材料，这些材料的热导率很低，使键合层和介质层共同成为热传导的主要热阻。因此，通过一定的手段改变聚合物材料的热导率,可以提高热传导能力。

微流体散热是一种高效的散热形式,充分利用流体热容量高的特点,将微流体通道集成或嵌入在三维集成的芯片系统中,可以将任意层芯片的热量直接传导到系统外部,降低了三维集成系统沿着芯片厚度方向的热传导负担。但是,微流体通道所带来的复杂工艺、可靠性、密封等问题,限制了这种方法作为通用性方法的广泛使用。

10.3.2 热传导 TSV

用于三维集成多层芯片键合的聚合物层或 SiO_2 的热导率低、面积大、热阻高,层间的热量传导主要依靠传输电信号的 TSV、金属凸点和互连的金属层。然而,TSV 和金属凸点相对芯片面积很小,导致不同层之间的热传导能力很差。为了提高层间的热传导能力,尽快将热量传递到散热器,Chiang 等于 2000 年提出热传导 TSV(Thermal TSV,TTSV)的概念[45],如图 10-32 所示。热传导 TSV 是指仅用于层间热量传导为目的而不作为电信号传输的 TSV,其结构和制造与电学 TSV(ETSV)相同。由于铜柱具有极高的热导率,通过在各层芯片内插入 TTSV 接力传导热量,可以使内部热量迅速传导,尤其在降低热点温度方面效果显著。因此,TTSV 的优化和设计吸引了很多理论研究的注意。一般 TTSV 的直径远大于 ETSV 的直径,达到甚至超过 100μm。

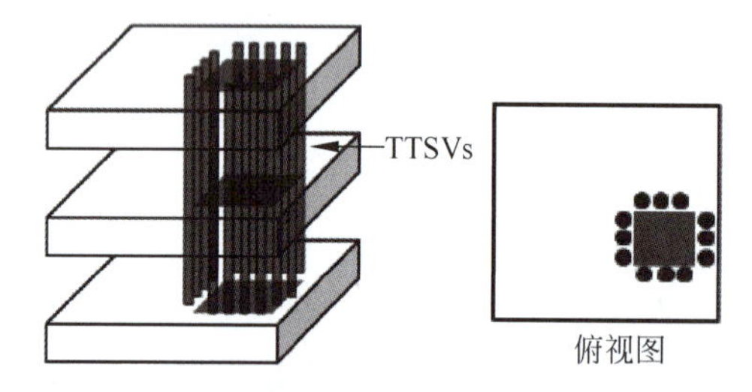

图 10-32　TTSV 的概念

TTSV 采用与 ETSV 相同的制造工艺同时制造,层间 TTSV 的连接也采用金属键合,因此并不增加额外的制造工艺,但不同直径的 TSV 会给制造过程带来困难。通过 TTSV 传导的热量有两个路径:大部分热量被直接传递到与 TTSV 连接的热沉或封装外壳,进一步通过散热器等排出芯片外部;剩余热量通过 TTSV 的侧壁传导到其他芯片层上,最后仍将传导到热沉或封装外壳。为了使 TTSV 能在每层都最大效率地传导热量,希望 TTSV 的侧壁与所在芯片衬底之间的热导率尽量高。

10.3.2.1 TTSV 的设计原则

TTSV 的结构、可用性和热传导效果都强烈依赖三维集成的方法,这些特性随着 TSV 的制造方法、集成策略、使用的材料和布置空间的可用性等因素而改变。因此,不同的应用和工艺的 TTSV 的效果不同,需要针对具体情况单独设计优化。另外,TTSV 较大的直径会占用芯片面积,导致芯片成本增加,并与电路布局之间产生矛盾。在这种情况下,TTSV 有一些一般性的准则可以参考。

首先,TTSV 的热传导柱需要使用高热导率的材料。为了使 TTSV 与 ETSV 同时制造以降低制造成本和复杂性,TTSV 应采用与 ETSV 相同的导体材料。铜是 ETSV 的主要选择,并且铜具有极高的热导率,对 TTSV 的热传导有利。从这一点考虑,铜甚至是 TTSV 的唯一选择。即使硅的热导率与铜相比有一定差距,硅的热导率也足够高,因此采用硅 TTSV 也是可能的选择。实际上,硅 TTSV 并不需要单独制造,只需去除芯片表面特定区域平面互连的介质层并制造金属凸点,与相邻芯片的金属凸点键合即可。

其次，TTSV 铜柱的绝缘介质层的热传导系数应该尽可能高。TTSV 依靠侧壁与衬底接触传导衬底的热量，因此 TTSV 与衬底之间的介质层的热导率、面积和厚度是影响热传导效果的重要因素。介质层的热导率越高、面积越大、厚度越小，从芯片向 TTSV 的传热效率越好。然而，通常高热导率材料的导电性也都较好，因此具有高热导率、低电导率的材料可选余地是比较小的。AlN 具有较高的电阻率[46]，并且室温热导率达到 200W/(m·K)以上，热膨胀系数为 4×10^{-6}/K，适合作为 TTSV 的介质层，但会大幅增加制造复杂性。因此，尽管理论上有选择的可能，但实际上 TTSV 和 ETSV 都以 SiO_2 作为介质层。

第三，TTSV 与热点的距离越近，芯片的热量向 TTSV 热传导的效果越好。为了能够最大限度地耦合获取热点的热量并进行传导，TTSV 与热点的距离必须尽量短，以减小热点与 TTSV 之间的热阻，并降低高温的影响范围。TTSV 与热点的最近距离可以根据预先的分析，设置在预测或实际的芯片热点周围，构成密闭的栅栏状结构。

第四，TTSV 的数量越多、直径越大，热传导的效果越好。TTSV 的热传导能力正比于 TTSV 的数量和面积，所以应采用阵列式 TTSV 的布置[47-48]。然而，热点处的温度较高，TTSV 的铜柱因为热膨胀产生较大的热应力，如果 TTSV 阵列产生的热应力不能充分抵消，将可能给衬底造成较大的热应力和可靠性问题；同时，过多的 TTSV 占用太多的芯片面积。因此，综合考虑 TTSV 数量对热传导能力和芯片面积及应力的影响，根据此标准设计 TTSV 的密度。

10.3.2.2 TTSV 的布置方法

TTSV 的布置方法决定了 TTSV 与热点之间的距离，以及 TTSV 可用直径和数量，对 TTSV 的热传导效果至关重要。TTSV 的布置方法大体可以分为两种：一种是利用现有电路模块的空余位置布设 TTSV；另一种是设计专门的 TTSV 区域。如图 10-33(a)所示，利用电路模块的间隙布置 TTSV，需要设定优化目标，例如热点的最高温度、TTSV 的最大热导率或 TTSV 的最小数量。根据 TTSV 的位置限制条件、对电路器件的影响、衬底热应力和可靠性，以及工艺的限制条件等作为约束条件，对 TTSV 的参数进行优化，达到使用尽量少的 TTSV 实现要求的散热能力。优化的基本方法是在电路模块之间布置 TTSV，以尽量少 TTSV 对电路器件本身的布局和布线的影响，并在一定的温度作为约束条件的情况下，以 TTSV 的数量、位置作为变量，通过迭代计算最优的数量和位置。例如，以 TTSV 数量和位置作为的优化目标，采用尽可能少的 TTSV 要求的散热效果；或者以 TTSV 的数量和位置作为限制条件，优化散热效果。有研究表明，通过优化设计，可以在减少 48.5%的 TTSV 用量的情况下达到同样的热传导能力。

图 10-33(b)为专门区域设置 TTSV 的方法[49]。对于这种预留 TTSV 区域的方法，限制条件会弱化很多，基本避免了热应力对电路影响的约束条件和 TTSV 位置的约束，更容易获得优化结果。这种方法的代价是需要更大的额外芯片面积，提高了芯片的成本。例如，将 TTSV 的密度设为一个变量，在各模块功率已知的情况下，通过调整 TTSV 的密度将最高芯片温度控制在目标温度范围内，通过迭代优化实现密度的最小化[50]。

为了降低同一芯片内部的温度差异，可以由 TTSV 和平面金属构成三维热网格，如图 10-34 所示[39]。其中垂直热传导路径为 TTSV，平面热传导路径为芯片表面的金属热布线层。金属热布线层只传导热量，不用于电信号传输。相比于电路模块间隙布设 TTSV 方法，三维网格具有更好的大范围温度均匀化的能力，但是并非每个 TTSV 的效用都最大化。

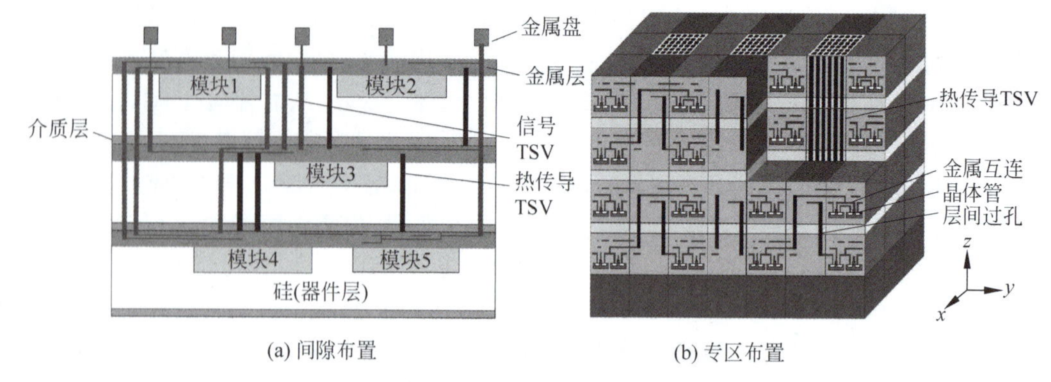

(a) 间隙布置　　(b) 专区布置

图 10-33　TTSV 布置方法示意图

与专门 TTSV 区域的方法相比，三维网格的布置更加均匀，但针对热点周围的传导能力不是最优化的。实际上，ETSV 芯片表面的金属也在一定程度上充当了三维热网格的功能，只是由于 ETSV 的位置是根据电信号的需求设置的，不能最高效地设置在芯片的热点周围。

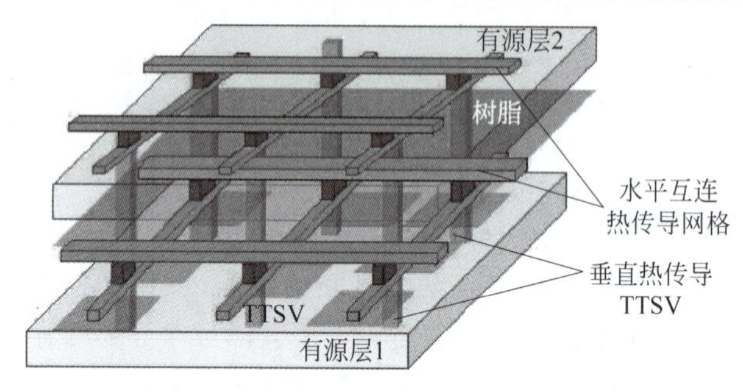

图 10-34　TTSV 及其构成的三维热网格

为了实现 TTSV 的优化设计，考虑到诸多的限制因素，实现优化过程的算法也各不相同，例如多层布线结构算法[51]、非线性规划算法[50]等。优化 TTSV 需要建立不同形式的最优化方程，其中热传导的特性一般采用集总参数模型进行描述。由于三维集成结构的复杂性，这种集总参数模型往往都有一定的误差，甚至误差还比较大，因此热传导的模型限制了最终优化的结果的精度水平。

TTSV 在加快热量传递的同时，会给布线带来路由拥挤和阻塞。过度使用 TTSV 增加了热传导路径的长度，不会对三维集成系统的散热一直有利。对于低功耗应用，不同层之间的温度梯度差距不大，TTSV 的效果不明显，并且还会占用额外的芯片面积。理论分析表明，当集成层数超过 5 层后，对于低功耗系统，TTSV 对热传导几乎没有什么效果[52]。

10.3.2.3　TSV 隔热环

利用 TSV 将电路模块包围具有热隔离的效果，这种想法最早报道于 2011 年，如图 10-35 所示[53]。TSV 隔热环由顶层的金属和连接金属的 TTSV 构成，TTSV 构成环状结构围绕在电路模块周围，通过顶层的金属将热量传递给 TTSV，再传到散热器。TSV 隔热环大体相当于高密度的 TTSV 向其他层传递热量，抑制热

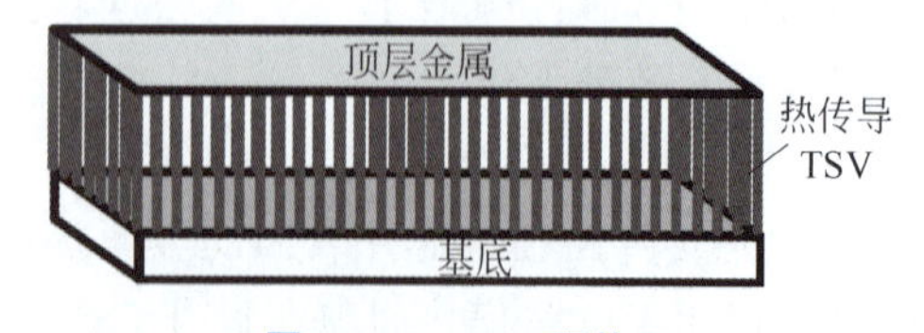

图 10-35　TSV 隔热环

量在同层内部的传递,减小热点对周围的影响。这种隔热环的优点是可以将热点隔离,缺点是平面的金属层与互连之间会产生相互干扰。

图 10-36 为模拟得到的 4 层芯片构成的三维集成系统的温度分布情况,热源位于最下层,顶层连接热沉,图 10-36(a)为没有采用 TTSV 和 TSV 隔热环的温度分布,图 10-36(b)是有 TTSV 而没有 TSV 隔热环的温度分布,图 10-36(c)是有 TTSV 和 TSV 隔热环的温度分布。对于最下层的芯片,上述三种情况所对应的温度分别为 83.65℃、66.28℃和 58.40℃,即 TTSV 将最下层芯片的温度降低了 17.37℃(20.76%),TSV 隔热环进一步将最下层芯片降低 7.88℃(11.88%)。因此,采用隔热环结构比单独采用 TTSV 具有更好的热传导能力。

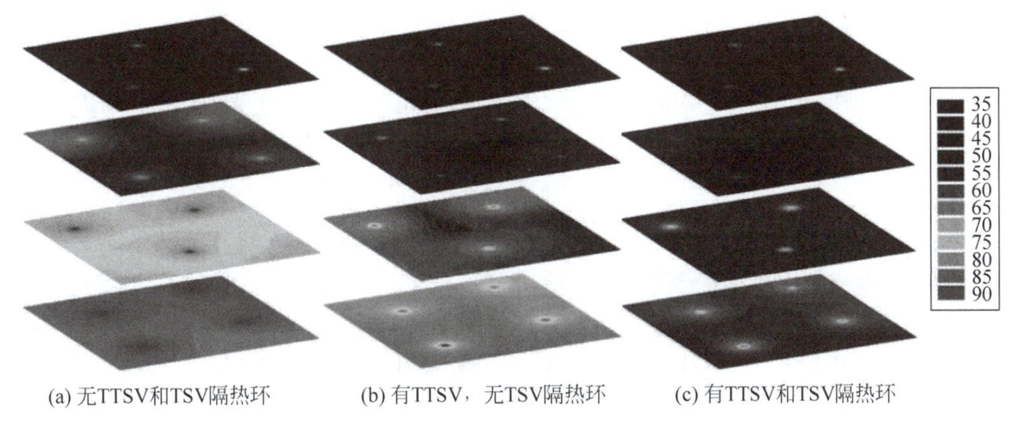

图 10-36　TSV 隔热环温度仿真

不同 TTSV 的直径对隔热环的热量控制性能有显著的影响。如图 10-37 所示[54],随着 TTSV 直径的增加,隔热环的散热能力有所增强;另外,SiO_2 介质层对 TSV 和衬底之间的热传导有较大的影响,限制了 TTSV 的传热效果。实际上,这些基本性能与单独使用 TTSV 是类似的。采用环振电路的测试表明,TSV 隔热环对电路的性能没有影响。

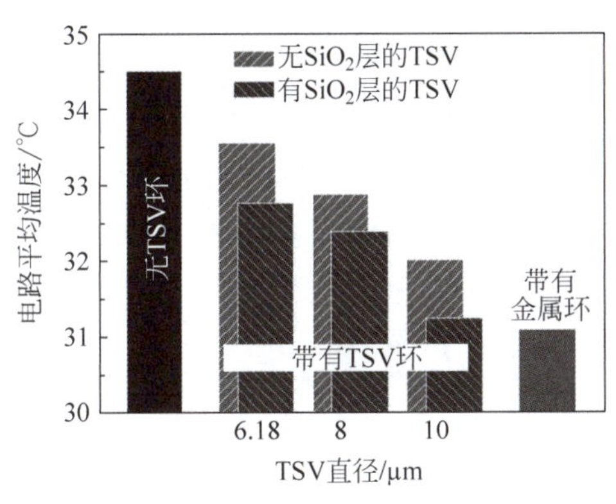

图 10-37　直径对 TSV 隔热环性能的影响

10.3.3　微流体散热

利用微流体通道为芯片散热的思想最早出现于 1981 年[55]。由于气冷散热效率无法满足高功率三维集成电路散热的要求[56],2005 年,斯坦福大学提出利用微流体(水冷)为三维集成芯片散热的想法[57]。IBM、佐治亚理工学院、IMEC 等都在这一领域进行了深入研究，如 IBM 和佐治亚理工学院分别于 2005 年[58-59]报道了芯片微流体散热的实验结果，并于 2008 年报道了三维集成微流体散热芯片的制造结果[60-61]。

微流体散热的基本思想是在三维集成系统的内部集成微流体管道，通过水流的热交换和流动带走热量[60]。微流体散热具有很高的效率，对于高功率芯片的三维集成散热更为有效。例如，利用流量为 65mL/min 的流体散热，两层芯片三维集成后的等效热阻为 0.24K/W，而空气冷却的等效热阻为 0.6K/W，微流体散热能够将三维集成芯片的热点温度从 88℃降低到 47℃，展现出优异的散热能力[61]。

三维集成的微流体冷却也面临一些缺点：与平面电路水冷散热只需要在芯片表面或底部制造流体管道相比[62-64]，三维集成的微流体散热需要在多层芯片之间或多层芯片内部制造微流体管道，其结构、制造、密封及可靠性都更加复杂，并对 TSV 的布置产生一定的限制。为了提高热传导效率并减低驱动压力，希望高深宽比的管道截面，以增水流与硅接触的表面积。这使得芯片厚度比较高，而三维集成 TSV 的深宽比越大，制造难度大、成本越高。

10.3.3.1 微流体散热的特性

图 10-38 为典型的微流体散热结构和制造方法。流体通道一般制造在被集成芯片的背面或两层芯片的界面上，通过刻蚀形成连续的流体通道，刻蚀后将芯片与另一个芯片键合。微流体通道需要避开 TSV 和键合凸点所在的区域，键合时要保证电学连接的凸点和密封流体通道的界面同时键合，并且保证流体通道的长期密封性。

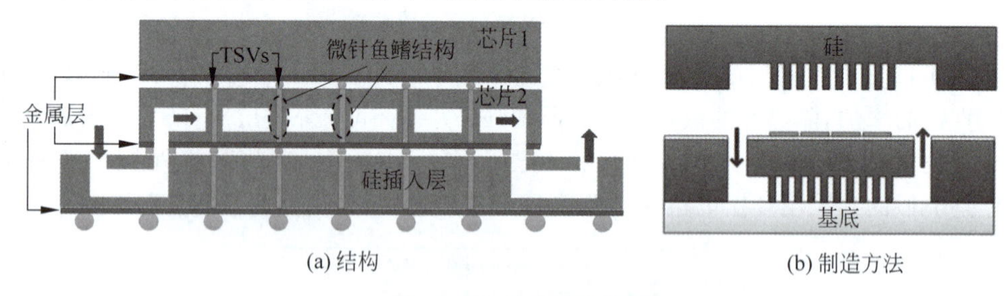

(a) 结构　　(b) 制造方法

图 10-38　微流体散热

由于流体的粘性，流体在管道中流动时会遇到管道产生的流动阻力。要维持流体的持续流动，需要施加持续的驱动力。流体的流速与驱动压强差和流动阻力的关系为

$$Q=\frac{\Delta P}{R} \tag{10.36}$$

式中：Q 为流量表示的流速；ΔP 为流体两端的压强差；R 为流动阻力。

对圆形和矩形管道，R 分别为

$$R_{\text{round}}=\frac{8\mu L}{\pi r^4} \tag{10.37a}$$

$$R_{\text{rectangular}}=\frac{12\mu L}{wh^3}\left[1-\frac{h}{w}\left(\frac{192}{\pi^5}\sum_{n=1,3,5}^{\infty}\frac{1}{n^5}\tanh\left(\frac{n\pi w}{h}\right)\right)\right]^{-1} \tag{10.37b}$$

式中：μ 为流体动力学粘度；L 为管道长度；r 为圆形管道直径；w、h 分别为矩形管道的宽度和高度。

当矩形管道的宽度远小于高度(或者高度远小于宽度)时,式(10.37b)简化为

$$R_{\text{rectangular}} = \frac{12\mu L}{wh^3} \tag{10.38}$$

从上述公式可知,流动阻力与管道长度成正比,与截面尺寸的四次方成反比。因此,通道尺度越小,流动阻力越大,驱动流动所需要的压差就越大。此外,流量和流速越大,驱动流动所需要的压差也越大。压差 ΔP 与流速 V 的关系可以表示为

$$\Delta P = \frac{0.5\mu f Re V(1 + w/z)^2}{nzw^3} \tag{10.39}$$

式中:f 为摩擦系数;Re 为流体在管道内的雷诺数;V 为流速,w 为管道宽度;z 为管道高度。

微流体流动阻力很大,驱动微流体所需要的动力系统比风冷系统要复杂得多,驱动微流体所需要的压强往往需要 0.1MPa 的水平。由于微流体通道的形状对流动特性和热交换的影响很大,需要通过数值计算或者有限元方法优化流体通道结构,如矩形截面的宽度和高度以及宽高比[65]。图 10-39 为矩形截面的微流体通道的热阻和压差随着 TSV 的直径、数量和深宽比的变化关系[66]。随着微流体通道宽度的增加,流量和热交换面积增大,热阻减小。随着 TSV 直径的增加,给定宽度内流体与硅接触面积减小,热交换下降,热阻增大。

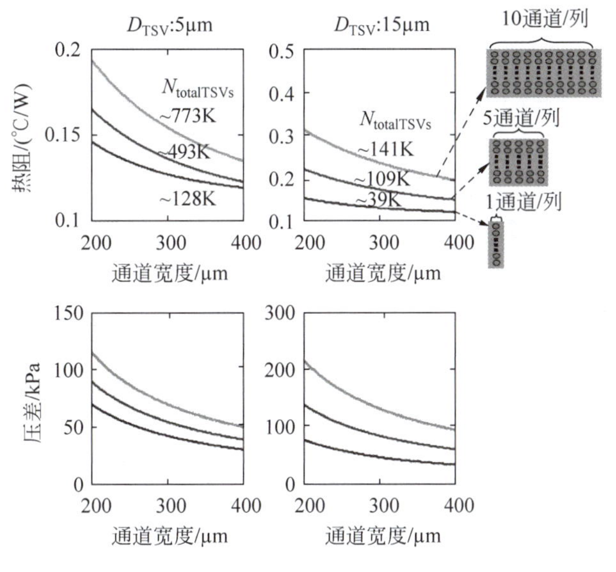

图 10-39 热阻和压差的影响因素

在相同的体积内,按照不同的结构方式布置流体通道或按照不同的方向驱动流体,其散热效果也有较大差异。例如,对于 1cm^2 的芯片,当温度梯度达到 60K 时,60kPa 的驱动压力可以实现 200W/cm^2 的散热能力[67],而通过采用双端口设计,50kPa 的驱动压力就可以将散热能力提高近 1 倍[68]。

图 10-40 为微流体结构与流动方向对散热的影响[69]。芯片上制造的微流体通道总体积相同但结构和流动方向不同,箭头方向表示冷流体的注入方向。流体入口处芯片与流体的温差最大,热交换最充分,所有情况的流体入口处的温度都保持最低,而沿着流动方向温度逐渐升高。沿着同一个方向,流量增大导致流体入口处温度降低,但是芯片表面的最高温

度相等。当流体从多个方向交叉流入时，芯片的温度分布最为均匀，但是流体通道结构和驱动都更加复杂。IBM 的研究表明，采用芯片中心流入和四周边缘流出的两相流具有更高的散热能力，可获得 350W/cm^2 的热流，将功率密度 320W/cm^2 的芯片热点温度升高控制在 30℃以内[70]。

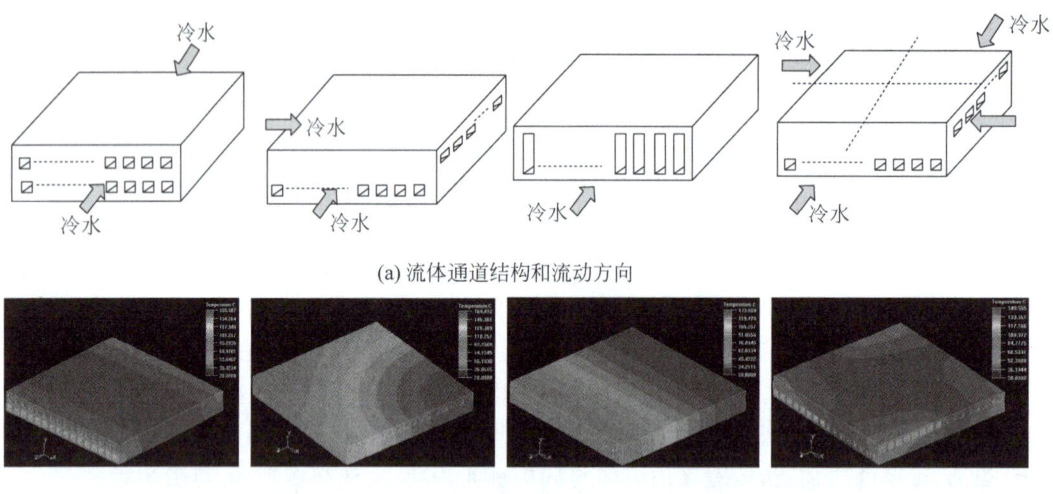

(a) 流体通道结构和流动方向

(b) 温度分布

图 10-40 流体通道结构和流动方向的影响

图 10-41 为表面散热与多层芯片内部散热对热点温度的影响[71]。图中 DS-1 表示上下双面热层合材料散热；DS-2 表示上表面为热层合材料散热，下表面为流体散热的插入层；

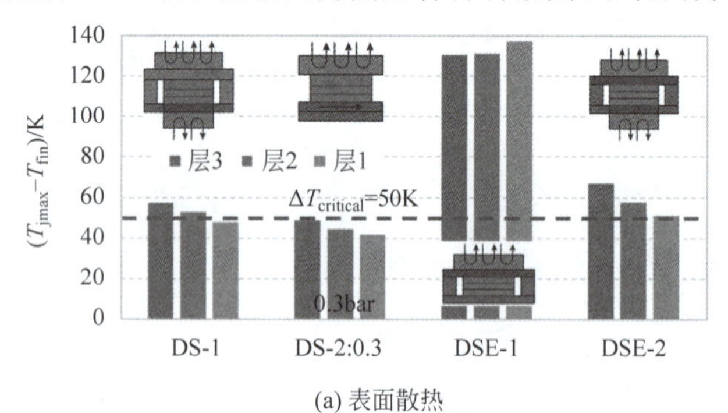

(a) 表面散热

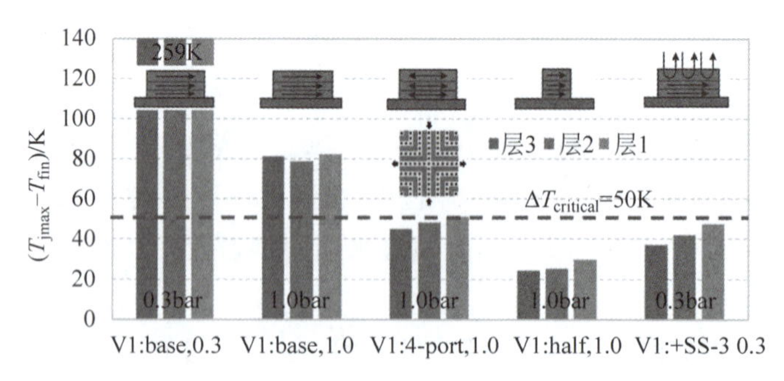

(b) 多层芯片内部散热

图 10-41 热点温度与散热方式的关系

DSE-1 和 DSE-2 表示双面电连接，并且分别单面和双面带有热功率层（Thermal Power Plane，TPP）。TPP 是没有核心层的基板，带有层叠孔阵列，可以扩展基板的整个厚度，并提供电源和传导热量。对于三维集成内部流体散热，流动方式、流速和芯片大小对温度也有明显的影响。采用单向流动时，流速增大（驱动压强增大）、多入口流入和芯片尺寸减小都可以提高散热效率。当芯片尺寸减小一半时，散热效率高于多入口流入和增加表面散热。

微流体散热能力除与流体通道的形状有关，还与驱动形式和微管道中的流动特性、热交换特性有关。微管道中的流动是比较复杂的，微流体通道内主要是层流，但也会出现湍流，主要是单相流，也可能由于过热引起流体气化而出现两相流，如图 10-42 所示[72]。湍流和两相流的情况是非常复杂的，微管道中流体流动可能出现气泡和波浪等复杂行为。当流速很低时（实际上微流体管道内的流速很低），流体处于层流状态，但是经常出现气泡和栓塞等。当流速增大后，会出现气泡块分布和环形流动等。

数值模拟表明[73]，双通道的热交换可以显著提高微流体通道内的流动速度，使出口的气体质量下降，并提高两相流冷却系统的可靠性。增加流体通道的高度和底部的厚度，可以降低侧壁的温度，但是流体通道宽度对温度的影响不明显。由于较高的热传导系数和相对稳定的流体温度，采用两相流与单相流相比，可以获得更好的散热能力。采用水冷的两相流系统，由于水压特性差，其散热能力也受到严重影响。在两相流的微流体通道内，压力下降的程度是影响流动的主要因素，因此压力下降的程度可以很好地标志制冷剂与两相流微流体通道的兼容程度。分析表明，R245ca 和 R123 是两相流系统可行的制冷剂，在可靠性和性能方面都优于单相流冷却系统[74]。

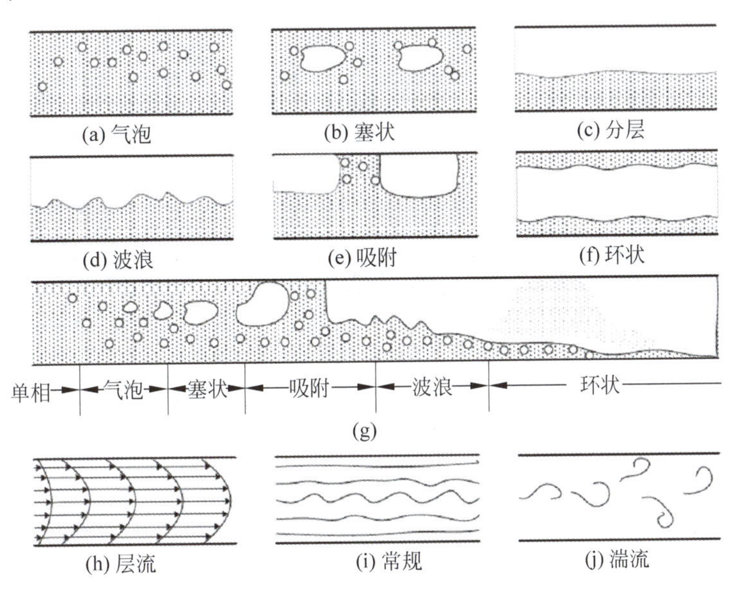

图 10-42 微流体的复杂流动

10.3.3.2 嵌入式微流体散热

微流体通道既包括垂直于芯片厚度的垂直通道，也包括位于芯片面内的平面沟道。图 10-43 为佐治亚理工学院开发的垂直微流体通道[60]。这种微流体通道没有水平流动部分，直接从多层集成的芯片上端贯穿到芯片的底部，使流体从芯片表面流入、从底面流出。

尽管没有给出测试结果,但是可以预期的是,由于微流体通道只贯穿芯片的厚度,其长度小,散热能力弱,但驱动力的要求也降低。

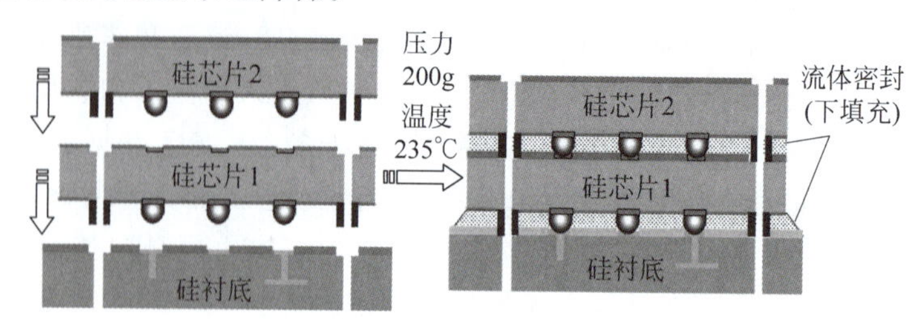

图 10-43 垂直微流体通道

图 10-44 为采用牺牲层技术制造平面微流体通道的工艺流程[59]。在完成后道工艺以后,从硅片背面刻蚀连接管道(图 10-44(a))和流体通道(图 10-44(b)),然后填充聚合物牺牲层(图 10-44(c)),并通过 CMP 将表面聚合物材料去除(图 10-44(d))。在硅片背面涂覆一层微流体通道覆盖材料(图 10-44(e)),对正面图形化聚合物保护层(图 10-44(f)),并释放牺牲层材料获得流体通道(图 10-44(g)),正面制造焊料凸点(图 10-44(h))和连接封装上提供流体的管道(图 10-44(i))。采用流体冷却,其热阻为 0.24℃/W,而空气冷却时热阻为 0.6℃/W,对于功耗为 102W 的处理器芯片,水冷的温度为 52℃,而空气冷却的温度为 88℃[61]。

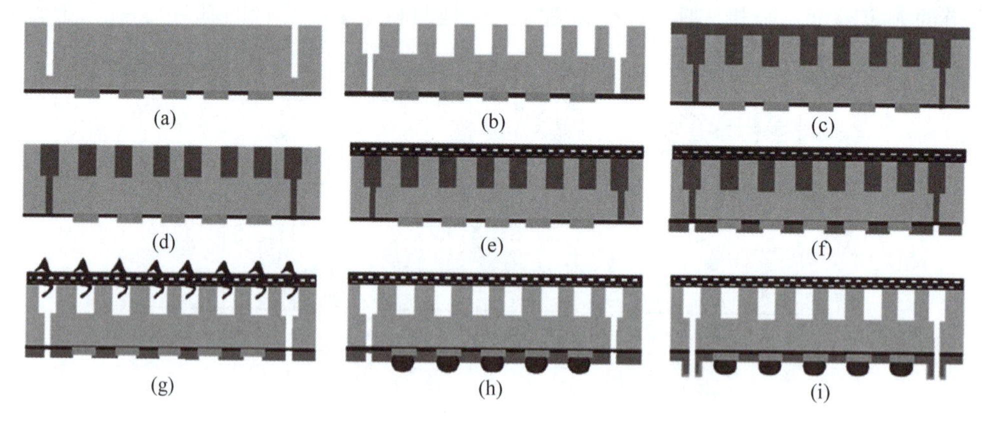

图 10-44 平面微流体通道制造流程

2008 年,IBM 报道了 3 层芯片的埋置式微流体散热,如图 10-45 所示[67,75-76]。三维集成多层芯片的微流体通道位于每层芯片的背面,与另一层通过 CuSn 键合实现电连接、芯片键合和通道密封,流体流经芯片之间的水平通道时热交换带走热量。芯片集成后的尺寸为 1cm×1cm×1mm,芯片内部流体通道的宽度为 100μm,能够承受总计 390W 的功耗,以二维和三维热流量表示的散热能力分别为 390W/cm^2 和 3.9kW/cm^3。2009 年,IBM 报道了 50 层芯片的埋置式散热[76]。将尺寸为 4cm×4cm 的大芯片分割后集成为 50 层,二维和三维热流量分别达到了 75W/mm^2 和 20kW/cm^3。理论上,即使 TSV 节距为 23μm,通道截面尺寸为 16μm×33μm,在 100kPa 驱动压力下,也能将最大温度梯度降低到 60℃。

2017 年,IBM 报道了插入层内微流体散热和插入层上方芯片表面散热的方式,散热流体采用氧化还原溶液,同时实现流体电化学电池,如图 10-46 所示[77]。对于 3 层芯片 GPU、缓存和 CPU 的堆叠方式,插入层内微流体和芯片上表面微流体散热可以将 672W 的

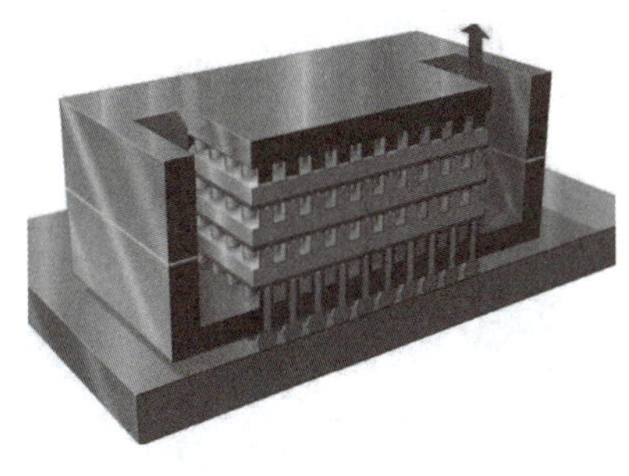

(a) 结构

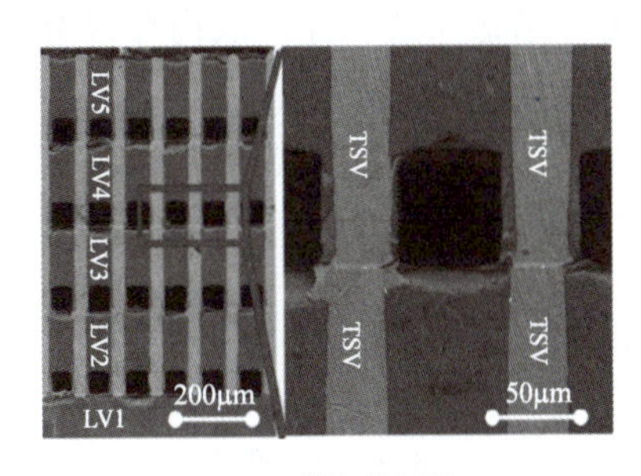

(b) 微流体通道

(c) 芯片剖面

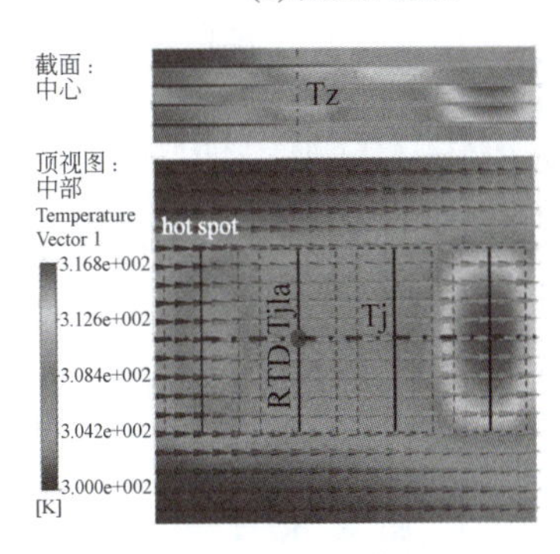

(d) 温度分布

图 10-45　多芯片微流体通道

功率下温度梯度控制在50℃以内。采用二价钒离子和五价钒离子的硫酸溶液进行混合流动，在1cm×1cm的面积上通过溶液的氧化还原反应获得了0.72V和741mW的能量输出。尽管输出功率较低，但是这一思想开创了流体分布电源为三维集成系统内部供电的思想。

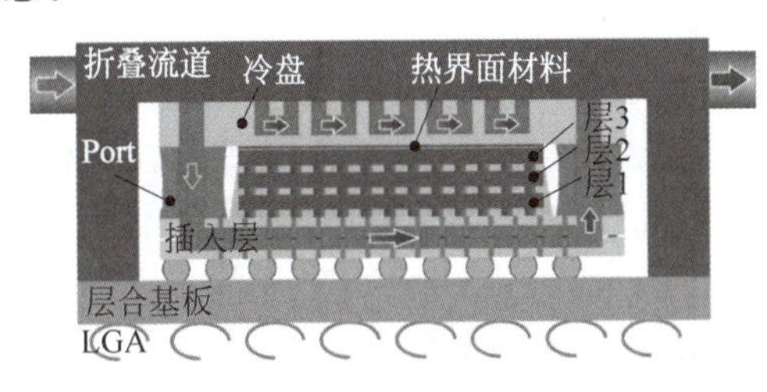

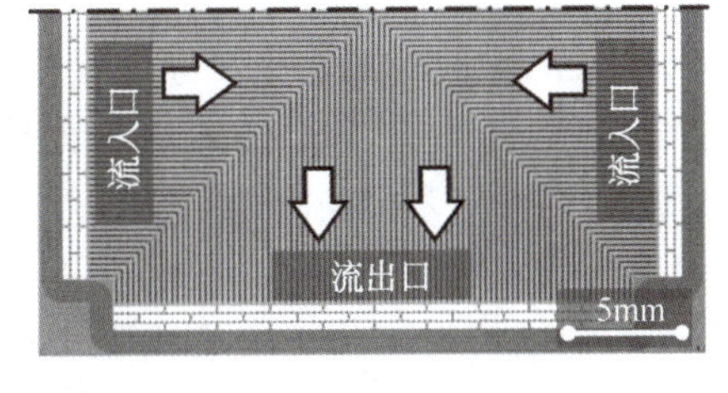

(a) 多芯片微流体通道

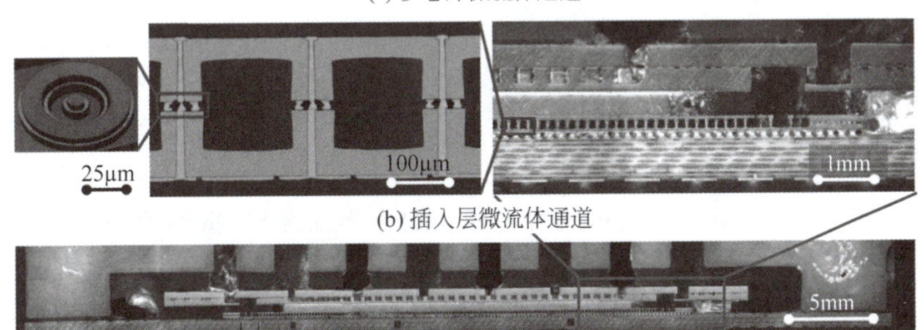

(b) 插入层微流体通道

(c) 插入层剖面图

图 10-46　微流体通道

将微流体通道布置在插入层内可以避免制造的复杂性以及相互限制和干扰的问题。如图10-47所示，插入层为两层单晶硅键合而成，键合后使刻蚀的开口通道成为闭合的流体管道。这种结构的插入层作为热量管理具有简单、低成本的优点。微流体通道依靠键合密封，需要较好的键合质量。

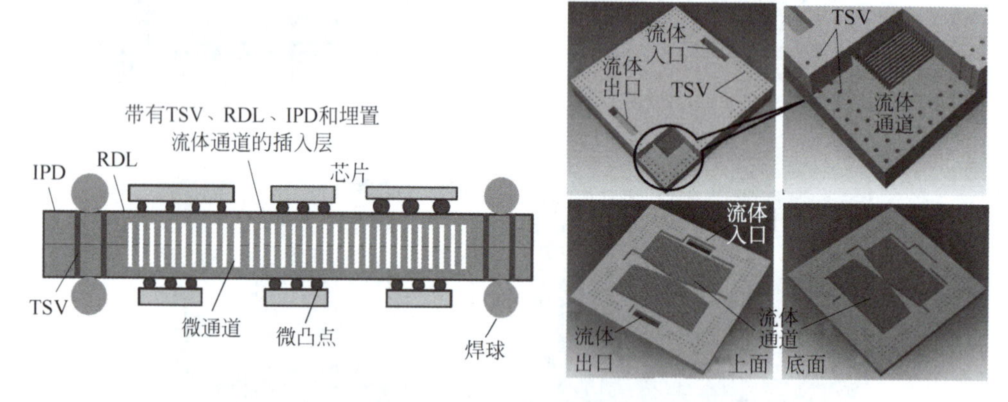

图10-47 插入层微流体散热

10.3.4 热导率增强键合层

低热导率材料(如BCB,室温下热导率为0.3W/(m·K))被用作键合界面材料(BIM)时，键合层成为芯片之间热阻的主要来源。尽管BCB键合层的厚度较小(通常为2～10μm)，但是其极低的热导率使键合层的热阻甚至超过了介质层SiO_2(热导率为1.4W/(m·K)，厚度一般为6～10μm)的热阻。提高BIM热导率的有效方法之一是在聚合物材料中添加高热导率的纳米材料，如纳米颗粒、纳米棒，或纳米管和纳米线等[78]。

10.3.4.1 碳纳米管提升聚合物热导率

在BCB中添加纳米材料改善热导率的研究近几年才开始出现。2011年，有报道在BCB中添加金刚石纳米颗粒提高BCB的热学特性[79]。由于BCB或PI等聚合物材料具有较大的粘度，同时纳米材料容易产生团簇现象，因此在BCB和PI等键合材料中添加纳米材料，需要解决纳米材料在键合前驱体中的分散问题。表面活性剂处理纳米颗粒可以更好地分散金刚石纳米颗粒，在添加质量分数2%的金刚石纳米粉末后，BCB的热解温度从350℃显著提高到450℃。添加质量分数4%的金刚石纳米粉末之后，BCB的热导率显著提升了40%左右，但是将金刚石纳米粉末的质量分数提高到10%，热导率的改变很小。添加金刚石纳米粉末后，对BCB的键合强度有明显影响。即使只加入质量分数为2%的金刚石纳米粉末，BCB的键合强度也大幅下降到原来的50%。由于金刚石纳米粉末在BCB中没有完全分散，形成了一些较大的颗粒，这些颗粒影响键合界面和键合强度。键合强度下降可能导致潜在的可靠性问题，并且不紧密的键合界面会引入界面热阻，抵消BCB本身热导率提高所带来的收益。

金属性的碳纳米管(CNT)具有良好的导热性，在材料中形成三维的网络[80]，一些研究表明用CNT能够改进聚合物材料的导热性能。然而，CNT在提高聚合物导热性方面表现出的性质与导电性方面不尽相同。当掺杂较低浓度的CNT(质量分数为0.1%)时，聚合物电导率提高几个数量级，相比之下热导率的改变较小。CNT与聚合物热导率的比值在10^4量级，远远低于电导率比值 $10^{15}\sim10^{19}$。因此，相比于电子，声子更倾向于在聚合物中传输[81]。

尽管如此，近年来采用 CNT 提高聚合物热导率已经取得了一些成果。掺入 1%的 CNT 后，室温下环氧树脂的热导率提升 125%[82]，甚至有报道通过分散 3%的单壁 CNT，环氧树脂的热导率提升 300%。尽管 CNT 对热导率有一定的改进，但效果远低于理论预期[83]。聚合物中添加定向排列的 CNT，热导率很有可能显著提升，而同等含量的 CNT 用分散的方式与聚合物结合，热导率提升方面效果不够理想[84]。

导致理论和实际相差甚远的原因大致有两点：①CNT 和聚合物之间不够紧密的物理和化学结合产生了接触热阻[83]。②CNT 在聚合物中的聚集和缠绕，部分 CNT 仍然以管束的形态存在于聚合物中，而单管之间也有可能缠绕，降低了等效热导率[85]。无论是单壁还是多壁 CNT，测量的单根 CNT 的热导率一般为 600～8000W/(m·K)[86]，接近 CNT 热导率的理论值。而 CNT 薄膜、管束或者定向 CNT 阵列的热导率一般为 15～200W/(m·K)[87]，远低于单管的测量结果。这一普遍现象可能与 CNT 间的声子耦合作用和高密度缺陷导致的声子散射有关[85]。

10.3.4.2 BCB 中 CNT 的分散方法

为了发挥 CNT 热导率的优势，必须将 CNT 充分地分散在基体材料中，而 CNT 紧密缠绕的形态使分散成为主要的难点。CNT 通常以团簇的形态存在，团簇中的 CNT 靠着分子力和相互缠绕紧密地结合在一起，范德华力使 CNT 管束异常紧致。CNT 的分散方法可以分为物理方法和化学方法，物理方法以机械搅拌和超声为代表，化学方法则按照机制大体分为共价性和非共价性两种。

机械搅拌和超声通过在溶液中引入局部的应力达到强行分散 CNT 的目的[88]。超声能量输入溶液中，引起溶液内部的振动，导致液体中的某个位置不断被压缩或者拉伸。被拉伸的地方会产生微小的气泡，这些气泡会被压缩挤破，溶液内部不断地发生微小的气泡产生与破裂的过程，即超声空化作用。气泡产生与破裂的过程使 CNT 团簇稀疏，溶液渗入 CNT 团簇之中，继续气泡的产生与破裂过程，导致团簇更加稀疏，CNT 逐渐被分散。CNT 在经过超声和搅拌的处理后，通常会以单管、疏松团簇、紧密的团簇形态存在。紧密的团簇是超声的能量暂时没有破碎，BCB 溶液尚未进入团簇之中而未被分散的碳纳米管。

超声的缺点是会使 CNT 破损[89]。虽然 CNT 长度减小会使其互相缠绕作用减弱，利于分散的进行，但是长度减小会降低其长宽比，对热导率不利。机械方法虽然简单便捷，却不能够改变 CNT 表面的性质，因此当 CNT 表面和基体聚合物的相容性不理想时，机械方法的效果非常有限，并且机械方法暂时将 CNT 分解在溶液中，但是分子间的作用力使 CNT 有聚合再次形成团簇的趋势[90]。因此，机械方法往往只作为辅助手段。

为了达到理想的分散效果，需要通过化学反应在 CNT 尾端或表面引入其他基团，提高 CNT 在聚合物中溶解性，这种方法称为共价法[91-92]。CNT 尾端或表面丰富的缺陷是这些化学反应开始的起点[91]，共价法针对不同的聚合物引入不同的基团，如通过强氧化物如高锰酸钾、浓硫酸、浓硝酸等对 CNT 表面的缺陷处产生氧化，在侧壁和尾端的缺陷引入羧基，而羧基可以和多种基团发生化学反应，成为引入基团的桥梁[93-94]。例如，羧基与含氨基的基团发生酯化反应，可以引入含氨基的烃基链，而烃基链的有机物一般在芳香族有机溶剂中有很好的溶解性。通过这种方式，可以增强 CNT 在芳香族化合物中的溶解。通过一系列酯化反应将 CNT 和环氧树脂连接在一起，CNT 在聚合物中不再是孤立的填充物，而与基体均匀地连接在一起。强氧化反应破坏性很强,共价法也破坏 CNT 的侧壁的结构,微观结构的不规则性会引起声子、电子的散射,降低了纳米管的导电性和导热性质[95]。

应用表面活性剂的非共价性的方法在改变 CNT 表面性质的同时,很好地维持了 CNT 的结构,使其受到的影响很少[96-98]。目前,利用 SDS 和 NADBSS 等表面活性剂可以成功地将 CNT 分散在水中。通过静电吸附 CNT 表面的表面活性剂分子,增强 CNT 在目标溶液的溶解性,并抑制 CNT 的聚合作用,使悬浮液稳定。表面活性剂的苯环链结构是产生吸附的主要原因,因为苯环和 CNT 表面的 π-stacking 作用增加了表面活性剂[99]、芳香族分子[98]甚至含有严格共轭结构的聚合物[100]的吸附作用。利用苯环和 CNT 表面的吸附作用,可以通过和氨基的反应将多种分子间接地固定在 CNT 表面[98]。

图 10-48 是质量分数 0.25%、0.75%、1.25%、1.75%的 CNT 在 BCB 旋涂后的密度分布[101-102],图中的横坐标代表的是超声处理时间。CNT 含量越高,溶液中的颗粒密度越大;多数情况下,搅拌会使溶液中的颗粒密度增大,而超声使颗粒密度迅速减小。随着处理时间的增加,溶液中的颗粒密度趋同。超声是促进表面活性剂分子吸附在 CNT 上的作用力,随着超声的进行,大的团簇被逐渐分散开,团簇的密度会逐渐减小,但细小的团簇倾向于聚集在一起,而这些细小的团簇来自比较大的团簇。搅拌之后溶液中 CNT 颗粒的密度增加,说明搅拌的作用使得沉积在容器底部的 CNT 团簇重新回到悬浮液中。

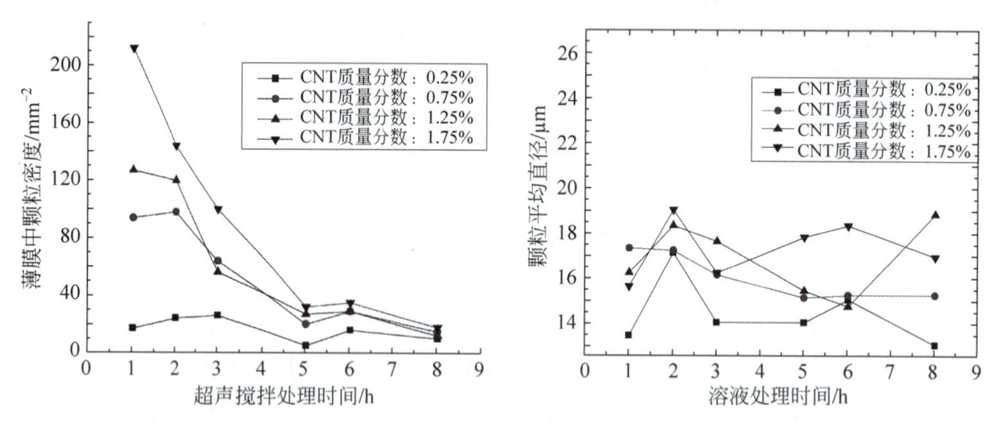

图 10-48 颗粒密度和颗粒尺寸随处理时间的变化

对于 CNT 质量分数小于 1%的情况,最终分散后小团簇的密度提升,小团簇的距离越来越近,但是仍没有形成网络连接。在 CNT 质量分数为 1%时,纳米小团簇之间的距离十分接近,小团簇的尺寸与浓度较低时保持一致,但已出现团簇互相关联。当 CNT 质量分数超过 1.25%时,疏松的 CNT 团簇出现明显的连接现象,这些细小的颗粒可能原来属于一个大颗粒的一部分。当 CNT 质量分数为 2%时,在 BCB 中的分散状态出现明显的变化,疏松的 CNT 团簇仍然形成了连接,但团簇的尺寸大于其他各组浓度。当 CNT 质量分数超过 2%时,溶液变得十分黏稠,超声能量在黏稠的溶液中迅速衰减,分散效果变差。

10.3.4.3 BCB-CNT 复合材料性质

BCB-CNT 复合材料的电学性质受掺杂的 CNT 影响[103-105]。根据阈值理论,当 CNT 质量分数达到某个临界值时,CNT 在聚合物中形成网络连接,使 BCB-CNT 的电导率迅速提升。因为 CNT 高电导率和高长宽比,作为电导率填充物时,与其他颗粒状纳米材料相比具有较低的阈值，很容易改变BCB的导电性质。图10-49是BCB-CNT的电学参数。CNT质量分数从0.25%增加到0.75%时，BCB的电导率提升了约5个数量级，但是当CNT质量分数从0.75%提高到1.5%时，电导率仅提升了30倍。因此CNT的阈值出现在0.25%～0.75%。加入CNT虽然使BCB的电导率大幅度提高，但是CNT的加入量和分散程度仍不足以将BCB变成为导体。随着频率增高，阻抗模下降，交流阻抗特性仍表现出绝缘体的性质。CNT的加入提高了BCB的介电常数，并且在频率较低时，增量明显。

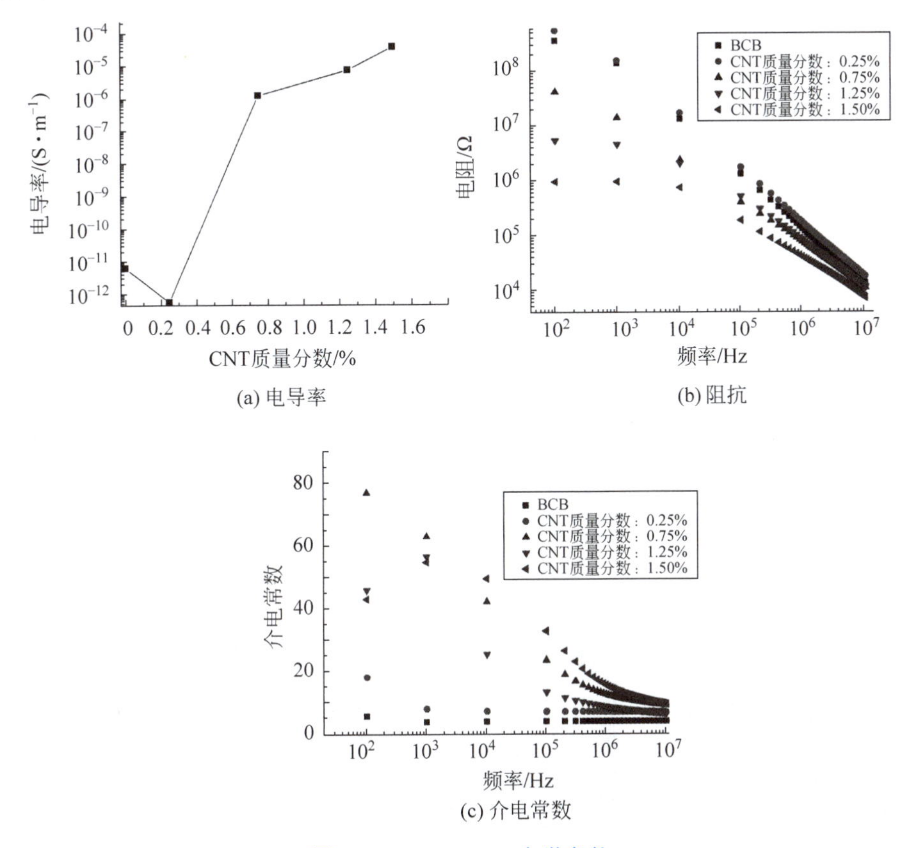

图10-49 BCB-CNT电学参数

图10-50为静态方法测量的纯BCB以及BCB-CNT的热导率[102]。在16℃时，实测纯BCB热导率为0.303W/(m·K)，与产品数据手册的0.293W/(m·K)(室温)的相对误差是3.03%。不同质量分数的CNT对BCB的热导率的改变程度差异很大。当CNT质量分数在1%以下时，尽管BCB-CNT的热导率随着CNT浓度的提高而增大，但是程度较小，基本可以忽略。当CNT质量分数达到1.5%时，BCB-CNT的热导率有明显提高，在室温时提高超过20%。

BCB中添加CNT后，热导率随着温度的升高近似线性地增加。对于非晶体材料，热导率与热容、声子自由程成正比。由于非晶材料微观结构的不规则性，在极端情况下，温度的升高对于分子的平均自由程没有影响，而热容随着温度升高而升高，所以热导率随着温度的上升而提高。随着温度上升，提升的相对增量下降。这个现象是以下原因的综合结果：①温度上升BCB热导率线性提高。②室温以上，CNT的热导率随着温度上升有下降的趋势。多壁CNT的热导率在320K时达到峰值，超过这个温度后，CNT热导率随着温度升高

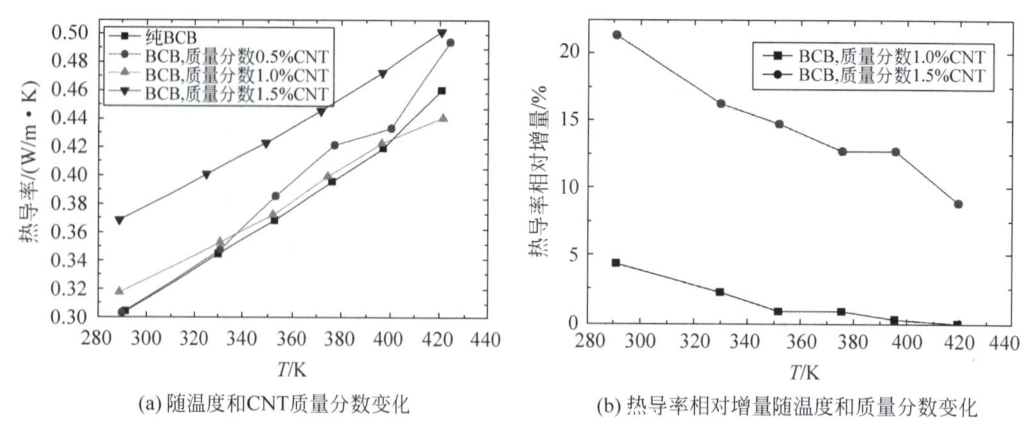

(a) 随温度和CNT质量分数变化

(b) 热导率相对增量随温度和质量分数变化

图 10-50　热导率测试

而下降。这是因为超过该温度后,Umklapp 声子散射导致其自由程变小。这两个因素的综合结果使 CNT 的热导率随着温度升高而下降。相应地,CNT 对 BCB 热导率的贡献下降,而 BCB 热导率随着温度升高近似线性增加,这导致相对提升量下降。

图 10-51 为利用纯 BCB 和 1.5%的 BCB+CNT 对两层芯片键合后,利用热像仪测量的芯片加热过程的表面温度分布。两层芯片的厚度均为 500μm,键合层厚度约为 6μm。键合后,将芯片放置在热板上,加热至 100℃。加热 3s 时,BCB 键合的芯片的表面温度为 63℃,BCB+CNT 键合的芯片表面温度为 64℃;加热 7s 时,BCB 键合芯片的温度为 77℃,BCB+CNT 键合芯片的温度为 83℃;加热 10s 达到热平衡后,BCB 键合芯片的温度为 82℃,BCB+CNT 键合芯片的温度为 91℃。在热板为 100℃时,纯 BCB 键合表面与热板的温差为 18℃,而采用 BCB+CNT 键合的芯片表面与热板的温差为 9℃,温差缩小一半。

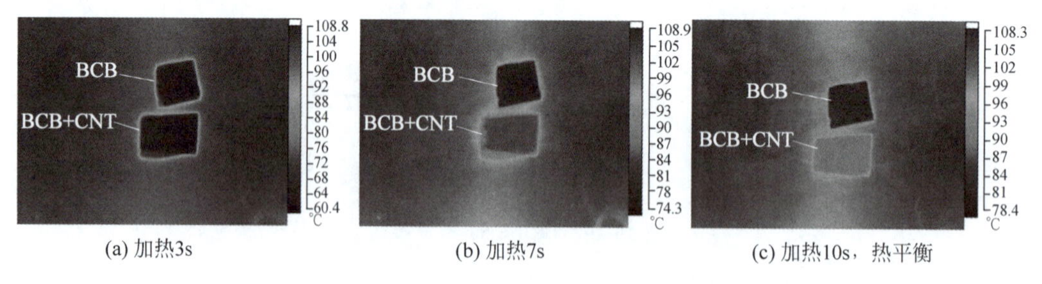

(a) 加热3s　(b) 加热7s　(c) 加热10s,热平衡

图 10-51　BCB-CNT 对热传导的影响

10.3.4.4　CNT-BCB 复合材料的键合强度

BCB 中添加 CNT 后,由于 CNT 不能理想地分散而出现团簇,圆片表面涂覆的 BCB-CNT 薄膜表面出现不平整现象,团簇最高点超出薄膜表面 2.5μm。随着 CNT 质量分数的提高,表面不平整的现象更为显著。薄膜的表面形态的变化势必影响界面的接触情况。键合的压力和高温使疏松 CNT 团簇发生变形,BCB 也会在高温下软化,因此即使涂覆的 BCB-CNT 薄膜的表面粗糙度恶化,对键合界面的影响不大。

BCB-CNT 的键合剪切强度的测试和失效机理发现,剪切力破坏的键合芯片出现了芯片失效、内聚失效和粘附失效三种失效现象。芯片失效是被推动的硅片层在脱落之前已经碎裂,或者使用超过量程的剪切应力仍然无法将键合界面破坏,这两种情形是键合强度高造成的。内聚失效是键合层被破坏,在剪切应力的作用下 BCB-CNT 键合层断裂,推移开的上层芯片带走了部分与之粘结的 BCB-CNT。粘附失效是指在剪切应力的作用下，上层芯片与 BCB-CNT 层之间的界面处出现脱离，BCB-CNT 层完整地留在下层芯片表面。

这三种失效现象中，内聚失效占测试样品的大多数，因此键合失效的主要原因是 BCB-CNT 薄膜失效而非界面失效。因此，键合强度由薄膜的抗拉伸和压缩的强度所决定，而 BCB-CNT 与芯片的界面间的粘合力足够好。表 10-2 为键合强度测试结果，对于纯 BCB 和碳纳米管质量分数低于 1%的情况，都没有芯片失效发生。在三种失效模式中，粘附失效和芯片失效时的键合强度平均值远高于内聚失效的键合强度。

表 10-2　键合强度测试　　单位：MPa

<table>
<tr><th></th><th>内聚失效</th><th>粘附失效</th><th>芯片失效</th><th colspan="2">平　均</th></tr>
<tr><td>纯 BCB</td><td>12.84</td><td>25.85</td><td>—</td><td colspan="2">19.35</td></tr>
<tr><td>0.5% CNT</td><td>13.77</td><td>32.00</td><td>—</td><td>22.88</td><td rowspan="3">25.25</td></tr>
<tr><td>1.0% CNT</td><td>14.12</td><td>31.68</td><td>—</td><td>22.90</td></tr>
<tr><td>1.5% CNT</td><td>11.59</td><td>42.60</td><td>30.97</td><td>28.38</td></tr>
<tr><td>平均(无纯 BCB)</td><td>13.16±1.13</td><td>35.43±6.21</td><td>30.97</td><td colspan="2"></td></tr>
</table>

图 10-52 是平均键合强度与所添加的 CNT 质量分数之间的关系。加入 CNT 后，不但没有导致键合强度下降，在某些质量分数下，键合强度甚至显著提高。键合强度的提升量随着 CNT 质量分数变化而变化，在 CNT 质量分数小于 0.75%时，提升较为明显，此后键合强度增加不显著。当 CNT 质量分数超过 1.75%时，键合强度下降。因为 BCB 单体可以吸附在 CNT 表面，CNT 与 BCB 之间有很好的结合。低质量分数下 CNT 分散较好，提高了 BCB 的机械强度。随着 CNT 质量分数的提高，CNT 的聚集作用越来越明显，降低了对 BCB 强度的改进。同时 CNT 质量分数增大以后薄膜粗糙度加大，对于形成紧密的键合界面产生不利影响。因此，CNT 质量分数较高时，键合强度的提高程度没有变化，甚至会出现下降。在相同的分散条件下，比较短的 CNT 最终在聚合物中形成的聚集相对较小，对机械性质的改进明显。

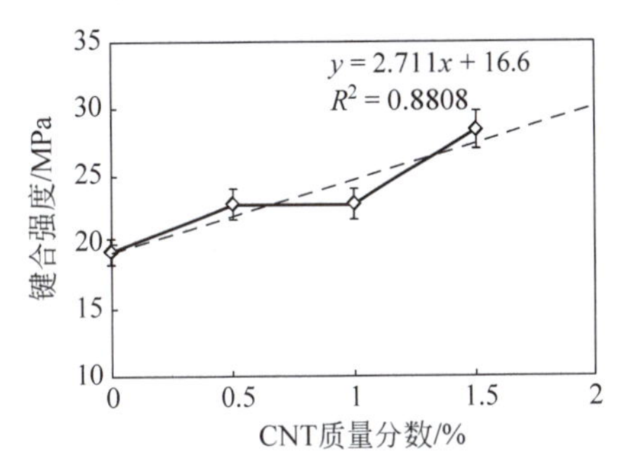

图 10-52　键合强度随 CNT 质量分数变化曲线

10.4　高频应用 TSV

CMOS 和双极型器件的生产中使用的硅衬底一般是中低阻硅，电阻率为 1～20Ω · cm。这种硅衬底的阻值较低、介电常数较大、介电损耗较高，不适用于高频信号。当频率很高或者传输速率很高的信号通过 TSV 传输时，低阻硅的上述特性引起的传输损耗非常大，并且带来信号串扰、高频特性差、信号传输延迟等问题，限制 TSV 向高频领域应用的发展。因此，超过 10GHz 的高频应用多采用介质损耗更低的高阻硅、玻璃或有机基底。

TSV 的电信号在衬底内产生电场分布，导致相邻 TSV 之间的信号串扰[106]和 TSV 对有源器件的影响[107]。如图 10-53 所示[107]，TSV 信号的电场改变了周边 FET 电场的分布,通过 TSV 与源漏之间的电容耦合以及由体硅跨导噪声放大两种机制对 FET 器件产生影响。对 65nm 平面 NMOSFET 和 32nm nFinFET 器件的测量表明,前者受到 TSV 的串扰显著,100MHz 的 TSV 信号造成的二者间的 S_{21} 差异可达 25dB。TSV 对这两种器件结构的噪声耦合机理和程度也有区别,如表 10-3 所示。

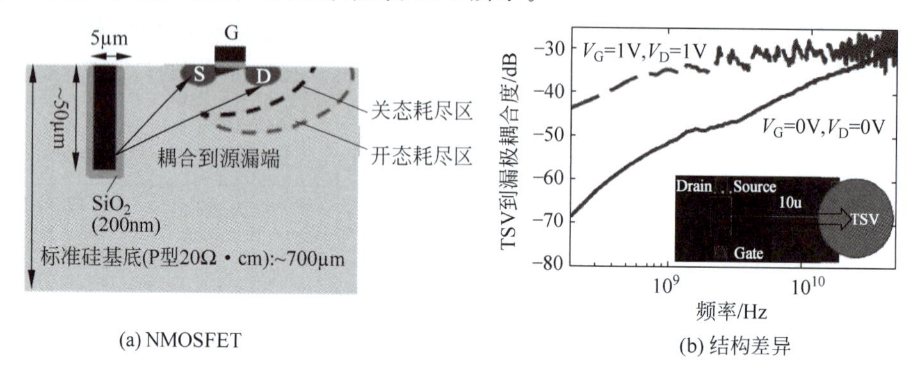

(a) NMOSFET　　(b) 结构差异

图 10-53　TSV 与 FET 的噪声耦合

表 10-3　噪声耦合机理和程度

参　数	平面 N-MOSFET		N-FinFET	
	关	开	关	开
体效应跨导(g_{mb})		大		小
主要耦合机制	电容耦合	g_{mb}	电容耦合	电容耦合
耦合程度	低	高	低	很低

随着频率的升高,信号传输呈现出趋肤效应,即电磁场只分布在导体靠近表面的位置,而导体内部的电磁场很少。如表 10-4 所示,在 10GHz 时导体的理论趋肤深度约为 0.7μm,30GHz 时仅为 0.4μm 左右,而 TSV 深孔刻蚀的侧壁起伏通常为 50～200nm 甚至更高,导致侧壁起伏对高频信号的传输产生显著的影响。因此,高频信号的趋肤效应对 TSV 导体柱侧壁形貌提出了更高的要求,必须精确控制刻蚀的形状和侧壁形貌。

表 10-4　金属趋肤深度

	导体金属	信号频率/GHz			
		0.1	1.0	10.0	30.0
趋肤深度/μm	Ag	6.44	2.04	0.64	0.37
	Cu	6.61	2.09	0.66	0.38
	Pt	7.86	2.49	0.79	0.45
	Al	7.96	2.52	0.80	0.46

随着三维集成电路中传输信号的频率和传输速率越来越高,须改善高频下 TSV 的传输特性满足系统的要求。目前降低损耗、抑制干扰、隔离串扰、减小延时等所采用的技术各不相同,例如采用低损耗介质层(如聚合物或空气)降低介质损耗,采用低损耗衬底(如玻璃、高阻硅[1,108]或多孔硅[109])降低衬底损耗,采用同轴结构和法拉第笼等方法抑制串扰[110-111]等。

10.4.1 同轴 TSV

2006 年,新加坡 A * STAR 提出了采用同轴结构的 TSV 提高高频传输性能[112-113]。如图 10-54 所示,同轴 TSV 是指在 TSV 铜柱作为电信号传输体时,在介质层外侧和硅衬底之间增加一个同轴的圆柱形导体作为屏蔽层(或地线),并在屏蔽层与衬底之间加入第二层介质层,使 TSV 成为类似普通同轴电缆的结构。与同轴电缆类似,同轴 TSV 在高频情况下能抑制信号串扰、减小传输损耗和信号传输延迟,对保持高频、模拟和电源信号的完整性具有良好的性能。这些优势引起了广泛的注意,在基本同轴结构的基础之上出现了各种变形结构[114-119]。

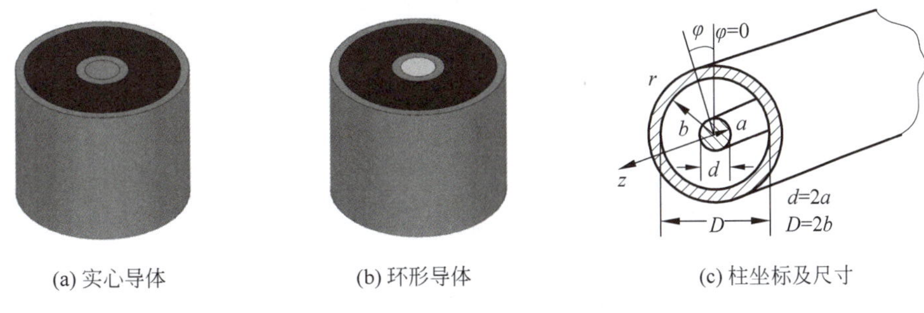

图 10-54 同轴 TSV

由于趋肤效应的存在,传输高频信号时导体的有效部分只有趋肤深度内的部分。因此,可以把同轴结构的 TSV 进一步优化,将同轴结构的实心圆柱导体转换为空心环形导体。环形导体的中心依旧保留硅衬底,两者之间保留一层 SiO_2 介质层,如图 10-54 所示。两个环形由内至外分别是导电层和屏蔽层,两层之间为绝缘介质层,其余部分为硅衬底。从内至外,环形同轴 TSV 的结构依次为中心的硅柱、SiO_2 介质层、导电层、绝缘介质层、屏蔽层、SiO_2 介质层和硅衬底。

10.4.1.1 同轴 TSV 模型

同轴线属于 TEM 模传输线,主要传输 TEM 波,即电场和磁场都位于与传输方向垂直的平面内,在传输方向上的分量为零。如图 10-54 所示,设同轴 TSV 的导体外半径为 a,屏蔽层的内半径为 b,当传输信号波长满足 $\lambda>\pi(a+b)$时,同轴 TSV 中的信号为 TEM 波,其电场和磁场的分布为

$$
\begin{aligned}
E_{\mathrm{t}} &= -\nabla_{\mathrm{t}}\Phi_{\mathrm{e}} = -\nabla_{\mathrm{t}}\phi \mathrm{e}^{-\mathrm{j}kz} = -\hat{r}\frac{\phi_2-\phi_1}{r\ln(b/a)}\mathrm{e}^{-\mathrm{j}kz} = \hat{r}E_r \\
H_{\mathrm{t}} &= \frac{1}{\eta}\hat{z}\times E_{\mathrm{t}} = -\hat{\varphi}\frac{\phi_2-\phi_1}{\eta\ln(b/a)}\mathrm{e}^{-\mathrm{j}kz} = \hat{\varphi}H_{\varphi}
\end{aligned}
\tag{10.40}
$$

式中:Φ_{e} 为电势;ϕ 为同轴线电势分布;ϕ_2 和 ϕ_1 分别为内外金属的电势;波阻抗 $\eta=\sqrt{\mu/\varepsilon}$,$\mu$ 和 ε 分别为磁导率和介电常数;r 和 φ 分别为柱坐标的半径和角度;$\mathrm{e}^{-\mathrm{j}kz}$ 为传播因子。

式(10.40)中电场只有径向分量,磁场只有绕着轴线的同心圆分量。根据电场和磁场的表达式,可以进一步获得等效电路模型的参数。设同轴 TSV 单位长度的电容为 C_0,它等于轴向单位长度导体上电荷 Q 与内外导体电位差之比,即 $C_0=Q/(\phi_2-\phi_1)$。金属表面电荷密度 $\rho_{\mathrm{s}}=\hat{n}\varepsilon E_{\mathrm{t}}$,对于外导体内表面 $\hat{n}=-\hat{r}$,因此单位长度金属表面电荷为

$$Q=\rho_s 2\pi bl=\varepsilon \mid E_t \mid_{r=b} 2\pi b=\frac{2\pi\varepsilon(\phi_2-\phi_1)}{\ln(b/a)}=C_0(\phi_2-\phi_1) \tag{10.41}$$

式中：ρ_s 为同轴 TSV 内导体表面电荷密度；l 为 TSV 长度。于是有

$$C_0=\frac{Q}{\phi_2-\phi_1}=\frac{2\pi\varepsilon}{\ln(b/a)} \tag{10.42}$$

利用内导体表面电荷积分也可以得到同样的结果。

设同轴 TSV 单位长度的电导为 G_0，内外导体之间介质层的复介电常数为 $\varepsilon=\varepsilon'-\mathrm{j}\varepsilon''$，则有

$$C_0=\frac{2\pi\varepsilon'}{\ln(b/a)},\quad G_0=\frac{2\pi\varepsilon''}{\ln(b/a)} \tag{10.43}$$

同轴 TSV 单位长度的电感记为 L_0，它与单位长度储存的磁能 W_H 有关；导体之间单位长度的空间体积内存储的磁能 W_H 可以由电感能量公式表示，进而由磁场分量的积分求得，即

$$W_H=\frac{1}{4}L_0 I\cdot I^*=\frac{\mu}{4}\int_0^{2\pi}\int_a^b H_t H'_t r\,\mathrm{d}r\,\mathrm{d}\varphi \tag{10.44}$$

式中：I 和 I^* 分别表示电感的电流和共轭电流；μ 为导体的磁导率。代入几何参数积分，可得到

$$W_H=\frac{2\pi\mu(\phi_2-\phi_1)^2}{4\eta^2\ln(b/a)} \tag{10.45}$$

把式(10.45)代入式(10.44)，得到同轴 TSV 单位长度的电感为

$$L_0=\frac{\mu}{2\pi}\ln\frac{b}{a} \tag{10.46}$$

设同轴 TSV 单位长度的电阻为 R_0，表示单位长度传输线的金属电阻。同轴 TSV 内外导体中只有轴向 z 方向的电流，分布在厚度等于趋肤深度 δ 的表层中，所以内导体单位长度电阻为 $(2\pi\sigma_2\delta a)^{-1}$，外导体单位长度电阻为 $(2\pi\sigma_2\delta b)^{-1}$，二者之和为同轴 TSV 单位长度的电阻，于是有

$$R_0=\frac{1}{2\pi\sigma_2\delta}\left(\frac{1}{a}+\frac{1}{b}\right)=\frac{R_s}{2\pi}\left(\frac{1}{a}+\frac{1}{b}\right) \tag{10.47}$$

式中：趋肤深度 $\delta=\sqrt{2/(\omega\mu\sigma_2)}$；$\sigma_2$ 为同轴 TSV 导体的电导率；R_s 为导体的表面电阻，$R_s=1/(\sigma_2\delta)$。

忽略高频情况下的电阻和电导，将同轴线视为无损耗系统，此时同轴线的特征阻抗为

$$Z_0=\sqrt{\frac{R_0+\mathrm{j}\omega L_0}{G_0+\mathrm{j}\omega C_0}}\approx\sqrt{\frac{L_0}{C_0}}=\sqrt{\frac{\mu}{\varepsilon}}\frac{\ln(b/a)}{2\pi}=\frac{\eta}{2\pi}\ln\frac{b}{a} \tag{10.48}$$

式中：η 为平面电磁波的波阻抗。

同轴 TSV 的典型双端口网络传输矩阵形式为

$$\begin{bmatrix}V_1\\I_1\end{bmatrix}=\begin{bmatrix}A_{11} & A_{12}\\A_{21} & A_{22}\end{bmatrix}\begin{bmatrix}V_2\\I_2\end{bmatrix}=\begin{bmatrix}\cos\beta l & \mathrm{j}Z_0\sin\beta l\\ \mathrm{j}(1/Z_0)\sin\beta l & \cos\beta l\end{bmatrix}\begin{bmatrix}V_2\\I_2\end{bmatrix} \tag{10.49}$$

式中：β 由传输常数 γ 定义，$\gamma=\alpha+\mathrm{j}\beta=\sqrt{ZY}=\sqrt{(R_0+\mathrm{j}\omega L_0)(G_0+\mathrm{j}\omega C_0)}$。$\gamma$ 的实部 α 称为衰减常数，单位为 Np/m 或 dB/m，表示单位长度行波振幅衰减 $\mathrm{e}^{-\alpha}$；虚部 β 称为相移常数，单位为 rad/m，表示单位长度行波相位滞后的弧度数。一般情况微波传输线的 γ 计算较

为复杂，对于无耗情况有 $\alpha=0$ 和 $\beta=\omega\sqrt{LC}$，对于低耗情况有 $\alpha=R/(2Z_0)+GZ_0/2$ 和 $\beta=\omega\sqrt{LC}$。

根据非归一化的传输矩阵 $\boldsymbol{A}$ 和散射矩阵 $\boldsymbol{S}$ 的关系，可以得到 S_{11} 和 S_{21} 为

$$S_{11}=\frac{A_{11}+A_{12}/Z_0-Z_0A_{21}-A_{22}}{A_{11}+A_{12}/Z_0+Z_0A_{21}+A_{22}},\quad S_{21}=\frac{2}{A_{11}+A_{12}/Z_0+Z_0A_{21}+A_{22}} \tag{10.50}$$

尽管可以获得同轴 TSV 的闭式模型，但是由于 TSV 长度较小，模型的准确程度较低，因此一般多采用数值计算进行分析。图 10-55 为理论模型和数值计算的同轴 TSV 的 S_{11}、S_{21} 以及等效参数[120]，其中 TSV 高度为 80μm，导体铜半径为 2μm、介质层 BCB 厚度相位(S_{11})为 5μm、屏蔽层铜厚度为 2μm。

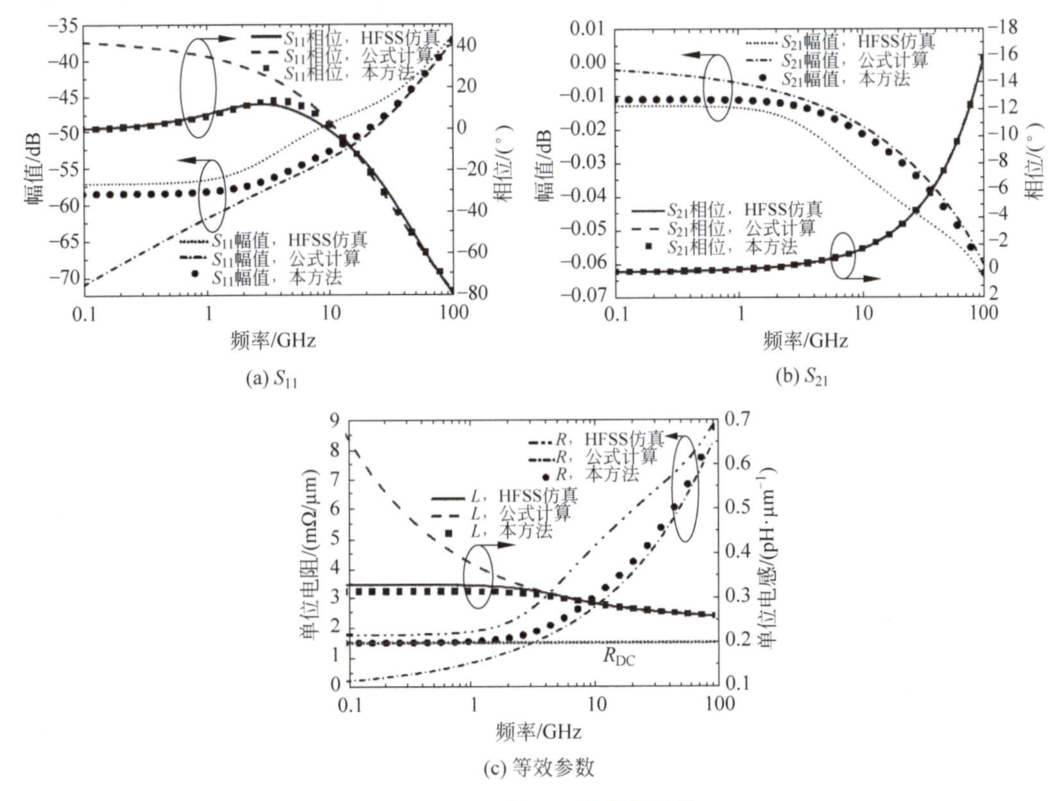

(a) S_{11}　　(b) S_{21}

(c) 等效参数

图 10-55　同轴 TSV 的传输特性

10.4.1.2　影响性能的因素

高频特性对介质层的性质有明显的依赖关系。图 10-56 为空气、BCB、SiO_2、SiN 和多晶硅作介质层时的仿真结果，同轴 TSV 的高度为 50μm、屏蔽层内半径为 10μm、厚度为 1μm、内导体半径为 5μm。在 0～40GHz，空气介质层 TSV 的 S_{11} 明显优于 BCB、多晶硅等材料；对于 S_{21}，多晶硅明显不如其他材料，其他几种材料在 0～20GHz 的频段内差别不大，在 20～40GHz 的频段内有微小的差别，不过空气介质层 TSV 的 S_{21} 相对较大，即相对介电常数越小、损耗越低，传输系数越大，传输特性越好。

图 10-57 为传输特性随着介质层厚度的变化关系，介质材料为 BCB。给定的介质层厚

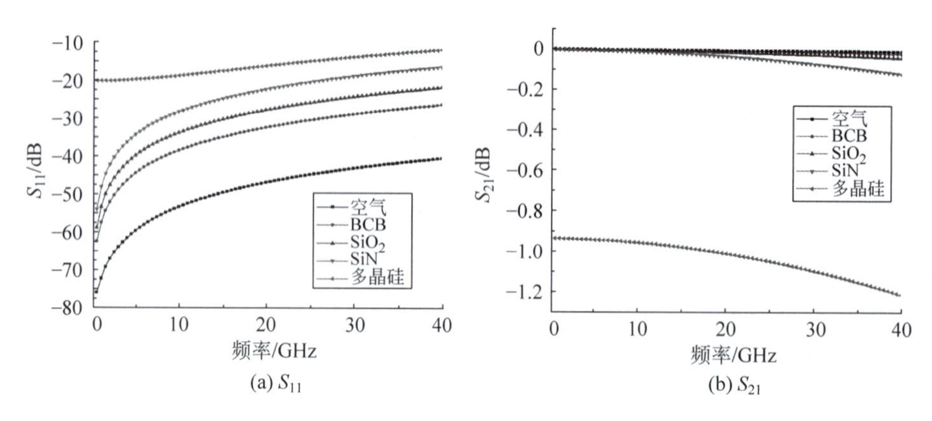

(a) S_{11} (b) S_{21}

图 10-56 介质材料对同轴 TSV 的影响

度时，S_{21} 随频率的升高而减小，但减小的趋势逐渐趋于平缓，而且介质层厚度越大，S_{21} 损耗越小。给定频率时，S_{21} 随介质层厚度的增加而提高，并且幅度超过其他因素的影响。介质层厚度持续增加后，边际收益不断下降，最终趋于稳定。

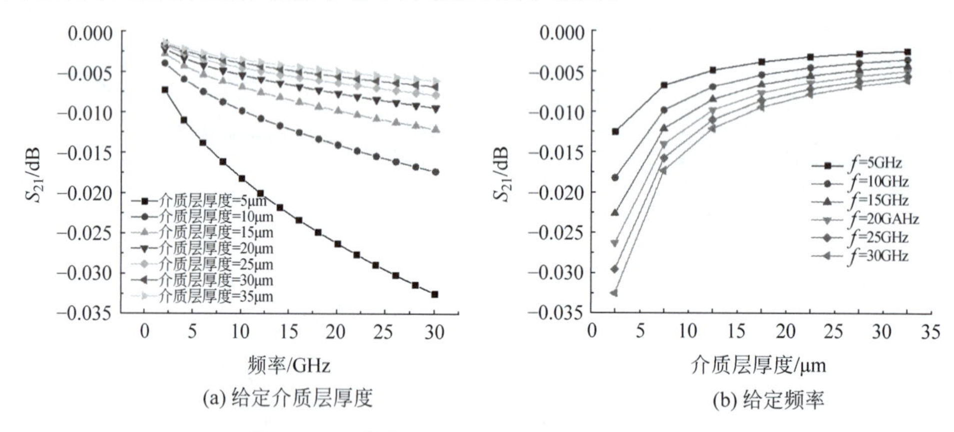

(a) 给定介质层厚度 (b) 给定频率

图 10-57 介质层厚度对同轴 TSV S_{21} 的影响

图 10-58 为 TSV 高度变化对传输特性的影响。反射系数 S_{11} 随着高度的增大而增大，即 TSV 高度增加时，反射系数增大，传输特性变差；传输系数 S_{21} 随高度的增大而减小，即 TSV 高度增加时，传输系数减小，传输特性变差。

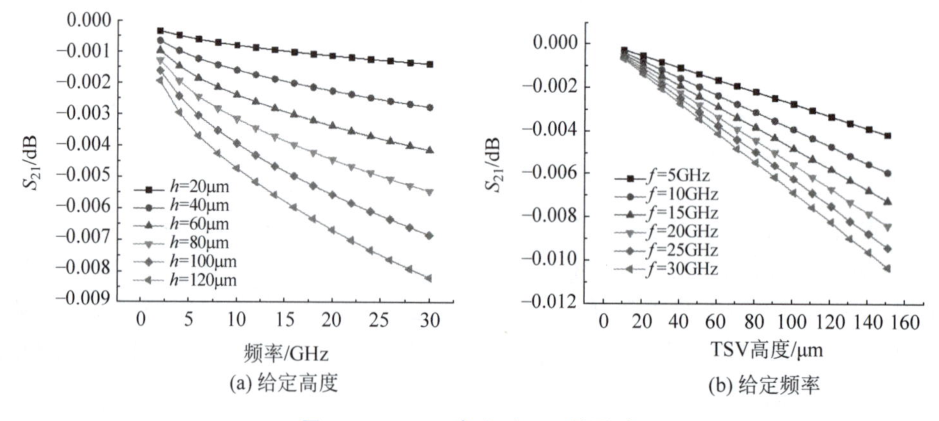

(a) 给定高度 (b) 给定频率

图 10-58 TSV 高度对 S_{21} 的影响

如图 10-59 所示，对于环形导体 TSV，对于给定的导体厚度，S_{21} 随频率升高而减小；导体的厚度越小，S_{21} 越小，但总的差别不大。给定频率时，S_{21} 随导体厚度的增加而下降，然而当导体厚度小于 2μm 时，S_{21} 存在一个转折点，频率越低，转折点越明显。这是因为当导体厚度在低频段小于趋肤深度时，等效电阻增大导致损耗增加。尽管 S_{21} 随着导体厚度的增加而下降，但导体厚度的影响远不如 TSV 高度的影响显著。

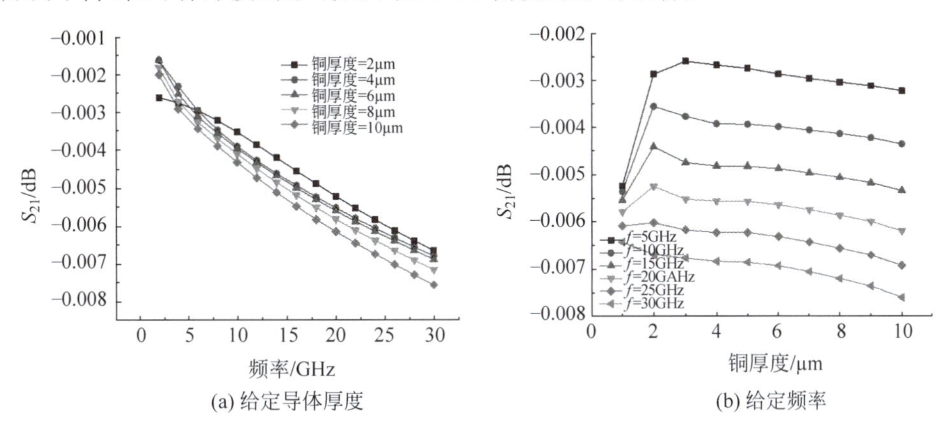

图 10-59　导体厚度对 TSV S_{21} 的影响

10.4.1.3　同轴 TSV 的制造方法

同轴 TSV 分为实心导体和环形导体，典型的同轴 TSV 的制造方法如图 10-60 所示。对于实心导体的同轴 TSV，一般采用刻蚀深孔沉积介质层的方法，主要过程包括[113]：①在衬底刻蚀深孔，沉积介质层、扩散阻挡层和屏蔽层铜；②采用聚合物材料完全填充深孔，表面 CMP 平整化；③在聚合物材料内制造深孔；④电镀导体铜柱；⑤减薄和 CMP 平整化。这种结构的主要工艺是在聚合物材料内制造深孔，比较简单的方法是采用光敏聚合物材料如 SU-8 等进行填充，然后通过曝光实现深孔[113-121]；或者采用激光刻蚀在聚合物材料中刻蚀深孔或通孔[122]。

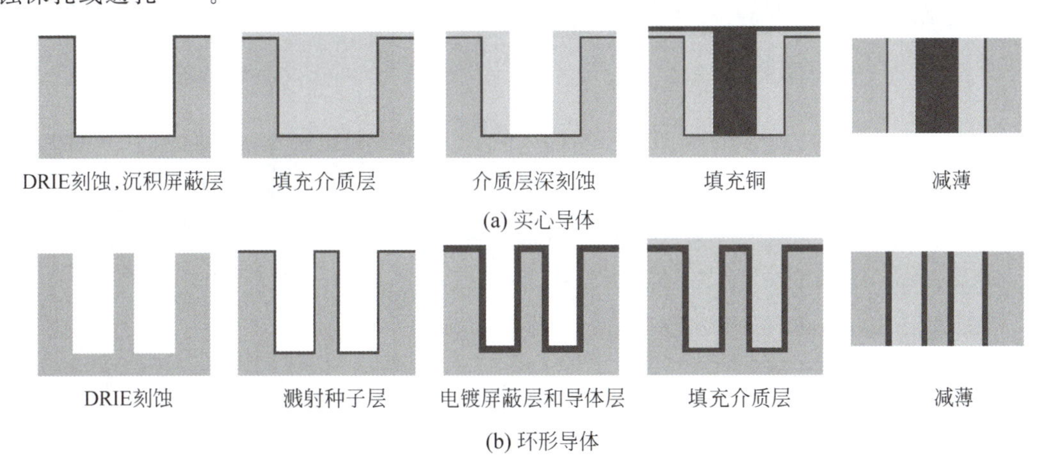

图 10-60　同轴 TSV 制造流程

对于环形导体的同轴 TSV，典型的制造过程包括[123]：①在衬底深刻蚀环形孔；②在环形孔内壁沉积介质层、扩散阻挡层和电镀种子层；③电镀环形孔形成一定厚度的铜导体层；④环形孔内填充介质层材料并 CMP 平整化；⑤减薄及 CMP 平整化，将环状导体与屏蔽层分开。带有硅芯的同轴 TSV 的制造流程相对简单，但必须注意的是信号线环绕着损耗性的硅芯，会影响同轴 TSV 的传输特性。

图 10-61(a)为新加坡 IME 的实心导体同轴 TSV[113]。同轴 TSV 采用 SU-8 介质层，高度和直径约为 300μm，屏蔽层厚度为 1μm，导体直径为 100μm。10GHz 时，损耗性硅衬底上的同轴 TSV 比普通 TSV 的 S_{11} 和 S_{21} 分别改善了 4.32dB 和 4.63dB，达到了低损耗高阻硅衬底的水平。图 10-61(b)佐治亚理工学院在 SU-8 内实现的实心普通 TSV，通过将环状布置的多个 TSV 连接为法拉第笼屏蔽[121]。TSV 尺寸为 65μm×285μm。在 10MHz～50GHz 范围内，法拉第笼内两个 TSV 之间的 S_{21} 比普通 TSV 改善了 14.5dB。图 10-61(c)为 ABF 介质层的同轴 TSV，采用激光在 ABF 区域内刻蚀通孔，TSV 高度为 150μm，ABF 厚度为 20～120μm，10GHz 时插入损耗只有 0.044dB，隔离度超过 40dB[122]。图 10-61(d)为纽约大学的 SiO_2 介质层同轴 TSV[124]。刻蚀深孔后利用 SACVD 方法沉积厚 1μm 的 SiO_2 介质层，PVD 方法沉积 TaN 扩散阻挡层和铜种子层，采用电镀将种子层加厚到 0.5μm 作为屏蔽层；CVD 方法沉积氮化硅作为扩散阻挡层，再次 SACVD 方法沉积厚 0.5μm 的 SiO_2 介质层；再次沉积扩散阻挡层和种子层，电镀填充形成 TSV。同轴 TSV 的高度和直径分别为 50μm 和 7μm，屏蔽层厚度和导体直径分别为 0.5μm 和 5μm。同轴 TSV 分别将信号衰减和时间延迟降低了 35%和 25%，并且相邻两个同轴 TSV 的电磁耦合程度与距离无关，屏蔽能力很强。

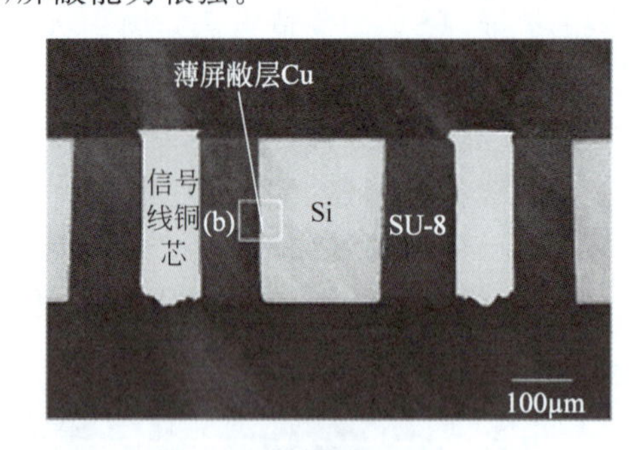

(a) SU-8介质层

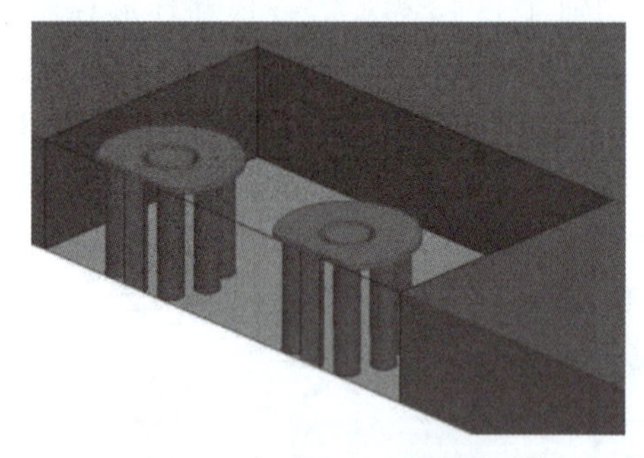

(b) SU-8介质层

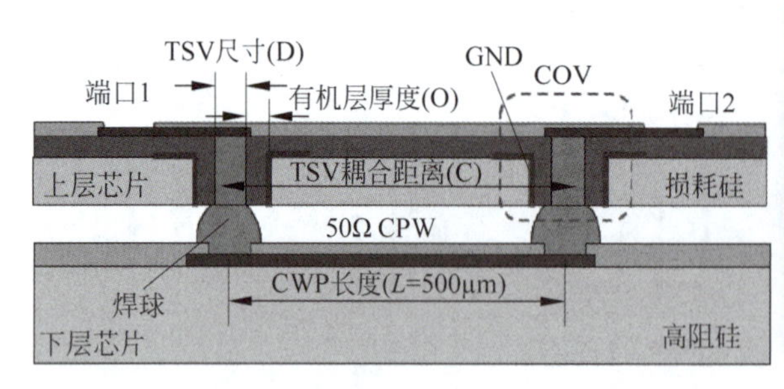

(c) ABF介质层

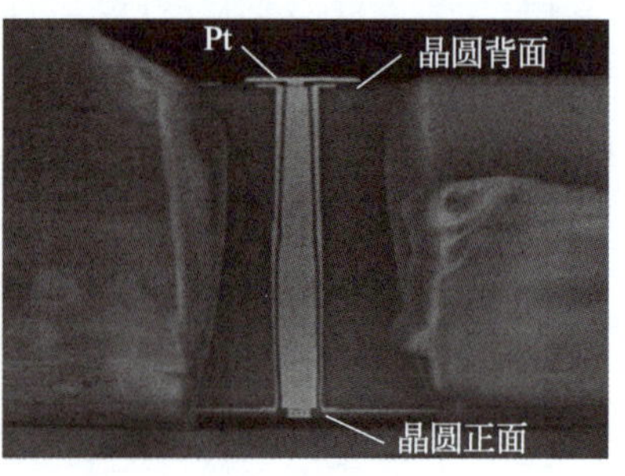

(d) SiO_2介质层

图 10-61 实心导体同轴 TSV

图 10-62(a)为清华大学实现的环形同轴结构[123]。采用多孔材料作为介质层，与同样衬底上的高度更小的非同轴 TSV 相比，10GHz 和 40GHz 的插入损耗分别为 0.4dB 和

1.4dB，与在高阻硅上的非同轴 TSV 相当。图 10-62(b)为韩国电子研究院实现的环形导体同轴 TSV[125]，采用 ABF 作为介质层，10GHz 的插入损耗为 0.053dB。

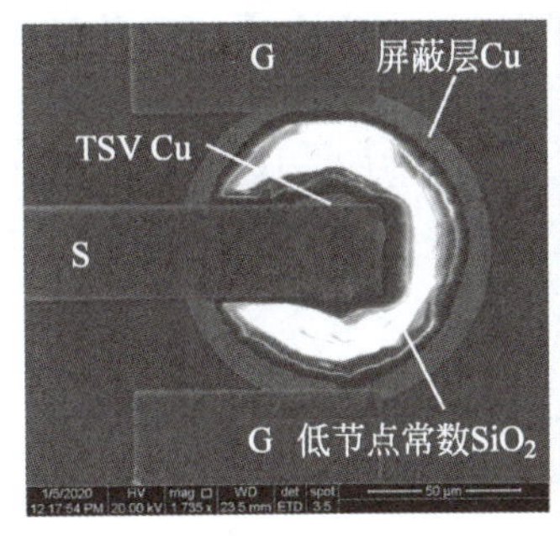

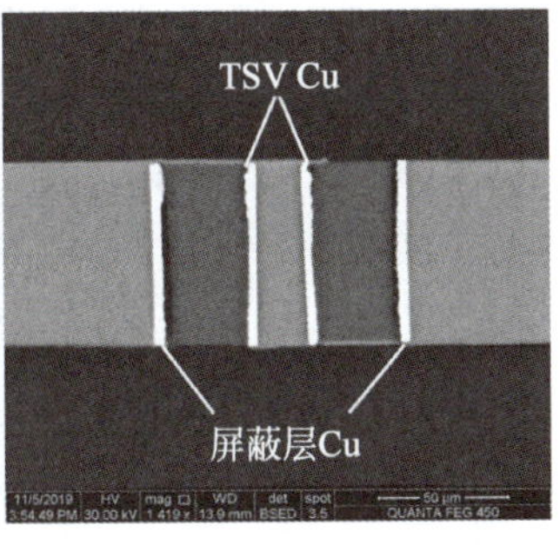

(a) 清华大学

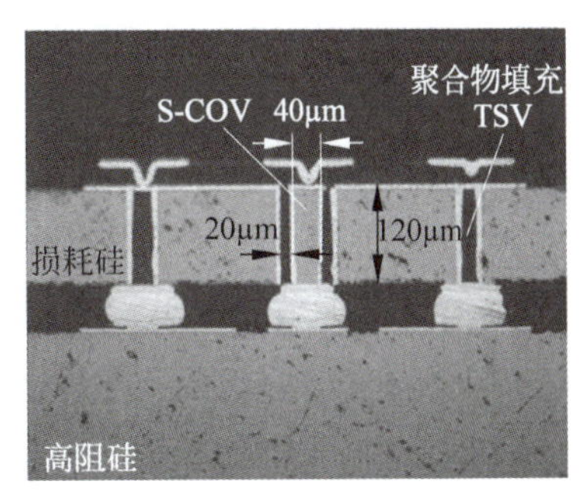

(b) 韩国电子研究院

图 10-62 环形导体同轴 TSV

10.4.2 聚合物介质层 TSV

TSV 的延迟、损耗和串扰都与 TSV 的寄生电容有关。TSV 的 RC 延时与寄生电容和自身电阻近似成线性增长关系，但是 TSV 的电容变化大而电阻变化小，因此电容对于 RC 延时影响更为显著[126]。由动态功耗的表达式 $C_{TSV}V_{DD}^2f$ 可以看出，TSV 的动态功耗也与 TSV 的寄生电容成正比关系。因而，降低 TSV 的寄生电容可以有效提高 TSV 的性能。

寄生电容主要是由 TSV 的结构、几何尺寸以及材料特性所决定[127-128]。TSV 的介质层电容可以一阶近似为圆柱形电容：

$$C_{TSV}=\frac{2\pi\varepsilon h}{\ln(1+t/d)} \tag{10.51}$$

式中：ε 为 TSV 绝缘介质层的介电常数；h 为 TSV 的高度；t 为介质层厚度；d 为 TSV 金属的直径。

TSV 电容与介质层材料的介电常数近似成正比，与介质层厚度的自然对数成反比，因此，减小 TSV 电容最有效的方法就是减小介质层的介电常数。

介质层材料对 TSV 的电学和机械可靠性有显著的影响。由于深孔刻蚀采用的 Bosch 工艺会在深孔侧壁产生贝壳状的波纹状起伏，影响 SiO_2 介质层的平整性，对后续的 SiO_2 沉积的厚度均匀性产生严重的影响[129]，特别是对于小直径、高深宽比的深孔，甚至会导致介质层不连续的问题。波纹起伏高点是较为尖锐的形状，SiO_2 和扩散阻挡层后容易产生明显的应力集中，导致 TSV 工作过程中应力不断变化，有可能引起介质层和扩散阻挡层裂纹，产生短路、铜扩散和电迁移，引起漏电或者电学性能衰退[130-132]。

由于铜和硅的热膨胀系数差距较大，TSV 铜柱在受热时体积膨胀远远超过衬底，导致硅衬底和 TSV 铜柱都会受到对方的挤压和限制。这种热应力使衬底处于较高的应力状态下，特别是接近衬底表面的区域应力更加显著，可能造成硅的碎裂[133-134]；而 TSV 的铜柱膨胀受到侧壁的限制，会产生明显的轴向膨胀，可能导致再布线层的剥落甚至引起键合层脱离[135-137]。即使应力问题并没有严重到会导致芯片碎裂，也会使晶体管的迁移率变化、参数偏移，影响集成电路的性能和偏差。

采用聚合物材料作为 TSV 的介质层，不但能够获得更低的 TSV 电容，还可以有效缓解热膨胀系数差异导致的应力问题[138-139]。与 SiO_2 的介电常数(3.9)相比,聚合物聚合材料的介电系数(2~3)更低。采用聚合物作为 TSV 的介质层可以减小寄生电容,改善 TSV 的速度、功耗和串扰等性能。此外,聚合物介质层还有助于防止铜扩散、提高介质层和种子层的完整性。尽管多数聚合物材料自身的热膨胀系数较大,但是其弹性模量较低,热膨胀过程中受到铜柱的挤压和硅衬底的限制时,更容易产生较大的变形,从而作为应力缓冲层缓解热膨胀应力的问题。IMEC[138,140-141]、ST[142]、新加坡微电子所[143]、清华大学[144-146]等先后报道聚合物介质层 TSV。

10.4.2.1 聚合物介质层沉积

BCB 具有相对介电常数低(2.6)、热固化后化学稳定性和热稳定性优异(玻璃化转变温度 T_g>350℃)、吸湿率低、固化释放气体少、形状收缩不明显等优点。以 BCB 作为 TSV 的介质层,在利用上述优点的同时,可以与 CMOS 和已有三维集成工艺兼容。

实现 BCB 介质层的方式有两种:一是刻蚀圆形 TSV 盲孔,然后在盲孔侧壁沉积 BCB 介质层,这种方式与 TSV 侧壁沉积 SiO_2 介质层类似;二是刻蚀环形盲孔,然后在环形盲孔内填充满 BCB,再刻蚀去除 BCB 围绕的硅柱。环形 BCB 填充制造 TSV 的工艺流程[146]:①将器件晶圆与辅助圆片键合,利用机械磨削将器件晶圆背面减薄(图 10-63(a));②利用 DRIE 在减薄后的表面深刻蚀环形孔,刻蚀到两层圆片的键合界面材料为止(图 10-63(b));③利用旋涂在环形深孔内部填充 BCB,并使 BCB 完全充满整个环形深孔(图 10-63(c));④利用 DRIE 深刻蚀将环形 BCB 所包围的硅柱刻蚀去掉,获得由均匀的 BCB 构成的深孔(图 10-63(d));⑤利用电镀技术在深孔内部填充铜(图 10-63(e))。

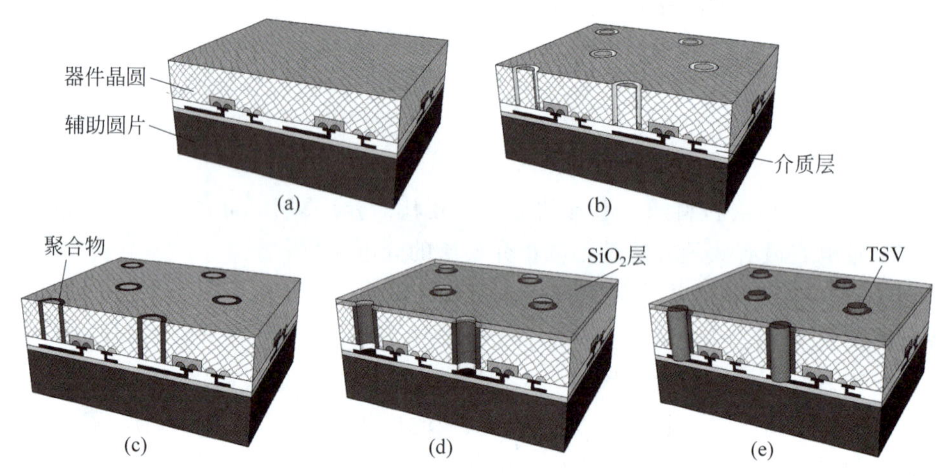

图 10-63 BCB 绝缘层 TSV 的制造方法

环形 BCB 介质层的难点是在环形深孔内无空洞填充 BCB。由于 BCB 粘度的影响,在 BCB 填充过程中容易在环形孔内形成气泡,使 BCB 无法完全填充。为了解决空洞问题,可以采用真空辅助填充方法,如表 10-5 所示。在圆片衬底上涂覆分散好润湿剂和 BCB 后,将圆片衬底放入真空环境中保持 10min,使润湿剂和 BCB 流入环形深孔,并通过真空的负压作用将 BCB 封闭在深孔内的空气排出。随后通入氮气使真空环境恢复到常压状态。最后,利用 3000r/min 高转速旋涂 60s,并在 120℃ 环境下对 BCB 进行预固化 5min,最后进行 250℃ 固化 60min。

表 10-5 真空旋涂的工艺参数

普通旋涂	真空辅助旋涂
• 分散 5mL AP3000 润湿剂 • 旋涂 500r/min,20s; 3000r/min,60s • 预固化 90℃,5min • 分散 5mL BCB dispensation • 旋涂 500r/min,20s; 3000r/min,60s • 预固化 120℃,5min • 真空固化 250℃,5min	• 分散 5mL AP3000 润湿剂 • 真空预处理 10min • 旋涂 500r/min,20s; 3000r/min,60s • 预固化 90℃,5min • 分散 10mL BCB • 真空处理 10min • 旋涂 500r/min,20s; 3000r/min,60s • 预固化 120℃,5min • 真空固化 250℃,5min

利用真空辅助的方法可以排出深孔内部的空气,实现无空洞和无缝隙的填充。填充分为两步:首先利用真空辅助旋涂,将深孔底部全部填满,进行适当的预固化,防止出现空洞;然后进行普通旋涂,再高温固化,将表面凹陷填满并抑制表面残留的厚度。图 10-64 为两次旋涂填充 CYCLOTENE 3022-46 的结果。两次旋涂可以将宽度为 7.5μm 的环形孔的表面凹陷从 25μm 减小到 6μm。对于外径为 15μm,内径为 10μm、深度为 57μm 的环形孔,能够完全填充的环形孔的深宽比达到 22∶1。

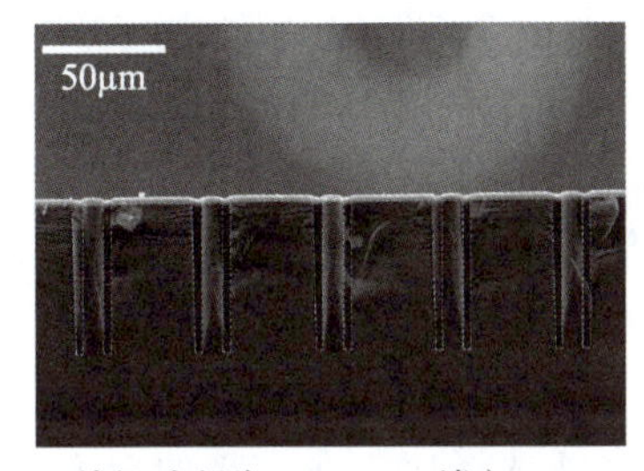

(a) 外径/内径为15/10μm, 填充3022-46

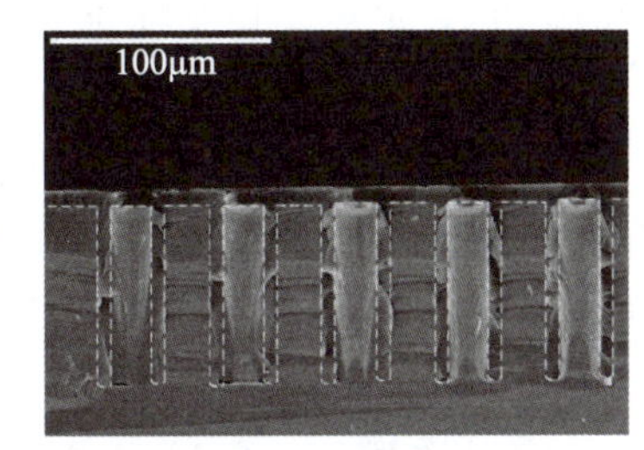

(b) 外径/内径为30/20μm, 填充3022-57

图 10-64 两次悬涂填充

喷涂是在带有起伏结构的表面上涂覆聚合物前驱体的方法。EVG 开发了用于聚合物涂覆的 EVG 150XT 喷涂设备,结合 NanoSpray™ 技术,可以在垂直深孔侧壁喷涂聚合物介质层。图 10-65 为在直径分别为 55μm 和 40μm、深度均为 200μm 的孔侧壁涂覆的聚合物材料[147]。EVG150 XT 由 9 个工艺模块单元组成,每小时可以全自动处理 100 个 300mm 晶圆,适用于硅和玻璃衬底,聚合物的涂覆厚度为 1～10μm,最大深宽比可达 10∶1。

结合 NanoSpray 和 Nanofill 技术,EVG 开发了环形导体的 TSV 制造流程,如图 10-66 所示。这种 TSV 的金属导体为环形结构,溅射金属薄膜沉积在由喷涂形成的 TSV 的侧壁,然后利用具有自动平整化能力的 Nanofill 技术在导体薄膜的内腔填充聚合物材料。TSV 中心的聚合物作为机械支撑和保护。

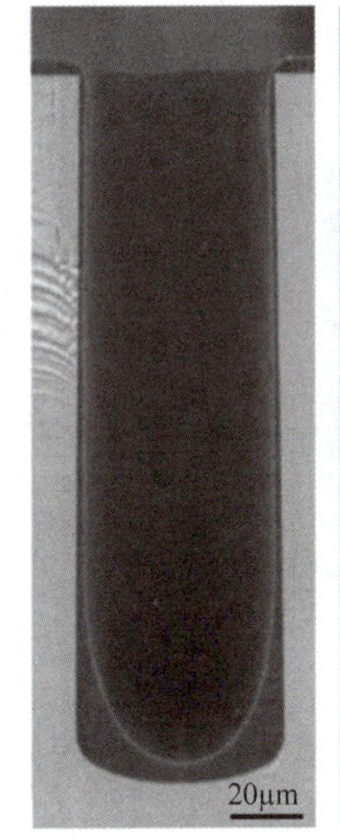

图 10-65 EVG 喷涂聚合物介质层

尽管利用这种方法可以实现 10∶1 的深宽比，但是由于聚合物前驱体粘度的限制，其适用的 TSV 直径不能太小，以免喷涂的前驱体在深孔的开口聚集。由于 TSV 的直径大、密度低，因此适用于插入层、图像传感器以及晶圆级封装等对 TSV 密度要求不高的场合。

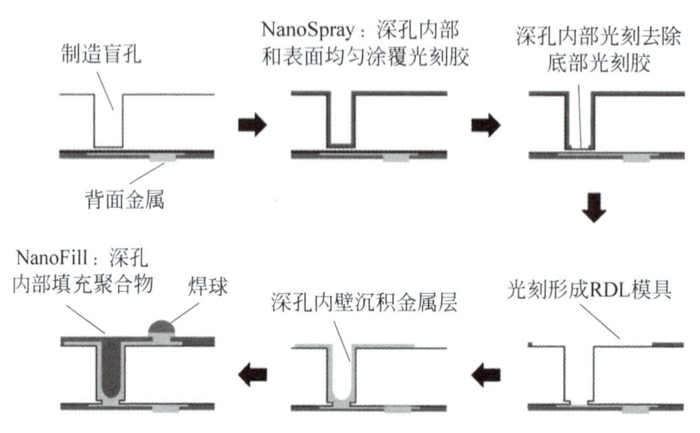

图 10-66　喷涂聚合物介质层制造 TSV 的流程

10.4.2.2　高选择比硅刻蚀

B2B 表面 CMP 以后，需要采用刻蚀将 BCB 所围绕的硅柱去除，形成带有 BCB 介质层的盲孔，然后沉积扩散阻挡层和种子层并铜电镀。刻蚀要求硅的刻蚀速率要远高于 BCB 的刻蚀速率，以避免 BCB 介质层被刻蚀。由于 BCB 中含有硅的成分，在硅的刻蚀环境中也会被刻蚀，需要精细调整深刻蚀工艺参数提高硅对 BCB 的刻蚀选择比。

为了兼顾了选择比和刻蚀速率，深刻蚀的射频功率为 750W，RIE 功率为 12W，腔体压强为 30Pa，刻蚀 SF_6 气体流量为 160sccm。在较低的 RIE 功率下，两平板电极间的电压较低，等离子体的物理轰击作用较弱，有利于提高刻蚀选择比。在较高的 ICP 功率下，SF_6 产生的 F 自由基与硅反应，生成挥发性硅烷 SiF_4。如图 10-67 所示，刻蚀完毕后环形 BCB 中心的硅柱被完全去除，BCB 层保持完整，其高度和厚度基本不变，BCB 形成盲孔。上述工艺参数硅的刻蚀速率为 1500nm/min，而光刻胶(PR)和 PECVD 及热氧化 SiO_2 的去除速率都低于 3nm/min，选择比高达 500∶1。

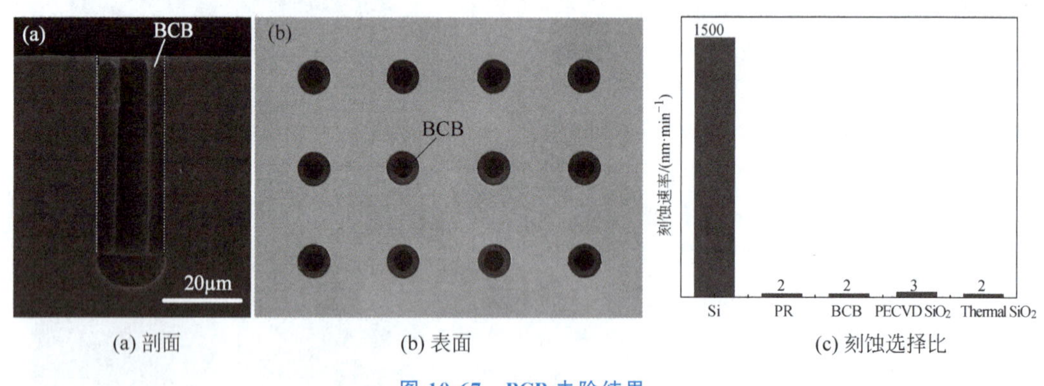

(a) 剖面　　(b) 表面　　(c) 刻蚀选择比

图 10-67　BCB 去除结果

BCB 环绕的硅柱去除后，形成了侧壁为 BCB 介质层的盲孔，然后沉积扩散阻挡层和种子层，通过盲孔电镀填充 TSV。图 10-68 为制造过程的中间结果及最终的 BCB 介质层

TSV。图 10-68(a)为环形孔真空填充 BCB,图 10-68(b)为 BCB CMP 平整化及深刻蚀去除硅柱,图 10-68(c)为铜电镀和铜 CMP 平整化,图 10-68(d)为正面沉积介质层和 RDL 以后的情况,图 10-68(e)为背面减薄并制造介质层和 RDL,完成 BCB 介质的 TSV。

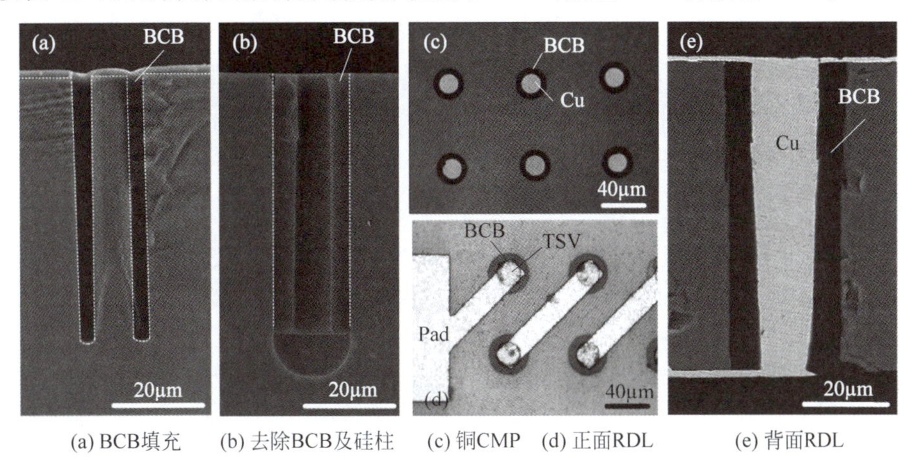

(a) BCB填充　(b) 去除BCB及硅柱　(c) 铜CMP　(d) 正面RDL　(e) 背面RDL

图 10-68　BCB 介质层 TSV

10.4.2.3　电学及可靠性

单根 BCB 介质层 TSV 的 *C-V* 特性如图 10-69 所示[145-146]。TSV 尺寸为 20μm×60μm,BCB 的厚度为 2.5μm,连续曲线为测量结果,短直线为不同区域的理论值。TSV 的电容在−10V 时约为 52fF,在−5V 时为 48fF,在 0V 时为 42fF;电压进一步增加对电容的影响不大,变化范围在 2fF 以内。在电压 0~5V 的范围内,BCB 介质层 TSV 的电容为最小值 42fF,并且电容基本不随电压的变化而变化,表现出良好的稳定性[148]。TSV 最小电容值为 42fF,对应电容密度为 $1nF/cm^2$,比 SiO_2 介质层的 TSV(约为 $10nF/cm^2$)低 1 个数量级[149-150]。这一方面是由于 BCB 具有较低的相对介电常数,另一方面是由于 BCB 介质层较厚。TSV 的 *I-V* 特性中,上方的曲线是 BCB 介质层的 TSV 与衬底的漏电流,下方曲线是两个 TSV 之间的漏电流。随着电压的增加,漏电流逐渐增加,并在 3V 以后表现出线性增长的关系。在 5V 电压时,TSV 与衬底之间的漏电流低于 1.4pA,10V 电压时漏电流上升到 2.2pA,说明 BCB 介质层具有良好的绝缘性能。相邻两个 TSV 之间的漏电流约为 TSV 与衬底漏电流的一半。

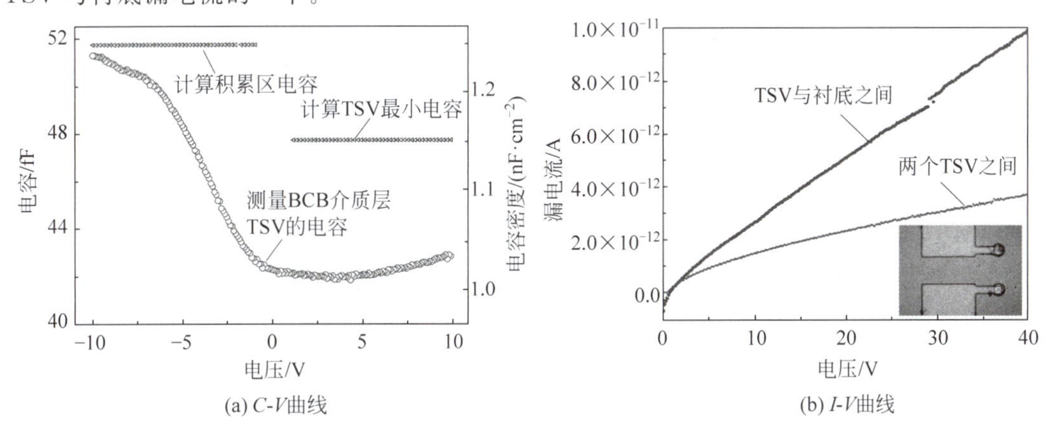

(a) *C-V*曲线　(b) *I-V*曲线

图 10-69　BCB 介质层 TSV 电学特性

根据JESD22—A106B标准的高低温热冲击测量方法,对BCB介质层TSV热冲击,低温为−65℃,高温为150℃,循环40个周期,漏电流仍保持皮安量级,说明了BCB介质层具有良好的温度可靠性。由于BCB对铜扩散具有一定阻挡作用,采用BCB介质层可以不需要扩散阻挡层。俄歇电子能谱测量BCB中铜成分含量表明,在350℃热处理60min后,BCB仍能够隔离铜扩散。在400℃热处理60min后,BCB已经没有扩散阻挡作用,这主要是由于400℃已经高于BCB的玻璃化转化温度,BCB发生热退化和失重,C-N、C-C和C-O键发生脱离,在分子链的末端形成新的自由链,造成分子链的变化、重组、异构化以及环化等现象[151]。

10.4.2.4 热应力

BCB介质层的弹性模量较低,作为铜柱和硅衬底之间的应力缓冲层可以减小热膨胀系数差异引起的热应力问题。图10-70为ANSYS仿真的TSV界面处硅衬底的von Mises热应力分布,TSV尺寸为10μm×50μm,介质层分别为0.5μm的SiO_2以及0.5μm、1.0μm和2.0μm的BCB。铜采用弹塑性模型,其余材料为各向同性线性弹性。假设在室温(300K)条件下为零应力状态,计算其在500K(温度升高200K)下的应力情况。对于厚0.5μm的SiO_2介质层的TSV,界面上硅衬底的最大热应力为493MPa,出现在衬底表面,在深度1.2μm处下降为356MPa,在中心处又升高为420MPa。采用相同厚度的BCB介质层时,硅衬底表面最大热应力只有203MPa,在硅衬底中间位置下降到120MPa,比SiO_2介质层下降近60%。随着BCB厚度的增加,热应力进一步下降。对于厚1μm的BCB介质层,硅衬底中间位置的热应力只有87MPa,当厚度增加到2μm时,热应力进一步减小到77MPa。因此,与SiO_2介质层相比,BCB介质层能够有效降低硅衬底的热应力。

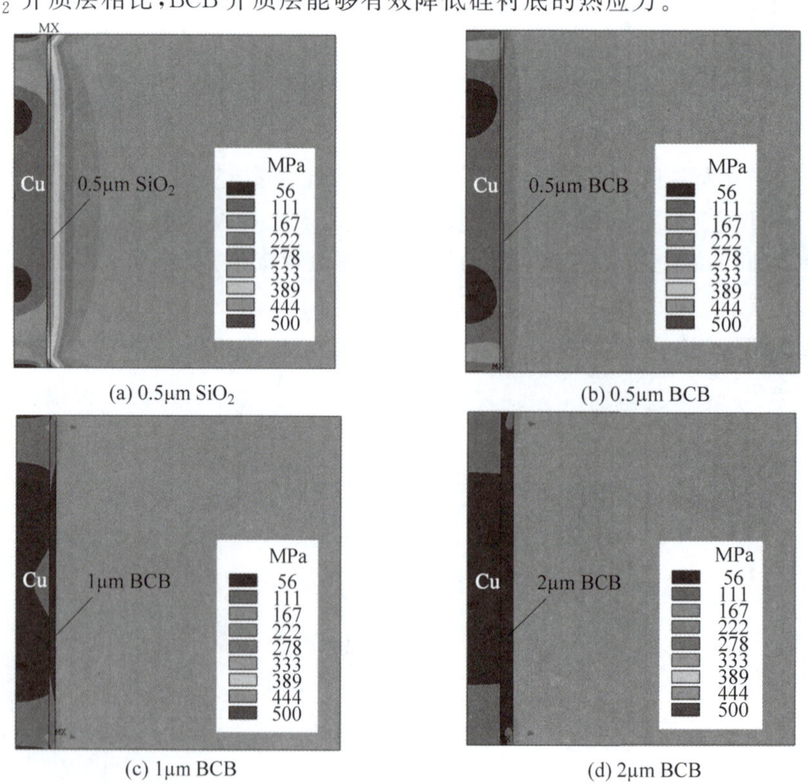

(a) 0.5μm SiO_2　(b) 0.5μm BCB

(c) 1μm BCB　(d) 2μm BCB

图10-70 TSV热应力分布

集成电路中，器件基本分布在硅衬底上深度 1～2μm 的浅表面上。TSV 热膨胀在硅衬底表面产生的热应力会引起载流子迁移率的变化，导致器件的电学性能产生变化，影响集成电路的功能。为了避免应力的影响，通常需要将器件布置在离 TSV 一定距离的低应力区域(KOZ)。在 KOZ 以外，热应力下降到较小的值，对器件性能的影响可以忽略。KOZ 越小，芯片的面积利用率越高，TSV 影响的区域越小，有利于提高集成度和降低成本。

图 10-71 是采用不同介质层的 TSV 在硅表面的热应力的 von Mises 应力分布。硅衬底的表面热应力在靠近 TSV 位置最大，沿着径向方向迅速下降。采用厚 0.5μm 的 SiO_2 介质层的 TSV，硅表面最大应力为 493MPa，沿径向距离 17μm 处，表面应力下降到 133MPa，比衬底远处的表面应力高 5%，于是 TSV 对应的 KOZ 为 17μm。采用厚 0.5μm 的 BCB 介质层的 TSV，硅衬底表面最大应力为 203MPa，KOZ 缩小到 7μm。进一步增加 BCB 介质层的厚度可以减小表面应力和 KOZ，但是效果有限。因此，采用 BCB 介质层能够有效缩小 TSV 安全距离，有利于提高集成密度。

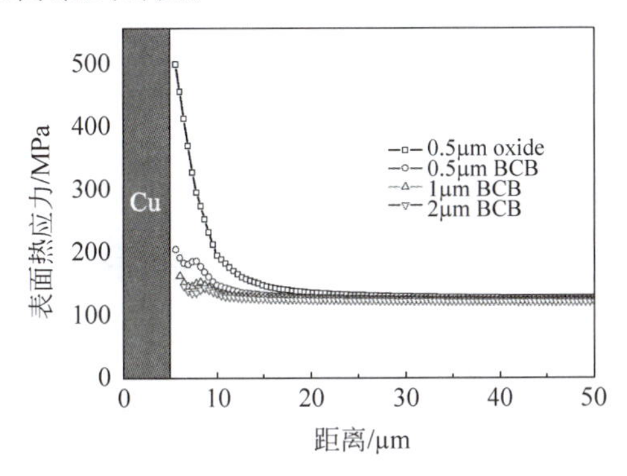

图 10-71 硅衬底表面沿径向的 von Mises 应力

10.4.3 空气介质层 TSV

采用空气作为介质层，即在 TSV 铜柱和硅衬底之间形成一个环形间隙，可以最大限度地降低电容和热膨胀应力，如图 10-72 所示。TSV 铜柱悬空在硅衬底的通孔内，依靠上下表面的介质层和 RDL 实现支撑，而侧壁与硅衬底之间为环形间隙。这种结构充分利用了空气极低的介电常数减小 TSV 电容，同时为铜柱横向热膨胀提供自由变形的空间，隔离铜柱横向热膨胀对硅衬底产生的应力。实际上，采用空气作为介质层实现超低介电常数，已经在平面多层互连中作为减小互连电容的有效手段[152-156]。平面多层互连工艺中，空气介质层的制造可以分为两种：一种是在沟槽上直接进行 CVD，利用非共形沉积的特性形成沟槽下部的间隙；另一种是将需要形成间隙的位置先用牺牲材料填充，然后在完成 ILD 和表面金属布线之后，将牺牲材料释放而形成空气间隙。

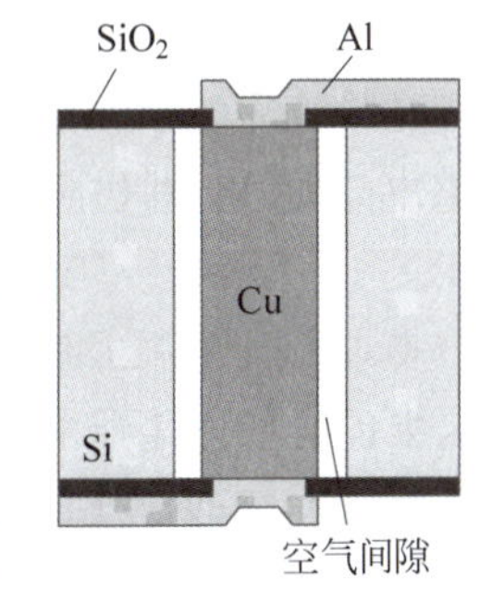

图 10-72 空气间隙 TSV 结构示意图

空气间隙 TSV 的制造依靠牺牲层技术，首先按照常规制造 TSV 的方法完成 TSV 的制造，然后采用一定的手段将介质层去除，将介质层作为工艺过程的牺牲层。考虑到介质层去除的方便性，利用聚合物材料作为介质层具有一定的优势。聚合物材料可以通过加热分解、紫外线照射分解、化学溶液腐蚀或反应离子刻蚀等方式去除。下面介绍基于加热分解和反应离子刻蚀技术去除牺牲层的制造方法。

10.4.3.1 热分解释放牺牲层

热分解释放牺牲层利用了聚合物材料在一定温度下加热降解的特性，在制造完TSV铜柱以后通过加热的方式将其去除。其工艺流程：①在硅衬底上用DRIE刻蚀圆形深孔，在深孔侧壁涂覆聚合物薄膜作为结构的牺牲层(图10-73(a))；②在盲孔侧壁溅射扩散阻挡层TiW和铜种子层，再采用盲孔电镀形成铜柱，CMP去除衬底表面多余的铜和聚合物覆盖层(图10-73(b))；③制造正面介质层和RDL，临时键合辅助圆片(图10-73(c))；④背面减薄并CMP，使TSV暴露(图10-73(d))；⑤制造背面的介质层和RDL(图10-73(e))；⑥真空加热分解聚合物形成空气间隙(图10-73(f))。

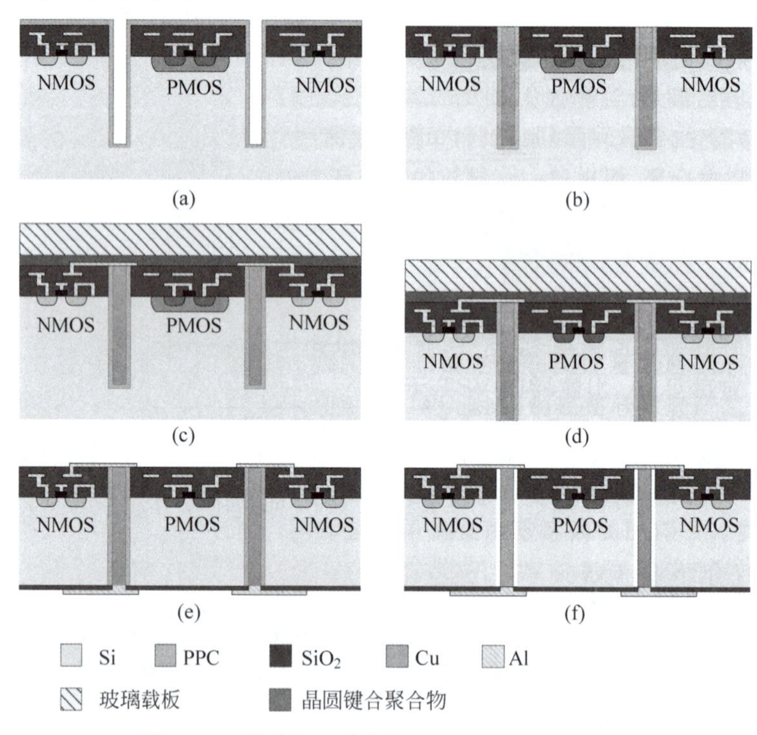

图10-73 热分解制造空气间隙TSV工艺流程图

目前作为牺牲层使用并可以通过加热分解的聚合物材料包括聚降冰片烯[157]、聚酰亚胺[158]、聚碳酸酯[159-160]。考虑到制造介质牺牲层的方便性和加热分解温度受限制，可以采用聚丙烯酸酯(PPC)作为牺牲层材料。PPC在室温下呈固态，平均分子量约为50000，在110℃左右固化，加热到250℃左右分解。PPC可以溶于甲醚溶剂，在旋涂前稀释至适当的浓度。

制造PPC牺牲层的关键是在盲孔侧壁沉积均匀的PPC薄膜，避免盲孔内部形成气泡或膈膜。清华大学开发了一种真空辅助和溶剂再填充的旋涂技术，能够在高深孔盲孔侧壁涂覆均匀厚度的PPC薄膜。旋涂工艺分为四步：①在衬底上低转速旋涂一层厚PPC膜；②将衬底放置于真空环境中30min，将深孔中的气泡排出；③将苯甲醚溶剂旋涂于衬底表面，通过高速旋转去除深孔中和表面冗余的PPC，形成PPC薄膜，这一步将聚合物从填充转变为涂覆，对形成薄膜至关重要；④通过前烘使苯甲醚溶剂完全蒸发，固化PPC薄膜。与一般旋涂工艺涂覆薄膜不同在于,这种方法首先是将 PPC 填充在深孔内部,然后通过添加溶剂使填充的 PPC 溶解,并利用高速旋转将其从深孔内部排出。

利用上述真空辅助和溶剂再填充方法,在直径为 5～20μm、深度为 60～80μm 的圆形深孔内制造 PPC 覆层,所有直径的圆形深孔均形成了均匀的 PPC 覆层,如图 10-74 所示。对于直径为 5μm、深度为 60μm 的盲孔,PPC 薄膜的均匀覆盖深度为 45μm,薄膜的厚度为 0.8～1μm,覆盖的深宽比达到了 9∶1。而采用普通旋涂工艺,只有当直径大于 15μm 时,深孔内形成连续均匀的 PPC 覆层,小直径深孔会被部分或完全填充。对于深宽比较大、直径较小的盲孔,由于溶剂再填充能力有限,深孔底部会有少量的聚合物堆积。堆积的程度随着直径增大和深宽比减小而逐渐消失。堆积的聚合物在背面减薄时通过机械研磨去除。

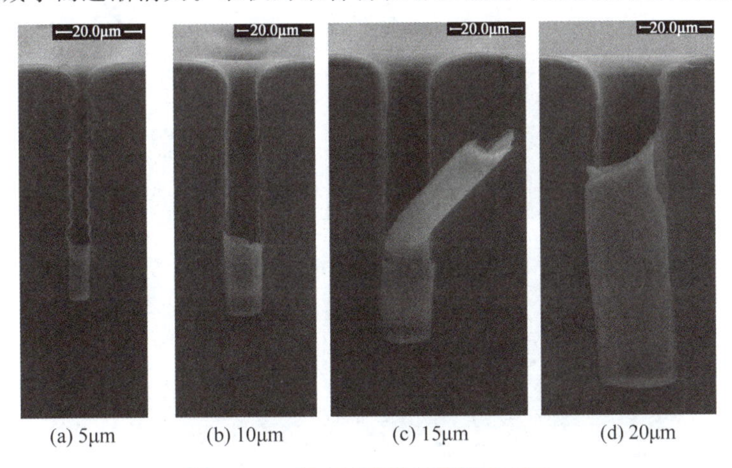

图 10-74 真空辅助溶剂再填充 PPC

铜电镀后表面多余的铜采用 CMP 去除,PPC 采用研磨去除。PPC 研磨液含有 50nm 的 SiO_2 颗粒,PPC 的去除速率为 50nm/min,铜的去除速率低于 1nm/min,SiO_2 的去除速率为 2nm/min,硅的去除速率为 15nm/min,如图 10-75 所示。因此,PPC 与硅的抛光选择比为 3∶1,与 SiO_2 的抛光选择比为 25∶1。为了抑制对硅表面的抛光,需要在衬底表面首先沉积表面 SiO_2 介质层。PPC 与铜的抛光选择比超过 50∶1,经过 PPC 抛光后,铜的凹陷低于 200nm。

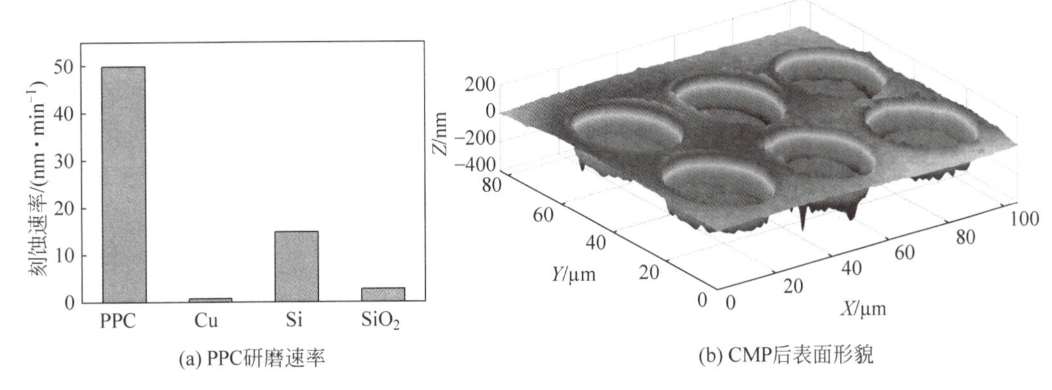

图 10-75 PPC 研磨和铜 CMP

PPC 在真空和 250℃环境下,分解成挥发性产物 CO_2 和 H_2O。分解产物气体小分子扩散通过覆盖在 PPC 表面的疏松 SiO_2 层扩散，原来 PPC 的位置形成空气间隙，并在铜柱和硅衬底留下少量残余物。图 10-76 为典型的空气间隙 TSV 结构。图 10-76(a)和图 10-76(b)为 2∶1 和 4∶1 深宽比的 TSV，直径分别为 25μm 和 12μm，高度均为 50μm。铜柱的表面均匀平整，没有分层。空气间隙厚度均匀，厚度约为 1μm。空气间隙内没有明显的固态残余，表明 PPC 挥发性分解产物对表面覆盖的 SiO_2 层有良好的渗透性。空气间隙绝缘 TSV 互连结构稳固，铜柱和衬底均未出现断裂。

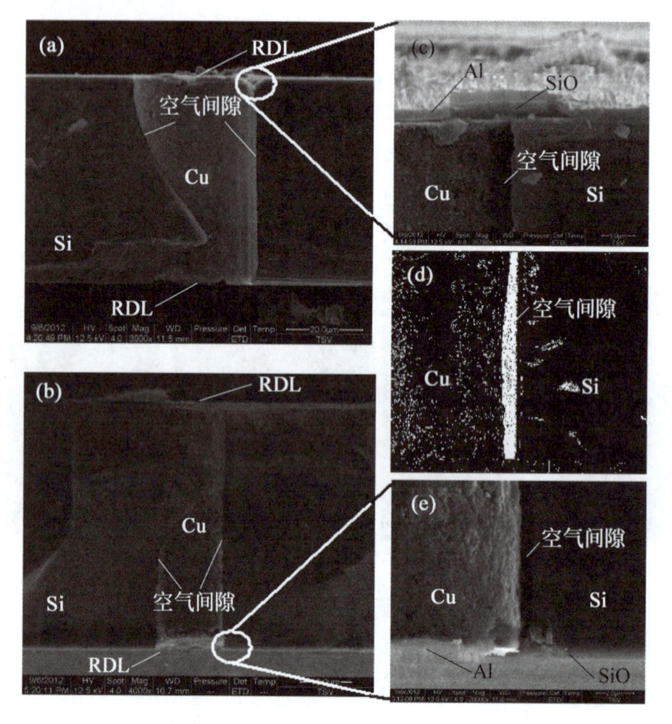

图 10-76 空气间隙 TSV 剖面

图 10-77 为 1MHz 时空气间隙 TSV 的 *C-V* 曲线和 *I-V* 曲线。对于 PPC 介质层 TSV，在积累区和最大耗尽区电容约为 95fF 和 50fF。对于空气间隙 TSV，积累区和最大耗尽区电容约为 48fF 和 15fF。热分解释放牺牲材料 PPC 后，由于介质层介电常数的改变，TSV 的积累区电容减小了 50%，理论值为 65%。*I-V* 曲线表明，在偏置电压 20V(电场 200kV/

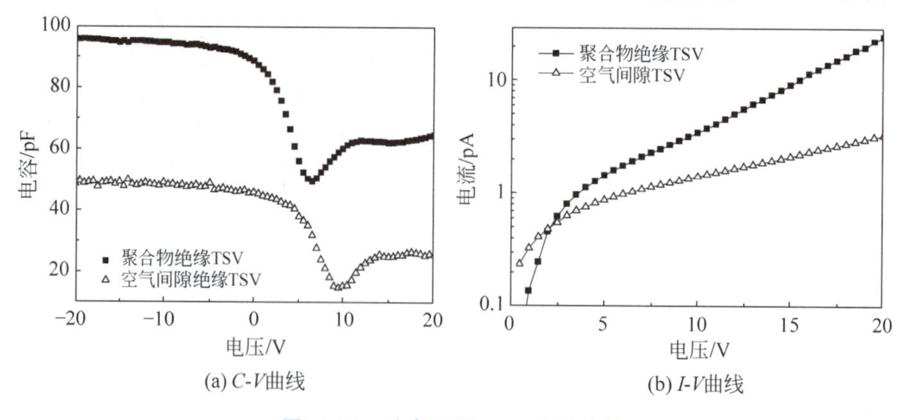

图 10-77 空气间隙 TSV 电学特性

cm)处，PPC 介质层和空气间隙的漏电流分别为 24.7pA 和 3.3pA。因此，采用空气间隙不但减小了 TSV 的电容，还减小了漏电流。

根据 JESD22-A106B 标准对空气间隙 TSV 由－65～＋150℃循环测试。经过 30 个周期和 90 个周期，TSV 的电容稍有减小，并且 *C-V* 曲线向左有少量偏移。热冲击后漏电流有小幅度的下降。这表明，空气间隙绝缘具有较好的热机械稳定性。

10.4.3.2 刻蚀释放牺牲层

多数聚合物可以采用反应离子刻蚀技术去除，例如聚酰亚胺可以用氧等离子体刻蚀，BCB 可以用 SF_6 气体刻蚀。因此，选择 BCB 作为牺牲层，利用 SF_6 反应离子刻蚀。反应离子刻蚀的难点在于，聚合物介质层厚度小、高度大，深宽比往往超过 50∶1，因此刻蚀速率慢，对其他材料的刻蚀选择比要求高。

利用 BCB 牺牲层的空气间隙 TSV 的制造流程：①采用 DRIE 从背面刻蚀环形深槽，刻蚀停止在正面的介质层(图 10-78(a))。②通过真空辅助旋涂法，将 BCB 填充到环形深槽内，再采用 CMP 去除表面的 BCB(图 10-78(b))。③采用 RIE 去除 BCB 所围绕的硅柱，以及圆片表面的介质层，刻蚀停止在表面金属层，形成 TSV 铜柱的盲孔。刻蚀要求具有硅与 BCB 的高选择比(图 10-78(c))。④在 BCB 介质层侧壁溅射粘附层/扩散阻挡层和铜种子层，盲孔铜电镀在 BCB 介质层内填满铜作为 TSV 的铜柱，通过 CMP 去除表面的铜电镀层、铜种子层以及粘附层/扩散阻挡层，形成内埋于 BCB 介质层的铜柱(图 10-78(d))。⑤表面制造介质层和金属形成 RDL(图 10-78(e))。⑥采用 RIE 刻蚀去除 BCB 介质层上方的 SiO_2，然后采用刻蚀去除环形的 BCB，形成包围铜柱的空气间隙，铜柱依靠衬底上下表面的平面金属互连及介质层支撑(图 10-78(f))。

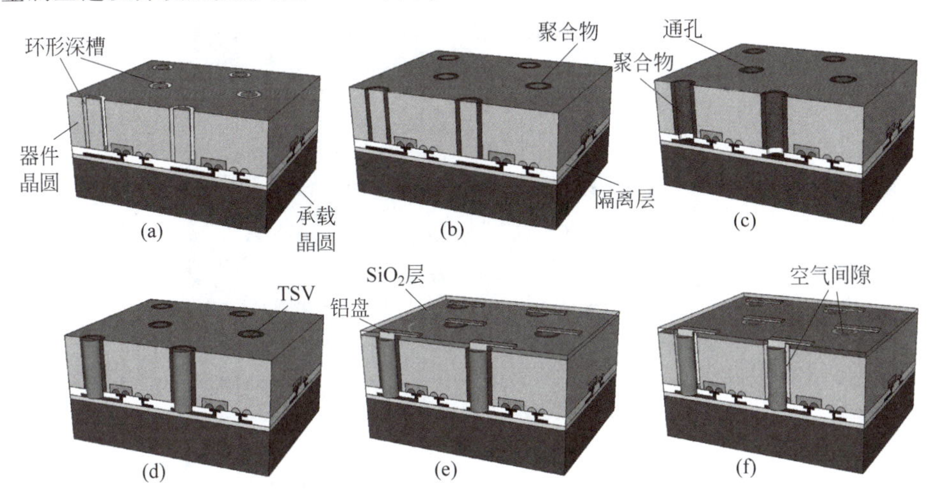

图 10-78 刻蚀释放牺牲层制造空气间隙 TSV 流程示意图

采用 RIE 刻蚀释放 BCB 牺牲层形成空气间隙时，要求 BCB 对其他材料具有高选择。BCB 采用 SF_6/O_2 混合气体 RIE 刻蚀。刻蚀的参数：功率为 100W，腔室压强为 30Pa，SF_6 流量为 8sccm，O_2 流量为 72sccm。如图 10-79 所示，BCB 的刻蚀速率为 500nm/min，且基本不随着深宽比的增加而减小。光刻胶(PR)的刻蚀速率为 280nm/min，与 BCB 处于相同的量级。对 SiO_2 介质层的去除速率只有 2nm/min，主要因为 SF_6 只占总气体流量的 5%。图 10-80 是空气间隙 TSV 结构。铜柱四周的 BCB 牺牲层已经被去除，形成了围绕着铜柱的环形空气间隙,图中黑色圆环形区域。多个TSV通过表面金属连接在一起,形成串联结构。

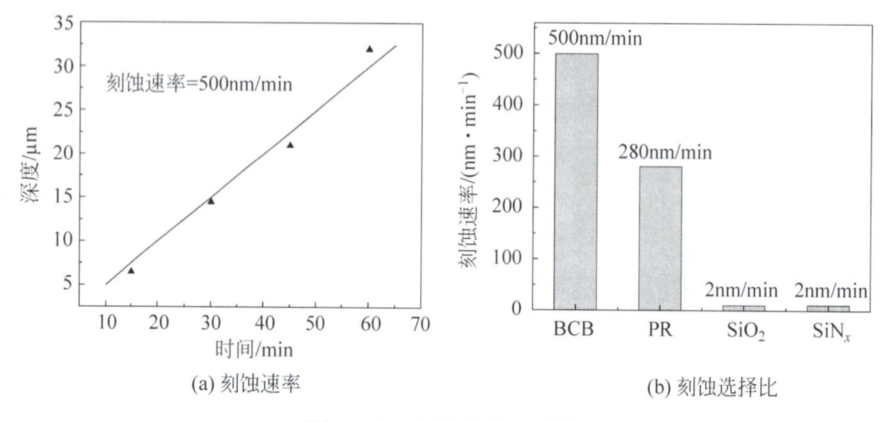

(a) 刻蚀速率　　(b) 刻蚀选择比

图 10-79　BCB 的 RIE 刻蚀

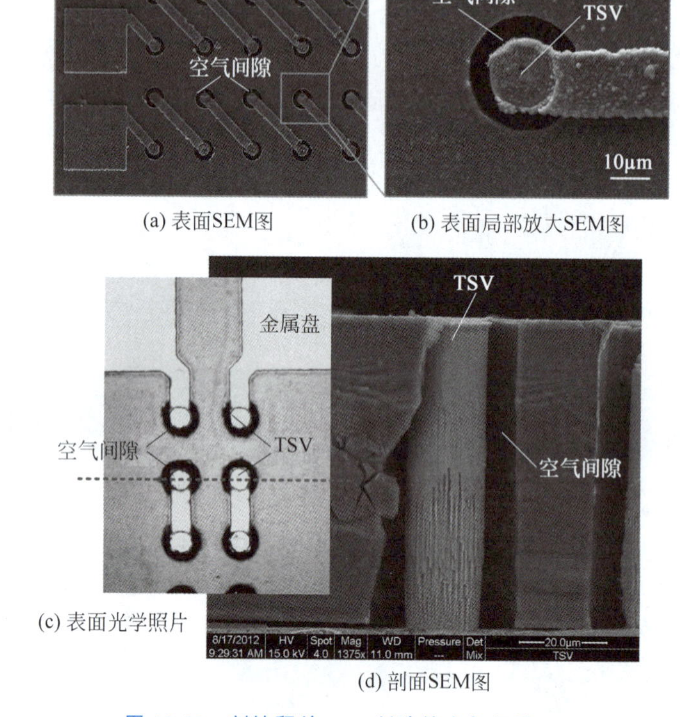

(a) 表面SEM图　　(b) 表面局部放大SEM图

(c) 表面光学照片

(d) 剖面SEM图

图 10-80　刻蚀释放 BCB 制造的空气间隙 TSV

与热分解释放PPC形成的空气间隙TSV相比,刻蚀BCB具有如下的特点:第一,BCB牺牲层的厚度一般为2～2.5μm,大于PPC牺牲层的厚度0.8μm。较厚的牺牲层能够形成更宽的空气间隙,对于减小TSV的电容和漏电流有利,但是占用了更多的芯片面积。第二,PPC热分解释放时,形成的分解产物容易吸附在硅衬底环形孔的侧壁和铜柱的侧壁,造成较为复杂的界面情况,使TSV的 *C-V* 特性较为复杂。而BCB刻蚀形成的产物挥发性较强,在硅表面和铜柱表面吸附的残留物质较少,有利于获得稳定的TSV特性。第三,热分解的产物可以透过环形 PPC 表面覆盖的 SiO_2 介质层，尽管对分解产物的排除有一定影响，但是介质层保持完整，具有更高的机械强度。对于 BCB 刻蚀，必须部分去除表面介质层，相比于完整的介质层支撑，铜柱的支撑强度有所下降。

图 10-81 为刻蚀 BCB 释放形成空气间隙的 TSV 的电学特性。铜柱直径为 20μm、高度为 65μm，空气间隙厚度为 2.5μm。空气间隙 TSV 的 *C-V* 特性曲线与 BCB 介质层的 TSV 具有相同的变化趋势，电容随着电压的增加下降，由积累区变化到耗尽区。但是，相比典型的 MIS 电容，积累区和耗尽区电容的差异较小，并且没有明显的分段。在通常的使用电压范围 0～5V 内，BCB 介质层 TSV 的最小电容为 60fF，对应的电容密度为 $1.5nF/cm^2$；空气间隙 TSV 的最小电容值为 25fF，对应的电容密度为 $0.6nF/cm^2$，比 BCB 介质 TSV 下降了 60%，说明空气间隙能够有效降低 TSV 的电容。在 0～5V 内，空气间隙 TSV 的电容变化较小，*C-V* 特性稳定。

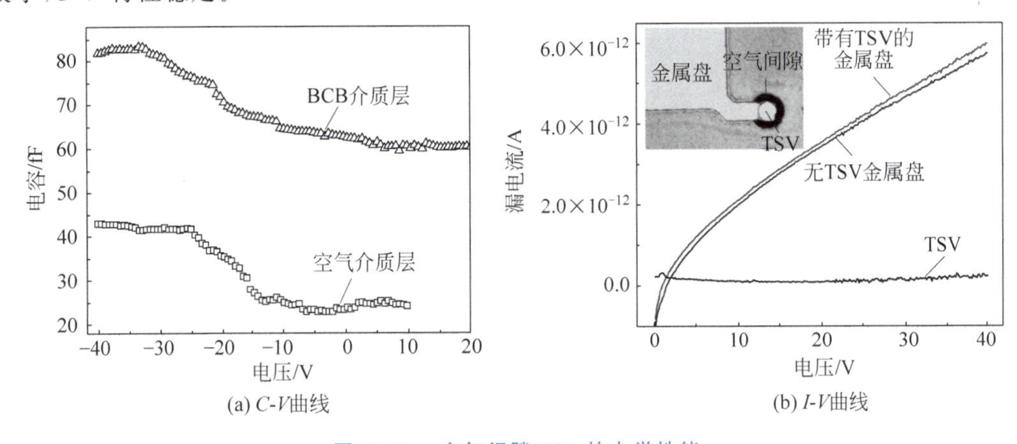

图 10-81　空气间隙 TSV 的电学性能

在 40V 的偏置电压下，空气间隙 TSV 的漏电流为 3×10^{-13}A，对应的漏电流密度为 $7.3nA/cm^2$。与 SiO_2 介质层 TSV 的漏电流密度典型值($1.2\mu A/cm^2$，40V)相比，空气间隙 TSV 的漏电流密度下降了两个数量级，具有良好的绝缘性能。即使在 40V 的电压下，对应的电压场强为 40V/2.5μm＝16MV/m，空气间隙并没有发生击穿现象，仍然保持良好的绝缘性能。根据标准 MIL-STD-883E 中的 1011 方法的条件 C，对空气间隙 TSV 进行高低温热冲击，循环次数为 40 以后，漏电流没有明显变化，在 40V 的外加电压下，测量端点与衬底之间的漏电流仍然保持在约 6pA。

10.4.3.3　热应力

空气间隙为 TSV 铜柱的横向热膨胀提供了自由空间，因此热膨胀对衬底基本不会产生明显的影响。为了验证空气间隙对抑制衬底热应力的效果，采用有限元进行模拟比较。TSV 铜柱为 10μm×50μm，SiO_2 介质层和空气间隙介质层的厚度均为 0.5μm。衬底上表面有宽度为 12μm、厚度为 1μm 的铜平面互连，以及厚度为 2μm 的 SiO_2 介质层；衬底下表面有直径为 20μm、高度为 5μm 的铜凸点，以及厚为 0.5μm 的 SiO_2 介质层。铜视为弹塑性材料，其余材料视为各向同性弹性材料。假设在室温(300K)条件下，TSV 为零应力状态，计算其在 500K 下的热应力情况。

图 10-82 为 SiO_2 介质层 TSV 和空气间隙 TSV 的热应力分布。对于 SiO_2 介质层

TSV,温度升高铜柱热膨胀,使硅衬底受到挤压,因此在整个衬底高度方向上都存在较大的应力,特别是径向正应力高达467MPa,切向正应力和轴向正应力也达到了近300MPa。对于空气间隙TSV,由于空气间隙为铜柱热膨胀提供了自由空间,使铜柱的热膨胀变形无法传递到硅衬底表面,衬底上的径向正应力大幅度减小了400MPa,切向正应力和轴向正应力也减小了200MPa,并将von Mises应力降低50%以上。

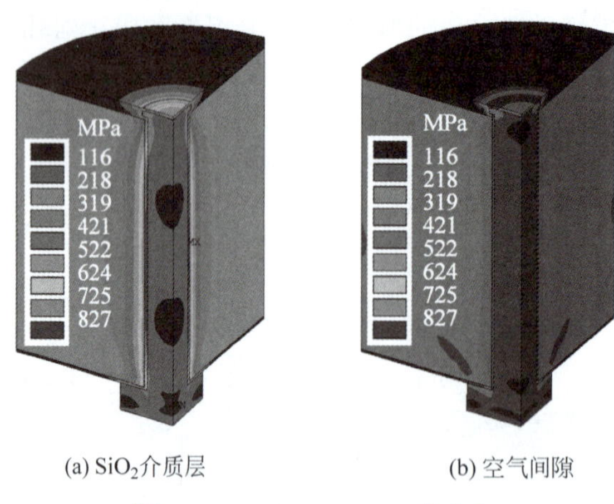

(a) SiO_2介质层　　(b) 空气间隙

图 10-82　TSV von Mises 热应力

虽然空气间隙缓冲了介质层界面的热应力,使硅衬底应力减小,但是表面支撑铜柱的SiO_2介质层聚集了较大的热应力,这主要是由于空气间隙不像SiO_2介质一样对铜柱沿着轴向的膨胀有束缚作用,空气间隙TSV的铜柱沿着轴向的热膨胀都由表面的SiO_2介质承受,引起了应力集中。二氧化硅介质层所能承受的屈服应力大约为800MPa,与SiO_2介质层的制造方法和工艺参数有一定关系,过高的应力容易SiO_2介质层的破裂。

参考文献

第11章

三维集成的可制造性与可靠性

三维集成的可制造性是指三维集成工艺的可实现性,成品率是制造过程中合格产品的比例,即制造完成时具有合格功能的产品的比例。成品率是与时间无关但影响生产效率和成本的因素。可制造性与成品率有很强的正相关关系,通常可制造性越强,成品率越高。根据ITRS的数据,处理器的成品率要达到75%以上,存储器的成品率要达到85%以上,才能形成有竞争力的产品。三维集成的工艺过程冗长复杂且相互影响,导致三维集成的成品率控制较为困难。随着三维集成制造和材料体系的发展完善,三维集成的成品率大幅提高,甚至在不使用冗余的情况下包含上万个TSV的系统仍具有很高的成品率。

可靠性是指产品在规定的条件下和规定的时间内完成规定功能的能力。由于使用过程中产品自身的性能变化、制造缺陷以及环境因素的影响,产品在工作过程中会表现出一定的失效概率,即无法达到预定性能或预定功能的可能性。产品的可靠性表现为时间和概率两个特性。时间特性是指失效是随着使用时间的推移而发生的,与时间相关的失效可能性被定义为可靠性问题,而产品在生产后尚未使用时就出现的缺陷或失效比例定义为成品率。概率特性是指产品的失效可能性和寿命都表现为一定的随机性,需要采用统计的方式进行描述,如失效累计概率以及平均无故障时间等。

三维集成的制造技术、设计方法、测试技术、设备和材料供应链等已经建立,但是三维集成在可靠性方面仍面临一些复杂的问题。从三维集成的发展阶段看,早期的重点集中在与制造技术相关的工艺、材料和设备的开发,同时应用领域也在不断扩展;随着相关制造工艺的不断完善,三维集成的可靠性成为工艺开发和产品开发的重点。只有全面解决可靠性问题,三维集成才能广泛应用并充分发挥优势。

11.1 三维集成的可制造性

三维集成是将深孔刻蚀、侧壁绝缘、扩散阻挡层和种子层沉积、TSV铜电镀、铜CMP、圆片减薄以及键合等工艺组合应用的过程,这些复杂工艺和结构的引入对成品率和可靠性产生了重要的影响。三维集成早期,即使对于简单的三维集成结构和工艺过程,成品率也只有60%的水平[1],这使成品率成为决定三维集成成本和可行性的关键[2]。经过20多年的发展,尽管很多方面仍需改进,但三维集成制造已经基本解决并进入批量生产,成品率有了大幅的提升,制造成本也在不断下降。

11.1.1 可制造性

11.1.1.1 影响因素

三维集成的可制造性表现在制造设备与材料是否满足工艺的要求、制造工艺的缺陷控制能力、多工艺过程的集成顺序，以及 CMOS 的限制条件等多个方面，最终落实到三维集成的正面工艺、键合工艺和背面工艺这三个基础工艺模块，其中深刻蚀、侧壁薄膜沉积、铜电镀、键合和 CMP 是重要的工艺过程。在量产方面，工艺的可制造性、制造成本、性能、成品率和可靠性是综合考虑因素。工业界在量产中采用不同的 TSV 尺度、金属填充方法和键合方法，同一个制造商会提供几种工艺能力。这些既表明需求的多样性，也表明多种工艺已经具有良好的可制造性。

影响三维集成可制造性的首要因素是应用对 TSV 结构、材料和工艺过程的影响。对于图像传感器、MEMS 及传感器等应用，多数情况下所需要的 TSV 数量少、密度低，甚至可以采用简单结构，其技术复杂度和制造难度低，引入 TSV 对现有结构影响小，容易得到应用。对于多功能芯片等复杂系统，需要 TSV 数量大、密度高、键合对准精度要求高，在制造上难度大、成本高、系统复杂、成品率和可靠性问题突出，因此引入市场的时间也更长。在键合方面，不同的键合方法的可制造性、成本和适用领域也不同，例如聚合物键合和金属凸点键合需要更多的材料和工艺，而 SiO_2 键合不需要额外的材料，但是所需要的 CMP 工艺的要求非常高，这导致不同键合方式的可制造性有较大的差异。一般来说，聚合物键合和液态金属键合具有较强的非均匀性适应能力，可制造性更好。

三维集成的可制造性工艺的选择受 TSV 的尺寸和凸点密度的影响。如表 11-1 所示，随着 TSV 从目前 5μm×50μm 向 3μm×50μm 和 2μm×40μm 发展，现有的制造技术需要有较大的改进，除铜电镀仍将作为主要填充技术外，介质层、扩散阻挡层和种子层沉积方法与目前所采用的工艺方法有较大的不同。受限于 TSV 的深宽比，ALD 将成为薄膜沉积的主要方法。未来高密度互连的需求将促使无凸点键合以及 ILV 方案逐渐发展为主流技术，以实现中心距小于 1μm 的芯片间金属互连。

表 11-1 TSV 制造方法随直径的变化

<table>
<tr><th>TSV 工艺</th><th>10μm×100μm～5μm×50μm</th><th colspan="2">3μm×50μm</th><th colspan="2">2μm×40μm</th></tr>
<tr><td>介质层</td><td colspan="2">TEOS-O_3(带有致密氧化层)</td><td colspan="3">快速 PEALD 沉积</td></tr>
<tr><td>Cu 扩散阻挡层</td><td>PVD Ti 或 Ta</td><td colspan="3">ALD TiN</td><td>ALD WN</td></tr>
<tr><td rowspan="2">Cu 电镀种子层</td><td rowspan="2">约 1μm PVD Cu</td><td colspan="2" rowspan="2">约 1.5μm PVD Cu</td><td>ALD Ru</td><td rowspan="2">化学镀 NiB</td></tr>
<tr><td>化学镀</td></tr>
<tr><td>Cu 填充方法</td><td colspan="5">自底向上 Cu 电镀</td></tr>
</table>

三维集成的制造过程是在材料、温度和工艺能力等限制条件下的多工艺步骤的集成过程，其中对整个流程限制最为严格的是工艺温度。图 11-1 为三维集成工艺所需要的温度和温度限制条件。对于 MEOL 和 BEOL 等先制造好集成电路再三维集成的方案，温度是所有集成工艺过程中最重要的限制条件之一。在 MEOL 方案中，制造 TSV 时 BEOL 工艺还没有进行，因此对 TSV 的温度限制较少，但是后续电路互连制造过程中温度会对三维集成产生影响。BEOL 方案在完成全部电路制程后进行，键合等工艺过程所能采用的最高温度必须严格遵守电路互连的温度限制条件。所能允许的最高温度取决于电路本身工艺、结构和材料，例如逻辑电路能够耐受的温度通常为 400℃，DRAM 的耐受温度只有 250℃，而低 κ 介电材料的耐受温度可能只有 200℃。

11.1.1.2 制造过程缺陷

制造过程缺陷包括系统性问题导致的缺陷和随机因素导致的缺陷。前者由于材料、结

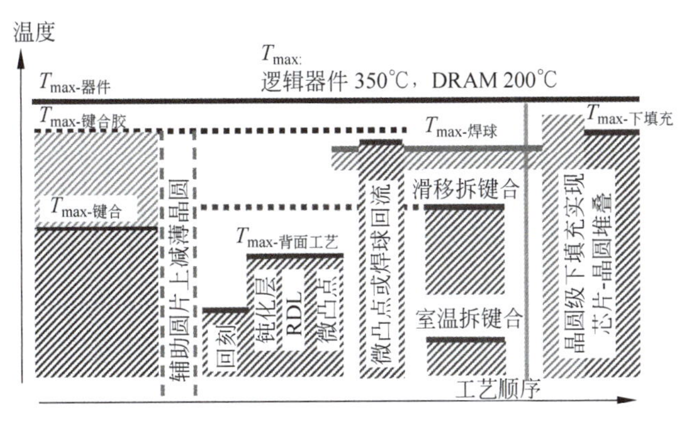

图 11-1　三维集成的温度限制条件

构或制造方法的不合理，导致大量类似问题。例如，采用 PVD 方法沉积种子层容易导致深孔底部的非连续性，引起 TSV 电镀空洞而导致电阻增大或断路。这类问题必须通过工艺改进和优化彻底避免。随机因素导致的缺陷多是工艺过程的波动性和随机性导致少量产品出现缺陷。例如，对于大量的 TSV，总有少量的 TSV 因为各种随机因素导致断路，而引起这些少量 TSV 产生缺陷的因素可能是多样的。制造过程缺陷在大批量生产中表现为必然性，但与工艺波动有关的制造缺陷即使通过改进也并非能够完全避免。

图 11-2 为三维集成的主要工艺流程和所对应的典型问题[3]，这些问题通常是在材料和制造工艺能力约束下的技术难点，也是最容易导致制造缺陷和可靠性问题的因素。这些典型工艺可以分为正面 TSV 制造、背面减薄和芯片键合三个模块，这三个模块内部的工艺流程是决定三维集成缺陷和成品率的关键。尽管多种三维集成的产品已经量产并广泛应用，也有很多研究关于通过电学特性测量 TSV 缺陷的方法，但是系统报道 TSV 的成品率和缺陷因素的数据仍比较少。

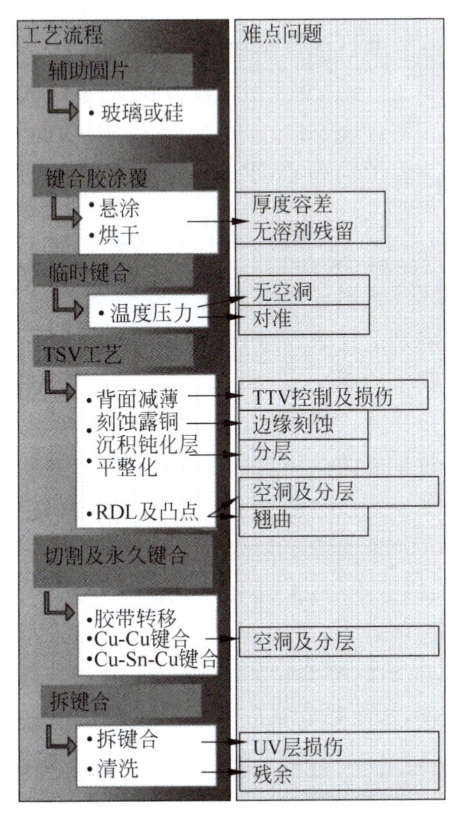

图 11-2　典型三维集成工艺的难点和缺陷因素

三维集成的每一个工艺过程的难点不同，导致的缺陷也不同，因此每个工艺过程都需要重点解决制造难点和缺陷问题。工艺的难点和容易导致缺陷的因素并非都是单一的，往往是多个因素共同作用的结果，甚至某个工艺过程出现的问题，在后续工艺或使用中才能体现。因此，制造缺陷、成品率和可靠性问题体现出来时，分析解决可能需要多工艺回溯相关工艺的起始点开始。此外，工艺过程中的难点和缺陷因素是由设备和材料以及工艺顺序决定的，但是即使在相同条件下，优化的工艺参数仍是实现良好的可制造性的重要因素。

在三维集成中，制造缺陷不仅与材料、结构和制造方法相关,还与所采用的集成方案紧密相关,不同的工艺方案对制造缺陷的影响各不相同。例如,MEOL 方案避免了刻蚀低 κ 介质层,因此 TSV 的制造缺陷低于需要刻蚀低 κ 介质层的 BEOL 方案的 TSV 制造缺陷,但是 MEOL 方案中 TSV 的铜柱埋藏在低 κ 介质层下方,其轴向热膨胀对介质层完整性产生的影响更为显著。实际上,制造方案的选择往往是功能和性能需求与制造能力之间的折中。

为了满足性能和成品率的要求,典型 3~10μm 直径 TSV 的制造工艺有一些基本要求。在深孔刻蚀方面,要求刻蚀深宽比大于 10∶1,根据直径不同侧壁起伏低于 20~100nm,侧壁垂直或 10°以内的倾斜,刻蚀速率为 5~10μm/min,刻蚀深度的非均匀性小于 5%。刻蚀可以采用光刻胶掩膜或光刻胶加 SiO_2 掩膜,前者简单成本低,但掩膜下横向刻蚀更显著,后者制造复杂,但刻蚀结构控制更好。

介质层厚度一般为 200~1000nm,取决于 TSV 直径,典型值为 500nm。考虑到共形能力,TSV 底部的厚度至少要达到 200nm。介质层通常采用 TEOS+O_3 的 SACVD 或 PECVD 沉积,最高温度一般为 350~400℃。介质层表面起伏和粗糙度小于 100nm。

扩散阻挡层和粘附层一般采用 Ti/TiN 或 Ta/TaN,TSV 底部厚度至少 100nm。一般采用 iPVD 沉积,对于高深宽比可以采用 MOCVD 和 ALD,整个晶圆的非均匀性小于 5%。对于采用 ALD 沉积的高质量薄膜,底部厚度可以降低到 20~50nm。铜种子层一般采用 iPVD 沉积,厚度为 500nm~1μm。

电镀填充通常采用三元添加剂的电镀液,电镀速率要求为 1μm/min,深宽比能力超过 10∶1,并且无空洞和缝隙。整个晶圆的非均匀性小于 5%,表面过电镀尽可能低,一般要求小于 10μm。铜 CMP 要求较高的去除速率,CMP 以后铜柱高度非均匀性小于 5%。对于 DBI 键合,CMP 的高度控制要求更高。铜柱退火在 CMP 后进行,首先沉积 50nm 的氮化硅作为保护层和 CMP 停止层,然后在 200~400℃下退火 60~90min。

11.1.2 三维集成的制造成本

三维集成的制造成本与每个工艺环节有关,是决定三维集成应用和发展的关键因素。随着制造技术、专用材料和先进设备的不断进步,以及应用领域和产品规模的不断扩展,三维集成的制造成本近年来有了大幅下降。特别是产品规模的扩大,使初期的固定资产投资得以摊薄,大幅降低了三维集成的制造成本。经过近 10 年的发展,折算到 300mm 晶圆的三维集成的总体制造成本已经从初期的 800~1000 美元下降到 300~500 美元,部分简单应用的制造成本已经下降到 100~200 美元。

三维集成工艺成本中,最大的成本构成因素是键合和 TSV 电镀填充[4]。电镀填充、刻蚀、侧壁绝缘、扩散阻挡层沉积等的技术难度和工艺时间都与 TSV 的直径和深度有关,直径和深度越大,所需要的工艺时间越长,由此导致的介质层厚度、铜电镀时间、表面过电镀和 CMP 时间等都显著增加,因此制造成本越高。减小晶圆的厚度有助于降低技术难度和工艺时间,从而降低制造成本。当晶圆厚度从 50μm 减小到 25μm 时,总体工艺成本可以降低 25%[5]。尽管减小晶圆厚度增加了减薄时间和减薄的工艺成本,但是减薄效率高、成本相对较低,所节约的工艺成本仍非常显著。

图 11-3 为 IMEC 分析的 MEOL 方案中 TSV 制造成本的影响因素和分项比例。TSV 直径和深度越大,制造成本越高。对于 5×50μm 的 TSV,制造成本中占比为 TSV 刻蚀

31%、介质层沉积8%、扩散阻挡层和种子层沉积14%、铜电镀13%、TSV的CMP35%。对于10μm×100μm的TSV，其制造成本是直径5μm TSV的1.6倍，其中TSV深刻蚀增加26%、介质层沉积增加120%、扩散阻挡层和种子层沉积增加30%、铜电镀增加85%、TSV的CMP增加40%。进一步将TSV直径减小到3μm但保持高度50μm时，TSV的制造成本与5μm直径相比减少约10%，其中TSV刻蚀和扩散阻挡层沉积成本分别上升16%和20%，而介质层沉积、铜电镀和CMP成本分别下降50%、15%和37%。同样的TSV直径，采用CVD方法沉积Ru/TiN会使扩散阻挡层成本提高2倍。

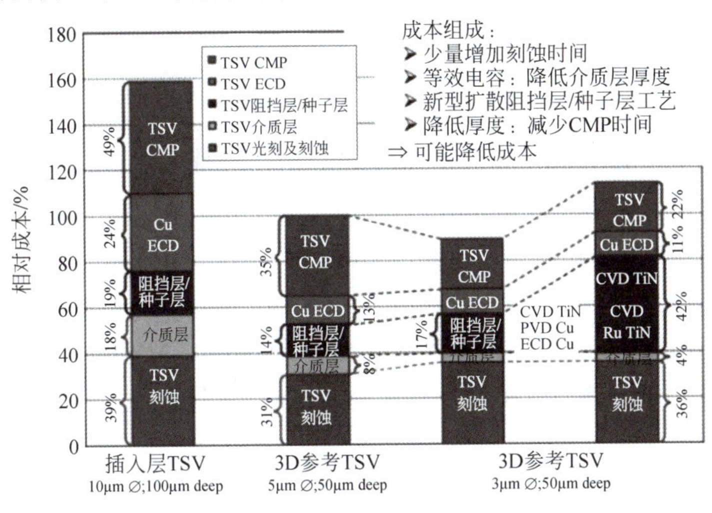

图11-3 TSV直径对成本的影响

在TSV制造方面，其成本与TSV的结构和制造方法有关。TSV具有多种不同的结构和导体材料，实心TSV的铜导体结构是所有TSV中制造过程最复杂、制造成本最高的，而简单硅柱式的TSV制造成本最低。尽管目前90%的TSV采用深刻蚀制造，但是在TSV数量较少、密度较低的情况下，采用激光刻蚀可以显著降低深孔制造成本。背面回刻工艺中，采用湿法刻蚀与干法刻蚀相比，单步工艺制造成本可降低60%。

图11-4所示为IMEC对MEOL和BEOL方案中TSV制造成本的对比[6]。这两种方案中，TSV光刻成本与TSV直径无关，但由于BEOL使用的设备成本更低，MEOL光刻成本较BEOL高约30%。TSV刻蚀方面，刻蚀时间与TSV的深度和深宽比有关，深度越小，刻蚀时间越短，同样深度情况下，直径越小，刻蚀时间越长；BEOL因为要刻蚀介质层，刻蚀时间和成本超过MEOL方案。介质层方面，深宽比低于10∶1采用TEOS沉积，超过10∶1采用PEALD沉积，总体上MEOL方案中TEOS的材料和工艺成本随着TSV直径和深度增大而增加，但BEOL方案中采用PEALD的成本与深宽比和深度关系不大。扩散阻挡层可以采用PVD或ALD沉积，PVD成本随TSV直径和深宽比增大而升高，ALD沉积与直径和深宽比关系不大。虽然PVD成本低，但PVD共形能力差，对高深宽比TSV需要沉积更厚的扩散阻挡层，才能保证底部扩散阻挡层的有效性，因此成本可能会更高，并且顶部厚度过大导致后续CMP的成本提高。铜电镀的成本随着电镀时间增加，大直径和高深宽比的TSV的电镀时间更长、成本更高，而电镀材料成本随着直径增大而提高。

CMP去除过电镀铜可以分为高速CMP和精细CMP。高速CMP的目的是提高效率，当过电镀厚度在2μm以下时，CMP成本与过电镀厚度关系不大，但是过电镀厚度更大时

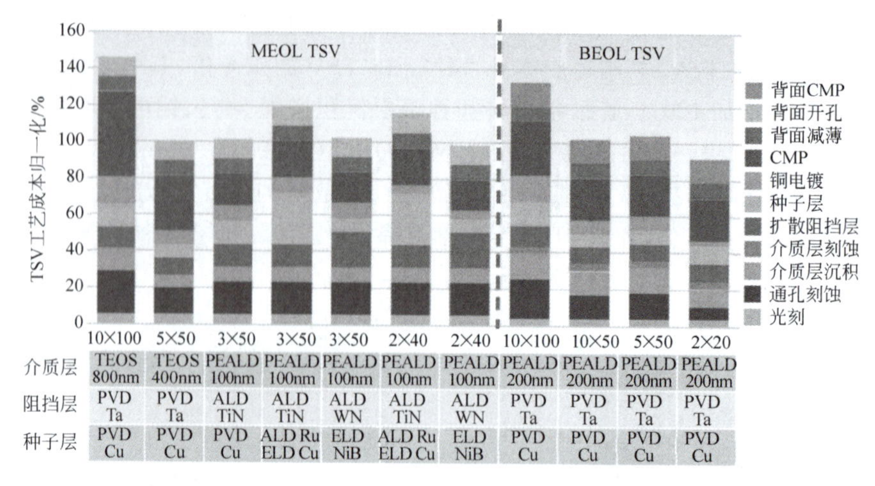

图 11-4　MEOL 和 BEOL 制造 TSV 分步成本

CMP 成本与厚度有关。精细 CMP 的目的是去除少量铜层和扩散阻挡层，保证平整性并防止铜污染，这一步的速率很低，是影响 CMP 的成本的主要环节。背面减薄和回刻等工艺过程占据的成本比例较高，但对于 MEOL 和 BEOL 的差异不大。

在键合方面，不同的键合方法的成本也不同。晶圆级键合效率高、成本低，而芯片级键合效率低、成本高，但是考虑到原芯片的制造成品率，需要综合评估哪种键合方式的最终成本更低。聚合物键合和金属凸点键合需要更多的材料和工艺，而 SiO_2 键合不需要额外的材料，但是所需要的平整化工艺和键合成品率的要求非常高。另外，芯片方向也对成本有重要影响，采用正面对正面键合时不需要临时键合，而正面对背面键合时需要采用临时键合和拆键合，大幅提高了制造成本。

在 2.5D 插入层集成中，单独引入的插入层显著增加了总体成本。如图 11-5 所示，利用 TSV CoSIM+成本模型，Yole Development 估算 Xilinx 的 Virtex-7 2000 FPGA 的每个插入层圆片的成本为 683 美元，其中设备折旧占 61%，材料和水电成本占 21%，硅圆片和键合辅助圆片占 11%，良率成本占 5%，人工成本占 2%，平均到每个插入层的制造成本 12 美元，售价 30 美元，占 Virtex-7 2000 整体封装成本 53 美元的 57%。由于设备折旧和材料及水电合计占插入层总制造成本的 82%，随着产量的扩大，这些成本被进一步摊薄，整体封装成本逐渐下降。插入层封装的成本从 2012 年年初的 80 美元左右降低到 2017 年的 30 美

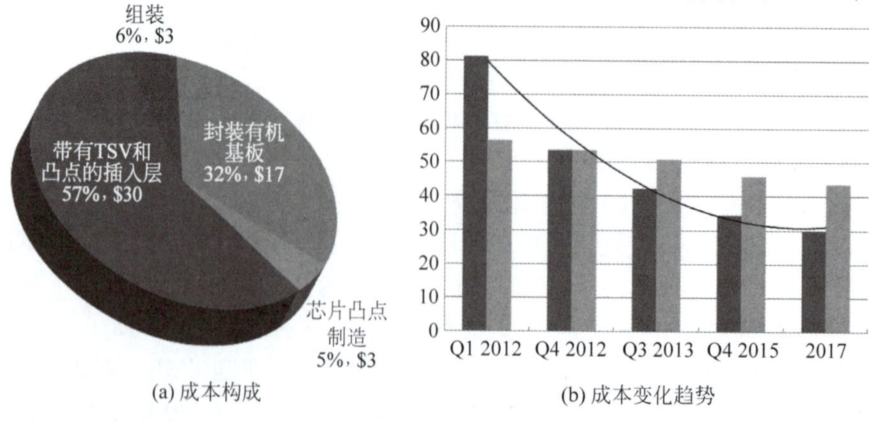

(a) 成本构成　　(b) 成本变化趋势

图 11-5　Xilinx 插入层集成的成本

元，而采用普通平面封装的成本从2012年初的56美元只降低到2017年的43美元，可见插入层引入量产后，设备折旧对成本下降的影响程度很大。

11.2 三维集成的制造过程缺陷

制造过程缺陷是指在制造过程中出现的非理想性问题，与使用时间无关但影响生产效率和成本。可靠性问题是在使用过程中出现问题或失效的现象，是与时间有关的因素。制造过程缺陷与可靠性有严格的区分，但也紧密关联。某些制造过程缺陷在制造时或制造完成时就已经体现，这部分缺陷导致成品率问题；有些制造过程缺陷在制造以后并未充分体现，这些缺陷在使用过程中可能发展为较为脆弱的环节，导致较早出现可靠性问题。例如，深刻蚀TSV导致的侧壁起伏和尖角，会在沉积的介质层内产生应力集中。多数情况下应力集中并未立即引起介质层失效，但是在使用过程中温度变化可能导致介质层加速裂纹，引起可靠性问题。

11.2.1 TSV缺陷

目前，单个高深宽比TSV的成品率可达99.99%以上[7]，但是当TSV数量巨大时，累积成品率仍然很低。理论上1000个和2000个TSV的累积成品率分别为90.48%和81.87%，而10000个TSV的累积成品率只有36.79%。因此，提高TSV的成品率仍是三维集成的关键。根据缺陷位置的不同，TSV制造缺陷可以大体分为内部缺陷、侧壁缺陷和表面缺陷三类。与TSV深刻蚀有关的典型侧壁缺陷是刻蚀结构的侧壁起伏、掩膜开口处的横向刻蚀以及底部介质层导致的横向刻蚀。这些问题对后续介质层、扩散阻挡层和种子层的连续性都产生严重的影响。上述问题基本都属于系统性缺陷，随着深刻蚀设备和技术的发展，目前都得到了较好的解决，但刻蚀过程仍需仔细优化工艺参数。

除了侧壁起伏外，深刻蚀导致的TSV内部缺陷主要包括侧壁鱼鳍残留[8]和底部草状残留[9]，如图11-6所示。鱼鳍缺陷是在深刻蚀过程中，由于单晶硅材料自身的体微缺陷充当微掩膜，造成TSV内部残留的横向单晶硅薄片。体微缺陷通常是氧沉积、夹杂、空洞等缺陷，具有汇聚周围缺陷的吸杂性质。制造单晶硅晶圆时，通常采用高温控制技术使晶圆表面一定深度内（晶体管层）氧沉积等缺陷密度极低，但是表层以下氧沉积作为吸杂层可以汇集杂质和缺陷，避免影响表层晶体管区。随着深度的增加，体微缺陷密度增大，如果深刻蚀时深孔侧壁遭遇的体微缺陷可能充当微掩膜，引起鱼鳍状刻蚀结构。这种鱼鳍缺陷会导致介

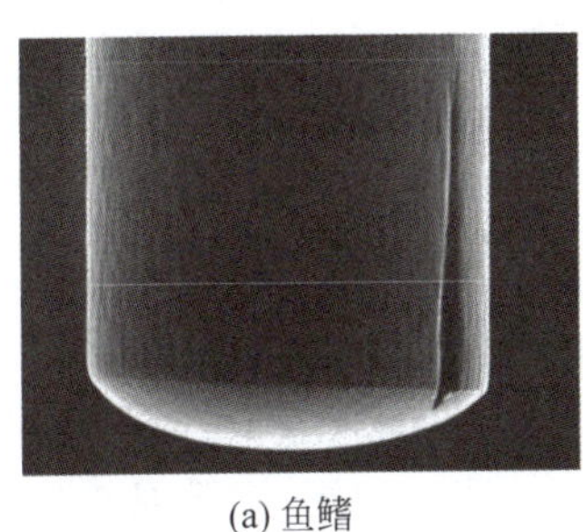

(a) 鱼鳍

(b) 鱼鳍导致铜扩散

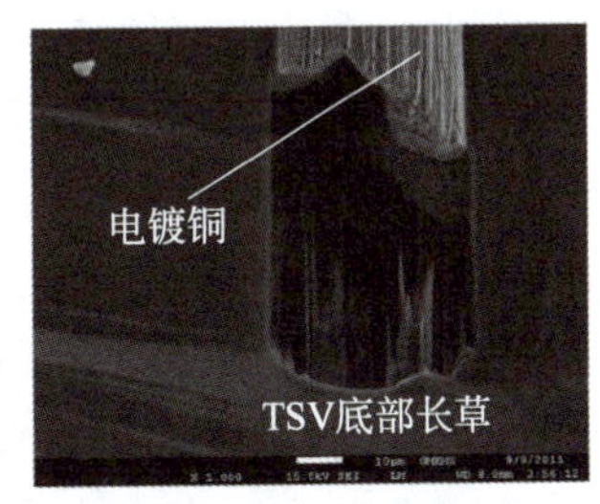

(c) 底部长草导致空洞

图11-6 TSV刻蚀缺陷

质层和扩散阻挡层失效,也会导致背面减薄时鱼鳍和介质层及扩散阻挡层的碎裂。这种刻蚀缺陷属于随机因素导致。此外,深刻蚀过程中,氧化物和氟化碳等成分形成的微颗粒吸附在 TSV 底部形成的微掩膜会导致深刻蚀长草的问题,这种缺陷往往属于系统性缺陷。

典型的内部缺陷包括 TSV 导体的断路和空洞,导致信号传输特性恶化、长期可靠性降低,甚至直接导致失效,如图 11-7 所示[10]。引起断路和空洞的原因有种子层不连续、电镀液颗粒、退火空洞等,其中种子层不连续是造成空洞的主要原因。对于高深宽比 TSV,PVD 方法沉积的种子层在距离 TSV 底部约 10%的位置最薄,最容易出现种子层不连续。种子层不连续属于系统性缺陷。为了解决种子层不连续导致的缺陷,可以使用更高制造能力的沉积方法如 ALD,或采用种子层增强来修复 PVD 方法沉积的缺陷。

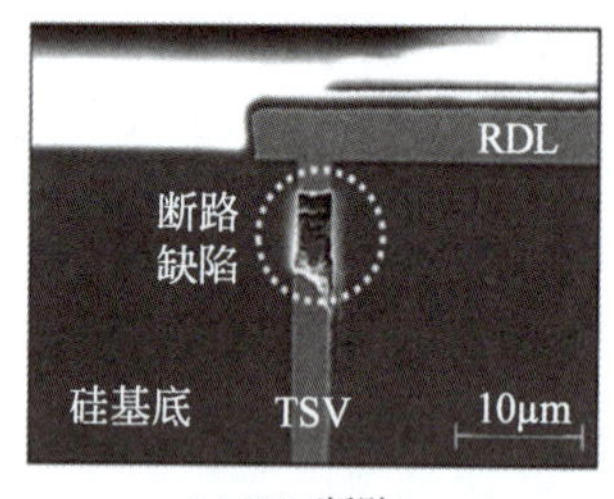

(a) TSV断路

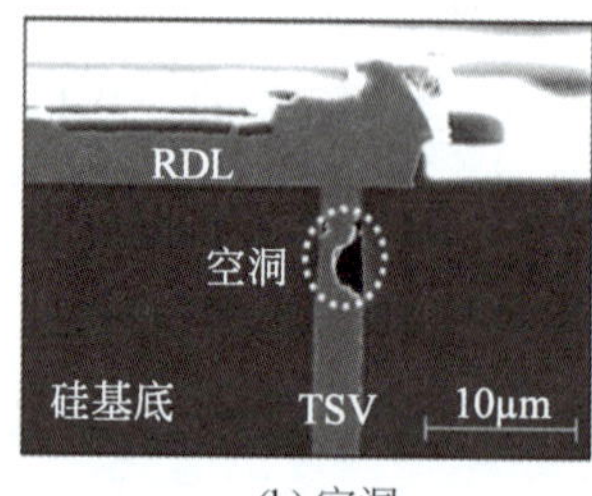

(b) 空洞

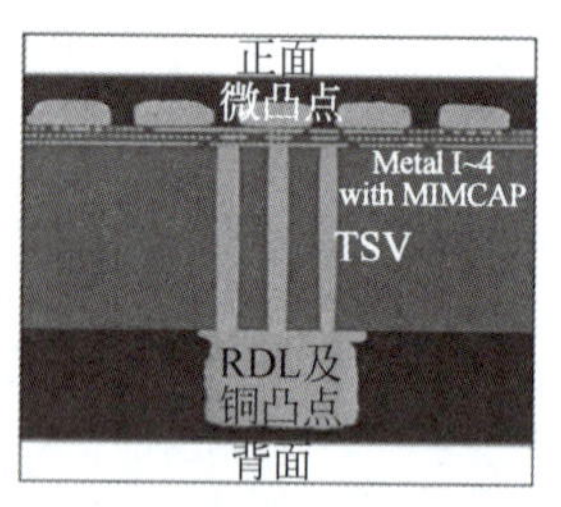

(c) 冗余TSV

图 11-7　TSV 导体缺陷

电镀杂质和退火空洞导致的制造缺陷表现为随机因素控制,通过工艺优化可以降低这些随机因素导致的缺陷,但是难以完全消除。即使 TSV 的深宽比减小到 5∶1,退火导致的空洞仍可能会出现。这种情况下,即使 TSV 缺陷概率很低、成品率很高,对于无法接受小概率失效的应用,也必须采用冗余的方法弥补制造失效,例如采用 2 个或 3 个 TSV 并联,使单个 TSV 随机断路导致的彻底失效的概率大幅降低[11]。

TSV 侧壁缺陷多发生在介质层和扩散阻挡层,如图 11-8 所示。这些与 TSV 介质层、扩散阻挡层和电镀种子层有关的制造缺陷,往往与 TSV 的深宽比有很强的依赖关系,这是由制造能力决定的。当 TSV 的深宽比从 10∶1 减小到 5∶1 时,很多源自深宽比的制造缺陷很容易解决。部分侧壁缺陷与前序工艺有关,例如 TSV 深孔刻蚀中,掩膜和介质层下方的横向刻蚀、侧壁起伏过大以及形状畸变等常见的刻蚀缺陷,都会导致介质层和扩散阻挡层的缺陷和非连续,引起侧壁的缺陷。因此,前续缺陷可能导致后续工艺过程的缺陷。

TSV 的表面缺陷多出现在 CMP 减薄后的铜柱表面,特别是铜柱与芯片表面相交的位置容易出现介质层裂纹、硅裂纹和扩散阻挡层不连续等缺陷。图 11-9 为 Leti 报道的 IntAct 集成方案中的铜柱表面缺陷[12]。TSV 直径为 10μm、中心距为 40μm,采用 MEOL 工艺制造。在铜电镀和三次 400℃热退火并 CMP 以后,晶圆上超过 200 万个 TSV 中有 938 个出现空洞缺陷。这些缺陷中,超过 95%位于 TSV 表面,并且在整个晶圆上均匀分布。缺陷尺寸为 50nm～10μm,根据大小分为直径小于 1μm 且对 TSV 无影响的外观缺陷、直径小于 3μm 且对后续工艺不产生明显影响的小缺陷、直径大于 3μm 且对 BEOL 工艺产生影响的较大缺陷,以及接近 TSV 半径或更大的显著缺陷(如裂纹、空洞和层间剥离)。另外,晶圆表面还存在着 50～200 个数量不等的随机缺陷,这些缺陷分布在 TSV 周围,多数是由嵌入的颗粒、前道缺陷或划痕等引起。

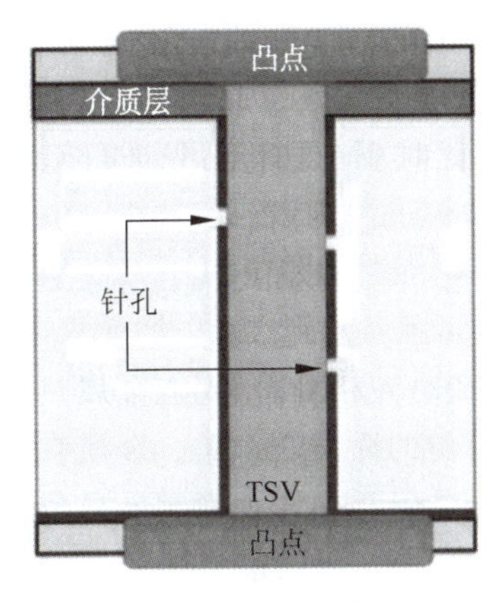

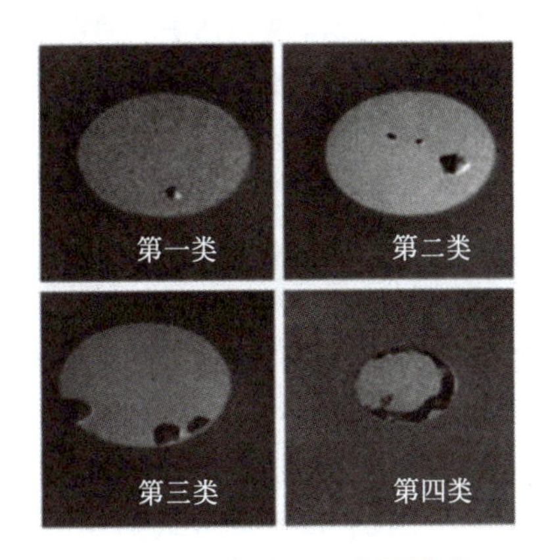

图 11-8 典型 TSV 侧壁缺陷

图 11-9 典型 TSV 表面缺陷

Leti 的研究表明，铜柱表面缺陷的类型与扩散阻挡层材料有关。采用 TiN 扩散阻挡层的 TSV 比采用 TaN 的 TSV 具有更多的缺陷，缺陷数量比达 5∶1。但是采用 TiN 扩散阻挡层的铜柱缺陷一般较为轻微，多属于第一和第二类，基本没有第四类；采用 TaN 扩散阻挡层的铜柱缺陷数量少，但主要是第三类和少量第四类。另外，采用 TaN 扩散阻挡层的晶圆发现了边缘少量局部裂纹和层间剥离，全视场 X 射线衍射测试表明，这些问题主要是 TaN/Ta 扩散阻挡层的高应力引起的。在 TiN 扩散阻挡层中，由于 iPVD 沉积的特性，Ti/Cu 界面出现了少量微空洞，导致退火后出现第一类和第二类缺陷，但是在 TaN 扩散阻挡层中 PVD 方法沉积铜未出现类似缺陷。

11.2.2 背面工艺缺陷

背面工艺也容易产生 TSV 制造缺陷。正面刻蚀深度、介质层和扩散阻挡层厚度、减薄过程的非均匀性等多种因素，都将在背面工艺中产生合并影响，导致背面工艺产生多种制造缺陷。良好的背面工艺应具有适应多种不确定性的能力，补偿或消除正面不确定性和非均匀性造成的累计影响。

背面缺陷主要发生在介质层和扩散阻挡层沉积，以及铜柱 CMP 以后的表面铜污染。背面 TSV 回刻以后，需要低温沉积 SiN 和 SiO_2 覆盖凸起的铜柱。氮化硅作为扩散阻挡层防止铜 CMP 的表面污染和应力补偿，SiO_2 作为介质层，并增强铜柱强度防止被 CMP 刮断。当铜柱凸出表面较高时，受限于低温沉积 SiN 和 SiO_2 的共形能力，在铜柱与表面相交位置容易出现介质层裂纹，如图 11-10 所示[13]。裂纹不仅导致潜在的电学可靠性问题，还充当介质层中残留气体和水分的逸出通道，在介质层 CMP 时还会被暴露出来形成围绕

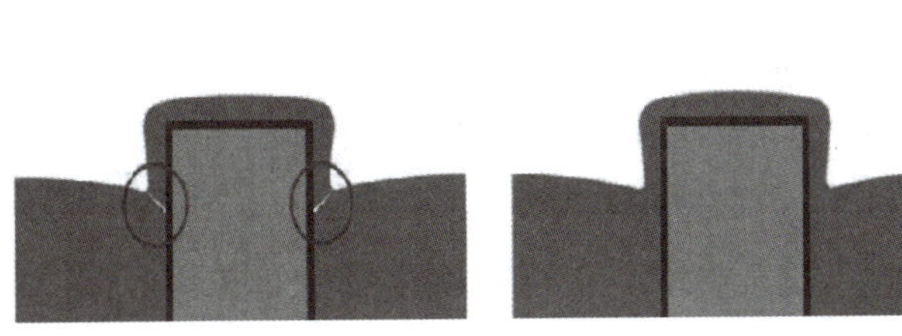

(a) 介质层裂纹　(b) 完整介质层　(c) 介质层CMP缺陷

图 11-10 TSV 背面介质层缺陷

TSV 的环状凹槽。凹槽影响 CMP 的平整性,容易造成表面刮痕,当 TSV 暴露高度较大时,缺少侧壁支撑而导致 TSV 刮断。如果正面刻蚀的深度均匀性较差,背面 CMP 平整化时,铜柱凸出表面高度差异很大,容易导致铜柱被刮断,此时应在回刻前先进行 CMP 平整化,再进行回刻衬底和介质层沉积。

11.2.3 键合缺陷

金属键合是另一个容易导致制造缺陷的工艺。瞬时液相键合、固态金属热压键合和室温键合表现的缺陷有所不同,而且键合缺陷还与所采用的介质层有关。金属直接键合常见缺陷为配对金属的高度控制问题导致无法接触及键合,以及金属表面污染导致的键合失败或界面电阻过大。液态过程典型缺陷如图 11-11 所示[10]。金属键合失败多出现于金属与高分子层混合键合的情况。键合时,高分子层的软化使其在压力作用下被挤压进入键合金属凸点之间,或高分子层厚度较大使金属凸点无法接触造成的。金属凸点之间的横向短接,是键合过程中液态金属流动导致的,如瞬时液态键合中熔化的金属在过大的键合压力挤压下,产生过度的横向流动而使相邻凸点接触。

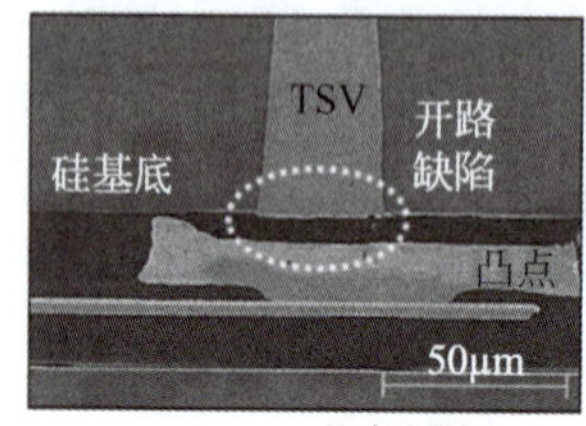

(a) TSV-凸点断路

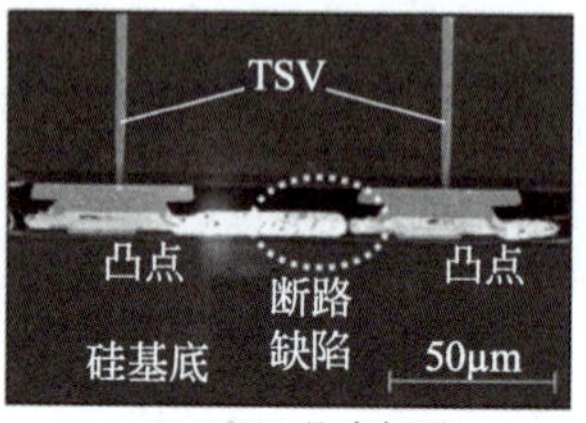

(b) TSV-凸点短路

图 11-11 典型凸点键合缺陷

实际上,金属液态键合是三维集成工艺环节中最容易导致成品率和可靠性问题的环节之一。除了常见的短路和断路外,金属液态键合还会导致多种可制造性问题,例如应力导致的晶圆翘曲、金属非润湿导致的未键合、高度均匀性导致的未键合、液态金属的挤压流动和爬行等。由于键合过程出现金属的液态以及金属间化合物的反应形成过程,工艺的非一致性和不可控性程度大,容易出现键合界面的空洞和夹杂等问题,引起制造缺陷或者长期可靠性问题。此外,键合后退火过程中或长期存放过程中,由于 IMC 反应消耗的速率和金属扩散速率不匹配,很容易在键合界面附近产生空洞。

11.2.4 三维集成的成品率

三维集成的成品率由三维集成的制造过程决定。几乎所有的工艺步骤都会引入制造缺陷,每个工艺步骤的成品率都无法达到 100%。三维集成工艺过程冗长,部分工艺难度高,导致多个工艺过程串联后的成品率降低。三维集成的成品率包括 TSV 成品率、减薄成品率、键合成品率等,因此三维集成成品率的影响因素非常复杂,不同的三维集成方法成品率差异也非常大[14-15]。在三维集成成品率一定的情况下,根据键合方式的不同,每层芯片成品率对于三维集成成品率的影响有很大不同。

11.2.4.1 成品率模型

对于每层芯片,符合泊松分布的成品率模型可以表示为[16]

$$Y_{\text{die}}=\left(1+\frac{DA_{\text{die}}}{\alpha}\right)^{-\alpha} \tag{11.1}$$

式中：Y_{die} 为芯片的成品率；D 为芯片的缺陷密度；A_{die} 为芯片的面积；α 为聚类系数，取决于设计和工艺的特性。

对于晶圆级键合，因为不进行确好芯片（KGD）的挑选直接而进行键合集成，在假设三维集成过程的成品率为100%的前提下，三维集成后的成品率可以简单表示为

$$Y_{\text{3D,W2W}}=\prod_{i=1}^{n}Y_{\text{die-}i} \tag{11.2}$$

式中：$Y_{\text{3D,W2W}}$ 为晶圆级键合后的成品率；$Y_{\text{die-}i}$ 为 n 层芯片三维集成中第 i 层的成品率。

三维集成后多层芯片的成品率是每层芯片单独成品率的乘积，这对成本的影响是巨大的。对于两层成品率相同的芯片，晶圆级三维集成后的成品率是单层成品率的2次方。由于最终成品率大体是多个单步工艺过程成品率的乘积，提高成品率最低的工艺过程的制造水平，对改善最终成品率具有显著的效果。

对于芯片级键合或者芯片-晶圆级键合，上层的芯片可以通过KGD的挑选将次品淘汰，此时三维集成的成品率只取决于三维集成过程的成品率和晶圆级芯片的成品率。因此，对于芯片-晶圆级键合或芯片级键合，通过KGD的挑选，三维集成后成品率不再是乘积关系，可以表示为

$$Y_{\text{3D,D2W}}=\min\left[Y_{\text{die-}i}\right] \tag{11.3}$$

式中：$Y_{\text{3D,D2W}}$ 为芯片-圆片级键合后的成品率。三维集成后的成品率是最低一层成品率。

三维集成将大芯片分割为多个小芯片垂直堆叠，即使对于晶圆级键合，成品率也可以得到一定的改善。假设三维集成工艺的成品率为100%，并且一个二维芯片可以分成两个面积相等的小芯片三维集成，例如一个10mm×10mm的芯片分为两个5mm×10mm的芯片。如果芯片制造过程的缺陷密度为0.003/mm^2，则10mm×10mm芯片的成品率约为75%，而5mm×10mm的芯片的成品率为86%。如果好芯片和坏芯片的分布符合泊松分布，那么在没有挑选的情况下进行晶圆级键合，则键合后两层芯片的成品率仍是75%。实际上，2010年Xilinx推出的基于插入层的三维集成FPGA就是为了有效提高成品率。因为FPGA芯片面积很大，通过将1个大芯片分割为4个小芯片集成，可以将每个芯片的面积减小到原来的1/4，小芯片的成品率大幅度提高，从而提高集成后整体成品率。

如图11-12所示，对于二维电路，假设每个晶圆上有12个芯片，其中10个为好片芯，则2个晶圆上共有24个芯片，其中有20个好芯片。如果采用2层的三维集成，每层芯片的尺寸是同样功能二维芯片尺寸的1/2，此时2层晶圆共有48个片芯，每个晶圆上的24个小芯片中22个为好芯片，两层叠加后所获得的24个三维集成芯片中至少有20个好的集成芯片。因此，在三维集成工艺成品率100%的情况下，三维集成的成品率至少不低于二维芯片的成品率。上述关系可以表示为

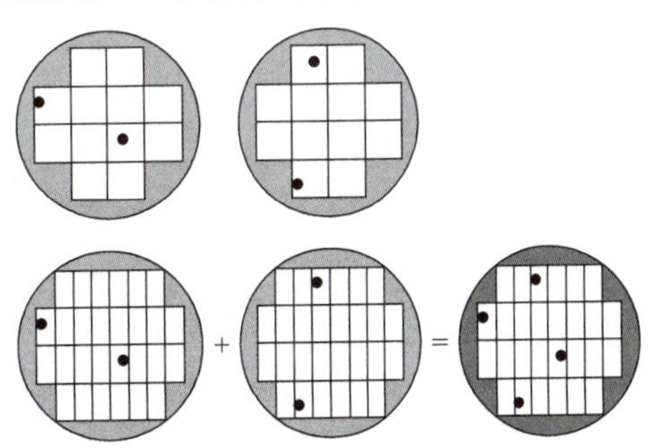

图11-12 三维集成成品率

$$Y_{2\text{stack}}=[1-0.5(1-Y)]^2=(0.5+0.5Y)^2>2(0.5+0.5Y)>2(0.5Y+0.5Y)=Y \tag{11.4}$$

采用更为精确的模型,根据式(11.1)可以将考虑芯片面积的单层芯片成品率表示为[15]

$$Y_{\text{die-}i}=\left[1+\frac{D_i}{\alpha_i}\left(\frac{A_{\text{die}}^{2\text{D}}}{n}+O_i\right)\right]^{-\alpha_i} \tag{11.5}$$

式中:$A_{\text{die}}^{2\text{D}}$ 为同样功能的平面芯片的面积;O_i 为分割后芯片间重叠而产生的额外的面积;所有下标 i 都表示三维集成中的第 i 层。

由于分割后每层芯片的面积稍微大于理论面积,每层芯片的成品率略低于理论上分割后的芯片成品率。

如果进行 KGD 测试,那么可以在键合前淘汰次品,从而提高键合后的成品率。显然,测试的质量对最终三维集成成品率有显著的影响。如果键合前测试对缺陷芯片的挑选不是100%,那么可以将未测出的缺陷芯片的概率表示为[15-17]

$$R_{\text{escape}}=1-Y_{\text{die}}^{1-F_c} \tag{11.6}$$

式中:F_c 为键合前测试的缺陷覆盖率。

因此,采用芯片级键合,三维集成后测试的漏检率可以近似表示为

$$R_{\text{escape,D2D}}=1-\prod_{i=1}^{n}Y_{\text{die-}i}^{1-F_{c_i}} \tag{11.7}$$

考虑上述未测出的缺陷概率和式(11.3),采用芯片级键合的成品率可以表示为

$$Y_{\text{3D,D2D}}=\min\left[Y_{\text{die-}i}\right]\prod_{i=1}^{n}Y_{\text{die-}i}^{1-F_{c_i}} \tag{11.8}$$

影响三维集成成品率的因素众多,其中主要包括键合的成品率和 TSV 制造成品率。因此,可以将三维集成过程本身的成品率表示为

$$Y_{\text{stack}}=Y_{\text{bonding}}\cdot Y_{\text{TSV}} \tag{11.9}$$

式中:Y_{bonding}、Y_{TSV} 分别为键合的成品率和 TSV 的成品率。

键合成品率受到键合强度和键合对准的影响,仅有强度而对准失败或者对准成功但是键合强度不够都无法获得成功的键合。目前尚没有一个合适的模型可以表述键合的成品率,通常是根据工艺给定一个常数[15]。

对于 TSV,影响成品率的因素更加多种多样,如介质层、扩散阻挡层、铜电镀,以及热膨胀引起的失效等。在未设置冗余 TSV 的情况下,TSV 的成品率可以表示为

$$Y_{\text{TSV}}=(1-f_{\text{TSV}})^m \tag{11.10}$$

式中:f_{TSV} 为 TSV 的失效概率,综合了各个工艺环节的失效概率;m 为 TSV 的个数。

由于 TSV 的数量巨大,即使 TSV 本身的失效概率很低,一个芯片由 TSV 所决定的成品率仍旧是较低的,因此,需要采用冗余 TSV 提高其成品率。

最终三维集成的成品率可以表示为

$$Y=Y_{\text{3D}}\prod_{i=1}^{n-1}Y_{\text{stack-}i} \tag{11.11}$$

从式(11.11)可以看出,TSV 成品率对三维集成的整体成品率有极为重要的影响。

由于 TSV 数量较大,即使单个 TSV 的成品率很高,大量 TSV 的应用也会大幅降低三

维集成后芯片的成品率。图 11-13 为三维集成后，三维集成芯片的成品率与 TSV 数量和 TSV 成品率之间的关系，实际上是一个多 TSV 串联的成品率模型。例如，单个 TSV 的成品率即使高达 99.5%，对于 100 个 TSV 的成品率也会大幅下降到 64%；而对于 500 个 TSV 的集成，成品率将下降到只有 10%。因此，如果要获得较高的三维集成后成品率，TSV 的成品率必须接近 100%，或采用冗余 TSV 的方法。

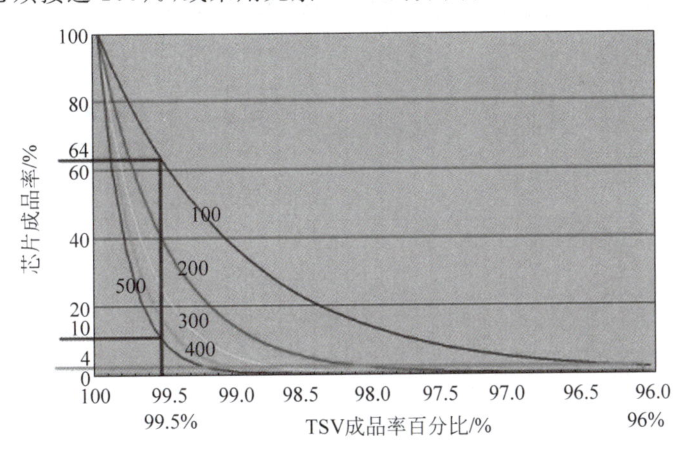

图 11-13　TSV 数量与成品率

芯片级键合或芯片-圆片级键合可以通过键合前测试避免了圆片级键合方法中次品芯片浪费成品芯片的问题。键合前测试既包括缺陷芯片的淘汰，也包括 TSV 成品率的测试。对于先 TSV 后键合方案，测试可以淘汰缺陷芯片或者缺陷 TSV。芯片功能测试的难点在于，经过分割后芯片的功能只是二维芯片功能的一部分，难以将已有的二维芯片的测试方法直接用于分割后的芯片测试，而必须根据芯片分割后的功能特点，重新设计芯片测试方法并制定相应的淘汰标准。这种方法和标准的确定，必须保证所有分割芯片通过功能测试后，合并的完整功能也符合最终芯片功能的要求。

对于 TSV 的测试有很大的难度。TSV 的尺寸较小，难以通过传统的测试方法和测试手段直接测试，甚至很多 TSV 的平面互连埋藏在介质层下方，难以直接测试。即使能够直接测试的 TSV，为了匹配测试系统的要求，需要较大的测试引线盘，占用相当大的芯片面积。有研究提出采用非接触测试的方法，利用微天线对 TSV 测试[18-21]，但是非接触测试需要复杂的无线能量和信号传输系统。多数情况下 TSV 的数量巨大，即使能够对单一 TSV 进行测试，测试过程也是相当低效的，测试成本过高，不符合批量生产对效率的要求。一般的解决方式是同时对多个 TSV 构成的特定功能进行测试，确定其中 TSV 的成品率，减少测试数量和测试成本[22]。这种方法的难点是如何在不影响 TSV 实际功能的情况下，确定多个测试 TSV 所构成的功能模块[23-25]。由于 TSV 往往构成电路的一部分，通过测量与 TSV 连接的电路功能是测试 TSV 的方法之一[26-29]。

在晶圆级键合方面，通过晶圆级的测试技术也有望改善三维集成的成品率。如果在晶圆级测试时可以知道失效芯片的位置，那么可以将具有相同缺陷分布的晶圆键合在一起，以减少合格芯片的损失，使三维集成的成品率同芯片制造的成品率类似。然而这要求圆片级失效芯片的分布位置相同，这个条件是非常苛刻的，基本不具有广泛应用的价值[30-31]。

如果采用芯片级键合，在键合前可以对坏芯片进行测试淘汰，即使考虑到三维集成过程的成品率，也可能提高三维集成后的成品率，如图 11-14 所示。Tezzaron 的研究表明，对于可以采用冗余设计的芯片，例如存储器和 FPGA，通过合理的设计能够通过三维集成利用备用的冗余器件，从而大幅提高成品率[32]。

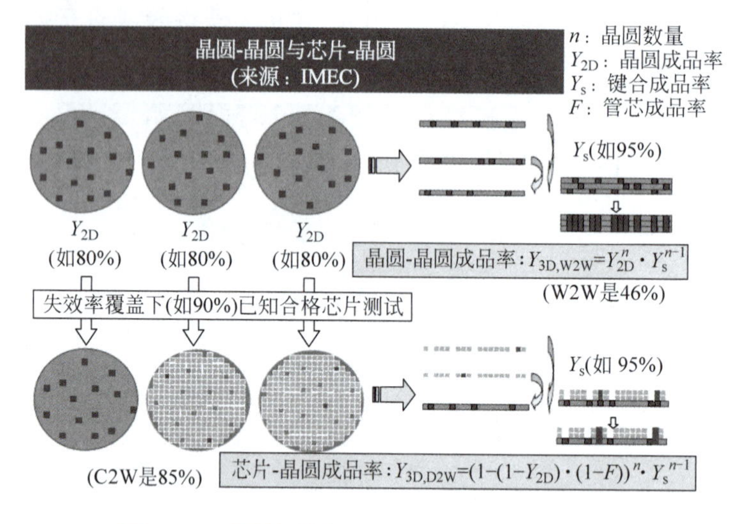

图 11-14　晶圆级键合和芯片-晶圆键合的成品率

11.2.4.2　TSV 冗余

由于 TSV 的成品率对三维集成的成品率影响很大，如何在 TSV 成品率一定的情况下减小 TSV 成品率对三维集成成品率的影响极为重要。利用三维集成可以较为自由地使用 TSV 的特性，可以通过冗余 TSV 增加对部分类型特别是断路缺陷的容忍度，提高三维集成的成品率。冗余是指利用多个 TSV 并联，共同连接在一个平面互连或凸点上[33]。

图 11-15(a)为 Samsung 在 DRAM 三维集成中使用冗余 TSV 的方法。这种方法将 6 个 TSV 作为一组使用，包括 4 个信号 TSV 和 2 个冗余 TSV，实现 1∶2 的冗余比。当该组内出现 1 个或 2 个 TSV 失效时，整个 TSV 组的功能没有影响。图 11-15(b)为 TSV 复用器结构，将多个信号 TSV 与 1 个冗余 TSV 连接。当出现失效的 TSV 时，可以将该失效 TSV 传输的信号和所有其他 TSV 上的信号加载到正常的 TSV 上。如果 TSV 模块包括 n 个 TSV，冗余比例为 1∶n。这种技术只能修复一组 TSV 中的一个，适用于 TSV 尺寸较大、失效概率较低的情况。图 11-15(c)为基于片上网络的 TSV 缺陷补偿方法。由多个 TSV 构成 TSV 网络，在每行和每列设置冗余的 TSV，通过交叉棒结构连接同一行或列的信号 TSV。当某个 TSV 失效时，将该 TSV 的信号加载到任意一个冗余 TSV 上。对于 $n \times n$ 个 TSV 构成的网格，冗余比为 1∶n，可以冗余每行或列中任意一个 TSV 的失效。

尽管不同的冗余策略可以针对不同的 TSV 失效进行修复，但是这些方案基本都以 TSV 失效均匀分布作为假设，利用相邻的 TSV 替代失效的 TSV。实际上，TSV 制造和键合过程的失效不一定具有均匀分布的特性，而可能出现一定面积内的失效，即当某个 TSV 或键合失效时，其周边相邻的多个 TSV 和键合也失效了。针对这种问题，图 11-15(d)给出了利用简单路由功能失效的 TSV 冗余补偿策略，其基本思想是通过简单的路由器功能，利用一定距离以外的 TSV 补偿失效的 TSV，代价是增大了芯片的面积。

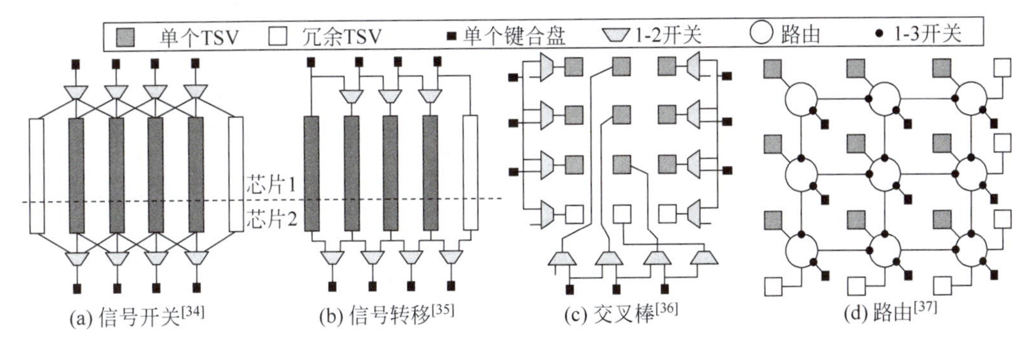

图 11-15 TSV 冗余

11.3 三维集成的可靠性

三维集成的可靠性受自身特性和外部应力两方面的影响。由于三维集成引入了更多的材料和更复杂的结构，具有更恶劣的温度和应力状态，因此三维集成的可靠性问题更为严峻。三维集成对可靠性的影响包括两方面：一是三维集成引入的新材料、新工艺和新结构本身的可靠性，如 TSV 和键合等相关的可靠性；二是三维集成对平面集成电路可靠性的影响，如 TSV 应力和铜扩散对器件可靠性的影响。由于三维集成自身的可靠性问题和对平面电路的影响交织在一起，需要评估的可靠性问题极为广泛，使得三维集成的可靠性研究工作繁重而复杂。

11.3.1 影响可靠性的因素

相对于平面电路，引起三维集成可靠性问题的因素包括以下三方面：

第一，更高的集成度和更低的散热能力引起严峻的高温和热应力问题。三维集成在单位体积内更高的集成度和多层之间较低的热传导能力，使三维集成系统自身的发热更为严重，而散热却显著下降，导致更高的温度。温度升高会引起漏电流增大、电迁移恶化、热应力显著，加速与温度有关的失效机理的出现。因此，在发热和散热双重因素的负面影响下，三维集成热可靠性变得异常严峻。解决三维集成中热量的产生和堆积并提高散热能力，是三维集成最具有挑战性的问题之一。

第二，由于热膨胀系数失配引起的热应力以及制造和结构引起的残余应力问题。由于硅、铜、聚合物材料等三维集成主要材料的热膨胀系数差异较大，以及圆片减薄、铜电镀、键合产生的残余应力，在包括 TSV 和键合界面等多个位置都会引起显著的热应力、残余应力和翘曲。这些应力、应力梯度和变形是导致性能恶化和失效的重要因素。

第三，三维集成复杂的材料体系、制造过程和结构更复杂，导致更高的缺陷概率和更低的器件鲁棒性。TSV 的介质层沉积、扩散阻挡层沉积、铜电镀和铜 CMP 等工艺过程，以及金属键合过程，都可能出现制造缺陷。有些制造缺陷在工作阶段通过热、力或电等失效应力的诱导和激发而暴露出来，导致可靠性问题。例如，铜电镀导致的空洞缺陷会随着负载和时间的推移而不断发展，当空洞扩大到 TSV 直径时，会引起断路；背面铜 CMP 工艺增加了铜污染的风险，若不能有效控制，则将引起电路长期可靠性问题。

三维集成的可靠性因素不仅比平面电路更为复杂和严峻,其可靠性的研究和评估也更为困难。由于TSV和键合等每个工艺过程和结构自身都会产生可靠性风险因素,而这些因素可能是相互耦合的,导致即使能够发现可靠性问题,也难以准确分析和判断到底是哪个过程或结构导致的。这一特点对于应力引起的可靠性问题更为突出。此外,无论TSV的介质层和铜柱,还是高分子和金属凸点键合,都包含了多种非晶体材料。由于非晶体材料的热学和力学特性等与制造过程的工艺参数有直接关系,通常非晶体材料的制造会导致较大的材料性能的分散性和复杂性,使可靠性的分析更为困难。

由于三维集成复杂的工艺过程和可靠性涉及众多的方面,可靠性评估测试需要海量的测试和统计数据,不但工作量巨大,而且很多可靠性评价指标的测试也非常困难。工艺过程引入的顺序不同、后续热处理不同,都会导致三维集成所表现的残余应力等发生变化,因此只能根据具体工艺进行可靠性评价,并且工艺和材料的微小改动,都需要重新进行可靠性评价。尽管部分可靠性的评价和测试方法可以借用平面集成电路已经建立起来的方法(如电迁移、扩散阻挡层的性质等),但是有些失效机理的分析和测试则需要建立新的测量方法(如残余应力的测量)。受限于多层键合后相互影响、高深宽比内部难以直接观测等因素,很多性能测试仍缺乏简单、高效、准确的原位非破坏性的实时测量方法。

11.3.2 可靠性问题的来源

三维集成主要引入了TSV和多层键合,因此从三维集成引入的新结构和新工艺的角度,可以将新产生的问题分为TSV的可靠性问题和键合的可靠性问题。如图11-16所示,TSV的可靠性问题包括TSV的电镀空洞和缺陷问题、电迁移问题、介质层和扩散阻挡层失效问题、铜柱的残余应力和热膨胀应力问题等;而键合引入的可靠性问题包括热应力、残余应力、芯片碎裂、减薄引起的污染和表面应力、键合凸点失效和残余应力等。

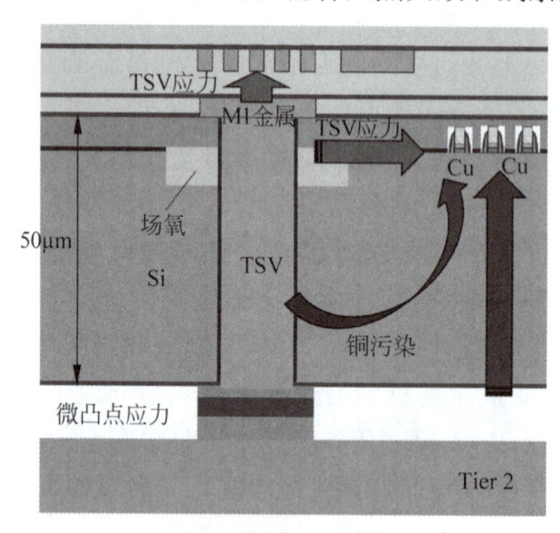

图11-16 三维集成对可靠性的影响

表11-2列举了三维集成中主要结构和工艺过程产生的可靠性的问题、失效原因、失效机理和失效模式。这些可靠性问题可以分为结构导致的热力学和电学可靠性问题,以及工艺过程导致的可靠性问题。几乎所有的可靠性问题都是由材料和工艺方法导致的,因此,解决可靠性问题的根本在于分析失效机理和失效原因,并对相关的材料、结构和工艺

进行改进。例如，铜柱热膨胀对介质层的应力与 TSV 结构和材料相关，优化工艺过程可以在一定程度上降低应力大小，但无法彻底消除；背面铜 CMP 造成的污染是工艺过程的控制能力引起的，良好的工艺控制和结构及材料优化，可以大幅降低甚至避免 CMP 的铜污染。

表 11-2　三维集成的主要可靠性问题

结构/工艺	位置/材料	失效模式	失效形式	失效机理	失效原因
TSV	介质层	漏电短路	电气失效：介质层漏电	介质层结构缺陷和针孔导致的非连续	介质层沉积质量
			结构失效：介质层裂缝	热应力超过介质层强度导致裂纹	介质层均匀性；结构导致应力集中
		击穿短路	电气失效：介质强度丧失	场强超过介质层击穿场强	介质层质量和均匀性；结构导致电场集中
	扩散阻挡层与粘附层	铜扩散	物理失效：扩散阻挡失效	针孔或剥落导致扩散阻挡层非连续	扩散阻挡层沉积质量；均匀性和连续性
			物理失效：扩散阻挡失效	热膨胀应力导致裂纹	扩散阻挡层均匀性；结构导致应力集中
		铜柱脱离	结构失效：界面裂缝	热膨胀和热应力导致粘附层与介质层剥离	粘附层和介质层质量问题；热膨胀过大
	铜柱	电阻增大断路	电气失效：铜柱空洞	电镀空洞引起溶液化学腐蚀铜柱	电镀存在空洞
			电气失效：铜柱/RDL 空洞	应力迁移或电迁移引起空洞或结构变化	应力集中或电流过大
		器件失效	电气失效：器件性能变化	铜柱径向热膨胀引起衬底应力和变形	铜柱热退火问题；器件位于应力区
		芯片碎裂	结构失效：芯片裂纹		
		键合分离	结构失效：铜柱顶开键合层	铜柱轴向热膨胀挤压上方结构	铜柱热退火问题
		IMD 碎裂	结构失效：铜柱挤压 IMD		
		铜柱阻值变化	电气失效：阻值变化	使用期自退火或热退火导致晶粒大小/分布变化	铜柱热退火问题
键合	键合界面	键合界面开裂	结构失效：键合分离	应力导致键合界面缺陷和空洞扩展	键合层污染、键合表面处理导致的键合空洞
				应力超过键合强度	相邻衬底热膨胀系数差异过大导致热应力
	芯片	器件性能变化	电气失效：器件性能变化	工作期热应力导致器件性能变化	热膨胀系数差异导致衬底热应力
				键合残余应力导致器件性能变化	键合结构和工艺导致残余应力
		芯片碎裂	结构失效：芯片裂纹	应力导致衬底裂纹并扩展	键合残余应力过大，与热应力叠加

续表

结构/工艺	位置/材料	失效模式	失效形式	失效机理	失效原因
金属凸点	凸点	阻值增大断路	电气失效：杂质和空洞再分布	热应力和残余应力导致凸点杂质和空洞迁移	凸点电镀和键合质量问题；应力集中
				IMC 演化导致 Kirkendall 空洞迁移和汇聚	凸点 IMC 反应未进入稳定状态
		断路	结构失效：凸点与衬底分离	下填充材料变形导致凸点剥离	下填充结构非均匀性；下填充空洞
				衬底变形和凸点高度差异导致凸点键合分离	键合非均匀；衬底强度过低；凸点高度差过大
	凸点间	短路	电气失效：凸点间短接	应力和 IMC 演化导致凸点变形	凸点间距过小；热应力导致凸点变形
	芯片	芯片碎裂	结构失效：芯片裂纹	键合应力或热应力导致芯片裂纹和扩展	键合结构和材料非均匀性
		铜扩散	电气失效：铜扩散	凸点 UBM 扩散阻挡层失效	UBM 与金属粘附质量和扩散阻挡层质量
背面减薄、回刻和CMP	芯片表面	器件性能变化	电气失效：衬底残余应力/应变	减薄晶格损伤残余应力和应变	晶格损伤控制问题，晶格损伤层去除不彻底
			物理失效：杂质分布变化	减薄去除吸杂层导致金属杂质分布变化	吸杂层去除
			物理失效：铜扩散	减薄导致铜在衬底背面污染	背面减薄和 CMP 工艺合理性问题
		芯片碎裂	结构失效：衬底裂纹	减薄应力和晶格损伤导致微裂纹扩展	减薄损伤引起微裂纹；裂纹层去除不彻底
	铜柱界面	铜柱漏电	电气失效：介质层损伤	回刻或 CMP 导致介质层完整性问题	回刻及 CMP 工艺合理性和顺序问题
	背面 RDL	器件性能变化	物理失效：铜污染	铜扩散	RDL 工艺合理性问题

11.4 残余应力与热应力

几乎所有的制造过程都会产生残余应力，残余应力是制造领域无法完全避免的形态。残余应力可以分为本征应力和非本征应力。本征应力主要是制造过程晶格失配和杂质等因素改变了材料的微观结构而引起的内部应力，它不依赖外部条件而独立存在。非本征应力主要是外部因素变化在不同结构和材料内部引起的应力，例如热膨胀系数不同而在温度变化过程中引起的应力。当温度恢复后，通常应力也随之消失，这种应力具有过程存在的特点。若各种引起应力的因素作用在长程范围，则产生宏观残余应力；若发生在晶粒之间(或晶粒区域之间)，就形成微观残余应力。

引起本征残余应力的原因大体包括以下几方面：

(1) 晶粒的各向异性产生的微观残余应力。在单晶材料中，晶格的各向异性使多数单晶材料的热膨胀系数和弹性系数等材料的宏观性质表现为各向异性，其弹性模量一般以晶体的<111>方向最大，<100>方向最小。单晶铜的弹性模量随晶体方位不同有几倍的差异，而硅的不同晶向上也有50%的差异。对于多晶和非晶材料，由于各晶粒的方向和大小不同，晶粒间的方位不同，都会产生微观残余应力。

(2) 晶格缺陷和晶粒内外的塑性变形产生的微观残余应力。薄膜生长过程中伴随着随机的材料缺陷，包括位错、孪晶、空位等，导致微观结构的非对称而引起残余应力。此外，晶粒内的滑移、穿越晶粒边界的滑移及双晶等，都会在材料内部产生塑性变形，引起微观残余应力。晶粒内的滑移变形在组织内不均匀地形成各种内部缺陷，成为产生微观残余应力的主要原因。例如，铜柱在热膨胀过程中受到硅衬底和介质层的限制，发生晶粒的变形、合并、长大，会产生明显的塑性变形而引起残余应力。

(3) 杂质、沉淀相或相变导致的第二相产生的残余应力。在金相组织内，当杂质、析出物及相变导致不同的相时，由于体积变化及热应力的作用可能产生微观残余应力。例如，TSV电镀后铜柱内的晶粒大小和方向各异，同时还夹杂着不同类型的添加剂及水分子等杂质，因此残余应力的成因与杂质有直接关系。金属TLP键合后金属间化合物(IMC)的产生和演化过程随时间变化，也会导致残余应力。

引起非本征应力的原因通常和热膨胀相关。由于TSV的铜柱、介质层以及硅衬底的热膨胀系数差异很大，温度变化后热膨胀系数失配引起严重的应力。例如，硅圆片与玻璃圆片在某一高温下以零应力状态完成键合，当温度回到室温时，由于二者的热膨胀系数的差异，各自的收缩量不同，形成持续性的相互作用力。这种热应力通常具有相互作用性，即应力不单一存在于一种结构或材料中，而是成对存在于相邻的结构或材料中。

11.4.1 残余应力与热应力的影响

残余应力和热应力对三维集成的影响包括两方面：一是对器件和芯片的性能及可靠性产生影响；二是对三维集成工艺过程产生影响。应力引起的可靠性问题多数发生在不同材料的界面处，这实际上是与残余应力和热应力产生原因相关的。例如，对于TSV，最大的热应力出现在铜柱和介质层的界面，因此热应力引起的裂纹和失效也往往从这个界面开始，特别是接近芯片表面的位置，然后向内部扩张[38]。应力不但可能导致芯片碎裂，即使未使芯片碎裂，也会影响芯片表面器件的性能。

尽管应力的问题已经获得了足够的重视，但是目前的研究多集中在单芯片的应力分析上，而多芯片键合以及封装会对应力产生巨大的影响，情况变得异常复杂，因此如何进行多芯片协同分析并考虑封装产生的影响，仍需要做深入研究[39]。即使在单芯片内，应力引起裂纹的产生过程仍缺乏准确的动力学描述，这严重影响了对力学可靠性的分析。

TSV应力的主要研究方向包括[40]：①利用有限元分析与理论模型和试验数据相结合，建立热力学耦合分析模型，探索TSV的应力特性，这种分析方法属于宏观范畴；②利用拉曼散射、X射线衍射、纳米压痕以及芯片变形测量等手段直接测量应力和变形的分布状态及变化过程，以此分析TSV应力的演化趋势和应力对周围器件的影响；③利用可靠性测试方法研究失效位置、失效模式和失效机理，以及可靠性增长特性；④通过聚焦离子束、电子背散射图样等微观晶格分析技术，研究残余应力产生的机理和演变过程。

无论通过哪种方式，应力研究的主要目的都是分析应力产生的原因和影响因素、对器件性能的影响、对可靠性的影响和失效机理，以及如何设计和选择低应力区(KOZ，也称排除区)。有限元分析是研究TSV热力学特性的有力手段,特别是对于多层键合的复杂系统的分析;测试方法可以获得直接的测量结果,但是测试手段有限,对于多层键合难以测量下层的芯片情况。

11.4.1.1 对可靠性的影响

残余应力和热应力对器件性能和可靠性的影响是多方面的。表11-3列出三维集成主要工艺过程中热应力和残余应力的产生以及对可靠性的影响。残余应力对性能和可靠性的影响有三个特点:①产生残余应力的因素几乎遍布工艺全过程,包括TSV深孔侧壁绝缘、铜柱电镀、临时和永久键合、背面减薄等。这导致影响可靠性问题的因素非常复杂,试图通过优化工艺过程来减小残余应力和提高可靠性必须能够准确分析残余应力的起因和影响。②残余应力对可靠性的影响是多方面的,不仅会影响与应力有关的结构和强度,还会影响电学性质及可靠性。例如,TSV铜柱的残余应力,不仅会导致衬底的应力和铜柱的滑移,而且会影响衬底上器件的电学性能和铜柱的电阻。③多种残余应力和影响相互交织,导致应力产生阶段和起因分析更加困难。例如,键合产生的应力与铜柱残余应力或其他应力叠加在一起,分析不同工艺过程的残余应力的影响更为困难。

表11-3 残余应力对可靠性的影响

工艺过程	热应力		残余应力	
	位置	影响	位置	影响
铜电镀	铜柱内部径向和轴向,周围硅衬底,上下层	晶体管性能改变,晶圆碎裂,铜柱凸出,键合芯片分离,介质层断裂	铜柱内部和周围硅衬底,特别是硅表面	TSV电迁移和应力迁移,晶体管性能改变,容限降低甚至晶圆碎裂;硅片弯曲变形,影响后续光刻、键合等工艺
临时键合	器件晶圆	增大永久键合时的对准误差	器件晶圆	增大永久键合时的对准误差
硅片减薄	—	—	晶圆背面	硅片碎裂、晶体管性能改变
金属键合	凸点间硅层	晶体管性能改变、硅片弯曲和碎裂	凸点间硅层	晶体管性能改变、硅片弯曲和碎裂
聚合物键合	整个硅层	晶体管性能改变、硅片弯曲	器件晶圆	晶体管性能改变、硅片弯曲

11.4.1.2 对工艺过程的影响

残余应力对工艺过程的影响主要表现在引起晶圆的翘曲,进而影响到工艺过程。晶圆翘曲会导致键合对准偏差和光刻精度下降。晶圆翘曲变形对晶圆级键合的对准精度有很大的影响。此外,晶圆级键合通常施加一定的键合压力使晶圆充分接触,而翘曲会产生键合的接触问题。例如SiO_2键合所需的键合力很小,晶圆翘曲会导致键合面的非完全接触。对于聚合物键合,施加键合压力克服翘曲的过程可能导致软化的聚合物层变形异常,聚合物层的厚度不再均匀。在翘曲变形过大、芯片面积较大的情况下,翘曲可能导致光刻精度恶化,甚至超过聚焦深度而导致光刻无法进行。

残余应力造成的翘曲是非常显著的。例如在200℃将300mm硅晶圆与玻璃圆片临时键合后再冷却到室温，即使二者的热膨胀系数差异只有1ppm/K，二者的收缩差异也将超过30μm，从而引起数微米至数十微米的晶圆翘曲。即使对于沉积TSV介质层、扩散阻挡层和电镀这样的低温工艺，残余应力造成的晶圆翘曲也较为显著。

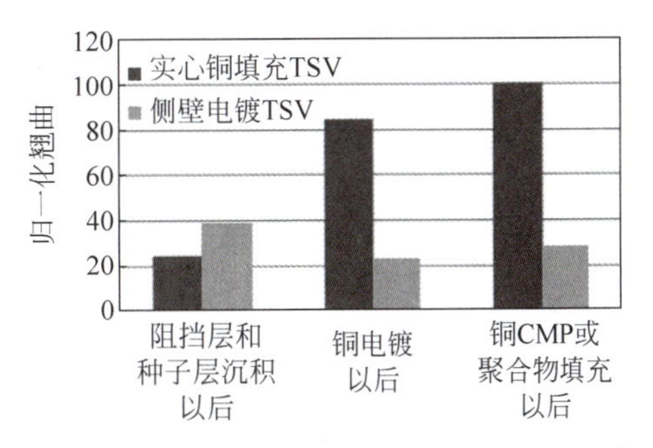

图11-17 铜TSV工艺过程对晶圆翘曲的影响

图11-17为实心铜电镀和空心铜电镀引起的残余应力造成的晶圆翘曲程度[41]。电镀实心铜的残余应力远大于只在TSV侧壁电镀铜薄膜的应力，造成的晶圆翘曲也高出3倍，经过铜CMP后，翘曲甚至有所增加。因此，尽管铜电镀是低温工艺，但是产生的残余应力却很大。这说明结构和工艺过程是影响残余应力的主要因素之一。

在晶圆减薄过程中，砂轮的磨削产生较大的磨削力挤压材料的晶格，晶格改变使减薄表面产生显著的残余应力，导致晶圆翘曲。磨削力在减薄完成后自然消失，而减薄表面的残余应力必须彻底消除，以免引起器件性能和机械可靠性方面的问题。

11.4.1.3 晶圆减薄残余应力

减薄残余应力产生在晶圆表面的一定深度范围内称为晶格损伤层。经过减薄后处理减薄损伤层以后，晶圆弹性体的性质使晶圆能够回复到无应力状态，减薄后晶圆上的器件性能没有明显变化。图11-18为IMEC测试的0.35μm工艺的NMOS和PMOS晶体管在减薄前后和转移到辅助圆片后的VT_{lin}-L_{des}及I_{sleak}-I_{dsat}[42]。图中空心图标表示减薄前，实心图标表示减薄后，圆形代表减薄到15μm并键合到辅助圆片，方形和菱形代表两个不同圆片减薄到45μm。可以看出，去除应力损伤层后减薄和键合都没有对器件性能产生明显的影响。

将衬底进一步减薄到5～20μm时，对于130nm工艺制造的阱深2μm的MOSFET器件，除了P型方块电阻因为减薄有所增大外，器件的其他各方面性能都没有明显的变化，包括二极管漏电流以及P型和N型FET在开态和关态的闩锁效应、阈值电压、亚阈值斜率、漏极电流、开关电流比等[43]。图11-19为超薄衬底上130nm栅极漏电流和P型方块电阻的变化情况，其中S1为利用研磨、CMP和干法刻蚀减薄的20μm厚的衬底，S2为研磨和CMP减薄的5μm厚的衬底，S3为研磨的5μm厚的衬底。可以发现，NMOS的栅极漏电流有10%左右的减小，而PMOS的栅极漏电流没有变化。另外，P型衬底的方块电阻有所增大，而N型衬底的方块电阻没有变化。另外有研究表明，通过消除减薄表面的残余应力，减薄至50μm厚的芯片上器件的Flicker噪声没有明显变化[44-45]，减薄未对模拟电路产生影响。

11.4.1.4 键合残余应力

键合芯片间通常需要多个金属凸点连接实现电学互连，金属凸点的数量甚至高达10^4～10^5个。由于金属凸点之间的缝隙一般会填充介质材料，因此材料的不一致引起的局部应力非常严重，如图11-20所示[46]，特别是当晶圆厚度减小到50μm以下时，金属凸点导致的

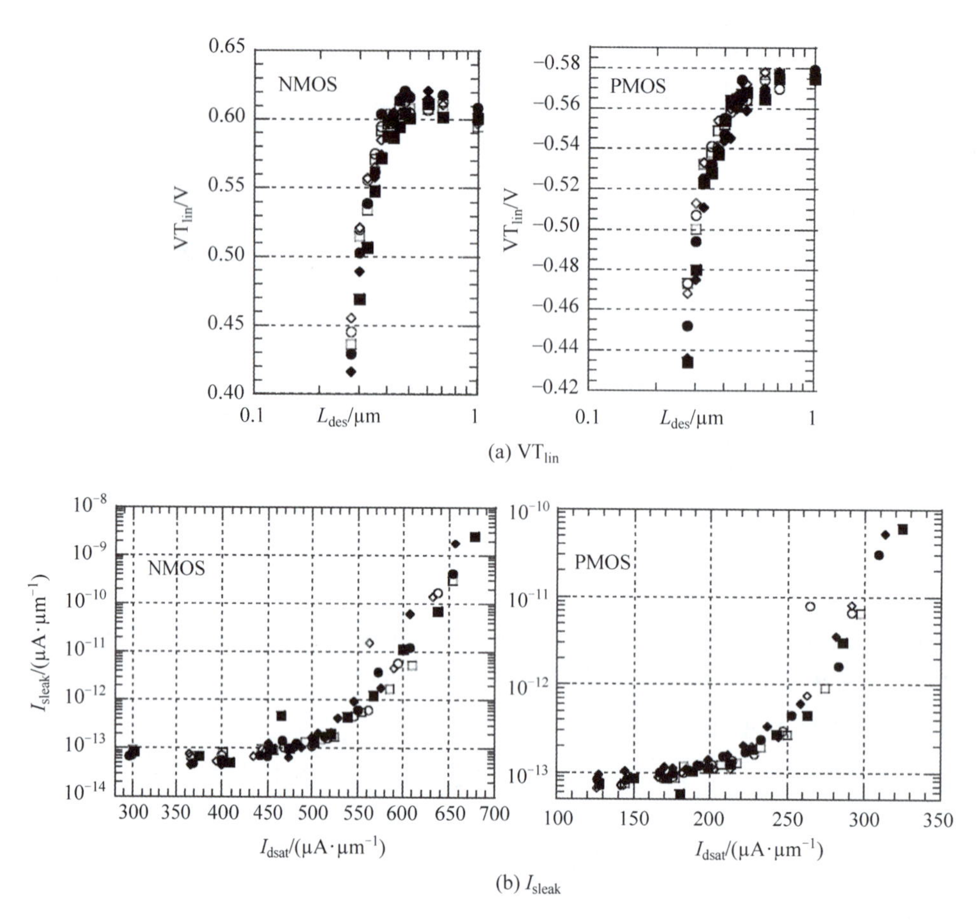

图 11-18　减薄对 0.35μm 工艺器件

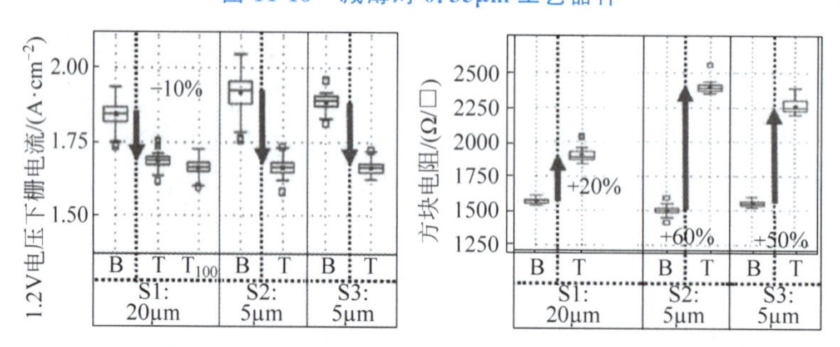

图 11-19　超薄衬底器件的漏电流和方块电阻

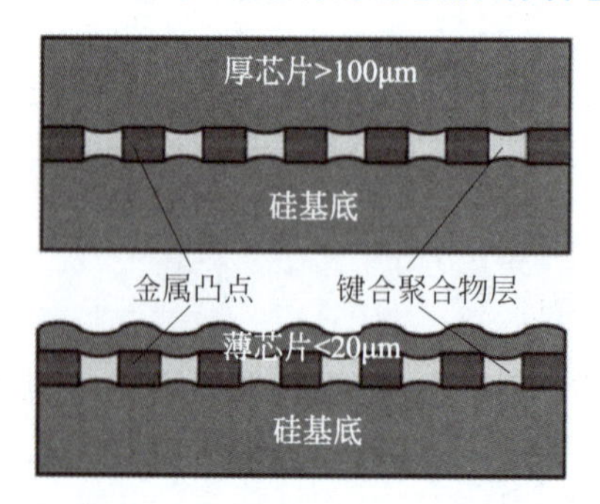

图 11-20　键合应力和芯片变形

应力可能非常显著。如果减薄后处理不能完全消除减薄造成的残余应力，键合以后金属凸点周围的应力是减薄残余应力与键合残余应力的叠加。

由于晶圆本身带有不同的结构和材料，其热膨胀系数存在差异，导致晶圆在键合升温过程中存在热应力和翘曲变形。图 11-21 为晶圆从室温以 0.4℃/s 的速度升温至 400℃的过程中，翘曲随温度变化的关系[47]。晶圆沉积完 Ta 扩散阻挡层和 Cu 种子层后，翘曲为 $-3\mu m$，这是硅衬底与 Ta 和 Cu 的热膨胀系数的差异引起的。随着温度的升高，翘曲逐渐降低到 0。当温度升高到 150～200℃时，晶圆重新开始出现相同方向的翘曲，这是升高到一定温度后 Ta 和 Cu 的晶粒变化导致应力变化引起的。随着温度的进一步升高，翘曲又开始逐渐减小，在温度达到 400℃时，翘曲为反方向的 $1\mu m$。因此，在温度升高至 200℃、300℃和 400℃时，翘曲的增加量分别达到 $0.3\mu m$、$1.1\mu m$ 和 $4.2\mu m$。翘曲程度对键合的成品率和可靠性有很大影响，翘曲越大，键合失效的比例越高。

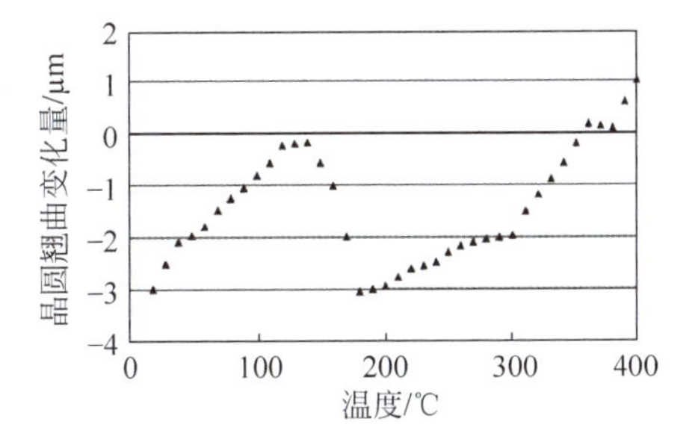

图 11-21 翘曲变形随温度的变化关系

铜热压键合时，因为施加较大的键合力，对铜柱和衬底都造成较大的影响。图 11-22 为有限元模拟的键合过程中硅衬底的应力分量随键合力和键合温度的变化[48]。键合时晶圆承受了沿着铜柱轴向(11)、径向(22)和切向(33)的正应力分量，以及 12 方向的剪应力，其中正应力分量 σ_{33} 最大，这与铜柱加热产生膨胀有关。最大压应力为径向方向正应力 σ_{22}，这是由于键合过程中铜柱向外膨胀，使硅受到压应力的作用。随着键合温度的升高和键合力的增大，最大主应力增加，但是二者的影响程度不同，键合温度引起的应力远大于键合力的影响，前者贡献了应力的 84%，后者只有 14%。

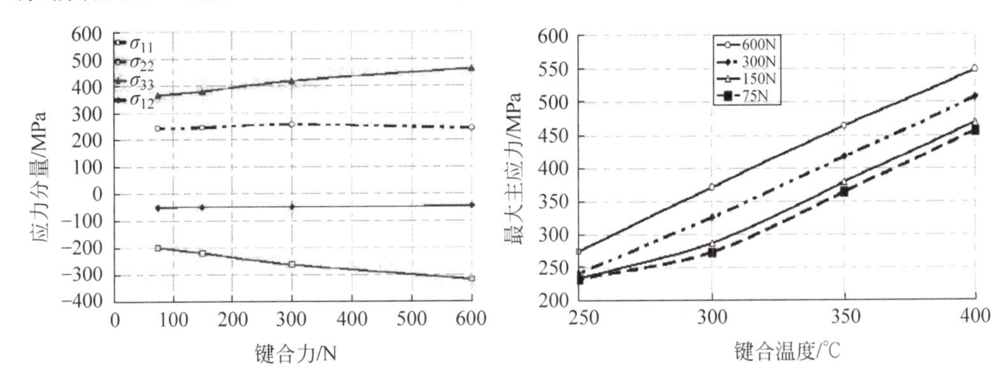

图 11-22 硅衬底应力随键合力和键合温度的变化

图 11-23 为键合后硅衬底的主残余应力随键合温度和键合力的变化。键合后应力与键合温度和键合力的基本无关，这是因为键合后应力只与铜柱的变形有关。如果不同键合温度和键合力能够实现相同的键合结果，那么硅的应力与键合过程的参数无关。实际上，不同键合温度导致铜的晶粒发生变化程度不同，因此，对残余应力产生轻微的影响。

减薄后处理方法对金属凸点键合的芯片弯曲有一定的影响；不同处理方法的应力释放效果有关。采用直径 $5\mu m$ 的 Cu-Sn 凸点键合厚度 $10\mu m$ 的晶圆，等离子刻蚀和干法抛光去除残余应力后，芯片的局部弯曲达到 $0.23\mu m$，是 CMP 处理的 2 倍[49]。然而，键合导致的

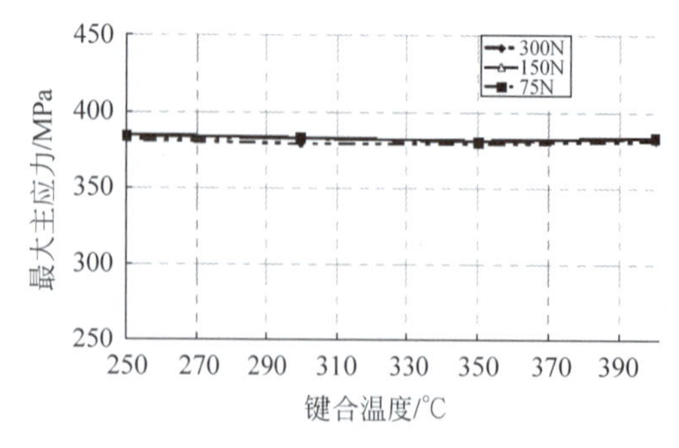

图 11-23　硅衬底主应力随温度和键合力的变化

应力远大于减薄，不同减薄后处理方法引起的芯片弯曲的差异并非主要因素。金属凸点的间距对键合的应力和翘曲变形有显著的影响，随着金属凸点的间距从 100μm 减小到 20μm，局部弯曲减小为原来的 1/5。

晶圆抵抗垂直方向变形的能力与厚度平方成正比，当晶圆减薄到 100μm 以下时很容易发生变形。由于金属键合凸点与聚合物层的性质差异，键合凸点很容易引起晶圆变形，不仅会在晶圆上产生残余应力，还可能导致晶圆破坏[50]。对于 Cu-SiO_2 混合键合，因为键合的表面极为平整，键合导致的应力较小，特别是对于在键合后制造 TSV 与 RDL 的情况，不存在键合凸点引起的变形问题。因此，SiO_2 键合后制造 TSV 的方法对衬底的影响不大。研究表明，SiO_2 键合前后 MOSFET 的阈值电压和饱和电压基本没有变化[51]。

对于超薄体硅晶圆的三维集成，采用凸点键合时，键合应力对器件会产生很大的影响。如图 11-24 所示[49]，在金属凸点上方，与金属凸点接触的晶圆表面存在很大的压应力，与之相对的自由表面为较小的拉应力。在金属凸点之间的晶圆表面，与聚合物键合层接触的表面为较大的拉应力，与之相对的表面为较小的压应力。因此，金属键合后晶圆在金属凸点区域产生凹陷，而在凸点之间的区域产生凸起。这种现象对于超薄晶圆更为严重。

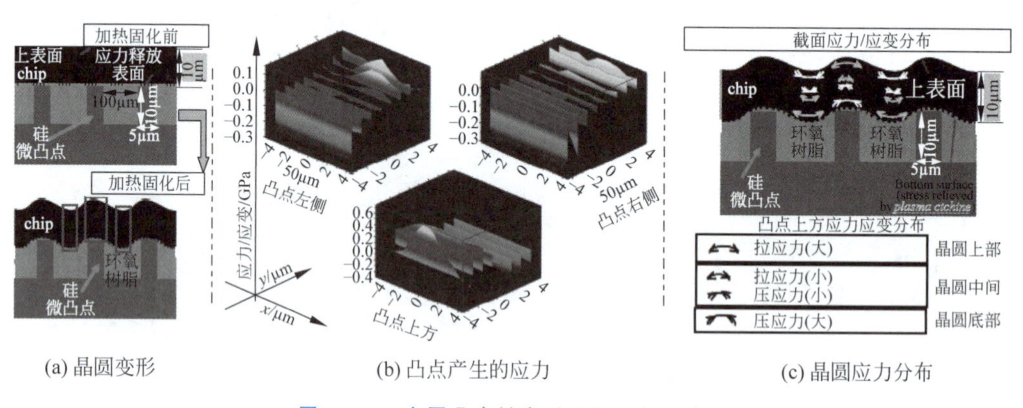

图 11-24　金属凸点键合后晶圆局部弯曲

金属凸点键合会在凸点对应的位置和相邻凸点之间产生压应力，压应力随着平面和深度分布变化。图 11-25 为微区拉曼散射测量的键合前、280℃键合后和 300℃退火后晶圆的应力[49,52]。Cu-Sn 凸点直径为 20μm、节距为 40μm，Cu 和 Sn 的高度分别为 3μm 和 2μm。即使键合前，Cu-Sn 凸点也在衬底上产生约 100MPa 的压应力。键合和退火后，由于铜的收缩量明显大于硅的收缩量，凸点所在的衬底上产生压应力，压应力在对应凸点中心的位置最大，到凸点边缘逐渐减小。在 280℃键合并保持 10s 以后，凸点在衬底产生的最大压应力达到 250MPa；300℃退火 5min 后，压应力达到 300MPa 以上。对于 10μm 的超薄晶圆，金属键合后最大局部应力甚至可达 1.8GPa[49]。

在垂直衬底的方向上，Cu-Sn 凸点键合引起的应力分布随着深度的增加而迅速减小，大体呈指数关系。图 11-26 为测量的晶圆内部的残余应力随着深度的变化[49]。在键合凸点

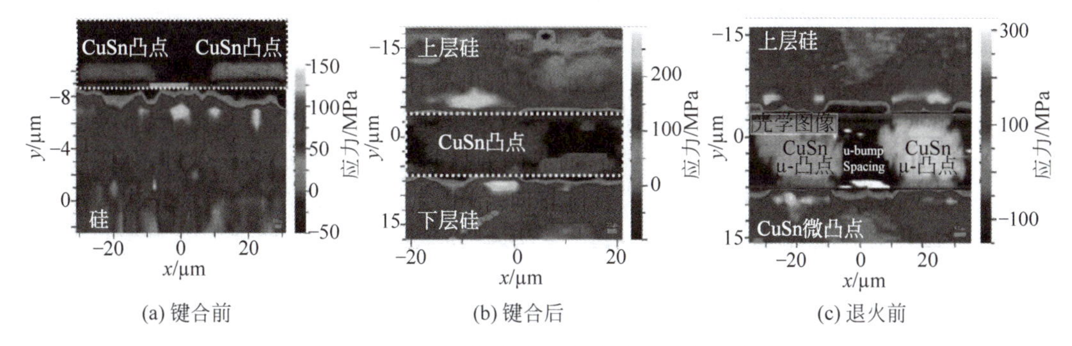

(a) 键合前　　(b) 键合后　　(c) 退火前

图 11-25　铜锡凸点键合后局部应力的分布情况

对应的位置，离开晶圆表面很小的深度内压应力迅速达到最大值，然后随着深度的增加，压应力快速减小，当深度增加到 20μm 以上时，压应力减小到 100MPa 以下。

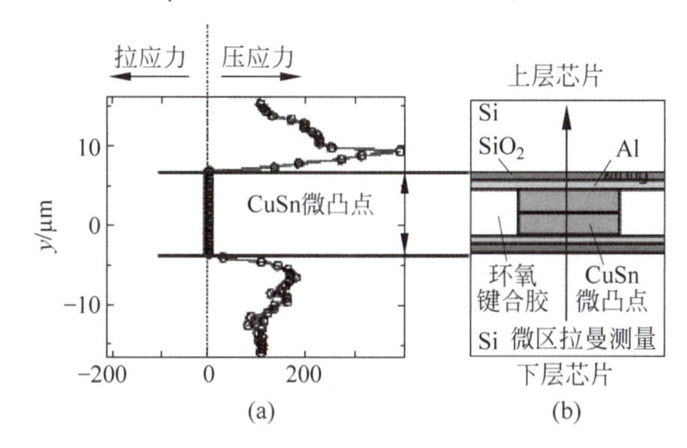

(a)　　(b)

图 11-26　铜锡凸点键合应力随深度的分布

在凸点之间的区域填充树脂会对应力水平产生显著的影响。填充树脂后，相邻凸点之间的晶圆的应力转换为拉应力。这是由于在升温过程中，树脂较大的热膨胀系数产生的体积膨胀拉伸了对应区域的晶圆，并且在降温过程中树脂极低的热导率使其体积收缩较慢，引起对应晶圆区域的拉应力。对厚度 10μm 的芯片，在直径为 10μm、间距为 100μm 的金属凸点间填充树脂后，凸点间区域的晶圆的最大拉应力达到 1.8GPa[53]。显然，凸点间距越小（填充区域越少）、晶圆越厚，凸点的限制和晶圆厚度的限制越明显，填充树脂产生的拉应力越小[54]。晶圆厚度从 25μm 增加到 50μm，底部填充树脂造成的拉应力减小 1/3，而将凸点间距从 200μm 减小到 50μm，填充树脂引起的凸点间晶圆的拉应力减小 50%。有限元分析多层键合的应力状态表明[55]，多层键合中 TSV 的应力状态要好于单芯片中 TSV 的应力状态，最大应力出现在键合金属凸点，主要原因是多层应力相互叠加，一部分相互抵消。

相比 Cu-Sn 凸点键合，Cu-SiO_2 混合键合的应力较小，经过结构和工艺优化，即使对于超薄晶圆，键合应力对晶圆表面的器件性能也基本没有影响。Intel 评估了铜键合的残余应力对 65nm 应变硅器件的影响[56]。铜键合盘位于表面介质层上刻蚀的凹槽内，尺寸为 5μm×5μm～6μm×40μm，键合后上层芯片减薄到 14μm 和 19μm。在键合前、键合后、减薄后，整个 300mm 圆片上 NMOS 和 PMOS 器件的开关电流比以及阈值电压与栅极漏电流之间的关系都没有明显的变化。

11.4.2 热应力与热学可靠性

统计表明,二维集成电路的失效约有55%是热引起的。三维集成的集成度大幅提高,在单位体积产生热量大幅提高的同时,散热面积几乎没有变化甚至更小,加之聚合物和SiO_2键合层的低热导率导致热传导更加困难,因此三维集成的热问题更加严峻。另外,三维集成的TSV和键合都引入了更多的结构,与二维集成电路只有一层芯片相比,这些结构的热力学可靠性对温度更为敏感。

高温引起的可靠性问题包括热应力和温度效应两方面。热应力是指结构的非对称性和材料热膨胀系数的差异等原因,温度升高导致的热膨胀应力和变形。例如,温度升高导致多层芯片和TSV膨胀,引起热应力作用于衬底、介质层、金属凸点等,造成硅衬底、键合凸点和介质层的碎裂等可靠性问题。温度效应是指高温对器件和材料性能所产生的影响,如温度升高会加速金属互连的原子迁移以及键合凸点内IMC成分的变化,从而引起金属可靠性问题。此外,温度会改变晶体管特性,使晶体管的漏电增加,影响晶体管和电路的性能,这对模拟电路和应变硅器件的影响更为显著。

11.4.2.1 铜柱热膨胀对可靠性的影响

铜柱的热膨胀产生铜柱轴向(竖直方向)和径向(水平方向)的变形趋势,由于铜柱所在的硅衬底和上下层结构对铜柱变形的限制,铜柱对所有限制结构都会产生强烈的作用力。由于铜的弹塑性,热膨胀产生的铜晶粒大小和分布的变化在温度复原后也不能完全回复到初始状态,从而产生新的残余应力。即使经过400℃退火,铜柱在硅衬底产生的残余应力仍可达200MPa[57]。因此,铜柱的热应力对三维集成的可靠性和器件性能都有强烈的影响。

径向膨胀会导致周围硅衬底和层间介质(ILD)的应力显著增加,特别是在TSV两端与ILD相交的位置,不但应力集中严重,同时也是机械强度最为薄弱的环节。实际上,ILD层与TSV相交位置处的应力是所有应力的最大值,这是TSV的轴向和径向热膨胀共同引起的。轴向方向的膨胀会造成显著的铜挤出现象[58],挤压表面的低κ介质层ILD和铜互连层,导致这两层材料和结构及尺寸发生变化,可能引起ILD碎裂、TSV与介质层剥离,以及键合凸点破坏[55]。铜柱的径向膨胀变形受到硅衬底的限制,会使轴向膨胀变得更加严重,其膨胀力足以顶开两层芯片之间的键合层,导致两层芯片剥离[59-61]。

11.4.2.2 衬底碎裂

铜柱径向膨胀受到硅的限制,在TSV周围接近硅表面的区域引起显著的应力,甚至达到破坏硅衬底[62-63]和SiO_2介质层[64]的程度。衬底碎裂还可能因为刻蚀结构的应力集中而出现在TSV的侧壁或底部,如图11-27所示。即使应力不足以破坏硅芯片,径向膨胀产生的应变改变了硅材料的迁移率,从而改变器件和电路的性能[65-67]。

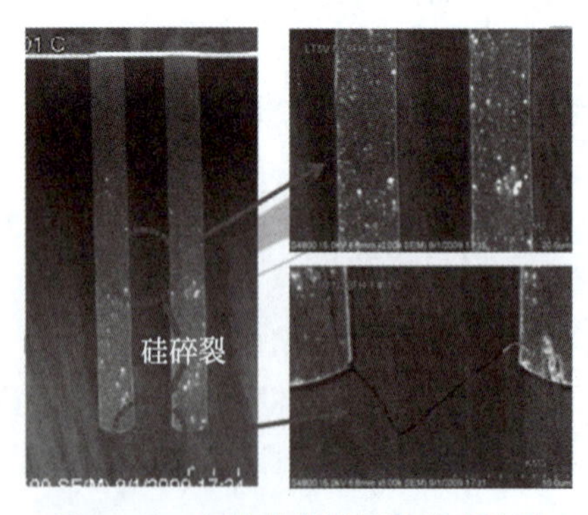

图11-27 铜柱热膨胀导致衬底碎裂

铜的热膨胀系数大,温度变化过程中TSV铜柱膨胀或收缩的程度比SiO_2介质层和硅衬底都更为显著。由于硅衬底的弹性性质,热膨胀应力是硅衬底发生碎裂的主要原因。温度升高时,铜柱热膨胀在铜柱的切向方向产生沿着圆周方向的正应力，$\sigma_\theta>0$。如果该应力大于硅的强度极限，将导致R形裂纹(Radial Crack)，如图11-28所示。当温度降低时，铜柱收缩产生沿着铜柱径向方向的拉应力，$\sigma_r>0$。如果该应力大于硅的强度极限，将导致C形裂纹(Circumferential Crack)。同时，在升温和降温过程中，都可能导致铜柱与衬底之间的剥离发生。

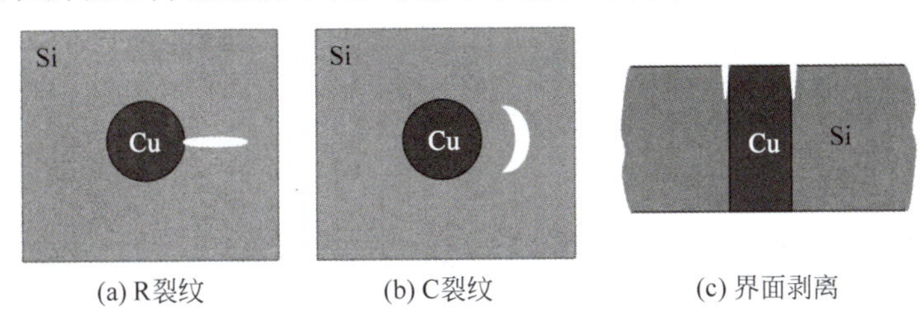

图 11-28　衬底碎裂形式和界面剥离

在断裂力学中，采用能量释放率(ERR)G以及断裂韧性Γ来衡量材料的强度和裂纹的发展趋势。ERR描述裂纹发展的热动力学驱动力，用来表征裂纹每扩展单位面积时，弹性系统所能释放出来的应变能，可以通过有限元等方法得到。裂纹扩展时释放出来的能量，提供了形成新裂纹表面的表面能。如果能量释放速率超过给定的阈值(如解键能)，裂纹加速扩展。解键能与材料和工艺相关，例如Cu-SiO_2界面的解键能为0.7～$10J/m^2$[60]。断裂韧性是衡量材料抵抗裂纹发生的能力，是材料或界面所固有的性质，可以通过试验测量。通过比较能量释放率和断裂韧性，可以判断或预测裂纹的产生与否。当$G>\Gamma$时，裂纹将失去平衡而失稳扩展；当$G<\Gamma$时，裂纹将不会扩展；当$G=\Gamma$时，裂纹处于临界状态。能量释放率断裂准则也称为Griffith断裂准则。

对于TSV，能量释放率表示为

$$G(c)=\frac{\pi E(\Delta\alpha\Delta T)^2}{8(1-\nu)^2}\frac{c}{(1+c/a)^3} \tag{11.12}$$

式中：a为TSV的半径；c为裂纹长度；E为硅的弹性模量；ν为泊松比；$\Delta\alpha$、ΔT分别为热膨胀系数的差异和温度变化量。

可见对于R形裂纹，能量释放率随着TSV直径的增加而增加，最大能量释放率发生在裂纹长度为TSV直径的一半的情况，此时

$$G_{\max}(a)=\frac{\pi Ea(\Delta\alpha\Delta T)^2}{54(1-\nu)^2} \tag{11.13}$$

图11-29为R形裂纹的扩展示意图以及能量释放率随着TSV的半径和裂纹长度的变化关系。对于任意半径，能量释放率都是在裂纹开始阶段迅速增大，达到峰值后逐渐减小，表明能量释放率在裂纹刚出现时增长很快，此时尽管能量释放率的绝对值不高，但是裂纹发展趋势明显。

图11-30为TSV铜柱塑性变形对衬底应力的影响[68]。随着TSV轴向应力的增加，衬底上沿着TSV径向和切向应力之和逐渐增大；但是在给定轴向应力的情况下，衬底上沿着TSV径向和切向的应力之和随着温度的升高逐渐趋向饱和，而不会像弹性变形对衬底施加的应力随着温度的升高而一直升高。由于偏离弹性变形曲线的部分是塑性变形引起的，对于铜柱自身，高温时塑性变形引起的变形量远超过弹性变形的变形量，并且轴向应力越小，塑性变形越明显。

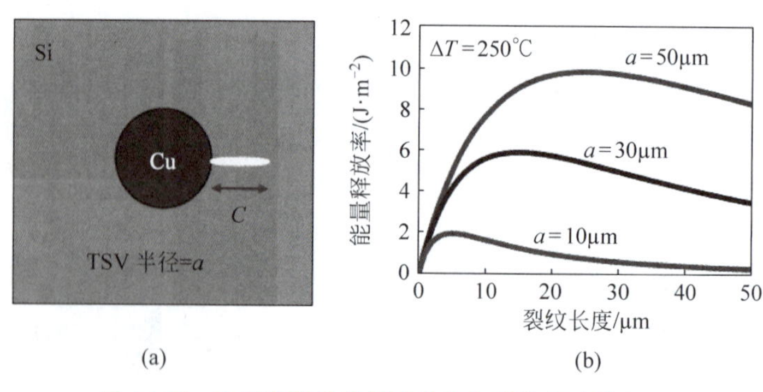

图 11-29 R 形断裂及能量释放率与裂纹长度的关系

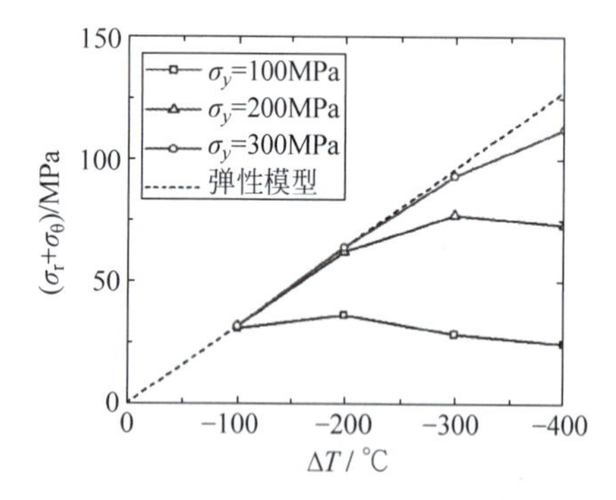

图 11-30 TSV 塑性变形对衬底应力的影响

11.4.2.3 界面剥离

界面剥离是指热膨胀后铜柱开口位置的侧壁处出现的结构之间的剥离，主要是铜柱与介质层之间剥离[61,69]。介质层与铜柱的剥离甚至是热膨胀引起的最主要的可靠性问题[60]。由于铜柱与介质层的剥离在水平方向和竖直方向都会发生，并且只有都发生剥离后铜柱才会膨胀凸出表面，因此分析可能产生剥离的情况对可靠性研究非常重要。实际上，无论哪个位置首先发生剥离，都会减弱对铜柱膨胀的限制，导致铜柱更容易膨胀凸出。

尽管试验发现在 TSV 开口处铜柱与介质层最容易剥离，并且剥离是 TSV 膨胀导致的最主要的可靠性问题，但是目前尚不能完全确定剥离产生的先后顺序以及具体位置。界面剥离可能发生在键合后的所有高温过程，包括使用过程和制造过程，甚至出现在 TSV 的退火过程。如图 11-31 所示，在 TSV 铜柱 CMP 以后，衬底表面沉积 ILD 过程中的高温都会引起铜柱明显膨胀，导致铜柱侧壁与衬底剥离。

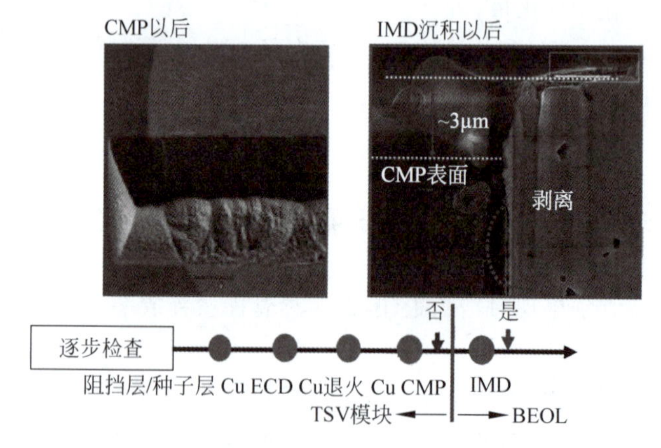

图 11-31 TSV 铜柱在 IMD 沉积后的侧壁剥离

铜柱热膨胀产生的剥离与膨胀过程的应力有直接关系。如图 11-32 所示，当温度升高时，铜柱径向热膨胀导致直径变大，铜柱侧壁与硅衬底的界面承受铜柱横向膨胀产生的挤压，这个压应力使二者接触更为紧密，因此不是剥离的驱动力。铜柱在轴向的热膨胀伸长量超出了硅衬底的膨胀量，因此界面上沿着轴向的剪应力 σ_{rz} 有使二者分离的趋势，成为温度升高时的剥离驱动力。温度降低时，铜柱的径向收缩程度和轴向收缩程度都超过硅衬底，因此沿着铜柱径向的正应力 σ_r 和沿着轴向的剪应力 σ_{rz} 都是使二者趋向剥离的驱动力。

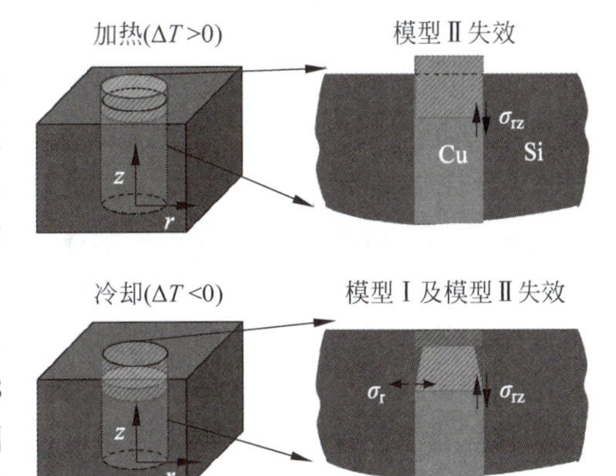

图 11-32　铜柱热膨胀的应力状态

尽管剥离的具体过程尚未能够准确描述，但是几种可能的情形都是合理的，如图 11-33 所示[67,70]。降温冷却过程中，首先在铜柱侧壁与介质层之间发生剥离，并且随着多次热循环降温达到相对稳定状态。升温加热过程中，铜柱末端由于横向膨胀与表面介质层发生剥离，并且由于纵向膨胀与深孔内部介质层发生剥离，最终导致铜柱在升温过程中水平和竖直方向都发生剥离，铜柱膨胀凸出表面。另一种可能的情形是，降温过程中铜柱末端的横向收缩导致铜柱与平面的介质层发生剥离。如果水平方向全部剥离，降温过程中竖直方向铜柱较大的收缩也可能导致铜柱与侧壁介质层的剥离，最终导致升温过程中铜柱膨胀凸出。因此，铜柱热膨胀时，界面剥离的发展趋势是从应力最集中的位置开始，然后同时向各方向扩展。

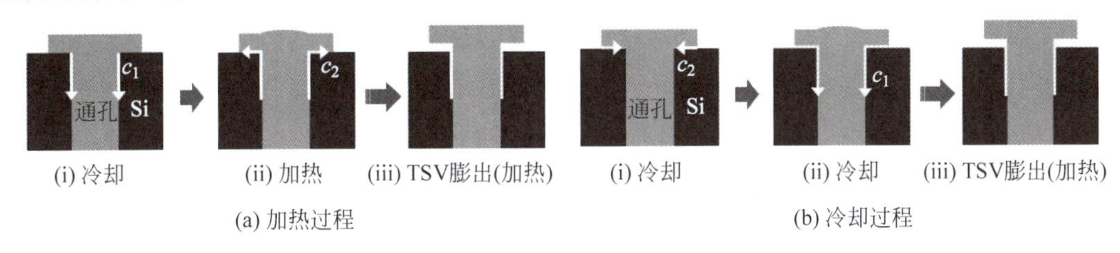

图 11-33　铜柱热膨胀引起剥离失效模式

图 11-34 为有限元仿真的热膨胀时 TSV 铜柱和周围硅衬底的应力分布[71]。在 TSV 的开口端剪应力较大，而铜柱内和深孔边缘的正应力较大。因此，热循环的过程中，温度升高会使铜柱与介质层之间的界面承受较大的剪应力，温度降低时铜柱既会受到剪应力也会

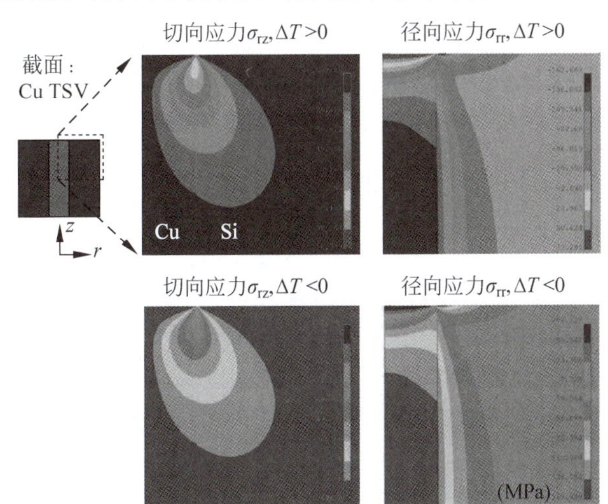

图 11-34　铜柱热膨胀引起的应力分布

受到拉应力,使铜柱与介质层之间出现互相分离的趋势。由于温度降低过程剪应力与正应力共同作用的效果比升温过程剪应力单独作用的效果大35%左右,因此降温过程可能是铜柱与介质层剥离的主要因素[70]。

理论分析表明,TSV的直径和高度不同,热膨胀引起的界面剥离的趋势不同。图11-35为计算的界面剥离的能量释放率随TSV直径和高度的变化关系。能量释放率随着直径的增加而增大,对于给定的直径,能量释放率随着剥离程度的增加而增大,并趋向于稳态能量释放率。随着TSV高度的增加,能量释放率也有所增加,对于给定高度,能量释放率随着剥离程度达到最大值后开始下降。因此,随着TSV直径和高度的增加,剥离的趋势增强;同时引起硅片碎裂的趋势也随着温度和TSV直径的增加而增加。

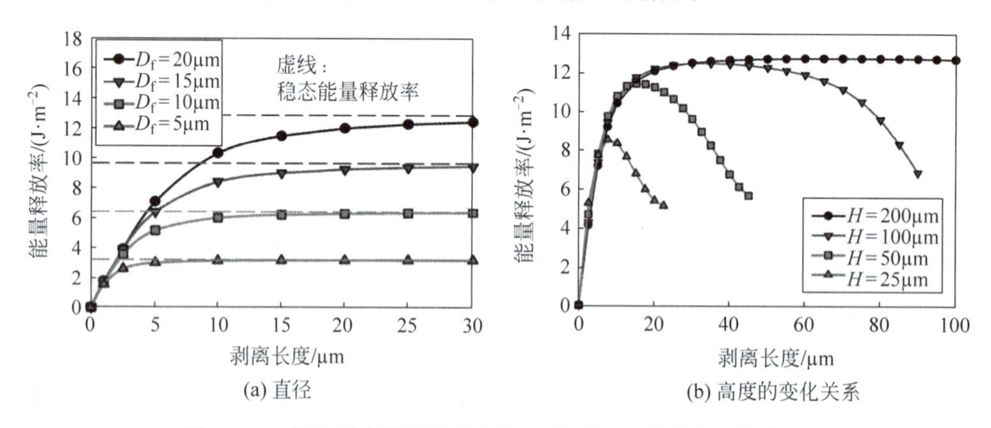

图11-35 界面剥离能量释放率随TSV直径和高度的变化关系

铜柱的膨胀对介质层也会产生较大的影响。膨胀时,介质层SiO_2的热膨胀系数最小,受到铜柱径向膨胀的挤压最为严重,使介质层受到明显的拉应力的作用;收缩时,铜柱收缩程度远大于介质层,使介质层受到明显的压应力的作用。如图11-36所示[64],室温至150℃的温度循环时,随着温度循环次数的增加,介质层顶端的中部开始出现圆环形凹陷(图中虚线),并且凹陷面积随着循环次数而增加。当循环次数达到1600次时,凹陷面积达到0.075μm^2。

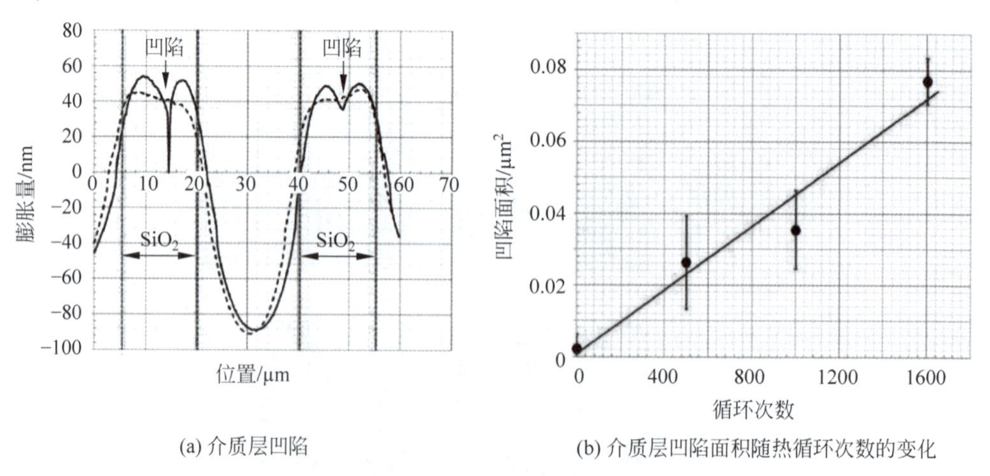

图11-36 热膨胀对TSV介质层的影响

即使铜与介质层的界面没有出现粘附失效，即并未真正分离，退火仍会使铜柱出现膨胀(升温)或收缩(降温)的情况。当铜与介质层界面没有粘附失效时，二者的界面滑移可以用给定阈值应力的扩散蠕变定理和对应界面扩散的激活能来描述[72]。利用周期界面模型，界面滑移是由切应力和正应力作用下的界面-扩散-控制扩散蠕变引起的，并且滑移速率表示为[72]

$$\dot{U}=\frac{C\delta_{\mathrm{i}}D_{\mathrm{i}}\Omega}{k_{\mathrm{B}}Th^{2}}\left[\tau_{\mathrm{i}}+2\pi^{3}\left(\frac{h}{\lambda}\right)^{3}\sigma_{\mathrm{n}}\right] \tag{11.14}$$

式中：C 为常数；δ_{i}、D_{i} 分别为界面厚度和扩散率；Ω 为扩散粒子的原子体积；λ、h 分别为界面的周期和粗糙度；k_{B} 为玻耳兹曼常数；T 为温度；τ_{i}、σ_{n} 分别为界面的切应力和远场的正应力。切应力是产生界面滑移的驱动力，远场的拉应力和压应力分别增强和减弱了切应力的效果，并且强烈依赖界面粗糙度 h/λ。远场压应力导致只有当切应力超过一定的阈值时，才能产生滑移现象，并且减弱了滑移程度；远场拉应力会增加界面的有效应力，从而增强界面滑移。这种现象其实与宏观的摩擦滑移非常相像。显然，即使正应力非零，如果切应力为零，也不会产生界面滑移。由于界面滑移是扩散控制的现象，因此只有在高温下界面扩散才比较明显。

除了切应力产生的界面滑移外，电流产生的电迁移对界面滑移也有一定的影响。在TSV中施加电流而引起电迁移时，TSV铜柱热膨胀的程度得到明显增强[72]。在切应力、远场正应力和电迁移的共同作用下，界面滑移速率为[72]

$$\dot{U}=\frac{8\delta_{\mathrm{i}}D_{\mathrm{i}}\Omega}{k_{\mathrm{B}}Th^{2}}\left[\tau_{\mathrm{i}}+2\pi^{3}\left(\frac{h}{\lambda}\right)^{3}\sigma_{\mathrm{n}}\right]+\frac{4\delta_{\mathrm{i}}D_{\mathrm{i}}}{k_{\mathrm{B}}Th}Z*eE \tag{11.15}$$

式中：Z^{*} 为扩散原子的有效电荷数；e 为电子的自由电量；E 为电场强度。

如图11-37所示，铜柱经过25～425℃热循环6次的热膨胀的程度高于热循环3次的热膨胀程度。当施加一个较大的电流密度 $5.22\times10^{4}\,\mathrm{A/cm^{2}}$ 并进行6次25～425℃热循环

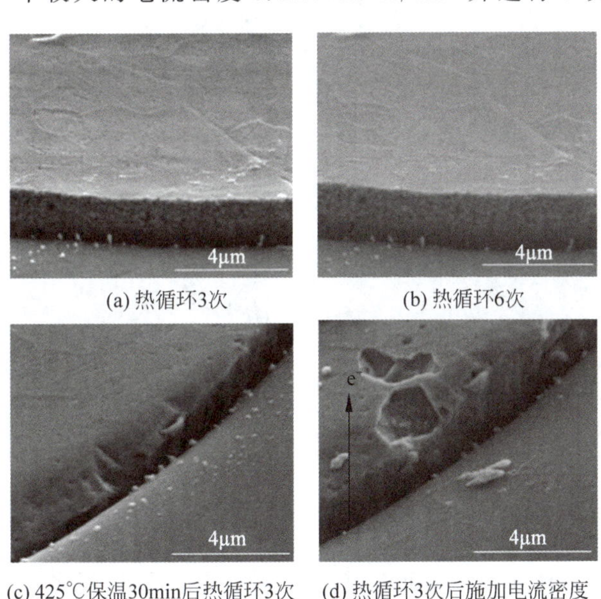

(a) 热循环3次　(b) 热循环6次

(c) 425℃保温30min后热循环3次　(d) 热循环3次后施加电流密度 $5.22\times10^{4}\mathrm{A/cm^{2}}$，热循环3次

图11-37　热循环和电流对铜柱膨胀的影响

后,其热膨胀超过了没有施加电流时同样进行6次热循环。因此,对于电源或地以及其他传输大电流密度的TSV,还需要考虑电迁移引起的界面滑移的问题。此外,有研究表明,铜柱的塑性变形有可能增加铜柱对介质层的粘附力,从而抑制剥离现象的产生[73]。

为了减小或消除铜柱膨胀应力和对可靠性的影响,可以采用空心铜导体柱取代实心铜柱[74],即只在深孔侧壁沉积空心环形铜层,并在空心内填充聚合物。理论分析表明,环形铜柱的热应力远小于实心铜柱,并且在外径一定的情况下,铜层越薄热应力越小。对比研究表明,电镀后实心铜柱的衬底弯曲程度是电镀前的250%;而经过CMP和退火后,衬底弯曲程度比电镀前大18%[41],这表明弯曲主要是铜表面的过电镀层引起的。

另外,由于Bosch工艺刻蚀时容易造成侧壁表面起伏[75],在起伏尖端处可能导致SiO_2介质层和扩散阻挡层的应力和电场集中,从而引起介质层和扩散阻挡层失效[76-78]。侧壁起伏程度和形状不规则现象在深刻蚀结构的开口处尤其明显,加上开口位置应力最大,使介质层剥离现象加剧。尽管刻蚀的表面起伏难以完全消除,但是可以抑制[79]。

11.4.2.4 ILD失效

ILD失效是指铜柱轴向膨胀导致覆盖在铜柱表面的平面互连和ILD的变形和破坏。当温度升高时,由于周边材料中铜的热膨胀系数最大,TSV铜柱轴向热膨胀对顶部的介质层ILD和铜互连产生明显的挤压作用,使ILD和铜互连出现变形甚至层间剥离,如图11-38所示[44,69]。当温度降低时,铜柱收缩的程度比SiO_2介质层和硅衬底都更加显著,因此在收缩过程中对SiO_2介质层产生显著的水平方向和轴向方向的拉应力,很容易导致ILD破裂[59,60]。

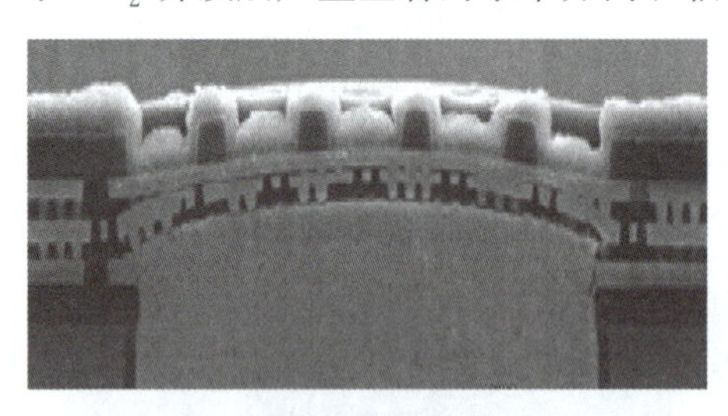

(a) 平面互连变形

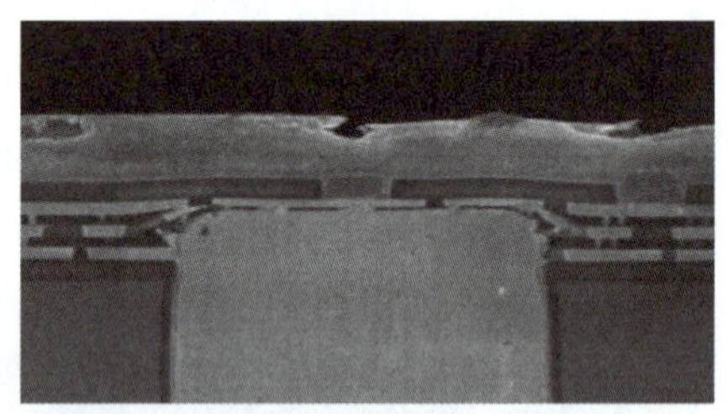

(b) 互连失效

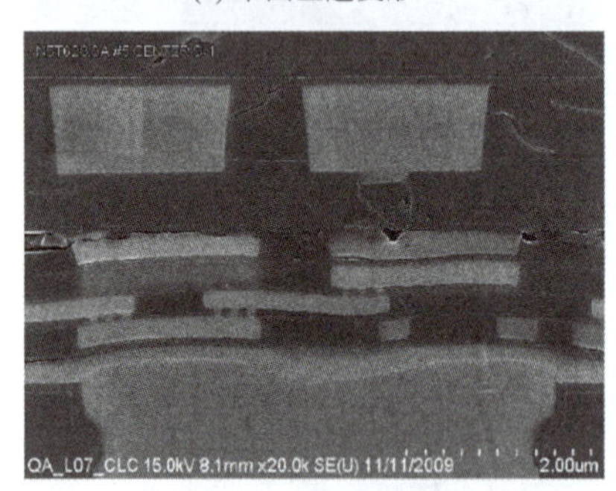

(c) 介质层变形

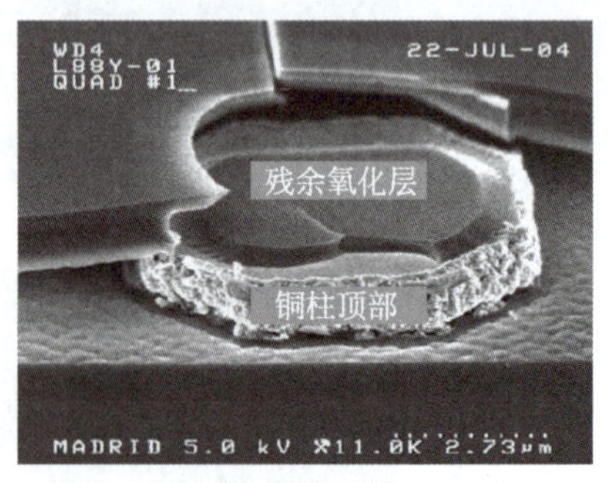

(d) 剥离碎裂

图 11-38 铜柱轴向膨胀引起互连失效

对于先进制造工艺所使用的超低介电常数(ULK)介质层,铜柱热膨胀导致的ILD失效更为严重。这主要是由于ULK介质层多为多孔材料,机械强度较低,在铜柱的挤压下极易变形和碎裂。对于28nm工艺的可靠性评估表明,在热循环测试中,有超过20%的芯片是铜柱热膨胀造成的铜互连断裂、ULK碎裂和分层等可靠性问题引起的失效[80]。

消除铜热膨胀导致的铜柱挤出的方法包括改进铜电镀液和电镀工艺参数，采用合适的热处理过程，并在热处理后进行铜CMP等。尽管铜柱的弹性热膨胀无法彻底消除，但是铜柱的塑性膨胀能够通过充分的热退火和CMP减小到可以忽略的程度，如图11-39所示[44]。由于塑性变形主要发生在局部，塑性变形与弹性变形对硅衬底应力的影响主要集中在TSV周围的区域。经过热退火处理，铜柱对上层金属(如对于MEOL为M2)的电阻和漏电等性能没有明显的影响[69]。

11.4.2.5 TSV空洞

铜柱的膨胀往往伴随有铜柱内部空洞的出现。导致铜柱内空洞的原因之一是铜柱内有机杂质的析出与汇集。电镀铜柱内存在大量有机成分的杂质，这些杂质在升温和膨胀过程中分离、析出和汇集，从而形成空洞，如图11-40所示[81]，因此减小铜电镀液中的杂质含量，包括碳、氯、氧、氮和硫等，对于减少空洞的出现也有重要意义[61]。

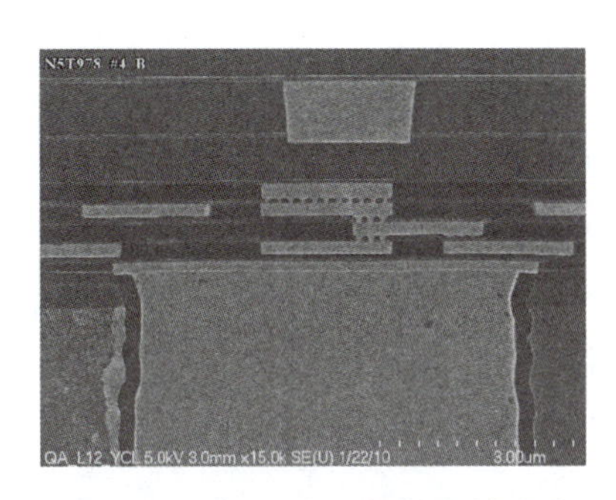

图11-39 CMP去除铜柱塑性膨胀

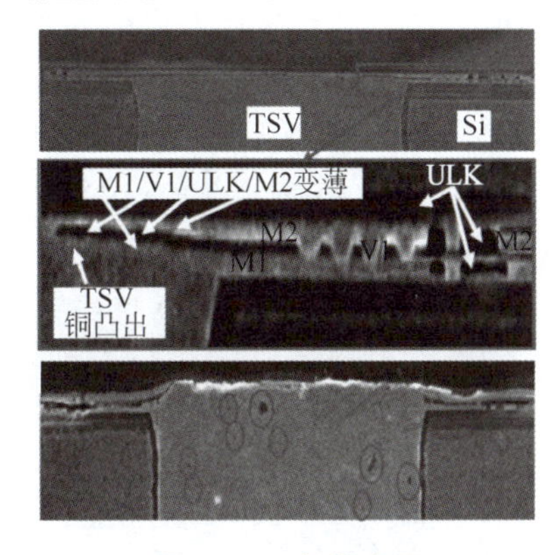

图11-40 铜柱空洞

图11-41为两种不同的电镀液A和B电镀的TSV铜柱[44]，A电镀液在退火后出现大量的空洞，而B电镀液基本没有空洞产生，并且退火后晶粒尺寸较大。对比两种电镀液在铜柱中残留的杂质，B电镀液残留的C、Cl、O、N和S等杂质的浓度都远低于A电镀液残留的杂质浓度。因此，通过选择合适的电镀液、尽量控制电镀后杂质的浓度，对于消除电镀空洞的出现具有显著效果。

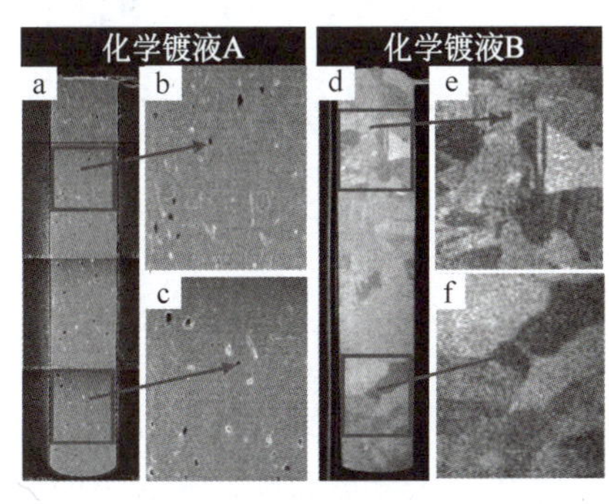

(a) 剖面图

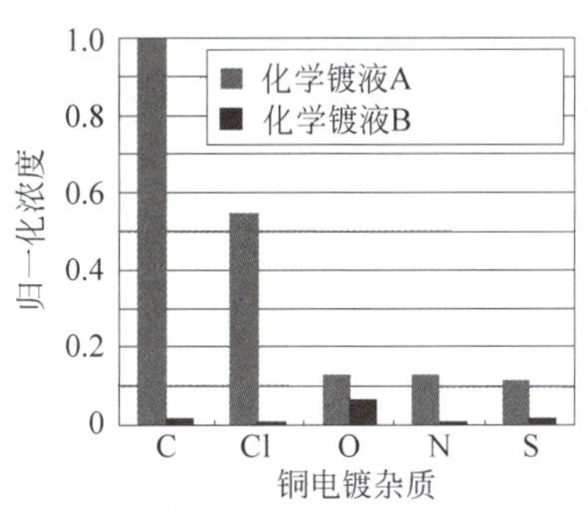

(b) 电镀液成分造成的杂质

图11-41 铜电镀液成分对退火空洞的影响

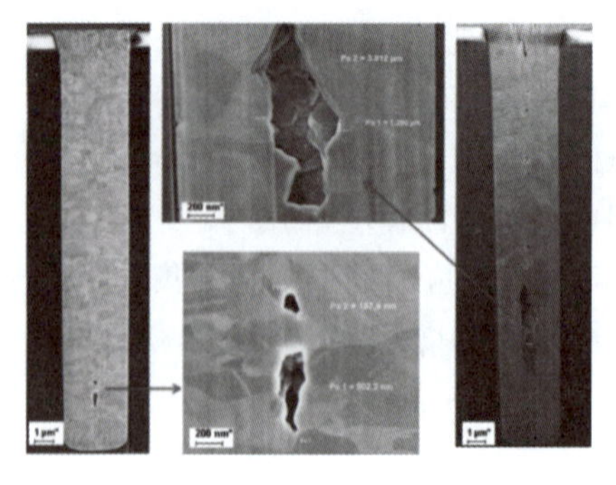

图 11-42　铜柱退火后空洞的变化

导致铜柱内空洞的另一个原因是铜柱晶粒体积的变化。退火导致晶粒尺寸和分布发生了改变,同时也改变了残余应力状态,这些变化可能会引起铜柱内出现空洞,对应力进行一定程度的释放。如图 11-42 所示[82],经过 150℃退火后,在铜柱底部出现了小尺寸的空洞(左图),而经过 300℃退火后,空洞尺寸长大、位置向上移动(右图),并且在上方继续出现小尺寸的空洞。这种空洞长大的情况与退火过程的晶粒和应力的变化有关。退火时小晶粒合并长大为大晶粒,晶粒界面空位减少,总体积下降而出现空洞。此外有限元分析表明,铜柱最大的应力梯度出现在界面周围,但是如果已经存在空洞,空洞边缘的应力梯度更大。因此,已有的空洞会在退火后会出现长大的现象。由于退火引起的静水拉应力和应力梯度随着退火温度升高而增大,空洞的体积也随着退火温度的升高而长大。

退火过程在铜柱内部产生空洞的同时,也对表面形貌产生影响。图 11-43 为经过 20min 350℃和 410℃退火后铜柱的表面形貌和截面[61]。退火后铜柱表面出现了大量的空洞缺陷,这与退火过程中内部晶粒长大形成的空洞向表面迁移有关。为了消除退火引起的塑性膨胀和表面空洞,可以在退火后进行 CMP 处理,甚至退火前后各进行一次 CMP 处理[58]。

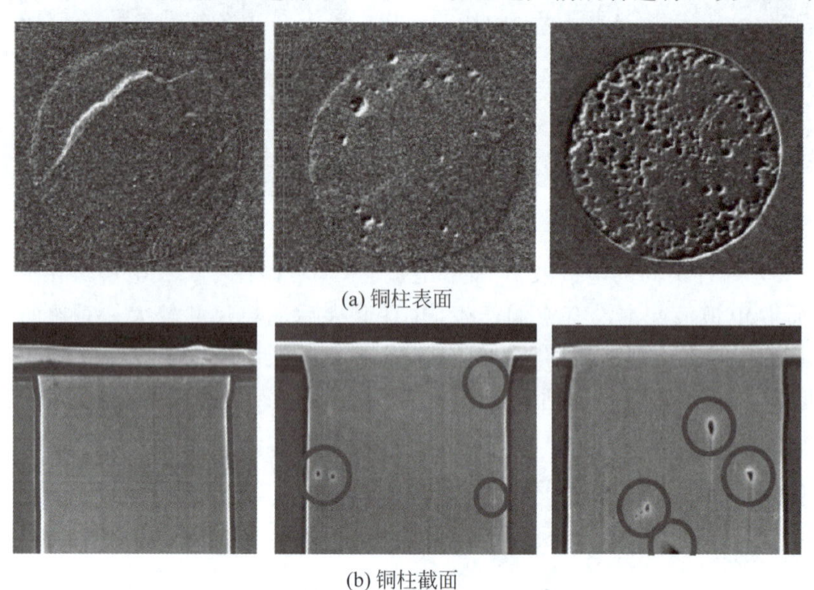

(a) 铜柱表面

(b) 铜柱截面

图 11-43　热退火对 TSV 的影响

11.4.3　热冲击

热冲击是在高低温之间多次快速循环,用来评价器件在极高和极低温环境下的可靠性。快速循环施加高低温应力,是一个动态热应力的过程。热冲击的高低温有不同的测试标准,如－65～＋150℃(JESD22-A106B 标准)或－55～＋125℃等,温度跨度越大,施加的应力越苛刻。一般工业化产品至少通过 1000 次以上的热冲击,在温度循环 200 次和 500 次后各进行性能测试,如果热冲击超过 1000 次,则在 1000 次以后每 500 次进行一次性能测试。

图 11-44 为经历 4500 次 −55～+125℃热冲击后，TSV 的介质层与衬底相交处出现的界面裂纹和硅衬底出现的内聚裂纹[83]。界面裂纹发生在介质层与平面铜互连之间，以及铜柱侧壁介质层与硅衬底之间，并且容易出现在 Cu/Ti 界面处靠近铜柱的一侧。随着界面裂纹的增多，多个裂纹有合并增长的趋势，最终导致界面的分层剥离。硅衬底内出现了半圆形的内聚裂纹，起始于 SiO_2 介质层和硅衬底的界面，进入硅衬底后又回到 SiO_2 和硅的界面。另外也有内聚性裂纹从 SiO_2 介质层开始，向硅衬底内部扩张。多个小的裂纹相遇后合并为更大的裂纹，最终可能导致硅衬底碎裂。凡是出现界面裂纹的地方，都没有出现介质层或硅衬底的内聚裂纹，而凡是出现介质层或硅衬底内聚裂纹的地方，都没有出现界面裂纹。这是因为一种裂纹出现后，释放了局部应力，没有足够的能量再产生第二种裂纹失效模式。

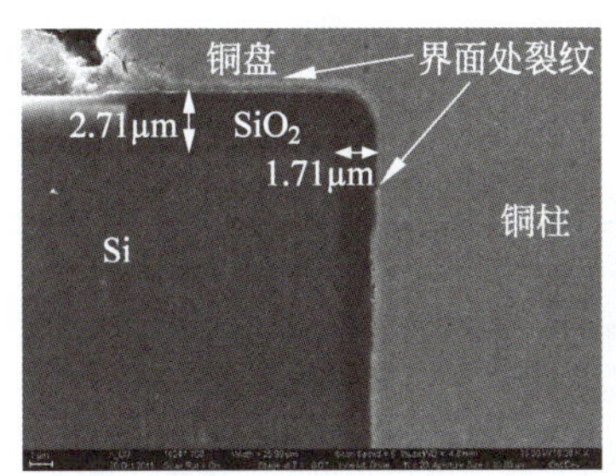

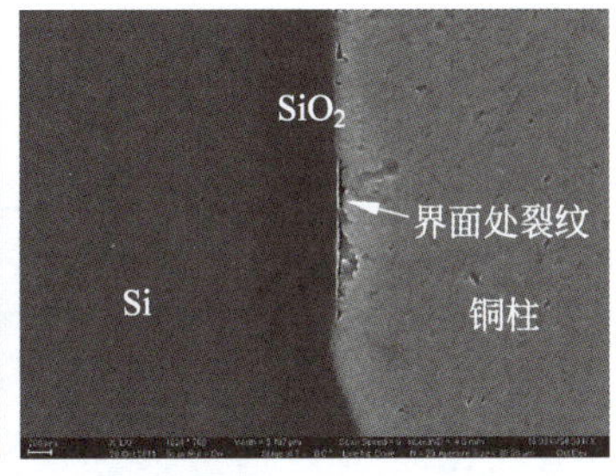

(a) 衬底与介质层的界面裂纹

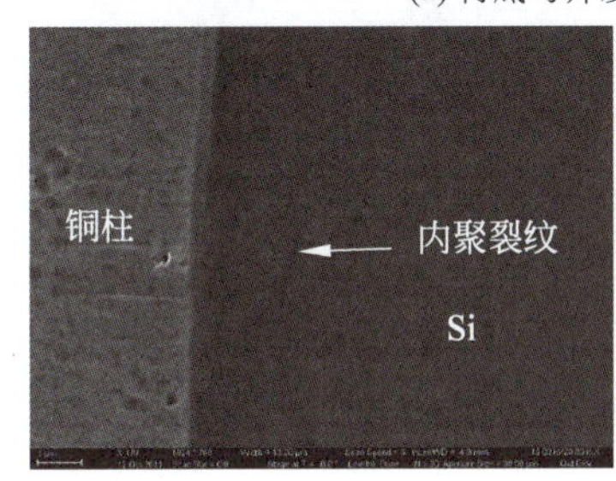

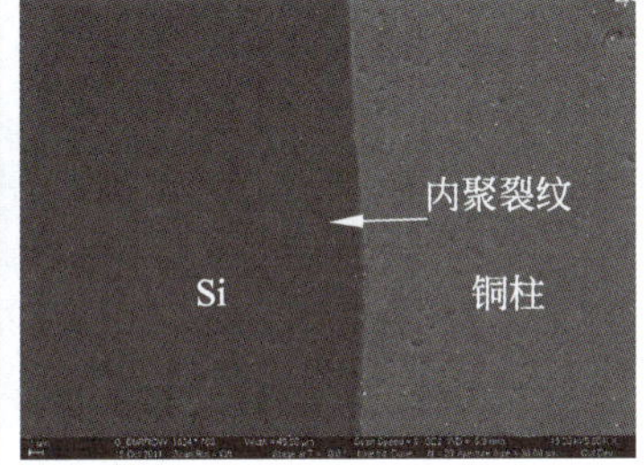

(b) 硅衬底的内聚裂纹

图 11-44　温度冲击造成的失效

图 11-45 为有限元模拟的高低温循环时界面应力分布，S_x 是 SiO_2 界面内沿着 x 方向的应力（正应力），S_{xy} 是 SiO_2/Cu 界面处的切应力，S_1 为 SiO_2 内的主应力。在 TSV 的开口处沿着界面的应力最大，特别是在−55℃的温度下。这些界面应力与沿着水平界面的拉应力共同作用，导致芯片表面出现界面剥离。在−55℃时，铜柱的收缩程度大于硅衬底，铜柱对硅衬底产生拉应力。在 C-D-E 区，低温和高温情况下界面应力都不是主要应力，而主要应力是 SiO_2 的主应力，因此出现主应力引起的 SiO_2 层裂纹。尽管界面裂纹和内聚裂纹都出现在多次温度冲击以后，但是 TSV 的电阻阻值并没有变化。这说明用电阻监测 TSV 的可靠性不能获得失效信息，需要采用 C-V 和 I-V 曲线监测失效。

利用断裂力学的中心有限差分法和虚拟裂纹闭合技术分析表明，在芯片表面的铜焊盘与芯片表面之间的界面上产生的界面裂纹一般不会跨过 TSV 开口沿着轴向向下发展；然而一旦界面裂纹跨过了 TSV 开口进入铜柱侧壁与硅衬底之间的界面，铜柱就会沿着整个侧壁界面与衬底之间分离，导致铜柱彻底脱落。若 TSV 的侧壁没有发生内聚裂纹，则工艺缺陷等导致的起源于 TSV 侧壁的界面裂纹通常会向着 TSV 的中部扩展。对于内聚裂纹，容易出现在与 TSV 侧壁成 40°～60°角的方向上，并且根据裂纹的长短，可能会扩展为半圆形再次回到 TSV 侧壁。

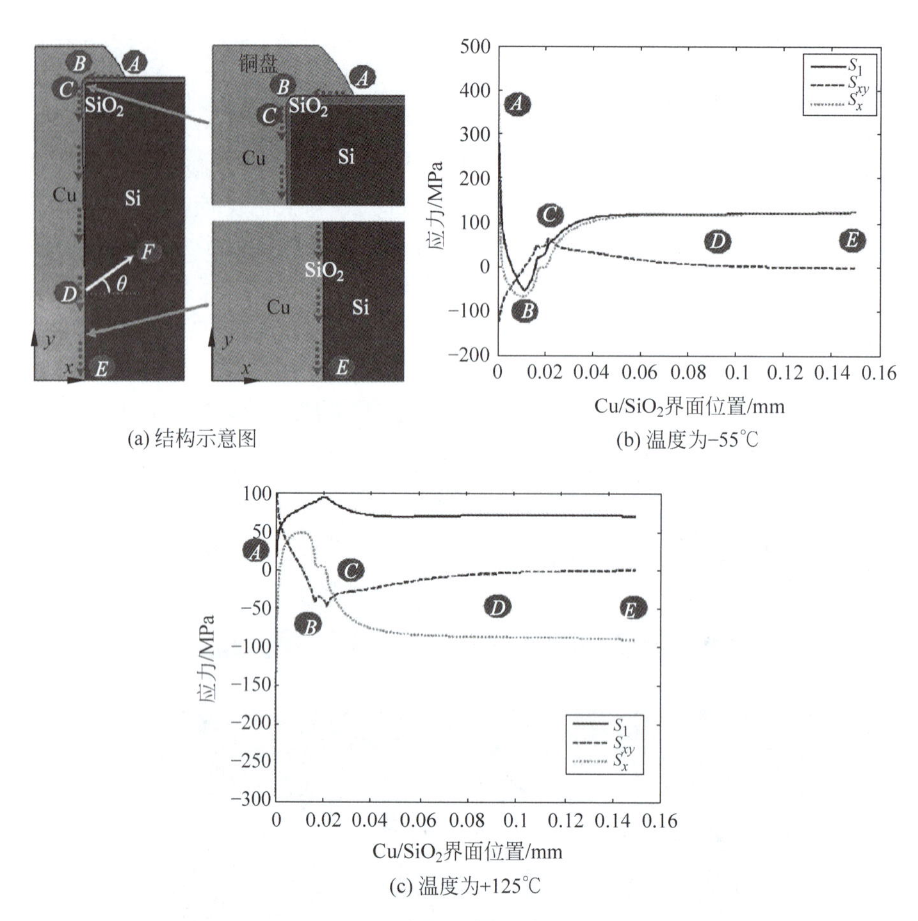

(a) 结构示意图

(b) 温度为−55℃

(c) 温度为+125℃

图 11-45　有限元模拟的应力分布

11.5　TSV 电学可靠性

评价 TSV 电学可靠性的指标主要包括铜柱和平面互连的金属迁移率、介质层性能、扩散阻挡层完整性(铜扩散)等。金属在电流的作用下会发生电迁移,尽管铜的抗迁移能力比铝更好,电迁移仍然会发生,并且在应力的叠加作用下有所加强,因此金属互连的可靠性一般用电迁移和应力迁移衡量。介质层完整性表征 SiO_2 介质层的良好性以及承受电压的能力,可以用 TSV 的漏电流和击穿电压衡量。击穿电压通常是指在铜柱与衬底之间施加电压,当击穿发生时所对应的电压。扩散阻挡层的完整性决定铜扩散的程度,决定器件性能以及是否因为重金属扩散而失效。

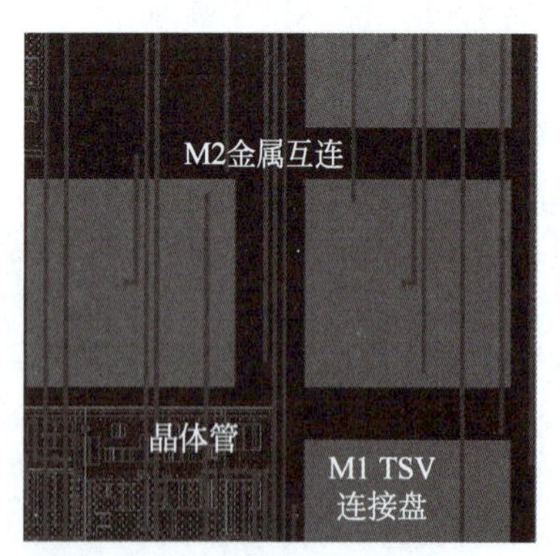

图 11-46　典型 TSV 和平面互连的位置

三维集成中除考虑平面互连的可靠性和 TSV 的可靠性,还需要考虑 TSV 对平面互连的影响。TSV 需要在合适的金属层将其与平面互连连接,图 11-46 为典型的 TSV 和平面互连的位置与连接关系[84]。图中 TSV 落脚第一层金属 M1,通过第二层金属 M2 分布到不同的金属层。由于 M2 金属在 TSV 的周围和上方分布,TSV

的膨胀、应力和电流等可能影响平面互连的电迁移特性。

11.5.1 金属原子迁移

金属导线受到电流、应力梯度和温度梯度的作用时，金属原子会沿着电子流动方向或应力梯度方向发生迁移，分别称为电迁移、应力迁移和温度迁移。原子迁移导致导线下游因原子的堆积而生长晶须和颗粒，导线上游因原子的缺失而出现空洞甚至断裂。对于电阻高、电流密度大的精细互连，原子迁移是导致失效的重要原因。通常认为，迁移造成金属互连失效的标准是原子迁移达到5%[85]。

11.5.1.1 原子迁移机理

金属导线在强电流作用下，自由电子运动的动量通过碰撞转移给原子，导致金属原子沿着导线发生位置和质量迁移，并在一些部位产生空洞、晶须或小丘的现象。金属中的电流输运包括电子和空穴以及离子和空位两类载流子，其中空穴和空位分别对应电子和离子的缺失，如图11-47所示。电子和空穴的移动产生的电流用于器件的运行操作，而离子和空位的移动产生的离子电流(质量流动)会引起金属失效。

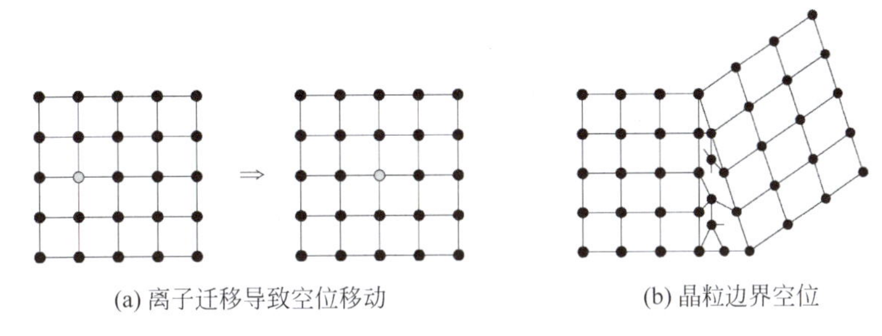

(a) 离子迁移导致空位移动　　(b) 晶粒边界空位

图 11-47　原子迁移

理想晶格中的原子产生位置移动需要一个很高的激活能，但是晶格的不规则将大幅降低激活能，极大地促进原子移动的可能性。这些促进因素通常是晶粒间隙原子，以及由非正常生长、晶粒内杂质和晶粒边界杂质导致的非正常晶粒结构。工作时的自加热和环境温度升高都将提供外部额外的能量，使离子和空位的扩散系数增大，而电流密度进一步增强扩散能力。在电流和时间的共同作用下，原子的迁移导致金属导线两侧分别产生空洞(缺失)和小丘(聚集)。位移产生的空洞等缺失现象可能使金属互连断路，而晶须或小丘等金属原子的聚集现象导致金属导线的增大，可能引起相邻导线间的短路，小尺寸互连更为严重。电迁移在高电流密度和高频率变化的互连上容易产生，如电源或时钟线等。为了避免电迁移，可以增加互连的宽度，以保证通过连线的电流密度小于某个阈值。

原子和空位移动的动力学过程可以采用类似电子漂移扩散方程进行描述，不同点在于迁移率和扩散系数的差异。原子的迁移率可以表示为[86]

$$\mu_{\text{vac}}=\frac{a^2 f}{k_{\mathrm{B}}T}\exp\left(-\frac{E_{\mathrm{a}}}{k_{\mathrm{B}}T}\right) \tag{11.16}$$

式中：a为晶格常数；f为电流频率；E_{a}为激活能；k_{B}为玻耳兹曼常数；T为热力学温度。

该模型是理想情况下的状态，但实际上还需要考虑晶粒大小、方向、密度和缺陷等。如图11-48所示，离子扩散的路径具有明显的多样性，既包括铜与其他材料的界面扩散、铜晶粒之间的边界扩散,也包括空置表面的表面扩散和晶粒内部的体扩散。这些扩散系数依赖激活能,而激活能与晶粒的尺寸、方向和界面特性有关。由于晶粒的非一致性和随机性,晶粒尺寸的三维分布很难准确获得,这导致扩散系数难以准确获得,而流过不同晶粒的电流密度也会有所不同。

铜晶粒的大小和分布对铜互连的可靠性有重要影响。尽管目前仍无法准确获得晶粒的分布情况,但是优化工艺可以提高晶粒的一致性和统计重复性。表 11-4 列出铜在不同扩散路径的统计激活能[87-88],通过统计特性获得的结果与实际情况越来越接近。铜离子的激活能与扩散路径有很大的关系,激活能在晶粒内部最高,而位于材料表面或晶粒边界则较低,因此晶粒内的扩散最为困难,而位于表面和边界的离子扩散速率远高于晶粒内部的离子,成为迁移的主要因素,例如有研究表明,靠近扩散阻挡层的铜更容易发生迁移。

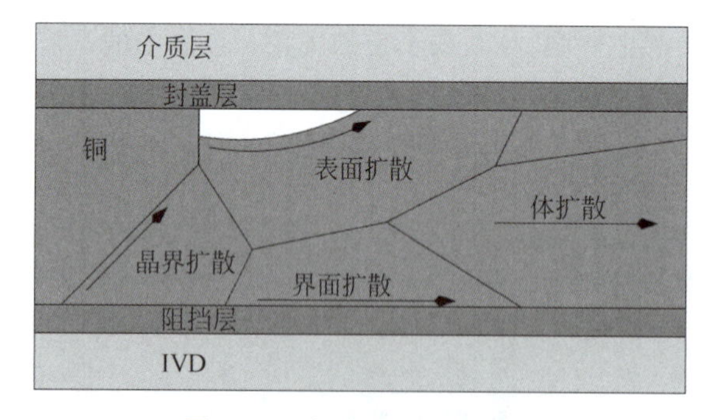

图 11-48　铜离子的扩散特性

表 11-4　铜的激活能与扩散路径的关系

扩散路径	激活能/eV
表面	0.5～0.7
材料界面	0.8～1.25
晶粒边界	1.2～1.25
晶粒内体扩散	2.1

除了电流引起的电迁移,温度梯度、原子浓度梯度和应力梯度都会导致原子迁移,这些因素往往与电迁移共同作用、相互叠加。温度梯度引起的原子迁移称为温度迁移,原子浓度梯度引起的原子迁移称为原子浓度迁移,可以类比于扩散,而热应力、残余应力或机械应力梯度引起的原子迁移称为应力迁移。铜经过 200～250℃退火后,自身晶粒长大和热膨胀系数差异都会导致很强的内建应力,引起金属内的空位扩散,导致质量迁移。应力迁移直到 2002 年才被发现[89],但是相比温度迁移和原子迁移更为显著。

应力迁移的特点是迁移导致的空洞生长速率并不随温度单调增加,而是以 150～200℃为高点呈山峰状分布,如图 11-49 所示[89]。应力迁移导致金属连线断裂时,空洞必须达到足够大的程度,应力内建导致的空洞成核和铜原子迁移导致的空洞聚集必须顺序发生。然而,这两者的温度特性完全不同。介质封盖层沉积通常在 250～300℃,当温度回到室温状态时,介质层与铜的热膨胀系数差异导致铜导线内部产生内建残余拉应力,引起应力迁移和空洞。当温度再次回到介质层沉积温度附近时,内建应力会回复到或接近自由状态即零应力状态,此时金属内建应力导致的空洞长大速率非常低。因此,热应力引起的应力迁移随着温度的升高而下降。另外,铜的扩散速率随着温度的升高而增大,导致高温时的空洞生长速率更高。因此,这两个不同的趋势叠加后,使空洞生长最快的温度

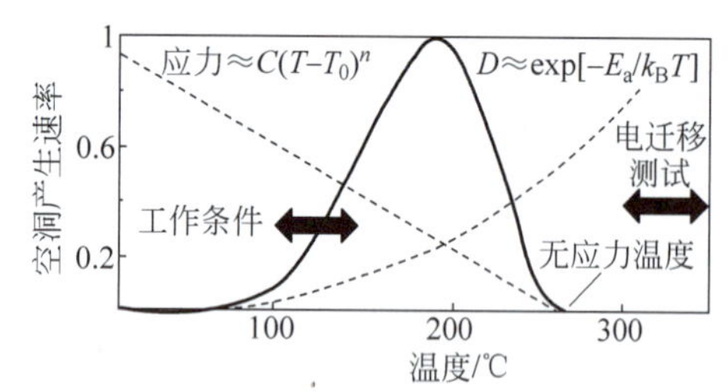

图 11-49　应力迁移的空洞产生速率与温度的关系

为 150～200℃[89-90]。

尽管迁移机理不同，但是所有的原子迁移都会导致空洞和小丘等现象，本书将电迁移、温度迁移、应力迁移和原子浓度迁移统称为原子迁移，其中电迁移和应力迁移是主要因素。原子迁移可以用统一方程描述[84]：

$$\begin{cases}\dfrac{\partial c}{\partial t}+\nabla\cdot \boldsymbol{q}=0 & (11.17\text{a})\\[2ex] \boldsymbol{q}=\dfrac{Dcje\rho Z}{k_{\mathrm{B}}T}+\dfrac{Dc\Omega}{k_{\mathrm{B}}T}\cdot\nabla(\sigma_{\mathrm{m}})+\dfrac{DcQ^{*}}{k_{\mathrm{B}}T}\dfrac{\nabla(T)}{T}-D\nabla c & (11.17\text{b})\end{cases}$$

式中：$\boldsymbol{q}$ 为原子迁移总通量；c 为原子浓度，初始值为 c_0；k_{B} 为玻耳兹曼常数；T 为热力学温度；j 为电流密度；Z 为铜的有效电荷；e 为电子电量（1.6×10^{-19}C）；Ω 为铜原子的体积（$1.2\times10^{-29}\mathrm{m}^3$）；$\sigma_{\mathrm{m}}$ 为静态下的应力；Q 为转移热（-0.0867eV）；ρ 为铜的电阻率（$1.68\times10^{-8}\Omega\cdot\mathrm{m}$）。

因为应力和温度都可以改变扩散系数，因此应力作用下的扩散系数可以表示为 $D=D_0\exp((\Omega\sigma_{\mathrm{m}}-E_{\mathrm{a}})/kT)$，其中 D_0 为初始扩散系数（$1\times10^{-8}\mathrm{m}^2/\mathrm{s}$）。

式(11.17b)等号右侧的四项分别为电迁移通量 J_{e}、温度迁移通量 J_{t}、应力迁移通量 J_{s} 和原子浓度迁移通量 J_{a}，即原子迁移是由电迁移、温度迁移、应力迁移和原子浓度迁移共同作用的结果。上述迁移通量表示为

$$\begin{cases}J_{\mathrm{e}}=\dfrac{Dcje\rho Z}{kt}, & J_{\mathrm{s}}=\dfrac{Dc\Omega}{kT}\cdot\nabla(\sigma_{\mathrm{m}})\\[2ex] J_{\mathrm{t}}=\dfrac{DcQ^{*}}{kT}\dfrac{\nabla(T)}{T}, & J_{\mathrm{a}}=-D\nabla c\end{cases}\tag{11.18}$$

这些因素共同对金属的原子迁移产生影响，最终的结果是各因素单独作用结果的叠加。但是原子浓度迁移与其他因素的作用效果相反，即总是阻碍原子从低浓度向高浓度迁移，阻止金属互连断裂。另外三个因素尽管都有迁移作用，但是由于应力梯度、温度梯度和电流的方向不同，它们的作用结果可能是相反的，即某种因素导致原子从互连的一端向另一端迁移，而另外一种因素导致的原子迁移方向可能相反。

原子迁移通常是很慢的，提高温度是金属原子迁移可靠性测试的重要加速因子。如电迁移的寿命加速试验通常在 300～350℃的温度下进行，将温度迁移和电迁移耦合。然而，这一温度范围是应力迁移效果较弱的区域，因此上述温度范围的加速寿命试验包含的应力迁移的因素很小。实际上，很多高功率密度的集成电路工作的高温范围可达 100～125℃，而这一范围的应力迁移反而更加显著，因此对于可靠性评估是重要的温度区间。在 100～125℃温度区间的应力迁移的耦合作用，会导致平面集成电路中金属互连的电迁移寿命下降 30%～60%[91]。对于三维集成，TSV 自身晶粒变化和热膨胀差异都会导致更为强烈的残余应力和热应力，因此应力迁移的现象更显著，对平面互连的影响也更突出。

金属原子迁移是在电流、温度、应力等多种因素共同作用下的综合结果，原子迁移的程度随着工作时间增加而越发严重，最终导致金属失效。迁移引起的可靠性可以用中位寿命（MTF，50%样品失效的时间）衡量，其关系可以表示为 Black 方程[92]：

$$\mathrm{MTF}=A\cdot J^{-n}\cdot\exp(E_{\mathrm{a}}/k_{\mathrm{B}}T)\tag{11.19}$$

式中：A 为与形状有关的常数；J 为电流密度（$\mathrm{A/cm^2}$）；k_{B} 为玻耳兹曼常数；T 为热力学

温度；E_a 为金属的激活能；n 为电流的指数，通常为1～2，当 n 靠近1时，表明电迁移动力学主要由空洞形成控制，当 $n=2$ 时，对应动力学由空洞成核限制[93]。

激活能与扩散路径有关，如表11-4所列。需要注意的是，Black方程描述的是材料性质的经验观测值，要求对不同失效机理进行分别校准，并非适用任意情况。尽管如此，Black寿命方程仍是估计平均寿命最常用的方法。

11.5.1.2 TSV金属迁移

由于TSV本身的尺寸较大、电流密度较低，TSV铜柱的电迁移现象较微弱，但是TSV内部应力水平显著，导致TSV铜柱的应力迁移较显著。此外，由于TSV热膨胀挤压上下表面的平面金属，如图11-46中的M2，对于TSV上层的平面金属互连会产生较大的影响。直到最近才有研究全面考虑TSV所产生的上述因素对互连的影响[94-96]。

图11-50为FEOL工艺TSV的应力分布与应力迁移特性[95]。由于FEOL工艺的特点，TSV上表面的应力大于下表面相同位置的应力。TSV上表面C点和D点首先出现迁移导致的失效，然后是H点和I点。上述特点与这些点受到最大的热膨胀应力基本一致，表明应力是引起迁移失效的重要因素。根据这些特点，B点失效早于G点，A点早于F点。当A点和F点距离TSV较远时，二者迁移失效主要是电流迁移失效引起的，应力和温度的影响较小。E点位于TSV中心位置，应力基本为零，并且电流密度也远低于A点和F点，因此E点失效时间最长。应力是引起TSV迁移和失效的主要原因，而不同工艺、不同结构、不同尺寸、不同键合方式的TSV的应力情况差别很大，同时退火对应力有较大的影响，因此不同的TSV必须根据工艺情况才能确定其迁移引起的可靠性变化。

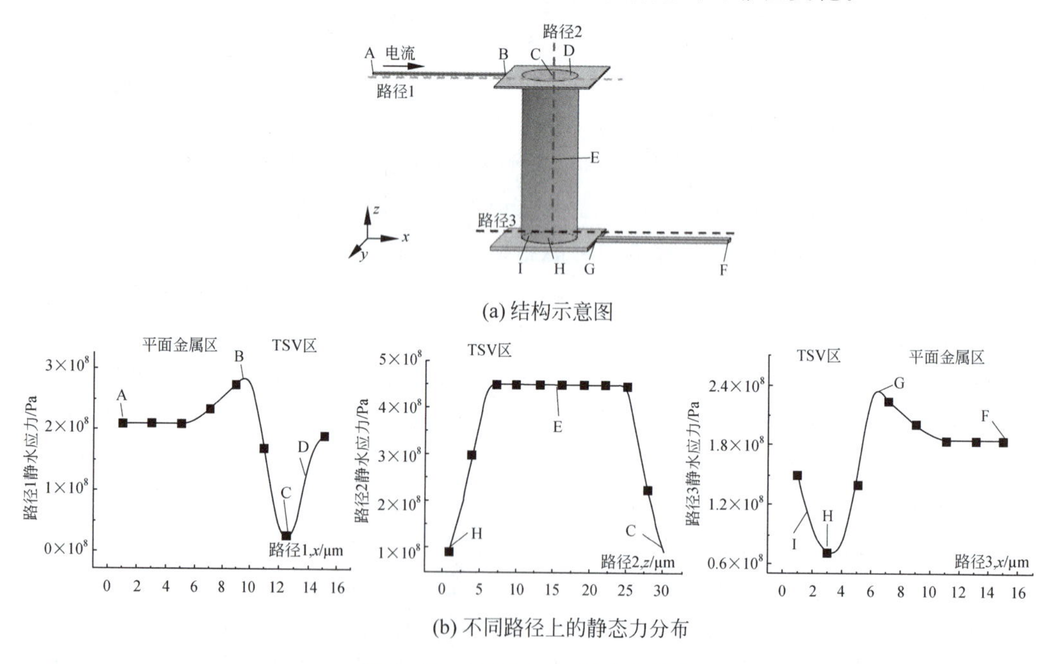

图11-50 FOEL TSV的应力迁移

图11-51为BEOL工艺和MEOL工艺制造的TSV的电迁移特性[97]。采用BEOL和MEOL流程制造的TSV，电迁移引起的空洞同样出现在TSV上方的M1上或下方的金属上。当M1金属厚度较小时，空洞出现在M1的封盖层SiN的下方，甚至扩散阻挡层区域都会

形成空洞。TSV影响上方两层金属互连和介质层的性能，更高层的金属和介质层受TSV的影响很小。电迁移的寿命与加载的应力有关，温度越高、电流越大时，电迁移寿命越短。

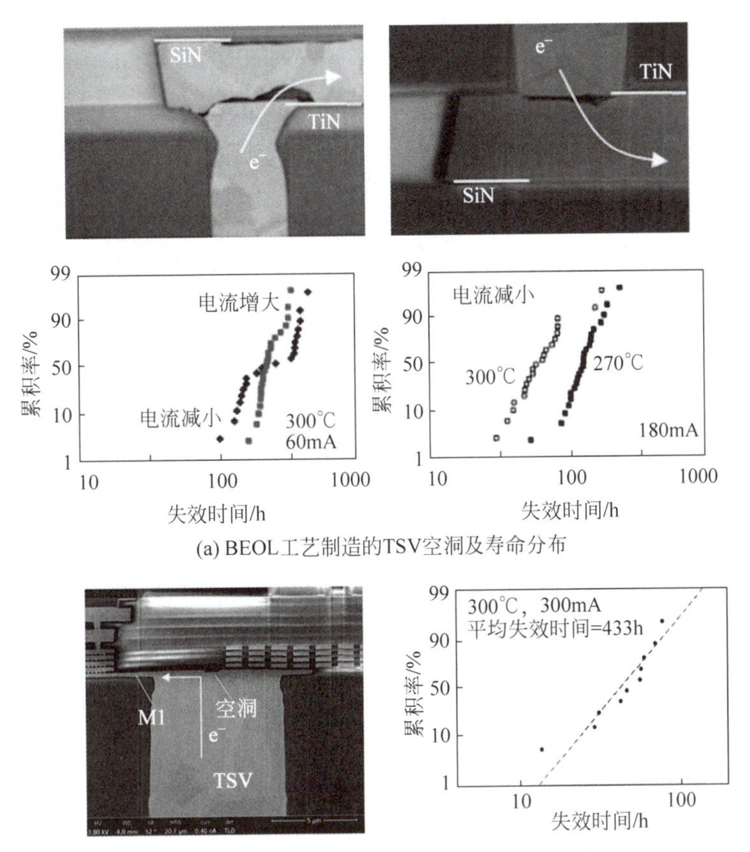

(a) BEOL工艺制造的TSV空洞及寿命分布

(b) MEOL工艺制造的TSV空洞及寿命分布

图 11-51　电迁移界面空洞

电迁移除了产生TSV与平面互连间的空洞，还会产生铜柱和介质层之间的滑移。由于电迁移和界面滑移都是扩散驱动的现象，特别是当晶粒尺寸相对较大时，界面（而非晶粒边界）产生了电迁移流的短路通道，电流引起沿着周期性的异质界面产生非均匀的化学势梯度，从而驱动质量输运，产生界面滑移[98]。在没有远场应力的作用并且界面作为扩散流主要路径的情况下，电迁移引起的界面滑移速率可以表示为

$$\dot{U}=\frac{4\delta_{\mathrm{i}}D_{\mathrm{i}}}{k_{\mathrm{B}}Th}Z^{*}eE \tag{11.20}$$

式中：δ_{i}、D_{i}分别为界面厚度和扩散率；Z^{*}为扩散原子的有效电荷数；e为电子的自由电量；E为电场强度。电迁移增强的界面滑移（式(11.20)）与切应力产生的界面滑移（式(11.14)）可以线性叠加，从而导致由电迁移产生的界面滑移增强。

11.5.1.3　TSV对平面互连的影响

在电迁移、应力迁移和温度迁移三种因素中，TSV对平面互连的电迁移和温度迁移的影响不大，其影响主要表现在应力迁移。这是因为TSV并不改变平面互连的电流状态，同时TSV本身尺寸大、电流密度低、自身发热较小，因此对温度的影响也有限。而TSV的热

膨胀系数和残余应力会在其周围的衬底和介质层以及TSV上方的介质层产生较大的应力，影响TSV周围和TSV上方的平面互连的应力迁移。即使处于未通电状态，残余应力仍会对平面互连产生持续的影响。由于各种影响迁移的因素可以通过叠加的办法进行分析，因此可以分别分析TSV对电流、温度和应力的影响，再通过叠加得到总的影响情况。图11-52为有限元模拟得到的TSV边缘的平面互连的原子浓度分布受TSV影响的情况[84]。

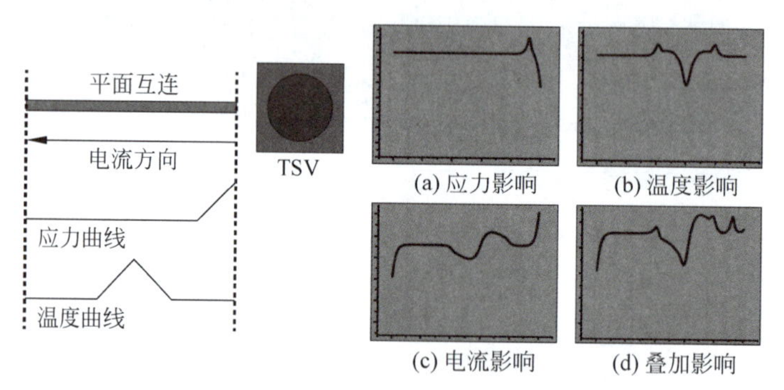

图 11-52　电迁移、应力迁移和温度迁移的叠加影响

由于应力是空间分布的，TSV周围不同位置的应力情况不同。要全面分析迁移对TSV周围的平面互连的可靠性的影响，首先需要获得TSV周围的应力分布情况，结合平面互连的位置和电迁移特性，判断迁移引起失效的关键点(通常在应力梯度的最大位置)，以及失效关键点的温度和电流情况，最后考虑所有因素后分析关键点的可靠性。获得应力分布的简单方法是利用有限元分析。图11-53为TSV对周围四种不同位置的金属互连产生的应力影响[84]。当平面互连穿越TSV上方时，受到TSV的影响最大。当平面互连周围有多个TSV时，平面互连的应力分布是多个TSV单独作用的叠加。

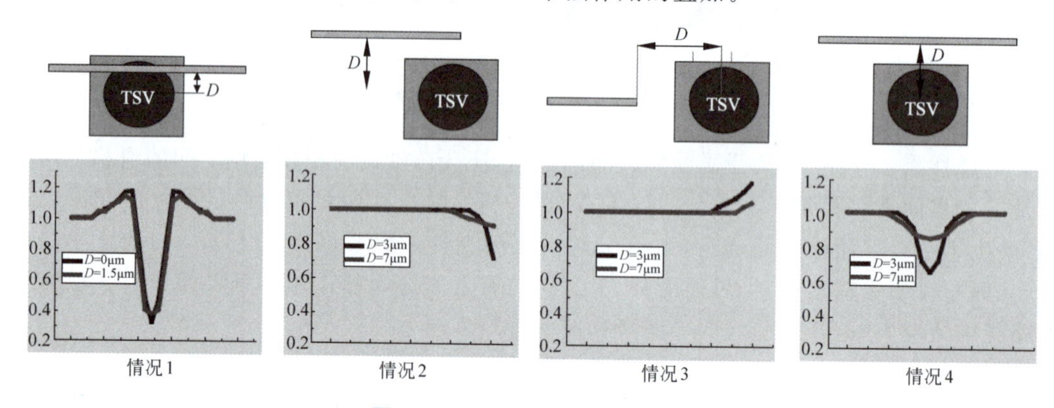

图 11-53　TSV周围导线的应力

11.5.2　扩散阻挡层的完整性

扩散阻挡层的完整性主要影响TSV的铜扩散。铜扩散不但会引起TSV漏电流的增大而使TSV失效，还会对CMOS器件的性能产生影响，甚至导致器件失效。由于Bosch刻蚀深孔造成的侧壁贝壳状起伏以及高深宽比的影响，利用PVD在深孔侧壁制造无缺陷的扩散阻挡层有一定的技术难度。另外，背面工艺中涉及铜CMP等过程，容易导致铜污染。铜扩散是三维集成必须避免的，也是决定TSV可靠性的关键因素之一[99-100]。

扩散阻挡层一般采用 iPVD 方法沉积。影响扩散阻挡层完整性的主要因素是 TSV 的高深宽比和侧壁形貌。iPVD 方法沉积时，在距离深孔底部一定高度的位置处沉积的均匀性较差，容易引起扩散阻挡层的非连续而导致失效。由于 TSV 刻蚀时容易产生侧壁起伏、掩膜下横向钻蚀等问题，使原本较薄的扩散阻挡层出现间断或缝隙。此外，侧壁起伏的尖端容易引起扩散阻挡层沉积的针孔、热应力集中和电流密度集中的问题，导致扩散阻挡层在工作状态下产生裂纹甚至碎裂，造成扩散阻挡层的失效。

扩散阻挡层的制造缺陷和失效可以通过测量截面的薄膜形貌和铜元素的浓度分布获得，而其长期可靠性通过测量 TSV 的电学性质获得。铜扩散与温度和时间强烈相关，利用硅衬底、介质层、扩散阻挡层和 TSV 构成的 MOS 电容，通过测量 MOS 电容的电容—时间关系（C-t 曲线），评价扩散阻挡层的质量和可靠性。为了测试高温下的扩散阻挡能力，需要在不同温度下进行不同时间的退火处理。

图 11-54 为采用不同厚度的 Ta 扩散阻挡层的深槽 MOS 电容在不同退火时间和不同侧壁起伏情况下的 C-t 曲线[101]。退火温度为 300℃，电容相对介质层电容 C_f 归一化。图 11-54(a)和图 11-54(b)中 Ta 薄膜的厚度为 10nm，侧壁起伏分别为 30nm 和 200nm。可以看出，退火后 t_f 急剧下降，说明铜原子向耗尽区扩散，产生了深能级复合中心，降低了少数载流子的生成寿命[102]，即深槽内厚度为 10nm 的 Ta 薄膜产生了严重的铜扩散。将 Ta 沉积在平面上，即使同样只有 10nm 的厚度仍可以获得良好的扩散阻挡能力。深槽内扩散阻挡层失效的原因包括深槽的高深宽比和侧壁起伏。由于 PVD 在深孔内部沉积时共形能力的限制，深槽底部 Ta 薄膜的厚度通常只有表面厚度的 30%甚至更低，因此名义上厚度为 10nm 的 Ta 薄膜在深槽底部出现了非连续。另外，由于侧壁起伏程度远超过 Ta 的厚度，即使 PVD 能够实现完全的共形沉积，厚度为 10nm 的薄膜也无法覆盖起伏尖端的下方。侧壁起伏 200nm 的铜扩散较 30nm 时更加严重，说明侧壁起伏的影响极为显著。

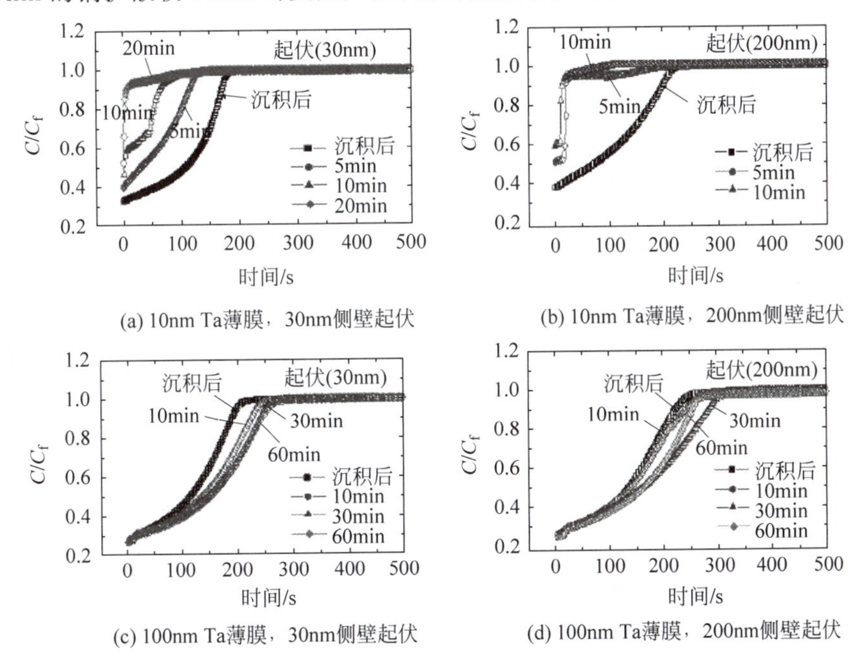

图 11-54　深槽 MOS 电容的 C-t 曲线

图 11-54(c)和图 11-54(d)为 Ta 薄膜厚度提高到 100nm 的情况。可以看出,t_f 随着退火时间和表面起伏的变化很小,说明少数载流子的生成寿命基本没有变化。这表明,即使受限于 PVD 的共形能力,厚度为 100nm 的 Ta 薄膜也能够在深槽内壁形成连续致密的扩散阻挡层,并且扩散阻挡效果很好,基本不受侧壁起伏程度和退火条件的影响。即使侧壁起伏达到了 200nm,但是由于 Ta 薄膜足够厚,侧壁起伏并未对扩散阻挡层的连续性产生影响。

除了扩散阻挡层本身的性质,介质层击穿也会引起潜在的扩散阻挡层问题。TSV 在介质击穿后,铜原子保留在 Si/SiO_2 界面的本征硅一侧,在负电压的作用下,铜发生扩散和电荷漂移效应,导致时间相关的介质层击穿寿命会下降。另外,由于铜原子有补偿硼或磷杂质的趋势,所以会显著增强纳米 CMOS 器件(<100nm)的短沟道效应。

11.5.3 介质层的完整性

有效的介质层需要连续、无缺陷、均匀地覆盖整个 TSV 铜柱与硅衬底的界面。衡量介质层性能的指标包括漏电流、击穿电压和时间相关介质层击穿(TDDB)。介质层的绝缘能力较低或者失效,会导致 TSV 向衬底的漏电流变大,增加 TSV 的功耗,影响器件之间的绝缘。击穿电压是在高电压或电场作用下导致介质层瞬间击穿所需要的电压或电场,用于衡量介质层耐受最大击穿电场的能力。在长时间的电压或电场作用下,介质层材料发生性能衰退,抵抗击穿和漏电流的能力下降,最终导致介电层击穿。这种与时间有关的材料性能变化的特性采用 TDDB 衡量。与介质层击穿衡量最大耐受场强不同,TDDB 衡量介质层的时间寿命与电压或电场的关系。

11.5.3.1 影响介质层的完整性的因素

受限于 TSV 介质层厚度和介质层质量的影响,即使连续的介质层也会产生轻微的漏电流,漏电流是衡量介质层绝缘能力的主要指标。在 TSV 铜柱和衬底之间施加一定的电压,可以直接测量漏电流的大小。为了保证 TSV 的正常工作和功耗水平,一般要求 TSV 的漏电流小于 1pA。决定漏电流大小的主要因素是介质层的厚度、介电性能和薄膜质量,这又取决于介质层的材料性质、制造方法和深孔侧壁表面形貌等。对于 TEOS 沉积的 SiO_2 介质层,一般具有较好的共形能力和表面形貌适应能力,比较容易获得连续的介质层。TEOS 沉积的介质层吸水性很强,需要高温退火降低吸附性并致密化,以提高介电能力。

介质层的完整性和介电性能决定了 TSV 漏电流的大小。然而,如果扩散阻挡层失效,铜原子经过介质层向衬底扩散也会引起漏电流。如果扩散阻挡层性能不好,漏电流(或击穿)往往是这两方面共同作用的结果。为了评价扩散阻挡层的完整性和介质层的绝缘能力,需要区分这两种因素的影响程度。利用铜扩散的特性和 TSV 电容特性,通过改变施加在 TSV 上的电压的极性,可以分别获得扩散阻挡层的完整性和介质层的绝缘能力这两种漏电流(或击穿)因素的影响。

以 P 型衬底为例,如果施加在 TSV 上的电势高于衬底电势,铜离子在电场的作用下会加速扩散,TSV 通过介质层形成耗尽型电容,同时,介质层上承受了绝大部分所施加的电势差,因此这种情况下两种漏电流机制共同发挥作用。由于铜离子的加速扩散,这种模式可以用来评估扩散阻挡层的完整性。如果 TSV 上施加的电势低于衬底电势,电场抑制铜离子通过扩散阻挡层向衬底扩散,TSV 通过介质层形成积累型电容,此时击穿是由介质层击穿引起的，可以评估介质层的击穿能力。另外，给定介质层击穿场强的情况下，积累型模式下的击穿电压可以用来计算介质层的最小厚度，这种方法获得的介质层厚度比通过测量 TSV 电容计算的介质层厚度或者通过扫描电镜测量的介质层厚度都更加可靠。

11.5.3.2 介质层击穿

在集成电路中，经常采用时间相关介质击穿评价介质层的介电性能随着时间的衰退特性。一般在超过正常工作电压的恒定电压作用下，测量介质层被击穿时的时间寿命，然后利用器件失效时间的中位数或 50%器件失效的时间 $t_{50\%}$ 和加速寿命试验模型推算在工作电压情况下的寿命。

描述 TDDB 的统计学模型有多种，其中较为常用的是 E 模型（电场模型），可以表述为[103]

$$t_{db} \propto \exp(-\gamma E) \tag{11.21}$$

式中：t_{db} 为击穿时间；E 为介质层中施加的电场强度；γ 为场加速系数。

通常情况下，TDDB 测试都需要施加比正常工作状态高很多的电场，以尽快获得击穿时间，降低测试成本。因此 γ 用来表示测试施加电场与正常工作电场之间的差异所引入的加速可靠性测试系数。为了获得具有统计学意义的数据，TDDB 需要大量的测试样品和时间。然而，由于 TSV 深孔刻蚀的一致性问题和侧壁起伏，介质层的一致性通常比较差，导致 TSV 的 TDDB 击穿时间的分布范围过大，在一个合理的时间区间内获得准确的 γ 较为困难。因此，利用常规的 TDDB 方法分析 TSV 介质层完整性较为困难[104]。

击穿场强是评价介质层特性的简单方法，可以通过对介质层施加阶梯电压获得。由于阶梯电压升高时也需要时间并且引入了额外的 TDDB 载荷，因此阶梯电压的上升率对测量的击穿场强有直接影响，获得的击穿场强实际含有时间信息。假设 TDDB 的寿命与负载电场之间为指数关系，可以建立起等效 TDDB 负载时间与阶梯电压参数的关系：

$$t_0 = \Delta\tau \sum_{n=0}^{n=E_{bd}/\Delta E} \exp[\gamma(n\Delta E - E_{bd})] = \frac{\Delta\tau}{1-\exp(-\gamma\Delta E)} \tag{11.22}$$

式中：t_0 为击穿电场（E_{bd}）作用下的有效载荷时间；$\Delta\tau$ 为阶梯电压的时间间隔；ΔE 为阶梯电场，可以从所施加的阶梯电压 ΔV 与介质层厚度 S 的比值获得。

对于两个击穿电压的分布，可以得到击穿电压与接地电压间隔的关系为

$$V_{bd}(R_2,i) - V_{bd}(R_1,i) = \frac{S_i}{\gamma}\ln\left(\frac{\Delta\tau_1}{\Delta\tau_2}\right) \tag{11.23}$$

式中：$V_{bd}(R_1,i)$、$V_{bd}(R_2,i)$分别为两个电压上升速率下 R_1 和 R_2 的击穿电压，i 表示在两个分布中击穿器件所占的比例。

因此，通过测量可控阶梯电压的击穿特性，可以获得 TDDB 测试的加速寿命系数 γ。例如，施加图 11-55 所示的三种不同的阶梯电压，在已知阶梯电压上升率的情况下，可以测量得到每个阶梯电压对应的击穿场强，如果以中间的阶梯电压所对应的击穿电压作为参考值，那么式(11.23)可以改写为

$$V_{bd}(R_j) - V_{bd}(R_0) = \frac{S}{\gamma}\ln\left(\frac{\Delta\tau_0}{\Delta\tau_j}\right) \tag{11.24}$$

式中：$R_j = \Delta V/\Delta t_j\,(j=0,1,2)$为第 j 个阶梯速率；$V_{bd}(R_j)$为第 j 个阶梯速率的击穿电压。

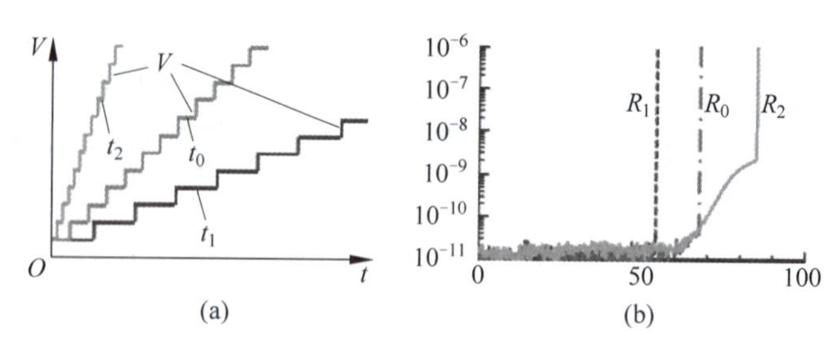

图 11-55　台阶电压与击穿场强示意图

于是，TDDB 的加速系数可以通过 $V_{bc}(R_j)-V_{bc}(R_0)$ 与 $\ln(R_j/R_0)$ 之间线性关系的斜率获得。

11.5.3.3　侧壁起伏对漏电流的影响

TSV 的侧壁起伏对漏电流有显著的影响。侧壁起伏与所使用的刻蚀方法有关，通常时分复用的 Bosch 工艺刻蚀的深孔侧壁存在贝壳状起伏，而稳态刻蚀的侧壁较为光滑。图 11-56 为 Bosch 方法和 NLD 刻蚀的 TSV 内壁形貌[105]，其中 Bosch 方法产生了高度为 71nm、周期为 280nm 的周期性起伏，而 NLD 刻蚀的 TSV 内壁非常光滑。对于 Bosch 工艺，通过优化刻蚀参数可以将侧壁起伏降低到 20nm 甚至更低的水平。

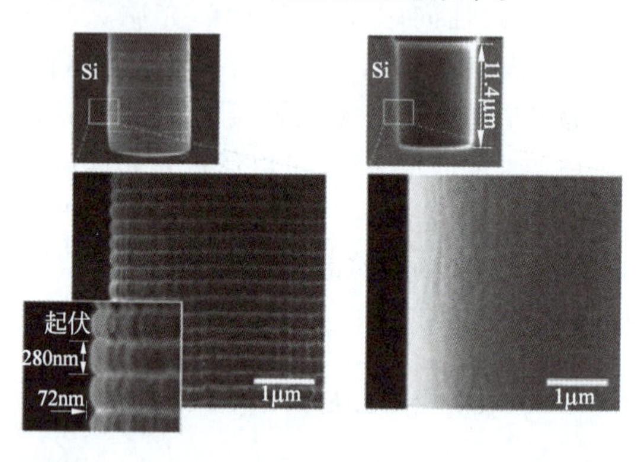

图 11-56　Bosch 工艺和 NLD 刻蚀的 TSV 侧壁形貌

采用低温 PECVD 对上述两种 TSV 沉积厚度为 500nm 的 SiON 介质层，电镀铜后进行 200℃、300℃和 400℃的退火处理，然后测量铜柱与衬底之间的漏电流，结果如图 11-57 所示。对于侧壁光滑的 TSV，在无热处理时 10V 偏置电压的漏电流为 0.1～1pA，400℃退火

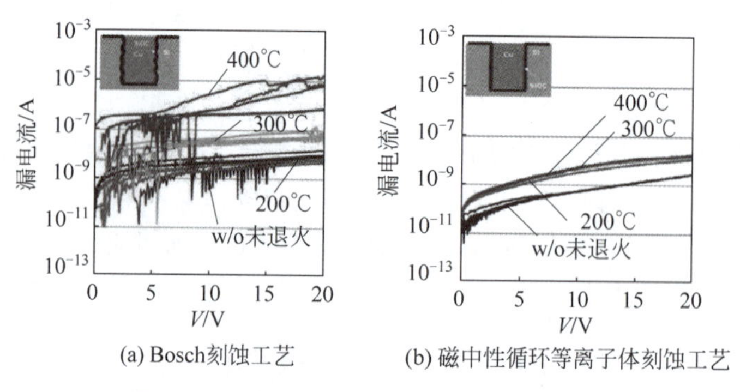

图 11-57　表面粗糙度对 TSV 漏电流的影响

后漏电流增大了约10倍。对于Bosch工艺刻蚀的侧壁起伏的TSV，未进行热处理时的漏电流比侧壁光滑的TSV的漏电大几倍，而400℃处理后漏电流增大了100倍以上。实际上，在200℃退火后，内壁起伏的TSV的漏电流就有明显增大。甚至有研究表明，即使在室温下，采用Bosch工艺刻蚀的TSV的漏电流也比非Bosch工艺刻蚀TSV的漏电流高3个数量级[106]。

漏电流变化程度不同，表明热处理引起的热应力对起伏表面的伏介质层造成了影响。图11-58所示的高分辨率扫描电镜照片表明[105]，起伏的侧壁沉积的SiON介质层在热退火后出现了裂纹，如图中箭头所示位置。平均裂纹长度与介质层波谷处最小厚度基本相当，周期与介质层的起伏周期一致，这表明热退火过程在起伏表面的介质层内产生了较大的应力，导致裂纹产生。光滑表面在铜电镀并400℃热处理后，没有裂纹产生。因此，侧壁起伏导致的裂纹是引起介质层失效和漏电流增加的主要原因。

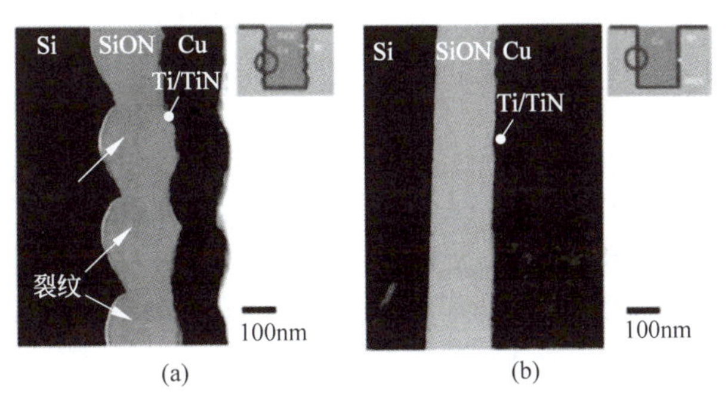

图11-58 表面起伏的介质层失效

有限元计算表明，产生裂纹的主要原因是侧壁起伏导致的介质层应力集中。如图11-59所示[105]，有限元模型中侧壁起伏的间距和起伏大小分别为100nm和50nm，介质层最小厚度为100nm，SiON的弹性模量为140GPa，泊松比为0.25，热膨胀系数为6×10^{-6}/K，假设铜在250℃时出现塑性变形。在沉积SiON介质层薄膜后，介质层内的应力为100MPa的压应力，但是在尖角处产生了约340MPa的拉应力。电镀铜柱并在250℃退火后，介质层尖角处的应力转变为压应力，最大值为230MPa。其他有限元模拟表明，尽管绝对数值不同，但是当侧壁起伏较为明显时，都会在介质层、扩散阻挡层和种子层内造成更大的热应力，如表11-5所示[106]。需要注意的是，有限元模型与实际情况存在差异，主要包括两点：一是模型中起伏尖角比实际情况锐利，二是SiON介质层并没有完全隔离起伏，即在介质层的内表面仍存在起伏，只是起伏程度小于硅表面(即介质层外表面)的起伏程度。

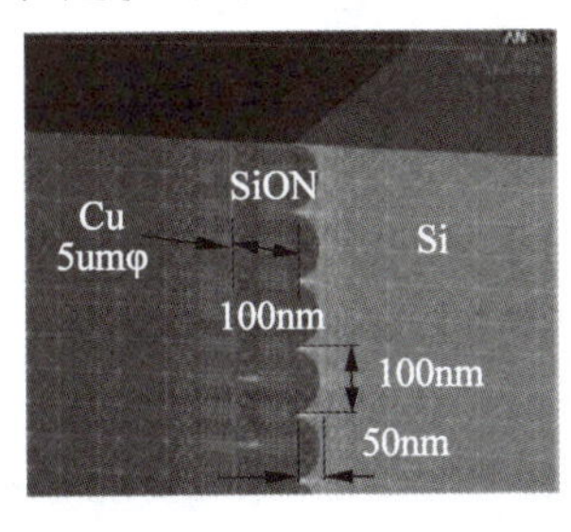

(a) 有限元模型

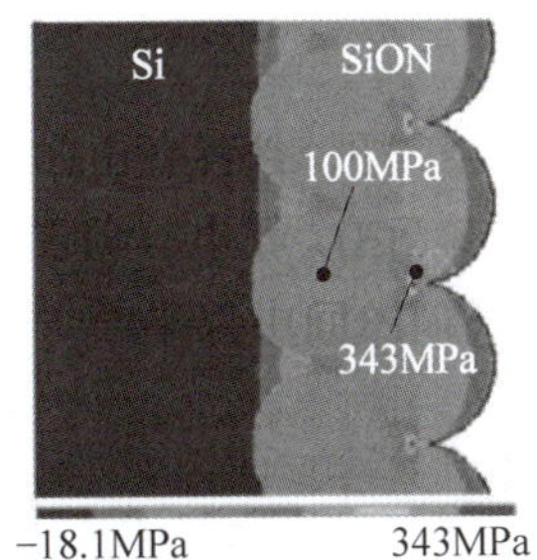

(b) 介质层沉积后的应力

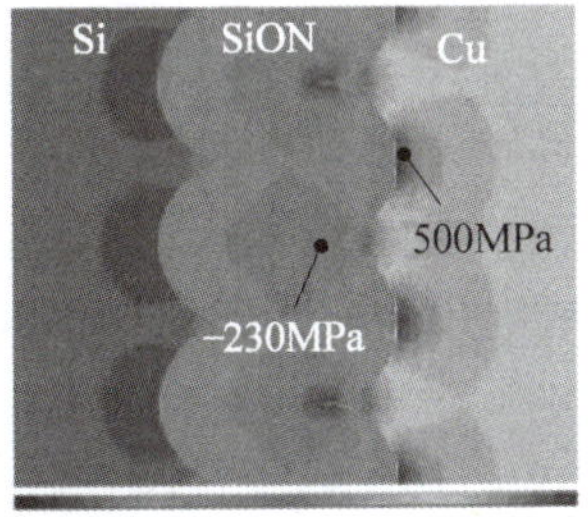

(c) 铜电镀后的应力

图11-59 起伏表面介质层有限元应力分析

表 11-5　5μm×10μm 的 TSV 侧壁粗糙对热应力的影响

侧壁条件	TSV 热应力(50nm Ta 阻挡层) 单位：MPa							
	硅(Si)		二氧化硅(SiO_2)		铜(Cu)		钽(Ta)	
	中间	顶端	中间	顶端	中间	顶端	中间	顶端
光滑	48	64	100	149	115	168	126	161
粗糙	56	100	166	360	100	297	160	269

图 11-60 为表面起伏的铜柱和介质层的纵向应力在 400℃退火升温和降温过程的变化情况。SiON 介质层的应力主要由铜和硅衬底的热膨胀系数的差异、温度变化幅度，以及热退火过程中铜晶粒的变化所决定。铜电镀后，介质层内的应力为 100MPa 拉应力，随着温度的升高，应力升高到 250℃时的 400MPa，随着铜塑性变形的产生和铜的再晶化，应力迅速减小到接近 0，并且随着温度的进一步升高而逐渐增大。在介质层沉积后就产生的微裂纹，会在热退火过程中随着拉应力正大到 400MPa 而逐渐扩展。因此，400℃退火后，裂纹的尺寸变大，导致漏电流大幅增加。

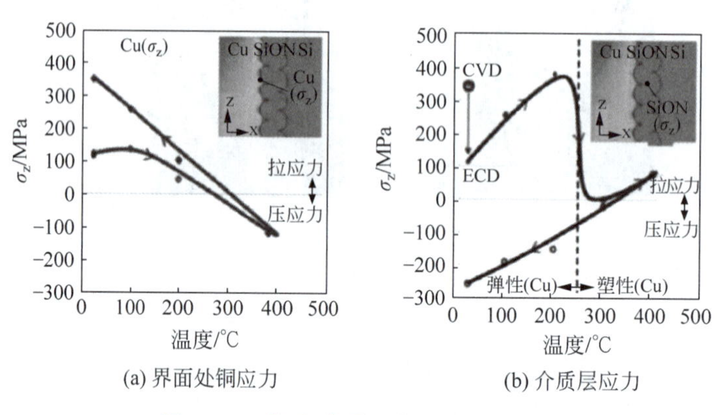

图 11-60　铜和介质层应力随温度变化

11.5.3.4　聚合物介质层

由于 BCB、PI 和 PPC 等聚合物材料的热稳定性比 SiO_2 差，这些聚合物材料作为介质层时必须评估热冲击后的 TSV 性能。图 11-61 为根据 JESD22-A106B 标准的热冲击后，BCB 介质层的 TSV 的 *I-V* 测量曲线。热冲击的低温为－65℃，高温为 150℃，循环 40 个周

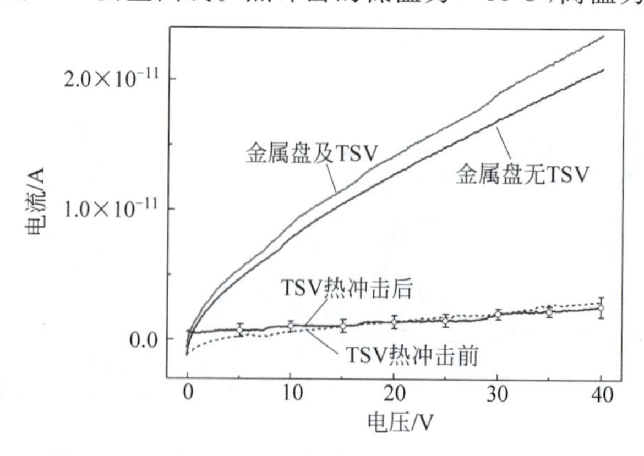

图 11-61　热冲击后 BCB 介质层 TSV 的 *I-V* 曲线

期。通过比较热冲击前后的 I-V 特性曲线，可以看出，电流的变化不大，仍然保持皮安量级的漏电流，说明 BCB 介质层具有良好的温度可靠性，足够抵抗−65～150℃热冲击。

铜在 200℃的温度条件下可以扩散到 SiO_2 介质层中，因此 SiO_2 介质层需要扩散阻挡层。BCB 对铜扩散具有一定阻挡作用，在要求不高时，采用 BCB 作为介质层可以不需要扩散阻挡层。评价 BCB 的扩散阻挡能力采用俄歇电子能谱直接测量 BCB 和硅中的铜成分的含量，测量结果如图 11-62 所示。测量样品的结构为 200nm Cu/100nm BCB/Si 衬底，BCB 介质层在 250℃真空环境固化 60min。AES 测量共轴电子施加电压 5kV，测量角度为 30°。采用 2kV 的氩等离子枪，在样品法向 60°角度对样品进行刻蚀；每次刻蚀后进行元素成分采集。

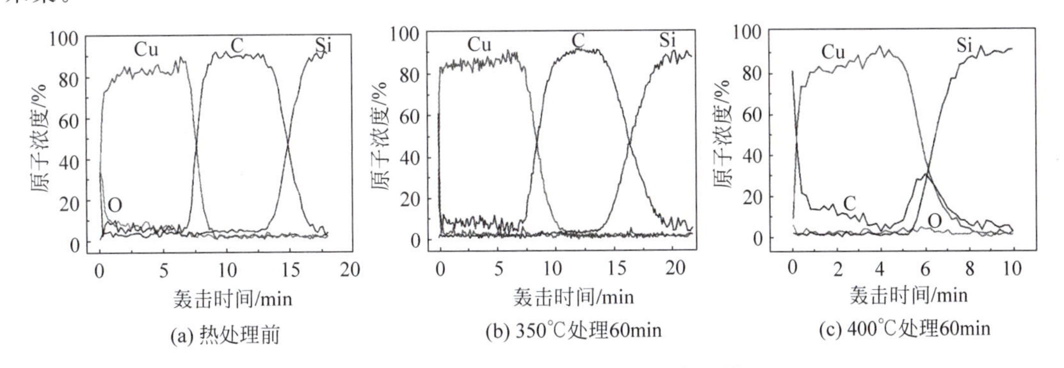

图 11-62 Cu/BCB/Si 纵向 AES 元素扫描

热处理前，样品表面的主要成分是铜。当刻蚀时间为 7min 时，铜的成分快速下降，碳成分快速上升，表明到达铜与 BCB 的界面。刻蚀时间增加到 15min 时，碳成分快速下降，硅成分快速上升，表明 BCB 与硅衬底的界面。AES 测量具有明显的界面，在硅衬底处完全不存在铜成分。350℃热处理 60min 后，界面仍非常明显，而且硅衬底完全不存在铜成分。这表明在 350℃热处理 60min 后，铜没有扩散到硅衬底，BCB 能有效阻挡铜的扩散。经过 400℃热处理 60min 后，铜、碳和硅元素交织在一起，表明铜已经扩散到硅衬底，说明 400℃热处理后 BCB 已经没有扩散阻挡作用。这主要是由于 400℃已经高于 BCB 的玻璃化转化温度，导致 BCB 介质层的热退化，BCB 中的 C-N、C-C 和 C-O 键发生脱离，在分子链的末端形成新的自由链，造成分子链的变化、重组、异构化以及环化等现象[107]。高温处理伴随着 BCB 的失重现象，在 400℃下热处理 60min 后，300nm 厚的 BCB 层的厚度减少到 210nm。

11.6 金属键合可靠性

金属键合是三维集成可靠性问题的主要来源之一。影响金属键合可靠性问题的主要因素包括自身因素和外部因素。自身因素包括金属凸点材料、键合方法、键合界面质量等，外部因素包括芯片、基板和高分子填充层的残余应力、热应力，以及大电流作用下的电迁移等。

典型的金属键合包括铜的热压键合和铜与其他金属的瞬时液相键合。这两种不同的键合机理在可靠性表现和失效机理方面有很大的差异。在界面质量良好的情况下，金属热压键合具有很低的界面电阻率，其抗电迁移能力和抵抗温度影响的能力远高于瞬时液相键合；同时，热压键合凸点经过平整化，界面很少出现空洞，因此总体可靠性很高。瞬时液相键合通过金属间的化学反应形成金属间化合物,其形成过程会引起空洞和夹渣等缺陷,并且金属间化合物的材料成分不稳定、材料脆性高,容易产生较为严重的可靠性问题。如果金属配比不合理、反应不充分,或焊料金属流动,都会显著降低键合凸点的寿命。近年来的研究表明,瞬时液相键合的金属凸点可靠性是影响三维集成可靠性的首要因素。

11.6.1 铜直接键合

铜直接键合因为没有其他成分参与键合,所以高质量表面处理后的键合界面具有优异的性能和极高的可靠性,已经广泛应用于图像传感器和 DRAM 等三维集成量产产品。

11.6.1.1 铜键合的可靠性

在良好的键合条件和键合质量下,Cu-SiO_2 键合具有优异的可靠性。图 11-63 为 Sony 对 4μm 节距 Cu-SiO_2 混合键合的可靠性测试结果[108]。键合后铜结构的界面电阻约为 0.2Ω,经过 1000h、175℃退火后,界面电阻累积分布基本没有变化。在电压和高温应力下,TDDB 累积分布表明,键合界面可满足正常使用 10 年的可靠性要求。

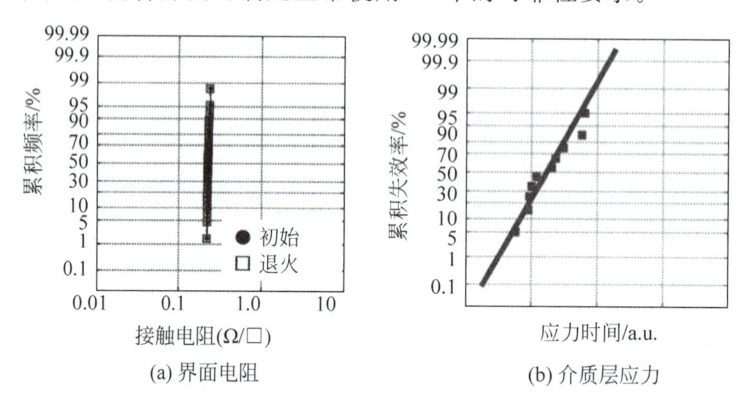

(a) 界面电阻　　(b) 介质层应力

图 11-63 Cu-SiO_2 混合键合高温可靠性

ST 测试的电迁移结果表明,铜键合具有很好的抗电迁移能力[109]。键合金属的节距为 7.2μm 和 1.44μm,在 350℃的温度和 30mA 电流共同作用下,经过一定时间后键合界面和电阻没有明显的变化。延长时间使测试结构全部发生电迁移(电阻变化率超过 10%),90%置信区间的概率分布与测试时间的关系如图 11-64 所示。不同节距具有相同的概率分布,表明失效机理是相同的。对节距 7.2μm 和 1.44μm 分别施加 −65～+150℃ 和 −55～+150℃的高低温循环,经过 500 次测试后电阻变化率小于 1%。

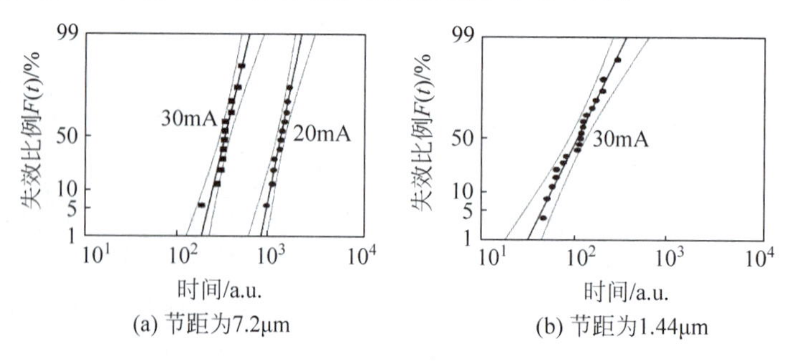

(a) 节距为7.2μm　　(b) 节距为1.44μm

图 11-64 Cu-SiO_2 混合键合电迁移可靠性

铜键合凸点中，电镀和表面处理导致的残留有机成分是影响铜键合可靠性的重要因素。当键合凸点厚度较小时，自退火和高温会导致电镀铜凸点内的硫和氯化物杂质向晶界偏析，引起凸点的脆化和拉伸强度的下降[110]。当晶粒尺寸与凸点厚度相比较小并且凸点内残留的杂质浓度较高时，更容易出现偏析导致的材料脆化。当晶粒尺寸接近电镀凸点的厚度时，凸点的脆性下降而延展性提高[111]。采用低电流密度电镀时，厚度小于5μm的铜薄膜晶粒方向较为一致，而更厚的薄膜的晶粒方向分散性增加，薄膜的力学性质和可靠性表现出较大的差异。

11.6.1.2 界面空洞

尽管铜直接键合具有良好的可靠性，但铜键合对键合表面的预处理要求很高。由于铜没有像聚合物材料一样好的高温流动性，键合铜凸点上的氧化物、污染物、电镀缺陷和电镀液有机物残留等，都容易在铜的键合界面处产生缺陷。此外，铜表面CMP处理时的高度非均匀性以及未被清洗去除的嵌入颗粒等，都会在键合界面产生空洞等键合缺陷。

铜直接键合界面上最常见的缺陷为污染物及氧化物引起的空洞，如图11-65所示[112]。在铜热压键合中，表面形貌、杂质、金属迁移等因素在键合界面的边界产生少量空洞。键合界面的空洞会加快铜的电迁移，导致接触电阻增大，并影响键合结构的完整性甚至导致由空洞发展成的键合剥离。

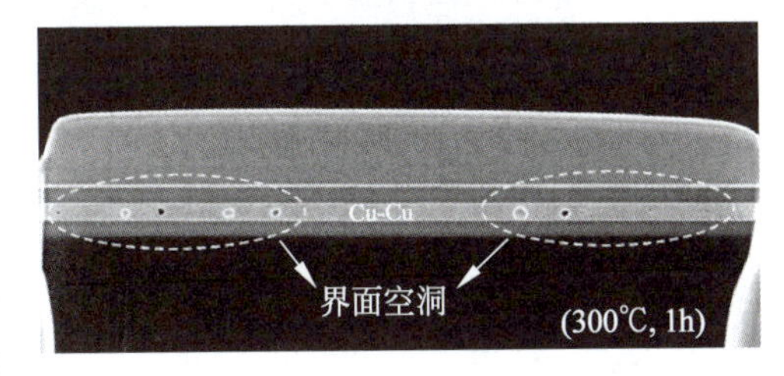

图11-65 Cu-Cu热压键合界面缺陷

键合后退火可以暴露界面的键合缺陷。部分键合缺陷或未键合点在键合后并不明显，通过高温退火可以加速缺陷的发展和暴露。图11-66为300℃下退火不同时间后界面缺陷的变化情况。退火10min后，键合界面出现微小的空洞，这些空洞往往在键合后已经存在，只是异常微小，或者即使没有空洞存在，这些位置并未形成真正的键合，因此在高温过程中铜的膨胀导致键合缺陷和空洞出现。当退火30min后，由于奥斯瓦尔德熟化(Ostwald ripening，晶粒高温下在表面能差的驱动下发生长大的现象)、晶粒边界扩散、空位湮灭、应力梯度等原因，键合的空洞随着时间而逐渐扩展长大。退火60min后，热膨胀应力导致空洞越来越大，严重影响键合的可靠性和电学性能。

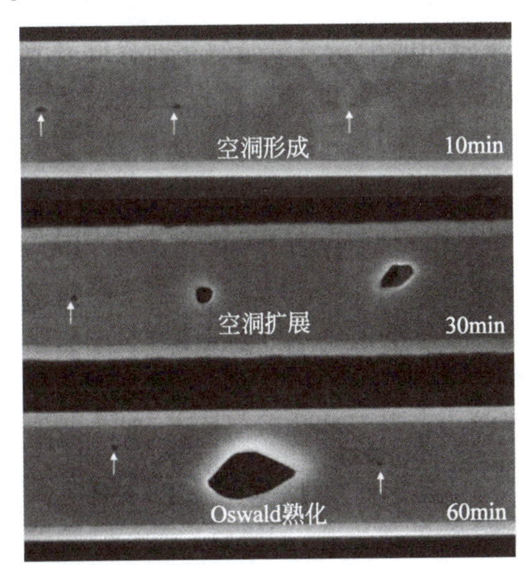

图11-66 退火对Cu-Cu热压键合界面缺陷的影响

表面粗糙度和键合方式对空洞的形成有显著的影响。表面粗糙度33nm的铜在400℃和2.9MPa压力下键合1h，其界面空洞的体积约为0.2nm粗糙度的铜在室温键合和400℃退火1h的5000倍，是0.2nm粗糙度的铜在400℃和2.9MPa压力下键合1h的1000倍[113]。粗糙表面键合后的界面空洞产生机理与应力梯度导致的空位扩散有关。由于表面粗糙和键合压力的作用，铜在接触点出现塑性变形，形成了微观区域的空位。另外在键合和退火过程中，铜凸点的非均匀热膨胀也会导致空位的产生。这些空位在应力梯度的作用下向低应力的位置扩散，最终汇聚后形成空洞，如图 11-67 所示。界面氧化物的存在使周围区域材料出现非均匀性，造成键合后的应力梯度，加速了空位的扩散和空洞的产生。

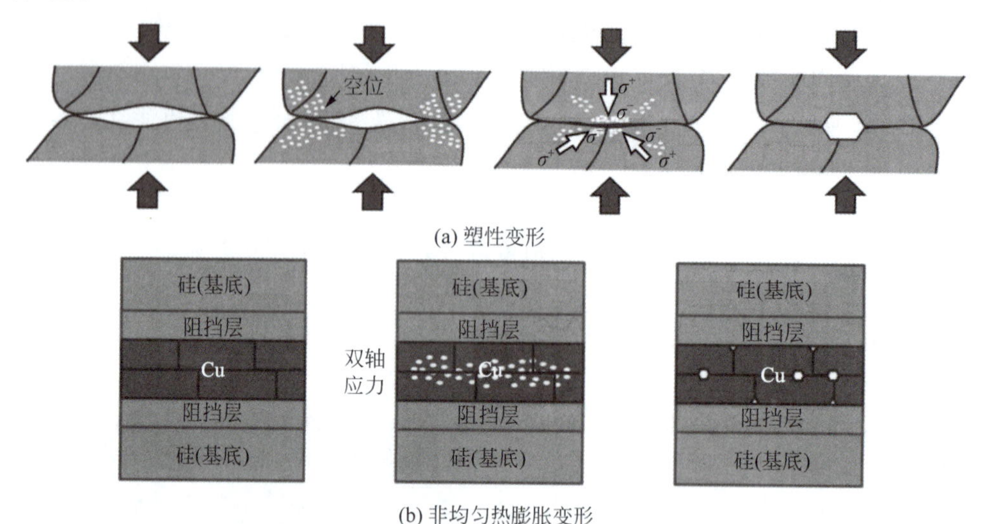

图 11-67　铜键合界面空洞的产生机理

11.6.1.3　电迁移

金属键合点是芯片间唯一的电学通路，既用于传输信号也用于传输电源。作为电源通路时，金属凸点需要承载很大的电流密度(超过 $10^4 A/cm^2$)。在高密度电流的作用下，凸点金属会出现电迁移现象，引起长期可靠性问题。键合导致的残余应力和热膨胀系数差异导致的热应力或应力梯度使铜凸点受到显著的机械应力，引起应力迁移与电迁移的叠加作用。

Cu-SiO_2 混合键合中，电迁移容易在 Cu-Cu 界面和 Cu-SiO_2 界面产生空洞，如图 11-68 所示[114]。Cu-Cu 界面空洞是界面原子在电流作用下的扩散导致的，而 Cu-SiO_2 界面的空洞是对准偏差引起的 SiO_2 与 Cu 接触导致的。Cu 对 SiO_2 有较高的扩散能力，二者的直接接触很容易出现电流作用下 Cu 向 SiO_2 的扩散和电流应力引起的电迁移，导致空洞的产生。因此，减小键合对准偏差可以改善键合界面的抗电迁移能力。

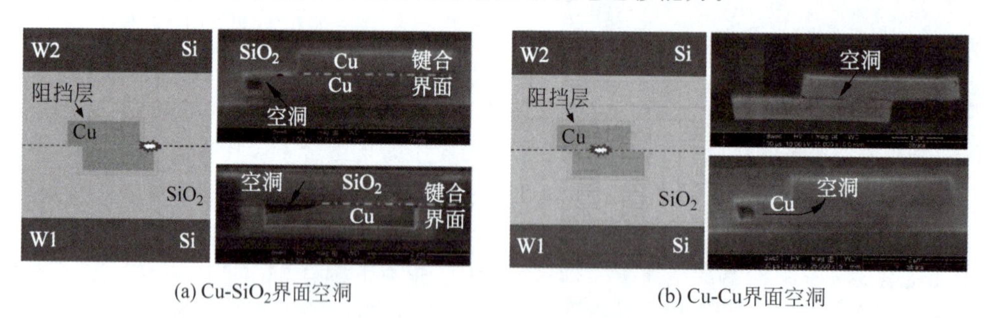

图 11-68　混合键合的铜电迁移

11.6.2　瞬时液相键合

瞬时液相键合采用的金属凸点材料体系，在三维集成以前已在封装领域广泛应用，对瞬时液相键合的可靠性研究已经非常深入。总体上，瞬时液相键合的反应过程非常复杂，其可靠性的影响因素、失效机理和失效动力学过程都非常复杂，目前仍有部分问题尚未充分理解。另外，三维集成采用的金属凸点与封装中的金属凸点相比尺寸更小，小尺寸下金属凸点的部分性能产生了明显的变化。

11.6.2.1 空洞产生机理

空洞是瞬时液相键合中最容易出现的可靠性问题。随着金属间化合物的形成和演变，瞬时液相键合的界面产生了体积变化，加之表面浸润特性和杂质的影响，使空洞成为液相键合最常见和最严重的缺陷。引起空洞的原因较为复杂，金属凸点杂质、表面氧化物、气泡、形貌和键合环境、表面处理、键合压力等都会导致空洞的出现。此外，键合后金属间化合物的反应过程需要较长的稳定时间，该过程中原子迁移等也会导致空洞的产生。

产生空洞的一个重要原因是金属间化合物反应过程中原子迁移速率不平衡。如图11-69所示，当材料A和材料B紧密接触时，二者之间的原子发生互扩散。由于低熔点成分扩散快，高熔点成分扩散慢，因此材料A向材料B的扩散速率与材料B向材料A的扩散速率不同，扩散快的材料中出现的原子空位不能由扩散慢的原子及时填补，导致扩散速率快的材料出现原子空位。原子空位具有较高的势能，当大量原子空位出现时，会因为空位聚集而形成空洞[115]。这种扩散速率不同导致出入不平衡而造成的缺位现象最早由美国科学家Kirkendall于1942年发现，称为Kirkendall效应，由此在金属间化合物和界面形成的空洞称为Kirkendall空洞。Kirkendall效应的本质是高温和相变过程中原子扩散的非平衡性。在高温老化和热循环等条件下，Kirkendall空洞加速出现和发展。Kirkendall空洞不仅增大了单位面积的电阻率和电流密度，导致更为显著的电迁移，而且降低了剪切强度，对电学和力学可靠性都产生负面影响。

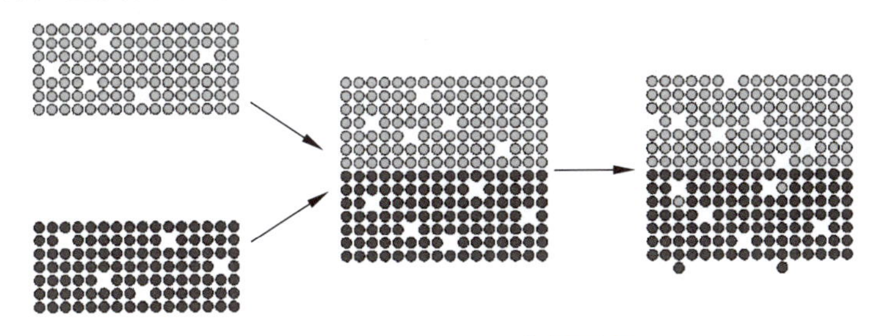

图11-69 Kirkendall空洞原理

图11-70为Cu-Sn-Cu键合凸点的Kirkendall空洞形成原理示意图[116]。由于Cu_3Sn中铜原子密度相对Cu_6Sn_5更高，并且在较高温度下Cu_3Sn中铜原子的金属键更容易被打破，因此加热情况下在金属间化合物Cu_3Sn和Cu_6Sn_5的相互扩散中Cu_3Sn中的铜原子向Cu_6Sn_5扩散。这些扩散的铜原子与Cu_6Sn_5反应形成Cu_3Sn，使Cu_3Sn的厚度增大。原本Cu_3Sn对铜原子扩散的阻挡作用就很明显，不断增大的厚度使铜层中的铜原子向Cu_3Sn内扩散速率更慢，来自铜层的扩散原子无法及时补充空位，导致靠近铜层的Cu_3Sn中出现Kirkendall空洞。这些空洞进一步阻挡了铜层中原子的扩散以及残存的锡向铜层扩散，加剧了空洞的进一步形成和扩大。

Kirkendall空洞的产生在较高的温度如125～150℃下较为显著，但有许多研究表明，在100℃以下，Kirkendall空洞仍会形成并合并体积增大。Kirkendall空洞以在高温初期形成

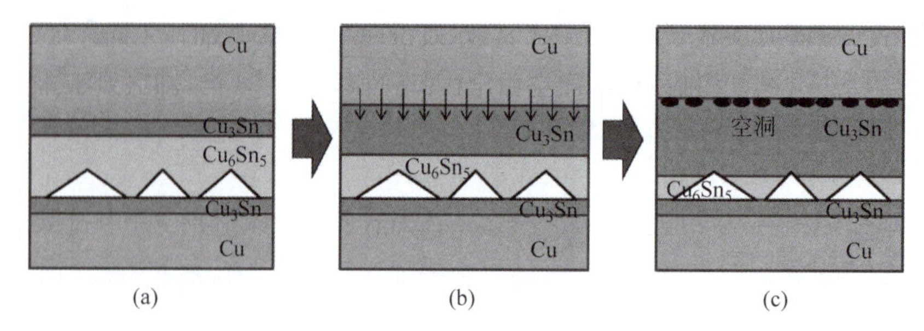

图 11-70　Kirkendall 空洞形成过程

为主，有研究表明，焊球键合在 125℃下老化 3 天后的空洞达到 25%～70%的界面面积；后续空洞的数量增加缓慢，但空洞体积不断增大。

此外，很多研究表明空洞的产生与电镀铜中的有机成分和添加剂有关，当有机杂质的浓度超过十万分之一时就会导致显著的空洞现象。有机成分导致的空洞的特征是并未伴随着明显的 Cu_3Sn 组分的增加，因而无法用 Kirkendall 效应解释。如图 11-71 所示[116]，电镀的铜凸点中，晶粒的界面分布着少量残存的电镀液中的有机添加剂和杂质，在高温退火过程中，这些有机成分发生分解、挥发、扩散和逸出而产生微小的空洞。这些空洞遵守最小势能原理，在热处理过程中在 Cu 和 Cu_3Sn 的界面不断汇聚而形成更大的空洞。由于电镀铜中残留的有机添加剂的含量比溅射铜中更高，因此有机添加剂和杂质导致的空洞主要出现在电镀铜与锡的界面。由于有机成分在高温下不稳定，键合前的高温退火能够使部分有机杂质挥发和扩散，可以减小空洞的密度[117]。

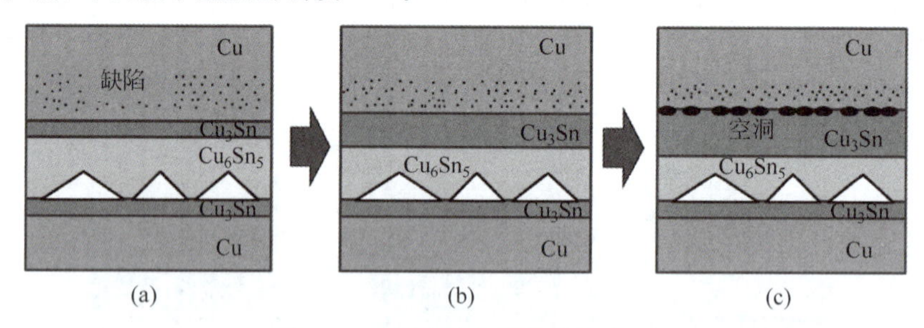

图 11-71　挥发性杂质导致的空洞

尽管如此，有机成分形成空洞的机理以及有机成分的种类、浓度和分布对空洞的影响仍不十分明确，有些研究还得到相反的结论。例如，有研究表明空洞与电镀液中含硫的添加剂 SPS($Na_2[SO_3(CH_2)_3S]_2$)有关[118]，然而也有研究发现在完全不含硫的电镀液仍会产生空洞[119]，但是空洞的密度与 C、O 和 Cl 的浓度有关。也有研究表明，空洞的形成与吸附在铜表面的 Cu^+-PEG-Cl^- 有关[117]，这是由联合使用 PEG($HO\text{-}(CH_2\text{-}O\text{-}CH_2)_n\text{-}H$)和 Cl^- 共同抑制铜晶粒在某些方向上的快速生长而引入的。

11.6.2.2　影响空洞的因素

空洞的产生机理与金属间化合物的形成与演化以及有机杂质的分解挥发有关，而这两者都与温度有直接的关系，因此高温可以加速界面空洞的产生。图 11-72 为 Cu-Sn-Cu 键合界面在−55～125℃进行 1000 次温度循环前后空洞的分布情况[116]。图 11-72(b)和图 11-72(c)依次为图(a)中Ⅰ、Ⅱ、Ⅲ位置的对应横截面，即铜柱与锡的界面、锡层中部、锡层与铜线的界面。可以看出，无论哪个位置，温度循环都显著促进了空洞的产生，其中锡层与两侧铜界面的空洞受温度循环的影响更为显著。

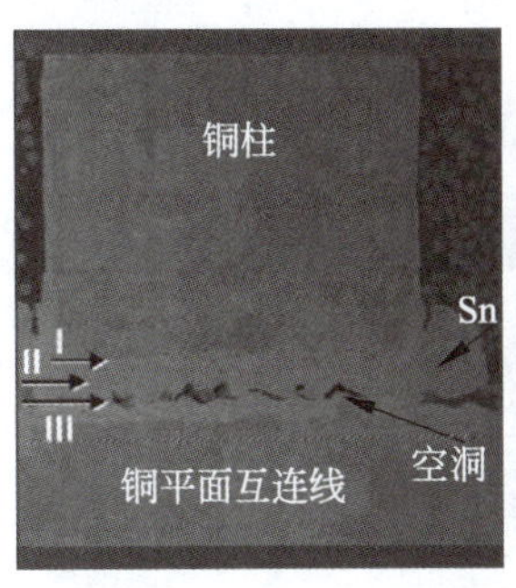

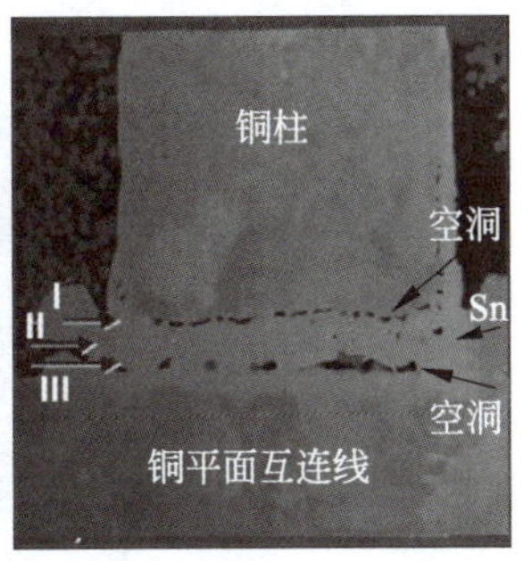

(a) 温度循环前纵截面

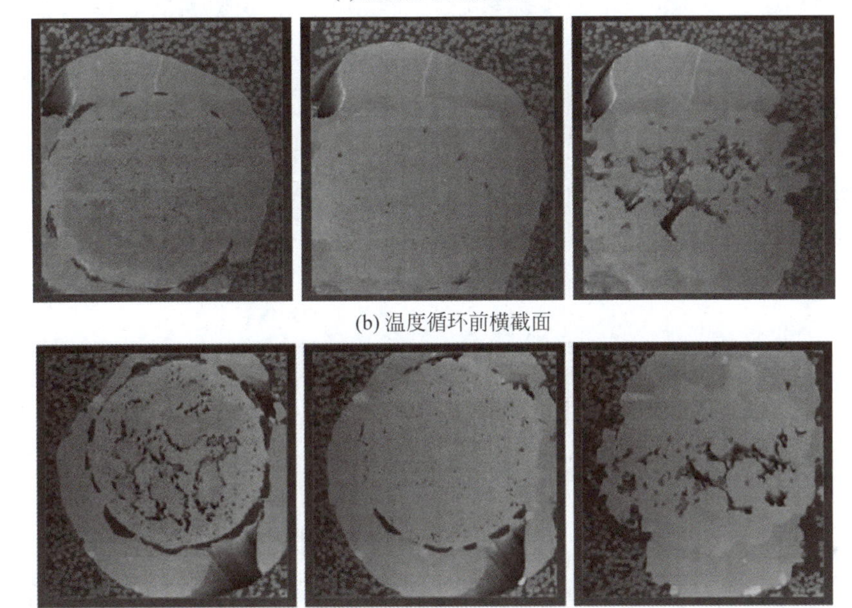

(b) 温度循环前横截面

(c) 温度循环后横截面

图 11-72 温度循环对空洞的促进

图 11-73 为 Cu-Sn-Ag 瞬时液相键合后在不同温度和不同时间保温对空洞的影响[120]。保温过程中铜与锡反应生成 Cu_6Sn_5，Cu_6Sn_5 与铜反应生成 Cu_3Sn。在 120℃保温，即使经过 580h，中间位置仍有较多的 Cu_6Sn_5 存在，但是仅在 Cu 和 Cu_3Sn 界面出现少量的 Kirkendall 空洞，而没有大尺寸空洞。在 150℃保温 320h 后，Cu_6Sn_5 的厚度明显减小，但在 160h 后 Cu_6Sn_5 的界面出现大尺寸空洞。在 175℃保温 60h 就已经出现大面积甚至连续的空洞。这些大尺寸空洞的形成与反应快速消耗 Cu_6Sn_5 有关。

锡层厚度对 Cu-Sn 键合质量有较大的影响。图 11-74(a)为厚 3.5μm 和 8μm 的锡层(Cu+Sn 总厚度保持 18μm 不变)键合凸点的截面[121]。对于两种厚度的锡层，靠近铜表面的为最终状态 Cu_3Sn，中间区域的成分主要是 Cu_6Sn_5，并且都出现了空洞和夹渣等缺陷。较厚的锡层使键合更加容易，但过量的锡层没有转换为金属间化合物，而是从凸点边缘溢出到凸点外部。由于锡在高温下容易颗粒化，挤出的锡以及界面上剩余的纯锡对长期和高温

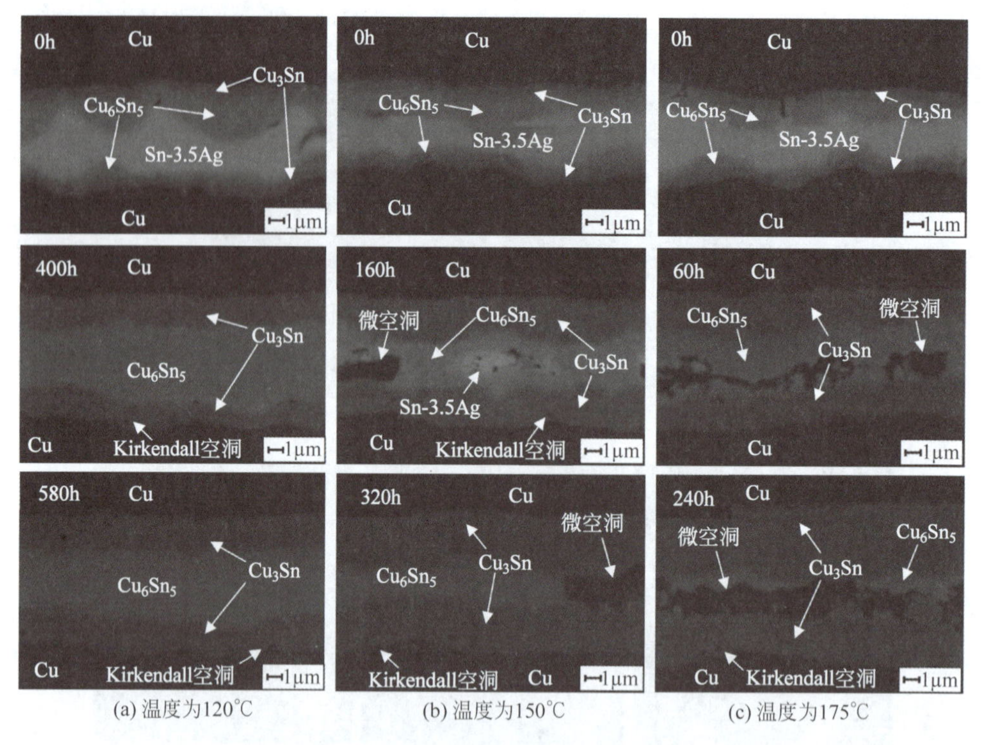

(a) 温度为120℃　(b) 温度为150℃　(c) 温度为175℃

图 11-73　温度和时间对空洞的影响

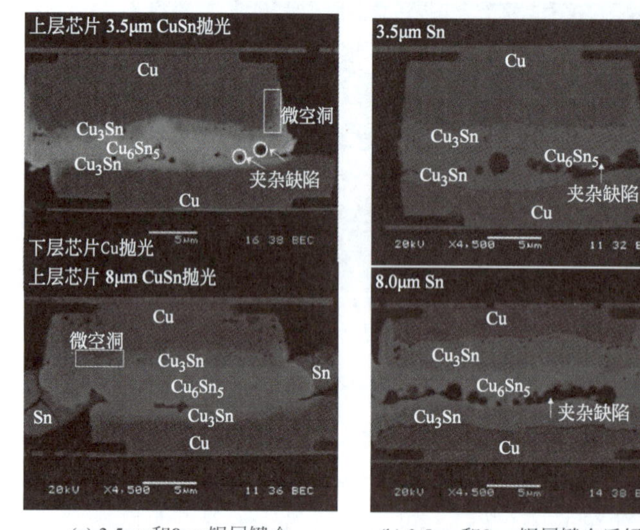

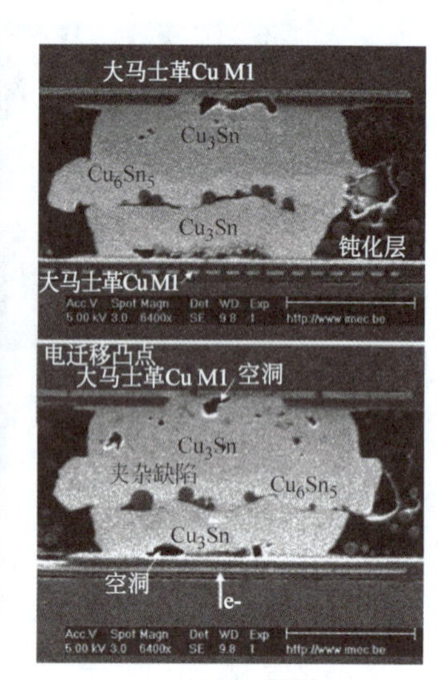

(a) 3.5μm和8μm锡层键合　(b) 3.5μm和8μm锡层键合后经历1800次-40~+125℃温度循环　(c) 8μm锡层

图 11-74　锡层厚度对 Cu-Sn-Cu 空洞的影响(上图温度为 150℃；下图温度为 150℃，电流密度为 1.1mA/μm^2)

可靠性产生负面影响。较薄锡层的键合难度增大、键合强度较低，但是对于器件的长期可靠性有利。因此，锡层的厚度既要保证良好的键合强度，也要防止挤出导致的可靠性问题。一般情况下，较大的 CuSn 凸点中锡层的厚度要超过 3～4μm。

两种厚度的锡层键合在经过 3900 次 −40～+125℃ 温度循环后，键合界面没有开裂。

图 11-74(b)为 1800 次循环后的界面，界面的夹渣缺陷(内陷颗粒物)增多，尤其是厚的锡层更加明显。热循环促进了一部分 Cu_6Sn_5 相变为 Cu_3Sn，并且消耗了一定的铜，在 Cu_6Sn_5 相变为 Cu_3Sn 的位置上出现 Kirkendall 空洞。此外，温度循环后在 Cu 和 Cu_3Sn 界面有微小裂纹，但是凸点的电阻没有明显变化，主要原因是凸点的电阻与整个 TSV 菊花链上的总电阻相比很小，微裂纹产生的影响有限。

图 11-74(c)为施加 1000h 的 150℃高温和 500mA 电流(电流密度为 $1.1mA/\mu m^2$)混合应力后的 Cu-Sn-Cu 键合界面。锡层厚度为 3.5μm 的键合没有明显的失效发生，而锡层厚度为 8μm 的凸点在 200h 后出现失效。然而，施加电流负载产生电迁移的凸点和旁边热参考凸点(不施加电流)没有明显不同，说明失效主要是热驱动引起的而非电流引起的。

11.6.2.3 UBM 的影响

凸点下方金属(UBM)的材料和厚度对凸点键合的特性和可靠性有显著的影响，特别是 Ni-Au 体系的 UMB。表 11-6 列出高温存储对不同凸点结构键合界面和可靠性的影响[122]。对于类型Ⅰ，键合后锡已经被完全消耗形成 Cu_6Sn_5，Cu_6Sn_5 和两层铜的界面也形成了极少量的 Cu_3Sn。经过短时间高温后，键合界面铜与 Cu_6Sn_5 反应生成更多的 Cu_3Sn；在 Cu_3Sn 和 TSV 的铜之间形成了较多的小尺寸 Kirkendall 空洞。经过长时间高温后，键合界面完全转化为 Cu_3Sn；在 Cu_3Sn 和 TSV 的铜之间的空洞尺寸大幅提高，且在界面合并连续。对比 Cu_3Sn 和上部铜薄层之间几乎没有空洞产生，Cu_3Sn 和 TSV 的铜之间的空洞及尺寸扩展可能与 UBM 和 TSV 的工艺不同，或者 TSV 中电镀添加剂有关。

表 11-6 Ni 层对键合可靠性的影响

凸点结构	键合后	170℃,83 单位时间	170℃,1000 单位时间
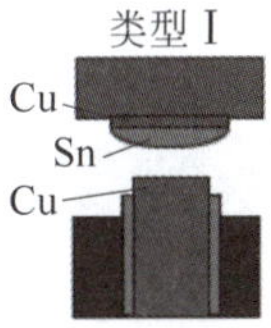 类型Ⅰ Cu Sn Cu	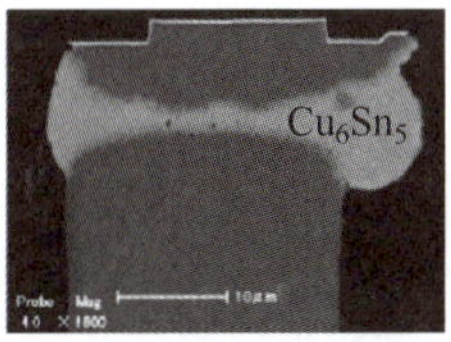 Cu_6Sn_5	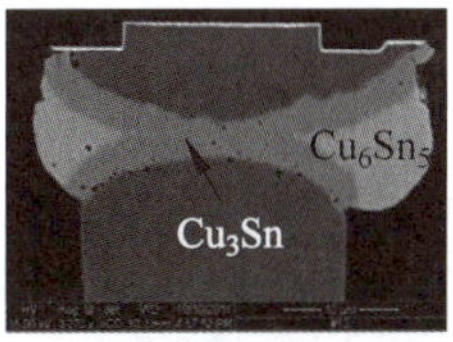 Cu_6Sn_5 Cu_3Sn	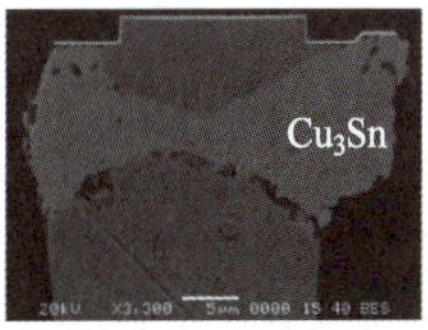 Cu_3Sn
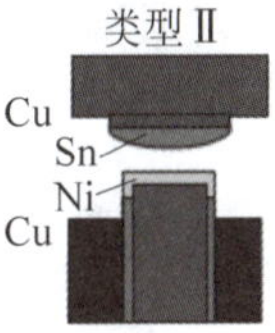 类型Ⅱ Cu Sn Ni Cu	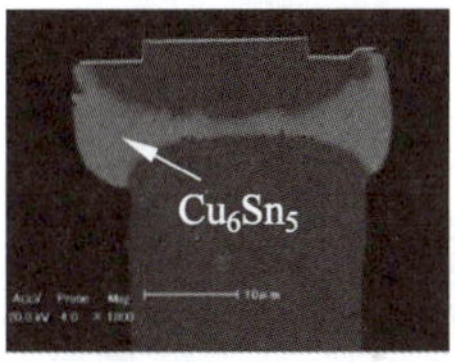 Cu_6Sn_5	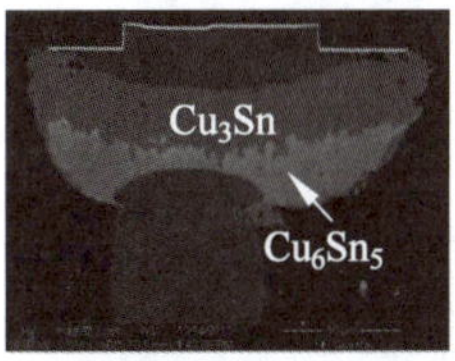 Cu_3Sn Cu_6Sn_5	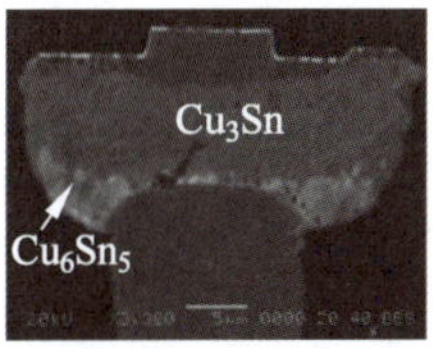 Cu_3Sn Cu_6Sn_5
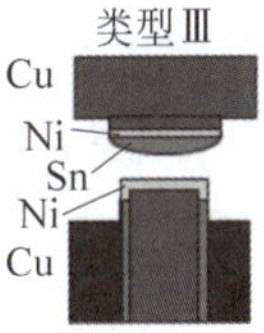 类型Ⅲ Cu Ni Sn Ni Cu	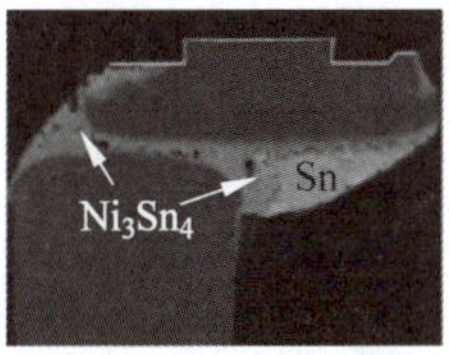 Sn Ni_3Sn_4	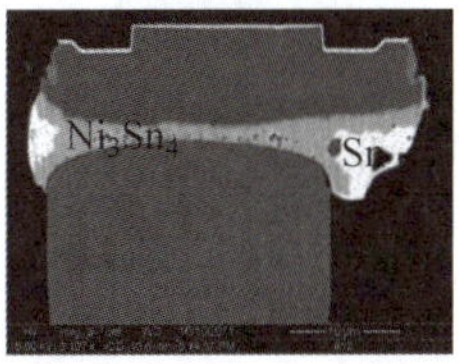 Ni_3Sn_4 Sn	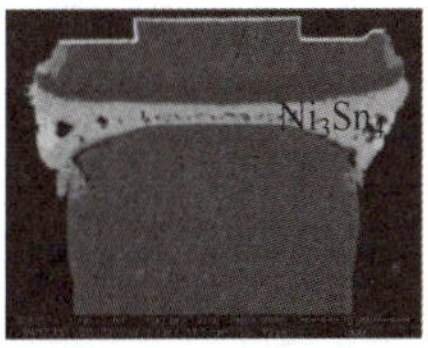 Ni_3Sn_4

键合后，类型Ⅱ的凸点中锡被完全消耗形成 Cu_6Sn_5，Cu_6Sn_5 和两层铜的界面也形成了极少量的 Cu_3Sn。经过短时间高温后，键合界面铜与 Cu_6Sn_5 反应生成更多的 Cu_3Sn。经

过长时间高温后,更多的 Cu_6Sn_5 反应生成 Cu_3Sn,但因为镍扩散阻挡层的作用,TSV 的铜并未参与 IMC 的反应过程,反应所需的铜都来自上部的铜薄膜,其消耗量超过类型Ⅰ的情况。扩散阻挡层镍参与反应的量极少(<1%),形成的$(Cu,Ni)_6Sn_5$ 和$(Cu,Ni)_3Sn$ 的量可以忽略。相比之下,采用 SnAgCu 凸点和 Ni/Au UBM 时,形成的$(Cu,Ni)_6Sn_5$ 和$(Cu,Ni)_3Sn$ 的量很多。只有当铜的含量很低时,镍才会替换铜形成$(Cu,Ni)_6Sn_5$,而当铜的含量足够时,首先形成的是 Cu_6Sn_5。长时间高温后镍上方出现了裂纹,这与高温下 IMC 的脆性和热膨胀系数差异有关。

键合后,类型Ⅲ的凸点结构在镍重叠的区域中,锡已经被消耗而形成了 Ni_3Sn_4,但是在锡和 Ni_3Sn_4 的界面出现了明显的空洞。随着高温过程时间的增加,挤出界面的锡也会参加反应形成 Ni_3Sn_4,并且空洞数量有所增加。与铜表面的空洞不同,镍和锡的空洞出现在键合的界面处。

不同厚度的镍层对键合界面 IMC 成分和可靠性的影响如表 11-7 所示[123]。对于单侧镍层的凸点,无镍层的上凸点界面铜和锡快速反应生成 Cu_6Sn_5,下凸点镍层阻止了铜的扩散,反应速率较慢,生成$(Cu,Ni)_6Sn_5$。由于镍层的阻挡作用,反应基本消耗上层铜层而下层铜层消耗较少;但是多次退火后镍层被反应消耗而开始生成 Cu_6Sn_5。对于双层镍层,两侧的反应界面反应生成$(Cu,Ni)_6Sn_5$ 的速率较慢,但是多次退火后下层较薄的镍被消耗以后,铜和锡反应生成 Cu_6Sn_5。对于双侧厚镍层,两侧的反应界面均缓慢生成$(Cu,Ni)_6Sn_5$,由于镍层较厚,多次退火后仍有较多的铜和锡未参与反应。

表 11-7 Ni 层厚度对键合和可靠性的影响

项　　目	单侧 Ni 层	双侧 Ni 层	双侧厚 Ni 层
上凸点	Cu/SnAg	Cu/Ni/SnAg	Cu/Ni/SnAg
下凸点	Cu/Ni/Au	Cu/Ni/Au	Cu/Ni/Au
结构图	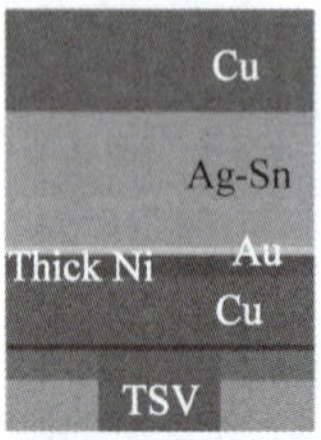	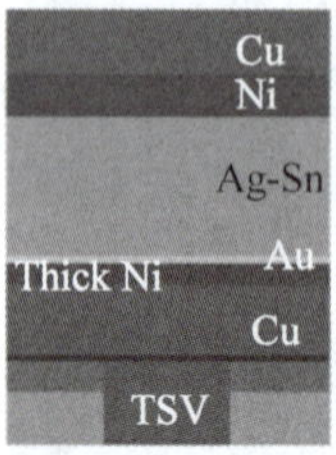	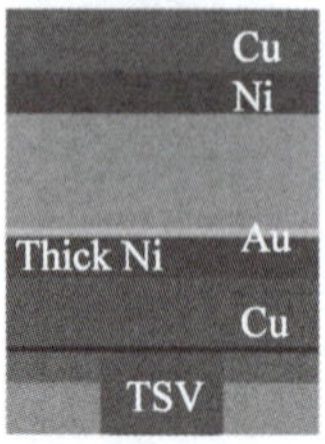
260℃ 退火 30s		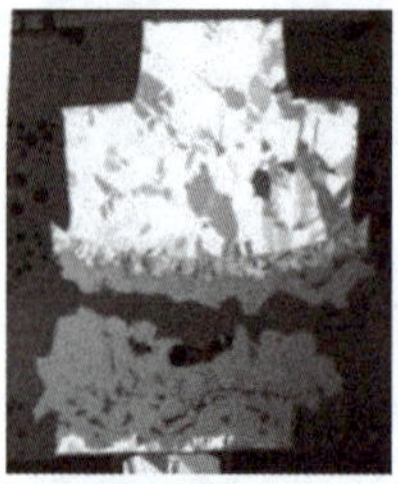	
上凸点界面	Cu_6Sn_5 反应迅速	少量$(Cu,Ni)_6Sn_5$	少量$(Cu,Ni)_6Sn_5$
下凸点界面	少量$(Cu,Ni)_6Sn_5$	少量$(Cu,Ni)_6Sn_5$	极少量$(Cu,Ni)_6Sn_5$

续表

项　目	单侧 Ni 层	双侧 Ni 层	双侧厚 Ni 层
180℃保温 1000h			

在 180℃下保温 1000h，单侧镍层的特性与无镍层基本相同，锡会流动到凸点侧面；长时间加热消耗了上层的铜和锡，并且随着镍被消耗以后下层也形成了 Cu_3Sn。对于双侧薄镍层，长时间保温导致镍层被消耗后，不仅下层的铜全部与锡反应，还会消耗与下层铜相连的 TSV，导致 TSV 内出现 IMC；由于电镀 TSV 内含有残留杂质，形成 IMC 的过程导致了空洞的出现。对于双侧厚镍层，在 1000h 的保温过程中都表现稳定，但锡未能完全消耗。UBM 中采用合适厚度的镍层，不仅可以防止 TSV 铜柱被反应消耗，还可以抑制 SnAg 凸点的横向流动和侧壁流动。

11.6.2.4 电迁移

键合凸点的电迁移受电流分布的影响。图 11-75 为常规焊球与凸点的电流分布示意图[124]。多数情况下凸点的电迁移失效是铜和锡界面处的 IMC 被消耗导致的，当键合凸点同时承受高温时，高温与电迁移的耦合作用使失效时间缩短。

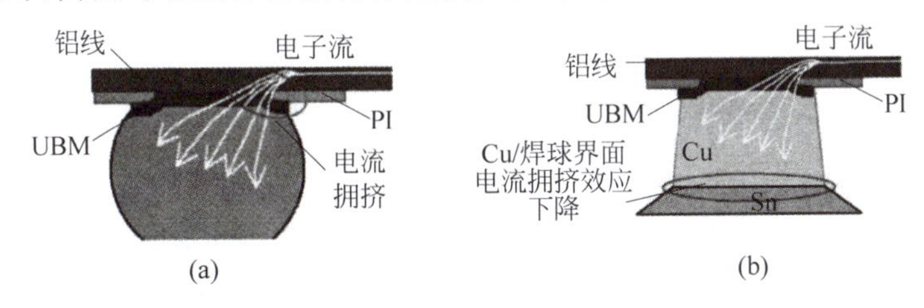

图 11-75　焊球与凸点的电流分布

电流应力对 IMC 的形成有重要的影响，有报道表明电流应力对 IMC 生成速率的影响甚至高于退火的影响[125]。在没有电流作用时，铜与锡反应生成 IMC 的速率由铜向 IMC 的扩散速率决定，反应的激活能为 0.93eV。在只有电流作用时，电迁移使铜原子向阳极扩散，溶解进入锡层，阴极的 Cu-Sn 化合物分解出锡，使锡的浓度满足铜溶解极限的要求，因此电迁移引起的铜扩散和消耗由阴极 Cu-Sn 化合物分解速率和铜扩散进入锡的速率决定。

当电流和温度共同作用时，在某一温度（129℃）下，Cu-Sn 化合物分解产生的铜粒子流与铜电迁移向锡扩散的粒子流相等，该温度称为临界温度。当温度超过临界温度时，电迁移导致的分解过程控制了铜在阴极 Cu-Sn 化合物的消耗速率；当温度低于临界温度时，铜消耗由铜向锡的电迁移决定。在电流作用下，临界温度还决定了两端 IMC 的生长动力学过程，当高于临界温度时，阴极表面的 IMC 厚度基本为常数，取决于 IMC 的分解和铜向 IMC 的化学扩散之间的平衡关系，阳极 IMC 的生长取决于阴极 IMC 的分解过程。当温度低于临界温度时，阴极 IMC 的生长由铜向锡的电迁移和铜向 IMC 的扩散决定，阳极 IMC 的生长取决于铜向锡的电迁移。

在没有电流作用时,随着时间的延长 Cu_6Sn_5 和 Cu_3Sn 的厚度不断增加,而电流加速了这一过程,促进了 IMC 的快速形成,如图 11-76 所示[120]。在电流的作用下,Cu_3Sn 的形成速率明显高于 Cu_6Sn_5 的形成速率。当 IMC 反应将锡彻底消耗以后,Cu_3Sn 的厚度继续增加,但形成速率有轻微减小,而 Cu_6Sn_5 的厚度开始减小,这一时间称为转换时间。随着电流的增大,转换时间迅速缩短。

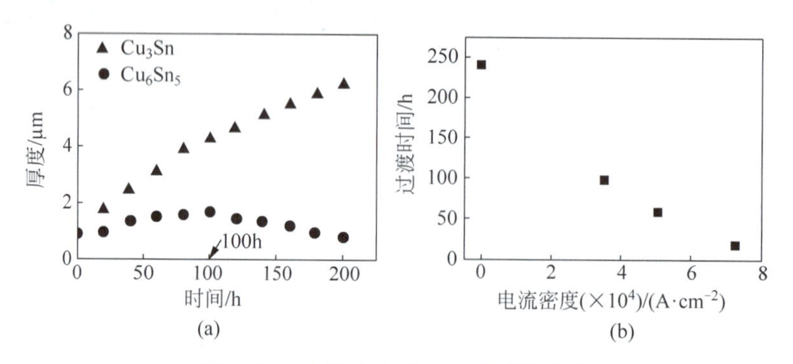

图 11-76 电流应力对 IMC 厚度的影响

11.6.3 金属凸点的力学可靠性

芯片对插入层以及基板的结构非对称性和材料热膨胀系数的差异,导致制造后的芯片、插入层和基板存在翘曲变形。相对的翘曲变形使芯片之间、芯片与插入层或芯片与基板之间既产生垂直方向的相对位移,也产生水平方向的相对位移,从而对聚合物键合层、下填充层和金属凸点/焊球产生拉力和剪力。

11.6.3.1 金属凸点断裂

有限元分析表明,芯片变形所产生的最大应力通常位于芯片的顶角,如图 11-77 所示。

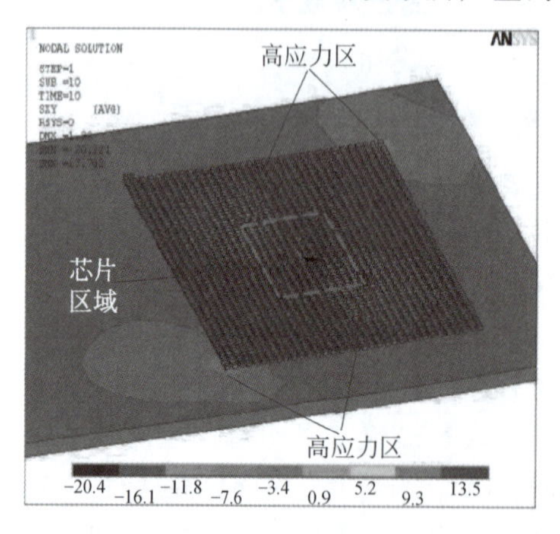

图 11-77 应力分布

作用在金属凸点上的应力充当了静态载荷,因此键合金属的静态强度应超过翘曲应力的程度。当翘曲导致金属凸点的应力超过金属凸点的强度,或金属凸点中缺陷较多时,金属凸点在翘曲的作用下发生断裂。

多数情况下翘曲的静态应力载荷不足以使金属凸点断裂,但是当芯片处于工作状态时,反复的温度变化造成了芯片的动态翘曲变形,在静态应力上叠加了动态应力,产生了疲劳载荷的作用。如图 11-78 所示,在疲劳载荷的反复作用下,金属凸点内靠近芯片的位置产生较大的疲劳应力,特别是剪切应力较为显著,使凸点出现微裂纹。随着时间的增加,动态应力的反复作用使金属凸点沿着芯片表面的方向出现更多的微裂纹,并且这些微裂纹逐渐开始连续。此时裂纹两侧的金属处于物理接触状态,仍具有导电能力,因此通过电阻测试难以发现微裂纹。

在高应力期内，这些连续裂纹往往会瞬间裂开，在极短的一段时间内（纳秒至微秒）造成高电阻而导致间歇失效；当应力消失后，裂纹两侧的金属又处于物理接触状态，电阻异常的现象并不显著。随着时间的不断增加，裂纹长度不断扩展，并且金属凸点内的杂质和氧化物向裂纹界面扩散，凸点周围的高分子材料所产生污染物和微量气体也会影响裂纹表面的性质，使裂纹界面的污染物和氧化物越来越多，裂纹的界面电阻越来越大。此时，金属凸点的有效接触区面积占比不断减小，而看似接触但实际上并不能导电的区域占比不断增大，最终导致金属凸点彻底断路。

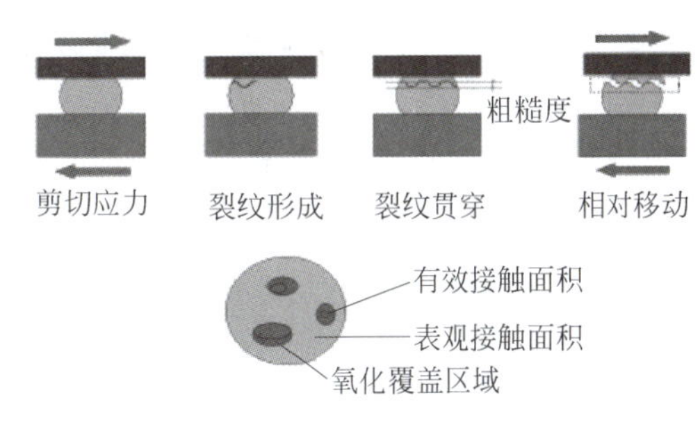

图 11-78　凸点断裂过程

由于芯片边角的相对位移和应力最大，在其他因素相同的情况下，位于芯片边缘的凸点或焊球比位于中心的凸点更容易产生裂纹，也更容易断裂失效。对于同一个凸点或焊球，也大体遵循相同的规律，即凸点远离芯片中心的外侧比靠近芯片中心的内侧更容易产生裂纹，并且外侧裂纹的扩展速度也更快，如图 11-79 所示[126]。

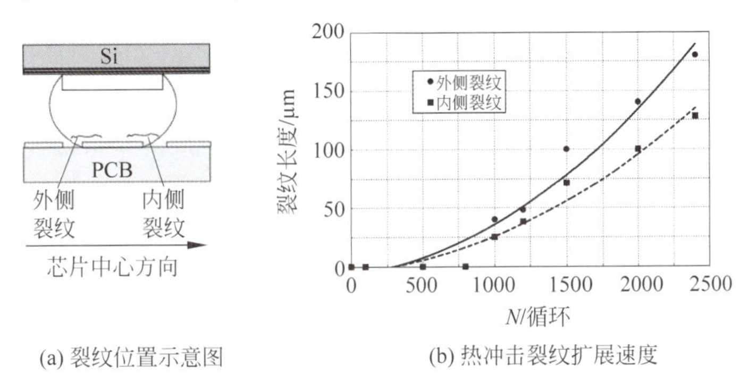

(a) 裂纹位置示意图　　(b) 热冲击裂纹扩展速度

图 11-79　裂纹大小受位置的影响

图 11-80 的有限元分析表明，当相邻芯片产生横向位移时，金属焊球的最大应力和应变出现在焊球与芯片界面上焊球的边缘[127]。为了减小焊球的应力，可以在焊球周围刻蚀环形槽，为 TSV 提供一定的变形空间，将最大应力和应变点转移到 TSV 上。由于 TSV 与焊球作为整体具有柔性的变形能力，在位移一定时，整体变形长度增加使应力和应变都有所降低，缓解了应力的影响。

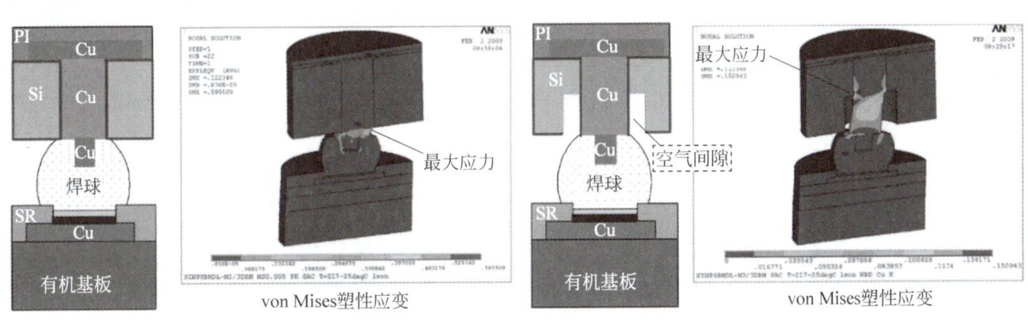

(a) 常规焊球　　(b) 空气间隙焊球

图 11-80　横向位移时焊球的应力分布

为了缓解凸点或焊球位移产生的应力，Hitachi提出了采用应力释放层使凸点或焊球适应位移的结构，如图11-81所示[128]。在凸点或焊球与芯片之间制造一层聚合物应力释放层，在高温或位移的情况下，聚合物较低的弹性模量和较强的变形能力释放了芯片或基板位移产生的作用力，可以显著降低凸点或焊球的受力程度。当应力释放层厚度为75μm时，可以将温度冲击寿命提高40～50倍。

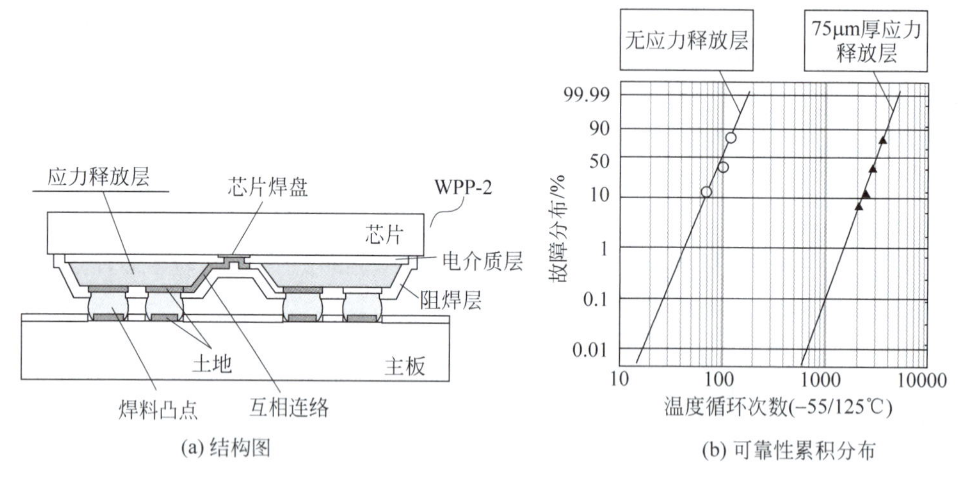

图11-81　应力释放层减小焊球应力

金属凸点的断路失效可以通过电学性质的变化进行测量，甚至可以发现短时间内的动态电阻变化。Tazzaron开发了焊球连接内建自测试(Solder Joint Built-in Self-Test)的方法，利用金属凸点的裂纹导致的电容变化进行测量。如图11-82所示，采用专门设计的Verilog测试硬件提供探针和1个小电容，探针连接2个被测试凸点和小电容。当凸点未产生裂纹时，小电容两侧的输出电压与输入电压同波形，当裂纹出现时产生了新的电容与小电容串联，使小电容两侧的输入信号发生变化。

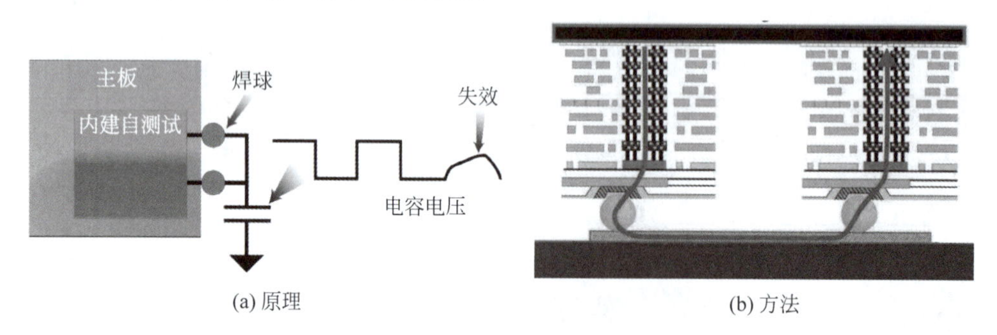

图11-82　凸点断裂测试

11.6.3.2　下填充材料的影响

金属凸点或焊球被聚合物键合材料或下填充材料包围，聚合物材料是产生金属凸点应力变化的主要原因之一，特别是在高低温循环时或温度大幅变化时。由于聚合物材料与相邻硅材料及金属材料在热膨胀系数方面的差异，聚合物键合或下填充后的降温过程中，聚合物材料会发生更大的收缩变形，从而对被包围的金属凸点产生显著的压应力。

在玻璃化转变温度附近，典型聚合物材料的热膨胀系数随着温度升高而增大的程度，远高于储能模量随温度升高而减小的程度，因此当温度升高到玻璃化转变温度附近时，聚合物材料会出现明显的热膨胀，但储能模量却下降较少，此时聚合物材料对被包围的金属凸点产生显著的拉应力，如图 11-83 所示。同样，当温度降低到玻璃化转变温度附近时，聚合物材料又将对金属凸点产生显著的压应力，从而容易导致金属凸点的失效。

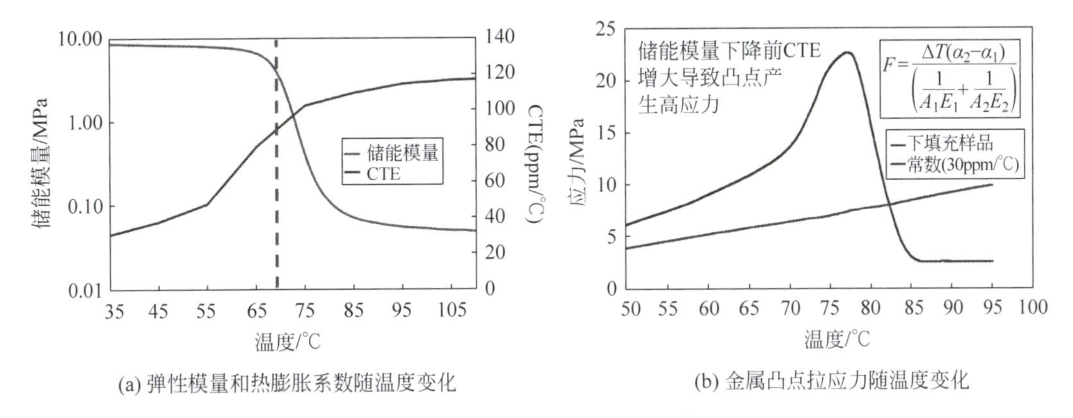

(a) 弹性模量和热膨胀系数随温度变化

(b) 金属凸点拉应力随温度变化

图 11-83 聚合物温度变化特性

11.6.3.3 退火温度的影响

金属凸点的力学性能与成分和界面质量有直接关系，而成分和界面空洞受退火温度和时间的影响，因此退火对剪切强度有直接影响。图 11-84 为退火时间对金属凸点脆性和剪切强度的影响[120]。对 Cu-Sn 凸点进行短时间 150℃ 退火，金属凸点的应力应变关系中表现出一定的弹性关系，这是由于铜和锡金属尚未完全消耗而体现的特性。延长退火时间时，IMC 大量形成而铜和锡的含量很少，应力应变的弹性关系下降，这是由于 IMC 的脆性导致的。在剪切强度方面，退火时间增加时剪切强度逐渐增加，但是当锡全部消耗以后，剪切强度缓慢下降。

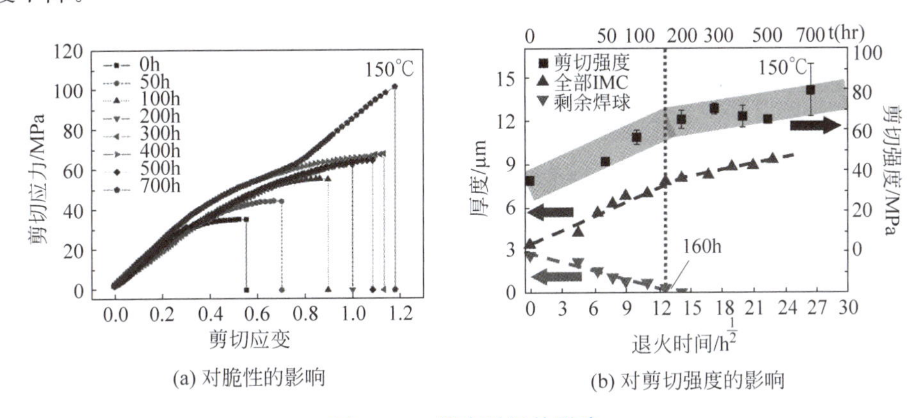

(a) 对脆性的影响

(b) 对剪切强度的影响

图 11-84 退火时间的影响

参考文献

第12章 三维集成的应用

三维集成技术以其高集成度、多功能、小体积、低功耗和高性能的优势，广泛应用于多种产品，如图 12-1 所示，其中三维集成的 CMOS 图像传感器、存储器、处理器、功率器件、FPGA 和多种 MEMS 及传感器已进入量产。近年来，三维集成工艺模块已导入 300mm 晶圆的先进技术节点，设计规则和协议标准快速发展和完善，使三维集成技术和产品成为支撑集成电路和半导体发展的核心技术。

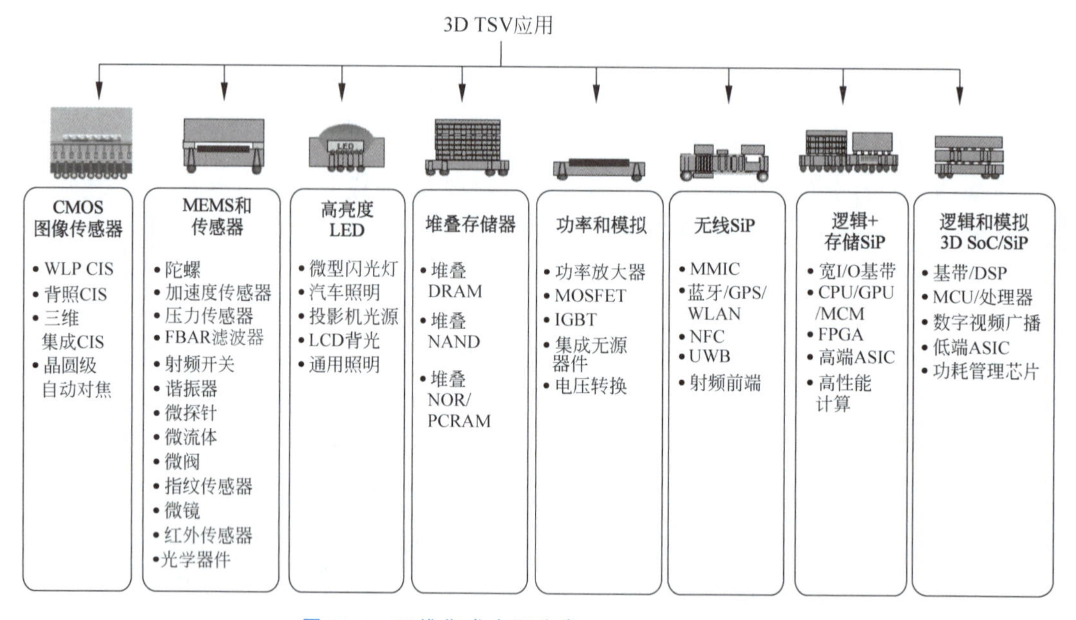

图 12-1 三维集成应用分类(Yole Development)

不同产品和应用从三维集成获得的主要收益点不同，但往往几种收益并存。例如，DRAM 三维集成的主要目的是提高集成度，处理器与存储器集成的主要目的是提高数据带宽，解决数据运算的瓶颈问题，而移动应用和消费电子的主要目的是低成本和多功能。对于高性能计算、人工智能、数据中心和高速路由器等高端应用，三维集成的目的是追求高性能，可能需要几万甚至百万的 TSV 和键合凸点，对成本的敏感度相对较低。对于消费电子、移动应用或物联网节点等中低端应用的射频系统、MEMS 及传感器，三维集成主要追求小体积和低功耗，通常只需要几个或几十个 TSV 以及键合凸点，对成本比较敏感。

12.1 MEMS 与传感器

20 世纪 90 年代初期，TSV 最早开始在 MEMS 和传感器领域(以下简称 MEMS)得到应用。目前 TSV 和三维集成广泛应用于多种 MEMS 产品，实现 MEMS 晶圆级真空封装、与 CMOS 信号处理电路(以下简称 CMOS)三维集成、背面引线连接等。由于 MEMS 的种类很多,从应用的产品种类来看,MEMS 是目前 TSV 和三维集成应用最广泛的领域。

12.1.1 集成结构与发展过程

20 世纪 90 年代初,日本东北大学、MIT 和丹麦科技大学等开始探索 TSV 在 MEMS 领域的应用[1-6]。尽管当时制造技术较为有限,但 MEMS 的工艺容纳度高,早期主要通过湿法或激光刻蚀以及金属填充的方法在硅和玻璃衬底上制造 TSV,将 MEMS 的信号引出到衬底背面。如东北大学在玻璃上刻蚀锥形 TSV,将硅衬底与玻璃真空键合的平板电容式压力传感器的信号引出到真空腔外部,并和丰田合作投入量产[2]。随着 Bosch 刻蚀技术的出现和高深宽比铜 TSV 技术的发展[7-9],TSV 和三维集成在 MEMS 和传感器领域的应用发生了显著的分化,单晶硅、多晶硅和铜/钨金属 TSV 并存。

如图 12-2 所示,TSV 在 MEMS 中的应用可以分为三类:①利用 TSV 实现 MEMS 与 CMOS 的三维集成,或将 MEMS 的信号传输到芯片背面,降低引线的寄生效应和外部干扰,并减小 MEMS 的芯片面积。②通过多 MEMS 芯片的 2.5D 或 3D 集成实现多功能集成,并缩短信号传输距离、提高传输带宽、减小封装体积。③利用 TSV 将真空封装的 MEMS 信号引出到封装外部,TSV 作为垂直互连避免与金属键合密封环的交叉,同时可以将封装焊球布置在芯片表面,节约芯片面积,降低成本。

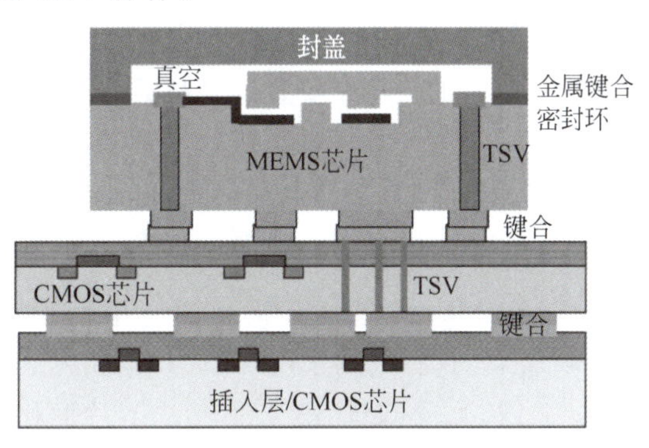

图 12-2 MEMS 三维集成结构

MEMS 与 CMOS 的三维集成一直是重要的发展方向[10-18]。2014 年,Bosch 利用 TSV 实现了 CMOS 与 MEMS 的三维集成,推出了当时最小体积的三轴加速度传感器 BMA355,标志着 MEMS 与 CMOS 的集成路线从单片集成和封装集成向三维集成的转变。目前多种 MEMS 器件实现了与 CMOS 的三维集成,如压力传感器、麦克风、加速度传感器、陀螺、射频 MEMS 器件、光学微镜和触觉传感器。

2000 年以后,硅柱 TSV 和金属空心 TSV 成功应用于惯性传感器和 FBAR 产品的晶圆级真空封装[1,19-20],随后快速引入几乎所有需要真空封装的 MEMS 产品中。ST、Bosch、Avago、Teledyne Dalsa、仙童和 Silex 等将 TSV 引入晶圆级真空封装领域,Murata 利用硅插入层实现惯性传感器封装。与金属封装外壳真空封装相比,带有 TSV 的晶圆级真空封装将 MEMS 的封装成本降低 90%以上,即使与非 TSV 的晶圆级真空封装相比,芯片面积和厚度也可以分别减小 65%和 25%。毫不夸张地说,晶圆级真空封装是今天 MEMS 产业化能够取得成功的最重要的使能技术之一。

三维集成和 TSV 之所以能够在 MEMS 领域得到广泛应用,重要原因之一是用于 MEMS 的 TSV 具有更好的可制造性和较低的成本:①大尺寸低密度的 TSV 降低了制造难度:多数 MEMS 器件只需要少量的 TSV,中心距可达 100μm 甚至更大,降低了对 TSV 制造以及键合的要求,因此 TSV 和三维集成的可制造性和成品率较高,冗余也更容易实现。②TSV 对应力和可靠性的影响小:TSV 数量少、MEMS 器件密度低,残余应力和热应力的影响小。③TSV 种类多：MEMS 内阻高的特点使 TSV 可用简单结构的重掺杂单晶/多晶硅实现，电阻率要求低、可选方案多、制造成本低。

尽管如此，MEMS 与 TSV 集成也面临一些难点：①多数 MEMS 器件为精细和脆弱的悬空和可动结构，这要求 MEMS、TSV 及键合工艺需要更好的兼容性，避免 TSV 制造和键合过程损坏 MEMS 器件，因此通常都是在 TSV 和键合以后再释放 MEMS 结构悬空。②多数 MEMS 器件对残余应力非常敏感，残余应力影响器件的性能和长期稳定性，而 TSV 和键合等都会引入残余应力，因此需要抑制或隔离残余应力对 MEMS 的影响，如采用应力隔离结构或设置安全距离等。③TSV 对制造成本也有较大的影响，需要综合考虑芯片面积、TSV 成本、性能水平等各方面。从目前的产品发展看，多数情况下引入 TSV 在节约芯片面积和提高性能方面的收益超过了 TSV 的制造成本。

12.1.2 MEMS 与 CMOS 集成

应用 TSV 的一个主要目的是将 MEMS 的信号传输至芯片的背面，进而通过板级封装、2.5D 或 3D 结构与 CMOS 集成。尽管多数 TSV 导体为金属，但对于内阻较大的 MEMS 器件，钨和多晶硅 TSV 以其制造简单和热应力小而具有显著的优点。

12.1.2.1 背面信号引出

TSV 在 MEMS 领域最简单的应用是利用 TSV 将 MEMS 信号从晶圆背面引出，如图 12-3 所示。这种结构采用 TSV 和金属键合取代键合引线，主要的优点包括：①减小芯片面积：利用原本空闲的芯片背面放置焊球或引线键合盘，可以减少焊球占用的芯片面积以降低成本。②避免恶劣环境的影响：高温或腐蚀性工作环境导致的键合引线失效是 MEMS 最常见的可靠性问题，通过 TSV 将引线焊球或键合盘放置在芯片背面，可以避免环境的影响，或减小高温对处理电路的影响。

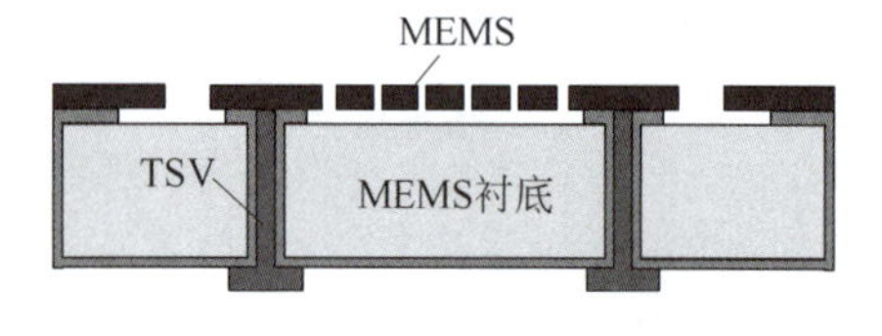

图 12-3 背面信号引出结构

③避免引线对测量的干扰：键合的引线在器件表面凸起可达数百微米，对封装结构或近距离探测产生影响，如结构干扰或电磁耦合而引起微观流场、声场或电场的变化，干扰真实测量。④提高系统可靠性：超声键合的金引线会由于键合过程的摩擦产生微观尺度的空洞，在高温环境下，金可能发生扩散迁移与硅接触，导致 Au-Si 共晶而引起引线失效，通过球焊取代引线键合可以提高可靠性。⑤减小引线的寄生效应：TSV 长度小于引线长度，降低了引线的电阻电容等寄生参数对测量的影响，这对于微弱信号测量十分重要。

图 12-4 为佛罗里达大学研制的电热驱动器和压阻器件相集成的声学接近式传感器，采用 TSV 将传感器信号引至芯片背面[21]。传感器包括驱动谐振的电热驱动器和用于检测的压阻传感器，通过测量驱动器产生的谐振被流体调制的程度，检测界面流的特性。TSV 为重掺杂的多晶硅，尺寸为 $20\mu m\times 450\mu m$，电阻为 10～14Ω，器件测试表明 TSV 的噪声很小[22]。驱动器工作时超声产生空化环境，利用 TSV 替代引线可以避免引线对超声的影响。

2004 年，Kulite 报道了利用耐高温材料制造 TSV 实现高温压力传感器的信号引出，如图 12-5 所示[23]。Kulite 利用 SOI 开发硅岛隔离式压阻高温传感器，采用面对面的方式将其与刻蚀有凹槽的 Pyrex 玻璃键合，形成绝压测量的真空腔。TSV 刻蚀在玻璃芯片内，采用耐高温金属和玻璃浆料填充作为导体，将传感器的信号引至玻璃的背面与信号处理电路

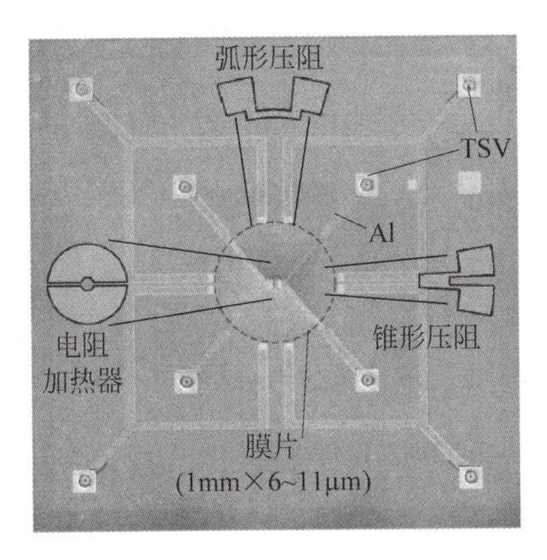

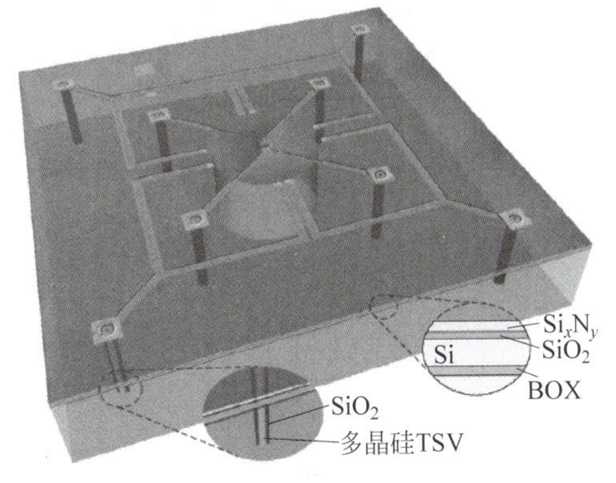

图 12-4 三维集成超声驱动器和压阻传感器

连接。TSV 使 CMOS 避免工作在高温环境下，同时也避免了压阻、金属引线和焊球长期工作在高温环境，有利于提高器件的可靠性。

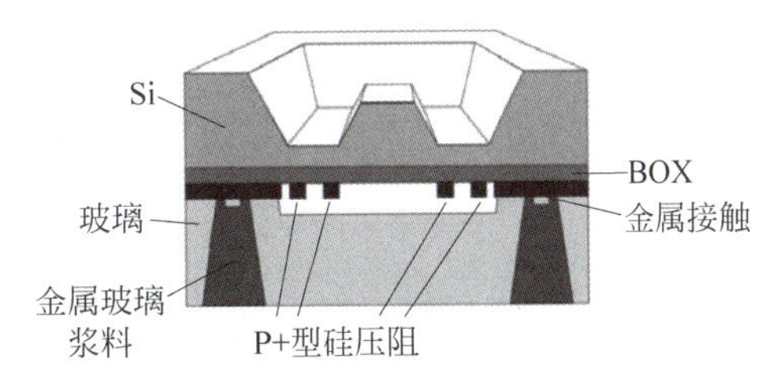

图 12-5 Kulite 高温压力传感器

图 12-6 为 TSV 连接的微探针阵列[24]。微探针与对应的 TSV 均为低阻单晶硅，并且为同轴结构，每个单晶硅探针下方对应一个单晶硅 TSV。TSV 和微探针均为干法深刻蚀制造，利用玻璃回流形成的衬底支撑和隔离 TSV。为了提高接触效果，每个探针顶部沉积 Cr/Au 金属层作为电极，单根探针金属及 TSV 的电阻为 1.26Ω。这种采用回流玻璃作为衬底取代原有硅衬底的方法可以简化 TSV 的隔离工艺。

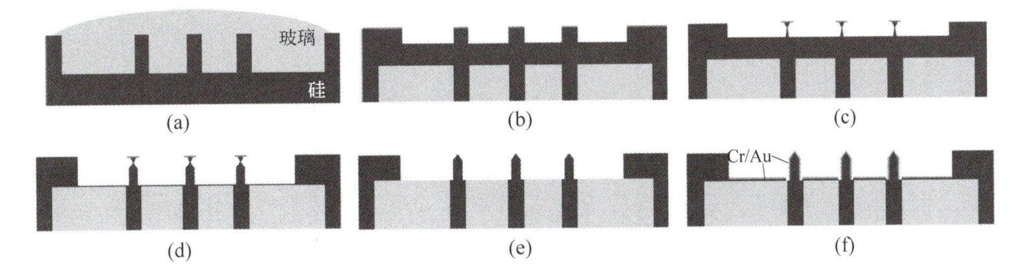

图 12-6 硅 TSV 微针阵列

12.1.2.2 MEMS 与 CMOS 三维集成

MEMS 与 CMOS 集成有不同的方案可以选择，既可以采用面对面键合或面对背键合的三维集成，也可以采用 2.5D 插入层集成如图 12-7 所示。三维集成可以获得最短的互连线，降低引线的寄生参数、减小引线引入的干扰。对于阵列式 MEMS，三维集成还可以获得最大的填充比，避免电路占用芯片面积。利用插入层作为基底可以实现 MEMS 与 CMOS 的 2.5D 集成，这是综合考虑制造复杂性、器件性能和芯片面积的折中方案。这种集成方式也方便将 MEMS、信号处理、无线通信、数据存储等多个芯片集成，实现多功能的复杂甚至智能系统。

MEMS 与 CMOS 面对面键合适用于 MEMS 不需要接触外部环境的情况，用于通过物

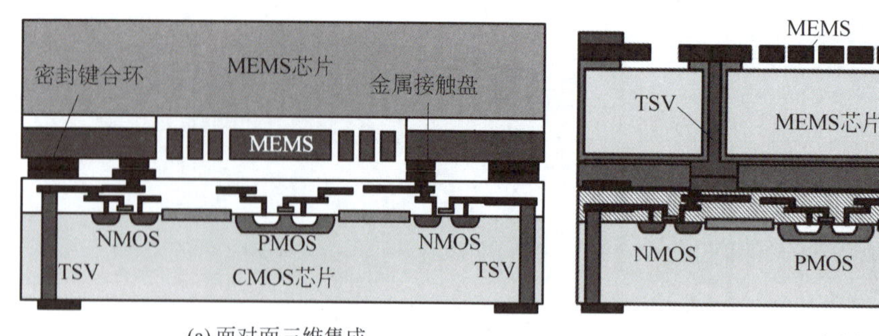

(a) 面对面三维集成

(b) 面对背三维集成

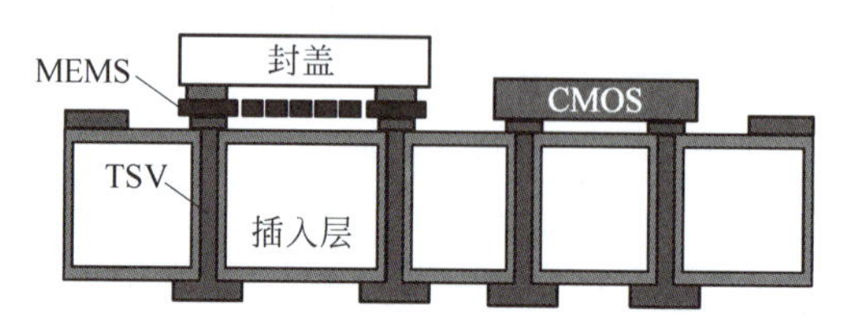

(c) 插入层2.5D集成

图 12-7　MEMS 与 CMOS 集成

理场传递被测信号的器件,如加速传感器和陀螺等惯性传感器以及电磁场传感器,或衬底不产生影响或影响可以忽略的器件,如某些温度传感器、压力传感器以及衬底影响可忽略的射线探测等。这类集成可以将 TSV 设置在 MEMS 芯片或 CMOS 芯片内,通过 TSV 将信号引至芯片背面减小芯片面积。也可以不采用 TSV 而直接利用引线键合将信号从 CMOS 的上表面引出,简化制造工艺,但占用更大的芯片面积。通常单个 MEMS 芯片的面积比较小,引线键合占用的芯片面积相对比例很高,要综合考虑制造成本。

面对背的键合方式适用于必须将 MEMS 面向封装体外侧的器件,如声学器件、流体器件、光学器件和生化器件等,保证 MEMS 器件朝向外侧,能够接触被测环境或信号。这种结构需要在 MEMS 芯片内制造 TSV,以连接 MEMS 和 CMOS。CMOS 芯片内可以制造 TSV,将信号引至 CMOS 背面,这种方式不仅减小芯片面积,对于需要真空封装的 MEMS 器件也是理想的结构方式。CMOS 中也可以不带有 TSV,而是直接利用 MEMS 中的 TSV 将信号引至 MEMS 芯片的正面。

2014 年,Bosch Sensortec 首次将带有 TSV 的 CMOS 电路与加速度传感器集成,推出了当时体积最小的三轴加速度传感器 BMA355,如图 12-8 所示[25]。传感器采用晶圆级真空封装,切割为芯片后粘接在 CMOS 电路芯片表面,二者通过引线键合的方式连接。TSV 位于 CMOS 芯片,采用 MEOL 工艺制造,尺寸为 $10\mu m \times 100\mu m$。TSV 将 CMOS 的输出信号传输至芯片背面,利用芯片背面布置焊球以节约芯片面积。BMA355 的封装尺寸为 1.2mm×1.5mm×0.8mm,与当时平面布置的芯片相比减小了 60%。

2011 年和 2013 年,TSMC 分别报道了采用钨 TSV 和多晶硅 TSV 的单晶硅 MEMS 与 CMOS 集成方案,如图 12-9 所示[26-27]。单晶硅晶圆通过 SiO_2 融合键合与 CMOS 表面单独沉积的介质层键合,键合前 CMOS 表面刻蚀凹槽作为 MEMS 的运动空间。刻蚀深孔制造钨或多晶 TSV 后,刻蚀 MEMS 结构并键合真空封盖。与传统键合引线的寄生电容 2000fF 相比,钨 TSV 的电容仅约为 10fF,极大地降低了引线寄生参数的影响。

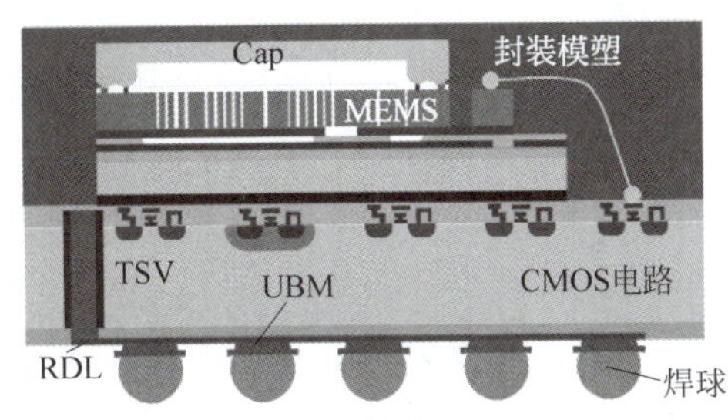

(a) 结构

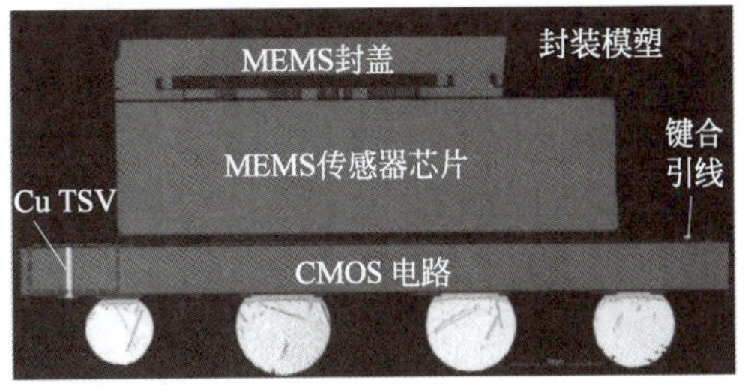

(b) 剖面

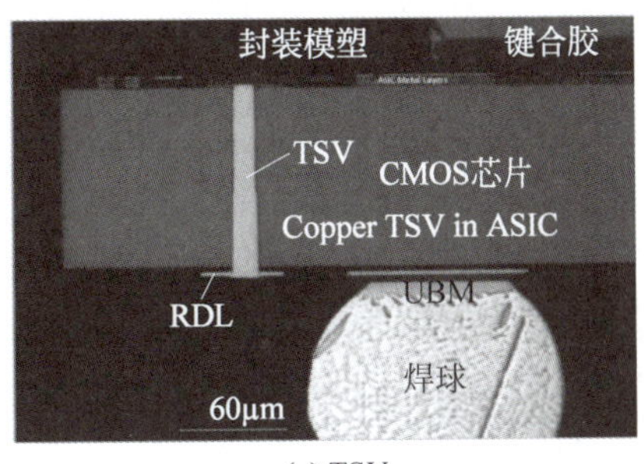

(c) TSV

图 12-8　Bosch BMA355 传感器

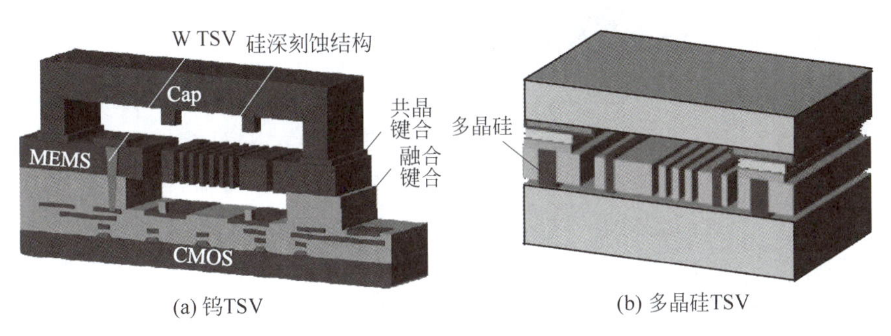

(a) 钨TSV　　(b) 多晶硅TSV

图 12-9　TSMC 的 MEMS 与 CMOS 集成

2014 年，mCube 利用空心 TSV 实现了 MEMS 与 CMOS 的三维集成，如图 12-10 所示[28]。CMOS 电路表面 CMP 平整化后，采用 SiO_2 键合将 MEMS 晶圆与 CMOS 晶圆面对面键合，CMOS 介质层表面刻蚀的浅槽提供 MEMS 的运动空间；从背面减薄 MEMS 晶圆，在 MEMS 晶圆上刻蚀深孔，然后沉积 SiO_2 介质层，PVD 沉积钨薄膜并 CMP 去除表面钨形成空心钨 TSV；最后刻蚀 MEMS 晶圆制造 MEMS 器件，并键合封盖层构成真空腔。空心钨 TSV 位于 MEMS 芯片内，连接 CMOS 的顶层金属，尺寸为 $3\mu m \times 30\mu m$。利用这种

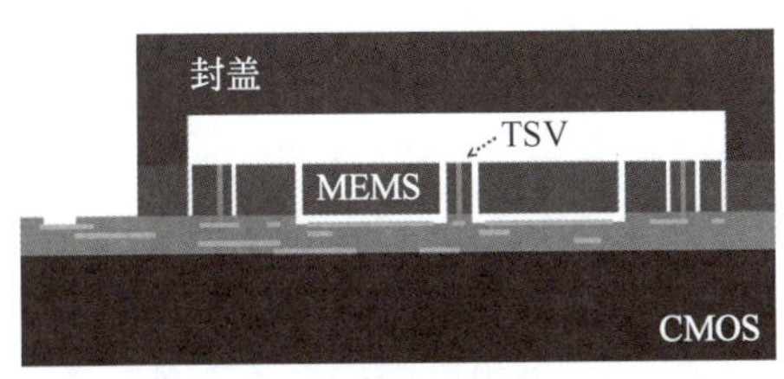

(a) 集成结构

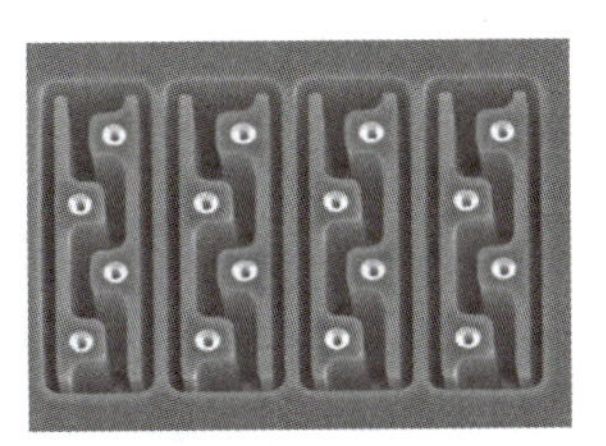
(b) 空心钨TSV

图 12-10　mCube 的 MEMS 与 CMOS 集成

技术，mCube将三轴加速度传感器的封装尺寸减小到1.1mm×1.3mm×0.74mm。

MEMS与CMOS三维集成特别适用于阵列式的MEMS器件，如辐射探测器阵列、红外焦平面阵列、超声换能器阵列、电子发生器阵列和光学微镜阵列等。三维集成将处理电路放置在MEMS阵列下方，极大地提高了填充比，可以减小甚至消除探测器阵列的盲区。TSV缩短了MEMS单元与CMOS电路的信号传输距离，减小引线寄生电容和外部干扰的影响。例如，电容超声换能器电容信号一般为pF量级[29]，与引线连接的寄生电容(约为1pF/cm)相当。此外，垂直连接的MEMS和CMOS可以实现单像素的并行控制或读取，大幅提高速度和控制灵活性。阵列式MEMS三维集成还可以实现模拟电路与数字电路的分层集成，有利于降低模拟电路受到的干扰，并且各自采用性价比最高的工艺制造。将传感器放置于最外层，信号处理电路置于下层，利用TSV将传感器芯片的图像信号传递给信号处理电路芯片[30]。

图12-11为日本东北大学开发的电子发生器阵列与CMOS的三维集成结构[31]。电子发生器阵列为100×100规模的有源纳米晶硅发生器，利用多晶硅TSV与驱动电路三维集成。TSV包括厚为2μm的热氧化SiO_2介质层和厚为1.5μm的LPCVD非掺杂多晶硅，再沉积PSG和SiO_2作为掺杂源和扩散阻挡层，最后沉积16μm的非掺杂多晶硅填充深孔。在1100℃下扩散，PSG将第一层多晶硅掺杂为重掺杂作为TSV的导体。TSV尺寸为25μm×300μm，电阻为150Ω，电阻率约为$4\times10^{-3}\Omega\cdot cm$。

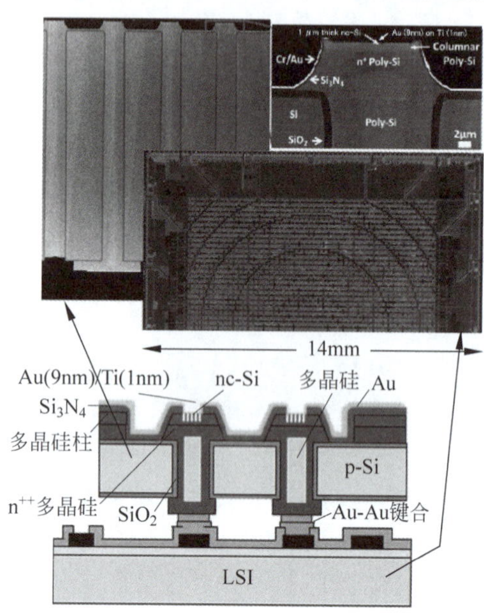

(a) 集成结构

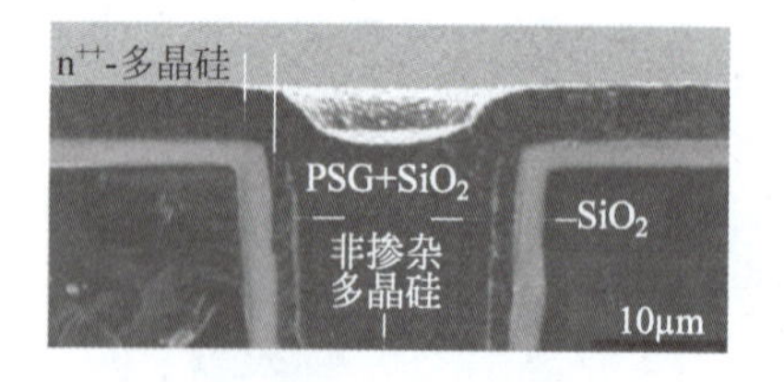

(b) 多晶硅TSV

图12-11　电子发生器阵列与CMOS集成

MEMS光学微镜阵列要求反射镜面具有极高的平整度，并且能够以一定角度扭转，这些特点使基于SOI器件层的镜面具有性能优势。图12-12为瑞典KTH开发的SOI器件层转移与CMOS三维集成微镜阵列[32-35]。主要制造流程包括：①分别制造CMOS电路和SOI器件层互连；②利用聚合物键合将SOI与CMOS面对面键合；③埋氧层作为停止层，利用减薄和刻蚀去除SOI衬底层，将SOI的单晶硅层转移至CMOS表面；④去除埋氧层后，刻蚀穿透SOI器件层和键合高分子层的通孔；⑤通过电镀等方式制造TSV连接SOI器件层与CMOS；⑥最后刻蚀聚合物层，释放SOI器件层结构悬空。SOI的器件层转移到CMOS表面实现MEMS与CMOS三维集成，TSV既作为MEMS结构的电学互连，也作为微镜的悬空支撑结构。由SOI的器件层作为镜面和扭转梁，利用SOI平整的器件层和单晶硅优异的弹性性质，使微镜表面满足光学要求，并且扭转梁具有极高的疲劳极限。

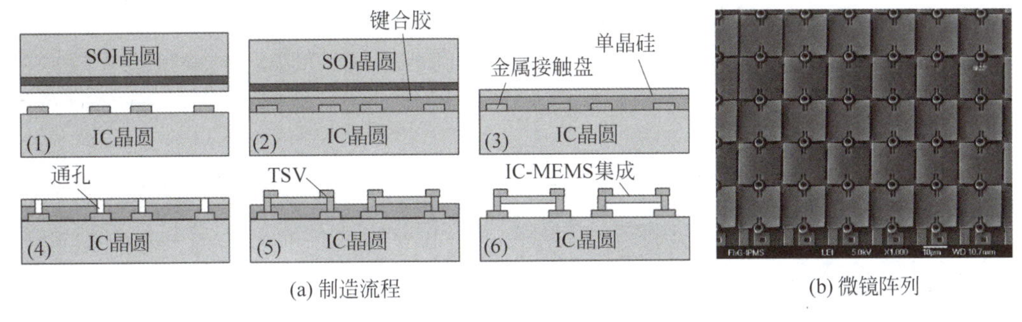

(a) 制造流程　　(b) 微镜阵列

图 12-12　晶圆转移三维集成微镜阵列

实际上，1995 年 IBM 就报道了利用 SOI 转移方法实现带有针尖的微型悬臂梁阵列，如图 12-13 所示[36-37]。这种阵列可以构成存储器，其工作原理是利用微型悬臂梁阵列表面的针尖作为数据的读写头，通过针尖加热下方的高分子薄膜表面形成烧蚀的微坑，由是否有微坑记录 0 或 1 实现对数据的写入和读取。由于微型悬臂针尖直径为纳米量级，在聚合物表面烧蚀存储一个数据的微坑直径只有 10nm，因此数据存储密度极高。IBM 的研究表明，在 6.4mm×6.4mm 的面积内，由 4000 个针尖写入的数据量相当于 25 个 DVD 的存储能力。另外，大规模悬臂梁阵列可以对多个像素并行读写，读写速度极高。

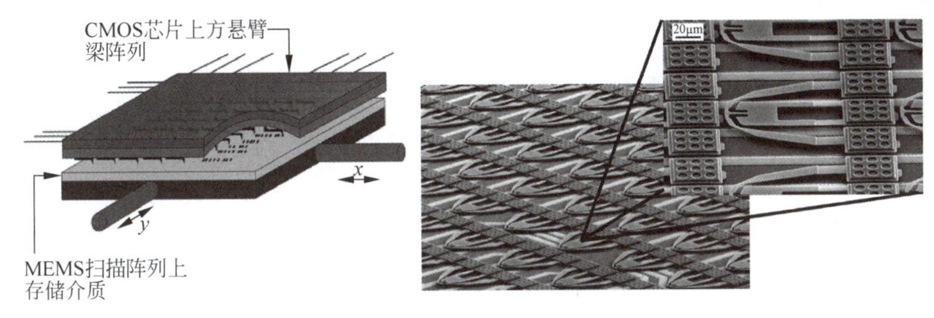

图 12-13　微型悬臂梁存储器

图 12-14 为超声阵列与模拟和数字电路的三维集成结构[38]。超声阵列与模拟层面对面键合，模拟层带有 TSV，与数字层背对面键合。模拟层包括放大器和 ADC，数字层为处理电路和接口。与平面布置相比，三维集成的功耗降低 20%，芯片面积减小 40%。模拟结果表明，将模拟电路芯片正面朝上放置时，TSV 耦合到模拟输入端的噪声与模拟电路芯片正面朝下放置时相比降低了 10dB。

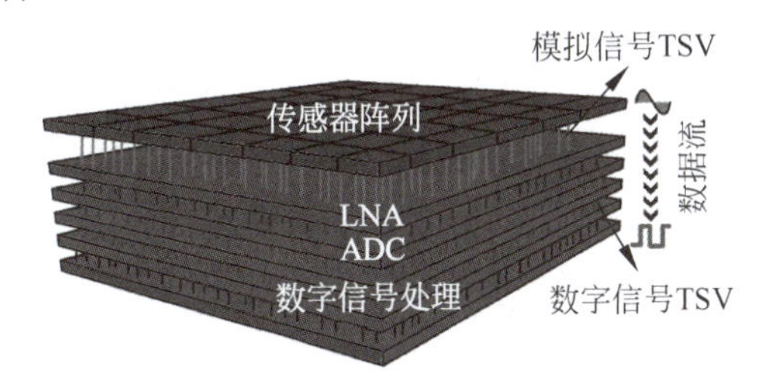

图 12-14　三维集成超声阵列

12.1.2.3　插入层集成

目前插入层集成在 MEMS 中的应用相对较少，主要原因是插入层提供的高密度互连能力并非 MEMS 集成的主要需求,并且增加了成本,但也有一些应用利用插入层的异构集成能力实现多芯片集成,或减小 MEMS 与 CMOS 之间的连线长度。这种异构集成能力在未来复杂系统多芯片集成中将成为重点发展方向,以此实现包括 MEMS、存储器、处理器和通信芯片在内的多芯片多功能集成。

图 12-15 为 Fraunhofer IZM 开发的插入层集成 MEMS 和 CMOS 的结构[39],二者都采用倒装芯片的形式通过金属凸点键合在插入层表面。插入层带有铜 TSV 将信号引至背面,铜 TSV 制造在插入层上可以避免与 MEMS 或 CMOS 的工艺兼容性问题,并且降低铜柱热膨胀对 MEMS 的影响。MEMS 芯片利用悬空的硅柱作为 TSV 连接插入层,这种结构可以减小热膨胀对 MEMS 的影响。

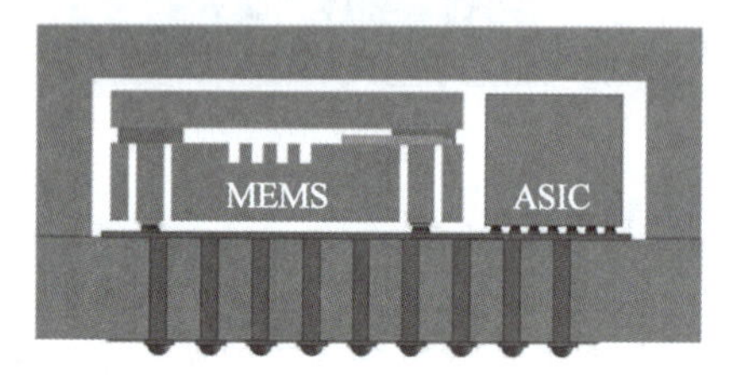

图 12-15 插入层集成 MEMS 与 CMOS

图 12-16 为斯坦福大学和 GE 开发的三维集成超声传感器阵列[40]。超声传感器阵列采用电容式结构,由 CMOS 工艺结合 MEMS 工艺制造。插入层作为中间层,两侧分别集成超声阵列与开关电路和信号处理电路,解决信号处理电路与 MEMS 阵列尺寸不匹配的问题。超声阵列芯片的 TSV 为硅柱结构,通过刻蚀隔离槽实现 TSV 的绝缘。这种方法制造过程简单、成本低,利用硅 TSV 适合对互连电阻要求不高(电流小、频率低)的应用。

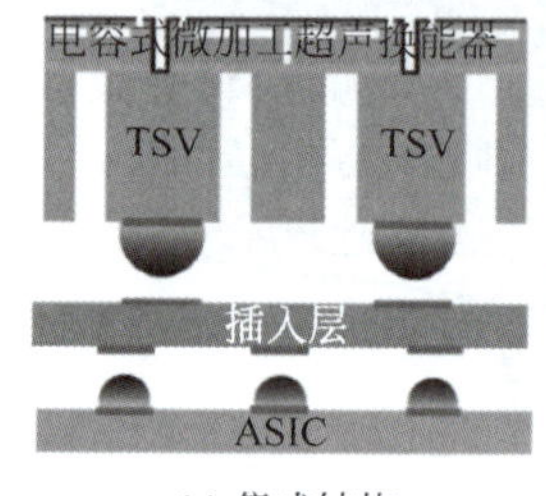

(a) 集成结构

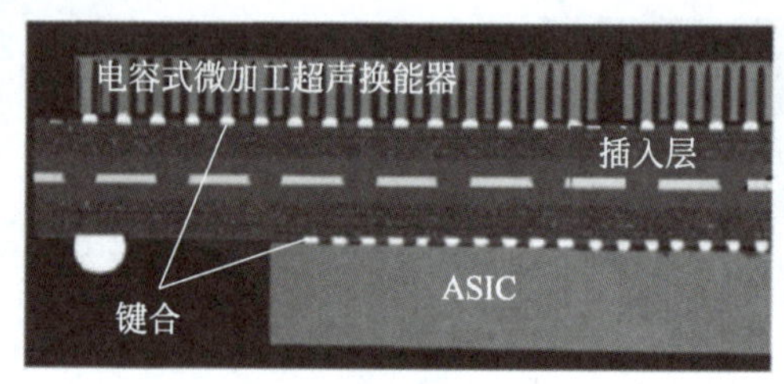

(b) 剖面

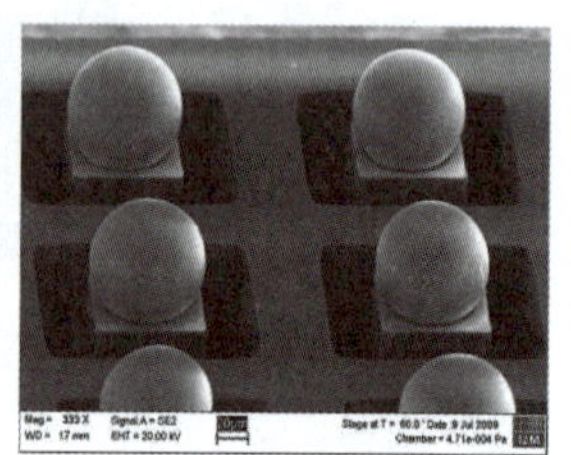

(c) 带有焊球的TSV

图 12-16 三维集成超声传感器阵列

12.1.3 晶圆级真空封装

多数 MEMS 器件都需要封装在真空或密封环境下才能良好地工作。晶圆级真空封装采用硅晶圆刻蚀凹槽后,以晶圆级键合的方式将 MEMS 器件密封在真空腔内。与芯片级金属管壳真空封装相比,晶圆级真空封装极大地提高了封装效率、降低了管壳成本、改善了成品率,大幅度降低了 MEMS 的封装成本和尺寸。毫不夸张地说,晶圆级真空封装是近年来 MEMS 能够普及应用的最主要推动力。

典型的晶圆级真空封装利用玻璃浆料或金属键合将 MEMS 衬底与封盖圆片键合为密封腔。玻璃浆料键合成本低,但是其溶剂中的高分子组分在加热时不能完全挥发,对长期真空度有一定影响。为了获得稳定的键合质量,玻璃浆料密封环的宽度往往需要数百微米,占用了大量的芯片面积。金属键合的可靠性高、密封性好,密封环的宽度仅为玻璃浆料密封环的 10%~20%,但是金属密封环不能与金属引线交叉,必须通过介质层隔离。利用 TSV 将引线从真空腔垂直引出,避免了与金属密封环与金属线的交叉问题,同时可以将引线焊盘或焊球放置在芯片表面,节约芯片面积。

如图 12-17 所示,TSV 既可以放置在金属密封环外侧,称为 TSV 外置;也可以放置在密封环内侧,称为 TSV 内置。TSV 外置时,需解决 TSV 的平面互连与金属密封环交叉的问题,通常采用介质层隔离的方法。利用 TSV 的优点是可以节约引线焊盘占用的 100~200μm 宽度的芯片面积,但增加了制造的复杂性。内置的 TSV 可以制造在 MEMS 衬底或封盖上,前者的优点是不需要协调 TSV 与器件的接触,键合简单,缺点是要考虑 TSV 与 MEMS 的工艺兼容性;后者的优点是 TSV 与 MEMS 分开制造在不同衬底,缺点是要同时键合金属密封环和金属凸点。

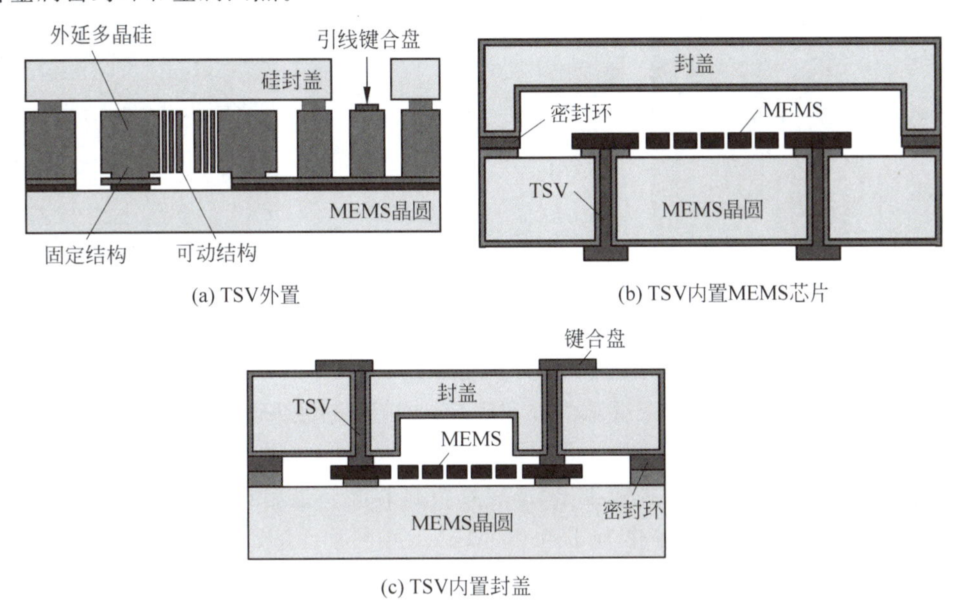

图 12-17　晶圆级真空封装

12.1.3.1　TSV 外置

2001 年,Avago 首次将 TSV 引入真空封装用于制造薄膜体声波谐振器(FBAR),如图 12-18 所示[41-43]。FBAR 采用 AlN 压电薄膜制造在 MEMS 晶圆上,CMOS 电路晶圆上刻蚀凹腔后,翻转键合在 MEMS 晶圆上,电路晶圆充当封盖形成密封腔,TSV 用于真空腔电信号连接,该技术称为 Microcap bonded-wafer CSP。2011 年,Avago 推出全硅双工器 ACMD-7612,芯片尺寸从 7.5mm^2 减小到 1.05mm^2。从 TSV 剖面分析,TSV 的制造方法可能采用激光刻蚀深孔,利用电镀沉积空腔的金薄膜作为导体。

SiTime 和 Discera 等量产的 MEMS 谐振器均采用了晶圆级真空封装,利用 TSV 或类似结构作为真空封装的引线连接。Discera 的第一代谐振器利用了晶圆真空封装,信号从谐振器芯片与封盖之间的键合界面引出,通过引线键合与信号处理电路连接,芯片面积为 1mm^2。第二代封装采用 TSV 技术,直接在谐振器芯片上制造 TSV 引出电信号,芯片面积减小到 0.25mm^2。

图 12-19 为 SiTime 开发的 Epi-seal 真空封装流程[44]。Epi-Seal 是一种原位封装技术,通过在晶圆表面生长厚膜封盖并制造穿透封盖层的 TSV 实现真空封装和连接。首先在 SOI 器件层刻蚀 MEMS 结构,然后利用 PECVD 在器件层表面和结构缝隙内部沉积 SiO_2。刻蚀表面的 SiO_2 形成暴露硅器件层的窗口,然后以窗口内的单晶硅为种子层外延厚度为

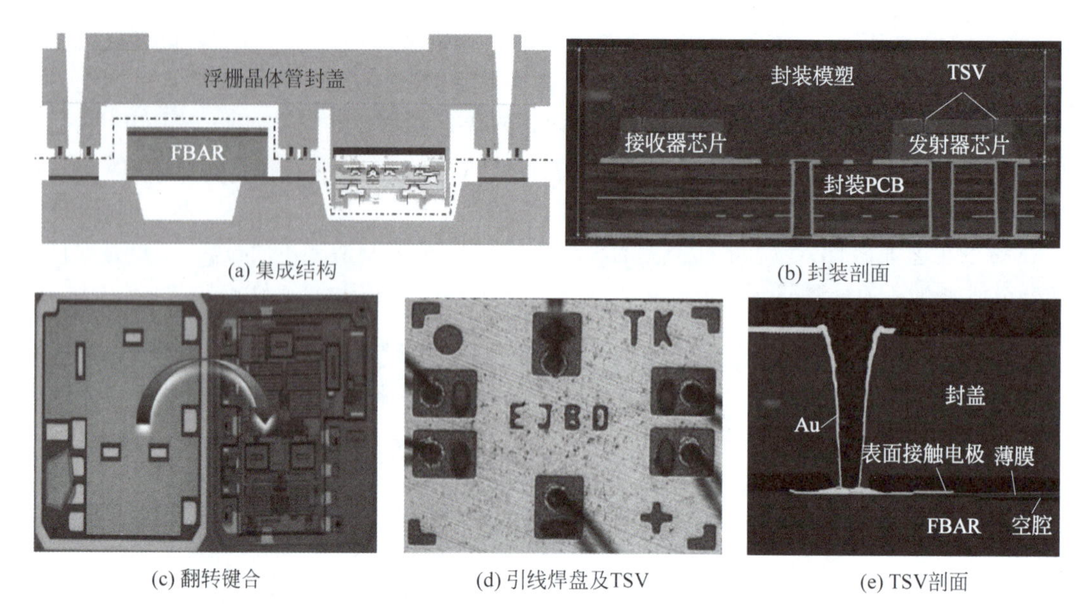

(a) 集成结构　(b) 封装剖面
(c) 翻转键合　(d) 引线焊盘及TSV　(e) TSV剖面

图 12-18　Avago FBAR

2μm 的单晶硅完全覆盖器件层表面的 SiO_2。在 MEMS 器件上方刻蚀通孔到达 SiO_2 层，利用气相 HF 将 MEMS 结构上方、缝隙内部和底部的 SiO_2 刻蚀去除，释放 MEMS 结构悬空。继续外延厚度为 25μm 的单晶硅将通孔封闭，外延过程的反应副产物和反应物（如氢气等）通过高温加热使其从腔体内部扩散排出，形成真空封装腔。最后在外延层刻蚀环形孔连接 SOI 器件层，以环形孔内的硅柱作为 TSV 将 MEMS 信号引至表面。

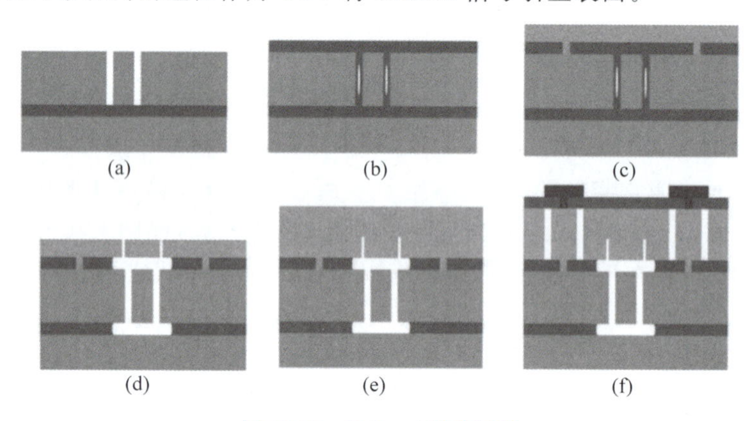
(a)　(b)　(c)　(d)　(e)　(f)

图 12-19　Epi-seal 制造流程

2011 年，ST 推出了采用 TSV 真空封装的三轴加速度传感器 LIS302DL，这是首个采用 TSV 的量产惯性传感器[45-47]，并用于诺基亚手机。图 12-20 为 ST 的 LIS3L02AE 三轴加速度传感器，传感器为谐振式叉指电容结构，采用 TSV 作为真空封装的电信号引出线。TSV 采用硅柱作为导体，在传感器芯片上刻蚀环形绝缘通孔，直接利用环形通孔所包围的硅柱作为 TSV。LIS3L02AE 封装尺寸为 5.0mm×5.0mm×1.5mm。将多个原来布置在传感器芯片表面的引线键合盘转移到传感器芯片的背面，可以将芯片面积减小 20%～30%。尽管 TSV 使每个晶圆的制造成本增加约 200 美元，但是封装效率提高和芯片面积减小的收益超过了 TSV 成本，芯片总成本在引入 TSV 以后有所下降，每只传感器价格为 0.1 美元。

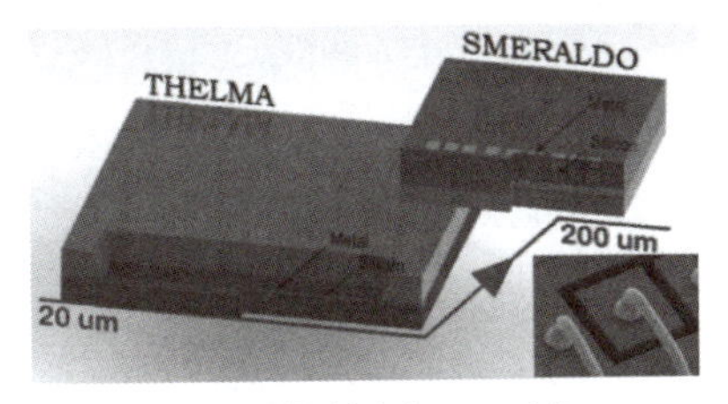

(a) 引线键合与TSV对比

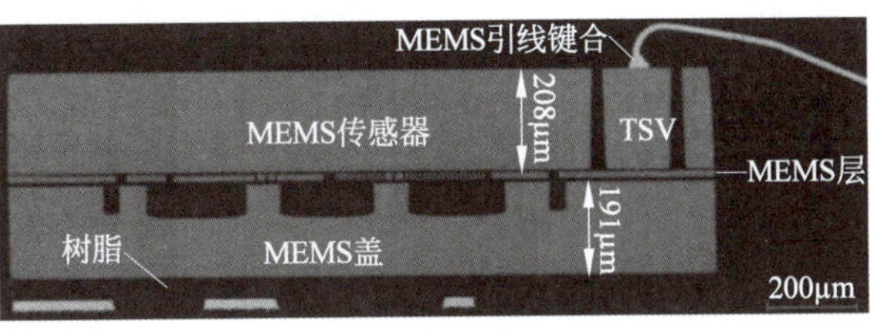

(b) TSV方式

图 12-20 ST LIS3L02AE 三轴加速度传感器

12.1.3.2 TSV 内置

图 12-21 为新加坡 IME 开发的惯性传感器的晶圆级真空封装[48]，采用多晶硅作为 TSV 导体。传感器采用厚度为 30μm 的 SOI 器件层制造，电阻率为 0.01Ω·cm。TSV 制造在封盖上，使用厚度为 2μm 的热氧化 SiO_2 作为绝缘层，重掺杂的 LPCVD 多晶硅作为导体。抛光多晶硅后沉积并刻蚀厚度为 0.7μm 的 Ge 形成键合密封环和互连凸点，表面的多晶硅充当封盖上的 RDL。通过 Al-Ge 共晶键合将封盖晶圆与 MEMS 晶圆键合，减薄封盖晶圆暴露 TSV，最后在表面沉积 SiO_2 介质层和平面铝互连及金属盘。

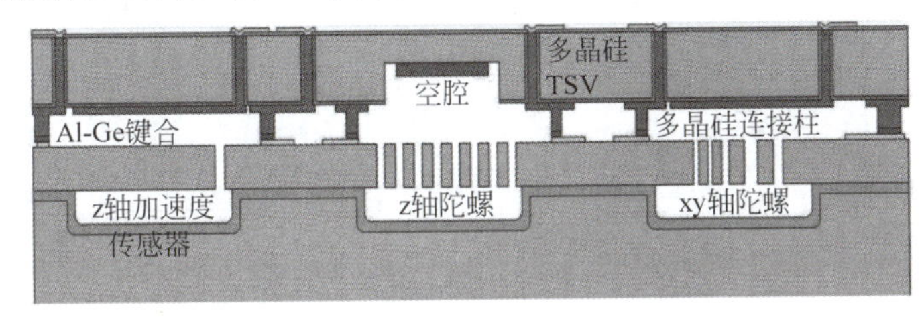

图 12-21 内置多晶硅 TSV 晶圆级真空封装

图 12-22 为内置单晶硅 TSV 的晶圆级真空封装结构[49-51]。结构均由三层硅片构成，中间层为 MEMS 晶圆，两侧为基板和封盖。TSV 制造在两侧的硅片上，采用 SiO_2 绝缘的多晶硅或者单晶硅作为导体。仙童的方案在 TSV 及周围刻蚀凹槽后，采用 SiO_2 键合将 TSV 与 MEMS 晶圆键合，减薄 MEMS 衬底后刻蚀制造 MEMS 结构，然后采用金属键合封盖形成密封腔。TSV 作为 MEMS 电容的一个极板直接连接电信号，可测量 MEMS 的垂直运动，凹槽为 MEMS 提供运动空间。Teledyne 的 MEMS 晶圆与两侧的硅片均采用 SiO_2 键合，TSV 通过环形孔刻蚀、SiO_2 沉积和填充多晶硅实现。当 TSV 尺寸较大时，可以直接利用环形孔内 SiO_2 环绕的单晶硅柱作为 TSV 导体。针对不同的真空度要求，相邻腔体可以利用引气孔调节密封腔内的压强，最低压强可达 1.5Pa。

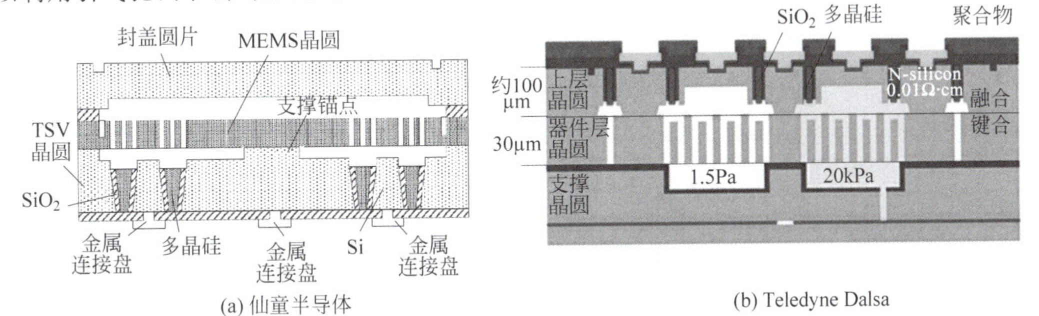

(a) 仙童半导体　　(b) Teledyne Dalsa

图 12-22 内置单晶硅 TSV 晶圆级真空封装

内置的 TSV 承受真空腔与大气压强差造成的压力,需要具有一定的机械强度,TSV 多为实心结构。当 TSV 的底部具有一定厚度的介质层或硅层时,空心金属 TSV 也可以内置使用,如图 12-23 所示。图 12-23(a)为 Silex 开发的借助体硅增强的空心 TSV[52],分别从两侧刻蚀同轴的大孔和小孔,然后双侧电镀厚度为 10μm 的铜形成 X 形金属导体,利用剩余的硅衬底增强 TSV 的强度。图 12-23(b)为 EPFL 利用 SOI 增强 TSV 底部的结构[53],将 SOI 器件层刻蚀圆环填充 SiO_2 介质层,所环绕的硅柱作为导体,反面刻蚀锥形孔并沉积金属导体,然后与 CMOS 芯片键合。图 12-23(c)为丰田研发中心开发的介质层增强 TSV 底部的结构[54]。电容式 MEMS 传感器芯片与 CMOS 芯片利用 Au-Au 实现面对面键合,TSV 尺寸为 110μm×400μm,从 CMOS 背面连接正面金属,TEOS 沉积厚度为 2μm 的 SiO_2 介质层,利用氩离子轰击去除深孔底部的 SiO_2,然后沉积厚度为 400nm 的 Ta 和 1μm 的 Cu,最后电镀厚度为 10μm 的 Cu 形成空心 TSV。

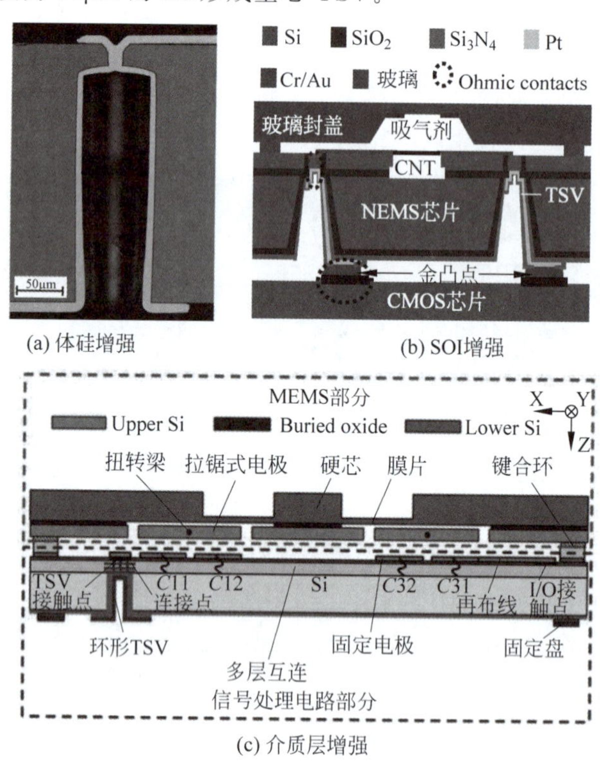

图 12-23 内置空心金属 TSV

12.1.4 多芯片集成

三维集成和 2.5D 集成为实现多芯片集成的复杂系统提供了可行的解决方案。多芯片复杂功能系统可能包括多种 MEMS 传感器、执行器、信号调理电路、存储器、处理器、数据收发模块等。由于不同的功能模块采用不同的工艺制造,多数情况下单芯片集成几乎不可能实现。由于多芯片的尺寸、应力和耐热等条件的限制,通常采用插入层 2.5D 实现多芯片集成。与三维集成相比,2.5D 集成可以简化制造难度、降低键合温度和应力的干扰,具有更好的可制造性、更低的成本和更高的可靠性。特别是对于 MEMS 精细结构、芯片尺寸不一致、成品率差别较大的情况,插入层可以避免工艺兼容性问题。

多芯片集成要特别考虑带有可动结构的 MEMS 在三维集成中的位置和工艺顺序。传感器作为与外界的接口和感知界面，必须能够获得外部信息。这要求需要接触介质的传感器，如光、压力、生化等传感器，必须位于集成系统的最顶层，而这种结构可能会与无线通信系统的收发模块和天线产生矛盾。惯性传感器、磁场传感器、电场传感器等依靠各种场传递信息的传感器，可以位于非顶层，但是也要考虑封装系统对被测信号或传感器产生的干扰。多芯片键合时，MEMS 易受应力和温度的影响，其集成顺序也需要重点考虑。

图 12-24 为 Infineon 和 Frannhofer 开发的三层芯片堆叠的无线轮胎压力传感器[55]，包括压力传感器、加速度传感器、处理器、存储器、信号处理电路、谐振器、无线收发以及电源管理等多个功能模块。压力传感器和加速度传感器同时测量轮胎压力和动态参数，信号处理电路包括处理传感器芯片的 ADC、温度传感器、随机存储器和闪存，以及 8051 处理器。无线收发芯片包括收发机和数字信号处理，以及与信号处理电路单元的接口。压力传感器及体声波谐振器通过键合集成在厚度为 60μm 的 RF 收发器上方，收发器通过带有 TSV 的插入层三维集成在微处理器上方。TSV 采用 Fraunhofer 开发的 ICV-SLID 技术制造，导体为 CVD 沉积的钨柱，深宽比达到 20∶1，每个 TSV 的电阻为 0.45Ω。多层之间采用 Cu/Sn、Au 或 SnAg 微凸点键合。集成后的总体积为 1.2cm×1.3cm×0.64cm，与用于芯片电压调制的电容和用于天线回路的电感等分立器件一起安装于 PCB 上。

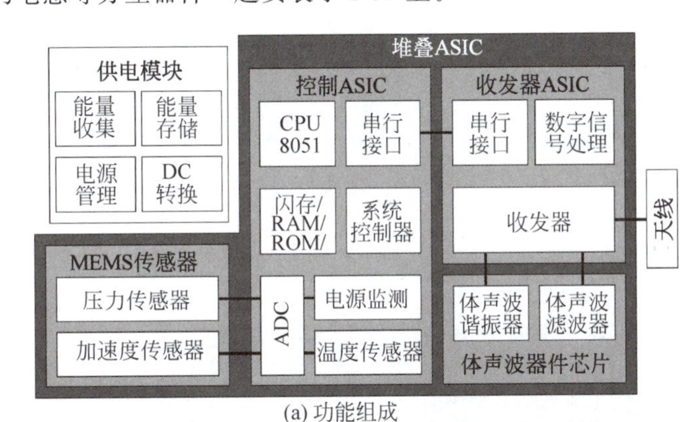

(a) 功能组成

(b) 三维集成结构

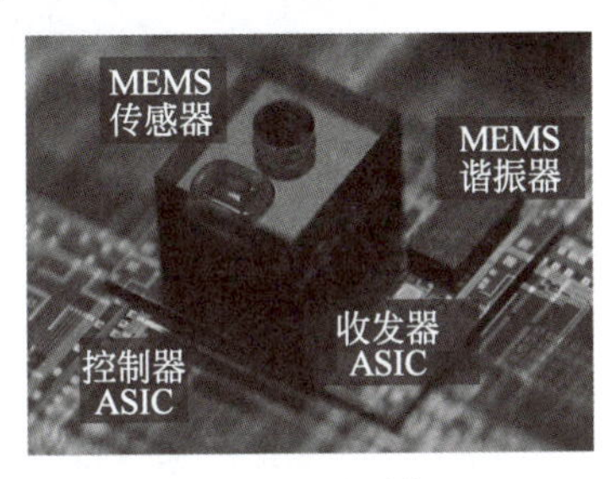

(c) 系统照片

图 12-24　Infineon 轮胎压力监测传感器

e-CUBES 是 Fraunhofer 等开发的微型化、低功耗、自治的无线传感器节点技术[56-57]。通过大量 e-CUBES 节点可以构建传感器网络，实现对环境参数的测量和监控。e-CUBES 是典型的传感器与信号处理电路及电源系统的三维集成系统，节点间的通信采用射频方式。如图 12-25 所示，e-CUBES 传感器节点的核心器件包括近程无线通信模块、应用模块（不同的传感器)以及电源系统模块。这三个模块通过 TSV 实现三维集成。以 e-CUBES 技术构建的轮胎压力传感器,包括微处理器、RF 收发模块和一个压力传感器[58]。

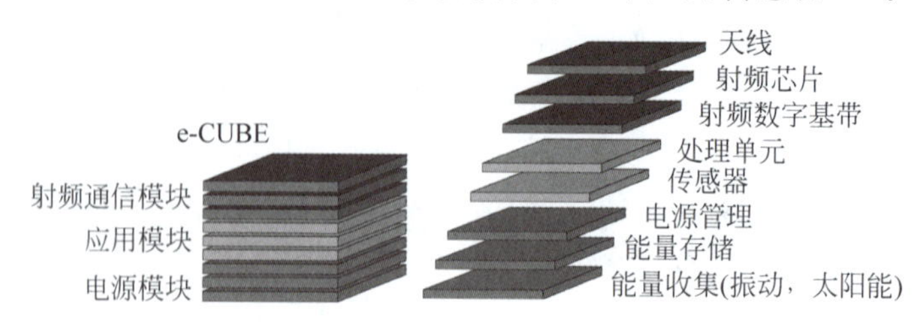

图 12-25 e-CUBES 组成模块

图 12-26 为密西根大学开发的 Michigan Micro Mote(M^3)[59]。M^3 是一个以玻璃插入层为基础的多芯片集成的智能传感器自治系统。在带有 TSV 的玻璃插入层上以堆叠方式集成了太阳能电池、能量收集器电路、射频、电源整形和多种可选传感器,包括温度、压力、图像和运动传感器等。玻璃插入层内的 TSV 连接太阳能电池和电源管理系统,其他芯片连接仍采用引线键合。系统尺寸只有 4mm×4mm×2mm[60],可用于无线传感器网络节点,监测气压、血压、温度、运动等[61]。

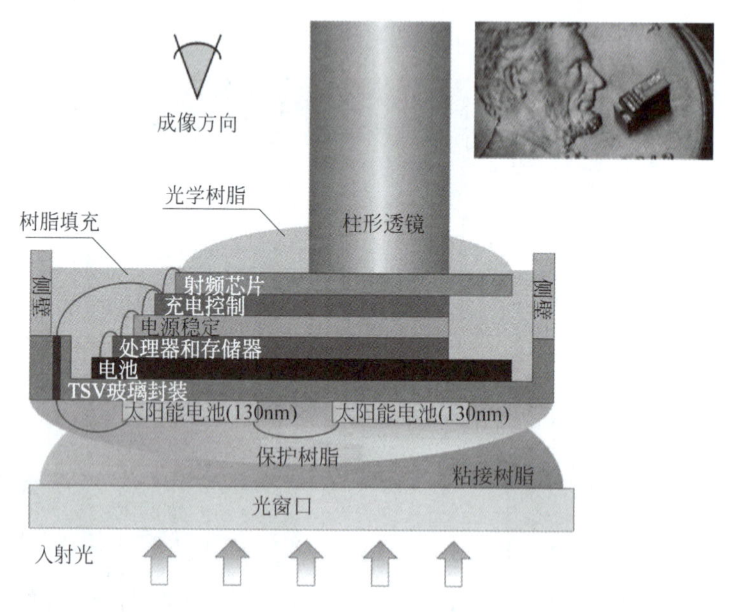

图 12-26 Michigan Micro Mote(M^3)

图 12-27 为日本东北大学提出的多功能混合集成三维光电集成系统[62],包括传感器、处理器、存储器、雷达、无线通信和光电等多种模块和功能,可用于智能汽车的安全辅助控制和车载通信等。该系统能够根据车速自动控制传感器和通信系统工作频率,例如高速成像系统可以自动根据车速调整帧频,以便在满足需求的情况下降低能耗和数据传输量。系统中包含了大量的差异化芯片、器件和材料,需要采用插入层集成,甚至使用电插入层和光插入层。多模块的三维集成在保证小体积、低功耗的前提下,能够实现更高的系统性能。

尽管多芯片集成主要采用插入层集成,但也有研究探索三维集成方案。图 12-28 为三维集成的混合结构无线传感器网络节点结构[63]。系统包括传感器、电池或能量攫取、无线

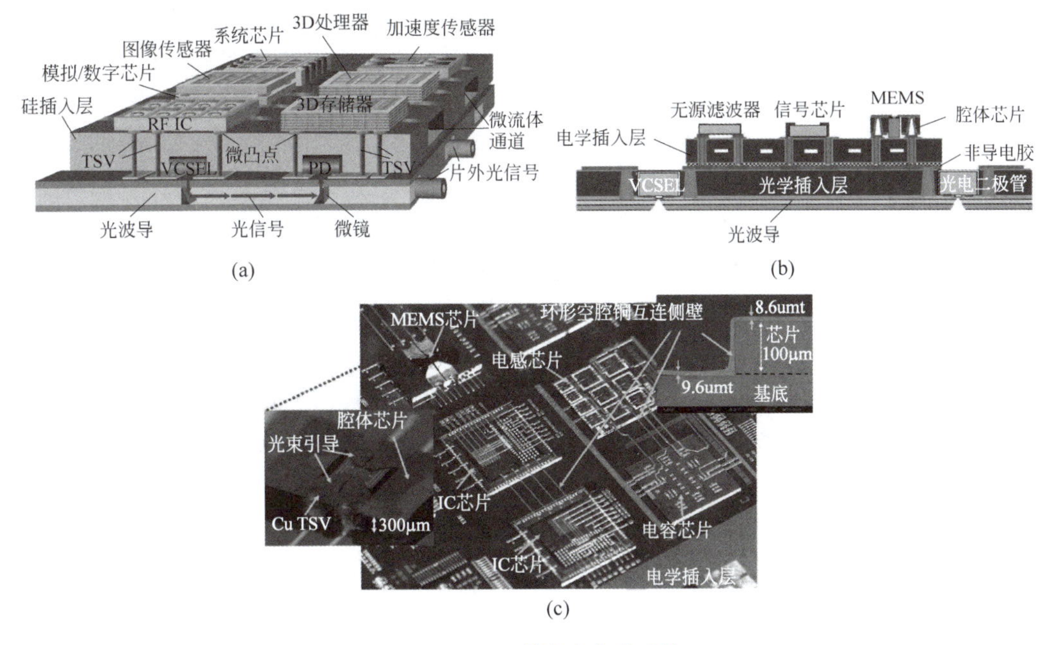

图 12-27 三维光电集成系统

通信、光通信，以及信号处理电路模块等。同时采纳无线通信和自由空间光通信的混合系统有助于提高传感器网络节点的适应性和性能，三维集成为非硅工艺的射频芯片和光电芯片与硅基 CMOS 的集成提供了一种可行的技术途径。

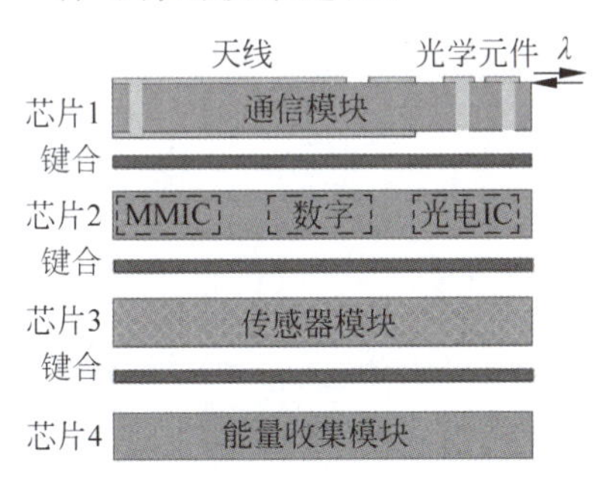

图 12-28 三维集成的混合结构无线传感器网络节点结构

12.2 三维集成图像传感器与射线探测器

2007 年 10 月，东芝发布了世界上第一个利用 TSV 的 CMOS 图像传感器(CIS)产品，并于 2008 年进入量产[64]，被认为是第一个采用 TSV 的大规模量产产品。目前 CIS 也是三维集成最主要的产品之一。早期 CIS 通过 TSV 减小芯片的封装尺寸和实现背照式结构，随后发展为图像敏感芯片与信号处理电路集成，极大地提高了 CIS 的性能。目前 Sony、Samsung、Omivision、ST、Sharp、OKI、SK Hynix、On Semiconductor 等主要图像传感器制造商都已采用三维集成制造 CIS 产品[65]。CIS 广泛采用 90nm 或 65nm 工艺制造，量产 CIS 的最小像素为 0.6～0.7μm，但很多产品为保性能仍采用 1μm 以上的像素。

传统 CIS 采用二维平面结构，即像素阵列和信号处理电路布置在同一个芯片表面。三维集成 CIS 一般是指像素阵列与信号处理电路通过三维集成堆叠布置，如图 12-29 所示。三维集成结构具有显著的优势：①处理电路不占用像素阵列面积，实现填充比最大化，提高阵列规模；②采用 TSV 信号传输距离大幅减小，有助于抑制引线的寄生参数和噪声干扰；③高密度 TSV 可以实现逐像素的信号处理，大幅提高信号处理和存储速度；④三维集成 DRAM 和处理器功能，实现更高性能的成像；⑤像素阵列和处理电路分别在不同层独立制造和优化，可以减少相互干扰、降低制造成本。实际上，这种三维结构的图像传感器与人眼结构类似，模拟了视网膜的视觉细胞和神经轴突的结构特点。近几年采用硅片转移技术的背照式图像传感器的快速发展，也充分体现了上述优越性。

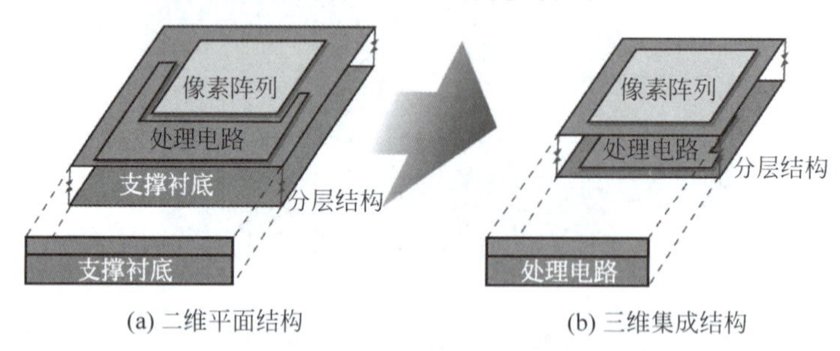

图 12-29 图像传感器结构

TSV 和三维集成改变了 CIS 的系统架构，使其经历了四代发展阶段，如图 12-30 所示。第一代采用前照式结构，利用空心 TSV 将 CIS 芯片正面信号引入背面，利用背面放置焊球以减小芯片面积。第二代采用背照式结构，CIS 芯片翻转后与支撑衬底键合，利用 TSV 将键合界面的信号引出到上表面。第三代为两层和三层芯片集成，采用 SiO_2 键合将背照式 CIS 芯片与图像处理芯片以及 DRAM 三维集成，利用 TSV 实现层间互连。第四代为像素级的多芯片三维集成，采用 Cu-SiO_2 混合键合将 CIS 的每个像素与 DRAM 或图像处理芯片三维集成，提高数据读取和传输速率。

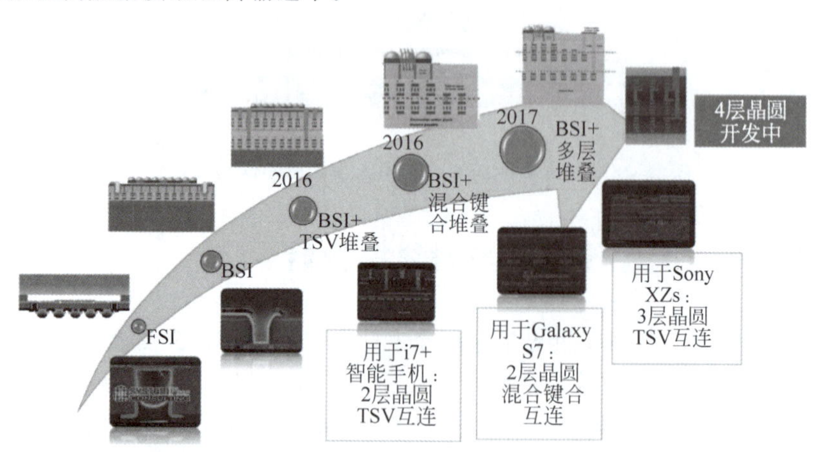

图 12-30 CMOS 图像传感器发展过程

12.2.1 TSV 图像传感器

早期的图像传感器采用前照式结构，光线从芯片的正面入射，经过金属互连层预留的缝隙后到达探测器表面，再由探测器进行光电转换，并由信号处理电路读出信号并进行处理。由于金属互连不透光，互连必须让开探测器，但两个像素之间的互连仍会限制入射光，导致入射光利用效率很低，像素间无法成像而丢失信息，并且互连布线面积非常局促。为了减少前照式结构中金属互连对入射光的阻挡，现在的CIS均采用背照式结构，将CIS芯片背面减薄至高度透光后朝向入射光。由于背面没有金属互连，避免了对入射光的影响，不仅提高了入射光的吸收效率，而且像素可以充分靠近，提高填充比。

12.2.1.1 前照式结构

2008年，东芝首次量产了采用TSV的CIS[66-67]。如图12-31所示[66]，CIS为300万像素的前照式结构，采用空心TSV(图中TCV)将芯片正面的信号引入芯片背面连接封装焊球，利用背面提供焊球空间以减小芯片面积。因TSV数量少、直径大，东芝采用激光刻蚀在CIS芯片刻蚀锥形通孔，填充满树脂后再次激光刻蚀小孔，以树脂为介质层电镀沉积空心铜TSV。空心TSV可以大幅降低电镀时间和成本、减小热膨胀应力，在满足性能和可靠性要求的前提下，实现成本最低化。

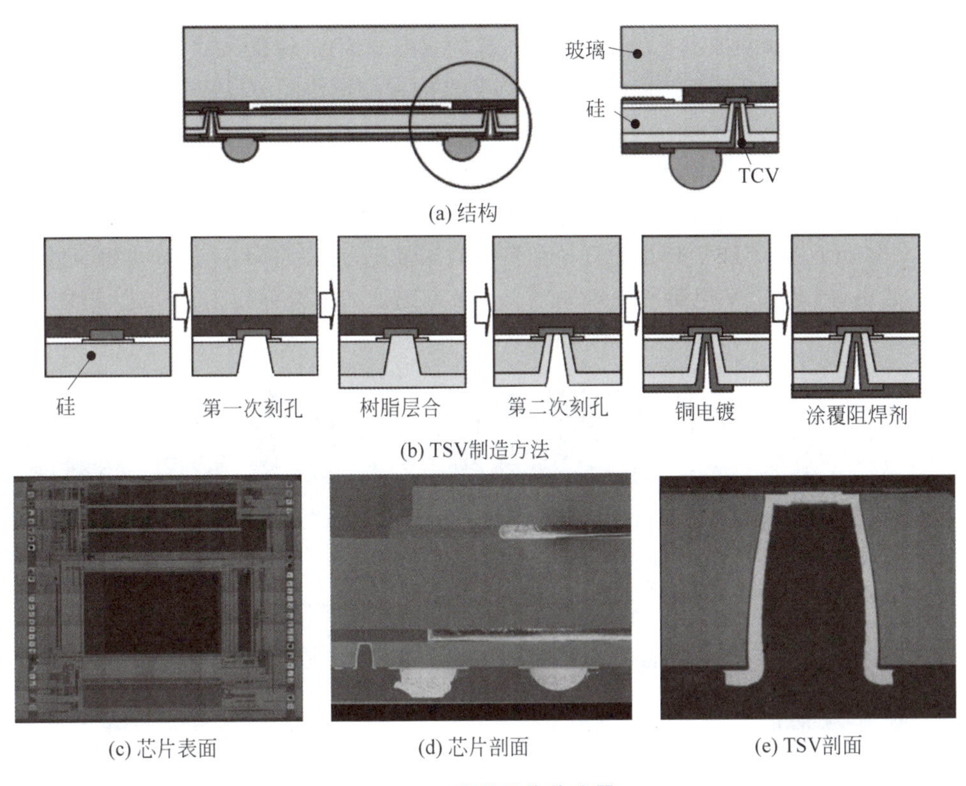

图12-31 东芝图像传感器

随后，Samsung、Omnivision、Zycube[68]等都发布了类似的产品。图12-32为Samsung的TSV前照式CIS，其结构与东芝基本相同，也采用激光刻蚀的空心TSV，电镀层只覆盖深孔侧壁。

12.2.1.2 背照式结构

背照式结构需要将CIS芯片翻转键合到承载圆片表面，减薄CIS芯片后制造TSV和

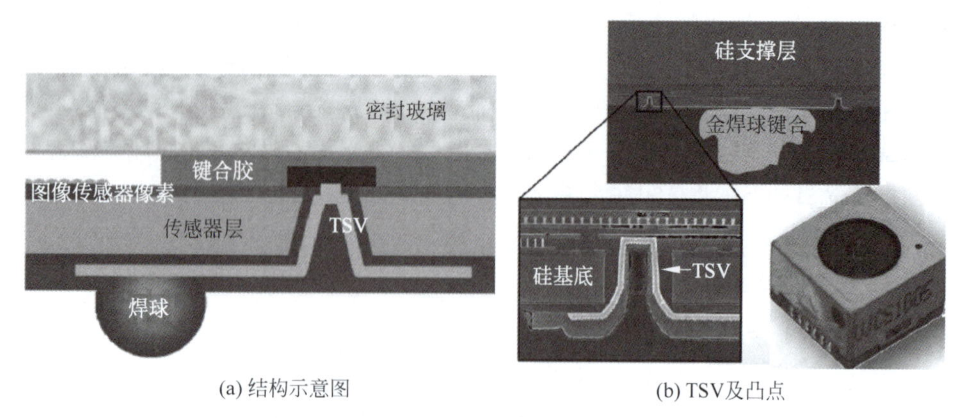

(a) 结构示意图　　(b) TSV及凸点

图 12-32　Samsung 前照式图像传感器

滤色透镜阵列。CIS 芯片翻转与承载圆片键合后，信号引出端被埋置在二者的键合界面，必须使用 TSV 将信号引出至键合后的上表面。2008 年 Omnivision 推出第一代背照式产品，像素尺寸为 1.75μm，阵列规模为 500 万，应用于苹果的 iPhone 4。随后东芝也发布了类似的产品。2011 年 Sony 推出了用于 iPhone 4S 的背照式 CIS，像素尺寸为 1.4μm，阵列规模为 800 万[69]。Samsung 在 2013 年推出了像素之间采用深沟隔离以控制电子吸收并减少串扰的背照式结构。

图 12-33 为东芝利用 FEOL 工艺顺序制造的钨 TSV 实现的背照式 CIS，用于 Fujifilm 的数码相机。钨 TSV 在器件以前制造，直接与器件的钨塞连接。TSV 的直径约为 0.5μm，节距为 1.1μm。由于 TSV 较小的直径和较高的深宽比，可以将多个 TSV 并联冗余作为一个 TSV 使用，降低 TSV 电阻和失效概率。与激光刻蚀和电镀铜的工艺相比，钨柱 TSV 直径更小，适用于小尺寸、大规模像素应用。

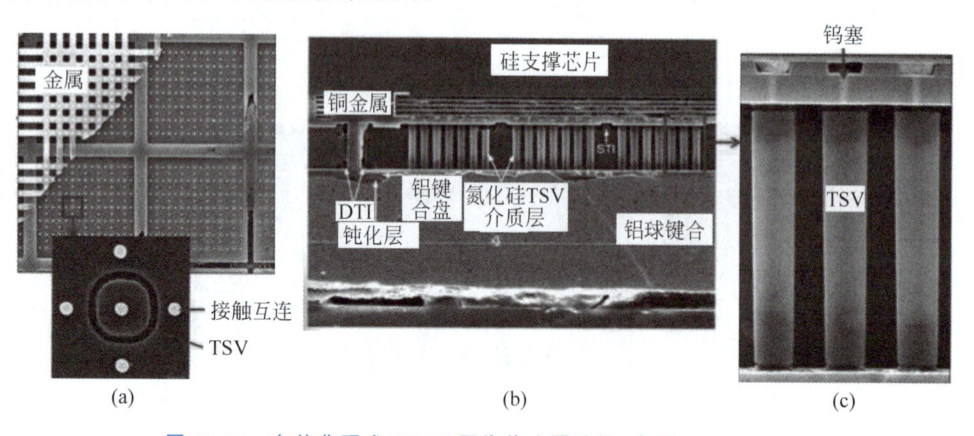

(a)　(b)　(c)

图 12-33　东芝背照式 CMOS 图像传感器结构(来源：Chipworks)

12.2.2　两芯片三维集成图像传感器

将背照式结构中的承载芯片替换为信号处理电路芯片，就发展成早期的两芯片三维集成 CIS，如图 12-34 所示[70]。CIS 芯片位于电路芯片上方，二者通过面对面键合实现背照式结构，利用 TSV 或金属凸点实现两层芯片的电连接。三维集成 CIS 具有以下优点：①像素阵列和电路分层放置，可以实现更高的填充比和阵列密度，并减小芯片面积。②分别采用各自的工艺优化和制造，避免相互影响，降低制造成本。③为了实现更高的帧频和更高的位数精度，需要对图像传感器进行实时数字化，三维集成允许探测器像素产生电荷的同时进行数字化，而不是将所有的电荷都积累完毕再数字化，避免使用存储电荷的大电容和高线性度的模拟电路，减少了高速模拟信号传输产生的噪声问题。④逻辑电路与图像芯片的近距离高带宽集成，允许复杂的图像处理功能在内部完成，不仅能够实现更强大的图像处理功能，而且降低系统功耗和体积等负荷。

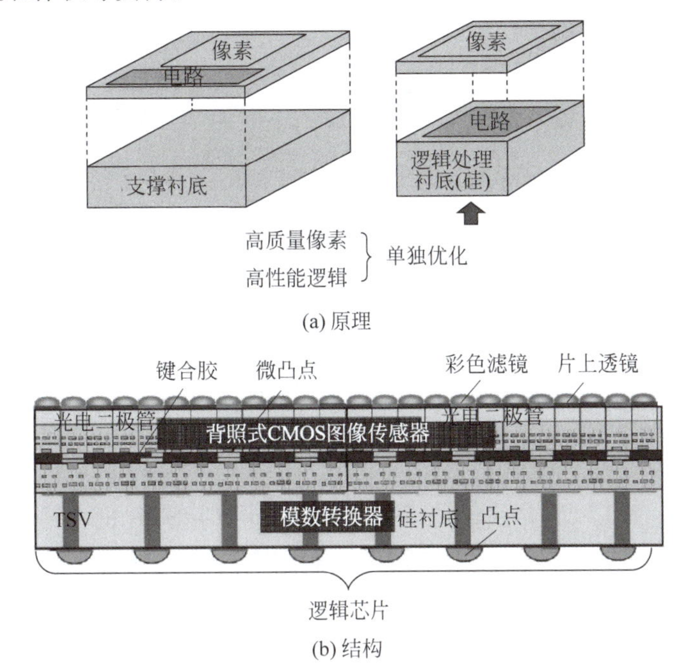

(a) 原理

(b) 结构

图 12-34　背照式两芯片集成图像传感器

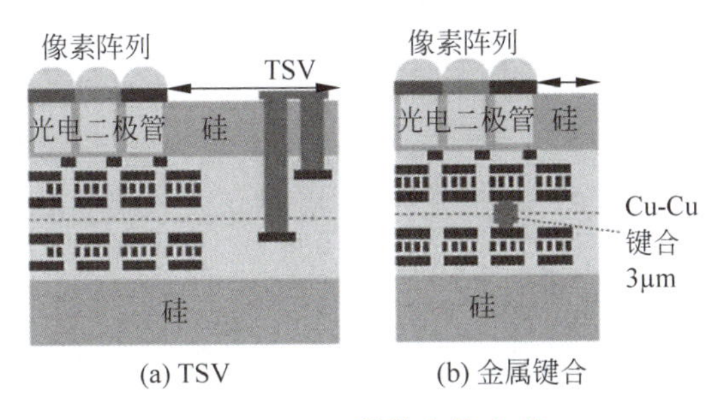

(a) TSV　　(b) 金属键合

图 12-35　两芯片连接方式

12.2.2.1　两芯片集成方法

两芯片集成中，像素阵列芯片与电路芯片的连接可以利用 TSV 或金属键合实现，如图 12-35 所示。TSV 连接利用芯片内的 TSV 连接像素阵列与电路，而金属键合连接通过键合金属实现两层芯片的直接连接无须 TSV，减少了 TSV 制造成本和芯片占用面积，并具有更高的性能。由于每个像素尺寸很小，TSV 或键合凸点的面积超过了像素的面积，并且信号处理电路的面积也超过了单像素面积，因此多个像素如 8×8 或 16×16 个共用一个 TSV 或金属凸点，解决 TSV 和电路面积与像素不匹配的问题。

第一代两芯片集成采用 TSV 互连,第二代采用 Cu-SiO_2 混合键合取代 TSV。连接方式的不同导致不同的制造方法。如图 12-36 所示,TSV 互连方案中,通过 SiO_2 键合将翻转的像素芯片键合在信号传感器电路芯片表面,然后在像素芯片内制造 TSV,是一种先键合再制造 TSV 的 BEOL 方案。金属键合连接方案中,采用 Cu-SiO_2 混合键合将翻转的像素芯片键合在电路芯片上方。

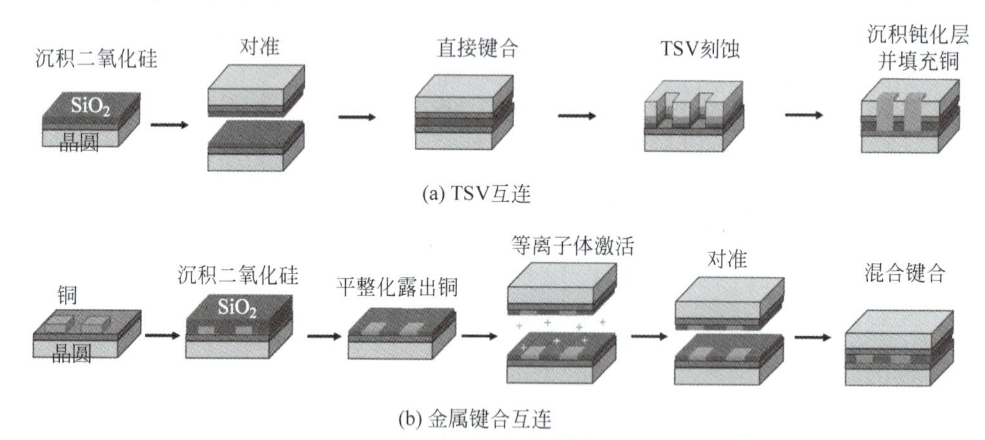

图 12-36 两芯片三维集成方法

2012 年 Sony 发布第一个采用 TSV 连接的三维集成图像传感器 ISX014,2013 年投入量产,应用于 iPhone 5S。2016 年 Sony 率先量产了使用 Cu-SiO_2 混合键合连接的图像传感器 IMX260 产品,键合金属节距为 6μm,2019 年将节距大幅减小到 3.1μm。

12.2.2.2 TSV 连接

第一代两芯片集成采用位于像素阵列的边缘的 TSV 连接 SiO_2 键合的像素芯片和电路芯片,先后经历了两个 TSV 连接两层芯片和单个 TSV 连接两层芯片的发展阶段,如图 12-37 所示。两个 TSV 的连接方案中,两个 TSV 的长度不同,分别连接两层芯片的互连层。这种方式为互连提供了一定的灵活性,但是占用更大的芯片面积,并且制造过程需要刻蚀两个不同深度的 TSV,较为复杂。单个 TSV 的连接方案中,TSV 为台阶形结构,每个 TSV 通过台阶形结构连接两个芯片,所有的 TSV 都具有相同的高度,制造过程简单,占用芯片面积少。

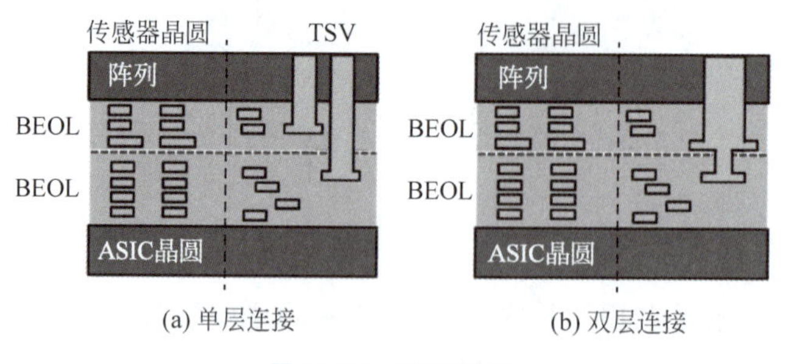

图 12-37 TSV 结构

图 12-38 为采用两个 TSV 连接单层芯片的 Sony ISX014 图像传感器[71],像素尺寸为 1.12μm,阵列规模为 800 万,采用 90nm 工艺制造,逻辑电路采用 65nm 工艺,背照式结构将入射光利用率提高 30%,三维集成将芯片面积减小 30%,并实现更高的动态范围。上层像

素芯片包括像素阵列、末级行驱动和列并行处理 ADC 的比较器部分，下层逻辑芯片主要负责信号的读取和处理。

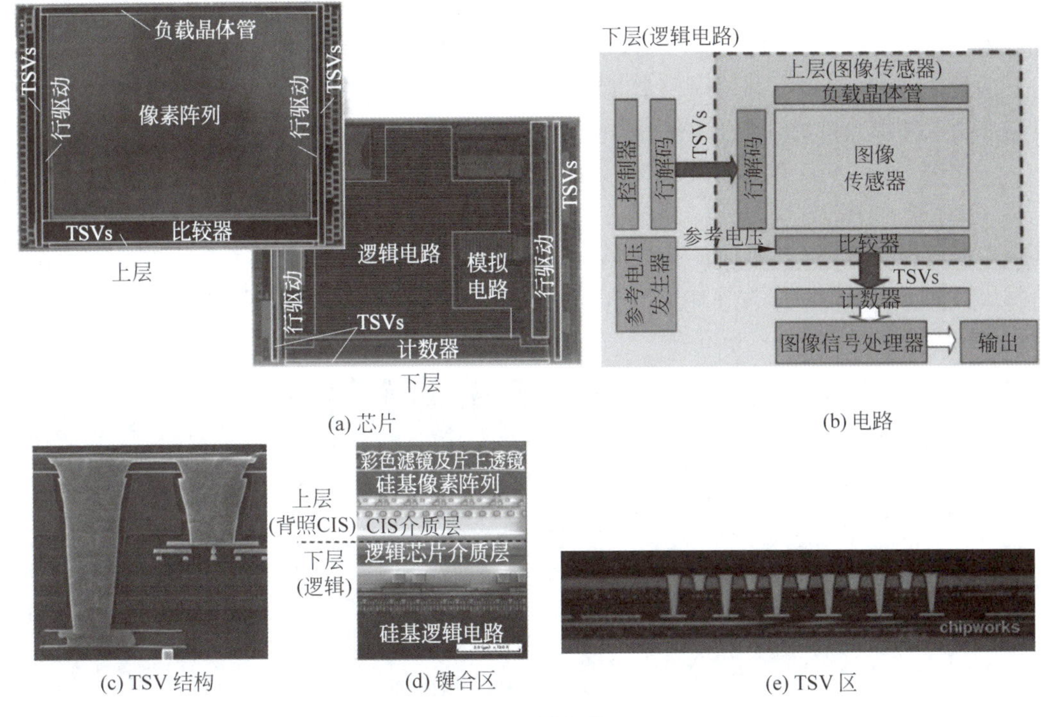

(a) 芯片　　(b) 电路

(c) TSV 结构　　(d) 键合区　　(e) TSV 区

图 12-38　两芯片集成 ISX014

像素芯片和电路芯片三维集成采用先键合后 TSV 的 BEOL 工艺，使用 ZiBond 面对面 SiO_2 键合，键合后背面减薄像素芯片，然后在像素芯片的制造 TSV，数量几千个。TSV 阵列布置在像素阵列的两侧，采用不同长度的两个 TSV 分别连接像素阵列以及逻辑电路。键合后的像素芯片的 M1 金属被短 TSV 连接至键合后的上表面，逻辑电路的顶层金属通过长 TSV 连接至上表面，TSV 连接像素芯片的行驱动和逻辑芯片的行解码，以及像素芯片的比较器和逻辑芯片的计数器。

为了减小 TSV 占用的面积，2015 年 Sony 开发了单个 TSV 连接两层芯片的方案，如图 12-39 所示。上层芯片的平面互连金属层制造空心金属盘，两芯片对准键合后，刻蚀上层

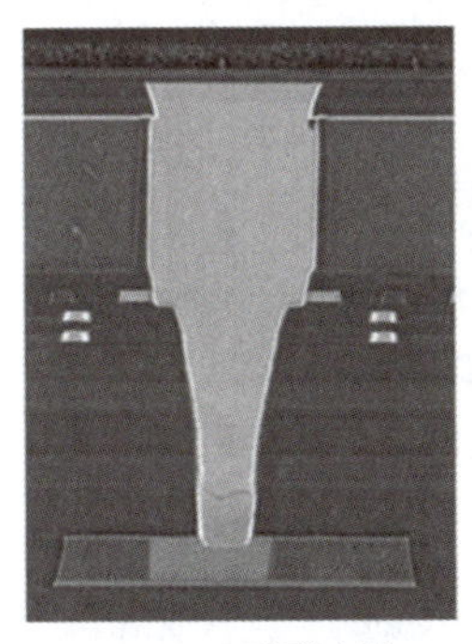

(a) Sony环形台阶　　(b) Omnivision单侧台阶　　(c) Omnivision环形台阶

图 12-39　台阶形 TSV

芯片的硅衬底形成大孔到达空心金属盘表面，以金属盘为掩膜，从空心窗口继续刻蚀介质层，形成连接下层芯片金属的小孔。电镀填充在金属盘表面产生横向展宽，TSV 的半高度位置通过横向扩展连接像素阵列的金属互连，底部连接逻辑电路的金属互连。Omnivision 也开发了连接两层芯片的台阶形 TSV 结构，包括单侧台阶和环形台阶两种结构。与 Sony 的方法类似，Omnivision 利用同一个 TSV 的中部横向扩展连接图像传感器，底部连接逻辑电路芯片。环形台阶的 TSV 具有更小的直径，也采用中段横向扩展的结构连接两层芯片。

2016 年，Samsung 推出了 TSV 连接两层芯片的三维集成的图像传感器 S5k2L1SX，用于 Galaxy S7，如图 12-40 所示。逻辑芯片采用 65nm 工艺制造，两层芯片采用高分子键合，键合后减薄再制造 TSV，通过一个 TSV 连接两层芯片。TSV 为空心结构，采用 TiN 作为粘附层，PVD 沉积的钨作为导体。TSV 顶部连接像素层，底部连接逻辑电路的 M7 金属，TSV 的平面尺寸为 5μm×8μm。

(a) S5k2L1SX的TSV布置

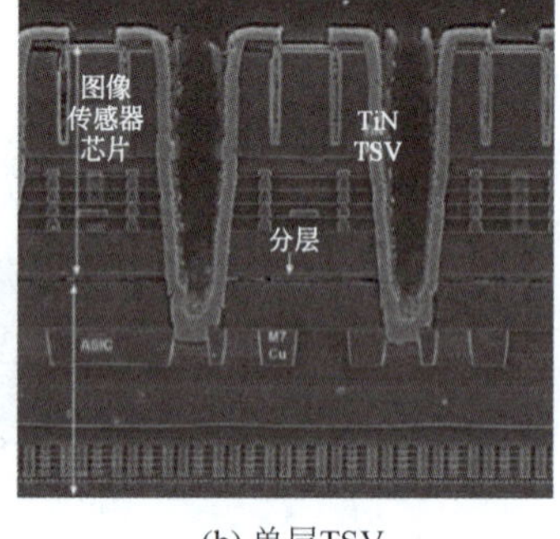

(b) 单层TSV

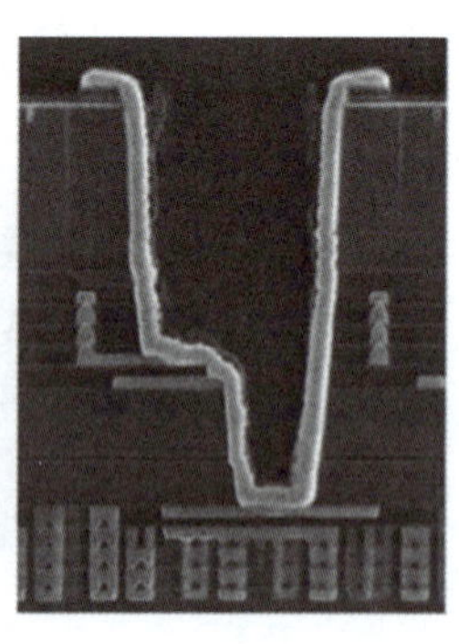
(c) 台阶TSV

图 12-40　Samsung 两层芯片集成产品

12.2.2.3　金属键合连接

金属键合连接采用面对面金属和介质层混合键合，目前量产基本都采用 Cu-SiO_2 混合键合。如图 12-41 所示，初期金属键合连接区位于像素区以外，如 Sony 的 IMX260，随后发展出像素区内键合连接以缩短互连并减小芯片面积。将像素区互连的金属节距减小到像素尺度时，可实现像素级互连和信号处理。

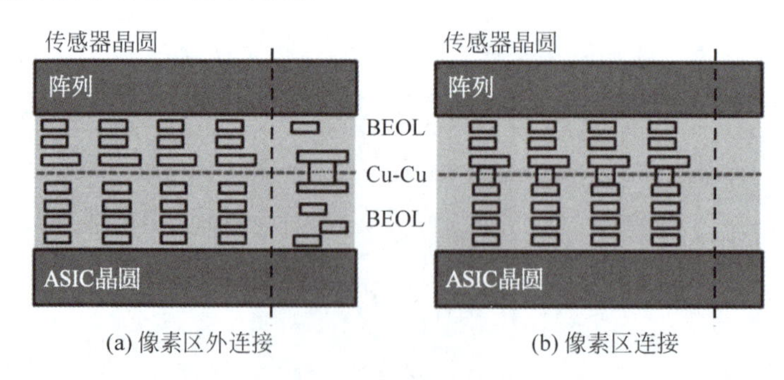

(a) 像素区外连接　　(b) 像素区连接

图 12-41　金属键合连接

2016 年，Sony 首次报道了采用 Cu-SiO_2 混合键合的 CIS 产品 IMX260[72]。IMX260 的像素尺寸为 1.4μm，规模为 1200 万，应用于 iPhone 6S、Galaxy S6 以及 Nikon 数码单反相机

等，这是混合键合首次应用于大规模量产。IMX260 的逻辑电路使用 7 层金属(6 层 Cu+1 层 Al)，像素芯片使用 5 层 Cu 金属，此外各包括 1 层键合金属层。如图 12-42 所示，像素芯片的 M6 金属和电路芯片的 M8 金属键合，利用铜凸点实现芯片互连而无须 TSV，像素阵列外部的行/列互连采用直径 3μm 的金属凸点键合，节距为 14μm，像素阵列内的键合采用 3μm 金属凸点和 6μm 节距，但该区域键合金属似乎未连接任何器件，仅为工艺均匀性所采用。

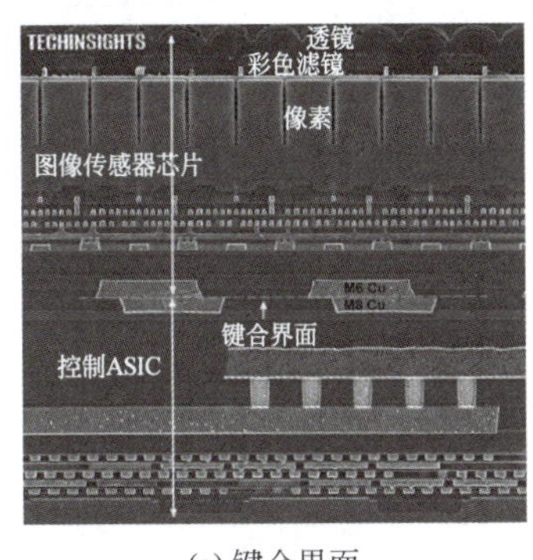

(a) 键合界面

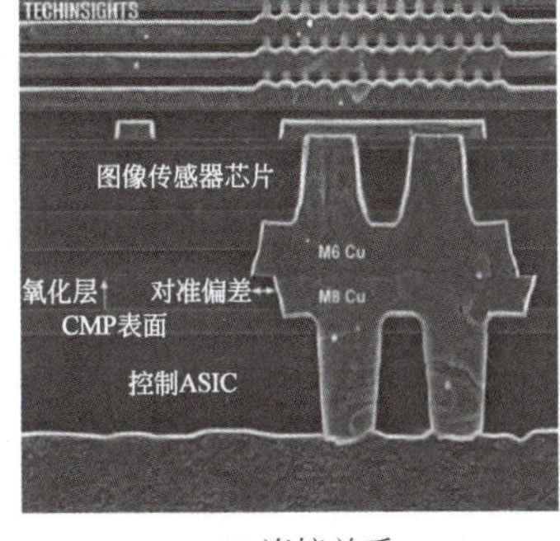

(b) 连接关系

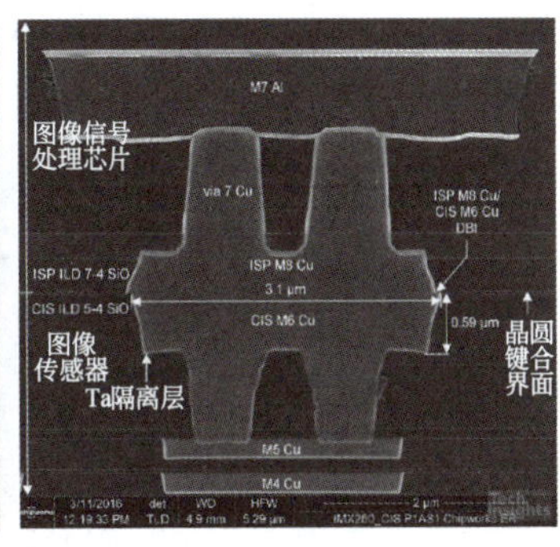

(c) 键合金属

图 12-42 混合键合 IMX260

Sony 开发了与 DBI 不同的铜高出介质层的混合键合方法[72]。两晶圆的对准方法推测是采用红外透过 15μm 厚的像素芯片，对准误差为 0.25μm。为了减小像素的尺寸、提高像素密度，Cu-SiO_2 混合键合要求芯片间具有较高的对准精度。除 Sony 外，2016 年东芝[73]、Samsung、Omnivision[74]也报道了混合键合的图像传感器、ST 和 Leti 报道了 300mm 晶圆级的混合键合工艺及可靠性评估[75]，如图 12-43 所示。

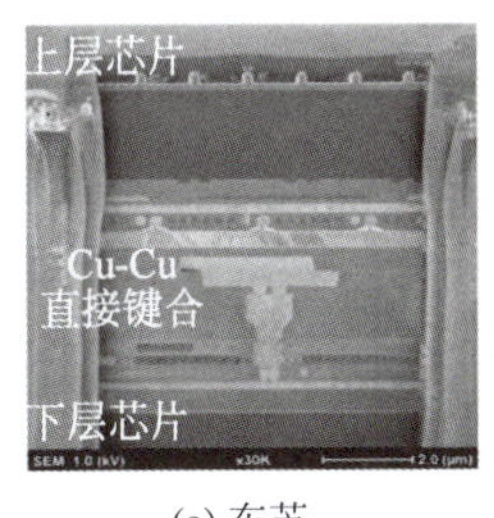

(a) 东芝

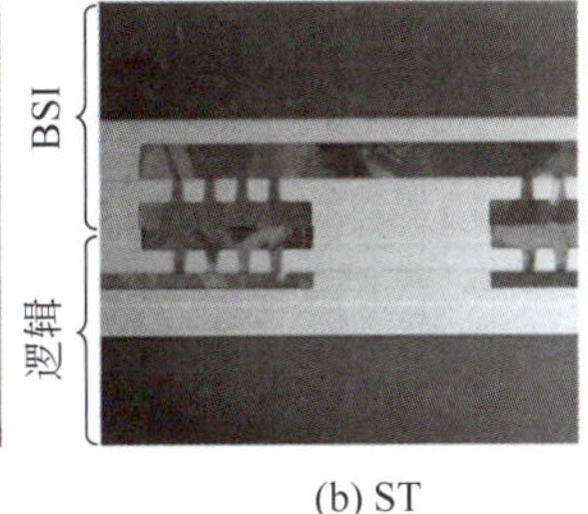

(b) ST

(c) Omnivision OV16880

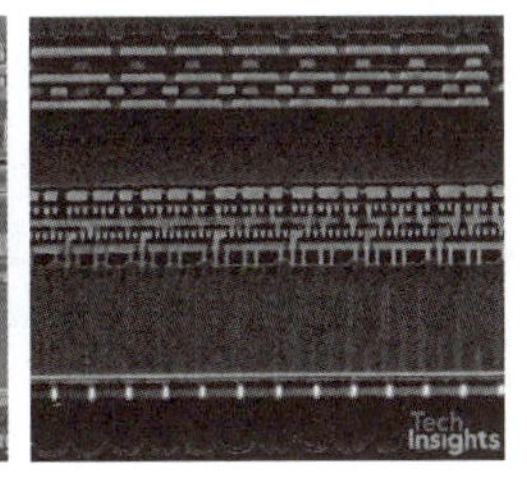

(d) Samsung S5K3P3SX

图 12-43 两层芯片键合集成

12.2.3 多芯片三维集成图像传感器

多芯片三维集成将像素阵列、逻辑电路和 DRAM 等进行三维集成，如图 12-44 所示。第一层像素阵列实现光电信号转换，利用 TSV 和键合金属将像素信号传递到下层进行 AD 转换、信号处理和暂存。由于逻辑电路接口传输速度的限制，高帧频下大规模像素阵列所产生的数据无法及时向外传输，集成 DRAM 并采用高密度层间互连可以实现数据临时存储，以此实现全局快门和高帧频。考虑到成本和散热等方面的因素，目前多芯片像素阵列基本只集成 3 层芯片，当芯片超过 2 层时，即使采用面对面键合，也必须使用 TSV。

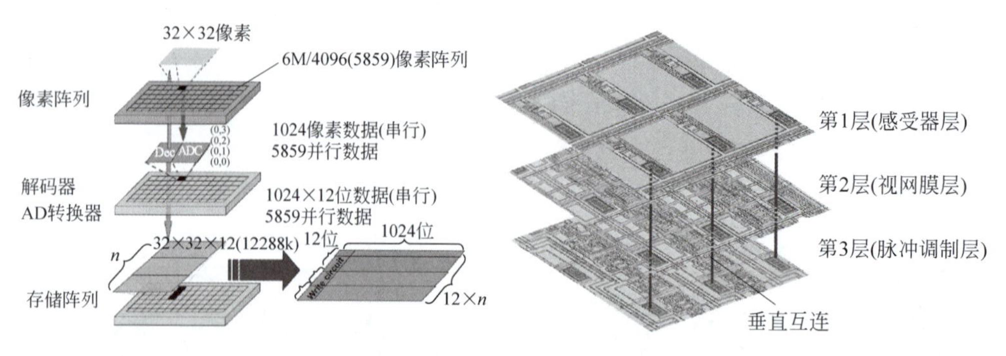

图 12-44 三维集成图像传感器结构

2017 年,Sony 首次报道了像素阵列、DRAM 和逻辑电路 3 层芯片的三维集成,实现了高速数据读出和 AD 转换,结合低噪声信号处理,Sony 开发了高速低噪声信号处理和全局快门技术 Pregius,用于量产的 IMX400[76-78]。IMX400 像素规模为 1920×1080,在 1080p 格式下帧频达到 960fps,提高近 10 倍。IMX445 集成了 2Gb 的 DRAM,可以高速缓存 16 张 1200 万像素的 10 位非压缩原始图像。2019 年,Sony 发布第四代 Pregius S 技术,数据输出速率达到 38Gb/s,并推出全局快门的 CIS 产品 IMX555,像素尺寸为 0.7μm,阵列规模为 12288×8192。2021 年,Sony 基于 Pregius 技术推出全局快门的 CIS 产品 IMX661,芯片对角线尺寸为 56.73mm,有效像素为 1.26 亿,是当时阵列规模最大的全局快门 CIS。

如图 12-45 所示,IMX400 采用 DRAM 作为数据缓存并利用少量像素顺序读取的方式,将像素产生的数据暂存于 DRAM 后再向外传输,从而实现高帧频和全局快门。IMX400 的规模为 1900 万像素,采用 Sony 90nm 工艺制造,DRAM 容量为 1Gb,采用 Samsung 30nm 工艺制造,逻辑电路采用 TSMC 40nm 工艺制造。三芯片集成的过程如下:首先翻转 DRAM 芯片与逻辑电路通过 SiO_2 进行面对面键合,减薄 DRAM 后制造双层 TSV,连接 DRAM 与逻辑电路;采用 SiO_2 键合将像素芯片与 DRAM 面对背键合,减薄像素芯片后制造双层 TSV,分别连接图像传感器和 DRAM。像素层厚度为 10μm,背面朝外键合,2.5μm×6.3μm 的短 TSV 连接像素 M1 金属和键合后像素层的上表面,15000 个高度为 12μm 的长 TSV 连接 DRAM 和像素层上表面;DRAM 层厚度为 13μm,通过 20000 个高度为 15μm 的 TSV 连接 DRAM 和逻辑芯片。2022 年,Sony 将面对面和面对背混合键合的金属节距分别减小到 1μm 和 1.4μm[79]。

2018 年,Samsung 推出 3 层芯片集成的 CIS 产品 S5K2L3SX,像元尺寸为 1.4μm,阵列规模为 1200 万,集成了 2Gb LPDDR4 存储器和逻辑芯片,最高帧频为 960fps。如图 12-46 所示,Samsung 的 3 层芯片依次为图像传感器、逻辑和 DRAM,逻辑与 DRAM 采用微凸点键合连接,TSV 制造在逻辑芯片中连接逻辑芯片的上下表面;而 Sony 的 3 层芯片的顺序依次为图像传感器、DRAM 和逻辑,采用直接键合连接相邻芯片,利用分级 TSV 以接力的方式连接最外端的两个芯片[80]。

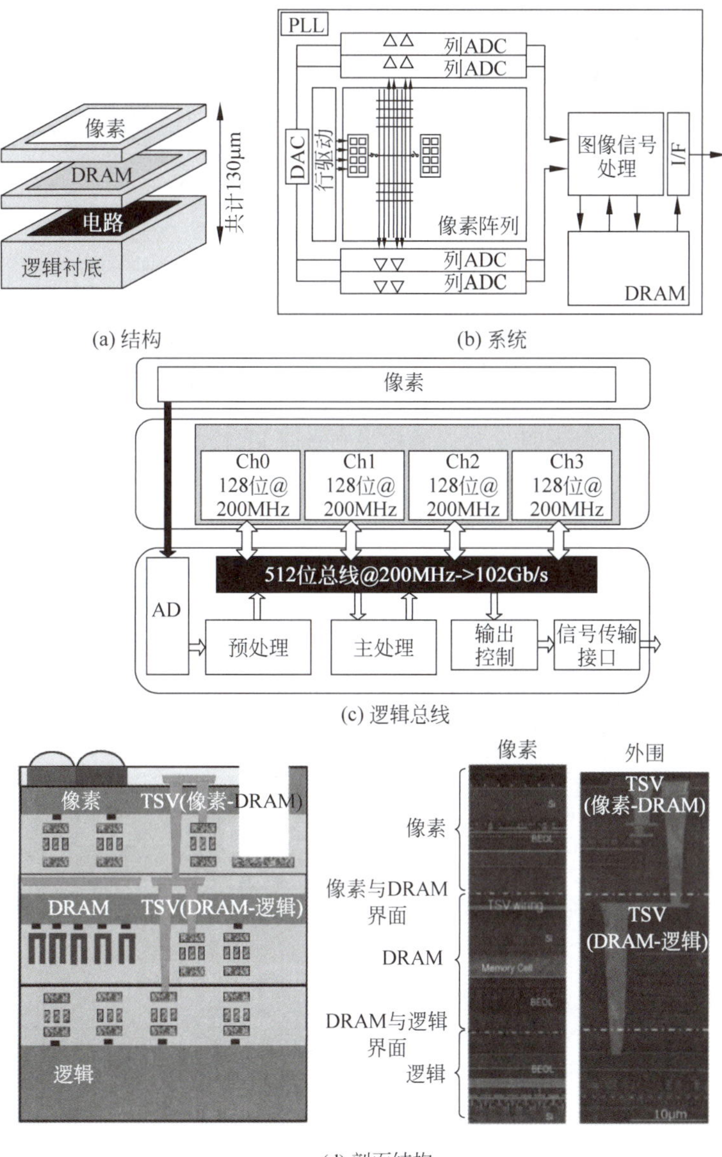

(a) 结构　(b) 系统

(c) 逻辑总线

(d) 剖面结构

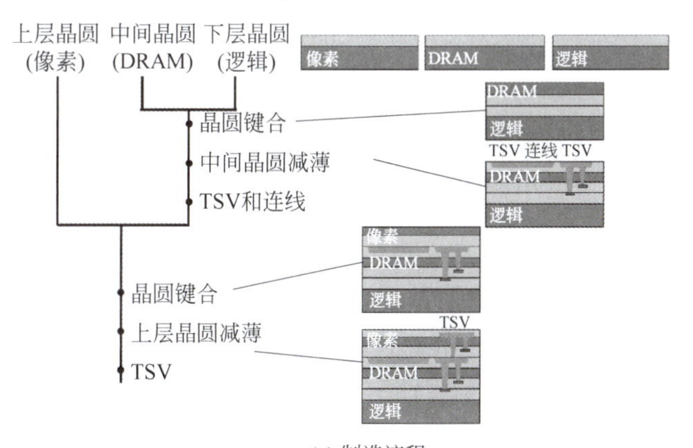

(e) 制造流程

图 12-45　Sony 三芯片集成

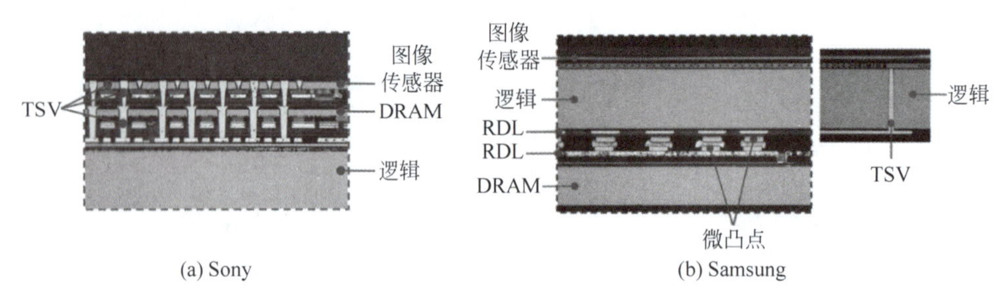

图 12-46 三层集成 CIS

12.2.4 像素级互连图像传感器

像素级互连是指每个像素具有独立的信号传输通道连接处理电路如 ADC,实现对所有像素数据的并行处理,从而将芯片间的互连转变为像素间互连,或少量像素合并的模块间互连,如图 12-47 所示。与传统的一列像素共用一个数据读取和处理电路相比,像素级互连和信号处理具有更高的数据读取和处理速度,是实现全局快门的主要手段。像素级 ADC 不是新概念,20 世纪 90 年代斯坦福等就对此做过探索[81]。2005 年前后,MIT、IBM 和 Leti 等多家机构借助超薄晶圆转移技术实现(准)像素级互连的图像传感器和辐射探测器[82]。2010 年左右,CIS 领域开始探索像素级互连技术,近几年高密度互连技术的快速发展,推动像素级互连的 CIS 进入量产阶段。

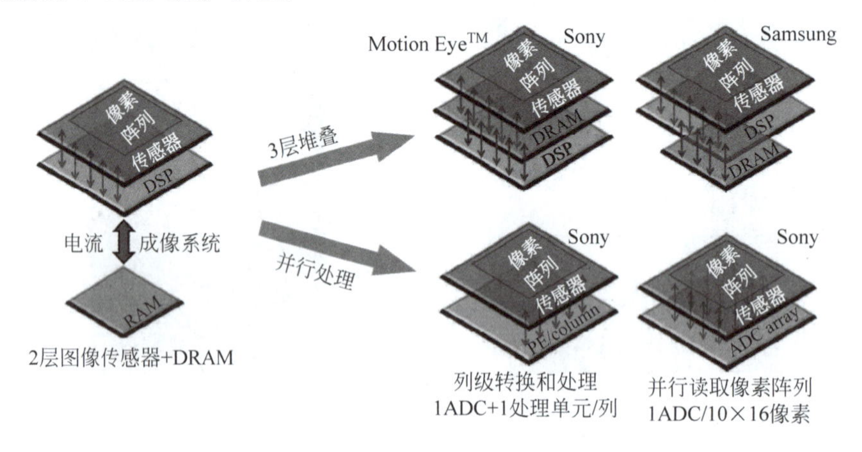

图 12-47 电路级互连与像素级互连

像素级互连需要高密度互连将像素与信号处理电路(如放大或 ADC)相连。三维集成领域的高密度金属键合和超薄晶圆转移制造高密度 TSV,可以将互连金属的节距减小 1μm 甚至更小的水平。早期多采用 SOI 转移超薄晶圆制造小直径高密度的 TSV 实现芯片间互连,随着金属键合节距的不断减小,近年来主要采用金属键合的方案。对于两层芯片集成,金属键合避免了制造 TSV,简化了工艺过程并降低了制造成本。

12.2.4.1 TSV 连接

2005 年,MIT 林肯实验室先后报道了 2 层和 3 层三维集成的百万像素背照式图像传感器,如图 12-48 所示[82-83]。三维集成采用 BEOL 工艺,背照式 CIS 采用体硅制造,通过 SiO_2 键合与 SOI 制造的 ADC 和逻辑电路集成,实现接近 100%的填充率。SOI 厚度很小,可实现几个像素共用的高密度 TSV。像素为反偏的 P^+N 光电二极管，尺寸为 8μm，阵列规模为 1012×1024，芯片填充率达到 99.9%，像素完好率为 99.999%。每个像素除了第一层的光电二极管外，还包括电路层的 1 个复位晶体管、1 个源级跟随晶体管以及 1 个选通晶体管，第二层逻辑电路为 3.3V 全耗尽 0.35μm SOI 工艺制造，厚度为 7μm。探测器层为 3000Ω·cm 的高阻硅，厚度为 50μm，表面制造 P^+N 型二极管。TSV 为 2μm 方孔，由于采用了 SOI 结构，TSV 不需要制造专门的介质层，采用 Ti/TiN 粘附层，CVD 沉积 W 填充导电。2009 年，MIT 进一步将 TSV 节距减小到 8μm，并实现了 64 通道的 ADC 集成[84]。

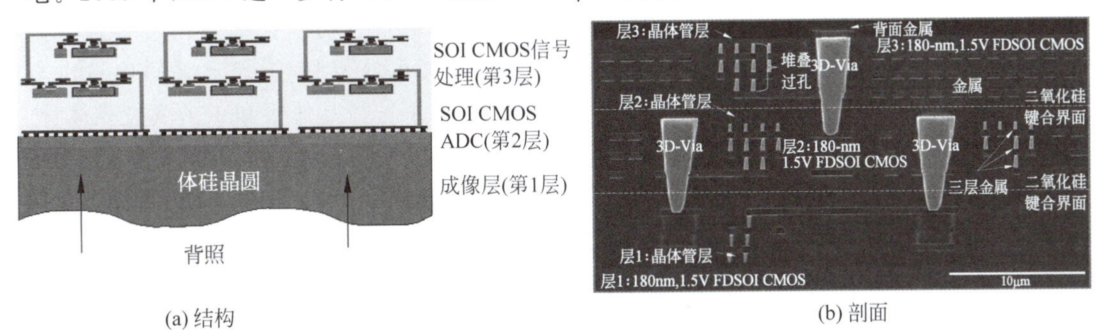

图 12-48 MIT 三维集成 SOI 图像传感器

图 12-49 为 Magnachip 开发的 SOI 三维集成工艺流程[85]。这是一种键合前的 MEOL 工艺过程。探测器层采用 SOI 器件制造，完成像素后制造 TSV，沉积 SiO_2 并利用 CMP 平整化，再利用 SiO_2 键合将探测器所在 SOI 圆片的器件层与辅助圆片键合，去除 SOI 圆片的衬底，将 SOI 的器件层转移至辅助圆片表面，最后再制造多层互连。

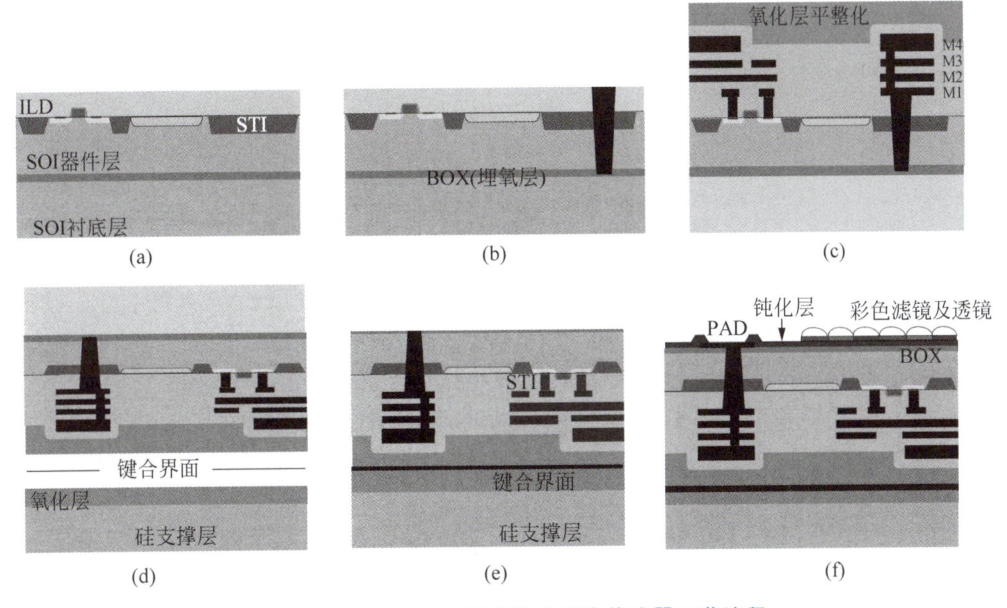

图 12-49 Magnachip 三维集成图像传感器工艺流程

12.2.4.2 金属键合连接

金属键合连接的优点是在不使用超薄晶圆的情况下可以实现更高的芯片间互连密度，为单像素或若干像素的信号处理提供了可能。CIS 的信号处理一般采用电荷信号的处理方式,即直接处理光电二极管转换的电荷。这种方式的优点是像素处理电路简单,但是因为需要利用硅通道将光电二极管产生的电子转移至存储节点,期间的杂散光难以消除,快门效率受到限制。此外,额外的存储节点也使减小像素尺寸和提高填充比存在困难。近年来出现了电压形式的信号处理方法,与电荷式处理需要在光敏PN结中转移和存储电荷不同,电压式处理首先将电荷转化为电压信号再存储在电容中,因此不再需要硅通道和存储节点。

2013年,Olympus报道了像素内采样的电压型图像处理方法,如图12-50所示[86]。像素阵列与逻辑电路分为两层。每个像素单元和每个电路单元由1个金属凸点连接,每个像素单元包括4个光电二极管(PD1~PD4)、4个转移晶体管、1个复位晶体管、1个源跟随晶体管,每个电路单元包括1个钳位电容CCL、1个采样保持晶体管、4个采样保持电容(CSH1~CSH4)、4个钳位晶体管、4个源跟随晶体管、4个选择晶体管和1个跳过晶体管。微凸点连接像素单元的源跟随器的输出与电路单元的钳位电容和跳过晶体管的输入。两层芯片均采用0.18μm 1P6M工艺制造,像素尺寸为4.3μm,阵列规模704(H)×512(V),每4个像素使用一个金属凸点,凸点直径为5μm,高为4μm,节距为8.6μm,总数为90112个。

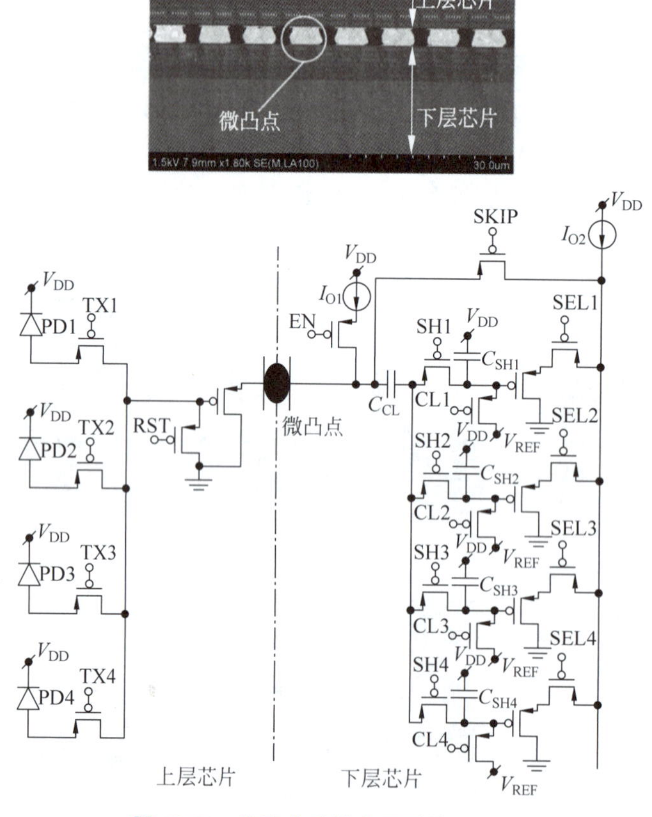

图12-50 像素内采样电压型信号处理

2015年,Olympus报道了像素内电压采样/电容保持的像素级信号处理方法,如图12-51所示[87]。背照式像素为4608×3480,共约1600万,尺寸为3.8μm,每个像素单元包括4个光电二极管、4个转移晶体管、1个复位晶体管、1个放大晶体管和1个选择晶体管,下层电路每个单元包括1个钳位电容和4个保持电容。像素单元通过节距7.6μm的金属凸点连接电路单元,1600万像素共400万金属凸点,可工作在1600万的全局快门模式或200万10000pfs的高速快门模式。该结构采样和保持电容的复位噪声依然存在,并且动态范围受信号电压的影响,即使采用三维集成结构,也难以在低供电电压下减小逻辑晶体管的面积。

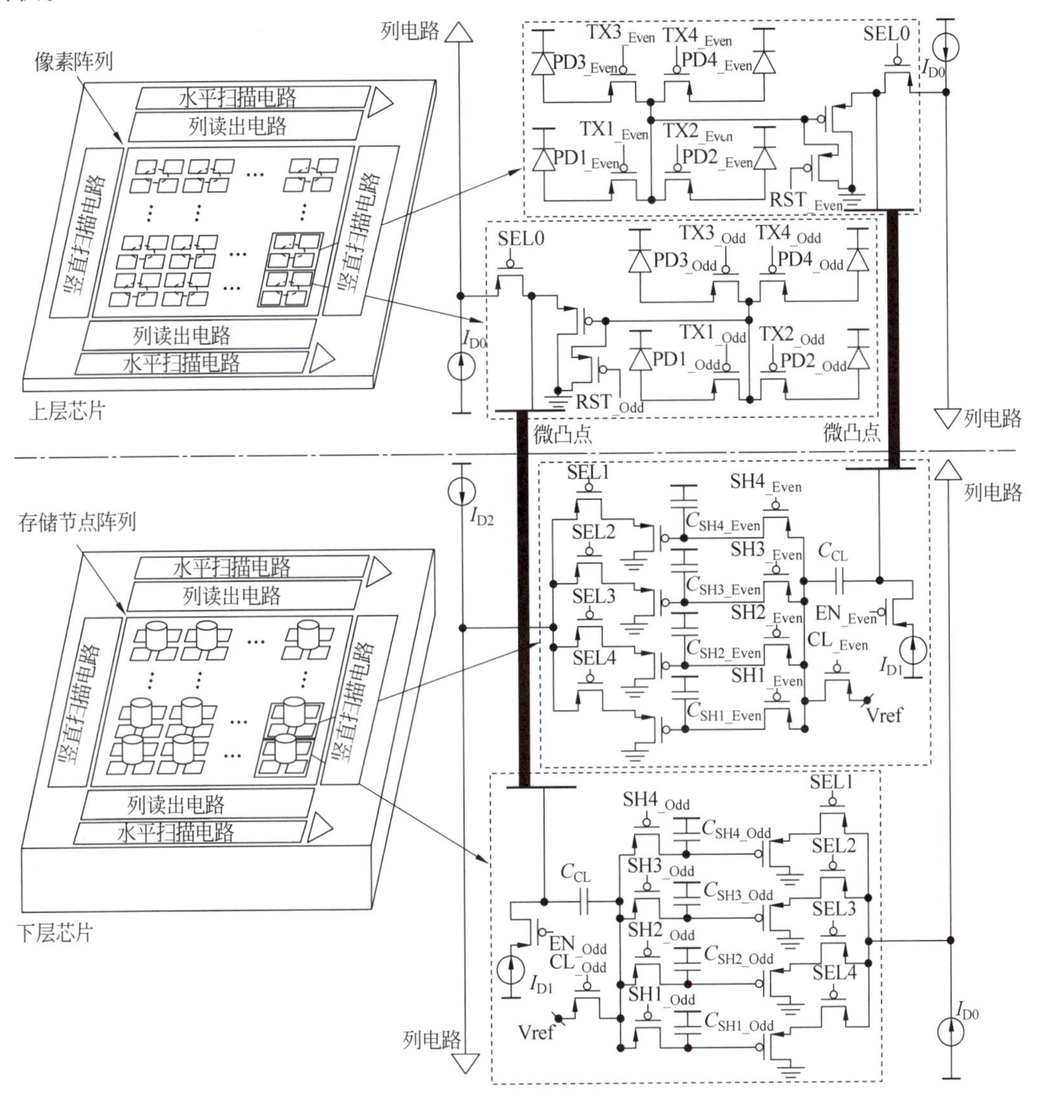

图 12-51 Olympus像素级互连

2016年,日本东北大学和TSMC报道了像素级互连和像素级ADC,如图12-52所示[88]。像素层包括光电二极管和像素晶体管(内置横向溢出积分电容,LOFIC),像素尺寸为1.65μm,总数为2576×1920,共约490万,采用45nm 1P4M工艺制造。逻辑层包括ADC、DRAM、读出放大器和中继器、行选电路、流水线SRAM、水平移位电阻和输出缓冲器等,采用65nm 1P5M工艺制造。全局快门时每16像素合并为一个6.6μm的像素使用,阵列规模变为644×480,帧频120fps时死时间仅为1%。

2018年,Sony首次报道了有效像素146万的全局快门图像传感器,如图12-53所

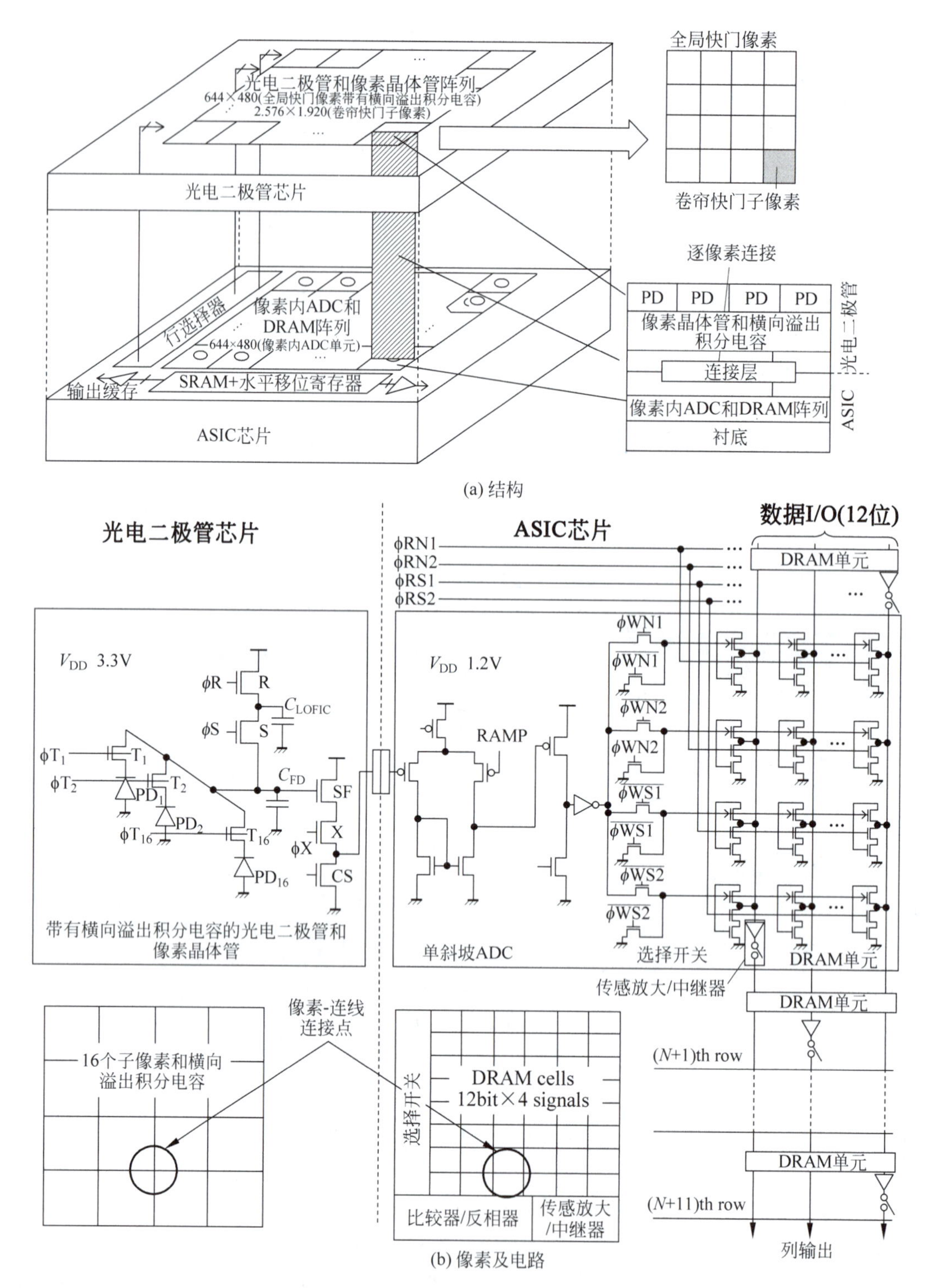

(a) 结构

(b) 像素及电路

图 12-52　日本东北大学像素级互连

示[89-90]。像素阵列为 1632×896,像素尺寸为 6.9μm,采用 90nm 1P4M 工艺制造,逻辑电路带有像素级 ADC,采用 65nm 1P7M 工艺制造。采用 Cu-SiO_2 混合键合,键合金属节距为 6.9μm。每个像素通过 2 个铜键合点与逻辑电路连接,连同周边电路、电源线和地线共包括

300 万个铜连接。在 4×1 个像素对应的逻辑芯片上布置 2×2 个 ADC,因此 ADC 阵列为 816×1792。逻辑芯片包括 16 个 SLVS-EC 高速数据通道,每通道带宽为 4.752Gb/s。

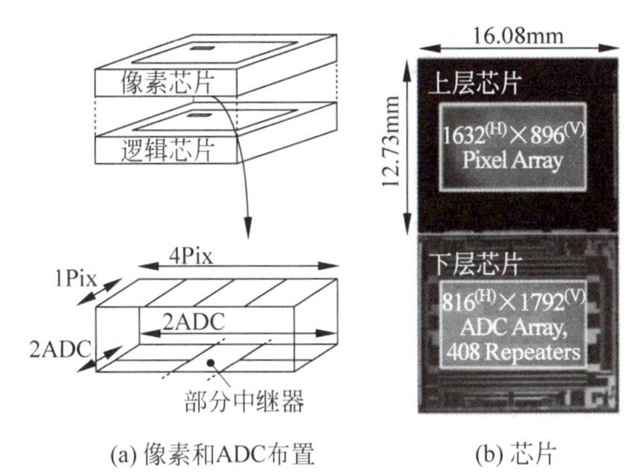

(a) 像素和ADC布置　　(b) 芯片

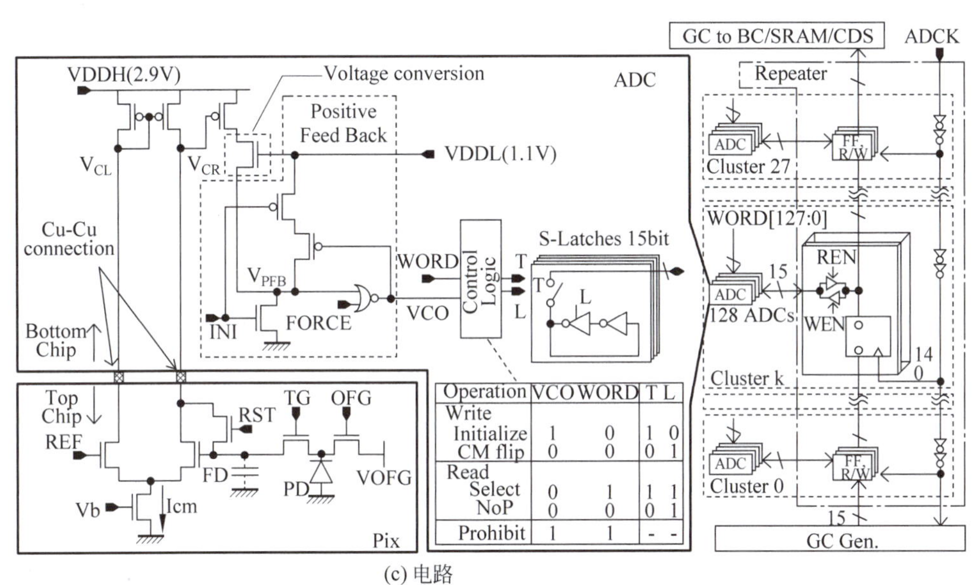

Operation	VCO	WORD	T	L
Write Initialize	1	0	1	0
CM flip	0	0	0	1
Read Select	0	1	1	1
NoP	0	0	0	1
Prohibit	1	1	-	-

(c) 电路

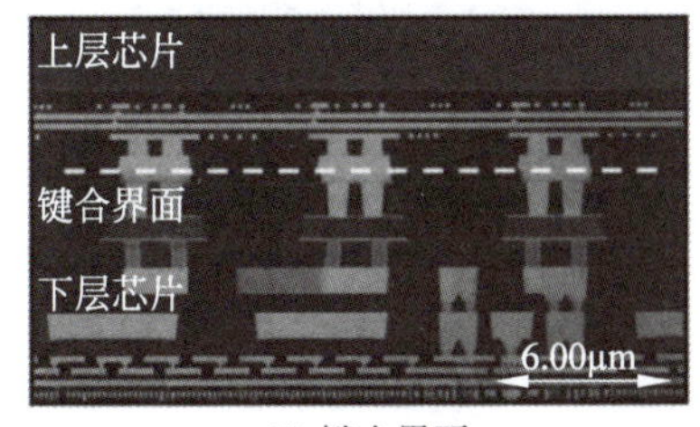

(d) 键合界面

图 12-53　Sony 像素级互连

2018 年,Sony 发布了首个准像素级互连图像传感器 IMX586。像素尺寸为 0.8μm,阵列规模为 4800 万,为了提高低照度下的灵敏度,4 个相邻像素合并为一个 1.6μm 等效像素使用,这也是在低照度下成像的主要方法。2019 年,Samsung 推出 4 像素合并的产品。2021 年 4 月,Sony 发布 1.28 亿像素的图像传感器 IMX661,是目前最大规模的全局快门图像传感器。IMX661 每像素为 3.45μm,芯片对角线长度为 56.73mm,采用了 SLVS-EC 高速接口和优化 ADC 在内的多项新技术提高读出速度和传输速度，在 10 位精度时帧频可达 21.8fps，是常规产品的 4 倍以上。

2019 年，Omnivision 报道了像素级集成的全局快门图像传感器，如图 12-54 所示[91]。存储电容布置在下层逻辑电路芯片，像素尺寸减小到 2.2μm。每个像素通过键合金属(Stacked Pixel Level Connection，SPLC)与电路互连。为了抑制电压型信号处理方式较大的 kTC 噪声，Omnivision 采用大电容改善了信噪比。高密度金属-介质层-金属结构的电容(HDMIM)采用高介电常数材料制造在电路表面。与常规方法将电荷存储于光敏 PN 结不同，电荷信号转换为电压信号后，存储在用作模拟存储器的电容中。全局快门时动态范围为 80dB，940nm 短波红外的量子效率为 38%。

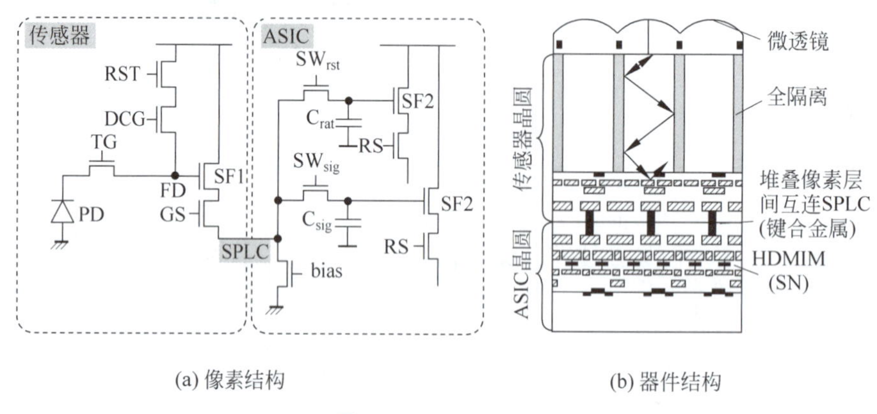

(a) 像素结构　　(b) 器件结构

图 12-54　Omnivision

NHK 与东京大学开发了基于 SOI 晶圆和高密度键合的像素级互连图像传感器[92]。如图 12-55 所示，图像传感器采用 SOI 制造，通过 Au-SiO_2 混合键合与 ADC 电路三维集成。图像传感器的动态范围达到 96dB，与常规的 60～70dB 相比提高了 26～36dB。

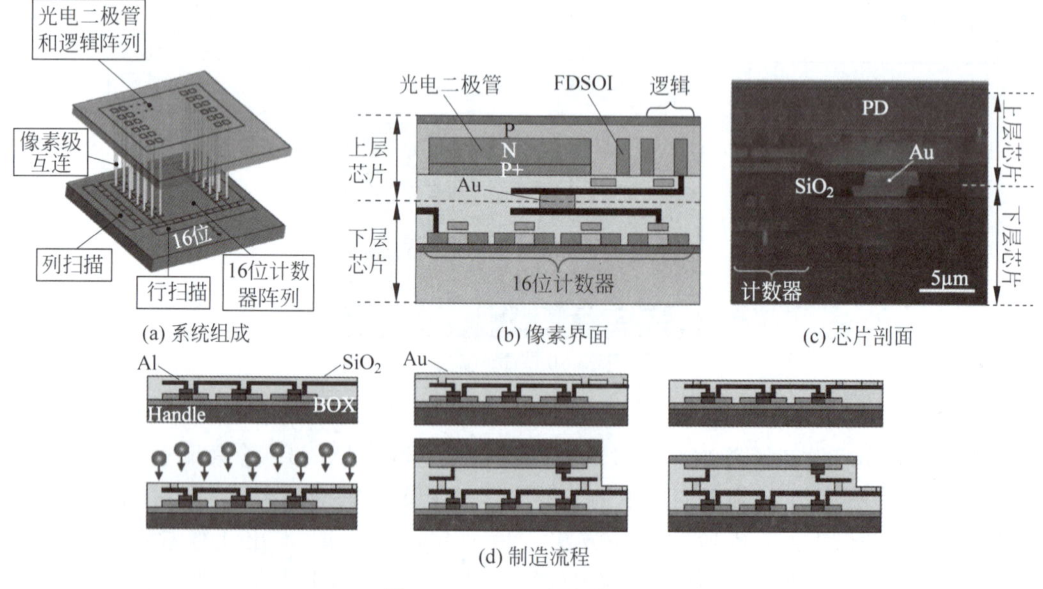

(a) 系统组成　　(b) 像素界面　　(c) 芯片剖面

(d) 制造流程

图 12-55　NHK 图像传感器

12.2.4.3 顺序三维集成

2008年,ST和Leti报道了顺序三维集成的像素级图像传感器[93-94]。每个像素由4个晶体管组成,以降低kTC噪声,背照式钉扎光电二极管制造在第一层SOI上,另外3个读出晶体管制造在第二层SOI上,如图12-56所示。工艺过程包括:利用器件层为30nm的SOI制造FDSOI像素晶体管,然后将另一层SOI翻转与像素晶圆SiO_2键合,去掉上层SOI的衬底层和埋氧,制造读出晶体管和垂直互连,最后在上层SOI上方键合支撑晶圆,并去除像素晶圆的衬底层。光电二极管器件可以耐受700℃的温度,读出晶体管栅介质为350℃下ALD沉积并在515℃退火的HfO_2以及ALD 100℃下ALD沉积的TiN,激活采用600℃ SPE。将读出晶体管与像素分开,使像素的感光面积增加35%,1.4μm的像素噪声达到常规2.2μm像素的水平。

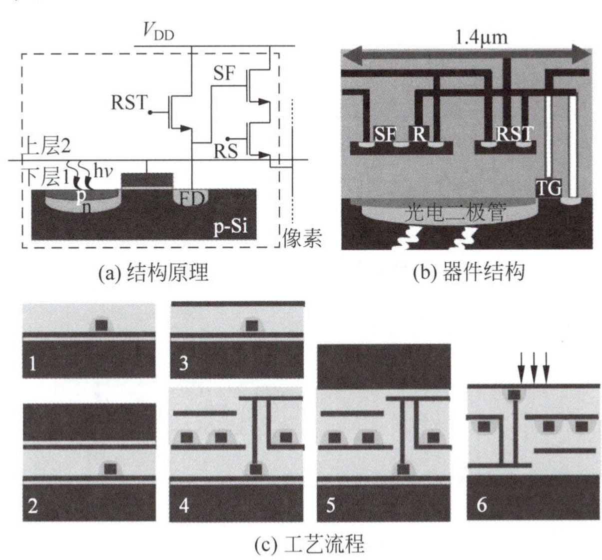

(a) 结构原理　(b) 器件结构

(c) 工艺流程

图12-56 Leti顺序三维集成

一般三维集成是将光电二极管和源跟随放大晶体管AMP并排布置在同一层,将逻辑电路放置在另一层。由于1/f噪声和随机电报信号与AMP晶体管面积成反比,为了保证AMP的面积,图像传感器广泛采用4个光电二极管共享1个AMP的结构。此外,全阱电容要求高电压,也必须保证AMP的面积使其正常工作。2021年IEDM上,Sony报道了光电二极管与像素电路晶体管分为两层的图像传感器,如图12-57所示[95]。Sony将4个光电二极管与放大晶体管分别布置在两层芯片上,使二者可以分别优化,将饱和信号电平提高1倍,从而提高动态范围。将转移栅(TRG)以外的其他像素晶体管都放置在另外一层,可以提高放大晶体管的面积,有利于减小低光照时的图像噪声。

制造流程包括:首先在下层晶圆制造光电二极管,然后键合空白晶圆,再在空白晶圆上制造AMP晶体管。由于热氧化SiO_2栅介质的界面陷阱密度远低于高介电常数介质(如HfO_2),Sony在上层AMP晶体管中采用SiO_2作为栅介质,但这需要下层器件耐受1000℃的高温。Sony采样了不同的键合介质层和下层金属,并优化了下层源漏掺杂区,以此提高下层的耐高温能力。此外,Sony开发了防止键合界面颗粒污染的方法,获得了优异的键合界面。Sony实现了6752×4928的阵列规模,像素中心距为0.7μm。

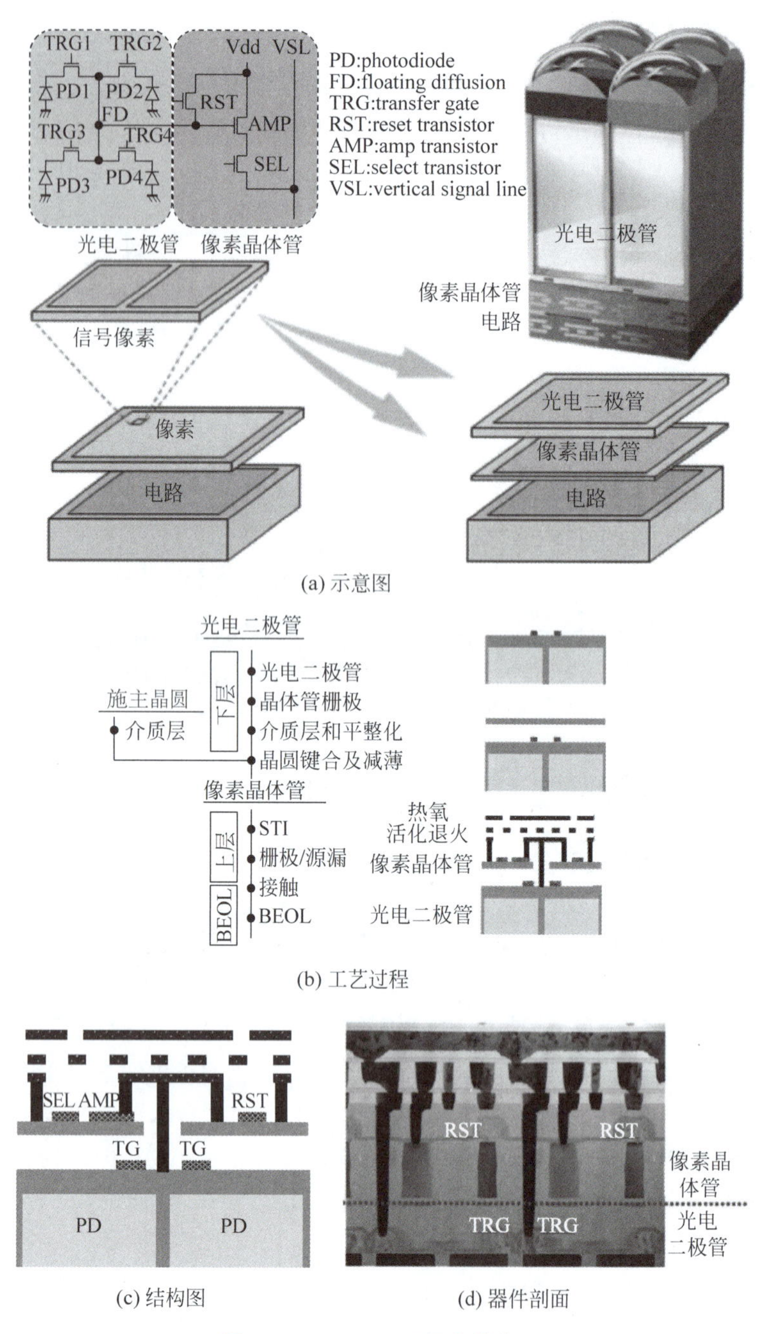

(a) 示意图

(b) 工艺过程

(c) 结构图

(d) 器件剖面

图 12-57 Sony 两层晶体管像元

12.2.5 红外与辐射探测器

制冷型红外焦平面阵列的探测器通常采用 HgCdTe 等化合物材料制造，然后利用铟柱以倒装芯片的方式将其集成在 CMOS 表面。三维集成利用 TSV 取代倒铟柱，避免了铟柱在往复热应力作用下的可靠性问题，而且利用 TSV 实现更小的探测器像素间距和更高的阵列密度。RTI 和 DRS 开发了三维集成制冷型红外焦平面阵列，如图 12-58 所示[96,97]。探测器像素为 HgCdTe，像素单元为 30μm，阵列规模为 256×256。最上层的 HgCdTe 探测器层采用倒装方式与模拟电路芯片连接。模拟电路芯片为 0.25μm 工艺制造，厚度为 30μm，与下层 0.18μm 工艺的数字电路芯片采用聚合物键合，最高工艺温度低于 250℃。TSV 位于模拟芯片内，尺寸为 4μm×30μm，平均电阻为 140mΩ。在获得高填充比的情况下，像素完好率达到 99.98%。

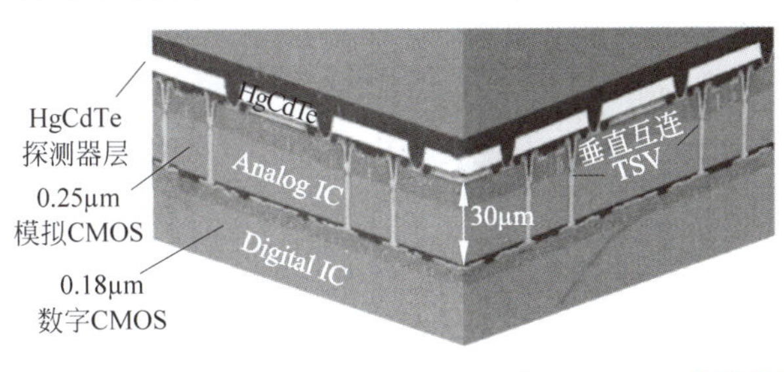

图 12-58　三维集成 HgCdTe 红外焦平面阵列

MIT 林肯实验室利用 SiO_2 键合实现了 InGaAs 短波红外探测器阵列与 CMOS 信号处理电路三维集成，如图 12-59 所示[98-99]。探测器像素单元为 6μm，是采用倒装芯片形式的短波红外探测器最小像素的 50%。探测器材料 InGaAs 通过 MOCVD 外延沉积在 InP 衬底上，信号处理电路制造在 SOI 上，将其翻转后利用 SiO_2 键合与 InP 衬底面对面键合，去除 SOI 的衬底层后刻蚀 SiO_2 制造直径为 1.25μm 的通孔，填充金属与 InP 上的 Ti/Al 引线互连，并通过 TSV 横跨的 SOI 金属与信号处理电路连接。采用高精度的键合对准，可以将像素之间的间隙减小到 0.25μm，提高像素密度。

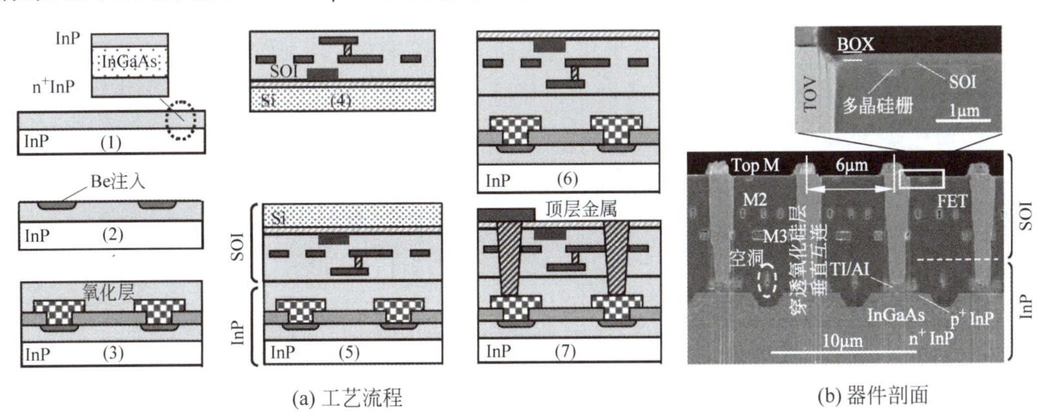

图 12-59　InGaAs 器件与 SOI 电路三维集成

MIT 林肯实验室利用三维集成实现了雪崩型 InGaAs 光电二极管构成的数字式有源像素红外焦平面阵列[100-101]。InGaAs Geiger 光电二极管在入射光子的激发下产生电子空穴对，触发雪崩效应产生大电流脉冲。Geiger 光电二极管读出速度快、时间分辨率高，基本不需要制冷，对带外可见光信号不敏感，可以简化带外信号过滤器，实现更高的探测效率，并且电荷传输距离短，对环境的辐射不敏感。探测器层为 25V 的 50μm 间距雪崩光电二极管，通过 TSV 连接第二层的 CMOS 反相器，输出信号作为数字时钟电路的停止信号，或者在强度成像时作为计数器增量信号，再通过 TSV 连接第三层信号处理电路，探测器具有 0.5ns 的时间量化能力。两层 CMOS 采用不同的工艺制造，工作电压分别为 3.3V 和 1.5V，通过

SiO_2 键合集成。

费米实验室利用 MIT 林肯实验室的三维集成工艺,实现了 256×256 像素规模的硅光电二极管 X 射线探测器阵列,称为 Vertically Integrated Pixel(VIP)[102-103]。X 射线探测器通过对软 X 射线(0.3～10keV)进行光子计数实现成像,采用背照式结构提高填充因子。与可见光 CMOS 图像传感器不同,X 射线光子探测器需要更厚的光敏材料,以吸收穿透率更高的 X 射线。因为 X 射线产生的电子数量非常少(100～1000 个电子),器件和读出电路的噪声水平必须非常低。费米实验室利用 130nm 的 CMOS 工艺制造硅光电二极管,利用 Tezzaron 的三维集成工艺,通过 DBI 键合工艺实现三维集成的 VIP2[104-105]。

12.3 三维集成存储器

三维集成 DRAM 存储器和三维集成 NAND 闪存是三维集成领域极为重要和典型的产品。存储器的功耗相对逻辑电路更低,多层芯片的结构和尺寸完全相同,在制造、散热和可靠性等方面有利于三维集成。三维集成 DRAM 包含多层存储单元芯片与 1 层控制逻辑芯片,分别用于数据存储和对存储单元的读取和控制。存储单元主要是位单元,具有高压结构和厚氧化层,低漏电、低功耗、低刷新率。控制电路包括放大、字线驱动、I/O 接口等,采用低压结构、薄氧化层、铜互连,高速度、大带宽、低电压。因此,存储单元与逻辑电路在器件和工艺方面区别显著,分开制造有利于性能最优化。

12.3.1 三维集成大容量 DRAM

早期三维集成 DRAM 以提高容量密度为主。通过减薄芯片,在保持封装体积不变的情况下集成多层芯片提高 DRAM 容量。由于尚未建立存储芯片与控制器芯片集成的标准,不同的厂家采用不同的方案集成存储芯片与控制器芯片,二者之间的集成方法、接口数量和结构形式等没有统一的标准,但最终的封装尺寸、I/O 数量和传输速率等符合 DIMM 定义的产品标准。

2000 年,日本东北大学在 IEEE IEDM 上首先报道了三维集成多层 DRAM[106],通过 TSV 取代键合引线提高集成度、减小体积。2006 年,NEC 首先报道了 4Gb 容量的三维集成 DRAM,2007 年,Samsung 报道了 8Gb 容量的 DRAM,这两种三维集成都是在原存储器芯片既有引线键合位置设置 TSV,未对芯片进行重新设计。NEC 采用封装的方式集成控制器,Samsung 采用主从存储器的方式在主存储器芯片上制造控制器。2008 年,SK Hynix 实现了 4 层总容量 4Gb 的三维集成 DRAM,2011 年首次实现了 8×2Gb 的 DDR3,并率先推出总容量为 16GB 和 32GB 的 DIMM 产品。2012 年开始,Samsung 先后推出 4×2Gb 的 DDR2 和 4×8Gb 的 DDR3 的 DRAM,2014 年率先量产 8×16Gb 的 DDR4,2021 年量产 8×16Gb 的 DDR5。

12.3.1.1 DRAM 芯片三维集成

2006 年,NEC、Oki 以及 Elpida(2013 年被 Micron 收购)首次报道了面向量产的三维集成 DRAM,2009 年 Elpida 率先向客户提供 8 层×1Gb/层的三维集成 DDR3 存储器,并于 2011 年首先开始大量提供 4×2Gb 的三维集成 DRAM 样品[107]。图 12-60 为多层 DRAM

芯片的集成方案[108-111]，包括8层512Mb的DRAM芯片，I/O接口速度为3Gb/s/针。通过修改已有的512Mb设计，将TSV和凸点设置在存储单元旁边。存储器控制芯片通过插入层与封装内部的多层DRAM连接，芯片TSV和基板上凸点的位置差异通过插入层来过渡。与MCP或POP封装相比，三维集成将待机功耗减小50%，工作功耗降低20%，封装尺寸减小70%。

三维集成采用FEOL方案制造的多晶硅TSV[110]。DRAM中TSV电流小、电阻影响不大，多晶硅TSV可以简化制造工艺并提高可靠性。电源传输采用8×8的TSV阵列，信号传输采用4×4的TSV阵列，阻值分别为1.3Ω和5.0Ω。首先制造TSV，然后制造DRAM，并将芯片减薄到50μm，TSV一端电镀Ag-Sn凸点，另一端为Cu凸点，利用Cu-SnAg键合实现多片集成。多层DRAM与控制器集成采用有机插入层集成，首先在硅晶圆上涂覆PI并制造金属互连孔、互连线和Au/Ni凸点，然后将多层DRAM以倒装芯片的方式键合在插入层上。采用树脂下填充各层的缝隙，模塑后去除硅晶圆形成带有金属凸点的有机插入层，最后键合控制层芯片并制造焊料球凸点。

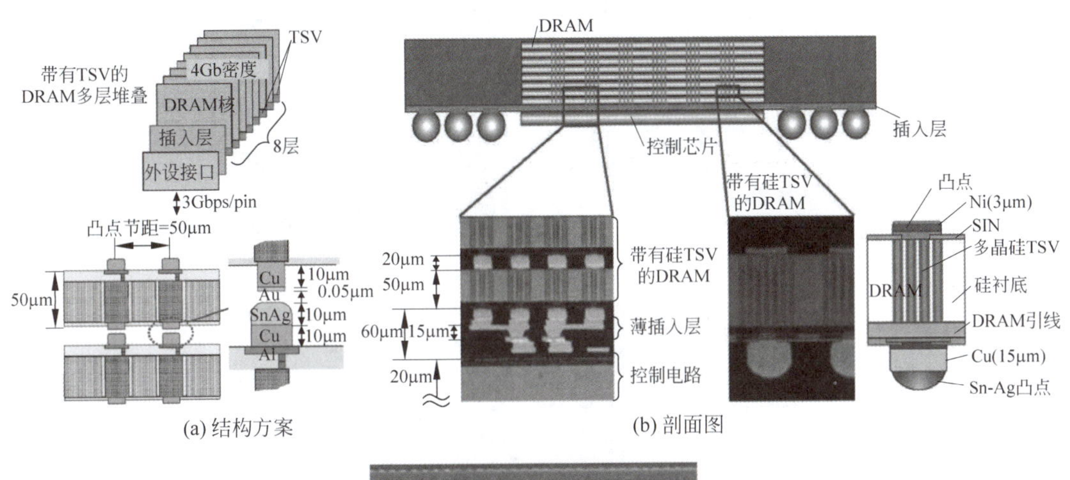

(a) 结构方案

(b) 剖面图

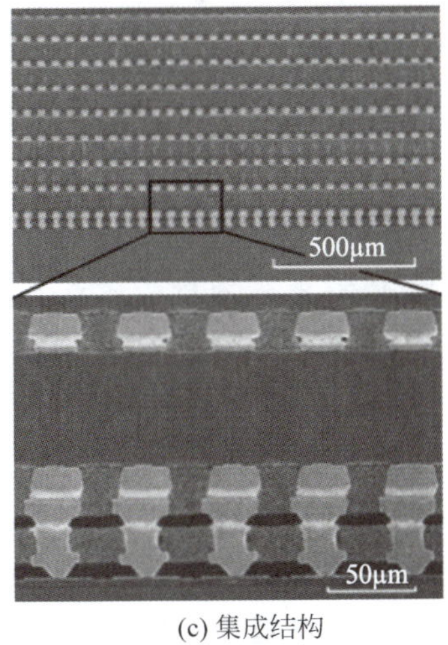

(c) 集成结构

图 12-60　NEC 8层4Gb DRAM

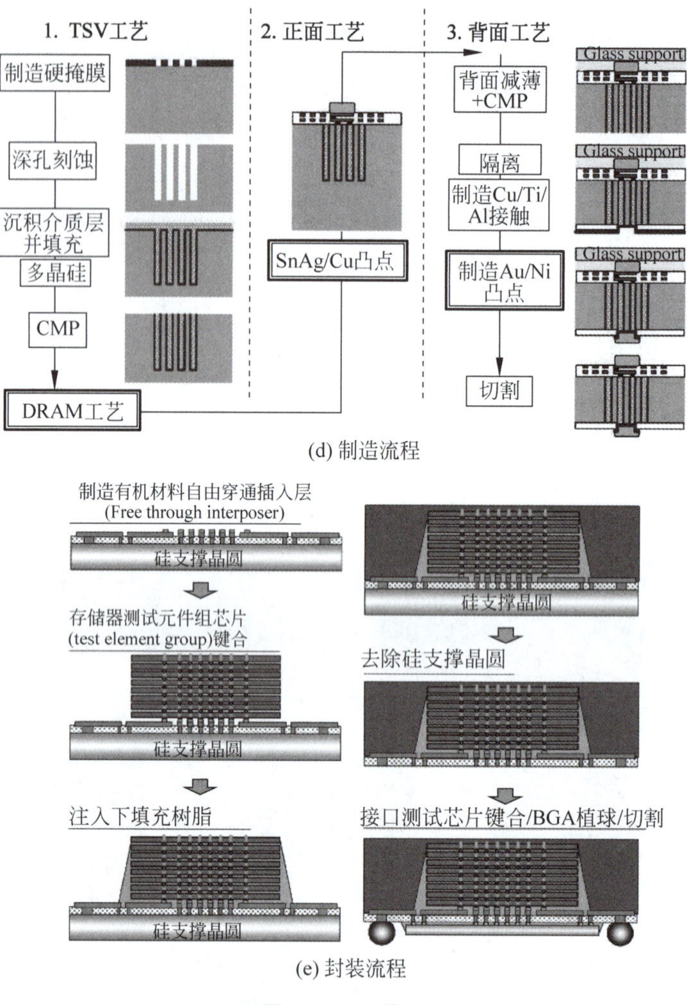

(d) 制造流程

(e) 封装流程

图 12-60 (续)

12.3.1.2 控制器芯片三维集成

2007年,Samsung采用激光刻蚀和铜电镀制造TSV实现了4×512Mb三维集成DDR2[112],随后利用16个2Gb封装DRAM实现了4GB DIMM。2009年,Samsung报道了4x nm DDR3 DRAM的三维集成[113-114],容量为4×2Gb,与DDR3标准完全兼容。如图12-61所示[114],堆叠芯片的最下层的Rank0为主芯片,上面3层从芯片正面朝下键合,通过Cu-Sn凸点和300个TSV连接。主芯片包含存储单元、读写控制电路和I/O缓冲器等,从芯片只包括存储单元和校验电路,只与主芯片进行数据交换,数据传输速率从1066Mb/s增大到1600Mb/s,64针总带宽为12.8GB/s。工作在1333Mb/s时读取延迟为10个周期,待机功耗和工作功耗降低到原来的50%和75%,由于读指令信号和数据都要经过TSV,而其较大的电容(300fF)导致读取延时有所增大。即便如此,TSV导致读取延迟增加的1个时钟周期与缓冲方式3~4个时钟周期的延时相比仍提高了速度。

2011年,Samsung推出8×4Gb三维集成DDR3 DRAM用户测试产品,主要针对多核心处理器的服务器产品。DRAM采用30nm工艺,工作频率为1333MHz,功耗为4.5W,

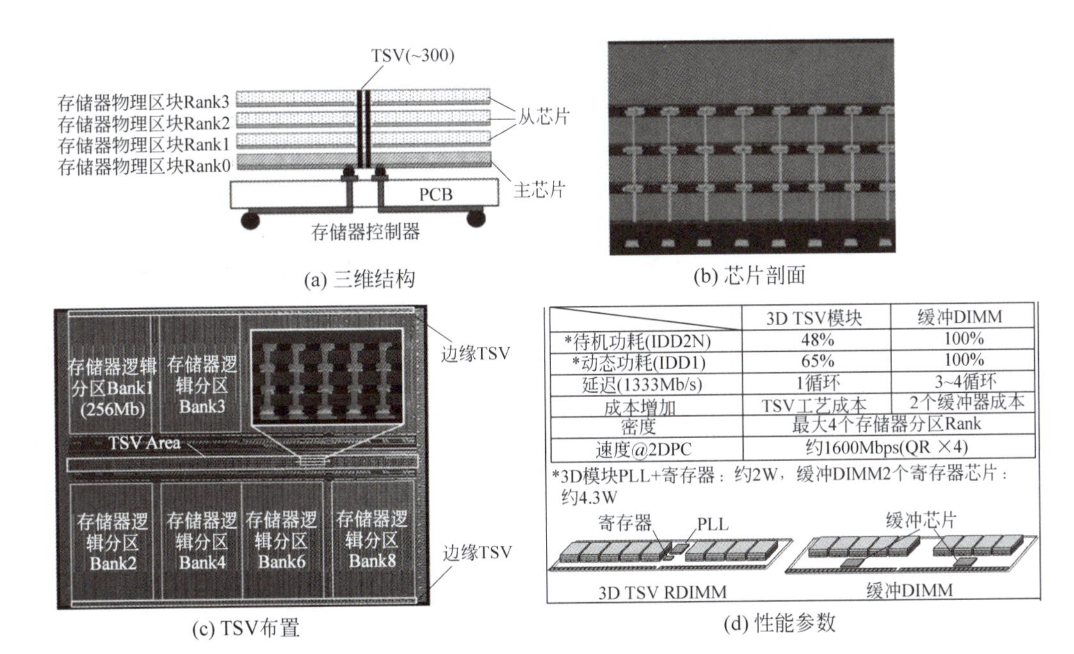

	3D TSV模块	缓冲DIMM
*待机功耗(IDD2N)	48%	100%
*动态功耗(IDD1)	65%	100%
延迟(1333Mb/s)	1循环	3~4循环
成本增加	TSV工艺成本	2个缓冲器成本
密度	最大4个存储器分区Rank	
速度@2DPC	约1600Mbps(QR ×4)	

图 12-61 Samsung 4 层 8Gb DRAM

LRDIMM 内存功耗降低 30%。2014 年和 2015 年，Samsung 率先量产 64GB 和 128GB 的 DDR4 DIMM 产品，64GB 由 36 芯片（含校验）组成，采用 20nm 工艺，每芯片容量为 4 层×4Gb=2GB，速度提高 50%，功耗减小 50%。128GB 的 DIMM 共包括 8Gb×4 层×36 芯片，功耗降低 50%，数据传输速率为 3.2Gb/s。TSV 为 MEOL 工艺制造的铜 TSV，采用高分子临时键合，芯片间采用 Cu-Sn 键合。

12.3.2 三维集成高带宽 DRAM

目前三维集成 DRAM 同时追求容量密度和数据传输带宽，以满足高性能计算的需求。由于 TSV 和金属键合凸点的寄生电容远小于引线键合，而密度远高于引线键合，因此 TSV 和金属凸点可以大幅提高数据传输带宽。三维集成高带宽 DRAM 出现了统一的标准，如 Wide I/O、HMC 和 HBM 等。这些标准统一了三维集成结构、封装尺寸、控制器功能和通信协议，包括 I/O 接口定义、数量和数据传输速率等，推动了设计、制造和应用按照统一的标准执行，极大地促进了三维集成 DRAM 的发展。

2011 年 12 月，JEDEC 发布了移动三维集成 DRAM 标准 Wide I/O Single Data Rate，2011 年，HMC 联盟发布 HMC 标准，2013 年，JEDEC 发布 HBM 标准，为 DRAM 三维集成定义了统一的标准。HBM 需要硅插入层和高密度金属凸点键合，相对制造成本高于 Wide I/O，逻辑控制芯片的 I/O 单针速率也较低，但是数量多，因此数据带宽高，并且降低逻辑芯片制造要求。HBM 和 HMC 不需要在处理器上制造 TSV，与 Wide I/O 相比更具适应性。

2015 年，SK Hynix 率先量产了 HBM，2016 年，Samsung 和 SK Hynix 先后量产了 HBM2，使其成为存储器三维集成领域最重要的产品。2016 年开始，AMD 采用 UMC 的 2.5D 集成技术、Nvidia 和富士通采用 TSMC 的 CoWos 技术、Intel 采用 EMIB 技术，推出了一系列 HBM2 与处理器的集成产品。与传统封装形式管脚极限为 512 的 DDR5 相比，

HBM2 将带宽提高 10 倍，板级面积减少约 90%，广泛应用于高性能计算领域的 FPGA、GPU 和 CPU，极大地推动了高性能计算的发展。

12.3.2.1 Wide I/O

Wide I/O 是面向移动应用的三维集成 DRAM 标准，最早由 Samsung 于 2011 年提出[115]，获得了 SK Hynix、Sematech、SRC 等的支持。2011 年 12 月，JEDEC 发布 Wide I/O 标准，将其定义为堆叠 3D 集成或并排 2.5D 集成。三维集成将 DRAM 布置在逻辑或处理器芯片上方，在 200MHz 频率下可实现 12.8GB/s 的数据传输带宽，这是 JEDEC 第一个三维集成高带宽 DRAM 标准。2014 年，Wide I/O 2 标准定义了 4 个通道，每通道有 64 个 I/O，每个 I/O 速率为 800Mb/s，因此每通道带宽为 6.4GB/s，4 通道总带宽达到 25.6GB/s，如图 12-62 所示。随后每通道 I/O 数又提高到 128，在 400MHz 频率下总带宽提高到 51.2GB/s。Wide I/O 通过 DRAM 与逻辑/处理器芯片之间的直接数据交换降低动态功耗，通过大量的 I/O 接口数量降低对 I/O 频率的要求，面向小体积、低功耗和高带宽的移动应用。然而，Wide I/O 需要在处理器芯片上制造 TSV，设计和制造都需要较大的改动，成本较高。因此，尽管 Wide I/O 对移动应用很有吸引力，但尚未被产业界广泛接受[116]。

	Wide I/O 2
芯片结构	4通道×8分区×64 I/O 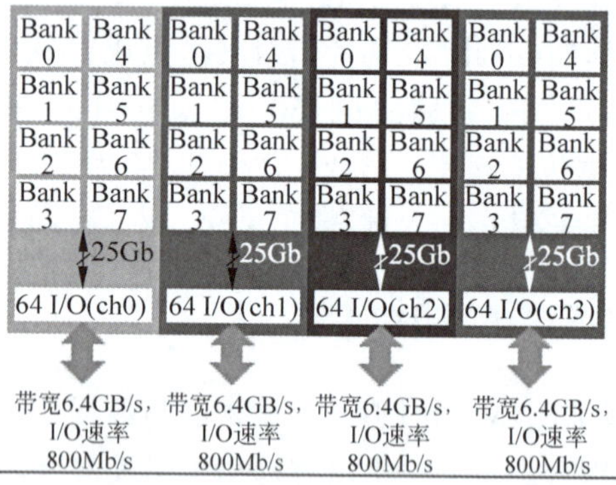 (每通道: Bank 0–Bank 7, 25Gb, 64 I/O(ch0) / 64 I/O(ch1) / 64 I/O(ch2) / 64 I/O(ch3)) 带宽6.4GB/s，I/O速率800Mb/s（每通道）
通道数	4和8
逻辑分区Bank	每芯片32
密度	8~32Gb
每页大小	4KB(4通道芯片)，2KB(8通道芯片)

图 12-62 Wide I/O 结构

2011 年，Samsung 首先报道了容量 2Gb 的 Wide I/O[115,117]，如图 12-63 所示。采用单层 SDR DRAM 和处理器三维集成，最初 Wide I/O 将 4 层 DRAM 垂直分割为 4 个通道，每通道包含 128 个 1pF 的凸点键合 I/O 接口，总计 512 个 I/O，是传统 DRAM 的 16～64 倍。I/O 工作在 200 或 266MHz，与处理器之间的每通道带宽为 3.2～4.26GB/s，4 通道总带宽为 14.4～17GB/s，比相同结构的 LPDDR2 提高了 4 倍，每位数据传输功耗仅为 LPDDR2 的 4.5%。DRAM 采用 50nm 工艺制造，处理器层带有 TSV，直径为 7.5μm，中心距为 40μm，每个 TSV 电阻为 0.22～0.25Ω，电容为 47.4fF，三维集成成品率为 76%。2011 年，Samsung 推出第一款 Wide I/O 移动处理器 Exynos 5 Dual，通过 DRAM 堆叠在逻辑芯片上方实现更高的性能和更低的功耗。2013年，Samsung推出采用Widcon技术的移动处理器Exynos 5 Octa，相比上一代具有更高的数据传输带宽。

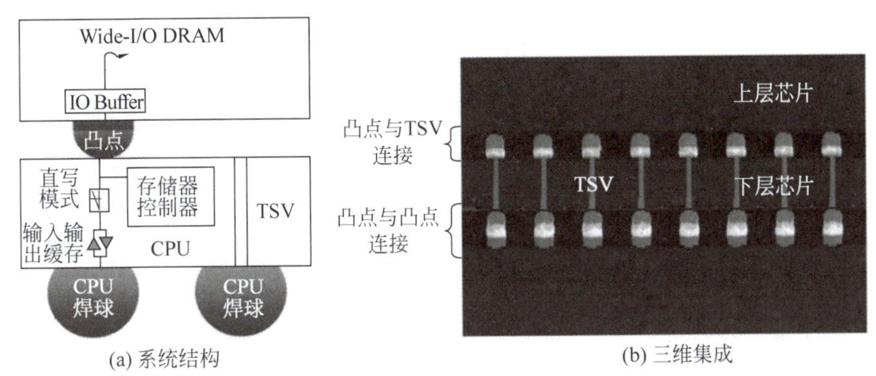

图 12-63　Samsung Wide I/O DRAM

2013年，Leti报道了Wide I/O标准的DRAM，如图12-64所示[118]。DRAM与有源插入层面对背键合集成，键合凸点位于DRAM芯片的中心，提供128通道，单倍数据传输率模式，最低工作电压下频率为200MHz，数据传输速率为12.8GB/s，最高工作电压下可达266MHz和17GB/s。I/O通道的功耗为0.9pJ/b，与当时主流LPDDR3的3.7pJ/b相比减少了75%。TSV位于有源插入层逻辑芯片，采用MEOL工艺制造，直径为8μm，深宽比为8∶1，共1016个。键合凸点直径为20μm，节距为40～50μm。TSV背面没有RDL，通过顶端凸点直接与DRAM芯片键合。

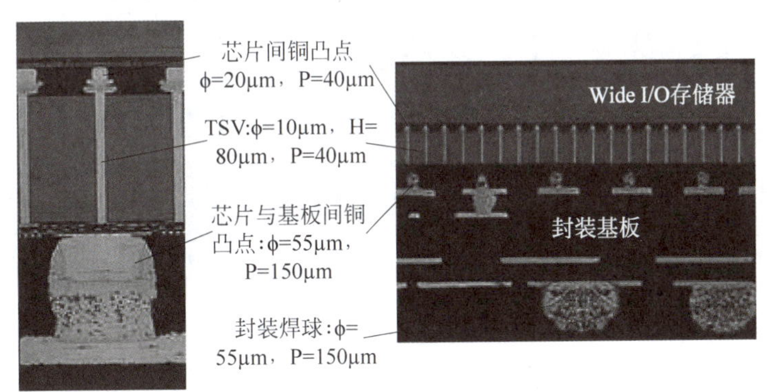

图 12-64　Leti Wide I/O DRAM

2013年，神户大学与ASET报道了4096位Wide I/O DRAM结构，如图12-65所示[119]。顶层DRAM与底层逻辑芯片之间采用有源硅插入层连接，用于协调DRAM与逻辑芯片的结构差异，同时提供布线、电源和解耦电容等。DRAM与插入层通过面对面CuSnAg凸点键合，共7300个I/O接口，插入层带有同等数量的TSV，再与逻辑芯片通过7300个AuNi凸点键合，逻辑芯片内带有700个TSV和金属凸点连接封装基板。两层TSV均采用BEOL工艺制造，直径为20μm，节距为50μm。在写入模式下，逻辑芯片将宽度为4096位的数据存入DRAM芯片的800KB的SRAM中，在读出模式下，数据从DRAM直接发送到逻辑芯片。利用大量的TSV和金属凸点，在4096位I/O和200MHz频率下，可实现双向100GB/s的同步数据传输，工作电压为1.2V，功耗为0.56mW/Gb/s。

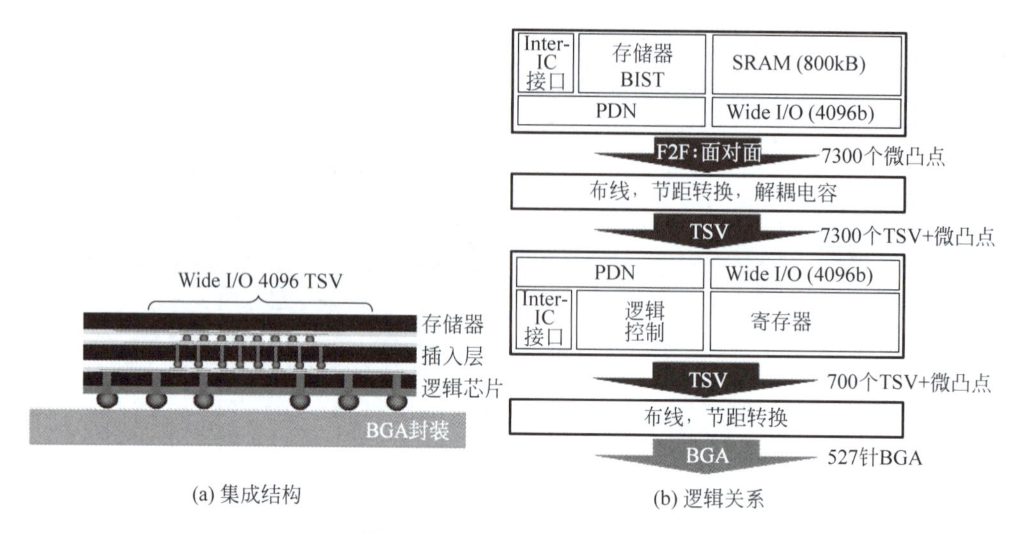

(a) 集成结构　　(b) 逻辑关系

图 12-65　硅插入层 Wide I/O

2016 年，SK Hynix 报道了 8Gb 的 Wide I/O2，如图 12-66 所示[120]。DRAM 采用 25nm 3 层金属工艺制造，分为 4 块，每块 2 通道，共 8 通道，芯片中间布置 4 组微凸点阵列，每个阵列负责 2 个通道的数据传输，共有 512 个 I/O。采用 DDR 模式，每 I/O 数据传输速率为 1066Mb/s，总带宽达到 68.2GB/s，是当时 LPDDR4 的 4 倍。由于 DRAM 与控制器三维集成，I/O 接口电容较小，读出功耗效率为 28mW/GB/s。系统采用有源插入层（ASI）通过微凸点连接 Wide I/O2 DRAM。

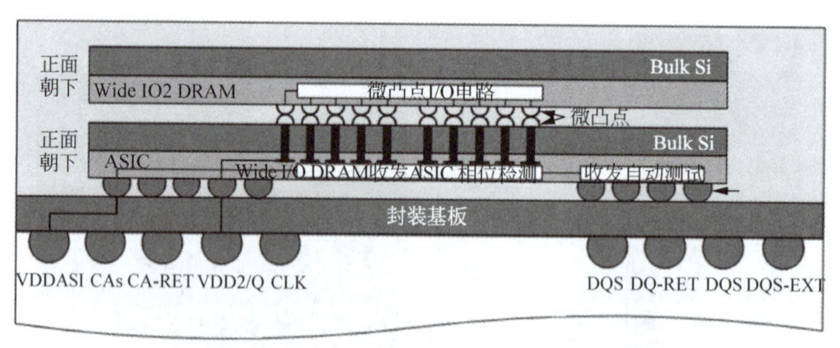

(a) 结构图

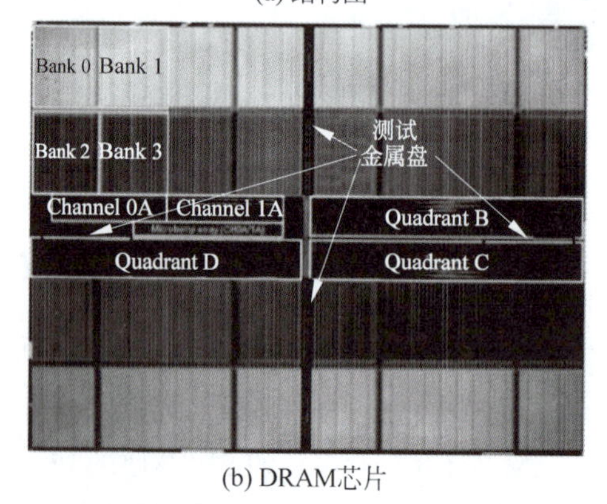

(b) DRAM芯片

图 12-66　Hynix Wide I/O DRAM

图 12-67 为 2016 年 Renesas 报道的 Wide I/O DRAM[121]。DRAM 采用 28nm 工艺制

造,容量为4Gb,控制器芯片面积为2mm×6mm,位于DRAM的中心,TSV间距为50μm,芯片厚度均为50μm。DRAM与控制器采用CuSn凸点键合,I/O总数为512个。Renesas重点解决了三维集成相关的测试问题。通过设计晶圆级的测试电路解决背面减薄晶圆的测试,实现键合前KGD的筛选;采用上拉和下拉驱动电路,实现了铜柱挤出失效的测试;利用充放电电路测试充放电时间,实现了TSV断路测试。

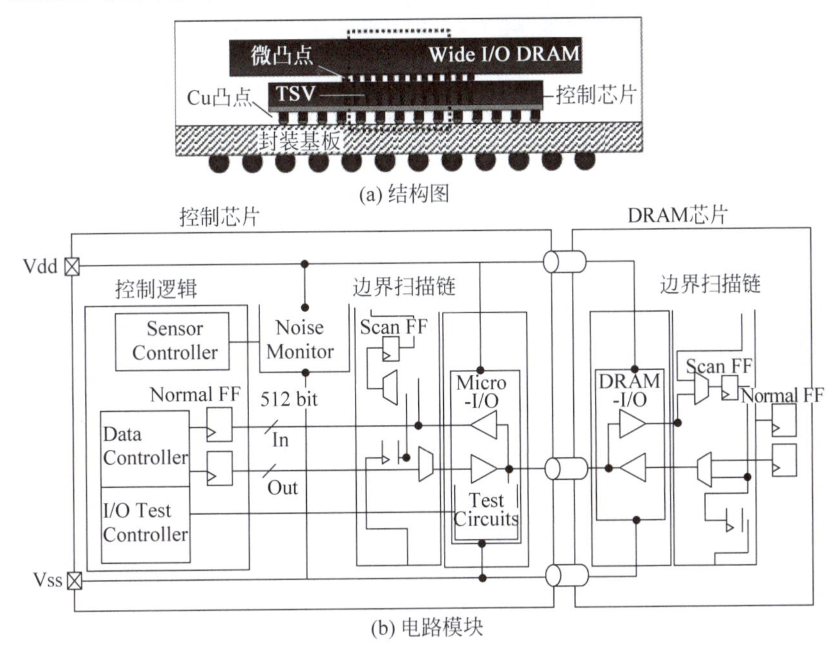

图12-67 Renesas Wide I/O DRAM

12.3.2.2 HMC

2007年,Micron、Intel和IBM在DARPA的Exaflop Feasibility Study项目的支持下开发了三维集成DRAM架构HMC,2011年利用Micron的存储器与IBM逻辑控制器实现了HMC[122-123],成为DRAM三维集成中里程碑式的进展。随后Altera、ARM、IBM、Micron、Samsung、Hynix、Semtech、Opensilicon、Xilinx和Cadence等组成了HMC技术联盟,共同推动HMC的发展和应用。

HMC包括4层或8层堆叠的DRAM,再与1个高性能的数据传输/控制逻辑芯片三维集成,如图12-68所示。逻辑控制器芯片用于DRAM的时序控制、刷新、数据路由、纠错和SerDes高速数据传输,与DRAM各层之间由TSV和金属凸点连接,通过TSV接力直接读取任意一层的DRAM。逻辑芯片金属凸点与封装基板连接,实现DRAM存储单元与控制模块之间以及控制模块与基板之间的高速数据传输。HMC采用每层存储单元阵列分割为多个模块并将同一位置的多层模块组合控制的模式进行操作。每层DRAM阵列划分为16个内存库(bank),底部的逻辑芯片也包括16个相同的逻辑段。不同层上同一位置的多个内存库组成为一个Vault,每个Vault对应逻辑芯片上同一位置的内存控制器,称为Vault控制器。

DRAM的刷新操作由Vault控制器而不是主处理器的内存控制器实施。每个Vault控制器独立控制和管理该Vault中所有内存库的读写操作,独立控制自己的时序,并且都有

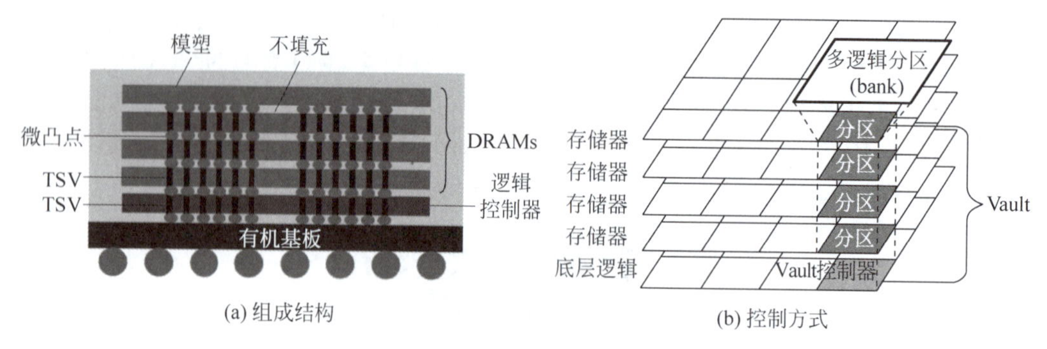

图 12-68　HMC 结构

一个自己的队列，用于缓冲该 Vault 内存数据。Vault 控制器根据需要而不是到达顺序对该队列的数据进行读写和控制，因此 Vault 对外部串行 I/O 接口的响应是无序的。但是，从同一个串口访问同一模块的请求是按顺序执行的，而不同串口访问同一模块的请求不一定按照特定的顺序执行，必须由主处理器控制器进行管理。这种采用 Vault 取代阵列控制可实现高带宽，这是由于 16 个 Vault 相对于 16 个独立的存储器通道，使内部存储器带宽匹配外部连接和传输能力，并且主界面可以收发连续无间隙的指令请求。此外，采用 Vault 架构后自测、纠错和修复等 Vault 内部操作由下层的逻辑芯片控制，实现更高的质量和可靠性。

HMC 的 DRAM 和逻辑控制器之间具有大量的高速串行 SerDes 接口，支持闭页策略 32～256 字节全缓存线性传输。如图 12-69 所示，逻辑芯片具有高带宽高速局域总线，不仅执行存储器刷新、自测、ECC 纠错和阵列及接口修复等控制功能，更重要的是作为存储器数据传输接口。HMC 采用 16+16 个 I/O 接口分别进行收发，32 个 I/O 可实现 4B 的并行数据传输，每 I/O 传输速率为 10Gb/s，总传输带宽为 40GB/s。因此，4 通道 I/O 的 HMC 具有 160GB/s 的数据传输带宽，而 8 通道 I/O 带宽可达 320GB/s，是 Wide I/O 的 12.5 倍。HMC2 进一步将 I/O 速率提高到 30Gb/s，4 通道总带宽可达 480GB/s，能效比相对 DDR4 提高 3 倍，在同等带宽下，封装面积和功耗分别减少 10%和 70%左右。HMC 的串行连接在一定程度上增大了系统延迟，但通过减小 DRAM 的周期时间、降低队列延迟并提高读写数量可降低系统延迟。

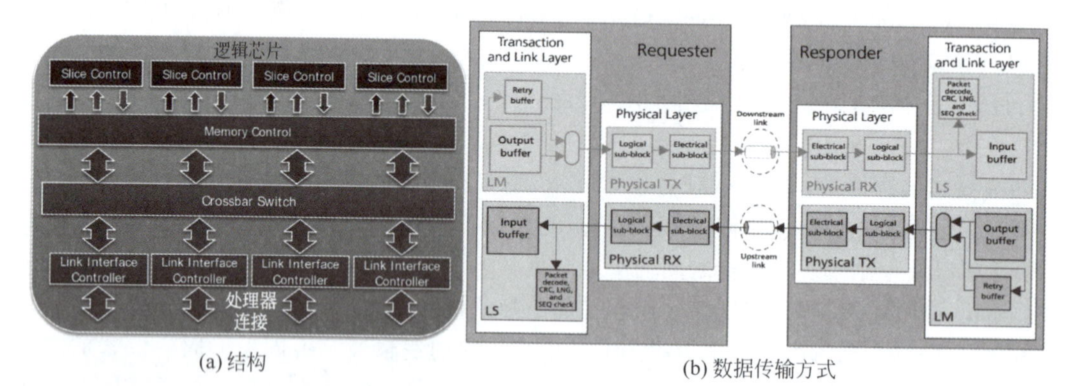

图 12-69　HMC 的逻辑芯片

HMC 与主处理器的数据传输通过 HMC 的逻辑芯片实现，两个 HMC 之间的数据传输既可以通过主处理器，也可以直接连接。主处理器和 HMC 之间可以采用不同类型的高速传输协议，如 SerDes 或光互连。HMC 具有高效的本地逻辑控制器，对存储器进行本地控制，相比于远程控制器方案，具有速度快、时序短、逻辑简单和能效高等优点。HMC 只需要对 SerDes 和形状尺寸进行标准化，而时序交给用户逻辑芯片进行调整和控制，不需要进行标准化，避免了复杂的存储器调度，仅通过一个浅仲裁器实现浅队列。常规计算系统中，多核处理器与 DRAM 通过特定的总线直接连接，调度程序复杂、队列很深，不同制造商对于 DRAM 时序参数的标准不同，导致适应性很差。HMC 的逻辑芯片通过高速接口与处理器直接连接，不再需要复杂的调度程序、队列浅，只需对高速接口、传输协议和形状因子进行标准化，而无须限制时序。此外，逻辑层的灵活性使 HMC 可以应用于多平台和应用而无须更改大容量 DRAM。

HMC 集成控制器逻辑芯片后形成一个完整的模块，可以通过插入层或有机基板以 MCM 或 2.5D 的方式与主处理器集成，如图 12-70 所示。通过高速传输协议，HMC 与处理器可实现高速直接通信，但是其固定的窄通道 I/O 与 HBM 相比缺少灵活性。HMC 制造成本较高，主要用于高性能计算和图形处理而并不针对移动应用。

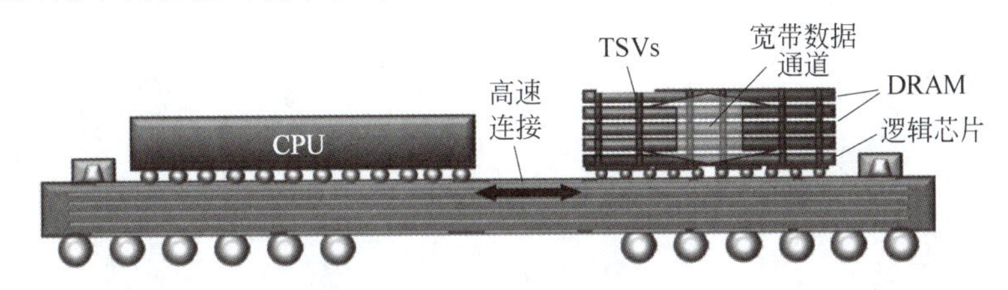

图 12-70 HMC 与处理器集成方案

2013 年，Micron 推出第一代产品 HMC1.0，由 4 或 8 层容量为 1～8Gb 的 DRAM 组成，总容量为 512MB～8GB，数据传输带宽为 128～320GB/s。逻辑芯片采用 90nm 工艺制造，面积为 27mm×27mm。1Gb 的 DRAM 分成 16 个 Vault，每个 Vault 直接与逻辑连接，实现并行数据传输。每 Vault 采用 32 个 TSV，在 1.2V 驱动电压和 2GHz 的频率下，实现 128GB/s 的带宽，等效持续传输速率超过 1Tb/s，与当时最先进的 DDR3 的 12.8GB/s 相比大幅提高 10 倍，但功耗降低 70%。2018 年，Micron 推出 HMC2.0，8 层总容量达到 4GB 或 8GB，外部连接 I/O 仍为 16 位+16 位高速串行全双工模式，每针速率为 10、12.5 或 15Gb/s，最大数据带宽为 480GB/s，最大 DRAM 带宽为 320GB/s，每 Vault 最大带宽为 10GB/s。

2014 年，Intel 采用 Micron 的 HMC 定制版（Intel 称为 Multi-Channel DRAM）推出了第二代 Xeon Phi 处理器 Knights Landing。Intel 利用 Silvermont x86 内核取代了第一代使用的增强 Pentium 1 内核，极大地提高了单线程性能，为此，Knights Landing 采用了 16GB 的 HMC，总带宽达到 500GB/s，是采用 512 个 I/O 的 GDDR5 的 150%。此外，Micron 利用 2GB 的 HMC 与 Xilinx 或 Intel 的 FPGA 集成，开发了高性能计算模块 AC-500 系列。Pico Computing 利用 HMC 和 4 个 Altera Stratix V FPGA 实现了高性能计算模块 EX-800，通过 16 个全双工连接 HMC 和 FPGA，实现 160GB/s 的数据带宽。

12.3.2.3 DiRAM

DiRAM 是 Tezzaron 开发的逻辑与 DRAM 三维集成的存储器。如图 12-71 所示，DiRAM 从上至下依次包括多层 DRAM、DRAM 控制器和 I/O 接口层，与其他集成方案不同之处是，DiRAM 将控制器与 I/O 接口分为 2 层。DRAM 采用低漏电工艺实现，包括

2GB、4GB 和 16GB 三种容量;控制器逻辑芯片包括高性能读出放大、写入驱动、内容寻址、行/列地址译码、测试以及其他用于单元读写和控制的功能;I/O 接口芯片包括 I/O 接口、界面逻辑单元和控制处理器,用于控制器信号与外部芯片(如处理器和 FPGA)之间的电压或标准的转换,如低压 CMOS I/O 接口以及 SerDes、Pico-SerDes 甚至光学 I/O,采用厚氧逻辑工艺实现。DiRAM4 不同容量均采用 64 端口、0.6～1.3V CMOS I/O、数据传输带宽为 8Tb/s,延时为 9ns。

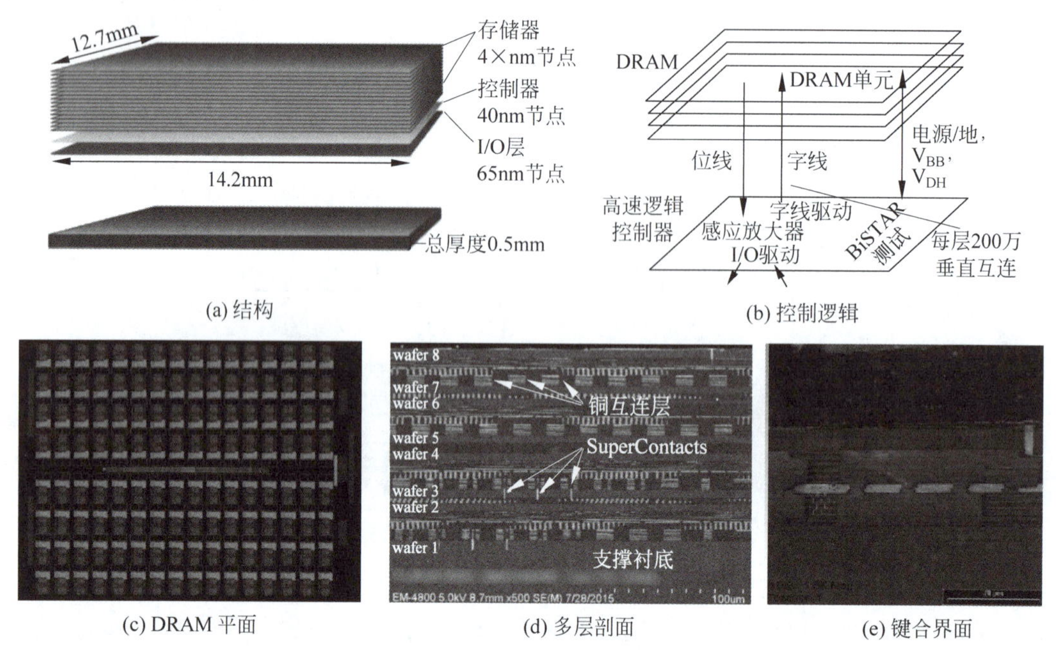

(a) 结构　(b) 控制逻辑

(c) DRAM 平面　(d) 多层剖面　(e) 键合界面

图 12-71　DiRAM

DiRAM 采用晶圆级 Cu-SiO_2 混合键合实现,TSV 为采用 SuperContact 制造的钨。由于钨的应力问题,只适合较小的高度(5～20μm),但钨深宽比填充能力高,热膨胀系数与硅匹配,使其直径和节距可以降低到 1μm 和 2～3μm,甚至可以实现 0.6μm 直径和 1.2μm 节距的 TSV。由于通常 DRAM 在无修复情况下的成品率很低,加之晶圆级键合无法预先筛选,Tazzaron 开发了嵌入式自测试和自修复方法 Built-in Self Test And Repair(Bi-STAR),每个 DiRAM4 带有内置的 ARM 处理器用于管理 DRAM,共包括 256 个硬件测试序列生成器。通过将测试电路硬件与分布式的冗余存储单元结合,可以实现多层集成后的细粒度的测试和修复,甚至可以利用某一层的冗余单元修复相邻层的存储单元。这种原位测试和修复的方法,使多层集成的 DRAM 的总体成品率不但没有下降,反而会随着堆叠层数的增多使可修复性更好、成品率更高。当芯片层数达到一定数量时,多层集成的 DRAM 的成品率甚至可以接近 100%。

12.3.2.4　HBM

传统上提高 DRAM 数据传输能力主要依靠提高 I/O 工作频率,如每针输出速率从 DDR2 的 400Mb/s 提高到 DDR5 的 7Gb/s。然而,因为 DRAM 晶体管结构、I/O 功耗和信号完整性以及控制复杂度的限制,每个 I/O 速率难以超过 20Gb/s,因此即使目前最高传输速率标准的 GDDR5 仍不能完全发挥 GPU/CPU 的性能。为了发挥 GPU 的性能需要多个

DRAM 芯片以提高带宽，但 GDDR5 的芯片面积大，AMD 估算满足 GPU 数据传输需求的 DRAM需占用 100cm^2 的面积。HBM 通过 DRAM 的堆叠和高密度物理接口，以低速率、多接口、并行通信的方式实现高带宽，满足高性能计算等应用对数据传输速率的要求。

HBM 是多层堆叠 DRAM 与专用逻辑接口芯片的三维集成结构，主要用于解决大容量 DRAM 与处理器之间的高带宽数据传输。HBM 最下层为逻辑芯片，上面为若干层堆叠 DRAM，通过高密度金属键合和 TSV 实现数据和电源传输。HBM 与 GPU/CPU 通过 2.5D 插入层集成，通过高密度金属凸点和插入层的高密度平面互连实现二者之间的高带宽数据传输。主要用于高性能计算和图形处理领域。

HBM 最早由 SK Hynix、AMD 和 Nvidia 提出，2013 年，JEDEC 发布了 HBM1 标准，迄今已经演进了三代，如表 12-1 所示。三代 HBM 均采用 8 组独立的通道，每通道包含 128 个 I/O，因此每个 HBM 的 I/O 接口总数为 1024 个，未来会增加到 4096 个。HBM 每个 I/O 的传输速率从 HBM1 的 1Gb/s 提高到 HBM2 的 2Gb/s 和 HBM3 的 6.4Gb/s，1024 个 I/O 的带宽分别达到 128GB/s、256GB/s 和 819GB/s，而多个 HBM 与 CPU/GPU 之间的总带宽可达 5～10TB/s。与 HMC 相比，尽管 HBM 每针的传输速率远低于 HMC，但是 HBM 采用硅插入层和高密度金属凸点实现 1024 个 I/O，通过大量的低速 I/O 接口实现高带宽数据传输。

表 12-1　HBM 主要标准[124]

性能	HBM1	HBM2	HBM2E	HBM3	HBM3E
JEDEC 标准	JESD235	JESD235A	JESD235D	JESD238A	
发布时间	2013.10	2015.11	2021.2	2023.1	
芯片层数	4	4/8	4/8	8/12	8/12
最大容量/GB	2	4～8	8～16	16～24	24～36
IO 接口	CMOS	CMOS	CMOS	低电压摆幅	低电压摆幅
单针最高速率/(Gb/s)	1	2	3.6	4.8～6.4	8～9.6
通道数/伪通道	8/-	8/16	8/16	16/32	16/32
每通道 I/O 数	128	128/64	64	32	32
I/O 总数	1024	1024	1024	1024	1024
总带宽/(GB/s)	128	256	461	819	1.28
电压/V	1.2	1.2	1.2	1.1	
封装面积/mm^2	<8×12	8×12	10×11	11×11	11×11
微凸点数量	4942	4942	6303	7775	7775
微凸点节距/μm	96×55	96×55	96×55	96×110	96×110

随着 DRAM 制造工艺的进步和 HBM 标准的提高，HBM 的性能和容量也不断提高。DRAM 芯片数量从 2 层发展到目前的 12 层，总容量从 2GB 提高到 32GB，但总厚度不超过 720μm。HBM 数据输出速率每年增长 15%～20%，容量也以每两年增加 1.5～2 倍的速度发展[125]，如图 12-72 所示[126]。

HBM 使用的 DRAM 类似于传统 DRAM，具有存储单元阵列和外围逻辑，如图 12-73 所示。外围区域专用于 AWORD、DWROD 和 TSV。AWORD 用于列指令、行指令和地址

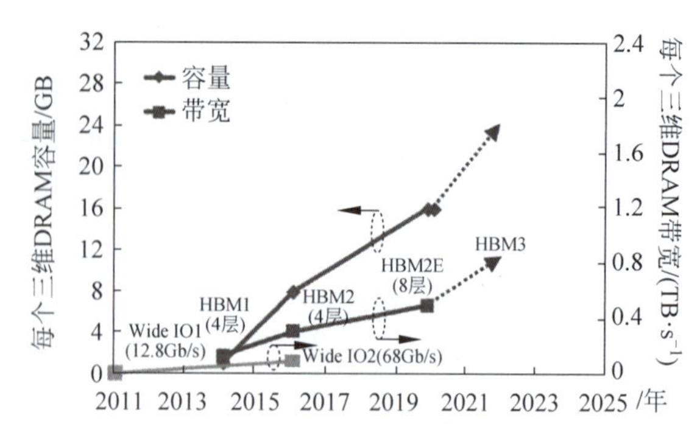

图 12-72 HBM 的发展

控制,DWORD 用于数据传输。电源、地线和信号的 TSV 阵列也在外围区域。每层 DRAM 阵列分为 2 个通道,4 层共 8 个通道。每个通道与标准 DDR 基本相同,数据接口是双向传输的,并且使用传统的指令序列,如读写前需要激活打开行,进行其他激活前需要预充电。所有通道具有独立的时钟和时序、独立的指令和独立的存储器阵列,因此任意两个通道之间都没有相互依赖和干扰,完全独立工作。传统的 DRAM 时序 tRC、tRRD、tRP、tFAW 等仍然存在,但都是按照每个通道定义的。每个通道都有一组独立的地址和数据 TSV,可以与逻辑芯片实现点对点连接,支持独立的通道操作。

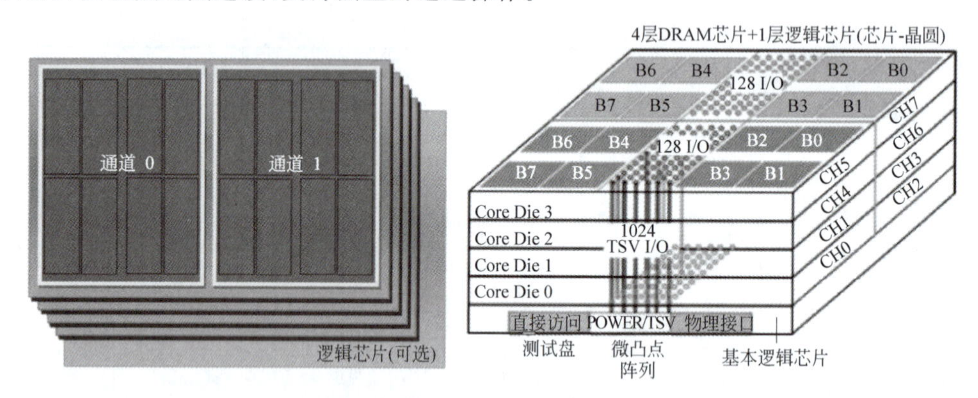

图 12-73 HBM 结构

每通道带有 128 位同步输入输出 I/O,在 500~1000MHz DDR 时 I/O 数据传输速率为 1~2Gb/s,因此每通道数据带宽为 16~32GB/s,4 层芯片 8 通道共 1024 个 I/O,总带宽为 128~256GB/s。HBM 支持每通道 1~32Gb 的容量,4 芯片 8 通道的总容量为 512MB~32GB,而 8 芯片的总容量可达 64GB。每通道可进一步划分为 8 个 bank,当每通道容量大于 4Gb 时,划分为 16 个 bank。每个通道的金属凸点共 193 个,其中数据 I/O 128 个、双向列指令/地址 8 个、行指令/地址 6 个、数据总线翻转 16 个(每 8 个数据位 1 个)、数据掩码/校验 16 个(每 8 个数据位 1 个)、选通脉冲 16 个、时钟 2 个、时钟使能 1 个(启动低功耗模式)。

HBM 与 GPU/CPU 的集成采用 2.5D 插入层,如图 12-74 所示[125]。由于 1024 高密度接口对线宽和凸点节距(55μm)的要求,目前需采用硅基插入层。硅插入层一般采用 90nm 或 65nm 工艺制造,表面采用高密度 RDL 和窄节距金属凸点与 GPU/CPU 以及三维集成的 DRAM 进行连接[127]。HBM 的插入层可以带有 TSV,用于将集成系统连接至插入层下表面的金属凸点,进一步与封装基板连接[128]。

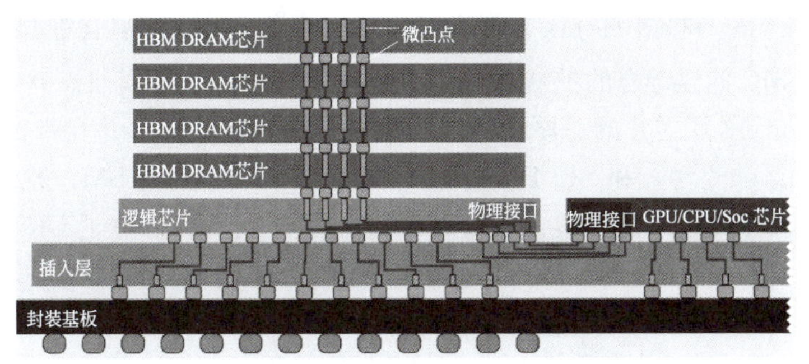

(a) HBM与GPU

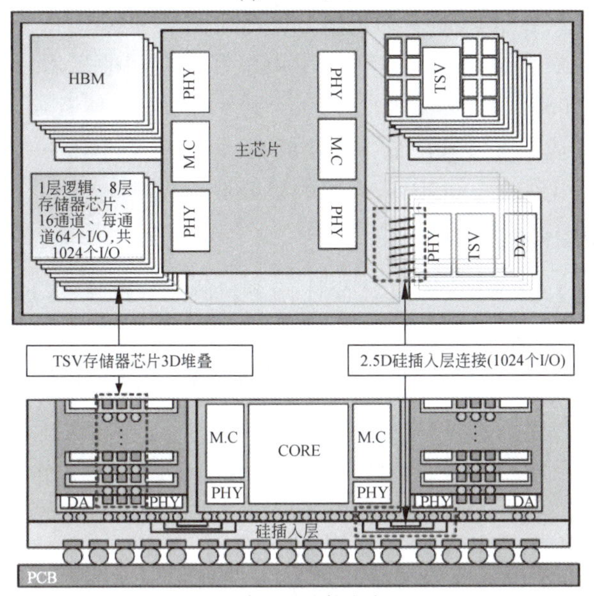

(b) 布局及连接方案

图 12-74 HBM 集成结构

受限于 DRAM 的成品率(约 90%),HBM 的多层 DRAM 采用芯片级 Cu-Sn 凸点键合。为了在规定的 720μm 高度内集成更多层芯片并获得更高的 I/O 密度,需要降低每层芯片的厚度。早期 4 层 DRAM 的 HBM 中,芯片厚度为 100μm,目前 8~12 层 DRAM 的芯片厚度已减小到 50μm 而 16 层 DRAM 的 HBM 需要将芯片厚度降低到 25~30μm。由于芯片间的金属凸点高度为芯片厚度的 15%~30%,16 层 DRAM 集成需要采用无凸点的 Cu-SiO_2 混合键合取代 Cu-Sn 凸点键合。如图 12-75 所示,混合键合完全取消了凸点,在相同厚度内可以容纳更多的芯片层数。混合键合的键合应力小、对准精度高、金属节距小、密度高,键合金属密度从大约 625 个/mm^2 提高到 10~100 万个/mm^2。

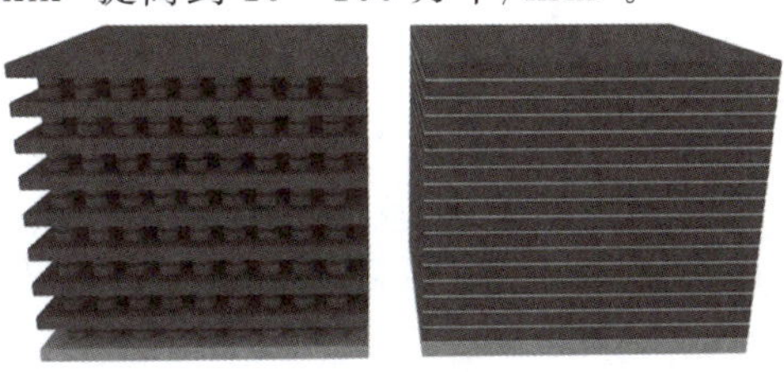

图 12-75 凸点键合与无凸点键合

TSMC、Samsung 和 SK Hynix 都开发了多层芯片级 Cu-SiO_2 混合键合技术。2020 年，TSMC 报道了 SoIC 低温键合的 12 层 DRAM[126,129]，通过取消金属凸点并将芯片厚度减小到 35μm 和 25μm，12 层芯片的总厚度降低到原来的 50%和 36%，并在带宽和功耗方面有显著提升。Samsung[130-131] 和 SK Hynix[132] 均报道了 16 层的 HBM。预计从 2025 年开始，16 层 HBM 将全面进入混合键合阶段。2022 年，SK Hynix 报道了 DRAM 的晶圆级混合键合[133]，在键合后将上层 DRAM 晶圆减薄至数微米制造 TSV。尽管 SK Hynix 未报道成品率信息，但这种尝试表明未来有希望采用晶圆级键合制造 HBM。

HBM 的容量增加、芯片面积增大和插入层制造与集成都提高了系统成本。SK Hynix 的研究表明，由于每芯片容量和标准的提高，市场可接受 HBM2 的成本为 HBM1 的 2.5 倍，以获得更高的集成度和更高的速率。为了满足移动应用的需求，Samsung 推出了简化版的 HBM，通过减少 TSV 和 I/O 数量(从 1024 到 512)、取消缓存层、采用主从结构、取消 ECC 校正、减少插入层成本等方式降低 HBM 成本，每针速率 2Gb/s 提升到 3Gb/s，带宽从 HBM2 的 256GB/s 减小到约 200GB/s，成本大幅降低。

12.3.2.5 典型 HBM 产品

2014 年 9 月，SK Hynix 开始提供 HBM1 的客户测试样品 H5VR8GESM4R-20C，并于 2015 年率先量产了 HBM1，2016 年和 2019 年，Samsung 首先推出 HBM2 和 HBM2E 产品，2021 年 10 月，SK Hynix 发布了 HBM3 产品的部分参数，并于 2022 年量产。目前 HBM 的主要制造商包括 SK Hynix、Samsung 和 Micron，2022 年，其市场占有率分别约为 53%、38%和 9%(TrendForce)。从 2015 年 AMD 推出首个使用 HBM 的图形处理器 Radeon R9 Fury 开始[134]，大量的高性能 GPU、CPU 和 FPGA 广泛采用大容量高带宽 HBM。Nvidia 的 A100 和 H100 中，单颗 HBM 的容量可达 96GB；AMD 的 MI300 使用 HBM3，其中 MI300A 的容量达到 128GB，高端的 MI300X 的容量高达 192GB。随着人工智能需求的快速增长，2023 年，HBM 的总需求量达到 2.9×10^8GB，2024 年将再增长 30%。

图 12-76 所示为 SK Hynix 的 HBM1[135-136]，包括 4 层 29nm 工艺的 DRAM 和 1 层逻辑控制器。每层 DRAM 容量为 2Gb，4 层总容量为 1GB。I/O 接口为 1024 个，每针传输速率为 1Gb/s，总带宽为 128GB/s。TSV 采用 MEOL 工艺，每层 DRAM 芯片包括 2100 个 TSV，分布在若干集中的区域，TSV 直径约为 8μm，DRAM 芯片厚度为 50μm，TSV 一端连接金属凸点，另一端连接 DRAM 的 M2 金属。

2017 年，SK Hynix 推出采用 2xnm 工艺的 HBM2 产品，如图 12-77 所示[137-138]，HBM2 包括 4 或 8 层 8Gb 的 DRAM 和 1 个逻辑芯片，总容量达到 4 或 8GB。每个 DRAM 芯片由 4 个通道组成，每个通道包含 4 个内存库和 128 个 I/O。每个 DRAM 芯片厚度约为 50μm，包含 5000 个直径 6μm 的 TSV，而 HBM2E 中 TSV 超过 40000 个。HBM2 数据带宽为 256GB/s，是 GDDR5 的 10 倍，功耗降低 50%，每瓦性能提高 3 倍，PCB 占用面积比 GDDR5 减小 94%。

逻辑芯片包括 PHY、TSV、IEEE1500、DFT 逻辑和直接访问(Direct Access)通道等部分。PHY 模块是 DRAM 和控制器的主要接口，共包括 8 个通道，每通道由 1 个 AWORD(寻址和指令缓冲)和 4 个通道交织的 DWORD(数据缓冲)组成，所有 8 个 AWORD 和 32 个 DWORD 都位于 PHY 区。逻辑芯片的中间部分为 TSV 区，用于传输 DRAM 的信号、电

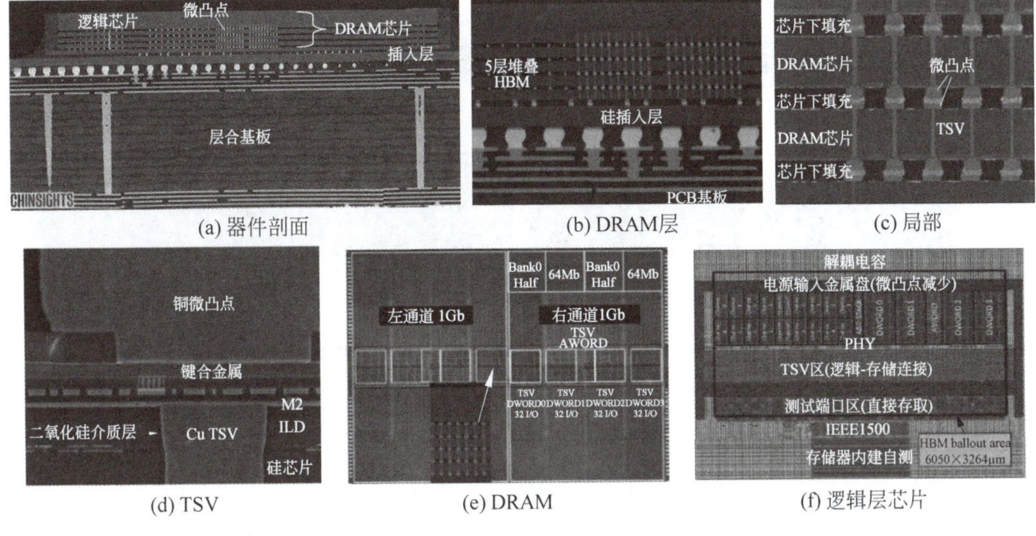

(a) 器件剖面　(b) DRAM层　(c) 局部

(d) TSV　(e) DRAM　(f) 逻辑层芯片

图 12-76　SK Hynix HBM1

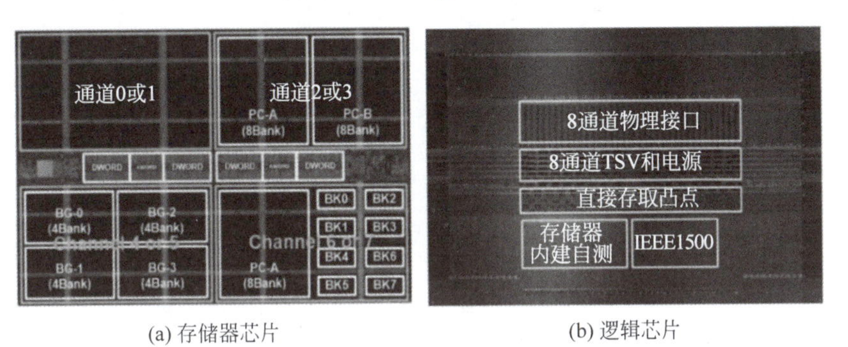

(a) 存储器芯片　(b) 逻辑芯片

图 12-77　SK Hynix HBM2

源和地。PHY 和 TSV 之间的区域为 1024 位信号线和解耦电容,芯片下方 MBIST 和 IEEE 1500 用于芯片自测和校正。通常 TSV 在高频信号时表现为大电容、小电阻的特性,因此 TSV 驱动器的尺寸必须非常大,保证 8 个 TSV 堆叠形成的大电容和重负载下的速度。采用单倍速 SDR 接口可以解决尺寸的问题,但 SDR 接口要求 TSV 的数量翻倍,导致功耗增加。SK Hynix 设计了一种低摆幅接口电路,不需要增加 TSV 数量和增大驱动器尺寸。

图 12-78 为 SK Hynix 的 MEOL 制造 HBM 流程[139]。(a)完成 PMOS/NMOS 晶体管和 DRAM 电容后,刻蚀 8μm×50μm 的深孔;(b)沉积 SiO_2 介质层和 Ta 系扩散阻挡层,电镀填充 Cu,退火后 CMP 去除表面过电镀;(c)完成 BEOL 互连,顶层为铝金属盘;(d)沉积 Ti/Cu 扩散阻挡层和种子层,涂覆高分子钝化层保护激光修复存储器单元的金属熔丝,电镀 Cu/(Ni)/SnAg 凸点,去除扩散阻挡层并回流;(e)高分子临时键合辅助圆片;(f)背面机械研磨减薄,回刻后沉积氮化硅阻挡层和 SiO_2 缓冲层;(g)背面 CMP 去除 TSV 顶部的氮化层和 SiO_2 层,电镀制造 Cu/Ni/Au 凸点;(h)背面粘贴切割胶带,去除临时键合圆片,将最下层晶圆键合在基板上,然后再逐层键合多层芯片,均采用金属键合和高分子下填充的方式逐层键合多层芯片。

2018 年,SK Hynix 报道了 341GB/s 的 HBM2[140],采样螺旋形点对点的 TSV 连接方

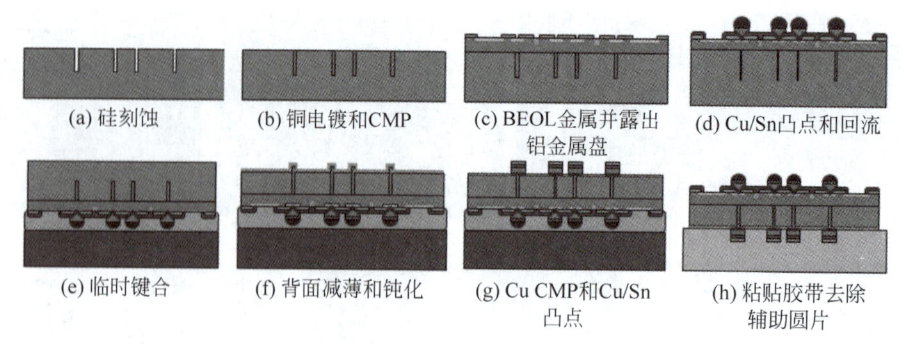

图 12-78 SK Hynix 先 TSV 后键合的 MEOL 方案

法，解决多个 TSV 堆叠后大电容、高负载的问题，如图 12-79 所示。传统多个 TSV 直接连接时，每个存储器层都需要自己的收发器和多路选择器，而螺旋形点对点的 TSV 连接只需要 3 组收发器就可以完成 8 层 TSV 的传输驱动，并避免了多路选择器和复杂的走线。螺旋形点对点连接减小了电容，降低 30%的 TSV 驱动电流，并将转换速率从 3.4V/ns 提高到 4.9V/ns。HBM 共包括 8 层 DRAM，总容量 8GB，每针传输速率达到了 2.7GB/s，1024 个 I/O 总数据带宽为 341GB/s。

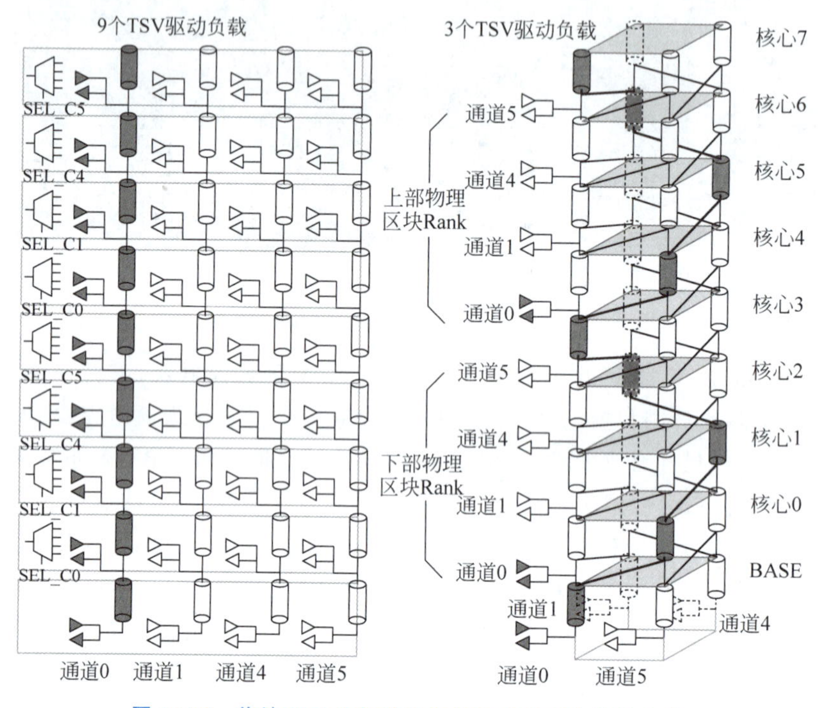

图 12-79 传统 TSV 连接方法与螺旋式点对点连接方法

2019 年，SK Hynix 推出了 461～512GB/s 带宽的 HBM2E，如图 12-80 所示[141]。HBM2E 共 8 层 1xnm 工艺制造的 DRAM 芯片，总容量为 16GB，采用准通道架构和四分之一内存库的结构，以此降低 I/O 的长度并使 I/O 数量加倍。将半个内存库分为两个子库，对远近内存库组分开控制。每个四分之一模块包括 8 个四分之一库，容量为 128Mb。每个内存库的 I/O 直接与全局 I/O 垂直连接，将 16 个内存库的数据融合到 1 个独立的 TSV I/O。

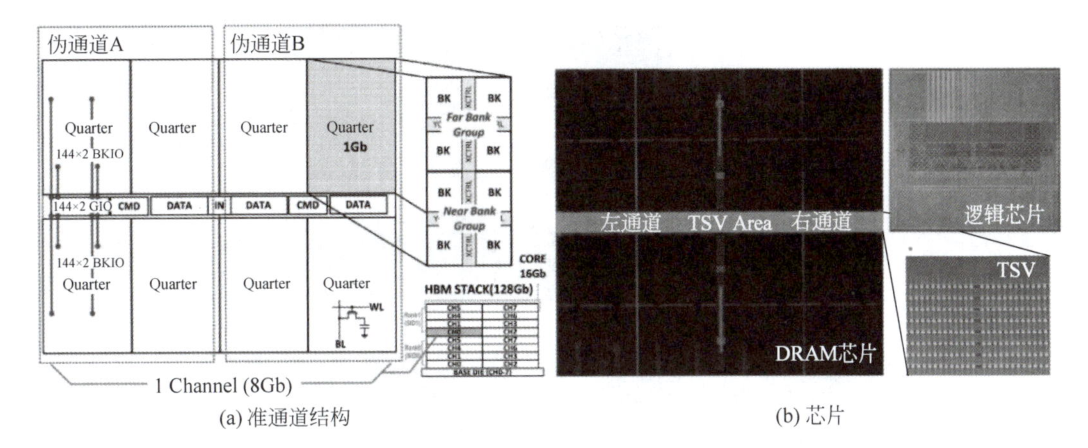

(a) 准通道结构　　(b) 芯片

图 12-80　512GB/s HBM2E

2021 年 10 月，SK Hynix 完成 HBM3 产品开发，2022 年 6 月率先进入量产[142]。HBM3 采用 DBI Ultra 键合技术实现 12 层 DRAM 集成，每层厚度为 30μm，容量为 2GB，总容量为 24GB，并于 2023 年 6 月进入量产。HBM3 的每 I/O 数据传输率从 HBM2E 的 3.6Gb/s 提高到 6.4Gb/s，总数据带宽从 HBM2E 的 460GB/s 提高到 819GB/s。2022 年，SK Hynix 进一步将 24GB 容量的 HBM3 的带宽提高到 896GB/s[143]。

2023 年 8 月，SK Hynix 发布了 12 层容量 24GB 的 HBM3E 样品，2024 年 3 月率先进入量产。HBM3E 采用 12 层结构，容量可达 36GB，带宽达到 1.18TB/s，散热能力提高 10%，用于 Nvidia 的 H200 GPU。2023 年 10 月，Samsung 发布了首款名为 Shinebolt 的 HBM3E 客户测试样品，采用 14nm 工艺制造，共 12 层 36GB，于 2024 年进入量产。2023 年 7 月，Micron 发布了 8 层 24GB 的 HBM3E 样品，于 2024 年量产。

2016 年 1 月，Samsung 首先推出名为 Flarebolt 和 Aquabolt 的 HBM2 产品，并报道了带宽 307GB/s 的 HBM2，如图 12-81 所示[144-145]。HBM2 集成 4/8 层 DRAM，总容量为 4/8GB，采用 20nm 工艺制造，总厚度为 720μm。每层包括 8Gb 存储单元和 1Gb ECC，共 1024 个 I/O 接口，1V 电压下每 I/O 速率为 2.4Gb/s，总带宽达到 307GB/s。由于 8 层芯片的影响，TSV 电容限制信号传输速率，需要多个 TSV 并联提高速率，同时通过 TSV 冗余提高成品率。每个连接使用 3 个 TSV 并联时，TSV 总数超过 5000 个。Samsung 采用内建自测和选择电路，使每个连接的 TSV 数量减少到 2 个。

2020 年，Samsung 量产了名为 Flashbolt 的 10nm 工艺的 HBM2E 产品。每层 2GB 容量，最大 8 层，容量为 16GB，每个 I/O 针传输速率为 3.6Gb/s，1024 个 I/O 总带宽为 460GB/s[146]。同年，Samsung 报道了带宽 640GB/s 的 HBM2E[125,147]。采用宽顶层金属走线用于电源走线，并且将以前电源 TSV 只放置在 DRAM 芯片中间位置，改进为中间和周边均布置电源 TSV，通过片上电源分配网络，保证每针 5.0Gb/s 的传输速率和整体 640GB/s 数据传输带宽。如图 12-82 所示，改进的电源 TSV 位置使电压分配网络引起的电压降(IR drop)减小了 62%。HBM2E 可在 105℃下稳定工作。

2019 年，Samsung 首次实现了 12 层键合的 HBM，容量提高到 24GB，每层带有 60000 个 TSV，12 层总厚度为 720μm。2021 年发布了名为 Icebolt 的 12 层 HBM3，最大容量为 24GB，I/O 速率和总带宽分别为 6.4Gb/s 和 819GB/s，2023 年进入量产。2023 年 10 月，

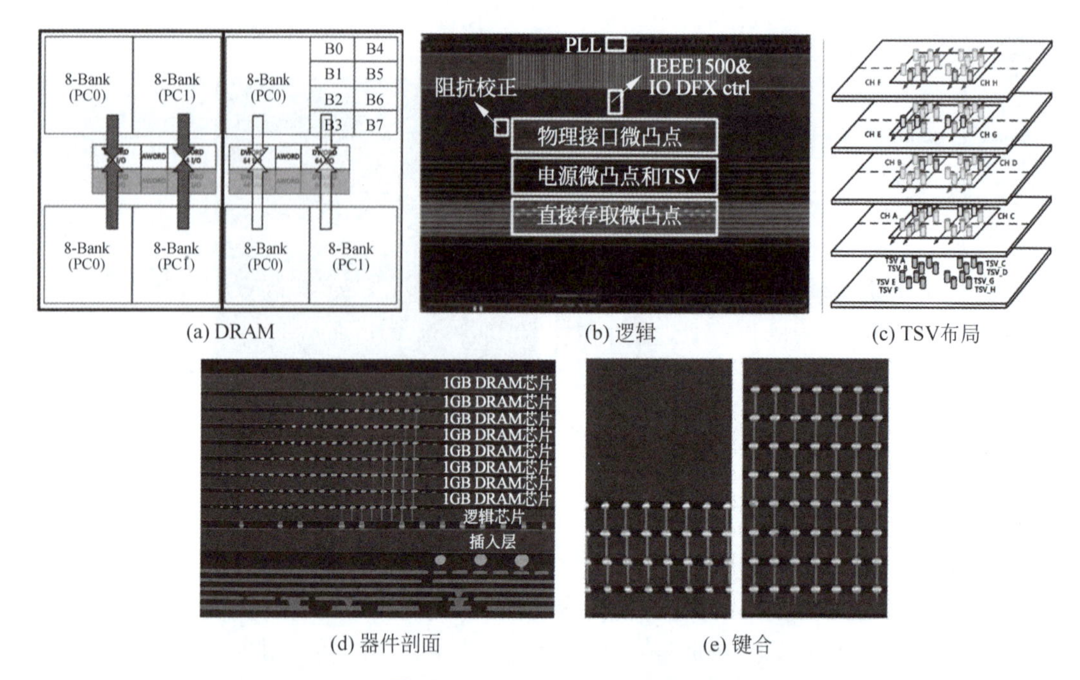

(a) DRAM (b) 逻辑 (c) TSV布局

(d) 器件剖面 (e) 键合

图 12-81 Samsung 8 层 HBM2

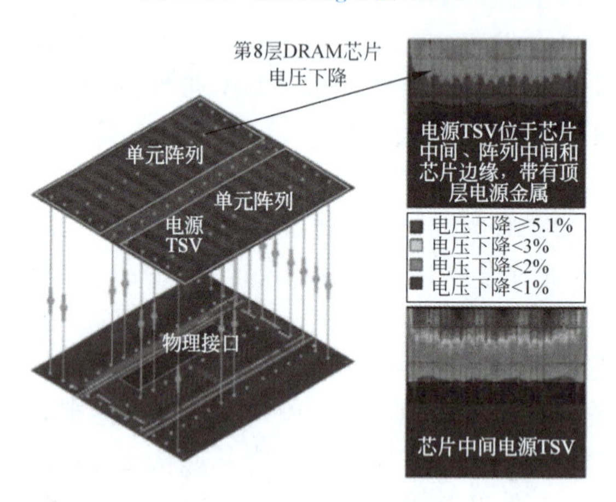

图 12-82 电源 TSV 布置

Samsung 发布了名为 Shinebolt 的 HBM3E 产品信息，最多 12 层，容量为 36GB，带宽为 1.225TB/s，于 2024 年量产。Samsung 的 HBM 产品供应链包括了 Broadcom 的 ASIC 设计和高速接口 IP，eSilicon 的 FinFET ASIC 和 HBM 的物理层 IP 及 2.5D 插入层设计 IP，Northwest Logic 的 HBM2 控制器 IP，Rambus 的 HBM2 物理层 IP，Synopsys 的 HBM 物理层 IP、控制器 IP 和系统校验 IP，Cadence 的控制箱校验 IP，以及 ASE 的封装和测试。

12.3.3 NAND 三维集成

多层 NAND 型非挥发存储器三维集成的动力来自高密度、大容量、低功耗和高数据传输率的需求[148]。多层堆叠不但在单位面积上容纳了更大的容量，而且高密度的片间互连使多个 NAND 芯片共享外设电路和功能模块，特别是多层闪存芯片的片上容错，由此实现的新结构设计，提高 NAND 密度。因为外围电路的控制逻辑（包括页面缓存）和电荷泵占据的面积较大，可以采用共享的方式；但共享这些电路需要的 TSV 占据了芯片面积，因此需要综合设计和考虑[63]。以页面规模为中等的 4KB 为例，如果 TSV 间距 4μm（密度为 64000/mm^2），共享逻辑和电荷泵需要不到 1mm^2 的 TSV，远小于控制逻辑和电荷泵所占用的面积。但是共享行解码则因为其所占用的面积小、驱动的字线数量大，有可能使 TSV 面积超过节约的面积[63]。这种共享外围电路的方法看似简单，但是给 NAND 的设计带来巨大的变化。

12.3.3.1 多层芯片集成

2006 年，Samsung 发布 16Gb 容量的 NAND 闪存，共集成了 8 层 2Gb 的芯片，每层厚度为 50μm，总厚度为 560μm，如图 12-83 所示。TSV 采用激光刻蚀后电镀 Cu 制造，通过晶圆级 Cu-Sn 键合集成，芯片占用的面积减小了 15%，高度减小 30%，通过降低互连长度将性能提高 30%。2007 年，Samsung 将这种技术用于手机等消费电子产品的 NAND 存储器上。

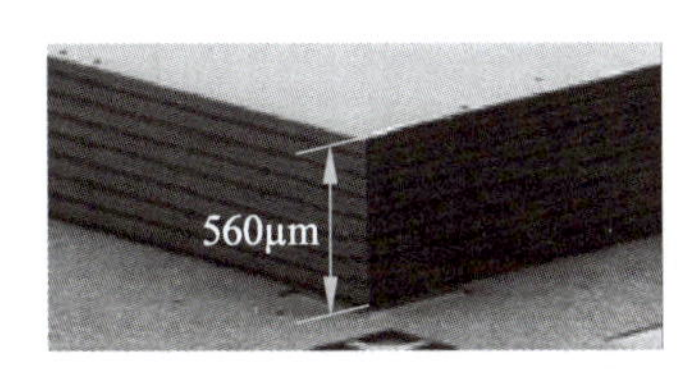

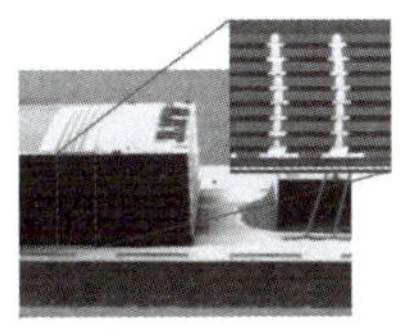

图 12-83 Samsung 8 层 16Gb 闪存

随着东芝发明片上多层结构和 2012 年 Samsung 率先量产片上 32 层 NAND 存储器，片上集成进入了高速发展期，器件层数从 32 层快速发展到 48、64、96、128、176 层和 236 层发展，很快将实现 312 层。即便如此，为了实现更大的容量，仍需将多层芯片堆叠集成。2015 年，东芝在 Flash Memory Summit 上发布了第一个 16 层堆叠的 NAND 闪存。多层芯片采用金属凸点键合，每层芯片的 NAND 为 48 层 BiCS2 结构，容量为 128Gb，16 层总容量达到 256GB。2017 年，东芝进一步堆叠集成 16 层单芯片容量 512Gb NAND 芯片，单封装的总容量达到 1TB，如图 12-84 所示。芯片尺寸为 18mm×14mm×1.9mm，TSV 的读写速度为 1.2Gb/s，读写功耗下降约 50%。

TSV

16层堆叠 NAND

		512GB (4096Gb)	1TB (8192Gb)
封装		NAND Dual x8 BGA-152	
基础芯片		512Gb 48-Layer BiCS2 3D TLC NAND IC	
堆叠层数		8	16
外部尺寸	长	14mm	
	宽	18mm	
	高	1.35mm	1.85mm
接口		Toggle DDR	
接口数据传输率		1066 MT/s	

图 12-84 东芝 16 层闪存

随着 3D NAND 层数的快速增加，超高深宽比沟道的刻蚀和内部沉积难度越来越大，近几年对 100 层以上的 NAND 多采用 2 层芯片堆叠的方式。2019 年和 2021 年的 IEEE ISSCC 上，Koxia 分别报道了 128 层和 176 层堆叠芯片的 3D NAND，Micron 的 176 层由

2 个 88 层的芯片堆叠而成，Intel 的 144 层 QLC 甚至采用 48+48+48 的 3 层堆叠的方式，2021 年，Samsung 的 17x 层也采用了堆叠方式，容量密度从 $5Gb/mm^2$ 提高到 $8.55Gb/mm^2$，如图 12-85 所示[149]。堆叠降低了沟道的高度和深宽比，适应设备的制造能力，但制造成本会有一定程度的上升。

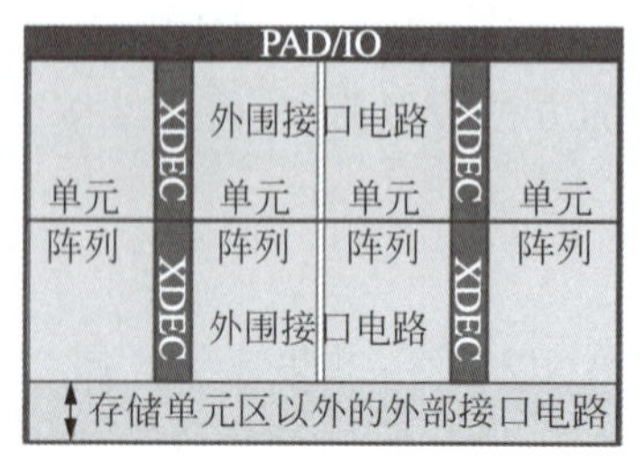

(a) 示意图　　(b) Samsung17x层3D NAND

图 12-85　芯片堆叠结构

12.3.3.2　顺序三维集成

通常，片上 3D NAND 架构中，外围控制电路约占芯片面积的 20%～30%。为了提高存储单元的比例和密度，2011 年，Samsung 和 UCLA 报道了顺序制造的存储单元和外围电路结构，称为 Stacked Memory Devices On Logic(SMOL)，如图 12-86 所示[150]。完成外围控制电路的晶体管和必要的钨互连后，在表面沉积 300nm 的 SiO_2 缓冲层，然后沉积多层 N 型多晶硅和 SiO_2 制造垂直堆叠阵列晶体管(Vertical Stacked Array Transistor，VSAT)。这种结构将存储单元占用的面积从 60%提高到 95%。由于外围电路的面积也有所增大，因此对外围电路特征尺寸缩小的要求有所降低，可以保持较低的亚阈值漏电和较低的功耗。此外，垂直集成还可以提高存储器阵列与外围控制电路之间的数据传输速率。Samsung 量产的 NAND 中堆叠结构称为 Cell Over Peripheral(COP)。

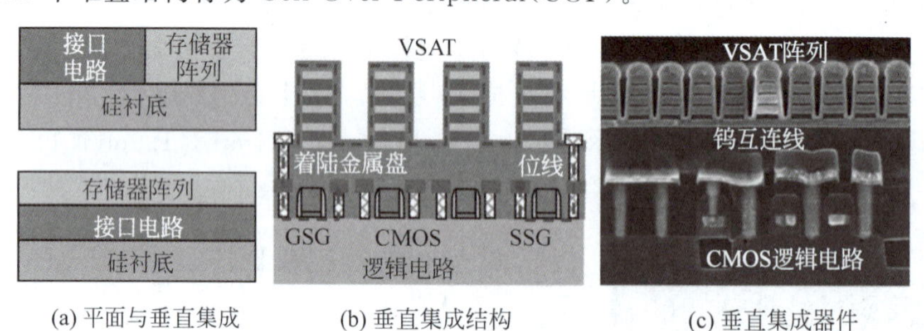

(a) 平面与垂直集成　　(b) 垂直集成结构　　(c) 垂直集成器件

图 12-86　Samsung SMOL 结构

2015 年的 IEEE IEDM 上，Micron 首先报道了量产的 32 层片上 3D NAND 与外围 CMOS 电路垂直集成结构，称为 CMOS under Array(CuA)。随后，SK Hynix 和 Kioxia 也开发了类似结构，NAND 全面进入存储器阵列与外围电路三维集成的阶段。如图 12-87 所示[151]，CuA 结构 NAND 阵列区包括 38 层栅极，其中 32 层为存储阵列，6 层为选择电路或伴随器件。NAND 阵列下方是 CMOS 电路，包括读出放大和解码，其中 M1 金属为钨，M2 用于平面互连。CMOS 工艺完成后，在平面互连上方制造的 N^+ 多晶硅源连接存储器串，提供存储器擦除和写入所需的 20V 高电压。将外围电路放置在 NAND 阵列下方并使选择栅沿着存储单元串，节约了电路的面积。如 32 层的位密度为 $284MB/mm^2$，是采用相同层数和工艺产品 127MB/mm^2 的 2.2 倍。利用 CuA 可以实现四平面结构和每页面 16KB 并行操作，读写速度约为 530MB/s。

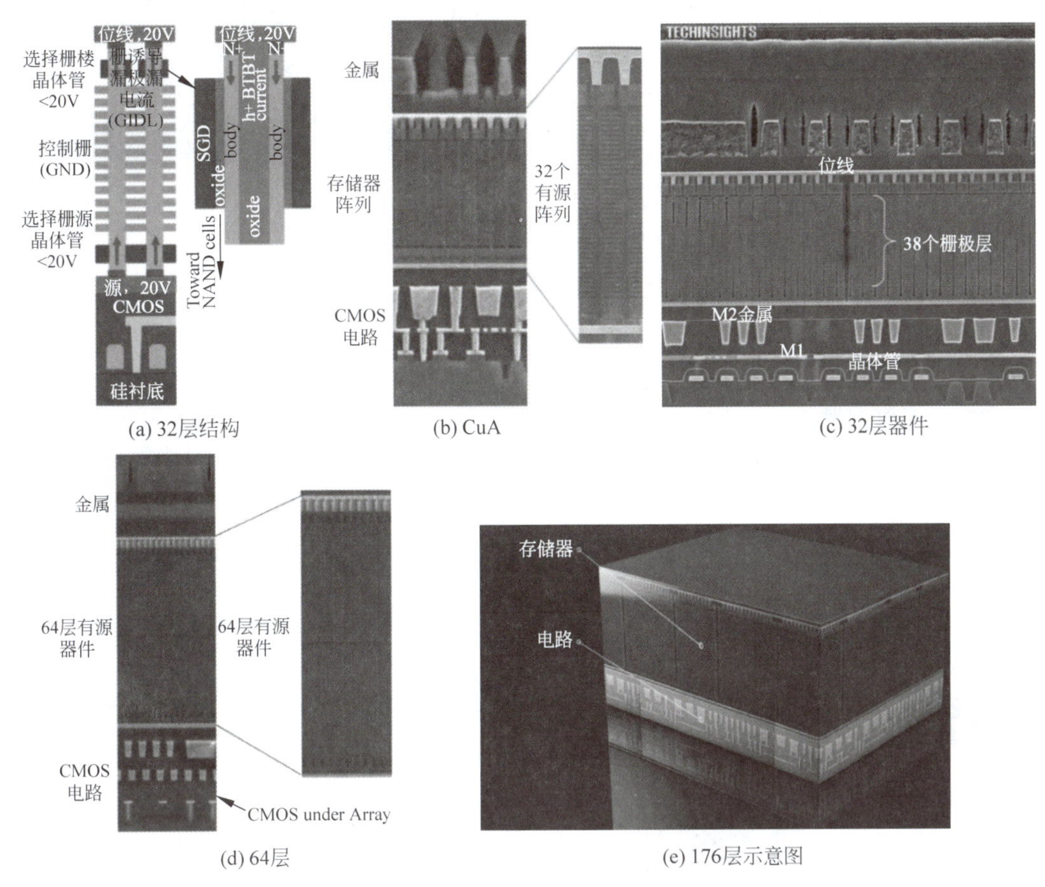

(a) 32层结构　(b) CuA　(c) 32层器件

(d) 64层　(e) 176层示意图

图 12-87 Micron CuA 结构

2018 年，Micron 发布 64 层第二代 Mobile TLC 3D NAND 产品[152]。CMOS 电路位于 NAND 阵列的下方，64 层 NAND 由两个 32 层芯片堆叠而成，芯片面积为 59.341mm^2，为当时面积最小的产品，性能与常规结构相比提升 50%。2018 年，Micron 发布由两个 48 层器件的芯片堆叠而成的 96 层 NAND，采用多页面读取的方式，可以独立进行 2 路并行读取，随机读取速度大幅提高。2020 年 11 月，Micron 量产了由两个 88 层芯片堆叠而成的 176 层片上 3D NAND 产品，512Gb 的芯片面积减小 30%左右。

2018 年，SK Hynix 推出 96 层 3D NAND 与 CMOS 电路堆叠结构 Periphery Under Cell(PUC)，如图 12-88 所示。SK Hynix 将这种芯片布局和电荷阱闪存单元组合称为 4D NAND。2019 年和 2020 年，SK Hynix 分别公布了 128 层和 176 层 PUC 结构 NAND 产品信息[153]。176 层的密度达到 10.8Gb/mm^2，比特生产率提高了 35%，仅略低于理论上限，单元读取速度提高 20%。NAND 阵列和控制器之间的 I/O 速度达到了 1.6Gb/s，总带宽从 128 层时的 1.2GT/s 提高到 176 层的 1.6GT/s。

12.3.3.3 混合键合集成

通常，顺序三维集成 NAND 与外围电路时，为了能够耐受 3D NAND 制造过程的高温

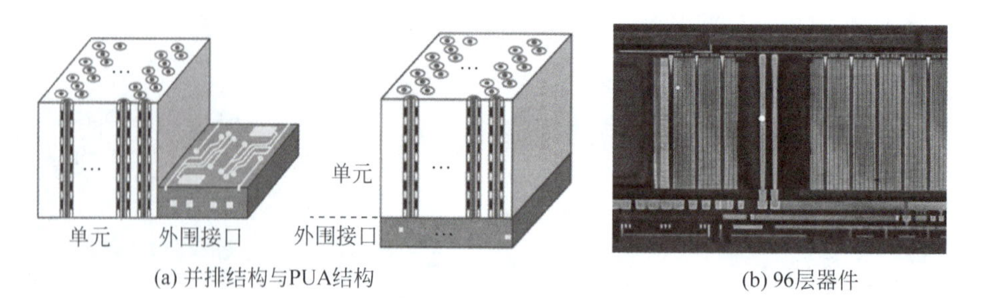

(a) 并排结构与PUA结构

(b) 96层器件

图 12-88 SK Hynix 集成 NAND

并满足隧穿工作模式电压的需求，外围电路需要使用高压晶体管(约 20V)，但高压电路限制了 I/O 读写速度。2018 年的 Flash Memory Summit 上，长江存储(YMTC)报道了首款混合键合并行三维集成 NAND 阵列与外围电路的技术，称为 3D Xtacking，如图 12-89 所示。由于外围电路分开制造，外围电路的页缓存、列解码、电荷泵、全局数据通道和电源电压及选择开关电路等，可以采用低压晶体管和更先进的工艺，不仅可以实现更高的读写速度，还可以提高存储器利用率。2019 年，YMTC 推出 Xtacking 2.0，并于 2020 年推出 128 层 NAND 的三维集成产品，2022 年推出采用 Xtacking3.0 的世界首款 232 层 NAND 产品。

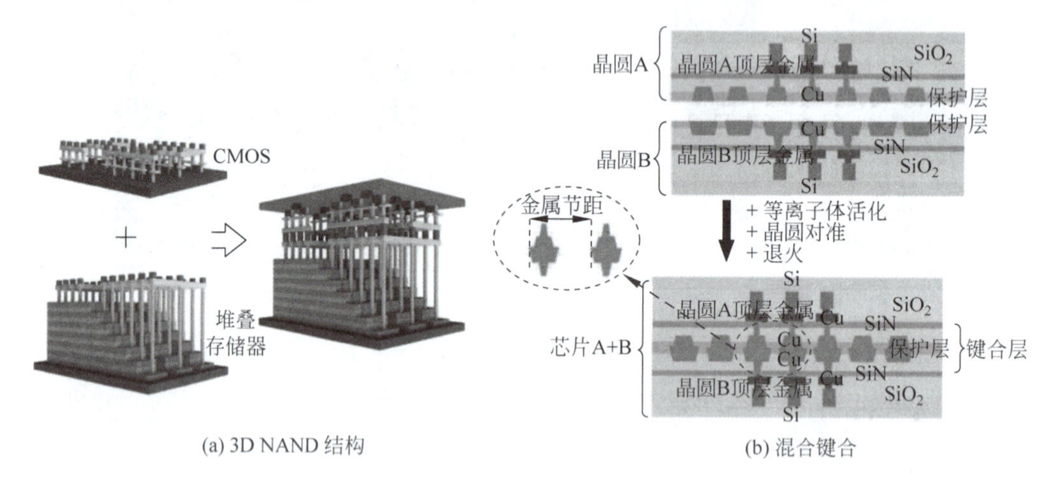

(a) 3D NAND 结构

(b) 混合键合

图 12-89 YMTC Xtacking 示意图

Xtacking 使用 DBI 晶圆级 Cu-SiO_2 混合键合技术[154]，具有优异的可靠性[155]。CMOS 工艺的外围电路包含 4 层金属，NAND 阵列包含 3 层金属，键合连接的金属为 CMOS 的 M4 和 NAND 的 M3，如图 12-90 所示。键合后顶层沉积一层 Al 和钝化层。Xtacking 在 NAND 芯片制造 TSV，包括存储阵列区域的 TAC(Through Array Contact)和边缘区域的 TSC(Through Si Contact)。

通过将 NAND 阵列和外围电路并行三维集成，YMTC 的 64 层 256Gb 的 3D NAND 实现了 90%以上的芯片利用率，位密度达到 4.42Gb/mm^2。采用 Xtacking 2.0 的 128 层 512Gb NAND 的芯片面积为 60.42mm^2，密度达到 8.48Gb/mm^2，读写入速度分别为 7500MB/s 和 5500MB/s，6 通道并行读取速度达到 1.6Gb/s。2022 年 YMTC 推出采用 Xtacking3.0 的 232 层产品，密度达到 15.03Gb/mm^2，单芯片容量为 1Tb。

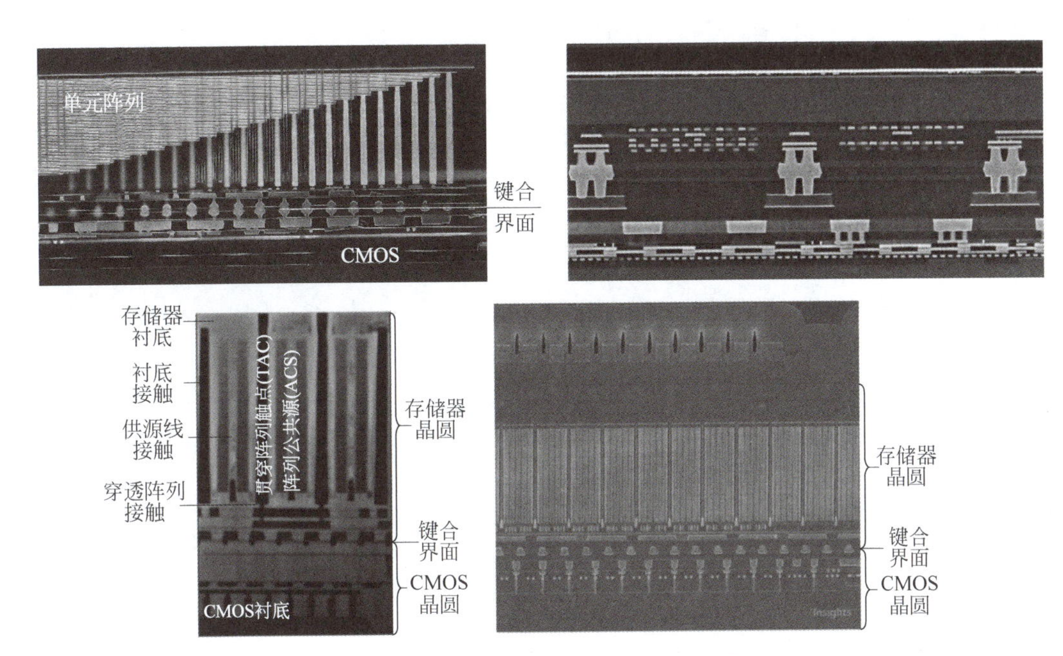

图 12-90 YMTC 3D Xtacking1.0 键合界面

12.3.4 新型存储器

新型存储器如 RRAM、FeRAM 和 MRAM 等具有独特的优点，将其与逻辑集成不仅可以用于处理器领域实现存储计算一体化，还可以用于三维集成 FPGA 等，对计算领域可能产生重大的影响。多数新型存储器件的制造过程不需要单晶材料和高温工艺，从理论上这些新型存储器与逻辑电路可以采用顺序三维集成。MIT 与 Stanford 的 CNT 与 RRAM 的集成以及 Intel 提出的 X-point 技术都利用了这一方法。

2011 年，斯坦福大学报道了基于 AlO_xN_y 的 RRAM 与硅 CMOS 的顺序三维集成[156]，2013 年报道了 Si CMOS、Ge PMOS 与 AlO_xN_y RRAM 的顺序三维集成，如图 12-91[157]。由于 Ge MOS 工艺和 RRAM 工艺都是 400℃以下的低温工艺，顺序集成对底层 CMOS 没有影响。首先在 Si 衬底外延 1.5μm 的 Ge，然后注入并在 825℃下激活，再注入 $3.2\times10^{16}/cm^2$ 的 H 离子形成剥离层。另一个硅衬底采用 180nm 工艺制造 5 层金属的 CMOS，采用 Ge-SiO_2 键合将 Ge 转移至 COMS 表面[158]，通过 CMP 平整化，形成 300nm 厚的 GeOI。采用 ALD 沉积 2nm 的 HfO_2 和 5.5nm 的 Al_2O_3 栅介质，采用 PVD 沉积 Al 作为栅金属，然后源漏区注入并在 350℃下激活。刻蚀 LTO 介质层制造垂直互连连接 CMOS 的 M5，然后采用溅射和 ALD 沉积 $Al/AlO_xN_y/Al$ 作为 RRAM，350℃下退火，最后制造 Ge MOS 和 RRAM 的互连。

2020 年的 IEEE IEDM 上，Leti 首次报道了 HfO_2 RRAM 与两层硅晶体管的单片三维集成[159]，用于实现 1T1R(1 transistor 1 resistor)结构的 RRAM，适合高能效比、低延迟的神经元器件。由于 1T1R 结构存储单元的面积受限于读取晶体管(1T)，RRAM 在阵列密度方面受到限制。尽管采用 BEOL 的选择器替代 1T 或采用 1T4R 结构可以大幅度提高存储密度，但都面临各自的技术难点。

Leti 采用单片三维集成的方式集成多个 1T1R 结构，如图 12-92 所示。器件包括两层

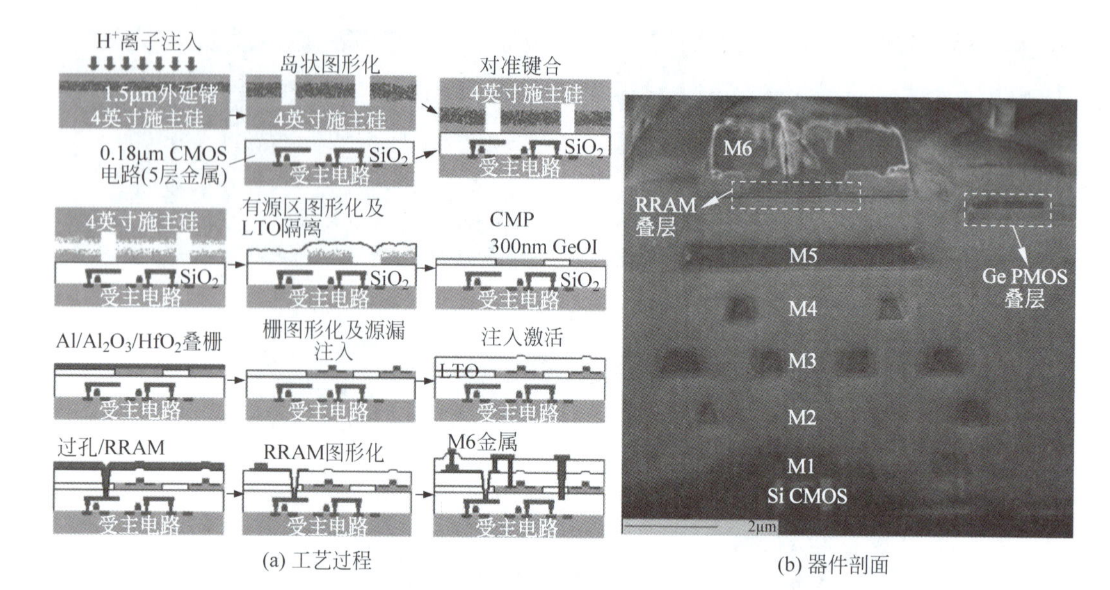

(a) 工艺过程　(b) 器件剖面

图 12-91　Si-Ge-RRAM 三维集成

单片集成的晶体管和位于顶部的 RRAM。RRAM 采用 HfO_2 材料制造在上层晶体管的第一层垂直接触的上方,一个 RRAM 连接上层晶体管的第一层金属,另一个 RRAM 连接下层晶体管的第一层金属,称为 Multi-Level Cell(MLC)。上层晶体管为 65nm 的 FDSOI 工艺制造,采用高 κ/金属栅堆叠结构和凸台源漏结构满足下层温度限制。RRAM 制造采用两次电子束光刻,以实现 RRAM 与两层金属的对准。与常规器件相比,三维集成可以将存储器密度提高 4.75 倍。

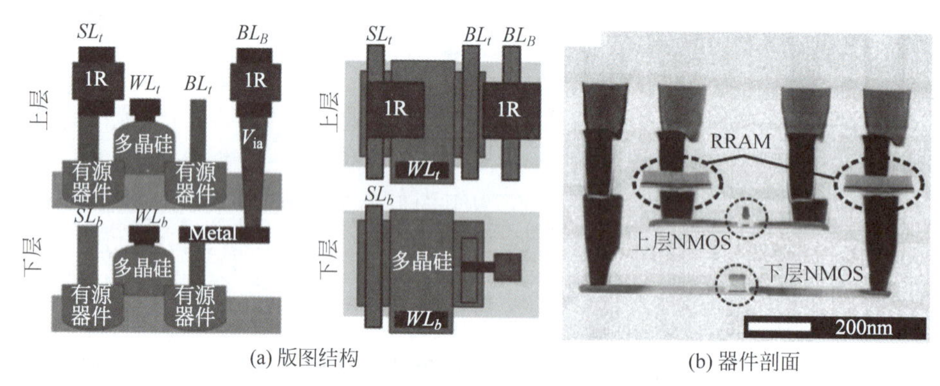

(a) 版图结构　(b) 器件剖面

图 12-92　RRAM 与 2 层逻辑三维集成

12.4　三维集成处理器

三维集成处理器是近年来重要的研究和发展方向。基于冯·诺依曼架构的计算机采用计算(处理器)和存储(存储器)分离的模式,二者之间通过数据总线传输计算数据和计算结果。理论上,处理器对数据传输率的要求与内核数量基本成正比,随着处理器内核数量的快速攀升,对数据传输率的要求非常迫切。在人工智能等以大数据为核心的应用中,大量的语言、图片、影像和文档等非结构化数据需要在存储器和处理器之间通过有限带宽的数据总线反复搬移,不仅导致严重的能耗和延时,而且严重制约了计算能力。

导致上述问题的主要因素包括:①片上高速缓存容量小。受限于 SRAM 器件结构和成本的问题,片上 SRAM 高速缓存的密度低、容量小,即使 CPU 面积的 50%已经被缓存所占据,L3 共享缓存的容量一般也仅有 8～64MB,CPU 必须与片外低速 DRAM 进行大量的数据交换。②DRAM 与 L3 缓存之间的传输速率低。受限于 DRAM 和 CPU 的结构、功耗、时钟频率和封装等因素,DRAM 与 CPU 的片上 L3 缓存之间的 I/O 数量少、数据带宽有限,多核 CPU 不得不停下来等待数据。即使对于 GDDR6 的 I/O 达到 16Gb/s 的高速率,32 个 I/O 的总带宽也只有 64GB/s。

为了突破冯・诺依曼架构的瓶颈,集成电路领域近几年的发展证明,将存储器和处理器以 2.5D 或 3D 的方式集成可以大幅提高带宽,是提高计算能力的有效手段,而采用顺序三维集成二者融合为一的近存计算和存算一体技术将带来革命性的变化。

12.4.1 处理器的三维集成方案

处理器的三维集成主要包括处理器与存储器的三维集成以及多个处理器的三维集成。处理器与存储器的三维集成包括处理器与 SRAM、处理器与 DRAM,以及处理器与 SRAM 和 DRAM 的三维集成,主要目的是通过集成的 SRAM 和 DRAM 提高高速存储器的容量,并利用三维集成的高密度 I/O 实现处理器与存储器之间的高带宽数据传输。多处理器的三维集成主要包括传统硅处理器的并行三维集成,以及新材料器件的顺序三维集成。受限于功耗密度和散热能力,多处理器并行三维集成的堆叠结构尚未实现产业化,而新材料顺序三维集成也仍处于研究探索阶段。

12.4.1.1 并行三维集成

通过三维集成解决 CPU 发展的瓶颈问题,是相关领域的重要发展方向之一。平面多核处理器模块众多、功能复杂、芯片面积大,需要更多、更长和更复杂的全局互连。随着处理器内核数量的增多,不仅读取存储器所需的等待时间过长,而且大芯片的成品率较低,芯片整体功耗和工作温度不断攀升。CPU 和 GPU 所采用的逻辑工艺与 DRAM 工艺差异巨大,单片集成 CPU 与 DRAM 非常困难。采用 DRAM 工艺制造的逻辑电路性能很差,同样,采用逻辑电路工艺制造的 DRAM 漏电严重。即使 SRAM 与逻辑工艺兼容,SRAM 过大的单元和阵列面积极大地增加了 CPU 的面积和成本。

IBM 对 z196 处理器架构的研究表明[160],高性能处理器的瓶颈在于逻辑单元读取存储器的速度,提高读取速度远比采用更快的处理器更能提高处理器的性能,而将更多的存储器布置在处理器内核周围比采用更快的存储器对提高处理器性能更为有效。因此,实现高性能处理器的关键在于大容量 DRAM 或 SRAM 存储器与处理器的近距离集成。对于并行制造的处理器与存储器二者的近距离集成可以采用 3D 堆叠的方式或 2.5D 插入层的方式的 2.5D 集成或三维集成。

三维集成的 DRAM 或 SRAM 可以作为处理器的 L3 高速缓存,如图 12-93 所示[161-162]三维集成此时 CPU 与缓存可以大幅提高数据带宽(如 1TB/s),因此主 DRAM 的延迟和带宽问题得到有效缓解。三维集成都可以在不增加逻辑复杂度的情况下大幅减小缓存与逻辑单元之间的距离、提高数据传输速率和带宽[163]。对两层结构的存储器+逻辑和逻辑+逻

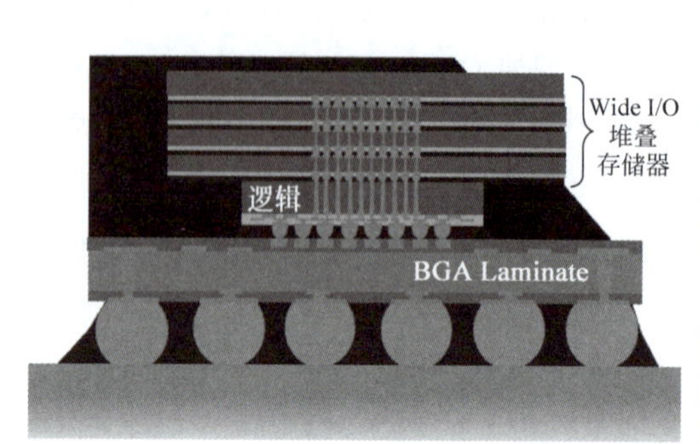

(a) 结构示意图

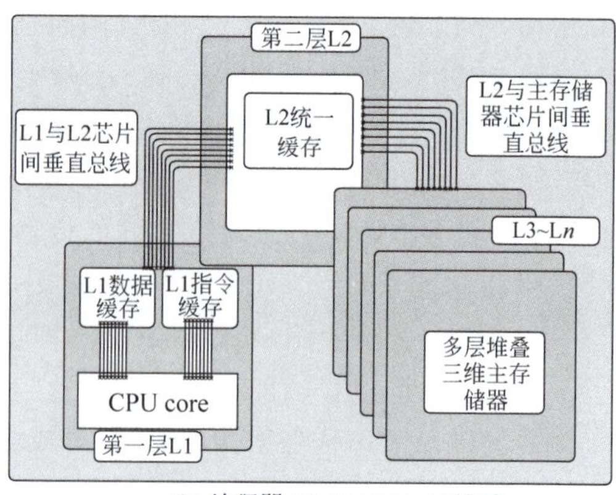

(b) 处理器-SRAM-DRAM关系

图 12-93 处理器与存储器的三维集成

辑的研究表明,32MB 的三维集成 DRAM 缓存能够大幅降低 2 线程处理器读取数据的时钟周期数,同时不显著增加功耗和峰值温度[164]。

三维集成的处理器与存储器之间的高带宽是通过 TSV 与金属键合凸点实现的。TSV 和金属键合凸点的密度高、长度小、自身电容减小,可获得更高的数据传输速率和更低的功耗。采用三维集成可以将处理器的局域时钟频率的互连延时减少 30%~50%,即使只集成 2 层芯片,也可以将时钟频率提高 15%~25%,每周期可处理的指令数可提高 20%~30%,而长互连线延时的缩小因子可达 2.5~5[165]。处理器与存储器可以采用插入层两侧集成的三维连接方式,如 NEC 采用插入层作为两侧存储器和逻辑的 I/O 及电源的扩展,而存储和逻辑的三维集成直接通过连接二者的 TSV 实现[166]。

在处理器与 SRAM 的三维集成方面,2007 年,Tezzaron 报道了 RISC 架构的工业标准 8051 处理器与 SRAM 的三维集成;2009 年,Intel 报道了 x86 架构的处理器与总容量为 20MB 的 SRAM 的三维集成,实现了 1TB/s 的带宽;2021 年,AMD 发布的 SRAM 与 CPU 三维集成的处理器与多层存储器三维集成具有体积和速度方面的优势,但是制造复杂、散热困难,因此基于插入层的 2.5D 集成是目前处理器与多层存储器集成的主要方案。典型的基于插入层的集成是将多层 DRAM 三维集成的 HBM 与处理器共同集成在插入层上。早期 Intel 的 HasWel 处理器和 IBM 的 Power8 处理器都支持 HBM 的 2.5D 集成[167],近年来 HBM 与 GPU 的 2.5D 集成已成为高性能图形处理器的主流技术。

将 SRAM 与逻辑三维集成后,可以再通过插入层与多层 DRAM(HBM)2.5D 集成。图 12-94 为 TSMC 的演示的采用 CoWoS+SoIC 技术实现的处理器与 SRAM 和 DRAM 的集成方案[129]。这种方案具有三维集成 SRAM 和 2.5D 集成 DRAM 的优点,在实现高性能

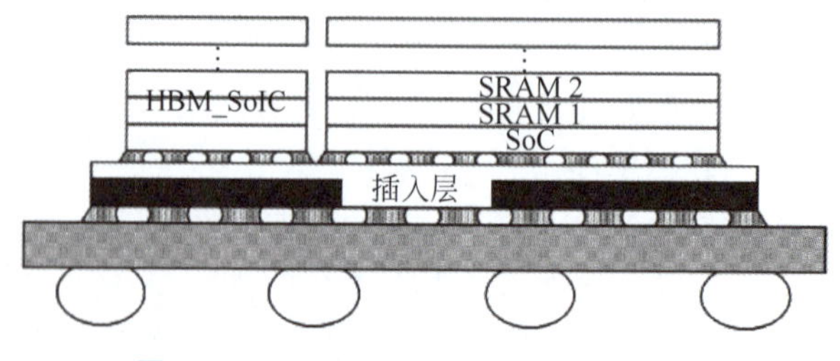

图 12-94 处理器+SRAM+DRAM 集成

的同时,平衡了制造难度、成本和散热方面的问题,最近 GF、AMD、TSMC 和 Samsung 都在朝着这一目标发展。

12.4.1.2 顺序三维集成

顺序三维集成主要用于新型存储器与硅逻辑芯片的集成,例如多种 RRAM、PCRAM 和 FRAM 等存储器可以在低温下制造、兼容硅 CMOS 器件的后道工艺的特点。TSMC 以斯坦福大学和 MIT 实现的 RRAM、碳纳米管逻辑和硅逻辑集成结构为基础,在 2019 年的 Hotchips、2020 年的 DAC 和 2021 年的 IEDM 上提出了单芯片三维集成逻辑、存储和非挥发存储器的 N3XT 技术(Nano-engineered Computing Systems Technology),如图 12-95 所示。这一技术的目标是通过超高密度垂直互连如垂直纳米线(Vertical Nanowire,VNW)或高密度 ILV 集成逻辑与存储器,如负电容晶体管(NCFET,集成铁电材料)、隧穿晶体管、RRAM 等。适合 N3XT 集成的非挥发存储器包括 SST-MRAM、PCM、RRAM、CBRAM 和 FRAM 等。这些存储器中,Everspind 的 MRAM、Samsung 的嵌入式 MRAM 和 Crossbar 的 RRAM 等已进入量产阶段。

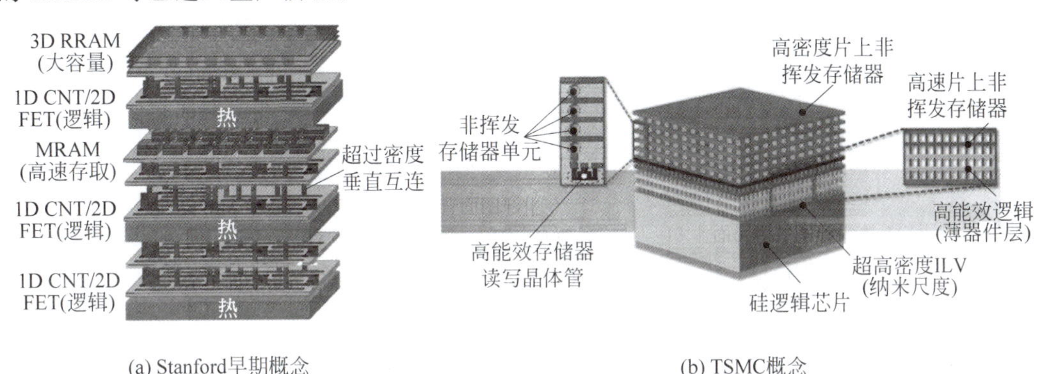

图 12-95 N3XT 结构

12.4.2 处理器与 SRAM 集成

处理器片上 SRAM 作为高速数据缓存,直接提供逻辑内核运算和指令所需的数据,其大小和速率是决定处理器性能的关键。SRAM 单元密度较低,40nm 工艺制造的 SRAM 单元密度仅为 3.0Mb/mm^2,甚至低于 45nm 工艺制造的 eDRAM 的单元密度 4.2Mb/mm^2[168]。在 28nm 节点以后,片上 SRAM 单元不再缩小,因此即使处理器面积的 50%~60%已经被 SRAM 所占据,其容量也非常有限,如 L3 通常为 8~64MB,不能满足多核处理器的需求。此外,SRAM I/O 高速数据传输需要 15~25W 的功耗,增大了处理器的负担。

将 SRAM 与处理器三维集成,可以获得更高的缓存容量、更低的随机读取延迟(<1.5ns)和更短的读取周期(<2ns),是提高系统性能的有效途径。早期 RPI、Intel 和佐治亚理工等对 SRAM 与 CPU 集成进行了研究[169-171]。由于三维集成可以采用不同的工艺,理论上可以采用不同材料和工艺制造处理器,例如利用 SiGe HBT 实现主频高达 16GHz 和 32GHz 的处理器。SRAM 与处理器三维集成可以获得更高的数据传输速率和带宽,实现高性能和低功耗,在速率和功耗方面全面优于 HBM2,如表 12-2 所示。

表 12-2　HBM2 与 3D SRAM 性能对比

参　　数	HBM2	3D SRAM
通道数量	1×	6×
数据传输速率/(I/O)	1×	>2×
带宽(单向)	1×	>10×
最大容量	1×	1～10×
功耗	1×	0.3～0.5×
随机周期	1×	<0.03×
延时	1×	<0.3×
温度限制	DRAM 决定	－40～125℃
集成	2.5D	3D

SRAM 与处理器三维集成还可以显著降低芯片面积和制造成本。单独制造的 SRAM 不再占用先进制程处理器的面积，并且大幅减少了互连金属的层数，SRAM 的制造成本显著下降。此外，SRAM 不受逻辑部分的缺陷制约，可以通过修复提高成品率，并且较小面积的逻辑单元的成品率也可以提高，都会显著降低制造成本。GF 的分析表明，将 625mm^2 的处理器分割为 312mm^2 的逻辑和 312mm^2 的 SRAM 后三维集成，可以将良率提高 20%，成本降低 63%[172]。

12.4.2.1　集成方案

处理器逻辑芯片与 SRAM 芯片三维集成有不同的结构，如逻辑在上 SRAM 在下或逻辑在下 SRAM 在上。每种结构还可以进一步分为面对背键合和面对面键合，如表 12-3 所示。这些结构具有各自的优缺点，考虑到处理器功耗大、温度高，从散热的角度考虑，采用逻辑在上 SRAM 在下的结构有利于处理器散热。

表 12-3　处理器与 SRAM 三维集成方案

	逻辑上 SRAM 面对背键合	逻辑上 SRAM 面对面键合	SRAM 上逻辑 面对背键合	SRAM 上逻辑 面对面键合
结构	SRAM 逻辑	SRAM 逻辑	逻辑 SRAM	逻辑 SRAM
TSV 数量	优	良	中	良
散热性能	中	中	优	优
信号与电源完整性	优	良	良	中

SRAM 与处理器三维集成的结构布置可分为两种，如图 12-96 所示。一种是"逻辑＋存储"的叠加方法，即把逻辑放在一层，把 SRAM 放在另一层，两层电路间通过大量短距离的 TSV 和金属键合互连，提高数据传输速率。这种方式的优点是对现有设计和结构的影响最小，可以直接通过现有架构实现，成本也会有所降低；缺点是三维集成获得的收益较小[173]，而且 TSV 数量较多，占用芯片面积。另一种是"逻辑存储＋逻辑存储"的叠加方法，即把处理器的逻辑电路分成两部分，分别放在不同的层上，并且每一层上带有相应的 SRAM。这种方式同样缩短逻辑电路与存储器间的距离，实现高速数据传输，但是逻辑与存储工艺不能分开优化，成本改善不够显著。

三维集成中，SRAM 的读取时间与分割层数成反比，即随着分割层数的增加，读取时间

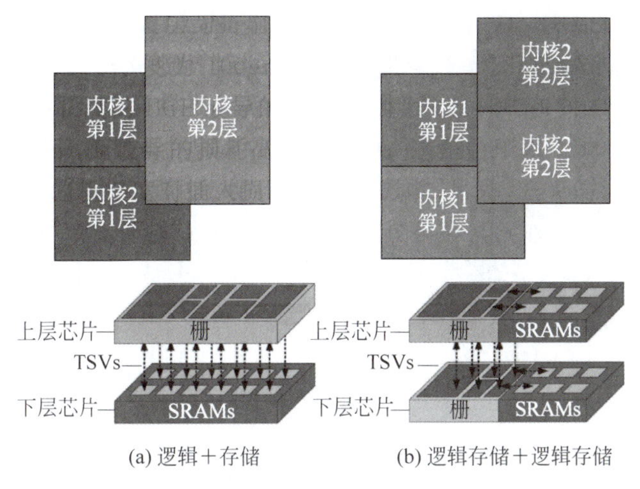

图 12-96 SRAM 与 CPU 三维集成方式

逐渐减小。模拟表明，70nm 工艺、1MB 大小的 SRAM 分割为 1 层、2 层、4 层和 8 层时，SRAM 的读取时间分别约为 2.2ns、1.7ns、1.3ns 和 1.2ns[161]。然而，并非分割层数越多越好。将 1 层分割为 2 层和 4 层时，读取时间分别降低 23％和 41％，而分割为 8 层时读取时间只比分割 4 层少了 4％，已没有明显进步，但是制造过程更加复杂，成本高、成品率低。

在面对面的逻辑＋存储的方式中，逻辑部分的功能单元直接放置在存储下方，两层芯片的间距降低到最小程度，一个时钟周期传输的距离内可以布置更多的晶体管，因此不同功能模块之间的互连长度得以大幅缩短，使处理器性能取决于晶体管而不是互连延迟，可以使用更少的流水线级数、工作在更高的频率。由于热点温度的限制，功耗大的模块不能在垂直的对应位置。Intel 的模拟结果表明，逻辑＋存储集成结构可以减少 3 倍的片外引线，存储器读取周期降低 13％，总线功耗降低 66％。

逻辑存储＋逻辑存储的方式中，通过重新划分逻辑模块获得更高的性能表现，流水线级数可以压缩 25％，使单线程的性能提高约 15％[174]。流水线级数的压缩取决于全局互连，三维结构使中继器的数量减少一半，通过降低单元内部的延时和功耗，在一定程度上补偿单元之间的互连和功耗。2004 年，Intel 采用逻辑存储＋逻辑存储方式实现的三维集成 Pentium4 处理器[171]，将 1MB 大小的 L2 缓存分为两组，缓存线读出延时和功耗分别降低 25％和 20％。

12.4.2.2 三维集成实例

2007 年，Tezzaron 报道了 RISC 架构的 8051 处理器与 SRAM 的三维集成[175]。如图 12-97 所示，上层为处理器逻辑芯片，除了主处理器外，还包含 1 个整数运算协处理器和 1 个浮点运算协处理器，可以在一个时钟周期执行大多数指令，面积为 12.5mm^2，共约 10 万晶体管和 I/O 接口，包括 12 万个 TSV，但只有 0.5％用于信号传输。下层为 128KB 的 SRAM，接口频率为 220MHz，到 CPU 的所有延时只有 3ns，最高数据传输率达 4GB/s。三维集成后，处理器的最高工作频率达到 140MHz(理论频率 300MHz)，而普通 8051 处理器的工作频率仅为 33MHz。与 Dallas 的标准 8051 处理器 80C420 相比，三维集成后图像处理速度快 3 倍、复杂计算快 4.5 倍，存储器读取速度快 7 倍，而功耗却只有 80C420 的十分之一。这些性能只是通过三维集成获得的，并未对处理器和存储器针对三维集成进行改进和优化。

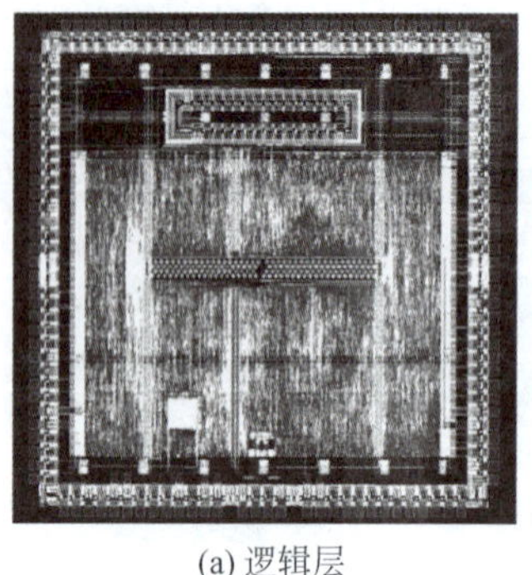

(a) 逻辑层

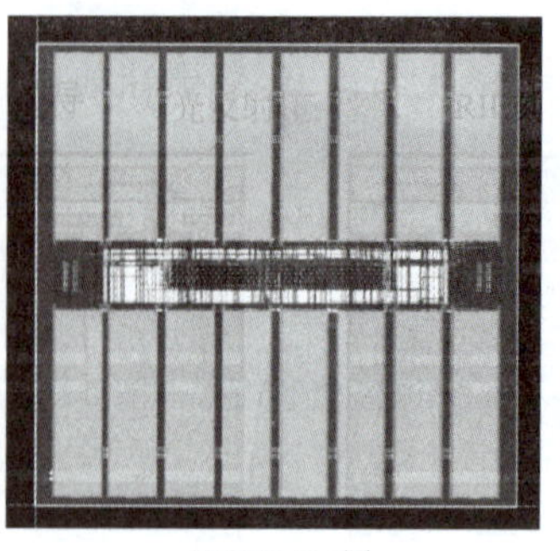

(b) SRAM层

图 12-97 Tezzaron 三维集成 8051

2009 年,Intel 报道了 TFLOP 三维集成的 80 核实验处理器,如图 12-98 所示[176-177]。Intel 将 SRAM 放置在下层,65nm 工艺的逻辑内核位于上层,两层芯片的面积相同,通过凸点键合连接。TSV 位于减薄的 SRAM 层,共 3200 个,节距为 190μm。每个 SRAM 模块包括 256KB 的静态存储器和接口逻辑电路,数据传输速率为 12GB/s,SRAM 总容量为 20MB,总带宽为 1TB/s,但是功耗只有 2.2W。处理器工作主频为 5GHz,1 TFLOP 时功耗为 97W。

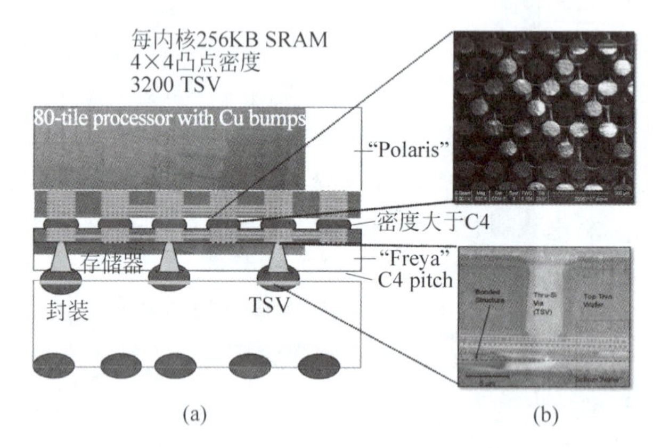

(a) (b)

图 12-98 Intel SRAM 集成处理器

2010 年,NEC 报道了可重构的 SRAM 与逻辑内核三维集成系统,如图 12-99 所示[178]。采用 SRAM 和逻辑内核分层方案,SRAM 通过二维网格划分,利用开关阵列配置为不同大小的模块,以适应逻辑内核载荷的变化。两层芯片采用 Au-Au 键合,凸点尺寸为 5μm,节距为 10μm,总数为 3269 个,其中 821 个用于信号传输,实现 32 个数据通道并行读取 32 块 SRAM,125MHz 时总带宽达到 8GB/s。

2012 年,佐治亚理工学院 KAIST 和 Amkor 开发了逻辑内核与 SRAM 三维集成的 3D-MAPS 结构(Massively Parallel Processor with Stacked Memory),如图 12-100 所示[179-180]。上层为 64 核通用处理器,下层为 256KB 单周期访问 SRAM,每核对应 4KB SRAM。两层芯片尺寸均为 5mm×5mm,共包括 3300 万晶体管,采用 GF 的 130nm 工艺制造。处理器芯片厚度为 12μm,SRAM 芯片厚度为 765μm,上下层采用 Tezzaron 的 TSV 及面对面混合键合集成。TSV 位于逻辑层,连接逻辑芯片正面的 M1 和背面的引线键合盘,尺寸为 1.2μm×8μm,节距为 5μm,电阻和电容分别为 0.6Ω 和 3fF,采用 MEOL 方案制造,总数约 5 万个。

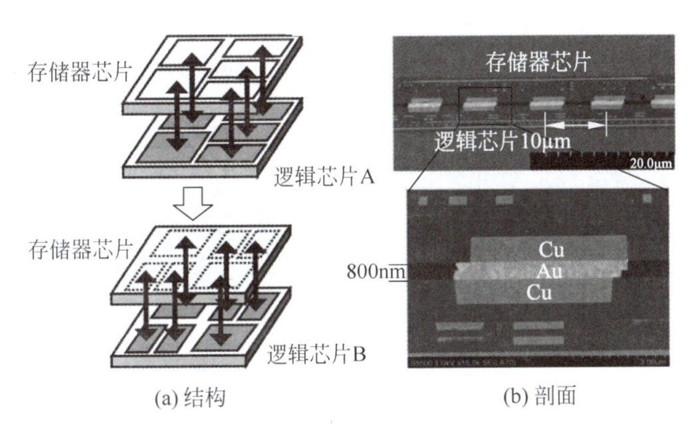

(a) 结构　　(b) 剖面

图 12-99　可重构 SRAM

键合金属直径为 3.4μm，节距为 5μm，电阻约为 3mΩ。逻辑与 SRAM 芯片之间包括 668 个电源和地线通道，每个通道由 64 个金属键合点组成，共 668×64=42572 个键合点用于电源和地线；另外有 116 个信号通道，每通道包含 32 个数据接口和 64 个寻址、时钟及控制信号接口，数据通道共 3712 个键合点，控制通道共 7424 个键合点。工作在 277MHz 时，理论数据传输带宽为 70.9GB/s，实测带宽为 63.8GB/s。

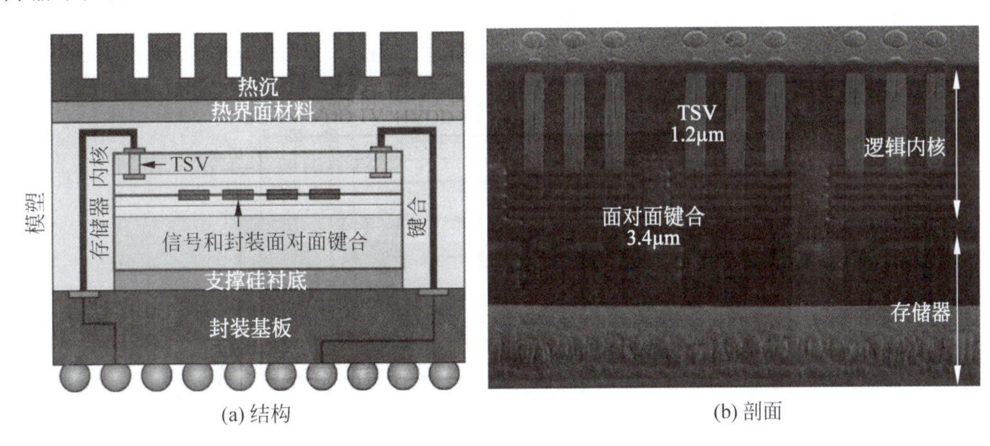

(a) 结构　　(b) 剖面

图 12-100　3D-MAPs

2012 年，密西根大学报道了由 2 层逻辑内核、2 层缓存和 3 层 DRAM 三维集成的 Centip3De 结构，如图 12-101 所示[181-182]。内核和缓存采用 130nm 工艺制造，内核工作在近阈值模式(V_{DD}=670mV)时具有最低的功耗；缓存因为漏电流较大，工作在 870mV 时具有最优的功耗/延迟比。在上述电压下，内核工作频率为 10MHz，缓存工作频率为 40MHz，因此采用 4 个内核共用 1 个 L1 缓存的结构。全部 64 核分为 16 组，共享 1kB 指令缓存和 4 路 8KB 数据缓存，缓存通过 3D 数据总线与 DRAM 连接读取外部数据。

每组 4 个内核和共用缓存之间有 1591 个金属键合 I/O，内核与缓存 I/O 总数达到 28485，二者间的连线长度减小了 600～1000μm。系统总线工作频率为 160～320MHz，对应存储器带宽为 2.23～4.46GB/s，总带宽可达 254GB/s，能效比为 3930 DMIPS/W。理论上采用 45nm 工艺的能效比为 18500 DMIPS/W，是 40nm 工艺 ARM Cortex-A9 的 8000 DMIPS/W 的 2.3 倍。

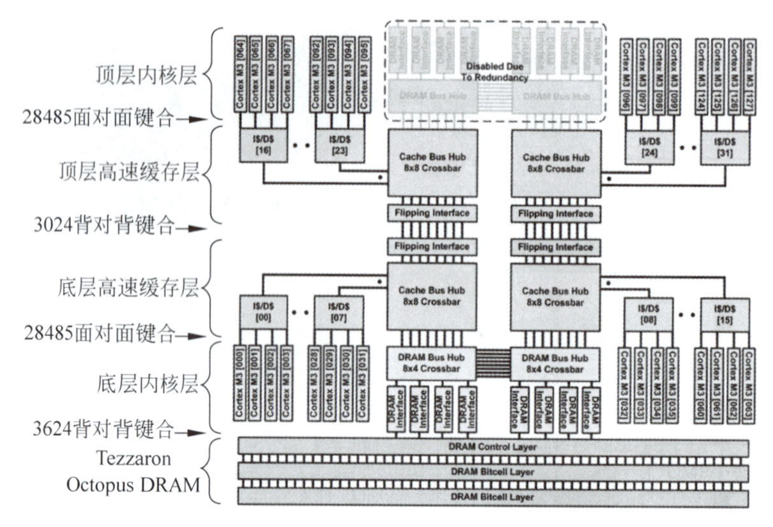

图 12-101 Centip3De 结构图

图 12-102 为 Centip3De 的制造工艺流程：(a)分别制造缓存和内核，以及二者内部的 TSV；(b)翻转缓存芯片与内核芯片，实现面对面金属介质层混合键合；(c)背面减薄缓存芯片到约 12μm，暴露 TSV 并制造背面金属和介质层；(d)将两个相同结构的上述芯片再次通过缓存芯片背面的金属和介质层键合，形成背对背键合；(e)背面减薄下层内核芯片到约 12μm，暴露 TSV 后制造背面金属互连和键合金属点；(f)采用凸点键合的方式将四层芯片与三层 DRAM 芯片键合。

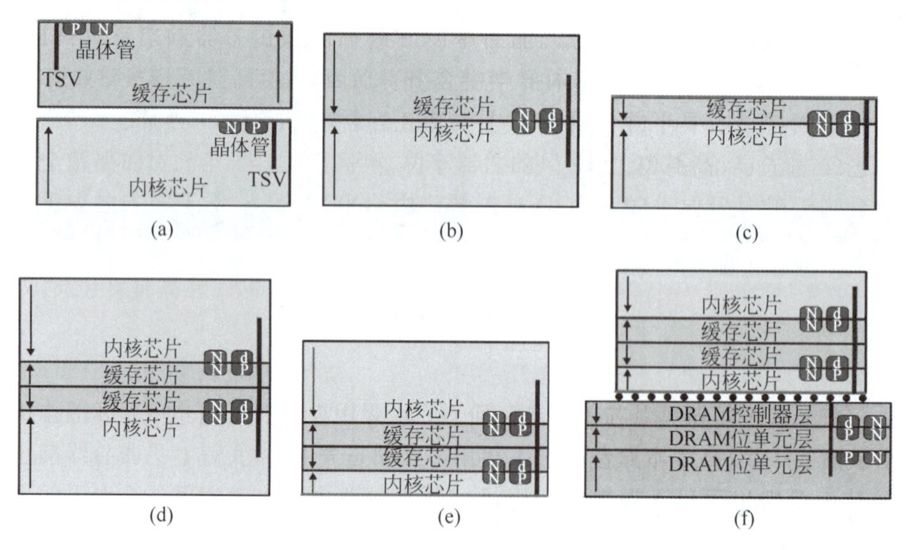

图 12-102 Centip3De 工艺流程

2017 年，GF 报道了 SRAM 与处理器的三维集成结构，如图 12-103 所示[172]。逻辑芯片位于 SRAM 上方，以保证逻辑芯片的良好散热。逻辑芯片的信号通过 SRAM 芯片中的 TSV 连接至封装焊球。SRAM 容量为 32Mb，采用 14nm 工艺制造，TSV 位于 SRAM 芯片，KOZ 距离为 5μm。测试结果表明 TSV 和减薄对 SRAM 性能的影响可以忽略。

2020 年，Samsung 利用 X-Cube 将 SRAM 三维集成在逻辑内核上方，用于移动、虚拟现

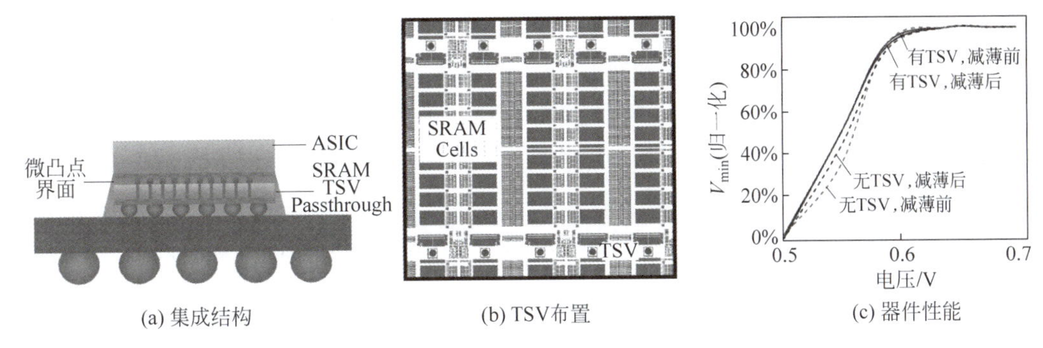

图 12-103 GF 三维集成 SRAM 和逻辑

实、可穿戴和高性能计算等[183-184],如图 12-104 所示。SRAM 总容量为 64Mb,与逻辑芯片通过 30μm 节距的铜锡微凸点键合连接。逻辑芯片采用 7nm EUV 制造,包括 SRAM 控制器、逻辑核以及 DMA。逻辑芯片内带有 128×2=256 个 TSV,每个 TSV 的传输速率为 760Mb/s。SRAM 控制器负责读取 SRAM 单元、同步界面和异步 FIFO,采用 DDR 转换减少信号数量,具有可控延迟线,补偿时钟数字和数字间的偏离。逻辑和 SRAM 驱动电压为 0.85V,TSV 驱动电压为 1.0V,SRAM 与 TSV 功耗为 0.156W。每通道带宽为 24.3GB/s,读写延迟分别为 7.2ns 和 2.6ns,远低于 GDDR6 和 HBM2 的 45ns,每瓦带宽为 156.1GB/s/W,远高于 GDDR6 的 25GB/s/W 和 HBM2 的 70GB/s/W。采用芯片-晶圆级键合,先临时键合逻辑圆片并背面减薄,然后 Cu-Sn 键合 SRAM 芯片与逻辑圆片,最后模塑并切割。

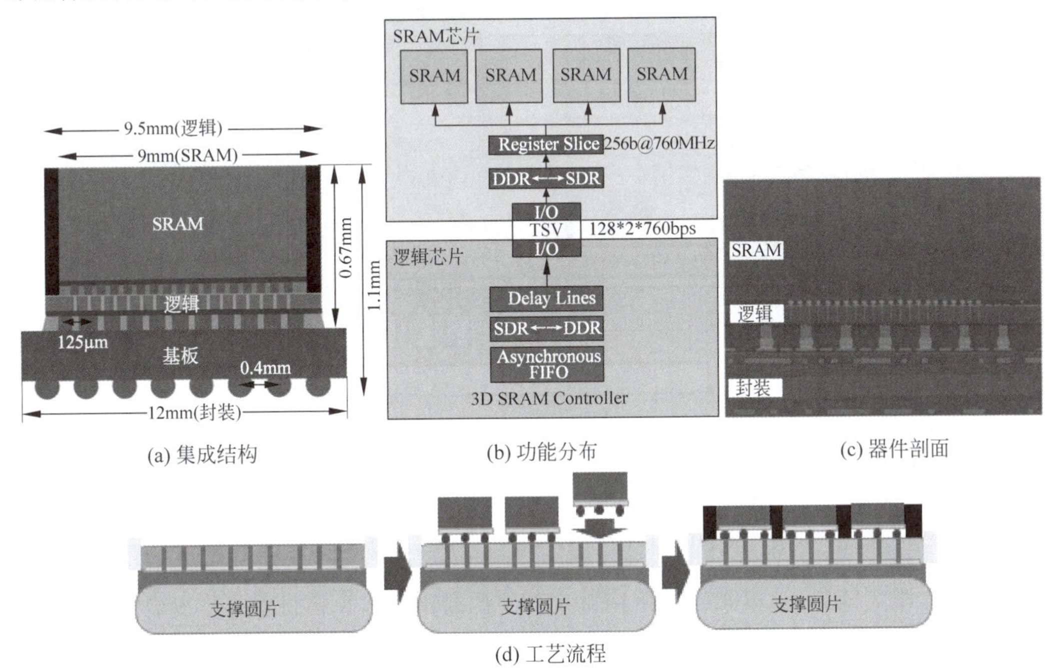

图 12-104 Samsung 逻辑和 SRAM 集成

2021 年,AMD 发布了采用 X3D 结构的 Ryzen 7 5800x3D 移动处理器,这是首款采用 7nm 工艺 TSV 模块的产品[185-186]。如图 12-105 所示,Ryzen 7 5800 采用混合键合集成 SRAM 芯片和处理器芯片,系统共包括 1 个 8 内核 Zen 3 架构的内核复合芯片(CCD)、1 个独立 L3 缓存芯片(V-Cache)和 2 个结构芯片组成。CCD 位于下层,包括芯片两侧的 8 核逻辑单元和中间的内建 L3 缓存。内建缓存由 8 个 4MB 模块组成,共 32MB。CCD 芯片上方对应内建缓存的位置为 V-Cache,总容量为 64MB,面积约为 $41mm^2$,与内建的 32MB 缓存基本相同。CCD 内核区域上方分别集成两个结构芯片,用以平衡结构应力抑制翘曲,并增强 CCD 内核区的散热。由于 CCD 芯片和 V-Cache 芯片均为减薄后的芯片,因此在 V-Cache 上方集成了覆盖整个面积的支撑芯片,用于增加强度并提高散热能力。

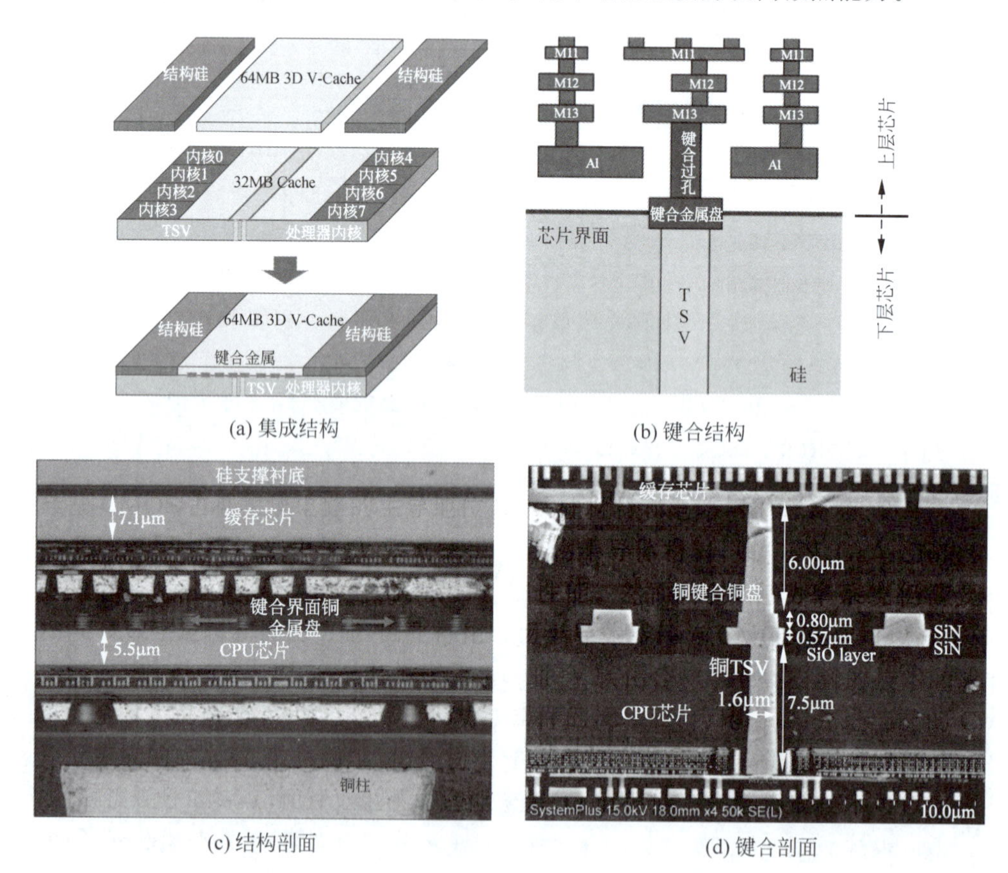

(a) 集成结构　(b) 键合结构　(c) 结构剖面　(d) 键合剖面

图 12-105　AMD 3D V-Cache 处理器 Ryzen

V-Cache 芯片与 CCD 以面对背的方式采用 TSMC 3D Fabric 的 Cu-SiO_2 混合键合集成,内建缓存区的 TSV 将封装基板的电源和信号连接至 CCD 芯片的上表面,再通过 Cu 键合与 V-Cache 连接。每个 CCD 的 L3 共享缓存包括内建的 32MB 缓存和独立的 64MB 缓存,总容量达 96MB。CCD 芯片采用 7nm 工艺制造,总面积为 $81mm^2$,厚度约为 25μm,包括 13 层 Cu 互连和 1 层 Al 互连,TSV 采用 MEOL 工艺制造,直径约为 2.5μm,中心距为 17μm,总量约为 24000 个,占据的 KOZ 区约为 $0.8mm^2$。TSV 在 CCD 的正面连接 M10 和 M11 金属层,通过键合金属(BPM)和键合过孔(BPV)连接 V-Cache 芯片的 M13。

与传统封装相比,三维集成使互连密度提高 200 倍,与金属凸点键合相比,互连密度提高 15 倍,互连能效比提高 3 倍。尽管 L3 缓存的延迟高于片上 L1,但是数据传输带宽在 2TB/s 以上,超过了 L1 的水平。这种集成方式的面积比单芯片大 10%左右,但是成本却只有单芯片的59%左右。AMD将三维集成缓存技术称为3D V-Cache,目前已经发展到第二代。与第一代相比,CCD的厚度减小到10μm以下,独立缓存的面积减小到36mm²,TSV的直径和中心距分别减小到1.6μm和9μm,占用面积减少40%。

12.4.2.3 三维集成FPGA

FPGA基本结构包括可编程输入输出单元、可编程逻辑单元、嵌入式RAM、互连线、内嵌专用硬核和底层内嵌功能单元。FPGA的特点适合采用三维集成:①FPGA由大量的规则单元构成,三维集成架构的划分较为简单;②嵌入式SRAM占用大量的面积,并且与逻辑工艺不同,分开制造有利于降低成本并减小芯片面积;③大规模FPGA的互连线数量巨大,面积可达芯片的75%,消耗80%的总功耗,并产生显著的延时,FGPA的性能(延时和功耗)和密度受到可编程互连的影响。三维集成可以减少互连数量和长度,具有相同路由能力的三维FPGA与二维结构相比,延时降低20%~29%,功耗降低17%~22%[182-183]。

FPGA的三维集成可以分为同质集成和异质集成,如图12-106所示。同质集成将两层二维FPGA堆叠,通过键合凸点或TSV连接,可编程单元除了在水平方向上互相连接外,还可在垂直方向上相互连接,即可以将每个单元的相邻单元数量由4个增加为6个,提高50%。此外,同质三维集成减少了路由开关的数量,缩短了单元间的互连长度,扩展了集成的层数,使FPGA的互连延时和功耗减少50%,逻辑阵列密度提高40%。异质集成将逻辑电路与SRAM分开为不同的层,可以减小互连长度、降低制造成本,而且FPGA的可编程互连可实现新的路由算法,提高性能和灵活性。通常同质集成采用并行三维集成的方式实现,异质集成既可采用并行三维集成实现,也可采用顺序三维集成实现。

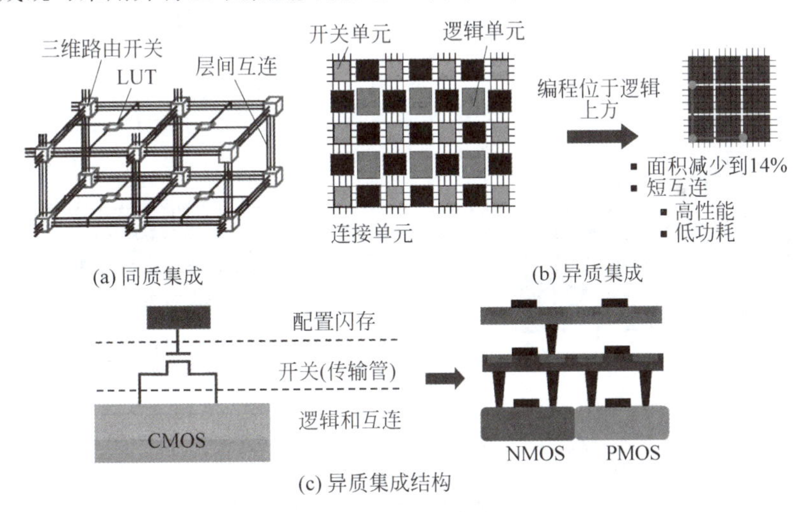

图12-106 三维集成FPGA

2010年,东芝报道了首个三维集成FPGA,如图12-107所示[187]。东芝采用顺序三维集成在CMOS上方制造TFT晶体管作为SRAM,将逻辑电路和可编程SRAM分层。由于TFT的温度低于400℃,顺序集成对下层没有影响。TFT晶体管共2.3亿个,相当于26Mb的SRAM。这种集成方法制造简单,但是只能将FPGA划分为2层,在集成度方面的效果有限。

2013年,ASET与Hitachi报道了同质集成三维FPGA,如图12-108所示[188]。同质集

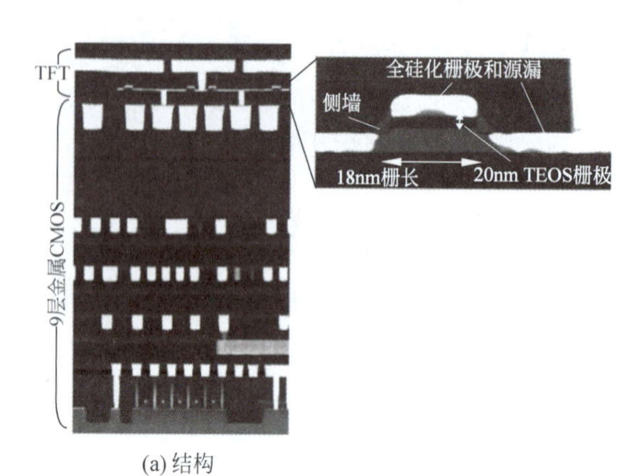

(a) 结构

- 制造下层CMOS
- 制造连接电路和TFT的过孔
- 非晶硅TFT有源区和沟道注入
- TFT栅极
- 源漏注入和侧墙
- TFT有源区NiSi金属化及栅极非晶硅
- TFT M1金属及钝化层

	Width (nm)	Pitch (nm)
连接电路M9	120	430
有源区	100	220
栅极	180	300
连接TFT M1	120	300
TFT M1	120	240

(b) 工艺流程与TFT参数

图 12-107　东芝 TFT 三维集成 FPGA

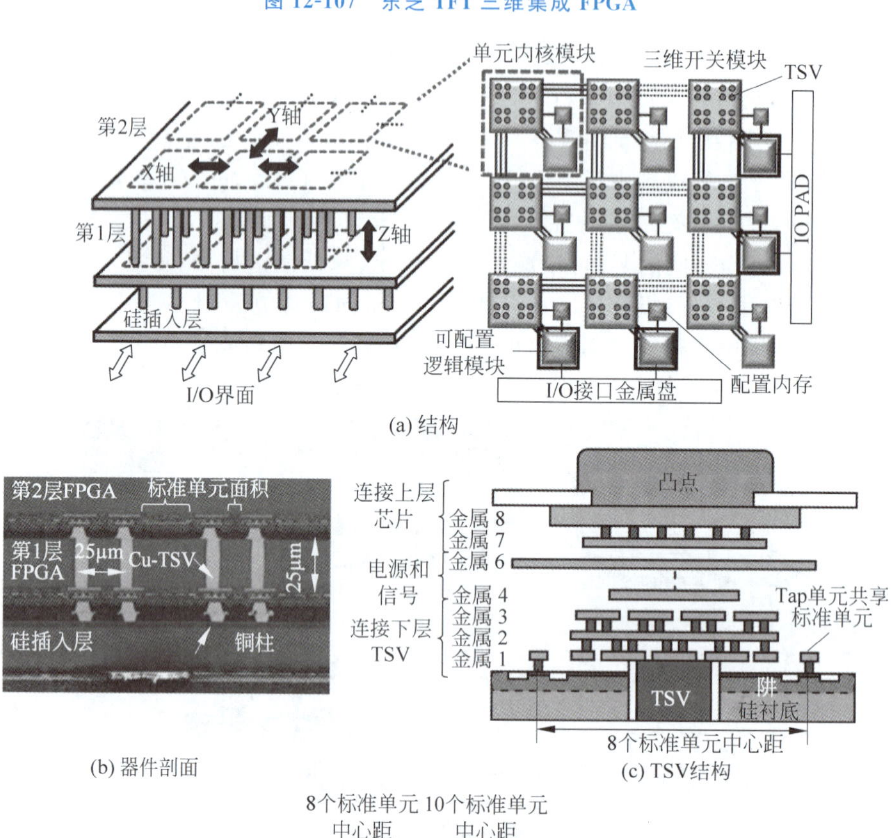

(a) 结构

(b) 器件剖面

(c) TSV结构

8个标准单元 10个标准单元
中心距　　中心距

TSV
area

内核电路
(标准单元)

(d) 嵌入分布

图 12-108　ASET 三维集成 FPGA

成中每层都包含 16×16 模块布局，每个模块的组成单元都包括逻辑、存储和开关，TSV 作为三维数据传输网络和统一的时钟网络。尺寸为 7μm×25μm 的 TSV 电容为 48fF，具有与水平互连相同的数据传输速度。与常规设计中将 TSV 放置在逻辑模块外部以简化设计和版图不同，ASET 将每组 TSV 的面积设计为与 8 个面积相同的标准模块，将 TSV 模块嵌入逻辑电路内部。嵌入式短 TSV 降低了互连长度，使连线寄生电容减小 75%。逻辑单元采用 H 树结构分配时钟信号驱动，考虑工艺波动后，层间 H 树的实测延迟为 370ps。芯片采用 90nm 工艺制造，TSV 为 BEOL 工艺，两层芯片采用面对背的方式 Cu-Cu 键合。TSV 的传输速率为 2Gb/s，能效比 15Tb/s/W 和传输密度 3.3Tb/s/mm^2 均为当时最高水平。

2014 年，Leti 报道了顺序三维集成的 FPGA，如图 12-109 所示[189]。采用异质集成方式，将 SRAM 放在下层，逻辑电路放在上层。采用 14nm FDSOI 顺序三维集成工艺制造，利用高密度的 ILV 和层间金属互连，Leti 采用了细粒度的分割方式，每个可编程和开关单元包括 1 个 4 输入的多路器和 2 个 SRAM 单元，通过多路器实现全向路由。多路器由 6 个 NMOS 传输门和拉升电平的缓冲器组成，每个 SRAM 单元由 6 个晶体管组成，这种设计使每个单元的上层逻辑电路和下层 SRAM 具有相同的面积。顺序三维集成的 FPGA 较二维结构相比面积减小 55%，功耗降低 47%。

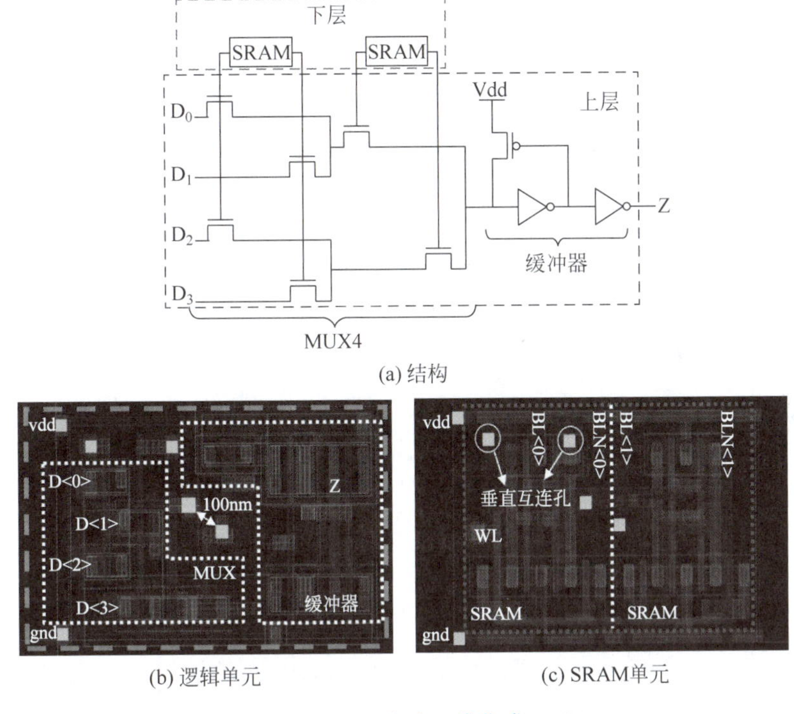

图 12-109 Leti 顺序三维集成 FPGA

12.4.3 处理器与 DRAM 集成

处理器和 DRAM 三维集成可以显著提高处理器性能。理论研究表明[190]，三维集成处理器的每个时钟周期所执行的指令数 IPC 的平均水平比平面结构提高 72.55%以上，但内核功耗仅提高 16%，而且由于 DRAM 层的功耗小、温度低，处理器内核的热量被 DRAM 层吸收和平均,因此三维集成处理器的峰值温度略低于二维处理器的峰值温度。尽管如此,由于三维集成大量的DRAM需要多层集成,制造的复杂性、成本和可靠性以及散热问题的影响,加之多层DRAM与处理器的数据传输I/O数量也受到限制,削弱了处理器与DRAM三维集成的优势。近年来2.5D插入层集成技术的高速发展,使处理器与多层DRAM的三维集成尚未成为量产技术路线。

12.4.3.1 典型集成

2004年,Sony报道了利用微凸点键合的CPU与DRAM的三维方案,如图12-110所示[191]。CPU芯片位于DRAM芯片上方,尺寸分别为10.45mm×8.15mm和11.9mm×9.6mm,二者之间由1788个微凸点键合连接,其中信号线为1300个。金属凸点直径为

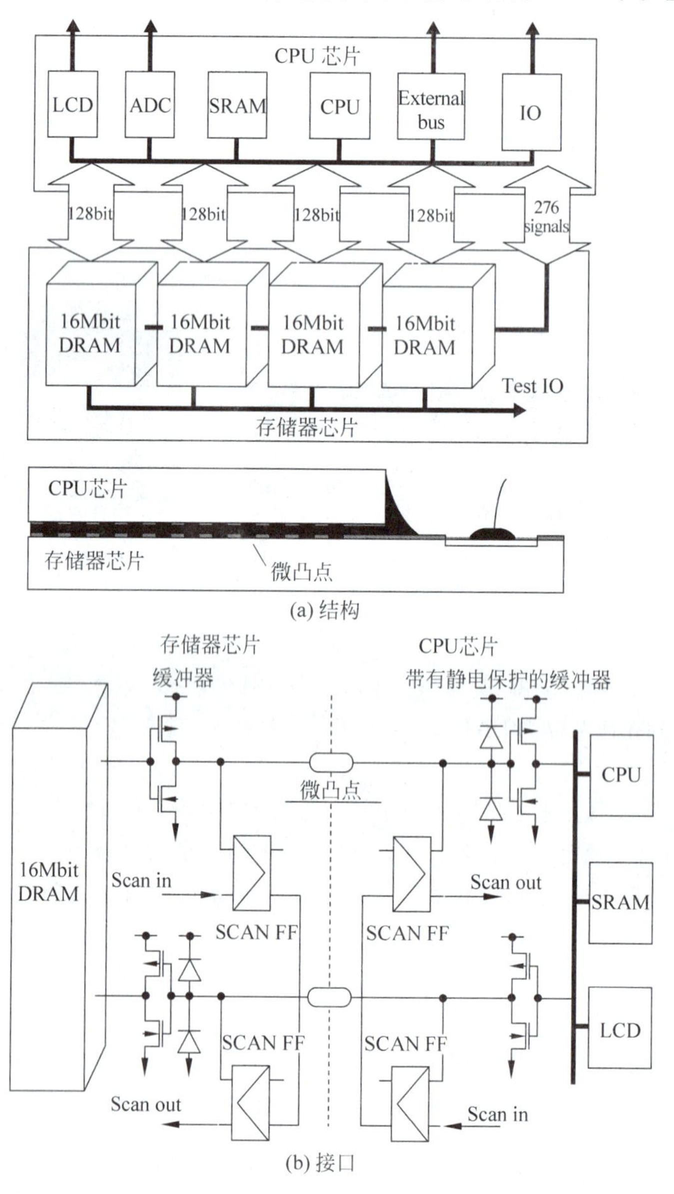

图12-110 Sony CPU与DRAM三维集成

30μm，节距为 60μm，每个凸点电阻为 14mΩ，电容为 50fF，等效于 1mm 长的片上互连线，在 1.5V 电压和 123MHz 频率下传输速率为 160Gb/s。

Intel 较早研究了多核处理器与 DRAM 三维集成，如图 12-111 所示。16 核处理器利用 45nm 工艺制造，芯片面积为 128.7mm^2，时钟频率为 1.0GHz，L1 缓存容量为 16KB，读取时间为 2ns，L2 缓存为 512KB，读取时间为 5ns。DRAM 共 2 层，每层容量为 4Gb，共 8Gb。三维集成大幅度提高了处理器与 DRAM 之间的数据读取速度。如表 12-4 所示，存储器总线从 200MHz、8B 带宽大幅提高到三维集成以后的 1.2GHz、128B 带宽，控制器的队列延迟从 116 个时钟周期减小到 50 个时钟周期。

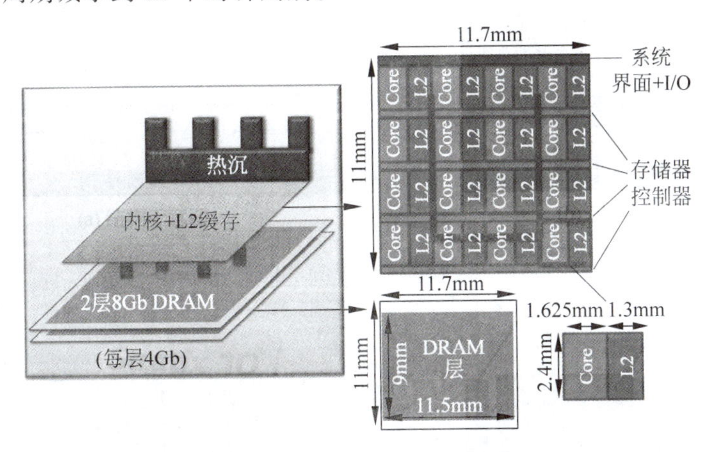

图 12-111　Intel CPU 与 DRAM 三维集成结构

表 12-4　存储器读取速度对比

	二 维 结 构	三维集成 DRAM
存储器控制器	控制器到内核延迟 4 时钟周期，队列延迟 116 时钟周期，控制器处理时间为 5 时钟周期	控制器到内核延迟 4 时钟周期，队列延迟 50 时钟周期，控制器处理时间为 5 时钟周期
主存储器	1GB 片外 SDRAM，tRAS＝40ns，tRP＝15ns，芯片间请求/返回时间为 10ns	1GB 集成 SRAM，tRAS＝30ns，tRP＝15ns，无须芯片间请求/返回时间
存储器总线	片外总线，200MHz，8B 线宽	片上总线，2GHz，128B 总线

图 12-112 所示为 Hitachi 开发的 CPU 与 DRAM 的三维集成结构[168]。DRAM 采用与处理器对等划分的方式，根据处理器的内核数量和结构划分 DRAM 的重复数量，然后将处理器内核与 DRAM 一一对应，采用 TSV 阵列连接。这种分区集成 DRAM 的方式可用于内存容量有限情况下的主内存，如显卡，或者用于具有大容量传统内存系统的 L2 高速缓存，如服务器。

这种结构的优点包括：①处理器和对应 DRAM 独立工作，可以独立控制和读取，摆脱了结构、逻辑和时序的限制因素，而传统平面多核处理中由于 I/O 数量的限制，多个内核需要共享 DRAM，导致几个内核同时发出读取指令时的读取冲突；②高密度 TSV 阵列极大地提高了数据传输带宽并减小了寄生电容，每个 TSV 的数据传输速率为 16Gb/s，

512个TSV的总数据传输带宽超过1TB/s；③TSV的长度远小于分立芯片之间的互连，同时DRAM本身分割为多个区块，内部的数据总线长度也缩短，因此可以降低数据传输功耗。

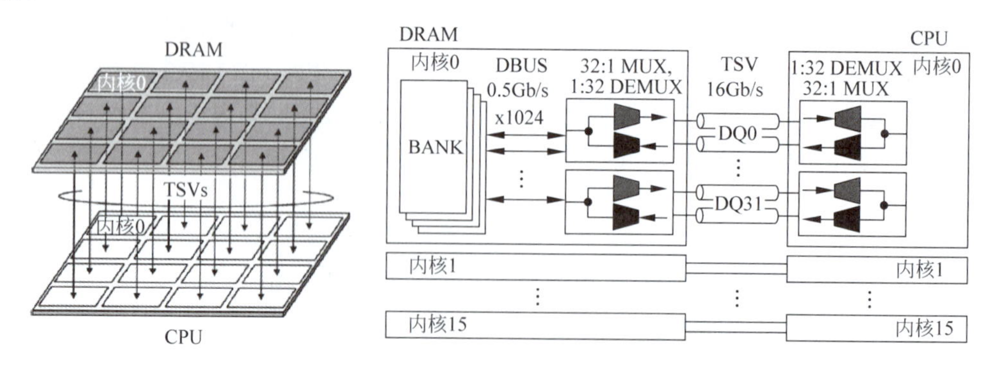

图 12-112 Hitachi 开发的 CPU 与 DRAM 的三维集成结构

图12-113为IMEC实现的处理器与DRAM三维集成结构[192]。该集成结构用来验证三维集成过程，同时研究三维集成相关的热学、力学和电学问题，并研究存储器件与逻辑器件的相互影响。

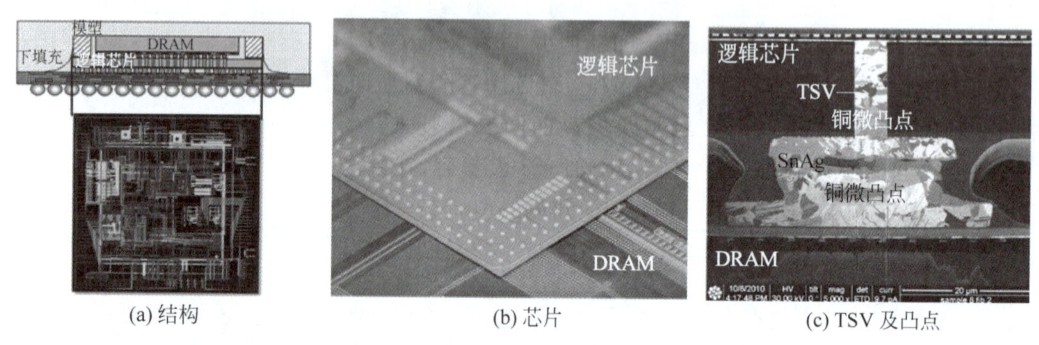

(a) 结构　(b) 芯片　(c) TSV 及凸点

图 12-113 IMEC 处理器与 DRAM 三维集成结构

12.4.3.2 处理器与 eDRAM 集成

基于逻辑工艺的嵌入式DRAM(eDRAM)可用于ASIC电路、替换SRAM和处理器片外缓存[193]。2010年，IBM将45nm SOI工艺的32MB容量eDRAM嵌入Power 7高性能处理器作为L3缓存，工作电压为1.05V，随机访问延迟为1.7ns[194]。2011年，IBM首次报道了2层采用32nm高κ/金属栅SOI工艺制造的eDRAM的三维集成，工作频率为500MHz，访问延迟<1.5ns[195]。如图12-114所示，上层为128Mb的6晶体管微读出放大的高速高密度eDRAM，下层为96Mb的交叉耦合读出放大的定制eDRAM，二者通过2000个C4凸点面对面键合，凸点节距为150μm。下层芯片减薄，带有1000个MEOL方案制造的TSV，节距为50μm。高性能的eDRAM使用10层以上的金属互连，TSV连接高层金属以降低电源通道的电阻。

2012年，IBM报道了CPU与45nm SOI eDRAM的三维集成[196]。如图12-115所示，采用芯片级金属凸点键合，eDRAM容量为10MB，工作频率为2GHz，信号传输带宽为450Gb/s，与处理器芯片面对背键合。每层eDRAM厚度为50μm，使用1000个电源TSV

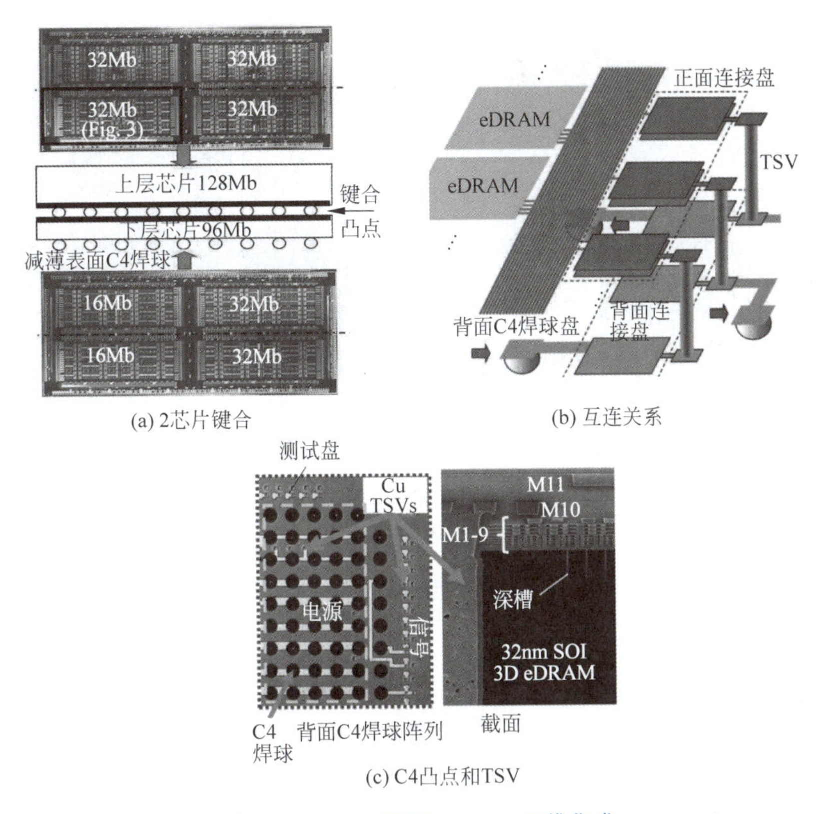

(a) 2芯片键合　　(b) 互连关系

(c) C4凸点和TSV

图 12-114　IBM 两层 eDRAM 三维集成

和 5600 个信号 TSV，TSV 直径为 20μm，节距为 50μm。上层 eDRAM 的电源线包括厚度为 3μm 的顶层金属、双 TSV 和金属凸点。

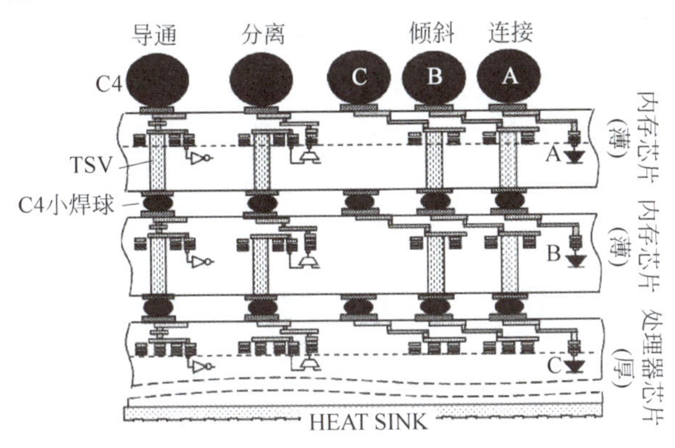

图 12-115　IBM CPU 与 eDRAM 三维集成结构

2013 年[197]和 2014 年[198]，IBM 采用晶圆级 SiO_2 键合分别实现了 2 层和 4 层 eDRAM 与处理器的集成，总容量分别为 2MB 和 4MB，如图 12-116 所示。TSV 采用 BEOL 方案制造，临时键合减薄后再转移晶圆。两层 eDRAM 的晶圆减薄至 13μm，TSV 直径为 5μm，节距为 13μm，TSV 电阻为 65mΩ，电容为 40fF。四层 eDRAM 晶圆减薄至 5～6.5μm，连接同一芯片上下表面的 TSV 直径为 0.25μm，深宽比超过 25：1，连接相邻芯片下表面的 TSV 直径为 1μm，深宽比接近 20：1。与常规方法不同的是，临时键合也采用了 SiO_2 键合，通过机械研磨、RIE 刻蚀和湿法刻蚀去除辅助硅圆片。

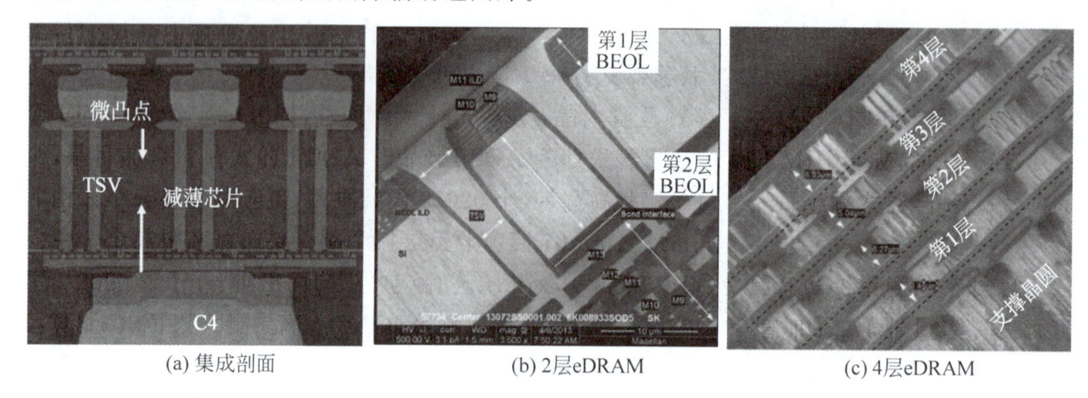

(a) 集成剖面　(b) 2层eDRAM　(c) 4层eDRAM

图 12-116　IBM CPU 与 eDRAM 三维集成

2020 年，紫光国芯报道了 CPU 与 eDRAM 的三维集成，如图 12-117 所示[199]。上层逻辑芯片包含所有的控制和 I/O 电路，面朝下与下层存储器芯片键合。存储器芯片由 4×1Gb 模块组成，每个模块由 8 个 128Mb 单元组成，并且独立供电。每个 128Mb 单元是一个独立通道，带有 128 个 I/O，共 4096 个 I/O，是 HBM 的 4 倍。采用面对面晶圆级混合键合，金属凸点节距为 3μm。集成后每芯片的带宽达到 136GB/s，高于 HBM2 的 64GB/s。

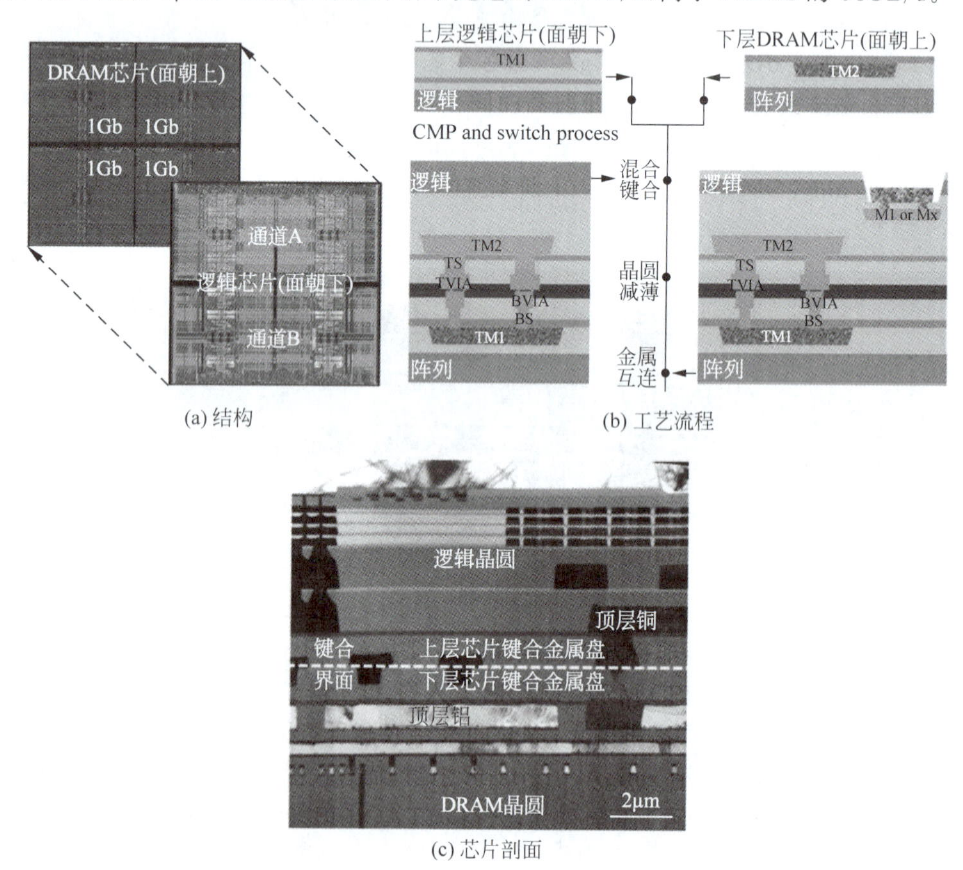

(a) 结构　(b) 工艺流程

(c) 芯片剖面

图 12-117　紫光国芯 CPU 与 eDRAM 三维集成

12.4.4 处理器与处理器集成

2016 年的 IEEE ISSCC 上，Leti 报道了 2 层多处理器三维集成的片上处理器网络[200]，用于 5G 通信中大量 MIMO 天线信号的计算。如图 12-118 所示，2 层芯片具有相同的功能和布局，各包括 2×2 的 RX/TX MIMO 阵列、1 个 ARM1176 主处理器和 18 个计算单元，如 DSP、OFDM、存储器和加速解码器。每层内部由 32b 的异步通信构建 NoC，3D 网络包括上下两层各 16 个 NoC 以及连接上下层的 4 个异步通信通道，每通道数据带宽为 7.4GB/s。3D NoC 使用 QDI 异步逻辑实现，具有低功耗的 4 相 4 轨握手，在 PVT 变化（尤其是在 3D 热梯度）下仍可实现鲁棒性、NoC 吞吐量自适应、DFS 解耦（每个单元都有自己的本地时钟）、低延迟等特点，并避免 3D 接口的时钟问题。

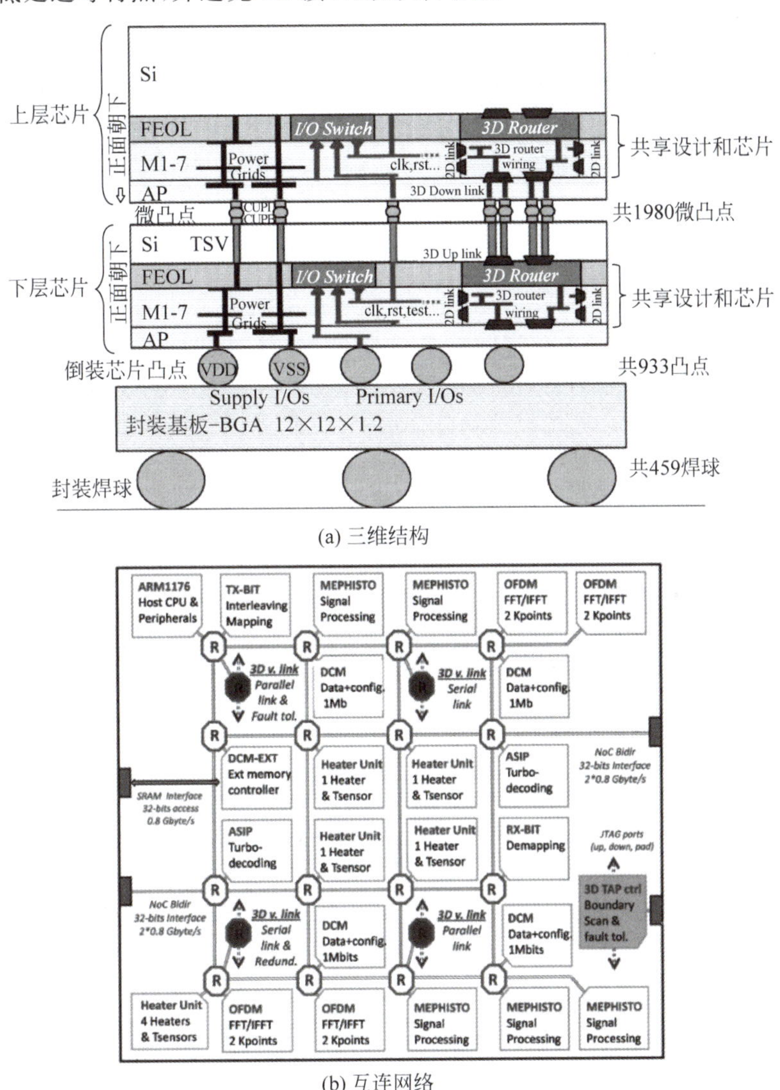

(a) 三维结构

(b) 互连网络

图 12-118　Leti 片上网络

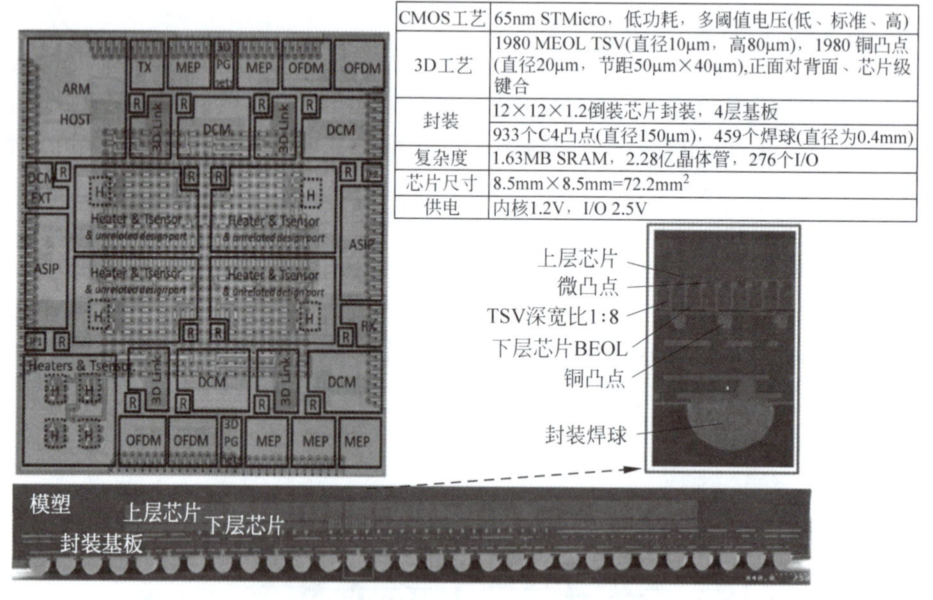

CMOS工艺	65nm STMicro，低功耗，多阈值电压(低、标准、高)
3D工艺	1980 MEOL TSV(直径10μm，高80μm)，1980 铜凸点(直径20μm，节距50μm×40μm),正面对背面、芯片级键合
封装	12×12×1.2倒装芯片封装，4层基板
	933个C4凸点(直径150μm)，459个焊球(直径为0.4mm)
复杂度	1.63MB SRAM，2.28亿晶体管，276个I/O
芯片尺寸	8.5mm×8.5mm=72.2mm²
供电	内核1.2V，I/O 2.5V

(c) 芯片和参数

图 12-118 （续）

芯片面积为 72mm^2，采用 65nm 工艺制造，具有相同的设计和掩膜版，但 TSV、铜柱、C4 凸点和顶层铝金属不同。为了降低成本，上下两层 3D NoC 的 I/O 链路和相应电路通过镜像并对齐。两层芯片采用面对背键合，微凸点节距为 40μm。TSV 位于下层，采用 1∶8 冗余，共 1980 个，用于电源、地线以及部分全局网络(时钟、复位、测试)等，并可根据测试结果利用多路复用电路进行配置。TSV 采用 MEOL 工艺制造，深宽比为 8∶1，节距为 40μm。这种三维集成的异步 3D 网络鲁棒性强、可自适应 PVT 条件、集成 ESD 保护、采用可扩展的测试和容错架构，具有 0.32pJ/b 的低功耗和 326Mb/s 的并联高速率。

在 2020 年的 IEEE IEDM 上，ARM 和 GF 报道了 2 层处理器的集成，如图 12-119 所示[201]。上下两层处理器均为 Arm Neoverse CMN-600，这是基于 AMBA CHI(Coherent Hub Interface)缓存一致性协议和网格化一致性互连的第二代高可配置处理器。一致性互连是在无须对延迟和存储器带宽做出让步的情况下实现多核系统扩展的关键。三维结构采用 2×2 CMN-600 互连网格，每层带有 2 个网格路由器(图中 XP)。三维结构提高了系统内的连接总数，并降低了网格路由节点间的平均跳跃次数，提高系统总体性能。

系统按照三维结构划分寄存器传输层级 RTL，共包括 4 个 CMN-600 缓存一致性网格路由器，以及评估性能和良率的 2D 和 3D 测试结构。整个系统为单时钟域内的完全同步三维设计，并且在三维集成界面无须使用同步电路。设计采用工业标准的设计流程，采用多层协同布置技术协同优化每层晶体管和三维连接的位置，使单一设计数据库内的跨层时序能够闭合。此外，系统首次采用了 IEEE 1838 3DIC DFT 标准。

处理器采用 12nm FinFET 工艺制造，有效芯片面积为 1.18mm^2，带有 11 层金属。两层芯片采用面对面 Cu-SiO_2 混合键合，金属节距为 5.76μm。TSV 位于上层减薄芯片内，直径为 5μm。每个 XP 为 CMN-600 提供 1600 个三维信号通道，总通道数为 16000 个，用于电源的三维通道数为 22158 个。三维集成系统带宽为 307GB/s，等效带宽密度达到创纪录的 3.4TB/s/mm^2，能效比为 0.02pJ/bit。

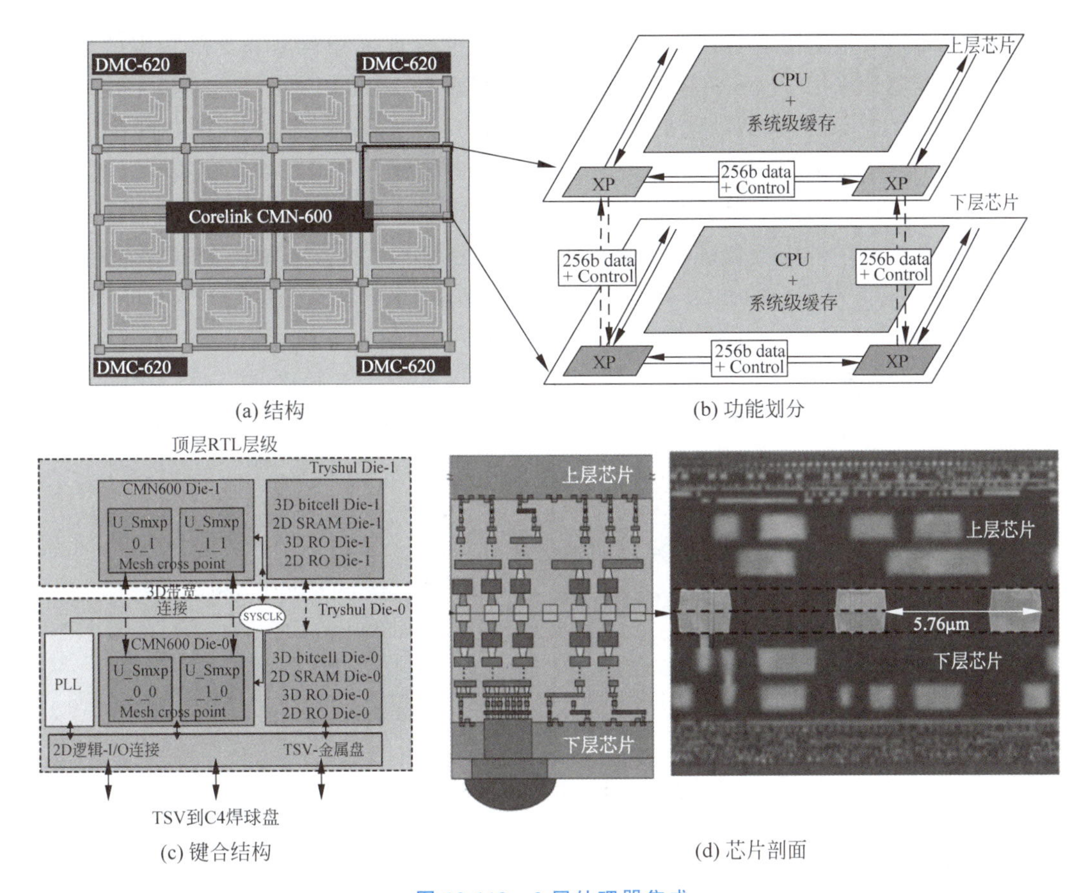

(a) 结构　　(b) 功能划分

(c) 键合结构　　(d) 芯片剖面

图 12-119　2 层处理器集成

12.4.5　处理器与电源芯片

为了解决处理器和大面积芯片上多种电压需要片上和板级电压调制模块的问题，GF和 IBM 开发了独立电源芯片与处理器的集成，如图 12-120 所示[202]。独立芯片上制造电压调制电路和电感电容无源器件，通过凸点键合与处理器芯片三维集成。电源芯片带有调制电路、开关电容以及通过 TSV 连接的背面电感和深槽电容，可以视为有源插入层。独立电源芯片可以避免电压模块对主芯片电路的影响；将电压模块就近布置在工作电路下方，通

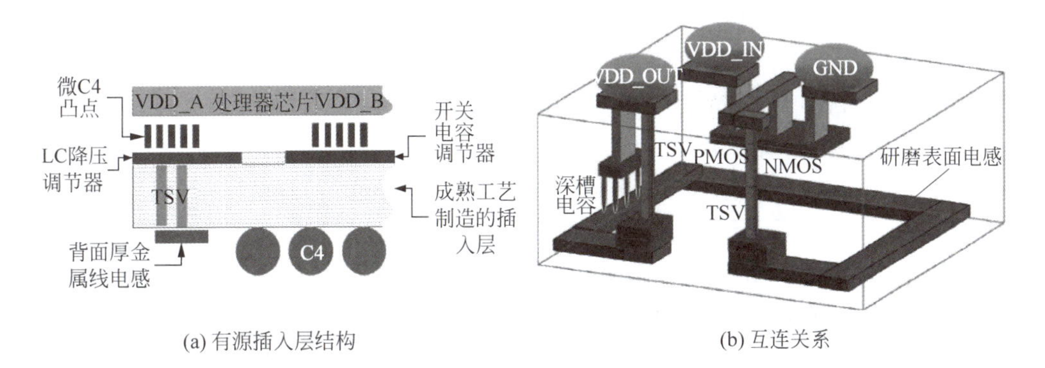

(a) 有源插入层结构　　(b) 互连关系

图 12-120　处理器与电源芯片集成

过金属凸点减小寄生电阻和长距离电压配置的问题并实现更细粒度和更高精度的电压调制。模拟电源芯片采用 32nm SOI CMOS 工艺制造，TSV 采用 BEOL 工艺制造。电源芯片在 2.5V 输入时，500mA 负载的输出效率为 77%，1.84A 负载的输出效率为 73%。

2022 年，Graphcore 采用 TSMC 的 SoIC 晶圆级混合键合推出了人工智能处理器 Bow，这是首次将晶圆级混合键合用于处理器集成。如图 12-121 所示，Colosuss 处理器芯片与电源分配芯片通过 Cu-SiO_2 混合键合三维集成。电源分配芯片带有大量的 DTC 深槽电容和 TSV。DTC 改善电源传输的性能，将处理器工作频率从 1.35GHz 提高到 1.85GHz，性能提高约 36%，功耗降低 16%。TSV 位于电源分配芯片内，可以将电源和信号直接连接到处理器芯片和电源分配芯片。Colosuss 处理器采用 TSMC 7nm 工艺制造，共 1472 个内核，带有 900MB 片上存储器，数据传输率达 65TB/s，计算能力达到 350TFLOPS。

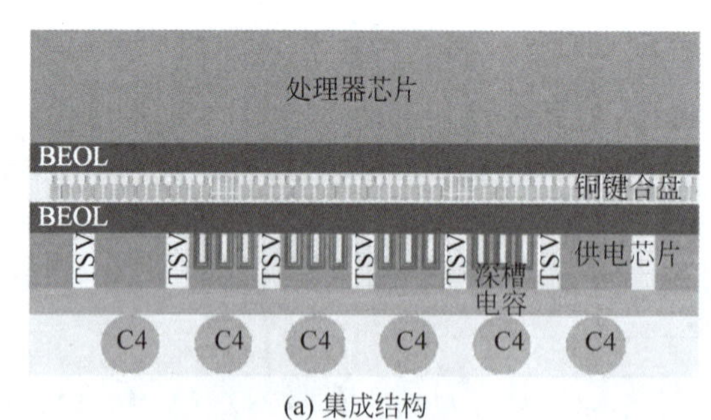

(a) 集成结构

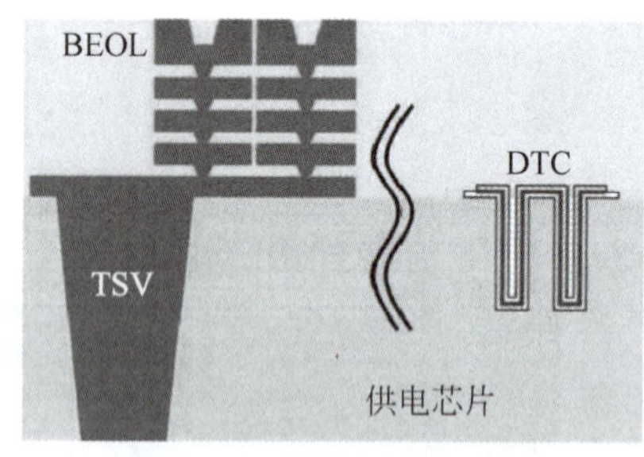

(b) 电源分配芯片结构

图 12-121　Graphcore 处理器

12.5　三维集成光电系统

光子系统是信息处理领域极为重要的方向。利用光子可以进行高速信息传输、特定高效计算、环境探测等应用。波长为 1～1.6μm 的波段不仅是光通信波段，而且对人眼基本无害，因此光器件一般工作在上述波段。近年来硅光子器件发展很快，结合 SOI 结构、SiGe 材料和 MEMS 器件，硅光子技术可以实现光产生和探测以外的主要功能，如波导和调制器等[203]。IBM 先后实现了高效光波导、硅光调制器、光学缓冲器、硅光开关、APD 探测器、Ge 接收器、放大器等，并于 2010 年底发布了其全硅集成光互连原型。

尽管如此，由于硅是间接禁带半导体，无法直接激发发光，同时对波长超过 1μm 的波段也没有光电响应，因此发光和光探测这两个重要的功能仍需要依靠直接禁带半导体材料。这些材料基本都属于化合物半导体，直接在硅基衬底上生长并与硅基 CMOS 单片集成在工艺兼容性和性能方面仍有较大的困难。三维集成技术的发展为硅基 CMOS 与光子器件的集成提供了强有力的解决方案。

三维集成与传统的平面集成相比具有以下突出的优点：①光电器件分别优化和制造，降低相互影响。由于电子器件层与光子器件层分别制造，每个芯片都采用各自最优的材料、器件和工艺，而不需要采用折中方案相互适应，解决了材料和工艺兼容性的问题，并降低制造成本。②减小电信号传输距离，降低电学长互连的延迟、提高信号带宽。由于连接光电两层芯片的 TSV 的长度远小于平面电学互连的长度，可以大幅减小电学互连的延迟和功耗，而光互连能够实现高带宽的数据传输，以满足高性能处理器对信号传输的要求。③光电分离,分工明确,降低设计难度。三维集成将光电层相互分离,允许信息处理利用电子器件层实现,长距离通信利用光子器件层实现,简化了电学与光学器件的位置、干扰及串扰等问题,并可实现总线式的光子线路层。④实现可重构的光学链路层。由于光器件层可以制造光子器件阵列,经过开关控制等适当组合,可以可重构光子通信路径,提高路径选择的灵活性和光芯片的适应性。

图 12-122 为插入层集成和三维集成的光电混合架构处理器结构[204]。处理器包括光互连、存储器和逻辑等功能模块和分层。在三维集成中,光器件构成的光处理器和光互连层,以及电器件构成的存储器层和处理器逻辑层,分别采用各自的材料和制造技术,电信号从电器件层通过 TSV 传递到光器件层,实现光电转换、光信号传输和电光转换,再通过光学接口向外传输。

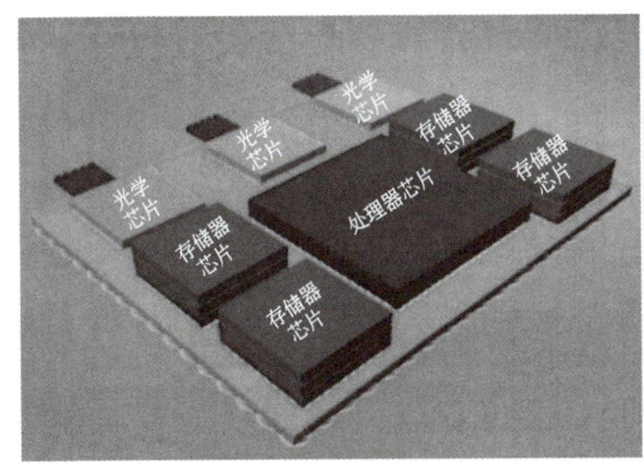

(a) 插入层集成

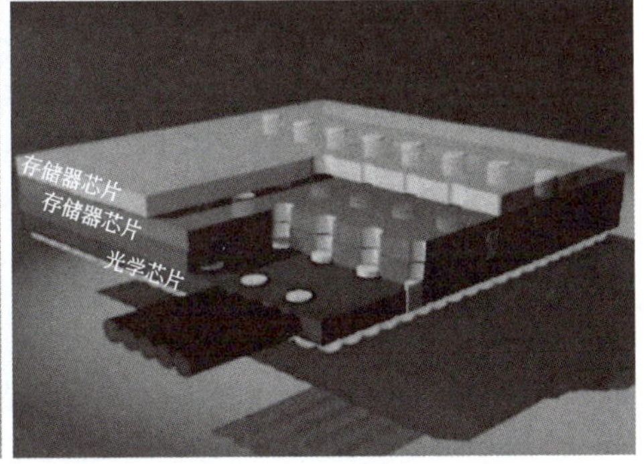

(b) 三维集成

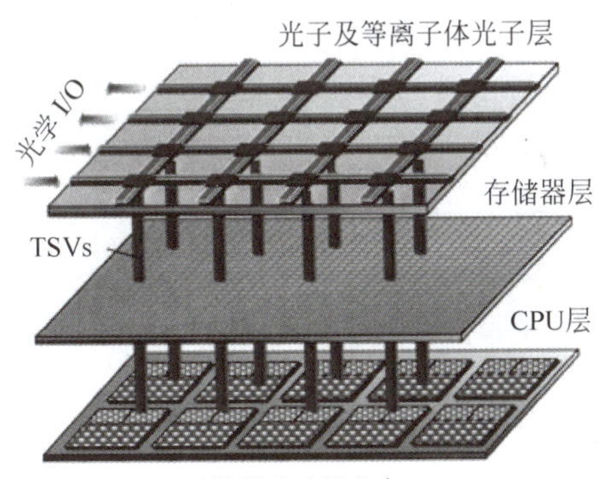

(c) 三维集成功能分布

图 12-122 光-电集成方案

12.5.1 插入层集成

在光电集成中,插入层可分为电学插入层和光学插入层。电学插入层没有光学器件而只用于集成,插入层上的光学器件需要以电信号作为输入。光学插入层具有光学器件,如简单的光波导和光栅,用于光学信号的传输和路由等。即使只集成简单的光波导,光学插入层也可以连接两个光学器件,减少中间的光电转换过程。光插入层带有 TSV 和金属凸点与电路芯片三维集成,用于光电转换后的信号在电路中的处理、放大、模数转换和存储等。

12.5.1.1 电学插入层

IBM 采用硅插入层实现光电器件的三维集成,解决光电器件与 CMOS 工艺兼容性问题[205]。如图 12-123 所示,带有 TSV 的硅插入层集成 4 片倒装器件,包括 24 通道 850nm 波长的 VCSEL、光电探测器、24 通道 CMOS 接收器和激光驱动器。每个通道数据传输速率为 12.5Gb/s,24 通道共实现 300Gb/s 的双向数据传输率。硅插入层厚度为 150μm,TSV 为矩形,宽度为 3μm,长度为 55~70μm,导电材料为 CVD 沉积的钨。插入层上还包括 48 个光通孔,直径为 150μm。

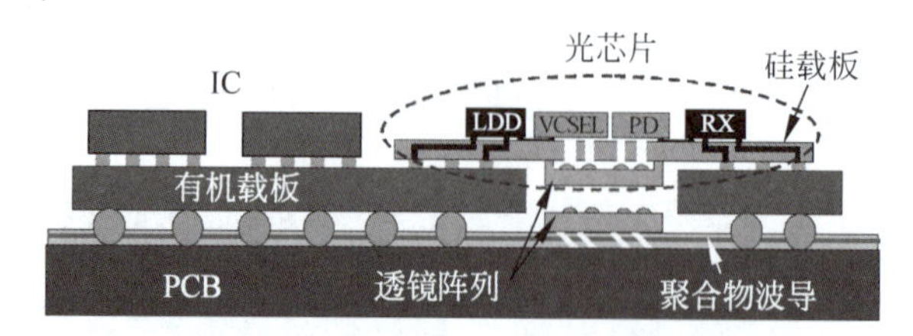

图 12-123 IBM 硅插入层集成光电器件

图 12-124 为 Xilinx 开发的 WDM 接收器[206],包括 7nm 工艺的电子芯片(EIC)、45nm 工艺的硅光芯片(PIC)、InFO RDL 和有机插入层。EIC 接收芯片和近核芯片集成在 InFO RDL 表面,然后利用节距 55μm 的金属凸点将 InFO 键合在 PIC 上方,以实现低功耗和高带宽。这种结构允许跨阻放大器与光探测器之间具有最小化的寄生效应。

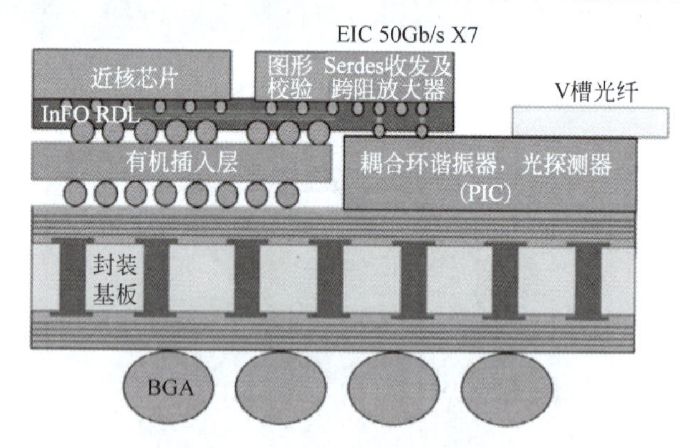

图 12-124 WDM 接收器结构

电信号的传输特性限制了封装外 SerDes 长距离传输的最高速率为 11.2Gb/s。2019 年,Ayar Lab 和 Intel 报道了 CPU 与光通信 I/O 的芯粒的 2.5D 集成系统,可实现 1Tb/s 的长距离传输速率,如图 12-125 所示[207-209]。光 I/O 芯片采用 GF 的 45nm SOI 工艺制造,电路部分包括时钟、驱动器、跨阻放大器以及控制电路,光器件包括单晶硅光波导、多晶硅光波导、微环光调制解调器、垂直光栅耦合器等这种光电单芯片集成保证了带宽密度和能效,可实现 1Tb/s 的传输速率,称为 TeraPHY。TeraPHY 通过插入层 EMIB 与 CPU/FPGA 集成,采用高速 SerDes 阵列连接 AIB 高速接口和光通道,避免了芯片间重复使用 SerDes 接口造成的功耗浪费。TeraPHY 采用光纤接口与封装外连接,使封装与外部具有长距离高速通信能力。

TeraPHY 芯粒左侧为 AIB 接口,然后是胶连数字逻辑电路,右侧为光学收发器模块,最右侧为光纤接口。光学收发器由 10 个宏模块组成,每个宏包括 8 个波长,支持 256Gb/s

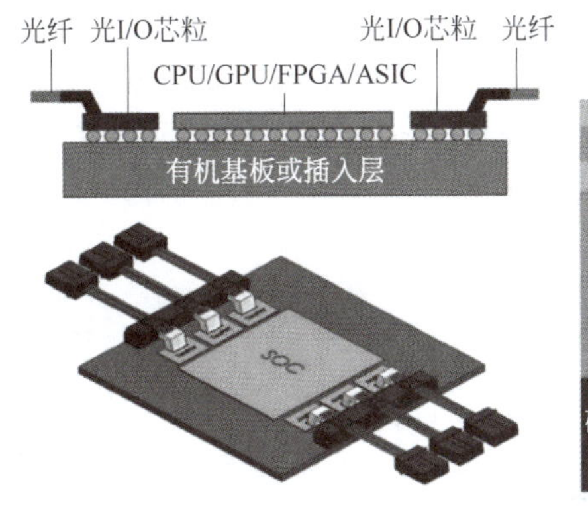

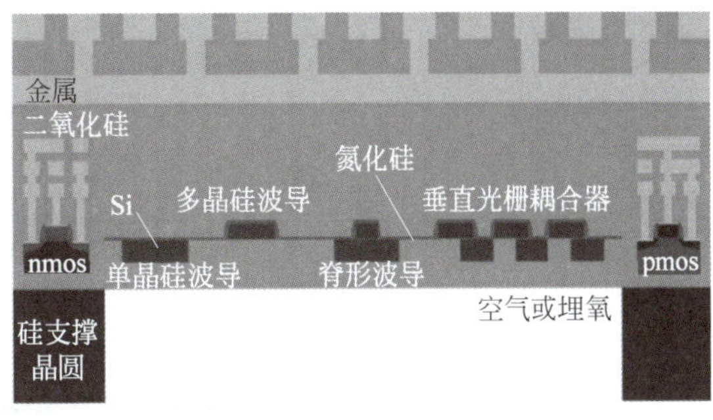

(a) 组成

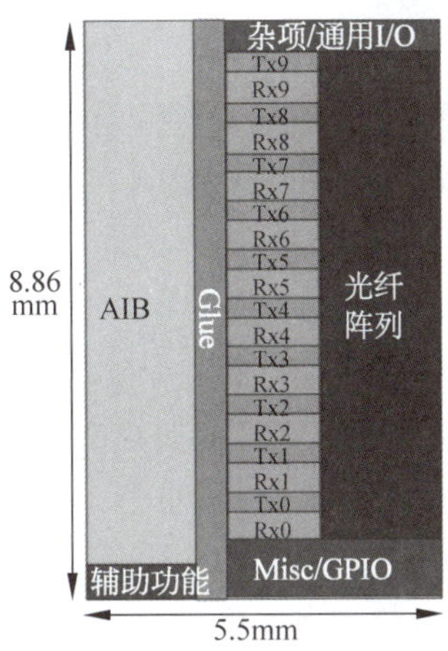

(b) 光电接口芯片

图 12-125　TeraPHY

的速率，总带宽可达 2.56Tb/s。胶连电路是可重构的纵横制，可以将四个 AIB 通道组映射到光学收发器宏 1～8 中的四个光波长组，并支持多播和广播。数字重新配置支持工作负载的时间尺度路径重新配置，而无须物理连接重新布线。每个 TeraPHY 芯粒包括 24 个 AIB 通道，每针速率为 2Gb/s，每通道速率为 40Gb/s，因此通过 AIB 可实现 960Gb/s 的收发速率。集成系统的带宽密度超过 500Gb/s/mm^2 和 1Tb/s/mm^2，光电总能效小于 5pJ/b，从 AIB 到 TeraPHY 到 AIB 的延迟低于 10ns，传输延迟为 5ns/m，最大传输距离可达 2km。

12.5.1.2　光学插入层

光学插入层带有光传输或处理器件，可以采用硅或玻璃材料制造。玻璃插入层适用于光子器件的集成以及光子器件与微电子器件的混合集成，其优点包括：①激光刻蚀通孔并填充高分子材料作为波导的芯层可实现垂直光波导。垂直波导直径 10～80μm 满足单模和多模传输的要求，非常适合光子芯片与光纤的连接。②通过选择多种高分子材料和调制玻璃的折射率，可实现高效的耦合和调制功能。例如，利用折射率高于光纤 10 倍的材料实现耦合器，可以将光子芯片的高折射对比度输出耦合到低折射对比度的光纤。③随着工艺的进步，玻璃插入层可以实现 20μm 节距的高密度光互连。

2016 年，A＊STAR 报道了带有 TSV 的光学插入层，如图 12-126 所示[210]。光插入层上制造有热光调谐硅波导光栅,用于光波分复用中的多路复用器/解复用器,插入层集成 Mach-Zehnder 干涉结构的硅光调制器和锗光电探测器。通过 TSV 和金属凸点键合,将光插入层的电信号进一步传输至下层的硅插入层或 CMOS 电路进行处理。系统实现了 800GHz 信道可调以及 20GHz 和 28GHz 的带宽,数据传输速率达到 30Gb/s。光插入层采用 BEOL 方案制造,首先完成插入层上的光学器件,然后制造 TSV。

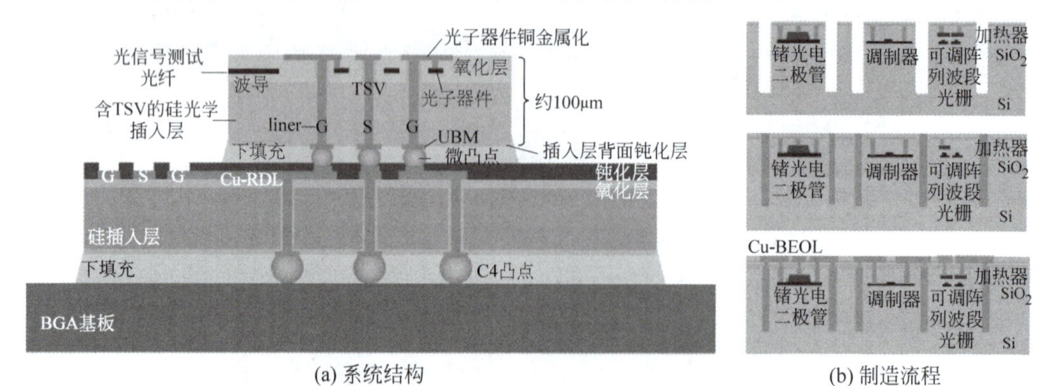

(a) 系统结构 (b) 制造流程

图 12-126 A * STAR 光学插入层集成

2019 年,Fraunhofer 实现了硅光插入层系统,如图 12-127 所示[211]。插入器层表面制造了波长 1.55μm 的单模光子层形成光波导,用于光信号的路由和切换。无源光器件和电器件通过热压键合以倒装芯片的方式集成到插入层上,包括Ⅲ-Ⅴ的 VCSEL 和光电探测器阵列、光学跨阻放大器和驱动器等。插入层通过凸点键合以倒装芯片的方式集成到玻璃或硅基底上。通过插入器两侧布置每通道 40Gb/s 的光电元件,使连接密度达到数 $Gb/s/mm^2$。插入层两侧器件的通信由自由空间光通道和电 TSV 实现,电 TSV 的 3dB 带宽大于 28GHz。插入层包括约 400 个电学 I/O 以及 96 个光学 I/O,间距为 250μm,支持 1.28Tb/s 的数据吞吐量。

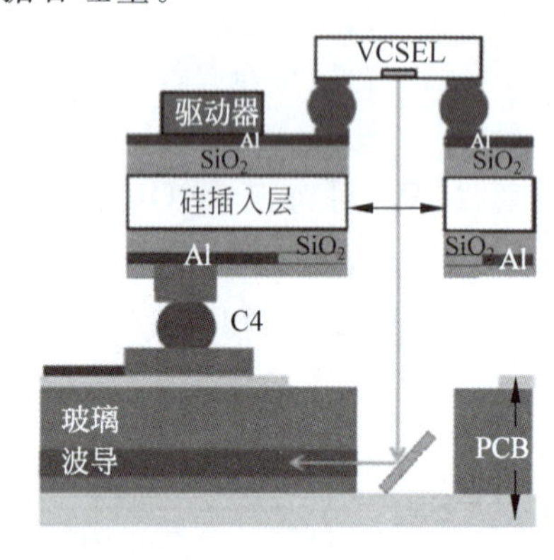

正面工艺:
形成对准标记
有源光子器件
- PN结注入
- 波导刻蚀
- 接触区注入
- 沉积SiO_2覆盖层
金属化M1~M3
背面沉积SiO_2应力补偿层

键合辅助圆片
背面减薄100或200μm
背面工艺:
TSV刻蚀
TSV金属填充
沉积SiO_2应力补偿层
钝化层刻蚀
去除辅助圆片
正面工艺:刻蚀电学接触孔

(a) 系统结构 (b) 制造流程

图 12-127 Fraunhofer 光学插入层

图 12-128 为玻璃插入层混合集成的光电器件结构[212]。玻璃插入层内制造垂直的电学互连以及垂直的光互连,插入层的双面都可以布置电子或光子芯片,实现高密度集成和高密度光电通路。垂直光互连的芯层材料为锥形孔内填充的 BCB 4024-40,损耗为 0.4~0.8dB/cm,在 1550nm 波长的折射率为 1.55,包覆层利用玻璃(折射率 1.49)自身实现。平

面光波导的芯层采用 BCB,包覆层为折射率 1.48 的 LightLink XP-5202A 高分子膜。理论计算表明,当玻璃插入层的厚度为 100μm 和 300μm 时,1.55μm 波长的激光传输分别为 0.23dB 和 3dB,而同样长度的 BCB 波导的损耗分别为 0.14dB 和 0.48dB。实测 100μm 的玻璃插入损耗为 0.25dB,而波导的损耗高达 1.2dB。这是由于垂直波导直接利用玻璃通孔内壁进行传输,而内壁的粗糙度对插入损耗有重要影响,另外,光束与波导的对准精度也有显著的影响。

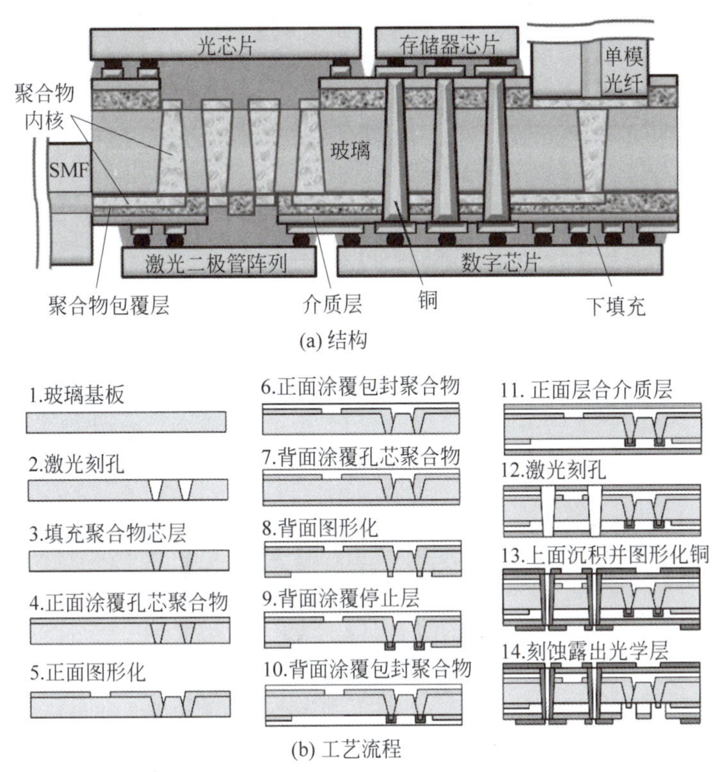

图 12-128 玻璃插入层光电子集成

12.5.2 三维集成

光电三维集成可以根据情况选择并行三维集成或顺序三维集成。并行三维集成将多层芯片键合而成,依赖于 SiO_2 键合或聚合物键合,以及金属的 TLP 键合或热压键合。由于部分光器件材料可以低温制造,光电三维集成也可以采用顺序三维集成实现。在三维集成中,光信号需要跨层传输,通常光电集成将光学器件层集成在电学器件层的上方,经过调制和分配的光学信号,通过垂直光波导或光束孔耦合到其他芯片。图 12-129 为三维集成中垂直光信号传输的方法示意图[213]。

12.5.2.1 并行三维集成

2012 年,IBM 成功地实现了单芯片硅光电集成,每通道光传输数据速度超过 25Gb/s[214]。在此基础上,IBM 实现了三维光电集成处理器,如图 12-130 所示。光子层包括了光传输所需要的几乎所有器件,使光纤信号能够直接与处理器相连,实现每毫米芯片边缘接入 8Tb/s 的数据传输能力。光互连用于处理器核与缓存的高速高带宽连接,使处理器的计算能力达

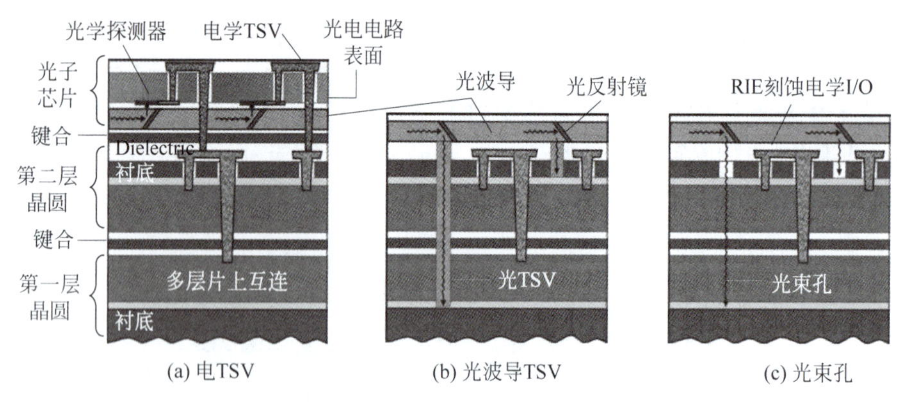

图 12-129 光电集成示意图

到每秒 10^{18} 次,比当时最快的处理器快 1000 倍。该芯片包括 6 个收发器,每个收发器可以单独处理 8 路数据;芯片还包括了调制器,可以控制分立的激光器信号,每个调制器可以实现 20Gb/s 的数据处理能力。

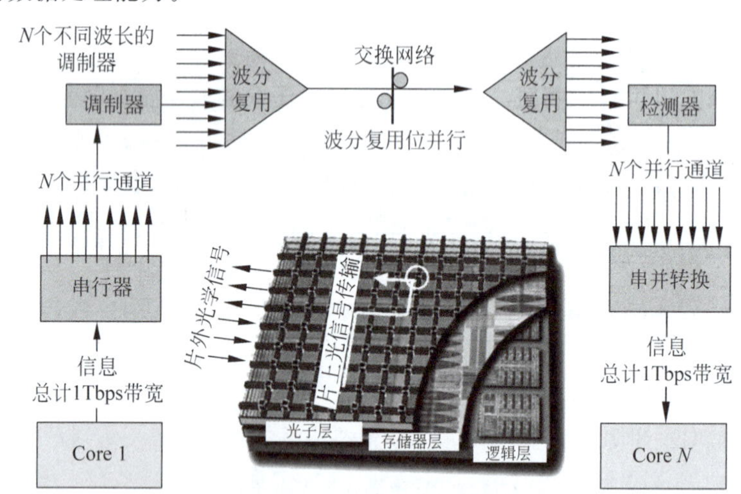

图 12-130 单芯片光电集成

2016 年,UCSB 报道了金属键合集成 InP 和硅芯片的硅激光器,如图 12-131 所示[215]。InP 基底制造反射式半导体光学放大器作为增益器件,翻转后通过金属键合与硅基底集成,硅基底制造光栅、分布式布拉格反射镜(DBR)、环状滤波器、马赫增德调制器、SiGe 光电探测器。单模连续波激光的边模抑制比为 30dB,最大可耦合功率约为 2mW。

图 12-132 为 UC Berkeley 和 MIT 开发的三维集成光学移相器阵列[216]。上层光子芯片采用 SOI 制造,下层 CMOS 采用 65nm 体硅工艺制造,将光子芯片翻转后与 CMOS 通过 SiO_2 键合,完全去除 SOI 的衬底层,制造连接两层之间的垂直互连。输入光通过级联定向耦合器从总线波导均匀分布到天线上,通过嵌入耦合器之间的波导加热器调整相邻单元之间的相对相位。通过控制单位相位和调谐激光波长,实现了沿天线(Φ)和横向(Θ)方向的全二维光束转向。每个热移相器都由一个 CMOS 控制器独立驱动,控制器带有 DAC 和存储光束位置代码的片上查找表(LUT),能够沿任意轨迹快速转向。

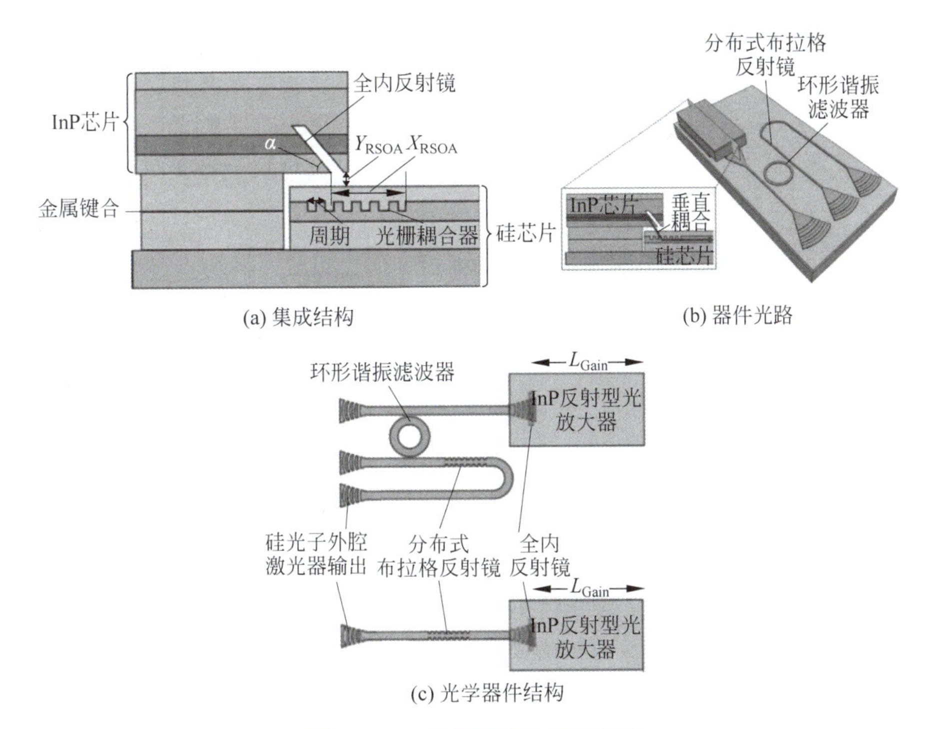

图 12-131　金属键合集成激光器

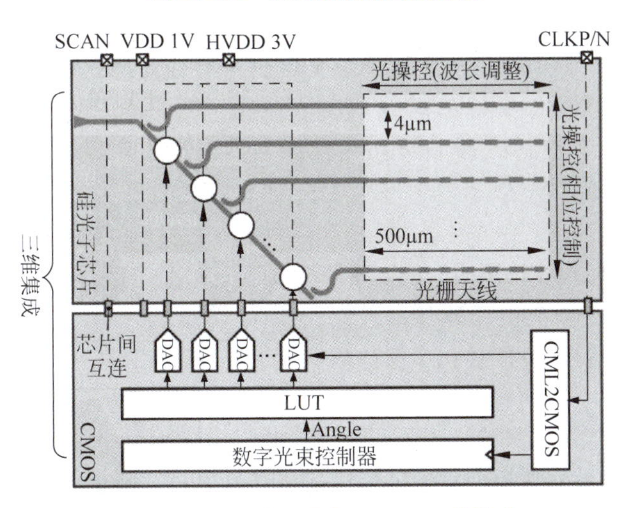

图 12-132　光电芯片与 CMOS 三维集成

12.5.2.2　顺序三维集成

部分化合物半导体材料可以利用低温生长。利用顺序三维集成，汉阳大学实现了 N 型 InGaZnO 光电探测器与 CMOS 电路的单片三维集成，如图 12-133 所示[217]。系统包括上层的 InGaZnO 光电探测器与下层的 CMOS 电路，光信号通过光电探测器转换为电流，再由电流转换为电压驱动 21 级环振电路，将电压转换为频率输出。首先采用注氢剥离和 SiO_2 键合的方法将 70nm 的 P 型硅晶圆转移至 CMOS 的上方，再利用溅射，在单晶硅表面沉积非晶 InGaZnO 和 ITO(Indium Tin Oxide)薄膜，300℃退火形成 PN 结。InGaZnO 为 N 型透明材料，具有高迁移率和透明度，与 P 型硅构成 PN 结，通过铝 ILV 与下层 CMOS 相连。

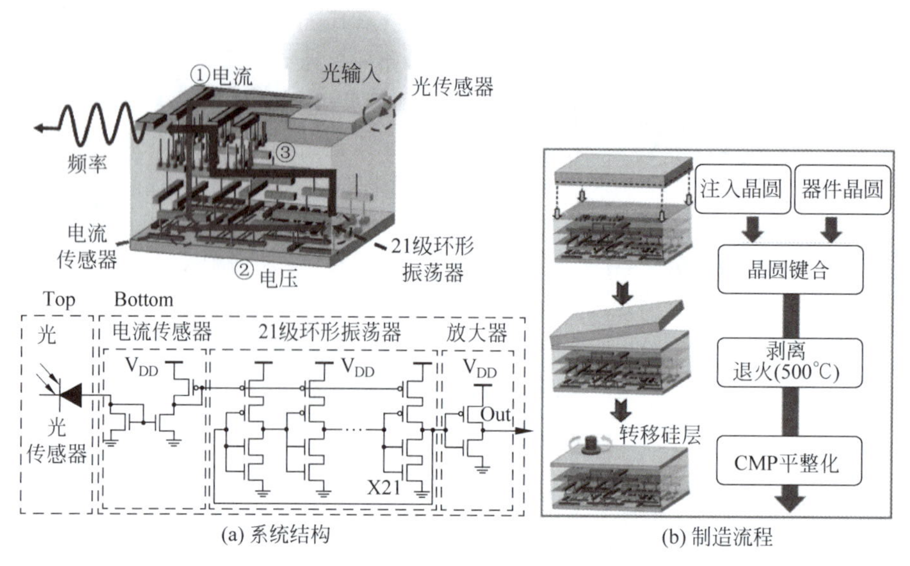

(a) 系统结构
(b) 制造流程

图 12-133　光电单片三维集成

12.6　三维集成模拟及功率器件

硅基 CMOS 占据集成电路的主导地位,但是硅材料和电路不适合高频、高压和高功率应用。上述应用中广泛采用Ⅲ-Ⅴ族宽禁带化合物半导体材料,如 GaN、GaAs、InP 和 SiC 等,这些材料具有比硅器件更好的高频和功率性能。然而,高频和功率系统仍需要硅基 CMOS 实现数字逻辑和控制功能,因此将化合物半导体器件与 CMOS 集成可以减小体积、提高性能[218]。目前在 CMOS 硅基衬底上生长Ⅲ-Ⅴ族化合物半导体材料的技术和成本问题尚未完全解决的情况下[63],加上高频、功率器件的尺寸大、功耗高,与先进工艺的 CMOS 器件片上集成的成本高、散热困难,化合物半导体与 COMS 的集成仍依赖于键合技术。此外,硅衬底损耗性的特点,使片上电感的性能较差、Q 值很低。三维集成技术可以实现异质异构集成,充分保证高频、模拟和功率器件的性能。

12.6.1　模拟数字集成

模拟电路和数字电路是两种应用最为广泛但又难以单芯片集成的工艺。这一方面是由于模拟电路器件的尺寸较大,采用先进的数字电路工艺制造成本太高,另一方面是由于数字电路产生的干扰会严重影响模拟电路的性能。采用三维集成不仅可以避免工艺的相互制约,还可以采用更有效的隔离手段,避免模拟电路和数字电路之间的相互干扰,但三维集成额外的制造成本较高,对于多数低价值的模拟和数字电路是严重的制约因素。模拟和数字电路可以采用 2.5D 集成实现模数分离,相比于三维集成,2.5D 集成的技术难度和成本都有所降低,特别是在插入层上制造高性能的无源器件,是模拟和数字电路集成的首选方案。

12.6.1.1　三维集成

图 12-134 为 Leti 和 ST 开发的用于图像发送的射频模拟和数字芯片的三维集成系

统[219]。芯片工作频率超过1GHz,模拟和数字部分分别位于两层芯片上,每层有各自独立IP。模拟芯片为9mm^2,数字芯片为1.6mm^2,因此采用芯片级键合的方式。模拟芯片为65nm工艺制造,共7层金属。由于模拟芯片面积更大,位于下层,铜TSV位于模拟芯片内,用于连接芯片与基板。TSV直径为10μm,高度为80μm,中心距为40μm。这种将模拟和数字分割再集成的方式,是早期Chiplet的概念,有助于IP重用和缩短开发时间。

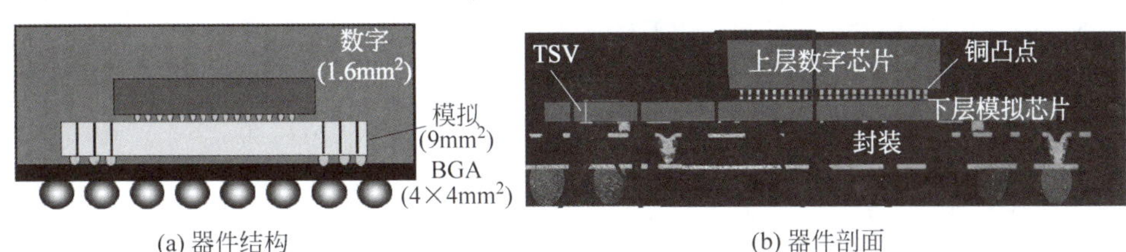

图12-134 图像传输芯片数字和模拟模块三维集成芯片

三维集成采用先TSV后键合的MEOL方案,二者采用Cu凸点以面对面的方式键合。模拟电路采用65nm、7层金属工艺制造,TSV尺寸为10μm×80μm,制造过程如图12-135所示,完成电路的前道工艺和M0金属后,通过硅深刻蚀、铜电镀、CMP平整化等实现TSV;最后完成后道互连工艺,并制造用于层间互连的键合凸点。在芯片上方临时键合辅助圆片,进行背面减薄、回刻、沉积绝缘层,并制造键合铜柱,利用键合铜柱与基板键合,最后利用铜-铜热压键合实现上下层芯片的键合。单个TSV的电阻为0.02Ω,三维集成后信号具有良好的完整性,也没有改变ESD特性。

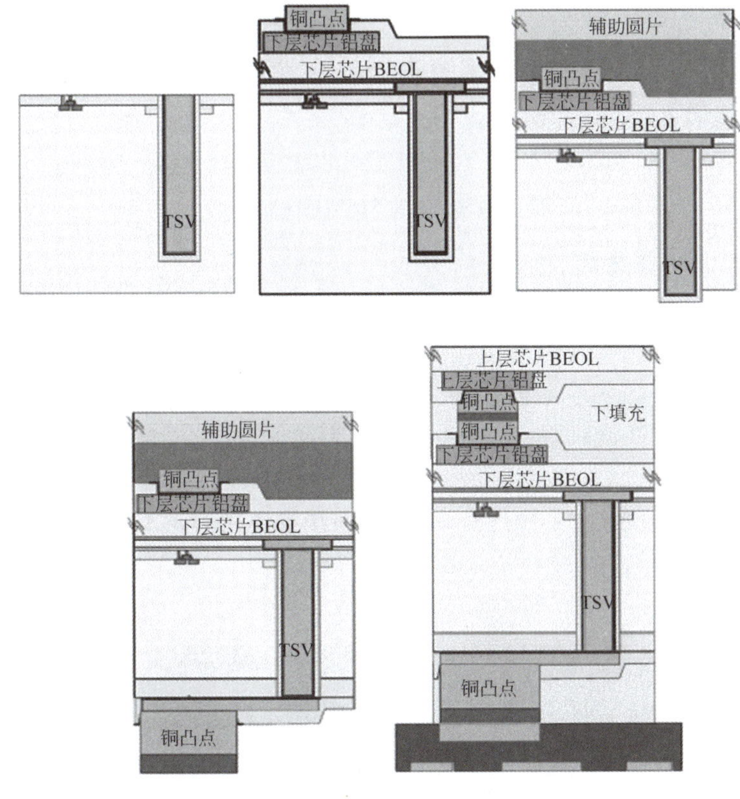

图12-135 Leti模拟数字三维集成工艺流程

SiGe BiCMOS 功率放大器具有可集成的偏置和调制电压管理功能、带有温度补偿的功率检测功能、较高的功率密度、片上匹配和偏置扼流,以及高热导率和低成本的特点,在多模和多频段中有显著的优势。0.35μm 工艺的 SiGe BiCMOS 功率放大器在 2.4GHz 应用中完全满足要求,但引线键合导致 NPN 发射极的地线电感限制了放大器的增益,对于 5.8GHz 频段的高频功率增益损耗过大。因此,双频段 Wi-Fi 前端模块采用的是 SiGe BiCMOS 的 2.4GHz 芯片和 GaAs HBT 的 5.8GHz 芯片。

IBM 通过 TSV 工艺实现 NPN 的发射极地线,降低了引线电感,解决了高频时引线键合导致的功率增益损耗。例如,普通球焊的电感高达 500～600pH,而 200μm 高的 TSV 的电感只有 50pH。图 12-136 为 3.5GHz WiMAX 功放的电路结构和芯片版图[220],图中锥形图标为连接地线的 TSV。2008 年起,IBM 将此项技术应用于 SiGe 功率放大器产品上。功率放大器芯片尺寸为 1.125mm×1.2mm,有 10 个 TSV。相比引线键合方式,TSV 使互连电感减小约 95%,芯片面积减少约 20%。

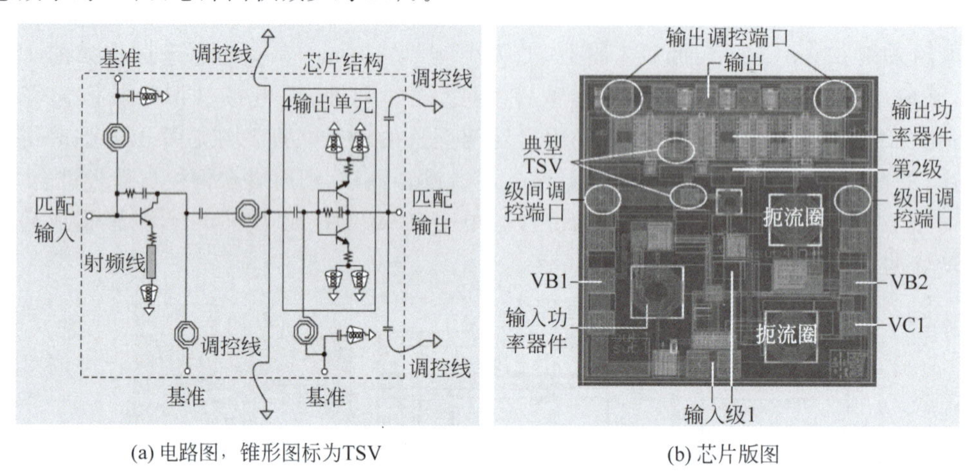

(a) 电路图,锥形图标为TSV　　(b) 芯片版图

图 12-136　3.5GHz WiMAX 功放

12.6.1.2　插入层集成

典型的射频收发器包括射频或微波芯片 RF IC、数字和模拟控制、天线以及无源器件。将射频收发器与数字和模拟电路集成在一个芯片上的单片微波集成电路(MMIC)一直是通信系统追求的目标之一。然而,硅衬底的损耗特性使不同功能模块的相互干扰和自身的损耗都比较显著,Q 值很低,影响单片集成的性能[221-223]。插入层集成利用插入层制造无源器件和天线,并将 RF IC 集成在插入层上,如图 12-137 所示。这种方式具有较大的灵活性,对芯片和无源器件的限制少、集成度高,是射频系统重要的解决方案。利用有机插入层的 FOWLP 适合射频系统应用,并可以实现无源器件集成。

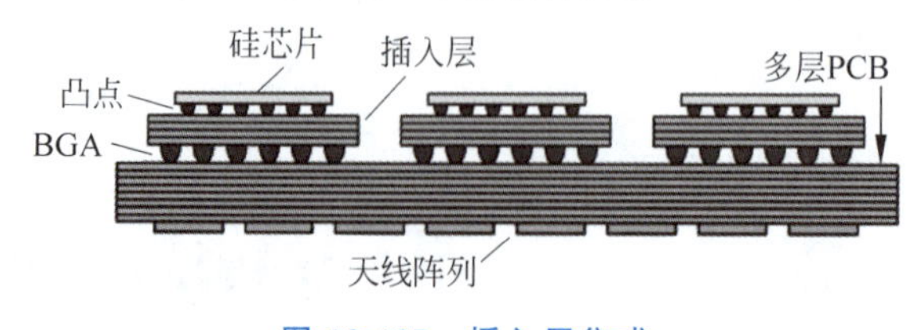

图 12-137　插入层集成

由于硅较高的介电常数和损耗，硅插入层上的微带线的插入损耗很大，但共面波导和接地共面波导在170GHz以下时，损耗特性仍比较满意[224]。连接TSV后微带线和共面波导的高频传输性能有所下降，在同样损耗的情况下，频率降低了20～30GHz。例如，微带线在100GHz以内的插入损耗仍低于3dB，共面波导甚至在150GHz以后才达到3dB。为了降低TSV的损耗，佐治亚理工学院提出了埋置式TSV插入层，如图12-138所示。在硅插入层的特定区域挖空衬底并填充低损耗的高分子材料，在高分子区内制造TSV，在高分子区表面制造无源器件，由此降低损耗性衬底对性能的影响。

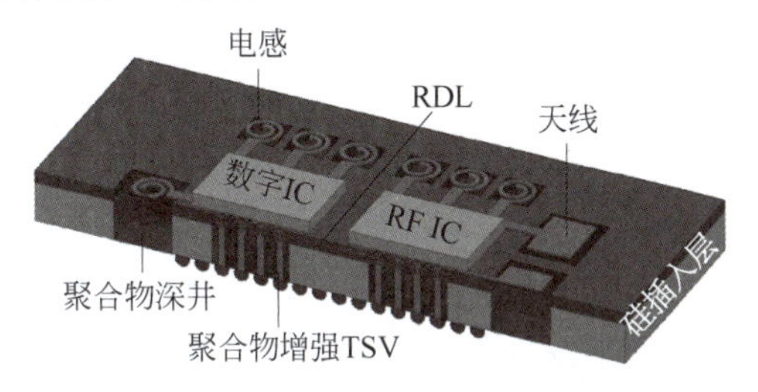

图12-138　局部高分子环绕TSV插入层集成无源器件

2011年，Leti首次报道了插入层全功能集成的60GHz收发器模块，插入层为高阻硅，厚度为120μm，正面包括2层厚度为3.9μm的铜RDL和贴片天线，背面RDL为1层厚度为2.5μm的铜RDL。插入层的RDL带有UBM金属，正面使用铜柱或微凸点连接倒装的RF IC，背面使用BGA焊球连接基板或PCB，如图12-139所示[225-227]。空心TSV采用BEOL方案制造，直径为60μm，深宽比为2∶1。插入器的总面积为6.5mm×6.5mm，是当时最紧凑的60GHz集成天线收发器。

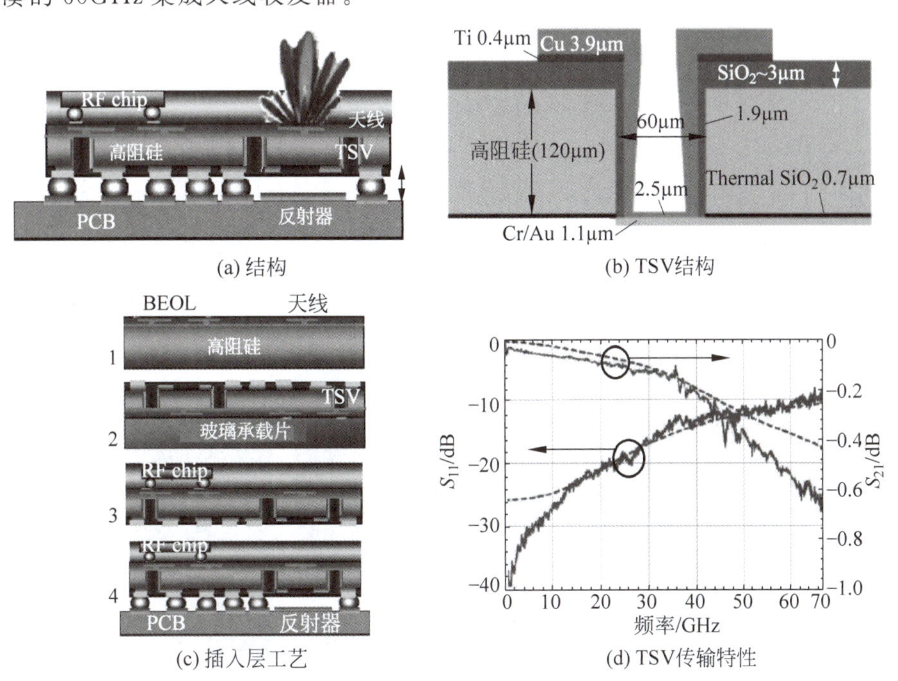

图12-139　高阻硅插入层60GHz收发器

射频收发器采用65nm的CMOS工艺制造，两个折叠偶极子天线(用于发射和接收)位于插入层正面顶层,两个由RDL和TSV阵列构成的保护环用于降低两个背腔天线之间的表面波耦合。天线下方与PCB表面的反射金属构成谐振腔,在不产生额外成本的情况下提高了天线的辐射效率。这要求精确控制辐射腔的高度,±7%的高度变化会导致2~4GHz的频率偏移。RF IC采用倒装芯片,TSV主要用于传输低频和基带信号,但高频传输特性较好,60GHz的插入损耗小于0.6dB,50Ω的阻抗失配0.46dB,可用于毫米波的背面馈线和天线馈电。在毫米波频段,偶极子天线实现了5dBi的增益和-10dB的交叉极化。

插入层对于毫米波频段(60GHz及以上)的收发器和相控阵的性能产生影响,主要原因是RF芯片端口和天线之间互连损耗。RF芯片越来越小,但是射频端口和控制引脚的凸点间距为100~200μm,这要求芯片首先使用有机或陶瓷等插入层对芯片端口分布到400~500μm间距的球栅阵列上。而对于多器件系统,在60GHz时PCB内复杂的配电网络的平均损耗为2dB。因此,由于插入层导致额外的1~2dB的损耗,在毫米波频率下RF芯片端口与天线端口之间的总损耗可达3~4dB。这一损耗同时存在于收发两个路径,因此在通信或雷达应用中会导致6~8dB的系统损耗。

图12-140为利用无源硅插入层预埋置集成射频芯片的方案[228]。插入层为高阻硅,表面集成无源器件,在插入层内制造深槽,埋置GaN射频芯片。射频芯片底部采用导热树脂与插入层粘接,侧面的缝隙通过高分子介质层涂覆填平。这种方案可以实现射频芯片与无源器件的近距离集成,有效降低引线的寄生影响。射频芯片嵌入插入层内,降低了封装厚度,引入TSV后可实现三维集成和减小芯片面积。

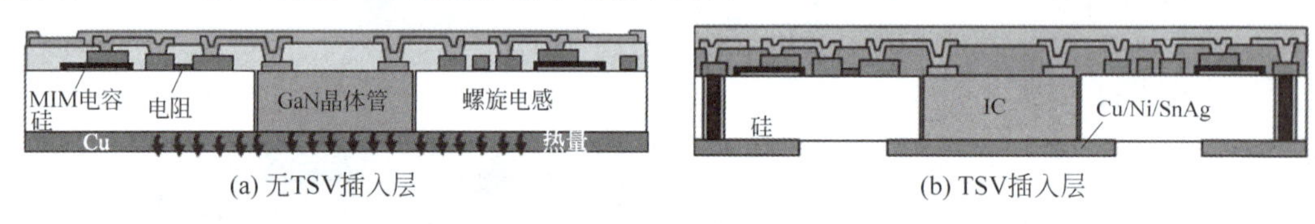

(a) 无TSV插入层　　(b) TSV插入层

图12-140　硅插入层埋置集成

由于混合信号集成电路工艺中缺少高功率高带宽的互连,通常将ADC与DSP集成有很大的困难。2010年Semtech利用IBM的300mm插入层技术开发了高性能ADC+DSP平台,用于光通信相干接收器、高性能无线采样和过滤、仪器设备和雷达系统。如图12-141所示,Semtech通过90nm工艺的插入层集成SOI逻辑工艺的ADC(Cu-45HP工艺)和BiCMOS的SiGe器件(8HP工艺),插入层表面集成高密度深槽电容,实现1.3Tb/s的超高带宽和低功耗。

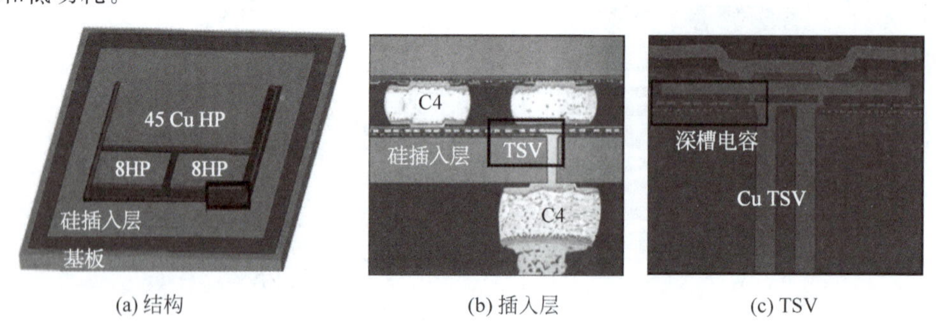

(a) 结构　　(b) 插入层　　(c) TSV

图12-141　插入层集成ADC+DSP

图12-142为玻璃插入层的高频集成系统结构[229]。利用玻璃低损耗的特性,将无源器

件（如电感、电容和天线等）制造在玻璃插入层的表面，通过 RDL 和 TGV 实现无源器件与射频芯片的连接，以此构成多种射频模块。芯片可以平铺在插入层表面，利用模塑层或有机介质层和 RDL 制造无源器件电感和电容。芯片也可以内嵌在插入层的凹槽内，再制造有机介质层和金属互连，有助于降低整体高度。这两种结构都可以实现扇出型封装。

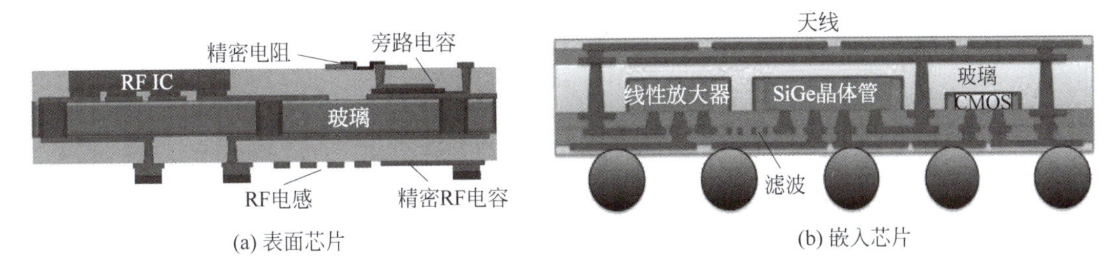

(a) 表面芯片　　(b) 嵌入芯片

图 12-142　玻璃插入层集成方案示意图

功率系统一般由有源功率器件和无源器件组成，有源功率器件包括开关晶体管和二极管（如 GaN 功率器件或 MOSFET 功率器件）以及控制电路（带有 PWM 的栅极驱动器），无源器件包括储能元件（如电感和变压器）以及用于电磁兼容的滤波器等。Leti、AMS 和 Infineon 开发了硅插入层集成 DMOS（Double-Diffused MOS）器件的方法，如图 12-143 所示[230]。利用带有 H 桥的硅插入层，通过金属凸点键合的方式集成 4 个 DMOS 器件，实现低电阻的 H 桥驱动器。插入层厚度为 200μm，带有直径为 80μm、节距为 250μm 的空心 TSV，空心 TSV 采用厚铜沉积提高电流输运能力。DMOS 厚度为 60μm，与插入层通过直径为 105μm 的 Cu 凸点键合，凸点节距为 50μm。驱动器工作电压为 40V，工作电流为 10A，电流较单芯片集成提高 3 倍以上。

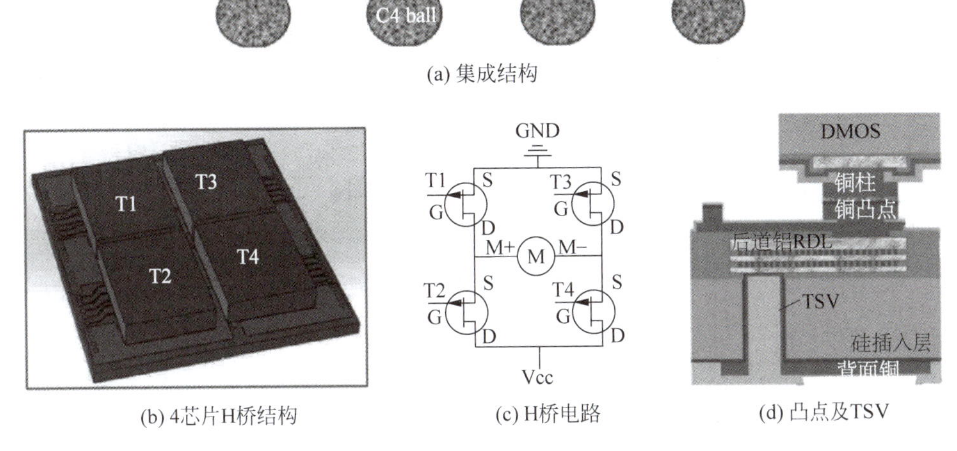

(a) 集成结构

(b) 4芯片H桥结构　　(c) H桥电路　　(d) 凸点及TSV

图 12-143　Leti 功率芯片插入层集成

12.6.1.3　无源器件

插入层可集成无源器件，包括天线、共面波导、电容、电感、谐振器、滤波器、耦合器、功率合成器与分压器等[231]。集成方法包括利用 TSV 构成无源器件的一部分、利用 TSV 连接高频无源器件,以及利用插入层的 IPD 集成。TSV 自身具有电容和电感的性质,因此 TSV 可以构成无源器件的一部分,特别是深槽电容。由于高度小、结构简单,TSV 自身的电感值较低,因此可以利用 TSV 连接高频共面波导、无源器件、芯片或天线等,降低高频频段的连线寄生参数。引入插入层以后,在插入层的介质层甚至 TSV 上制造无源器件,可以集成更多的器件种类。Silex 提出的以封盖结构集成无源器件的方法,包括 TSV 构成的深槽电容、带有垂直磁芯的电感、TSV 构成的电磁隔离区等。

以 TSV 作为组成部分可以构成环绕衬底的三维螺旋电感,这种电感尺寸大,电感值较大。图 12-144 为 Silex 开发的以 TSV 构成的三维螺旋电感[232],由两组 TSV 和衬底上下表面的平面金属线共同组成,并可以将铁芯材料包围在平面金属线内,增强电感的性能。在 3~10kΩ·cm 的高阻硅衬底上,利用 X-Via 制造尺寸为 50μm×305μm 的 TSV,每个 TSV 的阻值小于 20mΩ,在 5GHz 的插入损耗为 0.04dB。单圈的电感值和 Q 值分别为 1.5nH 和 110,8 圈的电感值和 Q 值分别为 12nH 和 19,自谐振频率超过 6GHz。

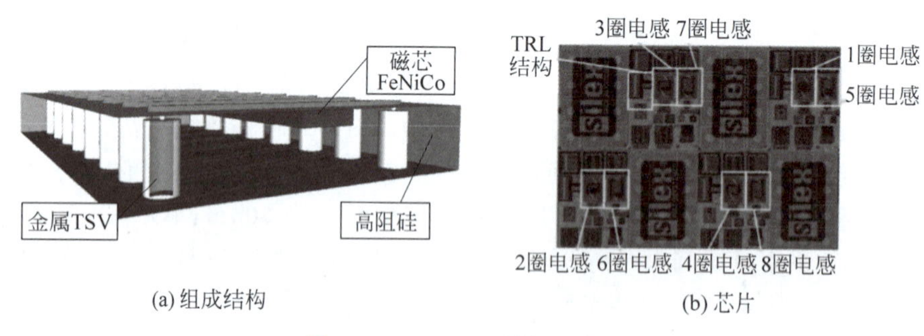

(a) 组成结构　　(b) 芯片

图 12-144　Silex 三维螺旋电感

高介电常数陶瓷材料 PZT、氧化钽、镧钛酸铅等广泛应用于高频领域的滤波器、移相器、解耦电容等。这些陶瓷需要在较高温度下烧结后才具有较好的微波特性,如较低的损耗和较强的色散等,而这些材料的烧结温度与 CMOS 是不兼容的,难以直接在 CMOS 电路上集成陶瓷材料。Alabama 大学和 IBM 合作,利用 TSV 在 CMOS 电路上方集成 Ta_2O_5 陶瓷,并以此实现了高介电常数电容[233]。集成过程利用 Ta_2O_5 陶瓷可以低温沉积的特性,直接在 CMOS 电路上方制造,然后通过 TSV 与 CMOS 电路相连。

TSV 作为无源器件应用,可以实现无源器件的互连,以及利用 TSV 构成的电磁场屏蔽结构[224,234,235]。法拉第笼由 TSV 和连接 TSV 的平面互连构成,通过形成屏蔽结构隔离相邻器件之间的串扰。对于直径为 10μm、间距为 100μm 的 TSV 构成的法拉第笼,在 1GHz 时隔离度达到 40dB,在 5GHz 时隔离度达到 36dB。随着直径的增大或间距的减小,法拉第笼的隔离能力会进一步提高,当间距减小到 10μm 时,在 5GHz 时隔离度近 75dB。

12.6.2　化合物半导体

Ⅲ-Ⅴ族的化合物半导体材料(如 InP、GaN、GaAs、InGaAs 和 AlGaN 等)具有硅器件无法比拟的优点。这些化合物半导体的电子迁移率比硅高很多,可以实现更高速度的器件。SiC 和 GaN 具有更高的带隙,可以承载更高的工作电压或功率,是目前实现高压高功率器件的主要材料。很多化合物半导体为直接带隙材料,具有较高的光电转换能力,是实现发光和光电探测的首选材料。然而，硅 CMOS 器件在逻辑、计算和存储等功能和制造成本等方面具有突出的优点，因此，将化合物半导体器件或电路与 CMOS 电路集成，能够获得更高性能。这种异质材料的集成需求几乎遍布整个射频收发系统，如图 12-145 所示[236]。

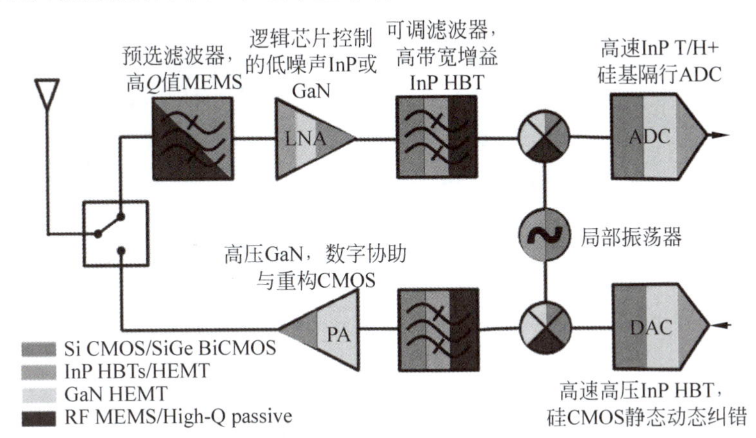

图 12-145　异质集成射频收发系统

然而，通常化合物半导体材料生长需要特殊的衬底和较高的温度，如 GaAs/InP 和 GaN 的生长温度分别为 650℃和 1350℃，无法兼容 CMOS 工艺，直接将化合物半导体器件与 CMOS 电路集成在技术和成本方面都存在问题[237-238]。三维集成为化合物半导体与 CMOS 集成提供了解决方案，利用三维集成已经实现了 InP HBT、GaN HEMT 和 GaAs 与 CMOS 集成，并出现了多种技术方案，如 Northrop Grumman 航天（NGAS）的芯片-晶圆级金凸点键合、Teledyne Scientific 的晶圆级 DBI 键合、Raytheon 集成防务（RIDS）的 GaN-Si 的 SiO_2 融合键合、MIT 的晶圆级键合、IBM 的芯片级键合，Hughes 实验室（HRL）的外延晶圆转移等。

12.6.2.1　芯片级凸点键合

化合物高频和功率器件及电路种类很多，系统可能需要集成多种不同材料的芯片。芯片级键合集成具有较高的灵活性，能够适应多种应用的需求。Northrop Grumman 开发了多芯片金凸点热压键合的三维集成方案 DAHI（Diverse Accessible Heterojunction Integration），将 GaN 和 SiC HEMT、InP 或 GaAs HBT、高 Q 值无源器件以及 MEMS 等多种器件键合在 CMOS 芯片上方，如图 12-146 所示。CMOS 采用 65nm 体硅工艺或 45nm SOI 工艺制造[239-240]，TSV 用于信号传输、电源分配和热量传导。化合物半导体芯片采用金热压的方式键合，金凸点直径为 5～15μm，高度为 2μm。碳化硅衬底上的 GaN 器件采用 200nm 工艺制造，与 CMOS 采用面对背方式键合，TSV 使 SiC 衬底的热量通过 CMOS 互连区的高密度热传导金属和 CMOS 内的 TSV 向外传导。InP HBT 采用 250nm 工艺制造，与 CMOS 采用金属凸点面对面键合，有利于提高 InP 与 CMOS 的互连带宽。

DAHI 方案被用于开发多种高频高功率器件，如 Q 波段（30～50GHz）VCO 放大器，如图 12-147 所示[241]。放大器由 Si CMOS、InP VCO 和 GaN 放大器组成，CMOS 采用 IBM 的 10 层金属 65nm 工艺制造；InP 采用 NGAS 的 2 层金属 250nm 工艺制造，芯片厚度为 75μm，面朝下键合。GaN 采用 NGAS 的 200nm 工艺制造，面朝上键合。InP 与 GaN 之间的互连通过各自连接 CMOS 后由 CMOS 转接，GaN 与 CMOS 连接的损耗为 0.5dB。InP

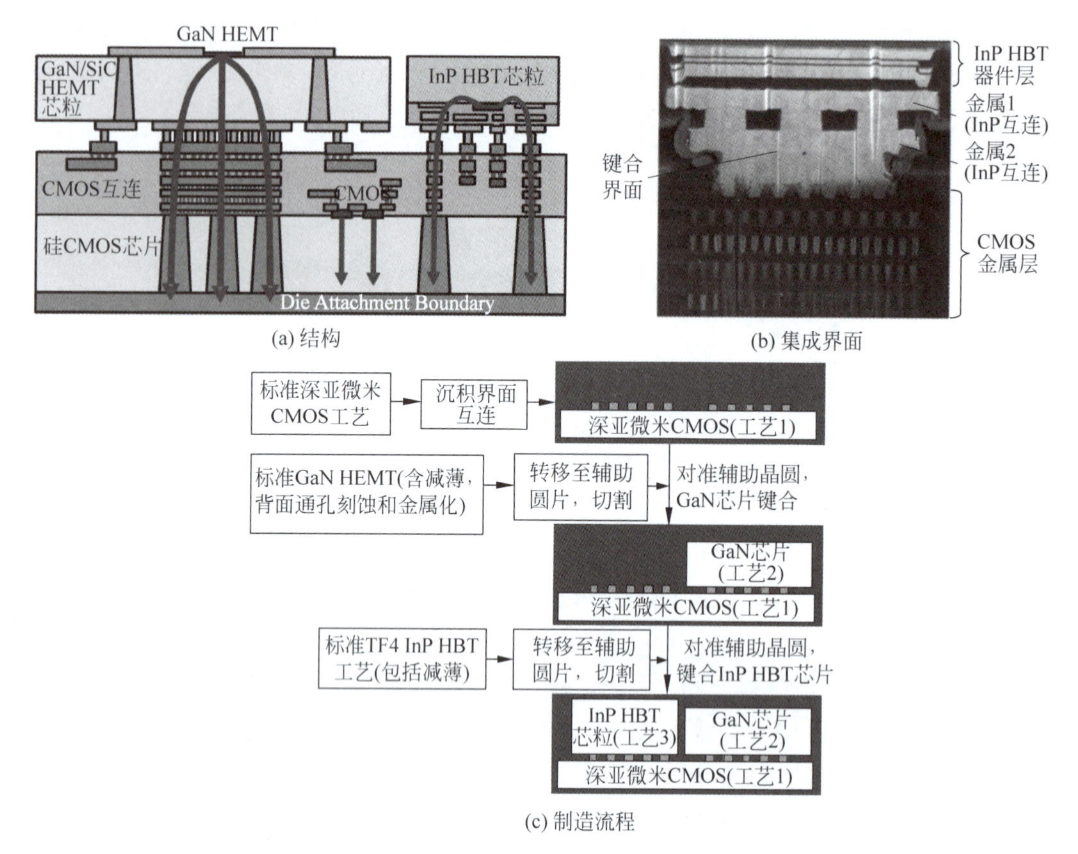

(a) 结构　　(b) 集成界面

(c) 制造流程

图 12-146　Northrop Grumman 的 DAHI 集成方案

VCO 在 35GHz 处实现了 2GHz 的可调范围，GaN 放大器带内增益为 15dB，放大器输入功率为 1.57W，36GHz 处输出功率为 27dBm。

英国宇航(BAE)利用 DAHI 实现了由 CMOS、InP HBT 和 GaN HEMT 组成的直接数字合成器，如图 12-148 所示[242]。合成器包括 600 万门的 45nm 工艺 CMOS 芯片、2151 个 InP HBT 晶体管、2 个 GaN HEMT，以及 9930 个金属凸点，实现了 14GS/s 的采样率，在实现 37dBc Nyquist 无杂散动态范围和 8.7W 功耗的情况下，输出功率为 6.9dBm。在 DDS 中，频率控制字被映射到一个相位累加器中，这个相位随后通过查表或直接计算转换成正弦波。利用 45nm CMOS 的集成度执行相位累加和 CORDIC 算法生成多通道正弦波，将其数字复用至 InP HBT 实现的高速开关内核中。与多数高速 DAC 一样，该结构也采用开关电流作为电阻负载。为了在输出端实现更大的电压摆幅，GaN 输出器件采用共源共栅结构。这种架构电路无须幅值和时序校准，在射频和混合信号应用中有明显的优势。

12.6.2.2　晶圆级键合

利用晶圆级键合实现Ⅲ-Ⅴ族化合物器件与硅 CMOS 控制电路的三维集成，既可以获得化合物半导体高速、高功率的优点，又可以利用硅 CMOS 集成度高、低成本的优点，实现高性能、低成本的高频或高功率器件，如 RF 前端。化合物材料和器件单独制造，然后与 CMOS 电路三维集成，工艺环节互不干涉。与硅集成类似，晶圆级键合可以通过金属和介质层混合键合实现两层芯片的互连，或者通过单纯介质层键合后制造 TSV 实现互连。晶圆

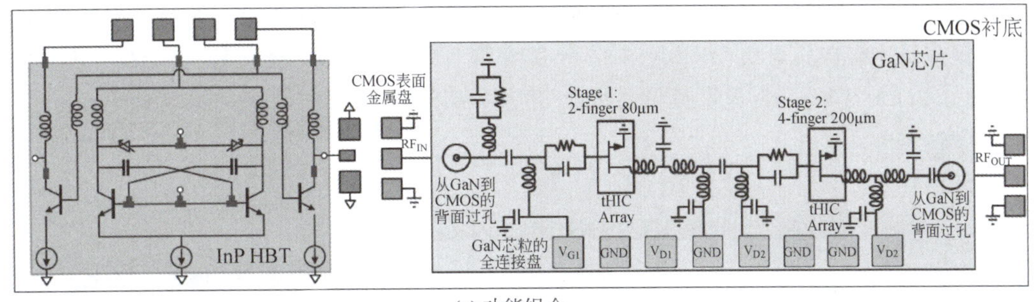

(a) 功能组合

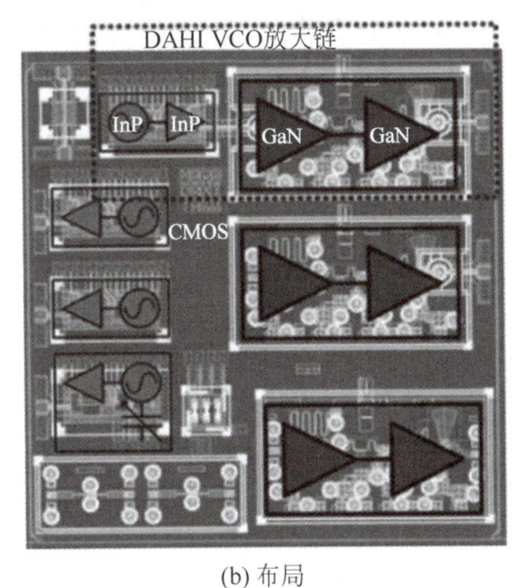

(b) 布局

(c) 集成方案

图 12-147 Q 波段 VCO 放大器

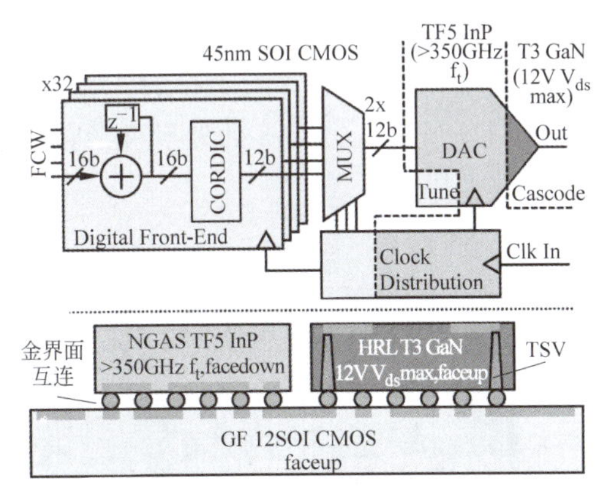

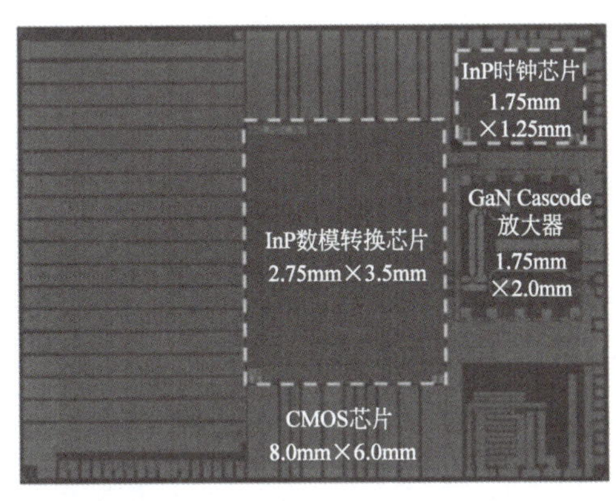

图 12-148 BAE 直接数字合成器

级键合的主要限制因素是化合物晶圆与硅晶圆的尺寸匹配问题。

2008 年，HRL 采用 InP 和 CMOS 三维集成实现了双异质结双极晶体管（Double Heterojunction Bipolar Transistor，DHBT），如图 12-149 所示[243]。CMOS 电路包括 4 层薄金属互连和 2 层厚金属互连，在 75mm 直径的 InP 衬底制造发射极向上结构的 InP DHBT，表面沉积 0.5μm 厚的 Al 作为散热层，在次集电极上下面都生长 160nm InGaAs/InP 的复合层作为刻蚀停止层。将 InP 外延衬底与辅助圆片临时键合，去除 InP 衬底和原次集电极下方的刻蚀停止层，将 Al 散热层与 CMOS 表面键合。去除辅助圆片和原次集电极上方的刻蚀停止层,将次集电极层转移至 CMOS 表面。刻蚀键合层、散热层和次集电极层,沉积金属连接次集电极和 CMOS 的 PMOS 及 NMOS,构成晶体管结构。InP DHBT 的发射极 0.25μm×4μm,直流电流增益大于 30,f_T 超过 300GHz,f_{MAX} 约 150GHz。

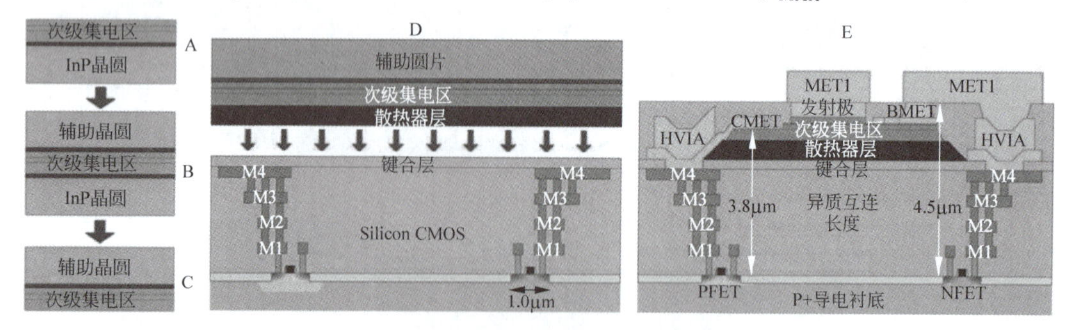

(a) 工艺与结构

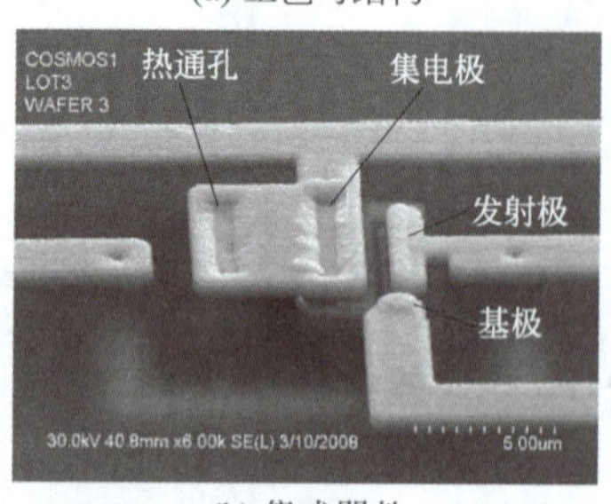

(b) 集成器件

图 12-149 HRL 集成方案

Teledyne Scientific 采用晶圆级 Cu-SiO_2 混合键合开发了 CMOS 与 InP HBT 的三维集成,如图 12-150 所示[244-245]。CMOS 采用 130nm 工艺制造,InP HBT 采用 250nm 工艺制造,InP 包含 3 层金互连和 BCB 介质层,介质层上方沉积 SiO_2 用于混合键合。晶体管最高截止频率超过 1THz,功率放大器截止频率为 670GHz。采用 250nm 的发射极,Teledyne 实现了高效高功率密度的 E-band 至 G-band 毫米波放大器。

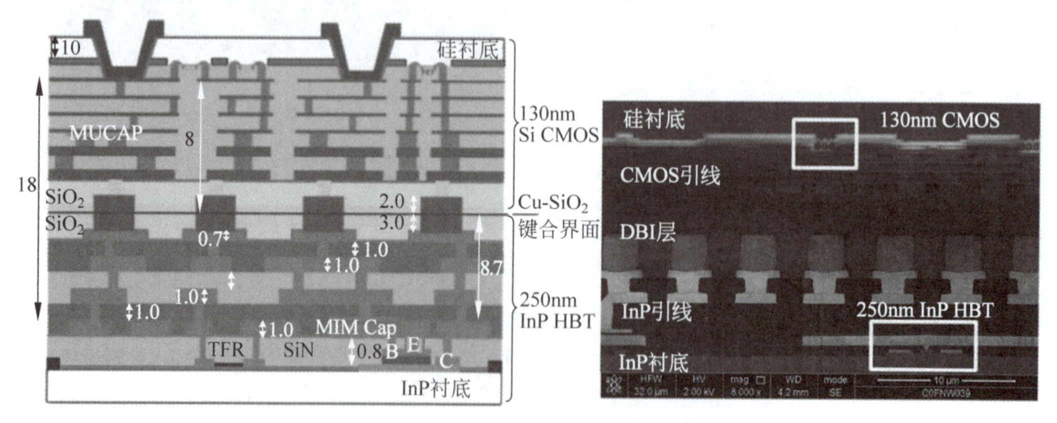

图 12-150 Teledyne 混合键合集成结构

2021 年,Leti 报道了 GaN 与 CMOS 的 Cu-SiO_2 混合键合技术,如图 12-151 所示[246]。为了采用 Cu-SiO_2 混合键合,在各自工艺完成后通过 PVD 和 CMP 制造混合键合结构。介质层沉积后采用400℃退火去除PECVD沉积的SiO_2中的残余气体。键合铜结构的尺寸和节距分别为2μm和3μm，厚度为0.5μm，CMP处理后铜凹陷约为5nm。键合后400℃退火2h。键合Al-Cu-Cu的电阻约为1Ω，高于Cu-Cu电阻。GaN的热膨胀系数为5.6ppm/K，超过硅2.5ppm/K一倍以上，只有室温键合才能尽可能消除热膨胀系数差异导致的变形和应力，而即使键合温度只超过室温100K，也会在300mm晶圆产生约46μm的热膨胀差异。

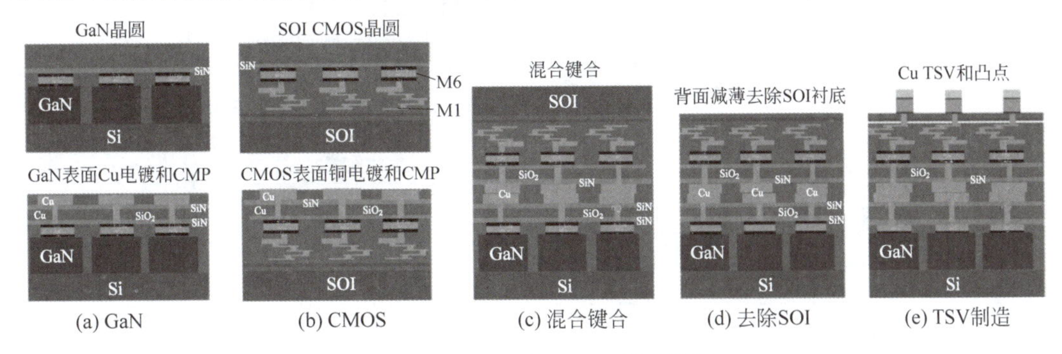

图 12-151 GaN 和 CMOS 混合键合

2015年，Singapore-MIT联合实验室报道了InGaAs、GaAs、Ge和GaN等Ⅲ-Ⅴ族器件与SOI的介质层键合，如图12-152所示[247]。键合采用SiO_2-SiO_2，键合前在450℃和氮气环境致密化7h，采用临时键合和TMAH刻蚀去除SOI的衬底层，键合表面采用CMP处理，并在氮气等离子体中活化30s，完成SC-1和SC-2清洗后室温预键合，最后在300℃和氮气环境退火3h实现永久键合。在SOI的BOX层较薄，通过PECVD沉积SiN实现SiN-SiN键合，获得了良好的键合界面。

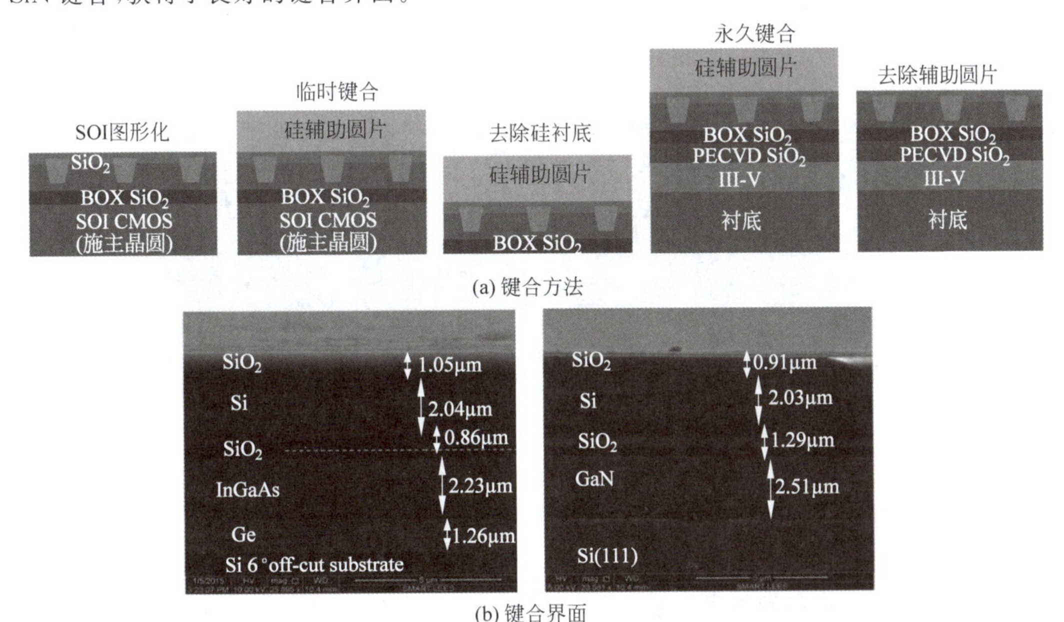

图 12-152 Ⅲ-Ⅴ和 SOI 介质层键合

采用介质层键合后，需要制造穿透介质层的垂直互连(TDV)实现两层芯片的连接。MIT林肯实验室和Raytheon开发了类似的制造方法，如图12-153所示。这种方法可以键合 CMOS/SiGe 与 GaN、InP 或 InGaAs 等不同的化合物晶圆,与各种材料都具有兼容性。通过化合物晶圆的 TSV 可以实现高效散热。

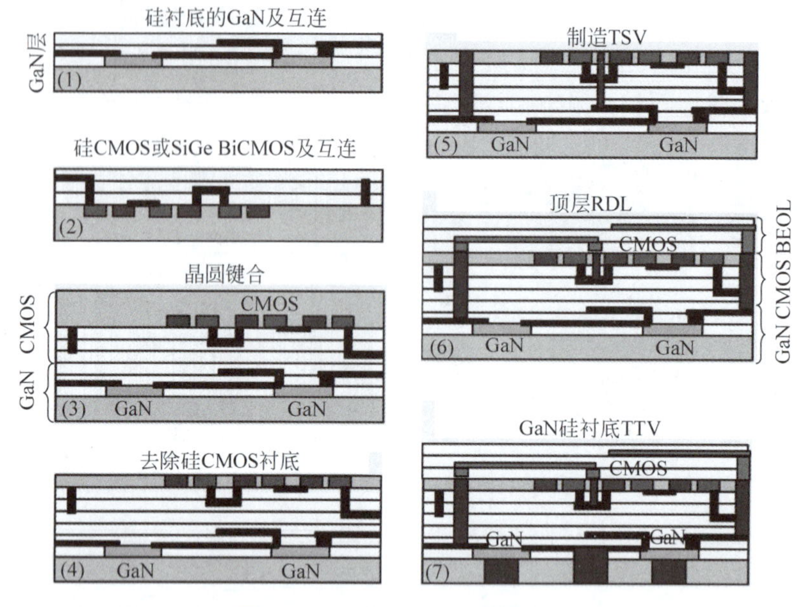

图 12-153 介质层键合集成过程

林肯实验室实现了 200mm 晶圆 GaN HEMT MMIC 与 CMOS 的 SiO_2 键合集成,如图 12-154 所示。键合后 CMOS 所在的 SOI 衬底层被全部去除,通过顶层 RDL 和垂直的 TDV 连接 CMOS 的背面和 GaN 的正面。TDV 减小了互连长度,降低了干扰和寄生参数,f_T 和 f_{max} 分别达到了 50GHz 和 90GHz,1μm 栅源间距可耐受电压为 90V。利用这一方法,MIT 实现了 X 波段的低噪声功率放大器,功率增益为 10dB。

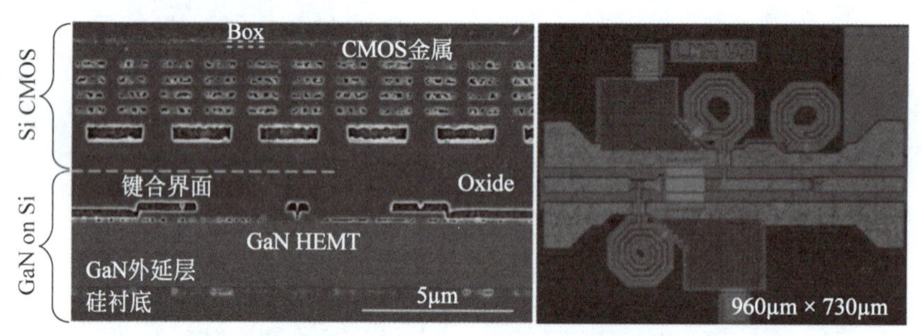

图 12-154 MIT 介质层键合集成

Raytheon 采用介质层键合实现了 GaN 与 CMOS 的三维集成,如图 12-155 所示。TDV 采用铜互连制造,直径为 10μm,高度为 10～15μm,电阻约为 0.21Ω,具有良好的传输特性和低延时,60GHz 的 S21 约为−0.5dB,延时小于 4ps。集成前后 GaN 晶体管的性能没有明显变化,芯片输出功率超过 4.7W/mm,28V 时的效率超过 48%。

Ⅲ-Ⅴ与 Si CMOS 的集成具有优异的性能,不仅可以直接将射频和功率器件与数字接口、数字控制、存储和校准等功能进行集成,而且在功耗、动态范围、噪声和功能性等方面完全超越 Si、SiGe 和单纯Ⅲ-Ⅴ化合物电路,可广泛应用于射频和混合电路,包括模拟和数字波形调控、片上收发器、有源混合器、高功率 DAC、线性可重构功率放大器、高动态范围收发

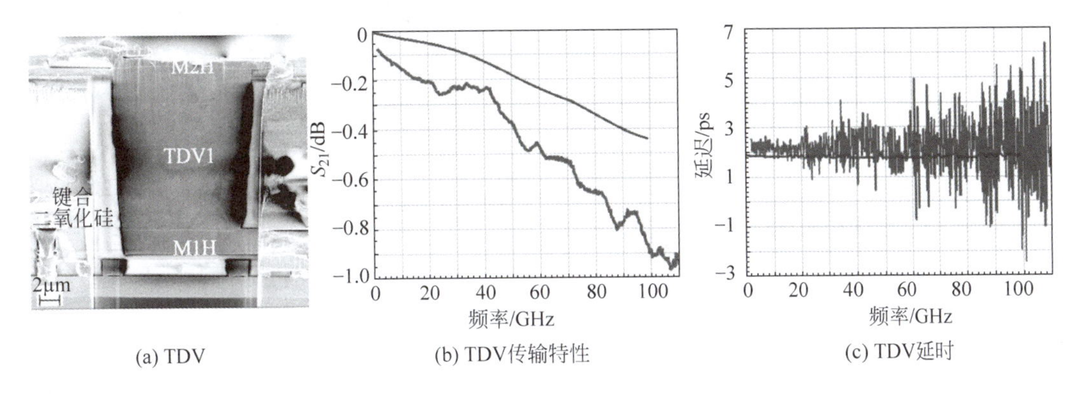

(a) TDV　　(b) TDV传输特性　　(c) TDV延时

图 12-155　Raytheon 介质层键合

器、光电驱动器、高效功率转换器、功率分配网络、高速高功率差分放大器、超低功耗电路缓冲器等，如图 12-156 所示。

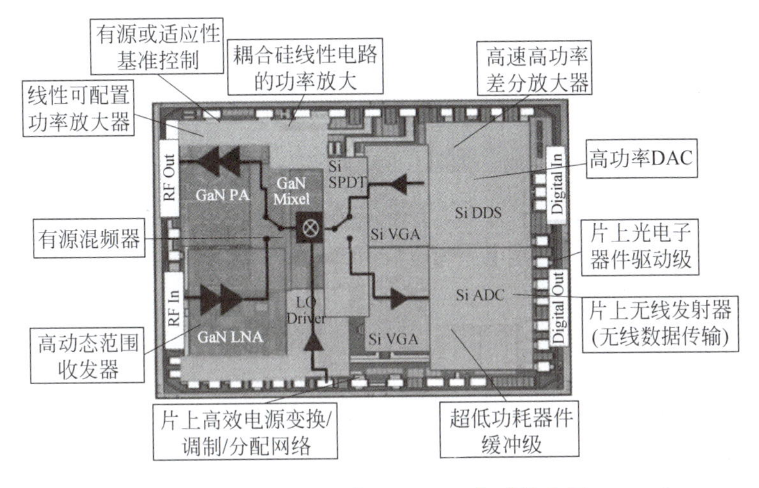

图 12-156　Ⅲ-Ⅴ与 Si CMOS 集成的应用

12.6.2.3　插入层集成

2010 年 Teledyne Scientific 提出了将功率芯片嵌入硅插入层的凹槽的方案，如图 12-157 所示[248]。硅具有较高的热导率，有助于功率芯片的散热。插入层表面可以集成无源器件，通过 RDL 与功率芯片连接，具有更低的寄生参数。Teledyne 利用这一方案将面积为 1.2mm×0.35mm 的 Triquint GaAs pHEMT 功率放大器芯片与插入层集成，14GHz 时单级功率为 1W，漏极效率为 42.9%，功率增益为 7.1dB。

利用铜热导率 400W/(m·K)显著高于硅热导率 150W/(m·K)的特性，2013 年 HRL 开发了铜基板的多芯片集成方案，称为 Metal Embedded Chip Assembly(MECA)，如图 12-158 所示[249-252]。这种方案将多个化合物芯片和无源器件嵌入电镀铜板内，利用铜板实现系统的高效散热。制造过程主要包括：刻蚀激光在结构层硅圆片上刻蚀通孔和腔体，沉积扩散阻挡层和种子层；另一个辅助硅圆片上制造键合对准标记和释放孔，涂覆临时键合材料，键合被集成芯片。将结构层与辅助圆片对准键合，使被集成芯片落入结构层的空腔内，利用结构层种子层电镀将空腔和通孔填满铜，CMP 去除表面过电镀的铜后制造 RDL，去除辅助圆

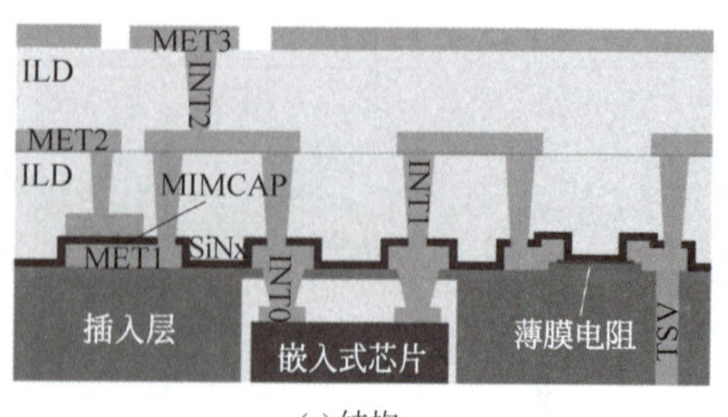

(a) 结构

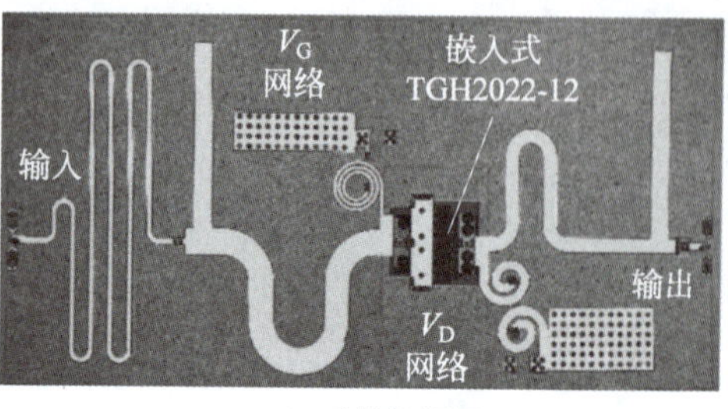

(b) 系统俯视图

图 12-157　Teledyne 插入层集成功率放大器

片后在正面涂覆 BCB 和光刻胶牺牲层,电镀金互连后去除光刻胶,使之与 BCB 之间形成 5μm 的空气间隙,构成金桥互连。这种金桥互连在 100GHz 以内有优异的传输性能。由于被集成芯片首先面朝下临时键合在辅助圆片表面,去除辅助圆片后多芯片具有相同的表面高度,适合在表面上开发特殊互连。

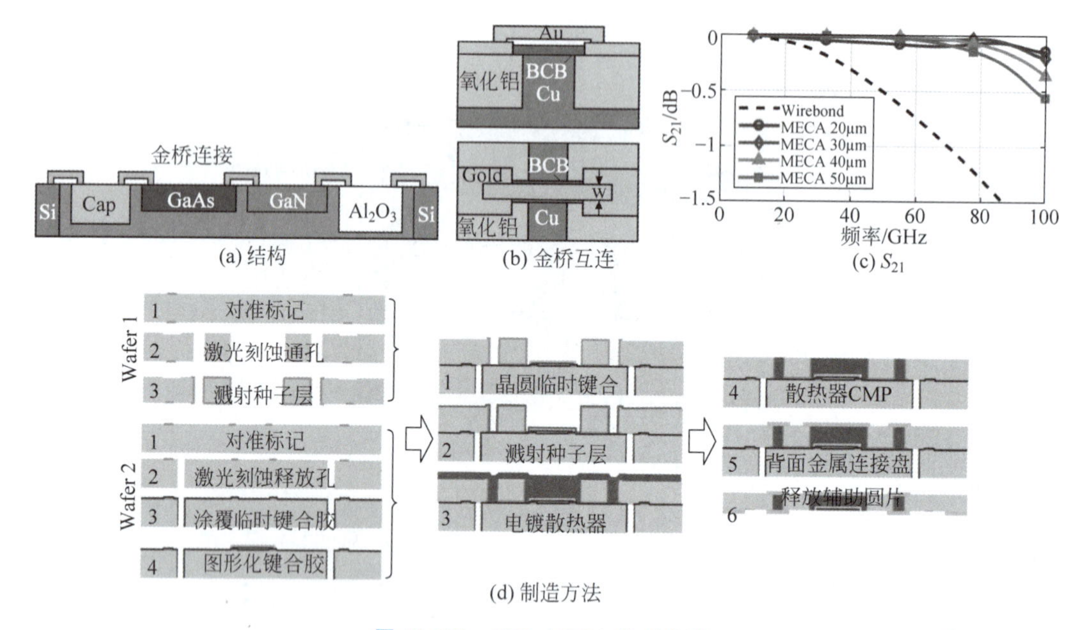

图 12-158　HRL MECA 集成方案

2014 年韩国电子研究院提出了类似的结构方案,如图 12-159 所示[253]。该方案也在硅插入层背面连接铜板进行散热,与 HRL 的区别在于制造方法以及芯片侧壁。利用这一方案实现了 GaN 功率放大器与插入层无源器件的集成,系统输出功率为 37.7dBm,8GHz 时漏极效率为 53%。

2013 年,富士通公司提出了类似 FOWLP 封装形式的功率芯片集成方法,采用模塑形成基底后在表面布线[254]。为了提高散热能力,富士通于 2017 年报道了背面通过 AuSn 焊料层散热的 FOWLP 方法,如图 12-160 所示[255]。功率放大芯片最大漏极电流为 0.6A/mm,采用 100μm 的 SiC 衬底上 GaN 制造,匹配网络包括微带线、MIM 电容、电阻和电感制造在高阻硅插入层上,插入层 TSV 高度为 100μm,用于系统的地电极。模塑层表面介质层为悬涂介质层和铜,背面研磨去除模塑层暴露 TSV 和 SiC 衬底,然后沉积 Ti/Au 并通过 AuSn 焊料与基板连接。SiC 衬底和 AuSn 焊料增强功率放大器的散热能力。通过优化接触金

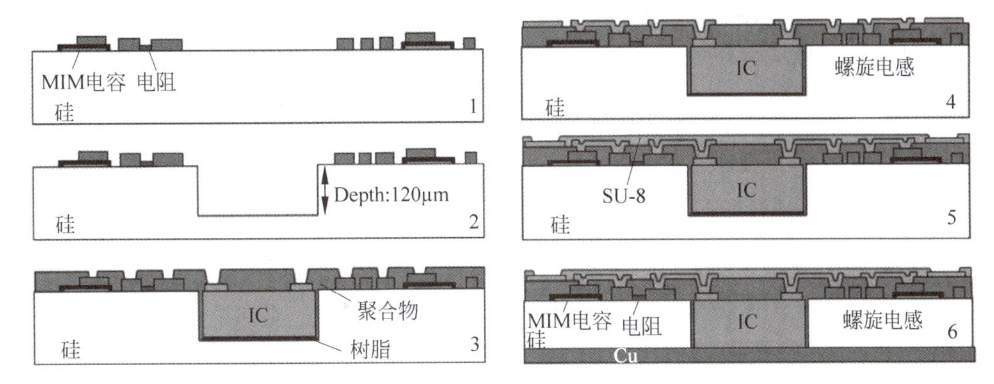

图 12-159 韩国电子研究院集成方案

属，图中标注的4个区域的接触电阻分别为2mΩ、12mΩ、3mΩ和2mΩ。利用这一技术，富士通首次采用5个芯片实现了2级功率放大，在漏极效率50%时最大输出功率超过160W。

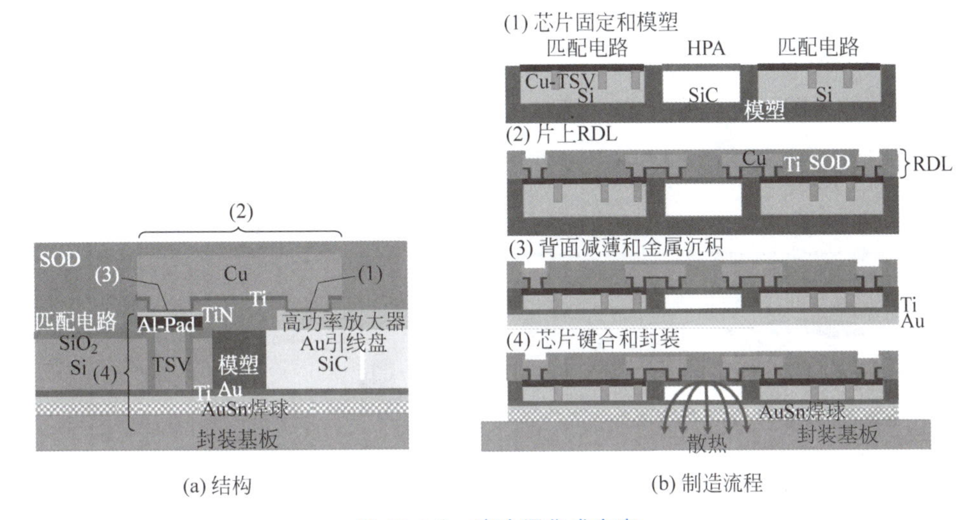

(a) 结构　　(b) 制造流程

图 12-160 富士通集成方案

利用热TSV解决高功率器件的散热，可以明显改善高迁移率晶体管HEMT的性能。图12-161为利用热TSV实现GaN功率器件散热的结构[256]。铜TSV位于GaN功率器件的有源区下方。TSV的功能包括：①实现了比硅衬底更加高效的热传导(散热)，提高漏极

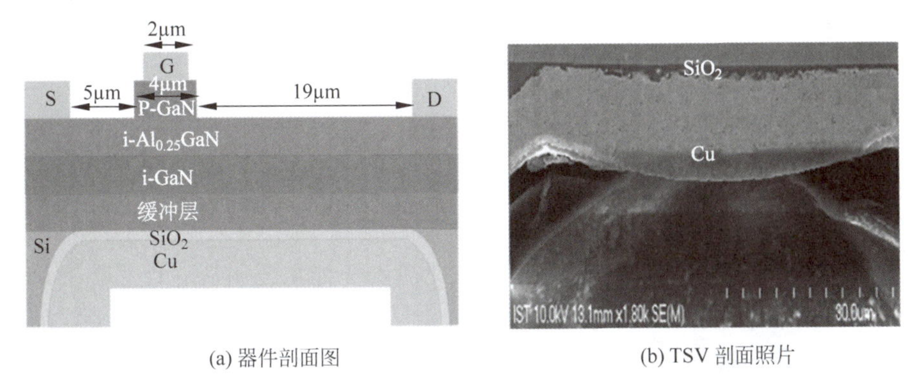

(a) 器件剖面图　　(b) TSV 剖面照片

图 12-161 TSV HEMT

电流密度,并将源漏电阻从 2.25Ω 减小到 1.9Ω;②消除了由于晶格失配造成的过渡层和缓冲层的陷阱,减小漏电流,使关态(栅源电压为 0V)时源漏之间漏电流达到 1mA/mm^2 时的源漏电压从 188V 提高到 262V;③去除有源区下方的损耗性硅衬底,提高了器件的开关性能,使关态下源漏电压 70V 时的动态开态电阻与直流开态电阻的比值减小了 50%。

12.7 芯粒集成与 2.5D 集成

芯粒技术在过去几年发展非常迅速,广泛应用于 CPU、GPU 和 FPGA 等多种产品的量产,如图 12-162 所示。芯粒的特点是按照功能模块或制造工艺,将大规模芯片分割为同功能或同工艺的芯粒进行制造后,再采用合适的方式集成为一个大芯片。从这一角度看,芯粒并不限定所采用的芯片集成方法,包括封装集成、2.5D 插入层和三维集成均可。然而,目前芯粒集成通常采用 2.5D 插入层的方式,这一方面简化制造工艺降低成本,另一方面满足多芯片间高速数据传输的要求。

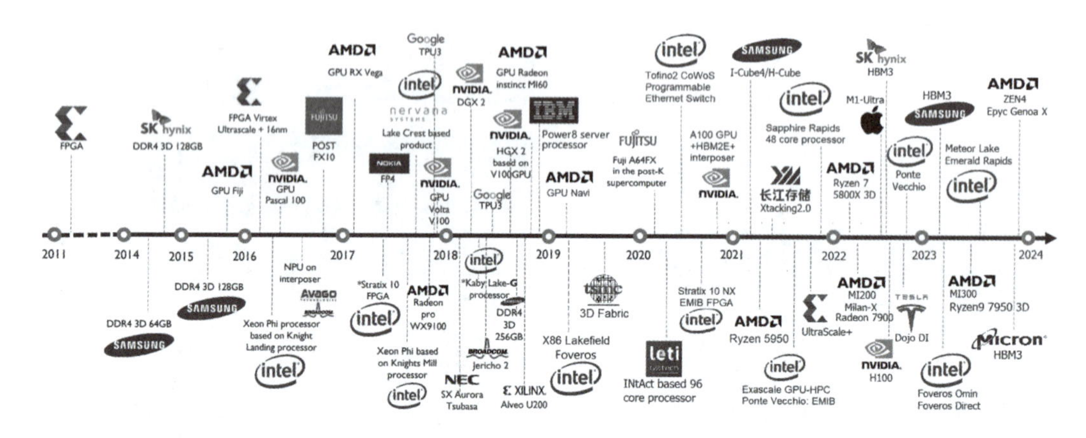

图 12-162 芯粒集成主要产品

插入层集成芯粒既可以获得逻辑与存储之间的高带宽,又可以提高芯片制造成品率并降低成本。芯粒既可以是多个相同的芯片,也可以是多个不同的芯片,前者称为同构集成,后者称为异构集成。同构集成的目的是分解大芯片,在插入层可以满足芯片间数据传输带宽的前提下,提高芯片成品率并降低制造成本,如将 FGPA 和多核处理器分割为多个芯粒。异构集成的目的是利用插入层提供芯片间的高带宽数据传输,获得类似三维集成的数据传输能力,如 CPU/GPU 与存储器之间的集成。

12.7.1 芯粒集成 FPGA

FPGA 集成可分为同构集成和异构集成。同构集成将大面积的 FPGA 芯片分割为多个相同的芯粒后再采用插入层集成,可以显著提高成品率,并且插入层和芯片接口密度足以保证所需的信号传输带宽。异构集成将 FPGA 芯片与不同工艺制造的收发器或 DRAM 芯粒集成。

12.7.1.1 同构集成

2012 年初,Xilinx 首先将芯粒和插入层引入 FPGA,将大面积 FPGA 分割为 4 个小尺寸芯粒，再利用硅插入层将芯粒集成，量产了200万逻辑单元的FPGA产品Virtex 7 2000T[257-259]。通过插入层提供的高密度互连和高密度微凸点，将多芯片集成在硅插入上，相邻芯片间的互连数量可达10000个，延时约为1ns，Xilinx称为堆叠硅互连（Stacked Silicon Interconnect，SSI）。

如图12-163所示，Virtex-7 2000T封装尺寸为45mm×45mm，内部包括3层结构，最上层是4片相同的FPGA芯片，中间是硅插入层，底部是有机基板。FPGA芯片采用TSMC 28nm工艺制造，面积为7mm×12mm。硅插入层采用TSMC 65nm工艺制造，面积为25mm×31mm，厚度为100μm。插入层中TSV尺寸为10μm×100μm，RDL包括3层铜互连和1层铝互连，最小线宽和间距均为2μm。FPGA芯片与硅插入层通过45μm节距的Cu-Sn微凸点连接，插入层与封装基板采用节距为210μm的C4凸点连接。基板面积为42.5mm×42.5mm，BGA焊球节距为1.0mm，共1200个。由于新工艺早期较低的成品率，将大面积芯片分割为4个总面积相等的芯粒并在测试后通过插入层集成的方法可以大幅提高晶圆利用率。尽管插入层引入了额外的成本，但是总成本反而有所降低。此外，Virtex 7 2000T的功耗降低50%，上市时间缩短1年。

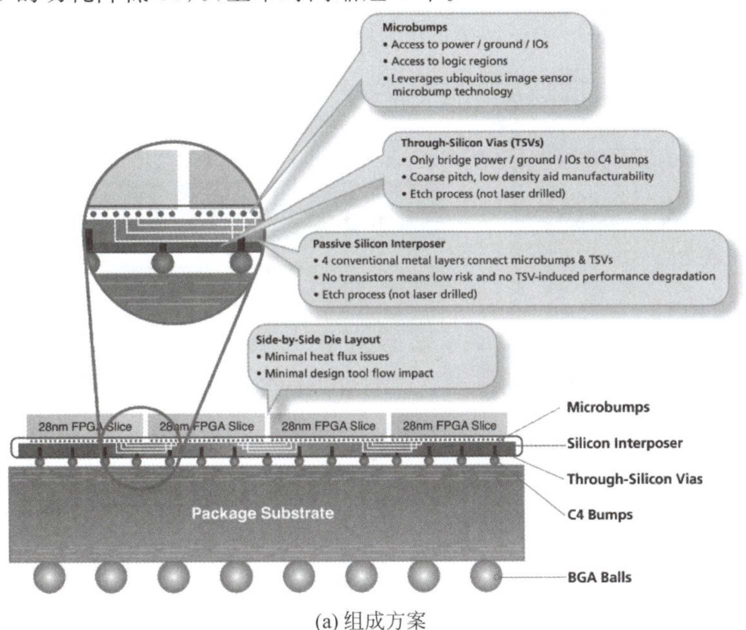

(a) 组成方案

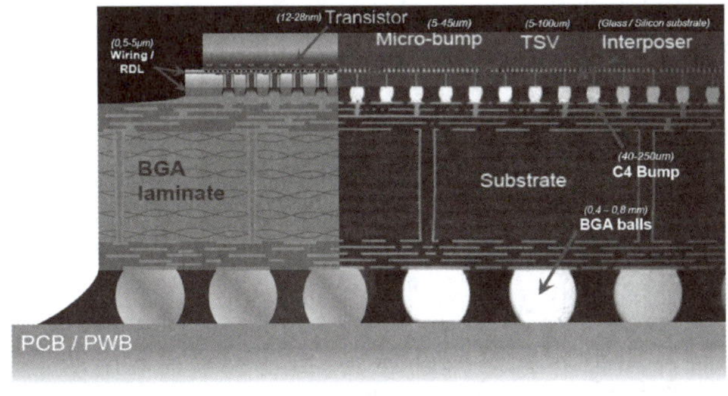

(b) 集成结构

(c) 插入层TSV

图 12-163　Xilinx多芯片集成FPGA

Virtex-7 2000T 的 FPGA 芯片、插入层和封装由 Xilinx 设计，FPGA 芯片和插入层由 TSMC 制造，封装基板由 Ibiden 制造，凸点、封装和三维集成由 Amkor 实现，最终测试由 Xilinx 完成。2015 年，基于第二代 CoWoS 技术和 20nm 工艺的 FPGA XCVU440 投入量产，硅插入层的面积扩大到了 $1200mm^2$，插入层 RDL 的线宽降低到亚微米量级。

12.7.1.2 异构集成

采用 SSI 技术，Xilinx 于 2012 年推出首款 FPGA 芯片与收发器芯片异构集成的 FPGA 产品 Virtex 7 H580T。H580T 包括 2 个 28nm 工艺的 FPGA 芯片和 1 个 28Gb/s 收发器芯片，共包括 8 个 28Gb/s 收发器、48 个 13.1Gb/s 收发器和 580000 逻辑单元，I/O 接口仅为 650 个，但带宽高达 2.8Tb/s。将 FPGA 芯片和收发器芯片分开，各自独立设计和制造，FPGA 芯片采用 TSMC 的 28nm 高性能低功耗工艺制造，降低了漏电流和功耗。将高速模拟电路 28Gb/s 收发器芯片与数字电路分开，与混合电路相比大幅降低了模拟电路受到的噪声干扰，提高了信号完整性和工作频率，使 28Gb/s 收发器数量提高 1 倍。Xilinx 于 2013 年推出 Virtex-7 H870T，包括 3 个 28nm 工艺的 FPGA 芯片和 2 个 28Gb/s 收发器芯片，如图 12-164 所示[260]，共包括 16 个 28Gb/s 收发器、72 个 13.1Gb/s 收发器和 876160 个逻辑单元。

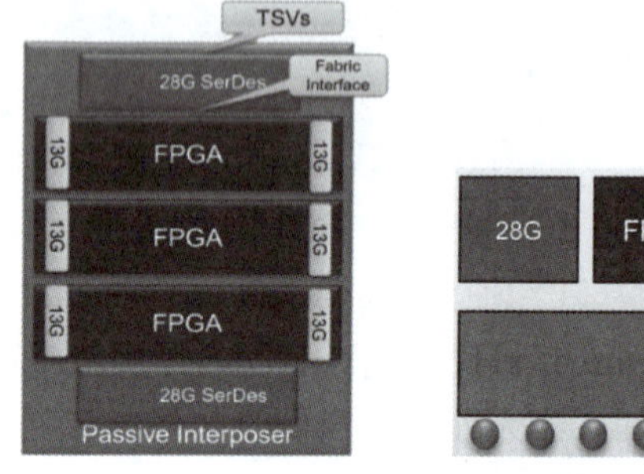

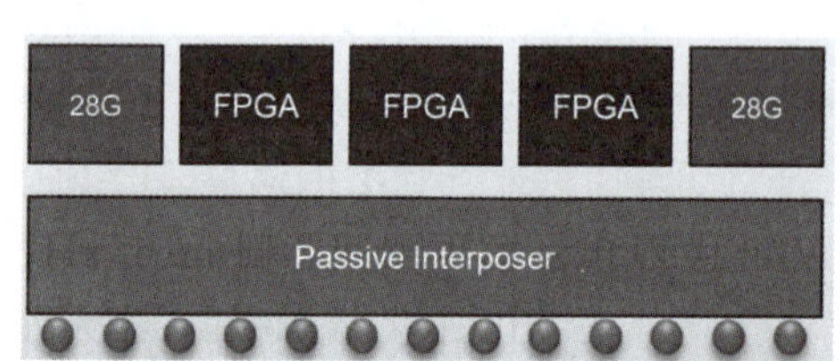

图 12-164 Virtex 7 HT 系列结构示意图

2017 年，Xilinx 报道了 FPGA 芯片与 HBM 集成的 Virtex UltraScale+系列，如图 12-165 所示[261]。FPGA 芯片采用 TSMC 16nm FinFET+工艺制造，共 290 万个逻辑单元。HBM2 芯片数量 2 个，容量支持 4GB、8GB 和 16GB，与 FPGA 芯片的最大数据带宽为 460GB/s，是 DDR4 的 20 倍。

2015 年，Altera 推出首款采用 EMIB 技术的 FPGA 产品 Stratix 10，如图 12-166 所示。Stratix 10 包括 1 个 550 万逻辑单元的 FPGA 芯片和 4 个 XCVR 收发器芯片，采用 EMIB 硅桥芯片连接，与 FPGA 的数据带宽可达 1TB/s。2017 年，Stratix 10 的收发器芯片进一步增加到 6 个[262]。FPGA 芯片采用 Intel 14 Tri-Gate 工艺制造，包括流水线结构、I/O 接口和 4 核 ARM A53 处理器，共 170 亿晶体管，可编程模块包括 280 万个逻辑单元、DSP、存储器和频率 1GHz 的互连线。6 个 XCVR 收发器为独立芯片，采用 20nm 工艺制造。EMIB 提供 2500 个 I/O 凸点，芯片间的 AIB 接口包括物理层、协议层以及与 FPGA 和收发器的接口，支持高速数据传输的 DDR 和 SDR。DDR 模式每管脚速度为 2Gb/s，管芯功耗为 1.2pJ/b，带宽密度为 $1.5Mb/s/\mu m^2$。

2017 年，Intel 推出集成 1 个 FPGA 芯片、4 个收发器芯片和 2 个 HBM2 芯片的 Stratix 10 MX FPGA，成为首个集成 HBM 的 FPGA 产品，如图 12-167 所示[263]。FPGA 芯片采用

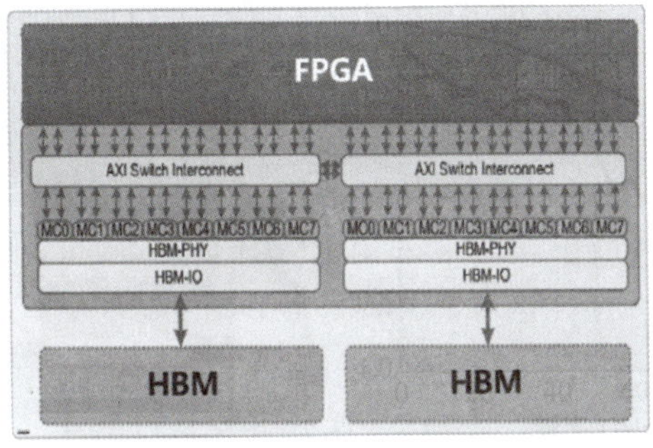

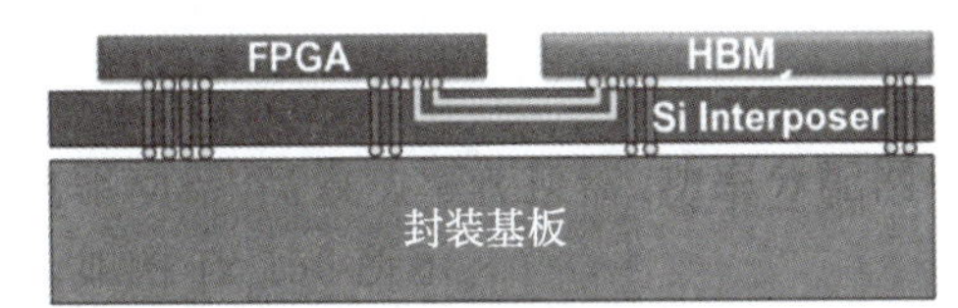

(a) 结构示意图

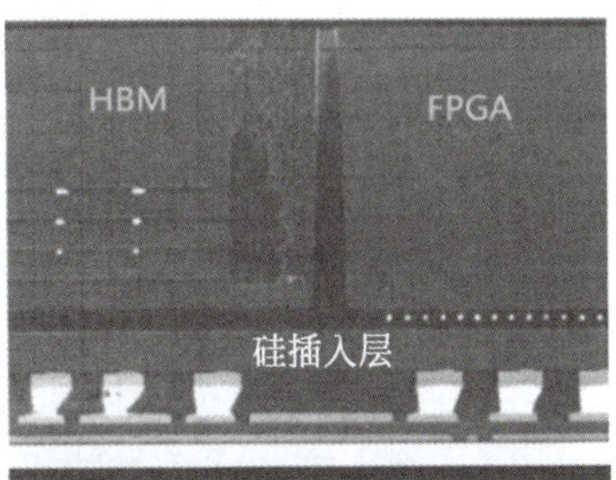

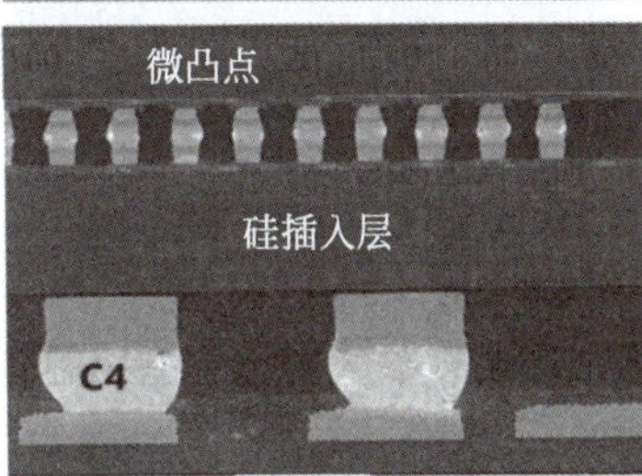

(b) 芯片剖面图

图 12-165 Virtex UltraScale+ FPGA

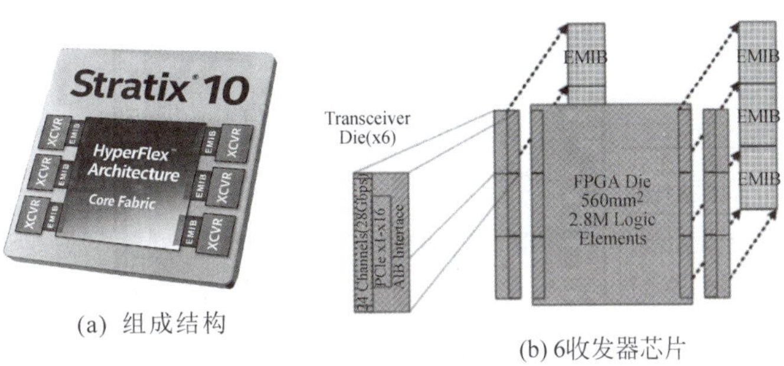

(a) 组成结构

(b) 6收发器芯片

(c) 结构

图 12-166 Altera Stratix 10 FPGA

(a) 组成结构

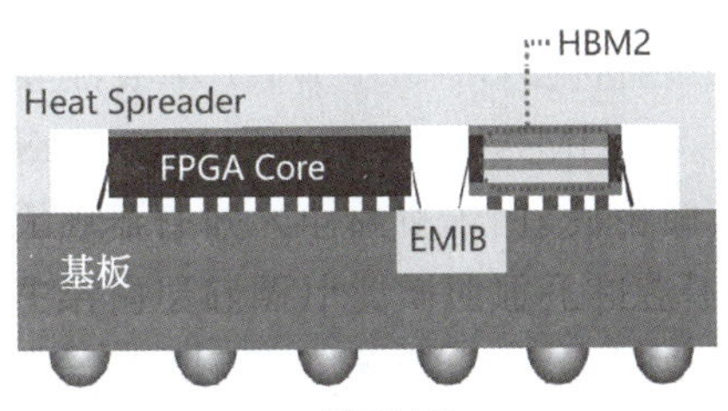

(b) 剖面结构

图 12-167 Intel Stratix 10 MX FPGA

Intel 14nm Tri-Gate 工艺制造，2 个 HBM2 的总容量为 16GB。与独立的 DDR 存储器相比，HBM 将带宽提高 10 倍。

2019 年 Intel 推出 2 个 FPGA 芯片和 4 个收发器芯片集成的 Stratix 10 GX 10M。两个 FPGA 芯片完全相同，总面积为 $1400mm^2$，晶体管总数为 433 亿，逻辑单元达到 1020 万个，是目前容量最大的 FPGA 产品。FPGA 和收发器芯片采用 EMIB 集成，两个 FPGA 芯片由 3 个硅桥芯片连接，数据线为 25920 个，带宽高达 6.5TB/s；每个收发器与 FPGA 之间均由 1 个硅桥芯片连接。整个封装尺寸达到 70mm×74mm。

2020 年 Intel 推出面向 AI 应用的 Stratix 10 NX。FPGA 具有可变精度的字长表示及运算能力，可以大幅提高人工智能的运算性能。Stratix 10 NX 增加了 AI 张量模块实现优化算法，与传统的 DSP 相比，这些模块采用高密度的用于 AI 算法的低精度乘法器阵列，满足推理加速都是低精度的需求。Stratix 10 NX 的 INT8 的运算性能是标准 Stratix 10 DSP 的 15 倍，在 BERT 批处理方面比 Nvidia V100 GPU 快 2.3 倍，在 LSTM 批处理方面快 9.5 倍。Stratix 10 NX 还包括 PCIe Gen3 x16 和 10/25/100G 以太网控制器、物理编码等功能，并支持定制的专用计算、接口和协议芯粒。

2020 年 Intel 推出了多芯粒集成的 FPGA 产品 Agilex，是首款采用 Intel 10 SuperFin 工艺的 FPGA 芯片，并采用第二代 HyperFlex FPGA 架构。如图 12-168 所示，Agilex 采用 EMIB 集成，包括带有 4 核 ARM Cortex A53 处理器的 FPGA、HBM、高速 I/O 接口、模拟电路、网络和通信，以及存储器加速器等多个芯粒。Agilex 支持 116Gb/s 的串行收发器，支持 16 个 PCIe 5 和 CXL(处理器与加速器之间的高速低延迟接口)，最大支持 32TB/s 的数据带宽。HBM2E 为 16nm 工艺制造，容量为 8～16GB，与 FPGA 通过短距离硅桥连接。与 Stratix 产品相比，Agilex 性能提升 45%，功耗降低 40%，与采用 TSMC 7 nm 工艺的 FPGA 产品相比，Agilex 的每瓦性能提高约 2 倍。

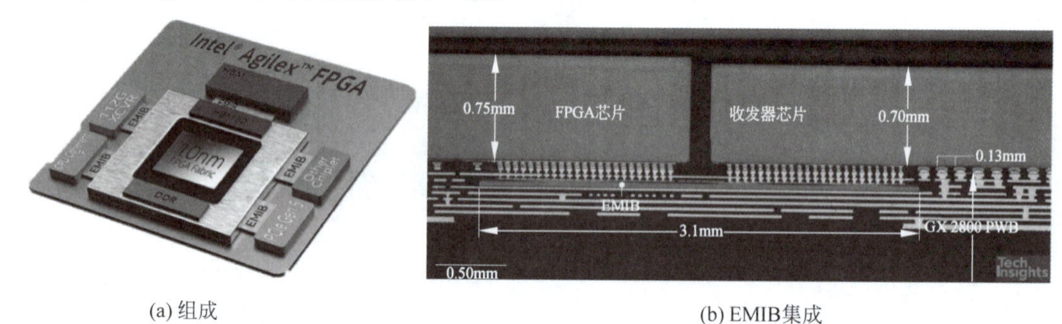

(a) 组成　　(b) EMIB集成

图 12-168　Intel Agilex FPGA

在芯片布局方面，与传统 FPGA 中以按列间隔的方式将非可编程模块排布在芯片中心不同，Agilex 将通用 I/O、存储器 I/O、嵌入式 SRAM、ARM CPU 和收发器 I/O 等都布置在芯片边缘，消除了 I/O 单元对逻辑阵列带来的分隔，大幅提高了性能、简化了时序计算，并改善了布局灵活性。在运算能力方面，相比 Stratix10，Agilex 保留了 FP32、INT9 等多种数据格式，并增加了 FP16、FP19、BFLOAT16 格式，大幅提高了配置灵活性，使其更适用于 AI 应用。

2020 年，Leti、ARM 和 Fraunhofer 报道了基于有源插入层的集成方案 ExaNoDe (European Exascale Processor & Memory Node Design)，并利用有源插入层集成 FPGA、

HBM2 和 ARM64 处理器实现的高性能通用计算系统，如图 12-169 所示[264-265]。有源插入层采用 65nm 工艺制造，集成多个 7nm 工艺的 ARM 处理器，为处理器提供电源分配和高速通信连接。有源插入层再与 FPGA 和存储器模块通过 MCM 方式集成，系统具有海量 ARM 内核、可重构逻辑(FPGA)、存储器，并集成高效冷却系统。

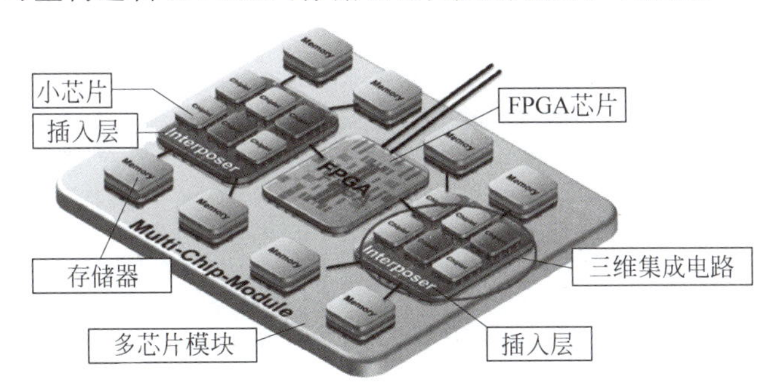

(a) 组成

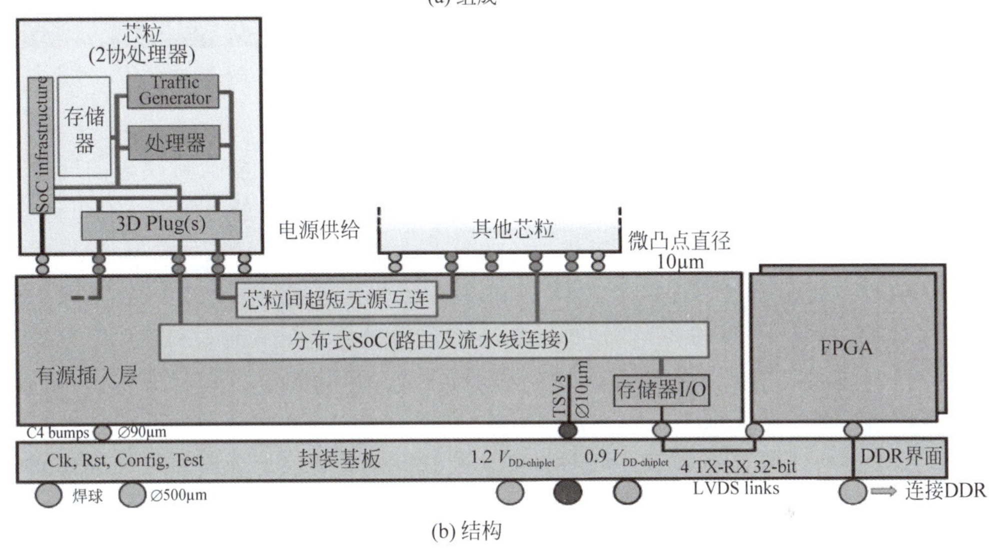

(b) 结构

图 12-169　ExaNoDe 结构

芯粒与有源插入层采用 Cu/Ni/SnAg 凸点连接，凸点直径为 10μm、节距为 20μm、高度为 12μm，电阻约为 26.7mΩ，具有 1.2Gb/s 的速率，系统带宽密度可达 375GB/s/mm^2。TSV 位于有源插入层，尺寸为 10μm×100μm，节距为 40μm，电阻约为 169mΩ。连接插入层和封装基板的 C4 凸点直径为 90μm，高度为 70μm，节距为 600μm，采用有机下填充材料填充凸点缝隙。整个基板翘曲为 130μm，低于 JEITA-ED-7306 要求的 1mm 节距 BGA 的 220μm。

12.7.2　处理器同构集成

2020 年 Leti 报道了有源插入层技术 IntAct，并利用 IntAct 建立了多处理器集成架构 Tsarlet，如图 12-170 所示[266-268]。Tsarlet 采用硅基有源插入层集成 6 个 28nm FDSOI 工艺制造的 MIPS 处理器芯粒，每个处理器芯粒包含 16 核 5 级 MIPS32v1 标量内核，共 96 核。有源插入层的厚度为 100μm，面积约为 200mm^2，采用 65nm CMOS 工艺制造，带有节距为 40μm 的 TSV。插入层与处理器芯粒通过节距为 20μm 的金属凸点面对面键合,与封装基板通过 C4 凸点连接。

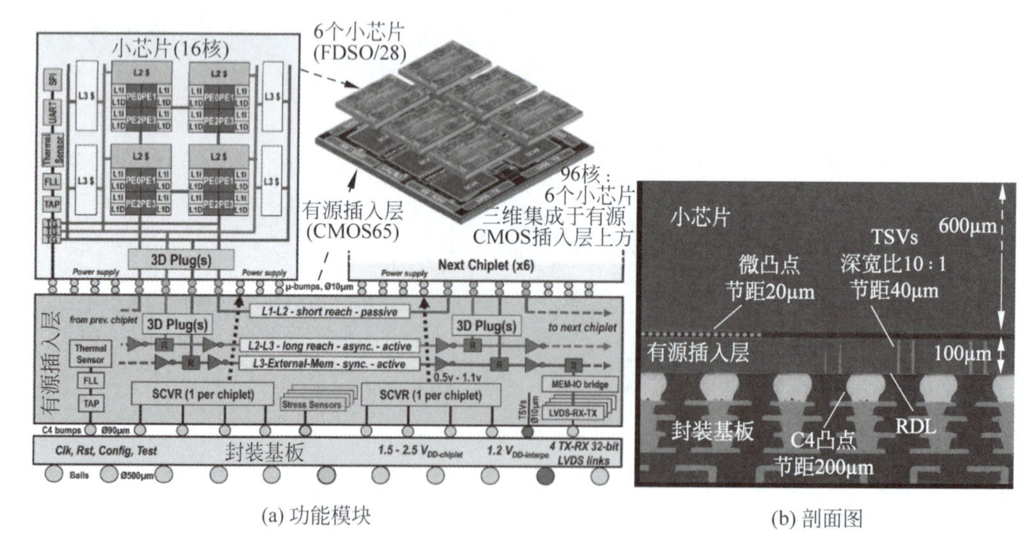

(a) 功能模块　　　　(b) 剖面图

图 12-170　Tsarlet 结构

芯粒与插入层之间界面称为 3D-Plug,支持根据连接长度和位置区域决定的同步和异步通信。插入层带有全集成的电压调制器,为每个处理器提供独立的电压调节和电源管理,包括为每个芯粒提供动态电压频率缩放(DVFS)并缓解电压下降。有源插入层支持 600MHz 的 4×32b LVDS 物理接口 PHY,峰值存储器数据带宽为 19.2GB/s。插入层构建了 4 个 NoC 网络,包括 2D 和 3D 划分的互连,具有很高的系统扩展能力和芯片间数据传输能力,并降低了系统功耗和制造成本。每个芯粒使用 3 个单独的 2D NoC,其中一个连接 L1 缓存与 L2 缓存,另一个连接 L2 缓存与 L3 缓存,第三个连接 L3 缓存与外部存储器。每个芯粒的这三个 NoC 都可以通过插入层与另一个芯粒连接。芯粒处理器架构及位置分布如图 12-171 所示。

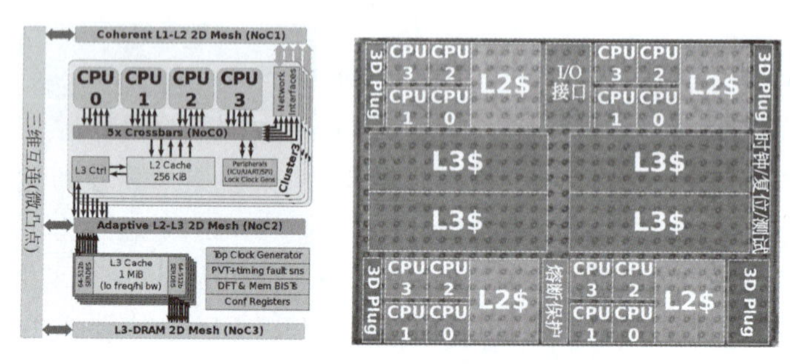

图 12-171　芯粒处理器架构及位置分布

有源插入层连接所有的芯粒并提供 I/O 接口,无缝扩展多个芯片的高速缓存 NoC,通过 3D-Plug 通信 IP,实现多个芯粒之间以及芯粒与插入层之间的逻辑和物理接口。芯粒之间的通信有两种方案,被动链接和主动链接。被动链接用于 L1 到 L2 的短距离互连的通信,主动链接用于长距离互连的通信,如 L2 到 L3 或 L3 至外部存储器。2.5D 的无源链接通过有源插入层的 M2-M4 金属或 M3-M5 金属实现,线宽为 0.3μm,节距为 1.1μm,时钟信号通过接地屏蔽单独线传输。

3D-Plug的同步通信是全数字通信链路，吞吐量高、延迟低，通过虚拟化NoC在不同级别之间传输缓存的一致性，并使用基于信用的多通道同步方案合并接口内的所有数据流。时钟使用源同步方案和延迟补偿。异步通信界面上没有时钟，使用准延迟不敏感(QDI)逻辑，使用4取1数据编码。4阶段通信用于插入层内的通信，2阶段用于通过3D-Plug接口外的通信，通过转换协议实现二者之间的转换。

有源插入层(图12-172)包含14000个TSV、15万个20μm节距的铜凸点、开关电容电压调节器SCVR、高速I/O、片上网络互连、时钟和检测功能，以及插入层自身温度和应力测量的传感器等。SCVR占插入层面积的30%左右，对芯粒进行电源管理，每芯片1个。每个SCVR由一个中央时钟频率和反馈控制器管理，控制器的阶跃响应小于10ns，能够提供快速的转换并缓解局部IR下降。高电压(约2.5V)由插入层背面通过40μm节距的TSV阵列引入，以减少管脚数量。SCVR采用厚氧化层晶体管全集成，无须外部无源元件，插入层带有MOM+MIM电容，电容密度为8.9nF/mm^2。SCVR单元为11.3mm^2，单个单元为0.04μm^2。高输入电压在10相3级齿轮箱中降低，支持7个电压比(4∶1～4∶3)以及0.35～1.3V的宽范围电压输出，以实现广泛的DVFS状态。在82%的峰值效率下，功率转换效率为156mW/mm^2。

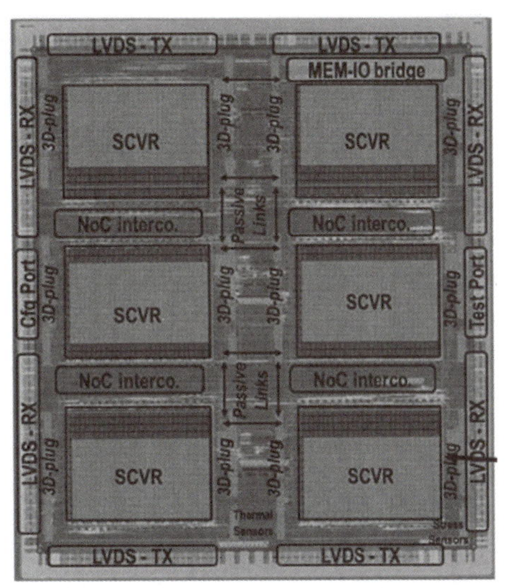

图12-172 插入层布局

为了在插入层上集成不同类型的芯片，3D-Plug提供通用的芯片与插入层之间接口。每个芯粒包含4个3D-Plug，分布在芯粒的4个顶角，每个内核集群对应1个。实际接口是一个由20μm节距微凸点组成的12×28规模的阵列。接口由逻辑接口、微缓冲器和各种DFT支持模块(如边界扫描)组成。微缓冲器单元集成了双向驱动器、ESD保护、上拉和电平移位器，以及连接插入层和芯粒之间的层级转换器。

TSV直径为10μm，中心距为40μm，采用MEOL工艺制造，介质层为SACVD沉积的350nm的SiO_2和PECVD沉积的80nm的SiO_2，共形能力达到80%。扩散阻挡层采用两种方案，10nm TaN+120nm Ta+600nm铜种子层，或20nm MOCVD TiN+100nm PVD Ti+1500nm iPVD铜种子层，并采用电接枝沉积200nm铜以确保种子层连续性，其中Ti层用于增强TiN和铜的粘附性。TSV铜电镀后进行三次400℃热退火和CMP。

12.7.3 处理器与HBM集成

利用插入层2.5D集成处理器(CPU/GPU)与HBM可以大幅提升数据传输带宽和计算能力，是芯粒技术的代表性应用。2014年，AMD发布了首款采用HBM的产品Fury X Fiji显卡，并于2015年初投入量产。2016年HBM2量产后，迅速应用于Nvidia的Tesla P100、AMD的Radeon RX Vega系列，以及Intel的Knight Landing等。经过10年的发展，2.5D集成处理器与HBM实现的高性能计算系统已成为推动人工智能、深度学习、云计算等领域发展的核心力量。

12.7.3.1 集成方法

处理器与多个 HBM 的集成可以利用硅、玻璃或有机插入层实现。考虑到插入层的散热能力、RDL 的最小线宽和间距，以及 TSV 工艺的成熟性，处理器与 HBM 的集成多采用硅插入层，如 TSMC 的 CoWoS-S 和 Intel 的 Co-EMIB 等。采用集成电路后道工艺制造的硅插入层可以实现高密度的金属互连，例如 RDL 金属可达 6 层，最小线宽和间距为 0.4μm，TSV 典型直径为 8～10μm，深宽比超过 10∶1。此外，硅插入层的热导率高、散热能力强、弹性模量大、翘曲程度低，可以通过增大插入层面积增加集成芯片的数量。早期硅插入层的面积从早期的约 $1000mm^2$ 发展到目前的约 $2700mm^2$，集成的 HBM 数量也从最初的 4 个发展到 8 个，2021 年 Samsung 甚至报道了 85mm×85mm 大面积插入层[269]。

硅插入层的主要缺点是制造成本高。高深宽比 TSV 的制造过程复杂，极大地增加了硅插入层的制造成本。大面积硅插入层采用集成电路工艺制造，需要多次拼接曝光场，影响生产效率和制造成本。2022 年，Nikon 和 Canon 都推出了面向三维集成的大曝光场光刻机，曝光场面积达到常规水平的 4 倍，有助于降低工艺成本。尽管硅插入层抑制翘曲的能力较好，但是多芯片模塑后大面积插入层的翘曲问题仍然较为严重。此外，常规电阻率的硅衬底损耗较大，信号的传输损耗和耦合限制了信号传输的频率较低。

有机插入层采用非集成电路工艺制造，具有成本低、面积大的优点，近年来发展迅速，如 TSMC 的 InFO、CoWoS-R 和 ASE 的 FOCoS 等。多数有机材料的介电损耗很低，如厚度为 200μm 的有机插入层在 10GHz 的介电损耗角正切仅为 0.005。因此，有机插入层多用于低成本或高频领域。受限于有机插入层的制造方法，通常 RDL 的线宽较大、金属凸点密度较低。近年来利用大马士革工艺取代传统的半添加工艺，有机插入层 RDL 的最小线宽和间距已经从 6～10μm 减小到 2μm，IMEC 采用 0.48 数值孔径的光刻机甚至实现了 0.5μm 的线宽和间距。有机插入层的主要缺点是有机材料的弹性模量较低，多芯片集成后插入层的翘曲非常显著，需要采用特殊方法抑制翘曲。

有机插入层集成处理器和 HBM 的方法与硅插入层类似，如图 12-173 所示[270]。有机插入层通过 C4 凸点连接在积层基板的上方，插入层表面通过微凸点与 1 个尺寸为 19.1mm×24mm×0.75mm 的处理器和 4 个尺寸为 5.5mm×7.7mm×0.48mm 的 HBM 连接。处理器与 HBM 之间的 RDL 数据通道包括多组，每组 128 位，最高数据传输频率可达 20GHz，在 1GHz 时插入损耗 0.5dB，反射损耗 23dB，串扰 45dB。HBM 芯片组的翘曲小于 8μm，有机插入层的翘曲平均为 100μm，且二者的翘曲程度基本不受温度变化的影响。

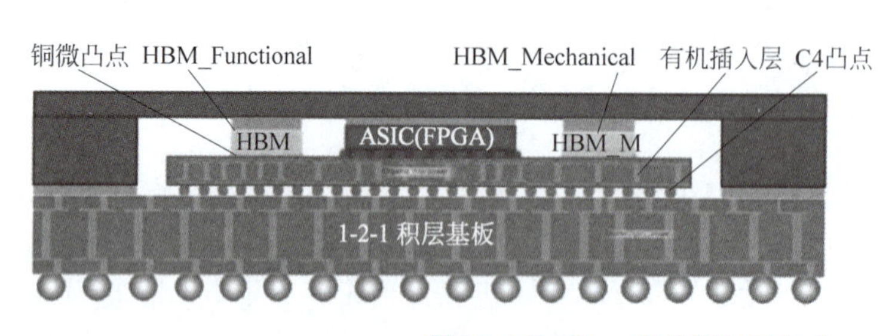

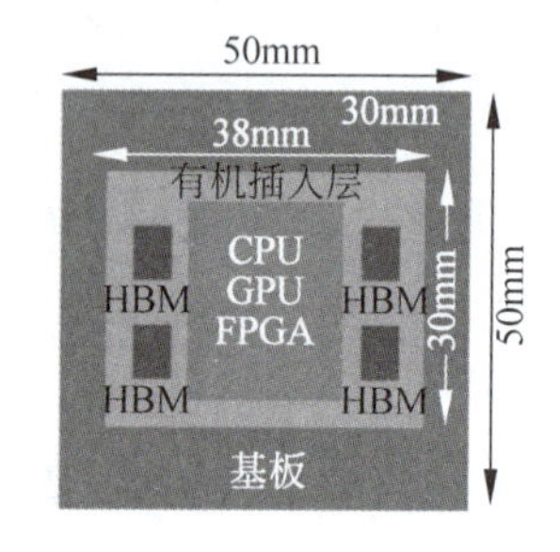

图 12-173 Cisco 有机插入层集成

将硅桥芯片嵌入有机基板或有机插入层作为芯片间的高密度互连，避免了大尺寸硅插入层，兼具硅插入层互连密度高和有机插入层制造成本低的优点，因此近年来发展迅速，如TSMC的CoWoS-L和Intel的EMIB等。硅桥芯片的嵌入并未改善有机插入层的翘曲，因此当插入层的面积较大时，插入层的翘曲问题仍然非常严重，甚至由于芯片的变形和移位而导致硅桥芯片高密度互连的优势无法充分发挥。

玻璃插入层可以采用平板玻璃工艺制造，其工艺过程较为精细，并且材料成本和制造成本都低于硅插入层，适合制造大尺寸插入层。同时，玻璃的弹性模量大、损耗小，因此具有较低的翘曲和较高的信号传输速率。尽管因为微裂纹和散热等问题使玻璃插入层尚未在高性能集成中得到商业应用，但是相关研究的进展很快[271-273]，Absolics、Samsung、Unimicron、Intel、DNP和Ibiden等很快会将平板玻璃插入层推向量产。

利用玻璃插入层2.5D集成处理器和HBM的方案与硅插入层类似，如图12-174所示[272]。玻璃插入层厚度为100μm，采用平板玻璃工艺制造，双面铜电镀6层金属布线，最小线宽为3μm，采用Cu-SnAg焊球，金属布线层之间采用干膜光敏高分子材料作为金属间的介质层。在14GHz时，玻璃插入层的RDL的损耗低至0.05dB/mm，数据传输速率可达28Gb/s，40GHz频率下的差分串扰低于30dB[274]。

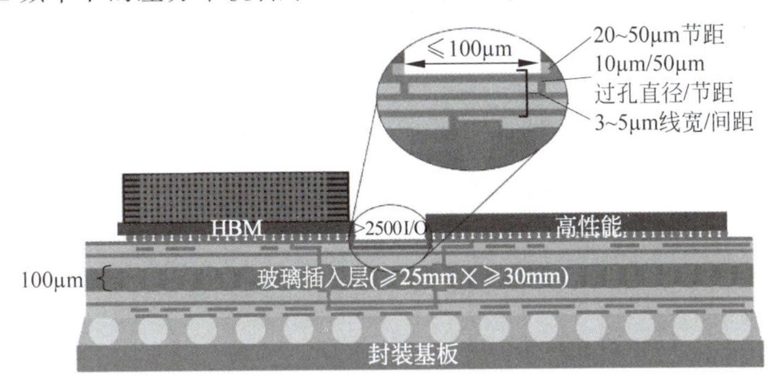

图12-174 玻璃插入层集成HBM

12.7.3.2 AMD

2015年，AMD发布了第一款采用HBM1的GPU产品Radeon R9 Fury X，如图12-175所示。插入层面积为1010mm²，集成1个28nm工艺的Fiji GPU芯片和4个HBM。每个HBM容量为1GB，1024个I/O，总容量为4GB，I/O总数为4096，数据传输带宽达到512GB/s。与GDDR5相比，HBM使每瓦功效从10.66GB/s提高到42.6GB/s、存储器带宽提高60%，占用面积减小95%。该产品的开发历时8年，具有里程碑式的意义，插入层和集

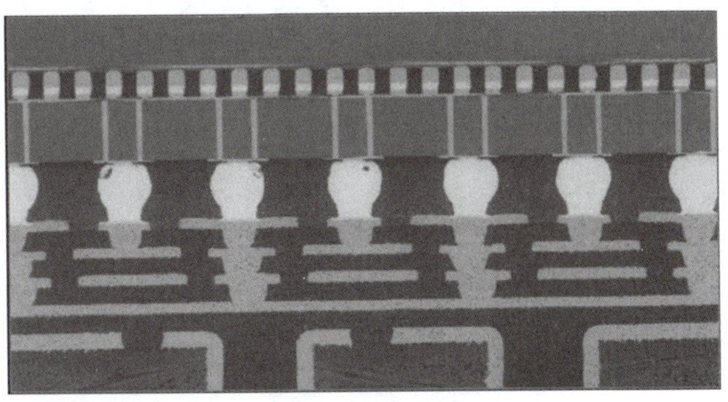

图12-175 AMD Radeon R9 Fury X GPU平面及剖面图

成代工分别由 UMC 和 ASE 完成,是第一个非 TSMC CoWoS 的插入层产品,第一个大批量生产的插入层异构集成产品,第一个应用 TSV 和微凸点的 GPU 产品。

2017 年,AMD 采用 HBM2 推出 Radeon Vega GPU,如图 12-176 所示。系统包括 1 个 GPU 芯片和 2 个 8GB 的 HBM2 芯片,每个 HBM2 由 8 层 1GB 的 DRAM 组成,总带宽达到了 1TB/s。GPU 处理器由 GF 的 14nm FinFET 工艺制造,共 1250 万晶体管,插入层由 UMC 采用 MEOL 工艺制造,最终集成由 SPIL 采用芯片-晶圆级键合实现。

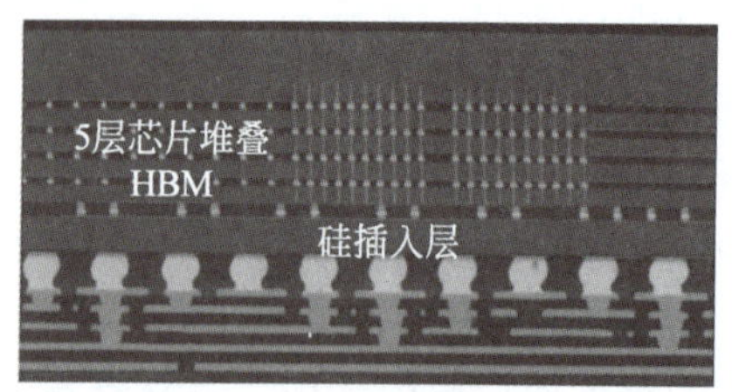

(a) HBM2剖面

(b) 插入层

(c) 整体结构

图 12-176　AMD Radeon Vega GPU

随后 AMD 采用芯粒技术推出了多代桌面和服务器处理器产品,这些产品将模拟电路模块从先进的 7nm 工艺制造的逻辑模块分割出去,再将 1~8 个处理器芯片、HBM 芯片和 I/O 接口芯片集成在插入层上,实现集成前测试筛选、高速数据存取、更低的局域延迟和更高的能效比。

2017 年,AMD 发布了基于全新 Zen 架构的第一代 EYPC 服务器处理器 Naples。如图 12-177 所示,Naples 采用模块化 MCM 结构和封装技术,每个内核芯粒(Core Chiplet Die,CCD)含有 8 个处理器内核,4 个 CCD 共 32 个内核[275],采用 GF 的 14nm 工艺制造,通过有机基板连接。支持 8 通道 128 个 PCIe 3 和 16 个 DIMM,最大容量可达 2TB。MCM 使多核扩展更加简单高效,并避免了大芯片的良率问题。

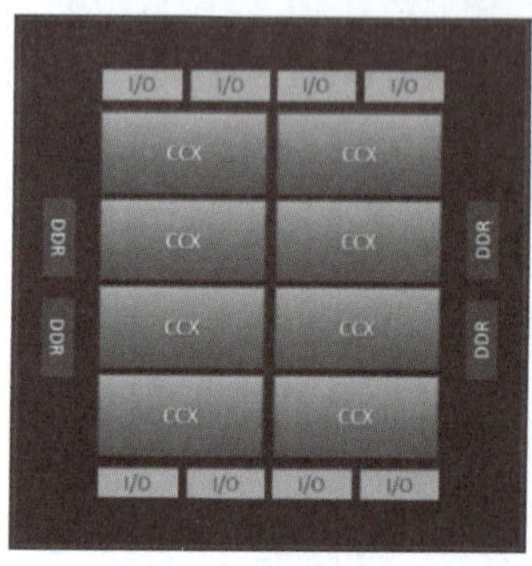

(a) 传统单芯片结构

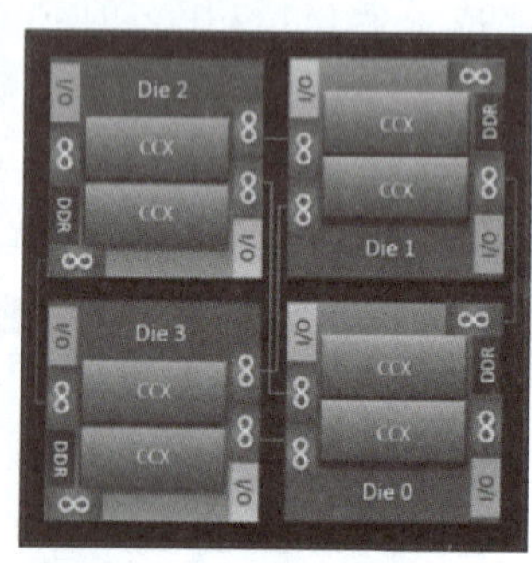

(b) 第一代EPYC

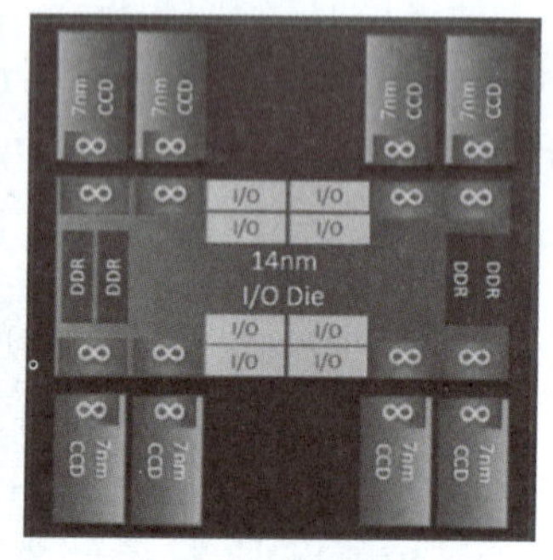

(c) 第二代EPYC

图 12-177　AMD EPYC 处理器结构

2019 年,AMD 推出了基于 Zen 2 架构的第二代 EPYC 处理器 Rome。第二代 EPYC 采用芯粒方案,处理器内核与 I/O 分离,通过 1 个专用 I/O 芯片(IOD)和 Infinity Fabric 协议,连接内存以及8个CCD,如图12-178所示。CCD是首款采用7nm工艺的x86处理器,面积为74mm^2,共39亿晶体管,单CCD内核数量比第一代EPYC增加1倍,最高可达64内核128线程,支持8通道3200MHz的内存,以及128条PCIe 4.0通道,性能提升1倍。IOD采用12nm工艺制造,服务器处理器的IOD面积为416mm^2,83.4亿晶体管,客户端处理器IOD面积为125mm^2,20.9亿晶体管。逻辑与I/O分离使多核处理器的制造成本降低一半以上。Rome处理器的跨CPU访问的NUMA效应明显改善,内核芯片更小,更容易扩展更多核心。此外,AMD的Ryzen产品线重用了EYPC Rome的CCD,只是单独匹配了一个IOD,通过芯粒方案降低了开发成本。

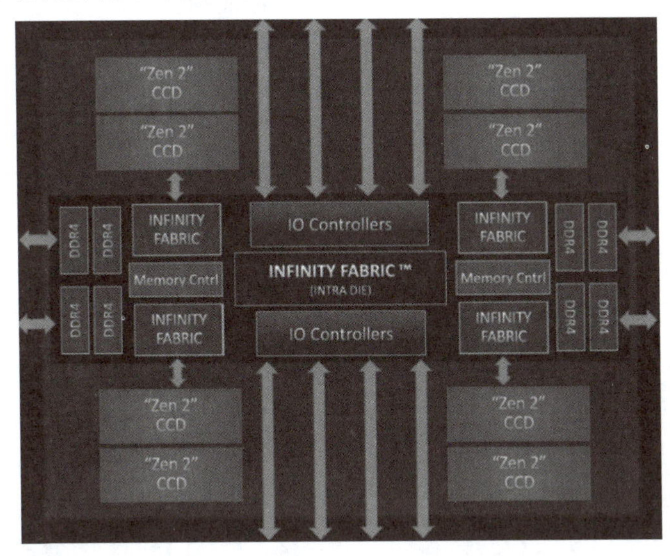

图12-178 AMD Rome结构图

2020年,AMD发布了2.5D和3D集成芯粒的处理器架构X3D以及首款产品Ryzen 5000,使其服务器用处理器全面进入芯粒时代。X3D方案包括不同数量的芯粒,如4个CCD芯片和4个HBM,每个HBM对应1个CCD。这种方案可以将数据传输带宽提高10倍以上,实现超高数据带宽,主要面向高性能计算处理器应用。AMD利用3D V-Cache在处理器芯片上方集成额外的L3缓存,利用Infinity Fabric将多个CCX(Core Complex,指一组4个CPU核及L3缓存)连接在一起,从2023年起先后推出Ryzen 7000X3D和Ryzen 9000X3D处理器,包括8个或16个Zen 4/Zen5 CCD和RDNA 3图形加速器。

2020年和2021年,AMD分别推出了面向数据中心应用的图形处理器MI100和MI200系列,如图12-179所示。MI100包括1个TSMC 7nm工艺的CDNA架构GPU以及4个8GB HBM2,总容量为32GB,I/O总数为4096,频率为1.2GHz,最大数据带宽可达1.23TB/s,采用CoWoS工艺集成。MI200包括2个TSMC 6nm工艺制造的CNDA2 GPU以及8个HBM2E,总容量达到128GB,最大带宽为3.2TB/s。两个CDNA2 GPU通过Infinity Fabric连接,传输速率为25Gb/s,总带宽达到400GB/s。MI200采用硅桥芯片连接,AMD开发了Elevated Fan-out Bride(EFB),将硅桥芯片放置于基板上方,并在模塑层内制造TMV提供大功率电源。

2023年,AMD发布了首款面向数据中心的CPU+GPU产品MI300系列,晶体管数量达到1920亿,共包括3个TSMC 5nm工艺的8核Zen4架构处理器芯片(CCD)、6个5nm

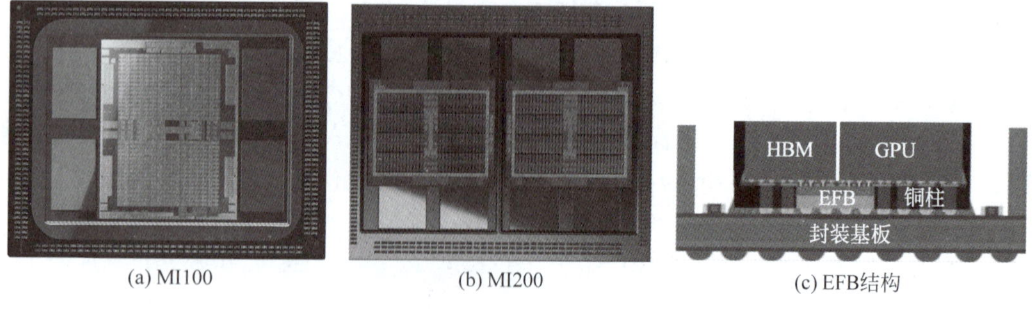

(a) MI100　(b) MI200　(c) EFB结构

图 12-179　AMD 的 MI100 和 MI200

工艺的 38 核 CDNA 3 图形加速器芯片(XCD)、4 个 6nm 工艺的输入输出芯片(IOD),以及 8 个 HBM3。HBM3 为 8 层或 12 层,总容量分别为 128GB 和 192GB,最高带宽为 5.3TB/s。如图 12-180 所示,CCD 和 XCD 采用 TSMC 的 SoIC 混合键合三维集成在 4 个 IOD 芯片上方,4 个 IOD 和 8 个 HBM 采用 CoWoS 凸点键合集成在硅插入层上方。CCD/XCD 与 IOD 采用背对背键合,通过每层的 TSV 连接。每两个 XCD 为一组,通过底部的 IOD 负责输入输出与通信连接,总共 4 个 IOD 提供 7 条第四代 Infinity Fabric 通道,最高带宽为 896GB/s,还有高达 256MB 的 Infinity Cache 缓存。

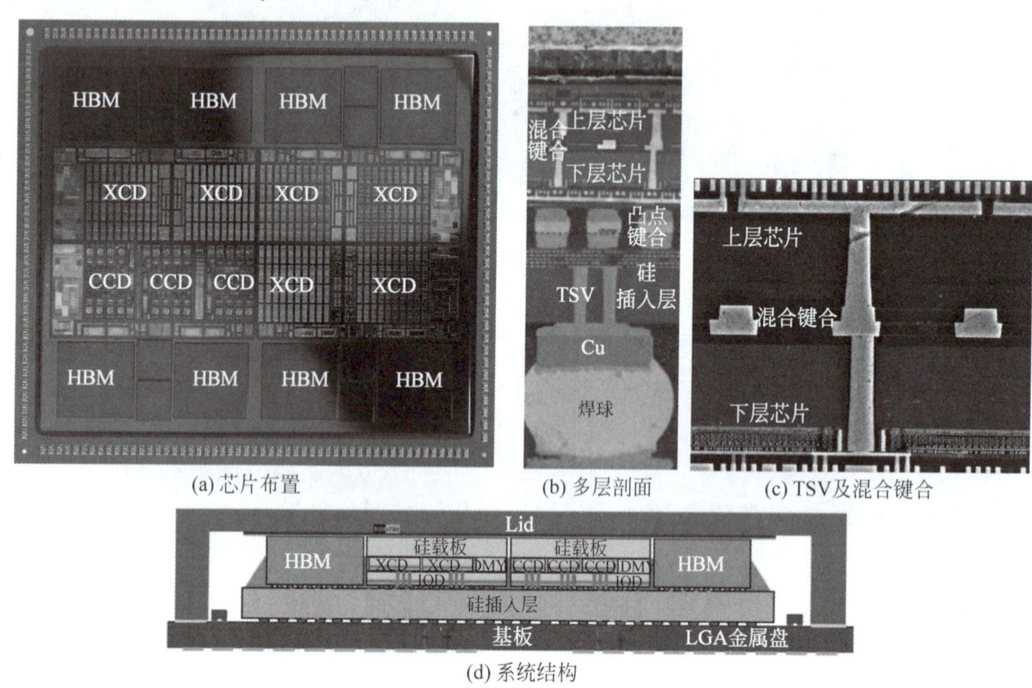

(a) 芯片布置　(b) 多层剖面　(c) TSV及混合键合

(d) 系统结构

图 12-180　AMD MI300

12.7.3.3　Intel

Intel 利用 EMIB 和 Foveros 开发了多种 CPU、GPU 和 FPGA 产品,如 Kaby Lake G、Stratix 10 和 Agilex 等。EMIB 的硅桥芯片在 FPGA 中连接大规模 FPGA 阵列与高带宽存储器、收发器和第三方 IP 的模块,在 Kaby Lake G 处理器中连接 AMD 的 Radeon GPU 和 HBM。Foveros 采用有源硅插入层和 TSV 连接 I/O、内核、DRAM 等,有源插入层可以进

一步处理数据路由和传输。

2018年，Intel利用EMIB集成其14nm工艺的4核CPU、AMD的Radeon GPU和HBM2，推出了Kaby Lake-G处理器，如图12-181所示。系统尺寸为58.5mm×31mm，高度为1.7mm。HBM2与GPU之间通过EMIB实现1024个I/O连接，在800MHz频率下具有204.8GB/s的数据传输带宽，并利用标准电路板级接口实现CPU与CPU间的x8 PCIe 3.0接口，表明EMIB在利用共同行业标准接口时集成不同厂商产品的能力。

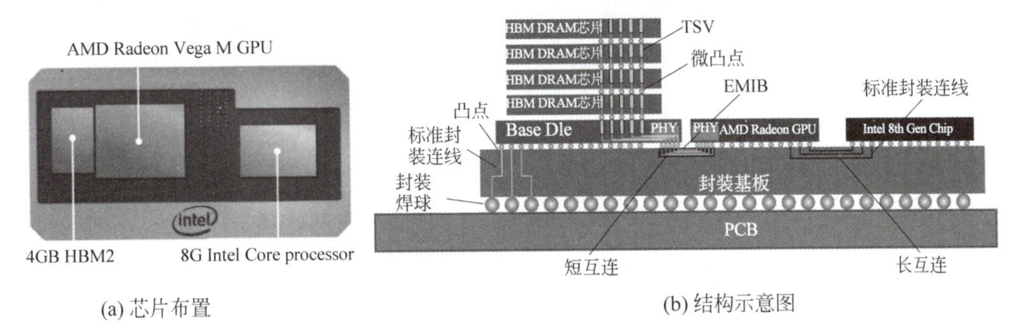

图12-181 EMIB产品Kaby Lake-G处理器

2019年，Intel利用Foveros推出第一款面向移动应用的异构集成x86架构处理器Lakefield，这是第一个逻辑与逻辑三维集成的产品。Lakefield包括三维集成的逻辑内核芯片和逻辑基础芯片，并利用PoP方式在内核芯片上方集成了LPDDR4存储器，通过节距为350μm的TMV与封装基板连接，如图12-182所示[276]。系统的封装尺寸只有12mm×12mm×1mm，体积小于ARM处理器，主要用于对体积和性能要求较高的x86架构，包括Galaxy Book S和ThinkPad X1等产品。Core i5-L16G7处理器的待机功耗与上代产品相比降低90%，7W功耗性能提升64%。

Lakefield的上层处理器芯片包括1个带有512 KB L2缓存的Sunny Cove高性能主核、4个带有1536 KB L2缓存的Tremont Atom高能效小核以及4MB L3缓存等，采用10nm+工艺制造，芯片面积为82mm^2，厚度为160μm，共45亿晶体管。主核负责高性能计算和数据任务处理，低功耗小核负责单一功能高能效的任务处理。这种不同内核组合的模式在ARM处理器中相当普遍，但是在Intel处理器中还是第一次。

下层基础芯片可视为带有TSV的有源插入层，包括模拟电路、电源、接口和数据输入输出控制，如Gen11图形加速器、显示驱动、多媒体内核、v5.5图像处理单元、JTAG、Debug、SVID、P-Unit、LPDDR4X-4267存储器控制器、音频解码、USB 3.1、UFS、PCIe Gen 3、MIPI M-PHY Gear 4、传感器控制、I3C、SDIO、SPI/I2C，以及11.7GB/s的高速SerDes模块等。逻辑基础芯片面积为92mm^2，采用低成本的22nm工艺(22FFL)制造，共6.5亿个晶体管。

TSV位于下层基础芯片，分为电源和信号两种，高度约86μm。信号TSV单根一组，在1GHz频率时TSV电容为50fF，插入损耗低于0.5dB；电源TSV共28组，每组包含2×1、2×2或2×3×2个TSV共用C4凸点，电阻小于2mΩ，TSV的影响小于1%，满足90W功率传输的要求。由于电源TSV对周围的干扰和耦合，对耦合敏感的电路如LC-VCO远离高电流的TSV。传输正电压Vcc的TSV和传输负电压Vss的TSV间隔布置，使电源TSV向I/O电感的电磁耦合降低为原来的1/1000。

2020年，Intel发布了第二代P4可编程以太网交换机芯片Barefoot Tofino2，这是第一

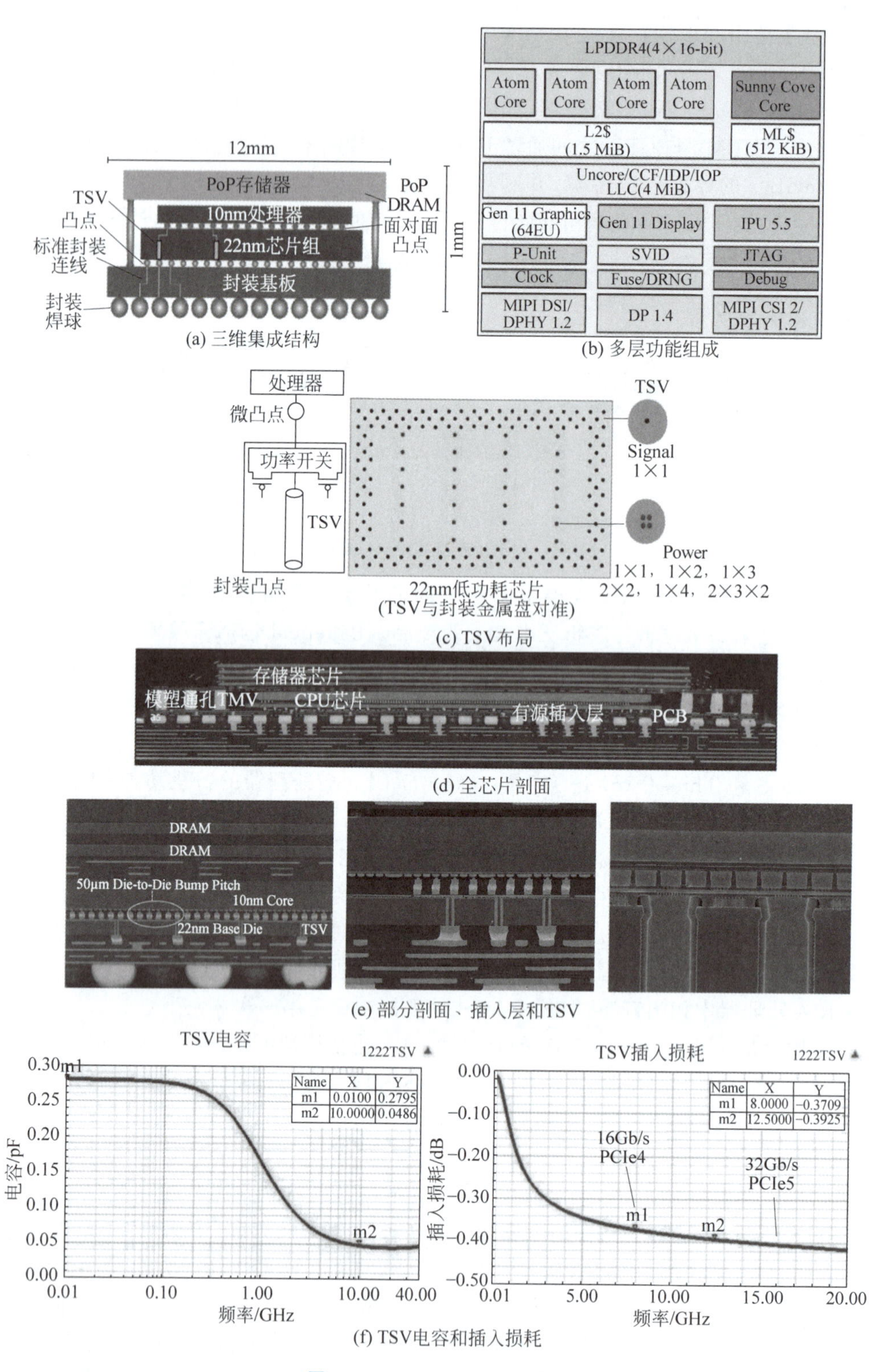

(a) 三维集成结构

(b) 多层功能组成

(c) TSV布局

(d) 全芯片剖面

(e) 部分剖面、插入层和TSV

(f) TSV电容和插入损耗

图 12-182 Lakefield 处理器

个采用芯粒方案的交换机产品，如图 12-183 所示。传统交换机芯片的模拟和数字逻辑位于同一个芯片，因此模拟部分不得不随着逻辑部分一起采用先进工艺制造。Intel 将模拟和逻

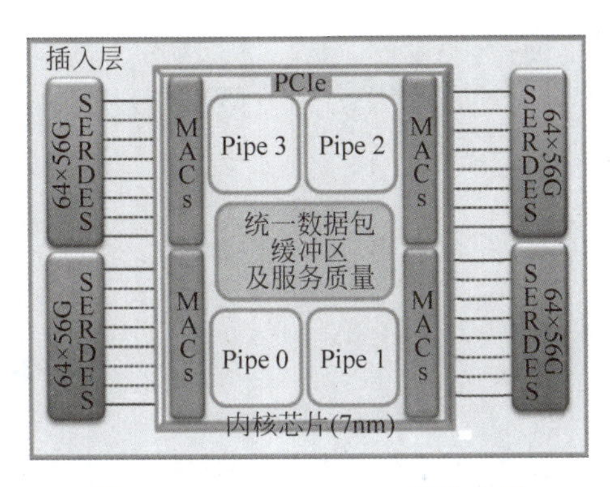

图 12-183 Intel Tofino2 芯片布局

辑分为不同的芯片独立制造，使整体成本和功耗分别降低约 30%。模拟部分为 4 个 SerDes 接口芯片，支持 260×56G-PAM4 SerDes 和 PCIe Gen3×4。数字芯片采用 7nm 工艺制造，为 4Pipe×3200Gb/s/pipe 架构，带有 64MB 统一数据包缓冲区和 400G MACs(32x)+100G MAC(1x)地址。芯粒采用 CoWoS 工艺集成，总带宽达到 12.8Tb/s。

2021 年，Intel 公布了第一款采用 Xe-HPC 架构的高性能 GPU 产品 Ponte Vecchio，如图 12-184 所示[277]。Ponte Vecchio 采用 Co-EMIB(即 EMIB 和 Foveros)集成了来自 Intel、Samsung 和 TSMC 的产品，是第一款达到 1 EFLOPS FP64 性能的 GPU 产品。Ponte Vecchio 包括 2 个 Intel 10/7 SuperFin 工艺的有源插入层、16 个 Intel 7/TSMC N5 工艺的处理器、8 个 Intel 10 Enhanced SuperFin 工艺的 Rambo 缓存、11 个 EMIB 芯片、2 个 Xe Link I/O 芯片、8 个总容量为 128GB 的 Samsung HBM3，共计 47 个芯片，晶体管总数超过 1000 亿，每秒可执行千万亿次浮点运算。基于 Ponte Vecchio 的 Sapphire Rapids 是 Intel 首款采用芯粒技术的高性能服务器处理器。4 个处理器内核芯片采用 MDF (Modular die fabric) 方式与共享的高速缓存连接，任何一个芯片中的内核都可以通过 I/O 与其他芯片中的任意内核或共享高速缓存进行通信。

12.7.3.4 Nvidia

2016 年 6 月，Nvidia 采用 TSMC 的第二代 CoWoS 工艺和 Samsung 的 HBM2，发布了其首个硅插入层集成的 GPU 产品 Tesla P100，这是全球首款面向超算和数据中心的人工智能 GPU。如图 12-185 所示，P100 包括一个 GPU P100 芯片和 4 个总计 16GB 的 HBM2，晶体管总数达到 1500 亿。GPU 为 Pascal 架构，采用 TSMC 的 16nm FinFET 工艺制造，共 153 亿晶体管。每个 HBM2 包括 4 层 DRAM，容量为 4GB，4 个 HBM2 总容量为 16GB，共 4096 个 I/O 接口，总带宽达到 732.2GB/s。CoWoS 插入层面积为 $1200mm^2$。与采用 GDDR5 相比，数据带宽从 288GB/s 提高到 732GB/s，能效比从约 20pJ/b 降低到小于 10pJ/b。

2020 年，Nvidia 推出采用 CoWoS 工艺集成的 GPU 产品 A100，系统总面积为 55mm×55mm，晶体管总数达到 542 亿。A100 芯片采用 Ampere 架构，面积为 $826mm^2$，采用 TSMC 7N FinFET 工艺制造，带有 6912 个 CUDA 内核和 432 个张量内核。系统可集成 4～6 个 HBM2 或 HBM2E，总容量为 40GB 或 80GB，单 I/O 速率为 2.4Gb/s 或 3.2Gb/s，最大带宽分别为 1.6TB/s 或 2TB/s。相比于 P100，A100 增加了张量处理器，加之制造工艺的进步和 HBM 容量及带宽的提升，A100 的计算能力大幅提升。

2022 年，Nvidia 推出采用 TSMC 4N 工艺制造的 Hopper 架构的 GPU 产品 H100，用于

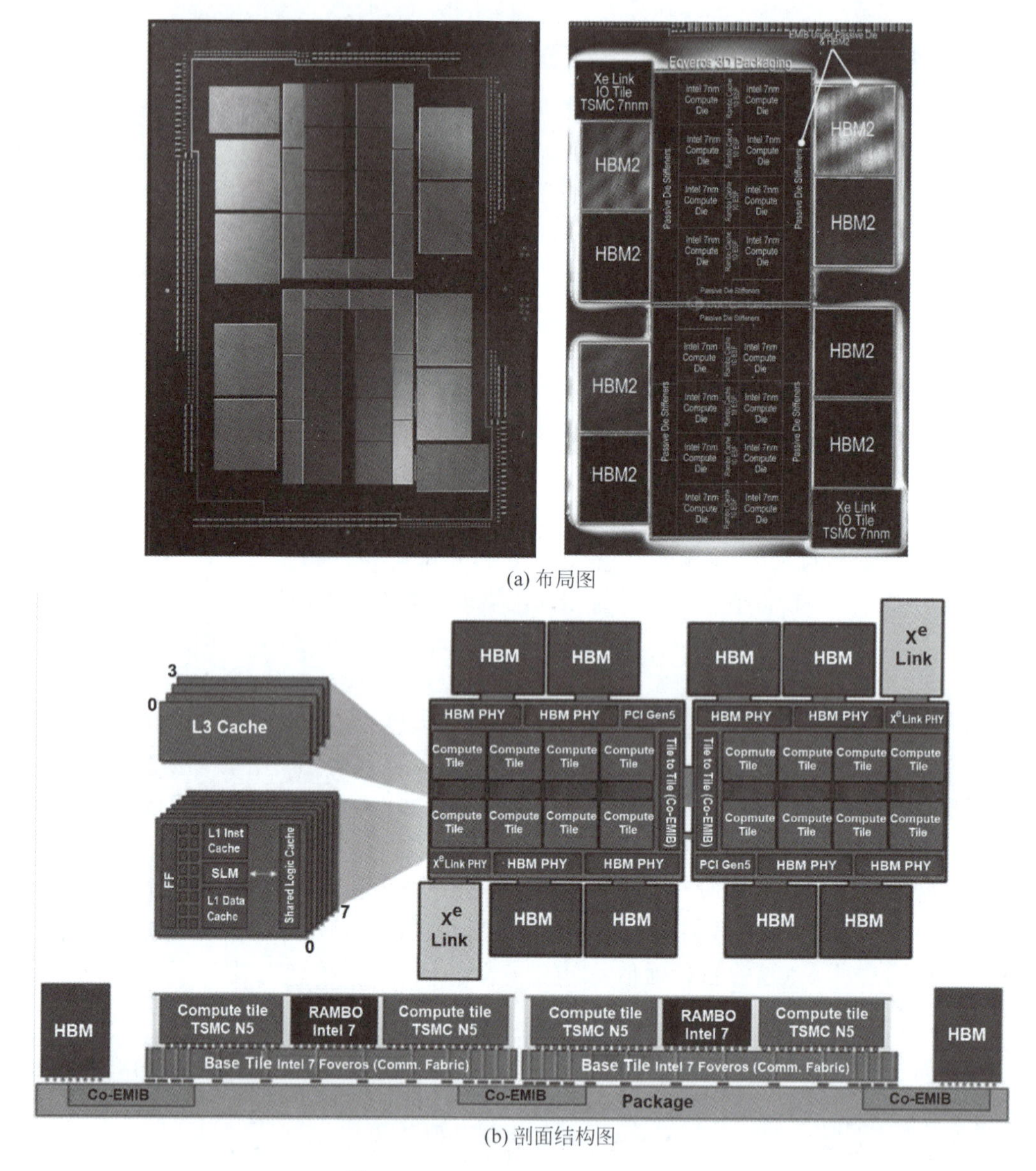

(a) 布局图

(b) 剖面结构图

图 12-184　Intel GPU Ponte Vecchio

大语言模型 ChatGPT3 的学习训练,如图 12-186 所示。GPU 芯片面积为 814mm^2,晶体管总数为 800 亿,带有 16896 个 CUDA 内核和 528 个张量内核。H100 采用 CoWoS 集成 6 个 SK Hynix 共 80GB 的 HBM3 或 94GB 的 HBM2E,是首款使用 HBM 的 GPU 产品。HBM3 的单个 I/O 传输速率为 5.24Gb/s,总带宽达到 3.35TB/s。

2023 年,Nvidia 推出第一款使用 HBM3E 的 GPU 产品 H200。H200 共集成 6 个容量为 24GB 的 HBM3E,总容量达到 141GB。HBM3E 单个 I/O 的传输速率为 6.5Gb/s,总带宽达到 4.8TB/s,分别是 H100 的 1.8 倍和 1.4 倍,支持 900GB/s 的 NVLink4 和 128GB/s 的 PCIe5。2024 年 Nvidia 推出采用 TSMC 4NP 工艺制造的 Blackwell 架构的 GPU B200,晶体管总数达到 2080 亿,支持 1800GB/s 的 NVLink 5。集成 8 个容量 24GB 的 HBM3E,总容量达到 192GB,单个 I/O 的传输速率为 8Gb/s,总带宽达到 8TB/s。

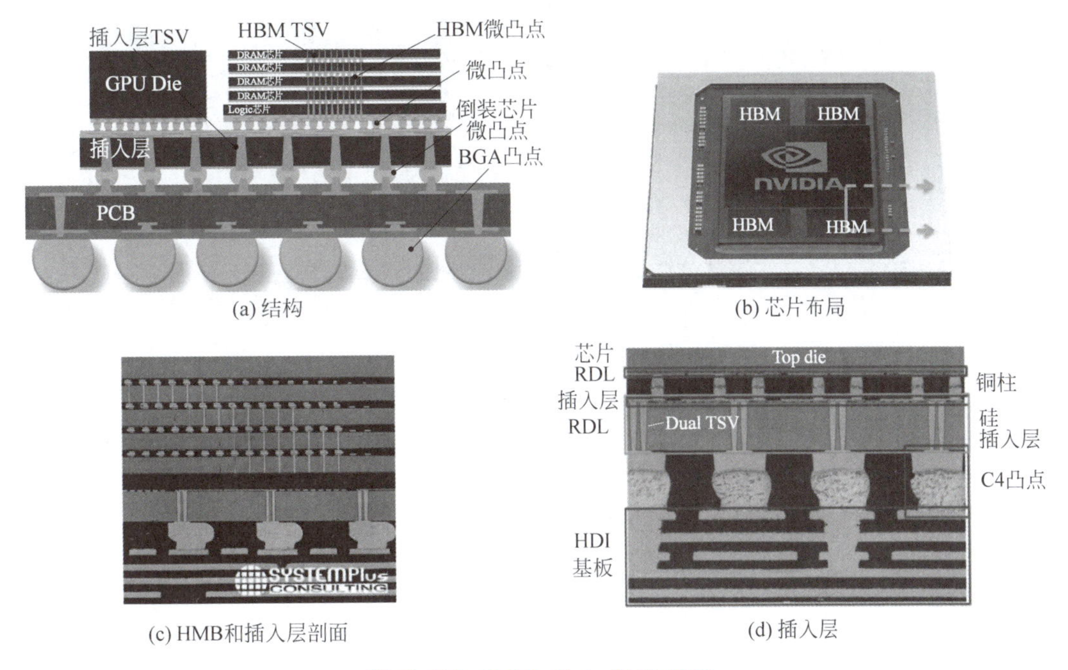

(a) 结构

(b) 芯片布局

(c) HMB和插入层剖面

(d) 插入层

图 12-185　Nvidia Tesla P100 GPU

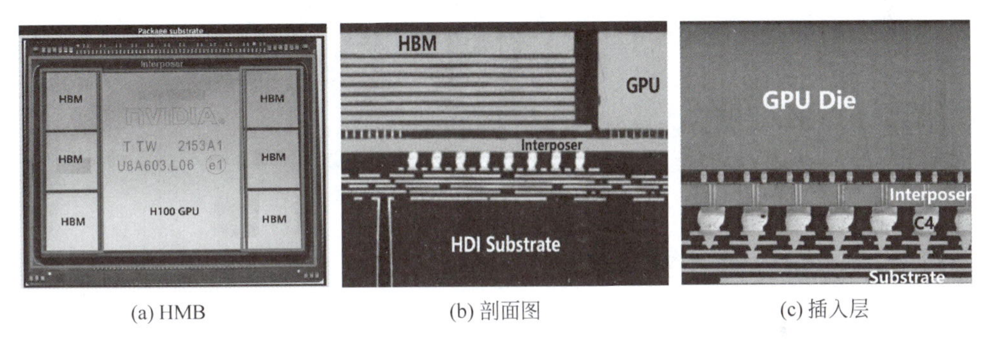

(a) HMB

(b) 剖面图

(c) 插入层

图 12-186　Nvidia Hopper H100 GPU

12.7.3.5　Apple

2022年，Apple发布了M1 Ultra处理器，采用TSMC的InFO-LSI技术集成了2个M1 Max处理器和8个LPDDR5 DRAM芯片，如图12-187所示。M1 Max处理器采用TSMC 5N工艺制造，芯片尺寸为19mm×22mm，晶体管总数高达1140亿，包括20核CPU、64核GPU和32核神经元处理器。两个M1 Max处理器由1个埋置在有机插入层内的硅桥芯片连接。硅桥芯片尺寸为18.8mm×2.88mm×25μm，共5层RDL金属，线宽和间距均为0.4μm，单层RDL最大密度可达1250/mm；Cu/Sn金属凸点节距为25μm×35μm。硅桥芯片最多可提供57000个凸点，其中使用的凸点数量为20000个，共10000个I/O，可提供2.5TB/s的数据带宽，称为UltraFusion技术。此外，M1 Ultra还在有机插入层内埋置集成了8个无源深槽电容芯片。

M1 Ultra集成了容量为128GB、带宽为800GB/s的DRAM，称为统一存储器(Unified memory)，其时钟频率与CPU同步，实现高带宽低延迟。统一存储器是把同一个存储器共用为CPU存储器、GPU显存和神经元处理器缓存，通过Fabric把统一存储器与这些处理

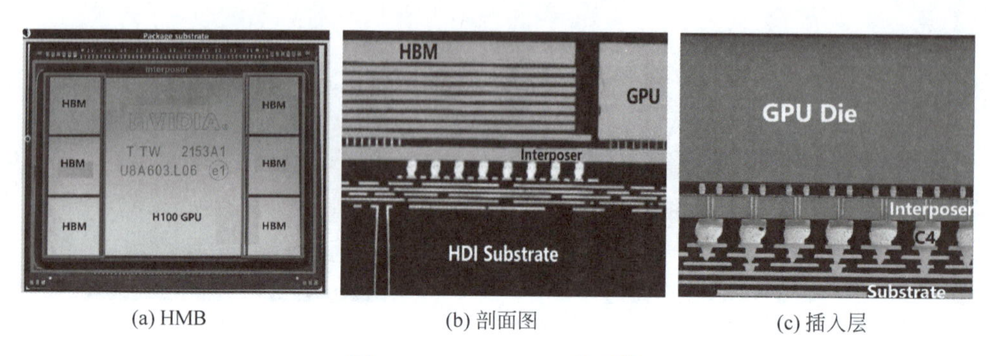

(a) HMB　(b) 剖面图　(c) 插入层

图 12-187　Apple M1 处理器

器相连。统一存储器的优点是相当于在这些处理器之间设置了一个缓存区,使各个处理器之间的数据传输更容易、速度更快;缺点是需要更大的存储器容量,并且受限于速度和延时而无法片外扩展容量。

2023 年,Apple 发布了同样采用芯粒集成的 M2 Ultra 处理器。M2 Ultra 与 M1 Ultra 采用相同的结构和集成方式,CPU 内核增加到 24 个,GPU 内核增加到 76 个,统一存储器容量增加到 192GB,晶体管总数达到 1340 亿。

参考文献